AF833745

Fe = Femur (Schenkel der Arthropoden)
Fm = (Prämentum der) Fangmaske (Libellenlarven)
FSp = Flügelspannweite (Säugetiere)

G = Gehäuse (Molluskenl
G = Gewicht (Säugetiere)
Gl, -gl = Glied(er), -gliedrig oder -glied(er) (Insekten)

h = hoch (Schale der Mollusken)
h = Humeralquerader (Flügel der Insekten)
H = Halsschild (Käfer)
HF = Hinterfuß (Säugetiere)
Ht-, -ht- = Hinter-, -hinter- (Insekten)

I = Schneidezahn, Incisivus (Säugetiere)

KR = Kopf-Rumpf-Länge (Säugetiere)

l = lang (Schale der Molluskenl
L = Länge (Vögel)

M = Media, Medialzelle (Flügel der Insekten)
M = Backenzahn, Molar (Säugetiere)
m = Medialquerader (Flügel der Insekten)
Mt- = Mittel- (Insekten)
Mt = Metatarsus (Teil des Fußes bei Spinnentieren)

OK = Oberkiefer (Säugtiere)
Op = Opisthosoma (Hinterleib der Spinnentiere)

P = Vorbackenzahn, Praemolar (Säugetiere)
Pr = Prosoma (Vorderkörper der Spinnentiere)
Pt = Patella (Knie der Spinnentiere)
Pub- = Pubertäts- (Regenwürmer)

R = Radius oder Radialader, Radialzelle (Flügel der Insekten)
r = Radialquerader (Flügel der Insekten)
RFl = Rückenflosse (Fische)
r-m = Radiomedalquerader (Flügel der Insekten)
Rs = Radialsektor, Radiussektor (Flügel der Insekten)
Rspl = Radialsupplementsektor (Libellen)

s = Sektorialquerader (Flügel der Insekten)
Sc = Subcosta (Flügel der Insekten)
Sch = Schale (Mollusken, Krebse)
SchH = Schulterhöhe (Säugetiere)
Schw = Schwanz (Säugetiere)
Segm = Segment(e) (Anneliden, Libellen)
SFl = Schwanzflosse (Fische)
Sl = Seitenlappen der Fangmaske (Libellenlarven)
Slinie = Seitenlinie (Fische)

Ta = Tarsus, Tarsen, Tarsal- (Fuß der Arthropoden)
Th, Th- = Thorax, Thoracal- (Krebse, Insekten)
Ti = Tibia (Schiene der Arthropoden)
Tr = Trochanter (Schenkelring der Arthropoden)

UA = Unterarm (Säugetiere)
UK = Unterkiefer (Säugetiere)

Vd-, -vd- = Vorder-, -vorder- (Insekten)

Schaefer · Scheu | Brohmer – Die Fauna Deutschlands und angrenzender Länder

Matthias Schaefer † · Stefan Scheu

Brohmer

Die Fauna Deutschlands und angrenzender Länder

Ein Bestimmungsbuch unserer heimischen Tierwelt

26., überarbeitete Auflage

Unter Mitarbeit von Hermann Ansorge, Gunnar Brehm und Konrad Fiedler

Quelle & Meyer Verlag Wiebelsheim

Prof. Dr. Matthias Schaefer †, Prof. Dr. Stefan Scheu
Johann-Friedrich-Blumenbach-Institut für Zoologie und Anthropologie
Georg-August-Universität Göttingen
Untere Karspüle 2
37073 Göttingen
Deutschland

Bibliografische Information der Deutschen Nationalbibliothek
Die Deutsche Nationalbibliothek verzeichnet diese Publikation in der Deutschen Nationalbibliografie; detaillierte bibliografische Daten sind im Internet über http://dnb.d-nb.de abrufbar.

26., überarbeitete Auflage

www.quelle-meyer.de

Umschlagabbildungen:

Vorderseite:
Baummarder: Christian Knittel; Haselblattroller und Zweifarbige Sandbiene: Wolfgang Willner

Rückseite:
Graugänse: Hans-Joachim Fünfstück

Druck und Verarbeitung: BuchdruckZentrum, Prüm
Printed in Europe/Imprimé en Europe
ISBN 978-3-494-01956-7

Inhalt

Vorwort zur 26. Auflage (S. Scheu) VII
Vorwort zur 24. Auflage*) VII
Zum Konzept der „Fauna von Deutschland" IX

Kurze Einführung in die Systematik (Taxonomie) 1
Hinweise zum Gebrauch des Buches 4
Übersicht über die Großgruppen (S. Scheu) 5
„Protisten", einzellige Eukaryota, Einzeller (S. Scheu) 12
Porifera, Schwämme 33
Cnidaria, Nesseltiere 36
Plathelminthes, Plattwürmer 42
Gnathifera (S. Scheu, M. Schaefer) 50
Bryozoa (= **Ectoprocta**), Moostierchen 56
Nemertini, Schnurwürmer 61
Mollusca, Weichtiere 63
Annelida, Ringelwürmer (S. Scheu) 100
Nematoda, Fadenwürmer 112
Tardigrada, Bärtierchen 116
Arthropoda, Gliederfüßer (Übersicht) (S. Scheu) 118
  Arachnida, Spinnentiere (Übersicht) (S. Scheu) 120
    Araneae, Spinnen 121
    Pseudoscorpiones (= **Chelonethi**), Pseudoskorpione 144
    Opiliones, Weberknechte 146
    Acari (= **Acarina**), Milben 150
  Myriapoda, Tausendfüßer (S. Scheu) 162
  „Crustacea", Krebstiere 170
  Hexapoda (= **Insecta**), Insekten 191
    Primär flügellose Insekten 205
    Ephemeroptera, Eintagsfliegen 214
    Odonata, Libellen (S. Scheu) 220
    Plecoptera, Steinfliegen, Uferfliegen 230
    Dermaptera, Ohrwürmer 236
    „Blattoptera", Schaben 238
    Orthoptera, Heuschrecken 240
    Psocoptera, Rindenläuse, Staubläuse 253
    Phthiraptera, Lauskerfe, Läuslinge 258
    Thysanoptera, Fransenflügler, Blasenfüße, Thripse 262
    Auchenorrhyncha (= **Cicadina**), Zikaden (S. Scheu) 265
    Sternorrhyncha, Pflanzenläuse (S. Scheu) 275
    Heteroptera, Wanzen (S. Scheu) 287
    Hymenoptera, Hautflügler 312
    Neuroptera (= **Planipennia**), Echte Netzflügler, Hafte, Plattflügler 339
    Coleoptera, Käfer 343
    Trichoptera, Köcherfliegen 410
    Lepidoptera, Schmetterlinge (G. Brehm, K. Fiedler) 420
    Mecoptera, Schnabelfliegen 450
    Siphonaptera (= **Aphaniptera**), Flöhe 452
    Diptera, Zweiflügler (S. Scheu) 455
Echinodermata, Stachelhäuter 502

---

*) Wenn kein Bearbeiter genannt wird, ist M. Schaefer Autor des Beitrages.

Chordata, Chordatiere
Tunicata (= **Urochordata**), Manteltiere 505
Craniata (= **Craniota**), Schädeltiere (Übersicht) (S. Scheu) 507
„Pisces", Fische 508
Amphibia, Lurche 550
„Reptilia", Kriechtiere 557
Aves, Vögel 560
Mammalia, Säugetiere (H. Ansorge) 616

Register 640

Anteile der Tiergruppen (in %) an der gesamten Fauna in Deutschland (etwa 50000 Arten)

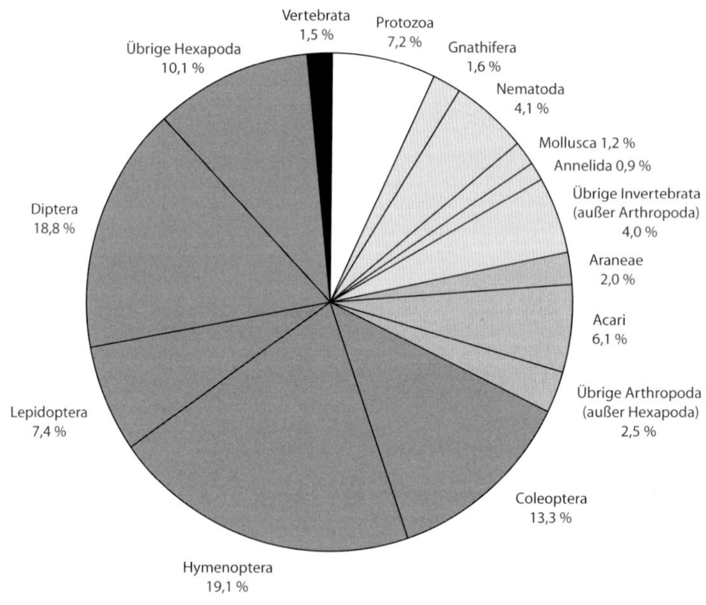

Vorwort zur 26. Auflage

Mit der 26. Auflage erscheint der „Brohmer" in neuem Format. Das größere Format soll die Übersichtlichkeit verbessern, den Charakter als Feldführer jedoch beibehalten. Für die 26. Auflage wurden alle Tiergruppen einschließlich der Protisten überarbeitet und aktualisiert. Dies betrifft insbesondere die Nomenklatur sowie die phylogenetischen Zusammenhänge. Um den aktuellen Stand phylogenetischer Forschung abzubilden, werden jetzt beispielsweise die Nematoden als Gruppe der Ecdysozoen vor die Tardigraden und Arthropoden gestellt. Auch werden jetzt die Hymenopteren als basale Gruppe der holometabolen Insekten vor den anderen Gruppen der holometabolen Insekten platziert. Das größere Format erlaubte auch, die Einführungen sowie die Übersicht über das phylogenetische System der einzelnen Tiergruppen in Normalschrift und nicht wie in vorangegangenen Auflagen in Kleinschrift darzustellen. Zudem wurde die Literatur am Ende der jeweiligen Kapitel überarbeitet und jetzt in übersichtlicherer, weniger kompakter Form dargestellt. Soweit möglich, erfolgen Aufzählungen von Taxa in alphabetischer Reihenfolge.

Das Buch präsentiert damit insgesamt in übersichtlicher Form den aktuellen Stand der wissenschaftlichen Untersuchung der Fauna von Deutschland. Da diese in breiter Weise mit der Fauna der angrenzenden Länder überlappt, erhält der Titel den Zusatz „und angrenzender Länder". Die Angaben zu Artenzahlen in den Bestimmungstabellen beziehen sich jedoch weiterhin (meist) auf das Gebiet von Deutschland. Für die Bestimmung auf Ebene von Familien oder (meist) auf Gattungen kann die „Fauna" jedoch weit über Deutschland hinaus verwendet werden.

Die 26. Auflage erscheint unter der Herausgeberschaft von Matthias Schaefer und mir. Leider war es Herrn Schaefer nicht vergönnt diese Auflage noch zu erleben, er hat jedoch bis kurz vor seinem Tod im September 2022 an „seiner" Fauna gearbeitet. Matthias Schaefer hat den „Brohmer" wie kein vorheriger Herausgeber geprägt und dies über fast 40 Jahre (siehe sein Vorwort zur 24. Auflage). Damit ist die 26. Auflage weiterhin im Wesentlichen sein Werk. Um die von ihm etablierte kompakte und kohärente Form der „Fauna" zu erhalten, wurden keine weiteren Bearbeiter aufgenommen. Zumindest für die 26. Auflage konnte dies durch sein Engagement bewältigt werden.

Für Hinweise zum phylogenetischen System danke ich Christoph Bleidorn (Göttingen). Für Hilfe bei der Durchsicht des Registers danke ich Svenja Meyer (Göttingen). Mein besonderer Dank gilt Claudia Huber (Erfurt), die, wie in den vorangegangenen Auflagen, die Druckfassung erstellt hat.

Göttingen, im November 2023 Stefan Scheu

Vorwort zur 24. Auflage

Mit dem Erscheinen der 24. Auflage hat die „Fauna von Deutschland" (die meist unter „Brohmer" firmiert) ein Alter von über 100 Jahren erreicht. Sie wurde nach dem Vorbild des zweibändigen Werkes von Johannes Leunis, Synopsis der Thierkunde (1883, 1886), im Jahre 1914 von Paul Brohmer begründet, der sie über 9 Auflagen bis zum Jahre 1964 herausgab. Mit dieser Idee – Darstellung der heimischen Fauna in einem einbändigen Bestimmungsbuch – war er also der Impulsgeber für die Entstehung eines „Jahrhundertwerks". Paul Brohmer hatte selbst die Bearbeitung der Säugetiere übernommen, 11 weitere Mitarbeiter kümmerten sich um die übrigen Tiergruppen. Zu nennen sind vor allem die Entomologen Georg Ulmer (Hamburg) und Günther Enderlein (Stettin), die die Bestimmungsschlüssel für die meisten Insektengruppen konzipierten. Nach dem Tode von Paul Brohmer im Jahre 1965 wurde das Werk von Wolfgang Tischler (Kiel) als Herausgeber fortgeführt. Die 10. Auflage erschien 1969. Mit der 15. Auflage (1984) habe ich von ihm die Herausgeberschaft übernommen.

Von der 1. Auflage bis zur heutigen 24. Ausgabe hat das Werk einen langen Entwicklungsprozess durchlaufen. Im Äußeren wuchs es im Umfang von 587 auf deutlich über 750 Seiten an, die Zahl der Abbildungen nahm von 927 auf 2213 zu. Im Inhaltlichen erweiterte sich die „Fauna": Es wurden die marinen Gruppen mit einbezogen, und es kamen Schlüssel für Insektenlarven hinzu. Die Zahl der Mitarbeiter stieg bis zur 9. Auflage auf 26 an und sank dann auf das gegenwärtige Niveau von 7 (jeweils mit Herausgeber gerechnet). Auch das Konzept der Fauna hat sich gewandelt: Die wissenschaftlichen Inhalte wurden in hohem Maße didaktisch aufbereitet. Die Bestimmungsschlüssel mussten auch für Anfänger benutzbar sein. Im Laufe der Zeit habe ich mich seit meiner Arbeit als Herausgeber der

Fauna unter anderem darum bemüht, ein Werk mit einem geschlossenen, durchgängigen Konzept in Inhalt und äußerer Gestaltung zu präsentieren; die geringe Zahl von Autoren hat dies erleichtert, ja, sie war eine Voraussetzung dafür.

Die „Fauna von Deutschland“ ist in dieser Ausgabe im Hinblick auf Systematik und Taxonomie auf dem neuesten Stand. Jedes Taxon wird , bisweilen mit einer gewissen Unsicherheit, mit seinem derzeit gültigen Namen präsentiert. Eine wertvolle Hilfe waren dabei die vielen im Internet zugänglichen Datenbanken auf regionaler und globaler Ebene sowohl für die Fauna allgemein (z. B. PESI – Pan-European Species Directories Infrastructure, Fauna Europaea, WoRMS – World Register of Marine Species, Marine Species Identification Portal) wie auch für einzelne Tiergruppen (z. B. FishBase für Fische als größte existierende biologische Datenbank). Für jede der in den einzelnen „Kapiteln“ behandelten Gruppen wird das derzeit gültige System wiedergegeben, wenn es denn eines gibt. Schließlich war es an der Zeit, über den eigenen Schatten zu springen und trotz des bisher gepflegten moderaten Konservativismus ein modernes System des Tierreichs zugrundezulegen, für welches molekulare Daten entscheidende Hinweise geben. Natürlich läuft man Gefahr, sich der Dynamik weiterer Veränderungen im Großsystem zu unterwerfen, was Änderungen im Buch notwendig machen würde. Aber der Vorteil überwiegt: Das Buch ist umfassend auf dem aktuellen Stand der Wissenschaft.

Für die 24. Auflage wurden die Beiträge „Mollusken“, „Schmetterlinge“ und „Fische“ neu bearbeitet. Im Übrigen wurde der gesamte Text auf Fehler, Unstimmigkeiten und Verbesserungsmöglichkeiten durchgesehen. Die Aufnahme wichtiger Neozoen war notwendig und schließlich wurde auch die Literatur aktualisiert. Gunnar Brehm (Jena) konnte als neuer Mitarbeiter für den Beitrag „Schmetterlinge“ gewonnen werden, den er nun neben Konrad Fiedler betreut. Stefan Scheu übernahm die Bearbeitung der Anneliden und Myriapoden, an der Aktualisierung der drei Kapitel für die Gruppen der Hemipteren (Zikaden, Pflanzenläuse und Wanzen) haben Stefan Scheu und ich gemeinsam gearbeitet.

Es gibt heute für viele Tiergruppen gute Feldführer mit farbigen Illustrationen oder hochwertigen Farbfotos. Was ist der Mehrwert eines Bestimmungswerkes wie die „Fauna“ – mit einfachen Strichzeichnungen in Schwarz-Weiß und komplexen Bestimmungstabellen, die Einarbeitung erfordern? Bildführer vermitteln einen Eindruck vom Habitus, die Tabellen eines Bestimmungsbuches mit ihren Differentialdiagnosen zwingen zum genauen Hinsehen, schärfen den Blick für die wesentlichen und typischen Merkmale der einzelnen Taxa, für die Unterschiede zwischen recht ähnlichen Arten oder Gattungen (oder auch Familien). Die Tabellen geben auch Informationen über das taxonomische „Umfeld“ eines Taxons im System. Nur auf diesem Wege erwirbt man eine solide Arten- und Formenkenntnis.

Ein solcher Zugang zum Kennenlernen der heimischen Fauna hat seinen Preis: Nur ein kooperationsbereiter, geduldiger Nutzer, der sich auf den „Dialog“ mit dem Buch einlässt, hat beim Bestimmen Erfolg. Er muss die auf das Wesentliche kondensierten Texte genau lesen. Gefragt sind auch räumliches Vorstellungsvermögen und die Fähigkeit, flächige oder räumliche Muster zu identifizieren, Formen zu erkennen oder Proportionen und Größenrelationen abzuschätzen. Der Leser muss die Abbildungen genau studieren; er muss sich mit den spärlichen Angaben zur Färbung begnügen (Farbtafeln gibt es nicht; sie würden den Rahmen des Buches sprengen). Wie unsere Erfahrungen in Bestimmungsübungen an Universitäten zeigen, resultieren viele Irrtümer in der Bestimmung aus Flüchtigkeitsfehlern bei der Benutzung der Tabellen, entweder beim Lesen der Texte oder bei der Einschätzung von Merkmalen. Auch ist Flexibilität gefragt – führt bei zwei Alternativen der eine Weg nicht zum Erfolg, wird der andere ausprobiert.

Für die vorliegende Auflage habe ich wertvolle Hinweise erhalten. Nennen möchte ich: Sven Bradler (Göttingen), Dieter Glandt (Ochtrup), Mark Maraun (Göttingen), Michael Schmitt (Greifswald), Jürgen H. Jungbluth (Heidelberg), Patrick Pachl (Göttingen), Susanne Hauswaldt (Braunschweig) und Simon Engelberger (Wien) mit besonders viel Anmerkungen. In der Vergangenheit haben wichtige Beiträge geliefert: Klaus Dornieden (Göttingen) für die Vögel, Herbert Nickel (Göttingen) für die Zikaden, Mark Maraun (Göttingen) und Sonja Migge-Kleian (Walldorf) für die Hornmilben.

Von Renate Grüneberg (Göttingen) stammt ein Großteil der Zeichnungen, die sie für vergangene Auflagen angefertigt hat; Christel Fischer (Göttingen) beteiligte sich an der Vorbereitung dieses Manuskriptes und hat mir in der Vergangenheit in vielfältiger Weise bei meiner schriftlichen Arbeit als Herausgeber geholfen. Bernd Baumgart (Göttingen) hat mich im graphischen Bereich sehr unterstützt.

Besonders möchte ich auch Claudia Huber (Erfurt) danken, die für diese Auflage (und auch frühere Auflagen) mit großem Engagement die Druckfassung der Texte hergestellt hat.

Göttingen, im Oktober 2015 Matthias Schaefer

Zum Konzept der „Fauna von Deutschland"

Die „Fauna" soll den Benutzer in die Lage versetzen, die vielfältigen Formen der heimischen Fauna so einfach und soweit wie möglich korrekt bestimmen zu können. Dabei gibt es keine Vorauswahl von Taxa, die in die Bestimmungstabellen aufgenommen werden: Das als Resultat der Bestimmung gefundene Taxon kann nur dieses und kein anderes sein (wenn richtig determiniert worden ist). Allerdings ist ohne großen Aufwand nur bei wenigen Gruppen (vor allem bei Wirbeltieren und bei manchen Arthropoden) eine eindeutige Bestimmung bis zur Art möglich. In den meisten Fällen können die Schlüssel primär nur der Orientierung dienen und gestatten eine Bestimmung nur bis zur Familie oder sogar nur zu noch ranghöheren Taxa; für eine wissenschaftlich verlässliche Identifizierung benötigt man häufig spezielle Literatur.

Das Werk soll einen Zugang zur gesamten Fauna ermöglichen; deshalb sind auch mikroskopische Gruppen wie Nematoden oder Protozoen und auf der anderen Seite „Bildführer"-Gruppen wie Vögel, Amphibien, Reptilien abgehandelt.

Wenn es für Taxa deutsche Namen gibt, sind sie angegeben. Allerdings wurde es vermieden, die vielfach eingeführten deutschen Kunstnamen – besonders für populäre charismatische Gruppen (wie Heuschrecken, Laufkäfer oder Mollusken) – zu übernehmen.

Eine weitere Funktion des Buches ist die eines Nachschlagewerkes. Dem Benutzer soll es ermöglicht werden, – auch über das umfangreiche Register – taxonomische Bezeichnungen richtig einordnen zu können. Allerdings kann hier Vollständigkeit kein Ziel sein. Diesem Nachschlagecharakter entsprechend sind bei vielen Gattungen oder Familien häufige/wichtige/auffällige Arten als Beispiele genannt.

Die Fauna ist ein einbändiges Werk, um als Taschenbuch bei Exkursionen ohne Probleme mitgeführt werden zu können. Auf diesem Hintergrund sind viele platzsparende Formen der Gestaltung zu sehen, vor allem die Benutzung von Kleindruck, was in den Tabellen auch die Übersichtlichkeit steigert.

Ausführlichere biologische Informationen über die Gruppen, detaillierte Verbreitungsangaben und präzise Angaben von Häufigkeiten für die Arten würden den Rahmen des Werkes sprengen. Die umrahmende Information muss sparsam gehalten werden.

Der Abschnitt „Literatur" kann nicht erschöpfend sein; hier werden nur wenige Standardwerke, die beim Bestimmen weiterhelfen können, genannt.

Die „Fauna" ist keine Konkurrenz zu Bildführern, die als Ergänzung und Veranschaulichung benutzt werden sollten. Auf der anderen Seite ist die „Fauna" mit präzisen Bestimmungsschlüsseln wichtig als Begleitung zu derartigen Bildführern, da diese für die Gruppen der Wirbellosen (z. B. Insekten) stark auswählen.

Das Buch möchte im didaktischen Aufbau seiner Tabellen einen weiten Leserkreis ansprechen. Es soll für Bestimmungsübungen an Universitäten geeignet sein, aber auch von Schullehrern für die Arbeit im Unterricht, interessierten Biologen und Laien benutzt werden können.

Frühere Auflagen

1\. Auflage (1914) – 9. Auflage (1964)
Herausgeber: Paul Brohmer
10\. Auflage (1969) – 15. Auflage (1982)
Herausgeber: Wolfgang Tischler
16\. Auflage (1984) – 25. Auflage (2018)
Herausgeber: Matthias Schaefer

Verzeichnis der Bearbeiter

Prof. Dr. Hermann Ansorge – Staatliches Museum für Naturkunde Görlitz, Am Museum 1, 02826 Görlitz, Deutschland

Dr. Gunnar Brehm – Institut für Spezielle Zoologie und Evolutionsbiologie mit Phyletischem Museum, Erbertstr. 1, 07743 Jena, Deutschland

Prof. Dr. Konrad Fiedler – Institut für Ökologie und Naturschutz, Abteilung Populationsbiologie, Universität Wien, Althanstr. 14, 1090 Wien, Österreich

Prof. Dr. Matthias Schaefer † – Johann-Friedrich-Blumenbach-Institut für Zoologie und Anthropologie, Abteilung Tierökologie, Universität Göttingen, Untere Karspüle 2, 37073 Göttingen, Deutschland

Prof. Dr. Stefan Scheu – Johann-Friedrich-Blumenbach-Institut für Zoologie und Anthropologie, Abteilung Tierökologie, Universität Göttingen, Untere Karspüle 2, 37073 Göttingen, Deutschland

Kurze Einführung in die Systematik

Individuum und Biopopulation. Einheiten mit Realität in der lebenden Natur sind das Individuum als ein selbstständig lebensfähiger Organismus und die Biopopulation als eine Gruppe isoreagenter Individuen mit Koexistenz in Raum und Zeit. Individuen und Biopopulationen repräsentieren Dinge oder materielle Systeme in der Komposition aus Teilen. Zellen und Organe sind Teile eines vielzelligen Organismus – Individuen die Teile einer Biopopulation. Im Fall der bisexuellen Vermehrung wird aus den Individuen der Biopopulation eine Fortpflanzungsgemeinschaft.

Art und Abstammungsgemeinschaft. Individuen bilden den Gegenstand unserer Beobachtungen; sie sind konkrete Objekte der materiellen Welt. Individuen gehen aber nicht direkt in die Systematik ein, sondern mittelbar über zwei Verallgemeinerungseinheiten als Zwischenglieder. Für die Errichtung eines Systems der Organismen schaffen wir die beiden **Klassen** Art und Abstammungsgemeinschaft, in denen Individuen zu Mitgliedern werden. Die Klassen sind konzeptionelle Objekte des Menschen. In einer **Art** vereinigen wir eigenschaftsäquivalente Individuen aus Vergangenheit, Gegenwart und Zukunft. Die übereinstimmenden Eigenschaften sind der Ausdruck einer äquivalenten genetischen Information. In einer **Abstammungsgemeinschaft** führen wir Individuen verschiedener Arten mit dem gemeinsamen Besitz abgeleiteter, apomorpher Eigenmerkmale einmaliger Entstehung zusammen. Diese Merkmale werden Autapomorphien genannt.

Erklärung: In der Geschichte der Abstammungsgemeinschaft gab es einmal eine Stammart, bei welcher die Eigenmerkmale als evolutive Neuheiten entwickelt waren. Sie wurden von den Individuen der Stammart an die Folgearten weitergegeben.

Beispiel: 4000 rezente Säugetier-Arten besitzen deshalb ein Haarkleid, Milchdrüsen, die 3 Gehörknochen Hammer, Amboss und Steigbügel im Mittelohr, kernlose rote Blutkörperchen u. a., weil sie alle auf Individuen einer Stammart mit diesen Merkmalen zurückgehen. Über ihre Interpretation als Autapomorphien begründen wir eine Abstammungsgemeinschaft Säugetiere.

Infolge der strikten Orientierung an der Realität des Lebendigen werden Arten und Abstammungsgemeinschaften als **natürliche Klassen** bezeichnet.

Taxa. Das **phylogenetische System** ist der Versuch des Menschen, die Verwandtschaftsbeziehungen zwischen Organismen wiederzugeben, welche in der Stammesgeschichte entstanden sind. Zur Darlegung dieser immateriellen Ordnung in der lebenden Natur müssen wir die Verallgemeinerungseinheiten aus Individuen in Taxa als Einheiten des Systems überführen. Aus der natürlichen Klasse Art wird das **Taxon Art** des Systems. Die Abstammungsgemeinschaften werden zu **supraspezifischen Taxa** des Systems; in der Zusammensetzung aus einer Stammart und allen Nachkommen nennen wir sie Monophyla.

Aus der Abfolge von Taxa zunehmenden erdgeschichtlichen Alters resultiert eine enkaptische Hierarchie mit Super- und Subordination. Die Raubtiere werden in das superordinierte Taxon Säugetiere aufgenommen. Die Einheit der Säugetiere ist ihrerseits dem ranghöheren Taxon Wirbeltiere subordiniert.

Die Taxa des Systems tragen international verbindliche Namen in lateinischer Sprache. Carl von Linné hat die **binominale Nomenklatur** zum Gesetz erhoben (Philosophia botanica, 1751) und wenig später bei den Tieren eingeführt (Systema naturae, 10. Auflage 1758). Das Binomen der Art besteht aus zwei Wörtern (Haussperling – *Passer domesticus* Linnaeus, 1758), das Uninomen des supraspezifischen Taxons aus einem Wort (Vögel – Aves; Säugetiere – Mammalia).

Reale Einheiten in der Natur	Natürliche Klassen	Taxa des Systems	Kategorien der Klassifikation
Individuum, Biopopulation	Art, Abstammungsgemeinschaft	Taxon Art, Supraspezifisches Taxon	Kategorie Art, Kategorien Gattung → Stamm

Kategorien. Seit Linné (Systema naturae, 1. Auflage 1735) operiert die Systematik mit Kategorien wie Art, Gattung, Ordnung oder Klasse zur Kennzeichnung der Ranghöhe von Taxa in der Hierarchie des Systems. In traditionellen Klassifikationen der Tiere gibt es über 20 gebräuchliche Kategorien. Mit Ausnahme der Kategorie Art handelt es sich indes um beliebige Etiketten ohne Möglichkeit objektiver Definitionen. Im phylogenetischen System (wie z. B. in Ax 1995, 1999) finden sie keine Verwendung. Moderne Lehrbücher der Speziellen Zoologie verwenden häufig die traditionelle Klassifikation (z. B. Kaestner 1980–1995), sie können aber auch völlig ohne supraspezifische Kategorien auskommen (z. B. Westheide u. Rieger 2013, 2015).

Wichtige Kategorien sind (hierbei wird die taxonomische Einordnung der Teichmuschel als Beispiel gegeben):

Stamm (Phylum)	Mollusca
Klasse	Bivalvia
Ordnung	Eulamellibranchiata
Überfamilie	Unionoidea
Familie	Unionidae
Unterfamilie	Anodontinae
Tribus	Anodontini
Gattung (Genus)	*Anodonta*
Art (Species)	*Anodonta cygnea* (Linnaeus, 1758) Teichmuschel

In dem vorliegenden Bestimmungsbuch werden gemäß den Prinzipien der phylogenetischen Systematik keine höheren Kategorien verwendet. Wer sich hier über die traditionelle Einordnung informieren möchte, kann in einer der Datenbanken zur Fauna nachschlagen. Die Bezeichnungen „Familie", „Überfamilie", „Unterfamilie" werden weiter benutzt, da es in diesen Fällen für die Namensgebung Regeln gibt (s. folgenden Absatz). Für das Großsystem der Tiere wird eine moderne Klassifikation zugrunde gelegt, die sich auch stark auf molekulare Daten stützt (Edgecombe et al. 2011, Giribet u. Edgecombe 2020). Ein allgemein akzeptiertes, endgültiges System liegt allerdings weiterhin noch nicht vor. Im Gegensatz zu den Protisten ist das phylogenetische System der Metazoen jedoch konsolidiert.

Zoologische Nomenklatur. Für die zoologische Nomenklatur gibt es Regeln, die von einer internationalen Kommission festgelegt sind (zuletzt im „International Code of Zoological Nomenclature", London, 1985). Hier nur wenige Hinweise:

Der erste Name eines Binomens für die Benennung einer Art bezeichnet die Gattung (Genus), der zweite die Art (Species); dahinter wird der Autor angeführt, der die Art zuerst beschrieben hat, mit – durch ein Komma abgetrennt – dem Erscheinungsjahr der Publikation mit der Originalbeschreibung. Autor und Jahr werden in Klammern gesetzt, wenn die Art später in eine andere Gattung gestellt worden ist.

Der Name für Familie (und Überfamilie, Unterfamilie, Tribus) wird aus dem Namen der sogenannten „Typusgattung" hergeleitet. Die Endung unterliegt einem Standard; dabei wird an den Wortstamm der Typusgattung die **Endung -oidea** (**Überfamilie**), **-idae** (**Familie**), **-inae** (**Unterfamilie**), **-ini** (**Tribus**) angehängt. Beispiele für die Bildung des Familiennamens: Veneridae (Typusgattung *Venus*, Gen. sing. Veneris), Sphaeromatidae (*Sphaeroma*, Sphaeromatos), Felidae (*Felis*, Felis), Bovidae (*Bos*, Bovis), Hominidae (*Homo*, Hominis).

Nach dem **Prioritätsgesetz** (das allerdings gewissen Einschränkungen unterliegt) ist der gültige Name einer Art der älteste verfügbare Name, der ihr gegeben wurde; das Auffinden früherer Artbeschreibungen in der Literatur oder Doppelbeschreibungen (häufig wegen unzureichender taxonomischer Kenntnisse) führen zu **Synonymen** (nicht gültige Artnamen). Generell sind Synonyme verschiedene Namen für dasselbe Taxon.

Literatur

Die vorstehenden allgemeinen Ausführungen über Systematik basieren auf einem von P. Ax verfassten Konzept.
Das System wird in seinen Grundlagen dargestellt in: Ax, P.: Das System der Metazoa I–III. Ein Lehrbuch der phylogenetischen Systematik. Stuttgart, Jena, New York, 1995–2001.
Zur Theorie: Mahner, M., Bunge, M.: Foundations of biophilosophy. Berlin, Heidelberg, New York, 1977.
Weitere Literatur zur Systematik:
Edgecombe, G. D., Giribet, G., Dunn, C. W., Hejnol, A., Kristensen, R. M., Neves, R., Rouse, G. W., Worsaae, K., Sørensen, M. V.: Higher-level metazoan relationships: recent progress and remaining questions. Organisms, Diversity and Evolution 11, 2011.
Giribet, G., Edgecombe, G. D.: The Invertebrate Tree of Life. Princeton, 2020.
Kaestner, A. (Begr.): Lehrbuch der speziellen Zoologie. Jena, Stuttgart, 1980–1995.
Westheide, W., Rieger, G. (Hrsg.): Spezielle Zoologie, Teil 1: Einzeller und Wirbellose Tiere; Teil 2: Wirbel- oder Schädeltiere. 3. Aufl. Berlin, Heidelberg, 2013, 2015.
Datenbanken zur Fauna:
GBIF (Global Biodiversity Information Facility) [https://www.gbif.org/].
COL (Catalogue of Life) [https://www.catalogueoflife.org/].
PESI (Pan-European Species directories Infrastructure) [http://www.eu-nomen.eu/portal/index.php].
Fauna Europaea [https://fauna-eu.org/].
WoRMS (World Register of Marine Species) [http://www.marinespecies.org/index.php].
Marine Species Identification Portal [http://species-identification.org/].

Hinweise zum Gebrauch des Buches

(1) **Aufbau der Bestimmungsschlüssel:** Für die einzelnen Gruppen wird in einem Vorspann eine kurze Einführung gegeben mit Bezeichnung wichtiger Fachausdrücke, Angabe von Abkürzungen, einem Überblick über das System und – wo notwendig – einer Auflistung besonders geschützter Arten. Die Bestimmungstabellen folgen dem dichotomen Prinzip der Beantwortung von Alternativfragen über Merkmale. Bisweilen gibt es drei oder vier Alternativen. Unter „L i t e r a t u r" wird nur eine Auswahl wichtiger Werke gegeben.

(2) **Abbildungen** dienen der Veranschaulichung und sollten zu Rate gezogen werden.

(3) Der **Gebrauch von Abkürzungen** wird für die einzelnen Tiergruppen zum Teil unterschiedlich gehandhabt. Der Lesbarkeit der Tabellen wegen werden Abkürzungen möglichst sparsam eingesetzt.

(4) Die Tabellen sind so konstruiert, dass ein zu bestimmendes Tier **eindeutig** bis zu einem festgelegten taxonomischen Niveau (bei artenreichen Gruppen häufig ein supraspezifisches Taxon) **determiniert** werden kann. Bei der biologischen Variation und der Schwierigkeit im Erkennen mancher Merkmale ist **Flexibilität** im Beurteilen der Merkmale notwendig. Manchmal muss man im Schlüssel zwei Wege ausprobieren. Dieses Werk kann kein „Kochbuch" sein.

(5) Es können nur **ausgewachsene Tiere** bestimmt werden. Für manche Gruppen (vor allem unter den Insekten) stehen – als Ausnahme – Schlüssel für die Determination der Larven zur Verfügung.

(6) Die behandelten Tiergruppen beziehen sich grundsätzlich auf das Gebiet der Bundesrepublik Deutschland unter Einschluss der Meeresküsten als **geographischem Gebiet.** Ostsee und Nordsee sind nur im Randbereich, nicht mit der eigentlichen Hochsee berücksichtigt. Bisweilen sind auch Österreich und die Schweiz mit den Alpen einbezogen.

(7) Die **Artenzahl** bezieht sich auf das Gebiet von Deutschland, selten auf das weitere Mitteleuropa. Sie wird häufig folgendermaßen angegeben: Zahl durch Semikolon getrennt vor Gattungsnamen; z. B. 3; Flussmuscheln, ***Unio*** Philipsson bedeutet, dass die Muschelgattung ***Unio*** im Gebiet mit 3 Arten vertreten ist.

(8) Ein **Überblick über das gesamte System der Tiere** wird durch die Darstellung des Systems bei den einzelnen Gruppen in einer hierarchischen Abfolge von ranghöheren zu rangniederen Taxa vermittelt. Bei der Nennung von Gattungs- und Artnamen wird der Autor (Erstbeschreiber) angeführt, dieser wird nur für Linné mit L. und für Fabricius mit F. abgekürzt.

(9) Die Übersicht über **besonders geschützte Arten** folgt der Bundesartenschutzverordnung in der Fassung von 2005.

Übersicht über die Großgruppen

Vorbemerkung: Die Abbildungen sind meist nur Beispiele für die betreffenden, z. T. formenreichen Gruppen.

System (nach Westheide & Rieger (2013, 2015) und Giribet & Edgecombe (2020); nichttheimische Gruppen in eckigen Klammern; wenn nur zwei Gruppen in gleicher Einreihung untereinander stehen sind sie Schwestergruppen):

Choanoflagellata unter den **„Protisten“** (einzellige **Eukaryota,** Einzeller)
Metazoa
- **Porifera** (Schwämme)
- **Cnidaria** (Nesseltiere)
- **Ctenophora** (Rippenquallen)
- **Bilateria**
  - **Xenacoelomorpha** (**Xenoturbellida** + **Acoelomorpha**)
  - **Nephrozoa**
    - **Protostomia**
      - **Lophotrochozoa** (= **Spiralia**)
        - **Gastrotricha** (Bauchhärlinge)
        - **Plathelminthes** (Plattwürmer)
        - **Gnathifera**
          - **Gnathostomulida**
          - **Rotatoria** (= **Rotifera**) (Rädertiere, incl. **Acanthocephala,** Kratzer)
        - **Chaetognatha** (Pfeilwürmer)
        - **Lophophorata** (= Tentaculata)
          - **Phoronida** (Hufeisenwürmer)
          - **Kamptozoa** (= **Entoprocta**) (Kelchtiere)
          - **Bryozoa** (= **Ectoprocta**) (Moostierchen)
        - **Nemertini** (= **Nemertea**) (Schnurwürmer)
        - **Mollusca** (Weichtiere)
        - **Annelida** (Ringelwürmer)
      - **Ecdysozoa**
        - **Kinorhyncha**
        - **Priapulida** (Priapswürmer)
        - **Nematoda** (Fadenwürmer)
        - **Nematomorpha** (Saitenwürmer)
        - **Panarthropoda**
          - **Tardigrada** (Bärtierchen)
          - [**Onychophora** (Stummelfüßer)]
          - **Arthropoda** (Gliederfüßer)
    - **Deuterostomia**
      - **Ambulacraria**
        - **Hemichordata** (= **Branchiotremata**)
        - **Echinodermata** (Stachelhäuter)
      - **Chordata** (Chordatiere)
        - **Acrania** (= **Cephalochordata**) (Schädellose)
        - **Olfactores**
          - **Tunicata** (= **Urochordata**) (Manteltiere)
          - **Craniata** (= **Craniota**) (Schädeltiere)

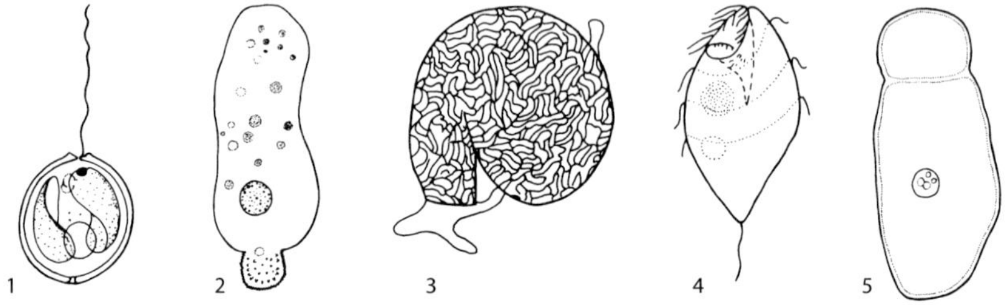

1–5 Einzeller

1. Einzellig (selten Kolonien aus mehreren Zellen bildend, z. B. [**16**] (S. 19), nackt oder von Hüllen bzw. Schalen umgeben. Fast immer unter 1 mm. Freilebend im Wasser oder in feuchten Medien, oder parasitisch in Tieren u. Pflanzen [**1–5**] . . . Einzeller, einzellige **Eukaryota, „Protisten"** S. 12

Mit Einzellern zu verwechseln sind einige wasserlebende Vielzeller: **Rotifera** (Wimperapparat am Kopf; Kauapparat mit Zähnen [**31**]), s. Nr. **10**; **Gastrotricha** (flaschenförmig, mit paarigen ventralen Wimpernbändern, auffällig bestachelt oder beschuppt [**33**]), s. Nr. **10**; **„Turbellaria"** (zu **Plathelminthes**) (mit ausstreckbarem Schlund auf der Bauchseite), s. Nr. **9**.

— Körper vielzellig, meist größer als 1 mm **2**

2. Körper bilateralsymmetrisch (mit 2 gleichen Seiten), drehrund, sackförmig oder walzenförmig **3**

— Körper ± radiärsymmetrisch **16**

— Gestalt unsymmetrisch, oft flächig oder krustenförmig. Einzeltiere oder Tierstöcke. Im Wasser **18**

3. Körper mit Innenskelett, dessen Hauptbestandteile die Wirbelsäule und das Kopfskelett (Schädel) sind; meist mit 2 Extremitätenpaaren. Körper meist groß. Gestalt: Fische [**6**], Schwanzlurche [**7**], Froschlurche [**8**], Kaulquappen [**9**], Echsen, Schlangen, Vögel [**10**], Säuger [**11**]

Schädeltiere, **Craniata** (= **Craniota**) S. 507

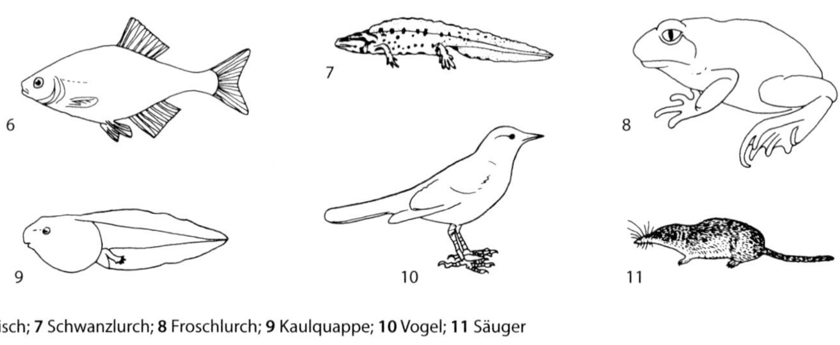

6 Fisch; **7** Schwanzlurch; **8** Froschlurch; **9** Kaulquappe; **10** Vogel; **11** Säuger

— Körper mit Chorda, fischartig, weidenblattförmig, mit unpaarem Flossensaum, ohne paarige Flossen. Bis 5 cm . . . . Schädellose, **Acrania** (= **Cephalochordata**)

Nur **Branchiostomidae** mit ***Branchiostoma*** (= ***Amphioxus***) ***lanceolatum*** Pallas, Lanzettfischchen (weißlich), auf Sandgrund. Nordsee bei Helgoland.

— Körper ohne oder mit andersartigem Innenskelett, oft mit Außenskelett. Gestalt anders **4**

4. Körper mit Außenskelett, mit Segmentierung; diese kann sekundär fehlen. Mindestens an einigen Segmenten mit gegliederten Extremitäten [**12–15**] . . . . Gliederfüßer, **Arthropoda** S. 118

Zu **Panarthropoda** auch Bärtierchen, **Tardigrada** (Körper bis 1,2 mm, mit 4 Paar bekrallten Stummelbeinen; letztes Paar nach hinten gerichtet [**17**] (S. 116).

— Körper mit Ringelung, ohne deutliche Extremitäten [**16, 18**] **5**

Bei vielen Borstenwürmern (**Polychaeta**) mit Seitenlappen (Parapodien [**3**] (S. 100).

— Körper ungegliedert, bisweilen Tierketten bildend **6**

5. Gliederung des Körpers ± gleichmäßig über die gesamte Länge, häufig mit Seitenlappen (Parapodien) und/oder Borsten. Habitus nicht wie [**19**] oder [**20**] .... Ringelwürmer, **Annelida** S. 100

Wenn nur wenige (bis 14) Segmente [**16**], meist Insektenlarven (S. 191). Wenn 8 dachziegelförmig übergreifende Kalkschalen, Käferschnecken, **Polyplacophora** S. 65

Weitere Gruppen mit „Ringelung" oder gleichartiger Körpergliederung: **Cestoda (Plathelminthes)** (Körper vorn mit Scolex [**29**]), s. Nr. **11**; **Acanthocephala (Gnathifera)** (Körper mit hakenbewehrtem oder dörnchentragendem Rüssel [**32**]), s. Nr. **14**; Larve der **Nematomorpha** (Körper mit Rüssel u. Stacheln an der Basis), s. Nr. **15**; **Kinorhyncha** (Körper mit Stachelkränzen [**34**]), s. Nr. **13**; **„Turbellaria"** (zu **Plathelminthes**) (Kutikula bewimpert [**18**], S. 44), s. Nr. **9**; **Nematoda** (Vorderende ähnlich [**2–10**] (S. 112–115), s. Nr. **15**.

— Körper zungenförmig, geringelt, mit 2 Paar Klammerhaken in der Umgebung des Mundes [**19**] Zungenwürmer, **Pentastomida** (zu **„Crustacea"**, **Arthropoda**)

Endoparasitisch mit Wirtswechsel. **Linguatulidae** mit ***Linguatula serrata*** Frölich [**19**] (♂ 2–3 cm, ♀ 8–13 cm), in Nasen- u. Stirnhöhle von Raubtieren (Hund, Wolf, Fuchs). **Reighardiidae** mit ***Reighardia sternae*** (Diesing) (♂ 1 cm, ♀ 3–5 cm), in Luftsäcken von Möwen u. Seeschwalben.

— Körper vorn mit unten offenem Rüssel, Rumpf mit ringförmig angeordneten Papillen, hinten mit 2 Borstenkränzen [**20**] .... Igelwürmer, **Echiura** (= **Echiurida**) (zu **Annelida**)

Nur **Echiuridae** mit ***Echiurus echiurus*** (Pallas), Quappe [**20**] (8–14 cm), in Röhren im Sand. Nordsee.

6. Körper mit 1 oder 2 Kalkschalen [**22, 23**], diese manchmal fehlend. Wenn ohne Schale, Kopf mit Fühlern [**21**]. Körperhaut meist schleimig. Ohne Gliedmaßen ...... Weichtiere, **Mollusca** S. 63

— Körper mit 8 saugnapfbesetzten Fangarmen am Kopf. Im Meer Tintenfische, **Cephalopoda** (zu **Mollusca**) S. 65

— Körper schlauchförmig, mit isolierten winzigen Kalkkörperchen in der Haut. Tentakelkranz um den Mund [**24**]. Im Meer .... Seegurken, **Holothuroida** (zu **Echinodermata**) S. 502

— Körper anders, ohne Kalkschalen oder -körperchen, ohne derartige Fühler **7**

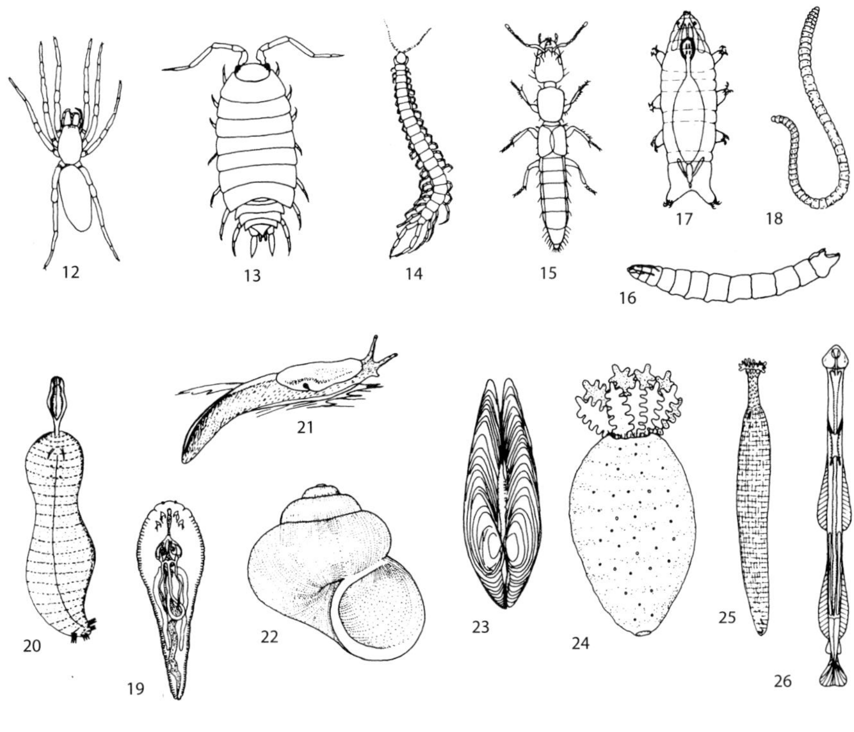

12–16 Gliederfüßer; **17** Bärtierchen; **18** Ringelwurm; **19** Zungenwurm (*Linguatula*); **20** Igelwurm (*Echiurus*); **21–23** Weichtiere; **24** Seegurke; **25** Spritzwurm (*Sipunculus*); **26** Pfeilwurm (*Parasagitta*)

7. Körper walzenförmig, in dickeren hinteren Rumpf u. schlanken vorderen Rüssel gegliedert. Mund von Tentakelkranz oder -membran umgeben [**25**]. Im Meer

Spritzwürmer, **Sipuncula** (= **Sipunculida**)

Die **Sipuncula** gehören zu den **Polychaeta** (**Annelida**). Detritusfresser, in Röhren. 1–25 cm. Mehrere Arten, z. B. **Sipunculidae**, ***Sipunculus nudus*** L. [**25**].

— Körper schlank, am Vorderende mit Greifkiefer aus starken Borsten, mit Seiten- u. Schwanzflossen [**26**]. Im Meer .... Pfeilwürmer, **Chaetognatha**

Räuber, im Plankton. Nur 2; ***Parasagitta*** Quoy et Gaimard, z. B. ***P. elegans*** (Verrill) [**26**] (bis 30 mm).

— Körper anders [**27–36**] **8**

Wenn Körper vorn mit bewimperten Tentakeln [**43**] oder mit papillenartigen Ein- und Ausstromöffnungen [**45**] s. Nr. **19**.

8. Körper ± auf gesamter Oberfläche mit Wimpern, mit deren Hilfe das Tier schwimmt oder gleitet **9**

Ebenfalls mit vollständiger Bewimperung der Epidermis, aber in Gangsystemen im Meeresboden: **Hemichordata** (= **Branchiotremata**) mit **Enteropneusta**, Eichelwürmer (Körper in 3 Abschnitte geteilt), nur **Harrimaniidae** mit ***Mesoglossus pygmaeus*** (Hinrichs et Jacobi) (bis 30 mm), im Grobsand vor Helgoland.

— Körper am Vorderende, bisweilen auch auf der Unterseite mit Wimpern, übriger Körper ohne Wimpern [**31, 33**] **10**

Manche **Rotatoria** ohne Wimpern, dann Kauapparat (Mastax) im Pharynx typisch [**31**], [**6**], S. 51.

— Körperoberfläche ohne Wimpern **11**

9. Mit fast körperlangem, ausstülpbarem Rüssel am Vorderende. Körper meist über 10 mm lang, meist drehrund, langgestreckt wurmförmig. Meist im Meer [**30**]

Schnurwürmer, **Nemertini** S. 61

— Mit kürzerem, meist ausstreckbarem Schlund, häufig auf der Bauchseite [**27**]. Körper 0,5–40 mm lang; wenn über 10 mm, ± abgeplattet oder 4-kantig, bei landlebenden Formen auch drehrund .... Strudelwürmer, **„Turbellaria"** (zu **Plathelminthes**) S. 43

Die **Acoelomorpha** werden mit bei den **Plathelminthes** abgehandelt.

Hierher auch **Gnathostomulida** (**Gnathifera**) (als Sondermerkmal im Pharynx 1 Paar zangenartige, kutikularisierte Haken), S. 50.

10. Wimpern nur am Vorderende, ± kranzförmig angeordnet („Räderorgan" [**31**], [**7b**] (S. 51) selten fehlend). Vorderdarm mit Kauapparat (Mastax) aus Platten u. Stäben [**31**], [**6**] (S. 51). Hinterende meist mit Fuß .... Rädertiere, **Rotatoria** (zu **Gnathifera**) S. 50

— Wimpern am Vorderende u. auf der Bauchseite. Körper meist mit Stacheln oder Schuppen. Am Hinterende meist 2–4 Haftröhrchen. Vorderdarm ohne Mastax [**33**] Bauchhärlinge, **Gastrotricha**

0,1–1,5 mm. Im Meer u. Süßwasser. Zwischen Pflanzen u. auf Boden. Strudler, Nahrung: Kleintiere, Algen, Bakterien, Detritus. Haftröhrchen nur am Hinterende [**33**]: **Chaetonotida**, im Süßwasser u. Meer, ca. 70 Arten, artenreich ***Chae-***

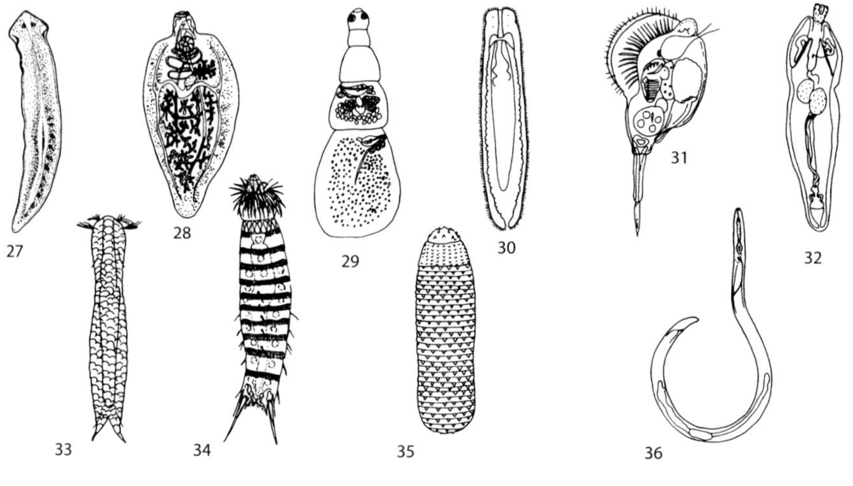

27 Strudelwurm; **28** Saugwurm; **29** Bandwurm; **30** Schnurwurm; **31** Rädertier; **32** Kratzer; **33** Bauchhärling (*Chaetonotus*); **34** Kinorhyncher; **35** Priapswurm; **36** Fadenwurm

tonotus Ehrenberg, z. B. ***Ch. maximus*** Ehrenberg [**33**]. Haftröhrchen zahlreich, vorn, hinten, seitlich: **Macrodasyida**, im Meer, ca. 30 Arten, z. B. ***Macrodasys*** Remane, ***M. buddenbrocki*** Remane.

11. Körper abgeplattet. Vorderende fast immer mit Saugnäpfen oder -gruben [**28, 29**]. Endoparasiten, selten Ektoparasiten .... Plattwürmer, **Plathelminthes** S. 42

— Körper ± drehrund. Vorderende ohne Saugnäpfe oder -gruben, höchstens mit Rüssel [**32, 34–36**]. Parasitisch oder freilebend. Bewegung schlängelnd oder kriechend **12**

12. Körper äußerlich mit Ringelung [**34, 35**]. Im Meer **13**

— Körper äußerlich ohne Ringelung; wenn Körper geringelt, anders als in [**34, 35**] **14**

13. Körper vorn mit einziehbarem Rüssel, dieser mit Hakenreihen auf Längsrippen. Über 15 mm [**35**] .... Priapswürmer, **Priapulida**

Auf Meeresgrund in Röhren oder Höhlen. Räuberisch. **Priapulidae** mit ***Priapulus caudatus*** Lamarck (Rüssel, wenn ausgestreckt, breiter als Rumpf; 30–80 mm). **Halicryptidae** mit ***Halicryptus spinulosus*** von Siebold (Rüssel zylindrisch, nicht breiter als Rumpf; 15–50 mm).

— Ohne Rüssel. Körper mit Kopf u. 12 oder 13 Rumpfzonen; mit Platten, Stacheln, Borsten u. 2 Haftröhren. 0,5–1 mm. [**34**] .... **Kinorhyncha**

Am Meeresboden u. zwischen Pflanzen kriechend. Nahrung: Algen, Detritus. Ca. 10 Arten, wichtige Gattung ***Echinoderes*** Claparède, z. B. ***E. dujardini*** Claparède.

14. Körper vorn mit einstülpbarem Rüssel, dieser mit Widerhaken besetzt [**32**], [**37**] (S. 55). Endoparasiten .... Kratzer, **Acanthocephala** (zu **Gnathifera**) S. 54

— Ohne derartigen Rüssel. Freilebend oder parasitisch **15**

15. Körper fadenartig, sehr dünn; annähernd 1000-mal länger als breit. 15 cm bis 1,6 m Saitenwürmer, **Nematomorpha**

Gelb bis schwarzbraun. Darm oft reduziert, als Larven (diese geringelt, zylindrisch mit ausstülpbarem Rüssel u. Hakenkranz an Basis) parasitisch in Leibeshöhle von Wirbellosen, selten Wirbeltieren. Ca. 50 Arten. Fast ausschließlich Süßwasser, hier **Gordioida**, wichtige Gattungen ***Gordionus*** Müller (**Chordodidae**) u. ***Gordius*** L. (**Gordiidae**), z. B. ***Gordius aquaticus*** L. (bis 50 cm), Wirt: Gelbrandkäfer.

— Körper nicht lang fadenförmig, Relation Durchmesser/Länge größer [**36**]. Wenn lang u. dünn, dann Körper weißlich u. mit vollständigem Darm .... Fadenwürmer, **Nematoda** S. 112

16. Körper zart, weich, häufig ± durchscheinend. Gestalt schlauch-, kugel-, glocken- oder schirmartig, oft mit – unbewimperten – Tentakeln [**37–39**] **17**

Ähnlich manche **Kamptozoa** oder **Phoronida**, aber Tentakeln bewimpert, s. Nr. **20**.

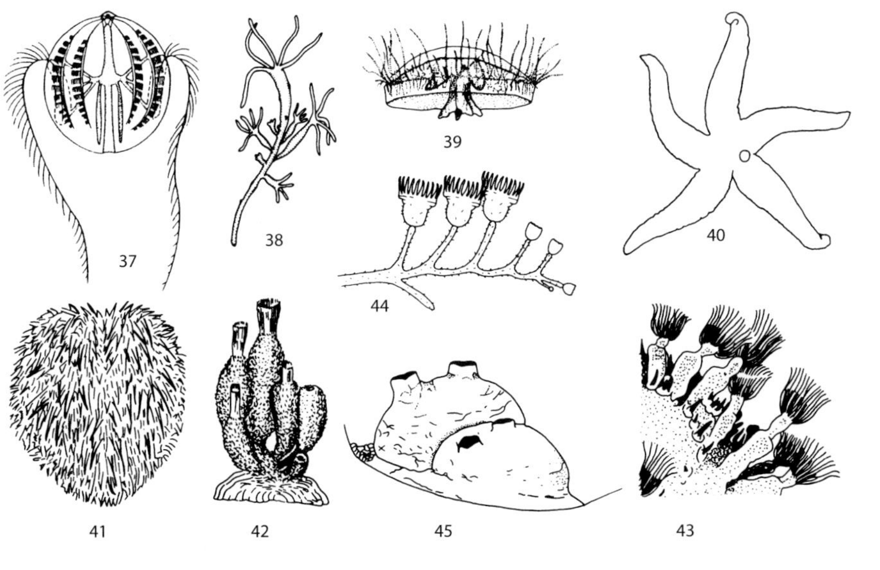

37 Rippenqualle (*Pleurobrachia*); **38, 39** Nesseltiere; **40** Seestern; **41** Seeigel; **42** Schwamm; **43** Kranzfühler; **44** Kelchtier (*Pedicellina*); **45** Manteltier

— Körper hart, nie durchscheinend, kugel-, halbkugel- oder eiförmig oder mit mindestens 5 Armen [**40, 41**] .... Stachelhäuter, **Echinodermata** S. 502

17. Körper durchsichtig, mit 8 meridian verlaufenden Reihen von Wimpernplättchen. Marin, freischwimmend .... Rippenquallen, **Ctenophora**
Pleurobrachia pileus (Müller), Seestachelbeere [**37**] (etwa 2 cm; ziemlich rund mit langen Tentakeln). ***Beroe cucumis*** F., Melonenqualle (fingerhutförmig mit leichter Taille, ohne Tentakeln; bis 15 cm hoch). ***Mnemiopsis leidyi*** Agassiz, Meerwalnuss (abgeplattet, mit 4 tiefen Furchen, ohne Tentakeln; bis 10 cm hoch), in Ostsee, Nordsee eingeschleppt, zum Teil in hoher Populationsdichte. – Außerdem die heimische ähnliche Art ***Bolinopsis infundibulum*** (Müller), Nordsee, selten Ostsee, in geringer Dichte.

— Nicht mit Reihen von Wimpernplättchen. Marin, Brack- und Süßwasser
Nesseltiere, **Cnidaria** S. 36

18. Freilebend **19**

— In oder auf Tieren. Parasitisch .... manche „**Crustacea**" S. 170

19. Krustenförmig, höckerig oder geweihähnlich. Auf der Oberfläche mit vielen Poren. Im weichen Körper Skelettnadeln und/oder Spongiolinfasern [**42**] .... Schwämme, **Porifera** S. 33

— Meist ± flächige Tierstöcke (selten in Kolonien oder einzeln lebend), deren Einzeltiere mit bewimperten Fangarmen (Tentakeln) auf kreis- oder hufeisenförmigen Trägern [**43, 44**] ... **20**

— Einzeltiere oder Tierstöcke mit unbewimperten Fangarmen. Körper ± schlauchförmig, ohne Ein- und Ausstromöffnungen [**38**] .... Nesseltiere, **Cnidaria** S. 36

— Einzeltiere oder Tierstöcke mit gallertartigem, zähem Mantel. Jedes Tier mit papillenartiger Ein- u. Ausstromöffnung [**45**] .... Manteltiere, **Tunicata** S. 505

20. Tentakel einziehbar [**43**] **21**

— Tentakel nicht einziehbar [**44**] .... Kelchtiere, **Kamptozoa** (= **Entoprocta**)
Im Meer, selten im Süßwasser, etwa 15 Arten. 3 Familien, z. B. **Pedicellinidae** mit ***Pedicellina cernua*** (Pallas) [**44**] (Kelch bis 0,5 mm).

21. Einzeln lebend (höchstens in Kolonien). Körper langgestreckt, schlauchförmig, Hinterabschnitt ± aufgetrieben. In einer losen Sekrethülle .... Hufeisenwürmer, **Phoronida**
Im Meer. Bei Helgoland. Nur **Phoronidae** mit ***Phoronis*** Wright, wenige Arten, z. B. ***P. muelleri*** Selys-Longchamps (bis 80 mm).

— Tierstöcke. Weichhäutiger Vorderkörper in hintere, als feste Hülle ausgebildete Körperregion zurückziehbar .... Moostierchen, **Bryozoa** (= **Ectoprocta**) S. 56

Literatur

zu in der Tabelle behandelten speziellen Gruppen.

Ctenophora:

Cornelius, P. F. S., Manuel, R. L., Ryland, J. S.: Ctenophora. In: P. J. Hayward, J. S. Ryland, Handbook of the marine fauna of North-West Europe. Oxford, 1995.

Krumbach, Th.: Ctenophora. In: G. Grimpe, E. Wagler, Tierwelt der Nord- und Ostsee, Bd. VII 3f. Leipzig, 1926.

Krumbach, Th.: Ctenophora. In: F. Dahl, Die Tierwelt Deutschlands, Teil 4. Jena, 1928.

Schuchert, P.: Ctenophora – Rippenquallen. In: B. Klausnitzer, J. H. Jungbluth, Stresemann – Exkursionsfauna von Deutschland, Band 1 – Wirbellose (ohne Insekten). 9. Aufl. Heidelberg, 2019.

Gastrotricha:

Schwank, P.: Gastrotricha. In: A. Brauer, J. Schwoerbel, P. Zwick, Süßwasserfauna von Mitteleuropa, Band 3/1. Stuttgart, Jena, 1990.

Voigt, M.: Gastrotricha. In: P. Brohmer, P. Ehrmann, G. Ulmer, Tierwelt Mitteleuropas, Bd. 1, Lief. 4a. Leipzig, 1958.

Entoprocta:

Emschermann, P: Kamptozoa [Entoprocta] – Kelchwürmer. In: B. Klausnitzer, J. H. Jungbluth, Stresemann – Exkursionsfauna von Deutschland, Band 1 – Wirbellose (ohne Insekten). 9. Aufl. Heidelberg, 2019.

Holstein, T., Emschermann, P.: Cnidaria, Kamptozoa, Bryozoa. In: J. Schwoerbel, P. Zwick, Süßwasserfauna von Mitteleuropa, Band 1, 2/3. Stuttgart, New York, 1994.

Knight-Jones, E. W., Ryland, J. S.: Entoprocta. In: P. J. Hayward, J. S. Ryland, The marine fauna of the British Isles and North-West Europe, Vol. 1. Oxford, 1990.

Knight-Jones, E. W., Ryland, J. S.: Priapulids, sipunculans, echiurans, and entoprocts (Phyla Priapulida, Sipuncula, Echiura, Entoprocta). In: P. J. Hayward, J. S. Ryland, Handbook of the marine fauna of North-West Europe. Oxford, 1995.

Nielsen, C.: Entoprocts. Synopses of the British Fauna 41. London, 1989.

Phoronida:

Emig, C. C.: British and other phoronids. Synopses of the British Fauna N.S. 13. London, 1979.

Echiura:

Knight-Jones, E. W., Ryland, J. S: Echiura. In: P. J. Hayward, J. S. Ryland, The marine fauna of the British Isles and North-West Europe. Vol. 1. Oxford, 1990.

Knight-Jones, E. W., Ryland, J. S.: Priapulids, sipunculans, echiurans, and entoprocts (Phyla Priapulida, Sipuncula, Echiura, Entoprocta). In: P. J. Hayward, J. S. Ryland, Handbook of the marine fauna of North-West Europe. Oxford, 1995.

Sipuncula:
Gibbs, P. E.: British sipunculans. Synopses of the British Fauna 12. 2nd ed. London, 2001.
Knight-Jones, E. W., Ryland, J. S: Sipuncula. In: P. J. Hayward, J. S. Ryland, The marine fauna of the British Isles and North-West Europe. Vol. 1. Oxford, 1990.
Knight-Jones, E. W., Ryland, J. S.: Priapulids, sipunculans, echiurans, and entoprocts (Phyla Priapulida, Sipuncula, Echiura, Entoprocta). In: P. J. Hayward, J. S. Ryland, Handbook of the marine fauna of North-West Europe. Oxford, 1995.
Purschke, G.: Sipunculida – Spritzwürmer, Sipunkuliden. In: B. Klausnitzer, J. H. Jungbluth, Stresemann – Exkursionsfauna von Deutschland, Band 1 – Wirbellose (ohne Insekten). 9. Aufl. Heidelberg, 2019.
Pentastomida:
Kaestner, A.: Lehrbuch der Speziellen Zoologie, Band 1, Teil 3. Jena, 1982.
Moritz, M.: Pentastomida (Linguatulida) – Zungenwürmer. In: B. Klausnitzer, J. H. Jungbluth, Stresemann – Exkursionsfauna von Deutschland, Band 1 – Wirbellose (ohne Insekten). 9. Aufl. Heidelberg, 2019.
Nematomorpha:
Schmidt-Rhaesa, A.: Nematomorpha. In: A. Brauer, J. Schwoerbel, P. Zwick, Süßwasserfauna von Mitteleuropa, Band 4/4. Stuttgart, Jena, 1997.
Schmidt-Rhaesa, A.: Die Saitenwürmer. (Neue Brehm Bücherei). Hohenwarsleben, 2002.
Schneider, W., Heintze, K.: Würmer: Freilebende und pflanzenparasitische Nematoden. Saitenwürmer (Gordioidea). In: F. Dahl, Tierwelt Deutschlands, Teils 37, 39. Jena, 1939, 1941.
Priapulida:
Knight-Jones, E. W., Ryland, J.S.: Priapulids, sipunculans, echiurans, and entoprocts (Phyla Priapulida, Sipuncula, Echiura, Entoprocta). In: P. J. Hayward, J. S. Ryland, Handbook of the marine fauna of North-West Europe. Oxford, 1995.
Kinorhyncha:
Remane, A.: Kinorhyncha. In: G. Grimpe, E. Wagler, Tierwelt der Nord- und Ostsee, Bd. VII d2. Leipzig, 1928.
Chaetognatha:
Kapp, H.: Chaetognatha – Pfeilwürmer. In: B. Klausnitzer, J. H. Jungbluth, Stresemann – Exkursionsfauna von Deutschland, Band 1 – Wirbellose (ohne Insekten). 9. Aufl. Heidelberg, 2019.
Pierrot-Bults, A. C., Chidghey, K. C.: Chaetognatha. Synopses of the British Fauna 39. London, 1988.
Acrania:
Ryland, J. S.: Cephalochordata. In: P. J. Hayward, J. S. Ryland, The marine fauna of the British Isles and North-West Europe. Vol. 2. Oxford, 1990.

„Protisten", einzellige **Eukaryota,** Einzeller

Einzellig oder Zellkolonien; nackt, häufig mit Zellhülle (Pellicula), auch mit Gehäuse oder Schale. Fortbewegung durch fadenförmige, schwingende Fortsätze – als Geißeln (Flagellen) lang, meist länger als Zellkörper, als Wimpern (Cilien) meist viel kürzer als Körper –, oder durch Scheinfüßchen (Pseudopodien); diese unterschiedlich ausgebildet: als breite Lobopodien [**125**]; fadenförmige, zugespitzte u. hyaline Filopodien [**126**]; Axopodien [**151**] mit stärker lichtbrechendem Achsenstab; meist netzartig ausgebildete Retikulopodien (Rhizopodien, reticulose Pseudopodien) [**127**], für die „Körnchenströmung" (Bewegung lichtbrechender Körnchen) charakteristisch ist. Fortbewegung auch gleitend ohne Formveränderung. Tiere sind meist nur lebend bestimmbar. Intrazelluläre Parasiten oder pilzähnliche Formen einschließlich der „Schleimpilze" werden nicht behandelt; es sind nur typische Gruppen von endozoischen extrazellulären Parasiten aufgenommen. Im Übrigen wird die Formenvielfalt der freilebenden „Protisten" mehr beispielhaft vorgestellt. Im Gebiet etwa 3500 Arten.

Morphologische Typen sind: (**A**) Geißeltierchen (Flagellaten), (**B**) Wimpertierchen (vor allem **Ciliophora**), (**C**) Sauginfusorien (**Suctoria**), (**D**) Nackte Wurzelfüßer (Amöben), (**E**) Beschalte Wurzelfüßer (Thekamöben), (**F**) Porentierchen (**Foraminifera**), (**G**) Wurzelfüßer („Amöben") mit radiärem Skelettsystem (oder mindestens radiären Fortsätzen) („radiäre Amöben", Sonnentierchen u. Strahlentierchen), (**H**) Zellen ohne Bewegungssystem in der vorherrschenden vegetativen Phase.

Überblick über die Großgruppen der „einzelligen Eukaryota" („Protisten") (nach Radek & Hausmann (2013); es werden 5 phylogenetische Großgruppen unterschieden, die Pflanzen, Tiere und Pilze einschließen; artenarme Gruppen nicht berücksichtigt):

Amoebozoa (D, E, G)

Archamoebae [**Entamoebida, Mastigamoebaea, Pelobiontida**], **Dictyostelia**, **Discosea** [**Flabellinia, Himatismenida, Longamoebia**], **Myxogastria** (= **Myxomycetes**], **Protosteliida**, **Tubulinea** [**Arcellinida** (= **Testacealobosia**), **Euamoebida**]

Archaeplastida (A, H)

- **Chloroplastida** [**Charophyta**, **Chlorophyta** incl. **Plantae** (= **Viridiplantae**) z. B. **Chlorophyceae** mit **Volvocales, Prasinophyceae**], **Rhodophyta**

Excavata (A, D)

- **Metamonada: Fornicata** [**Diplomonadida, Oxymonadida, Retortamonadida**], **Parabasalia** [**Cristamonadea, Trichomonadea**], **Praeaxostyla** [**Oxymonadida**]
- **Discoba: Euglenozoa** [**Euglenida**, **Kinetoplastea** (mit **Bodonida**, **Trypanosomatida**)], **Heterolobosea** [**Tetramitia**]

Opisthokonta (A)

- **Choanoflagellata, Chytridiomycota, Dikarya** [**Ascomycota, Basidiomycota**], **Metazoa, Microsporidia, Nucleariida**

SAR (A, B, C, D, E, F, G, H)

- **Stramenopila** (= **Chromista** = **Heterokonta**) **(A, H)**
  - **Actinophryida, Bicosoecida, Chrysomonadida** (**Chrysophyceae, Diatomea** (**Bacillariophyta**), **Heteromonadea** (**Xanthophyceae**), **Opalinata** [**Opalinea, Proteromonadea**], **Peronosporomycetes** (**Oomycetes**), **Rhaphidomonadea** (**Rhaphidophyceae**)
- **Alveolata (A, B, C, H)**
  - **Apicomplexa** [**Coccidia, Gregarinasina, Haemosporoidia**], **Ciliophora, Dinoflagellata, Protalveolata**
- **Rhizaria (D, E, F, G)**
- **Acantharia, Cercozoa** [**Clathrulinidae, Monadofilosa, Thecofilosa** (**Phaeodarea**)], **Foraminifera, Polycystinea**

Stellung unklar:

Centrohelida

Cryptomonada (**Cryptophyceae**)

Prymnesiomonada (**Haptophyta**)

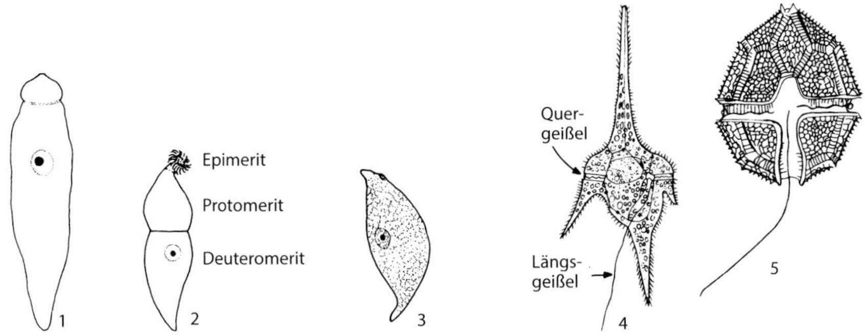

1 *Gregarina*; **2** *Actinocephalus*; **3** *Monocystis*; **4** *Ceratium*; **5** *Peridinium*

1. Körper mit 1–8 (selten bei manchen Parasiten mehr) Geißeln (z. B. [**4, 8, 12, 18, 20, 39**]) Typ **A** „Geißeltierchen" S. 13

— Körper mit zahlreichen Wimpern (z. B. [**44**]), diese häufig ungleich (z. B. [**73**]), manchmal nur Cirren und/oder Membranellen vorhanden Typ **B** „Wimpertierchen", **Ciliophora** S. 18

— Körper ohne Geißeln oder Wimpern **2**

2. Mit schlanken, am Ende knopfartig verdickten [**116**], seltener zugespitzten [**110**], röhrenartigen Fortsätzen. Fast immer festsitzend . . . . Typ **C** „Sauginfusorien", **Suctoria** S. 24

— Ohne oder mit andersartigen Fortsätzen (Pseudopodien, Skelett) **3**

3. Zellkörper mit Pseudopodien (Lobopodien, Filopodien, Retikulopodien, Axopodien) . . . **4**

— Zellkörper ohne Pseudopodien, unbeweglich oder mit gleitender, sehr selten amöboider Bewegung . . . . Typ **H** „Zellen ohne Bewegungssystem" **5**

4. Zellkörper nackt, ohne Schale oder Skelett. Meist mit Lobopodien [**125**], seltener mit Filopodien [**126**] . . . . Typ **D** „Nackte Wurzelfüßer" (Amöben) S. 26

— Zellkörper nackt, von einer starren ungekammerten Schale umgeben. Mit Lobopodien [**125**] oder Filopodien [**126**] . . . . Typ **E** „Beschalte Wurzelfüßer" (Thekamöben) S. 27

— Zellkörper nackt, von einer starren, meist gekammerten Schale umgeben. Mit Retikulopodien [**127**] . . . . Typ **F** „Porentierchen", **Foraminifera** (= **Granuloreticulosa**) S. 29

— Zellkörper ± kugelig, in 2 konzentrische Schichten gegliedert, mit radiär angeordneten Axopodien [**151**], oft mit Skelett . . . . Typ **G** „Radiäre Amöben" (Sonnentierchen u. Strahlentierchen) S. 29

5. Freilebend . . . . algen- u. pilzähnliche Protisten
Gruppen der **Discoba**, **Stramenopila**, **Plantae**, **Amoebozoa** u. **Opisthokonta**. Hier nicht behandelt.

— Parasitisch, extrazellulär in Körperhöhlen oder intrazellulär
Vor allem **Apicomplexa** mit den **Haemosporoidia**, **Gregarinasina** u. **Coccidia**. Hier nicht im Detail behandelt. Die **Gregarinea** sind Parasiten vor allem in Arthropoden. Mit Generationswechsel: Gamogonie (geschlechtliche Fortpflanzung der „Gamonten" durch Gameten) führt zur Zygote, daraus entwickeln sich Sporocysten mit meist 4–16 haploiden Sporozoiten (Sporogonie); aus den Sporozoiten gehen meist wieder Gamonten als trophische Stadien hervor. Bei manchen Gruppen nach der Sporogonie noch Schizogonie (Sporozoiten werden zu „Schizonten", diese erzeugen Merozoiten, die Gamonten oder wieder Schizonten werden). Mit gleitender Bewegung. Beispiele:
a) Zellkörper des Gamonten in Protomerit (meist mit Epimerit) u. Deutomerit unterteilt: z. B. ***Gregarina*** Dufour, Darmbewohner bei Käfern u. Orthopteren, ***G. ovata*** Dufour [**1**] in Ohrwürmern, ***G. blattarum*** von Siebold in Schaben, ***G. polymorpha*** (Hammerschmidt) in Mehlkäferlarven. ***Actinocephalus echinatus*** Wellmer [**2**] bei Laufkäfern.
b) Körper nicht unterteilt: ***Monocystis*** Stein, meist in Samenblasen von Regenwürmern, z. B. ***M. agilis*** Stein [**3**].

„Protisten": Typ **A** „Geißeltierchen"

Körper mit 1 oder mehreren Geißeln (Flagellen) (deshalb „Flagellaten"), diese dienen als Fortbewegungsorgane, auch als Schleppgeißel [**41**] oder undulierende Membran [**37**] ausgebildet. Ernährungsweise autotroph bei „Phytoflagellaten" mit grünen, gelben oder braunen Plastiden oder heterotroph bei den farblosen „Zooflagellaten“; auch gemischte Ernährungsweise (Mixotrophie) möglich. Im Gebiet etwa 600 Arten, vor allem im Süßwasser, weniger im Meer. Zum Erkennen der Geißeln oft Zusatz von Iod-Iodkalium-Lösung nötig.

System: In fast jeder Gruppe der **Protisten** gibt es flagellatenähnliche Taxa.

1. Parasitisch, symbiotisch oder als Kommensalen in Tieren **16**
— Freilebend **2**
2. Körper mit 1 Längs- u. 1 Querfurche, darin je 1 Geißel [**4, 5**]. Selten Querfurche reduziert (z. B. wie [**6**]) .... **Dinoflagellata**
a) Körper mit starken Panzerplatten, die als starres Skelett ausgebildet sind, seltener mit einheitlicher Zellulosemembran: viele Arten im Meer u. Süßwasser, wichtig ***Ceratium*** Schrank s. l. (mit hornartigen Fortsätzen [**4**]), z. B. ***C. hirundinella*** (Müller) [**4**] (bis zu 400 µm), limnisch u. ***Neoceratium*** (= ***C.***) ***tripos*** (Müller) (bis 300 µm), marin. ***Peridinium*** Ehrenberg (Gestalt wie [**5**]), im Süßwasser z. B. ***P. bipes*** Stein [**5**] (bis 60 µm).
b) Körper nackt, ohne Zellulosemembran: z. B. ***Gymnodinium*** Stein, im Süßwasser häufig ***G. fuscum*** Stein (bis 100 µm); im Meeresplankton oft massenhaft ***Noctiluca scintillans*** (Macartney) (= ***miliaris*** Suriray) [**6**] (etwa kugelig, ohne Querfurche, mit Tentakel, bis 1200 µm), mit Leuchtvermögen.
— Körper anders, ohne Querfurche **3**
3. Körper vorn mit 1 oder 2 Plasmakragen [**7**], mit 1 Geißel .... **Choanoflagellata**
Ohne Plastiden. Im Süßwasser.
a) Gesamter Körper, auch Kragen, in Gallertmasse, koloniebildend: nur ***Phalansterium*** Cienkowsky, z. B. ***P. digitatum*** Stein (Einzelzelle bis 20 µm).
b) Gesamter Körper nicht in Gallertmasse, ohne Gehäuse: z. B. ***Codonosiga*** James-Clark, häufig ***C. botrytis*** (Ehrenberg) [**7**] (1 bis mehrere Zellen auf einfachem Stiel; Zelle bis 30 µm). ***Sphaeroeca*** Lauterborn (Zellkolonie in Gallertmasse, Plasmakragen frei), häufig ***S. volvox*** Lauterborn (Einzelzelle bis 10 µm).
c) Ähnlich, aber mit Gehäuse: z. B. ***Salpingoeca*** James-Clark, artenreich, häufig ***S. frequentissima*** (Zacharias) [**8**] (bis 10 µm).
— Körper ohne derartigen Kragen **4**
4. Mit starrem Gehäuse, das vom Zellkörper absteht
a) Mit 2 ungleich langen Geißeln. Mit Plastiden: einige **Chrysomonadida**, verbreitet ***Dinobryon*** Ehrenberg (Habitus [**9**]), festsitzend oder frei, häufig kolonienbildend, viele Arten, v. a. im Süßwasser, häufig im Plankton ***D. sertularia*** Ehrenberg [**9**] (Einzelzelle bis 45 µm). – Hierher auch einige **Volvocales** (mit 2 gleich langen Geißeln).

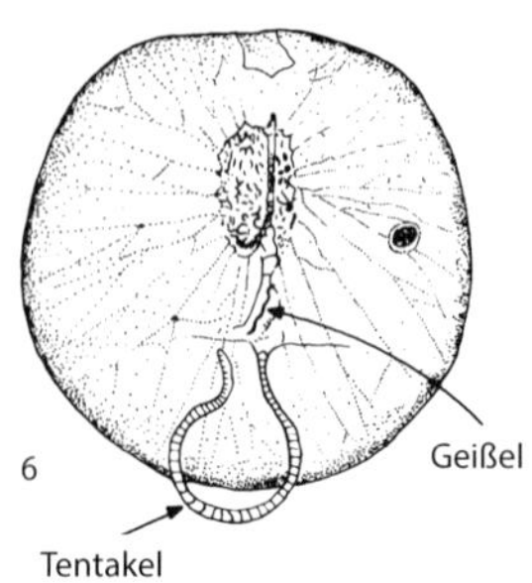

6

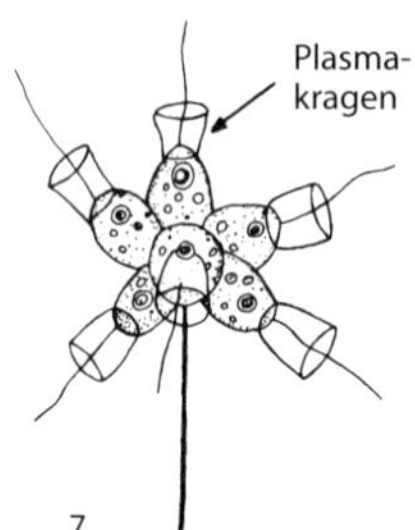

7

8

9

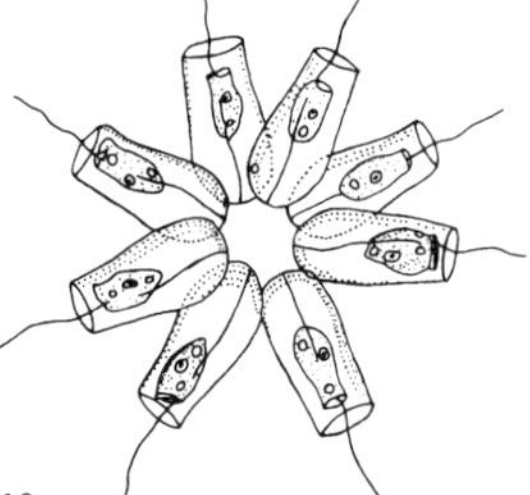
10

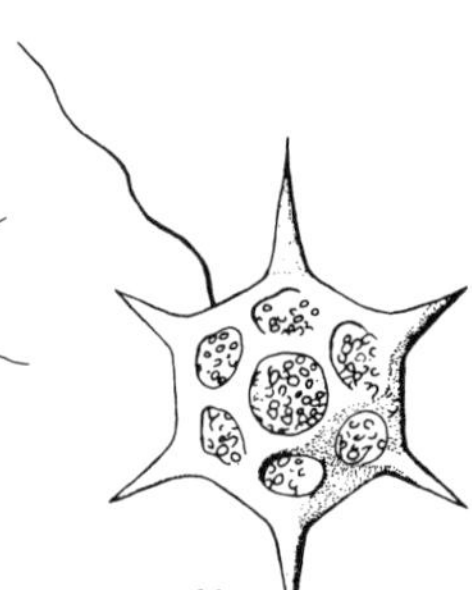
11

12

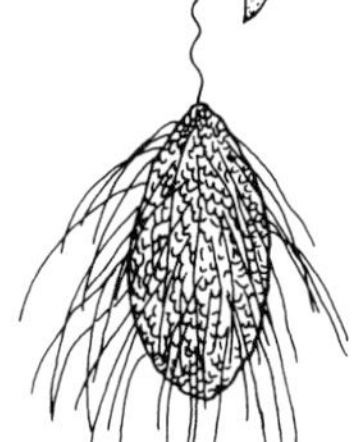
13

6 *Noctiluca*; **7** *Codonosiga*; **8** *Salpingoeca*; **9** *Dinobryon*; **10** *Diplomitella*; **11** *Dictyocha*; **12** *Emiliania*; **13** *Mallomonas*

b) Mit 1 Geißel. Mit Plastiden: einige **Euglenida**, z. B. ***Trachelomonas*** s. Nr. **5**.
c) Mit 1 Geißel. Ohne Plastiden: v. a. **Bicosoecida** (eine 2. Geißel dient der Anheftung im Gehäuse), z. B. ***Bicosoeca*** James-Clark s. l. (= ***Bicoeca*** Doflein), im Süßwasserplankton ***Diplomitella*** (= ***B.***) ***socialis*** (Kent) [**10**] (Einzelzelle bis 10 µm), koloniebildend.

— Körper ohne derartiges Gehäuse **5**

5. Körper mit einem zusammenhängenden Innenskelett aus Kieselsäure. Im Meeresplankton wenige **Chrysomonadida**

Wenige Arten, z. B. ***Dictyocha fibula*** Ehrenberg [**11**] (gelbbraun; bis 30 µm).

— Körper außen mit Kalkplättchen (Coccolithen [**12**]) bedeckt. Meist im Meeresplankton manche **Prymnesiomonada**

Wenige Arten, z. B. ***Emiliania*** (= ***Gephyrocapsa***) ***huxleyi*** (Lohmann) [**12**] (bis 10 µm). Im Süßwasser z. B. ***Hymenomonas roseola*** Stein (bis 50 µm).

— Körper mit Panzer oder starrer Hülle, diese häufig skulpturiert

Mit 1 Geißel. Vor allem im Süßwasser. Einige **Chrysomonadida** (mit gelben bis braunen Plastiden), wichtig ***Chrysococcus*** Klebs (Schale ± rund, ohne Kieselplättchen), z. B. ***C. rufescens*** Klebs (bis 10 µm). ***Mallomonas*** Perty (mit Hülle von Kieselplättchen, diese z. T. mit langen Nadeln [**13**], z. B. ***M. acaroides*** Perty [**13**] (bis 45 µm). – Einige **Euglenida**, z. B. ***Trachelomonas*** Ehrenberg (mit grünen Plastiden; Gehäuse oft braun, mit Skulptur), artenreich, z. B. ***T. hispida*** (Perty) [**14**] (20–40 µm). – Hierher auch einige **Volvocales** (mit 2 Geißeln).

— Körper mit zarter (selten dickerer, gelatinöser) farbloser Hülle, ohne Skulptur **6**

6. In Kolonien, festsitzend oder freilebend **7**

— Nicht in Kolonien, einzeln **8**

7. Ohne Plastiden. Einzeltiere mit 2 Geißeln

Geißeln gleich lang: manche **Prymnesiomonada**, im Süßwasser z. B. ***Rhipidodendron*** Stein (Zellen in Gallertröhren, diese seitlich miteinander verwachsen), verbreitet ***R. splendidum*** Stein (Zelle um 10 µm). Geißeln ungleich lang: einige **Chrysomonadida**, z. B. ***Anthophysa vegetans*** (Müller) [**15**] (Zellen bis 10 µm), im Süßwasser.

— Mit gelben oder braunen Plastiden .... einige **Chrysomonadida**

Meist im Süßwasser. Mit 2 ungleich langen Geißeln: z. B. ***Uroglena*** Ehrenberg (Zellen in Gallertmasse, auf Gallertsträngen), häufig ***U. volvox*** Ehrenberg (Zellen bis 20 µm). Mit 2 gleich langen Geißeln: z. B. ***Synura*** Ehrenberg (Zellen nicht in Gallerte), häufig ***S. uvella*** Ehrenberg [**16**] (Zellen bis 40 µm).

— Mit grünen Plastiden .... viele **Volvocales**

Meist Süßwasser. ***Gonium*** Müller (Kolonie flach, tafelförmig), z. B. ***G. pectorale*** Müller (Zellen bis 15 µm). Bei übrigen Gattungen Kolonie kugelig bis elliptisch, darunter ***Volvox*** L. (aus mindestens 500 Zellen, Kolonie bis 800 µm), in stehenden, pflanzenreichen Gewässern, häufig ***V. aureus*** Ehrenberg (Zellen eiförmig, mit Plasmaverbindungen, bis 8 µm); ***V. globator*** L. (Zellen sternförmig, bis 5 µm). ***Pandorina morum*** (Müller) [**17**] (aus 4–32 Zellen, diese gleich groß, ± rund,

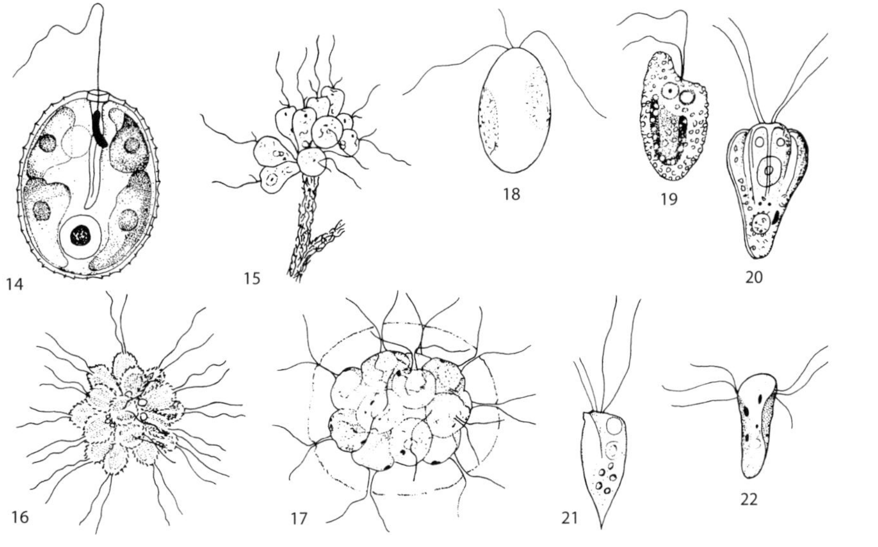

14 *Trachelomonas*; **15** *Anthophysa*; **16** *Synura*; **17** *Pandorina*; **18** *Prymnesium*; **19** *Ochromonas*; **20** *Pyramimonas*; **21** *Tetramitus*; **22** *Trigonomonas*

nahe beieinander liegend, bis 17 µm). ***Eudorina*** Ehrenberg (ähnlich, aber aus 16–64 Zellen, diese voneinander getrennt), häufig ***E. elegans*** Ehrenberg (Kolonie bis 200 µm).

8. Mit 4 oder mehr Geißeln (bisweilen z. T. als Schleppgeißeln) **9**

— Mit 3 Geißeln (z. T. auch Schleppgeißeln) .... **Prymnesiomonada**
Mit gelben oder braunen Plastiden, mit gleichlangen Geißeln u. 1 geißelähnlichen Faden (Haptonema) [**18**], z. B. ***Prymnesium parvum*** Carter [**18**] (bis 8 µm), Brackwasser, mit für Fische tödlichem Toxin. – Hierher auch einige **Volvocales** s. Nr. **9**, **11**.

— Mit 2 gleichlangen, nach vorn gerichteten Geißeln **11**

— Mit 1 langen u. 1 viel kürzeren, nach vorn gerichteten Geißel (oft schwer zu sehen!) manche **Chrysomonadida** u. **Euglenida**
Meist Süßwasser, wichtige Gattungen ***Ochromonas*** Wysotski (Gestalt [**19**]; gefärbt), z. B. ***O. fragilis*** Doflein [**19**] (bis 20 µm). ***Spumella*** Cienkowsky (ähnlich, aber ungefärbt), z. B. ***S. vivipara*** (Ehrenberg).

— Mit 1 nach vorn u. 1 nach hinten gerichteten Geißel (meist als Schleppgeißel) **12**

— Mit 1 nach vorn gerichteten Geißel **14**

9. Mit grünen Plastiden (selten reduziert) .... einige **Volvocales** u. **Prasinophyceae**
Beispiele: ***Pyramimonas*** Schmarda (Körper pyramiden- oder herzförmig), im Süßwasser z. B. ***P. tetrarhynchus*** Schmarda [**20**] (bis 30 µm). ***Tetraselmis*** Stein (Gestalt ähnlich ***Chlamydomonas*** [**24**]), häufig im Süßwasser ***T.*** (= ***Carteria***) ***cordiformis*** (Carter) (bis 25 µm).

— Ohne Plastiden **10**

10. Mit 4–6 Geißeln, nahe beieinander inserierend .... **Tetramitia**
Häufig in verschmutztem Wasser, darunter ***Tetramitus*** Perty, z. B. ***T. rostratus*** Perty [**21**] (bis 30 µm).

— Mit 4–8 in mindestens 2 getrennten Gruppen entspringenden Geißeln. Körper als Doppelindividuum [**22**] .... **Diplomonadida**
In fauligem Wasser, viele Arten, z. B. ***Trigonomonas compressa*** Klebs [**22**] (bis 35 µm).

11. Vorderende durch Furche schief abgestutzt, häufig zu Schlund eingesenkt [**23**]. Mit oder ohne Plastiden .... viele **Cryptomonada**
Im Süßwasser u. Meer, artenreich ***Cryptomonas*** Ehrenberg (gefärbt; mit Schlund, dieser häufig mit Stäbchenreihen), z. B. ***C. ovata*** Ehrenberg [**23**] (bis 80 µm), im Süßwasser; ähnlich ***Chilomonas*** Ehrenberg, aber ungefärbt, z. B. ***C.*** (= ***Cryptomonas***) ***paramaecium*** Ehrenberg (bis 40 µm), limnisch.

— Körper regelmäßig, ohne Schlund .... viele **Volvocales**
Im Süßwasser u. Meer. Viele Gattungen, sehr artenreich ***Chlamydomonas*** Ehrenberg (Gestalt wie [**24**], grün, auch rot; mit zarter Hülle), gemein ***C. reinhardtii*** Dangeard [**24**] (bis 22 µm), verursacht Grünfärbung kleiner Wasseransammlungen; ***C. nivalis*** (Bauer) bedingt – neben anderen Arten – roten Schnee. ***Polytoma*** Ehrenberg (ähnlich, aber farblos), z. B. ***P. uvella*** Ehrenberg (bis 25 µm), Süßwasser. ***Chlorogonium*** Ehrenberg (grün; Körper spindelförmig), z. B. ***C. elongatum***

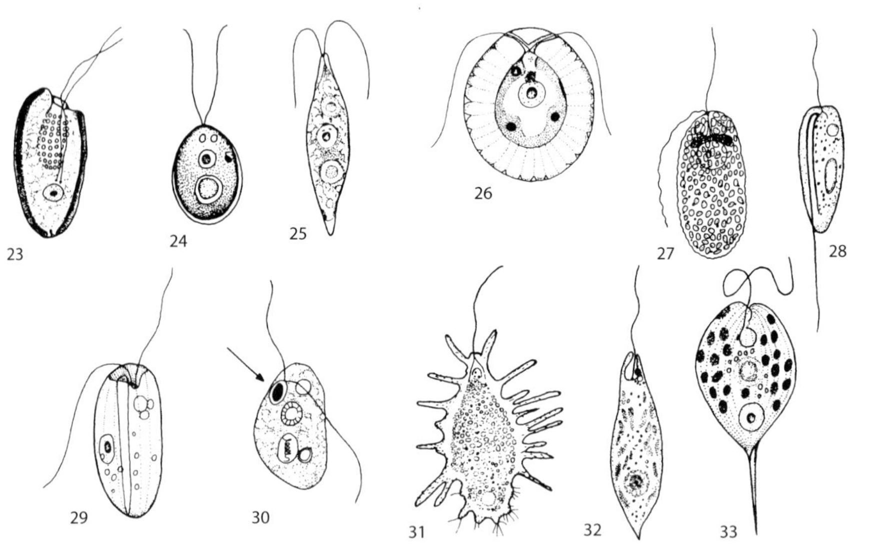

23 *Cryptomonas*; **24** *Chlamydomonas*; **25** *Chlorogonium*; **26** *Haematococcus*; **27** *Vacuolaria*; **28** *Anisonema*; **29** *Entosiphon*; **30** *Bodo*; **31** *Mastigamoeba*; **32** *Euglena*; **33** *Phacus*

DANGEARD [**25**] (bis 45 µm). ***Haematococcus*** FLOTOW (mit dicker, gallertiger Hülle, diese von Plasmafäden durchzogen, grün, auch rot), z. B. ***H. pluvialis*** FLOTOW [**26**] (bis 30 µm), Tümpel u. Pfützen grünlich oder rot färbend. – Hierher auch manche **Euglenida** u. **Chrysomonadida**.

12. Ungefärbt **13**

— Mit Plastiden .... **Raphidomonadea**
Maigrün. Beispiel: ***Vacuolaria*** CIENKOWSKY, im Schlamm von Süßgewässern ***V. virescens*** CIENKOWSKY [**27**] (150 µm). – Hierher auch einige **Cryptomonada** (nicht maigrün).

13. Vorn mit Mundöffnung .... manche **Euglenida**
Beispiele: ***Anisonema*** DUJARDIN (mit langer Schleppgeißel, diese in Furche [**28**]), z. B. ***A. truncatum*** STEIN [**28**] (bis 60 µm), im Süßwasser. ***Entosiphon*** STEIN (Mund mit vorstülpbarer Röhre), z. B. ***E. sulcatus*** (DUJARDIN) [**29**] (bis 25 µm), im Süßwasser.

— Vorn fast immer ohne Mundöffnung .... manche **Monadofilosa** u. **Bodonida**
Meist in verschmutztem Wasser. Amöboid beweglich: z. B. ***Cercomonas*** DUJARDIN, häufig ***C. longicauda*** DUJARDIN (10–20 µm). Nicht amöboid beweglich, ± rundllich, mit Kinetoplast an Geißelbasis: z. B. ***Bodo*** EHRENBERG, auch in Kot, ***B. caudatus*** (DUJARDIN) [**30**] (bis 22 µm) im Menschenkot.

14. Mit Pseudopodien ähnlich Amöben .... manche **Mastigamoebaea**
Beispiel: ***Mastigamoeba*** SCHULZE (mit relativ wenigen Lobopodien [**31**]), artenreich im Schlamm stehender Gewässer, z. B. ***M. aspera*** SCHULZE [**31**] (100 µm).

— Ohne Pseudopodien **15**

15. Geißel aus Kanal oder Furche entspringend .... viele **Euglenida**
Meist Süßwasser.

a) Mit Plastiden, grün oder rot gefärbt. Beispiele: ***Euglena*** EHRENBERG (langgestreckt, biegsam, meist kontraktil), artenreich, bei Massenvermehrung Wasser grün färbend, häufig ***E. viridis*** (MÜLLER) [**32**] (bis 60 µm), manche Arten rot, z. B. ***E. sanguinea*** EHRENBERG (bis 120 µm). ***Phacus*** DUJARDIN (starr, flach) artenreich, häufig ***P. longicauda*** (EHRENBERG) [**33**] (bis 115 µm).

b) Ohne Plastiden. Beispiele: ***Urceolus*** MERESCHKOWSKY (flaschenförmig; Geißelkanal vorn trichterförmig), z. B. ***U. cyclostomus*** (STEIN) [**34**] (bis 50 µm). ***Astasia*** DUJARDIN s. l. (Gestalt wie ***Euglena***, gesamte Geißel schwingend), z. B. ***Khawkinea*** (= ***Astasia***) ***ocellata*** (KHAWKINE) (bis 65 µm). ***Peranema*** DUJARDIN s. l. (Gestalt wie [**35**], Geißel nur an Spitze schwingend), häufig ***Peranemopsis*** (= ***Peranema***) ***trichophora*** (EHRENBERG) [**35**] (bis 70 µm).

— Geißel nicht aus Kanal entspringend .... **Chrysomonadida**
Beispiele: ***Chromulina*** CIENKOWSKY s. l. (Körper sphärisch oder oval, gelb bis braun), artenreich, bei massenhaftem Auftreten Wasser braun färbend, häufig ***Chromophyton*** (= ***Chromulina***) ***rosanoffii*** WORONIN [**36**] (bis 10 µm). ***Oikomonas*** KENT (ähnlich, aber farblos), in fauligem Wasser, auch in Kot, z. B. ***O. termo*** EHRENBERG (bis 10 µm).

16. Mit 1 Geißel, auch als undulierende Membran [**37**] .... **Trypanosomatida**
Parasiten. Viele Gattungen, z. B. ***Trypanosoma*** GRUBY (mit 1 Geißel u. am Körper entlanglaufender undulierender Membran [**37**]), artenreich, in Wirbeltieren, mit Wirtswechsel, im Blut von Wirbeltieren undulierende Membran bis Hinterende,

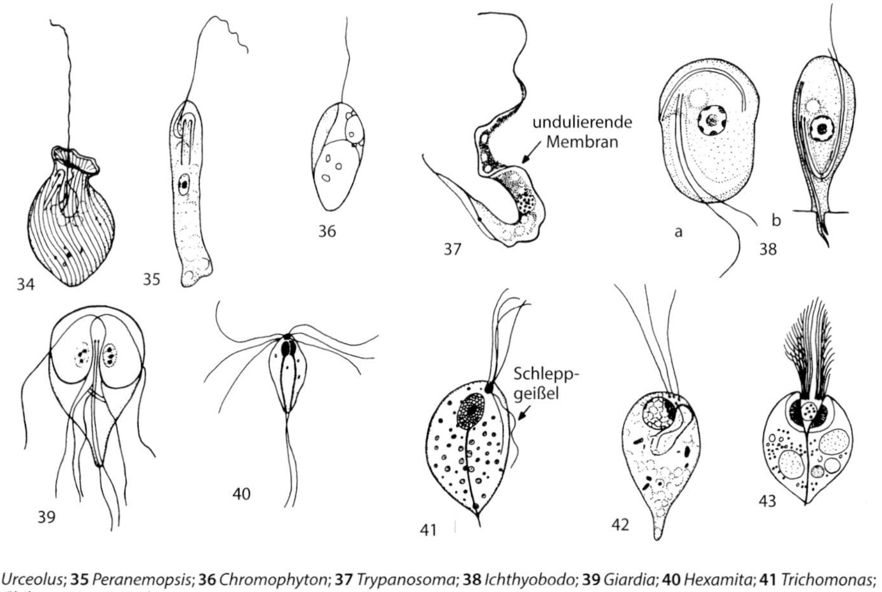

34 *Urceolus*; **35** *Peranemopsis*; **36** *Chromophyton*; **37** *Trypanosoma*; **38** *Ichthyobodo*; **39** *Giardia*; **40** *Hexamita*; **41** *Trichomonas*; **42** *Chilomastix*; **43** *Lophomonas*

im Darm von blutsaugenden Wirbellosen bis etwa Körpermitte reichend, z. B. ***T. theileri*** LAVERAN (bis 120 µm) in Rindern (Überträger: Tabaniden); ***T. melophagium*** FLU (bis 60 µm) in Schafen (Überträger: Schaflausfliege). ***Leptomonas*** KENT (mit 1 nach vorn gerichteten Geißel, ohne undulierende Membran), meist im Darm von Insekten, z. B. ***L. ctenocephali*** (FANTHAM) (um 20 µm), im Enddarm des Hundeflohs.

— Mit 2 (selten mehr) Geißeln, auch als Schleppgeißeln .... **Bodonida**
Beispiele: ***Ichthyobodo necator*** (HENNEGUY) (freilebende Form wie [**38a**]; bis 15 µm), auch ektoparasitisch an Fischen (festsitzende Form [**38b**]). ***Cryptobia*** LEIDY (= ***Trypanoplasma*** LAVERAN ET MESNIL) (mit 1 Geißel u. 1 undulierenden Membran), ***C. borreli*** (LAVERAN ET MESNIL) (um 20 µm), im Blut zahlreicher Süßwasserfische. – Außerdem ***Proteromonas lacertae*** (GRASSI) (**Proteromonadea**) (ähnlich ***Bodo*** [**30**]; um 20 µm), im Enddarm von Eidechsen (Lacertidae).

— Mit 3 oder mehr Geißeln **17**

17. Tiere als Doppelindividuen ausgebildet. Mit 4 oder 3 Paar Geißeln .... **Diplomonadida**
Beispiele: ***Giardia*** KÜNSTLER (= ***Lamblia*** BLANCHARD) (mit Saugscheibe; Habitus [**39**]), im Darm – meist Dünndarm – von Wirbeltieren, z. B. ***G. duodenalis*** (DAVAINE) (= ***intestinalis*** = ***lamblia)*** (bis 20 µm), beim Menschen. ***Hexamita*** DUJARDIN (mit 6 Geißeln vorn, 2 hinten [**40**]), artenreich, z. B. ***H.*** (= ***Spironucleus***) ***muris*** (GRASSI) [**40**], im Darm von Ratten und Mäusen.

— Nicht als Doppelindividuen gebaut ...... **Retortamonadida, Oxymonadida, Trichomonadea**
Mit 4–6 Geißeln, eine davon nach hinten gerichtet, mit undulierender Membran: wichtig ***Tritrichomonas*** KOFOID (3 nach vorn gerichtete Geißeln, hinten Achsenstab herausragend), z. B. ***T.*** (= ***Trichomonas***) ***muris*** (GRASSI) (bis 20 µm), im Darm von Ratten und Mäusen. ***Trichomonas*** DONNÉ s. l. (ähnlich, aber mit 4 nach vorn gerichteten Geißeln), beim Menschen ***T. hominis*** DAVAINE im Darm, ***Tetratrichomonas buccalis*** GOODEY im Mund, ***T. vaginalis*** DONNÉ [**41**] in der Scheide (alle um 50 µm). ***Chilomastix*** ALEXEIEFF (3 nach vorn gerichtete Geißeln, 1 Schleppgeißel in Mundbucht [**42**]), ***C. mesnili*** (WENYON) [**42**] (um 20 µm) im Darm des Menschen. Mit zahlreichen Geißeln: z. B. ***Lophomonas*** STEIN im Enddarm von Schaben, z. B. ***L. blattarum*** STEIN [**43**] (bis 30 µm).

„Protisten": Typ **B** „Wimpertierchen", **Ciliophora**

Bewegung durch Wimpern (Cilien), diese können reduziert sein; bei manchen Arten Cirren (= büschelförmige Verklebung von Cilien [**73**]), Membranellen (= flächenhafte Verklebung von Cilien [**73, 76**]) oder Pektinellen (= kurze Reihen dicht stehender, nicht verklebter, meist langer Cilien [**84**]). Mundöffnung (Cytostom) an der Oberfläche oder in eine ± tiefe Tasche verlagert (Mundhöhlung = Peristom). Kerndualismus (Makronukleus u. Mikronukleus). Nahrungsaufnahme als Schlinger (meist Räuber) oder Strudler (Nahrung meist Bakterien, Algen). Auch Kommensalen oder Parasiten an oder in Tieren. Limnisch, marin, auch terrestrisch. Im Gebiet etwa 1400 Arten. Meiste Gattungen sowohl im Meer als auch im Süßwasser, Beispiele vor allem aus dem Bereich der Süßwasserarten. In die Tabelle sind auch die **Opalinea** (**Stramenopila**) aufgenommen.

System der **Ciliophora** (nach RADEK und HAUSMANN 2013; seltene Taxa nicht aufgeführt):
Postciliodesmatophora
  Heterotrichea: **Heterotrichida**
  Karyorelictea: **Loxodida**
Intramacronucleata
  Armophorea
  Colpodea
  Litostomatea: **Haptoria**, **Trichostomatia**
  Nassophorea: **Microthoracida**, **Nassulida**
  Phyllopharyngea: **Chonotrichia**, **Phyllopharyngia**, **Suctoria**
  Plagiopylea: **Odontostomatida**
  Prostomatea
  Spirotrichea: **Choreotrichia**, **Hypotrichia**, **Oligotrichia**
Oligohymenophorea: **Hymenostomatia**, **Peniculia**, **Peritrichia** (mit **Mobilida**, **Sessilida**), **Scuticociliatia**

1. Freilebend **3**

— Endoparasiten oder Endokommensalen, auch an Kiemen **2**

2. Gleichmäßig bewimpert, ohne Mundöffnung [**44**] .... **Opalinea**
Gehören zu den **Stramenopila**. Kommensalen im Enddarm vom Amphibien, selten Fischen oder Reptilien. Beispiele: ***Opalina*** PURKINJE ET VALENTIN (Körper abgeflacht), im Grasfrosch ***O. ranarum*** PURKINJE ET VALENTIN [**44**] (bis 600 µm). ***Cepedea*** METCALF (zylindrisch), ***C. dimidiata*** (STEIN) (bis 300 µm) in Wasserfröschen und Kröten.

— Körper ungleichmäßig bewimpert, mit Mundöffnung
Trichostomatida, Armophorea, manche **Heterotrichida** u. weitere Gruppen

a) Körper ± vollständig bewimpert, Mundöffnung ohne Membranellenzone: Beispiele ***Balantidium*** Claparède et Lachmann (Habitus [**45**]), im Darm, artenreich, ***B. coli*** (Malmsten) [**45**] (30–150 µm) bei Schwein u. Mensch. ***Buetschlia*** Schuberg (gleichmäßig bewimpert, vorn mit kleiner Mundöffnung), im Darm von Säugern, meist Huftieren, häufig ***B. parva*** Schuberg (bis 50 µm). – An Kiemen von Fischen ***Ichthyophthirius multifiliis*** Fouquet (bis 800 µm).

b) Körper ± vollständig bewimpert, Mundöffnung mit gewundener Membranellenzone: Beispiel ***Nyctotherus*** Leidy (Habitus [**46**]), im Darm, artenreich z. B. ***N. ovalis*** Leidy [**46**] (90–130 µm) bei Schaben, ***Nyctotheroides cordiformis*** (Ehrenberg) (Größe variabel) in Fröschen, Kröten.

c) Nur am Vorderende mit Cilien (als cirrusartige Wimperschöpfe). Pellicula panzerartig verstärkt, häufig mit dornartigen Fortsätzen. Endoparasiten bei Säugern: im Magen von Paarhufern (u. a. Rind, Schaf) verbreitet ***Entodinium*** Stein (ohne Skelett, vorn nur 1 Cirrenzone), ***Diplodinium*** Schuberg (ohne Skelett, vorn mit 2 Cirrenreihen), ***Ophryoscolex*** Stein (mit Skelett, etwa Körpermitte mit fast den Körper umgreifender Cirrenreihe). Beispiele: ***E. caudatum*** Stein [**47**] (etwa 50 µm), häufig bei Rind, Schaf; ***D. dentatum*** (Stein) [**48**] (100–200 µm), häufig im Rind; ***O. purkinjei*** Stein [**49**] (160–200 µm), beim Rind. Im Magen von Unpaarhufern (Pferd) u. a. ***Cycloposthium*** Bundle, artenreich, z. B. ***C. bipalmatum*** (Fiorentini) [**50**] (65–115 µm).

3. Nur am Vorderende mit Cilien (oder nur Cirren, Membranellen). Meist sessil, wenn vagil, hinten mit Wimpernschopf **4**

— Mit vollständiger Bewimperung oder Cilien (auch als Cirren) auf Ventralseite beschränkt. Wenn Wimpern fehlen, freischwimmend, hinten ohne Wimpernschopf **6**

4. Mundzone mit unbeweglicher, trichterförmiger oder spiraliger Membran, diese innen bewimpert, manchmal mit Borsten .... **Chonotrichia**

Epizoisch auf Krebsen. Im Süßwasser ***Spirochona gemmipara*** Stein [**51**] (80–120 µm), an Kiemenblättchen des Bachflohkrebses.

— Vorderende mit linksgewundener, in die Mundhöhle führender Wimpernspirale. Körper ± becher- bis glockenförmig. Sessil, auch vagil, dann mit hinterem Ciliengürtel .... **Peritrichia 5**

5. Freischwimmend .... **Mobilida**

a) Mit aboralem Wimpernkranz. Unterseite mit Haftring, der zeitweises Festheften am Substrat (Tiere wie Hydren, Planarien, Fische, Amphibien) ermöglicht: Beispiel ***Trichodina*** Ehrenberg, ***T. pediculus*** Ehrenberg [**52**] (bis 100 µm) auf *Hydra*.

b) Hinten mit gallertartigem Faden oder Büschel starrer kurzer Borsten: Beispiel ***Astylozoon*** Engelmann, z. B. ***A. fallax*** Engelmann [**53**] (bis 70 µm).

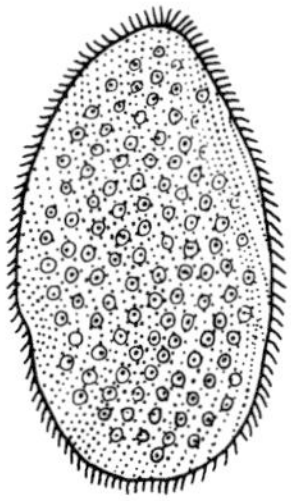
44

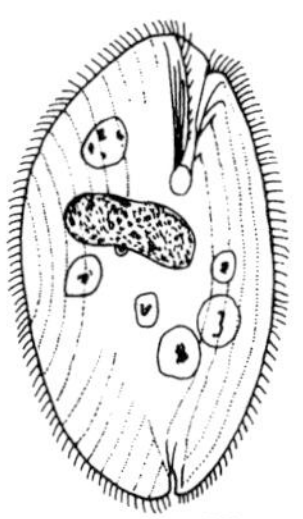
45

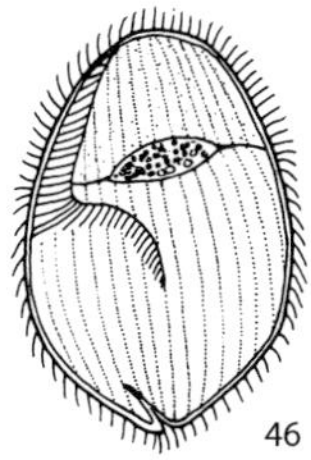
46

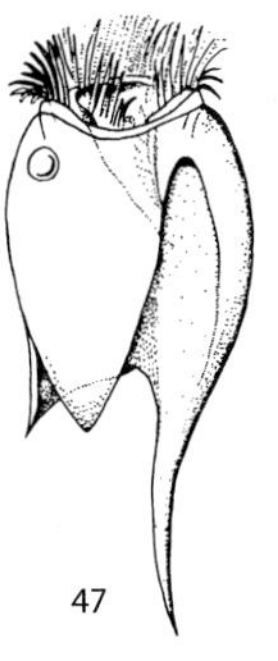
47

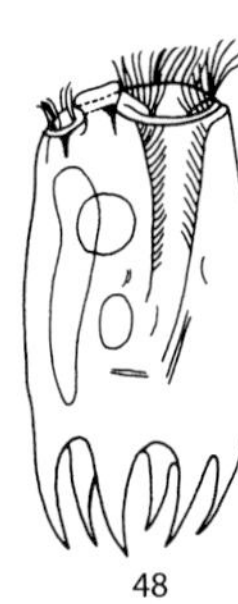
48

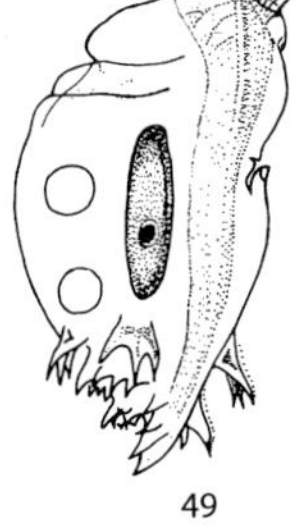
49

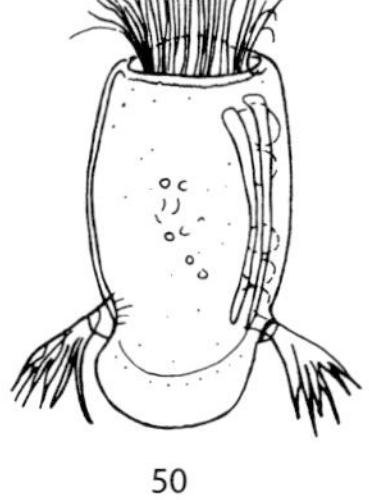
50

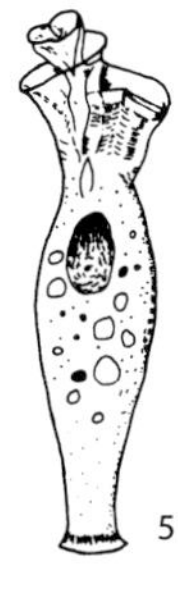
51

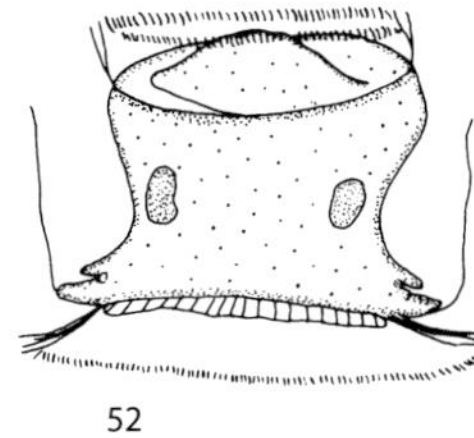
52

44 *Opalina*; **45** *Balantidium*; **46** *Nyctotherus*; **47** *Entodinium*; **48** *Diplodinium*; **49** *Ophryoscolex*; **50** *Cycloposthium*; **51** *Spirochona*; **52** *Trichodina*

— Festsitzend, meist mit Stiel .... **Sessilida**

a) Mit Gehäuse. Körper vorn in langen, kontraktilen Hals ausgezogen: ***Ophrydium*** Bory de St. Vincent, z. B. ***O. versatile*** (Müller) (400–500 µm), Kolonien in Gallertmasse, bis 15 cm Durchmesser, mit Zoochlorellen.

b) Mit Gehäuse. Vorderende nicht halsartig ausgezogen. Tiere aus Gehäuse frei herausragend: (Auswahl) ***Platycola*** Kent (Gehäuse mit Breitseite angeheftet), z. B. ***P. decumbens*** (Ehrenberg) (bis 150 µm); bei übrigen Gattungen Gehäuse aufrecht stehend, ***Cothurnia*** Ehrenberg (Gehäuse ohne Deckel, mit Stiel), z. B. ***C. annulata*** Stokes **[54]** (um 80 µm). ***Vaginicola*** Lamarck (Gehäuse ohne Deckel, ohne Stiel), häufig ***V. crystallina*** Ehrenberg (bis 340 µm). ***Pyxicola*** Kent (Gehäuse mit Deckel, dieser seitlich vorn am Tier **[55]**), ***P. ligiae*** Cuenot **[55]** (um 60 µm) auf Kiemen von *Ligia*.

c) Ähnlich, aber nur Peristomfeld aus Gehäuse herausragend **[56]**), wichtig ***Lagenophrys*** Stein, auf Süßwasserkrebsen, z. B. ***L. vaginicola*** Stein **[56]** (50 µm).

d) Ohne Gehäuse. Ohne deutlichen Stiel, höchstens hinten verjüngt: meist auf Tieren, z. B. ***Scyphidia*** Dujardin, ***S. haemopis*** Nenninger **[57]** (80 µm), auf Pferdeegel.

e) Ohne Gehäuse. Mit deutlichem Stiel, dieser starr, ohne Muskeln: meist auf Tieren, auch koloniebildend, z. B. ***Epistylis*** Ehrenberg, häufig ***E. plicatilis*** Ehrenberg (100 µm).

f) Ohne Gehäuse. Mit deutlichem Stiel, dieser sich zickzackförmig kontrahierend: meist auf Tieren, häufig koloniebildend, z. B. ***Zoothamnium*** Bory de St. Vincent, häufig ***Z. ramosissimum*** Sommer (50–75 µm) **[58]**, auch auf Arthropoden.

g) Ohne Gehäuse. Mit deutlichem Stiel, dieser sich zu einer Spirale kontrahierend: ***Vorticella*** L. (solitär; Stiel unverzweigt), artenreich, häufig ***V. microstoma*** Ehrenberg (35–80 µm) **[59]**. ***Carchesium*** Ehrenberg (koloniebildend; Stielmuskel an Verzweigungsstellen unterbrochen), häufig ***C. polypinum*** (L.) (80–140 µm).

6. Körper fast immer einheitlich bewimpert, selten mit kleiner, zum Munde führender Membranellenzone **11**

Wenn mit reduzierter oder uneinheitlicher Bewimperung, Habitus typisch, wie **[84, 96, 97, 98]**.

— Körper mit vollständiger oder reduzierter Bewimperung. Mundhöhle auffällig bewimpert, meist als rechtsgewundene, bis zum Munde führende Membranellenzone ausgebildet **7**

7. Mit gallert- oder pseudochitinartigem Gehäuse .... **Choreotrichia**

Vor allem **Tintinnina**. Überwiegend marin, im Plankton. Beispiele häufiger Arten der Nordsee, z. T. auch Ostsee ***Helicostomella subulata*** (Ehrenberg) (Gehäuse wie **[60a, b]**); ***Stenosemella*** (= ***Tintinnopsis***) ***ventricosa*** (Claparède et Lachmann) **[61]**; ***Tintinnopsis campanula*** Ehrenberg **[62]**; ***Parafavella denticulata*** (Ehrenberg) **[63]**. Im Süßwasser verbreitet ***Tintinnidium fluviatile*** (Stein) **[64]** (bis um 300 µm) u. Arten von ***Tintinnopsis*** Stein, z. B. ***T. lacustris*** Entz **[65a, b]** (bis 80 µm).

— Ohne Gehäuse **8**

8. Körper abgeflacht, mit scharfer Rückenkante. Mit langen Wimpern, ohne Cirren. Peristom mit 8 Membranellen .... **Odontostomatida**

Pellicula starr, panzerartig. Im Faulschlamm. Beispiele: ***Discomorphella pectinata*** (Levander) **[66]** (Hinterende glatt, vorn mit langem Dorn **[66]**; 70–90 µm). ***Epalxella*** Corliss (mit hinteren Fortsätzen, diese z. T. stumpf; Habitus **[67]**), z. B. ***E. antiquorum*** (Penard) **[67]** (um 80 µm). ***Saprodinium*** Lauterborn (hintere Fortsätze mit Dornen), z. B. ***S. dentatum*** (Lauterborn) **[68]** (60–80 µm).

— Körper abgeflacht, ventral ausschließlich Cirren. Adorale Zone groß, oft mit großem Peristomfeld .... **Hypotrichia**

Viele Gattungen. Auswahl:

a) Mit mindestens 2 vollständigen Reihen von Randcirren. Bauchcirren in Reihen, keine weiteren Bauchcirren: ***Urostyla*** Ehrenberg (4–10 Bauchreihen, 1 ausgeprägte Transversalreihe), z. B. ***U. grandis*** Ehrenberg **[69]** (300–400 µm). ***Paruroleptus*** Kahl (0–4 Bauchreihen, keine Transversalcirren), z. B. ***P.*** (= ***Birojima***) ***muscorum*** (Kahl) **[70]** (85–180 µm), im Moos. ***Kerona pediculus*** (Müller) (6 schräge Bauchreihen; 130–200 µm), auf *Hydra*.

b) Ebenso, aber Bauchcirren in Reihen, dazu weitere Bauchcirren: ***Gastrostyla*** Engelmann (1 schräge Bauchreihe, 5 Transversalcirren), z. B. ***G.*** (= ***Protogastrostyla***) ***pulchra*** (Perejaslawzewa) **[71]** (170–250 µm).

c) Ebenso, aber Bauchcirren nicht in Reihen, einzeln oder in Gruppen: ***Oxytricha*** Bory de St. Vincent (Cirren wie **[72]**), z. B. ***O. saprobia*** Kahl **[72]** (100 µm). ***Stylonychia*** Ehrenberg (Cirren wie **[73]**, Randreihen hinten unterbrochen, starre lange Schwanzcirren), häufig ***S. notophora*** (= ***mytilus***) Stokes **[73]** (100–300 µm).

d) Ohne Längsreihen von Randcirren, Cirren in Gruppen. Gestalt wie **[74]**. Mit wenig Cirren: wichtig nur ***Aspidisca*** Ehrenberg, häufig ***A. cicada*** (Müller) **[74]** (25–40 µm). Gestalt anders. Mit größerer Zahl von Cirren: artenreich ***Euplotes*** Ehrenberg (Cirren wie **[75]**), z. B. ***E. patella*** Ehrenberg **[75]** (150 µm).

— Nicht abgeflacht. Adorale Zone spiralig, darin cilienfreies Peristomfeld. Bewimperung reduziert, ohne Cirren .... **Oligotrichia**

Typisch ***Halteria*** Dujardin (mit äquatorialem Kranz langer Borsten **[76]**), häufig ***H. grandinella*** (Müller) **[76]** (20–40 µm). Artenreich außerdem ***Strombidium*** Claparède et Lachmann s. l. (Habitus **[77]**), z. B. ***Limnostrombidium*** (= ***S.***) ***viride*** (Stein) **[77]** (40–80 µm), mit Zoochlorellen.

— Körper anders, oft mit einheitlicher Bewimperung, ohne Cirren. Peristomfeld meist bewimpert **9**

Wenn mit Cirren, Gestalt wie **[83]**, ***Caenomorpha*** s. Nr. **10**.

9. Peristom mit trichterartiger Vertiefung **[78]** .... manche **Colpodea**

Häufig ***Bursaria truncatella*** Müller **[78]** (500–1000 µm).

— Peristom nicht in derartiger trichterförmiger Vertiefung .... **Heterotrichida** **10**

10. Vorn mit großem Peristomfeld, darum die adorale Zone mit ½ bis 1 Spiralwindung

a) Peristomfeld unbewimpert, am Rande mit großer undulierender Membran: wichtig ***Condylostoma*** Bory de St. Vincent, z. B. ***C. vorticella*** Ehrenberg **[79]** (100–200 µm).

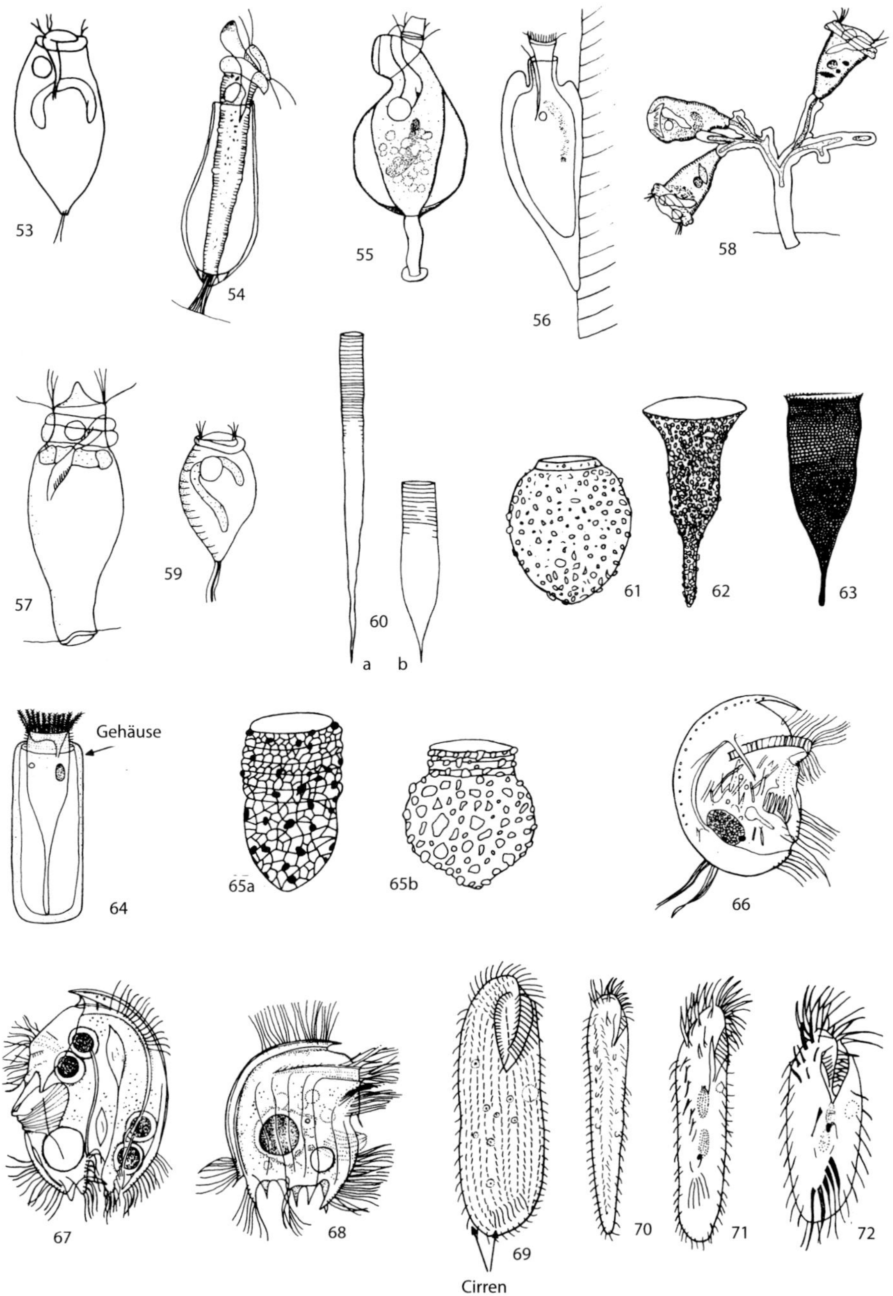

53 *Astylozoon*; **54** *Cothurnia*; **55** *Pyxicola*; **56** *Lagenophrys*; **57** *Scyphidia*; **58** *Zoothamnium*; **59** *Vorticella*; **60** *Helicostomella*; **61** *Stenosemella*; **62, 65** *Tintinnopsis*; **63** *Parafavella*; **64** *Tintinnidium*; **66** *Discomorphella*; **67** *Epalxella*; **68** *Saprodinium*; **69** *Urostyla*; **70** *Paruroleptus*; **71** *Gastrostyla*; **72** *Oxytricha*

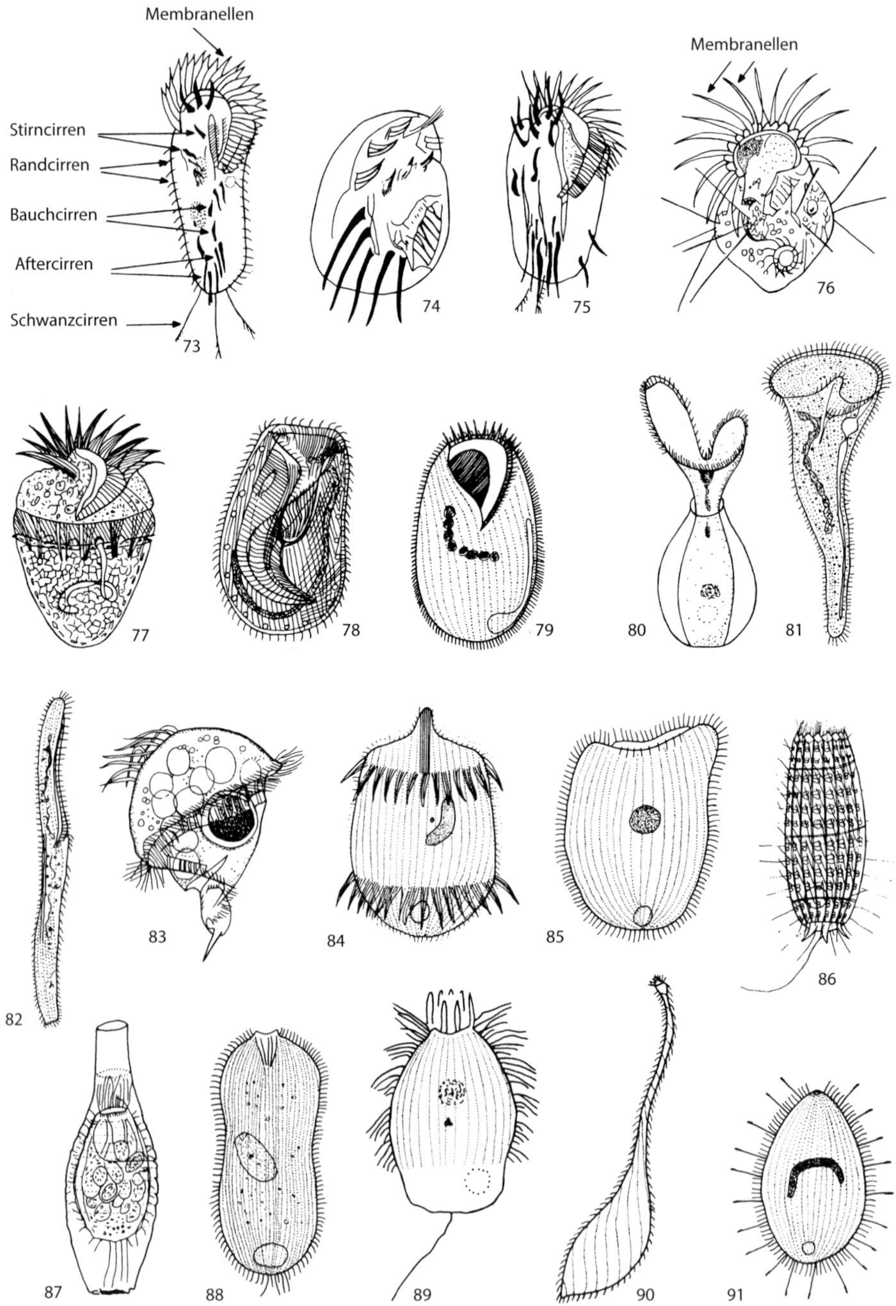

73 *Stylonychia*; **74** *Aspidisca*; **75** *Euplotes*; **76** *Halteria*; **77** *Limnostrombidium*; **78** *Bursaria*; **79** *Condylostoma*; **80** *Folliculina*; **81** *Stentor*; **82** *Spirostomum*; **83** *Caenomorpha*; **84** *Didinium*; **85** *Spathidium*; **86** *Coleps*; **87** *Vasicola*; **88** *Prorodon*; **89** *Urotricha*; **90** *Lacrymaria*; **91** *Actinobolina*

b) Peristomfeld ohne randständige undulierende Membran, bewimpert, in 2 flügelartige Teile ausgezogen: Beispiel ***Folliculina*** Lamarck (mit flaschenförmigem, pseudochitinigem Gehäuse), häufig ***F. boltoni*** Kent [**80**] (200 µm).
c) Ebenso, aber Peristomfeld nicht flügelartig. Ohne oder mit gallertigem Gehäuse: wichtig ***Stentor*** Oken, z. B. ***S. polymorphus*** (Müller) [**81**] (1–2 mm), mit Zoochlorellen; ***S. coeruleus*** (Pallas) (1–2 mm), blaugrün.

— Vorn ohne derartiges Peristomfeld
a) Nur auf Bauchseite Cilien: nur marin, z. B. ***Peritromus*** Stein, häufig ***P. emmae*** Stein (um 100 µm)
b) Körper vollständig bewimpert oder nur dorsale Cirrenreihen. Adorale Zone zum größten Teil ventral längs des Körpers verlaufend, kurz vor Mundöffnung nach rechts biegend [**82**]: im Süßwasser z. B. ***Spirostomum*** Ehrenberg (wurmförmig, kontraktil), häufig ***S. ambiguum*** (Müller) [**82**] (1–3 mm).
c) Ebenso, aber adorale Zone auf Bauchseite schräg nach hinten rechts verlaufend oder in Schraubenlinien um Körper: Beispiel ***Caenomorpha*** Perty (Habitus [**83**], Bewimperung reduziert), z. B. ***C. uniserialis*** Levander [**83**] (50–100 µm).

11. Mund unmittelbar an der Körperoberfläche, sehr selten in Mundhöhlung, ohne besondere Cilien-Organellen. Nahrungsaufnahme als Schlinger **12**

— Mund in Mundhöhlung (= Peristom), diese mit besonderen Cilien-Organellen. Strudler . **16**

12. Mund auf einem Kegel am Vorderende. Körper mit Kranz von Cirren oder Pektinellen
(**Haptoria**). Beispiel: ***Didinium*** Stein , häufig ***D. nasutum*** (Müller) [**84**] (bis 150 µm).

— Mund spaltförmig, von ± deutlichem Wulst umgeben
(**Haptoria**). Artenreich ***Spathidium*** Dujardin, z. B. ***S. faurei*** Kahl [**85**] (70 µm).

— Mund anders, ohne oder mit im Querschnitt rundem Schlundwulst **13**

13. Mund am Vorderende .... **Prostomatea** u. manche **Haptoria**
a) Körper mit Panzer aus 4 Plättchengürteln [**86**]: wichtig ***Coleps*** Nitzsch, häufig ***C. hirtus*** (Müller) [**86**] (60 µm).
b) Mit pseudochitinigem, flaschenförmigem Gehäuse: Beispiel ***Vasicola*** Tatem (Körper eiförmig), häufig ***V. ciliata*** Tatem [**87**] (um 100 µm).
c) Ohne Panzer oder Gehäuse: Beispiele ***Prorodon*** Ehrenberg (Mund spaltförmig, Schlund mit Reuse aus Doppelstäbchen), häufig ***P. teres*** (Ehrenberg) [**88**] (130–250 µm). ***Urotricha*** Claparède et Lachmann (Hinterende ohne Cilien, mit 1–mehreren Schwanzcilien), z. B. ***U. farcta*** Claparède et Lachmann [**89**] (20–30 µm). ***Lacrymaria*** Ehrenberg (nahe Vorderende Ringfurche, dadurch „Kopfabschnitt" abgesetzt), charakteristisch ***L. olor*** (Müller) [**90**] (bis 1200 µm). ***Actinobolina*** Strand (mit radial angeordneten, einziehbaren Tentakeln), im Plankton ***A. vorax*** (Wenrich) [**91**] (60–200 µm).

— Mund seitlich, an der zusammengedrückten Schmalkante **14**

14. Mund auf der vorderen Hälfte der abgeflachten Ventralseite **15**

— Mund spaltförmig, auf konkaver Seite des Vorderkörpers .... **Loxodida**
Beispiel: ***Loxodes*** Ehrenberg, häufig ***L. rostrum*** (Müller) [**92**] (150–250 µm).

— Mund anders .... weitere **Haptoria**
a) Mund rund, am Ende eines Saumes aus Trichocysten (stäbchenförmigen Bildungen des Ektoplasmas). Vorderkörper ± rüsselförmig: Beispiel ***Trachelius*** Schrank (Hinterende rund), z. B. ***T. ovum*** Ehrenberg [**93**] (bis 400 µm).
b) Mund spaltförmig, vorn auf konvexer Seite: Beispiel ***Amphileptus*** Ehrenberg, häufig ***A. trachelioides*** Zacharias [**94**] (bis 800 µm).

15. Bewimperung vollständig .... **Nassulida**
Artenreich ***Nassula*** Ehrenberg., z. B. ***N. ornata*** Ehrenberg [**95**] (bis 250 µm).

— Körper dorsal ohne Bewimperung .... **Phyllopharyngia**
a) Körper hinten mit „Griffel" aus Wimpern: Beispiel ***Dysteria*** Huxley, vorwiegend marin, häufig ***D. monostyla*** (Ehrenberg) [**96**] (80–100 µm).
b) Körper hinten ohne derartigen Griffel: artenreich ***Chilodonella*** Strand, häufig ***C. cucullulus*** (Müller) [**97**] (bis 300 µm).

16. Wenige Cilien in 2–9 Reihen. Körper gepanzert .... **Microthoracida**
Artenreich ***Microthorax*** Engelmann, z. B. ***M.*** (= ***Dentithorax***) ***ungulatus*** Penard [**98**] (20–25 µm).

— Wimperbänder auf dem Körper spiralig. 3–4 Querspiralen, 1 Schwanzcilie
(**Tricostomatia**). Im Süßwasser ***Trimyema compressum*** Lackey (25–50 µm).

— Körper mit 3 Cilienzonen, hinten Schopf von Cilien
(**Hymenostomatia**). Nur ***Urocentrum turbo*** (Müller) [**99**] (50–80 µm).

— Bewimperung anders **17**

17. Körper zigarren- bis pantoffelförmig, mit muldenförmiger Depression vom Vorderende bis zum Mundvorraum (etwa in Körpermitte), daran anschließend trichterförmige Mundhöhlung
(**Peniculia**). Nur ***Paramecium*** Müller, Pantoffeltierchen, artenreich, z. B. ***P. caudatum*** Ehrenberg [**100**] (bis 300 µm); ***P. bursaria*** (Ehrenberg) (hinten breit abgerundet, nicht verjüngt; bis 150 µm), mit Zoochlorellen.

— Ohne derartige Depression, Mundhöhlung tunnelförmig eingesenkt u. zum Mund trichterartig verjüngt .... **Colpodea**
Habitus [**101**]. Artenreich ***Colpoda*** Müller, z. B. ***C. cucullus*** Müller [**101**] (60–80 µm). In becher- oder röhrenartigen Gallertgehäusen: z. B. ***Maryna rottalensis*** Baumeister (um 150 µm).

— Mit zur Mundhöhlung ziehender Querrinne .... **Plagiopylea**
Beispiel: ***Plagiopyla*** Stein, z. B. ***P. nasuta*** Stein [**102**] (80–180 µm).

— Mundregion oder Habitus anders .... **Hymenostomatia, Peniculia** u. **Scuticociliatia**
Mit Längsnaht in Pellicula von Mundöffnung nach vorn u. hinten: z. B. ***Frontonia*** Ehrenberg, häufig ***F. leucas*** (Ehrenberg) [**103**] (150–600 µm). Meist mit deutlicher segelartiger undulierender Membran wie [**104**]: z. B. ***Pleuronema*** Dujardin,

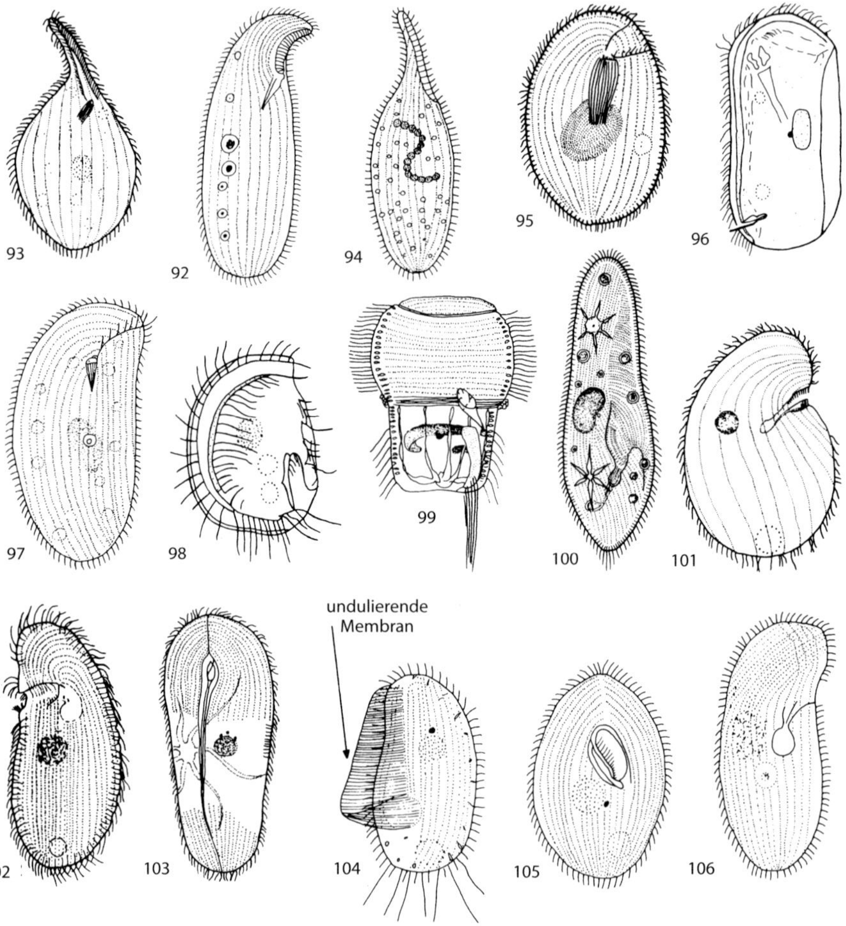

92 *Loxodes*; **93** *Trachelius*; **94** *Amphileptus*; **95** *Nassula*; **96** *Dysteria*; **97** *Chilodonella*; **98** *Microthorax*; **99** *Urocentrum*; **100** *Paramecium*; **101** *Colpoda*; **102** *Plagiopyla*; **103** *Frontonia*; **104** *Pleuronema*; **105** *Glaucoma*; **106** *Colpidium*

P. coronatum Kent [**104**] (45–140 µm). Weitere typische Gattungen: ***Glaucoma*** Ehrenberg (Habitus [**105**]), z. B. ***G. scintillans*** Ehrenberg [**105**] (40–75 µm). ***Colpidium*** Stein (Habitus [**106**]), z. B. ***C. colpoda*** (Losana) [**106**] (90–120 µm). ***Uronema*** Dujardin (eiförmig, mit langer Schwanzcilie; Habitus [**107**]), z. B. ***U. marinum*** Dujardin [**107**] (30–50 µm). ***Lembadion*** Perty (Mundöffnung nimmt 1/5 der Körperlänge ein; Habitus [**108**]), z. B. ***L. bullinum*** (Müller) [**108**] (120–200 µm).

„Protisten“: Typ **C** „Sauginfusorien“, **Suctoria**

Festsitzend, selten freilebend, meist epizoisch. Mit Tentakeln, die zum Aussaugen von Beuteorganismen dienen. Selten parasitisch, dann ohne Tentakeln. Fortpflanzung durch Knospung. Larven mit Cilien. Etwa 60 Arten im Meer u. Süßwasser. Gehören zu **Ciliophora**. Jeweils nur Beispiele für die morphologischen Typen.

1. Körper asymmetrisch oder verzweigt, auch wurm- oder scheibenförmig. Ohne Gehäuse **2**
— Körper ± symmetrisch, nicht wurm- oder scheibenförmig **4**

2. Körper mit 1 bis mehreren Rüsseln, darauf Tentakeln
Im Meer, artenreich ***Ophryodendron*** Claparède et Lachmann , z. B. ***O. abietinum*** Claparède et Lachmann [**109**] (bis 840 µm), auf Hydrozoen.

— Körper mit verzweigten oder unverzweigten Fortsätzen, darauf als Fortsetzung Tentakel. Im Süßwasser. Ektozoisch
Dendrocometes Stein (Fortsätze verzweigt), z. B. ***D. paradoxus*** Stein [**110**] (50 µm) auf Kiemen von *Gammarus*. ***Stylocometes digitatus*** (Stein) (Fortsätze unverzweigt, bis 100 µm), auf Kiemen von Wasserassel.

— Ohne Rüssel oder Fortsätze, wenn mit Fortsätzen, Tentakel anders **3**

3. Körper ± wurmförmig. Im Meer
Artenreich ***Rhabdophrya*** Chatton et Collin, z. B. ***R. trimorpha*** Chatton et Collin (150 µm).

— Körper scheibenförmig, flach. Im Süßwasser
Nur ***Heliophrya*** De Saedeleer et Tellier, z. B. ***H. rotunda*** (Hentschel) [**111**] (30–85 µm).

— Körper anders. Meist Süßwasser
Beispiele: ***Dendrosoma*** Ehrenberg, z. B. ***D. radians*** Ehrenberg [**112**] (Kolonie um 2 mm hoch). Artenreich ***Tokophrya*** Bütschli, z. B. ***T. lemnarum*** (Stein) [**113**] (um 100 µm).

4. Mit 2 verschiedenen Tentakeltypen [**114**]. Mit Stiel. Im Meer
Artenreich ***Ephelota*** Wright, häufig ***E. gemmipara*** (Hertwig) [**114**] (bis 250 µm).

— Anders **5**

5. Körper sphärisch bis elliptisch. Ohne Gehäuse. Mit oder ohne Stiel
Beispiele: ***Sphaerophrya*** Claparède et Lachmann (wie [**115**]; ohne Stiel), im Süßwasser, häufiger ***S.*** (= ***Parapodophrya***) ***soliformis*** Lauterborn [**115**] (bis 50 µm), im Süßwasser. ***Podophrya*** Ehrenberg (ähnlich, aber mit Stiel), im Meer u. Süßwasser, z. B. ***P. fixa*** (Müller) (50 µm) im Meer.

— Körper mit Gehäuse, dieses häufig ± becherartig
Beispiele: ***Acineta*** Ehrenberg (wie [**116**], artenreich im Meer u. Süßwasser, z. B. ***A. tuberosa*** Ehrenberg [**116**] (bis 60 µm), im Süßwasser. ***Metacineta mystacina*** (Ehrenberg) [**117**] (80 µm), im Süßwasser.

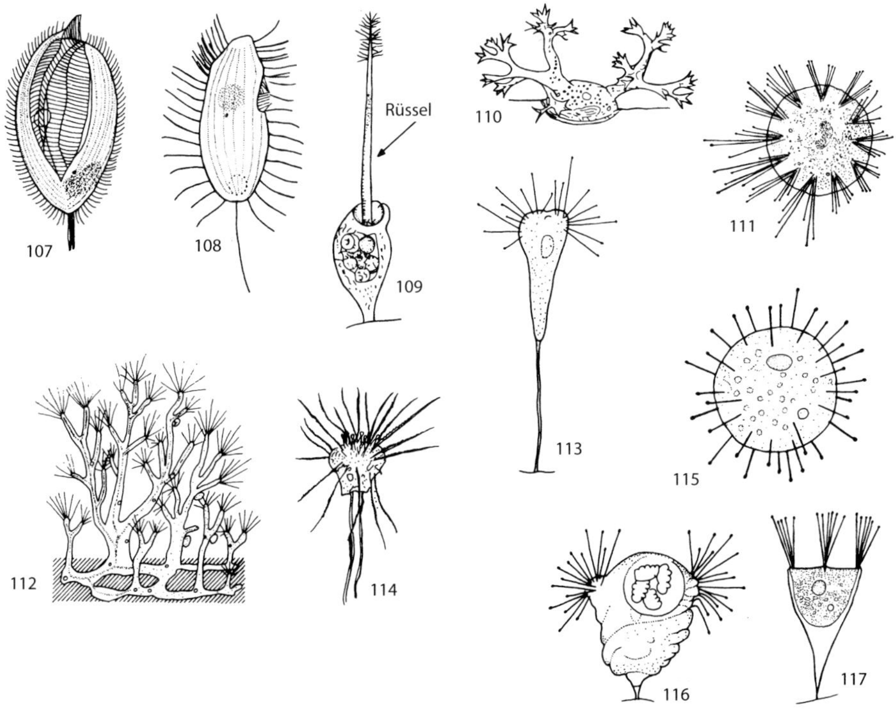

107 *Uronema*; **108** *Lembadion*; **109** *Ophryodendron*; **110** *Dendrocometes*; **111** *Heliophrya*; **112** *Dendrosoma*; **113** *Tokophrya*; **114** *Ephelota*; **115** *Sphaerophrya*; **116** *Acineta*; **117** *Metacineta*

„Protisten“: Typ **D** „Nackte Wurzelfüßer“ (Amöben)

Körperplasma nackt, nicht von einer festen Membran umgeben, in ein äußeres homogenes Ektoplasma u. ein inneres, körniges Endoplasma gegliedert [**119**]. Gestalt sehr veränderlich. Fortbewegung u. Nahrungsaufnahme durch plasmatische Fortsätze (Scheinfüßchen, Pseudopodien). Bestimmungsschlüssel gilt für sich bewegende Individuen. Im Gebiet etwa 150 Arten. Die Fruchtkörper bildenden **Acrasea** (zu **Heterolobosea**) hier nicht behandelt.

System: **Amoebozoa, Discoba**

1. Freilebend, im Süßwasser, Boden, seltener im Meer **2**

— Parasiten oder Kommensalen im Innern von Tieren .... **Entamoebida**
Beispiele: ***Entamoeba*** Casagrandi et Barbagallo (meist um 10–30 µm), mit kugeligen Cysten im Kot, beim Menschen ***E. histolytica*** Schaudinn [**118**] Erreger der Amöbenruhr, ***E. coli*** (Grassi) Kommensal u. Parasit im Darm, ***E. gingivalis*** (Gros) in Zahnblägen; beim Kaninchen ***E. cuniculi*** Brug, bei Ratten u. Mäusen ***E. muris*** (Grassi). Bei Wirbellosen ***Endamoeba*** Leidy, z. B. ***E. blattae*** (Bütschli) (bis 150 µm), im Darm von Küchenschaben. Fakultativ parasitisch auch manche ***Gymnamoebea***, s. Nr. **3**.

2. Körper bei Bewegung mit zylindrischem Querschnitt, verzweigt oder unverzweigt, nicht abgeflacht .... weitere **Archamoebae**, wenige **Discoba** **3**

— Körper ± abgeflacht .... **Discosea**, weitere **Archamoebae** **4**

3. Mit mehreren langen, der Bewegung dienenden Pseudopodien .... **Euamoebida**
Am Vorderende mit langen, hinten mit quastenförmigen Pseudopodien [**119**] (Körper gleicht „ausgerissenen Pflanzen“): ***Polychaos*** Schaeffer, z. B. ***P. fasciculatum*** (Penard) [**119**] (um 140 µm). Anders: ***Amoeba*** Bory de St. Vincent (mit 1 Kern), ***Chaos*** L. (mit vielen Kernen), häufig ***A. proteus*** (Pallas) [**120**] (ca. 500 µm).

— Mit einem Pseudopodium am Vorderende („Limax-Typ“) [**121, 122**]
Pseudopodium keilförmig. Beispiele: ***Vahlkampfia*** Chatton et Lalung-Bonnaire, ***Naegleria*** Alexeieff, sehr häufig ***N. gruberi*** Schardinger [**121**] (um 15 µm), manche ***N.***-Arten pathogen; zu **Tetramitia** (**Heterolobosea**). Pseudopodien kurze Plasmaausbrüche [**122**]. Beispiele: ***Pelomyxa palustris*** Greeff [**122**] (Körper ± oval; bis 2000 µm); zu **Pelobiontida**. ***Saccamoeba*** Frenzel (Körper länglich bis keulenförmig), z. B. ***S. limax*** (Penard) (bis 85 µm); zu **Euamoebida**.

4. Mit flexibler, formbeständiger Hülle .... einige **Foraminifera** S. 29

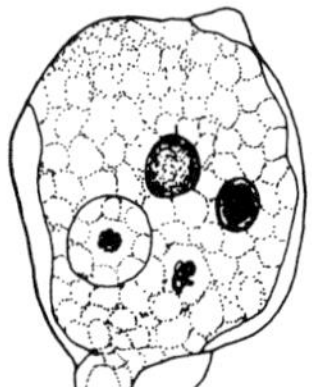
118

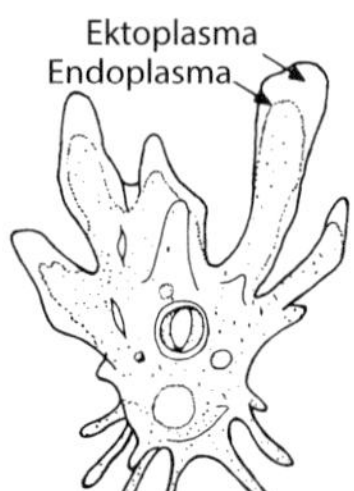

119

120

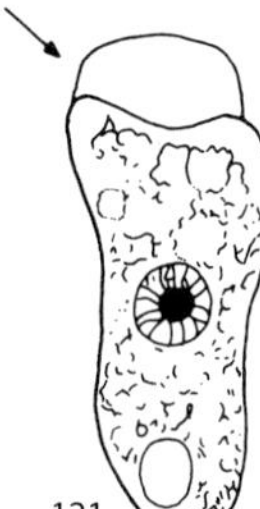
121

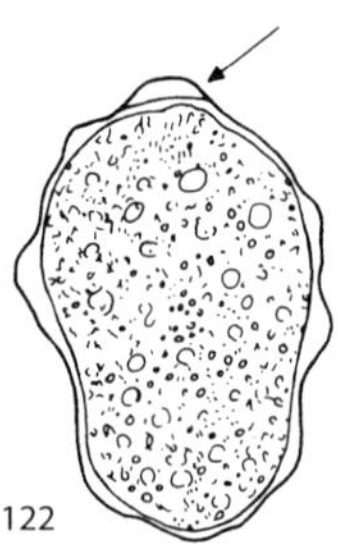
122

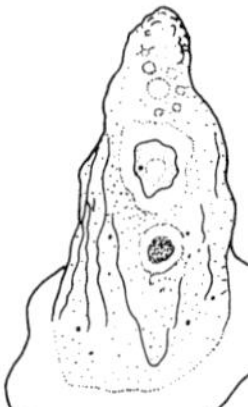
123

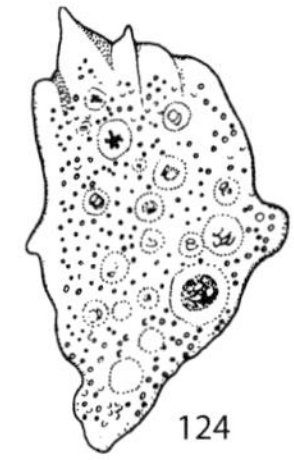
124

118 *Entamoeba*; **119** *Polychaos*; **120** *Amoeba*; **121** *Naegleria*; **122** *Pelomyxa*; **123** *Thecamoeba*; **124** *Mayorella*

— Ektoplasma sehr zäh, pelliculaartig, bei Bewegung nur geringe Formänderung des Plasmaleibs [**123**]
Wichtige Gattung ***Thecamoeba*** Fromentel, z. B. ***T. terricola*** (Greeff) [**123**] (bis 200 µm); zu **Discosea.**

— Ektoplasma außen nicht pelliculaartig derb, bei Bewegung Pseudopodien, Plasmaausbrüche oder starke Formveränderung
Beispiel: ***Mayorella*** Schaeffer, artenreich im Süßwasser z. B. ***M. penardi*** Page [**124**] (um 100 µm); zu **Longamoebia.**

„Protisten“: Typ **E** „Beschalte Wurzelfüßer“ (Thekamöben)

Körper mit Schale aus organischer Substanz, dieser können (endogen) vom Körper gebildete, meist aus Kieselsäure bestehende Plättchen (Idiosomen) eingelagert oder (exogen) Fremdkörper (Xenosomen) aufgelagert sein. Schale mit Öffnung (Pseudostom), aus der Pseudopodien austreten, diese als Lobopodien [**125**], Filopodien [**126**], selten Retikulopodien [**127**]. Meist limnisch, auch terrestrisch, häufig in feuchten Sphagnen, selten marin. Etwa 300 Arten. Jeweils nur Beispiele für die morphologischen Typen.

System: Amoebozoa mit **Tubulinea** [**Arcellinida** (= **Testacealobosia**)] u. wenige **Discosea** [**Himatismenida**], **Rhizaria** mit **Cercozoa** [**Monadofilosa**], wenige **Foraminifera**

1. Schale kappenförmig, mit großer Öffnung, ohne deutliches Pseudostom [**125**]. Mit Lobopodien .... **Himatismenida**
Beispiele: ***Cochliopodium*** Hertwig et Lesser (Schale ohne Fremdkörper), z. B. ***C. vestitum*** (Archer) [**125**] (60 µm). ***Gocevia*** Valkanov (Schale mit Fremdkörpern), z. B. ***G. binucleata*** De Saedeler (40 µm).

— Schale mit 1 Pseudostom (z. B. [**128**]) .... **Arcellinida** u. **Monadofilosa** 2

— Schale mit 2 sich gegenüber liegenden oder mehreren Öffnungen ...... einige **Foraminifera**
Schale oval, oft abgeflacht, mit 2 Öffnungen. Mit Filopodien: u. a. ***Amphitrema*** Archer, Hochmoore, z. B. ***A. flavum*** Archer [**126**] (50–75 µm). Schale ± rund bis eckig, mit 2–5 Öffnungen. Mit Retikulopodien: z. B. ***Microcometes*** Cienkowsky (3–5 Öffnungen), z. B. ***M. paludosa*** Cienkowsky [**127**] (bis 20 µm). ***Diplophrys*** Barker (Schale gleichmäßig rund, hyalin), z. B. ***D. archeri*** Barker (12–20 µm).

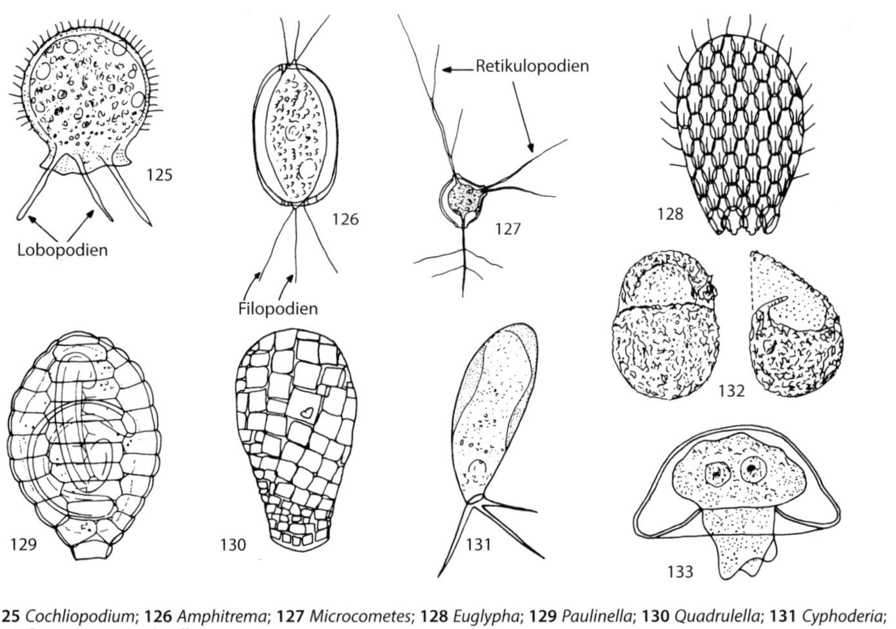

125 *Cochliopodium*; **126** *Amphitrema*; **127** *Microcometes*; **128** *Euglypha*; **129** *Paulinella*; **130** *Quadrulella*; **131** *Cyphoderia*; **132** *Centropyxis*; **133** *Arcella*

2. Schale mit größeren Schuppen (als Idiosomen), die sich teilweise überdecken [**128**]. Mit Filopodien
Meist in Moosen. Pseudostom seitlich verschoben, Schale dadurch bilateralsymmetrisch: ***Trinema*** Dujardin, häufig ***T. enchelys*** (Ehrenberg) (40–100 µm). Pseudostom genau endständig [**128**]: u. a. ***Euglypha*** Dujardin (Pseudostom ohne Kragen, mit gezähnelten Schuppen besetzt, Schale rund oder wenig komprimiert [**128**]), artenreich, sehr häufig ***E. ciliata*** (Ehrenberg) [**128**] (50–100 µm).

— Schale mit rechteckigen, an den Ecken abgerundeten (u. dadurch hexagonalen) Platten [**129**]. Mit Filopodien
Nur ***Paulinella chromatophora*** Lauterborn [**129**] (20–50 µm), mit 2 wurstförmigen, symbiotischen Blaualgen (*Synechococcus*).

— Schale mit quadratischen Platten. Mit Lobopodien
Paraquadrula irregularis (Archer) (mit Kalkplatten; 35–45 µm). ***Quadrulella*** Cockerell (mit Kieselplättchen), z. B. ***Q. symmetrica*** (Wallich) [**130**] (70–120 µm).

— Schale nicht mit derartigen Plättchen **3**

3. Schale bilateralsymmetrisch. Pseudostom exzentrisch, nicht in der Körperachse liegend (z. B. [**131, 132**])
a) Schalenform retortenartig, wie [**131**]. Mit Filopodien: ***Campascus*** Leidy (mit Xenosomen), z. B. ***C. triqueter*** Penard (90–120 µm). ***Cyphoderia*** Schlumberger (ohne Xenosomen), z. B. ***C. ampulla*** (Ehrenberg) [**131**] (100–180 µm).
b) Schale nicht retortenartig. Mit Lobopodien: Beispiele ***Lesquereusia*** Schlumberger (Schale spiralig eingerollt, mit tubusartigem Hals), z. B. ***L. spiralis*** (Ehrenberg) (100–150 µm). ***Plagiopyxis*** Penard (Pseudostom sichelförmig), z. B. ***P. callida*** Penard (55–135 µm). Teil von ***Centropyxis*** Stein (Pseudostom nicht sichelförmig), viele Arten terrestrisch, z. B. ***C. aerophila*** Deflandre [**132**] (bis 100 µm).

— Schale mit mindestens 2 Symmetrieebenen, häufig radiärsymmetrisch. Pseudostom rund, länglich oder 3-eckig **4**

4. Schale chitinoid, ohne Xenosomen oder Idiosomen, häufig mit wabenartiger Felderung. Rand axialwärts umgeklappt, Pseudostom in Mundhöhe [**133**]
Artenreich ***Arcella*** Ehrenberg, häufig ***A. vulgaris*** Ehrenberg (100–150 µm) [**133**].

— Schale anders **5**

5. Pseudopodien breit oder fingerförmig, an Spitze rund (Lobopodien) **6**

— Pseudopodien fingerförmig, aber zugespitzt („Retikulolobopodien“)
Beispiel: ***Phryganella*** Penard (Schale mit Xenosomen), z. B. ***P. paradoxa*** Penard (bis 50 µm).

— Pseudopodien fadenförmig (Filopodien oder Retikulopodien) **8**

6. Schale als biegsame oder halbstarre Membran
Beispiele: ***Penardochlamys arcelloides*** (Penard) [**134**] (60 µm). ***Diplochlamys*** Greeff (Schale doppelt, äußere Schicht mit Xenosomen), z. B. ***D. timida*** Penard (50–100 µm).

— Schale chitinoid, meist mit Idiosomen und/oder Xenosomen **7**

7. Schalenbedeckung nur exogen, Pseudostom rund, 3- oder 4-lappig. Wenn Schale ohne Xenosomen, dann im Querschnitt polygonal
Viele Gattungen. Beispiele: ***Sexangularia*** Awerintzew (Schale im Querschnitt polygonal), z. B. ***S. polyedra*** Deflandre (70 µm). ***Pontigulasia*** Rhumbler (Schale 2-kammerig), z. B. ***P. compressa*** (Carter) (110–140 µm). ***Cucurbitella mespiliformis*** Penard (Schale 1-kammerig, an Mündung mit durch Ringfurche abgesetztem Kragen; 140 µm). ***Difflugia*** Leclerc (Schale 1-kammerig, ohne derartigen Kragen), artenreich, sehr groß ***D. pyriformis*** Perty (bis 500 µm), häufig z. B. ***D. acuminata*** Ehrenberg (150–400 µm) [**135**]. ***Trigonopyxis arcula*** (Leidy) (Pseudostom dreieckig; 100–150 µm). ***Cyclopyxis*** Deflandre (Pseudostom rund; Schale ± scheibenförmig), z. B. ***C. arcelloides*** (Penard) (80–110 µm).

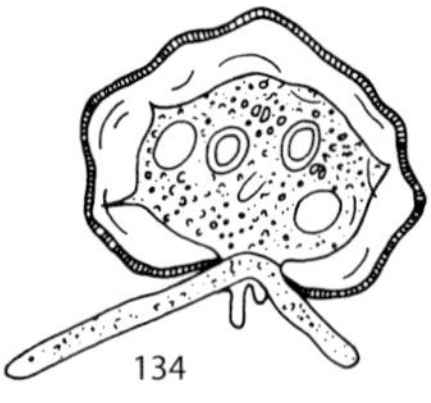
134

135

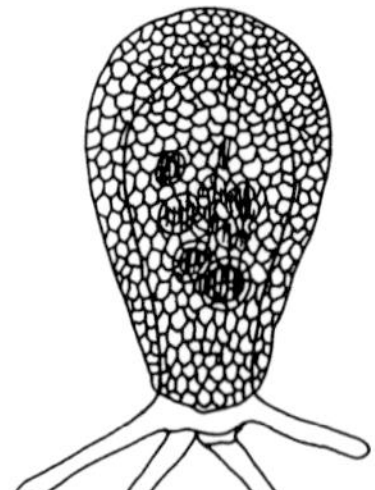
136

137

134 *Penardochlamys*; **135** *Difflugia*; **136** *Nebela*; **137** *Pseudodifflugia*

— Schalenbedeckung fehlend oder nur Idiosomen; wenn mit Xenosomen, Pseudostom spaltenförmig oder elliptisch. Schale oft seitlich zusammengedrückt
Beispiele: ***Hyalosphenia*** STEIN (Schale ohne Idiosomen oder Xenosomen, ± stark komprimiert), z. B. ***H. papilio*** LEIDY (90–130 µm). ***Nebela*** LEIDY (Schale ± flaschenförmig, mit Idiosomen), artenreich, häufig ***N. collaris*** (EHRENBERG) (100–180 µm) [**136**].

8. Mit Filopodien (ohne innere Körnchenströmung)
Viele Gattungen. Beispiele: ***Gromia fluvialis*** DUJARDIN (Schale 2-schichtig; 100 µm). ***Clypeolina marginata*** PENARD (Schale zusammengedrückt, mit Kiel; 80–140 µm). ***Pseudodifflugia*** SCHLUMBERGER (Schalenform wie ***Difflugia*** [**135**]), z. B. ***P. fascicularis*** PENARD (30–40 µm) [**137**]. ***Chlamydophrys*** CIENKOWSKY (in Körpermitte Schicht stark lichtbrechender Körnchen), z. B. ***C. stercorea*** CIENKOWSKY (30–40 µm).

— Mit Retikulopodien (im Innern mit Körnchenströmung) .... einige **Foraminifera** S. 29

„Protisten": Typ **F** „Porentierchen", **Foraminifera**

Mit meist vielkammeriger Schale aus Tektin, Opal, Kalk oder aus Fremdkörpern (meist Sand). Kammern durch Öffnungen verbunden. Mit Retikulopodien. Fast ausschließlich marin, auf Meeresgrund oder auf Algen, selten im Plankton; vor allem in der Nordsee. Hier nur Beispiele häufiger und/oder typischer Formen.

1. Schale häutig, ohne Fremdkörper. Ohne Poren. Limnisch u. marin
Viele Gattungen, z. B. ***Microgromia*** HERTWIG ET LESSER (Schale auf Unterlage aufliegend; Pseudostom mit Septum), ***C.*** (= ***Microgromia***) ***haeckeliana*** ARCHER (bis 20 µm), oft kolonienbildend.

— Schale aus Fremdkörpern („agglutiniert"), 1-kammerig. Marin
Beispiele: ***Astrorhiza limicola*** SANDAHL [**138**] (5–13 mm). ***Cyclogyra involvens*** (REUSS) [**139**] (0,5–1,5 mm).

— Schale aus Kalk, porzellanartig oder ± hyalin, dann mit Poren. Marin **2**

2. Schale 1-kammerig
Beispiel: ***Hyalinonetrion gracillimum*** (SEGUENZA) [**140**] (bis 0,5 mm).

— Schale mehrkammerig **3**

3. Kammern perlschnurartig angeordnet
Beispiel: ***Reophax nodulosus*** BRADY [**141**] (0,5–25 mm).

— Schale in 2 oder 3 Reihen von Kammern angeordnet
Beispiele: ***Stainforthia fusiformis*** (WILLIAMSON) [**142**] (um 0,3 mm). ***Eggerelloides scaber*** (WILLIAMSON) [**143**] (um 0,6 mm).

— Schale ± spiralig um eine lange Achse gewunden
Beispiel: ***Quinqueloculina seminulum*** (L.) [**144**] (bis 1,3 mm).

— Schale ± spiralig um eine kurze Achse gedreht
Beispiele: ***Haynesina depressula*** (WALKER ET JACOB) [**145**] (bis 0,3 mm). ***Cribroelphidium incertum*** (WILLIAMSON) [**146**] (um 0,4 mm). ***Planorbulina mediterranensis*** D´ORBIGNY [**147**] (bis 0,5 mm). ***Ammonia beccarii*** (L.) [**148**] (bis 0,4 mm). ***Lobatula lobatula*** (WALKER ET JACOB) [**149**] (bis 0,8 mm). Im Plankton in der südlichen Nordsee juvenile ***Neogloboquadrina pachyderma*** (EHRENBERG) [**150**] (bis 1 mm), ältere Exemplare im Sediment.

„Protisten": Typ **G** „Radiäre Amöben", Sonnentierchen u. Strahlentierchen

Die Sonnentierchen (frühere „**Heliozoa**") sind meist limnisch. Sie haben einen kugeligen Körper, häufig gegliedert in eine innere (Markschicht) u. äußere Schicht (Rindenschicht) mit großen Vakuolen [**151**]; mit strahlig abstehenden, ziemlich starren Scheinfüßchen, die einen verfestigten Achsenstab haben (Axopodien). Bewegung rollend. Körper nackt oder mit Schleimhülle, die Skelettelemente – wenn als Eigenbildung „Spiculae" (meist aus Kieselsäure) – enthalten kann. Die Strahlentierchen (frühere **„Radiolaria"**) leben pelagisch in der Nordsee. Sie haben einen ± kugeligen Körper, mit „Zentralkapsel" [**160**] im Innern (diese kann fehlen) u. meist Skelettelementen aus Kieselsäure oder Strontiumsulfat (**Acantharea**), wie Nadeln, Stacheln, gitterartig durchbrochene Kugel u. a. Mit Axopodien oder feinen Filopodien, auch Retikulopodien. Die **„Heliozoa"** (mit etwa 60 Arten in Deutschland) werden hier ausführlicher behandelt. Für die **„Radiolaria"** werden nur wenige Beispiele gegeben.

System:
Frühere **„Heliozoa"**: **Actinophryida** (zu **Stramenopila**), **Centrohelida** (Stellung unklar), **Rhizaria** [**Cercozoa** (**Clathrulinidae**)], wenige **Opisthokonta** [**Nucleariida**]
Frühere **„Radiolaria"**: **Rhizaria** [**Acantharia**, **Cercozoa** (**Thecofilosa**: **Phaeodarea**), **Polycystinea**]

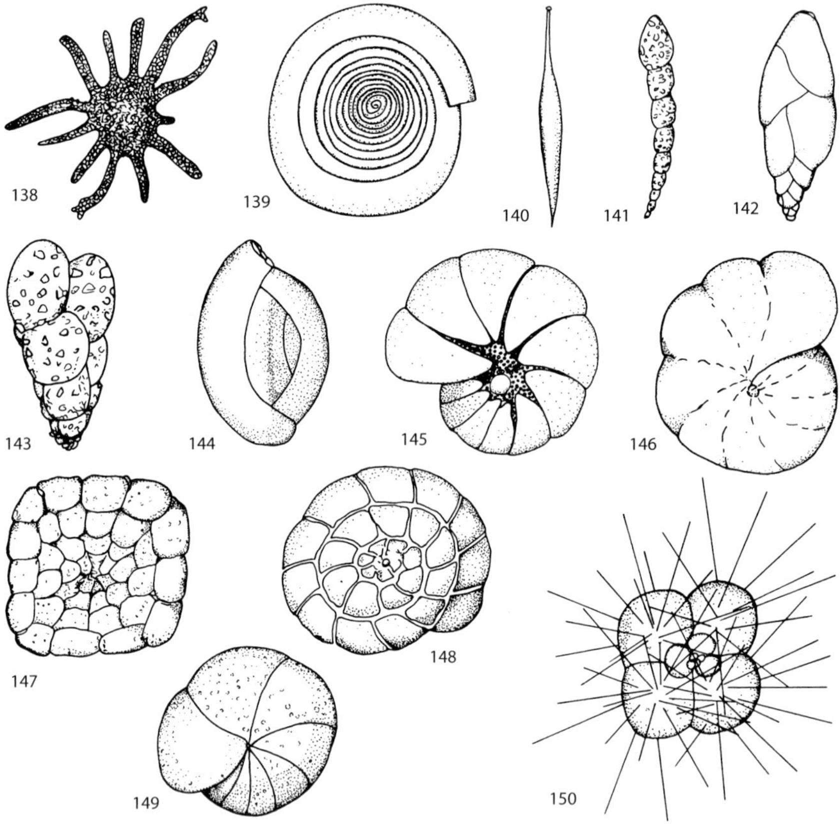

138 *Astrorhiza*; **139** *Cyclogyra*; **140** *Hyalinonetrion*; **141** *Reophax*; **142** *Stainforthia*; **143** *Eggerelloides*; **144** *Quinqueloculina*; **145** *Haynesina*; **146** *Cribroelphidium*; **147** *Planorbulina*; **148** *Ammonia*; **149** *Lobatula*; **150** *Neogloboquadrina*

1. Körper zwischen den 2 konzentrischen Schichten ohne trennende Kapsel [**151**–**155**]. Im Süßwasser, selten Brackwasser, Meerwasser .... Sonnentierchen, frühere **„Heliozoa“** **2**

— Körper meist mit Zentralkapsel zwischen innerer u. äußerer Schicht [**160**], oft mit vielgestaltigem Skelett. Marin .... Strahlentierchen, frühere **„Radiolaria“** **5**

2. Körper nackt [**152**], ohne deutliche Schleimhülle oder Skelett, manchmal mit dünner Schleimhülle .... **Actinophryida** u. einige **Centrohelida**

a) Mit 1 zentralen Kern, meist ohne scharfe Grenze zwischen Mark- u. Rindenschicht: ***Actinophrys*** Ehrenberg, im Süßwasser, häufig ***A. sol*** Ehrenberg [**152**] (40–90 µm). – Ähnlich auch die marine Art ***Actinolophus pedunculatus*** Schulze (gestielt; 35 µm).

b) Mit zahlreichen Kernen, meist scharfe Grenze zwischen Mark- u. Rindenschicht: ***Actinosphaerium*** Stein, häufig ***A. eichhornii*** (Ehrenberg) (200–1000 µm).

— Mit dicker Schleimhülle [**151**], ohne Skelett .... einige **Centrohelida** u. **Nucleariida**

Nuclearia (= ***Astrodisculus***) ***radians*** (Greeff) (um 30 µm) [**151**]. – Außerdem selten ***Chlamydaster sterni*** Rainer (mit Zentralkorn; um 20 µm). ***Nuclearia caulescens*** Penard (mit Stiel; 20 µm).

— Außen mit Skelettbildungen (diese z. T. klein, körnchenartig) **3**

3. Schale gestielt, zusammenhängende Hülle mit vielen Öffnungen .... **Clathrulinidae**

Clathrulina Cienkowsky (Schale ± bräunlich, mit großen Öffnungen; Stiel lang, hohl), häufiger nur ***C. elegans*** Cienkowsky [**153**] (30–90 µm). ***Hedriocystis*** Hertwig et Lesser (Schale farblos, mit vielen kleinen Öffnungen; Stiel kurz, massiv), häufiger nur ***H. pellucida*** Hertwig et Lesser (um 20 µm).

— Skelett anders, Körper ungestielt .... **Centrohelida** u. **Clathrulinidae** **4**

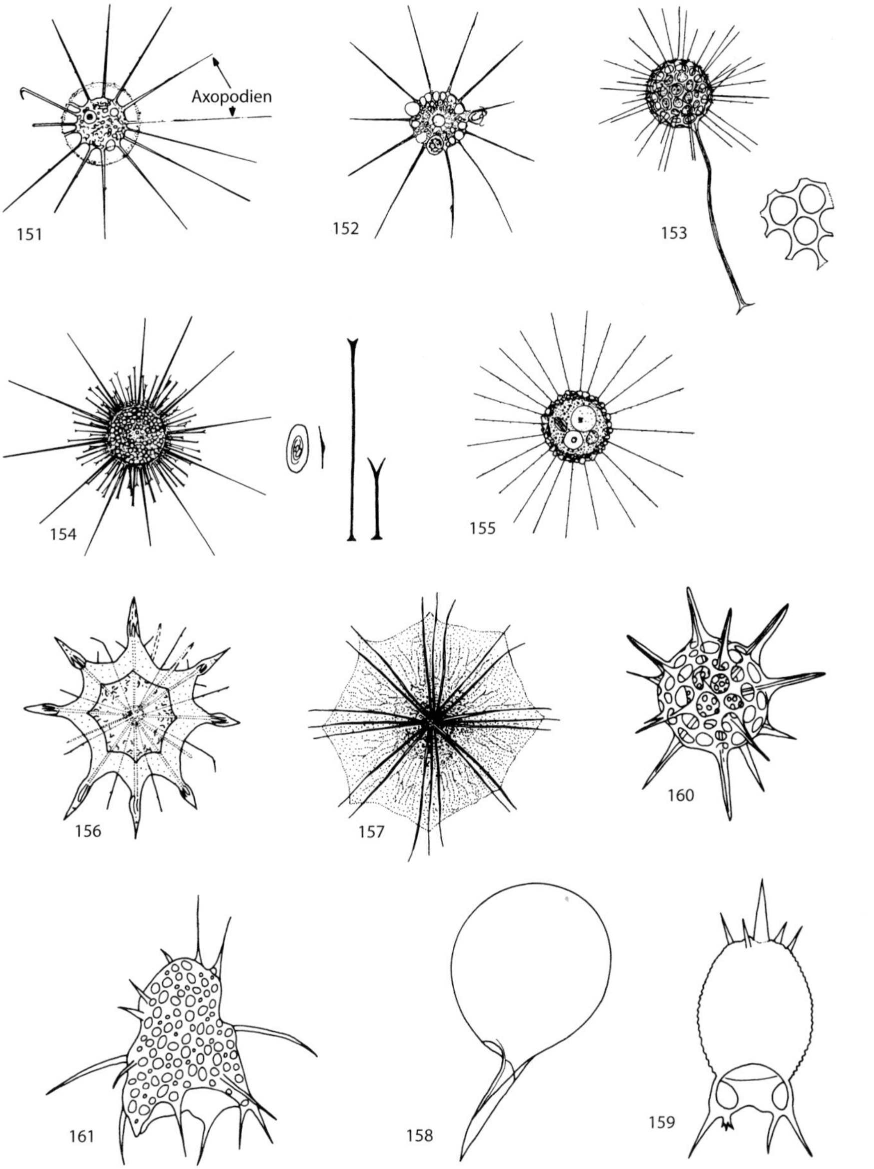

151 *Nuclearia*; **152** *Actinophrys*; **153** *Clathrulina*; **154** *Acanthocystis*; **155** *Lithocolla*; **156** *Acanthometra*; **157** *Acanthochiasma*; **158** *Protocystis*; **159** *Challengeron*; **160** *Actinomma*; **161** *Lithomelissa*

4. Körper mit Hülle, in die Skelett lose eingebettet ist

a) Hülle mit Körnchen. Meist 4–6 Axopodien: ***Artodiscus saltans*** Penard, im Süßwasser. – Hierher auch ***Gymnosphaera albida*** Sassaki (weiß; mit vielen Axopodien; bis 140 µm), marin.

b) Hülle mit ± stäbchenartigen Skelettelementen (Spiculae), diese radiär angeordnet: ***Heterophrys*** Archer s. l. (Spiculae fein, pseudochitinartig, fransenartig aus Hülle austretend), im Süßwasser z. B. ***H. myriopoda*** Archer (50 µm), oft mit Zoochlorellen; marin ***Marophrys*** **(=** ***H.*****)** ***marina*** (Hertwig et Lesser) (30 µm). ***Raphidocystis*** Penard (Spiculae dick, häufig trichter- oder plattenartig verbreitert), mehrere Arten, häufig ***R.*** (= ***Pseudorhaphidocystis***) ***glutinosa*** Penard (12 µm). – Hierher auch ***Belonocystis spinifera*** (= ***tubistella***) (Brown) (ohne Zentralkorn; um 15 µm).

c) Hülle mit Spiculae, diese nicht regelmäßig radiär angeordnet, vielfach an Axopodien hinaufziehend: ***Raphidiophrys*** Archer, viele Arten; Kolonien bildend z. B. ***R. viridis*** Archer (Kolonien bis 200 µm), mit Zoochlorellen; einzeln lebend z. B. ***R.*** (= ***Rhaphidocystis***) ***pallida*** Schulze (um 50 µm).

— Hülle mit dicht gelagerten, verkitteten Skelettelementen

a) Panzer aus 2 Sorten von Spiculae: tangentialen Schuppen u. radiären Stacheln [**154**]: ***Acanthocystis*** Carter, artenreich, häufig ***A. turfacea*** Carter [**154**] (bis um 150 µm). – Hierher auch ***Rabdiophrys*** Rainer (ohne Zentralkorn), z. B. ***R. anulifera*** Rainer (bis 35 µm).

b) Panzer aus hohlen, kugeligen Perlen: ***Pompholyxophrys*** Archer, z. B. ***P. punicea*** Archer (bis 40 µm), in Moortümpeln.

c) Panzer aus runden oder ovalen Schuppen: ***Pinaciophora*** Greeff, häufiger ***P. fluviatilis*** Greeff (um 50 µm).

d) Panzer aus Fremdkörpern (v. a. Sandkörnern, Diatomeenschalen): ***Elaeorhanis cincta*** Greeff (Körper mit großer, gelber Ölkugel; 35 µm). ***Lithocolla*** Schulze (Körper ohne Ölkugel), häufig nur ***L. globosa*** Schulze (30–40 µm) [**155**].

5. Skelett aus 20 radiär angeordneten Stacheln .... **Acantharia**

Beispiele: ***Acanthometra pellucida*** Müller (bis 240 µm) [**156**]. ***Acanthochiasma rubescens*** Krohn (bis 350 µm) [**157**].

— Skelett anders **6**

6. Zentralkapsel mit 3 Öffnungen (1 Haupt-, 2 Nebenöffnungen), vor der Hauptöffnung eine bräunliche Pigmentmasse („Phaeodium") .... **Phaeodarea**

Beispiele: ***Protocystis xiphodon*** (Haeckel) (um 100 µm) [**158**]. ***Challengeron diodon*** (Haeckel) (bis 85 µm) [**159**].

— Zentralkapsel anders .... **Polycystinea**

a) Zentralkapsel mit vielen feinen Poren (diese schwer sichtbar). Skelett kann fehlen. Kolonienbildend, in Gallerte, ohne Skelett: ***Collozoum inerme*** (Müller) (um 1,5 cm). Ebenso, aber einzelnlebend, meist mit Skelett: z. B. ***Actinomma leptodermum*** (Jörgensen) (bis 100 µm) [**160**].

b) Zentralkapsel mit 1 Öffnung als Porenfeld. Skelett ring-, helm- oder käfigförmig: Beispiel ***Lithomelissa setosa*** Jörgensen (bis 100 µm) [**161**].

Literatur

Banner, F. T., Knight-Jones, E. W., Wright, J. M.: Protozoa. In: P. J. Hayward, J. S. Ryland, The marine fauna of the British Isles and North-West Europe, Vol. 1. Oxford, 1990.

Clarke, K. J.: Testate Amoebae: Guide to the identification of soil Protozoa. Freshwater Biological Association, Special Publication 12. Ambleside, 2003.

Curds, C. R.: British and other freshwater ciliated Protozoa. Synopses of the British Fauna 22, 23. London, 1982, 1983.

Foissner, W.: Colpodea (Ciliophora). Protozoenfauna, Band 4/1. Stuttgart, 1983.

Foissner, W., Berger, H., Schaumburg, J.: Identification and ecology of limnetic plankton ciliates. Informationsberichte Bayer. Landesamt für Wasserwirtschaft. Landshut, 1999.

Gabel, B.: Die Foraminiferen der Nordsee. Hamburg, 1971.

Geus, A.: Sporentierchen, Sporozoa. Die Gregarinida. In: F. Dahl, Tierwelt Deutschlands, Teil 57. Jena, 1969.

Grospietsch, T. H.: Wechseltierchen (Rhizopoden). Stuttgart, 1958.

Harnisch, O.: Rhizopoda. In: P. Brohmer, P. Ehrmann, G. Ulmer, Tierwelt Mitteleuropas, Bd. I, Lief. 1b. Leipzig, 1959.

Hausmann, K., Hülsmann, N., Radek, R.: Protistology. 3rd ed. Berlin, Stuttgart, 2003.

Huber-Pestalozzi, G.: Das Phytoplankton des Süßwassers. Die Binnengewässer XVI, Teil 1–5. Stuttgart, 1938–1968.

John, M. D., Whitton, B. A., Brook, A. J.: The freshwater algal flora of the British Isles: An identification guide to freshwater and terrestrial algae. 2nd ed. Cambridge, 2011.

Jörgensen, E. u. a.: Protozoa. In: G. Grimpe, E. Wagler, Tierwelt der Nord- und Ostsee, Bd. IIa-h. Leipzig, 1928–1934.

Kahl, A.: Wimpertiere oder Ciliata. In: F. Dahl, Tierwelt Deutschlands, Teil 18, 21, 25, 30. Jena, 1930–1935.

Lee, J. J., Leedale, G.F., Bradbury, P.: An illustrated guide to the Protozoa. Vol. I, II. 2nd ed. Lawrence (Kansas), 2000.

Lynn, D. H.: The ciliated Protozoa. 3rd ed. Heidelberg, Berlin, 2008.

Margulis, L., Corliss, J. O., Melkonian, M., Chapman, D. J.: Handbook of Protoctista. Boston, 1990.

Matthes, D., Guhl, W., Haider, G.: Suctoria und Urceolariidae (Peritricha). Protozoenfauna, Band 7/1. Stuttgart, 1988.

Murray, J. W.: British nearshore foraminiferids. Synopses of the British Fauna 16. London, 1979.

Page, F. C.: A new key to freshwater and soil Gymnamoebae. Freshwater Biological Association. Ambleside, 1988.

Page, F. C., Siemensma, F. J.: Nackte Rhizopoda und Heliozoa. Protozoenfauna, Band 2. Stuttgart, 1993.

Pankow, H.: Algenflora der Ostsee II. Plankton. Jena, 1976.

Patterson, D. J.: Free-living freshwater Protozoa. A colour guide. London, 1996.

Radek, R., Hausmann, K.: Einzellige Eukaryota. In: W. Westheide, G. Rieger, Spezielle Zoologie, Teil 1: Einzeller und Wirbellose Tiere, 3. Aufl. Berlin, 2013.

Rainer, H.: Sonnentierchen, Heliozoa. In: F. Dahl, Tierwelt Deutschlands, Teil 57. Jena, 1969.

Streble, H., Krauter, D.: Das Leben im Wassertropfen. 16. Aufl. Stuttgart, 2011.

Porifera, Schwämme

Tierstöcke von krustenförmiger, höckriger oder buschartig verzweigter Gestalt, die Gegenstände im Wasser überziehen oder ihnen aufsitzen. Farbe bleich, bräunlich oder durch Algen grünlich. Weichkörper mit seinen Binnenräumen durch Hartgebilde aus Kalknadeln, Kieselnadeln oder/und hornartige Spongiolinsubstanz gestützt. Hauptöffnungen der Schwammkörper = Oscula, über die das mit den Ostien aufgenommene und gefilterte Wasser wieder nach außen gelangt. Geschlechtliche Fortpflanzung mit freischwimmenden Larven, ungeschlechtliche durch äußere oder besonders bei Süßwasserschwämmen auch durch innere Knospen (Gemmulae), die Trockenzeiten überdauern können. Gemmulae für Bestimmung der Süßwasserschwämme notwendig. Im Gebiet etwa 40 Arten. Unter den Meeresschwämmen seltenere oder nur lokal (z. B. bei Helgoland) vorkommende Arten nicht berücksichtig

System:
Calcarea (Kalkschwämme): **Leucosoleniidae, Sycettidae**
Demospongiae (Kiesel- und Hornschwämme): **Chalinidae** (= **Haliclonidae**), **Clionaidae, Esperiopsidae, Halichondriidae, Halisarcidae, Spongillidae, Suberitidae**

1. Im Süßwasser (manche Arten auch im Brackwasser) Süßwasserschwämme, **Spongillidae** **2**
— Im Meer, zuweilen auch am Strand angespült. **5**
2. Hülle der Gemmulae aus bedornten Nadeln [**1a**] . . . . ***Spongilla*** Lamarck u. ***Eunapius*** Gray
S. lacustris (L.) [**1**] (Körper im Stillwasser mit zweigartigen Auswüchsen, im Fließwasser mehr klumpig; Gemmulae gleichmäßig im Schwammkörper verteilt; bis ½ m groß), häufig, auch im Brackwasser. Außerdem ***E.*** (= ***S.***) ***fragilis*** (Leidy) (Körper meist klumpig oder krustenförmig; Gemmulae gehäuft verteilt; bis 1 m hoch). – Eingeschleppt ***E. carteri*** (Bowerbank), an Ausleitungen von Kühlwassserkreisläufen.
— Hülle der Gemmulae aus garnspulenförmigen Amphidisken [**2a**] **3**
3. Scheiben der Amphidisken ganzrandig glatt. Schwamm klumpen- oder krustenartig. Skelettnadeln mit starken Dornen. Bis 10 cm groß . . . . ***Trochospongilla horrida*** Weltner
— Scheiben der Amphidisken gezähnt. Skelettnadeln glatt oder rau **4**
4. Schwamm Klumpen oder Polster bildend [**2**] . . . . 2; ***Ephydatia*** Lamouroux
E. fluviatilis (L.) (Skelettnadeln glatt; Ränder der Amphidiskenscheiben fein gezähnt; 30–50 cm groß), häufig, kommt auch im Brackwasser vor; ***E. muelleri*** (Lieberkühn) (Skelettnadeln glatt u. schwach bedornt; Ränder der Amphidisken grob gezähnt; bis 12 cm groß).
— Schwamm krustenartig auf Pflanzenstängeln und Steinen, keine Klumpen oder dicke Polster bildend. Ränder der Amphidisken unregelmäßig gezähnt oder hakenförmig. Selten 2; ***Heteromeyenia*** Potts
Vor allem in Fischteichen, z. B. ***H. baileyi*** (Bowerbank).
5. In Muschelschalen oder Kalkstein bohrend [**3**] . . . . **Clionaidae**
Nur ***Cliona celata*** Grant, Bohrschwamm [**3**], Körper meist in Bohrlöcher eingezogen. Nur Nordsee.
— Nicht in hartem Substrat bohrend **6**
6. Ohne harte Skelettelemente . . . . **Halisarcidae**
Dünner, weißlich-gelblicher, schleimiger Überzug auf Steinen, Tangen, Muscheln. Mikroskopisch betrachtet: Netz aus verzweigten Spongiolinfasern, aber ohne Nadeln. Nur ***Halisarca dujardini*** Johnston, Gallertschwamm (Flecken bis 10 cm Länge u. 5 mm Dicke), in Nord- u. Ostsee.
— Mit Skelett aus Kalknadeln, Körper vielgestaltig. **7**
Bei Zugabe von Tropfen konzentrierter Salzsäure Aufbrausen durch CO_2-Entwicklung.
— Mit Skelett, aber nicht aus Kalknadeln **8**
7. Klein, 2–20 mm hoch. Körper krustig, verzeigt, netzförmig, röhrenförmig, auch gestielt **Leucosoleniidae**
Nur ***Leucosolenia*** Bowerbank, mehrere Arten, z. B. ***L. botryoides*** (Ellis et Solander).
— Größer, 15–50 mm h. Körper eiförmig, gurkenförmig, kugelig, auch gestielt . . . . **Sycettidae**
Osculum mit Kragen. Nur ***Sycon ciliatum*** (F.), in Nord- u. Ostsee.
8. Mit Kieselnadeln (die großen meist an einem Ende knopfartig verdickt), ohne Spongiolinfasern. Graue bis orangerote, elastische Knollen (bis Kopfgröße) mit samtartiger Oberfläche **Suberitidae**
Nur ***Suberites ficus*** (Johnston), Korkschwamm, umwächst Schneckenschale, in der oft Einsiedlerkrebs sitzt. In Nord- u. Ostsee.
— Große Kieselnadeln am Ende nicht verdickt. Mit Spongiolinnetz **9**

9. Mit glatten Kieselnadeln u. kürzeren (am Ende umgebogenen) Spangen. Körper meist kleiner als 1 cm .... **Esperiopsidae**
Nur ***Amphilectus*** (= ***Mycale***) ***ovulum*** (SCHMIDT)), in Nord- u. Ostsee.

— Nur mit glatten Kieselnadeln, ohne Spangen **10**

10. Kieselnadeln bis 1 mm lang. Körper klumpig .... **Halichondriidae**
Nur ***Halichondria panicea*** (PALLAS), Brotkrumenschwamm [**4**] (Spongiolinfasernetz sehr feinmaschig; Oscula häufig auf Erhebungen; bis 15 cm), auf Algen, Pfählen, Muscheln. Häufig, in Nord- u. Ostsee.

— Kieselnadeln unter 0,4 mm lang .... **Chalinidae (= Haliclonidae)**
Kieselnadeln einzeln, lockere Maschen bildend: ***Haliclona*** (= ***Adocia***) ***cinerea*** (GRANT) (krustig, polsterartig oder verzweigt; 2–10 cm). Kieselnadeln in Bündeln: ***Haliclona oculata*** (L.), Geweihschwamm [**5**] (Körper geweihartig verzweigt mit fingerförmigen Ästen; bis 20 cm hoch), auf Steinen und Molluskenschalen; ***Chalinula*** (= ***Haliclona***) ***limbata*** (MONTAGU) [**6**] (Körper ± unregelmäßig rundlich, höchstens mit kurzen Röhren, bis 9 cm groß; Spongiolinfasernetz – im Gegensatz zu ***Halichondria panicea*** – gut entwickelt, getrocknet bei Lupenbetrachtung grobmaschig), auf Tangen und Seegras. Alle Arten in Nord- u. Ostsee.

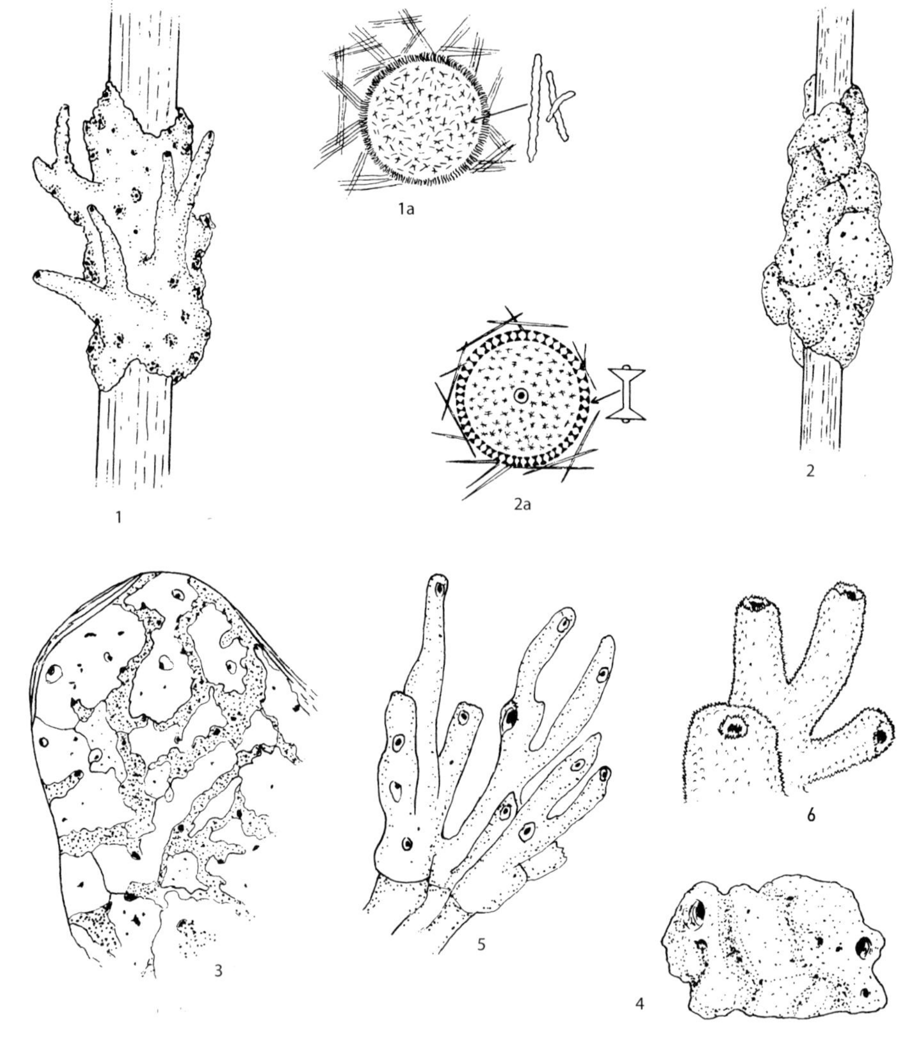

1 *Spongilla*; **2** *Ephydatia*; **3** *Cliona*; **4** *Halichondria*; **5** *Haliclona oculata*; **6** *Chalinula limbata*

Literatur

ARNDT, W.: Porifera. In: F. DAHL, Tierwelt Deutschlands, Teil 4. Jena, 1928. In: G. GRIMPE, E. WAGLER, Tierwelt der Nord- und Ostsee, Teil IIIa. Leipzig, 1934.

BRÜMMER, F., GUGEL, J.: Porifera – Schwämme. In: B. KLAUSNITZER, J. H. JUNGBLUTH, Stresemann – Exkursionsfauna von Deutschland, Band 1 – Wirbellose (ohne Insekten). 9. Aufl. Heidelberg, 2019.

DYRYNDA, P. E. J., DYRYNDA, E. A.: Porifera. In: P. J. HAYWARD, J. S. RYLAND, The marine fauna of the British Isles and North-West Europe, Vol. 1. Oxford, 1990.

DYRYNDA, P. E. J., DYRYNDA, E. A.: Sponges (Phylum Porifera). In: P. J. HAYWARD, J. S. RYLAND, Handbook of the marine fauna of North-West Europe. Oxford, 1995.

EGGERS, T. O., EISELER, B.: Bestimmungsschlüssel der Süßwasser-Spongillidae (Porifera) Mittel- und Nordeuropas. – Lauterbornia 60, Dinkelscherben, 2007.

HOOPER, J. N. A., VAN SOEST, R. W. M.: Systema Porifera: a guide to the classification of sponges. Vol. 1, 2. Dordrecht, Heidelberg, 2002.

WEISSENFELS, N.: Biologie und mikroskopische Anatomie der Süßwasserschwämme (Spongillidae). Stuttgart, 1989.

Cnidaria, Nesseltiere

Körper ± radiärsymmetrisch, oft mit Tentakeln. Nesseltiere können in 2 Lebensformen auftreten, dem festsitzenden Polyp [**1–3**] und der (meist) freischwimmenden, Gonaden tragenden, glocken- bis scheibenförmigen Meduse (Qualle) [**4–7**]. In vielen Fällen treten beide Erscheinungsformen, Polyp und Meduse, auf, in anderen fehlt die Medusenform (**Anthozoa**). Auch bei vielen **Hydrozoa** sind die Medusen reduziert und bleiben als Medusoide (Gonophoren) am Polypenstock. Viele Zellen der Außenschicht enthalten Nesselkapseln. Im Gebiet etwa 130 Arten (manche seltenen, vereinzelt vorkommenden oder schwer auffindbaren Arten hier nicht behandelt).

System:
Anthozoa (Blumentiere)
  Ceriantharia: Cerianthidae
  Hexacorallia: Actiniidae, Diadumenidae, Edwardsiidae, Haloclavidae, Metridiidae, Sagartiidae
  Octocorallia: Alcyoniidae
Scyphozoa (Scheibenquallen)
  Discomedusae: Cyaneidae, Pelagiidae, Rhizostomatidae, Ulmaridae
  Staurozoa (Becherquallen, Stielquallen): **Craterolophidae, Lucernariidae**
Hydrozoa
  Hydroidolina (= **Leptolina**)
    Leptothecata (= **Leptomedusae, Thecata**)
      Campanulariidae, Campanulinidae, Haleciidae, Laodiceidae, Melicertidae, Mitrocomidae, Plumulariidae, Sertulariidae
    Anthoathecata (= **Anthomedusae, Athecata**)
      Acaulidae, Bougainvilliidae, Clavidae, Cordylophoridae, Corymorphidae Corynidae, Eudendriidae, Hydractiniidae, Hydridae, Margelopsidae, Pandeidae, Protohydridae, Tubulariidae
  Trachylina: (**Trachymedusae**) **Rhopalonematidae,** (**Limnomedusae**) **Olindiidae**

1. Im Süßwasser, selten im Brackwasser 2
— Im Meer u. Brackwasser 3
2. Körper polypenförmig [**3**]. Einzeltiere, höchstens mit Seitenknospen **Hydridae** u. **Protohydridae**
a) Ohne Tentakeln. Um 1 mm: **Protohydridae**, nur ***Protohydra leuckarti*** Greeff, im Brackwasser.
b) Mit Tentakeln. Um 10 mm, bis 30 mm: **Hydridae**, nur ***Hydra*** L. mit mehreren Arten. Körper ohne Stiel [**3a**]: ***H.*** (= ***Chlorohydra***) ***viridissima*** Pallas [**3a**] (durch Symbionten grün), übrige Arten je nach Nahrung verschieden gefärbt, seltener grün, am häufigsten ***H. vulgaris*** Pallas. Körper mit abgesetztem Stiel [**3b**]: ***H.*** (= ***Pelmatohydra***) ***oligactis*** Pallas [**3b**].
Wenn mit vielen winzigen Tentakeln, dann ***Craspedacusta sowerbii***.
Wenn Polyp verzweigt [**1**], dann ***Cordylophora*** s. Nr. **17**.
— Körper medusenförmig (wie [**6**]). Glocke bis 20 mm, mit vielen Tentakeln. Meist in Flüssen **Olindiidae**
Nur ***Craspedacusta sowerbii*** Lankester (= ***Microhydra ryderi*** Potts), der dazu gehörende Polyp bis 2 mm, mit vielen Tentakeln.
3. Körper medusenförmig, freischwimmend 4
— Körper medusenförmig, becherartig, auf Substrat haftend. Glockenrand in 8 kurze Arme ausgezogen, an deren Ende warzenartige Tentakel sitzen [**8**] Stielquallen, Becherquallen, **Staurozoa** 8
— Körper polypenförmig, festsitzend 9
4. Glockenrand nicht gelappt, meist mit zusammenhängender Hautfalte (Velum). Durchmesser unter 30 mm .... **Hydrozoa** 5
— Glockenrand lappig unterteilt .... **Scyphozoa** 6
Polypen nicht koloniebildend, 1–4 mm hoch, hier nicht behandelt.
5. Glocke hoch, fingerhutförmig, mit 80 sehr kurzen Tentakeln. Bis 14 mm hoch (**Trachymedusae**) **Rhopalonematidae**
Keine Polypengeneration. Nur ***Aglantha digitale*** (Müller) (± durchsichtig; bis 14 mm hoch), Nordsee.

1 *Cordylophora*; **3a** *Hydra viridissima*; **3b** *Hydra oligactis*; **4** *Rhizostoma*; **5** *Chrysaora*; **6** *Aurelia*

— Glocke halbkugelig, mit 60–80 langen Tentakeln. Durchmesser bis 20 mm (**Limnomedusae**) **Olindiidae**
Gonionemus vertens Agassiz (gelbgrün, Gonaden rot), Nordsee.

— Glocke anders; wenn halbkugelig, Tentakel kürzer .... (Auswahl) **Hydroidolina**
a) Meduse glockenförmig bis halbkugelig. Gonaden am Magen: **Anthoathecata** (Polypen s. Nr. **15–18**). Mundrohr 4-kantig: **Bougainvilliidae**. Mundrohr walzenförmig: **Margelopsidae** (Tentakel in 4 Gruppen), **Corynidae** (mit 4 gleichgroßen Tentakeln), **Tubulariidae** (mit 1–4 Tentakeln).
b) Meduse scheibenförmig bis halbkugelig. Schirm mit Ausnahme von meist seltenen Arten nicht über 3 cm Durchmesser, oft weniger. Gonaden an Radialkanälen, selten am Magenstiel: **Leptothecata** (Polypen s. Nr. **19–22**). **Campanulinidae** (mit über 8 Radialkanälen). **Melicertidae** (mit 8 Radialkanälen). **Laodiceidae** (mit 4 Radialkanälen; Schirm bis 300 mm Durchmesser), ähnlich, aber Schirm bis 30(–60) mm Durchmesser: **Mitrocomidae** (mit 8 Augenflecken). **Campanulariidae** (ohne Augenflecken).

6. Ohne Tentakel .... **Rhizostomatidae**
Mit 8 Mundarmen, diese an der Basis verwachsen. Nur ***Rhizostoma pulmo*** (Macri) (= ***octopus*** (L.)), Blumenkohlqualle [**4**] (bis 60 cm Durchmesser).

— Mit Tentakeln am Schirmrand [**5, 6**] 7

— Mit zahlreichen Tentakeln in 8 Gruppen an Unterseite des Schirms [**7**] .... **Cyaneidae**
Nur 2; ***Cyanea*** Péron et Lesueur, Nesselquallen, Feuerquallen [**7**], ***C. capillata*** (L.) (Schirm gelbbraun); ***C. lamarckii*** Péron et Lesueur (Schirm blau).

7. Am Schirmrand mit langen Tentakeln [**5**] .... **Pelagiidae**
Nur ***Chrysaora hysoscella*** (L.), Kompassqualle [**5**] (mit 4 langen Mundlappen, Schirm mit charakteristischer Strichzeichnung).

— Am Schirmrand mit vielen kurzen Tentakeln [**6**] .... **Ulmaridae**
Nur ***Aurelia aurita*** (L.), Ohrenqualle [**6**] (Schirm mit fein verzweigten Radiärkanälen, Geschlechtsorgane in 4 Ringen).

8. Becher höher als breit, Stiel kurz [**8**] .... **Craterolophidae**
Nur ***Craterolophus convolvulus*** (Johnston) (= ***tethys*** James-Clark) [**8**] (bis 25 mm Durchmesser), Nordsee.

— Becher so breit wie hoch oder breiter .... **Lucernariidae**
Lucernaria quadricornis Müller (Becher 2-mal so breit wie hoch, bis 60 mm Durchmesser; Arme paarweise beisammen), Nord- u. Ostsee. ***Haliclystus octoradiatus*** James-Clark (Becher so breit wie hoch, bis 30 mm Durchmesser), Nordsee.

9. Koloniebildend, Kolonie klumpig. Einzelpolypen mit gefiederten Tentakeln. [**9**] (**Anthozoa**) Lederkorallen, **Alcyoniidae**
Nur ***Alcyonium digitatum*** L., Tote Mannshand [**9**] (Polypen 6–8 mm hoch), Nordsee.

— Einzelnlebend. Polypen über 10 mm hoch, ohne Basalgeflecht Blumentiere, **Anthozoa** 10

— Kolonienbildend oder einzelnlebend. Polypen unter 10 mm hoch, Tentakel nicht gefiedert; wenn Polypen größer, dann mit Basalgeflecht ....(**Hydrozoa**) **Hydroidolina** 14

10. Körper meist mit Fußscheibe, höchstens 3–4-mal so lang wie breit 11

— Körper ohne Fußscheibe; wurmförmig verlängert, bis 10-mal so lang wie breit (etwa 15 cm hoch) .... **Cerianthidae**
Nur ***Cerianthus lloydii*** Gosse, Zylinderrose (mit 60–70 Randtentakeln). – Selten ***Peachia cylindrica*** (Reid) (**Haloclavidae**) (mit 12 Tentakeln) u. 2; ***Edwardsia*** de Quatrefages (**Edwardsiidae**) (mit 14–20 Tentakeln), z. B. ***E. danica*** Carlgren.

11. Mundscheibe mit über 400 feinen Tentakeln 12

— Mundscheibe mit höchstens 200 Tentakeln 13

12. Mundscheibe gelappt [**10**] .... **Metridiidae**
Nur ***Metridium senile*** (L.), Seenelke [**10**] (Körper bis 30 cm hoch), Nord-, Ostsee.

— Mundscheibe nicht gelappt Seemaßliebchen, ***Cereus pedunculatus*** (Pennant)
Zu **Sagartiidae**. Körper bis 9 cm hoch. Innere Tentakel länger als äußere. Nordsee.

13. Körper dick, plump, kaum höher als breit .... Seerosen, **Actiniidae**
Urticina felina (L.), Dickköpfige Seerose [**11**] (Tentakel blasig; Körper mit Warzen, bis 6 cm hoch). ***Actinia equina*** (L.), Pferdeaktinie [**12**] (Tentakel schlanker; Körper glatt, bis 4 cm hoch).

— Körper schlank, Tentakel lang u. überhängend .... **Sagartiidae**
Ohne Saugwarzen: ***Actinothoe*** Fischer [**13**] u. Arten von ***Cylista*** Wright u. ***Sagartiogeton*** Carlgren mit mehreren Arten, z. B. ***A. anguicoma*** (Price) (grau bis gelblich mit zarten Längsstreifen; bis 120 mm hoch); ***C. viduata*** (Müller) (kleiner, mit grünen Längsstreifen). Körper mit Saugwarzen: ***Cylista*** Wright (= ***Sagartia*** Gosse) mit mehreren Arten, z. B. ***C. troglodytes*** (Price). – Außerdem ***Diadumene cincta*** Stephenson (**Diadumenidae**) (Sondermerkmale: klein, Basis bis 10 mm, bis 60 mm hoch; Körper orange).

14. Polypenkörper ohne becherartige, feste Hülle .... **Anthoathecata** 15

— Polypenkörper in becherartiger, fester Hülle (Theke) .... **Leptothecata** 19

15. Tentakel geknöpft (an der Spitze verdickt) 16

— Tentakel nicht geknöpft, fadenförmig [**1a**] 17

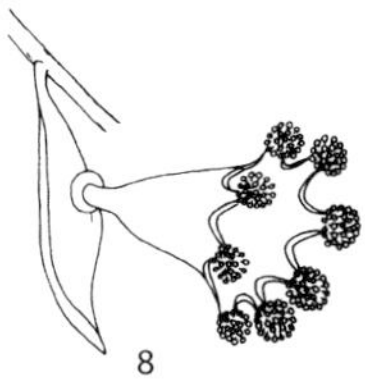
8

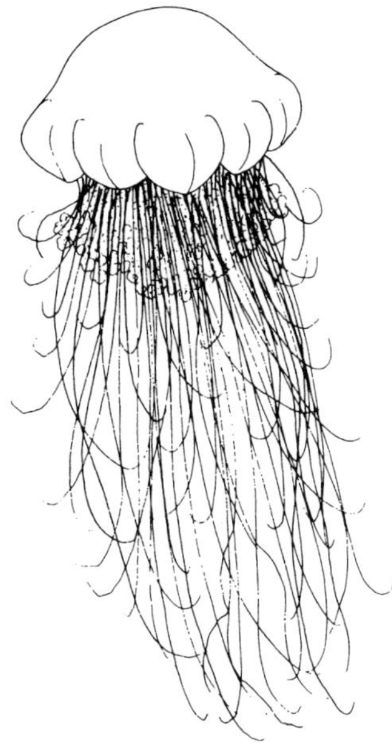
7

9

10

12

11

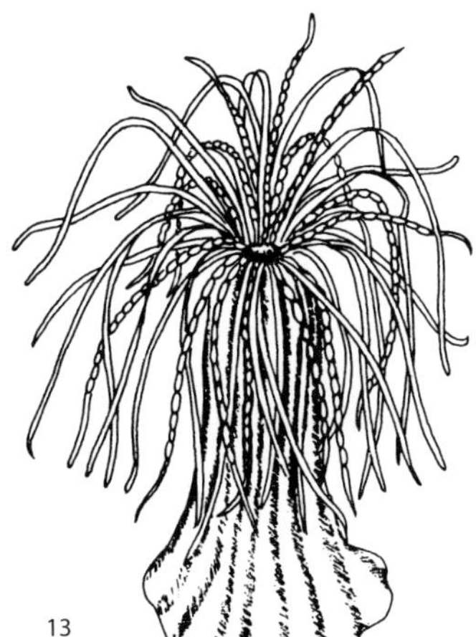
13

7 *Cyanea*; **8** *Craterolophus*; **9** *Alcyonium*; **10** *Metridium*; **11** *Urticina*; **12** *Actinia*; **13** *Actinothoe*

16. Alle Tentakel geknöpft .... **Corynidae**
Kolonie bis 25 mm hoch. ***Coryne pusilla*** Gärtner (ganzer Polypenstiel geringelt), Nordsee. 2; ***Sarsia*** Gaertner, z. B. ***S. tubulosa*** (Sars) (Polypenstiel höchstens an Basis geringelt), Nord- u. Ostsee. Alle Arten auf Algen u. Tangen.

— Tentakel groß, meist geknöpft, basale Tentakel fadenförmig .... **Acaulidae**
Nur ***Acaulis primarius*** Stimpson (einzelnlebend; bis 7 mm), Ostsee, auf Sand.

17. Tentakel unregelmäßig am Polypenkörper ansitzend [**1a, 14**]
Cordylophora caspia (Pallas) (**Cordylophoridae**) [**1**] (büschlige, aufrechte Kolonie; bis 75 mm hoch), Nord- u. Ostsee, auch in Brack- und Süßwasser. ***Clava multicornis*** (Forsskål) (**Hydractiniidae**) [**14**] (Kolonie niedrig), Nord- u. Ostsee. ***Pachycordyle michaeli*** Berrill (= ***navis***) (Millard)) (**Bougainvilliidae**) (Tentakel einen unregelmäßigen Kreis bildend; Kolonie bis 30 mm hoch), im Brackwasser, Ostsee.

— Tentakel am Polypenkörper 2 ± regelmäßige Kreise bildend .... **Tubulariidae**
In Nord- u. Ostsee. Kolonienbildend. ***Tubularia*** L., wenige Arten, z. B. ***T. indivisa*** L. (Polypenstiele an der Basis umeinander gewunden, bis 20 mm hoch). ***Ectopleura*** (= ***Tubularia***) ***larynx*** (Ellis et Solander) [**15**] (Stiele nicht derart umwunden, bis 70 mm hoch; weiß, Polypenkörper rot). Alle Arten in Nord- u. Ostsee. – Außerdem ***Corymorpha nutans*** Sars (**Corymorphidae**) (Sondermerkmal: Polypen einzeln, bis 10 mm hoch).

— Tentakel einen ± regelmäßigen Hauptkreis bildend **18**

18. Polypenkörper kelchartig, Mundregion keulenförmig mit schmaler Basis ...... **Eudendriidae**
Kolonie von pflanzenähnlichem Wuchs. Nur ***Eudendrium*** Ehrenberg mit mehren Arten, z. B. ***E. rameum*** (Pallas), Nord- u. Ostsee.

— Polypenkörper spindelförmig, Mundregion zur Spitze verjüngt
a) Kolonie überzieht Schneckengehäuse mit krustenförmigem Periderm: **Hydractiniidae**, ***Hydractinia*** van Beneden mit wenigen Arten, in Nord- u. Ostsee, ***H. echinata*** (Fleming) [**16**] (Periderm aus Stacheln u. Dörnchen; Polypen bis 13 mm hoch); ***Podocoryna*** (= ***H.***) ***carnea*** Sars (Periderm glatt, ohne Dörnchen; Polypen bis 5 mm hoch).
b) Kolonie ohne krustenartiges Periderm: **Bougainvilliidae**, ***Bougainvillia*** Lesson mit wenigen Arten, häufig ***B. muscus*** (Allman) (= ***ramosa*** (van Beneden)) (Kolonie stark verzweigt, bis 75 mm hoch), Nordsee. – Hierher auch ***Leuckartiara octona*** (Fleming) (**Pandeidae**) (Sondermerkmal: Kolonie kriechend, bis 6 mm hoch), Nordsee.

19. Polypenkörper breit in glockenförmiger Theke, Mundregion trompeten- oder keulenförmig. Stiel oft mit Ringeln .... **Campanulariidae**
Beispiele: ***Clytia hemisphaerica*** (L.) (= ***Campanularia johnstoni*** Alder) (Kolonie kriechend, rasenförmig), Nord- u. Ostsee. ***Rhizocaulus*** (= ***Verticillina***) ***verticillatus*** (L.) (Kolonie aufrecht, unregelmäßig verzweigt), Nord- u. Ostsee. ***Laomedea***

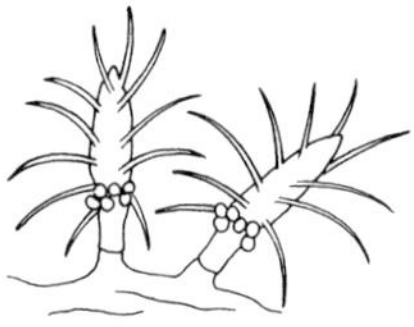
14

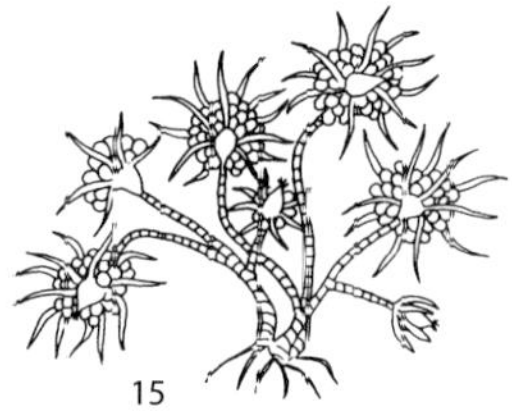
15

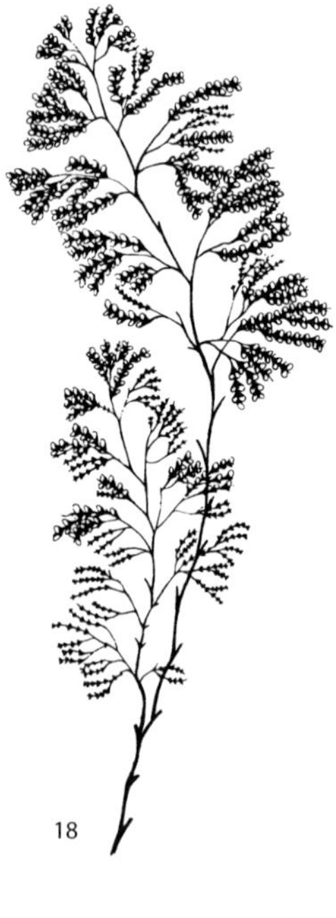
18

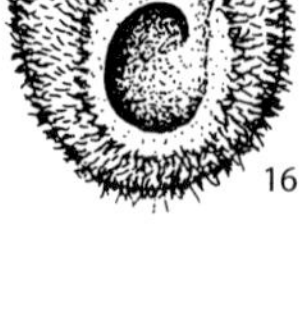
16

17

14 *Clava*; **15** *Ectopleura*; **16** *Hydractinia*; **17** *Laomedea*; **18** *Sertularia*

LAMOUROUX mit wenigen Arten (Kolonie aufrecht, regelmäßig verzweigt; Kante der Theken mauerzinnenartig), häufig z. B. ***L. flexuosa*** ALDER [**17**], Nord- u. Ostsee. ***Obelia*** PÉRON ET LESUEUR mit wenigen Arten (ähnlich, aber Thekenkante glatt oder leicht gewellt), häufig ***O. geniculata*** (L.), Nord- u. Ostsee.

— Polypenkörper schmal, Theke nicht glockenförmig, Mundregion konisch zugespitzt **20**

20. Theken kurz, nur unteren Teil der Polypen umgebend **21**

— Theken lang, auffallend **22**

21. Theken bilateral, mit Zweigen ± verwachsen oder endständig ..... **Plumulariidae**
Häufiger nur ***Plumularia setacea*** (L.) (Kolonie bis 50 mm hoch), Nordsee.

— Theken radiär, nicht mit Zweigen verwachsen ..... **Haleciidae**
Nur 2; ***Halecium*** OKEN, z. B. ***H. halecinum*** (L.) (Kolonie bis 100 mm hoch), Nord- u. Ostsee.

22. Theken reihenartig, bilateral, ohne Stiel oder in Zweigen eingewachsen ..... **Sertulariidae**
Beispiele: ***Thuiaria thuja*** (L.) (Theken fast völlig in Zweigen eingebettet; Kolonie bis 300 mm hoch), Nordsee. ***Hydrallmania falcata*** (L.), Korallenmoos (Theken nicht in Zweigen eingebettet, in einer Reihe an den Zweigen sitzend; Kolonie bis 450 mm hoch), Nordsee; bei übrigen Gattungen Theken nicht in einer Reihe, darunter ***Sertularia cupressina*** L., Seemoos [**18**], oft am Strand angespült.

— Theken radiär angeordnet, gestielt u. freistehend ..... **Campanulinidae**
Calycella syringa (L.) (Kolonien kriechend), Nord- u. Ostsee. Kolonie aufrecht: z. B. ***Opercularella*** (= ***Campanulina***) ***lacerata*** (JOHNSTON), Nord- u. Ostsee.

Literatur

CORNELIUS, P. F. S., MANUEL, R. L., RYLAND, J. S.: Cnidaria. In: P. J. HAYWARD, J. S. RYLAND, The marine fauna of the British Isles and North-West Europe, Vol. 1. Oxford, 1990.

CORNELIUS, P. F. S., Manuel, R. L., RYLAND, J. S.: Hydroids, sea anemones, jellyfish, and comb jellies (Phyla Cnidaria and Ctenophora). In: P. J. HAYWARD, J. S. RYLAND, Handbook of the marine fauna of North-West Europe. Oxford, 1995.

CORNELIUS, P. F. S: North-west European thecate hydroids and their medusae. Part 1, Introduction, Laodiceidae to Haleciidae. Part 2, Sertulariidae to Campanulariidae. Synopses of the British Fauna 50 (1, 2). London, 1995.

DAHL, F.: Die Tierwelt Deutschlands, Teil 4. Jena, 1928 (BROCH, H. Hydrozoa; KRUMBACH, Th. Scyphoza; PAX F. Anthozoa; KRUMBACH, Th. Ctenophora).

GRIMPE, G., WAGLER, E.: Die Tierwelt der Nord- und Ostsee, Leipzig (BROCH, H. 1928, Hydrozoa; KRUMBACH, TH. 1930, Scyphoza; PAX F. 1936 Anthozoa; KRUMBACH, TH. 1926, Ctenophora).

HAYWARD, P., NELSON-SMITH, A., SHIELDS, C.: Collins pocket guide to the sea shore of Britain and Northern Europe. London, 1996.

HOLSTEIN, T.: Cnidaria: Hydrozoa. In: J. SCHWOERBEL, P. ZWICK, Süßwasserfauna von Mitteleuropa, Band 1, 2/3. Stuttgart, Jena, 1995.

MANUEL, R. L.: British Anthozoa. 2nd ed. Synopses of the British Fauna 18. London, 1988.

SCHUCHERT, P.: World Hydrozoa database. 2012 [http://www.ville-ge.ch/mhng/hydrozoa/hydrozoa-directory.htm].

SCHUCHERT, P.: North-west European athecate hydroids and their medusae. Synopses of the British Fauna 59. Shrewsbury, 2012.

SCHUCHERT, P.: Cnidaria – Nesseltiere. In: B. KLAUSNITZER, J. H. JUNGBLUTH, Stresemann – Exkursionsfauna von Deutschland, Band 1 – Wirbellose (ohne Insekten). 9. Aufl. Heidelberg, 2019.

Plathelminthes, Plattwürmer

(auch ***Platyhelminthes***). Körper von sehr verschiedenartiger Form, meist ± abgeplattet.

System:
„Turbellaria" (alle frei lebenden **Plathelminthes**; eine paraphyletische Gruppe). Hierzu gehören die **Catenulida** u. **Rhabditophora**. Die übrigen Gruppen der **Plathelminthes** sind Parasiten:
Neodermata
Trematoda: Aspidogastrea (= **Aspidobothrii**), **Digenea**
Cercomeromorpha: Cestoda, Monogenea
(Die Saugwürmer (**Trematoda**) i. e. S. wurden früher mit den **Monogenea** zu den **„Trematoda"** i. w. S. zusammengefasst).

1. Körper ± auf gesamter Oberfläche mit Wimpern, mit deren Hilfe das Tier schwimmt oder gleitet. Freilebend .... Strudelwürmer, **„Turbellaria"** S. 43
— Körperoberfläche ohne Wimpern. Ekto- oder Endoparasiten **2**
2. Körper ungegliedert, ± gedrungen (selten aus 2 Abschnitten bestehend), bis 40 mm lang. Vorderende mit 1 oder 2 hintereinander liegenden Saugnäpfen [**27, 28**], wenn ohne oder mit 2 nebeneinanderliegenden Saugnäpfen, Unterseite oder Hinterende mit Haftscheibe [**23–25**] **3**
— Körper meist langgestreckt, bandförmig, gegliedert, häufig über 40 mm lang. Vorderende mit kleinem Kopf (Scolex [**32–36a**], oft mit 2 oder 4 Saugnäpfen oder -gruben). Wenn Körper kurz, ungegliedert, dann ohne Haftapparate an Unterseite oder Hinterende
Bandwürmer, **Cestoda** S. 47
3. Vorderende stets mit Mundsaugnapf, meist weiterer Saugnapf auf Bauchseite in Körpermittellinie vorhanden. Bauchseite u. Hinterende ohne große Haftscheibe [**26–28**]. Endoparasiten
Digenetische Saugwürmer, **Digenea** S. 45
— Vorderende ohne Saugnapf (Mundöffnung kann in napfförmiger Vertiefung liegen!) oder mit 2 seitlichen Saugnäpfen. Bauchseite mit großer Haftscheibe [**23**] oder Hinterende mit abgesetzter Haftscheibe [**24, 25**] **4**
4. Bauchseite mit großer Haftscheibe, diese in viele Sauggruben geteilt. Vorderende ohne Saugnäpfe [**23**] .... **Aspidogastrea** (= **Aspidobothrii**)
Nur **Aspidogastridae**, in Fischen, Schildkröten, Mollusken, Krebsen, z. B. ***Aspidogaster conchicola*** (von Baer) [**23**] (bis 3 mm), in Süßwassermuscheln.

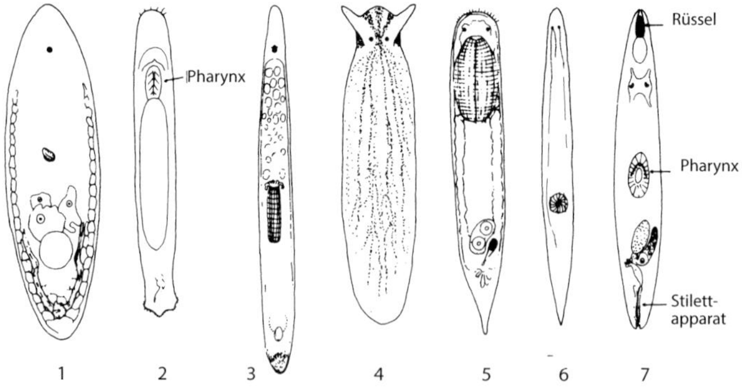

1 *Mecynostomum*; **2** *Macrostomum*; **3** *Monocelis*; **4** *Procerodes*; **5** *Provortex*; **6** *Promesostoma*; **7** *Gyratrix*

— Hinterende mit abgesetzter Haftscheibe [**24, 25**]. Vorderende ohne oder mit 2 seitlichen Saugnäpfen. Meist Ektoparasiten .... Hakensaugwürmer, **Monogenea** S. 47

„Turbellaria“, Strudelwürmer

Körperoberfläche mit Wimpern, Darm geschlossen, von unterschiedlicher Gestalt, stab- [**22**] oder sackförmig [**20**] oder in 3 Ästen [**9**], kann fehlen [**1**]. Mundöffnung in Mittellinie der Bauchseite, meist in vorderer Hälfte; daran anschließend zum Darm hin muskulöser, meist ausstülpbarer Schlund (Pharynx) [**2, 9**]. Manche Arten koloniebildend (Ketten aus 2–18 Einzeltieren), z. B. [**17**]. Fortbewegung kriechend oder schwimmend mit Hilfe der Wimpern. Meist Räuber (Nahrung: Protozoen, Rotatorien, Würmer u. andere „kriechende“ Tiere), selten Algen- oder Detritusfresser. Zwitter, Entwicklung direkt. Im Meer ca. 450, im Süßwasser u. auf dem Land ca. 150 Arten. Bestimmung nur lebend möglich.

System:
Acoelomorpha (mit **Nemertodermatida, Acoela**) (die **Acoelomorpha** werden heute zusammen mit den **Xenoturbellida** als Schwestergruppe der **Protostomia+Deuterostomia** aufgefasst; Name des Taxons: **Nephrozoa** oder **Xenacoelomorpha**)
Catenulida
Rhabditophora: Macrostomorpha, Polycladida, Prolecithophora, Prorhynchida, Proseriata, Rhabdocoela (mit **Dalytyphloplanida, Kalyptorhynchia**), **Tricladida**

1. Im Süßwasser **2**
— Auf dem Land. Körperquerschnitt oft rund, mit flacher Kriechsohle
a) Beim Kriechen mit querliegendem, halbkreisförmig abgesetztem Vorderende. Ockergelb mit dunklen Längsstreifen. Bis 35 cm: ***Bipalium kewense*** Moseley (**Tricladida**), in Gewächshäusern.
b) Anders. Bis 14 mm: Mehrere Arten, z. B. ***Microplana*** (= ***Rhynchodemus***) ***terrestris*** (Müller) (**Tricladida**) (nacktschneckenartig; Unterseite weißlich; bis 12 mm), in feuchten Wald- u. Wiesenböden. Manche Süßwasserformen kommen auch in feuchtem Laub, Moos, Humus u. Ä. vor (z. B. ***Geocentrophora sphyrocephala*** de Man (**Prorhynchida**) [**19**]).
— Im Meer u. Brackwasser
Viele Arten v. a. der **Acoela, Nemertodermatida, Macrostomorpha, Polycladida, Proseriata** u. **Rhabdocoela**, häufig im Sandlückensystem. Beispiele: ***Mecynostomum auritum*** (Schultze) (**Acoela**) (1 mm) [**1**]. ***Macrostomum curvituba*** Luther (**Macrostomorpha**) [**2**] (1,5 mm), nur im Brackwasser. ***Monocelis lineata*** (Müller) (**Proseriata**) [**3**] (bis 3 mm). ***Procerodes littoralis*** (Strøm) (**Tricladida**) [**4**] (bis 7 mm), im Brackwasser. ***Provortex balticus*** (Schultze) (**Dalytyphloplanida**) [**5**] (1 mm). ***Promesostoma marmoratum*** (Schultze) (**Dalytyphloplanida**) [**6**] (2 mm). ***Gyratrix hermaphroditus*** Ehrenberg (**Kalyptorhynchia**) [**7**] (2 mm), auch im Süßwasser.

2. Körper ausgestreckt mindestens 6 mm (bis 40 mm) lang, abgeplattet, Umriss oval bis lanzettlich [**9**]. Meist braun, grau oder schwarz, selten weiß. Darm mit 3 Ästen [**9**] (einer nach vorn, zwei nach hinten), diese seitlich verzweigt .... **Tricladida** **3**
Arten in Gewächshäusern und Höhlen hier nicht berücksichtigt.

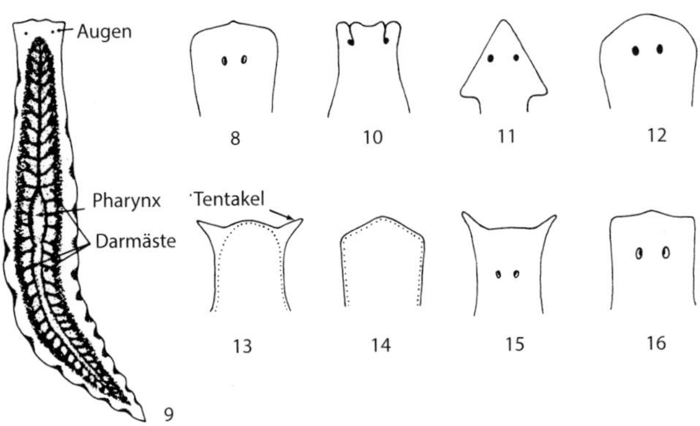

9 *Dendrocoelum*

— Körper ausgestreckt meist unter 6 mm lang, meist langoval bis fadenförmig. Querschnitt rund oder oval, meist farblos durchscheinend. Darm stab- bis sackförmig (z. B. [**17–22**]) **9**
3. Körper milchweiß (bis hell ockerfarben), höchstens Darm in Körpermitte braun **4**
— Körper bräunlich, grau oder schwarz **5**
4. Vorderende ohne Tentakel, Stirn vorn abgerundet. Augenabstand viel kleiner als die Entfernung der Augen vom Vorderende [**8**]. 10–15 mm .... ***Phagocata*** Leidy (**Planariidae**)
Nur ***Ph. vitta*** (Dugès) im Schlamm von Süßgewässern.
— Vorderende mit stumpfen Tentakeln. Augenabstand größer als Entfernung der Augen vom Vorderende [**9**]. 6–26 mm .... ***Dendrocoelum*** Ørsted (**Dendrocoelidae**)
Wenige Arten, häufig ***D. lacteum*** (Müller) (bis 26 mm), auch im Brackwasser.
5. Vorderende 4-lappig [**10**] .... 2; ***Bdellocephala*** (de Man) (**Dendrocoelidae**)
Häufiger ***B. punctata*** (Pallas) (bis 35 mm; braun, schwarz gefleckt).
— Vorderende nicht 4-lappig, ohne oder mit 1 Paar Tentakeln **6**
6. Vorderende ± 3-eckig [**11, 12**]. Mit 2 (seltener 4) Augen
Dugesia Girard, ***Girardia*** Ball u. ***Schmidtea*** Ball (**Dugesiidae**)
Mehrere Arten. Vorderende zugespitzt, mit deutlich 3-eckigen Öhrchen [**11**]: ***D. gonocephala*** (Dugès) (bis 25 mm, ± einfarbig grau bis braun), häufig im Mittellauf von Fließgewässern; ***G. tigrina*** (Girard) (Körper hell-dunkel gescheckt), nach Europa verschleppt, auch vegetative Vermehrung. Ecken des 3-eckigen Vorderendes abgerundet [**12**]: ***S. lugubris*** (Schmidt) u. ***polychroa*** (Schmidt) (einfarbig braun bis schwarz; bis 20 mm), Arten schwer unterscheidbar.
— Vorderende mit Tentakeln [**13, 15**] oder einfach abgerundet bis abgestumpft [**14, 16**], wenn ± 3-eckig, mit vielen Augen .... **Planariidae** **7**
7. Mit 2 (selten 4) Augen **8**
— Mit vielen feinen Randaugen, bei schwarzen Tieren schwer zu sehen ...... ***Polycelis*** Ehrenberg
Wenige Arten. ***P. felina*** (Dalyell) (= ***cornuta*** (Johnston)) (Vorderende mit langen, pfriemförmigen Tentakeln [**13**]; bis 18 mm; braun bis schwarz); ***P. nigra*** (Müller) u. ***P. tenuis*** Ijima (Vorderende abgerundet [**14**]; bis 12 mm; grau bis schwarz), Arten schwer unterscheidbar.
8. Vorderende mit pfriemförmigen Tentakeln [**15**]. Bis 16 mm. Grau bis schwarz. Meist in Quellen u. im Oberlauf von Fließgewässern .... ***Crenobia alpina*** (Dana)
— Vorderende abgerundet [**16**]. Bis 13 mm. Braun bis schwarz. Auch im Brackwasser
Planaria torva (Müller)
9. Fast immer Tierketten aus 2–mehreren Individuen [**17, 18**]. Pharynx ein Rohr am oder nahe dem Vorderende, meist in Körperlängsrichtung [**17**]
Viele **Catenulida**, z. B. ***Catenula*** Dugès (mit unpaarer Statocyste [**17**], häufig ***C. lemnae*** Dugès (Einzeltier bis 0,5 mm; drehrund, feine weiße Fädchen). ***Stenostomum*** Schmidt u. ***Myostenostomum*** Luther (ohne Statocyste; mit Wimperngrübchen an Seiten des Vorderendes), häufig ***St. leucops*** (Dugès) (bis 1 mm). Außerdem ***Microstomum*** Schmidt (**Macrostomorpha**) (mit Wimperngrübchen u. Darmblindsack am Vorderende), häufig ***M. lineare*** (Müller) [**18**] (bis 0,8 mm).
— Keine Tierketten bildend **10**
10. Pharynx am oder nahe dem Vorderende, rohr- bis tonnenförmig, in Längsrichtung des Körpers [**19, 20**]

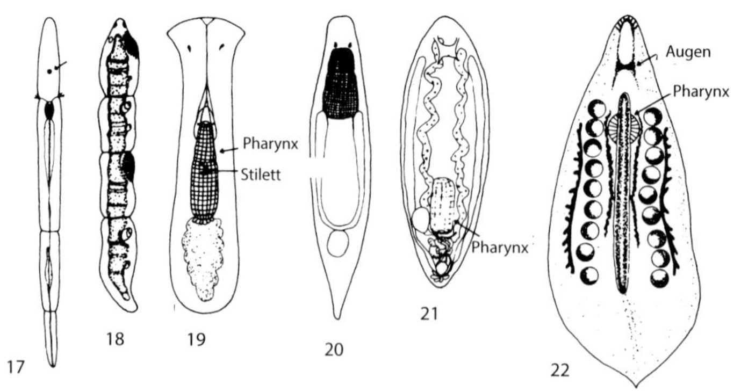

17 *Catenula*; **18** *Microstomum*; **19** *Geocentrophora*; **20** *Microdalyellia*; **21** *Opistomum*; **22** *Mesostoma*

a) Mit Stilett im männlichen Genitalkanal am Vorderende [**19**]: **Prorhynchida** mit ***Prorhynchus stagnalis*** Schultze (Stilett gerade; 6–7 mm) u. ***Geocentrophora*** de Man (Stilett gebogen; 1,8–10 mm); z. B. ***G. sphyrocephala*** de Man [**19**] (Vorderende oft fächerartig verbreitert).
b) Ohne Stilett: ***Plagiostomum lemani*** (Forel et du Plessis) (**Prolecithophora**) (Rücken netzartig gemustert; 4–15 mm). ***Rhynchoscolex*** Leidy (**Catenulida**) (lang wurmförmig; Vorderende rüsselartig verschmälert), z. B. ***Rh. simplex*** Leidy (2–7 mm). Außerdem v. a. viele Gattungen der **Dalytyphloplanida** (**Rhabdocoela**), u. a. ***Castrella*** Fuhrmann, ***Dalyellia*** Gieysztor, ***Microdalyellia*** Gieysztor, ***Phaenocora*** Ehrenberg, z. B. ***M. armigera*** (Schmidt) [**20**] (bis 2 mm).

— Pharynx am Vorderende, Mund ein bewimperter Längsschlitz dicht hinter den Augen, diese manchmal undeutlich [**2**]
Macrostomum Schmidt (**Macrostomorpha**), artenreich, z. B. ***M. rostratum*** Papi (bis 1,6 mm).

— Pharynx etwa in Körpermitte, in Körperlängsrichtung nach hinten gerichtet [**21**]
Bothrioplana semperi Braun (**Proseriata**) (Vorderende abgestutzt; Körper platt; bis 4,3 mm). ***Opistomum*** Schmidt (**Dalytyphloplanida**) (Vorderende gerundet bis zugespitzt; Körper drehrund; bis 4,5 mm), häufig ***O. pallidum*** Schmidt [**21**].

— Pharynx senkrecht zur Körperlängsrichtung (erscheint als helles rundes Organ mit radiären Streifen [**22**]). Mundöffnung auf der Bauchseite ± in der Körpermitte
a) Mit unpaarer Statocyste nahe den Augen: ***Otomesostoma auditivum*** (du Plessis) (**Proseriata**) (bis 5 mm).
b) Ohne Statocyste: viele **Rhabdocoela**
   1) Mit zapfenförmigem oder gespaltenem umscheidetem Rüssel am Vorderende [**7**]: **Kalyptorhynchia**, häufig ***Gyratrix hermaphroditus*** Ehrenberg (Hinterende mit Stilettapparat; bis 2 mm) [**7**].
   2) Ohne umscheideten Rüssel: viele **Dalytyphloplanida**. Wichtige Gattungen ***Castrada*** Schmidt (ohne Augen; meist über 1,2 mm), z. B. ***C. intermedia*** (Volz). ***Typhloplana viridata*** (Abildgaard) (ohne Augen; unter 1,2 mm). Mit 2 Augen nahe der Körpermittellinie [**22**]: ***Rhynchomesostoma rostratum*** (Müller) (mit fingerförmigem, zusammenziehbarem Rüssel am Vorderende; bis 3,5 mm). ***Bothromesostoma*** Braun (ohne derartigen Rüssel; Bauchseite mit Blindsack vor dem Pharynx; bis 7 mm), z. B. ***B. personatum*** (Schmidt). ***Mesostoma*** Ehrenberg (ohne derartigen Rüssel u. ventralen Hautblindsack; bis 15 mm) artenreich, z. B. ***M. ehrenbergi*** (Focke) [**22**] (Körper stark abgeplattet, blattartig durchsichtig); ***M. tetragonum*** (Müller) (Querschnitt 4-lappig); unter übrigen Arten häufig ***M. lingua*** (Abildgaard).

Digenea, Digenetische Saugwürmer

Körper auf Bauchseite mit 1–2 Saugnäpfen. Mundöffnung vorn, oft am Grund des Mundsaugnapfes [**27**]. Darm geschlossen. Parasiten in inneren Organen von Wirbeltieren, selten an oder in Wirbellosen (Mollusken, Krebse). Zwitter. Entwicklung indirekt, mit Generations- u. Wirtswechsel; hierbei meist 1. Generation Wimperlarve (Miracidium), Keimschlauch (Sporocyste), 2. Generation Redie, 3. Generation Schwanzlarve (Cercarie), ausgewachsenes Tier. Nebenwirte der 1. u. 2. Generation Wirbellose, hier nur Hauptwirte (der Erwachsenen) angegeben. Im Gebiet viele Familien mit etwa 500 Arten.

1. Mundöffnung auf Bauchseite, etwa in Körpermitte .... **Bucephalidae**
Häufig ***Bucephalus polymorphus*** von Baer (1 mm), im Darm von Fischen.

— Mundöffnung am Körpervorderende, im vorderen Saugnapf, falls dieser vorhanden **2**

2. In Blutgefäßen (bei Fischen auch an Kiemen) oder Cysten im Gewebe
Mehrere Familien, darunter **Collyriclidae**, ***Collyriclum faba*** (Bremser) (3–5 mm) unter der Haut von Vögeln, auch bei Hausgeflügel. Hierher auch ***Astacotrema*** (s. Nr. **5**).

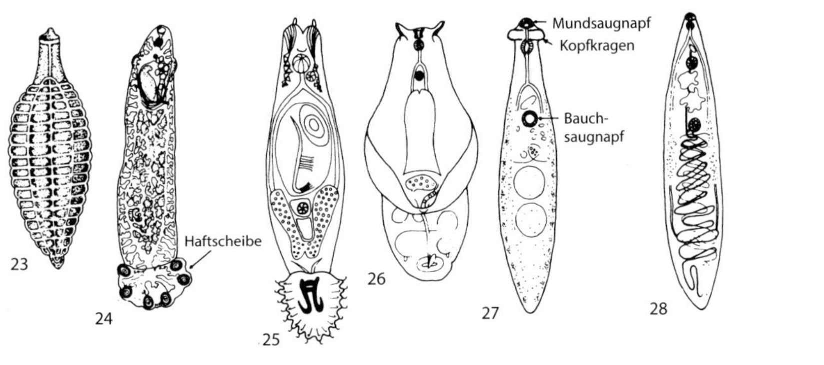

23 24 25 26 27 28

23 *Aspidogaster*; **24** *Polystoma*; **25** *Gyrodactylus*; **26** *Alaria*; **27** *Echinochasmus*; **28** *Dicrocoelium*

— In anderen Körperorganen, z. B. Magen-Darm-Kanal (hier zuweilen in Cysten), Mundhöhle, Lunge, Galle, Eileiter, Auge **3**

3. Bauchsaugnapf fehlt

Mehrere Familien, darunter **Notocotylidae** (Kutikula an Unterseite des Körpers u. vorn bestachelt), z. B. ***Catatropis verrucosa*** (Frölich) (Bauchseite mit 3 Längsreihen von Drüsenwärzchen; 1–5 mm), im Darm von Entenvögeln, auch im Haushuhn.

— Bauchsaugnapf vorhanden, dahinter mit zusätzlichem Haftapparat (z. B. Haftlappen wie [**26**]), ohne Genitalsaugnapf

Mehrere Familien, u. a. **Strigeidae** (Körper in vorderen u. hinteren Abschnitt geteilt, vorderer Abschnitt becher- oder trichterförmig), z. B. ***Strigea*** Abildgaard, ***S. strigis*** (Schrank) (2–6 mm), im Darm von Greifvögeln. **Diplostomatidae** (= **Diplostomidae**) (ähnlich, aber vorderer Körperabschnitt flach u. breit, pantoffelförmig [**26**]), z. B. ***Alaria alata*** (Goeze) [**26**] (3–6 mm, im Darm von Hund, Katze, Fuchs).

— Bauchsaugnapf vorhanden, dahinter ohne zusätzlichen Haftapparat, höchstens mit Genitalsaugnapf **4**

4. Am Vorderende des Körpers ein ausgeprägter Kopfkragen mit Kragenstacheln (z. B. [**27**]) **Echinochasmidae**

Wichtige Gattungen im Darm von Vögeln u. Säugern: ***Echinostoma*** Rudolphi, z. B. ***E. revolutum*** (Frölich) (10–22 mm) im Enddarm von Enten u. Hühnervögeln. ***Echinochasmus*** Dietz, z. B. ***E. perfoliatus*** (Ratz) [**27**] (2–4 mm) in Hund, Fuchs, Katze.

— Am Körpervorderende ohne derartigen Kragen (um Mundöffnung können Stacheln vorhanden sein) .... viele Familien (nur Auswahl) **5**

5. Im Flusskrebs .... ***Astacotrema cirrigerum*** (von Baer) (**Psilostomidae**)

1–3 mm. Encystiert in Muskulatur oder Bindegewebe, selten frei in Leibeshöhle.

— In Meeresfischen

a) Im Darm: wichtige Familie **Opecoelidae**, z. B. ***Podocotyle*** Dujardin häufig ***P. atomon*** (Rudolphi) (2–3,5 mm).
b) Im Magen: **Hemiuridae**, z. B. ***Hemiurus appendiculatus*** (Rudolphi) (bis 3,5 mm).

— In Süßwasserfischen

a) Im Magen oder Darm: **Azygiidae** (unbestachelt; Mundsaugnapf ohne Fortsatz), nur ***Azygia lucii*** (Müller) (10–50 mm), in Raubfischen. Auswahl weiterer Arten: ***Sphaerostoma bramae*** (Müller) (**Opecoelidae**) (ähnlich, aber kleiner; 1–4 mm). ***Asymphylodora tincae*** (Modeer) (**Lissorchiidae**) (Körper bestachelt; 1,3 mm), in Cypriniden. ***Bunodera luciopercae*** (Müller) (**Allocreadiidae**) (Mundsaugnapf mit Kranz von 6 kurzen, muskulösen Fortsätzen; bis 4,5 mm), in Fried- u. Raubfischen.
b) In Harnblase u. Harngängen: ***Phyllodistomum*** Braun (**Gorgoderidae**), häufig ***Ph. folium*** (Olfers) (bis 2 mm).

— In Amphibien

a) In der Mundhöhle von Fröschen: ***Halipegus ovocaudatus*** (Vulpian) (**Derogenidae**) (bis 13 mm).
b) In Atemwegen: einige **Plagiorchiidae**, z. B. ***Haplometra cylindracea*** (Zeder) (4–20 mm), in Froschlurchen.
c) Im Darm: ***Diplodiscus subclavatus*** (Pallas) (**Diplodiscidae**) (Bauchsaugnapf an Hinterende des Körpers; 6 mm). ***Brachycoelium salamandrae*** (Frölich) (**Brachycoeliidae**) (Kutikula bestachelt; Saugnäpfe einander genähert; Körper langgestreckt; 3–5 mm). ***Opisthioglyphe*** Looss (**Plagiorchiidae**) (ähnlich, aber Körper eiförmig oval), z. B. ***O. ranae*** (Frölich) (1,5–4,5 mm). Unter **Lecithodendriidae** häufig ***Brandesia turgida*** (Brandes) (Körper ± kugelig; 2,5 mm), ***Prosotocus confusus*** (Looss) (Körper flach, breit, 1,4 × 1 mm).
d) In Harnblase u. Harngängen: einige **Gorgoderidae**, z. B. ***Gorgodera*** Looss, häufig ***G. cygnoides*** (Zeder) (bis 15 mm).

— In Reptilien

a) Im Magen-Darm-Kanal: ***Leptophallus nigrovenosus*** (Bellingham) (**Plagiorchiidae**) (1–2 mm), in Ringelnatter. Einige **Telorchiidae**, z. B. ***Telorchis*** Lühe, häufig ***T. assula*** (Dujardin) (3–4 mm), in Ringelnatter.
b) In Atemwegen: ***Macrodera longicollis*** (Abildgaard) (**Macroderidae**) (ca. 20 mm), in Lungensäcken der Ringelnatter.

— In Vögeln

a) Im Darm: in Landvögeln einige **Brachylaimidae**, z. B. ***Postharmostomum commutatum*** (Diesing) (zungenförmig, am Ende des ersten Drittels etwas eingeschnürt; 3,5–7,5 mm), bei Hühnervögeln u. Tauben. Weitere Familien in Wasservögeln, z. B. **Leucochloridiidae**, häufig ***Urogonimus*** (= ***Leucochloridium***) ***macrostomus*** (Rudolphi) (Körper elliptisch, im Querschnitt oval; bis 2 mm). Sporocysten bunt, in Schneckenfühlern.
b) Im Eileiter: z. B. ***Prosthogonimus*** Lühe (**Prosthogonimidae**), häufig ***P. pellucidus*** (von Linstow) (7–9 mm), im Huhn, manchmal im Ei, verursacht Windeier.

— In Säugern

a) Im Pansen von Huftieren: ***Paramphistomum cervi*** (Zeder) (**Paramphistomidae**) (5–13 mm).
b) In Leber u. Lebergängen: bei Huftieren verbreitet **Fasciolidae** mit ***Fasciola hepatica*** L., Großer Leberegel (Körper ± blattförmig, mit deutlichen Kopfzapfen; bis 50 mm). ***Dicrocoelium dendriticum*** (Rudolphi) (= ***lanceolatum*** Stiles et Hassall), Kleiner Leberegel, Lanzettegel [**28**] (**Dicrocoeliidae**) (größte Breite hinter Körpermitte; 4–12 mm). Bei Raubtieren einige **Opisthorchiidae**, z. B. ***Opisthorchis felineus*** (Rivolta), Katzenleberegel (7–12 mm), u. a. in Hund, Katze, Schwein.

Monogenea, Hakensaugwürmer

Körper am Vorderende ohne Saugnäpfe oder mit 2 seitlichen Saugnäpfen. Auf der Bauchseite hinten mit Haftscheibe. Darm geschlossen. Zwitter. Parasiten auf der Haut u. den Kiemen von Fischen u. Kaulquappen oder in der Harnblase von Amphibien. Nahrung: Körpergewebe u. Blut. Im Gebiet mehrere Familien mit etwa 250 Arten.

1. Hinterer Haftapparat mit 3 Paar becherförmigen Saugnäpfen [**24**]. Vorderende ohne paarige Saugnäpfe
   2 Familien, darunter **Polystomatidae** mit ***Polystoma integerrimum*** (Frölich) [**24**] (9–11 mm), in der Harnblase von Fröschen.
— Haftapparat anders, Vorderende manchmal mit paarigen Saugnäpfen
   Mehrere Familien, z. B. **Gyrodactylidae** (Haftapparat mit 1 Paar großen Haken u. 15–16 kleinen Randhäkchen, wie [**25**]), u. a. ***Gyrodactylus*** von Nordmann, häufig ***G. elegans*** von Nordmann [**25**] (0,5–0,8 mm), auf Kiemen von Fischen; schädlich an Lachs ***G. salaris*** Malmberg. Unter den übrigen Familien typisch ***Diplozoon paradoxum*** von Nordmann (**Diplozoidae**) (2 Tiere über Kreuz verwachsen; hinterer Haftapparat mit 4 Paar Saugklappen, diese mit Chitinverstärkungen; 1 mm), u. a. auf Kiemen von Fischen.

Cestoda, Bandwürmer

Körper besteht fast immer aus Kopf (Scolex) u. 3 bis über 4000 stark abgeflachten Gliedern (Proglottiden) mit jeweils 1 Geschlechtssystem [**37**]. Kopf meist mit Saugnäpfen [**36a**] oder Sauggruben [**32**], dazu vielfach Hakenkränze an muskulösem Polster (Rostellum [**36a**]) oder Rüssel. Endoparasiten im Darm, meist von Wirbeltieren; Nahrungsaufnahme über Körperoberfläche. Zwitter. Entwicklung indirekt, meist über Finne (flüssigkeitsgefüllte Blase, in die Kopfanlagen hineinhängen) in „Zwischenwirt", diese wird vom „Endwirt" aufgenommen (Wirtswechsel) und wächst zum geschlechtsreifen Bandwurm heran. Hier nur Endwirte genannt. Im Gebiet etwa 400 Arten.

System:
Gyrocotylidea
Nephroposticophora
  Amphilinidea
  Eucestoda (= **Cestoidea**): **Caryophyllidea, Cyclophyllidea, Diphyllidea, Diphyllobothriidea, Onchoproteocephalidea, Spathebothridea, Tetrabothridea, Trypanorhyncha**

1. Körper ungegliedert, mit nur 1 Geschlechtssystem. In Fischen oder Oligochaeten 2
— Körper in Proglottiden gegliedert, mit vielen Geschlechtssätzen 3
2. Mit Scolex (kurz trichterförmig oder lang zylindrisch). Am Hinterende mit Saugnapf **Gyrocotylidea**
   Nur **Gyrocotylidae** mit 2 Arten in *Chimaera*, z. B. ***Gyrocotyle urna*** (Grube et Wagener) (20 mm).
— Ohne Scolex, Vorderende mit zahlreichen Drüsen .... **Amphilinidea**
   Nur **Amphilinidae**, mit ***Amphilina foliacea*** (Rudolphi) (5–20 mm), im Stör.
— Ohne Scolex, Vorderende mit dorsaler u. ventraler Sauggrube [**29**] oder spatelförmig abgeplattet [**30**] .... **Caryophyllidea**
   Nur **Caryophyllaeidae**, in Süßwasseroligochaeten ***Archigetes*** Leuckart (mit Schwanzanhang [**29**]), geschlechtsreif gewordene Larvenform, z. B. ***A. sieboldi*** Leuckart [**29**] (bis 4 mm). In Cypriniden häufig ***Caryophyllaeus laticeps*** (Pallas) [**30**] (bis 40 mm).
3. Scolex mit 2 flächenständigen Sauggruben (diese selten fehlend, dann in Fischen oder Oligochaeten oder Vorderende wie [**31**]), ohne zusätzliche Rüssel 4
— Scolex mit 4 Sauggruben oder Saugnäpfen (selten undeutlich oder fehlend, dann in Vögel oder Säugern, Vorderende nicht wie [**31**]), ohne zusätzliche Rüssel 6
— Scolex mit 2 oder 4 Sauggruben, zusätzlich mit 4 bestachelten, zurückziehbaren Rüsseln **Trypanorhyncha**
   In Selachiern z. B. **Tentaculariidae** mit ***Nybelinia lingualis*** (Cuvier) (bis 100 mm).
— Scolex mit 5 Saugnäpfen .... einige Arten von ***Taenia*** s. Nr. **9**

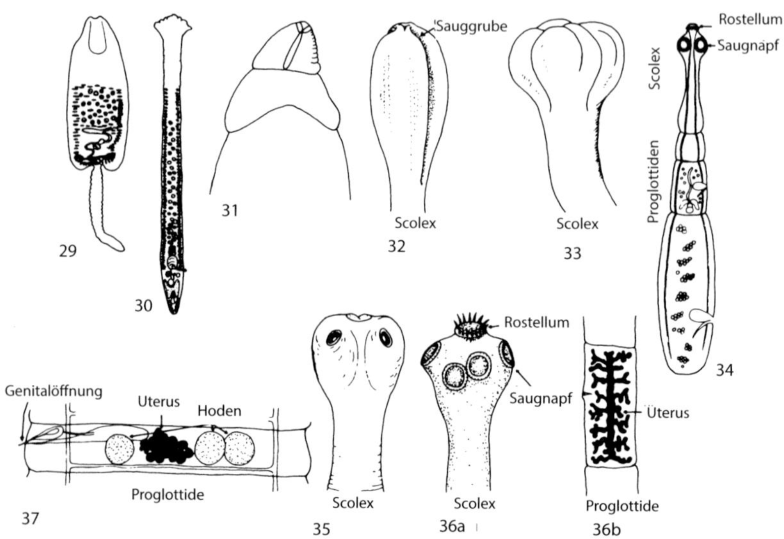

29 *Archigetes*; **30** *Caryophyllaeus*; **34** *Echinococcus*

4. Scolex mit Rostellum u. langen dorsalen u. ventralen Haken. Hinterer Scolexabschnitt halsartig, bestachelt .... **Diphyllidea**
2 Familien, wichtig **Echinobothriidae**, nur ***Echinobothrium*** van Beneden, z. B. ***E. typus*** van Beneden (5–6 mm), in Rochen.

— Ohne Rostellum u. Haken [**32**] **5**

5. In Fischen .... **Spathebothridea**
Mehrere Familien, darunter **Acrobothriidae** (Scolex mit trichterförmigem Haftorgan, dieses aus den ± verschmolzenen Sauggruben entstanden), in Raubfischen ***Cyathocephalus truncatus*** (Pallas) (bis 33 mm).

— In Reptilien, Vögeln oder Säugern .... **Diphyllobothriidea**
Nur **Diphyllobothriidae**. Äußere Gliederung fehlt oder nur im Vorderteil: ***Ligula intestinalis*** (L.), Riemenwurm (Vorderende: [**31**]; 10–100 cm), im Darm vieler Wasservögel. Äußere Gliederung deutlich, der inneren nicht entsprechend: ***Schistocephalus solidus*** (Müller) (bis 30 cm), in Vögeln. Äußere Gliederung deutlich, der inneren entsprechend: wichtige Gattung ***Diphyllobothrium*** Cobbold, z. B. ***Dibothriocephalus*** (= ***D.) latus*** (L.), Fischbandwurm (Scolex [**32**]; bis 9 m), im Menschen, Hund, Fuchs, in der Katze u. anderen fischfressenden Raubtieren.

6. Scolex mit 4 ± gestielten Sauggruben .... **Tetrabothriidea**
Nur **Tetrabothriidae**, in Meeressäugern u. -vögeln, z. B. ***Tetrabothrius*** Rudolphi, in Möwen ***T. cylindraceus*** (Rudolphi) (35–130 mm).

— Scolex mit 4 Saugnäpfen u. großem drüsigem Rostellum, darauf viele kleine Haken in geschlängelter Linie angeordnet .... **Cyclophyllidea**
Nur **Nematoparataeniidae** (auch zu **Hymenolepididae**) mit ***Nematoparataenia southwelli*** Fuhrmann (3 mm), im Schwan.

— Scolex mit 4 typischen, ungestielten Saugnäpfen [**36a**], wenn mit Rostellum u. Haken, diese anders .... **Cyclophyllidea** **7**
Meist in Vögeln u. Säugern, seltener in Amphibien. – Wenn in Fischen, dann **Onchoproteocephalidea**.

7. Scolex unbewaffnet (ohne Rostellum u. Haken)

a) In Fischen: **Proteocephalidae** (zu **Onchoproteocephalidea**), wichtig ***Proteocephalus*** Weinland, z. B. ***P. longicollis*** (Zeder) (bis 20 cm), in Salmoniden.

b) In Amphibien: **Nematotaeniidae** (Körper zylindrisch), nur ***Nematotaenia dispar*** (Goeze) (5–22 cm).

c) In Vögeln oder Säugern: **Mesocestoididae** (Genitalporus auf ventraler Fläche der Proglottiden), nur ***Mesocestoides*** Vaillant, z. B. ***M. lineatus*** (Goeze) (30–250 cm), in Raubsäugern. **Anoplocephalidae** (Genitalporus randständig; Proglottiden meist viel breiter als lang), einige Gattungen in Huftieren, im Pferd häufig ***Anoplocephala*** Blanchard, z. B. ***A. perfoliata*** (Goeze) (3–8 cm), in Wiederkäuern häufig ***Moniezia*** Blanchard, z. B. ***M. expansa*** (Rudolphi) (Scolex [**33**]; 1–6 m), in Hase u. Kaninchen häufig ***Cittotaenia*** Riehm, z. B. ***C. denticulata*** (Rudolphi) (40–50 cm).

— Scolex mit Rostellum u. Haken, selten reduziert, dann Scolex wie [**35**], mit 5. Saugnapf am Scheitel **8**

8. Rostellum mit kleinen hammerförmigen (T-förmigen) Haken
Nur **Davaineidae**, in Vögeln u. Säugern, wichtige Gattungen ***Davainea*** Blanchard (Körper mit 4–19 Proglottiden), z. B. ***D. proglottina*** (Davaine) (0,5–3 mm). ***Raillietina*** Fuhrmann (Genitialöffnung einseitig oder unregelmäßig abwechselnd gelegen), im Haushuhn z. B. ***R. tetragona*** (Molin) (bis 25 cm).

— Haken anders, selten fehlend **9**

9. Uterus ein medianer Längsstamm mit Seitenzweigen [**36b**] .... **Taeniidae**

a) Körper aus 3–5 Gliedern bestehend [**34**]: wichtig ***Echinococcus*** Rudolphi, Blasenwurm, im Hund ***E. granulosus*** (Batsch) [**34**], Hundebandwurm (3–6 mm), Finnen oft große Blasen in inneren Organen vieler Säugetiere, auch des Menschen; im Fuchs ***E. multilocularis*** Leuckart, Fuchsbandwurm (bis 3,5 mm), Finnen in der Leber, vor allem von Nagetieren, auch des Menschen.

b) Körper aus zahlreichen Gliedern bestehend: In Greifvögeln ***Cladotaenia cylindracea*** (Bloch) (**Paruterinidae**) (8–30 cm); in Säugern ***Taenia*** L., artenreich, im Menschen ***T. saginata*** Goeze, Rinderbandwurm (Scolex unbewaffnet, am Scheitel mit 5. rudimentärem Saugnapf [**35**]; 3–8 m), Finne im Rind als Zwischenwirt, ***T. solium*** L., Schweinebandwurm (Scolex bewaffnet [**36a**]; 3–5 m), Finne im Schwein.

— Uterus anders, oft sack- oder netzförmig (z. B. [**37**]) **10**

10. Meist 3 (selten 1–12) Hoden in jedem Glied [**37**] .... **Hymenolepididae**
In Vögeln und Säugern. Artenreiche Gattungen ***Hymenolepis*** Weinland (Glied mit 3 Hoden [**37**], z. B. ***H. diminuta*** (Rudolphi) (10–60 cm), in Mäusen u. Ratten. ***Aploparaksis*** Clerc (Glied mit 1 Hoden), in Hausente u. Gans ***A. furcigera*** (Rudolphi) (10–35 mm).

— Meist viele Hoden in jedem Glied .... mehrere Familien
In Vögeln u. Säugern. Artenreich **Dilepididae**, in Vögeln häufig ***Choanotaenia*** Railliet, ***Anomotaenia*** Cohn u. ***Dilepis*** Weinland, z. B. ***Ch. infundibulum*** (Bloch) (5–23 cm), in Hühnervögeln. Häufig auch ***Dipylidium caninum*** (L.) (**Dilepididae**) (15–17 cm), in Raubsäugern, selten im Menschen.

Literatur

Ax, P., Ehlers, B., Ehlers, U., Faubel, A. u. a.: Bearbeitung mariner Turbellaria. In: P. Ax, Mikrofauna des Meeresbodens. Mainz, Wiesbaden, 1970–1980.

Ball, I. R., Reynoldson, T. B.: British planarians. Platyhelminthes: Tricladida. Synopses of the British Fauna 19. Cambridge, 1981.

Cannon, L. R. G.: Turbellaria of the world. A guide to families and genera. Brisbane, 1986.

Gibson, D. I., Bray, R. A., Jones, A.: Keys to the Trematoda, Volume 1– 3. Wallingford, 2002–2008.

Gibson, R., Knight-Jones, E. W.: Platyhelminthes, Nematoda, Nemertea. In: P. J. Hayward, J. S. Ryland, The marine fauna of the British Isles and North-West Europe, Vol. 1. Oxford, 1990.

Gibson, R., Knight-Jones, E. W.: Flatworms and ribbon worms (Phyla Platyhelminthes and Nemertea). In: P. J. Hayward, J. S. Ryland, Handbook of the marine fauna of North-West Europe. Oxford, 1995.

Karling, T. G.: Turbellarian fauna of the Baltic proper. Fauna Fennica 27. Helsinki, 1974.

Khalil, L. F., Jones, A., Bray, R. A.: Keys to the cestode parasites of vertebrates. Wallingford, 1994.

Luther, A., Karling, T. G.: Die Turbellarien Ostfennoscandines. Fauna Fennica 7, 11, 12, 16, 17. Helsinki, 1960–1963.

Odening, K., Sluys, R.: Plathelminthes – Plattwürmer. In: B. Klausnitzer, J. H. Jungbluth, Stresemann – Exkursionsfauna von Deutschland, Band 1 – Wirbellose (ohne Insekten). 9. Aufl. Heidelberg, 2019.

Prudhoe, S.: British polyclad turbellarians. Synopses of the British Fauna 26. Cambridge, 1983.

Reynoldson, T. B., Young, J. O.: A key to the freshwater Triclads of Britain and Ireland with notes on their ecology. Freshwater Biological Association Scientific Publications 58. 3rd ed. Ambleside, 2000.

Sprehn, C.: Trematoda, Saugwürmer. Cestoidea, Bandwürmer. In: P. Brohmer, P. Ehrmann, G. Ulmer, Tierwelt Mitteleuropas, Bd. I, Lief. 3b. Leipzig, 1960.

Young, J. O.: Keys to the freshwater microturbellarians of Britain and Ireland: with notes on their ecology. Freshwater Biological Association Scientific Publications 59. Ambleside, 2001.

Gnathifera

Mit Kieferapparat, bei den endoparasitischen **Acanthocephala** rückgebildet.

System:
Gnathostomulida
Rotatoria (= **Rotifera, Syndermata**)
  Hemirotatoria (= **Hemirotifera**)
    Acanthocephala
    Bdelloidea
    Seisonidea (= **Seisonacea**)
  Eurotatoria (= **Eurotifera**)
    Monogononta (**Gnesiotrocha**, **Pseudotrocha** mit **Ploima** [hier die meisten Familien])

1. Körper mindestens am Vorderende mit Wimpern, mit deren Hilfe das Tier schwimmt oder gleitet (diese selten fehlend). Mit Kieferapparat. Freilebend **2**
— Ohne Wimpern. Ohne Kieferapparat. Körper vorn mit einstülpbarem Rüssel, dieser mit Widerhaken besetzt. Endoparasiten .... Kratzer, **Acanthocephala** S. 54
2. Körper vollständig bewimpert. Im Pharynx 1 Paar zangenartige, kutikularisierte Haken. Hinterende ohne Fuß .... Kiefermäulchen, **Gnathostomulida**
Um 1 mm, bis 4 mm. In detritusreichen Sanden des Meeres. Wenige Arten, z. B. ***Haplognathia simplex*** (Sterrer).
— Wimpern nur am Vorderende, ± kranzförmig angeordnet („Räderorgan" [**7b**], selten fehlend). Vorderdarm mit Kauapparat (Mastax) aus Platten u. Stäben [**6**]. Hinterende meist mit Fuß
Rädertiere, **Seisonidea, Bdelloidea, Monogononta** S. 50

Seisonidea, Bdelloidea u. **Monogononta**, Rädertiere

Vorderende (= Krone) mit Räderorgan [**7b**] (dient zur Fortbewegung u. Nahrungsaufnahme, kann reduziert sein), übriger Körper unbewimpert. Rumpf oft mit Panzer (verdicktes Integument). Hinterende (= Fuß [**6**]) oft verschmälert u. abgesetzt, am Ende des Fußes meist Haftorgan (Zehen [**6**], Haftplatte oder Cilien). Darm mit muskulösem Pharynx, ein aus Platten und Stäben zusammengesetzter Kauapparat (Mastax [**6**]). Meist räuberisch, manche Arten auch Detritus- oder Algenfresser. Getrenntgeschlechtlich, ♂♂ meist kleiner als ♀♀ u. reduziert (mit folgenden Tabellen nicht bestimmbar), bei **Bdelloidea** fehlen ♂♂. Wechsel zwischen zweigeschlechtlicher u. eingeschlechtlicher Generation, ♀♀ erzeugen dann Dauereier (Heterogonie). Wasserlebend, auch im Boden. Körperlänge 0,05–3 mm, meist um 1 mm. Bestimmung nur an lebenden Tieren möglich. Im Gebiet etwa 550 Arten.

1. Im Süßwasser oder in feuchten Landlebensräumen (Moos, Boden, Pflanzenstreu) **2**
— Im Meer
a) Körper langgestreckt, ohne Räderorgan. Fuß mit breiter Scheibe. Epizoisch auf Krebsen: **Seisonidea,** nur **Seisonidae** mit ***Paraseison annulatus*** (Claus) [**1**], westliche Nordsee.
b) Anders: viele Arten (meist **Ploima**), auch – v. a. im Brackwasser – Arten aus Süßgewässern. Bestimmung der meisten Gattungen über Nr. **2**. Ein besonderer Lebensraum ist das Sandlückensystem (Arten hier nicht behandelt).
2. Freischwimmend, einzelnlebend **4**
— Freischwimmend, in Kolonien .... **Conochilidae** (zu **Gnesiotrocha**)
Kolonien in Gallertgehäuse, Räderorgan hufeisenförmig. Nur ***Conochilus*** Ehrenberg mit wenigen Arten; häufig ***C. hippocrepis*** (Schrank) [**2**], einzelnlebend ***C. natans*** (Seligo). Auch ***Lacinularia flosculosa*** (s. Nr. **3**) gelegentlich freischwimmend.
— Festsitzend, einzeln oder in Kolonien .... weitere **Gnesiotrocha** **3**
3. Vorderende mit 3, 5 oder 7 Lappen (oder längeren Tentakeln) .... **Collothecidae**
Mit Räderorgan. ***Stephanoceros fimbriatus*** (Goldfusz) [**3**] (5 lange, zugespitzte Tentakel). ***Collotheca*** Harring (Lappen oder Tentakel abgerundet oder geknöpft [**4**]), artenreich, z. B. ***C. ornata*** (Ehrenberg).
— Vorderende ohne oder mit vielen krausen Tentakeln .... **Atrochidae**
Ohne Räderorgan. ***Cupelopagis vorax*** (Leidy) (Fuß als ventrale Haftscheibe). ***Atrochus tentaculatus*** Wierzejski (Fuß klein, in Schlammhülse), beide Arten selten.
— Vorderende mit 2 oder 4 runden Lappen oder scheibenförmig .... **Flosculariidae**
Mit Räderorgan.
a) Krone 4-lappig: ***Floscularia*** Cuvier, wenige Arten, z. B. ***F. ringens*** (L.) [**5**].
b) Krone tief 2-lappig: ***Limnias*** Schrank, artenarm, z. B. ***L. melicerta*** Weisse.

c) Krone herzförmig: ***Lacinularia flosculosa*** (Müller) (Gallerthülle umgibt ganzen Fuß), selten freischwimmend. ***Sinantherina socialis*** (L.) (Gallerthülle nur an Fußspitze).
d) Krone scheibenförmig: ***Beauchampia crucigera*** (Dutrochet) (mit unpaarem, die Krone überragenden Rückentaster). ***Ptygura*** Ehrenberg (= ***Oecistes*** Ehrenberg) (Rückentaster kurz), artenreich, z. B. ***P. velata*** (Gosse).

4. Körper in Scheinsegmente gegliedert u. fernrohrartig einziehbar (z. B. [**6–10**]), Bewegung egelartig kriechend (dann Räderorgan meist eingezogen [**7a**] oder schwimmend. Fuß mit 2–4 Zehen, vorletztes Fußglied meist mit 2 Sporen [**6**] .... **Bdelloidea** 5

— Körper anders, nicht fernrohrartig einziehbar, oft mit Panzer. Bewegung nicht egelartig. Fuß mit 0–2 Zehen, oft fehlend .... **Ploima** u. wenige **Gnesiotrocha** 7

5. Räderorgan eine ventral gestellte, bewimperte Scheibe, beim Kriechen nicht eingezogen [**6**] **Adinetidae**

Meist terrestrisch in Moos. ***Adineta*** Hudson et Gosse (Körper länglich abgeflacht), artenreich, z. B. ***A. vaga*** (Davis) [**6**]. ***Bradyscela*** Bryce (Körper kurz, nicht abgeflacht), wenige Arten, z. B. ***B. clauda*** (Bryce).

— Räderorgan eine kleine Scheibe in Mundgegend .... **Philodinavidae**

Häufiger ***Philodinavus paradoxus*** (Murray), besonders in Fließgewässern.

— Räderorgan mit 2 etwas gestielten Scheiben [**7b**], beim Kriechen eingezogen [**7a**], oder Scheiben rückgebildet 6

6. Magen mit protoplasmatischer Masse ausgefüllt. Nahrung als „Pillen" in Magenwand. Ausscheidungen ± kugelig .... **Habrotrochidae**

Meist terrestrisch. Sehr artenreich ***Habrotrocha*** Bryce, z. B. ***H. ligula*** Bryce [**7**].

— Magen mit Lumen, Nahrung nicht als Pillen. Ausscheidungen ungeformt .... **Philodinidae**

Häufig terrestrisch. Seltene Arten nicht berücksichtigt.
a) Fuß ohne Zehen, mit Haftscheibe (kann 2 Stummel tragen!): ***Mniobia*** Bryce, artenreich, z. B. ***M. tetraodon*** (Ehrenberg).
b) Fuß mit 3 Zehen, selten mit Haftscheibe: ***Rotaria*** Scopoli (Rüssel fast immer mit 2 Augenflecken), meist im Wasser, artenreich, häufig ***R. rotatoria*** (Pallas) [**8**]. ***Macrotrachela*** Milne (Rüssel ohne Augenflecke), artenreich, z. B. ***M. multispinosa*** Thompson [**9**].
c) Fuß mit 4 Zehen: ***Dissotrocha*** Bryce (Rumpf mit fester lederartiger Kutikula, mit wenigen Querfalten), wenige Arten, z. B. ***D. macrostyla*** Ehrenberg. ***Pleuretra*** Bryce (ähnlich, aber mit zahlreichen Querfalten), artenreich, z. B. ***P. brycei*** (Weber). ***Philodina*** Ehrenberg (Kutikula glatt, dünn), meist im Wasser, häufig epizoisch, artenreich, z. B. ***Ph. megalotrocha*** Ehrenberg [**10**].
Ähnlich die epizoisch auf Wassertieren lebende ***Embata parasitica*** (Giglioni), aber Fuß lang, ca. ½ so lang wie übriger Körper.

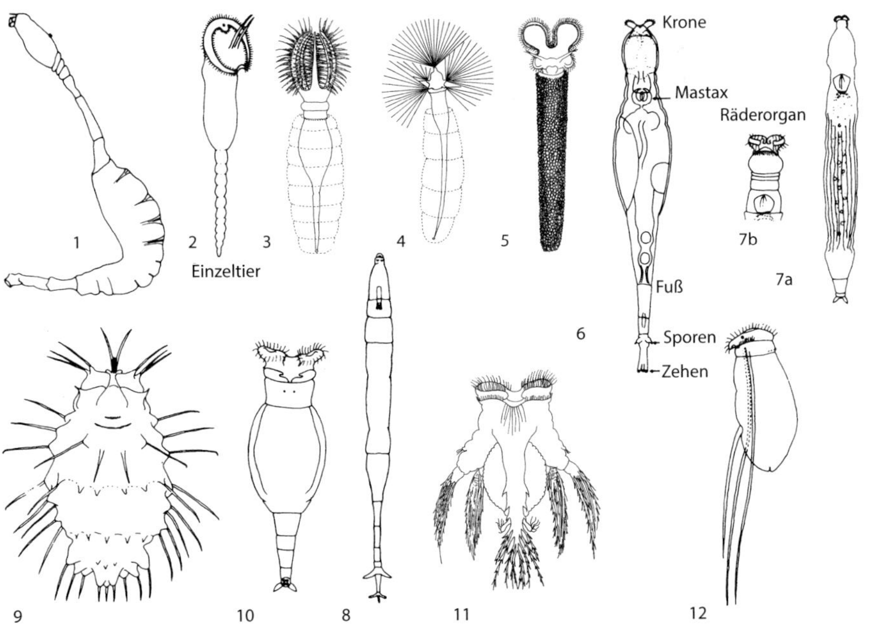

1 *Paraseison*; **2** *Conochilus*; **3** *Stephanoceros*; **4** *Collotheca*; **5** *Floscularia*; **6** *Adineta*; **7** *Habrotrocha*; **8** *Rotaria*; **9** *Macrotrachela*; **10** *Philodina*; **11** *Hexarthra*; **12** *Filinia*

7. Rumpf mit 6 breiten Flossen, diese mit Borsten besetzt. Oft in Salzwasser **Hexarthridae** (zu **Gnesiotrocha**)
Nur ***Hexarthra*** Schmarda (= ***Pedalia*** Barrois), pelagisch, wenige Arten, z. B. ***H. mira*** (Hudson) [**11**].

— Rumpf mit 2 beweglichen Stacheln am Vorderende u. 1 beweglichen Stachel am Hinterende [**12**] .... **Trochosphaeridae** (= **Filiniidae**) (zu **Gnesiotrocha**)
Nur ***Filinia*** Bory de St. Vincent (= ***Triarthra*** Ehrenberg), pelagisch, artenreich, z. B. ***F. longiseta*** (Ehrenberg) [**12**].

— Rumpf ohne Stacheln oder andersartig bestachelt **8**

8. Ohne Fuß u. Zehen [**13–15, 17**]; wenn mit Fuß, dieser ohne Zehen, aber mit Wimperbüschel [**16**] **9**

— Mit Fuß [**18–36**], dieser mit 2, 1 oder ohne Zehen, ohne Wimperbüschel. Bei manchen Arten Fuß beim Schwimmen eingezogen **12**

9. Mit Panzer, dieser gemustert oder mit Leisten. Vorderrand mit Stacheln [**13**] ... **Brachionidae**
Keratella Bory de St. Vincent (Panzer dorsal gefeldert), artenreich, im Plankton häufig ***K. quadrata*** (Müller) [**13**] (2 Endstachel oder -ecken), ***K. cochlearis*** (Gosse) (mit 1 oder ohne Endstachel), weitere Arten z. T. ähnlich. ***Notholca*** (Gosse) (Panzer dorsal nur mit Längsstreifen), artenreich, z. B. ***N. acuminata*** (Ehrenberg).

— Mit Panzer, dieser glatt, mit Dornen am Vorderende, zu ungleich langen Spießen ausgezogen. Hinterende mit langem Dorn .... ***Kellicottia longispina*** (Kellikott) (**Brachionidae**)

— Ohne Panzer. Mit 4 Bündeln zu je 3 Stacheln [**14**] .... ***Polyarthra*** Ehrenberg (**Synchaetidae**)
Im Plankton, artenreich, häufig ***P. vulgaris*** Carlin [**14**].

— Ohne oder mit glattem Panzer, ohne oder mit andersartigen Stacheln **10**

10. Körper 0,3–2,5 mm, ungepanzert. Habitus [**15**] .... ***Asplancha*** Gosse (**Asplanchnidae**)
Mehrere Arten, häufig im Plankton ***A. priodonta*** Gosse [**15**], in stark saproben Kleingewässern ***A. brightwellii*** Gosse.

— Körper unter 0,5 mm lang. Habitus anders, gepanzert oder ungepanzert **11**

11. Körper mit Panzer. Mit 2 symmetrisch angeordneten Augen **Testudinellidae** (zu **Gnesiotrocha**)
Testudinella Bory de St. Vincent (mit Fuß, Fußende mit Wimperbüschel), artenreich, z. B. ***T. patina*** (Hermann) [**16**]. ***Pompholyx*** Gosse (ohne Fuß), artenarm, häufig ***P. sulcata*** Hudson.

— Mit oder ohne Panzer. Wenn 2 Augen, diese nicht symmetrisch
a) Magen mit intensiv gefärbten, grünen oder braunen Blindsäcken, die die Leibeshöhle erfüllen [**17**]: ***Ascomorpha*** Perty (**Gastropodidae**), wenige Arten, z. B. ***A. ecaudis*** Perty [**17**].
b) Magen einfach sackförmig: einige **Trichocercidae**, ***Elosa worrallii*** Lord (mit 2 asymmetrisch angeordneten Augen). ***Ascomorphella*** (= ***Hertwigia***) ***volvocicola*** (Plate) (mit 1 Auge), parasitisch an u. in *Volvox*. – Außerdem ***Anuraeopsis fissa*** (Gosse) (**Brachionidae**) (mit Augenfleck), im Plankton.

12. Fuß mit 2 gleichen oder fast gleichen Zehen (kleinere Zehe mindestens ⅓ so lang wie die größere) [**19–36**] **17**

— Fuß mit 1 Zehe [**18**] (diese bisweilen stachelig), oder mit 2 sehr ungleichen Zehen oder ohne Zehen **13**

13. Fuß u. Rumpf von heller Gallerthülle umgeben. 0 oder 2 Augen
Conochilus (Gestalt wie [**2**], s. Nr. **2; *Collotheca*** (Gestalt wie [**4**]), s. Nr. **3**.

— Fuß u. Rumpf ohne Gallerthülle, selten der Rumpf mit Gallerthülle, dann mit 1 Auge u. Gestalt nicht wie [**2**] oder [**4**] **14**

14. Vorderende scheibenartig erweitert .... **Microcodidae**
Nur ***Microcodon clavus*** Ehrenberg (bunt gefärbt), besonders in Moorgewässern.

— Vorderende nicht erweitert, ebenso breit oder schmaler als Rumpf **15**

15. Zehe lang, nadelartig [**18**]. Rumpf ± zylindrisch .... **Trichocercidae**
Trichocerca Lamarck (oft mit Rückenkamm), artenreich, z. B. ***T. bicristata*** (Gosse) [**18**].

— Zehe viel kürzer als Rumpf. Panzer abgeplattet **16**

16. Panzer seitlich abgeplattet. Magen mit Blindsäcken .... **Gastropodidae**
Magen ± bunt. ***Gastropus*** Imhof, wenige Arten, z. B. ***G. hyptopus*** (Ehrenberg).

— Panzer dorsoventral abgeplattet. Magen einfach .... ***Lecane*** s. Nr. **23**

17. Rumpf mit Panzer **18**

— Rumpf ohne Panzer, weich, biegsam, höchstens teilweise gepanzert **24**

18. Kopf, Fuß u. Rumpf getrennt dick gepanzert [**19**] .... **Trichotriidae**
Trichotria Bory de St. Vincent (= ***Dinocharis*** Ehrenberg) (Panzer ohne lange Rückenstacheln [**19**]), wenige Arten, z. B. ***T. tetractis*** (Ehrenberg) [**19**], in Moortümpeln. ***Macrochaetus*** Perty (Panzer mit langen Rückenstacheln), wenige Arten, z. B. ***M. subquadratus*** Perty.

— Körper anders gepanzert **19**

19. Mit 2 (bis 4) Augenflecken seitlich im Räderorgan [**21**] .... **Lepadellidae** (= **Colurellidae**)
a) Panzer aus 2 muschelartigen Platten bestehend, mit ventralem Spalt [**20**]: ***Colurella*** Bory de St. Vincent, artenreich, z. B. ***C. colurus*** (Ehrenberg) [**20**].

b) Panzer ohne Spalt: ***Squatinella*** Bory de St. Vincent (vorn mit großer Kopfhaube, verhindert Einziehen des Räderorgans), artenreich, z. B. ***S. rostrum*** (Schmarda). ***Lepadella*** Bory de St. Vincent (vorn mit kleiner Haube, Räderorgan einziehbar), artenreich, z. B. ***L. patella*** (Müller) [**21**].

— Mit 1 Augenfleck am Gehirn [**23**] oder ohne Augenfleck **20**

20. Räderorgan mit 2 keulenförmigen Tentakeln .... ***Ploesoma*** Herrick (**Synchaetidae**)
Wenige Arten, häufig ***P. hudsoni*** (Imhof) [**22**] (Panzeroberfläche maschig), im Plankton.

— Räderorgan ohne derartige keulenförmige Tentakel **21**

21. Panzer wenigstens am dorsalen Vorderrand mit vorspringenden Stacheln, ohne dorsalen Längskamm. Rumpf symmetrisch .... **Brachionidae**
Brachionus Pallas (mit Auge; Fuß meist nur geringelt, wurmartig bewegbar, nicht gegliedert), sehr artenreich, häufig ***B. calyciflorus*** Pallas [**23**], pelagisch. ***Platyias quadricornis*** (Ehrenberg) (ohne Auge; Fuß gegliedert), am Boden von Gewässern.

— Panzer ohne Stacheln am Vorderrand (höchstens Seitenecken vorgezogen), häufig mit Rückenkamm; wenn mit Stacheln, Rückenkamm vorhanden. Rumpf symmetrisch **22**

— Panzer mit oder ohne Stacheln. Rumpf ± gekrümmt. Habitus [**18**] .... ***Trichocerca*** s. Nr. **15**

22. Panzer dorsal der Länge nach gespalten [**24**], daneben jederseits Längskiele. Vorderrand fast stets mit Stacheln .... **Mytilinidae**
Mytilina Bory de St. Vincent, artenreich, z. B. ***M. mucronata*** (Müller) [**24**].

— Panzer ähnlich, aber ohne Stacheln u. derartige Längskämme
Diplois daviesiae Gosse (**Euchlanidae**) (ca. 0,5 mm; Panzer aus 3 Platten). ***Cephalodella*** Bory de St. Vincent (**Notommatidae**) (unter 0,4 mm; Panzer aus 4 Platten [**25**]), z. B. ***C. gibba*** (Ehrenberg) [**25**], manche Arten ohne Rückenspalte.

— Panzer dorsal nicht gespalten **23**

23. Fuß an der Ventralfläche des Panzers angeheftet, nur 1 freies Glied [**26, 27**] .... **Lecanidae**
Nur ***Lecane*** Nitsch mit vielen Arten. Zehen getrennt: z. B. ***L. luna*** (Müller) [**26**]. Zehen verwachsen: z. B. ***L.*** (= ***Monostyla***) ***cornuta*** (Müller) [**27**].

— Fuß tritt hinten aus dem Panzer hervor, mit mindestens 2 freien Fußgliedern [**28**] **Euchlanidae**
Mehrere Gattungen, artenreich ***Euchlanis*** Ehrenberg, z. B. ***Eu. dilata*** Ehrenberg [**28**]. – Außerdem ***Gastropus*** s. Nr. **16** (Panzer seitlich zusammengedrückt). ***Lophocharis*** Ehrenberg (**Mytilinidae**) (ohne Augen), wenige Arten, z. B. ***L. salpina*** (Ehrenberg). ***Scaridium longicaudum*** (Müller) (**Scaridiidae**) (Fuß und Zehe zusammen länger als Rumpf, letztes Fußglied so lang wie Zehe).

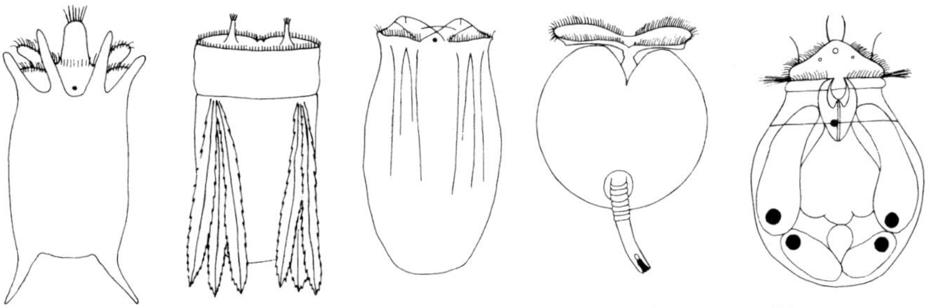

13 14 15 16 17

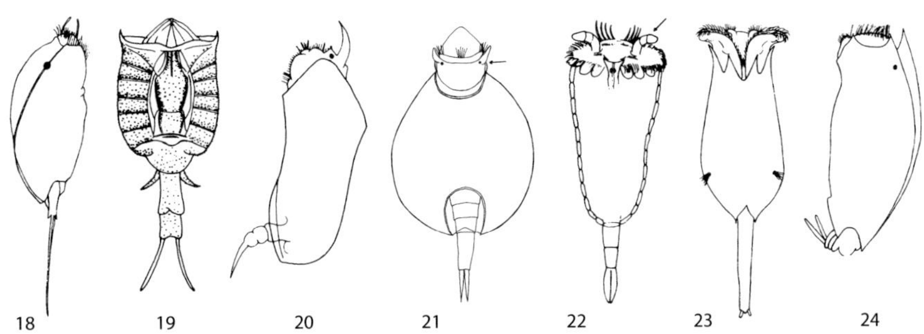

18 19 20 21 22 23 24

13 *Keratella*; **14** *Polyarthra*; **15** *Asplanchna*; **16** *Testudinella*; **17** *Ascomorpha*; **18** *Trichocerca*; **19** *Trichotria*; **20** *Colurella*; **21** *Lepadella*; **22** *Ploesoma*; **23** *Brachionus*; **24** *Mytilina*

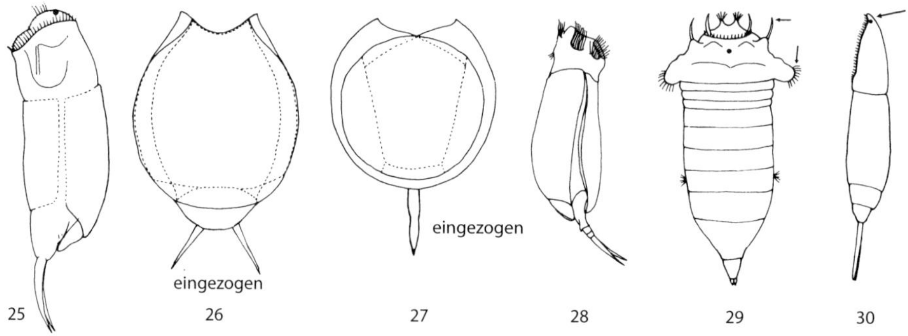

25 26 27 28 29 30

25 *Cephalodella*; **26** *Lecane luna*; **27** *Lecane cornuta*; **28** *Euchlanis*; **29** *Synchaeta*; **30** *Dicranophorus*

24. Räderorgan mit 4 steifen, nach vorn gerichteten Borsten. Mit Wimperohren [**29**] **Synchaetidae**

Synchaeta Ehrenberg, sehr artenreich, im Pelagial z. B. ***S. pectinata*** Ehrenberg [**29**].

— Räderorgan ohne derartige Borsten **25**

25. Räderorgan meist ein längsgerichtetes, von einem Haken überdachtes Wimpernfeld [**30**] **Dicranophoridae**

Mehrere Gattungen, häufig u. artenreich ***Dicranophorus*** Nitzsch u. ***Encentrum*** Ehrenberg, z. B. ***D. forcipatus*** (Müller) [**30**].

— Räderorgan mit Membranellenreihen [**31**] . . . . ***Epiphanes*** Ehrenberg (**Epiphanidae**)

Wenige Arten, häufig ***E. senta*** (Müller) [**31**], oft massenhaft in eutrophierten Kleingewässern.

— Räderorgan anders **26**

26. Fuß nur ein kleiner Kegel ventral am sackförmigen Körper ***Asplanchnopus multiceps*** (Schrank) (**Asplanchnidae**)

— Fuß in Verlängerung des Rumpfes, meist größer **Epiphanidae, Proalidae, Lindiidae, Ituridae, Notommatidae** (mit vielen Gattungen) u. **Asplanchnidae**

Auswahl: ***Rhinoglena frontalis*** Ehrenberg (**Epiphanidae**) (Vorderende mit bewimpertem beweglichem Rüssel, dieser mit 2 Augen). ***Itura*** Harring et Myers (**Ituridae**) (3 oder 5 Augen; Magen mit grüner Wandung), wenige Arten, z. B. ***I. aurita*** (Ehrenberg). ***Proales*** Gosse (**Proalidae**), artenreich, z. B. ***P. fallaciosa*** Wulfert [**32**]. Artenreiche Gattungen unter den **Notommatidae**: ***Monommata*** Bartsch, z. B. ***M. longiseta*** (Müller) [**33**]. ***Eosphora*** Ehrenberg, z. B. ***E. najas*** Ehrenberg [**34**]. ***Resticula*** Harring et Myers, z. B. ***R. melandocus*** (Gosse) [**35**]. ***Notommata*** Ehrenberg, z. B. ***N. aurita*** (Müller) [**36**]. ***Cephalodella*** (s. Nr. **22**). Ektoparasitisch an Oligochaeten ***Drilophaga bucephalus*** Vejdovsky.

Acanthocephala, Kratzer

Körper walzenförmig, Vorderkörper als mit Widerhaken besetzter, einstülpbarer Rüssel ausgebildet [**37**]. Darm völlig reduziert. Parasiten im Darmkanal von Wirbeltieren, Larvenstadium (Acanthella) auch in Arthropoden. Im Gebiet etwa 90 Arten.

1. Rüsselhaken spiralig angeordnet . . . . **Archiacanthocephala**

In Landtieren. ***Mediorhynchus micracanthus*** (Rudolphi) (**Gigantorhynchidae**) (Rüssel kegelförmig; bis 35 mm), in Vögeln. ***Moniliformis moniliformis*** (Bremser) (**Moniliformidae**) (Rüssel länglich keulenförmig; Körper durch Einschnürungen geringelt; ca. 115 mm), in Nagetieren. ***Macracanthorhynchus hirudinaceus*** (Pallas) (**Oligacanthorhynchidae**), Riesenkratzer (Rüssel kugelig, vorn verbreitert; bis 360 mm), in Säugern.

— Rüsselhaken in 3 Querreihen zu je 6 Haken . . . . **Eoacanthocephala**

In Fischen. Nur **Neoechinorhynchidae** mit ***Neoechinorhynchus*** Stiles et Hassall, wenige Arten, z. B. ***N. rutili*** (Müller) (bis 10 mm).

— Rüsselhaken in alternierenden Längsreihen [**37b**] . . . . **Palaeoacanthocephala** **2**

2. In Fischen (selten Amphibien)

Häufig **Echinorhynchidae** u. **Pomphorhynchidae** (ohne Rumpfbestachelung): 2; ***Pomphorhynchus*** Monticelli (Hals nahe Rüsselbasis kugelig erweitert), z. B. ***P. laevis*** (Zoega) (14 mm). ***Echinorhynchus*** Zoega (Hals ohne kugelige Erweiterung; Rüssel zylindrisch, Haken gleich groß), wenige Arten, häufig ***E. salmonis*** Müller. ***Acanthocephalus*** Koelreuter (ähnlich,

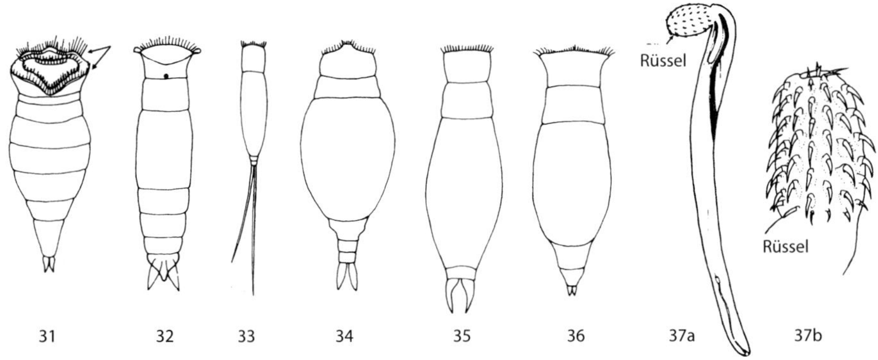

31 *Epiphanes*; **32** *Proales*; **33** *Monommata*; **34** *Eosphora*; **35** *Resticula*; **36** *Notommata*; **37** *Acanthocephalus*

aber Rüssel eiförmig, hintere Stacheln kleiner als vordere), in Süßwasserfischen z. B. ***A. lucii*** (Müller) [**37**] (bis 24 mm), in Amphibien häufig ***A. ranae*** (Schrank) (bis 60 mm).

— In Vögeln

Polymorphidae mit mehreren Gattungen. In Wasservögeln z. B. ***Polymorphus*** Lühe (Haut rötlich; Rüssel zylindrisch-eiförmig), wenige Arten, häufig ***P. minutus*** (Zeder) (bis 10 mm). ***Filicollis anatis*** (Schrank) (Rüssel des ♀ kugelig aufgetrieben; bis 25 mm). In Singvögeln z. B. ***Sphaerirostris lancea*** (Westrumb) (**Centrorhynchidae**) (bis 20 mm).

Literatur

Amin, O. M.: Key to the families and subfamilies of Acanthocephala, with erection of a new class (Polyacanthocephala) and a new order (Polyacanthorhynchida). Journal of Parasitology 73, 1987.

Donner, J.: Rädertiere (Rotatorien). Stuttgart, 1956.

Donner, J.: Ordnung Bdelloidea (Rotatoria, Rädertiere). Bestimmungsbücher zur Bodenfauna Europas 6. Berlin, 1965.

Jersabek, C. D., Leitner, M. F.: The Rotifer World Catalog. World Wide Web electronic publication. [http://www.rotifera.hausdernatur.at]. 2013.

Meyer, A., Sprehn, C.: Acanthocephala. In: P. Brohmer, P. Ehrmann, G. Ulmer, Tierwelt Mitteleuropas, Bd. 1, Lief. 6. Leipzig, 1938, 1958.

Pontin, R. M.: A key to the freshwater planktonic Rotifera. Freshwater Biological Association, Scientific Publication 38. Ambleside, 1978.

Remane, A.: Rotatoria. In: G. Grimpe, E. Wagler, Tierwelt der Nord- u. Ostsee, Teil VIIe. Leipzig, 1929.

Segers, H.: The nomenclature of the Rotifera: annotated checklist of valid family- and genus-group names. Journal of Natural History 36, 2002.

Segers, H.: Annotated checklist of the rotifers (Phylum Rotifera), with notes on nomenclature, taxonomy and distribution. Zootaxa 1564, 2007 (Online unter http.://www.mapress.com/zootaxa/2007f/zt01564p104.pdf)

Voigt, M., Koste, W.: Rotatoria. Die Rädertiere Mitteleuropas, Bd. I, II. Berlin, Stuttgart, 1978.

Bryozoa (= **Ectoprocta**), Moostierchen

Tierstöcke, festsitzend auf verschiedenen Substraten in Gewässern (Steinen, Holz, Pflanzen, Molluskenschalen); nur ***Monobryozoon ambulans*** Remane einzelnlebend, bei Helgoland. Einzeltiere (Zooide) können den weichhäutigen Vorderkörper samt Tentakelkrone u. Darmschleife (= Polypid) in die hintere Körperregion (= Cystid) zurückziehen [**3**], die eine chitinöse Kutikula erzeugt (diese oft verkalkt oder gallertig). Strudler, fressen kleine Plankter. After liegt außerhalb der Tentakelkrone. Apertur = Öffnung auf Frontalseite des Cystids zum Durchtritt des Polypids [**9**], oft mit Deckel (Operculum). Abwandlungen der typischen Zooide: Avicularien = zangentragende Wehrtiere [**16, 17**]; Vibracularien = Tiere mit langer Borste auf Operculum [**16**]. Süßwasserarten bilden Dauerstadien (Statoblasten); sessile Statoblasten (ohne Schwimmring) bleiben in Kolonie, Schwimmstatoblasten mit Schwimmgürtel aus lufthaltigen Chitinzellen treiben nach Zerfall der Kolonie auf Wasseroberfläche. Im Gebiet über 90 Arten. Arten aus größerer Meerestiefe nicht berücksichtigt.

Die den Bryozoa äußerlich ähnlichen **Kamptozoa** mit kelchförmigen Zooiden haben ihren After innerhalb der Tentakelkrone, diese nicht einziehbar ([**44**], S. 9). – Von Schwämmen sind massige Bryozoenkolonien (mit der Lupe) durch die regelmäßige Felderung (der Cystide oder Aperturen, z. B. [**9**]) unterschieden.

System:
Phylactolaemata (**Plumatellida**) (limnisch): **Cristatellidae, Fredericellidae, Hyalinellidae, Lophopodidae, Pectinatellidae, Plumatellidae**
Stenolaemata (**Cyclostomatida**) (marin): **Crisiidae, Diastoporidae, Plagioeciidae, Tubuliporidae**
Gymnolaemata (meist marin)
  Ctenostomatida: Alcyonidiidae, Buskiidae, Farrellidae, Flustrellidridae, Hypophorellidae, Paludicellidae, Vesiculariidae, Victorellidae, Walkeriidae
  Cheilostomatida: wichtige Familien **Aeteidae, Bugulidae** (= **Bicellariidae**), **Calloporidae, Candidae** (= **Scrupocellariidae**), **Cribrilinidae, Cryptosulidae, Electridae, Eucrateidae, Flustridae, Membraniporidae, Scrupariidae**

1. Wand der Cystide unverkalkt, Kolonie chitinös oder gallertig. Im Süßwasser oder (selten) Brackwasser **2**
— Ebenso, aber marin (Nordsee, oft auch Ostsee) .... **Ctenostomatida** **6**
— Wand der Cystide ± verkalkt. Marin (Nordsee, oft auch Ostsee) **9**
2. Zooide nicht oder unvollständig durch Scheidewände getrennt; wenn dies nicht zu erkennen, Kolonie massig (z. B. [**5**]). Tentakel hufeisenförmig angeordnet [**3**] ..... **Phylactolaemata** **4**
— Zooide vollständig durch Scheidewände getrennt. Tentakel kreisförmig angeordnet (wie [**1**]). Cystide durchsichtig bis bräunlich .... wenige **Ctenostomatida** **3**
— Ebenso, aber Cystidröhren chitinös, dunkelbraun, mit Fremdkörpern inkrustiert. Kolonien hirschgeweihartig verzweigt [**1**] .... **Fredericellidae** (zu **Phylactolaemata**)
Statoblasten sitzend, nierenförmig [**2**]. 2; ***Fredericella*** Gervais, häufiger nur ***F. sultana*** (Blumenbach) [**1**].
3. Cystide zylindrisch, mit wurzelartigen Ausläufern. Kolonie feinen weißlichen Rasen bildend **Victorellidae**
Häufiger nur ***Victorella pavida*** Saville-Kent, Brackwasser.
— Cystide keulig. Kolonie fein baumartig verzweigt .... **Paludicellidae**
Nur ***Paludicella articulata*** (Ehrenberg), auch Brackwasser. – Wenn als Sondermerkmal Kolonie mit Stamm (z. B. [**10**]) oder Cystide kästchenförmig [**9**], s. **6**.
4. Kolonien aus hirschgeweihartig verzweigten oder zu Klumpen verklebten Cystidröhren bestehend [**3, 5**], diese chitinös oder gallertig, bisweilen mit Fremdkörpern inkrustiert **Plumatellidae**
Statoblasten nicht nierenförmig.
a) Wand der Cystidröhren völlig hyalin, glasklar. Kolonie kriechend, ohne aufrechte Zweige. Statoblasten fast immer mit Schwimmring: ***Hyalinella punctata*** (Hancock) (auch **Hyalinellidae**), zerstreut.
b) Wand der Cystidröhren ± chitinös. Kolonie mindestens mit aufrechten Zweigenden [**3**]. Meist beide Statoblastenformen: ***Plumatella*** Lamarck, wenige Arten, ***P. repens*** (L.) [**3**] (Statoblasten kurzoval [**4**], Länge:Breite etwa 1,3 : 1; Kolonie hirschgeweihartig verzweigt, Cystide lang, ± frei), sehr häufig; ***P. fungosa*** (Pallas) (ebenso, aber Kolonie massig [**5**], ohne freie Äste, bis 15 cm, Cystide zu Klumpen verklebt [**5**]), häufig. Bei weiteren Arten Statoblasten etwa 2-mal (bis 3-mal) so lang wie breit, häufiger nur ***P. emarginata*** Allman, vorwiegend in Fließgewässern.

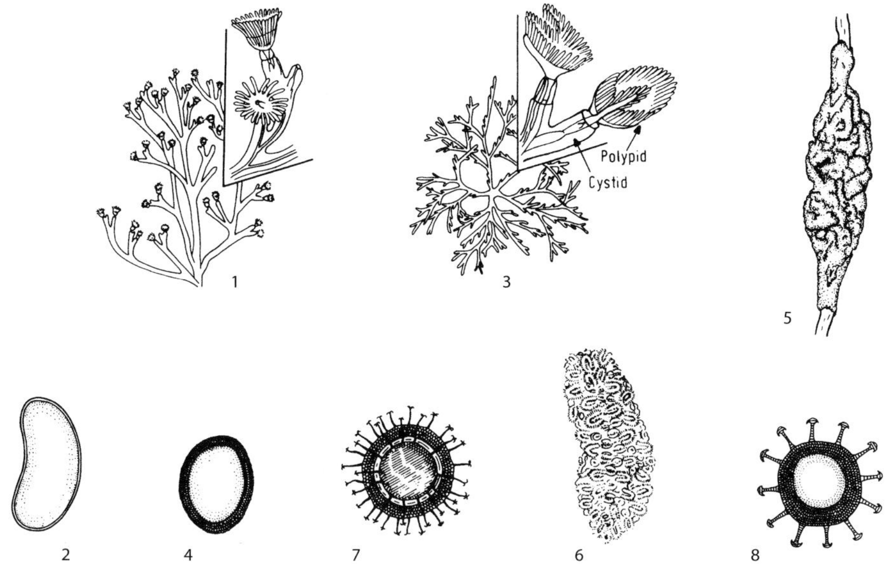

1 *Fredericella*; **3** *Plumatella repens*; **5** *Plumatella fungosa*; **6** *Cristatella*

— Kolonie sack- oder bandartig [**6**], gallertig. Polypide in gemeinsamen Hohlraum zurückziehbar **5**

5. Kolonie ungelappt, wurmförmig [**6**] (wie Schneckenlaich). Statoblasten mit 2 Reihen bedornter Fortsätze [**7**] . . . . **Cristatellidae**
Junge Kolonien langsam kriechend. Nur ***Cristatella mucedo*** Cuvier [**6**] (bis 10 cm), häufig.

— Kolonie aufrecht, sackartig bis fingerhandschuhähnlich gelappt. Statoblasten mit Schwimmring, beiderseits zugespitzt, ohne Fortsätze . . . . **Lophopodidae**
Nur ***Lophopus crystallinus*** (Pallas), selten.

— Kolonien rosettenförmig, zu vielen auf gemeinsamer Gallertausscheidung sitzend (bis kindskopfgroß). Statoblasten mit Schwimmring u. Fortsätzen mit Doppelhaken [**8**] . . . . . **Pectinatellidae**
Nur ***Pectinatella magnifica*** (Leidy) [**8**], selten.

6. Cystide kästchenförmig, fest miteinander verwachsen. Kolonie fleischig-chitinös (z. B. [**9**]) **7**

— Cystide zylindrisch bis birnenförmig, frei, nur an der Basis mit anderen Cystiden oder Stamm verwachsen (z. B. [**10**]) **8**

7. Kolonie weißlich bis braungelb, ohne Borsten . . . . **Alcyonidiidae**
Nur ***Alcyonidium*** Lamouroux mit wenigen Arten, ***A. gelatinosum*** (L.) [**9**] (Kolonie aufrecht, keulenförmig bis unregelmäßig gelappt [**9**], ohne Papillen; bis 10 cm). Bei übrigen Arten Kolonie krustenförmig oder nur teilweise aufrecht: ***A. polyoum*** (Hassall) (ohne Papillen); ***A. hirsutum*** (Fleming) (mit dicht stehenden, kleinen, konischen Papillen); ***A. parasiticum*** (Fleming) (mit fadenförmigen Papillen; mit Lehm inkrustiert).

— Kolonie rotbraun, Oberfläche mit chitinigen Borsten . . . . **Flustrellidridae**
Nur ***Flustrellidra hispida*** (F.) (bis 5 cm), häufig.

8. Stamm der Kolonie gleichmäßig dick, strauchartig . . . . **Vesiculariidae**
Meiste Zooide in Gruppen, zylindrisch oder schmal oval [**10**]. Nur ***Amathia*** Lamouroux (= ***Bowerbankia*** Farre), wenige Arten, häufig nur ***A. imbricata*** (Adams) [**10**].

— Stamm der Kolonie gleichmäßig dick, netzartig . . . . **Buskiidae**
Zooide einzeln, flaschenförmig, seitlich mit kleinen spitzen Fortsätzen. Nur ***Buskia nitens*** Alder (auch zu **Vesiculariidae** gestellt).

— Stamm dünn, an Scheidewänden aufgetrieben; von dort 2 Zweige in rechtem Winkel entspringend
Farrella repens (Farre) (**Farrellidae**) (Zooide einzelnstehend, gestielt). ***Walkeria uva*** (L.) (**Walkeriidae**) (Zooide in Gruppen, ungestielt). – In den Wänden der Röhren von *Lanice conchilega* minierend: **Hypophorellidae** mit ***Hypophorella expansa*** Ehlers.

9. Cystide lang, schmal zylindrisch, basal zugespitzt. Apertur rund oder oval [**11**], ohne Operculum .... **Stenolaemata 10**

— Cystide anders, fast immer kästchen-, füllhorn- oder eiförmig. Apertur quer spaltenförmig, mit Operculum [**13, 16, 17**] .... **Cheilostomatida 12**

10. Kolonie von basalen Zooiden an aufrecht wachsend .... **Crisiidae**

Wenige Gattungen, z. B. ***Crisia*** LAMOUROUX, häufig ***C. eburnea*** (L.) (bis 1,5 cm) [**11**].

— Kolonie mindestens im basalen Teil kriechend **11**

11. Kolonie meist gelappt. Cystide ragen distal als Röhren aus der Stockmasse heraus **Tubuliporidae**

Nur ***Tubulipora*** LAMARCK, wenige Arten, z. B. ***T. liliacea*** (PALLAS).

— Kolonie meist ± kreisförmig. Cystide fast ganz in Stockmasse eingebettet

Beispiele: ***Diplosolen obelia*** (JOHNSTON) (**Diastoporidae**) (mit kleinen, verkümmerten Cystiden). ***Plagioecia patina*** (LAMARCK) (**Plagioeciidae**) (ohne kleine Cystide). Beide Arten bei Helgoland.

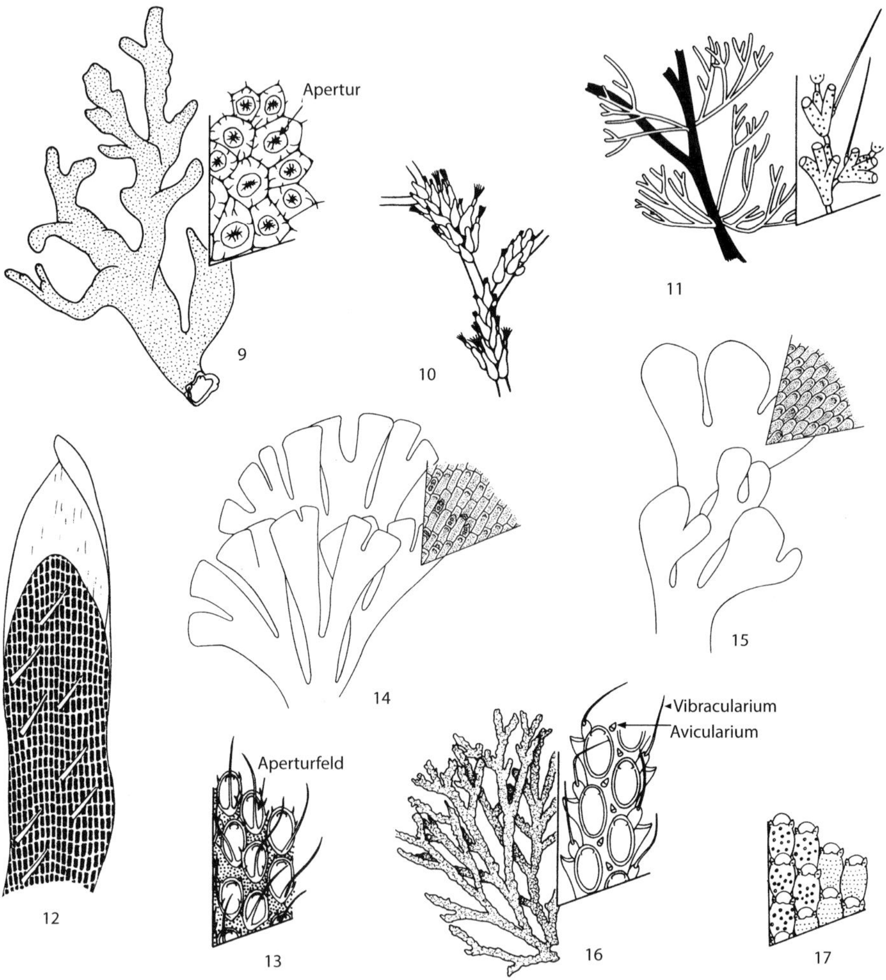

9 *Alcyonidium*; **10** *Amathia*; **11** *Crisia*; **12** *Membranipora*; **13** *Electra pilosa*; **14** *Securiflustra*; **15** *Flustra*; **16** Scrupocellaria; **17** *Cribrilina*

12. Frontalwand der Cystide mit ± großem, membranösem (nicht verkalktem) „Aperturfeld" [**13, 16**] **13**
— Frontalwand der Cystide (außer Apertur) völlig verkalkt [**17**] **18**
13. Kolonie krustenförmig auf Substrat ausgebreitet, teilweise in Zooidblöcke aufgelöst, selten z. T. aufrecht **14**
— Kolonie aufrecht vom Substrat abstehend; wenn Äste kriechend, diese aus einfachen oder doppelten Zooidreihen bestehend **16**
14. Mit Avicularien .... **Calloporidae**
Unter anderem ***Callopora*** Gray mit wenigen Arten. Häufiger ***Amphiblestrum*** (= ***C.***) ***aurita*** (Hincks).
— Ohne Avicularien **15**
15. Cystide oval oder gerundet 3-eckig. An Basis des Aperturfeldes ein zentraler stärkerer Dorn **Electridae**
Electra Lamouroux, sehr häufig ***E. pilosa*** (L.) (Rand des Aperturfeldes mit 6–13 Kalkborsten [**13**]). ***Einhornia*** (= ***Electra***) ***crustulenta*** (Pallas) (Aperturfeld ohne Borsten), im Brackwasser.
— Cystide rechteckig oder unregelmäßig oval. Aperturfeld ohne zentralen Dorn an der Basis **Membraniporidae**
Membranipora membranacea (L.) [**12**] (Cystide rechteckig), auf Algen, sehr häufig. ***Conopeum*** Gray (**Electridae**) (Cystide unregelmäßig abgerundet), z. B. ***C. reticulum*** (L.).
16. Kolonie 1-reihig. Ohne Avicularien
Aetea truncata (Landsborough) (**Aeteidae**) (Cystide langgestreckt, zylindrisch, mit kriechendem Basalteil). 2; ***Scruparia*** Oken (**Scrupariidae**) (Cystide füllhornartig), verbreitet ***S.chelata*** (L.).
— Kolonie 2-reihig. Zooide an Basalseite zusammengewachsen (Aperturen nach entgegengesetzten Seiten gerichtet). Ohne Avicularien .... **Eucrateidae**
Nur ***Eucratea loricata*** (L.).
— Kolonie 2-reihig [**16**] bis (selten) 12-reihig, 1-schichtig. Zooide an Seiten zusammengewachsen [**16**] (Aperturen derselben Richtung zugewandt). Mit Avicularien **17**
— Kolonie blattförmig, 1–2-schichtig. Ohne Avicularien .... **Flustridae**
Carbasea carbasea (Ellis et Solander) (Kolonie aus 1 Schicht von Zooiden bestehend). Kolonie 2-schichtig: ***Securiflustra securifrons*** (Pallas) [**14**] (Lappen der Kolonie schmal, am Ende abgestutzt). ***Flustra foliacea*** (L.) [**15**] (Lappen breit, am Ende abgerundet), beide Arten häufig.
17. Avicularien sitzend .... **Candidae** (= **Scrupocellariidae**)
Wenige Gattungen, im oberen Litoral nur ***Scrupocellaria*** van Beneden (Borsten der Vibracularien ungezähnt), wenige Arten, häufig z. B. ***S. scruposa*** (L.) [**16**].
— Avicularien auf beweglichem Stiel .... **Bugulidae** (= **Bicellariidae**)
Cystide abgerundet rechteckig: z. B. ***Bugulina*** Gray, wenige Arten, häufiger in der Nordsee ***B. flabellata*** (Thompson, in Gray). Cystide füllhornartig: ***Bicellariella ciliata*** (L.).
18. Kolonie krustenförmig auf Substrat ausgebreitet. Frontalwand der Cystide mit kalkigen, durch Querfalten oder Poren getrennten Rippen .... **Cribrilinidae**
Cribrilina Gray (zwischen Rippen Poren [**17**]), wenige Arten, häufig ***C. punctata*** (Hassall) [**17**]. Zwischen Rippen Querspalten: ***Membraniporella nitida*** (***Johnston***) (Kolonien ± kreisförmig). – ***Aspid-electra melolontha*** (Landsborough) (**Electridae**) (Kolonien unregelmäßig gelappt).
— Kolonie krustenförmig oder ± aufrecht. Cystide ohne Rippen .... mehrere Familien
Etwa 10 Gattungen, oft in größerer Tiefe, im Flachwasser häufig z. B. ***Cryptosula pallasiana*** (Moll) (**Cryptosulidae**) (Cystide abgerundet; Apertur länger als breit, etwas unterhalb der Mitte verengt).

Literatur

Bock, P. (Ed.): The Bryozoa Homepage (www.bryozoa.net), 2013.
Hayward, P. J.: Ctenostome bryozoans. Synopses of the British Fauna 33. London, 1985.
Hayward, P. J., Ryland, J. S.: Cheilostomatous Bryozoa Part 1 (Aeteoidea-Cribrilinoidea). 2nd. ed. Synopses of the British Fauna 10. Shrewsbury, 1996.
Hayward, P. J., Ryland, J. S.: Cheilostomatous Bryozoa Part 2 (Hippothooidea-Celleporoidea). 2nd. ed. Synopses of the British Fauna 14. Shrewsbury, 1999.
Hayward, P. J. Ryland, J. S.: Cyclostome bryozoans. Synopses of the British Fauna 34. London, 1985.
Lüter, C., Scholz, J.: Lophophorata (Tentaculata) – Kranzfühler. In: B. Klausnitzer, J. H. Jungbluth, Stresemann – Exkursionsfauna von Deutschland, Band 1 – Wirbellose (ohne Insekten). 9. Aufl. Heidelberg, 2019.
Marcus, E.: Bryozoa. In: G. Grimpe, E. Wagler, Tierwelt der Nord- und Ostsee. Bd. VIIc. Leipzig, 1926.
Prenant, M., Bobin, G.: Bryozoaires. 1. Entoproctes, Phylactolémes, Ctenostomes. Faune de France 60. Paris, 1956.
Ryland, J. S.: A key for the identification of British intertidal Bryozoa. Richmond, 1986.
Ryland, J. S.: Lophophorate phyla. In: P. J. Hayward, J. S. Ryland, The marine fauna of the British isles and North-West Europe. Vol. 2. Oxford, 1990.

RYLAND, J. S.: Bryozoans (Phylum Bryozoa). In: P. J. HAYWARD, J. S. RYLAND, Handbook of the marine fauna of North-West Europe. Oxford, 1995.

RYLAND, J. S., HAYWARD, P. J.: British anascan bryozoans. British ascophoran bryozoans. Synopses of the British Fauna 10, 14. London, 1977, 1979.

WOOD, T. S., OKAMURA, B.: A new key to the freshwater bryozoans of Britain, Ireland and Continental Europe, with notes on their ecology. Freshwater Biological Association. Special Publication 63. Ambleside, 2005.

Nemertini, Schnurwürmer

(auch **Nemertea**). Körper meist langgestreckt, mit langem, ausstülpbarem Rüssel [1]. Körperoberfläche bewimpert. Meist getrenntgeschlechtlich. Darm mit After. Überwiegend Räuber. Auf u. im Boden, zwischen Pflanzen; meist im Meer. Im Gebiet über 40 Arten.

System:
„Anopla"- Palaeonemertea: Carininidae, Cephalothricidae, Tubulanidae
„Anopla" - Pilidiophora (Heteronemertea): Amphiporidae, Lineidae
Enopla (Hoplonemertea): Acteonemertidae, Malacobdellidae, Oerstediidae, Ototyphlonemertidae, Prosorhochmidae, Prostomatidae, Tetrastemmatidae

1. Im Meer, auch im Brackwasser 2
— Im Süßwasser. Mit 6–8 Augen .... ***Prostoma*** Dugès (**Prostomatidae**)
Häufig nur *P.* ***graecense*** (Böhmig) [**1**] (weißlich bis bräunlich; 10 mm).
— Auf dem Land. 4 Augen .... ***Leptonemertes chalicophora*** (Graff) (**Acteonemertidae**)
Weiß, vorn rötlich; 12 mm. Treibhäuser, aus den Tropen eingeschleppt. – Außerdem neuerdings ***Argonemertes dendyi*** Dakin (etwa 16 Augen in 4 Gruppen; bräunlich, mit dunkelbraunen Längsstreifen; um 15 mm).
2. Körper flach, Hinterende mit Saugscheibe .... **Malacobdellidae**
Nur ***Malacobdella grossa*** (Müller) (30–40 mm), in Mantelhöhle von Muscheln.
— Körper anders, häufig ± drehrund, ohne Saugscheibe 3
3. Kopf ± spatelförmig, mit tiefen seitlichen, waagerecht gestellten Kopfspalten. Meist mit vielen Augen [**2**]. 40 mm–10 m .... **Lineidae**
Nur ***Lineus*** Sowerby mit mehreren Arten, häufig ***L. ruber*** (Müller) (rotbraun bis grün; bis 200 mm); sehr lang, bis 10 m ***L. longissimus*** (Gunnerus) (dunkelbraun bis schwarz).
— Kopf ohne oder mit flachen seitlichen Furchen 4
4. Kopf mit vielen Augen [**3**] .... **Amphiporidae**
Artenreiche Gattung ***Amphiporus*** Ehrenberg, häufig ***A. lactifloreus*** (Johnston) (bis 100 mm).
— Kopf mit 4 Augen [**4**] (bisweilen 4 Doppelaugen) .... **Tetrastemmatidae**
Mehrere Gattungen, artenreich ***Tetrastemma*** Ehrenberg, häufig ***T. melanocephalum*** (Johnston) (bis 50 mm), im Watt. Weitere Gattungen z. B. ***Prostomatella*** Friedrich (über 10 mm) u. ***Arenonemertes*** Friedrich (2–3 mm), häufig in der Ostsee ***Cyanophthalma*** (= ***P.***) ***obscura*** (Schultze). Außerdem **Oerstediidae** u. **Prosorhochmidae**, z. B. ***Oerstedia wijnhoffae*** Friedrich (5–10 mm).
— Kopf ohne Augen 5
5. Körper mit 1 Paar Statocysten. 9–10 mm .... **Ototyphlonemertidae**
Nur ***Ototyphlonemertes pallida*** (Keferstein), Sandlückensystem, Nordsee.
— Ohne Statocysten. Meist größer (mindestens 4 mm) 6
Wenn nur 1–3 mm: ***Arenonemertes*** s. Nr. **4**.
6. Kopf spatelförmig, mit Kopffurchen .... **Tubulanidae**
Artenreich ***Tubulanus*** Renier u. ***Carinina*** Hubrecht, z. B. ***C. remanei*** (Nawitzki) (30–45 mm), Ostsee.
— Kopf ohne Kopffurchen .... **Cephalothricidae**
Cephalothrix Örsted, wenige Arten, z. B. ***C. linearis*** (Rathke) (100–150 mm). ***Cephalothrix*** (= ***Procephalothrix***) ***kiliensis*** Friedrich, im Sandlückensystem, Ostsee. Außerdem ***Nemertellopsis cephalotrichiformis*** Friedrich (**Tetrastemmatidae**) (Kopf mit rötlicher Binde; 40 mm)

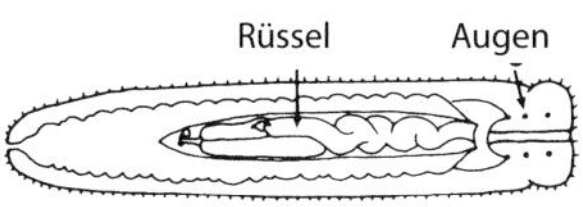

1

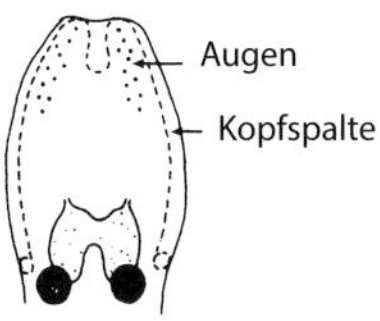

2

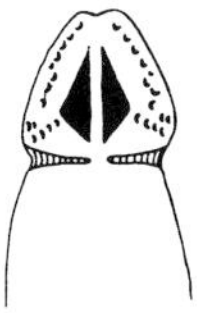
3

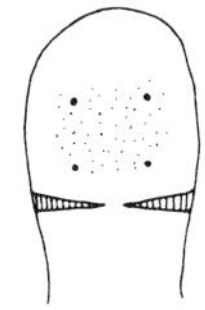
4

1 *Prostoma*

Literatur

FRIEDRICH, H.: Nemertini, in: G. GRIMPE, E. WAGLER, Tierwelt der Nord- u. Ostsee, Teil IVd. Leipzig, 1936.

GERLACH, S.: Nemertinea, Schnurwürmer. In: P. BROHMER, P. EHRMANN, G. ULMER, Tierwelt Mitteleuropas, Bd. 1, Lief. 7a. Leipzig, 1967.

GIBSON, R.: British Nemerteans. Synopses of the British Fauna 24. 2nd ed. Cambridge, 1994.

GIBSON, R.: Nemertean genera and species of the world – An annotated checklist of original names and description citations, synonyms, current taxonomic status, habitats and recorded zoogeographic distribution. Journal of Natural History 29. London, 1995.

GIBSON, R., KNIGHT-JONES, E. W.: Nemertea. In: P. J. HAYWARD, J. S. RYLAND, The marine fauna of the British Isles and North-West Europe. Vol. 1. Oxford, 1990.

GIBSON, R., KNIGHT-JONES, E. W.: Flatworms and ribbon worms (Phyla Platyhelminthes and Nemertea). In: P. J. HAYWARD, J. S. RYLAND – Handbook of the marine fauna of North-West Europe. Oxford, 1995.

HANSSON, H. G.: South Scandinavian Nemertini check-list. NEAT (North East Atlantic Taxa). Internet-PDF, 1998 [www.tmbl.gu.se/libdb/taxon/neat_pdf/NEAT*Nemertini.pdf].

HARTWICH, G.: Nemertini (Schnurwürmer). In: B. KLAUSNITZER, J. H. JUNGBLUTH, Stresemann – Exkursionsfauna von Deutschland, Band 1 – Wirbellose (ohne Insekten). 9. Aufl. Heidelberg, 2019.

Mollusca, Weichtiere

Körper weich, nicht segmentiert, bilateral-symmetrisch, von einer drüsenreichen Haut umkleidet. Trennung in einen ventralen Fuß (Fortbewegungsorgan) und einen dorsalen Eingeweidesack durch eine umlaufende Mantelrinne (mit Atemorganen, After, Mündung der Exkretionsorgane). Der dadurch entstehende Mantel (eine ± ausgedehnte Hautverdopplung) erzeugt eine einheitliche oder zweiklappige Schale aus Calciumcarbonat als Außenskelett. Darüber liegt eine organische Membran, die Schalenhaut (Periostracum).

Schnecken. Die meisten Schneckenschalen (Gehäuse) haben spiralige Windungen (Umgänge), die um eine Achse laufen [**1**]; an dieser schließen sie eng zusammen oder lassen einen kegelförmigen Hohlraum, den Nabel, zwischen sich frei, der von unten sichtbar ist [**9**]. Der Nabel kann sehr weit u. offen sein oder ± eng (stichförmig, etwas bedeckt, geritzt). Liegt die Mündung des aufrecht stehenden, dem Betrachter zugewandten Gehäuses rechts von der Achse, so nennt man es rechtsgewunden [**1**], andernfalls ist es linksgewunden (z. B. [**15–17**]. In den Abbildungen zeigt bei der Ansicht der Unterseite die Mündung nach oben, bei der Ansicht der Oberseite die Mündung nach unten. Bei mehreren Ansichten in einer Abbildung Reihenfolge von oben nach unten: Oberseite, Seitenansicht, Unterseite (z. B. [**9**]). Der Mundsaum kann durch eine Lippe verstärkt sein, er ist meist nach außen erweitert, seltener einfach (nicht erweitert) u. scharf (dies ist durchweg bei Schalen von Jungtieren der Fall). In einigen Fällen ist das Gehäuse vom Mantel überdeckt, reduziert oder ganz zurückgebildet. Für weitere zur Bestimmung notwendige Termini siehe [**1**]. Nahrung: pflanzliches oder tierisches Material.

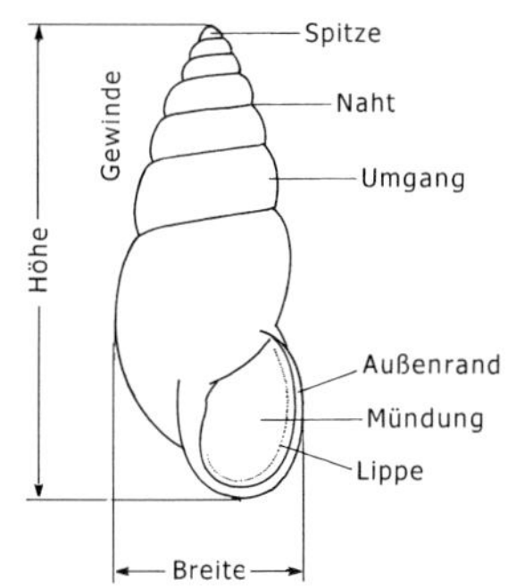

1

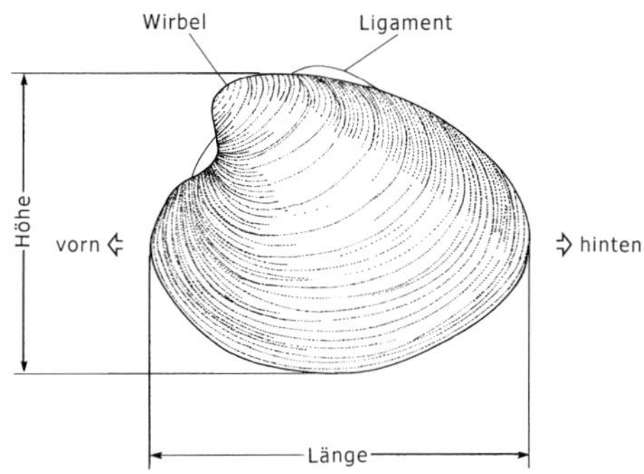

2a

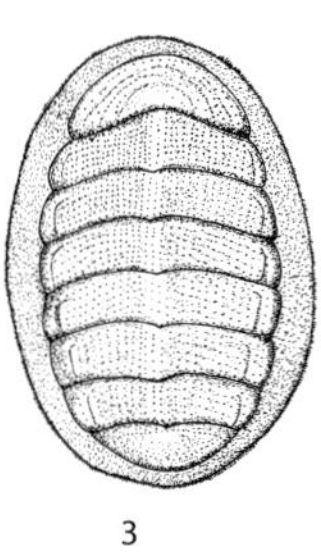

3

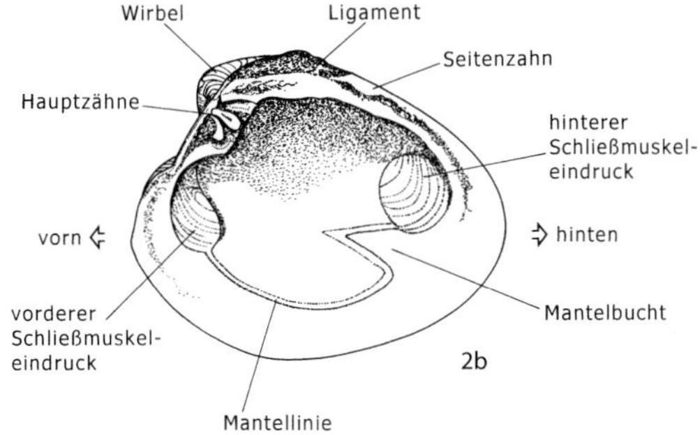

2b

3 *Lepidochitona*

Muscheln. Bei den Muscheln [**2**] werden die beiden Schalenklappen oben durch ein Schlossband (Ligament) zusammengehalten, das außen oder innen (dann häufig in einer besonderen Grube, „Bandgrube", oder an einem Fortsatz) liegen kann und fast immer hinter dem Wirbel liegt. Den ältesten ± vorspringenden Teil einer Schale nennt man Wirbel, von diesem aus geht das Wachstum konzentrisch weiter. Die aufeinander liegenden Innenseiten der oberen Klappenränder meist (aber nicht immer) mit Zähnen bzw. Leisten, die ineinander greifen; sie bilden in ihrer Gesamtheit das Schloss. Die in Nähe des Wirbels befindlichen Zähne heißen Hauptzähne, die seitlich davon, oft nur als Leisten ausgebildeten Verzahnungen nennt man Seitenzähne. Auf der Innenseite der Schale sind häufig als Eindrücke die Ansatzstellen der die Schalenklappen schließenden Muskeln sichtbar; bei vielen Arten ist ferner eine die beiden Muskeleindrücke verbindende, dem unteren Schalenrand parallel laufende „Mantellinie" erkennbar, die besonders bei Muscheln mit ausstreckbaren Siphonen im hinteren Teil stark eingebuchtet ist (Mantelbucht). Dadurch ist eine Orientierung der Schalen nach Vorder- u. Hinterende möglich. In den Abbildungen ist (außer bei stark modifizierten Schalen) das Vorderende nach links orientiert. Manche Arten mit Fußdrüse zur Erzeugung von Byssusfäden, die der Befestigung auf dem Substrat dienen. Nahrung: (als Filtrierer) Detritus u. Plankton. Im Gebiet etwa 600 Molluskenarten.

Bestimmung der Mollusken hier nur nach den Schalen (außer Nacktschnecken). Schalenhaut oft von Brandung abgeschliffen. Manche Abbildungen geben die natürliche Größe wieder. **Abkürzungen: G** = **Gehäuse** (Schnecken), **Sch** = **Schale** (Muscheln), **h** = **hoch, b** = **breit, l** = **lang.**

System:
Polyplacophora (= **Loricata**)
Conchifera: Bivalvia (= **Lamellibranchia**), **Cephalopoda, Gastropoda, Scaphopoda** (= **Solenoconcha**)

System der **Gastropoda** (nach Bouchet & Rocroi, 2005):
Patellogastropoda (= **Docoglossa**): **Acmaeidae, Lottiidae, Patellidae** [**104**]
Vetigastropoda: **Trochidae** [**115**]
Neritimorpha (= **Neritopsina**): **Neritidae** [**63**]
Caenogastropoda
- **Architaenioglossa**: **Aciculidae** [**24**], **Cochlostomatidae** [**19**], **Viviparidae** [**65, 66**]
- **Sorbeoconcha**: **Cerithiidae** [**109**], **Turritellidae** [**108**]
- **Hypsogastropoda**
  - **Littorinimorpha**: **Aporrhaidae** [**110**], **Assimineidae** [**125**], **Barleeiidae, Bithyniidae** [**73–75**], **Caecidae, Calyptraeidae** [**103**], **Lacunidae** [**118, 119**], **Littorinidae** [**120–123**], **Naticidae** [**117**], **Pomatiidae** [**13**], **Rissoidae** [**126, 127**], **Truncatelloidea** [**68–72, 75**], **Velutinidae** [**114**]
  - **Ptenoglossa**: **Epitoniidae** [**124**], **Triphoridae** [**107**]
  - **Neogastropoda**: **Buccinidae** [**128, 129a**], **Mangeliidae** [**112**], **Muricidae** [**113**], **Nassariidae** [**111**], **Raphitomidae**

Heterobranchia
- **niedere Heterobranchia** (= **Allogastropoda**): **Acteonidae, Omalogyridae, Pyramidellidae, Valvatidae** [**64, 67**]
- **Opisthobranchia** (Hinterkiemer): **Akeridae** [**105**], **Aplysiidae, Cylichnidae, Diaphanidae, Dorididae [98], Limapontiidae** (= **Stiligeridae**) [**97**], **Philinidae** [**96**], **Plakobranchidae** (= **Elysiidae**), **Retusidae** [**106**], **Scaphandridae, Nudibranchia** mit vielen Familien, u. a. **Aeolidiidae** [**102**], **Dendronotidae, Facelinidae, Flabellinidae, Onchidorididae** [**101**], **Polyceridae** [**99, 100**], **Trinchesiidae**
- **Pulmonata** (Lungenschnecken)
  - **Basommatophora** (Wasserlungenschnecken): **Acroloxidae** [**62**], **Lymnaeidae** [**76–83**], **Physidae** [**84–86**], **Planorbidae** [**61, 87–95**]
  - **Eupulmonata**
    - **Actophila: Ellobiidae** [**22, 116**]
    - **Stylommatophora** (Landlungenschnecken): **Agriolimacidae, Arionidae** [**4**], **Azecidae** [**27**], **Boettgerillidae, Camaenidae** (= **Bradybaenidae**) [**12**], **Clausiliidae** [**15–17**], **Cochlicopidae** [**23**], **Discidae** (= **Patulidae**) [**11**], **Enidae** [**18, 20, 37, 38**], **Euconulidae** [**7**], **Ferussaciidae**

[21], **Gastrodontidae, Geometridae** [**51, 52**], **Helicidae** [**47, 48, 53–57**], **Helicodiscidae, Helicodontidae** [**46**], **Hygromiidae** [**49, 50, 58–60**], **Limacidae** [**5**], **Milacidae, Oxychilidae** [**6, 8, 43–45**], **Pristilomatidae** [**42**], **Punctidae** [**9**], **Pupilloidea** [**10, 25, 28–36**], **Succineidae** [**14, 26**], **Testacellidae, Vitrinidae** [**39, 40**], **Zonitidae** [**41**]

System der **Bivalvia** (= **Lamellibranchia**) (nach Bouchet & Rocroi, 2010):
Protobranchia (Fiederkiemer): **Nuculidae** [**143**], **Nuculanidae**
Autobranchia (= **Autolamellibranchiata**) (Echtkiemer)
Pteriomorphia: Anomiidae [**159**], **Glycymerididae, Mytilidae** [**154–156**], **Ostreidae** [**149**], **Pectinidae** [**157, 158**]
Heteroconchia
Palaeoheterodonta: Margaritiferidae [**132**], **Unionidae** [**133–138**]
Heterodonta: Arcticidae (= **Cyprinidae**) [**151**], **Astartidae** [**160, 161**], **Basterotiidae, Cardiidae** [**162, 163**], **Corbulidae** (= **Aloididae**) [**150**], **Cuspidariidae, Cyrenidae** (= **Corbiculidae**) [**131**], **Donacidae** [**147**], **Dreissenidae** [**130**], **Hiatellidae** (= **Saxicavidae**) [**148**], **Lasaeidae** (= **Leptonidae**), **Lucinidae, Lyonsiidae, Mactridae** [**174–176**], **Myidae** [**145, 146**], **Periplomatidae, Pharidae** [**171–173**], **Pholadidae** [**177, 178**], **Scrobiculariidae** [**152**], **Semelidae** [**153**], **Sphaeriidae** [**139–141**], **Tellinidae** [**168–170**], **Teredinidae** [**142**], **Thraciidae, Thyasiridae, Veneridae** [**144, 164–167**]

In Deutschland besonders geschützt: ***Helix, Cornu, Margaritifera margaritifera, Anodonta, Pseudanodonta, Unio pictorum, U. tumidus, Nucella, Pholas.***

1. Mit 8 saugnapfbesetzten Fangarmen (u. meist 2 Fangtentakeln) am Kopf. Im Meer
Tintenfische, **Cephalopoda**
Etwa 10 Arten, z. B. ***Sepia officinalis*** L., Gemeiner Tintenfisch (bis 60 cm, Rumpf gedrungen), Nordsee, kalkige Schale (Schulp) oft angespült. ***Loligo forbesi*** Steenstrup, Kalmar (bis 70 cm, Rumpf spitzkonisch), auch Ostsee.

— Vorderende ohne derartige Fangarme **2**

2. Einheitliche Schale aus 8 Teilstücken [**3**]. Tier mit Kriechsohle. Im Meer
Käferschnecken, **Polyplacophora**
6 Arten, häufig ***Lepidochitona cinerea*** (L.) [**3**] (1–2 cm), in der Brandungszone an Felsen, Steinen und *Laminaria*, im Wattenmeer auf Muschel- u. Schneckenschalen.

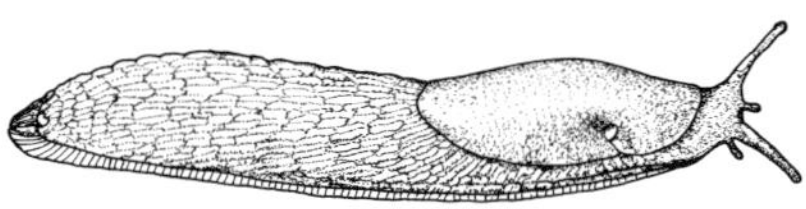
4
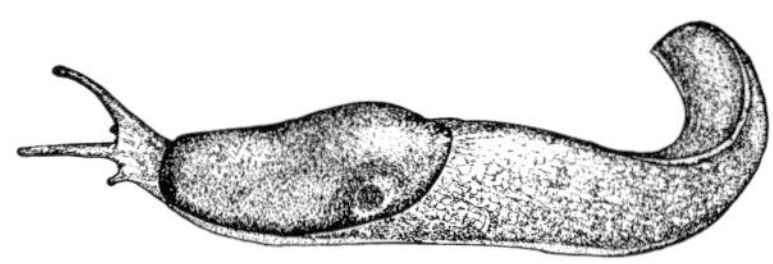
5

6a

7
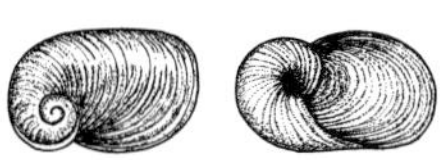
6b
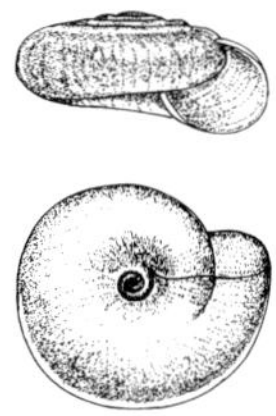
8
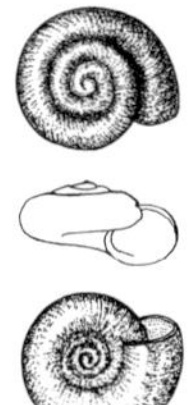
9

10

11

4 Arionidae; **5** Limacidae; **6** *Daudebardia*; **7** *Euconulus*; **8** Oxychilidae (*Oxychilus cellarius*); **9** *Punctum*; **10** *Pyramidula*; **11** Patulidae (*Discus rotundatus*)

— Schale einheitlich röhrenförmig, gebogen, vorn u. hinten offen. Im Meer
Grabfüßer, Kahnfüßer, **Scaphopoda**
Nur ***Antalis*** (= ***Dentalium***) ***entalis*** (L.) (bis 4 cm), im Meeresboden, Nordsee.
— Ohne Schale (Nacktschnecken) oder Schale besteht aus einem einzigen Stück; dieses Gehäuse (G) (schuhartig, mützenartig, walzig oder spiralig in einer Ebene oder in die Höhe gewunden
Schnecken, **Gastropoda**
a) An Land .... **Landschnecken** S. 66
b) Im Süßwasser .... **Süßwasserschnecken** S. 77
c) Im Meer oder Brackwasser .... **Meeresschnecken** S. 81
— Körper mit 2-klappiger Schale (Sch), letztere mit Wirbel aus meist deutlich konzentrischen Zuwachsstreifen .... Muscheln, **Bivalvia** (= **Lamellibranchia**)
a) Im Süßwasser .... **Süßwassermuscheln** S. 87
b) Im Meer oder Brackwasser .... **Meeresmuscheln** S. 89

Landschnecken

Im Gebiet etwa 230 Arten. Seltene alpine oder südliche oder lokal eingeschleppte Arten nur in Auswahl berücksichtigt.

1. Tier ohne G. Hinter dem Kopf ein Mantelschild, in diesem rechts die Atemöffnung [**4, 5**]
Nacktschnecken **2**
— Tier mit G .... Gehäuseschnecken **5**
2. Atemloch vor der Mitte des Mantelschildes [**4**]. Rücken nicht gekielt
Wegschnecken, **Arionidae** S. 73
— Atemloch hinter der Mitte des Mantelschildes [**5**]. Rücken gekielt **3**
3. Nur hinterer Teil des Rückens gekielt oder mit Andeutung eines Kiels
Schnegel, **Limacidae** u. **Agriolimacidae** S. 73
— Rücken vom Ende des Mantelschildes an in ganzer Länge mit Kiel **4**
4. Wurmförmig schlank, Mantelschild fast ½ so lang wie Körper
Wurmnacktschnecken, **Boettgerillidae**
Nur ***Boettgerilla pallens*** Simroth (bleigrau mit heller Sohle; 3,5–4,5 cm l, etwa 3 mm b), im Boden.
— Körper im Vergleich zur Länge viel breiter. Mantelschild etwa ⅓ so l wie Körper
Kielschnegel, Kielnacktschnecken, **Milacidae** S. 72
5. G zart, letzter Umgang ohrförmig erweitert [**6b, 40**]. G relativ zum Schneckenkörper klein, höchstens ⅓ bis ¼ der Körperlänge des nacktschneckenartigen Tieres einnehmend (z. B. [**6a**]). Weichkörper nicht vollständig in G zurückziehbar **6**
— G anders, nicht ohrförmig. Weichkörper in G zurückziehbar **7**
6. G mit Gewinde, gelbbräunlich. Basalrand der Mündung ohne Hautsaum. G bis 5 mm l
(zu **Oxychilidae**) **Daudebardiinae**
Nur 2; ***Daudebardia*** Hartmann [**6a**], räuberisch, an feuchten Stellen, selten. ***D. rufa*** (Draparnaud) (Gewinde ⅓ der Schalenbreite); ***D. brevipes*** (Draparnaud) (Gewinde ¼ der Schalenbreite [**6b**]).
— G mit Gewinde, grünlich. Basalrand der Mündung mit Hautsaum. G 4–6 mm l
viele Glasschnecken, **Vitrinidae** S. 72
— G ohne Gewinde, leicht konvex oder flach, 7–8 mm l ...... Rucksackschnecken, **Testacellidae**
Nur ***Testacella haliotidea*** Draparnaud, im Süden in Kulturland eingeschleppt.
7. G scheiben-, stumpfkegel- bis kugelförmig, etwa so b wie oder breiter als h **8**
— G länglich, ei-, spindel- bis turmförmig, deutlich höher als b **17**
8. G unter 5 mm b **9**
— G mindestens 5 mm b **13**
9. G kugelig-konisch [**7, 10, 36**] **10**
— G flach [**9, 42**] **12**
10. G mit breitem u. tiefem Nabel, sehr fein rippenstreifig, dunkelfarben, 2,5–3 mm b
Pyramidenschnecken, **Pyramidulidae**
Nur ***Pyramidula pusilla*** (Vallot) [**10**], an Kalkfelsen, Mauern.
— G ohne oder mit undeutlichem oder mit engem Nabel **11**

11. Nabel fast geschlossen, kaum erkennbar. G ohne Rippen .... Kegelchen, **Euconulidae**
G unterseits stark glänzend, Oberseite matt. G 2,3–3,5 mm. An feuchten Stellen. Nur 3; ***Euconulus*** Reinhardt, häufig ***E. fulvus*** (Müller) [**7**].

— Nabel eng, aber deutlich. G mit feinen, häutigen Rippen (z. B. [**36**])
Acanthinula Beck, ***Spermodea*** Westerlund, zu **Valloniidae** S. 70

12. G 1,2–2,2 mm b. Nabel weit [**9**]. Mundsaum einfach, scharf ...... Punktschnecken, **Punctidae**
Goldbraun, glänzend. Nur ***Punctum pygmaeum*** (Draparnaud) [**9**] (G 1,2–1,6 mm b), kleinste heimische Landschnecke. - Außerdem 2; ***Lucilla*** Lowe (**Helicodiscidae**), subterran (?), selten..

— G 2–3 mm b. Nabel weit [**35**]. Mundsaum erweitert, Mündung fast kreisrund
Vallonia Risso, zu **Valloniidae** S. 70

— G über 2 mm b; wenn unter 3,5 mm b, Nabel eng oder geschlossen [**42**]. G beiderseits stark glänzend .... einige Glanzschnecken, **Pristilomatidae, Oxychilidae** S. 71

13. G flach, gerippt, Nabel so b wie oder breiter als Mündung [**11**]. G 6–7 mm b
Schüsselschnecken, **Discidae** (= **Patulidae**)
Nur 3; ***Discus*** Fitzinger, ***D. rotundatus*** (Müller) (Oberseite braunrot gefleckt; letzter Umgang stumpfkantig [**11**]), verbreitet, häufig; ***D. ruderatus*** (Hartmann) (ungefleckt; letzter Umgang gerundet), im Hoch- u. Mittelgebirge; ***D. perspectivus*** (Megerle von Mühlfeld) (gefleckt; letzter Umgang scharf gekielt), Ostalpen, SO-Bayern.

— G mit konisch erhobenem Gewinde; wenn flacher, dann ungerippt oder gerippt, aber Nabel (wenn vorhanden) immer viel enger als Mündungsbreite **14**

14. Mundsaum nicht erweitert, G meist dünnwandig **15**

— Mundsaum erweitert oder gelippt, G dickwandig **16**

15. G gedrückt kugelig [**39**], sehr zart, glashell, grünlich bis gelblich. G bis 6 mm b
einige Glasschnecken, **Vitrinidae** S. 72

— G von anderer Form, flach, Gewinde flach [**8, 43–45**] oder selten konisch erhoben [**41**], weniger zart, aber meist dünnschalig, meist beiderseits stark glänzend. G bis 16 (selten 30) mm b
Glanzschnecken, **Zonitidae, Pristilomatidae, Gastrodontidae, Oxychilidae** S. 71

16. Nabel weit [**12**]. G kugelig, groß (18–20 mm b, 16–17 mm h)
Strauchschnecken, **Camaenidae** (= **Bradybaenidae**)
Mundsaum wenig erweitert. G weißlich bis rötlich-braun. Nur ***Fruticicola*** (= ***Bradybaena***) ***fruticum*** (Müller) [**12**].

— Anders [**46–60**]; wenn G kugelig, Nabel enger oder G kleiner (bis 15 mm)
Helicidae, Helicodontidae, Geomitridae, Hygromiidae S. 74

17. G linksgewunden **18**

— G rechtsgewunden **19**

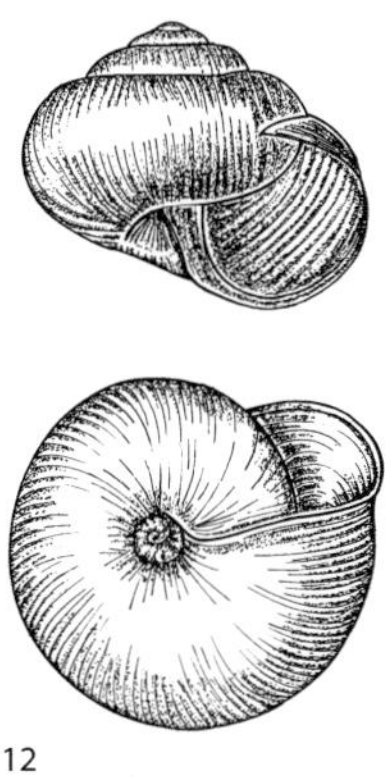

13

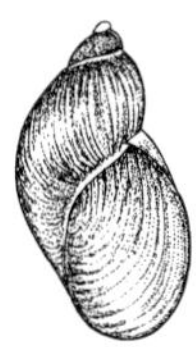
14

15

16

17

12

18

19

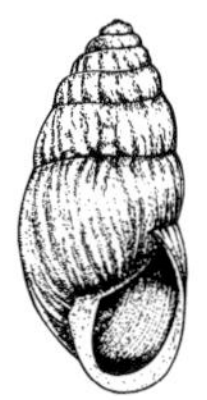
20

21

22

12 Camaenidae (*Fruticicola*); **13** *Pomatias*; **14** Succineidae (*Succinea putris*); **15–17** Clausiliidae: **15** *Alinda perversa*; **16** *Cochlodina*; **17** *Balea biplicata*; **18** *Jaminia quadridens*; **19** *Cochlostoma*; **20** Enidae (*Zebrina detrita*); **21** Ferussaciidae (*Cecilioides*); **22** *Carychium*

18. G schlank turmförmig oder gestreckt spindelförmig, etwa 4-mal so h wie b, mindestens 7 mm h .... Schließmundschnecken, **Clausiliidae**
Mit einem von Mantelfalten gebildeten Kalkplättchen (Clausilium), umgeben von Lamellen u. Falten. Häufig an Felsen, Baumstämmen. Nahrung: Algen, Flechten. Über 25 nur nach Mündungsarmatur sicher bestimmbare Arten. Hier nur Auswahl.
a) Letzter Umgang des G am breitesten, Mündung meist mit 1 Zahnhöcker, ohne Clausilium. G 8–10 mm h [**15**]: ***Balea perversa*** (L.).
b) Vor- oder drittletzter Umgang am breitesten, Mündung mit Clausilium, oft auch mit Zähnchen. G glatt [**16**]: häufiger ***Cochlodina laminata*** (Montagu) (G 15–17 mm h) u. ***Clausilia rugosa parvula*** Férussac (G 8–9,5 mm h).
c) Ähnlich, aber G gerippt. Beispiele: Große Arten (G über 16 mm h) sind u. a. ***Balea*** (= ***Alinda***) ***biplicata*** (Montagu) (Mündung unten schwach zugespitzt) [**17**] u. ***Macrogastra ventricosa*** (Draparnaud) (Mündung unten gerundet u. stark erweitert); kleine Arten (G unter 13 mm h) sind u. a. ***Clausilia bidentata*** (Ström) (G feingerippt, 9–12 mm h), ***Cl. pumila*** (Pfeiffer) (G mit groben Rippen, 12–13 mm h).

— G walzig eiförmig [**18**]. 7–12 mm h .... ***Jaminia quadridens*** (Müller), zu **Enidae** S. 70
— G konisch bis spindelförmig, bis 2 mm h ..... Arten von ***Vertigo*** Müller, zu **Vertiginidae** S. 70
19. Mündung ohne Zähne **20**
— Mündung mit Zähnen **26**
20. G spitz-eiförmig, mit 3–4 schnell an Weite zunehmenden Umgängen, ungenabelt, dünnwandig, oft bernsteinfarben, ± durchsichtig. Mündung über die Hälfte der Gehäuselänge einnehmend, Mundsaum scharfrandig [**14**] .... Bernsteinschnecken, **Succineidae** S. 69
— Anders, Mündung nicht so hoch reichend **21**
21. G konisch [**13, 19, 125**]. G 6–16 mm h **22**
— G schlank, ± nadelförmig [**21, 24**]. G 3–4,5 mm h **24**
— G verlängert eiförmig [**20, 23, 38**] oder walzenförmig [**25, 33**]. G 1,7–25 mm h **25**
22. G glatt, ohne Rippen [**125**]. G bis 7 mm h. In Salzwiesen .... **Assimineidae** S. 86
— G mit feinen Rippen [**13, 19**]. G 7–16 mm h. Nicht in Salzwiesen **23**
23. G kreiselförmig, mit Gitterstruktur. Mündung fast kreisrund [**13**]. G 14–15 mm h
Landdeckelschnecken, **Pomatiidae**
Nur ***Pomatias elegans*** (Müller) [**13**], meist auf Kalk, im Süden.
— G spitzkegelförmig, regelmäßig fein gerippt. Mündung rund, Mundsaum innen durch scharf abgesetzte Schwiele verdoppelt [**19**]. G etwa 8 mm h
Turmdeckelschnecken, **Cochlostomatidae**
Nur ***Cochlostoma septemspirale*** (Razoumowsky) [**19**], auf Kalk, im Süden.
24. G schlank nadelförmig, durchsichtig oder milchig getrübt. Mündung schmal [**21**]. G 4–4,5 mm h .... Bodenschnecken, **Ferussaciidae**
Blind, im Boden. Nur ***Cecilioides acicula*** (Müller), Blindschnecke [**21**].
— G nadelförmig, glänzend. Mündung nicht schmal [**24**]. G 3–4 mm h
Nadelschnecken, **Aciculidae**
In Moos, Bodenstreu. 3; ***Acicula*** Hartmann u. 2; ***Platyla*** Moquin-Tandon, verbreitet ***P. polita*** (Hartmann) [**24**]. – Hierher eine weitere alpine Gattung.
25. G 8,5–25 mm h, verlängert eiförmig [**20**] .... einige Turmschnecken, **Enidae** S. 70
— G 4,5–7,5 mm h, länglich eiförmig [**23**] .... Achatschnecken, **Cochlicopidae**
Nur 3; ***Cochlicopa*** Férussac, häufig ***C. lubrica*** (Müller) [**23**], an feuchten Stellen in Bodennähe.
— G 1,7–3,3 mm h, ± walzenförmig [**25, 31, 33**]
einige Puppenschnecken, **Orculidae, Pagodulinidae, Pupillidae, Vertiginidae** S. 69
26. G eiförmig-spindelförmig [**22**], glasig durchscheinend, farblos bis weißlich. G etwa 2 mm h
(zu **Ellobiidae**) **Carychiinae**
Nur 2; ***Carychium*** Müller, unter Laub, im Moos. Häufig ***C. minimum*** Müller [**22**], an feuchten Stellen.
— G anders, nicht glasig durchscheinend **27**
27. G verlängert-eiförmig, mit spitzkonischem Gewinde [**116**], bräunlich-gelblich. G 6–8 mm h. An der Meeresküste .... **Ellobiidae** S. 85
— G anders [**27–32, 34, 37**], nicht spitzkonisch **28**
28. G eiförmig-spindelförmig, Umgänge flach, Naht wenig eingesenkt [**27**]. G glatt, glänzend, hornfarben, etwa 6 mm h .... **Azecidae**
Nur ***Azeca goodalli*** (Férussac) (= ***menkeana*** Pfeiffer), in Wäldern.
— G anders [**28–32, 34, 37**], Umgänge stärker gewölbt, Naht tiefer eingesenkt **29**
29. G verlängert-eiförmig, Spitze abgerundet [**37**], 9–12 mm h. Mündung mit 3 Zähnen
Chondrula Beck, zu **Enidae** S. 70

— G verlängert eiförmig oder walzenförmig, oft bienenkorbähnlich [**28–32, 34**], meist kleiner (1,5–10 mm); wenn G groß, dieses dick walzenförmig oder Mündung mit 6–9 Falten
Puppenschnecken,
Lauriidae, Chondrinidae, Pagodulinidae, Orculidae, Pupillidae, Vertiginidae S. 69

Familie: **Succineidae**, Bernsteinschnecken

Auf hohe Feuchtigkeit angewiesen. An Ufern von Gewässern: auf Sumpfwiesen, an Wasserpflanzen u. in Auwäldern.

1. G groß, über 12 mm h. Mündung wenigstens ⅔ der Höhe des G erreichend [**14**] **2**
— G klein (unter 7–8 mm h). Mündung etwas länger als ½ Höhe des G [**26**]
Succinella oblonga (DRAPARNAUD)
In trockeneren Biotopen. – Ähnlich ***Quickella arenaria*** (POTIEZ ET MICHAUD), an der Meeresküste.
2. Letzter Umgang des G stark bauchig [**14**]. G 16–22 mm h .... ***Succinea putris*** (L.)
— Letzter Umgang des G wenig bauchig .... 2; ***Oxyloma*** WESTERLUND
O. elegans (RISSO) (G 16–20 mm h); ***O. sarsii*** (ESMARK) (G 12 mm, selten bis 20 mm h).

Familien der **Pupilloidea**, Puppenschnecken

Die Puppenschnecken (**Pupilloidea**) – mit **Lauriidae, Chondrinidae**, Kornschnecken, **Orculidae**, Fässchenschnecken, **Pagodulinidae**, Pagodenschnecken, **Pupillidae**, Puppenschnecken u. **Vertiginidae**, Windelschnecken – werden hier aus praktischen Gründen zusammen abgehandelt. Zu den **Pupilloidea** gehören auch die **Pyramidulidae** (s. S. 66) u. **Valloniidae** (s. S. 70). Meist an den Boden gebunden, in Laubstreu, unter Moos, in morschem Holz, in Geröll.

1. G 4,5–10 mm h **2**
— G 1,5–4 mm h **6**
2. G walzen- oder bienenkorbförmig, mit gerundeter oder rundlich stumpfkonischer Spitze [**28**]. G mit 8–10 Umgängen. Mündung (auch bei nicht ausgewachsenen G) mit 3 Falten **3**
— G verlängert eiförmig, Gewinde wenigstens im oberen Teil spitzkonisch [**29–30**]. Mündung (erwachsener G) mit 6–9 Falten .... **Chondrinidae** **4**

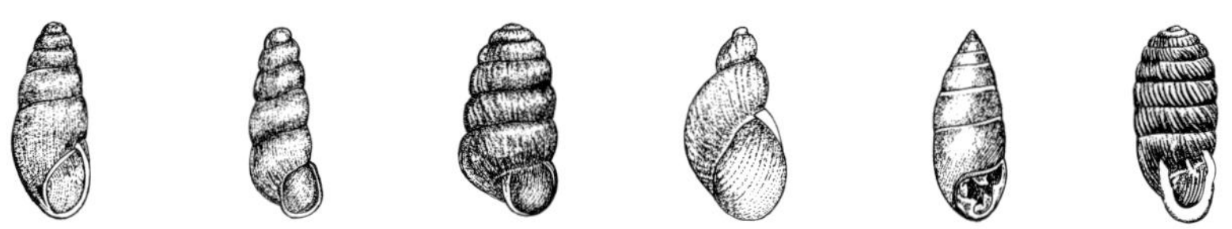

23 24 25 26 27 28

29 30 31 32 33 34

23 *Cochlicopa*; **24** Aciculidae (*Platyla polita*); **25** Vertiginidae (*Columella edentula*); **26** *Succinella oblonga*; **27** *Azeka*; **28** *Sphyradium*; **29** *Chondrina avenacea*; **30** *Granaria*; **31** *Pupilla muscorum*; **32** *Lauria*; **33** *Truncatellina cylindrica*; **34** *Vertigo pygmaea*

3. G 4,5–6 mm h [**28**] .... (**Orculidae**) ***Sphyradium doliolum*** (Bruguière)
— G 6,5–9 mm h .... (**Orculidae**) 2; ***Orcula*** Held
Alpin. Z. B. ***O. dolium*** (Draparnaud).
4. G hell hornfarben, regelmäßig u. fein rippenstreifig, mit 9–10 Umgängen. Mundsaum kräftig gelippt **5**
— G dunkelgrau oder rötlichbraun, unregelmäßig rippenstreifig, mit 7–8 Umgängen. Mundsaum nicht oder nur wenig gelippt .... 2; ***Chondrina*** Reichenbach
Mündung mit 6–7 Falten. 5,5–8 mm h. Im Kalkgebirge. Z. B. ***C. avenacea*** (Bruguière) [**29**].
5. G verlängert eiförmig [**30**]. Mündung mit 8 Falten. Nabel ritzförmig. 6,5–8 mm. Auf Kalktrockenrasen. Zwischenwirt des Lanzettegels .... ***Granaria frumentum*** (Draparnaud)
— G schlanker. Mündung mit 7–9 Falten. Nabel offen. 6–8,5 mm. Im Kalkgebirge
Abida secale (Draparnaud)
6. Mundsaum einfach, ungezähnt. G glatt. 2–3,3 mm h .... 3; ***Columella*** Westerlund
(**Vertiginidae**) Häufig ***C. edentula*** (Draparnaud) [**25**].
— Mundsaum erweitert, meist verstärkt, häufig mit Zähnen **7**
7. Mundsaum rechts zu einer flachen weißen Lippe umgebogen, mit 1 Zahn an der Spitze der Außenlippe. G eiförmig [**32**], 3–4 mm h. Norddeutschland, Rheintal
(**Lauriidae**) ***Lauria cylindracea*** (da Costa)
— Letzter Umgang an der Außenseite direkt hinter der Mündung stark nach oben ansteigend, so dass die Mündung fast die Naht des vorletzten Umgangs erreicht. Ohne Zähne. G gedrungen walzenförmig, 2,8–3,3 mm h. SO-Bayern
(**Pagodulinidae**) ***Pagodulina pagodula principalis*** Klemm
— Mündung anders **8**
8. G schlank zylindrisch [**33**], fein gestreift oder gerippt. Mündung zahnlos oder mit 3 Zähnchen, 2 davon tiefer innen auf der Mündungswand. G 1,7–2,2 mm h
(**Vertiginidae**) 4; ***Truncatellina*** Lowe
Häufiger nur ***T. cylindrica*** (Férussac) [**33**] (Mündung ohne Zahn).
— G gedrungen eiförmig oder walzig eiförmig [**31, 34**], glatt oder feingestreift. Mündung mit 0–9 Zähnen. G 1,7–4 mm h ...... (**Pupillidae**) 6; ***Pupilla*** Fleming u. (**Vertiginidae**) 12; ***Vertigo*** Müller
a) G linksgewunden: ***V. pusilla*** Müller (hell hornfarben; Mündung mit 6–9 Zähnen); ***V. angustior*** Jeffreys (rötlichbraun; Mündung mit 4–5 Zähnen).
b) G rechtsgewunden: 10 weitere Arten von ***Vertigo*** u. 6 Arten von ***Pupilla***, z. B. ***P. muscorum*** (L.) [**31**] (Mündung mit 1 Zahn; G 3–4 mm h); ***V. antivertigo*** (Draparnaud) (Außenwand der Mündung stark eingebuchtet; G glänzend kastanienbraun; Mündung mit 6–10 Zähnen), auf feuchten Wiesen, an Ufern; ***V. pygmaea*** (Draparnaud) [**34**] (Außenwand der Mündung höchstens schwach eingebuchtet; G hornfarben; Mündung mit 4–7 Zähnen). Übrige, z. T. ähnliche Arten seltener oder alpin.

Familie: **Valloniidae**, Grasschnecken

Zu **Pupilloidea**. Am Boden, unter Moos, in Gras, unter Steinen.

1. G breiter als h, mit kaum erhobenem Gewinde [**35**], weißlich oder blass hornfarben. G weit genabelt. Mündung fast kreisrund, meist mit ringsum erweitertem (oft weißem) Saum
6; ***Vallonia*** Risso
G 2–3 mm b. Häufig u. verbreitet ***V. pulchella*** (Müller) (Schale glatt), an feuchten Stellen; ***V. costata*** (Müller) (Schale mit radiären Hautrippen [**35**]), an trockenen Standorten.
— G kugelig konisch. G eng genabelt **2**
2. G dunkelfarben. G mit feinen häutigen Rippen, diese auf den Umgängen an der Peripherie zu Dörnchen ausgezogen. G 2 mm b [**36**] .... ***Acanthinula aculeata*** (Müller)
— G hell hornfarben u. Rippen nicht in kleine Dörnchen verlängert. G 2 mm b. Im Küstengebiet
Spermodea lamellata (Jeffreys)

Familie: **Enidae**, Turmschnecken

1. Mündung mit Zähnen **2**
— Mündung ohne Zähne. G konisch-eiförmig **3**

2. G rechtsgewunden, länglich eiförmig. Mündung mit 3 Zähnen [**37**]. G 9–12 mm h
Chondrula tridens (Müller)

— G linksgewunden, walzig eiförmig. Mündung mit 4 Zähnen [**18**]. G 7–12 mm h
Jaminia quadridens (Müller)

3. G groß (20–25 mm h), selten kleiner. Kalkig weiß, zuweilen mit braunen Längsstreifen. Mundsaum weiß, wenig verdickt u. gelippt [**20**]. An trockenwarmen Kalkhängen. Zwischenwirt des Lanzettegels .... ***Zebrina detrita*** (Müller)

— G kleiner (8,5–17 mm h), braun. Mundsaum verdickt u. gelippt **4**

4. G 14–18 mm h, braun, Oberfläche fein gekörnelt. Im Berg- u. Hügelland [**38**]
Ena montana (Draparnaud)

— G 8,5–9 mm h, braun, Oberfläche gestreift. In Wäldern u. Gebüsch
Merdigera (= ***Ena***) ***obscura*** (Müller)

Familien: **Zonitidae, Pristilomatidae, Gastrodontidae, Oxychilidae,** Glanzschnecken

Am Boden, in Streu, Moos oder in Geröll. Manche Arten räuberisch. Sehr seltene Arten und Arten in Gewächshäusern in der Tabelle nicht berücksichtigt.

1. G flach konisch, in Abständen mit gelben Wachstumszonen. Unterseite glänzend, Oberseite matt u. mit Gitterstreifen fein gekörnt. 2–3 cm b [**41**]. In Bayern u. Österreich
(**Zonitidae**) ***Aegopis verticillus*** (Lamarck)

— G kleiner (bis 16 mm b), ohne Gitterstreifen **2**

2. G 2–4 mm b, glasig, durchsichtig, grünlich bis weißlich, flach, nicht radiär gestreift [**42**]
(**Pristilomatidae**) 5; ***Vitrea*** Fitzinger

Häufig u. verbreitet in Wäldern ***V. crystallina*** (Müller) [**42**] (G 3–4 mm b; Nabel deutlich offen).

— G über 4 mm b, hell- bis dunkelbraun; wenn G kleiner, dann deutlich radiär gestreift **3**

3. Gewinde etwas konisch erhoben, G ± deutlich dicht u. fein radiär gestreift, 5–7 mm b
(**Gastrodontidae**) 3; ***Zonitoides*** Lehmann

Häufig nur ***Z. nitidus*** (Müller), in nassen Wiesen, an Ufern.

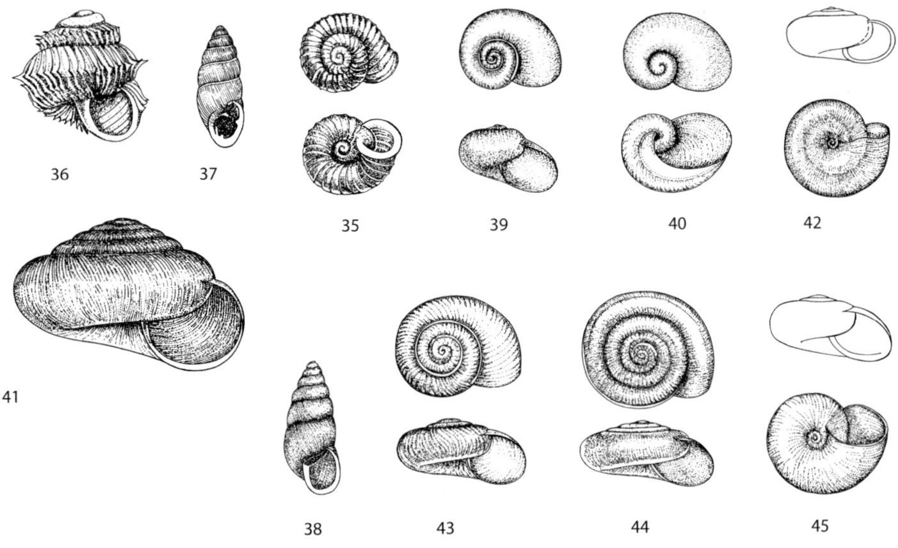

35 *Vallonia costata*; **36** *Acanthinula*; **37** *Chondrula*; **38** *Ena montana*; **39** *Vitrina*; **40** *Eucobresia*; **41** *Aegopis*; **42** *Vitrea crystallina*; **43** *Nesovitrea hammonis*; **44** *Morlina glabra*; **45** *Aegopinella pura*

— Gewinde flach, G mit stärkerer, deutlicher Radiärstreifung, 3,5–5 mm b [**43**] (**Oxychilidae**) 2; ***Nesovitrea*** Cooke
Häufiger ***N. hammonis*** (Ström) [**43**], in Wäldern, auf Wiesen.
— Gewinde flach, G glatt oder ohne deutliche Radiärstreifung, höchstens mit Zuwachsstreifen (**Oxychilidae**) 7; ***Oxychilus*** Fitzinger s. l. u. 5; ***Aegopinella*** Lindholm **4**
Der folgende Schlüssel schließt nicht die sehr seltenen Arten ein.
4. G sehr eng (stichförmig) genabelt, letzter Umgang wenig breiter als vorletzter [**44**], 12–14 mm b. In süd- u. mitteldeutschen Bergländern .... ***Morlina*** (= ***Oxychilus***) ***glabra*** (Rossmässler)
— G mit weitem Nabel [**45**] **5**
5. G bis 5 mm b, Gewinde leicht emporgewölbt, rötlich hornfarben, oben matter, unten stärker glänzend. Häufig in Wäldern. [**45**] .... ***Ae. pura*** (Alder)
— G mindestens 6 mm b, meist breiter (bis zu 15 mm) **6**
6. G schwach glänzend, Nabel durch den letzten Umgang beträchtlich erweitert (etwa ⅕ des G-Durchmessers) **7**
— G stark glänzend, Nabel mäßig weit oder weit, aber nicht durch den letzten Umgang auffällig erweitert (etwa ⅛ bis ⅕ des G-Durchmessers) **8**
7. Endwindung stark erweitert, dachartig schräg abfallend. Mündung deutlich breiter als h. G oft dunkler, 8–11 mm b .... ***Ae. nitens*** (Michaud)
— Endwindung wenig verbreitert, nicht stark absteigend. Mündung wenig breiter als h. G ± hell, 8–10 mm b .... ***Ae. nitidula*** (Draparnaud)
8. G 6–8 mm b. Gewinde flach konisch erhoben. Hellhornfarben. In Wäldern, Gärtnereien, Gewächshäusern. Tier riecht nach Knoblauch .... ***O. alliarius*** (Miller)
— G 10–12 mm b. Gewinde niedergedrückt [**8**]. Grünlich hornfarben, unten weißlich. In Wäldern, Höhlen, Kellern .... ***O. cellarius*** (Müller)
— G 11–16 mm b. Gewinde konisch erhoben. Hell- bis dunkel hornfarben. In Parks, Gärten, auf Ruderalstellen .... ***O. draparnaudi*** (Beck)

Familie: **Milacidae**, Kielschnegel, Kielnacktschnecken

1. 80–100 mm l. Rötlich bis grau, mit deutlichen schwarzen Flecken, Kiel u. Sohle hell, Mantelschild jederseits mit dunklerer Seitenbinde. In Wäldern .... ***Tandonia rustica*** (Millet)
— 50–60 mm l. Dunkler **2**
2. Kiel orange, Körper oben grau bis braun, netzartig schwarz gesprenkelt, Sohle gelblich. Selten in Süddeutschland .... ***T. budapestensis*** (Hazay)
Selten weitere ***Tandonia***-Arten, vor allem im Süden.
— Kiel schwarz, Körper blaugrau bis schwarz, Fleckung schwach, Sohle hell. Selten im Rheinland u. in Süddeutschland .... 2; ***Milax*** Gray
Z. B. ***M. gagates*** (Draparnaud).

Familie: **Vitrinidae**, Glasschnecken

Bei den meisten Arten können sich die Tiere nicht in die Schale zurückziehen. An feuchten u. kühlen Orten. Fortpflanzung im Winter, einjährig.

1. G gedrückt kugelig [**39**], mit 2–3 Umgängen. Tier kann sich ganz in G zurückziehen **2**
— G mehr ohrförmig [**40**], mit 1¾–2½ Umgängen, Endwindung erweitert. Tier kann sich nicht ganz in G zurückziehen **3**
2. G deutlich erhoben. Mündung rundlich, fast so h wie b .... ***Vitrina pellucida*** (Müller)
G glatt, glänzend. Verbreitet. – Im Hochgebirge ***Oligolimax annularis*** (Studer) (G mattglänzend, rippenstreifig, 4–5 mm b).
— G wenig erhoben. Mündung breiter als hoch. G 5–6 mm b ***Phenacolimax major*** (Férussac)
3. Spindel so weit geschwungen, dass von der Unterseite des G alle Windungen sichtbar sind **4**
— Spindel weniger geschwungen, nicht alle Windungen von der Unterseite sichtbar. G um 5 mm ***Vitrinobrachium breve*** (Férussac)
Verstreut. – Außerdem 3 alpine Arten von 4; ***Eucobresia*** Baker.

4. G mit mehr als 2 ganzen Windungen, 6–7 mm b [**40**] ...... ***Eucobresia diaphana*** (DRAPARNAUD)
— G mit weniger als 2 ganzen Windungen, 4–6 mm b .... 2; ***Semilimax*** STABILE
Im Bergland verbreitet ***S. semilimax*** (FÉRUSSAC); eine weitere Art im Gebirge, im Süden.

Familien: **Limacidae** u. **Agriolimacidae**, Schnegel

Habitus [**5**]. Zu den **Agriolimacidae** gehören die Gattungen ***Deroceras*** u. ***Krynickillus***.

1. Mantelschild fast halb so l wie der Körper .... ***Deroceras laeve*** (MÜLLER)
Körper 20–25 mm l. Braun bis braunschwarz, meist mit Flecken. An Ufern, in feuchten Wiesen. – Ähnlich ***D. sturanyi*** (SIMROTH) (25–40 mm l; cremefarbig bis dunkelbraun, ungefleckt).
— Mantelschild etwa ⅓ der Körperlänge. Tier über 25 mm l 2
2. Hinterer Teil des Körpers hell durchscheinend .... 5; ***Lehmannia*** HEYNEMANN
Häufig ***L. marginata*** (MÜLLER) (rötlichgrau mit dunklen Längsstreifen auf Mantel u. Körperseiten; 60–75 mm l), unter Baumrinde in Wäldern, an Felsen u. Mauern.
— Hinterer Teil des Körpers nicht durchscheinend 3
3. Größer (80–150 mm l) 4
— Kleiner (30–65 mm l) 5
4. Körper gelblich mit dunkler Netzzeichnung. Mantelschild grau mit helleren Flecken. In Kellern ***Limacus*** (= ***Limax***) ***flavus*** (L.)
— Körper hellgrau bis schwarz. Mantelschild ungefleckt oder mit dunklen Flecken ...... ***Limax*** L.
a) Sohle einfarbig hell. Körper grau mit dunklen Längsbinden oder Fleckenreihen; Schild mit dunklen Flecken. In der Nähe menschlicher Siedlungen: ***L. maximus*** L.
b) Sohle mit hellem Mittelfeld u. dunklen Seitenfeldern. Körper meist dunkel mit hellem Kiel, aber auch schwarz oder grau mit Fleckenstreifen; Schild ungefleckt. In Wäldern: ***L. cinereoniger*** WOLF.
5. Grundfarbe gelblichweiß, grau bis rötlichbraun (mit oder ohne dunkle Zeichnung), Schleim milchigweiß oder farblos. 30–60 mm l .... Ackerschnecken, ***Deroceras*** RAFINESQUE
6 weitere Arten. Häufiger nur ***D. reticulatum*** (MÜLLER) (Körper meist mit dunkler netzartiger Zeichnung, Mantelschild mit dunklen Punkten und Flecken); ***D. agreste*** (L.) (dunkle Netzzeichnung fehlt meist, auch Mantelschild ungefleckt). Genaue Unterschiede beider Arten nur anatomisch möglich. – Außerdem ***Krynickillus melanocephalus*** KALENICZENKO (Sondermerkmal: Kopf u. Fühler schwarz), selten, im Osten, eingeschleppt.
— Körper durchscheinend zitronengelb, zuweilen mit schwachen, dunklen Seitenbinden, Schleim gelb. 40–65 mm l. In Wäldern .... ***Malacolimax tenellus*** (MÜLLER)

Familie: **Arionidae**, Wegschnecken

Habitus [**4**]. Manche Arten nur genitalmorphologisch zu bestimmen. Jungtiere anders gefärbt. Einjährig.

1. Ausgewachsene Tiere etwa 8–15 cm lang
Arion rufus (L.), ***A. ater*** (L.), ***A. vulgaris*** MOQUIN-TANDON
A. rufus (einfarbig rot oder braun oder wenn schwarz, dann meist mit rotem Fußsaum), weit verbreitet; ***A. ater*** (schwarz, auch Fußsaum schwarz; Jungtiere wie bei *rufus* hell), in NW-Deutschland; ***A. vulgaris*** (nicht korrekt ***A. lusitanicus*** MABILLE) (Färbung variabel, nicht einheitlich, oft schmutzig graugrün, oft mit dunklen Seitenbinden), eingeschleppt, synanthrop.
— Körper bis höchstens 7 cm l, an den Seiten meist mit dunklen Binden 2
2. Ockergelb, rötlichgelb bis kaffeebraun .... ***A. fuscus*** (MÜLLER)
5–7 cm. Mantelschild mit lyraförmiger Zeichnung; Seitenbinden fehlen oder sind unscharf begrenzt. Körperschleim orangegelb. In Heiden, Misch- u. Nadelwäldern. – Sehr ähnlich ist ***A. subfuscus*** (DRAPARNAUD), sie ist eine westeuropäische Art.
— Grundfärbung grau (gelblichgrau, schiefergrau, braungrau) 3
3. Fußsohle nie deutlich gelb
A. circumscriptus JOHNSTON, ***A. silvaticus*** LOHMANDER, ***A. fasciatus*** (NILSSON)
Schwer unterscheidbare Artengruppe. 3–5 cm. Heller oder dunkler grau, dunkle Seitenbinden meist scharf abgesetzt; oft helle Rückenkiellinie. In Wäldern, Gebüsch.
— Fußsohle ganz oder zum Teil deutlich gelb 4
4. Schiefer- bis braungrau, dunkle Seitenbinden nach oben scharf, nach unten undeutlich abgesetzt. 3–5 cm .... ***A. distinctus*** MABILLE, ***A. hortensis*** FÉRUSSAC
A. distinctus (Fühler schwarz oder grau), in Kulturgelände; ***A. hortensis***, Gartenschnecke (Fühler rötlich), seltener.

— Blass gelblichgrau, Binden undeutlich .... ***A. intermedius*** Normand
1,5–2,5 cm. Rücken dunkler. Schleim goldgelb. Trockene Wälder, Ruderalstellen. – Ähnlich ***A. obesoductus*** Reischütz, im Süden, selten.

Familien: **Helicidae, Geomitridae, Hygromiidae** u. **Helicodontidae**

Haare bzw. Haarnarben bei alten Schalen oft unkenntlich. **Helicidae: *Arianta, Helicigona, Chilostoma, Isognomostoma, Causa, Cepaea, Helix, Cornu.*** **Geomitridae: *Helicella, Xerolenta, Candidula, Helicopsis, Cernuella, Xerocrassa, Xeroplexa.*** **Helicodontidae:** nur ***Helicodonta.*** **Hygromiidae**: übrige Gattungen. Einige sehr seltene Arten (meist Neozoen) nicht berücksichtigt.

1. Mündung innen 3-buchtig, aber ohne Zahn. Gewinde leicht eingesenkt. G dick, scheibenförmig, behaart bzw. mit Haarnarben. Nabel weit. 11–13 mm b [**46**]. In Wäldern besonders im Berg- u. Hügelland .... ***Helicodonta obvoluta*** (Müller)
— G mit ± erhobenem Gewinde oder wenn flach, dann anders **2**
2. Mündung durch 2 oder 3 zahnartige Höcker verengt **3**
— Mündung ohne oder nur mit 1 Zahn **4**
3. G flach, mit kurzen Haaren. Nabel offen. G 11–12 mm b [**47**]. Vor allem in Gebirgswäldern ***Causa holosericea*** (Studer)
— G gedrückt-kugelig, mit recht langen Haaren. Nabel größtenteils bedeckt. G 10,5 mm b. [**48**]. In Mittelgebirge u. Alpen .... ***Isognomostoma isognomostomos*** (Schröter)
— G kugelig-kreiselförmig, unbehaart, fein u. regelmäßig gestreift, letzter Umgang kantig, Nabel fast bedeckt. G 7–9 mm b [**49**]. In Erlenbrüchen .... ***Perforatella bidentata*** (Gmelin)
4. G kalkweiß bis gelblichweiß (bräunlich), oft dunkel gebändert, meist weit genabelt, scheibenförmig oder mit leicht erhobenem Gewinde. Mundsaum scharf u. meist weiß. Auf Trockenrasen Heideschnecken **5**

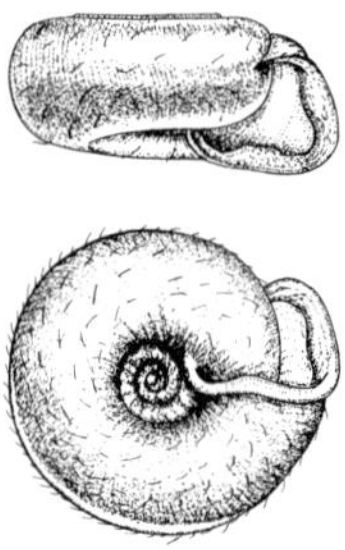
46

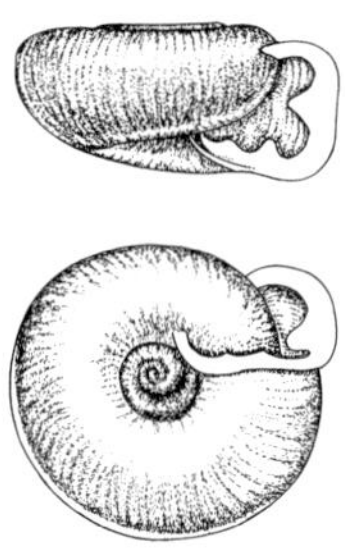
47

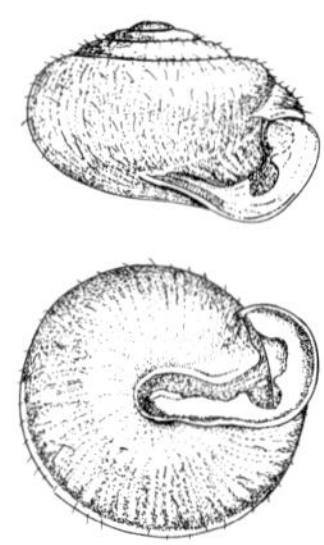
48

49

50

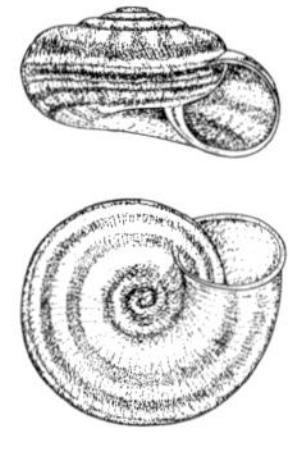
51

52

46 *Helicodonta*; **47** *Causa*; **48** *Isognomostoma*; **49** *Perforatella bidentata*; **50** *Monacha cartusiana*; **51** *Helicella itala*; **52** *Xeroplexa intersecta*

— G gedrückt kugelig, durchscheinend milchig- oder gelblichweiß. Nabel eng. Mundsaum scharf u. innen rötlich. Oberfläche der Schale gestreift u. unregelmäßig grubig gerunzelt 2; ***Monacha*** Fitzinger

M. cartusiana (Müller) [**50**] (10–12 mm b), in SW-Deutschland; ***M. cantiana*** (Montagu) (16–18 mm b), Jadebusen. – Hierher auch ***Hygromia cinctella*** (Draparnaud) (Sondermerkmal: letzter Umgang stark gekielt; 7–12 mm). Mediterran, eingeschleppt u. in Ausbreitung begriffen.

— G nicht zugleich flach (oder gedrückt-kugelig) u. weißlich oder wenn doch, dann Mundsaum nicht scharf u. Schale ziemlich dick **9**

5. G fast scheibenförmig, meist groß (13–25 mm b), weit genabelt [**51**] **6**

— Gewinde erhöht, G meist klein (unter 12 mm b) [**52**] **7**

6. G gelblichweiß. Durchmesser des Nabels etwa so b wie letzter Umgang gegenüber der ± elliptischen Mündung. G 9–25 mm b [**51**] .... ***Helicella itala*** (L.)

— G kreideweiß. Durchmesser des Nabels etwa ¾ so b wie letzter Umgang gegenüber der ± runden Mündung. G 14–20 mm b .... ***Xerolenta*** (= ***Helicella***) ***obvia*** (Menke)

7. Letzter Umgang des G oben stumpfkantig, im Anfang und bei juvenilen Schalen gekielt. G unregelmäßig gerippt, 7–13 mm b [**52**] .... ***Xeroplexa intersecta*** (Poiret)

In NW-Deutschland, auch auf Kulturgelände. – Außerdem eine weitere seltene ***Candidula***-Art.

— Letzter Umgang des G gerundet **8**

8. G oben gestreift, 5–9 mm b .... ***Candidula unifasciata*** (Poiret)

Mundsaum weiß. Vor allem im Südwesten. – Bei 3; ***Cernuella*** Schlüter ist Mundsaum braunrot. Lokal eingeschleppt, z. B. ***C. neglecta*** (Draparnaud) (G 9–18 mm b).

— G oben runzelig gerippt, 5–9 mm b .... ***Helicopsis striata*** (Müller)

Mundsaum kräftig gelippt. Mehr im Süden. – Außerdem ***Helicella bolenensis*** (Locard) (G 10–14 mm b) u. ***Xerocrassa*** (= ***Trochoidea***) ***geyeri*** (Soós) (G 5–8 mm b; Mundsaum sehr schwach gelippt), beide Arten selten.

53

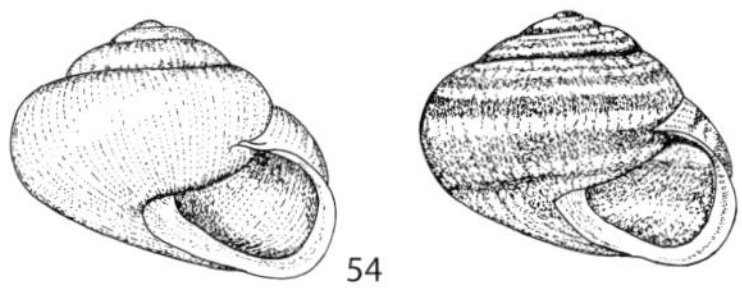
54

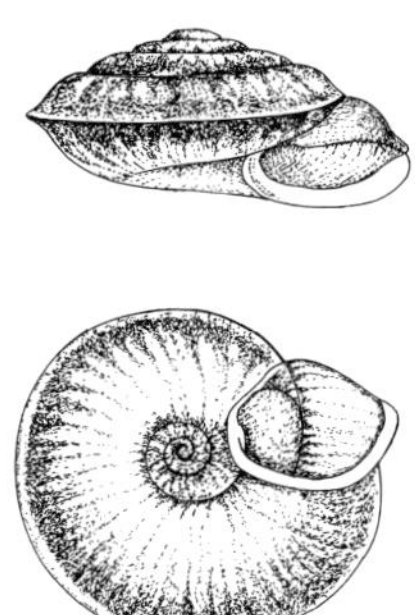
55

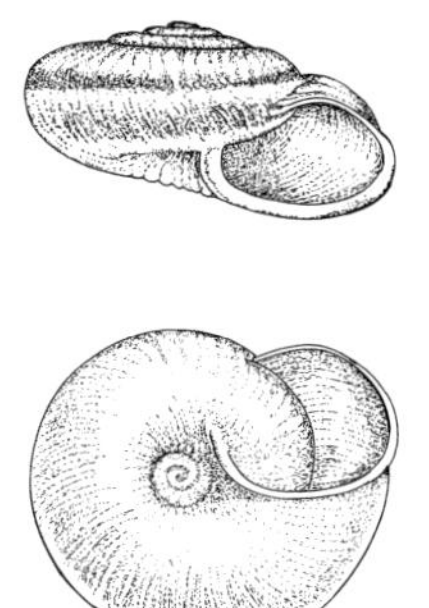
56

57

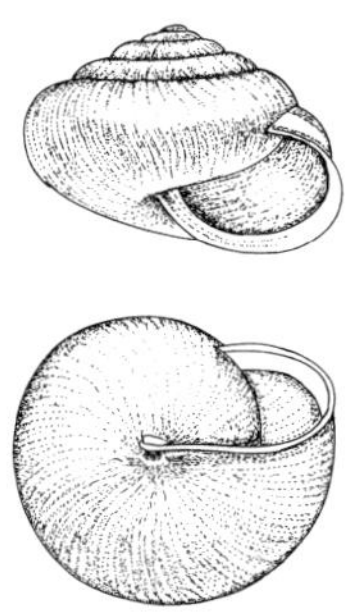
58

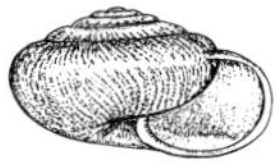
59

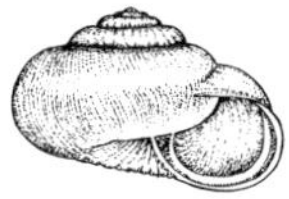
60

53 *Helix pomatia*; **54** *Cepaea hortensis*; **55** *Helicigona*; **56** *Chilostoma cingulatum*; **57** *Arianta*; **58** *Monachoides incarnatus*; **59** *Trochulus hispidus*; **60** *Euomphalia strigella*

9. G über 30 mm h u. b, kugelig, gelblichbraun mit ± dunklen Spiralbändern [**53**]
Weinbergschnecke, ***Helix pomatia*** L.
G rippenstreifig, um 4 cm h. Häufig. – Außerdem ***Cornu*** (= ***H.***) ***aspersum*** (Müller) (kleiner, Skulptur netzartig runzlig, außer den dunklen Bändern noch kleine gelbe Striemen u. Flecken), aus Süd- und SW-Europa , in Deutschland vor allem im Süden, synanthrop in Gärten u. entlang von Verkehrswegen. – Weitere große Heliciden aus dem Süden gelegentlich eingeschleppt.
— G nicht über 25 mm h oder b u. andere Merkmale **10**
10. G kugelig ohne Nabel (jung etwas geritzt genabelt!), weißgelb, gelb, rosa bis braun oder mit 1–5 spiraligen dunklen Bändern, ca. 2 cm b. Mundsaum deutlich erweitert [**54**]
4; Schnirkelschnecken, ***Cepaea*** Held s. l.
C. hortensis (Müller), Gartenschnirkelschnecke [**54**] (Mundsaum gelblichweiß), in lichten Wäldern u. Gebüsch; ***C. nemoralis*** (L.) Hainschnirkelschnecke (Mundsaum tief braun bis schwarz), in Wäldern, Hecken, Kulturgelände. – Außerdem 2 seltene Arten im Süden (Mundsaum rötlichbraun).
— G mit Nabel, dieser zuweilen bedeckt, dann aber andere Merkmalskombination **11**
11. G flach, dickschalig, weit genabelt [**55, 56**], mittelgroß (16–25 mm b) **12**
— G mit erhöhtem Gewinde, wenn flach, dann G unter 14 mm b oder eng genabelt **13**
12. Letzter Umgang scharf gekielt, G 16–17 mm b [**55**]. In Wäldern, an Felsen u. Mauern
Steinpicker, ***Helicigona lapicida*** (L.)
— Letzter Umgang gerundet, G 16–25 mm b [**56**]. Im Süden, in den Alpen
3; Felsenschnecken, ***Chilostoma*** Fitzinger s. l.
Z. B. ***C. cingulatum*** (Studer) [**56**]. Felsenschnecken z. T. im Norden eingeschleppt.
13. G kugelig, relativ dünnschalig, eng genabelt, 15–25 mm b. Braun und etwas glänzend, mit dunklem Band an der Peripherie und strohgelben undurchsichtigen Flecken u. Striemen [**57**]. In Laubwäldern, auf Wiesen .... ***Arianta arbustorum*** (L.)
— Andere Merkmalskombination **14**
14. Mündung mit 1 deutlichen Zahn auf dem verdickten Unterrand. G 6–8 mm b. In Gebirgswäldern .... ***Petasina*** (= ***Trichia***) ***unidentata*** (Draparnaud)
— Mündung ohne Zahn **15**
15. Nabel eng oder halb bedeckt [**58**] **16**
— Nabel weit **19**
16. G 12–16 mm b [**58**] .... ***Monachoides*** (= ***Perforatella***) ***incarnatus*** (Müller)
Nabel nicht oder nur halb bedeckt. Verbreitet u. häufig in Wäldern u. Gebüsch. – Außerdem ***Monachoides*** (= ***Perforatella***) ***vicinus*** (Rossmässler) (Nabel fast oder ganz bedeckt), selten, in Franken.
— G höchstens 10 mm b **17**
17. Mit 6–6½ Umgängen. Mündung eng u. sichelförmig. G um 6 mm b. In Gebirgswäldern
Edentella (= ***Petasina,*** = ***Trichia***) ***edentula*** (Draparnaud)
— Mit 4–5½ Umgängen. Mündung gerundet **18**
18. G mit ziemlich langen gekrümmten Härchen. Mündung kaum breiter als h. G 7–8 mm b
Trochulus sericeus (Draparnaud)
Besonders im Berg- u. Hügelland, seltener in der Ebene. Meist in Laubwald.
— G mit kurzen, meist geraden Härchen. Mündung höher als b. G 6–7 mm b
Pseudotrichia (= ***Perforatella***) ***rubiginosa*** (Rossmässler)
Besonders in Nord- u. Ostdeutschland. In nassen Wiesen, an Ufern, in Erlenbrüchen. – Außerdem 2 seltene ***Trochulus***-Arten im Süden oder Osten (G nicht oder undeutlich behaart).
19. G höchstens 9 mm b. Schale mit feinen, gekrümmten Haaren oder mit Haarnarben [**59**]
Trochulus (= ***Trichia***) ***hispidus*** (L.)
Auf Wiesen, an Ufern, in Gebüsch u. Kulturland, häufig. – Außerdem 2 seltene ***Trochulus***-Arten im Süden.
— G 10–15 mm b, letzter Umgang oft mit hellem Peripherieband **20**
20. Gewinde leicht konisch erhöht [**60**] .... ***Euomphalia strigella*** (Draparnaud)
Verbreitet, mehr im Süden, wärmeliebend. – Außerdem 1 seltene ***Trochulus***-Art im Süden.
— Gewinde niedergedrückt, weniger gewölbt **21**
21. G zottig behaart, fast scheibenförmig, runzlig faltig gestreift
Trochulus (= ***Trichia***) ***villosus*** (Draparnaud)
— G ohne oder nur mit spärlichen Haaren **22**
22. Schale kräftig, fein rippenstreifig, wenig glänzend ..... ***Trochulus*** (= ***Trichia***) ***striolatus*** (Pfeiffer)
— Schale dünn, glänzend, gestreift und dazwischen fein wellig gekörnelt. Letzter Umgang mit ± deutlicher Kante .... ***Urticicola*** (= ***Perforatella***) ***umbrosus*** (Pfeiffer)

Süßwasserschnecken

Im Gebiet etwa 90 Arten. Sehr seltene sowie von Aquarianern eingeschleppte, warm-stenotherme Arten hier nicht berücksichtigt.

1. G mützen- oder schildförmig, nicht spiralig gewunden [**61, 62**] **2**

— G spiralig gewunden, anders als [**61**] u. [**62**] **3**

2. G länglich-schildförmig, Spitze nach hinten links gebogen [**62**]. G 4–7 mm l ...... **Acroloxidae**
Nur ***Acroloxus lacustris*** (L.), Teichnapfschnecke [**62**], in stehenden Gewässern, an Pflanzen.

— G mützenförmig, mit nach hinten gebogener Spitze [**61**]; wenn länglich-oval, G unter 3 mm l u. Spitze nach hinten rechts gebogen (zu **Planorbidae**) ***Ancylus*** Müller u. ***Ferrissia*** Walker S. 80

3. G mit Musterzeichnung, halbeiförmig aus wenigen sich schnell erweiternden Umgängen. Mündung halbkreisförmig [**63**] .... Kahnschnecken, **Neritidae**
Nur 3; ***Theodoxus*** Montfort, ***T. fluviatilis*** (L.) (mit dunkler netzartiger Zeichnung [**63**]), in Flüssen, in Brackwasser, an Seeufern; im Donausystem statt dessen 2 andere Arten (Vorkommen erloschen?).

— Anders **4**

4. G scheibenförmig, in einer Ebene spiralig aufgerollt. Mündung nicht ganz rund, ein Rand etwas vorgezogen, Mundsaum nicht zusammenhängend [**87–95**]
Tellerschnecken, **Planorbidae** S. 81

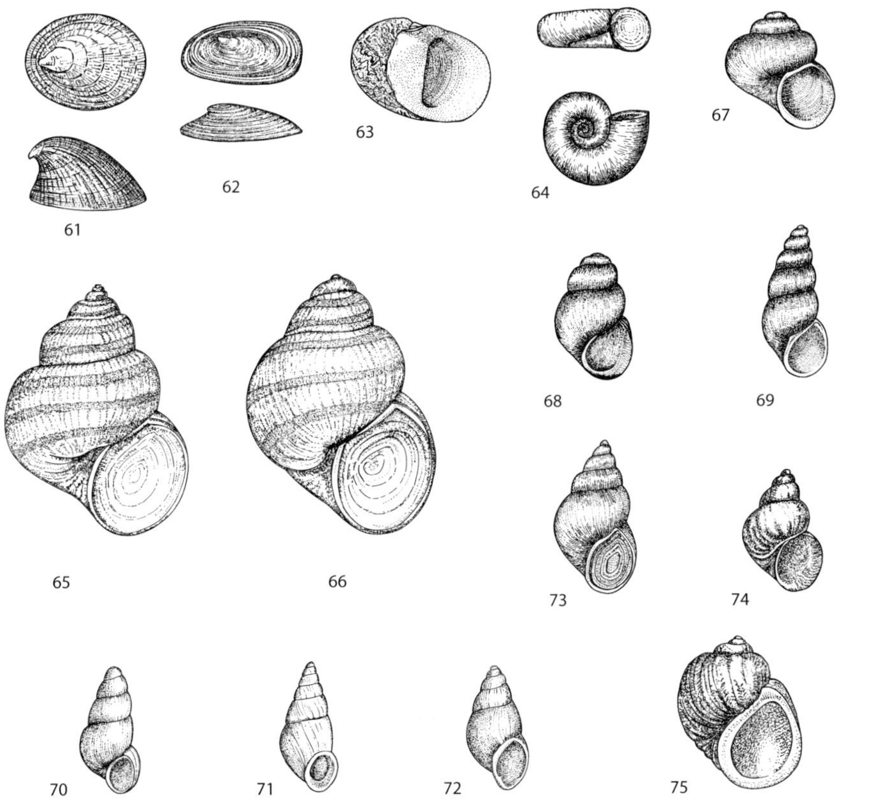

61 *Ancylus*; **62** *Acroloxus*; **63** *Theodoxus fluviatilis*; **64** *Valvata cristata*; **65** *Viviparus contectus*; **66** *Viviparus viviparus*; **67** *Valvata piscinalis*; **68** *Bythinella dunkeri*; **69** *Bythiospeum*; **70** *Ecrobia*; **71** *Peringia*; **72** *Potamopyrgus*; **73** *Bithynia tentaculata*; **74** *Bithynia leachi*; **75** *Lithoglyphus*

— G schraubig aufgewunden; wenn in einer Ebene spiralig aufgerollt, Mündung rund, Mundsaum zusammenhängend [**64**] **5**

5. G rechtsgewunden **6**

— G linksgewunden .... Blasenschnecken, **Physidae** S. 80

6. Mundsaum nicht zusammenhängend. G ohne Operculum [**76–83**]
Schlammschnecken, **Lymnaeidae** S. 79

— Mundsaum zusammenhängend. G mit Operculum **7**

7. G über 25 mm h .... Sumpfdeckelschnecken, **Viviparidae**
Nur 4; ***Viviparus*** Montfort, ***V. contectus*** (Millet) (Umgänge stark gewölbt u. stufig abgesetzt [**65**]), im Stillwasser; bei übrigen Arten G schlanker, Umgänge nicht auffallend stufig [**66**]: ***V. viviparus*** (L.) (20–40 mm), in mäßig bewegtem Wasser; selten im Süden, v. a. Bodensee ***V. ater*** (De Christofori et Jan) (G 25 mm h), in der Donau ***V. acerosus*** Bourguignat (G 55 mm h).

— G höchstens 15 mm h **8**

8. Mündung rundlich .... Federkiemenschnecken, **Valvatidae**
a) Mündung kreisrund: 5; ***Valvata*** Müller, ***V. cristata*** Müller [**64**] (G in einer Ebene aufgerollt, um 3 mm b); ***V. macrostoma*** Mörch (G flach kreiselförmig, Gewinde wenig erhoben; Nabel weit; G 3 mm h, 4–5 mm b), verstreut; bei übrigen Arten G stärker erhoben, kugelig kreisförmig oder höher als b [**67**], häufig ***V. piscinalis*** (Müller) [**67**] (G bis 4,5 mm h).
b) Mündung rundlich, oben gewinkelt: ***Borysthenia*** (= ***Valvata***) ***naticina*** (Menke) (G bis 4,5 mm h), selten.

— Mündung ± oval, stets höher als b **9**

9. G spitz kegelförmig, 10–11 mm h [**73**]; wenn G nur 4–6 mm h, Umgänge deutlich stufig abgesetzt [**74**] .... Schnauzenschnecken, **Bithyniidae**
Nur 3; ***Bithynia*** Leach. Umgänge schwach gewölbt; Mündung oben zugespitzt: ***B. tentaculata*** (L.) [**73**] (G 10–14 mm h, 6–7 mm b). Umgänge stark abgesetzt; Mündung oben rund: ***B. leachii*** (Sheppard) [**74**] (G 6–6,5 mm h, 4–5 mm b); ***B. transsilvanica*** (Bielz) (G 8–10 mm h, 6 mm b), mehr im Osten.

— G anders, wie [**68–72, 75**], unter 10 mm h; wenn Umgänge stufig abgesetzt, G nicht spitz kegelförmig .... Wasserdeckelschnecken, **Truncatelloidea** S. 78
Wenn als Sondermerkmal Mundsaum stark erweitert: **Emmericiidae** mit ***Emmericia patula*** (Brumati) (6,5–8 mm), im Süden an wenigen Stellen eingeschleppt.

Familien der **Truncatelloidea,** Wasserdeckelschnecken

Truncatelloidea: Amnicolidae, Bythinellidae, Cochliopidae, Hydrobiidae, Lithoglyphidae, Moitessieriidae, Tateidae

1. G kugelig bis konisch, 7–9 mm h u. 6,5–8 mm b [**75**]. In größeren Flüssen u. Kanälen
(**Lithoglyphidae**) ***Lithoglyphus naticoides*** (Pfeiffer)

— G kleiner, 2–6 mm h; wenn über 4 mm h, deutlich schmaler **2**

2. G walzenförmig oder konisch eiförmig, 2–3 mm; seine Spitze (Apex) stumpf [**68**] **3**

— G spitz konisch oder kegelförmig, Apex spitz [**69–72**] **4**

3. G ± walzenförmig, Apex gleichmäßig gerundet [**68**]. In Quellen u. Quellbächen
5; (**Bythinellidae**) ***Bythinella*** Moquin-Tandon
Im Mittelgebirge u. in den Alpen. Im Westen z. B. ***B. bicarinata*** (Des Moulins, 1827) (= ***dunkeri*** (v. Frauenfeld)) [**68**]. – Außerdem die ähnliche ***Avenionia roberti*** Boeters, im Westen.

— G eher spitzkonisch, Apex schief abgestutzt. In norddeutschen Seen
(**Amnicolidae**) ***Marstoniopsis insubrica*** (Küster)

4. G meist 2–3 (seltener 4) mm h. In unterirdischen Gewässern, Höhlen, Quellen, Brunnen. Im Bergland [**69**] .... (**Moitessieriidae**) ***Bythiospeum*** Bourguignat
Viele Arten. Im Süden verbreitet ***B. acicula*** (Held). – Außerdem die ähnliche ***Sadleriana bavarica*** Boeters (**Hydrobiidae**), im Süden.

— G etwa 4–6 mm h. Im Meer-, Brack- u. Süßwasser, nicht unterirdisch **5**

5. Nabelritz offen. G mit 4–7 Umgängen, häufig um 4 mm h
ehemalige Gattung ***Hydrobia*** Hartmann
Meist zu **Hydrobiidae**. Im Meer- u. Brackwasser. Arten schwer unterscheidbar.
a) Umgänge stark gewölbt und voneinander abgesetzt [**70**]: ***Ecrobia*** (= ***Ventrosia***) ***ventrosa*** (Montagu) [**70**] (G 4 mm hoch); (**Cochliopidae**) ***Eupaludestrina*** (= ***Heleobia***) ***stagnorum*** (Gmelin) (G bis 6,3 mm h).
b) Umgänge nur schwach gewölbt [**71**]: ***Peringia ulvae*** (Pennant) [**71**] (meist um 8 mm) u. ***Hydrobia acuta neglecta*** Muus (um 4 mm).

— Nabelritz geschlossen. G mit 5½ Umgängen, 6 mm h, 4 mm breit. [**72**]
(**Tateidae**) ***Potamopyrgus antipodarum*** (Gray) (= ***jenkinsi*** (Smith))
In schwachem Brack- u. im Süßwasser. Aus Neuseeland eingeschleppt.

Familie: **Lymnaeidae**, Schlammschnecken

G sehr variabel. Im Süßwasser, zum Teil auch Brackwasser.

1. G fast kugelig, sehr zart und durchsichtig, hornfarben, meist ganz vom Mantel umhüllt, einem Schleimklumpen ähnlich. Letzter Umgang stark bauchig [**76**]. G 10–14 mm h, 8–12 mm b. Selten .... Mantelschnecke, ***Myxas glutinosa*** (MÜLLER)

— G nicht fast kugelrund, derber **2**

2. Gewinde des G lang ausgezogen, Höhe der Mündung kleiner als oder so groß wie Höhe des Gewindes **3**

— Gewinde kurz, Höhe der Mündung ist größer als Höhe des Gewindes
ehemalige Gattung 4; ***Radix*** MONTFORT

a) G meist etwa so b wie h. Letzter Umgang stark ohrförmig erweitert, Mündungsoberrand fast horizontal. Gewinde klein, zugespitzt [**81**]: ***R. auricularia*** (L.) [**81**] (Spindel stark gedreht; G 25–30 mm h, 20–30 mm b), verbreitet; ***Ampullaceana ampla*** (HARTMANN) (Spindel fast nicht gedreht; G 20 mm h, 19 mm b), selten.

b) G ± länglich eiförmig, meist höher als b. Letzter Umgang nicht stark ohrförmig erweitert. Spindel ± gerade verlaufend [**82, 83**]: ***Ampullaceana balthica*** (L.) (= ***ovata*** (DRAPARNAUD)) [**82**] (letzter Umgang stark bauchig erweitert, Gewinde kurz [**82**]. G 11–20 mm h, 8–14 mm b); ***Peregriana peregra*** (MÜLLER) [**83**] (letzter Umgang nicht erweitert, Gewinde länger [**83**]. G 12–20 mm h, 7–13 mm b).

3. Groß (G 29–54 mm h). Letzter Umgang bauchig. Mündung etwa ½ so h wie G. Konturlinie des Gewindes leicht konkav [**77**] .... ***Lymnaea stagnalis*** (L.)

— Kleiner (G selten über 29 mm h). Letzter Umgang nicht derart bauchig. Konturlinie des Gewindes gerade oder leicht konvex **4**

4. G klein (5–9 mm h, 2–4 mm b). Umgänge stärker gewölbt, stufig gegeneinander abgesetzt [**78**] .... Leberegelschnecke, ***Galba truncatula*** (MÜLLER)
Zwischenwirt des Großen Leberegels *Fasciola hepatica*.

— G größer (über 13 mm h); wenn kleiner, Windungen nicht stark gewölbt u. nicht stufig gegeneinander abgesetzt **5**

5. G etwa 3-mal so h wie b (15:5 mm). Mündung ⅓ der Höhe des G [**79**]. Im Norden, selten .
Omphiscola glabra (MÜLLER)

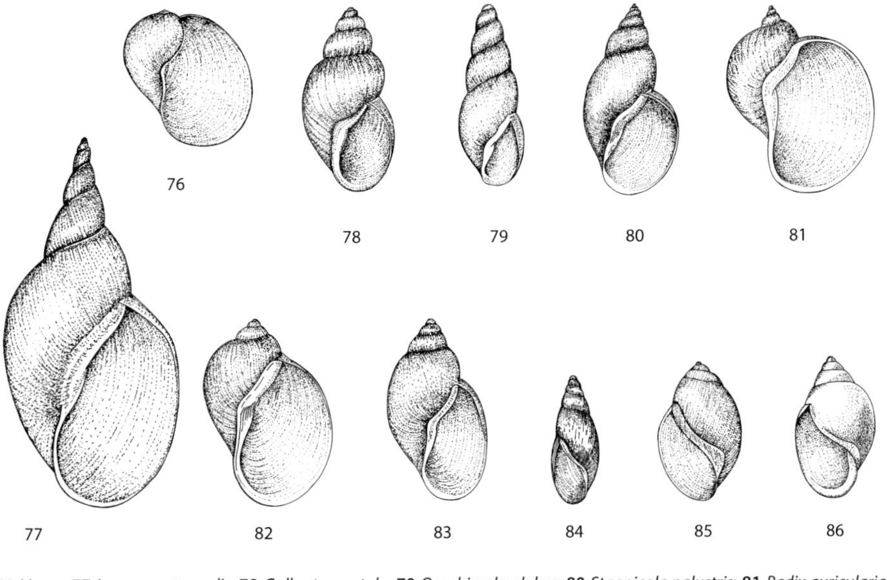

76 *Myxas*; **77** *Lymnaea stagnalis*; **78** *Galba truncatula*; **79** *Omphiscola glabra*; **80** *Stagnicola palustris*; **81** *Radix auricularia*; **82** *Ampullaceana balthica*; **83** *Peregriana peregra*; **84** *Aplexa*; **85** *Physa*; **86** *Haitia*

— G nur etwa doppelt so h wie b. Mündung fast ½ der Höhe des G .... 4; ***Stagnicola*** Jeffreys

a) Letzter Umgang groß, stark erweitert. Mündung mindestens so h wie Gewinde. G festschalig mit grober Skulptur: ***S. corvus*** (Gmelin) (G 13–34 mm h, 6–16,5 mm b).

b) Letzter Umgang nur wenig erweitert. Mündung nicht so h wie Gewinde. G feiner skulpturiert [**80**]: ***S. palustris*** (Müller) (G 10–17,5 mm h, 6–8 mm b); außerdem 2 weitere ähnliche seltene Arten, z. B. ***S. fuscus*** (Pfeiffer). – Hierher auch ***Catascopia terebra*** (Westerlund), im Osten, sehr selten.

Familie: **Physidae**, Blasenschnecken

1. G schlank, etwa doppelt so h wie b, stark glänzend. 12–14 mm h [**84**] ***Aplexa hypnorum*** (L.)

— G eiförmig bis spitz-eiförmig, deutlich breiter als halbe Gehäusehöhe **2**

2. G eiförmig, Gewinde stumpf. 10–11 mm h [**85**] .... ***Physa fontinalis*** (L.)

— G eiförmig mit scharf zugespitztem Gewinde. 8–14 mm h [**86**]
2; ***Physella*** Pfeiffer (= ***Haitia*** Clench et Aguayo)

P. acuta (Draparnaud) (Mündung etwa so h wie ⅔ des G); ***P. heterostropha*** (Say) (Mündung etwa ½ so h wie G), eingeschleppt aus Nordamerika.

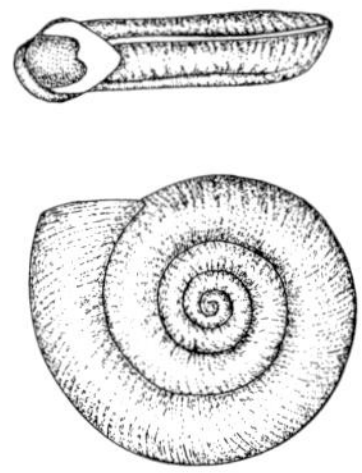
88

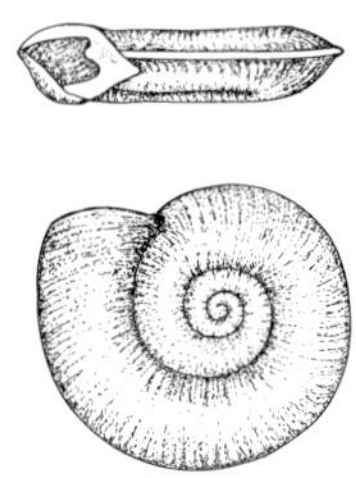
89

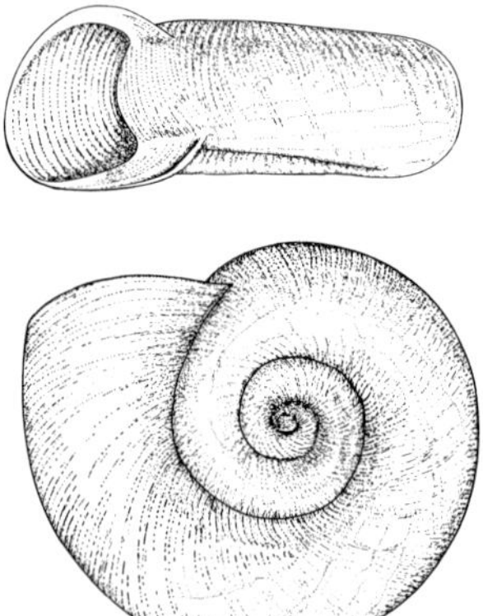
87

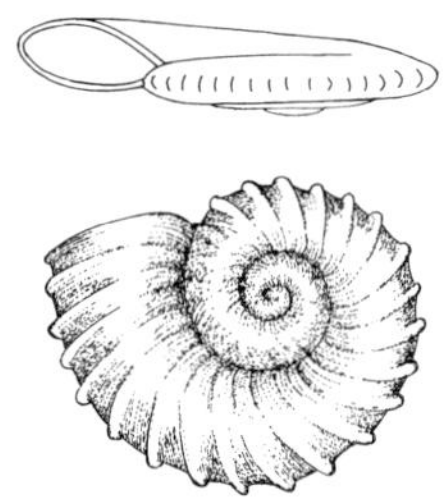
91

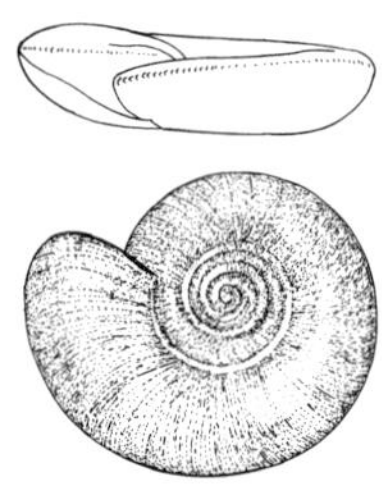
92

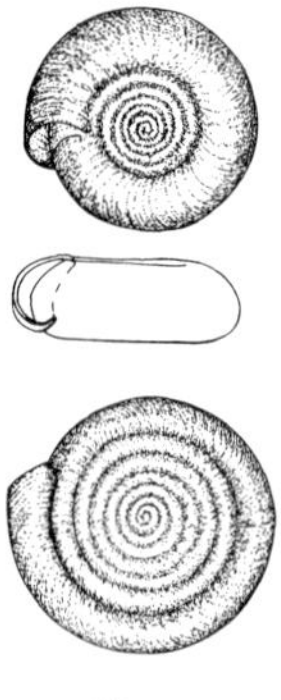
90

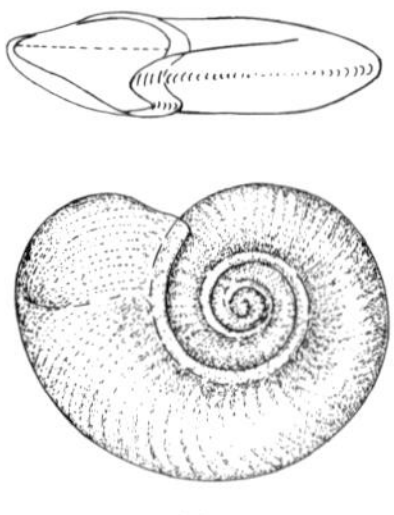
93

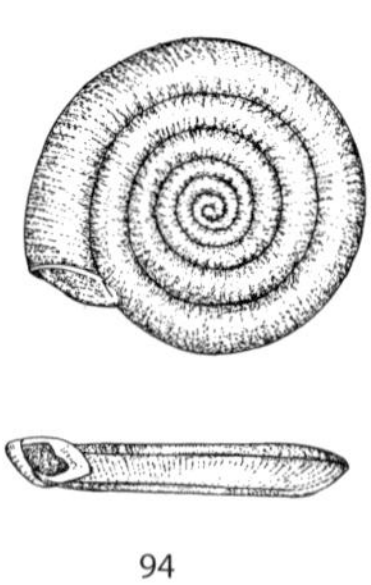
94

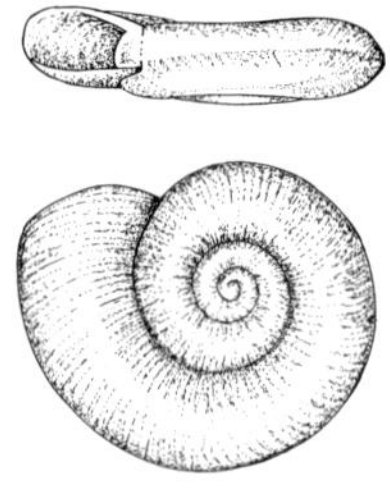
95

87 *Planorbarius*; **88** *Planorbis planorbis*; **89** *Planorbis carinatus*; **90** *Bathyomphalus*; **91** *Armiger crista*; **92** *Segmentina*; **93** *Hippeutis*; **94** *Anisus vortex*; **95** *Gyraulus albus*

Familie: **Planorbidae**, Tellerschnecken

1. G mützenförmig oder schildförmig **2**
— G scheibenförmig, in einer Ebene spiralig aufgerollt (G ist linksgewunden!) **3**
2. G mützenförmig, hoch gewölbt, mit nach hinten gebogener Spitze [**61**]. G 3,5–8 mm l. In Fließgewässern, auf Steinen .... Flussnapfschnecke, ***Ancylus fluviatilis*** Müller
— G schildförmig, flach, Spitze gerundet. G 3,2 mm l. Eingeschleppt
Ferrissia californica (Rowell) (= ***fragilis*** (Tryon), = ***wautieri*** (Mirolli))
3. G groß, über 20 mm b, über 10 mm h. Umgänge gerundet, Mündung nierenförmig [**87**]
Posthornschnecke, ***Planorbarius corneus*** (L.)
— G kleiner, höchstens 18 mm b **4**
4. G 9–18 mm b, äußerer Umgang mit Kiel .... 2; ***Planorbis*** Müller
P. planorbis (L.) [**88**] (Umgänge unten stark gewölbt, oben flacher, Kiel nahe der Oberseite); ***P. carinatus*** Müller [**89**] (Umgänge oben und unten gleichmäßig flach gewölbt, Kiel in Mittellinie).
— G 3–10 mm b, meist unter 8 mm b, sehr selten bis 20 mm, dann ohne Kiel **5**
5. G dick scheibenförmig, 5–6 mm b. Windungen eng. Nabel trichterförmig. Mündung höher als b [**90**] .... ***Bathyomphalus contortus*** (L.)
— G flach scheiben- oder linsenförmig. Umgänge und Mündung nicht höher als b **6**
6. G scheibenförmig, sehr dünn (1–1,5 mm h), Oberseite fast eben, mit 4,5–8 langsam zunehmenden Umgängen, der letzte gerundet oder kantig, kaum erweitert .... 5; ***Anisus*** Studer
Häufig ***A. vortex*** (L.) (Unterseite flach schlüsselförmig; G 9–10 mm b, mit scharfem weit oben liegendem Kiel [**94**]), ferner junge ***Planorbis***, s. Nr. **2**; ***A. spirorbis*** (L.) (G ungekielt, 1–1,5 mm h, 4–5,5 mm b); ***A. leucostoma*** (Millet)) (G ungekielt, flacher: 1–1,5 mm h, 6–9 mm b).
— G anders **7**
7. G linsenförmig, Umgänge sehr gedrückt, sich ± übergreifend, letzter Umgang sehr groß [**92, 93**] **8**
— G scheibenförmig. Umgänge sich nicht oder kaum übergreifend [**91, 95**]
8; ***Gyraulus*** Charpentier s. l.
Häufig sind ***Armiger*** (= ***G.***) ***crista*** (L.) [**91**] (G mit 3 Umgängen, mit Kante, 2–3 mm b, Oberfläche mit häutigen Rippchen, fein gestreift oder glatt); ***G. albus*** (Müller) [**95**] (G mit 4–4,5 Umgängen, an der Peripherie abgerundet, 4–7 mm b, mit Gitterskulptur, grünlichweiß, durchscheinend); ***G. acronicus*** (Férussac) (G mit oder ohne Kante, 5–7 mm b, Oberfläche fein gestreift, gelblich, nicht durchscheinend); übrige z. T. ähnliche Arten selten. – Eingeschleppt ***Dilatata*** (= ***Menetus***) ***dilatata*** (Gould) (Sondermerkmal: G mit 2,5–3 rasch zunehmenden Umgängen, 2–3 mm b, 0,9 mm h); ***Planorbella duryi*** (Wetherby) (Sondermerkmal: G bis 20 mm b u. 10 mm h), in künstlich erwärmten Gewässern.
8. G oben flach, unten stark gewölbt. Mündung nicht herzförmig [**92**]. Letzter Umgang innen an 2–3 Stellen durch helle quergestellte Schmelzleisten verengt. G 5–7 mm b
Segmentina nitida (Müller)
— G beiderseits stark gewöbt. Mündung herzförmig [**93**]. Letzter Umgang ohne Schmelzleisten. G 4–5 mm b .... ***Hippeutis complanatus*** (L.)

Meeresschnecken

Im Gebiet etwa 120 Arten. Ins Brackwasser dringen auch einige Schnecken des Süßwassers ein (***Theodoxus, Bithynia, Physa***, einige **Lymnaeidae**, ***Planorbis***), daher unter Umständen noch Tabelle der Süßwasserschnecken zu Rate ziehen. Meist nicht berücksichtigt sind Arten der westlichen und nördlichen Nordsee, Arten des Zooplanktons und des Sandlückensystem sowie sehr seltene Arten, die nur bei Helgoland in größerer Tiefe (meist nur als leere Schalen) vorkommen.

1. Ohne Gehäuse G oder dieses vom Mantel völlig umschlossen ... **Meeresnacktschnecken** **2**
Etwa 40 Arten. Hier nur wenige Beispiele. Arten, die nur bei Helgoland vorkommen, nicht berücksichtigt. Nahrung: Algen, bei manchen Arten Schwämme, Hydrozoen, Bryozoen.
— Mit von außen sichtbarem G **8**
2. Mit schildartiger Platte auf der Kopfregion [**96a**] .... **Philinidae**
G dünn, von Mantel ganz bedeckt. Räuber. Verbreitet ***Philine aperta*** (L.) [**96**] (Gestalt wie [**96a**], G wie [**96b**]; bis 45 mm l, G bis 20 mm l), auf Weichboden, Nordsee, Ostsee.
— Ohne Kopfschild **3**

3. Körper glatt, ohne Anhänge, höchstens Kopf mit 1 Paar Tentakeln .... **Limapontiidae**
Limapontia capitata (Müller) (ohne Rückenanhänge; bis 8 mm l), verbreitet, auf brackigen Außendeichwiesen, Nordsee, Ostsee.

— Körper jederseits mit lappenartigem Fortsatz (Parapodium) ... **Plakobranchidae** (= **Elysiidae**)
Elysia viridis (Montagu) (bis 35 mm l), auf Seegraswiesen, Nordsee, Ostsee. – Außerdem ***Aplysia punctata*** (Cuvier) (**Aplysiidae**) (bis 150 mm l), bei Helgoland.

— Körper mit dorsalen Anhängen (Rückenanhänge, Kiemenrosetten) [**97–102**] **4**

4. Kopf mit Augen, ohne Tentakel [**97**] .... **Limapontiidae** (= **Stiligeridae**)
Alderia modesta (Lovén) [**97**] (mit 2–3 Reihen von Rückenanhängen; bis 15 mm l), auf brackigen Außendeichwiesen, Nordsee, Ostsee.

— Kopf ohne Augen oder diese klein, mit Tentakeln [**98–102**] **5**

5. Oberseite um den After mit Kiemenrosette **6**

— Oberseite ohne Kiemenrosette um den After **7**

6. Kiemen der Rosette 3-fach gefiedert [**98**], in Körper einziehbar .... wenige Familien
Dorididae (mit 8–9 Kiemen), ***Doris*** (= ***Archidoris***) ***pseudoargus*** Rapp (= ***tuberculata*** (Müller)) [**98**] (bis 110 mm l), unter Steinen, in Felsspalten, Nordsee. **Cadlinidae** (mit 5 Kiemen), ***Cadlina laevis*** (L.) (bis 30 mm l), Nordsee, Ostsee, in Rotalgenzone.

— Kiemen der Rosette einfach gefiedert, nicht in Körper einziehbar .... wenige Familien
a) Körper breit [**101**]: **Onchidorididae**, ***Onchidoris*** (= ***Lamellidoris***) ***muricata*** (Müller) [**101**] (oben mit abgeflachten harten Papillen [**101**]; bis 25 mm l), auf Seegras, Algen, Nordsee, Ostsee. ***Acanthodoris pilosa*** (Abildgaard in Müller) (oben mit weichen, spitzen Papillen; bis 30 mm l), auf Laminarien, Nordsee, Ostsee.
b) Körper schmal, Gestalt wie [**99, 100**]: **Polyceridae**, ***Polycera quadrilineata*** (Müller) [**100**] (Habitus wie [**100**]; bis 20 mm l), Nordsee, Ostsee. ***Palio dubia*** (Sars) [**99**] (Habitus wie [**99**]; bis 20 mm l), Nordsee, Ostsee.

7. Rückenfortsätze fiederförmig oder zapfenartig .... wenige Familien
Dendronotidae (Kopf u. Rücken mit langen bäumchenförmigen Fortsätzen), nur ***Dendronotus frondosus*** (Ascanius) (um 50 mm), Nordsee.

— Rückenfortsätze unverzweigt .... mehrere Familien
Etwa 20 Arten. Beispiele: ***Aeolidia papillosa*** (L.) [**102**] (**Aeolidiidae**) (mit vielen Rückenanhängen, wie [**102**]; bis 120 mm l), Nordsee. ***Facelina bostoniensis*** (Couthouy) (**Facelinidae**) (Rückenanhänge in Querreihen zu je 30–40, rot mit weißen Spitzen; obere Kopftentakel geringelt; bis 35 mm l), Nordsee, Ostsee. ***Coryphella*** (= ***Flabellina***) ***verrucosa*** (Sars) (**Coryphellidae**) (ähnlich, aber obere Kopftentakel glatt; bis 25 mm l). ***Tenellia adspersa*** (Nordmann) (**Trinchesiidae**) (Rückenanhänge in 5 Büscheln zu 2–3 auf jeder Körperseite; bis 7 mm l).

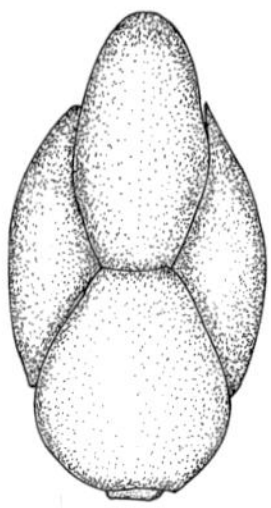
96a

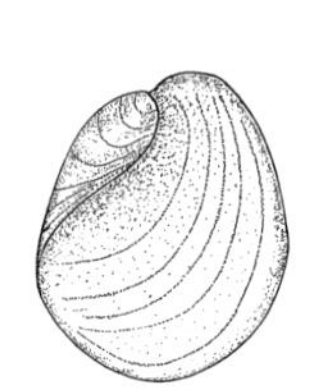
96b

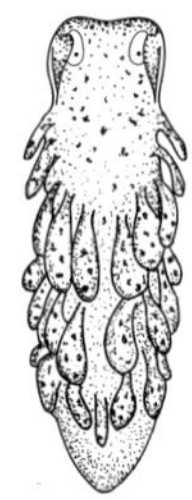
97

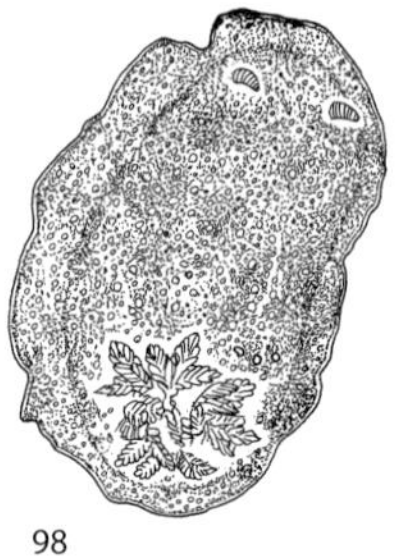
98

99

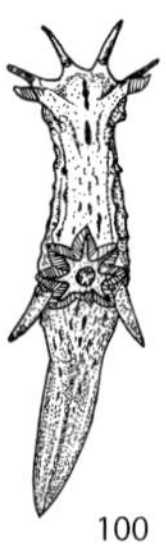
100

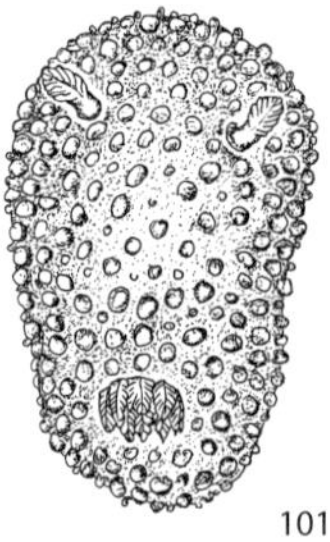
101

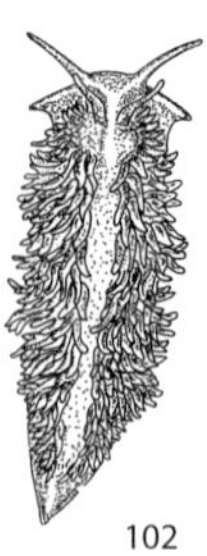
102

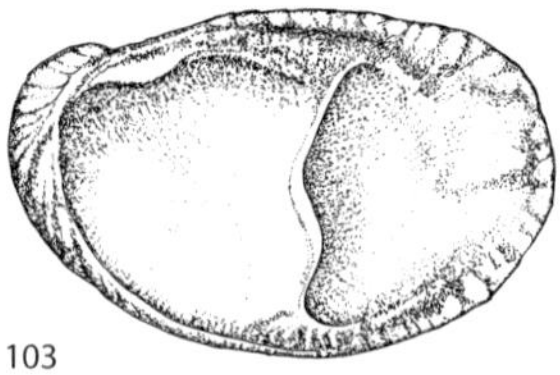
103

104

96a, b *Philine*; **97** *Alderia*; **98** *Doris*; **99** *Palio*; **100** *Polycera*; **101** *Onchidoris*; **102** *Aeolidia*; **103** *Crepidula*; **104** *Patella*

8. G (Schale) napfförmig **9**
— G leicht gebogen röhrenförmig, bis 2,5 mm l .... **Caecidae**
Nur ***Caecum glabrum*** (Montagu), im Sand, Diatomeenfresser, bei Helgoland.
— G von anderer Form **11**
9. G innen zur Hälfte mit querer Scheidewand [**103**] .... **Calyptraeidae**
Nur ***Crepidula fornicata*** (L.), Pantoffelschnecke [**103**] (G bis 47 mm l). Nordsee, aus Nordamerika eingeschleppt.
— G ohne solche Scheidewand **10**
10. G zart, im Leben mit radiären blau irisierenden Streifen .... Napfschnecken, **Patellidae**
Patella (= ***Helcion***, = ***Ansates***) ***pellucida*** L. [**104**] (G bis 20 mm l), bei Helgoland.
— G derb, ohne blaue Streifen .... **Lottiidae**
G fein berippt oder glatt. ***Testudinalia*** (= ***Acmaea***) ***testudinalis*** (Müller) (G bis 30 mm l, grau mit dunkelbrauner Fleckenzeichnung; Spitze wenig nach vorn gerückt), Nordsee, Ostsee. ***Tectura*** (= ***Acmaea***) ***virginea*** (Müller) (G bis 15 mm l, rosa, gelb oder weißlich, rötlich gestrahlt; Spitze stärker nach vorn gerückt), bei Helgoland. – Hierher auch ***Patella vulgata*** (L.) (**Patellidae**) (G mit groben radialen Rippen, bis 60 mm l), Nordsee, selten an Strand angespült.
11. G ± ei- bis walzenförmig, Mündung fast so oder ebenso h wie G **12**
— G anders **14**
12. G weniger als doppelt so h wie b, ± eiförmig **13**
— G etwa doppelt so h wie b, walzenförmig, bis 7 mm h .... **Retusidae**
2; ***Retusa*** Brown, ***R. obtusa*** (Montagu) [**106**] (Gewinde vortretend, Außenlippe nicht bis zur Spitze reichend; G bis 7 mm h), Nordsee, Ostsee; ***R. truncatula*** (Bruguière) (Gewinde mehr eingesenkt, Außenlippe bis zur Spitze reichend; G bis 4 mm h), Nordsee, Ostsee. – Bei Helgoland auch ***Retusa*** (= ***Cylichnina***) ***nitidula*** (Lovén) (besondere Merkmalskombination: Gewinde eingesenkt, Außenlippe in der Mitte nach innen eingeschlagen; G bis 3,5 mm h).

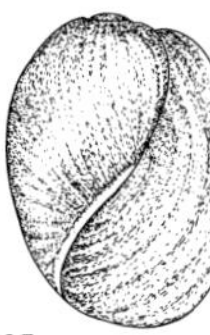
105

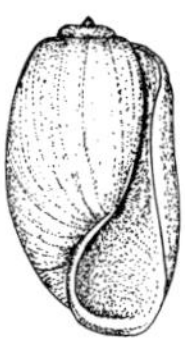
106

107

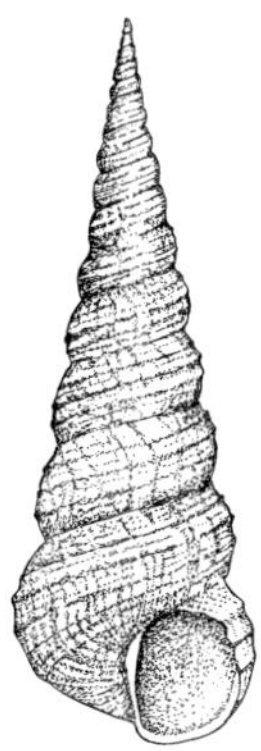
108

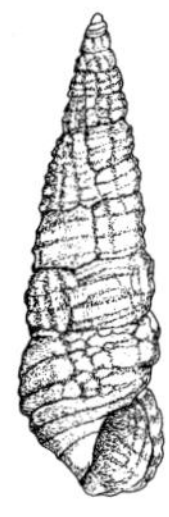
109

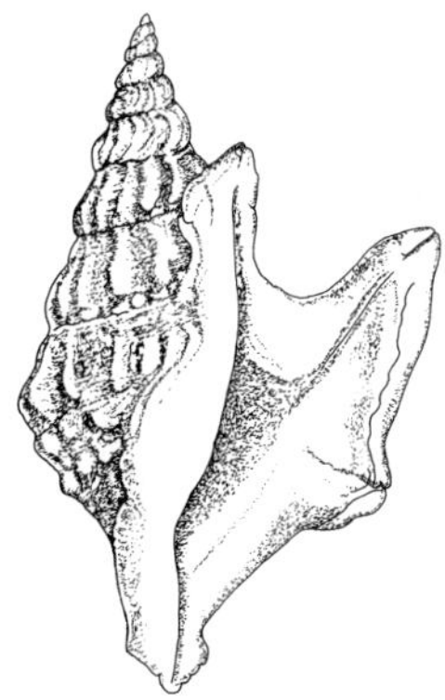
110a

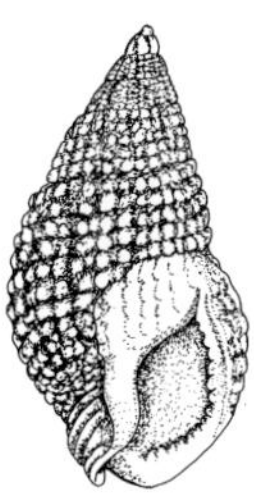
111

112

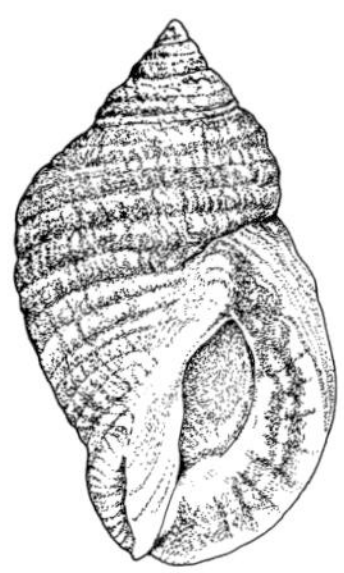
113

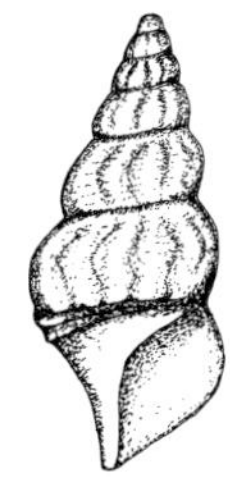
110b

105 *Akera bullata*; **106** *Retusa obtusa*; **107** *Marshallora*; **108** *Turritellinella*; **109** *Bittium*; **110a** *Aporrhais*, **110b** *Aporrhais* (jung); **111** *Tritia reticulata*; **112** *Propebela*; **113** *Nucella*

— G etwa 2½-mal so h wie b, walzenförmig oder eiförmig, Mündung unten erweitert und so h wie ganzes G ..... **Cylichnidae** u. **Scaphandridae**
Cylichna cylindracea (Pennant) (**Cylichnidae**) (G walzenförmig, bis 11 mm h), Nordsee. *Scaphander lignarius* (L.) (**Scaphandridae**) (G eiförmig, bis 65 mm h), bei Helgoland.

13. G bis 30 mm h, braun ..... **Akeridae**
Nur ***Akera bullata*** Müller [**105**], Nordsee, Ostsee. – Wenn bis 65 mm h, ***Scaphander*** Montfort, **Scaphandridae**, s. Nr. **12**.

— G etwa 5 mm h, weiß ..... **Diaphanidae**
Nur ***Diaphana minuta*** Brown, Helgoland, Ostsee.

14. G flach, viel breiter als h, bis 1,5 mm b **15**

— G langgestreckt, etwa 3-mal so h u. höher als b, deutlich skulpturiert. Mündung klein. G wie [**107–109**] **16**

— G kugelig, eiförmig oder konisch, höchstens 2,5-mal so h wie b. G nicht wie [**107–109**] .. **18**

15. Gewinde etwas erhoben ..... **Skeneopsidae**
Nur ***Skeneopsis planorbis*** (F.), Helgoland, westliche Ostsee.

— G scheibenförmig, Gewinde nicht erhoben ..... **Omalogyridae**
Nur ***Omalogyra atomus*** (Phillippi), Helgoland, Ostsee.

16. G linksgewunden, bis 8 mm h [**107**] ..... **Triphoridae**
Nur ***Marshallora*** (= ***Triphora***) ***adversa*** (Montagu) [**107**], auf Algen, Nordsee, Ostsee.

— G rechtsgewunden **17**

17. G nur mit Spiralstreifen, bis 50 mm h [**108**] ..... **Turritellidae**
Nur ***Turritellinella tricarinata*** (Brocchi) (= ***Turritella communis*** Risso), Turmschnecke [**108**], Nordsee.

— G mit netzartiger Skulptur, bis 12 mm h [**109**] ..... **Cerithiidae**
Nur ***Bittium reticulatum*** (da Costa) [**109**], Nordsee, westliche Ostsee.

— G glatt, 2–3 mm h ..... **Murchisonellidae**
Nur ***Ebala nitidissima*** (Montagu), Ostsee. – Hierher auch einige **Pyramidellidae**, s. Nr. **25**.

18. Mündung des G mit flügelartigen Fortsätzen [**110a**] ..... **Aporrhaidae**
Nur ***Aporrhais pespelecani*** (L.), Pelikanfuß [**110a**] (G bis 50 mm h), bei Jungtieren ohne Fortsätze, nur mit groben knochenartigen vertikalen Erhebungen [**110b**], Nordsee.

— Mündung des G ohne solche Fortsätze **19**

19. An Basis der Mündung des G mit rinnenartiger Vertiefung (Sipho) **20**

— G ohne solche Siphonalrinne **22**

20. G groß, meist über 7 cm h ..... **Buccinidae** S. 87

— G kleiner, höchstens 4,5 cm hoch **21**

21. G stark gitterartig skulpturiert (mit Längsrippen u. Spiralrippen) [**111**] Netzreusenschnecken, **Nassariidae**
Außenlippe verdickt, gekerbt. Nur 2; *Tritia* Risso (= ***Nassarius*** Duméril), ***T. reticulata*** (L.) [**111**] (G 2–3 cm h), Nordsee, Ostsee, nicht bei Helgoland; ***T. incrassata*** (Ström) (G bis 1,5 cm h; Umgänge stärker gewölbt), Nordsee, vor allem um Helgoland. – Außerdem ***Cyrillia*** (= ***Raphitoma***) ***linearis*** (Montagu) (**Raphitomidae**) (Außenlippe nicht verdickt u. gekerbt; G bis 10 mm h), leere Schalen bei Helgoland.

— G mit starken Längsrippen, mit feinen oder ohne Spiralstreifen [**112**] ..... **Mangeliidae**
Propebela (= ***Oenopota***, = ***Lora***) ***turricula*** (Montagu), Treppenschnecke [**112**] (Umgänge treppenartig abgesetzt; G bis 2 cm h), Nordsee, Ostsee. – Außerdem ***Boreotrophon*** (= ***Trophonopsis***) ***truncatus*** (Ström) (**Muricidae**) (Umgänge nicht treppenartig; G bis 2 cm h). – Beachte ferner junge ***Buccinum*** (Merkmale s. **Buccinidae** S. 97) sowie junge ***Aporrhais*** (s. Nr. **18**), mit knotenartigen Längsrippen [**110b**].

— G nur mit Spiralrippen [**113**] ..... **Muricidae**
Nucella lapillus (L.), Purpurschnecke [**113**] (G bis 4,5 cm h), nur bei Helgoland, im Felswatt. – Beachte ferner junge ***Neptunea*** (Merkmale s. **Buccinidae** S. 87).

22. G durch erweiterten letzten Umgang, der weitgehend die übrigen Windungen umwächst, ohrförmig. Ohne Nabel. Schale dünn ..... **Velutinidae**
Velutina velutina (Müller) [**114**] (G mit dicker, dunkelbrauner Außenhaut, 15–25 mm h), Helgoland, Kieler Bucht. – Außerdem 2; ***Lamellaria*** Montagu, bei Helgoland, selten, z. B. ***L. perspicua*** (L.) (G durchscheinend, Außenhaut dünn. G bis 18 mm h).

— G anders. Wenn letzter Umgang stark erweitert, dann mit Nabel [**118**] oder Schale dick . **23**

23. G von der Form eines umgekehrten Kreisels, mit ± marmorierter Zeichnung Kreiselschnecken, **Trochidae**
Steromphala Gray (= ***Gibbula*** Risso) (G mit Nabel), ***St. cineraria*** (L.) [**115**] (Nabel offen, G mit stumpfer Spitze, bis 20 mm h), im Helgoländer Felswatt; ***St. tumida*** (Montagu) (Nabel verengt, G mit deutlicher Spitze u. abgesetzten Windungen, bis 14 mm h). – Außerdem ***Calliostoma zizyphinum*** (L.) (**Calliostomatidae**) (G ungenabelt, bis 18 mm h), bei Helgoland, im tieferen Wasser.

— G anders **24**

24. G spitz eiförmig, mit 3 deutlichen Zähnen am Innenrand der Mündung [**116**] ...... **Ellobiidae**
Myosotella (= ***Ovatella***) ***myosotis*** (Draparnaud), Mäuseöhrchen [**116**] (6–8 mm h), am Strand u. in Salzwiesen im Flutbereich, Nordsee, Ostsee. Hierher auch die **Carychiinae**, s. S. 68.

— G ohne Zähne (höchstens mit zahnartiger Falte) **25**

25. Mündung mindestens ½ so h wie das ganze G. Mundsaum nicht zusammenhängend [**118–123**] oder mit Schwiele auf Mündungswand [**117**] **26**

— Höhe der Mündung viel geringer als ½ Höhe des G. Mundsaum nicht zusammenhängend, nicht mit Schwiele .... **Pyramidellidae**
Meist Ektoparasiten (Wirte z. B. Mollusken, Polychaeten). ***Brachystomia*** (= ***Odostomia***) ***scalaris*** (MacGillivray) (G 4 mm h), Nordsee, Ostsee, an Miesmuscheln. Weitere Arten bei Helgoland, meist nur leere G.

— Höhe der Mündung viel geringer als halbe Höhe des G. Mundsaum zusammenhängend. **29**

26. G mit deutlichem Nabel **27**

— G ohne Nabel **28**

27. G dickschalig. Mundsaum durch dicke Schwiele auf Mündungswand zusammenhängend [**117**] .... Nabelschnecken, **Naticidae**
Räuberisch, durchbohren mit ihrer Radula Schnecken- u. Muschelschalen. Nordsee. 3; ***Euspira*** Agassiz (= ***Lunatia*** Gray) (G kugelig, kaum höher als b), ***E. catena*** (da Costa) [**117**] (G bis 30 mm h); ***E. nitida*** (Donovan) (= ***pulchella*** (Risso)) (G bis 18 mm h, mit 7 Umgängen); ***E. montagui*** (Forbes) (G bis 10 mm h, mit 4–5 Umgängen). – In tieferem Wasser ***Amauropsis islandica*** (Gmelin) (G höher als b, bis 25 mm h), Nordsee, Ostsee.

— G dünnschalig, Mündung ohne Schwiele .... **(Littorinidae) Lacuninae**
Früher **Lacunidae**, heute als **Lacuninae** zu den **Littorinidae** gerechnet. Nabel setzt sich in länglicher Grube fort. Nordsee, Ostsee. Nur 3; ***Lacuna*** Turton, ***L. vincta*** (Montagu) [**119**] (G deutlich höher als b, bis 14 mm h); ***L. pallidula*** (da Costa) [**118**] (G breiter als h, 4–10 mm h; Mündung so h wie das G); ***L. parva*** (da Costa) (G breiter als h, bis 4 mm h; Mündung niedriger als G).

28. G rundlich bis spitz-eiförmig, bis 20 mm h. Mündung ± rundlich, mit dicken Rändern, die die Öffnung einengen .... Strandschnecken, **Littorinidae**
In Gezeitenzone.

a) G konisch, wie [**122**], bis 6 mm l: ***Melarhaphe*** (= ***Littorina***) ***neritoides*** (L.) [**122**], Nordsee.
b) G breiter, wie [**120, 121, 123**], 10–20 mm h: 4; ***Littorina*** Férussac, Nordsee, Ostsee, ***L. obtusata*** (L.) [**120**] (G so b wie oder breiter als h, bis 13 mm h), sehr ähnlich ist ***L. fabalis*** (Turton) (= ***mariae*** Sacchi et Rastelli). Bei übrigen Arten G kurz kegelförmig: ***L. saxatilis*** (Olivi) (= ***rudis*** Maton) [**121**] (Umgänge deutlich gewölbt, mit vertiefter Naht; G bis 11 mm h); ***L. littorea*** (L.) [**123**] (Umgänge ganz schwach oder kaum gewölbt; G bis 20 mm h, oft mit dunklen Bändern), häufigste Art.

— G oval-zylindrisch, bis 25 mm h. Mündung ohne dicke Ränder, langgestreckt .... **Acteonidae**
Nur ***Acteon tornatilis*** (L.) (rötlich-braun, meist mit 2 weißlichen Spiralbinden), bei Helgoland, leere Schalen an Nordseeinseln.

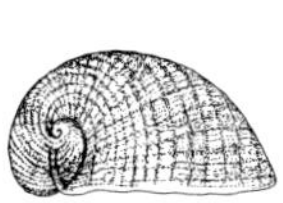
114

115

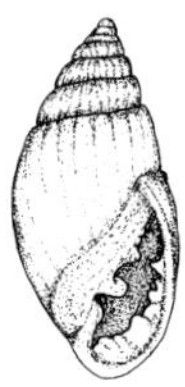
116

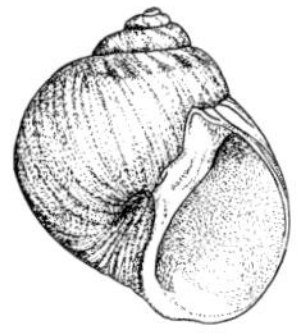
117

118

119

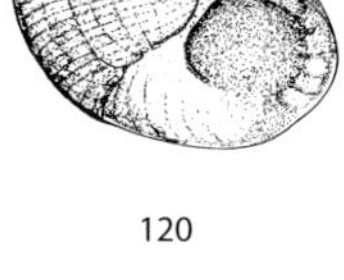
120

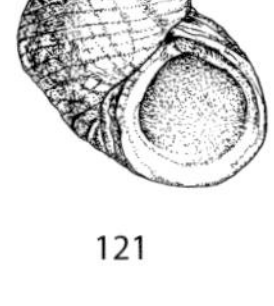
121

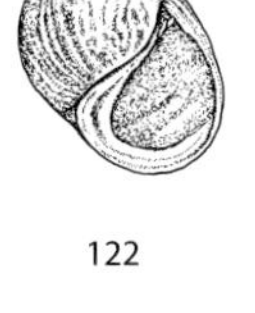
122

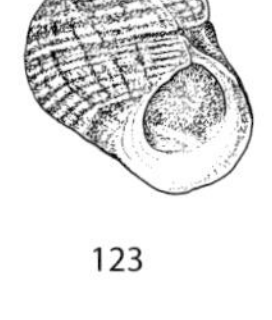
123

114 *Velutina*; **115** *Steromphala cineraria*; **116** *Myosotella*; **117** *Euspira catena*; **118** *Lacuna pallidula*; **119** *Lacuna vincta*; **120** *Littorina obtusata*; **121** *Littorina saxatilis*; **122** *Melarhaphe neritoides*; **123** *Littorina littorea*

29. G mit kräftigen Längsrippen [**124**], 15–40 mm h. Umgänge stark gewölbt .... **Epitoniidae**
Nur 3; ***Epitonium*** Röding (= ***Scala*** Mörch), ***E. clathrus*** (L.) [**124**] (G mit 9 kräftigen leistenartigen Längsrippen je Umgang, bis 35 mm h); ***E. turtonis*** (Turton) (G mit 12 flacheren Längrippen je Umgang, bis 40 mm h); ***E. clathratulum*** (Kanmacher) (G mit etwa 18 schmalen Längsrippen je Umgang, bis 18 mm h), alle Arten in der Nordsee.

— G ohne kräftige Längsrippen, bis 12 mm h (meist kleiner). Windungen weniger gewölbt **30**

30. G längs oder spiralig skulpturiert bzw. mit entsprechender Zeichnung (zuweilen allerdings glatt u. ohne Zeichnung, dann Verwechslung mit Hydrobien möglich) .... **Rissoidae** S. 87

— G glatt, ohne deutliche Skulptur **31**

31. G etwa 1½-mal so h wie b, Endwindung etwas kantig. Ungenabelt. G bis 7 mm h. [**125**] **Assimineidae**
Amphibisch im Flutbereich von Salzwiesen. Nur ***Assiminea grayana*** Fleming.

— G etwa doppelt so h wie b [**70–72**] .... einige **Truncatelloidea** S. 78

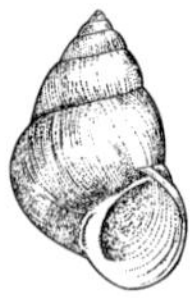
125

126

127

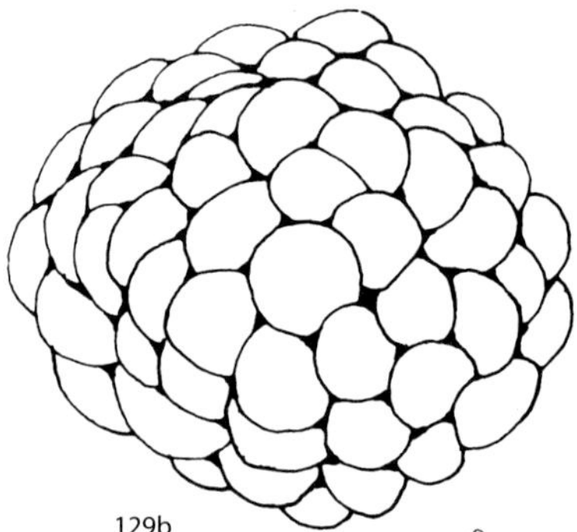
129b

124

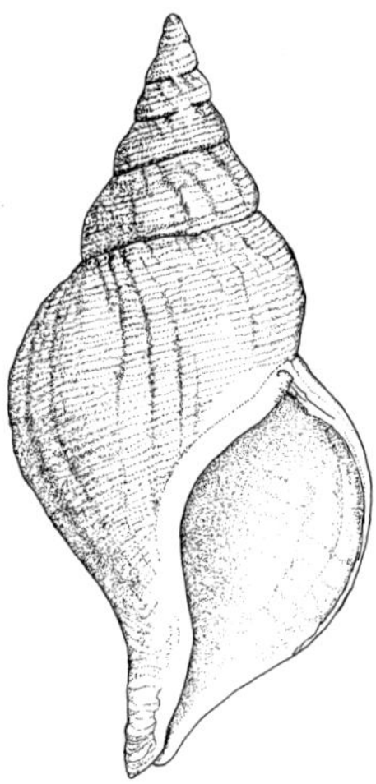
128

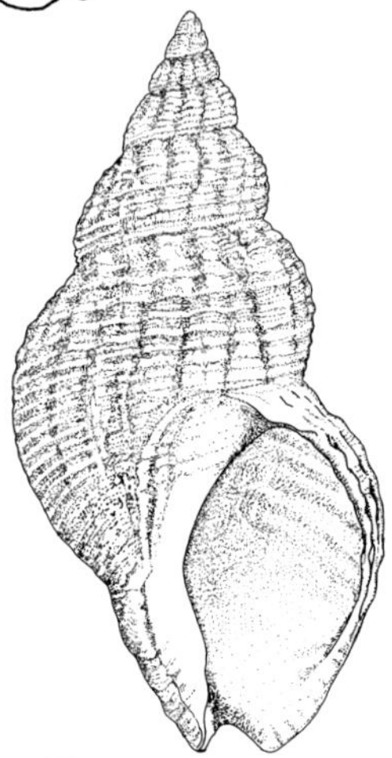
129a

124 *Epitonium clathrus*; **125** *Assiminea*; **126** *Onoba*; **127** *Rissoa membranacea*; **128** *Neptunea*; **129** *Buccinum* (**129a** Klumpen von Eikapseln)

Familie: **Rissoidae**

1. G mit feinen Spirallinien oder mit Spiralstreifen, bis 4 mm h **2**
— G mit spiraligen Reihen eingestochener Punkte. G spitzkegelförmig, bis 5 mm h. Nordsee, Ostsee .... ***Rissoa violacea*** DESMAREST
— G mit spiraligen, dichter stehenden Leisten; ergeben mit den Längsrippen eine Gitterskulptur. G oval-konisch, bis 6 mm h. Bei Helgoland leere Gehäuse .... ***Alvania lactea*** (MICHAUD)
— G ohne spiralige Streifen, Punkte oder Leisten, mit Längsrippen oder glatt. G kegelförmig **3**
2. G schlank bis mäßig breit-kegelförmig, mit bis 6–7 Umgängen. G bis 4 mm h, bis 1,8 mm b. [**126**] .... 2; ***Onoba*** ADAMS ET ADAMS
Häufiger nur ***O. semicostata*** (MONTAGU), Nordsee, Ostsee.
— G spitz kegelförmig, mit 5½ Umgängen. G bis 2 mm h, bis1,5 mm b. Nordsee
(**Barleiidae**) ***Barleeia unifasciata*** (MONTAGU) (= ***rubra*** (ADAMS ET ADAMS))
3. Gewinde etwa so h wie Breite des G. G gedrungen kegelförmig, bis 4,5 mm h. Nordsee, Ostsee, auch Nord-Ostsee-Kanal .... ***Pusillina*** (= ***Rissoa***, = ***Turboella***) ***inconspicua*** (ALDER)
— Gewinde höher als die Breite des G .... 2 weitere Arten von 3; ***Rissoa*** DESMAREST
Nordsee, Ostsee. ***R. membranacea*** (ADAMS) [**127**] (G 9–10 mm h, schlank kegel- bis turmförmig [**127**]); ***R.*** (= ***Turboella***) ***parva*** (DA COSTA) (G bis 4 mm h, gedrungen kegelförmig).

Familie: **Buccinidae**

1. Skulpturierung nur als feine, nicht immer deutliche Streifung. Mit langer Siphonalrinne [**128**]
Spindelschnecke, ***Neptunea antiqua*** (L.)
Mit 6–8 Umgängen, diese stärker gewölbt. G bis 20 cm h. Nordsee, Ostsee. – Außerdem ***Colus gracilis*** (DA COSTA) (mit 10 Umgängen, diese wenig gewölbt; G bis 70 mm h), leere Schalen bei Helgoland.
— Skulpturierung als wellenförmige Längsrippen u. feine Spiralfurchung. Siphonalrinne kurz. G bis 11 cm h [**129a**] .... Wellhornschnecke, ***Buccinum undatum*** L.
Nordsee, Ostsee. Die bis faustgroßen gelblichen Klumpen der Eikapseln oft am Strand angespült [**129b**].

Süßwassermuscheln

Im Gebiet etwa 40 Arten.

1. Sch 3-eckig mit auffallender Kante. Wirbel am Vorderende des Schalenrandes [**130**]
Dreikantmuscheln, **Dreissenidae** S. 89
— Sch gleichmäßig gewölbt, Wirbel nicht an ein Ende gerückt **2**
2. Sch ± kugelförmig, höchstens 22 mm l **3**
— Sch länglich, fast immer über 5 cm l **4**
3. Sch 20–26 mm l, sehr dickwandig, seitlich nicht gleichmäßig gerundet [**131**]
Cyrenidae (= **Corbiculidae**)
Aus Nordamerika eingeschleppt, in Ausbreitung begriffen. 2; ***Corbicula*** MEGERLE VON MÜHLFELD, ***C. fluminea*** (MÜLLER) [**131**] (mit kräftigen Leisten parallel zu den Zuwachsstreifen), in Flüssen (Rhein, Neckar, Main, Donau) und Seen; ***C. fluminalis*** (MÜLLER) (mit feinen Leisten), in Flüssen und Ästuaren.
— Sch 2–22 mm l, dünnwandiger; wenn um 20 mm l, dann Sch seitlich gleichmäßig gerundet [**141**] .... Kugelmuscheln, **Sphaeriidae** S. 89
4. Schloss (Innenseite des Schalenoberrandes) nur mit Hauptzähnen (kurze stumpfe Höcker). Außenhaut der Sch schwarz, Sch dick, nierenförmig [**132**]. 12–15 cm l ...... **Margaritiferidae**
Wirbel ohne Höcker oder Runzeln, aber meist korrodiert. Entwicklungszyklus ähnlich den Unionidae, Glochidien an Kiemen von Bachforellen. ***Margaritifera margaritifera*** (L.) Flussperlmuschel [**132**], in kalkarmen Bächen, sehr selten.
— Schloss entweder mit Haupt- u. Seitenzähnen (letztere scharfe lange Leiste) oder ohne Zähne
Unionidae S. 89

131

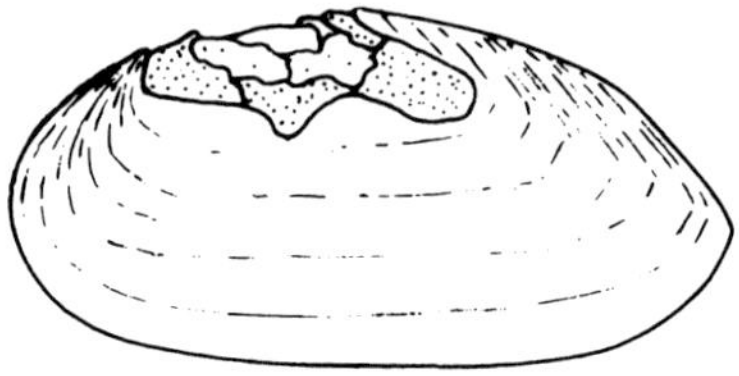

132

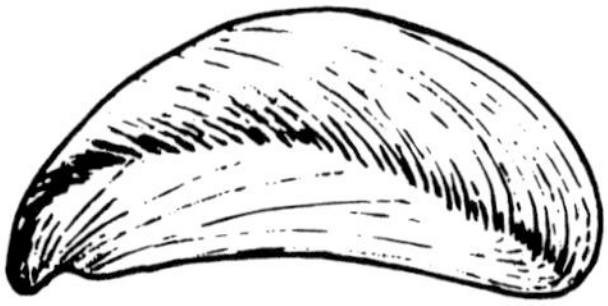

130

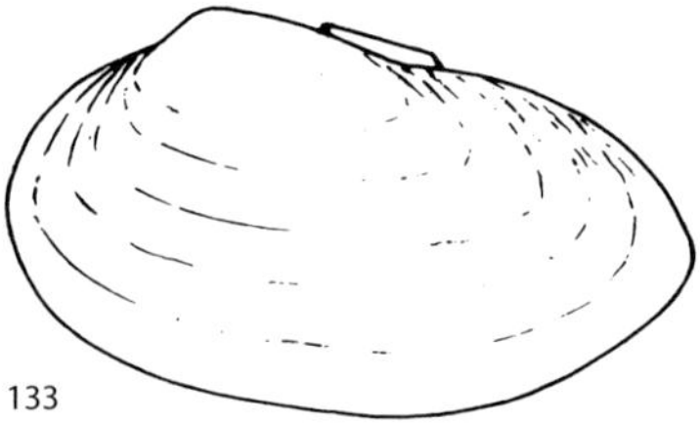

133

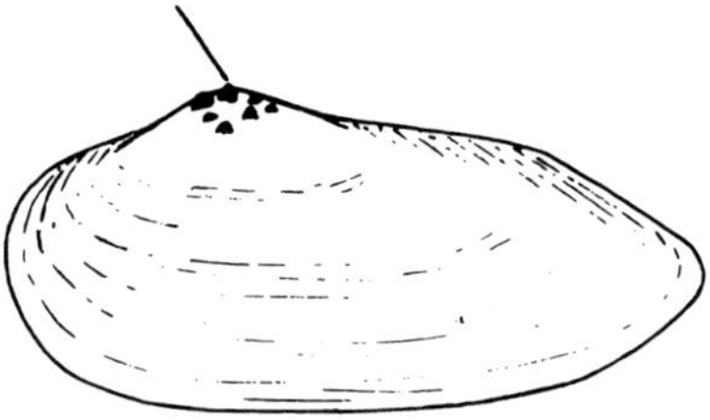

134

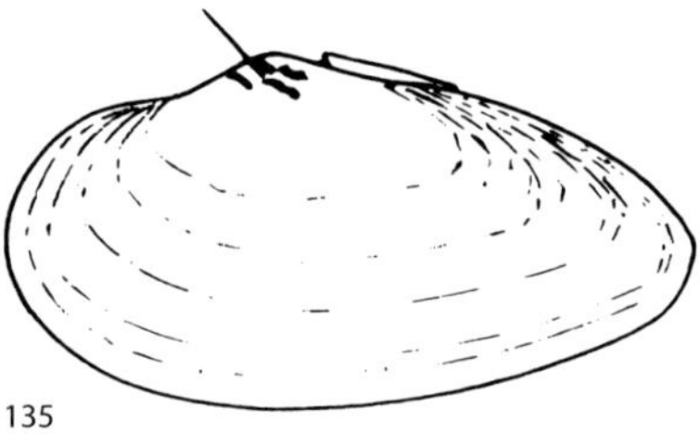

135

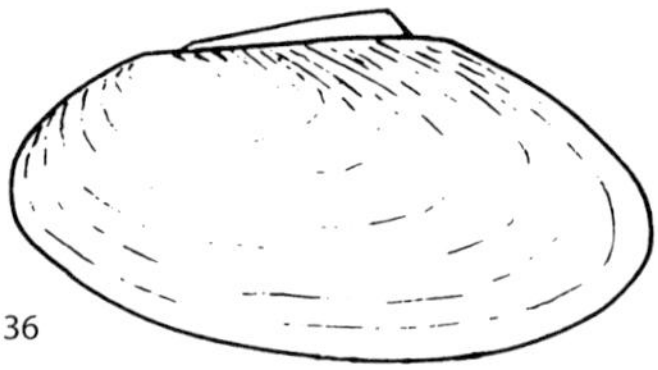

136

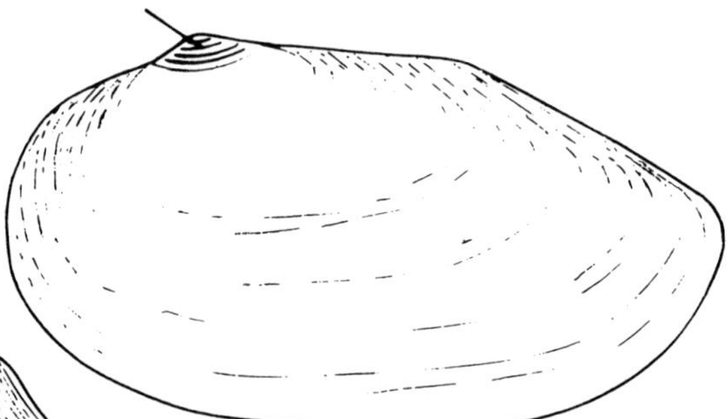

138

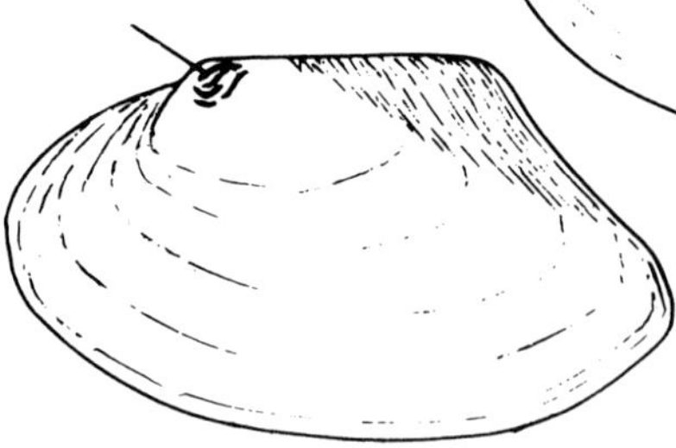

137

139

140

141

130 *Dreissena*; **131** *Corbicula fluminea*; **132** *Margaritifera*; **133** *Unio crassus*; **134** *Unio pictorum*; **135** *Unio tumidus*; **136** *Pseudanodonta*; **137** *Anodonta anatina*; **138** *Anodonta cygnea*; **139** *Pisidium*; **140** *Musculium*; **141** *Sphaerium corneum*

Familie: **Unionidae**

Entwicklung über Larven (Glochidien), diese parasitisch an Kiemen (***Unio***) oder Außenhaut (***Anodonta***) von Fischen.

1. Schloss ohne Zähne. Sch relativ dünn 2

— Schloss außer hohen Zähnen („Hauptzähne") mit langer scharfer Leiste („Nebenzähne"). Sch kräftig, bis 9 cm .... 3; Flussmuscheln, ***Unio*** Philipsson

Wirbel meist mit deutlichen Runzeln oder Höckern. ***U. crassus*** Philipsson, Bachmuschel [**133**] (Sch weniger als 2-mal so l wie h, Umriss oval, kurz ei-nierenförmig, dunkelbraun bis schwarz); ***U. pictorum*** (L.), Malermuschel [**134**] (Sch über 2-mal so l wie h, Wirbelskulptur mit einzelnen Höckern, Sch meist olivgelblich), in Still- u. Fließgewässern; ***U. tumidus*** Philipsson [**135**] (ähnlich *pictorum*, aber Sch meist weniger langgestreckt, Wirbelstruktur mit groben Runzelfalten, Außenhaut meist grünlichbraun), in Still- u. Fließgewässern. Im Oberrheingebiet ***U. mancus*** Lamarck eingewandert.

2. Sch flach, Umriss spitz eiförmig, nach vorn verschmälert, nach hinten mehr zugespitzt [**136**], 7–8 cm l. In Flüssen und Seen .... ***Pseudanodonta complanata*** (Rossmässler)

— Sch bauchig, vorn breit gerundet [**137, 138**], bis 20 cm l 2; Teichmuscheln, ***Anodonta*** *Lamarck*

A. anatina (L.) (= ***piscinalis*** Nilsson) [**137**] (Sch am unteren Rand der Innenseite deutlich verdickt; Wirbelstruktur: Fältchen, die Anwachsstreifen kreuzen u. am Ende winklig ansteigen); ***A. cygnea*** (L.) [**138**] (Sch innen am Unterrand nicht verdickt; Wirbelskulptur: zu den Anwachsstreifen parallele elliptische Fältchen; Ober- u. Unterrand der Sch oft ± parallel); beide Arten vorzugsweise in stehenden Gewässern. – Vereinzelt eingeschleppt ***Sinanodonta woodiana*** (Lea), Chinesische Teichmuschel. In Ausbreitung begriffen.

Familie: **Dreissenidae**, Dreikantmuscheln

Innenseite der Sch am Wirbel mit kleiner querer Scheidewand. Mit Byssus festgesponnen.

1. Sch mit Kiel, 30 mm l, 15 mm h. Gelblich mit bräunlichen bis bläulichen Zickzackstreifen [**130**]
Dreikantmuschel, Wandermuschel, ***Dreissena polymorpha*** (Pallas)

Aus dem Osten eingewandert, auch im Brackwasser. – Neuerdings eingeschleppt die sehr ähnliche Quagga-Muschel, ***D. bugensis*** Andrusov.

— Sch ungekielt, etwa 22 mm l, 12 mm h. Braun
Mytilopsis leucophaeata (Conrad) (= ***Congeria cochleata*** (Nyst))

Nord-Ostsee-Kanal, aus Brackwasser in Flüsse vordringend.

Familie: **Sphaeriidae**, Kugelmuscheln

1. Wirbel stets deutlich hinter Mitte des Schalenrandes [**139**]. Sch 2–11 mm l, meist unter 5 mm l
Erbsenmuscheln, ***Pisidium*** Pfeiffer

Viele Arten (fast 20), schwer bestimmbar. Einzige große Art ***P. amnicum*** (Müller) (Sch 7–11 mm l).

— Wirbel ± mittelständig. Länge der Sch über 8 mm 2

2. Wirbel konisch erhöht, mit aufgesetztem Häubchen. Sch dünn, trapezförmig, seitlich stark abgeflacht, ca. 9 mm l [**140**] .... ***Musculium lacustre*** (Müller)

— Wirbel breit gerundet, wenig hervortretend, Sch rundlich [**141**] .... 5; ***Sphaerium*** Scopoli

S. rivicola (Lamarck) (Sch 20–22 mm l; jede Klappe mit 2 Hauptzähnen), besonders in Flüssen, nicht häufig; bei übrigen Arten jede Klappe mit 1 Hauptzahn: ***S. solidum*** (Normand) (9–11 mm, Sch dickwandig, konzentrisch gerippt), in Strömung größerer Flüsse, sehr selten; ***S. corneum*** (L.) (Sch ca. 12 mm l, dünnwandig, von der Mitte an konzentrisch gestreift [**141**]), in Still- u. Fließgewässern häufig. – Außerdem 2 weitere seltene Arten.

Meeresmuscheln

Im Gebiet etwa 90 Arten. Hier Arten wenig berücksichtigt, die nur in größerer Wassertiefe vorkommen oder von denen im Gebiet bisher nur leere Schalen gefunden wurden. Mit dünner Kalkschicht ausgekleidete Gänge im Holz sind durch Schiffsbohrmuscheln ***Teredo*** L. (**Teredinidae**) (häufig der Schiffsbohrwurm (***Teredo navalis*** L.) [**142**]) hervorgerufen. Es sind wurmartig langgestreckte Muscheln mit winzigen reduzierten Schalen am Vorderende.

1. Schloss am oberen Rand der Sch mit vielen gleichartigen Zähnen **2**
— Schloss mit wenigen ± verschieden geformten Zähnen oder ganz ohne Zähne.......... **3**
2. Sch ± 3-eckig, innen mit Perlmuttglanz, ohne Mantelbucht [**143**] Nussmuscheln, **Nuculidae**
Unterrand der Sch glatt: ***Ennucula tenuis*** (Montagu), Nordsee. Unterrand der Sch gekerbt: 2; ***Nucula*** Lamarck, ***N. nucleus*** (L.), Große Nussmuschel [**143**] (Sch wenig glänzend, bis 13 mm l), Nordsee, westliche Ostsee; ***N. nitidosa*** Winckworth (Sch stark glänzend, bis 12 mm l), Nordsee.
— Sch vorn gerundet, nach hinten verlängert, nicht oder wenig perlmuttrig, mit Mantelbucht **Nuculanidae**
Nur 2; ***Nuculana*** Link, ***N. pernula*** (Müller) (Sch mit feinen konzentrischen Rippen, bis bis 23 mm l), Nordsee, westliche Ostsee; ***N. minuta*** (Müller) (Sch mit etwa 30 gröberen konzentrischen Rippen, bis 19 mm l), Nordsee, Ostsee.
— Sch rundlich, groß (60–80 mm l) .... **Glycymerididae**
Nur ***Glycymeris glycymeris*** (L.), südliche Nordsee, im Gebiet?
3. Sch zu beiden Seiten des Wirbels mit flügelartigem Fortsatz [**157, 158**] Kammmuscheln, **Pectinidae** S. 94
— Sch mit unregelmäßigem, ± rundlichem Umriss (z. B. wie [**149, 159**]) **4**
— Sch langgestreckt, mindestens 3-mal so l wie h .... Scheidenmuscheln, **Pharidae** S. 98
— Sch anders, ohne flügelartigen Fortsatz, mit regelmäßigem Außenrand, nicht derartig langgestreckt **5**
4. Sch dick, meist mit blättriger Skulptur, linke untere Schalenklappe stärker gewölbt als rechte obere u. innen mit 1 Muskeleindruck .... Austern, **Ostreidae**
Nordsee, auf festem Untergrund. ***Ostrea edulis*** L., Auster [**149**] (bis 10 cm l). – Eingeschleppt u. a. ***Magallana*** (= ***Crassostrea***) ***gigas*** (Thunberg), Pazifische Felsenauster (Sondermerkmale: bis 40 cm l; Sch hart, mit scharfer Kante, häufig länglich).
— Sch dünn, bis 5 cm l, untere festsitzende Klappe mit Loch unter dem Wirbel **Anomiidae** S. 94
5. Vorderer Schließmuskeleindruck kleiner als hinterer, Schloss ohne Zähne. Wirbel meist (ganz oder fast ganz) am Schalenende (wie [**154–156**]) .... **Mytilidae** S. 94
— Beide Schließmuskeleindrücke etwa gleich groß. Wirbel nicht derart weit an ein Ende der Sch gerückt **6**
6. Sch innen mit Mantelbucht **13**
— Sch innen ohne Mantelbucht **7**
7. Sch durch radiäre Rippen und Rillen skulpturiert, unterer Rand der Sch gekerbt. Sch im Umriss ± herzförmig, stark bauchig [**162, 163**] .... Herzmuscheln, **Cardiidae** S. 95
— Sch nicht radiär gerippt, unterer Rand selten gekerbt. Sch nicht gleichzeitig herzförmig u. bauchig **8**
8. Sch bis 12 cm l, Wirbel vor der Mitte, nach vorn gebogen [**151**]. Periostracum dunkelbraun bis schwarz .... **Arcticidae** (= **Cyprinidae**)
Nur ***Arctica*** (= ***Cyprina***) ***islandica*** (L.), Islandmuschel [**151**], Nordsee, Ostsee.
— Sch kleiner (bis 4,5 cm l). Wirbel anders **9**
9. Sch ± 3-eckig [**160, 161**], 2–45 mm l, meist stark konzentrisch gestreift. Periostracum häufig dunkelbraun. Schloss mit 2–3 Hauptzähnen .... **Astartidae** S. 95
Wenn nur 1 Hauptzahn u. als Sondermerkmal Schalenklappen ungleich: **Corbulidae**, s. Nr. **20**.
— Sch ± rund, längsoval oder ± rechteckig, 5–40 mm l, meist glatt u. hell. Schloss mit bis zu 2 Hauptzähnen **10**
10. Sch ± rund, 10–40 mm l. Mit bis zu 2 Hauptzähnen **11**
— Sch längsoval oder ± rechteckig, bis 12 mm l. Mit bis zu 1 Hauptzahn **12**
11. Sch mit 2 flachen Gruben vom Wirbel zum hinteren unteren Rand. Schloss ohne Zähne **Thyasiridae**
Nur ***Thyasira flexuosa*** (Montagu) (bis 18 mm), Nordsee.
— Sch ohne derartige Gruben. Schloss mit 1–2 Hauptzähnen .... **Lucinidae**
2 Arten. ***Lucinoma borealis*** (L.) (L.) (Sch bis 40 mm l; Ligament außen). ***Lucinella divaricata*** (L.) (Sch bis 30 mm l; Ligament innen). Nur leere Schalen bei Helgoland.
12. Sch längsoval, 3–9 mm l, Wirbel hinten. Schloss ohne Hauptzähne, nur mit vorderen u. hinteren Seitenzähnen .... (zu **Lasaeidae**) **Monacutinae**
Häufig Kommensalen bei Echinodermen. ***Tellimya ferruginosa*** (Montagu) (Sch bis 9 mm, länglich-oval), Nordsee. ***Kurtiella*** (= ***Mysella***) ***bidentata*** (Montagu) (Sch bis 5 mm, oval), Nordsee, Ostsee. ***Montacuta substriata*** (Montagu) (Sch bis 3 mm, rundlich), Nordsee.
— Sch ± rechteckig, bis 12 mm l, Wirbel etwa in der Mitte. Schloss mit 1 Hauptzahn **Lasaeidae** (= **Leptonidae**)
2 Arten, z. B. ***Lepton squamosum*** (Montagu) (bis 12 mm). Nordsee. – Hierher auch ***Saxicavella jeffreysi*** Winckworth (**Basterotiidae**) (Sondermerkmal: Sch mit flachem Kiel vom Wirbel zur hinteren unteren Ecke), s. Nr. **13**.

13. Sch mit unregelmäßigem Umriss oder ± rechteckig [**148**], konzentrisch skulpturiert **Hiatellidae** (= **Saxicavidae**)
2; ***Hiatella*** Bosc (= ***Saxicava*** Fleuriau de Bellevue), ***H. rugosa*** (L.) (Sch unregelmäßig; bis 50 mm), bohrt in Sand- u. Kalkstein Helgolands; ***H. arctica*** (L.) (= ***striata*** (Fleuriau de Bellevue)) [**148**] (Sch ± rechteckig; bis 20 mm), Nord- u. Ostsee auf Steinen. – Außerdem ***Saxicavella jeffreysi*** Winckworth (**Basterotiidae**) (Sch schief-trapezförmig; 10 mm), leere Schalen bei Helgoland.

— Sch abgerundet, manchmal hinten abgestutzt (z. B. **145, 146**) **14**

14. Sch mit Schlosszähnen **17**

— Sch ohne Schlosszähne **15**

15. Oberrand der Schalenklappen nach außen umgeschlagen. Sch mit konzentrischen u. radiären Rippen [**177, 178**] .... Bohrmuscheln, **Pholadidae** S. 98

— Schalenklappen oben nicht umgeschlagen. Sch nicht gerippt **16**

16. Sch dick, kräftig, häufig groß, 6 bis 12 cm l. Umriss wie [**145, 146**] ..... Klaffmuscheln, **Myidae**
Sch hinten weit klaffend. Linke Sch mit löffelartigem Fortsatz, rechte mit flacher Grube. Nordsee, Ostsee. 2; ***Mya*** L., ***M. arenaria*** L. (Hinterrand der Sch eiförmig [**145**]; bis 12 cm l); ***M. truncata*** L. (Hinterrand der Sch ± senkrecht abgestutzt [**146**]; bis 6 cm l).

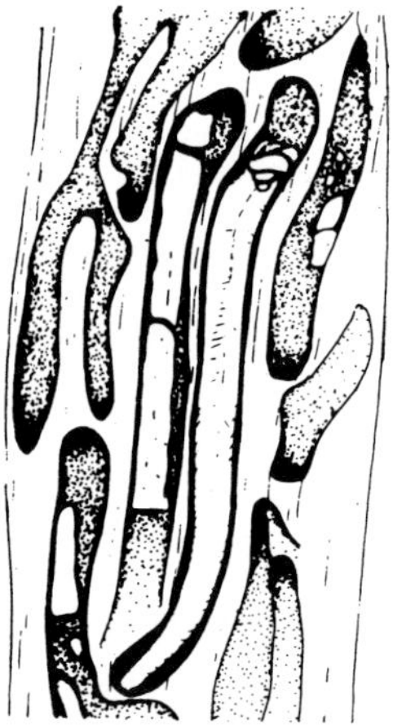
142

143

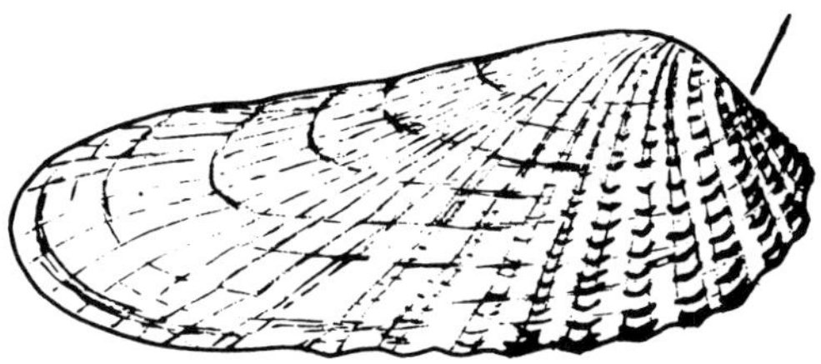
144

145

146

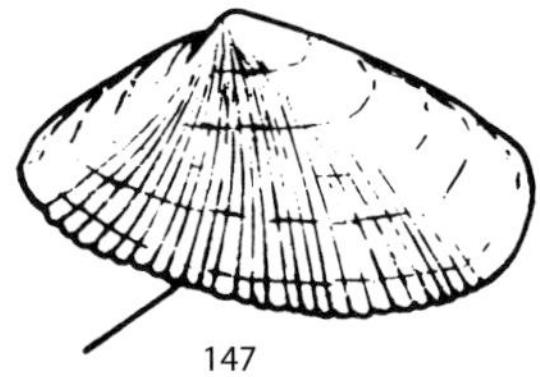
147

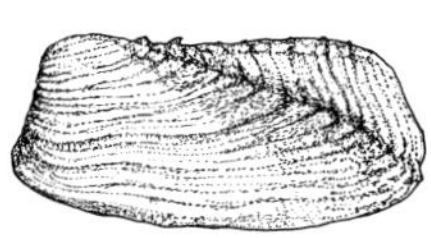
148

142 *Teredo*; **143** *Nucula nucleus*; **144** *Petricolaria*; **145** *Mya arenaria*; **146** *Mya truncata*; **147** *Donax*; **148** *Hiatella arctica*

— Sch dünn, höchstens bis 38 mm l. Umriss nicht wie [**145, 146**]
Sch hinten klaffend. In größerer Tiefe. Im Gebiet meist nur leere Schalen.
a) Sch radiär fein gestreift: **Lyonsiidae**, nur ***Lyonsia norwegica*** (Gmelin) (Sch langgestreckt, hinten abgestutzt, bis 35 mm l).
b) Sch nicht radiär gestreift. Inneres Ligament in einer 3-eckigen Grube: **Thraciidae**, nur 2; ***Thracia*** Blainville (Sch oval, hinten schräg abgestutzt), z. B. ***Th. phaseolina*** (Lamarck) (= ***papyracea*** (Poli)) (bis 38 mm).
c) Sch nicht radiär gestreift. Inneres Ligament in einer ovalen, nach vorn gerichteten Grube: **Periplomatidae**, nur ***Cochlodesma praetenue*** (Pulteney) (Sch oval, hinten abgerundet; 30 mm).

17. Sch mit radialen Rippen oder Leisten **18**
— Sch ohne deutliche radiale Rippen oder Leisten **20**
18. Sch ± 3-seitig. Unterrand der Sch gekerbt [**147**] .... **Donacidae**
Nur ***Donax vittatus*** (da Costa), Dreiecksmuschel [**147**], Nordsee, Ostsee.
— Sch nicht 3-seitig, Unterrand nicht gekerbt **19**
19. Radiale Rippen im vorderen Abschnitt der Sch kräftig, mit scharfen Schuppen besetzt. Sch langgestreckt [**144**] .... (zu **Veneridae**) **Petricolinae**
Petricolaria (= ***Petricola***) ***pholadiformis*** (Lamarck), Amerikanische Bohrmuschel [**144**] (bis 65 mm l), bohrt in verfestigtem Meeresboden, eingeschleppt, Nordsee (Wattenmeer), westliche Ostsee. – Außerdem ***Mysia undata*** (Pennant) (Sch rundlich, glatt; bis 30 mm l), in größerer Tiefe, Nordsee.
— Radiale Rippen auf der Sch gleich ausgeprägt. Sch anders [**164, 166**]
Timoclea Brown u. ***Venerupis*** Lamarck, zu **Veneridae** S. 98
20. Sch oval 3-eckig, Vorderende gerundet, Hinterende etwas verlängert u. abgestutzt. Rechte Schalenklappe greift mit ihrem Rand über die etwas kleinere linke. Bis 12 mm l [**150**]
Corbulidae (= **Aloididae**)
Nur ***Varicorbula*** (= ***Corbula***) ***gibba*** (Olivi), Korbmuschel [**150**], Nordsee, Ostsee.

149

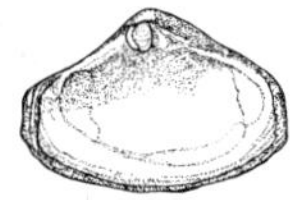
150

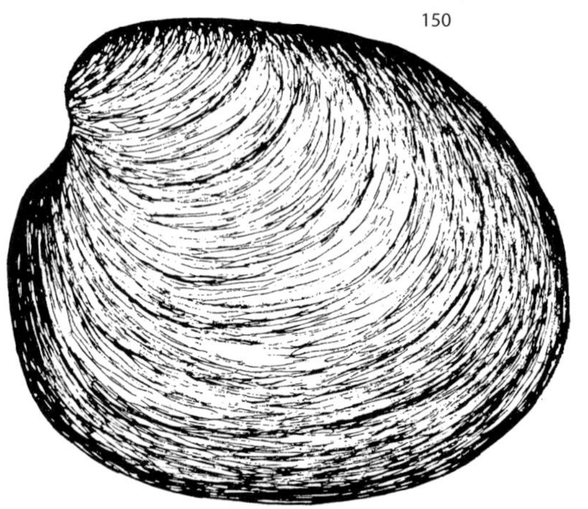
151

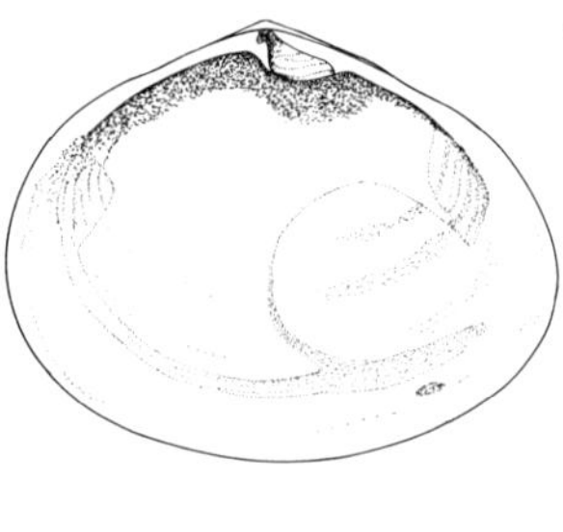
152

153

149 *Ostrea*; **150** *Varicorbula*; **151** *Arctica*; **152** *Scrobicularia*; **153** *Abra alba*

— Anders **21**

21. Schloss kräftig, rechts mit 3, links mit 2–3 dicht nebeneinander stehenden Hauptzähnen, mit Seitenzähnen. Umriss der Sch wie [**164–167**] .... Venusmuscheln, **Veneridae** S. 98
Wenn Schloss rechts mit 3 u. links mit 2 Hauptzähnen u. Umriss der Sch rund: ***Mysia*** LAMARCK, zu **Petricolinae**, s. Nr. **19**.

— Schloss mit 1–2 Hauptzähnen. Umriss der Sch nicht wie [**164–167**], nicht hinten zu Schnabel ausgezogen **22**

— Schloss ohne Hauptzahn. Sch hinten zu einem Schnabel ausgezogen .... **Cuspidariidae**
Nur ***Cuspidaria cuspidata*** (OLIVI) (hinten rechts mit leistenartigem Zahn; Sch bis 18 mm l), nördliche Nordsee, im Gebiet bisher nur leere Schalen.

22. Schloss links mit 1, rechts mit 1–2 Hauptzähnen. Schlossrand deutlich ausgeprägt. Unter dem Wirbel auf der Innenseite der Sch ein 3-eckig vertieftes Feld (Bandgrube) [**152**], das nicht von Zahnerhöhungen eingefasst ist .... Pfeffermuscheln **23**

— Schloss auf beiden Seiten mit 2 Hauptzähnen. Ohne Bandgrube (Vertiefung zwischen Hauptzähnen kann einer Bandgrube ähnlich sehen) **25**

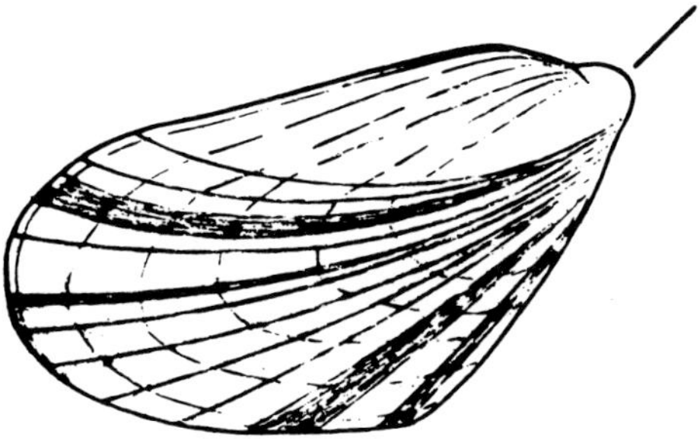
154

156

155

159

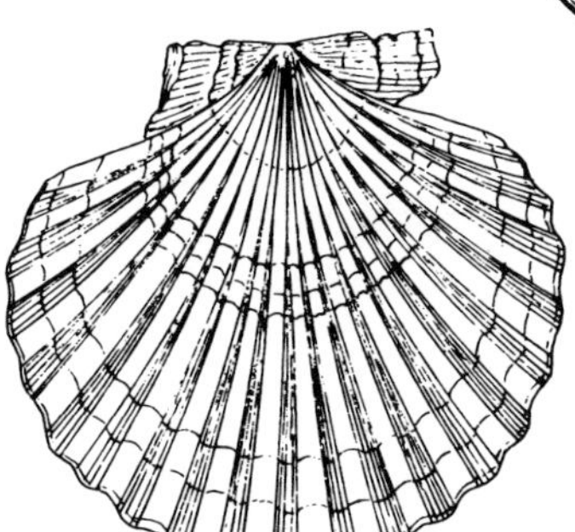
157

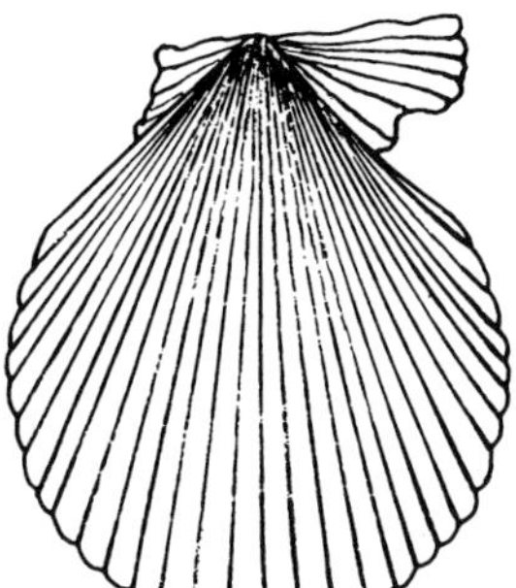
158

154 *Mytilus*; **155** *Musculus*; **156** *Modiolus*; **157** *Aequipecten*; **158** *Mimachlamys*; **159** *Anomia*

23. Schloss ohne Seitenzähne [**152**]. Sch relativ dünn, bis 5 cm .... **Semelidae**
Bisweilen eine eigene Familie **Scrobiculariidae**. Nur ***Scrobicularia plana*** (da Costa), Große Pfeffermuschel [**152**], Nordsee, Ostsee.
— Schloss mit Seitenzahnleisten **24**
24. Sch höchstens 22 mm l, oval, weiß, sehr dünn u. zerbrechlich. Hauptzahn der linken Klappe nicht gespalten. Mantelbucht groß, z. T. mit der Mantellinie zusammenfallend .... **Semelidae**
4; ***Abra*** Leach in Lamarck, Kleine Pfeffermuscheln. Sch doppelt so l wie h: ***A. prismatica*** (Montagu) (Sch bis 22 mm l), Nordsee. Sch kürzer, länglich-oval [**153**]: ***A. nitida*** (Müller) (Sch glänzend, bis 15 mm l), Nordsee, Ostsee; ***A. alba*** (Wood) [**153**] (Sch matt, bis 20 mm l), Nordsee, Ostsee. Sch 3-eckig-oval: ***A. tenuis*** (Montagu) (Sch matt, bis 15 mm l), Nordsee.
— Sch über 20 (bis 55 mm) l, kräftiger u. gewölbter. Hauptzahn der linken Klappe gespalten. Mantelbucht klein, nicht mit Mantellinie zusammenfallend ...... Trogmuscheln, **Mactridae** S. 95
25. Schloss mit Seitenzähnen; wenn ohne Seitenzähne, Sch rundlich-3-eckig
Plattmuscheln, **Tellinidae** S. 95
— Schloss ohne Seitenzähne, Sch verlängert eiförmig .... **Psammobiidae**
Nur ***Gari fervensis*** (Gmelin) (bis 50 mm l), bei Helgoland, in größerer Tiefe.

Familie: **Mytilidae**

Häufig mit Byssusfäden auf harten Unterlagen festgeheftet.

1. Wirbel spitz, ganz am Vorderende des Schalenrandes. Sch langgestreckt, 30–80 mm l [**154**]
Miesmuschel, ***Mytilus edulis*** L.
Blauschwarz bis gelblich-braun. Häufig Miesmuschelbänke bildend, in Nord- u. Ostsee. – Außerdem die sehr ähnliche Art ***M. trossulus*** Gould. – Hierher auch ***Mytilopsis leucophaeata*** (Conrad) (**Dreissenidae**) (Sondermerkmale: Auf der Innenseite der Sch am Wirbel eine kleinere quere Scheidewand u. ein löffelartiger Fortsatz. Braun mit hellen Flecken; etwa 2 cm l), s. S. 98.
— Wirbel etwas vor dem Vorderende des Schalenrandes. Sch langgestreckt [**155, 156**] **2**
— Wirbel etwa in der Mitte der Sch. Sch im Umriss ± eiförmig, 5 mm l. Nordsee, Ostsee
Crenella decussata (Montagu)
2. Sch größtenteils mit Radialskulptur, bis 3,5 cm l [**155**] .. 3; Bohnenmuscheln, ***Musculus*** Röding
Nordsee, westliche Ostsee. Sch groß, bis 50 mm l: ***M. niger*** (Gray) (violettschwarz). Sch kleiner, bis 17 mm: ***M. subpictus*** (Cantraine) (= ***marmoratus*** (Forbes)) (mit rotbraunen Zickzackflecken); ***M. discors*** (L.) (olivgrün bis braun).
— Sch ohne rippenartige Radialskulptur, bis 14 cm l [**156**]. Nordsee, westliche Ostsee
Modiolus modiolus (L.)

Familie: **Anomiidae**

Ständig am Untergrund festgeheftet. Linke obere Hälfte der Sch stärker gewölbt als rechte untere, diese mit Loch.

1. Linke Sch innen mit 3 Muskeleindrücken. Sch bis 50 mm l [**159**]. Nordsee, Ostsee
Sattelmuschel, ***Anomia ephippium*** L.
— Linke Sch innen mit 2 Muskeleindrücken. Sch bis 30 mm l. Nur Nordsee **2**
2. Skulptur aus feinen konzentrischen Streifen .... ***Heteranomia squamula*** (L.)
— Skulptur aus feinen radiären Streifen .... ***Podesmus*** (= ***Monia***) ***patelliformis*** (L.)

Familie: **Pectinidae**, Kammmuscheln

1. Klappen der Sch unterschiedlich, linke flach, rechte stark gewölbt. Sch bis 14 cm l. Nordsee, gelegentlich im Treibgut angespült .... Große Pilgermuschel, ***Pecten maximus*** (L.)
— Klappen der Sch etwa gleich gewölbt **2**
2. Fortsätze am Wirbel etwas ungleich, Sch mit 18–22 flachen Rippen, bis 90 mm l [**157**]. Bei Helgoland .... Kleine Pilgermuschel, ***Aequipecten opercularis*** (L.)

— Fortsätze sehr ungleich, Sch mit 25–35 hohen Rippen, bis 70 mm l [**158**]. Bei Helgoland, selten *Mimachlamys* (= *Chlamys*) *varia* (L.)

Familie: **Astartidae**

1. Sch klein, 2–3 mm l, unterer Rand der Sch innen gekerbt. Sch glatt, weiß, Periostracum weiß bis braun. Nordsee, im Sand .... ***Goodallia*** (= ***Astarte***) ***triangularis*** (Montagu)

— Sch größer, 15–45 mm l, innen nicht gekerbt **2**

2. Sch hoch 3-eckig, ihr Seitenrand unterhalb des Wirbels deutlich eingebuchtet, mit etwa 40 konzentrischen Rippen, bis 25 mm l. Nordsee, Ostsee ***Astarte*** (= ***Nicania***) ***montagui*** (Dillwyn)

— Sch längsoval, mit 20–30 groben konzentrischen Rippen oder Sch fast rund bis breit elliptisch, mit etwa 50 konzentrischen Streifen .... weitere Arten von 4; ***Astarte*** Sowerby

Nordsee, Ostsee. ***A. elliptica*** (Brown) [**160**] (Sch längsoval 3-eckig, hinterer Rand schräg abgestumpft, mit grober konzentrischer Streifung (20–30 Rippen), bis 30 mm l); ***A. borealis*** (Schumacher) [**161**] (Sch fast rund bis breit elliptisch, feiner konzentrisch gestreift (etwa 50 Streifen), 45 mm l). – Ähnlich ***A. falsteri*** Høpner Petersen, endemisch in der Ostsee.

Familie: **Cardiidae**, Herzmuscheln

1. Rippen schmal, darauf kleine Mittelleisten mit Stacheln, mit 18–20 Rippen, Zwischenräume breiter als Rippen. Sch bis 60 mm l. Nordsee .... ***Acanthocardia echinata*** (L.)

— Rippen ohne erhöhte Mittelleisten, Zwischenräume höchsten so b wie die Rippen **2**

2. Rippen ohne Stacheln oder Knoten, höchstens mit konzentrischen Querleisten. Sch 20–50 mm l .... 2; ***Cerastoderma*** Poli

Mit 22–28 Rippen. Beide Arten in Nord- u. Ostsee häufig, einander recht ähnlich. ***C. edule*** (L.) [**162**] (Rippen meist flach, gerundet; Sch 30–50 mm l); ***C. glaucum*** (Bruguière) (= ***lamarcki*** (Reeve)) (Rippen meist dachfirstartig zugespitzt; Sch 20–40 mm l). Nordsee, Ostsee.

— Rippen mindestens teilweise mit Stacheln oder Knötchen, seltener glatt. Sch bis 14 mm l 4; ***Parvicardium*** Monterosato

a) Rippen auf der Innenfläche der Sch fast vollständig bis zur Wirbelregion sichtbar: ***P. pinnulatum*** (Conrad) (= ***ovale*** (Sowerby)) [**163**] (Sch rundlich-oval, Wirbel wenig vor der Mitte der Sch; bis 14 mm l), Nordsee, Ostsee; ***P. hauniense*** (Petersen et Russell) (Sch schief-oval, Wirbel weit vor der Mitte der Sch; Sch bis 8 mm l), endemisch in der Ostsee.

b) Rippen auf der Innenfläche der Sch nur am Rand sichtbar: ***P. exiguum*** (Gmelin) (Sch mit bis 22 Rippen, bis 10 mm l); ***P. scabrum*** (Philippi) (Sch mit bis zu 28 Rippen, bis 12 mm l). Beide Arten Nordsee, Ostsee.

Familie: **Mactridae**, Trogmuscheln

1. Seitenzähne glatt [**174**]. Sch meist mit radiären braunen Strahlen, bis 60 mm l. Nordsee ***Mactra stultorum*** (L.) (= ***corallina*** (L.), = ***cinerea*** Montagu)

Außerdem ***Lutraria*** Lamarck (Sch länglich-oval), z. B. ***L. lutraria*** (L.) (Sch gefleckt, bis 120 mm l), Nordsee, als Schalen angespült.

— Gruben zwischen den Seitenzahnleisten gekerbt (geriefelt) [**175**]. Sch sehr fest, bis 60 mm l 3; ***Spisula*** Gray

S. solida (L.) [**175**] (Sch im Umriss ± elliptisch, bis 50 mm l), Nordsee, Ostsee; ähnlich ist ***S. elliptica*** (Brown) (dünnschaliger, Sch bis 30 mm l); ***S. subtruncata*** (da Costa) [**176**] (Sch im Umriss ± 3-eckig, bis 30 mm l), Nordsee, Ostsee. – Eingeschleppt ***Rangia cuneata*** (Sowerby), im Brackwasser.

Familie: **Tellinidae**, Plattmuscheln

1. Sch rundlich-3-eckig, Vorderende abgerundet, Hinterende verjüngt [**168**]. Schloss ohne Seitenzähne .... 2; ***Macoma*** Leach s. l.

Limecola (= ***M.***) ***balthica*** (L.) [**168**] (Sch ziemlich gewölbt, ± glänzend, meist gefärbt, bis 30 mm l), Nord- u. Ostsee; ***M. calcarea*** (Gmelin) (Sch flacher, immer kalkweiß, glanzlos, bis 50 mm l), Ostsee.

— Sch breit-oval (wenig länger als h), bis 50 mm l. Schloss mit Seitenzähnen. Bei Helgoland ***Arcopagia crassa*** (Pennant)

160

161

163

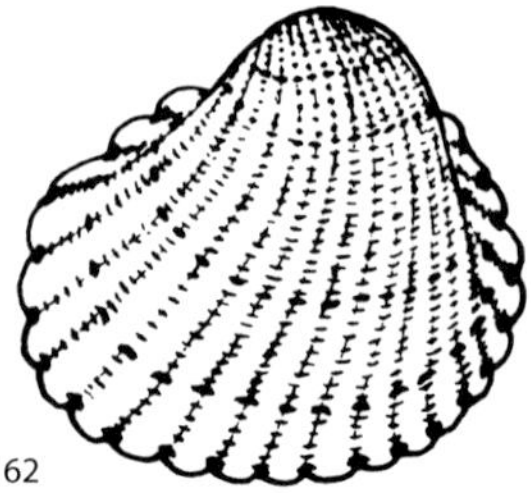

162

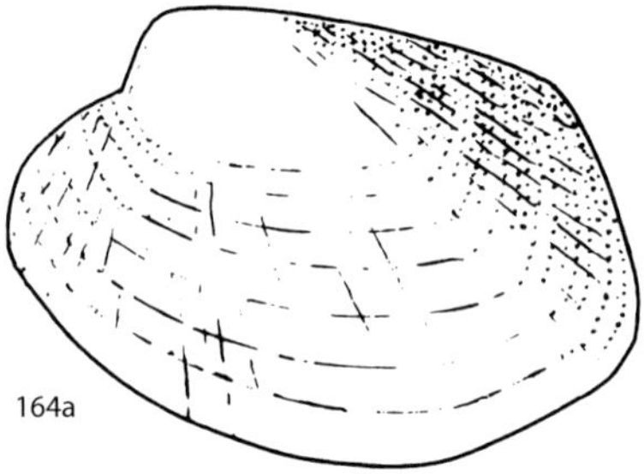

164a

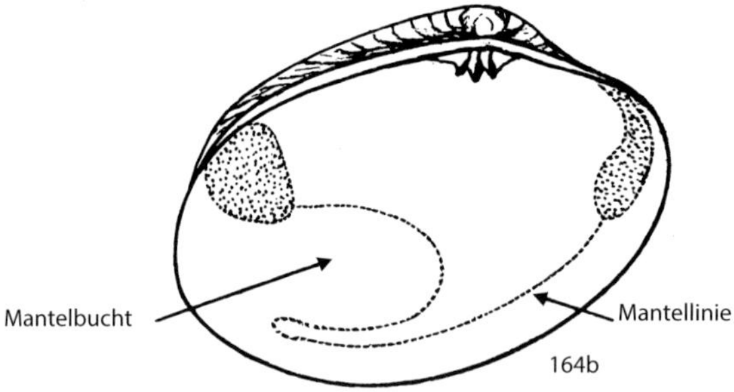

164b

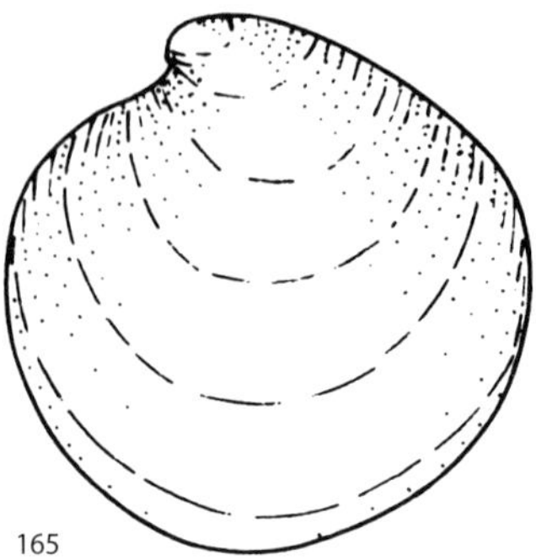

165

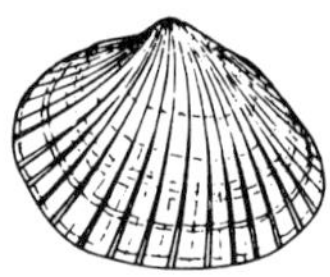

166

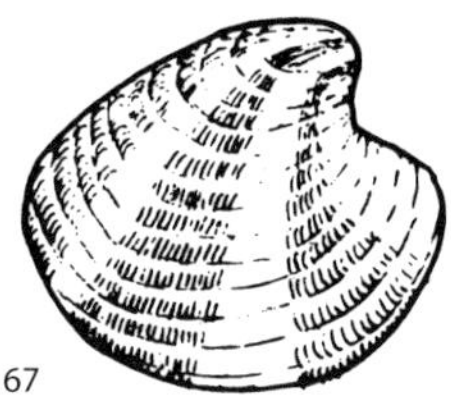

167

160 *Astarte elliptica*; **161** *Astarte borealis*; **162** *Cerastoderma edule*; **163** *Parvicardium pinnulatum*; **164** *Venerupis*; **165** *Dosinia exoleta*; **166** *Timoclea*; **167** *Chamelea*

168

169

170

171

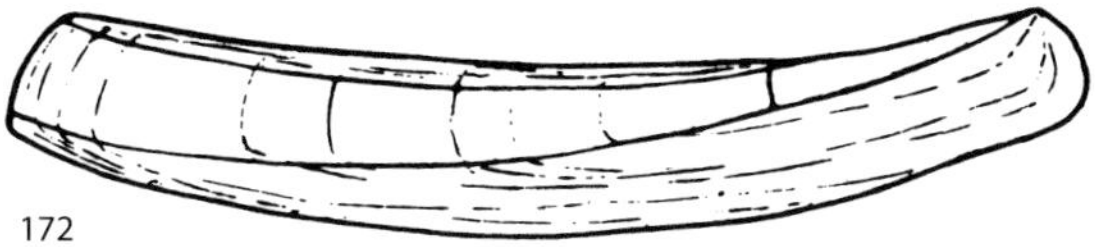
172

173

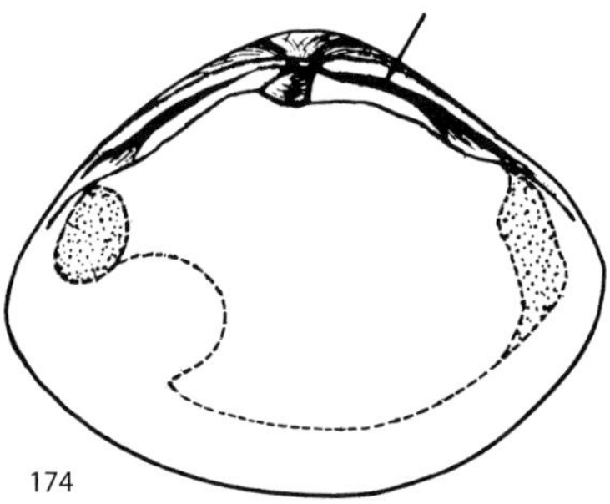
174

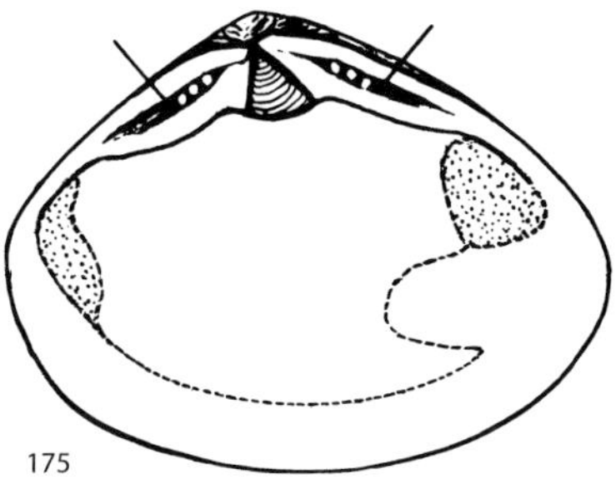
175

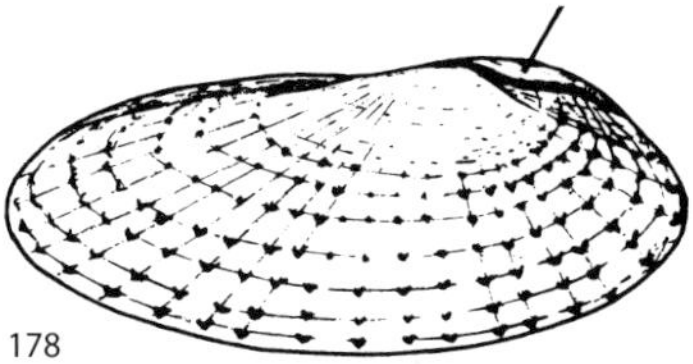
178

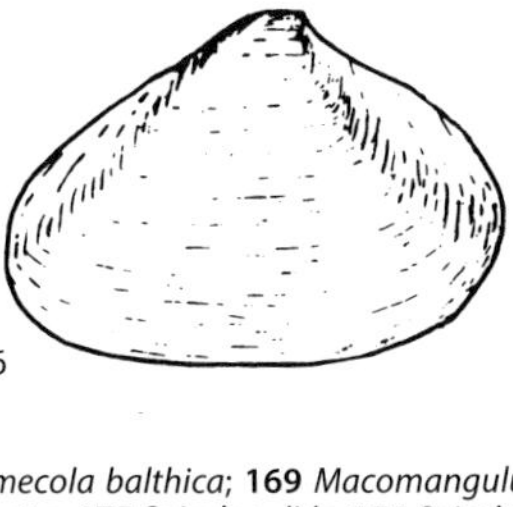
176

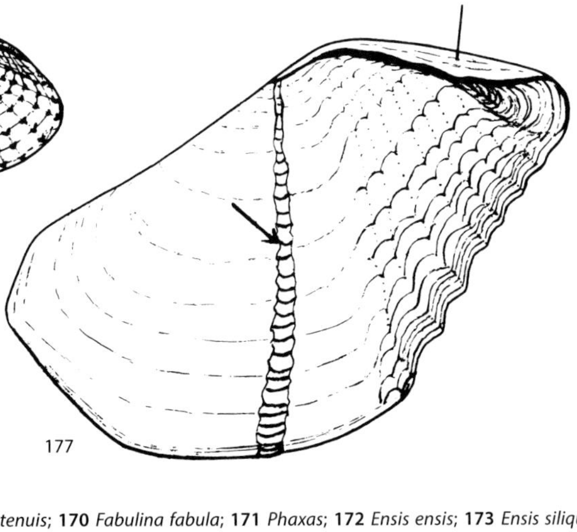
177

168 *Limecola balthica*; **169** *Macomangulus tenuis*; **170** *Fabulina fabula*; **171** *Phaxas*; **172** *Ensis ensis*; **173** *Ensis siliqua*; **174** *Mactra*; **175** *Spisula solida*; **176** *Spisula subtruncata*; **177** *Zirfaea*; **178** *Barnea*

— Sch länglicher (z. B. [**169, 170**]). Schloss mit Seitenzähnen .... 4; ***Tellina*** L. s. l.
Wirbel etwa in der Mitte der Sch: ***Macomangulus*** (= *T.*) ***tenuis*** (da Costa) [**169**] (oberer hinterer Rand der Sch konvex; Sch bis 25 mm l), Nordsee, Ostsee; ***Fabulina*** (= *T.*) ***fabula*** (Gmelin) [**170**] (oberer hinterer Rand der Sch fast gerade; Sch bis 22 mm l), Nordsee, Ostsee. Wirbel deutlich hinter der Mitte der Sch: ***Asbjornsenia*** (= *T.*) ***pygmaea*** (Lovén) (Sch bis 10 mm l) u. ***Moerella*** (= *T.*) ***donacina*** (L.) (Sch bis 25 mm l), bei Helgoland.

Familie: **Veneridae**, Venusmuscheln

Zu den Veneridae gehören auch die **Petricolinae**, s. S. 92.

1. Sch abgerundet rechteckig bis rhombisch, Wirbel deutlich zur Seite gerückt. Sch bis 65 mm l [**164a, 164b**]. Nordsee Teppichmuschel, ***Venerupis corrugata*** (Gmelin) (= ***pullastra*** (Montagu))
— Sch rundlich-oval bis schief dreieckig, Wirbel fast in der Mitte **2**
2. Sch ziemlich flach, Innenrand glatt. Mantelbucht tief .... 2; ***Dosinia*** Scopoli
D. exoleta (L.) [**165**] (Mantelbucht endet gerundet; Sch bis 50 mm l), Nordsee; ***D. lupinus*** (L.) (Mantelbucht endet eckig; Sch bis 35 mm l), Nordsee, Ostsee.
— Sch stärker gewölbt, Innenrand gekerbt. Mantelbucht nicht tief **3**
3. Sch rundlich oval, mit Netzwerk aus radialen Rippen u. fein konzentrischer Streifung, bis 15 mm l [**166**]. Helgoland .... ***Timoclea*** (= ***Venus***) ***ovata*** (Pennant)
— Sch schief 3-eckig gerundet, mit vielen konzentrischen Rippen, strahliger Bänderzeichnung u. etwas nach vorn gebogenem Wirbel, bis 30 mm l [**167**]. Nordsee, Ostsee
Venusmuschel, ***Chamelea striatula*** (da Costa)
Sehr ähnlich ***Ch. gallina*** (L.).

Familie: **Pholadidae**, Bohrmuscheln

Sch vorn u. hinten klaffend, raspelartig. Tiere bohren durch rotierende Bewegung in festen Substraten.

1. Über die Schalenmitte mit auffälliger Querfurche. Sch weniger als doppelt so l wie h, bis 80 mm l [**177**]). Nordsee, Ostsee .... ***Zirfaea crispata*** (L.)
— Sch ohne Querfurche, Sch mehr als doppelt so lang wie h **2**
2. Vorder- u. Hinterende der Sch gerundet, bis 55 mm l [**178**]). Nordsee, Ostsee
Barnea candida (L.)
— Vorderende stark eingebuchtet u. sein nach außen umgeschlagener Schalenteil durch kleine Querleisten mit der Außenfläche der Sch verbunden. Sch bis 10 cm l. Bei Helgoland
Pholas dactylus L.

Familie: **Pharidae**, Scheidenmuscheln

1. Sch dünn, etwa 3-mal so l wie b, bis 30 mm l. Vorder- u. Hinterende abgerundet [**171**]
Phaxas pellucidus (Pennant)
— Sch länger u. fester, Enden ± abgestutzt .... 4; ***Ensis*** Schumacher
In der Nordsee. ***E. ensis*** (L.) [**172**] (Sch kräftig gebogen, bis 10 cm l); ***E. magnus*** Schumacher (= ***arcuatus*** (Jeffreys)) (Sch weniger stark gebogen, bis 16 cm l); ***E. siliqua*** (L.) [**173**] (Sch gerade, bis 22 cm l); ***E. leei*** Huber (= ***directus*** (Conrad), = ***americanus*** (Gould)) (Sch wenig gebogen, bis 17 cm l), aus Nordamerika eingeschleppt.

Literatur

Bieler, R., Mikkelsen, P.: Bivalvia – a look at the branches. Zoological Journal of the Linnean Society, 148, 223–235, 2006.

Bogon, K.: Landschnecken. Augsburg, 1990.

Bouchet, P., Rocroi, J.-P.: Classification and nomenclator of gastropod families. Malacologia 47(1-2): 1–397, 2005.

Bouchet, P., Rocroi , J.-P.: Nomenclator of bivalve families; with a classification of bivalve families by R. Bieler, J. G. Carter, E. V. Coan. Malacologia 52(2): 1–184, 2010.

Cameron, R., Riley, G.: Land snails in the British Isles. 2nd ed. Field Studies Council. AIDGAP 79. Shrewsbury, 2003.

Ehrmann, P.: Mollusca. In: P. Brohmer, P. Ehrmann, G. Ulmer, Tierwelt Mitteleuropas, Bd. II. Leipzig, 1933, dazu Ergänzungen u. Berichtigungen von A. Zilch u. S. G. A. Jaeckel. Leipzig, 1962.

Fechter, R., Falkner, G.: Weichtiere. Die farbigen Naturführer. München, 1989.

Glöer, P.: Süßwassergastropoden Nord- und Mitteleuropas: Bestimmungsschlüssel, Lebensweise, Verbreitung. Die Tierwelt Deutschlands, 73. Hackenheim, 2002.

Glöer, P.: Süßwassermollusken. 14. Aufl. DJN. Hamburg, 2015.

Götting, K.-J.: Meeresgehäuseschnecken Deutschlands. In: F. Dahl, Die Tierwelt Deutschlands 80. Hackenheim, Keltern, 2008.

Graham, A.: Prosobranch and Pyramidellid gastropods, 2nd. ed. Synopses of the British Fauna 2. London, 1988.

Hausser, J.: Mollusca identification. Bestimmungsschlüssel der Gastropoden der Schweiz. Fauna Helvetica 10. Neuchâtel, 2005.

Hayward, P. J., Wigham, G. D., Yonow, N.: Mollusca. In: P. J. Hayward, J. S. Ryland, The marine fauna of the British Isles and North-West Europe. Vol. 2. Oxford, 1990.

Hayward, P. J., Wigham, G. D., Yonow, N.: Molluscs (Phylum Mollusca). In: P. J. Hayward, J. S. Ryland, Handbook of the marine fauna of North-West Europe. Oxford, 1995.

Huber, M.: Compendium of bivalves. A full-color guide to 3,300 of the World's Marine Bivalves. A status on Bivalvia after 250 years of research. ConchBooks, Hackenheim, 2010.

Jones, A. M., Baxtyer, J. M.: Molluscs – Caudofoveata, Solenogastres, Polyplacophora and Scaphopoda. Synopses of the British Fauna 37. London, 1987.

Jungbluth, J. H., von Knorre, D., Gosselck, F., Darr, A.: Mollusca – Weichtiere. In: B. Klausnitzer, J. H. Jungbluth, Stresemann – Exkursionsfauna von Deutschland, Band 1 – Wirbellose (ohne Insekten). 9. Aufl. Heidelberg, 2019.

Jungbluth, J. H., Wiese, V.: MollBase – Database of Mollusca. www.mollbase.de/

Kerney, M., Cameron, R., Jungbluth, J.: Die Landschnecken Nord- und Mitteleuropas. Hamburg, Berlin, 1983.

Lindner, G.: Muscheln und Schnecken der Weltmeeere. BLV Bestimmungsbuch. München, Wien, Zürich, 1990.

MolluscaBase eds.: MolluscaBase. [http://www.molluscabase.org]. 2021.

Rowson, B., Turner, J., Anderson, R., Symondson, B.: Slugs of Britain and Ireland. Field Studies. Council. Telford, 2014.

Wiese, V.: Die Landschnecken Deutschlands. Finden – Erkennen – Bestimmen. Wiebelsheim, 2014.

Wiese, V., Janke, K.: Die Meeresschnecken und -muscheln Deutschlands. Finden – Erkennen – Bestimmen. Wiebelsheim, 2020.

Willmann, R.: Muscheln und Schnecken der Nord- und Ostsee. Melsungen, 1989.

Ziegelmeier, F.: Die Muscheln der deutschen Meeresgebiete. Hamburg, 1974. Die Schnecken (Gastropoda, Prosobranchia) der deutschen Meeresgebiete und brackigen Küstengewässer. Hamburg, 1973.

Annelida, Ringelwürmer

Körper besteht aus dem Kopflappen (Prostomium) vor der Mundöffnung, hintereinanderliegenden, ± gleichartigen Segmenten u. der Afterzone (Pygidium). Bestimmung nur an adulten u. häufig nur an lebenden Tieren möglich, auf die sich auch Farb- u. Größenangaben beziehen. Betäubung mit 10%igem Alkohol, Tötung u. Fixierung in 4%igem Formalin, Konservierung in 75%igem Alkohol.
Abkürzung: Segm = Segment(e).

System:
„Polychaeta" s. l. mit **„Polychaeta"** s. str. (dazu gehören auch die **„Archiannelida"** als künstliche Gruppe), **Aeolosomatida, Potamodrilida;** hierher auch **Sipuncula** (S. 8) u. **Echiura** (S. 7)
Clitellata mit **„Oligochaeta", Branchiobdellea, Hirudinea**

1. Hinterende mit Haftscheibe oder Saugnapf (z. B. [**25, 31**]) **2**
— Hinterende ohne Haftscheibe oder Saugnapf, höchstens mit Kiemennapf [**17**] **3**
2. Segm in vordere kürzere u. längere hintere Ringel geteilt. Bis 12 mm. „Parasitisch" an Flusskrebsen .... **Branchiobdellea** S. 104
— Gleichmäßig geringelt. Nicht an Krebsen .... Egel, **Hirudinea** S. 109
3. Segm mit Seitenlappen (Parapodien, z. B. [**3**]) u./oder Kiemenbüschel; wenn diese fehlen, Vorderkörper mit Fortsätzen (aber nicht wie [**1**] oder [**18, 19**]). Fast ausschließlich marin Borstenwürmer, **„Polychaeta"** s. str. S. 100
Wenn mit Parapodien u. löffelförmigen Palpen, Körper bis 2 mm: **Nerillidae** (zu **„Archiannelida"**), z. B. ***Nerilla antennata*** Schmidt.
— Segm ohne Seitenlappen, höchstens mit Borsten. Vorderkörper ohne oder mit 1 Tentakel [**18, 19**] oder mit 2 Tentakeln [**1**]. Häufig limnisch oder terrestisch **4**
Sehr selten mit Kiemen an Segm (***Branchiura sowerbyi***, s. **„Oligochaeta"** Nr. **8**).
4. Terrestrisch .... viele Wenigborster, **„Oligochaeta"** S. 104
Manche Arten der **Aeolosomatida** (s. Nr. **5**) leben semiaquatisch im Boden.
— Limnisch oder marin **5**
5. Jedes Segm mit 4 Borstenbündeln, mit Haarborsten (vgl. [**16**]) in den dorsalen u. ventralen Borstenbündeln. Prostomium mit bewimperter Kriechscheibe, dadurch gleitendes Kriechen **Aeolosomatida**
12; ***Aeolosoma*** Ehrenberg (1–10 mm; Haut mit farbigen oder farblosen Ölkugeln), z. B. ***A. niveum*** Leydig. ***Hystricosoma chappuisi*** Michaelsen (bis 0,6 mm), an Flusskrebsen. – Ähnlich **Potamodrilida**, nur ***Potamodrilus fluviatilis*** (Lastockin) (Sondermerkmale: mit 6 Borstensegmenten; kurzer Schwanzanhang zum Festheften; 1,3 mm), im Sandlückensystem von Flüssen.
— Beborstung anders: Haarborsten nur in den dorsalen Borstenbündeln oder ohne lange Haarborsten, dann aber mit anderen Borsten. Ohne bewimperte Kriechscheibe **6**
6. Körper vorn ohne oder mit 1 Tentakel [**18, 19**], fast immer über 3 mm, nicht bewimpert. Meist limnisch oder terrestrisch .... Wenigborster, **„Oligochaeta"** S. 104
— Körper vorn mit 2 Tentakeln [**1**] oder ohne Tentakel, dann Körper unter 3 mm u. ± bewimpert [**2**]. Marin, häufig im Sandlückensystem .... **„Archiannelida"**
Gehören zu **„Polychaeta"** s. str., ca. 20 Arten. Wichtige Familien **Polygordiidae** u. **Protodrilidae** (mit 2 Tentakeln; Habitus [**1**]), ***Polygordius*** Schneider (Tentakel unbeweglich), z. B. ***P. appendiculatus*** Fraipont (20 mm). ***Protodrilus*** Hatschek (Tentakel beweglich), z. B. ***P. purpureus*** Schneider [**1**] (bis 15 mm). **Dinophilidae** (ohne Tentakel; Habitus [**2**]), z. B. ***Dinophilus*** Schmidt, häufig ***D. gyrociliatus*** Schmidt [**2**] (bis 1,3 mm).

„Polychaeta", Borstenwürmer, Vielborster

Rumpfsegment meist mit Seitenlappen (= Parapodien [**3**]), häufig mit Kiemen oberhalb des Dorsalastes. Kopfregion häufig mit Anhängen [**4**] wie Antennen u. Palpen (diese in Nähe der Mundöffnung) als Sinnesorgane, Tentakelcirren (reduzierte Parapodien auf Segm hinter Mundöffnung), Tentakel (dienen der Nahrungsaufnahme [**10–15**]). Meist getrenntgeschlechtlich. Entwicklung über Trochophora-Larve. Kriechend oder grabend, seltener frei schwimmend, häufig in Röhren am Boden. Räuber, Pflanzen- oder Detritusfresser. Marin, einige Arten terrestrisch. Im Gebiet etwa 200 Arten. Tiefenformen u. Arten der äußeren Nordsee nicht berücksichtigt.

System:
Eunicida: Dorvilleidae, Lumbrineridae, Onuphidae
Polychaeta incertae sedis: Archiannelida, Magelonidae, Oweniidae, Parergodrilidae, Spintheridae
Phyllodocida: Aphroditidae, Glyceridae, Goniadidae, Hesionidae, Nephtyidae, Nereididae, Phyllodocidae, Polynoidae, Sigalionidae, Sphaerodoridae, Syllidae, Tomopteridae
Sabellida: Sabellariidae, Sabellidae, Serpulidae
Scolecida: Arenicolidae, Capitellidae, Maldanidae, Opheliidae, Orbiniidae, Paraonidae, Scalibregmatidae
Spionida: Apistobranchidae, Chaetopteridae, Poecilochaetidae, Spionidae, Trochochaetidae
Terebellida: Ampharetidae, Cirratulidae, Flabelligeridae, Pectinariidae, Terebellidae, Trichobranchidae

1. Rücken mit feinem Borstenfilz, Seiten mit irisierenden Borstenbündeln u. harten dunklen Borsten. Bis 4 cm breit .... **Aphroditidae**
Nur ***Aphrodite aculeata*** L., Seemaus [**5**] (bis 22 cm lang), auf Schlick, Nordsee.
— Gestalt anders, Körper schmaler **2**
2. Mit Schuppen, die Rücken überdecken („Elytren") **3**
— Ohne derartig angeordnete Rückenschuppen **4**
3. Mit 12–15 Paar Elytren .... **Polynoidae**
Häufig ***Lepidonotus squamatus*** (L.) [**6**] (12 Paar Elytren; bis 50 mm). Mit 15 Paar Elytren, die Rücken völlig bedecken: 5; ***Harmothoe*** Kinberg (dorsale Borsten dicker als ventrale), z. B. ***H. imbricata*** (L.) (bis 65 mm). ***Gattyana cirrhosa*** (Pallas) (dorsale Borsten dünner als ventrale; bis 50 mm). Bei weiteren Arten bedecken Elytren Rücken nicht vollständig.
— Mit zahlreichen Elytren (über 18) .... **Sigalionidae, Pholoinae**
Wenige Arten, z. B. ***Pholoe minuta*** (F.) (bis 25 mm).
4. Segm ± gleichartig u. mit deutlichen Parapodien, diese mit Cirren. Prostomium mit manchmal kurzen Anhängen (meist Antennen u. Palpen) **5**
Ohne Anhänge oder mit 1 Antenne: nur **Paraonidae** (s. Nr. **6**).
— Körper in ungleiche Abschnitte geteilt; wenn Segm gleichartig, dann diese nicht zugleich mit deutlichen Parapodien u. Kopf mit Anhängen **12**
5. Oberseite der Segm 3-feldrig gegliedert. Körperquerschnitt ± 4-kantig. Bis 200 mm **Nephtyidae**
Häufig nur 7; ***Nephtys*** Cuvier, z. B. ***N. hombergii*** Savigny, im Sand, Schlick.
— Anders **6**
6. Vorderende mit verlängerten Anhängen **8**
— Vorderende mit kurzen Anhängen **7**
— Vorderende ohne Anhänge oder mit 1 Antenne .... **Paraonidae**
Z. B. 2; ***Paraonis*** Cerruti, in der Gezeitenzone ***P. fulgens*** (Levinsen) (bis 30 mm). – Hierher auch **Spintheridae** mit ***Spinther arcticus*** (Sars) (Sondermerkmal: Körper oval, bis 9 mm), auf Schwämmen.
7. Körper mit Längsreihen von großen, kugeligen Papillen .... **Sphaerodoridae**
Sphaerodorum gracilis (Rathke) (Segm mit je 2 Papillen; bis 60 mm). 3; ***Sphaerodoropsis*** Hartmann et Fauchalt (Segm mit mindestens 4 Papillen; bis 15 mm), z. B. ***S. baltica*** (Reimers), Ostsee.
— Körper ohne derartige Papillen .... **Glyceridae**
Nur 4; ***Glycera*** Savigny, in der Gezeitenzone ***G. capitata*** Oersted (bis 150 mm). (Außerdem einige **Syllidae** s. Nr. **11**).
8. Parapodien mit dorsalen u. ventralen zungenförmigen Lappen [**3**]. Vorderende mit 2 Antennen, 2 2-gliedrigen Palpen u. 4 Augen [**4**] .... **Nereididae**
Platynereis dumerilii (Audouin et Milne-Edwards) (längster Fühler bis 15. Segm reichend; bis 90 Segm = 100 mm). Großgattung 7; ***Nereis*** L. (längster Fühler kürzer, höchstens bis 6. Segm reichend), häufig ***Alitta virens*** (Sars) (bis 200 Segm = 900 mm; grün bis blau), übrige Arten kleiner, z. B. ***Hediste diversicolor*** Müller (bis 120 Segm = 200 mm) u. ***Nereis pelagica*** L. [**7**] (bis 100 Segm = 155 mm).
— Anders **9**
9. Dorsalcirren (u. Bauchcirren, wenn vorhanden) ± blattförmig. Parapodien meist 1-ästig **Phyllodocidae**
a) Kopf mit 5 Tentakeln: ***Notophyllum foliosum*** (Sars) (Dorsalcirren breit nierenförmig; bis 60 mm). 2; ***Eulalia*** Savigny (Dorsalcirren lanzettlich bis oval), häufig ***E. viridis*** (L.) (Körper ± grün; bis 150 mm). 3; ***Eumida*** Malmgren (Dorsalcirren herzförmig, in Spitze auslaufend), häufig ***E. sanguinea*** (Oersted) (Körper grünlich, gelblich oder bräunlich; bis 65 mm).
b) Kopf mit 4 Tentakeln; mehrere Gattungen, darunter 5; ***Eteone*** Savigny (2 Paar Tentakelcirren am 1. Segm), z. B. ***E. longa*** (F.) (bis 160 mm). 7; ***Phyllodoce*** Lamarck (4 Paar Tentakelcirren an 3 vorderen Segm; 2. Segm ohne borstentragende Parapodien), z. B. ***P. maculata*** (L.).
— Dorsal- u. Ventralcirren ± kugelig .... **Sigalionidae, Pisioninae**
Pisione remota (Southern) (bis 26 mm), im Sandlückensystem.

— Parapodien an Basis stark verlängert, 2-ästig, mit Flossensäumen .... **Tomopteridae**
Nur ***Tomopteris helgolandica*** GREEF (bis 90 mm), im Plankton.

— Parapodien anders **10**

10. Körper ± drehrund. Dorsalcirren lang, fadenartig **11**

— Körper ± abgeplattet. Dorsalcirren nicht fadenartig .... **Dorvilleidae**
Protodorvillea kefersteini (MCINTOSH) (Segm ohne Wimperringe; bis 15 mm). ***Ophryotrocha puerilis*** CLAPARÈDE ET MECZNIKOW (Segm mit je 1 Wimperring; 3–12 mm). – Hierher auch **Onuphidae** (größer, bis 150 mm), nur ***Nothria conchylega*** (SARS).

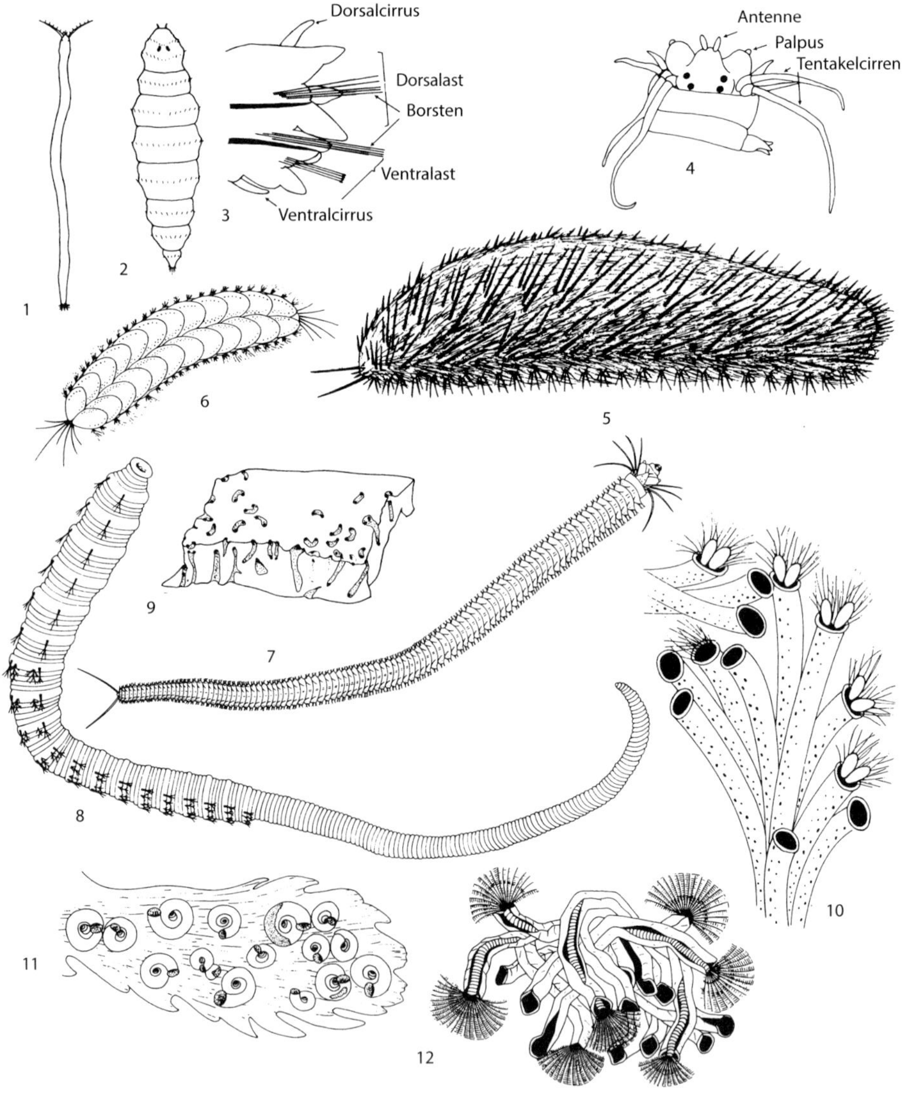

1 *Polygordius*; **2** *Dinophilus*; **5** *Aphrodite*; 6 *Lepidonotus*; **7** *Nereis pelagica*; **8** *Arenicola*; **10** *Sabellaria*; **11** *Spirorbis*; **12** *Spirobranchus*

11. Kopfregion mit 3 Antennen u. 2–3 Paar Tentakelcirren . . . . **Syllidae**
Z. B. ***Myrianida prolifera*** (Müller) (Parapodien ohne Bauchcirren; bis 30 mm).

— Kopfregion mit 4–5 Antennen u. 6–8 Paar Tentakelcirren . . . . **Hesionidae**
Z. B. ***Nereimyra punctata*** (Müller) (bis 25 mm). – Im Sandlückensystem ***Hesionides arenaria*** Friedrich (bis 3 mm).

12. Körper wurmförmig. Parapodien reduziert, ohne oder mit wenig entwickelten Lappen. Kopfregion ohne Anhänge **13**
Mit 2 bis zahlreichen Tentakeln nur **Flabelligeridae, Cirratulidae** (s. Nr. **14, 15**).

— Körper wurmförmig. Mit deutlichen Parapodien. Kopfregion mit 2 (seltener 4) verlängerten Fangtentakeln **16**
Ohne Tentakeln nur **Orbiniidae, Lumbrineridae, Goniadidae** (s. Nr. **17, 18**).

— Nur Hinterende des Körpers wurmartig. Vorderende mit zahlreichen Tentakeln (z. B. [**15**]) oder mit Tentakelkrone [**13**] oder mit zahlreichen fadenförmigen Tentakeln um Mundöffnung u. konzentrisch angeordneten Lamellenborsten [**10**] **19**

13. Körper in 3 Abschnitte gegliedert. Mittlere Segm mit büscheligen Kiemen. Segm sekundär geringelt [**8**] . . . . **Arenicolidae**
Nur ***Arenicola marina*** (L.), Wattwurm [**8**] (bis 300 mm), Substratfresser, lebt in U-förmigem Gang, Kothäufchen im Watt auffallend.

— Körper in 2 Abschnitte gegliedert, regenwurmähnlich, ohne deutliche Anhänge, höchstens hinten mit Kiemen . . . . **Capitellidae**
Häufig ***Capitella capitata*** (F.) (Vorderkörper mit 9 Segm; bis 120 mm), Substratfresser. ***Heteromastus filiformis*** (Claparède) (Vorderkörper mit 12 Segm; vorn rot, hinten gelb; bis 190 mm).

— Körper anders **14**

14. Körper mit Schleimhülle, diese von schleimabsondernden Papillen abgeschieden. Vorderende mit 2 Tentakeln . . . . **Flabelligeridae**
Z. B. ***Pherusa plumosa*** (Müller) (bis 60 mm).

— Körper ohne Papillen u. Schleimhülle **15**

15. Sondermerkmal: Vorderende mit 2 langen Tentakeln u. mit fadenförmigen Kiemen **Cirratulidae**
Cirratulus cirratulus (Müller) (Tentakel dünn; bis 300 mm). Tentakel dick: u. a. ***Aphelochaeta*** (= ***Tharyx***) ***marioni*** (Saint-Joseph) (bis 100 mm).

— Sondermerkmal: Vorderende nur von Kiemenlappen umgeben . . . . **Oweniidae**
Nur ***Owenia fusiformis*** delle Chiaje (bis 100 mm).

— Sondermerkmal: Vorderende schräg abgestutzt oder zipfelmützenförmig . . . . **Maldanidae**
Z. B. ***Praxillella praetermissa*** (Malmgren) (bis 100 mm).

— Sondermerkmal: Prostomium T-förmig oder vorn eingeschnitten . . . . **Scalibregmatidae**
Z. B. ***Polyphysia crassa*** (Oersted) (bis 40 Segmente, Körper einheitlich dick, bis 40 mm). ***Scalibregma inflatum*** Rathke (bis 60 Segmente, Vorderkörper angeschwollen, bis 100 mm).

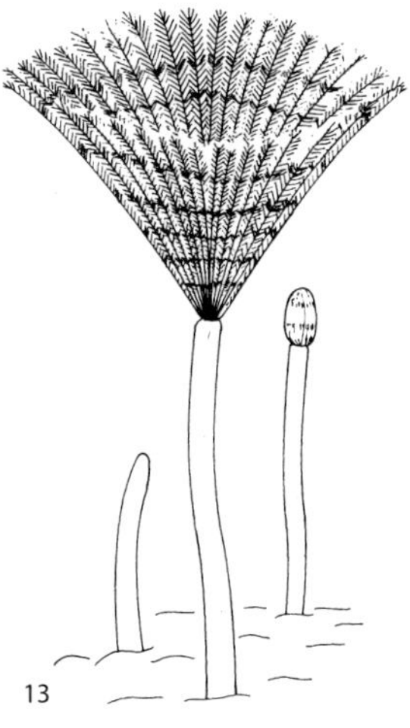
13

14

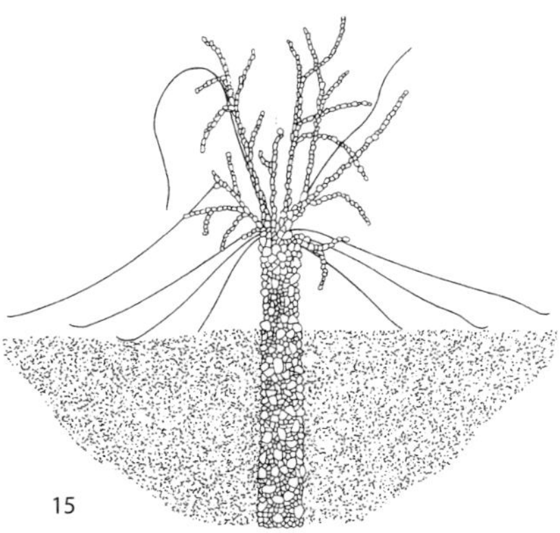
15

13 *Sabella*; **14** *Lagenis*; **15** *Lanice*

— Sondermerkmal: Prostomium zugespitzt .... **Opheliidae**
Körper meist mit Längsfurche, z. B. ***Ophelia limacina*** (Rathke) (bis 55 mm).

— Sondermerkmal: Vorderende breit gerundet, ohne Anhänge, folgendes Segm ohne Borsten **Parergodrilidae**
In Humus u. Streu von Laubwäldern ***Parergodrilus heideri*** Reisinger (bis 1 mm).

16. Körper nicht in Regionen geteilt. Parapodien 2-ästig .... **Spionidae**
Viele Gattungen, darunter 7; ***Polydora*** Bosc (5. Borstensegm abweichend gestaltet, mit dicken Borsten oder Haken), z. B. ***P. ciliata*** (Johnston), bohrt in Molluskenschalen u. Hartsubstraten [**9**]. Bei übrigen Gattungen 5. Borstensegm nicht abweichend gestaltet, häufig ***Pygospio elegans*** Claparède (Kiemen vom 11.–13. Borstensegm an; Körperende mit 4 Lappen; bis 15 mm), in mit Schleim ausgekleideten senkrechten Gängen.

— Körper mit 2–3 Regionen, wenn nicht, dann Parapodien 1-ästig **17**

17. Vorderende ohne Anhänge **18**

— Vorderende mit Anhängen .... **Goniadidae**
Prostomium kegelförmig, geringelt. Vorderende mit 4 kleinen Antennen, aber ohne Tentakel. Z. B. ***Goniada maculata*** Oersted (bis 100 mm). Mit 2 Tentakeln: weitere Familien mit wenigen Arten, z. B. **Magelonidae** (Tentakel mit Längsreihen von Papillen), ***Magelona mirabilis*** (Johnston) (bis 170 mm).

18. Parapodien hinten auf den Rücken verschoben .... **Orbiniidae**
Häufig ***Scoloplos armiger*** (Müller) (Kiemen vom 9.–17. Borstensegm an auf dem Rücken; bis 120 mm).

— Parapodien nicht auf den Rücken verschoben .... **Lumbrineridae**
Körper langgestreckt, wurmförmig. Nur 3; ***Scoletoma*** Blainvlle, z. B. ***S. fragilis*** (Müller) (bis 380 mm). – Hierher auch **Chaetopteridae** (Sondermerkmal: Körper relativ dick, in 3 Regionen unterteilt), nur ***Chaetopterus variopedatus*** (Renier) (bis 250 mm).

19. Vorderende mit Tentakelkrone, Tentakel gefiedert oder verzweigt **20**

— Vorderende mit zahlreichen Tentakeln, diese nicht als Krone, ungefiedert oder unverzweigt. Ohne konzentrische Lamellenborsten **21**

— Vorderende mit Tentakelfäden um Mund u. konzentrisch angeordneten Lamellenborsten [**10**] **Sabellariidae**
Nur ***Sabellaria spinulosa*** (Leuckart), Sandkoralle (bis 30 mm), in orgelpfeifenähnlichen, unregelmäßigen Röhren aus Sand.

20. Mit 1–2 Deckeln (zum Verschluss der Röhre), Röhre aus Kalk .... **Serpulidae**

a) Körper asymmetrisch. Kalkröhre spiralig aufgerollt [**11**]: 5 Arten, häufig ***Spirorbis spirobis*** (L.) [**11**] (bis 6,5 mm), mehr auf Braunalgen. ***Janua heterostropha*** (Montagu) (= ***Jugaria granulata*** (L.)) (bis 5 mm), mehr auf Hartsubstraten.

b) Körper ± symmetrisch. Röhre nicht spiralig aufgerollt: häufig ***Spirobranchus triqueter*** (L.) [**12**] (Kalkröhre 3-kantig, weiß; bis 25 mm), auf Hartsubstraten.

— Ohne Deckel. Röhre membranös, biegsam, außen meist mit Fremdpartikeln beklebt **Fabriciidae** u. **Sabellidae**
Mehrere Gattungen, darunter ***Fabricia stellaris*** (Müller) (bis 5 mm; Augen am Vorder- u. Hinterende), bildet Sekretröhren zwischen Algen u. anderem Bewuchs. ***Sabella spallanzanii*** (Gmelin) [**13**] (100–375 mm; beiderseitig 30–50 freie Kiemenfäden), Röhre bis 50 cm, ragt 10 cm über Bodenoberfläche.

21. Körper in 3 Regionen (3. = borstenloser Schwanz) .... **Pectinariidae**
Häufig ***Lagis koreni*** Malmgren, Köcherwurm [**14**], in Gehäuse aus aneinandergeklebten Sandkörnern, mit Kopf nach unten im schlickigen Feinsand.

— Körper in 2 Regionen. Kiemen meist baumförmig verzweigt (selten fadenförmig oder fehlend). Tentakel nicht einziehbar .... **Terebellidae**
Mehrere Gattungen, häufig ***Lanice conchilega*** (Pallas) [**15**] (bis 300 mm), im Sand in inkrustierten Röhren, aus denen Vorderende mit Fransenkrone herausragt, suchen mit langen Tastern Umgebung nach Nahrung ab.

— Körper in 2 Regionen geteilt, im übrigen andere Merkmale **22**

22. Tentakel in Mund einziehbar, dahinter mehrere pfriemenförmige Kiemen ..... **Ampharetidae**
Z. B. 2; ***Ampharete*** Malmgren, ***A. acutifrons*** (Grube) (bis 35 mm).

— Tentakel nicht in Mund einziehbar, schlank fingerförmig, dahinter 1 unpaare, in 4 dicke Äste gespaltene Kieme .... **Trichobranchidae**
Nur ***Terebellides stroemii*** Sars (bis 75 mm), häufig.

„Oligochaeta", Wenigborster (mit **Branchiobdellea**)

Segm ohne Parapodien, ± gleichartig, meist mit Borsten [**16**], die mit Basis im Tierkörper stecken. Borsten meist jederseits in einer dorsalen u. ventralen Reihe, häufig in Bündeln. Zwitter, Eier in Kokons (vom Gürtel = Clitellum [**22**] gebildet). Entwicklung direkt. Fortbewegung kriechend, selten schwimmend. Detritusfresser, seltener Räuber, Aasfresser oder Parasiten. Im Süßwasser u. auf dem Land, seltener im Meer. Einige Arten in Warmhäuser eingeschleppt, hier nicht erwähnt. Im Gebiet etwa 200 Arten.

System:
Branchiobdellea: Branchiobdellidae
„Oligochaeta"
Crassiclitellata: Criodrilidae, Lumbricidae
Enchytraeida: Enchytraeidae
Haplotaxida: Haplotaxidae
Tubificida: Naididae
Lumbriculida: Lumbriculidae

1. An Land, meist im Boden oder in Bodenstreu **14**
— Im Wasser, meist Süßwasser **2**
2. Hinterende mit Saugnapf .... **Branchiobdellidae**
An Kiemen oder Außenseite von Flusskrebsen, aber nicht schmarotzend. Nur 4; ***Branchiobdella*** Odier (3–12 mm), z. B. ***B. parasita*** (Braun) (braun).
— Hinterende ohne Saugnapf, aber mit mehreren Afterkiemen [**17**]
Einige **Naididae**, ***Aulophorus furcatus*** (Müller) (Afterkiemen fadenartig; 6–12 mm). 4; ***Dero*** Oken (Afterkiemen kurz, lappenartig [**17**]; 6–32 mm), z. B. ***D. digitata*** (Müller) (Kiemen [**17**]).
— Hinterende ohne Saugnapf oder Afterkiemen **3**
3. Mit langen Haarborsten [**16**] (daneben auch andere Borsten), häufig Tierketten bildend . **4**
— Ohne lange Haarborsten **12**
4. Haarborsten in den dorsalen u. ventralen Borstenbündeln. Mit bewimperter Kriechscheibe, dadurch gleitendes Kriechen .... **Aeolosomatida** S. 100
— Haarborsten nur in den dorsalen Borstenbündeln. Ohne bewimperte Kriechscheibe **Naididae 5**
5. Vorderende mit an der Basis scharf abgesetztem Tentakel [**18**] .... ***Stylaria lacustris*** (L.)
Mit Augen. Tierketten bis 18 mm. An Wasserpflanzen, Pfählen, auch Brackwasser.
— Vorderende ohne Tentakel, wenn mit an der Basis allmählich in den Kopf übergehendem Tentakel [**19**], dann ohne Augen oder Gestalt anders **6**
6. Dorsale Borstenbündel (wie auch ventrale) im 2. Segm beginnend. Ohne Augen **7**
— Dorsale Borstenbündel erst am 4.–6. Segm (hinter den ventralen) beginnend. Meist mit Augen **10**
7. Klein (2–5 mm). Tierketten bildend .... 6; ***Pristina*** Ehrenberg
P. longiseta Ehrenberg [**19**] (Vorderende mit 1 Tentakel; Haarborsten des 3. Segm stark verlängert), bei übrigen Arten keine Tentakel, Haarborsten etwa gleich, z. B. ***P. rosea*** (Piguet).
— Körper über 15 mm lang. Keine Tierketten bildend **8**
8. Hintere Segm mit Rücken- u. Bauchkieme .... ***Branchiura sowerbyi*** Beddard
Bis 185 mm. In Gewächshäusern, aus Asien nach Europa verschleppt.
— Hintere Segm ohne derartige Kiemen **9**
9. Haut mit ± durchsichtigen Papillen. Bis 55 mm .... 3; ***Tubificoides*** Leidy s. l.
Im Meer ***T. benedii*** (d'Udekem), im Süßwasser z. B. ***Spirosperma ferox*** (Eisen).
— Haut ohne Papillen. Haarborstenbündel mit je 2 am Ende geschlängelten Borsten [**16**]. Bis 35 mm. Im Brackwasser .... ***Monopylephorus irroratus*** (Verrill)

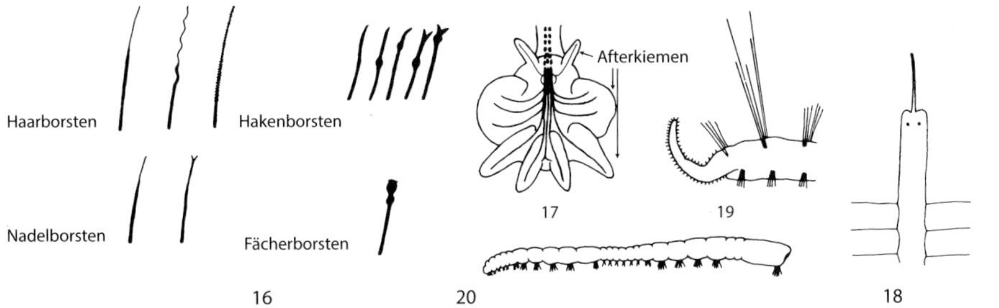

18 *Stylaria*; **19** *Pristina*; **20** *Chaetogaster*

— Haut ohne Papillen. Haarborsten anders. 15–85 mm .... 7; ***Tubifex*** Lamarck
An Segm 11 paariger Penis. Am Gewässerboden in Schlammröhren, Hinterende frei im Wasser, sich pendelnd bewegend. Häufig ***T. tubifex*** (Müller). Außerdem einige Arten von ***Ilyodrilus*** Eisen u. ***Rhyacodrilus*** Bretscher (bei dieser Gattung kein Penis vorhanden), z. B. ***Rh. coccineus*** (Vejdovsky), im Schlamm.

10. 3 Borstenbündel (an Segm 6–8) verlängert. Mit Rüssel .... ***Ripistes parasita*** (Schmidt)
Tierketten bis 7,5 mm, in hyalinen Schlammröhren.

— 1 Borstenbündel (an Segm 6) verlängert. Ohne Rüssel ...... ***Slavina appendiculata*** (d'Udekem)
2–20 mm. In feiner Hülle aus Fremdkörpern, gern in Moortümpeln.

— Keine verlängerten Borstenbündel **11**

11. Haarborsten zu 4–8 in Borstenbündel, einseitig gesägt oder gefiedert. 2–8 mm. Sich bei Störung spiralig einrollend. In Moortümpeln .... ***Vejdovskyella comata*** (Vejdovsky)

— Haarborsten je Bündel meist unter 4, glatt. Bis 12 mm .... ***Nais*** Müller
Etwa 10 Arten, häufig z. B. ***N. variabilis*** Piguet, mehrere Arten auch im Brackwasser, häufig ***N. elinguis*** Müller, zwischen Wasserpflanzen u. am Boden.

12. Rückenborsten am 3. (dann 3. Segm viel länger als 4.), 5. oder 6. Segm oder weit hinten beginnend oder fehlend **13**

— Rückenborsten am 2. Segm beginnend **14**

13. Ohne Rückenborsten [**20**]. 1–25 mm .... 5; ***Chaetogaster*** v. Baer
Kommensal auf Süßwasserschnecken ***Ch. limnaei*** v. Baer, übrige Arten freilebende Räuber, z. B. ***Ch. diaphanus*** (Gruithuisen) [**20**] (bis 25 mm; durchsichtig), auch im Brackwasser, ***Ch. diastrophus*** (Gruithuisen) (bis 5 mm; mit langen Sinnesfortsätzen).

— Rückenborsten vorhanden, am 3. Segm beginnend .... 2; ***Amphichaeta*** Tauber
3. Segm viel länger als 4. Im Süßwasser ***A. leydigi*** Tauber.

— Rückenborsten vorhanden, am 5. Segm beginnend. Ohne Augen .... 3; ***Paranais*** Czerniavsky
Meist im Brackwasser, z. B. ***P. litoralis*** (Müller) (bis 14 mm).

— Rückenborsten vorhanden, am 6. Segm beginnend. Mit Augen
Uncinais uncinata (Oersted) (Rückenborsten doppelzinkige Haken [**16**]; bis 18 mm). ***Ophidonais serpentina*** (Müller) (Rückenborsten dicke gerade Nadelborsten [**16**]; bis 36 mm).

— Rückenborsten vorhanden, ab 18.–20. Segm beginnend. Bis 20 mm
Haemonais waldvogeli Bretscher

14. Meist über 2 mm dick. Ohne Rüssel. ♂ Poren als ± gut sichtbare, häufig drüsig umwallte Querschlitze auf dem 15. (seltener 14., 13., oder 12.) Segm. 8 Hakenborsten [**16**] von gleicher Form auf jedem Segm, eng gepaart oder getrennt stehend **15**
Aquatisch oder terrestrisch, wenn auf dem Land **Lumbricidae** S. 120.

— Dünn, unter 2 mm dick, wenn dicker, mit Rüssel. ♂ Poren ± gut sichtbar, am 12. Segm oder davor (aber nicht vor dem 8.) **16**
Aquatisch oder terrestrisch, wenn auf dem Land **Enchytraeidae** S. 119.

15. Kopflappen vollkommen mit Mundsegm verwachsen [**21**] .... **Criodrilidae**
Nur ***Criodrilus lacuum*** Hoffmeister (bis 320 mm; Mittelkörper im Querschnitt trapezförmig; Clitellum, wenn vorhanden, ab 16. Segm über 30–35 Segm), im Schlamm von Gewässern.

— Kopflappen seitlich vom Mundsegm getrennt [**23a, b**] .... **Lumbricidae** S. 107

16. Körper fadenartig, bis 300 mm lang, bis 1,5 mm breit .... **Haplotaxidae**
Borsten einzelnstehend zu 4 oder 2 im Segm, nur ***Haplotaxis gordioides*** (Hartmann), in kalten, meist unterirdischen Gewässern.

— Körper weniger fadenförmig. Borsten meist in Borstenbündeln. Im Segm mehr als 6 Borsten **17**

17. Borstenbündel mit höchstens je 2 Borsten, Borsten einfach oder gabelspitzig. Über 25 mm. Gelblichrot bis braun .... **Lumbriculidae 18**

— Borstenbündel in vielen Segm (besonders ventral) mit über 2 Borsten, diese selten fehlend. Häufig kleiner u. anders gefärbt **19**

18. Kopflappen mit langem Rüssel .... 2; ***Rhynchelmis*** Hoffmeister
In Kaltwasser, z. B. ***Rh. limosella*** Hoffmeister (80–140 mm). – In Höhlen außerdem ***Guestphalinus wiardi*** (Michaelsen) (50–65 mm).

— Kopflappen ohne Rüssel
Stylodrilus heringianus Claparède (am 10. Segm ventral 2 starre, kegelförmige Anhänge; 25–40 mm). ***Lumbriculus variegatus*** (Müller) (ohne derartige Anhänge; 40–80 mm). In Höhlen ***Trichodrilus allobrogum*** Claparède (bis 40 mm).

19. Rückengefäß nur im Vorderkörper. Borsten einfachspitzig, selten doppelspitzig (dann Körper weißlich, bis 6 mm) .... **Enchytraeidae** S. 107

— Rückengefäß fast im gesamten Körper. Mindestens ventrale Borstenbündel mit gabelspitzigen Borsten. Rötlich .... einige **Naididae**
4; ***Limnodrilus*** Claparède (25–80 mm), im Süßwasser, z. B. ***L. udekemianus*** Claparède; hierher auch Arten von ***Potamothrix*** Vejdovsk & Mrázek u. ***Rhyacodrilus*** Bretscher (s. Nr. **9**). Mehrere Arten an Meeresküste, darunter ***Baltidrilus costatus*** (Claparède) (10–30 mm), im Grundwasser des Strandes z. B. ***Spiridion insigne*** Knöllner (5–10 mm).

Familie: **Enchytraeidae**

Körper weißlich oder gelblich, selten rötlich. Vor allem an Land (wenn in folgender Tabelle nicht anders angegeben). Detritusfresser im Boden u. in Pflanzenstreu.

1. Ohne Borsten .... ***Achaeta*** Vejdovsky
Mehrere Arten, z. B. ***A. eiseni*** Vejdovsky (bis 10 mm).

— Mit Borsten 2

2. Borsten S-förmig, mit knotenartiger Verdickung vor der Spitze [**16**]
Enchytraeina lutheri v. Bülow (2 riesige ventrale Borsten in Segm 12), Geröllstrand, Ostsee. Bei übrigen Gattungen keine Riesenborsten: ***Mesenchytraeus*** Eisen (meist über 10, bis 35 mm), artenreich, häufig ***M. armatus*** (Levinsen). ***Cernosvitoviella*** Nielsen et Christensen (2–7 mm), wenige Arten, an Ostseeküste ***C. immota*** (Knöllner).

— Borsten S-förmig oder gerade, ohne knotenartige Verdickung an der Spitze [**16**] 3

3. Borsten S-förmig, mit einfacher Spitze 4

— Borsten S-förmig, mit Doppelspitze .... ***Propappus volki*** Michaelsen
Bis 6 mm. Im Wasser.

— Borsten gerade, höchstens basal etwas gebogen, mit einfacher Spitze 5

4. Rückengefäß vor Clitellum beginnend .... ***Buchholzia*** Michaelsen
Artenarm, häufig ***B. appendiculata*** (Buchholz) (bis 15 mm). – Selten ***Stercutus niveus*** Michaelsen.

— Rückengefäß im Bereich des Clitellums oder dahinter beginnend
Mehrere Gattungen. Im Binnenland im Boden v. a. ***Cognettia*** Nielsen et Christensen, in feuchten Böden häufig ***C. sphagnetorum*** (Vejdovsky) (bis 25 mm), auch im Süßwasser. An Meeresküste u. a. viele Arten von ***Lumbricillus*** Oersted, häufig ***L. lineatus*** (Müller) (bis 13 mm).

5. Oesophagus mit plötzlicher Erweiterung in Mitteldarm übergehend .... ***Henlea*** Michaelsen
Artenreich. Im Boden, häufig z. B. ***H. ventriculosa*** (d'Udekem) (bis 15 mm).

— Oesophagus allmählich in Mitteldarm übergehend
Mehrere Gattungen. ***Fridericia*** Michaelsen (Borsten im Bündel ungleich, die kürzesten in der Mitte, paarweise angeordnet), viele Arten, meist terrestrisch, häufig z. B. ***F. bisetosa*** (Levinsen) (bis 20 mm). Bei übrigen Gattungen Borsten im Bündel gleich lang: ***Enchytraeus*** Henle, mehrere Arten, meist terrestrisch, ***E. albidus*** Henle (bis 35 mm) auch am Meeresstrand. Arten von ***Lumbricillus*** Oersted meist an Meeresküste, z. B. ***L. pagenstecheri*** (Ratzel) (bis 25 mm).

Familie: **Lumbricidae**, Regenwürmer

Körper 2–30 cm, drehrund. Für Bestimmung wichtige Merkmale [**22**]: ♂ Poren an Segm 13 oder 15, oft auf Drüsenhöfen; Clitellum häufig mit drüsigen Verdickungen (länglichen Pubertätswällen oder rundlichen Pubertätstuberkeln); manche Borsten auf Borstenpapillen. Anordnung der Borsten: eng gepaart [**24a**], weit gepaart [**24b**] oder getrennt [**24c**]. Kopflappen [**23a, b**] bei Nummerierung der Segm nicht mitgezählt. Fast immer Landbewohner, graben Gänge im Boden oder leben in Pflanzenstreu u. a., fressen totes organisches Material. Tabelle nur für geschlechtsreife Tiere! Konservierung in 75%igem Alkohol mit etwas Formalin.
Abkürzungen: Cl = Clitellum, PubWall = Pubertätswall, PubTuberkel = Pubertätstuberkel. Längenangabe in cm.

21

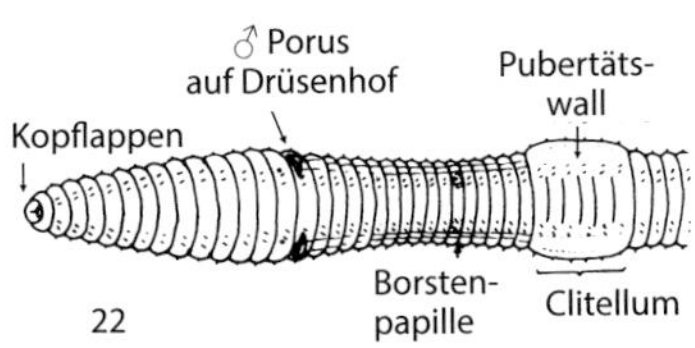

22

Ventralansicht

23a

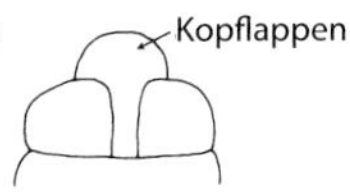

23b

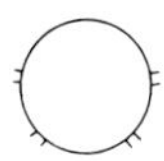
24a

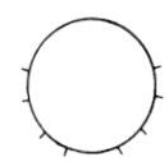
24b

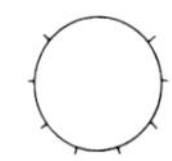
24c

1. Borsten eng gepaart [**24a**] **2**
— Borsten – mindestens im hinteren Bereich – weit gepaart oder getrennt [**24b, 24c**] **9**
2. Kopflappen teilt das folgende (1.) Segm vollkommen [**23b**] **3**
— Kopflappen teilt das folgende Segm nicht vollständig [**23a**] **4**
3. Mit PubWällen. Cl an Segm 27 oder dahinter beginnend .... 9; ***Lumbricus*** L.
a) Cl an Sem 27–32 (26–32), PubWälle an Segm 28–31: ***L. rubellus*** Hoffmeister (oben rotbraun bis violett; 7–15 cm), in Laubstreu u. obersten Bodenschichten, auch Baumstubben, eurytop.
b) Cl an Segm 28–32, PubWälle an Segm 29–31: ***L. baicalensis*** Michaelsen (4–6 cm), selten.
c) Cl an Segm 28–33, PubWälle an Segm 29–32: ***L. castaneus*** (Savigny) (oben braun bis violett, irisierend; 3–5 cm), in feuchten Böden häufig.
d) Cl an Segm 32–37 (31–37), PubWälle an Segm 33–36. Hinterende ± abgeplattet: ***L. terrestris*** L. (oben vorn dunkel, hinten dunkle Längsstreifen; 9–30 cm), in tiefgründigen Böden, eurytop u. häufig.
Ähnlich ***L. badensis*** Michaelsen (Cl an Segm 32–38; braun; 15–60 cm), in S-Deutschland.
e) Cl an Segm 34–39, PubWälle an Segm 35–38: ***L. festivus*** (Savigny) (oben rotbraun bis braun; 5–10 cm), in tiefgründigen Böden.
Außerdem einige weitere sehr seltene Arten in S-Deutschland.
— Ohne PubWälle, Cl an Segm 25–32. 3–6 cm. Selten. ***Bimastos*** (= ***Lumbricus***) ***eiseni*** (Levinsen)
4. ♂ Poren am 13. (selten 15.) Segm. Cl an Segm 22–26 (22–27), PubWälle an Segm 23–25. Körper ± 4-kantig. 3–5 cm. Gewässerufer .... ***Eiseniella tetraedra*** (Savigny)
— ♂ Poren am 15. Segm. PubWälle oder PubTuberkel an oder hinter Segm 25 beginnend. Körper nicht 4-kantig .... ***Allolobophora*** Eisen, ***Aporrectodea*** Örley, ***Eisenia*** Malm, ***Helodrilus*** Hoffmeister, ***Proctodrilus*** Zicsi, ***Murchieona*** Gates, ***Eiseniona*** Omodeo **5**
5. Cl an Segm 35–42 (33–44), PubWälle an Segm 36–41 (35–44). 6–8 cm. Gelb bis grau. Selten Aporrectodea icterica (Savigny)
— Cl an Segm 22 (oder 21) beginnend (bis Segm 32 reichend), PubWälle an Segm 29–30. 3–8 cm. Im Wasser und Uferschlamm ***Helodrilus oculatus*** (Hoffmeister)
— Cl zwischen Segm 24 (sehr selten 23) u. 29 beginnend **6**
6. Drüsenhöfe der ♂ Poren am Segm 15 auf Segm 14 u. 16 übergreifend
a) Mit 3 Paar PubTuberkel auf Segm 31, 33, 35: ***Allolobophora chlorotica*** (Savigny) (Cl an Segm 29–37 (28–37); grünlich, gelblich oder ohne Pigment; 5–7 cm), in feuchten Böden häufig.
b) Mit 2 Paar PubTuberkel oder 1 Paar PubWällen: sehr häufig ***Aporrectodea caliginosa*** (Savigny) (Cl an Segm 28–34 (27–35), PubTuberkel an Segm 31 u. 33 oder PubWälle an Segm 31–33 (31–34); Bauchborsten des 9.–11. Segm auf Papillen; braun, gelblich oder grau; 6–17 cm), eurytop, im Boden; an sehr nassen Stellen, Gewässerufern ***Aporrectodea limicola*** (Michaelsen) (Cl an Segm 29–35, PubWälle an Segm 33–34, Bauchborsten des 9. (12.) Segm auf Papillen; vorn fleischfarben, hinten pigmentlos; 9 cm). Seltener ***Proctodrilus antipae*** (Michaelsen) (Cl an Segm 27–33 (26–33), PubTuberkel auf Segm-Grenzen 30/31 u. 31/32 oder PubWälle an Segm 30–31; 2,5–6 cm).
— Drüsenhöfe der ♂ Poren groß (dann nur auf Segm 15 beschränkt) oder unscheinbar oder fehlend **7**
7. Mit 1 Paar PubWällen **8**
— Mit 2 Paar PubTuberkel (können ± miteinander verschmelzen)
a) PubTuberkel an Segm 30 u. 31: ***Aporrectodea cupulifera*** (Tetry) (Cl an Segm 27–32 (27–33); weißlich, vorn rosa bis bräunlich; 2–6 cm), in Grünlandböden, auch in Gewässernähe.
b) PubTuberkel an Segm 27 u. 29: ***Eisenia japonica*** (Michaelsen) (Cl an Segm 24–31; 4–13 cm), eingeschleppt.
— Ohne PubTuberkel oder PubWälle. Cl an Segm 27–32 (27–33). 2–2,5 cm. In Pflanzenstreu, selten .... ***Murchieona minuscula*** (Rosa)
8. PubWälle an Segm 32–34. Cl an Segm 28–35 (27–35)
Aporrectodea longa (Ude) (grau bis braun, irisierend; 9–20 cm), meist im Grünland.
— PubWälle an Segm 29–31 (30–31). Cl an Segm 26–32 (24–33)
Aporrectodea rosea (Savigny) (ohne Pigment, im Leben Blutgefäße durchscheinend, daher fleischrot; 2,5–8 cm), im Boden, eurytop u. häufig.
— PubWälle auf Segm 27 oder 28 beginnend
Eisenia fetida (Savigny) u. ***E. andrei*** Bouché (Cl an Segm 26–32 (24–32), PubWälle an Segm 28–30 (28–31); rote bis braune Querbinde auf jedem Segm, bei ***E. fetida*** deutlicher; 6–13 cm), häufig in Kulturland, v. a. in Mist, Kompost u. organischen Materialien. Selten sind ***Eisenia carolinensis*** Michaelsen (Cl an Segm 24–31, PubWälle an Segm 27–29; ± rot; 3,5 cm), eingeschleppt; ***Eiseniona*** (= ***Allolobophora***) ***handlirschi*** (Rosa) (Cl an Segm 26–32 (23–34), PubWälle an Segm 28–31 (27–32); bleich bis blassrötlich; 6,5–10 cm), an Gewässerufern, in S-Deutschland.
— PubWälle an Segm 26–29 (25–30), Cl an Segm 24–30 (23–30). 2–8 cm. Eingeschleppt ***Eisenia parva*** (Eisen)
9. Cl an Segm 29 oder 30 beginnend, über 6 Segm reichend, PubWälle 4 Segm umfassend. Bleigrau, selten bräunlich .... 2; ***Octolasion*** Örley
O. lacteum (Örley) (= ***O. tyrtaeum*** (Savigny)) (Cl an Segm 30–35, PubWälle an Segm 31–34 (31–33); 4–10 cm); ***O. cyaneum*** (Savigny) (Cl Segm 29–34, PubWälle an Segm 30–33 (29–34); 6–18 cm), im Boden, beide Arten häufig.

— Andere Merkmalskombination .... ***Dendrobaena*** Eisen, ***Dendrodrilus*** Omodeo, ***Eisenia*** Malm, ***Fitzingeria*** Zicsi, ***Satchellius*** Gates
Satchellius mammalis (Savigny) (Cl an Segm 31–36, PubTuberkel an Segm 33 u. 34; rotviolett; 3–6,5 cm), in Laubstreu. ***Dendrobaena cognettii*** (Michaelsen) (= ***D. pygmaea*** (Savigny)) (Cl an Segm 33–37, PubTuberkel an Segm 35, 36 u. 37; rot; unter 2 cm), in Streu, selten.

— Cl zwischen Segm 24 (sehr selten 23) u. 29 beginnend **11**

11. PubWälle an Segm 31–33
Dendrobaena octaedra (Savigny) (Cl an Segm 29–33 (27–34); rotbraun bis kupferfarben, glänzend; 2,5–4 cm), in Humus, auch auf sauren Böden. Selten im Süden ***Dendrobaena illyrica*** (Cognetti) (Cl an Segm 27–34; Rücken rotbraun, Bauch heller; um 4 cm).

— PubWälle oder PubTuberkel an Segm 27–30 beginnend **12**

— PubWälle an Segm 26–29. Cl an Segm 25–30 (24–30)
Fitzingeria platyura (Fitzinger) (groß, 6,5–18,5 cm), im Süden. – Ähnlich auch die eingeschleppte ***Eisenia parva***, s. **8**.

12. Mit 2 Paar PubTuberkel (können ± miteinander verschmelzen)
a) PubTuberkel auf benachbarten Segm: ***Dendrodrilus rubidus*** (Savigny) (oben ± blassrot; Cl an Segm 27–31 (25–32), PubTuberkel an Segm 29 u. 30; ♂ Poren mit kleinen Drüsenhöfen; 5–6 cm), in Laubstreu u. oberen Bodenschichten von Wäldern, in Baumstümpfen.
Selten sind ***Dendrobaena veneta*** (Rosa) (5–8 cm; violett bis dunkelrot, häufig querstreifig; Cl an Segm 27–32 (26–33), PubTuberkel an Segm 30 u. 31. ♂ Poren mit großen Drüsenhöfen); ***Dendrobaena hortensis*** (Michaelsen) (1,5–4,5 cm; purpurrot ohne deutliche Streifung; Cl an Segm 27–33 (26–33), PubTuberkel an Segm 30 u. 31; ♂ Poren mit großen Drüsenhöfen), beide Arten in organischen Substraten.
b) PubTuberkel an Segm 28 u. 30 (also durch 1 Segm getrennt): ***Aporrectodea cupulifera*** s. **7**.

— Mit 1 Paar PubWällen (bisweilen undeutlich) **13**

13. PubWälle an Segm 28–30
Dendrodrilus subrubicundus (Eisen), häufig in Baumstubben.

— PubWälle an Segm 30–32. Cl an Segm 28–33 (28–34)
Dendrobaena attemsi (Michaelsen) (2–5 cm), in Falllaub u. oberen Bodenschichten von Wäldern, in Gewächshäusern.

Hirudinea, Egel

Mit 33 Segm, diese meist sekundär geringelt, ohne Borsten. Am Hinterende Haftscheibe (aus 7 Segm gebildet), vorn Saugnapf an Bauchseite, in diesem Mundöffnung. Zwitter, Eiablage in Kokons, im Wasser oder in feuchter Erde. Bei manchen **Glossiphoniidae** Brutpflege. Ektoparasiten oder Räuber. Meist Wasserbewohner. Im Gebiet etwa 30 Arten.

System:
Rhynchobdelliformes (Rüsselegel): **Glossiphoniidae, Piscicolidae** (= **Ichthyobdellidae**)
Pharyngobdelliformes (Schlundegel): **Erpobdellidae**
Gnathobdelliformes (Kieferegel): **Hirudinidae, Haemopidae, Xerobdellidae**

1. Landlebend .... **Xerobdellidae**
Nur ***Xerobdella lecomtei*** von Frauenfeld (30–40 mm), selten.

— Im Süßwasser, manchmal an feuchten Gewässerufern **3**

— Im Meer, an Fischen .... viele **Piscicolidae** **2**

2. Vorderende mit Augen
a) 4 Augen [**25**]: ***Piscicola geometra*** (s. Nr. **3**).
b) 6 Augen, in einer Querreihe angeordnet: ***Branchellion torpedinis*** Savigny (Hinterkörper mit blattförmigen Kiemenanhängen; 30–50 mm), selten.
c) 6 Augen, zu je 2 hintereinander angeordnet: ***Heptacyclus brunneus*** (Johansson) (mit großer Mundscheibe, wie [**25**]; 25 mm). Ohne oder mit kaum abgesetzter Mundscheibe: ***Oceanobdella microstoma*** (Johansson) (fast unpigmentiert; 25 mm). ***O. sexoculata*** (Malm) (mit schwarzen Punkten in Querbändern; 10–15 mm).

— Ohne Augen
a) Groß, 100–200 mm: ***Pontobdella muricata*** (L.), Rochenegel, auf Rochen u. Knochenfischen.
b) Klein, 20–30 mm. Oberseite mit Warzen: ***Oxytonostoma typica*** Malm, auf Rochen.
c) Klein, 20–70 mm. Oberseite ohne Warzen: 3; ***Calliobdella*** van Beneden et Hesse (Hinterkörper beiderseits mit Reihe von 11 pulsierender Bläschen), ***C. nodulifera*** (Malm) (hintere Haftscheibe etwa 2-mal so breit wie Mundscheibe; bis 30 mm), auf Gadiden und Plattfischen; ***C. lophii*** van Beneden et Hesse (hintere Haftscheibe 3–4-mal so breit wie Mundscheibe; 20–70 mm), auf Seeteufel. ***Trachelobdella lubrica*** (Grube) (Körper in ganzer Länge mit 15–16 Paar pulsierender Bläschen; bis 50 mm), auf Fischen. Körper ohne pulsierende Bläschen: ***Platybdella anarrhichae*** (Diesing) (20–30 mm; Körper ungefärbt, durchscheinend), auf Seewolf. ***Hemibdella soleae*** (van Beneden et Hesse) (3–10 mm; Körper braun bis schwarz), auf Seezunge.

3. Mundscheibe ± kreisförmig, deutlich vom Vorderkörper abgesetzt. Parasitisch an Fischen einige **Piscicolidae**

Körper zylindrisch, langgestreckt [**25**]; bis 100 mm, häufig: ***Piscicola geometra*** (L.), Gemeiner Fisch-egel [**25**]. Körper abgeplattet, nur etwa 5–6-mal so lang wie breit; 15–40 mm, selten: ***Calliobdella mammillata*** (Malm) (ohne Augen). ***Cystobranchus respirans*** (Troschel) (Mundscheibe mit 4 Augen).

— Mundscheibe nicht oder wenig vom Vorderkörper abgesetzt (dann verkehrt-herzförmig). Sehr selten an Fischen **4**

4. Vorderende mit 10 Augen [**26**]. Körper 60–150 mm lang **5**

— Vorderende mit 8 Augen, Anordnung wie [**27**], vorn Querreihe mit 4 Augen (selten zu 2 oder 3 reduziert), dahinter jederseits Querreihe mit 2 Augen. Körper lang u. schmal. 30–60 mm **Erpobdellidae**

Räuber.

a) Alle Körperringe etwa gleich groß: 3; ***Erpobdella*** Blainville, ***E. octoculata*** (L.) Rollegel (= Hundeegel) (♂ u. ♀ Geschlechtsöffnung an Unterseite des Körpers durch 2–3 Ringe getrennt), sehr häufig; ***E. testacea*** (Savigny) (Geschlechtsöffnungen durch 4–5 Ringe getrennt; Körper nicht durchscheinend), häufig; ***E. nigricollis*** (Brandes) (ebenso, aber Körper durchscheinend u. vorn mit dunklem Halsband), häufig, vor allem in Fließgewässern.

b) Jeder 5. Ring größer als übrige: ***Dina lineata*** (Müller), verbreitet. – Außerdem 2 seltene Arten mit andersartiger Ringelung.

— Vorderende mit 2–8 Augen; wenn mit 8 Augen, diese in 4 hintereinanderliegenden Paaren. Körper häufig breiter [**31**] .... **Glossiphoniidae** **6**

5. Oberseite ± einfarbig bräunlich bis schwarz .... **Haemopidae**

Nur ***Haemopis sanguisuga*** (L.), Vielfraßegel (= Pferdeegel), Räuber.

— Oberseite mit roten bis braunen Fleckenlängsstreifen oder Längsbinden .... **Hirudinidae**

Nur ***Hirudo medicinalis*** L., Medizinischer Blutegel, Parasit an Säugetieren.

6. Mit 8 Augen in 4 hintereinanderliegenden Paaren [**28**] Entenegel, ***Theromyzon tessulatum*** (Müller)

Parasitisch an Wasservögeln. Oberseite grünlich oder bräunlich, mit 4 Reihen gelber Flecken. 10–50 mm. Sehr selten ***T. maculosum*** (Rathke) (Färbung anders; 20–50 mm), an Enten.

— Mit 2–6 paarweise angeordneten Augen (manchmal verschmolzen) **7**

7. Mundscheibe verkehrt-herzförmig, vom Körper abgesetzt [**29**] ***Hemiclepsis marginata*** (Müller)

25–30 mm. Parasitisch an Fischen u. Lurchen, seltener an Wirbellosen.

— Vorderende ohne Mundscheibe **8**

8. Körper glatt, ohne Warzen. 8–20 mm

a) Vorderrücken mit brauner Platte [**30**]. 2 Augen: 2; ***Helobdella*** Blanchard, z. B. ***H. stagnalis*** (L.) (bis 12 mm), häufig, parasitisch an Schnecken u. Würmern.

b) Vorderrücken ohne braune Platte: ***Glossiphonia heteroclita*** (L.) [**31**] (6 Augen wie [**31**]; meist unter 10 mm), an Schnecken, Würmern; sehr selten ***G. paludosa*** (Carena) (4 Augen), an Lurchen.

— Körper mit Warzen auf Oberseite, mindestens am Hinterende. 10–35 mm

a) Mit 6 Augen: ***Glossiphonia complanata*** (L.) (Warzen rund, nur auf jedem 3. Ring; Körper hart), häufig an Würmern u. Schnecken; ***G. verrucata*** (Müller) (Warzen spitz, nicht nur auf jedem 3. Ring; Körper weich), selten.

b) Mit 2 Augen, Rücken dunkel oder mit hellen Linien: ***Placobdella costata*** (Müller), selten, Parasiten an Wirbeltieren.

25

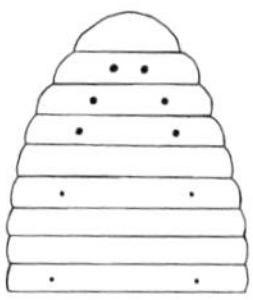
26

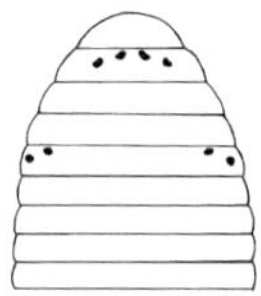
27

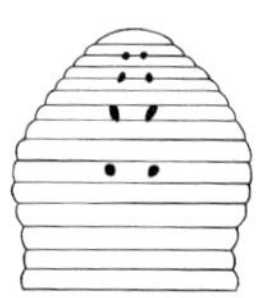
28

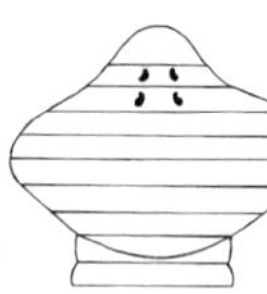
29

30

31

25 *Piscicola*; **31** *Glossiphonia*

Literatur

AUTRUM, H.: Hirudinea. In: P. BROHMER, P. EHRMANN, G. ULMER, Tierwelt Mitteleuropas, Bd. 1, Lief. 7b. Leipzig, 1958.
BÖGGEMANN, M., PURSCHKE, G., GROSSER, C., EPSHTEIN, V., HÖSER, N., SCHMELZ, R.: Annelida – Ringelwürmer. In: B. KLAUSNITZER, J. H. JUNGBLUTH, Stresemann – Exkursionsfauna von Deutschland, Band 1 – Wirbellose (ohne Insekten). 9. Aufl. Heidelberg, 2019.
CHAMBERS, S. J., MUIR, A. L.: Polychaetes: British Chrysopetaloidea, Pisionoidea and Aphroditoidea. Synopses of the British Fauna 54. London, 1997.
ELLIOTT, J. M., MANN, K. H.: A key to the British freshwater leeches. Freshwater Biological Association. Ambleside, 1979.
GEORGE, J. D., HARTMANN-SCHRÖDER, G.: Polychaetes: British Amphinomida, Spintherida and Eunicida. Synopses of the British Fauna 32. London, 1985.
GRAFF, O.: Die Regenwürmer Deutschlands. Hannover, 1953.
HARTMANN-SCHRÖDER G.: Annelida, Borstenwürmer, Polychaeta. 2. Aufl. In: F. DAHL, Tierwelt Deutschlands, Teil 58. Jena, 1996.
KNIGHT-JONES, P., KNIGHT-JONES, E. W., NELSON-SMITH, A.: Annelids (Phylum Annelida). In: P. J. HAYWARD, J. S. RYLAND, Handbook of the marine fauna of North-West Europe. Oxford, 1995.
NELSON-SMITH, A., KNIGHT-JONES, P., KNIGHT-JONES, E. W.: Annelida. In: P. J. HAYWARD, J. S. RYLAND, The marine fauna of the British Isles and North-West Europe, Vol. 1. Oxford, 1990.
NESEMANN, H., NEUBERT, E.: Annelida, Clitellata: Branchiobdellida, Acanthobdellea, Hirudinea. Süßwasserfauna von Mitteleuropa 6/2. Heidelberg, 1999.
NIELSEN, C. O., CHRISTENSEN, B.: The Enchytraeidae, critical revision and taxonomy of European species. Aarhus, 1959–1963.
PLEIJEL, F., DALES, R. P.: Polychaetes: British Phyllodocoideans, Typhloscolecoideans and Tomopteroideans. Synopses of the British Fauna 45. London, 1991.
SAUTER, G.: Bestimmungsschlüssel für die in Deutschland verbreiteten Arten der Familie Tubificidae mit besonderer Berücksichtigung von nicht geschlechtsreifen Tieren. Lauterbornia 23. Dinkelscherben, 1995.
SIMS, R. W., GERARD, B. M.: Earthworms. Notes for the identifaction of British species. Synopses of the British Fauna 31. Revised ed. London, 1999.
TIMM, T., VELDHUIJZEN VAN ZANTEN, H. H.: Freshwater Oligochaeta of North-West Europe. CD-ROM. Wokingham, 2002.
UDE, H., JOHANSSON, N, N.: Oligochaeta, Hirudinea. In: F. DAHL, Tierwelt Deutschlands, Teil 15. Jena, 1929.
WESTHEIDE, W.: Polychaetes: Interstitial families. Synopses of the British Fauna 44. London, 1990.
WILCKE, D. E.: Oligochaeta. In: P. BROHMER, P. EHRMANN, P. ULMER, Tierwelt Mitteleuropas, Bd. 1, Lief. 7a. Leipzig, 1963.

Nematoda, Fadenwürmer

Fadenförmig. Mundöffnung von 6–0 Lippen [**13**] umgeben, Mundhöhle [**2c**] oft mit kutikularisierten Zähnen oder Stacheln (z. B. [**4–6**]. Oesophagus an Mundhöhle anschließend, muskulös, schlauchartig, häufig mit Anschwellungen (Bulbi [**2a, 8a**]) u. mit Oesophagusdrüsen. Darm meist gerade Röhre. Vorn mit chemorezeptorischen „Seitenorganen" unterschiedlicher Gestalt [**2c**]. Getrenntgeschlechtlich (Unterschied ♂, ♀: [**2a, 2b**]), ♂♂ mit Spicula (Kutikulaspangen), bisweilen mit häutiger Bursa copulatrix [**12**]. Bakterienfresser, Pilzfresser, Pflanzenfresser (die vor allem Zellen aussaugen), Räuber oder Parasiten. Bei freilebenden Nematoden Beobachtung bei Wärmestarre (ca. 45°) unter Deckglas günstig. Freilebende Arten meist 0,5–2 mm lang. Im Gebiet etwa 4000 Arten (in viele Familien gegliedert).

System (nach WoRMS (2021) u. Catalogue of Life (2021)):
Chromadorea (Chromadoria): Chromadorida, Desmodorida, Desmoscolecida, Monhysterida, Plectida, Rhabditida, Strongylida
Enoplea (Dorylaimia): Dioctophymatida, Dorylaimida, Mermithida, Mononchida, Trichinellida
Enoplea (Enoplia): Enoplida, Triplonchida

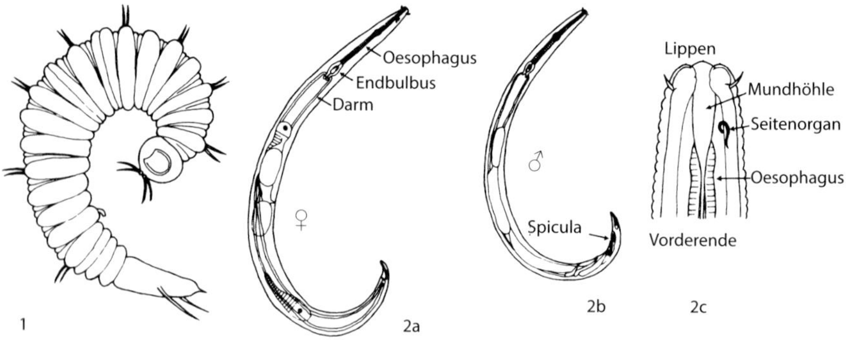

1 *Desmoscolex*

1. Freilebend im Meer, Süßwasser oder auf dem Land **2**
— Parasitisch an oder in Pflanzen **7**
— Parasitisch an oder in Tieren **8**
2. Spindelförmig, mit wulstartig vorspringender Ringelung [**1**] .... **Desmoscolecida**
Nur **Desmoscolecoidea**. Meist marin, häufig z. B. ***Desmoscolex minutus*** Claparède.
— Körper anders, fast immer fadenförmig **3**
3. Über 50 mm (bis 80 mm) lang. Im Boden oder Süßwasser .... **Mermithida**
Nur **Mermithoidea**. Larven parasitisch in Wirbellosen, z. B. ***Mermis nigrescens*** Dujardin in Heuschrecken.
— Kleiner, meist 0,5–2 mm lang **4**
4. Seitenorgane nicht oder nur schwer zu erkennen, porusartig, münden in Lippenhöhe [**8b, 9, 10**]. Oesophagus mit 2 Bulbi [**8a**], wenn nur mit 1 Bulbus, dann Einschnürung zwischen Vorderabschnitt u. Endbulbus. Mundhöhle ohne oder mit Stachel, dieser dann an Basis meist verdickt [**8b, 9**] **7**
— Seitenorgane meist deutlich, spiralig, kreisrund, bläschenförmig, taschenartig oder ohrförmig [**2c–6**], nie auf den Lippen. Oesophagus ohne Bulbus oder mit 1 Endbulbus. Mundhöhle ohne oder mit Stachel, dieser dann hinten nicht verdickt **5**
5. Seitenorgane spiralig, nierenförmig, rund oder bläschenförmig (z. B. [**2c, 3**]), manchmal fehlend. Mundhöhle ohne Stachel. Subventrale Oesophagusdrüsen münden nie in vorderen Teil des Oesophagus .... **Plectida, Monhysterida, Desmodorida** u. **Chromadorida**

Meist im Meer. Mehrere Überfamilien, darunter
Plectoidea, wichtige Gattungen, z. B. Großgattung ***Plectus*** Bastian (Oesophagus mit Bulbus; Seitenorgan nach hinten offene „Öse", 1–3 Lippenbreiten vom Vorderende entfernt [**2c**]), sehr häufig im Boden ***Anaplectus granulosus*** Bastian [**2**], im Moos ***Plectus rhizophilus*** De Man. ***Wilsonema*** Cobb.
Monhysteroidea, z. B. ***Monhystera*** Bastian (Oesophagus ohne Endbulbus; Mundhöhle undeutlich, flach, Seitenorgan kreisrund [**3**], im Süßwasser häufig ***M. stagnalis*** Bastian [**3**]. ***Theristus*** Bastian (ebenso, aber Mundhöhle becherförmig).
Microlaimoidea u. **Chromadoroidea**, häufig an Meeresküste ***Microlaimus*** De Man, ***M. globiceps*** De Man in brackiger Erde; im Süßwasser häufig ***Chromadorina*** Filipjev, z. B. ***Ch. viridis*** (von Linstow); am Land ***Achromadora*** Cobb.

— Seitenorgane becherförmig, taschenförmig, verlängert oder (selten) porenartig. Subventrale Oesophagusdrüsen münden im vorderen Teil des Oesophagus hinter Nervenring **6**

6. Mit deutlichem, hohlem Zahnstachel in Mundhöhle oder Stachel an subventraler Mundhöhlenwand. Mundhöhle meist eng .... **Dorylaimida**
Dorylaimoidea, wichtige artenreiche Gattungen ***Dorylaimus*** Dujardin, ***Eudorylaimus*** Andrássy (Stachel zylindrisch, vorn schräg abgestutzt, mit Führungsring [**4**], häufig ***D. stagnalis*** Dujardin [**4**], im Süßwasser; im Boden z. B. ***Tylencholaimus*** De Man.

— Ohne derartigen Stachel. Mundhöhle ± weit .... **Enoplida**
Meist im Meer u. Süßwasser. Mehrere Überfamilien, darunter
Oncholaimoidea, wichtige Gattung ***Oncholaimus*** Dujardin (Mundhöhle groß, mit 3 nach vorn gerichteten kräftigen Zähnen [**5**]), in brackigen Biotopen an Küste häufig ***O. oxyuris*** Ditlevsen.
Außerdem **Tripyloidea** (zu **Triplonchida**), meist im Süßwasser ***Tripyla*** Bastian, ***Tobrilus*** Andrássy.
Außerdem **Mononchoidea** (zu **Mononchida**), artenreiche Großgattung ***Mononchus*** Bastian (Mundhöhle groß, mit kutikularisiertem Zahn wie [**6**]), z. B. ***Clarkus papillatus*** (Bastian) [**6**], im Boden.

7. Mundhöhle mit vorstoßbarem Stachel aus 3 zusammengewachsenen Längsstäben, Stachel häufig an Basis verdickt [**8b, 9**] .... **Rhabditida**
a) Öffnung der dorsalen Oesophagusdrüse im Lumen des Oesophagus nahe Stachelbasis: mehrere Überfamilien (artenreich z. B. **Tylenchoidea**), Beispiele für wichtige phytoparasitische Gattungen: In Wurzeln ***Heterodera*** Schmidt s. l., Zystenälchen (Reife ♀♀ zu sackförmigen, hartwandigen Zysten aufgetrieben [**7**]), z. B. ***Globodera rostochiensis*** (Wollenweber) an Kartoffel, ***H. schachtii*** Schmidt an Rüben, ***H. avenae*** Wollenweber an Hafer. ***Pratylenchus*** Philipjev, z. B. ***P. penetrans*** (Cobb) [**9**], v. a. an Gramineen. In Knollen, Zwiebeln, Rhizomen ***Ditylenchus destructor*** Thorne. In Stängeln ***D. dipsaci*** (Kühn), Stengelälchen [**8**], u. a. an Getreide, Klee, Rüben, Kartoffel. In Blütenständen ***Anguina tritici*** (Steinbuch), Weizenälchen, in dunkelfarbigen Gallen (Radekörnern) anstelle der Weizenkörner. Im Boden z. B. ***Criconema*** Hofmänner et Menzel u. ***Criconemoides*** Taylor (Körper dick, auffallend geringelt); ***Tylenchus*** Bastian.
b) Öffnung der dorsalen Ösophagusdrüse im Mittelbulbus: mehrere Überfamilien (artenreich z. B. **Aphelenchoidea**), phytoparasitisch im Blatt z. B. ***Aphelenchoides*** Fischer, ***A. fragariae*** (Ritzema Bos) an Erdbeere. ***Bursaphelenchus xylophilus*** (Steiner et Bührer), an Kiefern im Holz, schädlich, aus Nordamerika eingeschleppt. – Parasitisch in Hummeln u. Wespen ***Sphaerularia bombi*** Dufour (**Sphaerularioidea**).

— Mundhöhle ohne derartigen Stachel .... **Rhabditida**
Meist im Boden u. Süßwasser. Mehrere Überfamilien (artenreich **Rhabditoidea**), häufig Fäulnisbewohner, wichtige Gattungen im Boden ***Rhabditis*** Dujardin, z. B. ***Rh. terricola*** Dujardin [**10**]; ***Bunonema*** Jägerskjöld (Rücken mit 2 Warzenreihen), häufig in Moos, z. B. ***B. reticulatum*** Richters; ***Diplogaster*** Schultze; ***Teratocephalus*** de Man; ***Acrobeles*** von Linstow; ***Cephalobus*** Bastian. In gärendem Essig häufig ***Turbatrix aceti*** (Müller), Essigälchen.

8. Parasiten oder Kommensalen in Wirbellosen **7**
Außerdem **Mermithoida** (s. Nr. **3**), einige **Trichinellida** (s. Nr. **9**) u. **Rhabditida**

— Parasiten in Wirbeltieren **9**

9. Oesophagus ein kurzer kompakter Vorderabschnitt u. ein anschließendes kapillares Rohr, mit perlschnurartig oder geldrollenartig hintereinanderliegenden Drüsenzellen. Körper haarförmig dünn, Hinterkörper oft dicker als Vorderkörper .... **Trichinellida**
Trichinelloidea. Im Verdauungstrakt, in der Leber u. im subkutanen Bindegewebe von Vögeln u. Säugern, z. B. ***Capillaria*** Zeder s. l., Haarwürmer (Körper haarförmig, allmählich nach hinten verdickt), z. B. ***Eucoleus aerophilus*** (Creplin) (bis

3

4

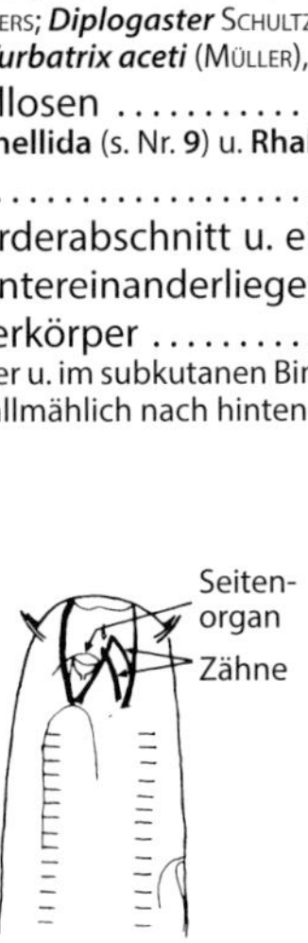

5

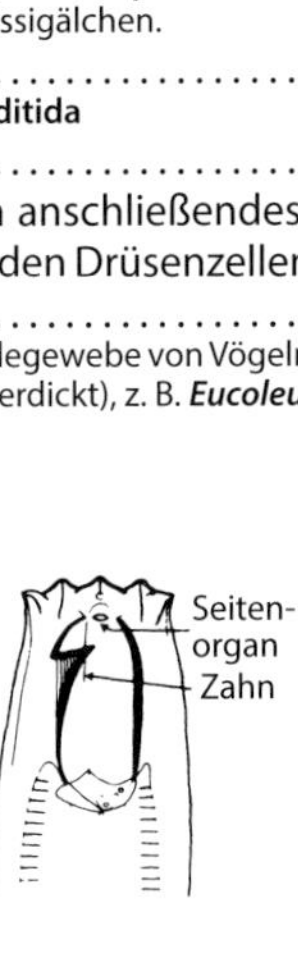

6

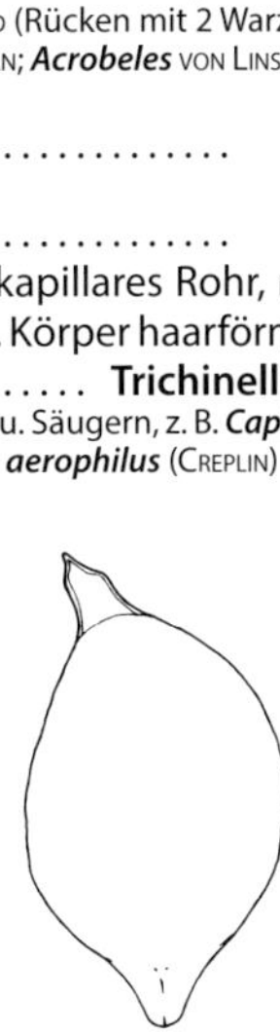
7

7 *Heterodera*

32 mm), Lungenwege von Hund, Fuchs, Katze. ***Trichuris*** Roederer, Peitschenwürmer (Vorderkörper dünn, Hinterkörper dick-walzenförmig), im Dickdarm ***T. trichiura*** (L.) (40–50 mm) bei Schwein, Mensch. ***Trichinella spiralis*** (Owen) (bis 4 mm), im Dünndarm von Säugern, Larve in Muskeln (Trichine).

— Oesophagus aus 2 zylindrischen Abschnitten bestehend, dem kürzeren muskulösen Vorderabschnitt u. dem längeren, oft breiteren drüsigen Hinterabschnitt; ohne Endbulbus. Wenn Abschnitte undeutlich, Körper oft extrem langgestreckt, fadenförmig .... **Rhabditida**

Mehrere Überfamilien.

Spiruroidea, viele Arten in Verdauungs- u. Atemorganen, z. B. ***Gongylonema pulchrum*** Molin (bis 120 mm), Zunge, Speiseröhre von Säugern.

Filarioidea (häufig extrem langgestreckt), viele Arten in Muskulatur, Bindegewebe, Leibeshöhle, Herz, Blutgefäßsystem, z. B. ***Setaria cervi*** (Rudolphi) (bis 120 mm), Bauchhöhle von Wiederkäuern.

Camallanoidea (Mundöffnung in Körperlängsrichtung verlängert, schlitzförmig; mit großer Mundkapsel), z. B. ***Camallanus lacustris*** (Zoega) (bis 15 mm), im Darm von Fischen.

Dracunculoidea in Fischen, z. B. ***Philometra ovata*** (Zeder) (bis 20 mm), unter Haut, Kiemendeckel, Brustflosse. ***Anguillicoloides*** (= ***Anguillicola***) ***crassus*** (Kuwahara, Niimi et Itagaki), im Aal, aus Ostasien eingeschleppt.

— Oesophagus anders, einteilig, mit Endbulbus oder flaschenförmig, oder zylindrisch. Körper nicht extrem langgestreckt **10**

10. ♂ am Hinterende mit schüssel- bis glockenförmigem, muskulösem Kopulationssaugnapf ohne Rippen, ♀ mit After direkt am Hinterende **Dioctophymatida**

Dioctophymatoidea. Im Verdauungstrakt u. in Harnwegen von Vögeln u. Säugern, z. B. ***Dioctophyme renale*** (Goeze), Riesenpalisadenwurm (bis 1000 mm), im Nierenbecken meist von Raubtieren.

— ♂ ohne derartigen Kopulationssaugnapf, ♀ mit After vor dem Hinterende. Wenn ♂ mit Bursa copulatrix, diese mit Rippen [**12**] **11**

11. Mit dickwandiger, kugeliger, zylindrischer, trichter- oder ringförmiger Mundkapsel (z. B. [**11**]). Mundöffnung schlitzförmig. ♂ meist mit häutiger Bursa copulatrix [**12**] .... **Rhabditida**

a) In Fischen: **Seuratoidea**, z. B. ***Cucullanus*** Müller, in Meeresfischen, häufig ***C. cirratus*** Müller (bis 19 mm); ***C. truttae*** (F.) (bis 15 mm), in Süßwasserfischen.

b) In Ampibien, Reptilien, Vögeln oder Säugern: **Strongyloidea**, z. B. ***Syngamus trachea*** (Montagu), Rotwurm [**11**] (bis 40 mm), in Luftröhre von Vögeln. – 2 weitere Überfamilien s. Nr. **12**.

— Mundkapsel klein oder fehlend. Mundöffnung nicht schlitzförmig **12**

12. Vorderende oft mit 3 großen Lippen [**13**]. Oesophagus mit Bulbus, dieser mit Ventilklappen. Wenn Bulbus fehlt, Vorderende mit 3 deutlichen Lippen oder am Oesophagus vorn kurzer andersartiger Abschnitt .... **Rhabditida**

Im Darmkanal.

a) Größer (10–400 mm), meist im Magen oder Dünndarm: **Ascaridoidea**, z. B. ***Ascaris lumbricoides*** L., Spulwurm (bis 250 mm), im Menschen.

b) Kleiner (fast immer unter 30 mm), häufiger im Dickdarm: **Oxyuroidea**, z. B. ***Enterobius vermicularis*** (L.), Madenwurm [**14**] (bis 5 mm), im Menschen.

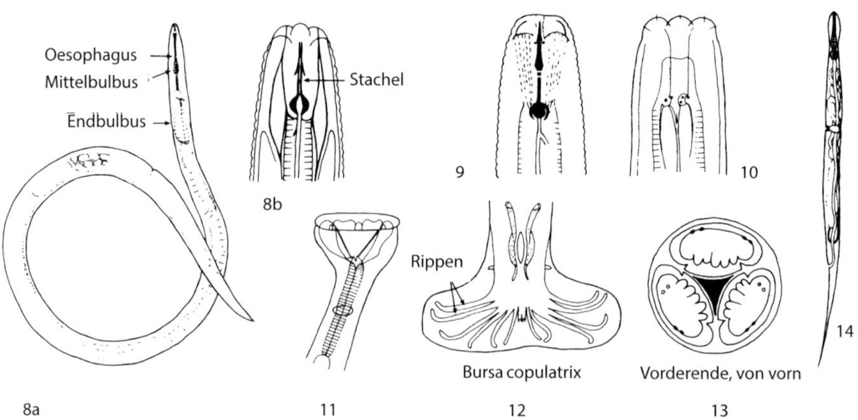

8a *Ditylenchus*; **14** *Enterobius*

— Vorderende ohne oder mit 3 (oder 6) kleinen Lippen, Bulbus u. andersartiger Vorderabschnitt im Oesophagus fehlen. ♂ mit häutiger Bursa copulatrix, oft reduziert; wenn fehlend, Parasiten in oberen Luftwegen oder Stirnhöhlen von Raubtieren oder Walen .... **Strongylida**
a) Im Verdauungstrakt von Vögeln u. Säugern: **Trichostrongyloidea**, Magenwürmer, z. B. ***Trichostrongylus retortaeformis*** (Zeder) (bis 9 mm), im Dünndarm von Wiederkäuern u. Nagetieren.
b) In Atem- u. Kreislaufsystemen von Säugetieren: **Metastrongyloidea**, Lungenwürmer, z. B. ***Metastrongylus elongatus*** (Dujardin) (bis 50 mm), in Bronchien, Luftröhre vom Schwein.

— Vorderende ohne oder mit 4 oder 6 einfachen oder 2 3-gelappten seitlichen Lippen. Oesophagus ohne Bulbus u. andersartigem Vorderabschnitt. ♂ ohne Bursa. Bis 19 mm .... **Rhabditida**
Wenige Arten. In Atemwegen von Amphibien, Reptilien (**Rhabditoidea**) oder in Darmschleimhaut von Säugern (**Strongyloidoidea**), z. B. ***Strongyloides papillosus*** (Wedl), in Wiederkäuern u. Nagern.

Literatur

Abebe, E., Traunspurger, W., Andrassy, I.: Freshwater nematodes: Ecology and taxonomy. Wallingford, 2006.
Ahmad, W., Jairajpuri, M.S.: Mononchida: The predatory soil nematodes. Nematology Monographs and Perspectives 7. Leiden, 2010.
Andrassy, I.: Klasse Nematoda. Bestimmungsbücher zur Bodenfauna Europas. Stuttgart, 1984.
Goodey, T.: Soil and freshwater nematodes. London, 1963.
Hartwich, G.: Nematoda, parasitische Rundwürmer von Wirbeltieren. I. Rhabditida u. Ascaridida, II. Strongylida: Strongyloidea und Ancylostomatoidea. In: F. Dahl, Tierwelt Deutschlands, Teil 62, 68. Jena, 1975, 1994.
Loof, P. A. A.: Nematoda, Adenophorea (Dorylaimida). In: A. Brauer, J. Schwoerbel, P. Zwick, Süßwasserfauna von Mitteleuropa 4/2-2. Heidelberg, 1999.
Loof, P. A. A.: Nematoda, Secernentea (Tylenchida, Aphelenchida). In: A. Brauer, J. Schwoerbel, P. Zwick, Süßwasserfauna von Mitteleuropa 4/1-1. Heidelberg, 2001.
Meyl, A. H.: Fadenwürmer (Nematoden). Stuttgart, 1961.
Meyl, A. H.: Freilebende Nematoden; Sprehn, C.: Parasitische Nematoden. In: P. Brohmer, P. Ehrmann, G. Ulmer, Tierwelt Mitteleuropas, Bd. 1, Lief. 5a, 5b. Leipzig, 1960, 1961.
Platt, H. M., Warwick, R. M.: Free-living marine nematodes. Part I. British Enoplids. Part II. British Chromadorids. Synopses of the British Fauna 28, 38. London, 1983, 1988.
Warwick, R. M., Platt, H. M., Somerfield, P. J.: Free living British nematodes. Part 3: Monhysterids. Synopses of the British Fauna 53. London, 1998.

Tardigrada, Bärtierchen

Körper walzenförmig, ventral abgeflacht, 0,2–1,2 mm lang, von chitinhaltiger Kutikula bedeckt, die v. a. aus Lipoproteinen und Polysacchariden besteht. Rücken mit Querfalten oder Platten (keine echten Segmentgrenzen). Mit 4 Paar ungegliederten Stummelfüßen, diese meist mit Krallen. Kopf bei ursprünglichen Arten mit Anhängen (Cirren), mit 2 aus der Mundöffnung vorstoßbaren kalkhaltigen Stiletten zum Anstechen der Nahrung (meist pflanzliche Zellen). Es werden aber auch lebende oder tote Tiere (Rotatorien, Nematoden) ausgesogen. Getrenntgeschlechtlich. Wenige Arten leben im Meer und Brackwasser, die meisten im Süßwasser, besonders in kleinen temporären Wasseransammm-lungen (z. B. in Flechtenbewuchs oder Moospolstern an Baumstämmen, Mauern oder in Dachrinnen). Trockenperioden können jahrelang in „Anabiose" überdauert werden. Im Gebiet über 90 Arten.

System:
Heterotardigrada
  Arthrotardigrada: Batillipedidae, Halechiniscidae, Stygarctidae
  Echiniscoidea: Echiniscidae, Echiniscoididae, Oreellidae
Eutardigrada
  Parachela: Calohypsibiidae, Hypsibiidae, Macrobiotidae
  Apochela: Milnesiidae

1. Mit fadenartigen Kopfanhängen (Cirren) [**1–5**]. Zehen oder Krallen untereinander gleichartig
 Heterotardigrada 2
— Kopf ohne Cirren. Stummelfüße enden in 4 ± ungleichartigen Krallen (2 Paare) [**6–9**]
 Eutardigrada 6
2. Stummelfüße enden zehenartig mit abgesetzten Haftplättchen [**1**] oder ohne zehenartige Bildungen, aber mit langen, nebenhakenlosen Krallen. Kopf mit Mediancirrus [**1**: MC]. Im Meer u. Brackwasser .... **Arthrotardigrada** 3
— Stummelfüße enden mit Krallen, die (außer bei ***Archechiniscus***) ohne Zehen der Extremität direkt ansitzen. Kopf ohne Mediancirrus .... **Echiniscoidea** 4
3. Stummelfüße mit Krallen .... **Halechiniscidae**
 Auch **Tanarctidae**. Z. B. ***Actinarctus doryphorus*** Schulz, im Bruchschill-Sediment. – Hierher auch **Stygarctidae** mit ***Stygarctus bradypus*** Schulz (Sondermerkmal: keine Zehen, Krallen unmittelbar am Bein ansetzend; die 2 inneren Krallen mit je 1 langen Filament).
— Stummelfüße mit Haftplättchen [**1**] .... **Batillipedidae**
 Z. B. ***Batillipes mirus*** Richters [**1**], im Feinsand des Litorals.
4. Dorsale Kutikula nicht in transversale Platten gegliedert 5
— Dorsale Kutikula verstärkt oder in transversale Platten gegliedert .... **Echiniscidae**
 a) Dorsale Kutikula verstärkt, aber ohne deutlich abgegrenzte Platten: ***Parechiniscus chitonides*** Cuénot, in Moosen, Flechten.

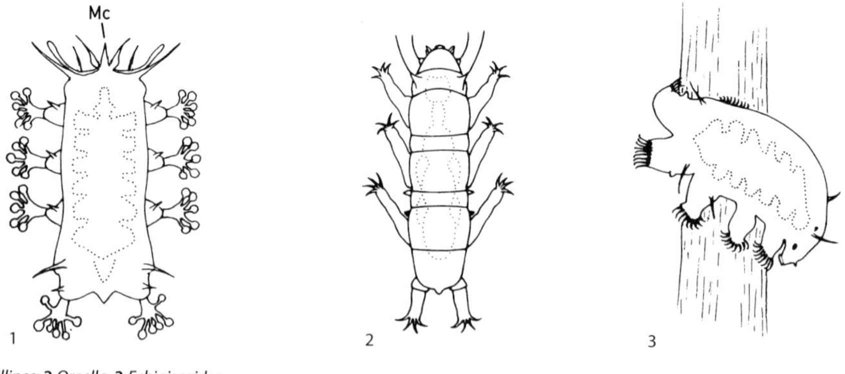

1 *Batillipes*; **2** *Oreella*; **3** *Echiniscoides*

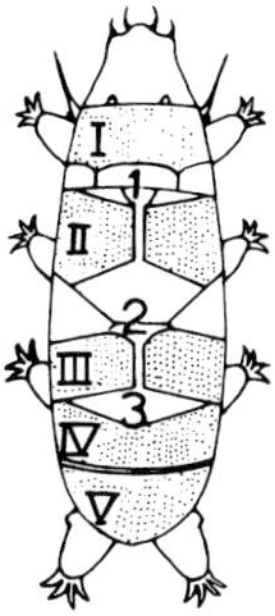

4

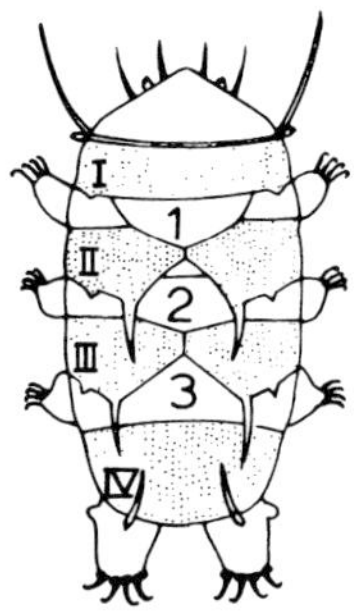

5

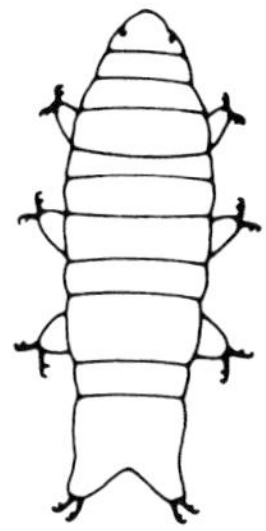

8

6

7

9

4 *Pseudechiniscus*; **5** *Echiniscus*; **8** *Macrobiotus*

b) Dorsale Kutikula aus deutlich abgegrenzten Platten [**4, 5**]. Rumpf mit 5 Haupt- (I–V) und 3 (1–3) Zwischenplatten. 4. Hauptplatte deutlich von Endplatte getrennt [**4**]: ***Pseudechiniscus*** Thulin, z. B. ***P. suillus*** (Ehrenberg), in Moos- u. Flechtenpolstern.

c) Ähnlich, aber Rumpf außer den Zwischenplatten mit 4 Hauptplatten [**5**]: ***Echiniscus*** Schultze, artenreich, häufig z. B. ***E. testudo*** (Doyère), in Moos.

5. Mit langen Kopfcirren. An jedem Fuß 4 Krallen [**2**] .... **Oreellidae**
Nur ***Oreella mollis*** Murray [**2**], im Moos, selten.

— Mit kurzen Kopfcirren. Marin .... **Echiniscoididae**
Nur ***Echiniscoides sigismundi*** (Schultze) (an jedem Fuß mehr als 4, meist 6–9, selten bis 11 Krallen [**3**]), in der Enteromorphazone häufig.

6. Kopf mit 6 Mundpapillen. Fuß mit 2 langen und 2 kürzeren Krallen, letztere mit Haken; Krallen am Grunde getrennt [**6**] .... **(Apochela) Milnesiidae**
Nur ***Milnesium tardigradum*** Doyère, in Moos, räuberisch, Kosmopolit.

— Kopf ohne Anhänge. Haupt- u. Nebenast der Fußkrallen am Grunde verwachsen („Doppelkrallen") .... **Parachela 7**

7. Doppelkrallen etwa gleich groß, Hauptäste einander zugewandt, Nebenäste voneinander abgewandt [**7**] .... **Macrobiotidae**
Nur ***Macrobiotus*** Schultze [**8**], artenreich, z. B. ***M. hufelandi*** Schultze (groß, bis 1,2 mm), Kosmopolit.

— Hintere Doppelkralle geringfügig oder deutlich größer als vordere Doppelkralle, auch die Nebenäste zeigen in die gleiche Richtung [**9**] **8**

8. Hintere Doppelkralle nur wenig größer als vordere Doppelkralle [**9**] .... **Calohypsibiidae**
Nur ***Calohypsibius*** Thulin, häufig ***C. ornatus*** (Richters), Kosmopolit.

— Hintere Doppelkralle viel länger als vordere Doppelkralle .... **Hypsibiidae**
Artenreich z. B. ***Hypsibius*** Thulin, ***Isohypsibius*** Thulin, häufig ***H. dujardini*** (Doyère), an feuchten Stellen (***Isohypsibius*** auch zu **Isohypsibiidae** gestellt).

Literatur

Dastych, H.: The tardigrades of Poland. Monografie Fauny Polski 16. Warzawa, Krakow, 1988.
Greven, H.: Die Bärtierchen. Neue Brehm-Bücherei, Bd. 537. Wittenberg, 1980.
Kaestner, A. Lehrbuch der speziellen Zoologie, Bd. I, 3.Teil. 4. Aufl. Stuttgart, 1982.
Marcus, E.: Tardigrada. In: F. E. Schulze, W. Kükenthal, K. Heider, Das Tierreich, Lief. 66. Berlin, 1936.
Morgan, C. I., King, P. E.: British Tardigrades. Synopses of the British Fauna 9. London, 1976.
Rahm, G.: Bärtierchen. In: P. Brohmer, P. Ehrmann, G. Ulmer, Tierwelt Mitteleuropas, Band 3. Leipzig, 1928.
Schill, R. O.: Water bears: The biology of tardigrades. Berlin, 2019
Semeria, Y.: Tardigrades continentaux. Faune de France 87. Paris, 2003.

Arthropoda, Gliederfüßer

Körper in Segmente gegliedert, von Kutikula bedeckt, die während des Wachstums der Tiere durch Häutungen erneuert wird. Meiste Segmente mit Rückenplatte (Tergit, Tergum) und Bauchplatte (Sternit, Sternum), häufig auch Seitenplatte (Pleurit, Pleurum). Extremitäten gegliedert, mit echten Gelenken zwischen den Gliedern. Mit 1 Paar Komplexaugen (die reduziert sein können); daneben Medianaugen als Einzelaugen (die ebenfalls fehlen können).

System (nach Giribet & Edgecombe, 2012; zu den **Arthropoda** im weiteren Sinne werden auch die **Tardigrada** gerechnet):
Chelicerata
  Pantopoda (= **Pycnogonida**)
  Euchelicerata: [**Xiphosura**], **Arachnida**
Mandibulata
  Myriapoda
  Tetracoronata (= **Pancrustacea**)
    „Crustacea" (eine paraphyletische Gruppe)
    Hexapoda (= **Insecta**)

Nach einer älteren Auffassung werden die **Hexapoda** und **Myriapoda** als **Antennata** zusammengefasst und den **„Crustacea"** gegenübergestellt.

1. Mit Flügeln oder Stummelflügeln .... Insekten, **Hexapoda** (= **Insecta**) S. 191
— Ohne Flügel **2**
2. Mit gegliederten Beinen **3**
Bei den **Thoracica** (zu **„Crustacea"**, s. Nr. **7**) erscheinen die Ranken nur während der Nahrungsaufnahme; Tiere festsitzend, mit Kalkplatten [**10, 11**] (S. 172).
— Ohne Beine, wenn Beinstummel vorhanden, diese ungegliedert **8**
3. Körper ganz oder teilweise in 2-klappiger Schale [**4–6**] (S. 184). Freilebende Wassertiere (**Diplostraca, Ostracoda**), **„Crustacea"** S. 170
— Körper anders, Land- oder Wassertiere **4**
4. Körper rückgebildet, röhrenförmig, mit 4 bis 5 großen Laufbeinpaaren, deren Durchmesser stellenweise fast so groß wie Körper breit. Körper vorn mit Rüssel, Cheliceren u. Taster. Hinterleib kurz, stielförmig, ungegliedert [**1**]. Meerestiere ... Asselspinnen, **Pantopoda** (= **Pycnogonida**)
Räuber, auf Hydrozoenstöcken, Schwämmen, Tang. Mehrere Familien mit 15 Arten, z. B. **Nymphonidae**, häufig ***Nymphon*** F., darunter ***N. brevirostre*** Hodge [**1**] (4–5 mm).
— Körper nicht rückgebildet, Beine immer viel dünner als Körper **5**
5. Körper mit Kopf u. vielen ± gleichartigen Rumpfsegmenten, mit mindestens 6 (meist 9 bis weit über 100) gleichartigen Laufbeinpaaren [**1–9**] (S. 163, 165, 167). Landtiere Tausendfüßer, **Myriapoda** S. 162
Die Asseln (**Isopoda**) (zu **Crustacea**, s. Nr. **7**) erscheinen häufig ebenfalls gleichartig segmentiert, aber Hinterleibsextremitäten anders, abgeflacht, liegen dem Hinterleib ventral an.

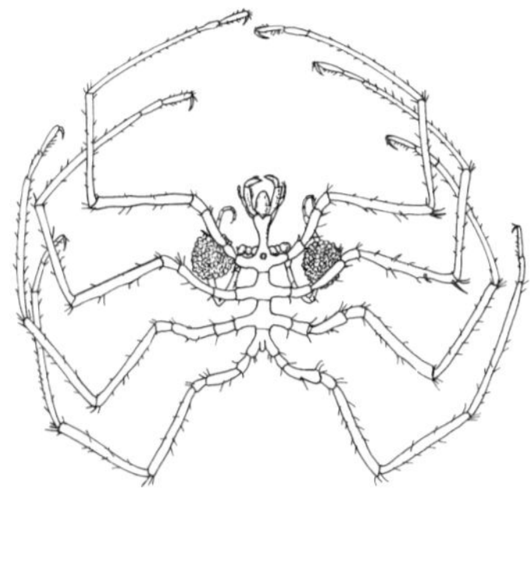

1 Pantopoda (*Nymphon*)

— Körper hinter Kopfregion selten gleichartig segmentiert, Rumpf mit Hinterleib, der keine oder abweichend gebaute Extremitäten trägt **6**
Manche Larven der **Myriapoda** (s. Nr. **5**) ähnlich, dann aber Habitus wie [**5**] oder [**8**] (S. 165) oder [**9–14**] (S. 167).

6. Körper mit deutlich abgesetztem Kopf [**1**] (S. 191). Brust mit 3 gleichartigen Beinpaaren (selten 1. Beinpaar umgebildet). Hinterleib ohne Beine, höchstens mit Beinstummeln [**7–56**], S. 194–202 Insekten, **Hexapoda** (= **Insecta**) S. 191

— Anders, wenn mit 3 Beinpaaren, kein deutlich abgesetzter Kopf **7**
Bei Schildläusen (**Coccina**) (zu **Hexapoda**, s. Nr. **6**) Kopf meist nicht deutlich abgesetzt, dann Habitus typisch, wie [**37**] (S. 285).

7. Körper durch tiefen Einschnitt in Kopfbrust u. Hinterleib geteilt [**1**] (S. 122) oder Körper ungeteilt [**1**] (S. 144) [**3**] (S. 147). Kopfbrust nicht oder nur andeutungsweise segmentiert, mit Cheliceren, Taster u. 2 bis 4 Beinpaaren [**1a**] (S. 122) .... Spinnentiere, **Arachnida** S. 120
Die Taster können wie Fühler aussehen, setzen aber auf der Kopfunterseite nahe der Mundregion an.

— Körper anders gegliedert. Kopf ohne Cheliceren u. Taster, mit 2 Paar Fühlern (1 Paar oft verkleinert) [**1**] (S. 184). Beintragender Körperabschnitt deutlich segmentiert, wenn Segmentierung durch Schale verdeckt, mit mehr als 4 Beinpaaren [**42**] (S. 182) ...... Krebstiere, „**Crustacea**" S. 170

8. Körper 2-seitig-symmetrisch .... (Insektenlarven), **Hexapoda** (= **Insecta**) S. 191
Hierher weitere Entwicklungsstadien mancher Insektengruppen, z. B. ♀♀ von Schildläusen (**Coccina**), puppenähnliche Stadien von Mottenläusen (**Aleyrodina**), viele Puppen der **Holometabola**.

— Körper ± unregelmäßig gelappt .... (parasitische Krebse), „**Crustacea**" S. 170

Literatur

Giribet, G., Edgecombe, G. D.: Reevaluating the arthropod tree of life. Annual Review of Entomology 57, 2012.

Zu den **Pantopoda**:

Bamber, R. N.: Sea-spiders (Pycnogonida) of the North-East Atlantic. Synopses of the British Fauna 5. 2nd ed. Field Studies Council (FSC). Shrewsbury, 2010.

Elliot, P., King, P. E., Morgan, C. I., Pugh, P. J. A., Smith, A., Wheeler, S. L. A.: Chelicerata, Uniramia, and Tardigrada. In: P. J. Hayward, J. S. Ryland, The marine fauna of the British Isles and North-West Europe, Vol. 1. Oxford, 1990.

King, P. E.: Sea Spiders: A revised key to the adults of littoral Pycnogonida. Field Studies Council 179. Shrewsbury, 1986.

King, P. E., Pugh, P. J. A.: Arachnids, insects, millipedes, and sea spiders (Phyla Chelicerata, Myriapoda, Hexapoda, and Pycnogonida). In: P. J. Hayward, J. S. Ryland, Handbook of the marine fauna of North-West Europe. Oxford, 1995.

Arachnida, Spinnentiere

Gliederfüßer ohne Flügel und Antennen. Kopf mit 2 Rumpfsegmenten zu Vorderköper (Prosoma) verschmolzen, der außer den 2–8 Augen (diese sind selten völlig reduziert) 1 Paar Cheliceren, 1 Paar Taster (Pedipalpen) und 4 (bei Milben mitunter weniger) Paar Beine trägt. Cheliceren höchstens 3-gliedrig, enden meist in Schere. Pedipalpen u. Beine meist gegliedert in Hüfte (Coxa), Schenkelring (Trochanter), Schenkel (Femur), Knie (Patella), Schiene (Tibia), Ferse (Metatarsus), die den Pedipalpen fehlt, und den 1- bis vielgliedrigen Fuß (Tarsus), der 1–3 Krallen trägt. Der Hinterleib (Opisthosoma) hat keine Beine. Luftatmend. Direkte Entwicklung mit bis zu 12 Häutungen. Jugendstadien meist nicht bestimmbar, die folgenden Tabellen gelten nur für ausgewachsene Tiere, Konservierung (außer Milben) in 75%igem Alkohol.
Abkürzungen: Pr = Prosoma, Op = Opisthosoma, Cx = Coxa, Tr = Trochanter, Fe = Femur, Pt = Patella, Ti = Tibia, Mt = Metatarsus, Ta = Tarsus („1. Cx" bedeutet „Cx des 1. Laufbeinpaares"). Längenangabe für adulte Tiere ohne Cheliceren.

System:
Scorpiones
Lipoctena
  Megoperculata: Araneae
  Apulmonata: Acari (= **Acarina**), **Opiliones**, **Palpigradi**, **Pseudoscorpiones** (= **Chelonethi**)

1. Op (Hinterleib, Opisthosoma) vom Pr (Vorderkörper, Prosoma) durch tiefen Einschnitt abgegliedert, hinten mit Spinnwarzen [**1a, 1b**] (S. 122) .... Spinnen, **Araneae** S. 121
— Zwischen Op u. Pr mit 1 verengtem Segment, Op hinten mit langem gegliedertem Schwanzfaden .... **Palpigradi**
Eukoeneniidae mit ***Eukoenenia*** Börner [**1**], artenarm, z. B. ***E. austriaca*** (Hansen) (1,5 mm), in Österreich, tief im Boden, selten.
— Op eng mit Pr verbunden, ohne Spinnwarzen u. Schwanzfaden **2**
2. Op ± deutlich gegliedert (segmentiert) **3**
— Op nicht deutlich segmentiert u. gegen das Pr nicht deutlich abgesetzt [**1, 14**] (S. 151) Milben, **Acari** (= **Acarina**) S. 150
3. Pedipalpen groß, mit Endschere [**1–3**] (S. 144), [**2**] **4**
— Pedipalpen beinartig, ohne Schere am Ende. Beine meist lang [**3**] (S. 147) Weberknechte, **Opiliones** S. 146
4. Körper hinten nicht verschmälert, ohne Stachel Pseudoskorpione, **Pseudoscorpiones** (= **Chelonethi**) S. 144
— Hintere 5 Segmente des Körpers zu schmalen Ringen verengt, mit Endstachel Skorpione, **Scorpiones**
Euscorpiidae mit ***Euscorpius*** Thorell s. l. [**2**], in Südeuropa; in Südösterreich und in der Südschweiz z. B. ***Alpiscorpius*** (= ***E.***) ***germanus*** (C. L. Koch) (bis 30 mm).

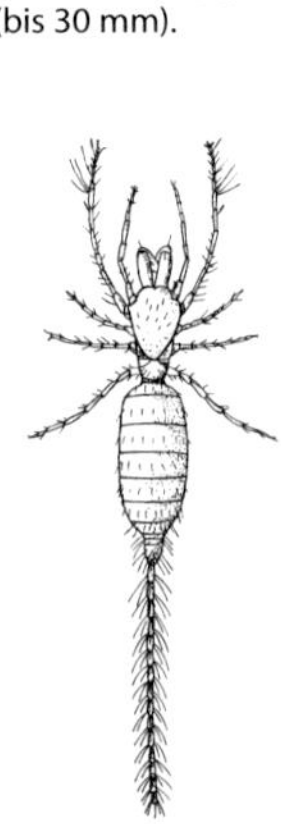
1 Palpigradi (*Eukoenenia*)

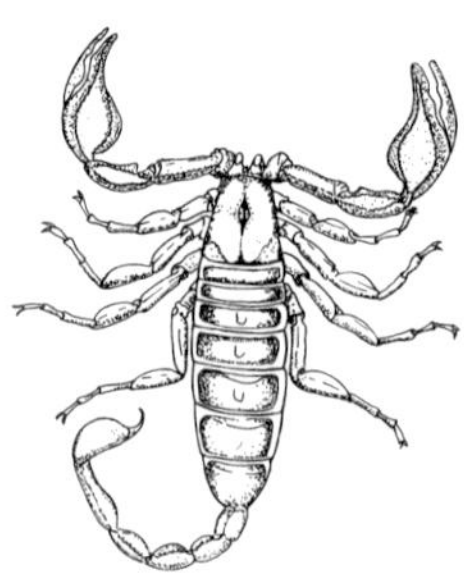
2 Scorpiones (*Euscorpius*)

Araneae, Spinnen

Körper in zwei ungegliederte Abschnitte, Prosoma u. Opisthosoma, geteilt [**1a, 1b**]. 6 oder 8 Augen in 2–4 Querreihen (selten reduziert): Augenquerreihe **procurv** = von oben gesehen an den Seiten nach vorn gebogen, **recurv** = nach hinten gebogen. Cheliceren 2-gliedrig, 2. Glied (Giftklaue) gegen Basalglied einschlagbar. Am Ende des Opisthosomas 2–4 Spinnwarzenpaare. Atmung meist durch 1 Paar Fächertracheen und eine unpaare Röhrentrachee. Getrenntgeschlechtlich. Bei der Fortpflanzung ein für viele Arten charakteristisches Begattungsvorspiel (Tänze, Laute usw.), dann Einführen der Spitze des mit Samen gefüllten ♂ Tasters in die Receptacula seminis auf der Epigyne des ♀. Eiablage in Kokons. Direkte Entwicklung, 7–12 Häutungen, meist 1-jährig. Bewohner der Bodenoberfläche, der Streu, der Vegetationsschicht (auch Baumwipfel) u. des Wassers (nur ***Argyroneta aquatica***). Manche Spinnen (meist als Jungspinnen, als Adulte v. a. **Linyphiidae**) Luftsegler mittels Spinnfäden („Altweibersommer"). Räuberisch. Nahrung: Arthropoden, vor allem Insekten, die außen verdaut und dann ausgesaugt werden. Jagen nach Beute (Tagjäger wie **Lycosidae**, **Salticidae** u. Nachtjäger wie **Clubionidae**, **Gnaphosidae**), lauern auf Blüten (z. B. **Thomisidae**), fesseln die Beute mit Klebfäden (**Scytodidae**), umwinden Beute mit Fäden aus Spinndrüsen (manche **Gnaphosidae**) oder bauen Netze zum Beutefang (Netzspinnen): Deckennetz mit Stolperfäden (**Agelenidae** [**58**]), Radnetz (**Araneidae**, **Uloboridae** [**46, 47**]), Fußangel- oder Haubennetz (**Theridiidae** [**37**]), Baldachinnetz (**Linyphiidae** [**42**]), letztere 3 Netztypen mit Klebfäden. Cribellate Spinnen [**3**] bebürsten Fäden mittels des Calamistrums mit haftenden, bläulich schimmernden Cribellumfäden (s. Tabelle Nr. **2**). Bestimmung bis zur Art oft nur nach Genitalmerkmalen möglich (♀: meist dunkel chitinisierte Epigyne [**1a**], ♂: Taster mit verdicktem, z. T. dunkel sklerotisiertem Ende als Kopulationsapparat [**1b**]), hier nicht berücksichtigt. Jugendstadien ohne ausgebildete Genitalorgane. Im Gebiet etwa 1000 Arten. In Gewächshäuser eingeschleppte Arten meist nicht berücksichtigt.

Abkürzungen: s. **Arachnida**.

System:
Mygalomorphae (= **Orthognatha**): **Atypidae**
Arachnomorphae (die heimischen Familien gehören zu den **Neocribellatae** = **Labidognatha**):
  Haplogynae: Dysderidae, Oonopidae, Pholcidae, Scytodidae, Segestriidae
  Entelegynae
    Eresoidea, weitere basale Gruppen: **Eresidae, Eutichuridae, Oecobiidae, Zodariidae**
    Palpimanoidea: Mimetidae
    Orbiculariae: Anapidae, Araneidae, Linyphiidae, Mysmenidae, Nesticidae, Tetragnathidae, Theridiidae, Theridiosomatidae, Uloboridae
    „RTA Cladus"
      Dictynoidea: Cybaeidae, Dictynidae, Hahniidae
      Dionycha: Anyphaenidae, Clubionidae, Gnaphosidae, Liocranidae, Miturgidae, Philodromidae, Phrurolithidae, Salticidae, Sparassidae, Trachelidae, Thomisidae
      Amaurobioidea: Amaurobiidae, Agelenidae, Titanoecidae
      Lycosoidea: Lycosidae, Oxyopidae, Pisauridae, Zoropsidae

In Deutschland besonders geschützt: *Eresus cinnaberinus, Arctosa cinerea, Dolomedes fimbriatus* u. ***plantarius, Philaeus chrysops*.**

1. Cheliceren in Längsrichtung des Körpers nach vorn gerichtet („orthognath"), sehr massig, Chelicerenklauen in Ruhestellung parallel zur Körperlängsachse. Hintere Spinnwarzen mindestens 3-gliedrig. Dunkelbraun. 7–15 mm [**2**] .... Vogelspinnen, Tapezierspinnen, **Atypidae**
In Kolonien, leben in geschlossenen, mit Gespinst ausgekleideten, senkrechten Erdröhren, das obere Ende frei auf dem Erdboden liegend. Reife ♂♂ vagabundierend. Nur 3; ***Atypus*** Latreille, ***A. piceus*** (Sulzer) (hintere Spinnwarzen – von unten betrachtet – 3-gliedrig, Sternum mit paarigen hellen Flecken); ***A. affinis*** Eichwald (ebenso, aber Sternum außerdem mit hellem unpaarem Mittelfleck); ***A. muralis*** Bertkau (hintere Spinnwarzen 4-gliedrig); alle Arten an trockenwarmen Hängen oder in Kiefernwäldern.

— Cheliceren meist senkrecht zur Längsrichtung des Körpers gerichtet („labido-gnath"), schlanker, Chelicerenklauen in Ruhestellung quer zur Körperlängsachse [**1a**]. Hintere Spinnwarzen nie mehr als 2-gliedrig **2**

2. Cribellum (mit kleinen Spinnspulen besetzte Chitinplatte vor den Spinnwarzen auf der Unterseite des Op [**3a**]) u. Calamistrum (Kräuselkamm; 1 oder 2 Längsreihen parallel stehender, gebogener Borsten am 4. Mt [**3b**]) vorhanden; wenn undeutlich, dann kurzhaarige Fläche vor Cribellum ausgebildet (**„Cribellatae"**) **3**

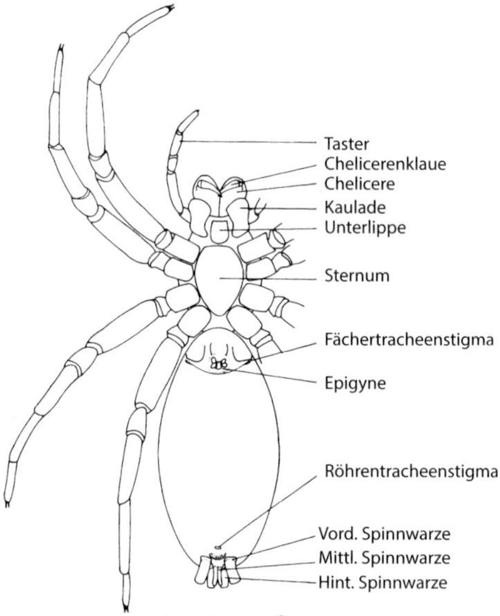

1a Unterseite ♀

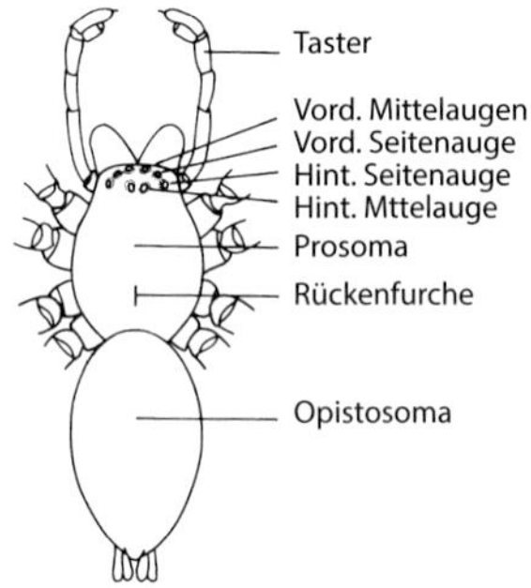

1b Oberseite ♂

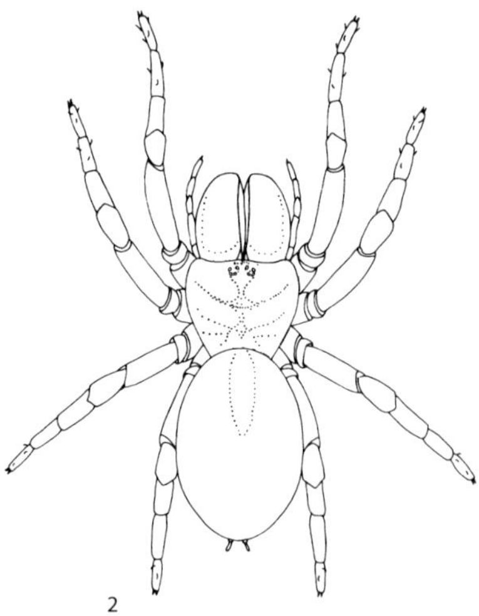

2

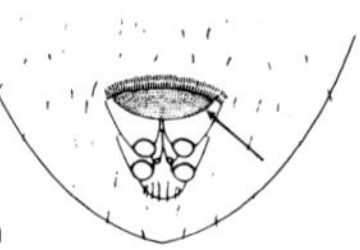

3a

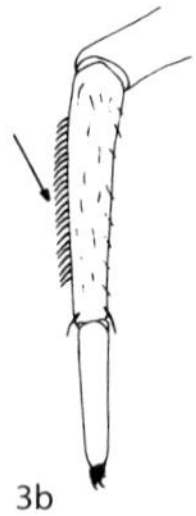

3b

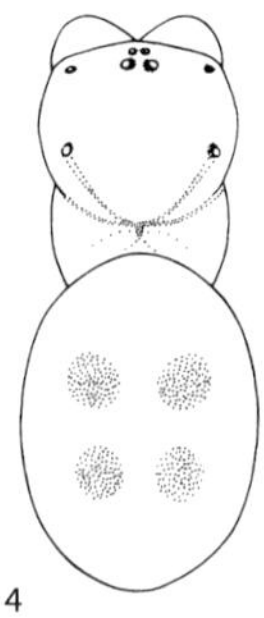

4

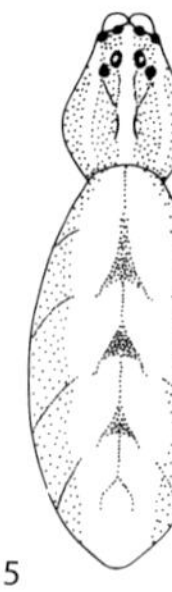

5

2 *Atypus*; **4** *Eresus*; **5** *Uloborus*

— Cribellum u. Calamistrum fehlen („**Ecribellatae**") **7**

3. Pr vorn sehr breit, gerade abgeschnitten. Augen in 3 Querreihen, 2 Vierecke bildend [**4**]. Cribellum durch Brücke längsgeteilt . . . . Röhrenspinnen, **Eresidae**

Bauen ca. 10 cm langes Röhrennetz im Erdboden, mit Gespinstdach u. Fangfäden. Nur 2; ***Eresus*** Walckenaer [**4**] (♀: schwarz, ♂: Pr schwarz, Op rot mit 4 schwarzen Flecken; 8–16 mm), verbreitet ***E. kollari*** Rossi (= ***cinnaberinus*** (Olivier), = ***niger*** (Petagna)), in Heidegebieten.

— Anders **4**

4. Augen in 2 Querreihen. Vordere u. hintere Seitenaugen weit voneinander getrennt. Pr nach vorn verschmälert [**5, 6**]. Cribellum einteilig . . . . Kräuselradnetzspinnen, **Uloboridae**

Uloborus walckenaerius Latreille [**5**] (Op langgestreckt; 3–8 mm), baut Radnetz ähnlich *Araneus*, aber Fangfäden cribellat, in warmem, unbedecktem Gelände, sehr selten; außerdem in Gewächshäusern ***U. plumipes*** Lucas. ***Hyptiotes paradoxus*** (C. L. Koch), Dreiecksspinne [**6**] (Op kurz, höckerig; 4–5 mm), Netz 3-eckig, in trockenwarmem Fichtenwald.

— Augen in 2 Querreihen. Vordere u. hintere Seitenaugen nahe beieinander. Pr nach vorn nicht derartig verschmälert [**7, 8**] **5**

— Augenstellung anders (in 3 Querreihen oder in 1 Gruppe)

Neuerdings aus dem Süden eingewandert, synanthrop: ***Zoropsis spinimana*** (Dufour) (**Zoropsidae**) (Augen in 3 Reihen, ähnlich wie [**17**]; 10–19 mm). ***Oecobius navus*** Blackwall (**Oecobiidae**) (Augen in 1 Gruppe; 2,2–2,5 mm).

5. Alle Augen hell (Senkrecht in die Linse der Augen schauen! Linse nicht mit dem das Auge umgebenden Pigmentfleck verwechseln!). Körper über 5 mm (bis 15 mm) lang, selten wenig kleiner. Cribellum durch Längsbrücke geteilt. Vorherrschender Habitus [**8**] **6**

— Vordere Mittelaugen dunkel, übrige hell. Körper höchstens 5 mm lang, meist viel kleiner. Cribellum meist ungeteilt. Habitus meist wie [**7**] . . . . Kräuselspinnen, **Dictynidae** S. 138

6. 6–16 mm. Calamistrum 2-reihig. Unterlippe an Basis deutlich eingeschnürt. Habitus wie [**8**] Finsterspinnen, **Amaurobiidae** S. 139

— Bis 5,5 mm. Calamistrum einreihig. Unterlippe an Basis kaum eingeschnürt . . . . . **Titanoecidae**

4 Arten, z. B. 2; ***Titanoeca*** Thorell, häufiger nur ***T. quadriguttata*** (Hahn) (= ***obscura*** Walckenaer), unter Steinen.

7. Mit 6 Augen. (♀ ohne Epigyne = **Haplogynae**) **8**

— Mit 8 Augen, vordere Mittelaugen oder hintere Seitenaugen bisweilen sehr klein. (♀ meist mit Epigyne = **Entelegynae**) **11**

8. Pr hinten viel höher als in der Augenregion [**9**]. Augen in 3 weit voneinander getrennten Paaren. Dicht hinter Fächertracheenstigmen kein weiteres Stigmenpaar . . . . Speispinnen, **Scytodidae**

Beschleichen Insekten und fesseln sie mit Leimfäden aus den Giftdrüsen der Cheliceren. ***Scytodes thoracica*** (Latreille) [**9**] (3,5–5,5 mm), in Häusern an Wänden. 1 weitere Art eingeschleppt.

— Pr hinten nicht viel höher als vorn. Augen in einer geschlossenen Gruppe [**10, 11**]. Dicht hinter Fächertracheenstigmen meist ein weiteres Stigmenpaar **9**

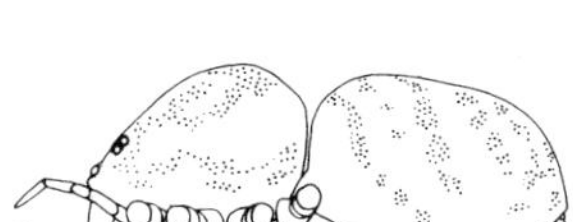

9

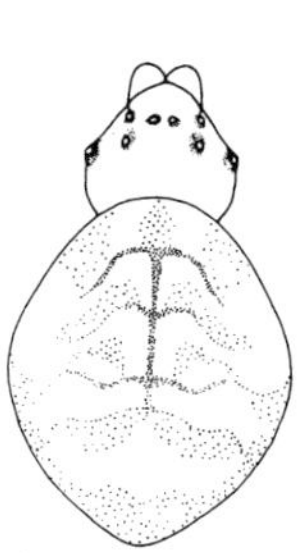

6

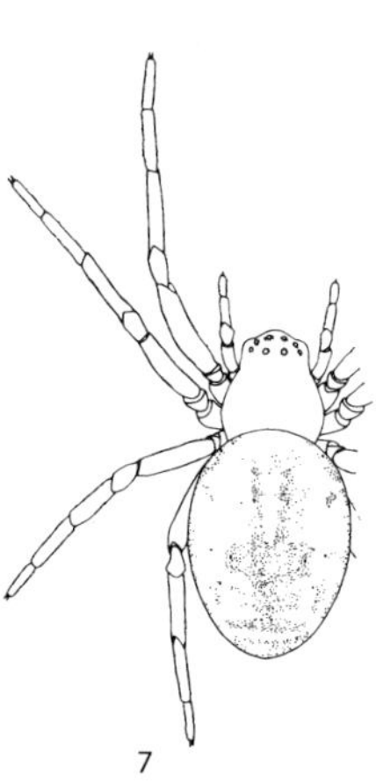

7

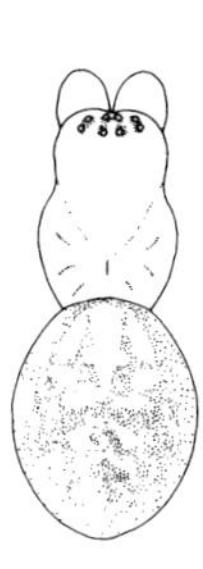

8

10

6 *Hyptiotes*; **7** *Dictyna*; **8** *Amaurobius*; **9** *Scytodes*

9. Körper schlank [**11**], über 4 mm (bis 15 mm). Augenreihen nicht so breit wie das vordere Pr **10**

— Körper gedrungener, bis 2 mm. Augen fast die gesamte Breite des vorderen Pr einnehmend **Oonopidae**

7 Gattungen mit 8 seltenen Arten, z. B. ***Oonops domesticus*** Dalmas, in Häusern.

10. Augen in einer kompakten Gruppe [**10**]. Pr braunrot, Op einfarbig hell Sechsaugenspinnen, **Dysderidae** S. 129

— Augen in 3 getrennten Paaren. Op mit Fleckenzeichnung [**11**] Sechsaugenspinnen, **Segestriidae**

In Wohnröhren unter Rinde, in Felsspalten u. Mauern, dabei – an der Mündung sitzend – auf Beute lauernd. Nur 3; ***Segestria*** Latreille, ***S. senoculata*** (L.) (braune Fleckenzeichnung des Op wie [**11**]; 6,5–10 mm); ***S. bavarica*** C. L. Koch (Fleckenzeichnung des Op hinten durch helle Mittelbinde in paarige Flecken geteilt; 7–14 mm).

11. Pr vorn gerade abgeschnitten. Augen in 3 Reihen, vordere Augen nach vorn gerichtet, vordere Mittelaugen viel größer als vordere Seitenaugen, 2 sehr kleine (!) Augen in der 2. Reihe, 2 etwas größere in der 3. [**12**]. Mit Sprungvermögen .... Springspinnen, **Salticidae** S. 142

— Anders **12**

12. Augenstellung von vorn gesehen wie [**13**], Augen sehr unterschiedlich groß. Beine lang bestachelt .... Scharfaugenspinnen, **Oxyopidae**

Jagen nach Beute. Nur 3; ***Oxyopes*** Latreille, z. B. ***O. ramosus*** (Martini et Goeze) (rotbraun mit weißer Zeichnung; 6–10 mm), in Heidegebieten.

— Augenstellung wie [**18**], vordere Mittelaugen groß u. schwarz, an jeder Seite 3 helle Augen in flachem Bogen [**18**]. Vordere Spinnwarzen auf gemeinsamem Sockel, länger als die hinteren. 3,5–5 mm .... **Zodariidae**

Jagen nach Ameisen, Wohngespinst außen mit Fremdpartikeln bekleidet. Nur 3; ***Zodarion*** Walckenaer, verbreitet ***Z. germanicum*** (C. L. Koch) (Pr rotbraun, Op oben schwarz).

— Vordere Mittelaugen klein u. isoliert, die übrigen in 2 Gruppen zu je 3. Beine sehr lang [**19**] Zitterspinnen, **Pholcidae**

Hängen im Netz, bei Störung schwingende Bewegung („Zittern"), tragen Eipaket in Ch. In Gebäuden. Pr ohne mediane Furche oder Grube: 3; ***Pholcus*** Walckenaer, ***P. phalangioides*** (Fuesslin) [**19**] (Sternum meist einfarbig; 8–12 mm);

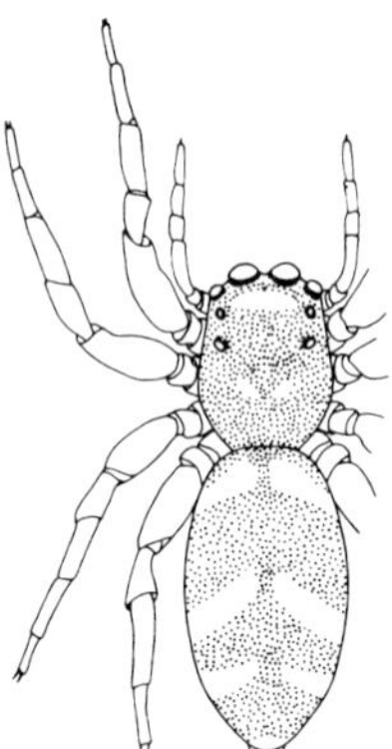

12

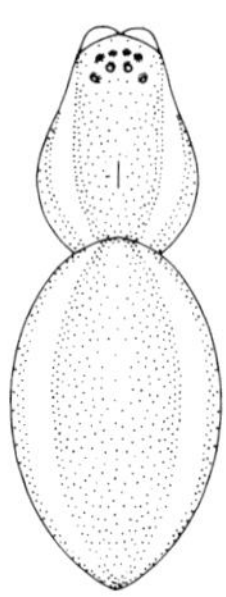

15

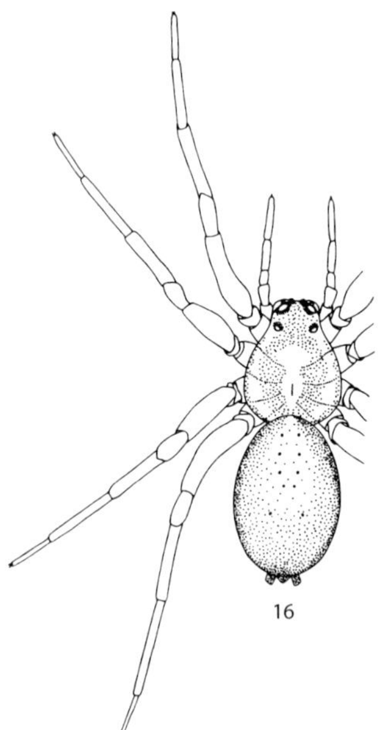

16

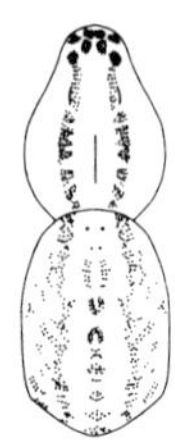

17

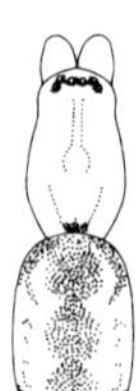

11

13

14

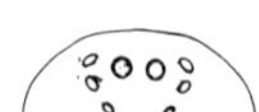

18

11 *Segestria*; **12** *Salticus*; **14** *Pisaura*; **15** *Dolomedes*; **16** *Pardosa*; **17** *Zora*

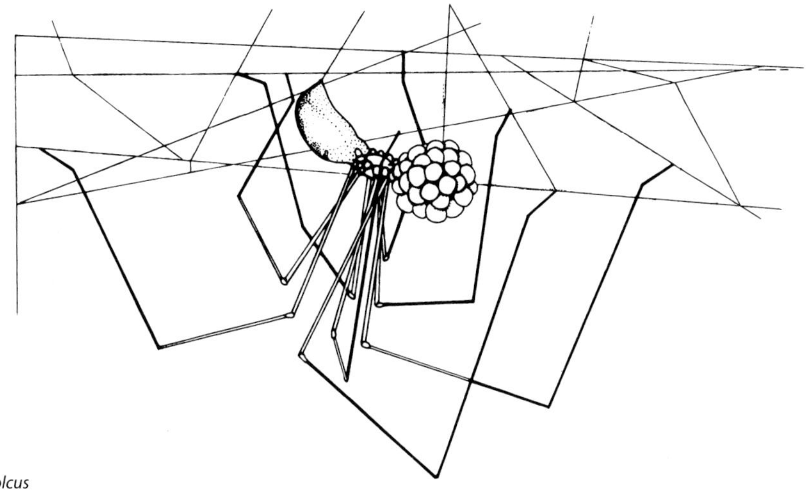

19 *Pholcus*

P. opilionoides (Schrank) (Sternum mit hellen Flecken; 4–5 mm). Pr mit medianer Furche: ***Psilochorus simoni*** (Berland) (bis 2,5 mm). Pr mit medianer Grube: ***Holocnemus pluchei*** Scopoli (5–7 mm), aus dem Mittelmeerraum eingewandert. Weitere Arten eingeschleppt.

— Augenstellung anders **13**

13. Augen in 3 Querreihen, Anordnung wie in [**14–17**] **14**

— Augen in 2 Querreihen oder zumindest nicht in 3 deutlichen Querreihen (z. B. [**1b, 25**]), also Anordnung nicht wie in [**14–17**]) **17**

14. Hintere Spinnwarzen viel länger als vordere [**23a**] .... ***Textrix*** (**Agelenidae**) S. 137

— Hintere Spinnwarzen nicht viel länger als vordere **15**

15. 3. Augenreihe viel breiter als 2.; Abstand zwischen den hinteren Augen mehr als doppelt so groß wie der Abstand zu den entsprechenden Augen der 2. Querreihe [**14, 15**]. Op hinten allmählich zugespitzt. Ta mit 3 Krallen .... Jagdspinnen, Raubspinnen, **Pisauridae**

Jagen in der Vegetation nach Beute, Erwachsene ohne Fangnetze. ♀♀ tragen Eikokon zwischen den Cheliceren, er wird kurz vor dem Schlüpfen der Jungen aufgehängt u. bewacht. ***Pisaura mirabilis*** (Clerck), Raubspinne (rotbraun, helle Zeichnung wie [**14**]; 11–13 mm). ***Dolomedes fimbriatus*** (Clerck), Listspinne (dunkelbraun, helle Zeichnung wie [**15**], Op unten mit 4 hellen Längsstreifen; 12–18 mm); viel seltener ***D. plantarius*** (Clerck) (ähnlich; Op unten mit 2 hellen Längslinien), auf Wasserpflanzen.

— 3. Augenreihe meist kaum breiter als 2.; Abstand zwischen den hinteren Augen erreicht meist nicht den doppelten Abstand zu den entsprechenden Augen der 2. Querreihe [**16**]. Op hinten stumpfer **16**

Wenn als Sondermerkmal Op sehr lang (wie [**62**]): ***Tibellus*** (**Philodromidae**), S. 140.

16. Ta mit 3 Krallen [**23b**] (Mikroskop!). Augen der beiden hinteren Querreihen ± quadratisch angeordnet [**16**], wenn trapezförmig, dann andere Zeichnung als in [**17**] Wolfsspinnen, **Lycosidae** S. 135

— Ta mit 2 Krallen, an Stelle der 3. Kralle ein Büschel Hafthaare [**28**]. Hintere 4 Augen trapezförmig angeordnet [**17**] .... **Miturgidae**

Jagen auf niedrigen Pflanzen nach Beute. Nur 6; ***Zora*** C. L. Koch (4–6,5 mm), ***Z. spinimana*** (Sundevall) (hell, Zeichnung wie [**17**]); ***Z. nemoralis*** (Blackwall) (dunkler, helle Seitenbinden des Pr schmaler); übrige Arten ähnlich, aber selten.

17. Ti u. Mt des 1. u. 2. Beinpaares innen mit einer Reihe langer, gekrümmter Stacheln, dazwischen kurze Stacheln [**20b**] (Diese nicht mit Borsten verwechseln!). Op kugelig, oben mit 1–2 Höckerpaaren [**20a**]. 2,5–4 mm .... Stachelspinnen, **Mimetidae**

Weben nur wenige Fäden, Spinnenfresser. Nur 4; ***Ero*** C. L. Koch, ***E. furcata*** (Villers) u. ***E. cambridgei*** Kulczynski (Op mit 1 Höckerpaar [**20a**]); ***E. aphana*** (Walckenaer) u. ***E. tuberculata*** (De Geer) (Op mit 2 Höckerpaaren).

— Vordere 2 Beinpaare nicht derartig bestachelt **18**

18. Spinnwarzen in einer geraden Querreihe [**21**] .... **Hahniidae** S. 138

— Spinnwarzen nicht in einer geraden Querreihe **19**

19. Unpaares Röhrentracheenstigma dicht hinter der Genitalfurche mit den Fächertracheenstigmen. Vordere 2 Beinpaare kurz behaart ([**22**], 1. Mt), hintere 2 Beinpaare lang behaart. Im Wasser **_Argyroneta_ (Dictynidae)** S. 138

— Tracheenstigma in der Mitte der Unterseite des Op oder kurz vor den Spinnwarzen. Laufbeine anders behaart **20**

20. Hintere Spinnwarzen deutlich länger als die vorderen, 2-gliedrig, Endglied mindestens ½ so lang wie Basalglied [**23a**]. Ta mit zur Spitze gleichmäßig an Länge zunehmenden Becherhaaren (Mikroskop!) [**23b**]. Habitusformen z. B. [**59, 60**] **21**

— Hintere Spinnwarzen nicht deutlich 2-gliedrig, kürzer, selten wenig länger als die vorderen; Becherhaare auf Ta meist anders angeordnet **24**

21. Endglied der hinteren Spinnwarzen viel kürzer als das basale Glied, oft nicht klar zu erkennen **22**

— Endglied der hinteren Spinnwarzen nicht viel kürzer, oft länger als das basale Glied, z. B. [**23a**] Trichternetzspinnen, **Agelenidae** S. 137

22. 5–7 mm. Op einfarbig grau .... **_Cicurina_ (Hahniidae)** S. 138

— Unter 3,5 mm. Op dunkel mit heller, gemusterter Mittelbinde **23**

23. 2 mm. Vordere Augenreihe von oben gesehen gerade .... **_Mastigusa_ (Hahniidae)** S. 138
Ta des 1. Beinpaars dorsal mit 3 Trichobothrien. – Außerdem **_Tuberta_** (zu **Hahniidae**) (Ta des 1. Beinpaars dorsal mit weniger als 3 Trichobothrien), s. S. 126.

— 2,5–3,5 mm. Vordere Augenreihe recurv .... **_Cryphoeca_ (Cybaeidae)** S. 126

24. Vordere Spinnwarzen deutlich 2-gliedrig, bedeutend länger als hintere, eng nebeneinanderstehend, Basalglied gegen Ende sehr stark verjüngt .... **Cybaeidae**
2; **_Cybaeus_** L. Koch (5–10 mm), **_C. tetricus_** (C. L. Koch) (1. Bein länger als 4.); **_C. angustiarum_** L. Koch (4. Bein länger als 1.). 3; **_Cryphoeca_** Thorell (2,5–3,5 mm. Vordere Augenreihe recurv), häufig nur **_C. silvicola_** (C. L. Koch). **_Tuberta maerens_** (O. P.-Cambridge) (2 mm. Vordere Augenreihe von oben gesehen gerade), selten.

— Spinnwarzen anders **25**

25. Beine seitwärts gerichtet (morphologische Vorderseite nach oben gedreht) [**24–26**], meist 2. Beinpaar am längsten, wenn dies weniger deutlich, Gestalt u. Augenstellung wie [**62, 63**]. Laufen vor-, rück- u. seitwärts **26**

— Beine nicht seitwärts gerichtet. Laufen nur vorwärts **28**

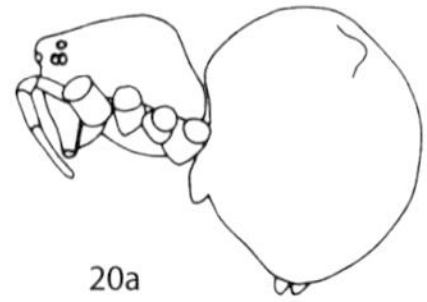
20a

22

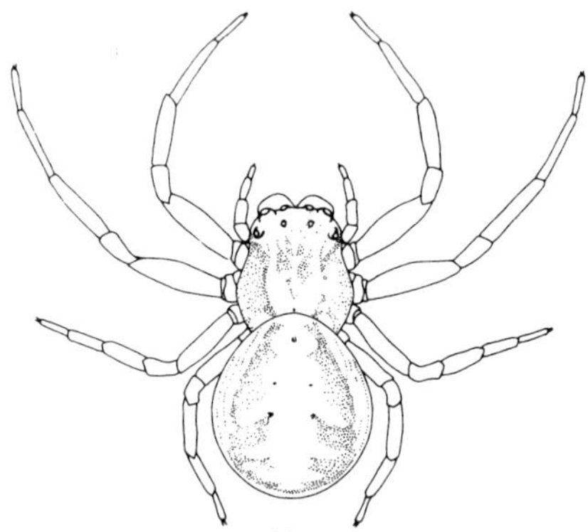
24

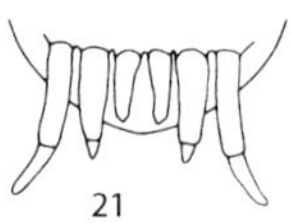
21

20b

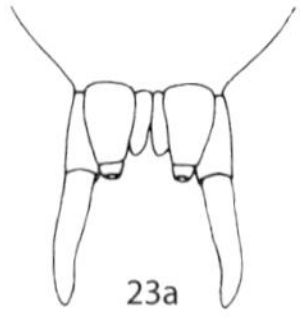
23a

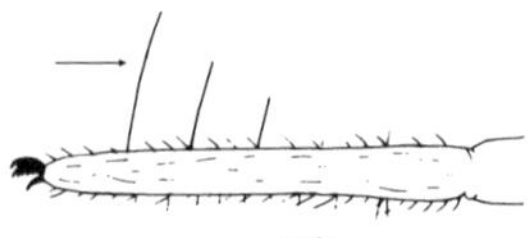
23b

20 _Ero_; **24** _Xysticus_

26. Vordere 2 Beinpaare viel länger als die beiden hinteren. Krabbenähnlicher Habitus, Pr vorn gerade abgestutzt [**24**]. Ta unterseits ohne Büschel von verdickten Hafthaaren
Krabbenspinnen, **Thomisidae** S. 141

— Beinpaare in der Länge nicht sehr unterschiedlich. Weniger krabbenähnlich, Pr vorn mehr gerundet [**25, 26**]. Dichte Büschel von verdickten spatelförmigen Hafthaaren wenigstens auf 1. u. 2. Ta **27**

27. Vordere Seitenaugen größer als vordere Mittelaugen. Grundfarbe grün; wenn ± braun, Körper mindestens 17 mm lang .... Riesenkrabbenspinnen, **Sparassidae** (= **Heteropodidae**)
Micrommata virescens (Clerck) [**25**] (♀ grün, ♂grün, Op mit 3 roten Längsstreifen, var. ***ornata*** (Walckenaer) mit roten Punkten; 8–12 mm), jagt in Vegetation nach Beute. – In Warmhäusern ***Heteropoda venatoria*** (L.) (Grundfarbe braun; 17–34 mm), aus Südostasien, heute Kosmopolit.

— Vordere Seitenaugen höchstens so groß wie vordere Mittelaugen, selten wenig größer. Grundfarbe nicht grün. Körper höchstens 10 mm lang. Habitus [**26, 62, 63**]
Laufspinnen, **Philodromidae** S. 140

28. Cheliceren stark entwickelt, sehr lang, endwärts stark divergierend, schräg nach vorn gerichtet [**27**]. Unterlippe mit glänzendem Endwulst [**35b**]. Habitus [**48, 49, 50**]
Kieferspinnen, **Tetragnathidae** S. 132

— Cheliceren anders, wenn divergierend, Habitus anders oder Unterlippe ohne glänzenden Endwulst **29**

29. Ta mit 2 Krallen, diese können durch Büschel von Hafthaaren verdeckt sein [**28**]. Vordere Spinnwarzen lang, zylindrisch bis konisch [**29, 30**]. Vagante Spinnen **30**

— Ta mit 3 Krallen [**23b**] (Mikroskop! Endkralle schwer zu sehen!), nie mit Haftbüscheln. Vordere Spinnwarzen kurz, meist stärker konisch. Meist Netzspinnen **36**

30. Vordere Spinnwarzen zylindrisch u. deutlich (um etwa ihren Durchmesser) voneinander getrennt, etwas länger als die hinteren [**29**]. Hintere Mittelaugen oft länglich, meist enger beisammen als vordere Mittelaugen [**61**]. Vorherrschender Habitus [**1a, 1b**]
Plattbauchspinnen, **Gnaphosidae** S. 139
Hierher auch ***Micaria*** Westring (vordere Spinnwarzen angedeutet zylindrisch, um etwa ihren halben Durchmesser getrennt. Hintere Mittelaugen etwas oval. Tiere ameisenähnlich) (S. 139).

— Vordere Spinnwarzen konisch, dicht nebeneinander stehend, gewöhnlich kürzer [**30**]. Hintere Mittelaugen immer rund, meist weiter voneinander entfernt als vordere Mittelaugen ... **31**

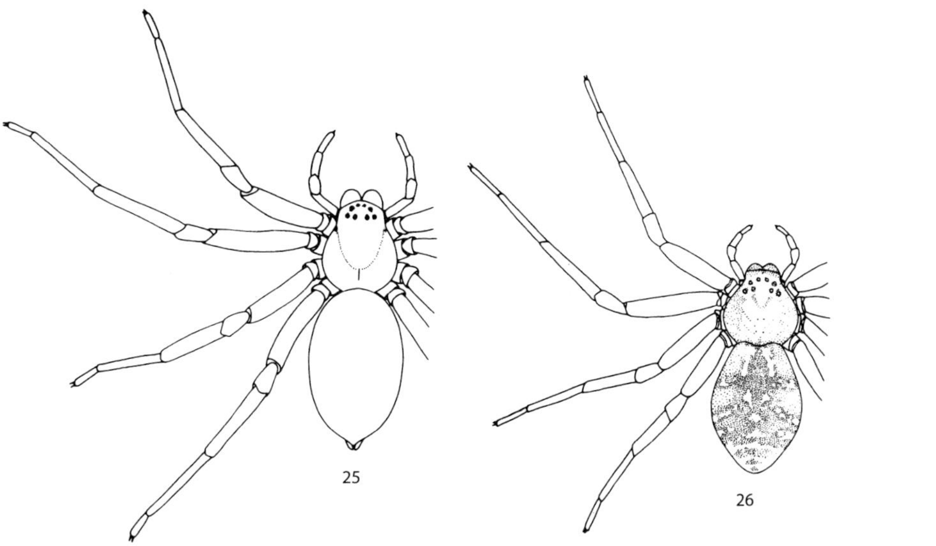

25 26

25 *Micrommata*; **26** *Philodromus*

31. Unpaares Röhrentracheenstigma mitten auf Unterseite des Op. Op oben mit 2 Paar rautenförmigen dunklen Flecken [**31**] .... Zartspinnen, **Anyphaenidae**
Jagen nach Beute im Laubwerk der Bäume u. Sträucher. ***Anyphaena accentuata*** (Walckenaer) (4,7–7,5 mm). Außerdem ***A. furva*** Miller (Op oben mit 2 dunklen Flecken, Zeichnung variabel), an trockenwarmen Standorten, selten.

— Tracheenstigma auf Unterseite des Op kurz vor den Spinnwarzen. Opzeichnung, wenn vorhanden, anders. Vorherrschender Habitus [**33**] **32**

32. Hintere Augenreihe recurv. Vordere Mittelaugen etwas größer als vordere Seitenaugen. 1. u. 2. Mt unten ohne oder nur mit kurzen, zahnartigen Stacheln. Körper ohne Schuppenhaare . **Trachelidae**
Cetonana laticeps (Canestrini) (5–7 mm), auf Bäumen. 1 weitere seltene Art in Häusern.

— Augen anders. 1. u. 2. Mt unten mit 1–5 Paar längeren Stacheln **33**

33. Unterlippe meist viel länger als breit, reicht über Mitte der Kauladen hinaus [**32a**] **35**

— Unterlippe nicht oder wenig länger als breit, reicht höchstens bis Mitte der Kauladen [**32b**] **34**

34. Sternum zwischen die 4. Cx ragend. Op schwarz mit weißen Haarflecken ..... **Phrurolithidae**
4; ***Phrurolithus*** C. L. Koch (2,5–3,5 mm), ameisenähnlich, im Sonnenschein aktiv. Häufig ***P. festivus*** (C. L. Koch).

— 4. Cx berühren sich .... **Liocranidae** S. 139

35. Pr mit deutlicher, strichförmiger Rückenfurche. Abstand zwischen hinteren Mittelaugen so groß wie zu hinteren Seitenaugen oder größer. 4. Bein länger als 1. [**33**] Sackspinnen, **Clubionidae**
Meist Nachttiere, jagen nach Beute, legen tagsüber Wohngespinste in Verstecken an. Nur ***Clubiona*** Latreille mit über 25 Arten. Op oben vorn mit dunkler Mittelbinde: häufiger sind ***C. corticalis*** (Walckenaer) (7,5–11 mm) u. ***C. comta*** C. L. Koch (3,5–5 mm). Op ohne Zeichnung (selten Mittelbinde angedeutet): viele weitere Arten, häufig z. B. ***C. stagnatilis*** Kulczynski (5–8 mm). Außerdem 2; ***Porrhoclubiona*** Lohmander.

— Pr ohne Rückenfurche, nur mit breiter flacher Grube. Abstand zwischen hinteren Mittelaugen kleiner als zu hinteren Seitenaugen. 1. Beinpaar verlängert .... **Cheiracanthiidae**
Nur 12; ***Cheiracanthium*** C. L. Koch, häufig ***Ch. erraticum*** (Walckenaer) (6,5–9 mm); im Süden ***Ch. punctorium*** (Villers), Dornfinger (7,5–15 mm), Biss beim Menschen mit Giftwirkung.

36. 4. Ta unten mit größeren, sägerandartig eingekerbten Borsten besetzt [**34**]. Beine ohne Stacheln. Unterlippe mit glänzendem Endwulst [**35b**]. Körper hell mit schwarzer Zeichnung (z. B. [**35a**]) **Nesticidae**

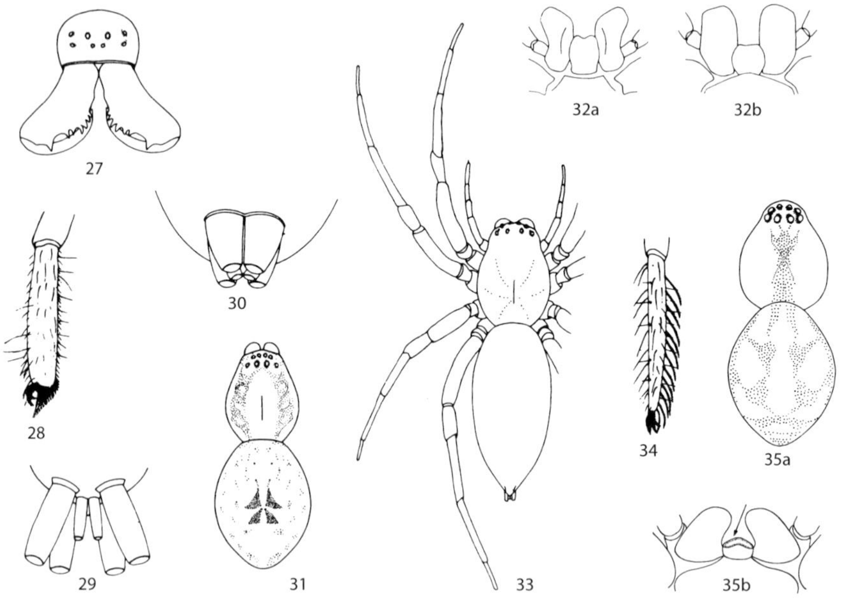

31 *Anyphaena*; **33** *Clubiona*; **35** *Nesticus*

Bauen Haubennetze wie Theridiiden. 3 Arten, verbreitet nur ***Nesticus cellulanus*** (Clerck) (4,5–5,5 mm), in feuchten Kellern, Höhlen.

— Ebenso (bei kleinen Arten Kerbung der Borsten schwer zu sehen!), aber Unterlippe ohne Endwulst. Wenn Körper hell, dann andere schwarze Zeichnung
Kugelspinnen, Haubennetzspinnen, **Theridiidae** S. 129

— 4. Ta ohne derartige Borsten. Beine meist bestachelt. Unterlippe mit glänzendem Endwulst **37**
Hierher auch **Mysmenidae** (besondere Merkmalskombination: Cheliceren sehr klein; Pr hoch aufragend; Unterlippe ohne Endwulst; unter 1 mm), ***Microdipoena jobi*** (Kraus) (vorderer Mittelaugen etwa so groß wie die übrigen Augen), sehr selten. ***Trogloneta granulum*** Simon (vordere Mittelaugen kleiner als die anderen Augen), im Gebirge. **Anapidae**, 2 Arten, verbreitet nur ***Comaroma simoni*** Bertkau (Sondermerkmal: Körper rötlich, stark gepanzert; unter 2 mm), selten.

37. Entfernung Augen–Vorderrand des Pr kleiner als der doppelte Durchmesser der vorderen Mittelaugen; wenn größer, dann Op oben vorn mit 6–8 schwarzen Dornen oder Op kugelig mit perlmuttartig hell-schwarzer Zeichnung. Cheliceren ohne seitliche Stridulationsrillen, meist mit seitlichem Condylus (Basalhöcker) [**51**]. Habitus [**51–53**]. Weben Radnetze [**46, 47**]
Radnetzspinnen, **Araneidae** S. 133
Hierher auch **Theridiosomatidae**, s. **Araneidae** Nr. **4**, S. 133.
Wenn als Sondermerkmal Kauladen besonders schlank (mindestens 1,5-mal länger als breit), dann ***Meta, Metellina*** (**Tetragnathidae**) S. 133.

— Entfernung Augen–Vorderrand des Pr größer als der doppelte Durchmesser der vorderen Mittelaugen, selten kleiner. Cheliceren seitlich mit Stridulationsrillen [**36**] (Mikroskop!, manchmal reduziert), ohne seitlichen Condylus. Op anders. Weben Deckennetze
Baldachinspinnen u. Zwergspinnen, **Linyphiidae** S. 131

Familie: **Dysderidae**, Sechsaugenspinnen

Am Tage in Wohngespinsten unter Steinen u. in Gebäuden, nachts zum Beutefang umherschweifend.

1. Unterlippe vorn halbkreisförmig ausgeschnitten. Ta mit 2 Krallen u. 1 Hafthaarbüschel. 6–16 mm .... 3; ***Dysdera*** Latreille
Verbreitet ***D. erythrina*** (Walckenaer).

— Unterlippe nicht ausgeschnitten. Ta mit 3 Krallen .... 3; ***Harpactea*** Bristowe
Beine zweifarbig; Fe, Ti, Basis des Mt bräunlich, übrige Glieder gelblich: ***H. hombergi*** (Scopoli) (4,5–5,5 mm). Beine einfarbig: ***H. rubicunda*** (C. L. Koch) (10–12 mm; vordere 2 Beinpaare dunkler als hintere); ***H. lepida*** (C. L. Koch) (5–6 mm; Beine gleich gefärbt).

Familie: **Theridiidae**, Kugelspinnen, Haubennetzspinnen

Bauen Haubennetze [**37**] mit waagerechter Decke, von der Klebfäden nach unten zum Boden (Fußangeln!) oder allen Seiten ausgehen; so Fang laufender oder fliegender Insekten. Bei einigen Arten Brutpflege: ♀♀ füttern die Jungspinnen.

1. Vordere Mittelaugen viel kleiner als übrige Augen, diese in 2 seitlichen Dreiergruppen
2; ***Theonoe*** Simon (Ta länger als Mt; 1,2–1,3 mm), verbreitet nur ***Th. minutissima*** (O. P.-Cambridge), in *Sphagnum*. ***Pholcomma gibbum*** (Westring) (Ta kürzer als Mt; 1,4–2,0 mm).

— Augen anders **2**

2. Op lang, nach hinten zu breiter werdend [**38**]. 3. Beinpaar deutlich kürzer als die übrigen. 4,5–5,5 mm .... 3; ***Episinus*** Walckenaer
E. truncatus Latreille (Pr einfarbig schwärzlich); ***E. angulatus*** (Blackwall) (Pr dunkel mit hellem Rand, Zeichnung wie [**38**]).

— Gestalt anders **3**

3. Pr u. Cheliceren dicht mit höckerigen, großen Warzen besetzt. Dunkelbraun, Op häufig hell gezeichnet. Bis 2,5 mm .... 2; ***Crustulina*** Menge
Häufiger nur ***C. guttata*** (Wider) (Op mit 3 Längsreihen heller Flecke).

— Pr u. Cheliceren ohne Warzen, wenn mit (schwächer ausgeprägten) Warzen, dann Körper größer u. Op mit anderer Zeichnung **4**

4. Vordere Mittelaugen deutlich größer u. meist weiter getrennt als hintere Mittelaugen, Entfernung Augen–Vorderrand des Pr meist mindestens so groß wie Cheliceren lang. Op oben vorn ohne weiße Randbinde **5**

— Vordere Mittelaugen nicht größer als hintere Mittelaugen, wenn größer, dann enger zusammenstehend als hintere Mittelaugen oder Op oben vorn mit weißer Randbinde [**40**]; Entfernung Augen–Vorderrand des Pr viel kürzer als Cheliceren lang **6**

5. Op nach hinten spitz auslaufend [**39**]. 2–3,5 mm . . . . 4; ***Euryopis*** Menge

Bauen keine Netze. Pr gelbrot, Op dunkel: ***E. flavomaculata*** (C. L. Koch) (Op oben mit vielen hellen Flecken [**39**]). Pr u. Op dunkel: ***E. quinqueguttata*** Thorell (Op oben mit 5 hellen Flecken); ***E. laeta*** (Westring) (Op oben hinten hell).

— Op hinten gerundet. 2–4 mm . . . . ***Dipoena*** Thorell s. l.

Etwa 10 Arten. Am häufigsten ***Lasaeola*** (= ***D.***) ***tristis*** (Hahn), auf jungen Kiefern, erbeutet Ameisen.

6. Sternum nicht zwischen die 4. Cx reichend. 4. Beinpaar länger als 1. Körper 1,7–4 mm. Pr braun, Op einfarbig grau . . . . 9; ***Robertus*** O. P.-Cambridge

Häufig ***R. lividus*** (Blackwall).

— Sternum ± schmal nach hinten zwischen die 4. Cx verlängert, wenn nicht verlängert, Körper größer u. Op schwarz mit weißer Zeichnung. 4. Beinpaar höchstens so lang wie 1 . . . . . . **7**

7. Op oben braunschwarz mit heller Zeichnung: Binde am Vorderrand, weiße mittlere Längslinie oder Fleckenpaare, variable Randzeichnung, z. B. [**40**]

5; ***Steatoda*** Sundevall u. 1; ***Asagena*** Sundevall

a) Vordere Mittelaugen viel größer als vordere Seitenaugen. 4–7 mm: ***S. bipunctata*** (L.) [**40**], in Häusern, auch unter Rinde.

b) Vordere Mittelaugen nicht oder nicht viel größer als vordere Seitenaugen; Seitenaugen aneinanderstoßend: ***S. castanea*** (Clerck) (Op oben mit weißen Längslinien; 5–7 mm); ***S. grossa*** (C. L. Koch) (Op mit einzelnen gerundeten weißen Flecken; 5–10 mm); ***S. triangulosa*** (Walckenaer) (Op oben mit Reihen heller Winkelflecken; 3,5–4 mm). Alle Arten in Häusern.

c) Vordere Mittelaugen nicht oder nicht viel größer als vordere Seitenaugen; Seitenaugen um mindestens ¼ des Augendurchmessers voneinander getrennt: ***Asagena*** (= ***S.***) ***phalerata*** (Panzer) (Pr mit Punktgruben (Mikroskop!);

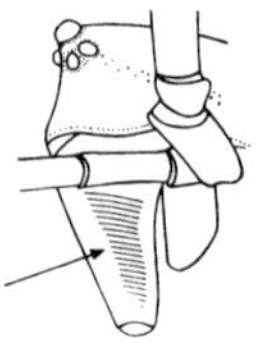
36

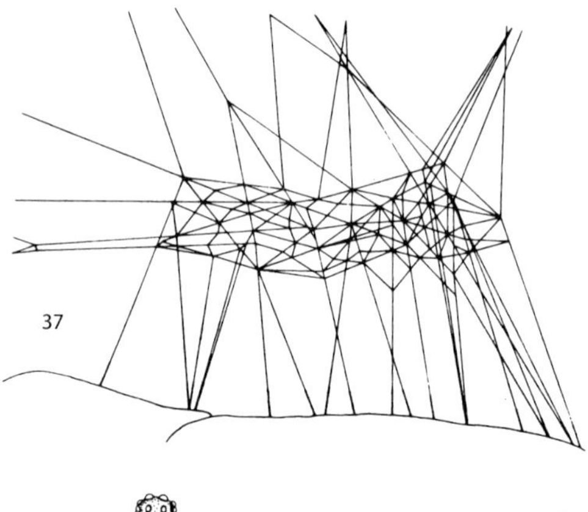
37

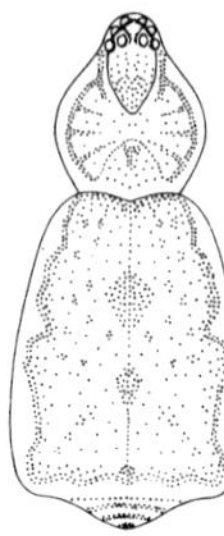
38

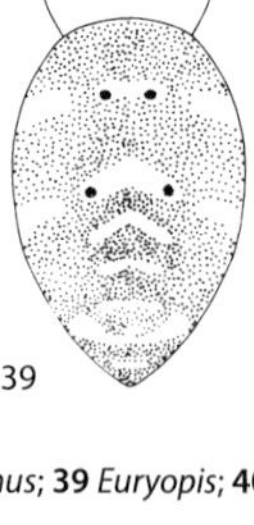
39

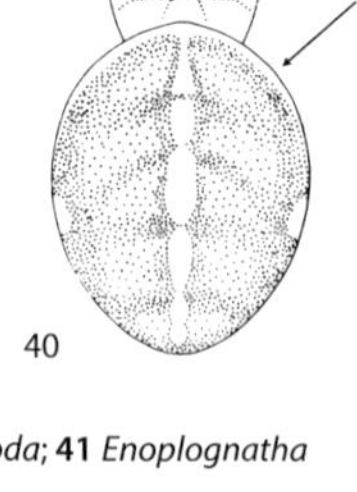
40

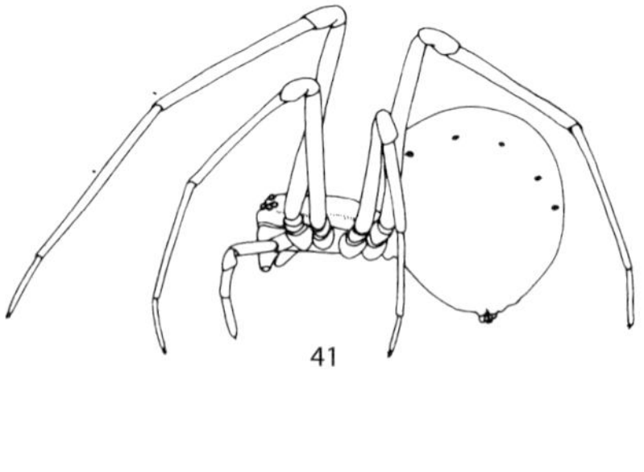
41

38 *Episinus*; **39** *Euryopis*; **40** *Steatoda*; **41** *Enoplognatha* aus Mittelaugen gebildetes Viereck länger als breit; 4,5–5 mm), an stark besonnten Stellen; ***S. albomaculata*** (De Geer) (Pr ohne Punktgruben; Mittelaugenviereck fast quadratisch; 5–7 mm), an sonnigen Stellen. – 1 weitere Art eingeschleppt.

— Zeichnung des Op anders, wenn ähnlich, dann vordere Randbinde fehlend weitere Gattungen
Etwa 40 nach Farbmerkmalen nicht sicher bestimmbare Arten. Wichtige Gattungen sind z. B. ***Parasteatoda*** Archer, ***Anelosimus*** Simon, ***Enoplognatha*** Pavesi, ***Theridion*** Walckenaer.
a) Op hell, oben mit deutlich gezackter dunkler mittlerer Längsbinde: z. B. ***A. vittatus*** (C. L. Koch) (3–4 mm).
b) Op hell mit 2 Längsreihen von 4–5 schwarzen Punkten [**41**]: häufig ***E. ovata***(Clerck) (3,5–7 mm).
c) Op hell mit 2 dunklen Längsstreifen, diese durch 3–4 helle Querbinden geteilt: häufig ***Phylloneta sisyphia*** (Clerck) (2,5–5,5 mm) u. 1 weitere Art.
d) Op oben mit heller gezackter, dunkel begrenzter mittlerer Längsbinde: viele Arten, z. B. ***T. varians*** Hahn (2,5–3,5 mm).
e) Op u. Pr gelblichweiß, fast ohne Zeichnung. 1,7 mm: ***Paidiscura pallens*** (Blackwall).
f) Op anders: weitere Arten.

Familie: **Linyphiidae**, Baldachinspinnen u. Zwergspinnen

Weben meist Deckennetze (Baldachinnetze) [**42**], hängen mit Unterseite nach oben unter der Decke. In mehrere Unterfamilien gegliedert, am artenreichsten **Linyphiinae** u. **Erigoninae**, hier traditionelle Einteilung in diese 2 Unterfamilien beibehalten.

1. 4. Ti oben mit 2 Borsten [**43**], wenn nur 1, dann mit je 1 kurzen Borste auf 1. u. 2. Mt. Kauladen parallel. Oft größer (bis 7 mm). Unten mit dunkler Zeichnung, oben heller (Verkehrtfärbung). Habitus z. B. [**45**] .... Baldachinspinnen, **Linyphiinae** **2**
Im Gebiet viele Gattungen mit etwa 200 Arten, hier nur Auswahl.

— 4. Ti oben mit 1 Borste [**44**], Mt ohne Borsten. Meist unter 2 mm, oft einfarbig dunkel Zwergspinnen, **Erigoninae**
Weben meist unscheinbare kleine Deckennetze. In Bodenstreu u. Vegetation. Biologie wenig erforscht. Im Gebiet viele Gattungen mit etwa 150 Arten, artenreich 9; ***Erigone*** Audouin (Pr kastanienbraun, an den Seiten gezähnelt; 1,7–3,5 mm), z. B. ***E. atra*** Blackwall. Weitere häufige Gattungen: 5; ***Oedothorax*** Bertkau, 9; ***Diplocephalus*** Bertkau.

2. 1. Fe kürzer als Pr, 1. Ti unten ohne Stacheln, 4. Mt mit Becherhaar (vgl. [**45**]). Augen etwa gleich groß. Sternum eben. Alle Mt oben ohne Borsten, Becherhaar auf 1. Mt im basalen Viertel ***Agyneta*** Hull (= ***Meioneta*** Hull), artenreich, häufig ***A. rurestris*** (C. L. Koch)

— Ebenso, aber 1. u. 2. Mt oben mit Borste, Becherhaar auf 1. Mt im 2. Drittel , 4. Mt ohne Becherhaar .... ***Centromerus*** Dahl, artenreich, z. B. ***C. sylvaticus*** (Blackwall)

— Andere Merkmalkombination **3**

3. 1. Fe kürzer als Pr, oder wenn länger, 4. Mt mit Becherhaar .... viele Gattungen

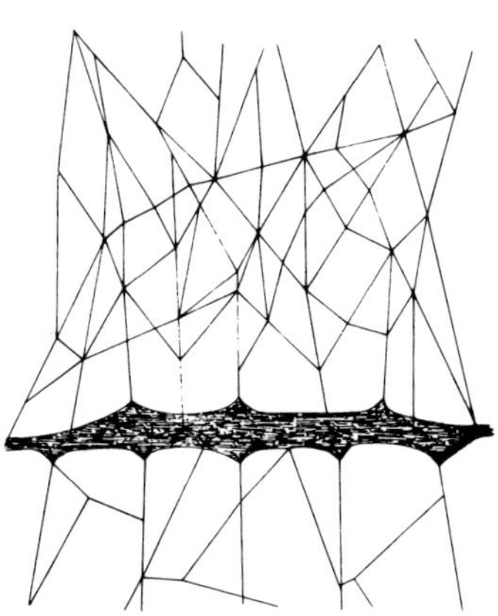

42

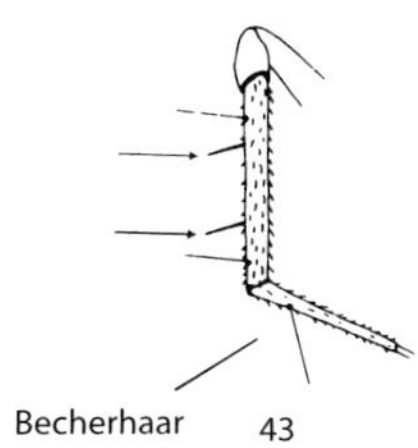

43

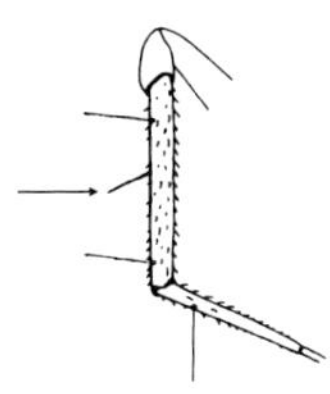

44

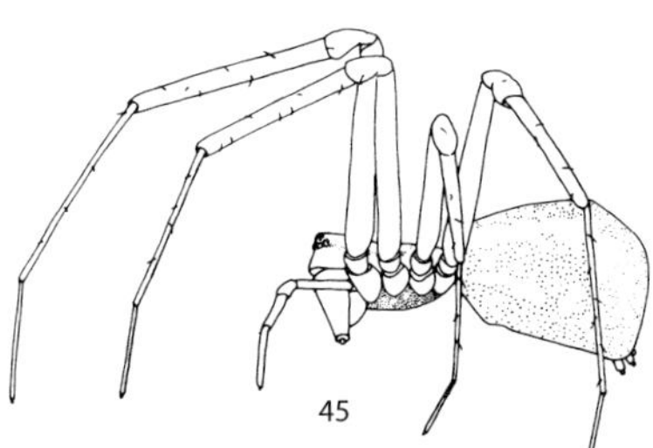

45

45 *Linyphia*

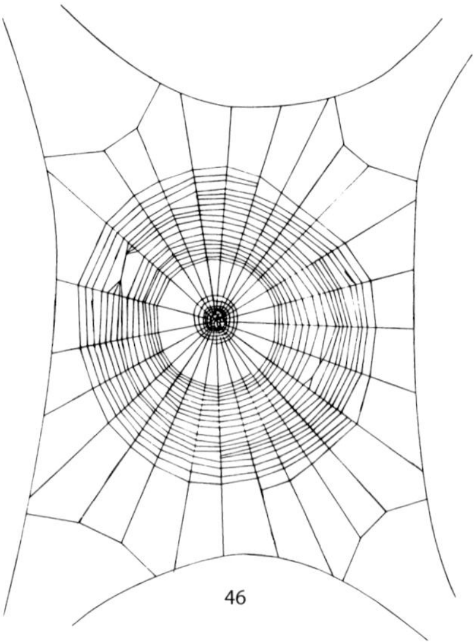

46

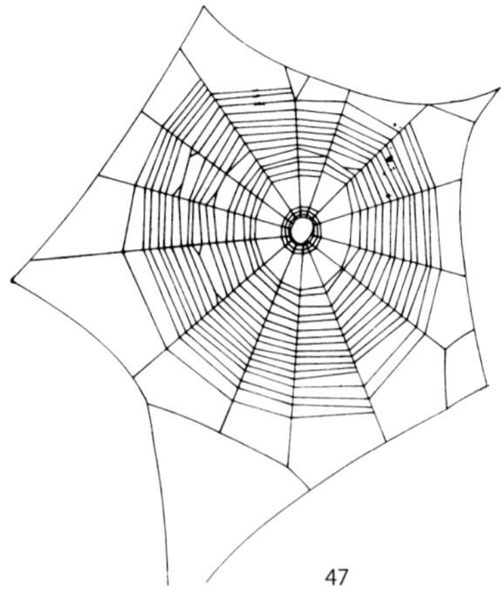

47

— 1. Fe mindestens so lang wie Pr. 4. Mt ohne Becherhaar **4**

4. Alle Mt ohne Borsten .... 7; ***Bathyphantes*** Menge, häufig ***B. gracilis*** (Blackwall)

— Mt mit 1–mehreren Borsten (auf 4. Mt manchmal fehlend). Hintere Mittelaugen um weniger als ihren Durchmesser (aber deutlich weiter als vordere Mittelaugen) voneinander u. von den hinteren Seitenaugen entfernt. Beinstacheln sehr lang u. gerade

Großgattung ***Lepthyphantes*** Menge

Etwa 30 Arten, z. B. ***Tenuiphantes tenuis*** (Blackwall).

— Alle Mt mit mehreren Borsten [**45**]. Hintere Mittelaugen um viel mehr als ihren Durchmesser voneinander entfernt. Op oben mit dunkler gezackter Mittelbinde oder mit ausgedehnter blattartiger Zeichnung. Fe unten nicht mit vielen dunklen Flecken

Etwa 15 Arten (ehemalige Gattung ***Linyphia*** Latreille). Bauen auffällige Deckennetze [**42**], im Herbst oft in Massen. ***Linyphia triangularis*** (Clerck) u. 1 weitere seltene Art (Pr oben mit dunklem, vorn deutlich gegabeltem Mittelstreifen [**45**]; 5–7 mm). ***Microlinyphia pusilla*** (Sundevall) (♀: Op oben weiß, mit 3 unregelmäßigen Längsstreifen, ♂: Op dunkel mit 2 weißen Schulterflecken; 4 mm). ***Neriene peltata*** (Wider) (Op dunkel, unten mit schildförmiger heller Fläche; 3–4 mm), auf Fichten.

— Andere Merkmalskombination .... weitere Gattungen

Familie: **Tetragnathidae**, Kieferspinnen

Alle Arten außer ***Pachygnatha*** weben speichenarme Radnetze mit offener Nabe (z. B. [**47**]). ***Meta*** u. ***Metellina*** wurden früher zu den **Metidae** oder zu den **Araneidae** gestellt.

1. Körper gestreckt, Op lang u. schmal, Beine lang, mit vielen Stacheln [**49**]

9; ***Tetragnatha*** Latreille

Ruhestellung [**49**].

a) Op über Spinnwarzen hinaus schwanzartig verlängert u. zugespitzt. 1. Beinpaar viel länger u. dicker als übrige. 9–12,5 mm: ***T.*** (= ***Eucta***) ***reimoseri*** (Rosca).

b) Op nicht derartig verlängert. Vordere u. hintere Seitenaugen nicht weiter voneinander entfernt als vordere u. hintere Mittelaugen:

1) Sternum dunkel mit hellem mittlerem Längsstreifen: ***T. extensa*** (L.) (Op oben hell mit grauer Strichzeichnung; 6–12 mm); ***T. pinicola*** L. Koch (ähnlich, aber Op oben hinten mit 1–3 schwarzen Fleckenpaaren; 4,5–6 mm).

2) Sternum einfarbig. Op gedrungen. 4–6,5 mm: ***T. obtusa*** C. L. Koch.

3) Sternum einfarbig. Op langestreckter [**49**]. 6–11 mm: 4 Arten, z. B. ***T. montana*** Simon.

c) Op nicht derartig verlängert. Vordere u. hintere Seitenaugen deutlich weiter voneinander entfernt als vordere u. hintere Mittelaugen. 8–12 mm: ***T. striata*** L. Koch.

— Körper gedrungen. Op ± oval [**48, 50**] 2

2. Beine ohne Stacheln .... 3; ***Pachygnatha*** Sundevall

P. degeeri Sundevall (Pr braunschwarz; 3–4 mm); ***P. listeri*** Sundevall (Pr rotgelb mit breitem, mittlerem, dunklem Längsband; 3–5 mm); ***P. clercki*** Sundevall (Pr fahlrot mit 1 mittleren u. 2 seitlichen dunklen Längsbändern [**48**]; 4,5–6 mm).

— Beine stark bestachelt 3

3. 3,5–9 mm. Pr hell, mit dunkler Mittel- u. Randzeichnung
3; Herbstspinnen, ***Metellina*** Chamberlin et Ivie

Op mit deutlicher Blattzeichnung [**50**]: ***M. segmentata*** (Clerck) (5–8 mm), Netz [**47**], im Herbst; ***M. mengei*** (Blackwall) (3,5–5 mm), im Frühjahr u. Frühsommer. Op fast einfarbig: ***M. merianae*** (Scopoli) (4,5–8,5 mm), an Stellen hoher Luftfeuchte.

— Über 10 mm. Pr ± einfarbig braun .... 2; ***Meta*** C. L. Koch

In Höhlen. Verbreitet nur ***M. menardi*** (Latreille) (10–13 mm).

Familie: **Araneidae**, Radnetzspinnen

Viele Arten kann man an ihrer typischen Zeichnung auf dem Op („Folium") erkennen. Bauen Radnetze [**46**], bestehend aus Rahmen, Radien, Klebfäden u. Nabe, häufig mit Signalfaden, der zu einem Schlupfwinkel (Retraite) führt, Tiere kopfüber auf der Nabe oder in der Retraite auf Beute lauernd. Meist höher in der Vegetation. Die Gattungen ***Meta*** u. ***Metellina*** (**Tetragnathidae**) wurden früher zu den **Araneidae** gestellt; die Gattung ***Theridiosoma*** gehört zur Familie **Theridiosomatidae**.

1. Op oben quer gelb-schwarz gebändert (beim ♂ undeutlich). ♀ bis 15 mm, ♂ bis 5 mm
Wespenspinne, ***Argiope bruennichi*** (Scopoli)

Netz mit weißer, von feinem Fadenwerk übersponnener Nabe, meist außerdem mit radiärem Zickzack-Stabiliment. ♀♀ fressen ♂♂ nach der Kopulation.

— Zeichnung des Op anders 2

2. Spitze des Op weit über Spinnwarzen hinaus nach hinten reichend, dabei hinten konisch verjüngt [**51**] oder mit 3 Höckern. 3–7 mm .... 2; ***Cyclosa*** Menge

Netz mit radiärem, oft mit Fremdkörpern behängtem Stabiliment. ***C. conica*** (Pallas) (Op von oben gesehen hinten mit 1 konischen Auswuchs); ***C. oculata*** (Walckenaer) (Op hinten mit 3 konischen Auswüchsen).

— Op anders 3

3. Entfernung Auge–Vorderrand des Pr viel größer als der 2-fache Durchmesser der vorderen Mittelaugen 4

— Entfernung Augen–Vorderrand des Pr höchstens so groß wie der 2-fache Durchmesser der vorderen Mittelaugen 5

4. Op oval, oben vorn jederseits mit 3–4 schwarzen Dornen auf dunklen Erhöhungen, mit hellem Mittelstreif. 3,5–5 mm .... ***Cercidia prominens*** (Westring)

— Op kugelig, ohne Dornen u. hellem Mittelstreif, mit silbernen Perlmutterflecken. 1,5–2 mm
Theridiosomatidae

Nur ***Theridiosoma gemmosum*** (L. Koch), selten.

5. Op hell, mit dunkler Zeichnung wie [**52**]. 2,5–4 mm .... ***Mangora acalypha*** (Walckenaer)

— Zeichnung des Op anders 6

6. Kauladen 1½- bis 2-mal so lang wie breit .... ***Meta, Metellina*** (**Tetragnathidae**) S. 133

— Kauladen höchstens so lang wie breit 7

7. Abstand zwischen hinteren Mittelaugen fast so groß (selten halb so groß) wie Abstand der hinteren Mittelaugen zu den hinteren Seitenaugen. Rückenfurche als breite Grube in Längsrichtung des Körpers .... 5; Sektorspinnen, ***Zygiella*** F. O. P.-Cambridge s. l.

Netz mit klebfadenfreiem Sektor, in dem Signalfaden verläuft.

a) Sternum einfarbig dunkel: ***Z.*** (= ***Parazygiella***) ***montana*** (C. L. Koch) (5–8 mm), im Gebirge.

b) Sternum in der Mitte (selten ganz) hell: ***Z. atrica*** (C. L. Koch) (Op oben hell, schmal dunkel gerandet, mit breiten, außen roten Schulterflecken; 3–5 mm); ***Z. x-notata*** (Clerck) (ähnlich, aber Op ohne rote Zeichung); ***Leviellus*** (= ***Stroemiellus***, = ***Z.***) ***stroemi*** (Thorell) (Op oben hell, seitlich und hinten breit dunkel gerandet; 3–4 mm); ***Leviellus*** (= ***Z.***) ***thorelli*** (Ausserer) (Op oben dunkel mit hellen Flecken; 8–11 mm).

— Abstand zwischen hinteren Mittelaugen viel kleiner als Abstand der hinteren Mittelaugen zu hinteren Seitenaugen. Rückenfurche auf Pr quer zur Körperlängsrichtung [**53**] 8

8. Op glänzend, wenig behaart 9

— Op nicht glänzend, dichter mit Haaren besetzt, Sternum hell, schmal dunkel gerandet. Op oben vorn mit hellem 3-eckigem Querfleck, hinten dunkel. 2–4 mm .... ***Zilla diodia*** (Walckenaer)

— Op nicht glänzend, dichter behaart. Sternum dunkel (manchmal mit hellem Mittelfleck), wenn hell, dann andere Zeichnung des Op. Meist über 4 (bis 15) mm. Netz [**46**]
frühere Gattung ***Araneus*** Clerck **10**

9. Op unten in der Mitte mit 2 leuchtend weißen Längsflecken. Vordere Mittelaugen größer als hintere Mittelaugen .... 2; ***Singa*** C. L. Koch
S. hamata (Clerck) (Op oben mit 2 dunklen Längsstreifen, diese durch 1 bis mehrere Querstreifen ± geteilt; weiße Querstreifen des Op reichen bis zu den hellen Seitenstreifen; 3,5–6 mm); ***S. nitidula*** C. L. Koch (ebenso, aber weiße Querstreifen reichen nicht bis zu hellen Seitenstreifen; 3,5–6 mm).

— Op ohne diese Flecken. Vordere Mittelaugen kleiner als hintere Mittelaugen
4; ***Hypsosinga*** Ausserer
H. albovittata (Westring) (Pr oben mit weißem Längsfleck; 2,5–3,5 mm); ***H. pygmaea*** (Sundevall) (Pr ohne weißen Fleck; Sternum schwarz; 2,5–4,5 mm); ***H. heri*** (Hahn) (Pr ohne weißen Fleck; Sternum hell; Op mit dunkler Zeichnung; 2–4 mm); ***H. sanguinea*** (C. L. Koch) (ebenso, aber Op rotgelb; 3–4 mm).

10. Op oben mit Schulterhöckern **11**

— Op ohne Höcker, länger als breit, längsoval, an beiden Enden zugespitzt, Hinterende über Spinnwarzen ragend. 6,5–14 mm .... ***Aculepeira ceropegia*** (Walckenaer)
Op mit eichenblattförmiger heller Zeichnung. Netz mit dicht besponnener Nabe.

— Op ohne Höcker, so lang wie breit oder breiter als lang
Op oben in der Mitte mit dunklem Fleck: ***Agalenatea redii*** (Scopoli) (3,5–7 mm). Op oben vorn mit 2 seitlichen dunklen Flecken, zur Mitte bogig hell begrenzt: 2 Arten von ***Araneus*** Clerck, ***A.*** (= ***Atea***) ***sturmi*** (Hahn) (Sternum dunkler als Cx; 3–5 mm); ***A.*** (= ***Atea***) ***triguttatus*** (F.) (ebenso, aber Sternum so hell wie Cx).

— Op ohne Höcker, länger als breit, ± oval **12**

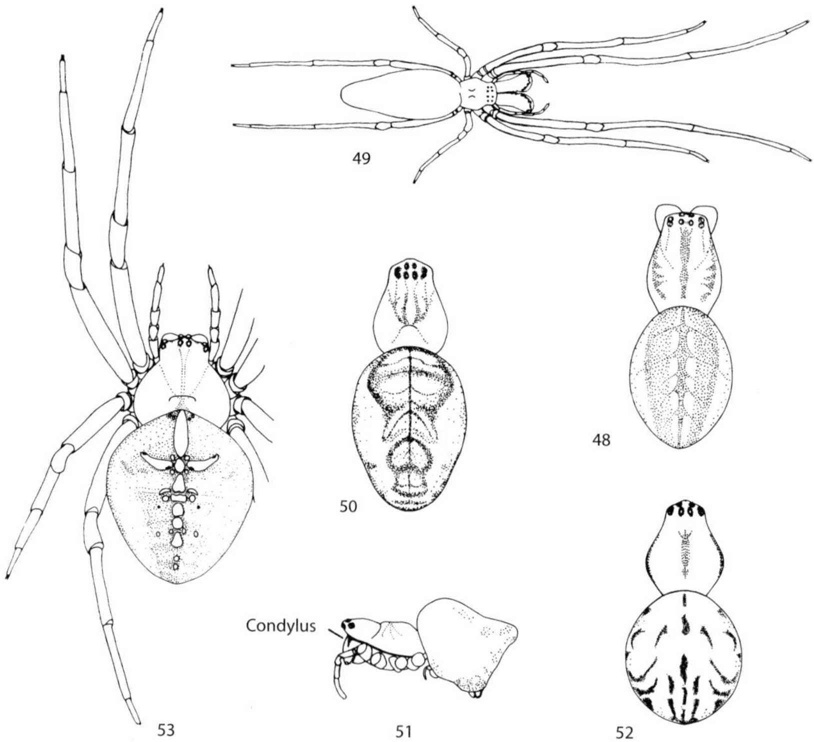

48 *Pachygnatha*; **49** *Tetragnatha*; **50** *Metellina*; **51** *Cyclosa*; **52** *Mangora*; **53** *Araneus*

11. Anordnung der vier Mittelaugen als Quadrat oder Rechteck. Bis 10 mm 4; ***Gibbaranea*** Archer
Schulterhöcker seitlich gerichtet: ***G. bituberculata*** (Walckenaer) (5 mm), häufig in offenem Gelände. Schulterhöcker nach oben gerichtet, Op vorn vor den Höckern steil abfallend: ***G. omoeda*** (Thorell) (7–9 mm), in Wäldern. Ähnlich, aber Op vorn nicht so steil abfallend: 2 Arten, häufiger nur ***G. gibbosa*** (Walckenaer) (4,5–6 mm), in Wäldern.

— Anordnung der vier Mittelaugen als Trapez (nach vorn erweitert). Bis 20 mm 5 Arten von ***Araneus*** Clerck
Sternum mit hellem mittlerem Längsfleck: ***A. angulatus*** Clerck (10–14 mm), außerdem 2 seltenere südliche Arten. Sternum einfarbig: 2 Arten, z. B. ***A. nordmanni*** (Thorell) (7–9 mm), im Gebirge.

12. Op einfarbig (meist grün bis gelb), ohne Foliumzeichnung, meist jederseits mit 2 Reihen schwarzer Punkte .... 6; ***Araniella*** Chamberlin et Ivie
Op grün, mit 4 (seltener 3 oder 5) Punktpaaren: 3 Arten, häufig ***A. cucurbitina*** (Clerck) (3,5–7 mm). Op grün mit 2 Punktpaaren: ***A. alpica*** (L. Koch), v. a. im Gebirge. Op grün ohne Punkte: ***A. inconspicua*** (Simon) (4–7 mm), seltener. Op rot mit 4 Punktpaaren: ***A. displicata*** (Hentz) (4–11 mm), seltener, auf Nadelbäumen.

— Op mit Foliumzeichnung, nicht grün mit schwarzen Punkten **13**

13. Op oben mit dunkler Zeichnung, vorn in der Mitte mit dunklem, meist hell umrandetem Keilfleck .... 5; ***Larinioides*** Caporiacco
a) Pr oben einfarbig: ***L. cornutus*** (Clerck), Schilfradspinne (4. Ti nur am Ende dunkel; 5–10 mm), ähnlich ***L. suspicax*** (O. P.-Cambridge); ***L. patagiatus*** (Clerck) (4. Ti außerdem mit dunklem Mittelring; 5–9 mm).
b) Pr oben mit hellen Streifen: ***L. sclopetarius*** (Clerck), Brückenspinne (Folium durch weiße feine Linie begrenzt; 8–15 mm), häufig an Bauwerken in Wassernähe; ***L. ixobolus*** (Thorell) (Folium durch breiten, weißgrauen Streifen begrenzt; 8–16 mm).

— Op lang-oval, oben in ganzer Länge mit heller, dunkel umrahmter Mittelbinde. 4–8 mm . ***Neoscona adianta*** (Walckenaer)

— Op oben vorn in der Mitte mit hellem, oft dunkel umrahmten Fleck oder Fleckenpaar (manchmal ganz hell) .... 4 Arten von ***Araneus*** Clerck
A. diadematus Clerck, Kreuzspinne [**53**] (Opzeichnung wie [**53**]; 5–18 mm); ***A. marmoreus*** Clerck (ähnlich, aber größte Breite des Op in der Mitte; 6–20 mm; bei var. ***pyramidatus*** Clerck Op vorn hell, hinten mit dunklem pyramidenförmigem Mittelfleck); ***A. quadratus*** Clerck (Op grün, oben vorn außer heller Mittellinie mit 2 seitlichen hellen Fleckenpaaren; 8–20 mm); ***A. alsine*** (Walckenaer) (Op orange, oben vorn mit vielen hellen Flecken; 5–15 mm).

— Op vorn in der Mitte dunkel, höchstens davor in voller Opbreite hell gerandet ***Nuctenea*** Simon
Op abgeflacht. ***N. umbratica*** (Clerck) (dunkle Opzeichnung schmal hell gerandet; 8–14 mm); ***N. silvicultrix*** (C. L. Koch) (dunkle Opzeichnung breit hell gerandet; 6–9 mm).

Familie: **Lycosidae**, Wolfsspinnen

Jagen nach Beute. ♀♀ tragen Eikokon an den Spinnwarzen [**54**], Jungtiere halten sich eine Zeitlang auf Op auf. Sicher nur nach Genitalmerkmalen zu bestimmen.

1. 1. Ti vorn mit schräger Längsreihe von 4–6 Stacheln. Körper fast schwarz, höchstens Mitte des Pr u. Beine heller. 6–11 mm. Vorwiegend im Hochgebirge, selten im Mittelgebirge 3; ***Acantholycosa*** Dahl
Ähnlich ist ***Pardosa nigra*** (C. L. Koch) mit 3–4 Stacheln an der 1. Ti.

— 1. Ti vorn mit 0–3 Stacheln, wenn mehr, Körper viel heller **2**

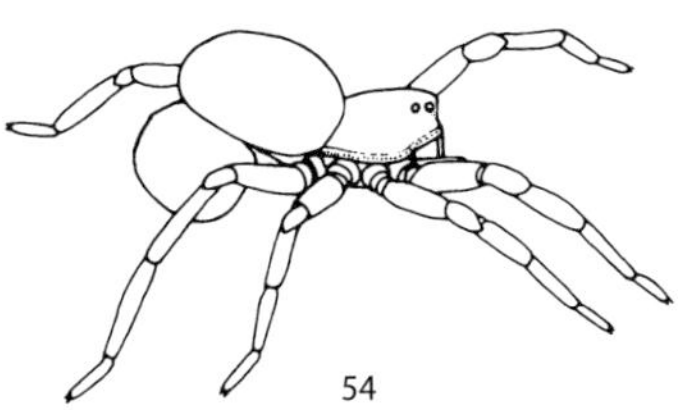
54

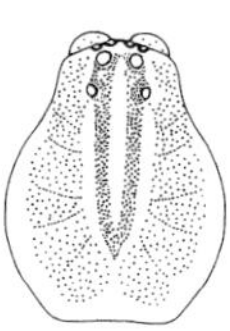
55

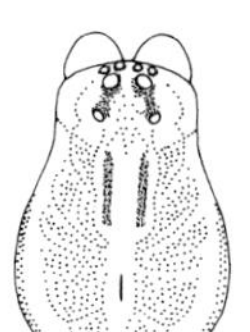
56

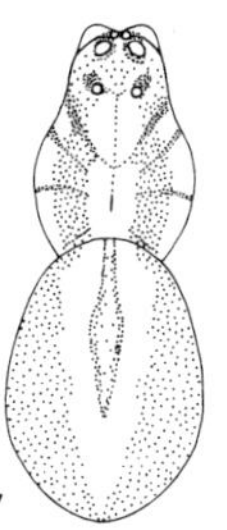
57

55 *Pirata*; **56** *Trochosa*; **57** *Alopecosa*

2. 1. Augenreihe fast doppelt so breit wie 2. Körper 8 mm .... ***Arctosa lutetiana*** (Simon)
— 1. Augenreihe ungefähr so breit wie 2. .... **3**
3. Pr mit hellerem, zu den dunklen Seiten deutlich abgesetztem Mittelband, wenn undeutlich, mit V-förmiger Zeichnung auf Pr [**55**] **5**
— Pr ohne helleres Mittelband, manchmal zur Mitte hin allmählich aufgehellt **4**
4. Pr vorn stark verschmälert, wenig breiter als die Augenregion, oben dunkel. Beine hell, nur 1. Fe dunkel. 4 mm. Bauen trichterförmige Fangnetze .... ***Aulonia albimana*** (Walckenaer)
— Pr vorn wenig verschmälert, viel breiter als Augenregion. Färbung anders, Beine gefleckt oder geringelt .... 9; ***Arctosa*** C. L. Koch
A. perita (Latreille) (Pr bunt rotschwarz; 6,5–9 mm), Sanddünen; ***A. cinerea*** (F.) (Pr hellbraun; 12–17 mm), Sandufer; ***A. leopardus*** (Sundevall) (Pr dunkelbraun; 6–9 mm), bewachsene Ufer. Übrige, z. T. ähnliche Arten seltener.
5. Helles Mittelband des Pr mit dunkler V-förmiger oder Y-förmiger Zeichnung [**55**] (manchmal undeutlich) .... 3; ***Pirata*** Sundevall u. 5; ***Piratula*** Roewer
An feuchten Stellen, in Hochmooren. Häufig ***Pirata piraticus*** (Clerck) (Sternum ganz hell; 5,5–7,5 mm), ähnlich ist ***Pirta tenuitarsis*** Simon; ***Piratula*** (= ***P.***) ***hygrophila*** (Thorell) (Sternum dunkler, mit hellem mittlerem Längsstrich; 5,5–7,5 mm).
— Helles Mittelband des Pr vorn mit 2 dunklen Längsstreifen [**56**] .... 4; ***Trochosa*** C. L. Koch
a) Op oben vorn mit hellem länglichem Spießfleck: ***T. ruricola*** (De Geer) (7–12 mm), an feuchten Stellen; ***T. robusta*** (Simon) (9–20 mm), an trockenen Stellen.
b) Op ohne hellen Spießfleck: ***T. spinipalpis*** (F. O. P.-Cambridge) (8–11 mm), an feuchten Stellen; ***T. terricola*** Thorell (8–12 mm), an trockenen Stellen.
— Helles Mittelband auf Pr ohne dunkle Zeichnung **6**
6. Pr mit 1 hellem Mittelband u. 2 hellen Seitenbändern, letztere breiter als die beiden dunklen Längsbänder. Sternum hell mit 3 dunklen Flecken an den Seiten. Op ohne Längsstreifen. 5–5,5 mm .... ***Hygrolycosa rubrofasciata*** (Ohlert)
— Färbung anders **7**
7. Seiten des Pr vorn fast senkrecht abfallend (von vorn betrachten!), Augen fast die gesamte Prbreite einnehmend [**16**]. 4–12 mm .... ***Pardosa*** C. L. Koch
Etwa 30 Arten. Hier nur Beispiele, nach Farbmerkmalen nicht eindeutig zu bestimmen.
a) Helles Mittelband des Pr schmal spindelförmig, vorn zugespitzt: ***P. monticola*** (Clerck) u. ***P. palustris*** (L.) an trockenen Stellen; ***P. purbeckensis*** F. O. P.-Cambridge auf Salzwiesen; ***P. agricola*** (Thorell) an kiesigem Meeresstrand. Übrige Arten seltener, meist Gebirgsarten.
b) Helles Mittelband des Pr fast gleichmäßig breit bis zur Augenregion, gelblich: ***P. bifasciata*** (C. L. Koch).
c) Helles Mittelband des Pr fast gleichmäßig breit, rötlich, nicht sehr deutlich abgehoben: ***P. pullata*** (Clerck) (Beine ungefleckt), ähnlich ist die Hochmoorart ***P. sphagnicola*** (Dahl); ***P. prativaga*** (L. Koch) (Beine dunkel gefleckt).
d) Helles Mittelband des Pr in der Mitte quer eingeschnürt [**16**]: mehrere Arten, sehr häufig ***P. amentata*** (Clerck).
e) Helles Mittelband nur im hinteren Teil des Pr deutlich: wenige Arten, im Gebirge, oft an Gewässern, z. B. ***P. wagleri*** (Hahn).
f) Helles Mittelband des Pr nach vorn gleichmäßig verbreitert, weiß behaart: häufig nur ***P. lugubris*** (Walckenaer), v. a. an Waldrändern.
g) Helles Mittelband des Pr sehr breit, breiter als die dunklen angrenzenden Seitenstreifen: ***P. nigriceps*** (Thorell).
— Seiten des Pr vorn weniger steil abfallend, Augenfeld viel weniger breit als Pr [**57**] **8**
8. 1. Ta mit sehr langem Becherhaar in der basalen Hälfte (Mikroskop!), übrige Becherhaare viel kürzer. Op meist mit Spießfleck [**57**]. Selten unter 7, bis 18 mm .... 14; ***Alopecosa*** Simon
a) Unterseite des Op ± ausgedehnt schwarz: ***A. inquilina*** (Clerck) (12–18 mm); ***A. fabrilis*** (Clerck) (8,5–12 mm). Außerdem weitere seltene südliche, östliche oder alpine Arten.
b) Unterseite des Op ganz hell: ***A. trabalis*** (Clerck) (Sternum mit sehr hellem Mittelfleck; 11–15 mm). Bei übrigen Arten Sternum einfarbig dunkel: ***A. cursor*** (Hahn) (Op ohne Spießfleck, mit Fleckenzeichnung; 6–7 mm); ***A. pulverulenta*** (Clerck) (Spießfleck des Op undeutlich, in der Mitte heller als am Rand [**57**]; 7–10 mm); ***A. accentuata*** (Latreille) (Spießfleck gezackt, dahinter 2 dunkle Winkelflecke; 9–11 mm); ***A. cuneata*** (Clerck) (Spießfleck einfarbig dunkel, Pr mit 3 hellen Längsbinden; 6,5–8 mm); ***A. aculeata*** (Clerck) (ähnlich, aber Pr mit 3 undeutlichen Längsbinden).
— 1. Ta nur mit kurzen Becherhaaren in der Spitzenhälfte. Op ohne Spießfleck. 5–7 mm
2; ***Xerolycosa*** Dahl
X. miniata (C. L. Koch) (helles Mittelband des Pr in der Mitte quer eingeschnürt); ***X. nemoralis*** (Westring) (Mittelband des Pr nicht eingeschnürt).

Familie: **Agelenidae**, Trichternetzspinnen

Weben Deckennetze [**58**], bestehend aus einer Röhre, die sich an einem Ende trichterförmig erweitert (deshalb „Trichternetze"); auf der Decke Stolperfäden.

1. Körperform gedrungen. Pr von oben gesehen vorn wenig verschmälert. Beine kurz [**60**]. Sternum einfarbig dunkel .... 4; ***Coelotes*** BLACKWALL s. l.
Häufig ***C. terrestris*** (WIDER) (Opzeichnung wie [**60**]; 8–14 mm).

— Körperform nicht gedrungen. Pr vorn verschmälert. Beine lang [**59**]. Sternum dunkel mit hellen Flecken oder einfarbig hell **2**

2. Hintere Augenreihe (von oben) stark recurv. Hintere Mittelaugen fast doppelt so groß wie vordere Mittelaugen. 5–7 mm .... ***Textrix denticulata*** (OLIVIER)
Äußerlich mit ***Pardosa*** (**Lycosidae**) zu verwechseln, aber Spinnwarzen viel länger.

— Beide Augenreihen stark procurv (hintere stärker als vordere), Augen etwa gleich groß. Endglied der hinteren Spinnwarzen fast doppelt so lang wie Basalglied .... 2; ***Agelena*** WALCKENAER s. l.
A. labyrinthica (CLERCK) (Unterseite des Op hellgrau; 8–14 mm), häufig; ***Allagelena*** (= ***A.***) ***gracilens*** (C. L. KOCH) (Unterseite des Op mit braunem Mittelstreif, dieser so breit wie Epigyne; 5–10 mm).

— Augenreihen wenig gebogen. Endglied der hinteren Spinnwarzen kürzer **3**

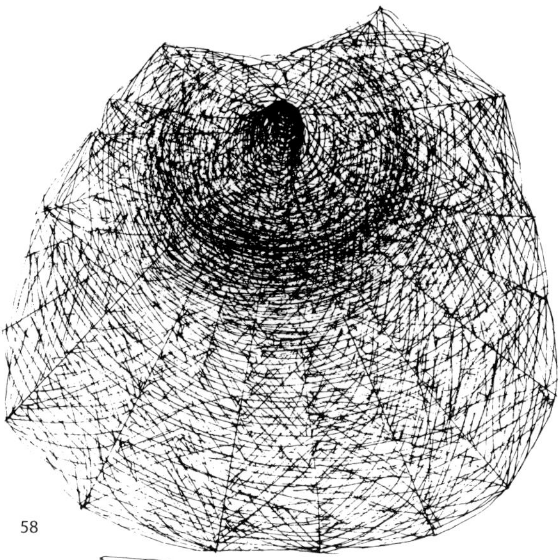

58

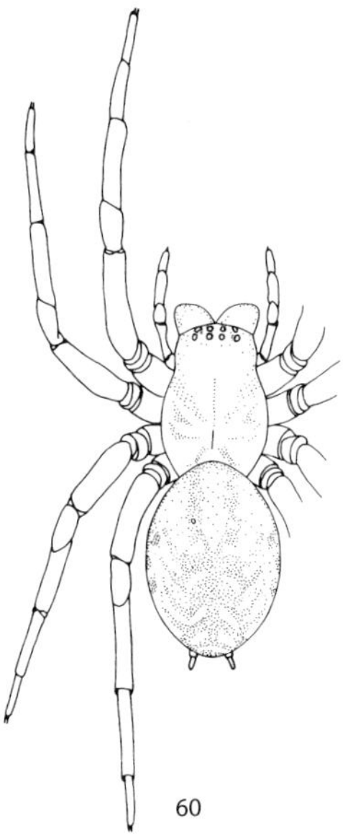

60

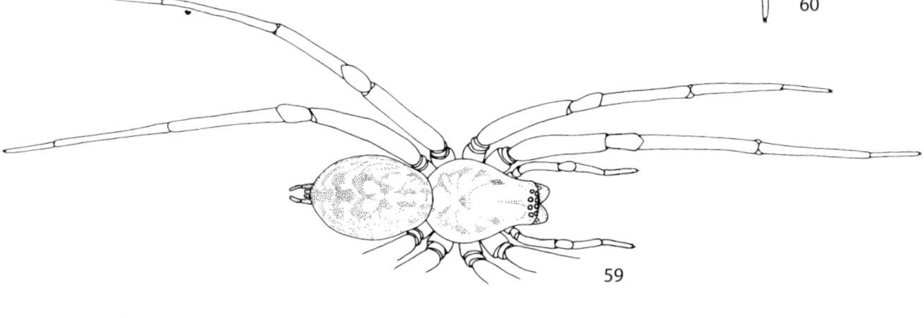

59

59 *Tegenaria*; **60** *Coelotes*

3. Hintere Augenreihe von oben gesehen gerade oder schwach recurv. 2. Mt am Ende mit 5 Stacheln. 4,5–6,5 mm .... ***Histopona torpida*** (C. L. Koch)

— Hintere Augenreihe schwach procurv [**59**]. 2. Mt mit 3–4 oder über 5 Stacheln. Oft größer (bis 18 mm) ...... Winkelspinnen, 6; ***Tegenaria*** Latreille u. 4; ***Eratigena*** Bolzern, Burckhardt et Hänggi

a) Klein, 5–9 mm. 1. Ti mit 1 Paar Stacheln: ***E. picta*** (Simon) (Sternum einfarbig dunkel, höchstens mit hellerem Mittelband); bei übrigen Arten Sternum mit hellem Mittelband u. je 3 seitlichen hellen Flecken, ***T. silvestris*** (L. Koch) (Mittelband des Sternums schmal); ***T. campestris*** (C. L. Koch) (Mittelband des Sternums breit, seitliche Punkte miteinander verbunden).

b) Groß, 6–18 mm, meist über 9 mm. 1. Ti mit mehr als 1 Paar Stacheln:

1) Beine hell-dunkel geringelt: ***T. domestica*** (Clerck) (klein, 6–11 m; hell, mit undeutlicher dunkler Zeichnung), in Häusern; ***T. ferruginea*** (Panzer) (groß, 9–15 mm; mit hell-dunkler Zeichnung, Op mit rotem Mittelstreifen).

2) Beine einfarbig, nicht geringelt: ***E. agrestis*** (Walckenaer) (Sternum mit vorn stark verbreitertem hellem Mittelband, seitliche Flecken undeutlich; 7–15 mm); ***E. atrica*** (C. L. Koch) (Sternum mit schmalem hellem Mittelstreifen u. deutlichen seitlichen Flecken; 14–18 mm), vorwiegend in Häusern. Außerdem 3 weitere, seltene Arten.

Familie: **Hahniidae**

Weben unscheinbare Netze in der Bodenstreu.

1. Spinnwarzen in einer geraden Querreihe [**21**] **2**

— Spinnwarzen nicht in einer geraden Querreihe **3**

2. Vordere Mittelaugen mindestens ebenso groß wie hintere Mittelaugen. 2–4 mm ***Antistea elegans*** (Blackwall)

— Vordere Mittelaugen deutlich kleiner als hintere Mittelaugen. 1,2–3 mm 10; ***Hahnia*** C. L. Koch s. l.

Häufig ***H. pusilla*** C. L. Koch (1,2–1,6 mm).

3. 5–7 mm. Op einfarbig grau .... 2; ***Cicurina*** Menge

Häufig ***C. cicur*** (F.).

— 3–3,5 mm. Op dunkel mit heller, gemusterter Mittelbinde. Selten ***Mastigusa arietina*** (Thorell)

Familie: **Dictynidae**, Kräuselspinnen

Meiste Arten weben kleine, unscheinbare Netze, in der Vegetation oder Bodenstreu.

1. Mit Cribellum u. Calamistrum **2**

— Ohne Cribellum u. Calamistrum. 8–15 mm. Im Wasser lebend Wasserspinne, ***Argyroneta aquatica*** (Clerck)

Einfarbig braun. Lebt ständig im Wasser, baut zwischen Pflanzen eine Luftglocke, atmet atmosphärische Luft aus Luftblase um Op, die regelmäßig an der Wasseroberfläche erneuert wird.

2. Beine mit einzelnen großen Stacheln. Bis 1,5 mm .... 2; ***Altella*** Simon

Z. B. ***A. lucida*** (Simon).

— Beine ohne Stacheln. Meist über 1,5 (bis 5) mm **3**

3. Vordere Mittelaugen höchstens ½ so groß wie vordere Seitenaugen .... 3; ***Lathys*** Simon

Pr braun, mit dunkler Zeichnung. Häufiger ***L. humilis*** (Blackwall) (Op netzartig mit weißen Flecken; 2–2,5 mm). – Außerdem ***Brommella falcigera*** (Balogh) (Pr einfarbig hell; 1,5–2 mm).

— Vordere Mittelaugen fast so groß wie vordere Seitenaugen **4**

4. Vordere Mittelaugen höchstens um wenig mehr als ihren Durchmesser vom Vorderrand des Pr entfernt. Op dunkelbraun .... 2; ***Argenna*** Thorell

A. subnigra (O. P.-Cambridge) (unter 2,5 mm); ***A. patula*** (Simon) (2,5–3,5 mm), Meeresküste.

— Vordere Mittelaugen um viel mehr als ihren Durchmesser vom Vorderrand des Pr entfernt 4; ***Dictyna*** Sundevall

Dazu weitere Gattungen mit etwa 10 Arten, z. B. 3; ***Nigma*** Lehtinen.

a) Cribellum durch Längsbrücke geteilt: ***N. walckenaeri*** (Roewer) (= ***viridissima*** (Walckenaer)) (Op oben grün; 3,5–5 mm); ***N. flavescens*** (Walckenaer) (Op oben weiß-grau; 2,5–4 mm); ***Brigittea*** (= ***D.***) ***latens*** (F.) (Pr u. Op schwarz; 2–3,5 mm).

b) Cribellum ungeteilt: ***Marilynia*** (= ***D.***) ***bicolor*** (Simon) (Op oben dunkel, hinten mit weißem Längsband; 3 mm). Bei übrigen, z. T. sehr häufigen Arten Op oben hell mit dunkler Zeichnung, z. B. ***D. uncinata*** Thorell [**7**] (2,5–3 mm).

Familie: **Amaurobiidae**, Finsterspinnen

Weben in Löchern u. Spalten eine Röhre, die nach außen in ein regelloses, dem Substrat aufliegendes Fadengeflecht übergeht.

1. Op oben vorn mit einfarbigem dunklem Mittelfleck auf hellem Untergrund. 7,5–11,5 mm **_Callobius claustrarius_** (Hahn)

— Op dunkel, unregelmäßig hell gefleckt [**8**] oder dunkler vorderer Mittelfleck durch hellen Längsstreifen geteilt .... 5; **_Amaurobius_** C. L. Koch

Häufig ***A. ferox*** (Walckenaer) (Op oben vorn mit hellem Mittelfleck [**8**]; 10–16 mm); ***A. fenestralis*** (Ström) u. ***A. similis*** (Blackwall) (mit dunklem, hell geteiltem Mittelfleck; 6–8 mm).

Familie: **Liocranidae**

Meist Nachttiere, jagen nach Beute, legen tagsüber Wohngespinste in Verstecken an.

1. Hintere Augenreihe procurv **2**

— Hintere Augenreihe gerade oder schwach recurv **4**

2. Hintere Mittelaugen weiter voneinander entfernt als von hinteren Seitenaugen. 1. Ti unten mit 5–10 Paar Stacheln .... 3; **_Scotina_** Menge

S. celans (Blackwall) (Pr dunkel mit gelben Mittel- u. Seitenstreifen; 3,5 mm).

— Hintere Augen mit gleichem Abstand. 1. Ti unten mit 2 Paar Stacheln **3**

3. 1. Mt unten mit 2 Paar Stacheln. 3–5 mm .... ***Liocranoeca*** (= ***Agraecina***) ***striata*** (Kulczynski)

— 1. Mt unten mit 3 Paar Stacheln, das an der Spitze gelegene Paar kürzer u. seitlich verschoben. 3–9 mm .... 5; **_Agroeca_** Westring

Eikokon als längliches „Feenlämpchen“ an Stengeln oder Zweigen, oft zur Tarnung mit Erdkrumen bedeckt, mit 2 Kammern (Eikammer u. Häutungskammer). Häufig ***A. brunnea*** (Blackwall).

4. Vordere Augenreihe procurv. Vordere Mittelaugen viel kleiner als vordere Seitenaugen. 3–4 mm .... ***Apostenus fuscus*** Westring

— Vordere Augenreihe fast gerade, mit fast gleich großen Augen .... 2; **_Liocranum_** L. Koch s. l.

L. rupicola (Walckenaer) (Pr u. Op oben mit Zeichnung; 6–8,5 mm); ***Sagana*** (= ***L.***) ***rutilans*** Thorell (Pr einfarbig; 8–10 mm).

Familie: **Gnaphosidae**, Plattbauchspinnen

Meist nachtaktiv, jagen nach Beute; tagsüber meist in Wohngespinsten unter Steinen, Blättern u. in ähnlichen Verstecken.

1. Vordere Spinnwarzen angedeutet zylindrisch, um etwa ihren halben Durchmesser getrennt. Körper mit metallisch schimmernden Schuppenhaaren bedeckt. 2–7,5 mm. Ameisenähnlich 10; **_Micaria_** Westring

Mit Ameisenmimikry, laufen mit nach oben gerichtetem Op. Häufig ***M. pulicaria*** (Sundevall).

— Vordere Spinnwarzen zylindrisch, etwa um ihren Durchmesser getrennt. Nicht metallisch. Nicht ameisenähnlich **2**

2. Hintere Augenreihe stark recurv, viel breiter als vordere Augenreihe [**61**]. 5,5–16 mm 13; **_Gnaphosa_** Latreille

Z. B. ***G. lucifuga*** (Walckenaer)

— Augenstellung anders **3**

3. Hintere Augenreihe deutlich breiter als vordere, wenn nicht deutlich, dann vordere Mittelaugen etwa doppelt so groß wie vordere Seitenaugen oder Abstand zwischen hinteren Mittelaugen viel kleiner als zwischen hinteren Mittelaugen u. hinteren Seitenaugen **4**

— Hintere Augenreihe etwa so breit wie vordere, wenn etwas breiter, Abstand zwischen hinteren Augen etwa gleich groß; vordere Augen etwa gleich groß **8**

4. Vordere Mittelaugen viel größer als vordere Seitenaugen. Pr vorn stark verengt. Oft in Häusern. 6–16 mm .... 3; ***Scotophaeus*** Simon
Op (des ♂) mit „Rückenplatte" (Scutum). Häufig ***S. scutulatus*** (L. Koch). – Außerdem ***Sosticus loricatus*** (L. Koch) (Op ohne Scutum).

— Vordere Mittelaugen höchstens so groß wie vordere Seitenaugen, selten wenig größer . **5**

5. Abstand zwischen hinteren Mittelaugen etwas kleiner als zwischen hinteren Mittelaugen u. hinteren Seitenaugen. Hintere Augenreihe recurv. Op schwarz mit weißen Flecken. 6–8 mm ***Poecilochroa variana*** (C. L. Koch)
Pr u. Sternum rostrot. Außerdem ***Kishidaia*** (= *P.*) ***conspicua*** (L. Koch) (Pr u. Sternum braun bis schwarz).

— Abstand zwischen hinteren Mittelaugen viel kleiner als zu hinteren Seitenaugen. Hintere Augenreihe ± procurv **6**

6. Hintere Augenreihe schwach procurv. Dunkelbraun, 1. u. 2. Fe dunkler, Op oben mit 3 hellen Fleckenpaaren. 4,5–6 mm .... ***Phaeocedus braccatus*** (L. Koch)

— Hintere Augenreihe stärker procurv [**1b**]. Färbung anders **7**

7. 4. Ti oben (außer den seitlichen u. unteren) mit 0–1 Stacheln. 3–8,5 mm 9; ***Haplodrassus*** Chamberlin
Häufiger ***H. signifer*** (C. L. Koch) (5–8 mm).

— 4. Ti oben mit 2 Stacheln. 6,5–18 mm .... 4; ***Drassodes*** Westring u. 3; ***Drassodex*** Murphy
Häufig ***Drassodes lapidosus*** (Walckenaer) (10–18 mm).

8. Dunkelbraun, 3. u. 4. Beine heller als 1. u. 2., Op oben vorn mit weißer bogenförmiger Randbinde, dahinter 2 Paar weiße Flecken. 5–6 mm .... 2; ***Callilepis*** Westring
Häufiger ***C. nocturna*** (L.).

— Färbung anders, Op ohne paarige weiße Flecken **9**

9. Hintere Augenreihe stark procurv. 6–8 mm .... ***Echemus angustifrons*** (Westring)

— Hintere Augenreihe gerade oder schwach recurv **10**

10. Pr grau, dunkel gefleckt, Op grau mit heller, schwarz gesäumter Mittelbinde, hinten mit Reihe weißer Winkelstriche. Cheliceren hinten an der Klaue mit gezähntem Kiel. 8–9 mm ***Berlandina cinerea*** (Menge)

— Färbung anders. Cheliceren hinten an Klaue mit 0–2 kleinen Zähnen .... ***Zelotes*** Gistel
Über 15 Arten, dazu weitere 8 Arten in 3 Gattungen, u. a. 5; ***Drasyllus*** Chamberlin. Pr oben rotgelb mit schwarzer Randlinie: 2 Arten, häufig in Sandgebieten ***Z. electus*** (C. L. Koch) (um 3 mm). Pr (meist auch Op) schwarz bis braun: übrige Arten, z. B. ***Z. latreillei*** (Simon) (6,5–9,5 mm).

Familie: **Philodromidae**, Laufspinnen

Lebensweise ähnlich **Thomisidae**, aber mehr umherschweifende Jäger.

1. Hintere Augenreihe schwach recurv. Hintere Mittelaugen voneinander weiter als von hinteren Seitenaugen entfernt. Op oval, meist mit dunkler Querzeichnung [**26**] Flachstrecker, ***Philodromus*** Walckenaer s. l.
Über 15 Arten. Häufig ***P. aureolus*** (Clerck) (4–6 mm).

— Hintere Augenreihe stark recurv. Hintere Mittelaugen voneinander höchstens so weit entfernt wie von hinteren Seitenaugen. Op länglich, mit dunkler Längszeichnung [**62, 63**] **2**

2. Hintere Mittelaugen stehen einander viel näher als zu hinteren Seitenaugen. Op sehr lang, mit dunklem Längsstreifen [**62**]. 8–10 mm .... 2; ***Tibellus*** Simon
T. oblongus (Walckenaer) (Op hinten mit 1–2 Fleckenpaaren); ***T. maritimus*** (Menge) (Op mit 2 Fleckenreihen [62]).

— Hintere Mittelaugen stehen nicht oder wenig näher zueinander als zu hinteren Seitenaugen. Op weniger lang, oben vorn in Mitte mit dunklem Lanzettfleck [**63**]. 4–9 mm 8; ***Thanatus*** C. L. Koch
T. formicinus (Clerck) (Pr hellbraun, mit mittlerem hellem Längsstreifen).

Familie: **Thomisidae**, Krabbenspinnen

Lauern auf Beute, manchmal der Umgebung (z. B. Blüten) gut angepasst.

1. Op am Ende stark winklig erweitert [**64**]. Seitenaugen jederseits auf stark konischem Vorsprung. Gelb, weiß oder rosa. 3–7 mm .... ***Thomisus onustus*** Walckenaer

— Op am Ende winklig erweitert. Seitenaugen jederseits auf flachem Vorsprung. Braun. 4–9 mm ***Pistius truncatus*** (Pallas)

— Op hinten gerundet [**24**] **2**

2. Vordere u. hintere Seitenaugen jederseits auf gemeinsamem Hügel **3**

— Vordere u. hintere Seitenaugen auf getrennten Hügeln [**24**] **4**

3. Vordere Mittelaugen enger zusammen als hintere. Pr u. Beine ± grün. ♂ 3–4, ♀ 5–7 mm ***Ebrechtella*** (= ***Misumenops***) ***tricuspidata*** (F.)

— Mittelaugen bilden Rechteck. Pr u. Beine nicht grün. ♂ 3–4, ♀ 7–10 mm ***Misumena vatia*** (Clerck)

4. Zwischen den Seitenaugen ein Höcker. Pr u. Op mit dunklen Längsstreifen. 3,5–7,7 mm. Selten ***Runcinia grammica*** (C. L. Koch)

— Zwischen den Seitenaugen ohne Höcker **5**

5. Hügel der hinteren Seitenaugen viel größer als der der vorderen. Op hinten keilartig zusammengedrückt. 3,5–6,5 mm .... ***Tmarus piger*** (Walckenaer)

— Hügel der vorderen u. hinteren Seitenaugen gleich groß. Körper stark abgeflacht. Braun. 4,5–5,5 mm. Unter Rinde .... ***Coriarachne depressa*** (C. L. Koch)

— Hügel der hinteren Seitenaugen kleiner als der der vorderen [**24**]. Op anders **6**

6. Körper einheitlich gelb bis grünlich (bleicht in Alkohol aus!), höchstens auf Pr bisweilen braun gesäumter Mittelstreif, Op dicht weiß behaart. 4,5–8 mm .... 2; ***Heriaeus*** Simon
Verbreitet ***H. oblongus*** Simon.

— Pr grün oder braun. Op oben braun, mit weißer Begrenzung. 3–6 mm .... 2; ***Diaea*** Thorell
Häufig nur ***D. dorsata*** (F.).

— Pr braun. Op oben in der Mitte mit tief gelapptem, schwarzem, weiß begrenztem Fleck. 4–6 mm .... ***Synema globosum*** (F.)

— Pr braun mit heller Mittelbinde. Op oben dunkel gefleckt, in der Mitte heller [**24**] **7**

7. Mittelaugenviereck breiter als lang oder so breit wie lang. 1. Ti unten mit mindestens 4 Paar Stacheln. Haare immer zugespitzt. ♂ 3–7, ♀ 5–10 mm [**24**] .... ***Xysticus*** C. L. Koch
Etwa 20 Arten. Häufig ***X. cristatus*** (Clerck) (= ***viaticus*** (L.)). – Außerdem ***Bassaniodes robutus*** (sehr dunkel gefärbt, im Süden); 2; ***Psammitis*** Menge, ***P. sabulosus*** (Hahn) (♀ Op rotbraun, sandige Böden, selten); ***P. ninnii*** (Thorell) (im Süden, selten).

— Mittelaugenviereck länger als breit oder so lang wie breit. 1. Ti unten mit 2 Stachelpaaren. Mit zugespitzten u. spatelförmigen Haaren. ♂ 2–4, ♀ 3–4 (selten 6) mm .... ***Ozyptila*** Simon s. l.
Über 10 Arten, Häufig ***O. trux*** (Blackwall). – Außerdem ***Cozyptila blackwelli*** (Simon) (im Süden, selten).

61

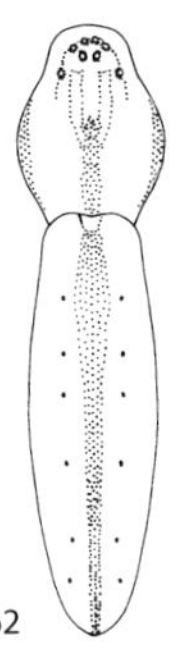

62

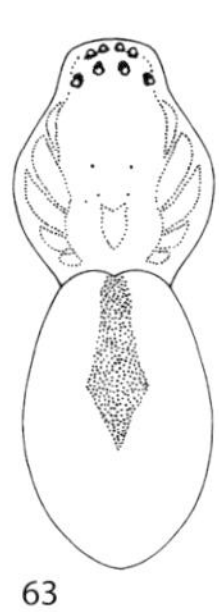

63

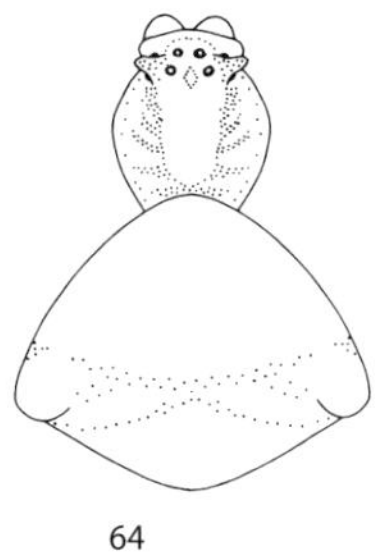

64

62 *Tibellus*; **63** *Thanatus*; **64** *Thomisus*

Familie: **Salticidae**, Springspinnen

Mit Sprungvermögen. Jagen nach Beute, dabei optische Orientierung (gut entwickelte Augen!). Einige mediterrane Arten u. Arten aus Gewächshäusern nicht berücksichtigt.

1. Körper schlank, ameisenähnlich, Stiel zwischen Pr u. Op von oben sichtbar. 2. u. 3. Cx voneinander entfernt ... **2**
— Körper gedrungener, Opstiel von oben nicht sichtbar ... **3**
2. 3–4 mm. Pr flach ... 2; ***Synageles*** Simon
Häufiger ***S. venator*** (Lucas).
— Um 6 mm. Pr flach ... ***Leptorchestes berolinensis*** (C. L. Koch)
— 5–6,5 mm. Augenfeld über übriges Pr erhoben ... ***Myrmarachne formicaria*** (De Geer)
3. Klein, unter 3 mm ... **4**
— 4–12 mm ... **6**
Selten kleiner: Arten von ***Sittiflor*** u. Verwandten (Sondermerkmal: Hintere Augenreihe breit, etwa 1,2-mal so breit wie vordere). Arten von ***Sibianor*** (Sondermerkmal: 1. Ti sehr dick). ***Salticus zebraneus*** (Sondermerkmal: Op mit paarweisen hellen Binden).
4. Dunkel, metallisch (bei ♀ nur Pr), Op dunkelgrau ... 4; ***Chalcoscirtus*** Bertkau
Verbreitet ***Ch. infimus*** (Simon).
— Nicht metallisch ... **5**
5. Augenbereich über ½ der Länge des Pr. 4. Ti ohne Stacheln ... 5; ***Neon*** Simon
Häufiger ***N. reticulatus*** (Blackwall).
— Augenbereich ca. 0,45 der Pr-Länge. 4. Ti mit mehreren Stacheln
2; ***Euophrys*** C. L. Koch, 3; ***Pseudeuophrys*** Dahl u. 8; ***Talavera*** Peckham et Peckham
Häufig ***E. frontalis*** (Walckenaer) (= ***maculata*** (Wider)).
6. Pr so lang wie breit ... **7**
— Pr deutlich länger als breit ... **9**
7. Hintere Augen nahe dem Rand des Pr ... **8**
— Hintere Augen nicht am Pr-Rand ... 2; ***Dendryphantes*** C. L. Koch
Z. B. ***D. hastatus*** (Clerck) (6–7,5 mm). – Hierher auch ***Macaroeris nidicolens*** (Walckenaer) (Sondermerkmal: Op hell mit paarigen dunklen Flecken; um 5 mm), selten.
8. Pr rau, metallisch, hinten breiter als vorn ... 2; ***Ballus*** C. L. Koch
Häufiger nur ***Ballus chalybeius*** (Walckenaer) (= ***depressus*** Walckenaer) (um 4 mm).
— Pr glatt, nicht metallisch, hinten schmaler als vorn ... 3; ***Sibianor*** Logunov
Häufiger nur ***S.*** (= ***Bianor***) ***aurocinctus*** (Ohlert) (3–4 mm).
9. Pr flach. 1. Bein länger als übrige ... **10**
— Anders ... **12**
10. 1. Ti stark vergrößert, etwa 2-mal so lang wie breit, mit langen Sinneshaaren. 4–7 mm
Pseudicius encarpatus (Walckenaer)
— 1. Ti kleiner ... **11**
11. Pr ± dunkel, ohne helle Längsstreifen. Op langgestreckt ... 4; ***Marpissa*** C. L. Koch
Häufig ***M. muscosa*** (Clerck) (7,5–10 mm), unter Rinde; in Schilf ***M. radiata*** (Grube) (6–10 mm); auf Küstendünen ***M.*** (= ***Hyctia***) ***nivoyi*** (Lucas) (4–6 mm).
— Pr dunkel mit hellen Längsstreifen, selten ganz dunkel. Op weniger langgestreckt. 5–8 mm
Phlegra fasciata (Hahn)
Op meist mit hellen Längsstreifen. – Hierher auch ***Asianellus*** (= ***Phlegra***) ***festivus*** (C. L. Koch) (Op ohne helle Längsstreifen; um 8 mm).
12. Pr auffällig hoch ... **13**
— Anders ... **15**
13. Pr in Seitenansicht ± 3-eckig, die hinteren Augen am höchsten Punkt des Pr. 6 mm
Yllenus arenarius Menge
— Pr in Seitenansicht dorsal gerundet, Körper stark behaart, dunkelgrau mit unregelmäßigen, hellen Flecken. 5–8 mm ... ***Carrhotus xanthogramma*** (Latreille)
— Anders ... **14**
14. Pr dunkel, Op beim ♂ rot mit schwarzem Medianstrich, beim ♀ mit 2 länglichen, weißen Flecken. 5–9 mm ... ***Philaeus chrysops*** (Poda)
— Pr vorn mit weißer Zeichnung in Form eines W, Op weiß gebändert. 4–7 mm
Aelurillus v-insignitus (Clerck)

15. Op einheitlich dunkel, häufig metallisch, am Rande oft hell schwarz. Beine oft gelb 10; ***Heliophanus*** C. L. Koch

Z. B. ***H. cupreus*** (Walckenaer) (4–6 mm).

— Op dunkel, mit paarweiser Anordnung von weißen Binden oder Flecken ... 3; ***Salticus*** Latreille

S. zebraneus (C. L. Koch) (3–4 mm; Op ohne deutliche Querstreifung); ***S. scenicus*** (Clerck) (5–7 mm; weiße Querstreifen sich in Mitte nicht berührend [**12**]); ***S. cingulatus*** (Panzer) (5–6 mm; weiße Querstreifen sich in der Mitte berührend).

— Op schwarz, median eine deutlich weiße Linie, manchmal unterbrochen, am vorderen Rand und lateral manchmal 1–2 Paar weiße Linien .... 3; ***Pellenes*** Simon

P. tripunctatus (Walckenaer) (Op schwarz mit weißem Kreuz; 4–7 mm); ***P. nigrociliatus*** (Simon) (Op dunkel mit weißer mittlerer Längsbinde u. 2 weißen seitlichen Flecken; 4,5–6 mm). – Ähnlich 2 seltene mediterrane Arten: ***Saitis barbipes*** (Simon) (Sondermerkmal des ♂: 3. Bein rot, mit langer schwarzer, am Ta weißer Behaarung; 5–6 mm). ***Icius subinermis*** Simon (Sondermerkmal des ♂: Op mit rotem Streifen zwischen weißem Mittelstreifen u. seitlichen schwarzen Bändern; 5–7 mm).

— Op anders **16**

16. Op mit dunklen, diagonalen Linien auf fast schwarzem Grund, manchmal lateral mit weißen Streifen. Pr braun, ± kupfrig. 5–7 mm .... 3; ***Evarcha*** Simon

E. falcata (Clerck) (Pr vor Augen nicht weiß behaart); ***E. arcuata*** (Clerck) (Pr vor Augen dicht weiß behaart); ***E. laetabunda*** (C. L. Koch) (Pr vor Augen u. an den Seiten weiß behaart).

— Op mit mosaikartiger Anordnung dunkler, brauner oder grauer Flecken, in der Mitte meist mit einem Paar heller Flecken oder Winkelflecken .... 12; ***Attulus*** Simoni

4. Ti 2-mal so lang wie 3. Ti. Außerdem 1 weitere Gattung mit 1 Art. Häufig z. B. ***A.*** (= ***Sitticus***) ***pubescens*** (F.) (4–7 mm). – Außerdem Arten von ***Euophrys*** u. Verwandte (4. Ti höchsten 1,5-mal so lang wie 3. Ti), s. Nr. **5**. – Hierher auch ***Neaetha membrosa*** (Simon) (Sondermerkmal: 1. Beinpaar stark verlängert; 3–4,5 mm), im Süden, eingewandert. ***Hasarius adansoni*** (Audouin) (Sondermerkmal: Op vorn mit weißgrauer Haarbinde; 5–7 mm). in Gewächshäusern.

Literatur

Arachnologische Gesellschaft: Wiki des Spinnen-Forums. arages.de. [https://wiki.arages.de/index.php?title=Hauptseite]. Mit Checkliste der Spinnen. 2021 (wird regelmäßig aktualisiert).

Bee, L., Oxford, G., Smith, H.: Britain's spiders: A feld guide. 2nd ed. Princeton, 2020.

Bellmann, H.: Kosmos-Atlas Spinnentiere Europas. Stuttgart, 1997.

Bellmann, H.: Der Kosmos Spinnenführer. 2. Aufl. Stuttgart, 2016.

Blick, T., Bosmans, R., Buchar, J., Gajdoš, P., Hänggi, A., van Helsdingen, P., Růžička, V., Staręga, W., Thaler, K.: Checkliste der Spinnen Mitteleuropas. Checklist of the spiders of Central Europe. (Arachnida: Araneae). [http://www.arages.de/checklist.html#2004_Araneae]. 2004.

Dahl, F. u. M., Reimoser, E., Wiehle, H.: Spinnentiere oder Arachnoidea (Araneae). In: F. Dahl, Tierwelt Deutschlands, Teil 3, 5, 23, 33, 42, 44, 49. Jena, 1926–1963.

Heimer, S., Nentwig, W.: Spinnen Mitteleuropas. Berlin, Hamburg, 1991.

Locket, G. H., Millidge, A. F.: British spiders, Bd. I, II. London 1951, 1953.

Locket, G. H., Millidge, A. F., Merrett, P.: British spiders. Bd. III. London, 1974.

Moritz, M..: Arachnida – Spinnentiere. In: B. Klausnitzer, J. H. Jungbluth, Stresemann – Exkursionsfauna von Deutschland, Band 1 – Wirbellose (ohne Insekten). 9. Aufl. Heidelberg, 2019.

Nentwig, W., Blick, T., Bosmans, R., Gloor, D., Hänggi, A., Kropf, C.: araneae. Spiders of Europe. [https://www.araneae.nmbe.ch]. 2021 (wird regelmäßig aktualisiert).

Roberts, M. J.: The spiders of Great Britain and Ireland. Vol. 1–3. Colchester, 1985, 1987 (Bd. 3 „Tafeln", als deutsche Übersetzung, Keltern, 1985).

Roberts, M. J.: Spiders of Britain and Northern Europe. Collins Field Guide. London, 1995.

Tullgren, A., Holm, Å.: Svensk spindelfauna. 3. Egentliga spindlar. Fam. 1–10. Stockholm, 1944–1947.

Pseudoscorpiones (= **Chelonethi**), Pseudoskorpione

Prosoma (Vorderkörper) ungegliedert, höchstens mit 1–2 Querfurchen, mit 0–4 Augen. Pedipalpen groß, auf der Endschere mit Tasthaaren (bei adulten Tieren meist fester Scherenfinger mit 8, beweglicher mit 4, bei Jungtieren weniger); beweglicher Scherenfinger mit Ausmündung von Giftdrüsen. Opisthosoma (Hinterkörper) gegliedert, mit 12 Segmenten. Getrenntgeschlechtlich, treiben Brutpflege. Tiere laufen vor-, rück- u. seitwärts. Im Laub, Moos, Mulm, unter Rinde u. Steinen, in Vogelnestern u. Häusern. Leben räuberisch von Kleinarthropoden, diese werden mit der Tasterschere ergriffen. Manche Arten phoretisch an Arthropoden. Im Gebiet etwa 50 Arten.
Abkürzungen: s. **Arachnida**

System:
Chthoniidae, Neobisiidae, Syarinidae, Larcidae, Cheiridiidae, Withiidae, Chernetidae, Cheliferidae

1. Rückenplatten des Op halbiert [**1**]. Ta der Beine 1-gliedrig **2**
— Rückenplatten des Op nicht halbiert [**2, 3**]. Wenigstens 3. u. 4. Ta 2-gliedrig **11**
2. Op mit 10 sichtbaren Rückenplatten, wenn 11 sichtbar, dann Körper höchstens 1,1 mm lang **Cheiridiidae**
Cheiridium museorum (Leach) (Op mit 10 Rückenplatten; 1,4 mm), in Häusern. ***Apocheiridium ferum*** (Simon) (Op mit 11 Rückenplatten; 1,1 mm), unter Rinde.
— Op mit 11 sichtbaren Rückenplatten [**1, 2 ,3**]. 1,5–4,5 mm **3**
3. Mit 2 Augen, diese mit Linse **4**
— Ohne Augen, höchstens mit undeutlich begrenzten, helleren Augenflecken **Chernetidae 5**
4. 1. Fe durch zur Längsachse senkrechten Gelenkspalt geteilt .... **Withiidae**
Nur ***Withius piger*** (Simon) (= ***subruber*** (Simon)) (2,3–3 mm), in Getreidespeichern.
— 1. Fe durch schrägen Gelenkspalt geteilt .... **Cheliferidae**
Dactylochelifer latreillei (Leach) (Pr oben fein u. gleichmäßig granuliert, ohne größere borstentragende Körner; Krallen des 4. Beinpaares ohne Nebenzahn; 2,3–3 mm), in Augelände u. Dünen. ***Chelifer cancroides*** (L.), Bücherskorpion [**1**] (Pr oben gleichmäßig granuliert, vor allem an den Seiten mit größeren borstentragenden Körnern; Krallen des 4. Beinpaars mit Nebenzahn; 2,6–4,5 mm), in Häusern. – Unter Rinde von Coniferen der ähnliche ***Mesochelifer ressli*** Mahnert.
5. Körper oben glänzend. Pr kaum, Op nicht granuliert, Pr mit 1 Querfurche. 1,8–2,5 mm 2; ***Lamprochernes*** Tömösvary
Häufig ***L. nodosus*** (Schrank), in Komposthaufen, Gewächshäusern, oft phoretisch an Fliegenbeinen. – Außerdem ***Anthrenochernes stellae*** Lohmander (Pr mit 2 Querfurchen; 2,6 mm), selten.
— Körper nicht glänzend, deutlich granuliert, Pr meist mit 2 Querfurchen (wie [**1**]) **6**
6. 4. Ta mit langer Tastborste, diese viel länger als Breite des Ta **7**
— 4. Ta ohne oder nur mit kurzer Borste. **9**
7. Tastborste des 4. Ta kurz vor der Mitte des Gliedes. Hintere Querfurche des Pr flacher als vordere. 1,5–2 mm .... ***Pselaphochernes scorpioides*** (Hermann)
— Tastborste des 4. Ta hinter der Mitte des Gliedes. Beide Querfurchen des Pr ungefähr gleich tief. 4 mm **8**

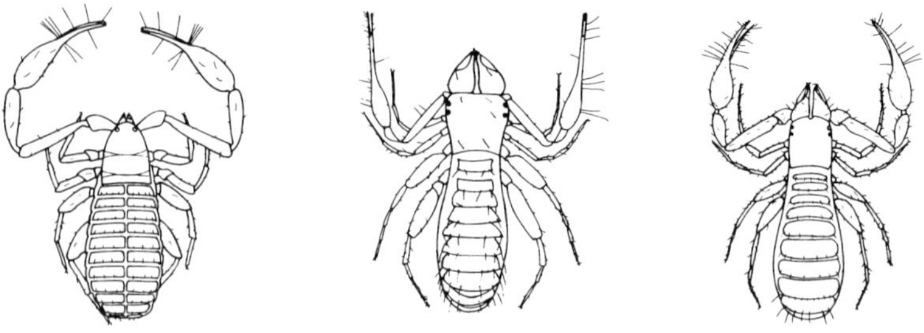

1 2 3

1 *Chelifer*; **2** *Chthonius*; **3** *Neobisium*

8. Borsten des Körpers leicht gekeult. In Maulwurfnestern .... ***Lasiochernes pilosus*** (Ellingsen)
— Borsten des Körpers nicht gekeult. Unter Rinde .... ***Dendrochernes cyrneus*** (L. Koch)
9. Fester Scherenfinger der Pedipalpen mit deutlicher Endklaue **10**
— Fester Scherenfinger ohne Endklaue. 1,8–2,7 mm .... 4; ***Chernes*** Menge
Häufig ***C. cimicoides*** (F.).
10. Letzte (11.) Rückenplatte des Op mit 2 Tastborsten. 2–2,5 mm
Dinocheirus (= ***Toxochernes***) ***panzeri*** (C. L. Koch)
Vor allem synanthrop. – Hierher auch ***Pselaphochernes dubius*** (O. P.-Cambridge) (kleiner: 1,5–1,7 mm), in Bodenstreu.
— 11. Rückenplatte ohne Tastborsten, wenn (bei 1 seltenen Art) mit 2 Tastborsten, Körper 1,6–1,8 mm lang .... 3; ***Allochernes*** Beier
Häufig nur ***A. wideri*** (C. L. Koch) (2,2–2,5 mm).
11. Pr vorn breiter als hinten [**2**]. 1. u. 2 Ta 1-gliedrig, 3. u. 4. Ta 2-gliedrig .... **Chthoniidae**
5 Gattungen mit 15 Arten. Artenreich 6; ***Chthonius*** C. L. Koch u. 5; ***Ephippiochthonius*** Beier. Beispiele: ***C. ischnocheles*** (Hermann) (Pr über Cheliceren mit nach vorn vorragendem, kurzem, gezähntem Fortsatz; 1,6–2,5 mm); übrige Arten ohne diesen Fortsatz, häufiger z. B. ***E. tetrachelatus*** (Preyssler) (1,3–1,9 mm). ***Mundochthonius styriacus*** Beier (mit Dornen nur auf den 2. Cx; unter 1,5 mm), im Süden, alpin.
— Pr vorn nicht breiter als hinten [**3**]. Alle Ta 2-gliedrig **12**
12. Ohne Augen .... **Syarinidae**
Nur ***Syarinus strandi*** (Ellingsen) (um 3 mm), selten, im oberen Donautal.
— Mit 1 oder 2 Augenpaaren **13**
13. Körper granuliert. Mit 4 Augen .... **Larcidae**
Nur ***Larca lata*** (Hansen) (um 2 mm), vor allem in Baumhöhlen, im Osten, selten.
— Körper glatt, glänzend .... **Neobisiidae** **14**
14. Mit 2 Augen. 2,5–3,5 mm. Im Süden, selten .... ***Roncus lubricus*** L. Koch
— Mit 4 Augen **15**
15. Fester Scherenfinger mit 8, beweglicher mit 4 Becherhaaren (Tasthaaren). 2,2–3,6 (selten 4,5) mm .... 9; ***Neobisium*** Chamberlin
Häufig ***N. carcinoides*** (Hermann) (= ***muscorum*** (Leach)) [**3**].
— Fester Scherenfinger mit 7, beweglicher mit 3 Becherhaaren. 1,4–2,4 mm
2; ***Microbisium*** Chamberlin
In Torfmoos ***M. brevifemoratum*** (Ellingsen).

Literatur

Arachnologische Gesellschaft: Wiki des Spinnen-Forums. arages.de. [https://wiki.arages.de/index.php?title=Hauptseite]. Mit Checkliste der Pseudoskorpione. 2021 (wird regelmäßig aktualisiert).

Beier, M.: Ordnung Pseudoscorpionidea. Bestimmungsbücher zur Bodenfauna Europas, Lief. 1. Berlin, 1963.

Blick, T., Muster, C., Ducháč, V.: Checkliste der Pseudoskorpione Mitteleuropas. (Arachnida: Pseudoscorpiones). 2004. [http://www.AraGes.de/checklist.html#2004_Pseudoscorpiones].

Harvey, M. S.: Catalogue of the Pseudoscorpionida. Manchester, 1991.

Kästner, A.: Pseudoscorpione In: P. Brohmer, P. Ehrmann, G. Ulmer, Tierwelt Mitteleuropas, Bd. 3, Lief. 1. Leipzig, 1928.

Legg, G., Jones, R. E.: Pseudoscorpions. Synopses of the British Fauna 40. London, 1988.

Meinertz, K.: Mosskorpioner og Mejere. In: Danmarks Fauna, Bd. 67. Kobenhavn, 1962.

Schenkel, E.: Pseudoscorpionida, In: F. Dahl, Tierwelt Deutschlands, Lief. 8. Jena, 1928.

Opiliones, Weberknechte

Prosoma ungegliedert, oben mit Augenhügel. Pedipalpen laufbeinartig. Beintarsen meist vielgliedrig. Opisthosoma gegliedert. Genitaldeckel (Bauchplatte des 2. Opisthosomasegments) zwischen Laufbeincoxen vorgeschoben; ausgewachsene Tiere bei vielen Arten daran zu erkennen, dass der Genitaldeckel bis zu den vorderen Laufbeincoxen reicht [**4**]. Getrenntgeschlechtlich. Echte Begattung. Eiablage mittels Ovipositor [**3**]. Vorwiegend Bewohner des Bodens u. der Streu, viele Arten mit zunehmendem Alter auch in der Vegetation. Räuberisch u. saprophag. Im Gebiet über 50 Arten.
Abkürzungen: s. **Arachnida**.

System:
Cyphophthalmi: Sironidae
Palpatores – Dyspnoi: Ischyropsalididae, Nemastomatidae, Trogulidae
Palpatores – Eupnoi: Phalangiidae, Sclerosomatidae
Laniatores: Cladonychiidae (= **Erebomastridae**)

1. Je 1 Stinkdrüsenöffnung seitlich auf schrägem, konischem Auswuchs des Pr. Blind. Bis 2 mm. In Österreich .... **Sironidae**
Nur ***Siro*** (= ***Cyphophthalmus***) ***duricorius*** (Joseph), in feuchter Bodenstreu, Österreich.
— Stinkdrüsenöffnungen nicht auf einem Auswuchs, als ovale oder schlitzförmige Vertiefung vorn an jeder Seite des Prosomas. Mit Augen **2**
2. Pedipalpen kräftig, bestachelt, ihr Ta mit langem Endhaken. Bis 2,5 mm **Cladonychiidae** (= **Travuniidae**, = **Erebomastridae**)
Nur ***Holoscotolemon unicolor*** Roewer, im Gebirge.
— Pedipalpen schlank, tasterartig [**3**], ihr Ta mit schwacher oder ohne Endkralle **3**
3. Pr vor den Augen in 2 Fortsätze oder eine Kapuze verlängert, darunter die Cheliceren u. Pedipalpen. Habitus [**1**]. Haut warzig, oft mit Erde bedeckt. Träge Tiere .... Brettkanker, **Trogulidae**
a) Körper gewölbt, vorne in 2 gerade, bedornte Fortsätze verlängert. 3,5 mm: ***Anelasmocephalus cambridgei*** (Westwood), selten.
b) Körper flach, vorne in Kapuze verlängert [**1**]. Über 5 mm: 5; ***Trogulus*** Latreille, häufiger ***T. tricarinatus*** (L.) (5–7 mm).
— Pr vorn gerundet, ohne solche Fortsätze, manchmal mit Dornen **4**
4. Ta (letztes Glied) der Pedipalpen kürzer als Ti (vorletztes Glied), ohne oder nur mit winzigen Krallen **5**
— Ta der Pedipalpen länger als Ti, stets mit deutlichen Krallen **6**
5. Cheliceren etwa so lang wie der Körper oder länger ..... Schneckenkanker, **Ischyropsalididae**
Fressen Arthropoden u. Schnecken. Nur 2; ***Ischyropsalis*** C. L. Koch, häufiger nur ***I. hellwigi*** (Panzer) (5–7,5 mm), im Gebirge.
— Cheliceren sehr viel kürzer als der Körper [**2**]. 2–4,5 mm ...... Fadenkanker, **Nemastomatidae**
10 Arten in 4 Gattungen, am artenreichsten 6; ***Nemastoma*** C. L. Koch.

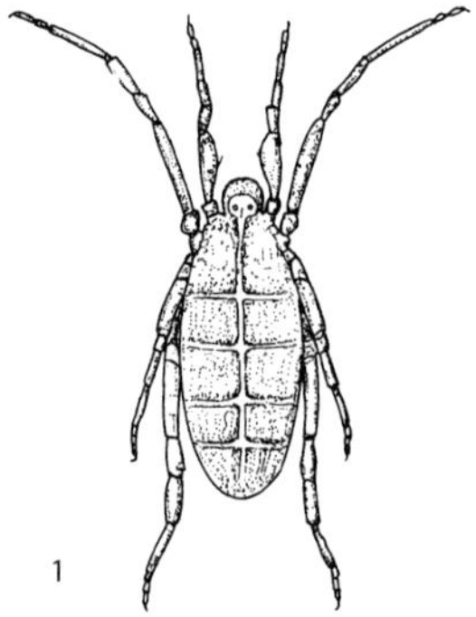
1

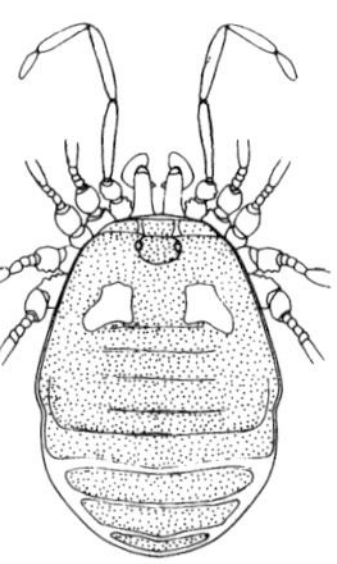
2

1 *Trogulus*; **2** *Nemastoma*

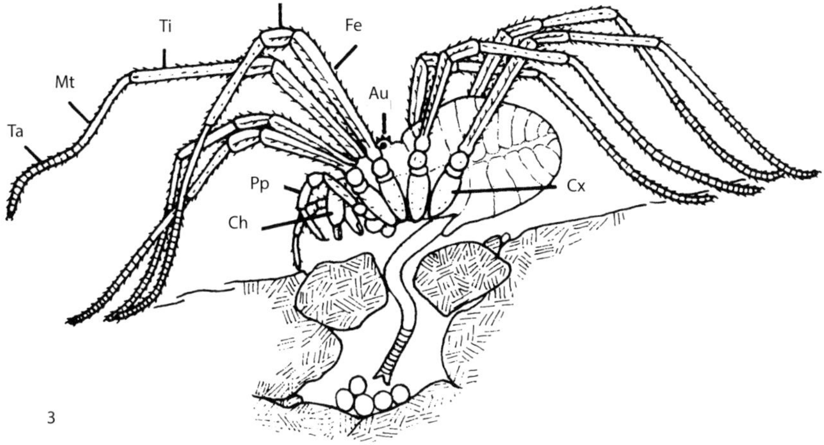

3

a) Körper oben vorn mit 2 Silberflecken [**2**]: ***Nemastoma lugubre*** (Müller) (Körper ohne Zweizack-Brückenzähnchen), sehr häufig; die ähnlich Art ***N. bimaculatum*** (F.) nur im Rheinland. ***Mitostoma chrysomelas*** (Hermann) (Körper oben mit Reihen von Zweizack-Brückenzähnchen, die zu Kielen zusammenfließen).

b) Körper einfarbig dunkel oder mit anderer Silberfleckenzeichnung. Op oben ohne Dornenpaare: 6 Arten, darunter ***Paranemastoma quadripunctatum*** (Perty).

c) Körper einfarbig dunkel, auf Op mit 5 Dornpaaren: ***Histricostoma dentipalpe*** (Ausserer), alpin.

6. Krallen der Pedipalpen kammartig gezähnt .... **Sclerosomatidae** S. 149

— Krallen der Pedipalpen nicht gezähnt (bei 30-facher Vergrößerung) ..... **Phalangiidae** S. 147

Familie: **Phalangiidae**

1. Cheliceren (zur Untersuchung an Basis abtrennen!) am 1. Glied unterseits mit Dorn [**5**]; wenn undeutlich, dann zwischen den Cx liegender Genitaldeckel vorn ausgerandet [**4**] **2**

— Cheliceren ohne derartigen Dorn [**6, 7**] **7**

2. Pr oben vor Augenhügel mit borstentragenden Körnern oder großen Dornen. Pt des Pedipalpus ohne langen Fortsatz .... **Oligolophinae 3**

— Pr ohne derartige borstentragende Körner oder Dornen; wenn mit deutlicheren Borsten, dann Pt des Pedipalpus mit langem Fortsatz .... **Dicranopalpinae**

a) Pt der Pedipalpen mit sehr langem Anhang: 2; ***Dicranopalpus*** Doleschall, in den Alpen ***D. gasteinensis*** Doleschall (3,5–6 mm).

b) Pt der Pedipalpen höchstens mit kurzem Anhang: ***Amilenus aurantiacus*** (Simon) (3–4,5 mm), im Süden, vor allem alpin. – Wenn über 6 mm ***Gyas*** (**Sclerosomatidae**) S. 149.

3. Fe (viertletztes Glied) der Pedipalpen unterseits mit einfachen schwarzen Borsten (vgl. [**9b**]) **4**

— Fe der Pedipalpen unterseits mit hohen, weißen, beborsteten Zapfen (vgl. [**9a**] **6**

4. Pr vorn vor Augenhügel mit kleinen, weißen, borstentragenden Körnern unregelmäßig besetzt, ohne größere Dörnchen .... 2; ***Mitopus*** Thorell

Häufig nur ***M. morio*** (F.) (4–8 mm), weit verbreitet, bevorzugt Wälder.

— Mitte des Vorderrands mit 3(–5) Dörnchen [**8**] **5**

5. Genitaldeckel an Spitze ausgerandet [**4**]. 3,5–6 mm .... ***Paroligolophus agrestis*** (Meade).

— Genitaldeckel nicht ausgerandet .... 2; ***Oligolophus*** C. L. Koch

O. hanseni (Kraepelin) (Mitte des Vorderrandes mit 5 Dörnchen; 4–6 mm); ***O. tridens*** (C. L. Koch) (Mitte des Vorderrandes mit 3 Dörnchen; 4–6,5 mm).

6. Fe der Beine mit deutlichen Zähnchenlängsreihen.......................... 3; ***Lacinius*** Thorell

L. ephippiatus (C. L. Koch) (Op oben ohne Dörnchenquerreihen; 4–5,5 mm); ***L. horridus*** (Panzer) (Op oben mit Dörnchenquerreihen; die 3 Dornen in der Mitte des Vorderrandes des Pr gleich lang; 6,5–9 mm), ähnlich ist der seltene ***L. dentiger*** (C. L. Koch), aber mittlerer Dorn des Pr-Vorderrandes größer als die seitlichen.

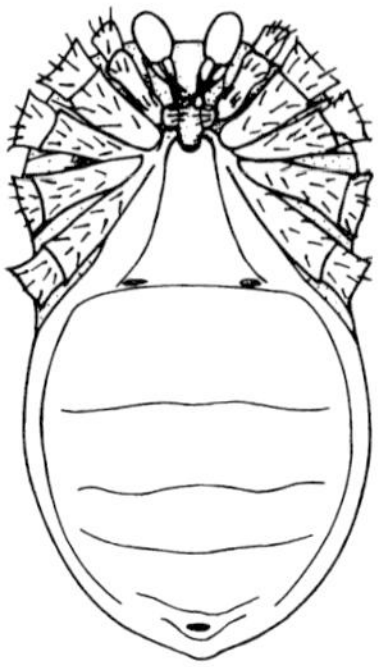

4

5

6

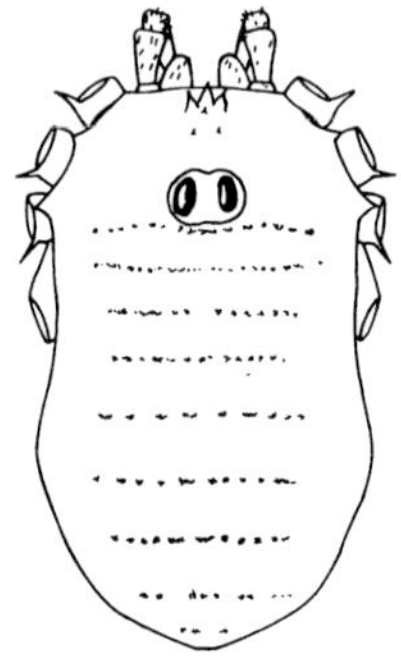

8

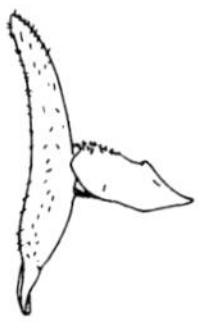

7

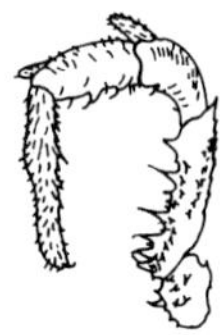

9a

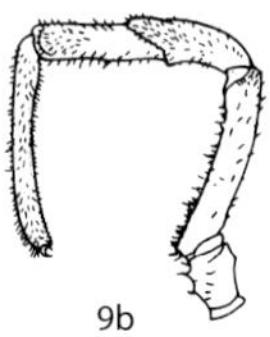

9b

8 *Oligolophus*

— Fe nur mit Haarlängsreihen. 6–11 mm .... ***Odiellus spinosus*** (Bosc)

7. Fe der Pedipalpen unterseits mit auffälligen Zapfen [**9a**] .... **Platybuninae** **8**

— Fe der Pedipalpen ohne auffällige Zapfen, höchstens mit schwachen Zapfen [**9b**]........ **9**

8. Mitte des Vorderrandes des Pr mit 3 Dörnchen (vgl. [**8**]). 3,5–6 mm ***Lophopilio palpinalis*** (Herbst)

— Vorderrand des Pr ohne Dörnchen, höchstens mit kleinen, dann aber unregelmäßig stehenden Zähnchen .... 2; ***Platybunus*** C. L. Koch

Im Gebirge, z. B. ***P. bucephalus*** (C. L. Koch) (4–8 mm), vor allem in Wäldern. – Außerdem ***Megabunus lesserti*** Schenkel (Sondermerkmal: Augenhügel auffällig groß, stark bedornt; 4–5,5 mm), an Felswänden, im Süden, alpin.

9. Pt u. Ti der Pedipalpen innen in je 1 deutlichen Fortsatz ausgezogen [**9b**] .... ***Rilaena triangularis*** (Herbst)

(zu **Phalangiinae**). 4–7 mm. Häufig, vor allem in Wäldern.

— Pt u. Ti der Pedipalpen ohne solche Fortsätze **10**

10. Zwischen Cheliceren u. Vorderrand des Pr 2 spitze Zähnchen. Cheliceren des ♂ oben meist mit Horn [**7**] .... **Phalangiinae**

Nur ***Phalangium opilio*** L. (3,5–9 mm), überall häufig.

— Zwischen Cheliceren u. Vorderrand des Pr ohne Zähnchen. Cheliceren ohne Horn [**6**] **Opilioninae**

Nur 4; ***Opilio*** Herbst.

a) Beim ♂ Fe des Palpus mit kräftigen Dornen: ***O. parietinus*** (De Geer) (1. Fe lang, überall gleich dick; Augenhügel mit Längsreihen von 7–10 Dornen; 3,5–8 mm); ***O. saxatilis*** C. L. Koch (1. Fe kurz, am dicksten in der Mitte; Augenhügel mit 2 Längsreihen von 3–4 Dornen; 3,5–5 mm); beide Arten häufig.

b) Beim ♂ Fe des Palpus ohne Dornen, höchstens mit kleinen Tuberkeln: ***O. canestrinii*** (Thorell) (3,8–8 mm), sich in neuerer Zeit in der Kulturlandschaft ausbreitend. Außerdem eine alpine Art.

Familie: **Sclerosomatidae**

1. Op oben mit mindestens 2 Längsreihen großer Höcker .... **Sclerosomatinae**
Nur ***Astrobunus laevipes*** (Canestrini) (2,5–4,5 mm), selten.
— Op oben ohne große Höcker **2**
2. Körper groß (6,5–12 mm), oben dunkel .... **Gyantinae**
2; ***Gyas*** Simon, im Gebirge, vor allem Alpen, z. B. ***G. titanus*** Simon.
— Körper meist kleiner, oben nicht einheitlich dunkel **3**
3. Wenigstens eine Cx vorn oder hinten mit einer Längsreihe kleiner Höcker ...... **Leiobuninae**
4; ***Leiobunum*** C. L. Koch, ***L. rupestre*** (Herbst) (Tr blassgelb wie Cx; 4–7 mm), ähnlich ist ***L. gracile*** Thorell, im Norden. Bei übrigen Arten Tr dunkel, gegen helle Cx kontrastierend: ***L. limbatum*** L. Koch (2. Ti an der Spitze weiß geringelt; 5–8 mm), Gebirge; ***L. rotundum*** (Latreille) (2. Ti an Spitze nicht weiß geringelt; jedes Auge von breitem dunklem Ring umgeben; 3–7 mm); ***L. blackwalli*** Meade (ebenso, aber jedes Auge von hellem Ring umgeben; 3–6 mm). Außerdem eine seltene, vor allem alpine Art ***L. religiosum*** Simon (Sondermerkmal: Cx mit distalem schwarzen Querband; 4–7 mm). – Eine weitere ***Leiobunum***-Art („sp. A") eingeschleppt (Sondermerkmal: ± schwarz gefärbt; 4–6,5 mm), in z. T. großen Aggregationen, im Westen.
— Cx ohne derartige Reihen kleiner Höcker **4**
4. Pt der Pedipalpen mit sehr langem Anhang
Dicranopalpus (**Dicranopalpinae, Phalangiidae**) S. 147
— Pt der Pedipalpen ohne Anhang .... 3; ***Nelima*** Roewer
Selten, z. B. ***N. silvatica*** (Simon) (2–4,5 mm), im Süden, wärmeliebend. – Wenn als Sondermerkmal mit auffälliger lyraförmiger Zeichnung auf dem Rücken ***Amilenus*** (**Dicranopalpinae, Phalangiidae**) S. 147

Literatur

Arachnologische Gesellschaft: Wiki des Spinnen-Forums. arages.de. [https://wiki.arages.de/index.php?title=Hauptseite]. Mit Checkliste der Weberknechte. 2021 (wird regelmäßig aktualisiert).

Blick, T., Komposch, C.: Checkliste der Weberknechte Mittel- und Nordeuropas (Arachnida: Opiliones). 2004. [http://www.AraGes.de/checklist.html#2004_Opiliones]

Martens, J.: Weberknechte, Opiliones. In: F. Dahl, Tierwelt Deutschlands, Teil 64. Jena, 1978.

Meinertz, K. T.: Mosskorpioner og Mejere: In: Danmarks Fauna, Bd. 67. Kobenhavn, 1962.

Moritz, M..: Arachnida – Spinnentiere. In: B. Klausnitzer, J. H. Jungbluth, Stresemann – Exkursionsfauna von Deutschland, Band 1 – Wirbellose (ohne Insekten). 9. Aufl. Heidelberg, 2019.

Roewer, C. F.: Die Weberknechte der Erde. Jena, 1923.

Šilhavý, V.: Opilionidea. In: Fauna CSR, Bd. 7. Prag, 1956.

Spoek, G. L.: The Opilionida (Arachnida) of the Netherlands. Zool. Verhandl. 63. Leiden, 1963.

Acari (= **Acarina**), Milben

Körper ohne tiefe Einschnitte, kann in Gnathosoma (mit Cheliceren u. Pedipalpen), Propodosoma (Segmente mit 1. u. 2. Beinpaar) u. Hysterosoma (Segmente mit 3. u. 4. Beinpaar sowie Hinterleib) gegliedert sein [**9**]. Meist mit 4 Beinpaaren (Ausnahme u. a. Gallmilben mit 2), Larven mit 3 Beinpaaren, Laufbeine gegliedert in (von Basis zur Spitze) Coxa, Trochanter, Femur, Genu, Tibia, Tarsus. Tarsus mit 0–3 Krallen u. einem verschiedengestaltigen Empodium. Atmung durch Haut oder Röhrentracheen. Getrenntgeschlechtlich; Parthenogenese komm vor. ♂♂ übertragen Sperma mit Penis, Gonopoden oder Spermatophoren. Entwicklung über 4 Stadien: Larve, Proto-, Deuto-, Tritonymphe (von den Nymphenstadien können 1, 2 oder alle 3 unterdrückt sein). Land- u. Wasserbewohner. Ernährung als Räuber, Pflanzenfresser, Saprophage, Paraphage oder Parasiten. Im Gebiet ca. 200 Familien mit fast 3000 schwer bestimmbaren Arten. Die folgenden Tabellen sollen der ersten Übersicht dienen. Konservierung von Landmilben in Gemisch Alkohol 70 % : Glycerin : Eisessig (87 : 5 : 8 Volumenteile), von Wassermilben in Glycerin : Eisessig : dest. Wasser (11 : 3 : 6); längere Aufbewahrung in gleichen Mischungen ohne Eisessig. Bestimmung nur mit Mikroskop möglich, dazu oft Aufhellung der Tiere notwendig (Behandlung mit 75%iger Milchsäure). Abbildungen, wenn nicht anders angegeben, dorsal (Rückenansicht). **Abkürzungen**: s. **Arachnida**.

System (im Wesentlichen nach Krantz & Walter (2009) u. Hallan (2005)):
Parasitiformes (= **Anactinotrichida**)
  Ixodida (= **Metastigmata**)
  Mesostigmata (= **Gamasida**)
Acariformes (= **Actinotrichida**)
  „Trombidiformes" (= **„Actinedida"**; fast alle Taxa gehören zu den **Prostigmata**)
    hierzu auch **Hydrachnidiae** (= **Hydrachnellae**, **Hydracarina**, Süßwassermilben), **Halacaroidea** (Meeresmilben) u. **Eriophyoidea** (= **Tetrapodili**, Gallmilben)
  Oribatida (= **Cryptostigmata**)
  Astigmata (= **Acaridida**)
  (**Astigmata** u. **Oribatida** werden auch als **Sarcoptiformes** zusammengefasst.)

1. Gnathosoma auf Unterseite mit unpaarem, nach vorn gerichtetem Fortsatz, dieser mit Reihen von widerhakenartigen Zähnen besetzt. Mit Stigmenpaar an 4. Cx auf einer siebartigen Platte. Auf 1. Ta oben Riechgrube (Hallersches Organ) [**1**]. Habitus [**1, 21, 22**]. Landbewohner
Zecken, **Ixodida** (= **Metastigmata**) S. 152
— Gnathosoma ohne solchen Fortsatz. Stigmen anders oder fehlend. 1. Ta ohne Riechgrube **2**
2. Cx der Beine vorspringend, oft frei beweglich [**2**]. Mit Stigmenpaar zwischen Rückenrand u. 2., 3. oder 4. Cx, oft verbunden mit röhrenförmiger Furche (Peritrema) [**2**]. Ta des Pedipalpus innen mit 2-, 3- oder 4-zinkiger Borste [**3**] (selten bei endoparasitischen Formen fehlend). Körper mit sklerotisierten Schildern, meist gelb bis braun. Habitus z. B. [**2, 16–20**]. Landbewohner
Mesostigmata (= **Gamasida**) S. 152
— Cx nicht vorspringend, in Bauchseite eingelassen [**9**]. Stigmen anders oder fehlend. Ta des Pedipalpus ohne gezinkte Borste .... **Acariformes** (= **Actinotrichida**) **3**
3. Im Meer, selten im Süßwasser. Pedipalpen 3–4-gliedrig, 1. u. 2. Beinpaar nach vorn, 3. u. 4. Beinpaar nach hinten gerichtet. Körper mit 4 Rücken- u. 4 Bauchschildern [**4**]
Meeresmilben, **Halacaroidea**
Nur **Halacaridae** mit ca. 40 Arten. Klettern u. kriechen auf dem Boden oder auf Pflanzen, können nicht schwimmen. Räuber z. B. ***Thalassarachna*** Packard, häufig ***Th. basteri*** (Johnston) (1–1,3 mm). Pflanzenfresser z. B. ***Rhombognathides*** Viets, häufig ***Rh. seahami*** (Hodge) (0,5 mm). Einige Gattungen in ober- oder unterirdischen Süßgewässern (z. B. ***Limnohalacarus*** Walter), z. T. als Kommensalen in Kiemenhöhlen von Flusskrebsen, häufiger ***Porolohmannella violacea*** (Kramer) (bis 0,6 mm).
— Im Süßwasser. Pedipalpen 5-gliedrig; 2. u. 3. Beinpaar ± seitlich gerichtet. Körperpanzerung anders oder fehlend. Habitus z. B. [**5, 32–34**]
Süßwassermilben, **Hydrachnidiae** (= **Hydrachnellae**, **Hydracarina**) S. 155
Einige **Oribatida** (***Hydrozetes*** Berlese) ebenfalls im Süßwasser, meist an Pflanzen.
— Landbewohner **4**

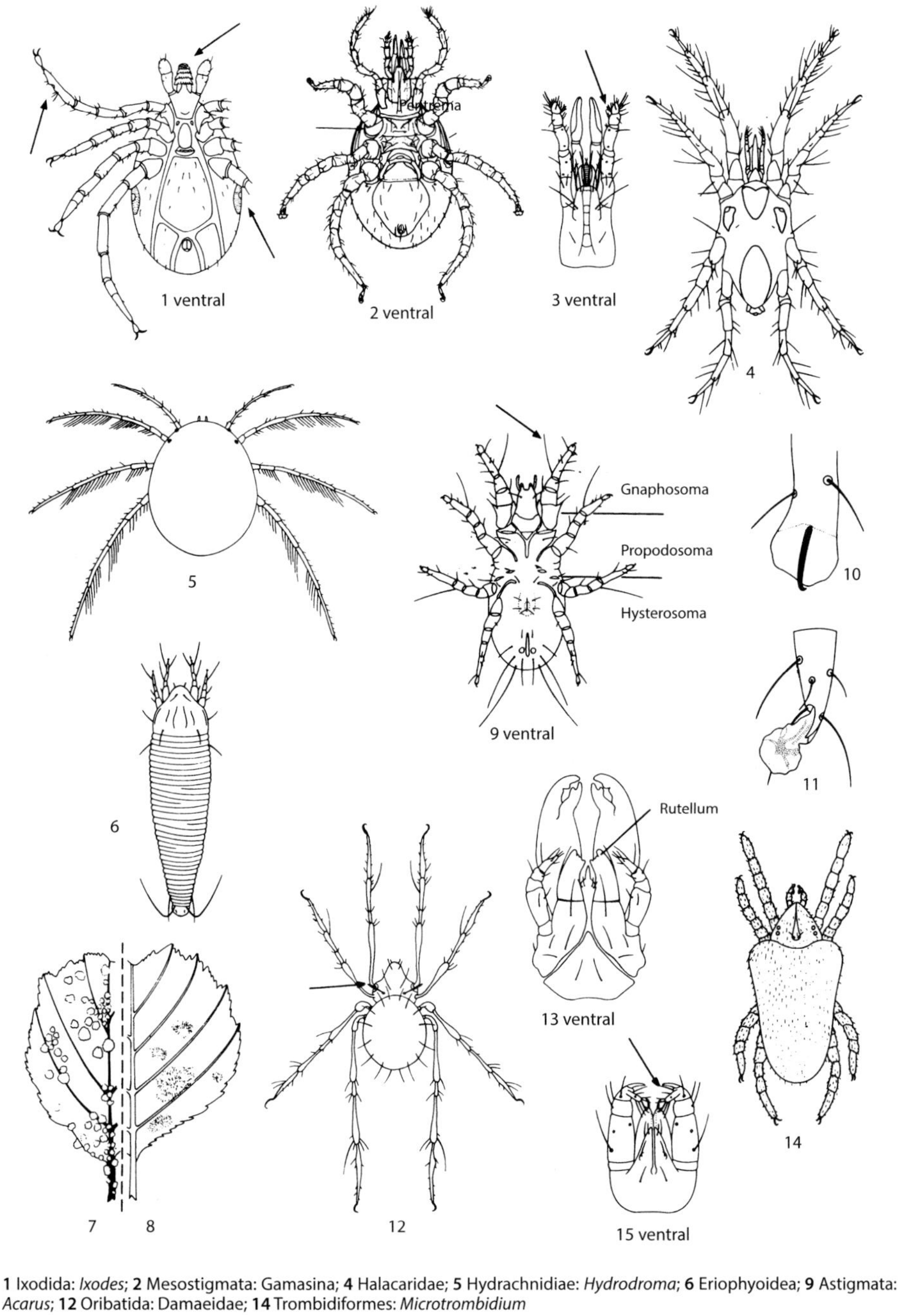

1 Ixodida: *Ixodes*; **2** Mesostigmata: Gamasina; **4** Halacaridae; **5** Hydrachnidiae: *Hydrodroma*; **6** Eriophyoidea; **9** Astigmata: *Acarus*; **12** Oribatida: Damaeidae; **14** Trombidiformes: *Microtrombidium*

4. Wurmförmig, weichhäutig, mit nur 2 Beinpaaren [**6**]. Bis 0,2 mm. Auf Pflanzen, erzeugen oft Gallen .... Gallmilben, **Eriophyoidea** (= **Tetrapodili**)
Nur **Eriophyidae** mit ca. 250 Arten. Wichtige Gattungen ***Eriophyes*** von Siebold, ***Aceria*** Keifer. Häufige Gallformen: Mantelgallen, immer mit einer Öffnung auf der Unterseite (z. B. von ***E. laevis*** (Nalepa) auf Oberseite von Erlenblättern [**7**]; Filzgallen (z. B. ***Acalitus brevitarsa*** (Fockeu) auf Unterseite von Erlenblättern [**8**]).

— Körper anders. Keine Gallen erzeugend **5**

5. Pedipalpen 2-gliedrig, klein. Ta der Laufbeine mit 1 Kralle (diese selten gegabelt) auf einem Stiel (wenn ungestielt, wenigstens mit Haftläppchen [**10**]) oder Ta mit einem gestielten saugnapfähnlichen Organ [**11**]. Propodosoma ohne Trichobothrien (lange, dünne Tasthaare). 1. u. 2. Ti dorsal meist mit langer peitschenförmiger Borste [**9**]. Körper weichhäutig, weißlich, farblos, oft mit rosaroten Gliedmaßen, nicht wurmförmig u. ohne teilweise übereinanderliegende Rückenplatten. Habitus z. B. [**9, 36–38**]
Astigmata (= **Acaridida**) S. 157

— Pedipalpen 3–5-gliedrig, groß; wenn kleiner u. weniger Glieder, dann Körper wurmförmig oder mit übereinanderliegenden Rückenplatten. Ta anders, selten mit saugnapfähnlichem Organ. Propodosoma oft mit Trichobothrien [**12, 14**] **6**

6. Körper meist mit kräftigem, hartem Chitinpanzer, gelb oder braun bis schwarz. Gnathosoma auf Unterseite mit paarigen „Rutella" (Kieferladen) [**13**]. Cheliceren scherenförmig, mit Zähnen. Auf Propodosoma 2 borstenförmige, gefiederte oder keulige Trichobothrien („pseudostigmatische Organe") in becherartigen Gebilden („Pseudostigmata") [**12**], diese Organe sehr selten fehlend. Pedipalpen einfach. 1. u. 2. Ti dorsal meist mit langer peitschenförmiger Borste. Habitus z. B. [**12, 40–47**] .... Hornmilben, **Oribatida** (= **Cryptostigmata**) S. 158

— Körper ± schwach sklerotisiert, oft rot. Gnathosoma selten mit Rutella. Cheliceren selten scherenförmig. Trichobothrien auf Propodosoma ohne Pseudostigmata oder fehlend. Pedipalpen einfach oder Ti mit dorsaler Endklaue, dann hängt Ta an Ventralseite der Ti [**15**].1. u. 2. Ti ohne lange Borste. Habitus z. B. [**14, 23–27**] .... **„Trombidiformes"** (= **„Actinedida"**) S. 154

Ixodida (= **Metastigmata**), Zecken

Temporäre Ektoparasiten an Reptilien, Vögeln u. Säugetieren; bohren sich in Haut ein u. saugen Blut, lassen sich bei Sättigung fallen. 2 Familien mit etwa 50 Arten.

1. Mit stark sklerotisiertem Rückenschild. Gnathosoma von oben sichtbar. Habitus z. B. [**1, 21**]
Ixodidae
a) Analfurche im Bogen vor dem After [**1**]: Nur ***Ixodes*** Latreille mit vielen Arten, sehr häufig. ***I. ricinus*** (L.), Holzbock (bis 4 mm, vollgesogene ♀♀ bis 11 mm [**21**]).
b) Analfurche im Bogen hinter dem After: ***Dermacentor*** C. L. Koch (mit Augen seitlich am Schild), z. B. ***D. marginatus*** Sulzer (bis 3 mm), meist an Säugern, die Larven u. Nymphen auch an Vögeln.
Weitere ähnliche Gattungen auf Reptilien, Vögeln u. Säugern selten eingeschleppt.

— Ohne Rückenschild. Gnathosoma von oben nicht sichtbar [**22**] ...... Lederzecken, **Argasidae**
Nur ***Argas*** Latreille, häufig ***A. reflexus*** (F.), Taubenzecke [**22**] (bis 4 mm), in Taubenschlägen u. Hühnerställen.

Mesostigmata (= **Gamasida**)

Meist freilebend als Räuber im Boden oder Detritus, teilweise Parasiten von Wirbeltieren oder Wirbellosen. Bei Deutonymphen oder adulten ♀♀ oft Phoresie. Viele Familien mit etwa 1000 Arten.

1. 1. Cx ± zylindrisch, weit auseinanderliegend, flankieren das Gnathosoma [**2**] **2**

— 1. Cx ± platt, trapezförmig, meist eng beieinander .... **Uropodina**
Beine oft in Vertiefungen auf Bauchseite einklappbar. Deutonymphen oft phoretisch an Insekten, Anheften mittels eines Aftersekrets. Mehrere Familien, darunter **Trematuridae**, z. B. ***Trichouropoda*** Berlese [**16**], häufig ***T. ovalis*** (C. L. Koch) (bis 0,9 mm).

2. Cheliceren groß, auf beweglichem Finger mit verzweigten Anhängen. Wenn Cheliceren kleiner, Körperumriss ± kreisförmig .... **Antennophorina**
Beispiel: **Antennophoridae** mit ***Antennophorus*** Haller, Paraphage bei Ameisen, z. B. ***A. uhlmanni*** Haller (bis 1,3 mm).

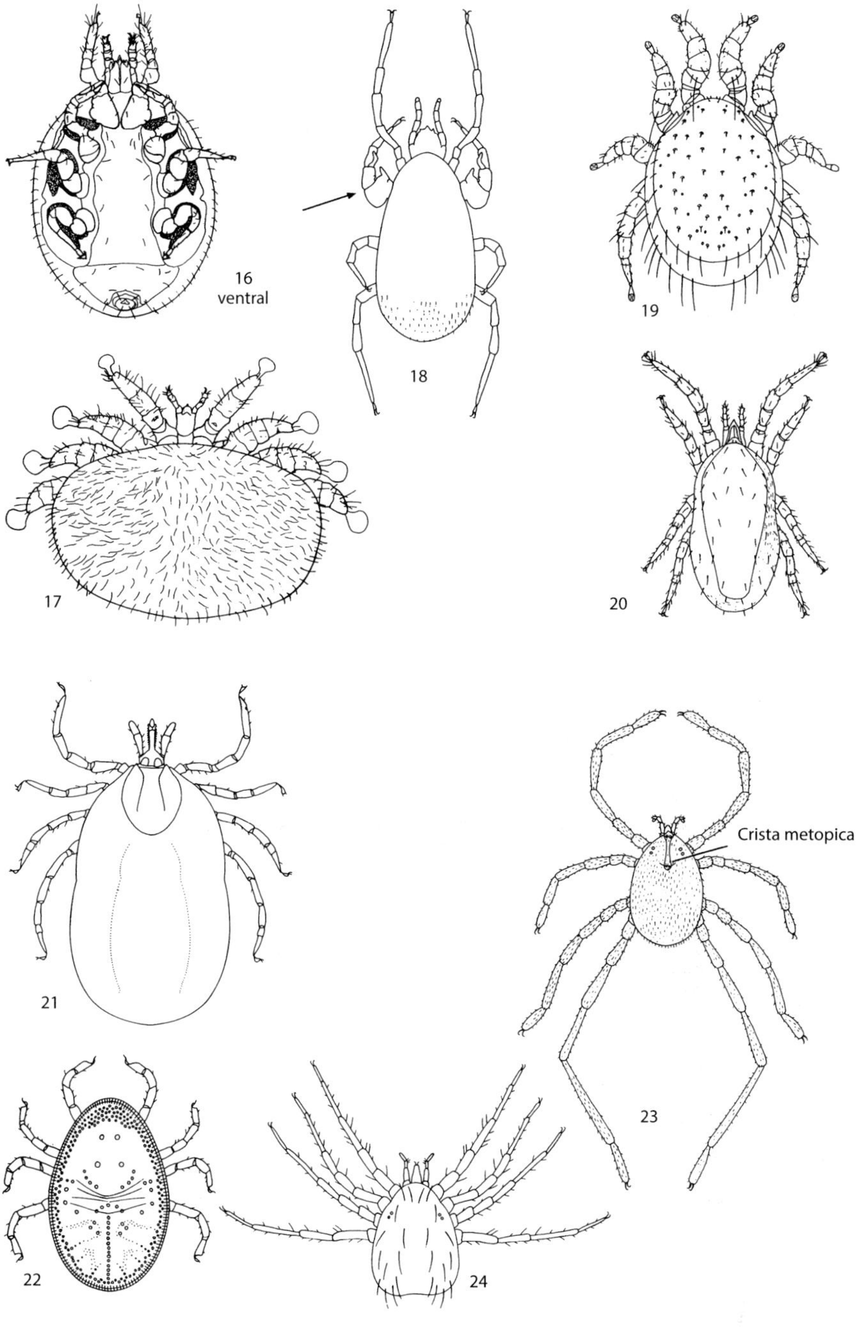

16 *Trichouropoda*; **17** *Varroa*; **18** *Pergamasus*; **19** *Laelaps*; **20** *Dermanyssus*; **21** *Ixodes*; **22** *Argas*; **23** *Erythraeus*; **24** *Anystis*

— Cheliceren ohne derartige Anhänge auf beweglichem Finger. Körperumriss nicht ± kreisförmig .... mehrere Taxa, artenreich **Parasitina** u. **Dermanyssina** 3
Viele Familien und Arten. Weitere Gruppen artenarm, hierher auch weitere **Uropodina**.

3. Cx beweglich. Stigmen ventral mit röhrenförmigen Peritremata [**2**]
a) Beim ♂ 2. Beinpaar dicker als 1. u. mit Apophysen [**18**]. Rückenschild ungeteilt oder geteilt. Habitus ähnlich [**18**]. Bodenlebende Räuber. Wichtige Familien u. a. **Parasitidae**, **Macrochelidae**, **Veigaiidae**, **Pachylaelapidae**. Viele Arten als Deutonymphe phoretisch an Insekten, z. B. ***Parasitus coleoptratorum*** (L.), Käfermilbe, an Käfern. Wichtige Gattungen ***Eugamasus*** Berlese, ***Macrocheles*** Latreille, ***Pergamasus*** Berlese [**18**], häufig ***P. crassipes*** (L.) (1 mm).
b) 2. Beinpaar des ♂ ähnlich dem 1.; Rückenschild ungeteilt
1) Rumpf stärker sklerotisiert, wenn schwächer, dann pelzartig dicht behaart. Habitus oft wie [**19**]. Mehrere Familien, darunter **Laelapidae** u. **Haemogamasidae**, neben bodenlebenden Räubern viele Parasiten, meist an Kleinsäugern u. in deren Nestern, z. B. ***Laelaps*** C. L. Koch [**19**] (Rumpf dornig behaart; 0,5–1 mm), häufig bei Mäusen ***L. agilis*** C. L. Koch; ***Haemogamasus*** Berlese (Rumpf pelzartig dicht behaart; 0,5–1,5 mm), häufiger ***H. ambulans*** (Thorell) bei Mäusen u. Maulwurf. Bei Ameisen z. B. ***Gymnolaelaps*** Berlese (bis 1,2 mm), häufiger ***G. myrmecophilus*** (Berlese). An Larven der Honigbiene parasitisch ***Varroa jacobsoni*** Oudemans (**Varroidae**) (♀ [**17**]), Erreger der Varroatose. Auf Pflanzen **Phytoseiidae**, z. B. ***Typhlodromus*** Scheuten s. l., auf Laubbäumen häufig ***Neoseiulella (= T.) tiliarum*** (Oudemans) (0,4 mm), frisst Spinnmilben.
2) Rumpf schwach sklerotisiert, dünn behaart. Mehrere Familien, darunter **Dermanyssidae** (rotbraun, mit Rückenschild, darum Haut fein geriefelt [**20**]), Parasiten an Vögeln, nur ***Dermanyssus*** De Geer, z. B. ***D. gallinae*** (De Geer), Vogelmilbe [**20**] (bis 1 mm).

— Cx unbeweglich. Stigmen anders
Weitere Familien, u. a. **Spinturnicidae**, Ektoparasiten auf Fledermäusen.

„Trombidiformes" (= „Actinedida")

Stigmenpaar zwischen oder über Ch oder fehlend. Fast alle Taxa gehören zu den **Prostigmata**, am artenreichsten die **Parasitengona**. Landbewohner, die **Hydrachnidiae** u. **Halacaroidea** im Wasser (s. S. 155 u. 150). Räuber, Pflanzenfresser u. Parasiten. Die **Eriophyoidea** (s. S. 152) sind Gallerreger. Viele Familien mit ca. 200 Arten (außer Wasser- u. Gallmilben).

1. Pedipalpen groß, Ti des Palpus mit dorsaler Endkralle, Ta hängt an Ventralseite der Ti [**15**]; manchmal Endkralle der Ti klein 2
— Pedipalpen anders 5
2. Körper dicht behaart [**23**], oft rot 3
— Körper mit wenigen Haaren, diese in Reihen angeordnet [**24**] 4
3. Beweglicher Scherenfinger der Cheliceren lang, gerade
Häufig nur **Erythraeidae** [**23**] (mit knochenförmiger „Crista metopica" [**23**], vorn u. hinten mit je 1 Trichobothrienpaar), räuberische Bodenbewohner. ***Erythraeus*** Latreille (jederseits 2 Augen), z. B. ***E. phalangoides*** (De Geer) [**23**] (rotbraun; 2–3 mm). Übrige Gattungen jederseits mit 1 Auge, z. B. ***Leptus*** Latreille, Larve von ***L. phalangii*** (De Geer) oft parasitisch auf Weberknechten.
— Beweglicher Scherenfinger gebogen, kurz wichtige Familien **Trombidiidae** u. **Trombiculidae**
Räuberische Bodenbewohner. Larven parasitieren v. a. auf Insekten, aber auch auf Wirbeltieren.
a) Ohne Augen: ***Trombicula*** Berlese s. l., hierher ***Neotrombicula autumnalis*** (Shaw), Erntemilbe (2 mm), als Larve blutsaugend an Warmblütern, auch am Menschen.
b) Mit sitzenden Augen: z. B. ***Microtrombidium*** Haller (zu **Microtrombidiidae**), häufig ***M. pusillum*** (Hermann) [**14**] (1,2 mm).
c) Mit gestielten Augen: ***Allothrombium fuliginosum*** (Hermann) (Körperhaare gefiedert; bis 3 mm). ***Trombidium*** F. (Körperhaare keulig), häufig ***T. holosericeum*** (L.), Sammetmilbe (bis 4 mm).
4. Mit starken Dornen auf Innenrand des 1. Beinpaares, wie eine Harke angeordnet **Caeculidae**
Selten, z. B. ***Microcaeculus austriacus*** Franz (bis 1,5 mm), an trockenen Stellen.
— Anders .... weitere Familien
a) Gnathosoma nicht von Rückenfalte überdacht: häufige Familien **Anystidae** (Ta des Pedipalpus lang, über Ti ragend; Cheliceren am Ende hakenförmig; Körper rot, 1–1,5 mm), schnell bewegliche Räuber auf Pflanzen, z. B. ***Anystis baccarum*** (L.) [**24**]. ***Cheyletidae*** (Pedipalpen dick, zangenartig), z. B. ***Cheyletus*** Latreille, häufig ***Ch. eruditus*** (Schrank) (bis 8 mm), räuberisch an Acariden.
b) Gnathosoma ± von vorspringender Rückenfalte überdacht [**25**]: **Tetranychidae**, Spinnmilben. Pflanzenparasiten, stechen Blattzellen an u. saugen sie aus, erzeugen Gespinste auf Blättern. Grün bis rot. ***Bryobia*** C. L. Koch (Stirn mit 4-lappigem, je 1 blattförmiges Haar tragendem Fortsatz; 0,8 mm), häufig ***B. graminum*** (Schrank). ***Tetranychus*** Dufour s. l. (Habitus [**25**]; Fortsatz nicht 4-lappig; bis 0,5 mm), z. B. ***T. urticae*** C. L. Koch [**25**], auf vielen Pflanzen. ***Panonychus*** (= ***Metatetranychus***) ***ulmi*** (C. L. Koch), „Rote Spinne", schädlich an Obstbäumen.
5. Körper wurmförmig. In Haarfollikeln von Säugern .... **Demodecidae**
Nur ***Demodex*** Owen, ***D. folliculorum*** (Simon) (bis 0,4 mm), Haarbalgmilbe des Menschen.
— Anders 6

6. Gnathosoma klein mit winzigen Ch u. Pedipalpen
Meist mit Schildern auf Oberseite. Bis 0,5 mm. Mehrere Familien. Beispiele: **Pyemotidae**, an Insekten u. a. ***Pyemotes*** Amerling, z. B. ***P. ventricosus*** (Newport), bei ♀♀ schwillt Op mit Eiern an (Physogastrie), darauf ♂♂ parasitierend. **Tarsonemidae**, ***Acarapis woodi*** (Rennie), Bienenmilbe, im Pelz oder in Tracheen der Honigbiene, saugt Hämolymphe; an Pflanzen viele Arten der Großgattung ***Tarsonemus*** Canestrini et Fanzago, ***Steneotarsonemus spirifex*** (Marchal) verursacht Schraubenwuchs von Hafer. **Siteroptidae**, häufig ***Siteroptes cerealium*** (Kirchner) [**26**], an Pflanzen, auch Überträger von *Fusarium*.

— Gnathosoma groß. Körper ohne Schilder **7**

7. 1. Ta mit rutenförmigen Sinnesborsten in einer Grube
Freilebende Räuber oder Pflanzenfresser. Wichtige Familien **Rhagidiidae** (Cheliceren mit großer Schere), artenreich ***Rhagidia*** Thorell, ***Foveacheles*** Zacharda, häufig z. B. ***F. terricola*** (C. L. Koch) (bis 1,3 mm). **Eupodidae**, u. a. ***Eupodes*** C. L. Koch (4. Fe stark verdickt, Sprungbein!), z. B. ***Eu. hiemalis*** C. L. Koch (0,8 mm). ***Linopodes motatorius*** (L.) (1. Bein stark verlängert; 0,8 mm).

— 1. Ta ohne dieses Organ .... viele Familien
Freilebend z. B. **Bdellidae** u. **Cunaxidae** (Gnathosoma vorn in Schnauze ausgezogen [**27**]), räuberisch, häufig ***Bdella*** Latreille, z. B. ***B. longicornis*** (L.) [**27**] (bis 1 mm). Ektoparasitisch z. B. **Myobiidae** (1. Beinpaar als Klammerorgan), ***Myobia*** von Heyden, im Pelz von Kleinsäugern, z. B. ***M. musculi*** (Schrank) (bis 0,4 mm), auf Hausmaus.

Hydrachnidiae (= **Hydrachnellae, Hydracarina**), Süßwassermilben

In stehenden u. fließenden Gewässern, subterrane Gruppen hier nicht berücksichtigt. Schwimmfähige Arten an Besatz der Beine mit Schwimmhaaren zu erkennen, solche Arten kommen nicht in stärker fließenden Gewässern vor. Larven fast immer parasitisch an Insekten (auch an land- u. luftlebenden!). Adulte fast immer räuberisch, seltener parasitisch oder aasfressend. Viele Familien mit ca. 450 Arten.

1. Augen nahe Rückenmittellinie, an den Seiten einer Chitinleiste. Körper rot
a) Chitinleiste der Augenregion in Längsrichtung des Körpers: ***Limnochares aquatica*** (L.) (**Limnocharidae**) (bis 5 mm), nicht schwimmend, bildet außerhalb des Wassers einen formlosen Tropfen.
b) Chitinleiste quer zur Körperlängsachse („Augenbrille"): ***Eylais*** Latreille (**Eylaidae**) (bis 5 mm), schwimmend, 4. Beinpaar wird dabei nachgezogen, häufig ***E. extendens*** (Müller).

— Augen an Körperseiten **2**

2. Genitalnäpfe [**32**] zahlreich, in der weichen Körperhaut. Körper rot
Einige Gattungen in Bächen, z. B. ***Protzia*** Piersig (**Hydryphantidae**), häufig ***P. invalvaris*** Piersig (1 mm).

— Genitalnäpfe zahlreich, mindestens 10, auf paarigen klappen- oder plattenartigen Chitinbildungen [**28**], wenn frei in Haut, Körper nicht rot **3**

— Genitalnäpfe in 2 Reihen zu je 3–5 am Innenrand der paarigen Genitalklappen [**29**] **4**

— Je 1 Genitalnapf am Vorderrand der paarigen Genitalklappen, in der hinteren Hälfte je 1 Gruppe von 2 bis mehreren Genitalnäpfen [**30**]. Körper meist rot **5**

— Genitalnäpfe in 2 Gruppen zu je 3 (selten 2 oder 4) auf paarigen Klappen oder Platten [**31**] **6**

— Ohne Genitalnäpfe
Hydrovolzia placophora (Monti) (**Hydrovolziidae**) (0,9 mm), in Quellen oder Bächen.

3. Körper groß, über 2 (bis 8) mm, einfarbig rot
a) Körper kugelig, oben meist mit paarigen Chitinschildern: ***Hydrachna*** Müller (**Hydrachnidae**), z. B. ***H. geographica*** Müller (8 mm), größte deutsche Wassermilbe.
b) Körper ± abgeflacht, ohne oder mit unpaarem Chitinschild: sehr häufig in stehenden Gewässern ***Hydrodroma despiciens*** (Müller) (**Hydrodromidae**) [**5**].

— Körper selten über 2 mm, dann ± bunt
a) Körper weich, ungepanzert. Parasiten in Kiemenhöhlen von Muscheln: ***Unionicola*** Haldemann (**Unionicolidae**), z. B. ***U. intermedia*** (Koenike) (1 mm). Frei schwimmend, 1. Beinpaar mit Paaren von langen Schwertborsten: ***Neumania*** Lebert u. weitere ***Unionicola***-Arten, sehr häufig ***U. crassipes*** (Müller) [**33**] (bis 1,5 mm), im Plankton. Schwimmend, 1. Beinpaar ohne diese Borsten: ***Piona*** C. L. Koch [**32**] u. ***Forelia*** Haller (**Pionidae**), erstere mit sehr häufigen Arten, z. B. ***P. nodata*** (Müller) (0,9 mm). Nicht schwimmend: häufig in Bächen ***Feltria*** Koenike (**Feltriidae**), z. B. ***F. minuta*** Koenike (0,4 mm).
b) Körper gepanzert, hart u. spröde. Schwimmend: mehrere Gattungen, häufig ***Arrenurus*** Dugès (**Arrenuridae**) [**34**] (Körper porös gepanzert, mit Rückenbogen [**34**]; bis 1,8 mm) mit ca. 70 Arten, z. B. ***A. globator*** (Müller). Unter nichtschwimmenden Gattungen häufig in Bächen ***Aturus*** Kramer (**Aturidae**), z. B. ***A. scaber*** Kramer (0,5 mm).

4. Schwimmend. In stehenden u. langsam fließenden Gewässern
a) Körper seitlich zusammengedrückt, höher als breit: häufig ***Frontipoda musculus*** (Müller) (**Oxidae**) (bis 1 mm).
b) Körper so hoch wie breit, walzenförmig, vorn u. hinten verjüngt: ***Oxus*** Kramer (**Oxidae**), häufig ***O. ovalis*** (Müller) (bis 1 mm).
c) Körper anders, meist breiter als hoch: häufig ***Lebertia*** Neuman (**Lebertiidae**) mit vielen Arten, z. B. ***L. porosa*** Thor (bis 2 mm).

— Nicht schwimmend. Meist in Quellen u. Bächen
  a) Mit 6 Genitalnäpfen: häufig ***Sperchon*** Kramer (**Sperchontidae**) (z. B. ***S. glandulosus*** Koenike, bis 1,2 mm) u. weitere ***Lebertia***-Arten.
  b) Mit 10 kleinen Genitalnäpfen: verbreitet ***Torrenticola*** Piersig (**Torrenticolidae**), z. B. ***T. anomala*** (C. L. Koch) (bis 0,8 mm).

5. Schwimmend. In stehenden Gewässern
Hydryphantes C. L. Koch (**Hydryphantidae**) mit vielen Arten, z. B. ***H. ruber*** (De Geer) (bis 2 mm).

— Nicht schwimmend
Viele Gattungen, z. B. ***Euthyas truncata*** (Neuman) (**Hydryphantidae**) (bis 2,5 mm). ***Parathyas*** Lundblad in stehenden Gewässern u. Quellen, häufiger ***P. barbigera*** (Viets) (bis 1,6 mm).

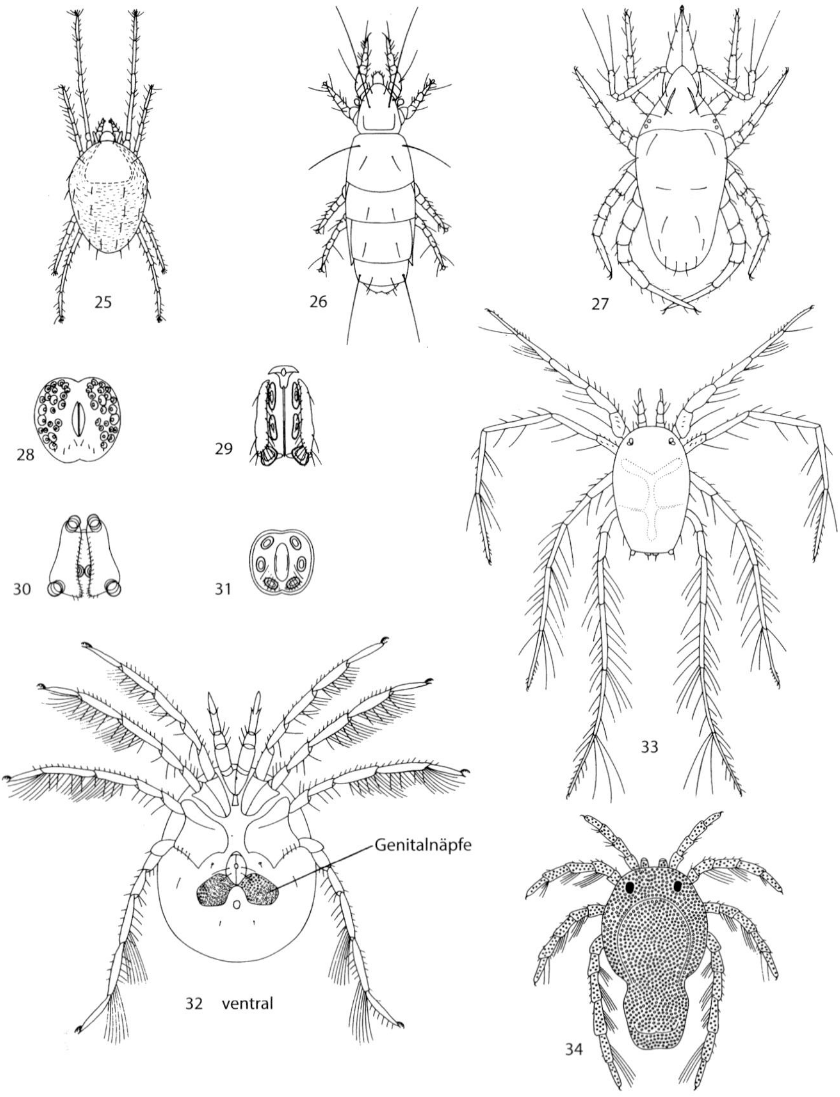

25 *Tetranychus*; **26** *Siteroptes*; **27** *Bdella*; **32** *Piona*; **33** *Unionicola*; **34** *Arrenurus*

6. Schwimmend

a) Die 2 Augen jeder Seite durch Hautzwischenraum getrennt: ***Limnesia*** C. L. Koch (**Limnesiidae**), einige Arten sehr häufig, z. B. ***L. maculata*** (Müller) (bis 2 mm).

b) Seitenaugen verwachsen. Körper häutig: mehrere Gattungen, u. a. ***Tiphys*** C. L. Koch (**Tiphyidae**), häufig ***T. ornatus*** (C. L. Koch) (1 mm). Ähnlich, aber Körper gepanzert: weitere Gattungen, z. B. ***Brachypoda*** Lebert (**Aturidae**), häufig ***B. versicolor*** (Müller) (Körper flach, breit elliptisch; 0,6 mm). ***Mideopsis*** Neuman (**Mideopsidae**), häufig ***M. orbicularis*** (Müller) (Körper flach, scheibenförmig; 1 mm).

— Nicht schwimmend

In Flüssen u. Seen häufig ***Hygrobates*** C. L. Koch (**Hygrobatidae**), z. B. ***H. longipalpis*** (Hermann) (bis 2,5 mm). In schnellfließenden Bächen u. Quellen häufig ***Atractides*** C. L. Koch, z. B. ***A. nodipalpis*** Thor (0,5 mm).

Astigmata (= **Acaridida**)

Ohne Stigmen. Meist Saprophage, Paraphage, seltener Räuber oder Parasiten. Deutonymphe fehlend oder völlig anders als übrige Stadien, als phoretische Wandernymphe oder widerstandsfähige Dauernymphe ausgebildet (Hypopus). Viele Familien mit ca. 250 Arten.

1. Freilebend, auch an abgestorbenen Tieren oder in Nestern **2**

— Auf Insekten, oft unter Elytren von Käfern

Z. B. **Canestriniidae**, häufig ***Photia chrysocarabi*** Cooreman (0,4 mm), auf Laufkäfern.

— Auf Vögeln (in Federn, Haut oder Lunge) **4**

— Auf Säugetieren (in Fell oder Haut) **5**

2. Pedipalpen seitwärts gerichtet, mit 2 peitschenförmigen Borsten **Histiostomatidae** (= **Anoetidae**)

In modernden Substraten, häufig ***Histiostoma*** Kramer, z. B. ***H. julorum*** (C. L. Koch) (0,4 mm).

— Pedipalpen anders **3**

3. Zwischen Kralle u. Ta der Beine ein Paar sklerotisierter Stäbe [**35**] .... **Acaridae**

Viele Gattungen. ***Acarus*** (= ***Tyroglyphus***) ***siro*** L., Mehlmilbe [**9**] (bis 0,6 mm), in Mehl, Haferflocken u. Ä. ***Rhizoglyphus echinopus*** (Fumouze et Robin) (bis 1,1 mm), im Boden, oft an Kartoffeln u. Blumenzwiebeln. ***Tyrolichus casei*** Oudemans, Käsemilbe (bis 0,7 mm), auf Käse. ***Tyrophagus putrescentiae*** (Schrank) [**36**] (bis 0,45 mm), an fett- u. eiweißhaltiger Nahrung, sehr häufig.

— Tarsusspitze anders .... weitere Familien

Beispiele: **Glycyphagidae**, häufig ***Glycyphagus domesticus*** (De Geer) [**37**] (bis 0,75 mm), in Wohnungen u. Polsterfüllungen. **Carpoglyphidae**, häufig ***Carpoglyphus lactis*** (L.) (0,4 mm), an Trockenobst.
Pyroglyphidae, häufig ***Dermatophagoides*** Bogdanov, Hausstaubmilben (bis 0,5 mm).

4. An u. in Federn. Wichtige Familien **Analgidae**, z. B. ***Analges*** Nitzsch, häufig ***A. passerinus*** (L.) (0,5 mm), an Singvögeln. **Dermoglyphidae**, z. B. ***Dermoglyphus*** Robin et Mégnin, häufig ***D. elongatus*** (Robin et Mégnin) (0,7 mm), auf Hausgeflügel u. Stubenvögeln.

— In Haut oder Lunge. Wichtige Familien Epidermoptidae, z. B. ***Knemidokoptes mutans*** (Robin et Lanquetin) (bis 0,45 mm), in Hornschildern der Beine von Hühnern („Kalkbeinigkeit").

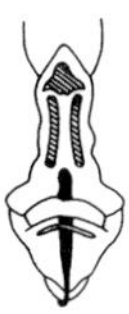
35

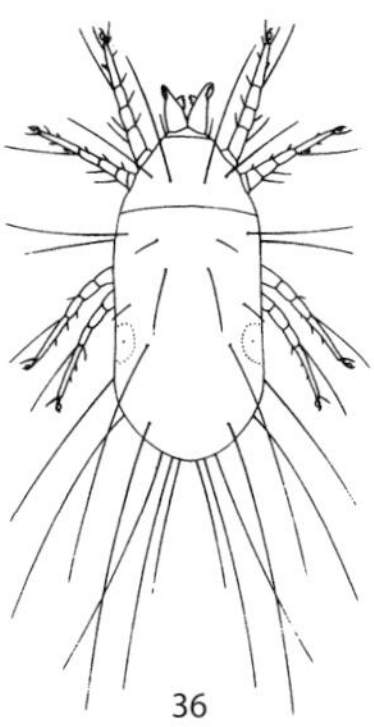
36

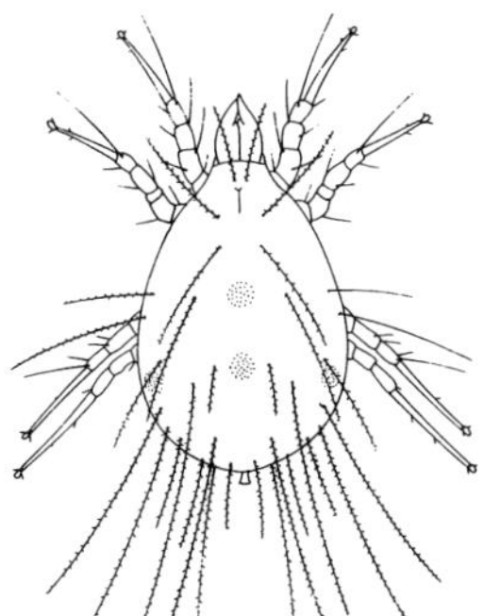
37

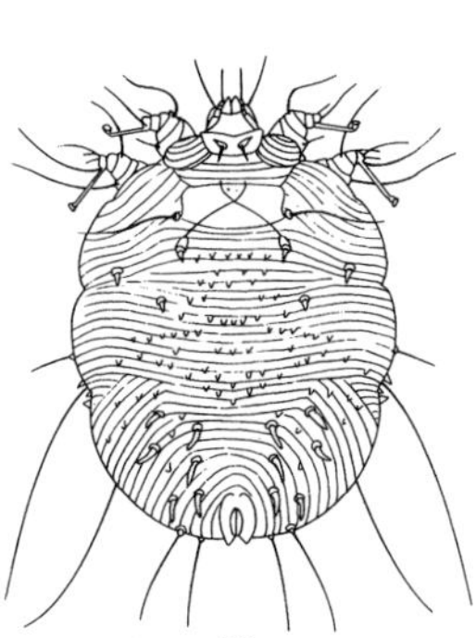
38

36 *Tyrophagus*; **37** *Glycyphagus*; **38** *Sarcoptes*

5. Im Haarpelz. **Listrophoridae** u. **Myocoptidae**, z. B. ***Leporacarus gibbus*** (PAGENSTECHER) (0,6 mm), auf Hasen. ***Myocoptes musculinus*** (C. L. KOCH) (0,3 mm), auf Hausmäusen, -ratten.

— In der Haut. **Sarcoptidae** (Körper kugelförmig [**38**]), z. B. ***Sarcoptes scabiei*** (L.), Krätzmilbe [**38**] (bis 0,4 mm), verursacht Krätze bei Menschen u. Räude beim Hund (als var. ***canis*** GERLACH). **Psoroptidae** (Körper oval oder langgestreckt), z. B. ***Psoroptes equi*** (ERING) (bis 0,8 mm), verursacht Räude bei Pferd, Rind, Schaf, Kaninchen.

Oribatida (= **Cryptostigmata**), Hornmilben

Meist stark sklerotisiert mit Rückenschild auf dem Op (Notogaster). Einige Taxa mit Seitenklappen am Op, die durch eine Naht gelenkartig mit dem Notogaster verbunden sein können. Im Bauchschild (Ventralschild) mit Genital- u. Analplatten. Prodorsum (oberer Bereich des Pr) dorsal bisweilen mit 2 Chitinleisten (Lamellen [**46**]), die groß u. das Prodorsum bedeckend oder feiner u. dünn sein können. Sie verlaufen von den Pseudostigmalorganen (Sensilli) nach vorne u. sind bisweilen durch eine Querleiste (Translamelle) verbunden. Stigmen an den Beinen, oft fehlend. Grundtyp der Cheliceren kurz, kräftig u. kompakt, mit stark sklerotisierten Scherenspitzen. Fressen Pilze, Bakterien, Algen oder sind saprophag. Meist in Humus u. Boden, auch in feuchtem Moos, selten im Wasser. Ca. 80 Familien mit etwa 520 Arten. Meist nur Beispiele für häufigere Arten.

1. Genitalplatten u. Analplatten groß, stoßen aneinander, nehmen die ganze Länge des Ventralschildes ein [**39**]. Ti u. Genu kurz u. zylindrisch; wenn Genitalplatten u. Analplatten kleiner, dann als Sondermerkmal laterale Einschnitte im Ventralschild 2

— Genital- u. Analplatten klein, trapezförmig oder oval, durch ein deutliches Stück des Ventralschildes voneinander getrennt [**40**]. Ti meist viel länger als Genu, Beinglieder schlank u. oft keulig geformt (an der Basis viel dünner als an der Spitze) [**12, 46–47**]). Wenn Genitalplatten u. Analplatten groß u. nah zusammenliegend, dann Ti deutlich länger als Genu u. Beinglieder schlank 8

2. Propodosoma u. Hysterosoma zusammenklappbar [**41**], dabei werden Beine u. Mundteile eingezogen [**42**]. Körper kugelig oder seitlich abgeflacht.
   a) Genitalplatten u. Analplatten groß, rechteckig: **Phthiracaridae**, häufig ***Phthiracarus*** PERTY (glatte Oberfläche), artenreich, z. B. ***P. longulus*** (C. L. KOCH), u. ***Steganacarus*** EWING (raue Oberfläche), artenreich, z. B. ***S. magnus*** (NICOLET) (0,7–1,2 mm) [**42**].
   b) Genitalplatten u. Analplatten schmal, oft verschmolzen: **Euphthiracaridae**, häufig ***Rhysotritia*** MÄRKEL ET MEYER, ***Rh. duplicata*** (GRANDJEAN) [**41**].

— Propodosoma u. Hysterosoma nicht gegeneinander einklappbar. Körper in der Regel dorsoventral abgeflacht oder zylindrisch 3

3. Gnathosoma vorn dorsal gut zu erkennen, Fe der Beine geteilt. Tiere sehr hell, oft mit sehr langen (fast körperlangen) aufgerichteten schwarzen Borsten. Körper weich, Sklerite (wenn vorhanden) klein oder sehr weit voneinander entfernt
   3 Familien, z. B. **Palaeacaridae**, nur ***Palaeacarus*** TRÄGÅRDH mit ***P. hystricinus*** TRÄGÅRDH (0,4 mm).

— Gnathosoma in Aufsicht nicht zu sehen, vom Prodorsum verdeckt. Hysterosoma mit Notogaster bedeckt, das durch 1–3 Querfurchen unterbrochen sein kann 4

4. Notogaster ohne Querfurchen 5

— Notogaster mit einer Querfurche .... **Hypochthoniidae**
   Nur 2; ***Hypochthonius*** C. L. KOCH, häufig ***H. rufulus*** C. L. KOCH (abgeflacht; orangebraun; bis 0,7 mm). – Hierher weitere ähnliche Familien.

— Notogaster mit zwei Querfurchen
   a) Tiere kleiner als 0,3 mm (Mikroskop!): **Brachychthoniidae**, u. a. ***Sellnickochthonius*** KRIVOLUTSKY, artenreich, z. B. ***S. cricoides*** (WEIS-FOGH) (0,15 mm).
   b) Tiere bis 0,4 mm, vordere Querfurche in der Mitte nicht durchgängig: **Eniochthoniidae**, nur ***Hypochthoniella*** BERLESE mit ***H. minutissimus*** (BERLESE) (Körper gewölbt; hell; bis 0,4 mm).

— Notogaster mit drei Querfurchen .... **Cosmochthoniidae**
   Nur ***Cosmochthonius*** BERLESE, häufiger ***C. lanatus*** (MICHAEL) (0,3 mm). – Hierher weitere ähnliche Familien.

5. Ventralschild einheitlich, ohne Einschnitte, nur mit Genitalplatten u. Analplatten **Hermanniidae**
   Nur ***Hermannia*** NICOLET, z. B. ***H. gibba*** (C. L. KOCH) [**43**] (Hysterosoma stark gewölbt; bis 0,9 mm).

— Ventralschild mit zusätzlichen Platten [**39**] oder lateralen Einschnitten 6

6. Propodosoma u. Hysterosoma beweglich durch eine dünne Haut halsartig miteinander verbunden. Körper langgestreckt, schmal u. hell, Ventralschild mit Einschnitten, die Genitalplatten von Analplatten trennen .... **Eulohmanniidae**
   Nur ***Eulohmannia ribagai*** (BERLESE) (bis 0,7 mm). – Hierher weitere ähnliche Familien.

— Propodosoma u. Hysterosoma von ventral gesehen unbeweglich miteinander verbunden **7**

7. Ventralschild mit lateralen Einschnitten, die die Mitte des Ventralschildes nicht erreichen, Körperoberfläche dicht mit Grubenmuster durchsetzt .... **Nanhermanniidae**

Häufiger nur ***Nanhermannia*** Berlese, z. B. ***N. nana*** (Nicolet) (bis 0,6 mm).

— Ventralschild mit paarigen, separaten Platten [**39**]

Mehrere Familien. Beispiele: **Nothridae**, nur ***Nothrus*** C. L. Koch (hintere Notogasterhaare abstehend), z. B. ***N. silvestris*** Nicolet [**44**] (goldbraun; bis 0,8 mm); ***N. palustris*** C. L. Koch (dunkel; 2 lange Eckhaare am Hinterende; 1,1 mm). **Crotoniidae, *Heminothrus peltifer*** (C. L. Koch) [**39**] (sehr dunkel; dorsoventral abgeflacht; hintere Notogasterhaare gebogen; 0,9 mm). **Camisiidae, *Camisia*** von Heyden, z. B. ***C. spinifer*** (C. L. Koch) (lange Haare auf Tuberkeln; mit Schmutz beladen; bis 1 mm).

8. Mit beweglichen oder unbeweglichen Seitenklappen (Pteromorphe) [**45, 46**], diese manchmal sehr klein u. nur als Schulterflecken ausgebildet, Notogaster meist mit runden oder ovalen Siebplatten (Areae porosae [**45**]; Mikroskop!) **9**

— Ohne Pteromorphe **13**

9. Cheliceren lang, am Grunde dick, zur Spitze dünn werdend u. mit kleiner Schere an der Spitze. Notogaster mit rauer Oberfläche. Pteromorphe beweglich (Naht zwischen Pteromorphe u. No-

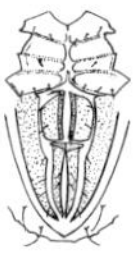

39

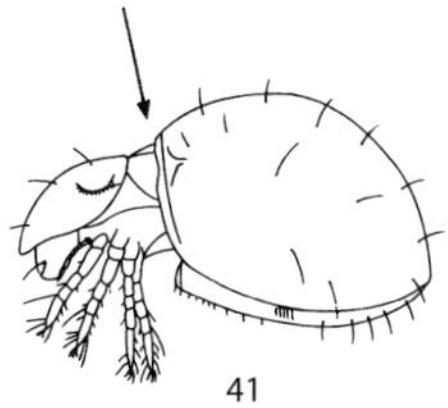

41

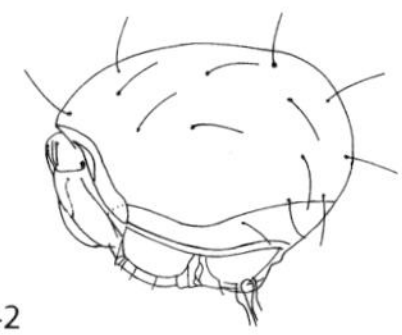

42

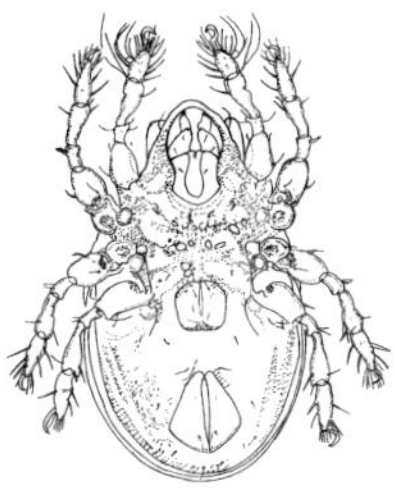

40

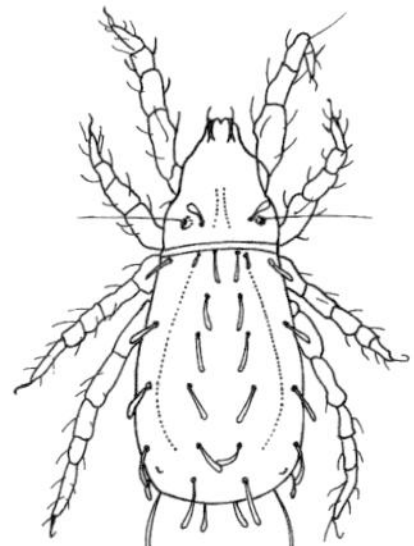

44

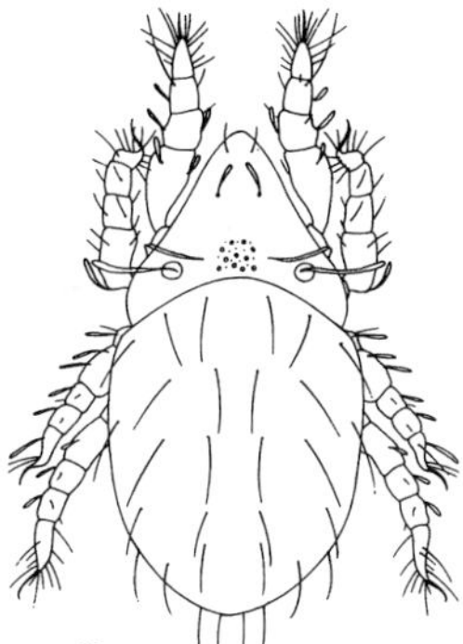

43

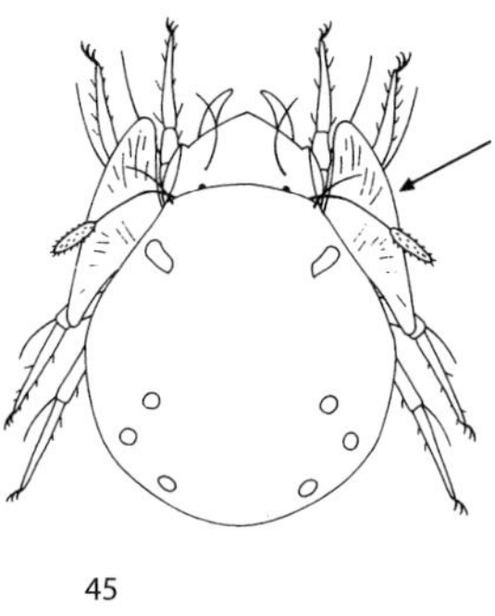

45

46

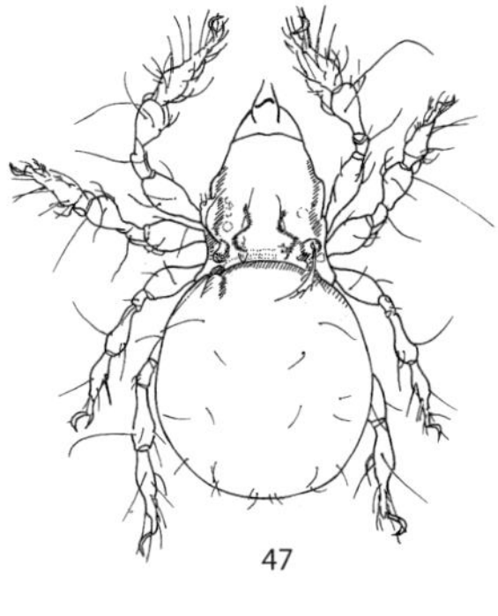

47

39 *Platynothrus*; **40** *Tectocepheus*; **41** *Rhysotritia*; **42** *Steganacarus*; **43** *Hermannia*; **44** *Nothrus*; **45** *Galumna*; **46** *Oribatula*; **47** *Oppiella* togaster oft schwer zu erkennen) u. kurz, Vorderrand des Notogasters überdeckt den hinteren Teil des Prodorsums .... **Phenopelopidae**

Artenreich ***Eupelops*** Ewing (Körper gekörnelt; Prodorsum mit blattartigen Borsten), häufig ***E. plicatus*** (C. L. Koch) (0,6 mm).

— Cheliceren normal, Notogaster mit glatter, oft glänzender Oberfläche **10**

10. Pteromorphe beweglich (erkennbare Naht), groß, ohrenförmig [**45**], Prodorsum ohne echte Lamellen .... **Galumnidae**

Z. B. ***Galumna*** von Heyden, häufig ***G. lanceata*** Oudemans [**45**] (Körper glänzend; um 0,5 mm). – Hierher 1 weitere Familie.

— Pteromorphe unbeweglich (keine Naht erkennbar), kurz oder am Körper entlang laufend, oder nur als kleine Schulterecken ausgebildet [46]; wenn Naht erkennbar, dann Pteromorphe klein, nie ohrenförmig, Prodorsum mit Lamellen **11**

11. Lamellen extrem breit, sich teilweise berührend u. große Teile des Propodosomas überdeckend, ohne translamellare Brücke .... **Oribatellidae, Achipteriidae**

Beispiele: ***Oribatella*** Banks (Lamellen zweispitzig), häufiger ***O. calcarata*** (C. L. Koch). ***Achipteria*** Berlese (Lamellen einspitzig; Pteromorphe mit dünner, nach vorne gerichteter Spitze), häufig ***A. coleoptrata*** (L.) (0,6 mm).

— Lamellen variabel; wenn breit, dann mit translamellarer Brücke **12**

12. Lamellen vorne gleich breit, meist mit verlängerter Spitze (Cuspis) u. Translamelle, an den Seiten des Prodorsums unterhalb der Lamellen verläuft eine weitere Lamelle (Tutorium); Pteromorphe weit nach unten geklappt

Mehrere Familien mit vielen Gattungen. Beispiele: **Ceratozetidae**, ***Ceratozetes*** Berlese (spitze Cuspis, trägt Lamellenhaar), z. B. ***C. gracilis*** (Michael) (bis 0,6 mm); ***Euzetes globulus*** (Nicolet) (groß, über 1 mm, kugelig). **Chamobatidae**, ***Chamobates*** Hull (Lamellen ohne Cuspis), ***Ch. voigtsi*** (Oudemans) (sehr dunkel mit hellerem Rückenfleck; bis 0,4 mm). **Punctoribatidae**, ***Punctoribates*** Berlese (Pteromorphe durch Chitinbrücke über Basis des Prodorsums verbunden).

— Mit mindestens einem der folgenden Merkmale: Lamellen vorne dünner werdend, selten mit Translamelle oder Spitze, ohne Tutorium; Pteromorphe unauffällig oder vom Körper abstehend u. nur leicht nach unten gebogen

Mehrere Familien mit vielen Gattungen. Beispiele: **Oribatulidae**, ***Oribatula*** Berlese (nur kleine Schulterecken), z. B. ***O. tibialis*** (Nicolet) [**46**] (bis 0,5 mm), ***O.*** (= ***Zygoribatula***) (mit dünner Translamelle) z. B. ***O. exilis*** (Nicolet) (0,4 mm). **Scheloribatidae**, ***Liebstadia*** Oudemans (Ta mit nur 1 Kralle, Mikroskop!). ***Scheloribates*** Berlese (deutliche Pteromorphe), z. B. ***Sc. laevigatus*** (C. L. Koch).

13. Prodorsum mit deutlichen Lamellen, teilweise sehr weit am Außenrand stehend **14**

— Prodorsum ohne echte Lamellen, höchstens mit Rippen [**47**] **15**

14. Lamellen breit, randständig, mit undeutlichem Absatz auf Prodorsum

Viele Familien mit vielen Gattungen, hier nur Beispiele.

a) Notogaster nur mit randständigen Borsten, starke Skulpturierung: **Compactozetidae**, z. B. ***Cepheus*** C. L. Koch, u. a. ***C. dentatus*** (Michael) (Analplatten u. Genitalplatten groß; 0,75 mm).

b) Deutliche Borsten auch auf der Mitte des Notogaster, starke Skulpturierung: **Carabodidae**, z. B. ***Carabodes*** C. L. Koch, u. a. ***C. coriaceus*** C. L. Koch (deutliche Halsschildhöhle; schwarz; bis 0,66 mm).

c) Notogasterborsten nur sehr kurz, Notogaster fein granulös: **Tectocepheidae**, nur ***Tectocepheus*** Berlese, u. a. ***T. velatus*** (Michael) [**40**] (Lamellen mit Translamelle; Analplatten vorne spitz zulaufend [**40**]; 0,3 mm).

— Lamellen schmal, häufig konvergierend u. mit deutlichem Ansatz auf Prodorsum

Viele Familien mit vielen Gattungen. Beispiel: **Liacaridae** (Notogaster glatt u. oft glänzend), z. B. ***Liacarus*** (Michael) (Lamellen stoßen zusammen, Spitzen meist zweigeteilt), häufig ***L. coracinus*** (C. L. Koch) (0,85 mm).

15. Beine meist auffällig länger als der gesamte Körper, mindestens 4. Bein wenigstens so lang wie der Körper, oft mit angeschwollenen Gliedern [**12**] **16**

— Beine deutlich kürzer als der gesamte Körper **17**

16. Notogaster halbkugelig, mit 8 Paar (oft langen) Borsten in 2 Längsreihen. Prodorsum ohne Rippen, oft mit Höckern in der Nähe des Hinterrandes, Notogaster kann mit Partikeln u. alten Exuvien bedeckt sein. Sensilli lange dünne Borsten .... **Damaeidae**

Viele Gattungen u. Arten. Beispiele: ***Damaeus*** C. L. Koch (Habitus wie [**12**]), z. B. ***D. onustus*** C. L. Koch (sehr groß, bis 1,6 mm); ***D. clavipes*** (Hermann) (Borsten liegen dem Notogaster an; 1 mm); ***D. riparius*** Nicolet (hintere Borsten liegen dem Notogaster an; 0,9 mm). ***Metabelba*** Grandjean (Beine perlschnurartig, kaum länger als der Körper), z. B. ***M. pulverosa*** Strenzke (Körper u. Beine mit viel feinem Staub belegt; 0,45 mm). – Hierher 1 weitere Familie.

— Notogaster am Vorderrand stark eingedrückt, keine Abgrenzung zwischen Prodorsum u. Notogaster .... **Ameridae**

Nur ***Amerus*** Berlese, z. B. ***A. troisi*** (Berlese) (bis 1 mm).

17. Genitalplatten u. Analplatten sehr klein u. weit voneinander entfernt, oft sehr kleine Tiere (Mikroskop!) **18**

— Genitalplatten u. Analplatten groß, liegen höchstens so weit voneinander entfernt wie die Hälfte der Länge der Genitalplatten **19**

18. Prodorsum mit parallelen Rippen, deren Spitzen fast die Prodorsumspitze erreichen
a) Sensilli hirschgeweihartig: **Ctenobelbidae**, nur ***Ctenobelba*** Balogh, z. B. ***C. pectinigera*** (Berlese) (0,45 mm).
b) Sensilli keulenförmig: **Autognetidae**, z. B. ***Autogneta*** Hull, z. B. ***A. longilamellata*** (Michael) (0,35 mm).

— Prodorsum ohne oder mit nur kurzen, teilweise unterbrochenen oder gebogenen Rippen
a) Cheliceren spitz, dünn, stechend. Prodorsum warzig mit 2 fensterartigen Vertiefungen: **Suctobelbidae**, artenreich ***Suctobelbella*** Jacot (meist 0,25 mm).
b) Cheliceren normal mit Scheren. Prodorsum anders: mehrere Familien, wichtig **Oppiidae** mit vielen Gattungen, u. a. ***Dissorhina*** Hull, z. B. ***D. ornata*** (Oudemans) (Sensilli lang, dünn; 0,27 mm). Artenreich ***Oppiella*** Jacot, z. B. ***O. nova*** (Oudemans) [**47**] (gebogene kurze Rippen auf Prodorsum; 2 Chitinleisten am Notogastervorderrand; 0,3 mm).

19. Notogaster gewölbt, glatt, mit deutlichen Borsten. Prodorsum mit kurzen Rippen, Sensilli lang, teilweise etwas verdickt mit dünner Spitze .... **Thyrisomidae**
Beispiele: ***Banksinoma lanceolata*** (Michael) (Rippen konvergieren; 0,35 mm). ***Pantelozetes*** Grandjean (zu **Oribellidae**), häufiger nur ***P. paolii*** (Oudemans) (Hysterosoma vorne gerade abgeschnitten; 0,5 mm). – Weitere Familien mit gewölbtem Notogaster anders.

— Notogaster abgeflacht oder vertieft, mit Musterung, Borsten sehr kurz. Notogaster greift weit auf die Ventralseite über. Sensilli kurz u. kugelig .... **Cymbaeremaeidae**
Beispiel: ***Cymbaeremaeus cymba*** (Nicolet) (bis 0,8 mm), häufig auf Bäumen u. Rinde.

Literatur

Baker, E. W., Wharton, G. W.: An introduction to acarology. New York, 1952.
Evans, G. O., Sheals, J. G., MacFarlane, D.: The terrestrial Acari of the British isles, Vol. I. London, 1961.
Gerecke, R.: Chelicerata: Araneae, Acari I. Chelicerata: Acari 2. Süßwasserfauna von Mitteleuropa, Band 7/2-1, 7/2-2. Heidelberg, 2006, 2010.
Green, J., MacQuitty, M.: Halacarid mites. Synopses of the British Fauna 36. Leiden, 1987.
Hallan, J.: Synopsis of the described Arachnida of the world. [https://insects.tamu.edu/research/collection/hallan/Acari/0ReportHi.htm]. Galveston, 2005.
Hillyard, P. D.: Ticks of North-West Europe. Synopses of the British Fauna 52. London, 1996.
Karg, W.: Acari (Acarina), Milben. Parasitiformes (Anactinochaeta). Cohors Gamasina, Leach, Raubmilben. 2. Aufl. In: F. Dahl, Tierwelt Deutschlands, Lief. 59. Jena, 1993.
Karg, W.: Acari (Acarina), Milben. Unterordnung Parasitiformes (Anactinochaeta). Uropodina Kramer, Schildkrötenmilben. In: F. Dahl, Tierwelt Deutschlands, Lief. 67. Jena, 1989.
Krantz, G. W., Walter, D. E.: A manual of acarology. 3rd ed. Lubbock, 2009.
Moritz, M.: Arachnata. In: A. Kaestner, Lehrbuch der speziellen Zoologie, Band I, Teil 4. Jena, Stuttgart, 1993.
Schweizer, J., Bader, C.: Die Landmilben der Schweiz (Mittelland, Jura, Alpen). Parasitiformes, Trombidiformes. Denkschr. schweiz. naturf. Ges. 84. Zürich, 1961, 1963.
Thon, S., Willmann, C.: Acarina (Allgemeine Einführung). Oribatei. In: F. Dahl, Tierwelt Deutschlands, Lief. 22. Jena, 1931.
Viets, K.: Wassermilben oder Hydracarina. In: F. Dahl, Tierwelt Deutschlands, Lief. 31, 32. Jena, 1936.
Vitzthum, H., Farkas, H., Viets, K., Sellnick, M., Schulze, P., Zumpt, F.: Acari. Eriophyidae. Hydracarina. Oribatei. Ixodoidea – mit Ergänzungen u. Neubearbeitungen. In: P. Brohmer, P. Ehrmann, G. Ulmer, Tierwelt Mitteleuropas, Bd. III, Lief. 3, 4. Leipzig, 1928–1965.
Weigmann, G.: Oribatida. In: F. Dahl, Tierwelt Deutschlands 76. Keltern, 2006.

Myriapoda, Tausendfüßer

Körper in Kopf u. Rumpf unterteilt, dieser mit vielen gleich gestalteten, beintragenden Segmenten. Bei den **Progoneata** liegt die Genitalöffnung im Vorderkörper, die **Chilopoda** haben ihre Geschlechtsöffnung im vorletzten Segment. Entwicklung als Epimorphose (Schlupf aus dem Ei mit der vollen Segmentzahl), Anamorphose (Schlupf mit geringerer Segmentzahl, bei jeder Häutung nimmt die Zahl der Segmente zu) oder Hemianamorphose (zuerst anamorphe, dann epimorphe Entwicklung). Im Gebiet etwa 210 Arten. Tabellen gelten für adulte Tiere.

System:
Chilopoda
Progoneata
  Diplopoda, Pauropoda, Symphyla

1. Fühler als 4-gliedriger Schaft, der doppelgabelig in 3 Geißeln endet [**5**]. Erwachsene mit 9 oder 10 Beinpaaren. Bis 1,5 mm .... Wenigfüßer, **Pauropoda** S. 165
— Fühler nicht derart gegliedert, ohne Gabeläste. Erwachsene mit mindestens 12 Beinpaaren **2**
2. Hinterende mit 2 kegelförmigen Zapfen (Spinngriffel) [**4**]. Körper bis 8 mm, weiß Zwergfüßer, **Symphyla** S. 164
— Körperende ohne derartige Spinngriffel **3**
3. Mit Doppelsegmenten: Beine zu je 2 Paaren an jedem Doppelsegment [**13**] (außer bei den vordersten u. dem letzten). Fühler höchstens 8–9-gliedrig ... Doppelfüßer, **Diplopoda** S. 165
— Segmente einfach, nicht paarweise verschmolzen: nur mit 1 Beinpaar. Endbeinpaar abweichend, langgestreckt [**1–3**]. Fühler mindestens 10-gliedrig .... Hundertfüßer, **Chilopoda** S. 162

Chilopoda, Hundertfüßer

Körper ± flach. Kopf neben 1 Paar Fühlern mit 1 Paar Mandibeln u. 2 Paar Maxillen. Kopf jederseits mit einem Augenfeld aus Einzelaugen (Ocellen) (entsprechen nicht den Ocellen der Insekten), Augenfeld kann reduziert sein; ***Scutigera*** mit Komplexaugen. 1. Extremitätenpaar des Rumpfes zu Kieferfüßen (Maxillipeden) umgebildet, ihr Basalglied bei manchen Arten mit Zähnchen, Krallen (Giftklaue) bei manchen Arten mit Zahn. An Hüften der hinteren 1–4 Beinpaare häufig mit Coxalporen (dienen der Aufnahme von Wasserdampf u. der Ausscheidung von Pheromonen). Häufig Brutpflege. Entwicklung epimorph oder hemianamorph. Nahrung: Arthropoden, die durch Biss mit der Klaue des Kieferfußes getötet werden. Im Gebiet etwa 50 Arten.

System:
Notostigmophora (= **Scutigeromorpha**): **Scutigeridae**
Pleurostigmophora
  Geophilomorpha: Geophilidae, Himantariidae, Linotaeniidae, Schendylidae
  Lithobiomorpha: Ethopolidae, Henicopidae, Lithobiidae
  Scolopendromorpha: Cryptopidae

1. Körper kürzer, 8 Tergite (Rückenschilder) sichtbar. Hochbeinig, Beine nach dem Hinterende des Körpers zu länger werdend .... Spinnenasseln, **Scutigeridae** (zu **Scutigeromorpha**)
  Nur ***Scutigera coleoptrata*** (L.) [**1**] (bis 26 mm), in Weinbergen SW-Deutschlands eingeschleppt, selten.
— Körper gestreckter, mindestens 15 Tergite sichtbar (diese können verschieden lang sein!), Beine anders **2**
2. Mit 15 Beinpaaren (Jungtiere schlüpfen mit 7!) [**2**] .... **Lithobiomorpha** **3**
— Mit über 20 Beinpaaren. Augen fehlend **5**
3. Jederseits am Kopf mit 1 Ocellus (Einzelauge). Beine ohne Dornen .... **Henicopidae**
  Nur ***Lamyctes emarginatus*** (Newport) (= ***fulvicornis*** Meinert) (kastanien- bis dunkelbraun; 7–11 mm), parthenogenetisch, an Flussufern u. auf Feldern.
— Jederseits am Kopf 2–40 Ocellen. Beine mit Dornen .... Steinläufer, **Lithobiidae** **4**

4. Mündungen der Coxalporen am letzten Beinpaar verstreut oder in mehreren Reihen angeordnet (Tier von Unterseite betrachten!)
Nur 2; ***Eupolybothrus*** Verhoeff, ***E. grossipes*** (C. L . Koch) (Endbeine mit End- u. Nebenkralle; Rücken mit Längsreihen dunkler Flecken; 30–45 mm); ***E. tridentinus*** (Fanzago) (Endbeine mit einfacher Kralle; Rücken ohne dunkle Längsbinden; 16–25 mm). Beide Arten an felsigen Stellen Süddeutschlands u. in den Alpen.

— Mündungen der Coxalporen in einer Reihe angeordnet .... weitere **Lithobiidae** S. 164

5. Mit 21 Beinpaaren, Fühler 17-gliedrig .... **Cryptopidae** (zu **Scolopendromorpha**)
Nur 2; ***Cryptops*** Leach, ***C. hortensis*** Leach (hintere Kopfhälfte ohne Nähte; 15–30 mm), verbreitet; ***C. parisi*** Brölemann (hintere Kopfhälfte mit 2 Längsnähten;15–20 mm), selten. Beide Arten synanthrop oder in Laubwäldern.

— Mit über 30 Beinpaaren, Fühler 14-gliedrig [**3**] ....Erdläufer, **Geophilomorpha** **6**

6. Körper nach vorn verschmälert, mit kleinem Kopf. Krallenglied des Kieferfußpaares an Innenseite mit großem Zahn .... **Linotaeniidae**
Nur 4; ***Strigamia*** Gray, häufig ***S. acuminata*** (Leach) (mit 39–43 Beinpaaren, bis 34 mm), übrige Arten mit 45 u. mehr Beinpaaren, darunter ***S. maritima*** (Leach) in der Gezeitenzone Helgolands.

— Körper nach vorn nicht auffallend verschmälert. Krallenglied des Kieferfußpaares ohne solchen Zahn, höchstens mit kleinen Zähnchen an der Basis **7**

7. Mit 77–97 Beinpaaren. Letztes Beinpaar mit vielen Coxalporen, diese über die gesamte Coxa verstreut .... **Himantariidae**
Nur ***Stigmatogaster subterraneus*** (Shaw) (70–80 mm), in NW-Deutschland.

— Mit höchstens 75 Beinpaaren. Coxalporen am letzten Beinpaar anders **8**

8. Tergit des Kieferfußsegments auch hinten nicht breiter als der Kopf. Kieferfüße kräftig, über den Kopf ragend u. seitlich desselben von oben her in ganzer Länge sichtbar .... **Geophilidae**
Pachymerium ferrugineum (C. L. Koch) (mit 43–45 Beinpaaren; 20–35 mm), in trockenen, sonnigen Biotopen, auch nahe der Meeresküste.

— Tergit des Kieferfußsegments am Hinterrand breiter als der Kopf. Endglieder der Kieferfüße von oben gesehen ziemlich verdeckt, oft nur ein Stück ihres Grundgliedes sichtbar **9**

9. Letztes Beinpaar mit bauchigen Gliedern, stiftchenförmiges Endglied viel schmaler als u. halb so lang wie das vorletzte, mit kaum sichtbarer Kralle .... **Schendylidae**
Nur ***Schendyla nemorensis*** (C. L. Koch) (mit 39–42 Beinpaaren; 14–28 mm), in Laubwäldern.

— Letztes Beinpaar mit schlanken Gliedern, Endglied nicht deutlich schmaler als vorletztes weitere **Geophilidae** S. 164

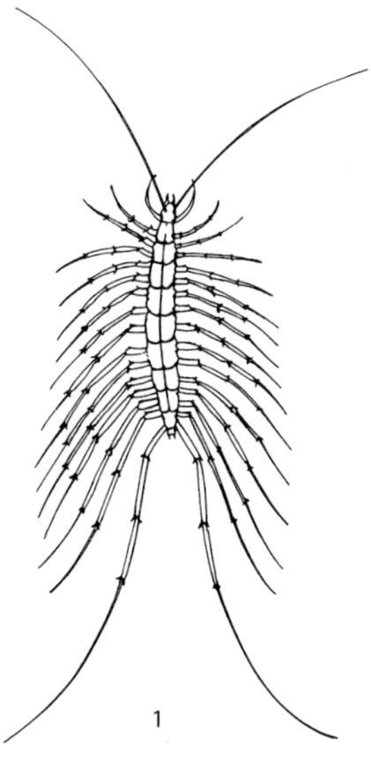
1

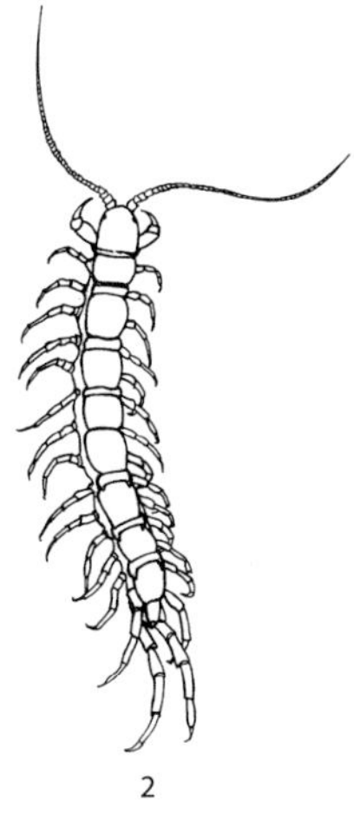
2

3

1 *Scutigera*; **2** *Lithobius*; **3** *Geophilus*

Familie: **Lithobiidae,** Steinläufer

Rasch laufende Räuber, in Laubstreu, unter Steinen, unter Rinde. Nahrung: Arthropoden. ***Lithobius*** Leach [**2**] mit etwa 25 Arten.

1. Einige Tergite am Hinterrand jederseits in Fortsatz ausgezogen ... **2**
— Kein Tergit in einen Fortsatz ausgezogen ... **3**
2. 7., 9., 11. u. 13. Tergit ausgezogen. 18–30 mm. Bayern, Alpen ... ***L. punctulatus*** C. L. Koch
— 9., 11. u. 13. Tergit ausgezogen u. Basalglied der Kieferfüße am Vorderrand mit mehr als 2 Zähnchen (Tier von Unterseite betrachten!)
a) Endbeine mit einfacher Endkralle. Bis 33 mm: ***L. forficatus*** (L.), häufigste Art.
b) Endbeine mit End- u. Nebenkralle. Kopf viel dunkler als Rumpf. Bis 21 mm: ***L. piceus*** L. Koch.
— 9., 11. u. 13. Tergit ausgezogen, aber Basalglied der Kieferfüße am Vorderrand nur mit 2 Zähnchen ... weitere Arten
— 11. u. 13. Tergit deutlich ausgezogen. 10–12 mm. Rheinland, Österreich, selten ... ***L. borealis*** Meinert
— 11. u. 13. Tergit mit nur angedeutetem Fortsatz. Braun mit dunklerem Mittellängsstreifen. 10–16 mm. Häufig außer in NW-Deutschland ... ***L. mutabilis*** L. Koch
3. Mit 18–22 Fühlergliedern. Körper 6–10 mm
a) Jederseits mit 4–6 Ocellen in einer Längsreihe: ***L. aeruginosus*** L. Koch.
b) Jederseits mit 6–12 Ocellen in 2 Längsreihen: ***L. crassipes*** L. Koch, häufiger, u. ***L. curtipes*** C. L. Koch, seltener.
— Fühler mit mehr als 24 Gliedern. Kopf jederseits mit 2–4, selten 5 Ocellen. 6–9 mm. Besonders im Kulturgelände ***L. microps*** Meinert
— Fühler mit mehr als 24 Gliedern. Kopf jederseits mit mindestens 7 Ocellen. Endbeine mit Nebenkrallen: 4 Arten, darunter ***L. calcaratus*** C. L. Koch (7–9 Ocellen; Fühler 39–50-gliedrig; 11–14 mm), in trockenwarmen Biotopen; ***L. erythrocephalus*** C. L. Koch (9–14 Ocellen; Fühler 27–40-gliedrig; 9–16 mm). – 3 weitere Arten ohne Nebenkrallen.

Familie: **Geophilidae**

Leben im Boden. Nahrung: Regenwürmer u. Arthropoden.

1. Coxalporen der Endbeine undeutlich, in Taschen versenkt. Mit 51–75 Beinpaaren
Clinopodes flavidus C. L. Koch (Endbeine ohne Kralle; 35–65 mm); ***Stenotaenia linearis*** (C. L. Koch) (Endbeine mit Kralle; 25–50 mm).
— Mit je 2 ventralen Coxalporen an den Endbeinen. Mit 37–41 Beinpaaren. 5–18 mm. Besonders in Erlenbrüchen ... ***Geophilus*** (= ***Brachygeophilus***) ***truncorum*** (Bergsøe et Meinert)
— Mit mindestens je 4 ventralen Coxalporen an den Endbeinen. Mit 37–63 Beinpaaren ... **2**
2. Giftklaue der Kieferfüße innen mit 30–40 winzigen Zähnchen. Mit 49–57 Beinpaaren ***Geophilus flavus*** (De Geer) (= ***Necrophloeophagus longicornis*** (Leach))
15–40 mm. Kopf viel länger als breit. Häufigste Art der **Geophilidae**.
— Giftklaue innen ohne Zähnchen ... weitere Arten von ***Geophilus*** Leach
a) Mit 65–73 Beinpaaren. 35–45 mm: ***G. electricus*** (L.) [**3**].
b) Mit 43–53 Beinpaaren. Hintere Maxillen mit kurzer, kegelförmiger Endkralle: ***G. insculptus*** Attems (22–39 mm), besonders in Alpenländern.
c) Mit 45–51 Beinpaaren. Hintere Maxillen mit langer spitzer Endkralle: ***G. carpophagus*** Leach (30–40 mm); ***G. proximus*** C. L. Koch (25–30 mm).

Symphyla, Zwergfüßer

Blind. In Laubstreu u. Boden. Entwicklung hemianamorph. Vor allem Mikroflorafresser. Im Gebiet etwa 15 Arten.

1. Tergite hinten jederseits in dreieckige Lappen ausgezogen ... **Scolopendrellidae**
Häufig ***Symphylella vulgaris*** (Hansen) (2,5–3,5 mm).
— Tergite hinten gerundet, höchstens ausgebuchtet ... **Scutigerellidae**
Häufig ***Scutigerella immaculata*** (Newport) [**4**] (5,5–7 mm).

Pauropoda, Wenigfüßer

Zarte Tiere im feuchten Boden (Wald, Wiese, Feld). Entwicklung: anamorph, Junge schlüpfen mit 3 Beinpaaren. Vor allem Fresser von Pilzhyphen. Im Gebiet etwa 20 Arten.

1. Rumpf mit 10 Tergiten .... **Brachypauropodidae**
Artenarm, z. B. ***Brachypauropus hamiger*** Latzel (bis 0,4 mm).
— Rumpf mit 6 Tergiten **2**
2. Kopf von Tergit völlig bedeckt .... **Eurypauropodidae**
Artenarm, z. B. ***Acopauropus ornatus*** (Latzel) (um 1 mm).
— Kopf frei vorragend .... **Pauropodidae**
Artenreicher, wichtig ***Allopauropus*** Silvestri, häufig z. B. ***A. danicus*** (Hansen) (um 1 mm). Verbreitet auch ***Pauropus huxleyi*** Lubbock [**5**] (bis 1,5 mm).

Diplopoda, Doppelfüßer

Körper meist stark gepanzert durch Kalkeinlagerung in das Chitin-Exoskelett. Kopf mit Fühlern, großen Mandibeln u. dem Gnathochilarium (als umgewandelte Maxillen), 2. Maxillen reduziert. An jeder Kopfseite Augenfelder, die aus Einzelaugen (Ocellen) bestehen (entsprechen nicht den Ocellen der Insekten). Hinter Kopf Halsschild ohne Extremität (wird in der Tabelle nicht als Rumpfsegment gezählt). Rumpf (infolge Verschmelzung von 2 aufeinander folgenden Segmenten) aus Doppelsegmenten zusammengesetzt (im folgenden als „Rumpfringe" bezeichnet), mit einem vorderen schmaleren Prozonit (P in [**13**]) u. einem hinteren breiteren Metazonit (M in [**13**]), erste 3 Segmente mit nur 1 Beinpaar, bei vielen Arten 7. Rumpfring beim ♂ ohne Laufbeine, mit in Taschen versenkbaren Gonopoden. Häufig mit Wehrdrüsen an den Seiten. Hinterende mit Analklappen. Entwicklung: anamorph oder hemianamorph. Nahrung: sich zersetzendes organisches Material, Pilze, auch frische Pflanzenteile. Im Gebiet etwa 130 Arten.

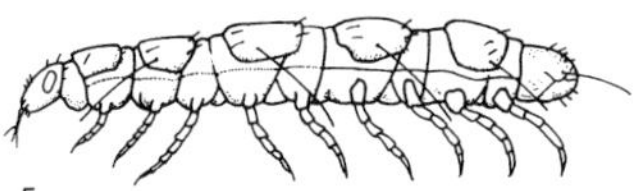
5

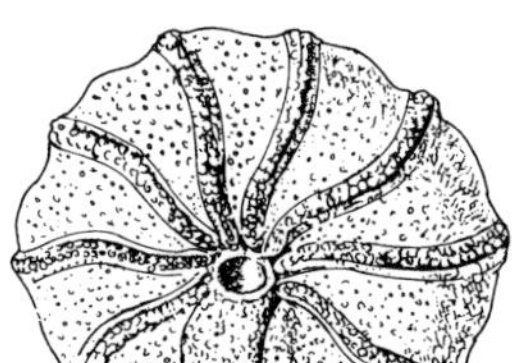
7

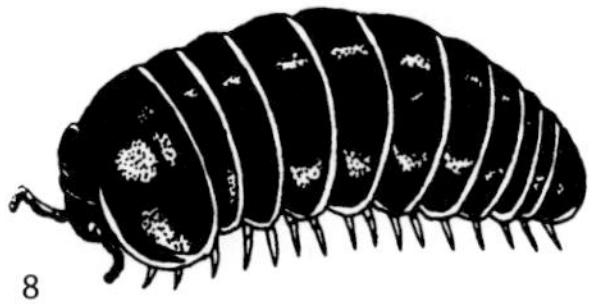
8

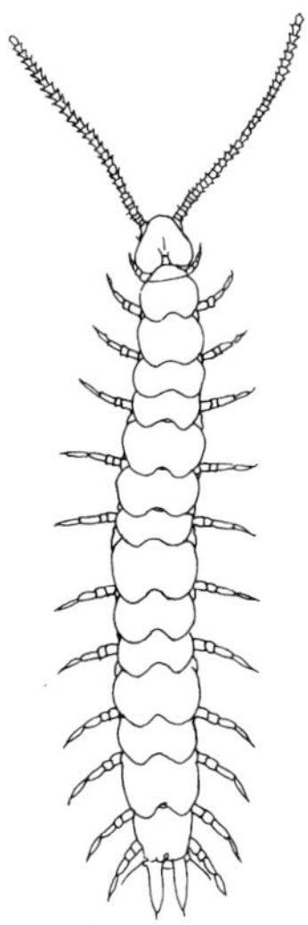
4

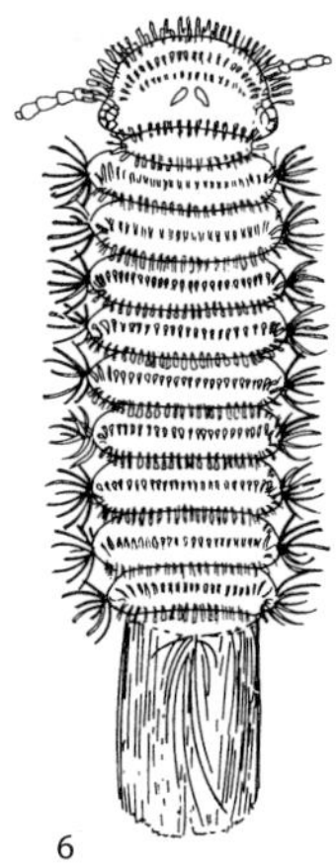
6

4 *Scutigerella*; **5** *Pauropus*; **6** *Polyxenus*; **7** *Trachysphaera*; **8** *Glomeris*

System:
Pselaphognatha (= **Penicillata**)
  Polyxenida: Polyxenidae
Chilognatha
  Opisthandria (= **Pentazonia**)
    Glomerida: Glomeridae, Glomeridellidae
  Proterandria (= **Helminthomorpha**)
    Chordeumatida: Chordeumatidae, Craspedosomatidae, Haaseidae, Mastigophorophyllidae
    Julida: Blaniulidae, Julidae, Nemasomatidae
    Polydesmida: Macrosternodesmidae, Paradoxosomatidae, Polydesmidae
    Polyzoniida: Polyzoniidae

1. Klein (bis 3 mm), mit büschelförmig angeordneten Haaren [**6**]. Mit 13 Beinpaaren
Pinselfüßer, **Polyxenidae** (zu **Polyxenida**)
Nur ***Polyxenus lagurus*** (L.) [**6**] (2,5–3,2 mm), unter Rinde, Moos, in Streu.

— Meist größer. Ohne Haarbüschel. Wenigstens mit 17 Beinpaaren **2**

2. Körper gedrungen, zur Kugel einrollbar [**7, 8**]. Mit weniger als 14 Rumpfringen, am vorletzten die Begattungsfüße (Gonopoden) .... Rolltausendfüßer, Saftkugler, **Glomerida** **3**

— Körper gestreckt. Mit mindestens 19 Rumpfringen, am 7. die Gonopoden **5**

3. Oberseite rau mit Höckern. Tergite mit aufgebogenen Rändern [**7**]. 2–4 mm ..... **Glomeridae**
Nur ***Trachysphaera*** (= ***Gervaisia***) ***costata*** (Waga) (wird auch zu den **Doderiidae** gestellt) [**7**] (hell), kalkliebend, im Mittelgebirge.

— Oberseite glatt, ohne aufgebogene Ränder [**8**] **4**

4. Tergite fein behaart. Körper höchstens 5 mm lang .... **Glomeridellidae**
Nur ***Glomeridella minima*** (Latzel) (= ***germanica*** Verhoeff) (braun bis schwarz; mit hellen Flecken; 4–5 mm), Alpen.

— Tergite nicht behaart .... weitere **Glomeridae**
a) Ohne Augen. Weißlich. Körper höchstens 3 mm lang: 2; ***Geoglomeris*** Verhoeff, z. B. ***G. subterranea*** Verhoeff (2,5–3 mm), selten.
b) Mit Augen. Körper pigmentiert, über 4 mm lang: 11; ***Glomeris*** Latreille [**8**], Waldtiere, ***G. pustulata*** Latreille (schwarz, Rumpfringkanten hell gesäumt, über dem Rücken 2 Reihen gelber Flecke); ***G. hexasticha*** Brandt (mit 6 Längsreihen Flecken auf dem Rücken); ***G. marginata*** (Villers) (ungefleckt, glänzend), einziger Glomeride NW-Deutschlands; ***G. klugii*** Brandt (= ***conspersa*** C. L. Koch, = ***undulata*** C. L. Koch) (mit unregelmäßigen Sprenkelflecken), weitere Arten z. T. sehr ähnlich.

5. Mit 19–20 Rumpfringen .... Bandfüßer, **Polydesmida** **6**

— Mit mehr als 25 Rumpfringen **8**

6. Tergite mit gezähnten Seitenflügeln [**9**], Körper abgeflacht .... **Polydesmidae**
Großgattung ***Polydesmus*** Latreille, ***Brachydesmus*** (= ***P.***) ***superus*** Latzel (mit 19 Rumpfringen, 28–29 Beinpaaren; 7–10 mm), Kulturland, Waldränder, Erlenbrüche. Die anderen Arten [**9**] mit 20 Rumpfringen u. 30–31 Beinpaaren: ***Propolydesmus*** (= ***P.***) ***germanicus*** (Verhoeff) (höchstens 8 mm; weiß); sichere Bestimmung der 8 übrigen, nie weißen ***Polydesmus***-Arten nur nach Gonopoden. Häufig u. verbreitet sind ***P. denticulatus*** C. L. Koch u. ***P. inconstans*** Latzel (etwa 10–16 mm), in Wald u. Feld. Größte Art ist ***P. complanatus*** (L.) (16–28 mm).

— Ohne gezähnte Seitenflügel, Körper drehrund **7**

7. Körper klein, bis 5 mm. Weißlich .... **Macrosternodesmidae**
Macrosternodesmus palicola Brölemann (mit 19 Rumpfringen; Tergite mit Höckern; weiß, 4 mm), synanthrop u. in Höhlen.
Ophiodesmus albonanus (Latzel) (mit 20 Rumpfringen; Tergite glatt; gelblichweiß; 5 mm), Kulturland.

— Körper groß, über 15,5 mm. Braun bis schwarz .... **Paradoxosomatidae**
Oxidus (= ***Orthomorpha***) ***gracilis*** (C. L. Koch) (mit 20 Rumpfringen; Tergite mit tiefer Querfurche; Rücken braun, Bauchseite heller; 16–23 mm), Gewächshäuser, Gärten. ***Strongylosoma stigmatosum*** (Eichwald) (Querfurche der Tergite nur mäßig tief; Rücken mit Doppelreihe heller Flecken; 15–23 mm), Flussufer, Wiesen, feuchte Wälder im östlichen Deutschland.

8. Rumpf mit scharfen Seitenkanten, nach oben gewölbt, nach unten abgeflacht (Querschnitt [**10b**]). Kopf nach vorn kegelförmig verschmälert, sehr klein [**10a**]
Saugfüßer, **Polyzoniidae** (zu **Polyzoniida**)
Nur ***Polyzonium germanicum*** Brandt [**10**] (mit 30–35 Rumpfringen; Rücken orangegelb; 9–17 mm), im feuchten Laub u. Humus.

— Querschnitt des Körpers rund. Kopf nicht kegelförmig zugespitzt **9**

9. Rumpf mit 28–30 Rumpfringen .... Samenfüßer, **Chordeumatida** **10**

— Rumpf mit mehr als 32 Rumpfringen .... Schnurfüßer, **Julida** **13**

10. Seiten der Rumpfringe von oben gesehen mit Buckeln oder Flügeln **11**

— Seiten der Rumpfringe von oben gerade u. glatt .... **Chordeumatidae** S. 167

11. Tergite mit 6 langen Borsten **12**

— Tergite ohne lange Borsten .... **Craspedosomatidae**
Mehrere Gattungen mit etwa 20 Arten. Verbreitet: ***Craspedosoma rawlinsi*** LEACH [**11**] (15–20 mm), Erlenbrüche u. Hochmoore. ***Rhymogona monivaga*** (VERHOEFF), besonders in Süd- u. Mitteldeutschland.

12. Braun bis schwarz, mit hellen Flecken. Tergite seitlich mit kleinen Borstenhöckern. 9–20 mm **Mastigophorophyllidae**
3 Gattungen mit 5 Arten. Meist im Gebirge, z. B. ***Haploporatia eremita*** (VERHOEFF).

— Einfarbig hell-gelblich. Tergite mit großen Borstenhöckern. 6–12 mm .... **Haaseidae**
Nur 2; ***Haasea*** VERHOEFF, im Gebirge, z. B. ***H. germanica*** (VERHOEFF).

13. Metazonite oberseits furchenlos, nur seitlich gerieft [**12**] **14**

— Metazonite rundum gefurcht [**13**] .... **Julidae** S. 168

14. Ocellen als vielreihiger 3-eckiger Haufen angeordnet .... **Nemasomatidae**
Nur ***Nemasoma*** (= ***Isobates***) ***varicorne*** C. L. KOCH (6–10 mm), vor allem unter Rinde.

— Ocellen in 1–2 Reihen angeordnet [**12**] oder fehlend .... **Blaniulidae** S. 168

Familie: **Chordeumatidae**

1. Borsten auf den mittleren Rumpfringen in 1 Querreihe. Kopf dunkler. 13–18 mm ***Chordeuma sylvestre*** C. L. KOCH

— Borsten auf den mittleren Rumpfringen nicht in 1 Reihe **2**

2. Körper kleiner, bis 9 mm .... 2; ***Melogona*** COOK (= ***Microchordeuma*** VERHOEFF)
M. voigtii (VERHOEFF) (grau; etwa 7 mm), Kulturfolger, in Gärten; ***M. gallica*** (LATZEL) (gelb; 8–9 mm), westlich des Rheins.

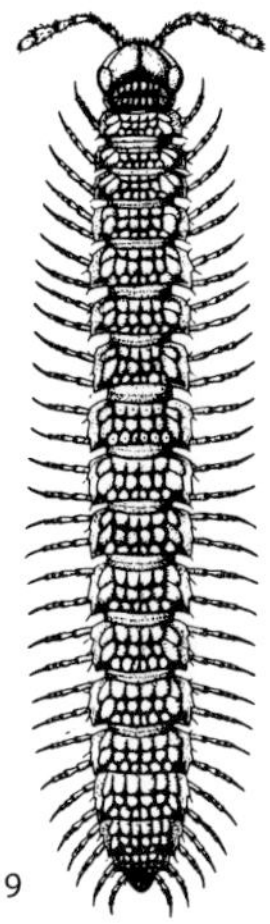
9

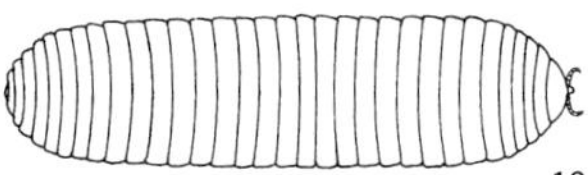
10a

10b

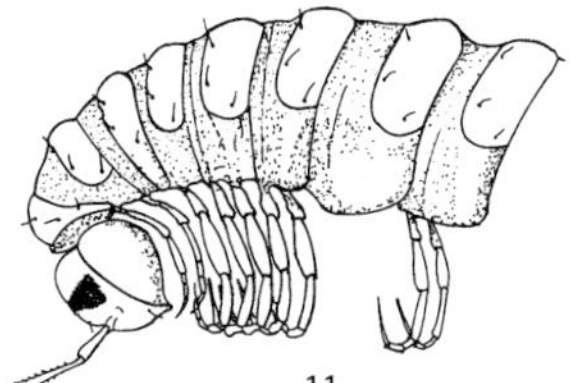
11

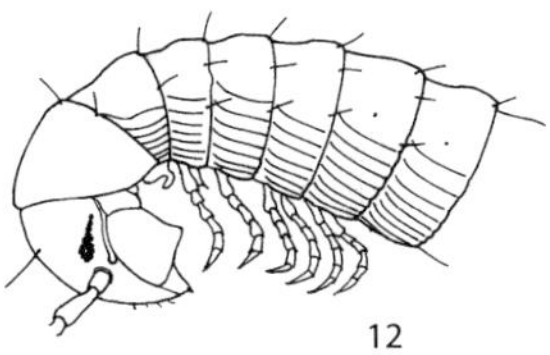
12

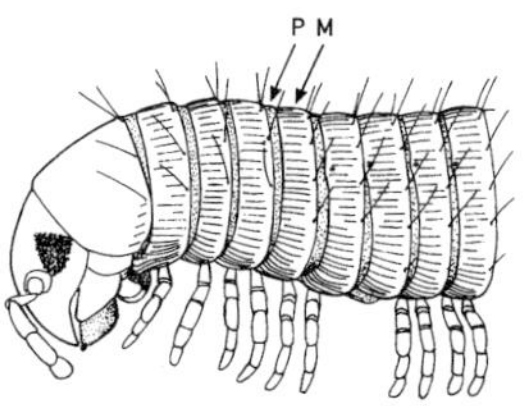

13a

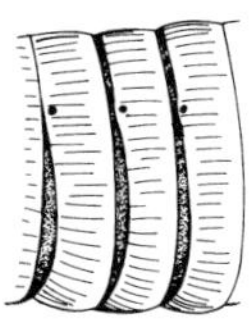
13b

14

15

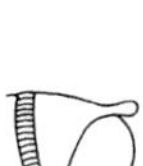
16

17

18

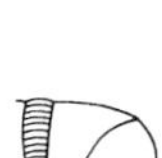
19

9 *Polydesmus*; **10** *Polyzonium*; **11** *Craspedosoma*; **12** *Proteroiulus*; **13** *Ommatoiulus*; **14** *Cylindroiulus*

— Körper größer, über 13 mm .... ***Mycogona*** (= ***Orthochordeuma***) ***germanica*** (Verhoeff)
Im Mittelgebirge. Ähnlich 2; ***Orthochordeumella*** Verhoeff, nur südlich der Donau.

Familie: **Blaniulidae**

1. Ohne Ocellen .... ***Blaniulus*** Gervais, ***Boreoiulus*** Brölemann s. l.
a) Borsten der Rumpfringe sehr kurz: ***Bo. tenuis*** (Bigler) (hellgrau, mit orangefarbenen Flecken; 6–11 mm).
b) Borsten der Rumpfringe lang: ***Bl. guttulatus*** (F.) (hell mit seitlicher Längsreihe rotbrauner Flecke [dunkelt in Alkohol stark nach!]; 8–15 mm), im Kulturgelände häufig; ***Archiboreoiulus*** (= ***Bo.***) ***pallidus*** (Brade-Birks) (grauweiß mit wenig deutlicher Fleckenreihe; 8,5–15 mm), selten.

— Mit Ocellen als 1–2 Reihen an jeder Seite des Kopfes **2**

2. Borsten an Hinterrändern der Tergite lang, bis über die Hälfte des folgenden Tergits reichend ***Choneiulus palmatus*** (Nemec)
Ocellen meist nur in einer Reihe; 5–15 mm. In Kulturland und Gewächshäusern.

— Borsten mäßig lang. [**12**] .... ***Proteroiulus fuscus*** (Am Stein)
Ocellen in einer sich nach vorn verdoppelnden Reihe [**12**], Tier wird in Alkohol dunkel lilarot. 7–15 mm. Schattenliebend, besonders in Hochmooren u. Brüchen, auch im Kulturgelände.

— Borsten sehr kurz .... ***Nopoiulus kochii*** (Gervais)
Ocellen nur in einer Reihe. 5–11 mm. In offenem Gelände.

Familie: **Julidae**

1. Die an den Seiten liegenden Poren der Wehrdrüsen ein Stück hinter der Naht der Metazonite [**13b**] **2**

— Poren an oder in der Naht der Metazonite [**14**] **7**
Zum Betrachten der Poren muss Alkoholmaterial zwischen Filtrierpapier etwas getrocknet werden!

2. Prozonite mit Furchen oder Riefen **3**

— Prozonite glatt, ohne Furchen oder Riefen **4**

3. Prozonite mit deutlicher Querfurchung ***Tachypodoiulus niger*** (Leach) (= ***albipes*** (C. L. Koch))
Schwarzbraun mit hellen Beinen; 15–39 mm. Vor allem in Laubwäldern.

— Prozonite mit feiner Schrägstreifung .... 2; ***Ommatoiulus*** Latzel (= ***Schizophyllum*** Verhoeff)
O. sabulosus (L.) [**13a**] (Rücken mit rötlich-gelber Doppellängsbinde; 14–47 mm), besonders auf sandigen u. warmen Böden, klettert sogar im Gesträuch; ***O. rutilans*** (C. L. Koch) (einfarbig schwarzbraun; 24–42 mm).

4. Furchung der Metazonite sehr undeutlich. 9–14 mm. Ufer, Erlenbrüche ***Xestoiulus*** (= ***Microiulus***) ***laeticollis*** (Porat)

— Furchung der Metazonite deutlich u. regelmäßig **5**

5. 2. Beinpaar des ♂ an der Coxa mit großem Fortsatz, ♀ (meist) mit über 50 Rumpfringen 3; ***Julus*** L.
J. scandinavius Latzel (braun mit seitlicher heller Marmorierung; 22–35 mm), in Wäldern häufig; ***J. scanicus*** Lohmander (graugelb, Rücken mit dunklem Mittelstreif; 17–27 mm), Havelgebiet u. Salzstellen bei Oldesloe; ***J. terrestris*** L. (tiefschwarz; 17–23 mm), im Osten. – Außerdem in den Alpen ***Pachypodoiulus eurypus*** (Attems) (tiefschwarz; 13–20 mm).

— 2. Beinpaar des ♂ ohne solchen Fortsatz, 1. Beinpaar des ♂ = hakenartiges Gebilde (Uncus) **6**

6. ♂: Uncus groß u. in Aufsicht divergierend; ♀ mit über 50 Rumpfringen. 16–42 mm ***Ophyiulus pilosus*** (Newport) (= ***fallax*** (Meinert))

— ♂: Uncus klein, in Aufsicht parallel; ♀ (meist) mit weniger als 50 Rumpfringen 11; ***Leptoiulus*** Verhoeff
Am häufigsten ***L. proximus*** (Németc) (19–31 mm), besonders in Wäldern.

7. Körperende unterseits mit kopfwärts gerichtetem Dorn [**15**]. 20–28 mm. Verbreitet, in Wäldern, auf Feldern .... ***Unciger foetidus*** (C. L. Koch)

— Körperende unterseits ohne Dornfortsatz **8**

8. Körper (bei frischem Material) mit 1–2 hellen Längsbinden **16**

— Körper ohne helle Längsbinden **9**

9. Körperende mit zugespitztem Präanalfortsatz (Schwänzchen) [**17, 18**]. Augenfelder jederseits des Kopfes bilden ± einheitliche Fläche, da Einzellinsen wenig getrennt sind **10**

— Hinten ohne [**19**] oder mit abgerundetem Schwänzchen [**16**] 10; ***Cylindroiulus*** Verhoeff **11**

10. Schwänzchen leicht abwärts gebogen. Körper schlank, 0,5–1 mm breit u. 7–20 mm lang **_Enantiulus nanus_** (Latzel)

— Schwänzchen gerade oder an der Spitze etwas hochgebogen [**18**]; wenn abwärts gebogen, dann Körper über 1 mm breit .... 4; **_Allajulus_** C. L. Koch s. l.

a) Schwänzchen leicht abwärts gebogen [**17**]: **_A. nitidus_** (Verhoeff) (12,5–32 mm), in Wäldern, auch synanthrop.
b) Schwänzchen an der Spitze etwas hochgebogen [**18**]: **_Kryphioiulus_** (= **_A._**) **_occultus_** (C. L. Koch) (9–13 mm), verbreitet; **_A. groedensis_** (Attems) (15–27 mm), Alpen.
c) Schwänzchen gerade: **_Cylindroiulus_** (= **_A._**) **_zinalensis_** (Faës) (13–23 mm), Süddeutschland, Alpen.

11. Hinterende mit abgerundetem Schwänzchen. Linsen der Einzelaugen (Ocellen) in den Augenfeldern einzeln gewölbt, daher gegeneinander scharf abgesetzt **12**

— Hinterende ohne Schwänzchen **13**

12. Schwänzchen kurz u. dick [**16**]. Furchung der Metazonite sehr dicht. 13–28 mm. Besonders in Wälder .... **_C. punctatus_** (Leach) (= **_silvarum_** (Meinert))

— Schwänzchen schlanker. Furchung der Metazonite mäßig dicht: **_C. luridus_** (C. L. Koch) (20–40 mm); **_C. meinerti_** (Verhoeff) (22–31 mm); **_C. fulviceps_** (Latzel) (22–34 mm), im Gebirge.

13. Augenfelder jeder Seite bilden ± einheitliche Fläche. Halsschild mit 2–3 seitlichen Furchenstrichen. 9–18 mm .... **_C. latestriatus_** (Curtis) (= **_frisius_** (Verhoeff))
Ähnlich ist **_C. britannicus_** (Verhoeff), bei uns in Gewächshäusern.

— Linsen der Ocellen in den Augenfeldern jede mit eigener Wölbung, daher gegeneinander scharf abgesetzt **14**

14. Graugelb, dorsal mit dunklem Längsband. 15–36 mm. Bayern, Alpen ..... **_C. boleti_** (C. L. Koch)

— Körper ohne dorsales Längsband **15**

15. Rand der Analklappe am Körperende mit 4–5 Borstenpaaren. Halsschild mit 6–10 feinen seitlichen Furchenstrichen. Jederseits mit 37–45 unterscheidbaren Ocellen. 20–35 mm [**14**]. Häufigste Art der Felder u. Gärten
C. caeruleocinctus (Wood) (= **_londinensis_** (C. L. Koch), = **_teutonicus_** (Pocock))

— Rand der Analklappe meist mit 6 Borstenpaaren. Halsschild mit 3–4 seitlichen Furchenstrichen. Jederseits mit 30–35 unterscheidbaren Ocellen. Höchstens 18 mm. Synanthrop **_C. truncorum_** (Silvestri)

16. Hinterende mit spitzem Schwänzchen 2; **_Megaphyllum_** Verhoeff (= **_Chromatoiulus_** Verhoeff)
Häufig **_M. unilineatum_** (C. L. Koch) (25–35 mm), wärmeliebend.

— Schwänzchen fehlt oder ist sehr kurz u. abgerundet. Jederseits mit 20–35 gut unterscheidbaren Ocellen. 7–10 mm .... **_Brachyiulus pusillus_** (Leach)

Literatur

Barber, A. D.: Key to the identification of British centipedes. Field Studies Council. AIDGAP 130, Shrewsbury, 2009.

Barber, A. D.: Centipedes. Synopses of the British Fauna 58. Shrewsbur, 2009.

Blower, J. G.: Millipedes. Synopses of the British Fauna 35. London, 1985.

Dunger, W.: Antennata. In: A. Kaestner, Lehrbuch der speziellen Zoologie, Band I, Teil 4. Jena, Stuttgart, 1993.

Eason, E. H.: Centipedes of the Britsh Isles. London, 1964.

Eason, E. H.: A review of the north-west European species of Lithobiomorpha with a revised key to their identification. Zool. J. Linnean Soc., London, 1982.

Hoffmann, R.: Classification of the Diplopoda. Genf, 1979.

Lee, O.: Atlas of the Millipedes (Diplopoda) of Britain and Ireland. Sofia, 2006.

Schubart, O.: Diplopoda. In: F. Dahl, Die Tierwelt Deutschlands, Teil 28. Jena, 1934.

Verhoeff, K.: Myriopoda. In: P. Brohmer, P. Ehrmann, G. Ulmer, Die Tierwelt Mitteleuropas, Bd. 2. Leipzig, 1937 (Ergänzungsteil 1964 von O. Schubart).

Voigtländer, K., Speida, J.: Myriapoda – Vielfüßer, Tausenfüßer. In: B. Klausnitzer, J. H. Jungbluth, Stresemann – Exkursionsfauna von Deutschland, Band 1 – Wirbellose (ohne Insekten). 9. Aufl. Heidelberg, 2019

„Crustacea“, Krebstiere

Gliederfüßer mit 2 Paar Antennen (Fühlern) und Kiemen- oder Hautatmung, selten mit Trachealorganen. Körper deutlich segmentiert, in Kopf, Thorax und Abdomen (bei **Malacostraca** = Pleon) gegliedert [**1**]. Kopf u. 1 bis mehrere Thoraxsegmente können zu Cephalothorax verschmolzen sein; dann heißt der hintere Thoraxabschnitt Peraeon. Extremitäten können ausgebildet sein als Spaltbein (Stamm mit Außen- und Innenast [**2a**]), als Stabbein [**2b**] und als Blattbein aus dünnem Chitin [**2c**]. Kopf (oft nach vorn in ein Rostrum ausgezogen) mit 2 Antennen- und 3 Mundgliedmaßen-Segmenten (Mandibeln, 1. Maxillen, 2. Maxillen). Die Augen (Komplexaugenpaar und Naupliusauge) brauchen nicht alle vorhanden zu sein. Eine vom Hinterrand des Kopfes ausgehende Schale kann den Körper ± umhüllen. Beine des Thorax (Thoracopoden) dienen als Schwimm-, Schreit- oder Greifbeine; vordere (bis zu 3) Paare können zu Kieferfüßen (Maxillipeden) umgebildet sein, dann heißen die hinteren Thoraxbeine Peraeopoden [Wegen nicht eindeutiger Bezeichnungen der Segmente bei den einzelnen Crustaceengruppen wird dieser Begriff hier in Anlehnung an GRUNER (1993) vermieden; es wird dafür bei den Malacostracen „Thbeine“ verwendet]. Abdomen nur bei **Malacostraca** mit Beinen (Pleopoden), hintere oft umgebildet zu Uropoden. Letztes extremitätenloses Körpersegment (Telson) kann eine Schwanzgabel (Furca) tragen. Mit wenigen Ausnahmen getrenntgeschlechtlich. Entwicklung direkt oder über Larvenstadien (z. B. Nauplius [**3**]). Ernähren sich v. a. als Filtrierer, aber auch als Pflanzen- und Aasfresser, Räuber oder saugende Parasiten. Meeres-, Süßwasser- und Landbewohner. Konservierung in 75%igem Alkohol. Im Gebiet über 900 Arten.
Abkürzungen: Th, Th- = Thorax, Thoracal-, Abd, Abd- = Abdomen, Abdominal-, Sch = Schale.

System:
Branchiopoda
  Anostraca
  Phyllopoda
    Notostraca
    Diplostraca (= **Onychura**): **Cladocera, Laevicaudata, Spinicaudata**
Maxillopoda (nur **Eumalacostraca**): **Branchiura, Copepoda, Cirripedia** (mit **Acrothoracica, Thoracica, Rhizocephala**), **Ostracoda, Pentastomida**
Malacostraca: Amphipoda, Cumacea, Decapoda, Euphausiacea, Peracarida (mit **Isopoda, Mysida, Tanaidacea**), **Syncarida** (mit **Bathynellacea**)

In Deutschland besonders geschützt: ***Astacus astacus, Austropotamobius torrentium, Branchipus, Chirocephalus, Homarus gammarus, Leptestheria, Lynceus*** u. ***Tanymastix.***

1. Körper seitlich zusammengedrückt, von 2-klappiger Sch umhüllt [**4, 5, 6**] **2**
— Körper ohne oder mit andersartiger Sch **5**
2. Körper völlig von der 2-klappigen Sch umschlossen (ähnlich den Muscheln) [**5, 6**]. Wenn Kopf teilweise freigelassen, dann Körper mit mindestens 10 Blattbeinpaaren **3**
— Körper mit Ausnahme des Kopfes von der 2-klappigen Sch umschlossen [**4**], mit 4–6 Blattbeinpaaren .... Wasserflöhe, **Cladocera** S. 174
3. Körper mit etwa 10–30 Paar Blattbeinen. 5–17 mm, selten kleiner. Habitus [**5**] **4**
— Körper außer Mundgliedmaßen mit 2 Beinpaaren, diese keine Blattbeine. Unter 5 mm. Habitus [**6**] .... Muschelkrebse, **Ostracoda** S. 178
4. Sch ohne Zuwachsringe, bedeckt nicht den Kopf, dieser mit langem Rostrum .. **Laevicaudata**
Entwicklung über Nauplien. Meist am Grunde stehender ephemerer Süßgewässer. Fortbewegung durch Ruderschlag der 2. Antennen. Filtrierer. Nur **Lynceidae** mit ***Lynceus brachyurus*** MÜLLER (6 mm), selten.
— Sch mit Zuwachsringen, bedeckt den Kopf [**5**], dieser mit kurzem Rostrum ...... **Spinicaudata**
Entwicklung über Nauplien. Meist am Grunde stehender ephemerer Süßgewässer. Fortbewegung durch Ruderschlag der 2. Antennen. Filtrierer. Alle Arten selten. Sch ohne ausgeprägten Wirbel (Höcker), hinten viel niedriger als vorn [**5**]: **Limnadiidae** mit ***Limnadia lenticularis*** (L.) [**5**] (bis 17 mm). Sch mit deutlich hervortretendem Wirbel, hinten wenig niedriger als vorn: **Cyzicidae** mit ***Cyzicus tetracerus*** (KRYNICKI) (Rostrumspitze ohne Stachel; bis 12 mm). **Leptestheriidae** mit ***Leptestheria dahalacensis*** (RÜPPEL) (Rostrumspitze mit Stachel; bis 15 mm).
5. Körper langgestreckt, ohne Sch, mit 11 Paar Blattbeinen. Kopf mit 2 gestielten Komplexaugen und unpaarem Naupliusauge. Habitus [**7**] .... Kiemenfüßer, **Anostraca** S. 174

— Körper dorsoventral abgeflacht, mit schildförmiger Sch und etwa 40 Blattbeinpaaren. Habitus [**8**] . . . . **Notostraca**

Entwicklung über Nauplien. In ephemeren Süßgewässern ohne Fische. Schwimmen v. a. am Boden mit Rücken nach oben. Fressen Bodensedimente u. Tiere. Nur **Triopsidae**, ***Lepidurus apus*** (L.) (Telson zwischen Furca mit langer zungenförmiger Platte; grünlichbraun; Sch 20–30 mm), Frühjahrsform, mit *Siphonophanes grubei* vergesellschaftet. ***Triops cancriformis*** (Bosc) [**8**] (Telson ohne Platte; bräunlich; Sch bis 35 mm), Sommerform, zusammen mit *Branchipus schaefferi*.

— Körper anders, ohne Blattbeine **6**

6. Körper mit Sch, diese klein, hängt auf dem Rücken [**28**]. 2. Antennen sind 2-ästige Ruderorgane mit langen Borsten einige Gattungen der **Cladocera**, s. S. 174

— Anders **7**

7. Körper dorsoventral abgeflacht, mit breitem Rückenschild, mit 1 Paar Komplexaugen u. unpaarem Naupliusauge. Th mit 4 Paar Spaltbeinen [**9**] Kiemenschwänze, Karpfenläuse, **Branchiura**

Temporäre Ektoparasiten auf Süßwasserfischen. Nur **Argulidae** mit 3; ***Argulus*** Müller, am häufigsten ***A. foliaceus*** (L.) [**9**] (die beiden Hinterlappen der Schwanzflosse breit abgerundet; bis 8,5 mm).

— Anders **8**

8. Tiere festsitzend **9**

— Tiere freilebend **10**

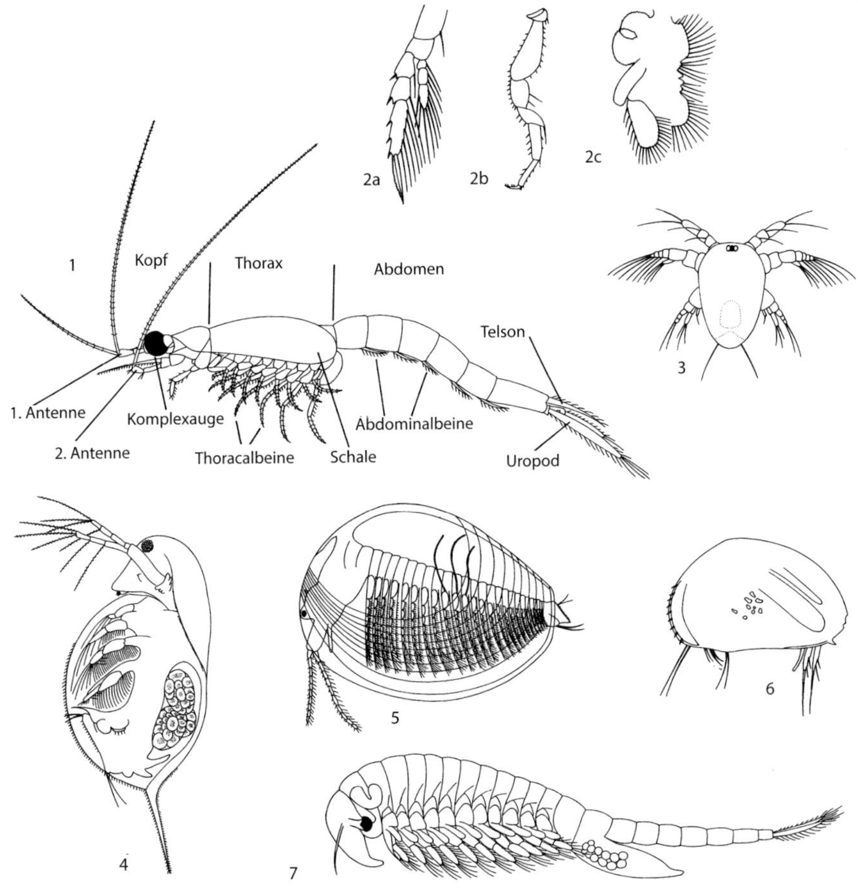

1 *Mysis*; **4** *Daphnia*; **5** *Limnadia*; **6** *Cypris*; **7** *Chirocephalus*

9. Körper von Kalkplatten bedeckt. Th mit 6 Paar zweiästigen, vielgliedrigen Rankenbeinen [**10**] **Thoracica**

a) Körper mit einem Stiel [**10**], dieser ohne Kalkplatten. Bis 50 mm: **Lepadidae**, Entenmuscheln, wenige Arten, z. B. ***Lepas*** L., häufig, z. B. ***L. anatifera*** L. [**10**], oft an Treibholz, in der Nordsee.

b) Körper ohne Stiel [**11**] („Seepocken“). Bis 20 mm: ***Verruca stroemia*** (Müller) (**Verrucidae**) (basaler Teil des Kalkgehäuses aus 4 stark asymmetrischen Platten), nur Nordsee. ***Austrominius modestus*** (Darwin) (**Austrobalanidae**) (basaler Teil des Kalkgehäuses aus 4 symmetrischen Platten), eingeschleppt. Bei weiteren Arten basaler Teil des Kalkgehäuses aus 6 symmetrischen Platten [**11**], wichtig ***Semibalanus balanoides*** (L.) (**Archaeobalanidae**), Nordsee, u. ***Balanus*** Da Costa (**Balanidae**), z. B. ***B. balanus*** (L.), in Nord- u. westlicher Ostsee; eingeschleppt ***Amphibalanus*** (= ***B.***) ***improvisus*** (Darwin), Brackwasserseepocke, auch in östlicher Ostsee.

— Körper ohne Kalkplatten. Extremitäten reduziert oder völlig verschwunden. Körpergliederung oft nicht vorhanden

Hierher gehören einige parasitische Gruppen. **Acrothoracica**: **Trypetesidae**, nur ***Trypetesa lampas*** (Hancock), eingebohrt in Schalen von *Buccinum undatum* u. *Neptunea antiqua*. **Rhizocephala** (Körper im Wirtsinnern wurzelartig verzweigt, außen sackförmig): **Sacculinidae**, 3 Arten, verbreitet ***Sacculina carcini*** Thompson an *Carcinus maenas*. **Peltogastridae**, nur ***Peltogaster paguri*** Rathke an *Pagurus bernhardus*. Einige **Copepoda** (Körper gegliedert oder ungegliedert, oft mit großen Greifhaken oder Hörnchen, s. S. 179), meist parasitisch an Fischen. **Pentastomida** (Körper zungenförmig, geringelt, mit 2 Paar Klammerhaken in der Umgebung des Mundes [**19**] (S. 7)), parasitisch, s. S. 7.

10. Körper ohne Sch, oft birnförmig [**12**]. Nur mit Naupliusauge. Th mit höchstens 5 freien Segmenten. Abd meist mit 5 Segmenten, ohne Gliedmaßen, am Ende mit Furca. Unter 5 mm Ruderfüßer, **Copepoda** S. 179

— Körper ohne oder mit Sch. Mit Komplexaugen (können reduziert sein). Th mit 8, Pleon (= Abd) mit 6 Segmenten (diese können z. T. verschmelzen). Pleon ohne Furca (aber mit Uropoden!). Meist über 5 mm .... **Malacostraca** **11**

11. Körper ohne Sch, mit mindestens 6 freien Thsegmenten [**13, 14**]. Augen, wenn vorhanden, ungestielt **12**

— Körper mit Sch [**15, 16**], wenn diese mit dem Th verwachsen, dann von oben höchstens 5 freie Segmente erkennbar. Augen oft gestielt **16**

12. Alle 8 Thsegmente frei, mit je 1 Spaltbeinpaar (Außenast 1-gliedrig, Innenast 4-gliedrig). Augen fehlen. Bis 2 mm .... **Bathynellacea**

In unterirdischen Gewässern. Mehrere Arten, z. B. ***Bathynella natans*** Vejdovsky (**Bathynellidae**).

— Mindestens 1. Thsegment mit Kopf verwachsen. Thoracopoden 1-ästig **13**

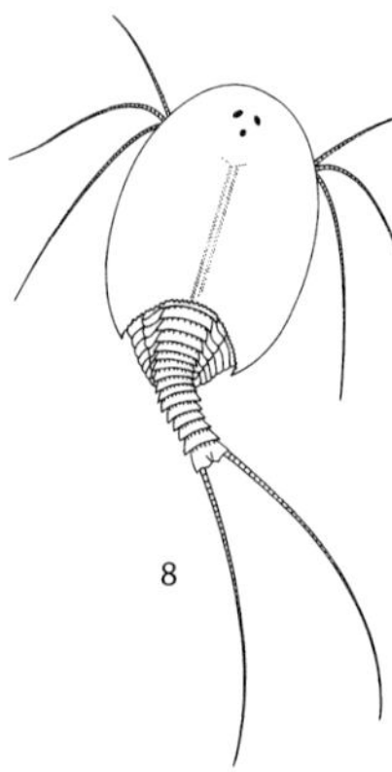

8

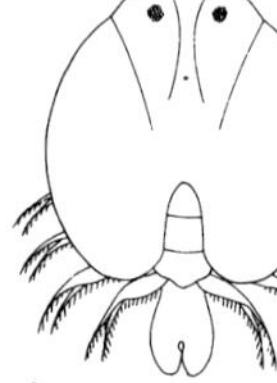

9

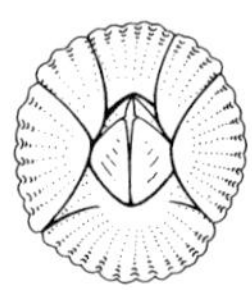

11

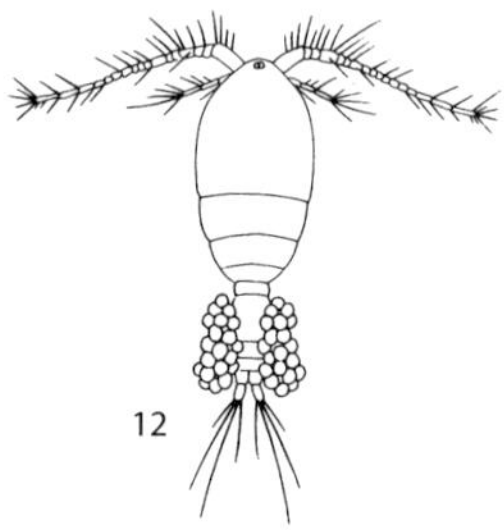

12

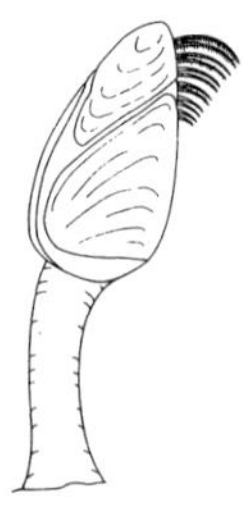

10

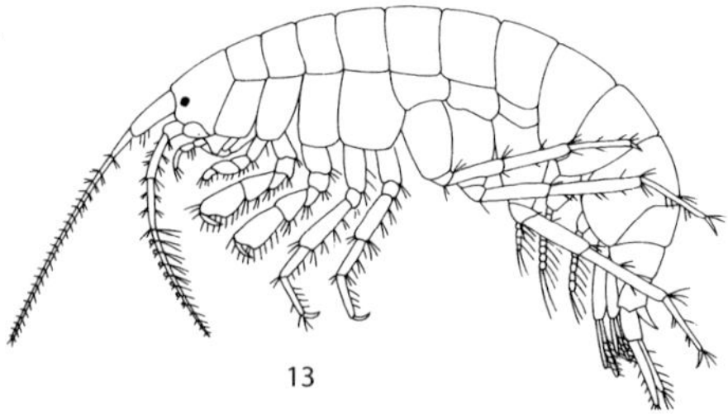

13

8 *Triops*; **9** *Argulus*; **10** *Lepas*; **11** *Balanus*, **12** *Cyclops*; **13** *Gammarus*

13. Körper meist seitlich zusammengedrückt. Habitus meist wie [**13**]. Pleon mit 3 Paar 2-ästigen befiederten Schwimmbeinen u. 3 Paar nach hinten gerichteten Sprungbeinen mit griffel- oder stachelförmigen, meist 1-gliedrigen Ästen .... Flohkrebse, **Amphipoda** S. 184

— Pleon mit andersartigen Beinen **14**

14. Körper stabförmig, hintere Thbeine zu Klammerbeinen umgebildet. Pleon verkümmert [**44**] **Caprellidae** (**Amphipoda**) S. 184

— Körper meist dorsoventral abgeflacht, hintere Thbeine Schreit- oder Grabbeine, 6. Pleopoden (= Abdbeine) zu Uropoden umgebildet [**14**] **15**

15. 1. Thsegment mit Kopf verschmolzen. 1.–5. Pleopoden flach, liegen der Unterseite des Pleons an. Habitus [**14**] .... Asseln, **Isopoda** S. 186

— Erste beide Thsegmente mit Kopf verschmolzen. 1.–5. Pleopoden griffelförmig, ragen nach unten .... Scherenasseln, **Tanaidacea**

Marin, auf Schlickboden u. Pflanzen. Wenige Arten, z. B. ***Heterotanais oerstedii*** (Krøyer) (**Leptocheliidae**) (bis 2 mm), spinnt mit Detritus oder Sand verfestigte Röhren.

16. Augen gestielt. Sch mit den ersten 2 oder 3 Thsegmenten verwachsen, den hinteren Segmenten lose aufliegend. Alle Thbeine 2-ästige Spaltbeine. Habitus [**1**] .... **Mysida** S. 183

Ähnlich sind die **Euphausiacea** im marinen Plankton (aber Sch mit allen Thsegmenten verwachsen).

— Andere Merkmalskombination **17**

17. Augen gestielt, paarig. Sch mit allen Thsegmenten verwachsen. Habitus [**15, 37–39, 41, 42**] Zehnfüßer, **Decapoda** S. 180

— Augen ungestielt, unpaar. Sch mit den ersten 3 oder 4 Thsegmenten verwachsen. Habitus [**16**] **Cumacea**

Marin. Graben sich in Boden so ein, dass Vorderkörper u. Pleonende herausschauen. Über 20 Arten.

a) Telson fehlt vollständig: **Bodotriidae**, 3; ***Bodotria*** Goodsir (hinter Sch von oben gesehen 4 freie Thsegmente), z. B. ***B. scorpioides*** (Montagu) (5–6 mm). Hinter Sch 5 freie Thsegemente: ***Cumopsis goodsir*** (van Beneden) (Sch jederseits mit 2 Bogenfalten; 5 mm). ***Iphinoe trispinosa*** (Goodsir) (Sch ohne Bogenfalten; 10 mm). Hierher einige weitere seltene Arten.

b) Telson klein, halbkreisförmig, unbedornt: **Pseudocumatidae,** verbreitet 2; ***Pseudocuma*** Sars, z. B. ***P. longicorne*** (Bate) (4 mm).

c) Telson länger, gestreckt, mit Seiten- u. Enddornen: **Lampropidae** (Telson mit 3 kräftigen u. 2 kleinen Enddornen; 9 mm), nur ***Lamprops fasciatus*** Sars. **Diastylidae** (Telson mit 2 Enddornen; bis 20 mm), ***Diastylis*** Say [**16**], mehrere Arten, häufig ***D. rathkei*** (Krøyer). Außerdem wurden einige ähnliche Arten bei Helgoland gefunden.

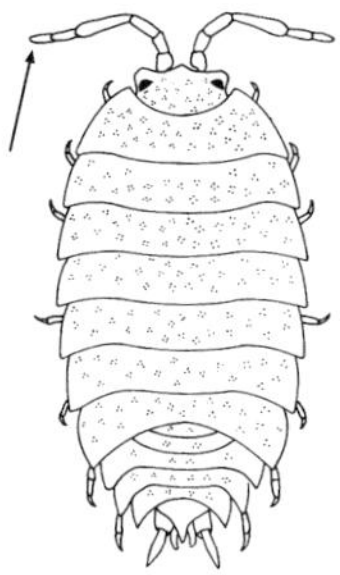
14

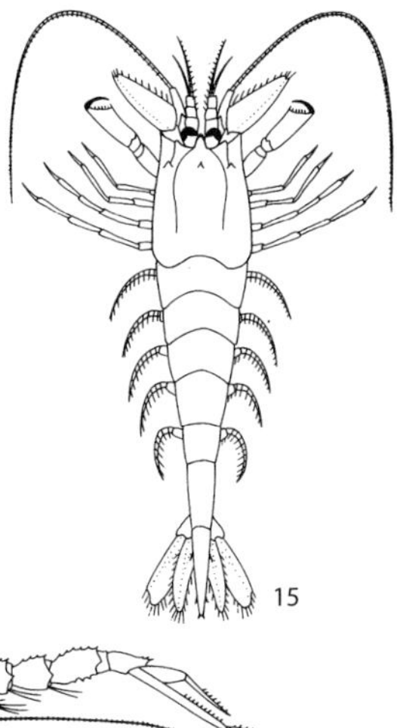
15

17

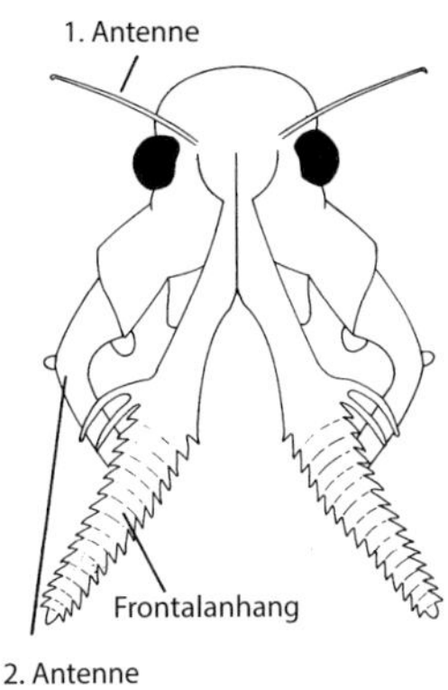

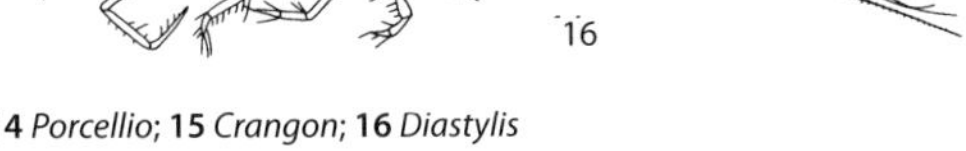
16

14 *Porcellio*; **15** *Crangon*; **16** *Diastylis*

Anostraca, Kiemenfüßer

♂ mit stark entwickelten 2. Antennen [**17**], mit denen es bei der Kopula das ♀ ergreift; an der Basis mit einem Frontalanhang. ♀ an den ersten 2 Abdsegmenten mit Brutsack [**7**]. Entwicklung über Nauplien. Schwimmen mit der Bauchseite nach oben (Lichtrückenreflex). Filtrierer. In periodischen, kleinen fischlosen Süßwasseransammlungen. Eier können Austrocknen oder Gefrieren ertragen. Die meisten Arten sind selten.

1. Abd länger als Th, schlank. Furca kurz oder verkümmert. ♂ ohne Frontalanhänge **Artemiidae**
Nur ***Artemia salina*** (L.), Salinenkrebs (bis 15 mm). In salzhaltigen Binnengewässern, in unserem Gebiet nur parthenogenetisch.

— Abd (ohne Furca) so lang oder kürzer als Th [**7**], Abd mit Furca. ♂ mit Frontalanhängen . . **2**

2. 2. Antennen des ♂ 3-gliedrig, scherenförmig verästelt. Brutsack des ♀ zylindrisch, erreicht fast das Ende des Abd . . . . **Streptocephalidae**
Nur ***Streptocephalus torvicornis*** (Waga) (bis 40 mm), selten.

— 2. Antennen des ♂ 2-gliedrig, nicht scherenförmig [**17**]. Brutsack des ♀ reicht nicht über das 6. Abdsegment hinaus [**7**] **3**

3. Grundglied der 2. Antennen des ♂ untereinander u. mit Kopf verwachsen [**17**]. Frontalanhänge stabförmig, wenn bandförmig, an der Basis verschmolzen. Brutsack des ♀ klein, kurz, etwa so lang wie hoch . . . . **Branchipodidae**
Branchipus schaefferi Fischer (Frontalanhänge des ♂ fadenförmig, Brutsack des ♀ klein, nach unten bruchsackartig vorgewölbt; bis 23 mm), in Sommertümpeln, oft zusammen mit *Triops cancriformis*. ***Tanymastix stagnalis*** (L.) (Frontalanhänge des ♂ bandförmig, an Rändern mit kurzen Sinnespapillen [**17**]; Brutsack des ♂ an Seiten in je 1 Dorn ausgezogen; bis 20 mm), Frühjahrsform ephemerer Gewässer.

— Grundglied der 2. Antennen des ♂ nicht verwachsen. Frontalanhänge breit bandförmig, an Basis getrennt. Brutsack des ♀ größer, länger als hoch [**7**] . . . . **Chirocephalidae**
Chirocephalus diaphanus Prévost (Frontalanhänge des ♂ schmal bandförmig, mit Sinnenspapillen an Seitenrändern, die basalen 4 Fransen lang, fingerförmig; Brutsack des ♀ nach hinten einfach spitz ausgezogen [**7**]; bis 35 mm), selten. ***Eubranchipus*** (= ***Siphonophanes***) ***grubii*** (Dybowski) (Frontalanhänge des ♂ breit bandförmig, an Seitenrändern mit längeren Sinnespapillen; Brutsack des ♀ am Hinterrand mit 3 abgerundeten Zipfeln, der mittlere länger als die seitlichen; bis 30 mm), häufig, in Frühjahrstümpeln, zusammen mit *Lepidurus apus*.

Cladocera, Wasserflöhe

2. Antennen stark entwickelt, dienen als Ruder. Abd läuft in 2 Endkrallen (Furcakrallen) aus [**18**]. Schwimmen hüpfend durch rasches Schlagen der Ruderantennen (viele Arten richten dabei das Vorderende nach oben!). Eier als Subitaneier oder überwinternde Dauereier. Entwicklung direkt. Häufig Generationswechsel. Bei planktischen Arten oft Zyklomorphose (Temporalvariation). Meist Flitrierer. Fast ausschließlich im Süßwasser. Längenangaben gelten für ♀♀ (♂♂ meist kleiner!). Im Gebiet etwa 100 Arten.

System:
Anomopoda: Acantholeberididae, Bosminidae, Chydoridae, Daphniidae, Eurycercidae, Ilyocryptidae, Macrothricidae, Moinidae
Ctenopoda: Holopediidae, Sididae
Onychopoda: Cercopagididae, Podonidae, Polyphemidae
Haplopoda: Leptodoridae

1. Th mit Blattbeinen, die innerhalb der Sch liegen [**4**] **2**

— Th mit Stabbeinen, Sch hängt dem Körper dorsal an [**28**] **6**

2. Mit 6 Blattbeinpaaren, diese einander sehr ähnlich. Sch von Gallerthülle umgeben. 2. Antennen des ♂ 2-ästig, mit 5 Borsten, des ♀ 1-ästig, mit 3 Borsten . . . . **Holopediidae**
Nur ***Holopedium gibberum*** Zaddach (bis 2,5 mm), in sauberen, kalkarmen Gewässern.

— Mit 6 einander sehr ähnlichen Blattbeinpaaren. Sch ohne Gallerthülle. 2. Antennen 2-ästig, mit mehr als 10 Borsten . . . . **Sididae**
a) Außenast (= längerer Ast) der 2. Antennen 3-gliedrig (1. Glied klein!). Kopf mit Rostrum: ***Sida crystallina*** (Müller) [**18**] (3–4 mm), verbreitet. – Eingewandert ***Limnosida frontosa*** Sars (Sondermerkmale: Kopf von der Seite 3-eckig; Auge im Rostrum gelegen; 1–2 mm).

b) Außenast 2-gliedrig, Rostrum schwach oder fehlend: ***Latona setifera*** (Müller) (1. Glied des Außenastes mit beborstetem Fortsatz, so 2. Antennen scheinbar 3-ästig; 2–3 mm). ***Diaphanosoma brachyurum*** (Liévin) (1. Glied des Außenastes ohne diesen Fortsatz; 1 mm). Beide Arten in Seen und Teichen weit verbreitet.

— Mit 5–6 verschieden gestalteten Blattbeinpaaren. Sch ohne Gallerthülle. 2. Antennen am Außenast mit 3–5, am Innenast mit 4–5 Ruderborsten **3**

3. Körper meist oval, seitlich abgeflacht, meist unter 1 mm. Kopf mit bogenförmigem Schalenrand, dieser verdeckt Ansatz der 1. u. 2. Antennen. Beide Äste der 2. Antennen 3-gliedrig (Mikroskop!) [**24–27**] .... **Chydoridae** u. **Eurycercidae** S. 177

— Körper- und Kopfform anders. Oft über 1 mm. Außenast der 2. Antennen 4-gliedrig (1. Glied klein!), Innenast 3-gliedrig **4**

4. Sinnesborsten der 1. Antennen inserieren weit vor deren Ende [**19**]. 1. Antennen rüsselförmig gebogen. Hinterrand der Sch meist mit Stachel. Körperform meist wie [**19**]. Bis 1,2 mm **Bosminidae**

Artenarm, ***Bosmina*** Baird, ***B. longirostris*** (Müller), meist wie [**19**] (bis 0,7 mm), in Weihern u. Seenlitoral; ***B. coregoni*** Baird (bis 1,2 mm), im Plankton größerer Seen.

— Sinnesborsten der 1. Antennen inserieren an deren Ende. Körperform u. 1. Antennen anders. Tiere oft größer **5**

5. 1. Antennen des ♀ kurz u. beweglich. Wenn länger u. beweglich (♀ von ***Moina***, alle ♂♂), Komplexaugen groß u. Hinterende der Sch mit Stachel oder mindestens zugespitzt. Bauch u. Hinterrand der Sch ohne lange Borsten. Vorderende des Darms jederseits mit 1 Blindschlauch („Leberhörnchen"). Oft über 1 mm .... **Daphniidae** u. **Moinidae** S. 175

— 1. Antennen von ♀ u. ♂ lang, beweglich [**23**]. Komplexauge meist kleiner. Sch ohne Stachel, selten hinten etwas zugespitzt, Bauch u. Hinterrand der Sch oft mit langen Borsten. Vorderende des Darms ohne Blindschläuche. Meist unter 1 mm **Macrothricidae, Acantholeberididae** u. **Ilyocryptidae** S. 176

6. Th mit 4 Beinpaaren **7**

— Th mit 6 Beinpaaren .... **Leptodoridae**

Nur ***Leptodora kindtii*** (Focke) (glasartig durchsichtig; 10 mm), im Plankton größerer Gewässer, räuberisch.

7. Anhang des Abd kurz, höchstens so lang wie die auf ihm sitzenden 2 Borsten. Abd 2-zipfelig. Marin, im Plankton .... **Podonidae**

Räuberisch. Kopf nicht durch Kerbe vom Rumpf getrennt; Sch lang, zipflig ausgezogen: 2; ***Evadne*** Lovén, z. B. ***E. nordmanni*** Lovén (bis 1,1 mm). Kopf durch Kerbe vom Rumpf getrennt; Sch rundlich: 2; ***Podon*** Lilljeborg u. ***Pleopis polyphemoides*** (Leuckart) (bis 0,65 mm).

— Anhang des Abd lang [**28**], Abd zylindrisch oder rundlich **8**

8. Anhang des Abd kürzer als Körper [**28**] .... **Polyphemidae**

Räuberisch. Nur ***Polyphemus pediculus*** (L.) [**28**] (bis 2 mm), im Litoral von Süßgewässern.

— Anhang des Abd viel länger als Körper .... **Cercopagididae**

Räuberisch. 2; ***Bythotrephes*** Leydig, im Plankton von Süßgewässern, häufig nur ***B. longimanus*** Leydig (bis 3 mm). – Außerdem in der östlichen Ostsee eingeschleppt ***Cercopagis pengoi*** (Ostroumov) (bis 2 mm).

Familien: **Daphniidae** u. **Moinidae**

Teile der Sch bilden zu bestimmten Jahreszeiten am Dorsalrand ein dunkel pigmentiertes „Ephippium", das 1–2 Dauereier enthält u. auf dem Wasser schwimmt [**21**]. Nur ♀♀ bestimmbar.

1. Ventralränder der Sch gerade, laufen nach hinten in Stachel aus [**20**] ***Scapholeberis*** Schoedler s. l.

Wenige Arten. Vorwiegend in kleinen Gewässern, können mit der Ventralkante nach oben am Wasserspiegel entlangschwimmen. Sehr häufig ***S. mucronata*** (Müller) [**20**] (1 mm).

— Ventralränder der Sch gerundet, Stachel oft fehlend **2**

2. Kopf nach unten in einen Schnabel (Rostrum) verlängert [**21**] **3**

— Kopf ohne Rostrum [**22**] **4**

3. Kopf groß, vom Rücken gesehen mit Kiel. Sch hinten meist mit Stachel. Ephippium mit 2 Eiern [**21**] .... ***Daphnia*** Müller

a) Postabdomen dorsal mit starker Einbuchtung, in der die Krallenreihe unterbrochen ist [**21**]: ***D. magna*** Straus (bis 6 mm), in Kleingewässern.

b) Postabdomen dorsal ohne Einbuchtung. Bis 4 mm: mehrere Arten, sehr häufig ***D. pulex*** Leydig (3–4 mm), in Kleingewässern; ***D. longispina*** (Müller) [**4**] (bis 2,5 mm), auch im Plankton größerer Seen.

— Kopf klein, vom Rücken gesehen gerundet. Sch hinten höchstens mit Höcker. Ephippium mit 1 Ei .... ***Simocephalus*** SCHOEDLER

Wenige Arten. In Pflanzenbeständen ausdauernder Gewässer. Häufig ***S. exspinosus*** (C. L. KOCH) (Naupliusauge punktförmig; bis 3,5 mm); ***S. vetulus*** (MÜLLER) (Naupliusauge langgestreckt bis rhomboid; bis 3 mm). Die übrigen ähnlichen Arten seltener.

4. Kopf groß. 1. Antennen groß, beweglich. Naupliusauge fehlt. Ephippium mit 1 oder 2 Eiern (zu **Moinidae**) ***Moina*** BAIRD

Wenige Arten, häufiger ***M. brachiata*** (JURINE) (bis 1,6 mm), in kleineren Gewässern.

— Kopf klein. 1. Antennen klein, unbeweglich [**22**]. Naupliusauge vorhanden. Ephippium mit 1 Ei ***Ceriodaphnia*** DANA

Mehrere Arten. Sehr häufig ***C. quadrangula*** (MÜLLER) [**22**] (0,4–1,4 mm), im freien Wasser.

Familien: **Acantholeberididae, Ilyocryptidae** u. **Macrothricidae**

Dauereier werden von der ganzen Sch umhüllt (Primitivephippium). Vorwiegend in kleineren pflanzenreichen Gewässern am Boden, meist schlechte Schwimmer.

1. Sch am Ventral- u. Hinterrand mit langen, gefiederten Borsten besetzt. Bis 1 mm (**Ilyocryptidae**) ***Ilyocryptus*** SARS

Wenige Arten. Bodenbewohner, wühlen sich kreisend durch Schlamm. Häufig ***I. sordidus*** (LIÉVIN).

— Sch anders beborstet **2**

2. Ohne Naupliusauge .... ***Moina*** (**Moinidae**) s. S. 176

— Mit Naupliusauge (nahe der Insertion der 2. Antennen) [**23**] **3**

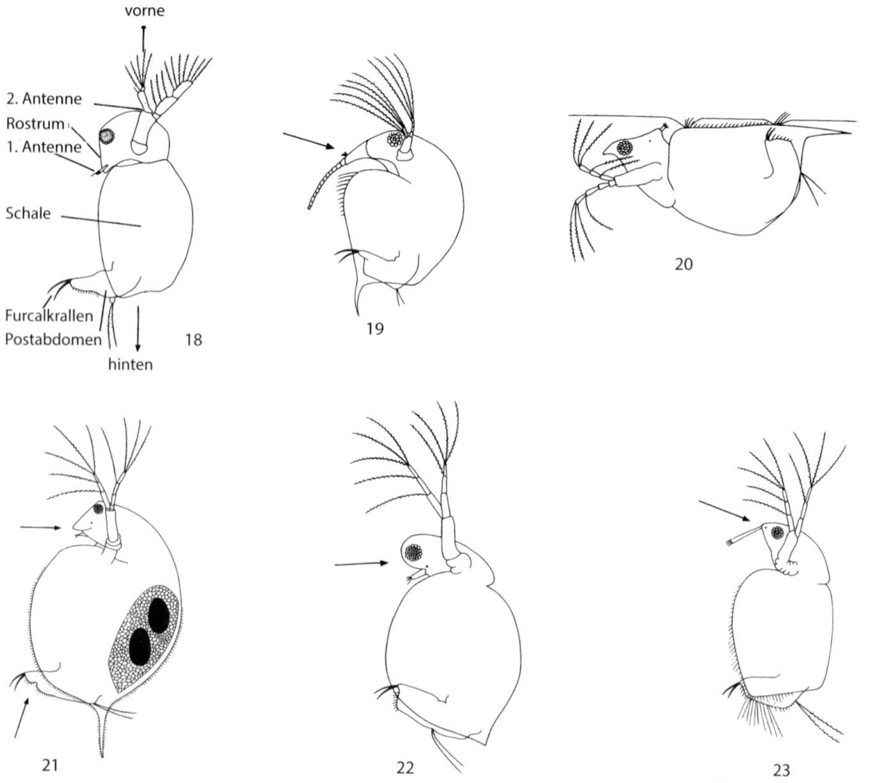

18 *Sida*; **19** *Bosmina*; **20** *Scapholeberis*; **21** *Daphnia*; **22** *Ceriodaphnia*; **23** *Acantholeberis*

3. Sch länger als hoch, Ventralrand fast gerade, mit kurzen breiten Borsten besetzt. Bis 1 mm **_Lathonura rectirostris_** (MÜLLER)

— Sch rundlich-4-eckig, Ventral- u. Dorsalrand fast gerade, Sch mit längeren dünnen Borsten, diese am hinteren unteren Winkel der Sch sehr lang [**23**]. Bis 2 mm (**Acantholeberididae**) **_Acantholeberis curvirostris_** (MÜLLER)

— Sch rundlich, anders beborstet. Bis 1 mm ... **4**

4. Rückenrand der Sch hochgewölbt, über die ganze Länge gesägt. Bis 0,65 mm (**Macrothricidae**) **_Macrothrix laticornis_** (JURINE)

— Sch am Rücken nicht gesägt ... mehrere Gattungen mit seltenen Arten
Darunter weitere Arten von **_Macrothrix_** BAIRD.

Familien: **Chydoridae** u. **Eurycercidae**

Boden- u. Litoralbewohner, die sich hauptsächlich in Pflanzenbeständen aufhalten.

1. Postabdomen groß, seitlich abgeflacht, dorsal vor den Furcalkrallen mit tiefer Ausbuchtung [**24**]. Bis 6 mm ... **_Eurycercus_** BAIRD
Wenige Arten. Häufig nur **_E. lamellatus_** (MÜLLER).

— Postabdomen kleiner. Bis 1,4 mm, meist unter 1 mm ... **2**

2. Postabdomen sehr lang, verschmälert sich dem Ende zu, dorsal ohne Einbuchtung vor Furcalkrallen. Bis 1,4 mm ... **_Camptocercus_** BAIRD
Wenige Arten. Häufig nur **_C. rectirostris_** SCHOEDLER.

— Postabdomen kürzer, Dorsalrand vor Furcalkrallen eingebuchtet ... **3**

3. Körper deutlich länger als hoch [**25, 26**], meist seitlich stark abgeflacht. Sch ohne Zuwachsstreifen ... **4**

— Körper in Seitenansicht rundlich, etwa so lang wie hoch [**27**], seitlich kaum abgeflacht. Wenn Körper oval, dann Sch mit Zuwachsstreifen ... **14**

4. Sch am Hinterrand in ganzer Länge mit groben Zähnen besetzt. Bis 0,65 mm **_Peracantha truncata_** (MÜLLER)

— Sch am Hinterrand höchstens mit einigen Zähnen ... **5**

5. Kopf mit hohem Kiel [**25**]. Bis 1 mm ... **_Acroperus harpae_** (BAIRD)

— Kopf ohne Kiel ... **6**

6. Kopf groß, von vorn gesehen breiter als die Sch, mit breitem schaufelförmigem Rostrum. Bis 0,7 mm ... **_Graptoleberis testudinaria_** (FISCHER)

— Kopf von vorn gesehen nicht breiter als die Sch, Rostrum zugespitzt oder abgestumpft . **7**

7. Hinterrand der Sch abgestutzt, höchstens halb so hoch wie die größte Höhe der Sch [**26**]. Sch am hinteren unteren Ende mit Zähnchen oder Kerben ... **8**

— Hinterrand der Sch gerundet, wenn abgestutzt, wenig niedriger als größte Höhe der Sch, oft ohne Zähnchen ... **10**

8. Unterer hinterer Winkel der Sch mit einem großen, nach hinten gerichteten Zahn. Bis 0,5 mm. Bodenseegebiet ... **_Dunhevedia crassa_** KING

— Unterer hinterer Rand der Sch mit mehreren kleinen Zähnchen ... **9**

9. Rostrum lang u. von vorn gesehen spitz. Naupliusauge kleiner als Komplexauge [**26**]. Bis 0,8 mm ... **_Pleuroxus_** BAIRD
Wenige Arten, einige häufig, darunter **_P. uncinatus_** BAIRD [**26**].

— Rostrum kurz u. abgestumpft, wenn länger u. spitz, dann Naupliusauge so groß wie Komplexauge ... **_Alonella_** SARS u. **_Disparalona_** FRYER (= **_Phrixura_** MÜLLER)
Wenige Arten, diese häufig, z. B. **_A. exigua_** (LILLJEBORG) (bis 0,4 mm).

10. Furcalkrallen außer Basaldornen in der Mitte des konkaven Randes mit 1 oder 2 Dornen **11**

— Furcalkrallen unbewehrt, höchstens mit Basaldornen ... **12**

11. Rostrum lang u. spitz. Postabdomen verjüngt sich zum Ende hin. Bis 0,6 mm. Selten **_Kurzia latissima_** (KURZ)

— Rostrum kurz u. stumpf. Postabdomen parallelseitig **_Acroperus_** (= **_Alonopsis_**) **_elongatus_** (SARS)
Ähnlich ist **_Acroperus harpae_** (s. Nr. **5**), wenn der Kopfkiel reduziert ist. – Selten **_Tretocephala ambigua_** (LILLJEBORG) (Sondermerkmal: ohne Borstenbüschel am Krallenträger; 1 mm).

12. Rostrum lang, spitz u. nach hinten gebogen. Bis 0,55 mm. Recht selten **_Rhynchotalona falcata_** (Sars)
Wenn Rostrum nicht nach hinten gebogen [**26**], s. Nr. **9**.

— Rostrum kurz u. abgestumpft **13**

13. Naupliusauge so groß oder größer als Komplexauge. Ventralrand der Sch konvex oder abgerundet winklig gebogen .... **_Leydigia_** Kurz
Artenarm, häufiger nur ***L. acanthocercoides*** (Fischer) (bis 1,1 mm).

— Naupliusauge kleiner als Komplexauge, wenn etwa so groß, dann Ventralrand der Sch gerade. Bis 1 mm .... **_Alona_** Baird
Mehrere Arten. Häufig z. B. ***A. affinis*** (Leydig). Ähnlich ist auch die seltene ***Oxyurella tenuicaudis*** (Sars).

14. Komplexauge fehlt. Sch meist mit einigen konzentrischen Zuwachsstreifen. Bis 0,5 mm **_Monospilus dispar_** Sars

— Komplex- und Naupliusauge vorhanden. Sch ohne Zuwachsstreifen **15**

15. Ventralrand der Sch mit Einschnitt, dahinter spitzer Zipfel. Bis 0,45 mm. Parasitisch auf *Hydra* **_Anchistropus emarginatus_** Sars

— Ventralrand der Sch ohne Einschnitt u. Zipfel [**27**]. Bis 0,9 mm **_Chydorus_** Leach s. l. u. **_Pseudochydorus_** Fryer
Wenige Arten, z. B. ***Ch. sphaericus*** (Müller) [**27**], häufigster Wasserfloh.

Ostracoda, Muschelkrebse

Muschelähnlich. Meist am Grunde oder auf Pflanzen von Gewässern, können vielfach mit Hilfe der 2. Antennen schwimmen. Filtrierer. Bestimmung der etwa 200 Arten schwierig (hier nur ♀♀ berücksichtigt).

1. Sch keulenförmig, mehr als doppelt so lang wie hoch, dünn, durchscheinend, weißlich-perlmuttglänzend, ohne Skulptur [**29**] .... **Darwinulocopina**
Im Süßwasser. Nur ***Darwinula stevensoni*** (Brady et Robertson) (bis 0,7 mm).

— Sch anders **2**

2. Sch glatt, ohne Gruben, Höcker oder Zähnchen (diese höchstens am Rand) [**6**], manchmal mit netzartigen Leisten **3**

— Sch meist derb, skulpturiert (flügel- oder stabförmige Anhänge, bucklige oder kegelförmige Vorwölbungen, Warzen oder Höcker), außerdem oft mit Gruben **4**

— Sch mindestens in der Mitte mit kleinen Gruben, ohne Skulptur **5**

3. Im Süßwasser .... **Cypridocopina** **6**
Hierzu auch wenige Arten der **Cytherocopina**.

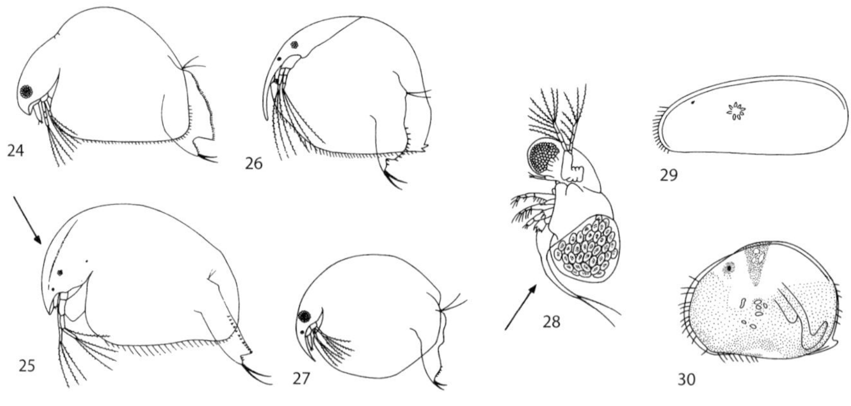

24 *Eurycercus*; **25** *Acroperus harpae*; **26** *Pleuroxus*, **27** *Chydorus*; **28** *Polyphemus*; **29** *Darwinula*; **30** *Notodromas*

— Marin. Einige **Cytherocopina** u. **Cypridocopina**, letztere v. a. im Brackwasser, darunter ***Heterocypris salina*** (Brady) (blassgelb, dunkelbraun gebändert; 1,2 mm), in Pfützen.

4. Im Süßwasser .... einige **Cypridocopina** u. **Cytherocopina**
a) Sch von oben gesehen an den Enden winklig oder gerundet: häufig z. B. ***Ilyocypris gibba*** (Ramdohr) (1 mm).
b) Sch mindestens an einem Ende kielartig abgeflacht u. zugespitzt: häufig z. B. ***Limnocythere inopinata*** (Baird) (0,6 mm).

— Marin .... viele Arten der ***Cytherocopina***
Meist in größeren Tiefen auf dem Meeresgrund. Dazu die Cyprinide ***Sarscypridopsis*** (= ***Cypridopsis***) ***aculeata*** (Costa) (Sch mit dichter, kurzer, kräftiger Bedornung; 0,8 mm), in nicht austrocknenden Küstenkleingewässern.

5. Im Süßwasser. Einige Arten der **Cypridocopina** u. **Cytherocopina**, darunter ***Metacypris cordata*** Brady et Robertson (Sch breit, braungrau, hinter Augen mit breiter schwarzer Binde; 0,6 mm).

— Marin. Viele Arten der **Cytherocopina**. Wenige Arten der **Cypridocopina** dringen in brackige Gewässer vor (z. B. ***Cypridopsis*** Brady).

6. Beide Augenbecher deutlich getrennt. Ventralseite der Sch abgeflacht, durch Leisten scharf begrenzt, hinten mit Sporn. Schwarz mit 4 gelblichen Flecken [**30**]: 2; ***Notodromas*** Lilljeborg, häufig ***N. monacha*** (Müller), schwimmt gut, kann auch mit Rücken nach unten an der Wasseroberfläche entlanggleiten.

— Augenbecher zu einem Auge verschmolzen. Wenn nicht verschmolzen, dann Sch u. Färbung anders
a) Sch weiß, glatt, durchscheinend. Viele Gattungen, am artenreichsten ***Candona*** Baird, z. B. ***C. candida*** (Müller) (bis 1,2 mm).
b) Sch grünlich. Viele Gattungen (z. B. ***Eucypris*** Vávra), manche Arten über 2 mm lang, z. B. ***Cypris pubera*** Müller (Vorderrand der Sch mit 9–10 schlanken Zähnen [**6**]. Viele Arten sind braun, gelblich oder rötlich gefärbt, z. B. ***Cypria ophtalmica*** (Jurine) (Sch farblos mit vielen kleinen dunkelbraunen Farbflecken; bis 0,7 mm).

Copepoda, Ruderfüßer

Freilebende Arten bewegen sich mit Hilfe der stark entwickelten 1. Antennen [**31**] ruckartig durch das Wasser. ♂♂ haben meist zu Greiforganen umgebildete 1. Antennen [**32**]. ♀♀ legen Eier frei ab oder tragen sie in Eisäckchen am Körper [**12, 31**]. Entwicklung über Nauplien. Filtrierer. Manche Gruppe parasitisch (ihre Jugendstadien dann freilebend). Etwa 180 Arten.

System:
Calanoida, Cyclopoida, Harpacticoida, Monstrilloida, Siphonostomatoida

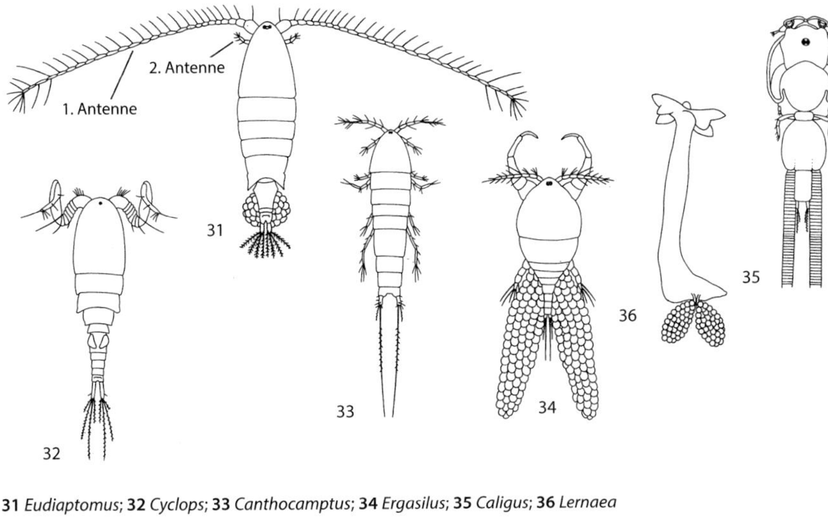

31 *Eudiaptomus*; **32** *Cyclops*; **33** *Canthocamptus*; **34** *Ergasilus*; **35** *Caligus*; **36** *Lernaea*

1. Freilebend. Körper wie [**31–33**]. Mit kauenden Mundwerkzeugen (mindestens einige gegliederte Äste zu erkennen), 2. Antennen nicht zu Greif- oder Haftorganen umgewandelt 2

— Im marinen Plankton. Ohne Mundgliedmaßen .... **Monstrilloida**
Monstrillidae mit wenigen Arten, z. B. ***Cymbasoma rigidum*** THOMPSON (bis 3 mm).

— Außen- oder Innenschmarotzer. Mundwerkzeuge meist saugend. 2. Antennen meist zu Greiforganen umgebildet oder reduziert 5

2. Antennen mindestens so lang wie Körper, mit mehr als 17 Gliedern, bei den ♂♂ wenn überhaupt, nur eine Seite (meist rechts) zu Greiforganen umgebildet. Eier im unpaarem Eisack unter Abd [**31**]. Habitus [**31**]. Planktisch, schweben im Wasser .... **Calanoida** 3

— 1. Antennen kürzer als halber Körper, mit höchstens 17 Gliedern, bei den ♂♂ beiderseits zu Greiforganen umgebildet. Habitus anders [**32, 33**] 4

3. Im Meer- und Brackwasser
a) Th (hinter länglichem Kopfabschnitt) besteht aus 5 freien Segmenten. Letztes Thsegment an den Seiten gerundet: z. B. **Calanidae**, ***Calanus finmarchicus*** (GUNNERUS) (bis 4,5 mm). Ähnlich, aber letztes Thsegment an den Seiten mit Flügeln oder spitzem Fortsatz: z. B. **Centropagidae**, ***Centropages typicus*** KRØYER (bis 2 mm).
b) Th aus 4 freien Segmenten: mehrere Familien, z. B. **Acartiidae**, ***Acartia bifilosa*** (GIESBRECHT) (bis 1,1 mm).
c) Th aus 3 freien Segmenten: mehrere Familien, z. B. **Clausocalanidae**, ***Pseudocalanus elongatus*** (BOECK) (bis 1,6 mm).

— Im Süßwasser .... **Diaptomidae** u. **Temoridae** mit etwa 25 Arten
a) Vorletztes u. letztes Thsegment des ♀ jederseits in Flügel ausgezogen: ***Mixodiaptomus laciniatus*** (LILLJEBORG) (bis 2,2 mm), in Alpenseen.
b) Nur letztes Thsegment flügelartig ausgezogen [**31**]: sehr häufig z. B. ***Eudiaptomus gracilis*** (SARS) [**31**] (bis 1,5 mm).
c) Letztes Thsegment ohne Flügel: z. B. ***Heterocope appendiculata*** SARS (**Temoridae**) (bis 2,2 mm).

4. 1. Antennen mit 8–17 Gliedern. Körper birnenförmig, Kopf u. Th breiter als Abd, deutlich gegen dieses abgesetzt [**12, 32**]; meist über 1 mm. Eier in paarigen Eisäckchen an den Seiten des Abd [**12**] .... **Cyclopoida**
Im Meer u. Süßwasser, meist im Litoral. Schwimmen ruckartig hüpfend. Viele Gattungen, u. a. im Süßwasser häufig ***Eucyclops serrulatus*** (FISCHER) (**Cyclopidae**) (1 mm); im Meer ***Cyclopina gracilis*** CLAUS (**Cyclopinidae**) (bis 0,7 mm).

— 1. Antennen mit höchstens 9 Gliedern. Kopf u. Th kaum breiter als Abd, ohne scharfe Grenze ineinander übergehend [**33**]. Eier in unpaarem oder paarigen Eisäcken unter Abd. Meist unter 1 mm .... **Harpacticoida**
Im Meer u. Süßwasser, nur selten schwimmend (Schlängeln), auch terrestrisch. Viele Gattungen. Im Süßwasser z. B. häufig ***Canthocamptus staphylinus*** (JURINE) [**33**] (um 1 mm); ***Bryocamptus pygmaeus*** (SARS) (bis 0,7 mm), in nassem Moos (beide zu **Canthocamptidae**). – Einige marine Familien ähnlich den **Cyclopoida**, aber Körper dann dorsoventral abgeflacht, darunter sehr häufig ***Tisbe furcata*** (BAIRD) (**Tisbidae**) (bis 1,5 mm).

5. Körper gegliedert, ± ähnlich den freilebenden **Cyclopoida**. 2. Antennen zu Greifhaken umgebildet [**34**] .... parasitische **Cyclopoida**
Marin. Außenschmarotzer an Vertebraten, wenige Arten in Tunicaten. Im Süßwasser nur **Ergasilidae**, an Fischen (auch in Kiemenhöhlen u. an Kiemen), am häufigsten ***Ergasilus sieboldi*** VON NORDMANN [**34**] (bis 1,5 mm).

— Körper schildförmig oder sackartig, fast ungegliedert. Mit reduzierten Extremitäten **Siphonostomatoida**
a) Körper meist schildförmig, selten langgestreckt. Th unvollständig segmentiert, mit Resten von Extremitäten [**35**]. Eisäcke oft stark verlängert. Meist marin an Fischen: u. a. **Caligidae**, im Meer häufiger ***Caligus rapax*** MILNE EDWARDS [**35**] (bis 7 mm), im Süßwasser ***Caligus lacustris*** STEENSTRUP ET LÜTKEN.
b) Körper fast ungegliedert, oft sackartig, vorn meist mit „Hörnchen". Thoracopoden fehlen meist völlig [**36**]. Oft nur durch Eisäcke als Krebse zu erkennen. Meist an Fischen. Beipiele: im Meer ***Lernaeocera branchialis*** (L.) (**Pennellidae**) (bis 40 mm), im Süßwasser ***Achtheres percarum*** VON NORDMANN (**Lernaeopodidae**) (bis 5 mm), ***Lernaea cyprinacea*** L. [**36**] (**Lernaeidae**, zu **Cyclopoida**) (bis 20 mm).

Decapoda, Zehnfüßer

Am Th 3 Paar Kieferfüße (als Mundwerkzeuge dienende umgebildete Thoracopoden) und 5 Paar Thbeine, vordere Paare meist mit Schere. Letzte Pleopoden (Uropoden) bilden mit Telson Schwanzfächer [**39**] (bei Krabben reduziert). Entwicklung über Larvenstadien. Filtrierer u. Räuber. Längenangaben für Krabben gelten vom Vorder- bis Hinterrand der Sch. Garnelen werden im Handel fälschlicherweise „Krabben" genannt. Im Gebiet etwa 70 Arten. Sehr seltene, nur bei Helgoland vorkommende oder in größerer Tiefe lebende Arten z. T. nicht berücksichtigt.

System: (alle Gruppen gehören zu den **Pleocyemata**, die **Caridea** sind Schwimmer, die übrigen Gruppen sind meist bodenbewohnende Läufer und werden auch als **Reptantia** zusammengefasst)

Caridea („Garnelen"): **Alpheidae, Atyidae, Crangonidae, Hippolytidae, Palaemonidae, Pandalidae, Processidae**
Astacidea: Astacidae, Cambaridae, Diogenidae, Nephropidae
Axiidea: Callianassidae
Gebiidea: Upogebiidae
Anomura: Galatheidae, Paguridae, Porcellanidae
Brachyura („Krabben"): viele Familien, ab Nr. **15** der Tabelle

1. Pleon groß, seitlich zusammengedrückt. Alle Pleopoden große Schwimmbeine. Gestalt wie [**15, 37**] .... Garnelen, **Caridea** 2
— Pleon groß, dorsoventral abgeflacht [**39**] oder asymmetrisch [**38**] (dann in Schneckengehäuse), selten kleiner u. unter Vorderkörper geklappt, dann mit Schwanzfächer. Pleopoden keine Schwimmbeine 8
— Pleon und Pleopoden reduziert, unter Vorderkörper geklappt, ohne Schwanzfächer. Gestalt [**41, 42**] .... Krabben, **Brachyura** 15
2. Drittletztes Glied des 2. Thbeines ungegliedert [**37**] 3
— Drittletztes Glied des 2. Thbeines in sich sekundär gegliedert 5
3. Rostrum dorsoventral abgeflacht, klein [**15**] .... **Crangonidae**
Marin. 2. Thbein so lang wie übrige. Sch mit 1 Rückendorn [**15**]: 2; ***Crangon*** F., sehr häufig ***C. crangon*** (L.), Nordseegarnele [**15**] (bis 60 mm). 2. Thbein viel kürzer als übrige. Sch mit mehreren Rückendornen: 1; ***Pontophilus*** Leach u. 2; ***Philocheras*** Stebbing, in flachem Wasser nur ***Philocheras*** (= ***Pontophilus***) ***trispinosus*** (Hailstone) (bis 27 mm).
— Rostrum seitlich zusammengedrückt, groß [**37**] 4
4. Oberrand des Rostrums mit 20–25 kleinen beweglichen Stacheln .... **Atyidae**
Im Süßwasser. Nur ***Atyaephyra desmarestii*** (Millet) (bis 50 mm), eingeschleppt, verbreitet.
— Oberrand des Rostrums höchstens mit 12 großen Zähnen [**37**] .... **Palaemonidae**
Meist marin. Schere des 2. Thbeines länger als das nächstangrenzende Glied: 5 Arten von 6; ***Palaemon*** F. (= ***Leander*** Desmarest), z. B. ***P. adspersus*** Rathke (= ***squilla*** (L.)), Ostseegarnele (bis 60 mm). Schere des 2. Thbeines kürzer als das nächstangrenzende Glied: ***P.*** (= ***Palaemonetes***) ***varians*** Leach [**37**] (bis 50 mm), auch in Flussmündungen.
5. Rostrum kurz, ungesägt, höchstens Spitze mit 2 keinen Zähnen 6
— Rostrum lang, mindestens auf Unterseite mit großen Zähnen 7
6. Augen von Vorderrand der Sch teilweise bedeckt. Drittletztes Glied des 2. Thbeines mit 5 sekundären Gliedern .... **Alpheidae**
Marin. Nur ***Athanas nitescens*** (Leach) (10–20 mm).
— Augen nicht von Sch bedeckt. Drittletztes Glied des 2. Thbeines aus 20–50 sekundären Gliedern bestehend .... **Processidae**
Nordsee. Nur 2; ***Processa*** Leach (bis 70 mm), in Küstennähe nur ***P. nouveli*** Al-Adhub et Williamson.

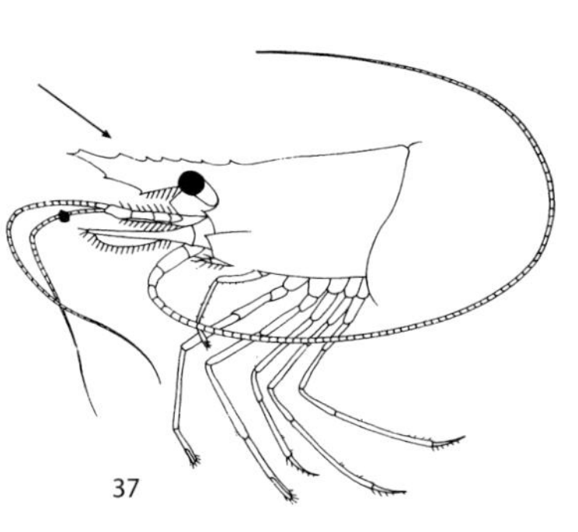
37

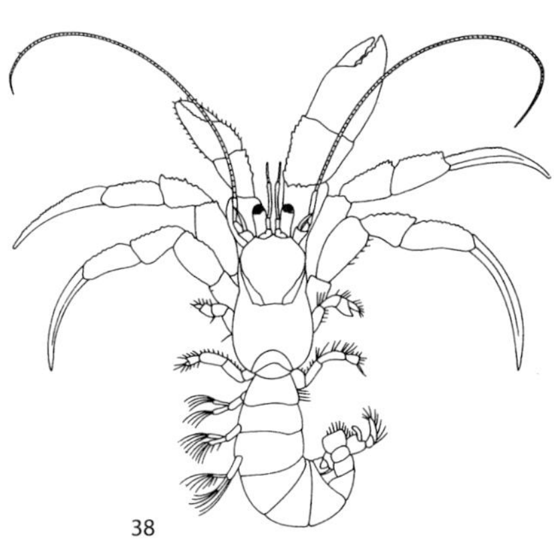
38

37 *Palaemonetes*; **38** *Pagurus*

7. 1. Thbein ohne oder mit mikroskopisch kleiner Schere. 2. Thbein mit kleiner Schere, beide Thbeine dünn .... **Pandalidae**
Marin. Häufiger nur 2; ***Pandalus*** Leach mit ***P. montagui*** Leach (um 70 mm), Nordsee.

— 1. u. 2. Thbein mit deutlicher Schere .... **Hippolytidae**
Marin. Oberrand des Rostrums mit höchstens 2 Zähnen: ***Hippolyte varians*** Leach (bis 30 mm), nur Nordsee. Oberrand des Rostrums mit mehr als 2 Zähnen: in flacherem Wasser nur ***Eualus*** (= ***Spirontocaris***) ***gaimardii*** (Milne-Edwards) (bis 40 mm), Nordsee u. Ostsee.

8. Pleon symmetrisch **9**

— Pleon asymmetrisch [**38**], steckt in leerer Schneckenschale .... **Paguridae**
Häufig nur ***Pagurus*** (= ***Eupagurus***) ***bernhardus*** (L.), Einsiedlerkrebs [**38**] (Vorderkörper bis 35 mm), Nordsee. Oft in Gehäusen von *Buccinum*. Scheren können Schale verschließen, Symbiose mit *Hydractinia*. – Hierher auch ***Diogenes pugilator*** (Roux) (**Diogenidae**) (Vorderkörper bis 11 mm).

9. Erste 3 Thbeine mit Scheren [**39**] **10**

— Höchstens erste 2 Thbeine mit Scheren **12**

10. Rostrum jederseits mit mindestens 3 großen Zähnen .... **Nephropidae**
Marin. Nur ***Homarus gammarus*** (L.) (= ***vulgaris*** Milne-Edwards), Hummer (bis 400 mm), in Nordsee auf Fels- und Steinboden.

— Rostrum jederseits höchstens mit 1 großem Zahn. Bis 120 mm. Im Süßwasser **11**

11. Rostrum oben in der Mitte mit Längsleiste .... Flusskrebse, **Astacidae**
Wenn Längsleiste undeutlich, als Sondermerkmal Antennenschuppe (Außenast der 2. Antennen) unten gezähnelt. ***Astacus astacus*** (L.), Edelkrebs [**39**] (hinter jedem Auge je 2 hintereinanderliegende Leisten; Rostrum an Rändern der Basis nicht gezähnelt), in sauberen Flüssen, durch Krebspest bedroht; ***Pontastacus*** (= ***A.***) ***leptodactylus*** (Eschscholz), Sumpfkrebs (ähnlich, aber Rostrum an Rändern der Basis gezähnelt), in Seen der Tiefebene. ***Austropotamobius*** (= ***Potamobius***) ***torrentium*** (Schrank), Steinkrebs (hinter den Augen je 1 Leiste), in Gebirgsbächen; im Süden ***A. pallipes*** (Lereboillet), Dohlenkrebs. – Weitere Arten eingeschleppt.

— Rostrum oben ohne Längsleiste .... **Cambaridae**
Axonius (= ***Orconectes***) ***limosus*** (Rafinesque) (= ***Cambarus affinis*** (Say)), Kamberkrebs, Amerikanischer Flusskrebs, verträgt auch verschmutzes Wasser. – Weitere Arten eingeschleppt, darunter ***Procambarus clarkii*** (Girard) (rot bis rotbraun).

12. 5. (letztes) Thbein etwa so groß wie übrige **13**

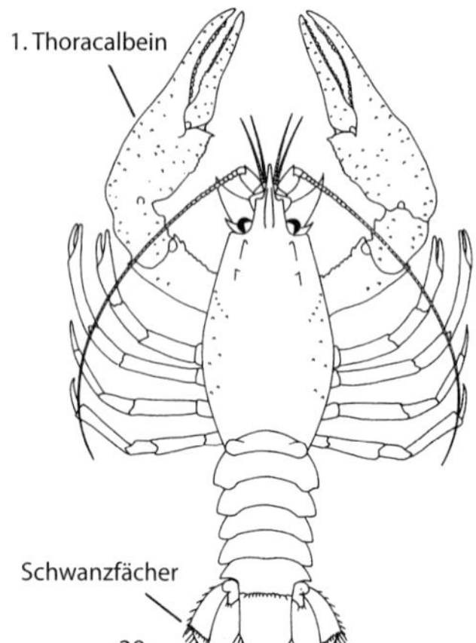

39

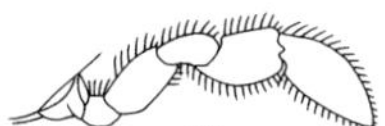
40

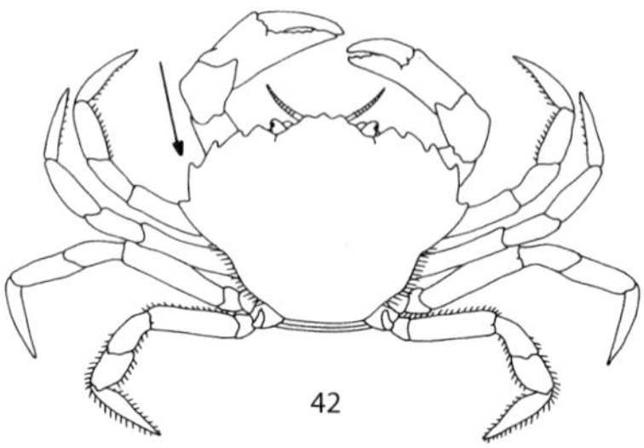
42

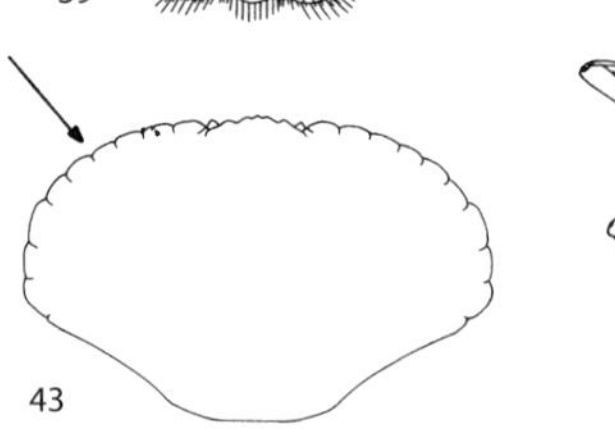
43

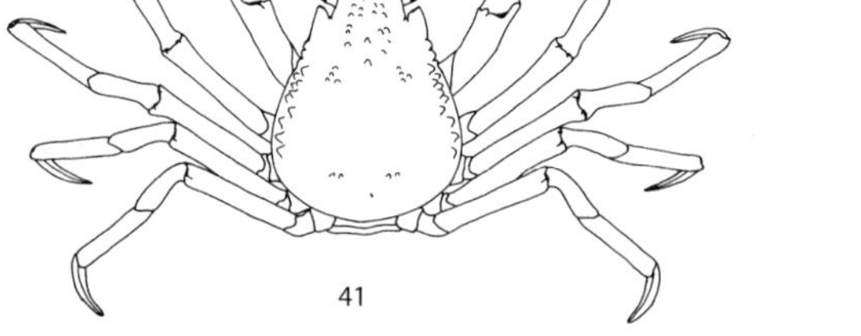
41

39 *Astacus*; **41** *Hyas*; **42** *Carcinus*; **43** *Cancer*

— 5. Thbein viel kleiner u. dünner als übrige (häufig im Kiemenraum) **14**

13. Rostrum deutlich .... **Upogebiidae**
Marin. Nur 2; ***Upogebia*** Leach, z. B. ***U. stellata*** (Montagu) (bis 60 mm).

— Rostrum fast fehlend .... **Callianassidae**
Marin. Nur ***Callianassa subterranea*** (Montagu) (bis 70 mm), gräbt Höhlen im Sand.

14. Rostrum deutlich zahnförmig vorspringend .... **Galatheidae**
Nordsee bei Helgoland. Nur 4; ***Galathea*** F., z. B. ***G. squamifera*** Leach (bis 100 mm).

— Stirn kaum vorgezogen. Krabbenähnlich .... **Porcellanidae**
Marin. Nur ***Pisidia longicornis*** (L.) (Sch bis 10 mm).

15. Scheren ohne dichten Pelzbesatz **16**

— Scheren mit dichtem Pelzbesatz .... **Varunidae**
Nur ***Eriocheir sinensis*** Milne-Edwards, Chinesische Wollhandkrabbe (bis 75 mm), in Flüssen der norddeutschen Tiefebene.

16. 4. und 5. (letztes) Thbein einander ähnlich **17**

— Endglieder des 5. Thbeines stark verbreitert (Schwimmbein) [**40**]
Schwimmkrabben, **Carcinidae**, **Polybiidae** u. **Portunidae**
Nordsee. Endglied des 2.–4. Thbeines lanzettlich abgeflacht: ***Portumnus latipes*** (Pennant) (**Carcinidae**) (25 mm). Endglied des 2.–4. Thbeines stachelartig: ***Liocarcinus*** Stimpson, mehrere Arten, häufig ***L.*** (= ***Portunus*** F.) ***holsatus*** (F.) (**Polybiidae**) (bis 40 mm). Aus Amerika eingeschleppt ***Callinectes sapidus*** Rathbun (Sch doppelt so breit wie lang; bis 100 mm). – Zu den **Carcinidae** gehört auch ***Carcinus maenas*** s. **21**.

17. 2. Antennen länger als Sch .... **Corystidae**
Nordsee. Nur ***Corystes cassivelaunus*** (Pennant), Maskenkrabbe (bis 30 mm).

— 2. Antennen kürzer als Sch **18**

18. Rand der Sch durchlaufend lang gelb beborstet .... **Thiidae**
Nordsee. Nur ***Thia scutellata*** (F.) (= ***polita*** Leach) (bis 22 mm).

— Rand der Sch nicht durchlaufend lang gelb beborstet **19**

19. Sch 3-eckig, größte Breite nahe Hinterrand [**41**] .... **Inachidae** u. **Oregoniidae**
Frühere Familie **Majidae**. Marin. Sch mit hügelig aufgeblasenen Regionen, die jeweils in 1 spitzen Höcker auslaufen: ***Macropodia rostrata*** (L.) (**Inachidae**) (bis 18 mm). Sch mit stumpfen Höckern [**41**]: 2; ***Hyas*** Leach (**Oregoniidae**), häufig ***H. araneus*** (L.), Seespinne [**41**] (bis 110 mm).

— Sch abgestutzt rhombisch, vorn u. hinten schmal .... **Leucosiidae**
Nordsee. Nur 2; ***Ebalia*** Leach, z. B. ***E. cranchii*** Leach (bis 11 mm).

— Sch rundlich gewölbt, Oberseite u. Rand glatt .... **Pinnotheridae**
Nordsee. Nur ***Pinnotheres pisum*** (L.), Muschelwächter (bis 18 mm), im Inneren von Muscheln, lebt von Nahrungspartikeln an den Kiemenblättern.

— Sch anders **20**

20. Vorderrand der Sch ungezähnt oder paarig gezähnt .... **Pilumnidae** u. **Panopeidae**
Pilumnus hirtellus (L.) (**Pilumnidae**) (Seitenrand der Sch mit 5 spitzen Zähnen; bis 20 mm), nur Nordsee. ***Rhithropanopeus*** (= ***Pilumnus***) ***harrisii*** (Gould) (**Panopeidae**) (Seitenrand der Sch mit 4 stumpfen Zähnen; bis 15 mm), im Nordostseekanal. – Eingeschleppt 2; ***Hemigrapsus*** Dana (Seitenrand der Sch mit 3 Zähnen).

— Vorderrand der Sch unpaar gezähnt, also mit Mittelzahn [**42, 43**] **21**

21. Sch wenig breiter als lang. Mittlerer Stirnzahn viel kräftiger als seitliche .... **Pirimelidae**
Marin. Nur ***Pirimela denticulata*** (Montagu) (bis 28 mm), nur Nordsee.

— Sch deutlich breiter als lang. Mittlerer Stirnzahn nicht kräftiger .... **Cancridae**
Marin. ***Cancer pagurus*** L., Taschenkrebs [**43**] (Sch vorn gekerbt [**43**]; bis 150 mm), nur Nordsee. – Hierher auch ***Carcinus maenas*** (L.), Strandkrabbe [**42**] (**Carcinidae**) (Sch vorn kräftig gezähnt [**42**]; bis 60 mm), sehr häufig.

Mysida

2. Antennen bestehen aus 3 Grundgliedern, der Antennenschuppe (= Außenast) und dem Innenast. Letzte Pleopoden zu Uropoden umgebildet. Eier in Brutraum unter Th (= Marsupium). Entwicklung direkt. Meist am Boden, können mit Hilfe der Thbeine schwimmen. Filtrierer. Fast alle marinen Arten können in Flussmündungen eindringen. Seltene oder nur bei Helgoland oder nur in größerer Tiefe vorkommende Arten nicht berücksichtigt. Nur Familie **Mysidae**.

1. Im Süßwasser
Telson V-förmig eingeschnitten: ***Mysis relicta*** Lovén (Einschnitt mit vielen kleinen Dornen; bis 25 mm), Ostsee u. norddeutsche Seen, s. auch Nr. **4**. ***Limnomysis benedeni*** Czerniavsky (Einschnitt mit 4 größeren Dornen; bis 15 mm), über die Donau eingeschleppt, in Flüssen u. Seen. Telson abgestutzt: ***Hemimysis anomala*** Sars (mit rotem Fleck auf dem Telson; bis 15 mm), aus dem Osten eingeschleppt, in Flüssen u. Seen. Telson zungenförmig: ***Katamysis warpachowskyi*** Sars (bis 7 mm), über die Donau eingeschleppt, im Süden.

— Im Meer 2
2. Telson am Ende ± tief eingeschnitten 3
— Telson nicht eingeschnitten, entweder abgerundet oder abgestutzt 6
3. Außenast der Uropoden am Außenrand nur bedornt, ohne lange Fiederborsten. 20 mm. Marin 2; ***Gastrosaccus*** NORMAN
Gastrosaccus spinifer (GOES) in Nord- u. Ostsee, häufig, auch im Flachwasser.
— Außenast der Uropoden am Außenrand mit langen Fiederborsten 4
4. Außenrand der Antennenschuppe höchstens im Spitzenteil mit Fiederborsten 5
— Antennenschuppe am ganzen Außenrand mit Fiederborsten .... 2; ***Mysis*** LATREILLE
M. mixta LILLJEBORG (Antennenschuppe vorn zugespitzt; bis 30 mm), marin; ***M. relicta*** LOVÉN [**1**] (Antennenschuppe abgerundet; bis 25 mm), Ostsee u. norddeutsche Seen. Eiszeitrelikt. – Wenn als Sondermerkmal 3. Thbein mit Greiffuß: ***Heteromysis norvegica*** SARS (bis 15 mm).
5. Antennenschuppe fast an Spitze des Außenrandes mit Zahn .... 3; ***Praunus*** LEACH
Marin. ***P. inermis*** (RATHKE) (Antennenschuppe höchstens 1,5-mal so lang wie Antennenschaft; bis 18 mm); ***P. neglectus*** (SARS) (Antennenschuppe etwa 5–6-mal so lang wie breit, 2–3-mal so lang wie Antennenschaft; bis 20 mm); ***P. flexuosus*** (MÜLLER) (Antennenschuppe etwa 7–8-mal so lang wie breit, mindestens 3-mal so lang wie Antennenschaft; bis 26 mm).
— Antennenschuppe etwa in der Mitte des Außenrandes mit Zahn, seine Entfernung zur Spitze mindestens ⅓ der Schuppenlänge. .... 3; ***Schistomysis*** NORMAN
Verbreitet ***S. spiritus*** (NORMAN) (Augenstiele länger als breit; bis 20 mm). – Hierher weitere Arten.
6. Telson kurz zungenförmig, jederseits mit zahnartigem Vorsprung. Bis 15 mm. ***Mesopodopsis slabberi*** (VAN BENEDEN)
— Telson anders 7
7. Antennenschuppe kürzer als Schaft der 1. Antenne, Außenrand ohne Borsten, vorn mit Zahn. Außenast der Uropoden mit Dornen .... 4; ***Siriella*** DANA
Häufiger ***Siriella armata*** (MILNE-EDWARDS) (bis 20 mm), Nordsee, Flachwasserform.
— Antennenschuppe länger als Schaft der 1. Antenne, zweigliedrig, Außenrand mit Fiederborsten, ohne Zahn, Außenast der Uropoden mit Fiederborsten
Mehrere Arten, darunter häufig ***Neomysis integer*** (LEACH) (bis 17 mm), Nord- u. Ostsee, Küstenform.

Amphipoda, Flohkrebse

Mit 7 Thbeinpaaren, diese mit Coxalplatten. Erste beide Thbeine meist mit Schere (= Gnathopoden). Erste 3 Pleopoden als 2-ästige Schwimmbeine, letzte 3 Pleopoden mit griffel- oder stachelförmigen Ästen als Sprungbeine (= Uropoden) [**45**]. Tragen Eier im Marsupium. Entwicklung direkt. Fressen Pflanzen, Tiere oder Detritus. Im Wasser, wenig Arten amphibisch. Etwa 180 Arten. Die marinen Familien, deren Arten nur unter 10 m Tiefe vorkommen, hier nicht berücksichtigt.

System:
Senticaudata
Gammarida: Bathyporeiidae, Crangonyctidae, Gammarellidae, Gammaridae, Niphargidae, Pallaseidae
Corophiida: Amphitoidae, Aoridae, Caprellidae, Cheluridae, Corophiidae, Ischyroceridae, Microprotopidae
Talitrida: Hyalidae, Talitridae
Hadziida: Calliopiidae
Hyperiidea: Hyperiidae
Amphilochidea: Amphilochidae, Dexaminidae, Haustoriidae, Phoxocephalidae, Pontoporeiidae, Stenothoidae

1. Körper stabförmig. Pleon rückgebildet. Hintere Thbeine Klammerorgane [**44**] .... **Caprellidae**
Marin, meist im Litoral, auf Hydrozoen, Bryozoen, Pflanzen. Häufig ***Caprella linearis*** (L.), Gespenstkrebs [**44**] (bis 20 mm).
— Körper anders. Pleon nicht rückgebildet 2
2. Augen bedecken Kopf fast vollständig .... **Hyperiidae**
Pelagisch im Meer, mitunter im Schirmbereich von Medusen. Häufig ***Hyperia galba*** (MONTAGU) (bis 20 mm).
— Augen lassen Großteil des Kopfes frei [**45**] 3

3. Telson hinten zweigeteilt (manchmal bis zur Basis), wenn nur flach ausgebuchtet, 1. Antennen etwa so lang wie 2. oder länger **4**

— Telson ungeteilt, zungenförmig, oval oder zugespitzt, wenn abgestumpft u. etwas ausgebuchtet, 1. Antennen viel kürzer als 2. Antennen **7**

4. Jedes Pleonsegment oben in Mitte mit großem Zahn. 2. Glied der 1. Antennen etwa 1,5-mal so lang wie 1. Glied .... **Dexaminidae**

Marin. Häufig ***Dexamine spinosa*** (Montagu) (bis 14 mm).

— Pleonsegmente ohne Zahn, wenn gezähnt, 1. u. 2. Glied der 1. Antennen gleich lang **5**

5. Kopf nach vorn in langes, zugespitztes Rostrum verlängert, dieses bedeckt Grundglied der Antennen. Ohne Augen .... **Phoxocephalidae**

Marin, z. B. ***Phoxocephalus holbolli*** (Krøyer) (7 mm), gräbt im Meeresboden.

— Kopf nicht in Rostrum verlängert **6**

6. Basis des letzten Thbeines im Vergleich zu vorletztem stark verbreitert u. beborstet einige marine Familien

Graben im Boden. Im Meereslitoral kommen vor:

a) Grundglied der 1. Antennen gegen übrige Glieder kniearig abgewinkelt: 8; ***Bathyporeia*** Lindström (**Bathyporeiidae**), z. B. ***B. pilosa*** Lindström (7 mm).

b) 1. Antennen gerade: ***Haustorius arenarius*** (Slabber) (**Haustoriidae**) (ohne Augen; 11–13 mm), im Sand. 2; ***Pontoporeia*** Krøyer s. l. (**Pontoporeiidae**) (mit Augen; bis 10 mm), z. B. ***Monoporeia*** (= ***P.***) ***affinis*** (Lindström), in der Ostsee u. am Grunde von Süßwasserseen (Glazialrelikt).

— Basis des letzten Thbeines nicht stark verbreitert [**13**] .... mehrere Familien

a) Ohne Augen. Mehrere Gattungen aus Höhlen u. Grundwasser, am häufigsten ***Niphargus*** Schiödte (**Niphargidae**), um 15 Arten, darunter ***N. aquilex*** Schiödte (5–15 mm).

b) Mit Augen (hier unter den marinen Formen nur küstennahe Arten berücksichtigt)

1) Telson gestutzt, nicht gespalten, ± schwach eingebuchtet: 2; ***Gammarellus*** Herbst (**Gammarellidae**) (Rücken gekielt; bis 26 mm), im Meer, z. B. ***G. homari*** (F.). ***Pallaseopsis quadrispinosa*** (Sars) (**Pallaseidae**) (Rücken ungekielt; einige Pleonsegmente jederseits mit Rückendorn; bis 21 mm), am Grunde von Süßwasserseen. ***Synurella ambulans*** (Müller) (**Crangonyctidae**) (Rücken ungekielt u. ungezähnt; 7 mm), im Süßwasser.

2) Telson tief gespalten: artenreich ***Gammarus*** F. (**Gammaridae**), ***G. roeseli*** Gervais (hintere Körpersegment oben in gekielten Zahn ausgezogen; bis 20 mm), in Flüssen u. Bächen. Bei übrigen Arten Körpersegmente ohne Zahn. Häufig in Bächen ***G. pulex*** (L.) (bis 24 mm); in Seen ***G. lacustris*** Sars [**13**] (bis 24 mm); im Brackwasser ***G. duebeni*** Lilljeborg (bis 18 mm); in Meerwasser höheren u. niedrigeren Salzgehaltes ***G. locusta*** (L.) (bis 20 mm).

Viele weitere Arten eingeschleppt. Beispiele unter den flussbewohnenden **Gammaridae**: ***Gammarus tigrinus*** Sexton (mit dunklen Querstreifen; bis 14 mm). ***Dikerogammarus*** Stebbing u. ***Echinogammarus*** Stebbing, verbreitet z. B. ***D. villosus*** (Sowinsky) (hintere Segmente des Pleons mit dorsalem Fortsatz; bis 25 mm), räuberisch.

7. Telson lang u. zugespitzt .... **Amphilochidae**

Marin. Häufig ***Gitana sarsi*** Boeck (3 mm).

— Telson zungenförmig oder oval, etwa doppelt so lang wie breit **8**

— Telson kurz, etwa so lang wie breit oder kürzer, zugespitzt, abgestumpft oder ausgebuchtet **9**

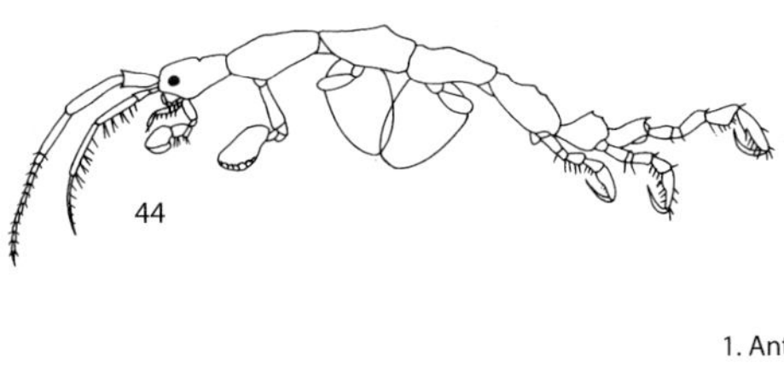

44

45

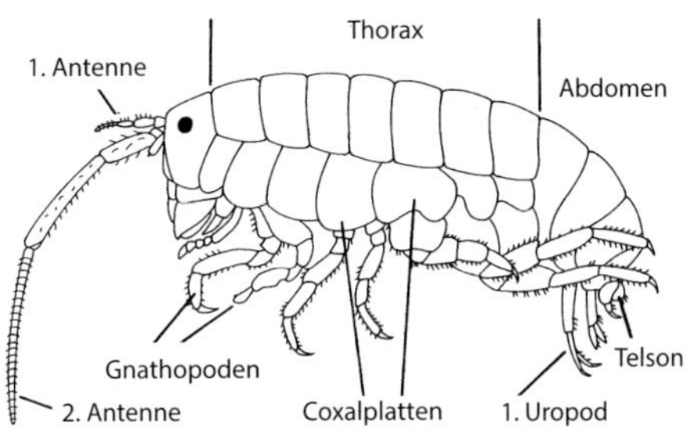

44 *Caprella*; **45** *Talitrus*

8. 2.–4. Coxalplatte sehr groß, bilden großes Schild .... **Stenothoidae**
Marin. Am häufigsten ***Metopa*** (= ***Stenula***) ***rubrovittata*** Sars (4 mm).

— 2.–4. Coxalplatte normal entwickelt (vgl. [**13**]) .... **Calliopiidae**
Marin. Häufiger ***Calliopius laeviusculus*** (Krøyer) (8–10 mm).

9. 1. Antennen höchstens so lang wie Schaft (erste 4 Glieder) der 2. Antennen, diese mit vielgliedriger Geißel (mindestens 10 Glieder) [**45**]
Im Litoral u. auf dem feuchten Strand der Meeresküste. Mit Sprungvermögen.
a) 1. Antennen etwa so lang wie Schaft der 2. Antennen: **Hyalidae** mit ***Apohyale prevostii*** (Milne-Edwards) (= ***Hyale nilssoni*** Rathke) (6–8 mm), im flachen Wasser, Nordsee.
b) 1. Antennen viel kürzer als Schaft der 2. Antennen [**45**]: **Talitridae** (bis 15 mm.) Am Strand: ***Platorchestia*** (= ***Orchestia***) ***platensis*** (Krøyer) (Außenast der 1. Uropoden nur am Ende bedornt). Bei übrigen Arten dieser Außenast auch am Rande bestachelt. Auf Geröll- oder Steinstrand: ***Orchestia gammarellus*** (Pallas), nur Nordsee. Auf Sandstrand: ***Talitrus saltator*** (Montagu), Strandfloh [**45**] u. weniger häufig ***Deshayesorchestia*** (= ***Talorchestia***) ***deshayesii*** (Audouin). Nur auf Süßwasserstrand: 2; ***Cryptorchestia*** Lowry et Fanini, z. B. ***C. cavimana*** (Heller).

— 1. Antennen länger als Schaft der 2. Antennen, wenn kürzer, Geißel der 2. Antennen mit weniger als 10 Gliedern. Viele Arten in Wohnröhren **10**

10. 3. Uropod mit sehr langem, verbreitertem Außenast. 3. Pleonsegment mit großem Rückenzahn. 5–6 mm .... **Cheluridae**
Marin. Bohren Gänge in untergetauchtem Holz. Nur ***Chelura terebrans*** Philippi.

— Andere Merkmale **11**

11. Pleon dorsoventral zusammengedrückt [**46**] .... **Corophiidae**
Bauen Röhren in den Sand. Im Flachwasser u. a. ***Corophium*** Latreille (bis 10 mm), mehrere Arten, häufig an Meeresküste ***C. volutator*** (Pallas) [**46**]. Mehrere Arten eingeschleppt, auch im Süßwasser verbreitet ***Chelicorophium curvispinum*** (Sars) (bis 6 mm).

— Pleon seitlich etwas zusammengedrückt .... einige marine Familien
Hier nur häufigere Flachwasserarten berücksichtigt. Bauen Röhren in den Sand oder in der Vegetation.
a) Außenast der 3. Uropoden stumpf, mit hakenartig gebogenen Endstacheln: **Amphitoidae** mit ***Amphitoe rubricata*** (Montagu) (bis 20 mm).
b) Außenast der 3. Uropoden spitz zulaufend, leicht hakenartig gebogen: **Ischyroceridae**, z. B. ***Jassa falcata*** (Montagu) (bis 11 mm).
c) 3. Uropoden nicht hakenartig. 1. Gnathopod stärker entwickelt als 2.: häufig ***Microdeutopus gryllotalpa*** Costa (**Aoridae**) (bis 10 mm). 1. u. 2. Gnathopod gleich stark entwickelt: ***Microprotopus maculatus*** Norman (**Microprotopidae**) (3. Uropod 1-ästig; bis 3 mm). Bei weiteren Arten 3. Uropod 2-ästig, z. B. häufig ***Leptocheirus pilosus*** Zaddach (**Corophiidae**) (bis 5 mm), auch im Brackwasser.

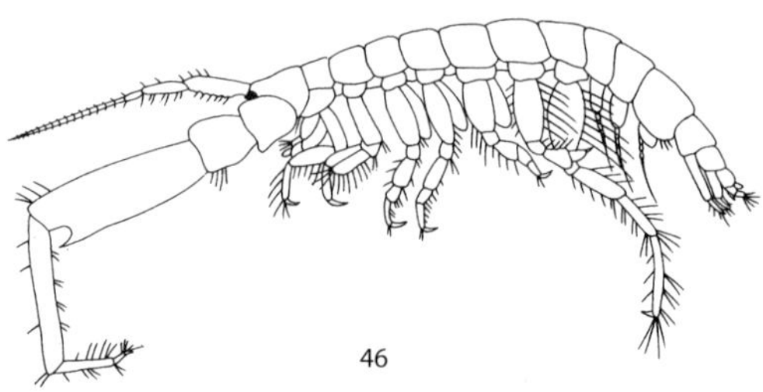

46 *Corophium*

Isopoda, Asseln

Erste 5 Pleopoden flächig ausgebildete Spaltbeine, liegen der Unterseite des Pleons an; bei vielen landbewohnenden Asseln entweder erste beide oder alle Außenäste mit lungenartigen Einstülpungen (= Trachealsystemen). Bei lebenden Tieren wegen ihrer Luftfüllung als „weiße Körperchen" sichtbar (in Alkohol schwer zu erkennen!). Letzte Pleopoden zu Uropoden umgebildet. ♀♀ tragen Eier im Marsupium. Entwicklung direkt. Nahrung meist abgestorbene Pflanzenteile oder Detritus, einige Arten Räuber. Manche Arten der marinen **Cymothoida** sind Parasiten bei Krebsen, hier nicht behandelt. Viele Arten synanthrop; die eingeschleppten, nur in Gewächshäusern oder Thermalquellen gefundenen Arten im Folgenden nicht berücksichtigt. Im Gebiet etwa 80 Arten.

System:
Asellota: Asellidae, Janiridae
Oniscidea: Agnaridae, Armadillidiidae, Cylisticidae, Ligiidae, Mesoniscidae, Oniscidae, Philosciidae, Platyarthridae, Porcellionidae, Trachelipodidae, Trichoniscidae
Valvifera: Arcturidae, Chaetiliidae, Idoteidae
Limnoriidea: Limnoriidae
Sphaeromatidea: Sphaeromatidae
Cymothoida: Aegidae, Anthuridae, Cirolanidae, weitere parasitische Familien

1. Uropoden auf Unterseite des Pleons nach innen geklappt, bedecken die Pleopoden vollständig wie Flügelfenster. Marin .... **Valvifera** 2
— Uropoden bilden Schwanzfächer (z. B. wie [**39**]), gelenken seitlich am 6. Pleonsegment. Pleopoden sichtbar. Marin 4
— Uropoden gelenken dicht nebeneinander in der Mitte des 6. Pleonsegmentes [**48, 50**]. Pleopoden sichtbar 7

2. Körper zylindrisch. 5. Thsegment sehr lang .... **Arcturidae**
Nur ***Astacilla longicornis*** (Sowerby) (bis 27 mm), Nordsee in größerer Tiefe.
— Körper dorsoventral abgeflacht. Thsegmente etwa gleich lang 3

3. Kopf jederseits in 2 Lappen ausgezogen. 50–80 mm .... **Chaetiliidae**
Nur ***Saduria*** (= ***Mesidotea***) ***entomon*** (L.), am Boden der Ostsee.
— Kopfseiten ohne Lappen [**47**]. Bis 30 mm .... **Idoteidae**
Nur 7; ***Idotea*** F., im Meer- und Brackwasser, ***I. balthica*** (Pallas) [**47**] (Telson hinten meist 3-spitzig); ***I. chelipes*** (Pallas) (= ***viridis*** (Slabber)) (Telson hinten 1-spitzig mit geraden bis konvexen Seiten); ***I. granulosa*** Rathke (ähnlich, aber Telson mit konkaven Seiten). Färbung: hell einfarbig, dunkel gefleckt oder gestreift. Übrige Arten z. T. ähnlich, aber selten.

4. Körper langgestreckt u. zylindrisch .... **Cymothoida**
Brackwasser, Ostsee. **Anthuridae** mit ***Cyathura carinata*** (Krøyer) (bis 27 mm).
— Körper dorsoventral abgeflacht bis (im Querschnitt) höchstens halbzylindrisch. Marin
Limnoriidea, Sphaeromatidea u. weitere **Cymothoida** 5

5. Körper dorsoventral abgeflacht. Pleon mit 5 freien Segmenten 6
— Körper halbzylindrisch, in Längsrichtung einrollbar. Pleonsegmente verwachsen
Sphaeromatidae
Im Litoral. Nur 2; ***Lekanesphaera*** Verhoeff (= ***Sphaeroma*** Bosc) (bis 11 mm), z. B. ***L. hookeri*** (Leach).

6. Uropodenäste breit u. flach. Thbeine keine Klammerbeine. Freilebend .... **Cirolanidae**
Eurydice pulchra Leach (2. Antennen reichen bis zum Endes des Th; bis 7 mm), im Flachwasser. ***Natatolana*** (= ***Cirolana***) ***borealis*** (Lilljeborg) (2. Antennen reichen bis Mitte des Th; bis 30 mm), in größerer Tiefe.
— Uropodenäste breit u. flach. Vordere Thbeine Klammerbeine .... **Aegidae**
Ektoparasiten auf Meeresfischen. Nur ***Aega psora*** (L.) (bis 50 mm).
— Uropoden mit hakenförmigem Außen- u. griffelförmigem Innenast .... **Limnoriidae**
Bohren Gänge in untergetauchtem Holz. Nur ***Limnoria lignorum*** (Rathke), Bohrassel (bis 5 mm), in Küstengewässern, aber auch an Treibholz.

7. Telson u. Pleon zu einem Stück verschmolzen [**48**] .... **Asellota** 8
— Mit 5 freien Pleonsegmenten, das 6. mit Telson verschmolzen [**50**]. Meist Landbewohner
Oniscidea 9

8. Telson hinten abgestutzt u. zungenförmig ausgezogen [**48**], Seiten nicht gezähnelt; wenn Telson abgerundet, dann Kopf ohne Augen. Uropoden lang .... **Asellidae**
Im Süßwasser. Bis 20 mm. Mehrere Arten von ***Asellus*** Geoffroy St. Hilaire u. ***Proasellus*** Dudich. Mit Augen: sehr häufig nur ***A. aquaticus*** (L.), Wasserassel [**48**], auch im Brackwasser. Ohne Augen, im Grundwasser, häufiger ***P. cavaticus*** (Leydig).
— Telson hinten abgerundet [**49**]; wenn etwas abgestutzt u. zungenförmig vorgezogen, dann an den Seiten gezähnelt. Mit Augen .... **Janiridae**
Marin. ***Janira maculosa*** Leach (Uropoden mindestens so lang wie Pleon u. Telson; bis 10 mm). ***Jaera albifrons*** Leach [**49**] (Uropoden kurz, dicht nebeneinander, überragen Telson kaum; bis 6 mm), sehr häufig in Gezeitenzone. – Außerde ***Jaera istri*** Veuille, über die Donau in weitere Flüsse eingeschleppt. – Bei 2 weiteren Familien des tiefen Meerbodens Uropoden kurz, ihre Basis weit entfernt.

9. Geißel der 2. Antennen besteht aus mehr als 3 Gliedern; wenn Geißel nur mit 2 oder 3 Gliedern, dann Endglied pinselartig beborstet [**52**] u. Augen mit 1 oder 3 Ommatidien. Außenast der Uropoden griffelförmig. Ohne Trachealsysteme 10
— Antennengeißel 2–3-gliedrig, Endglieder nie pinselartig beborstet. Augen normal ausgebildet, mit vielen Ommatidien. Außenast der Uropoden ± abgeflacht. Mit oder ohne Trachealsysteme
11

— Antennengeißel 2-gliedrig, 1. Glied jedoch sehr kurz. Ohne Augen. Weiß ..... **Platyarthridae**
Nur ***Platyarthrus hoffmanseggi*** Brandt (3–5 mm), Einmieter in Ameisennestern.

10. Stirn ohne Seitenlappen [**50**] .... **Ligiidae**
Vorwiegend amphibisch lebend. ***Ligia oceanica*** (L.) [**50**] (Außen- u. Innenast der Uropoden inserieren dicht nebeneinander; 15–30 mm), an felsigen, steinigen Meeresküsten. 2; ***Ligidium*** Brandt (Innenast der Uropoden inseriert auf einem nach hinten gerichteten Fortsatz des Grundgliedes [**51**]; 7–10 mm), an nassen Binnenlandstellen, häufig nur ***L. hypnorum*** (Cuvier) [**51**]. – Hierher auch die unpigmentierte, augenlose Art ***Mesoniscus alpicola*** (Heller) (**Mesoniscidae**). Im Süden (Alpen).

— Stirn mit Seitenlappen über Ansatz der 2. Antennen [**52**] .... **Trichoniscidae**

a) Rücken mit kräftigen Längswülsten: 4; ***Haplophthalmus*** Schöbl, häufiger ***H. danicus*** Budde-Lund (4 mm), im Süden in Wäldern; im Norden synanthrop.
b) Rücken ohne Längswülste
   1) Augen bestehen aus 3 Ommatidien. Oberfläche des Körpers ohne Höckerchen: 7; ***Trichoniscus*** Brandt, häufiger nur ***T. pusillus*** Brandt [**52**] (bis 5 mm), in Wäldern; übrige Arten im Bergland oder synanthrop.
   2) Augen bestehen aus 1 Ommatidium (kann sich in Alkohol entfärben!). Oberfläche des Körpers glatt u. glänzend, dunkel: ***Hyloniscus riparius*** (C. L. Koch) (bis 7 mm), im Süden freilebend, im Norden synanthrop. Oberfläche mit kleinen Höckern, weißlich bis schwach rötlich: 4 Gattungen mit 7 seltenen Arten, z. B. 2; ***Androniscus*** Verhoeff, zerstreut ***A. dentiger*** Verhoeff (bis 6 mm).

11. Antennengeißel deutlich 2-gliedrig [**14**]. Mit 2–5 Paar geschlossenen Trachealsystemen („weiße Körper"; in Alkohol kaum erkennbar) **13**

— Antennengeißel 3-gliedrig [**53a, 53b**]. Ohne Trachealsysteme **12**

12. Kopf mit großen Seitenlappen [**54**]. 14–18 mm .... **Oniscidae**
Nur ***Oniscus asellus*** L., Mauerassel (schwärzlich-braun, in Rückenmitte paarige helle Fleckenreihe, nahe Außenrand helle Längsbinde), sehr häufig.

— Kopf ohne Seitenlappen [**53a**]. Bis 12 mm .... **Philosciidae**
2; ***Philoscia*** Latreille (Oberfläche glatt), sehr häufig ***Ph. muscorum*** (Scopoli), Moosassel [**53a**] (in Rückenmitte meist paarige dunkle Fleckenreihe). 2; ***Lepidoniscus*** Verhoeff (Oberfläche mit Schuppen), z. B. ***L. minutus*** (C. L. Koch), im Süden.

13. Außenäste der Uropoden plattenartig verbreitert, überragen Hinterrand des Telsons nicht. Kugelvermögen .... Rollasseln, **Armadillidiidae**
Mit 2 Paar Trachealsystemen. Auch die Antennen werden in Kugel eingezogen [**55**]. Im Gegensatz zu Kugel der **Glomeridae** (**Myriapoda**) Seiten der Rückenplatten gewinkelt. Nur 7; ***Armadillidium*** Brandt.

a) Auf den Stirnseiten neben Vorderrand der Augen mit Doppellinie [**56**]: ***A. pulchellum*** (Zenker) (Telson hinten breit gerundet; bis 7 mm); ***A. pictum*** Brandt (Telson 3-eckig, hinten schmal abgerundet; bis 9 mm).
b) Auf Stirnseiten neben Augen nur einfache Linie [**57**]: ***A. opacum*** (C. L. Koch) (hinter Stirndreieck tiefe Grube, hinten von 2 abgerundeten Höckern begrenzt [**57**]; bis 12 mm); ***A. zenckeri*** Brandt (hinter Stirndreieck Querspalt, in der Mitte nach hinten grubig erweitert; bis 10 mm), nur im Osten; ***A. vulgare*** (Latreille) (hinter Stirndreieck keine Vertiefung; Telson so lang wie breit, hinten breit abgestutzt; bis 17 mm), häufigste Art, an trockenen Stellen. ***A. nasatum*** Budde-Lund (ebenso, aber Telson länger als breit, hinten schmal abgerundet; bis 13 mm). – Außerdem ***A. versicolor*** Stein (bis 10 mm), Südbayern. Selten.

— Außenäste der Uropoden nicht plattenartig, überragen Hinterrand des Telsons deutlich [**14**] **14**

14. Stirn scharf spitzwinklig vorgezogen [**58**]. Oberfläche des Körpers glatt. Mit 5 Paar Trachealsystemen .... **Cylisticidae**
In langgestreckte Kugel einrollbar (Antennen außerhalb der Kugel). Nur ***Cylisticus convexus*** (De Geer) (11–16 mm), meist synanthrop.

— Stirnmitte gerundet, wenn fast spitz [**14**], Körperoberfläche gekörnelt **15**

15. Mit 2 Paar Trachealsystemen an den ersten 2 Abdbeinpaaren .... **Porcellionidae** S. 188

— Mit 5 Paar Trachealsystemen (an den ersten 5 Abdbeinpaaren, oft schwer erkennbar) **Trachelipodidae** u. **Agnaridae** S. 189

Familie: **Porcellionidae**

1. Seitenlappen der Stirn klein. 1. freies Thsegment von oben gesehen mit gerundeten Hinterecken. Bis 11 mm .... ***Porcellionides*** (= ***Metoponorthus***) ***pruinosus*** (Brandt)
Meist synanthrop.

— Seitenlappen der Stirn weit hervorragend [**59**]. 1. freies Thsegment meist mit winkligen Hinterecken [**14**]. 13–22 mm .... 6; ***Porcellio*** Latreille

a) Kopf u. 1. freies Thsegment mit deutlicher Körnelung in Querreihen. Mittellappen der Stirn ± 3-eckig [**14**]: ***P. scaber*** Latreille, Kellerassel [**14**] (Telson am Ende schmal zugespitzt, oben rinnenförmig eingedrückt), sehr häufig; ***P. dilatatus*** Brandt (Telson zungenförmig gerundet, oben wenig eingedrückt), synanthrop. Mittellappen der Stirn ± trapezförmig [**59**]: ***P. spinicornis*** Say, an trockenen Stellen.

b) Kopf u. 1. freies Thsegment undeutlich gekörnelt, nie in Querreihen. Mittellappen der Stirn gerundet, stumpfwinklig: ***P. laevis*** LATREILLE, synanthrop. Mittellappen der Stirn gerundet, bogenförmig: ***P. monticola*** LEREBOULLET (Seiten des Kopfes kaum ½ so breit wie Mittellappen), in SW-Deutschland; ***P. montanus*** BUDDE-LUND (Seitenlappen des Kopfes etwa so breit wie Mittellappen), im Bergland.

Familien: **Trachelipodidae** u. **Agnaridae**

1. Hinterecken des 1. freien Thsegmentes von oben gesehen rechteckig oder gerundet, nicht nach hinten ausgezogen .... (**Agnaridae**) 3; ***Protracheoniscus*** VERHOFF
Häufiger nur ***P. politus*** (C. L. KOCH), in S-Deutschland.

— Hinterecken des 1. freien Thsegmentes zipflig ausgezogen (wie [**14**]) (**Trachelipodidae**) **2**

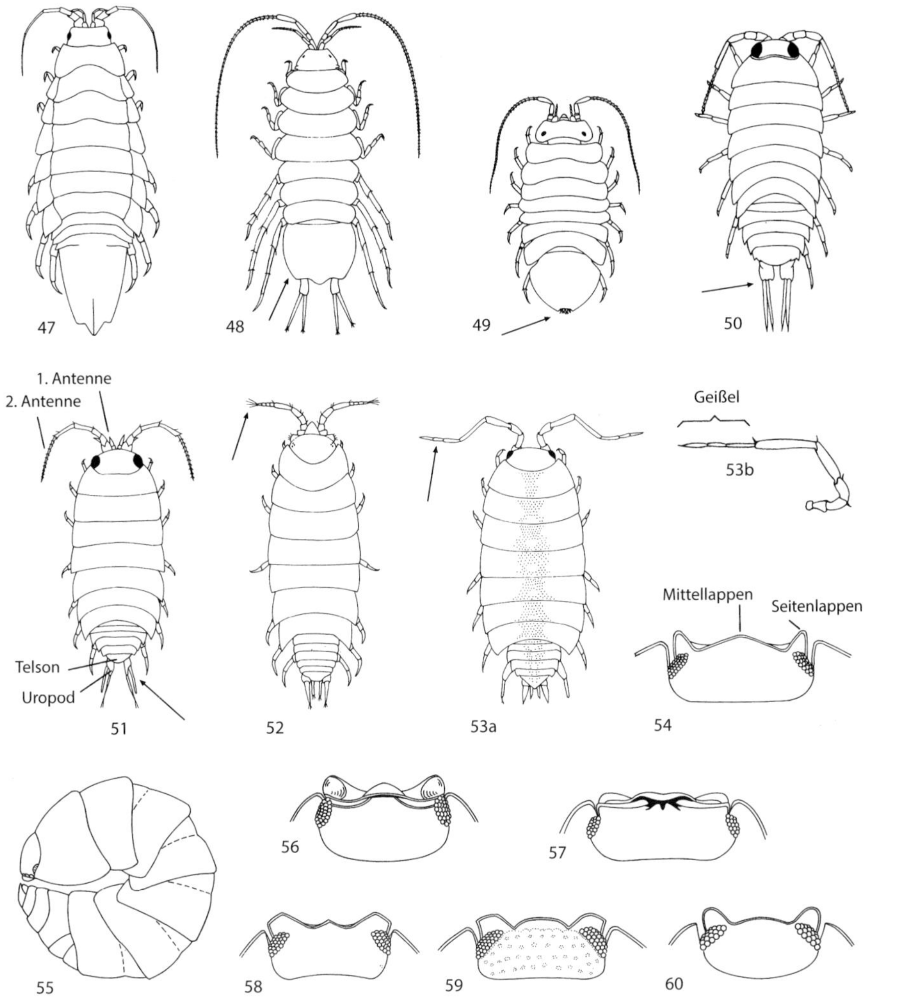

47 *Idotea*; **48** *Asellus*; **49** *Jaera*; **50** *Ligia*; **51** *Ligidium*; **52** *Trichoniscus*; **53a** *Philoscia*; **55** *Armadillidium*

2. Telson endet hinten spitz. Außenast der Uropoden viel länger als Telson. Ohne Kugelvermögen. Bis 16 mm .... 3; ***Trachelipus*** Budde-Lund

Mittellappen der Stirn schwach entwickelt, stößt mit Seitenlappen in stumpfem, gerundetem Winkel zusammen [**60**]: ***T. rathkii*** (Brandt) (Porenfelder auf 2.–4. freiem Thsegment dicht am Außenrand, mindestens 3-mal so weit vom Hinter- wie vom Außenrand entfernt), sehr häufig; ***T. nodulosus*** (C. L. Koch) (diese Porenfelder nicht dicht am Außenrand, höchstens 2-mal so weit vom Hinter- wie vom Außenrand entfernt), an trockenen Stellen, selten. Mittellappen des Kopfes gut entwickelt, stößt mit Seitenlappen in spitzem oder rechtem Winkel zusammen: ***T. ratzeburgii*** (Brandt), im Mittelgebirge.

— Telson hinten breit abgerundet. Außenast der Uropoden wenig länger als Telson. Zu Kugel einrollbar (Antennen außerhalb!) .... 3; ***Porcellium*** Dahl

Häufig nur ***P. conspersum*** (C. L. Koch) (bis 9 mm), an feuchten Stellen. Die 2 übrigen Arten selten, eine Art alpin, die andere im Osten u. in Gewächshäusern.

Literatur

Athersuch, J., Horne, D. J., Whittaker, J. E.: Marine and brackish water Ostracods. Synopses of the British Fauna 43. London, 1989.

Balss, H., Klie, W., Krüger, P., Pesta, O., Zimmer, C. u. a.: Crustacea. In: G. Grimpe u. E. Wagler, Tierwelt der Nord- und Ostsee. Bd Xa–h. Leipzig, 1926–1936.

Christiansen, M. E.: Decapoda Brachyura. Marine Invert. Scand. 2. Oslo, 1969.

Crothers, J. and M.: A key to the crabs and crab-like animals of British inshore waters. AIDGAP 155. Taunton, 1988.

Eggers, T. O., Martens, A.: Bestimmungsschlüssel der Süßwasser-Amphipoda (Crustacea) Deutschlands. Dinkelscherben, 2001.

Einsele, U.: Crustacea: Copepoda: Calanoida und Cyclopoida. In: A. Brauer, J. Schwoerbel, P. Zwick, Süßwasserfauna von Mitteleuropa 8/4-1. Stuttgart, 1993.

Flössner, D.: Die Haplopoda und Cladocera (ohne Bosminidae) Mitteleuropas. Leiden, 2000.

Flössner, D., Gruner, H.-E., Klie, W., Pesta, O., Schellenberg, A.: Krebstiere oder Crustacea. In: F. Dahl, Tierwelt Deutschlands, Lief. 9, 10, 24, 29, 34, 40, 51, 53, 60. Jena, 1928–1972.

Gledhill, G., Sutcliffe, D. W., Williams, W. D.: British freshwater Crustacea Malacostraca. Freshwater Biological Association, Scientific Publication 52. Ambleside, 1993.

Gregory, S.: Woodlice and waterlice (Isopoda: Oniscidea & Asellota) in Britain and Ireland. Field Studies Council (FSC). Shrewsbury, 2009.

Gruner, H.-E.: Crustacea. In: A. Kaestner, Lehrbuch der speziellen Zoologie, Band I, Teil 4. Jena, Stuttgart, 1993.

Harding, J. P., Smith, W. A.: A key to the British freshwater Cyclopoid and Calanoid Copepods. Freshwater Biological Association, Scientific Publication 18. Ambleside, 1974.

Hayward, P. J., Isaac, M. J., Makings, P., Moyse, J., Naylor, E., Smaldon, G.: Crustaceans (Phylum Crustacea). In: P. J. Hayward, J. S. Ryland, Handbook of the marine fauna of North-West Europe. Oxford, 1995.

Henderson, P. A.: Freshwater Ostracoda. Synopses of the British Fauna 42. London, 1990.

Herbst, H. V.: Blattfußkrebse. Stuttgart, 1962.

Hopkin, S. P.: A key to the woodlice of Britain and Ireland. Field Studies Council 204. Shrewsbury, 1991.

Horton, T. et al.; World Ampipoda Database. 2021 [http://www.marinespecies.org/amphipoda/index.php]

Ingle, R. W.: Shallow water crabs, 2nd ed. Synopses of the British Fauna 25. London, 1996.

Ingle, R. W.: Crayfishes, lobsters and crabs of Europe. London, 1997.

Ingle, R. W., Christiansen, M. E.: Lobsters, mud shrimps and Anomuran crabs. Synopses of the British Fauna 55. Shrewsbury, 2004.

Isaac, M. J., Moyse, J., Makings, P., Naylor, E., Smaldon, G., Withers, G. H.: Crustacea I. Entomostraca, Crustacea II: Malacostraca Peracarida, Crustacea III: Malacostraca Eucarida. In: P. J. Hayward, J. S. Ryland, The marine fauna of the British Isles and North-West Europe. Vol. 1. Oxford, 1990.

Janetzky, W., Enderle, R., Noodt, W.: Crustacea: Copepoda: Gelyelloidea und Harpacticida. In: A. Brauer, J. Schwoerbel, P. Zwick, Süßwasserfauna von Mitteleuropa 8/4-2. Stuttgart, Heidelberg, 1996.

Kiefer, F.: Ruderfußkrebse. Stuttgart, 1960.

Kohn, J., Gosselck, F.: Bestimmungsschlüssel der Malakostraken der Ostsee. Mitt. Zool. Mus. Berlin 65, 1989.

Lieder, U.: Crustacea: Cladocera: Bosminidae. In: A. Brauer, J. Schwoerbel, P. Zwick, Süßwasserfauna von Mitteleuropa 8/2–3. Stuttgart, Heidelberg, 1993.

Mauchline, J.: Euphausiid, stomatopod and leptostracan crustaceans. Synopses of the British Fauna 30. London, 1984.

Meisch, C.: Freshwater Ostracoda of Western and Central Europe. In: A. Bauer, J. Schwoerbel, P. Zwick, Süßwasserfauna von Mitteleuropa 8/3. Heidelberg, 2000.

Oliver, P. G., Meechan, C. J.: Woodlice. Synopses of the British Fauna 49. London, 1993.

Scourfield, D. J., Harding, J. P.: A key to the British freshwater Cladocera with notes on their ecology. 3rd ed. Freshwater Biological Association, Scientific Publication 5. Ambleside, 1996.

Smaldon, G., Holdhuis, L. B., Fransen, C. J. H. M.: Coastal shrimps and prawns, 2nd ed. Synopses of the British Fauna 15. London, 1994.

Southward, A.J.: Barnacles. Synopses of the British Fauna 57. Field Studies Council (FSC). Shrewsbury, 2008.

Stucki, P., Zaugg, B.: Decapoda. Fauna Helvetica 15. Neuchâtel, 2005.

Türkay, M., Allspach, A., Coleman, C. O., Kayser, D., Möller, O., Mühlenhardt-Siegel, U., Richter, S., Schminke, H. K., Spiridonov, V., Wittmann, K.: Crustacea – Krebse. In: B. Klausnitzer, J. H. Jungbluth, Stresemann – Exkursionsfauna von Deutschland, Band 1 – Wirbellose (ohne Insekten). 9. Aufl. Heidelberg, 2019.

Wagler, E., Wächtler, W.: Crustacea u. Isopoda. In: P. Brohmer, P. Ehrmann, G. Ulmer, Tierwelt Mitteleuropas, Bd. 2, Lief. 2a u. b. Leipzig, 1937.

Hexapoda (= **Insecta**), Insekten

Gliederfüßer mit 1 Paar Antennen (Fühler) und Atmung durch Tracheen. Körper gegliedert in Kopf, Thorax (Brust), Abdomen (Hinterleib). Kopf [**1a, 1b**] neben den Antennen mit 3 Paar ursprünglich kauenden (beißenden) Mundwerkzeugen: Oberkiefer (Mandibeln); Unterkiefer (Maxillen) mit Maxillartastern (Maxillarpalpen); Unterlippe (Labium) mit Labialtastern (Labialpalpen) [**1b, 1c**]. Mundwerkzeuge können sekundär in Saug- oder Stechrüssel umgebildet sein, dieser dann ohne Taster (Beispiele: Wanze [**2**], Biene [**3**], Schmetterling [**4**]). Neben den paarigen Komplexaugen (die aus „Ommatidien" bestehen) oft 2–3 Punktaugen (Ocellen) auf der Kopfmitte ausgebildet. (Die seitlich gelegenen Einzelaugen der Larven der Holometabola heißen Stemmata). Thorax aus 3 Segmenten (Prothorax = Vorderbrust, Mesothorax = Mittelbrust, Metathorax = Hinterbrust; Rückenplatten entsprechend „Pronotum" (= Halsschild), „Mesonotum", „Metanotum") bestehend, diese mit Beinen (gegliedert in Coxa = Hüfte, Trochanter = Schenkelring, Femur = Schenkel, Tibia = Schiene, 1–5-glied-

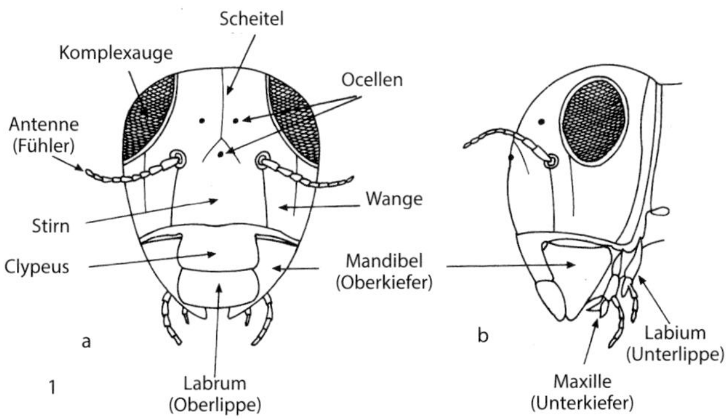

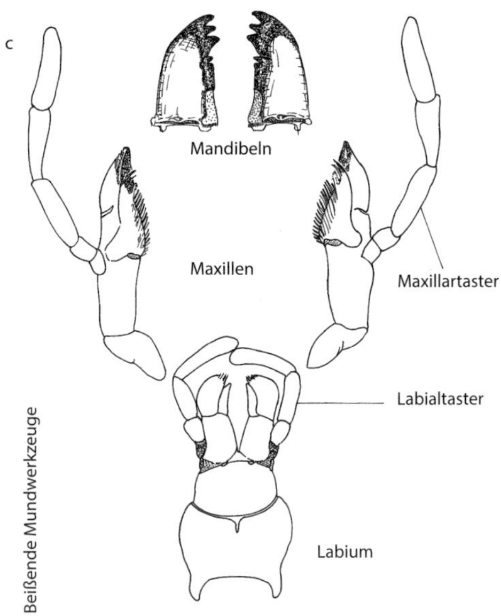

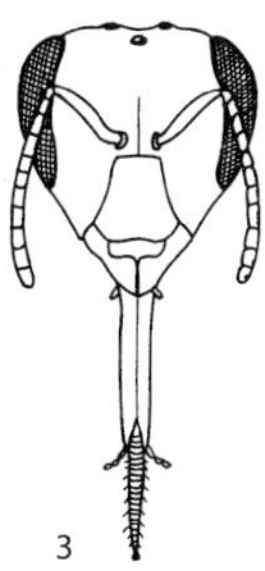

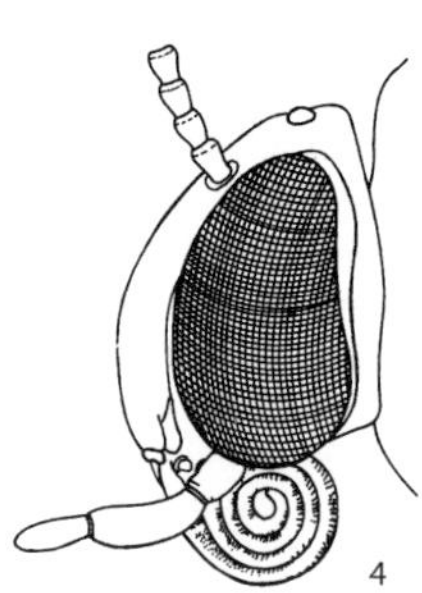

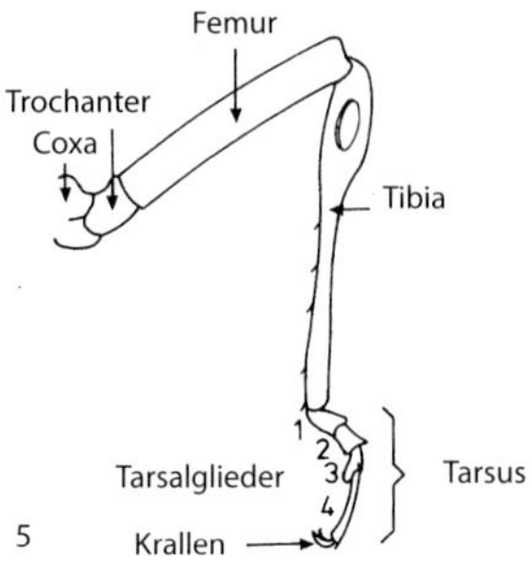

5

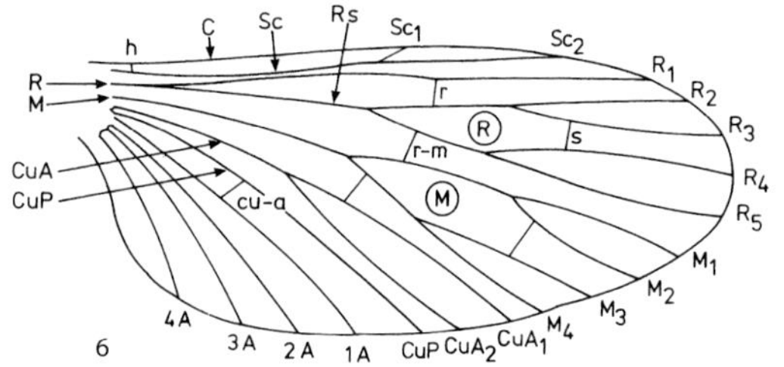

6

rigem Tarsus = Fuß und 1–2 Krallen [**5**]). Bei pterygoten Insekten mit 2 Paar Flügeln (Vorderflügel an Mittelbrust, Hinterflügel an Hinterbrust). Schema der Flügeladerung: [**6**]; Queradern werden mit Kleinbuchstaben, Längsadern mit Großbuchstaben abgekürzt, Zellen (allseitig von Adern umgebene Areale des Flügels) werden ebenfalls mit Großbuchstaben abgekürzt. Abdomen ursprünglich aus 11 Segmenten bestehend, häufig hinten mit Cerci (z. B. [**11–14**]), bisweilen mit weiteren Anhängen, z. B. Tracheenkiemen [**28, 50**]. Entwicklung mit unvollkommener Verwandlung (**„Hemimetabola"**: Jugendstadien oder Larven – Adultus) oder vollkommener Verwandlung (**Holometabola**: Larvenstadien – Puppe als Ruhestadium – Imago, Plural Imagines). Larventypen: vielbeinig (polypod) (z. B. [**45–47**]), wenigbeinig (oligopod) mit 3 Beinpaaren (z. B. [**48–52, 57–59**]), Made (apod) ohne Beine (z. B. [**60–63**]), Puppentypen: [**39–42**]. Ernährung sehr verschiedenartig, es gibt Pflanzenfresser, Streufresser, Pilzfresser, Dungfresser, Leichenfresser, Räuber und Parasiten. Landbewohner, sekundär auch im Süßwasser, selten im Meer. Konservierung von weichhäutigen Individuen in 75%igem Alkohol, stärker sklerotisierte Formen (fast alle Imagines) werden mit speziellen Insektennadeln genadelt und in dicht schließenden Insektenkästen aufbewahrt. Im Gebiet etwa 33500 Arten. Einige, z. T. stark spezialisierte Formen (vor allem Larven), sind nicht eindeutig mit folgender Tabelle bestimmbar.
Häufiger verwendete Abkürzungen: Vd- = Vorder-, Mt- = Mittel-, Ht- = Hinter-, Abd, Abd- = Abdomen, Abdominal-, Gl, -gl = Glied(er), -gliedrig.
Flügeladerung [**6**]: **C = Costa, Sc = Subcosta, R = Radius, Radialzelle, Rs = Radiussektor, M = Media, Medialzelle, CuA = Cubitus anterior, CuP = Cubitus posterior, A = Analader, h = Humeralquerader, r = Radialquerader, s = Sektorialquerader, r-m = Radiomedialquerader, cu-a = Cubitoanalquerader.** Die Zellen werden nach der davorliegenden Längsader benannt (in [**6**] ist R danach R_{2+3} oder R_3, M ist M_{1+2}. Letztere Zelle wird häufig Diskalzelle oder Discoidalzelle genannt.) Die Queradern werden in der Regel nach den Längsadern bezeichnet, die sie verbinden.

System (wenn nur zwei Taxa in gleicher Einrückung untereinander stehen, sind sie Schwestergruppen; Taxa mit deutschem Namen – in runden Klammern – entsprechen meist den von vielen Entomologen unterschiedenen „Ordnungen"; bisweilen wird **„Insecta"** in einem engeren Sinne für die **Ectognatha** verwendet):
Entognatha, Entotropha [Mundwerkzeuge ins Kopfinnere versenkt]
  Diplura (Doppelschwänze)
  Ellipura
    Protura (Beintaster)
    Collembola (Springschwänze)
Ectognatha, Ectotropha [Mundwerkzeuge frei am Kopf]
  Archaeognatha (Felsenspringer)
  Dicondylia [Mandibel mit 2 Gelenkköpfen]
  Zygentoma (Fischchen)
  Pterygota [mit Flügeln]
    Ephemeroptera (Eintagsfliegen)
    Metapterygota

Odonata (Libellen)
Neoptera [Flügel auf Abdomen zusammenlegbar]
Polyneoptera (= **Paurometabola**)
Plecoptera (Steinfliegen)
Plicoptera
Dermaptera (Ohrwürmer)
Dictyoptera
Mantodea (Fangschrecken)
Blattodea
„Blattoptera“ (Schaben)
Isoptera (Termiten)
Orthoperida: Orthoptera (= **Saltatoria**) (Heuschrecken)
Eumetabola (Schwestergruppe zu **Polyneoptera**)
Paraneoptera
Microcercaria
Psocodea
Psocoptera (Rindenläuse)
Phthiraptera (Tierläuse)
Thysanoptera (Fransenflügler)
Hemiptera (= **Rhynchota**) (Schnabelkerfe)
Auchenorrhyncha (Zikaden)
Sternorrhyncha (Pflanzenläuse)
Heteroptera (Wanzen)
Holometabola [mit vollkommener Verwandlung]
Hymenoptera (Hautflügler)
Neuropterida
Raphidioptera (Kamelhalsfliegen)
Megaloptera + **Neuroptera**
Megaloptera (Schlammfliegen)
Neuroptera (= **Planipennia**) (Netzflügler)
Coleoptera (Käfer)
Strepsiptera (Fächerflügler)
Mecopterida
Amphiesmenoptera
Trichoptera (Köcherfliegen)
Lepidoptera (Schmetterlinge)
Antliophora
Mecoptera (Schnabelfliegen)
Siphonaptera (Flöhe)
Diptera (Zweiflügler)

1. Mit 1 oder 2 Flügelpaaren **2**
— Flügellos oder nur mit Stummelflügeln **22**
2. Flügel ganz schmal, mit Fransensaum. Fußende bläschenförmig, mit undeutlichen Krallen [**7**]. Körper 1–2 (selten bis 5) mm lang .... Fransenflügler, Blasenfüße, **Thysanoptera** S. 262
— Vorderflügel rückgebildet, Hinterflügel groß, faltbar [**43**]. Körper 2–4 mm ♂♂ der Fächerflügler, **Strepsiptera** **25**
— Hinterflügel rückgebildet. Tarsen 1-gliedrig mit 1 Kralle. Körper 0,5–2 mm [**8**] ♂♂ von Schildläusen, **Coccina** (zu **Sternorrhyncha**) S. 284
— Merkmale anders und Aussehen nicht wie [**7, 43, 8**] **3**
3. Vorderflügel (= Oberflügel) in ± hornige (manchmal verkürzte) Flügeldecken umgewandelt, die nicht von Adern (Tracheen) durchzogen sind, aber skulpturiert sein können. Mundwerkzeuge beißend, also mit Tastern [**1a–1c**]. Keine gegliederten Cerci **4**
— Alle Flügel ± dünnhäutig. Wenn aber Vorder-(= Ober-)flügel ganz oder teils derber erscheinen als Hinter-(= Unter-)flügel, dann werden sie von Adern durchzogen oder Mundwerkzeuge sind

als unpaarer (manchmal kurzer) Rüssel ausgebildet, der am Ende keine Taster hat [**2–4**], oder es sind gegliederte Cerci vorhanden **5**

4. Hinterleibsende ohne Zangen. Habitus z. B. [**9, 10**] .... Käfer, **Coleoptera** S. 343

— Am Hinterleibsende mit Zangen [**11**] .... Ohrwürmer, **Dermaptera** S. 236

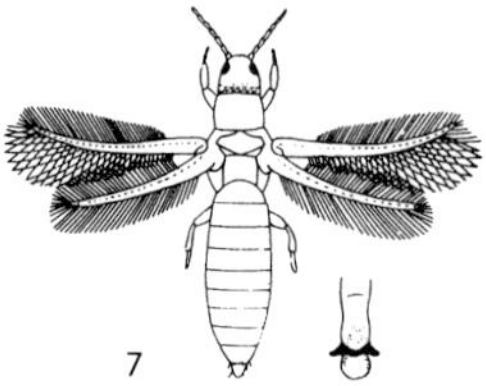
7

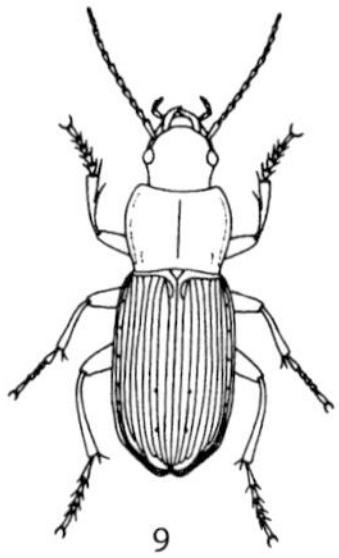
9

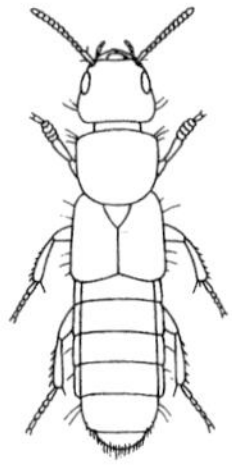
10

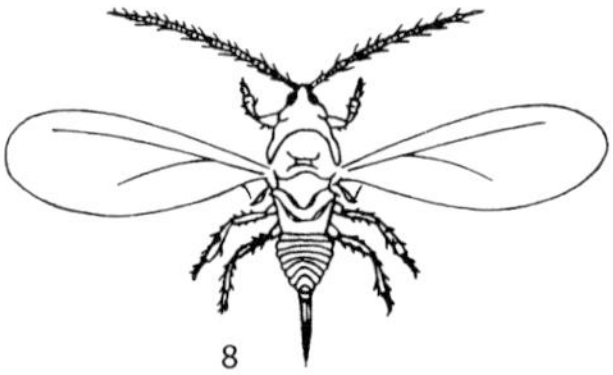
8

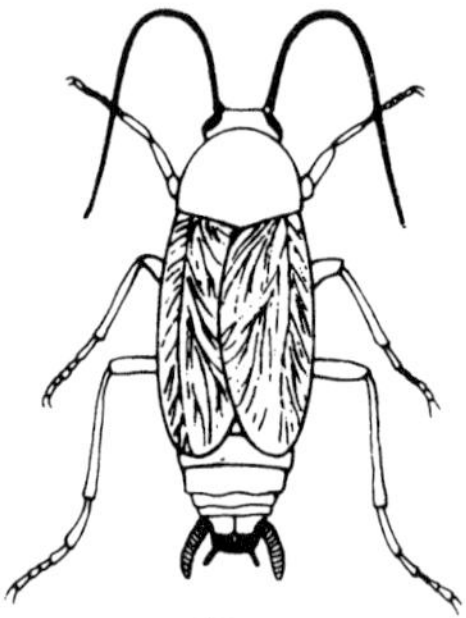
12

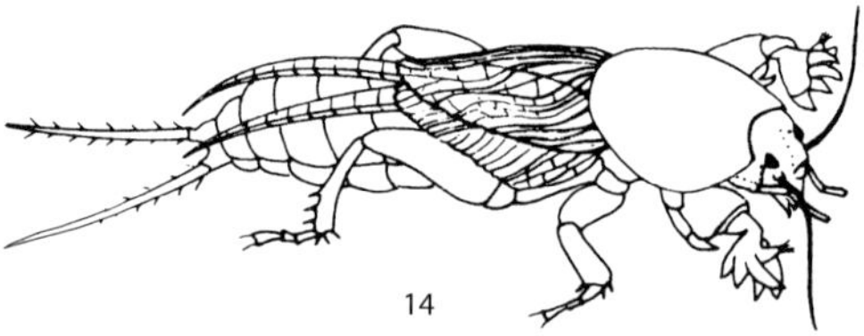
14

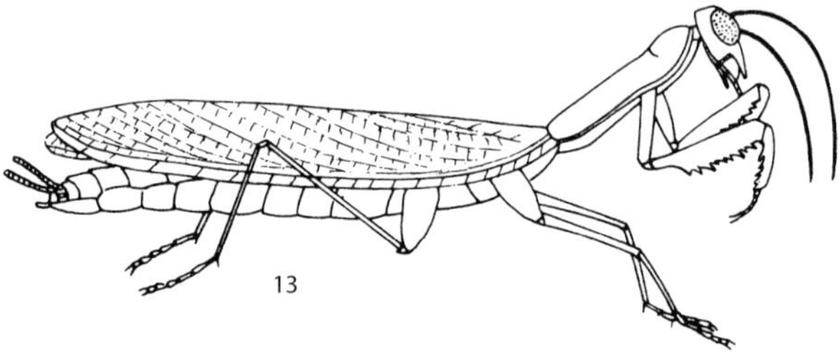
13

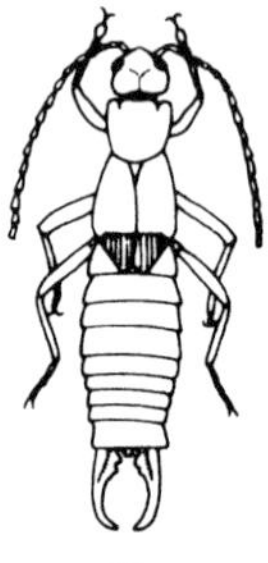
11

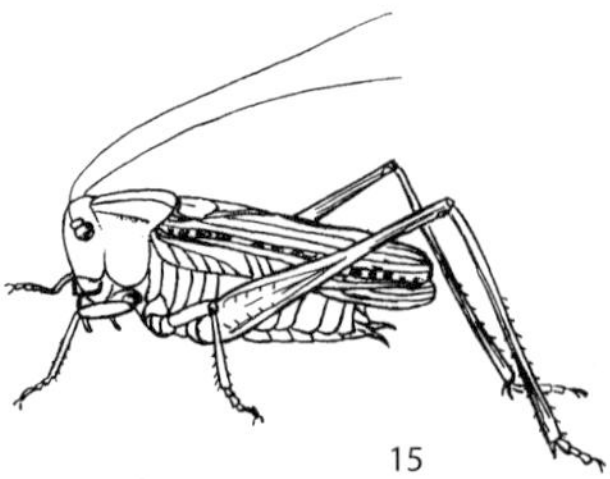
15

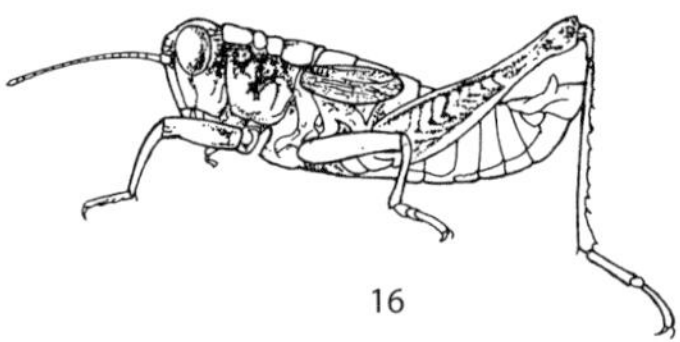
16

7 Thysanoptera; **8** Coccina (♂); **9, 10** Coleoptera; **11** Dermaptera; **12** Blattoptera; **13** Mantodea (*Mantis*); **14** Orthoptera (*Gryllotalpa*); **15** Orthoptera (Ensifera); **16** Orthoptera (Caelifera)

5. Vorder-(= Ober)flügel meist derber als Hinter-(= Unter)flügel. Mundwerkzeuge beißend. Gestalt wie [**12–16**] jeweils mit folgenden Sondermerkmalen:

a) Kopf vom Halsschild ± stark überdeckt u. Körper abgeflacht [**12**]
Schaben, „**Blattoptera**“ S. 238

b) Vorderbeine in Fangbeine umgebildet. Prothorax stark verlängert, schmal. Habitus wie [**13**]
Fangschrecken, **Mantodea**

Nur **Mantidae** mit ***Mantis religiosa*** (L.), Gottesanbeterin [**13**] (grün oder braun; 40–60 mm), Räuber, im Süden, sehr selten, z. B. in warmen Lagen am Kaiserstuhl. **In Deutschland besonders geschützt.**

c) Vorderbeine zu Grabbeinen umgebildet [**14**]
Maulwurfsgrille, **Gryllotalpa** (zu **Orthoptera**) S. 242

d) Schenkel der Hinterbeine verdickt [**15, 16**]
Heuschrecken, **Orthoptera** (= **Saltatoria**) S. 240

— Vorderflügel meist weichhäutig wie Hinterflügel (diese können auch fehlen). Mundwerkzeuge beißend, saugend oder reduziert. Habitus anders **6**

6. Vorderdflügel wenigstens doppelt so großflächig wie Hinterflügel (letztere können fehlen). Körperende mit 2–3 fadenförmigen Anhängen. Mundwerkzeuge reduziert [**17**]
Eintagsfliegen, **Ephemeroptera** S. 214

— Andere Merkmalskombination **7**

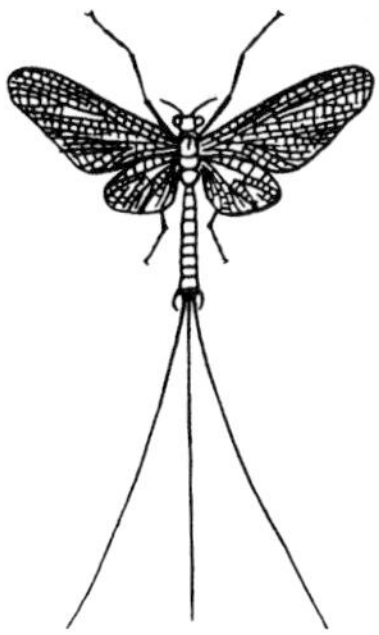

17

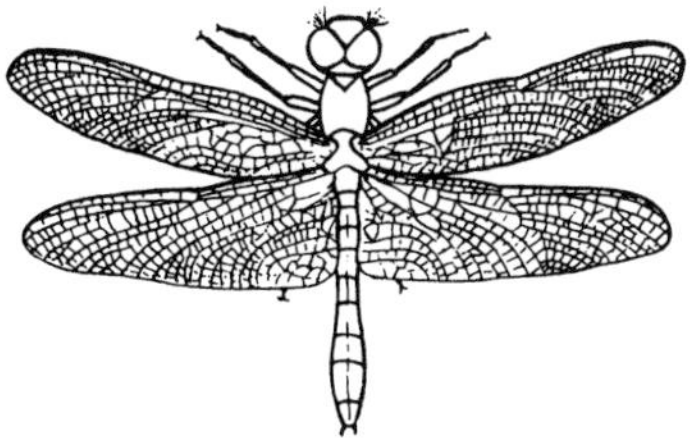

19

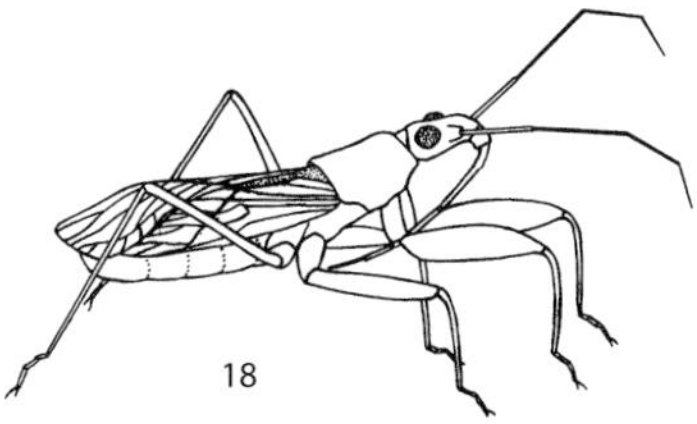

18

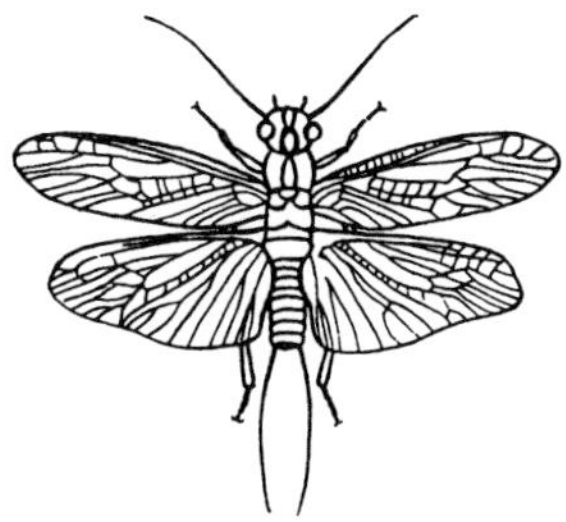

20

21

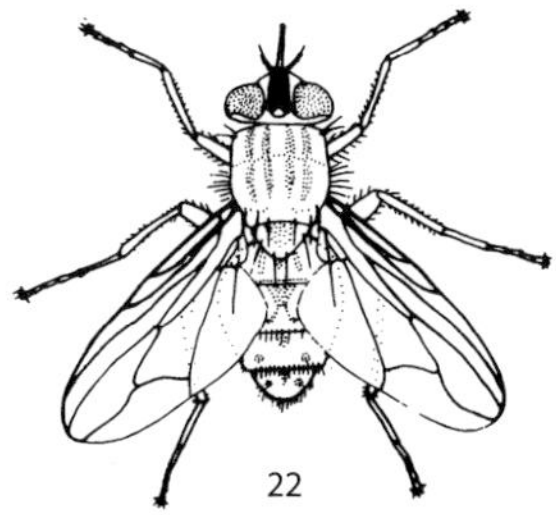

22

17 Ephemeroptera; **18** Hemiptera; **19** Odonata; **20** Plecoptera; **21** Psocoptera; **22** Diptera

7. Tarsen 1–3-gliedrig **8**

— Tarsen 4–5-gliedrig **15**

8. Mundwerkzeuge als Stechrüssel ausgebildet [**2, 18**]
Schnabelkerfe, **Hemiptera** (= **Rhynchota**) **9**

— Mundwerkzeuge reduziert oder beißend **12**

9. Rüssel breit, kurz u. ungegliedert. Vordertarsen 1-gliedrig, meist spatelförmig, länger als Tibia [**4**], S. 311. Wasserbewohner .... Ruderwanzen, **Corixidae** (zu **Heteroptera**) S. 294

— Anders **10**

10. Rüssel entspringt vorn am Kopf [**1**], S. 288, [**29**], S. 315. Vorderflügel meist an Basishälfte (= Corium) derbhäutiger als im Spitzenteil (= Membran) [**2**], S. 288 .... Wanzen, **Heteroptera** S. 287

— Rüssel entspringt auf der Unterseite des Kopfes, oft sogar weit hinten ([**1**], S. 265), Vorderflügel auf ganzer Fläche von gleichartiger Konsistenz **11**
Wenn Habitus wie [**9**] S. 311 u. Tiere aquatisch, dann ***Notonecta*** (**Heteroptera**) S. 289.

11. Tarsen mindestens an Mittel- u. Hinterbeinen mit 3 Gliedern. Fühler klein, mit dicken Grundgliedern u. dünnen Endgliedern. Meist mit Sprungvermögen. Körpergröße 1,7–38 mm
Zikaden, **Auchenorrhyncha** (= **Cicadina**) S. 265

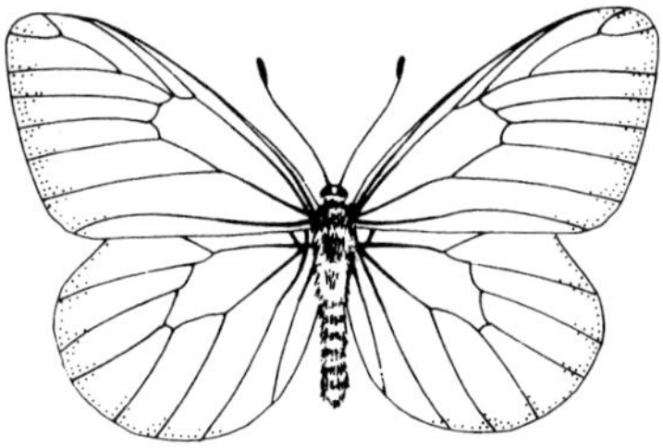
23

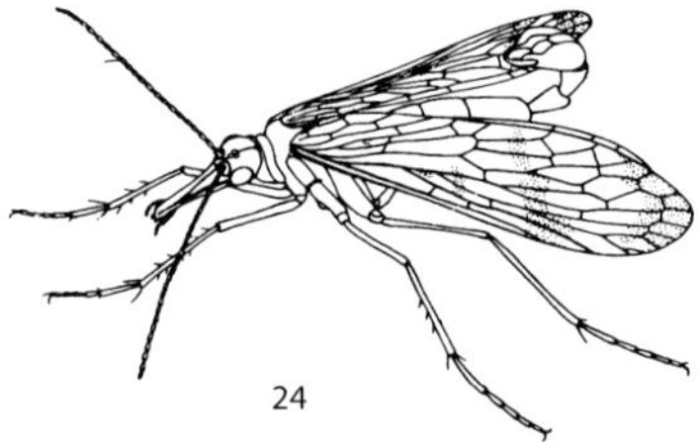
24

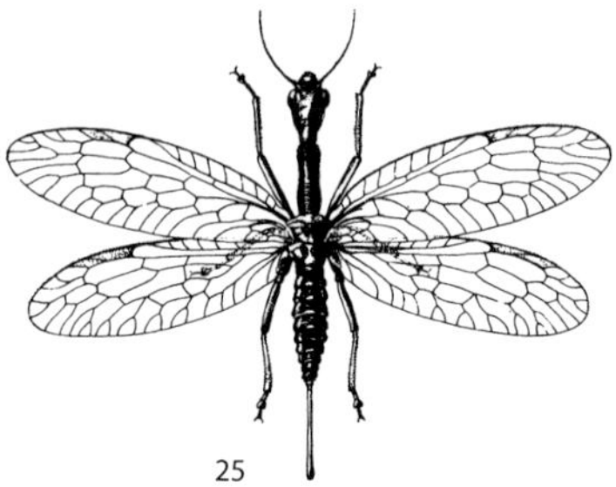
25

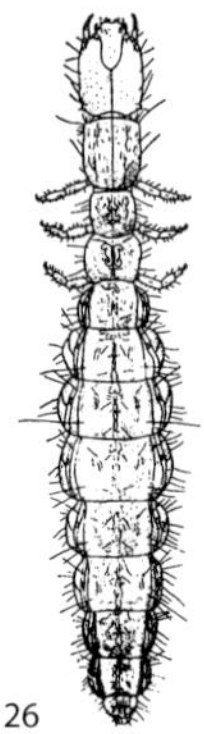
26

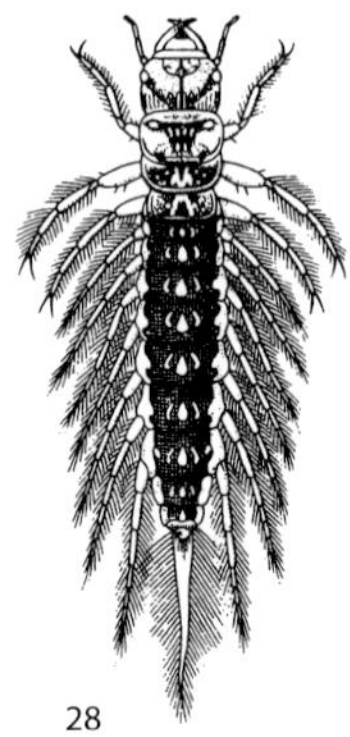
28

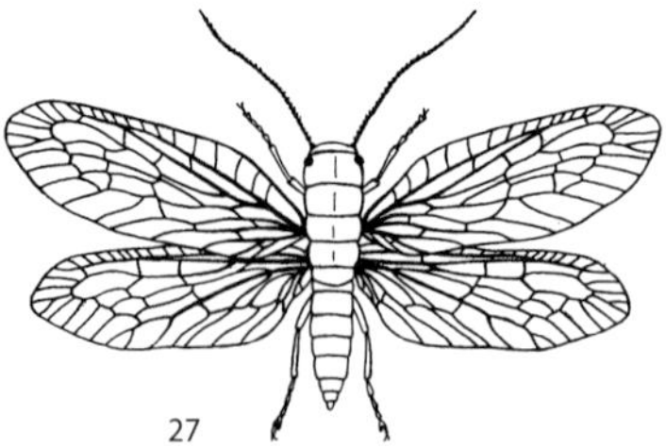
27

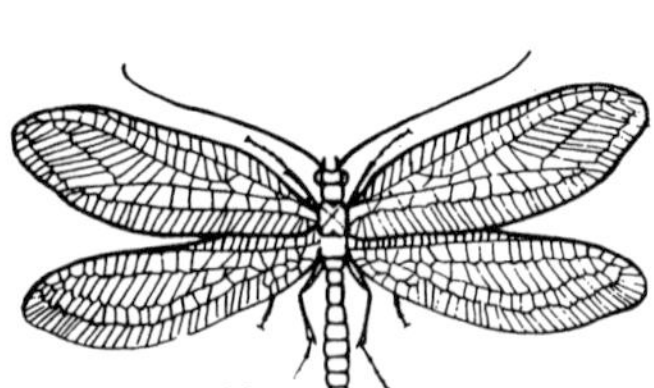
29

23 Lepidoptera; **24** Mecoptera; **25** Raphidioptera (*Phaeostigma*); **26** Raphidioptera, Larve; **27** Megaloptera (*Sialis*); **28** Megaloptera, Larve; **29** Neuroptera

— Tarsen mit 1 oder 2 Gliedern (bei manchen **Coccina** oder bei jungen **Psyllina**-Larven mit der Tibia verschmolzen). Fühler länger, ± gleichartig gegliedert. Beine u. Fühler können fehlen. Manche Arten festsitzend. Freilebende Arten klein .... Pflanzenläuse, **Sternorrhyncha** S. 275

12. Fühler kürzer als der Kopf. Flügel eng netzadrig [**19**] .... Libellen, **Odonata** S. 220

— Fühler länger als der Kopf. Flügel netz- oder wenigadrig **13**

13. Hinterflügel so breit wie oder breiter als Vorderflügel (oder wenn schmaler, dann Vorderflügel ohne Flügelrandmal (Pterostigma) u. mit vielen Adern) [**20**] Steinfliegen, Uferfliegen, **Plecoptera** S. 230

— Hinterflügel schmaler als Vorderflügel (Vorderflügel entweder mit Pterostigma oder Aderung stark reduziert) **14**

14. Fühler meist länger als Körper, Vorderflügel mit oft dunklem Pterostigma [**21**] Rindenläuse, Staubläuse, **Psocoptera** S. 253

— Fühler kürzer als halber Körper, Flügeladerung stark reduziert einige parasitische **Hymenoptera** S. 312

15. Mit 2 Flügeln [**22**]. Mundwerkzeuge leckend- oder stechend-saugend oder reduziert Zweiflügler, **Diptera** S. 455

— Mit 4 Flügeln. Wenn mit 2 Flügeln, dann Mundwerkzeuge beißend **16**

16. Flügel ganz oder zum großen Teil mit (meist farbigen) Schuppen besetzt. Mundwerkzeuge meist als (häufig aufgerollter) Saugrüssel ausgebildet. [**4, 23**] Schmetterlinge, **Lepidoptera** S. 420

— Flügel höchstens mit Haaren oder haarförmigen Schüppchen besetzt oder ganz kahl. Ohne derartigen Saugrüssel **17**

17. Kopf rüsselartig verlängert, am Ende der Verlängerung mit kleinen beißenden Mundwerkzeugen (also mit Tastern) [**24**] .... Schnabelfliegen, **Mecoptera** S. 450

— Kopf nicht derartig verlängert, höchstens Mundwerkzeuge rüsselartig (z. B. Bienen [**3**]!), dann aber ohne Taster am Ende **18**

18. Prothorax von Mesothorax beweglich getrennt. Flügel fein netzadrig oder wenigstens mit vielen Queradern am Vorderrand zwischen Costa u. Subcosta [**25, 27, 29**] .... **Neuropterida** 19

— Prothorax von Mesothorax beweglich getrennt. Flügel höchstens mit 2 Queradern am Vorderrand, weiß bepudert, dachartig gehalten. Körper bis 8 mm [**3**], S. 339 **Coniopterygidae** (zu **Neuroptera**) S. 339

— Prothorax mit Mesothorax unbeweglich verwachsen. Flügel höchstens mit 3 Queradern am Vorderrand, nicht weiß bepudert **21**

19. Hals (Prothorax) über doppelt so lang wie breit. Vorderbeine nicht zu Fangbeinen umgewandelt. 3. Tarsalglied lappig erweitert. [**25**] ....Kamelhalsfliegen, **Raphidioptera**

Räuberisch. Larven [**26**] – ebenfalls räuberisch – unter Rinde. **Inocelliidae** (ohne Ocellen; Ptero-stigma ohne Queradern), nur ***Inocellia crassicornis*** (Schummel) (Länge des Vorderflügels 8–15 mm). **Raphidiidae** [**25**] (mit 3 Ocellen; Pterostigma mit 1–mehreren Queradern), mehrere Gattungen mit 10 Arten, z. B. ***Phaeostigma*** (= ***Raphidia***) ***notatum*** (F.) (Länge des Vorderflügels 9–14,5 mm).

— Hals kürzer, wenn doch verlängert, dann Vorderbeine zu Fangbeinen mit verdickter, bedornter Tibia umgewandelt **20**

20. Körper plump, Halsschild sehr breit [**27**]. Flügel rauchgeschwärzt, Spannweite 23–35 mm. Fühler vor den Augen eingelenkt. 4. Tarsalglied lappig erweitert. Körper über 8 mm Schlammfliegen, **Megaloptera**

Larven [**28**] in Gewässern, mit Tracheenkiemen am Abdomen, räuberisch, gehen zur Verpuppung an Land; Imagines am Ufer, Flatterflug. Nur **Sialidae** mit 4; ***Sialis*** Latreille, häufig ***S. lutaria*** (L.) (Länge des Vorderflügels 10–16 mm).

— Andere Merkmalskombination. Wenn Flügel dunkel, dann Spannweite unter 15 mm. Kein Tarsalglied erweitert oder wenn doch etwas, dann Körperlänge nur bis 8 mm. Habitus z. B. [**29**] Echte Echte Netzflügler, Hafte, Plattflügler, **Neuroptera** (= **Planipennia**) S. 339

21. Flügel mit langen, biegsamen Haaren oder haarförmigen Schüppchen. [**30**] Köcherfliegen, **Trichoptera** S. 410

— Flügel durchsichtig (auch wenn gefärbt), unbehaart oder mit kleinen borstenartigen Härchen. Habitus z. B. [**31**] .... Hautflügler, **Hymenoptera** S. 312

Hierher auch Termiten, **Isoptera** (Flügel mit Sollbruchstellen), s. Nr. **41**.

22. Kopf ohne Fühler, aber Vorderbeine fühlerartig nach vorn gestreckt. Blind. Körper 0,5–2 mm lang. [**32**] .... Beintaster, **Protura** S. 205

— Hinterleib aus 6 Segmenten bestehend; nicht selten sind einige Segmente verschmolzen; unterseits am 1. Segment unpaarer Ventraltubus, am 4. Segment Sprunggabel (die reduziert sein kann). Meist 1–2 mm (bis 8 mm) lang. [**33–35**] .... Springschwänze, **Collembola** S. 206
— Ende des Hinterleibs mit 3 langen oder kurzen Anhängen. Körper mit Schuppen bedeckt. 4–12 mm lang. [**37, 38**] **23**
— Hinterleibsende mit 2 Anhängen (Cerci). Körper ohne Schuppen. Blind. Weißlich bis gelblich. Bis etwa 10 mm lang. [**36**] .... Doppelschwänze, **Diplura** S. 205
— Andere Merkmalskombination u. Aussehen nicht wie [**32–38**]. Wenn Hinterleibsende mit deutlichen Cerci, dann Augen vorhanden **24**

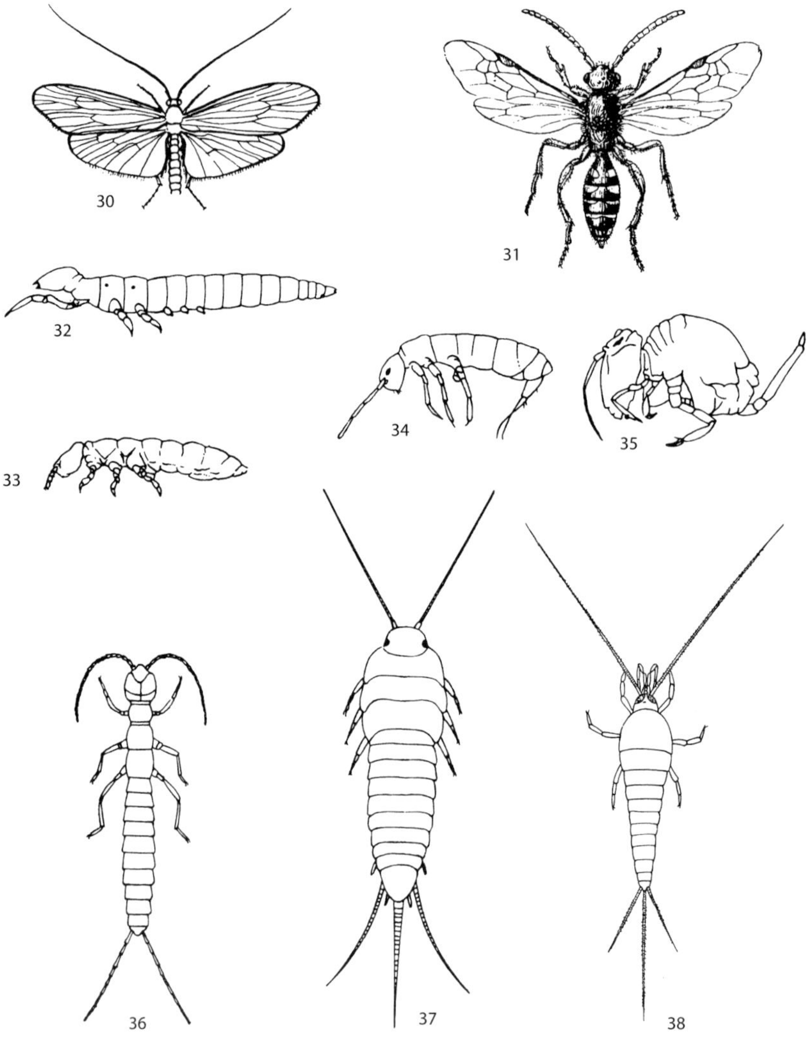

30 Trichoptera; **31** Hymenoptera; **32** Protura; **33–35** Collembola; **36** Diplura; **37** Zygentoma; **38** Archaeognatha

23. Körper abgeplattet. Nicht sprungfähig. Nur die hintersten Bauchplatten des Abdomens mit griffelartigen Anhängen (Styli). [**37**] .... Fischchen, **Zygentoma** S. 212
— Körper mehr spindelförmig. Mit Sprungvermögen. Alle Bauchplatten des Abdomens mit Styli. [**38**] .... Felsenspringer, **Archaeognatha** S. 212
24. Körper unbeweglich, ohne Beine **25**
— Körper unbeweglich, mit Beinanlagen (zuweilen in Kokon oder Hülle eingeschlossen). Habitus z. B. [**39–42**] .... Insektenpuppen

Beispiele für Puppentypen. Pupa dectica [**39**] (mit Mandibeln zum Durchbeißen des Kokons): z. B. **Neuropterida**, **Trichoptera**. Übrige Puppentypen ohne Mandibeln (Pupa adectica). Pupa exarata (mit freien Körperanhängen), als Pupa libera [**40**]: z. B. **Coleoptera**, **Hymenoptera**, als Pupa coarctata (Tönnchenpuppe in Puparium [**41**]): cyclorraphe **Diptera**. Pupa obtecta (Mumienpuppe, mit am Rumpf verklebten Anhängen [**42**]): z. B. **Lepidoptera**, viele **Diptera**. – Puppenähnlich sind auch die Larven („Puparien") der **Aleyrodina** (**Sternorrhyncha**), S. 275.

— Körper beweglich, meist langgestreckt, ohne Beine oder nur mit Beinstummeln oder nur mit 1 Beinpaar. Habitus z. B. [**60–63**] .... fußlose (apode) Insektenlarven **47**
— Körper beweglich, deutlich in Kopf, Thorax u. Hinterleib gegliedert, mit 2–3 gut entwickelten, gegliederten Beinpaaren, zuweilen außerdem noch mit Füßen am Hinterleib **26**
25. Freilebend an Pflanzen. Körper napf- bis scheibenförmig [**35, 36, 38–41**], S. 285
♀♀ mancher Schildläuse, **Coccina** (zu **Sternorrhyncha**) S. 284
— Körper eingesenkt in Wirtstier (Hautflügler, Zikade), nur Vorderkörper herausragend [**44**]
Fächerflügler, **Strepsiptera**

♂ [**43**] kurzlebig, freilebend; 2–4 mm, mit kurzen, 4–6-gliedrigen Fühlern; Mundwerkzeuge verkümmert; Augen sehr groß; Vorderflügel stummelartig, Hinterflügel breit u. fächerartig faltbar. ♀ [**44**] larvenartig, bleibt im Innern ihrer Wirte (Hautflügler, Zikaden, die man dann stylopisiert nennt); lebendgebärend; Vorderkörper, in den der Brutkanal mündet, ragt ebenso wie die Puppen aus der Gelenkhaut des Hinterleibs eines Wirtes hervor. Die Primärlarve mit 3 Beinpaaren u. 2 Schwanzborsten sucht ihren Wirt auf, in den sie sich einbohrt. Sie verwandelt sich in ihm über weitere, madenartige Larvenstadien zur Puppe. Die ♀♀ bleiben in der Hülle des letzten Larvenstadiums und werden darin geschlechtsreif. Etwa 15 Arten.

Stylopidae (♂: Fühler 4–6-gliedrig, Kiefertaster abgeflacht, Tarsen 4-gliedrig; ♀ in Bienen), z. B. ***Stylops melittae*** Kirby in *Andrena*, 3; ***Halictoxenos*** Pierce in *Halictus*.

Xenidae (♂: Fühler 4-gliedrig, Kiefertaster drehrund, Tarsen 4-gliedrig; ♀ in Wespen), z. B. ***Xenos vesparum*** Rossius in *Polistes*.

Elenchidae (♂: Fühler 4-gliedrig, Tarsen 2-gliedrig; ♀ in Zikaden), nur ***Elenchus tenuicornis*** (Kirby), in Delphaciden.

Halictophagidae (♂: Fühler 7-gliedrig; ♀ in Zikaden), z. B. ***Stenocranophilus quadratus*** Pierce.

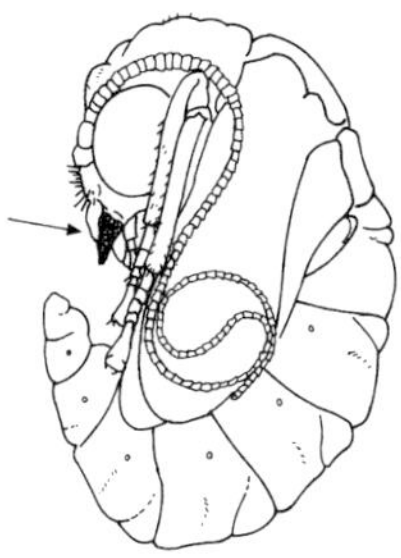

39 Pupa dectica

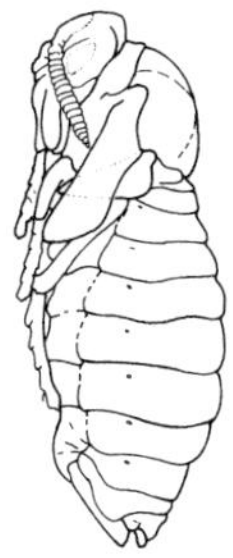

40 Pupa libera

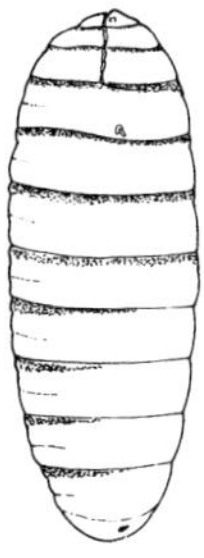

41 Pupa coarctata

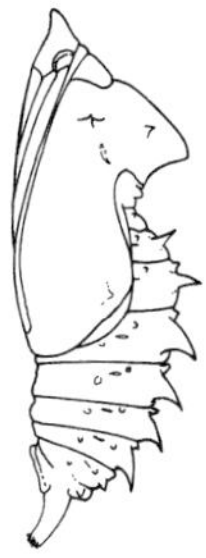

42 Pupa obtecta

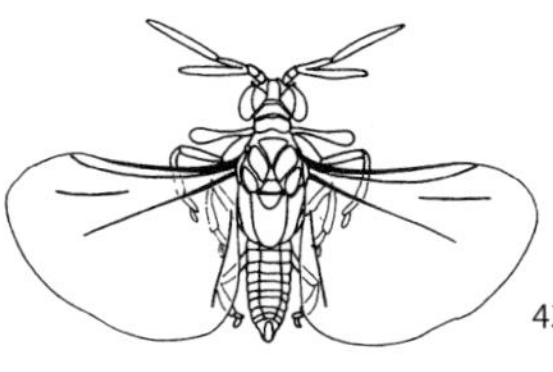

43

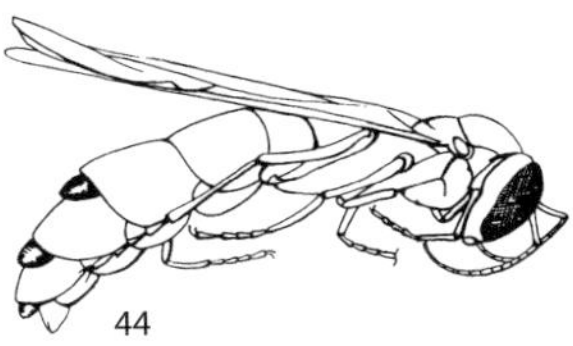

44

43 Strepsiptera (♂); **44** Strepsiptera (♀♀) im Wirt

26. Außer 3 Beinpaaren am Thorax noch (ungegliederte) Füße oder Fußstummel am Hinterleib. Habitus z. B. [**45–47**] .... Insektenlarven vom Raupentyp (polypode Larven)
a) Am Hinterleib (beginnend mit 2. Segment) mindestens 5 Paar Bauchfüße [**45**] u. [**66**], S. 337. Auge mit 0–1 Stemma: Pflanzenwespen, **Symphyta** (zu **Hymenoptera**) S. 312, 313.
b) Am Hinterleib (beginnend am oder hinter 3. Segment) 1–4 Paar Bauchfüße u. meist 1 Paar Nachschieber am letzten Segment (z. B. [**46**] u. [**113–135**], S. 445–448). Auge mit 0–6 Stemmata: **Lepidoptera** S. 420.
c) An allen Segmenten Stummelfüße oder Wülste [**47**] u. [**2**], S. 450. Augen mit mehr als 6 Stemmata: **Mecoptera** S. 450.
— Nur 3 Paar Thoraxbeine vorhanden; am Hinterleib höchstens noch mit seitlichen Tracheenkiemen [**50**] oder mit gefiederten Kiemenbeinen [**28**] **27**
27. Hinterende des Körpers mit 3 blattartigen ([**48a**], **Zygoptera**) oder 5 kurzen, steifen Anhängen ([**49**], **Anisoptera**). Unterlippe als Fangmaske vorklappbar [**48b**]. Im Wasser
Larven der Libellen, **Odonata** S. 227
— Habitus anders **28**
28. Tarsen 1–3-gliedrig oder mit der Tibia verschmolzen **29**
— Tarsen 4–5-gliedrig **37**
29. Füße mit Endblase, Krallen undeutlich [**7**]. Körper 1–3 mm lang
Fransenflügler, Blasenfüße, **Thysanoptera** S. 262
— Habitus anders, Krallen gut entwickelt **30**
30. Körper mit 2–3 fadenförmigen Schwanzanhängen. Fast immer mit Flügelanlagen. Tiere im Wasser.
a) Tarsen mit 1 Kralle. Habitus z. B. [**50**]. Abomen mit Tracheenkiemen
Larven der Eintagsfliegen, **Ephemeroptera** S. 217
b) Tarsen mit 2 Krallen. Habitus z. B. [**51**]. Abdomen ohne Tracheenkiemen
Larven der Steinfliegen, **Plecoptera** S. 234
Manche aquatische Larven der **Coleoptera** ebenfalls mit langen Schwanzanhängen, dann aber im Unterschied zu **Plecoptera** Fühler kurz, s. Nr. **46**.
— Körper mit 1 Schwanzanhang oder ohne lange Schwanzanhänge. Habitus anders **31**
31. Mundwerkzeuge als sichelförmige Oberkiefer mit Rinne, die mit Unterkiefer Saugrohr bildet; zwischen den Saugzangen mit langen Tastern der Unterlippe [**52b**]. Habitus z. B. [**52a**] u. [**7–14**], S. 342 .... Larven der **Neuroptera** S. 341
— Mundwerkzeuge anders ausgebildet **32**
32. Körper ± wurmartig gestreckt (z. B. [**26, 28, 57–59**]). Fühler kurz, meist mit weniger als 10 Gliedern **44**
— Körper anders, z. B. wie [**53, 54**]; wenn gestreckt, dann im Gestalttyp wie [**11, 15, 16**] **33**
33. Tarsus mit 1 Kralle, die zahnartigem Auswuchs der Tibia gegenüber liegt. Kopf nicht breiter als Thorax [**53**]. Ektoparasiten .... Tierläuse, **Anoplura** (zu **Phthiraptera**) S. 258
— Habitus anders **34**
34. Mundwerkzeuge als nicht einziehbarer, oft langer Rüssel (ohne anhängende Taster) ausgebildet. [**2, 18**] .... Schnabelkerfe, **Hemiptera** (= **Rhynchota**) **9**
— Mit kauenden Mundwerkzeugen **35**
35. Kopf breit, schildartig. Fühler kürzer als der Kopf [**54**]. Ektoparasiten
Federlinge u. Haarlinge, **Mallophaga** (zu **Phthiraptera**) S. 258
— Kopf nicht breit schildartig. Fühler länger als der Kopf **36**
36. Ohne Cerci .... Rindenläuse, Staubläuse, **Psocoptera** S. 253
— Cerci als Zangen ausgebildet [**11**] .... Ohrwürmer, **Dermaptera** S. 236
— Cerci als kleine Anhängsel ausgebildet .... Heuschrecken, **Orthoptera** S. 240
37. Körper stark seitlich zusammengedrückt, mit rückwärts gerichteten Borsten [**55**]
Flöhe, **Siphonaptera** S. 452
— Körper nicht seitlich zusammengedrückt. Habitus anders **38**
38. Kopf stark in die Länge gezogen, an der Spitze mit beißenden Mundwerkzeugen (vgl. [**1**])
Boreus (zu **Mecoptera**) S. 450
— Kopf nicht derart verlängert, höchstens mit rüsselförmigen Mundwerkzeugen **39**
39. Hinterleib an der Basis stark eingeschnürt (Wespentaille!) [**56**]
Hautflügler, **Hymenoptera** S. 312

— Habitus anders **40**
40. Mundwerkzeuge beißend [**1**], mit deutlichen Tastern u. Mandibeln **41**
— Mundwerkzeuge reduziert oder rüsselförmig **43**
41. Fühler etwa ¾ so lang wie der Körper oder länger. Wenn stummelförmige Flügeldecken vorhanden, diese pergamentartig, mit Adern **42**
— Fühler kürzer als der halbe Körper. Reduzierte Flügeldecken hornig, ohne Adern
Käfer, **Coleoptera** S. 343
— Andere Merkmalskombination, mit folgenden Sondermerkmalen:
a) Vorderbeine als Fangbeine ausgebildet — Larven der Fangschrecken, **Mantodea** **5**
b) Vorderbeine keine Fangbeine. Fühler etwa so lang wie halber Körper. Thorax u. Abdomen ± gleichartig segmentiert, nur Geschlechtstiere mit Flügelanlagen. Oft unpigmentiert, weiß
Termiten, **Isoptera**

Staatenbildend, in Holz, nur ***Reticulitermes flavipes*** (KOLLAR), Gelbfußtermite, in Hafenstädten (Hamburg) eingeschleppt.

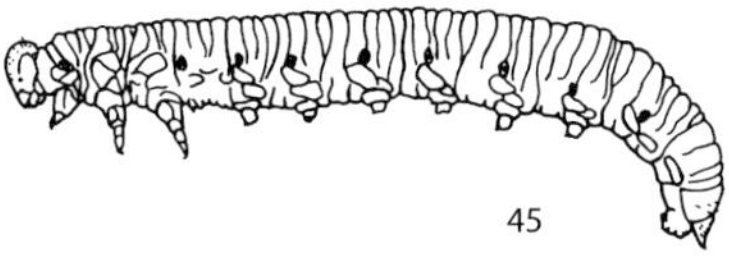
45
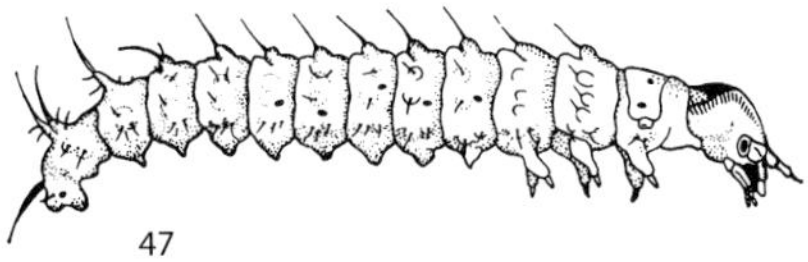
47
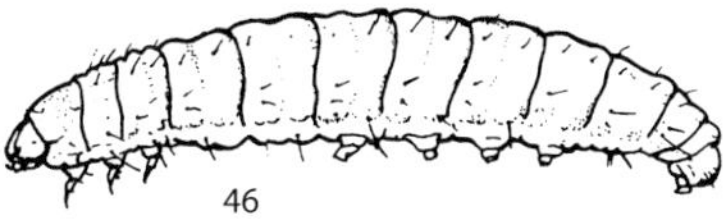
46
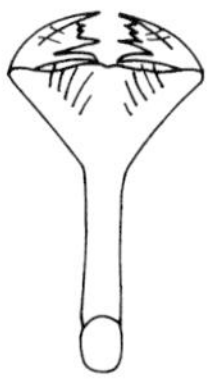
48b
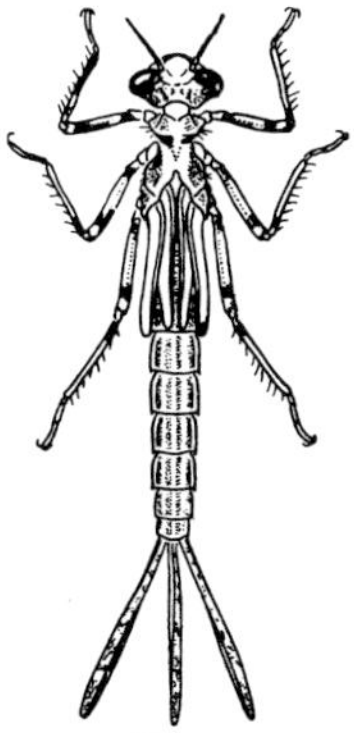
48a
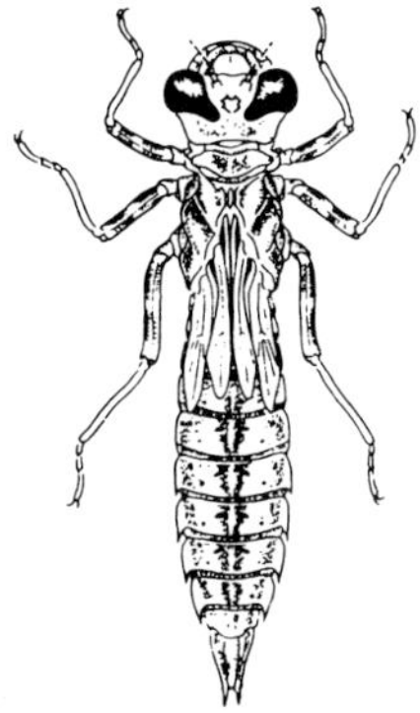
49

50
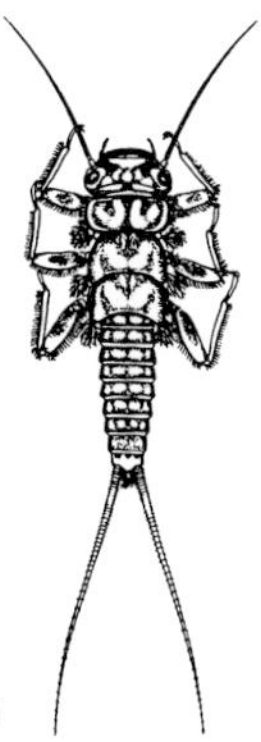
51
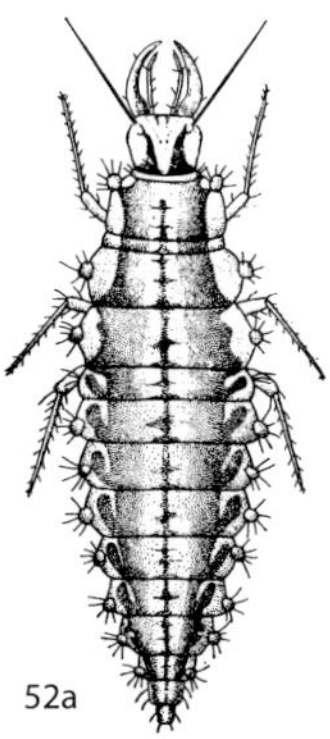
52a
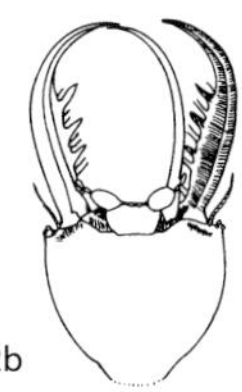
52b

Larven von **45** Hymenoptera; **46** Lepidoptera; **47** Mecoptera; **48** u. **49** Odonata; **50** Ephemeroptera; **51** Plecoptera; **52** Neuroptera

42. Hinterbeine keine Sprungbeine .... Schaben, **„Blattoptera“** S. 238
— Hinterbeine als Sprungbeine ausgebildet
(Langfühlerschrecken, **Ensifera**) Heuschrecken, **Orthoptera** S. 240
43. Körper mit kleinen Schuppen oder dichten, langen Haaren bedeckt. Mit 0 oder 2 Ocellen oben neben den Komplexaugen ....Schmetterlinge, **Lepidoptera** S. 420
Wenn mit 3 im Dreieck stehenden Ocellen, dann ♀ von ***Enoicyla*** (zu **Trichoptera** S. 414).
— Körper höchstens mit borstenartigen, mehr einzeln stehenden Haaren
Zweiflügler, **Diptera** S. 455
44. Halsschild (Rückenplatte des Prothorax) an den Seiten bis zu den Coxen herabgezogen, ± röhrenförmig. Habitus [**26**]. Terrestrisch .... Larven der Kamelhalsfliegen, **Raphidioptera** **19**
— Halsschild u. Gestalt anders **45**
45. Abdomen mit 7 Paar beinartigen Tracheenkiemen [**28**]. Aquatisch
Larven der Schlammfliegen, **Megaloptera** **20**
— Anders **46**

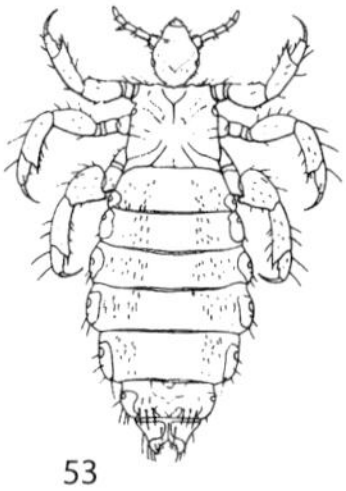
53
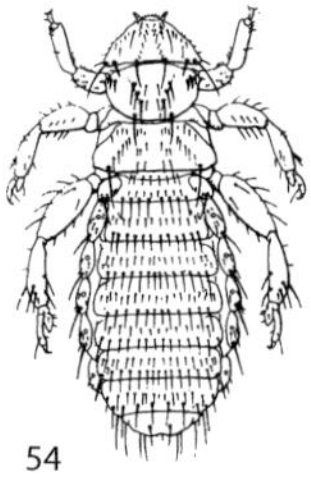
54
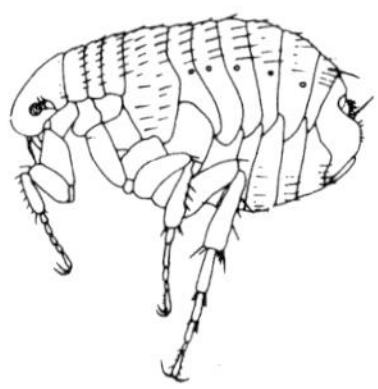
55
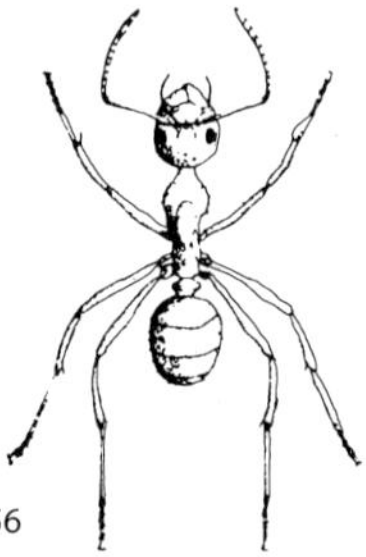
56
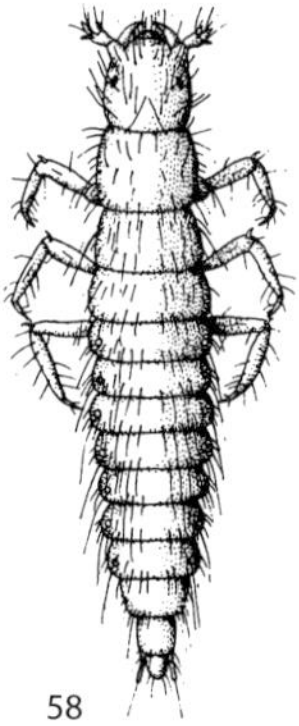
58
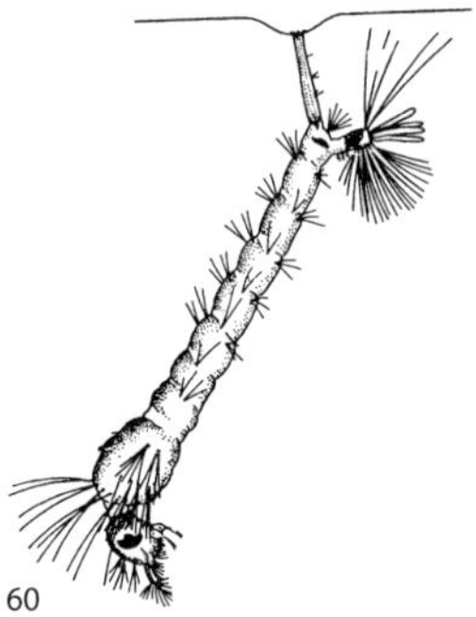
60
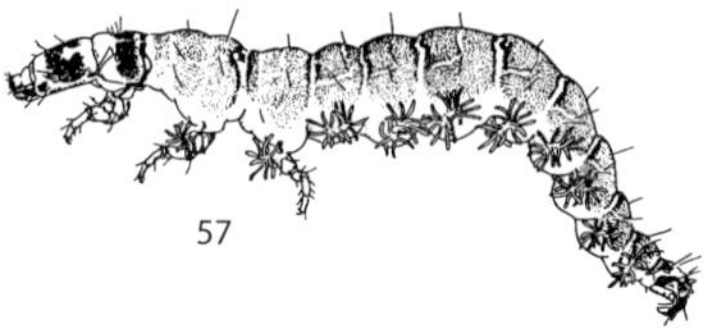
57
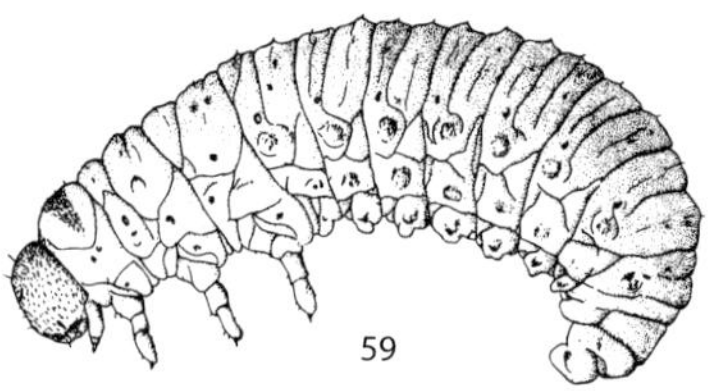
59
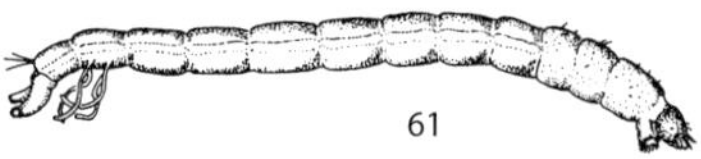
61
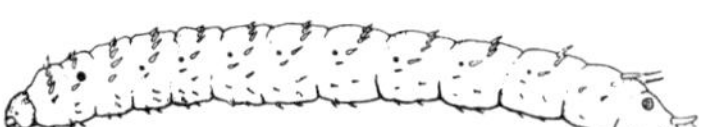
62
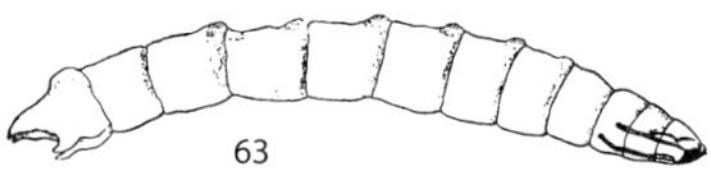
63

53 Anoplura; **54** Mallophaga; **55** Siphonaptera; **56** Hymenoptera; **57** Trichoptera, Larve; **58** u. **59** Coleoptera, Larve; **60–63** Diptera, Larve

46. Körper raupenähnlich, langgestreckt. Terrestrisch
Larven einiger Hautflügler, **Hymenoptera** S. 336

— Körper raupenähnlich, kurz, gekrümmt [**2**], S. 450. Terrestrisch
Larve von ***Boreus,*** zu **Mecoptera** S. 450

— Körper raupenähnlich, auch langgestreckt, aquatisch, selten terrestrisch, in Köcher oder Gespinst, mit faden- oder schlauchartigen Tracheenkiemen [**57**] u. [**15–31**] S. 416–418
Larven der Köcherfliegen, **Trichoptera** S. 415

— Körper anders, Habitus z. B. [**58, 59**] u. [**114–118, 125–132, 134–147**], S. 407, 408. Terrestrisch oder aquatisch .... Larven der Käfer, **Coleoptera** S. 405

47. Im Wasser. Habitus [**60, 61**] u. [**5–15, 21, 30**], S. 498, 499, 500
Larven von Zweiflüglern, **Diptera** S. 497

— Landlebend **48**

48. Kopfkapsel reduziert, mit Mundhaken; wenn Kopfkapsel vollständig ausgebildet, Labium plättchenförmig, ohne Taster. Habitus [**62, 63**] u. [**16–20, 22–29, 31–34**], S. 499, 500
Larven von Zweiflüglern, **Diptera** S. 497

— Kopfkapsel nicht reduziert, Labium fast immer mit Tastern **49**

49. Hinterende des Körpers mit 2 Nachschiebern u. einem Analkamm aus 1–2 Borstenreihen. Habitus [**1c**], S. 453 .... Larven der Flöhe, **Siphonaptera** S. 452

— Anders **50**

50. Ekto- oder Endoparasiten .... Larven von Hautflüglern, **Hymenoptera** S. 336

— Freilebend oder Minierer oder Gallinduzierer **51**

51. Freilebend, in Nestern, oft in Brutzellen .... Larven von Hautflüglern, **Hymenoptera** S. 336

— Freilebend, nicht in Nestern. Habitus z. B. [**119–124, 133**], S. 407, 408
Larven von Käfern, **Coleoptera** S. 405

— Minierer
a) Mit Kriechwülsten: Larven von Schmetterlingen, **Lepidoptera** S. 445
b) Ohne Kriechwülste: Larven von Käfern, **Coleoptera** (Auge meist mit mehr als 1 Stemma) S. 405, u. Hautflüglern, **Hymenoptera** (Auge mit 0–1 Stemma) S. 336

— Gallerreger weitere Larven von Hautflüglern, **Hymenoptera**, seltener von Käfern, **Coleoptera**

Literatur

Allgemeine entomologische Literatur:

Arnett, R. H.: American insects. A handbook of the insects of America north of Mexico. 2nd ed. New York, 2000.

Date, H. H.: Insecta. In: A. Kaestner, Lehrbuch der speziellen Zoologie. Band I: Wirbellose Tiere. Teil 5. Insecta. 2. Aufl. Heidelberg, 2003.

Dettner, K., Peters, W.: Lehrbuch der Entomologie. 2. Aufl. Heidelberg, 2003.

Henning, W., Mickoleit, G.: Taschenbuch der speziellen Zoologie, Wirbellose II, Gliedertiere. 5. Aufl. Thun, Frankfurt, 1994.

Honomichl, K., Jacobs, W., Renner, M.: Biologie und Ökologie der Insekten. 3. Aufl. Stuttgart, 1998.

Klausnitzer, B.: Entomofauna Germanica. Band 1–6. Dresden, 1998–2003.

Klausnitzer, B.: Insecta (Hexapoda), Insekten. In: W. Westheide, R. Rieger, Spezielle Zoologie, Teil 1: Einzeller und Wirbellose Tiere. München, 2007.

Naumann, I. D.: The insects of Australia. 2nd ed. Vol. 1, 2. Melbourne, 1991.

Nilsson, A.: Aquatic insects of North Europe. A taxonomic handbook. Vol. 1, 2. Stenstrup, 1996.

Richards, O. W., Davies, R. G.: Imm's general textbook of entomology. Vol. I, II. 10th ed. London, 1977.

Tischler, W.: Die Ordnungen der Insekten. In: P. Brohmer, P. Ehrmann, G. Ulmer, Tierwelt Mitteleuropas, Bd. IV, Lief. 1. Leipzig, 1964.

Tuxen, S.: Taxonomist's glossary of genitalia in insects. 2nd ed. Kopenhagen, 1970.

Weber, H., Weidner, H.: Grundriss der Insektenkunde. 5. Aufl. Stuttgart, 1974.

Bildführer:

Bellmann, H.: Der neue Kosmos-Insektenführer. 2. Aufl. Stuttgart, 2009.

Chinery, M.: Insekten Mitteleuropas. 3. Aufl. Hamburg, Berlin, 1984.

Chinery, M.: Pareys Buch der Insekten. 2. Aufl. Stuttgart, 2012.

Zahradnik, J.: Der Kosmos Insektenführer. 7. Aufl. Stuttgart, 2009.

Larven:

Chu, H. F.: The immature insects. Dubuque, 1949.

Petersen, A.: Larvae of insects. I. II. Columbus, 1962, 1960.

Stehr, F. W: Immature insects. Vol. I, II, Dubuque, 1987, 1991.

Steinmann, H., Zombori, L.: A morphological atlas of insect larvae. Budapest, 1985.

Literatur zu in der Tabelle behandelten speziellen Gruppen
Isoptera:
Weidner, H., Sellenschlo, U.: Bestimmungstabellen der Vorratsschädlinge und des Hausungeziefers Mitteleuropas. 6. Aufl. Heidelberg, 2003.
Mantodea:
Harz, K.: Die Geradflügler Mitteleuropas, Jena, 1957
Harz, K.: Geradflügler oder Orthopteren (Blattodea, Mantodea, Saltatoria, Dermaptera). In: F. Dahl, Tierwelt Deutschlands, Teil 46. Jena, 1990.
Megaloptera, Raphidioptera: s. **Neuroptera,** S. 339.
Strepsiptera:
Kathirithamby, J.: Review of the order Strepsiptera. Systematic Entomology 14. London, 1989.
Kinzelbach, R.: Strepsiptera. In: H. Freude, K. W. Harde, G. A. Lohse, Die Käfer Mitteleuropas, Bd. 8. Krefeld, 1969.
Kinzelbach, R. Strepsiptera. In: F. Dahl, Tierwelt Deutschlands, Teil 65. Jena, 1978.
Oehlke, J.: Strepsiptera – Fächerflügler. In: B. Klausnitzer, Stresemann – Exkursionsfauna von Deutschland, Band 2 – Wirbellose: Insekten. 11. Aufl. Heidelberg, 2011.

Primär flügellose Insekten

Insekten ohne Flügel („Urinsekten"). Jungtiere den Adulten sehr ähnlich, diese machen auch nach Geschlechtsreife meist noch Häutungen durch. Im Gebiet etwa 450 Arten.
Abkürzungen: Gl, -gl = Glied(er), -gliedrig, Abd, Abd- = Abdomen, Abdominal-.

System (früher als **„Apterygota"** zusammengefasst – eine paraphyletische Gruppe):
Endognatha (Mundwerkzeuge in eine Tasche versenkt) mit den **Diplura**, **Protura** u. **Collembola** (letztere beide als **Ellipura** zusammengefasst); Endognatha möglicherweise paraphyletisch und Diplura Schwestergruppe der Ectognatha.
Ectognatha (Mundwerkzeuge frei) mit den **Archaeognatha** u. **Zygentoma** (nicht korrekt als **„Thysanura"** zusammengefasst, die **Zygentoma** mit einer zweigelenkigen Mandibel gehören zu den **Dicondylia**).

Diplura, Doppelschwänze

Ohne Augen. Abdomen mit 2 Anhängen (Cerci). An Abdominalsegmenten Extremitätenreste (Styli) u. ausstülpbare Coxalbläschen. Im Boden, in Pflanzenstreu, unter Steinen. Nahrung: Pilzhyphen u. Detritus, auch räuberisch. Im Gebiet etwa 20 Arten.

1. Schwanzanhänge (Cerci) fadenförmig, gegliedert [**1**] .... **Campodeidae**
Campodea Westwood [**1**] mit etwa 15 Arten, z. B. ***C. staphylinus*** Westwood (4–4,5 mm). – Außerdem eine weitere Gattung in Höhlen.
— Schwanzanhänge kurz, ungegliedert, zangenförmig [**2**] .... **Japygidae**
Wenige seltene Arten, im Süden. Beispiel: ***Metajapyx leruthi*** Silvestri (bis 10 mm).

Protura, Beintaster

Ohne Augen u. Fühler. Kopf jederseits mit rundlichem „Pseudoculus" (wohl ein chemisches Sinnesorgan). Vorderbeine werden nach vorn gehalten (Tastfunktion). Erste 3 Abdominalsegmente mit Extremitätenresten („Beinstummel"). Körper 0,5–2 mm lang. Im Boden, saugen an Pilzhyphen (auch Mykorrhiza). Im Gebiet etwa 40 Arten.

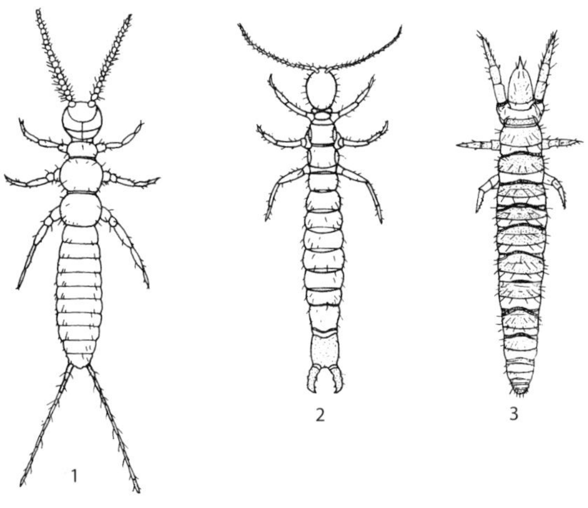

4 a b c

1 *Campodea*; **2** Japygidae; **3** *Acerentomon*

1. Beinstummel auf jedem der ersten 3 Abdsegmente mit Endblasen (erscheinen deshalb 2-gl) [**4a**]. Tracheen vorhanden, je 1 Stigmenpaar am Mesothorax u. Metathorax ... **Eosentomidae**
Eosentomon Berlese, häufig ***E. transitorium*** Berlese.
— Beinstummel höchstens an Abdsegmenten 1 u. 2 mit Endbläschen [**4b**], am 3. Segment kleiner u. ohne Endbläschen (ungegliedert erscheinend) [**4c**]. Tracheen u. Stigmen fehlend 2
2. Beinstummel des 1. Abdsegments 2-gl (2. Gl = Endbläschen) [**4b**], sonst 1-gl, ohne Endbläschen [**4c**] .... **Acerentomidae**
a) Oberlippe schnabelartig verlängert: ***Acerentomon*** Silvestri [**3**], z. B. ***A. affine*** Bagnall.
b) Oberlippe kurz: mehrere Gattungen, z. B. ***Acerentulus*** Berlese, häufig ***A. confinis*** (Berlese).
— Beinstummel des 1. u. 2. Abdsegments 2-gl (2. Gl = Endbläschen), sonst 1-gl, ohne Endbläschen .... **Protentomidae**
Protentomon Ewing (1.–6. Abdtergit mit 1 Borstenreihe), z. B. ***P. thienemanni*** Strenzke. ***Proturentomon*** Silvestri (1.–6. Abdtergit mit 2 Borstenreihen), z. B. ***P. minimum*** (Berlese). – Hierher eine weitere Familie mit 1 seltenen Art.

Collembola, Springschwänze

Augen aus höchstens 8 Ommatidien (Einzelaugen) bestehend, davor oft ein Sinnesorgan mit unklarer Funktion, das Postantennalorgan [**5**]. Antennen 4-gliedrig (Glieder können sekundär unterteilt sein), am 3. Glied ein Geruchsorgan, das Antennalorgan (Sinnesstäbchen und/oder Sinneskolben, umgeben von Geruchshaaren [**6**]). Abdomen mit 6 Segmenten. 1. Abdominalsegment mit Ventraltubus (Bauchsack mit ausstülpbaren Bläschen oder Schläuchen, der Atmung u. Wasserresorption dienend). Mit Sprunggabel (Furca) am 4. Abdominalsegment, bestehend aus dem unpaaren Manubrium u. den paarigen Dentes mit Endstücken (Mucronen) [**8, 19**]. Am 3. Abdominalsegment Halteapparat (Retinaculum) für die Furca [**8**]. Körperoberfläche bei **Onychiuridae** mit Hautporen (Pseudocellen), die nach Reizung als Abwehr ein Sekret abgeben. Körper 0,3–6 mm lang. Meist in Bodenstreu u. Erde, manche Arten auch an Pflanzen. Nahrung: Pilze, Algen, Pollen, Detritus, modernde, auch lebende Pflanzenteile. Im Gebiet etwa 400 Arten. Mikroskopische Untersuchung nach Aufhellung in Kalilauge oder warmer Milchsäure.

System (nach Bellinger et al. (1996–2021)):
Neelipleona
  Neelidae
Poduromorpha
  Brachystomellidae, Hypogastruridae, Neanuridae, Odontellidae, Onychiuridae, Poduridae, Tullbergiidae
Entomobryomorpha
  Entomobryidae, Isotomidae, Oncopoduridae, Paronellidae, Tomoceridae
Symphypleona
  Arrhopalitidae, Bourletiellidae, Dicyrtomidae, Katiannidae, Mackenziellidae, Sminthuridae, Sminthurididae

1. Körper ± langgestreckt, deutlich segmentiert [**8, 9, 12–19**]. Meist in Bodenstreu oder im Boden 2
— Körper ± kugelig, undeutlich segmentiert [**10, 11, 20, 21**]. Meist oberirdisch
Kugelspringer, **Neelipleona** u. **Symphypleona** 10
2. Pronotum frei, sichtbar, mit einigen Borsten besetzt [**7a**]. Antennen kurz [**7a**]. Körper ± einfarbig .... **Poduromorpha** 3
— Pronotum reduziert, oft vom Mesonotum überdeckt, ohne Borsten [**7b**]. Antennen meist länger. Körper oft mit Pigmentzeichnung .... **Entomobryomorpha** 6
3. Furca lang, das mittlere Beinpaar überragend [**8**] .... **Poduridae**
Nur ***Podura aquatica*** L. [**8**] (blauschwarz bis rostrot; 1–1,2 mm), oft zahlreich auf der Wasseroberfläche.
— Furca wesentlich kürzer, selten bis Ventraltubus reichend, oft reduziert oder fehlend 4
4. Groß (5–8 mm), asselähnlich. Violett .... ***Tetrodontophora*** (**Onychiuridae**) S. 210
— Kleiner, bis 3 mm 5

5. 3. Antenngl mit großem Antennalorgan (2–3 Sinneskolben [**14b, 15b**]). Pseudocellen (Hautporen auf Kopf u. Körper) vorhanden. Ohne Augen. Nicht sprungfähig. Körper weiß. Habitus z. B. [**14a, 15a**] .... **Onychiuridae** u. **Tullbergiidae** S. 210

— 3. Antenngl mit wenig auffälligem Sinnesorgan (Antennalorgan). Ohne Pseudocellen. Meist mit Augen. Körper meist pigmentiert. Habitus z. B. [**12, 13**] .... 4 Familien, darunter **Hypogastruridae** u. **Neanuridae** S. 208

6. Körper ohne Schuppen, mit glatten, selten mit schwach (auch stärker) bewimperten Borsten, diese nicht keulig. Furca manchmal reduziert. 3. u. 4. Abdsegment etwa gleich lang, manchmal 4.(5.)–6. Abdsegment verschmolzen [**16**]. Habitus z. B. [**16, 17**] .... **Isotomidae** S. 210

— Körper mit Schuppen oder wenigstens mit dicht bewimperten, endwärts keulig erweiterten Borsten, die häufig v. a. am Thorax wie eine Mähne vorstehen [**9**]. Furca immer stark entwickelt. Abdsegmente nie verschmolzen **7**

7. Endgl (3. u. 4. Gl) der Antennen dicht geringelt, 3. Gl stark verlängert (Ende der Antennen oft abgebrochen). 3. Abdsegment etwa so lang wie oder länger als 4. Mucro behaart. Körper grau, beschuppt. Mit Augen. Habitus [**9**] .... **Tomoceridae**

Mehrere Gattungen, z. B. ***Pogonognathellus*** Paclt, sehr häufig ***P.*** (= ***Tomocerus***) ***flavescens*** (Tullberg) (4–6,5 mm), in Pflanzenstreu.

— 3. u. 4. Antenngl nicht geringelt, 3. Gl nicht stark verlängert. 4. Abdsegment meist viel länger als 3. Mucro unbehaart **8**

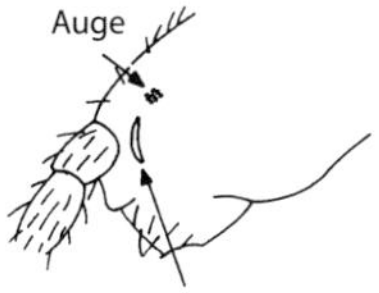

5

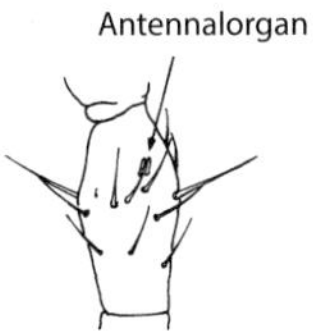

6

7a

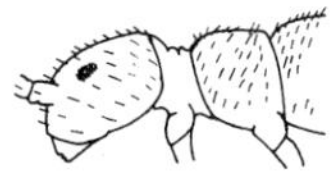

7b

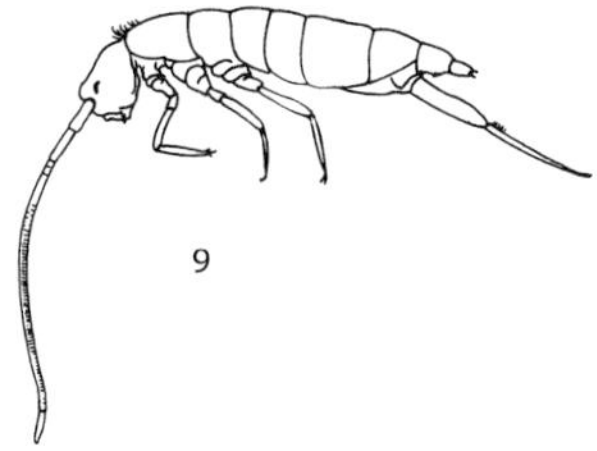

9

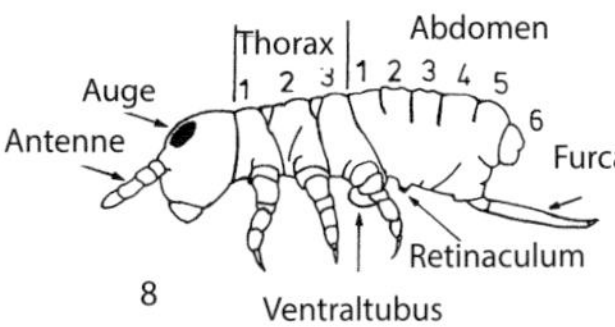

8

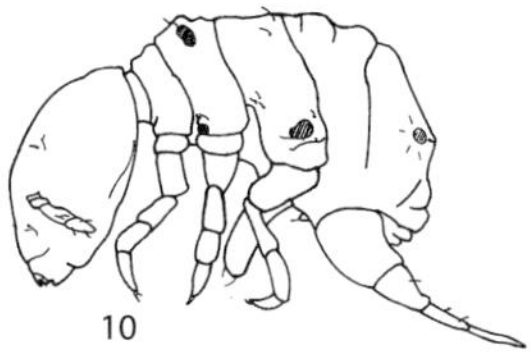

10

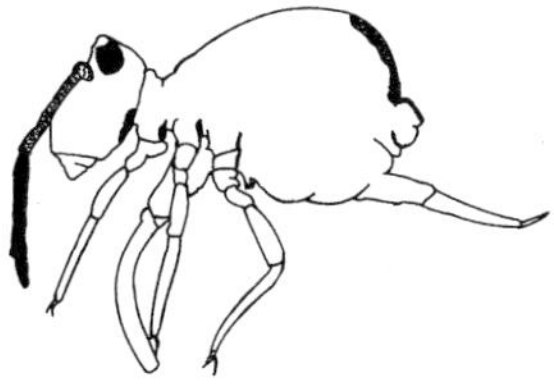

11

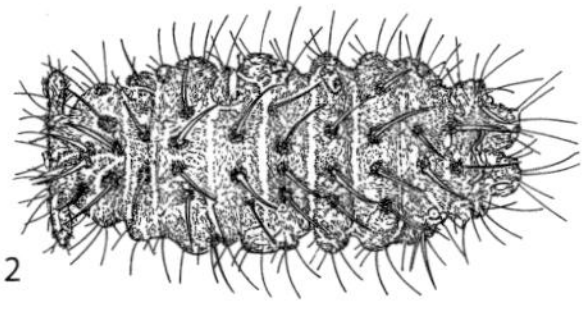

12

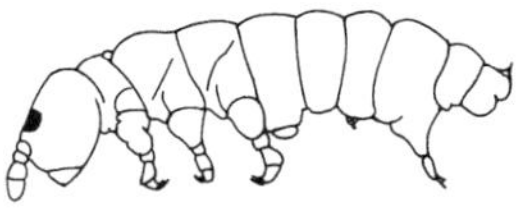

13

8 *Podura*; **9** *Pogonognathellus*;**10** *Megalothorax*; **11** *Dicyrtomina*; **12** *Neanura*; **13** *Hypogastura*

8. Dentes hinten (bei ausgestreckter Furca betrachtet) geringelt. Mucro kurz, mit rundem Vorderrand, sichelförmig oder 2-zähnig. Habitus z. B. [**18, 19**] .... **Entomobryidae** S. 211
— Dentes nicht geringelt. Mucro lang, stabförmig, mit geradem Vorderrand. Ohne Augen. Weiß **9**

9. Dentes ohne Dornen .... **Paronellidae**
Nur ***Cyphoderus albinus*** Nicolet (1–1,6 mm), meist in Ameisennestern.

— Dentes mit Dornen .... **Oncopoduridae**
Nur 2; ***Oncopodura*** Carl et Lebedinsky, verbreitet ***O. crassicornis*** Shoebotham (bis 0,8 mm).

10. Antennen viel kürzer als Kopf [**10**]. Blind. Um 0,5 mm .... (zu **Neelipleona**) **Neelidae**
Megalothorax Willem (3. u. 4. Antennengl verschmolzen), häufig nur ***M. minimus*** Willem [**10**]), um 0,3 mm, kleinster Collembole. 3. u. 4. Antennengl nicht verschmolzen: 2 Arten, häufig nur ***Neelides minutus*** (Folsom) (Antennengl getrennt; um 0,6 mm).

— Antennen so lang wie oder länger als der Kopf (in der Diagonale gemessen) [**11, 20a, 21**]. Meist mit Augen. Meist größer **11**

11. Letztes (4.) Gl der Antennen viel kürzer als 3. Antennen im Leben zwischen 2. u. 3. Gl gekniet [**11**] .... **Dicyrtomidae**
Wenige Gattungen, z. B. ***Dicyrtoma*** Bourlet u. ***Dicyrtomina*** Börner, mit mehreren Arten, häufig ***Dicyrtomina minuta*** (F.) [**11**] (Abd hinten mit dunklem Fleck; 2–2,8 mm), mehr in Wäldern.

— Letztes Gl der Antennen länger als 3., oft sekundär gegliedert. Antennen im Leben zwischen 3. u. 4. Gl gekniet. Habitus z. B. [**20a, 21**] **12**

12. Augen jeweils nur mit 1 Ommatidium .... **Arrhopalitidae**
Nur ***Arrhopalites*** Börner mit mehreren Arten, z. B. ***A. pygmaeus*** (Wankel) (weiß bis rostrot; 1,2 mm), auch in Höhlen; ***A. caecus*** (Tullberg) (weiß; 1 mm), auch in Blumentöpfen.

— Augen jeweils mit 8 Ommatidien (2 davon oft klein) **13**

13. Kleiner Abdabschnitt (Segmente 5+6) ± in das vordere Abd einbezogen. ♂ mit Klammerantenne [**20b**]. Habitus [**20a**] .... **Sminthurididae**
Wenige Gattungen, z. B. ***Sminthurides*** Börner mit mehreren Arten, häufig auf Wasseroberflächen, z. B. ***S. aquaticus*** (Bourlet) (hell, dunkel gezeichnet; 0,5–1 mm). – Hierher auch **Mackenziellidae** (Körper langgestreckter) mit ***Mackenziella psocoides*** Hammer (bis 0,3 mm), selten.

— Kleiner Abdabschnitt deutlich abgeschnürt. ♂ ohne Klammerantenne **14**

14. Letztes (4.) Antennengl sekundär geringelt oder gegliedert **15**

— 4. Antennengl einfach .... **Katiannidae**
Wenige Gattungen, z. B. ***Sminthurinus*** Börner mit mehreren Arten, häufig ***S. aureus*** (Lubbock) (gelb bis dunkel; bis 1 mm).

15. Bein vor der Kralle mit 2–3 den Krallen anliegenden, gekeulten Spürhaaren ... **Bourletiellidae**
Mehrere Gattungen, artenreicher sind ***Deuterosminthurus*** Börner, ***Heterosminthurus*** Stach u. ***Bourletiella*** Banks. Beispiele: ***D. pallipes*** (Bourlet) (gelb; bis 1 mm), auf Wiesen; ***D. bicinctus*** (Koch) (Rücken vorn u. hinten mit je 1 schwarzen Fleck; bis 1 mm), in Wäldern; ***B. hortensis*** (Fitch) (schwarzviolett; 0,9–1,3 mm), weit verbreitet in Gärten, kann durch Fressen an Jungpflanzen schädlich werden.

— Bein vor der Kralle ohne oder mit 1 abstehendem gekeultem Spürhaar .... **Sminthuridae**
Hinten am großen Abd mit 1 Paar Drüsenöffnungen (Drüsen meist schlecht zu sehen): ***Allacma fusca*** (L.) [**21**] (dunkel; 3–3,5 mm), meist in Wäldern. Großes Abd ohne Drüsenöffnungen: mehrere Gattungen, darunter artenreicher ***Sminthurus*** Latreille, sehr häufig ***S. viridis*** (L.) (gelbgrün, variabel dunkel gezeichnet; bis 3 mm), auf Wiesen, mitunter an Kulturpflanzen schädlich („Luzernefloh").

Familien: **Brachystomellidae, Hypogastruridae, Neanuridae, Odontellida**

Mandibeln der **Hypogastruridae** (z. B. ***Ceratophysella, Hypogastrura, Schaefferia, Willemia, Xenylla***) mit bezahnter Kauplatte, die bei **Neanuridae** (z. B. ***Anurida, Friesea, Neanura, Pseudachorutes***), **Odontellidae** (z. B. ***Superodontella***) u. **Brachystomellidae** (***Brachystomella***) fehlt.

1. Körper plump, mit langer, kräftiger Behaarung auf Segmenthöckern. [**12**] 2; ***Neanura*** MacGillivray
Außerdem weitere ähnliche Gattungen. Häufig ***N. muscorum*** (Templeton) [**12**] (hell- bis dunkelblau; 3,5 mm), unter Rinde, in Streu.

— Körper anders **2**

2. Abd hinten mit 3 oder mehr Analdornen .... ***Friesea*** Dalla Torre
Mehrere Arten, häufig ***F. mirabilis*** (Tullberg) (dunkelblau bis fast weiß; 1,5 mm). – Außerdem 1 weitere Gattung mit 1 Art.

— Abd hinten höchstens mit 2 Analdornen [**13**] **3**
Bei ***Hypogastrura*** können abnormal 3 Analdornen vorkommen.

3. Furca fehlend oder nur als Warze vorhanden **4**
— Furca vorhanden, nicht so stark reduziert [**13**] **5**
4. Abd am Ende über dem After halbkugelig gerundet, ohne Analdornen
Anurida Laboulbène
Augen jederseits mit 8–0 Ommatidien. Mehrere Arten, z. B. ***A. maritima*** (Guérin-Méneville) (blaugrau; 2–3 mm), an Ufern, im Anwurf. – Außerdem weitere Gattungen, z. B. ***Micranurida*** Börner, häufig in Wäldern ***M. pygmaea*** Börner (hellblau; 0,8–1 mm).
— Abd am Ende über dem After selten gerundet, meist mit Analdornen. Weiß . . . ***Willemia*** Börner
Augen fehlen. Mehrere Arten, z. B. ***W. anophthalma*** Börner (0,8 mm). – Außerdem 1 weitere Gattung mit 1 Art.
5. Abd am Ende mit 2 Analdornen (selten fehlend, dann Mucro mit 2-lappiger Außenlamelle (***Superodontella***)) **6**
— Abd am Ende ohne Analdornen, Mucro ohne 2-lappige Lamelle **10**
6. Augen jederseits mit 8 (seltener 6) Ommatidien. [**13**]
Hypogastrura Bourlet u. ***Ceratophysella*** Börner
Artenreich, außerdem weitere Gattungen. Häufig z. B. ***C. denticulata*** (Bagnall) (blaufleckig; 0,8–1,5 mm), auch in Kompost; an der Meeresküste ***H. viatica*** (Tullberg) (blau; 2 mm).
— Augen jederseits mit 0–5 Ommatidien **7**
7. Dentes hinten jeweils mit 2 Borsten **8**
— Dentes hinten jeweils mit 3–5 Borsten **9**
8. Ohne Postantennalorgan . . . . ***Xenylla*** Tullberg
Artenreich, häufig ***X. maritima*** Tullberg (1,5 mm), in Streu u. an Baumstämmen.
— Mit Postantennalorgan, dieses 3-zipfelig oder mit 4 Tuberkeln um einen Zentraltuberkel
Xenyllodes armatus Axelson
Weißgrau bis bräunlich. 1 mm. Im Gebirge. – Außerdem 1 weitere Gattung mit 1 Art.
9. Mucro mit 2-lappiger Außenlamelle . . . . ***Superodontella*** Stach
Wenige Arten, an Rinde ***S. empodialis*** (Stach) (graublau; 1,4 mm).
— Mucro ohne 2-lappige Außenlamelle . . . . ***Schaefferia*** Absolon
Wenige Arten. Meist in Höhlen, z. B. ***S. emucronata*** Absolon (1,5 mm).

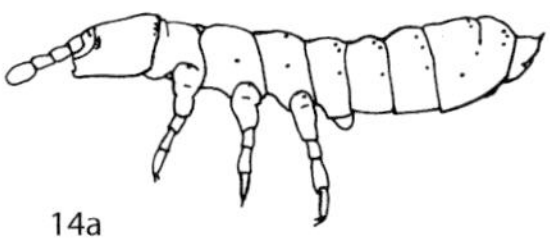
14a

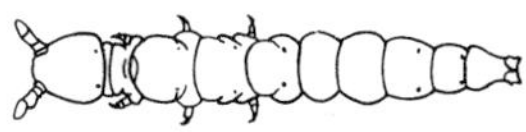
15a

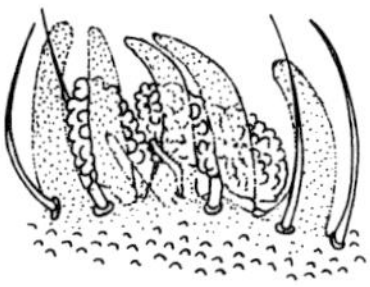
14b

15b

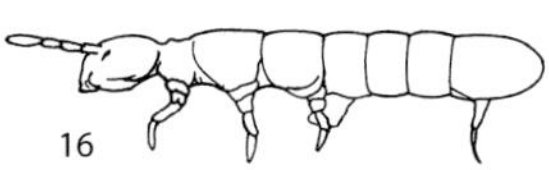
16

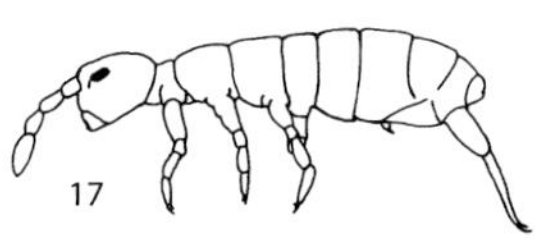
17

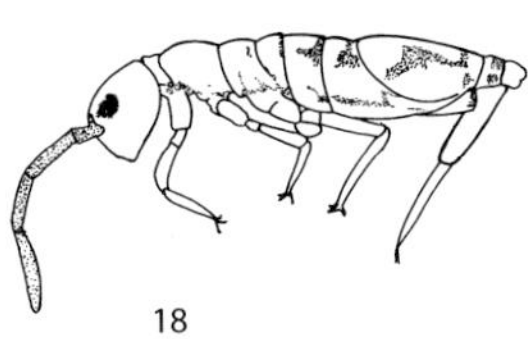
18

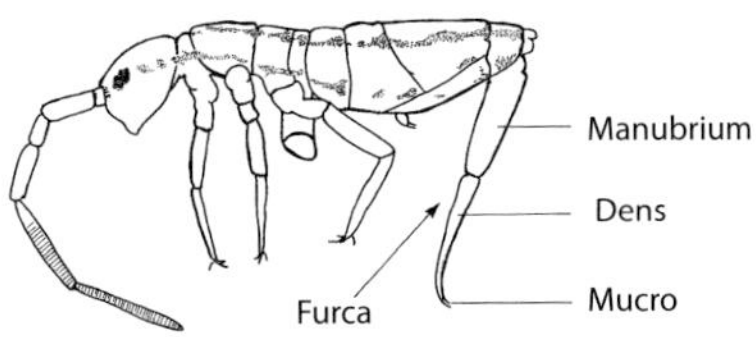

19

14 *Onychiurus*; **15** *Tullbergia*; **16** *Folsomia*; **17** *Isotoma*; **18** *Entomobrya*; **19** *Orchesella*

10. Mund breit gerundet. Mandibeln fehlend. Blau. 1 mm **_Brachystomella parvula_** (SCHÄFFER)
— Mund in Kegel ausgezogen. Mandibeln vorhanden **11**
11. Mit Postantennalorgan .... **_Pseudachorutes_** TULLBERG
Dentes hinten jeweils mit 5–6 Borsten. Augen jederseits mit 8 Ommatidien. Mehrere Arten. An Rinde ***P. corticicolus*** (SCHÄFFER) (blau; 1,5mm). – Weitere Gattungen anders, z. B. ***Choreutinula inermis*** (TULLBERG) (blau mit hellen Flecken; um 1 mm).
— Ohne Postantennalorgan. Hellblau. 1–1,5 mm. An Rinde, in Nadelstreu **_Pseudachorutella asigillata_** (BÖRNER)

Familien: **Onychiuridae** u. **Tullbergiidae**

1. Groß (5–8 mm), asselähnlich, blauviolett. Mit Sprungvermögen (zu **Onychiuridae**) **_Tetrodontophora bielanensis_** (WAGA)
In feuchten Bergwäldern, Elbsandstein- u. Erzgebirge, Südalpen.
— Körper 1–2 mm, selten bis 4 mm, ± zylindrisch, weiß. Tiere nicht sprungfähig **2**
2. Körper plump, walzenförmig [**14a**]. Beide Sinneskolben des Antennalorgans gerade oder einander nicht zugeneigt [**14b**] .... **Onychiuridae**
Viele Gattungen u. Arten (frühere Großgattung ***Onychiurus*** GERVAIS). Artenreich außer ***Onychiurus*** ist ***Protaphorura*** ABSOLON, häufig ***P. armata*** (TULLBERG) (2,25–3 mm).
— Körper schlank [**15a**]. Beide Sinneskolben des Antennalorgans gegeneinander geneigt [**15b**] **Tullbergiidae**
Viele Gattungen u. Arten (frühere Großgattung ***Tullbergia*** LUBBOCK). Artenreich ist ***Mesaphorura*** BÖRNER, in tieferen Bodenschichten z. B. ***M. krausbaueri*** BÖRNER (0,6–0,8 mm).

Familie: **Isotomidae**

1. Ende des Abd mit 4 Dornen. Abdsegmente 5 u. 6 verschmolzen .... **_Tetracanthella_** SCHÖTT
Wenige Arten. ***T. strenzkei*** GISIN (blauschwarz; um 1 mm) an trockenen Standorten, auch auf Strohdächern.
— Ende des Abd ohne Dornen **2**
2. Furca völlig reduziert **3**
— Furca gut entwickelt **4**
3. Augen jederseits mit 4–8 Ommatidien .... **_Anurophorus_** NICOLET
Wenige Arten. Häufig ***A. laricis*** NICOLET (blau; 1,5 mm), vor allem unter Baumrinde.
— Augen jederseits mit 0–3 Ommatidien .... **_Pseudanurophorus_** STACH
Wenige Arten. Häufiger ***P. binoculatus*** (KSENEMANN) (weiß; um 0,5 mm), im Gebirge. – Ähnlich ***Micranurophorus musci*** BERNARD (ohne Ommatidien; 0,4 mm).
4. Abdsegmente 4–6 verschmolzen. [**16**] .... **_Folsomia_** WILLEM
Viele Arten. Häufig z. B. ***F. quadrioculata*** (TULLBERG) (Auge mit 2 Ommatidien; fleckig grün-grau; 1,6 mm), im Boden; ***F. candida*** WILLEM (blind; weiß; 2 mm), unter anderem in Blumentöpfen. – Außerdem 2 weitere Gattungen mit je 1 Art.
— Abdsegment 4 nie mit den folgenden verschmolzen **5**
5. Abdsegmente 5 u. 6 verschmolzen **9**
— Abdsegmente 5 u. 6 getrennt, selten mit Tendenz zur Verschmelzung, dann Segmentgrenze fast immer durch Haare angezeigt **6**
6. Vorderseite des Manubriums ohne Borsten, höchstens wenige an der Spitze **7**
— Vorderseite des Manubriums mit zahlreichen Borsten **8**
7. Dentes mit je 0–1 Borste auf der Vorderseite. Mucro nicht deutlich von Dens abgegrenzt **_Folsomides_** STACH
Wenige Arten. Häufig ***F. parvulus*** STACH (weiß; 0,8 mm), in trockenen Habitaten.
— Dentes vorn mit je 2 oder mehr Borsten. Mucro deutlich abgegrenzt .... **_Proisotoma_** BÖRNER
Mehrere Arten. Beispiele: ***P. minuta*** (TULLBERG) (grau, hell gefleckt; 0,9 mm), oft massenhaft, z. B. in Mist. – Weitere artenarme Gattungen, z. B. ***Pachyotoma*** BAGNALL, ***P. crassicauda*** (TULLBERG) (schwarzblau; 1,5 mm), auf Wasserflächen an Küsten u. im Binnenland.
8. Mit 1–2 Paar dorsalen, langen Tasthaaren (Bothriotrichen) mindestens auf 4. Abdsegment **_Isotomurus_** BÖRNER
Mehrere Arten. Häufig ***I. palustris*** (MÜLLER) (hell, mit variabler – auch fehlender – dunkler Zeichnung; 3 mm), an feuchten Stellen.

— Abd ohne Bothriotrichen. [**17**] .... Großgattung ***Isotoma*** Bourlet
Viele Arten in mehreren Gattungen, besonders artenreich ***Desoria*** Agassiz et Nicolet. Beispiele: ***I. viridis*** Bourlet (grün bis violett, dunkel gezeichnet; bis 5 mm), an feuchten Stellen; ***Parisotoma notabilis*** (Schäffer) (hellgrau bis dunkelgraublau; 1 mm), im Boden; ***D.*** (= ***I.***) ***saltans*** Agassiz et Nicolet (schwarzblau; 2 mm), der „Gletscherfloh", Alpen.

9. Abdsegmente 5 u. 6 verkürzt, stark nach hinten abfallend, mit kräftigen Borsten. Blind. Körper schlank .... ***Isotomodes*** Axelson
Wenige Arten. Häufiger ***I. productus*** (Axelson) (hell; 1 mm), tiefer im Boden. – Weitere artenarme Gattungen.

— Andere Merkmalskombination **10**

10. Mit 1–2 Paar Bothriotrichen auf den Abdsegmenten 5 u. 6 (oder mit 1 Paar auf Segment 4). Nur an Meeresküsten .... ***Archisotoma*** Linnaniemi
Wenige Arten. An der Küste ***A. besselsi*** (Packard) (dunkel; 2 mm), meist unter Tang. – Hierher auch ***Hydroisotoma schaefferi*** (Krausbauer) (grünlich, mit dunklem Rückenband; bis 3 mm), auf Wasseroberflächen.

— Abd ohne Bothriotrichen **11**

11. Ohne Augen u. Postantennalorgan .... ***Isotomiella*** Bagnall
Wenige Arten. Häufig ***I. minor*** (Schäffer) (weiß; 1 mm).

— Augen und/oder Postantennalorgan vorhanden.. **12**

12. Manubrium vorn mit vielen Borsten .... ***Agrenia bidenticulata*** (Tullberg)
Dentes mit langer Borste. Purpur, grün bis braun. Bis 2,5 mm. An feuchten Stellen. – Wenn ohne lange Borste, weitere Arten von ***Isotoma*** u. Verwandten (s. Nr. **8**).

— Manubrium vorn mit höchstens 4 Borsten .... ***Cryptopygus*** Willem (= ***Isotomina*** Börner)
Mehrere Arten. Häufig ***C. bipunctatus*** (Axelson) (weiß; 0,8 mm).

Familie: **Entomobryidae**

1. Körper außer normalen Haaren mit Schuppen (diese häufig durchsichtig u. schwer zu sehen) **2**

— Körper nur mit normalen Haaren, ohne Schuppen **6**

2. Schuppen zugespitzt, mit langen groben Rippen. Furca ohne Schuppen ***Willowsia*** Shoebotham
Wenige Arten. Auf Baumrinde ***W. platani*** (Nicolet) (2 mm).

— Schuppen abgerundet, mit feiner kurzer Streifung. Manubrium vorn mit Schuppen **3**

3. 1. Gl der Antennen in ein kurzes basales u. ein längeres distales Stück unterteilt, also Antennen scheinbar 5gl .... ***Heteromurus nitidus*** (Templeton)
Jederseits meist 1 rötliches Ommatidium. Gelblich. Bis 3 mm. An feuchten Orten.

— 1. Gl der Antennen ungeteilt **4**

4. Augen jeweils mit 8 Ommatidien **5**

— Augen jeweils mit höchstens 6 Ommatidien .... ***Pseudosinella*** Schäffer
Viele Arten. Häufiger ***P. alba*** (Packard) (mit jederseits 2 Ommatidien; hell; 1 mm); auch blinde Arten in Höhlen u. im Boden.

5. Mucro sichelförmig, ohne Innenzahn u. Basalzahn. Bis 3 mm. Oft in Häusern ***Seira domestica*** (Nicolet)

— Mucro 2-zähnig, meist außerdem mit Basalzahn .... ***Lepidocyrtus*** Bourlet
Tiere teilweise dunkel gefärbt. Mehrere Arten.
a) Thorax kapuzenartig über den Kopf ragend: ***L. paradoxus*** Uzel (blau; 3 mm), auf feuchten Wiesen.
b) Thorax normal: ***L. cyaneus*** Tullberg u. ***L. violaceus*** (Fourcroy) (einheitlich blau; 1,2 mm), übrige Arten hell-dunkel, z. B. ***L. lanuginosus*** (L.).

6. Augen jeweils mit 8 Ommatidien **7**

— Augen reduziert .... ***Sinella*** Brook
Artenarm. Verbreitet ***S. caeca*** (Schött) (ohne Augen; 1,5–2 mm), oft in Blumentöpfen.

7. Antennen 4-gl, Körper selten über 2,5 mm .... ***Entomobrya*** Rondani
Viele Arten, z. B. ***E. nivalis*** (L.) [**18**] (2 mm), auf Gebüsch u. Nadelbäumen; ***E. muscorum*** (Nicolet) (2–3,5 mm), auf Kräutern u. Gebüsch in Wäldern. – Hierher auch ***Entomobryoides*** Maynard, ***E. myrmecophilus*** (Reuter) (2–3 mm), bei Ameisen.

— Antennengl 1 u. 2 sekundär geteilt, also Antennen scheinbar 6-gl, Körper oft über 4 mm lang ***Orchesella*** Templeton
Mehrere Arten, häufig z. B. ***O. flavescens*** (Bourlet) [**19**] (mit 4 dunklen Längsbinden u. Querband auf Abdsegment 4; 2,5–5 mm), in Wäldern; ***O. quinquefasciata*** (Bourlet) (mit 5 Längsbinden, die zwei neben der Rückenlinie auf 2. u. 3. Abdsegment konvergierend; 5 mm), an trockenen Stellen; ***O. villosa*** (Geoffroy) (mit unregelmäßigen Flecken; 5 mm), an feuchten Stellen; ***O. cincta*** (L.) (mit breitem Querband auf 3. Abdsegment; 3–6 mm), auf Wiesen, an Bäumen; ***O. bifasciata*** Nicolet (mit je 1 Querband auf 2. u. 3. Abdsegment; 2 mm), im Moos an Bäumen.

Archaeognatha, Felsenspringer

Mit langen Antennen u. 3 langen Schwanzanhängen. Abd mit rückgebildeten Extremitäten. Sprungvermögen. Früher mit **Zygentoma** zu **Thysanura** vereinigt. Nahrung: Algen, Flechten u. organische Stoffe. Vor allem in Gesteinsschutt u. an Felsen. Im Gebiet 8 Arten. Nur Familie **Machilidae**.

1. Antennen kräftig, viel kürzer als Körper .... ***Dilta hibernica*** (Carpenter)
Auch zu **Praemachilidae** gestellt. Bis 12 mm. Verbreitetster Felsenspringer Mitteleuropas.

— Antennen schlank, so lang wie oder länger als Körper [**22**] **2**

2. Nur Basis der Antennen beschuppt .... ***Petrobius brevistylis*** Carpenter
11 mm. An felsiger Meeresküste.

— Antennen vollständig beschuppt **3**

3. Paarige Ocellen vor den Augen groß, schuhsohlenförmig quergestreckt **4**

— Ocellen klein, 3-eckig .... ***Trigoniophthalmus alternatus*** (Silvestri)
12 mm. An warmen Stellen, auch im Unterwuchs von Laubwäldern unter Steinen.

4. Ocellen schwarz .... 3; ***Lepismachilis*** Verhoeff
Häufig ***L. y-signata*** Kratochvil (8,5–10 mm), auch in kleinen Geröllhaufen.

— Ocellen rötlich. [**22**] .... ***Machilis*** Latreille
Mehrere Arten. Verbreitet ***M. germanica*** Janetschek (14 mm).

Zygentoma, Fischchen

Mit langen Antennen u. 3 langen Schwanzanhängen. Ohne Sprungvermögen. Früher mit **Archaeognatha** zu **Thysanura** vereinigt. Nahrung: pflanzliche Stoffe u. Detritus, bisweilen schädlich. Meist synanthrop.

1. Mit Augen. Meist in Häusern .... **Lepismatidae** **2**

— Ohne Augen .... **Nicoletiidae**
Nur ***Atelura formicaria*** Heyden, Ameisenfischchen (4–6 mm), in Nestern von Ameisen.

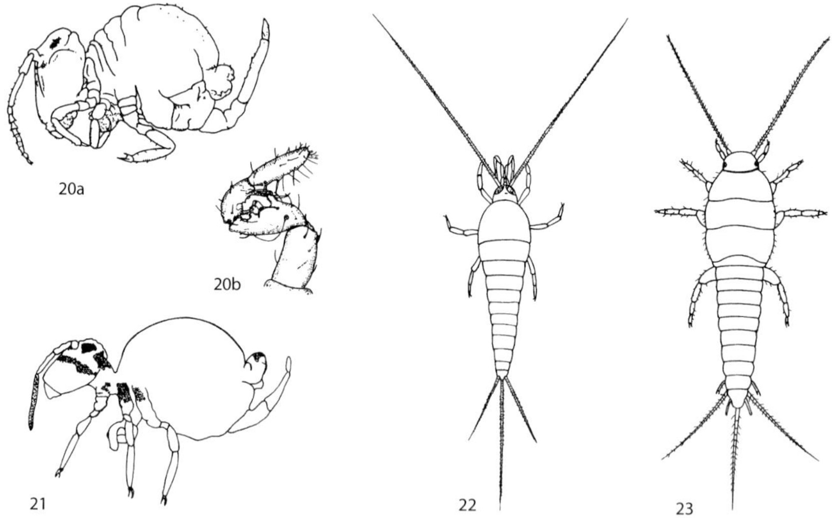

20 *Sminthurides*; **21** *Allacma*; **22** *Machilis*; **23** *Lepisma*

2. Auf dem Rücken mit Borstenkämmen oder -büscheln. Schuppenkleid verschiedenfarbig **3**

— Auf dem Rücken ohne Borstenkämme oder -büschel. Schuppenkleid ± grau, einfarbig. [**23**]
Silberfischchen, Zuckergast, ***Lepisma saccharina*** L.

7–11 mm. Gemein in Häusern. Kann durch Fraß an Textilien, Vorräten schädlich werden.

3. Vordere Abdtergite mit jeweils 2 Borstenkämmen. Bis 10 mm. Besonders in Bäckereien. Selten
Thermobia domestica (Packard)

— Vordere Abdtergite mit jeweils 4 Borstenkämmen. Bis 13 mm. Seltener
Ctenolepisma lineata (F.)

Literatur

Bellinger, P. F., Christiansen, K. A., Janssens, F.: Checklist of the Collembola of the World. [http://www.collembola.org]. 1996–2021.

Bretfeld, G.: Synopses on palaearctic Collembola. Volume 2. Symphypleona. Abh. Ber. Naturkundemuseum Görlitz 71. Görlitz, 1999.

Christiansen, K., Bellinger, P.: The Collembola of North America north of the Rio Grande. Part 1–4. 2nd ed. Grinnell, 1998.

Dunger, W., Schlitt, B.: Synopses on Palaearctic Collembola, Volume 6, Part 1: Onychiuroidea: Tullbergiidae. Görlitz, 2011.

Fjellberg, A.: Identification keys to Norwegian Collembola. Norsk Entomologisk Forening, 1980.

Fjellberg, A.: The Collembola of Fennoscandia and Denmark. Part 1: Poduromorpha. Part 2: Entomobryomorpha and Symphypleona. Fauna Entomologica Scandinavica 35, 42. Klampenborg, Leiden, 1998, 2007.

Gisin, H.: Collembolenfauna Europas. Genf, 1960.

Hopkin, S. P.: Biology of the springtails (Insecta: Collembola). Oxford, New York, 1997.

Hopkin, S. P.: A key to the Collembola (Springtails) of Britain and Ireland. Shrewsbury: Field Studies Council. AIDGAP 111. Shrewsbury, 2007.

Jordana, R.: Synopses on Palaearctic Collembola, Volume 7, Part 1: Capbryinae & Entomobryini. Görlitz, 2012.

Nosek, J.: The European Protura. Genf, 1973.

Paclt, J.: Biologie der primär flügellosen Insekten. Jena, 1956.

Palissa, A.: Apterygota, Urinsekten. In: P. Brohmer, P. Ehrmann, G. Ulmer, Tierwelt Mitteleuropas, Bd. 4, Lief. 1a. Leipzig, 1964.

Potapov, M.: Synopses on palaearctic Collembola. Volume 3. Isotomidae. Abh. Ber. Naturkundemuseum Görlitz 73. Görlitz, 2001.

Schaller, F.: Collembola (Springschwänze). In: W. G. Kükenthal, Th. Krumbach, Handbuch der Zoologie. Bd. 4 (2) 2/1. Berlin, 1970.

Thibaud, J. M., Schulz, H. J., da Gama Assalino, M. M.: Synopses on Palaearctic Collembola. Volume 4. Hypogastruridae. Abh. Ber. Naturkundemuseum Görlitz 75. Görlitz, 2004.

Tuxen, S. L.: The Protura. Paris, 1964.

Zimdars, B., Dunger, W.: Synopses on Palaearctic Collembola. Volume 1. Tullbergiinae Bagnall, 1935. Abh. Ber. Naturkundemuseum Görlitz 68. Görlitz, 1994.

Ephemeroptera, Eintagsfliegen

Meist mit 2 häutigen Flügelpaaren, deren hinteres viel kleiner ist, aber auch ganz fehlen kann [**1**]. Flügel in Ruhelage hochgeklappt. Fühler kurz. Mundwerkzeuge verkümmert, daher keine Nahrungsaufnahme. Die ♂♂ einiger Familien haben neben den Komplexaugen ein zusätzliches Paar „Turbanaugen". Vorderbeine am längsten, oft in Ruhelage vorgestreckt. Beine mit 3–5 Tarsalgliedern (Fußgliedern). Am Ende des Hinterleibs 2 oder 3 lange Schwanzfäden, bei ♂♂ außerdem kleine Greifzangen als Begattungsorgane. Die ± abgeflachten Larven [**5–13**] in stehenden und fließenden Gewässern. An den Seiten ihres Hinterleibs Tracheenkiemen. Mundwerkzeuge beißend. Algen- u. Detritusfresser. Entwicklungsdauer meist ein Jahr oder kürzer, mit zahlreichen Häutungen. Aus dem letzten im Wasser lebenden Stadium schlüpft die flugfähige „Subimago", die sich an Land zur geschlechtsreifen „Imago" häutet. Flügel der Subimago milchig trüb u. auf der Oberfläche behaart. Die Imagines leben nur wenige Stunden bis Tage. Zur Begattung meist Schwärmflüge über den Gewässern, in denen die Eiablage (meist aus der Luft) erfolgt. Im Gebiet etwa 110 Arten.
Abkürzungen: Flügeladerung s. **Hexapoda** u. [**2–4**]. Längenangaben ohne Schwanzfäden.

System:
„Schistonota" (eine paraphyletische Gruppe): **Ameletidae, Ametropodidae, Arthropleidae, Baetidae, Ephemeridae, Heptageniidae, Isonychiidae, Leptophlebiidae, Oligoneuriidae, Palingeniidae, Polymitarcidae, Potamanthidae, Siphlonuridae**
Pannota: Caenidae, Ephemerellidae

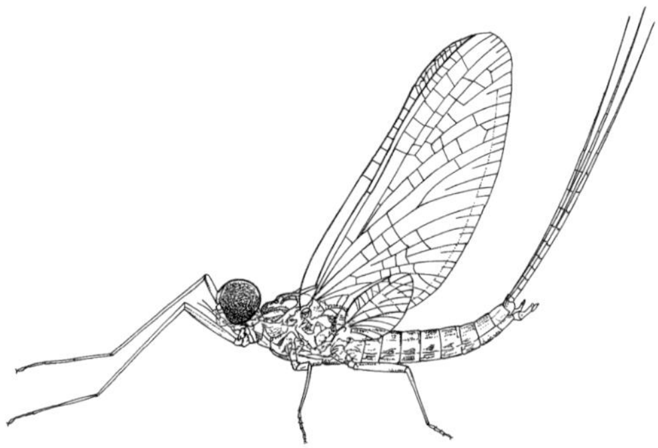

1 *Ephemerella* (♂)

1. Im Vorderflügel M_4 an der Wurzel stark nach unten gebogen [**2**] **2**
— M_4 nicht stark gebogen [**3, 4**] **4**
2. Flügel braun getrübt. Kopf u. Oberseite des Hinterleibs braun. Bauch, Beine u. die 2 Schwanzfäden gelb. Körper 25–38 mm, Schwanzfäden 25–80 mm lang .... **Palingeniidae**
Nur ***Palingenia longicauda*** (Olivier), an größeren Flüssen, sehr selten.
— Flügel milchig getrübt. Hinterbeine verkümmert. Körper größtenteils hell, 10–18 mm lang. ♂ mit 2, ♀ mit 3 Schwanzfäden .... **Polymitarcidae**
Nur ***Ephoron virgo*** (Olivier), im Spätsommer an größeren Flüssen, sehr selten.
— Flügel durchsichtig, höchstens mit dunklen Flecken. Stets mit 3 Schwanzfäden **3**
3. Flügel ± gefleckt, die Queradern angeraucht. Hinterleib mit paariger Fleckenzeichnung **Ephemeridae**
Nur 4; ***Ephemera*** L. (11–24 mm), häufig ***E. vulgata*** L. (Grundfärbung des Hinterleibs braun, alle Tergite mit paarigen, 3-eckigen Flecken) u. ***E. danica*** Müller (Grundfärbung des Hinterleibs elfenbeinweiß bis grau, nur auf Tergiten 7–9 mit paarigen, 3-eckigen Flecken), an stehenden u. langsam fließenden Gewässern.
— Flügel ungefleckt, schwach gelblich .... **Potamanthidae**
Nur ***Potamanthus luteus*** (L.) (Körper schwefel- bis dunkelgelb, brauner Längsstreifen über Mitte des Hinterleibs; 10–13 mm), an großen Bächen u. kleinen Flüssen, selten.

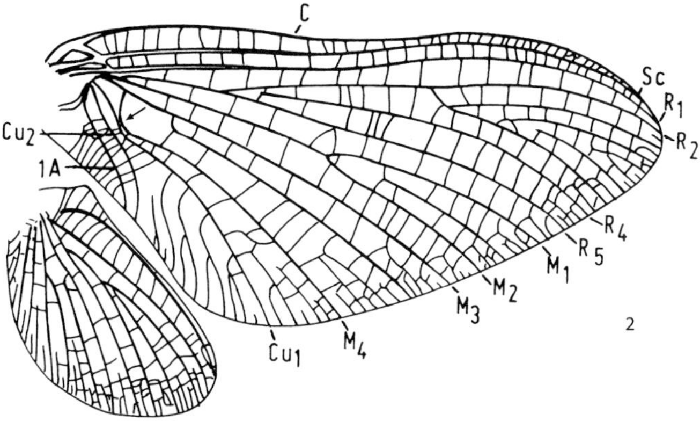

2

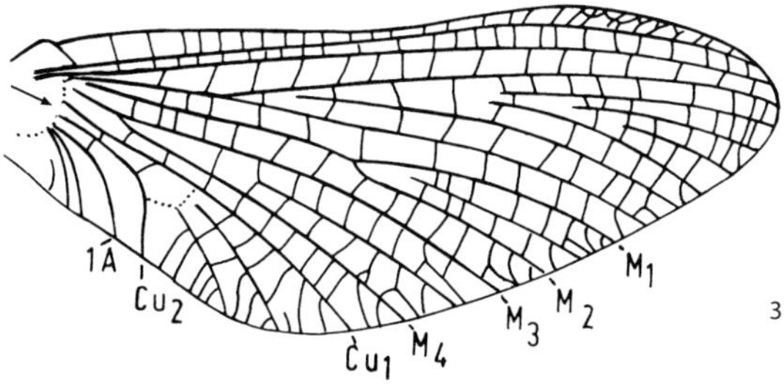

3

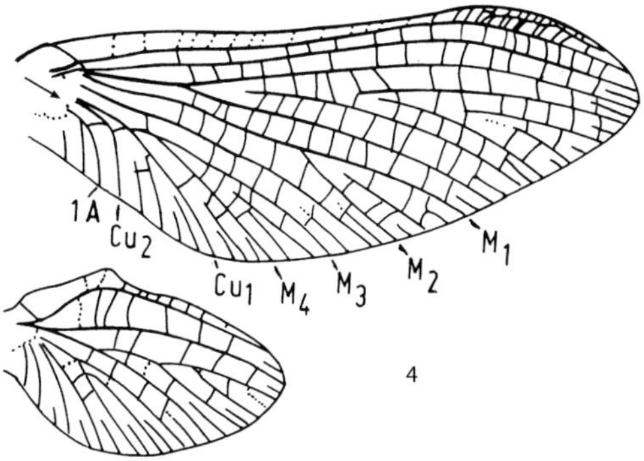

4

4. Vorderflügel mit nur 4–7 Längsadern, Queradern nur im vorderen Drittel des Flügels **Oligoneuriidae**

Oligoneuriella rhenana (Imhoff) (Flügel grauweiß getrübt; Körper 9–15 mm lang), an kleinen Füssen im Vorgebirge, selten.

— Vorderflügel mit mehr Längsadern 5

5. Hinterflügel fehlend oder sehr schmal mit nur 2–3 Längsadern 6

— Hinterflügel vorhanden, mit vielen Längsadern [**1, 2, 4**] 7

6. Flügel milchig trüb, am Hinterrand fein bewimpert. Hinterflügel fehlend. Mit 3 Schwanzfäden **Caenidae**

9; ***Caenis*** Stephens (Vordercoxen berühren sich; 2. Fühlerglied etwa 2-mal so lang wie das 1.; Körper 3–5,5 mm lang), an Seen u. Flüssen. ***Brachycercus harrisellus*** Curtis (Vordercoxen weit auseinander; 2. Fühlerglied 3-mal so lang wie das 1.; Körper 5–7 mm lang), an Flüssen, selten.

— Flügel durchsichtig, klar, nicht bewimpert. Hinterflügel sehr schmal oder fehlend. Mit 2 Schwanzfäden .... **Baetidae** S. 216
7. Mit 2 Schwanzfäden. Hintertarsen mit 5 Gliedern. Körper 7–18 mm **8**
— Mit 3 Schwanzfäden. Hintertarsen mit 3–4 Gliedern. 5–12 mm **12**
8. Hinterbein mit 5 frei beweglichen Tarsalgliedern **9**
— Hinterbein mit 4 frei beweglichen Tarsalgliedern (2. bis 5. Glied), 1. Glied gut sichtbar, aber mit der Tibia verwachsen **10**
9. Die Adern C u. Sc des Hinterflügels sich in der Mitte berührend .... **Arthropleidae**
Nur ***Arthroplea congener*** Bengtsson (um 10 mm), Eiszeitrelikt, selten.
— Die Adern C u. Sc des Hinterflügels sich in der Mitte nicht berührend [**2, 4**] **Heptageniidae** S. 216
10. Hintertarsen etwa 1½-mal so lang wie Tibia .... **Siphlonuridae**
Nur 5; ***Siphlonurus*** Eaton, verbreitet ***S. lacustris*** Eaton (Flügel grünlich mit dunkleren Adern; 11–14 mm), an Flüssen und Seen.
— Hintertarsen kürzer als Tibia **11**
11. Vordertarsen beim ♂ länger als Tibia, beim ♀ etwa so lang wie Tibia. Krallen unterschiedlich, eine spitz, eine abgerundet .... **Ameletidae**
Sehr selten. ***Ameletus inopinatus*** Eaton (Flügel glashell, Queradern viel heller als Längsadern; 9–11 mm). ***Metreletus balcanicus*** (Ulmer) (Flügel goldgelb, Queradern bräunlich, nicht heller als Längsadern; 8–12 mm).
— Vordertarsen beim ♂ kaum länger als Tibia, beim ♀ deutlich kürzer .... **Isonychiidae**
Nur ***Isonychia ignota*** (Walker) (12–13 mm), an Flüssen, selten.
12. Analadern A im Vorderflügel sehr lang, von ihr entspringen mehrere Zwischenraumadern zum Flügelrand .... **Ametropodidae**
Nur ***Ametropus fragilis*** Albarda, (um 10 mm) an großen Flüssen, selten.
— Adern A im Vorderflügel kurz, ohne Zwischenraumadern **13**
13. Cu_2 im Vorderflügel an seiner Basis von Cu_1 entfernt [**3**] .... **Leptophlebiidae** S. 217
— Cu_2 an der Basis stark der Cu_1 genähert [**4**] .... **Ephemerellidae**
An Bächen u. Flüssen. 2; ***Ephemerella*** Walsh, u. 2; ***Serratella*** Edmunds, verbreitet ***S.*** (= ***E.***) ***ignita*** (Poda) [**1**, hier ♂] (Hinterleib rotbraun; 6–10 mm). Sehr häufig ***Torleya major*** (Klapálek) (6–8 mm).

Familie: **Baetidae**

1. Hinterflügel vorhanden, wenn auch meist kurz u. schmal **2**
— Hinterflügel völlig fehlend **3**
2. Am Hinterrand des Vorderflügels zwischen Hauptadern jeweils 2 kurze Zwischenraum-Adern ***Baetis*** Leach
Etwa 20 Arten. Häufig z. B. ***B. rhodani*** (Pictet) (5–9 mm), an Fließgewässern.
— Am Hinterrand des Vorderflügels mit kurzen einzelnen Zwischenraum-Adern. 5–7 mm ***Centroptilum luteolum*** (Müller)
Verbreitet an Gewässern aller Art. – Außerdem ***Raptobaetopus*** (= ***Baetopus***) ***tenellus*** (Albarda) (Sondermerkmal: Am 9. Hinterleibssegment an Basis der Gonopoden mit starkem, chitinigem Fortsatz; um 5 mm), im Süden.
3. 1. Glied der Hintertarsen 3-mal so lang wie 2. .... 4; ***Cloeon*** Leach
Sehr häufig ***C. dipterum*** (L.) (8–10 mm), vivipar, an Gewässern aller Art.
— 1. Glied der Hintertarsen höchstens 2-mal so lang wie 2. .... 3; ***Procloeon*** Bengtsson
Häufiger ***P. bifidum*** (Bengtsson) (5–7 mm), an Flüssen.

Familie: **Heptageniidae**

1. Glieder 1 u. 2 der Vordertarsen gleich lang .... 2; ***Epeorus*** Eaton
Verbreitet ***E. assimilis*** Eaton (Basis der Vorderflügel grünlich; 13–16 mm), an Bergbächen.
— 1. Glied der Vordertarsen kürzer als 2. .... **2**
2. 1. Glied der Hintertarsen länger als 3. .... ***Rhithrogena*** Eaton
Etwa 20 Arten. Häufiger z. B. ***R. semicolorata*** (Curtis).
— 1. Glied der Hintertarsen nicht länger als 3. .... **3**

3. 1. Glied der Hintertarsen kürzer als 2. .... 4; ***Heptagenia*** Walsh
Häufig ***H. sulphurea*** (Müller) (Hinterleib schwefelgelb; 7–10 mm), an Flüssen. – Hierher auch 3; ***Electrogena*** Zurwerra et Tomka, häufiger ***E. lateralis*** (Curtis) (8–10 mm). Bei ***Kageronia*** (= ***Heptagenia***) ***fuscogrisea*** (Retzius) Schenkel mit 2 dunkelbraunen Querbinden.

— 1. Glied der Hintertarsen so lang wie 2. oder länger als 2. .... ***Ecdyonurus*** Eaton
Etwa 14 Arten. Häufig ***E. venosus*** (F.) (Hinterleib rotbraun; 11–18 mm), an Bergbächen.

Familie: **Leptophlebiidae**

1. Vorderrand der Hinterflügel ohne Vorsprung 2

— Vorderrand der Hinterflügel mit vorspringendem Zipfel [**4**] 3

2. Im Vorderflügel Basis von Cu_2 in der Mitte zwischen Cu_1 u. 1A [**3**] 2; ***Leptophlebia*** Westwood
L. marginata (L.) (Vorderflügel bräunlich angeraucht; 6–12 mm), in Fließgewässern, besonders der Ebene.

— Im Vorderflügel Basis von Cu_2 deutlich näher an 1A als an Cu_1
3; ***Leptophlebia*** Westwood (= ***Paraleptophlebia*** Lestage)
L. submarginata (Stephens) (Schwanzfäden braun geringelt; 8–11 mm), an langsam fließenden Gewässern.

3. Vorderrand des Hinterflügels im Ganzen einen vorgezogenen Winkel bildend. Vorderflügel am Vorderrand dunkelbraun. 10 mm. Selten ....***Choroterpes picteti*** (Eaton)
Außerdem ***Thraulus bellus*** Eaton (Sondermerkmal: Costalraum des Hinterflügels nur mit 1–(2) Queradern; um 8 mm), an pflanzenreichen Bächen, selten.

— Vorderrand des Hinterflügels nur in der Mitte vorspringend [**4**] 4

4. Körper 8–12 mm, Flügellänge 9–10 mm .... 2; ***Habroleptoides*** Schoenemund
Verbreitet ***H. confusa*** Sartori et Jacob, an Mittelgebirgsbächen.

— Körper 5–6 mm lang, Flügellänge 6–7 mm .... 2; ***Habrophlebia*** Eaton
Häufig ***H. lauta*** Eaton, an Bächen, auch der Ebene.

Larven der Ephemeroptera

1. Tracheenkiemen (TK) am Hinterleib 2-ästig, federartig gefranst [**5**] 2

— TK aus Blättchen und/oder Fadenbüscheln bestehend [**6–13**] 5

2. TK seitwärts vom Hinterleib abstehend, schräg nach hinten gerichtet [**5**] ..... **Potamanthidae**

— TK schräg nach hinten über dem Hinterleib liegend [**6, 7**] 3

3. Mandibeln mit breitem Fortsatz weit über den Kopf vorragend, Fortsatz nach außen mit 6–8 starken Zähnen. Mit 6 Paar TK .... **Palingeniidae**

— Mandibelfortsätze länger und schmaler, schwächer gezähnt oder ohne Zähne [**6, 7**]. Mit 7 Paar TK 4

4. Mandibelfortsätze am Ende nach innen gekrümmt [**7**] .... **Polymitarcidae**

— Madibelfortsätze bogenförmig nach außen gekrümmt [**6**] .... **Ephemeridae**

5. Vorderbeine stark reduziert, palpusartig .... **Ametropodidae**

— Vorderbeine nicht reduziert 6

6. Vorderbeine lang behaart [**10**]. Außer TK am Hinterleib noch mit Kiemenbüscheln am Kopf 7

— Vorderbeine nicht auffallend behaart. Nur mit TK am Hinterleib, ohne Kiemenbüschel am Kopf 8

7. Augen seitlich [**10**] .... **Isonychiidae**

— Augen dorsal, Körper stark abgeflacht .... **Oligoneuriidae**

8. Augen dorsal, da Körper stark abgeflacht [**8**] .... **Heptageniidae**
Außerdem **Arthropleidae** (Sondermerkmal: Maxillartaster extrem lang).

— Augen seitlich, Körper wenig oder nicht abgeflacht 9

9. Die beiden äußeren Schwanzfäden nur innen behaart [**9**] 10

— Alle 3 Schwanzfäden beiderseits behaart mit kleinen Borsten [**11–13**] 12

10. Letzte Hinterleibssegmente an Seiten ± zahnartig ausgezogen (wie [**11–13**]) 11

— Hinterleibssegmente nicht zahnartig ausgezogen [**9**] .... **Baetidae**

11. Alle TK einfach .... **Ameletidae**

— Manche TK aus 2 Lamellen bestehend .... **Siphlonuridae**

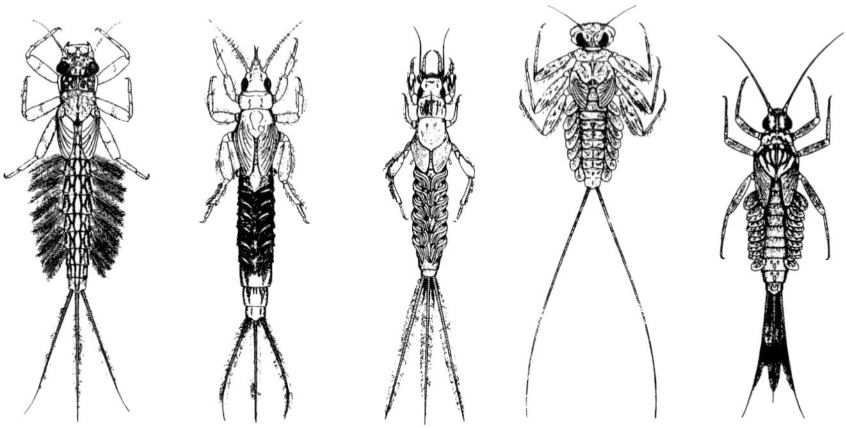

5 6 7 8 9

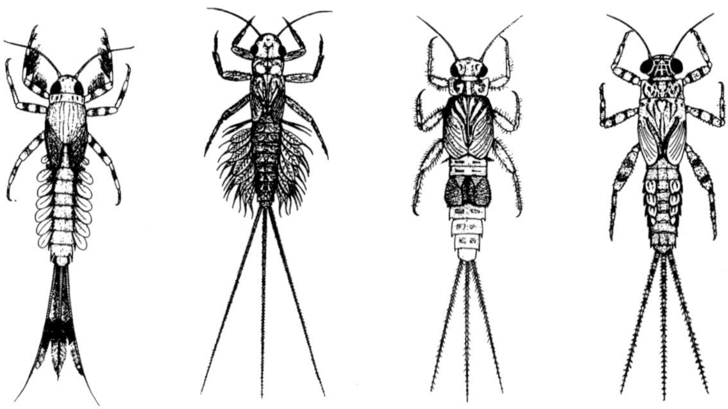

10 11 12 13

5 Potamanthidae; **6** Ephemeridae; **7** Polymitarcidae; **8** Heptageniidae; **9** Baetidae; **10** Isonychiidae; **11** Leptophlebiidae; **12** Caenidae; **13** Ephemerellidae

12. Mit 7 TK, diese fadenartig oder blattförmig [**11**] .... **Leptophlebiidae**
— Mit 6 TK, 1. TK-Paar rudimentär, 2. TK-Paar als große Lappen die 4 folgenden überdeckend [**12**] **Caenidae**
— Mit 5 lappenförmigen TK auf dem Hinterleib, das fünfte, bisweilen auch das vierte Paar vom vorhergehenden Paar überdeckt [**13**] .... **Ephemerellidae**

Literatur

Bauernfeind, E.: Bestimmungsschlüssel für die österreichischen Eintagsfliegen (Insecta: Ephemeroptera), Teil 1, 2. Wasser und Abwasser, Supplementband 4/94. Wien, 1994.

Bauernfeind, E., Humpesch, U. H.: Die Eintagsfliegen Zentraleuropas (Insecta: Ephemeroptera): Bestimmung und Ökologie. Verlag des Naturhistorischen Museums. Wien, 2001.

BAUERNFEIND, E., SOLDÀN, T.: The Mayflies of Europe (Ephemeroptera). Vester Skerninge, 2012.

EISELER, B.: Bildbestimmungsschlüssel für die Eintagsfliegenlarven der deutschen Mittelgebirge und des Tieflandes. Lauterbornia 53. Dinkelscherben, 2005.

ENGBLOM, E.: Ephemeroptera, Mayflies. In: A. NILSSON, Aquatic Insects of North Europe. Vol. 1. Stenstrup, 1996.

ELLIOTT, J. M., HUMPESCH, U. H.: A key to the adults of the British Ephemeroptera. Freshwater Biological Association, Scientific Publication 47. Ambleside, 1983.

ELLIOTT, J. M., HUMPESCH, U. H.: Mayfly larvae (Ephemeroptera) of Britain and Ireland: Keys and a review of their ecology. Freshwater Biological Association Scientific Publications 66. Ambleside, 2010.

HARKER, J.: Mayflies. Naturalists' Handbooks 13. Slough, 1989.

HAYBACH, A.: Katalog der aus Deutschland, Österreich und der Schweiz bekannten Eintagsfliegen und ihrer Synonyme (Insecta, Ephemeroptera). Mainzer Naturwissenschaftliches Archiv, Beiheft 32. Mainz, 2008.

HAYBACH, A., MALZACHER, P.: Verzeichnis der Eintagsfliegen Deutschlands (Insecta: Ephemeroptera). Entomologische Zeitschrift 112. Stuttgart, 2002.

HAYBACH, A., MALZACHER, P.: Verzeichnis der Eintagsfliegen (Ephemeroptera) Deutschlands Entomofauna Germanica 6 (2003). Im Internet zugänglich unter [http://www.ephemeroptera-galactica.com/pubs/pub_h/pubhaybacha2003p33.pdf]

KÜTTNER, K., ZIMMERMANN, W.: Ephemeroptera – Eintagsfliegen. In: B. KLAUSNITZER, Stresemann – Exkursionsfauna von Deutschland, Band 2 – Wirbellose: Insekten. 11. Aufl. Heidelberg, 2011.

MACADAM, C., BENNET, C.: A pictorial guide to the British Ephemeroptera. Field Studies Council AIDGAP Guides OP139. Shrewsbury, 2010.

SARTORI, M., LANDOLT, P.: Ephemeroptera Atlas. Fauna Helvetica 3. Neuchatel, 1999.

STUDEMANN, D., LANDOLT, P., SARTORI, M., HEFTI, D., TOMKA, I.: Ephemeroptera. Insecta Helvetica Fauna 9. Genf, 1992.

The Ephemeropterists' Home Page or: everything you ever wanted to know about mayflies. [http://www.ephemeroptera-galactica.com/index.php]. 2020.

Odonata, Libellen

Räuberische Großinsekten. Imagines Flugjäger: Beine zu Fangkorb umgebildet, nicht zum Laufen geeignet [**1–6**]. Kopf mit großen Facettenaugen u. 3 Ocellen, kurzen, borstenförmigen Fühlern u. beißenden Mundwerkzeugen [**1, 8–10, 32–33**]; er ist am kleinen Prothorax beweglich aufgehängt (Pendellot zur Fluglagebestimmung: besondere Gefährdung beim Netzfang!). 4 große Flügel ([**1–7**], auch für Wechselschlag: Rütteln) mit spezifischem Geäder wie Flügeldreieck der Großlibellen: [**7, 30–31**], Nodus (Knoten: etwas gelenkige Querverstärkung am Flügelvorderrand [**7**]) u. Pterostigma (von kräftigen Adern gefasstes dunkles oder farbiges Flügelmal nahe der Flügelspitze, nicht einfach (Ausnahme bei *Calopteryx*) ein weißer Farbtupfer auf dunklem Grund [**7, 11–13**]). Meso- u. Metathorax sind zu einem mächtigen Synthorax verwachsen u. turmförmig verlängert (Raum für die Flugmuskulatur), zugleich nach hinten gekippt, der Beinansatz rückt damit nach vorn, der Flügelansatz nach hinten über den Schwerpunkt des Körpers [**1**]. Damit entsteht eine Thorax-Front [**5**], die nach vorn oben weist u. oft artspezifische Muster trägt [**15–17, 27–29**]. Gebildet wird sie aus den vorderen Seitenplatten des Mesothorax, den Mesepisterna [**1**], mit der Mittelleiste (statt einer Naht) an der Verbindungslinie [**5, 6**]. Die Kante zu den Seitenflächen des Synthorax wird Schulter genannt [**1, 27**]. Hinterleib ± schlank („Wasserjungfern") mit 10 sichtbaren Segmenten, stabilisiert durch rohrförmige Tergite u. eingesenkte Sternite, am Ende mit 2 Cerci („obere Anhänge"), die beim ♂ zusammen mit den „unteren Anhängen", nämlich 2 Paraprokten bei Kleinlibellen bzw. einem Epiprokt bei Großlibellen, eine artspezifisch strukturierte Zange zum Ergreifen des ♀ am Prothorax (Kleinlibellen) bzw. am Kopf (Großlibellen) bilden. Diese „unteren Anhänge" der ♂♂ sind Auswüchse der Analklappen. Kopula im einzigartigen „Paarungsrad" [**2**] mit (ebenfalls artspezifisch strukturierter) Kopplungsstelle von Legeapparat des ♀ mit dem einzigartigen sekundären Kopulationsorgan des ♂ an Segment 2/3 [**1, 27–29**]. Fortpflanzungsverhalten typisch auffällig bei Sonnenschein an den Brutgewässern; Jagen u. Ruhen meistens versteckt ± entfernt vom Wasser in Heiden, lichten Wäldern, an Hecken, selbst in Stadtgärten.

Die aquatischen Larven entwickeln sich im Uferbereich mit spezifischen Anforderungen an Wasserströmung bzw. -führung u. an die Vegetations- oder Substratstruktur. Larven lauern dort getarnt auf Beute, die mit einzigartig umgebildetem, oft artspezifischem Labium („Fangmaske": [Larven **3–5, 15–18**]) ergriffen wird, selten Pirschjagd. Larvengestalt vom Schreitertyp [Larven **1, 9a, 10**]. Atmung

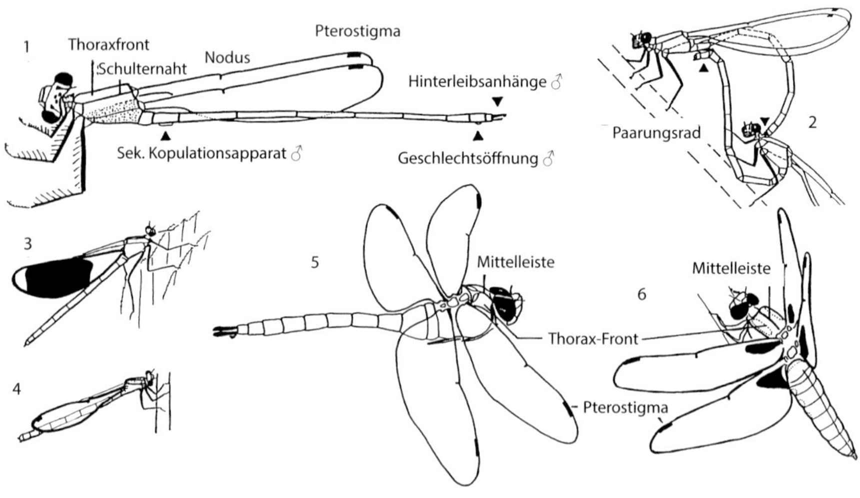

1 *Lestes sponsa* (Präparat ♂); **2** *Coenagrion* spec.; **3** *Calopteryx splendens* ♂; **4** *Lestes* spec.; **5** Königslibelle *Anax* spec. ♂; **6** Plattbauch *Libellula depressa*

mit Tracheenkiemen, bei Kleinlibellen als 3 Ruderblätter am Hinterleibsende (Para-, Epiprokte: [Larven **6–8**]), bei Großlibellen als Wülste im Enddarm, der (tintenfischartig) ein Atemwasser-Rückstoß-Fluchtschwimmen ermöglicht; Cerci, Para-, Epiprokte der Großlibellen bilden Analpyramide, bei Aeshniden als Wehrstachel ([Larven **9**]); die Flügelscheiden der letzten Stadien schon mit spezifischem Geäder, fungieren als akzessorische Tracheenkiemen.
Kein Puppenstadium, komplexer Schlüpfvorgang meist an Ufervegetation, bei Gomphiden auch direkt auf dem Flussufer. Nach dem Schlüpfen entfernen sich Libellen oft weit vom Brutgewässer („Jungfern-/Ausbreitungsflug"): Ausfärbungs-/Reifungsphase (Juvenil- = Subadultphase) von 1–4 Wochen je nach Art u. Witterung.
Alle Libellen stehen in Deutschland (und einigen Nachbarländern) **unter besonderem Artenschutz,** nur die Exuvien dürfen gesammelt werden (Aufbewahrung trocken z. B. in transparenten Filmdöschen, Kleinlibellen besser in 70%igem Alkohol). Die ausgefärbten reifen (adulten) ♂♂ (oft auch die ♀♀) lassen sich artenschutzkonform fotografisch dokumentieren u. mit Hilfe von Nahgläsern (z. B. Monokular 8x bis ½ m) per Sicht sicher bestimmen. Im Schlüssel sind daher nach Möglichkeit Sichtbestimmungsmerkmale (statt Genitalstrukturen u. Feingeäder) aufgenommen worden.
Farbangaben gelten für die vorherrschende Farbe der bunten Zeichnungen am Hinterleib von lebenden adulten (d. h. ausgefärbten/geschlechtsreifen) Imagines (Achtung: v. a. die blauen, grünen u. roten Farbstoffe verwesen rasch nach dem Tode u. werden dunkelbraun [farberhaltende Präparation durch rasches Trocknen z. B. mit Aceton]); hellblaue Bereifungen (artspezifische Wachsausscheidungen bei ♂♂ verschiedener Arten) werden besonders genannt. In Deutschland 81 Arten.
Maßangaben zur Körperlänge: **Länge des Abdomens** (Hinterleib) mit Anhängen in mm. **Abkürzungen: Anq** = **Antenodal-Queradern** (Queradern am Flügelvorderrand zwischen Flügelbasis u. Nodus) [**7**], **Cuq** = **Cubitoanalqueradern** [**7**], **Segm** = **Segment(e)** des Hinterleibs.

System:
Zygoptera (Kleinlibellen): **Calopterygidae, Coenagrionidae, Lestidae, Platycnemididae**
Anisoptera (Großlibellen)
  Aeshnoidea: Aeshnidae, Gomphidae
  Libelluloidea: Cordulegastridae, Corduliidae, Libellulidae

1. Augen von oben gesehen halbkugelförmig, weit getrennt [**1, 8–9**]. Hinterflügel wie die Vorderflügel am Grunde gestielt [**1–2, 4**] oder allmählich erweitert [**3**]. Flügel werden beim Ruhen ± zusammengelegt [**4**] .... Kleinlibellen, **Zygoptera** **2**
— Augen stoßen oben zusammen [**5–6, 32–33**], wenn getrennt, dann von oben gesehen tropfenförmig [**10**]. Vorderflügel allmählich, Hinterflügel dagegen schon am Grunde auf volle Breite erweitert [**5–7, 30–31**]. Flügel auch beim Ruhen ausgebreitet [**6**] Großlibellen, **Anisoptera** **5**

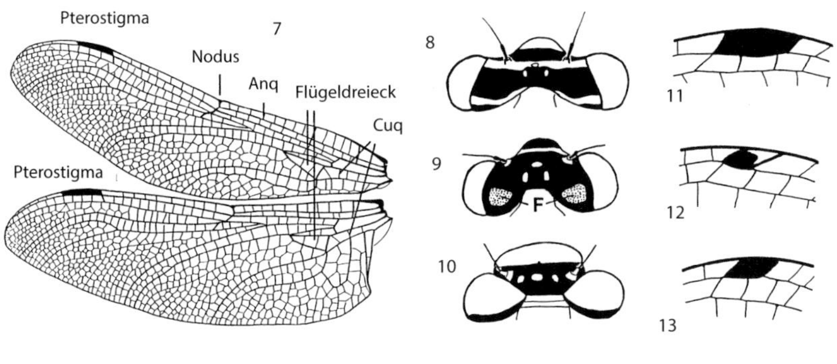

7 *Aeshna viridis*; **8** *Platycnemis pennipes*; **9** *Coenagrion* spec.; **10** *Gomphus vulgatissimus*; **11** *Lestes sponsa*; **12** *Ischnura elegans*; **13** *Pyrrhosoma nymphula*

2. Flügel ± ausgedehnt metallisch blau beim ♂ [**3**], farbig getönt beim ♀, Form wie [**3**]. Über 20 Anq, kein Pterostigma (beim ♀ z. T. statt dessen ein weißer Farbfleck) .... **Calopterygidae**
2; ***Calopteryx*** Leach. ***C. splendens*** (Harris) (♂ mit Flügelbinde wie [**3**]; Flügel des ♀ grünlich, alle Adern metallisch grün, sehr selten Flügel bis zur Spitze dunkelblau; 33– 40 mm), an naturnahen Wiesenbächen, Flüssen, Kanälen, z. T. selten geworden, durch Stauhaltungen begünstigt; ***C. virgo*** (L.) (beim ♂ nahezu ganzer Flügel blau; beim ♀ bräunlich, nur Längsadern metallisch, meiste Queradern matt hellbraun; 34–39 mm), an Berg- u. Waldbächen, im Flachland selten.

— Flügel (bis auf Pterostigma [**11–13**]) glasklar, gestielt. Nur 2 Anq **3**

3. Pterostigma über 2-mal so lang wie breit, seine untere Seite über etwa 2–3 Zellen [**11**]. Körper oft metallisch grün/bronze, nie blau oder rot, aber z. T. mit hellblauer Bereifung **Lestidae** S. 223

— Pterostigma wie [**12, 13**], seine untere Seite etwa so lang wie 1–1,5 der Zellen darunter (selten 1¾, dann aber Körper rot).. **4**

4. Tibien der Mittel- u. Hinterbeine besonders beim ♂ stark verbreitert [**14**], zumindest Innenseite leuchtend hell (Balz). Kopf oben zwischen den Augen vorn (im Bereich der Fühler) mit heller Querlinie [**8**], Schulter mit schwarzer bzw. weißer Doppellinie [**15**] .... **Platycnemididae**
Im Gebiet nur ***Platycnemis pennipes*** (Pallas), Federlibelle (27–31 mm), an Karbonatgewässern: Flüsse/ Wiesenbäche, (Wald-) Seen.

— Tibien aller Beine gleichartig, schmaler als die Schenkel, oft dunkel. Kopf direkt an der Fühlerbasis ohne helle Querlinie (z. B. wie [**9**]) .... **Coenagrionidae** S. 223

5. Augen weit getrennt [**10**].Thorax gelb oder grün, Nähte ± breit geschwärzt, an der Schulter schwarzer Doppelstreif [**27–29**]. Epiproct des ♂ gespalten, Hinterleib unter 40 mm **Gomphidae** S. 225

— Augen berühren sich oben in einem Punkt, zumindest beim ♂ leuchtend smaragdgrün, Gesicht gelb mit schwarzen Querstreifen. Körper schwarz mit gelben Flecken. Hinterleib des ♂ schlank, am Ende verbreitert, groß (über 50 mm) .... **Cordulegastridae**
Legeapparat des ♀ pflockartig, überragt weit den Hinterleib, zum Einstechen in Flachgrund mit Auf-/Ab-Flugbewegungen. Vorzugsweise in der Quellregion von (Berg-) Bächen. 3; ***Cordulegaster*** Leach, ***C. boltonii*** (Donovan) (Dreieck hinter dem Berührungspunkt der Augen gelb; Segm 3–7 (8) mit 2 gelben Fleckenpaaren; 54–64 mm), ± quellnah an Bergbächen u. ± lokal an Sandbächen in der Ebene; ***C. bidentata*** Selys (o. g. Dreieck von vorn/oben gesehen schwarz; Segm 5–8 nur mit 1 gelbem Fleckenpaar; 54–63 mm), an beschatteten Quellrinnsalen der Gebirge, jagen/ruhen auf benachbarten sonnigen Waldlichtungen. – Falls 1. Thoraxseitenstreif distal mit Doppelknick u. größer (60–75 mm): ***C. heros*** Theischinger, Balkan bis Slowenien/Österreich).

— Augen stoßen ± weit aneinander. Körper anders **6**

6. Flügeldreieck im Vorder- u. Hinterflügel gleichermaßen sehr spitzwinklig u. in Längsrichtung des Flügels [**7**]. Große Formen mit grünen oder blauen Flecken (oder einfarbig mittelbraun mit dorsalem gelbem Keilfleck auf der Hinterleibsbasis: ***Aeshna isoceles***) ...... **Aeshnidae** S. 224
Nie rot, nie hellblau bereift, nie Körper metallisch grün, nie einfarbig schwarz oder schwarz mit roten Flecken, nie dunkler Flügelbasisfleck. ♀ mit vollständigem Legeapparat am Hinterleibsende (wie [**19**]).

— Flügeldreieck im Vorder- u. Hinterflügel ± verschieden, im Vorderflügel quer zum Flügel stehend oder ± gleichseitig. Mittelgroße bis kleine Formen (höchstens 44 mm). Legeapparat der ♀♀ zu einer Klappe oder einem Vorsprung (extrem bei [**34**]) reduziert **7**

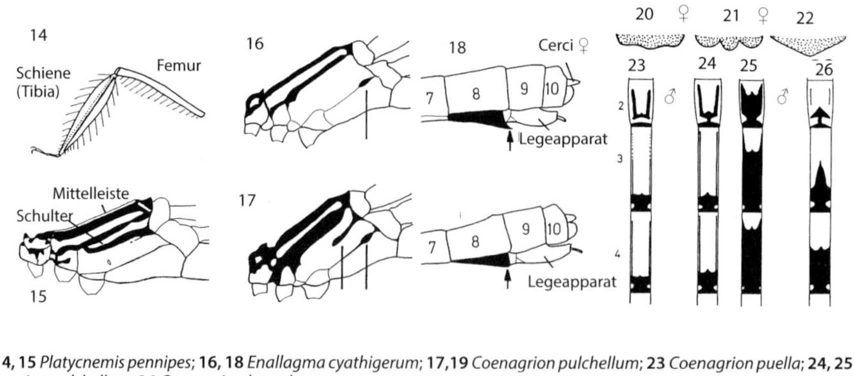

14, 15 *Platycnemis pennipes*; **16, 18** *Enallagma cyathigerum*; **17,19** *Coenagrion pulchellum*; **23** *Coenagrion puella*; **24, 25** *Coenagrion pulchellum*; **26** *Coenagrion hastulatum*

7. Gesicht u. Körper erz- bis schwarzgrün oder kupfern glänzend (z. T. mit hellen Flecken), Augen oft leuchtend smaragdgrün. Hinterflügelbasis ohne dunklen Fleck. ♀ ähnlich gefärbt wie ♂ **Corduliidae** S. 226

Falls Körper ♂, ♀ braun, Hinterleib oben mit breiter, ± gewellter, schwarzer Längsbinde ab Segm 3, Augen eher matt grünlich/bräunlich, Hinterflügelbasis mit dunklem Fleck, < 10 Anq; 39–43 mm: ***Epitheca bimaculata*** (Charpentier); fliegt sehr ausdauernd vorzugsweise über Teichrosen vor besonntem Baumufer; verbreitet an Waldseen im NO, sonst selten in Flussauen, auch an Waldmoorseen. Habituell ähnlich sind der Vierfleck (S. 244, mit dunklem Fleck am Nodus, Segm 3+4 oben einfarbig braun) u. das Spitzenfleck-♀ (S. 244, dunkler Fleck an der Flügelspitze), beide kleiner, aber mit > 11 Anq, beide setzen sich oft an die Ufervegetation.

— Körper nicht erzgrün/kupfern gefärbt, z. T. Hinterflügel mit dunklem oder gelbem Basis-Fleck, sonst ♂ hellblau bereift oder Hinterleib rot oder ganz schwarz. Körper des ♀ bräunlich/gelblich oder schwarz mit gelben Flecken, Augen nie smaragdgrün. Bis 35 mm .... **Libellulidae** S. 226

Familie: **Lestidae**

1. (Hell)braun, oben mit bronzener, auf Segm 3–6 torpedoartiger Zeichnung (27–29 mm). Pterostigmen der zusammengelegten Vorder- u. Hinterflügel liegen hintereinander (nicht aufeinander) 2; ***Sympecma*** Burmeister

Schlüpfen meist im August u. überwintern auf Waldlichtungen als Imago, Eiablage März–Juni in schwimmende Pflanzenteile; ± verbreitet nur ***S. fusca*** (Vander Linden).

— Oben erzgrün/bronze, Flügel werden in der Ruhe gespreizt .... 6; ***Lestes*** F. **2**

Eiablage Sommer–Herbst in vertikale Pflanzenteile, oft oberhalb des Wassers bzw. über feuchtem Tümpelboden; oft auch in Kette submers.

2. Hinterkopf einfarbig metallisch grün u. Pterostigma hell gelblich, Augen in der oberen Hälfte düster bräunlich, Hinterleib auch bei ♂ ohne hellblaue Bereifung. Paraprokte kurz ***L. viridis*** (Vander Linden)

Einzige Libelle, die die Eier obligat in Zweige einsticht, oft bis zum Spätherbst u. auch hoch oben in Uferbaumkronen. (30–39 mm). Verbreitet, auch an Fließgewässern.

— Anders

Eiablage vorzugsweise in Riedgräser, Rohrkolben.

a) Hinterkopf einfarbig metallisch grün/bronze u. Pterostigma schwarzbraun, Augen des ♂ (oben) leuchtend blau, Hinterleib beim ♂ auf Segm 1+2 u. (8) 9+10 mit hellblauer Bereifung; Paraprokte fast so lang wie die Cerci. In der Röhricht-/Riedzone, oft an Tümpeln: ***L. sponsa*** (Hansemann) (beim ♂ Segm 2 auf ganzer Länge bereift; Paraprokte gerade, am Ende ± verschmälert; 25–33 mm), verbreitet u. oft häufig; ***L. dryas*** Kirby (beim ♂ Segm 2 im hinteren Drittel unbereift, Paraprokte am Ende verbreitert u. hakig nach innen gebogen; 26–33 mm), lokal im sommertrockenen Ried. – Falls Paraprokte des ♂ kurz u. auch Thorax-Front hellblau bereift, 32–38 mm: ***L. macrostigma*** (Eversmann), mediterran an Salztümpeln, auch Ungarn, Neusiedler See, Einzelfunde in S-Bayern.

b) Hinterkopf in der unteren Hälfte scharf abgesetzt hell u. ♂ ohne Bereifung auf Segm 2; Paraprokte kurz: ***L. barbarus*** (F.) (Pterostigma halb braun, halb hell; beim ♂ nur Segm 10 oben bereift; 27–34 mm), ± selten an Riedtümpeln; ***L. virens*** (Charpentier) (Pterostigma in Mitteleuropa einfarbig braun; Bereifung beim ♂ auf Segm 1, 9+10; 24–31 mm), lokal, aktuell zunehmend (z. B. an Riedtümpeln).

Familie: **Coenagrionidae**

1. Hinterleib (meist auch Thorax u. Augen) ± ausgedehnt rot (ohne Blau oder Grün), Kopf oben zwischen den Augen schwarz (ohne helle Flecken)

Pyrrhosoma nymphula (Sulzer) (Beine schwarz; 25–29 mm), verbreitet im Frühjahr/Frühsommer, besonders häufig im Gebirge. ***Ceriagrion tenellum*** (De Villers) (Beine rötlich; 23–28 mm), nur lokal. – Falls leuchtend orange u. auf dem Kopf mit hellen Flecken ähnlich [**9**: F], dann frisch geschlüpftes ♀ von ***Ischnura pumilio***, s. Nr. **2**).

— Ohne Rot am Körper, aber Augen des ♂ rot(braun), Kopf oben zwischen den Augen schwarz, ohne helle Flecken. Beim ♂ Segm 2–8 oben dunkel (höchstens mit schütterer heller Bereifung), mit blauem „Schlusslicht", beim ♀ alle Segm oben dunkel .... 2; ***Erythromma*** Hansemann

E. najas (Hansemann) (Flügel über 20 mm; beim ♂ Segm 2+8 auch seitlich schwarz; 25–31 mm), verbreitet auf Schwimmblattpflanzen; ***E. viridulum*** (Charpentier) (Flügel höchstens 20 mm; beim ♂ Segm 2+8 seitlich blau; 22–26 mm), vielfach häufig auf dichten Flutrasen (Eiablageplatz), auch an Kleingewässern und in Städten.

— Sehr zierlich (19–22 mm). Erzgrün, Hinterleibsende oben keilförmig blau (♂,♀), grün/gelblich (♀), zwischen den Augen eine blaue Querlinie am Hinterrand des Kopfes (von oben gesehen) ***Nehalennia speciosa*** (Charpentier)

Selten in Seggenmooren, am ehesten im Nordosten u. im Voralpengebiet.

— Andere Merkmale **2**

2. Segm 2–7 oben schwarz. Pterostigma im Vorderflügel zumindest beim ♂ zweifarbig schwarz/weiß [**12**]. Augen grün, oben schwarz. Segm 8 zumindest bei ♂ oben ganz oder teilweise blau. ♀ mit Dorn vor dem Legeapparat [**18**] .... 2; ***Ischnura*** Vander Linden

I. elegans (Vander Linden) (Segm 8 beim ♂ stets, beim ♀ meist blau, manchmal aber braun; Segm 9 oben schwarz; helle Flecken zwischen den Augen [Position wie in [**9**]] klein, kreisrund; 22–29 mm), überall häufig; ***I. pumilio*** (Charpentier) (bei ♂ Segm 8 nur im hinteren Viertel, dafür 9 oben ganz blau, bei ♀ auch 8+9 oben schwarz; 21–24 mm), ± selten an gut besonnten (Lehm-)Tümpeln.

— Hinterleib beim ♂ oben ± himmelblau („Azurjungfern", selten grün), auch beim ♀ mindestens an Segm 2/3 mit Grün, Braun oder auch Blau neben der dunklen Zeichnung. Pterostigma einfarbig. Kopf oben mit hellen Flecken zwischen den Augen (wie [**9**: F], nur bei ***Cercion*** oft anders) **3**

3. Segm 8 beim ♂ oben schwarz, 9 blau,10 blau mit dunkler Mittellinie. Cerci des ♂ so lang wie Segm 10, Paraprokte viel kürzer. Beim ♀ Segm 10 u. Cerci oben hell, ohne Dorn vor dem Legeapparat [**19**]. Thoraxseiten beim ♂ u. ♀ wie [**17**]. Kopf oben zwischen den Augen variabel, oft 2 helle Punkte mit einer Linie dazwischen oder ganz schwarz .... ***Cercion lindenii*** (Selys)

An Baggerseen u. Flüssen, verbreitet im Westen, auch im Osten.

— Segm 8+9 beim ♂ blau, Segm 10 ± schwarz. Cerci des ♂ von oben gesehen deutlich kürzer als Segm 10 (oder Paraprokte etwa gleich lang). Auch ♀ stets mit großem hellen Fleckenpaar zwischen den Augen wie [**9**] u. Cerci (meist auch Segm 10) schwarz **4**

4. Thorax seitlich nur mit 1 kurzer Nahtschwärzung [**16**]. ♀ mit Dorn unten am Legeapparat [**18**]. 25–27 mm .... ***Enallagma cyathigerum*** (Charpentier)

Verbreitet, häufig an größeren Gewässern u. in Mooren. Bei der Eiablage in flutende Pflanzen taucht das ♀ meistens allein kopfvoran lange unter, das ♂ „wartet" zunächst noch oben.

— Thorax seitlich mit 2 kurzen Nahtschwärzungen [**17**]. Vorm Legebohrer des ♀ kein Dorn [**19**] 9; ***Coenagrion*** Charpentier

Häufig nur 3 Arten: ***C. puella*** (L.) (Hinterrand des Prothoraxrückens [Pronotum] durch 2 flache Einbuchtungen schwach wellig [**20**]; ♂ auf Segm 2 mit U-förmiger Zeichnung, Segm 3–5 nur schmal am Ende geschwärzt, seitlich mit nach vorn ziehenden Gabelstreifen [**23**]; 23–30 mm), überall, selbst an Gartenteichen; ***C. pulchellum*** (Vander Linden) (Hinterrand des Prothoraxrückens stark wellig [**21**]; Hinterleibszeichnung stark variabel, beim ♂ auf Segm 2 Y- bis „fledermaus"-förmig, auf Segm 3–5 in der Form ähnlich *puella*, jedoch meistens ausgedehnter schwarz [**24, 25**]; 25–30 mm), häufig vor allem an Wiesenbächen, Seen u. Flachmooren, regional (z. B. im Rheinland), aber selten; ***C. hastulatum*** (Charpentier) (Hinterrand des Prothoraxrückens stumpfwinklig 3-eckig [**22**]; ♂ auf Segm 2 mit pfeil-, auf Segm 3 mit speerspitzenförmiger Zeichnung [**26**]; 22–26 mm), besonders in Mooren.

Familie: **Aeshnidae**

1. Thorax einfarbig grün oder braun (höchstens Nähte geschwärzt) .... 3; **Anactinae**

Anax imperator Leach, Königslibelle (Thorax grün; Hinterleib mit schwarzer Mittellinie, seitlich beim ♂ leuchtend blau; 49–61 mm), Mai–August verbreitet; ***A. parthenope*** (Selys) (Thorax braun; beim ♂ Segm 2 + Basis Segm 3 leuchtend hellblau, dahinter dunkler, Schwärzung ähnlich *imperator*; 46–53 mm), nur im SW/NO verbreitet; (falls nur Segm 2 leuchtend hell abgesetzt, Segm (3)4–7 seitlich hellbraun ohne dunkle Längslinien; 46–47 mm: ***Hemianax ephippiger*** (Burmeister), Wüstenlibelle, bei uns ± seltener Fernwanderer/Vermehrungsgast).

— Thoraxfront einfarbig mittelbraun, Thoraxseiten mit 2 gelben Seitenstreifen. Hinterleib fast durchgehend einfarbig mittelbraun .... 2 Arten von **Aeshna** Vander Linden

A. grandis (L.) (Flügel bräunlich gefärbt, mit hellbraunen Adern; Hinterleib seitlich mit kleinen hellblauen Flecken; Augen braun mit Blau; 49–60 mm), Flugzeit Juli/August (–Oktober), ± häufig; ***A. isoceles*** (Müller) (Flügel glasklar, meiste Adern dunkel, mit gelbem Fleck an der Hinterflügel-Basis; Hinterleib einfarbig bis auf dorsalen gelben Keilfleck an der Hinterleibsbasis; Augen des ♂ leuchtend grün; 47–54 mm), Flugzeit Mai/Juni (–August), nur im SW u. NO verbreitet.

— Thoraxfront mit ± großem Fleckenpaar. Hinterleib auffallend grün (gelb) oder blau gefleckt („Mosaikjungfern"), Flügel glasklar (beim ♀ manchmal etwas getönt), mit dunklen Adern (höchstens Vorderrandader hell) u. ohne gelben Flügelbasisfleck 9; ***Aeshna*** Vander Linden, 1; ***Brachytron*** Müller **2**

Flugzeit Sommer bis Herbst, nur ***B. pratense*** (Müller) im Frühjahr. – Falls Thoraxfront mit säbelförmigem Fleckenpaar, aber Flecken des Körpers eher dumpf grünlich/oliv/bläulich, Segm 4–7 in Seitenansicht in der vorderen Hälfte hell, in der hinteren dunkel, Segm 9–10 bei ♂ oben einfarbig hell, bei ♀ hell mit dunklem Fleckenpaar, adulte ♂ oft mit dunklem Fleck an der Flügelspitze, dann ***Boyeria irene*** (Fonscolombe), westmediterran, dort an Fließgewässern, fliegt gern dicht über der Wasseroberfläche im Ufergehölzschatten; in Mitteleuropa lokal an Schweizer Seen, sehr seltener Gast im S, lokal in der Lüneburger Heide.

2. Thorax seitlich einfarbig grün, nur die Seitennähte ± breit geschwärzt

a) Thorax seitlich 1½ Nahtlinien breit geschwärzt, beim ♂ Segm 3–6 mit grünen, Segm 8–10 mit blauen Flecken, Thoraxfront wie *viridis*. Cerci des ♂ einzigartig in eine nach unten gerichtete Spitze ausgezogen: ***A. cyanea*** (Müller) (51–60 mm), fliegt als einzige Libelle oft auf schattigen Waldwegen, überall verbreitet, auch an Gartenteichen.

b) Thorax seitlich mit breit geschwärzter Doppellinie, beim ♂ Segm 3–10 mit blauen Flecken: ***B. pratense*** (Müller) (38–46 mm), in lichten Röhrichten früher verbreitet, heute vielfach selten geworden.

c) Thorax-Seitennähte nur dünn geschwärzt, die Schulternaht verläuft zumindest teilweise in der grünen Seitenfärbung, Augen u. Hinterleibsflecke des ♂ leuchtend blau: ***A. affinis*** Vander Linden (Schulternaht vollständig in der hellen Seitenfärbung, Fleckenpaar auf der Thoraxfront klein, kommaförmig; 47–48 mm), Eiablage auch im Tandem im waldnahen, sommertrockenen Tümpelried, vermehrt als Vermehrungsgast, bodenständig vor allem im SW, an der Mittelelbe sowie in O-Österreich; ***A. viridis*** Eversmann (Schulternaht nur basal in der hellen Seitenfärbung, Fleckenpaar auf der Thoraxfront groß, eiförmig; 47–54 mm), lokal im Norden an Krebsscheren-Gewässern.

— Thoraxseiten braun mit 2–3 hellen (oft bläulich/gelben) Seitenstreifen (Schlüssel nur für ♂♂)

a) Thoraxfront mit großem, dolchartigem Fleckenpaar, es reicht fast bis zum Flügelansatz. Flügel über 40 mm: ***A. juncea*** (L.) (mittleres Fleckenpaar auf Segm 2–5 ein kleines, scharf begrenztes, stumpfwinkliges, gelbes Dreieck, die großen hinteren Fleckenpaare leuchtend blau; 50–59 mm), verbreitet in Mooren, auch an Riedufern; ***A. subarctica*** Walker (mittleres Fleckenpaar auf Segm 2–5 in der Form verwaschen, blass blau wie die hinteren Fleckenpaare; 49–57 mm), in Mooren mit flutenden *Sphagnum*-Rasen.

b) Thoraxfront mit kleinem, kommaförmigem Fleckenpaar, es endet weit vor dem Flügelansatz, 2 Thorax-Seitenstreifen. Flügel höchsten 40 mm: ***A. mixta*** Latreille (Thorax-Seitenstreifen oft fast so breit wie ihr Zwischenraum; Mittelflecken der Segm 3–7 kleine, oft gelbe Dreiecke; 44–49 mm), in der Ebene häufig, fehlt im Hochgebirge. – Falls Thorax-Seitenstreifen schmal, Mittelflecken der Segm 3–7 etwa so groß wie die hinteren, alle leuchtend blau; 43–48 mm: ***A. caerulea*** (Ström), nur Alpen u. Südschwarzwald über etwa 1000 m.

Familie: **Gomphidae**

1. Hinterflügel mit Analschleife aus 2–3 Zellen [**30**: A]. Hinterleib mit gelben (nicht mit grünen) Flecken .... **Onychogomphinae**

2; ***Onychogomphus*** Selys (Thorax gelb mit breiten Schwärzungen; Cerci des ♂ bilden mit dem Epiprokt eine mächtige 3-teilige, geschlossene Zange [etwa 3 mm lang]; 31–38 mm), ***O. forcipatus*** (L.) (Augen des ♂ grün), lokal an Seen u. steinigen Flüssen (falls Augen des ♂ blau ***O. uncatus*** (Charpentier), westmediterran mit eventuell bereits erloschenem östlichen Vorposten am Hochrhein: Bodenseeabfluss). ***Ophiogomphus cecilia*** (Fourcroy) (Thorax grün mit feinen Schwärzungen, schwarze Streifen an der Schulter wie [**29**]; Cerci des ♂ nur etwa 2 mm lang u. parallel; 37–39 mm), regional an Waldbächen u. Flussbuhnen.

— Hinterflügel ohne geschlossene Analschleife, an der Basis mit mehreren parallelen Adern zum Hinterrand [**31**]. Cerci des ♂ u. Epiproktäste etwa 2 mm lang u. gespreizt. Thoraxzeichnung wie [**27–29**] .... 4; ***Gomphus*** Charpentier

G. flavipes (Charpentier) (heller Fleck vorn oben auf dem Thorax kaum breiter als der Zwischenraum des schwarzen Doppelstreifs an der Schulter, dieser helle Zwischenraum bis zur Coxa durchgehend [**27**]; 37–40 mm), an Flüssen, auch Kanälen. Heller Fleck vorn oben auf dem Thorax viel breiter als der Zwischenraum des schwarzen Doppelstreifs: ***G. pulchellus*** Selys (Thorax fein geschwärzt, seitlich beide Nahtlinien durchgehend geschwärzt [**29**]; 34–37 mm), im Westen an Flussauen u. Abgrabungen, breitet sich aus; ***G. vulgatissimus*** (L.) (Thorax seitlich nur 1 Nahtlinie durchgehend geschwärzt, Doppellinie an der Schulter breit schwarz, Tibien schwarz [**28**]; 33–37 mm), ± lokal an Bächen, Flüssen, Kanälen u. Seen (falls Tibien mit Gelb; 35–36 mm: ***G. simillimus*** Selys, westmediterran, selten am Hochrhein).

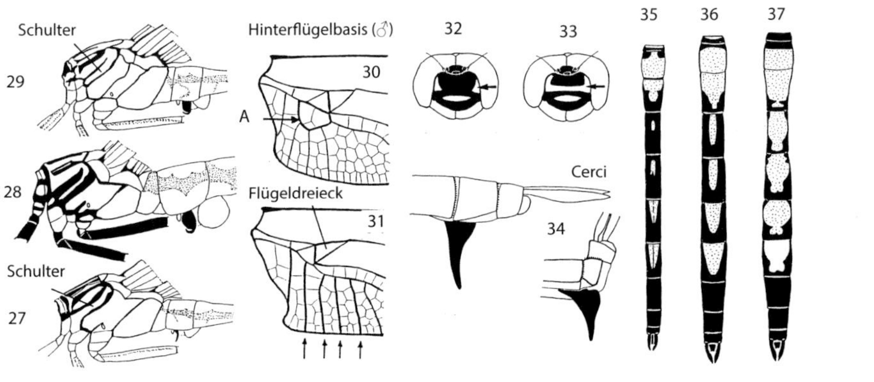

27 *Gomphus flavipes* ♂; **28** *Gomphus vulgatissimus* ♂; **29** *Gomphus pulchellus* ♂ (vorn am sek. Kopulationsorgan jeweils der Klammerhaken [Hamuli posteriores] schwarz markiert: kompakt und komplex, nur bei *G. flavipes* einfach schmal zugespitzt); **30** *Ophiogomphus cecilia*; **31** *Gomphus vulgatissimus*; **32** *Somatochlora flavomaculata*; **33** *Somatochlora metallica*; **34** *Somatochlora metallica* ♀ „Legehammer", schwarz markiert, oben Ruhe-, unten Legestellung); **35** *Leucorhinia dubia* ♂; **36** *Leucorrhinia rubicunda* ♂; **37** *Leucorrhinia pectoralis* ♂

Familie: **Corduliidae**

1. Gesicht oberhalb der Mundpartie u. Hinterleib (ab Segm 4) einfarbig metallisch grün. Beim ♂ Hinterleib am Ende verbreitert (größte Breite Segm 7/8). Im Hinterflügel nur 1 Querader Cuq zwischen Flügelbasis u. Flügeldreieck (34–39 mm). Verbreitet, Hauptflugzeit im Mai/Juni **_Cordulia aenea_** (L.)

— Gesicht zumindest neben dem Auge mit gelbem Fleck [**32–33**]. Hinterleib am Ende nicht verbreitert. Im Hinterflügel 2 Queradern Cuq .... 4; **_Somatochlora_** Selys

S. metallica (Vander Linden) (Stirn zwischen den Augen mit gelber Querbinde [**33**]; die anderen Arten jederseits mit hellem Fleck wie [**32**]; ♀ mit einzigartig großer, abstehender Legescheide [**34**] als „Legehammer"; 35–44 mm), verbreitet an Fließgewässern u. in Flachmooren, im Gebirge häufig auch an stehenden Gewässern aller Art; **_S. flavomaculata_** (Vander Linden) (Hinterleib seitlich am 3.–8. Segm mit gelben Flecken; 35–37 mm), eher lokal in Sümpfen, vor allem im Osten u. Süden. Anders, kein Metallglanz, matt düster metallisch: **_S. alpestris_** (Selys) (Cerci des ♂ eckig; beim ♀ Segm 3 mit hellem Ring am Hinterrand; 32–33 mm), nur in höheren Gebirgslagen (über etwa 700 m NN), vor allem in Hochmooren von Mittelgebirgen u. Alpen (in höheren Lagen ohne Biotoppräferenz); **_S. arctica_** (Zetterstedt) (Cerci des ♂ gerundet; beim ♀ Segm 3 mit hellem, ovalen Fleckenpaar nahe der Basis; 35–37 mm), auch in Hoch-, Zwischenmooren des Flachlandes. – Falls Hinterleib oben mit großen gelben Flecken, dann **_Oxygastra curtisii_** (Dale), westmediterran, in Deutschland nur um 1940 an der Siegmündung und aktuell an der Grenze zu Luxemburg bodenständig nachgewiesen.

Familie: **Libellulidae**

1. Flügel am Nodus mit dunklem Fleck („Vierfleck"). Bei ♂ u. ♀ Segm 2–4 braun, Segm 7–10 schwarz, alle seitlich mit gelben Längsflecken .... **_Libellula quadrimaculata_** L.

Vorderflügel mit gelbem, Hinterflügel mit dunklem Basisfleck. 27–32 mm. Verbreitet.

— Flügel ohne dunklen Fleck am Nodus **2**

2. Über 12 Queradern Anq im Vorderflügel. Hinterleib des ♂ leuchtend hellblau bereift **3**

— Meist 11–12 Anq im Vorderflügel, Vorderflügel mit kleinem, Hinterflügel mit großem gelbem Fleck an der Basis. Körper des ♂ leuchtend rot .... **_Crocothemis erythraea_** (Brullé)

Hinterleib 3,5–4,5 mm breit, Beine braun. 26–28 mm. Mediterran, bodenständig am Oberrhein, sonst inzwischen verbreitet als Wanderer/Vermehrungsgast.

— Unter 11 (meist 7–8) Anq im Vorderflügel **4**

3. Mit dunklem Fleck an der Basis von Vorder- u. Hinterflügel .... weitere **_Libellula_** L.

a) Fleck reicht im Vorderflügel bis zum Flügeldreieck. Hinterleib auffallend breit („Plattbauch") [**6**], seitlich mit gelben, mondförmigen Flecken. 22–28 mm: **_L. depressa_** L., verbreitet, häufig an Lehmtümpeln, gern auf Waldlichtungen.

b) Fleck im Vorderflügel endet weit vor dem Flügeldreieck, Flügelspitzen oft (besonders beim ♀) mit dunklem Fleck („Spitzenfleck"). 26–29 mm: **_L. fulva_** Müller, nur regional häufig (z. B. NO, Oberrhein), gern an Flussseen, Riedbächen.

— Flügelbasis hyalin .... 4; **_Orthetrum_** Selys

a) Pterostigma schwarzbraun: **_O. cancellatum_** (L.) (Cerci ganz schwarz, Gesicht des ♂ düster grünlich; 29–35 mm), verbreitet an Weihern, Seen, Flüssen; **_O. albistylum_** (Selys) (Cerci weiß oder weiß gefleckt, Gesicht des ♂ weiß; 31–34 mm), südliche Art, lokal, besonders SW, O-Österreich.

b) Pterostigma gelb-hellbraun: **_O. coerulescens_** (F.) (Thorax dunkel, auch beim ♂ kaum bereift, Thoraxfront mit hellem Streifenpaar, Gesicht des ♂ grünlich, des ♀ gelblich/bräunlich; 26–31 mm), lokal an Gräben/Bächen, in Mooren; **_O. brunneum_** (Fonscolombe) (Thorax des ♂ leuchtend hellblau bereift, Gesicht des ♂ weiß, des ♀ weißlich), sehr lokal an besonnten Rinnsalen/Gräben oder nur Gast.

4. Körper schwarz oder schwarz mit gelben/roten Flecken, Segm 6–10 zumindest in der unteren Hälfte schwarz. Vor allem in Mooren **5**

— Hinterleib des ♂ rot, ♀ gelb bis braun .... 9; **_Sympetrum_** Sulzer

a) Alle Vorderrandadern bis zum Nodus auffallend gelb/rot, gelber Fleck an der Hinterflügelbasis (erreicht ± Flügeldreieck). Augen unten ± blau. 24–26 mm: **_S. fonscolombii_** (Selys), südliche Art, Wanderer, mit Frühjahrs- u. Sommergeneration, besonders letztere derzeit verbreitet, oft Vermehrungsgast.

b) Breite braune Flügelquerbinde am Pterostigma (18–23 mm): **_S. pedemontanum_** (Allioni), südliche Ried-/Auenart, auch an Gräben: Pionierstadienart; Wanderer.

c) Gelber Flügelbasisfleck, der beim ♂ das Flügeldreieck einschließt (beim ♀ variabel, oft auch gelber Fleck am Nodus; 22–26 mm): **_S. flaveolum_** (L.), in Sümpfen, an Tümpeln, nicht über offenem Wasser, verbreitet, nur in sonnigen Jahren mit langer Frühjahrsüberschwemmung häufig (Wanderer).

d) Nicht wie a–c, Beine schwarz mit hellem Längsstreifen: **_S. vulgatum_** (L.) (schwarze Stirnlinie läuft noch an den Augen herab, Thoraxseiten einfarbig braun; 24–28 mm), verbreitet, mehr im Norden (falls Schulter-, Thoraxseitennaht nur am Flügelansatz deutlich geschwärzt: **_S. meridionale_** Selys); 24–25 mm; mediterran, Ungarn, Neusiedler See, sonst vorwiegend Streufunde, besonders im SW); **_S. striolatum_** (Charpentier) (schwarze Stirnlinie endet an den Augen, typisch mit 2 hellen Seitenstreifen am Thorax; 25–29 mm), verbreitet, im S/W vorherrschend.

e) Nicht wie a–c, Beine (außer Coxen) ganz schwarz: **_S. sanguineum_** (Müller) (Flügeladern schwarz; Gesicht des ♂ rot; 20–26 mm), verbreitet u. häufig, Eiablage über dem Ufer, nicht über dem Wasser; **_S. depressiusculum_** (Selys) (Flügelvorderrandadern gelblich; Gesicht des ♂ hell grünlich; 20–23 mm), Eiablage in der Riedzone, Tandems bilden sich schon morgens, Eiablage aber erst gegen Mittag; Art wintertrockener Rieder (Alpenvorland) u. Auen, in Norddeutschland selten, besonders an Karpfenstreckteichen.

5. Flügelbasis hyalin, ♂ wird ganz schwarz .... ***Sympetrum danae*** (SULZER)
17–24 mm. Im Sommer bis Herbst. Verbreitet, häufig in Mooren.

— Hinterflügelbasis mit dunklem Fleck, Gesicht weiß(lich), Hinterleib des ♀ mit gelben, des ♂ oft mit roten Flecken (Schlüssel nur für ♂♂) .... 5; ***Leucorrhinia*** BURMEISTER

a) Cerci weiß. ♂ schwarz mit zart hellblau bereifter Hinterleibsbasis. 2 seltene Arten: ***L. caudalis*** (CHARPENTIER) (2 Adern Cuq zwischen Hinterflügelbasis u. Flügeldreieck; Pterostigma des ♂ oberseits weiß; 23–24 mm); ***L. albifrons*** (BURMEISTER) (1 Cuq im Hinterflügel; Pterostigma beidseitig schwarz; 24–27 mm).

b) Cerci schwarz, ♂ mit rotbraunen Flecken auf Segm 2–6 (7) [**35–37**]: ***L. rubicunda*** (L.) (Pterostigma des ♂ hellrotbraun; Hinterleibsflecke des ♂ alle rotbraun, Form wie [**36**]; 23–28 mm), im Norden verbreitet an Heideweihern, Zwischen- u. Hochmooren, im Süden sehr lokal; ***L. dubia*** (VANDER LINDEN) (Pterostigma auch bei ♂ schwarzbraun; Hinterleibsflecke des ♂ alle rotbraun, relativ klein, Form wie [**35**]; 21–25 mm) in *Sphagnum*-Mooren von der Ebene bis in die Alpen häufig; ***L. pectoralis*** (CHARPENTIER) (Pterostigma bei ♂ u. ♀ schwarzbraun; Hinterleibsflecken beim ♂ u. ♀ groß, reichen fast über das ganze Segm [**37**], letzter Fleck viel heller, beim ♂ auffallend zitronengelb; 24–27 mm), selten, besonders in Waldmooren.

Larven der Odonata

Schlüssel gilt nur für letztes Larvenstadium (Flügelscheiden reichen mindestens bis zum 4. Abdomensegement) und für Exuvie.
Abkürzungen: Fm = (Prämentum der) **Fangmaske, Sl** = **Seitenlappen** der Fm (= Labialpalpus).

1. Hinterleib zylindrisch, schlank (schmaler als 3 mm), am Ende mit 3 blattförmigen, zarten Anhängen (Epiprokt, Paraprokte; Cerci unscheinbar oder reduziert), die länger sind als die letzten 4 Hinterleibssegmente zusammen [**1**]. Fluchtschwimmen mit schlängelnden Hinterleibsbewegungen (blattförmige Anhänge als Ruderplättchen). Kaum Enddarmatmung (nur Osmoregulation) **Zygoptera 2**

— Hinterleib ventral ± abgeplattet und breiter als 4 mm, am Ende mit einer kräftigen Analpyramide aus 5 stachelförmigen Anhängen (Epiprokt, 2 Cerci, 2 Paraprokte), die kürzer sind als die letzten 3 Hinterleibssegmente zusammen [**9, 10**]. Mit deutlicher Enddarmatmung, Fluchtschwimmen durch Ausstoßen von Atemwasser .... **Anisoptera 5**

2. 1. Fühlerglied (F1 in [**2**]) überragt den Kopf weit, länger als die übrigen Fühlerglieder zusammen. Fm vorn mit tiefem, rautenförmigem Ausschnitt (A in [**3a**]) ..... **Calopterygidae *(Calopteryx)***

— 1. Fühlerglied überragt nicht den Kopf, viel kürzer als die übrigen Fühlerglieder zusammen [**1**]. Fm ohne rautenförmigen Ausschnitt [**4, 5**] **3**

3. Sl tief eingeschnitten [**3b**]. Fm vorn mit schmalem Spalt (S in [**4b**]). Umriss Epiprokt, Paraprokte wie [**6**], oft mit dunkler Zeichnung; die Tracheenseitenäste stehen senkrecht auf dem Hauptast [**6**] .... **Lestidae**
Fm 3-eckig: ***Sympecma, Chalcolestes***. Fm löffelförmig lang gestielt [**4a**]: ***Lestes***.

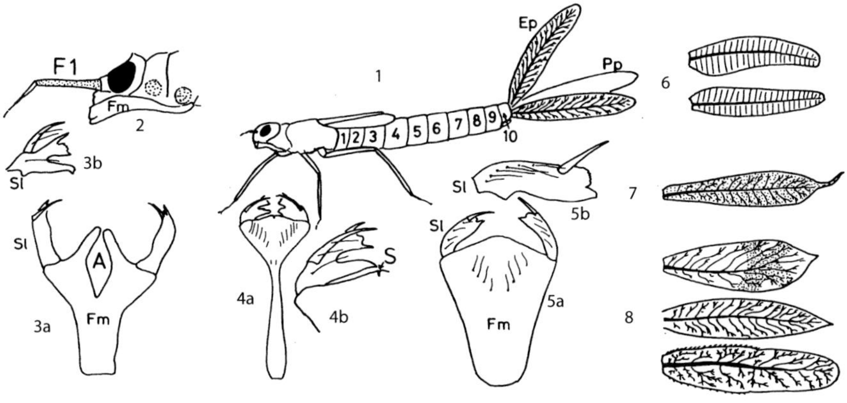

— Sl nicht tief eingeschnitten [**5b**]. Fm ohne Spalt [**5a**]. Umriss Epiprokt, Paraprokte wie [**7, 8**]; Tracheenseitenäste mehrfach verzweigt, stehen in spitzem Winkel zum Hauptast [**1, 7, 8**] **4**

4. Epiprokt, Paraprokte in lange, fadenförmige Spitze ausgezogen, meist mit dunkler Zeichnung, die die Aderung verdeckt [**7**] .... **Platycnemididae** (***Platycnemis pennipes***)

— Epiprokt, Paraprokte abgerundet oder mit kurzer Spitze, Aderung meist deutlich [**8**] **Coenagrionidae**

5. Fm flach [**15**], lässt das Gesicht frei .... **Aeshnoidea 6**

— Fm mit baggerschaufelartigen Seitenlappen [**16**], die das Gesicht bis fast zu den Augen verdecken („Maske" [**17, 18a**]) .... **Libelluloidea 7**

6. Hinterleib abgeplattet und wie die Beine stark behaart (grabende Formen). Fühler nur mit 4 Gliedern, das 3. Fühlerglied (F 3 in [**11**]) länger als die übrigen zusammen und abgeplattet **Gomphidae**

Hinterleib ohne deutliche Rückendornen: ***Gomphus*** (mit Grabdorn an Vordertibien). ***Stylurus*** (ohne Grabdorn, Segment 9 länger als breit). Hinterleib mit deutlichen Rückendornen zumindest auf Segment 8 + 9: ***Ophiogomphus*** (über 27 mm lang) und ***Onychogomphus*** (bis 26 mm lang).

— Körper wie [**9a**], ohne dichte Behaarung (Tiere graben sich nicht ein). Fühler fadenförmig mit 7 Gliedern [**12–14**] .... **Aeshnidae**

Kopf hinten eckig: ***Boyeria***. Kopf wie [**12**]: ***Brachytron***. Kopf wie [**13**]. Meist unter 44 mm lang: ***Aeshna***. Kopf wie [**14**]. Meist über 45 mm, oft über 50 mm lang: ***Anax***.

7. Sl tief gezähnt [**16**], Körper langgestreckt (ähnlich [**9a**]; über 35 mm lang, unter 10 mm breit) **Cordulegastridae** (***Cordulegaster***)

Im flachem Feingrund von Quellen und kühlen Bächen.

— Sl tief gekerbt [**17**]. Körper gestaucht... **Corduliidae**

Etwa 30 mm lang und über 10 mm breit: ***Epitheca bimaculata***. Bis 25 mm lang: ***Cordulia aenea*** (Rückendornen klein, auf Segment 9 oft winzig; an den Thoraxseiten ein markanter dunkler Längsstreif vom Prothoraxdorn zum Ansatz des Hinterflügels). ***Somatochlora*** (ohne markanten Längsstreif an den Thoraxseiten; Rückendornen sehr kräftig, auch auf Segment 9 deutlich: ***S. metallica, S. flavomaculata***; Rücken-/Seitendornen fehlen: ***S. arctica, S. alpestris***; falls Seitendornen an Segm (8), 9: ***Oxygastra curtisii***).

— Sl flach gekerbt [**18**]. Körper gestaucht [**10**] .... **Libellulidae 8**

8. Augen knopfförmig, klein [**17, 19, 20**]. Larven kurzbeinig (Hintertibien überragen Hinterleibsende nicht). Beine dicht behaart (grabende Formen)

Rückendornen markant, hakig gekrümmt: ***Libellula fulva***. Rückendornen kurz, gerade und deutlich bis Segment 8: andere ***Libellula***-Arten (Kopf wie [**19**]). ***Libellua depressa*** (Kopf wie [**20**]) oder höchstens bis Segment 7 und Kopf wie [**20**]: ***Orthetrum***.

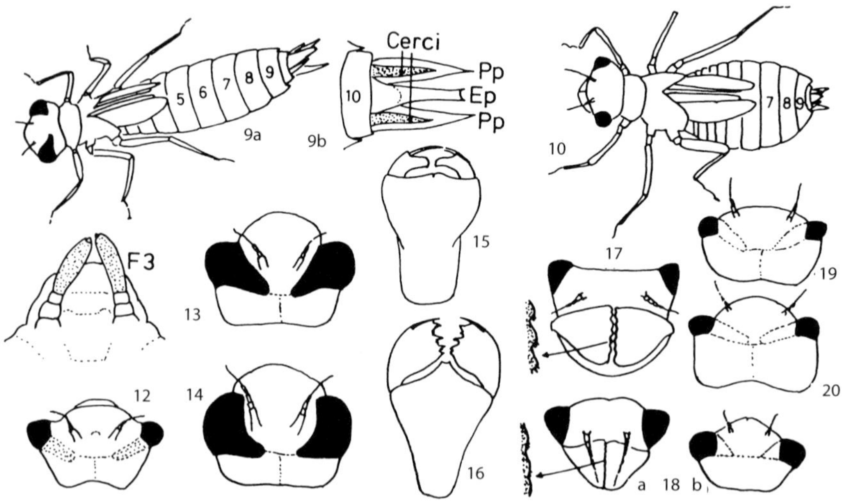

— Augen mindestens so lang wie der Hinterkopf [**18**]. Larven langbeinig (Hintertibien überragen das Hinterleibsende). Beine ohne dichte Behaarung
Ohne Rückendornen: ***Sympetrum fonscolombii, Crocothemis***. Mit Rückendornen. Hinterleib unten einfarbig hell oder schwarz: andere ***Sympetrum***-Arten; ähnlich, aber Hinterleib unten mit dunkler Zeichnung: ***Leucorrhinia***.

Literatur

Aguliar, J., Dommanget, J.: Guide des libellules d'Europe et d'Afrique du Nord. 2. Aufl. Lausanne, 1998.
Askew, R.: The dragonflies of Europe. 2nd ed. Colchester, 2004.
Bellmann, H.: Der Kosmos Libellenführer. Stuttgart, 2007.
Corbet, P.: Dragonflies. Behaviour and ecology of Odonata. Colchester, 1999.
Corbet, P., Brooks, S.: Dragonflies. New Naturalist Series 106. London, 2008.
Dijkstra, K.-D. B.: Field guide to the dragonflies of Britain and Europe. Gillingham, 2006.
Heidemann, H., Seidenbusch, R.: Die Libellenlarven Deutschlands. Handbuch für Exuviensammler. In: F. Dahl, Tierwelt Deutschlands 72. Keltern, 2002.
Hessen-Forst (Hrsg.): Atlas der Libellen Hessens. Gießen, 2011.
Kuhn, K., Burbach, K.: Libellen in Bayern. Stuttgart, 1998.
Mauersberger, R. Brauner, O., Petzold, F., Kruse, M.: Die Libellenfauna des Landes Brandenburg. Naturschutz und Landschaftspflege in Brandenburg 22, 3/4. Potsdam, 2013.
Raab, R., Chovanec, A., Pennerstorfer, J.: Libellen Österreichs. Wien, 2006.
Schmidt, E.: Das Nischenkonzept für die Bioindikation am Beispiel Libellen. Beitr. Landespflege Rheinland-Pfalz 14: 95–117, 1991.
Schmidt, E.: Ökosystem See, Band 1: Der Uferbereich des Sees, 5. Aufl. Wiesbaden, 1996.
Schmidt, E.: Strittige systematische Fragen auf Gattungsniveau bei mitteleuropäischen Libellen (Odonata). Abh. Ber. Naturkundemus. Görlitz 73, 69–77, 2001.
Schorr, M.: Grundlagen zu einem Artenhilfsprogramm Libellen der BR Deutschland. Bilthoven, 1990.
Sternberg, K., Buchwald, R.: Die Libellen Baden-Württembergs. Band 1, 2. Stuttgart, 1999, 2000.
Wendler, A., Nüss, J.: Libellen, 5. Aufl., DJN. Hamburg, 1998.
Wildermuth, H., Gonseth, Y., Maibach, A.: Odonata. Die Libellen der Schweiz. Fauna Helvetica 12. Neuchâtel, 2005.
Wildermuth, H., Martens, A.: Taschenlexikon der Libellen Europas. Alle Arten von den Azoren bis zum Ural im Porträt. Wiebelsheim, 2014.

Plecoptera, Steinfliegen, Uferfliegen

Mit 4 häutigen (bei manchen Arten verkürzten) Flügeln, die in Ruhe flach auf dem Körper liegen oder ihn etwas umrollen. Fühler lang, borstenförmig. Prothorax (Vorderbrust) mit größerem Halsschild (Pronotum). Hinterleib am Ende mit 2 Anhängen (Cerci), die fadenartig lang [**1**] oder stark reduziert sein können. Beine mit 3 Tarsalgliedern (Fußgliedern). Einheimische Arten braun bis dunkel, seltener gelb oder gelbgrün, 3–30 mm lang. Larven [**10–16**] vor allem in Fließgewässern, einige auch in der Brandungszone von Seen oder in anderen stehenden Gewässern. Die Larven der **Setipalpia** ernähren sich räuberisch, die **Filipalpia** fressen Algen u. Detritus. Während der meist einjährigen (nur bei größeren Arten 2–3-jährigen) Entwicklungszeit zahlreiche Häutungen. Larven im letzten Entwicklungsstadium verlassen das Wasser, um sich zum adulten Tier („Imago") zu häuten. Die meisten Arten sind schlechte Flieger u. bleiben in den wenigen Wochen des Imaginallebens in Gewässernähe. Eiablage ins Wasser. Im Gebiet etwa 120 Arten.
Abkürzungen: Flügeladerung s. **Hexapoda** u. [**3–9**].

System (die mitteleuropäischen Arten gehören zu den **Arctoperlaria**):
Euholognatha (= **Nemouroidea**) [**Filipalpia**]: **Capniidae, Leuctridae, Nemouridae, Taeniopterygidae**
Systellognatha (**Perloidea**) [**Setipalpia**, **Subulipalpia**]: **Chloroperlidae, Perlidae, Perlodidae**

1. 3. Tarsalglied länger als 1. u. 2. zusammen [**2a**]. Cerci lang, fadenförmig [**1**] **2**
— 2. Tarsalglied kürzer als 1. oder 3. [**2b**] **6**
— Alle 3 Tarsalglieder etwa gleich lang [**2c**] .... **Taeniopterygidae** S. 233
2. Flügel bis zum Ende des Hinterleibs reichend **3**
— Flügel verkürzt, nicht bis zum Hinterleibsende reichend **5**
3. Analteil des Hinterflügels klein, mit höchstens 3 Analadern (A) [**3**]. Gelbgrün mit schwarzer Zeichnung am Hinterrand von Meso- u. Metanotum des Thorax .... **Chloroperlidae** S. 233
— Hinterflügel mit großem Analteil u. mehr als 4 Analadern [**4**]. Grundfärbung meist braun u. oft mit gelben Flecken **4**
4. Vorderflügel mit mindestens 10 Queradern zwischen Humeralquerader (h) u. Sc [**4**]. 12–30 mm .... **Perlidae** S. 232

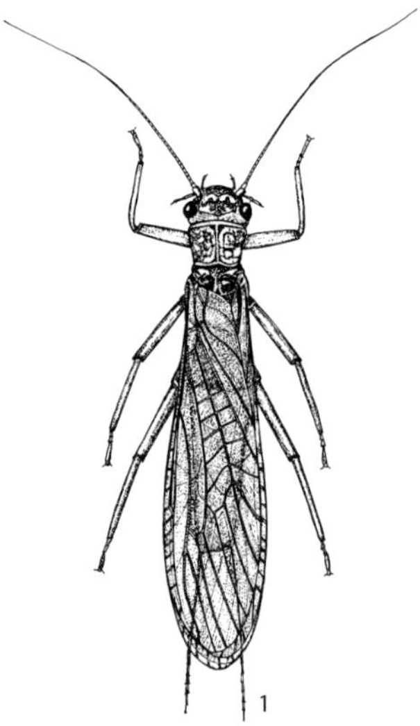
1

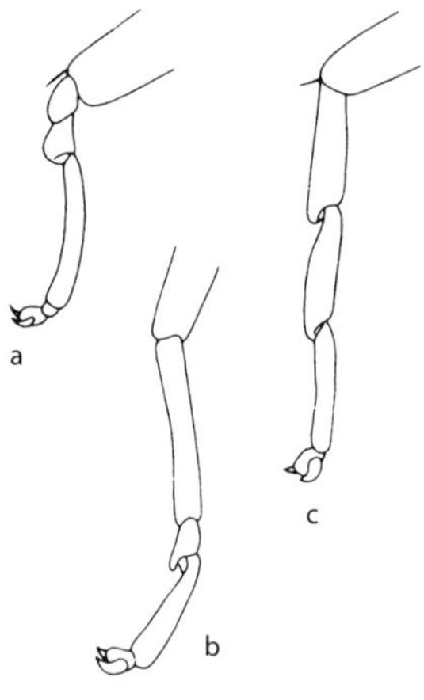

2

1 *Perla*

— Vorderflügel ohne oder mit weniger als 8 Queradern zwischen h u. Sc [**5**]. 6–25 mm **Perlodidae** S. 231

5. Letztes Hinterleibs-Tergit gespalten u. jederseits mit nach oben gekrümmtem Hakenfortsatz. Vorderflügel mit vielen Queradern zwischen C u. Sc .... ♂♂ einiger **Perlidae** S. 232

— Letztes Hinterleibs-Tergit ohne solche Fortsätze. Vorderflügel mit wenigen Queradern zwischen C u. Sc .... ♂♂ einiger **Perlodidae** S. 231

6. Aderung der Flügel bildet etwas außerhalb der Mitte am Vorderrand durch Querader rs eine etwa X-förmige Figur [**7**] .... **Nemouridae** S. 233

— Vorderrand des Flügels ohne X-förmige Figur [**6**] **7**

7. Vorderflügel mit zahlreichen Queradern zwischen Cu_1 u. Cu_2 [**6**]. Flügel in Ruhe um Hinterleib gerollt. Cerci kurz. 3–15 mm .... **Leuctridae**
Nur ***Leuctra*** Stephens, um 30 Arten, häufig ***L. nigra*** (Olivier), an kleineren Fließgewässern u. an Seen.

— Vorderflügel mit höchstens 3 Queradern zwischen Cu_1 u. Cu_2 [**8**]. Flügel in Ruhe flach auf dem Hinterleib (♂ von ***Capnia bifrons*** (Newman) extrem kurzflügelig mit wenigen Längsadern). 3–8 mm **Capniidae** S. 233

Familie: **Perlodidae**

Bei den ♂♂ einiger Arten sind die Flügel verkürzt.

1. Spitze des Vorderflügels mit unregelmäßigem Netzwerk [**5**] **2**

— Vorderflügel ohne Netzwerk im Radialbereich, dort nur mit einer Querader **5**

2. Im vorderen Cubitalfeld des Vorderflügels mit 3 oder mehr Queradern [**5**] **3**

— Im vorderen Cubitalfeld des Vorderflügels nur mit 1–2 Queradern (Flügel oft verkürzt). 11–20 mm. Selten .... ***Arcynopteryx compacta*** (McLachlan)

3. Im Vorderflügel Queradern rs u. rm gegeneinander versetzt [**5**]. Tergit 10 des Hinterleibs beim ♂ ungeteilt .... 4; ***Perlodes*** Banks
Körper braun, oft mit gelben Flecken. Häufig ***P. microcephalus*** (Pictet) (Kopf kaum breiter als Halsschild; 13–20 mm), an Bächen der Mittelgebirge.

— Im Vorderflügel rs u. rm eine Gerade bildend. Tergit 10 des Hinterleibs beim ♂ geteilt ... **4**

4. Pronotum einfarbig dunkelbraun. 16–21 mm. Selten .... ***Besdolus imhoffi*** (Pictet)

— Pronotum mit gelber Mittellinie .... 2; ***Dictyogenus*** Klapálek
In den Alpen oberhalb 1000 m: ***D. alpinum*** (Pictet) (mit dunklem Fleck auf Querader rs; 16–20 mm); ***D. fontium*** (Ris) (ohne derartigen dunklen Fleck; 14–20 mm). – Außerdem ***Besdolus ventralis*** (Pictet) (15–20 mm), an Alpenflüssen, ausgestorben(?).

5. Vorderflügel im Spitzenteil mit braunem Fleck. Am Hinterrand des Kopfes mit gelbem Fleck. ♂ kurzflügelig. 12–15 mm. An Quellen u. Bächen im Mittelgebirge .... ***Diura bicaudata*** (L.)
Außerdem ***Isogenus nubecula*** Newman (14–20 mm), an Flüssen, sehr selten.

— Vorderflügel ohne runden braunen Fleck. 7–15 mm .... ***Isoperla*** Banks
11 Arten. Sehr häufig ***I. grammatica*** (Poda) (grünlich mit heller Unterseite; um 10 mm)

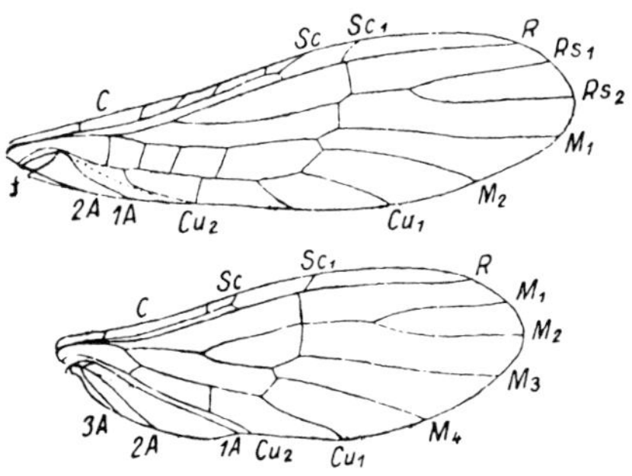

3

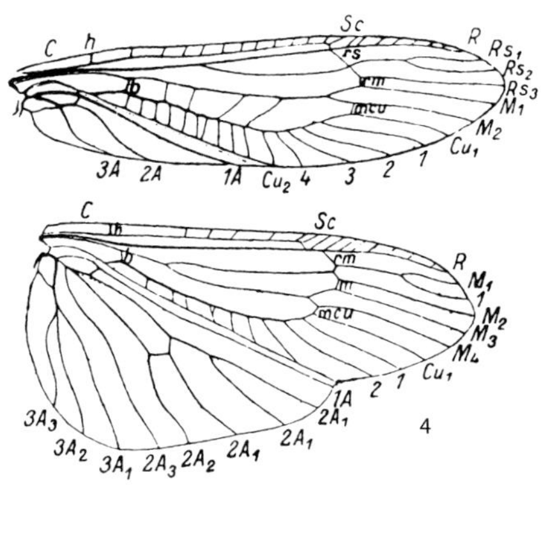

4

Familie: **Perlidae**

Bei den ♂♂ einiger Arten sind die Flügel verkürzt.

1. Im Hinterflügel mit 1 Querader zwischen $2A_1$ u. $2A_2$ [**4**]. Dunkel **2**

— Im Hinterflügel ohne Querader zwischen $2A_1$ u. $2A_2$. Körper hellbraun. 12–19 mm. Selten 2; ***Marthamea*** Klapálek

An Flüssen. Im Unterrheingebiet ***M. selysii*** (Pictet), ausgestorben (?). – Außerdem ***Agnetina elegantula*** (Klapálek) (12–20 mm), im Osten, ausgestorben (?).

2. Medialfeld im Hinterflügel ohne Querader [**4**]. [**1**] .... 4; ***Perla*** Geoffroy

Häufig ***P. marginata*** (Panzer) [**1**] (mit dunklem Fleck zwischen Ocellen; 15–25 mm).

— Medialfeld im Hinterflügel (meist) mit 2–3 Queradern .... 2; ***Dinocras*** Klapálek

D. cephalotes (Curtis) (♂ mit verkürzten Flügeln; 13–29 mm), an Bächen des Mittelgebirges.

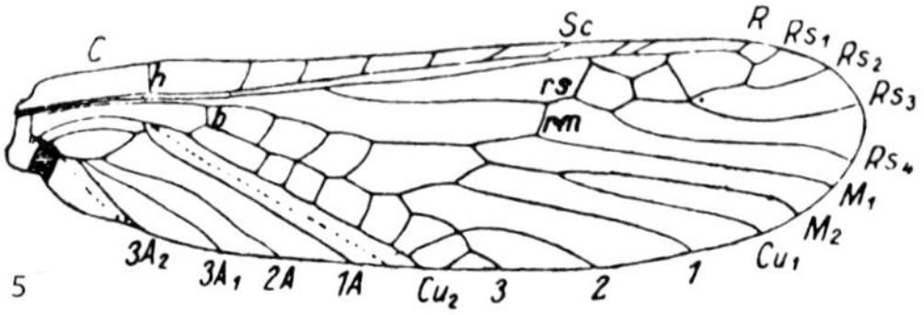

5

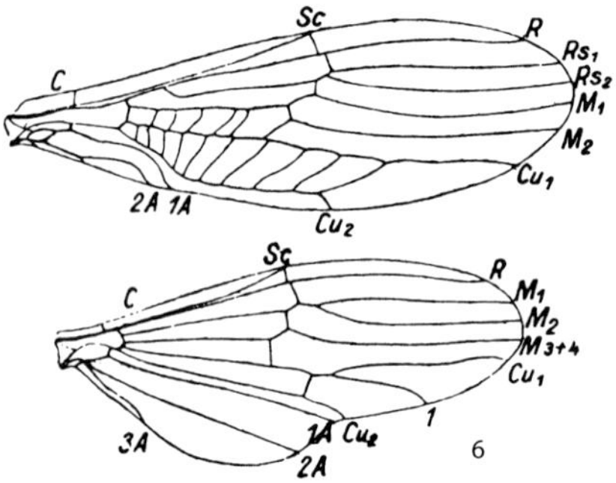

6

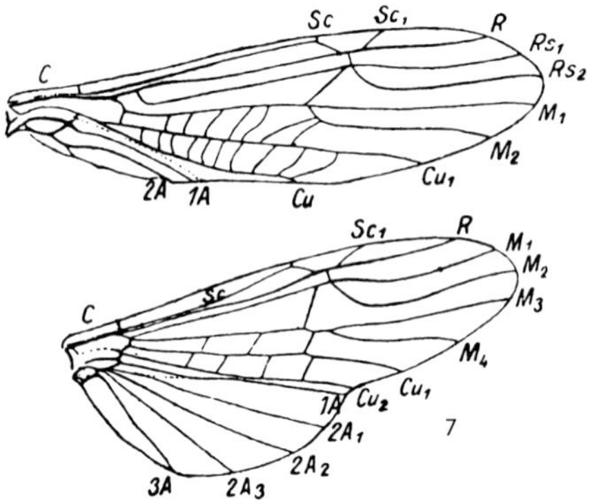

7

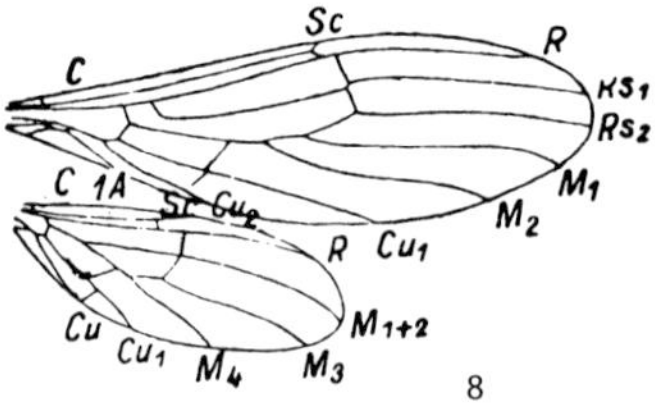

8

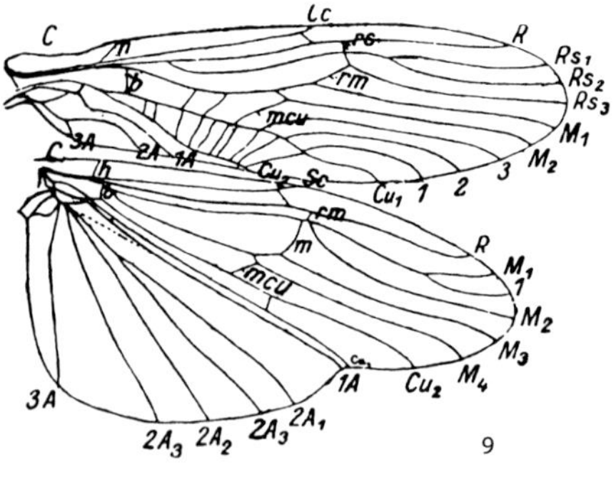

9

Familie: **Chloroperlidae**

1. Meso- u. Metanotum des Thorax mit schwarzer U-förmiger Zeichnung. Fühler gesägt. 7–8 mm. Sehr selten .... ***Isoptena serricornis*** (Pictet)
— Meso- u. Metanotum am Hinterrand mit schwarzer W-förmiger Zeichnung. Fühler borstenförmig **2**
2. Pronotum einfarbig blassgelb. 5–7 mm .... ***Xanthoperla apicalis*** (Newman)
An größeren Fließgewässern der Ebene.
— Pronotum schwarz gerandet **3**
3. Cerci etwa halb so lang wie Hinterleib .... 2; ***Chloroperla*** Newman
Häufig ***C. tripunctata*** (Scopoli), an Bächen u. Flüssen, im Mittelgebirge u. in den Alpen.
— Cerci mindestens so lang wie Hinterleib .... 5; ***Siphonoperla*** Zwick
Häufiger ***S. torrentium*** (Pictet), an Bächen der Mittelgebirge u. Voralpen.

Familie: **Taeniopterygidae**

1. Im Vorderrandfeld der Flügel (Costalfeld zwischen C u. Sc) mit 2 oder mehr Queradern .... 3; ***Rhabdiopteryx*** Klapálek
In den Alpen z. B. ***R. alpina*** Kühtreiber (Kopf u. Schenkel zweifarbig; 9–14 mm).
— Im Costalfeld ohne Queradern **2**
2. Im Vorderflügel zwischen M_2 u. Cu_1 mit 2–3 Nebenlängsadern [**9**]. Flügel oft gebändert
6; ***Brachyptera*** Newport
B. risi (Morton) (6–13 mm), an Bächen u. Flüssen.
— Im Vorderflügel zwischen M_2 u. Cu_1 nur mit 1 Längsader .... 6; ***Taeniopteryx*** Pictet
Häufig ***T. nebulosa*** (L.) (7–10 mm), im zeitigen Frühjahr an Flüssen. – Außerdem ***Oemopteryx loewii*** (Albarda), an Flüssen im Osten u. Südosten, ausgestorben?

Familie: **Nemouridae**

1. Prothorax unterseits mit Resten von 4–6 Kiemen **2**
— Prothorax ohne Kiemenreste **3**
2. Mit 6 hellen, fingerförmigen Kiemenresten .... ***Protonemura*** Kempny
Um 14 Arten. Häufig z. B. ***P. meyeri*** (Pictet) (6–7 mm), an Bächen der Mittelgebirge.
— Mit 4 hellen Warzen als Reste von Kiemenbüscheln .... 4; ***Amphinemura*** Ris
Häufig z. B. ***A. sulcicollis*** (Stephens) (4–6 mm), an Fließgewässern.
3. 1. Tarsalglied der Hinterbeine nur etwa ⅓ bis ½ so lang wie 3. .... ***Nemoura*** Latreille
13 Arten. Sehr häufig ***N. cinerea*** (Retzius) (Halsschild gekörnt; 6–7 mm), in verschiedenen Gewässertypen.
— 1. Tarsalglied der Hinterbeine etwa so lang wie 3. 5–7 mm. Sehr häufig, auch in stehenden Gewässern .... ***Nemurella pictetii*** Klapálek

Familie: **Capniidae**

1. Cerci lang (mit über 10 Gliedern). Vorderrandfeld der Vorderflügel (Costalfeld) mit 2 oder mehr Queradern. 5–8 mm .... 2; ***Capnia*** Pictet u. 4; ***Zwicknia*** Murány
An Fließgewässern des Mittelgebirges u. der Ebene: ***Z. bifrons*** (Newman).
— Cerci kurz. Costalfeld ohne Queradern **2**
2. Cerci 7–10-gliedrig. Um 4 mm. Selten .... ***Capnopsis schilleri*** (Rostock)
— Cerci eingliedrig. 3–5 mm. Selten. .... 2; ***Capnioneura*** Ris
Z. B. ***C. mitis*** Despax.

Larven der Plecoptera

1. Tarsalglieder 1 u. 2 sehr kurz, zusammen etwa so halb lang wie 3. Glossae (mittlere Laden) des Labiums reduziert, Paraglossae (seitliche Laden) groß **2**
— 1. Tarsalglied mindestens etwa ½ so lang wie 3. Labium mit Glossae u. Paraglossae **4**
2. Thorax mit seitlichen hellen Büschelkiemen [**10**] .... **Perlidae**
— Thorax ohne Büschelkiemen **3**
3. Endglied der Maxillarpalpen stiftartig auf dem vorletzten, sehr viel kleiner als die übrigen Glieder. [**11**] .... **Chloroperlidae**
— Endglied der Maxillarpalpen nur wenig schmäler als die übrigen Glieder. [**12**] ..... **Perlodidae**

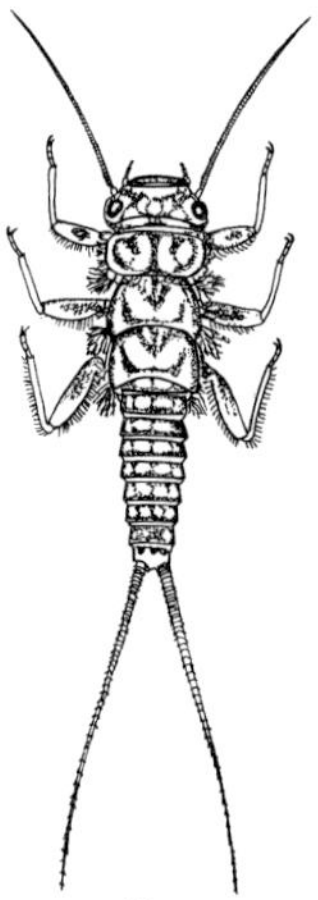
10

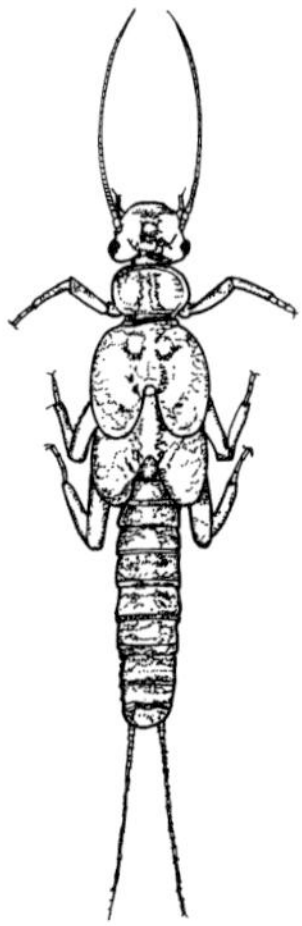
11

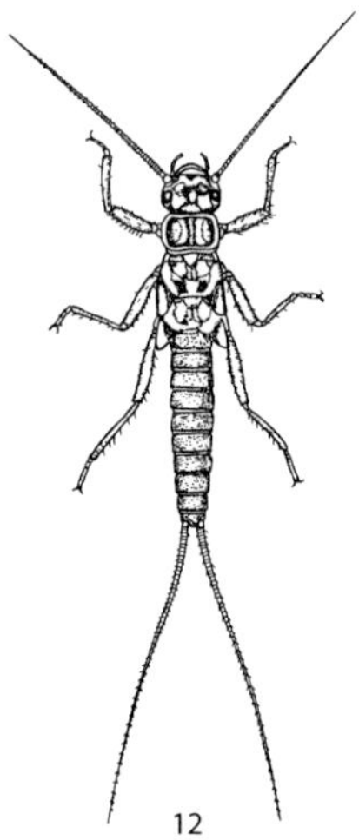
12

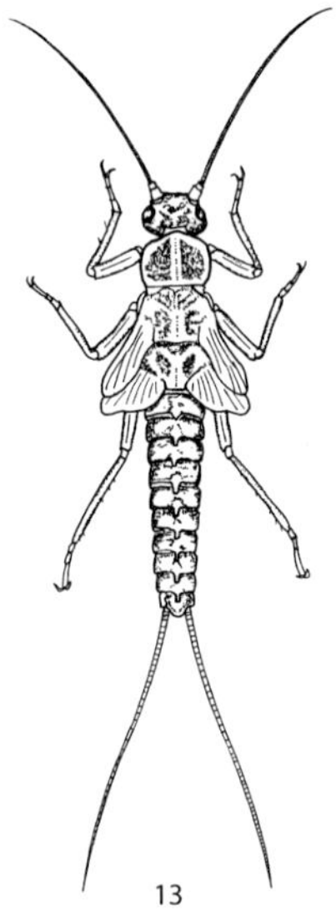
13

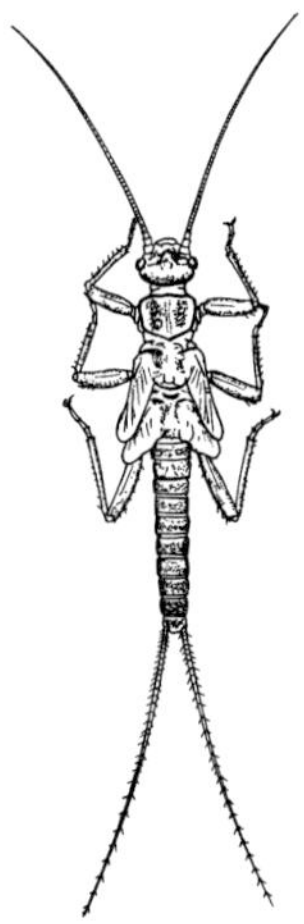
14

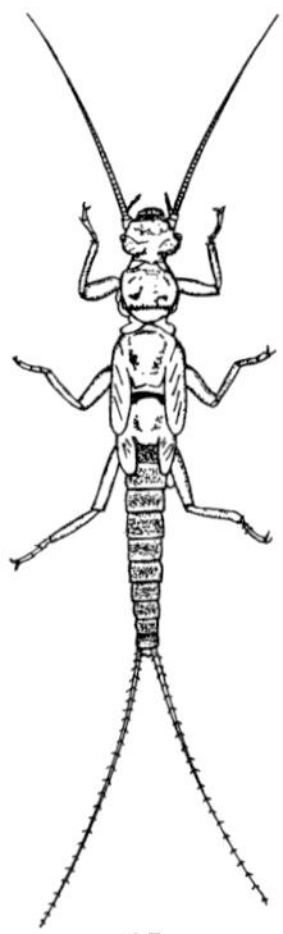
15

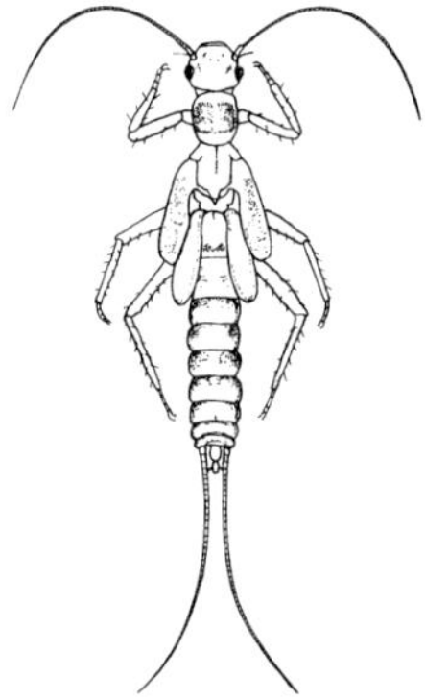
16

10 Perlidae; **11** Chloroperlidae; **12** Perlodidae; **13** Taeniopterygidae; **14** Nemouridae; **15** Leuctridae; **16** Capniidae

4. 2. Tarsalglied länger als 1., kürzer als 3. [**13**] .... **Taeniopterygidae**
— 2. Tarsalglied kürzer als 1. .... **5**
5. Flügelanlagen schräg nach hinten gerichtet [**14**]. Körper ± gedrungen .... **Nemouridae**
— Flügelanlagen parallel zum Körper orientiert. Körper schlanker **6**
6. Hinterleibssegmente 1–4 in Tergite u. Sternite getrennt, die folgenden ungeteilt. [**15**] **Leuctridae**
— Alle Hinterleibssegmente in Tergite u. Sternite getrennt. [**16**] .... **Capniidae**

Literatur

Aubert, J.: Plecoptera. Insecta Helvetica Fauna 1. Lausanne, 1959.
Brittain, J. E., Saltveit, S. J.: Plecoptera, stoneflies. In: A. Nilsson, Aquatic insects of North Europe. Vol. 1. Stenstrup, 1996.
DeWalt, R. E., Maehr, M. D., Hopkins, H., Neu-Becker, U., Stueber, G.: Plecoptera Species File Online. Version 5.0/5.0. [http://Plecoptera.SpeciesFile.org]. 2021.
Enting, K.: Plecoptera, die Steinfliegenseite. [http://www.plecoptera.de/index.html]. Letzte Aktualisierung Jan 2021.
Hohmann, M., Küttner, R.: Regionalisierte Checkliste der Steinfliegen (Insecta: Plecoptera) Deutschlands. Zweite Fassung, Stand: 03/2020. [https://www.researchgate.net/publication/348296332_Regionalisierte_Checkliste_der_Steinfliegen_Insecta_Plecoptera_Deutschlands_Zweite_Fassung_Stand_032020-]. 2020.
Hynes, H.: A key to the adults and nymphs of British stoneflies (Plecoptera). Freshwater Biological Association. Scientific Publication 17. Ambleside, 1977.
Illies, J.: Steinfliegen oder Plecoptera. In: F. Dahl, Tierwelt Deutschlands, Teil 43, Jena 1955.
Illies, J.: Plecoptera (Neubearbeitung). In: P. Brohmer, P. Ehrmann, G. Ulmer, Tierwelt Mitteleuropas, Bd. 4. Leipzig, 1963.
Koese, B.: De Nederlandse steenvliegen (Plecoptera). Nederlandse Faunistische Mededelingen, Suppl.: Entomologische Tabellen, Band I. Leiden, 2008.
Küttner, K., Joost, W.: Plecoptera – Steinfliegen. In: B. Klausnitzer, Stresemann – Exkursionsfauna von Deutschland, Band 2 – Wirbellose: Insekten. 11. Aufl. Heidelberg, 2011.
Lillehammer, A.: Stoneflies (Plecoptera) of Fennoscandia and Denmark. Fauna Entomologica Scandinavica, Vol. 21. Kopenhagen, 1988.
Zwick, P.: Insecta: Plecoptera. Phylogenetisches System und Katalog. In: F. Kieffer, Das Tierreich, Lief. 94. Berlin, New York 1973.
Zwick, P.: Plecoptera. In: W. G. Kükenthal, Th. Krumbach, Handbuch der Zoologie. Band 4. Berlin, New York, 1980.

Dermaptera, Ohrwürmer

Körper langgestreckt, abgeflacht. Mundwerkzeuge beißend. Vorderflügel (= Flügeldecken) schuppenförmig ohne Aderung, Hinterflügel (falls vorhanden) darunter zusammengelegt. Abdomen hinten mit zangenförmigen Cerci. Hemimetabol. Nahrung: zartes pflanzliches Material, auch räuberisch. Eier und für einige Zeit auch noch die Jungtiere vom ♀ bewacht. 10 Arten. – Achtung: Maße bezeichnen Körperlänge ohne Zangen!

System (alle Arten gehören zu den **Forficulina**):
Anisolabididae, Forficulidae, Labiduridae, Spongiphoridae

1. Fühler 10–15-gliedrig **3**
— Fühler 16–30-gliedrig **2**
2. Fühler 16–24-gliedrig. Ohne Flügel ..... (**Anisolabididae**) 2; ***Euborellia*** Burr
E. annulipes (Dohrn) (schwarzbraun. 9–14 mm). Auf Müllplätzen (Leipzig u. Kiel). Vorkommen erloschen, in Gewächshäusern, sporadisch eingeschleppt; ***E. arcanum*** Matzke et Kocarek (schwarzbraun, Beine gelb. 14–17 mm), ebenfalls in Gewächshäusern, sporadisch eingeschleppt.
— Fühler 25–30-gliedrig. Flügel entwickelt
(**Labiduridae**) Sandohrwurm, ***Labidura riparia*** (Pallas)
9–26 mm. Strohfarben mit dunkler Zeichnung am Pronotum u. an Flügeldecken. In feuchtem Sand am Meer und an Flußufern, lebt in Röhren mit 3-eckigem Eingang. Nicht häufig.
3. 2. Tarsalglied zylindrisch, Krallenglied inseriert am distalen Ende des 2. Gliedes
(**Spongiphoridae**) ***Labia minor*** (L.)
4,5–6 mm. Fliegt gut. An warmen Tagen flugaktiv. – Außerdem lokal (in Sachsen) eingeschleppt ***Paralabella curvicauda*** (Motschulsky), synanthrop.
— 2. Tarsalglied herzförmig, Krallenglied inseriert etwas vor dem distalen Ende des 2. Gliedes
Forficulidae 4
4. Hinterflügel ragen als kleine Schuppe unter den Flügeldecken vor [**1**] **5**
— Hinterflügel fehlen **6**
5. Flügeldecken in der Mitte mit gelbem Fleck. Cerci des ♂ in 2 Ebenen gekrümmt [**2**]
Anechura bipunctata (F.)
7–17 mm. Wärmeliebend, selten.
— Flügeldecken einfarbig. Cerci des ♂ in einer Ebene gebogen [**1b, 1c**]
Gemeiner Ohrwurm, ***Forficula auricularia*** L.
9–16 mm. Cerci des ♂ ovale oder runde Fläche einschließend (z. B. [**1b, 1c**]), Cerci des ♀ gestreckt [**1a**]. Sehr häufig, Kulturfolger.
6. Mit Flügeldecken, diese länger als breit [**3**] Gebüschohrwurm, ***Apterygida media*** (Hagenbach)
6–11 mm. Besonders auf Gebüsch.
— Flügeldecken reduziert, breiter als lang, mit dem Mesonotum verwachsen [**4**]
Waldohrwurm, ***Chelidura*** (= ***Chelidurella***) ***acanthopygia*** (Gené)
6–13 mm. Vor allem in der Streu von Laub- u. Mischwäldern, häufig. Neuerdings in 2 schwer unterscheidbare Arten aufgespalten: ***Ch. guentheri*** (Galvagni) u. ***Ch. thaleri*** (Harz).

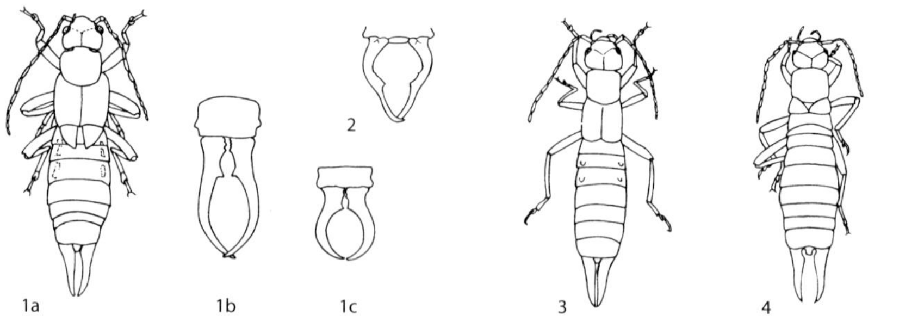

1a *Forficula*; **3** *Apterygida*; **4** *Chelidura*

Literatur

ALBOUY, V., CAUSSANEL, C.: Dermaptères ou perce-oreilles. Faune de France 75. Paris, 1990.

CHOPARD, L.: Orthoptéroides. Faune de France 56. Paris, 1951.

GÖTZ, W.: Orthoptera, Geradflügler. In: P. BROHMER, P. EHRMANN, G. ULMER, Tierwelt Mitteleuropas. Bd. IV, Lief. 2, Heft VI. Leipzig, 1965.

HARZ, K.: Die Geradflügler Mitteleuropas, Jena, 1957

HARZ, K.: Geradflügler oder Orthopteren (Blattodea, Mantodea, Saltatoria, Dermaptera). In: F. DAHL, Tierwelt Deutschlands, Teil 46. Jena, 1990.

HARZ, K., KALTENBACH, A.: Die Geradflügler Europas. Band III. Den Haag, 1976.

KLAUSNITZER, B., SCHIEMENZ, H.: Dermaptera – Ohrwürmer. In: B. KLAUSNITZER, Stresemann – Exkursionsfauna von Deutschland, Band 2 – Wirbellose: Insekten. 11. Aufl. Heidelberg, 2011.

KOČÁREK, P., HOLUŠA, J., VIDLIČKA, Ľ.: Blattaria, Mantodea, Orthoptera and Dermaptera of the Czech and Slovak Republics. Zlin, 2005.

PFEIFER, M. A. Deutsche Gesellschaft für Orthopterolgie. Schaben & Ohrwürmer. [http://dgfo-articulata.de/schaben]. 2021.

„Blattoptera“, Schaben

Körper abgeflacht, ± länglich-eiförmig. Kopf vom scheibenförmigen Halsschild (Pronotum) ± verdeckt. Fühler lang, borstenförmig. Vorderflügel (= Flügeldecken) derb, ungefaltet, Hinterflügel häutig, gefaltet, öfters rückgebildet. Mundwerkzeuge beißend. Hemimetabol. Eier werden in einem Paket (Oothek) abgelegt. Nahrung: pflanzliches Material, Tendenz zur Polyphagie. 14 Arten, weitere Arten immer wieder eingeschleppt.

System (die **„Blattoptera“** sind eine paraphyletische Gruppe):
Blaberoidea: Blaberidae, Ectobidae (= **Blattellidae**) mit **Blattellinae, Ectobiinae** u. **Pseudophyllodromiinae**
Blattoidea: Blattidae

1. Körper klein (unter 17 mm) .... **Ectobiidae** (= **Blattellidae**) **2**
— Groß (über 19 mm), nur in Häusern .... **Blattidae** **8**
2. Unterseite der Schenkel vorn mit 1–3 Dornen. Im Freien .... **Ectobiinae** **3**
— Unterseite der Schenkel vorn mit mehreren Dornen in einer ± regelmäßigen Reihe (besonders an den Vorderbeinen). Nur in Gebäuden .... **Blattellinae** u. **Pseudophyllodromiinae** **7**
3. Flügeldecken stark sklerotisiert, ohne deutliche Aderung. Analader A (vgl. [**1a**, **b**]) nicht vertieft. Hinterflügel reduziert. 6–7 mm .... ***Phyllodromica*** (= ***Hololampra***) ***maculata*** (SCHREBER)
Flügeldecken des ♂ körperlang, hinten mit großem, dunklem Fleck, beim ♀ Flügeldecken verkürzt, einfarbig, gelbbraun; selten Färbung anders. An Waldränder, Hecken, in Falllaub. Selten.
— Flügeldecken weniger stark sklerotisiert, deutlich geadert. Analader vertieft. Hinterflügel beim ♂ voll entwickelt (♂♂ fliegen gut), beim ♀ manchmal verkürzt [**1a, b**]
Waldschaben, ***Ectobius*** (STEPHENS) s. l. **4**
4. Mittelfleck des Pronotums rundlich, unscharf begrenzt, oft nicht schwarz [**2**] **5**
— Mittelfleck des Pronotums trapezförmig, scharf umrissen, schwarz oder aufgehellt [**1a:** ♂, **1b:** ♀] .... ***E. sylvestris*** (PODA)
9–14 mm. Flügeldecken des ♀ verkürzt. Überwiegend im Mittelgebirge. – Im Westen auch ***E. lucidus*** (HAGENBACH).

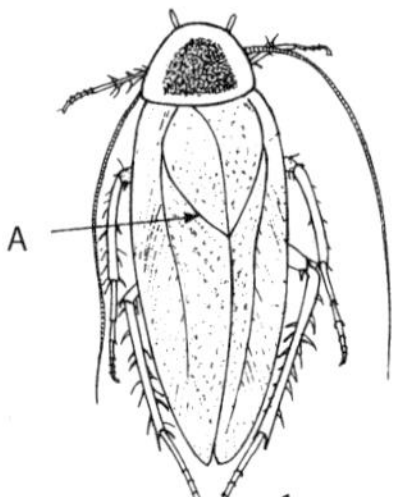

1a

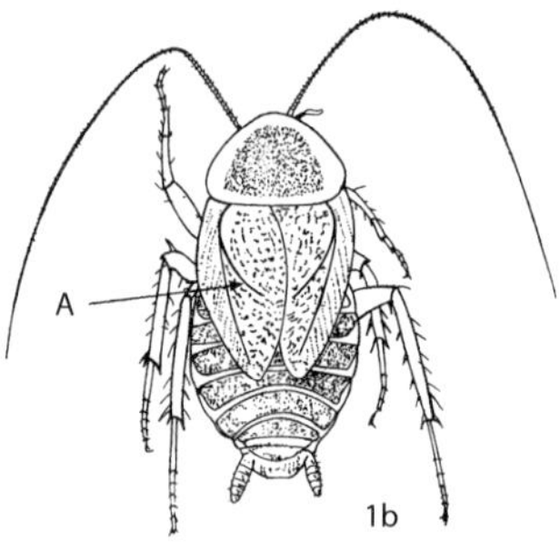

1b

2

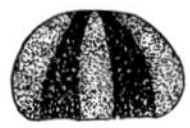
3

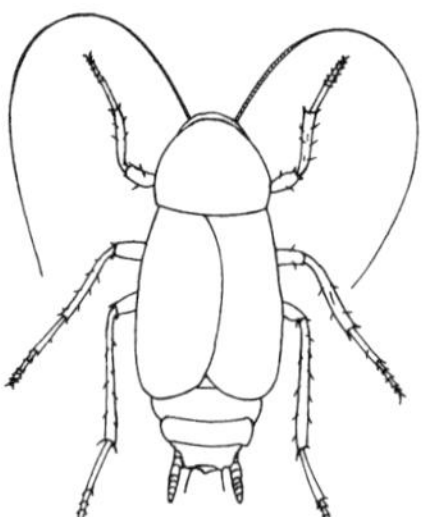
4a

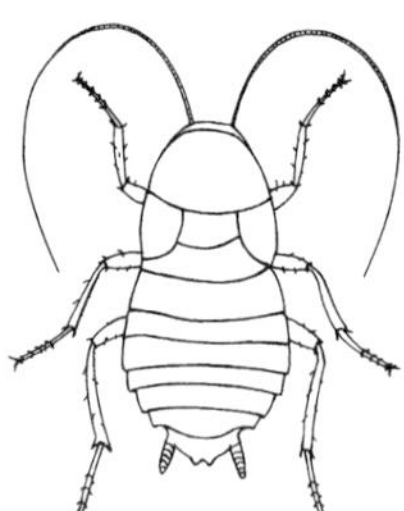
4b

1 *Ectobius* (a = ♂, b = ♀); **4** *Blatta* (a = ♂, b = ♀)

5. Pronotum etwa 3 mm breit. Körper 8–13 mm lang. Flügeldecken des ♀ hinten nicht gerade abgeschnitten **6**

— Pronotum 2,5 mm breit. Körper 5–7 (selten 8) mm lang. Flügeldecken des ♀ verkürzt, hinten ± gerade abgeschnitten ***Capraiellus*** (= ***E.***) ***panzeri*** (Stephens)

Graugelblich, auf der Mitte des Pronotums ± gefleckt. Nordseeküste.

6. Grundfarbe einförmig gelblich .... ***E. pallidus*** (Olivier)

8–10,5 mm. Flügeldecken stets länger als der Hinterleib. Lichte Wälder, im Süden. Selten. – Im Süden eingewandert ***E. vittiventris*** (Costa) (Flügeldecken ebenfalls länger als der Hinterleib; 9–14 mm), auch vorübergehend in Häusern. ***Planuncus*** (= ***E.***) ***tingitanus*** (Bolivar) (Flügeldecken so lang wie oder kürzer als der Hinterleib; um 7 mm), Neozoon im Süden.

— Grundfarbe nicht einförmig gelblich .... ***E. lapponicus*** (L.)

7–11 mm. Flügeldecken meist mindestens bis zum Ende des Hinterleibs reichend. Sehr häufig.
Ähnlich ist ***E. erythronotus*** Burr (aber im Gegensatz zu ***E. lapponicus*** ♂ ohne dunkle Flecken längs der Radialader, ♀ ohne helle Querbinde zwischen den Augen), in Süddeutschland, sehr selten.

7. Pronotum mit 2 dunklen Längsstreifen [**3**]. Flügeldecken ohne Querband. 10–13 mm (**Blattellinae**) Deutsche Schabe, ***Blattella germanica*** (L.)

In Backstuben, dauerbeheizten Räumen.

— Pronotum ohne dunkle Längsstreifen. Flügeldecken meist mit dunklem Querband. Etwa 10–14 mm .... (**Pseudophyllodromiinae**) ***Supella longipalpa*** (F.)

Besonders in Küchen, seltener, in Süddeutschland seit 1954 eingebürgert.

8. Flügeldecken länger als Hinterleib. 28–45 mm Amerikanische Großschabe, ***Periplaneta americana*** (L.)

Rotbraun. Flügeldecken einfarbig braun oder mit an der Basis schwach aufgehelltem Seitenrand. Besonders in Treibhäusern, Warmhäusern, Markthallen.
Ähnlich ***P. australasiae*** (F.) (31–35 mm), aber schwarzbraun, Flügeldecken an der Basis mit gelblicher Längsbinde.

— Flügeldecken beim ♂ kürzer als Hinterleib, beim ♀ kurze Lappen. 19–30 mm [**4a:** ♂, **4b:** ♀] Küchenschabe, Kakerlak, ***Blatta orientalis*** L.

Kastanienbraun bis schwarzrot. Vor allem in Bäckereien.

— Flügeldecken beim ♂ so lang wie Hinterleib, beim ♀ kürzer, aber noch deutlich ausgebildet. 18–25 .... Gewächshausschabe, ***Pycnoscelus surinamensis*** (L.)

Dunkel, Pronotum vorn mit gelber Binde. Synanthrop, vereinzelt in Gewächshäusern, Wohnungen.

Literatur

Bohn, H.: Blattoptera – Schaben. In: B. Klausnitzer, Stresemann – Exkursionsfauna von Deutschland, Band 2 – Wirbellose: Insekten. 11. Aufl. Heidelberg, 2011.

Chopard, L.: Orthoptéroides. Faune de France 56. Paris, 1951.

Götz, W.: Orthoptera, Geradflügler. In: P. Brohmer, P. Ehrmann, G. Ulmer, Tierwelt Mitteleuropas. Bd. IV, Lief. 2, Heft VI. Leipzig, 1965.

Harz, K.: Die Geradflügler Mitteleuropas, Jena, 1957

Harz, K.: Geradflügler oder Orthopteren (Blattodea, Mantodea, Saltatoria, Dermaptera). In: F. Dahl, Tierwelt Deutschlands, Teil 46. Jena, 1990.

Harz, K., Kaltenbach, A.: Die Geradflügler Europas, Band III. Den Haag, 1976.

Kočárek, P., Holuša, J., Vidlička, Ľ.: Blattaria, Mantodea, Orthoptera and Dermaptera of the Czech and Slovak Republics. Zlin, 2005.

Pfeifer, M. A.: Deutsche Gesellschaft für Orthopterologie. Schaben & Ohrwürmer. [http://dgfo-articulata.de/schaben]. 2021.

Princis, K.: Ordnung Blattariae (Schaben). Bestimmungsbücher zur Bodenfauna Europas 3. Berlin, 1965.

Orthoptera (= **Saltatoria**), Heuschrecken

Hinterschenkel verdickt, Tiere mit Sprungvermögen. Mundwerkzeuge beißend. Vorderflügel (= Flügeldecken) häutig bis derb, geadert, nicht gefaltet, (Bezeichnung der Adern s. [**8**]: C = Costa, Sc = Subcosta, R = Radius, M = Media, CuA = Cubitus anterior, CuP = Cubitus posterior, A = Analis). Hinterflügel dünnhäutig, gefaltet. Flügel können reduziert sein. Fast alle kurzflügeligen Arten kommen (selten) auch in einer langflügeligen Form vor. Hemimetabol.
Langfühlerschrecken (**Ensifera**) [**1a**]: ♂ meist mit Zirporgan an Basis der Flügeldecken. Gehörorgane (Tympanalorgane) beiderseits an Basis der Vordertibien [**4, 5**]. ♀ mit deutlichem ± sichel- oder säbelartigem Legeapparat, von außen als „Legescheide" sichtbar [**1a**] (Ausnahme ***Gryllotalpa***). Eiablage in Erde oder Pflanzen. Hinterende des ♂ [**1b**]. Langfühlerschrecken überwintern als Ei, sind also erst im Hochsommer adult; viele Grillen-Arten überwintern als Larve, sind also schon im Frühsommer adult. Pflanzenfresser oder Räuber. Im Gebiet fast 40 Arten.
Kurzfühlerschrecken (**Caelifera**) [**6a**]: Vorderkörper von oben [**7**]. ♂ der **Acrididae** zirpen durch Reiben der Htschenkel an einer Leiste der Vdflügel (**Oedipodinae, Gomphocerinae**) oder sie erzeugen Töne, indem sie die Mandibeln aneinanderreiben (übrige Unterfamilien). Gehörorgan (Tympanalorgan, spaltförmige oder ovale Öffnung mit Trommelfell) an jeder Seite des 1. Htleibsegments (fehlt den **Tetrigidae**). Legebohrer kurz, zum Graben geeignet [**6c**]. Eiablage in den Boden, selten an oder in Pflanzen. Hinterende des ♂ [**6b**]. Überwinterung (außer ***Tetrix***) im Eistadium. Pflanzenfresser. Im Gebiet über 40 Arten.
Eingeschleppte, synanthrope Arten der Orthoptera (in Gewächshäusern, ...) nur in Auswahl berücksichtigt; südliche Arten mit Einzelfunden eingeflogener Individuen nicht aufgenommen.
Abkürzungen: Vd = **Vorder-, Ht** = **Hinter-, Adern** wie [**8**]. Längenangaben vom Kopfscheitel bis zur Hinterleibsspitze (ohne Legeröhre, Cerci oder Flügel).

System:
Ensifera (Langfühlerschrecken)
- **Tettigonioidea** (Laubheuschrecken): **Tettigoniidae** mit den Unterfamilien **Bradyporinae, Conocephalinae, Meconematinae, Phaneropterinae, Saginae**
- **Rhaphidophoroidea: Rhaphidophoridae**
- **Gryllotalpoidea: Gryllotalpidae, Myrmecophilidae**
- **Grylloidea: Gryllidae**

Caelifera (Kurzfühlerschrecken)
- **Tridactyloidea: Tridactylidae**
- **Tetrigoidea: Tetrigidae**
- **Acridoidea: Acrididae** mit den Unterfamilien **Calliptaminae, Cyrthacanthacridinae, Gomphocerinae, Melanoplinae, Oedipodinae** (= **Locustinae**)

In Deutschland sind besonders geschützt: *Aiolopus thalassinus, Arcyptera fusca* u. ***microptera, Bryodema tuberculata, Calliptamus italicus, Epacromius tergestinus, Ephippiger ephippiger, Gampsocleis glabra, Modicogryllus frontalis, Oedipoda caerulescens*** u. ***germanica, Platycleis tessellata*** u. ***montana, Psophus stridulus, Ruspolia nitidula, Sphingonotus caerulans***.

1. Fühler so lang wie oder länger als Körper, dünn, am Ende zugespitzt [**1**]; wenn Fühler kürzer, Vdbeine zu Grabbeinen umgebildet [**14**]. ♀: Legebohrer meist lang, ± sichel- oder säbelartig (z. B. [**1a, 9, 17, 23, 25, 27**]). ♂: Subgenitalplatte gerade [**1b**]
Langfühlerschrecken, **Ensifera** 2

— Fühler kürzer als der Körper, ± gleich breit [**6a, 40b**] oder am Ende verdickt [**50**]. ♀: Legebohrer kurz (z. B. [**6c, 34, 48, 63, 65**]). ♂: Subgenitalplatte nach oben gebogen [**6b**]
Kurzfühlerschrecken, **Caelifera** 10

2. Tarsen 4-gliedrig, abgeflacht, 3. Tarsenglied herzförmig [**2**]. Flügel in Ruhe dachförmig (z. B. [**1a**]), z. T. verkürzt oder fehlend. Häufig grün .... Laubheuschrecken, **Tettigoniidae** 3

— Tarsen 4-gliedrig, lang, seitlich zusammengedrückt. Flügel fehlend .... **Rhaphidophoridae**

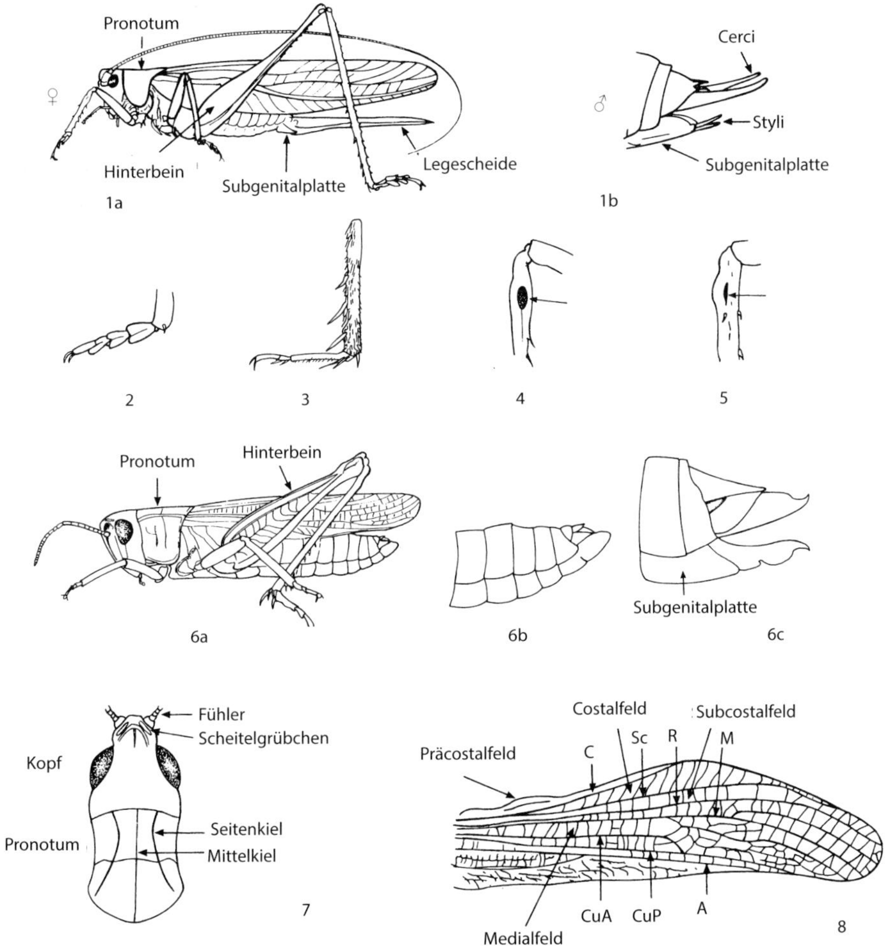

1a *Tettigonia*; **6a** *Omocestus*

Nur ***Diestrammena*** (= ***Tachycines***) ***asynamora*** (ADELUNG), Gewächshausschrecke (braun mit dunkler Fleckenzeichnung; 13–19 mm), in Gewächshäusern. – In Höhlen ***Troglophilus neglectus*** KRAUSS (15–21 mm), sehr selten. In Österreich auch ***T. cavicola*** (KOLLAR).

— Tarsen 3-gliedrig [**3**]. Flügel in Ruhe flach dem Körper aufliegend (z. B. [**15, 16**]), selten fehlend. Schwarz bis braun .... Grillen **8**

3. Tympanalorgan (an der Basis der Vdtibien) offen, rund bis oval, mit gut sichtbarem Trommelfell [**4**] **4**

— Tympanalorgan spaltförmig, Trommelfell verdeckt [**5**] **5**

4. Tarsenglieder 1 u. 2 seitlich gefurcht [**2**]. Legescheide lang, schlank, säbelförmig, höchsten leicht gezähnelt [**9**]. Subgenitalplatte des ♂ mit Styli (vgl. [**1b**] Eichenschrecken, **Meconematinae**

Nur 2; ***Meconema*** SERVILLE, häufig ***M. thalassinum*** (DE GEER), Eichenschrecke [**9**] (Flügel länger als Htleib; hellgrün, hinten auf dem Pronotum mit 2 braunen Flecken in einem gelben Längsstreifen; 11–15 mm), auf Bäumen; ***M. meridionale*** COSTA (ähnlich, aber Flügel lappenförmig, bis 2 mm lang), nur im Südwesten, selten.

— Tarsenglieder 1 u. 2 seitlich nicht gefurcht. Legescheide kürzer, sichelförmig, wenn ± gerade, oben u. unten kräftig gezähnt [**17, 22–24**], Subgenitalplatte des ♂ ohne Styli
Sichelschrecken, **Phaneropterinae** S. 243

5. Groß, Körper 50–70 mm lang, schlank. Flügeldecken reduziert .... Sägeschrecken, **Saginae**
Nur ***Saga pedo*** (Pallas), pontomediterran, selten in Österreich.

— Kleiner, bis 40 mm **6**

6. Pronotum sattelförmig, vorn horizontal, hinten stark nach oben gebogen [**10**] Sattelschrecken, **Bradyporinae**
Nur ***Ephippiger diurnus*** Dufour, Sattelschrecke (Grundfarbe grün, Flügel rostgelb bis braun; Kopf hinten schwarz; 20–35 mm), wärmeliebend, im Südwesten, selten.

— Pronotum nicht sattelförmig **7**

7. Vdschienen am distalen Ende außen dorsal ohne Dorn [**11**]. Kopf von der Seite gesehen vorn konisch: Stirn bildet mit dem Scheitel spitzen Winkel [**13, 25**]
Schwertschrecken, **Conocephalinae** S. 244

— Vdschienen am distalen Ende außen dorsal mit Dorn [**12**]. Kopf von der Seite gesehen nicht konisch (z. B. [**27**]) .... Singschrecken, **Tettigoniinae** S. 244

8. Vdbeine Schreitbeine (z. B. [**11, 12, 15**]) **9**

— Vdbeine als Grabschaufeln ausgebildet [**14**] .... Maulwurfsgrillen, **Gryllotalpidae**
Nur ***Gryllotalpa gryllotalpa*** (L.), Maulwurfsgrille, Werre ([**14**], S. 210) (Grundfarbe dunkelbraun; 35–50 mm), besonders in lockerem, feuchtem Boden; mehr in tieferen Lagen.

9. Körper schlank, häufig ± walzenförmig, über 4 mm lang. Augen normal ausgebildet
Echte Grillen, **Gryllidae** S. 243

— Körper ± eiförmig, nicht über 4 mm lang. Augen reduziert
Ameisengrillen, **Myrmecophilidae**
Nur ***Myrmecophilus acervorum*** (Panzer), Ameisengrille (ohne Flügel; dunkelbraun, Htrand von Pro- u. Mesonotum hell; 2,5–4 mm), parasitisch in Ameisennestern, selten.

10. Vdbeine als Grabbeine ausgebildet. Pronotum gewölbt. Legebohrer fehlend. Körper bis 6 mm
Grabschrecken, **Tridactylidae**
Nur 2; ***Xya*** Latreille (= ***Tridactylus*** Olivier), z. B. ***X. pfaendleri*** Harz, gräbt Gänge im feuchten Sand von Flussufern. Im Süden (Österreich, Schweiz), selten.

— Vdbeine nicht als Grabbeine ausgebildet. Pronotum selten gewölbt. Legebohrer vorhanden. Körper größer **11**

11. Pronotum in einen den ganzen Körper bedeckenden oder auch darüber hinausragenden dornförmigen Fortsatz verlängert [**34, 38, 39**]. Zwischen den Fußkrallen ohne Haftlappen. Bis 17 mm
Dornschrecken, **Tetrigidae** S. 246

— Pronotum nicht dornförmig über den ganzen Körper verlängert. Zwischen den Fußkrallen mit Haftlappen. Oft größer .... Feldheuschrecken, **Acrididae** S. 246

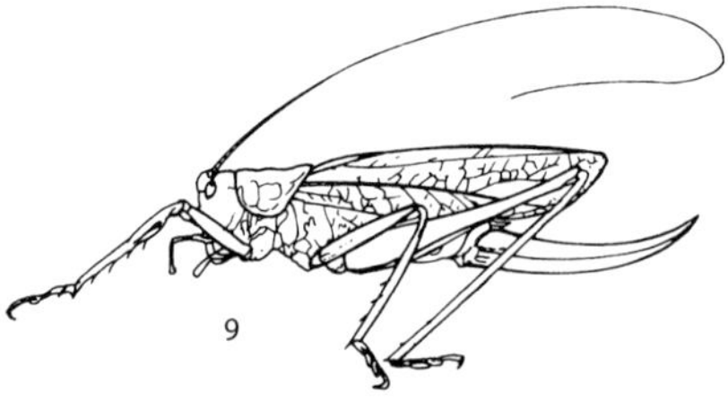
9

10

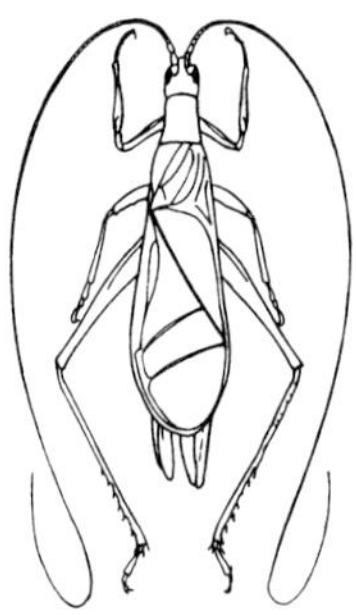
15

13

14

11

12

9 *Meconema*; **15** *Oecanthus*

Familie: **Gryllidae**, Echte Grillen

Eingeschleppte, sehr seltene Arten hier nicht behandelt.

1. Körper walzenförmig. Htschenkel deutlich verdickt. Httibien mit etwa gleich langen Dornen **2**

— Körper u. Htschenkel schlank [**15**]. Httibien mit größeren u. zwischen ihnen stehenden kleineren Dornen. 9–15 mm .... Weinhähnchen, ***Oecanthus pellucens*** (Scopoli)
Grundfarbe hellbraun. Wärmeliebend, auf Gebüsch, im Süden, selten.

2. Vdtibien nur außen mit großem Trommelfell. 1. Glied der Httarsen oben nicht gefurcht. Unter 10 mm **3**

— Vdtibien außen mit großem u. innen mit kleinem Trommelfell. 1. Glied der Httarsen oben mit flacher Furche. Über 12 mm, meist um 20 mm **4**

3. Flügel deutlich kürzer als Htleib. 7–10 mm .... Waldgrille, ***Nemobius sylvestris*** (Bosc)
Grundfarbe dunkelbraun, vor den Augen weiße Linie in Form eines offenen Fünfecks. Im Falllaub lichter Wälder, im Norden nur stellenweise.

— Flügel etwa so lang wie Htleib. 6–7 mm .... Sumpfgrille, ***Pteronemobius heydenii*** (Fischer)
Fast einfarbig schwarz. Auf sumpfigen Wiesen, im Südwesten, sehr selten.

4. Körper schwarz, glatt, glänzend. Htschenkel unten rot. 20–26 mm
Feldgrille, ***Gryllus campestris*** L.
Flügel bräunlich, an der Basis gelb. In trockenen Biotopen mit niedriger Vegetation, in selbstgegrabenen Höhlen im Boden. Zirpen laut. Häufig, nicht im Gebirge.

— Körper strohgelb bis braunschwarz, fein behaart. Htschenkel unten nicht rot. 12–20 mm **5**

5. Braunschwarz. Vor den Augen mit heller Querbinde. Flügel halb so lang wie Htleib. 12–13 mm
Modicogryllus frontalis (Fieber)
An trockenwarmen Stellen, im Südwesten, selten. – Ähnlich ***Eumodicogryllus bordigalensis*** (Latreille). Im Süden, entlang des Rheins einwandernd.

— Gelbbraun mit dunkler Zeichnung, am Kopf mit schwarzen Querbinden. Flügel so lang wie Htleib [**16**]. 16–20 mm .... Heimchen, ***Acheta domesticus*** (L.)
In geheizten Gebäuden, im Sommer auch im Freien (Müllhalden!), häufig.

Familie: **Phaneropterinae**, Sichelschrecken

1. Flügel lang, weit den Körper überragend. Legescheide sichelförmig [**17**]. 12–20 mm
Sichelschrecke, ***Phaneroptera falcata*** (Poda)
Pronotum von der Seite gesehen länger als hoch. Grün, Rücken u. Beine manchmal rostrot getönt, Körper mit feinen dunklen Punkten gesprenkelt. Auf gebüschreichen Trockenrasen, im Süden verbreitet. – Außerdem ***Ph. nana*** Fieber (Pronotum von der Seite gesehen höher als lang; Körper kräftig dunkel punktiert), aus dem Süden, sich am Rhein nach Norden ausbreitend.

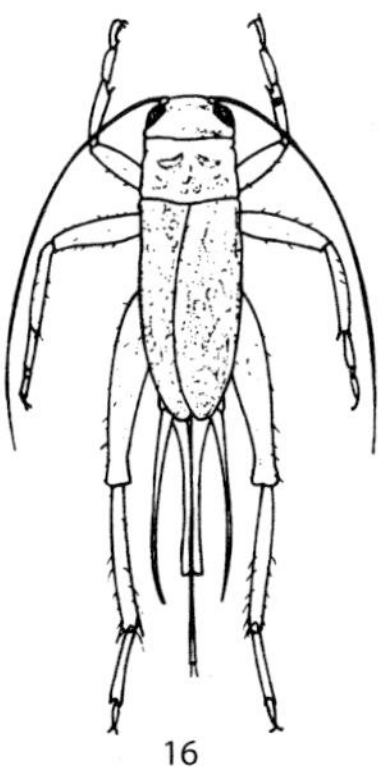
16

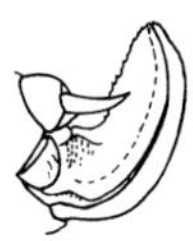
17

18

19

20

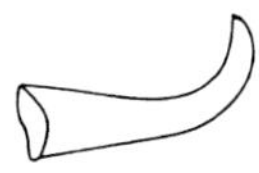
21

22

23

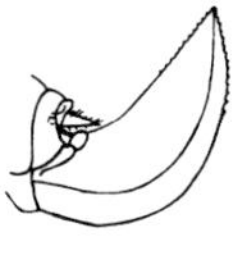
24

16 *Acheta*

— Flügel beim ♀ schuppenförmig, beim ♂ auf Zirpapparat reduziert 2

2. Fühler höchstens so lang wie Körper. Scheitel etwa 2-mal so breit wie 1. Fühlerglied. 24–44 mm .... Wanstschrecke, ***Polysarcus denticauda*** (Charpentier)
Grundfarbe grün, selten dunkelbraun. Auf langgrasigen Wiesen. Im Südwesten. Selten.

— Fühler länger als der Körper. Scheitel etwa so breit wie 1. Fühlerglied. 10–26 mm 3

3. Cerci des ♂ S-förmig [**18**] oder gleichmäßig gekrümmt [**19**]. Legescheide des ♀ an der Spitze grob gezähnt [**22, 23**] 4

— Cerci des ♂ gerade [**20**] oder nur im Spitzendrittel gebogen [**21**]. Legescheide des ♀ sichelförmig, kaum sichtbar gezähnt [**24**] .... Zartschrecken, ***Leptophyes*** Fieber
Grundfarbe grün, fein braunrot punktiert. ***L. punctatissima*** (Bosc) (Cerci des ♂ an der Spitze fast kreisrund gebogen [**21**]; Legescheide des ♀ über 2-mal so lang wie Pronotum; Flügel fast frei; auf Htleib des ♂ ein schmaler brauner Längsstreifen; 10–17 mm), meist im Gebüsch, Kulturfolger, vor allem im Südwesten; ***L. albovittata*** (Kollar) (Cerci des ♂ gerade, am Ende mit nach innen gebogenen Häckchen [**20**]; Legescheide wenig länger als Pronotum; Flügel beim ♂ zur Hälfte, beim ♀ fast ganz vom Pronotum bedeckt; Htleib des ♂ meist rostrot überlaufen, seitlich mit weißer Binde; 9–16 mm), wärmeliebend, auf Pflanzen, mehr im Osten.

4. Cerci des ♂ gleichmäßig gekrümmt [**19**]. Legescheide des ♀ unten gleichmäßig gebogen [**23**]
Isophya kraussii Brunner von Wattenwyl
Grundfarbe grün, dunkel punktiert. 16–26 mm. An Waldrändern, auch auf Wiesen, zerstreut.

— Cerci des ♂ S-förmig [**18**]. Legescheide des ♀ unten gerade, erst am Ende aufwärts gebogen [**22**] .... Säbelschrecken, ***Barbitistes*** Charpentier
B. serricauda (F.) (Cerci des ♂ nicht verdickt [**18**]; Legescheide etwa doppelt so lang wie das Pronotum; Grundfarbe immer grün, Fühler grün oder hellbraun, ohne helle Ringe; 15–20 mm), auf Gebüsch u. Laubbäumen, mehr im Süden, zerstreut; ***B. constrictus*** Brunner von Wattenwyl (Cerci des ♂ um die Mitte erweitert; Legescheide mindestens 2,5-mal so lang wie das Pronotum; grün, Htleib mehr bräunlich-schwärzlich, Fühler braun bis schwarz mit hellen Ringen; 14–23 mm), auf Nadelbäumen, selten.

Familie: **Conocephalinae**, Schwertschrecken

1. 20–30 mm. Flügel lang, weit die Htknie überragend
Ruspolia (= ***Homorocoryphus***) ***nitidula*** (Scopoli)
Meist einfarbig hellgrün oder braun. Auf Feuchtwiesen, im Süden häufig, in Deutschland sehr selten (ausgestorben?).

— Bis 18 mm. Flügel kürzer, höchstens etwas die Htknie überragend
Schwertschrecken, ***Conocephalus*** Thunberg
C. fuscus (F.) (= ***discolor*** Thunberg) (Flügel länger als der Htleib; Legescheide meist ziemlich gerade, 11–15 mm lang; 13–18 mm), in feuchten Biotopen, im Süden; ***C. dorsalis*** (Latreille) [**25**] (Flügel meist kürzer als der Htleib; wenn Flügel lang, dann von ***C. fuscus*** beim ♀ durch kurze Legescheide – 8–9,5 mm lang –, beim ♂ durch längere, einander fast berührende Seitenzähne der Cerci zu unterscheiden; 12–17 mm), in feuchten bis nassen Biotopen, mehr im Norden.

Familie: **Tettigoniinae**, Singschrecken

1. Grün, Rücken u. Beine oft gelblich bis bräunlich. 1. Glied der Httarsen mit nicht freiem Sohlenlappen, der weitgehend durch eine Gelenkhaut mit dem Tarsalglied verbunden u. etwa so lang wie breit ist. 25–38 mm .... ***Tettigonia*** L.
a) Flügel die Htknie weit überragend: ***T. viridissima*** L., Grünes Heupferd [**1a**] (Cerci des ♂ viel länger als Styli; Legescheide des ♀ höchstens 1–2 mm länger als Flügel, meist kürzer; grün, am Rücken meist braun; 28–38 mm), in offenem Gelände, nicht in Berglagen; ***T. caudata*** (Charpentier) (Cerci des ♂ fast so lang wie Styli; Legescheide Flügel um etwa 10 mm überragend; grün, oben meist braun; Dörnchen auf der Ventralkante der Htschenkel schwarz umrandet; 25–35 mm), in offenem Gelände, östlich der Elbe.
b) Flügel etwa bis Htknie reichend: ***T. cantans*** (Fuessly) (Legescheide Flügel um etwa 13–20 mm überragend; grün, oben ± braun; 21–33 mm), mehr in feuchtem Gelände, vor allem im Bergland.

— Grün oder braun. Wenn grün, entweder unter 20 mm oder stärker dunkel gefleckt. 1. Glied der Httarsen mit beweglichem, freiem, abstehendem Sohlenlappen, der 2–4-mal so lang wie breit ist [**26**] 2

2. Flügel den Htleib überragend (zum Fliegen geeignet), meist mit dunklen Würfelflecken . 3

— Flügel kürzer als Htleib (nicht für Flug geeignet), ungefleckt 5

3. Pronotum ohne Mittelkiel. Unterseite der Vdbrust mit 2 Dornen. 20–27 mm
Heideschrecke, ***Gampsocleis glabra*** (Herbst)
Meist grün mit braun gefleckten Flügeln. In trockenem Grasland, Heidegebieten, sehr selten.

— Pronotum mindestens teilweise mit Mittelkiel. Vdbrust ohne Dornen **4**

4. 24–44 mm. Pronotum mit vollständigem Mittelkiel
Warzenbeißer, ***Decticus verrucivorus*** (L.)

Grün bis braun, meist verschiedenfarbig gescheckt. Auf kurzrasigem Grasland.

— 14–22 mm. Pronotum nur hinten mit Mittelkiel
Beißschrecken, Gattungsgruppe ***Platycleis*** Fieber s. l.

Flügel am Ende deutlich schmaler als an der Basis. Grundfarbe meist braun.

a) Flügel lang, etwa bis Htknie reichend: ***P. albopunctata*** (Goeze) (= ***denticulata*** (Panzer)) (braun, Flügel weiß gefleckt, Kopf u. Pronotum oben heller; 18–22 mm), an warmen Stellen, im Süden verbreitet.

b) Flügel kürzer: ***Tessellana*** (= ***P.***) ***tessellata*** (Charpentier) (Cerci des ♂ vor der Spitze mit Seitenzahn; Legescheide des ♀ kurz – 5 mm lang –, stark sichelförmig gekrümmt; braun, auf Mitte der Flügel mit dunkelbraunem, durch helle Schrägstreifen zerteiltem Längsband; 14–16 mm), wärmeliebend, im Süden, sehr selten; ***Montana*** (= ***P.***) ***montana*** (Kollar) (Cerci des ♂ an der Basis mit Seitenzahn; Legescheide 10–12 mm lang, schwach gebogen, braun, auch zum Teil grün; 14–19 mm), auf trockenem Grasland, im Osten.

Wenn Vdflügel bis zum Ende etwa gleich breit: ***Metrioptera*** s. **5**

5. Flügel schuppenförmig: beim ♂ etwas, beim ♀ deutlich kürzer als Pronotum [**27**]. Pronotum ohne oder hinten mit schwachem Mittelkiel .... Strauchschrecken, ***Pholidoptera*** Wesmael

P. aptera (F.) (Seiten des Pronotums hinten mit breitem, ± scharf abgesetztem hellem Randsaum; Grundfarbe rotbraun bis graubraun, ± bunt; 20–25 mm), in dichter, offener Vegetation, nur in Alpen u. Alpenvorland; ***P. griseoaptera*** (De Geer) [**27**] (Seiten des Pronotums nur mit feiner, heller Randlinie; Grundfarbe graubraun bis rotbraun; 15–20 mm), in dichter Vegetation, Gebüsch, meist häufig.

— Flügel beim ♀ etwas länger, beim ♂ deutlich länger als Pronotum. Pronotum hinten mit deutlichem Mittelkiel .... Beißschrecken, Gattungsgruppe ***Metrioptera*** Wesmael s. l.

a) Seiten des Pronotums dunkel, unten u. hinten mit breitem hellem Saum: ***Roeseliana*** (= ***M.***) ***roeselii*** (Hagenbach) (Cerci des ♂ vor der Spitze mit Seitenzahn [**28**]; Legescheide des ♀ wie [**31**]; Grundfarbe grün bis hellbraun; Htschenkel außen mit dunklen, kammartigen Querstrichen; 14–18 mm), in Grasland, sehr häufig.

b) Seiten des Pronotums höchstens schmal gesäumt: ***M. brachyptera*** (L.) (Cerci des ♂ breit, etwa in der Mitte mit Seitenzahn [**29**]; Legescheide des ♀ wie [**32**]; Grundfarbe dunkelbraun, Pronotum u. Flügel teilweise grün; 12–18 mm), auf feuchteren Wiesen, verbreitet; ***Bicolorana*** (= ***M.***) ***bicolor*** (Philippi) (Cerci des ♂ dicht vor der Spitze mit Seitenzahn [**30**]; Legescheide des ♀ wie [**33**]; Grundfarbe meist grün, auf dem Rücken ± braun, Flügel vollständig grün; 15–18 mm), auf Trockenwiesen, im Süden.

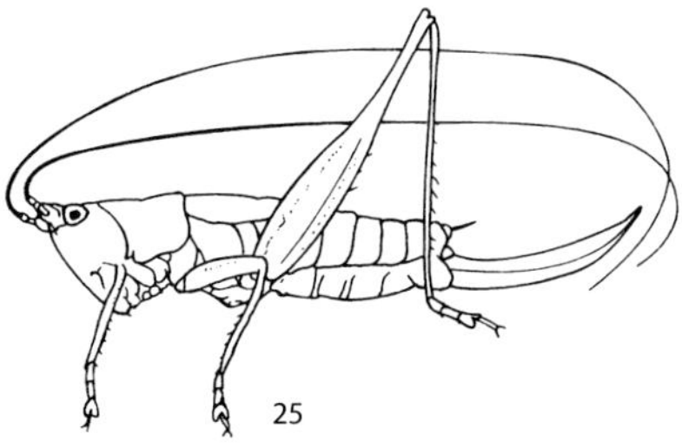
25

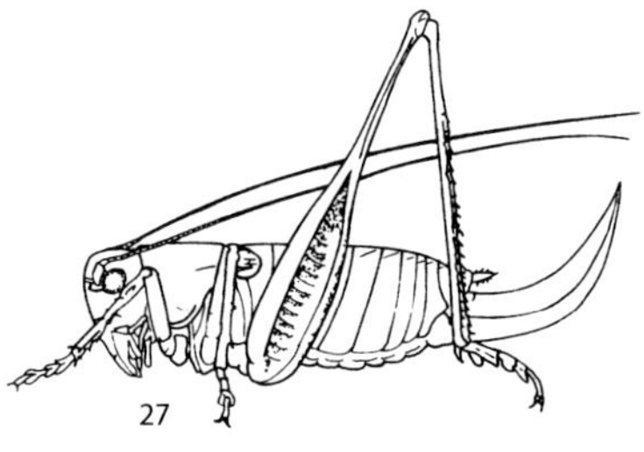
27

26

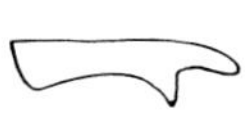
28

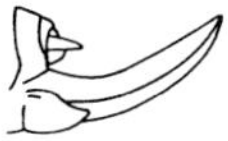
31

33

29

30

32

25 *Conocephalus*; **27** *Pholidoptera*

Familie: **Tetrigidae**, Dornschrecken

Nur ***Tetrix*** Latreille (Grundfarbe graubraun, ± hell gefleckt; Vdflügel reduziert). Überwinterung als Larve oder Adultus. Längenangaben ohne Dorn.

1. Pronotum dorsal von der Seite gesehen ± fast gerade, kaum gewölbt [**34**] **2**
— Pronotum dorsal deutlich gewölbt [**38, 39**]. (Arten schwer unterscheidbar) **4**
2. Vorder- u. Mittelschenkel unten deutlich gewellt [**35**]. 7–10 mm. Auf Kiesbänken der Alpenflüsse. Sehr selten (verschollen?) . . . . ***T. tuerki*** (Krauss)
— Vorder- u. Mittelschenkel unten nicht oder schwach gewellt **3**
3. Scheitel zwischen den Augen etwa so breit wie ein Auge, von oben gesehen die Augen vorn wenig überragend [**36**]. 7–10 mm. Im Süden, sehr selten . . . . ***T. ceperoi*** (Bolivar)
— Scheitel zwischen den Augen wesentlich breiter als ein Auge, vorn zwischen den Augen vorspringend [**37**]. 7–12 mm [**34**]. In Feuchtgebieten, nicht selten . . . . ***T. subulata*** (L.)
4. Htschenkel etwa 3-mal so lang wie breit. Pronotum oben weniger stark gewölbt [**38**]. 8–11 mm. In feuchterem offenem Gelände, häufig . . . . ***T. undulata*** (Sowerby)
— Htschenkel weniger als 3-mal so lang wie breit. Pronotum von der Seite gesehen oben stärker gewölbt [**39**] **5**
5. Fühler lang u. dünn, mittlere Glieder etwa 4-mal so lang wie breit [**40b**]. Pronotum vorn von oben gesehen stumpfwinkelig [**40a**]. Oft mit 2 schwarzen Flecken auf Pronotum. 8–10 mm. An trockenen, schütter bewachsenen Orten, mehr im Süden
T. tenuicornis Sahlberg (= ***nutans*** Hagenbach)
— Fühler kurz u. dick, mittlere Glieder etwa 2-mal so lang wie breit [**41b**]. Pronotum vorn winkliger [**41a**]. Fast immer mit 2 schwarzen Flecken auf Pronotum. 8–11 mm. An trockenen Stellen, mehr im Süden . . . . ***T. bipunctata*** (L.)
Sichtbarer Teil der Htflügel 1,5- bis 2,5-mal so lang wie Vdflügelschuppe. – Ähnlich ***T. kraussi*** Saulcy (sichtbarer Teil der Htflügel 0,6- bis 1,2-mal so lang wie Vdflügelschuppe), an trockenwarmen Stellen.

Familie: **Acrididae**, Feldheuschrecken

1. Vdbrust unterseits zwischen den Coxen mit deutlichem kegel- oder walzenförmigem Zapfen [**42**] . . . . Knarrschrecken **2**
— Vdbrust unterseits zwischen den Coxen glatt, höchstens mit einer kleinen warzenförmigen Erhebung [**43**] **5**

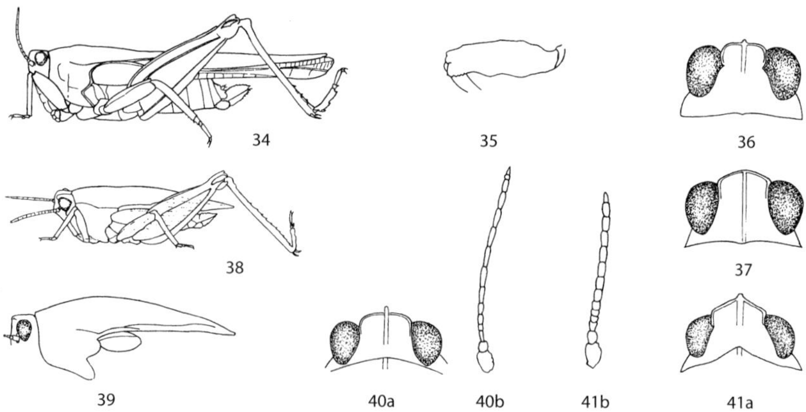

34 *Tetrix subulata*; **38** *Tetrix undulata*

2. Mit voll entwickelten Flügeln **3**

— Flügel verkürzt, Vdflügel eiförmig [**44**]; wenn Flügel entwickelt, dann Htflügel glashell durchsichtig .... **Melanoplinae 4**

3. Pronotum mit stark erhöhtem Mittelkiel (**Cyrthacanthacridinae**) ***Anacridium aegyptium*** (L.)
30–65 mm. Htflügel rauchgrau. Mediterran, bisweilen mit Obst und Gemüse eingeschleppt.

— Pronotum mit schwachem Mittelkiel. Htflügel an der Basis rosenrot. 15–25 mm
(**Calliptaminae**) Schönschrecke, ***Calliptamus italicus*** (L.)
Graubraun bis rotbraun, dunkel gefleckt. An trockenwarmen, vegetationsarmen Stellen, im Süden, selten.

4. Grundfarbe grün, mit schwarzer Zeichnung, am Vdkörper kein Gelb, Httibien gelb bis rotbraun. ♀: Legebohrer ventral ohne Zahn .... ***Miramella alpina*** (Kollar)
Htschenkel unten rot. 16–25 mm. An feuchten Stellen im Gebirge (Alpen, Schwarzwald).

— Grundfarbe braun, am Vdkörper mit gelber u. schwarzer Zeichnung. Httibien schmutzig-bläulich. ♀: Legebohrer ventral mit Zahn. [**44**] .... ***Podisma pedestris*** (L.)
Htschenkel unten rot. 17–26 mm. Auf trockenen Waldwiesen im Mittelgebirge u. in den Alpen.

5. Htflügel teilweise rot, rosa oder hellblau. Stirn bildet mit dem Scheitel stumpfen bis rechten Winkel [**45**] .... Ödlandschrecken, **Oedipodinae** (= **Locustinae**) z. T. **6**

— Htflügel (falls vorhanden) durchsichtig-glasig bis braun gefärbt. Stirn bildet mit dem Scheitel fast immer spitzen Winkel [**46**] .... **Gomphocerinae 9**
(Hierher auch einige **Oedipodinae**).

6. Pronotum dorsal mit Einkerbungen **7**

— Pronotum mit gewölbtem Mittelkiel ohne Einkerbungen. 23–40 mm
Schnarrschrecke, ***Psophus stridulus*** (L.)
Htflügel leuchtend rot, an der Spitze mit dunklem Saum. Schnarrt beim Fliegen. In trockenwarmen, vegetationsarmen Gebieten, mehr im Süden, seltener.

7. Oberrand der Htschenkel mit deutlicher Stufe hinter der Mitte [**47**]
Ödlandschrecken, ***Oedipoda*** Latreille
Vdflügel mit 2–3 dunklen Querbinden. ***Oe. caerulescens*** (L.) [**48**] (Htflügel blau mit schwarzer Binde; 15–28 mm), an schütter bewachsenen, trockenen Stellen, verbreitet; ***Oe. germanica*** (Latreille) (Htflügel leuchtend rot mit schwarzer Binde; 17–28 mm), sehr wärmeliebend, an steinigen Stellen, seltener.

— Oberrand der Htschenkel gleichmäßig verlaufend, ohne Stufe **8**

8. Pronotum dorsal mit 1 Einkerbung, Mittelkiel deutlich. 17–34 mm ***Celes variabilis*** (Pallas)
Htflügel rosa, seltener rot oder blassblau. Sandige Gebiete, im Osten (ausgestorben?).

— Pronotum dorsal mit 2 Einkerbungen, Mittelkiel deutlich. 26–39 mm
Bryodemella tuberculata (F.)
Htflügel rosa, mit purpurroten Längsadern, am Vd- u. Außenrand braun. Schnarrt beim Flug. Auf Geröllflächen der Alpenflüsse, selten.
Vgl. auch unter den Knarrschrecken die Art ***Calliptamus italicus***, s. Nr. **3**.

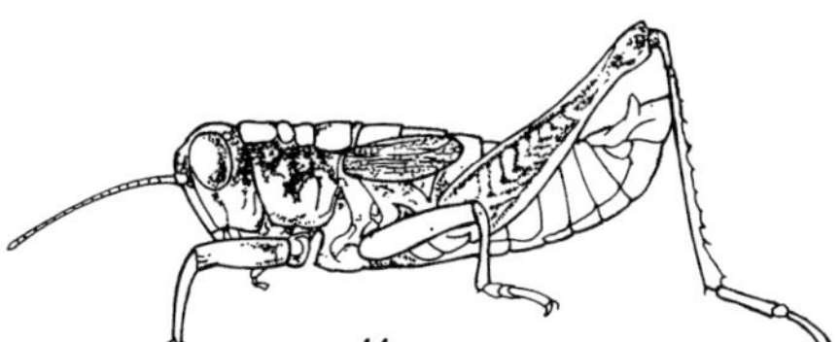
44

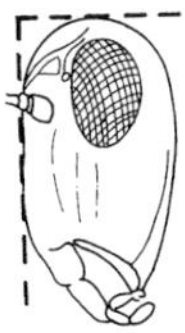
45

46

42
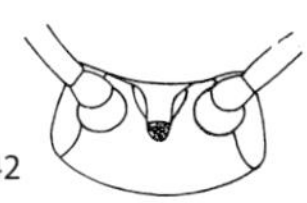

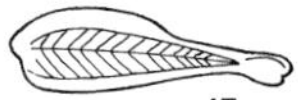
47

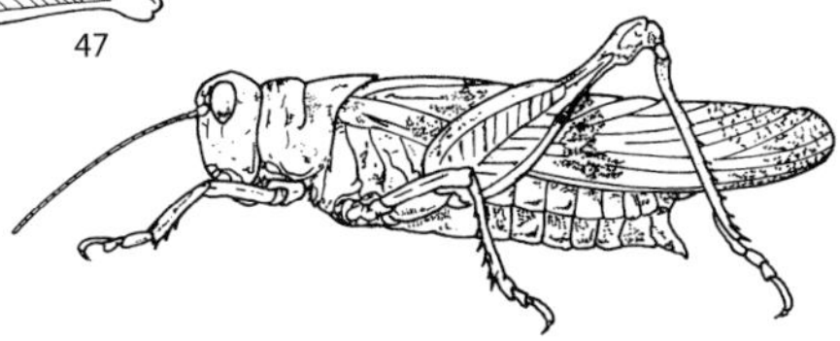
48

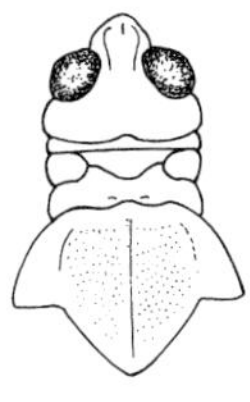
49

43

44 *Miramella*; **48** *Oedipoda*

— Pronotum dorsal mit 3 Querfurchen, Mittelkiel vorn undeutlich [**49**]
Sandschrecke, ***Sphingonotus caerulans*** (L.)
Htflügel einfarbig bläulich oder blassblau mit bräunlicher Querbinde. Vdflügel mit 2–3 dunklen Flecken. 14–30 mm. Auf vegetationsarmen Sand- u. Kiesflächen, zerstreut.

9. Groß, 32–54 mm. Vdflügel ohne gelblichen Streifen nahe dem Vdrand. Stirn bildet mit dem Scheitel stumpfen bis rechten Winkel (vgl. [**45**])
Europäische Wanderheuschrecke, ***Locusta migratoria*** L.
(zu **Oedipodinae**) Oberrand der Htschenkel ± fein gezähnt. Im Mittelmeerraum, in Deutschland wohl nicht mehr zu erwarten.
Vgl. auch unter den Knarrschrecken die Art ***Anacridium aegyptium***, s. Nr. **3**.

— Kleiner, wenn über 32 mm, Vdflügel mit gelblichem Streifen nahe dem Vdrand. Stirn bildet mit dem Scheitel spitzen Winkel (vgl. [**46**]) **10**

10. Pronotum mit (manchmal schwach ausgebildeten) Seitenkielen [**7, 53, 54, 60**] **11**

— Pronotum ohne Seitenkiele, diese höchstens hinten schwach entwickelt
weitere **Oedipodinae**
3 seltene Arten im Süden.
a) Grün, mit schwarzen Längsstreifen von Augen bis Flügelmitte: ***Mecostethus parapleurus*** (Hagenbach) (= ***Parapleurus alliaceus*** (Germar)), Lauchschrecke (17–32 mm), an feuchten Stellen.
b) Ohne derartige schwarze Längsstreifen: ***Aiolopus thalassinus*** (F.), Grüne Strandschrecke (Httibien rötlich, Vdflügel mit großen dunklen Flügelecken; Grundfarbe meist grün; 15–29 mm), an feuchten Stellen.
Vgl. auch unter den Knarrschrecken die Arten ***Miramella alpina, Podisma pedestris,*** s. Nr. **4**.

11. Htschenkel ventral rot, selten gelb, innen mit scharf begrenzten schwarzen Flecken; Vdflügel mit gelblichem Streifen nahe dem Vdrand. Unterseite der Vdbrust zwischen den Vdhüften mit kleinem Höcker oder kleiner Warze [**43**] **12**

— Ohne diese Färbung der Htschenkel oder Vdflügel ohne gelblichen Längsstreifen. Zwischen Vdhüften ohne Höcker oder Warze **13**

12. Httibien gelb, mit schwarzen Dornen, Htschenkel vor dem Knie meist ohne gelben Ring
Sumpfschrecke, ***Stethophyma*** (= ***Mecostethus***) ***grossum*** (L.)
(zu **Oedipodinae**) Grundfarbe grün, bisweilen weinrot. Pronotum mit fast geraden Seitenkielen. 12–39 mm. In Feuchtgebieten, verbreitet, ♂♂ erzeugen durch ruckartiges Schleudern der Httibien nach hinten weit hörbare knipsende Laute.

— Htschienen rot, Htschenkel vor dem Knie mit gelbem Ring
Höckerschrecken, ***Arcyptera*** Serville
Erscheinung ± bunt. ***A. fusca*** (Pallas) (Htflügel schwarzbraun; Seitenkiele des Pronotums leicht gebogen; 24–40 mm), auf trockenen Wiesen, im Süden, selten; ♂ schnarrt beim Fliegen.

13. Fühler am Ende nicht verdickt oder verbreitert **16**

— Fühler am Ende verdickt [**50**] oder verbreitert, zum Teil undeutlich [**51**] **14**

14. Vdflügel mit erweitertem Praecostalfeld (vgl. [**3, 52a**]) **15**

— Vdflügel ohne erweitertes Praecostalfeld . . . . ***Myrmeleotettix maculatus*** (Thunberg)
Fühler beim ♂ an der Spitze nur wenig verdickt [**51**]. Grundfarbe meist rotbraun bis gelbbraun, oft grün oder bunt gescheckt. 11–17 mm. In schütterer, trockener Vegetation.

15. Fühlerkeule mit heller Spitze. Pronotum oben eben
Keulenschrecke, ***Gomphorerippus rufus*** (L.)
Grundfarbe rotbraun bis graubraun. 14–24 mm. An sonnigen, vegetationsreichen Stellen, verbreitet, nicht im Flachland.

— Fühlerkeule einfarbig dunkel. Pronotum oben buckelig
Gomphocerus (= ***Aeropus***) ***sibiricus*** (L.)
♂ mit blasenförmig erweiterten Vdtibien. Grundfarbe braun, grün oder gelblich. 18–25 mm. An trockenen Hängen, in den Alpen über 1000 m.

16. Scheitelgrübchen fehlend. ♂ mit zugespitztem Abdomen. Flügel stark verkürzt (♀) oder fast bis Abdomenspitze reichend (♂) . . . . Goldschrecken, ***Chrysochraon*** Fischer s. l.
Lebend mit Gold- oder Seidenglanz. ***Ch. dispar*** (Germar) (Vdflügel des ♂ an der Spitze abgerundet, fast bis Htleibsspitze reichend, Vdflügel des ♀ schuppenförmig, sich in Rückenmitte fast berührend; ♂ metallisch grün mit dunklen Knien, ♀ braun; 16–30 mm), auf feuchten Wiesen, verbreitet; ***Euthystira*** (= ***Ch.***) ***brachyptera*** (Ocskay) (Vdflügel des ♂ an der Spitze abgestutzt u. etwas eingekerbt, von halber Htleibslänge, Vdflügel des ♀ schuppenförmig, am Rücken weit getrennt; metallisch grün; 13–26 mm), in dichterem Grasland, im Süden häufig.

— Scheitelgrübchen [**7**] vorhanden. ♂ mit abgerundetem Abdomen. Flügel häufig voll entwickelt **17**

17. Vdrand der Vdflügel nahe der Basis mit erweitertem Präcostalfeld [**52**] (bei angelegten Flügeln = Unterrand!) **18**

— Vdrand der Vdflügel nicht mit erweitertem Präcostalfeld [**69, 71**] **28**

18. Htflügel einfarbig pechbraun. ♂ 18–21 mm, ♀ 23–27 mm **_Stauroderus scalaris_** (Fischer von Waldheim)
Grundfärbung braun bis olivgrün. Httibien rot oder gelb. Schnarrt beim Flug. Auf trockenen, steinigen Bergwiesen, im Süden, selten.

— Htflügel heller. Tiere meist kleiner ...... **_Chorthippus_** Fieber u. **_Pseudochorthippus_** Defaut **19**

19. Medialfeld erweitert (beim ♂ parallelnervig [**52a**], beim ♀ netznervig [**52b**]). CuA u. CuP verwachsen .... **_Ch. apricarius_** (L.)
♂ 13–16 mm, ♀ 16–22 mm. Grundfarbe gelbbraun bis rotbraun. Tympanalöffnung oval. Gesang: „kchichi-kchichi-kchichi...", in langen Versen mit leisem Beginn, Zunahme der Lautstärke u. abruptem Ende. Vor allem auf Sandböden.

— Medialfeld nicht erweitert. CuA u. CuP nicht verwachsen [**57–59, 61, 62, 64**] **20**

20. Seitenkiele des Pronotums stark winklig gebogen: von vorn nach hinten konvergierend, dann bis zum Htende divergierend [**53**] **21**

— Seitenkiele des Pronotums gerade oder schwach winklig gebogen: vorn etwa parallel, nach hinten ± divergierend [**54**] **25**

21. Tympanalorgan mit ± ovaler Öffnung [**55**] **22**

— Tympanalorgan am 1. Abdominalsegment mit schmaler Öffnung, etwa 3,5–4-mal länger als breit [**56**] **23**

22. Vdflügel länger, etwa bis Htknie reichend, beim ♀ manchmal kürzer. Httibien gelblich oder rötlich .... **_Ch. vagans_** (Eversmann)
♂ 12–15 mm, ♀ 16–22 mm. Grundfärbung braun bis gelblich, Abdomen hinten oben rot. Am Pronotum jederseits schwarzer Längsstreifen, darin weiße Seitenkiele. Gesang: kratzend „trätrātrā..." in langen Reihen mit etwa 5 Lauten/sec. An vegetationsarmen, trockenen Stellen, mehr im Süden.

— Vdflügel kürzer, beim ♂ bis zur Spitze, beim ♀ bis zur Mitte des Abdomens reichend. Httibien blutrot, Htknie schwarzbraun .... **_Ch. pullus_** (Philippi)
♂ 12–17 mm, ♀ 18–22 mm. Grundfärbung meist dunkel rot- bis graubraun. Htschenkel oben mit 2 dunklen Flecken. Gesang: Schwirren für 1–2 sec („ssss..."). Im Süden, auf Kiesbänken der Alpenflüsse, seltener.

50

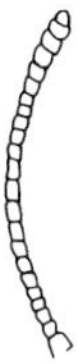
51

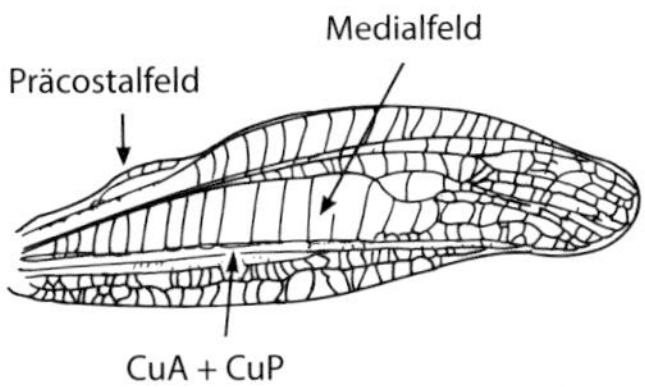

52a

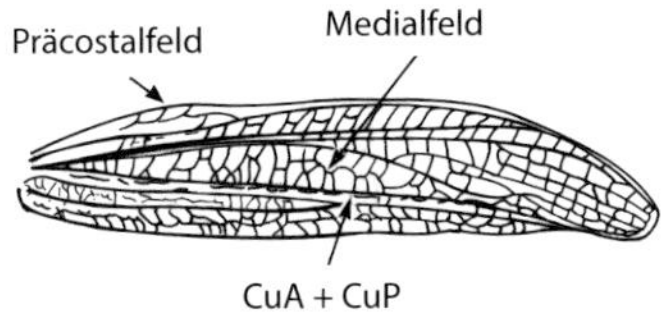

52b

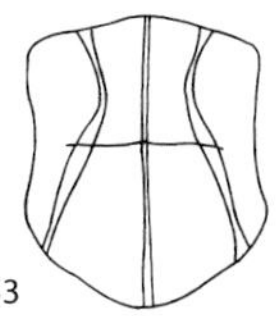
53

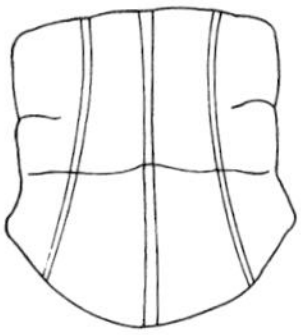
54

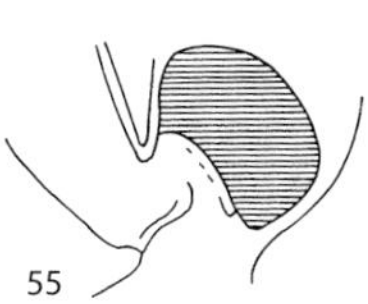
55

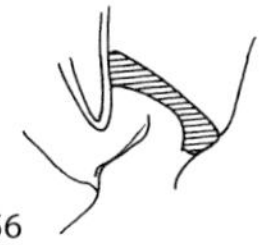
56

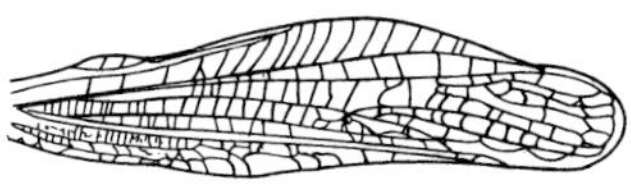
57a

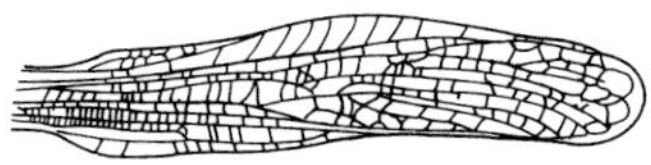
58a

57b

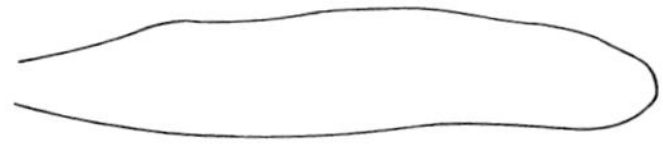
58b

23. Vdflügel des ♂ zur Spitze hin kräftig gebogen, mit leichtem Knick, wo C auf Sc stößt; Costal- u. Subcostalfeld stark erweitert; 9,5–14 mm lang; Breite zu Länge etwa 1 : 4 [**57a**]. Vdflügel des ♀ im letzten Drittel stark zur Flügelspitze gebogen; 15–21 mm lang; Breite zu Länge etwa 1 : 5 [**57b**] ***Ch. biguttulus*** (L.)

♂ 13–15 mm, ♀ 17–22 mm. Färbung sehr variabel. Gesang: laut, schmetternd, Vers („t t t t tr tr tttttrrrrt") 2–3 sec, mit immer lauter werdenden u. dichter aufeinander folgenden Schlägen. Auf Wiesen, häufig.

— Vdflügel allmählich zur Spitze gebogen (♂ [**58a, 59**], ♀ [**58b**]), schmaler: Breite zu Länge beim ♂ etwa 1 : 4,8, beim ♀ etwa 1 : 6 .... **24**

24. Vdflügel des ♂ vor dem Ende etwa ¾ so breit wie an der breitesten Stelle; 12,5–17,5 mm lang, in der Mitte 2,7–3,2 mm breit [**58a**]. Vdflügel des ♀ 17–21 mm lang [**58b**] ***Ch. brunneus*** (Thunberg)

♂ 14–18 mm, ♀ 19–25 mm. Färbung variabel. Abdomen oben oft rot. Gesang: alle 2 sec harte „sst"-Laute von etwa 0,2 sec. Auf trockenerem Grasland, häufig.

— Vdflügel des ♂ vor dem Ende etwa ½ so breit wie an der breitesten Stelle; 10,7–13,0 mm lang, in der Mitte 2,3–2,6 mm breit [**59**]. Vdflügel des ♀ 12,7–16,0 mm lang .. ***Ch. mollis*** (Charpentier)

♂ 12,5–14 mm, ♀ 17–19 mm. Meist ± graubraun; Abdomenspitze des ♂ selten rötlich. Gesang: weich, Strophe von 20 sec aus etwa 50–60 Einzellauten, diese erst stoßend, dann schwirrend („z z .. zr zr .. zrr .. zrr .. zrrr zrrr .. rrrr rrrr"). An besonders warmen, trockenen Stellen, verbreitet.

25. Flügel voll ausgebildet, Htflügel in Ruhelage so lang wie Vdflügel. Htknie hell **26**

— Flügel verkürzt, Vdflügel beim ♂ etwa so lang, beim ♀ etwa ½ so lang wie Abdomen; Htflügel wesentlich kürzer als Vdflügel. Selten Flügel voll entwickelt. Htknie dunkel ***Pseudochorthippus*** Defaut **27**

26. Seitenkiele des Pronotums fast parallel [**60**]. Im Vdflügel Ader R gewellt [**61**] ***Ch. albomarginatus*** (De Geer)

Vdflügel des ♀ vorn mit weißem Längsstreifen. ♂ 13–15 mm, ♀ 18–21 mm. Färbung variabel. Gesang: ähnlich *brunneus*, aber 3 Verse („rrrt") zu je etwa 0,5 sec. In feuchten Biotopen, vor allem im Norden häufig.

— Seitenkiele des Pronotums deutlich gebogen [**54**]. R fast gerade ..... ***Ch. dorsatus*** (Zetterstedt)

Vdflügel ohne weißen Längsstreifen. ♂ 14–18 mm, ♀ 19–25 mm. Färbung meist einheitlich braun oder grün, Abdomenspitze des ♂ rot. Gesang: kurze, kratzende Töne, am Schluß des Verses von etwa 1 sec schwirrender Laut („rärärärärädsch"). Auf mäßig feuchten Wiesen, nicht selten.

27. Stigma im Vdflügel des ♂ mindestens 2,5 mm von Flügelspitze entfernt [**62a**], Htflügel lang, das Stigma erreichend. Vdflügel des ♀ abgerundet [**62b**]. Legeröhre lang [**63**] ***Ps. montanus*** (Charpentier)

♂ 13–16 mm, ♀ 17–21 mm. Färbung variabel. Gesang: lautes „schrschrschrschr..." als Verse von 2–3 sec, mit Pausen von etwa 5 sec. Auf nassen Wiesen.

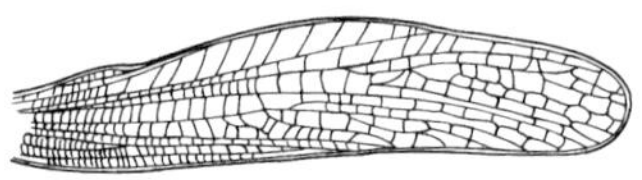

59

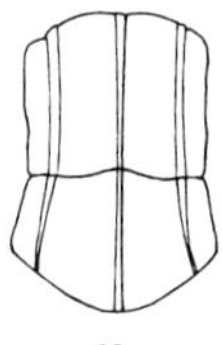

60

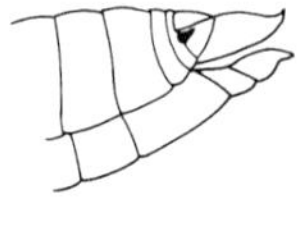

63

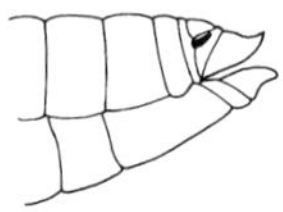

65

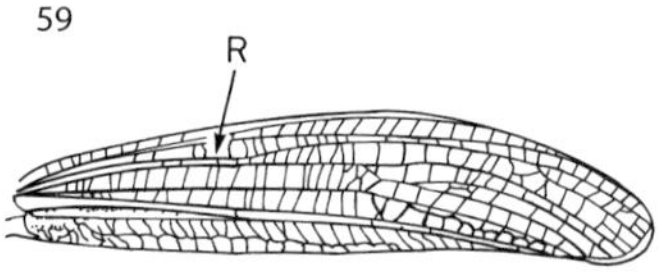

61

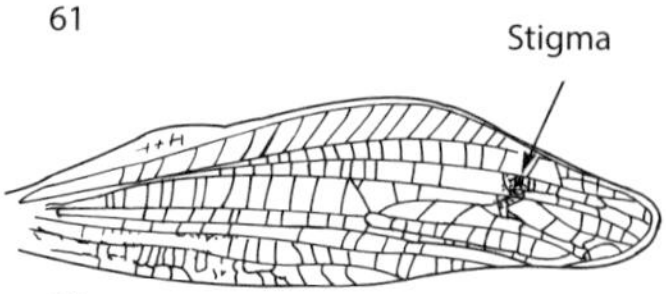

62a

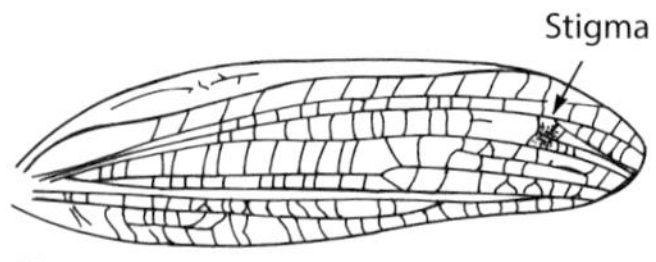

64a

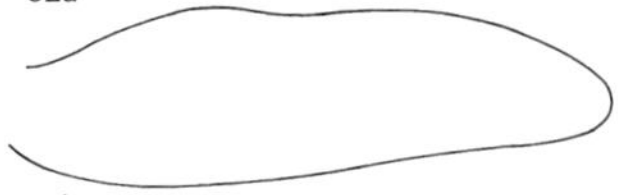

62b

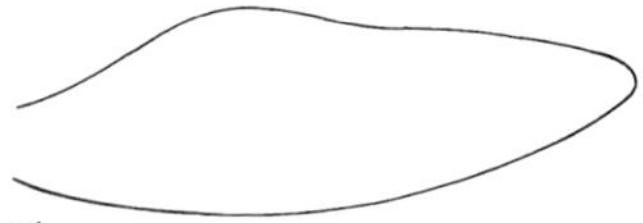

64b

— Stigma im Vdflügel des ♂ höchstens 1,5 mm von Flügelspitze entfernt [**64a**], Htflügel kurz, nicht das Stigma erreichend. Vdflügel des ♀ zugespitzt [**64b**]. Legeröhre kurz [**65**]
Ps. parallelus (Zetterstedt)

♂ 13–16 mm, ♀ 17–23 mm. Färbung variabel. Gesang: Verse mit kratzenden Tönen („sräsräsräsrä") von 1 sec, mit Pausen von etwa 3 sec. In Grasland, sehr häufig.

28. Seitenkiele des Pronotums deutlich winklig gebogen [**68**], mit feiner heller Linie, am Htende etwa 2-mal so weit voneinander entfernt wie an der engsten Stelle. Medialfeld des Vdflügels nicht erweitert, mit unregelmäßigen Queradern. Legescheide ventral ohne Basalzahn [**67**]
Omocestus Bolivar **29**

— Seitenkiele des Pronotums schwach gebogen [**66**], mit breiter heller Linie, am Htende etwa um ½ weiter voneinander entfernt als an der engsten Stelle. Medialfeld des Vdflügels erweitert u. parallel geadert [**69**] (Ausnahme: ♂ u. ♀ von ***S. stigmaticus***). Legescheide ventral mit Basalzahn [**70**] . . . . ***Stenobothrus*** Fischer **31**

— Seitenkiele des Pronotums fast gerade [**60**] ♂♂ von ***Ch. albomarginatus*** s. **26**

29. Scheitel mit ± deutlichem Mittelkiel. Vdflügel im Medialfeld nicht oder schwach gefleckt. Abdomen des ♂ hinten nie rot. Klappen der Legescheide der ♀ etwa so lang wie Subgenitalplatte [**67**] . . . . ***O. viridulus*** (L.)

♂ 13–17, ♀ 19–24 mm. Färbung sehr variabel: grün bis braun oder rot. Auf Bergwiesen, häufig.

— Scheitel ohne oder mit schwach angedeutetem Mittelkiel. Vdflügel im Medialfeld mit deutlichen dunklen Flecken. Abdomen des ♂ hinten rot. Klappen der Legescheide kürzer als Subgenitalplatte **30**

30. Unterseite vorn grün, dahinter gelb, zum Ende hin rot. Taster dunkel, mit heller Spitze. Htflügel in der Spitzenhälfte ± rauchgrau . . . . ***O. rufipes*** (Zetterstedt) (= ***ventralis*** (Zetterstedt))

♂ 12–17, ♀ 18–21 mm. An den Seiten oft dunkel gefärbt; Flügel nie mit weißem Längsstrich. An trockenen Standorten, im Süden, nicht häufig.

— Unterseite anders gefärbt. Taster einfarbig hell. Htflügel höchstens an der Spitze etwas gebräunt . . . . ***O. haemorrhoidalis*** (Charpentier)

♂ 10–14, ♀ 16–19 mm. Grundfarbe meist hell u. dunkel braun; Vdflügel des ♀ vorn meist mit weißem Längsstrich. An trockenwarmen Stellen, seltener.

Beim ♀ von ***Myrmeleotettix maculatus*** Pronotum kurz, nur so lang wie der Kopf, s. Nr. **14**.

31. Im Vdflügel Medialfeld deutlich länger als der halbe Flügel [**69**]; mit dunklen Würfelflecken
S. nigromaculatus (Herrich-Schäffer)

♂ 13–18, ♀ 18–25 mm. Im Vdflügel CuA u. CuP erst von der Mitte an verwachsen. Grundfarbe grün oder hellbraun. An trockenen, vegetationsarmen Standorten, mehr im Süden, selten.

— Im Vdflügel Medialfeld kürzer: etwa so lang wie der halbe Flügel, nicht oder undeutlich gefleckt [**71**] **32**

32. Vdflügel breiter als 3 mm. Im Vdflügel CuA u. CuP verwachsen, höchstens an der Spitze getrennt . . . . ***S. lineatus*** (Panzer)

♂ 15–19, ♀ 21–26 mm. Htflügel dunkel. Grundfarbe meist grün, oft ± bunt gescheckt, am Ende des Medialfeldes mit schrägem, länglichem weißen Fleck. In Heiden, auf Trockenrasen, verbreitet.

— Vdflügel schmaler als 3 mm. Im Vdflügel CuA u. CuP nicht verwachsen [**71**]
S. stigmaticus (Rambur)

♂ 11–15, ♀ 15–20 mm. Medialfeld nicht parallel geadert. Htflügel glasig. Grundfarbe grün. In trockenem Grasland, mehr im Süden, nicht häufig.

Hierher auch ***S. crassipes*** (Charpentier), aber Vdflügel kurz, schuppenförmig, nur Kyffhäuser u. Österreich. In Österreich weitere, z. T. ähnliche Arten.

Literatur

Baur, B., Baur, H., Roesti, C., Roesti, D.: Die Heuschrecken der Schweiz. Bern, 2006.

Bellmann, H.: Heuschrecken. Beobachten – Bestimmen. 2. Aufl. Augsburg, 1993.

Bellmann, H.: Der Kosmos Heuschreckenführer. Stuttgart, 2006.

Benton, T.: Grasshoppers and crickets. New Naturalist Series 120. London, 2012.

Chopard, L.: Orthoptéroides. Faune de France 56. Paris, 1951.

Cigliano, M. M., Braun, H., Eades, D. C., Otte, D.: Orthoptera Species File. Version 5.0/5.0. [http://Orthoptera.SpeciesFile.org]. 2021.

Coray, A., Thorens, Ph.: Heuschrecken der Schweiz: Bestimmungsschlüssel. Fauna Helvetica 5. Neuchâtel, 2001.

Detzel, P.: Die Heuschrecken Baden-Württembergs. Stuttgart, 1998.

Fartmann, T.: Deutsche Gesellschaft für Orthopterolgie. Heuschrecken und Fangschrecken. [http://dgfo-articulata.de/heuschrecken]. 2021.

Fischer, J., Steinlechner, D., Zehm, A., Poniatowski, D., Fartmann, T., Beckmann, A., Stettmer, C.: Die Heuschrecken Deutschlands und Nordtirols. Wiebelsheim, 2016.
Götz, W.: Orthoptera, Geradflügler. In: P. Brohmer, P. Ehrmann, G. Ulmer, Tierwelt Mitteleuropas. Bd. IV, Lief. 2, Heft VI. Leipzig, 1965.
Harz, K.: Die Geradflügler Mitteleuropas, Jena, 1957.
Harz, K.: Geradflügler oder Orthopteren (Blattodea, Mantodea, Saltatoria, Dermaptera). Tierwelt Deutschlands, Teil 46. Jena, 1990.
Harz, K., Kaltenbach, A.: Die Geradflügler Europas I, II, III. Den Haag, 1969, 1975, 1976.
Ingrisch, S., Köhler, G.: Die Heuschrecken Mitteleuropas. Die Neue Brehm-Bücherei 629. Magdeburg, 1998.
Kleukers, R., Nieukerken, E. van, Odé, B., Willemse, L., Wingerden, W. van: De sprinkhanen en krekels van Nederland (Orthoptera). Nederlandse Fauna, Vol. I. Leiden, 1997.
Kočárek, P., Holuša, J., Vidlička, Ľ.: Blattaria, Mantodea, Orthoptera and Dermaptera of the Czech and Slovak Republics. Zlin, 2005.
Köhler, G., Oschmann, M.: Saltatoria (Orthoptera) – Heuschrecken. In: B. Klausnitzer, Stresemann – Exkursionsfauna von Deutschland, Band 2 – Wirbellose: Insekten. 11. Aufl. Heidelberg, 2011.
Marshall, J. A., Haes, E. C. M.: Grasshoppers and allied insects of Great Britain and Ireland. Colchester, 1990.
Nielsen, O. F.: De danske graeshopper. Stenstrup, 2000.
Roesti, C., Rutchmann, F.: Orthoptera.ch. Heuschrecken-Plattform für die Schweiz und Europa. [http://www.orthoptera.ch/]. 2021.
Schlumprecht, H., Waeber, G.: Heuschrecken in Bayern. Stuttgart, 2003.

Psocoptera, Rindenläuse, Staubläuse

Körper 1–6 mm lang, mit beißenden Mundwerkzeugen, langen Fühlern u. meist großen Komplexaugen. Flügel können rückgebildet sein. Entwicklung mit unvollkommener Verwandlung (Hemimetabolie). Fortpflanzung bisexuell, selten auch parthenogenetisch. Eigelege werden meist übersponnen. Jugendstadien (Inadulte) haben stets 2-gliedrige Tarsen. Vom 2. Stadium an besitzen Arten, die als Erwachsene (Adulte) geflügelt sind, Flügelanlagen. ♀ mit Legeapparat aus 2–3 Gonapophysen, von Subgenitalplatte (8. Sternit) bedeckt, diese häufig mit mittlerem Fortsatz („Eispatel"). ♂: Penis unter Subgenitalplatte (9. Sternit) verborgen. Rinden- oder Nestbewohner. Nahrung: Grünalgen, Pilzhyphen, auch Detritus. Im Gebiet etwa 95 Arten, einige seltene, eingeschleppte Arten nicht berücksichtigt. **Abkürzungen: A = Areola postica, Pt = Pterostigma. Flügeladerung** s. **Hexapoda.**

System:
Trogiomorpha: Prionoglarididae, Psyllipsocidae, Trogiidae
Troctomorpha: Liposcelididae, Sphaeropsocidae
Psocomorpha: Amphipsocidae, Caeciliusidae, Ectopsocidae, Elipsocidae, Epipsocidae, Lachesillidae, Mesopsocidae, Peripsocidae, Philotarsidae, Psocidae, Stenopsocidae, Trichopsocidae

1. Fühler mit mehr als 20 Gliedern, ohne sekundäre Feinringelung. Labialtaster 2-gliedrig. Tarsen 3-gliedrig. Flügel reduziert .... **Trogiomorpha** 2

— Fühler 15- oder (selten) 17-gliedrig, vom 5. Glied an meist fein geringelt. Labialtaster 1- oder 2-gliedrig. Tarsen 3-gliedrig. Tiere klein (0,5–1,5 mm), flach u. flügellos ... **Troctomorpha** 4

— Fühler mit 13 (selten weniger) Gliedern, diese ohne Feinringelung. Labialttaster 1-gliedrig. Tarsen 2- oder 3-gliedrig .... **Psocomorpha** 5

2. Vorderflügel nur aderlose, langbehaarte kleine Schuppen oder fast völlig reduziert. Kopf breiter als lang .... **Trogiidae**

Vorderflügel fast völlig reduziert: ***Cerobasis guestfalica*** (Kolbe) [**2**] (graubraun gesprenkelt, Kopf mit Ankerfleck [**2**]; 2 mm), an Baumrinde. Bei übrigen Arten Vorderflügel schuppenförmig [**1**, **3**]. ***Trogium pulsatorium*** (L.) [**1**] (mittlere Hinterleibssegmente mit je 1 Querreihe 3-eckiger dunkler Flecken [**1**]; Fühler 27–29-gliedrig; bis 2 mm), in Häusern. ***Cerobasis annulata*** (Hagen) (mit ähnlicher Fleckung; Fühler 23-gliedrig; 2 mm). ***Lepinotus*** Heyden [**3**] (ungefleckt graubraun [**3**]; 1,2–2 mm), wenige Arten, bei ***L. reticulatus*** Enderlein Hinterleib heller als übriger Körper.

— Vorderflügel weniger reduziert, meist noch Längsadern vorhanden. Kopf länger als breit 3

3. Vorderflügel 4–5,5 mm lang .... **Prionoglarididae**

Nur ***Prionoglaris stygia*** Enderlein (4–5 mm), selten.

— Vorderflügel unter 3 mm lang .... **Psyllipsocidae**

Vorderflügel verschmälert [**4**]: 2; ***Dorypteryx*** Aaron, in Häusern, verbreitet ***D. pallida*** Aaron [**4**] (1 mm). Mit normalen oder (meist) rückgebildeten Flügeln [**5**]: ***Psyllipsocus ramburii*** Selys-Longchamps [**5**] (2–3 mm), in Höhlen und Häusern.

4. Fühler 15-gliedrig. Hinterschenkel verdickt .... **Liposcelididae**

Liposcelis Motschulsky mit etwa 15 schwer unterscheidbaren Arten, häufiger ***L. silvarum*** (Kolbe) (braun; 1–1,3 mm), unter Rinde u. in Nestern; ***L. decolor*** (Pearman) (= ***simulans*** Broadhead), Bücherlaus [**6**] (grau; 1–1,3 mm), in Nestern u. Häusern.

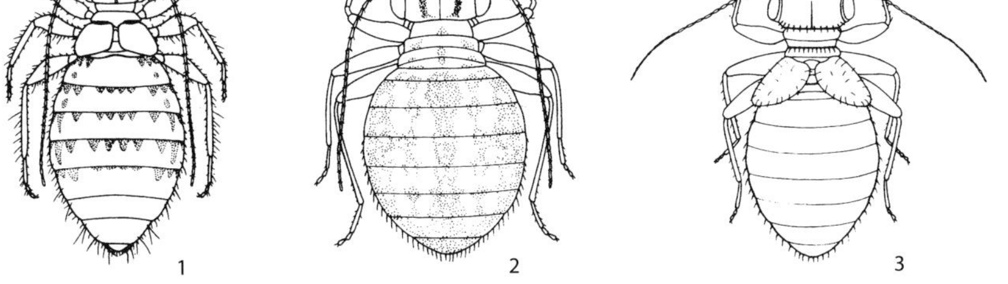

1 2 3

1 *Trogium*; **2** *Cerobasis*; **3** *Lepinotus*

— Fühler 17-gliedrig, Hinterschenkel nicht verdickt .... **Sphaeropsocidae**
Nur ***Badonnelia titei*** Pearman (1–2 mm), in Höhlen u. Häusern.

5. Tarsen 2-gliedrig **6**

— Tarsen 3-gliedrig **16**

6. Flügel ± reduziert **7**

— Flügel voll ausgebildet **8**

7. Flügel verkürzt, aber noch mit deutlichen Adern
♂. Um 1 mm: ***Lachesilla greeni*** (Pearman) (s. **11**). ♀ größer. Mit Eispatel: ***Peripsocus parvulus*** (Eispatel hinten eingebuchtet) (s. **9**). ***Neopsocus rhenanus*** (Eispatel hinten abgerundet, breiter als lang) (s. **Psocidae 7**). ***Neopsocopsis hirticornis*** (Reuter) (Eispatel hinten abgerundet, viel länger als breit) (s. **Psocidae 5**). Übrige Arten ohne Eispatel: ***Valenzuela piceus*** (Hinterleib nicht geringelt) (s. **15**). ***Lachesilla pedicularia*** (Hinterleib geringelt) (s. **11**).

— Flügel nur aderlose Rudimente
Nur ♀♀. Klein (um 1,5 mm): ***Lachesilla greeni*** (s. **11**). Größer (2,5–3,5 mm): ***Kolbia quisquiliarum*** (bräunlichgelb) (s. **15**). ***Valenzuela gynapterus*** (Tetens) (schwarzbraun, Hinterleib rostbraun) (s. **15**).

— Flügel völlig fehlend
Fühler kräftig, kürzer als halber Körper: ***Reuterella*** u. ***Psoculus*** (s. **12**). Fühler dünn, länger als Körper: ***Bertkauia lucifuga*** (s. **13**).

8. Vorderflügel mit Zelle Areola postica (= A) [**7, 10, 11**] **10**

— Vorderflügel ohne Areola postica [**8, 9**] **9**

9. Vorderflügel nicht behaart. Rs u. M im Vorderflügel eine Strecke verschmolzen [**8**] (bisweilen ♀ brachypter) .... **Peripsocidae**
Nur 5; ***Peripsocus*** Hagen, häufig ***P. alboguttatus*** (Dalman) (2–2,5 mm); bei ***P. parvulus*** Kolbe ♀ meist brachypter.

— Vorderflügel behaart. Rs berührt M nur kurz [**9**] .... **Ectopsocidae**
Nur ***Ectopsocus*** McLachlan, wenige Arten, z. B. ***E. briggsi*** McLachlan (um 2 mm).

10. Zelle A an ihrer Scheitelstrecke mit der Ader M verschmolzen [**7**]. Körper 3–5 mm lang **Psocidae** S. 256

— Zelle A „gestielt", mit M durch Querader m-cu verbunden [**10**]. Vom Perostigma (Pt) geht Querader r nach unten .... **Stenopsocidae**
Graphopsocus cruciatus (L.) (Vorderflügel mit dunklen Flecken in der Basishälfte; 3–3,5 mm). 3; ***Stenopsocus*** Hagen (Vorderflügel ohne Zeichnung; 4–4,5 mm), ***S. immaculatus*** (Stephens), häufig an Laubgehölzen.

— Zelle A bogenförmig, frei [**11**] **11**

11. Ränder u. Adern der Vorderflügel fast unbehaart .... **Lachesillidae**
5; ***Lachesilla*** Westwood, häufig ***L. pedicularia*** (L.) (Kopf u. Thorax dunkelbraun, Hinterleib geringelt; um 1 mm), in Wäldern, besonders auch in Vogelnestern, fliegt oft in Häuser.

— Vorderflügel an Rändern u. Adern deutlich behaart (20–30-fache Lupe!) **12**

12. Rand des Hinterflügels ganz oder größtenteils behaart. Rs u. M im Hinterflügel eine Strecke verschmolzen **13**

— Hinterflügel nur am Rand der Radialgabel behaart, Rs u. M durch Querader r-m verbunden (♀ flügellos)
1,3–2,1 mm. An Baumstämmen. ***Reuterella helvimacula*** (Enderlein) (**Elipsocidae**) (Hinterleib des ♀ aufgetrieben). ***Psoculus neglectus*** (Roesler) (**Mesopsocidae**), nur ♀♀ vorhanden (Hinterleib schlank).

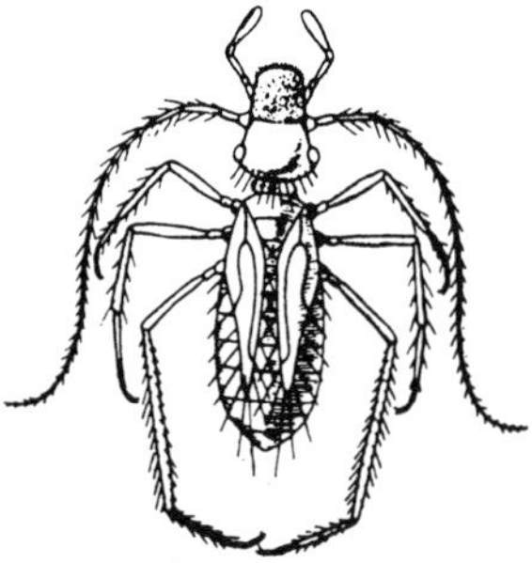

4

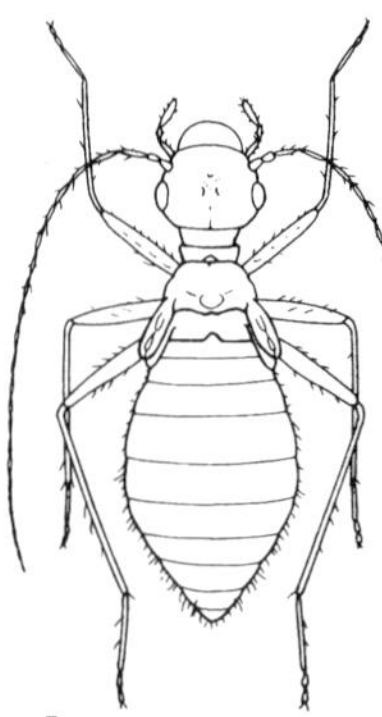

5

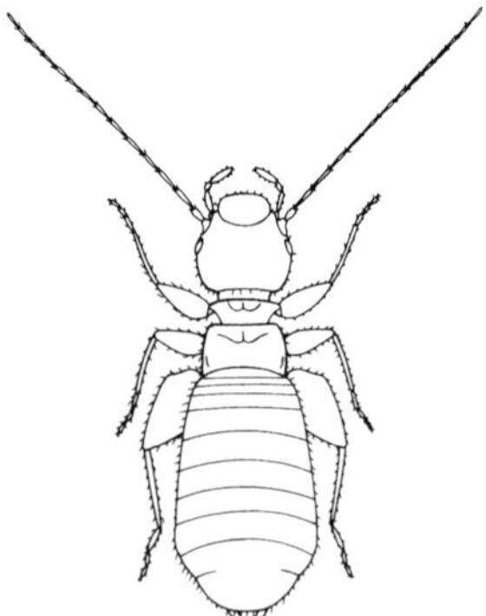

6

4 *Dorypteryx*; **5** *Psyllipsocus*; **6** *Liposcelis*

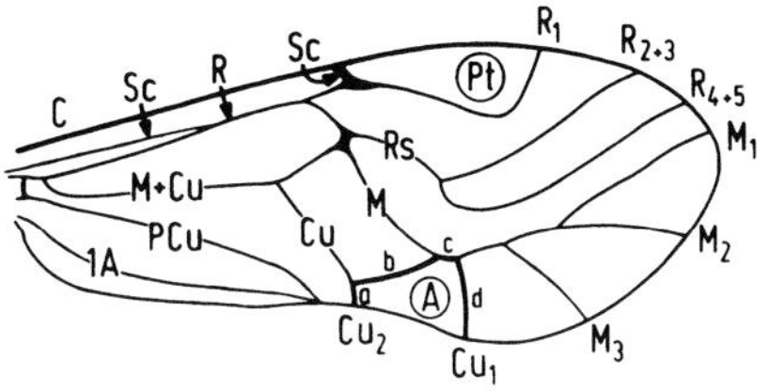

7

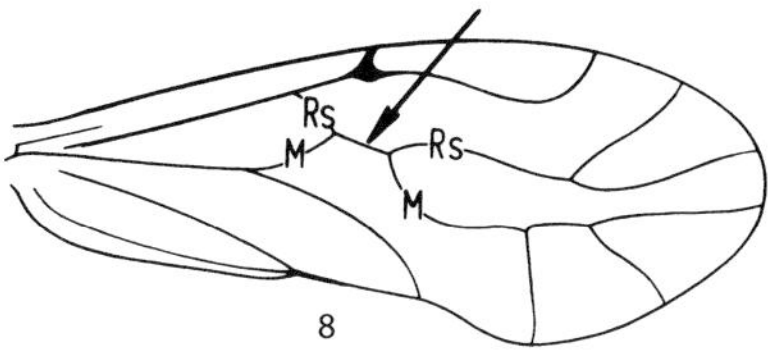

8

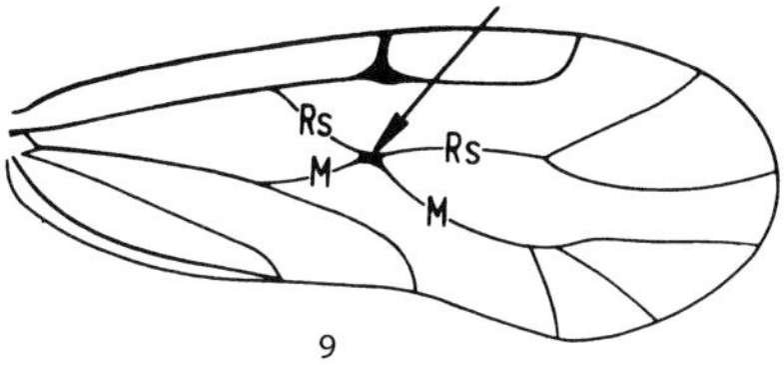

9

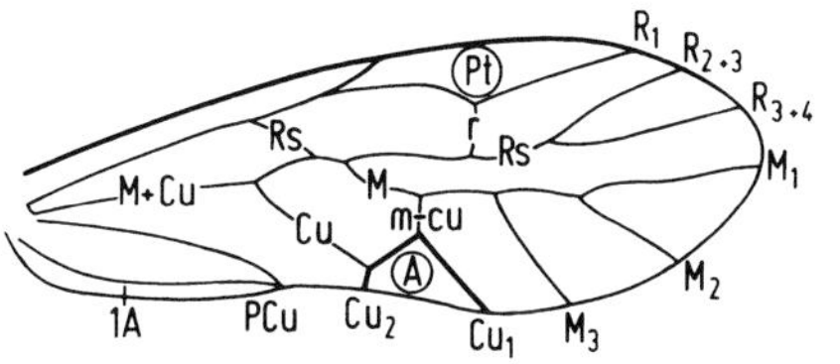

10

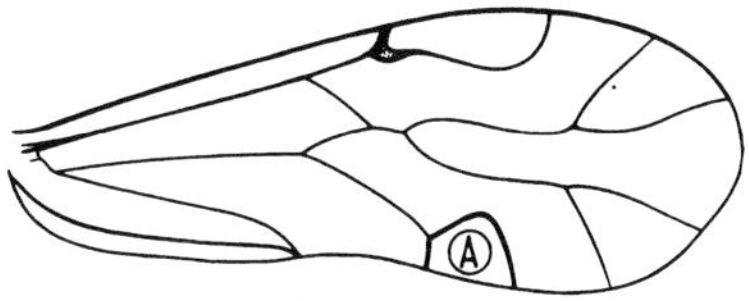

11

13. Rs u. M im Vorderflügel durch Querader r-m verbunden .... **Epipsocidae**
Nur ***Bertkauia lucifuga*** (Rambur) (♀ meist flügellos, abstehend beborstet; 2,5–3 mm).

— Rs u. M im Vorderflügel eine Strecke verschmolzen (wie [**8**]) **14**

14. Der 1-gliedrige Labialtaster breit 3-eckig (nicht mit 4-gliedrigem Maxillartaster verwechseln!) **15**

— Der 1-gliedrige Labialtaster kurz, anliegend, halbkreisförmig **Trichopsocidae**
Nur 2; ***Trichopsocus*** Kolbe, in Gewächshäusern, Gärten, z. B. ***T. clarus*** (Banks) (= ***acuminatus*** Badonnel) (2–2,5 mm).

15. Rand des Vorderflügels vom Pterostigma bis zur Flügelspitze deutlich verdickt. Radialgabelstiel gerade .... **Amphipsocidae**
Nur ***Kolbia quisquiliarum*** Bertkau (2–3,5 mm), ♀ meist brachypter, unter Steinen, an Wurzeln.

— Randader im Vorderflügel nicht verdickt, Radialgabelstiel leicht S-förmig ...... **Caeciliusidae**
2,5–3,5 mm. ***Enderleinella obsoleta*** (Stephens) (zu **Paracaeciliidae**) (Pterostigma fast parallelseitig). ***Caecilius fuscopterus*** (Latreille) u. 7; ***Valenzuela*** Navas [**12**] (Pterostigma nicht parallelseitig [**12**]), z. B. ***V. piceus*** (Kolbe).

16. Flügel ± reduziert
♀♀. ***Pseudopsocus*** (Fühler kurz, von halber Körperlänge; bis 2,5 mm) (s. **18**). ***Mesopsocus*** (Flügel länger; Körper 3–5 mm lang; mit Eispatel) (s. **17**). ***Hemineura*** (ebenso, aber ohne Eispatel; 2–3 mm) (s. **18**).

— Flügel normal lang **17**

17. Flügel glasklar, unbehaart. Körper 3–5 mm .... **Mesopsocidae**
Auf Rinde. Nur 3; ***Mesopsocus*** Kolbe, häufig z. B. ***M. unipunctatus*** (Müller).

— Vorderflügel leicht getrübt, Adern u. Rand ± vollständig behaart **18**

18. Hinterflügel am ganzen Rand behaart .... **Philotarsidae**
Auf Rinde. Nur 2; ***Philotarsus*** Kolbe, häufig ***Ph. picicornis*** (F.) (2–2,7 mm).

— Hinterflügel kahl oder im Bereich der Radialgabel behaart .... **Elipsocidae**

a) Hinterflügel am Rand kahl: ♂ von ***Hemineura dispar*** Tetens (2–2,5 mm), auf Rinde.

b) Hinterflügel am Rand der Radialgabel behaart: ♂♂ von 3; ***Pseudopsocus*** Kolbe (Vorderflügel unter 2,3 mm lang; Körper 2–2,5 mm), z. B. ***P. fusciceps*** (Reuter). 6; ***Elipsocus*** Hagen (Vorderflügel meist länger, Endglied der Maxillartaster 3-mal so lang wie breit; 2–3 mm), häufig z. B. ***E. hyalinus*** (Stephens). ***Cuneopalpus cyanops*** (Rostock) (ähnlich, aber Endglied der Maxillartaster 2-mal so lang wie breit). Alle Arten vor allem an Rinde.

Familie: **Psocidae**

Vor allem auf Rinde, seltener an Felsen.

1. Vorderflügel 5–7 mm lang, Flügelspannweite 11–16 mm **2**
— Vorderflügel kürzer, Flügelspannweite unter 10 mm **3**
2. Flügel grau getrübt, beim ♀ mit, beim ♂ ohne Wolkenflecke. 3,5–5,5 mm
Metylophorus nebulosus (Stephens)
— Flügel glasklar, beim ♀ mit, beim ♂ fast ohne Spuren von dunklen Querbinden [**13**]. 4,5–7 mm
Psococerastis gibbosa (Sulzer)
3. Basishälfte des Vorderflügels bis zur Spitze des Pterostigmas (Pt) weitgehend braun. 2–3 mm
Hyalopsocus morio (Latreille)
— Flügel nicht so gefärbt **4**
4. Seite b der Areola (A) länger als Seite c (vgl. [**7**]) **6**
— Seite b von A so lang wie c oder kürzer als c **5**
5. Seite d von A senkrecht nach unten laufend .... 2; ***Blaste*** Kolbe
Häufiger ***B. conspurcata*** (Rambur) (um 4 mm).
— Seite d von A schräg spitzenwärts nach unten verlaufend .... 3; ***Amphigerontia*** Kolbe
Flügel mit dunklen Flecken u. Binden. 3,5–4,5 mm. Häufig ***A. bifasciata*** (Latreille). – Hierher auch ***Neopsocopsis hirticornis*** (Reuter) (Vorderflügel hyalin, bräunlich getönt; 1–3,5 mm), selten.
6. Im Pterostigma (Pt) der Flügel distal ein großer runder schwarzer Fleck. 2,5–3 mm
Psocus bipunctatus (L.)
— Pt ohne diesen Fleck, glasklar oder anders gefleckt **7**
7. A ± symmetrisch dachförmig, beide Scheitelwinkel fast gleich. Körper, besonders am Kopf, mit geknöpften Drüsenhaaren.. ***Neopsocus rhenanus*** Kolbe
1–3,5 mm. ♀ kurzflügelig. Rheintal, auf u. unter Steinen.
— A sehr unsymmetrisch dachförmig, Scheitelwinkel zwischen b und c sehr weit [**7**] **8**
8. Vorderflügel im distalen (= Spitzen-)Drittel ohne Zeichnung **9**
— Vorderflügel im distalen Drittel mit Zeichnung **10**
9. Pt an breitester Stelle winklig. 3–4 mm .... ***Hyalopsocus contrarius*** (Reuter)
— Pt an breitester Stelle abgerundet. Um 4 mm .... ***Oreopsocus montanus*** (Kolbe)
10. Vorderflügel schwärzlich gesprenkelt, zuweilen mit Querbinden .... 3; ***Loensia*** Enderlein
Häufig ***L. variegata*** (Latreille) (2,5–3,5 mm).
— Vorderflügel nicht gesprenkelt, aber mit Binden u. Flecken, Zellen des äußeren Flügelrandes mit je 1 augenartigen Fleck .... 4; ***Trichadenotecnum*** Enderlein
Häufig z. B. ***T. majus*** (Kolbe) (2,5–3,5 mm).

12

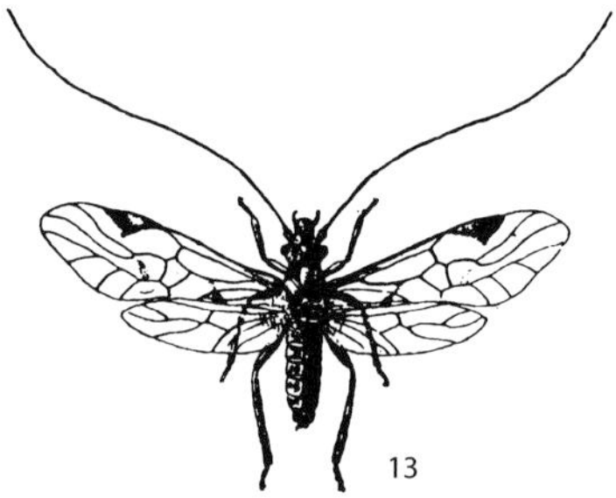

13

12 *Valenzuela*; **13** *Psococerastis*

Literatur

Günther, K. K.: Staubläuse, Psocoptera. In: Dahl, Tierwelt Deutschlands, Teil 61. Jena, 1974.
Günther, K. K., Lienhard, C.: Psocoptera – Staubläuse. In: B. Klausnitzer, Stresemann – Exkursionsfauna von Deutschland, Band 2 – Wirbellose: Insekten. 11. Aufl. Heidelberg, 2011.
Hopkins, H. H.: Psocodea Species File Online. Version 5.0/5.0. [http://Psocodea.SpeciesFile.org]. 2021.
Johnson, K. P., Smith, V. S., Hopkins, H. H.: Psocodea Species File Online. Version 5.0/5.0. [http://Psocodea.SpeciesFile.org]. 2021.
Kéler, St. v.: Corrodentia (Flechtlinge). In: P. Brohmer, P. Ehrmann, G. Ulmer, Tierwelt Mitteleuropas, Bd. IV, Lief 2. Leipzig, 1963.
Lienhard, C.: Psocoptères euroméditerranéens. Faune de France 83. Paris, 1998.
New, T. R.: Psocids: Psocoptera (Booklice and barklice). Handbooks for the Identification of British Insects, 1, 7. Shrewsbury, 2005.

Phthiraptera, Lauskerfe, Läuslinge

Körper 1–14 mm. Flügellos. Fühler mit höchstens 5 Gliedern. Augen häufig reduziert. Mundwerkzeuge bei **Amblycera** u. **Ischnocera** beißend, bei **Amblycera** Maxillartaster (Kiefertaster) noch vorhanden; Mundwerkzeuge bei **Anoplura** stechend-saugend. Beine bei Anoplura zu Klammerbeinen umgebildet. **Amblycera** u. **Ischnocera** im Gefieder von Vögeln und zwischen den Haaren von Säugetieren, ernähren sich von Haaren, Federn, Hautschuppen u. trockenem Blut ihrer Wirte. **Anoplura** blutsaugende Außenparasiten an Säugetieren. Die mit Deckel versehenen Eier (Nissen) werden an die Haare bzw. Federn ihrer Wirte geklebt. Im Gebiet über 600 Arten.

System (**Amblycera** u. **Ischnocera** wurden vielfach zu **„Mallophaga"** zusammengefasst, eine paraphyletische Gruppe):
Amblycera: Gliricolidae, Gyropidae, Laemobothriidae, Menoponidae, Ricinidae, Trimenoponidae
Ischnocera: Bovicolidae, Goniodidae, Philopteridae, Trichodectidae
Anoplura: Echinophthiriidae, Enderleinellidae, Haematopinidae, Hoplopleuridae, Linognathidae, Pediculidae, Pthiridae, Polyplacidae

1. Kopf schildartig, breiter als Prothorax [**1–8**]. Mundwerkzeuge beißend, mit zangenförmigen Mandibeln .... Federlinge oder Haarlinge, **„Mallophaga"** 2
— Kopf schmaler als Prothorax [**9–12**]. Mundwerkzeuge saugend, mit Stechrüssel. An Säugern Tierläuse, **Anoplura** **11**
2. Fühler 5-gliedrig, keulenförmig, ganz [**3**] oder zum Teil [**1, 2, 4**] in Gruben verborgen. Maxillartaster vorhanden .... **Amblycera** 3
— Fühler 3–5-gliedrig, stabförmig, frei [**5–8**]. Maxillartaster fehlend .... **Ischnocera** 8
3. Tarsen mit 1 Kralle. Auf Meerschweinchen oder Nutria 4
— Tarsen mit 2 Krallen 5
4. Hinterleib mit 5 Stigmenpaaren .... **Gliricolidae**
1,1–1,5 mm. ***Gliricola porcelli*** (Schrank) [**2**] (1 mm), auf Meerschweinchen. ***Pitrufquenia coypus*** Marelli auf Nutria.
— Hinterleib mit 6 Stigmenpaaren .... **Gyropidae**
Nur ***Gyropus ovalis*** Burmeister [**1**] (1 mm).
5. Auf Meerschweinchen .... **Trimenoponidae**
Nur ***Trimenopon hispidum*** (Burmeister) (1,5–2 mm).
— Auf Vögeln 6
6. Länge 8–14 mm. Kopf mit ohrmuschelartig vorstehenden Fühlerkapseln [**3**] **Laemobothriidae**
Laemobothrion Nitzsch mit mehreren Arten, auf Taggreifvögeln und Rallen, z. B. ***L. maximum*** (Scopoli) [**3**] auf Mäusebussard, ***L. atrum*** (Nitzsch) auf Blesshuhn.
— Unter 8 mm lang. Kopf ohne derartige seitliche Anschwellung 7

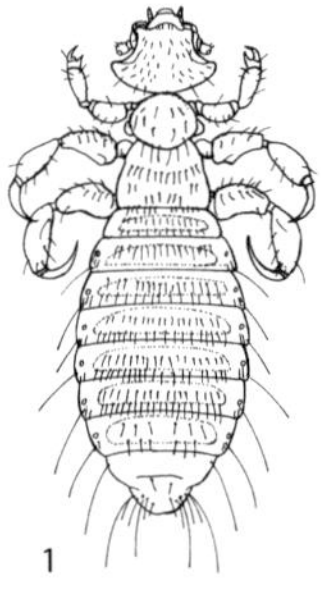
1

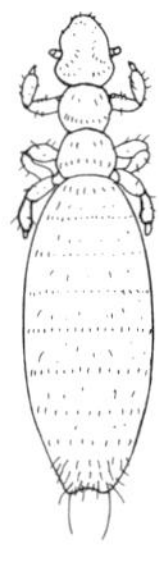
2

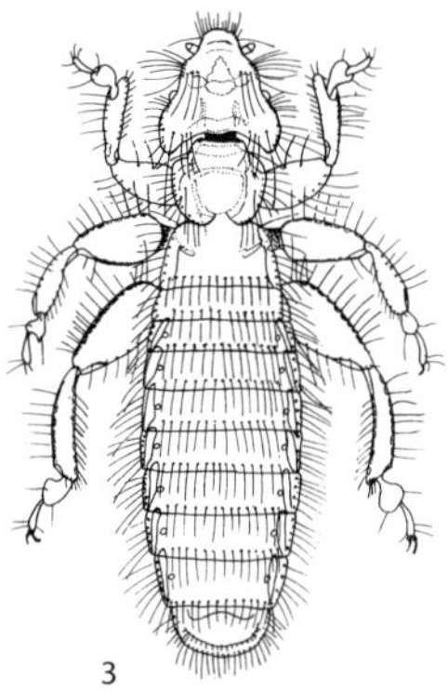
3

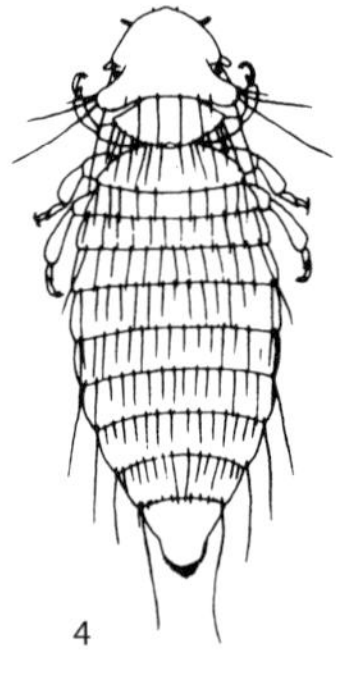
4

1 *Gyropus*; **2** *Gliricola*; **3** *Laemobothrion*; **4** *Menopon*

7. Schlank, 5–6 mm. Kopf nie breiter als lang, an den Seiten gerade nach vorn verengt. Vor den Fühlern seitlich mit ausstülpbaren Haftblasen .... **Ricinidae**
Nur ***Ricinus*** De Geer, viele Arten, auf Singvögeln, z. B. ***R. fringillae*** (De Geer).

— Meist unter 4 mm. Kopf gewöhnlich breiter als lang, gerundet, 3-eckig, halbmond- oder hantelförmig, ohne ausstülpbare Haftblasen .... **Menoponidae**
Viele Gattungen mit über 250 Arten auf den verschiedensten Vögeln. Beispiele: ***Menopon*** Nitzsch, ***M. gallinae*** (L.) [**4**] auf Haushuhn. ***Colpocephalum*** Nitzsch (zu **Colpocephalidae**), ***C. zebra*** Burmeister auf Weißstorch. ***Pseudomenopon*** Mjöberg, ***P. pilosum*** (Scopoli) auf Blässhuhn. ***Menacanthus*** Neumann, sehr artenreich, auf Hühnern u. Singvögeln, ***M. pallidulus*** (Neumann) auf Haushuhn.

8. Tarsen mit 1 Kralle. Fühler 3-gliedrig. Körperborsten kurz, anliegend. Auf Säugetieren ... **9**

— Tarsen mit 2 Krallen, Fühler 5-gliedrig. Körper mit langen, abstehenden Haaren. Auf Vögeln **10**

9. Auf Raubtieren .... **Trichodectidae**
1–2,6 mm. Mehrere Gattungen mit über 20 Arten. Beispiele: ***Trichodectes*** Nitzsch, ***T. canis*** (De Geer) [**5**] auf Hund, ***T. melis*** (F.) auf Dachs, ***T. ermineae*** (Hopkins), auf Mardern. ***Felicola*** Ewing, ***F. subrostratus*** (Burmeister) auf Hauskatze, ***F. vulpis*** (Denny) auf Fuchs.

— Auf Paarhufern u. Unpaarhufern .... weitere **Trichodectidae**
Auch **Bovicolidae** (in älterer Literatur). 1,4–2 mm. 3 Gattungen mit etwa 10 Arten. Beispiele: ***Bovicola*** Ewing, ***B. bovis*** (L.) auf Rind, ***B. longicornis*** (Nitzsch) auf Rothirsch, ***B. tibialis*** (Piaget) auf Damwild; andere ***Bovicola***-Arten auf Ziegen, Schafen, Gemsen und Steinbock. ***Werneckiella equi*** (Denny) auf Pferd. ***Damalinia meyeri*** (Taschenberg) auf Reh.

10. Kopf mit eckigen Schläfen. Körper breit oval .... **Philopteridae**
Auch **Goniodidae** (in älterer Literatur). 1–5 mm. Auf Hühnervögeln u. Tauben. Über 10 Gattungen mit etwa 40 Arten. Beispiele: ***Goniocotes*** Burmeister, ***G. gallinae*** (De Geer) auf Haushuhn. ***Goniodes pavonis*** (L.) [**7**] auf Pfau.

— Kopf mit abgerundeten Schläfen. Körper schlank oder breit oval .... weitere **Philopteridae**
1–9 mm. Viele Gattungen mit etwa 300 Arten. Im Folgenden wenige Beispiele.

a) Körper breit oval. Kopf groß, so breit oder fast so breit wie lang, mit abgerundeten Schläfen: ***Philopterus*** Nitzsch auf Sperlingsvögeln (Passeriformes), ***Ph. ocellatus*** (Scopoli) [**6**] auf Krähen. ***Craspedorhynchus*** Kéler auf Greifvögeln, ***C. platystomus*** (Burmeister) auf Bussard. ***Saemundssonia*** Timmermann auf Laro-Limicolen, ***S. haematopi*** (L.) auf Austernfischer. ***Anatoecus*** Cummings auf Enten, ***A. dentatus*** (Scopoli) auf Stockente. ***Incidifrons fulicae*** (L.) auf Blesshuhn.
b) Körper schlank oval. Kopf länglich oval mit gerundeten Schläfen: ***Esthiopterum gruis*** (L.) [**8**] auf Kranich. ***Degeeriella*** Neumann auf Taggreifvögeln, ***D. fulva*** (Giebel) auf Bussard. ***Lipeurus*** Nitzsch auf Hühnervögeln, ***L. caponis*** (L.) auf Haushuhn. ***Columbicola*** Ewing auf Tauben, ***C. columbae*** (L.) auf Haustaube. ***Ardeicola*** Clay auf Störchen u. Reihern. ***Anaticola*** Clay auf Entenvögeln.

11. Beine annähernd gleichartig **12**

— Beine unterschiedlich, mindestens Vorderbeine kleiner oder schwächer als Hinterbeine . **13**

12. Beine kurz, schwach klammerförmig, Krallen nicht verdickt [**9**]. 2,5–4 mm lang ... **Pediculidae**
Nur ***Pediculus humanus*** L. [**9**], ***P. h. humanus*** L., Kleiderlaus; ***P. h. capitis*** De Geer, Kopflaus.

— Beine lang, stark klammerförmig, Krallen verdickt. 2–6 mm lang .... **Haematopinidae**
Nur 4; ***Haematopinus*** Leach, ***H. suis*** (L.) auf Hausschwein, ***H. apri*** Goureau auf Wildschwein, ***H. eurysternus*** (Denny) auf Hausrind, ***H. asini*** (L.) auf Pferd u. Esel.

13. Körper breit, kurz, 1–2 mm lang. Seiten des Hinterleibs mit kegelförmigen Fortsätzen [**10**] **Pthiridae**
Nur ***Pthirus pubis*** (L.), Filzlaus [**10**], an Schamhaaren des Menschen.

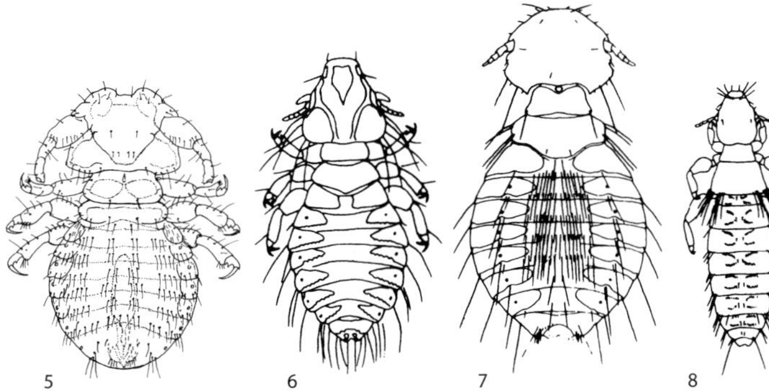

5 *Trichodectes*; **6** *Philopterus*; **7** *Goniodes*; **8** *Esthiopterum*

— Köper oval oder gestreckt oval [**11,12**] **14**

14. Körper dicht steif beborstet oder mit runden Schuppen bedeckt. Auf Seehund **Echinophthiriidae**

Nur ***Echinophthirius horridus*** (von Olfers) (um 3,5 mm).

— Körper nicht dicht beborstet oder beschuppt. Nicht auf Seehund **15**

15. Mittel- u. Hinterbeine als schwache Klammerbeine mit dicken spitzen Krallen ausgebildet **Linognathidae**

1–2,5 mm. 4; ***Linognathus*** Enderlein (Hinterleib reichlich beborstet), ***L. ovillus*** (Neumann) auf Hausschaf, ***L. setosus*** (von Olfers) auf Hund, ***L. stenopsis*** (Burmeister) auf Ziege, Steinbock, Gemse, ***L. vituli*** (L.) (2–3 mm lang) auf Hausrind. 3; ***Solenopotes*** Enderlein (Hinterleib spärlich beborstet), ***S. burmeisteri*** (Fahrenholz) auf Rothirsch, ***S. capreoli*** Freund auf Reh, ***S. capillatus*** Enderlein [**11**] (besonderes Merkmal: Stigmen des Hinterleibs warzenförmig vorragend [**11**]), auf Hausrind.

— Mittel- u. Hinterbeine oder nur Hinterbeine als starke Klammerbeine ausgebildet **16**

16. Vorder- u. Mittelbeine gleichartig, schlank .... **Enderleinellidae**

Nur 2; ***Enderleinellus*** Fahrenholz, ***E. nitzschi*** Fahrenholz (0,8–0,9 mm) auf Eichhörnchen.

— Vorder- u. Mittelbeine verschieden **17**

17. Hinterbeine mit breiter plattenförmiger Kralle. Vorderbeine kleiner als Mittelbeine, diese kleiner als Hinterbeine .... **Hoplopleuridae**

Hoplopleura Enderlein (3. Hinterleibsternit beiderseits mit 1 Paar nach hinten divergierenden Borsten; um 1 mm), mehrere Arten, ***H. acanthopus*** (Burmeister) auf Feld-, Erd- u. Schneemaus, ***H. affinis*** (Burmeister) auf Brand-, Wald- u. Rötelmaus, ***H. longula*** (Neumann) auf Zwergmaus. ***Schizophthirus pleurophaeus*** (Burmeister) (3. Hinterleibsternit ohne divergierende Borsten, das 2. beiderseits mit 1 Paar kurzen dicken Dornen; um 1 mm), auf Gliridae (Schläfern).

— Kralle der Hinterbeine nicht plattenförmig. Mittelbeine u. Hinterbeine meist etwa gleich groß **Polyplacidae**

a) Kopf vor den Fühlern konisch: 2; ***Haemodipsus*** Enderlein, ***H. ventricosus*** (Denny) (1–1,5 mm) auf Kaninchen, ***H. lyriocephalus*** (Burmeister) (2–2,5 mm) auf Hase.

b) Kopf vor den Fühlern flach abgestutzt: ***Neohaematopinus sciuri*** Jancke (Mittel- u. Hinterbeine gleichartig, 2-mal größer als Vorderbeine; 1,3–1,9 mm), auf Eichhörnchen, selten. 8; ***Polyplax*** Enderlein (Mittelbeine intermediär zwischen Vorder- u. Hinterbeinen; um 1 mm), mehrere Arten, z. B. ***P. reclinata*** (Nitzsch) auf Spitzmäusen, ***P. gracilis*** Fahrenholz auf Zwergmaus, ***P. spinulosa*** (Burmeister) [**12**] auf *Rattus*; ***P. spinigera*** (Burmeister) auf Schermaus, ***P. serrata*** (Burmeister) auf Rötelmaus, Hausmaus u. *Apodemus*.

9

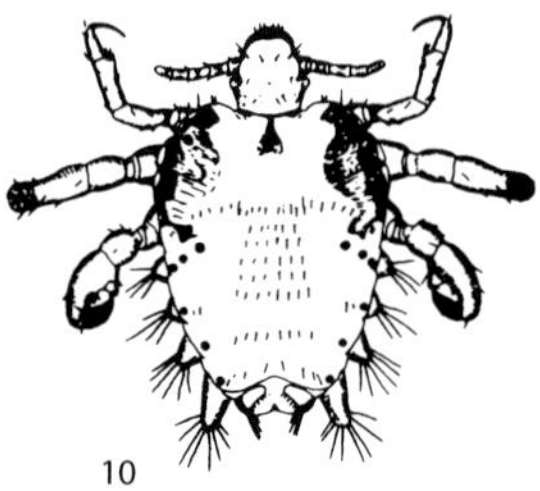
10

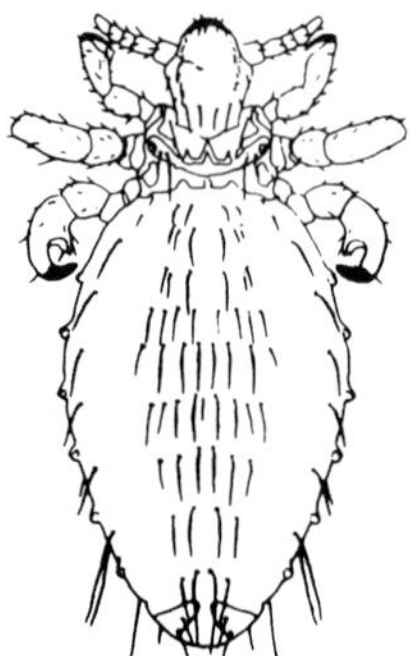
11

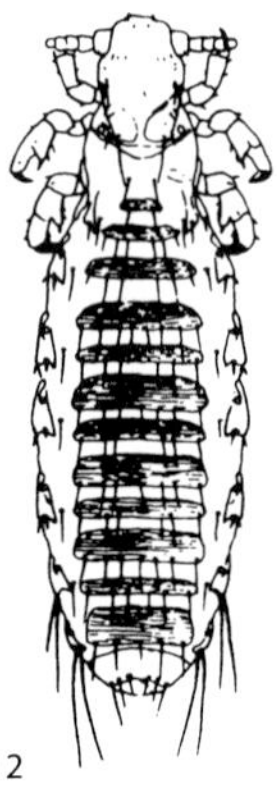
12

9 *Pediculus*; **10** *Pthirus*; **11** *Solenopotes*; **12** *Polyplax*

Literatur

DURDEN, L. A., MUSSER, G. G.: The sucking lice (Insecta, Anoplura) of the world – a taxonomic checklist. Bulletin of the American Museum of Natural History, 218. New York, 1994.

FERRIS, G.: The sucking lice. Memoirs of the Pacific Coast Entomological Society. San Francisco, 1951.

HOPKINS, G., CLAY, TH.: A check list of the genera and species of Mallophaga. London, 1952.

JANCKE, O.: Läuse oder Anoplura. In: DAHL, Tierwelt Deutschlands, Teil 35, Jena, 1938.

JOHNSON, K. P., SMITH, V. S., HOPKINS, H. H.: Psocodea Species File Online. Version 5.0/5.0. [http://Psocodea.SpeciesFile.org]. 2021

KÉLER, St. v.: Mallophaga. Anoplura. In: P. BROHMER, P. EHRMANN, G. ULMER, Tierwelt Mitteleuropas, Band IV, Lief 2. Leipzig, 1963.

MEY, E.: Phthiraptera – Tierläuse oder Lauskerfe. In: B. KLAUSNITZER, Stresemann – Exkursionsfauna von Deutschland, Band 2 – Wirbellose: Insekten. 11. Aufl. Heidelberg, 2011.

MEY, E.: Phthiraptera – Tierläuse oder Lauskerfe. In: B. KLAUSNITZER, Entomofauna Germanica. Bd. 6. Dresden, 2003.

SMITH, V. S., BROOM, Y., DALGLEISH, R.: Phthiraptera.info (web resource). [http://phthiraptera.info/]. 2021.

Thysanoptera, Fransenflügler, Blasenfüße, Thripse

Körper 1–2 mm, selten bis 4 oder 5 mm groß. Mit 4 schmalen Flügeln, deren Rand meist von langen Fransen umgeben ist [**1**], oder flügellos. Stechende Mundwerkzeuge zu Saugkegel verwachsen, der auf der Unterseite des Kopfes liegt u. schräg nach hinten gerichtet ist. Mit großen Facettenaugen (Komplexaugen) u. (meist) 3 kleinen Scheitelaugen (Ocellen). Tarsen (Füße) 2-gliedrig mit bei Adulten reduzierten Krallen, zwischen diesen mit großem, ausstülpbarem Haftlappen. Mit unvollkommener Verwandlung (Hemimetabolie). Eier von Arten mit Legebohrer werden in Pflanzengewebe versenkt, von Arten ohne Legebohrer (**Phlaeothripidae**) an Pflanzen angeklebt. 2 aktive Fresslarvenstadien (ohne Flügelanlagen), dann 2 inaktivere „Nymphenstadien" (mit äußeren Flügelanlagen). Meist Pflanzensauger, darunter viele Arten schädlich an Kulturpflanzen; einige Arten räuberisch, saugen kleine Arthropoden oder deren Eier aus. Im Gebiet etwa 250 Arten. Einige vor allem in Gewächshäuser eingeschleppte Arten nicht berücksichtigt.

System:
Terebrantia: Aeolothripidae, Fauriellidae, Melanthripidae, Thripidae
Tubulifera: Phlaeothripidae

1. Letztes Hinterleibssegment beim ♀ ± konisch verjüngt, unterseits gespalten u. mit sägeartigem Legebohrer [**3, 4**], beim ♂ stumpf abgerundet. Vorderflügel (wenn vorhanden) mit 1–2 zur Spitze ziehenden Längsadern [**1**]. Fühlerglieder der Larven durch Quernähte geringelt **Terebrantia 2**

— Letztes Hinterleibssegment beim ♂ u. ♀ röhrenförmig ausgezogen [**2**], nie unterseits gespalten, ♀ ohne Legebohrer. Vorderflügel (wenn vorhanden) ohne oder nur mit kurzer Längsader [**2**]. Fühlerglieder der Larven nicht geringelt .... (**Tubulifera**) **Phlaeothripidae** S. 264

2. Legebohrer zum Körper gebogen (unterseits konvex) [**3**]. Flügel am Ende breit gerundet [**2**]. Fühler 9-gliedrig, die letzten Glieder können aber eine Einheit bilden, so dass dann nur 7 oder 5 deutlich getrennt sind [**5–7**] **3**

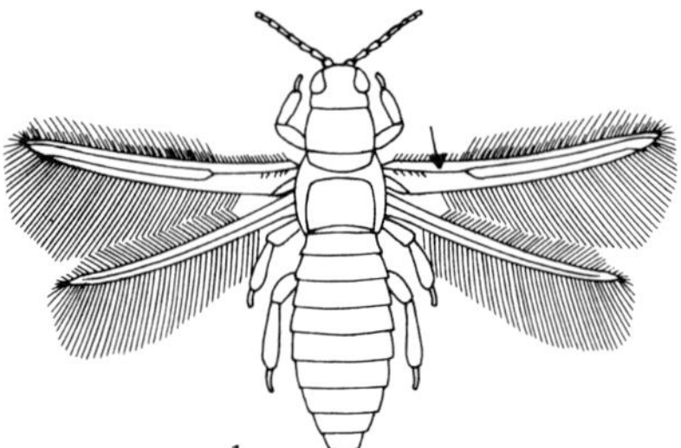
1

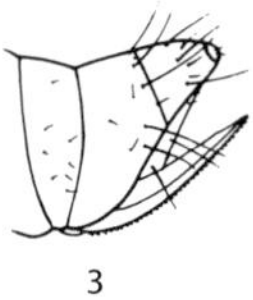
3

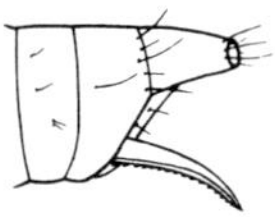
4

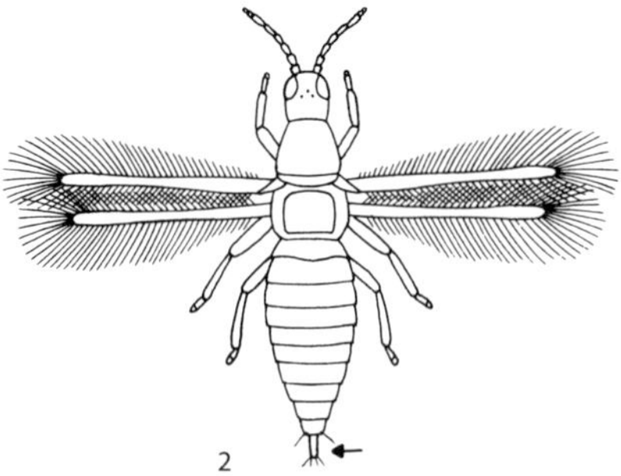
2

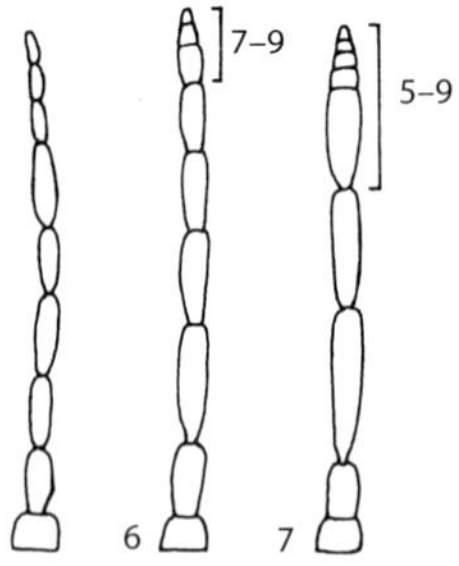

5 6 7

1 Thripidae; **2** Phlaeothripidae

— Legebohrer vom Körper weggebogen (unterseits konkav) [**4**]. Flügel schmaler, am Ende ± zugespitzt [**1**]. Fühler meist 6–8-gliedrig, selten mit 9 Gliedern .... **Thripidae** S. 263
Ähnlich auch **Fauriellidae** (Fühler 9-gliedrig), nur ***Ropotamothrips buresi*** Pelikán, im Rhein-Main-Gebiet, selten, an *Artemisia*.

3. Alle 9 Fühlerglieder deutlich getrennt [**5**] .... **Melanthripidae**
Ankothrips niezabitowskii (Schille) (2. Fühlerglied außen mit Fortsatz), an *Juniperus*. 4; ***Melanthrips*** Haliday (2. Fühlerglied ohne Fortsatz), häufig ***M. fuscus*** (Sulzer), an Brassicaceen.

— Mit 7 oder 5 deutlich getrennten Fühlergliedern [**6, 7**] .... **Aeolothripidae**
Rhipidothrips gratiosus Uzel (mit 7 deutlich getrennten Fühlergliedern, letztes bildet mit 2 reduzierten Endgliedern eine Einheit [**6**]), an Gräsern. 11; ***Aeolothrips*** Haliday (mit 5 deutlich getrennten Fühlergliedern, letztes bildet mit 4 reduzierten Endgliedern eine Einheit [**7**]; Flügel mit 1 oder 2 dunklen Querbinden), Räuber, häufig ***A. intermedius*** Bagnall.

Familie: **Thripidae**

1. Körper mit grob netzartiger Skulptur, Fühlerendglieder spießförmig. Nur in Gewächshäusern **Panchaetothripinae**

a) Fühler 7-gliedrig: ***Parthenothrips dracaenae*** (Heeger).
b) Fühler 8-gliedrig: ***Heliothrips haemorrhoidalis*** (Bouché) (Vorderflügel normal breit). ***Hercinothrips femoralis*** (Reuter) (Vorderflügel sehr schmal).

— Körper ohne Netzstruktur oder, wenn solche schwach ausgebildet, dann Fühlerspitze nie spießförmig .... **Thripinae** 2
Hier nur Auswahl an Arten! Die Unterfamilien **Dendrothripinae** u. **Sericothripinae** mit jeweils nur 1 Art.

2. Kopf nach vorn vorgezogen u. nach hinten erweitert, so dass die Augen nicht an den vorderen Ecken des Kopfes liegen [**8, 9**] 3

— Kopf höchstens angedeutet vorgezogen. Augen an vorderen Kopfecken [**10**] 4

3. Kopf im Vergleich zum Halsschild klein, letzteres nach hinten stark verbreitert u. seine Hinterecken mit kleinen Borsten, aber nicht mit je 1 langen Borste. Hinterleibsende des ♀ mit normalen Borsten .... ***Chirothrips*** Haliday
Mehrere Arten, darunter ***Ch. hamatus*** Trybom (2. Fühlerglied nicht eckig erweitert); ***Ch. manicatus*** Haliday [**8**] (2. Fühlerglied nach außen eckig erweitert); bei der ähnlichen, aber selteneren Art ***Ch. aculeatus*** Bagnall Kopffortsatz zwischen den Augen nur kurz. ♂♂ der genannten Arten ohne, ♀♀ meist mit Flügeln.

— Kopf groß, länger als das nach hinten höchstens schwach verbreiterte Halsschild, dessen Hinterecken mit je 1 langen Borste. Hinterleibsende mit dornartigen Borsten ... ***Limothrips*** Haliday
♂♂ ohne, ♀♀ mit Flügeln. Wenige Arten, z. B. ***L. denticornis*** Haliday (3. Fühlerglied nach außen eckig erweitert [**9**]), ***L. cerealium*** Haliday (3. Fühlerglied ohne Fortsatz), an Getreide.

4. Körper klein u. schmal, Prothorax ohne Borsten. Knapp 1 mm. Gelb. Fühler meist nur 6-gliedrig ***Aptinothrips*** Haliday
♂♂ u. ♀♀ ohne Flügel. Mehrere Arten, z. B. ***A. rufus*** Haliday, an Gräsern, Getreide in trockenen Lagen. Ähnlich, aber Fühler 8-gliedrig u. mehr an Waldgräsern, in schattigen Lagen: ***A. stylifer*** Trybom.

— Anders 5

5. Vordertibien vorn mit 1 oder 2 gekrümmten, zahnartigen Häkchen. An Leguminosen Artenvon ***Odontothrips*** Amyot et Serville
Häufig ***O. loti*** (Haliday).

— Vordertibien ohne solche Häkchen 6

6. Fühler dadurch 9-gliedrig, dass das große 6. Glied von einer Schräglinie durchzogen ist. Hellgelb. 1 mm .... ***Anaphothrips obscurus*** (Müller)
An Gräsern u. Getreide. Weitere Arten von ***Anaphothrips*** anders.

8 9 10

— Fühler nicht so u. andere Merkmale 7

7. Fühler 6-gliedrig. 0,8 mm .... ***Drepanothrips reuteri*** Uzel
An Laubhölzern, an Weinreben.

— Fühler 7-gliedrig .... viele Gattungen u. Arten
Thrips L. mit vielen Arten, häufig ***T. tabaci*** Lindeman, schädlich an Gemüse u. Tabak; ***T. linarius*** Uzel, an Lein; ***T. angusticeps*** Uzel, auf Feldern u. Wiesen; ***T. flavus*** Schrank, an Waldrändern, in Gärten; ***T. fuscipennis*** Haliday, in Wäldern, Gärten. ***Stenothrips graminum*** Uzel (Kopf schmal; grau; etwa 1 mm), an Gramineen, besonders Hafer.

— Fühler 8-gliedrig .... viele Gattungen u. Arten
Darunter ***Kakothrips pisivorus*** (Westwood) (♂ mit dunklem hornförmigem Fortsatz an beiden Seiten des 8. Hinterleibsegments), Erbsenschädling. ***Frankliniella*** Karny, z. B. ***F. tenuicornis*** (Uzel), an Gramineen; ***F. intonsa*** (Trybom), polyphag. Weitere Arten von ***Thrips*** L., darunter ***T. pini*** (Uzel), schädlich an *Larix*; ***T. atratus*** Haliday u. ***T. vulgatissimus*** Haliday, polyphag, gehören zu den häufigsten Thripsen.

Familie: **Phlaeothripidae**

1. 6. Hinterleibssegment des ♂ jederseits in geraden Fortsatz ausgezogen. 5. bis 7. Fühlerglied unten ± gekielt .... **Idolothripinae**
Auswahl: ***Megalothrips bonannii*** Uzel (Kopf lang; 3,6–5,3 mm; schwarz), unter Rinde u. Reisig. ***Megathrips lativentris*** (Heeger) (Kopf lang; um 4 mm; schwarz, Tibien u. Tarsen hell), im Falllaub von Bäumen.

— 6. Hinterleibssegment des ♂ nicht mit derartigen Fortsätzen. Körper höchstens 2,5 mm **Phlaeothripinae** 2

2. Flügel in der Mitte deutlich verengt, sohlenförmig 3

— Flügel nie sohlenförmig, öfters auch reduziert oder fehlend ..... mehrere Gattungen u. Arten
Vor allem an oder unter Baumrinde. Beispiele: ***Liothrips*** Uzel, häufig ***L. setinodis*** (Reuter) (3–4 mm), an Laubbäumen. ***Acanthothrips nodicornis*** (Reuter) (bis 5 mm), unter Laubholzrinde. ***Phlaeothrips*** Haliday, häufig ***Ph. coriaceus*** Haliday (bis 3 mm), vor allem unter Buchenrinde.

3. Mundkegel zur Spitze stark verengt, am Ende nur wenig abgerundet ... ***Neoheegeria*** Schmutz
An *Salvia* ***N. dalmatica*** Schmutz. – Hierher auch ***Haplothrips verbasci*** (Osborn), an *Verbascum*.

— Mundkegel zur Spitze schwach verengt, am Ende breit gerundet ***Haplothrips*** Amyot et Serville
Viele Arten, darunter ***H. niger*** (Osborn), an Klee, ***H. leucanthemi*** (Schrank), an Compositen, ***H. distinguendus*** (Uzel), an Distel; ferner an Blüten von Gräsern u. Getreide: ***H. aculeatus*** (F.) (Endglied der Fühler schlanker, aber etwa so lang wie vorangehendes 7. Glied; Larven gelb mit rotem Hinterleibsende) u. ***H. tritici*** (Kurdjumov) (Endglied der Fühler deutlich kürzer als 7. Glied, kann sogar fehlen; Larven rot), mehr im östlichen Europa.

Literatur

Caspari, S., Rote-Liste-Zentrum: Fransenflügler-Thysanoptera. [https://www.rote-liste-zentrum.de/de/Fransenflugler-Thysanoptera-1742.html]. 2021.

Kirk, W. D. J.: Thrips. Naturalists' Handbooks 25. Slough, 1996.

Moritz, G.: Pictorial key to the economically important species of Thysanoptera in Central Europe. OEPP/EPPO Bulletin14. Paris, 1994.

Moritz, G.: Die Thripse, Fransenflügler – Thysanoptera. Die Neue Brehm Bücherei Bd. 663. Hohenwarsleben, 2006.

Moritz, G.: Thysanoptera – Fransenflügler (Thripse). In: B. Klausnitzer, Stresemann – Exkursionsfauna von Deutschland, Band 2 – Wirbellose: Insekten. 11. Aufl. Heidelberg, 2011.

Moritz, G., Mound, L. A.: Common Thysanoptera of Europe. An electronic identification and information system. Wallingford, 1996.

Mound, L.: Thysanoptera (Thrips) of the world – a checklist. [http://www.ento.csiro.au/thysanoptera/worldthrips.php]. Canberra, 2005.

Mound, L. A., Kibby, G.: Thysanoptera. An Identification guide. Wallingford, 1998.

Mound, L. A., Morison, G. D., Pitkin, B. R., Palmer, J. M.: Thysanoptera. Handbooks for the Identification of British Insects, Vol. I, Part 11. London, 1976.

Priesner, H.: Ordnung Thysanoptera. Bestimmungsbücher zur Bodenfauna Europas, Lief. 2. Berlin, 1964.

Schliephake, G., Klimt, K.: Thysanoptera, Fransenflügler. In: Dahl, Tierwelt Deutschlands, Teil 66. Jena, 1979.

ThripsWiki: ThripsWiki - providing information on the World's thrips. [http://thrips.info/wiki/Main_Page] 2021

Auchenorrhyncha (= **Cicadina**), Zikaden

Meist mit Sprungvermögen. Flügel in der Ruhestellung ± dachförmig (bei makropteren Arten), auch verkürzt (brachyptere Arten). Wichtige Termini [**3, 5, 10**], Clavus = an Scutellum angrenzender Bereich des Flügels (vgl. [**2**], S. 311). Singzikaden können Töne erzeugen, sonst Kommunikation zwischen den Geschlechtern über Substratvibration (für den Menschen nicht hörbar). Pflanzensaftsauger, Eiablage meist in Pflanzen. Artbestimmung oft nur nach Genitalmerkmalen der ♂♂ möglich. In Deutschland fast 640 Arten.
Abkürzungen: Vd- = Vorder-, Ht- = Hinter-.

System:
Fulgoromorpha: Achilidae, Caliscelidae, Delphacidae, Dictyopharidae, Flatidae, Issidae, Tettigometridae
Cicadomorpha: Aphrophoridae, Cercopidae, Membracidae, Tibicinidae

1. Fühler unterhalb der Augen inserierend [**2, 3**]. Mittelhüften lang (etwa so lang wie Vdhüften), meist weit voneinander getrennt .... **Fulgoromorpha** 2
— Fühler zwischen Augen u. Clypeus inserierend [**4, 5**]. Mittelhüften kurz, dicht beisammen **Cicadomorpha** 6
2. Httibien am Ende mit blattartigem, beweglichem Sporn [**7**]. Fühler in Einbuchtung der Augen inserierend [**2**] .... Spornzikaden, **Delphacidae** S. 267
— Httibien am Ende höchstens mit festem Sporn. Fühler meist vom unteren Augenrand entfernt [**3**] 3
3. Kopf (Stirn u. Scheitel) nach vorn in kegelförmig zugespitzten Fortsatz vorgezogen. Körper über 9 mm .... **Dictyopharidae**
Nur ***Dictyophara europaea*** (L.), Europäischer Laternenträger (grün; 9–13 mm), an trockenwarmen Standorten, im Süden u. Osten.
— Kopf wenig vorgezogen. Tiere fast immer kleiner 4
4. Stirn von den Wangen durch eine scharfe Leiste getrennt [**3**] 5

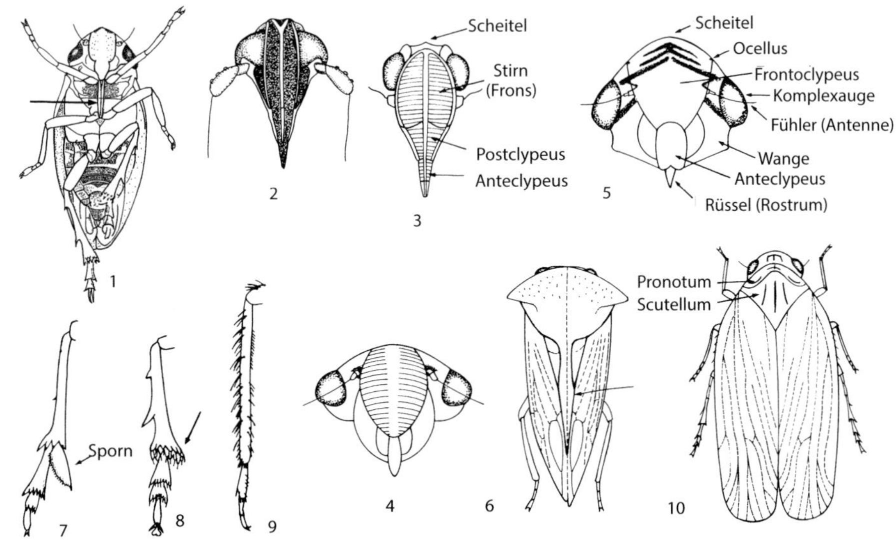

6 *Centrotus*; **10** *Cixius*

— Zwischen Stirn u. Wangen keine scharfe Leiste .... Ameisenzikaden, **Tettigometridae**
Käferartig gedrungen, Larven bei Ameisen. 3 Gattungen, z. B. 8; ***Tettigometra*** Latreille (3–6 mm), selten, z. B. ***T. impressopunctata*** Dufour.

5. Vdflügel meist ± hyalin, flach. Pronotum sehr kurz, am Htrand scharf V-förmig ausgeschnitten [**10**] .... Glasflügelzikaden, **Cixiidae** S. 266

— Vdflügel nicht hyalin, gewölbt. Pronotum länger, etwa ¼–½ so lang wie Scutellum, Htrand nicht scharf ausgeschnitten .... Käferzikaden, **Issidae**
Gedrungen, Körper rundlich-oval, in der Mitte verbreitert. 2; ***Issus*** F., an Bäumen, häufig ***I. coleoptratus*** (F.) (6–7 mm).
Weitere artenarme Familien:
Caliscelidae (Sondermerkmal: Körper schmal, mit rotem bis dunklem Längsstreifen auf der Mitte des Vdkörpers), nur ***Ommatidiotus dissimilis*** (Fallén) (3–5 mm), an *Eriophorum*.
Achilidae, Rindenzikaden (Sondermerkmale: Vdflügel lang, flach dachförmig, im Spitzenteil überlappend; Pronotum V-förmig ausgeschnitten (etwa wie [**10**])), nur 3; ***Cixidia*** Fieber, an Bäumen, selten, z. B. ***C. confinis*** (Zetterstedt) (5–7 mm).
Flatidae, Schmetterlingszikaden (Sondermerkmal: Vdflügel steil dachartig, breit dreieckig, mit flockigem Wachsbelag), ***Metcalfa pruinosa*** (Say), Bläulingszikade (7–9 mm), an Bäumen. Eingeschleppt, im oberen Rheintal.

6. Über 15 mm. Flügel hyalin. Kopf mit 3 im Dreieck angeordneten Ocellen
Singzikaden, **Tibicinidae** (auch zu **Cicadidae** gestellt)
Larven unterirdisch an Wurzeln, mit Grabbeinen, häuten sich zum Adultus in tieferer Vegetationsschicht, dort typische Exuvien. ***Tibicina haematodes*** (Scopoli), Lauer, Weinzwirner (26–38 mm), selten, in Weinbergen im Südwesten. ***Cicadetta*** Kolenati, z. B. ***C. montana*** (Scopoli), Echte Bergzikade (16–20 mm), auf verbuschten Trockenrasen.

— Unter 12 mm. Wenn größer (***Ledra***), Flügel nicht hyalin. Kopf ohne oder mit 2 Ocellen ... **7**

7. Pronotum hinten mit Fortsatz mindestens bis zur Mitte des Htleibs [**6**]
Buckelzirpen, **Membracidae**
Centrotus cornutus (L.) [**6**] (Pronotum auf jeder Seite mit hornartigem Fortsatz; schwarzbraun; 8–10 mm), auf Gebüsch und höheren Kräutern. ***Gargara genistae*** (F.) (Pronotum ohne seitliche Fortsätze; schwarzbraun; 5–6 mm), meist an Ginster. Außerdem im Südwesten (aus USA über Ungarn eingeschleppt) ***Stictocephala bisonia*** Kopp et Yonke (grün; 9–10 mm).

— Pronotum nicht nach hinten verlängert **8**

8. Httibien im Querschnitt rund, innen ohne, außen mit 1–3 starken, unbeweglichen Dornen, an der Spitze verdickt u. mit Dornenkranz [**8**]. Scheitel mit Deckelplatte [**21**]
Blut- u. Schaumzikaden, **Cercopidae** u. **Aphrophoridae** S. 268

— Httibien mit Längskielen, innen u. außen mit kammförmig gereihten, beweglichen Dornen (können undeutlich sein), an der Spitze nicht verdickt u. ohne auffallenden Dornenkranz [**9**]. Scheitel ohne derartige Deckelplatte .... Kleinzikaden, **Cicadellidae** S. 269

Familie: **Cixiidae**, Glasflügelzikaden

Glasige Flügel in Ruhe dachförmig über dem Körper. Larven an Wurzeln. Adulte häufig auf Laubbäumen.

1. Scutellum mit 3 Längskielen [**10**] **2**

— Scutellum mit 5 Längskielen, zum Teil stark abgeflacht, undeutlich **3**

2. Httibien mit 1–3 seitlichen Dornen
Flügel entlang des Spitzenrandes zwischen den Adern mit behaarten Tuberkeln: ***Tachycixius pilosus*** (Olivier) (5–6 mm).
Flügel an der Spitze zwischen den Adern ohne Tuberkel: 13; ***Cixius*** Latreille, häufig ***C. nervosus*** (L.) (6–8,5 mm).

— Httibien ohne seitliche Dornen. 5–6 mm .... ***Myndus musivus*** (Germar)
Pronotum vorn dunkel, hinten hell. An Weide an Flussufern. – Außerdem ***Trigonocranus emmeae*** Fieber (Pronotum einfarbig, ± hell; 2,5–4 mm), brachyptere Tiere weiß, im Boden lebend, makroptere Tiere in der Kraut- u. Strauchschicht, dunkler.

3. Pronotum dunkel, Htrand u. Seitenkiele ± aufgehellt. 5,3–8 mm **4**

— Pronotum zum Teil leuchtend elfenbeinweiß. 3–4,5 mm. In Weinbergslagen
Hyalesthes obsoletus Signoret

4. Scheitel in der Mitte länger als an der schmalsten Stelle breit ...... 2; ***Pentastiridius*** Kirschbaum
Z. B. ***P. leporinus*** (L.) (5–7,5 mm), vor allem an *Phragmites*.

— Scheitel in der Mitte kürzer als breit .... 2; ***Reptalus*** Emeljanow
Z. B. ***R. panzeri*** (Löw) (5,5–8 mm).

Familie: **Delphacidae**, Spornzikaden

Fast alle Arten vorwiegend bachypter, mit einzelnen makropteren Tieren. An Monokotylen, vor allem an Gräsern (Ausnahmen: z. B. ***Ditropis pteridis*** an Adlerfarn, ***Javesella stali*** an Schachtelhalm).

1. Vdbeine blattartig verbreitert .... **Asiracinae**
Nur ***Asiraca clavicornis*** (F.) (um 4 mm), auf Trockenrasen.

— Beine nicht blattartig verbreitert **2**

2. Seitenkiele des Pronotums nach hinten ± divergent, gerade, erreichen Htrand [**11**] **3**

— Seitenkiele des Pronotums bogig nach außen laufend, ohne Htrand zu erreichen [**18, 19**]
Delphacinae **5**

3. Stirn zwischen den Komplexaugen am breitesten [**13**] .... **Kelisiinae**
Vdflügel lang, mit dunklem Längsstreif. Gesicht meist jederseits mit 2 schwarzen (manchmal sehr kleinen) Flecken. 16; ***Kelisia*** Fieber u. 2; ***Anakelisia*** Wagner, z. B. ***A. fasciata*** (Kirschbaum) (3–5 mm), an *Carex riparia*.

— Stirn nicht zwischen den Komplexaugen am breitesten [**14**] .... **Stenocraninae** **4**

4. Stirn mindestens 2,5-mal so lang wie breit, in der unteren Hälfte parallelseitig
Vdflügel lang, mit dunklem Längsstreif. Nur 4; ***Stenocranus*** Fieber, häufig ***S. minutus*** (F.) (5–6 mm), an Knäuelgras (*Dactylis*).

— Stirn kürzer, in unterer Hälfte am breitesten [**14**]
Laterale Kiele des Pronotums weniger stark divergierend, Entfernung zwischen ihren Hinterenden etwa so groß wie Mediankiel lang [**11**]: ***Megamelus notula*** (Germar) [**11**] (2,5–5 mm), auf *Carex*. Laterale Kiele des Pronotums stark divergierend, Entfernung zwischen ihren Hinterenden viel größer als Länge des Mediankiels: 2; ***Megamelodes*** Le Quesne u. 2; ***Delphacodes*** Fieber, in Feuchtwiesen ***M. quadrimaculatus*** (Signoret) (Flügel bei Brachypteren dunkel, hinten mit je 2 hellen Flecken; 3–5 mm).

5. Scheitel sich nach vorne verengend, deutlich länger als breit [**12**]
♂♂ makropter, ♀♀ brachypter. Grün. Nur 7; ***Chloriona*** Fieber, an *Phragmites*, z. B. ***Ch. smaragdula*** (Stål) (3,5–5 mm).

— Scheitel sich nicht nach vorn verengend, deutlich kürzer (z. B. [**18, 19**]). Meiste Arten brachypter **6**

6. 1. Fühlerglied 3-mal so lang wie breit [**15**]
2; ***Delphax*** F. u. 1; ***Euides*** Fieber, an *Phragmites*, z. B. ***D. crassicornis*** (Panzer) [**15**] (1. Fühlerglied abgeflacht; Flügel makropterer Individuen mit dunklem Zickzack-Band; 5–7 mm).

— 1. Fühlerglied kürzer **7**

7. vMediankiel auf der Stirn undeutlich oder fehlend
Eurysa lineata (Perris) (Oberseite gelblich-weiß mit braunen Längsbändern; 2,5–4 mm). ***Eurysella brunnea*** (Melichar) (Oberseite ohne dunkle Längsbänder; Clypeus dunkler als Stirn; 2–4 mm). ***Eurysula lurida*** (Fieber) (ähnlich, aber Clypeus u. Stirn gleichfarbig; 2–4 mm). – Außerdem im Süden (aber in Ausbreitung) auf Halbtrockenrasen ***Ditropsis flavipes*** (Signoret) (Stirn, Pronotum u. Scutellum fein lederig genarbt; um 3 mm), an *Bromus erectus*.

— Stirn mit 1 Mediankiel [**17**] **8**

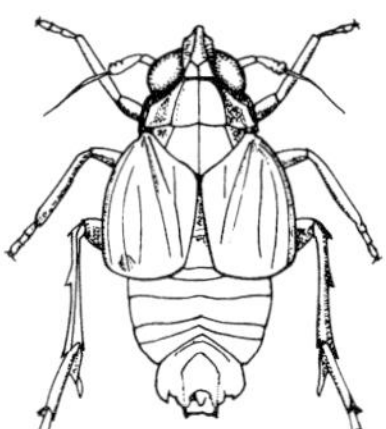
11

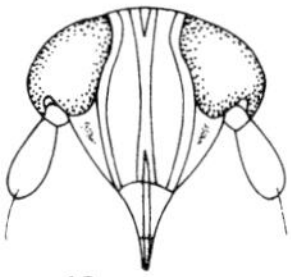
13

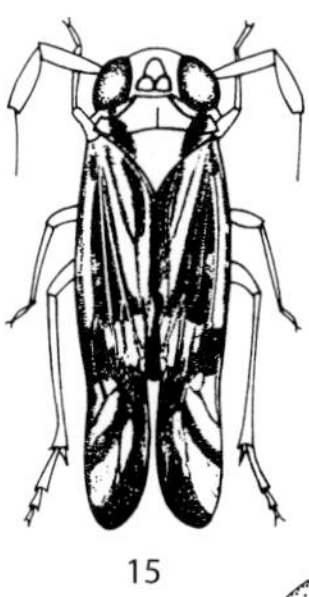
15

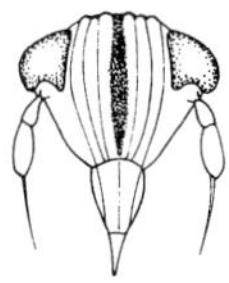
16

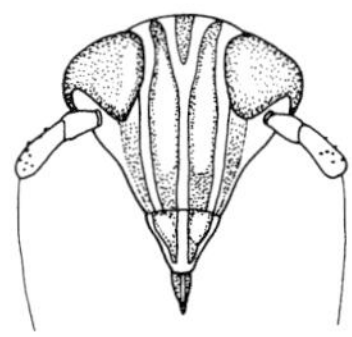
17

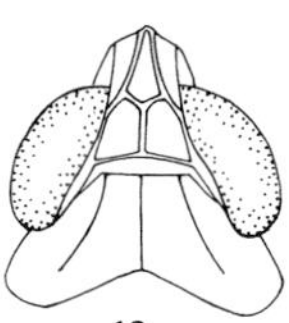
12

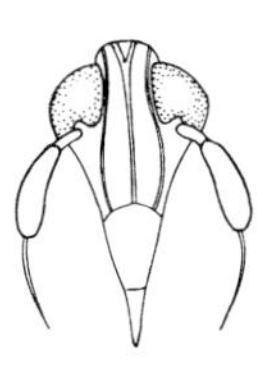
14

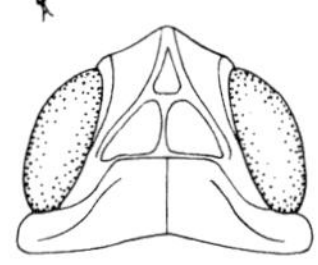
18

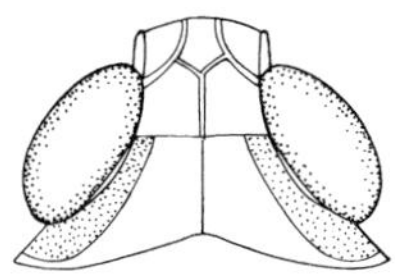
19

11 *Megamelus*; **15** *Delphax*

— Stirn mit 2 Mediankielen [**16**]

a) Scheitel von oben gesehen etwa so lang wie breit: ***Jassidaeus lugubris*** (Signoret) (♂ schwarz, ♀ hell, Abdomen seitlich mit je 3 schwarzen Flecken; 1,7–2,5 mm), auf Trockenrasen, an *Festuca*.

b) Scheitel breiter als lang. Kiel der Stirn u. des Scheitels dick, deutlich, ± weiß [**16**]: 4; ***Criomorphus*** Curtis, häufig ***C. albomarginatus*** Curtis (2,2–4 mm), auf Wiesen. Diese Kiele flach, nicht weiß: ***Ditropis pteridis*** (Spinola) (Stirn einfarbig hell oder angedunkelt; 3–5 mm), an Adlerfarn. ***Eurybregma nigrolineata*** Scott (Scheitel mit 3 in einem gleichseitigen Dreieck angeordneten, dunklen Punkten; Pronotum u. Scutellum gelblich mit dunklen Längsstreifen; 3–5,5 mm), an Quecke (*Elymus repens*). 2; ***Stiroma*** Fieber (Stirn ähnlich, aber Pronotum u. Scutellum ohne dunkle Streifen), häufig ***S. affinis*** Fieber in Wäldern (an Gräsern).

8. Mediankiel im oberen Drittel der Stirn gegabelt [**17**]

4; ***Dicranotropis*** Fieber, häufig ***D. hamata*** (Boheman) (♂ hinten mit zangenförmigen Fortsätzen; 2,7–5 mm), auf Wiesen.

— Mediankiel erst nahe dem Scheitel gegabelt **9**

9. Adern der Vdflügel mit Körnelung. Körnchen breiter als Adern

2; ***Conomelus*** Fieber (Stirn ± einfarbig hell, unten dunkler; 2. Fühlerglied mit schwachem Kiel an der Basis), häufig ***C. anceps*** (Germar) (2,5–3 mm), an *Juncus*. ***Euconomelus lepidus*** (Boheman) (Stirn dunkelbraun, mit hellbraunen Flecken; 2. Fühlerglied ohne Kiel; 2–3,5 mm), an *Eleocharis*.

— Vdflügel ohne derartige Körnelung **10**

10. Scheitel etwa so lang wie breit, etwa 5-eckig [**18**]

Delphacinus mesomelas (Boheman (2–4 mm), auf mageren Weiden.

— Scheitel meist kürzer, ± rechteckig [**19**] .... viele Gattungen

Übersicht über einige typische, ohne Genitaluntersuchung meist nicht eindeutig zu identifizierende Formen. Merkmale gelten für ♂♂.

a) Körper hell: unter anderem 3; ***Muellerianella*** Wagner (grau-gelb; Flügel ⅔ des Abdomens bedeckend), z. B. ***M. fairmairei*** (Perris) (2–4 mm), an *Holcus*. 3; ***Xanthodelphax*** Wagner (goldgelb; Flügel halblang, hinten abgerundet), z. B. ***X. stramineus*** (Stål) (2–4 mm), an *Agrostis*.

b) Körper (nicht die Flügel) ± einheitlich dunkel, höchstens Kopfkiele hell u. mit diffus verteilten hellen Stellen: 8; ***Javesella*** Fennah, sehr häufig ***J. pellucida*** (F.) (Pronotum weiß; meist langflügelig; 2–5 mm), eurytop, auch auf Kulturfeldern.

c) Körper hell-dunkel gezeichnet: unter anderem ***Laodelphax striatella*** (Fallén) (Flügel mit dunklem Keilfleck im Clavus; 2–5 mm), polyphag an Gräsern. ***Hyledelphax elegantulus*** (Boheman) (Pronotum weiß, Scutellum schwarz, Flügel hellgrau; 2–3 mm), v. a. an *Deschampsia flexuosa*. ***Calligypona reyi*** (Fieber) (Pronotum weiß, Scutellum schwarz, Flügel gelbbraun; 3–4 mm), auf *Schoenoplectus*. 6; ***Ribautodelphax*** Wagner (Körper dunkel, mit heller Mittellinie auf Oberseite), z. B. ***R. collinus*** (Boheman) (2,5–4 mm), auf magerem Grasland, an *Agrostis*. 2; ***Nothodelphax*** Fennah (Pronotum u. Scutellum mit 4 dunklen Längsstreifen), z. B. ***N. distinctus*** (Flor) (2–3 mm), an *Eriophorum*.

Familien: **Cercopidae** u. **Aphrophoridae**, Blut- u. Schaumzikaden

Adulte mit derben Flügeldecken, oft ± käferartig. Larven bleich gefärbt, in farblosen Schaumballen (Kuckucksspeichel), die durch Einblasen von Luft in die Kotflüssigkeit entstehen.

1. Vdflügel schwarz mit dunkelroter Zeichnung. Kopf deutlich schmaler als Pronotum [**20**]

Blutzikaden, **Cercopidae**

Larven gregär, in zähflüssigen Schaumballen unterirdisch an Wurzeln. Nur 3; ***Cercopis*** F., ***C. vulnerata*** Rossi (= ***sanguinea*** Fourcroy) [**20**] (mit roter Binde nahe der Flügelspitze, parallel zu ihr gebogen; 9,5–11 mm), an Gräsern u. Stauden an Säumen; ***C. sanguinolenta*** (Scopoli) (rote Binde weiter von Flügelspitze entfernt, wenig gebogen; 8–10 mm), wärmeliebend, oft in alten Weinbergen, vor allem im Süden u. Osten. – Ähnlich 1 weitere, sehr seltene Art. – Hierher auch

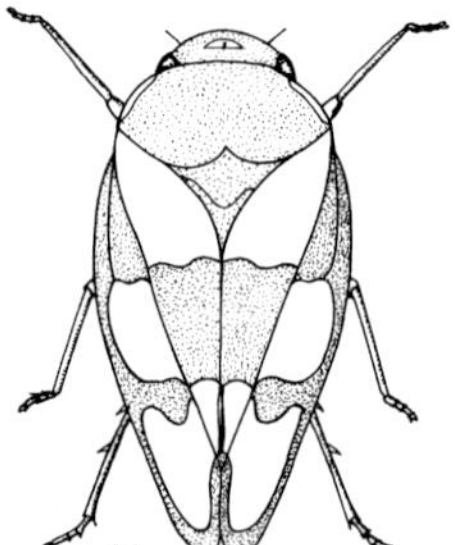
20

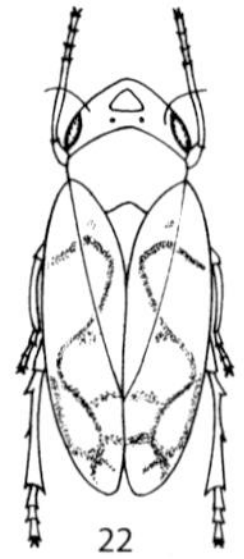
22

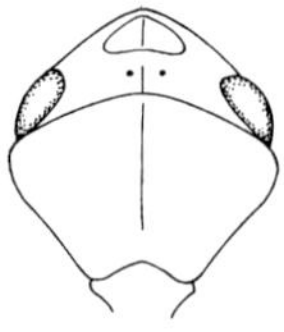
21

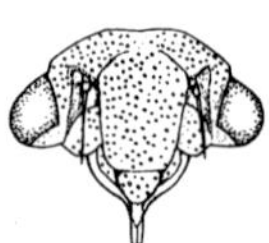
24

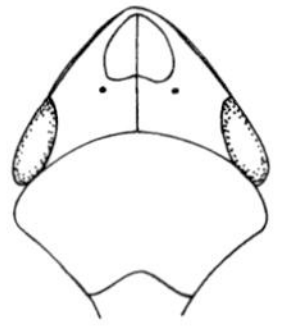
23

20 *Cercopis*; **22** *Philaenus*

Haematoloma dorsata (Ahrens) (Unterscheidungsmerkmal: kleiner, 6,5–7,5 mm; dichter behaart; Flügel mit rotem Vorderrand), aus Mittelmeergebiet eingewandert. Adulte auf *Pinus*, Larven an Graswurzeln.

— Vdflügel gelb-braun, nicht schwarz u. rot. Kopf so breit wie oder wenig schmaler als Pronotum [**21–23**] .... Schaumzikaden, **Aphrophoridae** 2

2. Vdrand des Pronotums im mittleren Teil ± gerade. Körper breit eiförmig Wanstschaumzikade, ***Lepyronia coleoptrata*** (L.)

Oberseite matt, dicht u. fein behaart. 5,5–7 mm. Auf Grasland.

— Vdrand des Pronotums stumpfwinklig zwischen die Augen vorragend [**21–23**]. Körper schlanker 3

3. Pronotum u. Scheitel mit deutlichem Mittelkiel [**21**]. Über 6 mm .... 5; ***Aphrophora*** Germar

A. alni (Fallén), Erlenschaumzikade (Vdflügel grob dunkel gefleckt; 8–11 mm), Larven auf Kräutern, Adulte auf Laubhölzern, häufig; ***A. corticea*** (Germar), Kiefernschaumzikade (Vdflügel fein gefleckt; kieferrindenfarbig; 6–11 mm), Adulte an Kiefern; ***A. salicina*** (Goeze), Weidenschaumzikade (Flügel einfarbig grünlich-gelb; 9–11 mm), auf Weide.

— Pronotum u. Scheitel ohne Mittelkiel. Unter 7 mm 4

4. Körper oval. Scheitel stumpfwinklig. 5–6 mm [**22**] Wiesenschaumzikade, ***Philaenus spumarius*** (L.)

Mit vielen Zeichnungsvarianten. Sehr häufig an Kräutern, Gräsern u. auf Gebüsch.

— Körper schmal, fast parallelseitig. Scheitel recht- bis spitzwinklig [**23**]. 3,5–7 mm 6; ***Neophilaenus*** Haupt

a) Clypeus flach, behaart, matt: ***N. campestris*** (Fallén) (Vdflügel grobfleckig; 3,5–6 mm), auf Gräsern; ***N. lineatus*** (L.) (Vdflügel gelblich-braun mit dunklem Längsstrich; 5–7 mm), eurytop an Gräsern; ***N. minor*** (Kirschbaum) (ähnlich, aber kleiner: 4–5 mm), auf Trockenrasen, an Gräsern.

b) Clypeus stärker gewölbt, wenig behaart, glänzend: ***N. exclamationis*** (Thunberg) (Vdflügel dunkelbraun, mit hellem Randstreif; 3,5–5 mm), an Gräsern in lichten Wäldern; ***N. albipennis*** (F.) (Vdflügel hell, kräftig dunkel gezeichnet; 4,5–6,5 mm), an *Brachypodium*. Ähnlich die sehr seltene östliche Art ***N. infumatus*** (Haupt).

Familie: **Cicadellidae**, Kleinzikaden

1. Oberseite einschließlich der Flügel mit wabenartigen Punktgruben. Gesicht [**24**] ... **Ulopinae**

2; ***Ulopa*** Fallén, häufig ***U. reticulata*** (F.), an Calluna. ***Utecha trivia*** (Germar), an Kräutern.

— Oberseite höchsten stellenweise mit derartiger Punktierung 2

2. 13–18 mm. Pronotum jederseits mit ohrförmigem Fortsatz. Httibien nach außen blattartig erweitert .... **Ledrinae**

Nur ***Ledra aurita*** (L.), Ohrenzikade, an Rinde von Laubbäumen.

— Kleiner. Pronotum ohne ohrförmige Fortsätze. Httibien nicht deutlich verbreitert 3

3. Makropter. Aderung an der Basis der Vdflügel meist undeutlich. Adern gewöhnlich nur im Spitzen-Drittel des Flügels verzweigt und nur hier Queradern [**26–28**]. Ocellen meist fehlend (Ausnahme: ***Alebra***) .... Blattzikaden, **Typhlocybinae** 4

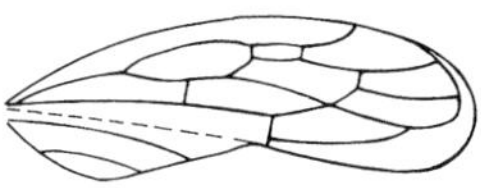

25

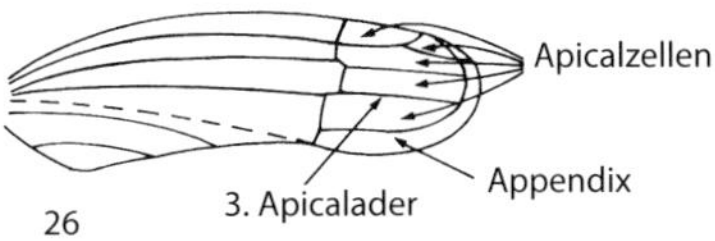

26

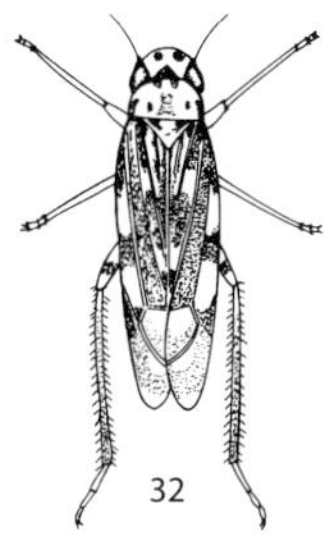

32

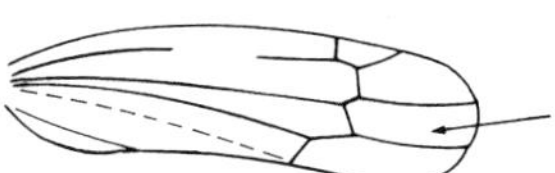

27

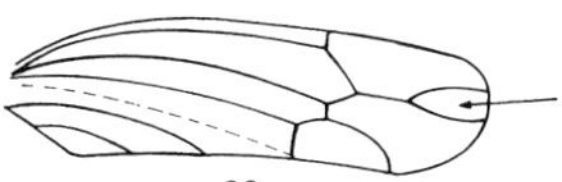

28

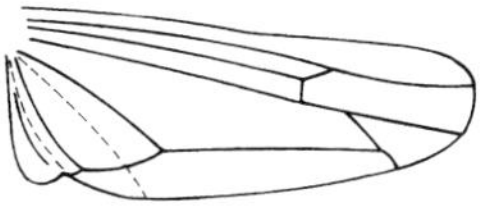

29

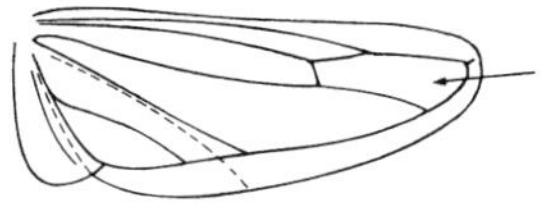

30

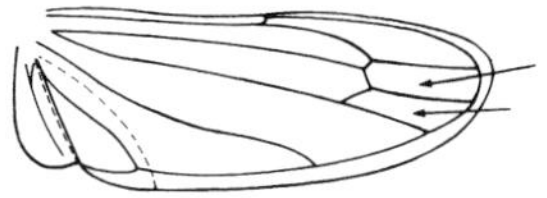

31

32 *Eupteryx*

— Makropter oder brachypter. Wenn Flügel länger als Abdomen, dann Längsadern der Vdflügel von der Basis an deutlich und mindestens eine Verzweigung u. eine Querader in dem basalen ⅔-Teil des Vdflügels (z. B. [**25**]). Mit Ocellen **8**

4. Vdflügel mit deutlichem „Appendix" (Apicalmembran) [**26**] .... 5; ***Alebra*** Fieber
Auf Laubbäumen, z. B. ***A. wahlbergi*** (Boheman) (3,5–4,5 mm).

— Vdflügel ohne Appendix **5**

5. Apicalzellen des Htflügels an der Flügelspitze geschlossen [**30, 31**] **6**

— Apicalzellen des Htflügels an der Spitze offen [**29**] **7**

6. Htflügel nur mit 1 Apicalzelle [**30**]
Meist hellgrünlich bis gelblich. An Kräutern u. Bäumen. Wichtig 13; ***Kybos*** Fieber u. 6; ***Empoasca*** Walsh, z. B. ***E. vitis*** (Göthe) (Flügel mit hyalinem bis bläulichen Streifen; 3–4 mm), polyphag an Gehölzen, sehr häufig, u. ***E. decipiens*** Paoli (3,5–4 mm), eurytop im halboffenen Kulturland.

— Htflügel mit zwei oder drei Apicalzellen [**31**]
Meist einfarbig hell. An Kräutern oder *Carex*. Auswahl: ***Notus flavipennis*** (Zetterstedt) (Vdkörper oben und basale ⅔ der Vdflügel zitronengelb; 3,5–4 mm), an *Carex*. 2; ***Forcipata*** De Long et Caldwell (Vdkörper oben gelb, Vdflügel nur wenig gelb, ± durchsichtig; 3–3,8 mm), an *Carex*, z. B. ***F. citrinella*** (Zetterstedt). ***Dikraneura variata*** Hardy (Vdkörper oben schmutzig-grünlich bis braun, Scheitel mit hellem Mittellängsstreif; 2,8–3,4 mm), in lichten Wäldern, an *Avenella flexuosa*. ***Erythria aureola*** (Fallén) (Vdkörper oben grau, mit dunkler Zeichnung; 2–2,7 mm) an *Calluna* u. *Thymus*.

7. 3. Apicalader des Vdflügels an der Flügelspitze endend, 2. Apicalzelle 4-eckig, nie gestielt [**27**]
Vdkörper oben u. Vdflügel einfarbig gelblich: ***Alnetoidia alneti*** (Dahlbom) (3,3–4,1 mm), auf Laubgehölzen. Übrige Arten vorn mit dunkler oder rötlicher Zeichnung, Körper oft unter 3,2 mm, artenreich 16; ***Zygina*** Fieber (Scheitel in der Mitte mit dunklem Längsstrich, oft mit roter Zeichnung), an Laubgehölzen z. B. ***Z. flammigera*** (Fourcroy), an *Hypericum* ***Z. hyperici*** (Herrich-Schäffer), an *Calluna* ***Z. rubrovittata*** (Lethierry).

— 3. Apicalader des Vdflügels am Flügelhinterrand endend, 2. Apicalzelle 3-eckig, meist gestielt [**28**]
An Laubgehölzen. Viele z. T. artenreiche Gattungen. ± hell, ohne auffällige dunkle Zeichnung: u. a. 3; ***Fagocyba*** Dlabola, ***F. cruenta*** (Herrich-Schäffer) (Vdflügel gelblich bis weiß, zuweilen rötlich; 3,5–4 mm), häufig an Laubgehölzen. ***Edwardsiana*** Zachvatkin, etwa 30 Arten, an Laubgehölzen, z. B. ***E. rosae*** (L.) (gelblich, 3,5–4 mm). Mit ± auffälligem dunklem Zeichnungsmuster: u. a. ***Eupteryx*** Curtis (Scheitel u. Pronotum meist mit ± ausgedehnter Fleckenzeichnung), etwa 25 Arten, häufig ***E. atropunctata*** (Goeze) (um 3,5 mm), polyphag, ***E. urticae*** (F.) [**32**] (um 3,5 mm) u. ***E. aurata*** (L.) (3,5–4,3 mm) an Brennesssel. 3; ***Linnavuoriana*** Dlabola (Pronotum mit 4 oder 6 dunklen Punkten), ***L. sexmaculata*** (Hardy) (mit 6 dunklen Punkten auf dem Vdkörper; 3–4 mm) an Weide. ***Typhlocyba quercus*** (F.) (Vdflügel mit 3 roten Flecken; 3–3,5 mm), an Eichen u. anderen Bäumen. 6; ***Ribautiana*** Zachvatkin (Apicaladern in der Spitze des Vdflügels mit dunklen Flecken), ***R. ulmi*** (L.) (3,5–4,5 mm) an Ulme.

8. Kiele auf dem Scheitel mit dem auf dem Gesicht ein X bildend. Scheitel ohne Mittelkiel [**33**]
Megophthalminae
2; ***Megophthalmus*** Curtis, häufig ***M. scanicus*** (Fallén) (2,5–4 mm), auf Wiesen, auch im Gebüsch.

— Kiele auf dem Scheitel und dem Gesicht (falls vorhanden) kein X bildend. Scheitel ohne oder mit Mittelkiel **9**

9. Scheitel über 2-mal so lang wie das Pronotum, auch die Augen umfassend [**34**]
Dorycephalinae
Nur ***Eupelix cuspidata*** (F.) (5–7 mm), an *Festuca*.

— Scheitel weniger als 2-mal so lang wie Pronotum, nicht derartig die Augen umfassend .. **10**

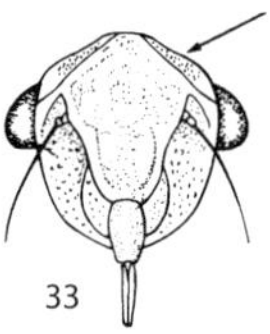
33
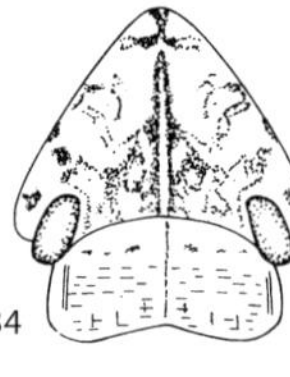
34
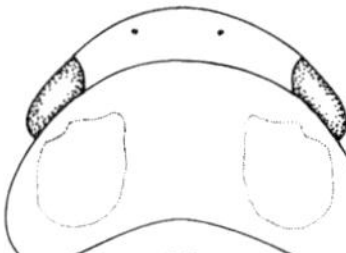
35

36
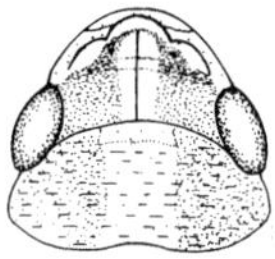
37
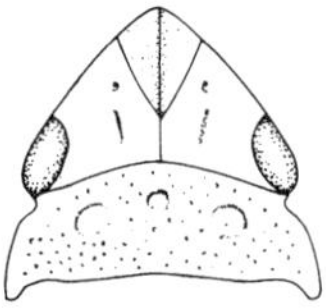
38
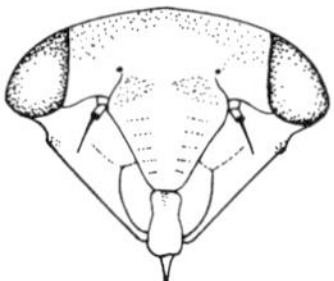
39
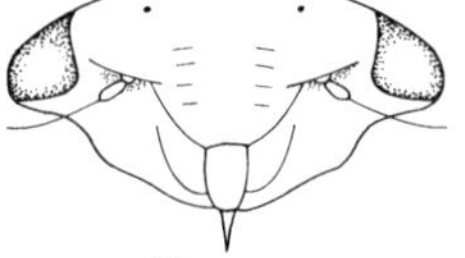
40
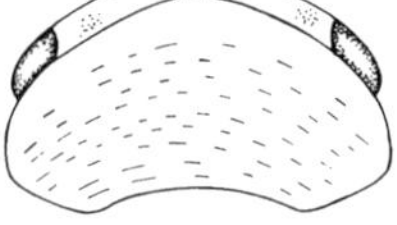
41

10. Ocellen deutlich auf der Fläche des Scheitels [**35–38**]. Scheitel u. Pronotum typisch, wie [**35–38**] **11**

— Ocellen deutlich auf dem Gesicht, z. B. [**39, 40, 42, 44**] **13**

— Ocellen auf dem Scheitel, jedoch dicht hinter dem Vdrand des Kopfes oder Ocellen am Übergang zwischen Scheitel u. Gesicht (seitlich betrachten!) [**45–69**] **16**

11. Körper kurz u. breit, hinter der Mitte am breitesten. Seiten des Pronotums stark nach vorn konvergierend [**35**] .... **Penthimiinae**

Nur ***Penthimia nigra*** (Goeze) (dunkel, auch rot gefleckt; 4–5,5 mm), an Laubgehölzen, vor allem im Süden.

— Körper gestreckt. Pronotum anders [**36–38**] .... **Cicadellinae 12**

12. Scheitel ohne Mittelkiel oder Mittelrinne. Ocellen weit hinten [**36**]

2; ***Cicadella*** Latreille, häufig ***C. viridis*** (L.) (Vdflügel u. Pronotum ± grün; Scheitel mit 2 großen u. 2 kleinen dunklen Flecken; 7–9 mm), in feuchtem Grasland. ***Graphocephala fennahi*** Young (Flügel mit roter Längszeichnung; um 8,5 mm), an *Rhododendron*, aus Nordamerika eingeschleppt.

— Scheitel in der Mitte mit Längskiel, davor mit 3-bogigem Querkiel [**37**]

Nur 2; ***Evacanthus*** Lepeletier et Serville (Vdflügel schwarz längsgestreift), ***E. interruptus*** (L.) (Grundfarbe goldgelb; 5–7 mm), in feuchterem Grasland; ***E. acuminatus*** (F.) (Grundfarbe graugelb; schwarze Zeichnung unscheinbarer, Streifung undeutlich; 5–7 mm), v. a. in Wäldern an Stauden.

— Scheitel mit Mittelkiel, vorn mit V-förmiger Nahtlinie [**38**]. Brachypter

(auch zu **Errhomeninae** gestellt) Nur ***Errhomenus brachypterus*** Fieber (6–7 mm), am Waldboden.

13. Gesicht jederseits mit feiner Nahtlinie vom Fühler bis fast zum Ocellus [**39**]. Makropter **Idiocerinae**

Rhytidodus decimusquartus (Schrank) (Pronotum u. Scheitel deutlich querrissig; 5,5–7,5 mm), auf Pappel. Pronotum u. Scheitel nicht querrissig, aber chagriniert (mit Narbenmuster): mehrere Gattungen mit etwa 25 Arten, artenreich ***Idiocerus*** Lewis, ***Tremulicerus*** Dlabola, ***Populicerus*** Dlabola. Meiste Arten auf Weide oder Pappel, sehr häufig ***P. populi*** (L.) (5–6 mm); wenige Arten auf Ahorn oder Schlehe, z. B. ***Acericerus vittifrons*** (Kirschbaum) (5–6 mm) auf Ahorn.

— Nahtlinie vom Fühler zum Ocellus fehlend oder weit vor Ocellus endend [**40, 42, 44**] **14**

14. Fühler in tiefer Grube unter einer Leiste inserierend, die ± horizontal verläuft u. das Komplexauge erreicht [**40**]. Seiten des Pronotums mindestens etwa so lang wie hinterer Augenrand, stark gekielt [**41**] .... Lederzikaden, **Iassinae**

2; ***Batracomorphus*** Lewis (Htschenkel an der Spitze mit 5 Dornen; Körper 5–7 mm), z. B. ***B. irroratus*** Lewis, an *Helianthemum*. 2; ***Iassus*** F. (Htschenkel an der Spitze mit 3 Dornen; 7–8,5 mm), ***I. lanio*** (L.) an Eiche, ***I. scutellaris*** (Fieber) an Ulme.

— Fühlerinsertion anders. Seiten des Pronotums viel kürzer als hinterer Augenrand, nicht gekielt **15**

15. Fühler in einer tiefen Grube unter einer Leiste inserierend, die schräg nach oben bis zu den Komplexaugen reicht [**42**]. Makropter .... Maskenzikaden, **Macropsinae**

a) Runzellinien des Pronotums ± parallel zum Htrand: 7; ***Oncopsis*** Burmeister, auf Bäumen, auf Birke sehr häufig ***O. flavicollis*** (L.) (4,5–5,5 mm).

b) Runzellinien des Pronotums schräg von der Mitte des Vdrandes zu den Htecken verlaufend [**43**]: ***Pediopsis tiliae*** (Germar) (Scheitel in der Mitte von oben kaum sichtbar, von Pronotum bedeckt, tiefer als dieses liegend; 5–6 mm), an Linde. ***Macropsis*** Lewis (Scheitel auch in der Mitte von oben sichtbar [**43**], höher als Pronotum liegend), über 20 Arten, meiste an Weide oder Pappel, häufig ***M. fuscula*** (Zetterstedt) (4–5,5 mm), auf Rubus (Himbeere, Brombeere, Kratzbeere). Außerdem 2 weitere seltene Gattungen.

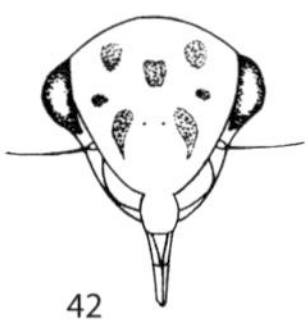

42

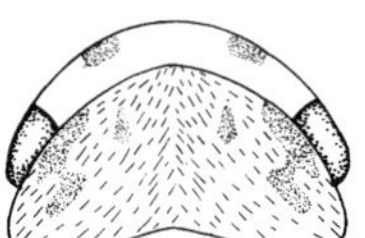

43

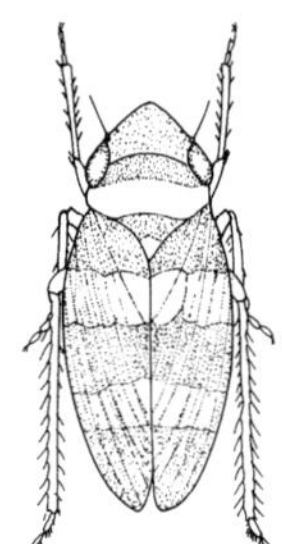

46

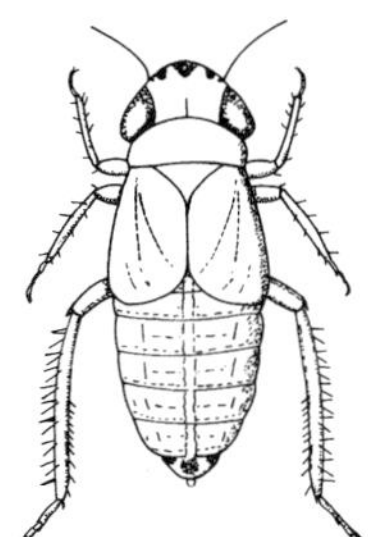

49

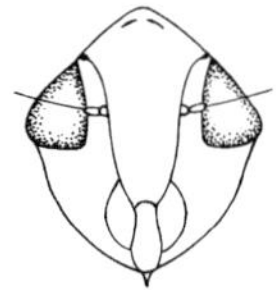

47

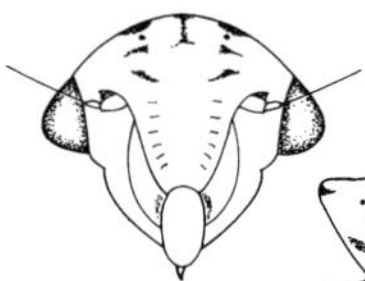

44

45

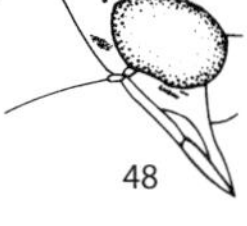

48

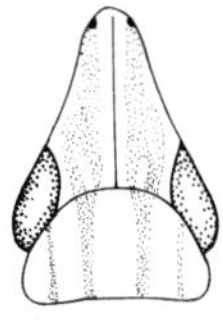

50

46 *Planaphrodes*; **49** *Doratura*

— Leiste über den Fühlern schwächer ausgeprägt, sich nicht bis zu den Komplexaugen erstreckend. Fühler in einer flachen Grube inserierend [**44**] .... **Agalliinae**
Wichtig 4; ***Anaceratagallia*** Zachvatkin, häufig ***A. venosa*** (Fourcroy) (2,5–3,5 mm), in trockenem Grasland, an Fabaceen; ***A. ribauti*** (Ossiannilsson) (2,7–3,4 mm), auf Wiesen an *Plantago*.

16. Ocellen noch auf dem Scheitel, aber nur wenig vom Vdrand des Kopfes entfernt (seitlich betrachten!) [**45**]. Scheitel ± scharf vom Gesicht abgesetzt [**45**] .... **Aphrodinae**
a) Scheitel ohne Mittelkiel, vorn quergerunzelt: 2; ***Stroggylocephalus*** Flor, in Flachmooren, Hochmooren, häufig ***S. agrestis*** (Fallén) (5,5–6,5 mm).
b) Scheitel mit Mittelkiel, nicht quergerunzelt: 4; ***Aphrodes*** Curtis, 7; ***Anoscopus*** Kirschbaum, 3; ***Planaphrodes*** Hamilton, in Grasland. Viele Arten häufig, hier Auswahl. Vdrand des Kopfes ± geschärft: ***Ap. bicinctus*** (Schrank) (Clypeus deutlich vertikal gerunzelt; ohne schwarze Querbänder, ♂ mit heller Querbinde über dem Scheitel; ♂ 5–6,5 mm, ♀ 6–7,8 mm); ***P. bifasciatus*** (L.) [**46**] (Gesicht ohne vertikale Runzeln; ♂: Vdflügel mit schwarzen Querbändern, an Spitze dunkel; 3,5–5 mm; ♀: Vdflügel höchstens mit undeutlichen Querbändern; unter 5 mm). Vdrand des Kopfes breit gerundet: ***An. flavostriatus*** (Donovan) (♂: Vdflügel längsgestreift, mit hellen Adern; Pronotum mit Querbinde; 3,3–4,5 mm); ***An. albifrons*** (L.) (♂: Körper bräunlich marmoriert, Pronotum ohne dunkles Querband, Vdflügel mit milchig-weißen Flecken; 3,3–5 mm).

— Ocellen auf dem Übergang zwischen Scheitel u. Gesicht [**48–69**], diese können gerundet ineinander übergehen .... **Deltocephalinae 17**

17. Ocellen sehr nahe am Auge, ihre Entfernung zum Auge weniger als die Hälfte der Entfernung der Stirnnaht zum Auge [**47**]
3; ***Platymetopius*** Burmeister, auf Laubbäumen, z. B. ***P. major*** (Kirschbaum) (Vdflügel innen mit zackig begrenztem, braunem Streif; 5,2–6,5 mm).

— Ocellen nicht so nahe am Auge **18**

18. Scheitel deutlich konkav u. in Seitenansicht zum Gesicht hin deutlich gekielt [**48**]. Scheitel viel länger als Pronotum
Gewöhnlich brachypter, Flügel sehr kurz. 6; ***Doratura*** Sahlberg, häufig ***D. stylata*** (Boheman) [**49**] (3–4,5 mm), auf Trockenrasen u. Bergwiesen.

— Scheitel leicht konkav, etwa 2-mal so lang wie das Pronotum [**50**]
Enantiocephalus cornutus (Herrich-Schäffer) (4–4,5 mm), im Osten u. im Süden auf trockenen Brachen, an Quecke (*Elymus repens*).

— Scheitel oben flach (seitlich betrachten!), selten etwas konkav, dann nicht deutlich länger als das Pronotum **19**

— Scheitel oben von der Seite betrachtet konvex **22**

19. Scheitel mit deutlicher schwarzer Linie am Vdrand [**51**]
Paramesus obtusifrons (Stål) (Scheitel vorn abgerundet [**51**]; Flügel beim ♂ dunkel; 5–7 mm), auf *Bolboschoenus*, an Meeresküste; an Binnenland-Salzstellen ***P. major*** Haupt. 3; ***Paralimnus*** Matsumura, häufig nur ***P. phragmitis*** (Boheman) (Scheitel vorn winklig; Oberseite vorn mit orangefarbenen Flecken; 4,5–5 mm), an Schilf. ***Artianus interstitialis*** (Germar) (Scheitel vorn abgerundet; Körper hell; Flügel mit dunklen Längslinien; 5 mm), in trockenem Gras im Süden u. Osten.

— Scheitel mit 2 dunklen Längsstrichen vor der Spitze [**52**]
Turrutus socialis (Flor) (oben gelbbraun; 2,7–4,2 mm), in magerem Grasland. 3; ***Arthaldeus*** Ribaut (oben grün), sehr häufig ***A. pascuellus*** (Fallén) [**52**], an Gräsern, eurytop.

— Scheitel mit 2 orangefarbenen Flecken, die über die Hälfte der Fläche bedecken
Metalimnus formosus (Boheman) (3,3–4,4 mm), an Seggen.

— Scheitel mit kleineren dunklen Punkten **20**

— Scheitel anders **21**

20. Scheitel mit 4 kleinen Punkten in einer gebogenen Reihe [**53**]
Graphocraerus ventralis (Fallén) (oben gelbgrün; 5–6 mm), in Gras.

— Punkte anders
Arten von 4; ***Rhopalopyx*** Ribaut, ***R. preyssleri*** (Herrich-Schäffer) (3 dunkle Punkte am Vdrand, 1 Punkt am Htrand des Scheitels; 3,5–4 mm), xerophil, an *Poa pratensis*; ***R. adumbrata*** (Sahlberg), ähnlich, aber mehr hygrophil, an *Festuca rubra*. Weitere Arten, auch manche ***Macrosteles*** spp. (s. **24**), ähnlich.

21. Scheitel mit auffälliger dunkler Zeichnung
Viele Arten. Beispiele: ***Mocydia crocea*** (Herrich-Schäffer) (Scheitel am Vdrand mit in der Mitte geteiltem dunklem Strich, dahinter, auch auf Pronotum, gelb-braune Längsstreifen; Vdflügel spitz; 5–6 mm), in hohem Gras. 5; ***Mocydiopsis*** Ribaut (ähnlich, aber Vdflügel abgerundet; 4–5 mm), z. B. ***M. attenuata*** (Germar) in Grasland. ***Adarrus multinotatus*** (Boheman) (Scheitelzeichnung [**54**]; 2,5–3,5 mm), an *Brachypodium*. ***Errastunus ocellaris*** (Fallén) (Gesichtszeichnung [**55**], Adern der Vdflügel hell, mit sekundären Queradern im Clavus, Zellen ± stark dunkel gesäumt; 3–4 mm). ***Diplocolenus*** bohemani (Zetterstedt) (Scheitel strohfarben, Zeichnung [**56**]; 4,5 mm), in hohem Gras. ***Recilia coronifer*** (Marshall) (Scheitelzeichnung [**57**]; 3–4 mm), in Grasland. Weitere Arten, darunter solche von 7; ***Jassargus*** (Zachvatkin), an Gräsern, z. B. ***J. pseudocellaris*** (Flor) (Scheitel mit 2 nach vorn konvergierenden dunklen Strichen u. je 1 dunklen Punkt dahinter in Richtung Augen; 2,7–3,3 mm).

— Scheitel hell, ohne auffällige (höchstens mit unscharfer) Zeichnung
Verdanus abdominalis (F.) (oben gelbgrün, unten schwarz; 4–5 mm), in Grasland. ***Rhytistylus proceps*** (Kirschbaum) (Gesicht [**5**]; 3,7–5,2 mm), in trockenem Grasland. ***Fieberiella florii*** (Stål) (oben gelbbraun, fein schwarz punktiert; 6–7 mm), in

offenen Lebensräumen, auf Gebüsch. ***Mocuellus*** (= ***Henschia***) ***collinus*** (Boheman) (grün; meist brachypter, Vdflügel etwa ½ Körperlänge; 3,5–4,5 mm), in trockenem Gras. Weitere Gattungen, v. a. 19; ***Psammotettix*** Haupt, 4; ***Arocephalus*** Ribaut, z. B. ***A. punctum*** (Flor) (Vdflügel mit dunklem Punkt vor der Spitze; 2,5–3 mm), an *Festuca ovina*; ***Ps. alienus*** (Dahlbom) (4–4,5 mm), in offenem Gelände, Kulturfolger.

22. Scheitel in der Mitte etwa so lang wie seitlich an den Augen
Scheitel kurz, ¼–⅓ der Länge des Pronotums. Kopf nicht breiter als Pronotum: 5; ***Balclutha*** Kirkaldy, häufig ***B. punctata*** (F.) (grünlich bis rosa, Vdflügel mit dunklen Punkten; 3,5–4 mm), im Gras. Scheitel länger, mindestens ½ der Länge des Pronotums. Kopf meist breiter als Pronotum: ***Coryphaelus gyllenhalii*** (Fallén) (Scheitel vorn fast gerade, mit 2 großen dunklen Flecken; 4,5–6 mm), an *Schoenoplectus* an Seeufern. ***Grypotes puncticollis*** (Herrich-Schäffer) (Scheitel vorn rund, mit welligem, dunklem Streifen; Anteclypeus schmal [**58**]; 4–5 mm), auf Kiefer. ***Opsius stactogalus*** Fieber (Scheitel vorn rund; Körper oben grün-gelb, ohne Zeichnung; 3,5–4 mm), an *Myricaria* u. *Tamarix*. ***Goniagnathus brevis*** (Herrich-Schäffer) (♀ oben ± karminrot, Vdflügel braun mit schwarzen Stricheln u. Flecken, ♂ schwarz; 5–6,5 mm), auf Trockenrasen. – Hierher auch ***Limotettix atricapillus*** (Boheman) (Scheitel vorn rund, mit geradem, dunklem Querband; 4–5 mm), in Zwischenmooren.

— Scheitel in der Mitte länger als seitlich an den Augen, ± 3-eckig [**59**] **23**

23. Scheitel mit dunkler Binde nahe u. parallel dem Vdrand
Athysanus argentarius Metcalf (Binde von Auge zu Auge reichend [**59**]; Oberseite bleich-gelbbraun, mit zarter Streifung; 6,5–8 mm), in Grasland. ***Speudotettix subfusculus*** (Fallén) (Binde nicht bis zum Auge reichend; Oberseite braun mit dunkler Zeichnung; 5–6 mm), auf Bäumen. ***Macustus grisescens*** (Zetterstedt) (Scheitel mit zweiter Binde hinter der ersten [**60**]; Oberseite hellbraun mit dunkler Zeichnung; 4,5–5,5 mm), in feuchtem Grasland u. in Wäldern.

— Scheitel mit dunkler ± gerader Binde querüber von Auge zu Auge [**61**], ohne dunkle Punkte
Limotettix striola (Fallén) (Scheitelzeichnung [**61**]; Pronotum gelblich-grün; 4–5 mm), v. a. an Salzstellen, oft an *Eleocharis*. ***Ophiola transversa*** (Fallén) (Pronotum gelbbraun, vorn dunkel; 3–4 mm), in Trockenrasen. ***Athysanus quadrum*** Boheman (Pronotum braun, mit dunklen Linien u. Flecken, 5–7 mm), in Streuwiesen.

— Scheitel mit deutlichen Punkten, Flecken oder Stricheln (auch Binde) **24**

— Scheitel ohne deutliche Zeichnung **25**

24. Scheitelzeichnung aus wenigen größeren Punkten bestehend
Sagatus punctifrons (Fallén) (Scheitel mit je 1 Punkt hinter den Ocellen; oben gelblich-grün; 4–6,3 mm), an *Salix*. ***Stictocoris picturatus*** (Sahlberg) (Scheitel u. Pronotum wie [**62**]; oben gelblich-weiß, Vdflügel kräftig dunkel längsgestreift; 3,5–4 mm) auf Magerweiden an *Ononis* u. *Genista*. Arten von 9; ***Cicadula*** Zetterstedt (Anteclypeus sich nach unten verbreiternd [**63**]; Scheitel häufig mit 4 Flecken in 2 Querreihen), z. B. ***C. quadrinotata*** (F.) (Scheitelzeichnung [**64**]; oben grünlich; 4–5 mm), an feuchten Stellen. Arten von 17; ***Macrosteles*** Fieber (Anteclypeus nach unten gerade oder sich verschmälernd [**65**]; Scheitel häufig mit 6 Flecken in 3 Querreihen), z. B. ***M. sexnotatus*** (Fallén) u. ***M. laevis*** (Ribaut) (Scheitelzeichnung [**66**]; 3,2–4 mm), in Grasland u. Kulturfeldern.

— Scheitelzeichnung ausgedehnt dunkel
Oberseite blau bereift („pruinös"): ***Erotettix cyane*** (Boheman) (4–5 mm), auf Wasserpflanzen (Seerose, Teichrose, Laichkraut).

— Scheitelzeichnung kleinere Punkte und/oder längliche Flecken
4; ***Allygus*** Fieber u. 3; ***Allygidius*** Ribaut (Vdflügel mit ± milchweißen Queradern; 6–9 mm), häufig ***Allygus mixtus*** (F.), auf Laubbäumen. Ohne milchweiße Queradern: wichtig 5; ***Streptanus*** Ribaut, in Grasland, häufig ***S. aemulans*** (Kirschbaum) (Scheitelzeichnung [**67**]; 4,5–5,5 mm), mehr mesophil, u. ***S. sordidus*** (Zetterstedt) (3,5–5 mm), mehr hygrophil, an *Agrostis*. 5; ***Euscelis*** Brullé, sehr häufig ***E. incisus*** (Kirschbaum) [**68**] (3–4,5 mm), in Grasland. Typisch ***Colladonus torneellus*** (Zetterstedt) (Scheitelzeichnung [**69**]; 4,5–5,2 mm), in Nadelwäldern, selten.

25. Scheitel hell (gelbgrün bis gelbbraun)
Mehrere Gattungen. Beispiele: 2; ***Elymana*** de Long, häufig ***E. sulphurella*** (Zetterstedt) (mit je 1 schwarzen Fleck an der Basis der Antennen; 4,3–5,3 mm), in Grasland. 2; ***Thamnotettix*** Zetterstedt (ohne diese Flecken), in Wäldern, häufig ***Th. confinis*** Zetterstedt (bleich grün; 5,5–7,5 mm). ***Idiodonus cruentatus*** (Panzer) (Oberseite braungelb, rot gesprenkelt; 4,5–5,5 mm), in lichten Nadelholzbeständen.

— Scheitel dunkel (braun bis schwärzlich-grau)
Mehrere Gattungen. Beispiele: ***Deltocephalus pulicaris*** (Fallén) (Scheitel u. Pronotum vorn ocker, dahinter grau, gesamte Oberfläche braun gezeichnet; 2,5–3,5 mm), in Grasland. ***Neoaliturus fenestratus*** (Herrich-Schäffer) (♂ schwarz glänzend, Vdflügel mit weißen, hyalinen Flecken; 3–3,5 mm), auf Trockenrasen.

Literatur

Biedermann, R., Niedringhaus, R.: Die Zikaden Deutschlands. Bestimmungstafeln für alle Arten. Scheeßel, 2004.

Biedermann, R., Niedringhaus, R.: The planthoppers and leafhoppers of Germany. Scheeßel, 2009.

Dolling, W. R.: The Hemiptera. Oxford, 1991.

Giustina, W. della: Homoptères Cicadellidae. Vol. 3. Compléments aux ouvrages d'Henri Ribaut. Faune de France 73. Paris, 1989.

Holzinger, W. E., Kammerlander, I., Nickel, H.: The Auchenorrhyncha of Central Europe – Die Zikaden Mitteleuropas. Volume 1: Fulgoromorpha, Cicadomorpha excl. Cicadellidae. Leiden, 2003.

Kunz, G., Nickel, H., Niedringhaus, R.: Fotoatlas der Zikaden Deutschlands. Scheeßel, 2011.

Mühlethaler, R., Holzinger, W.E., Nickel, H., Wachmann, E.: Die Zikaden Deutschlands, Österreichs und der Schweiz – Entdecken, beobachten, bestimmen. Wiebelsheim, 2019.

Müller, H. J., Witsack, W.: Auchenorrhyncha – Zikaden. In: B. Klausnitzer, Stresemann – Exkursionsfauna von Deutschland, Band 2 – Wirbellose: Insekten. 11. Aufl. Heidelberg, 2011.

Nickel, H.: The leafhoppers and planthoppers of Germany (Hemiptera, Auchenorrhyncha): patterns and strategies in a highly diverse group of phytophagous insects. Sofia, 2003.
Ossiannilsson, F.: The Auchenorrhyncha (Homoptera) of Fennoscandia and Denmark. Fauna entomologica scandinavica Vol. 7, Part 1–3. Kopenhagen, 1978–1983.
Le Quesne, W. J.: Hemiptera. Cicadomorpha, Fulgoromorpha. Handbooks for the identification of British insects. Vol. II, Part 2 (a–c), 3. London, 1960–1981.
Remane, R., Wachmann, E.: Zikaden kennenlernen, beobachten. Augsburg, 1993.
Ribaut, H.: Homoptères Auchénorhynques I (Typhlocybidae), II (Jassidae). Faune de France 31, 57. Paris, 1936, 1952.
Stöckmann, M., Biedermann, R., Nickel, H., Niedringhaus, R.: The nymphs of the planthoppers and leafhoppers of Germany. Scheeßel, 2012.
Strümpel, H.: Die Zikaden. Die Neue Brehm-Bücherei Band 668. Hohenwarsleben 2010.

Sternorrhyncha, Pflanzenläuse

1. Tarsen 2-gliedrig, mit 2 Krallen. Mit 4 Flügeln (diese können fehlen) **2**
— Tarsen 1-gliedrig oder mit der Tibia verschmolzen, mit 1 Kralle. ♂ nur mit Vorderflügel, ♀ ohne Flügel .... Schildläuse, **Coccina** S. 284
— Ohne Beine. Ohne Flügel. Körper meist unter Schild verborgen, ohne Segmentgrenzen ♀♀ einiger Schildläuse, **Coccina** S. 284
Außerdem Larvenstadien 2–4 der **Aleyrodina**.
2. Körper u. Flügel mit weißem Wachsstaub bedeckt. Flügeladerung reduziert [**1**]. Körper 1–2 mm .... Mottenläuse, Weiße Fliegen, **Aleyrodina**
Mit 4 Larvenstadien, Stadien 2–4 festsitzend, puppenähnlich. Nur **Aleyrodidae** mit ca. 15 Arten, weitere Arten in Gewächshäusern eingeschleppt. Beispiele: 3; ***Aleurochiton*** Tullgren an Ahorn, z. B. ***A. aceris*** (Modeer) an Spitzahorn. ***Aleyrodes proletella*** (L.) [**1**], meist an Schöllkraut (*Chelidonium*). ***Trialeyrodes vaporariorum*** (Westwood) in Gewächshäusern. ***Bemisia tabaci*** (Gennadius), eingeschleppt, in Gewächshäusern schädlich.
— Körper ohne Wachsstaub, höchstens mit fädigen Wachsausscheidungen. Flügel durchsichtig u. vieladrig oder fehlend **3**
3. Mit gut entwickelten Flügeln **4**
— Ohne Flügel oder mit Flügelstummeln **5**
4. Beine mit verdickten Schenkeln (Htbeine sind Sprungbeine). Habitus [**45**] Blattflöhe, **Psyllina** S. 286
— Beine ohne verdickte Schenkel, diese wenig dicker als Schienen (kein Sprungvermögen!). Habitus z. B. [**2b**] .... Blattläuse, **Aphidina** S. 275
5. Mit seitlich abstehenden Flügelstummeln (nicht bei jungen Larven). Schenkel verdickt. Tarsen mit Haftlappen .... Larven der Blattflöhe, **Psyllina** S. 286
— Ohne Flügelstummel. Schenkel unverdickt. Tarsen ohne Haftlappen Blattläuse, **Aphidina** S. 275

Aphidina, Blattläuse

Für die Bestimmung wichtige morphologische Merkmale: Körper oben glänzend, matt oder mit Wachsbedeckung (als Reif, Puder oder Flaum, produziert in Wachsdrüsen [**3a, b**]). Manchmal mit Tuberkel, wichtig Stirnhöcker am Kopf [**4**] u. „Marginaltuberkel" [**15**]. Rüssel in Ruhestellung der Körperunterseite anliegend mit 1- [**5a**] oder 2-gliedrigem Spitzenglied [**5b**]. Fühler 4–6-gliedrig, mit „Riechplatten" (Rhinarien), letztes Glied in dickeren Basisteil u. dünneren Spitzenteil (Processus terminalis) geteilt [**6**]. Flügeladerung im Vdflügel [**2b**]. Hinten fast immer mit Rückenröhren (Siphonen), diese poren-, knopf- [**8a**], kegelstumpf- [**8b**], keulenförmig [**8e**] oder zylindrisch [**8c, d, f**]. Am Körperende dorsal die Cauda (diese abgerundet [**9a**], dreieckig [**9b**], schwert- oder zungenförmig [**9c**], abgeschnürt-knopfförmig [**9d**]), ventral die Analplatte [**7, 9d**]. Meiste Arten mit Generationswechsel (Heterogonie; Holozyklie): aus überwinternden Eiern Fundatrix, anschließend mehrere Generationen von ungeflügelten u. geflügelten viviparen, parthenogenetischen ♀♀ (Virgines), ♀♀ (die begattet werden müssen) u. ♂♂ (beide Morphe = Sexuales), hieraus wieder Winterei. Manchmal ohne Generationswechsel (Anholozyklie). Bei vielen Arten Wirtswechsel: Fundatrix auf Holzgewächsen (Hauptwirt, Winterwirt), daraus parthenogenetisch (häufig erst ungeflügelte) Fundatrigenien (= Virgines auf Hauptwirt), die als geflügelte zu Nebenwirt (Sommerwirt) – meist krautige Pflanzen – abwandern, hier weitere parthenogenetische Generationen (Exsules = Virgines auf Sommerwirt), Rückwanderung auf Hauptwirt durch Gynoparae, die hier ovipare ♀♀ erzeugen, u. durch die ♂♂. Morphen können sehr unterschiedlich sein. **Tabellen basieren fast ausschließlich** (außer in der Familientabelle u. bei Arten ohne ungeflügelte Virgines) **auf adulten ungeflügelten Virgines** [**2a**], diese von Larven häufig durch dunkle Pigmentierung oder verlängerte Cauda zu unterscheiden; man sollte einer Blattlauskolonie (die vor allem aus Larven besteht!) zur Determination größere (und dann wahrscheinlich adulte) Individuen entnehmen. Untersuchung u. Aufbewahrung in 75%igem Alkohol. Pflanzensauger, manche Arten induzieren Gallbildung. Arten sind entweder monophag (auf eine Wirtspflanze beschränkt) oder oligophag (mit mehreren Wirtspflanzen) oder polyphag an vielen Pflanzen. In Mitteleuropa etwa 740 Arten; weitere Arten werden eingeschleppt oder wandern aus Nachbarländern zu.

Abkürzungen: Vd- = Vorder-, Ht- = Hinter-, Flügeladerung s. **Hexapoda.**

System (nach Heie & Wegierek (2009); Favret (2014)):
Adelgoidea: Adelgidae
Phylloxeroidea: Phylloxeridae
Aphidoidea (nach Heie & Wegierek (2009)): **Anoeciidae, Aphididae, Drepanosiphidae, Eriosomatidae, Hormaphididae, Lachnidae, Phloeomyzidae, Thelaxidae** (nach Favret (2014) alles Unterfamilien der **Aphididae**).

1. Geflügelt **13**
— Ungeflügelt **2**
2. Siphonen fehlend **3**
— Siphonen poren- oder knopfförmig **7**
— Siphonen länger, mindestens ½ so lang wie breit bis doppelt so lang wie breit **12**
— Siphonen lang, mindestens doppelt so lang wie breit bis sehr lang Röhrenblattläuse, **Aphididae** S. 280
3. An Nadelhölzern .... Fichtenläuse, Tannengallläuse, **Adelgidae**
Klein, mit Wachsausscheidungen. Häufig holozyklisch, dann mit Wirtswechsel. Typischer Zyklus: Fundatrix bewirkt an einer Knospe eine ananas- oder zapfenähnliche Galle, in deren Kammern Läuse leben, die als Adulte geflügelt sind. Wirtswechsel auf andere Koniferen. Exsules saugen an Nadeln. Etwa 15 Arten. Wichtig 4; ***Pineus*** Shimer, 11; ***Adelges*** Vallot. Beispiele für einige häufige Gallen: ***A. laricis*** Vallot, Rote Fichtengallenlaus, Galle bis 8 mm [**10**] an Fichte, Exsules an Lärche; ***A.*** (= ***Sacchiphantes***) ***abietis*** (L.), Gelbe Fichtengallenlaus, Galle 2–4 mm [**11**] an Fichte, Exsules an Lärche; ***A.*** (= ***Gilletteella***) ***cooleyi*** (Gillette), Douglasienlaus, Galle 4–8 mm [**12**] an Fichte, Exsules an Douglasie. – Außerdem einige **Eriosomatidae** (s. **6**), aber an Fichtenwurzeln.
— An Laubhölzern oder Kräutern **4**
4. Antennen u. Füße kurz, unter dem Körper verborgen [**13**] .... **Hormaphididae**
An Birke. Artenarm, z. B. ***Hormaphis betulae*** (Mordvilko) [**13**] (bräunlich-gelb; um1 mm).
— Antennen u. Beine normal ausgebildet [**22**], nicht unter dem Körper verborgen **5**
5. Ohne Cauda. An Laubgehölzen .... Zwergläuse, **Phylloxeridae**
Klein. Meist holozyklisch. An Laubgehölzen (Weide, Eiche, Weinrebe). 9 Arten. Auswahl: An der Rinde von Weiden: 2; ***Phylloxerina*** Börner (mit dichtem Wachsflaum; um 1 mm), z. B. ***Ph. salicis*** (Lichtenstein) an *Salix alba*. An Weinreben: ***Viteus vitifoliae*** (Fitch), Reblaus, Ungeflügelte an den Wurzeln der Weinstöcke, Schädling, aus Nordamerika eingeschleppt. An Unterseite von Eichenblättern: ***Acanthochermes quercus*** Kollar (grünlich bis bräunlich; bis 2 mm), Fundatrix in etwa 3 mm großen Wulstgallen, erzeugt ungeflügelte Geschlechtstiere. 3; ***Phylloxera*** Boyer de Fonscolombe (gelb; um 1,2 mm), Saugstellen als gelbe Stichflecke, verbreitet ***Ph. quercus*** Boyer de Fonscolombe.
— Mit Cauda **6**
6. Httarsen mehr als halb so lang wie Httibien .... ***Trama*** (**Lachnidae**) S. 284
— Httarsen viel kürzer als Hälfte der Httibien .... Blasenläuse, **Eriosomatidae** S. 279
7. Kopfkapsel u. Pronotum verschmolzen: Komplexaugen in der Mitte der „Kopfregion" [**14**] **8**
— Kopfkapsel u. Pronotum getrennt, wenigstens seitlich hinter den Augen mit Trennungslinie zwischen Kopf u. Pronotum **9**
8. Cauda zungenförmig, ± 3-eckig .... **Mindarinae** (zu **Drepanosiphidae**)
Nur 2; ***Mindarus*** Koch (grün; 1,8–2 mm), ***M. abietinus*** Koch an Tanne, ***M. obliquus*** (Cholodkovsky) an Fichte.
— Cauda abgeschnürt-knopfförmig oder abgerundet .... Maskenläuse, **Thelaxidae**
Auf Eiche ***Thelaxes dryophila*** (Schrank) (rotbraun, hell längsgestreift; 1,1–2,3 mm); auf Birke ***Glyphina betulae*** (L.) [**14**] (dunkelgrün; 1,5–2,1 mm). Hierher auch **Phloeomyzidae**, an Pappel, nur ***Phloeomyzus passerinii*** (Signoret), selten.
9. Mit Marginaltuberkeln am Prothorax u. einigen Abdominalsegmenten [**15**] .... **Anoeciidae**
Mit Wirtswechsel an *Cornus* u. Poaceen oder ohne Wirtswechsel an Poaceen oder Cyperaceen. Nur 9; ***Anoecia*** Koch (braun bis schwarz; 1,4–2,8 mm), häufig ***A. corni*** (F.) [**15**].
— Ohne Marginaltuberkel **10**
10. Processus terminalis (s. [**6**]) kürzer als die Hälfte der Basis des letzten Antennensegments. Cauda breit gerundet **11**
— Processus terminalis länger als die Hälfte der Basis. Wenn kürzer, Cauda abgeschnürt-knopfförmig. Cauda entweder knopfförmig oder breit-gerundet oder kurz-3-eckig manche **Drepanosiphidae** S. 279
Hierher auch wenige **Aphididae:** Cauda sehr klein oder zungenförmig, s. S. 301.
11. Spitzenglied des Rüssels 1-gliedrig [**5a**]. Komplexauge aus 3 Einzelaugen bestehend. Httarsen kurz (viel kürzer als ½ Httibia) .... Blasenläuse, **Eriosomatidae** S. 279

— Spitzenglied des Rüssels 2-gliedrig [**5b**]. Komplexauge aus über 3 Einzelaugen bestehend. Wenn nur mit 3 Einzelaugen, dann Httarsus lang (über ½ der Httibia) Baumläuse, **Lachnidae** S. 284

12. Cauda kurz, breiter als lang (auch ± 3-eckig) oder abgeschnürt-knopfförmig Borstenläuse u. Zierläuse, **Drepanosiphidae** S. 279

— Cauda zungenförmig oder 3-eckig, aber dann mindestens so lang wie an der Basis breit einige **Aphididae** S. 280

13. Siphonen mindestens doppelt so lang wie breit, häufig sehr lang. Cauda vielgestaltig, aber abgeschnürt-knopfförmig .... **Aphididae** S. 280

Hierher auch ***Drepanosiphum*** (**Drepanosiphidae**), aber Cauda abgeschnürt-knopfförmig, s. S. 279.

— Siphonen höchstens doppelt so lang wie breit, meist kürzer **14**

14. Radialsektor (Rs) im Vdflügel fehlend [**16**] **Adelgidae** (Flügel dachförmig) s. **3**, **Phylloxeridae** (Flügel flach auf dem Körper) s. **5**

— Rs von Basis des Pterostigmas entspringend [**17**] .... **Mindarinae** s. **8**

— Rs von Mitte oder Spitze des Pterostigmas entspringend [**18–21**] **15**

15. Processus terminalis kürzer als die Hälfte der Basis des letzten Antennenglieds. Cauda breit gerundet; falls Cauda abgeschnürt-knopfförmig, dann Antenne mit weniger als 6 Gliedern **16**

— Processus terminalis länger als die Hälfte des Basisteils des letzten Antennengliedes; falls kürzer, dann Cauda abgeschnürt-knopfförmig u. Antenne 6-gliedrig **21**

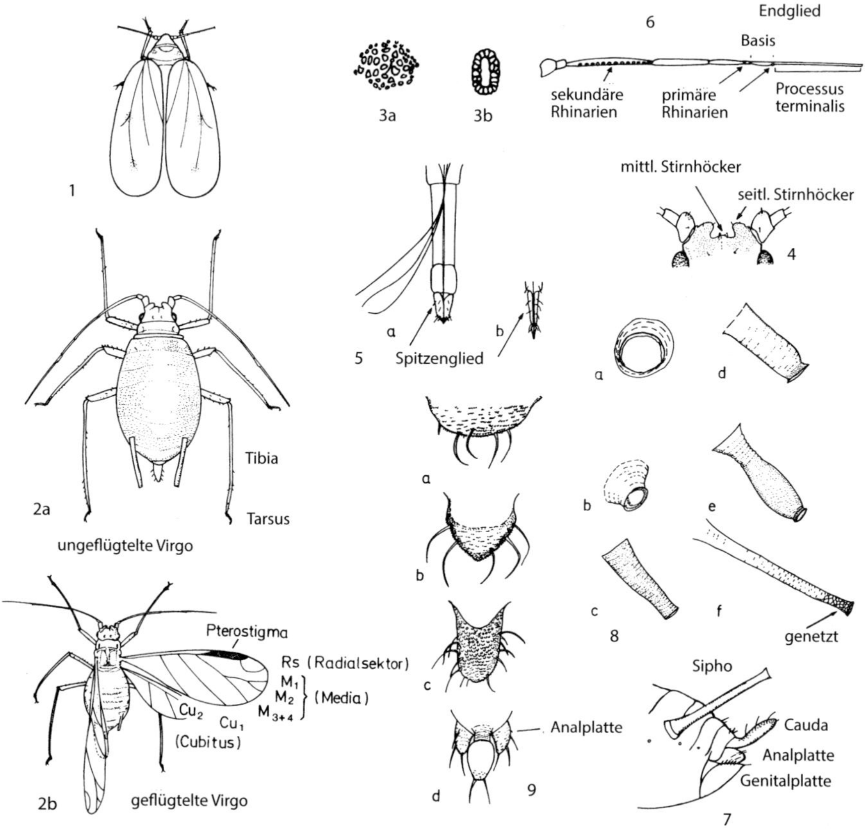

1 *Aleurodes*

16. Flügel flach auf dem Rücken liegend. Falls mit Wachsdrüsenplatten, diese auf dem 7. Abdominalsegment oder saumförmig um den Körper **17**
— Flügel dachförmig. Falls flach auf dem Rücken, Wachsdrüsenplatten am Rand u. in der Mitte auf allen Abdominalsegmenten **19**
17. Antennen 6-gliedrig .... **Phloeomyzidae** s. **8**
— Antennen 5-gliedrig **18**
18. Analplatte 2-lappig. Media meist ungegabelt .... **Hormaphididae** s. **4**
— Analplatte abgerundet. Media gegabelt .... **Thelaxidae** s. **8**
19. Spitzenglied des Rüssels nicht in 2 Teile geteilt [**5a**]. Siphonen porenförmig oder fehlend. Httarsus viel kürzer als die Hälfte der Httibia. Media ungegabelt oder mit 1 Gabel [**18, 19**] **Eriosomatidae** S. 279
— Spitzenglied des Rüssels deutlich zweigeteilt [**5b**]. Siphonen konisch oder porenförmig; wenn fehlend, Httarsus mindestens so lang wie halbe Httibia. Media mit 1 Gabel oder 2 Gabeln, selten ungegabelt **20**
20. Pterostigma weniger als 4-mal so lang wie breit, meist schwarz [**20**]. Körper mit Marginaltuberkeln .... **Anoeciidae** s. **9**
— Pterostigma 4–20-mal so lang wie breit, meist bräunlich [**21**]. Ohne Marginaltuberkel **Lachnidae** S. 284
21. Cauda abgeschnürt-knopfförmig; wenn Cauda breit gerundet, dann entweder Siphonen kegelstumpfförmig u. mit Netzstruktur oder Antennen 5-gliedrig u. Körper ohne Marginaltuberkel; wenn Cauda kurz-3-eckig, Analplatte hinten mit einem tiefen Einschnitt **Drepanosiphidae** S. 279
— Cauda finger-, schwert-, zungenförmig oder kurz-3-eckig; wenn halbkreisförmig oder breit gerundet, dann Siphonen nicht mit Netzstruktur und nicht kegelstumpfförmig (sondern länger) u. Antennen 6- oder 4-gliedrig (wenn Antennen 5-gliedrig, dann Körper mit Marginaltuberkeln). Analplatte hinten nicht eingeschnitten .... **Aphididae** S. 280

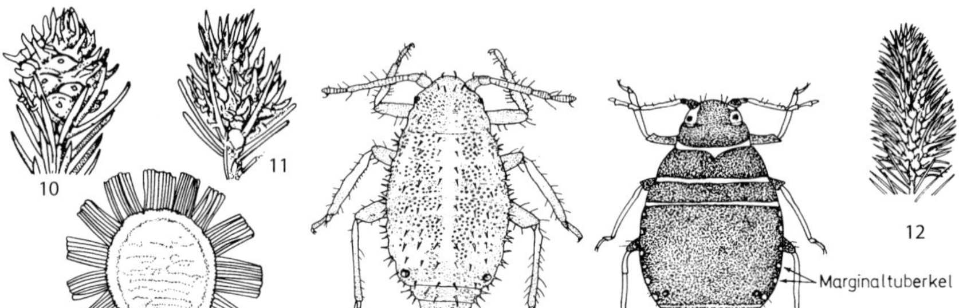

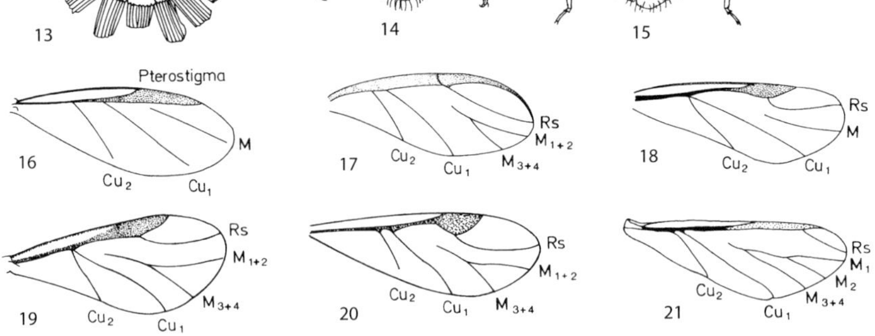

13 *Hormaphis*; **14** *Glyphina*; **15** *Anoecia*

Familie: **Eriosomatidae,** Blasenläuse

Meiste Arten holozyklisch u. mit Wirtswechsel. Häufig Gallerreger. Ca. 40 Arten.

1. Wachsdrüsen ± rosettenartig [**3b**]. Meist mit (porenförmigen) Siphonen ...... **Eriosomatinae**
a) An Apfel: ***Eriosoma lanigerum*** (Hausmann), Blutlaus [**22**] (rotbraun; 1,8–2,3 mm), mit Wachsausscheidungen, an Zweigen.
b) An Ulme (mit durch Fundatrix induzierten Gallen, Exsules unterirdisch an verschiedenen Pflanzen): übrige Arten von 6; ***Eriosoma*** Leach, häufig ***E.*** (= ***Schizoneura***) ***ulmi*** (L.) (um 3 mm), Galle [**23**] an Blättern; ***E.*** (= ***Schizoneura***) ***lanuginosum*** (Hartig) (3 mm), blasenförmige Gallen an Zweigen bildend [**24**], außerdem unter anderem ***Tetraneura ulmi*** (L.) (2 mm), Galle [**25**] an Blättern,

— Wachsdrüsen einheitlich, ± unterteilt, aber nicht rosettenartig [**3a**]. Siphonen fehlen **2**

2. 1. Glied des Httarsus mit 2 Haaren. Fundatrigenien fast immer an Gehölzen **Pemphiginae** u. **Prociphilinae**
a) Fundatrigenien an Pappel: 10; ***Pemphigus*** Hartig (Gallen dickwandig), z. B. ***P. bursarius*** (L.), Salatwurzellaus (2–2,5 mm; Galle beutelförmig, am Blattstiel, bis 1,5 cm), Exsules an Wurzeln von Kräutern; ***P. spyrothecae*** Passerini (hellgrün; um 2 mm; Galle am Blattstiel, spiralig gedreht [**26**]). Bei weiteren Gattungen Galle blasen- oder faltenförmig, z. B. 6; ***Pachypappa*** Koch, häufig ***P. tremulae*** (L.) (braun; 5–6 mm), Fundatrigenien an Blattstielen, die sich nach unten krümmen, so daß Blattnest entsteht, Exsules an Wurzeln von Fichte.
b) Fundatrigenien an anderen Bäumen: z. B. 4; ***Prociphilus*** Koch (***Prociphilinae***), häufig an Esche ***P. fraxini*** (F.) (2,5–5 mm), bewirkt Blattnester, Exsules an Wurzeln von Tanne; an *Lonicera* ***P. xylostei*** (De Geer) (gelbgrün; 3–4,5 mm), bewirkt Kräuselung von Blättern, Exsules an Wurzeln von Fichte.

— 1. Glied des Httarsus mit 4 oder mehr Haaren. Unterirdisch an Wurzeln von Gräsern u. Kräutern **Fordinae**
Nur anholozyklisch, an unterirdischen Pflanzenteilen. Mit Wachspuder: Wichtig ***Smynthurodes betae*** Westwood, Bohnenwurzellaus (hellbraun; 2 mm), polyphag, auch an Bohne. Ohne Wachspuder: Arten an Süßgräsern, leben in Verbindung mit Ameisen, z. B. 2; ***Forda*** von Heyden, häufig ***F. formicaria*** von Heyden (grün; 2–3,5 mm).

Familie: **Drepanosiphidae,** Borstenläuse u. Zierläuse

Alle Arten ohne Wirtswechsel. An Laubgehölzen, Monocotylen oder Fabaceen. Hierher auch die Unterfamilie **Mindarinae** s. S. 276. Ca. 80 Arten.

1. Siphonen lang, etwa 5-mal so lang wie breit .... **Drepanosiphinae**
Nur geflügelt (außer Geschlechts-♀♀), auf Ahorn. Nur 5; ***Drepanosiphum*** Koch, sehr häufig ***D. platanoidis*** (Schrank) (hellgrün bis braun, Abdomen mit 5–6 dunklen Querbändern; 4–4,3 mm).

— Siphonen kürzer, höchstens doppelt so lang wie breit **2**

2. Siphonen ohne Netzstruktur. Antennen 6-gliedrig; wenn 5-gliedrig, dann Siphonen mit Dörnchenreihen u. Tiere an Birke .... v. a. **Calaphidinae**
a) An Laubgehölzen. An Birke: viele Gattungen, z. B. 2; ***Euceraphis*** Walker, 2; ***Betulaphis*** Glendenning, sehr häufig ***E. punctipennis*** (Zetterstedt) (hellgrün; 3,5–4 mm). An Buche: (**Phyllaphidinae**) ***Phyllaphis fagi*** (L.), Buchenblattlaus (hellgrün; 2–3 mm), mit wolligen Wachsausscheidungen, an der Unterseite der Blätter. An Eiche: unter anderem 4; ***Tuberculatus*** Mordvilko, sehr häufig ***T. querceus*** (Kaltenbach) (graugrün, Abdomen oben mit 1 Paar dunkler Höcker; um

23

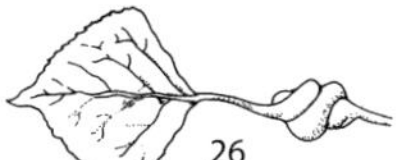
26

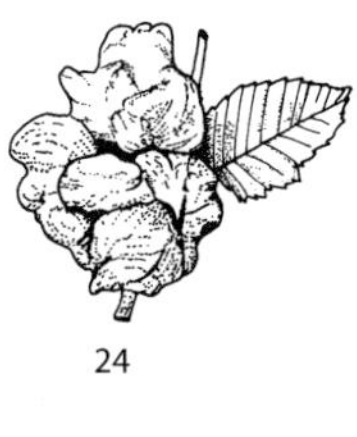
24

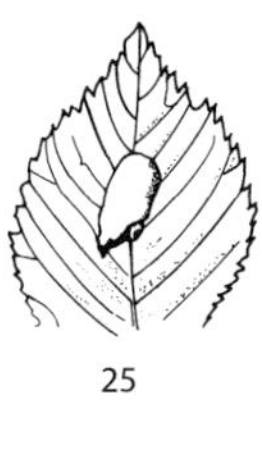
25

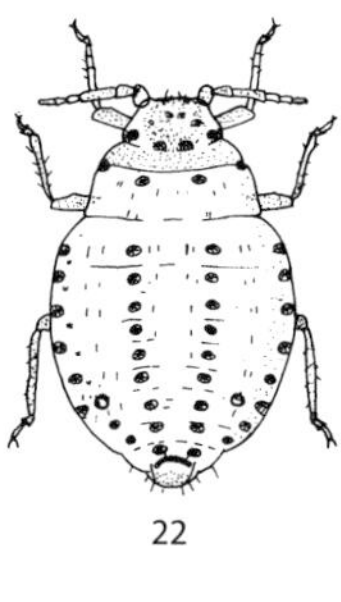
22

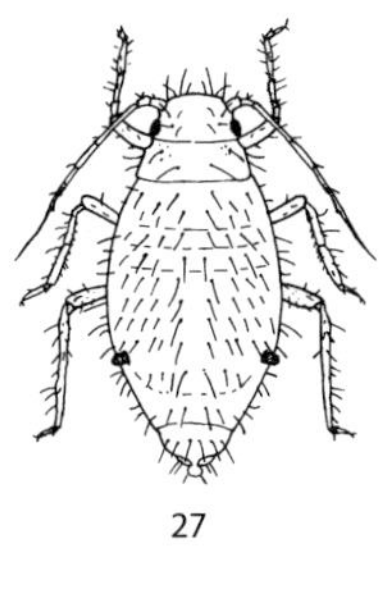
27

22 *Eriosoma*; **27** *Chaitophorus*

2 mm). An Walnuss: häufig ***Panaphis juglandis*** (Goeze) (ockergelb, Abdomen mit dunklen Querbändern; 3,5–4 mm). An Linde: ***Eucallipterus tiliae*** (L.), (gelb; um 3 mm). An Ulme: ***Tinocallis platani*** (Kaltenbach) (gelb bis grün-weiß, dunkel gezeichnet; 2–2,2 mm). An Erle: 3; ***Pterocallis*** Passerini, häufig ***Pt. alni*** (De Geer) (gelblich-weiß oder -grün; 2 mm). An anderen Gehölzen: meiste Arten von 6; ***Myzocallis*** Passerini, an Haselstrauch ***M. coryli*** (Goeze) (weißgelb, ohne dunkle Zeichnung: 1,3–2 mm), ähnlich ***M. carpini*** (Koch), aber an Weißbuche.

b) An Fabaceen. An Ginster: ***Ctenocallis setosa*** (Kaltenbach) (Abdominalsegmente mit fingerförmigen Fortsätzen; gelb-grau; 1,5 mm). An anderen Pflanzen: 7; ***Therioaphis*** Walker, z. B. ***T. trifolii*** Monell (± orange; 1,6–2 mm), meist an *Trifolium, Medicago, Lotus*.

c) An Cyperaceen u. Juncaceen, fast immer Seggen (*Carex*): (**Saltusaphidinae**) 3; ***Iziphya*** Nevsky (Körper birnenförmig), z. B. ***I. bufo*** (Walker) (gelb, dunkel gezeichnet; 1,6–2 mm), in Dünen. Körper länglich: z. B. 6; ***Thripsaphis*** Gillette, häufiger ***Th. caricola*** (Mordvilko) (gelbgrün mit Braun; 2,5–3 mm).

— Siphonen mit Netzstruktur [**8**], ohne Dörnchenreihen. Wenn ohne Netzstruktur. Antennen 5-gliedrig. Ganzer Körper häufig mit langen Borsten [**27**]. Nicht an Birke ..... **Chaitophorinae**

An Weide oder Pappel: 14; ***Chaitophorus*** Koch, häufig z. B. ***Ch. populeti*** (Panzer) [**27**] (grün; 2–2,3 mm). An Ahorn, selten Rosskastanie: 10; ***Periphyllus*** van der Hoeven, sehr häufig ***P. testudinaceus*** (Fernie) (grün bis braun; 2,5–3 mm). An Poaceen oder Cyperaceen: Körper schlank z. B. bei 3; ***Atheroides*** Haliday (Siphonen nur wenig hinter der Mitte des Abdomens), ***A. serrulatus*** Haliday (gelbbraun; 2–2,4 mm) an *Festuca ovina*. Körper rundlich z. B. bei 4; ***Sipha*** Passerini, an feuchten Stellen ***S. glyceriae*** (Kaltenbach) (grün bis gelb; 1,7–2,5 mm).

Familie: **Aphididae,** Röhrenläuse

Viele Arten mit Wirtswechsel, hier meist nur ein Wirt (Hauptwirt oder Nebenwirt) erwähnt. Manche Arten schädlich an Kulturpflanzen. Ca. 500 Arten.

1. Cauda abgerundet bis breit zungenförmig, nicht länger als das 1,1-fache der Breite an der Basis. An der Rinde von Zweigen, Ästen u. Stämmen von Weide u. Pappel

2; ***Plocamaphis*** Oestlund (mit flockigem Wachspuder), an Weide, z. B. ***P. amerinae*** (Hartig) (3,5–4,5 mm). Mit wenig oder ohne Wachspuder: artenreich 8; ***Pterocomma*** Buckton, meist an Weide, an Pappel häufig ***P. populeum*** (Kaltenbach) (graubraun; 2,5–4,5 mm).

— Cauda meist länger. Wenn kürzer als das 1,2-fache der Basisbreite, nicht an Weide. Nie an Pappel **2**

2. Siphonen keulenförmig oder mindestens deutlich angeschwollen [**8e**] **3**

— Siphonen zylindrisch oder kurz oder porenförmig **8**

3. Siphonen stark keulig, an der breitesten Stelle mindestens doppelt so breit wie kurz vor der Spitze

7; ***Hyperomyzus*** Börner (Cauda fingerförmig, mindestens ½ Länge der Siphonen), häufig ***H. lactucae*** (L.) (grün; 2,5–3 mm), Hauptwirt: *Ribes nigrum*. 6; ***Rhopalosiphoninus*** Baker (Cauda kürzer als ½ Siphonenlänge), z. B. ***Rh. latysiphon*** (Davidson), Kellerlaus (grün; 1,7–2,5 mm), vor allem in Kellern an Kartoffeln, Möhren usw.; ***Rh. staphyleae*** (Theobald), Mietenlaus (dunkeloliv-braun; 1,7–2,3 mm), in Rübenmieten.

— Siphonen schwach keulig, an der breitesten Stelle höchstens doppelt so breit wie kurz vor der Spitze **4**

4. Siphonen länger als die Cauda **5**

— Siphonen höchstens so lang wie Cauda

a) An Fabaceen: 2; ***Megoura*** Buckton, häufig ***M. viciae*** Buckton [**28**] (grün, Körperanhänge schwarz; 3,5–5 mm), an *Vicia* u. *Lathyrus*.

b) An *Lonicera* (Hauptwirt) u. Apiaceen (Nebenwirt): 4; ***Hyadaphis*** Kirkaldy, z. B. ***H. foeniculi*** (Passerini) (grün, Siphonen u. Beine braun, Cauda schwarz; 1,5– 2,7 mm).

c) An Caryophyllaceen: ***Volutaphis centaureae*** Börner (gelb; 1,2–1,7 mm), an *Silene, Viscaria*.

5. Mit dicken, steifen, langen, an der Spitze geknöpften Haaren

a) An *Ribes* (Hauptwirt) u. Labiaten (Nebenwirt): 8; ***Cryptomyzus*** Oestlund, an *Ribes rubrum* schädlich ***C. ribis*** (L.), Johannisbeerblasenlaus (bleich grünlich; 1,6–2,3 mm), Nebenwirt *Stachys*.

b) An *Hippophae* u. *Elaeagnus* (Hauptwirt) u. *Polygonum* (Nebenwirt): ***Capitophorus hippophaes*** Walker (hellgrün; 2 mm), s. **16**.

— Haare kürzer u. dünner **6**

6. Processus terminalis höchstens 4,5-mal so lang wie die Basis des 6. Antennengliedes

a) An *Lonicera* u. *Symphoricarpus* (Hauptwirt), *Phalaris* (Nebenwirt): ***Rhopalomyzus lonicerae*** (Siebold) (gelblichweiß, Antennen schwarz; 2–2,8 mm).

b) An *Berberis, Mahonia*: ***Liosomaphis berberidis*** (Kaltenbach) (gelblich bis orange; 1,1–2,3 mm).

c) An anderen Pflanzen: 14; ***Myzus*** Passerini, schädlich ***M. cerasi*** (F.), Schwarze Kirschenlaus (dunkel; 1,8–2,4 mm), an Kirsche, ***M. ascalonicus*** Doncaster, Zwiebellaus (schmutzig-gelb; 1,5–2 mm), an Kräutern, Zwiebeln, auch in Gewächshäusern, ***M. persicae*** (Sulzer), Grüne Pfirsichblattlaus (gelb bis grün; 1,8–2,3 mm), an Pfirsich.

— Processus terminalis mindestens 5-mal so lang wie die Basis des 6. Antennengliedes **7**

7. Siphonen dunkel (braun bis schwarz)
a) An *Pulmonaria*: ***Amphorosiphon pulmonariae*** (Börner) (grün; 3–4 mm).
b) An *Delphinium* u. *Aconitum*: ***Delphiniobium junackianum*** (Karsch) (bläulich-grün; 3–4 mm).

— Siphonen hell
a) An *Heracleum*: ***Paramyzus heraclei*** Börner (weiß bis gelb; 1,3–1,8 mm).
b) An Azaleen: ***Illinoia azaleae*** (Mason) (grün; 1,8–2,3 mm).
c) An *Rubus* u. *Geum* oder Farnen: 5; ***Amphorophora*** Buckton, z. B. ***A. rubi*** (Kaltenbach) (hellgrün; 2,5–4,5 mm), an Himbeere u. Brombeere.

8. Cauda nicht länger als breit, halbkreisförmig, 5- oder 3-eckig **9**

— Cauda länger als breit **10**

9. Körper nicht mit Wachs bepudert, glänzend, meist dunkel pigmentiert
a) An *Viburnum* (Hauptwirt) u. *Eriophorum, Carex, Luzula* (Nebenwirt): ***Ceruraphis eriophori*** (Walker) (dunkel pigmentiert; um 2 mm).
b) An *Centaurea*: ***Acaudinum centaureae*** (Koch) (schwarzgrün; 1,8–2,6 mm), am Stängelgrund.
c) An *Aconitum* u. *Delphinium*: ***Brachycaudus napelli*** (Schrank) (braun-schwarz; 2,0–2,7 mm).
d) An *Prunus mahaleb*: ***Roepkea marchali*** (Börner) (gelblich, dunkel pigmentiert; 1,5–2,1 mm).
e) An anderen *Prunus*-Arten oder anderen Pflanzen: ***Brachycaudus*** van der Goot, etwa 20 Arten; ***B. cardui*** (L.), Große Pflaumenblattlaus (Siphonen mindestens so lang wie der Abstand zwischen den Antennenwurzeln; hellgrün bis rötlich; 1,6–2,5 mm); ***B. helichrysi*** (Kaltenbach), Kleine Pflaumenblattlaus (Siphonen kürzer; hellgrün; 1,2–2 mm), beide Arten mit Wirtswechsel zwischen Pflaume oder Schlehe u. Kräutern.

— Körper matt, wenig dunkel pigmentiert, hell, ohne Bepuderung mit Wachs
3; ***Anuraphis*** Del Guercio, Hauptwirt Birne, z. B. ***A. farfarae*** (Koch) (rötlichgrau bis grün; 2–3 mm), Nebenwirt *Tussilago, Petasites*.

— Körper matt, mit Wachs bepudert
a) An *Artemisia*: ***Cryptosiphum artemisiae*** Buckton (weinrot; 1–1,3 mm), in blasenförmigen roten Blattgallen.
b) An anderen Pflanzen: ***Dysaphis*** Börner, etwa 20 Arten, viele von ihnen Blattrollungen hervorrufend, häufig an Apfel ***D. plantaginea*** (Passerini), Mehlige Apfellaus (2–2,7 mm), an Birne ***D. pyri*** (Boyer de Fonscolombe), Mehlige Birnenblattlaus (um 2,5 mm).

10. Antennen mindestens so lang wie ¾ der Länge des Körpers, auf deutlichen Sockeln inserierend [**4**] **11**

— Antennen meist kürzer als ¾ der Länge des Körpers, Sockel niedrig oder fehlend [**30**] ... **20**

11. Sockel der Antennen mit Stirnhöckern (diese nach vorn oder nach innen gerichtet), ihre Innenseite parallel zur Körperlängsachse oder nach innen vorspringend [**4**] **12**

— Sockel divergierend **14**

12. Stirnhöcker als längere Fortsätze
5; ***Ovatus*** van der Goot (Stirnhöcker nach innen gerichtet), z. B. ***O. crataegarius*** (Walker) (grün bis bräunlich; 1–2,5 mm), Hauptwirt *Crataegus, Mespilus, Cydonia*, Nebenwirt *Mentha*. 2; ***Phorodon*** Passerini (Stirnhöcker nach vorn gerichtet), z. B. ***P. humuli*** (Schrank), Hopfenblattlaus (grün; 1–3 mm), Wirtswechsel zwischen *Prunus* u. Hopfen.

— Stirnhöcker gerundet **13**

13. Stirn mit Mittelhöcker
4; ***Nasonovia*** Mordvilko, häufig ***N. ribisnigri*** (Mosley) (grün bis bräunlich; 1,8–3 mm), Wirtswechsel zwischen *Ribes* u. Kräutern, vor allem Compositen.

— Stirn höchstens mit undeutlichem Mittelhöcker
a) An Farnen, meist in Gewächshäusern: ***Idiopterus nephrelepidis*** Davis (schwarz; 1,2–1,5 mm).
b) An anderen Pflanzen: ***Myzus*** Passerini (3. Antennenglied ohne Rhinarien) s. **6**.
10; ***Aulacorthum*** Mordvilko (3. Antennenglied mit einigen Rhinarien), häufig ***A.*** (= ***Neomyzus***) ***circumflexum*** (Buckton), Gefleckte Gewächshauslaus (oben dunkel pigmentiert; 1,5–2,3 mm), an Pflanzen in Zimmern u. Gewächshäusern; ***A. solani*** (Kaltenbach), Gefleckte Kartoffellaus (grün bis gelb; 1,8–3 mm), u. a. an Kartoffeln.

14. Siphonen kurz, etwa so lang wie breit
2; ***Microsiphum*** Cholodkovsky, ***M. millefolii*** Wahlgren (rot bis braun; 2–2,5 mm), an *Achillea millefolium*.

— Siphonen mindestens doppelt so lang wie breit, häufig sehr lang **15**

15. Mit dicken, steifen, langen, an der Spitze geknöpften Haaren **16**

— Mit kürzeren u. dünneren Haaren **17**

16. Antennen so lang wie Körper oder etwas kürzer als der Körper, nicht an Schafgarbe (*Achillea millefolium*)
a) An Rosen, Erdbeere oder *Potentilla anserina*: 4; ***Chaetosiphon*** Mordvilko, ***Ch.*** (= ***Pentatrichopus***) ***fragaefolii*** (Cockerell), Erdbeerknotenhaarlaus (hellgelblich bis -grünlich; 1,3–1,7 mm), an Erdbeere.
b) An anderen Pflanzen: 7; ***Capitophorus*** van der Goot, z. B. ***C. carduinus*** (Walker) (grünlich-blass; 1,5–2,2 mm), an *Cirsium* u. *Carduus*.

— Antennen länger als der Körper, selten nur körperlang, dann an *Achillea millefolium*
a) An Gräsern: ***Cryptaphis poae*** (Hardy) (grün, rötlich gefleckt; 1,5–2 mm), am Boden oder unter Steinen.
b) An Hasel: ***Corylobium avellanae*** (Schrank) (grün; 2–2,6 mm).
c) An Compositen: 5; ***Pleotrichophorus*** Börner, z. B. ***P. glandulosus*** (Kaltenbach) (gelblich-weiß; 1,8–2,6 mm) an *Artemisia*.
d) An *Ribes* und/oder Lamiaceen: ***Cryptomyzus*** s. **5**.

17. Mit (mindestens auf Unterseite) Wachspuder. Siphonen meist schwarz
An Compositen. ***Macrosiphoniella*** Del Guercio, etwa 30 Arten, z. B. ***M. artemisiae*** Boyer de Fonscolombe (gelblich-grün; 2–3 mm), an *Artemisia*; ***M. millefolii*** (De Geer) (grün, Kopf braun; 2,5–3,5 mm), an *Achillea*.

— Körper ohne Wachspuder **18**

18. Körperumriss rundlich. An Rainfarn (*Chrysanthemum vulgare*)
Metopeurum fuscoviride Stroyan (bräunlich bis grün, Abdomen oben mit dunklem Fleck; 2,2–3 mm).

— Körperumriss oval bis länglich **19**

19. Körper rot bis dunkelbraun oder schwarz, glänzend. An Compositen
Titanosiphon artemisiae (Koch) (Siphonen mindestens ⅓ der Körperlänge; 2–2,6 mm), an *Artemisia*. ***Uroleucon*** Mordvilko (Siphonen kürzer), etwa 30 Arten, an Compositen, z. B. ***U. tanaceti*** (L.) (2,5–3,5 mm), an Rainfarn (*Chrysanthemum*); ***U. cirsii*** (L.), an Distel (*Cirsium*). (Außerdem einige ***Macrosiphoniella***-Arten.)

— Mit anderer Färbung; wenn rot oder braun, dann nicht glänzend
a) An Rosen und/oder Gräsern: 5; ***Metopolophium*** Mordvilko (Siphonen hell), z. B. ***M. dirhodum*** (*Walker*), Bleiche Getreidelaus (grün; 2–3 mm), häufig an Hafer.
b) An anderen Pflanzen, wenn an Rose oder Gräsern, dann Siphonen dunkel: ***Macrosiphum*** Passerini s. l. (Siphonen mit Netzskulptur), etwa 20 Arten u. 14; ***Acyrthosiphon*** Mordvilko (Siphonen ohne Netzskulptur), häufig ***Sitobion*** (= ***M.***) ***avenae*** (F.), Getreidelaus (gelblich bis schwarz; 2–3,3 mm), an Gräsern, auch Getreide, ***M. rosae*** (L.), Große Rosenblattlaus (hell, mit dunkler Zeichnung; 2,8–4 mm), an Rose, ***A. pisum*** (Harris) [**29**] (grün; bis 5 mm), an Fabaceen.
Hierher auch 2; ***Microlophium*** Mordvilko u. Arten von ***Macrosiphoniella*** s. **17**.

20. Siphonen kürzer als die Cauda **21**

— Siphonen so lang oder länger als die Cauda **24**

21. Siphonen mindestens doppelt so lang wie an der Basis breit **22**

— Siphonen höchstens doppelt so lang wie an der Basis breit
a) An Gräsern oder Spargel: 6; ***Diuraphis*** Aizenberg, z. B. ***D. holci*** (Hille Ris Lambers) (grün; 1,5–2 mm), an *Holcus* in Blattgallen.
b) An Apiaceen: 5; ***Semiaphis*** van der Goot, z. B. ***S. dauci*** F. (hellgrün; 1,5–2 mm), an Möhre. ***Microsiphum*** s. **14**.
c) An Rosen (Hauptwirt) u. *Aquilegium*, *Thalictrum* (Nebenwirt): ***Longicaudus trirhodus*** (Walker) (hellgelb bis -grün; 1,8–2,5 mm).
d) An Caryophyllaceen: 3; ***Brachycolus*** Buckton, z. B. ***B. cucubali*** (Passerini) (Walker) (hellgrün bis gelb, bereift; 1,5–1,8 mm), an *Silene vulgaris*.
e) An *Barbarea*: ***Pseudobrevicoryne buhri*** (Börner) (bräunlich; bis 2 mm).

22. Körper mit Wachs bedeckt, dunkel gefärbt .... Arten von ***Aphis*** **28**

— Körper mit Wachs bedeckt, heller gefärbt
a) An *Lonicera*: ***Hyadaphis tataricae*** (Aizenberg) (gelblich-grün; 1–2 mm), s. **4**.
b) An Chenopodiaceen: ***Hayhurstia atriplicis*** (L.) (grünlich; 2 mm), an *Chenopodium*, *Atriplex*.
c) An Brassicaceen: ***Brevicoryne brassicae*** (L.) [**30**], Mehlige Kohlblattlaus (grünlich; 2–2,5 mm).
d) An *Prunus* (Hauptwirt) u. *Phragmites*, *Molinia* oder *Typha* (Nebenwirt): ***Hyalopterus pruni*** (Geoffroy), Mehlige Pflaumenlaus (hellgrün bis rot; 1,5–3 mm), an Pflaume und Schlehe; ***H. amygdali*** (Blanchard), an Pfirsich.

— Körper mindestens auf Oberseite ohne Wachs **23**

23. Siphonen mit gerundetem Ende. An *Polygonum aviculare*
Aspidaphis adjuvans (Walker) (helloliv; 1,7–2 mm).

— Siphonen konisch breit. An *Galium*
Staegeriella necopinata (Börner) (schmutzig-dunkelgrün; 1,5–2,2 mm).

— Siphonen zylindrisch
a) Grundfärbung dunkel, an *Euphorbia*: ***Aphis*** L. s. **28**.
b) Hell, Rücken mit dunklem Pigmentfleck. An Birne (Hauptwirt) u. Gräsern (Nebenwirt): ***Melanaphis pyraria*** (Passerini) (braun; 1,7–2 mm).
c) Ganz hell: ***Hyalopteroides humilis*** (Walker) (länglich; gelblich; 2,3–3 mm), an *Dactylis glomerata*; Arten von ***Schizaphis*** s. **28**.

24. Mit dicken steifen, langen, an der Spitze geknöpften Haaren **16**

— Mit kürzeren u. dünneren Haaren **25**

25. Stirn von oben gesehen ± gerade **26**

— Stirn sinusförmig, mit 1 Mittelhöcker u. je 1 (häufig flachen) Seitenhöcker neben den Antennen **27**

26. Siphonen (meist auch Antennen, Beine u. Cauda) dunkel
a) An *Galium*: 3; ***Hydaphias*** Börner, z. B. ***H. molluginis*** Börner (grünlich bis braun; 1,7–2,3 mm).
b) An Sichelmöhre (*Falcaria*): ***Ammiaphis sii*** (Koch) (schmutzig-grün, seitlich gelb; 1,8–2,5 mm).
c) An Rainfarn (*Chrysanthemum vulgare*): ***Metopeurum fuscoviride***, s. **18**.

— Siphonen (auch Antennen, Beine u. Cauda) hell
a) An Compositen: 10; ***Coloradoa*** Wilson, z. B. ***C. absinthii*** (Lichtenstein) (grün; 1–1,5 mm), an *Artemisia absinthium*.
b) An Weiden (Hauptwirt) u. Apiaceen (Nebenwirt): 7; ***Cavariella*** Del Guercio, z. B. ***C. aegopodii*** (Scopoli) (grün; 2–2,8 mm).

27. Stirnprofil mit 3 weit vorspringenden Höckern. An *Carex*
Vesiculaphis theobaldi Takahashi (gelblich-grün; 1,7–2 mm).

— Stirnhöcker nicht weit vorstehend, aber Mittelhöcker vorgewölbt, die Fühlerwurzeln nach vorn überragend
  a) An *Rosa* u. *Potentilla*: ***Myzaphis rosarum*** (Kaltenbach) (gelblich-grün; 1,6–2,2 mm).
  b) An *Berteroa*: ***Spatulophorus incanae*** Müller (grün; 1,5–2 mm), in Blütenständen.

— Ähnlich, aber Mittelhöcker das Niveau der Seitenhöcker nicht überragend **28**

28. Siphonen an der Spitze mit vorstehendem Rand, davor mit Einschnürung [**8d**], manchmal undeutlich, dann an Brassicaceen
  a) An *Galium*: ***Myzus*** (= ***Galiobium***) ***langei*** (Börner) (grünlich bis rötlich; 1,3–2 mm).
  b) An Brassicaceen: 6; ***Lipaphis*** Mordvilko, z. B. ***L. erysimi*** (Kaltenbach) (grün bis gelb; 1,5–2 mm), besonders an *Capsella bursa-pastoris* u. *Sisymbrium officinale*, v. a. in Blütenständen.
  c) An anderen Pflanzen: Nur an Poaceen u. Cyperaceen 9; ***Schizaphis*** Börner, häufig ***S. graminum*** (Rondani) (grün bis gelblich; 1,5–2,2 mm). Meiste Arten von 5; ***Rhopalosiphum*** Koch mit Wirtswechsel (Hauptwirt Holzgewächse, Nebenwirt Süßgräser u. Wasserpflanzen), häufig ***R. nymphaeae*** (L.), Sumpfpflanzenlaus (braun bis oliv; 2–2,5 mm), an *Prunus* u. Wasserpflanzen; ***R. padi*** (L.), Traubenkirschenlaus [**31**] (grün; um 2 mm), an Traubenkirsche u. Gräsern, auch Getreide; ***R. insertum*** (Walker), Apfelgraslaus (grün; 1,2–1,8 mm), an Apfel u. Gräsern.

— Siphonen mit oder ohne Rand, aber ohne derartige Einschnürung. Seltener an Brassicaceen
  a) An Fichte: ***Elatobium abietinum*** (Walker) (grün; 1,8 mm).
  b) An *Erica* oder *Empetrum*: 2; ***Ericaphis*** Börner, z. B. ***E. ericae*** (Börner) (grün bis gebräunt; 1,2–1,7 mm), an *Erica*.
  c) An anderen Pflanzen: ***Aphis*** L. (± rundlich, dunkel oder hell mit ± ausgedehnter Zeichnung) mit über 100 Arten, häufig z. B. ***A. fabae*** Scopoli, Schwarze Bohnenlaus [**32**] (2–3 mm), an Bohne, Rüben u. a.; ***A. sambuci*** L., Holunderlaus (2,2–3,2 mm), an Holunder; ***A. pomi*** De Geer, Grüne Apfellaus (1,4–2,2 mm), an Apfel; ***A. idaei*** van der Goot (1,6–2,2 mm), an Himbeere; ***A. grossulariae*** Kaltenbach (1,4–1,9 mm), an Stachel-, Johannisbeere; ***A. gossypii*** Glover, Baumwolllaus (2 mm), eingeschleppt, in Gewächshäusern schädlich.

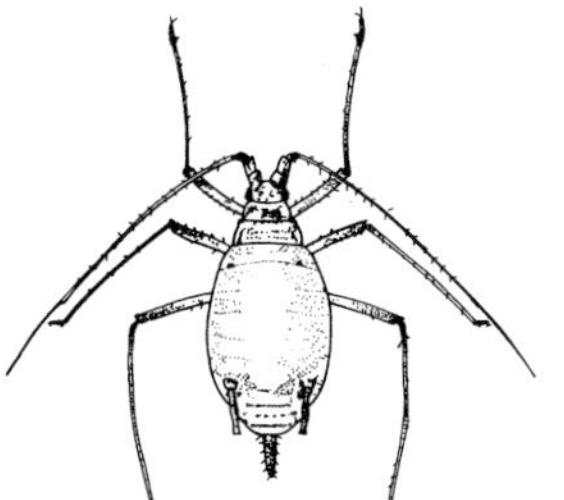
28

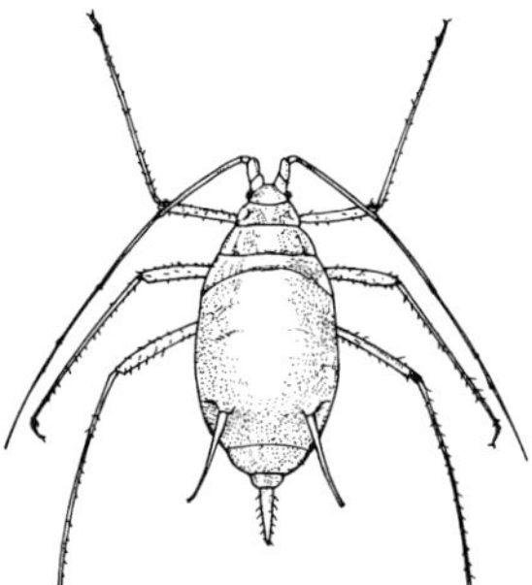
29

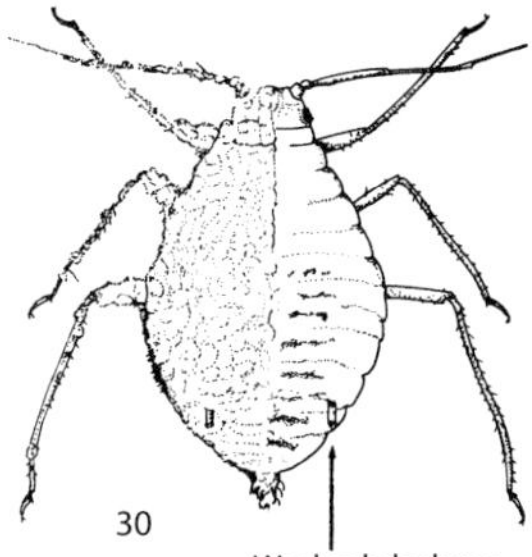

30

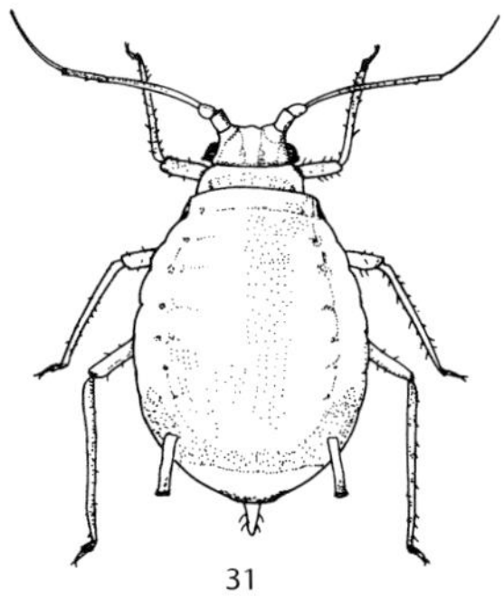
31

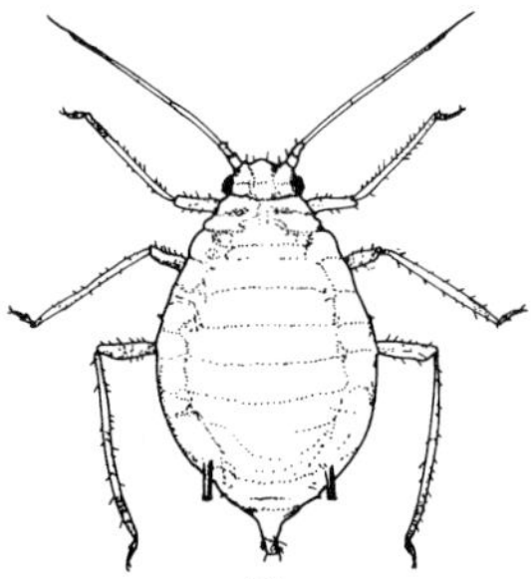
32

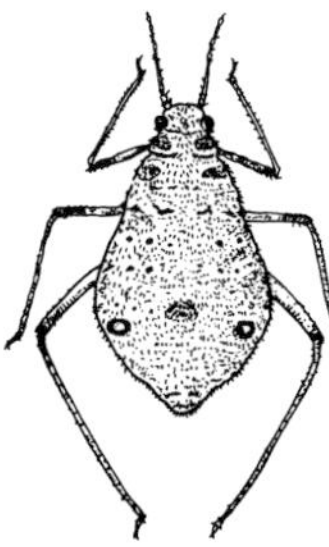
33

28 *Megoura*; **29** *Acyrtosiphon*; **30** *Brevicoryne*; **31** *Rhopalosiphum*; **32** *Aphis*; **33** *Tuberolachnus*

Familie: **Lachnidae**, Baumläuse

Meist größere Arten. Nicht wirtswechselnd. Ca. 50 Arten.

1. An Gehölzen 2

— Unterirdisch an Compositen oder Hahnenfuß .... **Lachninae**

Ohne Siphonen: 4; ***Trama*** von Heyden, häufig ***T. troglodytes*** von Heyden (weißlich; 3–3,5 mm). Mit wenig erhobenen Siphonen: ***Trama*** (= ***Neotrama***) ***caudata*** Del Guercio (blass; 2,5–3 mm). Siphonen kegelstumpfförmig: 3; ***Protrama*** Baker, z. B. ***P. ranunculi*** (Del Guercio) (hellgrünlich bis bräunlich; 2,5–3,8 mm), an Hahnenfuß.

2. An Nadelhölzern .... **Eulachninae**

a) An Nadeln von Kiefern. Körper meist unter 2,5 mm: 4; ***Eulachnus*** Del Guercio (= ***Protolachnus*** Theobald) (Körper schlank, mindestens doppelt so lang wie breit), z. B. ***E. agilis*** (Kaltenbach) (grün; 1,5–2,5 mm), an *Pinus sylvestris*, bei Störung sehr beweglich. 2; ***Schizolachnus*** Mordvilko (Körper rundlich bis oval, höchstens 1,7- mal so lang wie breit), häufig ***S. pineti*** (F.) (braun; 2–2,4 mm), an *Pinus sylvestris*.

b) An Zweigen, Stämmen u. Wurzeln von Nadelhölzern. Körper meist über 2,5 mm: ***Cinara*** (= ***Lachniella***) ***costata*** (Zetterstedt) (mit krümeligen Wachsausscheidungen; grün bis braun; 2,5 mm), an Fichtenzweigen. Körper höchstens mit wenig Wachspuder: ***Cinara*** Curtis mit etwa 25 Arten, häufig an Fichten ***C. piceae*** (Panzer) (dunkelbraun; bis 6 mm), häufig an Kiefern ***C. pini*** (L.) (braun; 3–3,5 mm), an Wacholder ***C. juniperi*** (De Geer) (hellbraun; um 2,5 mm).

— An Laubhölzern .... weitere **Lachninae**

a) Rüssel viel länger als der Körper. Körper groß: 3; ***Stomaphis*** Walker, an Stämmen von Eichen, Birken, Pappeln, Weiden, Ahorn; an Eiche z. B. ***S. quercus*** (L.) (dunkelbraun; 5,5–7,5 mm).

b) Rüssel kürzer. Körper kleiner: An Zweigen von Weiden ***Tuberolachnus salignus*** (Gmelin), Große Weidenrindenlaus [**33**] (braun; 4–5 mm). An Zweigen oder Wurzeln von Rosen ***Maculolachnus submacula*** (Walker) (braun; 3–3,5 mm). An Zweigen (selten am Stamm) von Eichen oder Buchen ***Lachnus roboris*** (L.) (Siphonen auf dunkelbraunen Höckern; braun; 4–5 mm). 2; ***Lachnus*** Burmeister (Umgebung der Siphonen wenig pigmentiert; dunkelbraun; 3–4,5 mm), z. B. ***L. pallipes*** (Hartig) an Buche.

Coccina, Schildläuse

♂♂ wenige mm lang, meist geflügelt, Htflügel zu Schwingkölbchen umgewandelt ([**8**], S. 194), ohne Mundwerkzeuge; bei **Orthezioidea** mit Stirn- u. Facettenaugen, bei übrigen Familien nur mit Stirnaugen ([**8**], S. 210, u. [**34**]). ♀♀ 1–8 mm, ungeflügelt, mit entwickeltem Saugrüssel; Körper meist schildförmig oder in kapselartige Hülle eingeschlossen oder mit – häufig weißer – Sekretauflage bedeckt. Viele Arten unbeweglich. Etwa 145 Arten. Weitere Arten in Gewächshäusern u. an Zimmerpflanzen (hier nicht berücksichtigt). Bestimmungstabelle gilt nur für ♀♀.

System:
Orthezioidea: Ortheziidae, Margarodidae, Matsucoccidae
Coccoidea: Asterolecaniidae, Coccidae, Cryptococcidae, Diaspididae, Eriococcidae, Kermesidae, Pseudococcidae,

1. Unbeweglich. Körper dorsoventral abgeplattet, mit abnehmbarem Schild bedeckt
Deckelschildläuse, **Diaspididae**

Ohne Beine. Antennen fast ganz reduziert. Abdomen hinten als stärker sklerotisiertes Pygidium mit kleinen, randständigen Fortsätzen. Kopf des ♀ ziemlich breit mit Thorax verschmolzen. Klein (1–2 mm). Etwa 25 Arten, z. B. ***Diaspidiotus*** (= ***Aspidiotus***) ***perniciosus*** (Comstock), San José-Schildlaus [**35**] (Schild rundlich, grau), Schädling an Obst in Süddeutschland, aus Kalifornien eingeschleppt; ähnlich ***D. ostreaeformis*** (Curtis) u. ***pyri*** (Lichtenstein), ebenfalls an Obst u. anderen Laubhölzern. ***Lepidosaphes ulmi*** (L.), Kommaschildlaus [**36**] (Schild miesmuschelförmig, graubraun), an Laub- u. Nadelhölzern. ***Chionaspis salicis*** (L.), (Schild birnenförmig, weiß), polyphag.

— Unbeweglich. Körper mit kapselartigem, hornigem Schild, Haut mit in 8-Form paarweise stehenden Drüsenmündungen .... Pockenläuse, **Asterolecaniidae**

Ohne Beine. Antennen stummelförmig. An Rinde von Eichen, in napfartigen Vertiefungen. 3 Arten, z. B. ***Asterodiaspis variolosa*** (Ratzeburg) (schmutziggrün; 1–1,5 mm).

— Beweglich oder unbeweglich. Körper anders. Beine u. Antennen meist gut entwickelt ... 2

2. Körperoberfläche mit weißen, oberseits plättchenförmigen Sekretausscheidungen bedeckt [**37**]. Beine vorhanden, Coxa (Hüfte) u. Trochanter (Schenkelring) verschmolzen
Röhrenläuse, **Ortheziidae**

Analöffnung von Ring mit 6 Borsten umgeben. Fortbewegung langsam. 4 Arten, z. B. ***Orthezia urticae*** (L.) (bis 10 mm), polyphag an krautigen Pflanzen. ***Newsteadia floccosa*** (De Geer) [**37**] (4–6 mm), in der Bodenstreu der Wälder u. Hecken.

— Körperoberfläche nicht mit plattigen Sekretausscheidungen bedeckt. Wenn Beine vorhanden, Coxa u. Trochanter getrennt **3**

3. Mit dorsalen Abdominalstigmen. Analring fehlend .... Höhlenschildläuse, **Margarodidae**

Beine meist entwickelt, seltener reduziert. Haut mit ± siebartigen Drüsenmündungen u. hüllenartigen Sekretausscheidungen. ***Porphyrophora polonica*** (L.) (dunkel; 4–7 mm), am Wurzelhals von Kräutern sandiger Böden. – Außerdem 3 weitere Familien mit je 1 Art, darunter ***Matsucoccus matsumurae*** (Kuwana) (hellbraun; 3–4 mm), unter Rinde von Kiefern.

— Ohne dorsale Abdominalstigmen. Analring vorhanden [**41b**] **4**

4. Htende mit deutlichem Analspalt; Analöffnung am Grund des Spaltes meist mit 2 klappenartigen Anallappen bedeckt [**38b**]. Körpersegmentierung verwischt oder fehlend. Dorsalseite meist napfförmig gewölbt .... Napfschildläuse, **Coccidae**

Seitenrand des Körpers oft mit Dornenreihe. Etwa 40 Arten, z. B. ***Parthenolecanium corni*** (Bouché) [**38a, b**] (braun; 3–6 mm), an Obstbäumen u. Beerensträuchern schädlich; ähnlich ***Eulecanium tiliae*** (L.), an Laubhölzern. ***Physokermes hemicryphus*** (Dalman) (rotbraun; 5–8 mm) u. ***Ph. piceae*** (Schrank) [**39**] (3–4 mm), Fichtenquirlschildläuse, ihr „Honigtau" ist Grundlage des Waldhonigs. ***Pulvinaria vitis*** (L.) [**40**] (4–6 mm), hinten mit starker Wachsausscheidung, schädlich an Obst und Reben.

— Analspalt u. Anallappen fehlend. Wenn napfartig u. ohne Segmentgrenzen, dann auf Eiche beschränkt; sonst Segmentierung meist deutlich **5**

5. Körper ohne Segmentgrenzen, nieren- bis kugelförmig. Analring ohne Borsten. Beine winzig Eichennapfläuse, **Kermesidae**

2; ***Kermes*** Boitard (Haut dunkel gebändert), z. B. ***K. quercus*** (L.), an verletzten Rindenstellen oder in Borkenritzen alter Eichen.

— Segmentierung fast stets deutlich. Analring mit 4 oder mehr Borsten. Beine vorhanden oder reduziert

♀♀ vor Eiablage häufig in filzartigem oder wattigem Sekretsack. **Pseudococcidae** (meist frei beweglich, von Wachshülle bedeckt), etwa 50 Arten, z. B. ***Phenacoccus aceris*** (Signoret) (3–5 mm), polyphag an Laubgehölzen. **Eriococcidae** (Körper häufig mehlig bepudert), etwa 15 Arten, z. B. ***Gossyparia spuria*** (Modeer) (2,5 mm), an Ulme. ***Pseudochermes fraxini*** (Kaltenbach) (0,5 mm) an Esche. **Cryptococcidae** (unter Sekrethülle), in Rindenrissen, nur 2; ***Cryptococcus*** Douglas, häufig ***C. fagisuga*** Lindinger [**41a, b**] (1 mm) an Buche.

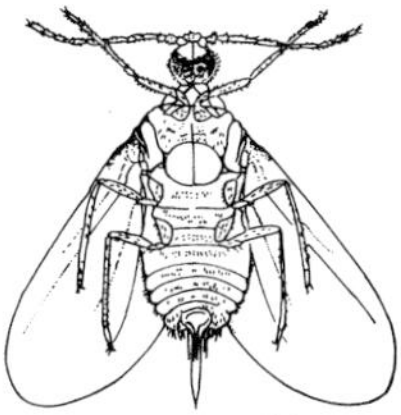

ventral 34

35

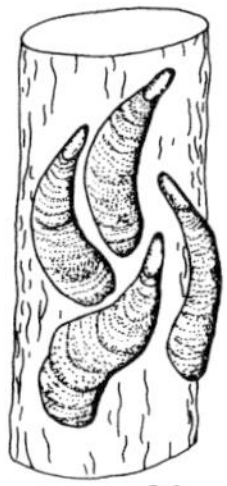

36

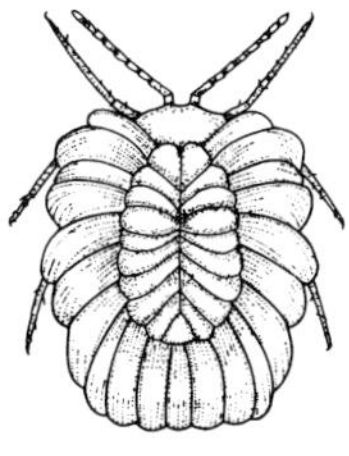

37

39

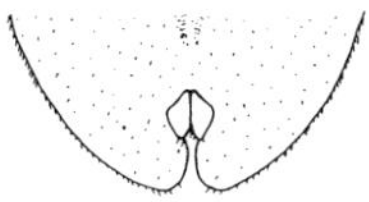

38b

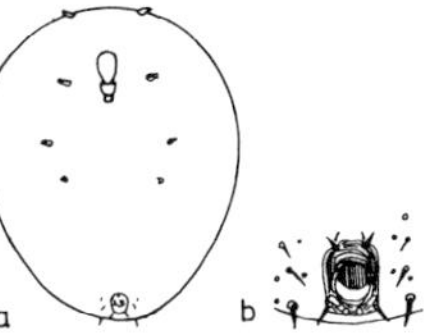

a b 41

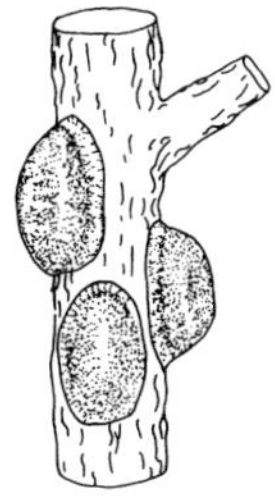

38a

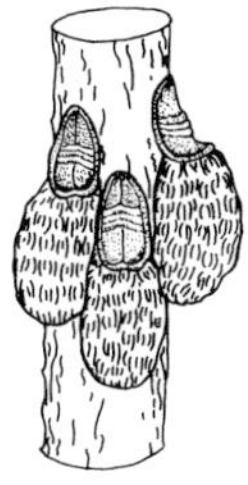

40

34 Coccina ♂; **35** *Aspidiotus*; **36** *Lepidosaphes*; **37** *Newsteadia*; **38** *Parthenolecanium*; **39** *Physokermes*; **40** *Pulvinaria*; **41** *Cryptococcus*

Psyllina, Blattflöhe

Flügel in Ruhe dachförmig. Mit Sprungvermögen. Etwa 120 Arten.

1. Vom Hauptaderstamm im Vdflügel entspringen 3 Äste aus 1 Punkt [**43**]. Mit Stirnkegeln [**44**] **Triozidae**

Trichochermes walkeri (Foerster) (Rücken behaart, Vdflügel dunkel gefleckt; rotbraun; 3–4 mm), an *Rhamnus*. ***Trioza*** Foerster (Rücken unbehaart; Vdflügel nicht gefleckt), artenreich, z. B. ***T. urticae*** (L.) (hellbraun; 3–4 mm) an *Urtica* u. ***T. apicalis*** Foerster (grün; 1,7 mm), an Apiaceen, schädlich an Möhre.

— Vom Hauptstamm gabeln sich zunächst nur 2 Äste [**47**] .... **Psyllidae** 2

2. 2. Fühlerglied auffällig verdickt, länger als jedes andere Glied, Augen nicht besonders hervortretend [**42**]

3; ***Livia*** Latreille (braun; 3–4 mm), ***L. junci*** (Schrank) an *Juncus*, Larve erzeugt Sprossgallen; ***L. crefeldensis*** Mink, an *Carex*.

— 2. Fühlerglied kürzer als 3 . Augen kugelig nach außen gewölbt [**44, 46**] 3

3. Mit großen Stirnkegeln unter den Fühlern [**44**]

Vdflügel ledrig derb: ***Livilla ulicis*** Curtis (dunkelbraun; 2–2,5 mm), u. a. an Ginster, *Calluna*. Vdflügel häutig: mehrere Gattungen, darunter ***Arytaina genistae*** (Latreille) (grün bis gelbbraun; 2,5–3 mm), an Ginster. 3; ***Psyllopsis*** Löw an Esche, häufig ***P. fraxini*** (L.) (grünlich, dunkel gezeichnet; 4–5 mm). ***Psylla*** Geoffroy u. ***Cacopsylla*** Ossiannilson, an Laubhölzern, viele Arten, z. B. ***C. mali*** (Schmidberger) u. ***C. melanoneura*** (Foerster) an Apfel, ***C. pyrisuga*** (Foerster), ***C. pyricola*** (Foerster) [**45**] u. ***C. pyri*** (L.) an Birne.

— Stirnkegel fehlend [**46**]

Vdflügel ohne Pterostigma: Beispiele ***Aphalara*** Foerster (Färbung: ziegelrot, weiß u. braun), artenreich, häufig ***A. polygoni*** Foerster (2–3 mm), induziert Gallen an Knöterich u. Ampfer. ***Craspedolepta*** Enderlein (Färbung: grün, gelb, braun oder schwarz u. bleichgelb), z. B. ***C. nervosa*** (Foerster) (2–2,5 mm) auf *Achillea*. Vdflügel mit Pterostigma [**47**]: z. B. ***Rhinocola aceris*** (L.) (2–3 mm), an Ahorn. ***Strophingia ericae*** (Curtis) (1–1,25 mm), an *Calluna, Erica*.

Literatur

Börner, C.: Europae centralis Aphides. Die Blattläuse Mitteleuropas. Mitteilungen der Thüringischen Botanischen Gesellschaft, Beiheft 3. Weimar 1952.

Dolling, W. R.: The Hemiptera. Oxford, 1991.

Favret, C.: Aphid Species File. [http://Aphid.SpeciesFile.org]. 2014.

Haupt, H.: Gleichflügler, Homoptera. In: P. Brohmer, P. Ehrmann, G. Ulmer, Tierwelt Mitteleuropas, Bd. IV, Lief. 3. Leipzig, 1925.

Heie, O. E.: The Aphidoidea (Hemiptera) of Fennoscandia and Denmark. I–VI. Fauna entomologica scandinavica. Vol. 9,11, 17, 25, 28, 31. Klampenborg, 1980–1995.

Heie, O. E., Wegierek, P.: A classification of the Aphidomorpha (Hemiptera Sternorrhyncha) under consideration of the fossil taxa. Redia 92, 2009.

Heinze, K.: Systematik der mitteleuropäischen Myzinae. Beiträge zur Entomologie Bd. 10, 744–842, Bd. 11, 24–96, 1960, 1961.

Hodkinson, I. D., White, I. M.: Homoptera. Psylloidea. Handbooks for the identification of British insects. Vol. II, Part 5 (a). London, 1979.

Kosztarab, M., Kozar, F.: Scale insects of Central Europe. Dordrecht, Boston, 1988.

Lampel, G., Meier, W.: Hemiptera: Sternorrhyncha – Aphidina Vol. 1, 2. Fauna Helvetica 8, 16. Neuchâtel, 2003, 2007.

Ossiannilsson, F.: The Psylloidea (Homoptera) of Fennoscandia and Denmark. Fauna entomologica scandinvica. Vol. 26. Klampenborg, 1992.

Schmutterer, H.: Schildläuse oder Coccoidea I. Deckelschildläuse oder Diaspididae. Tierwelt Deutschlands, Teil 45. Jena, 1959.

Schmutterer, H.: Die Schildläuse (Coccina) und ihre natürlichen Antagonisten. Die Neue Brehm Bücherei, Bd. 666. Hohenwarsleben, 2008.

Stroyan, H. L. G.: Homoptera Aphidoidea (Chaitophoridae, Callaphididae). Aphids – Pterocommatinae and Aphidinae (Aphidini). Handbooks for the identification of British insects. Vol. II, Part 4 (a), 6. London, 1977, 1984.

Thieme, T., Müller, F. P, Schmutterer, H., Burckhardt, D., Klausnitzer, B., Bährmann, R.: Aphidina – Blattläuse; Coccina – Schildläuse; Psyllina – Blattflöhe; Aleyrodina – Mottenschildläuse. In: B. Klausnitzer, Stresemann – Exkursionsfauna von Deutschland, Band 2 – Wirbellose: Insekten. 11. Aufl. Heidelberg, 2011.

Zahradnik, J.: Aleyrodina (Mottenläuse). In: P. Brohmer, P. Ehrmann, G. Ulmer, Tierwelt Mitteleuropas, Bd. IV, Lief. 3. Leipzig, 1963.

Heteroptera, Wanzen

Körper meist ± abgeflacht. Kopf neben Komplexaugen vielfach mit 2 Ocellen (Stirnaugen). Seitlich am Kopf die Wangen [**1, 3**]. Fühler 4–5-gliedrig. Vom Thorax oben Pronotum (Halsschild) u. Scutellum (Schildchen) sichtbar. Vorderflügel als Halbdecke (Hemielytre) ausgebildet: neben stärker sklerotisiertem Corium u. Clavus (der an das Scutellum angrenzt) hinten mit häutiger Membran [**2**]; vom Corium bei Miridae durch eine Furche ein „Cuneus" abgeteilt [**31**]. Neben normaler Ausbildung der Flügel (Makropterie) kommt häufig Kurzflügeligkeit (Brachypterie) vor. Tarsus (Fuß) 2- oder 3-gliedrig; Zählung 1 bis 3 (2) beginnt mit dem Basalglied an der Tibia (Schiene). Seitlich am 3. Thoraxsegment jederseits Ausmündung einer Duftdrüse („Stinkdrüse"). Seitenplatten (Pleuren) der Segmente des Hinterleibs bei manchen Gruppen als „Connexivum" seitlich vorragend. Entwicklung mit unvollkommener Verwandlung (Hemimetabolie). Weitere Erläuterungen bei Hexapoda (S. 207). Sprungvermögen bei Springwanzen (Saldidae). Apparate zur Lauterzeugung bei Corixidae, Nepidae, Reduviidae, Nabidae, Pentatomidae, Cydnidae. Ernähren sich vom Saft höherer Pflanzen oder als Räuber, die Cimicidae sind ektoparasitisch. Corixiden fressen Algen u. Detritus. Aradiden saugen Myzel von Baumpilzen. Aquatisch, amphibisch u. terrestrisch. Im Gebiet etwa 870 Arten.
Abkürzungen: Vd- = Vorder-, Ht- = Hinter-.

System:
Dipsocoromorpha
  Dipsocoroidea: Ceratocombidae [19], **Dipsocoridae**
Gerromorpha
  Mesovelioidea: Mesoveliidae [30]
  Hebroidea: Hebridae [18]
  Hydrometroidea: Hydrometridae [11]
  Gerroidea: Gerridae [12], **Veliidae** [13]
Leptopodomorpha
  Leptopodoidea: Leptopodidae [33]
  Saldoidea: Saldidae [34]
Nepomorpha
  Nepoidea: Nepidae [5, 6]
  Corixoidea: Corixidae [4]
  Naucoroidea: Aphelocheiridae [8], **Naucoridae** [7]
  Notonectoidea: Notonectidae [9], **Pleidae** [10]
Cimicomorpha
  Cimicoidea: Anthocoridae [36], **Cimicidae** [23], **Nabidae** [29]
  Miroidea: Miridae [31, 37, 43, 44, 49, 51–58], **Microphysidae** [35]
  Tingoidea: Tingidae [20]
  Reduvioidea: Reduviidae [22, 27, 28]
Pentatomorpha
  Aradoidea: Aradidae [24, 25]
  Piesmatoidea: Piesmatidae [21]
  Lygaeoidea: Berytidae [26], **Lygaeidae** i. w. S. [**38, 59–61, 63, 67–69**], **Pyrrhocoridae** [32]
  Coreoidea: Alydidae [40], **Coreidae** [42], **Rhopalidae** [41, 71, 72], **Stenocephalidae** [39]
  Pentatomoidea: Acanthosomatidae [15], **Cydnidae** [17], **Pentatomidae** [2, 73, 75–79], **Plataspidae** [14], **Scutelleridae** [74], **Thyreocoridae** [16]

1. Fühler kürzer als der Kopf breit ist, von oben selten sichtbar. Im Wasser lebend
Wasserwanzen **2**
— Fühler länger als der Kopf breit ist, von oben (mindestens bei aktiven Tieren) gut sichtbar. Auf dem Land oder auf der Wasseroberfläche lebend .... Wasserläufer und Landwanzen **7**
2. Vdtarsen 1-gliedrig, meist spatelförmig, länger als Tibia. Rüssel breit, kurz u. ungegliedert [**4**]
Ruderwanzen, **Corixidae** S. 294
— Vdtarsen nicht länger als Tibia, 1–3-gliedrig, nie spatelförmig. Rüssel langgestreckt, mehrgliedrig, frei beweglich **3**

3. Htleib am Ende mit langem Atemrohr [**5, 6**] .... Skorpionswanzen, **Nepidae**
Räuber. ***Nepa cinerea*** L., Wasserskorpion [**5**] (17–22 mm ohne Atemrohr), in seichten Gewässern, häufig. ***Ranatra linearis*** (L.), Stabwanze [**6**] (30–40 mm ohne Atemrohr), in flachen, pflanzenreichen Gewässern.

— Ohne derartiges Atemrohr **4**

4. Körper flach, viel breiter als hoch, ± oval **5**

— Körper bootartig, etwa so breit wie hoch. Tiere auf dem Rücken schwimmend **6**

5. Vdschenkel stark verdickt [**7**], Vdbeine anders gestaltet als Mittel- u. Htbeine. Vdflügel stets ausgebildet. Tiere frei schwimmend .... Schwimmwanzen, **Naucoridae**
Räuber, stechen schmerzhaft. Nur ***Ilyocoris cimicoides*** (L.) [**7**] (12–15 mm), häufig.

— Vdschenkel wenig verdickt. Htbeine anders gestaltet als Vd- u. Mittelbeine. Vdflügel meist reduziert, schuppenförmig. Nicht frei schwimmend .... Grundwanzen, **Aphelocheiridae**
Räuber. Nur ***Aphelocheirus aestivalis*** (F.) [**8**] (8,5–10 mm), am Grunde fließender Gewässer, mit Plastronatmung.

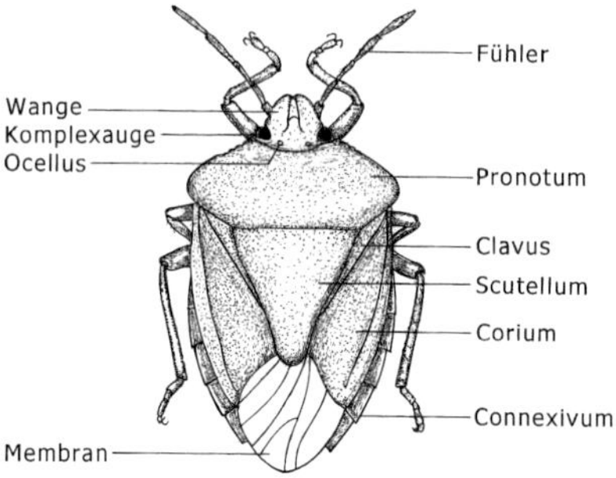

2

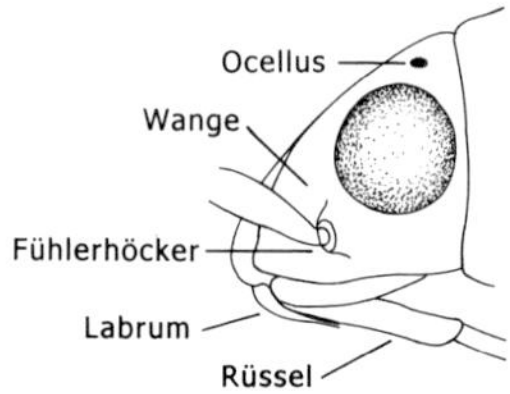

3

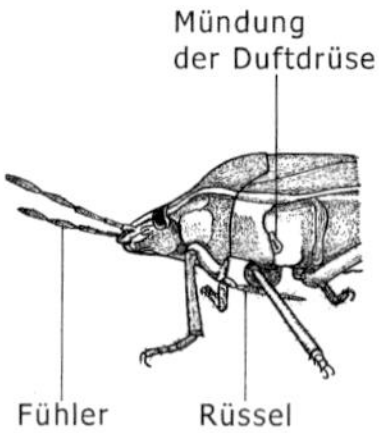

1

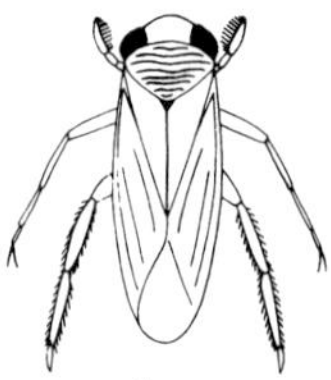

4

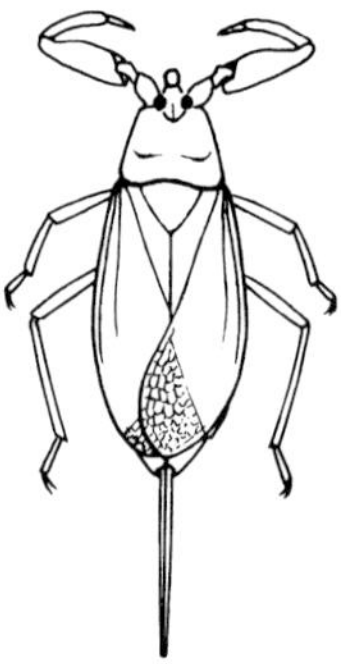

5

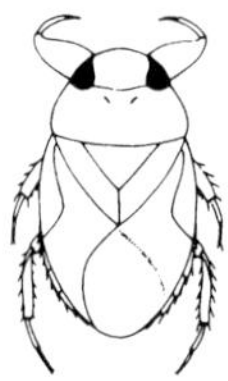

7

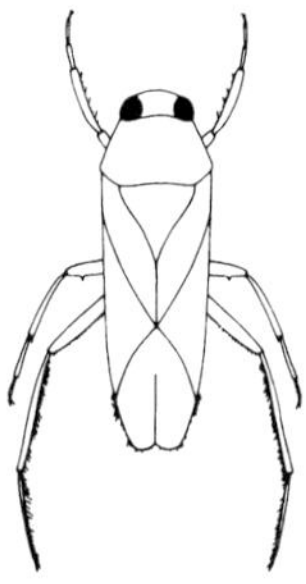

9

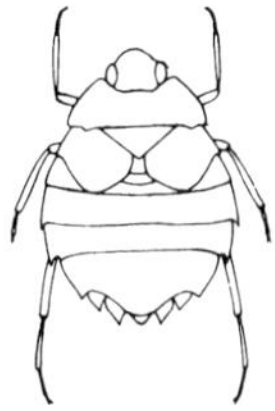

8

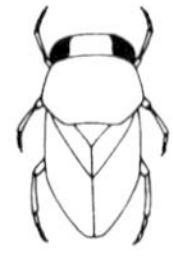

10

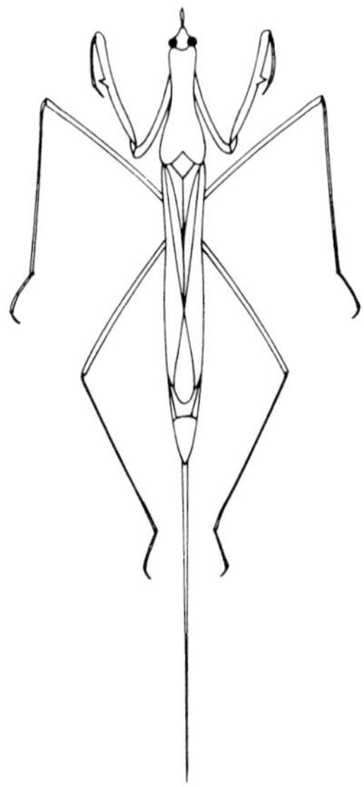

6

4 Corixidae (*Corixa*); **5** Nepidae (*Nepa*); **6** Nepidae (*Ranatra*); **7** Naucoridae (*Ilyocoris*); **8** *Aphelocheirus*; **9** *Notonecta*; **10** *Plea*

6. Körper über 10 mm lang .... Rückenschwimmer, **Notonectidae**
Räuber, stechen schmerzhaft. Nur 6; ***Notonecta*** L., häufig ***N. glauca*** L. [**9**] (14– 16 mm).

— Körper unter 3 mm lang .... Zwergrückenschwimmer, **Pleidae**
Räuber. Nur ***Plea minutissima*** Leach [10] (Körper stark hochrückig; 2–3 mm), gesellig, zwischen Wasserpflanzen.

7. Körper stabförmig. Kopf mehrfach so lang wie breit, etwa von der Länge des Thoraxrückens. Augen etwa in der Mitte des Kopfes [**11**] .... Teichläufer, **Hydrometridae**
An Ufern u. auf Gewässern. Räuber. Nur 2; ***Hydrometra*** Latreille, ***H. stagnorum*** (L.) [11] (9–12 mm; schwarz; Kopf vor den Augen fast doppelt so lang wie dahinter); ***H. gracilenta*** Horvath (7–9 mm; bräunlich; Kopf vor den Augen etwa 1½-mal so lang wie dahinter).

— Körper langgestreckt oder nicht. Kopf viel kürzer als Thorax **8**

8. Vdbeine auffallend verkürzt. Basis der Krallen eingesenkt, daher scheinbar nicht am Ende des Tarsus [**12a**]. Habitus wie [**12**] oder [**13**]. Körper unterseits mit dichtem silbrigem oder gelbem Haarfilz. Tiere auf der Oberfläche von Gewässern **9**

— Vdbeine meist nicht derartig verkürzt. Krallen am Ende der Tarsen eingelenkt. Wenn Körper unterseits weiß behaart, dann Haare meist weniger dicht. Meist terrestrisch; wenn auf Gewässern, Habitus anders als [**12**] oder [**13**] **10**

9. Vdbeine sehr viel kürzer als die anderen Beine [**12**]. Htschenkel reichen über das Ende des Htleibs hinaus .... Wasserläufer, Wasserreiter, **Gerridae**
Räuber, leben von Arthropoden, die ins Wasser gefallen sind. Großgattung 12; ***Gerris*** F. [**12**], häufig ***Aquarius najas*** (De Geer) (13–17 mm), ***G. lacustris*** (L.) (8–10 mm).

— Vdbeine weniger stark verkürzt [**13**]. Htschenkel reichen nicht über das Htleibsende hinaus
Bachläufer, Stoßwasserläufer, **Veliidae**
Räuber. 3; ***Velia*** Latreille (6–8 mm), auf fließenden Gewässern, häufig ***V. caprai*** Tamanini [**13**]. 3; ***Microvelia*** Westwood (1,5–3 mm), auf stehenden Gewässern, häufig ***M. reticulata*** (Burmeister).
Auf Gewässern kommen als weitere kleine Wanzen (2–3,5 mm) vor: **Mesoveliidae** [**30**] (s. Nr. **27**) und **Hebridae** [**18**] (s. Nr. **15**).

10. Scutellum groß, mindestens etwa halb so lang wie die Entfernung des Htrandes des Pronotums zum Ende des Htleibs. Fühler 5-gliedrig (Glied 2 zuweilen sehr klein; Fühler seitlich betrachten, da die Fühlerwurzel oft von den Kopfseiten überdeckt ist). Makropter .. „Schildwanzen" **11**

— Scutellum deutlich kürzer. Fühler fast immer 4-gliedrig **15**

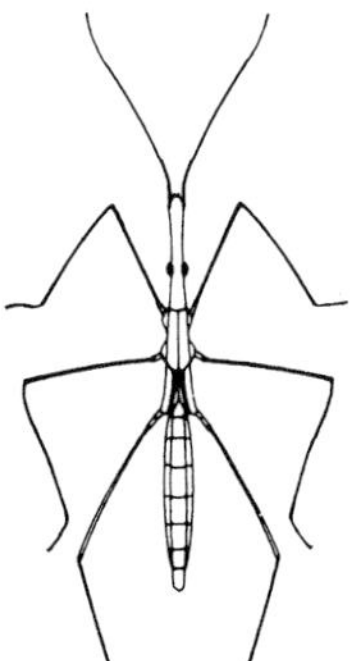
11

a

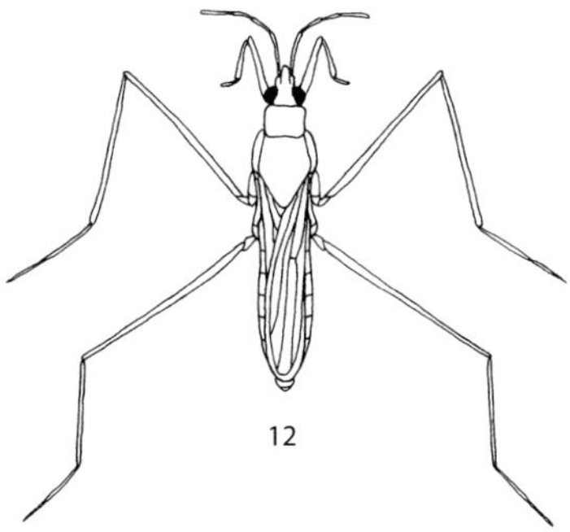
12

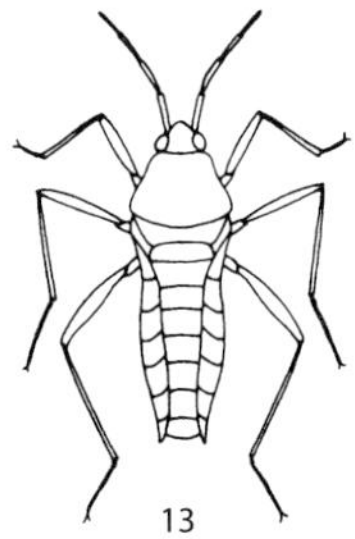
13

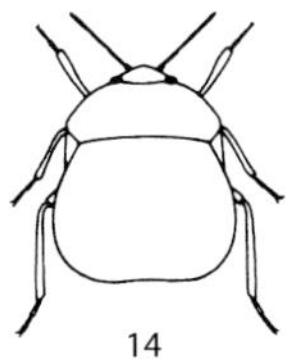
14

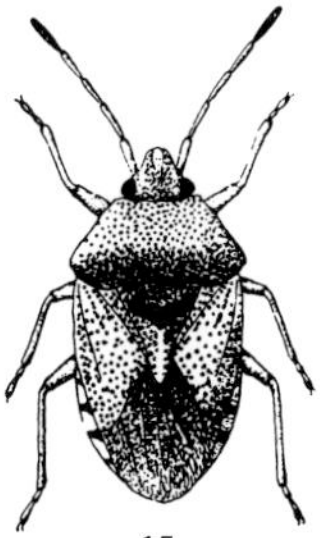
15

11 *Hydrometra*; **12** *Gerris*; **13** *Velia*; **14** Plastaspidae (*Coptosoma*); **15** Acanthosomatidae (*Elasmucha*)

11. Tarsen 2-gliedrig **12**
— Tarsen 3-gliedrig (Mittelglied teilweise recht klein!) **13**
12. Scutellum den ganzen Htleib bedeckend. Körper fast so breit wie lang, schwarz. Fühlerglied 2 sehr klein .... Kugelwanzen, **Plataspidae**
Nur ***Coptosoma scutellatum*** (Geoffroy) [14] (3,5–4,5 mm), Pflanzensauger, v. a. an Kronwicke, im Süden.
— Scutellum viel kürzer. Körper langgestreckt, nach hinten verschmälert [**15**]. Htleib unterseits am Grunde mit nach vorn gerichtetem Fortsatz. Körper über 6 mm lang
Stachelwanzen, **Acanthosomatidae** S. 308
13. Tibien mit kräftigen langen Dornen. Körper schwarz oder schwarz u. weiß gefleckt. Habitus z. B. [**16, 17**]. Bodenbewohner, oft einige cm eingegraben **14**
— Tibien nicht oder ganz schwach bedornt (wenn ausnahmsweise mit längeren Dornen, dann Körper anders gefärbt). Habitus z. B. wie [**2** oder **73–79**]
Schildwanzen u. Baumwanzen, **Scutelleridae** u. **Pentatomidae** S. 308
14. Scutellum fast bis zum Htleibsende reichend [**16**] .... **Thyreocoridae**
Nur ***Thyreocoris scarabaeoides*** (L.) [**16**] (schwarz, erzglänzend; 3–4 mm).
— Scutellum höchstens bis zur Mitte des Htleibs reichend [**17**] .... Erdwanzen, **Cydnidae** S. 307
15. Fühler 5-gliedrig, Fühlerglieder 1–2 dicker als 3–5 (nicht gefiedert!). Körper höchstens 2 mm lang, unterseits silbrig behaart [**18**] .... Zwergwasserläufer, **Hebridae**
An Ufern, auch auf Wasserpflanzen. Pflanzensauger. Nur 2; ***Hebrus*** Curtis [**18**], ***H. ruficeps*** Thomson (1–1,5 mm), ***H. pusillus*** (Fallén) (2 mm).
— Fühler 4-gliedrig, mit 2 dicken Grundgliedern u. 2 dünnen gefiederten Endgliedern [**19**]. Körper 1–3 mm lang **16**
— Fühler 4-gliedrig, nicht wie [**19**], selten mit mehr Gliedern durch sekundäre Ringelung .. **17**
16. Rüssel lang u. dünn, über die Mittelcoxen hinausreichend .... **Ceratocombidae**
Am Boden an feuchten Stellen, häufig in Moospolstern. Nur 2; ***Ceratocombus*** Signoret, häufiger ***C. coleoptratus*** (Zetterstedt) [**19**] (1,5–2,2 mm).
— Rüssel kurz u. dick, die Vdcoxen nicht überragend .... **Dipsocoridae**
Lebensweise ähnlich. 3 Arten, häufiger ***Pachycoleus waltli*** Fieber (1,1–1,4 mm).
17. Pronotum u. Corium mit gitter-, waben- oder netzartiger Struktur. Tarsen 2-gliedrig. Körper höchstens 4 mm lang **18**

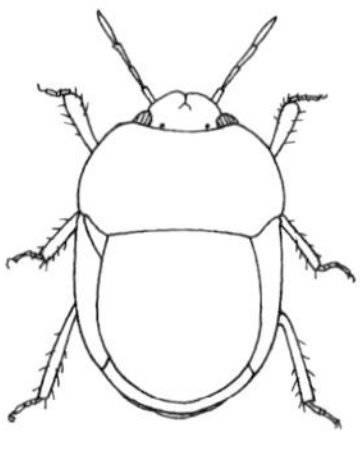
16

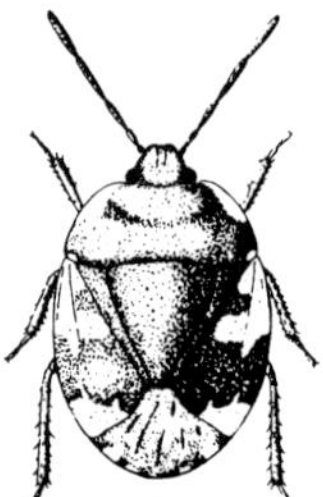
17

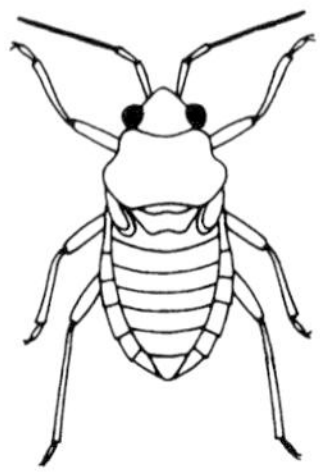
18

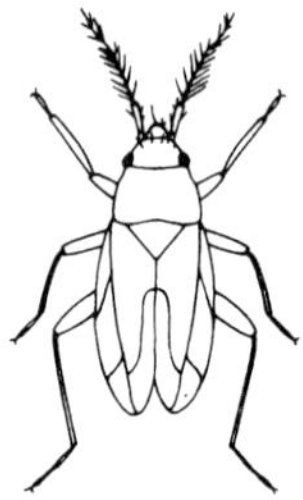
19

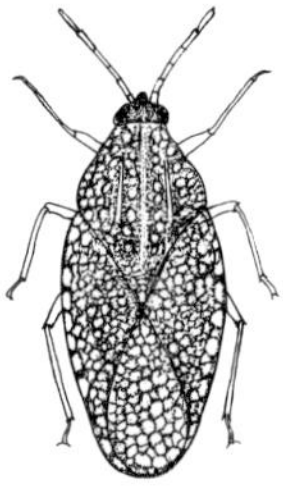
20

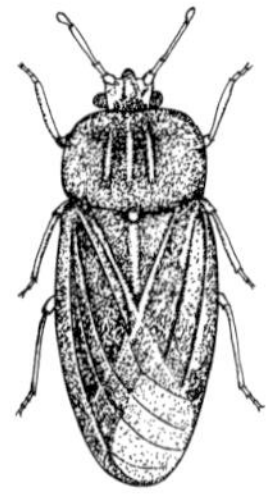
21

22

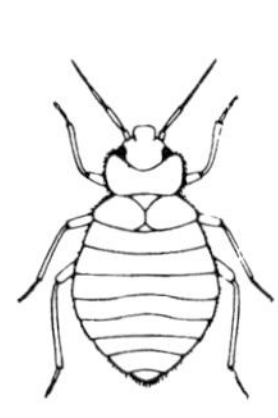
23

16 *Thyreocoris*; **17** Cydnidae (*Tritomegas*); **18** *Hebrus*; **19** *Ceratocombus*; **20** Tingidae (*Dictyla*); **21** Piesmatidae (*Parapiesma*); **22** *Phymata*; **23** Cimicidae (*Cimex*)

— Habitus anders. Tarsen 2- oder 3-gliedrig **19**

18. Pronotum nach hinten in 3-eckigen Fortsatz verlängert, der Scutellum bedeckt [**20**]. Membran des Vdflügels nicht erkennbar .... Gitterwanzen, **Tingidae**

Pflanzensauger. Viele Gattungen mit etwa 60 Arten. Häufig z. B. ***Dictyla echii*** (Schrank) [**20**] (3,2–3,8 mm), an Boraginaceen. ***Tingis cardui*** (L.) (3,5–3,8 mm), an Disteln. ***Stephanitis rhododendri*** Horváth (3,5–4 mm), schädlich an *Rhododendron*, aus Japan eingeschleppt. ***Corythucha ciliata*** (Say) (3,5–3,8 mm), an Platanen, aus Nordamerika eingeschleppt.

— Htrand des Pronotums ± gerade [**21**]. Pronotum mit Längskielen. Scutellum gut sichtbar. Membran deutlich .... Meldenwanzen, **Piesmatidae**

Pflanzensauger, an Kräutern. 2; ***Piesma*** Le Peletier et Serville; häufig nur ***P. maculatum*** (Laporte) 2,3–3,0 mm). 4; ***Parapiesma*** Péricard; häufig nur ***P. quadratum*** (Fieber), Rübenwanze [**21**] (2,3–3,5 mm).

19. Vdschenkel verbreitert u. verdickt, Vdbein = Raubbein. Körper flach mit breitem Seitenrand. Habitus wie [**22**] .... **Phymatinae** (zu **Reduviidae**)

Räuber. Nur ***Phymata crassipes*** (F.) [**22**] (8–9 mm).

— Habitus anders **20**

20. Körper stark abgeflacht, braun bis schwarz. Habitus wie [**23–25**] **21**

— Habitus anders **24**

21. Körper extrem flach, oval bis gerundet. Hellbraun. Lang behaart. Nur mit stummelförmigen Flügelresten. Parasiten .... Bettwanzen, **Cimicidae**

Pronotum vorn halbkreisförmig ausgeschnitten [**23**]: 3; ***Cimex*** L., ***C. lectularius*** L., Bettwanze [**23**] (5–6 mm), bei Fledermäusen, Vögeln, dem Menschen; ***C. pipistrelli*** Jenyns (4,5–5,7 mm), bei Fledermäusen; ***C. columbarius*** Jenyns (3,5–4,5 mm), bei Tauben. Vdrand des Pronotums in der Mitte gerade: ***Oeciacus hirundinis*** (Lamarck), Schwalbenwanze, bei Vögeln.

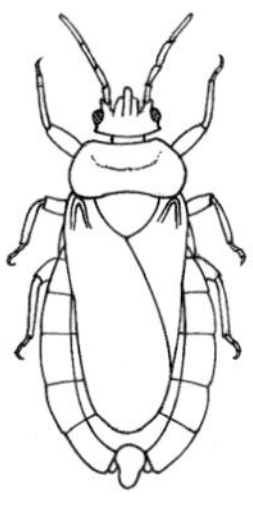

24

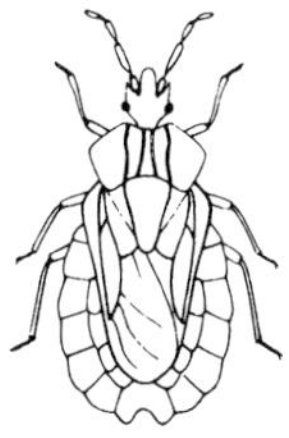

25

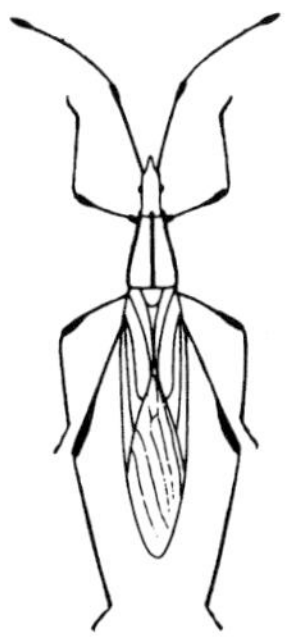

26

27

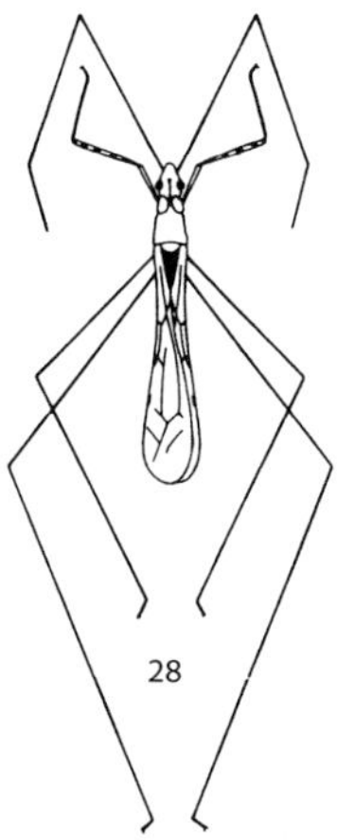

28

29

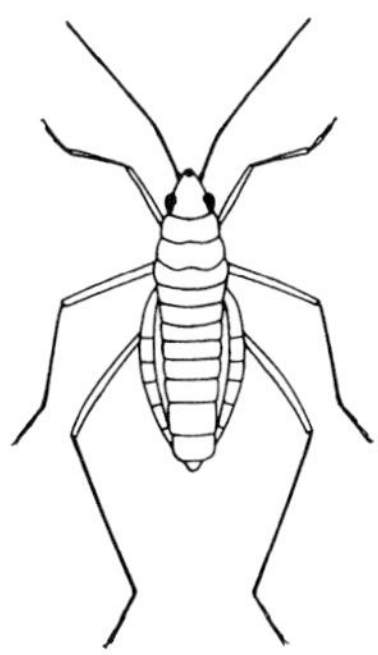

30

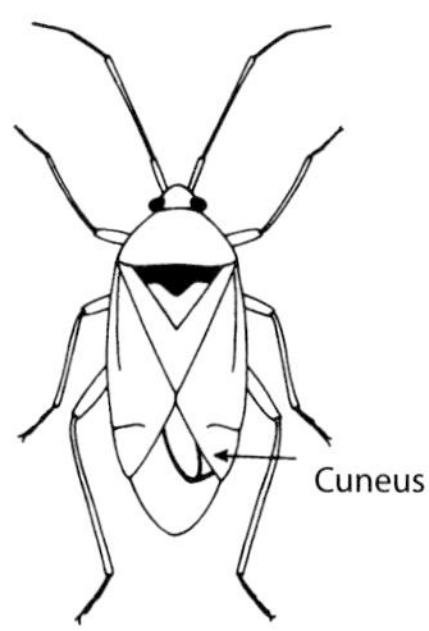

31

24 *Aneurus*; **25** *Aradus*; **26** Berytidae (*Berytinus*); **27** Reduviidae (*Rhynocoris*); **28** Reduviidae (*Empicoris*); **29** Nabidae (*Nabis*); **30** *Mesovelia*; **31** Miridae (*Lygus*)

— Körper etwas gestreckter, mit breitem Seitenrand, nicht behaart, aber mit körniger Oberfläche. Dunkelbraun bis schwarz. Unter oder auf Baumrinde .... Rindenwanzen, **Aradidae** **22**

22. Vdflügel glasartig durchsichtig, nicht in Clavus, Corium u. Membran unterteilt [**24**] **Aneurinae**
Nur 2; ***Aneurus*** Curtis [**24**], z. B. ***A. laevis*** (F.) (4,5– 5,2 mm).

— Vdflügel deutlich in Clavus, Corium u. Membran geteilt **23**

23. Kopf vor u. hinter den Augen etwa gleich breit [**25**] .... **Aradinae**
Auf u. unter Rinde von Baumstämmen. Saugen an Pilzen, Rinde, auch an kleinen Insekten. Nur ***Aradus*** F. [**25**], etwa 20 Arten, z. B. ***A. cinnamomeus*** Panzer (3,5–5 mm), an *Pinus*, ***A. depressus*** (F.) (5–6 mm), an Laubbäumen.

— Kopf hinter den Augen deutlich breiter als vor den Augen .... **Mezirinae**
Nur ***Mezira tremulae*** (Germar) (7,5–9 mm).

24. Gestalt stabförmig. Mit Verdickung an Knien der Beine, an Mitte u. Spitze der Fühler [**26**] Stelzenwanzen, **Berytidae** S. 301

— Habitus anders **25**

25. Rüssel von der Seite gesehen in sich sichelförmig gebogen [**29**]. Körper über 6 mm lang (wenn ausnahmsweise kleiner, dann mückenähnlicher Habitus [**28**]) **26**

— Rüssel gestreckt, nicht auffallend in sich gebogen oder wenn doch sichelförmig, dann Tier höchstens 5 mm u. Habitus nicht wie [**28**] **27**

26. Rüssel kurz, kräftig, 3-gliedrig, Spitze greift in Rinne oder Grube vor den Vdhüften. Körper robust u. meist über 12 mm [**27**] oder zart u. 4–7 mm [**28**] .... Raubwanzen, **Reduviidae** S. 301

— Rüssel länger, dünner, 4-gliedrig [**29**], Spitze greift nicht in tiefe Furche. Körper 6–11 mm lang. [**29**] .... Sichelwanzen, **Nabidae** S. 295

27. Oberseite glänzend hellbraun. Unterseite mit weißen Haaren. Habitus vom Typ der Wasserläufer [**30**]. 3–3,5 mm lang .... Zwergteichläufer, **Mesoveliidae**
Auf Gewässern. Räuber. Nur ***Mesovelia furcata*** Mulsant et Rey [**30**], meist flügellos.

— Habitus anders **28**

28. Stirnaugen (Ocellen) fehlen **29**

— Ocellen vorhanden (zuweilen schwer zu erkennen!) **30**

29. Vom Corium ist ein Cuneus abgeteilt [**31**]. Membran mit 2 geschlossenen Zellen [**31**] (selten nur mit 1 Zelle). Kurzflügelige Individuen sind kleiner u. anders gezeichnet als [**32**]. Habitus z. B. [**31, 43, 44, 49, 51–58**] .... Weichwanzen, **Miridae** S. 296

— Kein Cuneus abgeteilt, Membran mit vielen Adern. Kurzflügelige Individuen schwarz mit roter Zeichnung. Habitus [**32**] .... Feuerwanzen, **Pyrrhocoridae**
Saugen an Samen. Nur 2; ***Pyrrhocoris*** Fallén, ***P. apterus*** (L.) [**32**] (schwarz u. rot; 9–11 mm) vor allem am Fuße von Linden oder Robinien; ***P. marginatus*** (Kolenati) (braun mit hellem Rand; 7–8 mm), im Süden.

30. Körper oberseits, besonders an Vdbeinen u. Flügelrand, mit abstehenden Stacheln [**33**]. Rüssel stark gebogen .... **Leptopodidae**
Räuber. Nur ***Leptopus marmoratus*** (Goeze) (Augen stark vorstehend; 4–5 mm), an trockenen Orten.

— Anders **31**

31. Flügelmembran mit 4 oder 5 langgestreckten, distal geschlossenen Zellen. Augen stark vorstehend. Körper oval. Mit Sprungvermögen [**34**] .... Springwanzen, ***Saldidae*** S. 294

— Habitus anders. Augen wenig vorstehend. Membran (wenn vorhanden) mit Längsadern, ohne distal geschlossene Zellen **32**

32. Alle Tarsen 2-gliedrig. ♀ kurzflüglig, mit nach hinten verbreitertem Körper [**35b**]. Länge zwischen 1,5 u. 2,5 mm .... **Microphysidae**
Räuber, an Rinde oder im Moos. 8; ***Loricula*** Curtis Rüssel dick, die Vdcoxen nicht überragend: z. B. ***L. coleoptrata*** (Fallén) (1,7–1,9 mm); Rüssel dünn, die Vdcoxen überragend: z. ***B. L. elegantula*** (Baerensprung) [**35a** ♂, **35b** ♀] (2–2,4 mm).

— Wenigstens Tarsen der Mittel- u. Htbeine 3-gliedrig **33**

33. Flügel mit Cuneus [**36**] (vgl. [**31**]). Rüssel häufig leicht gebogen. Körper 2–5 mm lang **34**

— Flügel ohne Cuneus. Rüssel gestreckt, ± anliegend **35**

34. Membran mit Längsadern. Habitus wie [**36**] .... Blumenwanzen, **Anthocoridae** S. 295

— Membran mit 1–2 Zellen. Körper oval, Habitus wie [**37**] .... **Isometopinae** (zu **Miridae**)
Auch als eigene Familie **Isometopidae** angesehen. Auf Rinde. Räuber. 2; ***Isometopus*** Fieber, z. B. ***I. intrusus*** (Herrich-Schäffer) [**37**] (2,5– 4 mm).

35. Membran mit höchstens 5 ± parallelen Adern, einzelne zuweilen verzweigt [**38**]. Bei Kurzflügeligen ist Htleib dunkelbraun bis schwarz. Habitus z. B. [**38, 59–61, 63, 67–69**] Langwanzen, Bodenwanzen, **Lygaeidae** S. 302

— Membran mit 6 oder mehr, zum Teil verzweigten Adern [**39–42**]. Bei Kurzflügeligen ist Htleib gelb, grün oder gelbgrün mit roter oder dunkler Zeichnung **36**

36. Fühler u. Beine deutlich gelb u. schwarz geringelt. Connexivum abwechselnd mit gelben u. schwarzen Flecken [**39**] . . . . **Stenocephalidae**

Nur 3; ***Dicranocephalus*** Hahn (8–14 mm), an Wolfsmilch, z. B. ***D. agilis*** (Scopoli) [**39**].

— Nicht zugleich Fühler, Beine u. Connexivum gelb u. schwarz gezeichnet **37**

37. Kopf 3-eckig, so breit wie Pronotum. Htschenkel bedornt [**40**] . . . . **Alydidae**

Langgestreckt, mit langen Fühlern u. Beinen. 4. Fühlerglied gekrümmt u. viel länger als 3. Glied. Larven ameisenähnlich.

a) Seitenecken des Pronotums abgerundet: ***Alydus calcaratus*** (L.) [**40**] (10– 12 mm).

b) Seitenecken des Pronotums hinten mit Spitze: ***Megalotomus junceus*** (Scopoli) (13–15 mm).

32

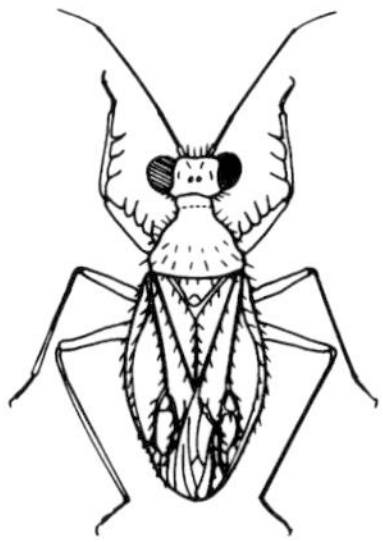
33

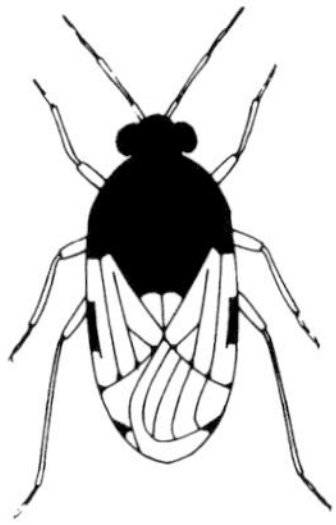
34

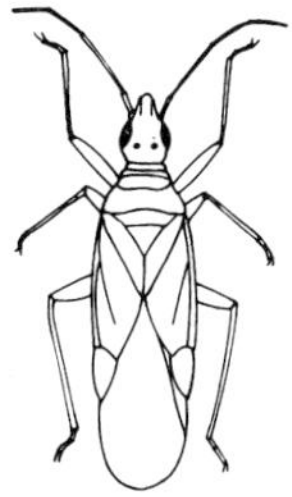
35a

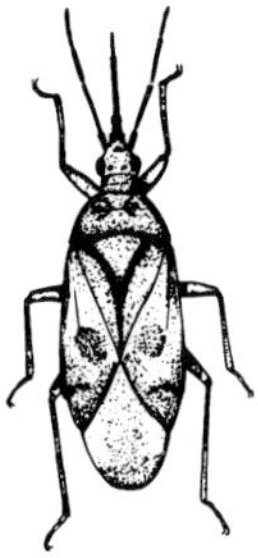
36

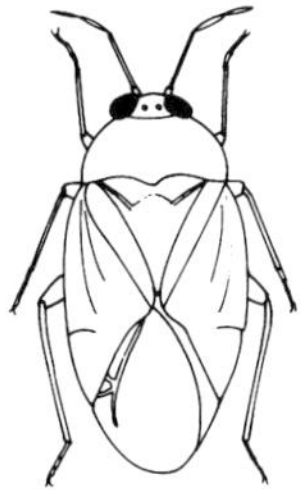
37

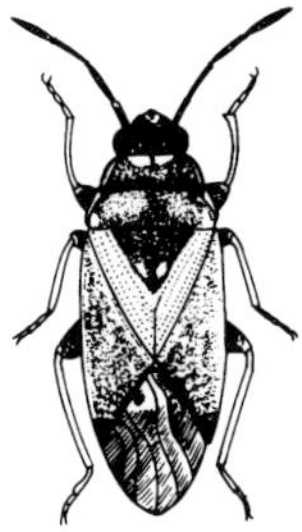
38

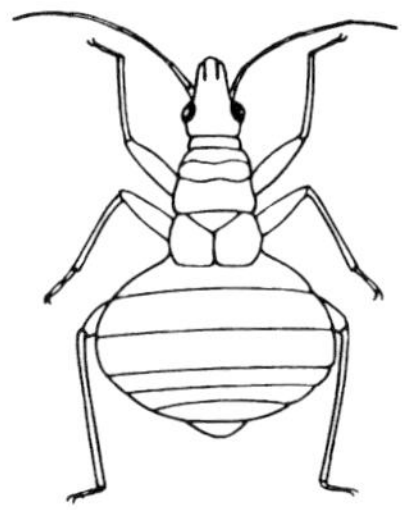
35b

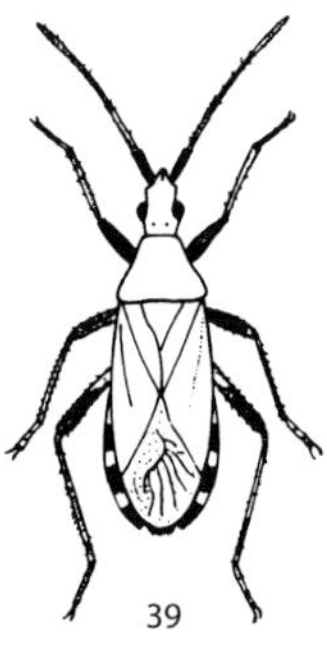
39

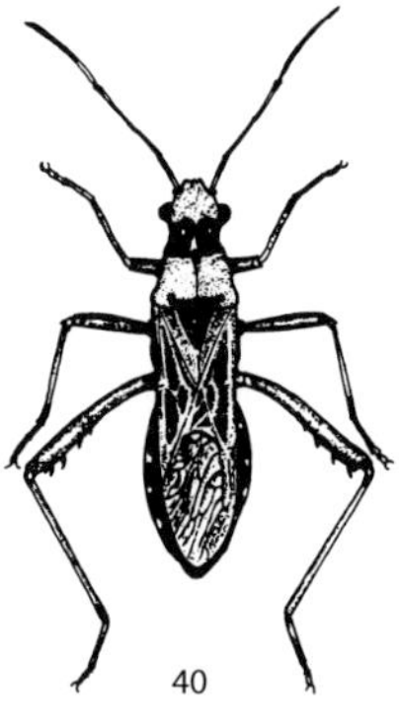
40

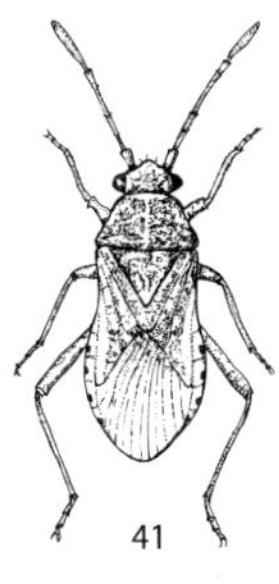
41

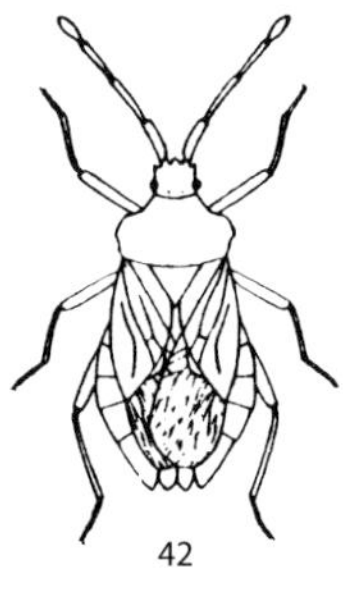
42

32 *Pyrrhocoris*; **33** *Leptopus*; **34** Saldidae (*Saldula*); **35** Microphysidae (*Loricula* **a** ♂, **b** ♀); **36** Anthocoridae (*Anthocoris*); **37** *Isometopus*; **38** Lygaeidae (*Peritrechus*); **39** Stenocephalidae (*Dicranocephalus*); **40** Alydidae (*Alydus*); **41** Rhopalidae (*Rhopalus*); **42** Coreidae (*Coreus*)

— Kopf 4-eckig, schmaler als Pronotum; wenn 3-eckig, Htschenkel unbedornt **38**
38. Corium mit glasartigen Stellen, wenn diese fehlend, entweder Körper schwarz u. rot gefärbt oder Habitus wie [**71**] oder [**72**]. Mündung der Duftdrüsen an Thorax-unterseite zwischen Mittel- u. Htcoxa verborgen. Habitus z. B. [**41**] .... **Rhopalidae** S. 307
— Corium gleichmäßig dickhäutig. Mündung der Drüse deutlich, ± ohrförmig. Körperfärbung nicht rot u. schwarz. Habitus z. B. [**42**] .... Lederwanzen, Randwanzen, **Coreidae** S. 306

Familie: **Saldidae**, Springwanzen

Meist an Gewässerufern. Mit Sprungvermögen. Räuber.

1. Seitenrand des Pronotums fast oder ganz gelbbraun 2
— Seitenrand des Pronotums fast oder ganz schwarz 3
2. Membran mit 5 Zellen. 4,5–6 mm .... ***Chiloxanthus pilosus*** (Fallén)
— Membran mit 4 Zellen. Höchstens 4 mm .... ***Halosalda lateralis*** (Fallén)
3. Unter 3 mm lang .... ***Micracanthia marginalis*** (Fallén)
— Mindestens 3 mm lang 4
4. Pronotum mit schmalem Querwulst, dieser den Seitenrand erreichend ... 3; ***Chartoscirta*** Stål
Verbreitet ***C. cincta*** (Herrich-Schäffer) (um 4 mm).
— Querwulst auf Pronotum breiter, nicht bis zum Seitenrand reichend 5
5. Innerste Membranzelle fast zur Hälfte über die Basis ihrer Nachbarzellen hinaus in das Corium ragend .... 4; ***Salda*** F.
Häufig ***S. littoralis*** (L.) (6–7 mm).
— Innerste Membranzelle nicht oder höchstens ⅓ ihrer Länge über Basis der Nachbarzellen in das Corium verlängert [**34**] .... 12; ***Saldula*** van Duzee, 3; ***Macrosaldula*** Leston et Southwood
Häufig ***S. saltatoria*** (L.) (schwarz u. gelb gefleckt; 3,5–4,5 mm).

Familie: **Corixidae**, Ruderwanzen

In stehenden Gewässern. Ernähren sich von Algen u. pflanzlichem oder tierischem Detritus, der mit den Vdbeinen herbeigeschaufelt wird. Auch räuberisch. Können Laute erzeugen („Wasserzikaden").

1. Scutellum gut sichtbar. Körper 1,5–2,5 mm lang .... 4; ***Micronecta*** Kirkaldy
Häufig ***M. minutissima*** (L.) (1,7–2,1 mm).
— Scutellum vom Pronotum bedeckt. Körper über 3 mm lang 2
2. Pronotum ohne helle Querlinien .... 3; ***Cymatia*** Flor
Häufig ***C. coleoptrata*** (F.) (3–4 mm); seltener ***C. bonsdorffii*** (Sahlberg) (5,5–6 mm).
— Pronotum mit hellen Querlinien 3
3. Pronotum u. Flügel glatt, glänzend. Körper mindestens 3,5 mm breit, mindestens 8 mm lang [**4**] .... 4; ***Corixa*** Geoffroy
Häufig ***C. punctata*** (Illiger) (13–15 mm).
— Pronotum u. oft auch Flügel chagriniert, matt. Höchstens 3 mm breit, höchstens 8 mm lang 4
4. Stirn mit langen, dichten Haaren. 8–8,5 mm .... ***Glaenocorisa propinqua*** (Fieber)
— Stirn kahl oder höchstens mit wenigen kurzen Haaren 5
5. Ende des 1. Gliedes der Httarsen unterseits mit scharfem schwarzem Fleck. Krallen hell .. 6
— 1. Glied der Httarsen am Ende hell; wenn schwarz, dann auch Krallen dunkel 7
6. Flügel mit unregelmäßiger gelbbrauner Zeichnung. 7 mm .... ***Paracorixa concinna*** (Fieber)
— Flügel mit deutlichen Querbinden .... 2; ***Callicorixa*** White
Verbreitet ***C. praeusta*** (Fieber) (schwarzer Fleck 4-eckig; 7–7,5 mm).
7. Mit deutlichem Mittelkiel fast über das ganze Pronotum .... 3; ***Arctocorisa*** Wallengren
Vor allem im Gebirge, z. B. ***A. germari*** (Fieber) (9–10 mm).
— Höchstens mit schwachem, kurzem Mittelkiel auf Pronotum
4; ***Hesperocorixa*** Kirkaldy u. 15; ***Sigara*** F.
Häufig z. B. ***S. striata*** (L.) (7–8 mm).

Familie: **Anthocoridae**, Blumenwanzen

Räuber, Nahrung häufig Blattläuse. Manche Arten nehmen auch Pollen als Nahrung.

1. 3. u. 4. Fühlerglied viel dünner als 1. u. 2. .... **Lyctocorinae** 2
— 3. u. 4. Fühlerglied nicht dünner als 1. u. 2. .... **Anthocorinae** 3
2. Körper 3–4 mm lang. Vdschenkel unterseits ohne kleine Zähnchen .... 2; ***Lyctocoris*** Hahn
Häufig ***L. campestris*** (F.), in Nestern und Ställen.
— Höchstens 3 mm; wenn größer, Vdschenkel unterseits mit mehreren kleinen Zähnchen 5; ***Xylocoris*** Dufour u. einige seltene Gattungen
11 Arten. Häufig ***X. cursitans*** (Fallén) (2,2–2,5 mm), unter Rinde.
3. Pronotum vorn ohne ringförmige Abschnürung .... 7; ***Orius*** Wolff
Häufig ***O. majusculus*** (Reuter) (um 3 mm) u. ***O. minutus*** (L.) (2–2,5 mm).
— Pronotum vorn halsartig abgeschnürt .... 12; ***Anthocoris*** Fallén u. 5 weitere Gattungen
Über 24 Arten. Sehr häufig ***A. nemorum*** (L.) [**36**] (schwarz, glänzend; Corium weißlich, in der hinteren Hälfte mit schwarzem rundem Fleck, dessen Umgebung gelbbraun; 3,5–4,5 mm).

Familie: **Nabidae**, Sichelwanzen

Räuber. Nahrung: Insekten. In der Vegetation u. am Boden. Larven mancher Arten ameisenähnlich (Ameisenmimikry?).

1. Vdrand des Pronotums mit breitem, flachem Halsring [**29**]. Vdschenkel nicht verkürzt u. ohne Dornen 3
— Vdrand des Pronotums ohne Halsring. Vdschenkel verkürzt, mit Dornen 2
2. Körper schwarz u. rot. 5,8–10 mm .... 2; ***Prostemma*** Laporte
Häufiger nur ***P. guttula*** (F.), an trockenen Stellen, mehr im Süden.
— Körper schwarz u. gelb. 4–5,2 mm .... ***Alloeorhynchus flavipes*** (Fieber)
An trockenwarmen Stellen, im Süden, selten.
3. Htleib unten an den Seiten mit einer Längsrinne. Connexivum oberseits waagerecht 9; ***Nabis*** Latreille 7
— Htleib unten seitlich ohne Längsrinne. Connexivum oben aufgebogen ***Himacerus*** Wolff 4
4. Htleib oben dunkelbraun bis schwarz 5
— Htleib oben gelbbraun mit 1–3 dunklen Längsstreifen. 7–8 mm. Am Boden, auch an Salzstellen .... ***Himacerus*** (= ***Stalia***) ***boops*** (Schiödte)
5. Fühler so lang wie der Körper. Htleib zum Ende hin verbreitert. Häufig brachypter. 9–11 mm. Auf Gebüsch .... ***Himacerus apterus*** (F.)
— Fühler kürzer als der Körper. Htleib nicht verbreitert 6
6. Connexivum schwarz, mit hellem Fleck auf jedem Segment. Pronotum ohne dunkle Längsstreifen. 7–9 mm. Auf Kräutern, häufig *Urtica* .... ***Himacerus*** (= ***Aptus***) ***mirmicoides*** (Costa)
— Connexivum einfarbig gelb. Pronotum mit dunklen Längsbinden. 8,5–9,5 mm. V. a. an Meeresküste .... ***Himacerus*** (= ***Anaptus***) ***major*** (Costa)
7. Htleib oben gelb-dunkel gefärbt
Häufig brachypter. Auf Wiesen ***N. flavomarginatus*** Scholz (Htleib oben schwarz, mit 2 gelben Längslinien; 7,5–9,5 mm). Htleib gelbbraun, mit 1–3 dunklen Längsstreifen: ***N. limbatus*** Dahlbohm (Connexivum breiter als Htschenkel; 7–9 mm); ***N. lineatus*** Dahlbohm (Connexivum schmaler als Htschenkel; 9,5–12 mm).
— Htleib oben meist schwarz, selten größtenteils hell
a) Pronotum hinten breiter als in der Mitte lang. Körper 8–9,5 mm lang. Meist makropter: 3 ähnliche Arten, häufig ***N. ferus*** (L.) [**29**].
b) Pronotum hinten schmaler als in der Mitte lang. Körper 5,5–8 mm lang: ***N. brevis*** Scholtz (graubraun; Vdschenkel außen mit schwarzem Längsfleck; 5,5–6,5 mm). Vdschenkel außen mit braunen Querstreifen. Tiere größer: ***N. rugosus*** (L.) (graubraun; 6–8 mm); ***N. ericetorum*** Scholtz (rötlich-braun; 6–7,5 mm), in *Calluna*-Heide.

Familie: **Miridae**, Weichwanzen

Die meisten Arten saugen an Pflanzen, manche sind räuberisch oder polyphag. Hierzu gehören auch die **Isometopinae** s. S. 292.

1. Mit Ameisentaille [**43**] .... (**Mirinae**) ***Myrmecoris gracilis*** (Sahlberg)
Augen den Vdrand des Pronotums berührend. 4–6,5 mm. Auf Trockenrasen. Außerdem ♀ von ***Systellonotus*** Fieber (Augen vom Pronotum entfernt; 3–3,7 mm), s. auch Nr. **8**.
— Habitus anders 2
2. Ameisentaille nur durch gelbe Flecke der (meist verkürzten) Flügel vorgetäuscht. Schwarz, Beine rötlich, gelber Saum um Htleib. [**44**] .... (**Mirinae**) 2; ***Pithanus*** Fieber
Häufiger nur ***P. maerkelii*** (Herrich-Schäffer) (3,7–5,3 mm).
— Habitus anders 3
3. Pronotum mit völlig abgesetztem Halsring, dahinter oft außerdem noch Querwulst [**45a, 45b**] 4
— Pronotum ohne abgesetzten Halsring; in einigen Fällen sieht der Querwulst halsringartig aus, ist aber nicht ganz abgesetzt [**46a–46d**] 35
4. 3. Tarsalglied (= Spitzenglied des Tarsus) am Ende viel dicker als übrige Tarsalglieder [**47**]. Körper 2–3 mm lang. An Farn .... **Bryocorinae** 5
— 3. Tarsalglied nicht auffallend verdickt 6
5. 1. Fühlerglied etwa so lang wie der Kopf .... ***Monalocoris filicis*** (L.)
— 1. Fühlerglied viel länger als der Kopf .... ***Bryocoris pteridis*** (Fallén)
6. Halsring, Längsstreifen auf Corium u. Querstreifen auf Cuneus weiß (**Phylinae**) 2; ***Cremnocephalus*** Fieber
Z. B. ***C. albolineatus*** Reuter (5,7–7 mm), an *Pinus*.
— Anders 7
7. Flügel braun oder schwarz mit weißen Querbinden. Zuweilen ameisenartiger Habitus. 3–5 mm lang .... weitere **Phylinae** 8
— Färbung u. Habitus anders 9
8. Mit weißen Binden auf hellbraunem Corium, dunkel gesäumt. Körper mit langen, aufrechten Haaren bedeckt. 3,3–4,7 mm. An trockenen Orten, am Boden ... ***Systellonotus triguttatus*** (L.)
— Mit weißen Binden auf braunem Corium, nicht dunkler gesäumt. 2,5–5 mm 2; ***Hallodapus*** Fieber
H. rufescens (Burmeister) (Flügel überall glänzend), unter *Calluna*-Heide.
— Mit weißen Binden auf schwarzem Corium. 2,6–3,8 mm. Auf Trockenrasen ***Omphalonotus quadriguttatus*** (Kirschbaum)
9. Tarsalkralle an der Basis mit großem Zahn [**48**] .... **Deraeocorinae** 10
— Kralle ohne Zahn, höchstens mit kleinem Läppchen an der Basis 12
10. Pronotum hinter dem Halsring mit eingesenktem glattem Schwielenbereich. Membran behaart. 3,5–5,5 mm .... ***Bothynotus pilosus*** (Boheman)
— Pronotum mit erhabenem glattem Schwielenbereich. Membran unbehaart 11
11. 1. Glied der Httarsen fast so lang wie 2. u. 3. .... 2; ***Alloeotomus*** Fieber
A. gothicus (Fallén) (Behaarung oberseits lang, dicht u. aufrecht), an *Pinus*.
— 1. Glied der Httarsen viel kürzer als 2. u. 3. .... 12; ***Deraeocoris*** Kirschbaum
D. ruber (L.) [**49**] (Halsring glänzend, Scutellum punktiert; 6,5–7,5 mm); ***D. lutescens*** (Schilling) (Halsring glänzend, Scutellum glatt; 3,5–4 mm).
12. Kopf hinter Augen halsartig verlängert, Augen weit vom Vdrand des Pronotums entfernt weitere **Bryocorinae** 13
— Kopf hinten nicht derartig verlängert, Augen nahe dem Pronotum 15
13. Schwielen auf Pronotum auch an ihrem Htrand durch Querfurche abgeteilt, die Seiten erreicht [**45b**] .... 10; ***Dicyphus*** Fieber
Oberflügel fast durchscheinend. Häufig ***D. globulifer*** (Fallén) (3,5–4 mm).
— Schwielen u. Querfurche des Pronotums undeutlich 14
14. Kopf jederseits hinter den Augen mit schwarzem Längsfleck. 3–4 mm 2; ***Macrolophus*** Fieber
1. Fühlerglied schwarz u. Augen dunkel, sonst hellgrün, zart. Häufig ***M. pygmaeus*** (Rambur).
— Kopf jederseits ohne schwarzen Längsfleck. 4,5–5,5 mm. Im Süden ***Dicyphus geniculatus*** (Fieber)

15. Vd- u. Htabschnitt von Pronotum, Cuneus u. Scutellum je 2-farbig (Pronotum u. Cuneus braunrot u. schwarz, Scutellum braunrot u. gelb). 4–5 mm. Auf Laubbäumen
(**Bryocorinae**) ***Campyloneura virgula*** (HERRICH-SCHÄFFER)

— Anders .... **Mirinae 16**

16. Halsring etwa so breit wie Querwulst dahinter. Wangen so hoch wie das Auge, dieses am oberen Ende des Kopfes. Cuneus meist rot oder hell
Fld mit bunten Längsstreifen ***Horistus orientalis*** (GMELIN); Fld schwarz mit meist hellem Rand 2; ***Capsodes*** DAHLBOHM: Häufig ***C. gothicus*** (L.) (abstehend behaart; 6–7 mm).

— Halsring schmaler als Querwulst. Wangen niedriger als das Auge **17**

17. 2. Fühlerglied zur Spitze stark verdickt. Körper ± schwarz .... 3; ***Capsus*** F.
Häufig ***C. ater*** (L.) (schwarz, zuweilen Kopf ± Pronotum braun; 5–6,5 mm).

— Anders. 2. Fühlerglied höchstens schwach zur Spitze verdickt **18**

18. Pronotum mit deutlichen Punktgruben (wenn diese in wenigen Fällen undeutlich, dann ist Scheitel gerandet wie [**50a**]) **19**

— Pronotum nicht punktiert oder, wenn es undeutlich punktiert erscheint, dann Scheitel mindestens in der Mitte ungerandet [**50b**] **27**

19. Körper mit kräftigen goldenen oder silbernen Haaren, dazwischen oft noch feinere, dunkle Haare **20**

— Körper unbehaart oder mit gleichmäßiger feiner Behaarung **21**

20. Pronotum u. Corium schwarz, äußerste Spitze des schwarzen Scutellums u. Cuneus rot. 3–4 mm .... 2; ***Charagochilus*** FIEBER
Häufig ***C. gyllenhalii*** (FALLÉN), an *Galium*.

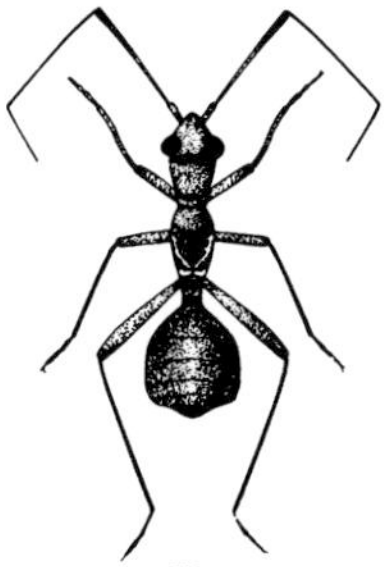
43

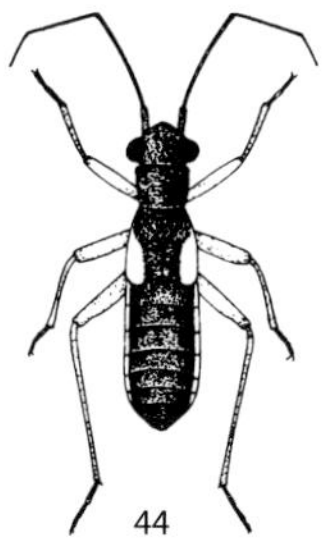
44

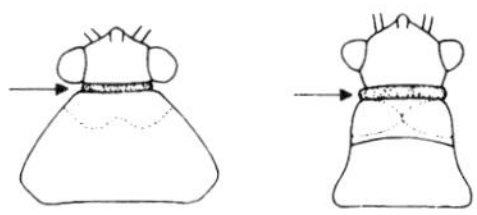
a 45 b

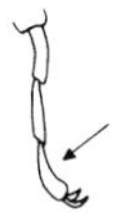
47

48

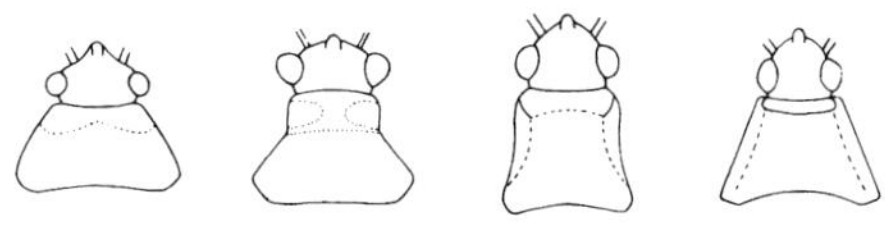
a b 46 c d

50
a b

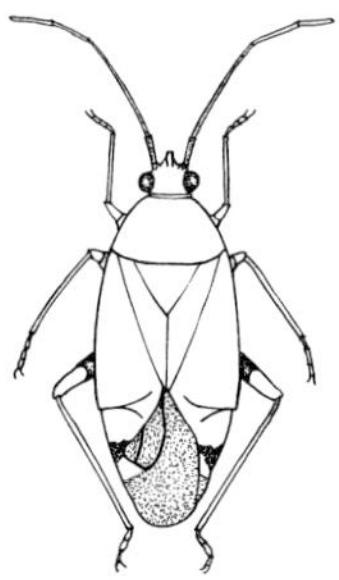
49

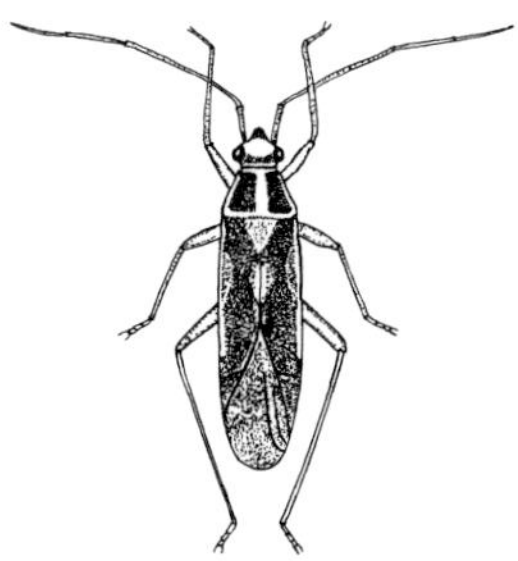
51

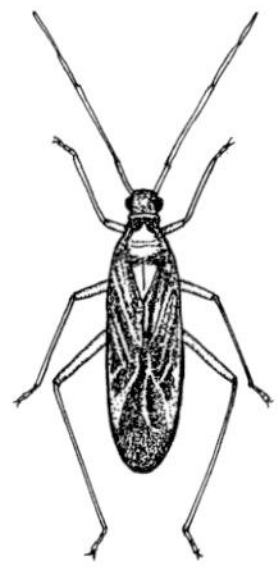
52

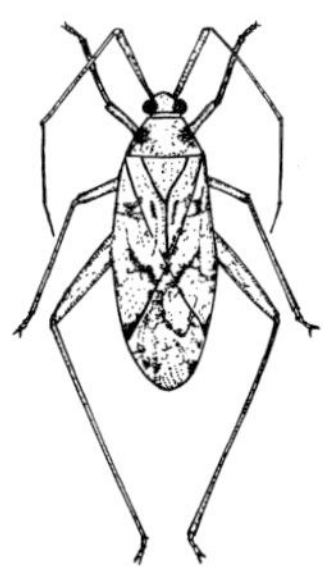
53

43 *Myrmecoris*; **44** *Pithanus*; **49** *Deraeocoris*; **51** *Stenotus*; **52** *Miris*; **53** *Phytocoris*

— Entweder Pronotum, Corium u. Scutellum ganz schwarz oder Htrand des Pronotums, Teil des Coriums u. Spitze des Scutellums gelbrot .... 10; ***Polymerus*** Hahn
Viele Arten an *Galium*. Häufig ***P. unifasciatus*** (F.) (schwarz, gelb, rot; 5–7 mm).

21. Pronotum zwischen Punktgruben mit erhabenen Querrunzeln. Grün 2 Arten von ***Lygocoris*** Reuter
Häufig ***L. rugicollis*** (Fallén) (6–8 mm), an *Salix*, bisweilen schädlich an Apfel.

— Anders **22**

22. Scheitel hinten ohne deutlichen Randwulst. Körper mehrfarbig. 4– 5 mm. Meist auf *Urtica* ***Liocoris tripustulatus*** (F.)

— Scheitel hinten gerandet [**50a**] oder, wenn in der Mitte nicht gerandet [**50b**], dann Körper grün **23**

23. 3. Glied der Httarsen viel länger als 2. 3,5–4,5 mm .... 2; ***Camptozygum*** Reuter
Häufig ***C. aequale*** (Villers), an *Pinus*.

— 3. Httarsenglied etwa so lang wie 2. (frühere ***Lygus***-Gruppe) **24**

24. 2. Fühlerglied so lang wie oder kürzer als Kopfbreite .... 2; ***Agnocoris*** Reuter
Rötlich mit dunkler Zeichnung. An *Salix*. Häufig, z. B. ***A. rubicundus*** (Fallén).

— 2. Fühlerglied viel länger als Kopfbreite **25**

25. Behaarung auf Scutellum aufrecht. Bis 5,5 mm .... 5; ***Orthops*** Fieber u. 4; ***Pinalitus*** Kelton
Arten von ***Orthops*** auf Kräutern, häufig z. B. ***O. campestris*** (L.) (3,6–4,7 mm), auf Umbelliferen. Arten von ***Pinalitus*** auf Bäumen, z. B. ***P. rubricatus*** (Fallén) (4,2–4,9 mm), auf Nadelhölzern.

— Behaarung auf Scutellum anliegend. Größere Arten (4,5–7 mm) **26**

26. Basis der Tibien außen braun gefleckt. Flügel dicht u. tief punktiert. [**31**] .... 7; ***Lygus*** Hahn
Häufig ***L. rugulipennis*** Poppius (4,6–5,7 mm) u. ***L. pratensis*** (L.) (5,8–7,3 mm).

— Basis der Tibien ungefleckt. Flügel flach u. weitläufig punktiert 4; ***Apolygus*** China u. 3; ***Lygocoris*** Reuter
Häufig ***A. lucorum*** (Meyer-Dür) (Körper grün; breiter, Länge : Breite < 2,5; 5–5,9 mm) u. ***L. pabulinus*** (L.) (Körper grün, länger, Länge : Breite > 2,5; 5,1–6,6 mm).

27. Seiten des Pronotums scharfkantig. Scheitel mit tiefer Längsfurche. Rotbraun mit kleinen dunklen Punkten. 8,5–10 mm. An Laubbäumen (*Alnus*, *Corylus*) .... ***Pantilius tunicatus*** (F.)

— Die 3 genannten Merkmale nicht gleichzeitig vorhanden **28**

28. Scheitel neben den Augen mit querem Randwulst, in der Mitte ungerandet. Grün mit meist rötlicher Tönung. 4–6 mm .... 3; ***Dichrooscytus*** Fieber
Häufig ***D. rufipennis*** (Fallén), an *Pinus*.

— Scheitel ganz ungerandet **29**

29. Gelbbraun mit dunklerem Mittellängsstreifen. Pronotumseiten zum Teil kantig. 9–11 mm. An Gräsern .... ***Miridius quadrivirgatus*** (Costa)

— Grün-gelborange. Pronotum mit 2 großen schwarzen Flecken (nicht 2 kleine Punkte wie bei Nr. **33**). Meist dunkle Längsbänder auf dem Corium. [**51**]. 5,5–7 mm. An Gräsern ***Stenotus binotatus*** (F.)

— Pronotum schwarz mit hellem Mittelfleck. Corium u. Scutellum schwarz mit gelben Längsstreifen. [**52**]. 9–12 mm. An Laubhölzern .... ***Miris striatus*** (L.)
Augen vom Pronotum entfernt. Ähnlich die seltene Art ***Actinonotus pulcher*** (Herrich-Schäffer) (8,5–11 mm), aber Augen den Halsring des Pronotums berührend.

— Pronotum dunkelbraun mit gelbem Halsring u. 3 gelben Längsbinden hinter dem Wulst. 6,5–8 mm .... ***Hadrodemus m-flavum*** (Goeze)

— Anders gefärbt **30**

30. 1. Fühlerglied länger als Pronotum in Längsrichtung, mit langen Borsten. Fühler u. Beine auffällig lang [**53**] .... 21; ***Phytocoris*** Fallén
Zum Teil räuberisch. Häufig z. B. ***P. tiliae*** (F.) [**53**] (6–7 mm), ***P. ulmi*** (L.) (6,4–8 mm).

— 1. Fühlerglied kürzer als Pronotum, wenn länger, höchstens mit kurzen Borsten **31**

31. Stirn vor den Augen stumpfkegelig nach vorn vorstehend. Rüssel kurz, kaum Vdcoxen überragend .... 2; ***Brachycoleus*** Fieber
B. decolor Reuter (grüngelb mit schwarzer Zeichnung; 6,5–9 mm), verbreitet.

— Stirn nicht vorstehend. Rüssel länger, bis Mittelcoxen **32**

32. Halsring breiter als Grund des 2. Fühlerglieds **33**

— Halsring schmaler als Grund des 2. Fühlerglieds **34**

33. 2. Glied der Httarsen etwa doppelt so lang wie 1. 6,5–8,5 mm ***Alloeonotus fulvipes*** (Scopoli)

— 2. Glied der Htarsen so lang wie oder wenig länger als 1. [**54**]
4; ***Calocoris*** Fieber, 3; ***Closterotomus*** Fieber, 1; ***Grypocoris*** Douglas et Scott, 1; ***Rhabdomiris*** Wagner
Z. B. ***Ca. roseomaculatus*** (De Geer) (grün mit roten Flecken; 6,5-8 mm); ***Cl. norwegicus*** (Gmelin) (grün mit 2 kleinen schwarzen Punkten auf Pronotum; 6-8 mm); ***G. sexguttatus*** (F.) (schwarz u. gelb gefleckt; 6,6–8,3 mm); ***R. striatellus*** (F.) [**54**] (gelbbraun, Corium mit dunklen Linien; 7–8,4 mm).

34. Größere Zelle auf der Membran an der Spitze breit gerundet. 6,5–8 mm 2; ***Megacoelum*** Fieber
Häufiger ***M. beckeri*** (Fieber), an *Pinus*.

— Größere Zelle der Membran an der Spitze fast eckig .... 8; ***Adelphocoris*** Reuter
A. lineolatus (Goeze) (grün mit hellen Haaren; 7,5–9,5 mm), schädlich an Luzerne.

35. Glied 1 der Httarsen so lang wie 2 + 3 zusammen. Körper langgestreckt weitere **Mirinae** **36**

— Glied 1 der Httarsen viel kürzer als 2 + 3. Körpergestalt verschieden
Orthotylinae u. **Phylinae** **42**
Sehr artenreich, im Folgenden nur Auswahl von leichter zu erkennenden Arten.

36. Augen Pronotum berührend **37**

— Augen vom Vdrand des Pronotums entfernt **41**

37. Scheitel (zwischen Augen) mit Mittellängsfurche **38**

— Scheitel ohne Längsfurche, nur mit Quereindruck .... 2; ***Acetropis*** Fieber
A. carinata (Herrich-Schäffer) (Pronotum mit halsartigem Querwulst [**46d**]; 5,5–7 mm), an Gräsern.

38. Scutellum punktiert. [**55**] .... 7; ***Stenodema*** Laporte
An Gräsern. Häufig ***S. laevigata*** (L.) (7,8–9 mm); ähnlich, aber Htschenkel mit 2 Zähnchen: ***S. calcarata*** (Fallén) [**55**] (6,7–8 mm).

— Scutellum nicht punktiert, höchstens gerunzelt **39**

39. Httibien lang behaart, ohne Dornen. Scutellum mit Runzeln 2; ***Notostira*** Fieber
N. elongata (Geoffroy) (6–8,7 mm), in der Ebene; ***N. erratica*** (L.) (6,3–9 mm), im Mittel- u. Hochgebirge.

— Tibien nur kurz behaart, aber mit feinen Dornen **40**

40. Fühler länger als der Körper. 8–10 mm. An Gräsern .... ***Megaloceroea recticornis*** (Geoffroy)

— Fühler höchstens körperlang. 4–7 mm .... 4; ***Trigonotylus*** Fieber
An Gräsern. Häufig auf Sandboden ***T. pulchellus*** (Hahn).

41. 1. Fühlerglied zur Spitze verjüngt. Körper höchstens 6,5 mm .... 3; ***Teratocoris*** Fieber
An Gräsern u. Binsen. An *Phragmites* ***T. saundersi*** Douglas et Scott.

— 1. Fühlerglied zylindrisch, nur am Grunde verengt. Körper über 6,5 mm 2; ***Leptopterna*** Fieber
An Gräsern. ***L. dolabrata*** (L.) (lang behaart); ***L. ferrugata*** (Fallén) (kurz behaart).

42. Vdflügel mit schmalen Querbinden, die aus silberweißen Schuppenhaaren gebildet werden, sonst ohne helle Zeichnung **43**

— Vdflügel anders **44**

43. Pronotum mit 2 zapfenartigen Schwielen. 5–6 mm. Auf Laubhölzern
Globiceps sphaegiformis (Rossi)

— Pronotum ohne solche Schwielen. 3–5 mm .... 5; ***Pilophorus*** Hahn
Räuberisch. Häufig an Laubbäumen ***P. clavatus*** (L.), an *Pinus* ***P. cinnamopterus*** (Kirschbaum).

44. 1. u. 2. Fühlerglied stark verdickt u. lang behaart, das 2. außerdem abgeflacht. 4,5–5,5 mm
Heterotoma planicornis (Pallas)

— Fühler anders. Wenn 1. u. 2. Fühlerglied verdickt, dann nicht abgeflacht **45**

45. Flügel schwarz mit großen gelben Flecken **46**

— Flügel anders gefärbt, höchstens braun mit gelben Flecken **47**

46. Kopf u. Pronotum schwarz mit Ausnahme eines schmalen gelben Htrandes des Scheitels. 6–6,6 mm. An *Quercus* .... ***Dryophilocoris flavoquadrimaculatus*** (De Geer)

— Kopf u. Pronotum ganz schwarz, höchstens silbrige Schuppenhaare auf dem Pronotum. [**56**]
4; ***Globiceps*** Le Peletier et Serville
Häufig ***G. flavomaculatus*** (F.) [**56**] (6–6,7 mm).

47. Schwarz oder vorwiegend schwarz bzw. dunkel gefärbt **48**

— Anders gefärbt, mit nur wenig Schwarz **57**

48. Htschenkel stark verdickt. Körper gestaucht. Beine wenigstens teilweise hell, sonst Körper schwarz (höchstens Kopf u. Pronotum braun). Fühler weit über körperlang, gleichmäßig dünn mit hellem 1. u. 2. Glied. 2–3,7 mm .... 6; ***Halticus*** Hahn
Auf trockenen Böden. Häufig ***H. apterus*** (L.).

— Andere Merkmalskombination **49**

49. 1. u. 2. Fühlerglied dicker als 3. u. 4. .... **50**

— Fühlerglieder etwa gleich dick **54**

50. 2. Fühlerglied am Ende stark keulenförmig verdickt. Oberseite des Körpers mit feinen grauen Schuppenhaaren. 4–5 mm. An Schlehe .... ***Heterocordylus tumidicornis*** (Herrich-Schäffer)

— 2. Fühlerglied zylindrisch oder nur allmählich zum Ende verdickt. Behaarung anders **51**

51. Oberseite mit hellen Schuppenhaaren u. schwarzen abstehenden Borstenhaaren **52**

— Oberseite nur mit Borstenhaaren **53**

52. 2. Fühlerglied zylindrisch oder spindelförmig. 3–4 mm .... 6; ***Atractotomus*** Fieber
Häufig ***A. magnicornis*** (Fallén), an Nadelhölzern.

— 2. Fühlerglied allmählich, aber deutlich dicker werdend. 4–7 mm ...... 4; ***Orthocephalus*** Fieber
Fühler mit abstehenden Haaren u. Borsten. Häufig z. B. ***O. saltator*** (Hahn), an Compositen. – Außerdem einige Arten von ***Psallus*** Fieber (2. Fühlerglied am Ende allmählich, aber wenig dicker werdend; Fühler ± anliegend behaart; 2,8–5 mm).

53. Schwarz, nur Cuneus u. Membran weiß gefleckt. 5–5,5 mm. An *Salvia* ***Macrotylus quadrilineatus*** (Schrank)

— Haare hell, Beine gelb. Corium der Langflügeligen graugrün. 2,5–5 mm .... 2; ***Mecomma*** Fieber
Weit verbreitet ***M. ambulans*** (Fallén); alpin ***A. dispar*** (Boheman).

54. Pronotum tief punktiert. Körper 3–4,5 mm .... 2 Arten von 5; ***Strongylocoris*** Blanchard
Selten, z. B. ***S. niger*** (Herrich-Schäffer).

— Pronotum nicht punktiert, höchstens gerunzelt **55**

55. Körper 1,5–3 mm lang 4; ***Chlamydatus*** Curtis
In trockenem Grasland. Z. B. ***C. pulicarius*** (Fallén).

— Über 3 mm **56**

56. Fühler hellgelb. 4,5–5,5 mm. An *Corylus* (s. auch **64**) .... ***Phylus coryli*** (L.)

— Fühler schwarz. 4–6 mm .... 4 Arten von 5; ***Heterocordylus*** Fieber
Häufig ***H. tibialis*** (Hahn), an *Sarothamnus*.

57. 6–8 mm lang **58**

— Bis höchstens 6 mm, meist weniger lang **59**

58. Grün bis gelbgrün. Vdkörper mit schwarzen Flecken. 6,2–7,7 mm. An *Centaurea* ***Oncotylus viridiflavus*** (Goeze)

— Braun u. schwarzbraun mit heller Mittellinie über Vdkörper. 6–6,8 mm. An *Quercus* ***Harpocera thoracica*** (Fallén)

— Schwarz u. gelb, Flügel rotbraun mit gelben Flecken. 6–8 mm. An *Quercus* ***Cyllecoris histrionius*** (L.)

59. Augen um Länge ihres Durchmessers vom Pronotum entfernt. Gelbgrün. 3,8–4,2 mm. Auf Laubbäumen .... ***Malacocoris chlorizans*** (Panzer)

— Augen dichter am Vdrand des Pronotums **60**

60. Mindestens einige Dornen der Tibien aus schwarzen Punkten entspringend **61**

— Tibiadornen nicht aus schwarzen Punkten entspringend **64**

61. Oberseite mit hellen Schuppenhaaren zwischen abstehenden dunklen Borstenhaaren. 2,8–5 mm .... viele Arten von 27; ***Psallus*** Fieber
An Laub- u. Nadelhölzern, z. B. ***P. variabilis*** (Fallén) an *Quercus*.

— Oberseite nicht mit derart doppelter Behaarung **62**

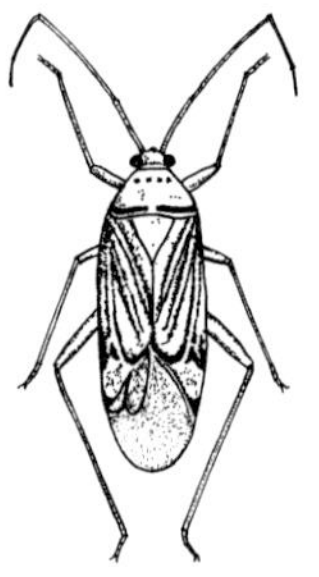
54

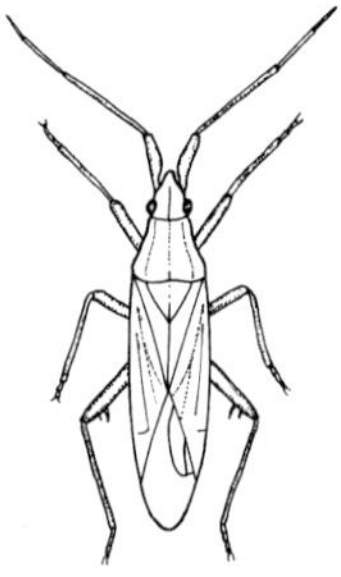
55

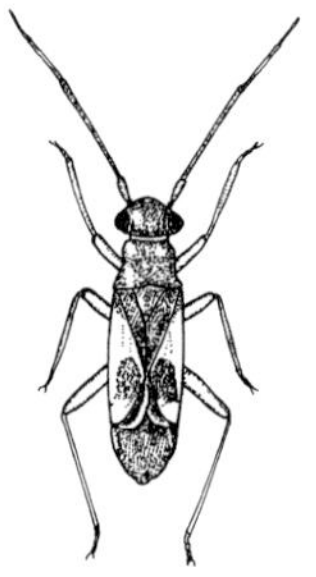
56

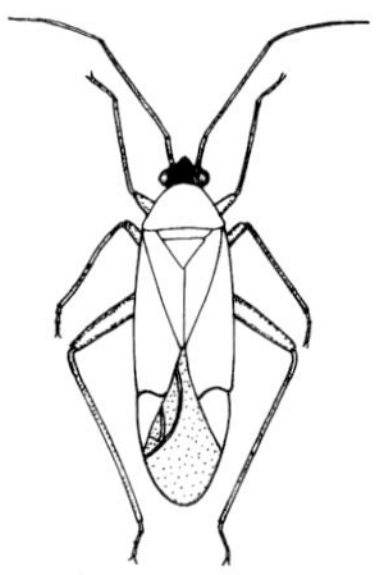
57

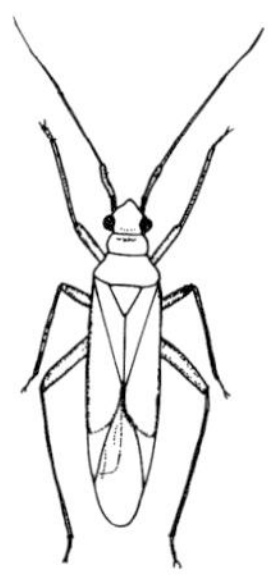
58

54 *Rhabdomiris*; **55** *Stenodema*; **56** *Globiceps*; **57** *Phylus*; **58** *Blepharidopterus*

62. Gelbgrün mit schwarzen Haaren. 4,5–5,3 mm. An *Chrysanthemum* **_Oncotylus punctipes_** Reuter
— Anders **63**
63. Kopf kurz, von vorn gesehen breiter als hoch .... 3; **_Campylomma_** Reuter
Häufig **_C. verbasci_** (Meyer-Dür) (gelbgrün/graugrün; 2,5 mm), auch auf Obstbäumen.
— Kopf von vorn gesehen mindestens so hoch wie breit .... mehrere Gattungen
Häufig 3; **_Plagiognathus_** Fieber mit **_P. arbustorum_** (F.) (3–4,5 mm).
64. Langgestreckt mit parallelen Seiten. 2. Fühlerglied so lang wie 3. u. 4. Glied zusammen. [**57**] 4; **_Phylus_** Hahn
Ph. melanocephalus (L.) [**57**] (rotgelb mit schwarzem Kopf u. teilweise schwarzer Flügelmembran; 4,5–6 mm), an *Quercus*; **_Ph. coryli_** (L.) (ähnlich, aber ganz rotbraun, Flügel mit schwarzer Membran; 4,4–5,3 mm), an *Corylus*.
— Anders **65**
65. Grün; Knie schwarz, 1. Fühlerglied mit schwarzen Ringen. [**58**]. 5–6 mm. Auf Laubbäumen 3; **_Blepharidopterus_** Kolenati
Häufig nur **_B. angulatus_** (Fallén) (4,9–5,8 mm) u. **_B. diaphanus_** (Kirschbaum) (4–4,7 mm).
— Anders .... weitere schwer bestimmbare Gattungen mit meist grünen bis gelben Arten unter 6 mm
Beispiele: 19; **_Orthotylus_** Fieber mit **_O. flavosparsus_** (Sahlberg), an Chenopodiaceen. 4; **_Megalocoleus_** Reuter, auf Asteraceen, z. B. **_M. molliculus_** (Fallén).

Familie: **Reduviidae**, Raubwanzen

Räuber. Können zum Teil den Menschen stechen. Hierzu gehören auch die **Phymatinae** s. S. 291.

1. Zart, mückenähnlich [**28**]. Fühler u. Schenkel dunkel u. hell geringelt. An Bäumen, auch in Gebäuden .... 3; **_Empicoris_** Wolff
E. vagabundus (L.) (6–7 mm); **_E. culiciformis_** (De Geer) (4–5 mm), mehr in Gebäuden.
— Habitus anders, robust. Mindestens 9 mm **2**
2. 1. Fühlerglied viel kürzer als 2. .... **3**
— 1. Fühlerglied länger als 2. .... **5**
3. Vor den Vdhüften mit je 1 Dorn; Kopf unterseits mit Dornen. Körper 12–15 mm lang. Braun **_Pygolampis bidentata_** (Goeze)
— Ohne derartige Dornen **4**
4. Schwarz, Vdflügel rot u. schwarz. Körper 12–15 mm. Im Süden ...... **_Peirates hybridus_** (Scopoli)
— Einfarbig schwarzbraun. Lang behaart. Körper 15–18 mm lang ...... **_Reduvius personatus_** (L.)
In Häusern. Sticht schmerzhaft.
5. Braun u. schwarz. 9–12 mm .... 4; **_Coranus_** Curtis
Verbreitet **_C. subapterus_** (De Geer) (Htleib unten gelbgrau mit undeutlichem dunklem Mittelband), vielfach brachypter, auf Sand- u. Heideboden; ähnlich **_C. woodroffei_** Putshkov (Htleib unten heller, Mittelband meist kräftig). Im Süden auch **_C. griseus_** (Rossi) u. **_C. aethiops_** Jakovlev, selten.
— Schwarz u. rot. 12–17 mm. [**27**] .... 3; **_Rhynocoris_** Hahn
Stechen schmerzhaft. Auf Kräutern, Gebüsch u. am Boden. **_Rh. annulatus_** (L.) (schwarz, nur Connexivum u. Beine rot gefleckt); **_Rh. iracundus_** (Poda) (Corium rot oder rotbraun; 1. (= basales) Rüsselglied unterseits rot); **_Rh. erythropus_** (L.) (ähnlich, aber 1. Rüsselglied mindestens überwiegend schwarz).

Familie: **Berytidae**, Stelzenwanzen

Pflanzensauger, manche Arten haben außerdem tierische Kost.

1. Mittellängsschwiele des Pronotums nach hinten zu fast messerartig erhaben. Scutellum mit Fortsatz **2**
— Mittellängsschwiele in ganzer Länge gleichmäßig leistenartig. Scutellum ohne Fortsatz . **3**
2. Scutellum mit langem erhabenem Dorn. Unter 5 mm .... 2; **_Gampsocoris_** Fuss
Häufiger **_G. punctipes_** (Germar), an *Ononis*.
— Scutellum mit kurzem stumpfem Dorn. 9–10 mm ...... **_Metatropis rufescens_** (Herrich-Schäffer)
An *Circaea*, in Wäldern.

3. Htschenkel erreicht fast Ende des Htleibs. Fühler über ⅔ der Körperlänge. 9–11 mm. An trockenen Stellen .... ***Neides tipularius*** (L.)

— Htschenkel viel kürzer als Ende des Htleibs. Fühler höchstens ⅔ der Körperlänge. 4–9 mm. [**26**] 7; ***Berytinus*** KIRKALDY

Häufig ***B. minor*** (HERRICH-SCHÄFFER) (5,3–6,8 mm, an Fabaceen) u. ***B. clavipes*** (F.) (6,4–8,5 mm, an Fabaceen trockener Habitate).

Familie: **Lygaeidae** i. w. S., Langwanzen, Bodenwanzen

Meiste Arten am Boden lebend, gute Läufer. Meist Pflanzensauger, teils Räuber.
Die im Schlüssel aufgeführten Unterfamilien werden teilweise auch als Familien aus den Lygaeidae ausgegliedert.

1. Glänzend schwarz, nur Corium rotbraun. 5–5,5 mm (**Rhyparochrominae**) ***Pterotmetus staphyliniformis*** (SCHILLING)

— Schwarz mit braunrotem Fleck an Basis der Membran. 7–8 mm (**Rhyparochrominae**) ***Aphanus rolandri*** (L.)

— Anders gefärbt **2**

2. Mit roter u. schwarzer Zeichnung (z. B. [**59**]) .... **Lygaeinae** **3**

— Nur mit schwarzer, brauner oder grauer Färbung **7**

3. Kopf ganz schwarz. Körper höchstens 8 mm lang **4**

— Kopf mindestens mit kleinem rotem Fleck. 9–12 mm lang **6**

4. Augen den Vdrand des Pronotums berührend **5**

— Augen vom Vdrand des Pronotums etwas entfernt .... 3; ***Arocatus*** SPINOLA

A. melanocephalus (F.) (5–6,5 mm) z. T. in Massen an Ulmen; ***A. longiceps*** STAL (5,5–6 mm) an Platanen.

5. Schwarzer Fleck im Corium den Außenrand nicht berührend. 7–8 mm. Im Süden ***Melanocoryphus albomaculatus*** (GOEZE)

— Schwarzer Fleck im Corium den Außenrand berührend. 4,5–5,5 mm. Im Süden ***Horvathiolus superbus*** (POLLICH)

6. Kopf am Rand des Pronotums mit kleinem rotem Fleck. 9–10 mm. Im Süden ***Tropidothorax leucopterus*** (GOEZE)

— Kopf mit großem rotem Mittelfleck, bis weit über Augen nach vorn reichend [**59**]

Pronotum schwarz mit 3 roten Längsstreifen; 8,5–12,5 mm: ***Spilostethus saxatilis*** (SCOPOLI). Pronotum rot, am Vd- u. Htrand schwarz gefleckt; 8–14 mm: 2; ***Lygaeus*** F., häufig nur ***L. equestris*** (L.) [**59**]. Alle Arten mehr im Süden, an Kräutern in trockenwarmen Lebensräumen.

7. Augen auf kurzen seitlichen Auswüchsen des Kopfes. 5–6 mm. Halophil (**Henestarinae**) ***Henestaris halophilus*** (BURMEISTER)

— Augen nicht derartig gestielt **8**

8. Augen sehr groß, fast ganze Kopfseite einnehmend. Kopf hinten konkav. Membran oft verkürzt [**60**] .... (**Geocorinae**) 3; ***Geocoris*** FALLÉN

Häufig ***G. grylloides*** (L.) [**60**] (Ränder von Pronotum u. Corium gelb; 4–5 mm).

— Augen nicht derartig vergrößert **9**

9. Scutellum mit V-förmigen erhabenen hellen Schwielen. 4–5 mm. An *Typha* (**Artheneinae**) ***Chilacis typhae*** (PERRIS)

Ebenfalls an *Typha* die seltene Art ***Holcocranum saturejae*** (KOLENATI) (um 3 mm).

— Scutellum ohne helle Längsschwielen **10**

10. Scutellum kurz, höchstens halb so lang wie Berührungslinie der Vdflügel. Letztes Fühlerglied ± keulig verdickt, schwarz [**61**] .... (**Cyminae**) 4; ***Cymus*** HAHN

Häufig ***C. glandicolor*** HAHN [61] (3,5–5 mm), an *Carex* u. *Juncus*.

— Scutellum so lang oder länger als Berührungslinie der rechten u. linken Flügeldecke. Fühler verschiedenartig **11**

11. Trennungslinien der Segmente auf der Unterseite des Htleibs (Sternite) alle gerade zum Seitenrand verlaufend [**62a**] **12**

— Trennungslinien zwischen 4. u. 5. Sternit am Ende stark bogig nach vorn gezogen, ohne Seitenrand zu erreichen [**62b**] (schon bei seitlicher Betrachtung zu sehen!) **Rhyparochrominae** **23**

Hierzu auch Nr. **1** u. **2**.

12. Corium auf ganzer Fläche mit tiefen Punktgruben .... **Heterogastrinae 13**
— Corium nicht, undeutlich oder nicht ganzflächig punktiert **14**
13. Pronotum an den Seiten schwach eingebuchtet, fast gerade. 5–6 mm. An *Salvia* ***Platyplax salviae*** (Schilling)
— Pronotum seitlich stark eingebuchtet .... 4; ***Heterogaster*** Schilling
Häufig ***H. urticae*** (F.) (lang abstehend behaart; 6–7 mm), an *Urtica.*
14. Pronotum mit schmaler, gebogener, unpunktierter Querrille **15**
— Pronotum ohne solche Querrille **18**
15. Schenkel einfarbig hellbraun. Vdflügel mit einigen deutlichen Punktreihen. Corium glasartig durchsichtig. 5–6 mm. An Laubbäumen (**Ischnorhynchinae**) 3; ***Kleidocerys*** Stephens
Häufig nur ***K. resedae*** (Panzer), auf Birke u. Erle.
— Schenkel braun mit dunklen Flecken. Vdflügel ohne deutliche Punktreihen. Naht zwischen Corium und Membran meist S-förmig geschwungen .... **Orsillinae 16**
Hierher auch die seltene Art ***Lygaeosoma sardeum*** Spinola (**Lygaeinae**) (3,5–4,5 mm), aber Schenkel schwarz, mit brauner Spitze.
16. Brachypter. 4–6 mm .... ***Nithecus jacobaeae*** (Schilling)
— Makropter **17**
17. Stark aufrecht behaart, Corium graubraun. 4,5–6,5 mm ***Ortholomus punctipennis*** (Herrich-Schäffer)
— Schwach anliegend behaart, Corium teilweise glasig. [**63**]. 4–5,5 mm .... 7; ***Nysius*** Dallas
Scutellumspitze wenig abgerundet. Häufig ***N. thymi*** (Wolff) [**63**] (3,5–4,5 mm). Wenn Scutellumspitze abgerundet, makroptere ***Nithecus jacobaeae*** (s. Nr. **16**).
— Schwach behaart, Corium rotbraun. 6,7–8,2 mm. Einwanderer aus dem Süden ***Orsillus depressus*** (Mulsant et Rey)
18. Körper schmal, mit fast parallelen Seiten, 4–6 mm. Meist brachypter. Wenn makropter, dann Vdflügel die Spitze des Htleibs nicht überragend .... **Blissinae 19**
— Körper meist etwas gerundet, ± oval. Stets makropter, Vdflügel den Htleib überragend **Oxycareninae 20**
19. Fühler länger als Kopf u. Pronotum zusammen. Körper 4–6 mm. Auf Dünen u. feuchten Wiesen ***Ischnodemus sabuleti*** (Fallén)
— Fühler nicht länger als Kopf u. Pronotum zusammen. 4,5–5 mm. Auf Dünen (meist Meeresküste) .... ***Dimorphopterus spinolae*** (Signoret)
20. Einheitlich schwarz, groß (4–4,8 mm). Htkörper tropfenförmig ***Pilomyrmex insignis*** Sahlberg

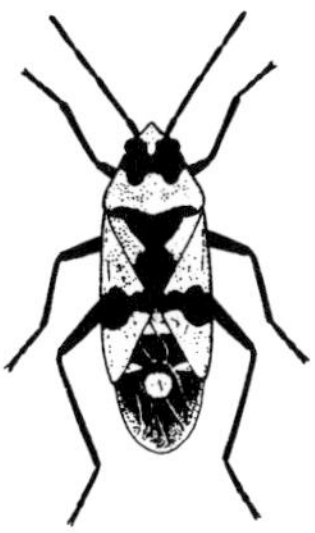
59
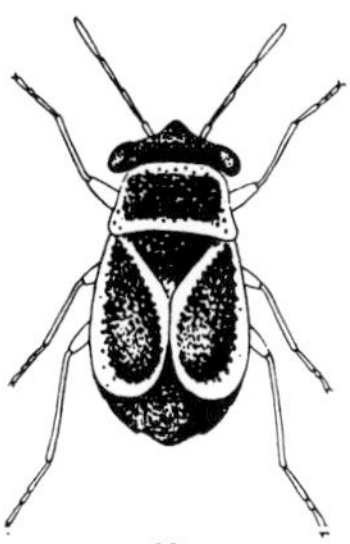
60
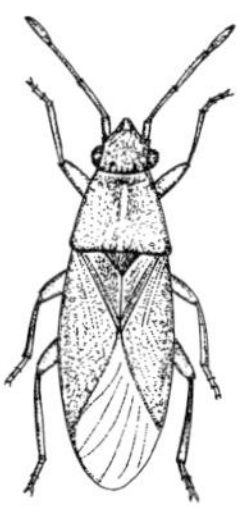
61
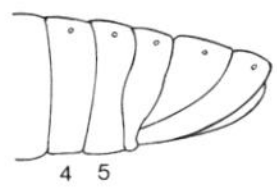

62a
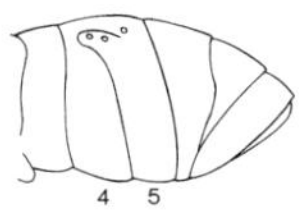

62b
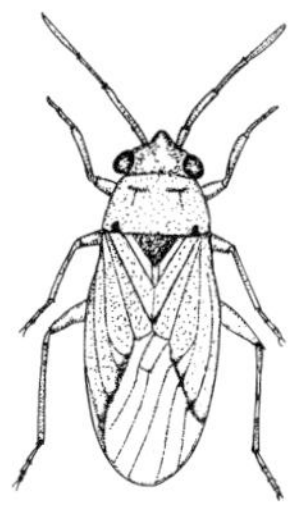
63

64
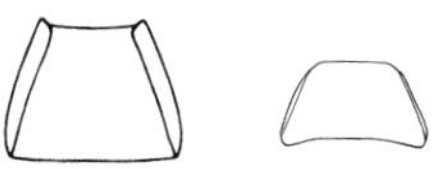
a 65 b
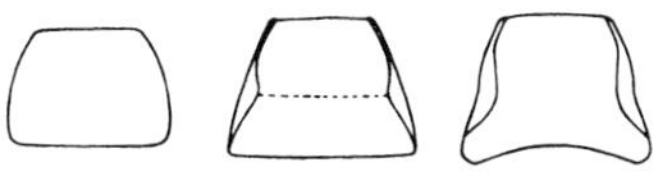
a b 66 c

59 *Lygaeus;* **60** *Geocoris;* **61** *Cymus;* **63** *Nysius*

— Weiß behaart. Flügel hell-dunkel längsgestreift
Flügel weiß mit braunen Längsadern: ***Camptotelus lineolatus*** (Schilling) (3–4 mm). Flügel dunkel mit weißen Längsbändern: ***Tropidophlebia costalis*** (Herrich-Schäffer) (2–2,5 mm). Beide Arten selten.

— Anders, Vdschenkel mit 2 oder mehr deutlichen Dornen ... **21**

21. Zwischen Augen u. Fühlern etwas nach außen gerichtete Fortsätze (Fühlerhöcker). 3–4 mm
2; ***Metopoplax*** Fieber

— Ohne auffällige Fühlerhöcker ... **22**

22. 1. Fühlerglied die Kopfspitze weit überragend. Körper oberseits mit kräftigen Haaren (besonders auf Pronotum). 3–3,5 mm ... ***Macroplax preyssleri*** (Fieber)

— 1. Fühlerglied die Kopfspitze nur knapp überragend. Körper kaum oder nicht behaart. 3–4 mm
Oxycarenus modestus (Fallén)

23. Pronotum hinter der Mitte deutlich eingeschnürt, davor stark gewölbt [**64**] ... **24**

— Pronotum hinter der Mitte nur mit Querfurche oder auch ohne diese ... **25**

24. 2. Fühlerglied etwa doppelt so lang wie 1. 4,5–6 mm. Auf Hochmooren
Ligyrocoris sylvestris (L.)

— 2. Fühlerglied weniger als 2-mal so lang wie 1. 4,2–6 mm ... 3; ***Pachybrachius*** Hahn
Auf feuchten Wiesen, z. B. ***P. fracticollis*** (Schilling).

25. Ganzer Seitenrand des Pronotums lamellenartig flach [**65a, 65b**] ... **26**

— Seitenrand des Pronotums nicht [**66a**] oder nur neben der mittleren Querfurche oder nicht ganz bis zum Ende lamellenartig [**66b, 66c**], häufig leistenförmig oder scharf, auch abgerundet
32

26. Einfarbig schwarz. 7–8 mm. Mehr im Süden ... ***Aellopus atratus*** (Goeze)

— Braun u. schwarz gefleckt ... **27**

27. Der flache Seitenrand des Pronotums deutlich u. dicht punktiert ... **28**

— Seitenrand des Pronotums nicht oder sehr schwach oder nur außen dunkel punktiert ... **29**

28. Vdrand des Pronotums über seine ganze Breite bogig eingebuchtet, Vdecken die Augen umschließend. 5–7 mm ... 4; ***Emblethis*** Fieber
Im Süden häufiger ***E. verbasci*** (F.).

— Vdrand des Pronotums gerade, nur Ecken vorgezogen, ohne Augen zu umschließen. 5–5,5 mm ... ***Gonianotus marginepunctatus*** (Wolff)

29. 2. u. 3. Fühlerglied mit vielen borstenartig abstehenden Haaren. Kopf breiter als lang ... **30**

— 2. u. 3. Fühlerglied kahl oder kurz anliegend behaart, nur einzelne lange Haare an den Spitzen. Kopf mindestens so lang wie breit ... **31**

30. Pronotum seitlich mit langen Haaren, aus Porenpunkten entspringend. 4–5,5 mm
Sphragisticus nebulosus (c)

— Ränder des Pronotums ohne lange Haare. [**67**] ... 5; ***Trapezonotus*** Fieber
Häufig ***T. arenarius*** (L.) [**67**] (4,5–5 mm), auf Sandboden.

31. Kopf mit Augen breiter als Vdrand des Pronotums. 6–7,5 mm
Corium mit zwei hellen Punkten: ***Beosus maritimus*** (Scopoli), stellenweise häufig. Corium einfarbig: ***Panaorus adspersus*** (Mulsant et Rey), selten, alpin.

— Kopf mit Augen nicht breiter als Vdrand des Pronotums. [**68**]
Großgattung 9; ***Rhyparochromus*** Hahn
Graptopeltus (= ***R.***) ***lynceus*** (F.) (Scutellum nahe der Spitze mit 2 keilförmigen hellen Flecken; 7–8 mm); ***R. pini*** (L.) [**68**] (Scutellum schwarz, Pronotum schmal hell gesäumt; 7–8 mm).

32. Vdschenkel mit 1–mehreren Dornen oder Zähnchen ... **33**

— Vdschenkel ohne Dornen ... **42**

33. Körper breit eiförmig, stark abgeflacht. 7–7,5 mm lang, 3 mm breit 2; ***Gastrodes*** Westwood
Auf Nadelhölzern. Häufig ***G. grossipes*** (De Geer), an Kiefer.

— Kleiner oder wenn ebenso lang, dann nicht eiförmig, sondern langgestreckt u. etwa 2 mm breit ... **34**

34. Seitenrand des Pronotums abgerundet, ohne leistenartige Kante. Vdschenkel unterseits nur mit einer Reihe feiner Dörnchen. Um 2,5 mm ... ***Tropistethus holosericus*** (Scholtz)

— Seitenrand des Pronotums in ganzer Länge mit scharfer, leistenartiger Kante. Mit 1 oder mehreren, oft verschieden großen Dornen am Vdschenkel ... **35**

35. Kopf hinter Augen verengt, Augen vom Pronotum etwa um ihren Durchmesser entfernt. 2,6–4,8 mm ... 3; ***Taphropeltus*** Stål
Verbreitet ***T. contractus*** (Herrich-Schäffer).

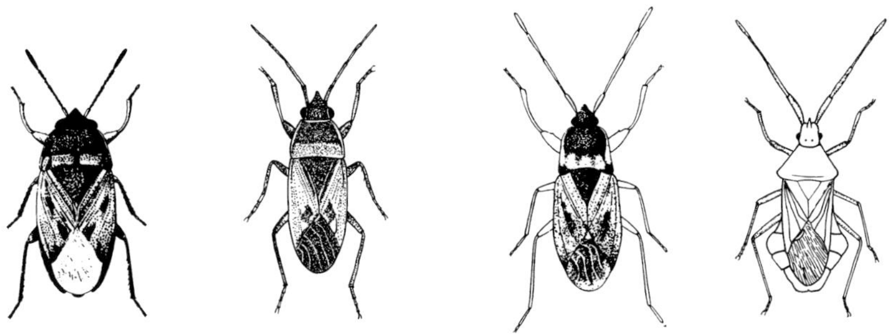

67 *Trapezonotus*; **68** *Rhyparochromus*; **69** *Eremocoris*; **70** *Syromastus*

— Kopf nicht verengt. Augen berühren Pronotum fast oder ganz **36**

36. Seitenränder des Pronotums nach vorn fast gerade oder nur schwach verjüngt. Querfurche im Pronotum kaum erkennbar. 1,5–3,3 mm .... 2; ***Plinthisus*** Stephens

Verbreitet ***P. brevipennis*** (Latreille).

— Pronotum stark nach vorn verjüngt; oder wenn wenig verjüngt, dann tiefe Querfurche, die Vd- u. Htabschnitt trennt **37**

37. Rand des Pronotums neben der Querfurche lamellenartig verbreitert **38**

— Randkante des Pronotums überall schmal **39**

38. 6–7,5 mm. 1. Fühlerglied den Kopf mit mehr als der Hälfte seiner Länge überragend. [**69**] 4; ***Eremocoris*** Fieber

Häufig ***E. abietis*** (L.) [**69**]. (7–7,5 mm), Jungtiere in Ameisennestern (*Formica*).

— 3–4,5 mm. 1. Fühlerglied den Kopf mit weniger als halber Länge überragend 7; ***Scolopostethus*** Fieber

Häufig ***S. affinis*** (Schilling) u. ***S. thomsoni*** Reuter, beide oft auf *Urtica*.

39. Ganzes Pronotum dicht u. kräftig punktiert .... 7; ***Drymus*** Fieber

Häufig ***D. sylvaticus*** (F.) (3,5–4,5 mm), vor allem in Heidegebieten.

— Vdabschnitt des Pronotums im Ganzen schwächer u. weitläufiger punktiert als Htabschnitt **40**

40. Ganzes Pronotum schwarz. 4–7 mm .... 8; ***Megalonotus*** Fieber

Häufig ***M. chiragra*** (F.).

— Vdabschnitt des Pronotums schwarz, Htabschnitt braun **41**

41. Pronotum vom Htrand an nach vorn gleichmäßig verjüngt [**38**]. 3,5–5,5 mm 6; ***Peritrechus*** Fieber

Scutellum hinten mit 2 gelben Flecken. Häufig ***P. geniculatus*** (Hahn) [**38**] (5–5,6 mm), in Grasland.

— Pronotum wenigstens teilweise mit geradem Seitenrand. 4–4,5 mm. In Sphagnum in Mooren ***Lamproplax picea*** (Flor)

42. Seiten von Kopf, Pronotum, Corium u. Vdtibien mit langen, geraden, aufrechten Borstenhaaren. 2–3 mm .... 2; ***Pionosomus*** Fieber

Häufig ***P. varius*** (Wolff), in Heidegebieten.

— Nicht mit derartigen Borstenhaaren **43**

43. Pronotum gleichmäßig dicht u. tief punktiert **44**

— Pronotum in Vd- u. Htabschnitt verschiedenartig punktiert **45**

44. 1. Fühlerglied den Kopf nicht oder kaum überragend. Clavus mit 3 Punktreihen. 3,5–4 mm 2; ***Acompus*** Fieber

Oberseite sehr kurz behaart, häufig ***A. rufipes*** (Wolff).

— 1. Fühlerglied den Kopf deutlich überragend. Clavus mit 4 Punktreihen. 2,5–4 mm 5; ***Stygnocoris*** Douglas et Scott

Häufig Oberseite mit langer deutlicher Behaarung, z. B. ***S. sabulosus*** (Schilling), an *Calluna*.

45. Oberseite mit langen abstehenden, nach rückwärts gebogenen Haaren. Um 4 mm ***Lasiosomus enervis*** (Herrich-Schäffer)

— Oberseite kahl oder mit ganz kurzen anliegenden Haaren **46**
46. Vdabschnitt des Pronotums glänzend schwarz, Htabschnitt matt, grau. 3–4 mm. In Heidegebieten .... ***Macrodema microptera*** (Curtis)
— Vdabschnitt des Pronotums schwarz, Htabschnitt gelbbraun, im Glanz gleich. 2,5–3 mm 3; ***Ischnocoris*** Fieber

Häufig ***I. angustulus*** (Boheman), auf Heide- u. Sandboden.

Familie: **Coreidae**, Randwanzen, Lederwanzen

Pflanzensauger, vor allem an Samen u. Früchten.

1. Kopf mit kurzer Mittellängsfurche. Htschenkel unbedornt, wenn mit undeutlichen kleinen Zähnchen, dann Tier über 10 mm lang **2**
— Kopf ohne Mittellängsfurche. Htschenkel am Ende mit 1 oder mehreren deutlichen Dornen; wenn unbedornt, dann höchstens 7 mm lang **6**
2. Schenkel mit 2 Reihen kleiner Zähnchen. Fühlerhöcker innen mit Dorn. 12–15 mm lang, 6 mm breit. Habitus [**42**]. Braun. An *Rumex* .... Saumwanze, ***Coreus marginatus*** (L.)
— Schenkel ohne Zähnchen. Fühlerhöcker innen ohne Dorn. Habitus anders **3**
3. Connexivum in der Mitte nach außen hin fast rechtwinklig verbreitert, deshalb Htleib rautenförmig. [**70**]. 9–11 mm. Hellbraun .... Rautenwanze, ***Syromastus rhombeus*** (L.)
— Connexivum in konvexem Bogen verlaufend. Körper 10–15 mm lang **4**
4. Connexivum mit gelben Flecken. Fühlerhöcker außen mit Dorn. Körperbreite 6 mm, Länge 11–13 mm. Grau bis schwarz .... ***Enoplops scapha*** (F.)
— Connexivum ohne deutliche gelbe Flecke. Fühlerhöcker außen ohne Dorn. Breite unter 5 mm **5**
5. Connexivum in der Mitte stark verbreitert. 10–14 mm. Gelbbraun. An *Rumex*, im Süden ***Haploprocta sulcicornis*** (F.)
— Connexivum schmal. 11–16 mm .... 2; ***Gonocerus*** Berthold

G. juniperi (Herrich-Schäffer) (braunschwarz), an *Juniperus*.

6. Httibien deutlich erweitert, Körper rotbraun, stark behaart. 16–20 mm. Einwanderer aus Nordamerika, an Koniferen .... ***Leptoglossus occidentalis*** Heidemann
— Anders **7**
7. Htschenkel am Ende unbedornt. Tibien mit feiner Längsfurche. 5,5–6,5 mm. Hell- bis dunkelbraun .... 2; ***Spathocera*** Stein

Häufig ***S. dalmannii*** (Schilling) (5,5–6,5 mm), an *Rumex*.

— Htschenkel am Ende deutlich bedornt. Tibien ohne Längsfurche **8**
8. 2. Fühlerglied höchstens halb so lang wie 3. .... **9**
— 2. Fühlerglied etwa so lang wie 3. .... **11**
9. Pronotum am Seitenrand mit Dornen u. Zähnen .... 2; ***Arenocoris*** Hahn

Verbreitet ***A. fallenii*** (Schilling) (grau bis graubraun, schwarz gezeichnet; 6–6,5 mm).

— Pronotum am Seitenrand glatt oder gekörnelt **10**
10. Körper 8–9 mm. Gelb- bis dunkelbraun .... ***Ulmicola spinipes*** (Fallén)
— Körper 5,5–6 mm lang. Dunkelbraun .... ***Bathysolen nubilus*** (Fallén)
11. Seiten des Pronotums ohne Zähne. 9 mm. Schwarzbraun mit heller Zeichnung ***Nemocoris fallenii*** Sahlberg
— Seiten des Pronotums gezähnt oder bedornt **12**
12. Pronotum am Htrand am Scutellum mit 2 nach hinten gerichteten Dornen. 7,5–9 mm. Hell- bis dunkelbraun .... 2; ***Coriomeris*** Westwood

An Fabaceen, z. B. ***C. denticulatus*** (Scopoli), an Klee.

— Pronotum ohne 2 derartige Dornen am Htrand. 10–11,5 mm. Gelb- bis graubraun 2; ***Ceraleptus*** Costa

Häufiger nur ***C. lividus*** Stein, an Klee. – Ähnlich ***Bothrostethus annulipes*** (Herrich-Schäffer), aber 1. Fühlerglied außen gezähnt. Sehr selten.

Familie: **Rhopalidae**

Pflanzensauger, vor allem an Samen u. Früchten. Einige Arten an Gräsern (***Chorosoma, Myrmus***).

1. Corium u. Pronotum rot u. schwarz gefleckt. 9–10 mm. An trockenen Stellen, oft auf Compositen .... ***Corizus hyoscyami*** (L.)
— Anders gefärbt **2**
2. 14–16 mm lang, nur 1,5 mm breit. [**71**] .... ***Chorosoma schillingii*** (Schummel)
— Habitus nicht stabförmig **3**
3. Grün bis hellbraun, Htleib mit dunklem Mittelstreifen. Fühler rötlich. 8–9 mm lang, 2,5 mm breit. [**72**] .... ***Myrmus miriformis*** (Fallén)
— Anders **4**
4. Zwischen Vdrand und Querwulst des Pronotums eine nicht punktierte Fläche, Vdrand kielartig. Membran den Htleib weit überragend. 6–7 mm. Selten, im Süden .... ***Liorhyssus hyalinus*** (F.)
— Fläche zwischen Querwulst u. Vdrand des Pronotums punktiert, dieser nicht kielartig. Membran kürzer **5**
5. Kopfseiten (zwischen Augen u. Fühlern) von oben gesehen schräg nach vorn verlaufend, kein Fühlerhöcker sichtbar. Körper mit langen aufrechten Haaren. 6–7 mm. Auf sandigem Boden ***Brachycarenus tigrinus*** (Schilling)
— Kopfseiten gerade, deutlichen Fühlerhöcker bildend **6**
6. Pronotum (u. übriger Körper) mit sehr langen aufgerichteten Haaren. [**41**] 6; ***Rhopalus*** Schilling
Häufig ***R. parumpunctatus*** Schilling [**41**] (6–7 mm).
— Pronotum mit kurzen, vorwiegend nach hinten gerichteten Haaren. 5,5–9 mm 4; ***Stictopleurus*** Stål
Im Süden häufiger ***S. punctatonervosus*** (Goeze), an *Achillea*, *Senecio*.

Familie: **Cydnidae**, Erdwanzen

Bodenbewohner, die sich oft einige cm eingraben. Pflanzensauger, an Wurzeln.

1. Am Rand des Pronotums oder am Kopf mit langen Haaren oder Dornen **2**
— Ohne derartige Haare oder Dornen am Pronotum oder Kopf **4**
2. Körper 8–12 mm lang. Schwarz. Unter *Euphorbia* .... ***Cydnus aterrimus*** (Forster)
— Körper 3–5 mm lang **3**
3. Kopfrand mit kurzen dicken Dornen
Auf Sandboden, vor allem an Gräsern. ***Microporus nigrita*** (F.) (unten kaum behaart; Körper schwarz; 4–5 mm). ***Byrsinus flavicornis*** (F.) (unten lang behaart; braun; 3–3,7 mm).
— Kopfrand nur mit langen Haaren, ohne Dornen. 4–5 mm. Dunkelbraun bis schwarz ***Geotomus elongatus*** (Herrich-Schäffer)
4. Einfarbig schwarz oder schwarzbraun. Oberseite matt. 3–4 mm. Auf Sandboden, an Graswurzeln .... ***Ochetostethus opacus*** (Scholtz)
— Vdflügel zweifarbig, mindestens am Außenrand heller; wenn einfarbig, dann Körper über 5 mm lang **5**
5. 3–4,5 mm. Augen stark kegelförmig hervorquellend .... 2; ***Legnotus*** Schiödte
An *Galium*, z. B. ***L. picipes*** (Fallén).
— 6 mm u. länger. Augen ± kugelförmig, nicht besonders hervortretend **6**
6. Körper einfarbig schwarz .... 2; ***Sehirus*** Amyot et Serville
Auf Sandboden. Häufig ***S. luctuosus*** Mulsant et Rey.
— Pronotum beidseitig mit 1 u. Vdflügel mit 2 weißen Flecken [**17**] . 3; ***Tritomegas*** Amyot et Serville
Häufig ***T. bicolor*** (L.) [**17**], auf Labiaten (*Stachys*).
— Pronotum u. Vdflügel am Rand schmal hell .... 2; ***Canthophorus*** Mulsant et Rey
C. dubius (Scopoli) (6–8 mm), ***C. impressus*** (Horvath) (5–7 mm), beide an *Thesium*.
— Pronotum u. Vdflügel schmal hell, Mitte des Coriums mit rundem hellem Fleck. Unter *Melampyrum* .... ***Adomerus biguttatus*** (L.)

Familie: **Acanthosomatidae**, Stachelwanzen

Pflanzensauger, saugen gern an beerenartigen Früchten. Viele Arten auf Laubhölzern.

1. Körper 15–17 mm lang. Grün-rötlich .... ***Acanthosoma haemorrhoidale*** (L.)
— Höchstens 11 mm lang **2**
2. 1. Fühlerglied den Kopf nicht überragend. 9–11 mm. An *Juniperus* ***Cyphostethus tristriatus*** (F.)
— 1. Fühlerglied den Kopf deutlich überragend **3**
3. Connexivum schwarz gefleckt. [**15**]. 6–9 mm .... 3; ***Elasmucha*** Stål
Rotbraun bis graugelb. ***E. ferrugata*** (F.) (Seitenecken des Pronotums dornartig ausgezogen), an *Vaccinium myrtillus*; ***E. fieberi*** (Jakovlev) (Seitenecken des Pronotums nicht spitz ausgezogen; Unterseite des Körpers mit schwarzen Punkten); ***E. grisea*** (L.) [**15**] (ähnlich, aber Unterseite ohne schwarze Punkte), ♀ treibt Brutpflege. Beide Arten an Laubbäumen.
— Connexivum ungefleckt (meist von Flügeln ganz überdeckt!). Gelbgrün, rötlich gezeichnet 2; ***Elasmostethus*** Fieber
Häufig ***E. interstinctus*** (L.) (9–11 mm).

Familien: **Pentatomidae**, Baumwanzen, u. **Scutelleridae**, Schildwanzen

Häufig in der Vegetationsschicht, viele Arten auf Bäumen u. Sträuchern. Pflanzensauger, **Asopinae** räuberisch. Die Gattungen ***Odontoscelis, Odontotarsus, Phimodera, Psacasta*** u. ***Eurygaster*** gehören zur Familie **Scutelleridae**.

1. Scutellum groß, fast oder ganz bis zum Ende des Hinterleibs reichend [**73, 74**] **Scutelleridae** u. **Podopinae** (**Pentatomidae**) **2**
— Scutellum viel kürzer, Flügelmembran stets sichtbar **9**
2. Schwarz u. rot gestreift .... 2; Streifenwanzen, ***Graphosoma*** Laporte
G. lineatum (L.) [**73**] (Pronotum mit Längsstreifen; 8–11 mm), häufig; ***G. semipunctatum*** (F.) (Pronotum mit Punkten; 10–12 mm), im Süden.
— Färbung anders **3**
3. Tibien mit langen Dornen. Kopf breiter als lang .... 2; ***Odontoscelis*** Laporte
Auf Sandboden. ***O. lineola*** Rambur (kurz silbrig behaart; 4–6 mm); ***O. fuliginosa*** (L). (mit dunklen, abstehenden Haaren; 6–8 mm).
— Tibien nicht derart bedornt. Kopf so lang oder länger als breit **4**
4. Körper 8,5–11 mm lang **5**
— Körper höchstens 7,5 mm lang **7**
5. Scutellum nach hinten fast dreieckig verschmälert, den Htleib überragend. 9–11 mm. An *Sanguisorba*. Im Süden .... ***Odontotarsus purpureolineatus*** (Rossi)
— Scutellum nach hinten breit gerundet, den Htleib nicht überragend **6**
6. Oberseite durch warzenartige Schwielen hell gefleckt. 8–12 mm. Im Süden ***Psacasta exanthematica*** (Scopoli)
— Oberseite glatt, nur Basis des Scutellums meist mit 2 hellen Schwielen 4; ***Eurygaster*** Laporte
An Gräsern. Häufig ***E. maura*** (L.) [**74**] (8,5–11 mm), schädlich an Getreide.
7. Seitenecken des Pronotums spitz. 6–7,5 mm. Braun, Oberseite hell gestreift. Im Süden ***Ancyrosoma leucogrammes*** (Gmelin)
— Seitenecken des Pronotums abgerundet **8**
8. Vdecken des Pronotums mit hammerförmigem Fortsatz. 5–6,5 mm. Graubraun. Auf feuchten Wiesen .... ***Podops inunctus*** (F.)
— Pronotum ohne solchen Fortsatz. 5–7,5 mm .... 2; ***Phimodera*** Germar
An Gräsern, im Osten, z. B. ***P. humeralis*** (Dalman).
9. Rüssel kräftig u. dick, Basalglied des Rüssels mindestens ½, meist fast ebenso breit wie der Innenabstand der Fühlerhöcker, Basalglied des Rüssels nur am Grunde in einer Rinne, die meist etwa bis zur Mitte der Kopfunterseite reicht (seitlich betrachten!) Räuberische Baumwanzen, **Asopinae** **10**

— Rüssel dünn, Basalglied des Rüssels höchstens ⅓ so breit wie der Innenabstand der Fühlerhöcker, Basalglied des Rüssels in Rinne der ganzen Kopfunterseite
Pflanzensaugende Baumwanzen, **Pentatominae** **15**

10. 5–7 mm. Metallisch grün, blau oder lila ... ***Zicrona caerulea*** (L.)

— 8–9 mm. Braun, Pronotum mit gelbem Mittelstreif, die sonst dunklen Tibien in der Mitte gelb
Rhacognathus punctatus (L.)

— 10–14 mm ... **11**

11. Seitenecken des Pronotums vorstehend, Seitenrand des Pronotums im vorderen Teil gezähnt oder gekörnelt ... **12**

— Seitenecken des Pronotums nicht vorstehend, Seitenrand glatt. Braun, mit hellem Mittelstreif über Vdkörper ... ***Jalla dumosa*** (L.)

12. Seitenecken des Pronotums dornartig spitz ... ***Picromerus bidens*** (L.)

— Vorstehende Seitenecken gerundet oder abgerundet winklig ... **13**

13. Beine rot. Vdschenkel nahe der Spitze mit kleinem Dorn ... ***Pinthaeus sanguinipes*** (F.)

— Beine braun. Vdschenkel unbedornt ... **14**

14. Seitenecken des Pronotums breit gerundet. 1. Sternit des Htleibs mit kurzem, nach vorn gerichtetem Dorn ... ***Troilus luridus*** (F.)

— Seitenecken des Pronotums abgerundet spitz- bis rechtwinklig. 1. Sternit des Htleibs ohne Dorn ... ***Arma custos*** (F.)

15. Außenränder des ovalen Körpers messerartig flach. Kopf zur Spitze bogenförmig gerundet. Nicht bunt. 5–7 mm ... **16**

— Außenränder nie derart scharf, Körperform verschiedenartig. Wenn Körper unter 8 mm, dann Kopf zur Spitze ± 3- oder rechteckig oder Körper bunt ... **17**

16. Kopf deutlich breiter als lang, am Rand mit dichter Borstenreihe. 5–7 mm. Gelbbraun
Menaccarus arenicola (Scholtz)

— Kopf mindestens so lang wie breit, ohne Borstenreihe ... 7; ***Sciocoris*** Fallén
Auf Sandboden. Häufig nur ***S. cursitans*** (F.) (5–6 mm).

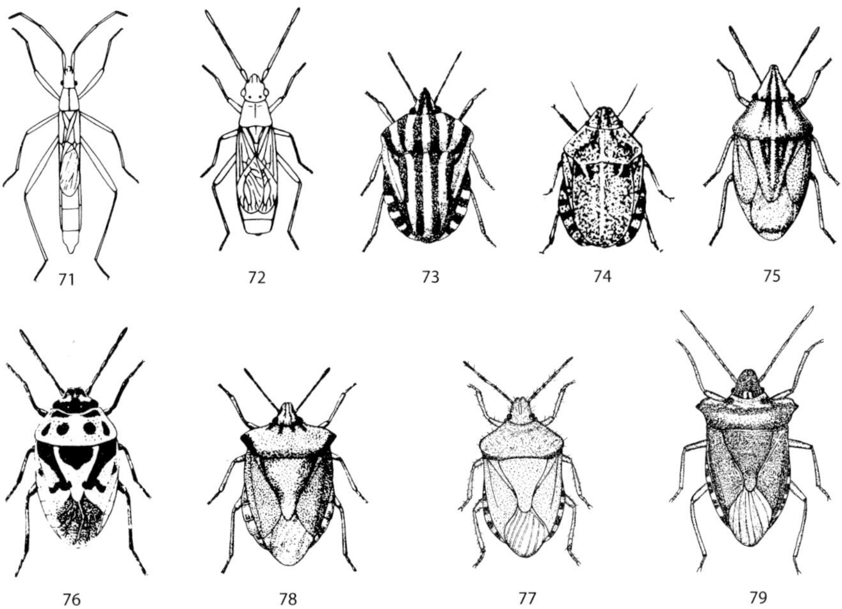

71 *Chorosoma*; **72** *Myrmus*; **73** *Graphosoma*; **74** *Eurygaster*; **75** *Aelia*; **76** *Eurydema*; **77** *Dolycoris*; **78** *Carpocoris*; **79** *Pentatoma*

17. Körper etwa doppelt so lang wie breit. Kopf schmal-3-eckig, vorn zugespitzt [**75**]. Mittelbrust mit Längsrinne, ohne Kiel. Strohfarben mit dunklen Längsstreifen .... 3; ***Aelia*** F.
An Gräsern. ***A. acuminata*** (L.), Spitzling [**75**] (Mittel- u. Htschenkel unten vor der Spitze mit 2 schwarzen Punkten; 8–9 mm), an Getreide; ***A. klugii*** Hahn (Mittel- u. Htschenkel mit 1 Punkt oder ungefleckt; Corium innen mit schwarzem Längsstreif; 6,5–8 mm); ***A. rostrata*** Boheman (ähnlich, aber Corium ohne schwarzen Längsstreif; 10–12 mm), auch an Getreide.

— Gestalt u. Färbung anders. Mittelbrust mit Längskiel, dieser kann in einer flachen Rinne liegen **18**

18. Dunkel metallisch mit weißgelben oder roten Flecken oder rot mit schwarzer Zeichnung. [**76**]. 6–9 mm .... 6; ***Eurydema*** Laporte
An Cruciferen. ***E. dominulus*** (Scopoli) (Außenrand des Coriums rot); ***E. ornata*** (L.) [**76**] (roter Außenrand nur in der Mitte mit schwarzem Fleck; Rücken des Htleibs schwarz); ***E. oleracea*** (L.), Kohlwanze (Außenteil des Coriums weitgehend schwarz oder dunkel; Rücken des Htleibs schwarz); ferner südliche oder alpine Arten, anders gefärbt.

— Färbung anders **19**

19. Höchstens 8 mm lang **20**

— Mindestens 9 mm lang **24**

20. Kopf gleichmäßig nach vorn verschmälert, etwa dreieckig **21**

— Kopfseiten nicht so stark konvergierend, Kopf ± trapezförmig **23**

21. Gelbbraun, mit hellem (manchmal undeutlichem) Mittelstreif über dem Vdkörper. 5–6 mm 3; ***Neottiglossa*** Kirby
An Gräsern. ***N. pusilla*** (Gmelin) (Bauch völlig schwarz); ***N. leporina*** (Herrich-Schäffer) (Bauch gelb mit schwarzen Punkten); ***N. lineolata*** (Mulsant et Rey) (Bauch in der Mitte dunkel; sehr selten).

— Gelbgrau, Kopf u. Pronotum mit schwarzen Längsbinden. 6–7,5 mm. Im Gebirge, an *Pinus* ***Holcogaster fibulata*** (Germar)

— Ohne hellen Mittelstreif, ohne schwarze Längsbinden. Körper mindestens 6,5 mm lang .. **22**

22. Braun, schwarz punktiert, Kopf u. Teil des Pronotums schwarz, mit Erzglanz. Oberseite ohne Haare. An *Stachys* .... ***Rubiconia intermedia*** (Wolff)

— Gelbbraun bis olivbraun, dicht schwarz punktiert, behaart. An *Galium*, nur im Süden ***Staria lunata*** (Hahn)

23. Pronotum mit 2 schwarzen Flecken. Krallen ohne Zahn. 5–6 mm .... 3; ***Eysarcoris*** Hahn
An Labiaten. ***E. venustissimus*** (Schrank) (Scutellum an Basis mit großem 3-eckigen Bronzefleck); ***E. aeneus*** (Scopoli) (Scutellum ungefleckt).

— Pronotum u. Scutellum höchstens undeutlich gefleckt. Krallen an der Basis mit Zahn. 5,5–6,3 mm. An *Veronica* .... ***Stagonomus bipunctatus*** (L.)
Fühler gelblich, die Endglieder rotbraun. – Hierher auch ***Antheminia lunulata*** (Goeze) s. Nr. **28**, aber Fühler nicht gelblich u. Körper 6,5–9 mm lang.

24. Oberseite kurz, aber deutlich ± dicht behaart. Gelbgrau mit schwarz u. (oft) rot, Fühler schwarzgelb geringelt. [**77**]. 10–12 mm .... Beerenwanze, ***Dolycoris baccarum*** (L.)
Ebenfalls behaart ***Antheminia*** (= ***Codophila***) ***varicornis*** (Jakovlev) (Fühler nicht schwarz-gelb), im Süden, selten.

— Oberseite nicht behaart **25**

25. Pronotumecken lappenartig vorgezogen. Spitze des Scutellums u. häufig Beine u. Fühler rot. [**79**]. 12–16 mm. An Laubbäumen .... ***Pentatoma rufipes*** (L.)

— Pronotum nicht oder ± 3-eckig vorgezogen **26**

26. Connexivum abwechselnd hell u. dunkel gefleckt (bisweilen undeutlich), Körper mit braunen u. grauen Farbtönen **27**

— Connexivum ohne schwarze Flecken, höchstens die Segmentgrenzen heller. Grundfärbung grün (schlägt im Winter in braun um!) **29**

27. Spitze des Scutellums hell. 2. Fühlerglied kaum länger als 3. Körper rotbraun. 9–10 mm. An Kräutern .... ***Peribalus*** (= ***Holcostethus***) ***strictus*** (F.)
Im Süden auch ***Holcostethus sphacelatus*** (F.) (Körper schwarzbraun; 8–9,5 mm).

— Scutellum höchstens allmählich zur Spitze heller werdend. 2. Fühlerglied fast immer deutlich länger als 3. .... **28**

28. Fühler schwarz u. gelb geringelt. 1. Sternit des Htleibs mit langem, nach vorn gerichtetem Dorn. 14–16 mm. Auf Laubbäumen .... ***Rhaphigaster nebulosa*** (Poda)
Hierher auch ***Halyomorpha halys*** Stål (Sondermerkmal: Scutellum an der Basis mit 3–5 orangegelben Schwielen), Einwanderer aus dem Süden, landwirtschaftlicher Schädling.

— 2.–5. Fühlerglied schwarz. 1. Sternit des Htleibs ohne Dorn. Seitenecken des Pronotums mehr zugespitzt [**78**]. 11–14 mm .... 4; ***Carpocoris*** Kolenati
An Kräutern, vor allem Compositen. Häufig ***C. fuscispinus*** (Boheman) [**78**].

— 1. u. 2. (auch 3. u. Basis des 4.) Fühlerglied bräunlich, Rest schwarz. 1. Sternit des Htleibs ohne Dorn. Seitenecken des Pronotums mehr abgerundet. 6,5–9 mm. An Compositen **Antheminia lunulata** (Goeze)

29. Spitze des Scutellums mit gelbweißem, vorn konvexem Fleck, Punktierung von Kopf, Pronotum u. Connexivum im Bereich des Seitenrandes meist nicht von der Färbung der Umgebung verschieden, manchmal hellbraun. 11–14 mm .... 2; ***Chlorochroa*** Stål (= ***Pitedia*** Reuter)
C. juniperina (L.) an *Juniperus*, ***C. pinicola*** (Mulsant et Rey) an *Pinus*.

— Spitze des Scutellums nicht deutlich heller gefärbt; wenn aufgehellt, dann Aufhellung vorn konkav oder gerade, Punktierung bis zum Seitenrand schwarz **30**

30. Olivgrün, Fühler gelbrot. 1. Sternit des Htleibs mit langem, nach vorn gerichtetem Dorn. 10–12 mm .... ***Piezodorus lituratus*** (F.)
An Ginster (*Sarothamnus*).

— Grasgrün, 4. u. 5. Fühlerglied dunkler als 1.–3. 1. Sternit des Htleibs ohne Dorn. 11–14 mm 2; ***Palomena*** Mulsant et Rey
Auf Laubhölzern, auch auf Kräutern (*Urtica*). ***P. prasina*** (L.) [2] (2. u. 3. Fühlerglied gleich lang); ***P. viridissima*** (Poda) (2. Fühlerglied länger als 3.).

— Grasgrün, z. T. braun überlaufen und weiß gesäumt, 3.–5. Fühlerglied am Ende dunkler. 1. Sternit des Htleibs ohne Dorn. 12–16 mm .... ***Nezara viridula*** (L.)
Südliche Art (Tropen, Subtropen, Mittelmeerraum), nach Mitteleuropa eingeschleppt.

Literatur

Carver, M., Gross, G. F., Woodward, T. E.: Hemiptera. In: The Insects of Australia. S. 429–509. Melbourne, New York, 1991.

Deckert, J., Wachmann, E.: Die Wanzen Deutschlands. Entdecken – Beobachten – Bestimmen. Wiebelsheim, 2020.

Derjanschi, V., Péricart, J.: Hémipterès Pentatomoidea Euro-Meditérranéens. Vol. 1. Faune de France 90. Paris, 2005.

Dolling, W. R.: The Hemiptera. Oxford, 1991.

Göllner-Scheiding, U.: Heteroptera. In: B. Klausnitzer, Stresemann - Exkursionsfauna von Deutschland, Band 2 – Wirbellose: Insekten. 11. Aufl. Heidelberg, 2011.

Günther, H., Schuster, G.: Verzeichnis der Wanzen Mitteleuropas (Insecta: Heteroptera). (2. überarbeitete Fassung.) Mitteilungen des Internationalen Entomologischen Vereins. Supplement. Frankfurt, 2000.

Heiss, E., Péricart, J.: Hémiptères Aradidae, Piesmatidae et Dipsocoromorphes Euro-Meditérranéens. Faune de France 91. Paris, 2007.

Moulet, P.: Hémiptères Coreoidea Euro-Meditérranéens. Faune de France 81. Paris, 1995.

Péricart, J.: Hemiptères. Faune de France 69 (Tingidae Euro-Meditérranéens), 70 (Berytidae Euro-Meditérranéens), 71 (Nabidae d'Europe occidental et du Maghreb), 77 (Saldidae et Leptopodidae d'Europe occidental et du Maghreb), 84 (Hemiptera, Lygaeidae from mediterranean Europe. Vol. 1–3). Paris, 1983, 1984, 1987, 1990, 1999.

Savage, A. A.: Adults of the British aquatic Hemiptera (Heteroptera). Freshwater Biological Association, Scientific Publication 50. Ambleside, 1989.

Schuh, T., Slater, J.: True bugs of the world (Hemiptera: Heteroptera). Classification and natural history. Ithaca, London 1995.

Stichel, W.: Illustrierte Bestimmungstabellen der deutschen Wanzen. Berlin, 1925–1938.

Unwin, D.: A key to the families of British bugs (Insecta: Hemiptera). Field Studies Council 269. Shrewsbury, 2001.

Wachmann, E.: Wanzen beobachten – kennenlernen. Melsungen, 1989.

Wachmann, E., Melber, A., Deckert, J.: Wanzen, Band 1. Dipsocoromorpha, Nepomorpha, Gerromorpha, Leptopodomorpha, Cimicomorpha I. Band 2. Cimicomorpha II. Band 3. Pentatomorpha I. Band 4. Pentatomorpha II. Die Tierwelt Deutschlands 75, 77, 78, 81. Hackenheim, Keltern, 2004–2008.

Wagner, E.: Wanzen, Heteroptera. In: P. Brohmer, P. Ehrmann, G. Ulmer, Tierwelt Mitteleuropas, Band IV, Lieferung 3. Leipzig, 1961.

Wagner, E.: Blindwanzen oder Miriden. Wanzen oder Heteropteren I. Pentatomorpha, II. Cimicomorpha. In: Dahl, Tierwelt Deutschlands, Teil 41, 54, 55. Jena, 1952, 1966, 1967.

Wagner, E., Weber, H.: Hétéroptères Miridae. Faune de France 67. Paris, 1964.

Hymenoptera, Hautflügler

Insekten mit 2 häutigen Flügelpaaren (die reduziert sein können), beißenden oder leckenden Mundwerkzeugen (dann Maxillen (Galea) u. Labium (Glossae) verlängert) u. vollständiger Verwandlung. Kopf s. [**2**]. Fühler einfach fadenförmig oder gekniet (d. h. der verlängerte Schaft eine winklig abgebogene Geißel tragend, s. [**2**]). Thorax (Brust) oben in Pronotum (Halsschild), Mesonotum mit Scutellum (Schildchen) u. Metanotum (Postscutellum, Hinterschildchen), gegliedert [**1, 6, 7**]. Bei **Apocrita** das „Mittelsegment" (Propodeum, entwicklungsgeschichtlich das 1. Abdominalsegment) an den Thorax angeschlossen (in der Tabelle beginnt die Zählung ab dem 2. Abdsegment als „1. Abdsegment"). Gliederung der Beine s. S. 192 u. [**5**]. Flügel an der Basis oft mit je 1 Flügelschuppe (Tegula). Flügeladerung s. [**3**], hier nach der Nomenklatur von Ross. Längsadern groß geschrieben (Costa C, Subcosta Sc, Radius R, sich in R_1 und Radiussektor Rs gabelnd, Media M, Cubitus Cu, Analadern A), an manchen Stellen miteinander verschmolzen. Queradern (klein geschrieben) nach den Längsadern, die sie verbinden, benannt. Zellen (diese sind allseitig von Adern umgeben) nach der davor laufenden Längsader benannt u. von der Basis zur Spitze durchnummeriert (die Zelle $1R_1$ entspricht nach einer anderen, oft benutzten Nomenklatur der 1. „Cubitalzelle", 1Rs = 2. Cu, 2Rs = 3. Cu, 1M = 1. „Discoidalzelle", 2M = 2D). Htflügel können an der Basis einen lappenartig abgegrenzten Bereich haben (Basallappen). Eiablageapparat bei den höher entwickelten **Apocrita** zu einem Giftstachel umgebildet, dient zur Lähmung von Beutetieren für die Ernährung der Larven oder zur Abwehr von Feinden. Larven der **Symphyta** meist raupenförmig [**66**] (außer den 3 Brustbeinpaaren mit mindestens 6 Abdominalbeinpaaren; letztere können reduziert sein), Larven der **Apocrita** beinlos und blind [**62**]. Imagines ernähren sich meist von Pflanzensäften, sind z. T. auch räuberisch; Larven Pflanzenfresser oder Parasiten. Oft Brutpflege oder -fürsorge durch das Mutter-♀. Bei Ameisen, Wespen und Bienen echte Staaten mit Kooperation in der Brutpflege, Überlappung der Generationen u. Arbeitsteilung (Kastenbildung: ♂, ♀ = Königin, ☿ = Arbeiterin). Im Gebiet etwa 9300 Arten.
Abkürzungen: Vd- = Vorder-, Ht- = Hinter-, Gl, -gl = Glied(er), -gliedrig, Abd, Abd- = Abdomen, Abdominal-. Adern und **Zellen** wie [**3**], vgl. auch [**6**], S. 192. Längenangaben für Körper ohne Legebohrer.

System (kombiniert nach Dathe (2003), Dathe et al. (2001) u. Gauld & Bolton (1996)):
„Symphyta" (Pflanzenwespen; eine paraphyletische Gruppe)
- **Xyeloidea: Xyelidae**
- **Tenthredinoidea: Argidae, Blasticotomidae, Cimbicidae, Diprionidae, Tenthredinidae**
- **Pamphiloidea** (= **Megalodontesoidea**): **Megalodontesidae, Pamphiliidae**
- **Cephoidea: Cephidae**
- **Siricoidea: Siricidae**
- **Xiphydroidea: Xiphydriidae**
- **Orussoidea: Orussidae** (Schwestergruppe der **Apocrita**)

Apocrita (Taillenwespen; die nicht zu den **Aculeata** gehörenden Gruppen werden aus praktischen Gründen als **Terebrantes** oder **Parasitica** (Legimmen) zusammengefasst, eine paraphyletische Gruppe)
- **„Terebrantes"** (= **„Parasitica"**)
  - **Stephanoidea: Stephanidae**
  - **Trigonaloidea** (= **Trigonalyoidea**): **Trigonalidae** (= **Trigonaloidae**)
  - **Ceraphronoidea: Ceraphronidae, Megaspilidae**
  - **Evanioidea: Aulacidae, Evaniidae, Gasteruptiidae**
  - **Proctotrupoidea: Heloridae, Proctotrupidae**
  - **Diaprioidea: Diapriidae**
  - **Platygastroidea: Platygastridae, Scelionidae**
  - **Chalcidoidea:** viele Familien, u. a. **Aphelinidae, Chalcididae, Elasmidae, Encyrtidae, Eulophidae, Eurytomidae, Leucospididae, Mymaridae, Ormyridae, Pteromalidae, Tetracampidae, Torymidae, Trichogrammatidae**
  - **Mymarommatoidea: Mymarommatidae**
  - **Cynipoidea: Cynipidae, Figitidae, Ibaliidae**
  - **Ichneumonoidea: Braconidae, Ichneumonidae**

Aculeata (Stechwespen, Stechimmen)
Dryinoidea: Dryinidae, Embolemidae
Chrysidoidea: Bethylidae, Chrysididae
Vespoidea: Formicidae, Mutillidae, Pompilidae, Sapygidae, Scoliidae, Tiphiidae, Vespidae
Apoidea (= **Sphecoidea**): **Ampulicidae, Crabronidae, Sphacidae, Anthophila (Andrenidae, Apidae, Colletidae, Halictidae, Melittidae, Megachilidae)**

Im Gebiet der B.R. Deutschland besonders geschützt: ***Cimbex***, ***Bembix***, viele ***Formica***-Arten (z. B. ***F. rufa, polyctena***), ***Vespa crabro***, alle Bienen (**Anthophila**).

1. Htleib in voller Breite am Vdkörper ansitzend [**6**–**10**]. Vdflügel fast immer mit Zelle A [**3**] Pflanzenwespen, „**Symphyta**" **2**

— Zwischen Htleib u. Vdkörper tiefe Einschnürung („Wespentaille" [**1**]). Vdflügel ohne Zelle A [**14**] Taillenwespen, **Apocrita** **11**

Bei einigen **Chalcidoidea** fehlt Einschnürung, aber Flügeladerung [**18**] typisch. Bei starker Behaarung (z. B. Hummeln) Einschnürung undeutlich zu erkennen.

2. Fühler am Ende keulen- oder knopfförmig verdickt [**4a**]. Körper 4,5–28 mm Keulhornblattwespen, **Cimbicidae** S. 321

— Fühler am Ende nicht derartig verdickt **3**

3. Fühler 3-gl, 3. Gl sehr lang [**4b**]. Körper 5–12 mm .... Bürsthornblattwespen, **Argidae**

Larven freilebend, mit 6–8 Abdbeinpaaren.

a) Httibien außen vor der Spitze mit Dorn. Längsader R_1 im Vdflügel in Rs mündend (vgl. [**3**]): ***Arge*** Schrank mit über 15 Arten, häufig z. B. ***A. ustulata*** (L.), Larve auf Weide, Birke; ***A. ochropus*** (Gmelin), Larve schädlich an Rosen.

b) Httibien außen vor der Spitze ohne Dorn. R_1 nicht in Rs mündend: 3 Gattungen mit ca. 15 seltenen Arten, z. B. ***Aprosthema*** Konow mit ***A. melanurum*** (Klug), Larve auf *Lathyrus*.

— Fühler 4-gl, 3. Gl lang, 4. Gl klein, kegelförmig [**4c**] .... **Blasticotomidae**

Nur ***Blasticotoma filiceti*** Klug (8 mm), selten. Larve ohne Abdbeine, bohrt in Farnen, sondert weißen Schaumballen aus After ab, der außen am Farn haftet.

— Fühler 12-gl, 3. Gl sehr lang, 4.–12. Gl sehr klein [**4d**] .... **Xyelidae**

2,5–7 mm. Larven mit Beinpaar an jedem Abdsegment, an Blütenständen von Bäumen. 2 Gattungen, 7 Arten, z. B. 5; ***Xyela*** Dalman, ***X. julii*** (Brébisson) (bis 4 mm), auf Kiefer.

— Fühler anders **4**

4. Htrand des Pronotums tief ausgeschnitten [**6**] **5**

Bei **Siricidae** weniger deutlich ausgeschnitten: Habitus wie [**8**].

— Htrand des Pronotums nicht oder nur flach ausgeschnitten **9**

5. Vdtibia mit 1 Endsporn **6**

— Vdtibia mit 2 deutlichen Endspornen (1 manchmal schalenförmig) [**5a**] **8**

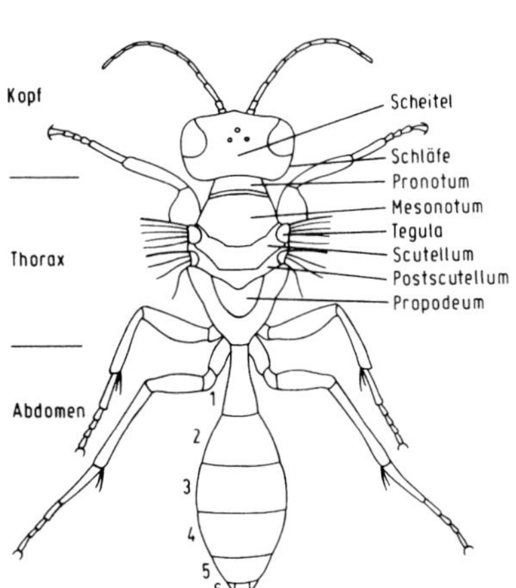

1

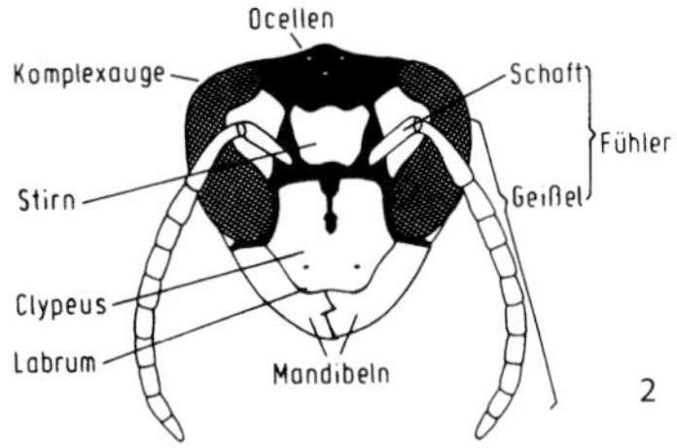

2

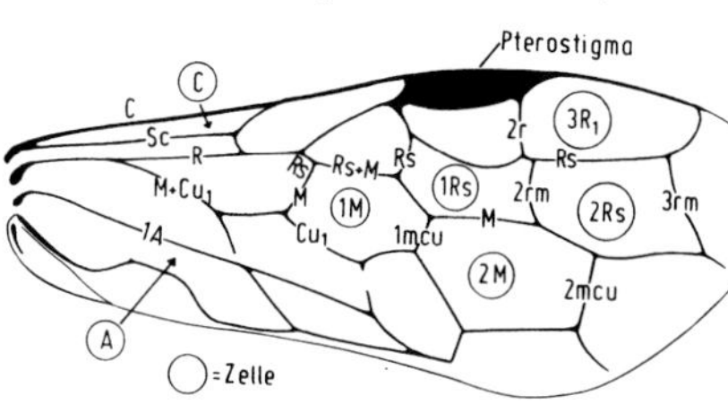

3

6. Fühler 10–11-gl. Vdflügel ohne Zellen Rs. Körper 6–14 mm .... **Orussidae**
Larven fußlos, in Holz (parasitisch bei Käfer- und Holzwespenlarven). 2 Gattungen mit 3 Arten, z. B. 2; ***Orussus*** Latreille, selten, z. B. ***O. abietinus*** (Scopoli) (Abd hinten rot), Larve in Erle, Buche.

— Fühler mindestens 13-gl. Vdflügel mit 1 oder 2 Zellen Rs (s. [**3**]) **7**

7. Verbindungsstück zwischen Kopf u. Thorax kurz. Im Vdflügel Zelle C ohne Querader, basaler Abschnitt der Längsader Rs in Richtung Flügelbasis zeigend [**8**]. Habitus [**8**]. 12–40 mm .... Holzwespen, **Siricidae** S. 322

— Verbindungsstück zwischen Kopf u. Thorax lang [**6**]. Zelle C mit Querader, basaler Abschnitt von Rs in Richtung Flügelspitze weisend. Körper 7–22 mm .... Schwertwespen, **Xiphydriidae**
Larven ohne Abdbeine, mit reduzierten Brustbeinen, bohren in Laubhölzern. Nur 5; ***Xiphydria*** Latreille, häufiger ***X. camelus*** (L.).

8. Fühler mit über 13 Gl, gesägt [**4e**] oder stark gefiedert [**4f**]. Ader 2r im Vdflügel fehlend .. Buschhornblattwespen, **Diprionidae**
Larven mit 7 Abdbeinpaaren, freilebend an Koniferennadeln, oft in Fraßgesellschaften.
a) Zelle A im Vdflügel mit Querader (s. [**30**]). Larven auf Pinaceen: **Diprioninae**, 5 Gattungen mit 14 Arten. Wichtige Schädlinge ***Neodiprion sertifer*** (Geoffroy) (Abd ohne Skulptur, glänzend; 7–9 mm), an Kiefer. Bei übrigen Arten Abd mit Skulptur, wichtig ***Diprion pini*** (L.) auf Kiefer, ***Gilpinia hercyniae*** (Hartig) auf Fichte.
b) Zelle A im Vdflügel in der Mitte zu einer Ader zusammengezogen (s. [**29**]). Larven auf *Juniperus*: **Monocteninae**, 2; ***Monoctenus*** Dahlbom (5–6 mm), häufiger ***M. juniperi*** (L.).

— Fühler 7–15-gl, meist 9-gl, fast immer fadenförmig [**4g**]; wenn 10–15-gl, Ader 2r im Vdflügel vorhanden [**30**]. Habitus z. B. [**10**] .... Echte Blattwespen, **Tenthredinidae** S. 319

9. Vdtibia mit 1 Endsporn, Abd ± seitlich zusammengedrückt. Körper schlank, überwiegend schwarz [**9**], 4–18 mm .... Halmwespen, **Cephidae** S. 322

— Vdtibia mit 2 Endspornen [**5a**], Abd rund oder ± dorsoventral zusammengedrückt. Körper oft schwarz mit gelblicher oder rötlicher Zeichnung **10**

10. Fühlergl an einer Seite stark zur Spitze hin verlängert [**4h**]. Httibia mit 2 Spornen am Ende u. 2 Dornen auf der Innenseite. 1. Abdtergit oben nicht geteilt. Körper 10–13 mm **Megalodontesidae**
Larven ohne Abdbeine, freilebend, gesellig in Gespinsten. Nur 5; ***Megalodontes*** Latreille, selten, im Süden verbreitet ***M. cephalotes*** (F.) (= ***spissicornis*** (Klug)).

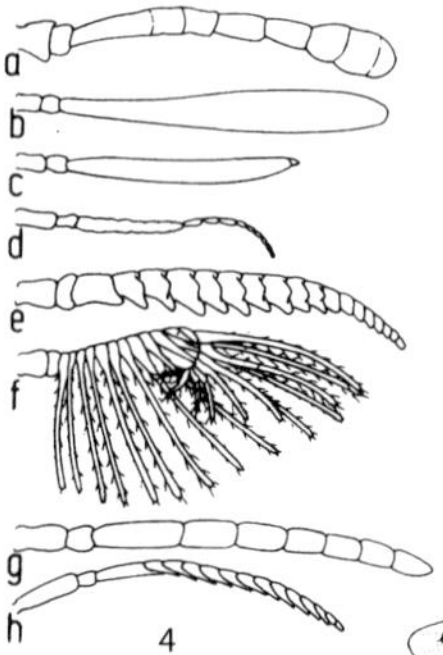

4

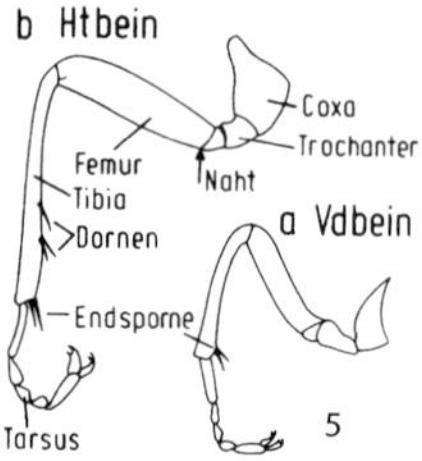

5

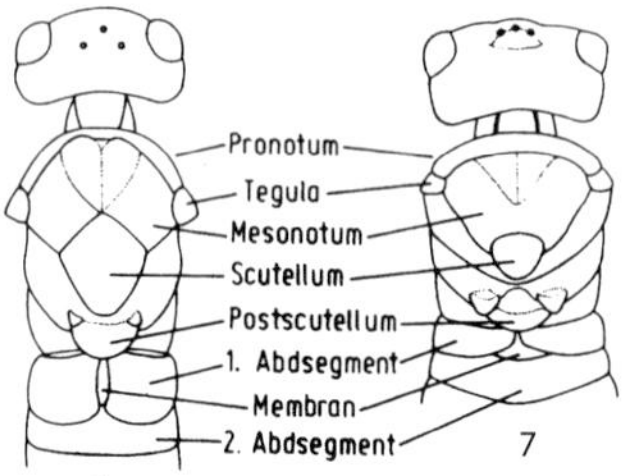

6 7

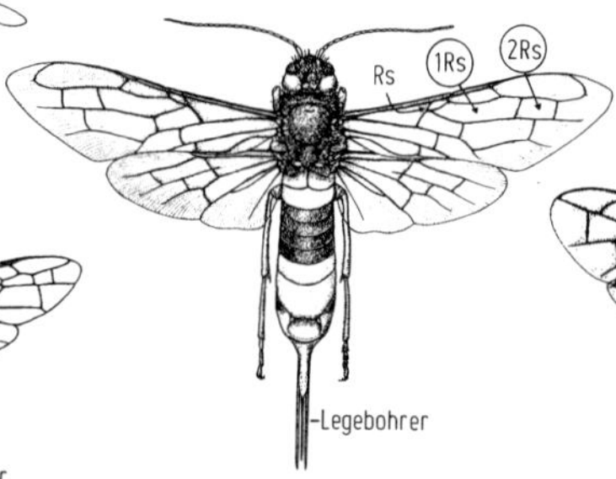

8

9

10

8 Siricidae: *Urocerus*; **9** Cephidae: *Cephus*; **10** Tenthredinidae: *Tenthredo*

— Fühlergl nicht so verlängert. Httibia mit 2 Endspornen u. 3 inneren Dornen [**5b**]. 1. Abdtergit oben geteilt, dazwischen mit häutiger Membran [**7**]. 7–18 mm Gespinstblattwespen, **Pamphiliidae** S. 321

11. 1. Abdsegment bildet kurzen Stiel, dieser knotig verdickt oder mit aufrechter Schuppe [**41, 42**]; oder 2 erste Segmente des Abd als Knoten [**40**]. Habitus [**11**] .... Ameisen, **Formicidae** S. 327

— Abd sitzend [**24**]; wenn mit Stiel, dieser anders **12**

12. Flügel deutlich ausgebildet **13**

— Flügel fehlend oder stark reduziert **39**

13. Fühler mit mehr als 16 Gl, fast immer ungekniet .... meiste **Ichneumonoidea**, s. **20**

Hierher 2 weitere, sehr seltene Familien:

a) **Trigonalidae** (= **Trigonalyidae**) (Sondermerkmale: kurz oberhalb der Fühlereinlenkung je eine kleine senkrechte Lamelle; Mandibeln groß, schaufelförmig, mit 4 großen Zähnen rechts, 3 Zähnen links), nur ***Pseudogonalos*** (= ***Trigonalis***) ***hahnii*** (Spinola) (9–12 mm), Hyperparasit bei Ichneumoniden, Tachiniden.

b) **Stephanidae** (Sondermerkmale: auf Stirn um Ocellen mit 5 Dornen; Pronotum lang, halsartig verlängert), nur ***Stephanus serrator*** (F.) (7–20 mm), Parasit bei Käferlarven im Holz.

— Fühler höchstens 16-gl **14**

14. Abd hoch über den Htcoxen, am vorderen Ende des Propodeums ansetzend [**12**]. Vdflügel mit deutlicher Zelle C .... **Evanioidea 15**

— Abd am unteren Ende des Propodeums nahe den Htcoxen ansetzend; wenn weiter oben inserierend, dann Vdflügel ohne Zelle C **17**

15. Abd dünn gestielt, seitlich stark zusammengedrückt, meist kleiner als Thorax. Htflügel mit Basallappen .... Hungerwespen, **Evaniidae**

Parasiten in den Eipaketen von Schaben. Nur ***Brachygaster minutus*** (Olivier) (3–4 mm). – Außerdem gelegentlich eingeschleppt ***Evania appendigaster*** (L.), synanthrop.

— Abd lang, schlank, mehr keulenförmig [**12**]. Htflügel ohne Basallappen **16**

16. Httibia keulenartig verdickt. Prothorax nach vorn halsartig verlängert. Vdflügel der Länge nach faltbar .... Schmalbauchwespen, **Gasteruptiidae**

Ektoparasiten an Hymenopterenlarven, nur 15; ***Gasteruption*** Latreille (5–15 mm) [**12**], am häufigsten ***G. assectator*** (L.).

— Httibia schlank. Prothorax nicht verlängert. Vdflügel nicht faltbar .... **Aulacidae**

Parasiten bei in Holz lebenden Insektenlarven, 3 Arten. ***Aulacus striatus*** Jurine (7–9 mm). 2; ***Pristaulacus*** Kieffer, größer (10–15 mm), z. B. ***P. gloriator*** (F.).

17. Vdflügel mit Zelle 1M u. 2M (z. B. [**57**]); 1M nicht mit $1{+}2R_1$ verschmolzen; also Vdflügel mit 3 oder mehr geschlossenen Zellen. Pterostigma (Flügelmal) vorhanden. Htflügel mit mehreren geschlossenen Zellen. Fühler 12–13-gl. Körper 5–48 mm **33**

— Vdflügel höchsten mit 1M; wenn 2M vorhanden, 1M u. $1{+}2R_1$ verschmolzen [**14b**]; also Vdflügel mit höchstens 2, selten 3 geschlossenen Zellen. Pterostigma häufig fehlend. Htflügel ohne oder mit 1 oder mit mehreren geschlossenen Zellen. Körper 0,2–30 mm **18**

18. Vdflügel mit Pterostigma u. gut entwickelter Aderung: mindestens Zelle $1{+}2R_1$ u. eine Zelle M vorhanden [**14b, 15b**]; diese kann auch verschmolzen sein [**44**]. Sehr selten mit nur einer dieser Zellen, dann Längsadern C, Sc, R verschmolzen 19

— Aderung im Vdflügel reduziert: ohne Zelle $1{+}2R_1$ u. M; wenn mit Zelle M, dann C u. Sc+R deutlich getrennt; wenn mit beiden Zellen, Pterostigma fehlend **21**

19. Fühler 12–13-gl. Trochanter des Htbeins 1-gl. Htflügel mit Basallappen [**44**] Grabwespen, **Ampulicidae**, **Sphecidae** u. **Crabronidae** S. 330

— Fühler oft mit anderer Gliederzahl. Httrochanter 2-gl [**13**]. Htflügel ohne Basallappen **Ichneumonoidea 20**

20. Vdflügel mit Querader 2m-cu; Längsader Rs+M unterbrochen, so dass Zellen $1{+}2R_1$ u. 1M mindestens z. T. verschmolzen [**14b**]. Im Htflügel Querader r-m in Rs mündend [**14c**]. 2. u. 3. Abdtergit sich überlappend, nicht verschmolzen; wenn verschmolzen, 1. Abdsegment stielartig, von der Seite gesehen gebogen [**33**]. Habitus [**14a**] .... Schlupfwespen, **Ichneumonidae** S. 324

— Vdflügel ohne 2m-cu; Zellen $1{+}2R_1$ u. 1M meist vollständig getrennt [**15b**]. Im Htflügel r-m in Sc+R mündend (vor Abzweigung von Rs) [**15c**]. 2. u. 3. Abdtergit fest miteinander verbunden oder alle Abtergite verschmolzen. Wenn 1. Abdsegment stielartig, dann von der Seite gesehen ± gerade. Habitus [**15a**] .... Brackwespen, **Braconidae** S. 324

21. Längsader C im Vdflügel mindestens an der Basis fehlend, hier höchstens Sc vorhanden (es gibt also einen häutigen Bereich vor der vordersten Längsader, wenn vorhanden). Flügel ohne Pterostigma **22**

— Längsader C im Vdflügel vorhanden, kann mit Sc verschmolzen sein (dann keine Zelle C vorhanden). Vdflügel häufig mit Pterostigma **25**

22. Zelle $3R_1$ groß, schräg (kann zum Vdrand des Flügels offen sein!) [**16, 35**]. Fühler 12–16-gl, nicht gekniet. Abd meist stark seitlich zusammengedrückt. Habitus z. B. [**16**]
Gallwespen, **Cynipoidea** S. 323

— Ohne derartige Zelle $3R_1$. Im Vdflügel Aderung bis auf Sc fehlend, diese sich spitzenwärts dem Vdrand des Flügels nähernd; als Abzweigung von Sc häufig eine kurze, meist am Ende knopfförmig verdickte Ader (2r); Aderung kann völlig fehlen. Fühler 3–13-gl, fast stets gekniet [**17**]
23

23. Pronotum meist nicht die Tegulae erreichend. Abdomen seitlich abgerundet. Fühler häufig zwischen den Augen inserierend. Körper meist metallisch grün oder blau
Erzwespen, **Chalcidoidea** S. 322

Hierher auch **Mymarommatoidea** mit der einzigen Familie **Mymarommatidae** (Sondermerkmal: Abd mit Stiel aus 2 Segmenten; Flügel bewimpert), nur ***Palaeomymar anomalum*** (Blood et Kryger) (um 0,6 mm), selten.

— Pronotum hinten die Tegulae erreichend. Abdomen dorsoventral abgeflacht, seitlich (oft scharf) gerandet. Fühler tief unten am Mund inserierend. Körper nicht metallisch
Platygastroidea 24

24. Fühler mit 10 (oder weniger) Gl. Vdflügel ohne Adern am Vdrand (oft gänzlich ohne Adern)
Platygastridae

1–2 mm, selten größer. Etwa 80 Arten. Meist bei Gallmückenlarven, z. B. ***Platygaster*** Latreille, ***Inostemma*** Haliday.

— Fühler 11–12-gl (oder 7–8-gl, wenn Keule unsegmentiert); wenn 10-gl, Vdrand des Flügels mit Ader . . . . **Scelionidae**

Die **Scelionidae** werden auch zu den **Platygastridae** gestellt. 0,3–4 mm. Etwa 55 Arten. In Insekten- u. Spinneneiern, z. B. ***Scelio*** Latreille, ***Telenomus*** Haliday.

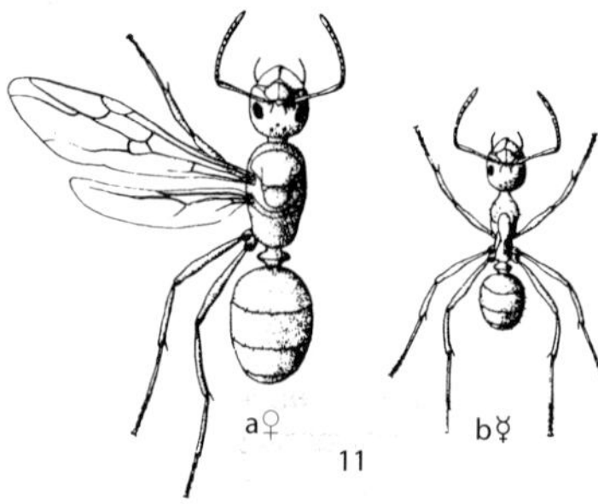

11

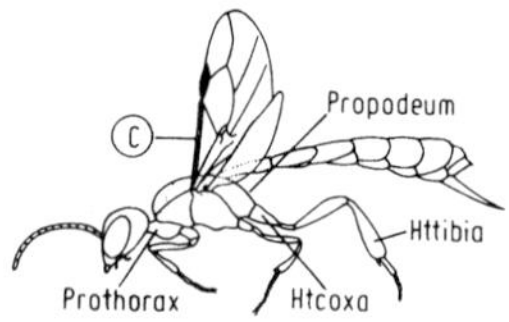

12

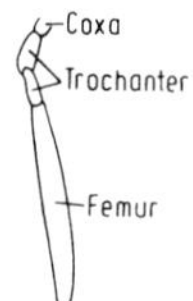

13

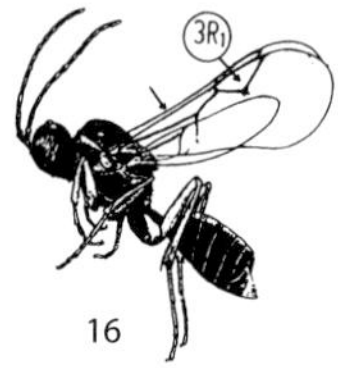

16

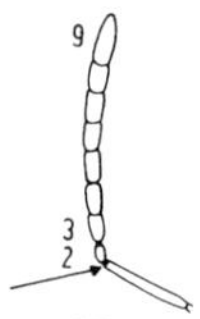

17

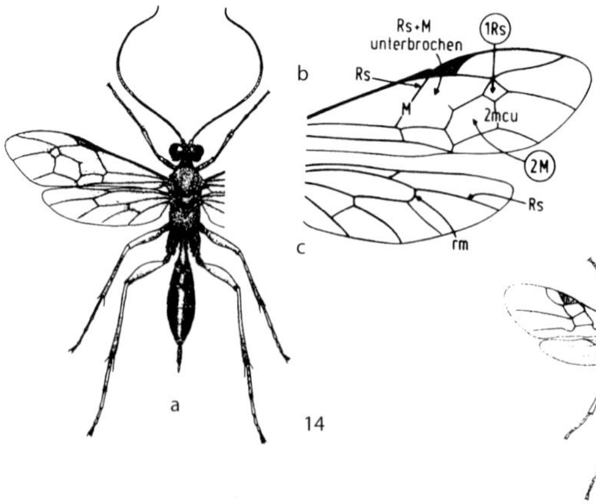

14

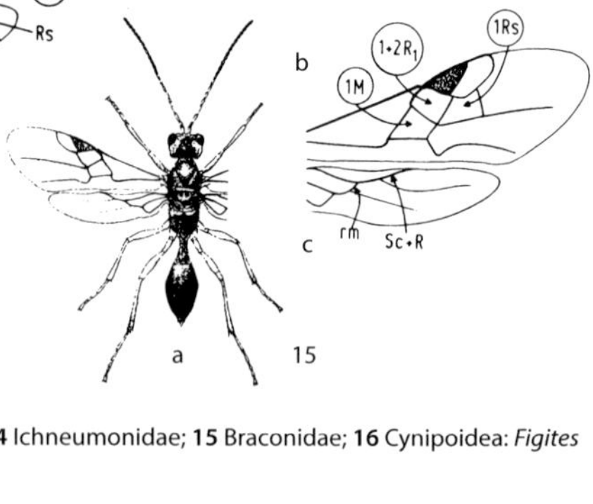

15

11 Formicidae: *Formica*; **12** Gasteruptiidae: *Gasteruption*; **14** Ichneumonidae; **15** Braconidae; **16** Cynipoidea: *Figites*

25. Fühler 10-gl oder 12–13-gl, selten gekniet. Htflügel mit Basallappen [**26**] **30**

— Fühler oft mit anderer Gliederzahl, meist gekniet; wenn ungekniet, Fühler 15-gl oder Flügeladerung wie [**19b**]. Htflügel ohne Basallappen. Habitus z. B. [**19a**] **26**

Htflügel einiger **Proctotrupidae** mit Basallappen, aber Aderung des Vdflügels typisch [**19b**].

26. Vdtibia mit 2 Endspornen. Fühler tief unten am Mund inserierend, 9–11-gl, deutlich gekniet **Ceraphronoidea 27**

— Vdtibia mit 1 Endsporn. Fühler in der Mitte des Gesichtes inserierend, 11–15-gl, meist nicht gekniet **28**

27. Mitteltibia mit 1 Endsporn. Pterostigma im Vdflügel schmal, strichförmig .... **Ceraphronidae**

0,7–2 mm. Etwa 15 Arten. Parasiten von Gallmücken, z. B. ***Ceraphron*** Jurine.

— Mitteltibia mit 2 Endspornen. Pterostigma im Vdflügel groß, breit .... **Megaspilidae**

Flügel manchmal reduziert. 0,7–4 mm. Über 20 Arten. Oft Hyperparasiten, z. B. ***Dendrocerus*** Ratzeburg bei Aphidiinen in Blattläusen. Artenreich ***Conostigmus*** Dahlbom.

28. Flügel ohne Pterostigma. Fühler weit über Clypeus auf einem Vorsprung ansitzend, 11–15-gl; Grundglied lang, mindesten 2,5-mal so lang wie breit. [**19a**] .... **Diaprioidea**

Wurden früher zu den **Proctotrupoidea** oder auch zu den **Cynipoidea** gestellt. Etwa 300 Arten. Oft in Larven, Puppen von Fliegen, z. B. ***Diapria*** Latreille, ***Belyta*** Jurine, ***Cinetus*** Jurine.

— Flügel mit Pterostigma [**19b**]. Fühler nicht auf Vorsprung inserierend, mit 13 oder 15 Gl; Grundglied kürzer, höchsten 2,2-mal so lang wie breit .... Zehrwespen, **Proctotrupoidea 29**

29. Fühler 15-gl. Vdflügel mit mehr als 2 geschlossenen Zellen. Zelle $3R_1$ breit .... **Heloridae**

Selten, nur 4; ***Helorus*** Latreille (6–7 mm), bei Chrysopiden, z. B. ***H. anomalipes*** Panzer.

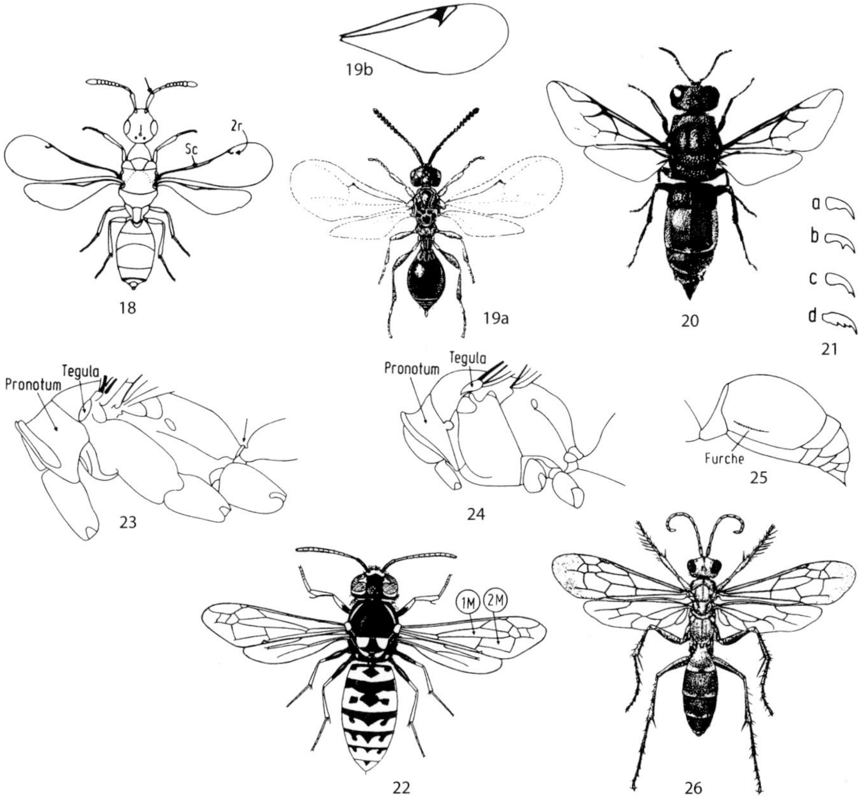

18 Chalcidoidea: *Pteromalus*; **19** Proctotrupoidea; **20** Chrysididae: *Chrysis*; **22** Vespidae: *Vespula*; **26** Pompilidae: *Pompilus*

— Fühler 13-gl. Vdflügel mit höchstens 2 geschlossenen Zellen. $3R_1$ schmal [**19b**] **Proctotrupidae**

Etwa 45 Arten. Parasiten von Insektenlarven (oft Käferlarven), auch bei Myriapoden. Artenreich ***Exallonyx*** Kieffer, ***Phaenoserphus*** Kieffer.

30. Fühler 10-gl .... **Dryinoidea** **31**

— Fühler 12–13-gl. Abd unten ohne Einschnitt .... **Chrysidoidea** **32**

— Fühler 12–13-gl. Zwischen 1. u. 2. Abdsegment unten tiefer Einschnitt [**25**] Dolchwespen, **Scoliidae**

Nur 2; ***Scolia*** F. (10–25 mm), Parasiten bei Käferlarven (Scarabaeoidea), wärmeliebend, selten, z. B. ***Sc. hirta*** (Schrank).

31. Fühler hoch über dem Clypeus auf einer Vorwölbung inserierend. Pterostigma schmal, undeutlich. Zelle $3R_1$ im Vdflügel geschlossen. Um 3 mm .... **Embolemidae**

♀♀ ungeflügelt. Nur ***Embolemus ruddii*** Westwood, Biologie?

— Fühler nahe dem Oberrand des Clypeus inserierend, Vdrand des Kopfes ohne Vorwölbung. Pterostigma deutlich. Zelle $3R_1$ meist offen. 2–4 mm .... **Dryinidae**

Vdtarsen der ♀♀ fast stets zu Raubzangen umgebildet. ♀♀ manchmal flügellos. 7 Gattungen, etwa 35 Arten. Ektoparasiten an Zikaden, z. B. ***Anteon pubicorne*** (Dalman).

32. Abd mit 3 bis 5 sichtbaren Tergiten; Abd unten ausgehöhlt oder schwach konvex. Kopf nicht vorgestreckt. Körper teilweise metallisch (meist rot bis grünblau) [**20**] Goldwespen, **Chrysididae** S. 325

— Abd mit 7 sichtbaren Tergiten, Abd unten konvex. Kopf nach vorn vorgestreckt. Körper braun bis schwarz, nicht metallisch .... **Bethylidae**

2–10 mm. Flügel oft reduziert. 13 Gattungen, etwa 30 Arten. Ektoparasiten bei Käfer- u. Schmetterlingslarven, z. B. ***Bethylus cephalotes*** (Förster).

33. Vdflügel der Länge nach faltbar. Augen innen nierenförmig eingebuchtet [**2**]. Körper schwarzgelb [**22**] .... Faltenwespen, **Vespidae** S. 326

— Vdflügel nicht längs faltbar. Augen selten innen eingebuchtet (eingebuchtet nur bei **Sapygidae** s. **37**, mit anderen Merkmalen u. bei ***Trypoxylon*** s. S. 330, mit anderer Flügeladerung [**48**]) **34**

34. Htecken des Pronotums die Tegulae an der Flügelbasis erreichend [**23**] **35**

— Htecken des Pronotums nicht bis zu den Tegulae reichend [**24**] **38**

Wenn Körper dicht behaart, Pronotum ebenfalls nicht bis zu Tegulae reichend.

35. Zwischen 1. u. 2. Segment auf Unterseite des Abd tiefer Einschnitt [**25**]; wenn fehlend, Augen innen tief u. schmal eingebuchtet **36**

— Zwischen 1. u. 2. Abdsegment kein tiefer Einschnitt. Augen höchstens leicht eingebuchtet. Htbeine verlängert .... Wegwespen, **Pompilidae**

a) Propodeum hinten mit aufgewölbtem Rand [**23**]. Entfernung Fühlerbasis bis Oberrand des Clypeus kleiner als Länge des 2. Fühlergl. Körper schwarz, Abd oft teilweise rot, seltener gelb. 4–15 mm: **Pompilinae** u. **Pepsinae**. Larvennahrung: Spinnen, die gelähmt, mit einem Ei belegt u. vergraben werden. Etwa 20 Gattungen, ca. 100 Arten, z. B. ***Pompilus*** F. [**26**], ***Priocnemis*** Schiödte, ***Anoplius*** Dufour, sehr häufig ***A. viaticus*** (L.).

b) Propodeum hinten ohne aufgewölbten Rand. Strecke Fühlerbasis bis Oberrand des Clypeus so groß wie 2. Fühlergl lang. Körper schwarz u. gelb, selten dazu rot: **Ceropalinae**. Nur 4; ***Ceropales*** Latreille (5–11 mm), Parasiten bei Pompiliden, legen Eier an die gelähmte Beute, häufiger ***C. maculata*** (F.).

36. 2. Abdtergit seitlich mit feiner Furche [**25**]. Abd meist mit hellen Haarflecken. ♂ (geflügelt): Htflügel ohne Basallappen. ♀ (ungeflügelt): Thoraxsegmente oben völlig verschmolzen Bienenameisen, **Mutillidae** S. 329

— 2. Abdtergit ohne Furche. Abd ohne helle Haarflecken. Htflügel mit Basallappen (s. [**26**]); wenn ungeflügelt (einige ♀♀ der **Tiphiidae**), Thorax in 2–3 Abschnitte geteilt, also Pronotum von Mittelbrust getrennt **37**

37. Zwischen 1. u. 2. Abdsegment unten tiefer Einschnitt [**25**]. Augen innen höchstens schwach eingebuchtet. Fühler nicht gekeult .... Rollwespen, **Tiphiidae**, S. 329

Hierher auch **Myrmosinae** (**Mutillidae**) (Sondermerkmale: beim ♂ Zellen $3R_1$, 1Rs, 2Rs vorhanden, 1Rs 3-eckig; ♀ ungeflügelt, Thorax in 2 Abschnitte geteilt) S. 329.

— Zwischen 1. u. 2. Abdsegment unten kein Einschnitt. Augen innen tief u. schmal eingebuchtet. Fühler zur Spitze allmählich verbreitert .... Keulenwespen, **Sapygidae**

Parasiten bei Bienen u. Wespen. 4 Arten, u. a. 2; ***Sapyga*** Latreille (Beine rot u. weiß; 8–10 mm), häufiger ***S. quinquepunctata*** (F.), Wirt: *Osmia*; ***Sapygina*** (= ***Sapyga***) ***decemguttata*** (Jurine) (Beine schwarz; 7–9 mm), Wirt: *Heriades*.

38. 1. Gl der Httarsen meist abgeflacht, mindestens so lang wie 2.–4. Tarsalgl zusammen, innen oft dicht behaart; ohne Putzvorrichtung [**27b**]. Körper meist dicht u. lang behaart [**27a**], mindestens die Haare am Htende des Thorax fein gefiedert [**27c**] (Mikroskop!) Bienen, **Anthophila** S. 332

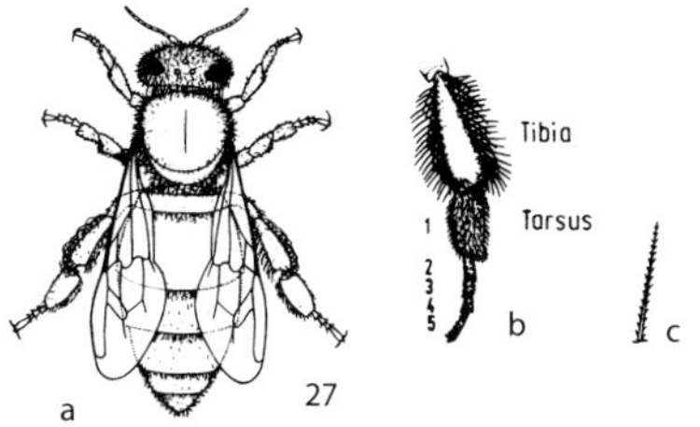

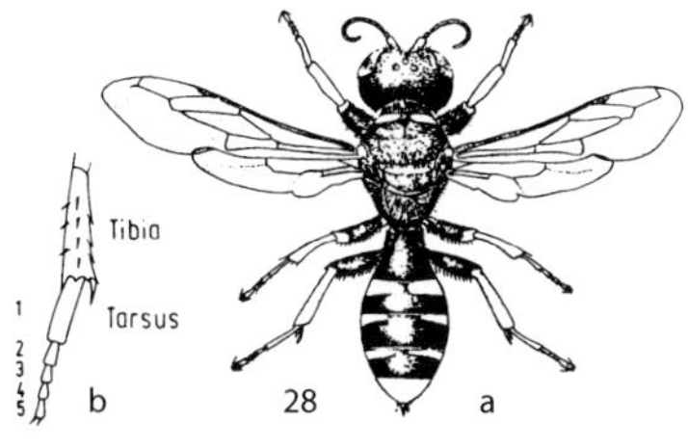

27 Apidae: *Apis*; **28** Crabronidae: *Crabro*

— 1. Gl der Httarsen ± zylindrisch, an Basis mit meist deutlicher Delle, Tibia an der Spitze mit Putzsporn [**28b**]. Körper mit weniger dichten, kurzen, ungefiederten Haaren. Habitus z. B. [**28a**] Grabwespen, **Ampulicidae**, **Sphecidae**, **Crabronidae** S. 330

39. Abd seitlich zusammengedrückt, Sternite sehr schmal. Fühler schlank, 11–15-gl, nicht gekniet Gallwespen, **Cynipoidea** S. 323

— Abd anders **40**

40. Fühler gekniet [**17**] (Grundglied wenigstens 4-mal so lang wie breit), bis 15-gl; wenn ungekniet, überdeckt 1. Tergit fast das gesamte Abd **41**

— Fühler ungekniet (Grundglied unter 3-mal so lang wie breit). 1. Abdtergit anders, nicht auffallend groß **43**
Bei **Mutillidae** Fühler gekniet, mit kurzem Schaft (Sondermerkmal: Kerbe zwischen 1. u. 2. Abdsegment [**25**]).

41. Pronotum an den Seiten nach hinten nicht bis zu den Tegulae reichend (s. [**24**]); wenn diese nicht deutlich ausgebildet, Tarsen 3-gl. Körper meist grün-metallisch Erzwespen, **Chalcidoidea** S. 322

— Pronotum reicht an den Seiten bis zu den Tegulae (wenn diese vorhanden) (s. [**23**]). Tarsen immer 5-gl **42**

42. Abdomen dorsoventral abgeflacht, seitlich (oft scharf) gerandet .... **Platygastroidea** s. 23

— Abdomen seitlich abgerundet .... **Ceraphronoidea** u. **Proctotrupoidea** s. 26

43. Fühler mit mehr als 14 Gl. Abdsternite breit membranös, wenn getrocknet, Längsfalten bildend .... **Ichneumonoidea** s. 20

— Fühler 10- oder 12–13-gl. Sternite deutlich, nicht membranös **44**

44. Fühler 10-gl .... ♀♀ von **Embolemidae**, **Dryinidae** s. 31

— Fühler 12–13-gl **45**

45. Kopf (mit Mundwerkzeugen) nach vorn gestreckt, meist deutlich länger als breit. Zwischen 1. u. 2. Abdsegment höchstens flache Kerbe. Tibien unbedornt. Fühler 12–13-gl. Bis 4 mm **Bethylidae** s. 32

— Kopf ± rundlich, Mundwerkzeuge nach unten gerichtet (s. [**12**]). Zwischen 1. u. 2. Abdsegment deutliche Kerbe [**25**]. Httibia außen mit Dornen. Fühler 12-gl. Körper 4–16 mm ♀♀ von **Mutillidae**, **Tiphiidae** s. 36

Familie: **Tenthredinidae**, Echte Blattwespen

Larven mit 7–8 Abdbeinpaaren, frei auf Pflanzen, einige Larven minierend oder in Gallen. Schreckstellung vieler Larven: Aufrichten des Vdkörpers, oft Absonderung eines abschreckenden Sekrets aus Drüsen der Unterseite. Etwa 560 Arten.

1. Querader 2r im Vdflügel fehlend [**29**] (wenn vorhanden, bei Nr. **2** weitergehen)... **Nematinae**
3–9 mm, seltener größer. Etwa 20 Gattungen, über 240 Arten.
a) Querader 2r im Vdflügel vorhanden [**30**]: mehrere Gattungen, darunter 10; ***Hoplocampa*** Hartig (Sondermerkmal: Querader 1m-cu im Vdflügel mündet in Zelle 1Rs, 2m-cu in 2Rs [**29**]), Larven in Früchten, ***H. testudinea*** (Klug), Apfelsägewespe (6–7 mm), schädlich in Äpfeln; ***H. minuta*** (Christ) u. ***H. flava*** (L.) Pflaumensägewespen (4–5 mm), schädlich an *Prunus*.

b) Querader 2r fehlend: ***Cladius pectinicornis*** (Geoffroy) (♂: Fühler im basalen Teil mit Fortsätzen, ♀: 3. Fühlergl etwa 3-mal so lang wie breit; 4–7 mm), Larve an Rose. Fühler ohne Fortsätze, meist schlanker: viele artenreiche Gattungen (darunter ***Cladius*** mit weiteren 6 Arten), u. a. ***Nematus*** Panzer, ***Amauronematus*** Konow, z. B. ***N. ribesii*** (Scopoli) (6–7 mm), Larve schädlich an *Ribes*. ***Pristiphora*** Latreille, häufig ***P. abietina*** (Christ) (4,5–6 mm), Larve oft schädlich an Nadelhölzern. ***Euura*** Newman, ***Pontania*** Costa, Larven in Gallen auf Weiden, Pappeln, häufig z. B. ***P. proxima*** (Serville) (4–5,5 mm), bildet rote Gallen beiderseits der Blattfläche von Weiden.

— Querader 2r im Vdflügel vorhanden [**30–32**] **2**

2. Zelle A im Vdflügel gestielt **3**

— Zelle A im Vdflügel nicht gestielt, im mittleren Bereich zu einer Ader zusammengezogen oder mit Querader **5**

— Zelle A nicht gestielt, in der Mitte offen .... **Selandriinae**

4,5–13 mm. 9 Gattungen, ca. 60 Arten.

a) Querader 2rm im Vdflügel fehlt, Zelle 1+2Rs sehr lang [**30**]: ***Dolerus*** Panzer mit etwa 40 Arten, Larven an Gräsern u. Binsen, auch an Schachtelhalm, häufig z. B. ***D. vestigialis*** (Klug) (7–9 mm), an *Equisetum*.

b) Querader 2rm im Vdflügel vorhanden, also 2 Zellen Rs ausgebildet. Ader C vor dem Pterostigma wenig verdickt. Körper schlank: v. a. 5; ***Strongylogaster*** Dahlbom, Larven an Farnen, häufig z. B. ***S. macula*** (Klug) (6–9 mm).

c) Ebenso, aber C vor dem Pterostigma verdickt, mindestens halb so breit wie Pterostigma. Körper gedrungen: mehrere Gattungen, z. B. 2; ***Selandria*** Leach, Larven an Gräsern u. Seggen, häufig ***S. serva*** (F.) (6–8 mm). 4; ***Aneugmenus*** Hartig, Larven an Farnen, häufig ***A. coronatus*** (Klug) (4–6 mm). ***Nesoselandria*** (= ***Dulophanes***) (F.) (4,5–5,5 mm), häufig, Larven an Kräutern u. Moosen.

3. Adern M u. 1m-cu im Vdflügel ± parallel, seltener divergierend [**32**] .... **Blennocampinae**

3–8 mm. Meist dunkel. 20 Gattungen mit über 40 Arten.

Tomosthetus nigritus (F.) (Adern M u. 1m-cu im Vdflügel zum Pterostigma hin stark konvergierend [**31**]; 7–8 mm), Larve an Esche. Adern M u. 1m-cu im Vdflügel ± parallel: übrige Gattungen, sehr häufig ***Blennocampa phyllocolpa*** Viitasaari et Vikberg (3–4 mm), Larve an Rose.

— Adern M u. 1m-cu im Vdflügel zum Pterostigma hin stark konvergierend [**31**] **4**

4. Htflügel mit 1M u. 2M.. **Nematinae 1**

— Htflügel höchstens mit 1M, 2M fehlt. Körper 3–6 mm .... **Heterarthrinae**

Wenn 7–8 mm: ***Tomosthetus nigritus*** (F.), zu **Blennocampinae**.

Meist unter 5 mm. 12 Gattungen mit etwa 40 Arten.

a) Zelle A im Vdflügel mit Querader, nicht gestielt: wenige Gattungen, wichtig 9; ***Heterarthrus*** Stephens, Larven in Platzminen von Laubbaumblättern, häufig z. B. ***H. vagans*** (Fallén) (3–5 mm), Larve an Erle. 5; ***Caliroa*** Costa, Larven schleimig, häufig ***C. cerasi*** (L.) (4–6 mm), Schleim schwarz, bisweilen schädlich an Obstbäumen.

b) Zelle A im Vdflügel gestielt: viele Gattungen, z. B. 5; ***Fenusa*** Leach, ***F. pumila*** Leach (2,5–3,5 mm), Larve an Birke.

5. Adern M u. 1m-cu im Vdflügel zum Pterostigma hin deutlich konvergierend [**31**] **6**

— Adern M u. 1m-cu im Vdflügel ± parallel, seltener divergierend [**32**] **7**

6. Ader Rs+M im Vdflügel an der Ursprungstelle in Richtung Pterostigma umgebogen [**30**]. Zelle A mit Querader .... **Selandriinae 2**

— Ader Rs+M im Vdflügel an Basis gerade, höchstens schwach gebogen [**31**]. Zelle A mit Querader .... **Heterarthrinae 4**

— Ebenso, aber Zelle A im mittleren Bereich zu einer Ader zusammengezogen .. **Nematinae 1**

7. Ader M an der Einmündung in Sc+R dicht an Ursprungsstelle der Ader Rs+M liegend [**31**] **Allantinae**

4–10 mm. 11 Gattungen mit etwa 60 Arten.

a) Fühler 10–11-gl, leicht gekeult. Abd ± gelb: 10; ***Athalia*** Leach, häufig z. B. ***A. rosae*** (L.) (= ***colibri*** (Christ)), Rübsenblattwespe (6–8 mm), Larve an Brassicaceen, bisweilen schädlich.

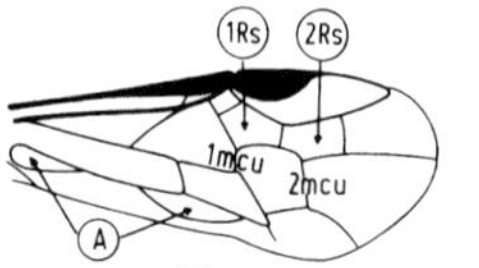

29

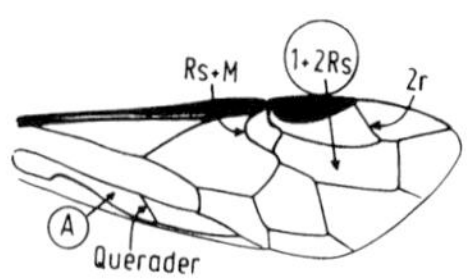

30

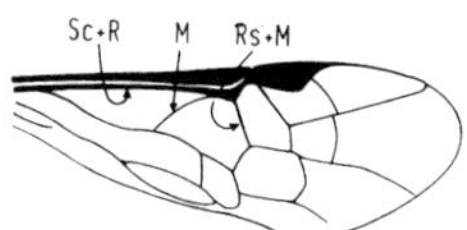

31

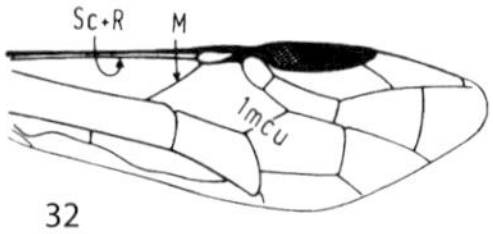

32

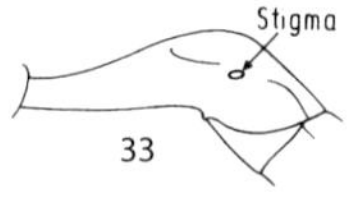

33

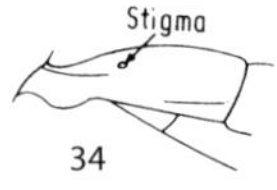

34

b) Fühler 9-gl, schlank. Abd meist schwarz: viele Gattungen, u. a. 2; ***Eriocampa*** Hartig, 13; ***Empria*** Lepeletier et Serville, 7; ***Ametastegia*** Costa, häufig z. B. ***Er. ovata*** (L.) (5–7 mm), Larve an Erle. Arten einiger Gattungen zoophag, z. B. 14; ***Allantus*** Panzer, häufig ***A. cinctus*** (L.) (7–10 mm), Larve an *Rosa*.

— Ader M an der Einmündung in Sc+R entfernt von der Ursprungsstelle der Ader Rs+M liegend [**32**] .... **Tenthredininae**

5–15 mm (meist 9–12 mm). 9 Gattungen mit etwa 110 Arten, manche zoophag.

a) Htbeine verlängert, Htfemur etwa so lang wie Httibia. Htcoxen auffällig vergrößert: artenreich 5; ***Pachyprotasis*** Hartig (innere Augenränder parallel; Fühler lang, 3. Fühlergl höchstens wenig länger als das 4.), häufig ***P. rapae*** (L.) (7–8 mm). 21; ***Macrophya*** Dahlbom (innere Augenränder nach unten konvergierend; Fühler kürzer, 3. Fühlergl meist viel länger als das 4.), häufig z. B. ***M. duodecimpunctata*** (L.) (10–11,5 mm), Larve an *Carex*.

b) Htbeine nicht verlängert, Htfemur kürzer als Httibia. Htcoxen nicht vergrößert. Augeninnenränder ± parallel, höchstens leicht nach unten konvergierend: 12; ***Tenthredopsis*** Costa (1. Abdsegment oben ohne häutige Längsfurche), häufig ***T. nassata*** (L.) (7–10 mm), Larve an Gräsern. Bei übrigen Gattungen 1. Abdsegment ohne Längsfurche: 7; ***Aglaostigma*** Kirby (Htkopf nur oben mit erhabener Randlinie), sehr häufig ***A. fulvipes*** (Scopoli) (7–9 mm), Larven an *Galium*. Bei weiteren Gattungen Htkopf mit vollständiger Randlinie, darunter 7; ***Rhogogaster*** Konow (Körper schwarz u. grün), häufig z. B. ***Rh. viridis*** (L.) (10–13 mm).

c) Ebenso, aber Augeninnenränder stark nach unten konvergierend: artenreich nur ***Tenthredo*** L. [**10**] mit über 50 z. T. häufigen Arten. Beispiele: ***T. campestris*** L. (Fühler gelb; Abd gelb, an der Spitze schwarz; 12–14 mm); ***T. mesomela*** L. (Fühler schwarz, fadenförmig, vorletztes Gl schlanker als Basalgl; Körper schwarz u. grün, Scutellum bleich; 9,5–13 mm); ***T. livida*** L. (Fühler schwarz, letzte Fühlergl hell; Pterostigma braun mit bleicher Basis; 12–15 mm).

Familie: **Cimbicidae**, Keulhornblattwespen

Larven mit 8 Abdbeinpaaren, freilebend, Blattfresser.

1. 4,5–8 mm. Zelle A des Vdflügels in der Mitte zu 1 Ader zusammengezogen (s. [**29**]), in Zelle 1Rs mündet nur 1m-cu. Augen nach unten konvergierend ..... (**Corynidinae**) 3; ***Corynis*** Thunberg

Z. B. ***C. obscura*** (F.), an Geranium.

— 9–12 mm. Zelle A im Vdflügel ebenso, in Zelle 1Rs münden 1m-cu u. 2m-cu. Augen nach oben konvergierend .... (**Abiinae**) 8; ***Abia*** Leach

Häufiger ***A. fasciata*** (L.), an *Lonicera*.

— 13–28 mm. Zelle A des Vdflügels durch Querader geteilt (s. [**30**]) .... **Cimbicinae 2**

2. 1. Tergit hinten tief eingebuchtet, Ausschnitt häutig ausgefüllt (s. [**6**]) .... 4; ***Cimbex*** Olivier

C. femoratus (L.), Larve auf Birke; ***C. connatus*** (Schrank), Larve auf Erle; ***C. luteus*** (L.), Larve auf Weide, Pappel; ***C. fagi*** Zaddach, Larve auf Buche.

— 1. Tergit hinten ± gerade, nicht häutig .... 4; ***Trichiosoma*** Leach

Selten, z. B. ***T. lucorum*** (L.), Larve meist auf Birke. – Sehr selten ***Pseudoclavellaria amerinae*** (L.) (Sondermerkmal: Labrum weiß), Larve auf Weide.

Familie: **Pamphiliidae**, Gespinstblattwespen

Larven ohne Abdbeine, mit fadenförmigen Brustbeinen, einzeln oder gesellig in einem Gespinst, bei manchen Arten mit starker Ansammlung von Kot.

1. Fußkrallen unten in Mitte mit kleinem Zahn [**21b**]. Vdflügel vorn unregelmäßig geknittert **Cephalciinae 2**

— Krallen ohne Zahn, aber Spitze deutlich gespalten [**21c**]. Vdflügel vorn längsgewellt **Pamphiliinae 3**

2. Vdttibia außer Spitzendornen auf der Mitte der Innenseite mit 1 weiterem Dorn. 9–15 mm 6; ***Acantholyda*** Costa

Larven gesellig in Gespinsten an Kiefer (in Alpen auch Lärche), oft schädlich, z. B. ***A. erythrocephala*** (L.).

— Vdtibia ohne Dorn in der Mitte. 8–15 mm .... 9; ***Cephalcia*** Panzer

Larven gesellig in Gespinsten an Fichte, selten Tanne, schädlich ***C. abietis*** (L.), mehr im Gebirge, ***C. arvensis*** Panzer, mehr im Flachland. – Außerdem ***Caenolyda reticulata*** (L.) (Sondermerkmal: Adern rot), an Kiefer.

3. Längsader Sc im Vdflügel am Ende gegabelt, in C u. R mündend [**3**]. 7–16 mm ***Pamphilius*** Latreille

Mit etwa 25 Arten. Larven einzeln in mit Seide festgesponnenen Blattröhren an Laubhölzern, häufig z. B. ***P. sylvaticus*** (L.). – Außerdem eine weitere, sehr seltene Gattung.

— Sc einfach, wenn etwas gegabelt, nicht C erreichend. 7,5–14 mm .... 5; ***Neurotoma*** Konow
Larven gesellig in Gespinsten, ***N. nemoralis*** (L.) auf *Prunus*.

Familie: **Cephidae**, Halmwespen

Larven ohne Abdbeine, mit reduzierten Brustbeinen, bohren in Zweigen u. Stängeln von Bäumen, Kräutern oder Gräsern. ♀♀ mit deutlichem, kurzem Legebohrer [**9**].

1. 3. Fühlergl etwas länger als 4.; 5. u. folgende Gl etwa gleich dick **2**
— 3. Fühlergl nicht (oder kaum) länger als 4.; Fühler zum Ende hin verdickt [**9**] **3**
2. 10–16 mm. Httibia mit 1 Endsporn u. 1 weiteren Dorn etwas vor der Mitte
3; ***Phylloecus*** Newman(= ***Hartigia*** Schiödte)
Häufiger z. B. ***P. niger*** (Harris), Larve in Stengeln von Himbeere, Brombeere, Rose.
— 6–9 mm. Httibia mit 1 Endsporn u. 2 weiteren Dornen .... 3; ***Janus*** Stephens
Häufiger ***J. luteipes*** (Lepeletier), Larve meist in Weiden- u. Pappeltrieben.
3. Gesicht breit, Höhe der Augen viel geringer als der Abstand ihrer Innenränder. 4–12 mm
2; ***Calameuta*** Konow
Z. B. ***C. filiformis*** (Eversmann), Larve in Gräsern (Schilf).
— Gesicht schmal, Höhe der Augen etwa so groß wie der Abstand ihrer Innenränder **4**
4. ♀: Sägebohrer zur Spitze verbreitert; ♂: 7. u. 8. Sternit mit behaarter tiefer Grube. 7–14 mm
Trachelus troglodyta (F.)
— ♀: Sägebohrer zur Spitze verschmälert; ♂: 7. u. 8. Sternit ohne Grube. 5–11 mm
5; ***Cephus*** Latreille
Häufig ***C. pygmeus*** (L.), Getreidehalmwespe [**9**], Larve schädlich an Getreide (v. a. Weizen, Roggen).

Familie: **Siricidae**, Holzwespen

Körper groß, 12–40 mm. Larven ohne Abdbeine, mit reduzierten Brustbeinen, fressen in Holz. ♀♀ mit vorstehendem Legebohrer [**8**].

1. Fühler kurz, 12–16-gl, Mittelglieder verdickt. Vdflügel mit 1 Zelle Rs. Larven in Laubhölzern
(**Tremicinae**) 2; ***Tremex*** Jurine
Häufiger ***T. fuscicornis*** (F.) (Flügel gelblich, mit gelben Adern).
— Fühler fadenförmig, 17–30-gl. Vdflügel mit 2 Zellen Rs (1Rs, 2Rs [**8**]). Larven in Nadelhölzern
Siricinae 2
2. Httibien mit 1 Endsporn. Pronotum schwarz, an Seiten heller .... ***Xeris spectrum*** (L.)
— Httibien mit 2 Endspornen. Pronotum ganz schwarz **3**
3. Kopf oben mindestens hinter jedem Auge weißgelb .... 4; ***Urocerus*** Geoffroy
Kopfscheitel schwarz [**8**]): ***U. gigas*** (L.), Riesenholzwespe. Scheitel ± gelb: ***U. augur*** (Klug) (Krallen mit deutlichem Zahn [**21b**]); ***U. fantoma*** (F.) (Krallen mit undeutlichem Zahn). Die 4. Art selten.
— Kopf ganz dunkel (schwarzblau) .... 3; ***Sirex*** L.
Krallenglied aller Tarsen schwarz: ***S. noctilio*** F. Krallenglied gelb: häufiger nur ***S. juvencus*** (L.) (Fühler schwarz u. gelb), beide Arten bisweilen schädlich.

Überfamilie: **Chalcidoidea**, Erzwespen

Larven parasitisch bei Insekten, häufig in Insekteneiern, auch phytophag oder Gallen induzierend. 16 Familien, über 300 Gattungen, über 1800 Arten.

1. Tarsen 3-gl. Körper um 0,5 mm .... **Trichogrammatidae**
In Insekteneiern, z. B. ***Trichogramma*** Westwood. ***Prestwichia aquatica*** Lubbock bei Wasserinsekten.
— Tarsen 4–5-gl **2**

2. Flügel am Rand lang bewimpert, oft gestielt. Im Vdflügel Aderung höchstens im basalen Drittel ausgebildet. Htflügel parallelseitig. Um 0,5 mm (bis 1 mm) .... **Mymaridae**
In Insekteneiern, z. B. ***Anagrus*** Haliday, u. a. bei Zikadeneiern.

— Flügel anders oder fehlend **3**

3. Htfemur stark verdickt, unten gesägt oder gezähnt, Httibia gebogen .... **Chalcididae**
Bei Insektenlarven, -puppen, z. B. ***Chalcis*** F., parasitieren Stratiomyidenlarven, z. B. ***Ch. myrifex*** (Sulzer). – Außerdem **Leucospididae** (Sondermerkmal: Vdflügel längs gefaltet), nur 3; ***Leucospis*** F. (6–10 mm), bei Bienen, z. B. ***L. dorsigera*** F.

— Htfemur nicht verdickt; wenn etwas verdickt, Httibia gerade **4**

4. Htcoxa meist mindestens 3-mal länger als breit .... **Torymidae**
Thorax dicht punktiert. Legebohrer lang vorstehend. Meist bei gallbildenden Insekten, z. B. ***Torymus*** Dalman, ***T. bedeguaris*** (L.) bei *Diplolepis rosae*. ***Megastigmus*** Dalman z. T. phytophag, ***M. strobilobius*** Ratzeburg (um 4 mm) in Fichtensamen. – Außerdem **Ormyridae** (Sondermerkmal: Thorax glänzend, spärlich punktiert), in Cynipidengallen, nur ***Ormyrus*** Westwood.

— Htcoxa wenig länger als breit oder ± abgeflacht bis dreieckig **5**

5. Mitteltibia an Spitze mit langem oder verbreitertem Sprungdorn .... **Encyrtidae**
Oft in Schildläusen, z. B. ***Blastothrix*** Mayr. – Außerdem 3 weitere, artenärmere Familien.

— Mitteltibia an Spitze mit kleinem Sporn **6**

6. Vdtibia an Spitze mit langem, gebogenem Sporn. Tarsen 5-gl. Fühler 10–13-gl (8–11-gl, wenn die 3 Gl der Endkeule verschmolzen). [**18**] .... **Pteromalidae**
Meist metallisch-grün. Artenreich, z. B. ***Pteromalus*** Swederus, ***P. puparum*** (L.) in Schmetterlingspuppen. ***Nasonia vitripennis*** (Walker) in Fliegenpuppen. – Außerderdem 4 weitere Familien, artenreicher nur **Eurytomidae** (selten metallisch), z. T. phytophag, artenreich ***Eurytoma*** Illiger.

— Vdtibia mit kurzem, geradem Sporn. Tarsen 4(–5)-gl. Fühler 3–9-gl .... **Eulophidae**
Artenreich, z. B. ***Tetrastichus*** Haliday, ***Aprostocetus*** Westwood, ***Chrysocharis*** Förster. – Außerdem 4 weitere Familien, artenreicher nur **Aphelinidae**, z. B. ***Aphelinus*** Dalman. Typisch **Elasmidae** (Sondermerkmal: Htcoxa stark vergrößert, abgeflacht 3-seitig), Hyperparasiten in Larven von Schmetterlingen, Syrphiden, nur ***Elasmus*** Westwood (heute zu Eulophidae gestellt).

Überfamilie: **Cynipoidea**, Gallwespen

Larven parasitisch bei Insekten oder Gallerreger. Bei **Figitinae**, **Cynipidae** Fühler des ♂ 14-gl, des ♀ 13-gl. Über 50 Gattungen, über 200 Arten. Bisweilen wurden auch die **Diapriidae** zu den **Cynipoidea** gestellt.

1. Um 10 mm. Zelle $3R_1$ [**35**] im Vdflügel geschlossen, etwa 9-mal so lang wie breit. 1. Gl des Httarsus etwa 2-mal so lang wie 2.–5. Gl .... **Ibaliidae**
Nur 3; ***Ibalia*** Latreille, bei Siricidenlarven, z. B. ***I. leucospoides*** (Hochenwarth).

— 1–6 mm. Zelle $3R_1$ anders. 1. Httarsengl anders **2**

2. Scutellum oben mit oft napfförmiger Scheibe .... (zu **Figitidae**) **Eucoilinae**
Bei Fliegenlarven, z. B. ***Eucoila*** Westwood, ***Cothonaspis*** Hartig, ***Trybliographa*** Förster.

— Scutellum ohne Scheibe **3**

3. Ader Rs+M (wenn sichtbar) auf M+Cu_1 gerichtet. Flügel vorhanden. ♀: oft 3. Abdtergit am größten; ♂: Abd meist zylindrisch. [**16**] .... (zu **Figitidae**) **Figitinae**
Meist bei Fliegenpuppen, z. B. ***Figites*** Latreille [**16**], häufig ***F. scutellaris*** (Rossi). – Hierher auch die artenarmen **Aspicerinae** u. **Anacharitinae**.

— Ader Rs+M im Vdflügel (wenn sichtbar) etwa auf Mitte zwischen Adern Sc+R u. M+Cu_1 gerichtet [**35**]. Flügel bisweilen reduziert. Abd seitlich zusammengedrückt. 2. oder verschmolzenes 2. u. 3. Tergit oft am größten **4**

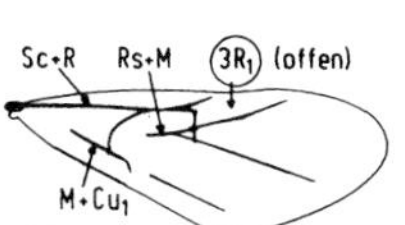

35

36

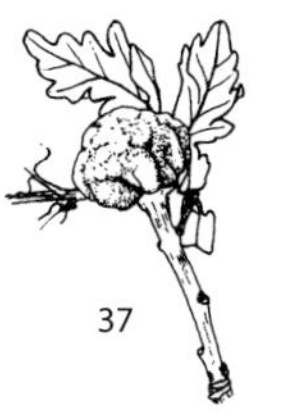
37

38

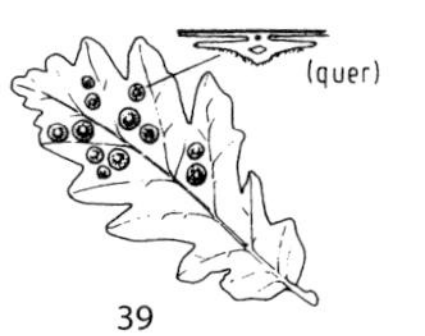

39

4. Körper glatt, glänzend, unter 2 mm. Mitteltibia meist mit 1 Endsporn (zu **Figitidae**) **Charipinae**
Hyperparasiten bei Braconiden in Blatt- u. Schildläusen, z. B. ***Alloxysta*** FÖRSTER, häufig ***A. victrix*** (WESTWOOD).

— Körper z.T. matt, skulpturiert, meist 2–6 mm. Mitteltibia mit 2 Endspornen .... **Cynipidae**
Viele Arten Gallerreger, oft schädlich, z. B. ***Diplolepis*** GEOFFROY (= ***Rhodites*** HARTIG), ***Neuroterus*** HARTIG, ***Andricus*** HARTIG, ***Cynips*** L.; häufig Gallen von ***D. rosae*** (L.) an Sprossenden von Rosen [**36**], ***Biorhiza pallida*** (OLIVIER) an Trieben von Eichen [**37**], ***C. quercusfolii*** L. [**38**] u. ***N. quercusbaccarum*** (L.) [**39**] auf Blattunterseite von Eichen. Arten von ***Synergus*** HARTIG als Einmieter in Gallen. Im Süden stellenweise eingeschleppt ***Dryocosmus kuriphilus*** YASUMATSU, Esskastanien-Gallwespe, schädlich an Esskastanie.

Familie: **Braconidae**, Brackwespen

Larven Parasiten (meist Endoparasiten) bei Insekten. 31 Unterfamilien, über 200 Gattungen mit über 1500 Arten.

1. Abd weit über Htcoxen auf Propodeum ansitzend (s. [**12**])
Cenocoeliinae, z. B. ***Cenocoelius*** HALIDAY, bei Käferlarven.

— Abd nahe den Htcoxen ansitzend 2

2. Mandibeln an Basis weit auseinander, Zähne nach außen zeigend
Alysiinae, in Fliegenlarven, z. B. ***Alysia*** LATREILLE, ***Aspilota*** FÖRSTER, ***Dacnusa*** HALIDAY.

— Mandibeln normal, Zähne sich kreuzend oder berührend 3

3. Clypeus u. Mandibeln rundliche Öffnung umschließend
a) 1. Abdsegment stielartig, schmal: ***Spathius*** NEES (**Doryctinae**) z. B. ***S. exarator*** (L.) (Flügel gebändert; um 3 mm) bei *Anobium*-Larven, oft an Stubenfenstern.
b) 1. Abdsegment breit: mehrere Unterfamilien, z. B. **Braconinae**, ***Bracon*** F. s. l. mit zahlreichen Arten, ***Habrobracon*** (= **B.**) ***hebetor*** (SAY) (um 3 mm), ektoparasitisch an Mehl- u. Wachsmottenraupen.

— Zwischen Clypeus u. Mandibeln kleiner Spalt 4

4. Abdtergite ohne Nahtgrenzen. Abd unten ausgehöhlt
Cheloninae, meist in Schmetterlingsraupen parasitierend, z. B. ***Chelonus*** PANZER.

— Abd anders
a) Zelle 1Rs [**15b**] im Vdflügel kleiner als Pterostigma. 1. Abdsegment breit: wichtig **Microgastrinae**, z. B. ***Apanteles*** FÖRSTER, ***Cotesia*** CAMERON, ***Microplitis*** FÖRSTER, ***Microgaster*** LATREILLE, meist in Schmetterlingsraupen, ***C.*** (= ***Apanteles***) ***glomerata*** (L.) (um 3 mm) bei *Pieris*.
b) Zelle 1Rs im Vdflügel größer als Pterostigma oder fehlend oder 1. Abdsegment stielartig: wichtige typische Unterfamilien **Opiinae** (Pterostigma lang u. schmal, an Spitze Randader in R_1 übergehend), in Fliegen, z. B. ***Opius*** WESMAEL. **Euphorinae** (1. Abdsegment mindestens in vorderer Hälfte stielartig [**15a**]), in Käferimagines (z. B. ***Euphorus*** NEES [**15a**], ***Perilitus*** NEES), ***Meteorus*** HALIDAY in Schmetterlingsraupen, ***M. versicolor*** (WESMAEL) (2 mm), in Nonne, Kiefernspinner. **Aphidiinae** (Abd zwischen 2. u. 3. Segment nach unten einschlagbar), in Blattläusen, z. B. ***Aphidius*** NEES, ***Praon*** HALIDAY. Unter übrigen Unterfamilien artenreich **Blacinae** (z. B. ***Blacus*** NEES) u. **Helconinae** (z. B. ***Diospilus*** HALIDAY, ***Helcon*** NEES), oft in Käfern, häufig ***B. ruficornis*** (NEES) (2,5 mm).

Familie: **Ichneumonidae**, Schlupfwespen

Larven Parasiten, Hyperparasiten, oft bei Larven holometaboler Insekten (v. a. von Schmetterlingen), auch bei Spinnen, Spinneneiern. Um 35 Unterfamilien, um 450 Gattungen mit über 3350 Arten.

1. Spitze des Scutellums mit Dorn. Mittlere Abdsternite sklerotisiert
Agriotypinae (oft eigene Familie **Agriotypidae**), nur ***Agriotypus armatus*** CURTIS (3–9 mm), in Gewässern, in Köcherfliegenlarven.

— Scutellum ohne Dorn; wenn mit Dorn, Sternite faltig, membranös 2

2. Stigmen (= Luftlöcher) des stielartigen 1. Abdsegments hinter Segmentmitte [**33**] 3

— Stigmen des 1. Abdsegments (oft nicht stielartig) vor oder ± in der Mitte [**34**] 4

3. Abd seitlich zusammengedrückt, mittlere Segmente höher als breit
Mehrere Unterfamilien, typisch **Ophioninae** (Ocellen auffallend groß), in Schmetterlingsraupen, Dämmerungstiere, u. a. ***Ophion*** F. **Anomaloninae** (Httarsus meist auffallend verdickt), in Schmetterlingsraupen; bei beiden Unterfamilien Abd sichelförmig. Arten der **Campopleginae** oft Parasiten bei Schädlingen (z. B. ***Nemeritis*** HOLMGREN in Holzkäferlarven, ***Bathyplectes*** FÖRSTER in Rüsselkäferlarven).

— Abd dorsoventral zusammengedrückt, mittlere Segmente breiter als hoch
Mehrere Unterfamilien. Bei **Cryptinae** (Bohrer der ♀♀ vorragend. Flügel oft reduziert) u. **Ichneumoninae** (Bohrer kurz, selten vorstehend) Zelle 1Rs [**14b**] im Vdflügel 5-seitig (kann nach außen offen sein). **Cryptinae** (= **Phygadeuontinae**) (ca.

600 Arten, z. B. *Gelis* THUNBERG, ***Phygadeuon*** GRAVENHORST, ***Hemiteles*** GRAVENHORST) meist bei Blattwespenlarven, in Puparien von Insekten (z. B. Fliegen, Ichneumoniden) oder an Spinneneiern. **Ichneumoninae** (ca. 600 Arten, z. B. ***Ichneumon*** L., ***Phaeogenes*** WESMAEL, ***Amblyteles*** WESMAEL) bei Larven oder Puppen von Schmetterlingen.

4. 1. Abdsegment (mindestens in vorderer Hälfte) stielartig (s. [**34**])
Mehrere Unterfamilien, meist artenarm, häufiger **Orthocentrinae** (Ader 2m-cu [**14b**] im Vdflügel meist mit 2 unpigmentierten Stellen), bei Pilzmückenlarven, z. B. ***Plectiscidea*** VIERECK.

— 1. Abdsegment nicht stielartig, nach hinten keilförmig erweitert
Viele Unterfamilien, typisch **Ctenopelmatinae** (Vdtibia an der Spitze außen mit kleinem Zähnchen), in Tenthrediniden-larven, z. B. ***Perilissus*** HOLMGREN, ***Lamachus*** FÖRSTER, ***Mesoleius*** HOLMGREN. **Diplazontinae** (1. Abdsegment vorn mit seitlich gerichteten Zipfeln), in Syrphidenlarven, z. B. ***Syrphoctonus*** FÖRSTER. Umfangreiche Unterfamilien mit häufigen Arten sind **Pimplinae** (z. B. ***Pimpla*** F., ***Itoplectis*** FÖRSTER, ***Ephialtes*** GRAVENHORST), **Banchinae** (z. B. ***Glypta*** GRAVENHORST, ***Lissonota*** GRAVENHORST, ***Exetastes*** GRAVENHORST [**14a**]), **Tryphoninae** (z. B. ***Polyblastus*** HARTIG, ***Tryphon*** FALLÉN, ***Exenterus*** HARTIG, ***Ctensicus*** HALIDAY), oft in Schmetterlingsraupen (z. B. ***Pimpla turionellae*** (L.)). ***Rhyssa*** GRAVENHORST u. Verwandte (**Rhyssinae**) leben ektoparasitisch an Larven im Holz, ♀♀ können mit dem langen Legebohrer zielsicher Holz durchbohren.

Familie: **Chrysididae**, Goldwespen

Larven der **Chrysidinae** sind Larven- oder Futterparasiten bei solitären Hymenopteren. Schutzstellung der Imagines: Abd wird unter Thorax eingeschlagen, dadurch Körper abgekugelt.

1. Pronotum vorn stark verschmälert, mit Querwulst. Abd mit 4–5 sichtbaren Tergiten, Abd unten schwach konvex .... **Cleptinae**
Nur 5; ***Cleptes*** LATREILLE (um 6 mm), meist selten, Parasiten bei Blattwespenlarven, z. B. ***C. nitidulus*** (F.) bei *Nematus* u. *Caliroa*.

— Pronotum vorn breit. Abd mit 3 (selten 4) Tergiten, Abd unten konkav .... **Chrysidinae** 2

2. Mundwerkzeuge verlängert, in Ruhestellung unter Thorax zwischen Beine geklappt. Tegulae länger als ⅓ der Brustbeine. 7–14 mm .... ***Parnopes grandior*** (PALLAS)

— Mundwerkzeuge kürzer. Tegulae kleiner 3

3. Fußkrallen einfach [**21a**]. 3. Tergit des Abd hinten mit Grübchenquerreihe 4

— Fußkrallen gezähnt oder gespalten [**21b, c**]. 3. Tergit ohne Grübchenquerreihe 6

4. Zelle $3R_1$ im Vdflügel weit offen, Ader Rs endet vor Flügelspitze 5

— Zelle $3R_1$ ± geschlossen [**20**]. Ader Rs erreicht fast Flügelspitze
a) Klein, bis 8 mm, ganz grünblau: 2 Arten, häufiger nur ***Trichrysis cyanea*** (L.) (4–8 mm), Wirt: *Trypoxylon*.
b) Oft teilweise golden, häufig größer: wenige Gattungen mit etwa 55 Arten, Wirte: Bienen, Wespen, Grabwespen. Artenreich nur ***Chrysis*** L., sehr häufig ***Ch. ignita*** (L.) [**20**] (4–13 mm).

5. Körper ganz grün bis blau, 4–5 mm. Wirt: *Tachysphex*
Euchroeus (= ***Spinolia***) ***unicolor*** (DAHLBOM)

— Körper teilweise rotgolden .... 2; ***Pseudospinolia*** LINSENMAIER
P. neglecta (SHUCKARD) (Abd völlig rotgolden; 6–10 mm), Wirt: *Odynerus* (?); ***P. incrassata*** (SPINOLA) (1. u. 2. Tergit rotgolden), selten. – Hierher auch ***Euchroeus purpuratus*** (F.) (= ***Brugmoia quadrata*** (SHUCKARD)) (Sondermerkmal: Mittelbrust an Seiten mit 2 Zähnen; 7–11 mm), selten, im Süden.

6. Vdflügel mit ± deutlicher Zelle M, Ader Rs lang 7

— Vdflügel ohne Zelle M, Ader Rs kurz 8

7. Ader M im Vdflügel nach Abzweigung aus $M+Cu_1$ (s. [**51**]) stark (fast rechtwinklig) gekrümmt. Fußkrallen mit 2–5 Zähnen [**21d**] .... 5; ***Holopyga*** DAHLBOHM
Wirte wohl Grabwespen. Häufig ***H. fervida*** (F.) (4–9 mm).

— Ader M im Vdflügel nach Abzweigung aus $M+Cu_1$ (s. [**51**]) stark (fast rechtwinklig) gekrümmt. Fußkrallen mit 1 Zahn [**21b**] .... 14; ***Hedychridium*** ABEILLE
Wirte: Grabwespen. Häufiger z. B. ***H. ardens*** (COQUEBERT) (3–5 mm).

— Ader M höchstens schwach gekrümmt. Fußkrallen an Spitze gespalten, ohne weiteren Zahn [**21c**] .... 6; ***Hedychrum*** LATREILLE
Wirte: Grabwespen. Häufig ***H. nobile*** (SCOPOLI) (5–9 mm).

8. Postscutellum in lamellenartige horizontale Platte ausgezogen .... 5; ***Elampus*** SPINOLA
Wirte: Grabwespen. Häufiger ***E. panzeri*** (F.) (4–8 mm).

— Postscutellum ohne Platte .... 4; ***Pseudomalus*** ASHMEAD
Wirte: Grabwespen. Häufig z. B. ***Ps. auratus*** (L.) (3–7 mm). – Außerdem 2 weitere Gattungen mit je 2 Arten.

Familie: **Vespidae**, Faltenwespen

Eumeninae solitär oder gesellig. ♀♀ bauen Nistkammern aus Sand, Lehm. Larvennahrung: Insekten. **Vespinae** staatenbildend. Nester mit Waben aus Speichel-Holz-Gemisch, frei, in Erdhöhlen oder Bäumen. Vom Volk überwintern nur begattete junge ♀♀. Arten z. T. parasitisch bei anderen Wespen, dann ohne ☿☿. Fühler 13-gl (♂♂), 12-gl (♀♀, ☿☿). Larvennahrung: Insekten.

1. Fühler an der Spitze keulenförmig, an der Basis ohne verlängerten Schaft. Vdflügel mit nur 1 Zelle Rs .... Honigwespen, **Masarinae**
Bisweilen als eigene Familie **Masaridae** angesehen. Nur ***Celonites abbreviatus*** (Villers) (6–7 mm), selten. Solitär, ♀♀ fertigen kleine Lehmzellen an Pflanzenteilen oder Steinen an. Larvennahrung: Nektar.

— Fühler nicht deutlich keulenförmig, an der Basis mit Schaft. Vdflügel mit Zellen 1Rs, 2Rs [**22**] 2

2. Krallen gezähnt oder gespalten [**21b, c**]. Mitteltibia mit 1 Endsporn (selten 2 Endspornen). Augen unten breiter als Mandibelbasis .... Lehmwespen, **Eumeninae** 3
Bisweilen als eigene Familie **Eumenidae** angesehen.

— Fußkrallen ungezähnt [**21a**]. Mitteltibia mit 2 Endspornen. Augen unten schmaler als Basis der Mandibeln 9

3. Abd gestielt, 2. Segment deutlich breiter als 1., glockenförmig 4

— Abd nicht gestielt, 2. Segment kaum breiter als 1., diesem breit ansitzend 6

4. Thorax länger als breit. Mitteltibia mit 2 Endspornen. 10–15 mm .... 2; ***Discoelius*** Latreille
Selten, z. B. ***D. zonalis*** (Panzer).

— Thorax ± rundlich. Mitteltibia mit 1 Endsporn 5

5. Groß (16–26 mm). Körper bunt: braun, schwarz, gelb gefärbt .... ***Delta unguiculatum*** (Villers)
Baut Lehmnester. Larvennahrung: Eulen- und Spannerraupen. Im Süden.

— Meist unter 16 mm. Nicht bunt, meist schwarz-gelb gefärbt .... 8; ***Eumenes*** Latreille
Lehmnest meist urnenförmig. Larvennahrung: Raupen. Verbreitet z. B. ***E. pedunculatus*** (Panzer) (11–17 mm).

6. Zelle 1Rs im Vdflügel gestielt (s. [**49**]). 7–10 mm. Selten .... ***Alastor atropos*** Lepeletier

— Zelle 1Rs nicht gestielt 7

7. Tegulae hinten abgerundet 8

— Tegulae hinten zugespitzt
Viele Gattungen mit etwa 45 Arten, artenreich z. B. 13; ***Ancistrocerus*** Wesmael, 8; ***Stenodynerus*** Saussure, 9; ***Symmorphus*** Wesmael, sehr häufig z. B. ***A. gazella*** (Panzer) (7–11 mm), Nester in Hohlräumen, z. B. in Pflanzenstängeln.

8. Labialpalpen 3-gl, stark verlängert u. lang behaart. 8 mm ..... ***Pterocheilus phaleratus*** (Panzer)

— Labialpalpen 4-gl, kurz, unbehaart .... 6; ***Odynerus*** Latreille
Nester in Lösswänden, bei manchen Arten mit Schornstein vor Nesteingang, häufiger ***O. spinipes*** (L.), trägt Rüsselkäferlarven ein. – 1 weitere Gattung mit 1 Art.

9. Abd u. Thorax lang behaart. Abd an der Basis gerade abgestutzt [**22**]. Htflügel ohne Basallappen .... Echte Wespen, **Vespinae** 10

— Abd u. Thorax fein, kurz behaart. Abd zur Basis allmählich verschmälert. Htflügel mit kleinem Basallappen .... Feldwespen, **Polistinae**
Werden auch zu den **Vespinae** gestellt. Nur 6; ***Polistes*** Latreille, Nest ohne Hülle frei an Pflanzenstängeln oder Steinen, häufiger P. dominula (Christ) (Fühler vom 3. Gl bis zur Spitze gelb; 12–18 mm).

10. Kopf hinter Augen stark erweitert. Ocellen vom Htrand des Kopfes viel weiter entfernt als vom Augenrand. Thorax braunrot. 19–35 mm .... Hornisse, ***Vespa crabro*** L.

— Kopf hinter den Augen nicht erweitert. Ocellen etwa gleich weit vom Kopf-Htrand u. von Augen entfernt. Thorax fast immer gelb gezeichnet. 10–22 mm 11

11. Augen von der Basis der Mandibeln weit entfernt (Abstand zwischen Augenunterrand u. Mandibelbasis so lang wie breit) .... 6; Langkopfwespen, ***Dolichovespula*** Rohwer
a) Augeneinbuchtung ganz gelb: ***D. media*** (Retzius), Nest oft frei hängend.
b) Augeneinbuchtung oben schwarz, unten ± gelb. Clypeus gelb, ohne schwarze Haare, höchstens mit kleinem schwarzem Fleck: ***D. sylvestris*** (Scopoli) (Clypeus unten in Mitte mit 2 stumpfen Ecken); ***D. omissa*** (Bischoff) (Clypeus unten in Mitte mit 2 zahnartigen, aufgebogenen Ecken), parasitisch bei *D. sylvestris*.
c) Ebenso, aber Clypeus mit hellen u. schwarzen Haaren, meist mit größerem schwarzem länglichem Fleck: ***D. saxonica*** (F.) (Clypeus unten in Mitte mit 2 stumpfen Ecken; Abd ohne rot); ***D. norwegica*** (F.) (Clypeus unten in Mitte mit 2 stumpfen Ecken; Kopf meist nur mit 1 gelben Fleck oben hinter den Augen; 1. u. 2. Abdtergit meist rötlich gefleckt); ***D. adulterina*** (Buysson) (Clypeus unten in Mitte mit 2 zahnartigen, aufgebogenen Ecken), parasitisch bei *D. saxonica* u. *norwegica*.

— Augen die Basis der Mandibeln fast berührend, auf jeden Fall Abstand zwischen Augenunterrand u. Mandibelbasis kürzer als breit .... 4; Kurzkopfwespen, ***Vespula*** Thomson

a) Augeneinbuchtung ganz gelb: ***V. germanica*** (F.), Deutsche Wespe [**22**] (Clypeus meist mit 3 schwarzen Punkten; gelbe Füllung der Augeneinbuchtung oben nach innen zum gelben Stirnfeld vorgezogen, zuweilen mit ihm verschmolzen); ***V. vulgaris*** (L.), Gemeine Wespe (Clypeus mit schwarzem, zackigem Längsstreifen [**2**]; gelbe Füllung konvex eingebuchtet). Beide sehr häufig.

b) Augeneinbuchtung oben schwarz, unten ± gelb: ***V. rufa*** (L.) (Httibia außen ohne lange, dunkle Haare; 1. u. 2. Abdtergit meist mit wenigstens kleinflächiger Rotzeichnung); ***V. austriaca*** (Panzer) (Httibia außen mit langen, dunklen Haaren; Abd ohne Rot), parasitisch bei *V. rufa*.

Familie: **Formicidae**, Ameisen

Staatenbildend. Nester im Boden, unter Steinen, im Holz. Manche Arten sind Sozialparasiten; sie leben parasitisch, indem sie ihre Brut von Arbeiterinnen einer Wirtsart betreuen lassen, bisweilen sogar ohne eigene Arbeiterkaste (z. B. die Myrmicine ***Anergates atratulus*** (Schenk)). ♂♂ u. ♀♀ geflügelt, ☿☿ ungeflügelt. Gattungstabelle im Folgenden nur für ☿☿ geltend; parasitische Gattungen ohne Arbeiterkaste sind nicht aufgeführt. Einige seltene eingeschleppte Arten nicht berücksichtigt.

1. Erste 2 Segmente des Abd knotenförmig [**40**] .... Knotenameisen, **Myrmicinae** 5

— Nur 1. Abdsegment als Stiel (Schuppe oder Knoten) ausgebildet 2

2. 2. Abdsegment vom 3. durch deutliche Furche abgeschnürt. Mit Wehrstachel (**Ponerinae**) 2; ***Ponera*** Latreille

2,7–3,5 mm. Verbreitet ***P. coarctata*** (Latreille), aber selten. – In Warmhäusern außerdem 2; ***Hypoponera*** Santschi, häufig ***H. punctatissima*** (Roger).

— Zwischen 2. u. 3. Segment keine Einschnürung. Ohne Wehrstachel 3

3. Abdstiel ohne oder mit schwachem Schuppenfortsatz [**41**]. Clypeus nicht durch Furche von Fühlerbasen abgegrenzt .... **Dolichoderinae** 4

— Abdstiel mit deutlicher Schuppe [**42**]. Clypeus von Fühlerbasen durch Furche abgegrenzt [**43**] Schuppenameisen, **Formicinae** 16

4. Abd schwarz, mit 2 Paar gelben Flecken. 3–4 mm .... ***Dolichoderus quadripunctatus*** (L.)

— Schwarz, Abd ohne helle Flecken .... 3; ***Tapinoma*** Förster

2,5–4 mm. Im Süden, häufiger ***T. erraticum*** (Latreille). – In Warmhäuser stellenweise eingeschleppt ***Linepithema humile*** Mayr.

5. Mandibeln lang säbelartig. Thorax (Propodeum) mit 2 kleinen Zahnhöckern. Parasitisch bei *Tetramorium* .... ***Strongylognathus testaceus*** (Schenck)

— Mandibeln nicht lang säbelförmig 6

6. Thorax (Propodeum) hinten mit 2 Dornen [**40**] 9

— Thorax (Propodeum) hinten ohne Dornen 7

7. Fühler 10-gl, Endkeule groß, 2-gl. Körper 1,5–2,5 mm Diebsameise, ***Solenopsis fugax*** (Latreille)

— Fühler 12-gl, Endkeule 3–5-gl oder undeutlich 8

8. Endkeule des Fühlers 3-gl. Körper 2–2,5 mm Pharaoameise, ***Monomorium pharaonis*** (L.)

Eingeschleppt in Häusern, schädlich. – Hierher auch ***Leptothorax***, ***Temnothorax***, aber freilebend, s. Nr. **14**.

— Keule undeutlich 4-gl. Bis 10 mm. Im Süden. Samenfresser Ernteameise, ***Messor structor*** (Latreille)

— Keule 5-gl. 5–9 mm .... ***Manica rubida*** (Latreille)

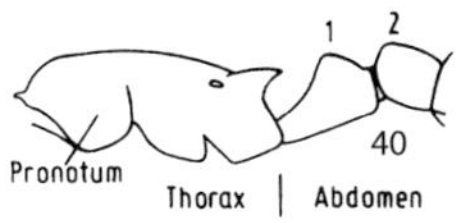

40

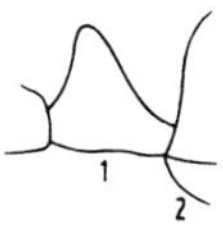

41

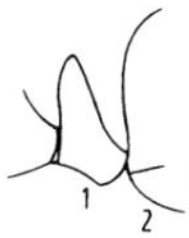

42

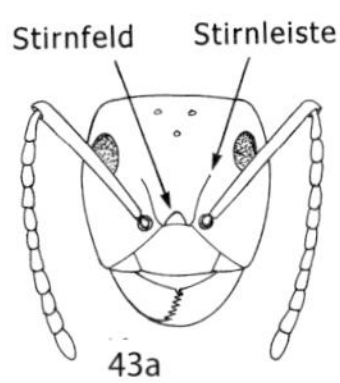

43a

43b

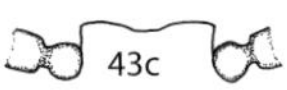
43c

9. Fühler 11-gl **10**
— Fühler 12-gl **11**
10. Kopf u. Thorax oberseits glatt, nur stellenweise mit schwacher Skulptur. 2–3,5 mm ***Formicoxenus nitidulus*** (NYLANDER)
Gastameise bei *Formica*, mit eigenem Nest.
— Kopf u. Thorax oberseits größtenteils mit Skulptur .... ***Leptothorax*** u. ***Temnothorax*** s. **14**
Außerdem ***Temnothorax*** (= ***Myrmoxenus***, = ***Epimyrma***) ***ravouxi*** (ANDRÉ) (Sondermerkmal: 1. knotenförmiges Segment von der Seite gesehen doppelt so hoch wie lang, unterseits mit lappenförmigem Anhang. 2,5–3 mm), parasitisch bei *Leptothorax*, selten.
11. Schultern des Thorax deutlich: Pronotum vorn am breitesten **12**
— Schultern abgerundet: Pronotum in Mitte oder vorderem Drittel am breitesten **13**
12. 1. knotenförmiges Segment von oben gesehen quadratisch, nicht gestielt. 3–3,5 mm ***Myrmecina graminicola*** (LATREILLE)
— 1. knotenförmiges Segment nicht quadratisch, ± gestielt. 3–3,5 mm ..... 4; ***Tetramorium*** MAYR
Sehr häufig ***T. caespitum*** (L.), an trockenen Stellen. – Hierher auch 2; ***Crematogaster*** LUND (Sondermerkmal: 2. knotenförmiges Segment oben am folgenden Abdsegment angefügt), sehr selten, im Süden.
13. 1. u. 2. knotenförmiges Segment unten mit ± spitzem Fortsatz. 3,5–4,5 mm ***Harpagoxenus sublaevis*** (NYLANDER)
Parasitisch bei *Leptothorax*, selten.
— Nur 1. knotenförmiges Segment unten mit ± spitzem Fortsatz **14**
— Beide knotenförmigen Segmente unten ohne Fortsatz **15**
14. Mandibeln mit höchstens 6 Zähnen. Körper 2,2–4 mm 5; ***Leptothorax*** MAYR u. 12; ***Temnothorax*** MAYR
Fühler 11gl: häufig ***L. acervorum*** (F.); Fühler 12gl: häufig ***T. tuberum*** (F.).
— Mandibeln mit 7–10 Zähnen. 3–5,5 mm .... 18; ***Myrmica*** LATREILLE
Mehrere Arten häufig, z. B. ***M. rubra*** (L.) (= ***laevinodis*** NYLANDER).
15. Fühler schlank, 3.–6. Geißelgl länger als breit. 3–5 mm. Im Süden ***Aphaenogaster subterranea*** (LATREILLE)
— Fühler nicht auffallend schlank, 3.–6. Geißelgl breiter als lang. Augen sehr klein. 3–3,5 mm ***Stenamma debile*** (FÖRSTER)
16. Mandibeln schmal zugespitzt. 6–7 mm ..... Amazonenameise, ***Polyergus rufescens*** (LATREILLE)
Sklavenjäger bei *Formica*.
— Mandibeln breit, mit breitem Innenrand **17**
17. Fühler dicht am Clypeus eingelenkt [**43a**] **18**
— Fühler deutlich vom Clypeus entfernt eingelenkt .... 7; Rossameisen, ***Camponotus*** MAYR
Häufig ***C. herculeanus*** (L.), Riesenholzameise (6–14 mm), Nest meist in Holz.
18. Fühler 11-gl. 1,1–2,3 mm. Selten. Im Süden .... 3; ***Plagiolepis*** MAYR
— Fühler 12-gl. Meist größer **19**
19. 4–9 mm. Innenstreifen neben den Stirnleisten von oben gesehen ± konkav [**43b**]. Gl 4–8 der Fühler jeweils mindestens so lang wie Gl 10–12. Ocellen deutlich .... ***Formica*** L.
Über 20 Arten. Körper oft ± rotbraun. Nester häufig groß, mit oberirdischen Kuppelbauten.
a) Vdrand des Clypeus in Mitte ausgeschnitten: ***F. sanguinea*** LATREILLE, Blutrote Raubameise, parasitisch.
b) Vdrand des Clypeus nicht ausgeschnitten, Stirnfeld [**43a**] glänzender als Umgebung: sehr häufig ***F. rufa*** L. u. ***F. polyctena*** FÖRSTER, Rote Waldameise [**11**].
c) Ebenso, aber Stirnfeld matt wie Umgebung: häufig z. B. ***F. fusca*** L., Grauschwarze Sklavenameise (schwarz), Wirte parasitischer Ameisen.
— 2,5–5,5 mm. Innenstreifen neben den Stirnleisten meist schwach konvex [**43c**]. Gl 4–8 der Fühler jeweils meist kürzer als Gl 10–12. Ocellen klein, oft fehlend .... 21; ***Lasius*** F.
Körper glänzend-schwarz. 3,5–5,5 mm: ***L. fuliginosus*** (LATREILLE), Glänzend-schwarze Holzameise, Nest in hohlen Bäumen. Übrige Arten anders gefärbt. 2–4,5 mm. Beispiele: ***L. niger*** (L.), Schwarzgraue Wegameise (braun bis schwarzbraun), häufig; ***L. flavus*** (F.), Gelbe Wiesenameise (hell- bis dunkelgelb), häufig

Familie: **Tiphiidae**, Rollwespen

Larven parasitisch bei (von den ♀♀ paralysierten) Käfer- u. Grabwespenlarven.

1. Mit Flügeln. Vdflügel mit Zellen 1Rs u. 2Rs (s. [**50**]) (**Myzininae**) ***Meria*** (= ***Myzine***) ***tripunctata*** (Rossi)
6–12 mm. Bei Tenebrioniden-Larven, wohl verschollen.
— Mit Flügeln oder ungeflügelt. Vdflügel nur mit Zelle 1Rs, 2Rs fehlend (s. [**49**]) **2**
2. Propodeum durch Leisten gefeldert. Mit Flügeln .... (**Tiphiinae**) 4; ***Tiphia*** F.
Bei Lamellicornier-Larven. Z. B. ***T. femorata*** F. (7–12 mm). – Hierher 1 weitere Gattung mit 1 Art.
— Propodeum glatt oder gerunzelt. ♀♀ ungeflügelt. 6–13 mm (**Methochinae**) ***Methocha articulata*** (Latreille) (= ***ichneumonides*** Latreille)
Bei Sandlaufkäferlarven.

Familie: **Mutillidae**, Bienenameisen

♀♀ ungeflügelt, im Habitus ameisenähnlich. Larven sind Larven- oder Futterparasiten bei aculeaten Hymenopteren (v. a. Bienen u. Grabwespen).

1. Mit Flügeln (♂♂) **6**
— Ohne Flügel (♀♀) **2**
2. Thorax durch eine Naht in 2 Teile gegliedert. 3–11 mm. Bei Grabwespen .... (**Myrmosinae**) ***Myrmosa atra*** (Panzer) u. ***Paramyrmosa brunnipes*** (Lepeletier)
— Thorax ungeteilt.. **3**
3. 1. Abdsegment knotenförmig abgesetzt, viel schmaler als das 2. Segment. Thorax nach vorn u. hinten verschmälert. 10–12 mm .... (**Sphaerophthalminae**) ***Dasylabris maura*** (L.)
Wirte: Grabwespen (*Sphex, Ammophila*).
— 1. Abdsegment nicht knotenförmig. Thorax nicht nach vorn verschmälert **4**
4. 1. Abdsegment seitlich mit je 1 zahnartigen Fortsatz. 2. Segment mit nach vorn winklig erweiterter Querbinde. 4–9 mm. Selten, im Süden .... (**Myrmillinae**) ***Myrmilla calva*** (Villers)
— 1. u. 2. Abdsegment anders .... **Mutillinae 5**
5. 1. Abdsegment etwa so breit wie lang, glockenförmig. 3,5–15 mm 1; ***Smicromyrme*** Thomson u. 3; ***Physetopoda*** Schuster
Häufig ***S. rufipes*** (F.), Wirte: Grabwespen (*Oxybelus, Astata, Tachysphex*).
— 1. Abdsegment deutlich breiter als lang, quer. 10–16 mm .... 2; ***Mutilla*** L.
Häufiger ***M. europaea*** L., Wirte: Hummeln. – Außerdem 1 weitere Gattung mit 1 Art.
6. Im Vdflügel reicht Ader M bis zum Außenrand. Htflügel mit Basallappen ***Myrmosa*** u. ***Paramyrmosa*** s. **2**
— Im Vdflügel reicht Ader M nicht bis zum Außenrand. Htflügel ohne Basallappen **7**
7. 1. Abdsegment knotenförmig .... ***Dasylabris maura*** s. **3**
— 1. Abdsegment an Grenze zum 2. kaum eingeschnürt **8**
8. 1. Abdsegment etwa so breit wie lang .... ***Smicromyrme*** u. ***Physetopoda*** s. **5**
— 1. Abdsegment breiter als lang **9**
9. Tegulae klein, glänzend, rundlich, gewölbt .... ***Myrmilla calva*** s. **4**
— Tegulae groß, flach, am Htrand aufgebogen .... ***Mutilla*** s. **5**

Familien: **Ampulicidae**, **Crabronidae**, **Sphecidae**, Grabwespen

Solitär oder gesellig. Beute (Arthropoden) wird durch ♀ gelähmt, zum Nest transportiert [**45**] u. dient heranwachsender Larve als Nahrung (im Folgenden „Beute" genannt). Nest häufig im Sand, auch in Holz. Verteilung der Gattungen auf die Familien: **Ampulicidae** (***Dolichurus***, ***Ampulex***), **Sphecidae** (***Sphex***, ***Podalonia***, ***Ammophila***, ***Isodontia***, ***Sceliphron***), ***Crabronidae*** (übrige Gattungen).

1. Vdflügel ohne Zellen Rs [**48**] **2**
— Vdflügel mit Zelle 1Rs, ohne 2Rs [**49**] **7**
— Vdflügel mit Zellen 1Rs u. 2Rs [**50, 51**] **13**
2. Augen innen nierenförmig eingebuchtet . . . . . . 11; ***Trypoxylon*** Latreille
Schlank, schwarz. 4–12 mm. Nester in Holz, Pflanzenstängeln, Beute: Spinnen. Häufig ***T. figulus*** (L.).
— Augen innen nicht eingebuchtet, ± oval **3**
3. Abd schwarz u. gelb. Propodeum skulpturiert, ohne Dorn **4**
— Abd schwarz u. gelb. Propodeum mit Dorn . . . . . . 13; ***Oxybelus*** Latreille
3–11 mm. Beute: Fliegen, werden auf Dorn aufgespießt. Häufig ***O. uniglumis*** (L.).
— Abd schwarz. Mit typischen Sondermerkmalen **6**
— Abd schwarz (auch mit rot); wenn schwarz u. gelb, Propodeum in der Mitte glatt u. glänzend. Ohne die unter **6** genannten Sondermerkmale . . . . . . ***Crossocerus*** Lepeletier et Brullé
3,5–12 mm. Beute: meist Fliegen. Etwa 30 Arten. Häufig z. B. ***C. distinguendus*** (Morawitz).
4. Abd oben kräftig punktiert . . . . . . 3; ***Lestica*** Billberg
8–12 mm. Beute: kleine Schmetterlinge. Häufig ***L. clypeata*** (Schreber).
— Abd oben glatt, manchmal fein punktiert oder matt **5**
5. ♀: von Kielen begrenztes Feld oben auf letztem Tergit des Abd breit, mit geraden Seiten. ♂: Fühler 13-gl . . . . . . 8; ***Crabro*** F.
8–18 mm. Beute: Fliegen. Häufig z. B. ***C. cribrarius*** (L.).
— ♀: Feld auf letztem Tergit schmal, Seiten konkav. ♂: Fühler 12-gl . . . . . . 16; ***Ectemnius*** Dahlbohm
5–18 mm. Beute: Fliegen. Häufig z. B. ***E. continuus*** (F.).
6. Pterostigma groß, viel länger als Zelle $3R_1$ . . . . . . 4; ***Ammoplanus*** Giraud
2–3 mm. Beute: Thysanopteren. Selten, im Süden. Z. B. ***A. perrisi*** Giraud.
— Innere Augenränder nach oben konvergierend . . . . . . 5; ***Nitela*** Latreille
2,5–3,5 mm. Beute: Staubläuse, Blattläuse, Blattflöhe. Häufig ***N. borealis*** Valkeila.
— 1. Abdsegment stielartig verlängert, mindestens doppelt so lang wie breit
5; ***Rhopalum*** Stephens
4–6 mm. Beute: Fliegen, Blattläuse, Staubläuse. Häufig ***R. clavipes*** (L.).
— Mandibeln 1-zähnig, außen vor der Basis mit Zahn. Augen behaart
Entomognathus brevis (Vander Linden)
3,5–5,5 mm. Beute: Käfer (Halticinae, auch Cryptocephalinae).
— Mandibel 1-zähnig. Ohne diese Merkmale . . . . . . 4; ***Lindenius*** Lepeletier et Brullé
3–8 mm. Beute: Wanzen, Fliegen. Sehr häufig ***L. albilabris*** (F.).
7. Pronotum länger als hinten breit, die Tegulae erreichend . . . . . . ***Ampulex fasciata*** Jurine
Zelle $3R_1$ mit Anhangszelle (s. [**50**]). 6–8 mm. Selten. Beute: Blattiden.
— Pronotum kürzer, die Tegulae nicht erreichend **8**
8. 1. Abdsegment stielförmig, Stiel länger als breit **9**
— Abd nicht gestielt oder Stiel breiter als lang **10**
9. Vdflügel mit einer Zelle M, Pterostigma etwa so lang wie Zelle $3R_1$ . . . . . . 2; ***Stigmus*** Panzer
3–5,5 mm. Beute: Blattläuse. Häufig, z. B. ***S. pendulus*** Panzer.
— Vdflügel mit 1M u. 2M, Pterostigma kürzer als $3R_1$ . . . . . . 17; ***Pemphredon*** Latreille
5–12 mm. Beute: Blattläuse. Häufig ***P. lethifer*** (Shuckard).
10. Vdflügel mit 1 Zelle M. Pterostigma groß, breit . . . . . . 7; ***Spilomena*** Shuckard
2–3,5 mm. Beute: Thysanopteren. Häufig ***S. troglodytes*** (Vander Linden).
— Vdflügel mit Zellen 1M u. 2M. Pterostigma kleiner [**49**] **11**
11. Zelle 1Rs im Vdflügel dreieckig, gestielt [**49**] . . . . . . 7; ***Miscophus*** Jurine
3–9 mm. Beute: Spinnen. Häufiger z. B. ***M. ater*** Lepeletier.
— 1Rs nicht gestielt. Zelle $3R_1$ kurz, am Ende breit abgestutzt . . . . . . ***Dinetus pictus*** (F.)
5–9 mm. Beute: Wanzen.
— Ebenso, aber $3R_1$ am Ende zugespitzt (s. [**49**]) **12**

12. Httibia außen mit kurzen Dörnchen .... 6; ***Diodontus*** CURTIS

4–9 mm. Beute: Blattläuse. Häufig ***D. minutus*** (F.).

— Httibia ohne Dornen .... 12; ***Passaloecus*** SHUCKARD

4–7 mm. Beute: Blattläuse. Häufig z. B. ***P. corniger*** SHUCKARD. – Außerdem ***Polemistus abnormis*** (KOHL) (4–5 mm. Sondermerkmal: Innenränder der Augen nach unten stark konvergierend), selten.

13. 1. Abdsegment stielartig [**45**], von oben gesehen mit fast parallelen Seiten. Abd nie gelb gefleckt **14**

— 1. AbdSegment vorn stielartig, hinten knotig erweitert [**1**] .... 2; ***Mellinus*** F.

6–14 mm. Beute: Fliegen. Häufig ***M. arvensis*** (L.), Kotwespe (mit goldgelben Flecken).

— 1. Abdsegment knotenförmig, folgende Segmente knotig abgesetzt. [**46**]
12; Knotenwespen, ***Cerceris*** LATREILLE

6–15 mm. Beute: Wildbienen, Käfer. Häufig ***C. arenaria*** (L.).

— 1. Abdsegment nicht stielartig, nicht knotenförmig, meist keilförmig nach vorn verengt . **18**

14. Abdstiel gleichmäßig zylindrisch. Mitteltibia mit 2 Spornen. 10–25 mm **15**

— Abdstiel mit Leisten oder Kanten. Mitteltibia mit 1 Sporn. 4,5–12 mm **17**

15. Körper gänzlich dunkel oder dunkel mit gelben Flecken

3 sehr seltene Arten, im Süden. Körper dunkel: ***Isodontia mexicana*** SAUSSURE (10–20 mm), aus Nordamerika eingeschleppt. Körper dunkel mit gelben Flecken: 3; ***Sceliphron*** KLUG, z. B. ***S. curvatum*** SMITH (13–20 mm).

— Körper dunkel, Abd an der Basis ± rot **16**

16. Abdstiel im hinteren Teil („Tergit 1") ebenfall stielartig. Stigma nahe dem Ende von Tergit 1. [**45**] .... 3; Sandwespen, ***Ammophila*** KIRBY

11–24 mm. Beute: Raupen. Häufig ***A. sabulosa*** (L.).

— Tergit 1 nach hinten trichterförmig erweitert. Stigma in oder vor der Mitte von Tergit 1
3; Sandwespen, ***Podalonia*** FERNALD

13–23 mm. Beute: Schmetterlingsraupen. Häufiger ***P. affinis*** (KIRBY). – Außerdem ***Sphex funerarius*** GUSSAKOVSKIJ (= ***maxillosus*** F., = ***rufocinctus*** BRULLÉ) (15–23 mm. Sondermerkmal: 1m-cu mündet in Zelle 1Rs, 2m-cu in 2Rs). Beute: Laubheuschrecken u. Grillen, selten.

17. Ader M u. Cu_1 im Htflügel entspringen gemeinsam aus vorderer Spitze der Zelle M (s. [**47**])
8; ***Psenulus*** KOHL

4,5–7,5 mm. Beute: Blattläuse. Häufig z. B. ***P. pallipes*** (PANZER).

— Ader M im Htflügel entspringt vor Spitze der Zelle M, Cu_1 aus vorderer Spitze der Zelle M
1; ***Psen*** LATREILLE, 1; ***Pseneo*** MALLOCH, 6; ***Mimesa*** SHUCKARD, 7; ***Mimumesa*** MALLOCH

7–12 mm. Beute: Zikaden. Bei ***Mimesa*** Abd zum Teil rot, häufig ***M. equestris*** (F.). Abd der übrigen Gattungen fast immer schwarz. Häufig ***Mimumesa atratina*** (MORAWITZ).

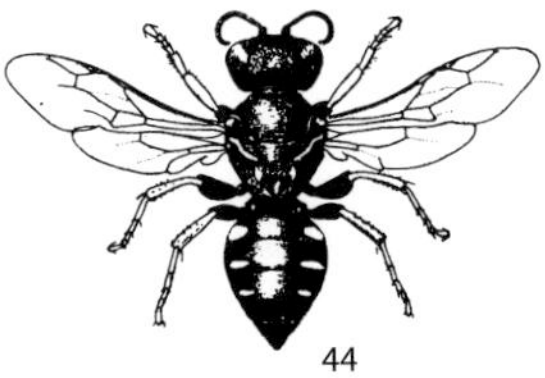

44

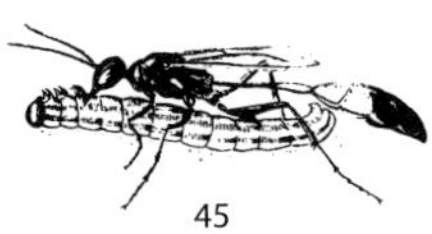

45

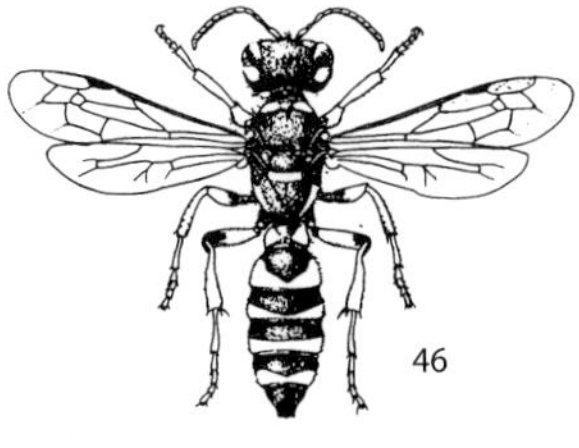

46

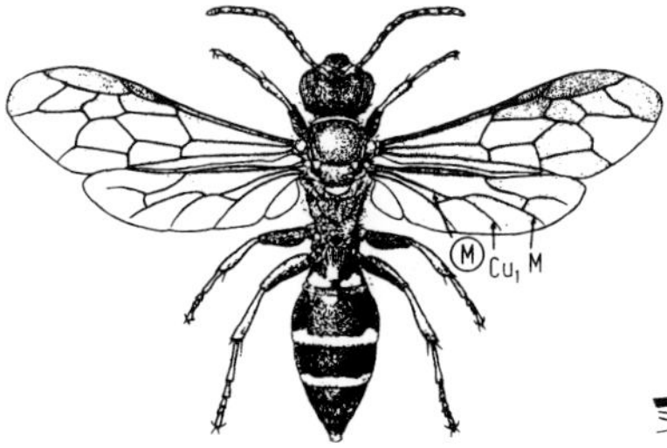

47

48

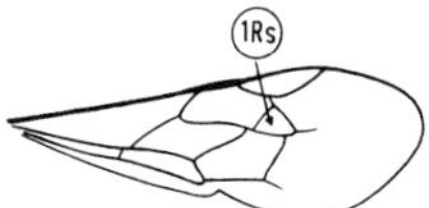

49

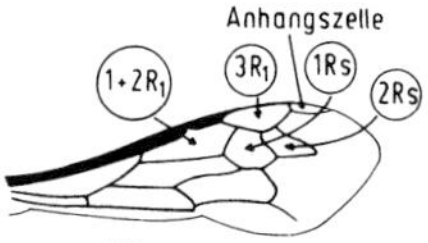

50

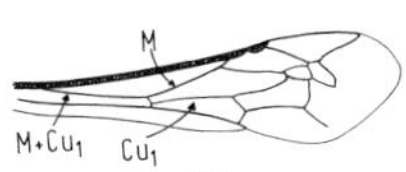

51

44 *Oxybelus*; **45** *Ammophila*; **46** *Cerceris*; **47** *Gorytes*

18. Zelle 1Rs im Vdflügel ± 3-eckig, gestielt [**51**] 19
— Zelle 1Rs nicht gestielt 20
19. Adern 1m-cu u. 2m-cu münden in 1Rs [**51**]. Htfemur ohne Dorn .... 11; ***Nysson*** Latreille
4–11 mm. Propodeum mit 2 seitlichen Dornen. Brutparasiten bei *Gorytes*. Häufig ***N. trimaculatus*** (Rossi). – Außerdem ***Brachystegus scalaris*** (Illiger) (Sondermerkmal: Stirn über den Fühlern mit Längskiel), Brutparasit bei *Tachytes*, selten. ***Solierella compedita*** (Piccioli) (Sondermerkmale: 3–4,5 mm; Zelle $3R_1$ im Vdflügel mit Anhangszelle [**50**]), Beute: Wanzen, selten. ***Pison atrum*** (Spinola) (Sondermerkmal: Augen innen nierenförmig ausgerandet; 6,5–9 mm), sehr selten, im Süden.
— Nur Ader 1m-cu mündet in Rs. Htfemur an der Spitze unten mit dornartigem Fortsatz 3; ***Alysson*** Panzer
5–8 mm. Propodeum ohne seitliche Dorne. 2. Tergit mit weißen Flecken. Beute: Zikaden. Häufiger ***A. spinosus*** (Panzer). – Außerdem ***Didineis lunicornis*** (F.) (2. Tergit ohne weiße Flecke). Beute: Zikaden, selten.
20. 2m-cu mündet in 2Rs .... 2; ***Philanthus*** F.
8–17 mm. Abd gelb gefleckt. Beute: Honigbienen. Häufig nur ***Ph. triangulum*** (F.), Bienenwolf. – Außerdem 2; ***Dolichurus*** Latreille (Abd ohne gelbe Flecken; 5–8 mm). Im Süden verbreitet ***D. corniculus*** (Spinola). Beute: Schaben.
— 2m-cu mündet in 1Rs 21
21. Zelle $3R_1$ im Vdflügel an Spitze abgestutzt, mit Anhangszelle [**50**], diese kann offen sein. Innenränder der Augen nach oben konvergierend 22
— Zelle $3R_1$ im Vdflügel an Spitze ± zugespitzt oder abgerundet, ohne Anhangszelle. Innenränder der Augen parallel oder nach unten konvergierend 23
22. Alle Ocellen gleich, rund gewölbt. Mitteltibia mit 2 Spornen .... 3; ***Astata*** Latreille
9–12 mm. Beute: Wanzen. Häufiger ***A. boops*** (Schrank). – Außerdem 4; ***Dryudella*** Spinola (Sondermerkmal: Propodeum chagriniert, matt), z. B. ***D. stigma*** (Panzer), selten.
— Die 2 hinteren Ocellen flach, oval bis langgestreckt. Mitteltibia mit 1 Sporn 10; ***Tachysphex*** Kohl
4–13 mm. Beute: Heuschreckenlarven, Schaben. Häufig ***T. pompiliformis*** (Panzer). – Außerdem 2; ***Tachytes*** Panzer (10–15 mm. Sondermerkmal: hintere Ocellen stark in die Länge gezogen), z. B. ***T. panzeri*** (Dufour), selten. Bei 2 sehr seltenen südlichen Arten als Sondermerkmal Gesicht am mittleren Augeninnenrand wulstartig vorragend: ***Larra anathema*** (Rossi) (Abd rot u. schwarz; 12–24 mm). ***Liris niger*** (F.) (Abd blauschwarz ; 8–13 mm).
23. Labrum schnabelartig verlängert, viel länger als breit .... 2; Kreiselwespen, ***Bembix*** F.
12–22 mm. Beute: Fliegen. Häufiger ***B. rostrata*** (L.).
— Labrum nicht schnabelartig verlängert 24
24. Zwischen 1. u. 2. Sternit des Abd mit tiefer Querfurche .... 2; ***Argogorytes*** Ashmead
8–14 mm. Beute: Zikaden. Häufiger ***A. mystaceus*** (L.).
— Zwischen 1. u. 2. Sternit ohne Querfurche 25
25. Groß, 14–21 mm .... ***Stizus perrisi*** Dufour
Abd oben mit gelben Binden, in der Mitte unterbrochen. Beute: Heuschrecken. Sehr selten.
— Klein, höchsten 13 mm 26
26. Ader M u. Cu_1 im Htflügel entspringen gemeinsam aus vorderer Spitze der Zelle M (s. [**47**]) 6; ***Harpactus*** Shuckard
5–9 mm. Thorax mit oder ohne rote Zeichnung. Beute: Zikaden. Verbreitet ***H. lunatus*** (Dahlbohm). – Außerdem ***Oryttus concinnus*** (Rossi) (Thorax rot gezeichnet; 10–12 mm), sehr selten, im Süden.
— Ader M im Htflügel entspringt vor Spitze der Zelle M, Cu_1 aus vorderer Spitze der Zelle M 27
27. 1. Abdsegment hinten vom 2. Segment knotenförmig abgesetzt .... 2; ***Lestiphorus*** Lepeletier
7–13 mm. Beute: Zikaden. Verbreitet ***L. bicinctus*** (Rossi).
— 1. Abdsegment nicht knotenförmig .... 8; ***Gorytes*** Latreille
7–13 mm. Beute: Zikaden. Häufig ***G. laticinctus*** (Lepeletier). – Außerdem ***Bembecinus tridens*** (F.) (Sondermerkmal: $1+2R_1$ viel länger als $3R_1$), Beute: Zikaden, selten.

Familien: ***Anthophila*** (**Andrenidae, Apidae, Colletidae, Halictidae, Megachilidae, Melittidae**), Bienen

Solitär, gesellig oder (z. B. ***Apis***, ***Bombus***) staatenbildend. Nester im Boden, in Pflanzenstängeln, totem Holz, Lehmwänden. Larven werden mit Pollen (u. Nektar) gefüttert. Pollen wird meist auf Bauchhaaren (Bauchsammler) oder in Sammelapparat an Beinen (Beinsammler) eingetragen. Ursprünglich sind Kropfsammler. Manche Arten als „Kuckucksbienen" parasitisch bei anderen Bienen. ♂: Fühler 13-gl; ♀,☿: 12-gl.

1. Vdflügel mit Zellen 1Rs u. 2Rs [**56–58**] 2
— Vdflügel nur mit Zelle 1Rs; 2Rs fehlt [**59–61**] 15

2. Zelle $3R_1$ im Vdflügel sehr lang, fast bis Flügelspitze reichend [**56**] Honigbiene, ***Apis mellifera*** L.

11–18 mm. [**27**]. Beinsammler, Staat hoch entwickelt.

— Zelle $3R_1$ kürzer, an Spitze zugespitzt, abgerundet oder (seltener) quer abgestutzt **3**

3. Körper u. Flügel schwarzblau. 14–28 mm .... 3; Holzbienen, ***Xylocopa*** Latreille

Nest in morschem Holz. Beinsammler. Im Süden, z. B. ***X. violacea*** (L.).

— Färbung anders, Flügel nicht blau, meist hell **4**

4. Zellen $1+2R_1$, 1Rs u. 2Rs im Vdflügel in der Fläche fast gleich groß [**52**]. Körper stark behaart, hummelähnlich **5**

— Fläche der Zelle 2Rs etwa so groß wie $1+2R_1$, 1Rs bedeutend kleiner **7**

— 2Rs deutlich kleiner als $1+2R_1$ [**57**] **10**

5. Zelle $1+2R_1$ im Vdflügel fast oder ganz durch helle, feine Querader geteilt [**52**]. Clypeus schwarz. Ocellen ± in gerader Linie stehend **6**

— Querader in $1+2R_1$ höchstens zur Hälfte vorhanden. Ocellen im Dreieck stehend 11; Pelzbienen, ***Anthophora*** Latreille

Clypeus ± gelb (außer manchen ♀♀). ♀: Httibia außen pelzig behaart. 8–18 mm. Beinsammler. Häufig ***A. plumipes*** (Pallas). Ähnlich ist ***Amegilla*** (= ***Anthophora***) ***quadrifasciata*** (Villers), sehr selten. – Außerdem ***Melitturga clavicornis*** (Latreille) (Sondermerkmale: Zelle $3R_1$ an der Spitze quer abgestutzt, durch eine Ader verlängert; Fühler kurz, keulenförmig; 12–14 mm), sehr selten, im Süden (verschollen?).

52

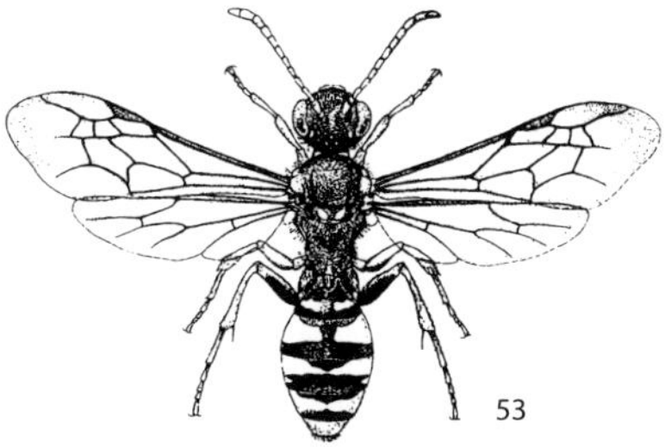

53

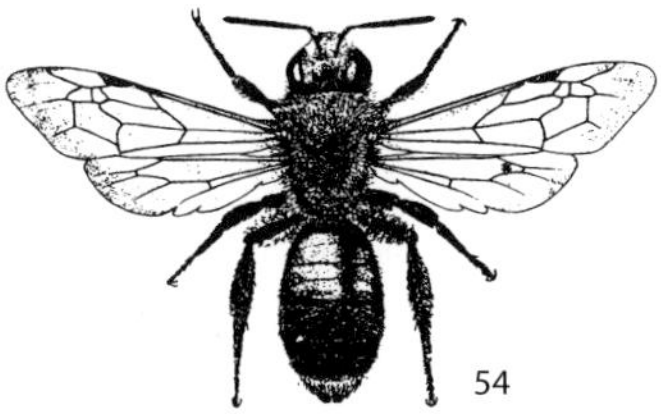

54

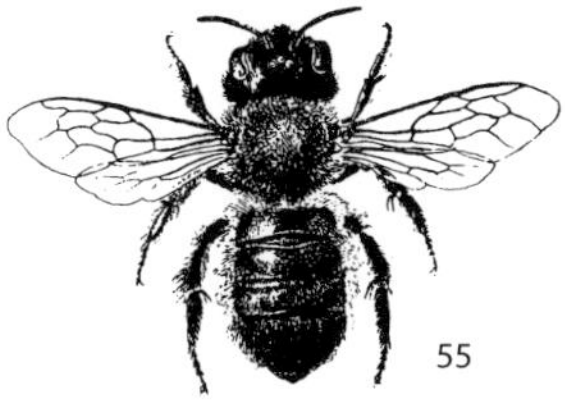

55

56

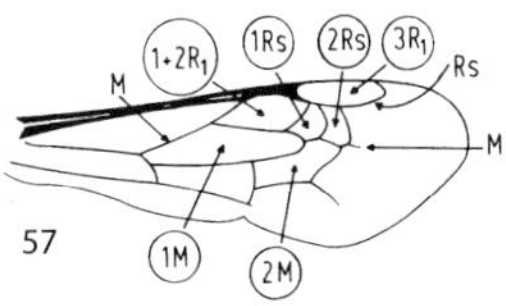

57

58

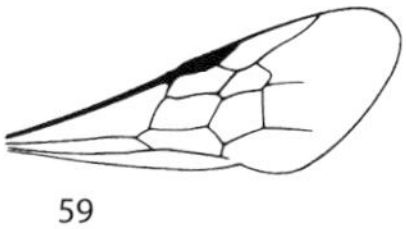

59

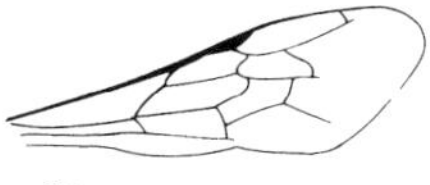

60

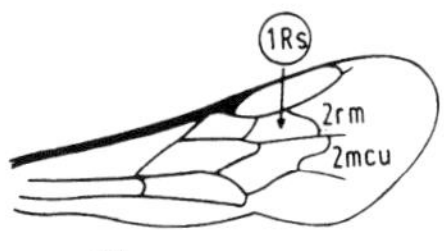

61

52 *Bombus*; **53** *Nomada*; **54** *Andrena*; **55** *Osmia*

6. ♀, ☿: Httibia außen flach, unbehaart, glänzend, am Rande langhaarig. ♂: Genitalapparat (hinten im Abd) braun, sklerotisiert. [**52**] .... Hummeln, ***Bombus*** Latreille S. 336

— ♀: Httibia außen gewölbt, gleichmäßig behaart. ♂: Genitalapparat hell, häutig
parasitische Arten der Gattung ***Bombus***

Ehemalige Gattung ***Psithyrus*** Lepeletier. 9 Arten. 10–25 mm. Behaarung struppig. Parasitisch bei *Bombus*-Arten, ♀♀ fehlen. Häufig z. B. ***B. rupestris*** (F.) (Abd hinten rot).

7. Abd glänzend, ± leuchtend rot bis braunrot (selten ganz schwarz). Kopf u. Thorax schwarz. Ganz kurz behaart .... 25; Blutbienen, ***Sphecodes*** Latreille

4–15 mm. Parasitisch v. a. bei *Halictus*, *Lasioglossum* u. *Andrena*. Häufig z. B. ***S. gibbus*** (L.).

— Abd ± metallisch, fast kahl .... 3; Keulhornbienen, ***Ceratina*** Latreille

6–10 mm. Beinsammler. Häufig z. B. ***C. cyanea*** (Kirby).

— Abd schwarz, behaart oder mit Haarbinden **8**

8. Zelle 2Rs im Vdflügel vorn (an Ader Rs) mindestens so breit wie hinten (an Ader M) (s. [**57**])
2; Trauerbienen, ***Melecta*** Latreille

Scutellum gewölbt, seitlich mit 2 Dornfortsätzen. 13–16 mm. Parasitisch bei *Anthophora*. Häufig ***M. albifrons*** (Forster). – Außerdem 2; ***Thyreus*** Panzer (Scutellum am Htrand ± stumpfwinklig ausgeschnitten. 10–11 mm), selten, z. B. ***Th. orbatus*** (Lepeletier).

— 2Rs vorn schmaler als hinten **9**

9. Zelle $3R_1$ im Vdflügel mit Spitze dem Flügelrand anliegend .... 2; ***Systropha*** Illiger

♂: Fühler am Ende dreieckig eingerollt; ♀: Fühler schwach keulenförmig. 8–11 mm. Beinsammler. Selten, z. B. ***S. curvicornis*** (Scopoli). – Außerdem einige ***Andrena***- oder ***Melitta***-Arten (aber bei ♂♂ Fühler nicht eingerollt oder bei ♀♀ nicht keulig), s. **14**.

— $3R_1$ mit Spitze vom Flügelrand entfernt (s. [**57**])
Langhornbienen, 1; ***Tetralonia*** Spinola u. 2; ***Tetraloniella*** Ashmead

Auch zu ***Eucera*** gestellt. 8–15 mm. Beinsammler. Seltener, z. B. ***Tetralonia malvae*** (Rossi) (= ***macroglossa*** (Illiger)). – Außerdem ***Pseudapis*** (= ***Nomia***) ***femoralis*** (Pallas) (Sondermerkmal: Tegulae groß, weiß gerandet; 9–10 mm), selten.

10. Zelle $3R_1$ im Vdflügel am Ende verschmälert u. zugespitzt [**58**] **11**

— $3R_1$ am Ende abgerundet, vom Flügelrand entfernt [**57**] .... 4; Filzbienen, ***Epeolus*** Latreille

5,5–11 mm. Abd mit hellen Haarflecken. Parasitisch bei *Colletes*, z. B. ***E. variegatus*** (L.). – Sehr selten ***Epeoloides coecutiens*** (F.) (Abd ohne Haarflecken; 9–10 mm). – Außerdem ***Nomioides minutissimus*** (Rossi) (Sondermerkmale: Zelle $3R_1$ an der Spitze quer abgestutzt; Körper klein, 4–5 mm), selten, im Süden.

11. Zelle 1Rs u. 2Rs im Vdflügel fast gleich groß [**53**] **12**

— Zelle 1Rs im Vdflügel viel kleiner als 2Rs [**54, 58**] **13**

12. Abd unbehaart, höchstens fein behaart (Binokular!), meist bunt (schwarz u. gelb, oft auch rot). [**53**] .... Wespenbienen, ***Nomada*** Scopoli

4–14 mm. Etwa 65 Arten. Parasitisch v. a. bei *Andrena*, z. B. ***N. panzeri*** Lepeletier. – Außerdem einige ***Halictus***- u. ***Lasioglossum***-Arten (Unterscheidungsmerkmal: Ader M im Vdflügel an der Basis stark gekrümmt), s. **13**.

— Abd behaart, dunkel, oft mit hellen Haarbinden .... 14; Seidenbienen, ***Colletes*** Latreille

7–14 mm. Beinsammler. Häufig ***C. cunicularius*** (L.). – Außerdem einige ***Andrena***-Arten (Unterscheidungsmerkmal: Httrochanter der ♀♀ mit langer Haarlocke), s. **14**.

13. Ader M im Vdflügel an der Basis gerade oder fast gerade.......... **14**

— M an Basis stark gekrümmt [**58**]
Furchenbienen, ***Halictus*** Latreille u. ***Lasioglossum*** Curtis

4–15 mm. ♀: Endsegment des Abd oben mit kahler Längsfurche. ♂: Clypeus vorragend, oft gelb. Bei ***Halictus*** Htränder der Abdtergite mit Haarbinden, bei ***Lasioglossum*** Tergit 1 u. 2 hinten ohne Haarbinden. Etwa 90 Arten. Häufig z. B. ***L. calceatum*** (Scopoli). – Außerdem einige ***Sphecodes***-Arten (♀: Endsegment ohne Furche; ♂: Clypeus nicht vorragend, schwarz), s. **7**.

14. Körper behaart. Krallengl des Tarsus nicht deutlich breiter als vorletzes Gl. ♀: Httrochanter mit langer Haarlocke. ♂: Fühler gestreckt, Endgl abgerundet, übrige Gl nicht knotig. [**54**]
Sandbienen, ***Andrena*** F.

5–15 mm. Beinsammler. Über 110 Arten. Häufig z. B. ***A. fulva*** (Müller).

— Körper behaart. Krallengl des Tarsus auffallend groß, deutlich breiter als vorletztes Gl. ♀: Httrochanter ohne Haarlocke. ♂: Letztes Fühlergl abgestutzt, vorhergehende Gl knotig verdickt
5; Sägehornbienen, ***Melitta*** Kirby

10–14 mm. Beinsammler. Häufig ***M. haemorrhoidalis*** (F.).

— Körper (fast) unbehaart, schwarz u. (±) rot oder gelb.......... manche ***Nomada***-Arten, s. **12**

15. Zelle $3R_1$ im Vdflügel am Ende verengt, dem Flügelrand anliegend [**59**] **16**

— $3R_1$ nicht verengt, Spitze ± vom Flügelrand entfernt [**61**] **17**

16. Abd fast halbkugelig, glänzend schwarz, am Ende gelblichweiß behaart. 2. Tarsalgl des Htbeins am Endwinkel des 1. ansetzend .... 2; Schenkelbienen, ***Macropis*** Panzer
8–9 mm. Beim ♂ Htschenkel verdickt. Beinsammler. Häufiger ***M. europaea*** Warncke.

— Abd ± langgestreckt, glänzend schwarz, ohne Binden. 2. Tarsalgl des Htbeins in Mitte des Endrandes vom 1. ansetzend. Körper sparsam behaart .... 6; Glanzbienen, ***Dufourea*** Lepeletier
6–8 mm. Beinsammler. Verbreitet ***D. dentiventris*** (Nylander).

— Ebenso, aber Körper (vor allem am Thorax) dicht behaart. Abd mit hellen Binden 2; Schlürfbienen, ***Rophites*** Spinola
Gl des Labialpalpus stark verlängert. 7–10 mm. Bei ***Rhophitoides canus*** (Eversmann) Labialpalpus normal. Beinsammler. Selten. – Außerdem ***Andrena*** (= ***Biareolina***) ***lagopus*** Latreille (Thorax rostrot). – Wenn groß (12–17 mm) u. lang behaart: ***Dasypoda***, s. **18**.

17. Zelle 3R_1 im Vdflügel an Spitze breit abgestutzt [**60**] .... 3; Zottelbienen, ***Panurgus*** Panzer
Abd schwarz, ohne helle Haare, glänzend, Beine schwarz. 8–10 mm. Beinsammler. Häufig ***P. calcaratus*** (Scopoli). – Selten sind 3; ***Panurginus*** Nylander (5–6 mm; Beine z.T. gelb) u. 1 parasitische Art, ***Ammobates punctatus*** (F.) (Abd rot; 6–8 mm).

— Zelle 3R_1 im Vdflügel abgerundet oder zugespitzt [**61**] **18**

18. Zelle 1+2R_1 viel kleiner als 1Rs .... 4; Langhornbienen, ***Eucera*** Scopoli
12–16 mm. ♂: Fühler länger als Kopf+Thorax. Beinsammler. Häufig ***E. nigrescens*** Pérez (= ***tuberculata*** (F.)).

— 1+2R_1 viel größer als 1Rs. Körper fast unbehaart Maskenbienen, ***Hylaeus*** F. (= ***Prosopis*** Jurine)
Gesicht gelb gezeichnet. 4–9 mm. Etwa 40 Arten. Kropfsammler. Häufig z. B. ***H. nigritus*** (F.). – Sehr selten ***Ammobatoides abdominalis*** (Eversmann) (10–12 mm), parasitisch.

— 1+2R_1 größer als 1Rs. Körper lang behaart .... 3; Hosenbienen, ***Dasypoda*** Latreille
12–17 mm. Httibia u. 1. Tarsalglieder (besonders beim ♀) lang behaart. Beinsammler. Seltener, z. B. ***D. hirtipes*** (F).

— 1+2R_1 im Vdflügel etwa so groß wie 1Rs [**61**]. Nicht lang behaart **19**

19. Querader 2m-cu im Vdflügel in Zelle 1Rs mündend [**55**] **21**

— 2m-cu hinter 2rm oder in ihrer Höhe mündend [**61**] **20**

20. ♀ mit Bauchbürste. ♂: Endsegment gezähnt u. bedornt .... 5; Wollbienen, ***Anthidium*** F.
Körper ± gelb oder weißgelb gezeichnet. 7–18 mm. Bauchsammler, häufig ***A. manicatum*** (L.). – Ähnlich weitere 3 Gattungen mit 5 Arten, z. B. 2; ***Pseudoanthidium*** Friese, im Süden verbreitet ***P. nanum*** (Mocsáry) (= ***Anthidium scapulare*** Latreille).

— ♀ ohne Bauchbürste. ♂: Endsegment unbewehrt .... 10; Düsterbienen, *Stelis* Panzer
Körper meist schwarz. 3–11 mm. Parasitisch, häufiger ***St. punctulatissima*** (Kirby), ***St. signata*** (Latreille) (auffällig schwarzgelb).

21. Scutellum jederseits mit starkem Zahn .... 12; Kegelbienen, ***Coelioxys*** Latreille
Abd kegelförmig. Augen behaart. 7–16 mm. Parasitisch, z. B. ***C. conoidea*** (Illiger) bei *Megachile*. – Außerdem ***Aglaoapis*** (= ***Dioxys***) ***tridentata*** (Nylander) (Augen unbehaart; Abd zylindrisch), selten.

— Scutellum ohne oder mit schwachen Seitenzähnen **22**

22. Schwach behaart, Abd fast kahl, schwarz u. rot oder ganz schwarz .... 3; ***Biastes*** Panzer
5–7 mm. ♀ ohne Bauchsammelapparat. Parasitisch. Selten, z. B. ***B. brevicornis*** (Panzer). – Außerdem ***Camptopoeum frontale*** (F.) (Abd mit gelb; 7–8 mm).

— Körper ziemlich lang behaart. ♀ mit Bauchbürste (Bauchsammler!) **23**
Wenn Beinsammler u. Fühler des ♂ länger als Kopf+Thorax: ***Eucera***, s. **18**.

23. Tarsen ohne Haftlappen (Pulvillus) zwischen den Krallen 22; Blattschneider- u. Mörtelbienen, ***Megachile*** Latreille
7–17 mm. Bauchsammler. Nester aus Blattstückchen (Blattschneiderbienen) oder aus „Mörtel" als einem Speichel-, Erde-, Steinchengemisch (Mörtelbienen, auch zu ***Chalicodoma*** Lepeletier gestellt). Häufig z. B. ***M. willughbiella*** (Kirby). – Außerdem ***Lithurgus chrysurus*** Fonscolombe (Sondermerkmal: Mandibeln schmal, an Spitze 2-zähnig), selten.

— Tarsen mit einem Haftlappen zwischen den Krallen **24**

24. Postscutellum tiefer als das Scutellum liegend, dahinter Propodeum steil abstürzend (von der Seite betrachten!) .... 25; Mauerbienen, ***Osmia*** Panzer
4–15 mm. Bauchsammler. Nester meist in Hohlräumen, auch Schneckengehäusen. Häufig z. B. ***O. bicornis*** (L.) (= ***rufa*** (L.)). – Außerdem 13; ***Hoplitis*** Klug, häufiger ***H. adunca*** (Panzer).

— Postscutellum u. Scutellum in einer Ebene liegend, dahinter Propodeum mit deutlicher horizontaler Zone. 1. Abdtergit mit scharfer Querleiste. Scutellum seitlich gezähnt 2; Löcherbienen, ***Heriades*** Spinola
6–8 mm. Bauchsammler. Häufig ***H. truncorum*** (L.).

— Ähnlich, aber 1. Tergit ohne Querleiste, Scutellum ungezähnt 5; Scherenbienen, ***Chelostoma*** Latreille
4–14 mm. Bauchsammler. Häufig ***Ch. florisomne*** (L.).

Gattung: ***Bombus*** Latreille, Hummeln

16–35 mm. Staatenbildend. Beinsammler. Begattete ♀♀ überwintern, gründen im Frühjahr neues Volk. Bis Juni fliegen nur ☿☿, dann auch ♂♂, im Spätherbst ♀♀. Tabelle gilt nur für ♀♀ und ☿☿ (Fühler 12-gl); bei ♂♂ Fühler 13-gl. Viele Arten wegen ihrer Variabilität nach Farbmerkmalen nicht sicher zu bestimmen. Etwa 40 Arten, die 8 alpinen Arten hier nicht berücksichtigt. Auch sind die 9 parasitischen Arten (ehemalige Gattung ***Psithyrus*** Lepeletier, s. S. 334) nicht behandelt.

1. Backen unter den Augen von der Seite gesehen doppelt so hoch wie die Basalbreite der Mandibeln
a) Thorax oben vorn u. hinten hell behaart, zwischen den Flügeln schwarz. Abdende weiß behaart: ***B. hortorum*** (L.), Gartenhummel; ähnlich ***B. ruderatus*** (F.), seltener.
b) Thorax oben schwarz, selten vorn u. hinten mit eingestreuten grauen Haaren. Abdende rot behaart: ***B. pomorum*** (Panzer).

— Backen unter den Augen etwa so hoch (bis höchstens 1,5-mal so hoch) wie Basalbreite der Mandibeln 2

2. Thorax oben gelbraun behaart, seltener mit Einmischung dunkler Haare, nie mit schwarzen Binden
a) Gesicht unter den Fühlern hell behaart: ***B. pascuorum*** (Scopoli) (= ***agrorum*** (F.)), Ackerhummel (2. u. 3. Abdsegment ganz oder teilweise schwarz, 4.–6. Abdsegment gelbrot behaart), sehr häufig; ***B. muscorum*** (L.) (Abd einfarbig hell behaart); ***B. humilis*** Illiger (Abd einfarbig hell behaart, am Ende mit schwarzen Borsten).
b) Gesicht unter den Fühlern dunkel: ***B. hypnorum*** (L.) (Abdende weiß).

— Thorax oben mindestens zum Teil schwarz behaart 3

3. Gesicht unter den Fühlern hell behaart
a) 3. Abdsegment schwarz, 4.–6. gelb bis rötlich behaart: ***B. sylvarum*** (L.).
b) Abd einfarbig hell behaart, höchstens schwarze Haare eingestreut: ***B. veteranus*** (F.) (Körper graugelb behaart, 4. u. 5. Abdsegment oben mit eingestreuten schwarzen Haaren); ***B. distinguendus*** Morawitz (Körper olivgelb, Abd ohne schwarze Haare), nicht häufig.

— Gesicht unter den Fühlern dunkler behaart 4

4. Thorax oben vorn mit deutlich abgesetzter heller Binde, sonst schwarz
a) Abd hinten weiß behaart: ***B. terrestris*** (L.), Erdhummel, sehr häufig; ähnlich ***B. lucorum*** (L.) (Gelbfärbung meist heller) und 2 weitere Arten.
b) Abd hinten rot: ***B. pratorum*** (L.), Wiesenhummel.

— Thorax oben vorn u. hinten mit abgesetzter heller Binde, mit schwarzer Querbinde zwischen den Flügeln. Abd hinten weiß behaart
B. jonellus (Kirby) (letztes Abdsegment unten nicht gekielt); ***B. subterraneus*** (L.) (letztes Abdsegment unten mit deutlichem Kiel).

— Thorax oben ± einfarbig schwarz, höchstens vorn u. hinten mit eingemengten hellen Haaren. Abd hinten rot, selten weiß oder schwarz behaart
a) Endsegment des Abd oben mit erhöhtem, rundem, fast kahlem Feld. Abd vorn schwarz, 4.–6. Segment tief rot behaart: ***B. lapidarius*** (L.), Steinhummel, sehr häufig.
b) Endsegment des Abd ohne derartiges Feld. Abd heller rot gefärbt, selten weiß oder schwarz: ***B. pratorum*** (L.), Wiesenhummel (4.–6. Abdsegment rot; Clypeus spärlich punktiert); ***B. soroeensis*** (F.) (4. Abdsegment vorn schwarz, hinten – wie auch 5. u. 6. Segment – rot oder weiß oder Abd ganz schwarz; Clypeus dicht u. grob punktiert). – Weitere ähnliche Arten seltener: ***B. ruderarius*** (Müller) (Sondermerkmal: Körbchenhaare an Httibia rot); ***B. wurflenii*** Radoszkowski (Sondermerkmal: Mandibeln aufffallend stark gezähnt), im Gebirge; ***B. confusus*** Schenk (Sondermerkmal: 3. Gl der Fühler länger als 4. u. 5. zusammen).

Larven der Hymenoptera

1. Gestalt raupenähnlich, meist mit Brustbeinen (Thoracalbeinen). Kopf stärker sklerotisiert, meist mit mehrgliedrigen Fühlern. Häufig mit Augen. Freilebend, Minierer in Pflanzen oder Gallerreger .... Pflanzenwespen, **Symphyta** 2

— Gestalt madenähnlich. Ohne Brustbeine. Kopf wenig sklerotisiert. Fühler weich, ungegliedert. Augen fehlend. Endoparasitoide, Ektoparasitoide, Gallerreger, in mit Proviant versorgten Nestern solitärer Arten oder in Nestern sozialer Arten .... **Apocrita**
Beispiel: Larve der **Vespidae** [**62**]. – Hierher auch **Orussidae** (**Symphyta**) als Endoparasitoide bei Larven der Buprestidae.

2. Brustbeine borstenförmig [**63**] 3

— Brustbeine nicht borstenförmig, bisweilen ± reduziert 4

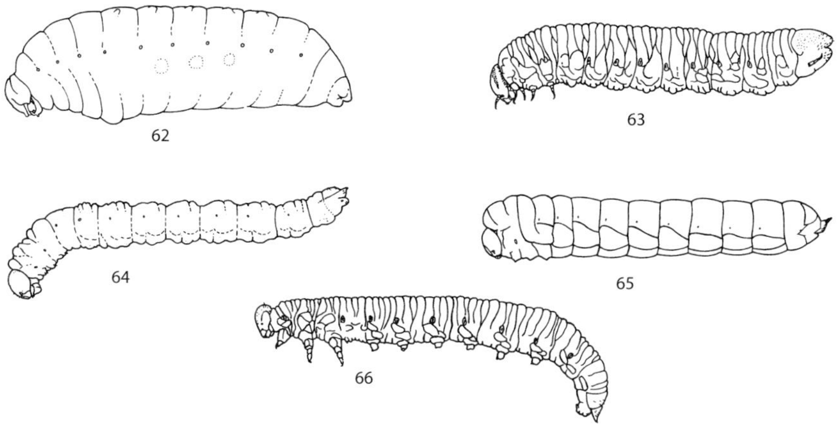

62 Vespidae; **63** Pamphiliidae; **64** Cephidae; **65** Siricidae; **66** Tenthredinidae

3. Abdsegmente mit je 6 Querfalten, mit längeren braunen Borsten .... **Megalodontesidae**
— Abdsegmente mit je 4 Querfalten, mit kleinen Börstchen besetzt. [**63**] .... **Pamphiliidae**
4. Abdominalbeine an allen Segmenten des Htleibs vorhanden .... **Xyelidae**
— Abdbeine vorhanden, am 1. u. 9. Htleibssegment (bisweilen auch an weiteren Segmenten) fehlend **8**
Selten an allen Segmenten fehlend, dann als Sondermerkmal Kopf stark abgeflacht.
— Abdbeine fehlend. Minierer **5**
5. Fühler 6-gl. Letzte beide Htleibssegmente dorsal mit je 1 Paar ungegliederter Fortsätze. In Farnen .... **Blasticotomidae**
— Fühler 1–5-gl. Htleib ohne derartige Fortsätze. Nicht in Farnen **6**
6. Fühler deutlich 3–5-gl, ohne verstärkte Basis. Htleib meist mit (ventral am Htende gelegenen) Subanalanhängen. Augen meist vorhanden. [**64**] .... **Cephidae**
— Fühler undeutlich 1–2(–3)-gl, mit verdickter u. beborsteter Basis. Ohne Subanalanhänge. Ohne Augen. Nur in Holz minierend **7**
7. Mit großem Stigma am Metathorax (= 3. Brustsegment), so groß wie Stigmen am Htleib. [**65**] **Siricidae**
— Mit kleinem (funktionslosem) Stigma am Metathorax .... **Xiphydriidae**
8. Fühler 1–2-gl, knopfförmig oder konisch **9**
— Fühler mindestens 3-gl **10**
9. Htleibssegmente mit 7 Querfalten. Abdfüße an den Segmenten 2–8 u. 10. Fühler 2-gl **Cimbicidae**
— Htleibssegmente mit 3 Querfalten, mit höchstens 7 Paar Abdfüßen. Fühler 1-gl ...... **Argidae**
10. Fühler 3-gl, Glied 1 u. 2 flach, Glied 3 stiftförmig, exzentrisch eingelenkt .... **Diprionidae**
— Fühler mit mehr als 3 Gliedern; wenn 3-gl, dann von anderer Gestalt. [**66**] ..... **Tenthredinidae**

Literatur

Amiet, F.: Hymenoptera Apidae, 1. Teil. Insecta Helvetica Fauna 12. Neuchâtel, 1996.
Amiet, F.: Vespoidea 1. Fauna Helvetica 23. Neuchâtel, 2008.
Amiet, F., Herrmann, M., Müller, A., Neumeyer, R.: Apidae 3, 4, 5, 6. Fauna Helvetica 3, 9, 20, 26. Neuchâtel, 2001, 2004, 2007, 2010
Amiet, F., Müller, A., Neumeyer, R.: Hymenoptera Apidae, 2. Teil. Fauna Helvetica 4. Neuchâtel, 1999.
Bellmann, H.: Bienen, Wespen, Ameisen. Die Hautflügler Mitteleuropas. 2. Aufl. Stuttgart, 2005.
Benson, R. B., Perkins, J. F., Richards, O. W. u. a.: Hymenoptera. In: Handbooks for the Identification of British Inscects 6, 7. London, 1956–1968.

Bernard, F.: Les Fourmis (Hymenoptera, Formicidae). Faune de l'Europe et du Bassin Méditerranéen 3. Paris, 1968.
Bitsch, J., Leclerc, J.: Hyménoptères Sphecidae d' Europe occidentale. Vol. 1. Faune de France 79. Paris, 1993.
Bitsch, J., Barbier, Y., Gayubo, S. F., Schmidt, K., Ohl, M.: Hyménoptères Sphecidae d' Europe Occidentale. Vol. 2. Faune de France 82. Paris, 1997.
Bitsch, J., Dollfuss, H., Bouček, Z., Schmidt, C., Schmid-Egger, S. F., Gayubo, A. V., Antropov, A. A., Barbier, Y.: Hymenopteres Sphecidae d'Europe occidentale. Vol. 3. 2nde éd. Faune de France 86. Paris, 2007.
Blösch, M.: Die Grabwespen Deutschlands. Die Tierwelt Deutschlands 71. Keltern, 2000.
Dathe, H. H.: Hymenoptera, Hautflügler. In: Dathe, H. H., Kaestner – Lehrbuch der speziellen Zoologie. Band I: Wirbellose Tiere. Teil 5. Insecta. 2. Aufl. Heidelberg, Berlin, 2003.
Dathe, H. H., Taeger, A., Blank, S. M.: Verzeichnis der Hautflügler Deutschlands. Entomofauna Germanica 4/ Entomologische Nachrichten und Berichte – Beiheft 7. Dresden, 2001.
Dollfuss, H.: Bestimmungsschlüssel der Grabwespen Nord- und Zentraleuropas (Hymenoptera, Sphecidae). Stapfia 24. Linz, 1991.
Gauld, I., Bolton, B.: The Hymenoptera. 2nd ed. Oxford, 1996.
Gokcezade, J., Gereben-Krenn, B.-A., Neumayer, J.: Feldbestimmungsschlüssel für die Hummeln Deutschlands, Österreichs und der Schweiz. Wiebelsheim, 2017.
Hagen, O. von: Hummeln. Melsungen, 1994.
Hymenoptera Online (HOL) [https://hol.osu.edu/]. 2019.
Jacobs, H.-J.: Die Grabwespen Deutschlands. Ampulicidae, Sphecidae, Crabronidae. Bestimmungsschlüssel. Die Tierwelt Deutschlands 79. Hackenheim, Keltern, 2007.
Kroupa, A. S., C. Schmid-Egger, C., Schmidt, S.: Die Hymenopteren Deutschlands. [http://www.hymis.de/]. 2012.
Kutter, H.: Hymenoptera: Formicidae. Insecta Helvetica Fauna 6. Zürich, 1977. (Ergänzungsband 6a, 1982).
Mauss, V., Treiber, R.: Bestimmungsschlüssel für die Faltenwespen (Hymenoptera: Masarinae, Polistinae, Vespinae) der Bundesrepublik Deutschland. Hamburg, 1994.
Michener, C. D.: The bees of the world. 2nd ed. Baltimore, 2007.
Müller, A., Krebs, A., Amiet, F.: Bienen - Mitteleuropäische Gattungen, Lebensweise, Beobachtung. Augsburg, 1997.
Oehlke, J., Taeger, A., Blank, S. M., Kraus, M., Dathe, H. H., Jacobs, H. J.: Hymenoptera – Hautflügler. In: B. Klausnitzer, Stresemann – Exkursionsfauna von Deutschland, Band 2 – Wirbellose: Insekten. 11. Aufl. Heidelberg, 2011.
Scheuchl, E.: Illustrierte Bestimmungstabellen der Wildbienen Deutschlands und Österreichs. Band I: Anthophoridae; Band II: Megachilidae – Melittidae. Velden, 1995 (2. Aufl. 2000), 1996 (2. Aufl. 2006).
Scheuchl, E., Willner, W.: Taschenlexikon der Wildbienen Mitteleuropas. Alle Arten im Porträt. Wiebelsheim, 2016.
Schmid-Egger, C.: Bestimmungsschlüssel für die deutschen Arten der solitären Faltenwespen (Hymenoptera: Eumeninae). Hamburg, 1994.
Schmidt-Egger, C., Scheuchl, E.: Illustrierte Bestimmungstabellen der Wildbienen Deutschlands und Österreichs. Band III: Andrenidae. Velden, 1997.
Schmiedeknecht, O.: Die Hymenopteren Nord- und Mitteleuropas. 2. Aufl. Jena, 1930.
Seifert, B.: Die Ameisen Mittel- und Nordeuropas. Görlitz, Tauer, 2007.
Taeger, A., Blank, S. M.: Pflanzenwespen Deutschlands (Hymenoptera, Symphyta). Keltern, 1998.
Taeger, A., Blank, S. M., Liston, A. D.: World Catalog of Symphyta (Hymenoptera). Zootaxa 2580, 1–1064. [http://sdei.de/ecatsym/]. 2012.
Westrich, P.: Die Wildbienen Baden-Württembergs. 2 Bände. Stuttgart, 1989.
Witt, R.: Wespen beobachten, bestimmen. Augsburg, 1998.
Wolf, H.: Hymenoptera: Pompilidae. Insecta Helvetica Fauna 5. Zürich, 1972

Neuroptera (= **Planipennia**), Echte Netzflügler, Hafte, Plattflügler

Mit beißenden Mundwerkzeugen, freiem Prothorax, mit gleichartigen, häutigen, meist netzadrigen Flügeln u. mit vollkommener Verwandlung (Holometabolie). Larven mit Saugzangen ([**52b**], S. 201), die meisten Larven leben auf dem Land, nur die von ***Sisyra*** im Wasser u. von ***Osmylus*** amphibisch, spinnen vor Verpuppung Kokon. Räuber. Im Gebiet etwa 100 Arten. Längenangaben gelten für den Vorderflügel.
Abkürzungen: RA = zurücklaufende Ader, Sr = Radiussektor.

System:
Hemerobiiformia: Chrysopidae, Coniopterygidae, Hemerobiidae, Mantispidae, Osmylidae, Sisyridae
Myrmeleontiformia: Ascalaphidae, Myrmeleontidae

In Deutschland besonders geschützt: *Libelloides longicornis,* Myrmeleontidae.

1. Fühler am Ende keulenförmig oder knopfartig verdickt 2
— Fühler am Ende nicht verdickt 3
2. Fühler fast so lang wie Vorderflügel. Flügel bunt mit großen, gelben u. braunen Flecken [**1**] Schmetterlingshafte, **Ascalaphidae**
Groß, Länge des Vorderflügels 18–28 mm, schmetterlingsähnlich. Nur 2; ***Libelloides*** Schäffer (= ***Ascalaphus*** F.) [**1**], räuberisch, auf Bergwiesen im südlichen Bereich, selten, z. B. ***L. coccajus*** Denis et Schiffermüller (= ***libelluloides*** (Schäffer)).
— Fühler viel kürzer als Vorderflügel (etwa so lang wie Kopf + Thorax). Flügel glashell oder nur mit kleinen, braunen Flecken. Libellenähnlich [**2**] . . . . Ameisenjungfern, **Myrmeleontidae**
Groß, Länge des Vorderflügels 25–57 mm. 5 Gattungen mit 6 Arten. Häufiger nur ***Myrmeleon formicarius*** L. [**2**] (Flügel ungefleckt) u. ***Euroleon nostras*** (Geoffroy in Fourcroy) (Flügel gefleckt). Larven (Ameisenlöwen) bauen trichterförmige Gruben in Sand u. saugen die hereinfallenden Insekten aus. Die Larven einiger Arten leben ohne Bau eines Trichters im Boden.
3. Flügelgeäder stark reduziert, höchstens 2 Queradern im Randfeld des Vorderflügels. Körper u. Flügel durch Wachs weiß bestäubt. Länge des Vorderflügels 2–5 mm. [**3**] Staubhafte, **Coniopterygidae**
Auf Bäumen u. Gebüsch. Fressen Blattläuse und Insekteneier. 2; ***Conwentzia*** Enderlein [**3**] (mit stark reduzierten, verschmälerten Hinterflügeln), ***C. pineticola*** Enderlein auf Nadelhölzern, ***C. psociformis*** (Curtis) auf Laubhölzern. Bei übrigen 5 Gattungen (mit 17 Arten) Hinterflügel normal ausgebildet, z. B. ***Coniopteryx*** Curtis, häufig ***C. pygmaea*** Enderlein, an Nadelhölzern. An Laubhölzern häufig ***Semidalis aleyrodiformis*** (Stephens).
— Im Randfeld des Vorderflügels mit vielen Queradern. Ohne weiße Bestäubung 4
4. Vorderbeine zu großen Fangbeinen umgestaltet . . . . Fanghafte, **Mantispidae**
Nur ***Mantispa styriaca*** (Poda) (Länge des Vorderflügels 7–17 mm), im Süden, selten. Larven dringen in Eikokon von Spinnen (Lycosiden) ein u. fressen die Eier.
— Vorderbeine keine Fangbeine, alle Beine gleichartig 5
5. Mit 3 Stirnaugen (Ocellen). Kopf braunrot . . . . Bachhafte, **Osmylidae**
Nur ***Osmylus fulvicephalus*** (Scopoli) (Länge des Vorderflügels 20–26 mm), besonders an schattigen, klaren Bächen.
— Ocellen fehlen 6
6. Queradern im Flügelrandfeld gegabelt [**5, 6**] Blattlauslöwen, Taghafte, **Hemerobiidae** S. 340
— Queradern im Flügelrandfeld nicht gegabelt [**4**] 7
7. Fühler perlschnurartig, kurz. Länge des Vorderflügels bis 6 mm. Körper braun gefärbt Schwammfliegen, **Sisyridae**
Nur 4; ***Sisyra*** Burmeister, häufig ***S. nigra*** (Retzius) (= ***fuscata*** (F.)) (gesamte Fühler schwarz, Flügel einfarbig braun). Imagines an ufernaher Vegetation. Larven im Wasser, saugen an Schwämmen, seltener an Bryozoen.
— Fühler borstenartig, lang. Länge des Vorderflügels mindestens 7 mm, meist länger. Körper meist grün. [**4**] . . . . Florfliegen, Goldaugen, **Chrysopidae** S. 341

Familie: **Hemerobiidae**, Blattlauslöwen, Taghafte

Vor allem auf Bäumen u. Sträuchern. Nahrung kleine Arthropoden, auch Blattläuse.

1. An der Basis des Randfelds im Vorderflügel eine kleine, zur Flügelwurzel zurücklaufende Ader [**5**: RA] **3**

— Aderung anders **2**

2. Länge des Vorderflügels bis 3,7 mm. An Kräutern .... ***Psectra diptera*** (Burmeister)

— Länge des Vorderflügels über 5 mm .... 4; ***Micromus*** Rambur

An Kräutern. Häufig ***M. variegatus*** (F.) (Vorderflügel glashell, grauschwarz gescheckt, lang u. schmal); Flügel der übrigen Arten, darunter ***M. paganus*** (L.), viel breiter.

3. Vorderflügel unterhalb der Spitze buchtig ausgeschnitten. Länge des Vorderflügels 11–16 mm. Auf Laubhölzern .... ***Drepanepteryx phalaenoides*** (L.)

— Vorderflügel nicht buchtig ausgeschnitten. Kleiner **4**

4. Randfeld des Vorderflügels stark bogig verbreitert .... 2; ***Megalomus*** Rambur

Vorderflügel mit 2 vollständig ausgebildeten Queraderreihen. Auf Laubhölzern u. niedriger Vegetation, z. B. ***M. hirtus*** (L.). – Außerdem ***Drepanepteryx algida*** (Erichson) (Vorderflügel mit 3 vollständig ausgebildeten Queraderreihen, Länge 8–10 mm), auf Nadelhölzern, vor allem auf Lärche.

— Randfeld des Vorderflügels nicht auffallend verbreitert **5**

5. Hinterflügel, abgesehen von den Rändern, mit höchstens 3 Queradern auf der Flügelfläche. Klein, Länge des Vorderflügels 3–6 mm .... 5; ***Sympherobius*** Banks

Auf Bäumen u. Sträuchern, z. B. ***S. pygmaeus*** (Rambur) an Laubhölzern, vor allem Eiche.

— Hinterflügel auf der Fläche mit mehr als 3 Queradern. Meist größer, Länge des Vorderflügels 5,5–12 mm **6**

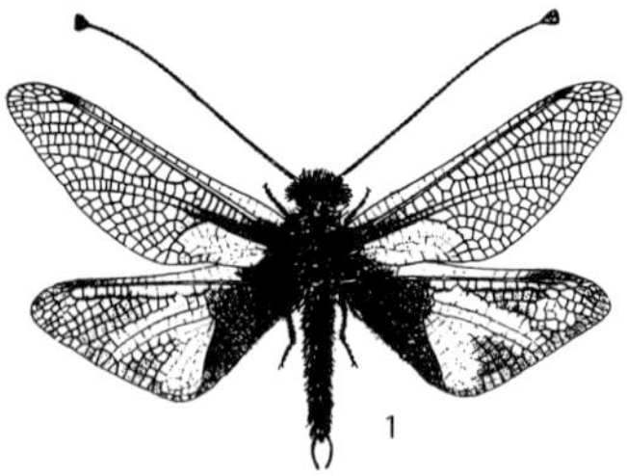

1

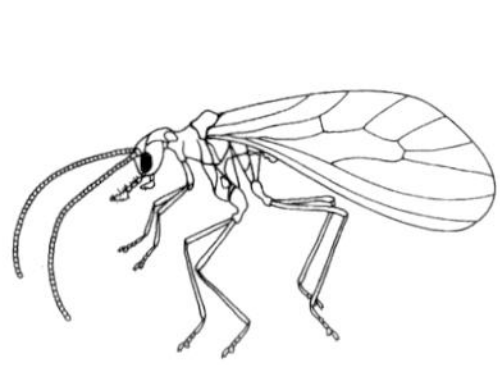

3

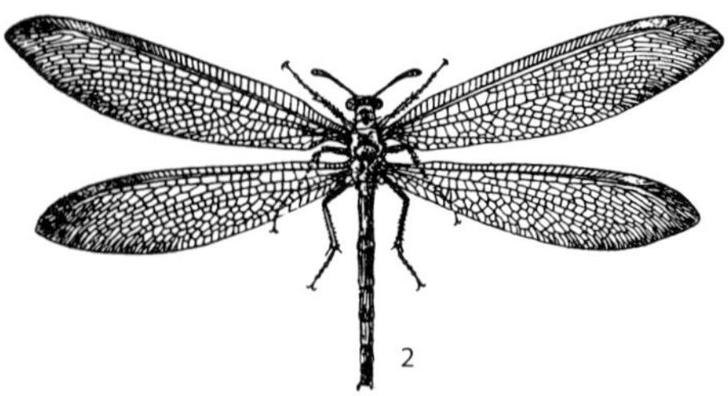

2

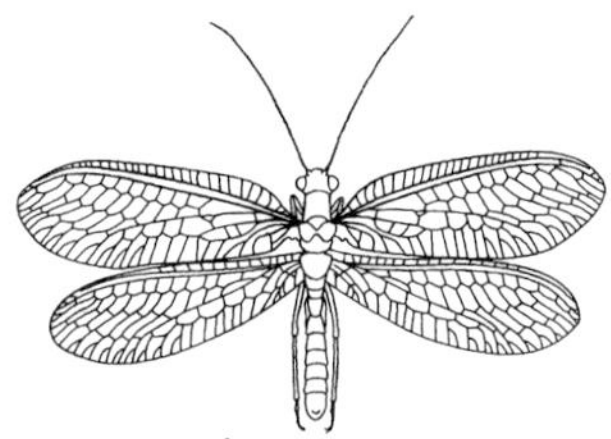

4

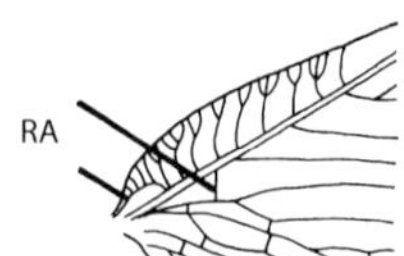

5

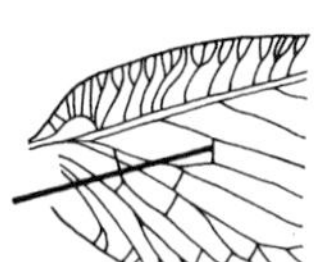

6

1 *Libelloides*; **2** *Myrmeleon*; **3** *Conwentzia*; **4** *Chrysopa*

6. Im Vorderflügel eine Querader (am Grunde zwischen Radius u. Media) vor Abzweigung der Ader Sr [**5**] .... 14; ***Hemerobius*** L.
Häufig ***H. humulinus*** L. (Länge des Vorderflügels 8–9 mm).
— Diese Querader mehr zur Mitte hin liegend, Sr mit der Media verbindend [**6**] 11; ***Wesmaelius*** Krüger
Häufig ***W. subnebulosus*** (Stephens) (Länge des Vorderflügels 8–9 mm) u. ***W. nervosus*** (F.) (Länge des Vorderflügels 8–10 mm).

Familie: **Chrysopidae**, Florfliegen, Goldaugen

Vor allem nachtaktiv. Nahrung kleine Arthropoden, auch Blattläuse, bei Imagines mancher Arten Pollen, Nektar u. Honigtau. Manche Larven mit Hüllen von Beutetieren bedeckt.

1. Randfeld des Vorderflügels mit weniger als 15 Queradern. Alle Adern schwarz. Kopf gelb, mit dunklen Längsstreifen. Länge des Vorderflügels 8–10 mm .... ***Hypochrysa elegans*** (Burmeister)
— Randfeld des Vorderflügels mit mehr als 15 Queradern **2**
2. Körper vorwiegend braun .... 2; ***Nothochrysa*** McLachlan
Kopf leuchtend gelborange. Länge des Vorderflügels 13–25 mm. Häufiger ***N. capitata*** (F.). – Außerdem ***Italochrysa italica*** (Rossi) (Sondermerkmale: Körper ± gelb, mit rotbraunen Streifen auf Brustseiten u. dem Rücken des Hinterleibs; groß: Länge des Vorderflügels 22–25 mm), in Süddeutschland, sehr selten.
— Körper vorwiegend grün **3**
3. Kopf ungefleckt **4**
— Kopf mit dunkler Zeichnung **5**
4. Größer, Länge des Vorderflügels 16–26 mm .... 5; ***Nineta*** Navás
Flügel am Vorderrand nicht mit langen Haaren. Häufig auf Laubhölzern ***N. flava*** (Scopoli).
— Kleiner, Länge des Vorderflügels 11–17 mm. Flügel am Vorderrand mit langen Haaren ***Chrysotropia ciliata*** (Wesmael)
5. Klein, Länge des Vorderflügels 7–11 mm. Vorderflügel schmal, zugespitzt ***Peyerimhoffina*** (= ***Tjederina***) ***gracilis*** (Schneider)
— Größer, Länge des Vorderflügels über 11 mm. Vorderflügel breiter, Spitze abgerundet [**4**] 9; ***Chrysopa*** Leach, 4; ***Chrysoperla*** Steinmann, 5; ***Pseudomallada*** Tsukaguchi (= ***Dichochrysa*** Yang), 1; ***Cunctochrysa*** Hölzel
Sehr häufig z. B. ***Chrysopa perla*** (L.) (Kopf mit großer, hinten ringförmig geschlossener, x-förmiger dunkler Zeichnung); ***Chrysoperla carnea*** (Stephens), oft Massenentwicklung, überwintert in Häusern, im Winter Umfärbung von grün zu rötlich.

Larven der Neuroptera

Mandibeln u. Maxillen verlängert u. zu Saugzangen mit Nahrungsrohr umgebildet, mit denen Beute ergriffen u. ausgesogen wird. **Mantispidae:** Larve 1 freilebend (ähnlich Hemerobiidae, aber Kopf viel breiter als Pro- und Mesothorax), Larve 2 parasitisch in Eikokons von Spinnen, madenförmig mit winzigen Beinstummeln.

1. Tarsus mit 1 Kralle. Kopf im Vergleich zum Thorax sehr klein [**7**]. Hinterleib unten mit Tracheenkiemen. Aquatisch .... **Sisyridae**
— Tarsus mit 2 Krallen. Kopf nicht derart klein [**8–14**]. Ohne Tracheenkiemen. Terrestrisch .. **2**
2. Saugzangen lang oder kurz, jedoch ziemlich gerade u. nicht sichelförmig nach innen gebogen **3**
— Saugzangen sichelförmig nach innen gebogen **4**
3. Saugzangen lang stilettförmig, leicht auswärts gebogen, viel länger als der Kopf [**8**] **Osmylidae**
— Saugzangen sehr kurz, von Oberlippe bedeckt oder etwas hervorragend, gerade, nadelförmig [**9**] .... **Coniopterygidae**
4. Saugzangen innen mit 3 kräftigen Zähnen. Körper kurz u. breit **5**
— Saugzangen innen ungezähnt. Körper gestreckt **6**

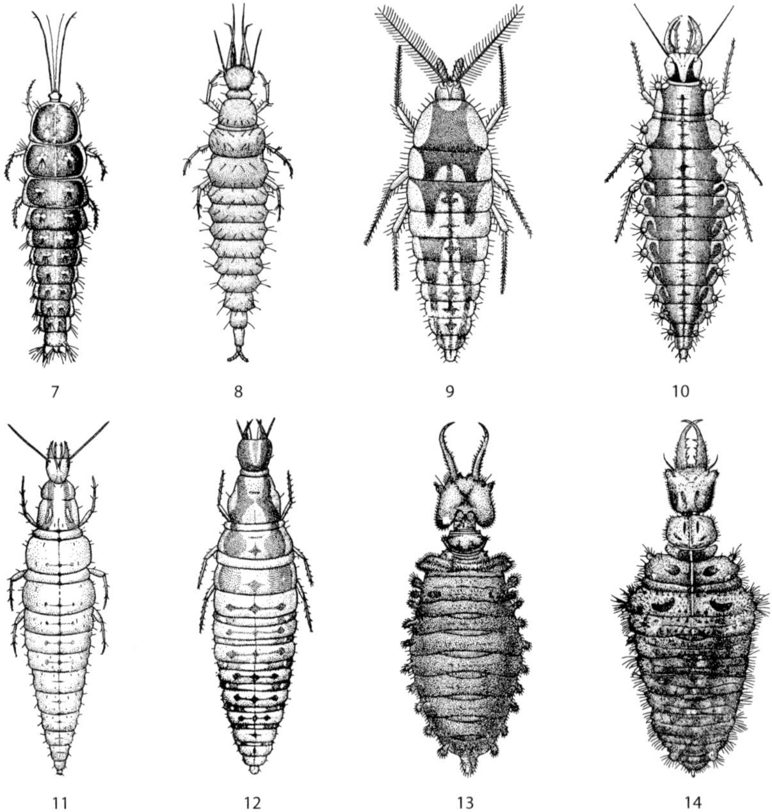

7 Sisyridae; **8** Osmylidae; **9** Coniopterygidae; **10** Chrysopidae; **11** Hemerobiidae: *Hemerobius*; **12** Hemerobiidae: *Sympherobius*; **13** Ascalaphidae; **14** Myrmeleontidae

5. Hinterrand des Kopfes in der Mitte stark eingebuchtet. Hinterleibssegmente mit seitlichen, lappenförmigen Anhängen [**13**] .... **Ascalaphidae**
— Hinterrand des Kopfes ziemlich gerade. Htleibssegmente ohne Anhänge [**14**] **Myrmeleontidae**
6. Mit borstentragenden Höckern an den Seiten von Thorax u. Hinterleib [**10**] ..... **Chrysopidae**
— Ohne borstentragende Höcker an den Seiten [**11, 12**] .... **Hemerobiidae**
Beispiele: ***Hemerobius*** [**11**] (Fühler länger als der Kopf); ***Sympherobius*** [**12**] (Fühler kürzer als der Kopf).

Literatur

Aspöck, H., Aspöck, U.: Die Neuropteren. Naturkundl. Jahrb. Linz, 1964; Teil II. Linz, 1969.
Aspöck, H., Aspöck, U., Hölzel, H.: Die Neuropteren Europas, Band I. u. II. Krefeld, 1980.
Elliott, J. M.: British freshwater Megaloptera and Neuroptera. Freshwater Biological Association, Scientific Publication 35, 2nd ed. Ambleside, 1996.
Kleinsteuber, E., Röhricht, W.: Neuroptera [Planipennia] – Echte Netzflügler. In: B. Klausnitzer, Stresemann – Exkursionsfauna von Deutschland, Band 2 – Wirbellose: Insekten. 11. Aufl. Heidelberg, 2011.
Plant, C.: A key to the adults of British lacewings and their allies. Field Studies Council 245. Shrewsbury, 1997.
Wachmann, E., Saure, C.: Netzflügler, Schlamm- und Kamelhalsfliegen. Augsburg, 1997.

Coleoptera, Käfer

Kopf [**1b, 1c**] mit beißenden Mundwerkzeugen ([**1**], S. 191). Fühler [**1d**] fadenförmig, perlschnurförmig, gesägt (mit dreieckig erweiterten Gliedern), gekämmt oder gefiedert (mit längeren Fortsätzen), gekeult (mit verdickten Endgliedern) oder knopfförmig gekeult, geblättert (mit einseitigem Fächer) oder gekniet (mit langem basalen Schaftglied und winklig angesetzter Geißel). 1. Brustsegment (Prothorax) bei Imagines frei beweglich und vom Halsschild (= Pronotum) bedeckt [**1a**]. Vom 2. Brustsegment (Mesothorax) höchstens Basis sichtbar, auf ihm liegt meist ein kleines, gewöhnlich dreieckiges Schildchen (= Scutellum). Oberflügel (= Vorderflügel) zu festen Decken (Elytren) umgebildet, darunter die häutigen Unterflügel (= Hinterflügel). Tarsus (Fuß) mit 3–5 Tarsalgliedern (Fußgliedern) (Zählung beginnt mit dem basalen, an die Schiene (Tibia) angrenzenden Glied), am Ende mit 1 oder 2 Krallen; diese sind keine Tarsenglieder. Rückenplatten (Tergite) des Hinterleibs (Abdomen) von den Elytren meist bedeckt, Tergit des 8. Abdominalsegments (= Pygidium) ± frei; auf der Unterseite Bauchplatten (Sternite) sichtbar. Die Elytren stoßen in einer Linie, der Naht, zusammen; selten klafft diese am Ende auseinander, dann fehlen die Unterflügel. Der Seitenrand der Elytren wölbt sich oft nach unten über den Seitenrand des Hinterleibs und bildet dann eine Art Kante (Epipleurum). Entwicklung mit vollkommener Verwandlung (Holometabolie). Weitere Erläuterungen bei Hexapoda (S. 191).
Ursprüngliche Ernährungsweise der Käfer als Räuber (Zoophagie) oder Verzehr von totem organischem (meist Bakterien und Pilze enthaltendem) Material (Saprophagie). Fraß an grünen Pflanzen (Phytophagie) entwickelte sich am spätesten in der Evolution. **Zoophagie** herrscht vor bei Adephaga (außer Haliplidae), verschiedensten Staphylinidae, vielen Hydrophilidae-Larven, den Histeridae, Helodidae, Cantharidae, Cleroidea, den meisten Coccinellidae. – **Saprophagie** als Fraß von Detritus, Kot, Aas zeigen viele Staphylinoidea, viele Hydrophilidae, Geotrupidae, viele Scarabaeidae, Dermestidae, Ptininae, einige Familien der Cucujoidea und Tenebrionoidea (u.a. Tenebrionidae). – **Phytophagie** im weitesten Sinne (Fraß von Pollen, Nektar, Blättern, Holz (Ho)) findet sich bei Haliplidae, Imagines der Hydrophilinae, vielen Scarabaeidae, Lucanidae (Ho), Byrrhidae, Dryopidae, Buprestidae (Ho), Elateridae (einige: Ho), Lyctinae (Ho), Bostrichidae (viele: Ho), Anobiinae (viele: Ho), Lymexylidae (Ho), Cerambycidae (die meisten: Ho), Chrysomelidae, Bruchinae, Anthribidae, Curculionidae u. verwandten Familien, Scolytinae (Ho), Platypodinae (Ho).
Die meisten Käfer leben an Land, einschließlich feuchter Ufer. Echte Wassertiere sind Hygrobiidae, Haliplidae, Dytiscidae, Gyrinidae, Hydraenidae, viele Hydrophilidae und Dryopidae, Larven der Helodidae und Donaciinae (Chrysomelidae). Im Gebiet über 6600 Arten.
Abkürzungen: Vd- = Vorder-, Ht- = Hinter-, E = Elytren, H = Halsschild. Die **Tarsenformel** (z. B. 5,5,4) gibt die Zahl der Tarsalglieder für Vorder-, Mittel- und Hintertarsus an.

System (nach Bouchard et al. (2011) u. Duff (2018)):
Myxophaga
- **Sphaeriusidae** (= **Microsporidae**)

Adephaga
- **Carabidae** [27, 54–57], **Dytiscidae** [25], **Gyrinidae** [24], **Haliplidae**, **Hygrobiidae**, **Noteridae**

Polyphaga
- **Staphyliniformia**
  - **Hydrophiloidea: Histeridae** [38], **Hydrophilidae** [23], **Sphaeritidae**
  - **Staphylinoidea: Agyrtidae, Hydraenidae, Leiodidae, Ptiliidae, Silphidae** [41, 42], **Staphylinidae** [2, 72–76]
- **Scarabaeiformia**
  - **Scarabaeoidea: Geotrupidae** [35], **Lucanidae** [36], **Ochodaeidae, Scarabaeidae** [35, 77–81], **Trogidae**
- **Elateriformia**
  - **Scirtoidea: Clambidae, Eucinetidae, Scirtidae** (= **Helodidae**) [33]
  - **Dascilloidea: Dascillidae**
  - **Buprestoidea: Buprestidae** [29]
  - **Byrrhoidea: Byrrhidae** [39], **Dryopidae** [37], **Elmidae, Heteroceridae** [10], **Limnichidae, Psephenidae**

Elateroidea: Cantharidae [34], Cerophytidae, Drilidae, Elateridae [28], Eucnemidae, Lycidae, Lampyridae, Omalisidae, Throscidae

Derodontiformia

Derodontoidea: Derodontidae, Nosodendridae

Bostrichiformia

Bostrichoidea: Bostrichidae [13], Dermestidae [40], Ptinidae (= Anobiidae) [31]

Cucujiformia

Lymexyloidea: Lymexylidae [30]

Cleroidea: Cleridae [5], Melyridae, Phloiophilidae, Thanerocleridae, Trogossitidae

Cucujoidea (meist = **Clavicornia**): **Alexiidae** (= **Sphaerosomatidae**), **Biphyllidae, Bothrideridae, Brachypteridae** (= **Kateretidae**), **Byturidae [43], Cerylonidae, Coccinellidae [3], Corylophidae** (= **Orthoperidae**), **Cryptophagidae [47], Cucujidae [45], Endomychidae, Erotylidae, Laemophloeidae, Latridiidae, Monotomidae** (= **Rhizophagidae**), **Nitidulidae [44], Phalacridae, Phloeostichidae, Silvanidae, Sphindidae**

Tenebrionoidea: Aderidae, Anthicidae [21], Ciidae, Melandryidae (= **Serropalpidae**) **[18], Meloidae [15], Mordellidae [17], Mycetophagidae, Mycteridae, Oedemeridae [22], Prostomidae, Pythidae, Pyrochroidae [19], Ripiphoridae, Salpingidae, Scraptiidae, Tenebrionidae [14], Tetratomidae, Zopheridae** (= **Colydiidae**)

Chrysomeloidea: Cerambycidae [8, 88–92], Chrysomelidae [9, 93, 94, 98, 100, 101], Megalopodidae, Orsodacnidae

Curculionoidea: Anthribidae [6], Apionidae [105], Attelabidae, Curculionidae [4, 110–113], Dryophthoridae, Erirhinidae, Nanophyidae, Nemonychidae, Rhynchitidae

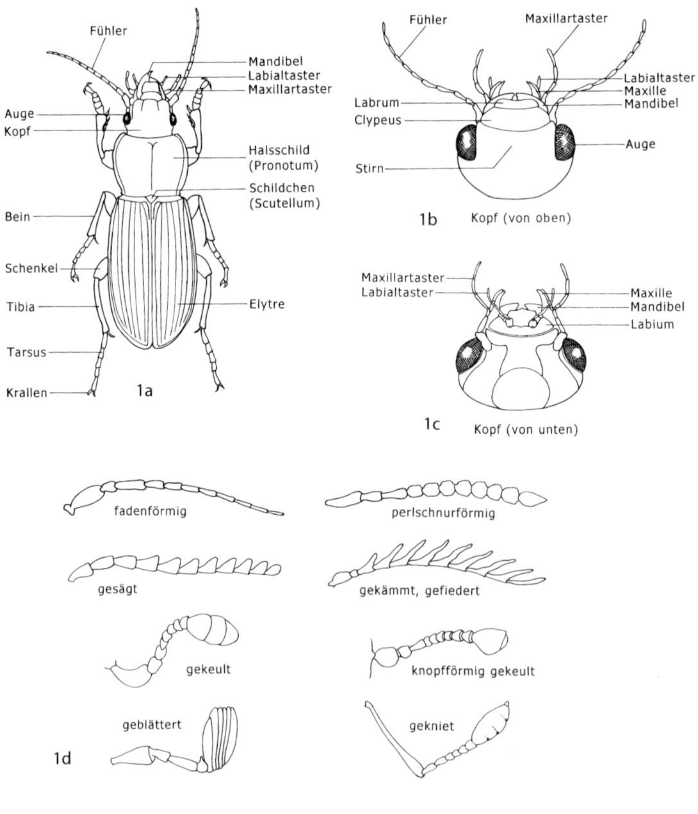

In Deutschland besonders geschützt: manche **Carabidae** (***Calosoma, Carabus, Cicindela, Cylindera***); ***Hydrophilus***; alle **Lucanidae**; manche **Geotrupidae** u. **Scarabaeidae** (***Typhaeus, Copris, Oryctes, Polyphylla, Cetonia, Protaetia, Osmoderma, Gnorimus variabilis***); manche **Cleridae** (z. B. ***Clerus mutillarius, Trichodes alvearius***); fast alle **Buprestidae**; ***Meloe***; ***Sitaris muralis***; fast alle **Cerambycidae**.

1. E abgestutzt u. verkürzt, oft nicht viel länger als breit u. kaum die Hälfte des Htleibs bedeckend [**2a**]. Unterflügel (wenn vorhanden) unter den mit gerader Naht sich berührenden E einziehbar. Schlank. Selten E länger, dann aber Gesamthabitus ähnlich wie [**2b**] .... **Staphylinidae** S. 368

— E bedecken Htleib ganz oder lassen sein Ende frei **2**

Habitus nicht wie [**2b**]. Wenn E stärker verkürzt, dann durch Sondermerkmale charakterisiert:

a) Unterflügel über Htleib sichtbar. Habitus z. B. [**91**, **92**]: einige **Cerambycidae**.

b) Fühler mit deutlich abgesetzter, mehrgliedriger Keule, Habitus z. B. [**38**, **41**, **77**, **80**]: einige **Histeridae**, **Silphidae**, **Scarabaeidae**.

c) E haben schräge Naht u. klaffen auseinander. Habitus z. B. [**15**, **30**]: **Meloidae**, **Lymexylidae**, einige **Ripiphoridae**.

d) Fühler haarartig mit längeren Wimperhaaren: einige **Ptiliidae**.

e) E fast bzw. ganz fehlend: ♀♀ der **Drilidae**, **Lampyridae**, **Omalisidae**, einige **Ripiphoridae**.

f) E weich, biegsam. Habitus z. B. [**34**]: manche **Cantharidae**.

Auch bei ***Platypsyllus castoris*** Ritsema, Biberlaus (**Leptininae**, zu **Leiodidae**) sind E verkürzt (etwa 2 mm; Fühler kurz, 3-gliedrig, am Ende mit Haarbüscheln; Kopf groß, halbkreisförmig, ohne Augen), nur auf dem Biber.

2. Aquatisch **33**

— Terrestrisch (hier werden aber auch alle aquatischen Käfer behandelt) **3**

3. Alle Tarsen wirklich oder scheinbar 3-gliedrig (Tarsenformel 3,3,3) **4**

— Alle Tarsen wirklich 4-gliedrig oder pseudotetramer (d. h. die 2 obersten Glieder normal, das nächste meist 2-lappig, das 4. winzig oder fehlend, das Krallenglied (= 5.) normal), Tarsenformel für sichtbare Tarsalglieder also 4,4,4 ...... **8**

— Tarsenformel 5,5,4 ...... **18**

— Tarsenformel 5,5,5 oder 4,4,5 oder 5,4,4 ...... **33**

— Andere Tarsenformeln

Tarsenformel 3,4,4: ♂♂ der **Mycetophagidae** s. Nr. **88**. Tarsenformel 4,3,3: einige **Leiodidae** S. 366.

4. Klein (höchsten 1,2 mm). Körper oval, flach gewölbt. Fühler (mindestens in der Mitte) haarartig, mit längeren Wimperhaaren. Htflügel mit schmaler Achse, besetzt mit langen Wimpern, Htflügel können fehlen ...... Federflügler, Haarflügler, **Ptiliidae**

Fressen Pilzsporen, einige Arten in Ameisennestern. Etwa 20 Gattungen mit über 75 Arten. Beispiel: ***Acrotrichis*** Motschulsky, etwa 25 Arten, häufig ***A. intermedia*** (Gillmeister).

— Anders **5**

5. Tarsen breit, mit bürstenartiger Sohle. Körper gewölbt **7**

— Tarsen ohne derartige bürstenartige Sohle. Körper flacher u. schlank, meist braun, 1–3 mm **6**

6. Fühler vom 3. Glied an haardünn, letzte 3–4 Fühlerglieder eiförmig, mit Haarwirteln (zu **Staphylinidae**) **Dasycerinae**

Auch als eigene Familie **Dasyceridae** angesehen. Nur ***Dasycerus sulcatus*** Brongniart (1,8–2,3 mm), in der Bodenstreu, in Moos.

— Fühler normal ...... Moderkäfer, **Latridiidae**

E mit Längsstreifen. An schimmeligem Substrat. 13 Gattungen mit fast 90 Arten, darunter ***Latridius*** Herbst, ***Enicmus*** Thomson u. ***Corticaria*** Marsham, häufig z. B. ***L. minutus*** (L.), ***E. transversus*** (Olivier), *C. pubescens* (Gyllenhal).

7. Fühler vor den Augen eingelenkt, unter den Kopf zurückziehbar. Habitus [**3**] Marienkäfer, Coccinellidae S. 383

Hierher auch **Anthribidae** mit 4 Tarsengliedern, von denen aber nur 3 deutlich sind. Kopf ± schnauzenartig, s. Nr. **10**.

— Fühler zwischen den Augen, nicht unter den Kopf einlegbar. 1–6 mm Stäublingskäfer, Pilzkäfer, **Endomychidae**

Htcoxen breit getrennt. 8 Gattungen mit 11 Arten, darunter ***Endomychus coccineus*** (L.) (rot, H u. E mit schwarzen Flecken), unter Baumrinde. – Hierher auch einige **Leiodidae** (Htcoxen schmal getrennt), s. S. 366 u. **Zopheridae** (ohne Augen) s. Nr. **86**.

8. Kopf schwach bis stark rüsselförmig verlängert [**4**]. Fühler meist in Gruben oder Furchen eingelenkt u. mit langem Schaftglied (= „gekniet") oder wenn nicht gekniet, dann Rüssel besonders lang und dünn. Tarsen mit bürstenartiger Sohle. [**4, 105, 106, 110–113**] Rüsselkäfer, **Curculionidae** S. 396

Dazu auch die Familien **Apionidae**, **Attelabidae**, **Dryophthoridae**, **Erirhinidae**, **Nanophyidae**, **Nemonychidae**, **Rhynchitidae**.

— Kopf nicht rüsselartig verlängert oder wenn doch schnauzenförmig vorgezogen, dann Fühler nicht deutlich gekniet oder falls gekniet, dann Tarsen ohne bürstenartige Sohle **9**

9. Tarsen unterseits zum Teil bürsten- oder filzartig behaart **10**

— Tarsen ohne filz- oder bürstenartige Sohle, einfach, höchstens Glied 3 herzförmig **14**

10. Fühler am Ende keulenförmig verdickt [**1d**]. Keine Fühlerfurche am Kopf. Körper rauhaarig (durch senkrecht abstehende Haare). [**5**] .... Buntkäfer, **Cleridae** S. 382

— Fühler mit Endkeule. Kopf ohne Fühlerfurche. Körper höchstens kurz behaart einige **Endomychidae** **7**

Hierher auch **Alexiidae** (= **Sphaerosomatidae**) (Sondermerkmal: Körper halbkugelig), nur 3; ***Sphaerosoma*** Samouelle (1,2–1,6 mm), häufig ***S. pilosum*** (Panzer).

— Fühler mit Endkeule oder wenigstens verstärkten Endgliedern. Fühlerfurche vorhanden. Kopf kann schnauzenförmig verlängert sein. Körper nicht rauhaarig. [**6**] Breitrüssler, **Anthribidae**

Larven meist in Ästen abgestorbener Bäume. 16 Gattungen mit über 20 Arten, darunter ***Platystomos*** (= ***Anthribus***) ***albinus*** (L.) [**6**] (E ausgedehnt weiß behaart; 6–12 mm); 3; ***Anthribus*** Geoffroy (= ***Brachytarsus*** Schönherr) (Kopf kaum rüsselförmig; 2–5 mm). Außerdem die **Urodontinae** (s. Nr. **12**).

— Fühler fadenförmig oder gesägt [**1d**] u. zur Spitze höchstens allmählich verdickt. Keine deutliche Fühlerfurche am Kopf. **11**

11. Kopf meist etwas schnauzenartig vorgezogen, viel schmaler als H. Die hinten abgestutzten E lassen steil abfallendes Htleibsende frei [**7**]. Htcoxen breit, mit aufgebogenem Htrand. Höchstens 5 mm **12**

— Kopf wenig oder nicht schmaler als Vdrand des H. E lassen höchstens bei trächtigen ♀♀ einiger **Chrysomelidae** Htleibsende frei (dieses fällt aber dann nicht steil ab) **13**

Bei einigen **Cerambycidae** E stark reduziert, so dass Unterflügel unbedeckt sind.

12. E ohne Längsstreifen. Scutellum nicht erkennbar .... (zu **Anthribidae**) **Urodontinae**

Bisweilen auch als eigene Familie **Urodontidae** angesehen. 1,5–3 mm. Larven in *Reseda*-Samen. Nur 3; ***Urodon*** Schönherr, z. B. ***U. rufipes*** (Olivier).

— E mit Längsstreifen. Scutellum gut sichtbar. [**7**] (zu **Chrysomelidae**) Samenkäfer, **Bruchinae**

Auch als eigene Familie **Bruchidae** angesehen. Larven besonders in Samen der Fabaceen, Imagines oft auf Blüten. 8 Gattungen mit über 30 Arten, manche nicht eingebürgert. Beispiele: 14; ***Bruchus*** L. (1,5–5 mm) mit ***B. pisorum*** (L.),

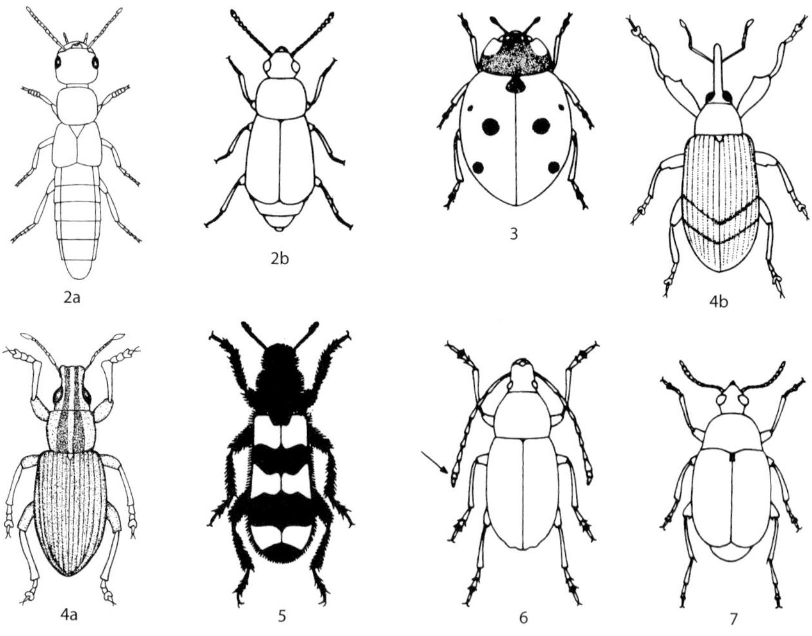

2 Staphylinidae (**2a** *Ocypus*, **2b** *Eusphalerum*); 3 Coccinellidae (*Coccinella*); **4** Curculionidae (**4a** *Sitona*, **4b** *Anthonomus*); **5** Cleridae (*Trichodes*); **6** Anthribidae (*Platystomos*); **7** Bruchinae

Erbsenkäfer, ***B.rufimanus*** Boheman, Pferdebohnenkäfer, ***B. lentis*** Frölich, Linsenkäfer. ***Acanthoscelides obtectus*** (Say), Speisebohnenkäfer.

13. Fühler meist länger als halber Körper [**8**]; wenn kürzer, dann als Sondermerkmale Seiten des H mit Höcker oder Augen nierenförmig. Tibien mit 2 Enddornen. [**8, 88–92**]
Bockkäfer, **Cerambycidae** S. 388

— Fühler meist kürzer als halber Körper [**9**]; wenn länger, dann als Sondermerkmale Augen rund u. Körper bunt bzw. metallisch oder Käfer klein mit verdickten Htschenkeln. Mindestens an 1 oder mehreren Beinpaaren haben Tibien weniger als 2 Enddornen. [**9, 93, 94, 98, 100, 101**]
Blattkäfer, **Chrysomelidae** S. 392

Hierzu gehören auch die **Megalopodidae** und **Orsodacnidae**.

14. Vdtibien flach u. erweitert, gesägt, mit langer Dornenreihe. Fühler 11-gliedrig, kurz, die 2 ersten Glieder groß 3-eckig, die nächsten mit nach innen gesägter Keule. Körper langhaarig. [**10**]
Sägekäfer, **Heteroceridae**

An Ufern von Binnengewässern u. am Meeresstrand in selbstgegrabenen Gängen. 2 Gattungen, 11 Arten, z. B. 6; ***Heterocerus*** F. (3–7,5 mm), am häufigsten ***H. fenestratus*** (Thunberg).

— Vdtarsen an der Spitze des Außenrandes der Tibia eingelenkt. Fühler 9-gliedrig mit 3-gliedriger Keule. 2 mm .... (zu **Hydrophilidae**) **Georissinae**

Auch als eigene Familie **Georissidae** angesehen. Im Uferschlamm, meist mit Erdkruste bedeckt. Nur 3; ***Georissus*** Latreille, z. B. ***G. crenulatus*** (Rossi).

— Andere Merkmale **15**

15. Fühler kurz u. gekniet (mit langem Schaftglied [**1d**]), mit großem (geringeltem oder ungeringeltem) Endknopf oder großer Fühlerkeule von fast halber Fühlerlänge **16**

— Fühler nicht gekniet, nur mit kleinem Endknopf, mit Endkeule oder nur allmählich verdickt **17**

16. Kopf stark nach unten geneigt [**11**] .... (zu **Curculionidae**) Borkenkäfer, **Scolytinae** S. 404

— Kopf frei vorgestreckt [**12**] .... (zu **Curculionidae**) Kernholzkäfer, **Platypodinae**

Auch als eigene Familie **Platypodidae** angesehen. ***Platypus cylindrus*** (F.) [**12**] (5–6 mm), im Holz von Laubbäumen. – Hierher 1 weitere Gattung mit 1 seltenen Art.

17. Kopf klein, senkrecht unter das kapuzenartige H einziehbar u. dann von oben nicht sichtbar [**13**] .... Kapuzenkäfer, **Bostrichidae**

Tarsenformel meist 5,5,5, jedoch 1. Glied oft sehr kurz. Larven in altem Holz. 4 Gattungen mit 5 Arten, z. B. ***Bostrichus capucinus*** (L.) [**13**] (schwarz, E und Bauch rot; 8–14 mm). Weitere Arten eingeschleppt, Vorratsschädlinge, z. B. ***Rhyzopertha dominica*** (F.), Getreidekapuziner (etwa 3 mm), u. a. an Getreide. – Außerdem die **Lyctinae** (s. Nr. **86**).

— Kopf frei vorgestreckt oder bis zu den Augen einziehbar, aber nicht von kapuzenartigem H überdeckt **71**

Hierher auch **Mordellidae**, Nr. **24** (Körper buchtig gewölbt u. Fühler nicht keulenförmig zum Ende verdickt; Tarsenformel 5,5,4, doch erkennt man bei schwacher Vergrößerung meist 4,4,4!); einige **Byrrhidae**, Nr. **68** (Körper oval, mit gekeulten Borsten; Tibien mit Rinne zur Aufnahme der Tarsen).

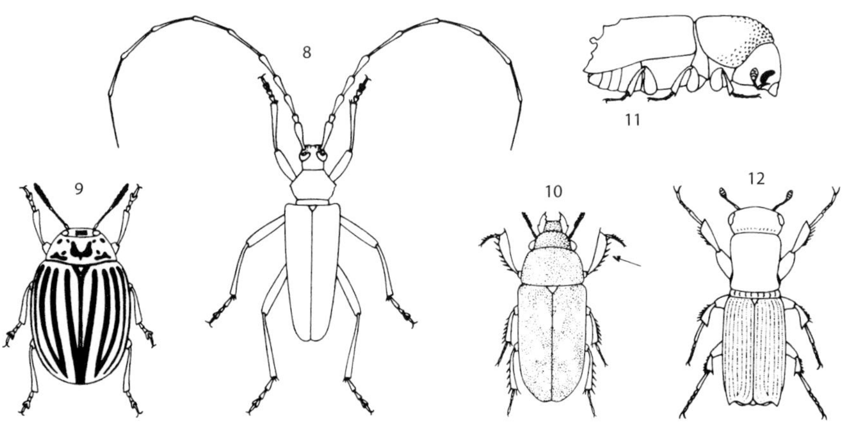

8 Cerambycidae (*Cerambyx*); **9** Chrysomelidae (*Leptinotarsa*); **10** *Heterocerus*; **11** Scolytinae (*Ips*); **12** *Platypus*

18. Seitenrand des Kopfes scharf leisten- oder lappenartig vorspringend u. Basis der Fühler (diese meist fadenförmig, selten am Ende verdickt) völlig bedeckend [**14a, 14b**]. Vdcoxen kugelig, größtenteils in Gelenkhöhlen eingeschlossen. Braun oder schwarz
Schwarzkäfer, **Tenebrionidae** S. 386

— Andere Merkmale **19**

19. Jede Kralle in 2 ungleiche Hälften längsgespalten oder gezähnelt. Kopf mit dicken, vorragenden Wangen. H schmaler als E, diese oft stark klaffend und beim ♀ häufig verkürzt [**15**]
Ölkäfer, **Meloidae** S. 387

— Kopf klein, nach unten gebogen. H hinten so breit wie E. Fühler beim ♀ mit langen Seitenästen, beim ♂ innen gesägt. E oft verkürzt . . . . Fächerkäfer, **Ripiphoridae**
Larven parasitisch bei anderen Insekten. 3 Gattungen mit je 1 Art, häufiger nur Larve von ***Metoecus paradoxus*** (L.), in unterirdischen Wespennestern. Käfer 10–12 mm, schwarz, Seiten des H, Bauch, oft auch E ganz oder teilweise rotgelb.

— Anders **20**

20. Fühler mit 1–5-gliedriger Endkeule [**1d**] **21**

— Fühler fadenförmig, gesägt oder gekämmt [**1d**], aber nicht mit Endkeule **22**

21. Fühler mit 4-gliedriger Keule . . . . **Tetratomidae**
Vdcoxen in der Mitte durch schmalen Fortsatz der Vdbrust getrennt. 3–4,5 mm. An Baumschwämmen. 3; ***Tetratoma*** F., z. B. ***T. fungorum*** F.

— Fühler mit 2-, 3- oder 5-gliedriger Keule oder mit Endknopf. Körper anders **71**

22. Krallen deutlich kammartig gezähnt. Habitus [**16**]
(zu **Tenebrionidae**) Pflanzenkäfer, **Alleculinae** S. 386

— Krallen ungezähnt oder undeutlich gezähnt oder nur mit 1 Zahn **23**

23. H mindestens an Basis mit scharfem Seitenrand, meist linienförmig gerandet, zuweilen gezähnt **24**

— H an den Seiten stumpf, ungerandet, Oberseite geht ± gerundet in Unterseite über **27**

24. Körper schmal, fast bucklig gewölbt, Unterseite kielartig gewölbt. E lassen meist das (oft zugespitzte) Htleibsende frei. Kopf hinter den Augen gerade abgeschnitten, durch scharfe Kanten begrenzt. Httibien mit längeren Enddornen. [**17**] . . . . Stachelkäfer, **Mordellidae** S. 385

— Andere Merkmale **25**

25. Kopf gerade nach vorn vorgestreckt. Körper stark dorsoventral abgeflacht. H nicht nach vorn verengt **88**

— Kopf deutlich nach unten geneigt. Körper nicht stark abgeflacht. H meist nach vorn verengt. Maxillartaster häufig mit stark erweitertem, beilförmigem Endglied **26**

26. Kopf hinter den Augen mit allmählich verengten Schläfen, nicht gestielt, bis zu Augen in H zurückziehbar. [**18**] Düsterkäfer, **Melandryidae** (= **Serropalpidae**)
Meist an Baumpilzen. 15 Gattungen mit etwa 30 Arten, darunter in morschem Holz 3; ***Melandrya*** F., häufig ***M. caraboides*** (L.) [**18**] (Kopf quadratisch, von oben gut sichtbar; H konisch mit 2 tiefen Basaleindrücken; E gefurcht; schwarz mit blauem Metallglanz; 10–15 mm). – Außerdem einige **Tetratomidae**, s. Nr. **21**.

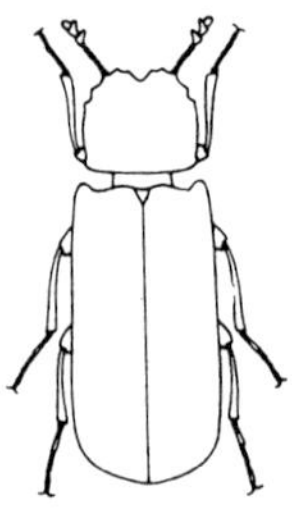
13

14b

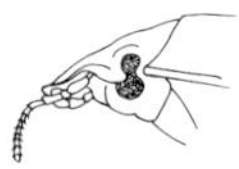
14a

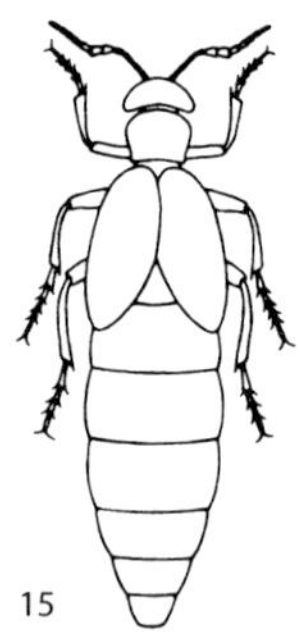
15

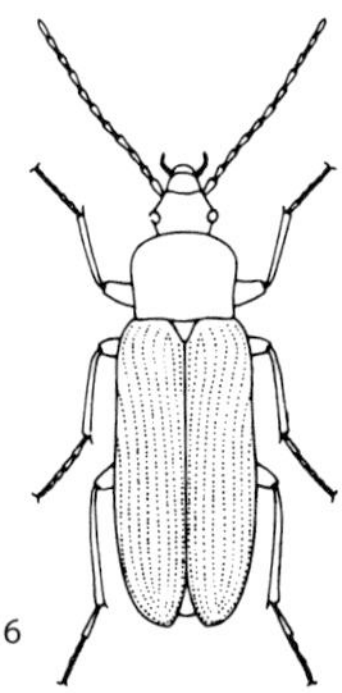
16

13 Bostrichidae (*Bostrichus*); **14** Tenebrionidae (*Tenebrio*); **15** Meloidae (*Meloe*); **16** Alleculinae (*Cteniopus*)

— Kopf halsartig gestielt (hinter den Schläfen abrupt verengt) .... Seidenkäfer, **Scraptiidae**
3 Gattungen mit über 20 Arten. ***Scraptia fuscula*** Müller (2,5 mm), in morschem Holz u. in Baumpilzen. – Außerdem ***Anaspis*** Geoffroy u. ***Cyrtanaspis*** Emery (bei **Mordellidae**, S. 385, abgehandelt).

27. E rot, zum Ende erweitert. Körper flach, kurzhaarig. Fühler gesägt [**1d**]. Habitus [**19**]
Feuerkäfer, **Pyrochroidae**
Auf Blüten u. Gebüsch. Larven flach [**142**], unter Rinde, räuberisch. Nur 2; ***Pyrochroa*** Geoffroy, ***P. coccinea*** (L.) [**19**] (Kopf schwarz, H u. E rot; 14–15 mm); ***P. serraticornis*** (Scopoli) (auch noch Kopf rot; 10–14 mm). ***Schizotus pectinicornis*** (L.) (Kopf schwarz, H rot mit schwarzem Mittelfleck, E rot mit flachen Längsfurchen; 8–9 mm).

— E strohgelb, zum Ende erweitert. Körper lang behaart. Fühler fadenförmig. [**20**]
(zu **Tenebrionidae**) Wollkäfer, **Lagriinae**
Bisweilen auch als eigene Familie **Lagriidae** angesehen. 2; ***Lagria*** F. (7–12 mm), Pflanzenfresser, auf Gebüsch u. auf Gräsern, häufig nur ***L. hirta*** (L.) [**20**] (Kopf u. H deutlich punktiert). – Außerdem ***Agnathus decoratus*** (Germar) (wird auch zu den **Pyrochroidae** gestellt) (E mit rosa Schulterfleck u. weißgrauen Querbinden; 4–5 mm), selten.

— Anders **28**

28. Kopf stark halsartig abgeschnürt, nur lose mit dem H artikulierend **29**

— Kopf hinten nicht halsartig verengt, Kopf vorgestreckt **30**

29. Hals schmal stielartig. 1. Glied der Httarsen kaum länger als die 3 übrigen zusammen. H oft mit Horn [**21**]. 2–6 mm .... Blumenkäfer, **Anthicidae** S. 387

— Hals breit (nur bei nach unten gebogenem Kopf sichtbar). 1. Glied der Httarsen meist doppelt so lang wie die 3 übrigen. 2–3 mm .... Mulmkäfer, **Aderidae**
In Laub, unter Rinde. 6 Gattungen mit 8 Arten, häufiger z. B. ***Anidorus nigrinus*** (Germar).

30. Fühler lang u. dünn, erreichen gut Körpermitte, frei auf der Stirn vor den Augen eingefügt. E (oft am Ende klaffend) lassen Htleibsspitze frei. [**22**]
Engdeckenflügler, Scheinbockkäfer, **Oedemeridae** S. 387

— Fühler kürzer, nicht oder kaum Körpermitte erreichend, an der Seite des zuweilen rüsselförmigen Kopfes eingefügt. E bedecken Htleib ganz .... Scheinrüssler **31**

31. E dicht, verworren punktiert. Oberseite fein behaart .... **Mycteridae**
Nur ***Mycterus curculioides*** (F.) (5–10 mm), in Blüten, Räuber.

— E mit Punktreihen oder Furchen. Oberseite unbehaart **32**

32. Körper groß, 7,5–16 mm .... **Pythidae**
Unter Rinde von Nadelhölzern, Räuber. Nur 2; ***Pytho*** Latreille, z. B. ***P. depressus*** (L.) (8–16 mm; Oberseite schwarzblau; Unterseite schwarz).

— Körper klein, 2,5–4,5 mm .... **Salpingidae**
Unter Rinde, oft in Borkenkäfergängen. Räuber. 8 Gattungen mit 14 Arten, z. B. 2; ***Salpingus*** Illiger (= ***Rhinosimus*** Latreille) (Kopf vor Augen rüsselförmig vorgezogen), häufig ***S. ruficollis*** (L.), frisst Borkenkäfer.

33. Maxillartaster auffallend lang, meist länger als die Fühler (nicht mit diesen verwechseln!). Fühler unter Vdecke der Stirn eingefügt, kurz, das Basalglied schaftförmig, die nächsten Glieder dünn, dann Endkeule bzw. Knopf aus 3–5 feinbehaarten Gliedern [**23**]. Viele Arten Wasserbewohner. Einige Arten mit langbehaarten Schwimmbeinen .... „Wasserfreunde" **34**

— Anders. Maxillartaster viel kürzer als die Fühler **37**

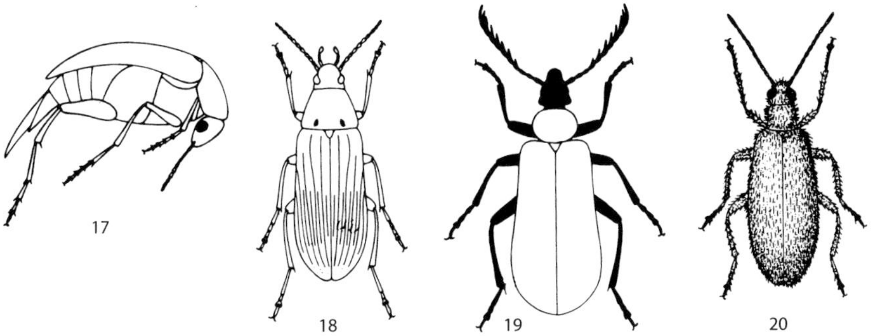

17 Mordellidae; **18** *Melandrya*; **19** Pyrochroidae (*Pyrochroa*); **20** *Lagria*

34. H mit Längseindrücken **35**

— H ohne Längsfurchen oder Längsgruben. E hinten abgerundet
Wasserfreunde, **Hydrophilidae** S. 365

Wenn E abgestutzt, Ende des Htleibs unbedeckt lassend, 1–2,5 mm: ***Limnebius*** Leach (**Hydraenidae**) s. S. 366.

35. H mit 5 Längsfurchen .... (zu **Hydrophilidae**) **Helophorinae**

E mit Punktstreifen oder Rippen. ***Helophorus*** F., etwa 30 Arten. An Ufern, manche Arten auch im feuchten Binnenland, z. B. ***H. aquaticus*** (L.) (4–9 mm) u. ***H. nubilus*** F. (3–4 mm).

— H mit anderer Skulptur, mit Längsfurchen, Längsgruben, seitlichen Eindrücken oder Querfurchen **36**

36. Fühler 7-gliedrig, mit 3 Keulengliedern .... (zu **Hydrophilidae**) **Hydrochinae**

Auch als eigene Familie **Hydrochidae** angesehen. Nur 7; ***Hydrochus*** Leach, verbreitet ***H. angustatus*** Germar (2–3,5 mm).

— Fühler 9-gliedrig, mit 5 Keulengliedern .... Langtaster, **Hydraenidae** S. 366

37. Augen deutlich zweigeteilt [wie **24a**]. Fühler kurz. Vdbeine länger als die abgeplatteten Mittel- u. Htbeine. 4–8 mm. [**24b**] .... Taumelkäfer, **Gyrinidae**

Häufig gesellig auf der Wasseroberfläche, schwimmen aber auch unter Wasser. Räuber. ***Orectochilus villosus*** (Müller) (Oberseite behaart). 11; ***Gyrinus*** Geoffroy (Oberseite kahl; H mit Querfurchen; H u. E ohne gelbe Seitenrand), häufig ***G. natator*** (L.), mehr im Norden. ***Aulonogyrus concinnus*** (Klug) (ebenso, aber H ohne Querfurchen, H u. E mit gelbem Seitenrand).

— Anders. Augen selten zweigeteilt (aber dann nicht wie [**24a**]) **38**

38. Mit Schwimmbeinen (Besatz von Schwimmhaaren). Fühler gleichmäßig kahl. Wasserbewohner **39**

— Ohne Schwimmbeine. Fast immer Landbewohner **41**

39. Htcoxen blattartig erweitert, die Hälfte der Schenkel u. den größten Teil des Htleibs bedeckend. 2–4,5 mm .... Wassertreter, **Haliplidae**

Körper kahnartig. In stehenden u. langsam fließenden Gewässern, schwimmen mit abwechselnden Bewegungen der Htbeine. Fressen vor allem an Algen. 3 Gattungen mit etwa 20 Arten, artenreich 18; ***Haliplus*** Latreille, z. B. ***H. fluviatilis*** Aubé.

— Htcoxen nicht derart verbreitert **40**

40. K nicht in H eingezogen, Augen halbkugelig vorspringend. 8–11 mm
Feuchtkäfer, **Hygrobiidae**

Nur ***Hygrobia hermanni*** (F.) (= ***tarda*** (Herbst)) (braun), räuberisch, in schlammigen Gewässern, selten.

— K meist bis zum Htrand der Augen in H eingezogen, Augen flacher, aus Gesamtumriss des Kopfes wenig vorspringend. Habitus z. B. [**25**] .... Schwimmkäfer, **Dytiscidae** S. 363

Außerdem die **Noteridae**.

41. Fühler am Ende nicht verdickt, fadenförmig [**1d**, **27**, **32**], perlschnurförmig [**1d**], gesägt [**1d**], gekämmt [**1d**, **19**, **29**] oder nur schwach verdickt [31] **42**

— Fühler am Ende knopfartig [**1d**, **38**, **40**, **41**] oder keulig verdickt [**1d**, **39**, **42**] oder mit Blätterkeule [**1d**, **35**, **36**, **77–81**] **60**

42. Fühler fadenförmig, Endglieder fast gleich lang, die 2–4 ersten Glieder meist bis auf wenige Borsten kahl, die folgenden aber fein behaart. 1. Sternit von den Htcoxen in der Mitte durchsetzt, daher nur an den Seiten sichtbar. Habitus z. B. [**26, 27**] .... Laufkäfer, **Carabidae** S. 357

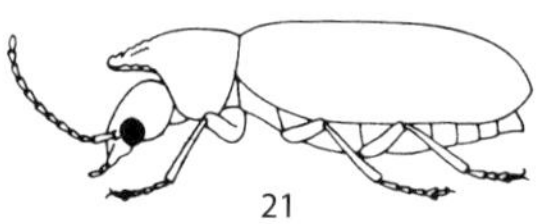

21

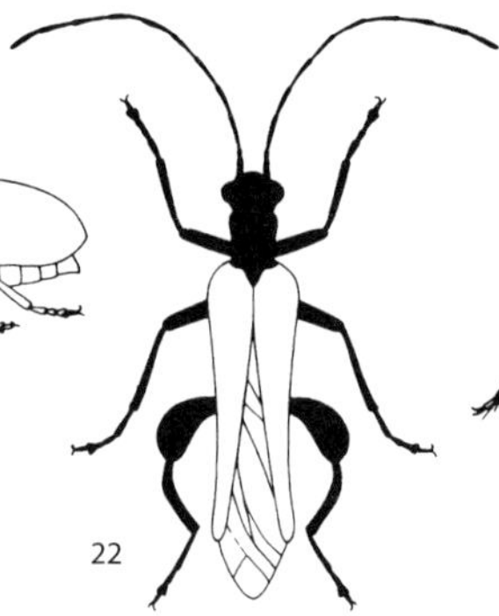

22

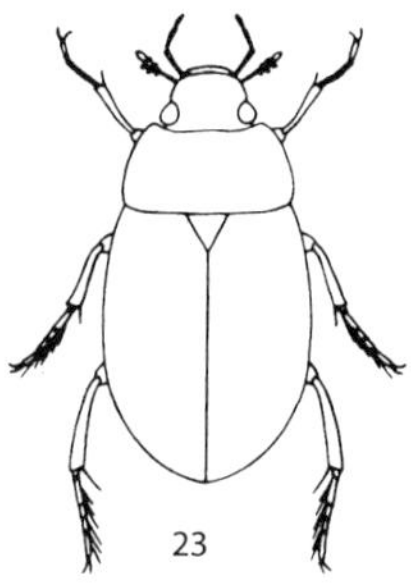

23

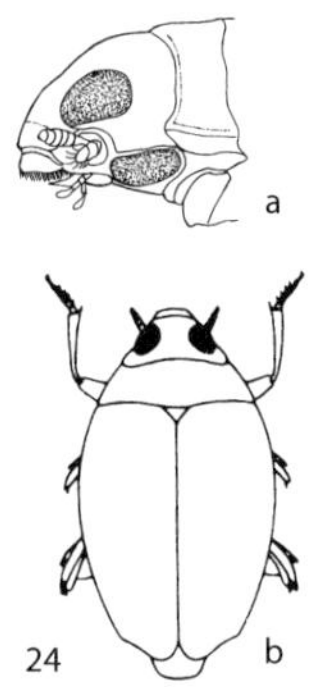

24

21 Anthicidae (*Notoxus*); **22** Oedemeridae (*Oedemera*); **23** Hydrophilidae (*Hydrochara*); **24** Gyrinidae

— Fühler gesägt oder gekämmt oder Endglied(er) auffallend länger oder falls nicht so, dann nicht das Merkmal „Basalglieder kahl u. die übrigen fein behaart". Htrand des 1. Sternits hinter oder unter den Htcoxen erkennbar **43**

43. Krallentragende Tarsalglieder zur Spitze keulenartig verdickt, länger als die 4 darüber befindlichen zusammen. Krallen auffallend groß. Körper stark behaart. H meist nach vorn verengt (ähnlich [**37**]) . . . . Hakenkäfer, **Elmidae**

Fast ausschließlich im Wasser (meist Fließgewässer). Nahrung: Pflanzen u. Detritus. 8 Gattungen mit etwa 25 Arten, z. B. 6; ***Elmis*** Latreille, häufig ***E. aenea*** (Müller) (um 2 mm).

— Anders **44**

44. Vdcoxen durch breiten Fortsatz getrennt, dieser nach hinten ausgezogen, meist zugespitzt, in eine Grube der Mittelbrust eingebettet [**28a**] **45**

— Vdbrust ohne solchen Fortsatz **48**

45. Erste 2 Sternite des Htleibs in der Mitte verwachsen. Htwinkel des H stumpf oder rechtwinklig, H unbeweglich an E angeschlossen. [**29**] . . . . Prachtkäfer, **Buprestidae** S. 377

— Alle Sternite deutlich getrennt. Htwinkel des H ± ausgezogen. H scharnierartig an E angeschlossen (Ausnahme: **Throscidae**) **46**

46. Fortsatz der Vdbrust breit, hinten quer abgestutzt. Htrand des 4. Sternits mit deutlicher gelber Gelenkhaut. 6–8 mm . . . . **Cerophytidae**

Nur ***Cerophytum elateroides*** (Latreille) (schwarzbraun), in morschem Holz.

— Fortsatz der Vdbrust lang, von der Seite gut sichtbar, nur locker in die Vertiefung der Mittelbrust eingreifend. Mit gutem Schnellvermögen. Htrand des 4. Sternits mit deutlicher gelber Gelenkhaut. Habitus [**28b**] . . . . Schnellkäfer, **Elateridae** S. 378

— Fortsatz der Vdbrust ± flach, von der Seite gesehen nicht vorstehend, in scharf begrenzte, tiefe Aushöhlung der Mittelbrust eingreifend. H in senkrechter Richtung kaum beweglich. 4. Sternit ohne gelbe Gelenkhaut **47**

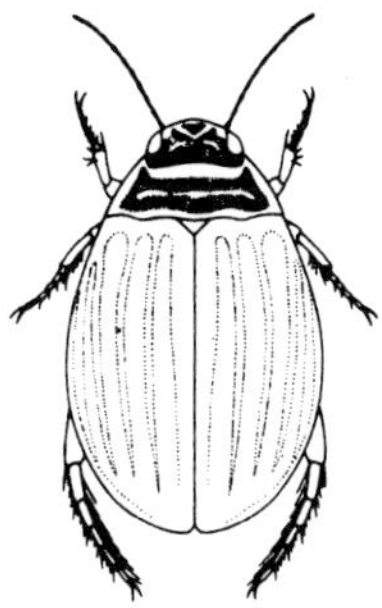
25

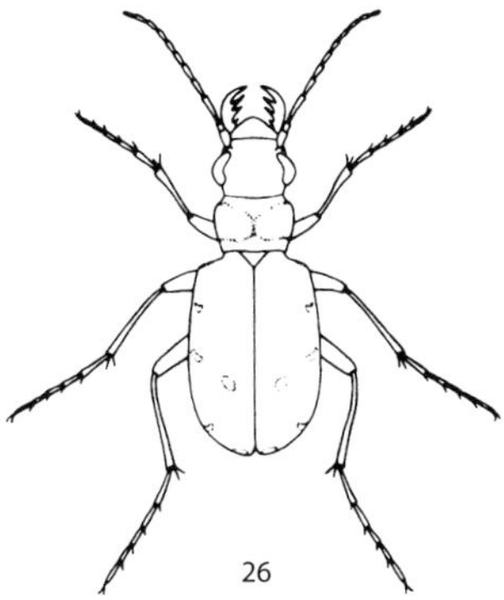
26

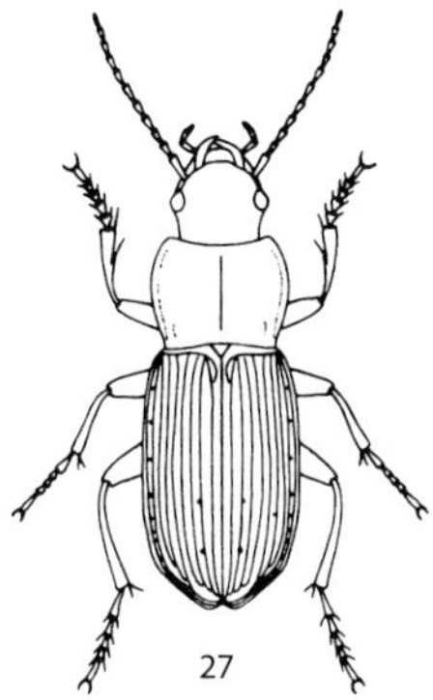
27

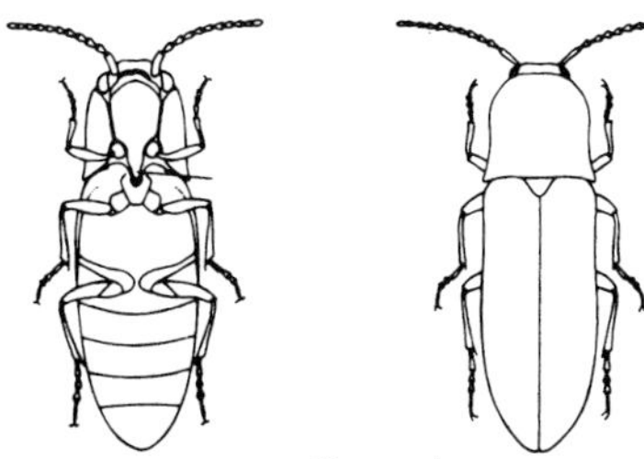
a 28 b

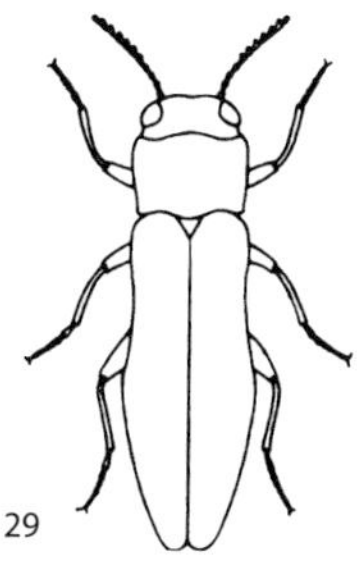
29

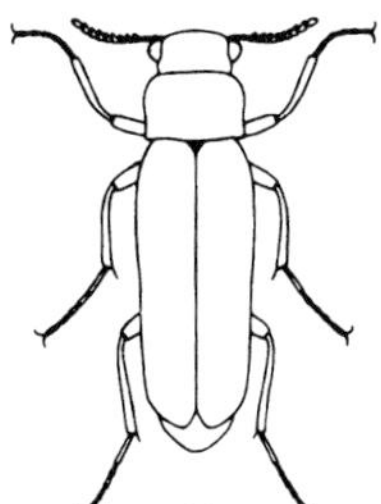
30

25 Dytiscidae (*Acilius*); **26** Carabidae (*Cicindela*); **27** Carabidae (*Pterostichus*); **28** Elateridae (*Agriotes*); **29** Buprestidae (*Agrilus*); **30** Lymexylidae (*Elateroides*)

47. Fühler zwischen den Augen oder in Höhe des Augenvdrandes entspringend, ohne Keule **Eucnemidae** u. **Lissominae**

In morschem Holz. H an die E beweglich angeschlossen: **Eucnemidae**, etwa 10 Gattungen mit über 15 Arten, z. B. ***Melasis buprestoides*** (L.) (schwarz, glänzend; 6–9 mm). H an die E unbeweglich angeschlossen: ***Drapetes mordelloides*** (Host) (schwarz, E mit roter Querbinde; 4–5 mm), einziger Vertreter der **Lissominae** (zu **Elateridae**) (auch **Lissomidae**).

— Fühler vor den Augen entspringend, mit 3-gliedriger, gesägter Keule .... **Throscidae**

In Streu, auf Gebüsch. 2 Gattungen, 12 Arten, artenreich 10; ***Trixagus*** Kugelann (= ***Throscus*** Latreille) (1,5–3,5 mm), häufig T. dermestoides (L.).

48. E am Ende klaffend, da Naht nicht gerade. Körper lang, walzenförmig, rötlich braun. Fühler gesägt oder perlschnurförmig [**1d**]. Scutellum mit Längskiel auf der Mitte. [**30**] Werftkäfer, **Lymexylidae**

Larven bohren in Holz, fressen dort Pilze, diese werden vom ♀ bei der Eiablage übertragen. ***Elateroides*** (= ***Hylecoetus***) ***dermestoides*** (L.), Buchenwerftkäfer [**30**] (Kopf hinten schwach eingeschnürt; H quer; 6–18 mm). ***Lymexylon navale*** (L.), Schiffswerftkäfer (Kopf hinten halsartig abgeschnürt; H länger als breit; 7–13 mm).

— Anders oder andere Merkmalskombination **49**

49. Kopf klein, senkrecht unter das meist kapuzenförmige H einziehbar, dieses scharf gerandet. Fühler an Seiten des Kopfes, weit voneinander entfernt, oft mit 3 langen oder schwach verdickten Endgliedern oder gesägt oder gekämmt. [**31**] ...... Pochkäfer, **Ptinidae** (= **Anobiidae**) S. 381

— Kapuzenartiges H kugelig gewölbt, seitlich nicht scharf gerandet. Fühler entspringen an dem nach unten gerichteten Kopf ziemlich dicht nebeneinander. Beine ziemlich lang. Habitus z. B. [**32**] .... (zu **Ptinidae**) Diebskäfer, **Ptininae**

Viele Arten Vorratsschädlinge. 5 Gattungen mit über 20 Arten, weitere eingeschleppt. ***Gibbium psylloides*** (Czempinski) (E auf Unterseite gewölbt, Körper daher kugelig; 2,5–3 mm). Anders: ***Niptus hololeucus*** (Faldermann), Messingkäfer [**32**] (E mit dichter goldgelber Behaarung; 4 mm). ***Ptinus*** L. (E mit starken Punktreihen ohne dichte gelbe Behaarung. Augen groß), etwa 20 Arten, z. B. ***P. fur*** (L.), Kräuterdieb (2,5–4,3 mm).

— Kopf weit vorgestreckt oder in das nie kapuzenförmige H eingezogen oder Kopf vom H flach überdeckt **50**

50. Htcoxen voneinander entfernt. E am Seitenrand meist mit erhabener Leiste **86**

— Htcoxen ganz oder ziemlich dicht aneinander stehend **51**

Falls blind, hellgelb, 2 mm, im Haarpelz u. in Gängen der Mäuse: ***Leptinus testaceus*** Müller, „Mäusefloh" (**Leptininae**, zu **Leiodidae**).

51. Htleib unten mit 6–7 sichtbaren Segmenten; wenn nur 5 Segmente sichtbar, dann Körper blaugrün oder bunt **54**

— Htleib unterseits mit 5 Segmenten. Körper gelb-braun **52**

52. 9–11,5 mm. E mit schwachen Punktreihen .... **Dascillidae**

Nur ***Dascillus cervinus*** (L.) (10–12 mm), an Blüten, auf Sträucher, Larven an Graswurzeln.

— 2–2,5 mm. E vorn mit je 4 glatten Längsfurchen .... **Psephenidae**

Nur ***Eubria palustris*** (Germar) (2 mm), an Ufern.

— 2–6 mm. E unregelmäßig punktiert **53**

53. Htcoxen plattenartig erweitert .... **Eucinetidae**

2 Gattungen mit je 1 Art, z. B. ***Eucinetus haemorrhoidalis*** (Germar) (3 mm), in Streu in trockenem Gelände.

— Htcoxen klein. 2–6 mm. Habitus [**33**] .... Sumpfkäfer, **Scirtidae** (= **Helodidae**)

Häufig in Wassernähe, wohl meist Räuber, Larven aquatisch. 7 Gattungen mit über 20 Arten, häufig 12; ***Contacyphon*** Gozis (= ***Cyphon*** Paykull) [**33**], z. B. ***C. palustris*** Thomson.

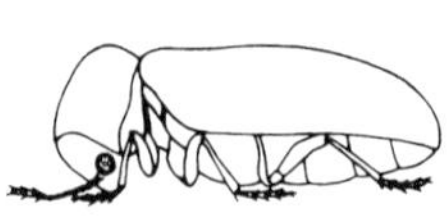
31

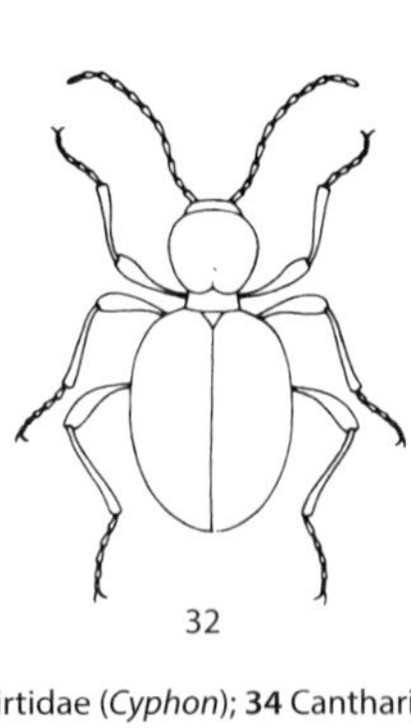
32

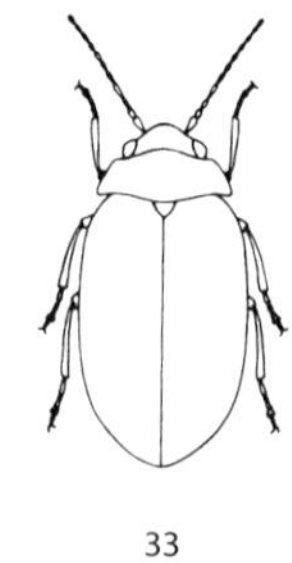
33

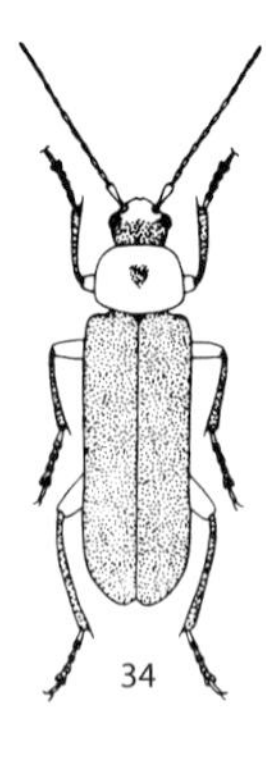
34

31 Ptinidae; **32** Ptininae (*Niptus*); **33** Scirtidae (*Cyphon*); **34** Cantharidae (*Cantharis*)

54. E mit nach oben abstehenden Haaren bedeckt oder, wenn diese anliegen, dann Labrum deutlich sichtbar .... Buntkäfer, **Cleroidea** **55**
Dazu gehören auch **Trogossitidae**, s. Nr. **82**.

— E (die auch fehlen oder reduziert sein können) höchstens anliegend behaart. Kopf unter dem H verborgen oder frei, im letzten Fall Labrum von der Stirn bedeckt .... **Elateroidea** **57**

55. Alle Tarsenglieder (außer Krallenglied) herzförmig gelappt. Fühler allmählich zur Spitze keulig verdickt oder mit abgesetzter Endkeule, selten vom 3.–4. Glied an gesägt ..... **Cleridae** S. 382

— Tarsenglieder einfach, höchstens das vorletzte gelappt. E weich, nicht stark sklerotisiert . **56**

56. Fühler mit lockerer 3-gliedriger Endkeule .... **Phloiophilidae**
Räuber. Nur ***Phloiophilus edwardsii*** Stephens (um 3 mm).

— Fühler ± fadenförmig, höchstens sehr schwach gesägt oder schwach zum Ende verdickt **Melyridae** S. 383

57. Kopf ganz unter dem vorn gerundeten, erweiterten H versteckt. ♂ geflügelt, seine E gerunzelt u. mit schwachen Längsrippen; ♀ ungeflügelt oder mit Flügelstummeln. Die letzten Sternite gelb u. im Leben leuchtend .... Leuchtkäfer, Glühwürmchen, **Lampyridae**
Imagines u. Larven mit Leuchtorganen, ♀♀ locken ♂♂ durch Leuchten an. Larven sind Schneckenfresser. ***Phosphaenus hemipterus*** (Goeze) (H ohne durchsichtige Fensterflecke; ♂ mit lappenförmigen Flügeln; ♂ 6–7, ♀ 7–10 mm). ***Lampyris noctiluca*** (L.) (H mit Fensterflecken, seine Htecken scharfwinklig; ♂ 11–12, ♀ 16–18 mm). ***Lamprohiza*** (= ***Phausis***) ***splendidula*** (L.) (H mit Fensterflecken, aber Htecken des H abgestumpft; 8–10 mm).

— Kopf wenigstens von den Augen ab von oben sichtbar **58**

58. Schenkel u. Tibien breit u. abgeflacht. E mit Längsrippen, meist rot. Kopf bis zu den Augen in H eingezogen **59**

— Schenkel u. Tibien breit u. abgeflacht. E des ♂ lederartig gerunzelt, gelbbraun oder schwarz, ohne Längsrippen. Fühler stark gesägt oder gekämmt .... **Drilidae**
♀♀ flügellos wurmartig, ähnlich den **Lampyridae**, aber Bauch ohne Leuchtflecken. Schneckenfresser. Nur 2; ***Drilus*** Olivier, z. B. ***D. concolor*** Ahrens (4–6 mm), auf Waldlichtungen.

— Schenkel u. Tibien lang u. schlank, nicht abgeflacht. E meist glatt. Fühler lang u. dünn, höchstens schwach gesägt. Kopf frei. [**34**] .... Weichkäfer, **Cantharidae** S. 380

59. H an Htwinkeln spitz ausgezogen (♂♂).. **Omalisidae**
♀♀ brachypter. Nur ***Omalisus fontisbellaquaei*** Geoffroy (5–7 mm), selten.

— H hinten nicht spitz ausgezogen .... Rotdeckenkäfer, **Lycidae**
Larven räuberisch unter Baumrinde. Käfer auf Blüten u. Gesträuch besonders der Waldlichtungen. 7 Gattungen mit 7 Arten, z. B. ***Lygistopterus sanguineus*** (L.) (Seiten des H und die E hochrot; 8–9 mm).

60. Die letzten Fühlerglieder bilden quergestellte, nach einer Seite gerichtete Endkeule mit aus 3–7 (manchmal ganz dicht) aneinanderliegenden, biegsamen Lamellen [**35**] oder mit starren, kammartigen Zinken [**36**] .... Blatthornkäfer, **Scarabaeoidea** **61**

— Letzte Fühlerglieder in einen Knopf endend oder sich allmählich verdickend **64**

61. 1. Fühlerglied auffallend lang, die Endglieder mit starren säge- oder kammartigen Gliedern. [**36**] .... Schröter, **Lucanidae** S. 373

— 1. Fühlerglied nicht auffallend verlängert, Endglieder mit 3–7 (manchmal sehr dicht) aneinanderliegenden, beweglichen Lamellen [**35**] **62**

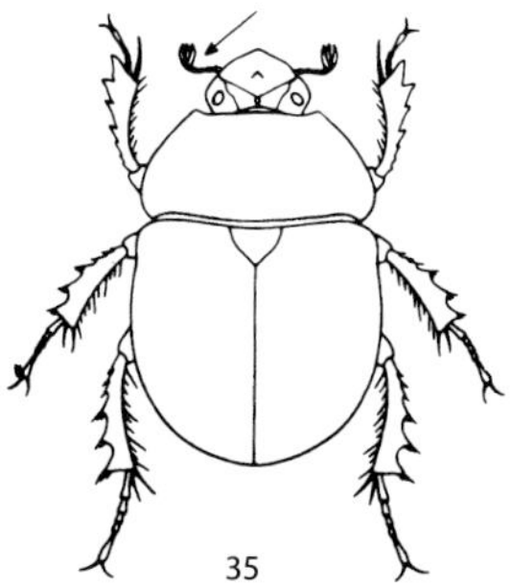
35

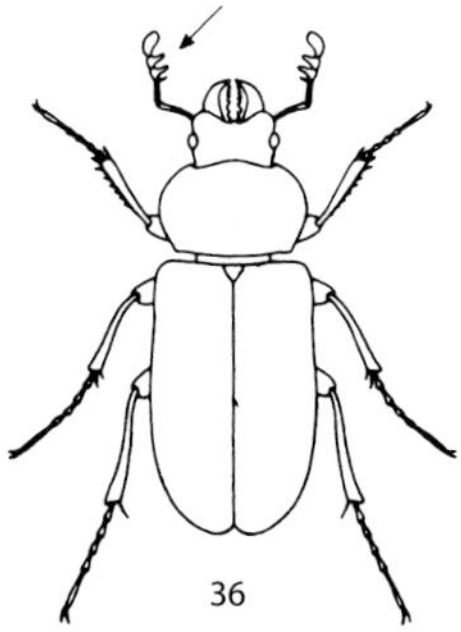
36

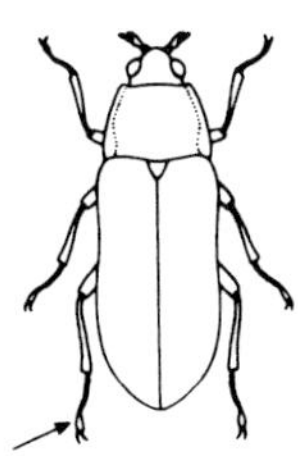
37

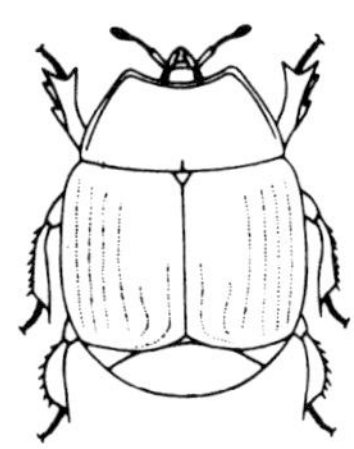
38

35 Geotrupidae (*Anoplotrupes*); **36** Lucanidae (*Platycerus*); **37** Dryopidae (*Dryops*); 38 Histeridae (*Hister*)

62. Oberseite des Körpers, besonders der E mit kleinen höckerigen Unebenheiten, grauschwarz. Htleib nur mit 5 Sterniten. 5–13 mm .... **Trogidae**
Nur 7; ***Trox*** F., häufig ***T. sabulosus*** (L.) u. ***T. scaber*** (L.), leben von trockenen Tierresten.

— Oberseite des Körpers glatt oder mit Streifen; zuweilen am Kopf u. H mit Hörnern u. Höckern **63**

63. Fühler 11-gliedrig, Fühlerkeule matt, staubartig grau behaart. Augen ganz oder wenigsten bis zur Hälfte vom Kopfseitenrand durchteilt. Labrum nicht vom Clypeus verdeckt. [**35**] Mistkäfer, **Geotrupidae** S. 374

— Fühler höchstens 10-gliedrig, Keule meist kahl oder spärlich behaart. Augen nicht derartig durchteilt. Labrum vom Clypeus verdeckt. [**77–81**] .... **Scarabaeidae** S. 374
Außerdem die **Ochodaeidae**.

64. Krallentragende Tarsalglieder zur Spitze hin keulenartig verdickt, länger als die 4 darüber befindlichen zusammen. Krallen auffallend groß. Körper stark behaart. H meist nach vorn verengt. [**37**] .... Hakenkäfer, **Dryopidae**
Im oder nahe am Wasser. Nahrung: Pflanzen u. Detritus. ***Pomatinus*** (= ***Helichus***) ***substriatus*** (Müller) (H ohne Längskiel; 4–5,5 mm), an Bächen im Gebirge. 11; ***Dryops*** Olivier, häufig ***D. auriculatus*** (Geoffroy) [**37**] (schwarz oder braun; 5,5 mm).

— Anders **65**

65. Körper rauhaarig mit nach oben abstehenden Haaren, farbig oder gescheckt [**5**]. Mindestens 4 mm **55**

— Körper mit anliegenden Haaren oder unbehaart (wenn abstehend behaart, dann Körper unter 3 mm) **66**

66. Flach, glänzend, vorwiegend schwarz. E hinten stark abgestutzt [**38**]. Vdbeine können in Vertiefung gelegt werden. Fühler gekniet, mit langem Schaft, am Ende mit 3-gliedriger knopfartiger Verdickung **67**

— Körper eiförmig, gewölbt, filzig behaart. Beine zum Teil oder sämtlich in flache Gruben einziehbar. Tibien häufig verbreitert, mit Rinne zur Aufnahme der Tarsen. Kopf von oben nicht sichtbar. Fühler allmählich zur Endkeule verdickt **68**

— Andere Merkmale oder Merkmalskombination **69**

67. E deutlich verkürzt, einen Teil des Htleibs freilassend. [**38**] .... Stutzkäfer, **Histeridae**
Viele (um 25) Gattungen, um 80 Arten. Beispiele: 5; ***Hister*** L. [**38**] (Vdbrust nach vorn lappig vorgezogen, den Kopf von unten bedeckend; Körper dick u. gestaucht), z. B. ***H. unicolor*** L. (7–10 mm), räuberisch in Dung u. Kadavern. 5; ***Platysoma*** Leach, z. B. ***P. compressum*** (Herbst) (ähnlich, aber Körper flach u. mehr gestreckt; 3–4 mm), unter Baumrinde. Vdbrust nicht derart vorgezogen: z. B. 11; ***Saprinus*** Erichson, Lebensweise wie *Hister*.

— E nicht verkürzt, nur das Pygidium freilassend .... **Sphaeritidae**
Nur ***Sphaerites glabratus*** (F.) (E zusammen quadratisch, mit grünlichem Erzschein; 6–7 mm), in Wäldern, häufig an Baumsaft.

68. Clypeus von der Stirn nicht getrennt. Fühler auf der Unterseite des H einlegbar **Limnichidae**
An Ufern, fressen Algen u. Moos. 3 Arten, z. B. 2; ***Limnichus*** Latreille mit ***L. pygmaeus*** (Sturm) (unter 2 mm).

— Clypeus von der Stirn durch feine Naht getrennt. Fühler in Ruhe um die Augen herumgelegt u. mit Kopf in H eingezogen. [**39**] .... Pillenkäfer, **Byrrhidae**
Moosfresser. 9; ***Byrrhus*** L. (6–13 mm), z. B. ***B. pilula*** (L.) [**39**]. Übrige 8 Gattungen (mit etwa 15 Arten) unter 6 mm, z. B. ***Cytilus sericeus*** (Forster) (E meist grün, Zwischenräume fein goldbehaart, mit schwarzen Samtflecken; etwa 5 mm). 3; ***Simplocaria*** Stephens, ***S. semistriata*** (F.) (schwarz oder braun mit grauer scheckiger Behaarung; 3 mm).

69. Htschenkel in muldenartige Vertiefung einklappbar [**40**]. Körper zylindrisch oder wenn mehr rundlich bis oval, dann gewöhnlich mit schuppenartigen Haaren auf den E. Fühler mit 3–4-gliedriger abgesetzter Keule. Htleib unten mit 5 sichtbaren Segmenten, diese oft fleckig weiß beschuppt **70**

— Andere Merkmale **71**

70. Kopf schräg nach vorn gerichtet. E mit Reihen rostroter Haarbüschel. 4–4,5 mm **Nosodendridae**
Nur ***Nosodendron fasciculare*** (Olivier) (schwarz-braun), an Baumsaft.

— Kopf senkrecht gestellt. E anders behaart. [40] .... Speckkäfer, **Dermestidae** S. 381

71. Vdcoxen kegelförmig vorspringend. Htleib unterseits fast immer mit 6 sichtbaren Segmenten **72**

— Vdcoxen nicht kegelförmig vorspringend, rund oder quer, größtenteils in den Gelenkhöhlen. Htleib meist unterseits mit höchstens 5 sichtbaren Segmenten **78**

72. Htcoxen durch einen breiten Zwischenraum voneinander getrennt **73**

— Htcoxen ± dicht zusammenliegend **74**

73. Körper langoval, H meist viel schmaler als E. Basis der E mit 1–2 Grübchen. 1–2,3 mm (zu **Staphylinidae**) Ameisenkäfer, **Scydmaeninae**

Auch als eigene Familie **Scydmaenidae** angesehen. Maxillartaster mindestens kopflang. Räuber. In der Streuschicht, einige Arten bei Ameisen oder in Kleinsäugergängen. 10 Gattungen mit über 50 Arten. Artenreich z. B. ***Neuraphes*** Thomson, häufig ***N. elongatulus*** (Müller et Kunze).

— Körper kurzoval, kahnförmig, E hinten abgestutzt, an der Basis ohne Grübchen. 1,5–6,5 mm (zu **Staphylinidae**) Kahnkäfer, **Scaphidiinae**

Auch als eigene Familie **Scaphidiidae** angesehen. Glatt, glänzend. In Baumpilzen. 3 Gattungen mit 10 Arten. Beispiel: ***Scaphidium quadrimaculatum*** Olivier (E mit 4 roten Flecken; bis 6 mm).

74. Htcoxen mit Schenkeldecken, Htbeine unter diese Decken einziehbar. 1–2 mm Punktkäfer, **Clambidae**

In Streu. Pilzfresser. 2 Gattungen mit 12 Arten, artenreich 10; ***Clambus*** Fischer, z. B. ***C. armadillo*** (De Geer).

— Htcoxen ohne oder nur mit schwachen Schenkeldecken **75**

75. Maxillartaster mit konisch zugespitztem oder kleinem Endglied. Tibien ohne Längskanten. Körper längsoval, bis 6,5 mm. Oberseite meist matt u. dicht behaart .... **Leiodidae** S. 366

— Maxillartaster mit ovalem oder ± parallelem Endglied. Tibien meist mit Längskanten oder Längskielen. Körper 9–30 mm, wenn kleiner, dann Oberseite glänzend **76**

76. 9–30 mm. Wenn kleiner (4–8 mm), Clypeus durch eine gerade Querlinie vom Kopf abgesetzt. E häufig, aber nicht immer mit 3 Längsrippen [**42**] **77**

— 2–7 mm. Clypeus nicht oder nur fein durch eine halbkreisförmige Linie abgesetzt. E nicht mit Längsrippen .... weitere **Leiodidae** S. 366

77. E mit 9 vertieften Punktreihen. H nicht herzförmig, hinter der Mitte am breitesten. 4–8 mm **Agyrtidae**

4 Arten. ***Necrophilus subterraneus*** (Dahl) (6–8 mm; H an den Seiten breit abgeflacht), frisst Schnecken. 2; ***Agyrtes*** Frölich (4-5 mm; H nicht abgeflacht), z. B. ***A. bicolor*** Laporte de Castelnau, an Baumschwämmen.

— E ohne Punktreihen; wenn mit Punktreihen, dann H herzförmig, also vor der Mitte am breitesten. Fast immer über 8 mm. [**41, 42**] .... Aaskäfer, **Silphidae** S. 367

78. Kopf auf dem Scheitel jederseits neben dem Auge mit einem knopfförmigen Ocellus. Körper 2–3 mm .... **Derodontidae**

Laricobius erichsoni Rosenhauer (E gelbbraun, randlich ± geschwärzt; H ungezähnt), Blattlausfresser an Coniferen. ***Derodontus macularis*** (Fuss) (E gelbbraun mit 2 schrägen, zackigen, dunklen Querbinden; H an den Seiten dicht gezähnt), an Baumschwämmen, im Gebirge.

— Kopf ohne Ocellen **79**

79. Kopf stark nach unten geneigt. Clypeus zwischen den Augen durch ± scharfe bogenförmige Furchen von der Stirn getrennt. Krallenglieder der Tarsen länger als die 3 vorhergehenden zusammen. H dicht an E angefügt. Körper walzenförmig. Dunkelbraun. 1–5 mm Schwammfresser, **Ciidae**

Meist an Baumpilzen. 9 Gattungen mit etwa 45 Arten, artenreich z. B. ***Cis*** Latreille, häufig ***C. micans*** (F.). – Ähnlich manche **Bostrichidae**, aber H kapuzenförmig, Kopf klein, s. Nr. **17**.

— Körper halbkugelig, glänzend, um 0,7 mm. Htleib nur mit 3 Sterniten. Vdschenkel gezähnt, Vdtibien verbreitert, vorn schräg abgeschnitten .... **Sphaeriusidae** (= **Microsporidae**)

Nur ***Sphaerius*** (= ***Microsporus***) ***acaroides*** Waltl, an Gewässern.

— Andere Merkmale oder Merkmalskombination **80**

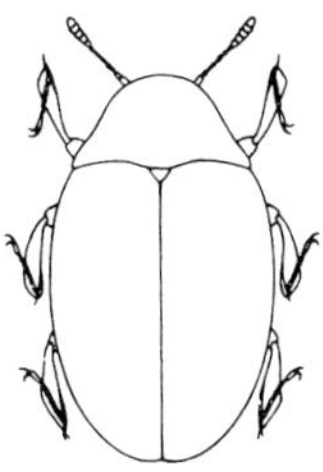

39

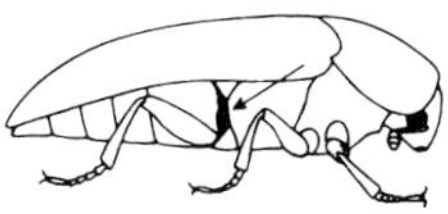

40

41

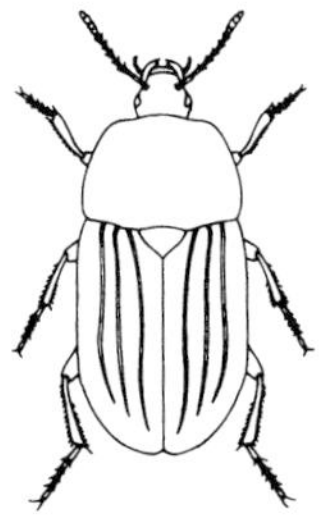

42

39 Byrrhidae (*Byrrhus*); **40** Dermestidae; **41** Silphidae (*Nicrophorus*); **42** Silphidae (*Silpha*)

80. Vdcoxen groß, stark, quer, walzenförmig **81**
— Vdcoxen klein, rundlich, höchstens sehr schwach quer **84**
81. Htcoxen stoßen fast aneinander **82**
— Htcoxen weit voneinander getrennt **83**
82. Tarsen einfach, ohne sohlenartige Bildung an der Unterseite. Krallen ohne Zahn, an der Basis aber mit kurzem Lappenanhang. H meist lose mit E artikulierend. 4–19 mm .... **Trogossitidae**
7 Gattungen mit 10 Arten. Unter Rinde als Pilzfresser oder Borkenkäferfeinde, z. B. ***Nemozoma elongatum*** (L.) (4–6 mm), auch Vorratsschädlinge, z. B. 2; ***Tenebroides*** Piller et Mitterpacher, häufig ***T. mauritanicus*** (L.) (6–11 mm). – Unter den übrigen Gattungen gehören 3 zu den **Peltinae** (auch **Peltidae**) u. 2 zu den **Lophocaterinae** (auch **Lophocateridae**).
— 2. u. 3. Tarsalglied unterseits mit behaarten Sohlenlappen. Krallen an Basis mit starkem Zahn. H eng an E. Braunrot bis gelblich, filzig behaart. 4 mm. [**43**] .... Himbeerkäfer, **Byturidae**
Als Imagines Pollenfresser. Nur 2; ***Byturus*** Latreille. ***B. tomentosus*** (De Geer), Larven in Himbeeren u. Brombeeren, u. ***B. ochraceus*** (Scriba), Larven an *Geum urbanum*.
83. Fühler mit aus 2–3 Gliedern bestehender Keule. Körper oval [**44**] ..... Glanzkäfer, **Nitidulidae**
Viele Arten an Blüten (Pollenfresser). Zahlreiche (um 130) 1–5 (selten bis 7) mm lange Arten in vielen Gattungen. Wichtig u. artenreich die Großgattung ***Meligethes*** Stephens mit ***Brassicogethes*** (= ***M.***) ***aeneus*** (F.), Rapsglanzkäfer [**44**]. ***Glischrochilus quadripunctatus*** (L.) (schwarz, jede E mit 2 roten Flecken; 3–7 mm), in Wald u. Kulturgelände. – Hierher auch die **Kateretidae** (= **Brachypteridae**).
— Fühler mit eingliedriger, knopfartiger Keule. Körper schmal, fast parallel. 2–5 mm **Monotomidae** (= **Rhizophagidae**)
Räuber, fressen Borkenkäfer, unter Rinde. 3 Gattungen mit über 20 Arten, z. B. 13; ***Rhizophagus*** Herbst, häufig ***R. bipustulatus*** (F.).
84. Krallen am Grunde mit 1 Zahn. Augen groß, die ganze hintere Kopfseite einnehmend. Körper oval, unten flach, oben gewölbt, kahl, glatt, glänzend. Tibien am Ende mit Borstenkranz. 1–3,5 mm Glattkäfer, **Phalacridae**
3 Gattungen mit über 20 Arten, z. B. 6; ***Phalacrus*** Paykull, auf Poaceen u. Cyperaceen, fressen Brand- u. Rostpilze, häufiger ***P. corruscus*** (Panzer).
— Andere Merkmalskombination **85**
85. H nur lose mit E artikulierend, letztere mit Punktstreifen, Rippen oder Höckern **86**
— H fest an E angeschlossen, letztere kahl, glänzend mit Punktreihen oder dicht fein behaart **87**
86. Kopf groß, am Hals oft abgeschnürt. H mit 2 Grübchen oder Längsfurchen oder ohne Eindruck. Habitus z. B. [**45**] .... **Silvanidae**
8 Gattungen mit 12 Arten, unter Baumrinde, in Ameisenhaufen u. als Vorratschädlinge (z. B. ***Oryzaephilus surinamensis*** (L.), Getreideplattkäfer [**45**]). – Außerdem **Cucujidae** (2 Gattungen, 4 Arten, sehr selten), **Phloeostichidae** (1 seltene Art), **Laemophloeidae** (6 Gattungen, 20 Arten). – Hierher auch **Prostomidae** mit ***Prostomis mandibularis*** (F.) (Kopf dick, mit großen Mandibeln; 5–6 mm), in morschem Holz, im Osten.
— Kopf groß, bis zu den Augen in H einziehbar, dieses mit Längsfurche oder Längsgrube in der Mitte. Fühler mit 2-gliedriger Keule. [**46**] .... (zu **Bostrichidae**) Splintkäfer, **Lyctinae**
Bisweilen auch als eigene Familie **Lyctidae** angesehen. 1. Tarsalglied häufig klein. Larven in Holz. 2 Gattungen mit 6 Arten, z. B. 5; ***Lyctus*** F. (3–5 mm), häufig ***L. linearis*** (Goeze), Parkettkäfer [**46**], in Eichenholz.
— Kopf klein, bis zu den Augen in H einziehbar, dieses hat oft Furchen, Rippen, Wülste, Höcker. 1,5–7 mm .... Rindenkäfer, **Zopheridae** (= **Colydiidae**)
In Mulm u. unter Rinde. Viele Gattungen mit etwa 20 Arten, darunter ***Bitoma*** (= ***Ditoma***) ***crenata*** (F.) (E mit je 2 roten Flecken). – Hierher auch **Cerylonidae** (Sondermerkmal: Körper mehr oval, H so breit wie Basis der E) mit wenigen Arten, z. B. 5; ***Cerylon*** Latreille, häufig ***C. histeroides*** (F.). – Weiterhin **Bothrideridae** mit einigen seltenen Arten.

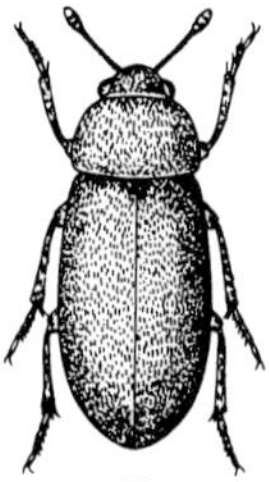
43

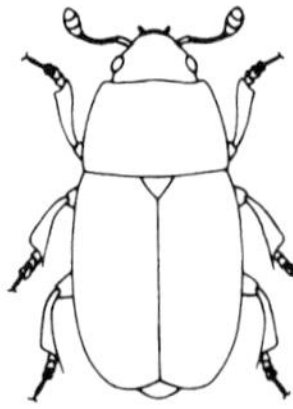
44

45
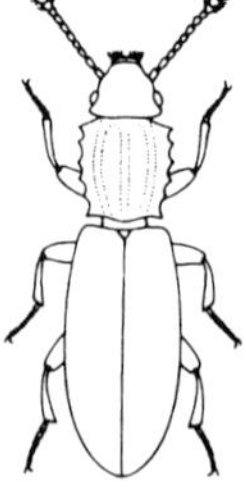

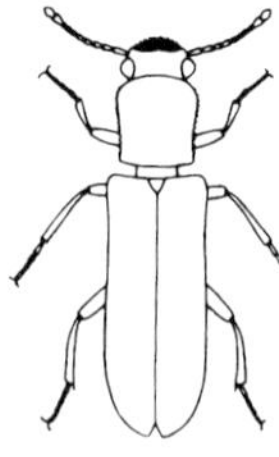
46

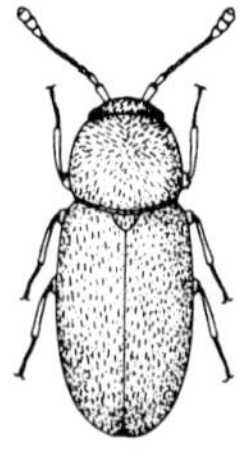
47

43 *Byturus*; **44** Nitidulidae (*Meligethes*); **45** Silvanidae (*Oryzaephilus*); **46** Lyctinae (*Lyctus*); **47** Cryptophagidae (*Atomaria*)

87. Oberseite kahl, glänzend. E mit Punktreihen. 2–6,5 mm .... **Erotylidae**
In morschem Holz u. Baumpilzen. 5 Gattungen mit etwa 20 Arten, z. B. 8; ***Triplax*** HERBST (H rot, E schwarz), häufig ***T. russica*** (L.).

— Oberseite dicht u. fein behaart. Höchstens 6 mm **88**

88. Tarsen 5-gliedrig, nur Httarsen des ♂ können 4-gliedrig sein **89**

— Tarsen 4-gliedrig. Kopf unter H verborgen. Körper rundlich, unter 3 mm **Corylophidae** (= **Orthoperidae**)
In Streu, an schimmelndem Holz, unter Rinde. 6 Gattungen mit etwa 15 Arten, z. B. ***Sericoderus lateralis*** (GYLLENHAL).

— Tarsen 4-gliedrig, nur Vdfüße des ♂ oft 3-gliedrig. Kopf nicht unter H verborgen. Körper länglich-oval, 2,5–6 mm .... Baumschwammkäfer, **Mycetophagidae**
In morschem, schimmeligem Holz, auch auf Getreidespeichern. 5 Gattungen mit über 15 Arten, z. B. 10; ***Mycetophagus*** HELLWIG (3,5–6 mm), häufig ***M. quadripustulatus*** (L.) (E meist mit je 2 gelbroten Flecken). Häufig auch ***Typhaea stercorea*** (L.) (2,5–3 mm).

89. Clypeus durch bogenförmige Linie von der Stirn abgesetzt .... **Sphindidae**
Pilzfresser, 3 Arten, z. B. ***Aspidiphorus orbiculatus*** (GYLLENHAL) (bis 1,5 mm).

— Clypeus nicht von der Stirn abgesetzt. [**47**] .... Schimmelkäfer, **Cryptophagidae**
1–5 mm. 13 Gattungen mit etwa 130 Arten, meist in verpilztem Substrat. ***Cryptophagus*** HERBST, viele Arten, z. B. ***C. denticulatus*** HEER (2–2,7 mm). Ebenfalls artenreich ***Atomaria*** STEPHENS mit dem Moosknopfkäfer ***A. linearis*** STEPHENS [**47**] (1–1,5 mm), schädlich an Rübensaaten. – Hierher auch weitere **Erotylidae** u. die **Biphyllidae** mit wenigen Arten.

Familie: **Carabidae**, Laufkäfer

♂♂ der meisten Arten an verbreiterten Vdtarsen kenntlich. Bewohner der Bodenoberfläche, auch auf Bäumen (***Calosoma***) oder in der Vegetationsschicht (manche **Harpalinae**). Meist räuberisch, auch Pflanzenfresser, manche Arten als Samenfresser bisweilen schädlich (***Zabrus***, ***Amara***, ***Harpalus***). Nomenklatur nach Carabidae of the World (2007–2012).

1. Fühler auf der Stirn eingelenkt. Mandibeln lang, stark gezähnt. Metallisch gefärbt. E grün oder braun mit hellen Flecken oder Binden. [**26**] .... Sandlaufkäfer, **Cicindelinae**
Bisweilen auch als eigene Familie **Cicindelidae** angesehen. Labrum groß u. breit. Augen groß, vorstehend. Larven in selbstgegrabenen Röhren, in die sie Beute ziehen. Käfer jagen besonders bei Sonne in kurzen, niedrigen Flügen. Nur 6; ***Cicindela*** L. u. 2; ***Cylindera*** WESTWOOD.
a) E ohne gezackte Mittelbinde: 2 Arten, häufig ***Cicindela campestris*** L. [**26**] (grün mit weißen Flecken auch auf der Mitte der E; 12–16 mm).
b) E mit gezackter, weißer Mittelbinde: ***Cicindela sylvatica*** L. (Labrum schwarz, längsgekielt; 14–19 mm); bei übrigen 5 Arten Labrum weiß, ungekielt, häufiger ***Cicindela hybrida*** L. (13–17 mm).

— Fühler unter Seitenrand der Stirn eingelenkt. Mandibeln weniger stark gezähnt. Färbung anders. [**27, 54–57**] **2**

2. Körper eiförmig bis fast kreisrund. E eng an H anschließend, gelb mit bronzegrünen Flecken. 5–6 mm. An sandigen Ufern .... (**Omophroninae**) ***Omophron limbatum*** (F.)

— Körper mehr gestreckt u. anders gefärbt **3**

3. E mit großen, narbenartigen Eindrücken. Innenkante der Vdtibia vor der Spitze ohne deutlichen Ausschnitt. Höchstens 13 mm .... **Elaphrinae 4**

— E selten mit narbenartigen Eindrücken, dann andere Merkmalskombination **5**

4. Kopf mit den Augen so breit oder breiter als H. E mit 4 Narbenreihen. 6,5–9 mm. An Gewässern .... 5; Raschkäfer, ***Elaphrus*** F.
Häufig ***E. riparius*** (L.) (bronzegrün) u. ***E. cupreus*** DUFTSCHMID (kupferbraun).

— Kopf mit Augen nicht breiter als H. E mit 2 Narbenreihen. 11–13 mm. An Gewässern Narbenkäfer, ***Blethisa multipunctata*** (L.)

5. Fühler in ihrer basalen Hälfte (an den ersten 6 Gliedern) mit auffallend langen Borsten, die 2–3-mal so lang sind wie die Fühlerglieder. 6–8 mm .... (**Loricerinae**) ***Loricera pilicornis*** (F.)

— Fühler höchstens mit feinen Borsten **6**

6. H durch eine Einschnürung der Mittelbrust vom hinteren Körper abgesetzt. Scutellum auf dieser Einschnürung. E hinten gerundet **7**

— H nicht derart abgesetzt oder falls doch, dann E hinten gerade abgestutzt. Scutellum zwischen Basis der E **9**

7. Körper 2–6,5 mm. Vdtibia außen am Ende fingerartig (zum Graben) ausgezogen **Scaritinae 8**

48a

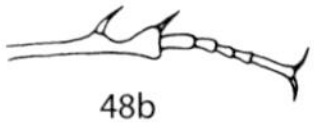
48b

49

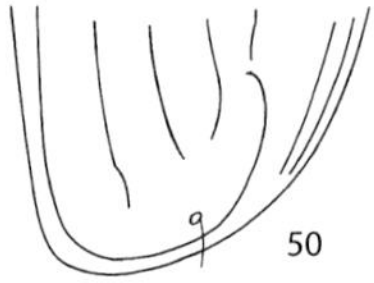
50

— Meist über 17 mm. Vdtibia nicht in Spitze ausgezogen
(**Broscinae**) Kopfkäfer, ***Broscus cephalotes*** (L.)
Kopf fast so breit wie H. Körper 17–22 mm. Ödland, sandiger Boden, See- u. Meeresufer, tags verborgen, Gänge grabend. – Außerdem die seltene Art ***Miscodera arctica*** (Paykull) (Kopf viel schmaler als H. Körper 6,5–8 mm).

8. H fast 4-eckig, flach, an den Seiten bis zur Basis scharf gerandet. Körper 4,5–6,5 mm
2; Fingerkäfer, ***Clivina*** Latreille
Häufig ***C. fossor*** (L.) (6,5 mm), auf feuchtem Boden.

— H kugelig gewölbt, seitlich Randung nicht bis zur Basis reichend. Körper 2–6 mm
21; Handkäfer, ***Dyschirius*** Bonelli
Häufig ***D. globosus*** (Herbst) (2–3 mm).

9. Vdtibia mit tiefem Ausschnitt vor der Spitze, vor u. hinter diesem je 1 Dorn [**48b**] **14**

— Vdtibia vor der Spitze nicht ausgeschnitten, mit zwei Dornen am Ende [**48a**] **10**

10. Kopf sehr schmal, schnabelartig. Labrum in 2 lange, schmale Lappen gespalten
(**Carabinae**) 3; Schaufelkäfer, ***Cychrus*** F.
Schneckenfresser. Häufig ***C. caraboides*** (L.) (13–23 mm).

— Kopf nicht derart verlängert. Labrum gerundet, abgestutzt oder in 2 oder 3 kurze Lappen gespalten **11**

11. Labrum abgestutzt oder abgerundet. Basis der E saumartig gerandet. Körper 6,5–16 mm
Nebriinae 12

— Labrum 2- oder 3-lappig, mindestens ± konkav. Basis der E ± ungerandet. Körper 13–40 mm
Carabinae 13

12. Mandibeln nach außen breit scheibenartig abgeflacht. 1. Fühlerglied viel länger als 3. Körper 6–10 mm .... 8; Bartkäfer, ***Leistus*** Fröhlich
Häufig ***L. rufomarginatus*** (Duftschmid) (braunschwarz; 8–9 mm) u. ***L. terminatus*** (Panzer) (rostrot; etwa 7 mm).

— Mandibeln normal. 1. Fühlerglied kürzer als 3. Körper 9–16 mm
9; Dammläufer, ***Nebria*** Latreille
Häufig ***N. brevicollis*** (F.) (schwarz), in Wäldern, Gärten; ***N. livida*** (L.) (E mit gelbem Außenrand), an Flussufern u. Meeresküsten. Außerdem 6; ***Oreonebria*** Daniel, Arten meist alpin.

13. Mandibeln auf der Oberseite schräg gerunzelt. 2. Fühlerglied sehr kurz, das 3. lang, beide zusammengedrückt, scharfkantig. E vorne eckig mit deutlichen Schultern
3; Puppenräuber, ***Calosoma*** Weber
C. inquisitor (L.) (E bronzefarben; 18–24 mm) u. ***C. sycophanta*** (L.) (E goldgrün; 17–28 mm), beide Arten in Wäldern, auf Bäumen, nützlich durch Verzehren von Raupen u. anderen Forstschädlingen; ***C. auropunctatum*** (Herbst) u. außerdem ***Callisthenes*** (= ***C.***) ***reticulatus*** (F.) am Boden in Feldern, Ödland, Heiden, beide Arten selten.

— Mandibeln auf Oberseite nicht gerunzelt, oft punktiert. 2. u. 3. Fühlerglied nicht zusammengedrückt. E im Umriss eiförmig [**54**] .... ***Carabus*** L.
Etwa 30 Arten.

a) E schwarz, verworren gerunzelt. 34–42 mm: ***C. coriaceus*** L., Lederlaufkäfer.
b) E schwarz oder bläulich, ohne deutliche, dem bloßen Auge sichtbare Skulptur u. ohne Grübchen, höchstens mit feiner Längsstreifung
   1) 15–20 mm: Mit feiner Längsstreifung: ***C. convexus*** F.
   2) 20–30 mm: ***C. violaceus*** L. (E mit gleichmäßiger Körnelung [bei Unterart ***purpurascens*** F. mit feiner Streifung], Seitenrand rötlich bis violett), ähnlich ***C. marginalis*** F. (20–25 mm), im Osten; ***C. glabratus*** Paykull (E glatt, Seitenrand bläulich schimmernd).
c) E goldgrün mit 3 starken Längsrippen
   1) Rippen ohne schwarz: ***C. auratus*** L., Goldlaufkäfer, Goldschmied [**54**].
   2) Rippen schwarz: ***C. auronitens*** F. (18–26 mm; Beine u. 1. Fühlerglied gelbrot); ***C. nitens*** L. (13–17 mm; Beine u. Fühler schwarz).
d) E nur mit feinen Längsstreifen u. 3 Längsreihen von Grübchen
   1) Grübchen stark goldglänzend: ***C. hortensis*** L. (22–28 mm) u. 2 Gebirgsarten.
   2) Grübchen klein, glanzlos: ***C. nemoralis*** Müller (20–26 mm) u. 5 Gebirgsarten.

e) E mit feinen Kettenstreifen, aber ohne erhabene Rippen
1) Zwischen den Kettenstreifen Längsrunzeln. 25–38 mm: ***C. intricatus*** L.
2) Zwischen den Kettenstreifen fein gekörnelte oder kielartig erhobene Intervalle. 20–27 mm: ***C. problematicus*** HERBST.
f) E erzglänzend, mit Kettenstreifen zwischen ± deutlichen Rippen
1) Kettenstreifen durch größere goldene Grübchen unterbrochen: ***C. clatratus*** L. (25–37 mm).
2) Ohne goldene Grübchen. 1. Fühlerglied rot: ***C. cancellatus*** ILLIGER, Körnerwarze (18–32 mm).
3) Ohne goldene Grübchen. 1. Fühlerglied schwarz
I) Bis 24 mm: ***C. granulatus*** L. (Seitenränder des H fast gerade; Rippen zwischen Kettenstreifen stark erhaben) u. 1 Gebirgsart; ***C. arvensis*** HERBST (Seitenränder des H stark gerunzelt; E ohne erhabene Rippen, aber mit rippenartigen Längsstreifen zwischen den Kettenstreifen).
II) Über 24 mm: ***C. monilis*** F. (Rippen u. Kettenstreifen relativ flach; 2. u. 3. Fühlerglied an der Wurzel stark zusammengedrückt) u. 1 östliche Art; ***C. ullrichii*** GERMAR (Rippen u. Kettenstreifen recht erhaben; 2. u. 3. Fühlerglied an der Wurzel höchstens ganz schwach zusammengedrückt); beide Arten zuweilen kleiner.

14. Körper parallelseitig, Kopf mit Augen, H u. E etwa gleich breit. 2. Zwischenraum auf den E auffallend verbreitert. Höchstens 6,5 mm .... (**Nebriinae**) 9; Eilkäfer, ***Notiophilus*** DUMÉRIL
Häufig ***N. biguttatus*** (F.) (3,5–5,5 mm).

— Anders **15**

15. Vorletztes Glied der Maxillartaster etwas verdickt, das letzte als kleine pfriemenförmige Spitze darauf aufsitzend [**49**]. Körper höchstens 7 mm .... **Trechinae 16**
Hierher auch ***Perileptus areolatus*** (CREUTZER) (um 2 mm), aber letztes Glied der Maxillartaster mehr als halb so lang wie vorletztes.

— Letztes Glied der Maxillartaster beilförmig verbreitert, vorletztes Glied schräg abgestutzt. 6,5–9 mm .... (**Harpalinae**) 2; Scheukäfer, ***Panagaeus*** LATREILLE
Körper dicht abstehend behaart. E mit 4 großen, durch die dunkle Naht getrennten roten Flecken. Augen mehr als halbkreisförmig vortretend. Z. B. ***P. cruxmajor*** (L.).

— Letztes Glied der Maxillartaster auffallend lang, länger als das vorletzte, kegelförmig zugespitzt. 2,5–3 mm .... (**Harpalinae**) ***Perigona nigriceps*** (DEJEAN)
In Kompost u. auf Schuttplätzen.

— Anders, letztes Glied der Maxillartaster normal lang, zylindrisch; wenn verbreitert, dann vorletztes Glied nicht schräg abgestutzt **19**

16. Außenrand der Vdtibien bis zur Spitze gerade verlaufend. 2–8 mm **18**

— Rand der Vdtibien an der Spitze außen schräg abgestutzt. 2–3 mm **17**

17. Nahtstreif der E hinten ± parallel zum Seitenrand der E umbiegend. Unter Baumrinde ***Tachyta nana*** (GYLLENHAL)

— Nahtstreif der E hinten nach dem Umbiegen hakenförmig nach innen gebogen. Meist an Gewässerufern .... 12; ***Tachys*** DEJEAN s. l.
Häufiger ***Tachyura*** (= ***Elaphropus***) ***quadrisignata*** (DUFTSCHMID).

18. Oberseite fein behaart. E verworren punktiert .... 6; ***Asaphidion*** DES GOZIS
Augen groß u. vorstehend (ähnlich ***Elaphrus***). Häufig ***A. flavipes*** (L.) (4–5,5 mm).

— Oberseite kahl, punktiert gestreift .... Ahlenläufer, ***Bembidion*** LATREILLE
3. Flügelstreifen mit 2 Borstenpunkten. Etwa 90 Arten. Häufig z. B. ***B. lampros*** (HERBST) (ungefleckt; 3–4 mm) u. ***B. quadrimaculatum*** (L.) (E mit hellen Flecken; um 3 mm), beide auf Feldern und an Ufern. Außerdem 4 weitere artenarme Gattungen, darunter 1; ***Cillenus*** SAMOUELLE mit ***C. lateralis*** SAMOUELLE (3. Flügelstreifen mit 4 Borstenpunkten; 3,5–4,5 mm), halobiont, Nordseeküste.

19. Kopf oben mit deutlichen, tiefen Stirnfurchen, die Schläfen hinter den Augen umfassend. Nahtstreif der E hinten nach dem Umbiegen meist hakenförmig nach innen gebogen [**50**] („Trechusbogen"). Körper 1,5–6 mm .... weitere **Trechinae 20**

— Stirnfurchen feiner u. gerader, hinten verkürzt, nicht die Schläfen umfassend oder Stirnfurchen fehlend. Nahtstreif der E am Ende nicht hakenförmig nach innen gebogen
fast ausschließlich **Harpalinae 21**

20. Oberseite unbehaart. 2,5–6 mm. Überwiegend montane u. alpine Arten
Flinkläufer, ***Trechus*** (CLAIRVILLE)
Um 20 Arten. Körper ± oval. Häufig z. B. ***T. quadristriatus*** (SCHRANK) (hellbraun; 3,5–4,5 mm). – Ähnlich auch die seltene südliche Art ***Thalassophilus longicornis*** (STURM), aber Körper mehr parallelseitig, flach.

— E fein behaart, H unbehaart. 4,5–5,5 mm .... ***Blemus*** (= ***Lasiotrechus***) ***discus*** (F.)

— E u. H fein behaart. 4,5 mm .... ***Trechoblemus micros*** (HERBST)

21. Mandibeln kurz u. stumpf, größtenteils von oben freiliegend. Die rechte oder linke Mandibel an der Spitze mit Auskerbung. Clypeus tief u. zuweilen asymmetrisch ausgebuchtet, die Wurzel des Labrums freilassend **22**

— Mandibeln mit einfacher Spitze. Clypeus symmetrisch, die Wurzel (Basalmembran) des Labrums überdeckend **23**

22. Unter 8 mm. Endglied der Maxillartaster schlank u. zugespitzt .... 9; ***Badister*** Clairville
Häufig H rot, E rot mit schwarzer Zeichnung, z. B. ***B. bullatus*** (Schrank) (5–6 mm).

— Über 8 mm. Endglied der Maxillartaster zur Spitze verbreitert, beilförmig abgestutzt
3; ***Licinus*** Latreille
Einfarbig schwarz, z. B. ***L. depressus*** (Paykull).

23. E am Ende gerade oder schräg abgestutzt, wie abgeschnitten, Htleib daher am Ende immer unbedeckt **54**

— E hinten ± abgerundet oder höchstens an der Seite schwach ausgeschweift, Htleib meist bedeckt [**54–57**] **24**

24. Stirn jederseits neben dem Auge mit 2 langen Borsten [**51a**] **25**

— Stirn jederseits neben dem Auge mit nur 1 langen Borste [**51b**] **40**

25. Vorletztes Glied der Labialtaster auf der Innenseite mit mehr als 3 Borsten [**52a**] (nicht mit den längeren Maxillartastern verwechseln!). Körper meist eiförmig-elliptisch, Htrand des H meist so breit wie Basis der E. E ohne eingestochene Porenpunkte im 3. Zwischenraum. Um 5–15 mm
Kanalkäfer, ***Amara*** Bonelli
Um 50 Arten. Meist an trockenen Orten, zum Teil Samenfresser, z. B. ***A. aenea*** (De Geer).

— Vorletztes Glied der Labialtaster mit nur 2 Borsten [**52b**]. H geht meist nicht so breit zu E über. E häufig mit 1–5 eingestochenen Porenpunkten im 3. Zwischenraum **26**

26. Kopf hinter den Augen halsartig abgeschnürt, in Querimpression stark punktiert. 3. Fühlerglied vollständig behaart. E in der Mitte der Basis ohne Rand. 6–11 mm
(**Trechinae**) 3; Grubenhalskäfer, ***Patrobus*** Dejean
Häufiger ***P. atrorufus*** (Ström), besonders in Auwäldern.

— Andere Merkmalskombination; wenn Kopf hinter Augen angedeutet abgeschnürt, dann Abschnürung nicht punktiert **27**

27. 3. Fühlerglied vollständig behaart. Tarsen oberseits längsgefurcht. 5–8 mm. Am Meeresstrand u. an Salzstellen .... (**Trechinae**) 3; ***Pogonus*** Dejean
Häufiger ***P. chalceus*** (Marsham).

— Andere Merkmalskombination; 3. Fühlerglied kahl oder nur im Spitzenteil behaart, selten ganz behaart **28**

28. Schenkelring der Htbeine auffallend groß, so lang oder fast so lang wie der halbe Schenkel. Die umgeschlagenen Seitenränder der E (Epipleuren) vor der Spitze meist deutlich gekreuzt [**53a**] oder nicht gekreuzt **29**

— Schenkelring der Htbeine höchstens ⅓ so lang wie der Schenkel. Epipleuren vor der Spitze einfach, nicht gekreuzt [**53b**] **33**

29. Oberseite der Tarsen spärlich gelb behaart. Fühler vom 3. Glied an behaart. 12–18 mm
2; Striemenkäfer, ***Molops*** Bonelli
Z. B. ***M. piceus*** (Panzer), in Wäldern.

— Oberseite der Tarsen kahl, Fühler vom 4. Glied an behaart **30**

30. Mandibeln so lang wie der Kopf. 1. Fühlerglied so lang wie 2. u. 3. Glied zusammen. H hinten stark verengt. 6,5–8,3 mm .... ***Stomis pumicatus*** (Panzer)

— Mandibeln u. 1. Fühlerglied nicht derart verlängert **31**

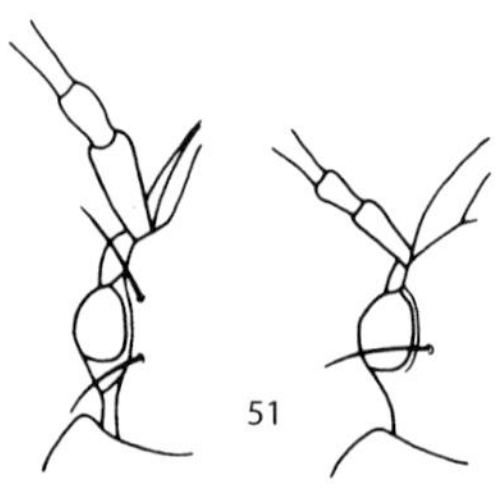

51

a b

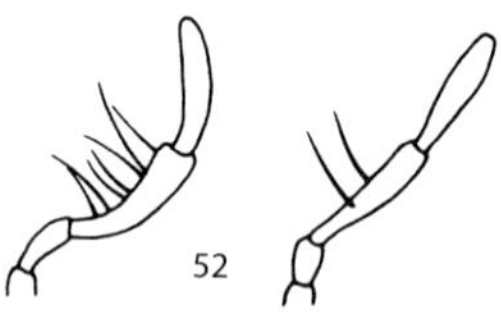

52

a b

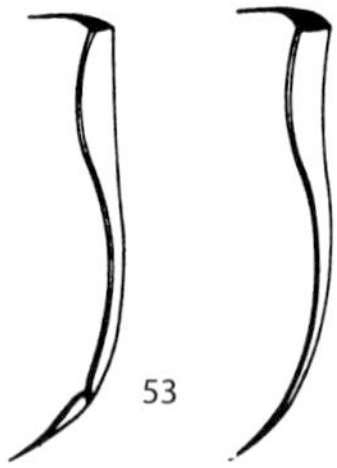

53

a b

31. E im 3. Zwischenraum der Streifen ohne porenartigen Eindruck. H recht breit auf E zulaufend 4; Breitkäfer, ***Abax*** Bonelli

Häufig ***A. parallelepipedus*** (Piller et Mitterpacher) (= ***ater*** (Villiers)) (18–22 mm; parallelseitig); ***A. ovalis*** (Duftschmid) (12–22 mm; kurz oval), beide Arten in Wäldern.

— E im 3. Zwischenraum der Streifen mit mindestens 1 eingestochenen Porenpunkt. H an Basisecken meist stark von E abgesetzt **32**

32. Die ersten Fühlerglieder zylindrisch, ohne Kante .... Grabkäfer, ***Pterostichus*** Bonelli

Etwa 35 Arten. Häufig z. B. ***P. melanarius*** (Illiger) [**55**] (13–17 mm); ***P. niger*** (Schaller) (16–21 mm); ***P. nigrita*** (Paykull) (8,5–11 mm); ***P. vernalis*** (Panzer) (6–8 mm). – Hierher 1 weitere Gattung mit 1 Art.

— Die 3 ersten oder 2. u. 3. Fühlerglieder zusammengedrückt, ihr Oberrand kantig. Häufig erzglänzend. 8–14 mm .... 6; ***Poecilus*** Bonelli

P. cupreus (L.) u. ***P. versicolor*** (Sturm) (Basis des H durchgehend punktiert); ***P. lepidus*** (Leske) (Basis des H in der Mitte nicht punktiert).

33. Krallen innen gezähnelt oder gekämmt (wenn auch manchmal nur schwach) **37**

— Krallen innen deutlich glattrandig **34**

34. Htwinkel des H abgerundet **36**

— Htwinkel des H scharfeckig **35**

35. 17–27 mm. In Kellerräumen .... ***Sphodrus leucophthalmus*** (L.)

— 5–14 mm .... 2; ***Platynus*** Bonelli

Häufiger ***P. livens*** (Gyllenhal). Außerdem 4 weitere Gattungen mit 7 Arten. Beispiele: ***Limodromus assimilis*** (Paykull) (schwarz; 10–12 mm), in Wäldern; ***Anchomenus dorsalis*** (Pontoppidan) [**56**] (Kopf u. H leuchtend grün, E braunrot mit gemeinsamem grünblauem Fleck am Htende; 6–8 mm), in offener Landschaft. – Wenn Tarsen oben mit gelben Haaren, dann ***Laemostenus terricola***, s. Nr. **37**.

36. Hornige Platte auf Kopfunterseite (Kinn = hinterer Teil des Labiums) mit langem Zahn in der Mitte. 4,5–10,5 mm. Meist tiefschwarz oder mit stärkerem Metallglanz .... Putzkäfer, ***Agonum*** Bonelli

Etwa 25 Arten. Vorwiegend an feuchten Stellen. Metallisch glänzend z. B. ***A. muelleri*** (Herbst) (grünlich metallisch); ***A. viduum*** (Panzer) (schwarzglänzend); ***A. sexpunctatum*** (L.) (grün u. kupferrot). Nicht metallisch, schwarz z. B. ***A.*** (= ***Europhilus***) ***thoreyi*** Dejean (hier u. bei anderen Arten Fühler vom 3. Glied an fein behaart). – Außerdem ***Sericoda quadripunctata*** (De Geer) (4,5–6 mm), auf Waldbrandflächen, selten, im Osten.

— Kinn ohne derartigen Zahn. 5–7 mm. Braunschwarz .... 2; ***Olisthopus*** Dejean

Verbreitet ***O. rotundatus*** (Paykull), wärmeliebend, auf trockenem Sandboden.

37. Schwarz mit blauem Schimmer. Tarsen auf Oberseite mit gelben Haaren. Krallen nur schwach gezähnelt. 13–17 mm. In Höhlen u. Kellerräumen ***Laemostenus*** (= ***Pristonychus***) ***terricola*** (Herbst)

— Andere Merkmalskombination **38**

38. 15–20 mm. Krallen deutlich gezähnelt. Schwarz, Fühler u. Beine rotgelb ***Dolichus halensis*** (Schaller)

— 6–14 mm **39**

39. Schulter der E eckig, zahnartig vorgezogen. H zur Basis höchstens schwach verengt. Krallen deutlich gezähnelt .... 8; ***Calathus*** Bonelli

Häufig ***C. fuscipes*** (Goeze) (schwarz, Fühler braunrot, Beine dunkelbraun; 11–14 mm); ***C. erratus*** (Sahlberg) (ähnlich, aber kleiner; 8–11 mm; Fühler u. Beine gelbrot); ***C. melanocephalus*** (L.) (schwarz, H rot; 6–8 mm).

— Schulter mehr gerundet. H zur Basis stärker verengt (ähnlich [**55**]). Krallen schwächer gezähnelt. 6–8 mm. Braunschwarz, schmale Ränder des H rötlich .... ***Synuchus vivalis*** (Illiger)

40. Kopf blau, H rot, viel schmaler als Basis der E, diese schwarz u. gelb gefleckt. 6–7 mm Mondfleck, ***Callistus lunatus*** (F.)

— Anders **41**

41. H zur Basis nicht verengt, wohl aber stark zum Kopf hin gerundet. Körper kahl, oval. Hintere Außenpartie der Htcoxen flach, mit dem Bauch in einer Ebene .... 2; ***Oodes*** Bonelli

Häufiger ***O. helopioides*** (F.) (7,5–9,5 mm), an sumpfigen Stellen.

— Anders **42**

42. Fühler vom 4. Glied an fein seidig behaart, 3. Glied höchstens mit einzelnen Haaren. Epipleuren der E am Ende gekreuzt [**53a**] **43**

— Fühler vom 3. Glied an dicht seidig behaart. Epipleuren einfach [**53b**] **44**

43. Körper relativ flach, metallisch grün, zuweilen mit gelbem Seitenrand, manchmal schwarz, meist fein anliegend behaart. 8–17 mm .... 9; Grünkäfer, ***Chlaenius*** Bonelli

Bevorzugen nasse Standorte, am häufigsten ***C. nigricornis*** (F.) (9,5–12,5 mm).

— Körper gestreckt u. gewölbt, schwarzbraun bis schwarz, Beine mehr rotbraun. 14–16 mm Getreidelaufkäfer, ***Zabrus tenebrioides*** (Goeze)

Larve in Erdröhren, schädlich an Getreidesaat, Käfer an Körnern von Getreide.

44. Stirn mit roten Flecken .... 4; ***Anisodactylus*** Dejean
Z. B. ***A. binotatus*** (F.) (9–13 mm).
— Stirn ohne rote Flecken **45**
45. Gelbbraun, H u. ein großer Fleck auf den E blau. 8–10 mm .... ***Diachromus germanus*** (L.)
— Anders **46**
46. Vorletztes Glied der Labialtaster mit 2 Borsten [**52b**]. Tasterendglied zugespitzt. Körper häufig gelbrot, mit dunklem Längswisch auf E **49**
— Vorletztes Glied der Labialtaster mit mehr als 2 Borsten [**52a**]. Tasterendglied gestutzt .. **47**
47. Jederseits mit Stirn-Augenfurche von der Naht zwischen Clypeus u. Stirn zum Innenrand des Auges **48**
— Ohne Stirn-Augenfurchen, nur mit 2 grubigen Eindrücken hinter der Naht zwischen Clypeus u. Stirn .... Schnellläufer, ***Harpalus*** Latreille u. ***Ophonus*** Dejean
Etwa 60 Arten. ***H. affinis*** (Schrank) (= ***aeneus*** (F.)) (grün metallisch; seitliche äußere Zwischenräume der E dicht punktiert; 9–12 mm); ***H. rufipes*** (De Geer) [**57**] (schwarz; Oberseite gelblich behaart; 11–16 mm), häufig, auch in Kulturland. Viele Arten schwarz bis braun u. unbehaart.
48. H u. E behaart. Tarsen oberseits behaart. 5,5–7,5 mm ***Parophonus maculicornis*** (Duftschmid)
— H u. E unbehaart. Tarsen oberseits kahl .... 2; ***Trichotichnus*** Morawitz
In Wäldern im Gebirge ***T. laevicollis*** (Duftschmid) (6–8,5 mm).
49. Htwinkel des H mit langem Tasthaar. Körperoberseite ± behaart. Oberseite der Tarsen fein gelb behaart **50**
— Htwinkel des H ohne Tasthaar. Körperoberseite unbehaart. Oberseite der Tarsen kahl ... **51**
50. Htwinkel des H rechtwinklig. Gesamte Oberseite behaart. 4–8 mm
5; ***Dicheirotrichus*** Jacquelin du Val
Vor allem an Meeresküste u. Binnensalzstellen, häufig ***D. gustavii*** Crotch.
— Htwinkel des H abgerundet. Mitte der E unbehaart. 4–5 mm .... 2; ***Trichocellus*** Ganglbauer
Auch zu ***Dicheirotrichus*** gestellt. An feuchten Stellen, z. B. ***T. placidus*** (Gyllenhal).
51. 1. bis 3. Glied der Httarsen außen mit feinem Längskiel. 5–7 mm .... 4; ***Stenolophus*** Dejean
Z. B. ***S. mixtus*** (Herbst), an feuchten Stellen.
— Httarsen ohne Längskiel, einfach gerundet. 2–5,5 mm **52**
52. Hornige Platte auf Kopfunterseite (Kinn = hinterer Teil des Labiums) mit Zahn in der Mitte. Körper gewölbt... 6; ***Bradycellus*** Erichson
Z. B. ***B. verbasci*** (Duftschmid), an feuchten Stellen.
— Kinn ohne Zahn. Körper flach **53**
53. Htwinkel des H rechtwinklig. 5 mm .... ***Anthracus consputus*** (Duftschmid)
— Htwinkel des H abgerundet .... 10; ***Acupalpus*** Latreille
Häufig ***A. meridianus*** (L.) (3–4,5 mm). – Im Süden 1 weitere Gattung mit 1 seltenen Art.»
54. Kopf, H u. Beine rotgelb. E behaart, metallisch blaugrün
(**Brachininae**) 2; Bombardierkäfer, ***Brachinus*** Weber
Mit Analdrüsen, die Wehrsaft produzieren; z. B. ***B. crepitans*** (L.) (8 mm).

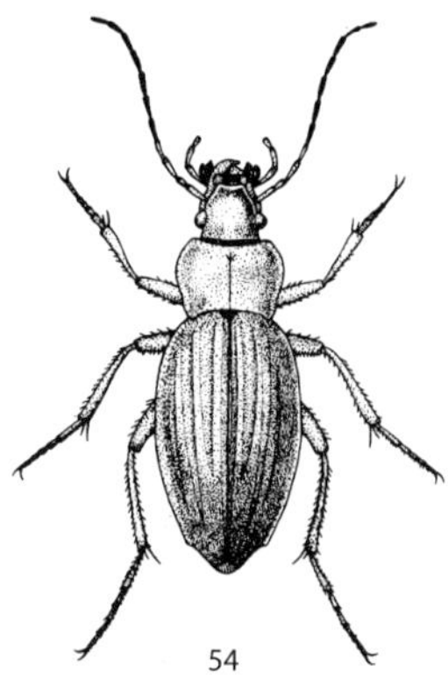
54

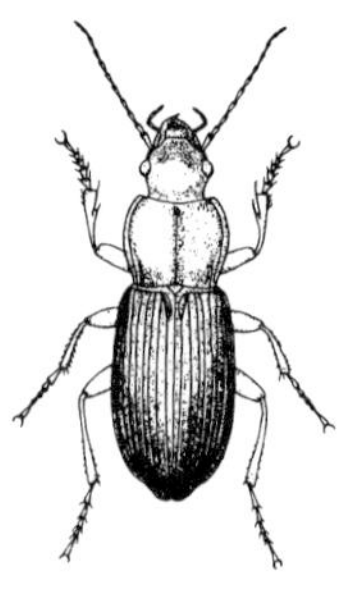
55

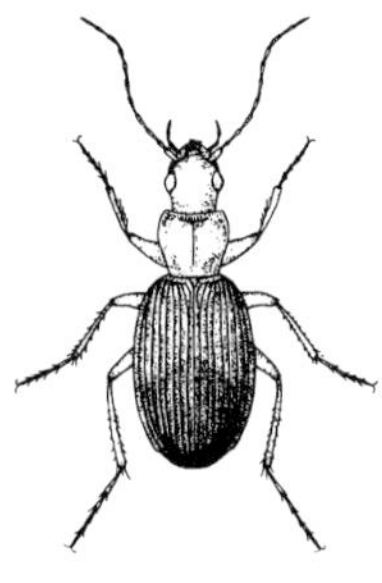
56

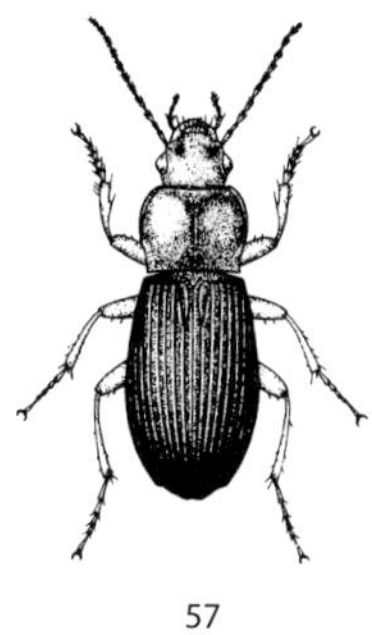
57

54 *Carabus*; **55** *Pterostichus*; **56** *Anchomenus*; **57** *Harpalus*

— Kopf u. H schwarzgrün. E orange, am Ende mit dunklem Fleck. H lang, dünn, ohne scharfen Seitenrand. 7 mm. An Seeufern, im Schilf .... ***Odacantha melanura*** (L.)
— Grünblau, Körperanhänge bräunlich-gelb. H zylindrisch, ohne scharfen Seitenrand. 7–9 mm. Im Süden .... ***Drypta dentata*** (Rossi)
— Anders **55**
55. Vdtibien außen bedornt, mit langem Endsporn. H etwa so breit wie beide E zusammen. 4,5–5 mm. In Sandgebieten .... ***Masoreus wetterhallii*** (Gyllenhal)
— Vdtibien außen nicht bedornt. H schmaler als beide E **56**
56. Vorletztes Tarsenglied lang u. tief 2-lappig .... 3; ***Demetrias*** Bonelli
Körper schlank. 4–6 mm. An Ufern, in Schilf, an Küstendünen, z. B. ***D. atricapillus*** (L.) (blassgelb, Kopf schwarz, H rötlich).
— Vorletztes Tarsenglied einfach oder schwach herzförmig **57**
57. H stark quer, seine Basis seitlich mit starkem Ausschnitt, seine Mitte nach hinten kurz u. breit gestielt .... 4; Prunkkäfer, ***Lebia*** Latreille
4–10 mm. H rotgelb. Auf Sträuchern u. Bäumen, häufig ***L. chlorocephala*** (Hoffmann) (E blaugrün, H rot; 5–7 mm).
— H ± herzförmig, an der Basis nicht stielartig ausgeschnitten **58**
58. Körper über 7 mm **59**
— Körper unter 7 mm **60**
59. Htrand der E mit Hautsaum. Dunkel-rotbraun. 8–9 mm. Selten
Polistichus connexus (Geoffroy)
— E hinten ohne Hautsaum .... 5; ***Cymindis*** Latreille
7–12 mm. E häufig mit rotem Schulterfleck. ***C. humeralis*** (Geoffroy) in lichten Wäldern u. Heiden. – Hierher auch ***Aptinus bombarda*** (Illiger) (**Brachininae**) (9,5–15 mm; Sondermerkmal: E schräg nach innen abgestutzt), selten, im Süden.
60. H mit ± breitem Seitenrand. Meist über 5 mm, wenn kleiner, dann hell gefärbt u. E mit gelben Flecken .... 9; ***Dromius*** Bonelli
Hinter Baumrinde, in Bodenstreu oder auf Pflanzen. Häufiger ***D. quadrimaculatus*** (L.) (4,5–6 mm). Außerdem 3 weitere Gattungen mit 9 Arten, z. B. ***Paradromius*** (= ***D.***) ***linearis*** (Olivier) (4,5–5,5 mm).
— H mit schmalem, feinem Seitenrand. 3–4 mm. Schwarz, E mit 2–4 gelben Flecken
Lionychus quadrillum (Duftschmid)
— H mit schmalem, feinem Seitenrand. Unter 4 mm. Schwarz **61**
61. 3. Fühlerglied kahl. Kopf mit Kinnzahn (s. Nr. **52**). E hinten schräg abgestutzt 4; ***Syntomus*** Hope
In trocken-warmen Lebensräumen. Häufig ***S. truncatellus*** (L.) (2,5–3,5 mm). – Hierher 1 weitere Gattung mit 1 Art, selten.
— 3. Fühlerglied behaart. Kopf ohne Kinnzahn. E hinten gerade abgestutzt
3; ***Microlestes*** Schmid-Goebel
Häufig ***M. minutulus*** (Goeze) (um 3 mm).

Familie: **Dytiscidae**, Schwimmkäfer

Im Wasser, gute Schwimmer. Räuber. ***Noterus*** (s. Nr. **16**) gehört zur Familie **Noteridae**.

1. Scutellum deutlich sichtbar. Körper 6–44 mm lang **2**
— Scutellum nicht sichtbar. Selten über 5 mm, höchstens 7 mm **14**
2. E mit dachziegelartigen Erhebungen. 20–23 mm. Selten, im Elsass
Meladema coriacea Laporte de Castelnau
— E ohne dachziegelartige Erhebungen **3**
3. Über 20 mm lang **4**
— Höchstens 20 mm **5**
4. Httibien viel länger als breit, wenig kürzer als Schenkel. Äußerer Endsporn der Httibien so breit wie innerer .... 7; ***Dytiscus*** L.
D. latissimus L. (25 mm breit), übrige Arten höchsten 20 mm breit: ***D. marginalis*** L., Gelbrand (mit gelbem Rand um H u. an Längsseiten der E).
— Httibien sehr kurz, fast so breit wie lang, knapp halb so lang wie Schenkel. Äußerer Endsporn der Httibien viel breiter als innerer. 30–37 mm Gaukler, ***Cybister lateralimarginalis*** (De Geer)
5. E mit deutlichen Querriefen („chagriniert"). 16–19 mm
3; Teichschwimmer, ***Colymbetes*** Clairville
Häufig ***C. fuscus*** (L.), in Teichen.
— E ohne Querriefen **6**

6. Augen vorn hinter der Fühlerwurzel durch kleinen Kopffortsatz etwas eingebuchtet [**58**] **7**
— Augen vorn nicht derart eingebuchtet [**59**] **12**
7. Krallen der Httarsen gleich lang, Htrand der Tarsenglieder gerade **8**
— Krallen der Httarsen sehr ungleich lang, der Htrand der 4 ersten Tarsenglieder außen lappig ausgezogen **10**
8. Innerer Endwinkel der Htschenkel auf der Unterseite mit einem Borstenbüschel [**60**] **9**
— Innerer Endwinkel der Htschenkel ohne solches Borstenbüschel. E am Ende stärker zugespitzt. 6,5–8 mm. . . . . ***Liopterus*** (= ***Copelatus***) ***haemorrhoidalis*** (F.)
9. Epipleuren der E von der Mitte ab nach hinten sehr schmal. Oberseite mit großen, gelben, streifigen Flecken auf H u. E. 8 mm . . . . ***Platambus maculatus*** (L.)
In Gebirgsbächen u. an Brandungsufern von Seen.
— Epipleuren der E von der Basis zur Spitze allmählich verschmälert. Oberseite anders gefärbt. 6–12 mm . . . . Schnellschwimmer, ***Agabus*** Leach
Etwa 20 Arten. Häufig ***A. bipustulatus*** (L.) (schwarz, auf dem Scheitel häufig mit 2 rötlichen Flecken).
10. Innerer Endwinkel der Htschenkel auf der Unterseite mit einem Borstenbüschel. Htecken des H stumpfwinklig gebogen. Die Basis daneben ohne Spur einer Ausbuchtung Schlammschwimmer, ***Ilybius*** Erichson
Etwa 15 Arten. Meist in Mooren. ***I. ater*** (De Geer) (13–14 mm); übrige Arten höchstens 11,5 mm.
— Innerer Endwinkel der Htschenkel ohne solches Borstenbüschel. Htecken des H mehr spitz verlaufend, die Basis daneben ± ausgebuchtet **11**
11. Oberseite schwarz. 10–11 mm . . . . ***Nartus*** (= ***Rhantus***) ***grapii*** (Gyllenhal)
— Oberseite mit gelbschwarzen Flecken oder Sprenkeln. 9–13 mm . . . . . . 9; ***Rhantus*** Dejean
Z. B. ***R. suturalis*** (MacLeay) (Unterseite ganz schwarz).
12. Körper oval, deutlich gewölbt. Die beiden Enddorne der Httibien scharf zugespitzt, der größere Enddorn das oberste Tarsenglied weit überragend. 10–15 mm . . . . . . 4; ***Hydaticus*** Leach
Z. B. ***H. transversalis*** (Pontoppidan) (E mit gelbem Seitenrand u. rostroter bis gelber Querbinde).
— Körper breit, ziemlich flach, hinter der Mitte am breitesten. Die beiden Enddorne der Httibien eingekerbt, zweispitzig oder abgerundet, der größere Enddorn kaum länger als 1. Tarsalglied **13**
13. E des ♂ fast glatt (♂ hat breite Saugnäpfe an Vdbeinen), des ♀ fein gekörnt. 13–16 mm 4; ***Graphoderus*** Dejean
Z. B. ***G. bilineatus*** (De Geer).
— E des ♂ dicht punktiert, des ♀ mit Längsrippen zwischen behaarten, flachen Furchen. 15–18 mm . . . . 2; Furchenschwimmer, ***Acilius*** Leach
A. sulcatus (L.) [**25**] (Htschenkel schwarz gefleckt); ***A. canaliculatus*** (Nicolai) (Htschenkel ganz gelb).
14. Körper eiförmig, ober- u. unterseits fast kugelig gewölbt, oben einfarbig rostrot. Krallen der Htbeine sehr ungleich lang, eine schwer sichtbar. 4,5–5 mm . . . . . . ***Hyphydrus ovatus*** (L.)
— Unterseite nicht kugelig gewölbt. Krallen der Htbeine von gleicher Länge oder wenn nicht, dann E gefleckt oder Körper unter 4 mm **15**
15. Vd- u. Mitteltarsen 5-gliedrig **16**
— Vd- u. Mitteltarsen scheinbar 4-gliedrig . . . . **Hydroporinae**
Über 15 Gattungen mit etwa 70 Arten. Hierzu gehört auch ***Hyphydrus ovatus***.

58

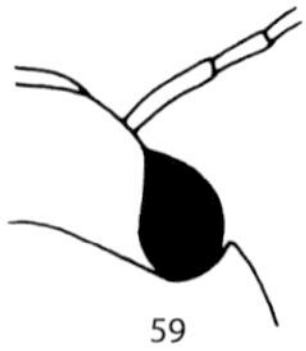
59

60

a) H an jeder Seite mit Strich, der sich auf E fortsetzt: 4; ***Bidessus*** Sharp (Kopf mit Querstrich zwischen den Augen), häufiger ***B. unistriatus*** (Goeze) (um 2 mm). 2; ***Hydroglyphus*** Motschulsky (Kopf ohne Querstrich), häufig ***H. geminus*** (F.) (um 2 mm).

b) H ohne Striche

1) Epipleuren der E unter den Schultern mit dreieckiger Höhlung zum Einlegen der Knie der Mittelbeine: 9; ***Hygrotus*** Stephens (Clypeus vorn mit Kante), häufig z. B. ***H. inaequalis*** (F.) (3–3,5 mm).

2) Epipleuren ohne Höhlung. Punktur des H auf ± glattem Untergrund: viele Gattungen mit etwa 20 Arten, z. B. ***Hydroporus*** Clairville mit etwa 35 Arten, häufig ***H. palustris*** (L.) (3,5–4 mm). Ähnlich, aber Punktur des H auf gekörneltem oder fein gepunktetem Untergrund: mehrere Gattungen, z. B. ***Nebrioporus*** (= ***Potamonectes***) ***depressus*** (F.) (4,5–5 mm).

16. Unterseite flach, nicht gewölbt .... 2; ***Noterus*** Clairville
Gehört zu **Noteridae**. Körper rostrot. 3,5–4,5 mm. Häufig ***N. clavicornis*** (De Geer).

— Unterseite gewölbt .... 3; ***Laccophilus*** Leach
Körper gelb u. dunkelbraun. 3,5–5 mm. Häufig ***L. minutus*** (L.).

Familie: **Hydrophilidae**, Wasserfreunde

Meist Wasserbewohner (außer den häufig an Dung lebenden **Sphaeridiinae**). Beine werden abwechselnd paddelnd bewegt. Luftholen an der Wasseroberfläche, bei vielen Arten mit Hilfe der Fühler; verbreitet auch Plastronatmung. Nahrung der Imagines meist Pflanzenteile, Detritus oder Dung, die Larven vieler (v. a. der aquatischen) Arten sind Räuber. Zu den **Hydrophilidae** gehören auch die **Helophorinae** (s. S. 350), **Georissinae** (s. S. 347) u. **Hydrochinae** (s. S. 350). Diese Unterfamilien werden bisweilen auch als eigene Familien **Helophoridae**, **Georissidae** u. **Hydrochidae** angesehen.

1. Körper im Umriss rundlich oder oval, ohne einspringenden Winkel zwischen H u. E. [**23**] ... 2

— Körper mit einspringendem Winkel zwischen H u. E .... **Spercheinae**
Auch als eigene Familie **Spercheidae** angesehen. Räuber. Nur ***Spercheus emarginatus*** (Schaller) (Oberseite braun, glänzend; E mit schwarzen Flecken; 5–7 mm), in stehenden Gewässern.

2. Oberstes (1.) Glied der Httarsen länger als das nächste. Meist Landbewohner **Sphaeridiinae** 3

— 1. Glied der Httarsen kürzer als das nächste. Im Wasser.................... **Hydrophilinae** 7

3. E außer dem Nahtstreifen unregelmäßig punktiert, oft mit gelben oder roten Flecken ... 4

— E zwischen den feinen Grundpunkten mit deutlichen Streifen oder Reihen von Punkten 5

4. Scutellum sehr lang u. schmal. 3,5–7,5 mm .... 4; ***Sphaeridium*** F.
In frischem Kuhmist. Sehr häufig ***S. bipustulatum*** F. (3,5–5,5 mm), ***S. scarabaeoides*** (L.) (5,5–7,5 mm).

— Scutellum wenig länger als breit. 3,5–4,5 mm. In stehenden Gewässern
Coelostoma orbiculare (F.)

5. Oberseite kahl 6

— Oberseite fein behaart .... 3; ***Cryptopleurum*** Mulsant
1,5–2,2 mm. In Dung u. Detritus. Sehr häufig ***C. minutum*** (F.).

6. E mit deutlichen Nahtstreifen. 1,5–4 mm .... ***Cercyon*** Leach
Etwas 25 Arten. An feuchten Stellen, häufig an Gewässern, z. B. ***C. analis*** (Paykull).

— E ohne ausgesprochenen Nahtstreifen. 1,7–2,2 mm ...... ***Megasternum concinnum*** (Marsham)
Unter faulenden Pflanzenstoffen, in Pilzen. Sehr häufig. – Außerdem ***Dactylosternum abdominale*** (F.) (groß: 5–5,3 mm), im Süden, selten.

7. 30–50 mm lang .... 2; Kolbenwasserkäfer, ***Hydrophilus*** Geoffroy (= ***Hydrous*** L.)
H. piceus (L.) (alle Sternite dachförmig gekielt; 34–50 mm); ***H. aterrimus*** Eschscholtz (nur letztes Sternit mit Kiel; 32–43 mm).

— 14–19 mm lang .... 2; ***Hydrochara*** Berthold (= ***Hydrophilus*** Leach)
Häufig nur ***H. caraboides*** (L.) [**23**] (Basis des H gerade).

— Höchstens 10 mm lang 8

8. Scutellum viel länger als breit. 3,5–6,4 mm .... 6; ***Berosus*** Leach
Larven mit langen Anhängen an den Segmenten. Z. B. ***B. luridus*** (L.).

— Scutellum breit dreieckig, kaum länger als breit 9

9. E mit nach hinten vertieften Punktstreifen. 6–9 mm .... 3; ***Hydrobius*** Leach
Alle 3 Arten häufig, z. B. ***H. fuscipes*** (L.)

— E mit nicht vertieften Punktreihen. 8–10 mm .... ***Limnoxenus niger*** (Gmelin)

— E ohne regelmäßige Punktreihen .... 8 Gattungen mit etwa 35 Arten
Artenreich 10; ***Laccobius*** Erichson u. 10; ***Enochrus*** Thomson, z. B. ***L. minutus*** (L.) (E braungelb, Punktreihen ± geschwärzt; um 3 mm); ***E. bicolor*** (F.) (braunglänzend; 5–6 mm), an Meeresküsten (halophil).

Familie: **Hydraenidae**, Langtaster

Meist in Gewässern. Nahrung: pflanzliches Material.

1. H mit Längsfurchen 2
— H ohne Eindrücke. 1–2,5 mm .... 7; ***Limnebius*** Leach
Häufig z. B. ***L. papposus*** Mulsant, in Wasserlachen.
2. Maxillartaster sehr lang, etwa so lang wie Strecke Vdrand des Kopfes – Htende des H. 1,5–3 mm .... ***Hydraena*** Kugelann
Etwa 25 Arten. Häufig ***H. gracilis*** Germar, in Quellgewässern der Gebirge.
— Maxillartaster viel kürzer. 1–3 mm .... ***Ochthebius*** Leach
Etwa 20 Arten. Häufig ***O. minimus*** (F.) an stehenden Gewässern, ***O. marinus*** (Paykull) in Salzwiesen.

Familie: **Leiodidae**

Zu den **Leiodidae** gehören auch die **Leptininae** (s. S. 345 u. 352), bisweilen als eigene Familie **Leptinidae** angesehen.

1. Maxillartaster mit konisch zugespitztem oder kleinem Endglied. Tibien ohne Längskanten. Oberseite meist matt u. dicht behaart 2
— Maxillartaster mit ovalem oder ± parallelem Endglied. Tibien meist mit Längskanten oder Längskielen. Oberseite meist glänzend .... Schwammkugelkäfer, **Leiodinae**
Bisweilen auch als eigene Familie **Leiodidae** angesehen. Vor allem Pilzfresser. Tibien oben ohne Längsleisten, außen meist kräftig bedornt: 8 Gattungen mit etwa 50 Arten, artenreich ***Leiodes*** Latreille, häufig ***L. polita*** (Marsham) (= ***calcarata*** (Erichson)). Tibien oben mit 2 feinen Längsleisten, selten außen kräftig bedornt: 5 Gattungen mit etwa 30 Arten, z. B. 5; ***Anisotoma*** Panzer u. 20; ***Agathidium*** Panzer, häufig ***Ag. seminulum*** (L.).
2. Fühler mit undeutlicher 5-gliedriger Keule, das 8. Glied kleiner als die umgebenden. Zwischen Auge u. Fühlerbasis mit einer Randkante. 1,5–6,5 mm
Nestkäfer, **Cholevinae** (= **Catopinae**) 3
Bisweilen auch als eigene Familie **Cholevidae** (= **Catopidae**) angesehen. In Erdbauten von Säugern, Nestern von Vögeln u. Hymenopteren, auch in Höhlen. Nahrung: sich zersetzendes Pflanzenmaterial, Aas.
— Fühler mit kräftiger 4-gliedriger Keule. Kopf ohne derartige Randkante. 1,3–3,5 mm
Coloninae
Bisweilen auch als eigene Familie **Colonidae** angesehen. In Streu, an Baumstümpfen. Pilzfresser. Nur ***Colon*** Herbst mit etwa 20 Arten, z. B. ***C. brunneum*** (Latreille).
3. E quergerieft oder querrissig skulpturiert 4
— E nicht so skulpturiert 5
4. Kopf u. H regelmäßig quergerieft .... 3; ***Ptomaphagus*** Hellwig
2–4 mm. Häufig ***P. sericatus*** (Chaudoir).
— Kopf u. H punktiert, ohne Querriefen .... 2 seltene Arten
Anemadus strigosus (Kraatz) (2,8–3 mm). ***Nemadus colonoides*** (Kraatz) (1,5–2 mm).
5. Clypeus durch Quernaht von der Stirn getrennt. Mittel- u. Httibien an der Spitze mit Kranz kleiner Dörnchen 6
— Zwischen Clypeus u. Stirn keine Quernaht. Alle Tibien an der Spitze nur mit langen Sporen, ohne feinen Dörnchenkranz 7
6. 4–6 mm. 2. Fühlerglied kürzer als 3. .... 17; ***Choleva*** Latreille
Häufig ***C. oblonga*** Latreille, besonders in Maulwurfs- u. Mäusegängen.
— 1,5–3,5 mm. 2. Fühlerglied etwa so lang wie 3. .... 4; ***Nargus*** Thomson
Häufiger z. B. ***N. velox*** (Spence).
7. Endglied der Maxillartaster viel kleiner als vorletztes. 3,5–4,5 mm
Dreposcia umbrina (Erichson)
— Endglied der Maxillartaster etwa so lang wie vorletztes 8
8. H nach vorne u. hinten verengt, bildet mit E jederseits einen einspringenden Winkel. 2,5–6,5 mm .... 16; ***Catops*** Paykull
Außerdem 2 weitere Gattungen mit je 1 Art. ***Apocatops nigrita*** (Erichson) ist einer der häufigsten Catopiden, v. a. an Kadavern.

— H nur nach vorne verengt, Körperumriss daher fast einheitlich oval. 2,5–3,5 mm 3; ***Sciodrepoides*** HATCH

Sehr häufig ***S. watsoni*** (SPENCE), hauptsächlich an Kadavern.

Familie: **Silphidae**, Aaskäfer

Meiste Arten Aasfresser, auch Räuber, Detritus- u. Pflanzenfresser. ***Nicrophorus*** betreibt Brutpflege.

1. Fühler mit großem 4-gliedrigem Endknopf [**41**]. E abgestutzt, schwarz oder mit roten Querbinden. 12–30 mm Totengräber, ***Nicrophorus*** F. (= ***Necrophorus*** F.)

a) Einfarbig schwarz: ***N. humator*** (GLEDITSCH) (Fühlerkeule gelbrot); ***N. germanicus*** (L.) (Fühlerkeule schwarz).
b) Schwarz mit roten Querbinden. Fühlerkeule schwarz: ***N. vespilloides*** HERBST.
c) Schwarz mit roten Querbinden. Fühlerkeule rotschwarz
  1) Httibien nach innen gekrümmt: ***N. vespillo*** (L.) [**41**] (H vorn dicht gelb behaart)
  2) Httibien gerade
    I) H vorn lang u. dicht gelb behaart: ***N. vestigator*** HERSCHEL.
    II) H kahl: ***N. interruptus*** STEPHENS (= ***fossor*** ERICHSON) (alle Tergite diffus fein goldgelb behaart); bei übrigen Arten höchstens letztes Tergit goldgelb behaart: ***N. sepultor*** CHARPENTIER (Spitze des Htleibs schwarz behaart); ***N. investigator*** ZETTERSTEDT (Spitze des Htleibs gelb behaart).

— Fühler allmählich zur Spitze verdickt oder mit deutlich größeren Endgliedern, aber nicht mit scharf abgesetztem Endknopf 2

2. H an Seiten u. Basis stark gerundet, wirkt ± kreisförmig. E abgestutzt, einige Htleibssegmente frei lassend. Flach, schwarz, unbehaart. Augen vorquellend. 16–25 mm ***Necrodes littoralis*** (L.)

— Andere Merkmale 3

3. Gleichmäßig schwarz oder braun gefärbt 5

— Körper zweifarbig. 12–16 mm 4

4. Schwarz, H rot. Im Wald an Aas .... ***Oiceoptoma thoracicum*** (L.)

— E hellbraun mit je 2 schwarzen Flecken ***Dendroxena*** (= ***Xylodrepa***) ***quadrimaculata*** (SCOPOLI)

Im Wald, auf Zweigen, jagt Schmetterlingsraupen.

5. Kopf schmal, schnauzenartig verlängert. H nach vorn stark verengt [**61**] 6

— Kopf nicht derart verschmälert [**62, 63**] 7

6. E glänzend u. mit 3 kräftigen Rippen. 10–15 mm. Kopf [**61**]. Schneckenfresser ***Phosphuga atrata*** (L.)

— E fein punktiert, ohne Rippen. 12–18 mm. Schneckenfresser .... ***Ablattaria laevigata*** (F.)

7. Kopf hinter den Augen ringsum abgeschnürt [**62**]. Vdrand des H flach bogenförmig ausgeschnitten. Fühler mit 3 merklich dickeren Endgliedern. 2. Fühlerglied kürzer als 3. 9–14 mm 3; ***Thanatophilus*** LEACH

Häufig ***T. rugosus*** (L.) (mit Runzeln oder Höckern zwischen den Rippen) u. ***T. sinuatus*** (F.) (ohne Runzeln oder Höcker, E an Schulterwinkeln mit kleinem vortretendem Zähnchen [von unten betrachten!]).

— Andere Merkmale. 2. Fühlerglied so lang oder länger als 3. 8

8. Kopf hinter den Augen backenartig verdickt [**63**] ...... 2; ***Aclypea*** REITTER (= ***Blitophaga*** REITTER)

A. undata (MÜLLER) (E zwischen den Rippen mit Runzeln; Oberseite fast kahl; 11–15 mm); ***A. opaca*** (L.) (E ohne Runzeln; dicht anliegend behaart; 9–12 mm), beide Arten schädlich an Beta-Rüben („Rübenaaskäfer").

— Kopf hinter den Augen seitlich verengt .... 4; ***Silpha*** L.

An Aas, teilweise räuberisch. Larven asselförmig [**125**]. Häufig ***S. obscura*** L. (E mit schwachen Längsrippen; matt; 13–17 mm); ***S. tristis*** ILLIGER [**42**] (E mit starken Längsrippen, mit schmal abgesetzten Seitenrändern; 13–17 mm); ***S. carinata*** HERBST (E mit starken Längsrippen, aber Seitenränder breit u. hoch abgesetzt; 11–20 mm).

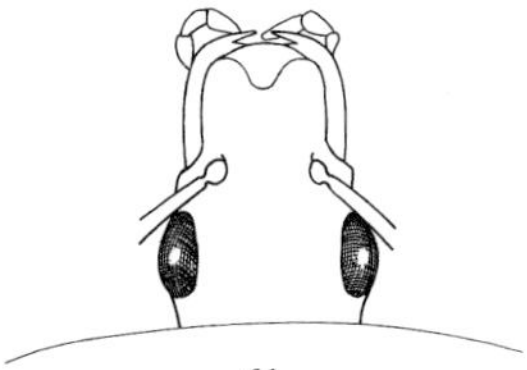

61

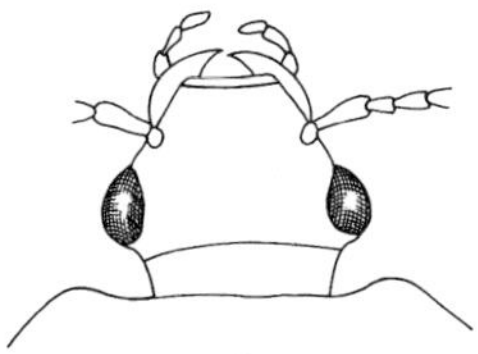

62

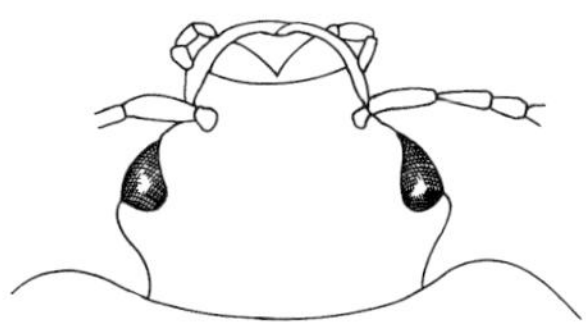

63

Familie: **Staphylinidae**, Kurzflügler

Meist räuberisch, manche Arten Pollen- u. Pilzfresser. Für **Aleocharinae** mit insgesamt über 700 Arten wird nur eine Auswahl gegeben. Zu den **Staphylinidae** gehören auch die **Scydmaeninae** (s. S. 355), **Dasycerinae** (s. S. 345) u. **Scaphidiinae** (s. S. 355). Sie werden bisweilen auch als eigene Familien **Scydmaenidae**, **Dasyceridae** u. **Scaphidiidae** angesehen.

1. Tarsen meist 5-, seltener 4- oder 3-gliedrig, mit 2 Krallen. Htleib mit 6–7 ± beweglichen Segmenten [**2**], wenn weniger beweglich, H u. E mit Rippen 2

— Tarsen stets 3-gliedrig u. oft mit nur 1 Kralle. Htleib aus 5 starren Segmenten. H u. E ohne Rippen. 1–3 mm .... Zwergkäfer, **Pselaphinae**

Bisweilen auch als eigene Familie **Pselaphidae** angesehen. Meist in der Streuschicht, Räuber, oft mit Ameisen vergesellschaftet. Etwa 30 Gattungen mit etwa 90 Arten. 2; ***Claviger*** Preyssler, Keulenkäfer (Fühler 6-gliedrig), Ameisengäste. Die übrigen Gattungen mit 11-gliedrigen Fühlern, z. B. ***Pselaphus heisei*** Herbst (Maxillartaster lang, dünn); artenreich ***Euplectus*** Leach, ***Brachygluta*** Thomson, häufig ***B. fossulata*** (Reichenbach).

2. E mit starken Längsrippen, Htleib mit Längskielen. Fühler mit 1-gliedrigem Endknopf [**1d**] **Micropeplinae**

Bisweilen auch als eigene Familie **Micropeplidae** angesehen. An schimmelndem Pflanzenmaterial. Nur 7; ***Micropeplus*** Latreille (1,5–3 mm), häufiger ***M. porcatus*** (Paykull).

— E meist ohne Längsrippen, wenn Längsrippen vorhanden, Htleib ohne Längskiele. Fühler ungekeult, wenn mit Endkeule, diese mindestens 2-gliedrig. [**2a, 2b, 72–76**] 3

3. H u. E mit Rippen 4

— H u. E ohne Rippen, selten entweder H oder E mit Rippen, gelegentlich mit Längsrunzeln 5

4. Klein, 2,5 mm. Htleib stielrund. Selten ..... (**Osoriinae**) ***Thoracophorus corticinus*** Motschulsky

— Größer, 3,5–4 mm. Htleib flach, gerandet. Selten (**Pseudopsinae**) ***Pseudopsis sulcata*** Newman

5. Kopf groß mit halbkugelig vorragenden Augen, die fast die ganze Kopfseite einnehmen. Kopf mit Augen viel breiter als H [**64**]. Oberseite kräftig punktiert. Einige Arten mit roten Flecken auf E........ **Steninae** 6

— Andere Merkmalskombination 7

6. Kopf hinter den Augen mit Schläfen. Körper metallisch blau, E mit je 1 gelbrotem Fleck. 5–6 mm. An Wasserfällen, an Mühlenwehren .... ***Dianous coerulescens*** (Gyllenhal)

— Kopf hinter den Augen ohne Schläfen. Körper fast immer anders gefärbt. 2–7 mm ***Stenus*** Latreille

Etwa 100 Arten. Viele Arten an Ufern, können auf der Wasseroberfläche laufen. Sehr häufig z. B. ***S. clavicornis*** (Scopoli) (5–5,5 mm).

7. Fühler inserieren auf der vorderen Stirn zwischen den Augen oder innerhalb des Niveaus ihres Vd- oder Innenrandes [**65**]. Kopf klein u. geneigt. Körper 0,5–9 mm **Aleocharinae** (Gattungsauswahl) 58

— Fühler vor dem Niveau des Vdrandes der Augen eingefügt [**66–71**] 8

8. Fühler am Vdrand des Kopfes eingelenkt. Der Abstand zwischen den Außenkanten der Mandibeln größer als der Abstand zwischen den Fühlerbasen [**66** u. **67**] 9

— Abstand der Fühlerbasen voneinander größer als oder so groß wie der Abstand zwischen den Außenkanten der Mandibeln an ihrer Basis [**68–71**] 32

9. Fühler mit Endkeule. 1,5–2 mm. [**67**] .... **Euaesthetinae**

4; ***Euaesthetus*** Gravenhorst (Oberseite matt, punktiert), häufig ***E. ruficapillus*** Lacordaire. ***Edaphus lederi*** Eppelsheim (= ***beszedesi*** Reitter) (Oberseite glatt, glänzend).

— Fühler ohne Keule. Über 2 mm. [**66**] .... **Staphylininae** 10

10. Fühlerbasen nicht oder nur wenig weiter voneinander entfernt als von den Augen. 1. Glied der Httarsen kaum länger als das 2. 11

— Fühlerbasen weiter voneinander entfernt als von den Augen [**66**]. 1. Glied der Httarsen meist verlängert 15

11. E mit geraden, nicht übereinander greifenden Nahträndern. Hals mindestens von halber Kopfbreite 12

— E mit übereinandergreifenden Nahträndern. Hals schmaler als halbe Kopfbreite 13

12. E runzelig, höchstens undeutlich punktiert. 5,5–8 mm 3; ***Atrecus*** Jacquelin du Val (= ***Baptolinus*** Kraatz)

Häufig ***A. affinis*** (Paykull).

— E deutlich punktiert. 4,5–14 mm .... 7; ***Othius*** Stephens
O. punctulatus (Goeze) (10-14 mm), übrige Arten kleiner, häufig ***O. angustus*** Stephens (= ***melanocephalus*** (Gravenhorst)) (H gelbrot; 4,5–6 mm) u. ***O. subuliformis*** Stephens (= ***myrmecophilus*** Kiesenwetter) (H dunkler; 4,5–5 mm).

13. Endglied der Maxillartaster klein u. pfriemförmig, kaum halb so lang wie das vorletzte Glied 5; ***Leptacinus*** Erichson
H mit Reihen von 8–16 feinen Punkten. 3–6,5 mm. Häufig ***L. intermedius*** Donisthorpe. – Bei zwei weiteren Gattungen H mit weniger Punkten.

— Endglied der Maxillartaster nur wenig dünner als das vorletzte **14**

14. Schläfen matt, zwischen grober Punktur mit einer unpunktierten Längskante. 5,5–9 mm 5; ***Gyrohypnus*** Leach
Häufig ***G. punctulatus*** (Paykull) (= ***liebei*** (Scheerpeltz)) (7,5–9 mm) u. ***G. angustatus*** Stephens (5,5–7 mm).

— Schläfen glänzend, ohne Längswulst .... 9; ***Xantholinus*** Dejean
6–14 mm. Häufiger ***X. linearis*** (Olivier) [**72**] (H ganz chagriniert; 6–9 mm) u. ***X. longiventris*** Heer (H höchstens an den Seiten etwas chagriniert; 7–9 mm). – Hierher 4 weitere ähnliche Gattungen.

15. Kopf ohne Seitenrandleiste. Umgeschlagene Seite des H wenigstens in der hinteren Hälfte von der Seite her sichtbar **16**

— Kopf unten mit Seitenrandleiste. Umgeschlagener Rand des H von der Seite her nicht sichtbar, H also gewölbter, seine Seiten stärker herabgezogen **29**

16. Kopf, H u. Htleibsende zottig gelb behaart. 18–28 mm .... ***Emus hirtus*** (L.)

— Anders **17**

17. E mit breitem grauem Haarquerband, darin einige schwarze Punkte. 14–22 mm ***Creophilus maxillosus*** (L.)

— Anders **18**

18. Kopf, H u. E dunkel u. mit anliegender grau oder gelblich marmorierter Behaarung. H mit spitzwinklig vorstehenden Vdecken .... 3; ***Ontholestes*** Ganglbauer
O. murinus (L.) (H mit parallelen Seitenrändern; Beine ganz schwarz; 10–15 mm); ***O. tessellatus*** (Geoffroy) (H nach hinten ausgeschweift verengt; Beine zum Teil gelb; 14–19 mm).

— Anders **19**

19. Kopf u. H kahl u. meist glänzend, nur mit einzelnen langen Borsten u. zuweilen um die Schläfen dichter behaart. H meist mit 2 Punktreihen **20**

— Kopf u. H außer den langen Borsten mit kurzer Grundbehaarung....................... **23**

20. Auf dem H mit breiten u. flachgrubigen Punkten. Htleib scheckig behaart. 6–9 mm. An Meeresküsten, unter Tang.. ***Cafius xantholoma*** (Gravenhorst)

— Anders; wenn mit Punktgruben, dann diese tiefer u. von geringem Durchmesser **21**

21. Endglied der Maxillartaster doppelt so lang wie vorletztes. Schwarz glänzend, E rot. 8–9 mm. Im Mulm u. bei Ameisen .... ***Hesperus rufipennis*** (Gravenhorst)

— Endglied der Maxillartaster kaum länger als vorletztes Glied u. auch kaum schmaler **22**

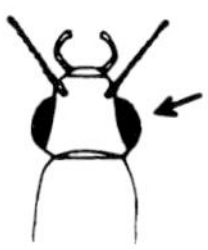
64

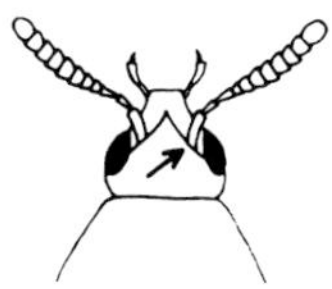
65

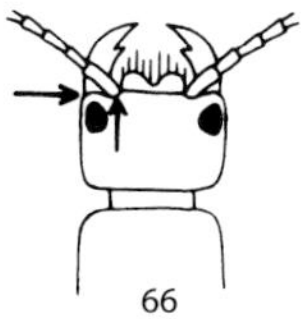
66

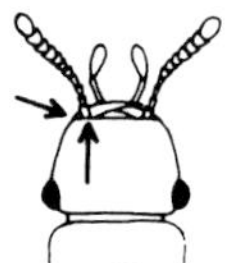
67

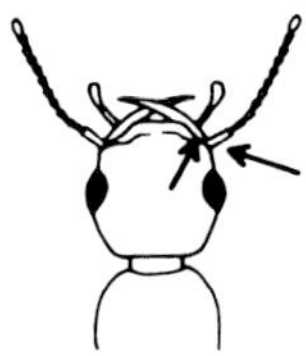
68

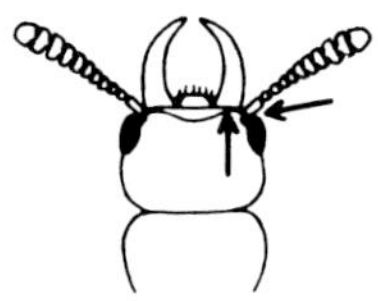
69

70

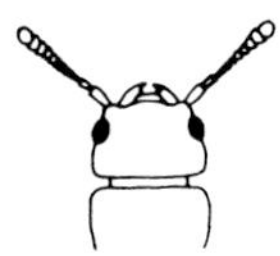
71

22. Endglied der Labialtaster nicht oder kaum schmaler als vorletztes Glied. 4–16 mm
Philonthus STEPHENS u. **_Bisnius_** STEPHENS
4,5–16 mm. Basale 4 Glieder der Vdtarsen meist deutlich erweitert, unten mit hellen Haaren: **_Philonthus_** STEPHENS, etwa 60 Arten, z. B. **_P. cognatus_** STEPHENS [**73**] (Unterseite des 1. Fühlerglieds hell; 8–11,5 mm), auf Feldern. 4–8,5 mm. Basale Vdtarsenglieder nicht erweitert, unten einfach behaart: 12; **_Bisnius_** STEPHENS, häufig **_B. fimetarius_** (GRAVENHORST), in Kompost. – Hierher 1 weitere artenarme Gattung.
— Endglied der Labialtaster viel schmaler als vorletztes Glied. 3–7,5 mm .... 21; **_Gabrius_** STEPHENS
Häufig **_G. nigritulus_** (GRAVENHORST). – Hierher 1 weitere Gattung mit 1 Art.
23. Unter 6 mm **24**
— Über 8 mm **25**
24. 2. Fühlerglied verdickt, dicker als das 3. Glied .... 3; **_Erichsonius_** FAUVEL
An Ufern, z. B. **_E. cinerascens_** (GRAVENHORST) .
— 2. Fühlerglied nicht dicker als das 3. Glied .... 4; **_Neobisnius_** GANGLBAUER
Oberseite glänzend: Verbreitet **_N. procerulus_** (GRAVENHORST). Oberseite matt: **_Remus sericeus_** HOLME, an der Meeresküste.
25. Kopf trapezförmig, nach hinten erweitert. Htleib mit helleren Haarflecken oder Binden. 10–17 mm .... 5; **_Platydracus_** THOMSON
P. stercorarius (OLIVIER) (E rot, Kopf u. H schwarz).
— Kopf oval, rundlich oder gerundet 4-eckig **26**
26. Kopf dicht filzig marmoriert, lang goldgelb behaart (ähnlich wie **_Ontholestes_**, aber nicht mit vorne spitzwinkligem H). 12–17 mm ..... **_Dinothenarus_** (= **_Trichoderma_**) **_pubescens_** (De Geer)
— Kopf u. H nicht struppig, sondern niederliegend u. gleichartig behaart **27**
27. Kopf, H u. E rotbraun. E hinten goldgelb behaart. 15–20 mm.
Dinothenarus (= **_Parabemus_**, = **_Staphylinus_**) **_fossor_** (SCOPOLI)
— Kopf u. H schwarz, höchstens mit Bronzeglanz **28**
28. Seiten des Htleibs mit goldgelben Haarflecken. Schwarz, E braunrot. 15–25 mm
3; **_Staphylinus_** L.
S. erythropterus L. (Scutellum gelb behaart).
— Htleib ohne gelbe Haarflecke. E braunrot oder schwarz. 12–32 mm
12; **_Ocypus_** STEPHENS u. 7; **_Tasgius_** STEPHENS
Häufig **_O. olens_** (MÜLLER) [**2a**] (schwarz; 22–32 mm); **_O. ophthalmicus_** (SCOPOLI) (mit blauem Glanz; 15–22 mm); **_T. ater_** (GRAVENHORST) (schwarz, H glänzend; 14–18 mm), synanthrop
29. Fühler von Glied 4 an nach innen deutlich gesägt. 15–26 mm. In Hornissennestern
Velleius (= **_Quedius_**) **_dilatatus_** (F.)
— Fühler anders. Höchstens 16 mm **30**
30. 1. Fühlerglied höchstens so lang wie die folgenden 2 zusammen. Vdtarsen erweitert. Endglieder der Maxillar- u. Labialtaster einfach zugespitzt **31**
— Andere Merkmalskombination .... 4 Gattungen
5 Arten. Z. B. **_Euryporus picipes_** (PAYKULL) (9–10 mm), an feuchten Stellen.
31. Endglied der Maxillartaster klein, pfriemenförmig. 4–5 mm .... 6; **_Heterothops_** STEPHENS
Häufig **_H. dissimilis_** (GRAVENHORST).
— Endglied der Maxillartaster normal schlank. 4–16 mm, selten unter 5 mm .... **_Quedius_** STEPHENS
Um 60 Arten. Häufig **_Q. nitipennis_** (STEPHENS). – Hierher 1 weitere Gattung mit 1 Art.
32. Fühler vom 3. Glied an dünn, haarförmig. Um 3 mm **33**
— Fühler nicht haarförmig **34**
33. Oberseite glänzend .... (**Habrocerinae**) **_Habrocerus capillaricornis_** (GRAVENHORST)
— Oberseite matt .... (**Trichophyinae**) **_Trichophya pilicornis_** (GYLLENHAL)
34. Fühler unter den etwas lappig vorgezogenen Vdecken der Stirn über der Basis der Mandibeln eingelenkt [**68**]. Kopf groß, meist breiter als H. Körper schlank, parallel .... **Paederinae** **35**
— Andere Merkmalskombination **38**
35. H rot, E metallisch blau. 5–10 mm .... 8; **_Paederus_** F.
Häufig **_P. riparius_** (L.), an Ufern. – Hierher auch 2; **_Paederidus_** MULSANT ET REY.
— Anders gefärbt **36**
36. Kopf stielartig abgeschnürt, Hals hat höchstens ⅙ der Kopfbreite. 3,5–6 mm
8; **_Rugilus_** LEACH (= **_Stilicus_** Berthold)
Häufig **_R. rufipes_** GERMAR. – Ähnlich 9; **_Scopaeus_** ERICHSON, aber 2,5–3,5 mm, häufiger **_S. sulcicollis_** (STEPHENS).
— Kopf nicht derartig abgeschnürt **37**
37. Basalglied der Fühler fast so lang wie die 4 folgenden zusammen. 4,5–5,5 mm
2; **_Ochthephilum_** STEPHENS (= **_Cryptobium_** Mannerheim)
O. fracticorne (PAYKULL), in Sümpfen; **_O. collare_** REITTER, v. a. auf Trockenrasen.

— Basalglied der Fühler kürzer .... 13 Gattungen mit etwa 60 Arten
Artenreich ***Lathrobium*** Gravenhorst, etwa 15 Arten, sehr häufig ***L. fulvipenne*** (Gravenhorst). – Unter weiteren Gattungen charakteristisch ***Domene scabricollis*** (Erichson) (H dicht längsrissig punktiert; 6,5–7,5 mm).

38. Stirn dicht vor den Vdrändern der Augen abgestutzt. Mandibeln sehr weit vorgestreckt, fast so lang wie der Kopf [**69**]. Labialtaster mit halbmondförmigem Endglied (**Oxyporinae**) 2; ***Oxyporus*** F.
7–12 mm. An Pilzen. ***O. rufus*** (L.) (H rot, E schwarz, mit großem gelbrotem Schulterfleck, Htleib gelbrot mit schwarzer Spitze); ***O. maxillosus*** F. (H schwarz, E gelb mit schwarzen Htecken, Htleib rötlich-gelb).

— Anders **39**

39. Vdkörper halbkugelig. Htleib zur Spitze verschmälert. 0,5–1,5 mm 12; ***Cypha*** Leach (= ***Hypocyphtus*** Gyllenhal)
(zu **Aleocharinae**). In Streu, unter Rinde, z. B. ***C. longicornis*** (Paykull) (1–1,5 mm).

— Anders **40**

40. Körper kahnförmig, Htleib konisch, zum Ende stark verschmälert u. dort beborstet oder bewimpert [**74, 75**]. Kopf bis zu den Augen in H eingezogen. H glänzend u. meist unbehaart. Fühler frei auf der nach vorn abfallenden Fläche des Kopfes eingelenkt. 2–9 mm .... **Tachyporinae** **41**
Hierher auch **Phloeocharinae** (1,5–2 mm; Körper behaart), nur ***Phloeocharis subtilissima*** Mannerheim.

— Körper nicht kahnförmig. Fühler unter dem lappen-, höcker- oder leistenförmig erweiterten seitlichen Stirnrand eingefügt [**71**] **49**

41. Kopf unter den Augen mit erhabener Seitenleiste. E mit vertieftem Nahtstreifen **42**

— Schläfen ohne Seitenleisten. E ohne Nahtstreifen **45**

42. Endglied der Maxillartaster kurz, pfriemenförmig. 2,5–8 mm ***Mycetoporus*** Mannerheim u. ***Ischnosoma*** Stephens
Etwa 25 Arten. Häufig ***M. lepidus*** (Gravenhorst) (4–5 mm).

— Endglied der Maxillartaster meist so lang wie oder länger als vorletztes, auf jeden Fall halb so breit wie dieses **43**

43. 1. Glied der Ht- u. Mitteltarsen unterseits behaart u. bedornt. Schwarz mit roten E u. manchmal rotem H. 6–9 mm .... 2 ; ***Bolitobius*** Leach u. 2 ; ***Parabolitobius*** Li, Zhao et Sakai
Verbreitet ***B. cingulatus*** Mannerheim (7–9 mm).

— 1. Glied der Ht- u. Mitteltarsen nur mit feiner Grundbehaarung **44**

44. E ungefleckt, mit mehreren Punktreihen. 3,5–7 mm 2; ***Bryophacis*** Reitter u. 1; ***Bryoporus*** Kraatz
Verbreitet ***Bryoporus cernuus*** (Gravenhorst) (5–7 mm).

— E gelbrot u. schwarz gefleckt, nur 1 Punktreihe neben der Naht. 2,5–9 mm 9; ***Lordithon*** Thomson
Häufig ***L. thoracicus*** (F.) (2,5–4,5 mm). – Hierher eine weitere Gattung mit 1 Art.

45. Endglied der Maxillartaster klein, pfriemenförmig **46**

— Endglied der Maxillartaster so lang wie oder länger als das vorletzte **48**

46. Ganze Oberseite fein anliegend behaart. 2–5 mm 12; ***Sepedophilus*** Gistel (= ***Conosoma*** Kraatz)
Häufig ***S. testaceus*** (F.) (3,5–5 mm).

— Wenigstens Kopf u. H kahl **47**

47. Fühler seitlich zusammengedrückt. 4. Tarsenglied fast so groß wie 3. 3,5–5 mm 2; ***Lamprinodes*** Luze u. 1; ***Lamprinus*** Heer
Bei Ameisen, z. B. ***Lamprinodes saginatus*** (Gravenhorst) (4–5 mm).

— Fühler nicht seitlich zusammengedrückt. 4. Tarsenglied sehr klein. Körper 2–5 mm ***Tachyporus*** Gravenhorst
Etwa 20 Arten. Häufig ***T. hypnorum*** (F.) [**74**] (Kopf schwarz, H braunrot u. in der Mitte schwarz, E braunrot u. um Scutellum u. Seitenrand geschwärzt; 3–4 mm); ***T. chrysomelinus*** (L.) (Kopf schwarz, H u. E rotgelb, letztere nur um Scutellum u. vorne am Außenrand schwarz; 3,5–4 mm); ***T. obtusus*** (L.) (Kopf, H u. hintere Hälfte der E rotbraun; 3,5–4 mm).

48. 1. Glied der Httarsen so lang wie die 3 nächsten zusammen. E schwarz u. gelb. 3–4 mm 2; ***Cilea*** Jacquelin du Val (= ***Leucoparyphus*** Kraatz)
Häufiger C. silphoides (L.)

— 1. Glied der Httarsen wenig länger als das 2. 3–9 mm .... 14; ***Tachinus*** Gravenhorst
Häufig ***T. rufipes*** (L.) (= ***signatus*** Gravenhorst) [**75**] (5–6 mm). Hierher 1 weitere Gattung mit 1 Art.

49. Htleib an Seiten breit randbildend abgesetzt, Außenkante messerscharf, einfach. Körper nicht metallisch, fast immer deutlich unter 6 mm **50**

— Htleib mit aufgebogener Seitenrandung, letztere mit schmaler Dorsalfläche. Wenn flach randbildend u. mit scharfer Außenkante, dann Körper metallisch gefärbt oder deutlich über 6 mm **Oxytelinae 53**

50. Htleib zwischen Htcoxen gekielt. Vdcoxen querwalzenförmig. Höchstens 3 mm **Proteininae 51**

— Vdcoxen zapfenförmig. Scheitel meist mit 2 Ocellen .... **Omaliinae**
E häufig stärker entwickelt [**2b**]. Um 30 Gattungen, um 120 Arten. Beispiele (angeführte Merkmale gelten z. T. nicht ausschließlich für die betreffende Gattung): 25; ***Eusphalerum*** Kraatz (alle Tarsen erweitert u. behaart, Krallenglied der Httarsen sehr lang; 1,5–4 mm; ♀♀ mancher Arten mit E, die Htleib weit bedecken), auf Blüten. 16; ***Omalium*** Gravenhorst (H in Mitte mit 2 kräftigen Längseindrücken; letztes Glied der Httarsen länger als die 4 vorhergehenden zusammen; 1,7–4,5 mm). 9; ***Lesteva*** Latreille (H herzförmig, Endglied der Maxillartaster 4-mal so lang wie das vorletzte; 3,5–5 mm). 4; ***Anthobium*** Leach (= ***Lathrimaeum*** Erichson) (H stark quer; Scheitel vor den Ocellen mit deutlichen Eindrücken; 2,5–4 mm). 4; ***Olophrum*** Erichson (ähnlich, aber vor den Ocellen ohne Eindrücke; 3,5–6 mm). 13; ***Anthophagus*** Gravenhorst (Kopf größer als oder so groß wie H; mit Hautläppchen an der Basis jeder Kralle; 2,5–6 mm), auf Blüten, mehr im Gebirge.
Beispiele für häufige Arten: ***E. minutum*** (F.) [**2b**], massenhaft in Blüten; ***Om. rivulare*** (Paykull); ***L. longelytrata*** (Goeze); ***Anthobium unicolor*** (Marsham) (hell gelbbraun); ***Anthobium atrocephalum*** (Gyllenhal) (gelbbraun, Kopf schwarz); ***Ol. piceum*** (Gyllenhal); ***Anthophagus caraboides*** (L.).

51. Kopf auf Mitte des Scheitels mit 1 Ocellus .... 2; ***Metopsia*** Wollaston
Im Westen ***M. clypeata*** (Müller) (2,5–3 mm).

— Kopf ohne Ocellen **52**

52. Htecken des H mit winkligem Ausschnitt .... 7; ***Megarthrus*** Stephens
Häufig ***M. depressus*** (Paykull) (2,5–3 mm).

— H mit einfachen Htecken .... 7; ***Proteinus*** Latreille
Häufig ***P. brachypterus*** (F.) (1,6–1,9 mm).

53. Tarsen 5-gliedrig. Htleib an den Seiten mit flacher scharfer Kante: ***Syntomium aeneum*** (Müller) (dunkel, glänzend-metallisch; 2 mm). ***Deleaster dichrous*** (Gravenhorst) (K schwarz, H u. E ziegelrot; 6,5–8,5 mm), nachts vom Licht angelockt.

— Tarsen 5-gliedrig. Htleib mit aufgebogener Seitenrandung u. schmaler Dorsalfläche: 2; ***Coprophilus*** Latreille (glänzend braunschwarz; 5–7 mm). ***Manda*** (= ***Acrognathus***) ***mandibularis*** (Gyllenhal) (± rot; 6–8 mm). 5; ***Thinodromus*** Kraatz (3–3,5 mm).
Häufig ***C. striatulus*** (F.). – Hierher auch **Piestinae** mit 2; ***Siagonium*** Kirby et Spence (Sondermerkmal: Körper abgeflacht; 4,5–5 mm), verbreitet ***S. quadricorne*** Kirby et Spence.

— Tarsen 3-gliedrig **54**

54. Vd- u. Mitteltibien außen bedornt (Grabbeine) **55**

— Vd- u. Mitteltibien höchstens behaart (keine Grabbeine): 4 Gattungen mit fast 50 Arten, artenreich 21; ***Carpelimus*** Leach (Endglied der Maxiallertaster klein; E nicht klaffend; 1,5–3,5 mm).
Häufig z. B. ***C. elongatulus*** (Erichson).

55. H u. E mit längsrissiger Skulptur. Basalfurchen oben auf Htleibssegmenten nach hinten gezogen: 5; ***Oxytelus*** Gravenhorst (Scutellum glatt; 3,5–5 mm) u. 20; ***Anotylus*** Thomson (Scutellum mit 3 Grübchen; 1,2–5,5 mm).
Häufig ***A. rugosus*** (F.) [**76**] (H an den Seiten gekerbt; 4,5–5,5 mm).

— Ohne Längsfalten u. Längsrunzeln. Basalfurchen auf Htleib gerade **56**

56. Oberseite kahl .... 9; ***Platystethus*** Mannerheim
H mit scharf eingegrabener Mittellinie. Z. B. ***P. arenarius*** (Geoffroy) (3–4 mm). – Hierher auch ***Planeustomus palpalis*** (Erichson) (H ohne Mittellinie; Körper langgestreckt, hell gefärbt; bis 2,5 mm), an Ufern.

— Oberseite mit deutlicher Grundbehaarung **57**

57. Körper flach. H ohne Mittelfurche, aber mit Längseindrücken. 3,5–4,5 mm 2; ***Aploderus*** Stephens
Häufig ***A. caelatus*** (Gravenhorst), in Dünger u. Kompost.

— Körper zylindrisch. H oft mit Mittellinie u. halsartig von E abgerückt. 2–8 mm ... ***Bledius*** Leach
Etwa 40 Arten. Graben Gangsysteme in sandigem oder lehmigem Boden, manche Arten an der Meeresküste. Algenfresser. Häufig ***B. gallicus*** (Gravenhorst).

58. Tarsenformel 3,3,3: nur ***Deinopsis erosa*** (Stephens) (3–3,7 mm)

— Tarsenformel 4,4,4: einige Gattungen, z. B. 6; ***Oligota*** Mannerheim (Fühler 10-gliedrig; bis 1,5 mm).
In Kompost, Dünger, z. T. synanthrop, z. B. ***O. inflata*** Mannerheim.

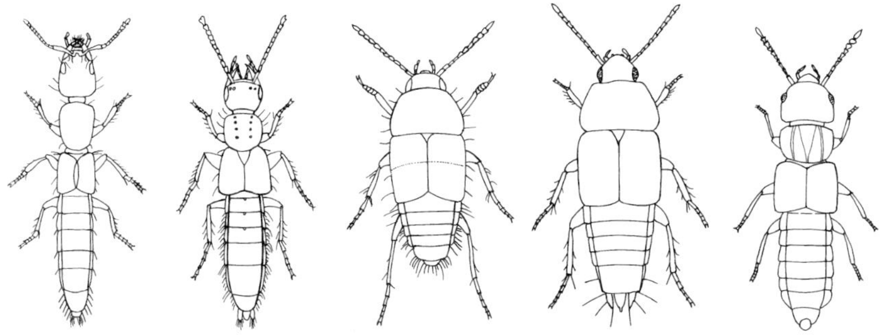

72 73 74 75 76

72 *Xantholinus*; **73** *Philonthus*; **74** *Tachyporus*; **75** *Tachinus*; **76** *Anotylus*

— Tarsenformel 4,4,5: mehrere Gattungen, z. B. 10; ***Myllaena*** Erichson (Kopf schnabelartig nach vorn verlängert; 1,3–3,2 mm). 25; ***Gyrophaena*** Mannerheim (kurz u. breit; 1–3 mm), gesellig in Pilzen. 12; ***Leptusa*** Kraatz (schmal; häufig Kopf groß, Augen sehr klein; 1,2–3,2 mm).
Häufig ***M. intermedia*** Erichson, an Gewässern; ***G. affinis*** Mannerheim; ***L. fumida*** (Erichson).

— Tarsenformel 4,5,5 .... **59**

— Tarsenformel 5,5,5 .... **61**

59. Htleib breit, oben auf den Seiten mit goldenen Haarbüscheln. Ameisengäste: ***Lomechusoides strumosus*** (F.) (Schenkel verdickt u. mit goldenem Haarbüschel am Ende; 5,5–6,5 mm). 3; ***Lomechusa*** Gravenhorst (= ***Atemeles*** Dillwyn) (Schenkel nicht verdickt u. ohne Haarbüschel; 4,5–5 mm).
Lomechusa als Imago bei *Myrmica*, als Larve bei *Formica*, häufiger ***L. emarginata*** (Paykull).

— Htleib oben ohne goldene Haarbüschel **60**

60. 1. Glied der Httarsen lang, meist länger als die 2 nächsten zusammen: mehrere Gattungen, z. B. ***Drusilla canaliculata*** (F.) (Kopf hinten halsartig abgeschnürt; H mit Mittelängsfurche; braun, Kopf u. hinten schwarz; 4–4,5 mm). 13; ***Zyras*** Stephens s. l. (Kopf hinten allmählich verengt; H ohne Mittellängsfurche; 3,5–7 mm).
Zyras bei Ameisen, manche Arten mit (für die Ameisen attraktiven) Büschelorganen, häufig ***Pella*** (= ***Z.***) ***humeralis*** (Gravenhorst).

— 1. Glied der Httarsen nur wenig länger als das 2.: viele Gattungen, darunter ***Atheta*** Thomson u. 5; ***Amischa*** Thomson
Atheta (mit über 200 Arten) wohl vor allem Pilzfresser in der Streu, häufig ***A. fungi*** (Gravenhorst).

61. Maxillartaster 5-gliedrig, Labialtaster 4-gliedrig .... ***Aleochara*** Gravenhorst
Über 40 Arten. Häufig *A. bipustulata* (L.) (E hinten mit rotem Fleck; 2–4,5 mm), Larve frisst Fliegenpuppen. – Hierher 2 weitere Gattungen.

— Maxillartaster 4-gliedrig, Labialtaster 3-gliedrig: viele Gattungen, darunter ***Oxypoda*** Mannerheim (Seiten des H sehr stark nach unten geschlagen; Tibien unbedornt; Tarsen lang u. schlank; 1,5–6,5 mm).
Etwa 45 Arten. Meist in Nestern von Kleinsäugern oder Hautflüglern, z. B. ***O. brevicornis*** (Stephens).

Familie: **Lucanidae**, Schröter

Imagines an ausfließenden Baumsäften, Knospen oder Laub. Larven leben in meist morschem, faulendem Holz, mehrjährig.

1. H fest an die E angeschlossen, die Basis ungerandet. Körper etwa 1,5-mal so lang wie breit. 5–7 mm. Selten .... ***Aesalus scarabaeoides*** (Panzer)

— H lose an die E angeschlossen, seine Basis gerandet. Körper mehr als doppelt so lang wie breit **2**

2. Fühlerkeule mit 4–6 Gliedern **3**
— Fühlerkeule 3-gliedrig. Körper glänzend schwarz. 12–16 mm **5**
3. Augen nicht geteilt. Oberseite des Körpers metallisch blau oder grün. 9–15 mm. [**36**] 2; ***Platycerus*** Geoffroy
Häufig ***P. caraboides*** (L.), Rehschröter (9–13 mm); ***P. caprea*** (De Geer) (13–15 mm) im Gebirge.
— Augen teilweise geteilt. Körper matt schwarz, braun. Mindestens 15 mm **4**
4. Vdtibien oben ohne Leisten u. Rinnen. Kopf des ♂ groß u. breit. Mandibeln des ♂ geweihartig. 2–6 cm .... Hirschkäfer, ***Lucanus cervus*** (L.)
Larven in den Wurzelstöcken von Laubbäumen, vor allem Eichen.
— Vdtibien oben mit mehreren Leisten u. Längsrinnen. Kopf des ♂ groß u. breit. 16–32 mm Balkenschröter, ***Dorcus parallelipipedus*** (L.)
5. Kopf des ♂ mit längerem, des ♀ mit kurzem Horn. Baumschröter, ***Sinodendron cylindricum*** (L.)
— Kopf ohne Horn. Mandibeln des ♂ verlängert. Montan ***Ceruchus chrysomelinus*** (Hochenwarth)

Familie: **Geotrupidae**, Mistkäfer

Fressen Kot von Pflanzenfressern; Adulte graben Gänge u. tragen den Kot ein, der den Larven als Nahrung dient.

1. Augen nur zur Hälfte geteilt. Rostrot. Kopf beim ♂ kurz gehörnt. 12–15 mm. Im Süden, selten ***Bolbelasmus unicornis*** (Schrank)
— Augen ganz durchteilt. Schwärzlich, mit oder ohne Erzglanz **2**
2. Kopf u. H ohne Hörner. 10–26 mm .... Mistkäfer, 3; ***Geotrupes*** Latreille u. Verwandte
a) Httibien mit 3 vollständigen Querleisten auf der Außenseite: 3; ***Geotrupes*** Latreille, häufiger ***G. stercorarius*** (L.) (E mit 7 kräftigen Längsstreifen zwischen Naht u. Schulterbeule; Unterseite des Htleibs auch in der Mitte punktiert); ***G. spiniger*** (Marsham) (ähnlich, aber Unterseite des Htleibs in der Mitte nicht punktiert). – Außerdem 1 weitere Gattung mit 1 seltenen Art.
b) Httibien mit 2 vollständigen Querleisten auf der Außenseite: ***Anoplotrupes stercorosus*** (Scriba) (= ***sylvaticus*** (Panzer)) [**35**] (H an der Basis vollständig gerandet), sehr häufig. Bei 2; ***Trypocopris*** Motschulsky Basis des H jederseits der Mitte ungerandet, sehr häufig ***T. vernalis*** (L.).
— Kopf oder H beim ♂ mit größeren Hörnern, beim ♀ mit kleinen Höckern **3**
3. 7–10 mm. ♂ mit langem, schlankem, beweglichem Kopfhorn .... ***Odonteus armiger*** (Scopoli)
— 15–24 mm. ♂ mit 3 Hörnern auf dem H .... Stierkäfer, ***Typhaeus typhoeus*** (L.)

Familie: **Scarabaeidae**

Dungfresser oder Pflanzenfresser. Larven der dungfressenden Arten meist an Kot von Rind, Pferd, Schaf, Rotwild, manche Arten auch in faulendem Pflanzenmaterial oder in unterirdischen Pilzen. Larven der phytophagen Arten häufig Wurzelfresser im Boden („Engerlinge"), bisweilen schädlich; Adulte häufig Blütenbesucher. ***Ochodaeus*** (s. Nr. **11**) gehört zu den **Ochodaeidae**.

1. Fühlerkeule 3-gliedrig, wenigstens ihre beiden letzten Glieder matt, staubartig grau behaart. Htleib meist von den E bedeckt (Ausnahmen: ***Onthophagus*** u. ***Caccobius*** mit abgestutzten E). Dungfresser **2**
— Fühlerkeule 3–7-gliedrig, kahl oder höchstens spärlich behaart. Wenigstens das letzte Htleibssegment (Afterdecke) nicht von E bedeckt. Pflanzenfresser **12**
2. Httibien mit 1 Enddorn. Mittelcoxen weit voneinander entfernt .... **Scarabaeinae 3**
— Httibien mit 2 Enddornen **7**
3. Htbeine sehr lang. E fast 3-eckig. 8–10 mm. Im südlichen Bereich Matter Pillendreher, ***Sisyphus schaefferi*** (L.)
— Htbeine nicht verlängert. E nicht 3-eckig **4**
4. Basis des H mit Längseindruck. Scutellum sichtbar. 7–12 mm. Selten ***Euoniticellus fulvus*** (Goeze)

— Basis des H ohne Längseindruck. Scutellum nicht sichtbar **5**

5. Kopf des ♂ mit großem, des ♀ mit kleinem Horn. 17–23 mm
Mondhornkäfer, ***Copris lunaris*** (L.)

— Kopf ohne oder (♂) mit kleinem Horn. Körper 4–15 mm **6**

6. Vdtibien an der Spitze gerade abgestutzt. E mit 4 roten Flecken. 4–7 mm. Selten
Caccobius schreberi (L.)

— Vdtibien an der Spitze schräg abgeschnitten. 4–15 mm. [**77**] .... 14; ***Onthophagus*** Latreille
Häufig z. B. ***O. nuchicornis*** (L.).

7. Clypeus vorn gerundet erweitert, die Mandibeln ganz bedeckend [**78**] ...... **Aphodiinae 8**

— Clypeus wenigstens Spitze der Mandibeln nicht bedeckend **11**

8. Httibien außen mit 2 starken Schrägleisten **9**

— Httibien außen ohne Schrägleisten, manchmal mit Zähnchen. H mit deutlicher Mittelfurche
4 seltene Gattungen mit 5 Arten
Beispiel: ***Psammodius asper*** (F.) (H mit Querfurchen; Htschenkel dicker als Vdschenkel; 3–4 mm), in Dünen.

9. H vor der Basis mit angedeuteter Mittelfurche. E mit Rippen. 2,5–3,5 mm
Oxyomus sylvestris (Scopoli)

— H ohne Mittelfurche. E ohne Rippen **10**

10. E mit 10 Punktstreifen. 3,5–15 mm .... 3; ***Aphodius*** Illiger
Weitere 40 Gattungen, über 60 Arten. Häufig z. B. ***A. fimetarius*** (L.), ***Teuchestes*** (= ***A.***) ***fossor*** (L.) [**78**].

— E mit 7–9 flachen, breiten Streifen. 3–5 mm .... 3; ***Heptaulacus*** Mulsant et Rey s. l.
Z. B. ***Euheptaulacus sus*** (Herbst).

11. Fühler 9-gliedrig. H vorn ungerandet. 4–6 mm........... (**Aphodiinae**) 4; ***Aegialia*** Latreille s. l.
Z. B. ***A. arenaria*** (F.), in Dünen der Nord- u. Ostsee.

— Fühler 10-gliedrig. H vorn gerandet. 4–6 mm. An unterirdischen Pilzen
(**Ochodaeidae**) ***Ochodaeus chrysomeloides*** (Schrank)

12. H ausgehöhlt oder eingedrückt. Stirn des ♂ mit Horn, des ♀ mit kleinem Höcker. ♂ 30–40 mm, ♀ 25–30 mm (**Dynastinae**) Nashornkäfer, ***Oryctes nasicornis*** (L.)
In Gerbereien, in Kompost, in Sägemehlhaufen.

— Anders **13**

13. Tarsen mit 2 gleich großen Krallen **17**

— Tarsen mit 2 ungleich großen Krallen oder nur 1 große Kralle vorhanden **14**

14. Httarsen nur mit 1 großen Kralle. Körper ganz oder teilweise mit feinen, oft erzglänzenden Schüppchen bedeckt. 6–11 mm .... (**Melolonthinae**) 5; ***Hoplia*** Illiger
Häufig ***H. argentea*** (Poda) (= ***farinosa*** (L.)) (9–11 mm).

— Htfüße mit 2 Krallen .... **Rutelinae 15**

15. Clypeus nach vorn etwas schnauzenförmig verlängert, mit erweiterter u. aufgebogener Spitze. 8–13 mm .... 2; ***Anisoplia*** Dejean
E mit schwarzer Zeichnung, oft Seitenrand schwarz. Z. B. ***A. villosa*** (Goeze), wärmeliebend. – Außerdem ***Chaetoptero-plia segetum*** (Herbst), Getreidelaubkäfer (Sondermerkmal: E einfarbig rotgelb oder mit dunklem Fleck am Scutellum), Larven an Gras-(auch Getreide-)wurzeln.

— Clypeus nicht schnauzenförmig, einfach 4-eckig oder abgerundet **16**

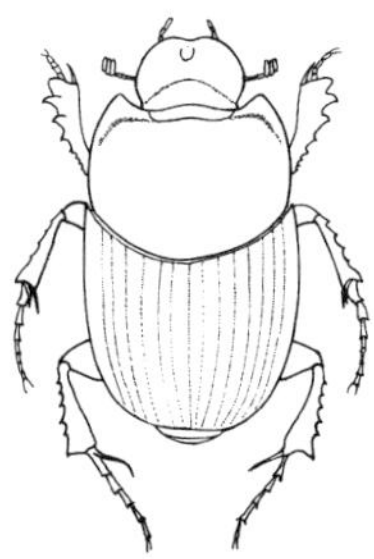
77

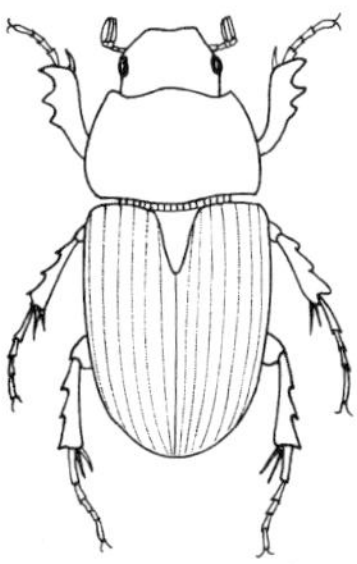
78

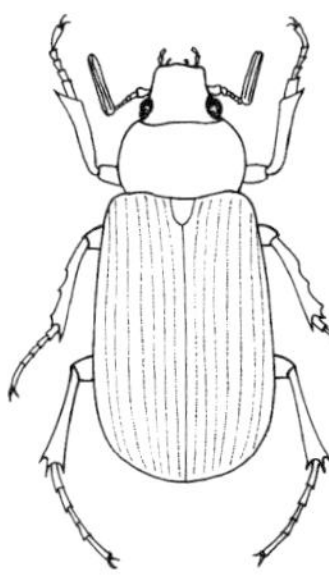
79

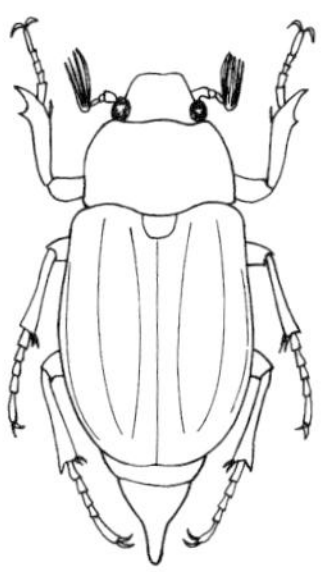
80

77 *Onthophagus*; **78** *Aphodius*; **79** *Serica*; **80** *Melolontha*

16. Körper ziemlich flach, stark behaart. Metallisch grün, E gelbbraun. 8,5–11 mm
Gartenlaubkäfer, ***Phyllopertha horticola*** (L.)
— Körper gleichmäßig gewölbt, verkehrt eiförmig, oben oft metallisch grünblau oder braun, fast oder ganz kahl. 12–15 mm . . . . Julikäfer, ***Anomala dubia*** (Scopoli)
17. Oberseite stark gewölbt (maikäferartig). Spitzenrand der Mittel- und Httibia nicht gezackt oder gefingert. E vorn ohne Einbuchtung des Außenrandes . . . . **Melolonthinae 18**
— Oberseite meist ± flach. Entweder Spitzenrand der Mittel- u. Httibia scharf gezackt bzw. gefingert oder E vorne mit Einbuchtung des Außenrandes . . . . **Cetoniinae 25**
18. Höchstens 10 mm. Enddorne der Httibia weit getrennt. Vdcoxen zapfenfömig hängend **19**
— Mindestens 10 mm. Enddorne der Httibia dicht nebeneinander stehend. Vdcoxen nicht hängend **21**
19. Basis des H gerandet. Kopf u. H schwarz, E braunrot mit schwarzem Innen- und Seitenrand. 5–7,5 mm . . . . 2; ***Omaloplia*** Schönherr (= ***Homaloplia*** Stephens)
Verbreitet ***O. ruricola*** (F.).
— Basis des H ungerandet **20**
20. Htrand der E mit Hautsaum. Oberseite ganz schwarzbraun. 6–8 mm
Maladera holosericea (Scopoli)
— Htrand der E ohne Hautsaum. Oberseite ganz braunrot. 8–10 mm. [**79**] . . . . ***Serica brunnea*** (L.)
21. Fühlerkeule 3-gliedrig. Höchstens 18 mm. Oberseite gelbbraun **22**
— Fühlerkeule 4–7-gliedrig (die beim ♀ kurz, beim ♂ lang ist). Mindestens 18 mm **23**
22. Fühler 9-gliedrig (zwischen Schaft u. Keule 5 kurze Glieder)
6; Brachkäfer, ***Amphimallon*** Latreille
Häufig ***A. solstitiale*** (L.) (14–18 mm).
— Fühler 10-gliedrig (zwischen Schaft u. Keule 6 kurze Glieder)
4; Junikäfer, ***Rhizotrogus*** Latreille
Häufiger ***Rh. aestivus*** (Olivier) (12–18 mm).
23. E braun, mit weißen Flecken marmoriert. 24–34 mm. Vor allem in Dünen
Walker, ***Polyphylla fullo*** (L.)
— E einfarbig bräunlich **24**
24. E ohne deutliche Längsrippen. 23–29 mm . . . . ***Anoxia villosa*** (F.)
— E mit deutlichen Längsrippen. 20–30 mm . . . . 3; Maikäfer, ***Melolontha*** F.
M. melolontha (L.) (= ***vulgaris*** F.), Feldmaikäfer [**80**] (Htleibsende allmählich schmaler werdend, mit langem Fortsatz; E auch an Seiten braun; H schwarz); ***M. hippocastani*** F., Waldmaikäfer (Htleibsende stark gebogen mit dünnem stiftartigen, am Ende meist wieder etwas verdicktem Fortsatz; Seitenrand der E schwarz; H braun).
25. E bedecken nur halben Htleib. Schwarzbraun u. schwarzweiß beschuppt. 7–9 mm
Valgus hemipterus (L.)
Larven in morschem Holz.
— Anders **26**
26. E vorn mit Einbuchtung des Außenrandes [**81**] **27**
— E ohne solche Einbuchtung **30**
27. E behaart, schwärzlich mit kleinen weißen Flecken **28**
— E nicht oder kaum behaart, metallisch oder erzfarben **29**
28. Vdtibia außen mit 3 Zähnen. H mit Mittelkiel. 8–11 mm. Larven in morschem Holz
Tropinota hirta (Poda)
— Vdtibia außen mit 2 Zähnen. H ohne Mittelkiel. 8–12 mm. Im Süden ***Oxythyrea funesta*** (Poda)
29. Fortsatz zwischen den Coxen der Mittelbeine schmal u. kugelig. Goldgrün bis schwarzblau, metallisch. 14–20 mm. [**81**] . . . . Rosenkäfer, ***Cetonia aurata*** (L.)
— Fortsatz zwischen den Mittelcoxen verbreitert u. flach . . . . 4; ***Protaetia*** Burmeister
P. (= ***Liocola***) ***lugubris*** (Herbst) (= ***marmorata*** (F.)) (Oberseite bronzefarben mit weiß, Unterseite grün; 19–25 mm), Larven in Mulm. Bei übrigen Arten Oberseite erzgrün oder ganzer Körper schwarzbraun, häufig ***P.*** (= ***Potosia***) ***cuprea metallica*** (Herbst) (= cuprea (F.)) (14–28 mm), Larven in Ameisennestern.
30. Oberseite wollig behaart. E gelb mit schwarzen Querflecken. 9–13 mm
3; Pinselkäfer, ***Trichius*** F.
Häufig ***T. fasciatus*** (L.).
— Oberseite unbehaart. 15–30 mm **31**
31. Scutellum spitz, lang. 24–30 mm. Schwarz-metallisch. Larven im Mulm alter Laubbäume
Eremit, Juchtenkäfer, ***Osmoderma eremita*** (Scopoli)

— Scutellum kurz, abgerundet. 15–22 mm. Schwarz oder metallisch-grün 2; ***Gnorimus*** Lepeletier et Serville

Larven in Mulm. Häufiger ***G. nobilis*** (L.).

Familie: **Buprestidae**, Prachtkäfer

Pflanzenfresser. Viele Larven in Holz, einige Larven Blattminierer.

1. 25–30 mm. Erzfarben mit Kupferglanz in den Vertiefungen. E mit breiten Längsfurchen. In Kiefernwäldern .... ***Chalcophora mariana*** (L.)

— Bis 23 mm u. andere Merkmale **2**

2. Augen weit vom H entfernt, Schläfen lang. 3–4 mm **3**

— Augen dem Vdrand des H ganz oder ziemlich genähert, Schläfen daher kurz **4**

3. Fühlerkeule 4-gliedrig .... 3; ***Aphanisticus*** Latreille

Schwarz erzglänzend. Larven in *Juncus* u. *Carex*. Z. B. ***A. pusillus*** (Olivier).

— Fühlerkeule 6-gliedrig .... ***Cylindromorphus filum*** (Gyllenhal)

Larven in Gräsern.

4. Körper breit, E fast 3-eckig nach hinten verjüngt. Fühler mit 5-gliedriger Keule. 2–3,5 mm 7; ***Trachys*** F.

H ohne Grube. Larven Blattminierer. Häufiger ***T. minutus*** (L.). – Ähnlich ***Habroloma nanum*** (Paykull) (H vorn jederseits mit Grube), selten, Larven in *Geranium*.

— Andere Merkmalskombination. Fühler vom 3.–4. Glied an nach außen 3-eckig erweitert .. **5**

5. Krallen an der Basis mit großem Zahn. Grünblau oder erzfarbig. Körper schlank **6**

— Krallen innen an der Basis nur mit zahnartiger Verdickung **7**

6. Seiten des H doppelt gerandet........ ***Agrilus*** Curtis

3,5–11 mm. An Laubhölzern. Etwa 30 Arten. Häufig ***A. viridis*** (L.) [**29**] (grün mit hellem Kopf), schädlich an Buchenkulturen.

— Seiten des H einfach gerandet .... 3; ***Coraebus*** Laporte et Gory

5–14 mm. Z. B. ***C. elatus*** (F.), im Osten. – Hierher auch ***Meliboeus fulgidicollis*** (Lucas) (2,5–5 mm), sehr selten, im Südwesten.

7. E mit leistenartig erhabenen Längslinien u. je 2 goldglänzenden Grübchen auf der Scheibe. Vdschenkel verdickt mit großem lappenförmigem Zahn. 8–14 mm 4; ***Chrysobothris*** Eschscholtz

Z. B. ***Ch. affinis*** (F.), an Kiefern.

— Anders, Vdschenkel ohne Zahn **8**

8. Basis der E meist mit wulstförmigem Rand, Basis des H gerade. 3–15 mm ***Anthaxia*** Eschscholtz

Etwa 20 Arten. E unregelmäßig punktiert, ohne Makeln, häufig ***A. quadripunctata*** (L.) (H mit 4 queren Dorsalgruben). – Außerdem 2 weitere seltene Gattungen (E mit Punktstreifen, mit 2 Reihen goldgelber Makeln), im Südwesten: ***Ptosima undecimmaculata*** (Herbst) (E mit 12 Makeln). 2; ***Acmaeodera*** Eschscholtz, z. B. ***A. degener*** (Scopoli) (E mit 16–18 Makeln), im Süden. In Deutschland ausgestorben?

— Basis der E nicht wulstförmig, Basis des H doppelbuchtig **9**

9. E dicht unregelmäßig punktiert **10**

— E mit Streifen, dazwischen oft mit glänzenden Reliefs **11**

10. Schwarz. 8–11 mm. An teilweise verbrannten Bäumen ..... ***Melanophila acuminata*** (De Geer)

— Blau oder grün. 8–11 mm. An Kiefern .... 2; ***Phaenops*** Dejean

Häufiger ***Ph. cyanea*** (F.)

11. Seitenrand des H glatt, fast bis nach vorn strichförmig gerandet **12**

— Seitenrand des H fein gekerbt, nicht strichförmig gerandet **13**

12. Scutellum klein. E ohne 2 Zähne an der Spitze .... 4; ***Buprestis*** L.

9–21 mm. An Nadelbäumen. Z. B. ***B. rustica*** L. (12–18 mm).

— Scutellum groß, herzförmig. E mit je 2 Zähnen an der Spitze. 16–24 mm. In Baden ***Eurythyrea quercus*** (Herbst)

13. E lang schwanzartig ausgezogen. 1. u. 2. Glied der Httarsen fast gleich lang. Scutellum punktförmig. 15–24 mm .... 5; ***Dicerca*** Eschscholtz

Z. B. ***D. alni*** (Fischer), an Erlen.

— E höchstens kurz schwanzartig oder hinten abgerundet. 1. Glied der Httarsen länger als 2. Scutellum quer u. größer **14**

14. E mit symmetrisch angeordneten größeren dunklen Flecken. 6–12 mm. Im Süden *Ovalisia* (= *Lamprodila*, = *Palmar*) *festiva* (L.)
— E mit vielen kleinen unregelmäßig angeordneten Flecken **15**
15. Kupfer- bis bronzefarben. 13–19 mm. An Pappeln .... ***Poecilonota variolosa*** (Paykull)
— Grün-blau metallisch. 9–15 mm 3; ***Ovalisia*** Kerremans (= ***Lamprodila*** Motschulsky, = ***Scintillatrix*** Obenberger)
Häufig ***O. rutilans*** (F.), an Linden.

Familie: **Elateridae**, Schnellkäfer

Schlank, abgeflacht, können aus der Rückenlage emporschnellen. Allesfresser, an lebenden Pflanzenteilen, an Streu, manche Arten Räuber. Larven stärker sklerotisiert („Drahtwürmer"), im Humus, manche Arten schädlich an Wurzeln; Mulmbewohner mehr räuberisch. Zu den **Elateridae** gehören auch die **Lissominae** (s. S. 352), bisweilen als eigene Familie **Lissomidae** aufgefasst.

1. Augen sehr vorgequollen, mehr als halbkugelig u. vom Vdrand des H ein Stück entfernt. Kopf mit Augen so breit oder fast so breit wie H, letzteres mit tiefer Mittelrinne u. Htecken der Seiten in Spitze auslaufend. Schwarz u. rot, E auch oft gelb (**Denticollinae**) 2; ***Denticollis*** Piller et Mitterpacher
Häufig ***D. linearis*** (L.) (10–12 mm), auf Waldwiesen.
— Kopf mit den nicht auffällig vorgewölbten Augen deutlich schmaler als H, Augen diesem sehr genähert **2**
2. Oberseite mit Haarschuppen. H auf Unterseite mit tiefen Furchen zum Einlegen der Fühler. Nur Basalglied der Fühler matt, die folgenden glänzend .... **Agrypninae 3**
— Oberseite ± fein behaart. Keine Fühlerfurchen. Basalglied der Fühler glänzend, die folgenden Glieder matt oder gleichfalls glänzend **4**
3. Fühlerrinnen erreichen nicht Htrand des H. E graubraun mit Punktreihen. 11–17 mm *Agrypnus* (= *Adelocera*) *murinus* (L.)
— Fühlerrinnen erreichen Htrand des H. Punktierung der E grob, ohne Reihen. E gelbbraun. 14–18 mm .... ***Lacon querceus*** (Herbst)
Im Norden (Einzugsgebiet der Elbe), Larven in rotfaulem Eichenholz. – Außerdem in den Alpen ***Danosoma fasciatum*** (L.).
4. Stirn geht wenigstens in der Mitte ± allmählich in das Labrum über u. bildet dort keine abfallende Stufe, sondern höchstens eine schmale Kante auf etwa derselben Ebene [**82**] **5**
— Stirn zwischen den Fühlern auch in der Mitte immer viel höher gelegen als das Labrum, das oft vom Stirnrand überwölbt erscheint [**83**] **19**
5. Krallen kammartig gezähnt .... **Elaterinae** z. T. **6**
— Krallen nicht gezähnt (höchstens mit 1 Wurzelzähnchen) **7**
6. 9–12 mm .... ***Synaptus filiformis*** (F.)
— 3–6 mm .... 6; ***Adrastus*** Eschscholtz
Häufiger ***A. pallens*** (F.).

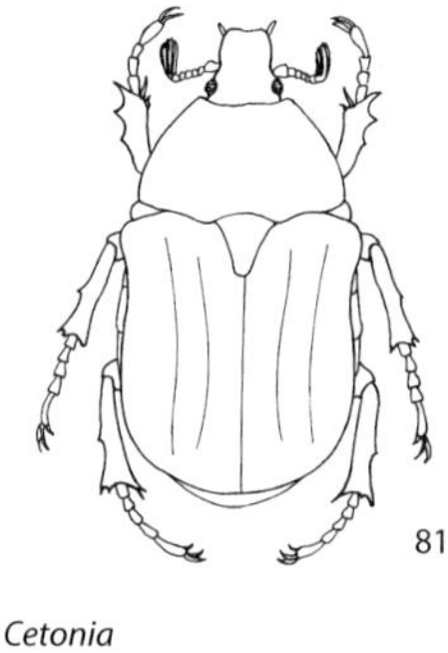

81

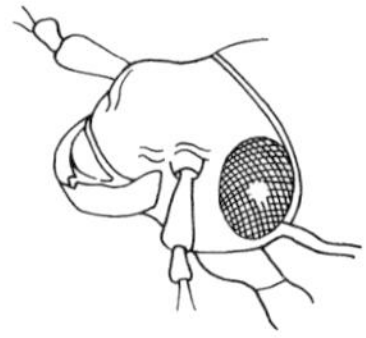

82

83

81 *Cetonia*

7. Seitenrandkante des H vorn stark auf die Unterseite gebogen (**Elaterinae**) 11; ***Agriotes*** Eschscholtz s. l.
Häufig ***Ectinus*** (= ***A.***) ***aterrimus*** (L.) (H länger als breit; schwarz; 12–13 mm); ferner Arten mit H etwa so breit wie lang: ***A. lineatus*** (L.) (Behaarung der E meist abwechselnd heller u. dunkler; 7,5–10,5 mm); ***A. obscurus*** (L.) [**28**] (ähnlich, aber Behaarung gleichmäßiger); ***A. sputator*** (L.) (kleiner, etwa 7 mm); besonders die Larven der 3 letzten Arten als „Drahtwürmer" an Wurzeln vieler Kulturpflanzen schädlich; ***A. acuminatus*** (Stephens) (E mit schräg abgehobener, längerer Behaarung; hellbraun mit dunkler Naht; 6–7 mm), auf Gesträuch.
— Seitenrand des H auch von oben sichtbar ... **8**
8. Stirn waagerecht, Mund nach vorn gerichtet (prognath) [**82**] ... **Denticollinae** z. T. **9**
— Stirn nach unten gewölbt, Mund nach unten gerichtet ... **17**
9. Vdbrust ventral nach vorn verlängert, das Kinn bedeckend ... **10**
— Vdbrust nicht nach vorn verlängert ... **16**
10. Oberseite kahl, lackglänzend. Schwarz, E manchmal rot. 8–10,5 mm. Larven in Holz. Selten ***Hypoganus inunctus*** (Lacordaire)
— Oberseite kurz oder lang behaart ... **11**
11. Behaarung des H gleichmäßig nach vorn gerichtet. Schwarz. 10-13 mm. Selten ***Liotrichus affinis*** (Paykull)
— Behaarung des H kurz oder ungleichmäßig, meist quer u. nach vorn gerichtet ... **12**
12. Höchstens 9 mm ... **13**
— Mindestens 10 mm ... **14**
13. Schwarz mit rotgelbem Schulterfleck. Selten ... ***Calambus bipustulatus*** (L.)
— Schwarz bis braungelb ... 2; ***Aplotarsus*** Stephens (= ***Haplotarsus*** Stephens)
Fühler fadenförmig. Verbreitet ***A. incanus*** (Gyllenhal). – Hierher auch ***Orithales serraticornis*** (Paykull) (Sondermerkmal: Fühler vom 4. Glied an gekämmt oder gesägt).
14. Fühler vom 3. Glied an erweitert. Fühler gesägt. 12–15 mm ***Actenicerus sjaelandicus*** (Müller)
— Fühler vom 4. Glied an erweitert ... **15**
15. Behaarung nicht auffällig gewunden. 10–20 mm ... 7; ***Selatosomus*** Stephens s. l.
Fühler kurz. Häufig ***S. aeneus*** (L.) (erzfarben). – Hierher auch ***Metanomus infuscatus*** (Eschscholtz) (Sondermerkmal: Fühler lang, hinter H reichend), Alpen.
— Behaarung auffällig gelbgrau wollig gewunden. 10–12 mm. Larven in Nadelholzstubben ***Prosternon tessellatum*** (L.)
16. H mit deutlicher Mittellängsfurche ... 4; ***Ctenicera*** Latreille
♂ mit stark gekämmten Fühlern. Erzfarben. 11–20 mm. Häufig ***C. pectinicornis*** (L.) (dunkelgrün), auf feuchten Wiesen; ***C. cuprea*** (F.) (E meist ± gelb), montan.
— H ohne Mittellängsfurche. 10–12 mm ... 4; ***Anostirus*** Thomson
♂ mit stark gekämmten Fühlern. E gelb. Verbreitet ***A. castaneus*** (L.).
17. 17–24 mm. Schwarz, H u. E braunrot ... (**Elaterinae**) ***Elater ferrugineus*** L.
— 6–11 mm. Färbung anders ... **Elaterinae** z. T. **18**
18. E hell mit dunkler Nahtbinde. 6–8 mm ... ***Dalopius marginatus*** (L.)
— E einfarbig. 7–11 mm ... 2; ***Sericus*** Eschscholtz
Häufig ***S. brunneus*** (L.).
19. H fast kugelig gewölbt, glänzend. Scutellum herzförmig ... **Cardiophorinae 20**
— H nicht derart gewölbt. Scutellum nicht oben eingebuchtet ... **22**
20. Seitenrand des H von oben sichtbar. Schwarz. 6–8 mm ***Paracardiophorus musculus*** (Erichson)
— Seitenrand des H von oben nicht sichtbar ... **21**
21. Krallen auf der Unterseite mit Zahn ... 3; ***Dicronychus*** Brullé
5–11 mm. Verbreitet ***D. equiseti*** (Herbst).
— Krallen ohne Zahn ... 8; ***Cardiophorus*** Eschscholtz
6–10 mm. Verbreitet ***C. vestigialis*** Erichson.
22. Krallen kammartig gezähnt. 11–19 mm ... (**Melanotinae**) 5; ***Melanotus*** Eschscholtz
Häufig ***M. villosus*** (Fourcroy) (= ***rufipes*** (Herbst)) (braunschwarz; 12–19 mm).
— Krallen nicht kammartig gezähnt ... **23**
23. Behaarung des H anliegend oder schräg abstehend nach hinten gerichtet (**Elaterinae**) ***Ampedus*** Dejean
Meist mit roten oder gelben E. 6–17 mm. Larven im Holz. Etwa 30 Arten. Häufig ***A. pomorum*** (Herbst). – Hierher weitere, z. T. seltene Gattungen mit wenigen Arten, z. B. ***Ischnodes sanguinicollis*** (Panzer) (schwarz, H rot).
— Behaarung des H quer oder schräg oder sternförmig zur Mitte hin ... **24**
— Behaarung des H nach vorne gerichtet ... **Denticollinae** z. T. **27**

24. Stirn durch deutliche Kante vom Clypeus abgesetzt, vollständig gerandet. E meist bunt gezeichnet. 1,5–6 mm .... **Negastriinae 25**

— Stirn ohne Randung. E selten bunt. 4–7 mm .... (**Hypnoidinae**) 2; ***Hypnoidus*** Dillwyn
Schwärzlichbraun. Häufig ***H. riparius*** (F.) – Hierher auch ***Drasterius bimaculatus*** (Rossi) (**Agrypninae**) (E gelb gefleckt), selten.

25. E ungestreift. Schwarz. 2 mm .... ***Quasimus minutissimus*** (Germar)

— E gestreift **26**

26. H einfach punktiert. 3–5 mm .... 2; ***Oedostethus*** LeConte
Verbreitet ***O. quadripustulatus*** (F.) (E mit 4 gelben Flecken), an Ufern. – Hierher auch ***Fleutiauxellus maritimus*** (Curtis) (Sondermerkmal: 3. Fühlerglied fast 2-mal so lang wie 2.), Alpen.

— H vollständig verrunzelt. 3–6 mm .... 3; ***Negastrius*** Thomson
Verbreitet ***N. pulchellus*** (L.), in Sandgebieten.

— H in Vdhälfte gekörnt. 1,5–4 mm .... 5; ***Zorochros*** Thomson
Häufiger ***Z. minimus*** (Lacordaire) (= ***dermestoides*** (Herbst)), an Ufern.

27. Glied 1 der Httarsen kaum länger als 2. Schwarz mit Erzglanz **28**

— 1. Glied der Httarsen viel länger als das 2. .... **30**

28. 11 mm. Schwarz mit mattem blauem Metallschimmer. H gedrängt punktiert. Selten ***Limoniscus violaceus*** (Müller)

— 5,5–12 mm. Schwarz, meist mit leichtem Erzglanz. H weniger dicht punktiert **29**

29. 8,5–12 mm. 3. Fühlerglied viel länger als 2. .... 2; ***Cidnopus*** Thomson
Häufig, z. B. ***C. pilosus*** (Leske).

— 5,5–7,5 mm. 3. Fühlerglied etwa so lang wie 2. .... 2; ***Pheletes*** Kiesenwetter
Häufiger nur ***Ph. aeneoniger*** (De Geer). – Außerdem 2 weitere Gattungen mit insgesamt 3 Arten.

30. Fühler ab dem 4. Glied schwach sägeförmig erweitert. 8–15 mm .... 5; ***Athous*** Eschscholtz
Häufig ***A. haemorrhoidalis*** (F.) (braun; um 12 mm); ***A. vittatus*** (F.) (ähnlich; 9 mm).

— Fühler ab dem 3. Glied nach innen sägeförmig erweitert **31**

31. 4. Glied der Mittel- u. Httarsen nicht dicker als Krallenglied. Körper meist schwarz **32**

— 4. Glied der Mittel- u. Httarsen dicker als das Krallenglied. Rotbraun **33**

32. Htwinkel des H stumpf. 11–18 mm. Selten .... ***Crepidophorus mutilatus*** (Rosenhauer)

— Htwinkel des H scharf, nach außen gerichtet. Schwarz. 10–17 mm 2; ***Hemicrepidius*** Germar (= ***Pseudathous*** Méquignon)
H. niger (L.) u. ***H. hirtus*** (Herbst), beide Arten ähnlich, häufig.

33. H gedrängt punktiert, matt. E mit 3 gezackten Querbinden. 12–19 mm ***Diacanthous*** (= ***Harminius***) ***undulatus*** (De Geer)

— H ± glänzend. E ohne Querbinden. 15–28 mm .... 2; ***Stenagostus*** Thomson
Verbreitet ***S. rhombeus*** (Olivier).

Familie: **Cantharidae**, Weichkäfer

Imagines räuberisch und/oder phytophag (Blütenteile, junge Triebe). Larven räuberisch, im Frühjahr Larven mancher Arten (durch Nässe emporgetrieben?) bisweilen auf Schnee („Schneewürmer").

1. Endglied der Maxillartaster breit, beil- oder spatelförmig. E den Htleib bedeckend **2**

— Endglied der Maxillartaster eiförmig zugespitzt. E meist etwas verkürzt, oft mit schwefelgelber Spitze **7**

2. Basis des H breit u. flach ausgebuchtet. Kopf lang u. vorgestreckt. 11–14 mm. In Gebirgsgegenden auf Coniferen .... ***Podabrus alpinus*** (Paykull)

— Basis des H gerade oder nach hinten bogig erweitert. Kopf meist bis zu Augen in H einziehbar **3**

3. Stirn zwischen Fühlern mit länglicher, nach allen Richtungen abgeflachter Beule. H mit breit gerundeten Vdwinkeln. 5–18 mm .... 3 Gattungen, artenreich ***Cantharis*** L.
Etwa 25 Arten. Krallen einfach oder die äußere Kralle am Grunde zahnartig erweitert. ***C. fusca*** L. (E schwarz, H rot, vorn mit unregelmäßigem schwarzen Fleck; 11–15 mm); ***C. rustica*** Fallén (ähnlich, aber Fleck auf dem H nicht Vdrand berührend [**34**]); ***C. livida*** L. (E gelbbraun; 10–13,5 mm), auf Blüten u. Sträuchern. Larven winteraktiv („Schneewürmer").

— Stirn ohne eine derartige Beule **4**

4. E lang zottig behaart. 7–11 mm .... 3; ***Podistra*** Motschulsky (= ***Absidia*** Mulsant)
Montan. Z. B. ***P. schoenherri*** (Dejean).

— E fein behaart 5

5. H des ♂ jederseits hinten mit tiefem Einschnitt, beim ♀ ohne Einschnitt, mindestens so breit wie E. 4,5–7,5 mm .... ***Crudosilis ruficollis*** (F.)
Schwarz, H, Bauch, Tibien gelbrot. Selten. – Außerdem ***Silis nitidula*** (F.) (schwarz, nur H rot), sehr selten.

— H ohne Einschnitt, schmaler als E 6

6. E grob u. tief punktiert. Kopf u. E schwarz, H rot. 5–9 mm. Montan, alpin
Cratosilis denticollis (Schummel)

— E fein gerunzelt. 3,5–11 mm .... 12; ***Rhagonycha*** Eschscholtz
Krallen in je 2 Längshälften gespalten. ***Rh. fulva*** (Scopoli) (E gelbrot mit schwarzer Spitze; etwa 9 mm); ***Rh. lignosa*** (Müller) (H schwarz, E gelb; 5–6 mm).

7. Kopf groß, vorgestreckt, wenig geneigt, nach der Basis zu stark verengt. Fühler auf Stirnmitte, vom Innenrand der Augen etwas entfernt eingefügt. 3–6,5 mm .... 10; ***Malthinus*** Latreille
Häufig z. B. ***M. punctatus*** (Geoffroy) (= ***flaveolus*** (Herbst)).

— Kopf breiter als lang, herabgezogen, nach der Basis zu weniger verengt. Fühler direkt am Innenrand der Augen eingefügt. 1,3–6 mm .... ***Malthodes*** Kiesenwetter
Etwa 30 Arten. Häufig z. B. ***M. minimus*** (L.).

Familie: **Dermestidae**, Speckkäfer

Larven leben von Stoffen tierischer Herkunft, sie sind häufig synanthrop u. Schädlinge. Viele Imagines auf Blüten. ♀♀ von ***Thylodrias*** Motschulsky flügellos. Weitere Arten sind und werden ständig eingeschleppt, hier nicht berücksichtigt. [**40**].

1. Körper dicht beschuppt. 2–4,5 mm .... 8; ***Anthrenus*** Geoffroy
A. museorum (L.), Museumskäfer (Fühler 8-gliedrig, mit 2-gliedriger Keule; Innenrand der Augen vorne eingebuchtet; H schwarz, Seiten dicht weiß beschuppt; 2–3,5 mm); übrige Arten mit anderen Merkmalen.

— Körper behaart 2

2. Ohne Stirnauge (Ocellus). Alle Tibien mit mehreren Längskanten. 4,5–10 mm ... ***Dermestes*** L.
Etwa 15 Arten. Häufig ***D. lardarius*** L., Speckkäfer (Vdhälfte der E gelbbraun behaart mit schwarzen Punkten; 7–9 mm); andere Arten ± einfarbig schwarzbraun, bei einigen ist Bauchseite weiß.

— Stirn in der Mitte mit kleinem Ocellus. Tibien höchstens mit einer Außenrandkante 3

3. Seiten des H vorn ohne Kante. Oberseite lang aufrecht struppig behaart. 1,5–3 mm. Frisst Insekten in altem Holz .... ***Trinodes hirtus*** (F.)

— Seiten des H vollständig gekantet. Oberseite höchstens schräg abstehend behaart 4

4. Vdcoxen treten ± zapfenförmig hervor. 3,5–5,5 mm .... 8; ***Attagenus*** Latreille
Häufig ***A. pellio*** (L.), Pelzkäfer (mit je 1 weißen kleinen Fleck in Mitte der E; 3,5–6 mm).

— Vdcoxen quer, größtenteils in Gelenkhöhlen eingeschlossen: mehrere Gattungen mit etwa 15 Arten, darunter 5; ***Trogoderma*** Dejean (Fühlerkeule mit mehr als 3 Gliedern; 2–5 mm). ***Megatoma undata*** (L.) (Fühler 11-gliedrig, Keule 3-gliedrig; E mit 2 weißen Querbinden; 4–6 mm), in Nestern von Solitärbienen
T. granarium Everts, Khaprakäfer (E mit helleren Querbinden; 2–3 mm), gefährlicher Vorratsschädling.

Familie: **Ptinidae** (= **Anobiidae**), Pochkäfer

Meiste Arten in totem, trockenem Holz, einige Arten Vorratsschädlinge. Etwa 85 Arten, weitere Arten eingeschleppt. [**31**]. Hierher auch die **Ptininae** (s. S. 352), früher als eigene Familie **Ptinidae** den **Anobiidae** gegenübergestellt.

1. Körper rundoval. Htbrust u. 1. Sternit mit Vertiefungen zum Einlegen der Beine
11; ***Dorcatoma*** Herbst
Fühler 10- oder 9-gliedrig. Augen ungeteilt. In Baumpilzen, verpilztem Holz. Häufig ***D. flavicornis*** (F.) (1,5–2,5 mm). Weitere 5 Gattungen mit 5 Arten anders, selten.

— Körper länglich-oval. Ohne derartige Vertiefungen 2

2. H an den Seiten ungekantet 3

— H an den Seiten wenigsten in der hinteren Hälfte gekantet 4

3. Fühler mit 3 verlängerten Endgliedern .... 2; ***Dryophilus*** Chevrolat
Unter 3,5 mm. Häufiger ***D. pusillus*** (Gyllenhal). Wenn 4–6 mm: ***Grynobius planus*** (F.).
— Fühlerendglieder nicht verlängert. 3,5–7 mm .... 2; ***Ptinomorphus*** Mulsant et Rey
Häufiger ***P. imperialis*** (L.). – Außerdem ***Hedobia pubescens*** (Olivier), selten.
4. Vdbrust zur Aufnahme des Kopfes ausgehöhlt 5
— Vdbrust nicht ausgehöhlt. Fühler mit 3 verlängerten Endgliedern. H vollständig gekantet: 9; ***Ernobius*** Thomson (oben fein anliegend behaart; 2–6 mm). 2; ***Xestobium*** Motschulsky u. 1; ***Hyperisus*** Mulsant et Rey (oben lang aufstehend oder fleckig behaart; 3–9 mm). Anders: 3 Gattungen mit 6 Arten
Häufig ***E. mollis*** (L.), an Nadelholz; ***X. rufovillosum*** (De Geer), an Eichen, Weiden, auch großer Schädling an verbautem Holz.
5. Fühler mit 3 verlängerten Endgliedern: ***Stegobium*** (= ***Sitodrepa***) ***paniceum*** (L.), Brotkäfer (Oberseite mit anliegender u. lang abstehender Behaarung; 2–4 mm). Bei den übrigen 10 Gattungen mit etwa 15 Arten Oberseite fein, kurz behaart, wichtig 3; ***Anobium*** F.
Schädling in verbautem Holz u. Möbeln: ***A. punctatum*** (De Geer), Totenuhr (2,5–5 mm), Larve wird Holzwurm genannt.
— Fühler gesägt. Endglieder nicht verlängert: 7; ***Xyletinus*** Latreille (E mit Punktstreifen; 2–6 mm). 2; ***Lasioderma*** Stephens, Tabakkäfer (E verworren punktiert; 2–4,5 mm)
Häufiger ***X. fibyensis*** Lundblad, an Pappeln?; ***L. serricorne*** (F.), an pflanzlichen Vorräten. – Außerdem 1 Gattung mit 1 seltenen Art.

Familie: **Cleridae**, Buntkäfer

Auf Laub- u. Nadelbäumen, an verarbeiteten Hölzern. Larven u. Imagines Räuber, manche Arten als Borkenkäferfeinde nützlich. ***Thaneroclerus*** Westwood gehört zu den **Thanerocleridae**.

1. E ganz oder größtenteils glänzend metallisch grünblau 2
— E matt, anders gefärbt, oft mit bunten Querbinden 3
2. Kopf so breit wie H. E hinter der Basis mit Quereindruck. Fühler rotbraun. 3,5–6,5 mm
2; Fellkäfer, ***Korynetes*** Herbst
Häufig ***K. caeruleus*** (De Geer), auf Holz, Larve auch in vertrocknetem Aas, in Vorräten.
— Kopf schmaler als H. E ohne Quereindruck. 4–6 mm .... 3; ***Necrobia*** Olivier
An Aas, fressen Insektenlarven, bisweilen an Schinken schädlich („Schinkenkäfer"). ***N. ruficollis*** (F.) (oben blau, H u. vorderes Drittel der E rot); ***N. rufipes*** (De Geer) (ganz blau, nur Beine rot); ***N. violacea*** (L.) (auch Beine blau).
3. Fühler vom 3. –4. Glied an gesägt. 5–10 mm 4
— Fühler allmählich zur Spitze keulig verbreitert 5
— Fühler mit großer schwarzer kompakter (auch lockerer), 3-gliedriger Endkeule auf dünnem Stiel. 9–17 mm .... 2; ***Trichodes*** Herbst
Häufig ***T. apiarius*** (L.), Bienenwolf [**5**] (E rot, Spitze u. 2 gezackte Querbinden dunkelblau), Larven räuberisch bei Bienen, selten schädlich. – Außerdem ***Dermestoides*** (= ***Orthopleura***) ***sanguinicollis*** (F.) (E dunkelblau; 7–9 mm), selten. ***Tarsostenus univittatus*** (Rossi) (braun, E mit gelber Querbinde; 3–5 mm), im Süden, selten.
4. E schwarz .... ***Tillus elongatus*** (L.)
E selten mit 2 weißlichen Flecken, H beim ♀ rot, beim ♂ schwarz. An Holz, fressen vor allem Anobien. Nachtaktiv.
— E mit roter Basal- u. gelber Mittelbinde .... ***Tilloidea unifasciata*** (F.)
E mit Punktstreifen. Frisst Insekten in morschem Holz. – Hierher auch die seltene Art ***Denops albofasciatus*** (Charpentier) (E ohne Punktstreifen).
5. Basis der E rot, dahinter schwarz mit 2 hellen Querbinden 6
— Basis der E nicht rot. E gelbbraun mit helleren Flecken u. Querbinden. 7–13 mm
3; ***Opilo*** Latreille
Fressen Anobien u. Bockkäferlarven im Holz. Z. B. ***O. domesticus*** (Sturm) (6–8 mm). – Außerdem die seltene Art ***Allonyx quadrimaculatus*** (Schaller) (E schwarz; 4,5–6 mm). In Lagerhäuser eingeschleppt ***Thaneroclerus buquet*** (Lefèbvre) (Körper einfarbig rotbraun; 5–6 mm).
6. H schwarz. 9–15 mm. Selten .... ***Clerus mutillarius*** F.
— H vorn schwarz, hinten rot. 6–10 mm .... 2; ***Thanasimus*** Latreille
Fressen Borkenkäfer. Häufig ***Th. formicarius*** (L.), Ameisenbuntkäfer.

Familie: **Melyridae**

Imagines auf Blüten, aber auch räuberisch. Larven meist an Holz, fressen vor allem Käferlarven. Käfer der **Malachiinae** am H u. Htleib seitlich mit roten ausstülpbaren Drüsenschläuchen (für excitatorische Balz). Die **Dasytinae** u. **Malachiinae** werden auch als eigene Familien **Dasytidae** u. **Malachiidae** aufgefasst.

1. Kopf u. H mit tiefen regelmäßigen Punktgruben. Körper langgestreckt, schwarz, braun, blau oder grün glänzend .... **Dasytinae** 2
— Kopf u. H nicht mit regelmäßigen tiefen Punktgruben, ± glatt. Körper meist grün u. rot gefärbt Zipfelkäfer, **Malachiinae** 6
2. Sehr schlank, H viel länger als breit. Grünlich. 5–6,5 mm .... ***Dolichosoma lineare*** (ROSSI)
— Nicht auffällig schlank. H etwa so breit wie lang 3
3. Oberseite mit anliegenden Schuppenhaaren .... 2; ***Danacea*** LAPORTE DE CASTELNAU
3–4,5 mm. Verbreitet ***D. pallipes*** (PANZER).
— Oberseite rau behaart, Haare meist aufgerichtet 4
4. Metallisch grün oder blau. H gedrängt punktiert (Punktzwischenräume nur schmale Runzeln). 5–7 mm .... ***Psilothrix viridicoerulea*** (GEOFFROY)
— Schwarz, oft mit Metallglanz; wenn metallisch grün oder blau, H wenig dicht punktiert .. 5
5. Krallenglied an der Basis der Krallen mit je 1 schmalen Hautläppchen. E grob punktiert. 4–6 mm .... 5; ***Aplocnemus*** STEPHENS
Häufiger z. B. ***A. nigricornis*** (F.).
— Krallenglied ohne Hautläppchen. E selten grob punktiert. 3,5–6 mm .... 11; ***Dasytes*** PAYKULL
Augen kahl. Häufig z. B. ***D. plumbeus*** (MÜLLER) (mit Bronzeschimmer; Beine zum Teil gelb). – Hierher auch 2; ***Trichoceble*** THOMSON (Augen lang behaart), selten, z. B. ***T. floralis*** (OLIVIER).
6. Fühler zwischen den Augen eingefügt: 4; ***Malachius*** F. u. 6; ***Clanoptilus*** MOTSCHULSKY (häufig grün, E an der Spitze rot; 4–7 mm). 3; ***Axinotarsus*** MOTSCHULSKY (2–3,5 mm)
Häufig ***M. bipustulatus*** (L.), ***A. pulicarius*** (F.).
— Fühler seitlich am Vdrand der Stirn, vor der Verbindungslinie der Augenvdränder eingefügt: 11 Gattungen mit etwa 20 Arten, häufig 3; ***Anthocomus*** ERICHSON (schwarzgrün mit roter Zeichnung; 3–5 mm). 3; ***Charopus*** ERICHSON (schwarz; 2–2,5 mm)
Beispiele: ***A. rufus*** (HERBST) (= ***coccineus*** (SCHALLER)) (E ganz rot), an Schilf; ***Ch. graminicola*** (DEJEAN) (= ***flavipes*** (PAYKULL)).

Familie: **Coccinellidae**, Marienkäfer

Meist räuberisch, vorwiegend Blattlausfresser, einige Arten Pflanzenfresser oder pilzfressend (Mehltau). Weitere Arten werden für gezielte biologische Bekämpfung importiert (hier nicht behandelt).

1. Oberseite deutlich fein behaart 2
— Oberseite unbehaart oder nur an einzelnen Stellen mit Haaren 7
2. Halbkugelig, oberseits rostrot mit oder ohne schwarze Flecke. 3–8 mm. Pflanzenfresser . 3
— Nicht so; wenn 3 mm oder länger, dann anders gefärbt oder länglich 4
3. 6–8 mm. An *Bryonia* .... ***Henosepilachna argus*** (GEOFFROY)
— 3–4 mm. Rötlich, mit schwarzen Flecken auf E. Krallen an Spitze gespalten, ohne Basalzahn. An Klee, Luzerne, Rüben u. a. .... ***Subcoccinella vigintiquatuorpunctata*** (L.)
— 3–4,5 mm. Mehr ocker, E meist einfarbig. Krallen einfach, mit Basalzahn. An Gräsern ***Cynegetis impunctata*** (L.)
4. Fühler lang, fast bis zum Htrand des H reichend. Augen mit groben Fazetten (bei 10-facher Vergrößerung!). Körper ± länglich. Gelbrot 5
— Fühler kurz. Augen mit feinen Fazetten. Körper ± rund 6
5. E ± gereiht punktiert. Körperseiten fast parallel. 2,5–3 mm .... 2; ***Coccidula*** KUGELANN
An Gewässerufern, z. B. an Schilf. Häufig ***C. rufa*** (HERBST) (Oberseite einfarbig rot).
— E verworren punktiert. Körper mehr oval. 2,5–3,5 mm .... 3; ***Rhyzobius*** STEPHENS
Oft in Wassernähe, z. B. ***Rh. chrysomeloides*** (HERBST). – ***Rh.*** (= ***Lindorus***) ***lophanthae*** (BLAISDELL) wird zur Bekämpfung von Deckelschildläusen eingesetzt.

6. Schwarz mit roten Flecken, die sich auf den E in der Mitte zu Querbinden treffen können. 2,5–4 mm. An Kiefern .... ***Novius cruentatus*** (Mulsant)
— Schwarz mit 2 gelben Flecken auf jeder E u. je 1 gelben Fleck an Vdecken oder Seiten des H. 2,5–3,5 mm .... ***Platynaspis luteorubra*** (Goeze)
— Färbung anders. 1–3 mm .... 18; ***Scymnus*** Kugelann u. 5; ***Nephus*** Mulsant
Oberseite schwarz oder braun, häufig mit Flecken. Haare an der Naht am Ende der E zur Seite gerichtet. An Fichten ***S. abietis*** (Paykull). – Hierher 2 weitere Arten (Haare am Ende der E parallel zur Naht verlaufend): ***Stethorus pusillus*** (Herbst) (schwarz), auf Gehölzen, häufig. ***Clitostethus arcuatus*** (Rossi) (gelb bis rotbraun), im Süden.

7. Vdrand des Clypeus verbreitert, schildartig, durchsetzt die Augen plattenförmig u. bedeckt Basis der Fühler [**84**] **8**
— Clypeus nicht erweitert, Basis der Fühler frei [**85**] **10**

8. Clypeus vorn mit feinem Rand. E schwarz, in der Mitte gefleckt, ohne Schulterfleck
2; ***Chilocorus*** Leach
Ch. bipustulatus (L.) (E mit 3 kleinen rötlichen Flecken in Querreihe).
— Clypeus ohne feinen Rand. E schwarz mit Schulterfleck oder ganz schwarz **9**

9. Körper rund. Krallen an der Basis mit Zahn. 3–5 mm .... ***Exochomus quadripustulatus*** (L.)
E mit je 2 roten Flecken. Häufig, auf Nadel- u. Laubbäumen. Auf *Erica* ***Parexochomus nigromaculatus*** (Goeze), selten.
— Körper länglich-oval. Krallen ohne Zahn. 2,5–4 mm. In Mooren, im Süden
Exochomus (= ***Brumus***) ***oblongus*** (Weidenbach)

10. H dicht an Basis der E anschließend, seine Htwinkel eckig. Augen ohne Augenkiel (eingeschobene Wange). Fühler kürzer als Kopf. Schwarz, meist mit gelbem Fleck im hinteren Drittel der E. 2–4,5 mm .... 5; ***Hyperaspis*** Chevrolat
Verbreitet ***H. campestris*** (Herbst).
— H nicht dicht an Basis der E anschließend, seine Htecken u. die Schultern der E gerundet. Augen mit deutlichem Augenkiel. Fühler meist länger als der Kopf **11**

11. H an Seiten ± gleichmäßig gerundet, etwa in der Mitte am breitesten. Körper länglich .. **12**
— H an der Basis am breitesten, nach vorn verengt u. viel schmaler als Basis. Körper fast halbkugelig. E hinten gemeinsam abgerundet [**3**] **14**

12. H überwiegend schwarz mit gelben Flecken oder mit gelbem Saum (in dem noch schwarze Flecken enthalten sein können). 3–7 mm 3; ***Hippodamia*** Chevrolat u. 3; ***Ceratomegilla*** Crotch
Basis des H fein leistenartig gerandet. Krallen nicht gezähnt. E rötlich mit schwarzen Flecken. 3–5,5 mm: ***H.*** (= ***Adonia***) ***variegata*** (Goeze). Bei übrigen Arten Basis des H nicht gerandet, Krallen an der Basis mit Zahn, häufig nur ***H. tredecimpunctata*** (L.) (H mit großem schwarzem Mittelfleck u. je 1 kleinem seitlichen Fleck), auf Uferpflanzen. Im Süden ***C.*** (= ***Hippodamia***, = ***Semiadalia***) ***undecimnotata*** (Schneider) (H schwarz mit gelben Vdecken).
— H überwiegend gelb mit schwarzen Flecken. **13**

13. H ungerandet mit 6 schwarzen Punkten. 3–4 mm. An Ufern
Anisosticta novemdecimpunctata (L.)
— H gerandet mit 4 schwarzen Flecken, die meist ± die Form eines M haben. 3,3–5 mm. Auf Nadelhölzern .... ***Aphidecta obliterata*** (L.)

14. Gelb mit schwarzen Flecken auf Kopf, H u. E (letztere mit schwarzem Nahtstreifen). Scutellum sehr klein, kaum sichtbar. Gerundet u. hochgewölbt. 2,5–3 mm ..... ***Tytthaspis sedecimpunctata*** (L.)
— Scutellum stets deutlich sichtbar. Färbung anders **15**

15. E an Spitze der Nahtkante etwas flach ausgeschnitten u. dort dicht behaart. Kopf u. H schwarz mit gelben Flecken. E gelbrot mit schwarzen Flecken, die meist von hellerem Hof umgeben sind. 8–9 mm. Auf Nadelhölzern... ***Anatis ocellata*** (L.)
— Anders. Körper höchstens 8 mm **16**

16. Augen von oben gut sichtbar. Vdrand des H bis zum Htrand der Augen oder noch etwas darüber hinaus reichend. Vorletztes Glied der Fühlerkeule breiter als lang, am Vdende gerade abgeschnitten **17**

84

85

86

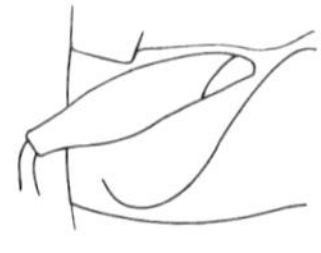
87

— Augen vom H wenigstens in ihrer hinteren Hälfte überdeckt. Vorletztes Glied der Fühlerkeule länger als breit oder wenn kürzer, dann mit über die Basis des nächsten Gliedes stark vortretender Ecke am Innenrand 20

17. Schenkellinie (= erhabene Leiste auf dem 1. Sternit des Htleibs, die zwischen Htcoxen beginnt u. nach jeder Seite zieht) bogig um Htcoxen ziehend [**87**] .... 3; ***Adalia*** Mulsant

Häufig ***A. bipunctata*** (L.) (sehr variabel gefärbt, z. B. rot mit je 1 schwarzen Punkt auf E oder schwarz mit je 1 roten Punkt; 3,5–5,5 mm); ***A. decempunctata*** (L.) (Fleckung variiert ebenfalls stark; E vor der Spitze meist mit Querfalte; 3,5–5 mm).

— Schenkellinie gegabelt verlaufend [**86**] 18

18. E rot mit schwarzen Punkten, selten ganz schwarz. 3–8 mm .... 5; ***Coccinella*** L.

C. septempunctata L., Siebenpunkt [**3**] (5–8 mm), überall; ***C. quinquepunctata*** L. (E zusammen mit 5 Punkten; 3–5 mm), oft in Ufernähe; ***C. undecimpunctata*** L. (E zusammen meist mit 9–11 Punkten; 3,5–4,5 mm), besonders Meeresküste u. Flussauen. – Wenn E mit 19 Punkten: ***Harmonia axyridis***, s. Nr. **19**.

— E schwarz mit runden gelben Flecken. 3–4 mm ...... ***Coccinula quattuordecimpustulata*** (L.)

— Gelb oder gelbbraun (höchstens rosarot) mit schwarzen, unregelmäßigen Flecken 19

19. Tibien mit 2 kleinen Endsporen. 3–5 mm ..... 3; ***Oenopia*** Mulsant (= ***Synharmonia*** Ganglbauer)

Häufig nur ***Oe. conglobata*** (L.).

— Tibien ohne Endsporn. 5,5–6 mm .... 2; ***Harmonia*** Mulsant

H. quadripunctata (Pontoppidan) (E mit schwarzen Punkten u. hellen Flecken; H mit vielen schwarzen Punkten; 5,5–6 mm); ***H. axyridis*** (Pallas), Asiatischer Marienkäfer (E meist mit 19 großen schwarzen Punkten; H mit M-förmiger dunkler Zeichnung; 6–8 mm), Heimat: Ostasien, zur Bekämpfung von Blattläusen eingeführt

20. E mit schwarz-gelber Zeichnung 21

— E braun mit heller (weißlicher oder gelblicher) Zeichnung 22

21. E mit schwarzen Flecken auf hellem Untergrund, ± schachbrettartig. 3,5–4,5 mm ***Propylea quattuordecimpunctata*** (L.)

— E zitronengelb mit schwarzen Punkten. 3–4,5 mm. Frisst Mehltaupilze ***Psyllobora*** (= ***Thea***) ***vigintiduopunctata*** (L.)

— E schwarz mit weißen Punkten .... Frühjahrsform von ***Sospita vigintiguttata*** (L.)

22. Krallen mit Zahn etwa in der Mitte. Oberseite braun mit hellen Längsstreifen. 7–8 mm ***Myzia*** (= ***Neomysia***) ***oblongoguttata*** (L.)

— Färbung anders. Krallen mit Zahn an der Basis 23

23. H die Augen fast vollständig bedeckend. Pilzfresser........ 24

— Mindestens vordere Hälfte der Augen nicht von H bedeckt 25

24. E mit je 8 Punkten. 5–7 mm ....***Halyzia sedecimguttata*** (L.)

— E mit je 6 Punkten. 3–4 mm .... ***Vibidia duodecimguttata*** (Poda)

25. E mit 5–7 (runden) Punkten. 4,5–7 mm .... 3; ***Calvia*** Mulsant

C. decemguttata (L.) (E mit je 5 Punkten); ***C. quatuordecimguttata*** (L.) (E mit 7 Punkten, 3 in Querreihe vor Mitte der E); ***C. quindecimguttata*** (F.) (ähnlich, aber keine Querreihe).

— E mit 9 ungleich großen Flecken. 3,5–5 mm. Auf Nadelhölzern ***Myrrha octodecimguttata*** (L.)

— E mit je 10 Punkten. 5–6,5 mm .... ***Sospita vigintiguttata*** (L.)

Sommerform. Im Frühjahr schwarz mit weißen Punkten.

Familie: **Mordellidae**, Stachelkäfer

Häufig auf Blüten. Larven in verpilztem Holz, Pflanzenstengeln oder Baumschwämmen. ***Anaspis*** Geoffroy u. ***Cyrtanaspis*** Emery werden zu den **Scraptiidae** gestellt (s. S. 349).

1. Htleib in lange, die E weit überragende Spitze ausgezogen. Heruntergebogene Seitenränder der E (Epipleuren) sehr schmal. [**17**] 2

— Htleib nicht derartig ausgezogen. Epipleuren der E breit u. vorne scharf abgesetzt. Höchstens 5 mm .... ***Anaspis*** Geoffroy

Über 20 Arten. Httibien an der Spitze gerade abgeschnitten. Häufig ***A. frontalis*** (L.) (3–4 mm). – Außerdem ***Cyrtanaspis phalerata*** (Germar) (Httibien schräg abgeschnitten).

2. Httibien außer der Kerbe neben der Spitze mit 1–6 Einkerbungen am Außenrand. 2–5 mm ***Mordellistena*** Costa

Etwa 55 Arten. Häufig ***M. brevicauda*** (Boheman), auf *Euphorbia*. – Außerdem 2 weitere Gattungen mit 4 Arten.

— Httibien nur mit einer Kerbe am äußeren Spitzenrand 3

3. Scutellum groß, quer viereckig. 5,5–8,5 mm .... ***Tomoxia bucephala*** Costa

— Scutellum klein dreieckig oder eiförmig. 4–10 mm .... 6; ***Mordella*** L.
Häufig ***M. brachyura*** Mulsant. – Außerdem weitere 5 Gattungen mit 9 Arten.

Familie: **Tenebrionidae**, Schwarzkäfer

Meist pflanzenfressend oder in Faulstoffen; einige Arten Vorratsschädlinge. **Alleculinae** auf Blüten, aber auch an anderen Pflanzenteilen (z. B. unter Rinde, in morschem Holz, in Baumschwämmen). Zu den **Tenebrionidae** gehören auch die **Lagriinae** (s. S. 349), diese u. die **Alleculinae** bisweilen als eigene Familien **Lagriidae** u. **Alleculidae** angesehen.

1. Krallen deutlich kammartig gezähnt .... Pflanzenkäfer, **Alleculinae** **7**
— Krallen einfach, nicht gezähnt **2**
2. 20–38 mm. E ohne deutliche Punktstreifen .... 3; ***Blaps*** F.
Z. B. ***B. mortisaga*** (L.), Totenkäfer (22–26 mm), synanthrop, in Kellern, Scheunen.
— 13–18 mm. H an Seiten u. Basis dick gerandet u. mit 2 Basalgrübchen. Oberseite schwarzbraun, Bauchseite rotbraun. Scutellum quer 5-eckig. E mit geraden Punktstreifen ...... 3; ***Tenebrio*** L.
Häufig ***T. molitor*** L. [**14**], Mehlkäfer (letztes Fühlerglied so lang wie breit, etwas länger als das vorletzte), seine Larven als Mehlwürmer bekannt. Bei 2 weiteren Arten letztes Fühlerglied breiter als lang, so lang wie das vorletzte.
— Unter 10 mm oder wenn länger, dann andere Merkmale **3**
3. Vdrand des Clypeus nur in der Mitte halbkreisförmig ausgeschnitten **4**
— Vdrand des Clypeus gerade, höchstens in ganzer Breite ausgeschnitten **5**
4. 3–4 mm .... ***Melanimon tibialis*** (F.)
— 7–10 mm. Oberseite matt. Augen ungeteilt. E mit schwach erhabenen Längsrunzeln 2; Staubkäfer, ***Opatrum*** F.
Häufig an sandigen u. trockenen Stellen ***O. sabulosum*** (L.).
— 7–9 mm. Oberseite glänzend. Augen durch Fortsatz der Wange geteilt. H vor der Basis eingeschnürt .... ***Phylan gibbus*** (F.)
An Meeresküsten. – Hierher auch ***Pedinus femoralis*** (L.) (H nicht eingeschnürt), im Süden.
5. Tibien mit Stachelborsten, Vdtibien außen ungezähnt **6**
— Tibien meist mit Haaren, Vdtibien oft außen gezähnt: Etwa 25 Gattungen mit etwa 50 Arten, viele Arten Vorratsschädlinge, darunter 4; ***Tribolium*** Macleay, Reismehlkäfer (3–4 mm). 2; ***Alphitobius*** Stephens (4,5–6 mm). ***Gnatocerus cornutus*** (F.) (Kopf groß, Mandibeln des ♂ stark vorragend; H vor der Mitte am breitesten; 3,5–4,5 mm)
Sehr häufig ***T. confusum*** Jacquelin du Val.
6. Vdtibien verbreitert, Grabbeine. 5,5–7 mm .... ***Phaleria cadaverina*** (F.)
An Meeresküsten, unter Tang.
— Vdtibien nicht verbreitert. 4,5–6 mm .... ***Crypticus quisquilius*** (L.)
Augen nierenförmig. In sandigen Biotopen.
7. Augen von den Wangen stark ausgebuchtet. Fühler ziemlich dicht vor den Augen frei eingefügt **8**
— Augen vorne nicht oder nur schwach ausgebuchtet, die Wangen bilden vor den Augen einen ± starken Winkel, unter dem die Fühler eingefügt sind **11**
8. Vorletztes Tarsalglied mit vorragendem Lappen .... 2; ***Allecula*** F.
6–10 mm. Schwarz. E mit groben Punktreihen. Häufig ***A. morio*** (F.), in morschem Holz. – Weitere 2 Gattungen mit 3 Arten mit anderer Merkmalskombination, darunter 2; ***Prionychus*** Solier, häufig ***P. ater*** (F.).
— Vorletztes Tarsalglied ohne Lappen **9**
9. E mit abstehender Behaarung. 4–9 mm .... 4; ***Mycetochara*** Berthold
Häufig ***M. maura*** (F.) (schwarz, Beine gelb).
— E kahl oder mit feinen, anliegenden Haaren **10**
10. 10–12 mm .... ***Pseudocistela ceramboides*** (L.)
— 6,5–9 mm. E kahl, glänzend .... ***Gonodera luperus*** (Herbst)
— 5–7,2 mm. E behaart .... 3; ***Isomira*** Mulsant
Häufig ***I. murina*** (L.) (gelbbraun oder schwarz).
11. Körper einfarbig gelb. 7–9 mm. [**16**] .... 2; ***Cteniopus*** Solier
Verbreitet nur Schwefelkäfer, ***C. sulphureus*** (L.) (= ***flavus*** (Scopoli))
— Schwarz, E gelbbraun. 5–16 mm .... 3; ***Omophlus*** Dejean
Häufig O. pubescens (L.) (= ***rufitarsis*** (Leske)).

Familie: **Oedemeridae**, Engdeckenflügler, Scheinbockkäfer

Auf Blüten und Baumrinde. Larven in morschem Holz oder in trockenen Stängeln von Kräutern.

1. Augen vorn tief ausgeschnitten, im Ausschnitt die Fühler entspringend. 18–20 mm **_Calopus serraticornis_** (L.)
— Augen vorn nicht oder nur leicht ausgeschnitten, Fühler davor entspringend **2**
2. Vdtibien mit 1 Enddorn. 8–15 mm .... 4; **_Anogcodes_** Dejean
Häufig **_A. ustulatus_** (Scopoli) (E schwarz-blau). – Außerdem **_Nacerdes melanura_** (L.) (rotgelb, Spitze der E schwarz), an der Meeresküste, selten; **_Nacerdes_** (= **_Xanthochroa_**) **_carniolica_** (Gistl) (Sondermerkmal: Augen groß, einander genähert), im Süden, selten.
— Vdtibien mit 2 Enddornen **3**
3. E mit 3 Längsrippen. 5–13 mm .... 12; **_Oedemera_** Olivier
Häufig u. a. **_Oe. virescens_** (L.) (grün), **_Oe. femorata_** (Scopoli) [**22**] (schwarz, E gelb; E breit klaffend; Htschenkel des ♂ verdickt).
— E mit 4 gleichstarken Längsrippen oder diese ± reduziert **4**
4. 4. (seitliche) Rippe der E weit hinter Schulterbeule nahe dem Seitenrand entspringend, Abstand der Rippe zum Seitenrand schmal. 6–12 mm .... 4; **_Ischnomera_** Stephens
Häufig **_I. caerulea_** (L.) (dunkelblau bis grünlich; E kurz dunkel behaart).
— 4. Rippe aus Schulterbeule entspringend, Abstand der Rippe zum Seitenrand weit **5**
5. 5–10 mm. Streifen der E fein, unpunktiert .... 2; **_Chrysanthia_** Schmidt
Metallisch grün. Beide Arten häufig. **_C. viridissima_** (L.) (7–10 mm); **_C. geniculata_** Schmidt (5–8 mm).
— 14–17 mm. Streifen der E breit, flach, dicht punktiert. Selten .... **_Ditylus laevis_** (F.)

Familie: **Meloidae**, Ölkäfer

Enthalten blasenziehenden Stoff (Cantharidin). Aus den im Boden abgelegten Eiern schlüpfen längliche Larven mit Schwanzborsten und 3-kralligen Füßen („Triungulinus" [**114**]). Diese klettern auf Blüten, lauern auf Wildbienen und lassen sich in deren Nester tragen. Dort frisst die *Meloe*-Larve das Ei der Biene auf, verwandelt sich in eine dicke Larve, die den Honig verzehrt; es folgt die Phase einer „Scheinpuppe" und erst aus dieser schlüpft eine neue Larve, die in der alten Haut bleibt und sich später verpuppt.

1. E an Basis ± übereinandergreifend, hinten klaffend. E ohne Nahtlinie, oft stark verkürzt. Schwarz, violett oder grünkupfrig. 6–35 mm .... 11; Maiwurm, **_Meloe_** L.
Häufig **_M. proscarabaeus_** L. [**15**] (Fühler in der Mitte erweitert; E lederartig gerunzelt; Kopf u. H sehr grob punktiert; fast schwarz; 11–35 mm); **_M. violaceus_** Marsham (ähnlich, aber Kopf u. H fein punktiert; blau; 10–32 mm).
— E selten sehr schwach verkürzt, nicht an Basis übereinandergreifend, mit feiner Nahtlinie **2**
2. E metallisch grün. 9–21 mm .... Spanische Fliege, **_Lytta vesicatoria_** (L.)
Fühler u. Beine dunkel. – Bei der seltenen Art **_Cerocoma schaefferi_** (L.) Fühler u. Beine gelb.
— E schwarz u. gelb (oder gelbrot) gezeichnet. 8–10 mm .... **_Sitaris muralis_** (Forster)
E hinter den Schultern verengt. Bei weiteren, sehr seltenen Gattungen E nicht verengt.

Familie: **Anthicidae**, Blumenkäfer

Auf Blüten, aber auch unter faulenden Pflanzenstoffen.

1. H mit einem den Kopf überragenden Horn **2**
— H ohne Horn. 2–4,5 mm .... 8; **_Anthicus_** Paykull
Außerdem weitere Gattungen mit etwa 10 Arten, häufig z. B. **_Omonadus_** (= **_A._**) **_floralis_** (L.) (3 mm).
2. Httarsen kürzer als Httibien, vorletztes Tarsenglied lappenartig. 3–6 mm 4; **_Notoxus_** Geoffroy
Häufig **_N. monoceros_** (L.) [**21**] (rötlich gelbbraun mit schwarzen Flecken).
— Httarsen länger als Httibien, vorletztes Glied nicht lappenartig. 1,5–2,2 mm **_Mecynotarsus serricornis_** (Panzer)

Familie: **Cerambycidae**, Bockkäfer

Pflanzenfresser, viele Arten Blütenbesucher. Larven meist in Holz.

1. Fühler in der großen Augenbucht eingelenkt, die von der Einlenkungsgrube ganz ausgefüllt wird [**88**]. Endglied der Maxillartaster zugespitzt. Vdtibien innen mit einer schiefen Furche **Lamiinae 2**

— Fühler dicht vor oder seitlich der meist vorhandenen Augenbucht eingelenkt, diese nicht von der Einlenkungsgrube ausgefüllt. Endglied der Maxillartaster abgestutzt. Vdtibien ohne Innenfurche **13**

2. H an Seiten mit spitzem oder stumpfem Höcker [**88**] **3**

— H ohne Höcker, höchstens mit undeutlicher Beule an der Basis **8**

3. Fühler die Mitte der E nicht oder wenig überragend, ihr 1. Glied ohne Kante. 10–15 mm Erdbock, ***Iberodorcadion*** (= ***Dorcadion***) ***fuliginator*** (L.)

Larve u. Käfer an Wurzeln von Poaceen trockenwarmer Stellen; verwandte Arten strahlen nach Österreich ein.

— Fühler nach hinten weit die Mitte der E überragend **4**

4. 1. Fühlerglied vor der Spitze mit kreisförmiger scharfer Kante. Fühler kürzer als Körper. 24–30 mm. [**88**] .... Weberbock, ***Lamia textor*** (L.)

Larve in Pappeln u. Weiden.

— 1. Fühlerglied vor der Spitze mit kreisförmiger scharfer Kante. Fühler länger als Körper. 12–35 mm .... 4; Langhornböcke, ***Monochamus*** Dejean

Fühler sehr lang. 12–35 mm. Larven in Nadelholz, besonders im Gebirge, z. B. ***M. sutor*** (L.) (schwarz). – Hierher auch ***Anoplophora glabripennis*** (Motschulsky), Asiatischer Laubholzbockkäfer (25–40 mm; Sondermerkmal: E mit größeren hellen Flecken; Beine auf blauem Untergrund dunkel gezeichnet), aus Ostasien eingeschleppt, schädlich an Laubhölzern.

— 1. Fühlerglied ohne Kante an der Spitze **5**

5. 1. Fühlerglied zur Spitze keulig oder birnenförmig verdickt. 12–17 mm ***Aegomorphus*** (= ***Acanthoderes***) ***clavipes*** (Schrank)

E meist mit 3 unvollständigen dunklen gezackten Querbinden. Fühler etwas länger als der Körper. Larve in Laubhölzern.

— 1. Fühlerglied schlank, zur Spitze allmählich verdickt **6**

6. Fühler ohne lange abstehende Haare **7**

— Fühler lang abstehend behaart. 4–8 mm .... 5; ***Pogonocherus*** Dejean

E hinten mit schwarzen Haarpinseln. Häufig ***P. fasciculatus*** (De Geer), Wimperbock, Larve in Nadelhölzern. – Bei 3 weiteren Gattungen mit 5 selteneren Arten E ohne Haarpinsel, z. B. 3; ***Exocentrus*** Dejean mit ***E. adspersus*** Mulsant.

7. H meist mit 4 gelblichen Haarflecken. Fühler des ♂ bis 5-mal, des ♀ bis 2-mal so lang wie Körper. 9–20 mm .... 3; ***Acanthocinus*** Dejean

Häufig ***A. aedilis*** (L.), Zimmermannsbock (12–20 mm), Larve in Kiefernstubben.

— H ohne gelbe Haarflecke. Fühler bis 1½-mal so lang wie Körper. 6–10 mm 4; ***Leiopus*** Audinet-Serville

Larven in Laubhölzern. Häufig ***L. nebulosus*** (L.), Splintbock.

8. 1. Fühlerglied vor dem Ende mit einer Leiste, von hier aus bis zum Ende abgeflacht. 9–17 mm 2; ***Mesosa*** Latreille

Larven in Laubhölzern. Nicht häufig, z. B. ***M. nebulosa*** (F.).

— 1. Fühlerglied ohne derartige Leiste **9**

9. Fühler 11-gliedrig. Krallen an Basis mit deutlichem, meist großem Zahn **10**

— Fühler 11-gliedrig. Krallen ohne Zahn .... 7; Pappelböcke, ***Saperda*** F.

9–30 mm. Häufig ***S. carcharias*** (L.), Großer Pappelbock (E mit nackten, schwarzen, körneligen Punkten, am Ende mit kleiner zähnchenförmiger Spitze; 22–30 mm); ***S. populnea*** (L.), Kleiner Pappelbock (E dicht gelbbraun behaart, mit je 4–5 dichten hellen Haarflecken). – Hierher auch 2 seltene Gattungen mit je 1 Art, im Süden.

— Fühler 12-gliedrig, unten mit langen Wimperhaaren besetzt. Krallen ohne Zahn. 7–22 mm 3; ***Agapanthia*** Audinet-Serville

Häufig ***A. villosoviridescens*** (De Geer), Scheckhornbock (E fleckig tomentiert; 10–22 mm), Larve in Distelstengeln. – Außerdem ***Calamobius filum*** (Rossi) (Sondermerkmal: Körper sehr schmal), Larve in Gräsern, selten.

10. 3–6 mm. H vor Basis mit tiefer Querfurche. Augen zweigeteilt .... 2; ***Tetrops*** Stephens

Larven in Laubbäumen. Häufig ***T. praeustus*** (L.), Pflaumenbock.

— Über 6 mm. H ohne Querfurche vor Basis. Augen meist ungeteilt **11**

11. E parallel, vor der Spitze leicht bauchig erweitert. 10–13 mm .... 2; ***Stenostola*** Dejean

Larven in Laubhölzern. Nicht häufig, z. B. ***S. dubia*** (Laicharting), Lindenbock (E grün-metallisch).

— E hinten nicht erweitert **12**

12. Körper lang, parallel. Spitze der Htschenkel nicht über den Htrand des 2. Htleibssegments hinausragend. 9–21 mm .... 4; ***Oberea*** Dejean

Häufig ***O. oculata*** (L.), Linienbock (H orangegelb mit 2 Punkten, E schwarz), Larve in Weiden.

— Körper kürzer, nach hinten verschmälert. Spitze der Htschenkel weit über den Htrand des 2. Htleibssegments hinausragend. 6–16 mm .... 8; ***Phytoecia*** Dejean

Verbreitet ***P. nigricornis*** (F.), Walzenhalsbock, Larve in Asteraceen. – Hierher auch 2; ***Opsilia*** Mulsant, z. B. ***O. coerulescens*** (Scopoli), Larve in Boraginaceen.

13. Fühler kahl, 3. Glied ± verlängert. Seiten des H oft scharf gerandet u. bedornt oder gezähnt **Prioninae 14**

— Fühler fein oder borstenförmig behaart. H an den Seiten verrundet, oft mit einem Höcker **15**

14. Seiten des H scharf gerandet, unregelmäßig gezähnt. 25–60 mm. Larve in Nadelbäumen Mulmbock, ***Ergates faber*** (L.)

— Seiten des H scharf gerandet mit 3 starken Dornen. 18–45 mm. Larve in Laub- u. Nadelbäumen .... Sägebock, ***Prionus coriarius*** (L.)

— Seiten des H schwach gerandet, in der Mitte mit 1 spitzen Dorn. 15–30 mm. Larve in Nadelbäumen im Gebirge .... Zottenbock, ***Tragosoma depsarium*** (L.)

— H nicht gerandet, nur an Htecken zu zahnartigem Vorsprung aufgebogen. 30–50 mm. Larve in Laubbäumen. Selten .... Körnerbock, ***Aegosoma*** (= ***Megopis***) ***scabricorne*** (Scopoli)

15. Fühler den Htrand des H nicht überragend. Körper walzenförmig, Seiten des H gerundet. E mit 2 Längsrippen. Tibien an der Spitze außen zahnartig ausgezogen. 12–24 mm ***Spondylis buprestoides*** (L.)

(zu **Spondylidinae**). Larve in Kiefernstubben. – Im Habitus ähnlich, aber breiter u. H mit Seitenrand; 10–24 mm: (**Parandrinae**) ***Neandra*** (= ***Parandra***) ***brunnea*** (F.), aus USA nach Sachsen verschleppt.

— Mit anderen Merkmalen, Fühler länger **16**

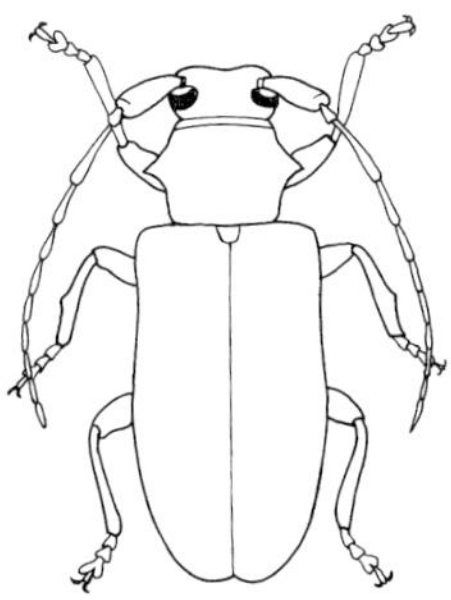

88

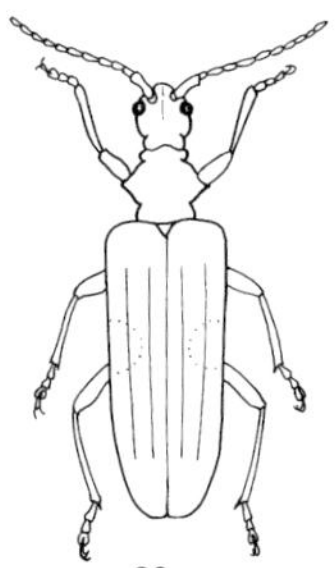

89

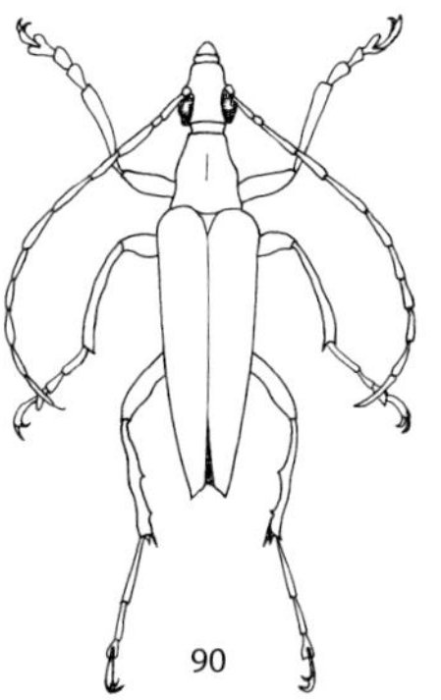

90

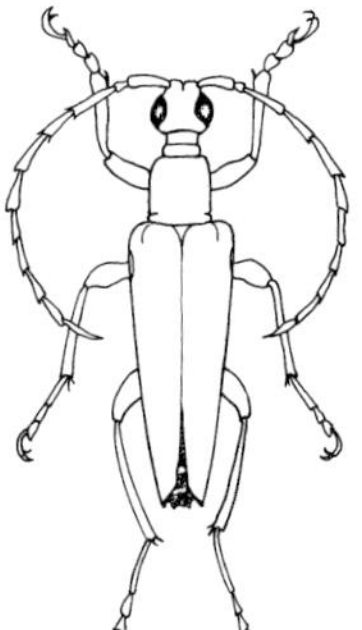

91

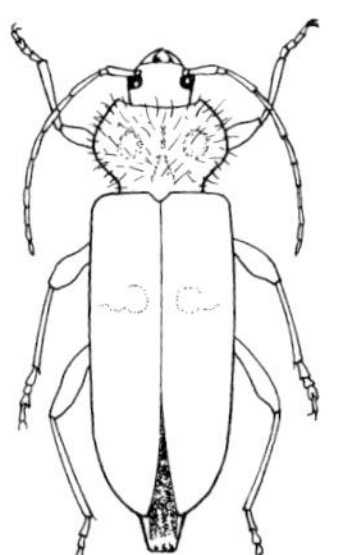

92

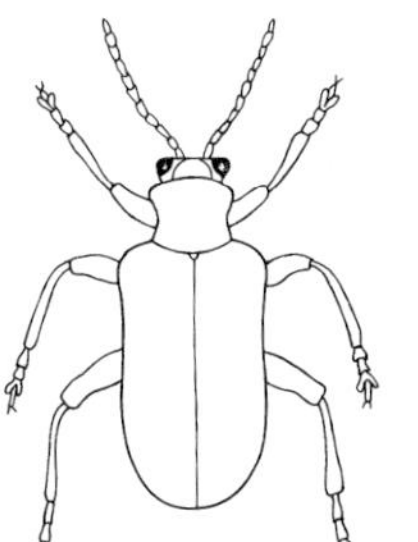

93

88 *Lamia*; **89** *Rhagium*; **90** *Rutpela*; **91** *Stictoleptura*; **92** *Hylotrupes*; **93** *Lema*

16. E stark verkürzt oder in Längsrichtung bogig verschmälert, dadurch Unterflügel (= Htflügel) teilweise freiliegend **17**

— E bedecken Htleib ganz oder lassen höchstens 2 Segmente frei, am Ende nicht derartig klaffend [**89–92**] **19**

17. 19–32 mm. E zusammen quadratisch, goldbraun. Gekeulte Enden der Htschenkel schwarz (**Necydalinae**) 2; Wespenböcke, ***Necydalis*** L.

Larven in Laubbäumen, z. B. ***N. major*** L..

— Unter 16 mm .... einige **Cerambycinae** **18**

18. E stark verkürzt. 5–16 mm .... Kurzdeckenbock, ***Molorchus minor*** (L.)

E die Mitte des Htleibs nicht erreichend. 3. Fühlerglied viel länger als das 1. Larve in Nadelholz. Bei 2; ***Glaphyra*** Newman 3. Fühlerglied höchstens so lang wie das 1., z. B. ***G. umbellatarum*** (Schreber), Larve in Laubholz. – Hierher auch ***Nathrius brevipennis*** (Mulsant) (E über Mitte des Htleibs reichend; 3–6 mm), Larve in verarbeiteten Weidenruten, selten.

— E nach hinten verschmälert, klaffend. 8–16 mm .... Spitzdeckenbock, ***Stenopterus rufus*** (L.)

E gelbbraun, meist mit dunkler Spitze. Larve in Laubbäumen.

19. Kopf hinter den Augen lang u. nach hinten schmaler werdend [**89–91**]. Augen rundlich oder nur schwach gebuchtet .... **Lepturinae** **20**

— Kopf hinter den Augen parallelseitig, nicht halsartig abgeschnürt [**92**] (wohl aber kann H solche Abschnürung haben!). Augen oft stark ausgebuchtet, manchmal sogar durchteilt **Spondylidinae** u. **Cerambycinae** **33**

20. H mit deutlichem, meist großem, spitzem Seitenhöcker **21**

— H mit kleinem, eckig vorspringendem seitlichem Buckel **24**

— H ohne Seitenbuckel **26**

21. E oben mit 2–4 verkürzten Längsrippen u. gelblich-roten Quer- oder Schrägbinden bzw. -flecken [**89**]. 12–25 mm .... 4; Zangenböcke, ***Rhagium*** F.

Alle Arten häufig, z. B. ***R. inquisitor*** (L.), Larve in Nadelholz, ***R. mordax*** (De Geer) [**89**], Larve in Laubholz.

— E mit 2 Längsrippen. E einfarbig oder schwarz-braunrot längsgestreift. 16–30 mm. Larve in Nadelholz .... Schulterbock, ***Oxymirus*** (= ***Toxotus***) ***cursor*** (L.)

— E ohne deutliche Längsrippen **22**

22. Gelbrot, E blau (selten auch gelbrot). 16–23 mm. Larve in Laubbäumen ***Rhamnusium bicolor*** (Schrank)

— Schwarz, E meist gelb mit je 2 großen schwarzen Flecken. 10–20 mm .... 2; ***Pachyta*** Dejean

Larven in Nadelholz, z. B. ***P. quadrimaculata*** (L.).

— Schwarz bis rotbraun. E schwarz-gelb (aber nicht mit je 2 großen schwarzen Flecken) bis ganz schwarz, auch einheitlich gelb **23**

23. Httibien an der Spitze tief ausgerandet. 12–25 mm .... ***Stenocorus meridianus*** (L.)

3. Fühlerglied länger als das 5. Larve in Laubbäumen. Ähnlich ***Stenocorus*** (= ***Anisorus***) ***quercus*** (Götz) (3. Fühlerglied kürzer als das 5.), seltener. – Außerdem ***Akimerus schaefferi*** (Laicharting) (Sondermerkmal: Mittel- u. Htschenkel vor der Spitze mit Zahn), selten.

— Httibien an der Spitze ohne Ausrandung. 9–18 mm .... Fleckenbock, ***Evodinus clathratus*** (F.)

1. Glied der Hintertarsen deutlich länger als das 2. u. 3. zusammen. Larve in Laubholz, im Gebirge. – Außerdem ***Brachyta interrogationis*** (L.) (1. Glied der Hintertarsen nicht länger als das 2. u. 3. zusammen), Larve an krautigen Pflanzen, im Gebirge.

24. Htwinkel des H stark zugespitzt [**90**] **30**

— Htwinkel des H nicht zugespitzt. 9–12 mm **25**

25. E metallisch blau-grün .... Blaubock, ***Gaurotes virginea*** (L.)

— E nicht metallisch, bräunlich. Im Süden .... ***Pidonia lurida*** (F.)

26. Fühler vor den Augen eingelenkt; wenn Fühler zwischen den Augen eingelenkt, dann H und Bauch rot, E blauschwarz. 6–10 mm .... 2; ***Acmaeops*** LeConte

E gelb oder schwarz. Larven in Nadelbäumen. Verbreitet ***A. marginatus*** (F.). – Außerdem ***Dinoptera*** (= ***A.***) ***collaris*** (L.) (E blauschwarz), Larve in Laubholz.

— Fühler zwischen den Augen eingelenkt. Färbung anders **27**

27. Kopf u. H oben kahl. 10–14 mm. Alpin. Selten .... ***Nivellia sanguinosa*** (Gyllenhal)

— Kopf u. H oben ± behaart **28**

28. Augen nahe der Mandibelbasis, also Wangen schmal **29**

— Augen von der Mandibelbasis entfernt, Wangen etwa so lang wie der halbe Augendurchmesser **30**

29. 3. Glied der Httarsen breiter als 1. u. 2. Glied. Augen wenig ausgerandet. 8–11 mm 2; Tiefaugenböcke, ***Cortodera*** Mulsant

Larven in Kiefernholz: ***C. femorata*** (F.), nicht häufig.

— 3. Glied der Httarsen nicht breiter als 1. u. 2. Glied. Augen deutlich ausgerandet. 4,5–9 mm 3; Blütenböcke, ***Grammoptera*** Audinet-Serville
Larven in Laubhölzern. Häufig ***G. ruficornis*** (F.).

30. Körper kurz, E höchstens doppelt so lang wie zusammen breit, gelb mit schwarzen Flecken. 7–14 mm .... 2; ***Pachytodes*** Pic
Htwinkel des H in Spitze ausgezogen. Larven in Laubhölzern. Häufiger ***P.*** (= ***Judolia***) ***cerambyciformis*** (Schrank). – Außerdem ***Judolia sexmaculata*** (L.), Larve in Fichten. Im Gebirge.

— Körper länger, E mehr doppelt so lang wie zusammen breit. Färbung häufig anders **31**

31. Htwinkel des H in nach außen gerichtete Spitze ausgezogen [**90**]. Wenn Spitze kleiner, E am Ende abgerundet **32**

— Htwinkel des H nicht in Spitze ausgezogen, abgerundet oder eckig vorgezogen [**91**]. E am Ende meist ausgerandet oder abgeschnitten .... 4; ***Stictoleptura*** Casey (= ***Corymbia*** des Gozis)
Neben ***Stictoleptura*** weitere 5 Gattungen mit 9 Arten (früher sämtlich zu ***Leptura*** L. gehörend). Larven in Laub- oder Nadelholz. Beispiele für häufige Arten: ***S. rubra*** (L.) [**91**] (schwarz, beim ♂ E braun, beim ♀ H u. E rot; 12–17 mm). ***Pseudovadonia livida*** (L.) (schwarz; Sondermerkmal: Scutellum hinten eingeschnitten, zweispitzig; 7–9 mm).

32. E am Ende abgerundet. 6–8 mm. Larve in Laubholz. Sehr häufig ***Alosterna tabacicolor*** (De Geer)

— E am Ende abgeschnitten oder ausgerandet .... 4; ***Leptura*** L.
Neben ***Leptura*** weitere 5 Gattungen mit 8 Arten (früher sämtlich zu ***Strangalia*** Audinet-Serville gehörend). Beispiele für häufige Arten: ***L. quadrifasciata*** L. (E gelbbraun mit 4 schwarzen Querbinden; Körper 13–18 mm lang, ca. 5 mm breit); ***L. aethiops*** Poda (schwarz; 12–15 mm). ***Rutpela maculata*** (Poda) [**90**] (E gelb mit schwarzer Zeichnung; 12–20 mm). ***Stenurella melanura*** (L.) (E rotbraun mit dunkler Naht u. dunklen Htenden, auch einfarbig schwarz; 7–9 mm); ***St. nigra*** (L.) (E schwarz, Htleib rot; 6,5–9 mm).

33. Hellblau mit schwarzen Flecken. H oben u. seitlich mit je 1 kleinen spitzen Dorn. 22–36 mm Alpenbock, ***Rosalia alpina*** (L.)

— Metallisch grün- oder bronzefarbig. H oben u. seitlich mit Dornen u. Beulen skulpturiert. 22–32 mm. Larve in Weiden. Nach Moschus riechend .... Moschusbock, ***Aromia moschata*** (L.)

— Braun bis schwarz. H stark skulpturiert. 18–53 mm .... 2; ***Cerambyx*** L.
C. cerdo L., Eichenbock [**8**] (braunschwarz; 24–53 mm); ***C. scopolii*** Fuessly (tiefschwarz; 18–28 mm).

— Schwarz, E teilweise blutrot. 9–20 mm. Im Süden, selten Purpurbock, ***Purpuricenus kaehleri*** (L.)

— Andere Merkmalskombination **34**

34. H an jeder Seite mit spitzem Dorn oder stumpfem Höcker **35**

— H an der Seite ohne Dorn oder Höcker **37**

35. Oberseite einheitlich rot. 8–12 mm........ ***Pyrrhidium sanguineum*** (L.)

— Oberseite nicht einheitlich rot **36**

36. H länger als breit. 4–10 mm .... 2; ***Obrium*** Dejean
Körper rötlich-braun. Larven in Nadelbäumen ***O. brunneum*** (F.). – Außerdem ***Axinopalpis gracilis*** (Krynicki) (Sondermerkmal: Labialtaster mit großem, messerfömigem Endglied), im Osten. ***Callimus angulatus*** (Schrank) (Körper metallisch-blau oder grün), im Süden, selten.

— H breiter als lang. 8–24 mm .... 5; ***Ropalopus*** Mulsant
Oberseite vor allem hinten abgeflacht. Larven in Laubhölzern. Verbreitet ***R. femoratus*** (L.). – Außerdem ***Saphanus piceus*** (Laicharting) (Oberseite rund gewölbt), selten.

37. Färbung der Oberseite meist mit gelben oder hellen Querbinden auf dunklem Untergrund (Wespenzeichnung). H kugelig, ohne Dornen. Fühlerbasen einander genähert Widderböcke **38**

— Färbung u. H anders. Fühlerbasen weiter voneinander entfernt als die Innenränder der Augen [**92**] **40**

38. Abstand der Augen größer als Abstand der Fühlergruben **39**

— Abstand der Augen so groß wie Abstand der Fühlergruben. E mit 4 Querbinden, davon 3 durchgehend. 6–19 mm .... 4; ***Clytus*** Laicharting
Häufig ***C. arietis*** (L.), Widderbock (10–12 mm). – Außerdem 3; ***Xylotrechus*** Chevrolat u. 2; ***Rusticoclytus*** Vives (Sondermerkmal: Stirn mit vorspringenden Kielen), selten, z. B. ***R. rusticus*** (L.). ***Cyrtoclytus capra*** (Germar) (Sondermerkmal: Körper lang abstehend behaart), sehr selten.

39. E vorn rotbraun, dahinter 3 gelb-weiße Querbinden u. eine breite schwarze Querbinde, Spitze grauweiß. 6–13 mm .... ***Anaglyptus mysticus*** (L.)

— E mit 3 weißlichen oder 3 schwarzen Querbinden. 8–16 mm .... 5; ***Chlorophorus*** Chevrolat
Larven in Laubhölzern. Selten, z. B. ***C. varius*** (Müller).

— E mit 5 gelblichen Querbinden. 6–20 mm .... 3; ***Plagionotus*** Mulsant
Larven in Laubhölzern. Häufig ***P. arcuatus*** (L.).

40. 4–6 mm. Einfarbig braun. H länger als breit .... ***Gracilia minuta*** (F.)
— Größer oder nicht einfarbig; wenn kleiner u. braun, dann H nicht länger als breit **41**
41. 2. Fühlerglied kurz, nicht halb so lang wie das 3. Schenkel zur Spitze stark keulenförmig verdickt, Basis der Mittel- u. Htschenkel höchstens so dick wie die Tibien an ihrer dicksten Stelle .. **42**
— 2. Fühlerglied länger als breit, fast halb so lang wie das 3. Schenkel nicht gekeult oder wenn doch, dann ist ihre Basis breiter als die Tibien an ihrer dicksten Stelle **44**
42. E olivbraun mit 2 weißbehaarten, etwas schrägen Querbinden oder Flecken. 2 Schrägbeulen auf dem H sind glänzend. 8–20 mm. [**92**] .... Hausbock, ***Hylotrupes bajulus*** (L.)
Wichtigster Schädling im verbauten Nadelholz. Entwicklung 3–10 Jahre, verlässt Holz durch ovales Schlupfloch mit leicht gefranstem Rand.
— Anders **43**
43. Metallisch blaugrün oder erzfarben schwarzbraun. H ohne Eindruck oder Beulen. 8–16 mm
3; ***Callidium*** F.
Larven in Nadelholz. Häufig ***C. violaceum*** (L.), Scheibenbock (8–16 mm). Käfer schlüpft zuweilen aus verbautem Nadelholz, kann dieses aber nicht wieder neu befallen.
— Nicht metallisch; wenn mit Metallschein, dann H mit Beulen
2; ***Phymatodes*** MULSANT u. 3; ***Poecilium*** FAIRMAIRE
Larven in Laubhölzer. Häufig ***Phymatodes testaceus*** (L.) (H rot, E blau, oder H schwarz, E gelbrot; 6–17 mm). – 6 weitere seltene Gattungen mit 7 Arten u. Arten von ***Ropalopus*** s. Nr. **36**.
44. Alle Schenkel auffallend stark verdickt. Augen tief ausgebuchtet, fast durchteilt. 8–18 mm
3; Splintböcke, ***Tetropium*** KIRBY
Larven in Nadelhölzern, Forstschädlinge. ***T. castaneum*** (L.) (H glänzend, weitläufig punktiert; 10–18 mm), am häufigsten; ***T. fuscum*** (F.) (H matt, dicht runzlig punktiert; 10–14 mm); ***T. gabrieli*** WEISE (H glänzend, fein, aber dicht punktiert), nur in Lärche.
— Schenkel weniger auffallend verdickt. Augen schwach ausgebuchtet **45**
45. Augen klein. Fühler kurz, nicht bis Mitte der E reichend. 8–23 mm
Düsterbock, ***Asemum striatum*** (L.)
Larve in Nadelhölzern. – Außerdem ***Nothorhina punctata*** (F.) (Fühler länger), selten.
— Augen groß. Fühler mindestens bis Mitte der E reichend. 10–30 mm
2; ***Arhopalus*** AUDINET-SERVILLE (= ***Criocephalus*** MULSANT)
An Nadelhölzern. Häufig nur ***A. rusticus*** (L.).

Familie: **Chrysomelidae**, Blattkäfer

Meist Pflanzenfresser (an Blättern), viele Arten oligo- oder monophag. Einige Arten schädlich. Zu den **Chrysomelidae** gehören auch die **Megalopodidae** (mit ***Zeugophora***) und **Orsodacnidae** (mit ***Orsodacne***), außerdem die **Bruchinae** (s. S. 346), häufig als eigene Familie **Bruchidae** angesehen.

1. H u. E mit abstehenden Stacheln. Schwarz. 3–4 mm .... (**Hispinae**) ***Hispa atra*** L.
Larve miniert in Gräsern.
— Körper ohne Stacheln **2**
2. H breit, vorn gerundet, überdeckt den Kopf schildförmig, dieser daher von oben nicht sichtbar. Flach .... Schildkäfer, **Cassidinae** **3**
— Anders; Kopf frei vorgestreckt oder in Vdbrust eingezogen u. daher von dieser rings umschlossen **4**
3. H auf der Unterseite neben dem Kopf mit Fühlerfurche. 4,5–6 mm
Hypocassida subferruginea (SCHRANK)
Krallen ungezähnt. Oberseite rotbraun, mit Kupferglanz. An *Convolvulus*. – Ähnlich ***Pilemostoma fastuosum*** (SCHALLER) (Krallen mit starkem Basalzahn), selten.
— H ohne Fühlerfurche .... ***Cassida*** L.
Larven mit Kot bedeckt. Etwa 25 Arten. Häufig ***C. nebulosa*** L., Rübenschildkäfer (oben rostbraun u. unregelmäßig dunkel gefleckt, unten schwarz; E unregelmäßig punktstreifig; 5–6 mm), an Melden u. Betarüben; ***C. viridis*** L. (grün; 8–10 mm), an *Mentha*, *Salvia* u. a.; ***C. rubiginosa*** MÜLLER (grün mit meist braunem Basalfleck auf E; 6–7,5 mm), an Disteln.
4. H ohne abgesetzten Seitenrand u. viel schmaler als Basis der E. Kopf vorgestreckt, hinter den Augen oder Schläfen verengt [**93**] **5**
— H meist mit Seitenrand, so breit oder nur wenig schmaler als E. Kopf bis zu den Augen oder noch weiter in Vdbrust eingezogen [**94, 98, 100, 101**] **12**

5. E ohne Punktstreifen **6**
— E mit Punktstreifen **7**
6. H herzförmig, Seiten ungewinkelt. 4–8 mm .... (**Orsodacnidae**) 2; ***Orsodacne*** Latreille
Häufig ***O. cerasi*** (L.) (gelb bis schwarz).
— H seitlich in der Mitte scharf gewinkelt. 2,5–4 mm ..... (**Megalopodidae**) 5; ***Zeugophora*** Kunze
Häufiger ***Z. subspinosa*** (F.) (Kopf rotgelb, E u. Scutellum schwarz).
7. Fühler mit verdicktem u. verlängertem Basalglied. Augen nicht eingebuchtet ***Donaciinae*** **8**
— Basalglied der Fühler nicht länger als breit. Augen eingebuchtet .... **Criocerinae** **10**
8. Tarsen lang, Krallenglied länger als übrige Tarsenglieder zusammen. E an der Spitze dornartig ausgezogen. 4,5–8,5 mm .... 2; ***Macroplea*** Samouelle
Unter Wasser an Wasserpflanzen, z. B. ***M. appendiculata*** (Panzer), selten.
— Tarsen kürzer, Krallenglied nicht verlängert **9**
9. Nahtrand der E in ganzer Länge gerade. 5–13 mm .... Schilfkäfer, ***Donacia*** F.
Etwa 20 Arten. Auf Sumpfpflanzen, Larven u. Puppen unter Wasser, z. B. ***D. cinerea*** Herbst.
— Nahtrand der E im letzten Drittel nach außen hochgebogen. 6–11 mm 6; ***Plateumaris*** Thomson
Lebensweise ähnlich *Donacia*, häufig ***P. sericea*** (L.).
10. Krallen an Basis verwachsen. E blau oder grün .... 7; ***Oulema*** des Gozis u. 1; ***Lema*** F.
Häufig ***O. melanopus*** (L.) (H rot; 4–4,5 mm) u. ***O. gallaeciana*** (Heyden) (= ***lichenis*** (Voet)) (ganz blau; 3–4 mm), an Getreide („Getreidehähnchen"). Ähnlich der letzteren Art, blau, aber H in der Mitte der Seiten stark eingebuchtet: ***Lema cyanella*** (L.) [**93**] (4–5,5 mm), an Disteln.
— Krallen bis zur Basis frei. E anders gefärbt **11**
11. E einfarbig rotgelb. 6–8 mm. .... 4; Lilienhähnchen, ***Lilioceris*** Reitter
An Liliaceen. Häufig nur ***L. lilii*** (Scopoli) (Beine u. Kopf schwarz; 6–8 mm); ***L. merdigera*** (L.) (Beine u. Kopf ± rot; 6–7 mm).
— E 2- oder mehrfarbig, mit Zeichnung. 5–6,5 mm .... 3; Spargelhähnchen, ***Crioceris*** Müller
An *Asparagus*, z. T. schädlich. Häufig nur ***C. duodecimpunctata*** (L.) (rotgelb, jede E mit 6 schwarzen Punkten) u. ***C. asparagi*** (L.) (dunkel mit gelber Zeichnung, H rot).
12. Körper zylindrisch, vorn u. hinten ± abgestutzt. Letztes Htleibstergit (Pygidium) groß, fast senkrecht [**94**] .... **Cryptocephalinae** **13**

95

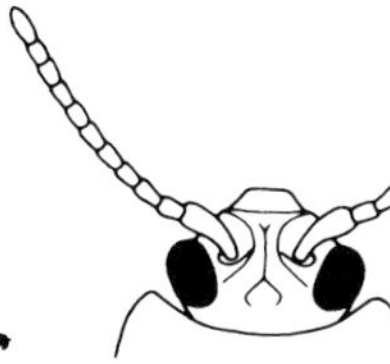
96

97

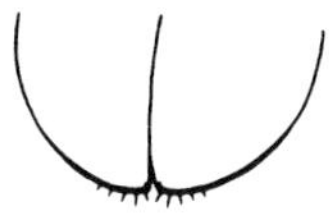
99

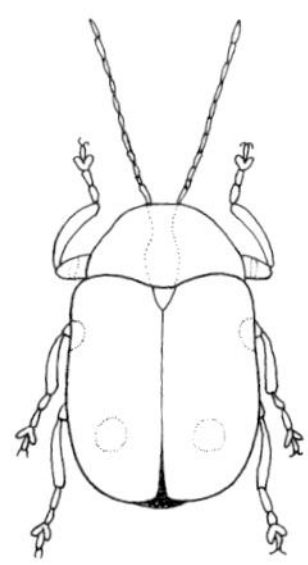
94

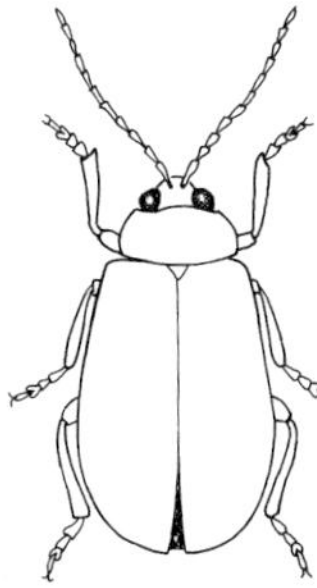
98

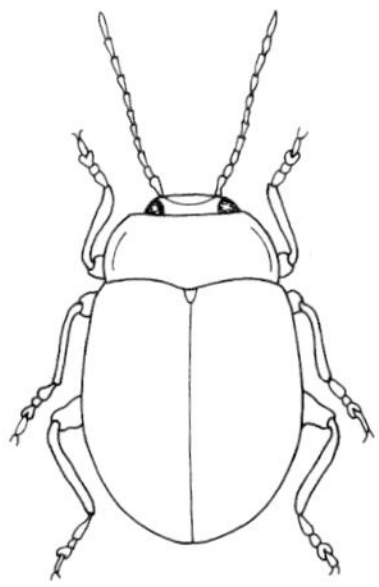
100

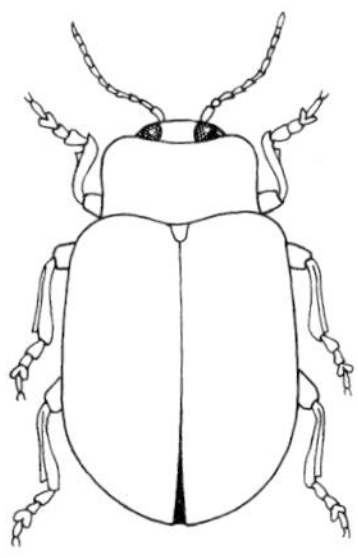
101

94 *Cryptocephalus*; **98** *Agelastica*; **100** *Chrysolina*; **101** *Chrysomela*

— Körper oval, rund oder elliptisch. Pygidium klein 19
13. Fühler gesägt 14
— Fühler fadenförmig 18
14. Htwinkel des H (bei Ansicht von hinten) über Basis der E aufgebogen 15
— Htwinkel des H nicht derartig aufgebogen 16
15. H einfarbig grün-blau, E gelb. 3,5–10 mm .... 6; ***Labidostomis*** Chevrolat
Häufiger ***L. longimana*** (L.), an *Lotus* u. *Trifolium*.
— H grün oder blau mit rotem Seitenrand, E blaugrün. 3–5 mm ***Cheilotoma musciformis*** (Goeze)
16. E dunkel, meist metallisch. 2,5–6,5 mm
6; ***Smaragdina*** Chevrolat (= ***Gynandrophthalma*** Lacordaire)
Häufiger z. B. ***S. salicina*** (Scopoli), an *Crataegus* u. *Salix*. – Hierher auch ***Lachnaia sexpunctata*** (Scopoli) (Sondermerkmal: Kopf u. H lang behaart; 9–13 mm), im Süden.
— E gelb oder rot, mit Zeichnung 17
17. 6–11 mm. E gelbrot mit je 2 schwarzen Flecken .... 2; ***Clytra*** Laicharting
Larven im Kotsack bei Ameisen, leben von deren Brut. Häufiger ***C. quadripunctata*** (L.), Larven vorwiegend bei *Formica*.
— 4–7 mm. E gelb mit blauschwarzen Binden oder Flecken, diese metallisch
2; ***Coptocephala*** Chevrolat
Häufig ***C. unifasciata*** (Scopoli).
18. Basis des H ungerandet, stark 2-buchtig. 2,5–9 mm .... ***Cryptocephalus*** Geoffroy
Etwa 60 Arten. Häufig ***C. sericeus*** (L.) (goldgrün; über 6 mm), andere Arten zum Teil mit gefleckten E, z. B. ***C. cordiger*** (L.) [**94**].
— Basis des H stark gerandet, nur schwach gebuchtet. 2,5–4,5 mm .... 7; ***Pachybrachis*** Chevrolat
H u. E gelbschwarz. Im Süden, z. B. ***P. hieroglyphicus*** (Laicharting).
19. Htschenkel auffallend verdickt (Sprungbeine)
Erdflohkäfer, Erdflöhe, **Alticinae** (= **Halticinae**) 20
Fast 200 Arten in 23 Gattungen, hier nur Auswahl!
— Htschenkel nicht auffallend verdickt 22
20. Httarsen vor dem Ende der Tibien eingefügt [**95**]. Fühler 10-gliedrig. 1,8–4,5 mm
Psylliodes Latreille
Etwa 25 Arten. Landwirtschaftliche Schädlinge: ***P. chrysocephala*** (L.), Rapserdfloh (metallisch blau; zuweilen E oder ganze Oberseite braun; 3–4,5 mm), Larven in Blattstielen des Raps; ***P. affinis*** (Paykull), Kartoffelerdfloh (gelbbraun; 2–3 mm); ***P. attenuata*** (Koch), Hopfenerdfloh (glänzend braun; 1,8–2,6 mm).
— Httarsen am Ende der Tibia eingefügt. Fühler 11-gliedrig 21
21. H mit Querfurche vor der Basis: viele Gattungen, darunter 14; ***Altica*** Geoffroy (= ***Haltica*** Müller) (metallisch blaugrün; E verworren punktiert). 6; ***Crepidodera*** Chevrolat (= ***Chalcoides*** Foudras) (lebhaft metallisch glänzend).
Häufig ***A. oleracea*** (L.) (3–4 mm), an *Oenothera* u. a., aber nicht an Kohl; ***C. aurata*** (Marsham) (H grün bis golden, E blau; 2,5–3,5 mm), an Pappeln u. Weiden.
— H mit Längsstricheln jederseits vor der Basis: 3 Gattungen, darunter 6; ***Mantura*** Stephens (Körper länglich; H metallisch).
Häufig ***M. chrysanthemi*** (Koch) (1,8–2,5 mm), an *Rumex*.
— H ohne Querfurche oder Längsstrichel: viele Gattungen, darunter ***Longitarsus*** Latreille (1. Tarsenglied so lang oder länger als halbe Tibia; 1–4 mm) mit ca. 70 Arten. 18; ***Chaetocnema*** Stephens (Mittel- u. Httibien auf Rückseite vor dem Ende mit Zahn, dahinter zur Tibienspitze hin mit bogiger, bewimperter Ausrandung; 1,5–3,5 mm). 23; ***Phyllotreta*** Chevrolat u. 19; ***Aphthona*** Chevrolat, beide Gattungen sehr ähnlich (Tibien ohne Ausrandung; E unregelmäßig punktiert; Körper länglich eiförmig, mäßig gewölbt; schwarz, metallisch oder mit gelben Längsbinden; 2–3,5 mm).
Beispiele: ***L. anchusae*** (Paykull), an Boraginaceen häufig; ***Ch. concinna*** (Marsham), Rübenerdfloh, auch an Rübe, u. ***Ch. aridula*** (Gyllenhal), Halmerdfloh an Getreide; Kohlerdflöhe sind ***Ph. nemorum*** (L.) (mit gelben Längsbinden auf E; 2,5–3,5 mm); ***Ph. undulata*** Kutschera (ähnlich, aber nur 2–2,3 mm); ***Ph. atra*** (F.) (schwarz ohne gelbe Streifen), ferner an Getreide ***Ph. vittula*** (Redtenbacher), Getreideerdfloh (E mit gelben Längsstreifen; 1,5–1,8 mm).
22. Fühler an der Basis stark genähert u. auf der Stirn zwischen den Augen eingelenkt. Zwischen den Fühlern mit schmaler Längsrinne oder 1–2 Längswülsten [**96**] .... **Galerucinae** 23
— Fühler an der Basis weit voneinander entfernt, auf der Stirn über der Wurzel der Mandibeln eingelenkt [**97**] 30
23. Fühlerglied 3 so lang wie oder länger als Glied 4 24
— Fühlerglied 3 kürzer als 4 27
24. Oberseite fein u. dicht behaart 25
— Oberseite kahl oder nur schwach behaart 26

25. Kopf fast so breit wie H. Körperunterseite gelbbraun. 4,5–6,5 mm. An *Viburnum* Schneeballblattkäfer, ***Pyrrhalta viburni*** (PAYKULL)

— Kopf viel schmaler als H. Körperunterseite ± schwarz. 3–8 mm .... 8; ***Galerucella*** CROTCH
Beispiele: ***G. lineola*** (F.), Weidenblattkäfer, an Weiden u. anderen Laubbäumen; ***G. nymphaeae*** (L.), Erdbeerblattkäfer, an *Nymphaea*, auch schädlich an Erdbeere. – Hierher auch ***Xanthogaleruca luteola*** (MÜLLER) (Sondermerkmal: Höcker über der Fühlerwurzel schwarz), im Süden, an Ulme.

26. Httibien außen glänzend, nur mit weit auseinanderstehenden Borstenhaaren besetzt. E nach hinten deutlich erweitert, oft mit Rippen. 6–12 mm .... 7; ***Galeruca*** GEOFFROY
An Kräutern. Häufig ***G. tanaceti*** (L.), Rainfarnblattkäfer (schwarz; ohne deutliche Rippen; 6–10 mm); ***G. pomonae*** (SCOPOLI) (Färbung variabel, Oberseite braun oder schwarz; E mit deutlichen Rippen; 7–12 mm).

— Httibien auf der Außenseite fast matt, fein anliegend behaart. E nach hinten kaum erweitert, immer ohne Rippen. Hellbraun. 4–6 mm .... 3; ***Lochmaea*** WEISE
L. suturalis (THOMSON), Heideblattkäfer, an *Calluna*; ***L. crataegi*** (FORSTER), an *Crataegus*; ***L. caprea*** (L.), an *Salix, Populus, Betula.*

27. Seitenrandkante der E von oben fast vollständig sichtbar **28**

— Seitenrandkante der E seitlich untergebogen, von oben nicht oder nur wenig sichtbar .. **29**

28. Schwarzblau bis violett. 6–7 mm. [**98**] .... Erlenblattkäfer, ***Agelastica alni*** (L.)

— Hellbraun, E völlig u. Kopf teilweise grün oder blau. 5–7 mm. An *Galium* ***Sermylassa halensis*** (L.)

— Hellbraun, E mit 3 dunklen Längsbinden. 5–8 mm Westlicher Maiswurzelbohrer, ***Diabrotica virgifera*** LECONTE
Schädlich an Mais, Larve frisst an den Wurzeln. Aus Nordamerika nach Südeuropa eingeschleppt, in Ausbreitung begriffen.

29. Braun, E mit 2 oder 4 schwarzen Flecken. 5–7 mm. An *Scutellaria* ***Phyllobrotica quadrimaculata*** (L.)

— Schwarz, H oft gelb oder rötlich. E zuweilen bläulich, grün oder gelb. Schlank, bis 5 mm 6; ***Luperus*** GEOFFROY
Z. B. ***L. flavipes*** (L.). – Außerdem 2; ***Calomicrus*** DILLWYN (Sondermerkmal: Fühlerglieder 2 u. 3 kurz, 3 nur wenig länger als 2), ***C. pinicola*** (DUFTSCHMID), auf *Pinus*.

30. Vdcoxen kugelig, rund. 3. Tarsalglied ober- u. unterseits gleich tief gebuchtet, lang 2-lappig **31**

— Vdcoxen quer. 3. Tarsalglied nur oberseits tief gebuchtet .... **Chrysomelinae 32**

31. Körper klein (2–3 mm), kugelig, oval. Schwarz-metallisch. Auf *Aegopodium* (**Lamprosomatinae**) ***Oomorphus*** (= ***Lamprosoma***) ***concolor*** (Sturm)

— 2,5–10 mm. Körper ± länglich (**Eumolpinae**) Weinlaubkäfer, ***Bromius*** (= ***Adoxus***) ***obscurus*** (L.)
Kurz behaart. Schwarz-braun, nicht metallisch. 5–6 mm. Vor allem auf *Epilobium*. – Hierher auch 3; ***Pachnephorus*** CHEVROLAT (2,5–3,5 mm; erzfarbig; mit Schuppen), selten, z. B. ***P. pilosus*** (ROSSI). ***Chrysochus*** (= ***Eumolpus***) ***asclepiadeus*** (PALLAS) (8-10 mm; bläulich-metallisch; ohne Haare oder Schuppen), im Süden.

32. E gelb mit schwarzen Längsstreifen, H gelb mit schwarzen Flecken. 10 mm. [**9**] Kartoffelkäfer, ***Leptinotarsa decemlineata*** (SAY)

— Anders gefärbt **33**

33. 1. bis 3. Tarsenglied gleich breit, tatzenartig. Seitenränder der E (Epipleuren) breit, nur schwach nach hinten verschmälert .... 3; ***Timarcha*** SAMOUELLE
T. tenebricosa (F.) (H an den Seiten gerandet; bläulich/violett; 12–20 mm); ***T. goettingensis*** (L.) (ähnlich, aber 8–11 mm), beide an *Galium*; ***T. metallica*** (LAICHARTING) (H ungerandet; bronzefarben; 5–10 mm).

— 2. Tarsenglied (besonders von unten) viel kleiner u. schmaler als 1. u. 3. Epipleuren schmaler, nach hinten verengt u. abwärts gebogen **34**

34. E an der Spitze (von hinten auf das Tier schauen!) nach unten kurz u. fein bewimpert [**99**] (gutes Merkmal bei starker Vergrößerung!) **35**

— E an der Spitze nicht bewimpert **36**

35. Körper kurz, rundlich oder oval, hochgewölbt, ohne deutliche Schulterbeulen. 4–12 mm. [**100**] ***Chrysolina*** MOTSCHULSKY (= ***Chrysomela*** L.)
Über 30 Arten. ***C. varians*** (SCHALLER) (sehr variabel metallisch gefärbt; 5–6 mm), an *Hypericum*; ***C. graminis*** (L.) (grünglänzend; 7–11 mm), an *Tanacetum* u. a.; ***C. polita*** (L.) (E glänzend rotbraun, Kopf u. H goldgrün); ***C.*** (= ***Dlochrysa***) ***fastuosa*** (SCOPOLI) (goldgrün mit blauen Naht- u. Mittelstreifen; 5–6 mm), an *Galeopsis* u. *Lamium*.

— Körper gestreckt, flacher, mit deutlichen Schulterbeulen. 5–11 mm. Im Gebirge 12; ***Oreina*** CHEVROLAT (= ***Chrysochloa*** HOPE)
Häufig ***O. cacaliae*** (SCHRANK), an Asteraceen, Alpen.

36. E unregelmäßig punktiert **37**
— E mit deutlich durch Zwischenräume getrennten Punktreihen **41**
37. H viel schmaler als Basis der E, letztere mit stark abgesetztem Seitenwulst. Rücken der Tibia in ganzer Länge rinnenförmig ausgehöhlt. [**101**]
7; Pappelblattkäfer, ***Chrysomela*** L. (= ***Melasoma*** Stephens)
Auf *Populus, Salix, Betula, Alnus*. ***C. populi*** L. (E rot mit dunklem Spitzenfleck; 10–13 mm); ***C. tremulae*** F. u. ***C. saliceti*** (Weise) (E rot ohne Spitzenfleck; 6–10 mm); ***C. vigintipunctata*** Scopoli (E gelb mit je 10 schwarzen Punkten; 6,5–8,5 mm). – Außerdem ***Plagiosterna*** (= ***Linaeidea***, = ***Melasoma***) ***aenea*** (L.) (Sondermerkmal: H ohne Seitenwulst; metallisch grün oder blau; 6–8 mm).
— H nicht oder wenig schmaler als Basis der E, diese ohne abgesetzten Seitenwulst, wohl aber gerandet **38**
38. E hinten mit eingedrückten Nahtstreifen (sieht randartig aus) **39**
— E ohne längeren Nahtstreifen **40**
39. Basis des H fein gerandet. E metallisch grün oder blau. 4–6 mm
2; ***Gastrophysa*** Chevrolat (= ***Gastroidea*** Hope)
An Polygonaceen. ***G. polygoni*** (L.) (H rotgelb, E blau oder grün); ***G. viridula*** (De Geer) (grün metallisch).
— Basis des H ungerandet. Körper oberseits rot, nur Mitte u. 2 Punkte auf dem H sowie Naht u. je 1 Streifen auf E schwarz. 7–10 mm. An Brassicaceen. .... ***Entomoscelis adonidis*** (Pallas)
40. E vorne mit starker Schulterbeule, am Htende gemeinsam abgerundet. 2,5–4,5 mm. An *Populus* u. *Salix* .... ***Plagiodera versicolora*** (Laicharting)
— E mit sehr schwacher Schulterbeule, am Htende gemeinsam zugespitzt. 4–5,5 mm. An Brassicaceen .... Senfkäfer, ***Colaphellus*** (= ***Colaphus***) ***sophiae*** (Schaller)
41. Mittel- u. Httibien außen vor der Spitze in zahnartigen Auswuchs erweitert. Rotgelb mit schwarzen Flecken, ohne Metallglanz. 3–8 mm .... 13; ***Gonioctena*** Chevrolat (= ***Phytodecta*** Kirby)
Viele Arten an *Salix*, z. B. ***G. decemnotata*** (Marsham) (5,5–7,5 mm) u. ***G. viminalis*** (L.) (5,5–7,5 mm); an *Sarothamnus* u. *Genista* ***G. olivacea*** (Forster) (3–4 mm).
— Ohne solche Erweiterung an den Tibien **42**
42. Krallen innen mit Zahn. Metallisch blaugrün. 3,5–6 mm
6; ***Phratora*** Chevrolat (= ***Phyllodecta*** Kirby)
An *Salix*, z. B. ***P. vitellinae*** (L.) u. ***P. vulgatissima*** (L.).
— Krallen ohne Zahn. An Uferpflanzen **43**
43. Langoval, fast parallel. Metallisch blaugrün. 3–6 mm .... 5; ***Prasocuris*** Latreille
H quer, Basis des H ungerandet. E mit rotem Seitensaum: 3 Arten von *P.* (= ***Hydrothassa*** Thomson), häufig ***P. glabra*** (Herbst), an *Ranunculus*. H etwa quadratisch, Basis des H fein gerandet: 2 Arten, verbreitet ***P. phellandrii*** (L.) (mit dunkler u. heller Längsstreifung), an Apiaceen.
— Kurzoval, hochgewölbt. Dunkel, meist erzfarben. 2,5–4 mm **44**
44. Grob punktiert. Montan .... 2; ***Sclerophaedon*** Weise
Z. B. ***S. carniolicus*** (Germar), an *Caltha palustris* u. Stellaria.
— Fein punktiert .... 4; ***Phaedon*** Latreille u. 1; ***Neophaedon*** Jakobson
Häufig an Brassicaceen, z. B. ***Ph. cochleariae*** (F.), Meerrettichkäfer.

Familie: **Curculionidae**, Rüsselkäfer

Pflanzenfresser. Kurzrüsselige Arten meist polyphag, langrüsselige Arten häufig oligophag oder monophag. Hier werden auch die Familien **Apionidae**, **Attelabidae**, **Dryophthoridae, Erirhinidae**, **Nanophyidae**, **Nemonychidae** u. **Rhynchitidae** behandelt. Außerdem gehören zu den **Curculionidae** die **Scolytinae** (s. S. 404) u. **Platypodinae** (s. S. 347). Diese werden auch als eigene Familien **Scolytidae** u. **Platypodidae** angesehen.

1. 1. Fühlerglied nicht stiel- oder schaftartig verlängert (kaum länger als 2. u. 3. zusammen) [**104–106**] **2**
— Fühler gekniet, mit stark verlängertem 1. Glied (Schaft) [**107–113**]
Curculionidae, Dryophthoridae, Erirhinidae **12**
Die **Curculionidae** artenreich mit vielen Unterfamilien (s. Tabelle ab **12**.).
2. Körperumriss ± birnenförmig. Rüssel lang u. dünn, zur Spitze nicht verbreitert. Fühlerkeule aus 3 dicht aneinander liegenden Endgliedern bestehend. Körper meist schwarz oder blau, auch rot. 1,2–4,5 mm. [**105**] .... **Apionidae** u. **Nanophyidae**

Auch als Unterfamilien (**Apioninae** u. **Nanophyinae**) der **Brentidae** eingestuft.
Apionidae, Spitzmäuschen (Fühler nicht gekniet) (frühere Gattung ***Apion*** Herbst), etwa 40 Gattungen mit etwa 120 Arten. Viele Arten an Fabaceen, z. B. ***Oxystoma pomonae*** (F.) (blau); ***Apion frumentarium*** (Paykull) (rot), an *Rumex*. **Nanophyidae** (Fühler gekniet), 5 Gattungen mit 9 Arten, häufig ***Nanophyes marmoratus*** (Goeze), an *Lythrum*.

— E mit etwas vortretenden Schultern, daher nicht birnenförmig [**106**]. Rüssel zur Spitze etwas verbreitert. Fühlerkeule lose gegliedert **3**

3. Kopf hinter Augen stark verlängert u. zum H in einen dünnen Hals verengt. Schläfen länger als der Rüssel. Fühler 12-gliedrig mit 4-gliedriger Keule. E u. manchmal auch H rot. 6 mm (**Attelabidae**) 2; ***Apoderus*** Olivier s. l.

♀ fertigt Blattwickel an, darin Larven. Häufig ***A. coryli*** (L.), an *Corylus*.

— Kopf hinter Augen nicht oder relativ wenig verengt [**106**]. Schläfen kürzer. Fühler 11-gliedrig mit 3-gliedriger Keule **4**

4. Außenkante der Vdtibien vorn in 1–2 Haken verlängert. Tibien am Innenrand gezähnt. H u. E rot, kahl, glänzend. 4–5 mm. Vor allem an *Quercus*. Larven in Blattwickeln (**Attelabidae**) ***Attelabus nitens*** (Scopoli)

Körper kurz u. hochgewölbt, E zusammen etwa quadratisch. – Hierher weitere Arten mit Haken an Vdtibia, aber Habitus anders: s. Nr. **12**.

— Vdtibien am Ende ohne Hornhaken. Rüssel viel länger als breit **5**

5. E unregelmäßig punktiert, ohne Punktstreifen (auch an Naht u. Seitenrand) **Nemonychidae 6**

— E mit Punktstreifen oder schwachen Punktreihen (selten ungeordnet punktiert, dann mindestens Nahtstreifen in der hinteren Hälfte der E) .... **Rhynchitidae 7**

6. E fein punktiert, wie H. 4,5–6 mm. An *Delphinium* .... ***Nemonyx lepturoides*** (F.)

— E gröber punktiert als H. 3–5 mm .... ***Cimberis*** (= ***Rhinomacer***) ***attelaboides*** (F.)

Rüssel kürzer als H. An Kiefer. Seltener ist ***Doydirhynchus austriacus*** (Olivier) (Rüssel länger als H).

7. Oberseite weitgehend kahl. E wenig länger als zusammen breit. Metallisch grün, blau oder kupferrot .... 2; ***Byctiscus*** Thomson

♀ fertigt Blattwickel an, darin Larven. ***B. betulae*** (L.), Rebstichler (5–7 mm), an Laubgehölzen; ***B. populi*** (L.) (4–5,5 mm), an *Populus*.

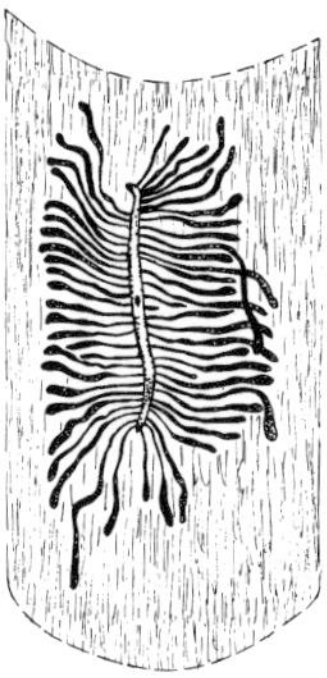
102

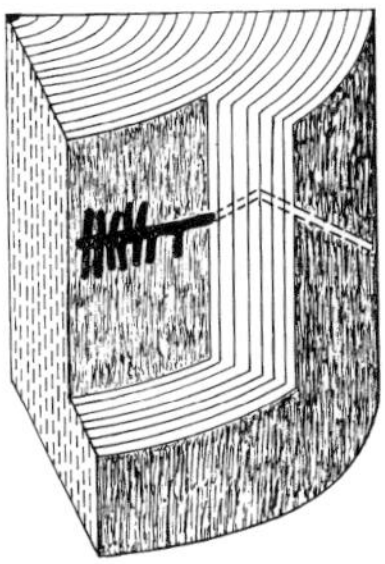
103

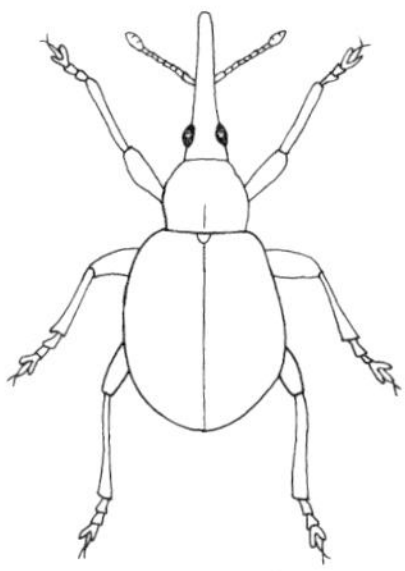
105

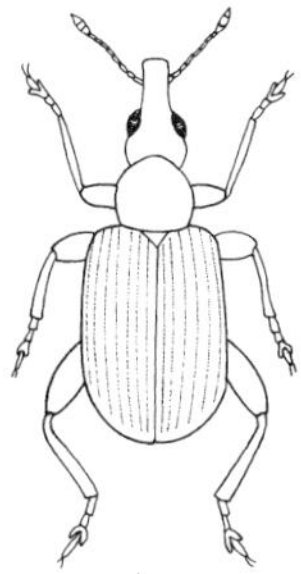
106

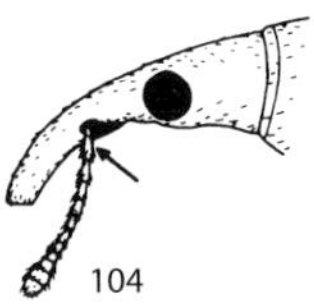
104

107

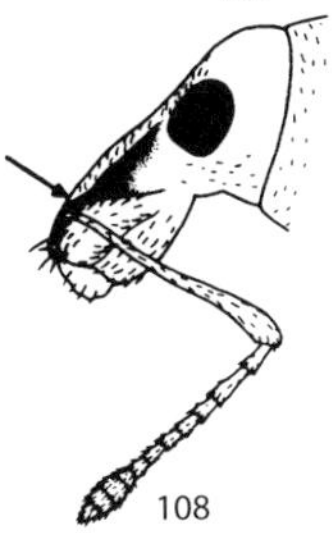
108

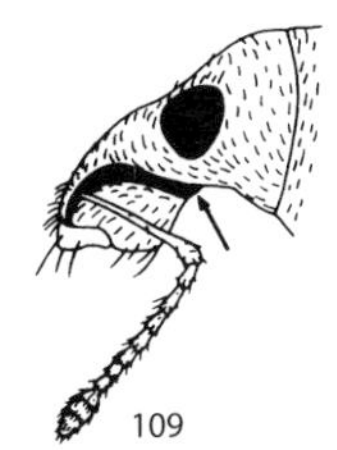
109

105 *Apion*; **106** *Deporaus*

— Oberseite deutlich behaart. E wenigstens 1¼-mal so lang wie breit **8**

8. Schläfen hinten gerundet, Kopf hinten halsartig eingeschnürt [**106**] .... 4; ***Deporaus*** Leach s. l.
♀ fertigt Blattwickel an, darin Larven. Häufig ***D. betulae*** (L.), Birkenblattroller [**106**] (schwarz; 3–5 mm); ***Chonostropheus*** (= ***D.***) ***tristis*** (F.), Ahornblattroller (E blau; 3,5–4,5 mm).

— Schläfen hinten gerade, Kopf hinten nicht derart eingeschnürt. Meist metallisch glänzend **9**

9. E vorn neben der Naht mit verkürzter Punktreihe **10**

— E neben der Naht ohne verkürzte Punktreihe .... 6; ***Rhynchites*** Schneider s. l.
Eiablage in Trieben, Knospen oder Früchten. Wichtig ***Involvulus*** (= ***Rh.***) ***cupreus*** (L.), Pflaumenstecher (dunkel kupfrig; 3,5–4,5 mm); ***Rh. auratus*** (Scopoli), Kirschfruchtstecher (goldgrün; 5,5–9 mm); ***Rh. caeruleus*** (De Geer), Obstbaumtriebstecher (dunkelgrün; 3–4 mm. – Außerdem ***Auletobius sanguisorbae*** (Schrank) (Sondermerkmal: E ungeordnet punktiert; 2,5–3,5 mm).

10. Oberseite kurz, anliegend behaart. Metallisch blau. 2–3,5 mm
3; ***Temnocerus*** Thunberg (= ***Pselaphorhynchites*** Schilsky)
An Laubgehölzen. Eiablage in Knospen u. Triebspitzen. Z. B. ***T. nanus*** (Paykull).

— Oberseite abstehend behaart **11**

11. E gedrungen, höchstens 1,3-mal so lang wie breit. 2–4,5 mm
5; ***Neocoenorrhinus*** Voss (= ***Coenorrhinus*** Thomson)
Eiablage in Pflanzenteilen. Wichtige Arten: ***Tatianaerhynchites*** (= ***N.***) ***aequatus*** (L.), Obstfruchtstecher (rot; 2,5–4,5 mm), an Früchten, besonders Apfel; ***N. germanicus*** (Herbst), Erdbeerstengelstecher (blau; 2–3 mm), v. a. auf *Fragaria*; ***N. pauxillus*** (Germar) (blau; 2–3,3 mm), Larve in Platzminen, besonders Apfel.

— E gestreckter, 1,4–1,7-mal so lang wie breit. 3,3–7,2 mm .... 4; ***Lasiorhynchites*** Jekel
Larven meist in Zweigen von Laubgehölzen, z. B. ***L. cavifrons*** (Gyllenhal) an *Quercus*; ***L. sericeus*** (Herbst), Kuckucksrüssler, belegt als Brutparasit Wickel von *Attelabus nitens*.

12. Rüssel dick u. meist kurz, oft nicht viel länger als breit, nie stielrund. Fühler nahe der Spitze oder im vorderen Drittel des Rüssels eingelenkt, Schaft meist den Vdrand der Augen überragend. Augen stets ± rundlich, viel schmaler als die Rüsselseite hoch [**4a, 107–110**] **Entiminae** **13**

— Rüssel lang stielrund oder mittellang walzig, selten kurz, zuweilen dünn u. gebogen [**4b, 111–113**]. Augen meist queroval, fast so breit wie die Rüsselseite an ihrer schmalsten Stelle. Fühlerschaft meist nicht den Vdrand der Augen erreichend **32**

13. Vdrand des H von der Seite gesehen unterhalb der Augen mit einer Gruppe längerer Haarfransen in abgestufter Länge [**107**] **14**

— H ohne Haarfransengruppe, höchstens mit gleichmäßig feinem Haarsaum **15**

14. Mit braunen Schuppen. 8–12 mm .... ***Tanymecus palliatus*** (F.)
Polyphag, vor allem an *Cirsium*, *Urtica*, auch an Kulturpflanzen (Beta-Rüben, Wein). – Hierher auch ***Cycloderes pilosulus*** (Herbst) (Sondermerkmal: lang behaart; 4–6 mm), im Osten.

— Mit grünen Schuppen, oft mit hellen Seiten. 8–11,5 mm .... 3; ***Chlorophanus*** Sahlberg
An Kräutern u. Laubhölzer, z. B. ***C. viridis*** (L.), häufig an *Urtica*.

15. Fühlerfurchen oft nur kurz u. flach an den Seiten des dicken, kurzen Rüssels gegen die Mitte der Augen gerichtet, von oben meist vollständig sichtbar [**108**] **16**

— Fühlerfurche tiefer u. meist schärfer begrenzt, mehr gegen unteren Teil des Auges gerichtet oder tief vor den Augen zum Unterrand des Rüssels gebogen [**109**], von oben nicht oder nur teilweise sichtbar **19**

16. Schultern der E stumpfwinklig vortretend. Krallen am Grunde verwachsen. Körper vieler Arten grün beschuppt. [**110**] .... 17; ***Phyllobius*** Germar s. l.
Beispiele: ***Ph. argentatus*** (L.) (grün mit gelben Beinen; 5–6 mm), meist an Laubbäumen; ***Ph. pomaceus*** Gyllenhal (= ***urticae*** (De Geer)) (grün mit schwarzen Beinen; 7–9 mm), an *Urtica*; ***Ph. oblongus*** (L.) (schwarz, E, Beine u. Fühler gelbbraun; E behaart; 3–6 mm), schädlich an Obstbäumen.

— Schultern stark gerundet. E oval.. **17**

17. Fühlerfurchen mehr an den Rüsselseiten, tief, bis zu den Augen. Dicht beschuppt, dazwischen meist Borstenreihen. 2–5 mm .... 12; ***Trachyphloeus*** Germar s. l.
An Kräutern in Bodennähe, oft in Laubstreu. Beispiel: ***T. scabriculus*** (L.).

— Fühlerfurchen von oben vollständig sichtbar, flacher, Rüssel unter der Fühlerwurzel häufig ± lappenartig erweitert [**108**] **18**

18. Krallen am Grunde nicht verwachsen .... ***Otiorhynchus*** Germar s. l.
An Kräutern u. Holzpflanzen, Larven in oder an Wurzeln. Etwa 60 Arten. Beispiele: ***O. ligustici*** (L.) (E ± fleckig gelbbraun beschuppt; 9–12 mm), schädlich an Klee u. Luzerne; ***O. sulcatus*** (F.) (auf E mit goldenen Haarflecken; 9–11 mm), schädlich an Reben; ***O. ovatus*** (L.) (schwarz, Fühler u. Beine rotbraun; H gerunzelt; 5 mm); ***O. coecus*** Germar (= ***niger*** (F.)) (schwarz, Beine ± rot; 10–12 mm). – Außerdem 2; ***Simo*** Dejean (= ***Homorhythmus*** Bedel), z. B. ***S. hirticornis*** (Herbst) (Sondermerkmal: Fühlergeißel dicht beborstet; 4–8,5 mm).

— Krallen am Grunde verwachsen .... ***Peritelus sphaeroides*** Germar
Oberseite dicht graubraun beschuppt, so dass der Grund völlig bedeckt ist. An Laubhölzern. Ähnlich ***Centricnemus*** (= ***P.***) ***leucogrammus*** (Germar), an Kräutern. – Ferner 5 weitere (meist unbeschuppte) Gattungen mit 7 Arten, z. B. 2; ***Omias*** Germar (= ***Mylacus*** Boheman) (kugelig; schwärzlich; 2–3,5 mm), verbreitet ***O. puberulus*** Boheman (= ***rotundatus*** (F.)).

19. H meist in der Mitte mit Längskiel (wenn nicht, dann die Augen von der Seite gesehen in der Mitte oder näher am unteren Kopfrand). Fühlerfurche zum Auge gerichtet, allmählich verflachend 5; ***Tropiphorus*** Schönherr
T. elevatus (Herbst) (E mit kielartigen Erhebungen; 5–7 mm), an *Mercurialis*.

— H nicht mit Längskiel. Augen liegen seitlich mehr am oberen Kopfrand. Fühlerfurche vor dem Auge nach unten gebogen **20**

20. E mit vortretenden, stumpfwinkligen oder abgeschrägten Schultern [**4a**] **21**

— E mit stark abgerundeten Schultern **25**

21. Krallen an der Basis frei, nicht verwachsen. Fühlerschaft die Augen nicht überragend ... **22**

— Krallen an der Basis verwachsen. Fühlerschaft Augen überragend **23**

22. Körper schmal, langgestreckt, Schultern stark ausgeprägt. H ohne Mittelfurche. 3–10 mm. [**4a**] 18; Blattrandrüssler, ***Sitona*** Germar
Besonders an Fabaceen. Kerbefraß am Blattrand. Häufig ***S. lineatus*** (L.). – Ähnlich 3 weitere Gattungen mit 5 Arten.

— Breitoval, Schultern schwach ausgeprägt. H mit verkürzter Mittelfurche. 7,5–14 mm 3; ***Barynotus*** Germar
Häufig ***B. obscurus*** (F.) (7,5–10 mm).

23. Rüssel mindestens etwas länger als breit **24**

— Rüssel breiter als lang, an der Spitze mit großer halbkreisförmiger umrandeter glatter Fläche. 2; ***Pachyrhinus*** (= ***Scythropus***) Schönherr
An Koniferen. Häufiger ***P. squamulosus*** (Herbst) (= **mustela** (Herbst)) (7–9 mm).

24. Fühlerschaft deutlich über die Augen ragend. Braungraufleckig, oft schachbrettartig beschuppt. 7,5–11 mm. Oft an *Hedera* .... ***Liophloeus tessulatus*** (Müller)

— Fühlerschaft knapp über die Augen reichend. Meist metallisch grün oder bräunlich fleckig beschuppt u. behaart. 3–8 mm .... 21; ***Polydrusus*** Germar
Häufig z. B. ***P. cervinus*** (L.).

25. Krallen an der Basis frei, nicht verwachsen .... ***Barynotus*** **22**

— Krallen an der Basis verwachsen **26**

26. Spitzenrand der Httibien abgeschrägt, verbreitert u. leicht ausgehöhlt ***Philopedon plagiatum*** (Schaller)
Vdtibien außen lappenförmig erweitert. E grau. 5–8 mm. Auf Küstendünen u. in Kiefernwäldern. – Selten ist ***Attactogenus plumbeus*** (Marsham) (Vdtibien nicht lappig erweitert; schwarz; 7–9 mm).

— Spitzenrand der Httibien anders **27**

27. Kopf dicht hinter den Augen mit eingeschnürter Querlinie, die mit dem Vdrand des H gleitend verbunden ist. Körper oval, beschuppt u. mit aufstehenden Börstchen. Vdtibien am Ende ringsum mit feinen Stacheln .... 6; ***Strophosoma*** Billberg
Häufig ***S. melanogrammum*** (Forster) (4–5,5 mm), an Laub- u. Nadelbäumen.

— Anders **28**

28. Oberseite spärlich mit ± langen Haaren, aber nie beschuppt. Braun, Fühler u. Beine gelb. 2–5 mm .... 8; ***Exomias*** Bedel (= ***Barypeithes*** Jacquelin du Val)
Nachtaktiv. Am Boden in Streu u. Moos. Häufig ***E. pellucidus*** (Boheman).

— Oberseite mit Schuppen oder dichterer Behaarung **29**

29. Körper klein (2–4 mm) **30**

— Körper größer (wenigstens 5 mm) **31**

30. Körper oberseits dicht beschuppt .... 2; ***Foucartia*** Jacquelin du Val
Schuppen weißlich: ***F. squamulata*** (Herbst). Bei übrigen 3 Arten Schuppen graugrün oder glänzend grün, darunter 2 weitere seltene Gattungen mit je 1 Art.

— Körper oberseits wenig dicht beschuppt u. behaart .... 4; ***Brachysomus*** Schönherr
In der Streu. Häufig ***B. echinatus*** (Bonsdorff).

31. Fleckig erdbraun beschuppt, dazwischen Borstenreihen. 5–6 mm ***Sciaphilus asperatus*** (Bonsdorff)

— Dicht grün beschuppt. 6–8 mm .... ***Eusomus ovulum*** Germar

— Schwarz, fein grau behaart, mit spärlichen kupfernen u. weißlichen Schuppen. 8–11 mm. An Nadelhölzern .... ***Brachyderes incanus*** (L.)

32. Fühlerfurche schräg abwärts gebogen, unterhalb der Augen endend, ohne diese zu erreichen **Lixinae 33**

— Fühlerfurche gerade oder allmählich gebogen, zum Unterrand oder zur Mitte der Augen gerichtet **40**

33. Rüssel dick, höchstens doppelt so lang wie breit, oberseits ± abgeflacht **34**

— Rüssel dünner, stielrund u. viel länger **39**

34. Rüssel kürzer als der Kopf. 4–7 mm .... ***Rhinocyllus conicus*** (Frölich)

— Rüssel länger als der Kopf **35**

35. Rüssel in der Mitte mit 2 Längskielen. 10–16 mm .... ***Cleonis pigra*** (Scopoli)

— Rüssel in der Mitte mit 1 Längskiel **36**

36. 2. Glied der Httarsen viel länger als 3. .... **37**

— 2. Glied der Htarsen nicht länger als 3. .... **38**

37. Rüssel zur Spitze konisch verschmälert. Schuppen 3-spitzig. 10–13,5 mm. Rübenschädling Rübenderbrüssler, ***Asproparthenis*** (= ***Bothynoderes***) ***punctiventris*** (Germar)

— Rüssel zur Spitze mit parallelen Seiten oder verbreitert. Schuppen 1-spitzig. 7,5–14,5 mm 4; ***Coniocleonus*** Motschulsky

Häufig nur ***C. turbatus*** (Fåhraeus) (= ***C. hollbergii*** (Fåhraeus)), besonders in Sandgebieten.

38. Mitte des H mit feiner Längsrinne .... 2; ***Mecaspis*** Schönherr

7–14 mm. Verbreitet nur ***M. alternans*** (Herbst).

— H ohne Längsrinne .... 6 Gattungen

Mit 9 selteneren Arten. Beispiel: ***Bothynoderes*** (= ***Chromoderus***) ***affinis*** (Schrank) (Rüssel nach vorn verschmälert; 6–11 mm), an Chenopodiaceen.

39. Körper langgestreckt, E mindestens 2-mal so lang wie zusammen breit. H quadratisch oder etwas länger als breit. 4,5–17 mm .... 18; ***Lixus*** F.

E bei einigen ***Lixus***-Arten (z. B. ***L. iridis*** Olivier) einzeln nach hinten zugespitzt. Beispiel: ***L. filiformis*** (F.), an Asteraceen.

— Körper gedrungen, E höchstens 1⅔ so lang wie zusammen breit. H quer. 4–12 mm 7; ***Larinus*** Dejean

An Asteraceen. Häufiger ***L. planus*** (F.) (= ***carlinae*** Olivier), im Norden seltener.

40. Fühler in Nähe der Rüsselspitze eingelenkt. Rüssel zur Spitze verbreitert u. Basis der Fühlerfurche von oben sichtbar [**111**] **41**

— Fühler meist mehr zur Mitte des Rüssels hin oder in Augennähe eingelenkt; wenn mehr in Spitzennähe eingelenkt, dann Basis der Furche von oben nicht sichtbar [**112, 113**]. Rüssel häufig lang u. dünn, selten zur Spitze verbreitert **48**

41. H quadratisch, stark skulpturiert (breite Furche, Gruben). 3–4,5 mm (**Cyclominae**) 2; ***Gronops*** Schönherr

Verbreitet ***G. lunatus*** (F.). – Aus dem Osten eingewandert ***G.*** (= ***Asperogronops***) ***inaequalis*** (Boheman).

— H verrundet, ohne Skulptur. 2–17 mm **42**

42. Vdtibien oder alle Tibien am Ende mit starkem, nach innen gebogenem Hornhaken **Molytinae 43**

— Tibien nur mit kleinem, zuweilen undeutlichem Enddörnchen **46**

43. Körper klein (unter 4 mm). .... 4; ***Leiosoma*** Stephens

Vor allem an Ranunculaceen. Häufig ***L. deflexum*** (Panzer). – Hierher 1 weitere seltene Gattung mit 1 Art.

— Körper groß (über 6 mm) **44**

44. E mit kräftigen Punktstreifen **45**

— E ohne deutliche Punktstreifen. 9–17 mm .... 4; ***Liparus*** Olivier

Schwarz, kahl oder mit einigen gelben Haarflecken. Auf Apiaceen, *Petasites* u. *Tussilago*. Häufig ***L. glabrirostris*** Küster (17–22 mm).

45. Seiten des H mit deutlicher, dicht hell beschuppter Längsbinde. 8–13 mm .. 3; ***Lepyrus*** Germar

Z. B. ***L. palustris*** (Scopoli) (Mitte der E mit weißem Fleck), an *Salix*.

— Seiten des H ohne helle Längsbinde, höchstens mit Flecken gelber Haarschuppen. 7–16,5 mm 4; ***Hylobius*** Germar

H. abietis (L.), Großer Fichtenrüssler [**111**] (H mit deutlich gekielter Mittellinie; E mit gelben Haarflecken; 10–13 mm); ***H. pinastri*** (Gyllenhal), Kleiner Fichtenrüssler (gleichfalls mit gelben Haarflecken, aber H nur schwach gekielt; 7–9 mm). – 3 weitere Gattungen mit 5 Arten, vor allem im Gebirge.

46. Rüssel oben etwas abgeflacht, mit feiner Mittelrinne. 6–10 mm (**Entiminae**) ***Graptus*** (= ***Alophus***) ***triguttatus*** (F.)

— Rüssel stielrund, ohne Mittelfurche .... **Hyperinae 47**

47. E ohne Schulterecken, Seiten bauchig gerundet .... 9; ***Donus*** Jekel
5–9 mm. Meist im Gebirge, z. B. ***D. comatus*** (Boheman).

— E mit Schulterecken, Seiten ± parallel. 3,3–8 mm .... ***Hypera*** Germar s. l.
Über 20 Arten. ***H. postica*** (Gyllenhal) (die dunklen Streifen vom H gehen auf Nahtfleck der E über u. laufen dort unregelmäßig aus; etwa 5 mm), schädlich an Luzerne; ***Brachypera*** (= ***H.***) ***zoilus*** (Scopoli) (Bauch u. Seiten der E heller, Oberseite braunschuppig; 7–10 mm), schädlich an Klee; ***H. nigrirostris*** (F.) (grün, Beine hellbraun; 3–4 mm), schädlich an Klee. – Außerdem 2 weitere Gattungen mit je 1 Art.

48. Rüssel lang, vor den Augen verdickt, darunter die Fühler eingelenkt. Tibien mit regelmäßigen Punktreihen .... **Dryophthoridae 49**

— Rüssel ohne Verdickung vor den Augen. Tibien nicht oder unregelmäßig punktiert **50**

49. 7–16 mm. An *Scirpus* .... ***Sphenophorus striatopunctatus*** (Goeze)

— 2,5–4,5 mm .... 4; ***Sitophilus*** Schönherr (= ***Calandra*** Gistel)
H fast so lang wie E, grubig punktiert. Meist Vorratsschädlinge, Larven in Getreidekörnern. ***S. granarius*** (L.), Kornkäfer (braunschwarz glänzend), wichtigster Vorratsschädling an Getreide; ***S. oryzae*** (L.), Reiskäfer (E braun mit je 2 roten, viereckigen undeutlich begrenzten Flecken), vor allem in Reis; ***S. zeamais*** Motschulsky (ähnlich Letzterem, aber Oberfläche glänzend u. rote Flecke nierenförmig u. deutlich begrenzt), in Mais.

50. Htschenkel stark verdickt (Sprungvermögen). Augen groß, vorragend, einander sehr genähert. 1,5–3,5 mm. [**112**] .... **Curculioninae 51**

— Htschenkel nicht auffallend verdickt. Augen anders **52**

51. Fühler gekniet. [**112**] .... 13; ***Orchestes*** Illiger
Weitere 3 Gattungen mit 11 Arten. Besonders an Laubgehölzen. Larven minieren in Blättern. Beispiele: ***O.*** (= ***Rhynchaenus***) ***fagi*** (L.), Buchenspringrüssler (schwarz), Larve in Blättern der Buche, Käfer nagt kleine Löcher; ***O.*** (= ***Rhynchaenus***) ***quercus*** (L.), Eichenspringrüssler (braun, rot); ***Tachyerges*** (= ***Rhynchaenus***) ***salicis*** (L.), Weidenspringrüssler (schwarz mit weißer u. roter Zeichnung).

— Fühler nicht gekniet .... 3; ***Rhamphus*** Clairville
Lebensweise ähnlich ***Orchestes***. Häufig ***R. pulicarius*** (Herbst).

52. Tibien außen mit dornförmigem Endsporn **53**

— Tibien außen ohne Endsporn, höchstens innen mit 1 Enddorn **59**

53. Vdbrust mit tiefer Furche, in die Rüssel eingelegt wird, der oft bis zur Mittelbrust reicht **Cryptorhynchinae 54**

— Vdbrust ohne Einlegefurche für Rüssel, der auch in Ruhe vorgestreckt wird **55**

54. Scutellum deutlich, groß .... Erlenrüssler, ***Cryptorhynchus lapathi*** (L.)
Schwarzbraun u. E hinten hell. 5–9 mm. An *Salix*, *Populus*, *Alnus*. – Hierher 2 weitere seltene Gattungen mit je 1 Art.

— Scutellum fehlend. 2–5 mm .... 16; ***Acalles*** Schönherr s. l.
An totem Holz. Häufig ***A. camelus*** (F.).

55. Sondermerkmal: Tarsen 3-gliedrig, ohne Krallenglied. 2–5,5 mm
(**Curculioninae**) 3; ***Anoplus*** Germar
An *Alnus*, Betula. Larven in Blattminen. Häufig ***A. plantaris*** (Naezén).

— Sondermerkmal: Vom 4. Tarsalglied (= Krallenglied) aus dem tief 2-lappigen 3. Tarsalglied nur Krallen vorragend. 1,5–1,8 mm .... (**Erirhininae**) 2; ***Tanysphyrus*** Germar
An *Lemna*. Larven in Wasserlinse minierend. Häufig ***T. lemnae*** (Paykull).

— Sondermerkmal: Schenkel innen kräftig gezähnt. Körper dicht beschuppt. 3–4 mm
(**Molytinae**) ***Trachodes hispidus*** (L.)

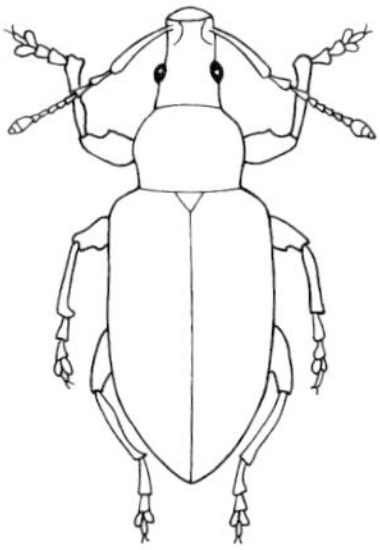
110

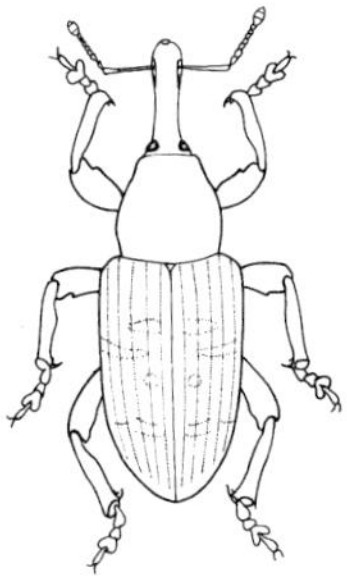
111

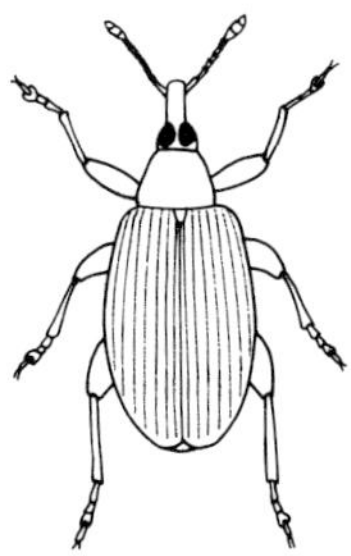
112

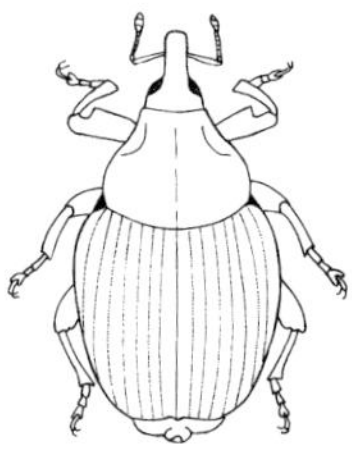
113

110 *Phyllobius*; **111** *Hylobius*; **112** *Orchestes*; **113** *Ceutorhynchus*

— Anders 56

56. Oberseite beschuppt oder Htecken des H spitzwinklig ausgezogen 57

— Oberseite höchstens behaart. Htecken des H stumpfwinklig oder verrundet. Körper häufig ± zylindrisch (wie Borkenkäfer). In Holz .... **Cossoninae 58**

57. Htrand des H beiderseits stark ausgebuchtet u. in Spitze ausgezogen. Oberseite glatt u. ± kahl. 2,5–9 mm .... (**Mesoptilinae**) 19; Triebrüssler, ***Magdalis*** Germar
An Gehölzen. Larven in Holz. An Obstbäumen z. B. ***M. cerasi*** (L.).

— Htrand des H schwach ausgebuchtet. Oberseite mit Flecken gelber Schuppenhaare u. mit Schwielen oder Höckern. 4,5–10 mm .... (**Molytinae**) 8; ***Pissodes*** Germar
An Nadelhölzern. Larven unter Rinde. An *Pinus* ***P. castaneus*** (De Geer) (= ***notatus*** (F.)), Kiefernkulturrüssler (6–8 mm); an *Picea* ***P. harcyniae*** (Herbst), Harzrüsselkäfer (5–6,5 mm); an *Abies* ***P. piceae*** (Illiger), Weißtannenrüssler (7–10 mm).

58. Rüssel vorn schaufelartig erweitert. 4–6 mm .... 3; Faulholzrüssler, ***Cossonus*** Clairville
Vor allem an Laubhölzern. Häufig ***C. linearis*** (F.).

— Rüssel vorn nicht schaufelartig erweitert. 2–5 mm .... 5; ***Rhyncolus*** Germar
Häufiger ***R. ater*** (L.). – Hierher weitere 8 Gattungen mit 14 Arten, häufiger z. B. ***Stereocorynes truncorum*** (Germar), auch in verbautem Holz. – Wenn als Sondermerkmal Tarsen 5-gliedrig (nicht 4-gliedrig): ***Dryophthorus corticalis*** (Paykull) (**Dryophthoridae**), in morschem Holz.

59. Im Winkel zwischen Schultern der E u. Basis des H ist Seitenstück der Mittelbrust (Epimeron) als kleines Dreieck von oben sichtbar [**113**]. Fühlerschaft selten die Augen erreichend. Bis 6 mm **60**

— Epimeren der Mittelbrust von oben nicht sichtbar oder wenn doch (nur Gattung ***Curculio*** s. Nr. **74**), dann als Sondermerkmal Fühlerschaft etwa den vorderen Augenrand erreichend u. Krallen mit Zahn an der Basis **64**

60. Augen einander genähert, sich fast berührend. 2,5–3,5 mm (**Conoderinae**) ***Coryssomerus capucinus*** (Beck)

— Augen an den Seiten des Kopfes gelegen **61**

61. Vdtibien am inneren Spitzenwinkel mit kräftigem Enddorn. Körper gestreckt, walzenförmig bis parallelseitig. 3–6 mm .... **Baridinae 62**

— Vdtibien innen höchstens mit winzigem Enddorn; wenn Dorn groß, dann als Sondermerkmal H vorn mit Doppelkante .... **Ceutorhynchinae 63**

62. Pygidium unbedeckt .... 3; Mauszahnrüssler, ***Baris*** Germar
Dazu weitere 3 Gattungen mit 9 Arten. Schwarz oder metallisch blaugrün. Häufig an Brassicaceen, z. B. ***Aulacobaris*** (= ***B.***) ***chlorizans*** (Germar).

— Pygidium bedeckt .... 2; ***Limnobaris*** Bedel
Schwarz. An Juncaceen u. Cyperaceen, z. B. ***L. t-album*** (L.).

63. Vdrand des H mit doppelter Kante u. meist kragenförmig aufgebogen. Vdbrust mit Furche zum Einlegen des Rüssels, Vdcoxen voneinander entfernt. 2–5 mm. [**113**] ... ***Ceutorhynchus*** Germar
Etwa 60 Arten. Dazu 10 weitere Gattungen mit über 40 ehemaligen Arten von ***Ceutorhynchus***. Viele Schädlinge, z. B. ***C. obstrictus*** (Marsham) (= ***assimilis*** (F.)), Rapsschotenrüssler; ***C. pallidactylus*** (Marsham) (= ***quadridens*** (Panzer)), Kleiner Kohltriebrüssler; ***C. napi*** Gyllenhal, Großer Kohltriebrüssler; ***C. assimilis*** (Paykull) (= ***pleurostigma*** (Marsham)), Kohlgallenrüssler; ***Neoglocianus*** (= ***C.***) ***maculaalba*** (Herbst), Mohnkapselrüssler. – Außerdem neben der Großgattung ***Ceutorhynchus*** weitere etwa 15 verwandte Gattungen mit etwa 40 Arten. Beispiele: ***Nedyus*** (= ***Cidnorhinus***) ***quadrimaculatus*** (L.) (E dunkel mit hellen Flecken), häufig auf *Urtica*. 2; ***Stenocarus*** Thomson mit ***S. ruficornis*** (Stephens), Mohnwurzelrüssler (E am Scutellum mit hellem Fleck, hinter diesem schwarzer Samtfleck). ***Micrelus ericae*** (Gyllenhal) (schwarz, Rüsselende, Fühler u. Beine rot), an Ericaceen.

— Vdrand des H ohne doppelte Kante .... 14 Gattungen mit über 30 Arten
Rüssel höchstens 3-mal so lang wie am Ende breit. 2–4 mm: mehrere Gattungen, artenreich 8; ***Rhinoncus*** Schönherr (Fühlergeißel – ohne Keule – 7-gliedrig). 11; ***Pelenomus*** Thomson (= ***Phytobius*** Dejean) (Fühlergeißel 6-gliedrig). Bei weiteren Gattungen Rüssel schlanker.
An Gewässerufern ***P. comari*** (Panzer); an *Rumex* ***R. castor*** (F.).

64. Fühlergeißel (ohne Keule) aus 5 Gliedern bestehend .... weitere **Curculioninae 65**
Wenn als Sondermerkmal Gestalt wie **Apionidae** [**105**], dann **Nanophyidae** s. Nr. **2**.

— Fühlergeißel aus 6–7 Gliedern bestehend **69**

65. H am Grunde viel schmaler als die mit eckigen Schultern ausgezeichneten E (Blattschaber) **66**

— H am Grund nur wenig schmaler als E **67**

66. 3–5 mm. E vor der Mitte mit schwarzem Nahtfleck, 1. Streifen der E bogig darum herum verlaufend .... 12; ***Cionus*** Clairville
An *Verbascum* u. *Scrophularia*. Häufig ***C. scrophulariae*** (L.).

— 2,8–3 mm. Ohne derartigen Fleck u. Streifen .... 2; ***Cleopus*** Dejean
An *Verbascum* u. *Scrophularia*. Z. B. ***C. pulchellus*** (Herbst). – Hierher auch ***Stereonychus fraxini*** (De Geer) (Sondermerkmal: Tarsen mit 1 Kralle; 3–3,2 mm), an *Fraxinus*.

67. Vdcoxen auseinander liegend. 2–4,2 mm .... 6; ***Miarus*** Schönherr s. l.
An Campanulaceen. Häufig z. B. ***M. campanulae*** (L.).

— Vdcoxen eng aneinander liegend **68**

68. Körper schlank-zylindrisch. 2–4 mm .... 10; ***Mecinus*** Germar
E am Ende gemeinsam verrundet. An *Plantago* u. *Linaria*, z. B. ***M. pyraster*** (Herbst).

— Körper gedrungener. 1,5–5 mm .... 7; ***Gymnetron*** Schönherr u. 11; ***Rhinusa*** Stephens
E einzeln verrundet. U. a. an *Plantago* u. Scrophulariaceen. Häufig ***Rh. antirrhini*** (Paykull).

69. 3. Tarsalglied nicht 2-lappig, sondern gerade oder nur oben ausgebuchtet. E mit schuppenartiger Mikroskulptur .... **Bagoinae**
2–8 mm. Beschuppung wasserabstoßend. An Wasser- u. Uferpflanzen. 23; ***Bagous*** Germar, häufiger ***B. glabrirostris*** (Herbst). – Hierher 2 weitere Gattungen mit 3 Arten. – Außerdem ***Stenopelmus rufinasus*** Gyllenhal (**Erirhinidae**) (Sondermerkmal: Rüssel wenig länger als der Kopf), eingeschleppt, an *Azolla*.

— 3. Tarsalglied 2-lappig, fast bis zur Basis ausgeschnitten
Curculioninae u. **Erirhinidae** (diese mit wenigen Arten) **70**

70. Krallen an der Basis ohne Zähnchen, an der Basis frei oder verwachsen. Tibien innen mit Enddorn. Augenwölbung gleichmäßig **71**

— Krallen an der Basis mit Zähnchen, nicht an der Basis verwachsen. Wenn Krallen ohne Zähnchen, dann Tibien innen ohne Enddorn oder Auge jederseits mit unsymmetrischer Wölbung aus dem Köperumriss vorstehend **74**

71. Krallen an der Basis verwachsen .... 7; ***Smicronyx*** Schönherr
1,5–2,5 mm. Meist an *Cuscuta*, z. B. ***S. jungermanniae*** (Reich).

— Krallen an der Basis frei **72**

72. Schenkel innen mit Zahn. 2,5–7 mm.................................. 23; ***Dorytomus*** Germar
An *Salix* u. *Populus*. Häufig z. B. ***D. taeniatus*** (F.).

— Schenkel innen ohne Zahn **73**

73. Oberseite beschuppt. E mit aufstehenden Borsten. 2,5–3 mm
Orthochaetes (= ***Comasinus***) ***setiger*** (Beck)
An Asteraceen. – Außerdem ***Pseudostyphlus pillumus*** (Gyllenhal) an *Matricaria*.

— Oberseite kahl oder fein behaart bis beschuppt, dann Untergrund nicht verdeckend. 3–8 mm
(**Erirhinidae**) 4; ***Notaris*** Germar
An Gewässern. ***N. scirpi*** (F.) an *Scirpus*, *Carex*. – Hierher 2 weitere Gattungen mit je 1 Art.

— Oberseite dicht beschuppt. 3–6 mm .... (**Erirhinidae**) 2; ***Grypus*** Germar
E am Ende breit schnabelartig verengt u. hellgefärbt. An *Equisetum*. Verbreitet ***G. equiseti*** (F.). – Außerdem 2 weitere Gattungen mit 6 Arten, darunter 4; ***Thryogenes*** Bedel, an *Carex*, *Scirpus*, z. B. ***T. festucae*** (Herbst).

74. Seitenstück der Mittelbrust (wie bei **Ceutorhynchinae**) im Winkel zwischen Schultern der E u. Basis des H von oben sichtbar. Rüssel sehr lang u. dünn. Schaft erreicht Vdrand der Augen. E an Basis am breitesten, nach hinten stark verengt .... 8; ***Curculio*** L. u. 3; ***Archarius*** Gistel
Larven in Früchten von Laubbäumen oder in Gallen. ***C. nucum*** L., Haselnussbohrer (6–7 mm); ***C. glandium*** Marsham, Eichelbohrer (4–8 mm).

— Andere Merkmale **75**

75. Htrand des 2. Htleibssternits jederseits außen nach hinten gebogen **76**

— Htrand des 2. Htleibssternits gerade **77**

76. E hinten einzeln abgerundet. Pygidium fast unbedeckt. 2–4 mm .... 12; ***Sibinia*** Germar
Auf Caryophyllaceen. Häufig z. B. ***S. pyrrhodactyla*** (Marsham).

— E hinten gemeinsam verrundet. Pygidium fast ganz bedeckt. 1,5–4,5 mm 21; ***Tychius*** Germar
An Fabaceen. Häufig z. B. ***T. quinquepunctatus*** (L.) (E mit heller Binde entlang der Naht u. hellen Flecken). – Hierher 1 weitere seltene Gattung mit 1 Art.

77. Vdcoxen durch schmalen Zwischenraum getrennt. 2–3 mm .... 2; ***Acalyptus*** Schönherr
An *Salix*, Larven in Kätzchen. Häufiger ***A. carpini*** (F.).

— Vdcoxen einander berührend. 2–4,5 mm. [**4a**] .... 19; ***Anthonomus*** Germar
Scutellum stets weiß beschuppt. E nach hinten etwas bauchig erweitert, oft mit bindenartiger Zeichnung. An Gehölzen, Knospenstecher. ***A. pomorum*** (L.), Apfelblütenstecher (E mit dunkel begrenzter heller Schrägbinde auf dem hinteren Drittel; 4–5 mm); ***A. pyri*** Gyllenhal (= ***piri*** Kollar), Birnenknospenstecher (die helle Binde verläuft gerade; 3–4,5 mm); ***A. rubi*** (Herbst), Erdbeer- oder Himbeerblütenstecher (schwarz, grauhaarig; 3 mm). – Hierher weitere 4 Gattungen mit 8 Arten, häufig ***Furcipes*** (= ***A.***) ***rectirostris*** (L.), an Kirsche (*Prunus*).

Unterfamilie: **Scolytinae**, Borkenkäfer

Meist im Innern von Brutpflanzen (vor allem Holzgewächse). Meist monophag. „Rindenbrüter" legen Brutgänge für Nachkommenschaft im Bereich der Rinde an (z. B. [**102**]; „Holzbrüter" (***Xyleborus***, ***Trypodendron***) leben in Brutgängen im Bereich des Holzkörpers (z. B. [**103**] in Symbiose mit holzzersetzenden Ambrosiapilzen. Die **Scolytinae** gehören zu den **Curculionidae**, werden aber auch bisweilen als eigene Familie **Scolytidae** angesehen. Einige eingeschleppte Arten hier nicht behandelt.

1. Außenkante der Vdtibien glatt, mit hakenförmigem Enddorn. Mittel- u. Httibien mit 2 Haken. E seitlich gesehen nach hinten kaum abwärts geneigt. 2–6 mm .... 11; ***Scolytus*** Geoffroy
Häufig ***S. scolytus*** (F.), Ulmensplintkäfer, bewirkt Ulmensterben durch Verschleppung der Pilzsporen von *Ophiostoma ulmi*.

— Alle Tibien außen gezähnt, nicht in Haken auslaufend. E allmählich oder steil abfallend („Absturz") **2**

2. Vdrand der E aufgebogen, gekantet oder gekerbt oder gezähnt. Kopf meist von oben sichtbar. H ohne Buckel **3**

— Vdrand der E einfach. Kopf von oben meist nicht sichtbar. H häufig mit Buckel **17**

3. Der gezähnte Vdrand der E gerade u. nicht unterbrochen. 3.Tarsalglied zylindrisch **4**

— Der gezähnte Vdrand der E jederseits etwas gebuchtet u. am Scutellum kurz unterbrochen. 3.Tarsalglied becherförmig bis 2-lappig **5**

4. Augen tief ausgeschnitten bis völlig geteilt. 2–3 mm .... 3; ***Polygraphus*** Erichson
Meist in *Picea*. Häufig ***P. poligraphus*** (L.), Fichtenbastkäfer.

— Augen nur eingebuchtet. 1–1,5 mm. In *Pinus* .... ***Carphoborus minimus*** (F.)

5. Fühlerkeule aus 3 meist deutlich getrennten Gliedern bestehend, diese ein- oder 2-seitig frei beweglich **6**

— Fühlerkeule ungegliedert oder mit Nähten, einzelne Glieder nicht beweglich. **7**

6. Auf dem Absturz mit spitzen Höckerchen. 1,7–2,4 mm. In *Picea*
Phloeotribus (= ***Phthorophloeus***) ***spinulosus*** (Rey)

— Auf dem Absturz ohne Höckerchen. 1,4–1,8 mm. In Fabaceen
Phloeotribus (= ***Phloeophthorus***) ***rhododactylus*** (Marsham)

7. Vdcoxen einander genähert **8**

— Vdcoxen durch breiten Fortsatz weit getrennt **12**

8. Augen im Umriss oval bis länglich. In Koniferen **9**

— Augen nierenförmig, tief ausgeschnitten bis zweiteilig **4**

9. Fühlergeißel (Abschnitt ohne Schaft u. Keule) 7-gliedrig **10**

— Fühlergeißel 6-gliedrig **11**

— Fühlergeißel 5-gliedrig. 7–9 mm. Meist in *Picea*
Riesenbastkäfer, ***Dendroctonus micans*** (Kugelann)

10. H so lang wie breit oder noch schmaler. 2,5–5 mm .... 7; ***Hylastes*** Erichson
Meist in *Pinus* oder *Picea*. Häufig in *Picea* ***H. cunicularius*** Erichson, Fichtenbastkäfer.

— H breiter als lang. 2,3–5 mm .... 2; ***Hylurgops*** LeConte
Meist in *Picea*, *Pinus*. Verbreitet ***H. palliatus*** (Gyllenhal).

11. H breiter als lang. Körper mäßig behaart, H in Mitte glänzend. 3,2–5 mm
2; Waldgärtner, ***Tomicus*** Latreille (= ***Blastophagus*** Eichhoff)
Meist in *Pinus*. Forstschädlinge, z. B. ***T. piniperda*** (L.), Großer Waldgärtner, Fraßbild [**102**].

— H schlanker. Körper dicht behaart, H nicht glänzend. 5–6 mm. In Wurzeln von Pinus
Hylurgus ligniperda (F.)

12. Augen im Umriss oval bis länglich. Fühlerkeule drehrund **13**

— Augen nierenförmig. Fühlerkeule stark abgeflacht. 1,5–2,5 mm .... 2; ***Phloeosinus*** Chapuis
In *Juniperus* u. *Thuja*. Verbreitet nur ***P. thujae*** (Perris).

13. E nach hinten allmählich abfallend. Körper im Umriss oval **14**

— E nach hinten steil abfallend. Körper ± walzenförmig **15**

14. Körper fast kahl oder dicht behaart. 2,5–6 mm .... 2; ***Hylesinus*** F.
Meist in *Fraxinus*. Häufig ***H. crenatus*** (F.), Großer Schwarzer Eschenbastkäfer (4–6 mm).

— Körper mit 2-farbigen Schüppchen bedeckt. Um 3 mm. Meist in *Fraxinus*
2; ***Hylesinus*** F. (= ***Leperisinus*** Reitter)
Häufig ***L. fraxini*** (Panzer) (= ***varius*** (F.)), Kleiner Bunter Eschenbastkäfer.

15. Fühlergeißel (Abschnitt ohne Schaft u. Keule) 7-gliedrig, Fühlerkeule leicht abgeflacht .. **16**
— Fühlergeißel 6-gliedrig, Keule etwas abgeflacht. .... 2; ***Kissophagus*** Chapuis
2–2,5 mm. In Efeu. Häufiger nur ***K. vicinus*** Comolli (= ***hederae*** (Schmitt))
— Fühlergeißel 5-gliedrig, Keule drehrund. 2,2–2,5 mm. Meist in *Picea*
Xylechinus pilosus (Ratzeburg)
16. H u. E dicht kurz behaart. 2–2,5 mm. In Wurzeln einiger Fabaceen
Kleewurzelrüßler, ***Hylastinus obscurus*** (Marsham)
— H u. E mit 2-farbigen Schüppchen bedeckt. 1,8–2,3 mm .... 2; ***Pteleobius*** Bedel
Meist in *Ulmus*. Verbreitet ***P. vittatus*** (F.).
17. Fühler von Augen entfernt eingelenkt **10**
— Fühler dicht vor den Augen eingelenkt **18**
18. H gleichartig einfach punktiert, Vdrand nicht gehöckert oder gezähnelt oder schuppig punktiert .... 4; ***Crypturgus*** Erichson
Fühlergeißel (Abschnitt ohne Schaft u. Keule) 2-gliedrig. 1–1,5 mm. Meist in *Picea*, *Pinus*. Häufig ***C. cinereus*** (Herbst). – Außerdem im Gebirge an Kräutern 3; ***Thamnurgus*** Eichhoff (Fühlergeißel 5-gliedrig; 1–2,2 mm), z. B. ***T. kaltenbachii*** (Bach).
— H vorn gehöckert oder gezähnelt oder schuppig punktiert. H häufig bucklig gewölbt ... **19**
19. Hbasis fein gerandet **20**
— Hbasis ungerandet **21**
20. Augen vollständig geteilt. 3–4 mm .... 4; ***Trypodendron*** Stephens (= ***Xyloterus*** Erichson)
Holzbrüter. In Laub- u. Nadelhölzern. Schädlich ***T. domesticum*** (L.), Buchenambrosiakäfer, in *Fagus*; ***T. lineatum*** (Olivier), Nutzholzambrosiakäfer, in Coniferen, Fraßbild [**103**].
— Augen einfach, ungeteilt. 1–1,8 mm .... 4; ***Cryphalus*** Erichson
In Nadelhölzern. Verbreitet ***C. abietis*** (Ratzeburg), Gekörnter Fichtenborkenkäfer. – Hierher weitere 5 Gattungen mit etwa 20 Arten. In Laubhölzern z. B. 3; ***Trypophloeus*** Fairmaire in *Populus*, *Salix*, mit ***T. binodulus*** (Ratzeburg), ***Ernoporus*** (= ***Cryphalops***) ***tiliae*** (Panzer) in *Tilia*, 2; ***Ernoporicus*** Berger (= ***Ernoporus*** Thomson) mit ***E. fagi*** (F.) in *Fagus*. In Nadelhölzern z. B. 10; ***Pityophthorus*** Eichhoff, häufig ***P. pityographus*** (Ratzeburg), Gefurchter Fichtenborkenkäfer.
21. Fühlerkeule auf der Innenseite abgestutzt. Vdtibien außen asymmetrisch gebogen u. fein gezähnt. 1,5–4 mm .... 10; ***Xyleborus*** Eichhoff s. l.
H nahe der Mitte kegelförmig gewölbt. Holzbrüter. Besonders in Laubbäumen, ***X.*** (= ***Anisandrus***) ***dispar*** (F.), Ungleicher Holzbohrer, an Obstbäumen schädlich. – Eingeschleppt ***Xylosandrus germanus*** (Blandford) (Sondermerkmal: Vdcoxen breit getrennt).
— Fühlerkeule innen nicht abgestutzt. Vdtibien zur Spitze geradlinig erweitert **22**
22. Absturz der E ± längs ausgehöhlt, Seitenwülste mit Zähnen oder Höckern **23**
— Absturz der E abgeflacht oder ausgehöhlt, Seitenwülste ohne Zähne oder Höcker. 2,5–4,2 mm
4; ***Dryocoetes*** Eichhoff
In Laub- u. Nadelhölzern. Häufig ***D. autographus*** (Ratzeburg), Zottiger Fichtenborkenkäfer, vor allem in *Picea*. – Hierher 3 weitere seltene Gattungen mit 5 Arten, z. B. ***Xylocleptes bispinus*** (Duftschmid) in *Clematis*.
23. Htrand der E einfach, von oben sichtbar. 1,7–3 mm .... 7; ***Pityogenes*** Bedel
In Coniferen. Häufig ***P. chalcographus*** (L.), Kupferstecher (mit je 3 Zähnen am Absturz der E), bevorzugt Rinde dünner Fichten.
— Htrand der E von oben nicht sichtbar, nach unten umgeschlagen; die obere Begrenzungskante erhaben bis plattenartig verlängert. 2–6 mm
3; ***Pityokteines*** Fuchs, 4; ***Orthotomicus*** Ferrari, 6; ***Ips*** De Geer
In Koniferen. Häufig z. B. ***I. typographus*** (L.) [**11**], Buchdrucker (mit je 4 Zähnen am steilen Abfall der E; 4–5,5 mm), an alten Fichten.

Larven der Coleoptera

Brust mit 3 Beinpaaren, die fehlen können. Htleib am 9. Segment häufig mit paarigen Anhängen (Urogomphi = Pseudocerci), 10. Htleibssegment meist klein, dann unten nicht als Segment mitgezählt. Manche Imagines larvenförmig: Teil der **Ripiphoridae**, ♀♀ der **Drilidae**, **Lampyridae**, von ***Thylodrias*** (**Dermestidae**). Artenarme und seltene Gruppen hier nicht berücksichtigt (z. B. **Myxophaga**).

1. Beine 5-gliedrig, mit 2 Krallen (nur bei **Haliplidae** mit 1 Kralle) .... **Adephaga 2**
— Beine höchstens 4-gliedrig, da Tibia mit Tarsus verschmolzen ist (Tibiotarsus); oft sind sie verkümmert oder fehlen ganz. Tarsus höchstens mit 1 Kralle .... **Polyphaga 6**
Die winzigen Triungulinuslarven der **Meloidae** [**114**] am Tarsus mit 2 Krallen und 1 starken Borste.

2. Auf 5. Htleibssegment 1 Paar große Haken. Larven in senkrechten Gängen im Boden (zu **Carabidae**) **Cicindelinae**
— Larven ohne solche Haken auf dem Rücken **3**
3. Hinterleib aus 9 Segmenten bestehend; am 9. Segment mit kürzeren oder längeren Urogomphi. Ohne Tracheenkiemen. Landbewohner, doch auch an Ufern. [**115, 116**] .... **Carabidae**
— Hinterleib aus 8 Segmenten bestehend; wenn 9 oder 10 Segmente, dann mit Tracheenkiemen oder Tarsus nur mit 1 Kralle. Im Wasser **4**
4. Tarsus mit 1 Kralle. Letztes Htleibsegment stark verlängert u. Urogomphi ohne Zwischenraum an ihrer Basis .... **Haliplidae**
— Tarsus mit 2 Krallen. Htleib aus 9 Segmenten bestehend, mit Tracheenkiemen [**117**] **Gyrinidae**
— Tarsus mit 2 Krallen, Htleib aus 8 Segmenten bestehend **5**
5. Thorax u. die 3 ersten Htleibssegmente ventral mit paarigen Tracheenbüscheln. 8. Htleibssegment mit langem Endfortsatz u. langen Pseudocerci .... **Hygrobiidae**
— Ohne Tracheenkiemen. 8. Htleibssegment höchstens wenig verlängert. [**118**] ..... **Dytiscidae**
Am Gewässerboden grabend: **Noteridae** (Vdbeine zu Grabbeinen umgebildet).
6. Beine fehlend oder stark reduziert **7**
— Beine gut entwickelt **8**
7. Körper bauchwärts eingebogen: **Curculionoidea**, Beispiele: **Curculionidae** [**119**]. **Scolytinae** [**120**]. Ähnlich **Bruchinae** [**121**].
Hierher auch **Donaciinae** der **Chrysomelidae** (Stigmen am 8. Htleibsegment mit 2 hakenförmigen Anhängen [**122**], die zur Atmung unter Wasser Pflanzenstängel einritzen).
— Körper gestreckt: **Buprestidae** (Prothorax viel breiter als der übrige Thorax, Htleib bei manchen Arten sehr schlank [**123**]). **Cerambycidae** (Körper trotz vergrößertem Prothorax in der Breite gleichmäßiger [**124**]).
Ohne oder mit reduzierten Beinen: unter anderem auch **Eucnemidae**, **Throscidae**, **Platypodinae** der **Curculionidae**, **Sphaeridiinae** der **Hydrophilidae**.
8. Urogomphi gelenkig eingesetzt u. meist gegliedert .... **Histeridae** u. **Staphylinoidea**
Hierher auch **Hydraenidae**; doch nicht **Scydmaeninae** u. **Pselaphinae**, diese s. Nr. **14**.
a) Körper abgeplattet, asselförmig [**125**]: meiste **Silphidae**.
b) Körper zylindrisch. Sklerite auf jedem Htleibsegment mit 4 vorstehenden Dornen: ***Nicrophorus*** (**Silphidae**).
c) Körper anders, gestreckt u. Habitus den Carabiden ähnlich: übrige Familien, Beispiel **Staphylinidae** [**126**].
— Urogomphi fehlend oder reduziert; wenn vorhanden, dann nicht gelenkig, sondern starr **9**
9. Sondermerkmale
a) Htleib endet abgerundet, spitz oder mit 2-spitzigem Ausschnitt; auf die Unterseite des 9. Segments ist das 10. als „Nachschieber" verlagert. Segmente am Vd- u. Htrand mit gestrichelter Binde [**127**]. Kopf flachgedrückt, Labrum mit Clypeus verwachsen. Körper hart (Drahtwürmer!). In Erde u. Holz .... **Elateridae**
b) Vdbrust auffallend vergrößert. Htleib durch Fortsatz modifiziert (***Elateroides*** [**128**]) **Lymexylidae**
c) Körper mit beborsteten oder bedornten Tergiten, meist mit langen Haaren, bei vielen Arten sehr auffällig am Htende [**129**] .... **Dermestidae**
d) Rücken mit borstentragenden Warzen [**130**] oder mit dornig verzweigten Fortsätzen. Beine kräftig .... **Coccinellidae**
e) Körper mit gefiederten seitlichen Auswüchsen; am Ende mit Schwanzgabel zum Aufschieben von Kot u. Häuten auf den Rücken [**131**] .... **Cassidinae** der **Chrysomelidae**
— Anders **10**
10. Körper C-förmig oder buckelartig (oder wie **Byrrhidae** nur Vd- u. Htende bauchwärts gebogen). Urogomphi fehlend oder reduziert
Auswahl: **Scarabaeoidea** (**Scarabaeidae** [**132**] außer Unterfamilie **Scarabaeinae** [**133**]. **Geotrupidae. Trogidae. Lucanidae** (Htleibssegmente ohne Transversalfalten)). **Bostrichoidea** (**Ptinidae** [**134**]. **Bostrichidae** [**135**]. **Lyctinae** [**136**]). **Chrysomelidae** (partim) [**137**].
— Körper gestreckt; wenn etwas gebogen, dann Urogomphi deutlich **11**

11. Urogomphi gut entwickelt
Auswahl: **Cleroidea** (z. B. **Cleridae. Melyridae** [**138**]). **Throscidae** (Beine sehr kurz). Viele **Cucujoidea** (z. B. **Nitidulidae** [**139**]. **Byturidae** [**140**]). Viele **Tenebrionoidea** (z. B. **Lagriinae** [**141**] (gleichmäßig stark behaart). **Pyrochroidae** [**142**] (abgeflacht; parallelseitig; unter Rinde). **Tenebrionidae** (partim)).
— Urogomphi fehlend oder stark reduziert **12**

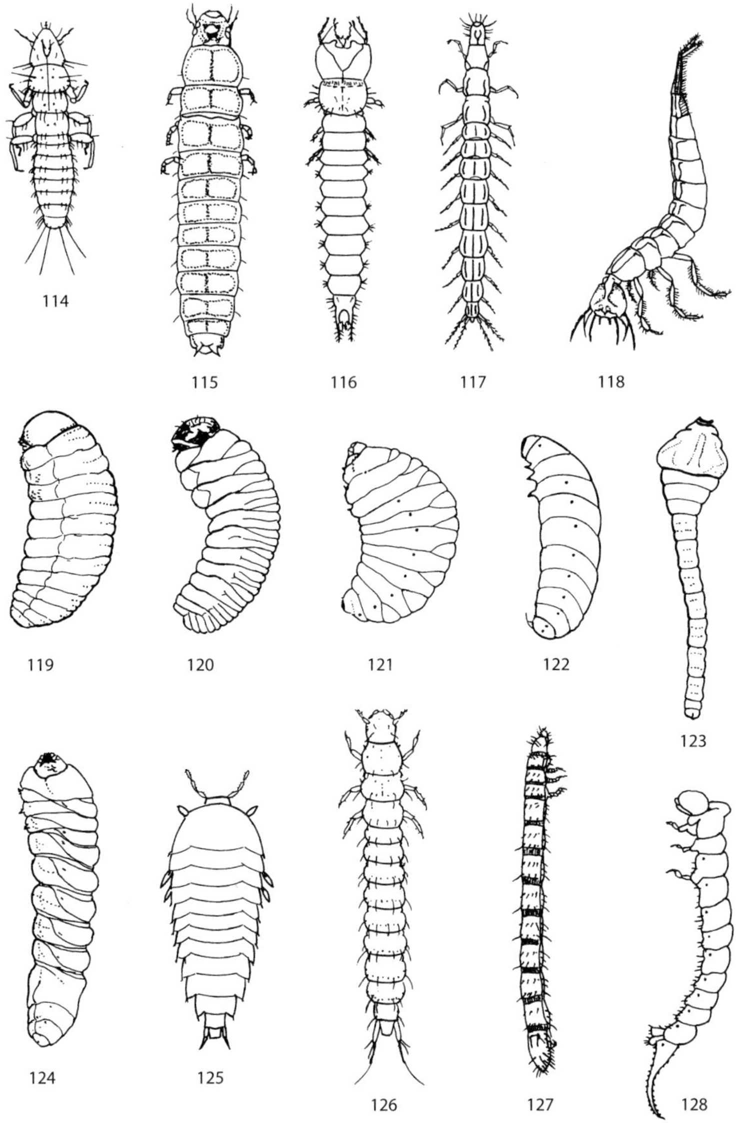

114 Meloidae; **115**, **116** Carabidae; **117** Gyrinidae; **118** Dytiscidae; **119** Curculionidae; **120** Scolytinae (Curculionidae); **121** Bruchinae (Chrysomelidae); **122** Donaciinae (Chrysomelidae); **123** Buprestidae; **124** Cerambycidae; **125** Silphinae (Silphidae); **126** Staphylinidae; **127** Elateridae; **128** *Elateroides* (Lymexylidae)

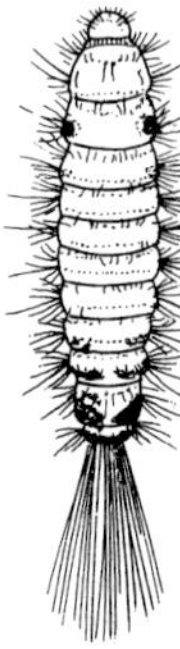
129

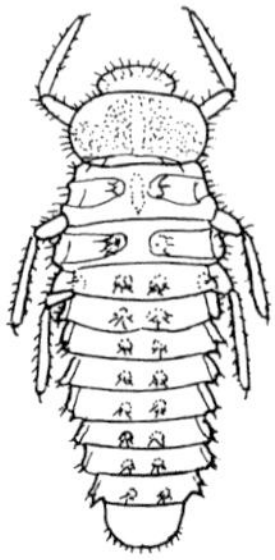
130

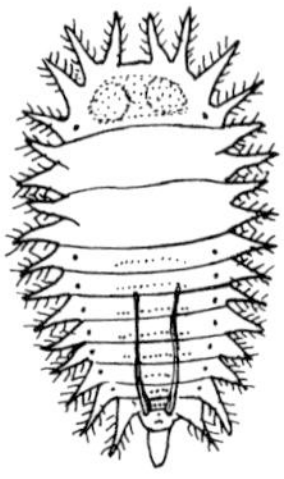
131

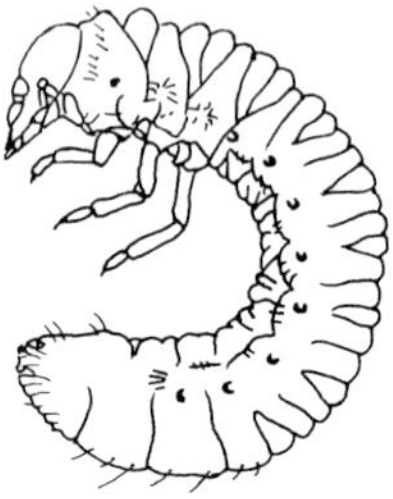
132

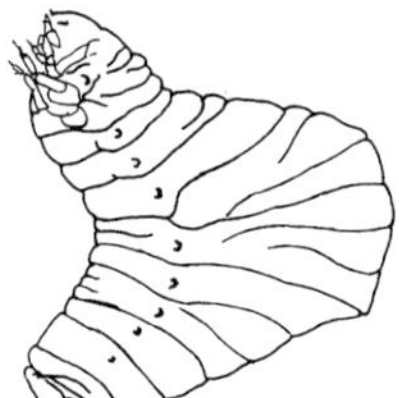
133

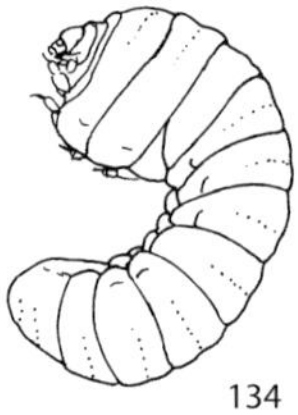
134

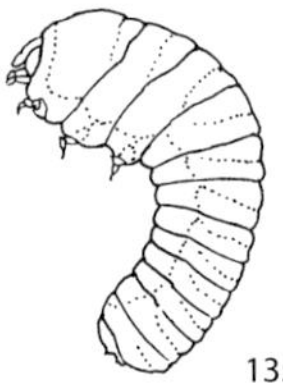
135

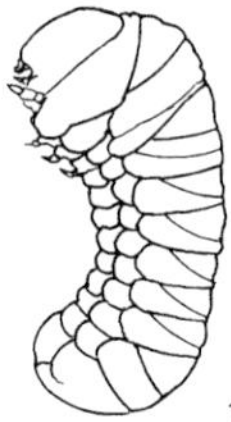
136

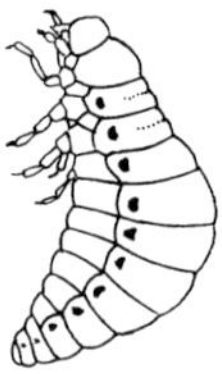
137

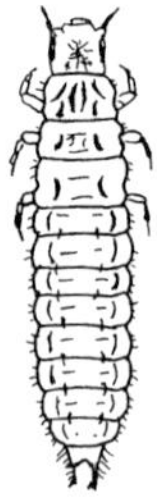
138

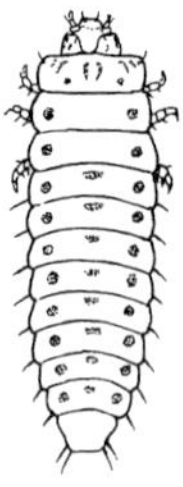
139

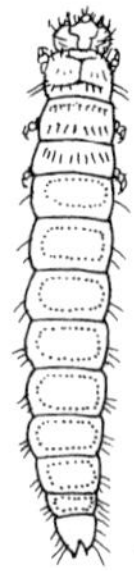
140

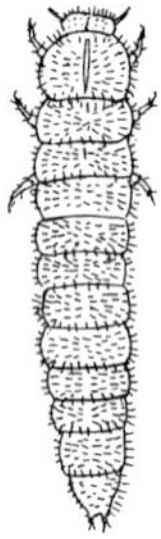
141

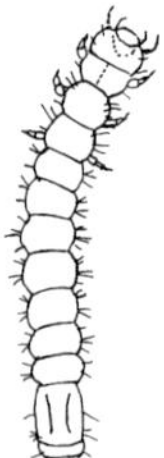
142

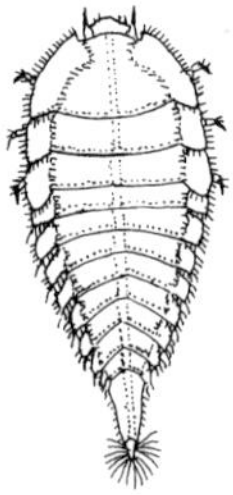
143

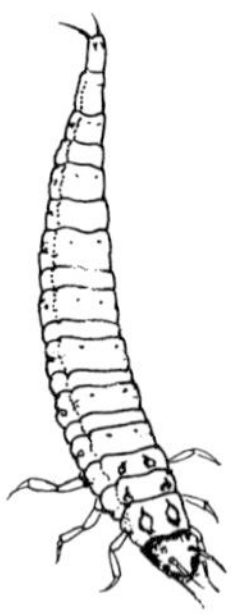
144

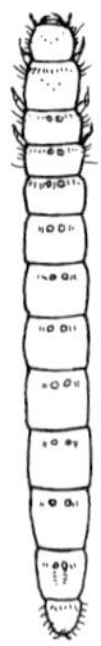
145

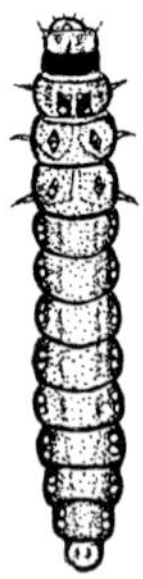
146

147

129 Dermestidae; **130** Coccinellidae; **131** Cassidinae (Chrysomelidae); **132** Scarabaeidae; **133** Scarabaeinae; **134** Ptinidae; **135** Bostrichidae; **136** Lyctinae (Bostrichidae); **137** Chrysomelidae; **138** Melyridae; **139** Nitidulidae; **140** Byturidae; **141** Lagriinae (Tenebrionidae); **142** Pyrochroidae; **143** Elmidae; **144** Hydrophilinae (Hydrophilidae); **145** Tenebrionidae; **146** Cantharidae; **147** Chrysomelidae

12. Im Wasser oder an Ufern **13**
— Gewässerferne Landbewohner.. **14**
13. Körper verbreitert: **Elmidae** [**143**]. **Spercheinae** (**Hydrophilidae**) (Seiten des Htleibs mit beborsteten Warzen). **Helodidae** u. ***Eubria*** (**Psephenidae**) (asselförmig).
— Körper schlank: **Hydrophilinae** der **Hydrophilidae** [**144**]. **Heteroceridae**. **Dryopidae**.
14. Körper verbreitert: unter anderem **Scydmaeninae**. **Corylophidae.**
— Körper schlank
Auswahl: **Tenebrionidae** (partim) (ähnlich Elateriden, aber Labrum beweglich angesetzt), z. B. „Mehlwurm" [**145**], ähnlich **Alleculinae. Cantharidae** (Mandibeln mit Saugkanal oder Saugrinne), z. B. ***Cantharis*** [**146**]. **Chrysomelidae** (partim) [**147**]. ***Dascillus*** (**Dascillidae**). **Pselaphinae**.

Literatur

Arnett, R. H., Thomas, M. C., Skelley, P. E., Frank, J. H.: American beetles. Vol. 1, 2. Boca Raton, London, 2001, 2002.
Assing, V., Schülke, M.: Die Käfer Mitteleuropas, Band. 4. Staphylinidae (exklusive Aleocharinae, Pselaphinae und Scydmaeninae). 2. Aufl. Heidelberg, 2012.
Beutel, R. G., Leschen, R. A. B.: Coleoptera, Beetles. Handbuch der Zoologie 1, 38. Berlin, 2005.
Bleich, O., Gürlich, St., Köhler, F.: Entomofauna Germanica. Verzeichnis der Käfer Deutschlands – Online. [http://www.colkat.de/de/fhl/?w=1600&h=660]. (wird laufend aktualisiert). Seit 2013.
Böhme, J.: Die Käfer Mitteleuropas, Band K: Katalog (Faunistische Übersicht). 2. Aufl. Heidelberg, 2005.
Bouchard, P., Bousquet, Y., Davies, A. E., Alonso-Zarazaga, M. A., Lawrence, J. F., Lyal, C. H. C., Newton, A. F., Reid, C. A. M., Schmitt, M., Ślipiński, S. A., Smith, A. B. T.: Family-group names in Coleoptera (Insecta). ZooKeys 88. Sofia, 2011
Carabidae of the world, 2007–2012. [http://carabidae.org/carabidae.html]
Duff, A. G. (ed.): Checklist of beetles of the British Isles. 3rd ed. Iver, 2018.
Freude, H., Harde, K. W., Lohse, G. A.: Die Käfer Mitteleuropas, Band 1–11. Krefeld, 1964–1983.
Harde, K. W., Severa, F.: Der Kosmos-Käferführer, 5. Aufl. Stuttgart, 2006.
Hůrka, K.: Carabidae of the Czech and Slovak Republics. Zlín, 1996.
Klausnitzer, B.: Ordnung Coleoptera (Larven). Den Haag, 1978.
Klausnitzer, B.: Die Larven der Käfer Mitteleuropas, Band 1–6. Krefeld, Jena, Stuttgart, 1991–1997.
Klausnitzer, B. : Coleoptera – Käfer. In: B. Klausnitzer, Stresemann – Exkursionsfauna von Deutschland, Band 2 – Wirbellose: Insekten. 11. Aufl. Heidelberg, 2011.
Klausnitzer, B.: Wunderwelt der Käfer. Heidelberg, 2002.
Koch, K.: Die Käfer Mitteleuropas – Ökologie, Band 1–8. Krefeld, Jena, Stuttgart, Heidelberg, Berlin 1989–1996.
Köhler, F., Klausnitzer, B.: Verzeichnis der Käfer Deutschlands. Entomol. Nachr. Ber., Beiheft 4. Dresden, 1998.
Kuhnt, P.: Illustrierte Bestimmungstabellen der Käfer Deutschlands. Stuttgart, 1912.
Lindroth, C. H.: The Carabidae (Coleoptera) of Fennoscandia and Denmark. Fauna Entomologica Scandinavica 15. Leiden, Copenhagen, 1985, 1986.
Lohse, G. A., Lucht, W.: Die Käfer Mitteleuropas, Band 12–15, 1.–4. Supplementband mit Katalogteil. Krefeld, 1989–1998
Lompe, A.: Die Käfer Europas - Ein Bestimmungswerk im Internet. 2002–2013 [http://www.coleo-net.de/coleo/index.htm].
Lucht, W.: Die Käfer Mitteleuropas. Katalog. Krefeld, 1987.
Lucht, W., Klausnitzer, B.: Die Käfer Mitteleuropas, Band 15, 4. Supplementband. Jena, Stuttgart, 1998.
Müller-Motzfeld, G.: Die Käfer Mitteleuropas. Band 2. Adephaga. 1. Carabidae (Laufkäfer). 2. Aufl. München, 2004.
Reitter, E.: Fauna Germanica. Die Käfer des Deutschen Reiches, Band 1–5. Stuttgart, 1908–1916 u. Nachtragsband von A. Horion. Krefeld, 1935.
Trautner, J.: Die Laufkäfer Baden-Württembergs. Bd. 1, 2. Stuttgart, 2017.
Wachmann, E., Platen, R., Barndt, D.: Laufkäfer – Beobachtung, Lebensweise. Augsburg, 1995.

Trichoptera, Köcherfliegen

Mit 4 häutigen Flügeln (Ausnahme: ♀ von ***Enoicyla*** flügellos [**9**]). Körperlänge 1,5–30 mm, Flügelspannweite 3–60 mm. Flügel mit braun-grauer, dunkler oder heller Färbung oder gefleckt, in Ruhe dachartig über den Körper gelegt. Habitus [**1**] mottenartig, aber ± stark behaart, im Gegensatz zu Schmetterlingen, die beschuppt sind. Fühler fadenförmig, halb so lang bis über doppelt so lang wie die Flügellänge. Ohne oder mit 3 Ocellen (zur Sichtbarmachung mit Wasser benetzen!). Mundwerkzeuge der Imagines umgebildet [**2**]. Nahrungsaufnahme der Imagines leckend mittels eines aus dem Labium umgewandelten Saugkissens (Haustellum). Maxillen mit 2–5-gliedrigen Maxillartastern; Zahl und Form ihrer Glieder wichtig zur Bestimmung [**7, 8**]. Flügel mit charakteristischer, ursprünglicher Aderung. Es gibt folgende Längsadern (abgekürzt Anfangsbuchstabe groß geschrieben): Costa (C), Subcosta (Sc), Radius (R) mit maximal 5 Ästen (R_1 bis R_5), Media (M) mit maximal 4 Ästen (M_1 bis M_4), Cubitus (Cu) mit den 2 Ästen Cu_1 u. Cu_2 und Analadern 1A, 2A, ... [**3**]. Zur Bestimmung sind folgende Flügelzellen wichtig: $1R_3$, R_4, $1M_2$ [**3**]. An der Basis der Zelle R_4 im Vorder- u. Hinterflügel ein horniger Punkt. Tibien (Schienen) haben neben der Grundbehaarung oft auffallende Borsten (Sporne [**4**]), diese werden als „Spornzahlen" der an Vorder-, Mittel- und Hintertibien vorhandenen Sporne ausgedrückt, die Spornzahl 2,4,4 bedeutet z. B.: Tibien der Vorderbeine mit 2, der Mittel- u. Hinterbeine mit je 4 Spornen. ♂♂ mit Klammerorganen am Ende des Hinterleibs, ♀♀ mit ± lappenartigen Anhängen. Imagines meist nacht- oder dämmerungsaktiv; viele Arten werden nachts vom Licht angezogen. Larven aquatisch. Im Gebiet über 310 Arten, viele nur an Hand ihrer Genitalmerkmale sicher zu bestimmen. **Abkürzungen: Vd = Vorder-, Ht- = Hinter-. Adern** u. **Zellen** der Flügel wie [**3**]. Längenangaben beziehen sich auf die Länge der Vorderflügel.

System:
Spicipalpia
  Rhyacophiloidea: Rhyacophilidae
  Hydroptiloidea: Glossosomatidae, Hydroptilidae, Ptilocolepidae
Annulipalpia
  Philopotamoidea: Philopotamidae
  Hydropsychoidea: Ecnomidae, Hydropsychidae, Polycentropodidae, Psychomyiidae
Integripalpia
  Phryganeoidea: Brachycentridae, Lepidostomatidae, Phryganeidae
  Limnephiloidea: Apataniidae, Goeridae, Limnephilidae, Uenoidae
  Leptoceroidea: Leptoceridae, Molannidae, Odontoceridae
  Sericostomatoidea: Beraeidae, Sericostomatidae

1. Fühler kurz u. dick, höchstens halb so lang wie Vdflügel. Vdflügel mit aufgerichteten, am Ende verdickten Haaren (keine Schuppen), Randhaare der Htflügel länger als breiteste Stelle des Htflügels. Flügel schmal u. meist zugespitzt [**5**]. Vdflügel 1,5–5 mm lang .... **Hydroptilidae**
Manchmal bunt gezeichnet. 9 Gattungen mit etwa 35 Arten, z. B. 15; ***Hydroptila*** Dalman, 2; ***Agraylea*** Curtis, häufig ***H. sparsa*** Curtis. – Hierher auch **Hydroptilidae (= Ptilocolepidae)** mit ***Ptilocolepus granulatus*** (Pictet) (Sondermerkmal: Vorderflügel breit, Spitze gerundet), an Quellen u. Quellbächen.

— Fühler viel länger. Vdflügel ohne verdickte Haare, Hinterflügel nicht mit so langen Randhaaren. Überwiegend größere Arten, Vdflügel meist über 5 mm 2

2. Fühler 2–3-mal so lang wie die Vdflügel, dünn, zierlich [**6**] .... **Leptoceridae** S. 415

— Fühler etwa so lang (höchsten 1½-mal so lang) wie Vdflügel; wenn 2-mal so lang, Fühler kräftig 3

3. Maxillartaster 5-gliedrig [**7**] 4

— Maxillartaster 3- oder 4-gliedrig [**8**] **20**

4. Letztes Glied des Maxillartasters geißelförmig, deutlich länger als die übrigen Glieder, oft sekundär gegliedert, in sich biegsam [**7b**] 5

— Letztes Glied des Maxillartasters höchstens etwas länger als Glied 4, nicht sekundär gegliedert [**7a**] 9

5. Mit Ocellen zwischen den Augen. Untergliederung des 5. Maxillartasterglieds erscheint eng
Philopotamidae S. 412

— Ohne Ocellen. Untergliederung des Maxillartasters locker **6**

6. Glied 1 u. 2 des Maxillartasters gleich lang, Glied 3 viel länger. Zelle 1R_3 im Vdflügel länglich, etwa so lang wie Zelle 1M_2 .... **Polycentropodidae**, S. 413

— Glied 2 des Maxillartasters meist etwa so lang wie 3, Glied 1 viel kürzer [**7b**]. Zelle 1R_3 im Vdflügel viel kürzer als 1M_2 [**3**] **7**

7. Spornzahl der Tibien 3,4,4 [**4**] .... **Ecnomidae**

Vdflügel dunkelbraun u. golden gepunktet. 4–6 mm. Nur 2; ***Ecnomus*** McLachlan, z. B. ***E. tenellus*** (Rambur).

— Spornzahl der Tibien 2,4,4 .... **8**

8. Htflügel etwas zugespitzt, schmaler als Vdflügel. R_1 in Vd- u. Htflügel fehlend. 3–8 mm **Psychomyiidae**

Fühler so lang wie oder kürzer als die Vdflügel. 10; ***Tinodes*** Curtis (Glied 3 des Maxillartasters länger als 2), häufig ***T. waeneri*** (L.). Glied 2 u. 3 des Maxillartasters etwa gleich lang: 2; ***Psychomyia*** Latreille (Vorderflügel hellbraun), z. B. ***P. pusilla*** (F.), häufig. 2; ***Lype*** McLachlan (Vorderflügel mit dunkler Behaarung), häufig ***L. phaeopa*** (Stephens).

— Htflügel nicht zugespitzt, meist deutlich breiter als die Vdflügel. R_1 in Vd- u. Htflügel vorhanden, gegabelt. 5–15 mm .... **Hydropsychidae**

Fühler dünn, meist länger als Vdflügel. ***Diplectrona felix*** McLachlan (Fühler kürzer als Vdflügel, innen gesägt; 6–7 mm). ***Cheumatopsyche lepida*** (Pictet) (6–6,5 mm) u. 17; ***Hydropsyche*** Pictet (Fühler länger als Vdflügel, vom 3. Glied an mit schwarzer spiraliger Linie), häufig ***H. pellucidula*** (Curtis) (9–14 mm).

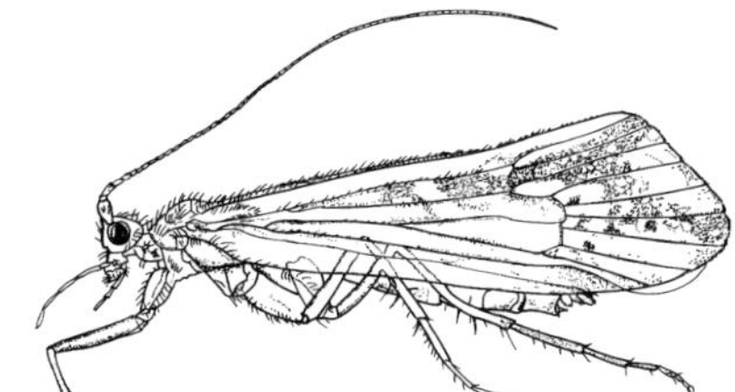

1

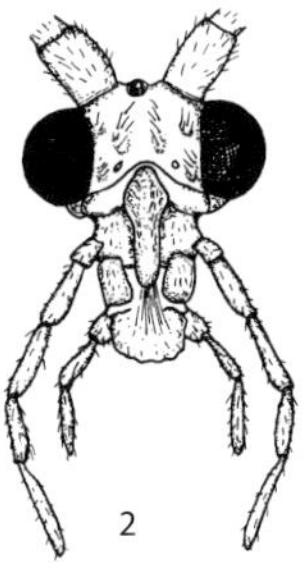

2

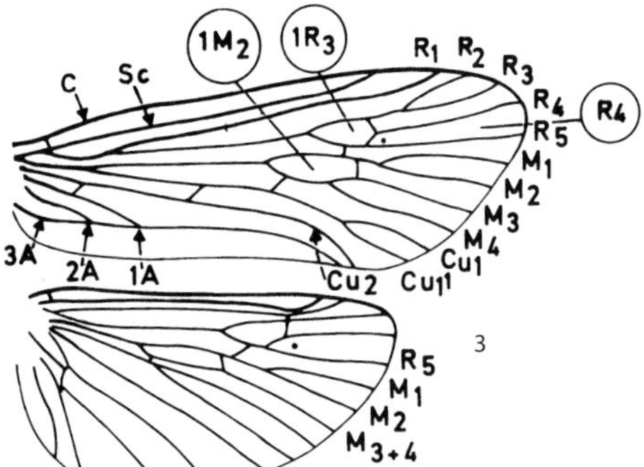

3

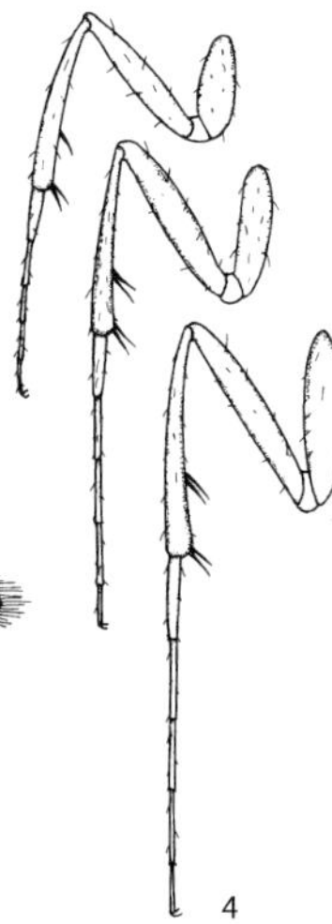

4

5

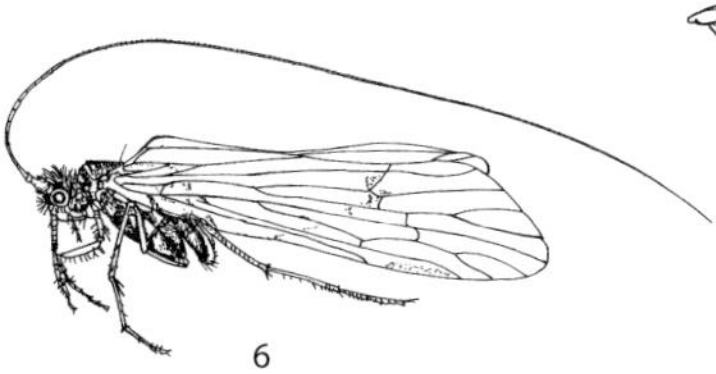

6

1 Limnephilidae; **6** Leptoceridae

9. Mit Ocellen **10**
— Ohne Ocellen **13**
10. Vdtibien mit 1 oder ohne Sporn, Mitteltibien mit 2–3 Spornen ♀♀ der **Limnephilidae** S. 414
Hierzu auch **Apataniidae**. Einige **Limnephilidae** haben 2 Sporne an den Vdtibien, dann aber Mitteltibien mit 2 Spornen. – Außerdem **Uenoidae** (Spornzahl 1,3,3; 12–13 mm; nur im Schwarzwald) s. **18**.
— Vdtibien mit 2 bis 3, Mitteltibien mit 4 Spornen **11**
11. Glied 2 des Maxillartasters kurz und dick, kaum länger als 1; Glied 3 länger u. dünner als 1 und 2; Glied 5 zugespitzt **12**
— Glied 2 des Maxillartasters viel länger als 1; Glied 5 nicht zugespitzt ♀♀ der **Phryganeidae** S. 413
12. Spornzahl 3,4,4. Ohne geschlossene Zelle 1R_3 im Vdflügel .... **Rhyacophilidae**
Nur 24; ***Rhyacophila*** Pictet, häufig z. B. ***R. nubila*** (Zetterstedt) (10–14 mm).
— Spornzahl 2,4,4. Mit geschlossener Zelle 1R_3 im Vdflügel .... **Glossosomatidae**
5–11 mm. 4; ***Glossosoma*** Curtis (mit Zelle 1R_3 im Htflügel). Ohne 1R_3 im Htflügel: 5; ***Agapetus*** Curtis u. 3; ***Synagapetus*** McLachlan, häufig ***A. fuscipes*** Curtis (4–6 mm).
13. Mit geschlossener Zelle 1R_3 im Vdflügel [**3**] **14**
— Ohne geschlossene Zelle 1R_3 im Vdflügel **19**
14. Fühler etwa 1½-mal so lang wie die Vdflügel, innen schwach gesägt, Basalglied länger als der Kopf. R_1 u. R_2 durch Querader verbunden .... **Odontoceridae**
Nur ***Odontocerum albicorne*** (Scopoli) (13–18 mm).
— Fühler nicht auffällig länger als die Vdflügel u. nicht gesägt. Ohne Queradern zwischen Sc, R_1 u. R_2 .... **15**
15. Mitteltibia mit 4 Spornen. Vdflügellänge 4–12 mm **16**
— Mitteltibia mit 2 oder 3 Spornen **17**
16. Adern M_1 u. M_2 im Hinterflügel getrennt, wie [**3**] .... **Goeridae**
Goera pilosa (F.) (8–11 mm). 3; ***Silo*** Curtis (5–10 mm), häufig ***S. pallipes*** (F.). 2; ***Lithax*** McLachlan (4–7 mm).
— Adern M_1 u. M_2 im Hinterflügel zu M_{1+2} verschmolzen .... **Lepidostomatidae**
Crunoecia McLachlan (5–7 mm), häufig ***C. irrorata*** (Curtis). Vdflügel größer, über 7 mm: ***Lepidostoma hirtum*** (F.) (Grundglied der Fühler wenig länger als der Kopf). ***Lasiocephala basalis*** (Kolenati) (Grundglied der Fühler über doppelt so lang wie der Kopf).
17. Httibien mit 4 Spornen. Vdflügellänge 10–15 mm .... **Sericostomatidae**
2; ***Sericostoma*** Latreille (Vdflügel hinten konkav). Vdflügel hinten nicht konkav: ***Notidobia ciliaris*** (L.) (Fühler schwarz). ***Oecismus monedula*** (Hagen) (Fühler gelb).
— Httibien mit 2 oder 3 Spornen **18**
18. Mit Ocellen. Flügel recht kurz u. breit. 6 mm .... **Uenoidae**
Nur ***Thremma gallicum*** McLachlan (Vdflügel ± scheckig, golden behaart).
— Ohne Ocellen. Flügel schlanker. 5–12 mm .... **Brachycentridae**
4; ***Micrasema*** McLachlan (Vdflügel einfarbig dunkel). 3; ***Brachycentrus*** Curtis (Vdflügel dunkel mit hellen Flecken), häufig ***B. maculatus*** (Fourcroy) (5–8 mm).
19. Spornzahl der Tibien 2,4,4 .... **Molannidae**
Glied 1 u. 2 der Maxillartaster kurz. 3; ***Molanna*** Curtis (Vdflügel lang, schmal; Flügelspannweite 19–31 mm), häufig ***M. angustata*** Curtis (9–12 mm). ***Molannodes tinctus*** (Zetterstedt) (Vdflügel kürzer, breiter; 7–8 mm), an humosen Gewässern.
— Spornzahl der Tibien 2,2,4 .... **Beraeidae**
Nur Glied 1 der Maxillartaster kurz. ***Beraeodes minutus*** (L.) (4,5 mm; Vdflügel zugespitzt), häufig. 4–6 mm. Vdflügel abgerundet: 2; ***Beraea*** Stephens. 2; ***Ernodes*** Wallengren, häufig ***B. pullata*** (Curtis).
20. Maxillartaster 4-gliedrig. Mit Ocellen .... ♂♂ der **Phryganeidae** S. 413
— Maxillartaster 3-gliedrig **21**
21. Vdtibien mit 1 oder ohne Sporn. Maxillartaster fadenförmig, dem Gesicht nicht eng anliegend [**8a**]. Mit Ocellen .... ♂♂ der **Limnephilidae** S. 414
Hierzu gehören auch die **Apataniidae**.
— Vdtibien mit 2 Spornen. Maxillartaster dem Gesicht oft eng anliegend [**8b**]. Fast immer ohne Ocellen **15**

Familie: **Philopotamidae**

1. Adern M_3 u. M_4 getrennt zum Flügelrand laufend. Spornzahl 2,4,4. Glied 5 des Maxillartasters so lang wie Glied 3 u. 4 zusammen. 8–14 mm .... 3; ***Philopotamus*** Stephens
In Bächen, z. B. ***P. ludificatus*** McLachlan.

— M_3 u. M_4 zu M_{3+4} verschmolzen. Spornzahl anders **2**

2. Spornzahl 1,4,4. Glied 2 des Maxillartasters viel länger als Glied 1. 5–6 mm. In Bächen ***Chimarra marginata*** (L.)

— Spornzahl 2,4,4. Glied 2 des Maxillartasters so lang wie Glied 1 oder wenig länger. 5–7 mm 6; ***Wormaldia*** McLachlan

In Fließgewässern z. B. ***W. occipitalis*** (Pictet).

Familie: **Polycentropodidae**

1. Im Vdflügel R_2 u. R_3 zu R_{2+3} verschmolzen .... 4; ***Cyrnus*** Stephens

Häufig ***C. trimaculatus*** (Curtis) (5–6 mm).

— R_2 u. R_3 im Vdflügel getrennt zum Flügelrand verlaufend **2**

2. Vdflügel mit schmalem Costalraum, mit 1 Querader zwischen C u. Sc. Vdflügel graubraun, mit 2 gelben Flecken. 5–8 mm .... ***Neureclipsis bimaculata*** (L.)

— Vdflügel mit breitem Costalraum, mit 2 Queradern zwischen C u. Sc **3**

3. Zelle $1R_3$ im Htflügel offen .... 4 ; ***Polycentropus*** Curtis

Häufig ***P. flavomaculatus*** (Pictet), in stärker strömenden (auch belasteten) Fließgewässern.

— Zelle $1R_3$ im Htflügel geschlossen **4**

4. Groß: 10–15 mm .... 4; ***Plectrocnemia*** Stephens

Fühler gelb geringelt. An Bächen, häufig ***P. conspersa*** Curtis.

— Kleiner: 5–9 mm .... 4; ***Holocentropus*** McLachlan

Vdflügel braun, gelb gefleckt. An stehenden Gewässern, häufig ***H. dubius*** (Rambur).

Familie: **Phryganeidae**

1. Vdflügel dicht, anliegend behaart, matt oder schwach glänzend **2**

— Vdflügel unbehaart oder sehr kurz behaart, glänzend, oft bunt **3**

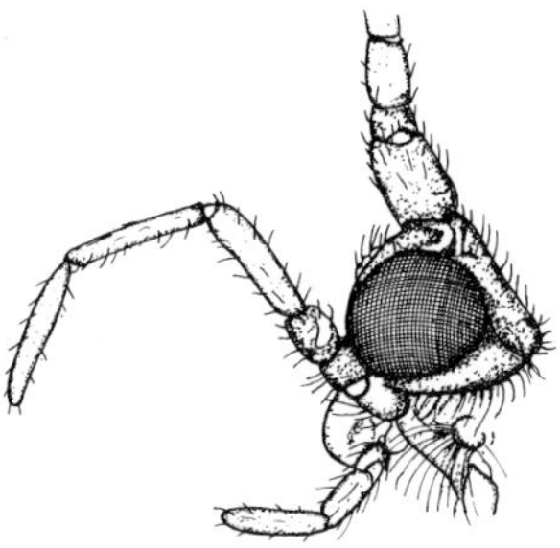

7a

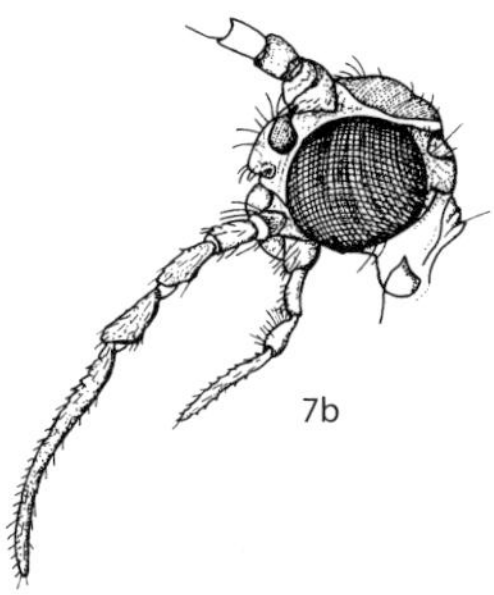

7b

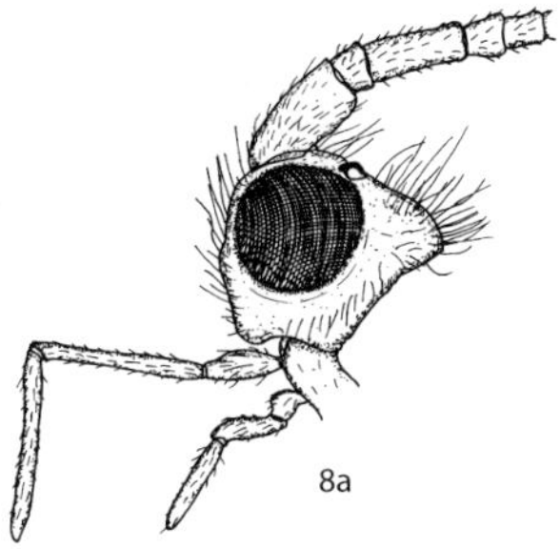

8a

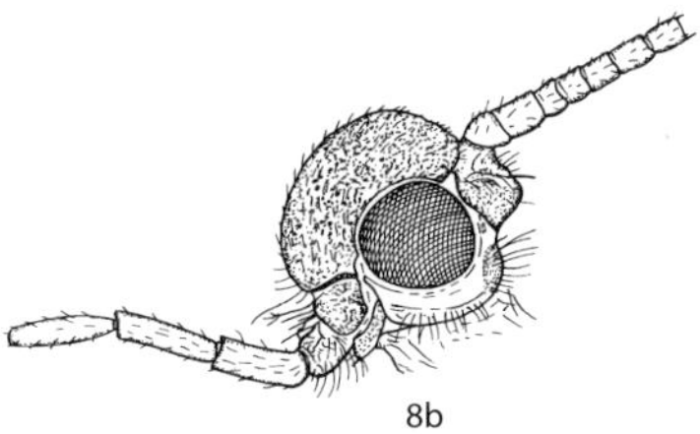

8b

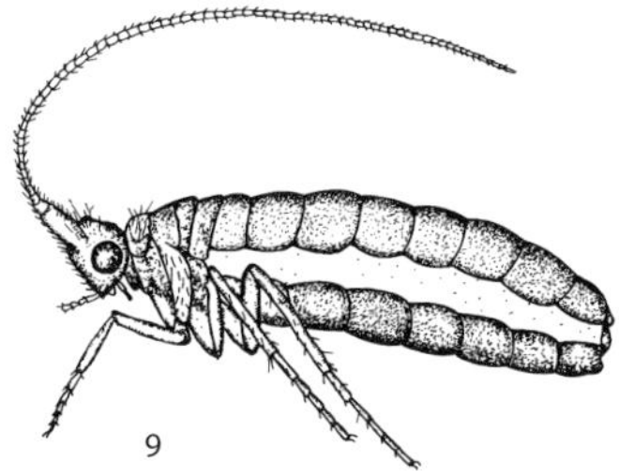

9

9 *Enoicyla*

2. Sehr groß, Vdflügellänge 16–28 mm .... 2; ***Phryganea*** L.
Häufig ***P. grandis*** L., bei Tage oft an Baumrinde, fliegt nachts ans Licht.
— Kleiner .... 4; ***Agrypnia*** Curtis
Häufiger ***A. pagetana*** Curtis (10–15 mm), an pflanzenreichen Gewässern.
3. Flügel ungefleckt. 13–17 mm .... ***Oligotricha striata*** (L.)
— Flügel mit dunkler Fleckenzeichnung **4**
4. Beine dunkel. 11–13 mm. Sehr häufig .... ***Oligostomis reticulata*** (L.)
— Beine gelb oder gelbbraun: ***Trichostegia minor*** (Curtis) (8–12 mm). ***Hagenella clathrata*** (Kolenati) (12–15 mm).

Familie: **Limnephilidae**

Artenreich. ♀♀ legen Eier in Wassernähe ab. Die Larven wandern ins Wasser, oder die Eier werden vom Regen und Hochwasser hineingespült. ***Enoicyla*** rein terrestrisch, ♀♀ flügellos [**9**]. ***Apatania*** gehört zu den **Apataniidae**.

1. Sc des Vdflügels mündet in die Mitte einer senkrechten Querader, die C und R_1 verbindet [**10**] (**Apataniidae**) 4; ***Apatania*** Kolenati
A. auricula (Forsslund) (8–11 mm), an der Brandungszone von Seen.
— Sc des Vdflügels mündet in den Flügelrand oder in die obere Spitze der Querader am Flügelrand [**11**] **2**
2. Fläche des Hinterflügels nicht größer als die des Vdflügels **3**
— Fläche des Hinterflügels größer als die des Vdflügels **4**
3. Hinterflügel im Bereich der Analadern etwas verbreitert [**11**] ...... ♂♂ von 2; ***Enoicyla*** Rambur
Häufig ***E. pusilla*** (Burmeister) (Körperlänge 5–7 mm), an feuchten Stellen.
— Hinterflügel im Bereich der Analadern nicht verbreitert. Körperlänge 8–12 mm ***Anomalopterygella chauviniana*** (Stein)
♂♂ flugunfähig, da verkümmerte, zugespitzte Flügel. Am Rand von Flüssen, selten.
4. Unterseite der letzten Tarsalglieder der Hinterbeine mit dicken, schwarzen Dornen **5**
— Unterseite der letzten Tarsalglieder der Hinterbeine ohne auffallende Dornen: 8 Gattungen; bei 4 stehen auf den Adern der Vdflügel reihenweise Warzen, aus denen Borsten entspringen, z. B. 2; ***Chaetopteryx*** Stephens
An Bergbächen ***Ch. villosa*** (F.) (7–12 mm).
5. R_5 im Hinterflügel schwarz gesäumt .... 3; ***Grammotaulius*** Kolenati
In moorigen Gebieten an Seen und Flüssen, z. B. ***G. nitidus*** (Müller) (16–23 mm).
— R_5 im Hinterflügel nicht dunkel gesäumt **6**

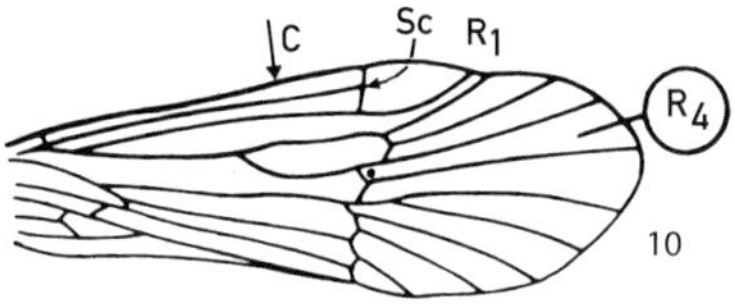

10

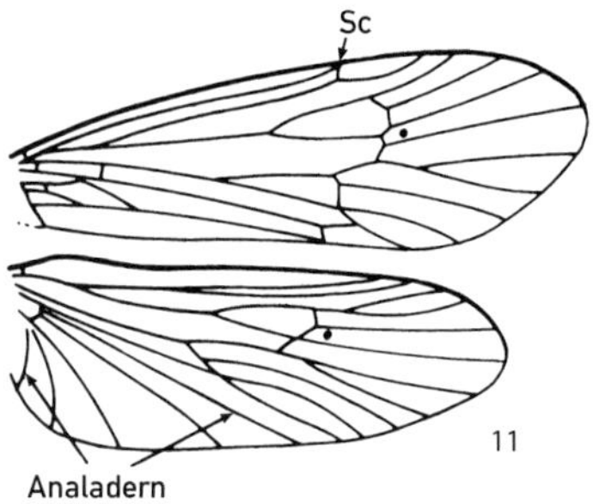

11

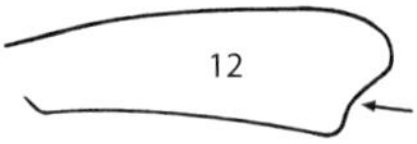
12

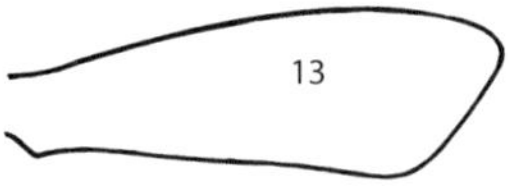
13

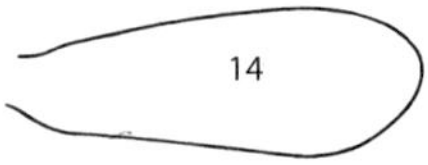
14

6. Vdflügel am hinteren Außenrand konkav eingebuchtet [**12**]: ***Glyphotaelius pellucidus*** (Retzius) (12–17 mm) u. ***Nemotaulius punctatolineatus*** (Retzius) (21–27 mm)
— Vdflügel am hinteren Außenrand nicht eingebuchtet **7**
7. Vdflügel am Außenrand nach hinten geradlinig schräg abgeschnitten [**13**]. [**1**] ***Limnephilus*** Leach
Über 30 Arten, häufig, z. B. ***L. lunatus*** Curtis (9–14 mm) (Vorderflügel am Außenrand mit heller halbmondförmiger Zeichnung).
— Vdflügel am Außenrand gleichmäßig gerundet [**14**]: 14 Gattungen, darunter 2; ***Anabolia*** Stephens, 3; ***Stenophylax*** Kolenati, 5; ***Potamophylax*** Wallengren
Häufig z. B. ***A. nervosa*** (Curtis) (9–15 mm), an Flüssen u. Seen.

Familie: **Leptoceridae**

10–30 mm. Fühler 2–3-mal so lang wie Vdflügel [**6**]. Beine lang u. dünn. Schwärmen oft in Massen im Sonnenschein oder bei Beginn der Dämmerung, vor allem im Schilfgürtel der Seeufer.

1. Adern M_3 u. M_4 im Htflügel getrennt zum Flügelrand verlaufend **3**
— Adern M_3 u. M_4 im Htflügel zu M_{3+4} verschmolzen **2**
2. Stamm der Media M (vgl. [**3**]) im Vdflügel fehlend .... 2; ***Triaenodes*** McLachlan
Htflügel schwarz behaart. Vdflügel 5–8 mm. Häufig ***T. bicolor*** (Curtis), an pflanzenreichen Gewässern. – Selten 4; ***Ylodes*** Milne (Htflügel hellgrau; Vdflügel hellgrau).
— Stamm von M im Vdflügel vorhanden .... 2; ***Adicella*** McLachlan
Körper rötlichgelb. 5–7 mm. An Bächen u. Quellen, häufiger ***A. filicornis*** (Pictet). – Selten ***Erotesis baltica*** McLachlan (Körper dunkel; 6–8 mm).
3. Vdrand der Vdflügel im äußersten Drittel leicht eingekerbt. Maxillartaster dicht, fast federartig mit schwarzen Haaren besetzt .... 3; ***Mystacides*** Berthold
Häufiger z. B. ***M. nigra*** (L.) (7–8 mm).
— Vdrand der Vdflügel nicht eingekerbt. Maxillartaster normal behaart **4**
4. Htflügel breiter als Vdflügel 6; ***Athripsodes*** Billberg (7–9 mm), 9; ***Ceraclea*** Stephens (7–12 mm)
Häufig z. B. ***A. aterrimus*** (Stephens) (7–10 mm).
— Htflügel deutlich schmaler als Vdflügel .... 7; ***Oecetis*** McLachlan, 3; ***Leptocerus*** Leach, 3; ***Setodes*** Rambur
Bei ***Oecetis*** Körper meist gelblich bis hellbraun. Länge des Vdflügels 4–14 mm, häufig ***Oe. ochracea*** (Curtis) (6–7 mm). Arten der übrigen Gattungen kleiner (5–7 mm), meist dunkler, häufiger nur ***L. tineiformis*** Curtis.

Larven der Trichoptera

Aquatisch (außer ***Enoicyla*** [**23e**]). Mundwerkzeuge beißend. Mit 3 Paar Thorakalbeinen. Abdomen weichhäutig mit einem Paar Nachschiebern, mit oder ohne Kiemen. Pflanzenfresser, Detritusfresser oder Räuber. Larven entweder **campodeid** [**15–21**] (Körper dorsoventral abgeflacht; Mundwerkzeuge nach vorn gerichtet [prognath]; meist ohne Köcher; meist Räuber) oder **eruciform** [**22–31**] (Körper vom Raupentyp, walzenförmig; Mundwerkzeuge nach unten gerichtet [± orthognath]; mit Köcher; 1. Abdominalsegment mit Höckern zum Halt des Köchers; meist Pflanzen- oder Detritusfresser). Viele campodeide Larven spinnen Wohn- u. Fanggewebe zwischen Steinen oder Wasserpflanzen. Köcher sind transportable Gehäuse aus Spinnstoff, in die Fremdkörper (Pflanzenteile, Molluskenschalen, Steinchen, Sand) eingebaut werden.

1. Meist ohne Köcher, ganz frei oder mit Wohn- u. Fangnetzen. Körper ± dorsoventral abgeflacht (campodeid). Mundwerkzeuge nach vorn gerichtet (prognath). 1. Abdominalsegment ohne Höcker [**15–21**] **2**
— Mit Köcher. Körper ± walzenförmig (eruciform). Mundwerkzeuge nach unten gerichtet (ortho- bis hypognath), 1. Abdominalsegment meist mit höckerähnlichen Erhebungen [**22–31**] **9**
2. Alle Thorakalsegmente oben sklerotisiert [**15, 16a**] **3**
— Nur 1. Thorakalsegment oben sklerotisiert **5**

3. Abdomen mit kleinen schwarzen Börstchen besetzt, dadurch rau. Ventral mit büschelförmigen Kiemen [**15**] .... **Hydropsychidae**
Spinnen engmaschige Fangnetze in nicht zu stark strömenden Fließgewässern. Puppe in Steingehäuse. Räuber.

— Abdomen ohne solche Börstchen. Ohne Kiemen **4**

4. Mit transportablem, flachem Köcher (z. B. [**16b**]). Habitus [**16a**] .... **Hydroptilidae**
Köcher z. T. mit Sandkörnern oder Algenfäden. Räuber. In stehenden Gewässern u. in Fließgewässern. – Außerdem **Ptilocolepidae**, Köcher aus Moosstücken, in Quellen u. Quellbächen.

— Ohne Köcher. Kopf gelb, braun gezeichnet .... **Ecnomidae**
Räuber. In Seen, Teichen und Gräben; manchmal in Süßwasserschwämmen.

5. Abdomen mit büschelförmigen Kiemen [**17**] .... **Rhyacophilidae**
Oft grün oder gelb-grün. Spinnen Sicherheitsfäden. Puppen in Steingehäuse. Räuber. In kalten Fließgewässern.

— Abdomen ohne Kiemen **6**

6. Mit transportablem, halbelliptischem Köcher [**18**] .... **Glossosomatidae**
Köcher aus groben Sandkörnern. Nahrung: Aufwuchs auf Steinen. In kalten Fließgewässern.

— Freilebend oder in Gespinsten, die an festem Substrat angesponnen sind. Gespinste können als Fangnetze für Plankton dienen **7**

7. Oberlippe (Labrum) weiß, nicht sklerotisiert, zurückziehbar. Larven einzeln oder gesellig freilebend [**19**]. Räuber .... **Philopotamidae**

— Oberlippe gelb oder braun, sklerotisiert **8**

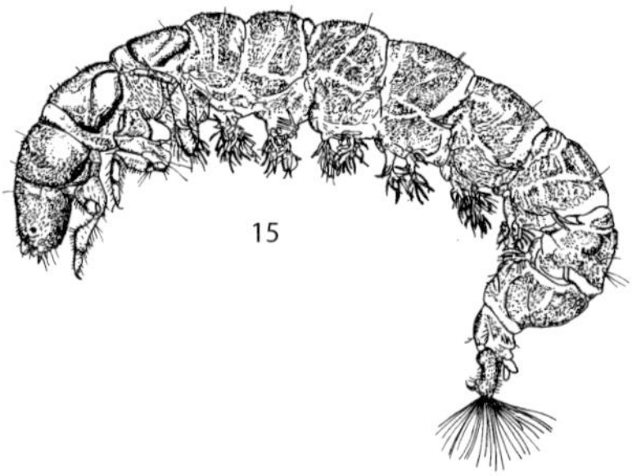
15

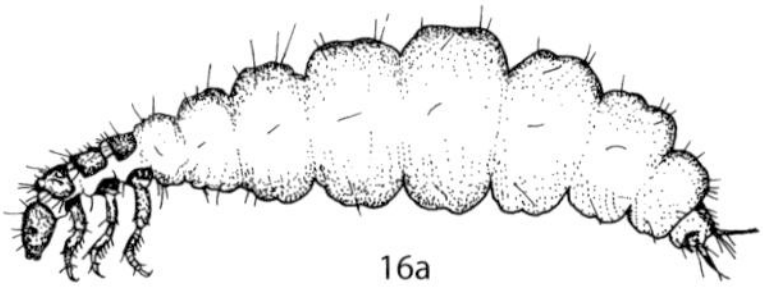
16a

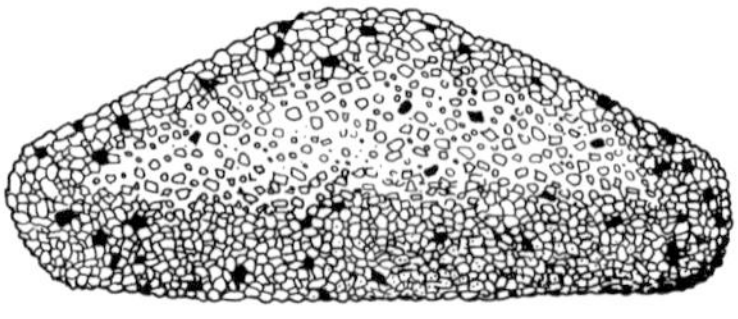
16b

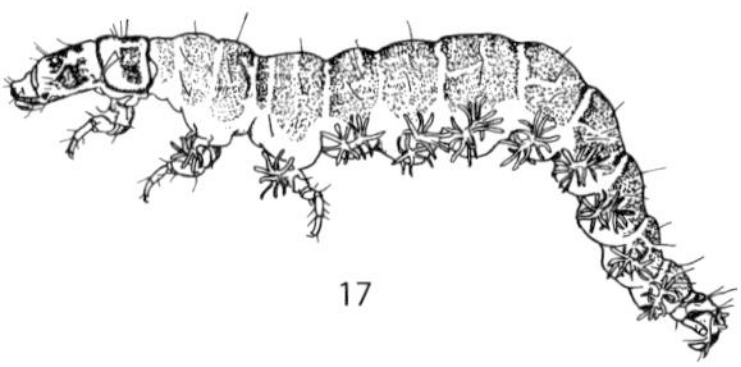
17

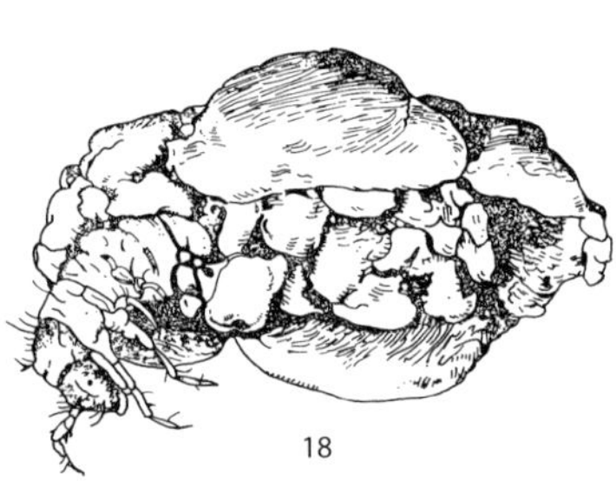
18

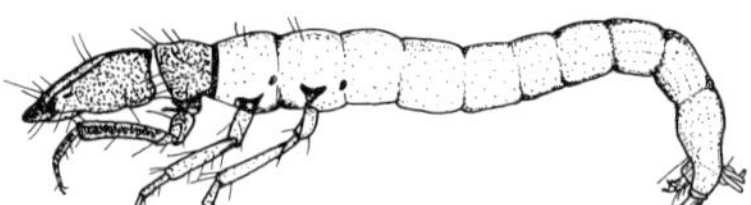
19

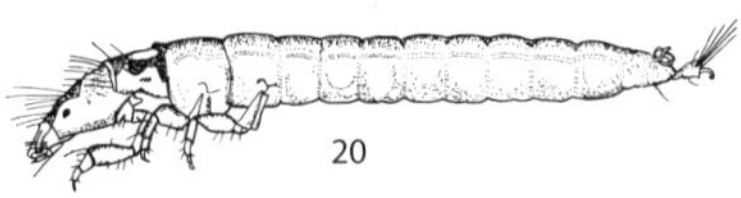
20

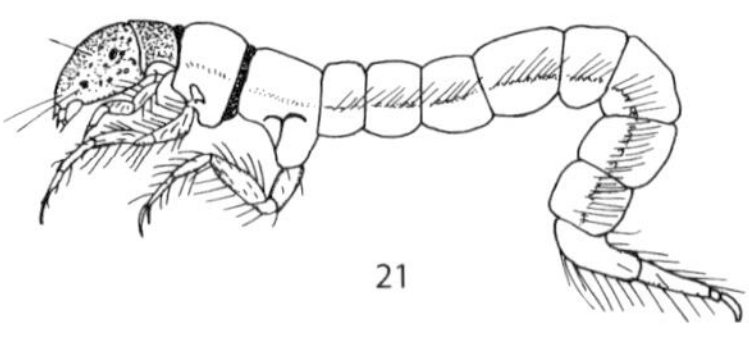
21

15 Hydropsychidae; **16** Hydroptilidae (**a** Larve ohne Köcher, **b** Köcher); **17** Rhyacophilidae; **18** Glossosomatidae; **19** Philopotamidae; **20** Psychomyiidae; **21** Polycentropodidae

8. Unterlippe (Labium) in langen Fortsatz verlängert, dieser viel länger als Labialtaster. [**20**] **Psychomyiidae**

In mit Sandkörnern beklebten Gespinströhren auf Steinen. Nahrung: Aufwuchs.

— Labium höchstens mit kurzem Fortsatz. [**21**] .... **Polycentropodidae**

Grünlich oder rötlich gefärbt. In Gespinsten oder Fangnetzen. Räuber. – Hierher auch einige **Rhyacophilidae** (freilebend, nicht in Gespinsten) s. Nr. **5**.

9. Larven vom Typ wie [**22**]. Halsschild (Pronotum) ganz sklerotisiert, Mesonotum u. Metanotum weichhäutig u. seitlich mit je einem Borstenfleck .... **Phryganeidae**

Köcher gerade, aus Pflanzenteilen. Auch räuberisch. Nur in stehenden Gewässern.

— Larven vom Typ wie [**23–31**]. Pronotum u. meist auch Mesonotum stark sklerotisiert; letzteres kann auch nur mit kleinen Chitinschildchen bedeckt oder ganz weichhäutig sein **10**

10. Pronotum u. Mesonotum ganz sklerotisiert. Metanotum mit 3 Paar sklerotisierten Flecken [**23a**]. Prosternum (Vdbrust zwischen den Hüften der Vdbeine) mit stilettartigem „Horn" („Prosternalhorn"). Köcher z. B. [**23a–e**] .... **Limnephilidae**

Köcher sehr unterschiedlich, aus Sandkörnern, pflanzlichen Teilen oder Molluskenschalen [**23a–e**]. In den verschiedensten Gewässern, nur ***Enoicyla*** terrestrisch, in Laubstreu, im Moos, zwischen Steinen, Köcher meist aus feinen Sandkörnern [**23e**]. – Hierher auch **Apataniidae**.

— Pronotum ganz sklerotisiert, Mesonotum oft nur mit einigen voneinander getrennten Chitinschildchen, Metanotum meist ganz weichhäutig. Mit oder ohne Prosternalhorn **11**

11. Kopf in einen Ausschnitt des Pronotums einziehbar .... **Goeridae**

Köcher eine gerade Sandröhre, in die seitlich einige gröbere Sandkörner flügelartig eingebaut sind („Belastungssteine") [**24**]. In Bächen mit Sandgrund.

— Kopf nicht einziehbar, Pronotum vorn nicht ausgeschnitten. Köcher anders **12**

12. Am Htende des Abdomens Nachschieber mit 2 oder 3 großen, übereinander stehenden Haken. Kopf sehr dunkel. Mesonotum weichhäutig mit einigen sklerotisierten Flecken oder am Vdrand sklerotisiert. Metanotum ganz weichhäutig. [**25**] .... **Sericostomatidae**

Köcher eine glatte, gebogene Sandröhre mit membranösem Verschluss [**25**]. In Bächen.

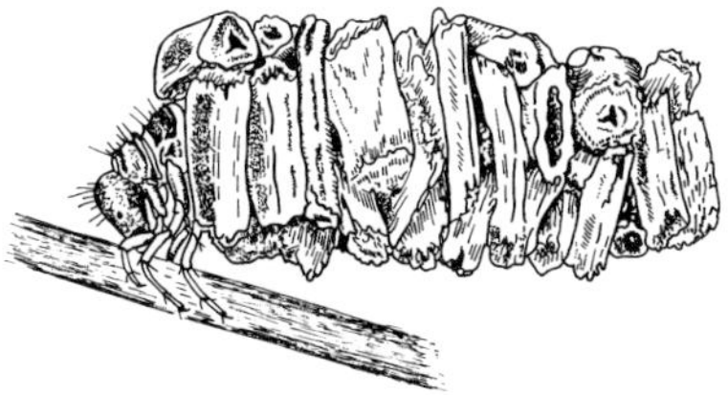

23a

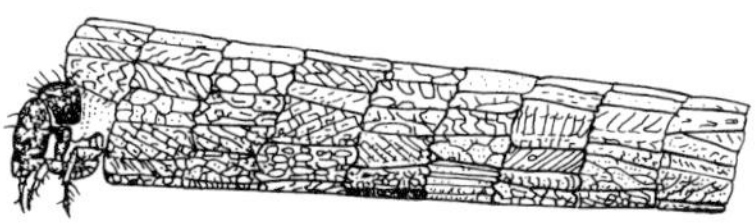

22

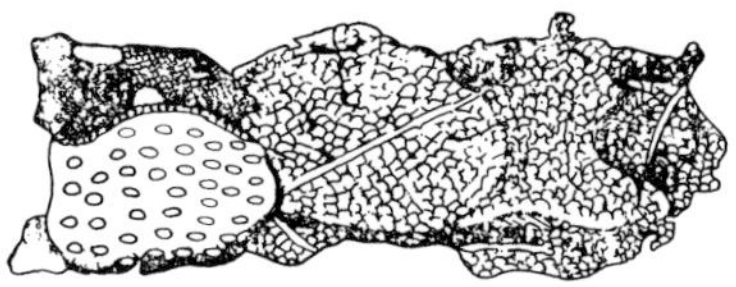

23b

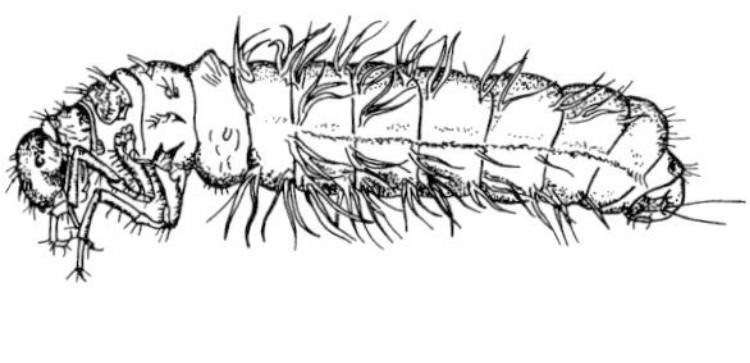

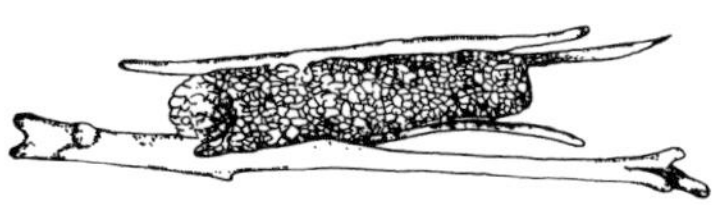

23c

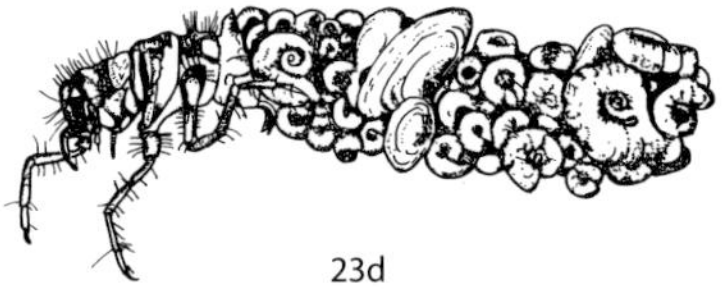

23d

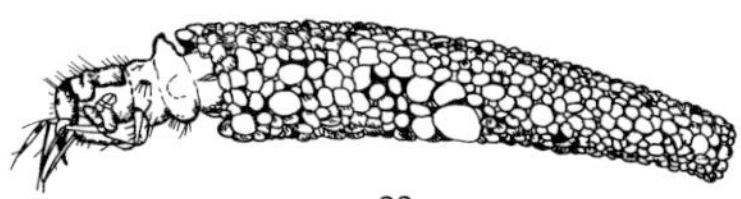

23e

22 Phryganeidae; **23a–23e** Limnephilidae (**23a** auch ohne Köcher dargestellt, **23b** u. **23c** nur Köcher, **23e** *Enoicyla*)

— Krallen der Nachschieber klein. Andere Merkmale **13**

13. Köcher mützenartig, aus Sand [**26**] .... **Uenoidae**

Nur in klaren Bächen des Schwarzwaldes.

— Köcher röhrenförmig, vorn u. seitlich mit schildförmiger Verbreiterung [**27**]. An sandigen Seeufern u. in Gebirgsbächen .... **Molannidae**

— Köcher anders **14**

14. Mit Prosternalhorn. Köcher mit vierkantigem oder rundem Querschnitt [**28**]. In Quellen u. Bergbächen .... **Lepidostomatidae**

— Prosternum ohne solches Horn **15**

15. 1. Abdominalsegment ohne Höcker. Köcher manchmal 4-kantig, nie schildförmig [**29**]. In stark strömenden Gewässern .... **Brachycentridae**

— 1. Abdominalsegment mit 3 Höckern. Köcher konisch, gebogen, nie 4-kantig **16**

16. Metanotum mit 2 großen, quer hintereinander liegenden Chitinschildchen u. seitlich über den Coxen mit je einem kleinen Chitinschildchen. Kopf vorn auf dem Kopfschild (Clypeus) mit x-förmigem Fleck. Larve groß und dick .... **Odontoceridae**

Köcher aus Sand, glatt, nach hinten nicht stark verschmälert. In Bergbächen.

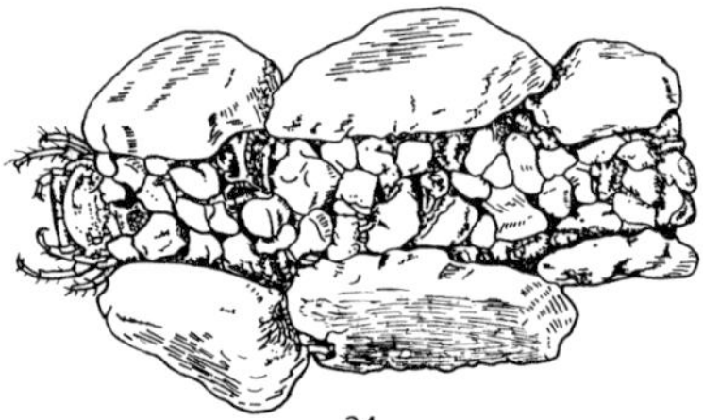

24

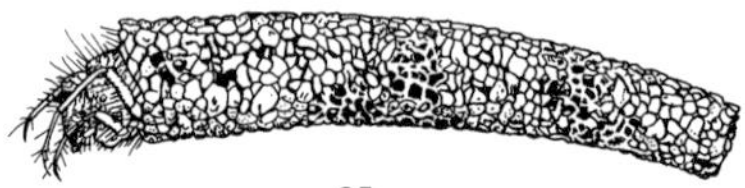

25

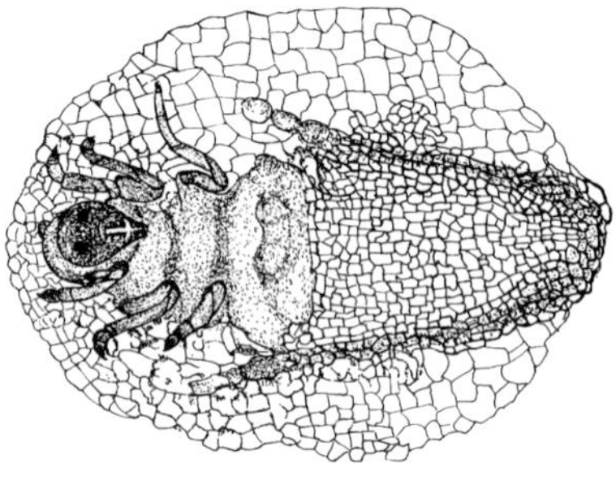

26

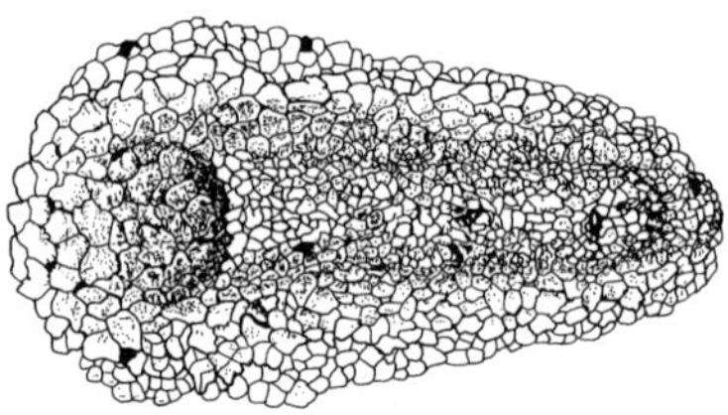

27

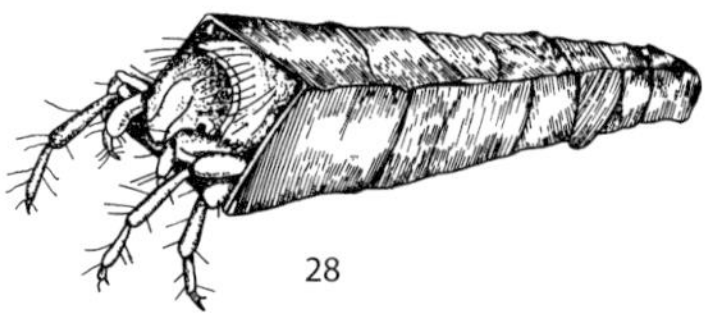

28

29

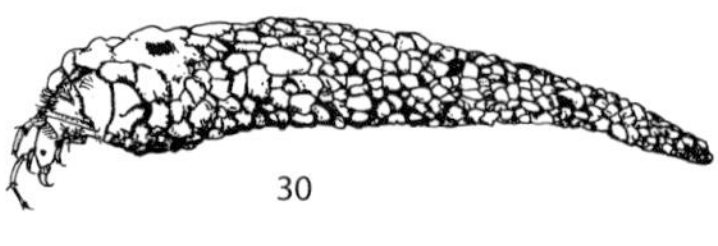

30

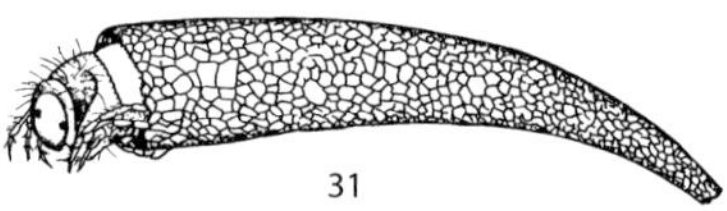

31

24 Goeridae; **25** Sericostomatidae; **26** Uenoidae; **27** Molannidae (nur Köcher); **28** Lepidostomatidae; **29** Brachycentridae; **30** Beraeidae; **31** Leptoceridae

— Metanotum ganz weichhäutig. Clypeus ohne solchen Fleck. Larve schlank, Köcher nach hinten stark verschmälert **17**

17. 3. bis 8. Abdominalsegment mit einer Reihe seitlich angeordneter Chitinpunkte. Schenkel nicht geteilt. Köcher aus Sand, glatt [**30**] .... **Beraeidae**
In Gebirgsbächen u. an sandigen Seeufern.

— Höchstens auf dem 8. Abdominalsegment Chitinpunkte. 2. u. 3. Schenkel 2-geteilt. Köcher aus Sand- oder Pflanzenteilen, länger als die Larve, aber eng an diese angepasst [**31**] **Leptoceridae**

In stehenden u. fließenden Gewässern.

Literatur

Barnard, P., Ross, E.: Guide to the adult caddis flies or sedge flies (Trichoptera). Field Studies Council. AIDGAP 129. Shrewsbury, 2008.

Barnard, P., Ross, E.: The adult Trichoptera (caddisflies) of Britain and Ireland. Royal Entomological Society Handbook, Volume 1, Part 17. London, 2012.

Caspari, S., Rote-Liste-Zentrum: Kocherfliegen-Trichoptera. {https://www.rote-liste-zentrum.de/de/Kocherfliegen-Trichoptera-1746.html]. 2021.

Edington, J. M., Hildrew, A. G.: A revised key to the caseless caddis larvae of the British Isles with notes on their ecology. Freshwater Biological Association, Scientific Publication 53. Ambleside, 1995.

Malicky, H.: Atlas of European Trichoptera = Atlas der europäischen Köcherfliegen = Atlas des Trichoptères d'Europe. 2nd ed. Heidelberg, Berlin, 2004.

Mey, W.: Trichoptera – Köcherfliegen. In: B. Klausnitzer, Stresemann – Exkursionsfauna von Deutschland, Band 2 – Wirbellose: Insekten. 11. Aufl. Heidelberg, 2011.

Morse, J. C.: Trichoptera World Checklist [http://entweb.clemson.edu/database/trichopt/index.htm], 2013.

Pitsch, T.: Zur Larvaltaxonomie, Faunistik und Ökologie mitteleuropäischer Fließwasser-Köcherfliegen (Insecta: Trichoptera). Berlin, 1993.

Sedlak, E., Waringer, J.: Bestimmungsschlüssel für die mitteleuropäischen Köcherfliegenlarven (Insecta, Trichoptera). 2. Aufl. Wasser und Abwasser 29. Wien, 1987.

Tobias, W., Tobias, D.: Trichoptera Germanica. Bestimmungstafeln für die deutschen Köcherfliegen. Teil 1: Imagines. Cour. Forsch.-Inst. Senckenberg, 49. Frankfurt, 1981.

Wallace, I.: Simple key to caddis larvae. Field Studies Council. AIDGAP 105. Shrewsbury, 2006.

Wallace, I. D., Wallace, B., Phillipson, G. N.: A key to the case-bearing caddis larvae of Britain and Ireland. Freshwater Biological Association, Scientific Publication 61. 2nd ed. Ambleside, 2003.

Waringer, J., Graf, W.: Atlas of Central European Trichoptera larvae: Atlas der mitteleuropäischen Köcherfliegenlarven. Dinkelscherben, 2011.

Lepidoptera, Schmetterlinge

Fluginsekten mit vollkommener Verwandlung.
E i: Von verschiedener Gestalt, zylindrisch, kugelig, halbkugelig oder flach, Schale oft mit arteigenem Muster. Ablage einzeln oder in charakteristischem Gelege, meist an Nährpflanzen der Raupe, manchmal ins Substrat eingesenkt oder mit Afterwolle des ♀ bedeckt.
L a r v e: Walzenförmige Raupe, nackt oder behaart, mit Kopf u. 13 Rumpfsegmenten [**107–135**]. Thorax in der Regel mit gegliederten Brustbeinen, Segmente 6–9 mit je einem Paar ungegliederter Bauchbeine, 12 mit Nachschiebern. Bauchbeine, sehr selten auch Brustbeine, können fehlen. Raupe meist phytophag, frei oder in Blattwickeln, Früchten, Holz, Minen, Gallen; manche Arten an abgestorbenen Pflanzenteilen oder Pilzen, wenige an Fellen, Pelzen, Wollstoffen.
P u p p e: Meist Mumienpuppe (Pupa obtecta, [**42**], S. 215); selten Scheiden der Fühler, Rüssel, Beine u. Flügel frei. Hinterleibsringe starr oder beweglich, manchmal mit Hakenkränzen. Verpuppung oft im Boden oder an Nährpflanze, frei oder in Kokon.
I m a g o: Fühler verschiedenartig (fadenförmig, gesägt, kammzähnig, keulig). Augen groß, nackt, selten fein behaart. Oft ein Paar Nebenaugen (Ocellen) hinter Fühlerbasis, nahe Augenrand. Manchmal am Hinterrand des Kopfes ein paariges Chaetosema (Jordansches Organ [**34, 37**]). Mundteile bei ***Micropterix*** kauend, sonst saugend. Saugrüssel (Rollzunge) lang (Windenschwärmer bis 8 cm), zuweilen rückgebildet, nackt oder basal beschuppt. Kiefertaster (Maxillarpalpen) meist klein, selten fehlend (0–5 Glieder). Lippentaster (Labialpalpen) meist 3-gliedrig und gut ausgebildet. Beine normal gegliedert. Vorderschiene unterseits mit unpaarem Schienenblatt (Epiphysis); Mittelschiene mit 1, Hinterschiene mit 2 (selten 1) Spornpaaren. Vorderbeine manchmal krallenlose Putzpfoten; selten fehlen Hintertarsen (***Phymatopus hecta*** ♂) oder alle Beine sind spornlos (***Acentria ephemerella***). Füße (Tarsen) meist bedornt, Endkrallen einfach oder gespalten. Zwei Paar Flügel, beschuppt, manchmal bei ♀♀ ± reduziert. Geäder [**47–49, 54–62**] mit Subcosta (Sc), 5 Radialadern (R_1–R_5), 3 Medialadern (M_1–M_3), 2 Cubitaladern (Cu_1, Cu_2), Postcubitus (PCu), 2 Analadern (1A, 2A). Basalstamm der Media meist reduziert. Durch Querverbindung von Radius u. Cubitus entsteht Medialzelle. PCu basal oft ± verloschen. 1A u. 2A oft unter Bildung von Wurzelschlinge verschmolzen. Htflügel meist mit weniger Adern als Vdflügel ($Sc+R_1$; Rs; M_1–M_3; Cu_1, Cu_2, PCu; 1A, 2A; manchmal weitere Adern verloren). Flügelbindung: Zipfel des Vdflügels (Jugum) greift unter Costa des Htflügels (**Micropterigidae, Eriocraniidae, Hepialidae**) oder 1 (♂) bis mehrere (♀) Haftborsten (Frenulum) greifen in Halterung (Retinaculum) unterseits des Vdflügels. Haftapparatur fehlt Tagfaltern u. manchen Spinnern. Vielfach paarige Gehörorgane (Tympanalorgane) an Metathorax oder Htleibsbasis.
U n t e r s u c h u n g s m e t h o d e n: Nur einwandfreie Tiere mit gebreiteten Flügeln verwenden! Für kleine Tiere ist ein stereoskopisches Mikroskop mit Vergrößerung bis 100 x erforderlich. B e i n e: Sporne u. Dornen mancher Arten sind in dichter Behaarung der Schiene verborgen. Im Zweifelsfall Behaarung entfernen. F l ü g e l g e ä d e r: Untersuchung von der Unterseite; Flügel vorsichtig mit Alkohol betupfen. J u g u m u. H a f t b o r s t e: Flügelbasis von der Unterseite betrachten.
Die Tabellen berücksichtigen alle in Deutschland vorhandenen Familien; Gattungen u. Arten sind nur teilweise erfasst. Artbestimmung häufig nur über anatomische Untersuchung (insbesondere der Genitalapparate) zweifelsfrei möglich. Im Gebiet etwa 3700 Arten.
Abkürzungen: Vd- = Vorder-, Mt- = Mittel-, Ht- = Hinter-. Maße im Text geben die ungefähre Flügelspanne an.

System (nach Mitter et al. 2017):
Zeugloptera: Micropterigidae
Glossata
- **Eriocranioidea: Eriocraniidae**
- **Hepialoidea: Hepialidae**
- **Nepticuloidea: Nepticulidae, Opostegidae**
- **Heteroneura**
  - **Adeloidea: Adelidae, Heliozelidae, Incurvariidae**
  - **Gracillarioidea: Bucculatricidae, Douglasiidae, Gracillariidae, Roeslerstammiidae**
  - **Tineoidea: Dryadaulidae, Meessiidae, Psychidae, Tineidae**

Tischerioidea: Tischeriidae
Yponomeutoidea: Argyresthiidae, Glyphipterigidae, Heliodinidae, Lyonetiidae, Plutellidae, Yponomeutidae, Ypsolophidae
Apoditrysia
Choreutoidea: Choreutidae
Cossoidea: Brachodidae, Cossidae
Schreckensteinioidea: Schreckensteiniidae
Sesioidea: Sesiidae
Tortricoidea: Tortricidae
Urodoidea: Urodidae
Zygaenoidea: Limacodidae, Zygaenidae
Obtectomera
Alucitoidea: Alucitidae
Carposinoidea: Carposinidae
Epermenioidea: Epermeniidae
Gelechioidea: Autostichidae, Batrachedridae, Blastobasidae, Chimabachidae, Coleophoridae, Cosmopterigidae, Elachistidae, Gelechiidae, Lecithoceridae, Lypusidae, Momphidae, Oecophoridae, Scythrididae
Papilionoidea: Hesperiidae, Lycaenidae, Nymphalidae, Papilionidae, Pieridae, Riodinidae
Pterophoroidea: Pterophoridae
Pyraloidea: Crambidae, Pyralidae
Thyridoidea: Thyrididae
Macroheterocera
Bombycoidea: Brahmaeidae, Endromidae, Lasiocampidae, Saturniidae, Sphingidae
Drepanoidea: Drepanidae
Geometroidea: Geometridae
Noctuoidea: Erebidae (darunter **Arctiinae, Lymantriinae**), **Noctuidae, Nolidae, Notodontidae**

In Deutschland besonders geschützt (folgende Übersicht nicht vollständig): einige **Geometridae** (z. B. ***Arichanna melanaria, Lythria purpuraria***); viele **Erebidae** (z. B. Ordensbänder: ***Catocala***), **Arctiinae** (außer z. B. ***Spilosoma***) u. einige **Lymantriinae; Zygaenidae; Sphingidae** (***Hyles, Hemaris***); **Brahmaeidae** (***Lemonia***); **Lasiocampidae** (außer ***Dendrolimus, Eriogaster lanestris, Malacosoma neustria***); **Tagfalter** (außer Kohlweißlinge, Zitronenfalter, Tagpfauenauge, Kleiner Fuchs, Landkärtchen, C-Falter u. a.).

1. Alle Flügel voll ausgebildet. Falter flugfähig **2**
— Htflügel oder alle Flügel verkümmert oder fehlend . . . . Flugunfähige ♀♀ **69**
2. Flügel in 2–6 Federn gespalten [**1, 2**] **3**
— Flügel ungespalten **4**
3. Vdflügel in 2, Htflügel in 3 Federn geteilt [**1**] . . . . Federgeistchen, **Pterophoridae**
(4; ***Agdistis*** Hübner, Flügel ungeteilt). Kleine bis mittelgroße Falter (13–30 mm). Fühler kurz, Beine sehr lang, Leib lang u. dünn. Flügel in Ruhe rechtwinklig zum Leib. Raupen meist an niedrigen Kräutern. Puppen frei, oft bunt u. dicht behaart, nur am Ende festgesponnen. 22 Gattungen mit 71 Arten. Häufig ***Emmelina monodactyla*** (L.) (braun) u. ***Pterophorus pentadactyla*** (L.) (weiß), Raupen an Winde.
— Jeder Flügel in 6 Federn geteilt [**2**] . . . . Federmotten, **Alucitidae**
Kleine Falter (10–15 mm). Mit Ocellen. Kopf glatt, Labialpalpen vorgestreckt, Maxillarpalpen verkümmert. Raupen in Blüten u. Stängelanschwellungen. 2 Gattungen mit 5 Arten, z. B. häufig ***Alucita hexadactyla*** (L.), Geißblattfedermotte.
4. Große Teile der Flügel schuppenfrei, glasklar [**3, 4**]. Bienen-Hummel-Habitus **5**
— Flügel vollständig beschuppt, nicht glasklar **6**
5. Ocellen groß, ohne Entschuppung des Kopfes sichtbar [**5**] . . . . Glasflügler, **Sesiidae**
Mittelgroße Falter (15–45 mm) mit nacktem Rüssel u. teilweise schuppenfreien, durchsichtigen Flügeln [**4**]. Tagaktiv, in Aussehen u. Bewegung Hautflügler nachahmend. Raupen nackt, weißlich, bohren in Stängeln, Stämmen, Wurzeln. Puppen mit Hakenkränzen, schieben sich vor Schlüpfen des Falters teilweise aus dem Substrat. 8 Gattungen mit 37 Arten.
— Ocellen fehlen . . . . Hummel- und Skabiosenschwärmer, ***Hemaris*** [**3**] (**Sphingidae**) S. 440

6. Fühler keulenartig verdickt [**6**] **7**

— Fühler nicht keulig, meist fadenförmig, manchmal gesägt oder kammzähnig **12**

7. Ocellen, Chaetosema [**34**], Haftborste u. Mtsporne der Htschiene vorhanden. Rüssel nackt. Flügel in Ruhe dachförmig .... Widderchen, Blutströpfchen, **Zygaenidae**

Mittelgroße Falter (18–40 mm). Falter oft auf Blüten, fliegen im Sonnenschein.

a) Fühler stark (♂) oder schwach (♀) kammzähnig. Htschiene nur mit Endspornen [**35**]. Vdflügel leuchtend metallisch grün: Grünwidderchen, **Procridinae**, 3 Gattungen mit 8 Arten, z. B. ***Adscita statices*** (L.).

b) Fühler keulig [**6a**]. Htschiene mit Mt- u. Endspornen. Vdflügel schwarz mit roten Flecken [**7**], Htflügel rot, schwarz gerandet: Blutströpfchen, **Zygaeninae**, nur 16; ***Zygaena*** F.

— Ocellen u. Haftborsten fehlen, oft auch Mtsporne der Htschiene. Flügel in Ruhe über Rücken hochgeklappt .... Tagfalter **8**

8. Fühler um Augenbreite getrennt, Fühlerbasis mit abstehendem Haarpinsel [**9**]. Htschiene meist mit 2 Spornpaaren .... Dickköpfe, **Hesperiidae** S. 434

1 Pterophoridae:
Emmelina monodactyla

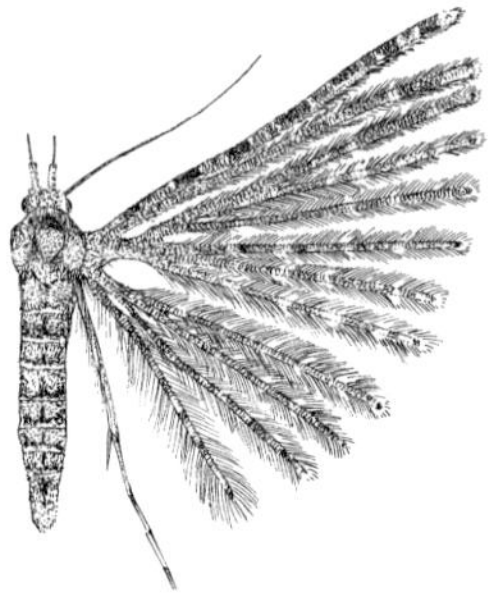

2 Alucitidae:
Alucita huebneri

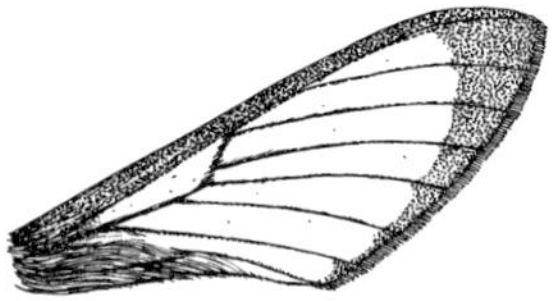

3 Sphingidae:
Hemaris, Vdflügel

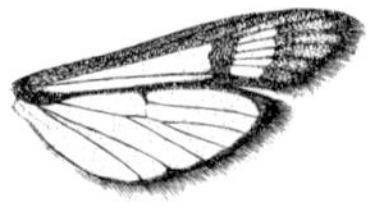

4 Sesiidae:
Synanthedon tipuliformis

5 Sesiidae mit Ocellen

6 Fühlerformen

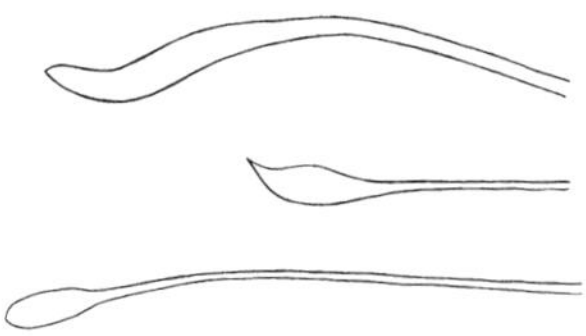

a) Zygaenidae

b) Hesperiidae

c) Pieridae

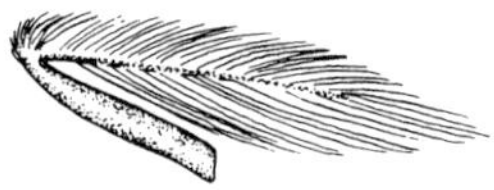

8 Nymphalidae, Putzpfote:

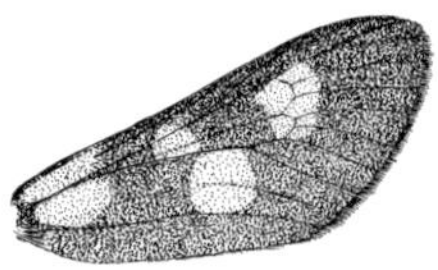

7 Zygaenidae:
Zygaena loti, Vdflügel

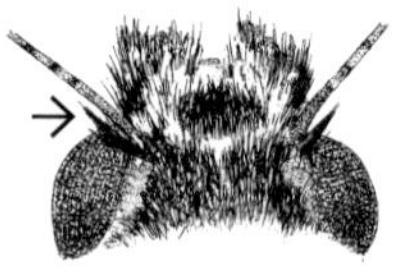

9 Hesperiidae: *Ochlodes sylvanus*,
Kopf von oben

— Fühler näher zusammenstehend, Fühlerbasis ohne auffallenden Haarpinsel. Htschiene nur mit Endspornen **9**

9. Vdbeine krallenlose Putzpfoten [**8**] .... Fleckenfalter u. Augenfalter, **Nymphalidae** S. 437

— Vdbeine mit Fußkrallen (Bläulings-♂ nur 1 Kralle) **10**

10. Fußkrallen aller Beine gespalten [**10a**] .... Weißlinge u. Gelblinge, **Pieridae** S. 435

— Fußkrallen stets ungespalten [**10b**] **11**

11. Gesicht am Augenrand mit weißen angedrückten Schuppen, mittig mit meist dunkler Haarbürste [**11**] .... Zipfelfalter, Bläulinge u. Feuerfalter, **Lycaenidae** sowie Würfelfalter, **Riodinidae** S. 436

— Gesicht auch am Augenrand abstehend behaart, große Falter .... Ritterfalter, **Papilionidae** S. 434

12. Htflügel schmal, oft lanzettlich, Fransen deutlich länger als Htflügel breit [**12**]. Meist sehr kleine Falter **13**

— Htflügel breit, Fransen kurz, selten so lang wie Htflügel breit [**13**]. (Hierher alle Arten, bei denen man im Zweifel sein könnte.) **30**

13. Kopf anliegend beschuppt [**14**] **14**

— Kopf ganz oder teilweise abstehend behaart oder beschuppt [**15**] **22**

14. Htschiene mit langen Stachelschuppen [**17**] **15**

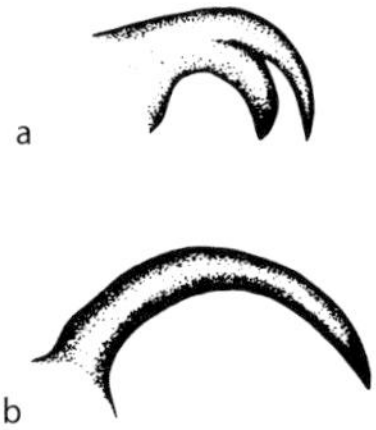

10 Fußkrallen
a) Pieridae
b) Nymphalidae

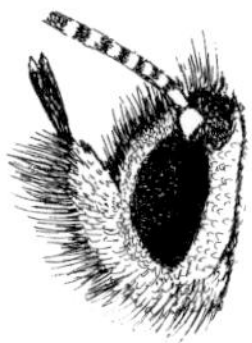
11 Lycaenidae,
Kopf seitlich

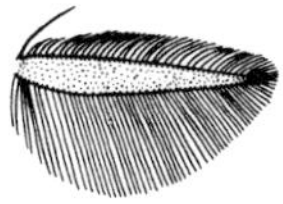
12 Elachistidae, Htflügel
mit langen Fransen

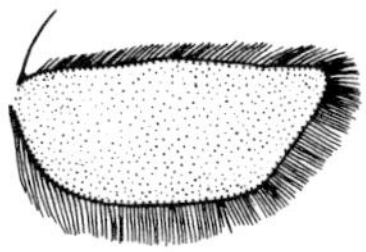
13 Tortricidae, Htflügel
mit kurzen Fransen

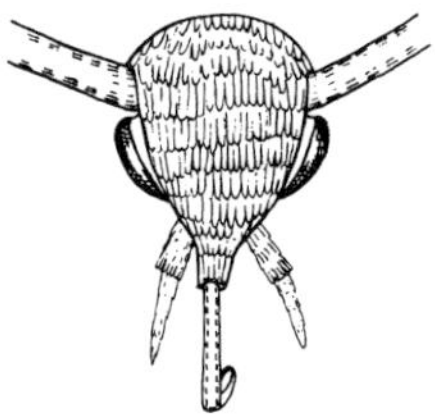
14 Heliozelidae: *Antispila*, Kopf

15 Tineidae: *Oinophila*, Kopf

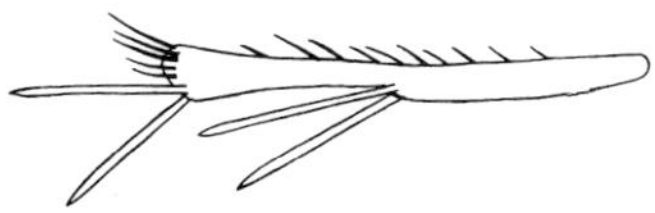
16 Schreckensteiniidae:
Schreckensteinia, Htschiene

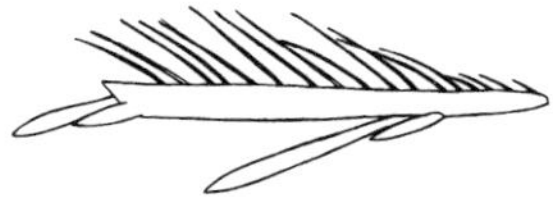
17 Gracillariidae: *Phyllocnistis*,
Htschiene mit Stachelschuppen

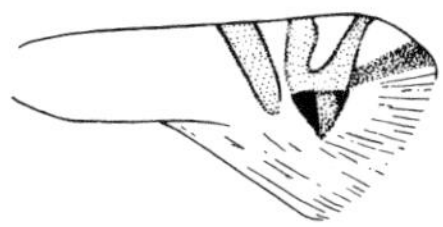
18 Lyonetiidae: *Leucoptera*, Vdflügel

— Htschiene anliegend beschuppt oder lang behaart, selten mit kurzen Stachelschuppen (höchstens so lang wie Schiene breit) [**16**] **16**

15. Htschiene nur oberseits mit Reihe von Stachelschuppen [**17**]. Sehr kleine weiße Falter. Vdflügel ähnlich [**18**] .... **Gracillariidae: Phyllocnistinae** s. **21**

— Htschiene auch unterseits mit Stachelschuppen. Falter nicht weiß Zahnflügelfalter, **Epermeniidae**

Kleine Falter (7–16 mm). Ohne Ocellen. Fühlerbasis mit Schuppenkamm. Labialpalpen über Rüsselbasis gefaltet. Kopfschuppen schmal [**70a**]. Htschienen mit Stachelschuppen. Htflügel schmaler als Vdflügel, ± lanzettlich. 3 Gattungen mit 13 Arten.

16. Sehr kleine weiße Falter (5–10 mm). Vdflügel wie [**18**]. Rüssel nackt, Palpen verkümmert **Lyonetiidae: Cemiostomatinae** s. **26**

— Falter meist über 10 mm, Vdflügel nicht wie [**18**]. Rüssel nackt oder beschuppt, Palpen vorhanden **17**

17. Rüssel beschuppt .... **Gelechioidea** S. 432

— Rüssel nackt [**14**] **18**

18. Sporne der Htschiene gleich lang [**16**] .... **Schreckensteiniidae**

Nur ***Schreckensteinia festaliella*** (Hübner) (mit glattem Kopf; ohne Ocellen u. Maxillarpalpen; Htschienen oberseits kurz bedornt; Htbeine in Ruhestellung seitwärts gerichtet; 12 mm), Raupe macht Schabefraß an Brombeere und Himbeere.

— Innensporne der Htschiene stets länger als Außensporne [**17**] **19**

19. Ocellen groß, fern vom Augenrand (manchmal unter Schuppen verborgen) **20**

— Ocellen fehlen **21**

20. Vdflügel orange, mit Silberflecken. Htschiene oberseits glatt Sonnenmotten, **Heliodinidae**

Nur ***Heliodines roesella*** (L.), Spinatmotte (mit glattem Kopf, ohne Ocellen; Labialpalpen kurz; Maxillarpalpen verkümmert; 10 mm).

— Vdflügel ohne Silberflecke. Htschiene oberseits lang behaart .... **Douglasiidae**

Kleine Falter (8–10 mm). Kopf glatt. Ocellen fern vom Augenrand, oft verborgen. Labialpalpen kurz; Maxillarpalpen verkümmert. Sitzender Falter macht Wippbewegungen ähnlich **Glyphipterigidae**. 2 Gattungen mit 7 Arten.

21. Fühler etwa so lang wie Vdflügel, Fühlerbasis manchmal mit Schuppenkamm [**21**]. Maxillarpalpen meist deutlich .... Miniermotten, **Gracillariidae**

Sehr kleine Falter (5–16 mm) ohne Ocellen u. Augendeckel. Innerer Mittelsporn der Htschiene ⅔ Länge der Schiene. Htflügel lanzettlich. Falter sitzt vorn aufgerichtet. Raupen jung oder lebenslang minierend. 22 Gattungen mit ca. 130 Arten.

a) **Gracillariinae** (Kopf glatt oder rau behaart; Fühler mindestens so lang wie Vdflügel; Labial- u. Maxillarpalpen lang, dünn, hängend oder ± aufgebogen; Htschiene oberseits glatt).
b) **Lithocolletinae** (Scheitel mit Haarbusch; Fühler kürzer als Vdflügel; Labialpalpen kurz, hängend, Maxillarpalpen verkümmert; Htschiene oberseits schwach behaart). ***Phyllonorycter*** Hübner mit vielen Arten, Vdflügel oft wie [**26**]. ***Cameraria ohridella*** Deschka et Dimic, Kastanienminiermotte, an Rosskastanie, eingeschleppt aus SO-Europa [**19**].
c) **Phyllocnistinae** (Kopf glatt; Fühler kürzer als Vdflügel; Labialpalpen lang, dünn, hängend; Maxillarpalpen verkümmert; Htschiene oberseits mit Stachelschuppen [**17**]; Vdflügel weiß mit brauner Zeichnung).

— Fühler viel kürzer als Vdflügel, Fühlerbasis ohne Schuppenkamm. Maxillarpalpen verkümmert Erzglanzmotten, **Heliozelidae**

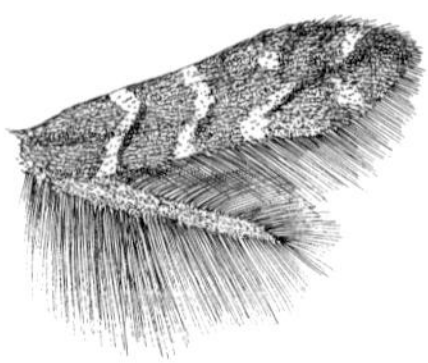

19 Cracillariidae: *Cameraria ohridella*

20 Nepticulidae, Fühlerbasis mit Augendeckel

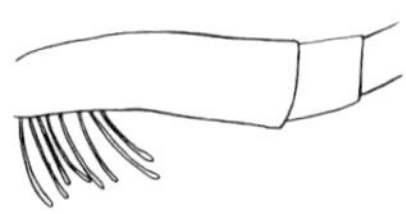

21 Momphidae, Fühlerbasis mit Schuppenkamm

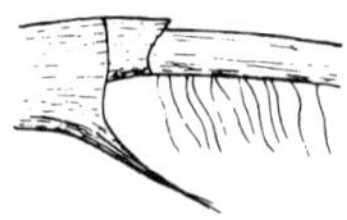

22 Tischeriidae, Fühlerbasis mit Schuppenzahn

Sehr kleine Falter (5–9 mm). Kopf glatt beschuppt, Rüssel nackt [**14**]. Vdflügel erzglänzend. Fliegen im Sonnenschein. 3; ***Antispila*** Hübner (mit Silberbinden), Raupen in Blasenminen an Laubhölzern. 3; ***Heliozela*** Herrich-Schäffer (zeichnungslos), Raupen in Gangminen. Verpuppung in Blattsack am Boden.

22. Fühlerbasis breit, mit Augendeckel [**20**]. Sehr kleine Falter **23**

— Fühlerbasis mit Schuppenkamm [**21**], -zahn [**22**] oder einfach **27**

23. Htschiene mit abstehenden Stachelschuppen [**17**] **24**

— Htschiene nicht stachelig, oberseits behaart [**23**] **25**

24. Falter weiß, Htschiene rundum lang bestachelt .... Augendeckelfalter, **Opostegidae**

Sehr kleine Falter (7–12 mm). Fühlerbasis mit großem Augendeckel [**20**]. Vdflügel weiß oder blassbraun. Raupen minieren in Kräutern. 2 Gattungen mit 3 Arten.

— Falter nie weiß, meist dunkel, metallisch glänzend, manchmal mit heller Querbinde. Htschiene schwach bestachelt .... Zwergmotten, **Nepticulidae**

Kleinste Falter (3–7 mm). Fühlerbasis mit Augendeckel [**20**]. Raupen minierend; Verpuppung außerhalb der Mitte in Kokon. 11 Gattungen über 120 Arten. 73; ***Stigmella*** Schrank (meist einfarbig erzglänzend, manchmal mit heller Querbinde oder Gegenflecken).

25. Ganzer Kopf rau behaart .... **Nepticulidae** s. **24**

— Nur Scheitel rau behaart. Gesicht anliegend beschuppt **26**

26. Mtsporne der Htschiene nahe Schienenbasis entspringend [**24**]. Vdflügel meist dunkel, nie rein weiß .... Zwergwickler, **Bucculatricidae**

Sehr kleine Falter (6–10 mm). Scheitel mit Haarbusch, ohne Ocellen. Fühler mit Augendeckel [**20**]. Palpen verkümmert. Htschienen oberseits lang behaart, innerer Mtsporn ⅔ Länge der Htschiene. Htflügel lanzettlich. Raupen jung minierend, später frei. Puppe in geripptem Kokon. 19; ***Bucculatrix*** Zeller.

— Mtsporne der Htschiene bei ⅓ entspringend. Vdflügel meist weiß, oft wie [**18**] Langhorn-Blattminiermotten, **Lyonetiidae**

Sehr kleine Falter (5–10 mm). Scheitel mit Haarbusch, ohne Ocellen. Fühler so lang wie Vdflügel oder länger, Basis mit Augendeckel [**20**]. Labialpalpen dünn, Maxillarpalpen verkümmert. Htschiene oberseits schwach behaart, innerer Mtsporn ½ Länge der Htschiene. Htflügel lanzettlich. Raupen meist minierend. 3 Gattungen mit 15 Arten.

27. Kopf mit 2 Zonen rauer Haare. Fühlerbasis einfach [**15**] .... ***Oinophila*** Stephens (**Tineidae**) **55**

— Kopf mit nur 1 Zone rauer Haare oder Schuppen. Fühlerbasis mit Schuppenkamm [**21**] oder -zahn [**22**] **28**

28. Rüssel beschuppt. Fühlerbasis mit Schuppenzahn, Fühler oft lang bewimpert [**22**]. Vdflügel gelblich oder bräunlich, zeichnungslos Schopfstirnmotten, **Tischeriidae**

Sehr kleine Falter (6–11 mm). Raupen in Eiche, Kastanie, Rosengewächsen minierend; Puppe in der Mine. 2 Gattungen mit 8 Arten.

— Rüssel nackt. Fühlerbasis manchmal mit Schuppenkamm, Fühler nicht lang bewimpert. Vdflügel oft mit Zeichnung [**25, 26**] **29**

29. Htschiene anliegend beschuppt. Vdflügel meist ähnlich [**25**], selten zeichnungslos Knospenmotten, **Argyresthiidae**

Sehr kleine oder kleine Falter (5–15 mm). Ohne Ocellen. Maxillarpalpen verkümmert. Vdflügel manchmal wie [**25**]. Körper u. Htbeine in Ruhestellung nach oben gerichtet („Kopfstand"). Raupen minieren in Knospen, Früchten, Rinde verschiedener Laub- u. Nadelhölzer. 31; ***Argyresthia*** Hübner.

— Htschiene besonders unterseits lang behaart. Vdflügel meist ähnlich [**19, 26**] **Gracillariidae: Lithocolletinae** s. **21**

30. Haftborsten stets fehlend **31**

— Haftborsten an Htflügelbasis stets vorhanden [**12, 13, 45, 47–49**] **37**

23 Scythrididae, Htschiene

24 Bucculatricidae, Htschiene

25 Argyresthiinae: *Argyresthia*, Vdflügel

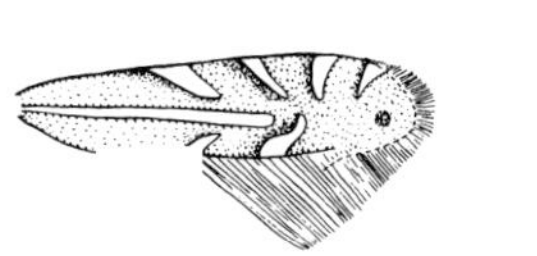

26 Gracillariidae: *Phyllonorycter*, Vdflügel

31. Vdflügelbasis mit Jugum [**27**], beide Flügelpaare mit vollständigem Geäder **32**
— Vdflügelbasis ohne Jugum, Htflügel mit weniger Adern als Vdflügel **34**

32. Fühler sehr kurz, nur ⅕ Vdflügellänge. Keine Ocellen. Große Falter (25–50 mm)
Wurzelbohrer, **Hepialidae**
Mundteile verkümmert. ♂ mit eigentümlichem Hochzeitsflug in der Abenddämmerung. Raupen in Wurzeln. 6 Gattungen mit 7 Arten. Beispiel: ***Hepialus humuli*** (L.), Hopfenbohrer [**28**], früher schädlich an Hopfen.
— Fühler mindestens ½ Vdflügellänge. Ocellen vorhanden. Kleine Falter (5–16 mm) **33**

33. Htschiene oberseits lang behaart .... Trugmotten, **Eriocraniidae**
Kleine Falter (9–16 mm). Mit Saugrüssel. März–Mai, im Sonnenschein, manchmal schwärmend. Raupen beinlos, im Blatt von Laubbäumen minierend. 9; ***Eriocrania*** Zeller.
— Htschiene oberseits glatt beschuppt .... Urmotten, **Micropterigidae**
Kleine Falter (5–12 mm). Mandibeln funktionsfähig, ohne Saugrüssel. Vdflügel mit Jugum [**27**]. Mai–Juni, tags auf Blüten, manchmal in großer Zahl, Pollen fressend. Raupen am Boden, fressen Pflanzenreste, überwintern. 11; ***Micropterix*** Hübner.

34. Jeder Flügel mit großem Augenfleck [**29**] .... Pfauenspinner, **Saturniidae**
Sehr große Falter (50–80 mm). Jeder Flügel mit großem Augenfleck. ***Aglia tau*** (L.), Nagelfleck [**29**], Falter März–Mai in Laubwäldern. ♂ fliegt tags. ***Saturnia pavonia*** (L.), Kleines Nachtpfauenauge, Falter März–Mai auf Heiden. ♂ fliegt tags, Raupen an Heidekraut, Brombeere u. a. Im angrenzenden Gebiet auch ***Saturnia pyri*** (Denis et Schiffermüller), Wiener Nachtpfauenauge. Aus Ostasien eingeführt ***Samia cynthia*** (Drury), Raupen an Götterbaum; ebenfalls eingeführt ***Antheraea yamamai*** (Guérin-Méneville), Raupen an Eichen.
— Flügel ohne auffallende Augenflecke **35**

35. Augen behaart (manchmal nur fein). Basalglied des Labialpalpus spärlich behaart [**30**]
Glucken, **Lasiocampidae** S. 439
— Augen nackt. Basalglied des Labialpalpus nicht weniger behaart als Endglieder **36**

36. Vdflügel oberseits am Zellende mit schwarzer Winkelzeichnung Birkenspinner, **Endromidae**
Nur ***Endromis versicolora*** (L.) [**31**] (50–70 mm), im Frühjahr in Birkengehölzen. ♂ fliegt tags im Sonnenschein, Raupen an Birke, Grauerle u. a.
— Zellende des Vdflügel ohne Winkelzeichnung Wiesenspinner, **Brahmaeidae: Lemoniinae**
2; ***Lemonia*** Hübner (45–50 mm), tagfliegend. Raupen an Löwenzahn, Habichtskraut. Puppe im Boden.

37. Rüssel beschuppt **38**
— Rüssel nackt oder verkümmert **41**

38. Fühler länger als Vdflügel. Kopf u. Palpen lang behaart .... Langhornmotten, **Adelidae**
Kleine Falter (8–23 mm). Fühler viel länger als Vdflügel, besonders beim ♂. Rüssel beschuppt. Vdflügel oft metallisch glänzend. Raupen jung minierend, später in flachem Blattsack in Bodenstreu. 4 Gattungen mit 31 Arten. ***Nemophora degeerella*** (L.) [**32**] (Vdflügel metallisch glänzend, mit goldgelber Querbinde), ♂ im Mai um Laubbäume schwärmend.
— Fühler deutlich kürzer als Vdflügel. Kopf u. Palpen meist anliegend beschuppt **39**

39. Mt- u. Htschienen oberseits mitten u. am Ende behaart [**33**]. Ocellen groß. Fühler schwarz u. weiß geringelt .... Spreizflügelfalter, **Choreutidae**
Kleine Falter (9–18 mm). Mit großen Ocellen. Kopf glatt, Rüssel beschuppt. Labialpalpen aufgebogen. Flügel breit. Tagaktiv. 5 Gattungen mit 10 Arten.
— Mt- u. Htschienen oberseits glatt oder gleichmäßig lang behaart [**23**] **40**

40. Htschiene meist oberseits glatt. Kopf oft mit Chaetosema. Maxillarpalpen groß, gerade (selten fehlend). Fühlerbasis ohne Schuppenkamm .... Zünsler, **Pyraloidea** S. 433

27 Eriocraniidae, Vdflügel mit Jugum

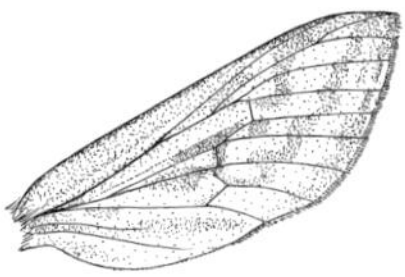

28 Hepialidae: *Hepialus humuli*, Vdflügel

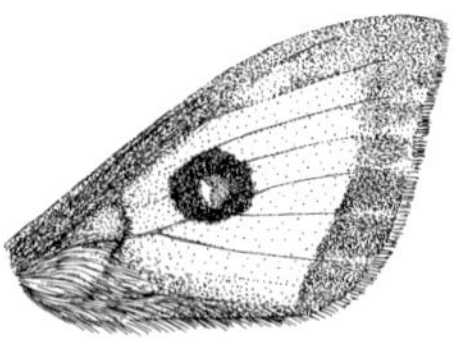

29 Saturniidae: *Aglia tau*, Vdflügel

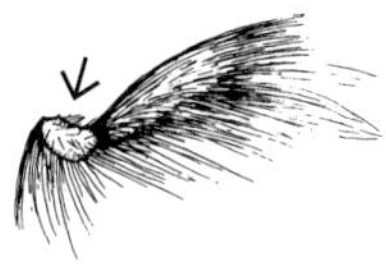

30 Lasiocampidae, Labialpalpus mit spärlich behaartem Basalglied

— Htschiene oberseits ± lang behaart [**23**]. Kopf ohne Chaetosema, Maxillarpalpen klein, über Rüsselbasis gefaltet (selten ganz fehlend). Fühlerbasis manchmal mit Schuppenkamm [**21**] **Gelechioidea** S. 432

41. Chaetosema sehr groß [**34**]. Htschiene glatt, ohne Mtsporne [**35**] Grünwidderchen, **Zygaenidae: Procridinae** s. **7**

— Chaetosema sehr klein oder fehlend. Htschiene meist mit Mt- u. Endspornen **42**

42. Kopf mit Ocellen **43**

— Kopf ohne Ocellen **52**

43. Htleib rot oder gelb, oberseits mit dunkler Mtlinie oder Fleckenreihe [**36**]. Große Falter (20–80 mm) .... Bärenspinner, **Arctiinae** S. 443

— Htleib einfarbig, meist grau, ohne Mtlinie oder Fleckenreihe. Oft kleine Falter unter 20 mm **44**

44. Chaetosema klein, direkt hinter Ocellus. Schuppen in unterer Gesichtshälfte aufwärts gerichtet (von Rüsselbasis weg) [**37**] .... Wickler, **Tortricidae**

Kleine Falter (9–30 mm). Mit Ocellen u. Chaetosema [**37**]. Flügel breit [**13**]. Raupen an lebenden Pflanzen; in Blattwickeln, Trieben, Blüten, Früchten, manchmal Gallen. Puppen mit Hakenkränzen, beim Schlüpfakt halb aus dem Gespinst geschoben. 105 Gattungen mit über 530 Arten. Viele Schädlinge an Laub- u. Nadelgewächsen: z. B. Trauben-, Erbsen-, Apfel-, Tannen-, Eichenwickler. Häufig z. B. ***Epinotia solandriana*** (L.) [**38**].

— Kopf ohne Chaetosema. Alle Gesichtsschuppen abwärts gerichtet (zur Rüsselbasis hin) .. **45**

45. Htschienen anliegend beschuppt oder ganz kurz behaart **46**

— Htschienen lang behaart **49**

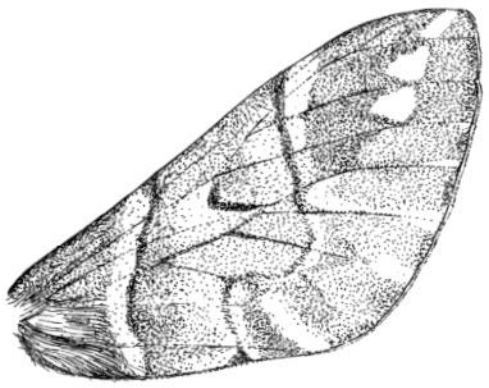

31 Endromidae:
Endromis versicolora, Vdflügel

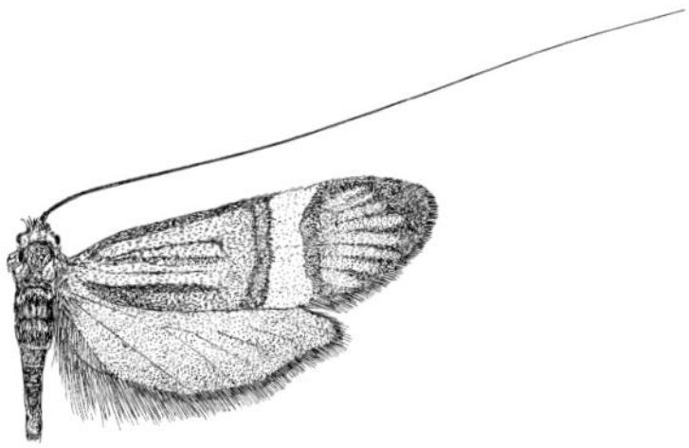

32: Adelidae: *Nemophora degeerella*

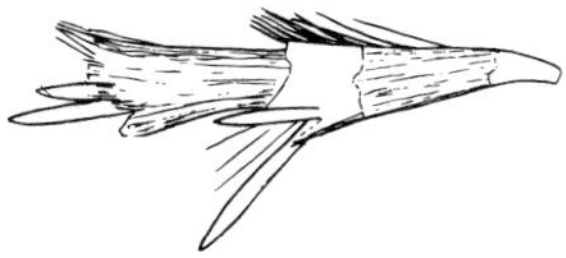

33 Choreutidae,
Htschiene

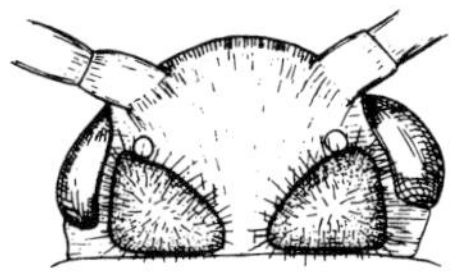

34 Zygaenidae: *Adscita*, Kopf
mit großen Chaetosemata

38 Tortricidae: *Epinotia solandriana*

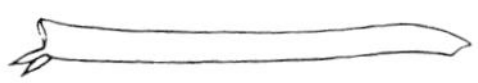

35 Zygaenidae: *Adscita*, Htschiene

36 Arctiinae:
Arctia, Htleib

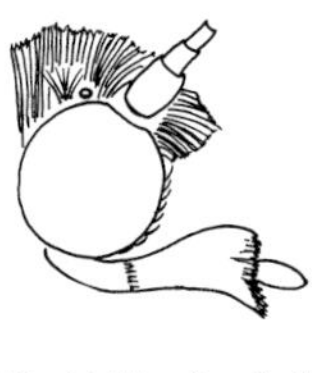

37 Tortricidae, Kopf mit
Ocellus u. Chaetosema

46. Scheitel u. Palpen auffallend struppig. Stirnbreite 3 × Augendurchmesser
Bohrmotten, **Ypsolophidae: Ochsenheimeriinae**
Kleine Falter (10–14 mm). Augen klein, weit auseinanderliegend. Ocellen groß. Fühler manchmal durch Schuppen stark verdickt. Raupen bohren in Gräsern. 4; ***Ochsenheimeria*** Hübner, ***O. taurella*** (Denis et Schiffermüller) u. ***O. vacculella*** Fischer von Röslerstamm manchmal schädlich in Roggen u. Weizen.

— Scheitel u. Palpen ± glatt beschuppt. Stirnbreite weniger als 2 × Augendurchmesser **47**

47. Vdflügel meist wie [**40**], mit silberner Häkchenzeichnung. Fühlerbasis ohne Schuppenkamm
Rundstirnmotten, **Glyphipterigidae**
Kleine Falter (6–15 mm). Mit Ocellen. Maxillarpalpen verkümmert. Tagaktiv. Sitzender Falter mit charakteristischem Wippen. Raupen endophag in Gräsern, Seggen etc. 5 Gattungen mit 17 Arten, z. B. ***Glyphipterix forsterella*** F. [**40**].

— Vdflügel anders gezeichnet. Fühlerbasis meist mit Schuppenkamm [**21**] **48**

48. Mtglied des Labialpalpus mit großer Bürste [**43**] .... Schleiermotten, **Plutellidae**
Kleine Falter (12–30 mm). Mit Ocellen. Fühler in Ruhestellung nach vorn gerichtet. Labialpalpen vorn mit Schuppenbusch, Endglied aufgerichtet [**43**]. 4 Gattungen mit 9 Arten. ***Plutella*** Schrank an Kreuzblütlern, ***P. xylostella*** (L.), Kohlschabe, weltweit, Raupe oft schädlich an Kohl. – Ähnlich: **Ypsolophinae**. 16; ***Ypsolopha*** Latreille (manchmal mit sichelförmiger Vdflügelspitze [**44**]).

— Mtglied des Labialpalpus einfach, ohne Bürste [**42**] .... **Glyphipterigidae: Acrolepiinae**
Kleine Falter (10–15 mm). Mit Ocellen. Labialpalpen dünn, aufgebogen [**42**]. Raupen minieren in Korbblütlern, Nachtschatten- u. Lauchgewächsen. 3 Gattungen mit 9 Arten. ***Acrolepiopsis assectella*** (Zeller), Zwiebelmotte, manchmal schädlich.

49. Ocellen um Fühlerbreite vom Augenrand entfernt **50**

— Ocellen direkt am Augenrand **51**

50. Htflügel schwarz mit weißen Fransen u. Mtfleck [**45**] .... **Brachodidae**
Mittelgroße Falter (12–20 mm). Mit großen Ocellen. Kopf u. Labialpalpen dicht behaart (♂) oder anliegend beschuppt (♀). Fühler des ♂ kammzähnig. Rüssel nackt. Htflügel breit [**45**]. ***Brachodes*** Guenée, südlich u. östlich verbreitet, nicht in Deutschland.

— Alle Flügel einfarbig, Vdflügel manchmal mit schwachem Gittermuster
Sackträger, **Psychidae**
Kleine bis mittelgroße Falter (7–28 mm). Mundteile stark verkümmert. Flügel schwach beschuppt, schwärzlich oder grau. ♀ meist ungeflügelt, verbleibt im oder am Raupensack, wo Begattung u. Eiablage erfolgen; manchmal parthenogenetisch. Raupen in arttypischem, mit Erd- oder Pflanzenteilchen bekleidetem Sack. 25 Gattungen mit 49 Arten, z. B. ***Epichnopterix sieboldii*** Reutti [**46**].

51. Im Htflügel Sc etwa am Zellende stark Rs genähert [**48**]
Zahnspinner u. Prozessionsspinner, **Notodontidae** S. 441

39 Noctuidae, bedorntes Tarsalglied

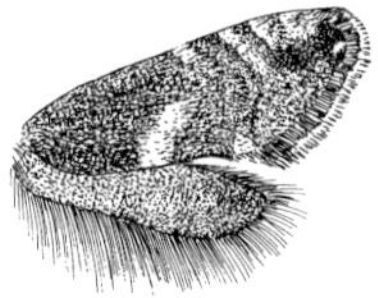

40 Glyphipterigidae: *Glyphipterix forsterella*, Vdflügel

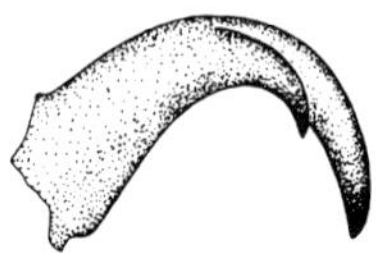

41 Noctuidae, Fußkralle mit Nebenkralle

42 Acrolepiinae: *Acrolepia*, Labialpalpus

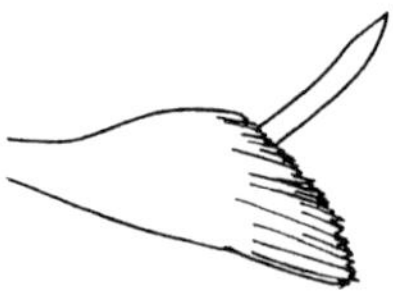

43 Plutellidae: *Plutella*, Labialpalpus

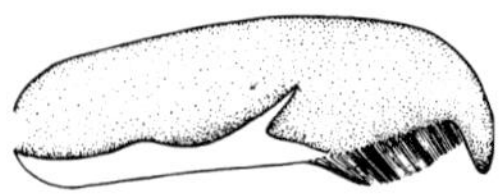

44 Ypsolophidae: *Ypsolopha*, Vdflügel

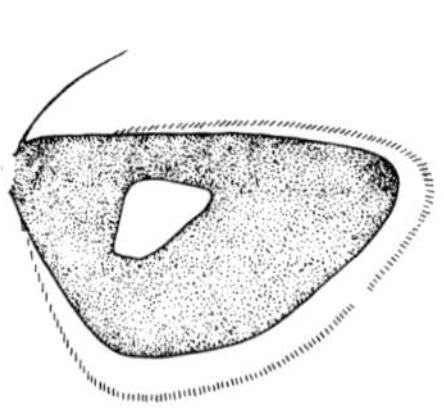

45 Brachodidae: *Brachodes*, Htflügel

— Im Htflügel Sc u. Rs manchmal ein Stück verschmolzen, vom Trennungspunkt oder direkt von Basis divergierend [**47, 49**] .... Eulen, **Noctuidae** S. 443

52. 1. Tarsalglied der Mt- u. Htbeine etwa so lang wie Schiene **53**

— 1. Tarsalglied der Htbeine höchstens ⅔ so lang wie Schiene **54**

53. Kleine Art (15 mm). Vdflügel wie [**50**] .... Fensterschwärmer, **Thyrididae**

Nur ***Thyris fenestrella*** (Scopoli) (Flügel rotbraun mit milchigen Fensterflecken [**50**]). Raupe mit wanzenartigem Geruch, an Blättern der Waldrebe.

— Große Arten (über 40 mm) .... Schwärmer, **Sphingidae** S. 440

54. Labialpalpus mit einzeln abstehenden borstenartigen Schuppen [**52**] **55**

— Labialpalpus nie einzeln beborstet; meist anliegend, manchmal abstehend behaart oder beschuppt **56**

55. Mtsporne der Htschiene hinter Schienenmitte [**23**]. Kopf gelb. Vdflügel meist wie [**51**] Miniersackmotten, **Incurvariidae**

Kleine Falter (7–18 mm). Fühlerbasis mit oder ohne Schuppenkamm [**21**], Fühler des ♂ zuweilen kammzähnig. Rüssel nackt. Labialpalpus mit einzelnen lang abstehenden Schuppen [**52**]. Vdflügel wie [**51**] oder zeichnungslos. Raupen jung minierend, später in flachem Blattsack in Bodenstreu; manchmal lebenslang minierend oder in Sprossen u. Früchten bohrend. 3 Gattungen mit 8 Arten.

— Mtsporne der Htschiene vor Schienenmitte [**17**]. Kopf selten gelb. Vdflügel nie wie [**51**] Echte Motten, **Tineidae**

Kleine bis mittelgroße Falter (8–45 mm). Kopf rau behaart, Labialpalpus mit einzeln abstehenden Schuppen [**52**]. Raupen an Algenbelägen, Flechten, Pilzen, abgestorbenen Pflanzenteilen, manche in Vogelnestern bzw. Säugerbauten

46 Psychidae: *Epichnopteryx sieboldii*

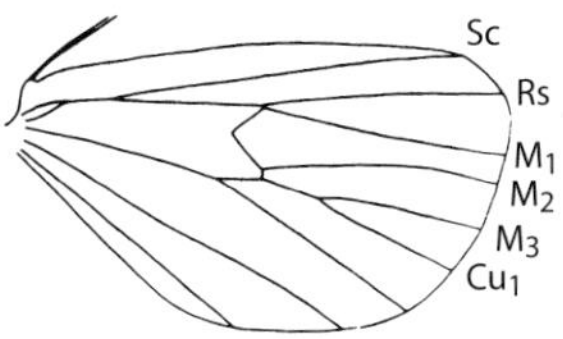

47 Nolidae: *Pseudoips*, Htflügel Geäder

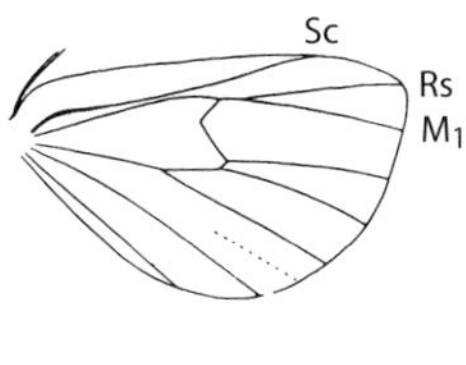

48 Notodontidae: *Clostera*, Htflügel Geäder

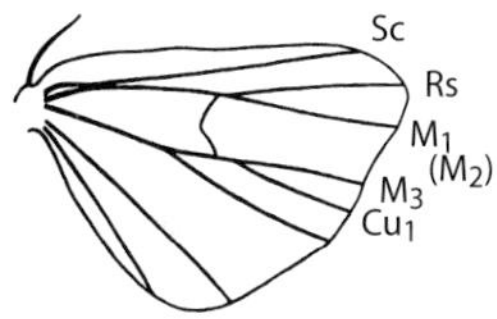

49 Noctuidae: *Spodoptera*, Htflügel Geäder

50 Thyrididae: *Thyris fenestrella*

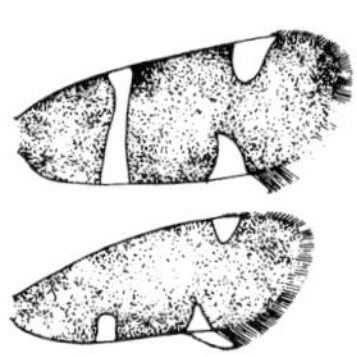

51 Incurvariidae: *Lampronia*, Vdflügel

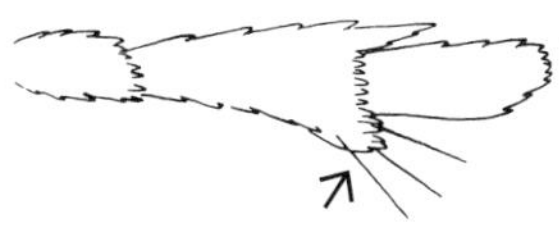

52 Incurvariidae: *Lampronia*, Labialpalpus

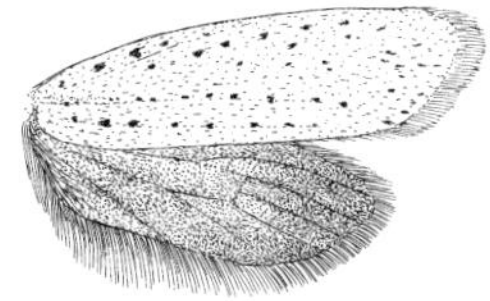

53 Yponomeutidae: *Yponomeuta evonymellus*

an Federn oder Haaren; Vorrats- u. Materialschädlinge. 32 Gattungen mit 72 Arten. Wichtig: ***Nemapogon granella*** (L.), Kornmotte (Vdflügel braun u. weiß gemischt). ***Trichophaga tapetzella*** (L.), Tapetenmotte (Vdflügel weiß, Wurzeldrittel schwarz). ***Tineola bisselliella*** (Hummel), Kleidermotte (Vdflügel glänzend ockergelb). ***Tinea pellionella*** L., Pelzmotte (Vdflügel graugelb), Raupe in Köcher. ***Oinophila v-flava*** (Haworth), Weinkellermotte, manchmal schädlich an Flaschenkork. – Hierher auch **Lypusidae** mit 3 Gattungen und 8 Arten.

56. Fühlerbasis mit Schuppenkamm [**21**] **57**

— Fühlerbasis ohne Schuppenkamm, höchstens unregelmäßig behaart **58**

57. Vdflügel grünlich, metallisch bronze oder kupferig. Scheitel gelb .... **Roeslerstammiidae**

Kleine Falter (12–15 mm). Scheitel rau behaart. Ohne Ocellen. Fühlerbasis mit Schuppenkamm [**21**]. Labialpalpen dünn, Maxillarpalpen verkümmert. Htflügel oval. Raupen an Linde und anderen Laubhölzern, jung minierend, später in unterseitigem Gespinst. 2; ***Roeslerstammia*** Zeller.

— Vdflügel anders gefärbt, meist weißlich oder grau. Scheitel selten gelb Gespinstmotten, **Yponomeutidae: Yponomeutinae**

Kleine Falter (9–25 mm). Ohne Ocellen. Labialpalpen kurz, gebogen; Maxillarpalpen rückgebildet. 11 Gattungen mit 27 Arten. 8; ***Yponomeuta*** Latreille (Vdflügel meist weiß mit schwarzen Flecken [**53**]), Raupen in Gespinsten gesellig an Rosengewächsen, Weide, Pfaffenhütchen u. a.

58. Rüssel fehlend oder stark verkümmert u. nicht sichtbar **59**

— Rüssel immer deutlich sichtbar **63**

59. Falter einfarbig, schwärzlich oder grau. Flügel dünn beschuppt, Schuppen haarartig. Kopf u. Körper lang zottig behaart .... Sackträger, **Psychidae** s. **50**

— Vdflügel meist mit deutlicher Zeichnung. Flügel meist dicht beschuppt; wenn dünn, dann breite Schuppen zwischen haarartigen Schuppen **60**

60. Htflügel mit Anhangszelle [**54**] .... Holzbohrer, **Cossidae**

Mittelgroße bis sehr große Falter (30–99 mm). Mundteile verkümmert. Raupen in Holz oder Wurzeln bohrend. 5 Gattungen mit 5 Arten. ***Cossus cossus*** (L.), Weidenbohrer [**55**] (Raupe [**116**] dick, weinrot, in Weide, Obstbäumen). ***Zeuzera pyrina*** (L.), Blausieb (Vdflügel weiß mit blauen Flecken, Raupe zuweilen in Obstbäumen).

— Htflügel ohne Anhangszelle **61**

61. Fühler fadenförmig. Falter 14 bis 30 mm .... Asselspinner, **Limacodidae**

Falter unscheinbar, gelb-braun. Raupen schneckenartig, ohne Bauchbeine u. Nachschieber [**118**]. Puppenkokon eiförmig, öffnet sich wie Fliegentönnchen mit Deckel. 2 Arten, z. B. ***Apoda limacodes*** (Hufnagel) [**56**].

— Fühler mit langen (♂) oder kurzen (♀) Kammzähnen. Falter meist über 30 mm **62**

62. Im Vdflügel M_2 u. M_3 parallel [**57**] Zahnspinner u. Prozessionsspinner, **Notodontidae** S. 441

— Im Vdflügel M_2 basal stark an M_3 genähert [**58**] .... Trägspinner, **Lymantriinae** S. 442

63. Kleine Falter (15 mm). Vdflügel mit Fleckchen aufgerichteter Schuppen Fruchtwickler, **Carposinidae**

Ohne Ocellen. Fühler des ♂ lang bewimpert. Labialpalpen vorgestreckt, beim ♀ kürzer, Maxillarpalpen verkümmert. Vdflügel mit Schuppenhöckern; Htflügel breit, ähnlich [**13**]. Raupen in Früchten von Berberitze. Nur ***Carposina berberidella*** Herrich-Schäffer.

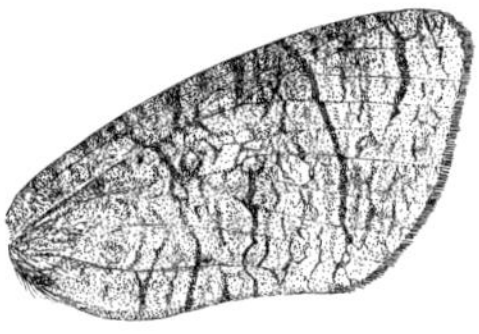

55 Cossidae:
Cossus cossus, Vdflügel

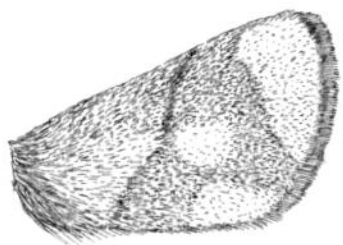

56 Limacodidae:
Apoda limacodes, Vdflügel

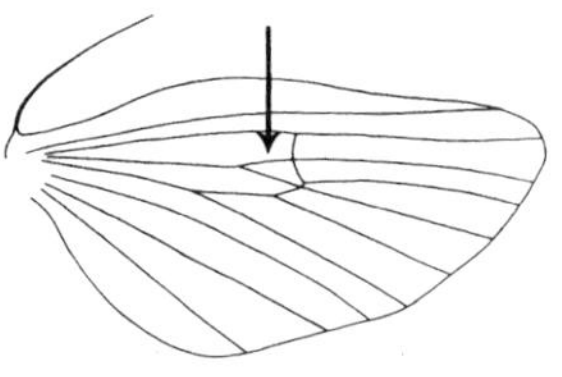

54 Cossidae: *Phragmataecia*,
Htflügel Geäder

57 Notodontidae: *Clostera*,
Vdflügel Geäder

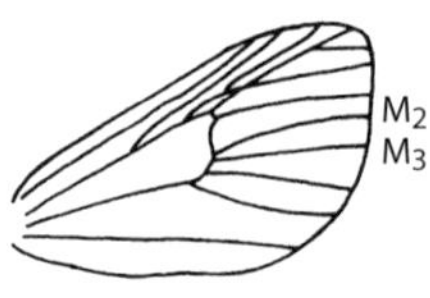

58 Lymantriinae: *Calliteara*,
Vdflügel Geäder

— Größere Falter (über 20 mm) **64**

64. Kopf mit Chaetosema (meist anliegend beschuppt) .... Spanner, **Geometridae** S. 438

— Kopf ohne Chaetosema (oft dicht behaart) **65**

65. Im Htflügel Sc u. Rs von Basis leicht divergierend [**62**]
Schilfwickler, **Glyphipterigidae: Orthoteliinae**

Nur ***Orthotelia sparganella*** (Thunberg) (klein, 18–30 mm; ohne Ocellen; Labialpalpus lang aufgebogen; Vdflügel braun), Raupe in Röhricht an einkeimblättrigen Pflanzen.

— Im Htflügel Sc u. Rs einander genähert oder miteinander verbunden [**47, 49, 59–61**] **66**

66. Im Htflügel Sc u. Rs von Basis an verschmolzen, M_2 manchmal fehlend [**61**]. Flügel ohne auffällige Zeichnung, meist gelblich oder bräunlich Flechtenbärchen, **Arctiinae: Lithosiini** S. 443

— Im Htflügel Sc u. Rs zumindest basal getrennt, M_2 vorhanden [**47, 49, 59, 60**] **67**

67. Schienen dicht behaart .... Eulenspinner, **Drepanidae: Thyatirinae**

8 Gattungen, 9 Arten, z. B. ***Thyatira batis*** (L.), Roseneule [**63**] (Vdflügel olivbraun mit 5 rosaroten Flecken, Raupe an Brombeere, Himbeere).

— Mindestens Mt- u. Htschienen anliegend beschuppt **68**

68. Im Htflügel Rs bis Cu_1 getrennt [**59, 60**]. Vdflügel oft wie [**64**]
Sichelflügler, **Drepanidae: Drepaninae**

Kleine bis mittelgroße Falter (20–40 mm). 5 Gattungen mit 7 Arten, z. B. ***Drepana*** Schrank (Vdflügelspitze vorgezogen [**64**]). ***Cilix glaucata*** (Scopoli) (Vdflügel weiß, Spitze gerundet). Raupe ohne Nachschieber, an Laubholz.

— Im Htflügel Rs u. M_1 bzw. M_3 u. Cu_1 aus einem Punkt oder gestielt [**47, 49**]
Eulenfalter, **Noctuidae** S. 443

69. Beine normal gegliedert. Tier Puppenhülle verlassend **70**

— Beine, Fühler u. Mundteile verkümmert. Tier raupenähnlich, Puppenhülle nicht verlassend, in ihr Eier ablegend. Puppe in festem, verschieden bekleidetem Sack .... **Psychidae** s. **50**

70. Flügel völlig fehlend **71**

— Wenigstens Reste des Vdflügels vorhanden **72**

71. Fühler höchstens ¼ Körperlänge. Körper unter 5 mm. Tier auf Puppenhülle sitzend
Psychidae s. **50**

— Fühler über ½ Körperlänge, Körper etwa 10 mm. Tier frei laufend **72**

72. Alle Beine ohne Sporne, Falter in oder an Gewässern
Acentria ephemerella (Denis et Schiffermüller) (**Pyraloidea**) S. 433

— Wenigstens Endsporne an Mt- u. Htschiene **73**

73. Htschiene ohne Mtsporne **74**

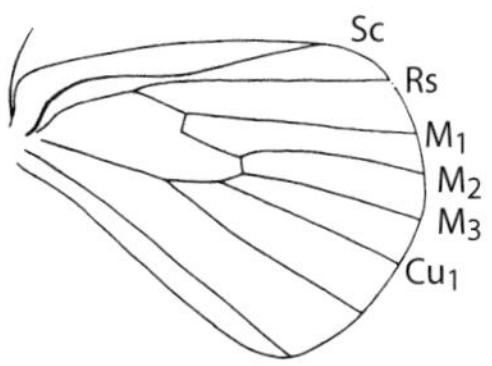

59 Drepanidae: *Drepana*, Htflügel Geäder

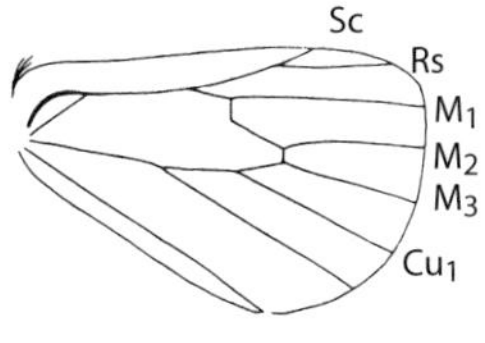

60 Drepanidae: *Cilix*, Htflügel Geäder

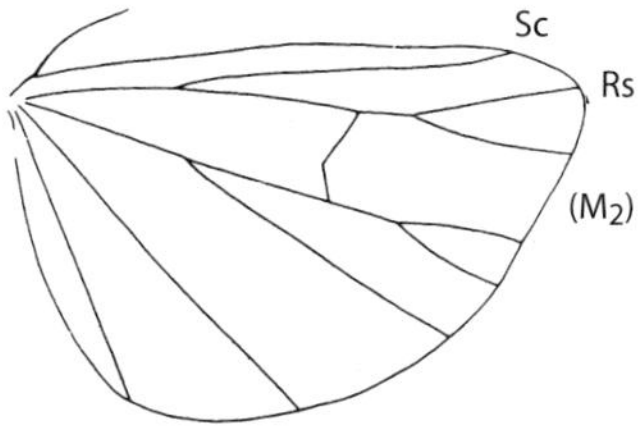

61 Arctiinae, Lithosiini, Htflüge Geäder

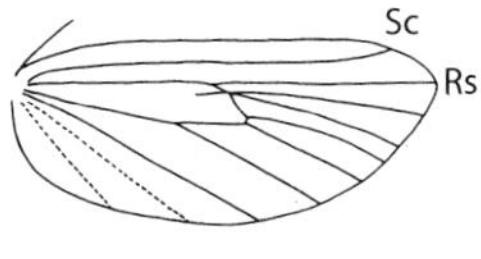

62 Glyphipterigidae: *Orthothelia*, Htflügel Geäder

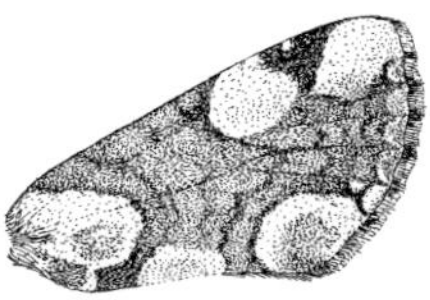

63 Drepanidae: *Thyatira batis*, Vdflügel

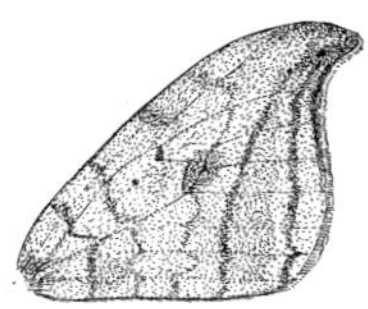

64 Drepanidae: *Drepana falcataria*, Vdflügel

— Htschiene mit Mtspornen **76**
74. Flügel u. Körper nur behaart. Fühler kurz kammzähnig. Beine sehr kurz **75**
— Flügel u. Körper mit Haaren u. breiten Schuppen [**65**]. Fühler lang, fadenförmig. Beine über ½ Körperlänge ...... ***Phigalia*** Duponchel, ***Lycia*** Hübner, ***Apocheima*** Hübner (**Geometridae**) S. 438
75. Flügel ganz kurze Lappen .... ***Orgyia*** Ochsenheimer (**Lymantriinae**) S. 442
— Flügel etwa ½ Körperlänge .... ***Penthophera*** Germar (**Lymantriinae**) S. 442
76. Ocellen vorhanden **77**
— Ocellen fehlen **78**
77. Fühler kürzer als Flügel. Falter im Herbst .... ***Exapate*** Hübner (**Tortricidae**) s. **44**
— Fühler länger als Flügel. Falter im Frühjahr .... ***Dasystoma*** Hübner (**Chimabachidae**) S. 432
78. Labialpalpen Kopf nach vorn überragend. Flügel länger als Körper ***Diurnea fagella*** Denis et Schiffermüller (**Chimabachidae**) S. 432
— Labialpalpen kurz, unter Kopf verborgen. Flügel kürzer als Körper, manchmal fehlend. Falter in kalter Jahreszeit Frostspanner, ***Operophtera*** Hübner, ***Alsophila*** Hübner, ***Agriopis*** Hübner, ***Erannis*** Hübner (**Geometridae**) S. 438

Überfamilie: **Gelechioidea**

Meist kleine Falter (6–30 mm), oft sehr beweglich, schnell laufend. Kopf ± glatt beschuppt, meist ohne Ocellen. Fühlerbasis mit oder ohne Schuppenkamm [**21, 71**]. Rüssel beschuppt. Labialpalpen meist sichelartig aufgebogen, Maxillarpalpen klein, über Rüsselbasis gefaltet. Htschienen oberseits meist lang behaart. Vdflügel mit oder ohne CuP; Htflügel breit, manchmal mit vorgezogener Spitze [**68**], oder schmal, lanzettlich [**12**]. Raupen minierend, bohrend oder zwischen versponnenen Blättern u. Trieben. Puppen ohne Hakenkränze, verbleiben beim Schlüpfen des Falters im Substrat. – Die artenarmen Familien **Batrachedridae, Lecithoceridae** u. **Autostichidae** hier nicht berücksichtigt.

1. Htleib oberseits mit schuppenfreien, fein bedornten Zonen [**66**] 2
— Htleib voll beschuppt, nicht bedornt 3
2. Htleibssegmente mit Paar bedornter Flecke [**66**]. Fühlerbasis häufig mit Schuppenzahn [**67**] Sackträgermotten, **Coleophoridae**
Kleine Falter (8–18 mm). Ohne Ocellen. Htflügel lanzettlich. Htleib oberseits mit kahlen, fein bedornten Flecken [**66**]. 2 Gattungen mit 190 Arten. 189; ***Coleophora*** Hübner (Fühler in Ruhe nach vorn gerichtet, Fühlerbasis meist mit Schuppenzahn [**67**]). Raupen in arteigenen Säcken, minierend, oft monophag.
— Htrand der Htleibssegmente mit schmalem Band feiner Dornen. Fühlerbasis mit Schuppenkamm [**21**] .... **Blastobasidae**
Kleine Falter (10–15 mm). Ohne Ocellen. Fühlerbasis mit Schuppenkamm, beim ♂ oberseits mit Kerbe. Vdflügel grau; Htflügel schmal. 2 Gattungen mit 6 Arten.
3. Htflügel breit, Vdrand u. Htrand parallel, manchmal Spitze vorgezogen [**68**] 4
— Htflügel schmal, gleichmäßig zugespitzt, ähnlich [**12**] 5
4. Fühlerbasis mit Schuppenkamm [**21**]. Vdflügel mit CuP; Htflügelspitze nicht vorgezogen Faulholzmotten, **Oecophoridae** u. **Chimabachidae**
Kleine Falter (10–30 mm). Selten mit Ocellen. Fühlerbasis oft mit Schuppenkamm. Htflügel breit, Spitze nicht vorgezogen oder schmal. 29 Gattungen mit 49 Arten. ***Hofmannophila pseudospretella*** (Stainton), Samenmotte (20 mm; braun) u. ***Endrosis sarcitrella*** (L.), Kleistermotte (18 mm; graubraun, Kopf u. Thorax weiß), häufig im Haus; Raupen in getrockneten Vorräten u. a. Häufig z. B. ***Harpella forficella*** Scopoli [**69**], Raupe an Totholz.
— Fühlerbasis ohne Schuppenkamm. Vdflügel ohne CuP; Htflügelspitze oft vorgezogen [**68**] Palpenmotten, **Gelechiidae**
Kleine Falter (8–20 mm). Mit oder ohne Ocellen. Fühlerbasis meist ohne Schuppenkamm. Htflügel breit, teilweise mit vorgezogener Spitze [**68**]. 68 Gattungen mit 270 Arten.
5. Kopf mit überwiegend breiten Schuppen [**70b**] 6
— Kopf mit überwiegend schmalen Schuppen [**70a**] 7
6. Fühlerbasis meist mit einzelner Schuppe [**71**] .... Prachtfalter, **Cosmopterigidae**
Kleine Falter (9–20 mm). Ohne Ocellen. Fühlerbasis mit Schuppenkamm oder einzelner Schuppe [**21, 71**]. Htflügel lanzettlich, Fransen lang. Raupen meist minierend. 9 Gattungen mit 19 Arten.
— Fühlerbasis immer mit Schuppenkamm [**21**] .... Fransenmotten, **Momphidae**
Kleine Falter (10–20 mm). Ohne Ocellen. Fühlerbasis mit Schuppenkamm. Vdflügel mit Fleckchen aufgerichteter Schuppen; Htflügel lanzettlich, Fransen lang. Nur 15; ***Mompha*** Hübner, Raupen an Weidenröschen, minierend oder Gallen bildend.

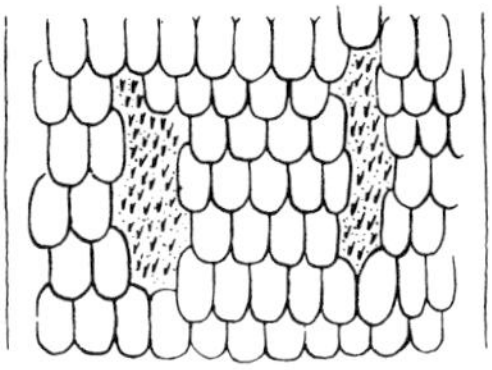

66 Coleophoridae: *Coleophora*, Hteibssgment mit bedornten Flecken

65 Geometridae: *Lycia*, Flügelschuppe des ♀

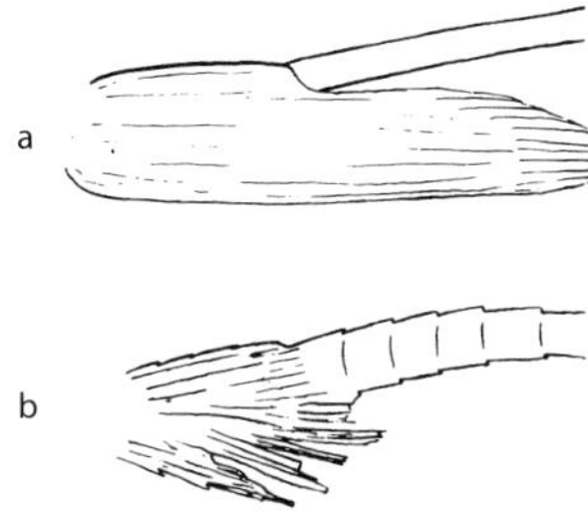

67 Coleophoridae: *Coleophora*, Fühlerbasis mit Schuppenzahn

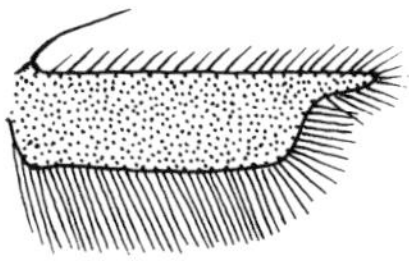

68 Gelechiidae, Htflügel mit vorgezogener Spitze

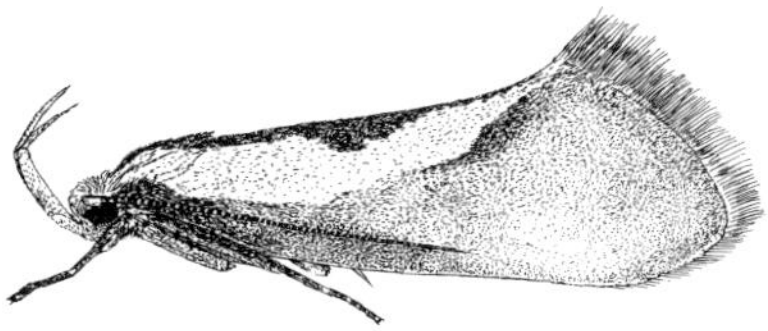

69 Oecophoridae: *Harpella forficella*

7. Mtsporne der Htschiene vor Schienenmitte **8**

— Mtsporne der Htschiene hinter Schienenmitte [**23**] .... Ziermotten, **Scythrididae**
Kleine Falter (10–20 mm). Ohne Ocellen. Fühlerbasis mit oder ohne Schuppenkamm. Kopfschuppen schmal [**70a**]. Vdflügel oft erzgrün, glänzend; Htflügel schmal. Viele Gebirgsbewohner, Falter tagaktiv, laufen und hüpfen auf der Vegetation. 3 Gattungen mit 35 Arten, z. B. 33; ***Scythris*** Hübner.

8. Sehr kleine Falter (6–12 mm) .... Grasminiermotten, **Elachistidae**
Ohne Ocellen. Fühlerbasis mit Schuppenkamm. Maxillarpalpen verkümmert. Htflügel lanzettlich [**12**]. Raupen minieren in Gräsern. 19 Gattungen mit über 190 Arten.

— Größere Falter, selten unter 12 mm .... Faulholzmotten, **Oecophoridae** s. **4**

Überfamilie: **Pyraloidea,** Zünsler

Kleine bis mittelgroße Falter (10–35 mm). Mit oder ohne Ocellen. Meist mit Chaetosema. Rüssel beschuppt, selten verkümmert. Labialpalpen aufgebogen oder vorgestreckt, Maxillarpalpen meist deutlich. Htleibsbasis mit Tympanalorgan, dieses nur nach vorne geöffnet, ohne Praecinctorium (**Pyralidae** s. str., Unterfamilien **Pyralinae** bis **Phycitinae**) oder nach vorne u. median geöffnet, mit Praecinctorium (**Crambidae**, Unterfamilien **Crambinae** bis **Pyraustinae**). 123 Gattungen mit 274 Arten. Wichtige Unterfamilien:
Crambinae (Vdflügel oft ähnlich [**72**]): häufig, Falter oft kopfabwärts mit um Körper gerollten Flügeln an Gräsern ruhend, Labialpalpen oft lang. 15 Gattungen mit 54 Arten.
Schoenobiinae (große Falter; Rüssel verkümmert): Raupen in Gräsern, Schilf. 2 Gattungen mit 3 Arten.
Acentropinae: Raupen aquatisch. 5 Gattungen mit 7 Arten. ***Elophila nymphaeata*** (L.), Raupe jung minierend, später in Blattsack an Wasserpflanzen. ***Acentria ephemerella*** (Denis et Schiffermüller) manchmal mit kurzflügeligem ♀, Raupe in Wasserpest u. a.
Scopariinae: 8; ***Scoparia*** Haworth u. a., viele ähnliche Arten, Raupe an Moosen.
Pyraustinae: 24 Gattungen mit 73 Arten. ***Ostrinia nubilalis*** (Hübner), Maiszünsler. ***Anania hortulata*** L., Brennnesselzünsler (Flügel weiß mit dunkelbraunen Flecken), häufig. ***Cydalima perspectalis*** Walker, Buchsbaumzünsler (groß; Flügel glänzend weiß mit breitem dunklem Vd- u. Seitenrand), aus O-Asien eingeschleppt, schädlich an *Buxus*.
Pyralinae: 6 Gattungen mit 10 Arten. ***Pyralis farinalis*** L., Mehlzünsler, Raupe an Mehl, Stroh, Abfällen.

Galleriinae, Wachsmotten (keine Ocellen; Labialpalpen vorgestreckt, Rüssel u. Maxillarpalpen verkümmert). Raupen teils in Nestern von Hautflüglern. ***Achroia grisella*** (F.), Kleine Wachsmotte (20 mm; grau). ***Galleria mellonella*** (L.), Große Wachsmotte (30 mm; violett-grau), in Bienenstöcken schädlich. **Phycitinae:** 48 Gattungen mit 96 Arten. 5; ***Ephestia*** Guenée, Vorratsschädlinge, ***E. kuehniella*** Zeller, Mehlmotte, in Speichern, Bäckereien. ***Plodia interpunctella*** Hübner, Dörrobstmotte, in trockenen Lebensmitteln.

Familie: **Hesperiidae**, Dickköpfe

Mittelgroße Falter (20–30 mm), oft rasant fliegend. Mit breitem Kopf. Fühlerbasis mit Haarpinsel [**9**]. Raupen der **Heteropterinae** u. **Hesperiinae** meist nachtaktiv an Gräsern, die der **Pyrginae** an krautigen Pflanzen. 10 Gattungen mit 24 Arten.

1. Htflügel unterseits mit Spiegelflecken. Vdschiene ohne Schienenblatt
Spiegelfleck-Dickkopffalter, ***Heteropterus morpheus*** (Pallas)
In lichten feuchten Wäldern und auf Waldwiesen, nur im N u. O des Gebiets.
— Htflügel unterseits ohne Spiegelflecken **2**
2. Flügel dunkel mit hellen Würfelflecken
12; ***Pyrgus*** Hübner u. 3 verwandte Gattungen mit 5 Arten
— Flügel gelbbraun, zuweilen mit dunkler braunen Flecken
3; ***Thymelicus*** Hübner u. verwandte Gattungen
Z. B. ***T. sylvestris*** (Poda) (Vdflügel des ♂ mit dünnem kommaartigem Duftfleck). ***Hesperia comma*** (L.), Kommafalter und ***Ochlodes sylvanus*** Esper [**73**] (♂ jeweils mit dickem Duftschuppenfleck).

Familie: **Papilionidae**, Ritterfalter

Große bis sehr große Falter. Raupen mit orangefarbiger ausstülpbarer Wehrdrüse (Osmaterium) im Nacken. Gürtelpuppen (Schwalbenschwänze) oder Kokons (Apollofalter).

1. Htflügel mit langem Schwänzen .... Schwalbenschwänze **2**
— Htflügel rund, ohne Schwänze, Vdflügel mit schwarzen Flecken [**74**]........... Apollofalter **3**

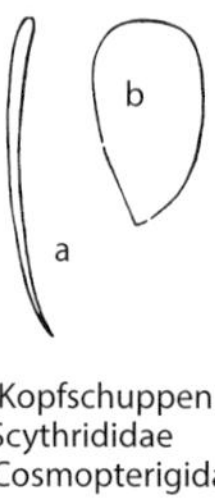

70 Kopfschuppen
a) Scythrididae
b) Cosmopterigidae

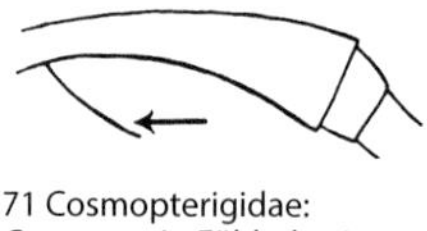

71 Cosmopterigidae: *Cosmopterix*, Fühlerbasis mit einzelner Schuppe

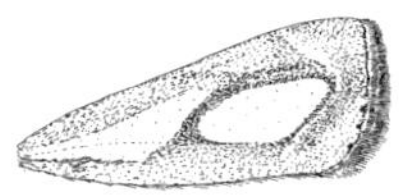

72 Crambidae: *Catoptria pinella*, Vdflügel

73 Hesperiidae: *Ochlodes sylvanus*, Vdflügel

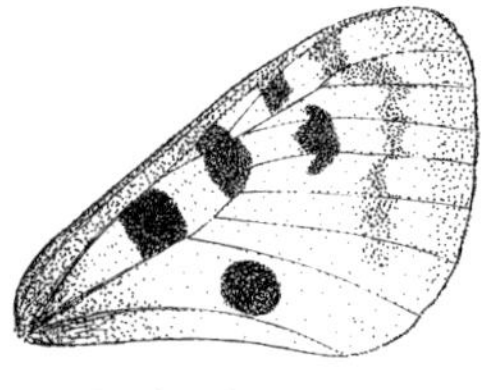

74 Papilionidae: *Parnassia apollo*, Vdflügel

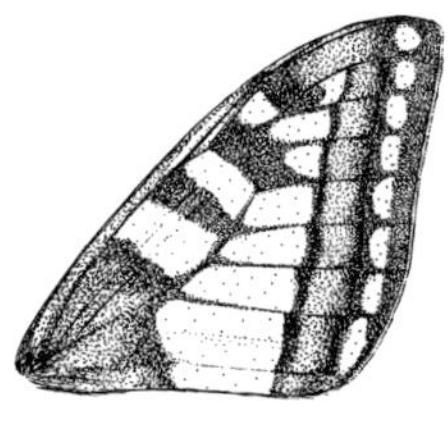

75 Papilionidae: *Papilio machaon*, Vdflügel

2. Adern im Vdflügel schwarz betont [**75**] .... Schwalbenschwanz, ***Papilio machaon*** L.
Schwefelgelb mit schwarzer Zeichnung. Raupe [**124**] an Doldenblütlern, manchmal in Gärten an Fenchel oder Karotte.

— Adern im Vdflügel nicht dunkel eingefasst .... Segelfalter, ***Iphiclides podalirius*** (Scopoli)
Blassgelb, Vdflügel mit schwarzer Querzeichnung. Raupe an trockenwarmen Standorten meist an Schlehe, Felsenkirsche. Lokal nur im Süden und Westen des Gebiets.

3. Alle Flügel ohne rote Flecke .... Schwarzer Apollo, ***Parnassius mnemosyne*** (L.)
Sehr lokal in Mittelgebirgen u. Alpen. Raupe an Lerchensporn.

— Wenigstens Htflügel mit roten Flecken **4**

4. Nur Htflügel mit roten Flecken [**74**] .... Apollofalter, ***Parnassius apollo*** (L.)
Lokal an der Mosel, in Albregion u. Alpen. Raupe meist an Weißem Mauerpfeffer.

— Vdflügel u. Htflügel mit roten Flecken .... Alpenapollo, ***Parnassius sacerdos*** Stichel
Hochalpen. Raupe meist an Fetthennen-Steinbrech.

Familie: **Pieridae**, Weißlinge u. Gelblinge

Meist weiße oder gelbe, große Falter. Alle Beine mit gespaltenen Fußkrallen [**10a**]. Raupen kurz behaart, meist an Kreuzblütlern (Weißlinge) oder Schmetterlingsblütlern (Gelblinge, „Senfweißlinge"). Gürtelpuppen.

1. Flügel mit scharfer Ecke [**76**], gelb (♂) oder weißlich (♀), Flügelmitte mit orangefarbenem Fleck .... Zitronenfalter, ***Gonepteryx rhamni*** (L.)
Raupe an Faulbaum u. Kreuzdorn.

— Flügelrand ohne scharfe Ecken [**77**] **2**

2. Fühler u. Flügelfransen rot. Htflügel unterseits meist mit silbrigem 8-Fleck [**78**]
Gelblinge, ***Colias*** F.
7 Arten, darunter ***C. croceus*** (Fourcroy), Posthörnchen (Flügel orange), Wanderfalter; ähnlich: ***C. hyale*** (L.), Goldene Acht und ***C. alfacariensis*** Ribbe, Hufeisenklee-Gelbling (Flügel gelblich (♂) oder weißlich (♀)).

— Fühler u. Flügelfransen nicht rot **3**

3. Htflügel unterseits grün-weiß gemustert **4**

— Htflügel unterseits weiß oder gelblich, manchmal grau bestäubt **5**

4. Htflügel unterseits fein grün gesprenkelt [**79**], Vdflügelspitze beim ♂ leuchtend orangerot
Aurorafalter, ***Anthocharis cardamines*** (L.)
April–Mai. Raupe an Knoblauchsrauke, Wiesenschaumkraut u. a.

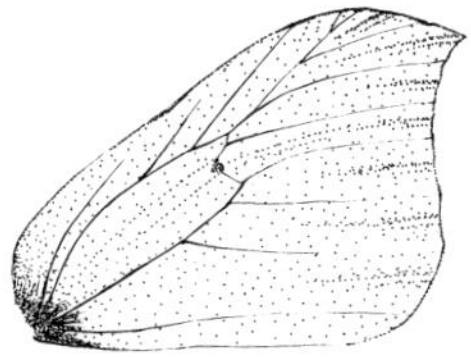

76 Pieridae: *Gonepteryx rhamni*, Vdflügel

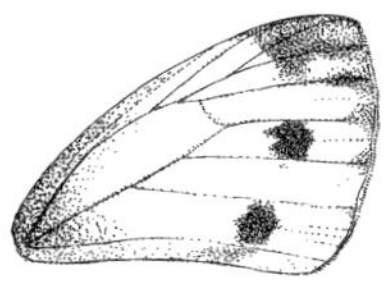

77 Pieridae: *Pieris napi*, ♀, Vdflügel

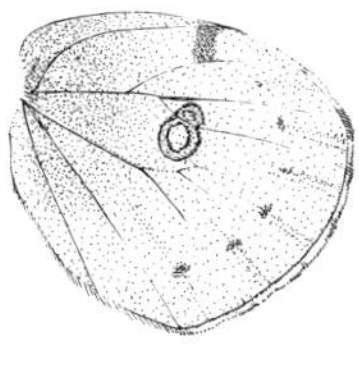

78 Pieridae: *Colias alfacariensis*, Htflügel, Unterseite

79 Pieridae: *Anthocharis cardamines*, Htflügel, Unterseite

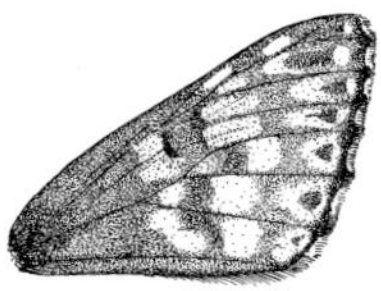

80 Riodinidae: *Hamearis lucina*, Vdflügel

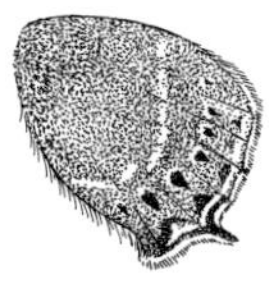

81 Lycaenidae: *Satyrium pruni*, Htflügel, Unterseite

— Htflügel unterseits schachbrettartig grün-weiß gescheckt ...... Resedafalter, ***Pontia edusa*** (F.)
Sehr ähnlich ***P. daplidice*** (L.), im Westen einwandernd. In den Hochalpen auch ***P. callidice*** (Hübner), Alpenweißling (mit schmalerem Zellendfleck).

5. Zelle des Vdflügels auffallend kurz .... 2; Senfweißlinge, ***Leptidea*** Billberg
Zarte Falter, oft im halbschattigen Bereich. Raupe an Hornklee u. a. Schmetterlingsblütlern.

— Zelle des Vdflügels von etwa halber Flügellänge **6**

6. Flügel dünn beschuppt, pergamentartig, weiß mit schwarzen Adern
Baumweißling, ***Aporia crataegi*** (L.)
Raupe gesellig an Weißdorn, Obstbäumen.

— Beschuppung normal, Adern nicht auffällig schwarz, Vdflügelspitze meist verdunkelt
Weißlinge, ***Pieris*** Schrank

a) Htflügel unterseits längs der Adern grau bestäubt: ***P. napi*** (L.), Grünader-Weißling [77]; Raupen an Kreuzblütlern. Im Alpengebiet auch der sehr ähnliche Bergweißling, ***P. bryoniae*** Ochsenheimer.
b) Htflügel unterseits einfarbig, Vdflügelspitze schwarz bis über Mitte des Außenrandes: ***P. brassicae*** (L.), Großer Kohlweißling, Raupe an Kohlarten, Kapuzinerkresse.
c) Htflügel unterseits einfarbig, Vdflügelspitze oft kaum schwarz. Schwärzung selten bis Mitte des Außenrandes reichend: ***P. rapae*** (L.), Kleiner Kohlweißling, Raupe grün, an offenen Standorten, an Kohlarten, oft auch an Kapuzinerkresse. ***P. mannii*** (Mayer) (ähnlich, aber oberer Diskalfleck eher rechteckig), von Süden her sich stark ausbreitend, Raupe in Gärten an Schleifenblumen.

Familien: **Lycaenidae**, Zipfelfalter, Bläulinge u. Feuerfalter, **Riodinidae**, Würfelfalter

Kleine bis mittelgroße Falter (20–40 mm). Augen weiß umrandet [**11**]. ♂ u. ♀ oft unterschiedlich gefärbt. Raupen mit kleinem Kopf u. asselförmigem Körper [**127**], meist versteckt lebend, oft in Ameisensymbiose. Gürtelpuppen. 16 Gattungen mit 51 Arten.

1. Flügel gelbbraun und schwärzlich gescheckt [**80**]
Schlüsselblumen-Würfelfalter, ***Hamearis lucina*** (L.)

— Flügel anders **2**

2. Beide Flügelpaare unterseits leuchtend grün .... Brombeerzipfelfalter, ***Callophrys rubi*** (L.)
Raupen polyphag, oft an Schmetterlingsblüten (nicht an Brombeeren), auf Magerrasen, Heiden, in lichten Wäldern.

— Flügel unterseits nicht grün **3**

3. Htflügel mit kurzem Schwänzchen [**81**] .... Zipfelfalter
3 Gattungen mit 7 Arten, darunter ***Favonius quercus*** (L.), Eichenzipfelfalter (oberseits mit Blauschiller); ***Thecla betulae*** (L.), Nierenfleck (Vdflügel des ♀ oberseits mit nierenförmigem orangefarbigem Fleck); und ***Satyrium***-Arten [**81**].

— Htflügel nicht geschwänzt **4**

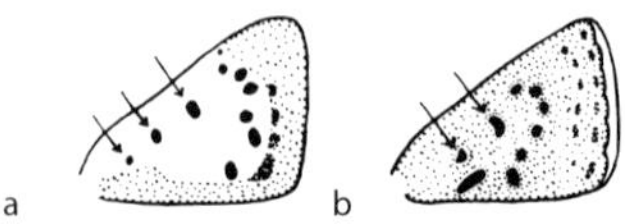

82 Lycaenidae: a) Feuerfalter, b) Bläuling

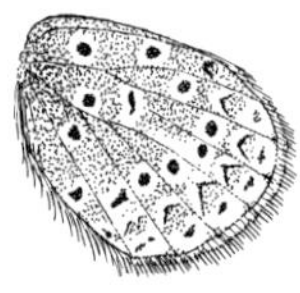

83 Lycaenidae: *Polyommatus icarus*, Htflügel, Unterseite

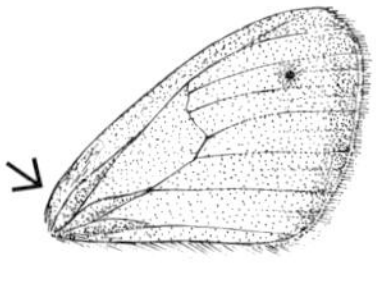

84 Satyrinae: *Coenonympha pamphilus*, Vdflügel

85 Satyrinae: *Melanargia galathea*, Vdflügel

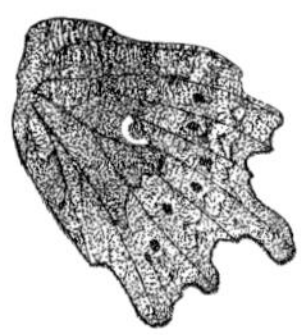

86 Nymphalidae: *Polygonia c-album*, Htflügel, Unterseite

4. Flügel oberseits meist feuerrot, schillernd, oft mit schwarzen Punkten. Vdflügel unterseits nahe Basis mit 3 Punkten in Linie [**82a**] .... 7; Feuerfalter, ***Lycaena*** F.
Raupen an Ampfer- oder Knötericharten. Überall verbreitet ***L. phlaeas*** (L.), Kleiner Feuerfalter (25 mm); seltener ***L. virgaureae*** (L.), Dukatenfalter (30 mm), auf mageren Wiesen.

— Flügel oberseits blau oder braun, nie leuchtend feuerrot. Vdflügel unterseits nahe Basis mit höchstens 2 Punkten [**82b**] .... Bläulinge
14 Gattungen mit 33 Arten, Raupen oft an Schmetterlingsblütlern. Häufigste Art ***Polyommatus icarus*** (Rottemburg), Hauhechelbläuling [**83**], Raupen an verschiedenen Schmetterlingsblütlern.

Familie: **Nymphalidae**, Fleckenfalter u. Augenfalter

Mittelgroße bis große Falter. Hierher die bekanntesten Tagfalter. Vdbeine beider Geschlechter krallenlose Putzpfoten [**8**]; Falter sitzen auf nur 4 Beinen. Raupen glatt, nächtlich an Gräsern (**Satyrinae**), oder mit verzweigten Dornborsten oder Kopfhörnern (**Nymphalinae**). Stürzpuppen. 32 Gattungen mit 92 Arten.

1. An Vdflügelbasis 1 oder mehrere Adern blasig aufgetrieben, Flügel oft mit Augenflecken [**84**] Augenfalter, **Satyrinae** 2

— Vdflügeladern basal nicht blasig. Flügel nur selten mit Augenflecken Fleckenfalter, **Nymphalinae** 8

2. Augen behaart
3 Gattungen mit 5 Arten, darunter ***Lasiommata megera*** (L.), Mauerfuchs, ruht gern an warmen Stellen auf Steinen, Sand. ***Pararge aegeria*** (L.), Waldbrettspiel, auf Lichtungen, auch in Gärten und Parks.

— Augen unbehaart 3

3. Im Vdflügel 3 Adern basal blasenartig [**84**] .... 7; ***Coenonympha*** Hübner
Häufigste Art ***C. pamphilus*** (L.), Kleiner Heufalter (Unterseite des Htflügels ohne schwarze Augenflecke), auf Wiesen.

— Im Vdflügel 1 oder 2 Adern basal blasig verdickt 4

4. Flügel schwarz u. weiß gescheckt [**85**] Schachbrett, ***Melanargia galathea*** (L.)

— Zeichnung u. Färbung anders, meist düster, braun 5

5. Mtschiene etwa ½ so lang wie Schenkel, etwa so lang oder kürzer als Tarsus 1, oberseits mit dunklem Enddorn
5 Gattungen mit 8 Arten, z. B. ***Hipparchia semele*** (L.), Samtfalter, Dünen, Felshänge, Sandböden.

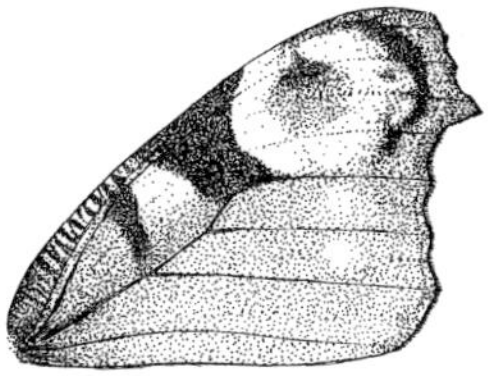

87 Nymphalidae:
Aglais io, Vdflügel

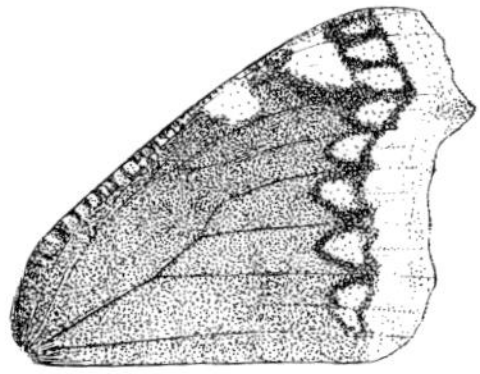

88 Nymphalidae:
Nymphalis antiopa, Vdflügel

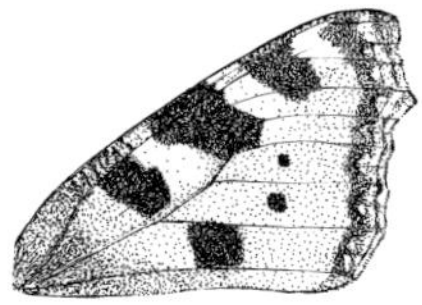

89 Nymphalidae:
Aglais urticae, Vdflügel

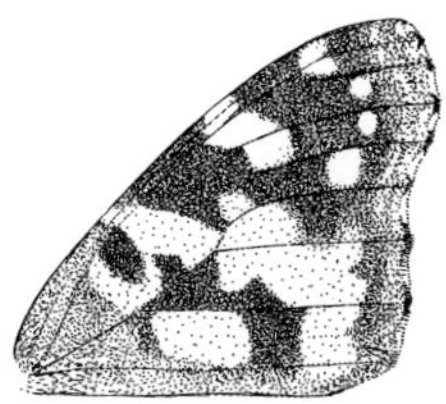

90 Nymphalidae:
Vanessa cardui, Vdflügel

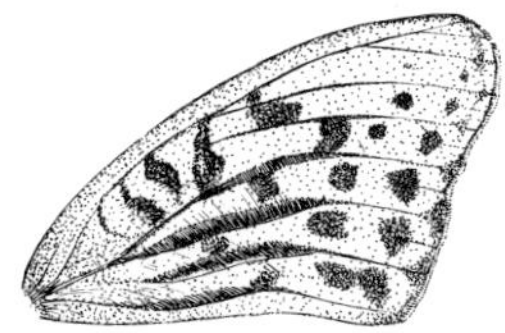

91 Nymphalidae:
Argynnis paphia, Vdflügel

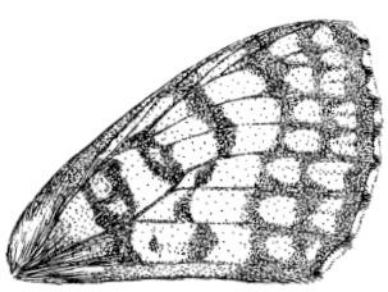

92 Nymphalidae:
Melitaea athalia, Vdflügel

— Mtschiene fast so lang wie Schenkel, stets länger als Tarsus 1, oberseits ohne Enddorn .. **6**

6. Im Vdflügel nur 1 Ader blasig .... 18; Mohrenfalter, ***Erebia*** Dalman
Flügel dunkel mit schwarzen, oft weiß gekernten Augenflecken in gelb- oder rostbrauner Binde. Die meisten Arten montan oder alpin verbreitet.

— Im Vdflügel 2 Adern blasig **7**

7. Vdflügel unterseits gelbbraun bis zur Basis; Vdflügel u. Htflügel unterseits unterschiedlich gefärbt .... weitere Gattungen
Weit verbreitet u. häufig auf Wiesen ***Maniola jurtina*** (L.), Großes Ochsenauge.

— Vdflügel u. Htflügel unterseits gleich gefärbt, mit Augenflecken, hellbraun
Schornsteinfeger, Brauner Waldvogel, ***Aphantopus hyperantus*** (L.)
An Waldrändern, Falter gern an Brombeerblüten.

8. Augen behaart **9**

— Augen unbehaart **15**

9. Vdflügel u. Htflügel am Außenrand mit scharfem Zahn [**86–89**] **10**

— Wenigstens Vdflügel glattrandig, ohne scharfen Zahn **14**

10. Saum des Htflügels scharf gezackt, Unterseite mit weißem C [**86**]
C-Falter, ***Polygonia c-album*** (L.)

— Flügelränder nicht so auffällig gezackt **11**

11. Flügel oberseits mit buntem Augenfleck [**87**] .... Tagpfauenauge, ***Aglais io*** (L.)
Raupe, schwarz mit kleinen weißen Punkten, gesellig an Brennnessel.

— Flügel ohne Augenfleck **12**

12. Beide Flügelpaare tief dunkelrotbraun mit gelbweißem Saum [**88**]
Trauermantel, ***Nymphalis antiopa*** (L.)
Raupe gesellig an Birke und Weide, Falter im Frühjahr gerne an Baumsaft.

— Saum nicht auffallend heller als Flügel **13**

13. Basale Hälfte des Htflügels oberseits schwarzbraun [**89**] ...... Kleiner Fuchs, ***Aglais urticae*** (L.)
Raupe schwarz und gelb, gesellig an besonnten Brennnesseln.

— Basale Hälfte des Htflügels oberseits braun .... Großer Fuchs, ***Nymphalis polychloros*** (L.)
Raupe gesellig an Ulme, Kirsche, Weide. Als seltener Zuwanderer aus dem Osten auch ***N. xanthomelas*** (Denis et Schiffermüller).

14. Kleiner Falter, etwa 35 mm .... Landkärtchen, ***Araschnia levana*** (L.)
Frühjahrsform rotgelb mit schwarzen Flecken, Sommerform schwarzbraun mit hellen Flecken u. Binde. Raupe schwarz, gesellig an Brennnessel, halbschattige Standorte.

— Große Falter, ca. 50 mm. Regelmäßige Zuwanderer aus dem Süden .... ***Vanessa*** F.
a) Vdflügel oberseits schwarz mit leuchtend roter Binde u. weißen Flecken: ***V. atalanta*** (L.), Admiral, Raupe solitär an Brennnessel in Blattrolle.
b) Vdflügel lebhaft hellorange-schwarz gemustert mit weißen Flecken [**90**]: ***V. cardui*** (L.), Distelfalter, Raupe solitär an Disteln, Brennnesseln u. a.

15. Fühler allmählich verdickt, einfarbig schwarz **16**

— Fühlerkeule scharf abgesetzt [**6a**], Schaft meist fein hell geringt **17**

16. Htflügelbasis unterseits auffallend hell .... 3; Eisvögel, ***Limenitis*** F.
Raupen mit 2 kurzen Kopfspitzen u. 2 Reihen ästiger Rückendornen.

— Htflügelbasis unterseits nicht aufgehellt. Flügel des ♂ violett schillernd
2; Schillerfalter, ***Apatura*** F.
Raupen mit 2 Kopfhörnern u. Schwanzgabel. An Weiden- u. Pappelarten.

17. Htflügel unterseits mit Silberflecken .... Perlmutterfalter
Mehrere Gattungen mit 18 Arten, Raupen an Veilchen- u. Rosengewächsen; darunter ***Argynnis paphia*** (L.), Kaisermantel (etwa 60 mm; Silberzeichnung in Streifen, nicht in Flecken aufgelöst [**91**]); ***Issoria lathonia*** (L.), Kleiner Perlmutterfalter (35 mm; Htflügel unterseits mit großen tropfenartigen Silberflecken), Wanderfalter.

— Htflügel unterseits ohne Silberflecke
13; Scheckenfalter, ***Melitaea*** F. [**92**] u. andere Gattungen
Raupen in der Jugend oft gesellig, in Gespinsten, meist an krautigen Pflanzen.

Familie: **Geometridae**, Spanner

Kleine bis große Falter (15–60 mm), meist zart mit dünnem Leib. Flügel in Ruhe meist flach, dreieckig. Überwiegend Dämmerungs- u. Nachtfalter. Raupen mit verminderter Bauchbeinzahl [**122**], daher spannender Gang. 441 Arten.

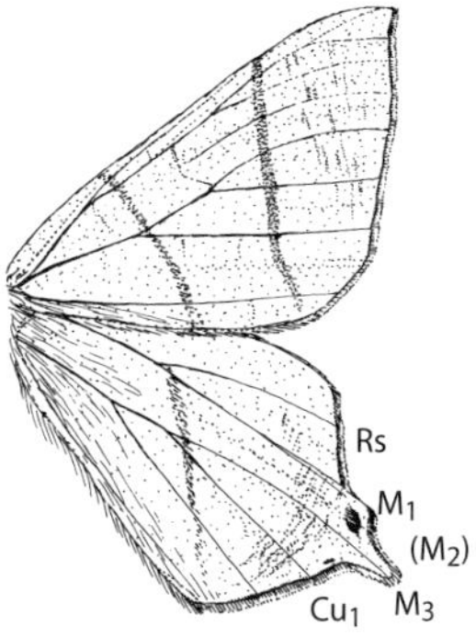

93 Geometridae:
Ourapteryx sambucaria

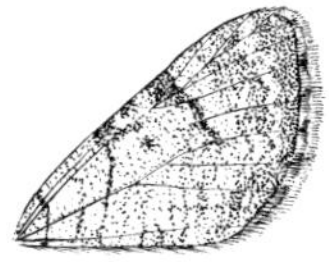

95 Geometridae:
Eupithecia, Vdflügel

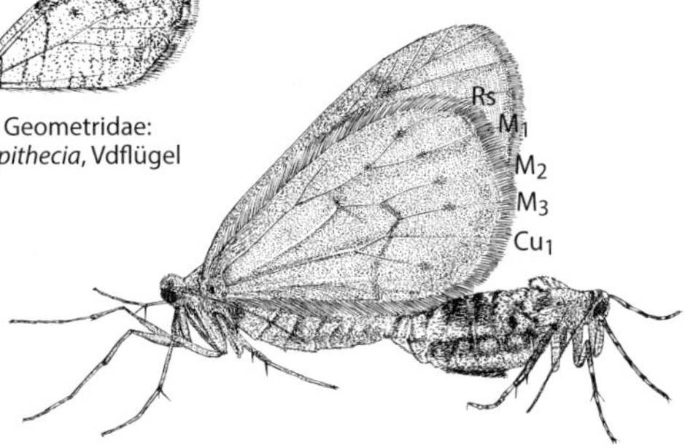

94 Geometridae: *Operophtera brumata*, Kopula
(Männchen; Weibchen flügellos)

1. Im Htflügel Sc frei oder an Rs angelegt, nicht damit verschmolzen **2**
— Im Htflügel Sc u. Rs ein Stück unter Bildung einer Wurzelschlinge verschmolzen **4**
2. Im Htflügel ist M_2 zurückgebildet [**93**] .... **Ennominae**
Oft größere Falter. Beispiele: ***Abraxas grossulariata*** (L.), Stachelbeerspanner (weiß/gelb, schwarz gefleckt). ***Ourapteryx sambucaria*** (L.), Nachtschwalbenschwanz [**93**] (hellgelb, Htflügel geschwänzt). ***Phigalia pilosaria*** (Denis et Schiffermüller), Schneespanner (grau, ♀ flügellos), Januar–April an Baumstämmen. ***Biston betularia*** (L.), Birkenspanner (weiß mit schwarzen Sprenkeln oder ganz schwarz). ***Erannis defoliaria*** (Clerck), Großer Frostspanner, u. 5; ***Agriopis*** Hübner (♀ kurzflügelig oder flügellos), im Spätherbst oder Frühjahr. 2; ***Hypomecis*** Hübner u. verwandte Gattungen (graue, meist große Falter). ***Bupalus piniaria*** (L.), Kiefernspanner. Viele weitere Gattungen.
— Im Htflügel M_2 deutlich vorhanden [**94**] **3**
3. Augen länglich .... **Archiearinae**
2; ***Archiearis*** Hübner, Falter im Frühjahr, tagaktiv. Raupen mit Resten der ersten Bauchbeine.
— Augen rund .... **Geometrinae**
Die meisten Arten grün. 10 Gattungen mit 12 Arten.
4. Im Htflügel Sc u. Rs nur ganz kurze Strecke verschmolzen .... **Sterrhinae**
6 Gattungen, darunter 19; ***Scopula*** Schrank u. 27; ***Idaea*** Treitschke.
— Im Htflügel Sc u. Rs längere Strecke verschmolzen (etwa halbe Länge der Zelle) **Larentiinae**
Xanthorhoe Hübner, ***Epirrhoe*** Hübner u. verwandte Gattungen mit zahlreichen Arten mit parallel verlaufenden Bändern. Darunter 2; ***Operophtera*** Hübner, Kleine Frostspanner, ♀ stummelflügelig [**94**], im Spätherbst. 65; ***Eupithecia*** Curtis, Blütenspanner [**95**], kleine Arten, Raupen oft bunt, meist spezialisierte Arten in Blüten.

Familie: **Lasiocampidae**, Glucken

Große Falter (35–85 mm). In Ruhestellung Vdrand des Htflügels manchmal vor Vdrand des Vdflügels sichtbar. Nachtaktiv, selten ♂ tagaktiv. Raupen stark behaart (Brennhaare), zuweilen gesellig in großen Seidennestern (***Eriogaster, Malacosoma***).

1. Htschiene ohne Endsporne .... 1; ***Trichiura*** Stephens, 4; ***Eriogaster*** Germar
— Htschiene mit Endspornen **2**
2. Vdflügel mit hellem Fleck am Ende der Zelle [**96**] **3**
— Vdflügel ohne Zellendfleck **8**
3. Fransen des Vdflügels schwarz u. weiß gescheckt
Mondfleckglucke, ***Cosmotriche lobulina*** (Denis et Schiffermüller)
Raupe an Nadelhölzern.
— Fransen des Vdflügels immer einfarbig **4**
4. Vdflügel mit diagonaler Teilungslinie zur Flügelspitze [**96**]
Grasglucke, Trinkerin, ***Euthrix potatoria*** (L.)
Raupe an Gräsern, auffallend im April–Mai.

— Querlinien des Vdflügels nie direkt zur Flügelspitze 5

5. Flügel leuchtend orangerot .... Pflaumenglucke, ***Odonestis pruni*** (L.)
Raupe an Obstbäumen.

— Flügel nicht orangerot 6

6. Vdschiene mit Endsporn .... Kleespinner, ***Lasiocampa trifolii*** (Denis et Schiffermüller)

— Vdschiene ohne Endsporn 7

7. Vdflügel mit stark gezackten Querlinien, Htflügel einfarbig braun
Kiefernspinner, ***Dendrolimus pini*** (L.)
Manchmal schädlich in Kiefernwäldern.

— Vdflügel mit 1 ungezackten Querlinie, Htflügel basal meist dunkler als im Saumteil
Eichenspinner, Quittenvogel, ***Lasiocampa quercus*** (L.)
♂ tagaktiv, Raupen an Schlehe, Birken, Besenheide, ausgewachsen im Mai.

8. Flügelsaum gewellt .... 2; ***Phyllodesma*** Hübner u. 2; ***Gastropacha*** Ochsenheimer
Darunter ***G. quercifolia*** (L.), Kupferglucke, Raupe an Schlehe, Obstbäumen, Eberesche u. a.

— Flügelsaum nicht gewellt .... weitere Gattungen
Darunter ***Macrothylacia rubi*** (L.), Brombeerspinner, große rötlich schwarze Raupen überwintern und laufen im Herbst und Frühjahr umher. ***Malacosoma neustria*** (L.), Ringelspinner, Obstbaumschädling, Eier in Ringen um Zweige.

Familie: **Sphingidae**, Schwärmer

Sehr große Falter (40–135 mm) mit elegantem Flügelschnitt [**3, 97**]. Gute Flieger, teils Wanderfalter. Oft dämmerungs-, seltener tagaktiv. Raupen nackt, meist mit Horn über After [**128**], freilebend. Puppen im Boden, überwinternd. 14 Gattungen mit 21 Arten, davon 6 nur als Zuwanderer.

1. Beide Flügelpaare bis auf Saum schuppenfrei, glasklar
2; Hummel- und Skabiosenschwärmer, ***Hemaris*** Dalman

— Flügel vollständig beschuppt 2

2. Außenrand des Vdflügels glatt [**97**] 6

— Außenrand des Vdflügels unregelmäßig gezackt 3

3. Htschienen mit 2 Paar Spornen 4

— Htschienen nur mit Endspornen 5

4. Dunkle Binde des Vdflügels durchgehend, mit schwarzem Fleck am Zellende
Nachtkerzenschwärmer, ***Proserpinus proserpina*** (Pallas)

— Dunkle Binde des Vdflügels meist unterbrochen, ohne dunklen Fleck am Zellende
Lindenschwärmer, ***Mimas tiliae*** (L.)
Raupe an Linde, Ulme u. a.

5. Außenrand des Vdflügels stark gewellt .... Pappelschwärmer, ***Laothoe populi*** (L.)
Raupe an Pappel- u. Weidenarten.

— Außenrand des Vdflügels mit nur 1 Ausschnitt nahe Innenwinkel; Htflügel mit großem Augenfleck .... Abendpfauenauge, ***Smerinthus ocellata*** (L.)
Raupe an Weide, Obstbäumen.

6. Htflügel mit roten oder rosa Regionen 11

— Htflügel stets ohne rötliche Färbung 7

7. Htflügel überwiegend gelb 8

— Htflügel andersfarbig 9

8. Thorax mit Totenkopfzeichnung .... Totenkopfschwärmer, ***Acherontia atropos*** (L.)
Zuwanderer aus dem Süden. Lautäußerung bei Reizung durch in den Schlund eingesaugte und ausgepresste Luft. Raupe an Nachtschattengewächsen.

— Thorax einfarbig grau .... Taubenschwänzchen, ***Macroglossum stellatarum*** (L.)
Zuwanderer aus dem Süden. Tagaktiv, oft kolibriartig vor Blüten, Raupe an Labkraut.

9. Htleib oberseits rosa u. schwarz gebändert .... Windenschwärmer, ***Agrius convolvuli*** (L.)
Flugstarker Wanderfalter. Raupe an Winde.

— Htleib ohne rosa Bänderung 10

10. Htleib oberseits mit dunkler Längslinie, Flügel grau .... Kiefernschwärmer, ***Sphinx pinastri*** (L.)
Raupe an Nadelhölzern, meist Kiefer.

— Htleib oberseits ohne Längslinie, Flügel grünlich ...... Oleanderschwärmer, ***Daphnis nerii*** (L.)
Sehr seltener, großer Wanderfalter. Raupe an Oleander.

11. Htleib oberseits rosa u. schwarz gebändert .... Ligusterschwärmer, ***Sphinx ligustri*** L.
Raupe [**128**] meist an Liguster u. anderen Sträuchern. Großer Falter.

— Htleib ohne rosa Bänderung **12**

12. Flügel u. Htleib überwiegend hell weinrot .... 2; Weinschwärmer, ***Deilephila*** Laspeyres
Raupen an Weidenröschen, Fuchsien, Springkraut u. a.

— Vdflügel u. Htleib nicht rot, nur manchmal Basis des Htflügels **13**

13. Basis des Htflügels schwarz .... 5; ***Hyles*** Hübner
Darunter ***H. euphorbiae*** (L.), Wolfsmilchschwärmer u. ***H. gallii*** (Rottemburg), Labkrautschwärmer [**97**].

— Basis des Htflügels rot .... Großer Weinschwärmer, ***Hippotion celerio*** (L.)
Sehr seltener Wanderfalter.

Familie: **Notodontidae**, Zahnspinner u. Prozessionsspinner

Mittelgroße Falter (25–70 mm). Innenrand des Vdflügels oft mit Schuppenzahn [**98**]. Raupen nackt, selten behaart, oft mit Höckern, manchmal ohne Nachschieber u. mit Schwanzgabel, an Laubbäumen. 19 Gattungen mit 35 Arten.

1. Htschiene mit Mt- u. Endspornen **2**

— Htschiene nur mit Endspornen **10**

2. Augen behaart **3**

— Augen unbehaart **5**

3. Innenrand des Vdflügels mit Schuppenzahn [**98**] **4**

— Innenrand des Vdflügels ohne Schuppenzahn .... 4; Erpelschwänze, ***Clostera*** Samouelle
Häufig ***C. pigra*** (Hufnagel), Raupe an Weide, Zitterpappel.

4. Htflügel unterseits mit dunklem Mondfleck am Zellende
4; ***Notodonta*** Ochsenheimer u. andere Gattungen

— Zellende des Htflügels unterseits nicht verdunkelt .... 2; ***Ptilodon*** Hübner
Häufig ***P. capucina*** (L.), Kamelspinner, Raupe grün, hinten mit 2 roten Spitzen, an Laubbäumen.

5. Innenrand des Vdflügels mitten mit Schuppenzahn [**98**] **7**

— Innenrand des Vdflügels ohne Schuppenzahn **6**

6. Spitze des Vdflügels mit großem gelbem Fleck [**99**] .... Mondvogel, ***Phalera bucephala*** (L.)

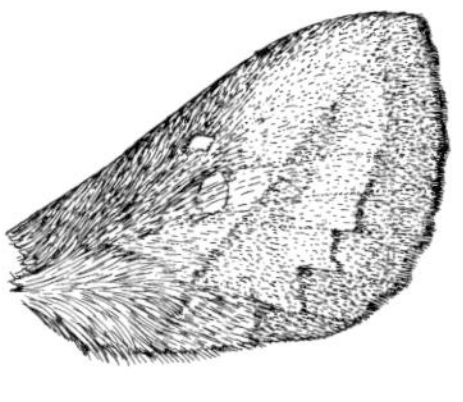

96 Lasiocampidae: *Euthrix potatoria*, Vdflügel

97 Sphingidae: *Hyles gallii*

98 Notodontinae, Vdflügel mit Schuppenzahn

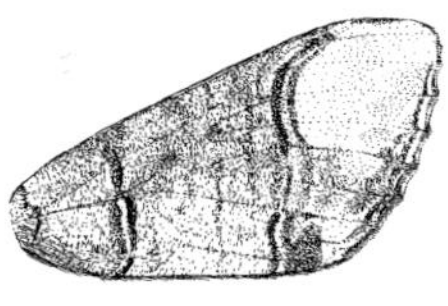

99 Notodontidae: *Phalera bucephala*, Vdflügel

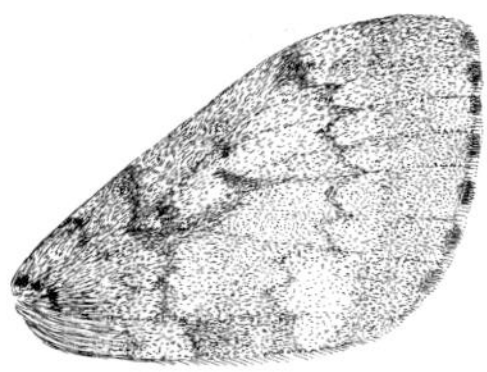

100 Lymantriinae: *Lymantria dispar*, Vdflügel

101 Arctiinae: *Arctia plantaginis*, Vdflügel

— Vdflügel einfarbig grau .... 5; *Drymonia* Hübner u. *Dicranura* Reichenbach
7. Palpen sehr lang vorgestreckt.................... Palpenspinner, ***Pterostoma palpina*** (Clerck)
— Palpen den Kopf nicht überragend **8**
8. Vdflügel mit Silberflecken .... ***Spatalia argentina*** (Denis et Schiffermüller)
— Vdflügel ohne Silberflecke **9**
9. Vdflügel weiß mit orangefarbenen Flecken ...... ***Leucodonta bicoloria*** (Denis et Schiffermüller)
— Vdflügel nicht weiß .... weitere Gattungen
10. Innenrand des Vdflügels mit Schuppenzahn [**98**]. Fühler des ♂ stark gefiedert. Falter Oktober–Dezember .... ***Ptilophora plumigera*** (Denis et Schiffermüller)
— Innenrand des Vdflügels ohne Schuppenzahn. Falter meist im Sommer **11**
11. Im Htflügel Rs u. M_1 lang gestielt; Stiel länger als freie Enden dieser Adern. Manchmal Rs u. M_1 zusammenfallend **12**
— Im Htflügel Stiel von Rs + M_1 stets kürzer als freie Enden dieser Adern [**48**] **14**
12. Htflügel weiß **13**
— Htflügel dunkelgrau .... ***Gluphisia crenata*** (Esper)
13. Htflügel unterseits mit dunklem Zellendfleck. Saum mit dunklen Punkten
3; Kleine Gabelschwänze, ***Furcula*** Lamarck
Raupen mit Schwanzgabel.
— Htflügel unterseits ohne dunklen Zellendfleck u. Saumpunkte
2; Prozessionsspinner, ***Thaumetopoea*** Hübner
Falter mit hornigem Stirnvorsprung. Raupen gesellig in großen Seidennestern, mit langen Borsten, die Hautentzündungen verursachen können.
14. Htflügel weißlich oder hellgrau, Adern deutlich **15**
— Htflügel einfarbig dunkelgrau, Adern nicht hervortretend Buchenspinner, ***Stauropus fagi*** (L.)
Raupe sitzt mit erhobenen Enden, Vdbeine sehr lang.
15. Htflügel mit dickem schwarzem Fleck im Innenwinkel
Pergamentspinner, ***Harpyia milhauseri*** (F.)
Puppen in sehr festem Kokon an Baumstämmen.
— Htflügel ohne Fleck im Innenwinkel, oft mit dunklen Saumflecken
2; Großer Gabelschwanz u. Hermelinspinner, ***Cerura*** Schrank
Raupen [**120**] mit Schwanzgabel.

Familie: **Erebidae**, Unterfamilie: **Lymantriinae**, Trägspinner

Mittelgroße Falter (35–70 mm) mit plumpem Leib. Rüssel stets verkümmert. ♀ manchmal stummelflügelig, oft mit dichter Afterwolle. Raupen behaart, Haare oft in Büscheln oder auf Warzen [**131**]. 12 Gattungen mit 17 Arten.

1. Htschienen mit Mt- u. Endspornen **2**
— Htschienen nur mit Endspornen **7**
2. Htflügel oberseits weiß, zeichnungslos **3**
— Htflügel wenigstens mit dunklen Saumflecken, meist ganz dunkel **6**
3. Vdflügel weiß mit schwarzer Winkelzeichnung..................... ***Arctornis l-nigrum*** (Müller)
— Vdflügel ohne schwarze Winkelzeichnung **4**
4. Htleib mit goldbrauner Afterwolle, Vdflügel rein weiß, manchmal schwarz gefleckt **5**
— Htleibsende nicht goldbraun, Vdflügel weiß (♀) oder bräunlich übergossen
Laelia coenosa (Hübner)
Nur im Norden des Gebiets. Raupe an Schilf u. Röhricht-Gräsern.
5. Htflügel mit M_2 .... Goldafter, ***Euproctis chrysorrhoea*** (L.)
Raupe an Laubhölzern, jung in großen Nestern überwinternd. Raupenhaare verursachen Entzündungen.
— Htflügel ohne M_2. Häufig .... Schwan, ***Euproctis similis*** (Fuessly)
6. Im Htflügel M_2 u. M_3 basal stark genähert, Vdflügel mit gezackten Querlinien
2; ***Lymantria*** Hübner
a) Htleib rosa gefleckt. ♀ mit langer Legeröhre: ***L. monacha*** (L.), Nonne, Forstschädling an Kiefern.
b) Htleib bräunlich oder weißlich, beim ♀ plump gerundet: ***L. dispar*** (L.), Schwammspinner [**100**], manchmal schädlich an Laubbäumen, besonders Eichen.

— Im Htflügel M_2 u. M_3 etwa parallel. Falter schwärzlich oder bräunlich, Flügelbeschuppung dünn .... ***Ocneria rubea*** Denis et Schiffermüller u. ***Parocneria detrita*** Esper

7. Falter seidig weiß, zeichnungslos .... Pappelspinner, ***Leucoma salicis*** (L.)
Raupe an Pappel, Weide.

— Falter dunkel oder wenigstens mit dunkler Zeichnung **8**

8. Flügel schwärzlich, durchscheinend, Adern deutlich .... ***Penthophera morio*** (L.)
♀ stummelflügelig. Raupe an Gräsern

— Flügel nicht durchscheinend, Adern kaum sichtbar **9**

9. Vdflügel braun mit weißem Fleck im Innenwinkel .... 3; ***Orgyia*** Ochsenheimer
♀ stummelflügelig. Häufig ***O. antiqua*** (L.), Bürstenbinder, Raupe polyphag.

— Vdflügel meist grau, ohne weißen Fleck im Innenwinkel
Calliteara Butler u. 2 verwandte Gattungen
Häufig ***C. pudibunda*** (L.), Buchenrotschwanz. Raupen mit rotem Haarbüschel.

Familie: **Erebidae**, Unterfamilie: **Arctiinae**, Bärenspinner

Kleine bis mittelgroße Falter (20–80 mm). Rüssel oft verkümmert. Fußkrallen meist mit Nebenkralle [**41**]. Raupen stark behaart, laufen schnell. Meist recht polyphag an niedrigen Pflanzen. 51 Arten.

1. Htflügel ohne auffällige Zeichnung, gelblich, grau oder braun, allenfalls wenige dunkle Flecke am Außenrand; Vdflügel einfarbig gelblich, grau oder braun, oder mit wenigen Reihen kleiner dunkler Flecke .... Flechtenbärchen, **Lithosiini**
Unscheinbare, kleine Falter. Flügel in Ruhe flach oder um den Leib gerollt. 11 Gattungen mit 22 Arten, Raupen meist Flechtenfresser. Häufig: ***Atolmis rubricollis*** (L.), Rothalsbär (alle Flügel einfarbig schwarzbraun, Halskragen rot, in Buchenwäldern). 11; ***Eilema*** Hübner.

— Htleib oberseits mit dunkler Mtlinie oder Fleckenreihe [**36**] .... Bären, **Arctiini**
Htflügel u. Htleib oft rot oder gelb. Flügel in Ruhe dachförmig. 20 Gattungen mit 26 Arten. Verbreitet: ***Arctia caja*** (L.), Brauner Bär (Vdflügel braun u. weiß, Htflügel u. Htleib rot, dunkel gefleckt). 3; ***Spilosoma*** Curtis (Vdflügel weiß oder gelblich, schwarz gefleckt, Htleib gelb, schwarz gefleckt). ***Phragmatobia fuliginosa*** (L.), Zimtbär (Vdflügel zimtbraun, Htflügel u. Htleib rot, schwarz gefleckt). ***Tyria jacobaeae*** (L.), Jakobskrautbär (Htflügel rot, Vdflügel schwarz mit rotem Strich u. 2 Flecken). ***Arctia plantaginis*** (L.), Wegerichbär [**101**] (Vdflügel lebhaft gemustert).

— Zumindest Vflügel mit weiß durchscheinenden Flecken .... **Syntomini**
Amata phegea (L.), Weißfleckwidderchen (beide Flügel schwarz mit weißen Flecken). ***Dysauxes ancilla*** (L.) (Vdflügel ockerbraun mit 3 weißen Flecken nahe der Spitze).

Familien: **Noctuidae** u. **Erebidae**, Eulenfalter, **Nolidae**, Kahnspinner und Wicklereulen

Kleine bis sehr große Falter (15–100 mm), meist mit gut entwickeltem nacktem Rüssel. Tarsen, oft auch Schienen, dicht bedornt [**39**], Fußkrallen meist mit Nebenkralle [**41**]. Vdflügelzeichnung oft charakteristisch (Ringmakel, Nierenmakel, Zapfenmakel). Htleib meist kräftig. Falter nacht- u. dämmerungsaktiv, wenige Arten tagaktiv. Flügel in Ruhe dachförmig. Raupen nackt, selten behaart, oft tags versteckt. Ca. 550 Arten. Systematische Gliederung dieser extrem vielfältigen Gruppen noch sehr im Fluss, **Nolidae** inzwischen als eigene Familie angesehen und viele Teilgruppen zur Familie **Erebidae** gestellt.

1. Im Htflügel M_2 fehlend oder schwach entwickelt [**49**] **2**

— Im Htflügel M_2 stets stark entwickelt [**47**] **7**

2. Augen fein behaart .... **Noctuidae: Hadeninae**
Mittelgroße Falter. Schienen unbedornt. Raupen oft an niedrigen Pflanzen, Verpuppung meist im Boden. Viele wichtige Gattungen: Gemüseeulen (***Mamestra*** Ochsenheimer, ***Lacanobia*** Billberg) mit Schädlingen; ***Hadena*** Schrank, Kapseleulen; ***Orthosia*** Ochsenheimer, Kätzcheneulen; ***Mythimna*** Ochsenheimer, Graseulen; ***Conistra*** Hübner, Herbsteulen; ***Xanthia*** Ochsenheimer, Gelbeulen; ***Mesapamea*** Heinicke, Getreidewurzeleulen; ***Nonagria*** Ochsenheimer u. ***Archanara*** Walker, Schilfeulen; häufig ***Phlogophora meticulosa*** (L.), Achateule [**102**].

— Augen unbehaart **3**

3. Schiene u. Tarsen bedornt [**39**] .... **Noctuidae: Noctuinae, Heliothinae**
a) **Noctuinae**, Erdeulen: Mittelgroße Falter, meist unscheinbar braun oder grau, manchmal Htflügel gelb. Raupen unbehaart, an niedrigen Pflanzen, manchmal an Wurzeln von Gräsern u. a. Verpuppung im Boden. ***Agrotis*** Ochsen-

HEIMER u. viele andere Gattungen, darunter Schädlinge wie Getreide-, Weizen-, Saateule. Häufig Hausmutter, ***Noctua pronuba*** (L.) (gelber Htflügel mit schwarzer Binde).

b) **Heliothinae**: Wenige mittelgroße Arten. 5; ***Heliothis*** OCHSENHEIMER, darunter Wanderfalter.

— Schiene unbedornt, Tarsen bedornt [**39**] **4**

4. Abdomen mit Rückenschöpfen [**103**] **5**

— Abdomen ohne Rückenschöpfe **6**

5. Augenränder lang bewimpert .... **Noctuidae: Cuculliinae**

Überwiegend mittelgroße Falter unterschiedlicher Färbung u. Zeichnung. Raupen nackt, manchmal bunt, freilebend. Wichtige Gattung: 15; ***Cucullia*** Schrank, Mönche.

— Augenränder nicht bewimpert .... **Noctuidae: Amphipyrinae**

5; ***Amphipyra*** OCHSENHEIMER, z. B. ***A. pyramidea*** (L.), Pyramideneule, an Laubholz.

6. Vdflügel mit Pfeilzeichnungen [**104**] .... **Noctuidae: Acronictinae**

Mittelgroße, meist graue Falter. Vdflügel mit Pfeilzeichnung [**104**]. Raupen behaart, meist bunt, oft mit auffälligen Haarpinseln oder Bürsten. 12; ***Acronicta*** OCHSENHEIMER, Pfeileulen, darunter ***A. aceris*** (L.), Ahorneule, Raupe an Ahorn, Kastanie.

— Vdflügel ohne Pfeilzeichnungen viele weitere **Noctuidae** (aus verschiedenen Unterfamilien)

7. Augen behaart .... **Noctuidae: Pantheinae**

Wenige mittelgroße Arten. Raupen behaart.

— Augen unbehaart **8**

8. Vdflügel leuchtend grün, Htflügel seidig weiß .... Kahnspinnereulen, **Nolidae**

Kleine bis mittelgroße Falter. Raupen an Laubhölzern, Verpuppung in bootsförmigem Kokon. 4 Arten, darunter ***Pseudoips prasinana*** (F.), Kahnspinner, Raupe an Buche.

— Vdflügel nicht grün **9**

9. Große Arten (40–100 mm). Vdflügel tarnfarbig, Htflügel rot (gelb, blau) mit dunkler Binde (zu **Erebidae**) ***Catocala***

10; ***Catocala*** SCHRANK, Ordensbänder, Raupen an Laubhölzern.

— Kleine bis mittelgroße Arten (15–50 mm), Htflügel nicht bunt, meist unauffällig **10**

10. Vdflügel mit silberner Y-Zeichnung [**105**] oder metallischen Flecken Goldeulen, **Noctuidae: Plusiinae**

Mittelgroße Falter. Rückenschöpfe auf Thorax u. basalen Körpersegmenten. Verpuppung meist in seidigem Gespinst. ***Plusia*** OCHSENHEIMER u. a., darunter ***Autographa gamma*** (L.), Gammaeule [**105**], Wanderfalter.

— Vdflügel ohne metallische Zeichnungen **11**

11. Thorax mit deutlichem Schopf. Vdflügel mit aufgerichteten Schuppen. Kleine zarte Falter Wicklereulen, **Nolidae**

Raupen versponnen zwischen Blättern von Laubhölzern, Verpuppung in bootsförmigem Kokon. 12 Arten.

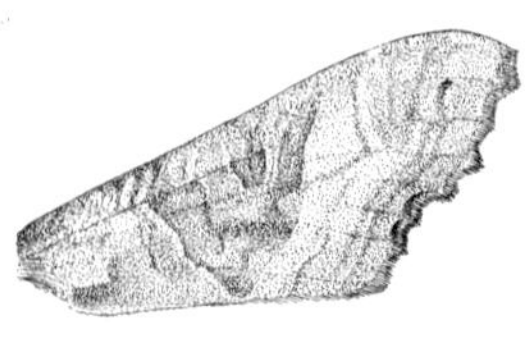

102 Noctuidae: *Phlogophora meticulosa*, Vdflügel

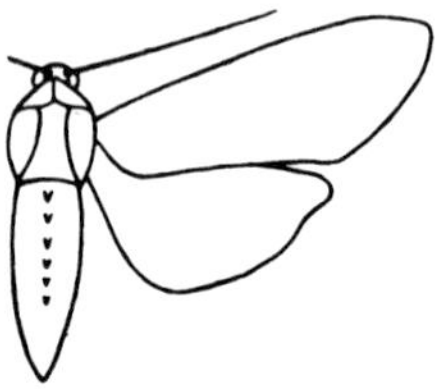

103 Noctuidae: *Cucullia* mit Rückenschöpfen

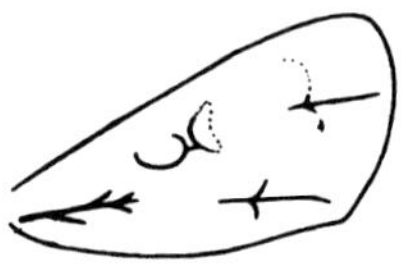

104 Noctuidae: *Acronicta* mit Pfeilzeichnungen

105 Noctuidae: *Autographa gamma*, Vdflügel

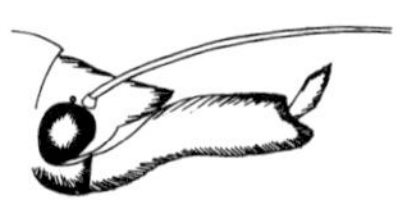

106 Noctuidae: *Hypena*, Kopf seitlich

— Thorax ohne Schopf. Vdflügel glatt .... **Erebidae** 12

12. Palpen vorgestreckt oder aufgebogen, deutlich länger als Kopf [**106**]. Falter manchmal Spannern ähnlich .... Schnauzeneulen, **Herminiinae** u. **Hypeninae**
Kleine bis mittelgroße, unauffällige Falter. Palpen auffallend lang [**106**]. Raupen oft detritivor an welken Pflanzen oder Fallaub, manche an krautigen Pflanzen oder Laubhölzern. 26 Arten.

— Palpen kaum länger als Kopf .... weitere **Erebidae** (aus verschiedenen Unterfamilien)
Darunter **Scoliopteryginae** mit ***Scoliopteryx libatrix*** (L.), Zackeneule, überwintert als Falter in Ställen u. Häusern.

Larven der Lepidoptera

Walzenförmige Raupe. Im typischen Fall Kopf mit Adfrontalia u. jederseits 6 Stemmata [**108**]; Thorax mit 3 Brustbeinpaaren; Abdomen mit 4 Bauchbeinpaaren (Bauchfußpaaren) (Segmente 3–6) u. 1 Paar Nachschiebern am Hinterende (Segment 10) [**107**]. Bauchbeinpaare entweder als „Kranzfüße" (mit geschlossenem Kranz von Chitinhaken, deren Zähne nach außen gerichtet sind [**109a**]) oder als „Klammerfüße" ausgebildet (mit nach innen zur Körpermitte gekrümmten Chitinhaken u. lappenartiger Außensohle [**109b**]). Der Bestimmungsschlüssel ist stark vereinfacht u. führt zu leichter erkennbaren Hauptgruppen. Die Abbildungen können nur Beispiele sein u. für die betreffenden Familien nicht alle Habitustypen repräsentieren.

1. Mit 8 Bauchbeinpaaren. In der Bodenstreu .... **Micropterigidae**

— Mit höchstens 4 Bauchbeinpaaren 2

2. In transportablen Köchern
a) Vom Köcher aus Blätter minierend: artenreich **Coleophoridae**, z. B. ***Coleophora laricella*** (Hübner) [**110**].
b) In der Vegetationsschicht, Köcher oft grob mit trockenen Pflanzenteilchen bekleidet. Raupe nicht minierend: **Psychidae**, z. B. ***Psyche casta*** (Pallas) [**111**].
c) In der Bodenstreu, Köcher aus größeren Blattstückchen, schildkrötenartig. Ältere Raupenstadien an welken Blättern fressend: **Adelidae** u. viele **Incurvariidae**, z. B. ***Nemophora degeerella*** (L.) [**112**], Jungraupe meist in Kräutern u. Laubhölzern minierend.
d) In menschlichen Behausungen. Gespinstköcher an tierischen Fasern, Pelzen, Kleidung, Teppichen u. a.: manche **Tineidae**, z. B. ***Tineola bisselliella*** (Hummel), Kleidermotte [**113**].
e) Aquatisch; Raupe in Köcher an Wasserpflanzen: **Acentropinae** (= **Nymphulinae**), Wasserzünsler.

— Freilebend oder verborgen, nie mit transportabler Behausung 3

3. Im Innern pflanzlicher Gewebe
a) Minierer in Blättern, Stängeln, Rinde. Brust- u. Bauchbeine häufig reduziert: viele artenreiche Familien: **Nepticulidae**, z. B. ***Stigmella anomalella*** (Goeze), Gangmine an Rose [**115**]; **Gracillariidae**, z. B. ***Phyllonorycter maestingella*** (Müller), Faltenmine an Buche [**114**]; **Elachistidae**, oft in Gräsern; weitere Familien, z. B. **Eriocraniidae, Incurvariidae, Tischeriidae.**
b) Bohrer in Samen oder Früchten: manche **Argyresthiidae** u. **Tortricidae**, z. B. ***Cydia pomonella*** (L.), Apfelwickler an Äpfeln.
c) Wurzelbohrer: **Hepialidae**, z. B. ***Hepialus humuli*** (L.), Hopfenwurzelbohrer, in verschiedenen Pflanzen, früher manchmal schädlich in Hopfen.

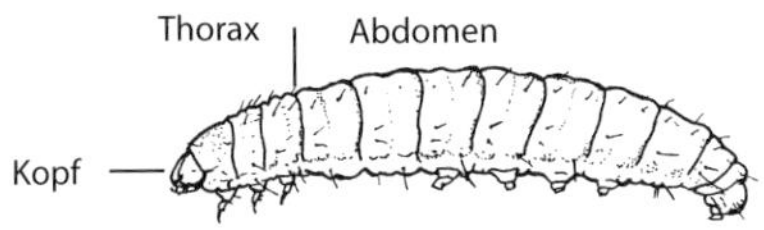

107 Schema Raupe

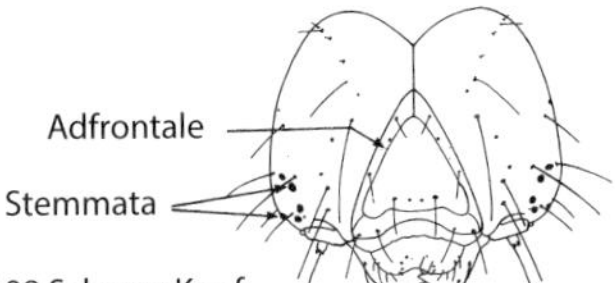

108 Schema Kopf

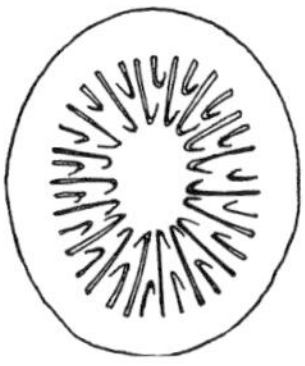
109a „Kranzfuß"

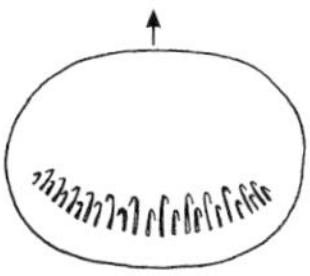
109b „Klammerfuß"

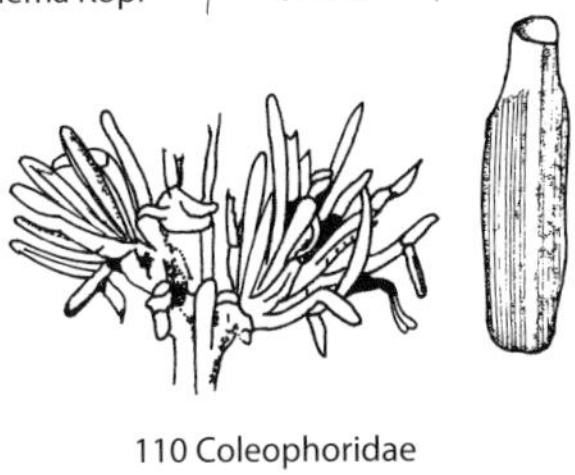
110 Coleophoridae

111 Psychidae

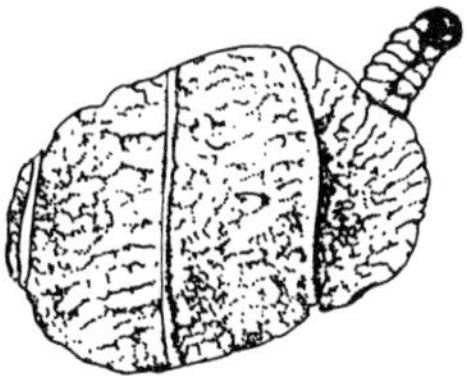

112 Incurvariidae

114 Elachistidae

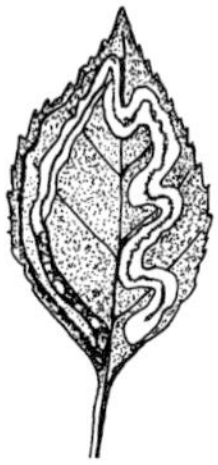

115 Gracillariidae

113a Tineidae

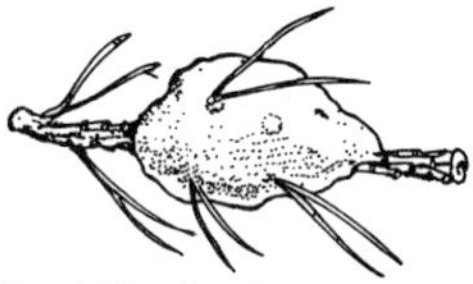

117 Tortricidae Gespinst

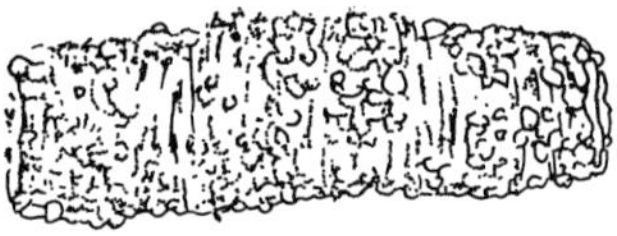

113b Tineidae Gespinst

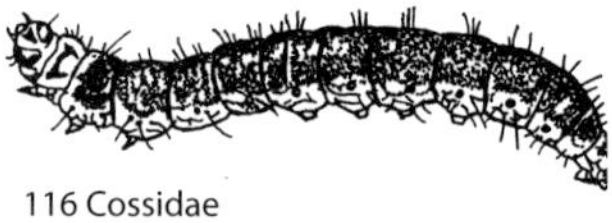

116 Cossidae

119 Hesperiidae

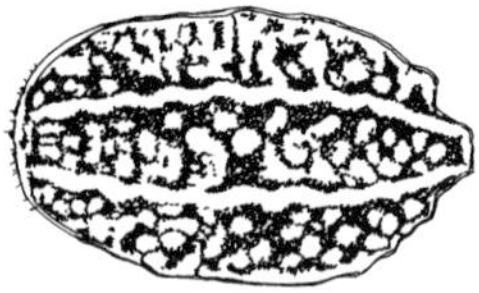

118 Limacodidae

120 Notodontidae: *Cerula vinula*

121 Drepanidae

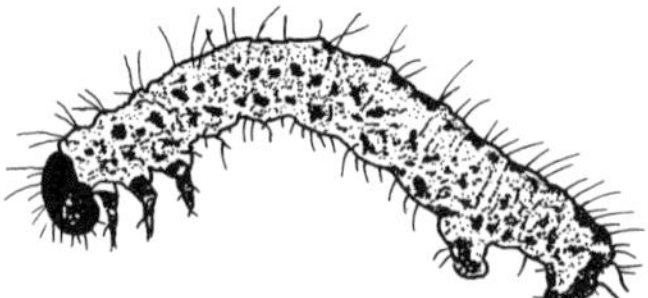

122 Geometridae

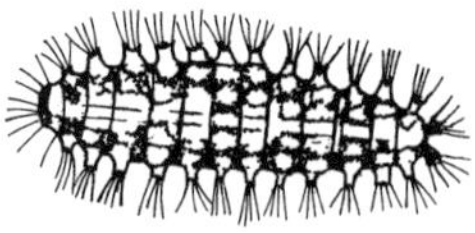

123 Nolinae

d) Holzbohrer: **Cossidae**, z. B. ***Cossus cossus*** (L.), Weidenbohrer [**116**] in Weide und in verschiedenen Hölzern; **Sesiidae**, Glasflügler.
e) Galleninduzierer: manche **Tortricidae**, z. B. ***Retinia resinella*** (L.), Kiefernharzgallenwickler, mit Gallen an Kiefer [**117**].

— Freilebend oder in Nestern, Gespinströhre, Blattwickel oder versponnenen Pflanzenteilen. Stets von der Oberfläche am Substrat fressend 4

4. Bauchbeine u. Nachschieber fehlen, nacktschneckenartig .... **Limacodidae**
Z. B. ***Apoda limacodes*** (Hufnagel), Großer Schneckenspinner [**118**], auf Laubbäumen.

— Mit Bauchbeinen, diese als „Kranzfüße" ausgebildet [**109a**]. Raupen meist verborgen in Gespinsten, Blattwickeln etc., oft geschickt vor- u. rückwärts laufend .... meiste „Kleinschmetterlinge"
Wichtige Familien: **Pyralidae** (z. B. ***Ephestia kuehniella*** (Zeller), Mehlmotte [**107**], an Mehl u. anderen Vorräten); **Tortricidae** u. **Gelechiidae** oft zwischen versponnenen Blättern u. Trieben; **Yponomeutidae** oft gesellig in Nestern an Weißdorn, Pfaffenhütchen u. a.; **Tineidae** an Häuten, Fellen, Pelzen, Teppichen u. a. Geweben, manche an Pilzen. „Großschmetterlinge": **Hesperiidae** (Kopf groß, mit schmalem, halsartig abgesetztem 1. Brustsegment; Körperbehaarung kurz, fein), meist an Gräsern, z. B. ***Hesperia comma*** (L.), Kommafalter [**119**].

— Mit Bauchbeinen, diese als „Klammerfüße" ausgebildet [**109b**]. Meist freilebend, oft nur nachts fressend .... fast alle „Großschmetterlinge" 5

5. Mit 4 Bauchbeinpaaren u. den Nachschiebern 9

— Mit 4 Bauchbeinpaaren, Nachschieber fehlend oder umgebildet 6

— Mit weniger als 4 Bauchbeinpaaren, aber Nachschieber vorhanden 7

6. Körper mit Endgabel [**120**] .... manche **Notodontidae**
Z. B. ***Cerura vinula*** (L.), Großer Gabelschwanz [**120**], an Pappel u. Weide.

— Körper in einer Spitze endend [**121**] .... **Drepanidae**
Z. B. ***Drepana falcataria*** (L.), Sichelflügler [**121**], an Birke u. Erle.

7. Mit nur 1 Bauchbeinpaar (dem 4.) u. den Nachschiebern [**122**] .... **Geometridae**
Sehr artenreich. Manche Arten mimetisch, Zweigen oder Koniferennadeln ähnelnd.

— Mit mindestens 2 Bauchbeinpaaren 8

8. Mit Haarbüscheln auf kleinen, leicht erhöhten Warzen. 1. Bauchbeinpaar fehlend .... **Nolidae**
Z. B. ***Nola cucullatella*** (L.), Kapuzenbärchen [**123**], an holzigen Rosengewächsen.

— Anders, auf jeder Warze nur 1 Haar .... manche **Geometridae** u. **Noctuidae**

9. Mit rötlicher Nackengabel, die bei Gefahr ausgestülpt wird .... **Papilionidae**
Z. B. ***Papilio machaon*** L., Schwalbenschwanz [**124**], auf Doldenblütlern.

— Ohne derartige Nackengabel 10

10. Körper mit längeren verzweigt dornartigen oder fleischigen, stets paarigen Fortsätzen [**125–126**] 11

— Körper anders, höchstens mit Warzen oder 1 Fortsatz am Abdomenende 12

11. Körperende mit 2 Spitzen, keine weiteren Fortsätze oder Dornen [**125**]. An Gräsern **Nymphalidae: Satyrinae**
Z. B. ***Melanargia galathea*** (L.), Schachbrett [**125**].

124 Papilionidae: *Papilio machaon*

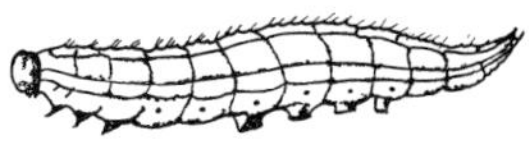

125 Satyrinae

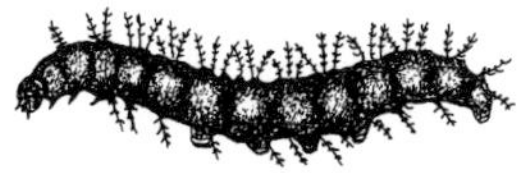

126 Nymphalidae

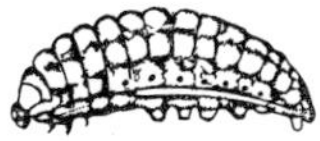

127 Lycaenidae

128 Sphingidae: *Sphinx ligustri*

129 Endromidae: *Endromis versicolora*

— Körperende mit oder ohne Spitzen, Rücken mit verzweigten oder fleischigen Dornen [**126**], manchmal nur Kopf mit 2 Spitzen .... **Nymphalidae**
Z. B. ***Aglais io*** (L.), Tagpfauenauge [**126**], schwarz, gesellig an Brennnessel.

12. Körper asselförmig, oberseits gewölbt, unterseits flach, vorn u. hinten verjüngt. Kopf klein, bei Störung völlig unter Prothorax verborgen [**127**] .... **Lycaenidae**
Z. B. ***Lycaena virgaureae*** (L.), Dukatenfalter [**127**], an Sauerampfer.

— Körper nicht asselförmig **13**

13. Körper stark behaart, mindestens stellenweise Warzen mit mehreren Haaren oder Borsten **15**

— Körper unbehaart oder Warzen mit höchstens 1 Borste **14**

14. Körperende oben mit meist gebogenem Horn [**128**] .... **Sphingidae**
Z. B. ***Sphinx ligustri*** L., Ligusterschwärmer [**128**], an Liguster, Flieder u. a.

— Körperende mit pyramidenförmiger Erhebung [**129**]
manche **Noctuidae** u. **Notodontidae; Endromidae**
Unter **Endromidae** nur ***Endromis versicolora*** (L.), Birkenspinner [**129**], Birke, Erle u. a.

— Körperende ohne derartige Gebilde .... viele **Noctuidae**
Z. B. ***Leucania comma*** (L.), Komma-Graseule [**130**], an Gräsern. – Außerdem einige **Notodontidae** u. **Thyatirinae**; auch **Saturniidae** (nur ***Aglia tau*** L., Nagelfleck, auf Buche u. a.)

15. 6. (u. 7.) Abdominalsegment oben mit ausstülpbarer unpaarer Wehrdrüse („Trichterwarze") [**131**] .... **Lymantriinae**
Z. B. ***Lymantria dispar*** (L.), Schwammspinner [**131**], auf Laubbäumen.

— Körper ohne derartige Trichterwarzen **16**

16. Behaarung ± gleichartig auf allen Segmenten, nicht in Büscheln **17**

— Behaarung ± gleichartig auf allen Segmenten, aber Haare in Büscheln oder sternförmig oder borstig auf Warzen **19**

— Behaarung ungleichartig, Segmente unterschiedlich behaart, häufig mit ungleichartig verteilten Höckern oder Wülsten **20**

17. Behaarung kurz [**132, 133**] **18**

— Behaarung lang .... **Lemoniinae**, manche **Lasiocampidae**

18. Körper gedrungen, grünlich oder gelblich mit schwarzen Flecken. Kopf eingezogen, bei Störung nicht sichtbar [**132**] .... **Zygaenidae**
Z. B. ***Zygaena filipendulae*** (L.) [**132**], auf Hornklee u. anderen Schmetterlingsblütlern.

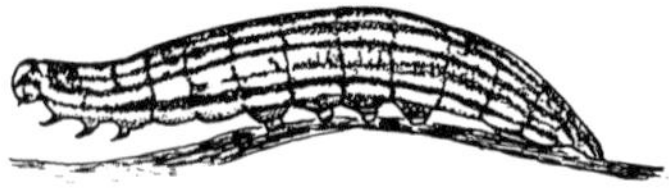
130 Noctuidae

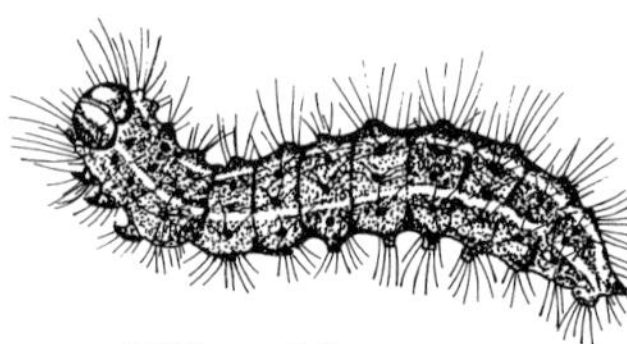
131 Lymantriinae

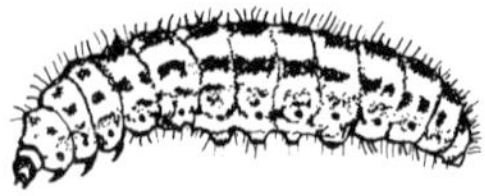
132 Zygaenidae

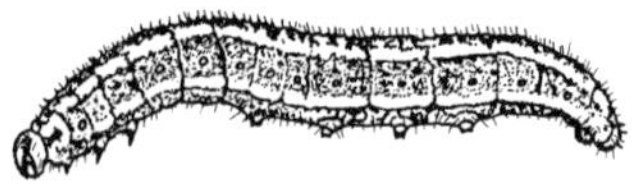
133 Pieridae

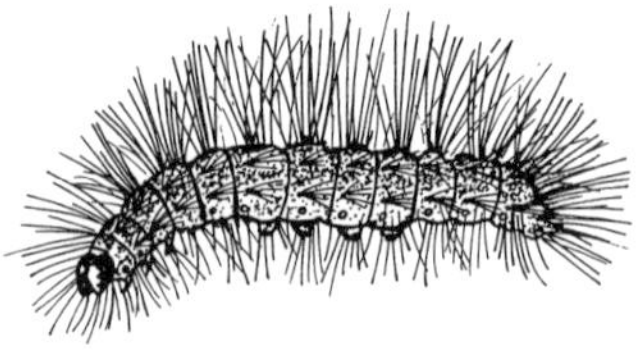
134 Arctiinae

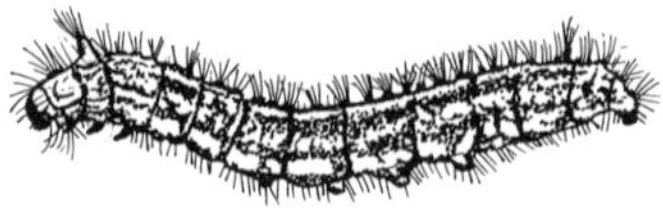
135 Lasiocampidae

— Körper gestreckt, meist grün, aber oft auch dunkel gefleckt. Kopf nicht eingezogen, stets sichtbar [**133**] .... **Pieridae**
An Brassicaceen, z. B. ***Pieris brassicae*** (L.), Großer Kohlweißling [**133**] (graugrün), junge Stadien gesellig.

19. Haare lang, dicht (büschelig auf Warzen) [**134**]. Bärenraupe! Oft sehr schnell laufend **Arctiinae**
Z. B. ***Arctia caja*** (L.), Brauner Bär [**134**], an verschiedenen krautigen Pflanzen.

— Haare weniger dicht, weicher. Raupe sich langsamer bewegend .... manche **Noctuidae**
Hierher u. a. auch **Lithosiini** (**Arctiinae**), an Flechten.

— Große bunte Warzen auf schwarzem Grund, spärlich besetzt mit starken Borsten **Saturniidae**
Z. B. ***Saturnia pavonia*** (L.), Kleines Nachtpfauenauge (grün mit gelben Warzen auf schwarzen Flecken), an Besenheide, Brombeere u. a.

20. Neben feiner u. dichter Behaarung auch einzelne längere Haare. Wulst oder Haarbüschel auf 8. Abdominalsegment (nie auf 1. Abdominalsegment) [**135**] .... manche **Lasiocampidae**
Z. B. ***Euthrix potatoria*** (L.), Grasglucke [**135**], an Gräsern.

— Behaarung anders, oft 1. Abdominalsegment mit behaarter Erhöhung
manche **Noctuidae** u. **Notodontidae**

Literatur

Bellmann, H.: Der neue Kosmos-Schmetterlingsführer: Schmetterlinge, Raupen und Futterpflanzen. 2. Aufl. Stuttgart, 2009.
Bräu, M., Bolz, R., Kolbeck, H., Nunner, A., Voith, J., Wolf, W.: Tagfalter in Bayern. Stuttgart, 2013.
Ebert, G. (Hrsg.): Die Schmetterlinge Baden-Württembergs. 10 Bände. Stuttgart, 1991–2003.
Fibiger, M. (Hrsg.): Noctuidae Europaeae. 13 Bände. Sorø, 1990–2011.
Gaedike, R., Heinicke, W. (Hrsg.): Entomofauna Germanica 3. Verzeichnis der Schmetterlinge Deutschlands. Entomologische Nachrichten und Berichte. Beiheft 5. Dresden, 1999.
Hannemann, H. J., Müller, B., Mey, W.: Lepidoptera – Schmetterlinge, Schuppenflügler. In: B. Klausnitzer (Hrsg.), Stresemann – Exkursionsfauna von Deutschland, Band 2 – Wirbellose: Insekten. 11. Aufl. Heidelberg, Berlin, 2011.
Hausmann, A. (Hrsg.): The Geometrid moths of Europe. 6 Bände. Stenstrup, 2001–2019.
Huemer, P.: Die Schmetterlinge Österreichs (Lepidoptera). Systematische und faunistische Checkliste. Innsbruck, 2013.
Huemer, P., Karsholt, O., Lyneborg, L. (Hrsg.): Microlepidoptera of Europe. Bisher 9 Bände. Stenstrup, 1996 ff.
Küppers, P. V.: Kleinschmetterlinge erkennen, bestimmen. Nottuln, 2008.
Kristensen, N. P. (Hrsg.): Lepidoptera, butterflies and moths. Handbuch der Zoologie, Band IV, Teilbände 35, 36. Berlin, 1998, 2003.
Kudrna, O., Harpke, A., Lux, K., Pennerstorfer, J., Schweiger, O., Settele, J, Wiemers, M.: Distribution atlas of butterflies in Europe. Halle, 2011.
Lafranchis, T.: Butterflies of Europe. Paris, 2004.
Mitter, C., Dacis, D. R., Cummings, M. P.: Phylogeny and evolution of Lepidoptera. Annual Review of Entomology 62, 265–283, 2017.
Naumann, C. M., Tarmann, G., Tremewan, W. G.: The western Palaearctic Zygaenidae. Stenstrup, 1999.
Porter, J.: The colour identification guide to caterpillars of the British Isles. London, 2010.
Schweizerischer Bund für Naturschutz (Hrsg.): Schmetterlinge und ihre Lebensräume. 3 Bände. Egg, 1987–2000.
Settele, J., Steiner, R, Reinhart, F., Hermann, G.: Schmetterlinge – Die Tagfalter Deutschlands. 3. Aufl., Stuttgart, 2015.
Slamka, F.: Pyraloidea of Central Europe. Bratislava, 2010.
Steiner, A., Ratzel, U., Top-Jensen, M., Fibiger, M.: Die Nachtfalter Deutschlands. Oestermarie, 2014.
Sterling, P., Parsons, M., Lewington, R.: Field guide to the micromoths of Great Britain and Ireland. Gillingham, 2012.
Stettmer, C., Bräu, M., Gros, P., Wanninger, O.: Die Tagfalter Bayerns und Österreichs. 2. Aufl. Laufen, 2012.
Tolman, T., Lewington, R.: The most complete field guide to the butterflies of Britain and Europe. Collins Butterfly Guide. 3. Aufl. London, 2009.
Hilfestellung im Internet u. a.: http.//www.lepiforum.org (Bestimmungshilfe von Faltern und frühen Stadien), http://www.ufz.de/tagfalter-monitoring (Bestimmungshilfe von Tagfaltern).

Mecoptera, Schnabelfliegen

Kopf schnabelartig nach unten verlängert, mit beißenden Mundwerkzeugen. Flügel gleichartig, häutig oder reduziert. Mit vollkommener Verwandlung (Holometabolie). Larven raupenähnlich mit Thorakalbeinen u. Stummelfüßen an den ersten 8 Abdominalsegmenten, letztere bei ***Boreus*** fehlend [**2**, **5**].

System:
Panorpidae, Boreidae, Bittacidae

1. Mit 4 normal entwickelten Flügeln. Körper über 5 mm lang **2**

— Flügel verkümmert oder fehlend. Unter 5 mm .... Winterhafte, **Boreidae**
Nur 2; ***Boreus*** Latreille, häufig ***B. hyemalis*** (L.) [**1**], Adulte im Winter in Moos u. auf Schnee, fressen tote Insekten, Larven [**2**] in erster Linie Moosfresser.

2. Mit langen schnakenartigen Beinen. Letztes Tarsalglied mit einer ungezähnten Kralle. Flügelspannweite 37–40 mm [**3**] .... Mückenhafte, **Bittacidae**
Nur 2; ***Bittacus*** Latreille, ***B. italicus*** (Müller) (Coxa mit einigen schwarzen Borsten); ***B. hageni*** Brauer (Coxa ohne schwarze Borsten), hängen mit Vorderbeinen im Gebüsch u. fangen mit langen Hinterbeinen vorbeifliegende Insekten [**3**], im Süden.

— Beine nicht auffallend lang. Letztes Tarsalglied mit 2 gezähnten Krallen. Flügel mit braunen Flecken. Flügelspannweite 20–35 mm. ♂ am Htleibsende mit Greifzange
Skorpionsfliegen, **Panorpidae**
Nur 6; ***Panorpa*** L., Nahrung vor allem geschwächte u. tote Insekten, auch Früchte, Nektar, Honigtau; manche Arten fressen in Spinnennetzen gefangene Insekten (Kleptoparasitismus). Larven [**5**] ernähren sich von abgestorbenen Pflanzen u. Kadavern, häufig ***P. communis*** L. [**4**].

1

2

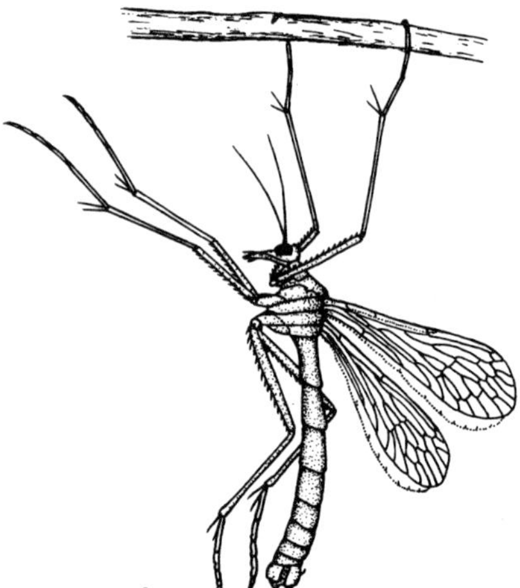
3

4

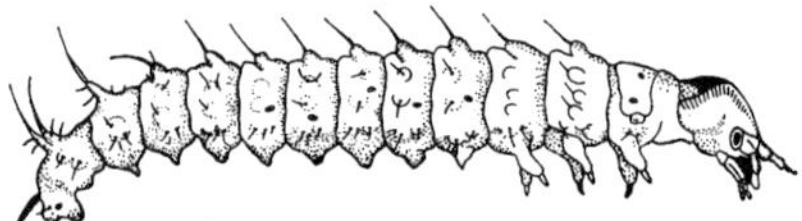
5

1 *Boreus*; **2** *Boreus*, Larve; **3** *Bittacus*; **4** *Panorpa*; **5** *Panorpa*, Larve

Literatur

FRASER, F. C.: Mecoptera, Megaloptera, Neuroptera. Handbooks for the Identification of British Insect, Vol. I, Part 12, 13. London, 1959.
KLEINSTEUBER, E., RÖHRICHT, W.: Mecoptera – Schnabelfliegen. In: B. KLAUSNITZER, Stresemann – Exkursionsfauna von Deutschland, Band 2 – Wirbellose: Insekten. 11. Aufl. Heidelberg, 2011.
PLANT, C.: A key to the adults of British lacewings and their allies. Field Studies Council 245. Shrewsbury, 1997.
STITZ, H.: Schnabelfliegen. In: P. BROHMER, P. EHRMANN, G. ULMER, Tierwelt Mitteleuropas. Bd. VI, Lief. 1. Leipzig, 1927.

Siphonaptera (= **Aphaniptera**), Flöhe

Seitlich zusammengedrückte (kompresse) flügellose Insekten. 1,5–4,5 mm (selten 6 mm). Mundwerkzeuge stechend-saugend. Antennen in Grube versenkbar, Augen seitlich am Kopf oder reduziert, davor typische Borsten der „Augenreihe" [**2**]. Sprungvermögen mit Hilfe der Hinter- (u. Mittel-)beine. Körper meist stark sklerotisiert, gelblich bis schwarzbraun. Meist mit Zahnkämmen (Ctenidien) am Kopf, Pronotum (= Halsschild), seltener am Abdomen. Blutsauger an Warmblütern, meist temporäre Ektoparasiten. Entwicklung mit vollkommener Verwandlung. Larven [**1c**] weißlich, zylindrisch, mit sklerotisierter Kopfkapsel (Eucephalie), fußlos, blind, hinten mit 2 Nachschiebern (Unterschied zu Larven der Diptera), in Nestern u. ä. Puppe wie [**1b**]. In Deutschland über 70 Arten. Zur Bestimmung oft Aufhellung in Kalilauge notwendig.

System:
Pulicoidea: Pulicidae
Vermipsylloidea: Vermipsyllidae
Ceratophylloidea: Ischnopsyllidae, Ceratophyllidae
Hystrichopsylloidea: Hystrichopsyllidae, Ctenophthalmidae

1. Mit Ctenidium am Pronotum, oft auch am Kopf [**4–6, 8–13**] **3**

— Ohne Ctenidium am Pronotum u. am Kopf, höchstens mit 1 Zähnchen an der Wange. [**1a, 2**] **2**

2. Rückenschilder 2–7 des Abdomens mit 1 queren Borstenreihe [**1a**]. Vor jedem Auge 2 Borsten Menschenfloh, ***Pulex irritans*** L. (zu **Pulicidae**)

Bis 3,5 mm. Vor allem auf Fuchs u. Dachs, auch beim Menschen u. Schwein. – Selten durch Ratten eingeschleppt Pestfloh, ***Xenopsylla cheopis*** (Rothschild) (zu **Pulicidae**) (kleiner: bis 2,5 mm).

— Mindestens 2. Rückenschild des Abdomens mit 2 Borstenreihen. Vor jedem Auge 4 Borsten [**2**] **Vermipsyllidae**

Leben dauernd auf dem Wirt. Nur 3; ***Chaetopsylla*** Kohaut, auf Fuchs, Dachs, ***Ch. globiceps*** (Taschenberg) v. a. auf Fuchs; ***Ch. trichosa*** Kohaut [**2**] v. a. auf Dachs.

3. Hintercoxen (basale Beinglieder am Thorax) innen zur Spitze hin mit Gruppe kurzer Dörnchen [**3**]. Rückenschilder des Abdomens mit 1 Borstenreihe .... **Pulicidae**

a) Basalglied der Fühlerkeule symmetrisch: ***Spilopsyllus cuniculi*** (Dale), Kaninchenfloh (Ctenidium am Pronotum mit 12–17 Zähnen).

b) Basalglied der Fühlerkeule unsymmetrisch, an einer Seite blattartig erweitert: 2; ***Ctenocephalides*** Stiles et Collins (Ctenidium am Pronotum aus mindestens 12 Zähnen), ***Ct. canis*** (Curtis), Hundefloh [**4**] (Kopf relativ hoch [**4**]), v. a. auf Hund; ***Ct. felis*** (Bouché), Katzenfloh (Kopf deutlich weniger hoch), v. a. auf Katze. ***Archaeopsylla erinacei*** (Bouché), Igelfloh [**5**] (Ctenidium am Pronotum aus höchstens 8 Zähnen), auf Igel.

— Hintercoxen immer ohne derartige Dörnchen. Rückenschilder des Abdomens mit 2–3 Borstenreihen (bisweilen schwer zu sehen!) **4**

4. Kopf schlank. Ctenidium mit 2 breiten stumpfen Zähnen vorn am Winkel zwischen Stirn u. Mund [**6**]. Auf Fledermäusen .... **Ischnopsyllidae**

Leben dauernd auf dem Wirt.

a) Abdomen ohne Ctenidien: ***Rhinolophopsylla unipectinata*** (Taschenberg), bei Hufeisennasen.

b) Abdomen mit Ctenidien: 8; ***Ischnopsyllus*** Westwood (Abdomen mit Ctenidien an den Rückenschildern 1–4 oder 1–6), z. B. ***I. hexactenus*** (Kolenati) [**6**] (mit 4 Ctenidien am Abdomen). 5; ***Nycteridopsylla*** Oudemans (Abdomen höchstens mit Ctenidien auf Rückenschildern 1–2; am 7. Rückenschild des Abdomens Reihe von Chitinzähnen = falsches Ctenidium), z. B. ***N. pentactena*** (Kolenati).

— Kopfctenidium anders oder fehlend; wenn 2 Zähne, diese weiter hinten unter dem Auge oder Fühleransatz **5**

5. Hinterrand des Thorax am Rückenschild mit Dörnchen [**7**] **6**

— Hinterrand des Thorax am Rückenschild ohne Dörnchen **Hystrichopsyllidae** u. **Ctenophthalmidae**

Auf Kleinsäugern. Zu den **Hystrichopsyllidae** zählen ***Hystrichopsylla, Typhloceras*** u. ***Atyphloceras***.

a) Kopf zweigeteilt durch Naht oder Furche zwischen den Fühleransätzen [**8**]. Kopfctenidium mit etwa 10 langen Zähnen: 2; ***Hystrichopsylla*** Taschenberg (in Mitteleuropa größter Floh: 3,5–6 mm), z. B. ***H. talpae*** (Curtis) [**8**].

b) Ähnlich, aber Kopfctenidium mit 4 langen Zähnen: 4; ***Palaeopsylla*** Wagner (Kopfctenidium: 4 Zähne, der oberste kurz 3-eckig, der zweitoberste auffällig lang u. spitz [**9**]), häufig z. B. ***P. soricis*** (Dale) [**9**], auf Spitzmäusen. ***Typhloceras poppei*** Wagner (Kopfctenidium: 4 stumpfe, gerade Zähne), v. a. auf Wühlmäusen. ***Doratopsylla dasycnema*** (Rothschild) (Kopfctenidium: 4 stumpfe Zähne, der oberste nach oben gebogen), auf Spitzmäusen.

c) Ähnlich, aber ohne Kopfctenidium: ***Atyphloceras nuperus*** (Jordan), selten.

d) Kopf nicht derartig zweigeteilt: 9; ***Ctenophthalmus*** Kolenati (Kopfctenidium horizontal [**10**]), z. B. ***Ct. agyrtes*** (Heller) [**10**]. 3; ***Rhadinopsylla*** Jordan et Rothschild (Kopfctenidium schief, ± vertikal), z. B. ***Rh. pentacantha*** (Rothschild).

6. Kopf zweigeteilt durch Naht oder Furche zwischen den Fühleransätzen. Oberste Borste der Augenreihe höher als Auge [**11**] .... **Leptopsyllinae** (zu **Ceratophyllidae**)

Die Unterfamilie **Leptopsyllinae** wird auch als eigene Familie **Leptopsyllidae** betrachtet. Auf Kleinsäugern. ***Leptopsylla segnis*** (Schönherr) [**11**] (Kopfctenidium mit 4 Zähnen), v. a. auf Hausmaus. 3; ***Peromyscopsylla*** Fox (Kopfctenidium mit 2 Zähnen), auf Wühlmäusen, z. B. ***P. silvatica*** (Meinert). ***Amphipsylla rossica*** Wagner (auch zu **Amphipsyllinae**) (ohne Kopfctenidium), im Osten.

— Kopf nicht derartig zweigeteilt. Oberste Borste der Augenreihe in Höhe des Auges [**12, 13**]. Ohne Kopfctenidium .... **Ceratophyllinae** (zu **Ceratophyllidae**)

a) Auf Vögeln: 16; ***Ceratophyllus*** Curtis (Ctenidium am Pronotum mit etwa 24 Zähnen [**12**]), häufig ***C. gallinae*** (Schrank) [**12**], mehr in Nisthöhlen, -kästen; ***C. garei*** Rothschild, mehr in freien Nestern. ***Dasypsyllus gallinulae*** (Dale) (Ctenidium am Pronotum mit etwa 30 Zähnen).

b) Auf Säugern. Beim Dachs: ***Paraceras melis*** (Walker). Beim Eichhörnchen: ***Tarsopsylla octodecimdentata*** (Kolenati) (1. Glied der Hintertarsen länger als die 3 folgenden zusammen). ***Ceratophyllus sciurorum*** (Schrank) (1. Glied der Hintertarsen kürzer), auch bei Schläfern. Bei Schläfern: ***Myoxopsylla laverani*** (Rothschild), Rheinland. Bei Mäusen u. Ratten: 3; ***Megabothris*** Jordan (Stigma auf Rückenplatte des 8. Abdominalsegments sehr breit), z. B. ***M. turbidus*** (Rothschild), v. a. auf Wühlmäusen; bei 2 weiteren Gattungen Stigma auf 8. Abdominalsegment klein: 2; ***Amalaraeus*** Ioff, vorwiegend auf Wühlmäusen, z. B. ***A. penicilliger*** (Grube). ***Nosopsyllus fasciatus*** (Bosc) [**13**], mehr in Häusern, auf Ratte u. Hausmaus.

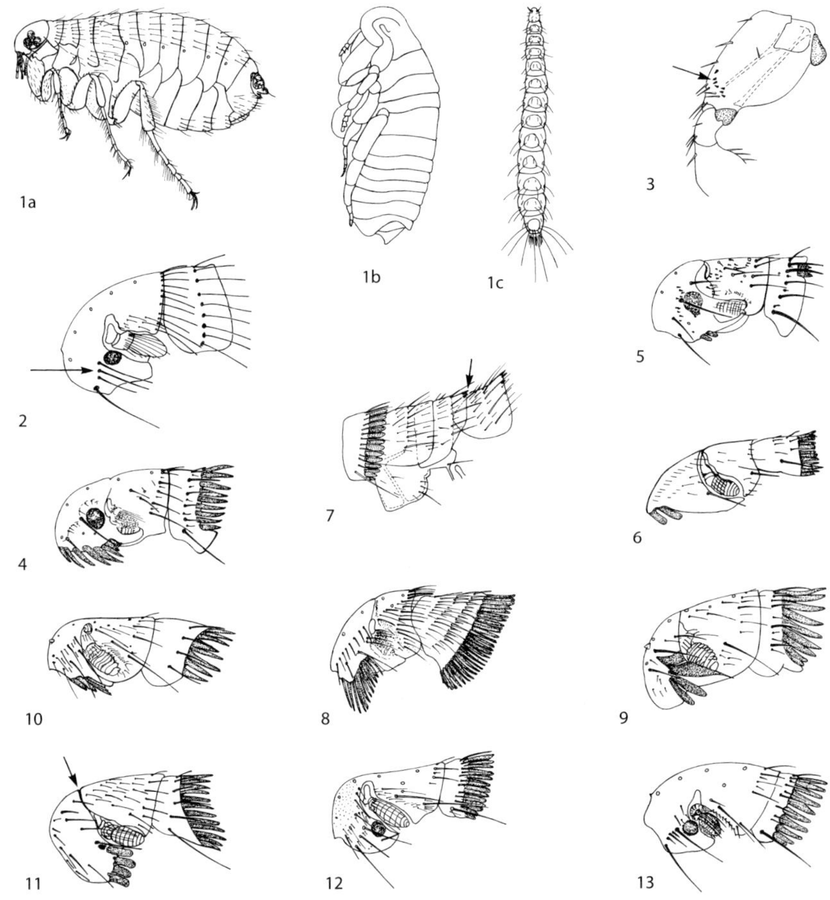

1 *Pulex*; **2** *Chaetopsylla*; **4** *Ctenocephalides*; **5** *Archaeopsylla*; **6** *Ischnopsyllus*; **8** *Hystrichopsylla*; **9** *Palaeopsylla*; **10** *Ctenophthalmus*; **11** *Leptopsylla*; **12** *Ceratophyllus*; **13** *Nosopsyllus*

Literatur

BEAUCOURNU, J.-C., LAUNAY, H.: Les puces (Siphonaptera) de France et du Bassin méditerranéen occidental. Faune de France 76. Paris, 1990.

BRINCK-LINDROTH, G., SMIT, F. G. A. M.: The fleas (Siphonaptera) of Fennoscandia and Denmark. Fauna Entomologica Scandinavica 41. Leiden, 2007.

SCHUMANN, H.: Siphonaptera – Flöhe. In: B. KLAUSNITZER, Stresemann – Exkursionsfauna von Deutschland, Band 2 – Wirbellose: Insekten. 11. Aufl. Heidelberg, 2011.

WAGNER, J.: Aphaniptera (Siphonaptera, Suctoria). In: P. BROHMER, P. EHRMANN, G. ULMER, Tierwelt Mitteleuropas, Bd. 6, Lief. 2. Leipzig, 1936.

WHITAKER, A. P.: Fleas (Siphonaptera). Royal Entomological Society Handbooks for the Identification of British Insects 1/16. London, 2007

Diptera, Zweiflügler

Imagines unterscheiden sich von allen übrigen geflügelten Insekten durch Umwandlung des hinteren Flügelpaares zu Schwingkölbchen (Halteren), diese jedoch bei einigen Arten fehlend. Die Vorderflügel sind meist vollständig ausgebildet, gelegentlich auch reduziert oder fehlend. Der Flügel zeigt mit seinen Adern u. Zellen wichtige Bestimmungsmerkmale [**1**]. Längsadern werden mit Großbuchstaben abgekürzt: Costa (C); Subcosta (Sc) meist ein-, selten zweiästig (Sc_1 u. Sc_2, z. B. bei einigen Tipuliden); Radius (R) gabelt sich in die Äste R_1 u. Radialsektor (Rs), dieser wiederum in die Radien R_2, R_3, R_4 u. R_5; Media (M) in die Äste M_1, M_2, M_3 u. M_4; Cubitus (Cu); Postcubitus (PCu) meist nur als feine Falte; Analis (1A u. 2A). Queradern verbinden die Längsadern untereinander, sie werden mit Kleinbuchstaben abgekürzt: Humeralquerader (h) zwischen C u. Sc nahe der Flügelbasis; r-m zwischen R_5 u. M_1; m zwischen M_2 u. M_3; m-cu zwischen M_4 u. Cu. Aderreduktion oder Aderverschmelzung häufig: z. B. verschmelzen R_2 u. R_3 zu R_{2+3}, R_4 u. R_5 zu R_{4+5}, M_1 u. M_2 zu M_{1+2} usw. [**61–65** u. a.]. Die Flügelzellen werden grundsätzlich nach den darüber liegenden Adern benannt. So liegt z. B. die Zelle R_1 zwischen R_1 u. R_2; Ausnahmen macht lediglich die Benennung der Zelle $1M_2$, die auch Diskalzelle (D) u. der Zelle Cu, die auch Analzelle genannt wird. In der Zelle Cu (zwischen Cu u. 1A) verläuft die PCu meist als schwach ausgebildete Falte, sie wird nicht zur Zellenbenennung herangezogen. Die Fühler bestehen aus zwei Grundgliedern u. einer vielgliedrigen Geißel oder einem 3. Glied, das eine dorsale oder entständige Borste oder einen ± geringelten oder gegliederten Endgriffel aufweisen kann (Geißelrest). Mundwerkzeuge sind stechend- oder leckend-saugend, bisweilen reduziert, die Taster (Palpus maxillaris) 1–5-gliedrig. Facettenaugen meist gut ausgebildet, auf dem Scheitel dazwischen häufig 3 Ocellen. Beine sind Schreitbeine, Tarsus mit 5 Gliedern; erstes Tarsenglied nach der Tibia = Metatarsus, letztes Tarsenglied mit 2 Krallen, 2 Haftlappen (Pulvillen) u. zwischen diesen 1 Empodium. Kopf, Thorax, Abdomen u. Beine oft stark behaart, beborstet oder beschuppt; Borsten wichtig für die Bestimmung. Thorax mit 2 Stigmenpaaren [S_1 u. S_2: **66a**] (S_2 = Metathorakalstigma). Abdomen je Segment 1 Stigmenpaar seitlich auf den Tergiträndern oder in den Konjunktiva zwischen Tergit (Rückenplatte) u. Sternit (Bauchplatte); bei einigen fehlen diese Stigmen. Abdomen am Ende oft mit kleinen Anhängen (Cerci). Lebensweise der Imagines u. Larven s. bei den Familien. Im Gebiet 117 Familien mit ca. 9200 Arten.
Abkürzungen: Vd-, -vd- = Vorder-, -vorder-, Mt- = Mittel-, Ht-, -ht- = Hinter-, -hinter-, Gl, -gl = Glied(er), -glied(er).

System: (nach Chandler (1998–2013) u. Jedlička et al. (2009))
Nematocera, Mücken (eine paraphyletische Gruppe)
- **Tipulomorpha: Cylindrotomidae, Limoniidae, Pediciidae, Tipulidae** [**13b**]
- **Bibionomorpha: Bibionidae** [**22c**], **Bolitophilidae, Cecidomyiidae** [**21b**], **Diadocidiidae, Ditomyiidae, Hesperinidae, Keroplatidae, Mycetophilidae** [**25**], **Sciaridae** [**24c, 120**]
- **Psychodomorpha: Anisopodidae** [**20**], **Canthyloscelidae, Mycetobiidae, Psychodidae** [**16**], **Scatopsidae** [**23, 119**], **Trichoceridae**
- **Ptychopteromorpha: Ptychopteridae** [**15c**]
- **Culicomorpha: Ceratopogonidae** [**30**], **Chaoboridae** [**19**], **Chironomidae** [**29, 121**], **Culicidae** [**18a, b**], **Dixidae** [**26b**], **Simuliidae** [**28**], **Thaumaleidae** [**27**]
- **Blephariceromorpha: Blephariceridae** [**12**]

Brachycera, Fliegen
- **Xylophagomorpha: Coenomyiidae** [**42**], **Xylophagidae** [**43**]
- **Tabanomorpha: Athericidae** [**36b**], **Rhagionidae** [**36a**], **Stratiomyidae** [**38–41**], **Tabanidae** [**37**], **Xylomyidae** [**44**]
- **Asilomorpha: Acroceridae** [**33**], **Asilidae** [**47, 127, 128**], **Atelestidae, Bombyliidae** [**49a, b**], **Dolichopodidae** [**59**], **Empididae** [**50a, 60**], **Hilarimorphidae, Hybotidae** [**50b**], **Microphoridae, Scenopinidae** [**48**], **Therevidae** [**52**]
- (die 3 Gruppen wurden früher als „**Orthorrhapha**" zusammengefasst – ein paraphyletisches Taxon)
- **Muscomorpha** (früher „**Cyclorrhapha**")
  - **Aschiza: Lonchopteridae** [**57**], **Opetiidae, Phoridae** [**31**], **Platypezidae** [**58**], **Pipunculidae** [**55**], **Syrphidae** [**53a, 133–136, 141, 142, 147, 148, 151**]

Schizophora

Acalyptratae: Acartophthalmidae [90b], Agromyzidae [105], Anthomyzidae, Asteiidae, Aulacigastridae, Braulidae [122], Camillidae, Canacidae [116], Chamaemyiidae, Campichoetidae, Carnidae, Chloropidae [102b], Chyromyidae, Clusiidae, Coelopidae [81], Conopidae [54], Cremifaniidae, Cryptochetidae, Diastatidae [118], Drosophilidae [117], Dryomyzidae [84], Ephydridae [114b], Helcomyzidae [85], Heleomyzidae [101b], Heterocheilidae, Lauxaniidae [83], Lonchaeidae, Megamerinidae, Micropezidae [80], Milichiidae, Odiniidae [113], Opomyzidae [107], Pallopteridae [96], Periscelididae, Phaeomyiidae, Piophilidae, Platystomatidae, Pseudopomyzidae, Psilidae [106a], Pyrgotidae, Sciomyzidae [82], Sepsidae [79], Sphaeroceridae, Strongylophthalmyiidae, Tanypezidae, Tephritidae [95], Trixoscelididae, Ulidiidae [89b]

Calyptratae: Anthomyiidae [74], Calliphoridae [70], Fanniidae [75], Gasterophilidae [72], Hippoboscidae [123], Muscidae [67], Nycteribiidae [124], Oestridae [68a, b], Rhinophoridae, Sarcophagidae [71], Scatophagidae [73], Tachinidae [69]

1. Flügel vollständig entwickelt, Tiere mit 1 Paar Flügeln u. 1 Paar Halteren **2**

— Flügel sind stummelförmig, reduziert, an der Basis abgebrochen oder fehlend. Halteren vorhanden oder fehlend .... S. 476

2. Fühler bestehen aus zwei Grundgliedern u. einer Geißel mit mehreren bis vielen ± gleichartigen Gliedern [**2–3**] (Ausnahme bei **Thaumaleidae** [**4**]). Taster 3– 5-gliedrig [**2, 3, 22a, b**], hängend. Zelle Cu [**1, 14** u. a.] zum Flügelrand hin nie stark verengt oder geschlossen, kann auch fehlen Mücken, **Nematocera** **3**

— Fühler meist 3-gliedrig, das 3. Glied mit dorsaler [**5**] oder endständiger Borste oder Griffel. Borste u. Griffel können sich aus mehreren Gliedern zusammensetzen [**6–10**]. Hat der Fühler mehr als 3 Glieder (aber nie mehr als 10), dann sind die Taster 1–2-gliedrig u. straff nach vorn gerichtet [**8**] u. Zelle Cu zum Flügelrand hin stark verengt oder geschlossen [**11**] Fliegen, **Brachycera** **24**

3. Flügel haben zwischen den normalen Adern netzartige Falten („Sekundärgeäder") [**12**]. 6–8 mm .... Lid- oder Netzmücken, **Blephariceridae**

Im Gebiet 8 Arten: ***Blepharicera fasciata*** (Westwood), ***Hapalothrix lugubris*** Loew u. 6; ***Liponeura*** Loew. Larven in rasch fließenden Gebirgsbächen.

— Flügel ohne netzartige Falten **4**

4. Zwei Analadern [1A u. 2A: **1**] erreichen den Htrand des Flügels. Auf dem Thorax fast immer V-förmige Quernaht [**13a**] **5**

— Höchstens eine Analader erreicht den Htrand des Flügels. Thorax meist ohne V-förmige Quernaht **6**

5. 2A schwach gebogen, mündet näher der 1A als der Flügelbasis [**1**]. Ocellen fehlen. [**13b**] Schnaken, **Tipulidae** S. 478

— 2A kurz u. stark gebogen, mündet nahe der Flbasis, weit von 1A entfernt in den Htrand des Flügels [**14**]. 2–3 Ocellen unmittelbar über der Fühlerwurzel. 5–9 mm. Habitus ähnlich [**13b**] Wintermücken, **Trichoceridae**

Im Gebiet 18 Arten: 17; ***Trichocera*** Meigen (2A wie [**14**]; Augen kurz behaart) u. ***Diazosma hirtipenne*** (Siebke) (Augen nackt). Imagines winteraktiv. ♂♂ bilden Tanzschwärme. Larven saprophag.

6. Eine U- oder V-förmige Quernaht auf dem Thorax vorhanden. Tiere über 7 mm lang. Flügel mit einer Scheinader zwischen R_5 u. M_1 [vena spuria, v. s.: **15a**]. An der Basis der Halteren eine Prähaltere, die nach vorn über das Metathorakalstigma ragt [**15b**] Faltenmücken, **Ptychopteridae**

Nur 8; ***Ptychoptera*** Meigen [**15c**]. Larven im Schlamm mit langem Atemrohr.

— Thorax ohne U- oder V-förmige Quernaht. Keine Prähaltere vorhanden. Wenn kleiner, dann müssen diese Merkmale nicht zutreffen **7**

7. Flügel breit oval, zur Spitze hin zugespitzt. Sc kurz unscheinbar, R mit 5 Ästen, M mit 4 Ästen, Cu deutlich. Queradern undeutlich, nur an der Flügelbasis. Flügel oft lang u. dicht behaart, sie werden in Ruhe dachartig oder auf dem Körper zusammengelegt. 1–3 mm. [**16**] Schmetterlingsmücken, **Psychodidae**

Im Gebiet etwa 140 Arten aus zahlreichen Gattungen, z. B. 10; ***Pericoma*** Walker, 17; ***Psychoda*** Latreille. Imagines fliegen häufig ans Licht; ***Psychoda*** in großer Menge in der Kesselfallenblüte des Aronstabs (*Arum maculatum*). Larven in faulender organischer Substanz.

— Flügel schmaler, nicht zugespitzt, der Rand u. oft die Adern mit schuppenartigen Haaren besetzt [**17**] **8**

— Flügel nicht zugespitzt, ohne schuppenartige Haare **9**

8. Rüssel lang. Taster gestreckt. Schuppen auf Adern u. Flügelrand. Habitus [**18a, b**]
Stechmücken, **Culicidae** S. 478

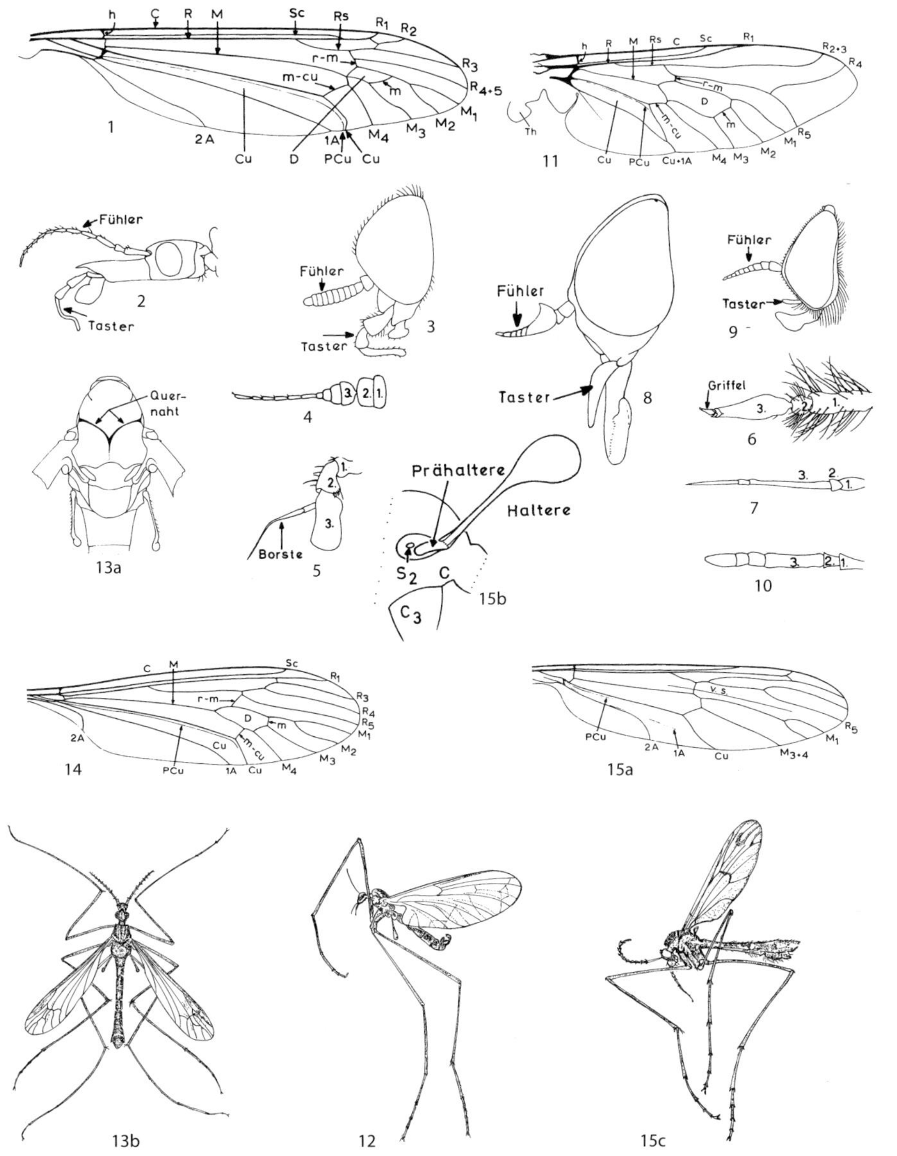

12 Blephariceridae; **13b** Tipulidae; **15c** Ptychopteridae

— Rüssel kurz (kürzer als der Kopf). Taster gekrümmt. ♀♀ ohne Stechrüssel. Schuppen fast nur am Flügelrand. Habitus [**19**] .... Büschelmücken, **Chaoboridae**
Nur 4; ***Chaoborus*** Lichtenstein (Metatarsus länger als 2. Tarsengl) u. 3; ***Mochlonyx*** Loew (Metatarsus viel kürzer als 2. Tarsengl). Larven im Wasser, leben räuberisch von Plankton.

9. Diskalzelle (D) vorhanden. Mittelgroße Mücken mit gefleckten Flügeln. Habitus [**20**] Fenstermücken, **Anisopodidae**
5; ***Sylvicola*** Harris. Larven in verwesenden Pflanzenteilen.

— Zelle D fehlt **10**

10. Ocellen vorhanden [**21a, 22a, b**] **11**

— Ocellen fehlen **19**

11. Geäder reduziert, mit höchstens 6 ± deutlichen Adern, von denen höchstens 4 den Flügelrand erreichen. Tibien ohne Endsporne. Kleine Mücken **12**

— Geäder nicht so stark reduziert. Tibien meist mit Spornen **14**

12. Flügel unbehaart, von den Adern nur C, R u. Rs nahe des Flügelvdrandes kräftig ausgebildet; die übrigen schwach u. unscheinbar [**23**]. Fühler kurz, Gl schwer voneinander zu unterscheiden. Augenbrücke über den Fühlern nicht verschmälert, gelegentlich stoßen die Augen über den Fühlern nicht ganz zusammen **13**

— Flügel oft behaart, Adern am Vdrand nicht auffallend kräftiger als die übrigen. Fühler meist lang, die einzelnen Glieder deutlich voneinander getrennt. Augenbrücke über den Fühlern verschmälert, selten fehlend [**21a, b**] .... Gallmücken, **Lestremiinae, Cecidomyiidae** S. 480

13. 1A fehlt vollständig, der Radialsektor ist ungegabelt [**23**] .... Dungmücken, **Scatopsidae**
Viele Gattungen, ca. 50 Arten. Häufig ***Scatopse notata*** (L.), auch in Häusern. ***Holoplagia transversalis*** (Loew) in Ameisennestern. Larven in faulender organischer Substanz u. an Kadavern.

— 1A vorhanden; Radialsektor in 2 Äste gegabelt oder Rs verschmilzt auf einer kurzen Strecke. Habitus ähnlich [**23**] .... **Canthyloscelidae**
Nur ***Hyperoscelis eximia*** (Boheman), selten. Larven in Totholz u. unter Rinde.

14. Fühler entspringen unter den Augen, nahe dem Mundrand, etwa in der Höhe des unteren Augenrandes oder darunter **15**

— Fühler entspringen in Augenmitte oder oberhalb davon **16**

15. Fühler kurz, drittes Glied nicht auffallend verlängert. Augen der ♂♂ sehr groß, stoßen auf der Stirn zusammen [**22a, b**]. Habitus [**22c**] .... Haarmücken, („Märzfliegen"), **Bibionidae**
a) Vdschenkel verdickt: **Bibioninae**, 16; ***Bibio*** Geoffroy (Vdtibien mit einem kräftigen Enddorn). Imagines im Frühjahr gelegentlich in großen Schwärmen. Larven z. T. schädlich an Pflanzenwurzeln. 4; ***Dilophus*** Meigen (Vdtibien mit einem Kranz von Dornen).
b) Vdschenkel einfach: **Peciinae**, nur ***Penthetria funebris*** Meigen.

— Fühler lang, das 3. Glied so lang wie oder länger als die beiden folgenden. Augen der ♂♂ auf der Stirn getrennt .... **Hesperinidae**
Nur ***Hesperinus imbecillus*** (Loew) (6 mm).

16. Augen berühren sich über den Fühlern, bilden eine verschmälerte Augenbrücke [**24a**]. Adern am Vdrand des Flügels auffallend stärker als die hinteren. m-cu fehlt immer, r-m mündet in Rs [**24b**]. 1–7 mm. [**24c**] .... Trauermücken, **Sciaridae**
Viele Gattungen mit ca. 340 Arten, häufig: > 100; ***Bradysia*** Winnertz, > 70; ***Corynoptera*** Winnertz, 8; ***Sciara*** Meigen [**24c**]. Larven im Waldboden, unter Rinde usw. Imagines in feuchten Wäldern, Gewächshäusern, in der Wohnung an Blumentöpfen, in Kellern.

— Augen berühren sich nicht über den Fühlern. Adern am Vdrand des Flügels nicht auffallend stärker als die übrigen **17**

17. Rs in R_{2+3} u. R_{4+5} gegabelt. R_{2+3} länger als ½ R_{4+5} **18**

— Rs nicht gegabelt, wenn doch, dann ist R_{2+3} deutlich kürzer als ½ R_{4+5}. [**25**] ....
Pilzmücken, **Mycetophilidae** S. 479

18. Die Sc endet frei in der Flügelfläche (mündet nicht in die C). Die r-m Querader steht vor der Gabelstelle von R_1 u. Rs. Pronotum mit einigen längeren Borsten
Pilzmücken, **Mycetophilidae** S. 479

— Die Subcosta mündet in die C. Querader r-m steht unter der Gabelstelle von R_1 u. Rs. Pronotum ohne Börstchen .... **Mycetobiidae**
3; ***Mycetobia*** Meigen, Larven saprophag, auch in wassergefüllten Baumlöchern.

19. Höchstens 4 Längsadern erreichen den Flügelrand. Habitus ähnlich [**21b**]
Gallmücken, **Cecidomyiidae** S. 480

— Es erreichen 6 u. mehr Längsadern den Flügelrand **20**

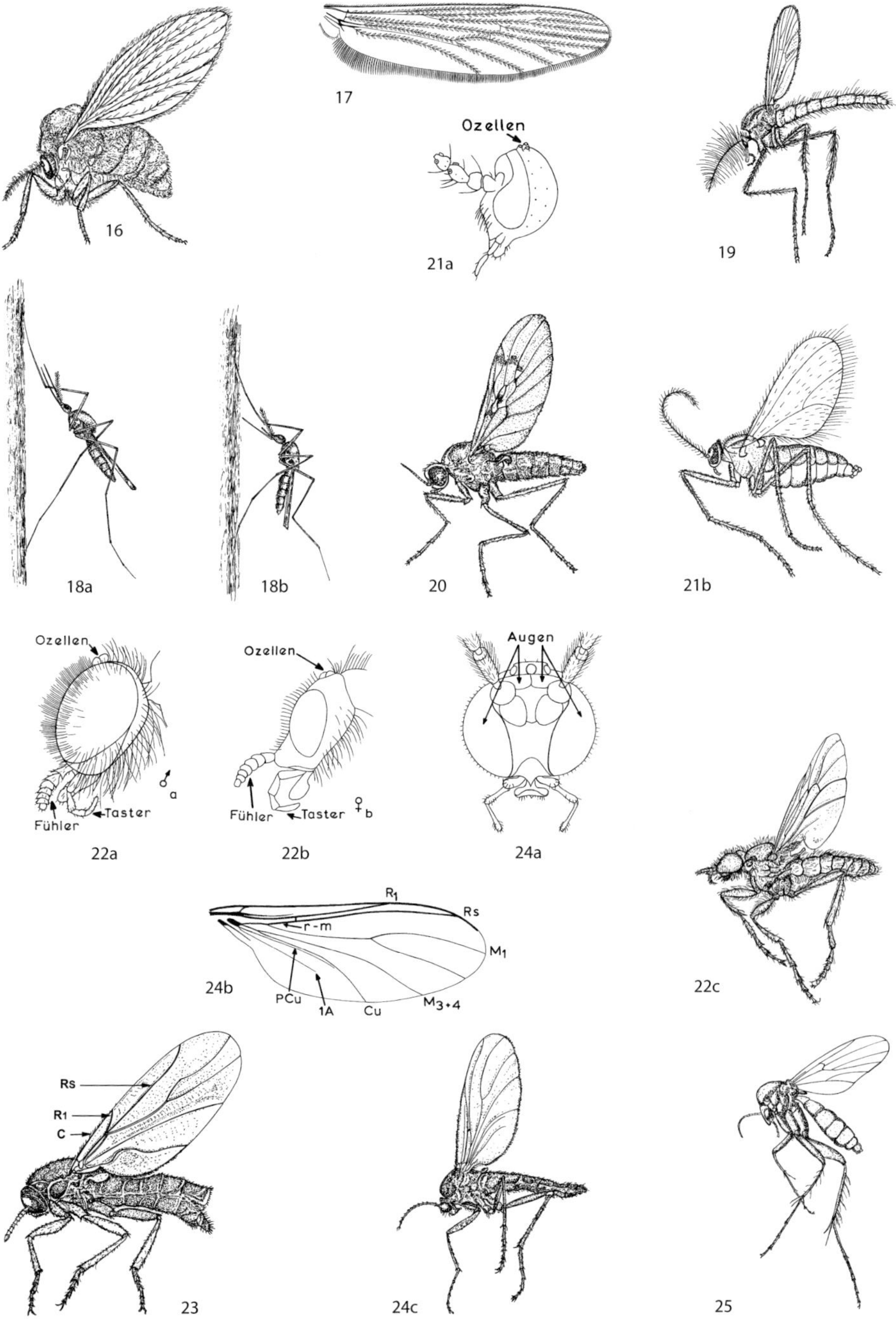

16 Psychodidae; **18a** Culicidae (*Anopheles*); **18b** Culicidae (*Culex*); **19** Chaoboridae; **20** Anisopodidae; **21b** Cecidomyiidae; **22c** Bibionidae ♂; **23** Scatopsidae; **24c** Sciaridae; **25** Mycetophilidae

20. R_1, R_2 u. R_3 münden bogenförmig in den Flügelrand [**26a**]. Fühler lang u. dünn, die einzelnen Gl schwer zu unterscheiden; Gl 2 kurz u. auffallend dick. 3–4 mm. [**26b**] .... **Dixidae**
Nur 6; ***Dixa*** Meigen (1. Glied der Fühlergeißel oval) u. 10; ***Dixella*** Dyar et Shannon (1. Glied der Fühlergeißel zylindrisch). Larven aquatisch. Imagines Blütenbesucher, an feuchten Stellen in der Nähe von Gewässern, führen gelegentlich Tanzflüge aus.

— Radialadern münden anders **21**

21. Fühler vom 3. Glied an ± gleichartig, wenn auch die einzelnen Gl nicht immer deutlich zu unterscheiden sind **22**

— 1. bis 5. oder 6. Fühlergl deutlich breiter als lang, vom 6. oder 7. Gl an deutlich länger als breit u. viel schmäler als die ersten [**4**]. Flügel relativ kurz u. breit. 3–4 mm. [**27**] .... **Thaumaleidae**
Meist Gebirgstiere. Larven aquatisch an überrieselten Steinen. Nur 13; ***Thaumalea*** Ruthé u. 2; ***Androprosopa*** Mik.

22. Flügel sehr breit, Adern am Vdrand des Flügels auffallend stärker als auf der hinteren Fläche. Fühler kopflang, die Gl breit, eng aneinander geschlossen, nackt. [**28**]
Kriebelmücken, **Simuliidae**
♀♀ saugen Blut; bei Massenauftreten schädlich für Weidetiere; Stiche auch für Menschen lästig. Larven mit Htende an Steinen angeheftet, in fließenden Gewässern, Filtrierer. 4; ***Prosimulium*** Roubaud, ***Metacnephia lyra*** (Lundström), > 40; ***Simulium*** Latreille, ***Twinnia hydroides*** (Novák).

— Flügel schmaler, Fühler so lang wie oder länger als der Thorax **23**

23. M_{1+2} nicht in ihre Äste aufgegabelt. Flügel in Ruhelage nebeneinander gelegt. Kein Stechrüssel vorhanden. 1–10 mm. [**29**] .... Zuckmücken, **Chironomidae**
Eine große Zahl von Gattungen mit etwa 700 Arten, z. B. 35; ***Chironomus*** Meigen, 18; ***Polypedilum*** Kieffer, 45; ***Tanytarsus*** van der Wulp. ♂♂ bilden wolkenartige Tanzschwärme. Imagines häufig am Licht. Die meisten Larven aquatisch (wichtige Fischnahrung), einige terrestrisch. Die „roten Mückenlarven" sind Indikatoren für O_2-armes Wasser.

— M_{1+2} in die Äste M_1 u. M_2 aufgegabelt. Flügel in Ruhelage übereinander gelegt. Mundwerkzeuge zu Stechrüssel umgewandelt, ca. ½ so lang wie die Taster. 1–3 mm. [**30**]
Gnitzen, **Ceratopogonidae**
Insgesamt > 330 Arten; artenreiche Gattungen: 35; ***Bezzia*** Kieffer, 14; ***Ceratopogon*** Meigen, 34; ***Culicoides*** Latreille, > 60; ***Forcipomyia*** Meigen, 35; ***Palpomyia*** Meigen. ♀♀ saugen Blut an Menschen u. Vieh oder greifen Insekten an. Sie schwärmen gelegentlich in der Luft. Larven aquatisch oder in faulenden Pflanzenteilen.

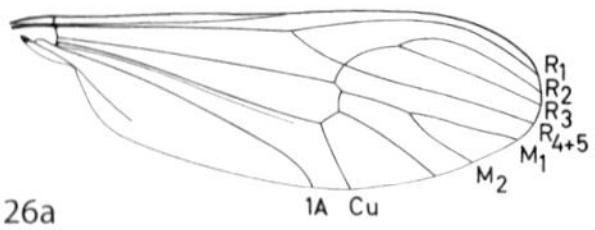

26a

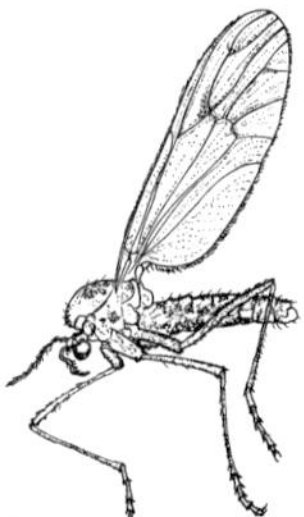
26b

27

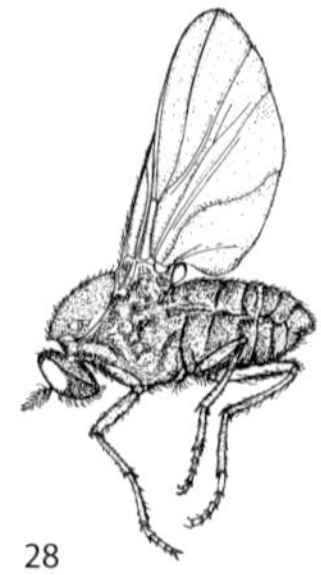
28

29

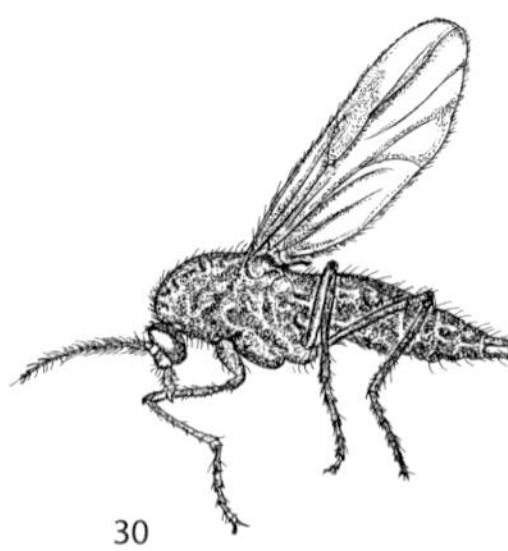
30

26b Dixidae; **27** Thaumaleidae; **28** Simuliidae; **29** Chironomidae ♂; **30** Ceratopogonidae

24. Aderung stark abgewandelt. Am Vdrand des Flügels C, R_1 u. Rs besonders stark entwickelt, übrige Längsadern blass u. dünn; ohne Queradern [**31**]. Schenkel verbreitert u. seitlich zusammengedrückt; Coxen der einzelnen Beinpaare stehen dicht nebeneinander. 3. Fühlergl sehr groß u. kugelig, mit dorsaler Borste, die beiden anderen Gl klein u. unscheinbar. 1–5 mm
Buckelfliegen, **Phoridae** S. 486
— Andere Merkmale **25**
25. Pulvillen u. Empodium gleich gestaltet, Tarsen daher mit 3 gleichartigen Haftlappen [**32b**]. > 3 mm **26**
— Pulvillen vorhanden oder fehlend, Empodium fadenförmig oder fehlend [**32a**] **32**
26. Thorakalschüppchen nicht sehr auffällig vergrößert. Diskalzelle D vorhanden **27**
— Thorakalschüppchen extrem vergrößert. Flügel ohne Diskalzelle (D) [**33**] ....
Kugelfliegen, **Acroceridae**

6; ***Acrocera*** Meigen (Fühler inseriert über den Augen, nahe den Ocellen). 5; ***Ogcodes*** Latreille (Fühler inseriert unter den Augen, nahe dem Mundrand). Larven parasitisch in Spinnen.

27. 3. Fühlergl nicht geringelt [**125, 126**]. Beine lang. Abdomen schlank u. zum Ende hin allmählich konisch zugespitzt. [**36a, b**]
Schnepfenfliegen, **Rhagionidae** u. Ibisfliegen, **Athericidae** S. 481
— 3. Fühlergl deutlich geringelt oder aber noch mehrere zusätzliche (4–8) unterschiedlich große Gl vorhanden [**8, 9, 10, 34, 35**] **28**
28. Htkopf konkav eingebuchtet. Thorakalschüppchen (Th: **66a**) groß u. deutlich. R_4 vor, R_5 hinter der Flügelspitze breit gegabelt mündend [**11**]. 9–20 mm. [**37**] .... Bremsen, **Tabanidae** S. 481
— Htkopf nicht konkav eingebuchtet. R_5 mündet vor der Flügelspitze oder in die Flügelspitze. Thorakalschüppchen klein, anders **29**
29. Adern am Htrand des Flügels blass, am Vdrand kräftig. Diskalzelle (D) so dicht oder dichter als ihr kleinster Durchmesser an die C herangerückt. Abdomen meist dorsoventral abgeplattet u. an den Seiten ± parallel oder von oben gesehen stark abgerundet oder zum Ende hin verbreitert. [**38–41**] .... Waffenfliegen, **Stratiomyidae** S. 480

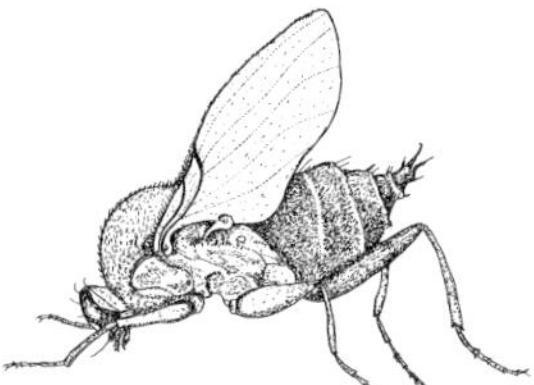
31

32
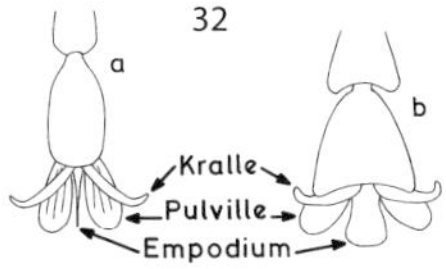

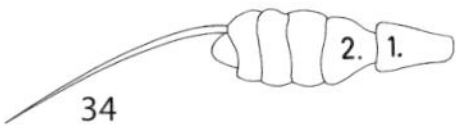

34

35

33

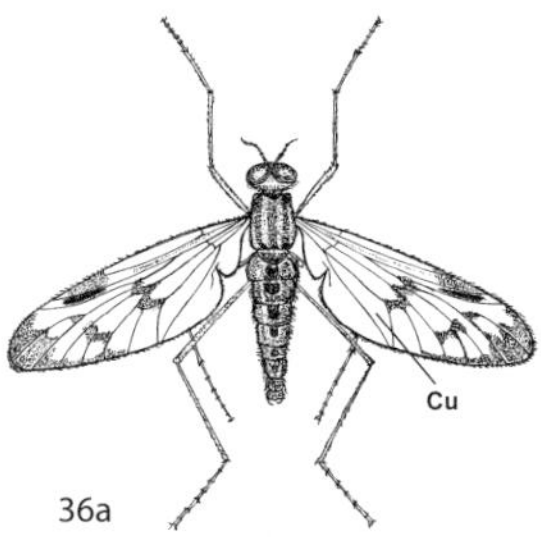

36a

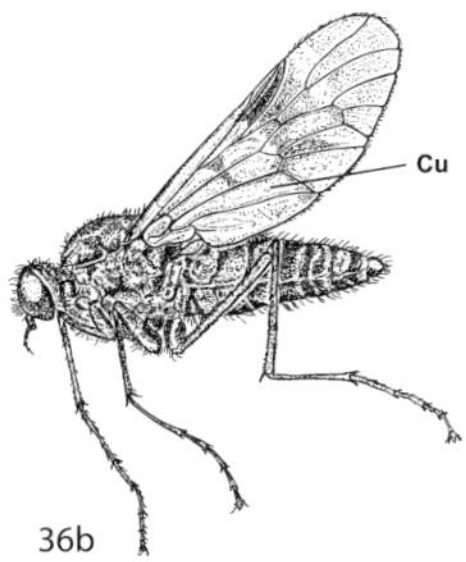

36b

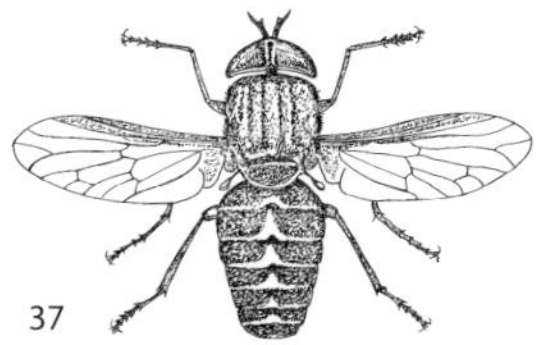
37

31 Phoridae; **33** Acroceridae; **36a** Rhagionidae (*Rhagio*); **36b** Athericidae (*Atherix*); **37** Tabanidae (*Tabanus*)

— Adern auf der Flügelfläche gleichmäßig kräftig. D doppelt so lang wie breit oder länger, deutlich weiter als ihr kleinster Durchmesser von der C entfernt [**42, 43, 44**]. Abdomen im Querschnitt rundlich, von dorsal gesehen langgestreckt, zum Ende hin sich allmählich verjüngend .. **30**

30. Schildchen [Scl: **66a**] mit 2 Dornen. Thorax hoch gewölbt. Abdomen relativ dick [**42**]
Stinkfliegen, **Coenomyiidae**

Nur ***Coenomyia ferruginea*** (Scopoli) (16–18 mm; rot- bis schwarzbraun), stark nach Käse duftend. Larven in morschem Holz.

— Schildchen ohne Dornen. Thorax nicht stark gewölbt. Abdomen lang u. schlank [**43**] **31**

31. Zelle M_3 zum Flügelrand hin geschlossen u. kurz gestielt [**44**]. Ca. 10 mm .... **Xylomyidae**

Nur 2; ***Solva*** Walker u. ***Xylomya maculata*** (Meigen) (schwarz-gelb gezeichnet, ichneumonidenähnlich), selten. Larven unter Rinde.

— Zelle M_3 zum Flügelrand hin offen oder gerade geschlossen, nie gestielt [**43**]. 8–15 mm
Holzfliegen, **Xylophagidae**

Nur 4; ***Xylophagus*** Meigen, selten. Larven räuberisch an Insektenlarven, unter Rinde.

32. Tiere dorsoventral stark abgeplattet. Hüften jedes Beinpaars weit voneinander durch Sternite (Bauchplatten) getrennt. Fühler klein u. unscheinbar, auf dem Kopf in Gruben eingesenkt [**45**]. Abdomen oberseits meist undeutlich segmentiert. Habitus wie [**123**]
Lausfliegen, **Hippoboscidae** S. 495

— Tiere meist nicht dorsoventral abgeplattet. Hüften jedes Beinpaars stehen dicht nebeneinander. Fühler deutlich sichtbar. Abdomen oberseits meist deutlich segmentiert **33**

33. R_{4+5} in R_4 u. R_5 aufgegabelt (Rs mit 3 Ästen) [**47–52**], münden getrennt in den Flügelrand. Z. T. R_5 u. M_1 verschmolzen **34**

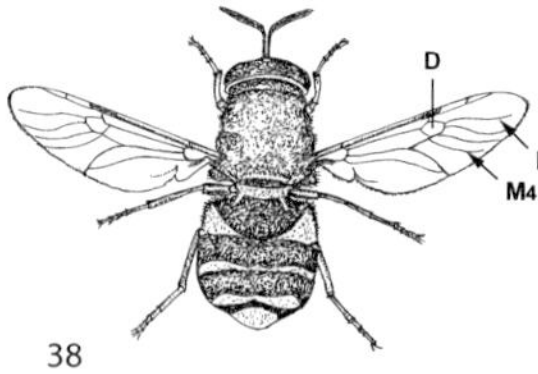

38

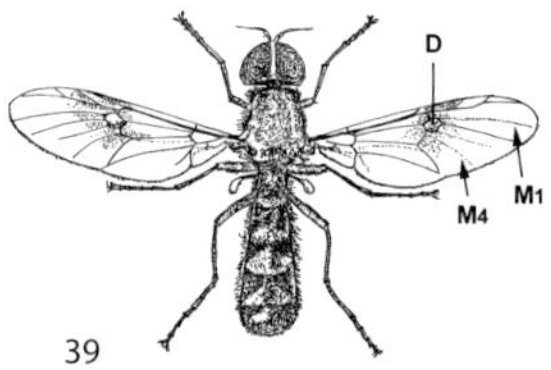

39

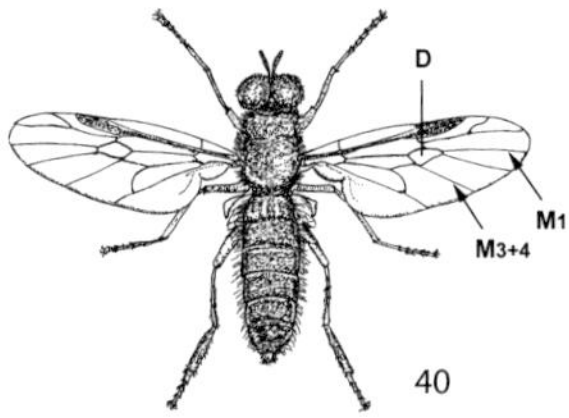

40

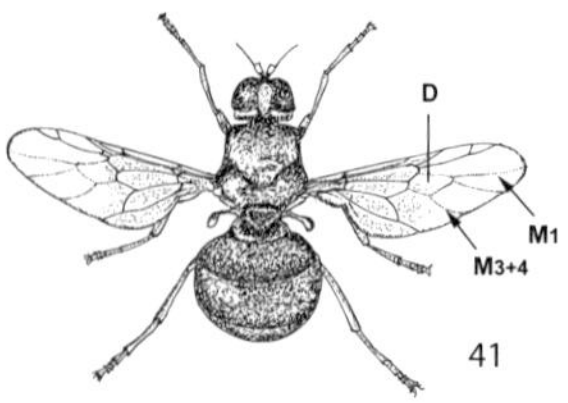

41

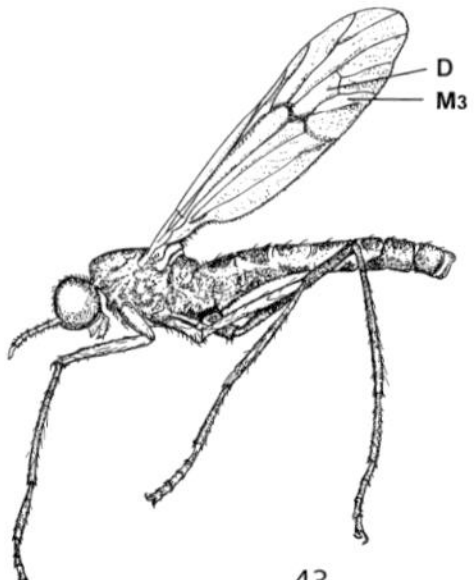

43

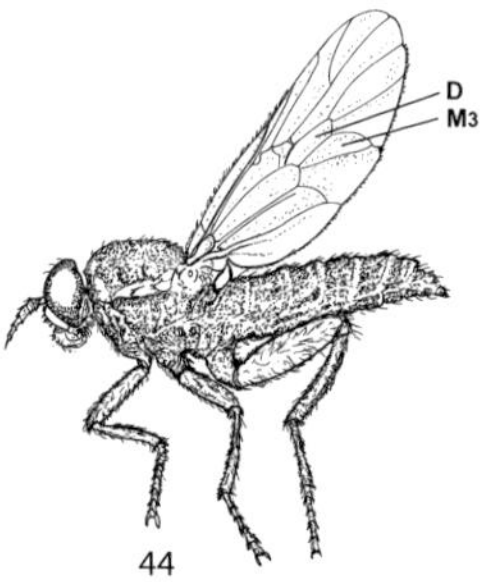

44

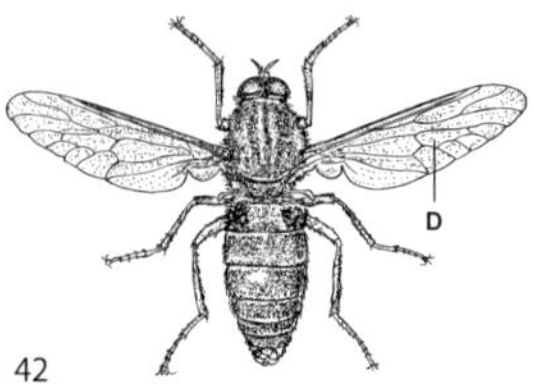

42

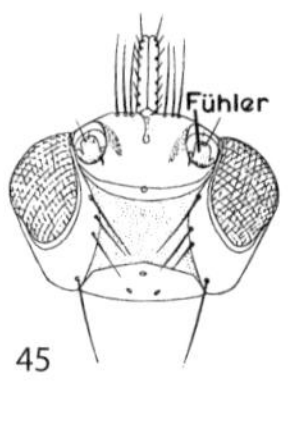

45

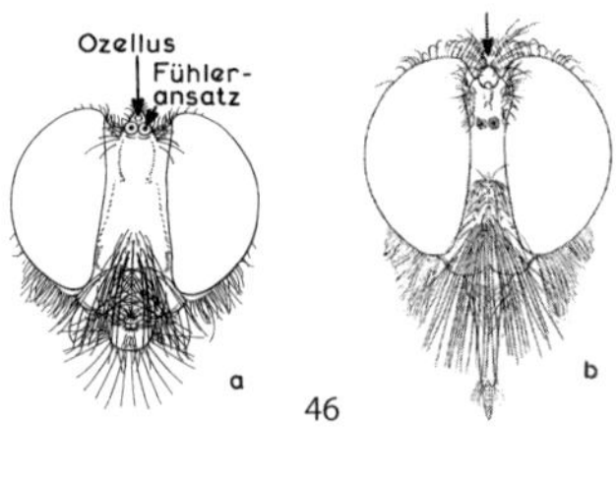

46

38 Stratiomyidae (*Stratiomys*); **39** Stratiomyidae (*Sargus*); **40** Stratiomyidae (*Beris*); **41** Stratiomyidae (*Pachygaster*); **42** Coenomyiidae; **43** Xylophagidae; **44** Xylomyidae

— R_{4+5} nie aufgegabelt (Rs mit 2 Ästen). R_{4+5} z. T. mit M_{1+2} verschmolzen [**54, 61–65**] **39**

34. Stirn u. Scheitel zwischen den Facettenaugen deutlich eingesenkt; Ocellen auf einem Höcker in dieser Einsenkung [**46a, b**]. Gesicht unter Fühlern mit deutlichem Bart (Haare deutlich länger als übrige Kopfhaare). [**47, 127, 128**] .... Raubfliegen, **Asilidae** S. 482

— Stirn u. Scheitel nicht eingesenkt. Gesicht unter Fühlern ohne Bart, d. h. Haare unter den Fühlern, wenn vorhanden, nicht länger als übrige Kopfhaare **35**

35. Fühler ohne Endgriffel oder Borste. C nur bis zur Flügelspitze; M_{1+2} mündet vor oder in die Flügelspitze [**48**]. Borstenlose, fast nackte Fliegen. 5–7 mm .... Fensterfliegen, **Scenopinidae**

Nur 3; ***Scenopinus*** LATREILLE, häufig ***S. fenestralis*** (L.). Imagines an Fenstern alter Häuser. Larven räuberisch an Insekten, z. B. Dermestidenlarven.

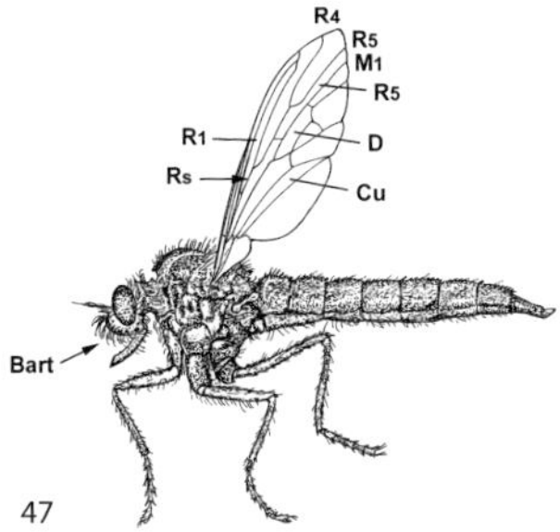

47

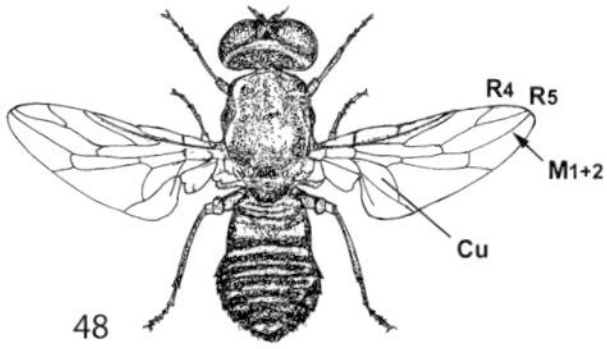

48

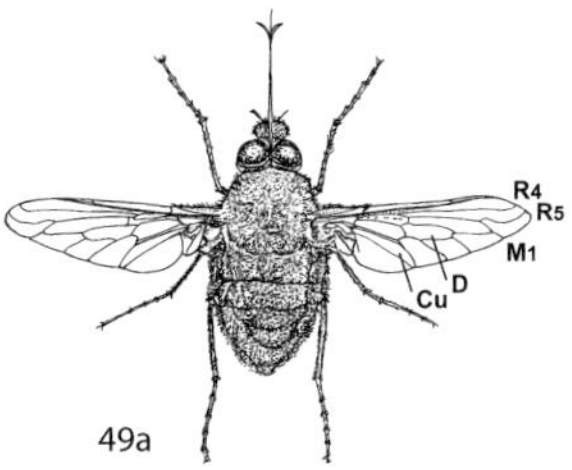

49a

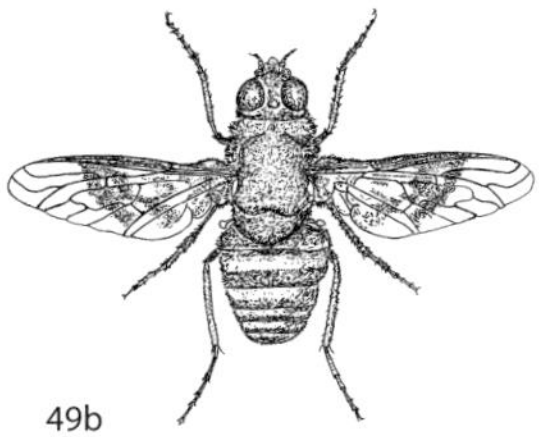

49b

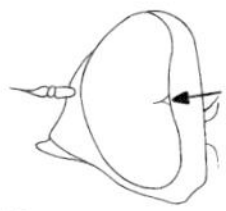

49c

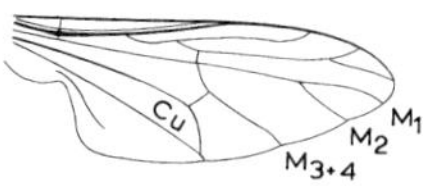

51

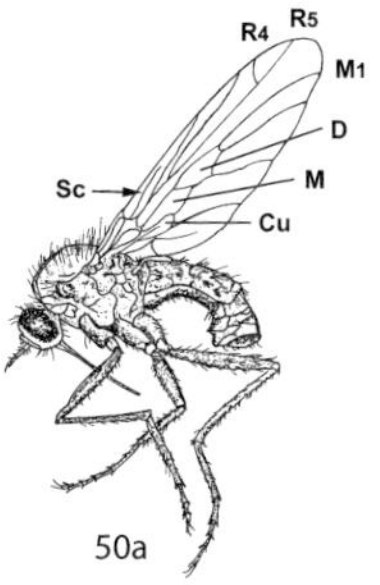

50a

50b

52

53a

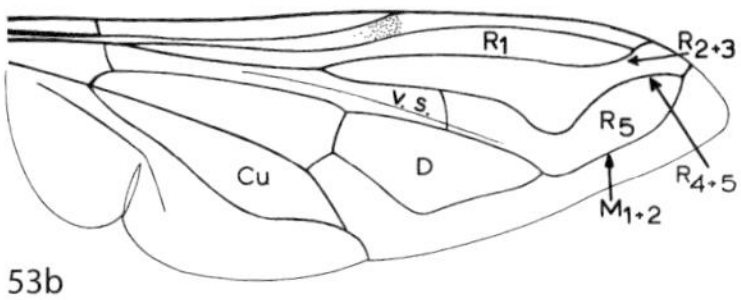

53b

47 Asilidae (*Machimus*); **48** Scenopinidae, **49a** Bombyliidae (*Systoechus*); **49b** Bombyliidae (*Thyridanthrax*); **50a** Empididae (*Empis*); **50b** Hybotidae (*Hybos*); **52** Therevidae (*Thereva*); **53a** Syrphidae

— Fühler mit Griffel oder Borste. Mindestens M_1 mündet hinter der Flügelspitze; C läuft meist um den ganzen Flügel herum **36**

36. Zelle Cu offen oder nahe dem Htrand des Flügels geschlossen [**49a, b, 52**]. Tiere in der Regel mit stark behaartem oder beschupptem Körper **37**

— Zelle Cu nahe der Flügelbasis, immer weit vom Htrand des Flügels geschlossen oder fehlend [**50a, b**] .... Tanzfliegen, **Empididae** u. **Hybotidae** S. 485

37. Diskalzelle (D) fehlt [**51**]. Kleine schwärzliche Fliegen, 3–5 mm. Selten .... **Hilarimorphidae**

Nur 2; ***Hilarimorpha*** Schiner.

— D vorhanden [**49a, b, 52**]. Tiere ± pelzig behaart oder beschuppt **38**

38. Rüssel lang, gerade vorgesteckt [**49a**]; wenn kurz, dann Augenhtrand mit einer Bucht, von deren Mitte aus eine kurze vertiefte Linie die Facettenaugen teilt [**49c**]. Habitus wie [**49a, b**]

Hummelschweber, **Bombyliidae** S. 484

— Rüssel kurz; Htrand der Augen nie eingebuchtet [**52**] .... Stilettfliegen, **Therevidae** S. 482

39. Tibien u. Metatarsen der Htbeine abgeplattet, Htleib der ♀♀ am Ende zugespitzt. Kleine (2–3 mm) schwarze Fliegen .... **Atelestidae**

Nur 2; ***Atelestus*** Walker (D vorhanden) u. ***Meghyperus sudeticus*** Loew (D fehlt).

— C umzieht den ganzen Flügel, Sc erreicht Flügelrand, D vorhanden. 3. Fühlergl lang. Kleine (2–2,5 mm) braune oder schwarze Fliegen .... **Microphoridae**

Nur 4; ***Microphor*** Macquart, ***Microphorella praecox*** (Loew) u. ***Schistostoma truncatum*** (Loew).

— Andere Merkmalskombination **40**

40. Zelle Cu lang, nahe dem Htrand des Flügels geschlossen oder offen wie [**53a, b**] **41**

— Zelle Cu kurz, nahe der Flügelbasis geschlossen, weit vom Htrand des Flügels entfernt oder fehlend [**58–65**] **43**

41. Zwischen R_{4+5} u. M_{1+2} verläuft eine Scheinader [vena spuria = v.s. **53b**]; wenn diese nur als schwache Falte erkennbar, dann R_{4+5} stark bauchig in die Zelle R_5 eingebuchtet [**53a, b**]

Schwebfliegen, **Syrphidae** S. 487

— Keine Scheinader zwischen R_{4+5} u. M_{1+2} **42**

42. Rüssel meist über Kopf lang, gekniet [**54**]. Kopf erscheint ± aufgeblasen. Augen nehmen nicht den größten Teil des Kopfes ein. Tiere oft mit bienen- oder wespenähnlicher Zeichnung [**54**]. Fühlerborste dorsal oder endständig .... Dickkopffliegen, **Conopidae** S. 492

— Rüssel klein, kaum sichtbar, in Mundhöhle zurückgezogen. Kopf besteht zum größten Teil aus Facettenaugen. Abdomen meist einfarbig grau oder schwarz. Fühlerborste immer dorsal. [**55**]

Augenfliegen, **Pipunculidae** S. 486

(Wenn Fühlerborste endständig u. Httibien u. Httarsen der ♂♂ verbreitert, dann **Platypezidae** (s. Nr. **45**).)

43. Eine deutliche Bogennaht über u. auch seitlich der Fühlerbasis vorhanden [**56**] **47**

— Keine Bogennaht über der Fühlerbasis vorhanden (oder wenn doch eine sehr kurze u. undeutliche, ab Nr. **41** prüfen!) **44**

44. Flügel lanzettlich zugespitzt. Queradern nur an der Flügelbasis. Kleine, schlanke, gelbliche bis bräunliche Fliegen. Geschlechtsdimorphismus im Flügelgeäder. 2–4 mm. [**57**]

Lonchopteridae

Nur 9; ***Lonchoptera*** Meigen. Imagines im Gras an feuchten Stellen. Larven in der Laubstreu, saprophag.

— Flügel an der Spitze gerundet. Mindestens eine Querader auf oder hinter der Flügelmitte **45**

45. Zelle Cu von der Flügelbasis entfernt, nahe der Flügelmitte, keilförmig zugespitzt geschlossen. Cu trifft spitzwinklig auf 1A [**58**]. Die Augen der ♂♂ nehmen fast den ganzen Kopf ein. 1–3 mm

Platypezidae u. **Opetiidae**

a) 1A erreicht Flügelrand: **Platypezidae**, im Gebiet 23 Arten aus mehreren Gattungen, z. B. 6; ***Agathomyia*** Verrall, 3; ***Platypeza*** Meigen. Imagines laufen sehr schnell u. ruckweise oder schweben mit herabhängenden Beinen in der Luft. Larven entwickeln sich in Pilzen, v. a. Baumpilzen.

b) 1A verkürzt: **Opetiidae**, nur ***Opetia nigra*** Meigen (Flügel dicht mit Härchen besetzt).

— Zelle Cu meist kurz oder fehlend. Cu trifft recht- bis stumpfwinklig auf die 1A [**59, 60**] ... **46**

46. Diskalzelle D mit Zelle M verschmolzen. Rs gabelt sich nahe der Flügelbasis in R_{2+3} u. R_{4+5} [**59**]

Langbeinfliegen, **Dolichopodidae** S. 485

— Zelle D von Zelle M getrennt; wenn fehlend, dann gabelt sich Rs nahe der Flügelmitte in R_{2+3} u. R_{4+5} [**60**]. Häufig mit längerem Rüssel [**50**] .... Tanzfliegen, **Empididae** S. 484

47. M_{1+2} am Ende deutlich winklig aufgebogen u. R_{4+5} genähert oder in R_{4+5} mündend [**61, 62**]

48

— M_{1+2} ± gerade, zu R_{4+5} parallel oder schwach konvergent oder divergent [**63, 64, 65**] **53**

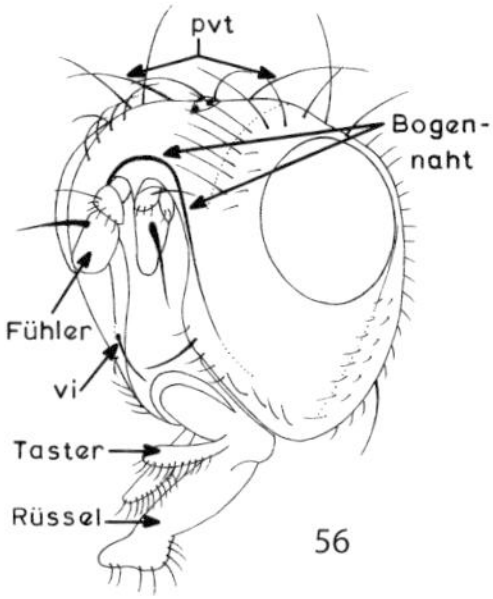

56

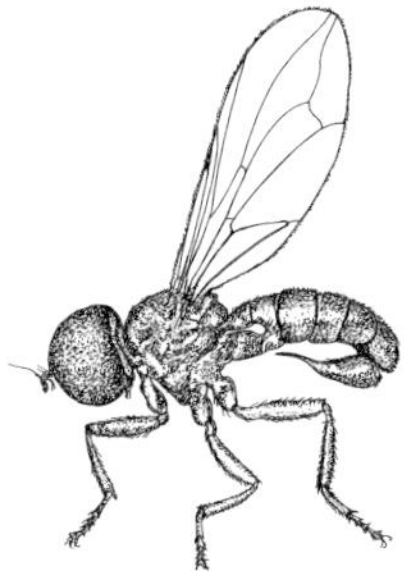
55

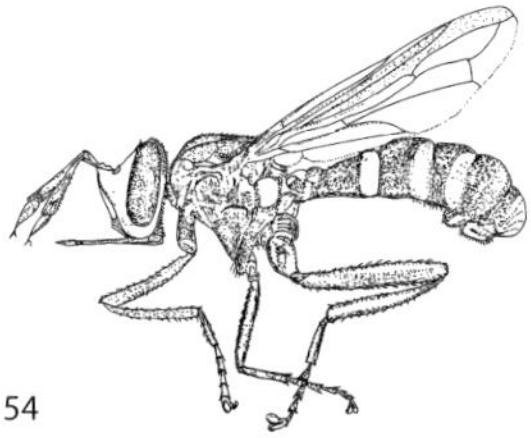
54

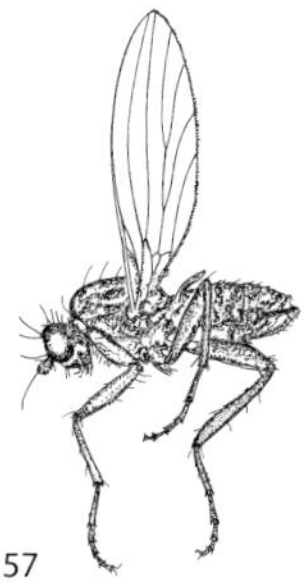
57

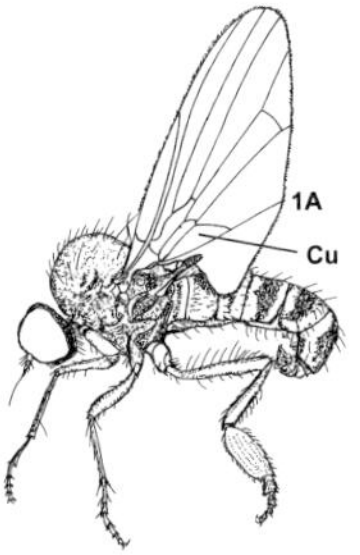

58

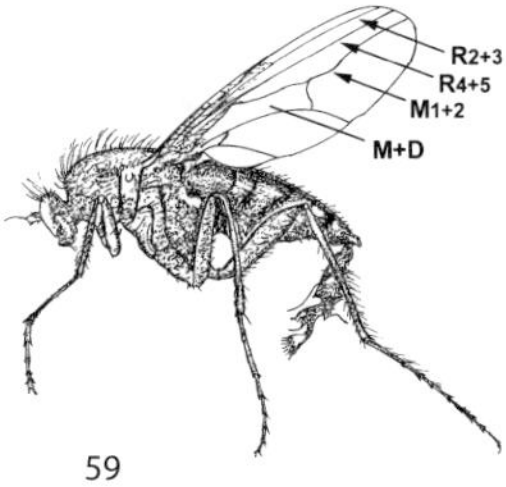

59

60

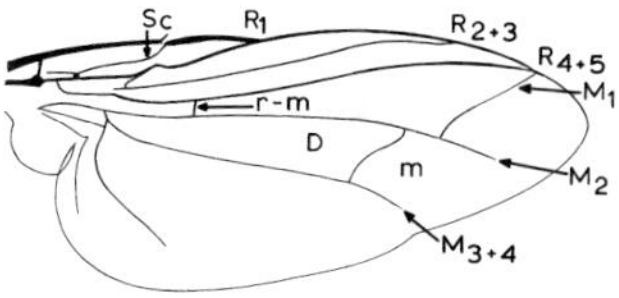

61

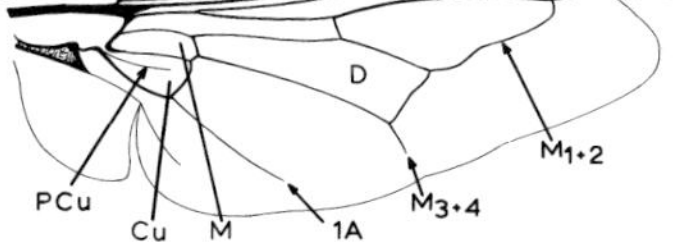

62

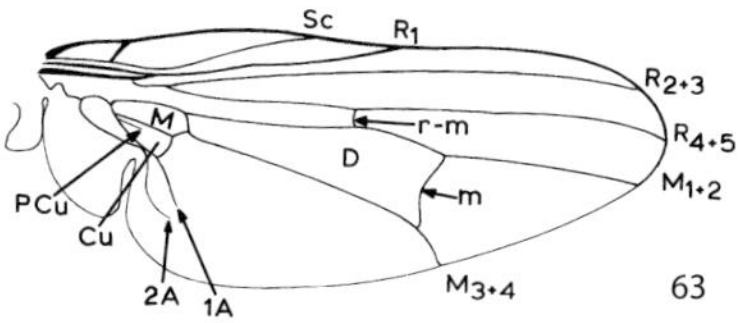

63

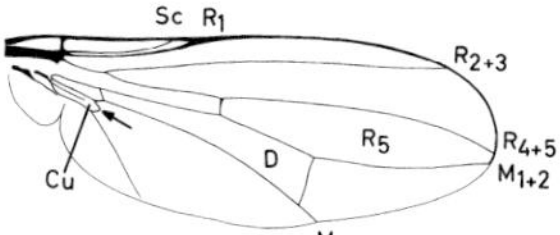

64

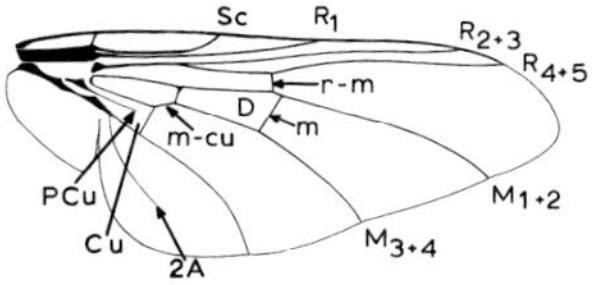

65

54 Conopidae; **55** Pipunculidae; **57** Lonchopteridae; **58** Platypezidae; **59** Dolichopodidae; **60** Empididae (*Tachydromia*)

48. Hypopleuralborsten fehlen [Hy: **66a**]. Wenn 3 Sternopleuralborsten vorhanden, dann stehen immer 1 vorn u. 2 hinten [St: **66a**]. Habitus [**67**] .... **Muscidae** S. 495

— Hypopleuralborsten vorhanden. Wenn 3 Sternopleuralborsten vorhanden, dann immer 2 vorne u. 1 hinten [**66a**] **49**

49. Mundteile stark reduziert. Mundöffnung sehr klein. Fühler in Gruben versenkt. Fliegen groß, meist pelzig behaart [**68a, b**] .... Nasendasseln, Rachenbremsen, **Oestridae** s. l. S. 497

— Mundteile deutlich u. normal entwickelt. Fliegen meist ± stark beborstet, nicht pelzig behaart **50**

50. Postscutellum klein, wenig entwickelt, nicht konvex ausgebuchtet [Psl: **66a**] **51**

— Postscutellum stark nach außen gewölbt [Psl: **66b**]. Habitus [**69**] Raupenfliegen, Schmarotzerfliegen, **Tachinidae**

Imagines von sehr unterschiedlichem Habitus. Auf Blüten u. an sonnigen Stellen. Tachiniden sind Endoparasiten lebender Arthropoden, meist Insekten, wie Käfern, Schmetterlingen, Hymenopteren, Orthopteren u.a., aber auch Spinnen; z. T. wichtige Gegenspieler von Schadinsekten. Die ♀♀ legen ihre Eier auf die Haut des Wirts, an Stellen, die von Wirtstieren häufig aufgesucht werden, oder verstreuen sie in großer Zahl über Pflanzen, die vom Wirtstier gefressen werden. Die Larven entwickeln sich innerhalb des Wirts. Meist sterben die Wirte nach der Entwicklung des Parasiten. Zahlreiche, schwer bestimmbare Gattungen mit etwa 500 Arten.

51. Körper meist metallisch glänzend (goldgrün bis metallisch blau). Hinterste Posthumeralborste gegenüber der Präsuturalborste tiefer angeordnet [prs u. ph: **66c**]. Fühlerborste meist auch hinter der Mitte gefiedert. Habitus [**70**] .... Schmeißfliegen, **Calliphoridae** S. 496

— Meist matt schwarzgraue Fliegen. Hinterste Posthumeralborste gleich hoch oder höher als die Präsuturalborste gestellt, d. h. weiter von den Seitenteilen entfernt. Fühlerborste meist nur in der Basishälfte gefiedert **52**

52. Thorakalschüppchen groß, bis zum Schildchen reichend [Th, Scl: **66a**]. Graue Fliegen, mit schachbrettartiger Zeichnung auf dem Abdomen; Thorax mit dunkler Längstreifung [**71**] Fleischfliegen, **Sarcophagidae**

Im Gebiet ca. 130 Arten aus mehreren Gattungen. > 60; ***Sarcophaga*** Meigen entwickeln sich in Aas oder sich zersetzender organischer Substanz; ***S. carnaria*** (L.) ist obligatorischer Parasit in Regenwürmern. ***Brachicoma devia*** (Fallén) entwickelt sich in Hummelnestern. Larven von 9; ***Miltogramma*** Meigen parasitieren bei Hymenopteren.

— Thorakalschüppchen kleiner, vom Schildchen entfernt bleibend. Habitus ähnlich [**69**] Asselfliegen, **Rhinophoridae**

Im Gebiet 10 Arten aus 9 Gattungen. Larven parasitisch in Asseln.

53. Mundteile reduziert, in kleine Mundhöhle versenkt; Mundöffnung sehr klein. Um 12 mm, pelzig behaarte Fliegen, hummelähnlich. Fühler klein. Habitus [**72**] Magendasseln, **Gasterophilidae**

Nur 4; ***Gasterophilus*** Leach. Larven endoparasitisch im Magen u. Darm von Pferden.

— Mundteile normal ausgebildet. Habitus anders. Ohne Hypopleuralborsten **54**
(Wenn Hypopleuralborsten vorhanden, dann bei Nr. **48** weiter!)

54. 2. Fühlergl mit einem deutlichen Längsspalt oder einer Naht oben außen über die gesamte Länge [Sp: **76**]. Dorsalquernaht auf dem Thorax nur oben kurz auf der Mitte unterbrochen oder ohne Unterbrechung [**66c**] **55**

— 2. Fühlergl oben außen ohne Längsspalt. Ein kurzer Einschnitt kann aber vorhanden sein (wenn längerer Einschnitt u. Dorsalquernaht breit unterbrochen s. **Psilidae**, Nr. **33** [**Acalyptratae**]). Dorsalquernaht nur seitlich am Thorax .... **Acalyptratae** S. 468

55. Thorakalschüppchen [**66a**] kleiner als das Flügelschüppchen. Dorsalquernaht auf dem Thorax in der Mitte deutlich breiter unterbrochen als der Abstand der Acrostichalborsten [ac: **66c**]. Stirn in beiden Geschlechtern breit getrennt. Htkopf mit dichter, feiner Behaarung. Abdomen mit 6 deutlichen prägenitalen Segmenten (1+2, 3, 4, 5, 6); Trennungsnaht zwischen 1. u. 2. Abdominaltergit deutlich sichtbar [**73**] .... Dungfliegen, **Scatophagidae**

Imagines z. T. räuberisch, z. T. koprophag. Larven kopro- u. saprophag. Im Gebiet > 50 Arten aus mehreren Gattungen, z. B. 10; ***Scatophaga*** Meigen (häufig ***S. stercoraria*** (L.)), oder phytophag (Minierer), z. B. 7; ***Norellisoma*** Wahlgren.

— Thorakalschüppchen meist so groß oder größer als das Flügelschüppchen. Dorsalquernaht höchstens so breit unterbrochen wie der Abstand der Acrostichalborsten [ac: **66c**] oder ohne Unterbrechung. Htkopf ohne dichte, feine Behaarung, Börstchen können aber vorhanden sein. Trennungsnaht zwischen 1. u. 2. Abdominaltergit sehr undeutlich. Abdomen höchstens mit 5 prägenitalen Segmenten (1+2, 3, 4, 5) **56**

56. 1A erreicht den Hinterrand des Flügels [**74**] .... Blumenfliegen, **Anthomyiidae** S. 494

— 1A erreicht nicht den Hinterrand des Flügels **57**

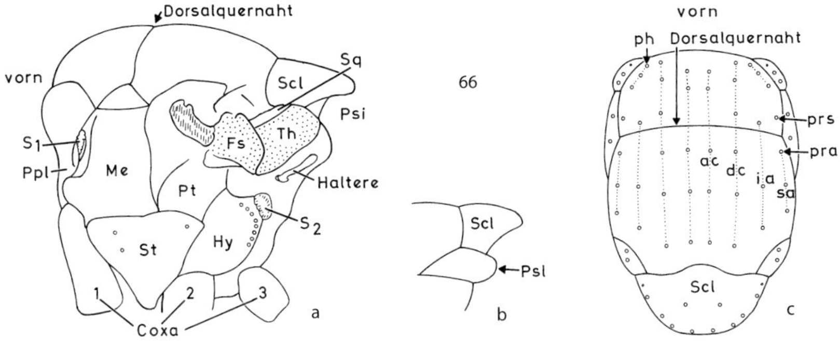

66

67

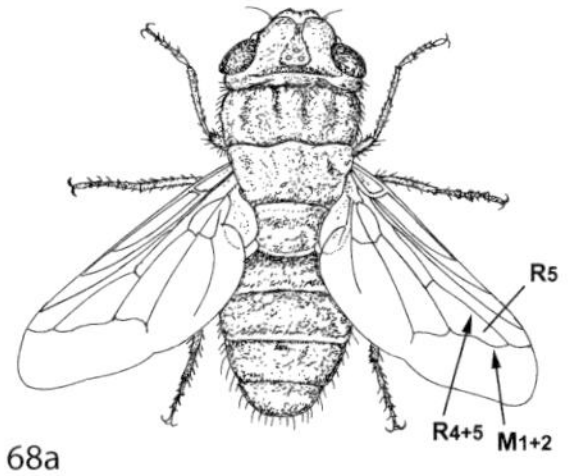

68a

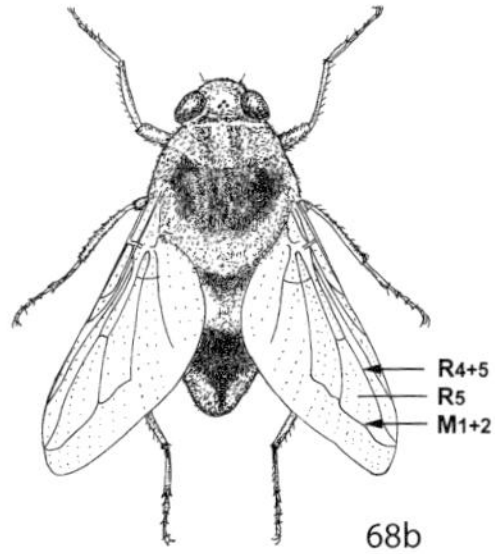

68b

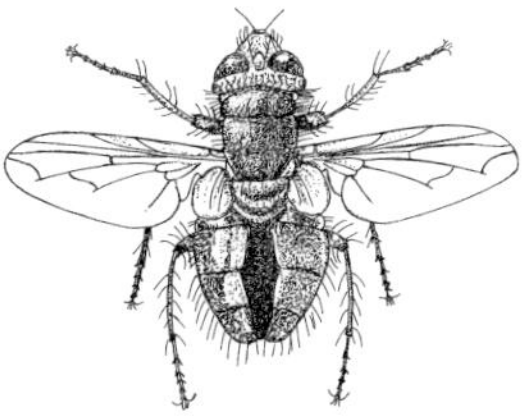

69

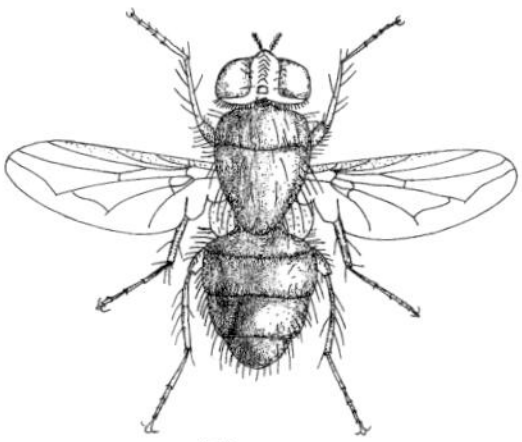

70

71

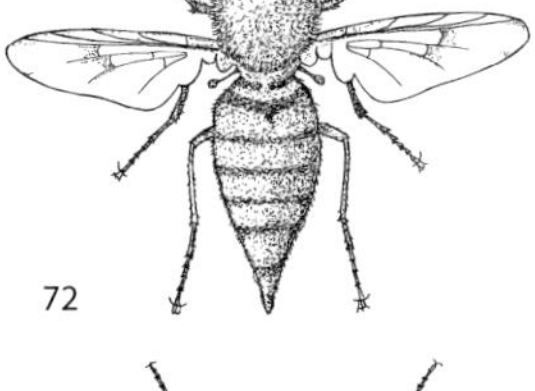

72

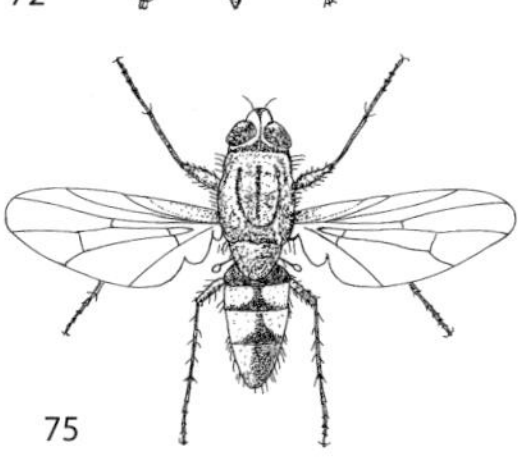

75

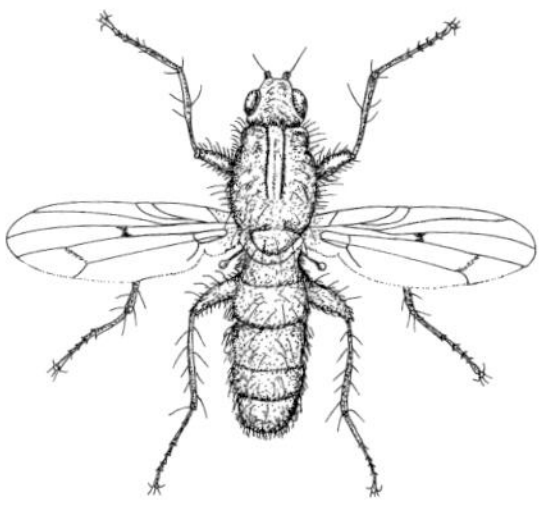

73

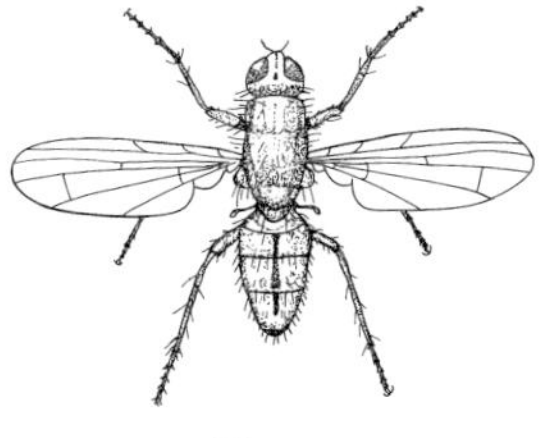

74

67 Muscidae (*Musca*); **68a** Oestridae (*Oestrus*); **68b** Oestridae (*Hypoderma*); **69** Tachinidae (*Tachina*); **70** Calliphoridae (*Lucilia*); **71** Sarcophagidae (*Sarcophaga*); **72** Gasterophilidae (*Gasterophilus*); **73** Scatophagidae (*Scatophaga*); **74** Anthomyiidae (*Pegomyia*); **75** Fanniidae (*Fannia*)

57. Subcosta (Sc) hat nur nahe der Flügelbasis eine Biegung, von da an läuft sie fast geradlinig bis zum Flügelrand. 2A führt bogig zu 1A hin [**63**] oder umgreift diese bogig. Habitus [**75**] **Fanniidae**

Im Gebiet 56 Arten, wichtigste Gattung 53; ***Fannia*** ROBINEAU-DESVOIDY, u. a. die Kleine Stubenfliege, ***F. canicularis*** (L.).

— Sc hat zwei Biegungen bis zum Flügelrand. 2A ± gerade, umgreift nicht 1A bogig. Habitus [**67**] **Muscidae** S. 495

Sollte sich auf der Pteropleura [Pt: **66a**] eine kräftige Borste befinden, dann 2; ***Emmesomyia*** MALLOCH (**Anthomyiidae** S. 494).

Acalyptratae

Hierzu gehören auch die **Conopidae**.

1. Costa (C) weder in der Nähe von h, noch nahe der Mündung von Sc oder R_1 unterbrochen [**65, 77a, b, 78**] 2

— C ist an einer oder an mehreren oben genannter Stellen unterbrochen [z. B. **90a, 91, 110**] 18

2. Sc nur im Basalteil sichtbar, mündet nicht in die C [**77a, b**] 3

— Sc im ganzen Verlauf deutlich, mündet in die C [**64, 78**] 4

3. C endet bei R_{4+5}. M_{1+2} läuft parallel zu R_{4+5} [**77a**]. Queradern auf u. nahe der Flügelmitte **Periscelididae**

Periscelidinae: Nur 4; ***Periscelis*** LOEW, an Bäumen mit Saftfluss, selten.

— C endet bei M_{1+2}. M_{1+2} nach R_{4+5} hin aufgebogen. Queradern nur an der Flügelbasis [**77b**]. Vibrissen deutlich [vi: **56**] .... **Asteiidae**

Ca. 2 mm, selten. Larven in faulenden Pflanzen. Nur 3; ***Asteia*** MEIGEN (Fühlerborste gefiedert) u. 4; ***Leiomyza*** MACQUART (Fühlerborste pubeszent).

4. Vibrissen (ein Paar deutliche Borsten am vorderen Mundrand) vorhanden [vi: **56**] 5

— Vibrissen fehlen (es können aber einige Börstchen am Mundrand vorhanden sein) 6

5. Taster ± reduziert, klein. Am Unterrand des Metathorakalstigmas [S_2: **66a**] 1 bis mehrere längere Borsten. Abdomen an der Basis meist verengt. Habitus [**79**] .... Schwingfliegen, **Sepsidae**

Schlagen beim Laufen mit den Flügeln. Häufig an tierischen u. menschlichen Exkrementen, am Rande schlammiger Gräben u. a., aber auch auf Blüten. Larven in faulenden Substanzen. Im Gebiet 31 Arten

a) Flügelspitze mit einem dunklen Punkt: 13; ***Sepsis*** FALLÉN.
b) Groß (6–8 mm), Flügel braun, in Tang an Meeresküsten: ***Orygma luctuosum*** MEIGEN.
c) Zellen R u. M verschmolzen: 2; ***Saltella*** ROBINEAU-DESVOIDY.
d) Keine Borsten auf Me [**66a**]: 10; ***Themira*** ROBINEAU-DESVOIDY.
e) Me mit Borsten: 2; ***Meroplius*** RONDANI (ors [**104**] kräftig) u. 3; ***Nemopoda*** ROBINEAU-DESVOIDY (ors undeutlich).

— Taster gut entwickelt. Am Metathorakalstigma keine größeren Borsten. 4–5 mm. (s. auch Nr. 26) .... **Neottiophilinae** (zu **Piophilidae**)

Actenoptera hilarella (ZETTERSTEDT), selten.

6. Beine lang u. dünn, stelzenartig. R_{4+5} u. M_{1+2} zum Flügelrand hin stark genähert, dadurch Zelle R_5 fast geschlossen [**64, 78**] 7

— Beine nicht stelzenartig verlängert. Zelle R_5 nie derartig verengt 8

7. Zelle Cu an ihrer Spitze gerade begrenzt [**78**]. Habitus [**80**] .... Stelzenfliegen, **Micropezidae**

Bevorzugen feuchte u. schattige Orte, sind auch auf Blüten anzutreffen. Im Gebiet 13 Arten aus mehreren Gattungen, z. B. 4; ***Micropeza*** MEIGEN u. 5; ***Neria*** ROBINEAU-DESVOIDY.

— Zelle Cu an ihrer Spitze bauchig erweitert [**64**]. Kopf kürzer als hoch. Augen groß **Tanypezidae**

Nur ***Tanypeza longimana*** FALLÉN (6–8 mm), meist auf Pflanzen an feuchten Stellen.

8. Tibien ohne dorsale Präapikalborsten oben vor der Spitze 14

— Einige bis alle Tibien mit deutlichen Präapikalborsten 9

9. Dorsoventral abgeflachte Fliegen [**81**]. Meist stark behaart oder beborstet. 2–10 mm Tangfliegen, **Coelopidae**

Am Strand, besonders am Anwurf. Nur 2; ***Coelopa*** MEIGEN, Larven in faulendem Tang. Außerdem ***Malacomyia sciomyzina*** (HALIDAY) (s. **13**).

— Fliegen nicht dorsoventral abgeflacht 10

10. Postvertikalborsten (1 Paar Kopfborsten hinter den Ocellen, pvt [**56**]) gut entwickelt, konvergent oder gekreuzt 11

— pvt parallel oder divergent, selten fehlend **12**

11. Meist größere Fliegen (bis 23 mm). Antennen auffallend lang. Mttibia an der Spitze mit einem Kranz Endborsten. Flügel oft netzartig gezeichnet. Habitus [**82**] ... Hornfliegen, **Sciomyzidae**

Fliegen bräunlich oder grau gefärbt, am Kopf lebhafte Kontrastzeichnung. Flügel oft mit Flecken oder Gitterzeichnung. 2–12 mm. Vor allem in der Nähe von Gewässern, auf feuchten Wiesen, an Gräben, im Ufergebüsch, auf Wasserpflanzen usw. Larven aquatisch, räuberisch oder parasitisch an Wasserschnecken. Im Gebiet ca. 80 Arten aus mehreren Gattungen, z. B. 5; ***Coremacera*** Rondani, 19; ***Pherbellia*** Robineau-Desvoidy, 3; ***Sciomyza*** Fallén, 11; ***Tetanocera*** Duméril. – Ähnlich auch (**Phaeomyiidae**) 3; ***Pelidnoptera*** Rondani.

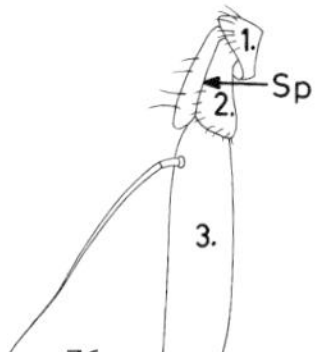

76

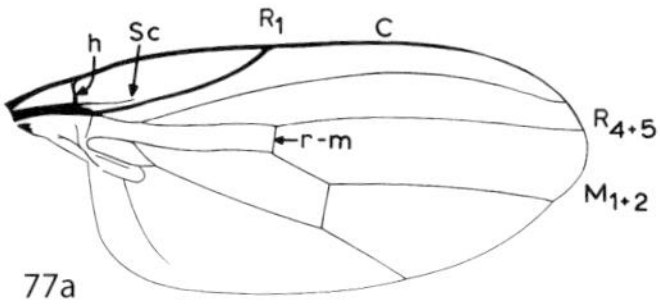

77a

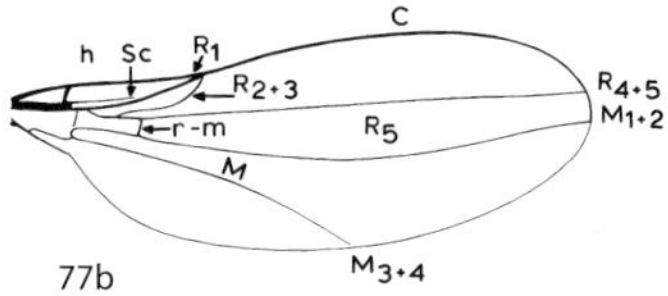

77b

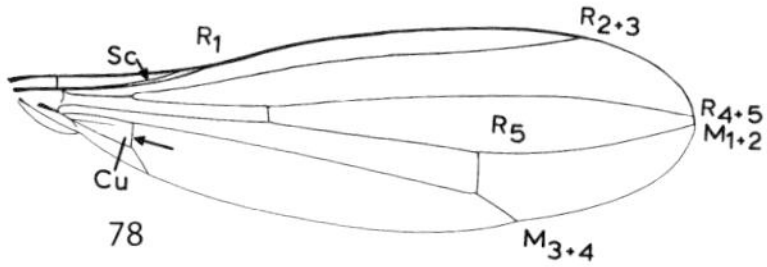

78

79

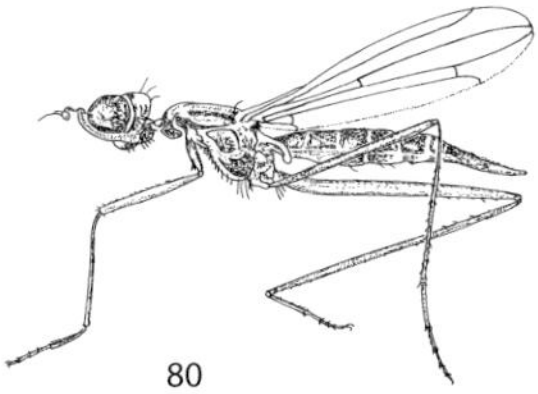
80

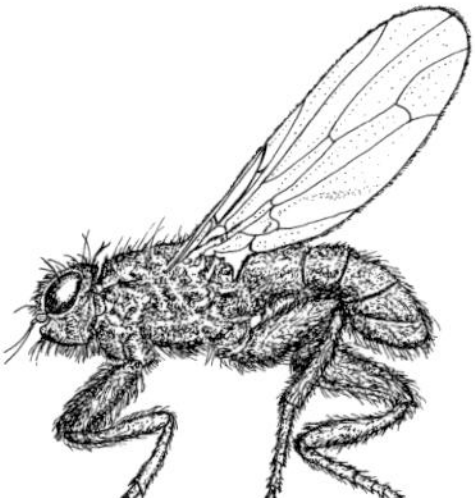
81

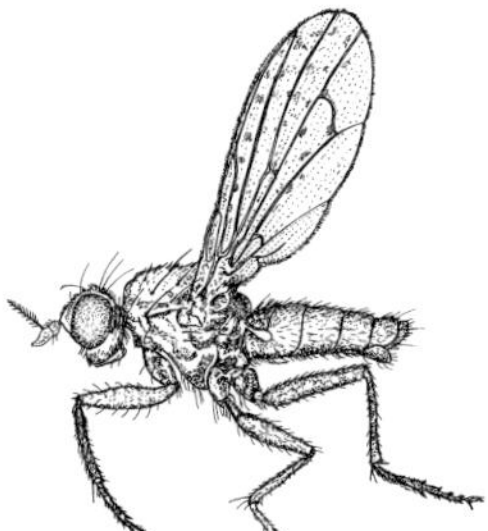
82

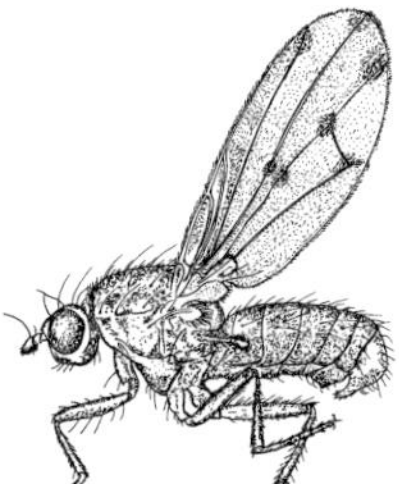
83

84

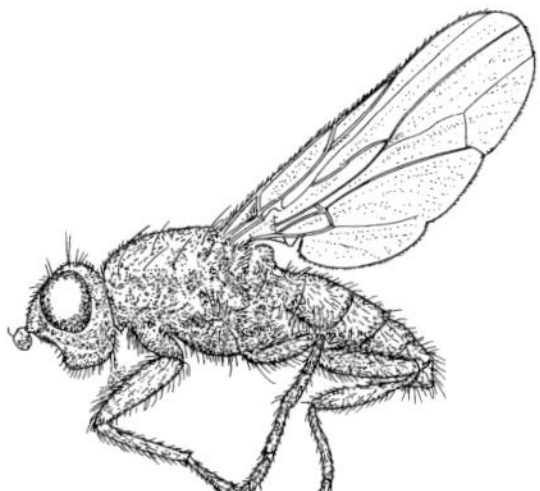
85

79 Sepsidae; **80** Micropezidae; **81** Coelopidae; **82** Sciomyzidae; **83** Lauxaniidae; **84** Dryomyzidae; **85** Helcomyzidae

— Kleinere Fliegen (2–5 mm). Flügel glasklar oder schwach getrübt. Mttibia nur mit 1–2 Endborsten. Habitus [**83**] .... **Lauxaniidae**
Im Gebiet > 60 Arten aus mehreren Gattungen, z. B. 11; ***Homoneura*** VAN DER WULP, 10; ***Minettia*** ROBINEAU-DESVOIDY, 14; ***Sapromyza*** FALLÉN. Larven saprophag an faulenden pflanzlichen Stoffen, z. T. Minierer. Imagines an feuchten, schattigen Stellen.

12. R_1 mündet in der Flügelmitte in die C. Schenkel mit Borsten, eine am mittleren Schenkel nahe Mitte der Vdseite. Meist größere Fliegen, bis ca. 12 mm. Flügel oft mit netzartiger Zeichnung [**82**] .... Hornfliegen, **Sciomyzidae** s. Nr. **11**

— R_1 mündet weiter zur Flügelspitze hin in die C. Keine Borsten in Schenkelmitte **13**

13. 3. Fühlergl länger als breit. Fühlerbasis nicht durch einen Kiel getrennt. Taster an der Spitze mit 1–2 auffallend längeren Borsten in der Behaarung. Mundrand steht vor. 5–10 mm. Habitus [**84**] .... **Dryomyzidae**
Nur 3; ***Dryomyza*** FALLÉN, häufig ***D. anilis*** FALLÉN (R_1 beborstet). Auf Blüten, Sträuchern, Pilzen u. Exkrementen, an schattigen u. feuchten Orten oder am Meeresstrand.

— 3. Fühlergl kugelig. Fühlerbasis durch einen Kiel getrennt. Taster an der Spitze ohne längere Borsten in der Behaarung. Mundrand steht nicht vor. 6–10 mm. Nur am Meeresstrand. Habitus [**85**] .... Strandfliegen, **Helcomyzidae**
Larven entwickeln sich in faulendem Tang. Nur ***Helcomyza ustulata*** CURTIS (Schildchen behaart; C beborstet).
Außerdem ***Heterocheila buccata*** (FALLÉN) (**Heterocheilidae**) (Schildchen nicht behaart; C ohne Borsten; Beine rot-gelb). ***Malacomyia sciomyzina*** (HALIDAY) (zu **Coelopidae**) (s. Nr. **9**).

14. Htschenkel verdickt, unterseits mit zwei Reihen Dornborsten. Zelle Cu verhältnismäßig lang [**86**]. Schwarze Fliegen mit gelben Beinen. 8–9 mm .... **Megamerinidae**
Nur ***Megamerina dolium*** (F.), an feuchten Stellen.

— Htschenkel nicht verdickt, unterseits nicht 2-reihig bedornt **15**

15. Ocellen fehlen. Eine Ader zweigt meist in Höhe der Querader m senkrecht in die Zelle R_3 [**87**] **Pyrgotidae**
Imagines meist dämmerungs- oder nachtaktiv. Alle bekannten Larven Parasiten von Scarabaeiden. Nur ***Adapsila coarctata*** WAGA (hellgelb, Flügel schwarzbraun gefleckt; 8–9 mm).

— Ocellen vorhanden **16**

16. R_1 verläuft flachwellig bis zur Mündung, ohne kleine Borsten [**88**]. 1–4 mm. Taster von normaler Länge, deutlich entwickelt .... Blattlausfliegen, **Chamaemyiidae** u. **Cremifaniidae**
a) Mündung von Sc in C kurz deutlich vor Mündung von R_1 in C. pvt Borsten [**56**] fehlend: **Chamaemyiidae**, Larven parasitieren in Blatt- u. Schildläusen. Im Gebiet 29 Arten aus 6 Gattungen, z. B. 8; ***Chamaemyia*** MEIGEN, 13; ***Leucopis*** MEIGEN.
b) Mündung von Sc in C kurz nahe der Mündung von R_1 in C. pvt Borsten meist vorhanden. Subcostalzelle dunkel: **Cremifaniidae**, nur ***Cremifania nigrocellulata*** CZERNY. Larven parasitisch in Blattläusen (Adelgidae).

— R_1 verläuft anders. pvt Borsten divergent, in einigen Fällen sehr klein. Taster häufig klein u. unscheinbar **17**

17. Zelle Cu kurz; Abschnitt b von M_{3+4} mehr als 3-mal so lang wie Abschnitt a von Cu [**89a**]. R_{4+5} mündet in oder hinter der Flügelspitze. 2–10 mm. Habitus [**89b**]
Schmuckfliegen, **Ulidiidae** S. 493

— Zelle Cu länger; Abschnitt b 2–2,5-mal so lang wie Abschnitt a. R_{4+5} mündet vor der Flügelspitze. 3–10 mm .... **Platystomatidae**
Flügel braun mit hellen Fensterflecken. Larven im Boden. Nur 2; ***Platystoma*** MEIGEN (3. Fühlergl so lang wie breit) u. ***Rivellia syngenesiae*** (F.) (3. Fühlergl 4–5-mal so lang wie breit).

18. Costa (C) nur nahe der Humeralquerader (h) unterbrochen [**90a**]. Augen fein behaart. 3. Fühlergl so lang wie breit. Fühlerborste wenig länger als der Fühler. Ca. 2 mm. Habitus [**90b**]
Acartophthalmidae
Nur 2; ***Acartophthalmus*** CZERNY (1A erreicht nicht den Flügelrand; Flügel nicht gemustert). Imagines an Aas u. faulen Pilzen. Wenn Flügel gemustert u. 1A bis zum Flügelrand, dann auf ***Platystoma*** MEIGEN, **Platystomatidae** Nr. **17** prüfen.

— Unterbrechung der C nahe Mündung der Sc, ± weit von der Mündung des R_1 entfernt. Es ist dabei gleichgültig, ob die Sc wirklich bis zum Flügelrand als Ader deutlich sichtbar ist, vorher abrupt endet oder schon weiter basal verschwindet u. nur als Falte ± sichtbar ist [z. B. **91, 92, 93**]. Teilweise 2. Unterbrechung nahe der h **19**

— Unterbrechung der C nahe vor der Mündung von R_1, wo auch die Sc ± mündet oder als Falte hinführt [**110, 111, 112** u. a.]. Teilweise 2. Unterbrechung nahe der h **35**
Ist C nur geringfügig unterbrochen, Sc vollständig u. Ocellen fehlen, auf **Pyrgotidae** Nr. **15** prüfen.

19. Sc mündet getrennt von R_1 in die C oder bricht kurz vor Erreichen der C stumpfwinklig ab [**91, 92**] **20**

— Sc nur an der Basis in unterschiedlicher Länge sichtbar, verliert sich bis zur C hin als Falte, ohne zu münden oder ist fast völlig reduziert [**102a, 103**] **30**

20. Sc bricht abrupt vor ihrer Mündung ab u. mündet fast rechtwinklig als Falte aufgebogen in die Bruchstelle der C [**91**]. Zelle Cu meist in einen Zipfel auslaufend. Flügel oft mit auffälliger Bänder- oder Fleckenzeichnung [**95**]. ♀♀ mit sklerotisiertem, nicht einziehbaren Ovipositor
Bohrfliegen, Fruchtfliegen, **Tephritidae** (= **Trypetidae**) S. 493

— Sc nie senkrecht als Falte. Andere Merkmalskombinationen **21**

21. Postvertikalborsten [pvt: **56**] divergent, parallel oder fehlend. Vibrissen vorhanden oder fehlend [vi: **56**] **22**

— pvt konvergent bis gekreuzt. Vibrissen vorhanden **28**

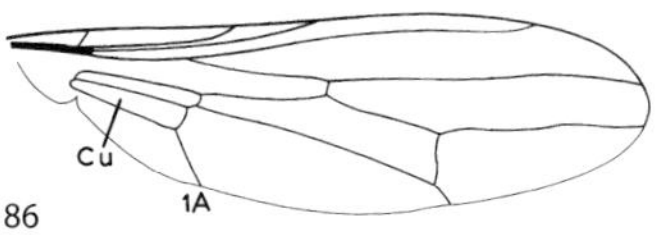

86

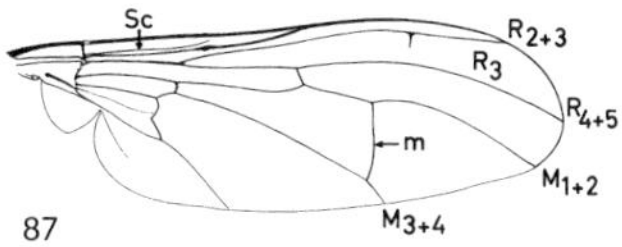

87

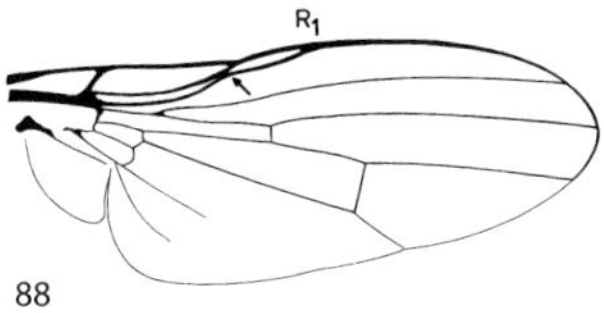

88

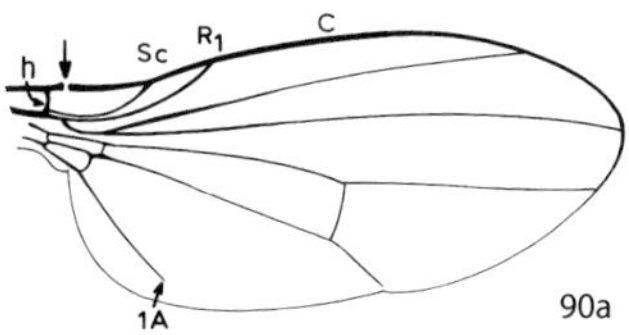

90a

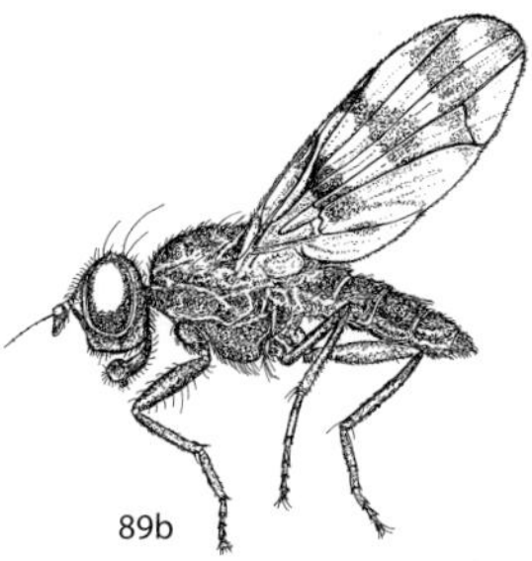

89b

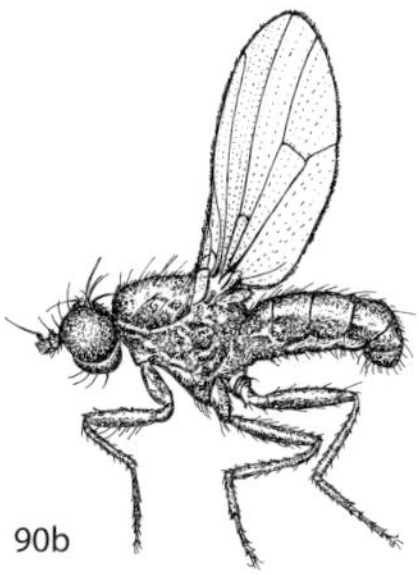

90b

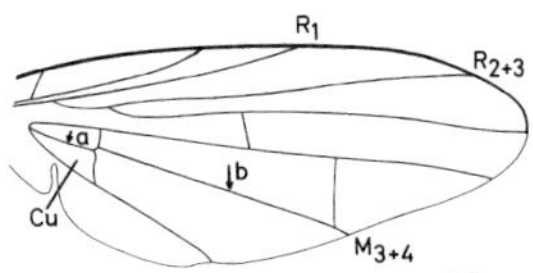

89a

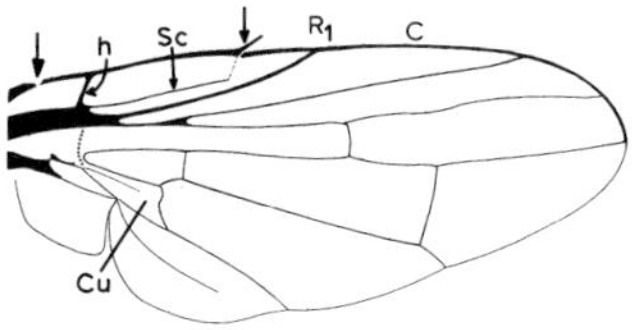

91

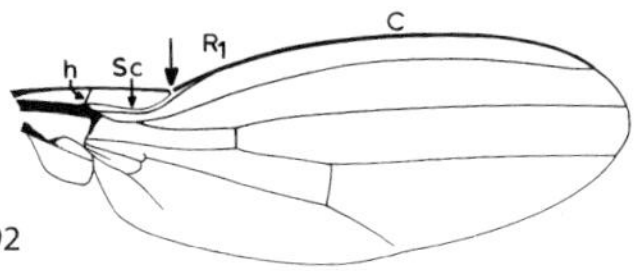

92

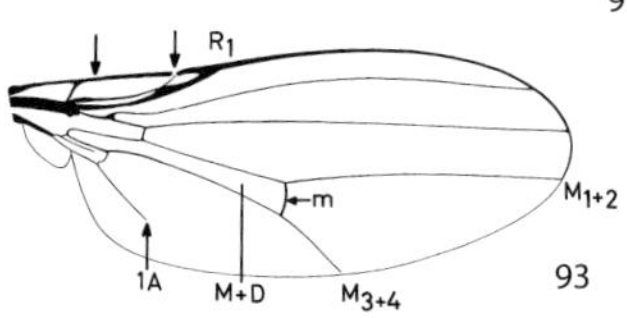

93

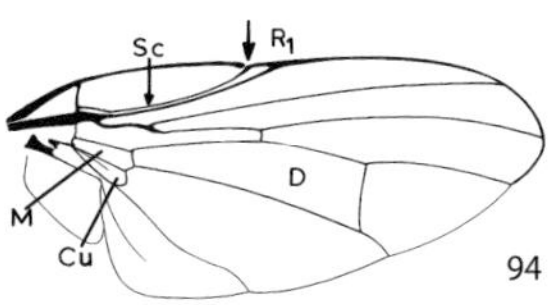

94

89b Ulidiidae (*Ceroxys*); **90b** Acartophtalmidae (*Acartophtalmus*)

22. Vibrissen [vi: **56**] vorhanden **23**

— Vibrissen fehlen. Flügel meist gefleckt [**96**] .... **Pallopteridae**
Larven phytophag, räuberisch u. saprophag. Im Gebiet 16 Arten. C mit langen Borsten. Me [**66a**] mit 4 horizontalen Borsten: ***Eurygnathomyia bicolor*** (Zetterstedt). C nur mit kurzen Borsten: 5; ***Palloptera*** Fallén (Me ohne Borsten). 8; ***Toxoneura*** Macquart (Me mit dunklen Haaren, Scl [**66a**] kurz behaart). 2; ***Temnosira*** Enderlein (Me mit hellen Haaren, Scl glänzend).

23. Zellen M u. D sind verschmolzen [**93**]. 2 mm .... **Aulacigastridae**
Nur ***Aulacigaster leucopeza*** (Meigen) (glänzend braun), Imago am, Larve im Saftfluss von Laubbäumen.

— Zelle M von D getrennt [**94**] **24**

24. 2. Fühlergl am Außenrande mit einem Zipfel, der einen Teil des 3. Gl bedeckt [**97**] .. **Clusiidae**
Nur ***Clusia flava*** Meigen, 7; ***Clusiodes*** Coquillett u. ***Paraclusia tigrina*** (Fallén.) Larven unter Rinde u. in morschem Holz. Imagines an vermoderndem Holz, Aas, faulen Pilzen u. a. Z. T. mit Sprungvermögen

— 2. Fühlergl am Außenrande ohne Zipfel **25**

25. Kopf im Profil flach halbkugelig u. hinten abgeflacht. Augen von der Seite gesehen halbkreisförmig [**98**]. Stirn beim ♂ verschmälert, auf ¼ bis ⅕ der Kopfbreite verengt. Sc im ganzen Verlauf deutlich bis zur C [**94**]. Halteren schwarz oder schwarzbraun. 2–7 mm .... **Lonchaeidae**
Im Gebiet > 40 Arten aus 6 Gattungen, z. B. 7; ***Dasiops*** Rondani, 5; ***Earomyia*** Zetterstedt, 29; ***Lonchaea*** Fallén. Imagines dunkel, schwarz oder blau ± glänzend, finden sich vorzugsweise im Wald. Larven sapro- u. phytophag, unter Rinde; z. T. Gallbildner.

— Kopf im Profil nicht halbkugelig. Augen von der Seite gesehen ± rund. Stirn der ♂♂ nicht verschmälert **26**

26. 1A erreicht den Htrand des Flügels. R_1 oberseits mit Dörnchen. Zelle Cu distal von der Cu bauchig begrenzt. Ocellendreieck reicht fast bis zum Vdrand der Stirn. 8–9 mm (s. auch Nr. **5**)
Neottiophilinae (zu **Piophilidae**)
Neottiophilum praestrum (Meigen). Larven ektoparasitisch (Blutsauger) an nestjungen Vögeln, selten.

— 1A endet vor dem Htrand des Flügels. R_1 oberseits nackt **27**

27. Kopf im Profil wie [**99**]. Stirn oberhalb der Fühler nackt. Schildchen normal groß. 2–5 mm
Käsefliegen, **Piophilidae (Piophilinae)**
Meist metallisch blau oder schwarz. Im Gebiet 12 Arten aus mehreren Gattungen. 3; ***Allopiophila*** Hendel, ***Piophila casei*** (L.) ist ein Kosmopolit. Larven in verschiedenen organischen Stoffen, in toten Tieren, sapro- u. koprophag, mit Sprungvermögen.

— Kopf im Profil wie [**100**]. Stirn oberhalb der Fühler mit einer Anzahl nach vorn gerichteter Borsten. Schildchen, besonders beim ♂, auffallend verlängert [Scl: **66**] (s. auch Nr. **45**)
weitere **Piophilinae** (= **Thyreophorinae**)
Nur ***Thyreophora cynophila*** (Panzer) u. ***Centrophlebomyia furcata*** (F.), Habitus ähnlich Scatophagiden. 2–8 mm; stahlblau, schwarz oder blau. Larven an größeren toten Säugetieren (z. B. Pferd, Hund). Seit langem in D nicht mehr nachgewiesen.

28. Sc im ganzen Verlauf so kräftig wie R_1, Sc u. R_1 zur C hin deutlich divergent, R_1 mündet nahe der Flügelmitte [**101a**]. Habitus [**101b**] .... Scheufliegen, **Heleomyzidae**

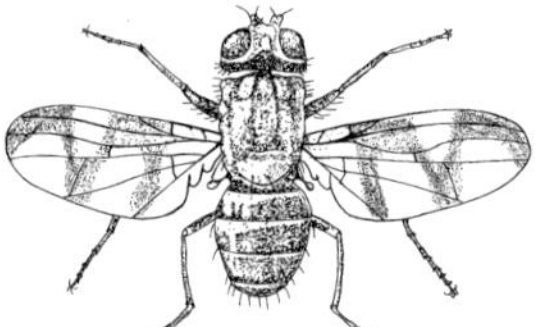
95

96

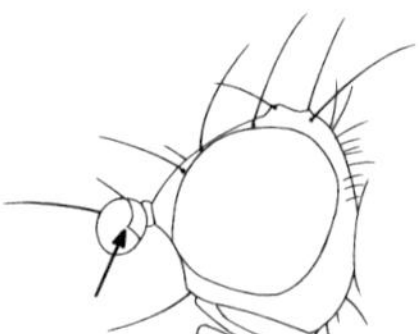
97

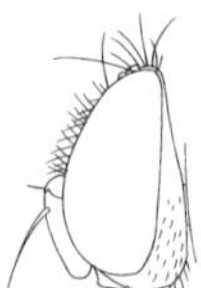
98

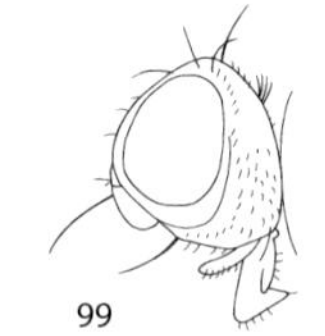
99

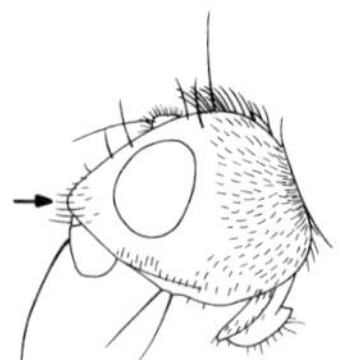
100

95 Tephritidae (*Urophora*); **96** Pallopteridae (*Palloptera*)

Im Gebiet ca. 70 Arten

a) 1A endet vor dem Htrand des Flügels: **Suilliinae**, z. B. 25; ***Suillia*** ROBINEAU-DESVOIDY, Larven in Pilzen; ***S. similis*** (MEIGEN) in Trüffeln.

b) 1A erreicht Htrand des Flügels. Mitteltibia mit zwei Apikalborsten: **Heleomyzinae**, z. B. 4; ***Heleomyza*** FALLÉN. Larven in verfaulender pflanzlicher u. tierischer Substanz; ***H. serrata*** (L.) in Hühnerkot; ***H. captiosa*** (GORODKOV) häufig in Höhlen.

c) 1A erreicht Hinterrand des Flügels. Mitteltibia mit einer Apikalborste: **Heteromyzinae**, z. B. 4; ***Heteromyza*** FALLÉN. Larven in Kot; ***H. atricornis*** MEIGEN häufig in Höhlen, meist parthenogenetisch.

— Sc nicht so kräftig wie R_1, beide laufen fast parallel **29**

29. Taster normal lang, nur wenig kürzer als der Rüssel. Tibien mit dorsalen präapikalen Dornborsten. 1,5–3 mm .... **Trixoscelididae**

Nur 4; ***Trixoscelis*** RONDANI. Imagines an sandigen See- u. Meeresufern, auf Heiden mit Gras u. niedriger Vegetation; häufig ***T. frontalis*** (FALLÉN) (1,5 mm).

— Taster klein, viel kürzer als der Rüssel. Tibien ohne dorsale präapikale Dornborsten. Unter 1 bis 4 mm .... **Chyromyidae**

Nur 2; ***Aphaniosoma*** BECKER u. 3; ***Chyromya*** ROBINEAU-DESVOIDY. Imagines an Fenstern in Wohnungen.

30. Zellen M u. Cu, Adern Cu u. 1A fehlen [**102a**]. Sc nur basal als Falte angedeutet. 1–8 mm. Habitus [**102b**] .... Halmfliegen, **Chloropidae** S. 494

— Zelle Cu u. Ader 1A vorhanden [**103**]. Flügeladern R_{4+5} u. M_{1+2} ± parallel zum Flügelrand .. **31**

— Zelle Cu sehr klein oder fehlend, Ader A1 kurz, Flügeladern R_{4+5} u. M_{1+2} verlaufen zum Flügelrand hin konvergent .... **Periscelididae**

Stenomicrinae: 2; ***Stenomicra*** COQUILLETT.

31. Vibrissen deutlich [vi: **56**] **32**

— Vibrissen fehlen; wenn Borsten am Mundrand vi vortäuschen, dann nur 1 Paar hintere Orbitalborsten (ors). Alle ors immer nach vorn gebogen [Borsten: **104**] **33**

32. Vordere Orbitalborsten (ori) konvergent, Postvertikalborsten (pvt) divergent [ori, pvt: **104**]. Bis 5 mm. Habitus [**105**] .... Minierfliegen, **Agromyzidae**

Larven aller Arten phytophag; sie minieren in Blättern, Stängeln u. Samen. Im Gebiet ca. 550 Arten beschrieben, viele weitere unbeschriebene Arten. Es ist leichter, die Fliegen nach der Minenart u. der Wirtspflanze als die Imago selbst zu bestimmen. Imagines 1–5 mm. An Getreide kommen Arten folgender Gattungen vor: > 50; ***Agromyza*** FALLÉN, > 50; ***Cerodontha*** RONDANI, > 70; ***Liriomyza*** MIK, 13; ***Napomyza*** WESTWOOD, > 180; ***Phytomyza*** FALLÉN.

— ori fehlen, pvt konvergieren oder fehlen. 1–3 mm .... **Anthomyzidae**

In der Vegetation nahe von Gewässern. Larven in verschiedenen Pflanzen (Schilf, Binsen, Taubnesseln u. a.). Im Gebiet 14 Arten. 2; ***Anagnota*** BECKER (Flügel normal; 2. Fühlergl übergreift das 1. kappenförmig). 8; ***Anthomyza*** FALLÉN (Flügel normal; 2. Fühlergl übergreift nicht das 1.). 2; ***Stiphrosoma*** CZERNY (Geäder unvollständig, Flügel oft stark reduziert; gedrungener Körperbau).

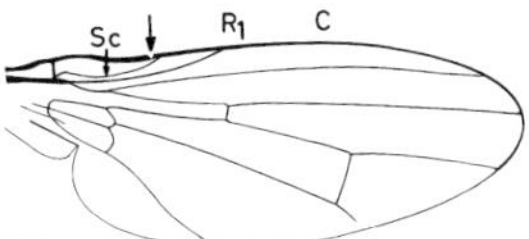

101a

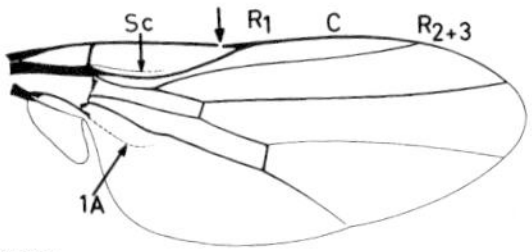

102a

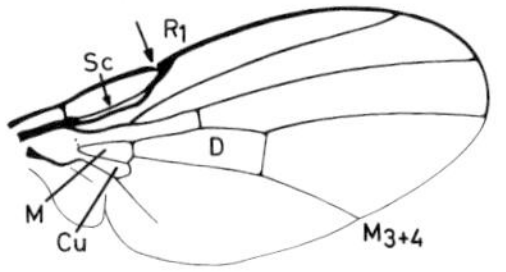

103

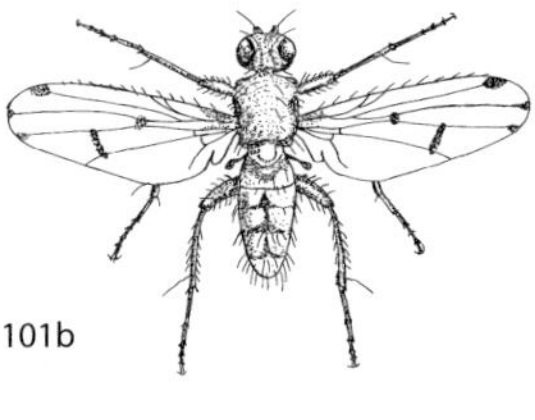

101b

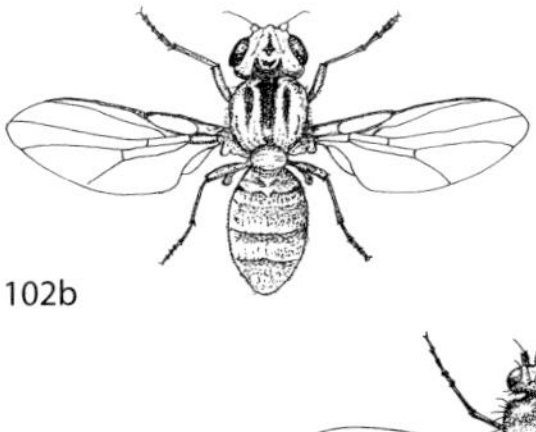

102b

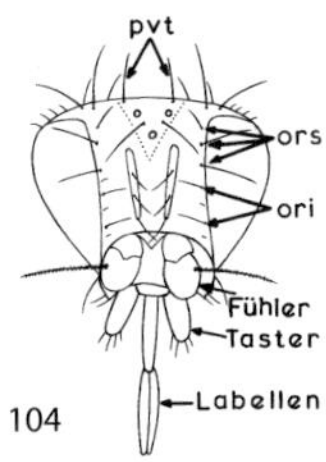

104

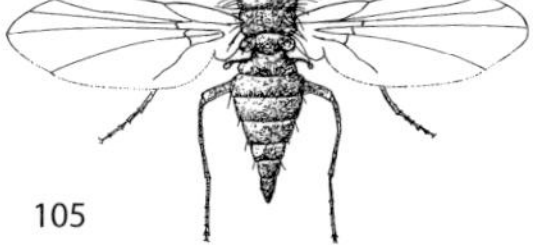

105

101b Heleomyzidae (*Suillia*); **102b** Chloropidae (*Chlorops*); **105** Agromyzidae (*Chromatomyia*)

33. Flügel an der Basis mit einer Querfalte (eine aufgehellte Linie, die von der Costalunterbrechung durch einen Teil der Flügelbasis geht [**106b**]). 3. Fühlergl oft sehr lang, sogar länger als die Fühlerborste. Sternopleuralborsten fehlen [St: **66a**]. 3–15 mm. Habitus [**106a**]
Nacktfliegen, **Psilidae** s. l. S. 494

— Flügel ohne solche Querfalte. St vorhanden **34**

34. C endet in der Nähe der Mündung von R_{4+5}, erreicht nie M_{1+2}. Bis 5 mm
Minierfliegen, **Agromyzidae** s. Nr. **32**

— C endet bei M_{1+2}. Habitus [**107**] .... **Opomyzidae**

Larven minieren in Getreide u. Wildgräsern, gelegentlich schädlich. Nur 10; ***Geomyza*** Fallén u. 5; ***Opomyza*** Fallén.

35. Metatarsus der Htbeine kurz, meist nicht länger als jedes der übrigen Tarsengl, ± stark angeschwollen [**108**]. 1–4 mm. Fliegen schwarz oder braun .... Dungfliegen, **Sphaeroceridae**

Im Gebiet ca. 140 Arten, z. T. ungeflügelt. Geflügelte Gattungen z. B. 5; ***Copromyza*** Fallén, 17; ***Leptocera*** Oliver, 18; ***Spelobia*** Spuler, 2; ***Sphaerocera*** Latreille. Ungeflügelte Arten: ***Crumomyia pedestris*** (Meigen) u. ***Aptilotus paradoxus*** Mik. Larven u. Imagines an Exkrementen, faulenden organischen Stoffen, Vogelnestern, Pilzen u. Saftfluss von Bäumen.

— Metatarsus der Htbeine nicht geschwollen u. verdickt, oft länger als jedes der übrigen Tarsengl **36**

36. 3. Fühlergl auffallend groß, hängend, erreicht den Unterrand des Kopfes; Fühlerborste fehlt vollständig [**109**]. Augen verhältnismäßig groß. Thorax u. Abdomen glänzend blauschwarz. 1–2 mm .... **Cryptochetidae**

Nur ***Cryptochetum buccatum*** Hendel. Larven parasitieren in Schildläusen.

— 3. Fühlergl nicht derartig groß u. mit Fühlerborste **37**

37. Untere Orbitalborste [ori: **104**] einwärts gebogen **38**

— Einwärts gebogene untere Orbitalborsten (ori) fehlen **40**

38. Costa (C) nur einmal vor der Mündung von R_1 unterbrochen [**110**]. Zellen M u. Cu sowie Analader (1A) deutlich **39**

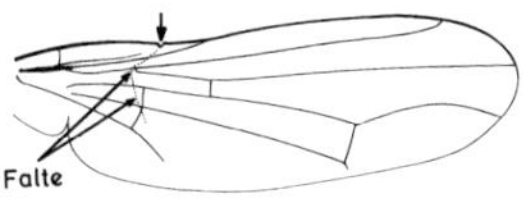

106b

106a

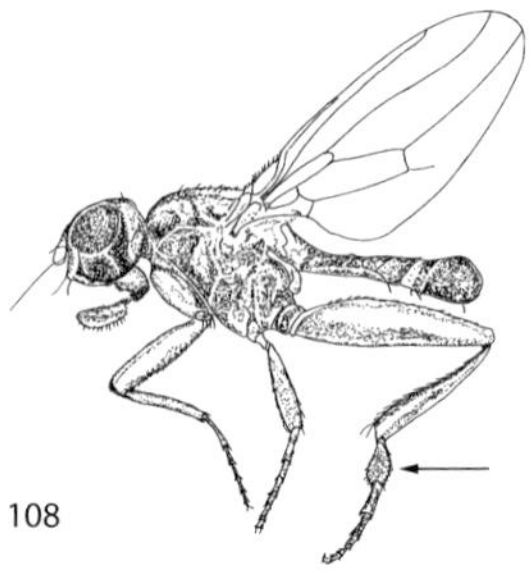
108

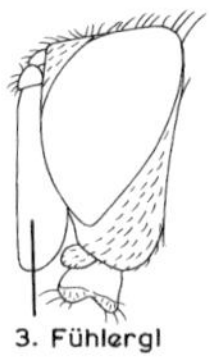

109

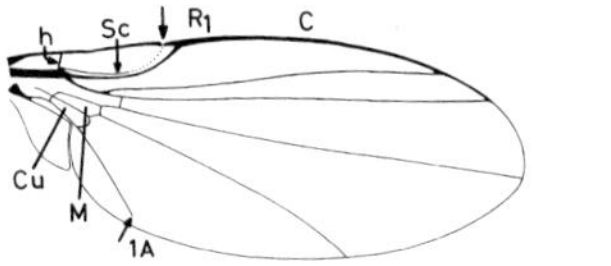

110

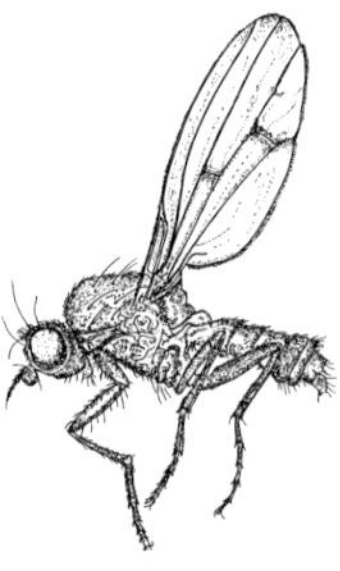
107

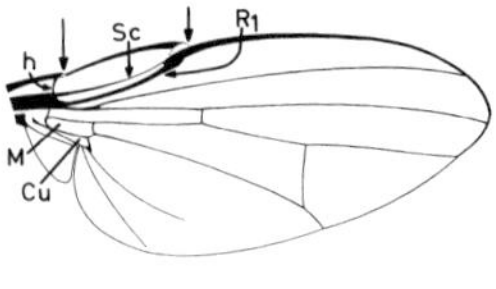

111

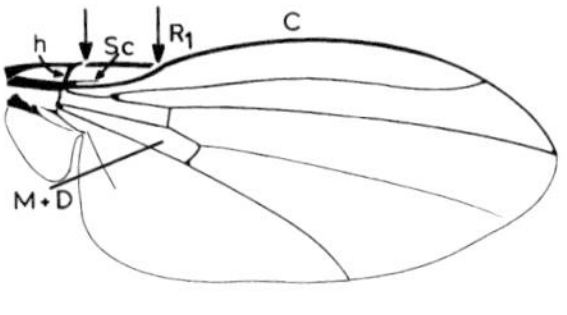

112

106a Psilidae (*Psila*); **107** Opomyzidae (*Opomyza*); **108** Sphaeroceridae (*Sphaerocera*)

— C 2-mal unterbrochen, hinter h u. dicht vor R_1 [**111, 112**]. Zellen M u. Cu u. Ader 1A häufig reduziert. 1–5 mm .... Gefiederfliegen, **Carnidae** u. Nistfliegen, **Milichiidae**

a) Me [**66a**] mit nach dorsolateral weisender Borste: **Carnidae.** Imagines an Exkrementen, z. T. auf Blüten. Im Gebiet 11 Arten, ***Carnus hemapterus*** NITZSCH, Ektoparasit an Jungvögeln, Larven saprophag in Vogelnestern. 10; ***Meoneura*** RONDANI, auf Fäkalien, Kompost u. in Vogelnestern.

b) Me ohne Borste: **Milichiidae.** Imagines an Exkrementen, verfaulenden pflanzlichen Stoffen usw. Larven saprophag, z. T. myrmecophil oder in Vogelnestern. Im Gebiet 13 Arten aus 6 Gattungen, z. B. 3; ***Desmometopa*** LOEW u. 5; ***Phyllomyza*** FALLÉN.

39. Hintere Orbitalborsten [ors: **104**] vor oder auf der Mitte der Stirn. 1 Paar untere Orbitalborsten (ori) fast auf der Höhe Oberkante der Fühlerbasis. Tibien mit dorsalen Präapikalborsten oder Tibien der Mtbeine mit einem Kranz Endborsten. Abdomen mit 5 sichtbaren prägenitalen Segmenten. Ovipositor einziehbar. Thorakalschüppchen überragt Flügelschüppchen. 2–4 mm. Habitus [**113**] .... **Odiniidae**

Imagines am Saftfluss von Bäumen, an Baumpilzen u. vermoderndem Holz. Nur ***Neoalticomerus formosus*** (LOEW) u. 8; ***Odinia*** ROBINEAU-DESVOIDY.

— ors auf oder hinter der Mitte der Stirn. Eine bis mehrere ori deutlich höher als die Fühlerbasis. Abdomen mit 6 sichtbaren prägenitalen Segmenten. Basalteil des Ovipositors nicht einziehbar. Tibien ohne präapikale Borsten .... Minierfliegen, **Agromyzidae** s. Nr. **32**

40. Zellen M u. Cu u. Analader (1A) fehlen **41**

— Cu u. 1A vorhanden **44**

41. Sc reduziert, höchstens an der Basis ganz schwach ausgebildet **42**

— Sc wenigstens basal deutlich ausgebildet **43**

42. Ocellendreieck auffallend groß. Costa (C) nur vor R_1 unterbrochen. Meist unbeborstete Fliegen. Kopfborsten fehlen oder nur als feine Haare ausgebildet. Habitus [**102b**]
Halmfliegen, **Chloropidae** S. 494

— Ocellendreieck normal. Kopf mit Borsten. C hinter h u. vor R_1 2-mal unterbrochen. Fühlerborste oberseits lang, unterseits sehr kurz behaart. 1,5–2,5 mm .... **Camillidae**

Nur 4; ***Camilla*** HALIDAY, Imagines an schattigen Orten u. auf Wiesen im Gras.

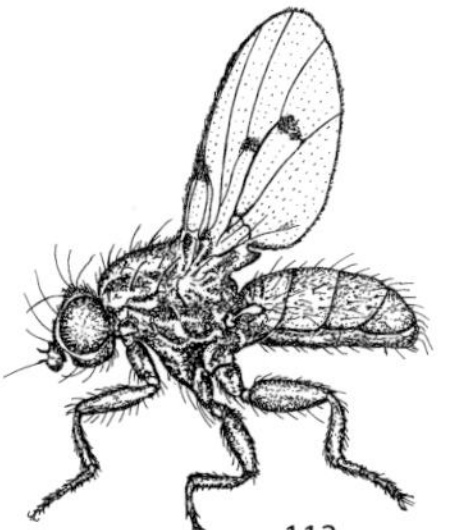
113

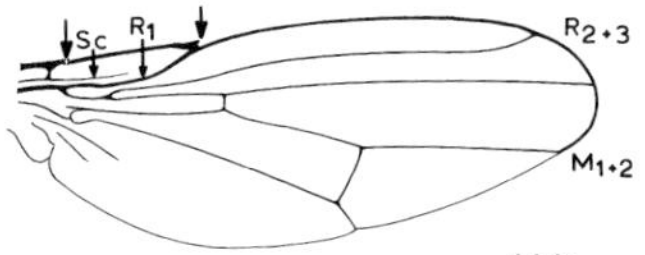

114a

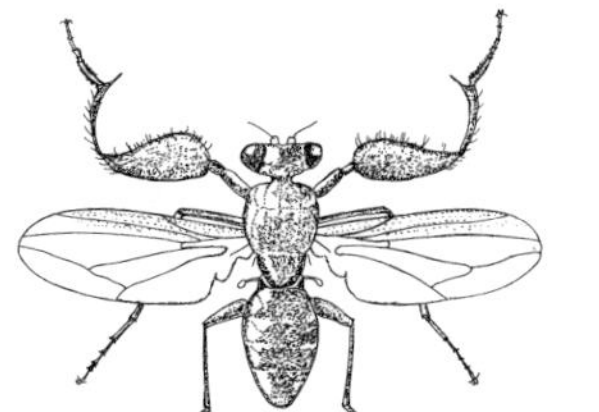
114b

115

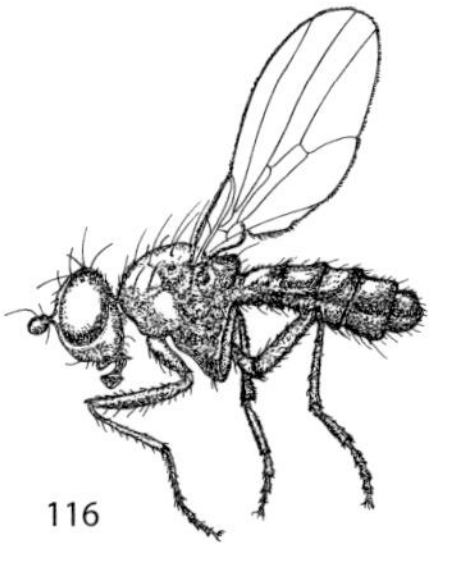
116

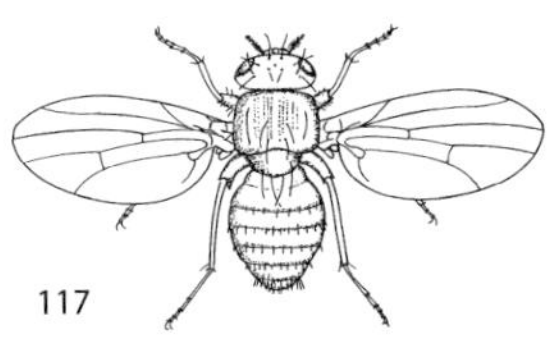
117

118

113 Odiniidae (*Odinia*); **114b** Ephydridae (*Ochthera*); **116** Canacidae (*Pelomyiella*); **117** Drosophilidae (*Drosophila*); **118** Diastatidae (*Diastata*)

43. C nur einmal vor R_1 unterbrochen. Untere Orbitalborsten (ori) fehlen. Obere Orbitalborsten (ors) rückwärts gebogen [**104**] . . . . **Pseudopomyzidae**
Nur ***Pseudopomyza atrimana*** (Meigen) (Körper glänzend schwarz, z. T. bläulich; Taster, Rüssel, Fühler u. Beine gelblich), selten. (Ist die Unterbrechung der C sehr undeutlich; konvergieren R_{4+5} u. M_{1+2} zur Flügelspitze hin, dann **Asteiidae** Nr. **3**)

— C 2-mal, hinter h u. vor R_1 unterbrochen [**114a**]. 1–5 mm. [**114b**] . . . . **Ephydridae**
Im Gebiet ca. 180 Arten aus mehreren Gattungen, z. B. 5; ***Ephydra*** Fallén, 30; ***Hydrellia*** Robineau-Desvoidy, 10; ***Notiphila*** Fallén, ***Ochthera mantis*** (De Geer) [**114b**]. Fliegen oft in großer Zahl auf oder an kleinen Gewässern, schlammigen Stellen usw.; Algenfresser, z. T. räuberisch. Larven aquatisch oder semiaquatisch, Filtrierer, einige räuberisch, andere an faulenden Pflanzen u. Exkrementen oder Pflanzenminierer, z. B. Gerstenminierfliege, ***Hydrellia griseola*** (Fallén), ein Getreideschädling.

44. Costa (C) 2-mal, hinter h u. vor R_1 unterbrochen [**111, 112**] **45**

— C einmal nur vor der Mündung von R_1 unterbrochen. Hinter h ist höchstens eine Aderverdünnung **46**

45. Sc bis zur Mündung in die C als Ader deutlich entwickelt. pvt Borsten [**104**] divergent. Schildchen, besonders bei ♂♂, deutlich verlängert . . . . **Thyreophorinae** s. Nr. **27**

— Sc endet schon weiter basal, sie mündet höchstens als Falte in die C. Schildchen nicht verlängert. Analader (1A) deutlich, erreicht aber nie den Htrand des Flügels. Zelle M nicht ganz geschlossen. Fühler in tiefen Gruben, von der Seite kaum sichtbar. Fühlerborste entspringt scheinbar an der Spitze des 3. Fühlergl. 4 mm. ***Selachops flavocinctus*** Wahlberg
Minierfliegen, **Agromyzidae**, s. Nr. **32**

46. Postvertikalborsten [pvt: **104**], wenn vorhanden, divergent. Sternopleuralborsten [St: **66a**] fehlen. Fühler an der Basis weit voneinander getrennt, 3. Gl kugelig. Prälabrum groß [Prl: **115**]. 2–2,5 mm . . . . **Canacidae**
Nur ***Canace nasica*** (Haliday) (Mundrand steigt nicht zu den Fühlern auf) u. ***Xanthocanace ranula*** (Loew) (Mundrand steigt zu den Fühlern auf). Imagines auf der Oberfläche von Salzwassertümpeln, wo sie mit ihrem Rüssel Kleinlebewesen abweiden.

— pvt konvergent bis gekreuzt. 1–3 Sternopleuralborsten vorhanden **47**

47. ors [**104**] seitlich nach außen gebogen, nie nach vorn gerichtet. Dorsozentralborsten [dc: **66c**] auf dem Mesonotum reichen bis an die Dorsalquernaht. 1,5–5mm. Habitus [**116**]
weitere **Canacidae**
2; ***Pelomyiella*** Hendel u. 8; ***Tethina*** Haliday. Am Meeresstrand u. an salzhaltigen Stellen des Binnenlands.

— Vorderste ors immer nach vorn in Richtung der Fühler gebogen. Mesonotum nur hinten vor dem Schildchen mit dc **48**

48. Sc schon weit vor der Mündung in die C mit R_1 verschmolzen. 1A nicht bis zum Htrand des Flügels. 2–3 Paar hintere Orbitalborsten (ors), die vorderen nach vorn gebogen, weiter vom Augenrand entfernt als die übrigen. 1–5 mm. Habitus [**117**] . . . . Taufliegen, **Drosophilidae**
Larven entwickeln sich in faulenden u. gärenden Früchten, Pilzen u. a. pflanzlichen Stoffen; einige minieren in Blättern. Im Gebiet ca. 60 Arten aus mehreren Gattungen, z. B. 33; Großgattung ***Drosophila*** Fallén, 4; ***Scaptomyza*** Hardy, 5; ***Stegana*** Meigen. Einige Arten mit reduzierten Flügeln. – In jüngerer Zeit eingeschleppt ***Drosophila suzukii*** (Matsumura), Kirschessigfliege, schädlich an reifendem Obst, v. a. Kirschen, aber auch Weintrauben.

— Sc völlig entwickelt oder verschmilzt erst kurz vor der Mündung in die C mit R_1. Habitus [**118**]
Diastatidae u. **Campichoetidae**
a) Vordere ors lang, mittlere ors nach vorn gerichtet. 2–3 mm: **Diastatidae**. Vorzugsweise auf Wiesen. Nur 6; ***Diastata*** Meigen.
b) Vordere ors kurz, mittlere ors nach hinten gerichtet. 3–5 mm: **Campichoetidae**. In feuchten Wäldern. Nur 3; ***Campichoeta*** Macquart.

Flügellose und stummelflügelige Dipteren

1. Fühler mit 6 oder mehr Gliedern. Taster mehrgliedrig **2**

— Fühler mit höchstens 3 Gliedern. Taster eingliedrig **7**

2. 1. u. 2. Fühlergl normal, die übrigen 4 viel schmäler, stark verkürzt u. lang behaart. Abdomen viel breiter als der Thorax, dieser mit V-förmiger Quernaht [**13a**]. ♀♀ mit stark sklerotisiertem Ovipositor . . . . **Limoniidae** S. 478
Z. B. ***Chionea araneoides*** Dalman (ca. 5 mm). Imagines im Winter auf Schnee oder hochalpin auf Gletschern.

— Fühler anders. Auf dem Thorax keine V-förmige Quernaht. Ovipositor nicht sklerotisiert . . **3**

3. Augen berühren sich über den Fühlern (Augenbrücke) [**24a**] **4**

— Augen über den Fühlern breit getrennt **5**

4. Schildchen u. Halteren vorhanden. Augen dicht behaart. Beine kräftig. [**119**]. (s. Nr. **13**, S. 458)
Dungmücken, **Scatopsidae**

Nur 6; ***Thripomorpha*** Enderlein (2 mm), an sumpfigen Stellen.

— Schildchen u. Halteren fehlen. Augen nackt. Habitus [**120**] (s. Nr. **16**, S. 458)
Trauermücken, **Sciaridae**

♀♀ von 12; ***Epidapus*** Haliday. Larven in vermoderndem Holz.

5. Tiere 5–6 mm lang (s. Nr. **15**, S. 458) .... Haarmücken, **Bibionidae**

♂♂ von ***Penthetria funebris*** Meigen.

— Tiere unter 3 mm **6**

6. Ocellen vorhanden .... Gallmücken, **Cecidomyiidae** S. 480

Wasmanniella clauda Pritchert.

— Ocellen fehlen. Mesothorax groß u. bucklig, bildet eine Haube über Basis des Kopfes. Winzige, ca. 1,5 mm große Mücken. (s. Nr. **23**, S. 460) .... Zuckmücken, **Chironomidae**

♀♀ von ***Clunio marinus*** Haliday, im Watt u. am Meeresstrand [**121**].

7. Die Hüften jedes Beinpaars weit voneinander durch Sternite getrennt. Abdomen meist undeutlich segmentiert **8**

— Die Hüften jedes Beinpaars berühren sich auf der Innenseite. Abdomen ± deutlich segmentiert **10**

8. Schildchen am Htrand des Thorax fehlt. Thorakalsegmente denen des Abdomens ähnlich. Abdomen deutlich segmentiert. Facettenaugen klein, Ocellen fehlen. [**122**]
Bienenläuse, **Braulidae**

Nur ***Braula coeca*** Nitzsch (1–1,5 mm), kommensalenartige Ektoparasiten auf der Honigbiene. Larven minieren in Bienenwaben.

— Schildchen vorhanden. Thorax u. Abdomen durch tiefen Einschnitt deutlich getrennt. Abdomen undeutlich segmentiert **9**

9. Kopf klein, in Ruhelage in eine Grube auf den Thorax zurückgelegt. Lange Beine, dadurch spinnenartiger Habitus [**124**] .... Fledermausfliegen, **Nycteribiidae**

Imagines flügellos, ektoparasitisch an Fledermäusen. Kopf auf den Thorax zurückgelegt. Beine lang, spinnenartig. Larvalentwicklung im Abdomen der weiblichen Fliege, wo sie durch Drüsen ernährt werden. 2–5 mm. Nur ***Basilia nana*** Theodor et Moscona, 4; ***Nycteribia*** Latreille, 2; ***Penicillidia*** Kolenati u. ***Phthiridium biarticulatum*** Hermann.

— Kopf groß, in Ruhelage nicht auf den Thorax zurückgelegt [**123**]
Lausfliegen, **Hippoboscidae** S. 495

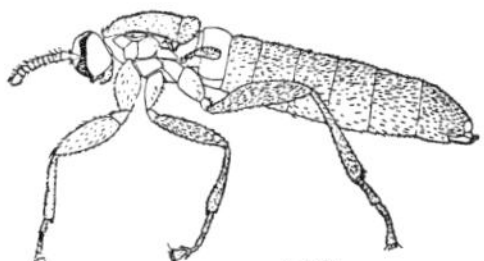
119

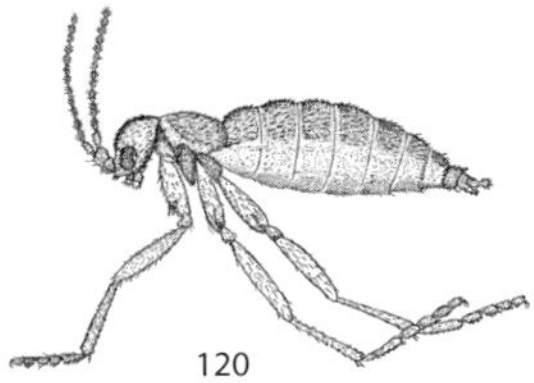
120

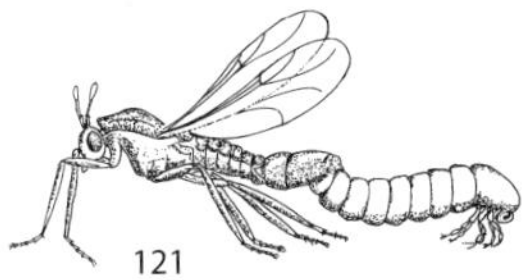
121

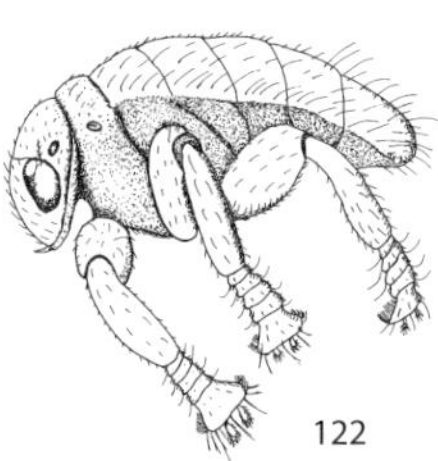
122

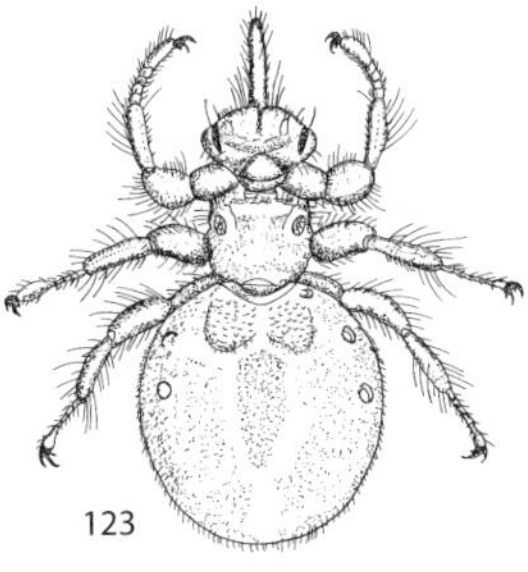
123

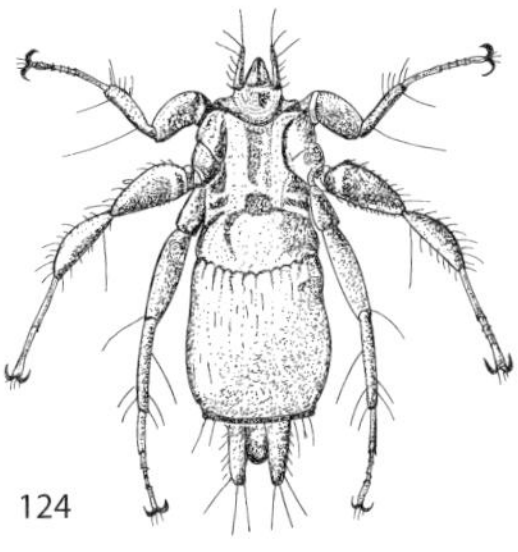
124

119 Scatopsidae (*Thripomorpha*); **120** Sciaridae (*Epidaphus*); **121** Chironomidae (*Clunio*); **122** Braulidae (*Braula*); **123** Hippoboscidae (*Melophagus*); **124** Nycteribiidae (*Nycteribia*)

10. Schenkel der Htbeine breit, seitlich deutlich abgeflacht. Fühler scheinbar 1-gliedrig, etwas in Gruben eingesenkt. Körper kurz, breit, abgeflacht. Thorakal- u. Abdominalsegmente von ähnlicher Form. Asselähnlicher Habitus. 3 mm .... Buckelfliegen, **Phoridae** S. 486
♀♀ von 2; ***Aenigmatias*** MEINERT, parasitieren bei Ameisen.
— Htschenkel nicht seitlich abgeflacht. Fühler deutlich 2–3-gliedrig **11**
11. Stirn ohne Bogennaht. 3. Fühlergl mit Endborste. Ca 1 mm .... **Hybotidae** S. 484
6; ***Chersodromia*** HALIDAY, Fliegen am Meeresstrand.
— Stirn mit Bogennaht [**56**]. 3. Fühlergl mit Rückenborste. Eine Reihe schwer bestimmbarer Arten der **Acalyptratae** folgender Familien: **Heleomyzidae, Sphaeroceridae, Milichiidae, Drosophilidae, Chloropidae, Anthomyzidae** s. S. 468.

Familie: **Tipulidae** s. l., Schnaken (incl. **Cylindrotomidae, Limoniidae, Pediciidae**)

Kleine bis sehr große Mücken (bis ca. 30 mm) mit langen Beinen. ♂♂ mit verdicktem Abdomenende (Kopulationsorgan); ♀♀ mit kurzem Legebohrer. Saugen kein Blut, sondern sind Blütenbesucher. Flug verhältnismäßig schwerfällig. Larven aquatisch oder terrestrisch in feuchtem Laub, in Erde, unter Moos u. in morschem Holz. Bei Massenauftreten der Larven einiger Arten (Wiesenschnaken) in Kulturböden (Grünland u. Felder) kommt es durch Benagen der Wurzeln zu Schädigung der Pflanzen. **Tipulidae** (ca. 120) u. **Limoniidae** (ca. 280) artenreich.

1. Augen zwischen Ommatidien mit kurzen Härchen .... **Pediciidae**
20; ***Dicranota*** ZETTERSTEDT, 6; ***Pedicia*** LATREILLE, ***P. rivosa*** (L.) mit ca. 30 mm größte Art, die übrigen viel kleiner. 7; ***Tricyphona*** ZETTERSTEDT, 4; ***Ula*** HALIDAY. Larven z. T. räuberisch, in Wassernähe.
— Augen unbehaart **2**
2. Subcosta (Sc) mündet in R_1 [**1**]. Taster lang, fast so lang wie die Fühler [**2**]. Meist große Arten **Tipulidae** **3**
— Sc mündet in die Costa (C). Taster kurz **7**
3. Flügel ohne Diskalzelle (D) .... 2; ***Dolichopeza*** CURTIS
— D vorhanden [**1**] **4**
4. Fühler mit wirtelig angeordneten Haaren **5**
— Fühler ohne wirtelig angeordneten Haare, ab Glied 3 oder 4 mit Anhängen **6**
5. Sc mündet weit hinter dem Gabelpunkt von R_1 u. Rs. Fühler immer 13-gliedrig. Habitus wie [**13b**] .... 86; ***Tipula*** L.
— Sc mündet direkt hinter dem Gabelpunkt von R_1 u. Rs. ♂♂ mit 19, ♀♀ mit 15 Fühlergliedern 19; ***Nephrotoma*** MEIGEN
6. 3. Fühlergl ohne Anhänge oder Höcker .... 7; ***Ctenophora*** MEIGEN
— 3. Fühlergl mit Anhängen oder Höcker ***Dictenidia bimaculata*** (L.), 4; ***Prionocera*** LOEW, 2; ***Tanyptera*** LATREILLE
7. Rs in R_{2+3} u. R_{4+5} gegabelt (Rs 2-ästig). Tibien mit Spornen .... **Cylindrotomidae**
a) Brust mit 3 schwarzen Streifen: ***Cylindrotoma distinctissima*** (MEIGEN) (Brust matt). ***Diogma glabrata*** (MEIGEN) (Brust glänzend).
b) Brust ohne schwarze Streifen: ***Phalacrocera replicata*** (L.) (Brust ohne Punktgruben). ***Triogma trisulcata*** (SCHUMMEL) (Brust mit Punktgruben).
— Rs in R_{2+3}, R_4 u. R_5 gegabelt (Rs 3-ästig), wenn anders, dann Tibien ohne Sporne ... **Limoniidae**
Zahlreiche Gattungen mit ca. 280 Arten, z. B. 35; ***Molophilus*** CURTIS, 37; ***Dicranomyia*** STEPHENS, 17; ***Limonia*** MEIGEN.

Familie: **Culicidae**, Stechmücken

Diese Mücken werden in Süddeutschland u. im Rheinland auch „Schnaken" genannt. ♀♀ sind Blutsauger, ♂♂ Blütenbesucher. Larven aquatisch, entwickeln sich in Seen, Tümpeln, Wassergräben, Regentonnen usw. Im Gebiet ca. 50 Arten.

1. Scutellum (Schildchen) am Htrand gleichmäßig gerundet, mit einer unterbrochenen Reihe von Borsten. Taster der ♂♂ u. ♀♀ so lang wie oder länger als der Rüssel; Taster der ♂♂ mit verdickten Endgl .... **Anophelinae**

Körperhaltung gestreckt, an Wänden Abdomen schräg abstehend von der Unterlage, an Decken senkrecht hängend [**18a**]. Nur Fiebermücke, 6; ***Anopheles*** Meigen.

— Scutellum 3-lappig, mit drei getrennten Gruppen von Borsten am Htrand. Taster der ♂♂ so lang wie oder länger als der Rüssel, Endgl nicht verdickt; Taster der ♀♀ sehr viel kürzer als der Rüssel .... **Culicinae 2**

Körperhaltung: Abdomen ± parallel oder schwach zur Unterlage hin geneigt [**18b**].

2. Groß (bis 13 mm), auffallend schwarz-weiß gemustert. Neozoen

Körper schwarz: ***Aedes*** (= ***Stegomyia***) ***albopictus*** (Skuse), Asiatische Tigermücke. Körper dunkelbraun: ***Aedes*** (= ***Hulecoeteomyia***) ***japonicus*** (Theobald), Asiatische Buschmücke, Flügel ohne Schuppenflecken; ***Culiseta longiareolata*** (Macquart), Große Hausmücke, Flügel mit drei Schuppenflecken.

— Anders. Abdomen der ♀♀ endet spitz, Cerci der ♀♀ lang. Hinter dem vorderen Thorakalstigma [S_1: **66a**] stehen einige Borsten. Krallen der Vd- u. Mtbeine gezähnt .... 25; ***Aedes*** Meigen

— Anders. Abdomen der ♀♀ endet stumpf, Cerci der ♀♀ sehr kurz. Borsten vor Thorakalstigma oder ohne Borsten **3**

3. 1A in Flügel der ♀♀ endet im Flügelrand auf der Höhe der Verzweigung des Stamms von R_{2+3} u. R_{3+4}. Kleine dunkel gefärbte Mücken .... ***Uranotaenia unguiculata*** Edwards

— 1A in Flügel der ♀♀ endet im Flügelrand hinter der Verzweigung des Stamms von R_{2+3} u. R_{3+4} **4**

4. Vor dem vorderen Thorakalstigma [S_1: **66a**] stehen einige Borsten. Meist große dunkle Mücken 7; ***Culiseta*** Felt

— Weder vor noch hinter dem vorderen Thorakalstigma Borsten. Metatarsus der Vdbeine kürzer als die übrigen Tarsengl zusammen, Tarsen zwischen den Krallen mit breiten Haftlappen (Pulvillen). Mittelgroße, meist braun gefärbte Mücken .... 7; ***Culex*** L.

Häufig ***C. pipiens*** L.

Familie: **Mycetophilidae** s. l., Pilzmücken (incl. **Bolitophilidae, Diadocidiidae, Ditomyiidae, Keroplatidae**)

Meist in schattigen u. feuchten Wäldern. Larven ernähren sich vorwiegend von Pilzen. Imagines z. T. winteraktiv. **Mycetophilidae** s. str. mit ca. 570 Arten.

1. Die Längsadern M u. Cu sind nicht durch Queradern m-cu miteinander verbunden **Mycetophilidae 2**

— M u. Cu durch m-cu miteinander verbunden [**14**] **3**

2. Sc ± lang, endet in C, R oder frei in der Flügelfläche. Die beiden vorderen Ocellen stehen deutlich vom Seitenrand der Facettenaugen entfernt **Gnoristinae, Leiinae, Mycomyinae** u. **Sciophilinae**

Mehrere artenreiche Gattungen, z. B. ca. 30; ***Boletina*** Staeger; ca. 60 ***Mycomya*** Rondani; ca. 20; ***Sciophila*** Meigen.

— Sc kurz, mündet in R oder frei in die Flügelfläche. Ocellen stehen am Rande der Facettenaugen **Mycetophilinae**

Mehrere Gattungen, z. B. > 20; ***Allodia*** Winnertz, > 30; ***Exechia*** Winnertz., > 80; ***Mycetophila*** Meigen.

3. Rs in R_{2+3} u. R_{4+5} gegabelt; R_{2+3} deutlich länger als ½ R_{4+5}. Sc ist kurz, mündet frei in der Flügelfläche .... **Ditomyiidae**

Nur 2; ***Ditomyia*** Winnertz u. 2; ***Symmerus*** Walker.

— Rs meist ungegabelt, sollten doch R_{2+3} u. R_{4+5} vorhanden sein, so ist R_{2+3} deutlich kürzer als ½ R_{4+5}. Sc ± lang, mündet in die C **4**

4. Querader m-cu steht weit vor der r-m. Die Media (M) ist auch an der Flügelbasis deutlich ausgebildet .... **Bolitophilidae**

Nur 22; ***Bolitophila*** Meigen.

— m-cu u. r-m stehen auf oder fast auf gleicher Höhe, fehlt r-m, so verschmelzen Rs u. M_{1+2} über eine kurze Strecke miteinander **5**

5. Querader r-m deutlich vorhanden .... **Diadocidiidae**

Nur 4; ***Diadocidia*** Ruthé.

— r-m fehlt, da Rs u. M_{1+2} auf kurzer Strecke miteinander verschmelzen .... **Keroplatidae**

Fühler so lang wie oder länger als der Körper: > 20; ***Macrocera*** Meigen. Fühler deutlich kürzer als der Körper: über 30 weitere Arten aus mehreren Gattungen, z. B. 2; ***Keroplatus*** Bosc, 8; ***Orfelia*** Costa.

Familie: **Cecidomyiidae**, Gallmücken

Imagines winzige, zarte Mücken (bis 5 mm). Meist mit langen Fühlern u. langen Beinen. Fühler oft perlschnurartig, jedes Gl mit charakteristischen Haarquirlen (starke Vergrößerung!). Flügel groß, häufig stark behaart, mit nur 3–5 Längsadern. Ovipositor bei vielen Arten sehr lang. Im Gebiet über 100 Gattungen mit ca. 830 Arten.

1. Ocellen meist vorhanden. M_{1+2} vorhanden. 5 Tarsalgl .... **Lestremiinae**
Z. B. > 30; ***Aprionus*** Kieffer, 2; ***Lestremia*** Macquart, > 30; ***Peromyia*** Kieffer. Larven u. a. in vermodernden Pflanzenteilen, v. a. Pilzfresser.
— Ocellen fehlen. M_{1+2} fehlt. 4–5 Tarsalgl 2
2. Rs basal anderen Flügeladern ähnlich .... **Porricondylinae**
Z. B. ***Miastor metraloas*** Meinert, diese mit Paedogenese. 17; ***Porricondyla*** Rondani. Larven u. a. in vermodernden Pflanzenteilen, v. a. Pilzfresser.
— Basalabschnitt von Rs fehlend oder schwach entwickelt .... **Cecidomyiinae**
Larven verursachen an Pflanzen Gallen, in denen sie sich entwickeln. Viele Larven sind wichtige Schädlinge in Land- u. Forstwirtschaft. Artenreiche Gattungen: > 90; ***Contarinia*** Rondani, > 140; ***Dasineura*** Rondani, > 20; ***Jaapiella*** Ruebsaamen, > 30; ***Rabdophaga*** Westwood. Z. B. ***Contarinia tritici*** (Kirby), Gelbe Weizengallmücke u. ***Sitodiplosis mosellana*** (Géhin), Orangefarbene Weizengallmücke, Larven beider in Blüten von Weizen u. anderen Gräsern. ***Contarinia nasturtii*** (Kiefer), Drehherzmücke, Fraß an Blättern des Kohls bewirkt Drehwuchs der Blätter. ***Dasineura napi*** (Loew), Kohlschotenmücke. ***Haplodiplosis marginata*** (Von Roser), Sattelmücke, blutrote Larven in sattelförmigen Gallen unter der Blattscheide oberhalb des letzten Knotens an Weizen u. Wildgräsern. ***Lasioptera rubi*** (Schrank), Brombeergallmücke, Gallen an den Trieben der Himbeere u. Brombeere. ***Mayetiola destructor*** (Say), Hessenmücke, an Weizen, Gerste, Roggen. ***Mikiola fagi*** (Hartig) bewirkt zugespitzte Beutelgallen an den Blättern der Rotbuche.

Familie: **Stratiomyidae**, Waffenfliegen

Kleine bis große Fliegen (3–20 mm), oft auffallend gezeichnet oder metallisch glänzend. Auf Blüten u. Blättern an Waldrändern, Seeufern, Wiesen speziell im Küstenbereich. Larven aquatisch oder terrestrisch, z. T. auch unter der Rinde abgestorbener Bäume. Im Gebiet ca. 70 Arten.

1. Schildchen am Htrand mit 4–8 Dornen. Abdomen mit 7 deutlichen Segmenten, das 7. zuweilen in das 6. hineingezogen u. viel kleiner als die vorhergehenden .... **Beridinae** 2
— Schildchen mit 2 oder ohne Dornen. Abdomen mit höchstens 6 sichtbaren Segmenten . 5
2. Abdomen in Aufsicht kreisrund. Mttibia mit 2 Endspornen. 8–11 mm. Im Gebirge verbreitet ***Exodontha dubia*** (Zetterstedt)
— Abdomen in Aufsicht ± parallelrandig. Tibien ohne Sporne 3
3. Augen nackt. Tergite des Abdomens gelb mit braunen Säumen. Schildchen mit 4 gelben Dornen. 5 mm .... ***Chorisops tibialis*** (Meigen)
— Augen behaart. Abdomen häufig einfarbig 4
4. Von der Diskalzelle (D) gehen 3 Adern (M_1, M_2, M_{3+4}) zum Htrand des Flügels [**40**]. Taster kaum erkennbar. Augen stoßen beim ♂ zusammen. 6 mm .... 7; ***Beris*** Latreille
— Von D gehen 4 Adern aus. Taster auffallend groß. Augen beim ♂ getrennt. 4–5 mm ***Actina chalybea*** Meigen
5. Schildchen ohne Dornen 6
— Schildchen mit 2 Dornen 10
6. 3 blasse Adern (M_1, M_2, M_{3+4}) gehen von der Zelle D zum Htrand des Flügels. Abdomen in Aufsicht rund. 3–3,5 mm. [**41**] .... **Pachygasterinae**
Z. B. 2; ***Pachygaster*** Meigen, Larven in Fraßgängen von Borkenkäfern.
— D hat 4 Äste (M_1, M_2, M_3 u. M_4), die zum Htrand des Flügels gehen. Dabei braucht M_4 nicht aus der D zu entspringen [**39**] 7
7. Es gehen 4 Adern von D zum Flügelrand .... **Nemotelinae** 13
— Es gehen nur 3 Mediaäste (M_1–M_3) von D aus, M_4 entspringt etwas unterhalb von D [**39**] **Sarginae** 8
8. Augen dicht behaart .... 2; ***Chloromyia*** Duncan
Häufig ***C. formosa*** (Scopoli), Larven im Boden, saprophag.
— Augen kaum behaart bis nackt 9

9. Höchstens 5 mm, erzgrün glänzend. Abdomen so lang wie der Thorax .... 3; ***Microchrysa*** Loew
Häufig ***M. polita*** (L.), Larven in Kuhdung.
— Meist weit über 6 mm. Abdomen deutlich länger als der Thorax. Habitus [**39**] ..... 5; ***Sargus*** F.
10. Von Zelle D gehen 4 Äste (M_1–M_4) aus .... **Clitellariinae 14**
— Von Zelle D gehen 3 Äste (M_1–M_3) aus, M_4 entspringt etwas unterhalb von D [**38**] **Stratiomyinae 11**
11. 1. Fühlergl mehr als 3-mal so lang wie das 2. Körperlänge über 11 mm 7; ***Stratiomys*** Geoffroy
— 1. Fühlergl höchstens 2-mal so lang wie das 2. Körper meist unter 9 mm **12**
12. Zelle R1 durch eine Ader quergeteilt .... 7; ***Odontomyia*** Meigen
— Zelle R1 ist nicht quergeteilt .... ***Oplodontha viridula*** (F.)
13. Gesicht weit vor die Augen gezogen. 4–6 mm .... 5; ***Nemotelus*** Geoffroy
— Gesicht unter den Fühlern nicht vorgezogen. 10–12 mm .... ***Lasiopa villosa*** (F.)
14. Thorax über Flügelbasis jederseits mit einem Dorn. Fühler mit Endgriffel. 10–12 mm ***Clitellaria ephippium*** (F.)
— Thorax ohne Dorn über Flügelbasis. Fühler mit Endborste. Abdomen auffallend gelb gezeichnet. 3–9 mm. Artenreich .... (zu **Stratiomyinae**) 16; ***Oxycera*** Meigen

Familie: **Tabanidae**, Bremsen

Die Augen der ♂♂ stoßen meist zusammen. Augen der ♀♀ stets breit getrennt. Augen oft, besonders im lebenden Zustand, mit auffallenden Binden u. Flecken. Ocellen können fehlen. Imagines im Sommer vorzugsweise auf Viehweiden, Landstraßen, breiten Waldwegen u. in Moorgebieten. Mundwerkzeuge stechend-saugend. ♀♀ sind Blutsauger an Mensch, Vieh u. Wild. Die Tabaniden sind z. T. sehr schnelle Flieger. Einige Arten gehören zu den größten Fliegen Deutschlands. ♀♀ von ***Pangonius*** sind wie ♂♂ der übrigen Tabaniden Blütenbesucher. Lebensweise der Larven aquatisch in stehenden u. fließenden Gewässern oder terrestrisch an feuchten Stellen; einige wohl räuberisch. Im Gebiet ca. 60 Arten.

1. Httibien mit 2 Endspornen **2**
— Httibien ohne Endsporne **4**
2. Flügel mit auffällig dunklen Binden oder dunkler Zeichnung, die fast ganzen Flügel einnehmen. 8–14 mm .... 8; ***Chrysops*** Meigen
— Flügel ohne dunkle Zeichnung **3**
3. 3. Fühlergl 5-ringelig. Rüssel von normaler Länge. 10–14 mm. Süddeutschland Blindfliege, ***Silvius alpinus*** (Scopoli)
— 3. Fühlergl 8-ringelig. Rüssel fast körperlang. 16–22 mm. Süddeutschland ***Pangonius micans*** Meigen
4. 3. Fühlergl schlank, zylindrisch, ohne Zahn an der Basis (z. B. [**10**]) **5**
— 3. Fühlergl mit deutlichem Höcker oder Zahn oder mit abgerundetem Vorsprung [**8**]. Habitus wie [**37**]. 10–30 mm .... 14; ***Tabanus*** L., 6; ***Atylotus*** Osten-Sacken u. 19; ***Hybomitra*** Enderlein
5. Flügel mit weißen Flecken u. Bändern. Endgriffel des Fühlers deutlich dünner als das 3. Gl, mit undeutlicher Segmentierung. 6–13 mm .... 7; ***Haematopota*** Meigen
Häufigste Art ***H. pluvialis*** (L.), Regenbremse.
— Flügel ohne jede Zeichnung. Endgriffel des Fühlers aus 3 fast gleichen Segmenten von gleicher Dicke wie das 3. Gl [**10**]; Fühler 6-gliedrig. 12–14 mm .... ***Heptatoma pellucens*** (F.)

Familien: **Rhagionidae**, Schnepfenfliegen u. **Athericidae**, Ibisfliegen

Kleine bis große Fliegen mit langen Beinen. Ihr Flug ist ziemlich träge. Die Imagines lauern häufig an Waldrändern an Baumstämmen u. Zaunpfählen; ernähren sich räuberisch von kleinen Insekten. Larven räuberisch; aquatisch oder terrestrisch. Im Gebiet etwa 40 Arten.

1. R_1 u. R_{2+3} münden getrennt in C, Zelle Cu nicht geschlossen [**36a**]. 3. Fühlergl oval, zwiebel- oder kegelförmig .... **Rhagionidae 2**
— R_1 u. R_{2+3} münden gemeinsam in C, Zelle Cu nahe dem Htrand des Flügels geschlossen [**36b**]. 3. Fühlergl nierenförmig. 7–8 mm .... **Athericidae 6**
2. Hintertibien mit 2 Spornen. 7–14 mm. Habitus wie [**36a**] .... 17; ***Rhagio*** F.
Häufig ***R. scolopaceus*** (L.), Larven räuberisch an Regenwürmern u. a.
— Hintertibien mit einem oder ohne Sporn **3**
3. 3. Fühlergl nierenförmig [**125a, b**]. 4–5 mm .... 3; ***Symphoromyia*** Frauenfeld
1. Fühlergl dick, lang u. stark behaart [**125b**]: ***S. crassicornis*** (Panzer). 1. Fühlergl nicht verdickt, kurz, fast nackt [**125a**]: ***S. immaculata*** (Meigen) (Flügel hell, ungefärbt) u. ***S. melaena*** (Meigen) (Flügel dunkel, schwärzlich).
— 3. Fühlergl rund, oval oder konisch [**126a–c**].. **4**
4. 3. Fühlergl mit langer Endborste [**126a**]. 5–14 mm.................. 13; ***Chrysopilus*** Macquart
— 3. Fühlergl mit kurzer Endborste. 4–5 mm **5**
5. Fühlerborste mittelständig [**126b**] .... 3; ***Ptiolina*** Zetterstedt
— Fühlerborste seitenständig [**126c**] .... ***Spania nigra*** Meigen
6. Antennen berühren sich an der Basis fast .... ***Atrichops crassipes*** (Meigen)
— Antennen an Basis deutlich getrennt .... ***Ibisia marginata*** (F.) u. 3; ***Atherix*** Meigen
Häufig ***A. ibis*** (F.) [**36b**], ♀♀ bilden zur Eiablage traubenartige Aggregate über Fließgewässern.

125

126

Familie: **Therevidae**, Stilettfliegen

Vorzugsweise an trockenen, sandigen Stellen auf sonnenbeschienenen Steinen, auf Blüten usw. Ernähren sich wahrscheinlich v. a. von Nektar. Larven meist räuberisch, einige phytophag; in Boden- u. Streuschicht oder auch im Sand, bewegen sich schlängelnd. Im Gebiet 32 Arten.

1. Sternum zw. Coxen der Vorderbeine in der Mitte unbehaart. Gesicht im unteren Teil unbehaart ***Dichoglena nigripennis*** (Ruthé) u. 5; ***Pandivirilia*** Irvin et Lyneborg
— Sternum zwischen Coxen der Vorderbeine behaart **2**
2. Das 1. Fühlergl stark verdickt, viel dicker als das 2.; 7–12 mm .... ***Dialineura anilis*** (L.)
— Das 1. Fühlergl schlank, zylindrisch, nicht wesentlich breiter als das 2. .... **3**
3. Gesicht länger als breit, parallelseitig, unbehaart .... 2; ***Cliorismia*** Enderlein
— Gesicht breiter als lang, nach oben konvergierend
Acrosathe annulata (F.) (Gesicht u. Stirn schwach behaart) u. 22; ***Thereva*** Latreille [**52**] (Gesicht u. Stirn dicht behaart).

Familie: **Asilidae**, Raubfliegen

Räuberische Fliegen, erbeuten auch Fliegen der eigenen Art. Sie lauern an Waldrändern, an Büschen, Pfählen, Baumstämmen, Steinen oder im Gras auf Beute. Mittelgroße bis sehr große Fliegen (4–27 mm), wobei Größenschwankungen von mehreren mm innerhalb einer Art häufig sind. Larven räuberisch oder saprophag, im Boden oder in morschen Baumstämmen. Im Gebiet etwa 80 Arten.

1. 3. Fühlergl mit ± langer Endborste. Taster 1-gliedrig **2**
— 3. Fühlergl mit oder ohne Endgriffel. Taster 2-gliedrig **6**
2. Auffallend schlanke u. zarte Formen, wenig behaart. Tarsen ohne Pulvillen. Zelle R_1 zum Flügelrand hin offen. Habitus wie [**127**] .... 4; ***Leptogaster*** Meigen

— Robustere Fliegen, ± dicht behaart u. beborstet. Tarsen zwischen den Krallen mit Pulvillen [**129**]. Zelle R_1 zum Flügelrand hin geschlossen u. gestielt [**47**] **3**

3. Abdominalsegmente vor dem Htrand ohne stärkere Borsten **4**

— Abdominalsegmente vor dem Htrand mit kräftigen Borsten
Mehrere Gattungen, z. B. 3; ***Neoitamus*** Osten-Sacken (Htkopf mit rechtwinklig nach vorn gebogenen Borsten). Ohne stark gebogene Borsten: ***Philonicus albiceps*** (Meigen), 6; ***Machimus*** Loew [**47**].

4. Gesicht unter den Fühlern glänzend schwarz, nicht bestäubt. 12–15 mm
Rhadiurgus variabilis (Zetterstedt)

— Gesicht unter den Fühlern deutlich bestäubt. Über 17 mm **5**

5. Auffallend schwefelgelb u. rostrot gezeichnet. Habitus wie [**128**]. 20–25 mm
Asilus crabroniformis L.

— Einfarbig braun gefärbt. 18–21 mm .... ***Pamponerus germanicus*** (L.)

6. Zelle R_1 geschlossen u. gestielt (ähnlich [**47**]). 3. Fühlergl ohne Endgriffel. Größere (10–25 mm), meist stark behaarte Fliegen **7**

— Zelle R_1 zum Flügelrand hin offen. 3. Fühlergl mit Endgriffel. Meist zartere, kaum behaarte Fliegen. 5–15 mm 8

7. Zelle R_1 geschlossen [wie **53b**]. 3. Fühlergl wenig breiter als 1. u. 2. Rüssel seitlich zusammengedrückt, wenig zur Spitze hin verjüngt. 10–25 mm .... 4; ***Laphria*** Meigen

— Zelle R_1 zum Flügelrand hin verengt oder geschlossen u. gestielt. 3. Fühlergl fast doppelt so breit wie 1. u. 2. Rüssel dorsoventral abgeplattet. 10–20 mm
2; ***Andrenosoma*** Rondani (Rüssel zur Spitze hin verjüngt) u.
9; ***Choerades*** Walker (Rüssel nicht verjüngt)

8. Tibien der Vdbeine mit einem spitzen, nagelartigen, gekrümmten Fortsatz [**129**] **9**

— Tibien der Vdbeine ohne solchen Fortsatz **10**

9. Spitze der Mttibien mit einem nach innen gekehrten Dorn. Endgriffel des 3. Fühlergl 2-gliedrig. 9–12 mm .... 2; ***Leptarthrus*** Stephens

— Spitze der Mttibien ohne solchen Dorn. Endgriffel des 3. Fühlergl eingliedrig. 15–24 mm
Dasypogon diadema (F.)

10. Fühler länger als Höhe des Auges, stehen auf einem Höcker oberhalb der Augenmitte [**46a**]. 5–15 mm .... 15; ***Dioctria*** Meigen

— Fühler kürzer als Höhe des Auges **11**

11. Gesicht unter den Fühlern mit einem deutlichen rundlichen Höcker, springt im Profil weiter vor als der Durchmesser des Rüssels. 7–14 mm .... ***Lasiopogon cinctus*** (F.), 3; ***Cyrtopogon*** Loew

— Gesicht ohne Höcker, höchstens mit einer sanften Vorwölbung am Mundrand **12**

12. Schwarze, ± dicht behaarte Fliegen. 5–7 mm .... 2; ***Holopogon*** Loew

— Schwärzliche, fast nackte Arten. 4–8 mm .... 2; ***Stichopogon*** Loew

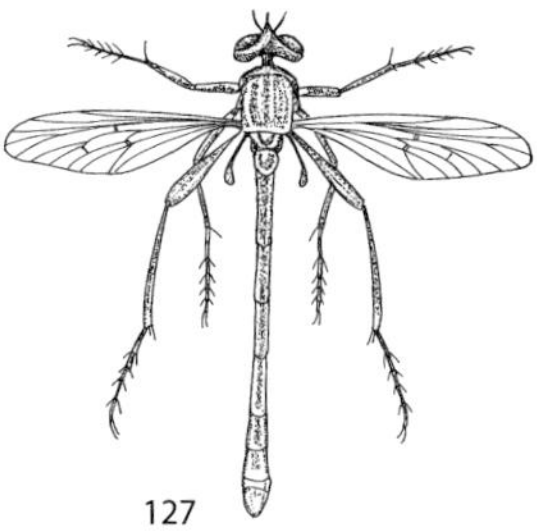
127

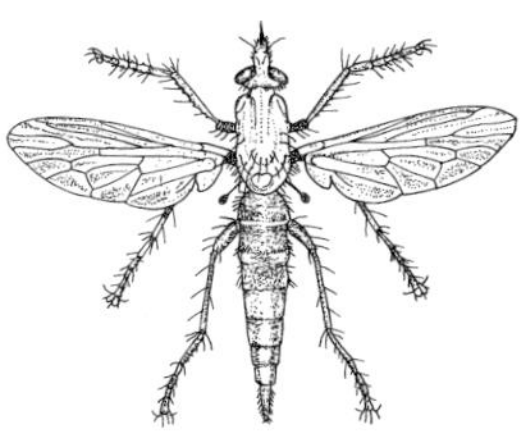
128

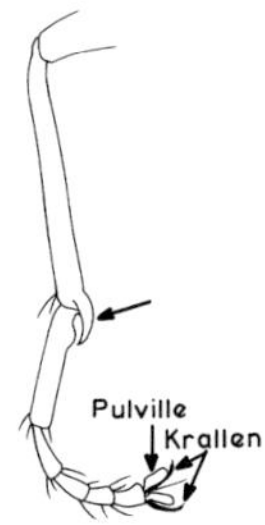

129

127 Asilidae (*Leptogaster*); **128** Asilidae (*Asilus*)

Familie: **Bombyliidae**, Hummelschweber, Wollschweber

Imagines sind wollig dicht behaarte, oft mit Schuppen besetzte, bienen- oder hummelähnliche Blütenbesucher, die z. T. über Blüten rütteln ohne sich niederzulassen u. dabei Nektar saugen. Sonnen sich an kahlen Stellen des Erdbodens, auf Steinen, an Stämmen. Larven parasitieren in Insekten. Im Gebiet 40 Arten.

1. Augenhtrand ohne tiefe Einbuchtung; wenn mit flacher Bucht, dann keine vertiefte, die Facetten des Htrandes teilende Linie. Meist mit langem, sklerotisiertem Rüssel [**49a**] **2**
— Augenrand ± tief eingebuchtet, von dieser Bucht geht eine ± kurze vertiefte Linie aus, die die Facetten des hinteren Augenrandes teilt [**49c**]). Rüssel meist kurz u. fleischig. [**49b**] **5**
2. Tibien nackt, höchsten behaart; wenn mit winzigen Börstchen, dann Taster 2-gliedrig. Wenig behaarte, relativ schmale Fliegen. 3–5 mm .... 3; ***Phthiria*** Meigen
— Mttibia mit Sporn. 1. Fühlergl 3–4-mal so lang wie 2. Fliegen lang behaart ***Conophorus virescens*** (F.)
— Tibien mit kurzen dornartigen Borsten, meist in 3 Reihen besetzt. Zelle R_5 geschlossen, Basis der Costa ± lang behaart **3**
3. Zelle R länger als Zelle M. Die Htschenkel unterseits stets mit langen Dornborsten. Fühler an der Basis eng nebeneinander, mit schlankem 1. Gl. M_1 verläuft von r-m ab gerade. 4–12 mm. Habitus ähnlich [**49a**] .... 12; ***Bombylius*** L.
Häufig ***B. major*** L.
— Zelle R so lang wie Zelle M **4**
4. Gesicht springt vor u. ist mäßig behaart. 5–11 mm. [**49a**] ...... ***Systoechus ctenopterus*** (Mikan)
— Gesicht rundlich gewölbt, stark behaart. 8–14 mm .... ***Anastoechus nitidulus*** (F.)
5. Gabelpunkt von R_{2+3} u. R_{4+5} liegt weit vor r-m, näher der Flügelbasis, sie gabeln sich spitzwinklig, r-m mündet hinter der Mitte in D. 6–10 mm .... ***Lomatia lateralis*** (Meigen)
— Gabelpunkt von R_{2+3} u. R_{4+5} liegt ungefähr auf gleicher Höhe wie r-m. R_{2+3} u. R_{4+5} gabeln sich fast rechtwinklig, r-m mündet vor oder in der Mitte in D **6**
6. Antenne gestaucht, 1. u. 2. Fühlergl divergent, Geißel zwiebelförmig **7**
— 1. u. 2. Fühlergl rechteckig, beide ungefähr gleich breit, Geißel spieß- oder zwiebelförmig **8**
7. 2. Fühlergl flach, eng eingezwängt zwischen 1. u. 3. Flügelbasis glasig ***Anthrax*** (= ***Spogostylum***) ***aethiops*** (F.)
— 2. Fühlergl rundlich, nicht eng eingezwängt zwischen 1. u. 3. Flügelbasis dunkel unterlaufen. 7–14 mm. [ähnlich **49b**] .... weitere 4; ***Anthrax*** Scopoli
8. Klauen an der Basis mit Zahn. R_1 mündet in R_{2+3} u. bildet zusätzliche Zelle 3; ***Exoprosopa*** Macquart
— Klauen an der Basis ohne Zahn. R_1 mündet in Flügelrand, Zelle zwischen R_1 u. R_{2+3} dadurch offen **9**
9. Fühlergeißel zwiebelförmig, einteilig. Gesicht von der Seite gerundet **10**
— Fühlergeißel spießförmig, ein- oder zweiteilig. Gesicht von der Seite spitz vorgezogen .. **11**
10. Vdtibia mit kurzen Borsten. Flügel höchstens basal dunkel unterlaufen .... 8; ***Villa*** Lioy
— Vdtibia ohne oder mit nur wenigen kurzen Borsten. Flügel großflächig dunkel unterlaufen 3; ***Hemipenthes*** Loew
11. Fühlergeißel einteilig. Gesicht wenig vorgezogen. Flügel großflächig dunkel [**49b**] ***Thyridanthrax fenestratus*** (Fallén)
— Fühlergeißel an der Spitze abgesetzt. Gesicht stark vorgezogen, spitz, Kopf mit metallischen Schuppen. Flügel nur an der Basis dunkel .... ***Exhyalanthrax afer*** (F.)

Familien: **Empididae** u. **Hybotidae**, Tanzfliegen

Die meisten räuberisch, einige auch Blütenbesucher. Die ♂♂ verschiedener Arten führen Tanzflüge an Büschen, auf Waldwegen oder über Wasserflächen auf. Larven leben räuberisch in Erde, unter Rinde, in Moos, in Holzmulm usw. Im Gebiet etwa 610 Arten (Empididae etwa 380, Hybotidae etwa 230);

Empididae aus vier Unterfamilien (**Brachystomatinae, Clinocerinae, Empidinae, Hemerodromiinae**), **Hybotidae** aus drei Unterfamilien (**Hybotinae, Ocydromiinae, Tachydromiinae**).

1. Zelle D u. Zelle M verschmolzen. Zelle Cu, Analader (1A) u. Sc fehlen oder sind unvollständig. [**60**] .... **Tachydromiinae** **2**

— Zelle D von Zelle M getrennt. Zelle Cu vorhanden, wenn unvollständig, dann Vdhüften stark verlängert u. so lang wie oder länger als die Vdschenkel. Sc meist vollständig. Rüssel ± stark verlängert **3**

2. Thorax schlank, länger als breit. Beine unbeborstet
4; ***Tachypeza*** Meigen, 17; ***Tachydromia*** Meigen

— Thorax breiter. Beine behaart, mit ± kräftigen Borsten
Mehrere Gattungen, z. B. 6; ***Chersodromia*** Haliday (Meeresstrand), 9; ***Crossopalpus*** Bigot, 13; ***Drapetis*** Meigen, > 120; ***Platypalpus*** Macquart

3. Vdhüften (Coxen der Vdbeine) immer länger als Hinterhüften **4**

— Vdhüften nicht auffällig verlängert **5**

4. Vdbeine dem Kopf genähert, von den übrigen Beinen abgerückt, als Raubbeine ausgebildet. Vdhüften stark verlängert. 2–5 mm .... **Hemerodromiinae**
17; ***Chelifera*** Macquart, 2; ***Chelipoda*** Macquart, 7; ***Hemerodromia*** Meigen.

— Vdbeine nicht von den übrigen Beinen abgerückt, schlank, nicht als Raubbeine ausgebildet
Clinocerinae
Die Arten laufen auf stillen Wasserflächen. Mehrere Gattungen, z. B. 2; ***Trichopeza*** Rondani, 7; ***Dolichocephala*** Macquart.

5. Cu stark rücklaufend mit 1A verschmelzend, Zelle Cu ist daher an der Unterseite nur nahe der Basis von 1A begrenzt. Sc immer deutlich ausgebildet. Rüssel oft verlängert u. meist schräg nach unten, rückwärts gerichtet, selten vorgestreckt .... **Empidinae** **6**

— Zelle Cu hat ihren spitzen Winkel an der 1A, Cu nicht rücklaufend, Zelle Cu wird auf der Unterseite nur von 1A begrenzt. Rüssel selten länger als der Kopf **9**

6. C läuft um den ganzen Flügel herum. Kopf, Abdomen u. Beine schwach beborstet. Etwa 100 Arten .... ***Hilara*** Meigen

— C nur bis zur Flügelspitze deutlich. Meist stärker beborstet **7**

7. Rüssel steht senkrecht nach unten. Augen nackt **8**

— Rüssel waagerecht oder schräg nach vorn stehend, selten senkrecht, dann aber Augen behaart
Eine Anzahl schwer bestimmbarer Gattungen.

8. R_{4+5} in R_4 u. R_5 gegabelt [**50a**]. Etwa 100 Arten .... ***Empis*** L.

— R_{4+5} nicht gegabelt. Etwa 90 Arten .... ***Rhamphomyia*** Meigen

9. Zelle Cu kürzer als Zelle M. C endet an M_1. Sc schwach ausgebildet u. R_1 genähert
Ocydromiinae
Mehrere Gattungen, z. B. 10; ***Bicellaria*** Macquart, 2; ***Ocydromia*** Meigen, 12; ***Oedalea*** Meigen.

— Zelle Cu so lang wie Zelle M. Sc deutlich von R_1 entfernt **10**

10. Von Zelle D verlaufen 2 Adern zum Flügelrand. C endet bei R_{4+5} oder M_1 .... **Hybotinae**
Z. B. 3; ***Hybos*** Meigen [**50b**].

— Die Zelle D entsendet 3 Adern zum Flügelrand. C läuft um den ganzen Flügel herum
(**Brachystomatinae**) ***Brachystoma vesiculosum*** (F.)

Familie: **Dolichopodidae**, Langbeinfliegen

Imagines häufig an oder auf Wasserflächen, auf Waldlichtungen, an Hecken, auf Wiesen usw. Räuberisch u. Blütenbesucher. Viele metallisch grün u. seitlich etwas zusammengedrückt. Larven in der Erde in der Nähe von Gewässern, in faulenden Pflanzenteilen u. a., teils räuberisch, teils phytophag. Hierher auch **Microphorinae**, s. S. 464. Im Gebiet etwa 350 Arten.

1. M_{1+2} deutlich in 2 Äste (M_1 u. M_2) aufgegabelt. Thorax kurz, Abdomen lang. Beine dünn u. lang
Sciapodinae
17; ***Sciapus*** Zeller (Tarsen der ♂♂ einfach). Tarsen der ♂♂ auffällig gestaltet: weitere Gattungen mit wenigen Arten.

— M_{1+2} nicht gegabelt, höchstens mit einer ± deutlichen Biegung [**59**] **2**

2. 1. Fühlergl oberseits behaart. Htkopf nach außen gewölbt. Abdomen der ♂♂ mit deutlichen Anhängen .... **Dolichopodinae**
Mehrere Gattungen, z. B. >70; ***Dolichopus*** Latreille, >30; ***Hercostomus*** Loew, 6; ***Poecilobothrus*** Mik, 7; ***Tachytrechus*** Haliday.
— 1. Fühlergl oberseits nicht behaart, wenn doch, dann schmiegt sich der Htkopf dem Thorax konkav an oder Taster sind breit oder Abdomenspitze nicht auffällig ausgebildet 3
3. Fühlerborste sitzt an oder sehr kurz vor Spitze des 3. Fühlergl 4
— Fühlerborste dorsal auf dem 3. Fühlergl 5
4. Hinterkopf schmiegt sich konkav dem Thorax an. Tibien des 2. u. 3. Beinpaars an der Spitze ohne Borstenkranz. 3. Fühlergl ± kurz .... **Medeterinae**
Z. B. >30; ***Medetera*** Fischer von Waldheim, 5; ***Systenus*** Loew, 8; ***Thrypticus*** Gerstaecker.
— Htkopf konvex, schmiegt sich nicht dem Thorax an. Tibien der Mtbeine an der Spitze mit einem Kranz von 5 Borsten. 3. Fühlergl meist sehr stark verlängert .... **Rhaphiinae** u. **Achalcinae**
Z. B. 3; ***Nematoproctus*** Loew, >30; ***Rhaphium*** Meigen, 8; ***Achalcus*** Loew.
5. Htkopf konkav. Die Fliegen schillern meist silbern .... **Diaphorinae**
Z. B. 16; ***Argyra*** Macquart, 15; ***Chrysotus*** Meigen, 6; ***Diaphorus*** Meigen.
— Htkopf konvex. Fliegen ohne Silberglanz 6
6. Thorax vor dem Schildchen nicht abgeplattet. Abdomen kürzer als die Flügel 7
— Thorax vor dem Schildchen dorsal deutlich abgeplattet. Abdomen überragt die Flügel knapp **Neurigoninae**
Nur 7; ***Neurigona*** Rondani.
7. Taster breit, spatelförmig, liegen dem Rüssel an. Querader m-cu im äußeren Flügeldrittel **Hydrophorinae**
Mehrere Gattungen, z. B. 9; ***Hydrophorus*** Fallén, 2; ***Thinophilus*** Wahlberg.
— Taster klein, unscheinbar. m-cu in Flügelmitte .... **Sympycninae**
Mehrere Gattungen, z. B. 15; ***Campsicnemus*** Haliday, 6; ***Sympycnus*** Loew, 14; ***Syntormon*** Loew, 6; ***Teuchophorus*** Loew.

Familie: **Phoridae**, Buckelfliegen

Kleine, 1–3 mm große, gedrungene, rasch u. ruckweise laufende Fliegen, mit charakteristischer Aderung der Flügel [**31**]. Larven leben hauptsächlich in verwesender tierischer Substanz, einige auch in faulenden Pflanzenteilen oder parasitisch. Im Gebiet etwa 360 Arten.

1. Körper breit u. ± stark abgeflacht. ♂♂ geflügelt, ♀♀ ungeflügelt. Kopf von oben gesehen fast so breit wie der Thorax u. an diesem eng ansitzend
Z. B. 2; ***Aenigmatias*** Meinert, lebt bei Ameisen.
— Körper nicht dorsoventral abgeplattet. Kopf frei 2
2. Zumindest an den Mttibien neben den Enddornen auch einige Einzelborsten
Zahlreiche Gattungen, z. B. 4; ***Anevrina*** Lioy, 13; ***Diplonevra*** Lioy, 16; ***Phora*** Latreille.
— Neben den Enddornen an den Tibien keine weiteren Borsten, höchstens feine Härchen
Zahlreiche Gattungen, z. B. > 230; ***Megaselia*** Rondani, 9; ***Metopina*** Macquart.

Familie: **Pipunculidae**, Augenfliegen

Kleine, meist dunkle, schwach behaarte oder nackte Fliegen, mit auffallend halbkugeligem bis kugeligem Kopf, der zum größten Teil von den Facettenaugen eingenommen wird. Stirn zwischen den Augen beim ♂ schmaler als beim ♀. Ovipositor läuft in einen sklerotisierten, spitzen Legestachel aus. Man findet die Fliegen im langsamen Schwirrflug an Büchen u. in niedriger Vegetation. Die Larven entwickeln sich parasitisch in Zikaden. Im Gebiet etwa 110 Arten.

1. Ocellarborsten vorhanden. Htkopf überragt nicht in Seitenansicht Augen nach hinten [**130**]. Körper behaart; Schildchen u. Abdomen mit Borsten .... **Chalarinae** 2
— Ocellarborsten fehlen. Hinterkopf überragt in Seitenansicht die Augen nach hinten deutlich [**131**] 3
2. Diskalzelle (D) fehlt. M_{1+2} läuft nicht bis zum Flügelrand [**132**]. 1,5– 3 mm . 12; ***Chalarus*** Walker
— D vorhanden. M_1 läuft bis zum Flügelrand, M_2 kurz. 4–5 mm .... 2; ***Verrallia*** Mik

— D vorhanden. M_1 läuft bis zum Flügelrand, M_2 fehlt. 3–6 mm .... 4; ***Jassidophaga*** Aczél

3. 3. Fühlergl unten abgerundet ähnlich [**130**]. Thorax mit starken Borsten. Hinterrand der Augen mit Einschnitt. 6–10 mm .... (**Nephrocerinae**) 3; ***Nephrocerus*** Zetterstedt

— 3. Fühlergl unten zugespitzt [**131**]. Thorax ohne starke Borsten. Viele kleine Arten, meist 2–4 mm, selten 1,5 oder 6 mm lang. Habitus [**55**] .... **Pipunculinae**

a) Sc ganz oder teilweise dunkel überlaufen: z. B. 13; ***Cephalops*** Fallén u. 10; ***Pipunculus*** Latreille (Ppl [**66a**] mit fächerförmigen Haaren; Körper glänzend). 36; ***Eudorylas*** Aczél (Ppl ohne fächerförmige Haare; Körper matt).

b) Sc nicht dunkel überlaufen: z. B. 8; ***Dorylomorpha*** Aczél (r-m mündet deutlich vor der Mitte von D). 10; ***Tomosvaryella*** Aczél (r-m mündet in Höhe der Mitte von D).

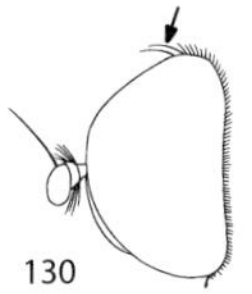
130

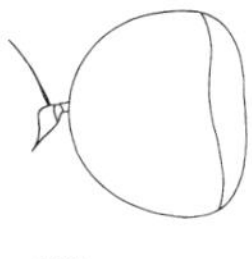
131

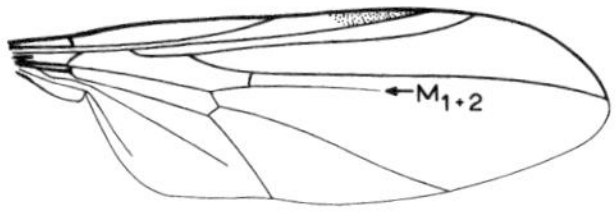

132

Familie: **Syrphidae**, Schwebfliegen

Meist bunt gezeichnete Fliegen, einige von wespen-, bienen- oder hummelähnlichem Habitus, andere einfarbig dunkel. Flügel mit charakteristischer Scheinader (vena spuria) ± deutlich zwischen R_{4+5} u. M_{1+2} (z. B. [**53b**]). Ausgezeichnete Flieger, die lange auf einer Stelle in der Luft durch rasch vibrierenden Flügelschlag schweben können. Sie ernähren sich als Blütenbesucher, lecken an Baumsäften oder Honigtau. Larven saprophag (z. B. ***Eristalis***, „Rattenschwanzlarve"), phytophag (z. B. ***Eumerus*** u. ***Merodon***), als Kommensalen bei *Bombus* u. *Vespa* (***Volucella***) oder räuberisch, vor allem als Blattlausjäger (***Syrphus***). Drei Unterfamilien **Eristalinae**, **Microdontinae** u. **Syrphinae** mit etwa 440 Arten

.

1. Vdbrust seitlich unbehaart, Htkopf stark konkav, verdeckt Vdbrust seitlich. Querader r-m steht deutlich vor der Mitte der Zelle D [**133**] .... **Syrphinae 38**

— Vdbrust seitlich behaart, nicht von Htkopf verdeckt. r-m mündet vor, auf oder hinter der Mitte von D [**135–136**] **2**

2. R_{4+5} mit einem Aderanhang in die Zelle R5 [**133**]. Fühler länger als Kopf, nach vorn gerade vorgestreckt. 9–12 mm .... **Microdontinae**

3; ***Microdon*** Meigen, Larven nacktschneckenähnlich, saprophag, in Ameisenbauten.

— R_{4+5} ohne einen solchen Aderanhang. Fühler kürzer als Kopf, wenn länger, dann mit Endgriffel (s. Nr. **7**) .... **Eristalinae 3**

3. Zelle R_1 geschlossen u. gestielt. M_{1+2} mündet in R_{4+5}, rücklaufend [**134, 142**]. Fühlerborste lang gefiedert. 14–19 mm, große hummel- oder wespenähnliche Fliegen

5; ***Volucella*** Geoffroy, Larven leben von Abfällen in Wespen- u. Hummelnestern.

— Zelle R_1 offen [**143**]. Habitus anders **4**

4. Fühler auf einen sehr langen Stirnfortsatz angesetzt [**137**]. Abdomen mit einer roten Binde. 8–9 mm .... ***Psarus abdominalis*** F.

— Fühler nicht auf Stirnfortsatz **5**

5. Gesicht nach vorn schnabelartig vorgezogen [**138a**]. Abdomen wie [**138b, c**]. 5–7 mm

8; ***Neoascia*** Williston (Fühlerborste kürzer als Fühler lang, nackt [**138a**]; M_{1+2} rechtwinklig nach R_{4+5} aufgebogen). 10; ***Sphegina*** Meigen (Fühlerborste länger als der Fühler, behaart; M_{1+2} bogenförmig nach R_{4+5} aufgebogen.)

— Gesicht weit nach unten gezogen [**140**]. 3. Fühlergl auffallend gestaltet u. mit großer ± deutlich gegliederter Borste

a) 3. Fühlergl an der Vorderseite abgeflacht, im Profil fast 3-eckig, an der oberen Ecke inseriert die Fühlerborste. 5–8 mm: 2; ***Pelecocera*** Meigen.

b) 3. Fühlergl im Profil rundlich [**140**]. Fühlerborste steht deutlich dorsal. 4–8 mm: 3; ***Chamaesyrphus*** Mik.

— Gesicht nach vorn gezogen [**141**]. 3. Fühlergl nicht auffällig gestaltet. Fühlerborste undeutlich 2-gliedrig

a) Gesicht stark schnabelförmig nach vorn verlängert [**141**]. 7–9 mm: 3; ***Rhingia*** Scopoli, häufig ***R. campestris*** Meigen.

b) Gesicht nicht so stark nach vorn verlängert, überragt nicht die Fühler; 6–10 mm: 9; ***Brachyopa*** Meigen.

— Gesicht anders, andere Merkmalskombination 6

6. Ganz dunkle, schwarze oder metallisch schimmernde Arten. Treten am Abdomen helle Stellen auf, dann ist das Gesicht im Profil dem Augenrand parallel u. Augen u. Gesicht sind dicht behaart 9

— Arten mit heller Zeichnung an Kopf, Thorax und/oder Abdomen 7

7. R_{4+5} über Zelle R_5 ± tief eingebuchtet [**142**]. Fühler immer kürzer als der Kopf, 3. Gl mit Rückenborste 18

— R_{4+5} mit einem Knick in die Zelle R_5 eingebuchtet [**143**]. Fühler länger als der Kopf, mit einem Endgriffel. 13 mm. Seltene Arten ***Ceriana conopsoides*** (L.) u. ***Sphiximorpha subsessilis*** (Illiger)

— R_{4+5} gerade [**144**] oder nur schwach über der Zelle R_5 geschwungen, viel schwächer als [**142**]. Fühler kürzer als der Kopf, mit Rückenborste 8

8. Fühlerborste lang gefiedert

a) Abdomen mit gelben Querbinden, fast nackte, wespenähnliche Fliegen. 13–16 mm: 2; ***Sericomyia*** Meigen.

b) Thorax u. Abdomen gleichmäßig dicht behaart; hummelähnlich. 15–17 mm: 2; ***Arctophila*** Schiner.

— Fühlerborste nackt 27

9. Fühler lang vorgestreckt, so lang wie der Kopf, 3. Gl mit einem Endgriffel. 11–13 mm 6; ***Callicera*** Panzer

Häufiger ***C. aenea*** (F.) (11–13 mm).

— 3. Fühlergl mit dorsal stehender Borste. Fühler kürzer als der Kopf 10

10. Gesicht dem Augenrand in Seitenansicht ± parallel, ohne Höcker, ganz schwarz u. wie die Augen dicht behaart 11

— Gesicht dem Augenrand in Seitenansicht nicht parallel, mit einem Höcker am Mundrand oder in der Mitte oder am Mundrand auffällig vorgezogen 14

11. Abdomen mit 3–4 von oben sichtbaren Segmenten, das 2. Segment ca. 3-mal so lang wie das 1. 5–6 mm .... ***Triglyphus primus*** Loew

— Abdomen mit 5 von oben sichtbaren Segmenten, das 2. Segment ca. 2-mal so lang wie das 1. 12

12. 3. Fühlergl etwa doppelt so lang wie breit, lang-oval. 5–7 mm ... ***Heringia heringi*** (Zetterstedt)

— 3. Fühlergl so lang wie breit, kurz-oval bis rund 13

13. Abdomen breit elliptisch. 5–8 mm .... 9; ***Pipiza*** Fallén

— Abdomen schlank. 5–8 mm ***Heringia pubescens*** Delucchi et Pschorn-Walcher u. 4 seltenere Arten

14. Gesicht im Profil ganz gerade, am Mundrand etwas vorgezogen u. mit einem Höcker kurz über dem Mundrand. 5–8 mm .... ***Psilota anthracina*** Meigen

— Gesicht im Profil gekrümmt, mit einem Mittelhöcker oder unter den Fühlern konkav u. am Mundrand auffallend vorgezogen 15

15. Zelle D fast so lang wie Zelle R_5. 5–11 mm .... >70; ***Cheilosia*** Meigen

— Zelle D ist nur ⅓ so lang wie die Zelle R_5 16

16. 3. Fühlergl etwa doppelt so lang wie breit. 5–7 mm 10; ***Orthonevra*** Macquart

— 3. Fühlergl fast so lang wie breit, ei- oder kreisförmig 17

17. Abdomen oberseits stark glänzend. 3. Fühlergl auffallend groß. 5– 6 mm 2; ***Lejogaster*** Rondani

— Abdomen oberseits auf der Mitte matt, nur am Rand glänzend. 3. Fühlergl von normaler Größe. 5–8 mm .... 5; ***Chrysogaster*** Meigen

18. Zelle R_1 geschlossen [**142**] 19

— Zelle R_1 am Flügelrand immer offen [**143, 144**] 20

19. Augen einfarbig, ungefleckt, höchstens durch Behaarung der Augen kleine Schatten. 9–15 mm. [**142**] .... 15; ***Eristalis*** Latreille

— Augen mit teilweise zusammenfließenden, dunklen Flecken oder kleinen isolierten dunklen Punkten .... 2; ***Eristalinus*** Rondani

a) 8–9 mm. Augen lang u. dicht behaart, mit großen dunklen Flecken: ***E. sepulchralis*** (L.).

b) 11–12 mm. Augen in der oberen Hälfte sehr fein behaart, Augen mit kleinen isolierten Punkten: ***E. aeneus*** (Scopoli).

20. Htschenkel verdickt, unterseits vor der Spitze mit breitem, 3-eckigem Zahn [**145**], dieser meist noch mit mehreren Dörnchen. Augen behaart. Pelzig behaarte Fliegen. 9–13 mm 10; ***Merodon*** Meigen

Häufig ***M. equestris*** (F.), Larven in Zwiebelgewächsen.

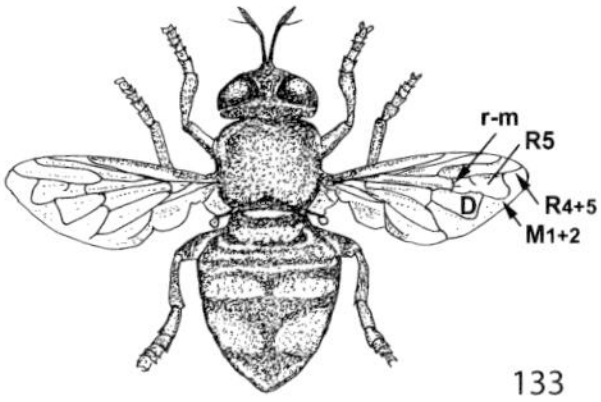

133

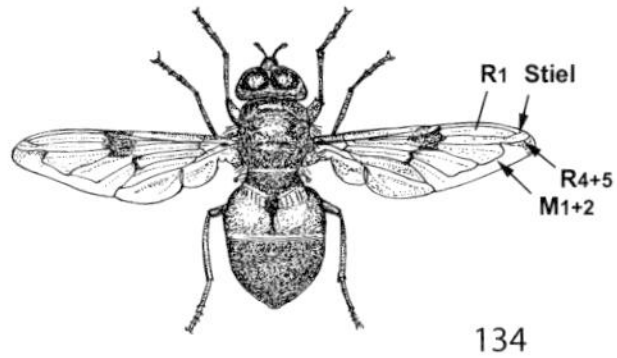

134

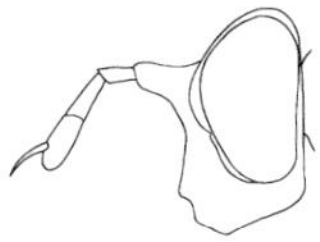

137

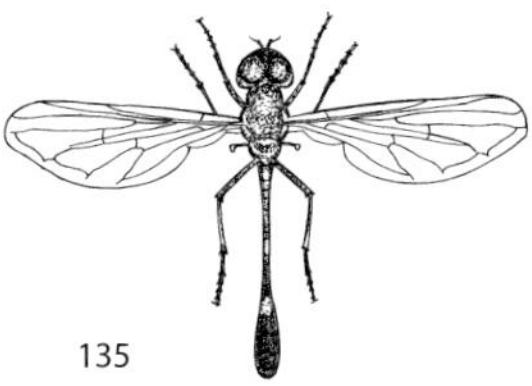

135

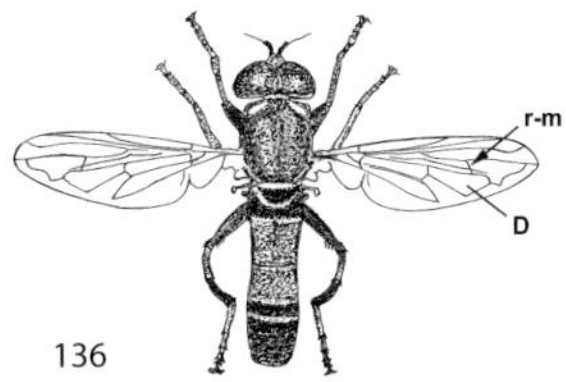

136

138a

138b

138c

139

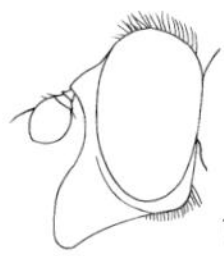

140

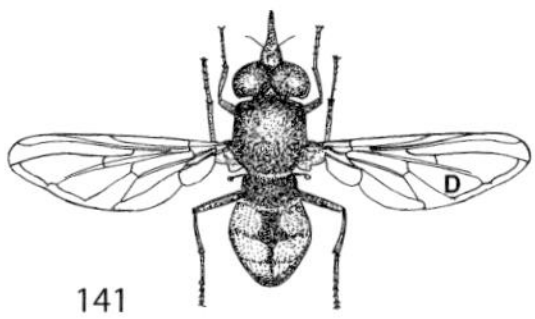

141

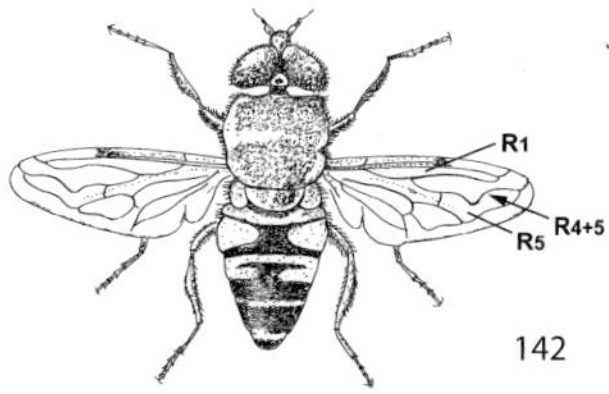

142

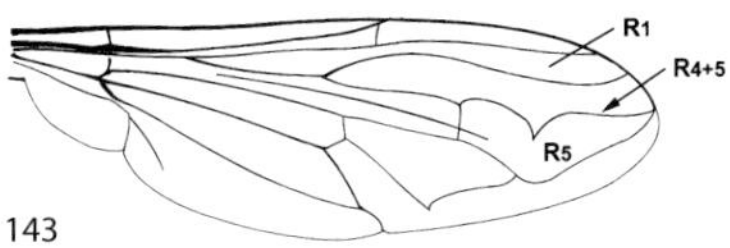

143

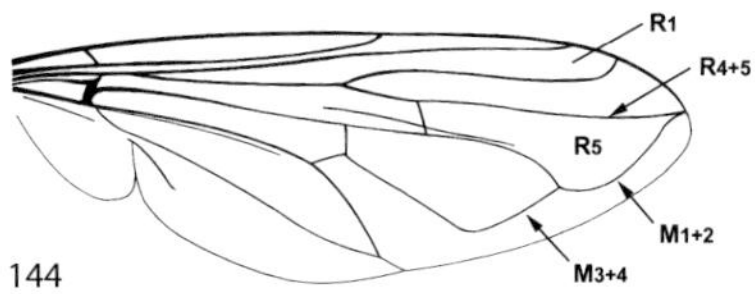

144

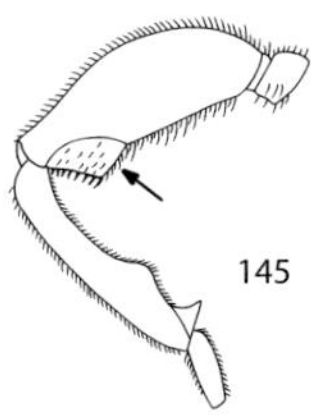

145

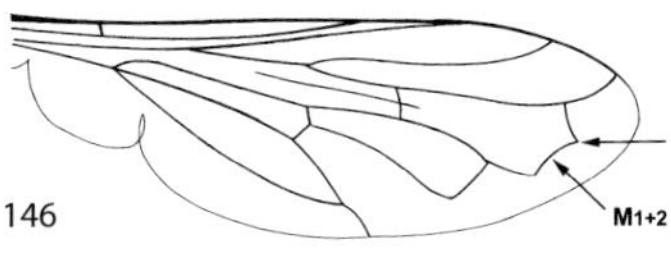

146

133 *Microdon*; **134** *Volucella*; **135** *Baccha*; **136** *Xylota*; **141** *Rhingia*; **142** *Eristalis*

— Htschenkel oft verdickt aber nie mit Zahn oder Höcker vor der Spitze **21**
21. Thorax einfarbig dunkel. Pelzig behaart, hummelähnliche Fliegen. 13–15 mm 4; ***Mallota*** Meigen
— Thorax mit Längs- oder Querstreifen. Nicht stark behaarte bienenähnliche Fliegen **22**
22. Thorax mit Querbinden. Augen behaart. 10–13 mm .... ***Myathropa florea*** (L.)
— Thorax mit Längsstreifen. Augen nackt **23**
23. Abdomen auf der Mitte mit deutlichen paarigen Längsflecken. 12 mm ***Lejops vittatus*** (Meigen)
— Abdomen mit Querbinden oder Querflecken **24**
24. Gesicht mit glatter, glänzender, unbestäubter Mittelstrieme. 11– 15 mm 4; ***Helophilus*** Meigen
— Gesicht einschließlich Mittelstrieme bestäubt **25**
25. Gesicht in der unteren Hälfte stark schnabelförmig vorgezogen, am Ende zugespitzt. 9 mm 5; ***Anasimyia*** Schiner
— Gesicht in der unteren Hälfte nicht vorgezogen **26**
26. Die Flecken auf dem 2. u. 3. Abdominaltergit (Rückenplatte) nehmen den größten Teil der Fläche ein. Augen der ♂♂ berühren sich. 9–12 mm .... ***Mesembrius peregrinus*** (Loew)
— 2. u. 3. Abdominaltergit mit kleinen Flecken. Augen der ♂♂ breit getrennt. 8–11 mm 3; ***Parhelophilus*** Girschner
27. Stark, meist pelzig behaarte Arten **28**
— Nackte oder fast nackte Arten **31**
28. Hinterschenkel auf der Unterseite mit Dornen. Abdomen parallelrandig. 12–14 mm 3; ***Brachypalpus*** Macquart
— Htschenkel unterseits nicht mit Dornen **29**
29. Gesicht unter die Augen herabgezogen u. zugespitzt **30**
— Gesicht im Profil nur wenig unter die Augen herabgezogen u. abgestutzt. 13 mm ***Pocota personata*** (Harris)
30. Lang u. dicht behaart, hummelähnlich. Gesicht steht weiter vor als der Höcker, auf dem die Fühler sitzen. 10–16 mm .... 3; ***Criorhina*** Meigen
— Weniger dicht behaart. Gesicht steht nur so weit vor wie der Höcker, auf dem die Fühler sitzen. 10–11 mm .... ***Blera fallax*** (L.)
31. Thorax ohne deutliche gelbe Zeichnung, höchstens mit gelben Schultern **32**
— Thorax neben den gelben Schultern auch mit gelber Zeichnung **37**
32. Htschenkel unterseits mit Dornen oder mit zahnartigem Fortsatz **33**
— Htschenkel ohne Dornen oder zahnartigem Fortsatz, höchstens mit Dörnchen **36**
33. M_{1+2} doppelt geknickt u. rücklaufend [**146**]. Gesicht unter den Fühlern nicht ausgehöhlt. Habitus wie kleine Erdbienen. 6–9 mm. Larven in Zwiebelgewächsen .... 16; ***Eumerus*** Meigen
— M_{1+2} anders. Gesicht unter den Fühlern deutlich ausgehöhlt **34**
34. Htschenkel unterseits an der Spitze beborstet u. mit einem kräftigen, zahnartigen Fortsatz. 8–10 mm .... 2; ***Tropidia*** Meigen
— Htschenkel unterseits an der Spitze höchstens beborstet, ohne Dorn **35**
35. Querader r-m steht vor der Mitte der Zelle D [**133**]. 9 mm .... 4; ***Myolepta*** Newman
— r-m steht auf oder hinter der Mitte von D. Htschenkel stark verdickt, in der Mitte fast ½ so dick wie der Schenkel lang. 9 mm. Sehr häufig .... ***Syritta pipiens*** (L.)
— r-m steht hinter der Mitte von D. Htschenkel nicht so stark verdickt. Meist größere Arten, 8–16 mm. [**136**] .... 10; ***Xylota*** Meigen
36. Thoraxrücken an den Rändern ohne Borsten. Fühler auf auffälligem Höcker. 13–15 mm ***Caliprobola speciosa*** (Rossi)
— Thoraxrücken an den Rändern mit kräftigen Borsten. 7–11 mm .... 2; ***Ferdinandea*** Rondani
37. r-m verbindet R_{4+5} u. M_{1+2} fast gerade u. senkrecht miteinander. Htschenkel ohne Zahn. 13–17 mm .... 4; ***Temnostoma*** Le Peletier et Serville
T. vespiforme (L.) auch im Flug einer Wespe sehr ähnlich.
— r-m stark S-förmig geschwungen. Htschenkel unterseits vor der Spitze mit einem Zahn. Wespenähnlich. 13–15 mm .... 4; ***Spilomyia*** Meigen
38. Abdomen in Aufsicht keulenförmig wie [**135, 139**]
a) Abdomen sehr lang u. dünn [**135**]. 9 mm: 2; ***Baccha*** F.
b) Abdomen nicht so stark verjüngt [**139**]: ***Doros profuges*** (Harris) (> 12 mm) u. ***Spazigaster ambulans*** (F.) (7 mm).

— Abdomen nicht keulenförmig, wie [**147, 148**] **39**

39. Fühler länger als der Kopf, vorgestreckt [**149**]. Abdomen mit mindestens 2 gelben oder roten Binden. 8–14 mm .... 11; Bogenfliegen, ***Chrysotoxum*** Meigen

— Fühler kürzer als der Kopf, nickend [**150**]. (Fehlen an M_{1+2} u. M_{3+4} Aufgabelungen [**143**], dann auf ***Myolepta*** (Nr. **35**) prüfen!) **40**

40. Gesicht unter den Fühlern ausgehöhlt konkav [**150**], meist mit deutlichem Mittelhöcker **41**

— Gesicht deutlich vorgewölbt, nicht konkav. 3. Fühlergl doppelt so lang wie breit. Abdomen nach unten gekrümmt. 5–6 mm .... 10; ***Paragus*** Latreille

41. Gesichtgrundfarbe ganz metallisch schwarz, höchstens hell bestäubt **42**

— Gesicht zumindest teilweise, meist ganz gelb **47**

42. Thorax dorsal grob punktiert, Beine u. Abdomen schwarz
Syrphocheilosia claviventris (Strobl)

— Thorax dorsal fein punktiert, Beine zumindest teilweise hell, Abdomen meist mit heller Zeichnung **43**

43. Abdomen so lang wie oder länger als die Flügel, flachgedrückt, an der Basis deutlich schmäler als kurz vor dem Htende. 9 mm. [**151**] .... 2; ***Pyrophaena*** (= ***Platycheirus***) Schiner

— Abdomen kürzer als die Flügel, parallelrandig, oval oder zum Htende zugespitzt, an der Basis nicht schmäler als kurz vor dem Htende **44**

44. Vdtarsen u. z. T. auch die Vdtibien beim ♂ auffällig verbreitert; beim ♀ Tarsen normal. 6–10 mm .... 26; ***Platycheirus*** Lepeletier et Serville

— Vdtarsen bei ♂♂ u. ♀♀ normal **45**

45. Abdomen schmal u. schlank, beim ♂ ± parallelrandig **46**

— Abdomen breit-oval, flach. 9–11 mm .... ***Xanthandrus comtus*** (Harris)

46. Fühlergruben verschmolzen. Htleib mit 3 schmalen Flecken oder Binden 3; ***Meligramma*** Frey

— Fühlergruben getrennt. Wenn Htleib mit hellen Flecken, diese mindestens so lang wie breit
4; ***Melanostoma*** Schiner

47. Thorax dorsal u. lateral mit scharf begrenzten gelben Linien u. Flecken **48**

— Thorax dorsal u. lateral ohne scharf begrenzte gelbe Linien u. Flecken **49**

48. Sehr schlanke Arten, mit schmalem, ± parallelrandigem Abdomen. Flügel meist deutlich kürzer als Abdomen. 6–10 mm 15; ***Sphaerophoria*** Le Peletier et Serville

— Breitere Arten, mit flachgedrücktem u. ovalem Abdomen. Augen nackt. Leuchtend gelbe Binden auf dem Abdomen in der Mitte unterbrochen. 10–11 mm .... 3; ***Xanthogramma*** Schiner
X. laetum (F.) (Augen behaart; nur 1. Binde des Abdomens unterbrochen).

49. Schwarze Grundfarbe des Abdomens nicht durch helle Stellen unterbrochen. Bunte Zeichnung auf dem Abdomen nur durch Behaarung. Große breite Art. 13–15 mm
Eriozona syrphoides (Fallén)

— Abdomen in der Grundfarbe mit hellen Flecken oder Binden **50**

147

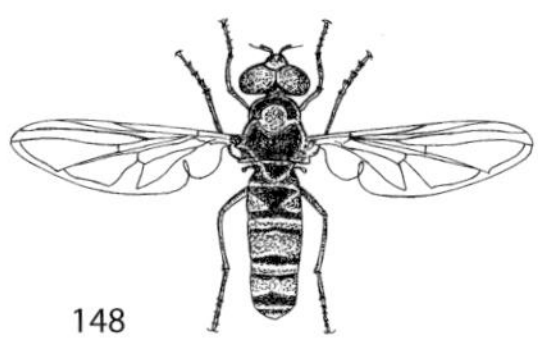
148

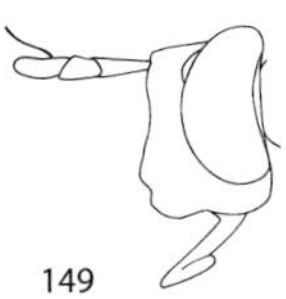
149

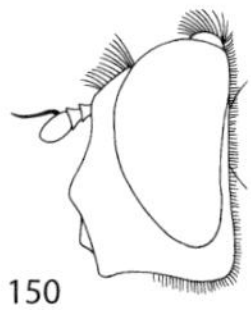
150

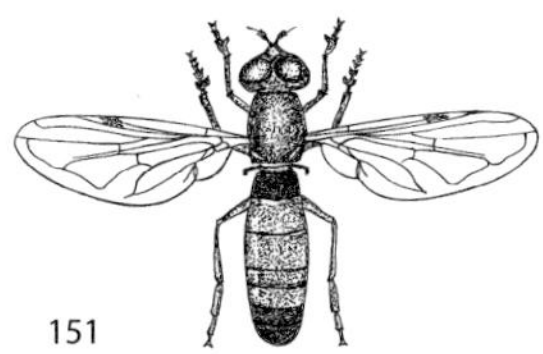
151

147 *Scaeva*; **148** *Episyrphus*; **151** *Pyrophaena*

50. Vorderste Binde auf dem Abdomen nimmt fast das ganze Segment ein; auf den folgenden Segmenten liegende Binden viel schmaler oder fehlend. 10–11 mm ***Leucozona lucorum*** (L.)
— Binden des Abdomens ± gleich breit **51**
51. Me [**66a**] im flachen vorderen Teil behaart **52**
— Me im flachen vorderen Teil unbehaart **53**
52. Flügelhtrand an der Basis der Borsten mit schwarzen Punkten
Episyrphus balteatus De Geer [**148**] (Abdominalsegmente 3 u. 4 mit jeweils 2 hellen Querbinden) u. 2; ***Meliscaeva*** Frey (Abdominalsegmente 3 u. 4 mit jeweils 1 hellen Querbinde oder hellem Fleckenpaar).
— Flügelhtrand an der Basis der Borsten ohne schwarze Punkte .... 7; ***Parasyrphus*** Matsumura
53. Stirn erscheint aufgeblasen, wie die Augen dicht behaart, ein begrenzter Streifen in Augenmitte mit vergrößerten Facetten. Abdomen mit 3 Paar hellen sichelförmigen Flecken. 12–15 mm. [**147**] .... 3; ***Scaeva*** F.
— Stirn erscheint nicht aufgeblasen, ist nicht auffällig behaart. Abdomen anders gezeichnet **54**
54. R_{4+5} über Zelle R_5 auffallend eingebuchtet (ähnlich, aber schwächer als in [**142**])
3; ***Didea*** Macquart (unterhalb S_2 [**66a**] längere Haare). ***Eupeodes lapponicus*** (Zetterstedt) (unterhalb von S_2 keine längeren Haare; Augen nackt). ***Eriozona*** (= ***Megasyrphus***) ***erratica*** (L.) (unterhalb S_2 keine längeren Haare; Augen behaart).
— R_{4+5} über Zelle R_5 nicht auffällig geschwungen. 7–13 mm **55**
55. Th [**66a**] oberseits u. am Rand mit langen Haaren .... 4; ***Syrphus*** F.
— Th nur am Rand mit langen Haaren **56**
56. Augen behaart. Thorax mit vier hellen Flecken
a) Vorderes Fleckenpaar wesentlich größer als hinteres: ***Leucozona glaucia*** (L.) u. ***L. laternaria*** (Müller).
b) Vorderes Fleckenpaar ähnlich groß wie hinteres: 8; ***Dasysyrphus*** Enderlein (Abdomen breit oval).
— Augen nicht oder nur spärlich behaart **57**
57. Abdomen mit deutlich abgesetztem Seitenrand ..... 8; ***Eupeodes*** Osten-Sacken (s. auch Nr. **54**)
— Seitenrand des Abdomens schwach oder nicht abgesetzt
a) Abdomen breit oval: 10; ***Epistrophe*** Walker.
b) Abdomen schlank, parallelseitig: 10; ***Melangyna*** Verrall (Gesicht mit dunklem Mittelstreifen). ***M.*** (= ***Fagisyrphus***) ***cincta*** (Fallén) (Abdominalsegmente 3 u. 4 mit breiten gelben Binden). 3; ***Meligramma*** Frey u. ***Epistrophella euchroma*** (Kowarz) (Abdominalsegmente 3 u. 4 mit schmalen Binden oder getrennten Flecken).

Familie: **Conopidae**, Dickkopffliegen, Blasenkopffliegen

Von sehr unterschiedlichem Habitus, z. T. wespen- oder bienenähnliche Fliegen, 3–20 mm. Alle Imagines sind Blütenbesucher. Larven parasitieren in Hymenopteren u. Orthopteren. Im Gebiet etwa 50 Arten.

1. Fühler mit Endgriffel [**152**] .... **Conopinae 2**
— Fühler mit Rückenborste [**153**] **4**
2. Rüssel kürzer als der Kopf, in der Mundhöhle verborgen, dick. 10–14 mm
5; ***Leopoldius*** Rondani
— Rüssel viel länger als der Kopf, ± vorstehend [**152**] **3**
3. Querader r-m hinter dem 2. Drittel von Zelle D. 2. Abdominalsegment viel länger als breit. 9–20 mm .... 4; ***Physocephala*** Schiner
— r-m etwas hinter der Mitte von Zelle D. 2. Abdominalsegment so lang wie breit. 9–18 mm. Habitus wie [**54**] .... 6; ***Conops*** L.
4. Zelle Cu kurz, gerade abgestutzt; Cubitus (Cu) bildet mit 1A einen rechten Winkel. Abdomen in Aufsicht rundlich. 3–6 mm .... (**Dalmanniinae**) 4; ***Dalmannia*** Robineau-Desvoidy

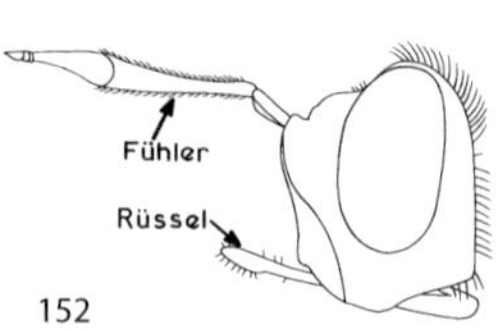

152

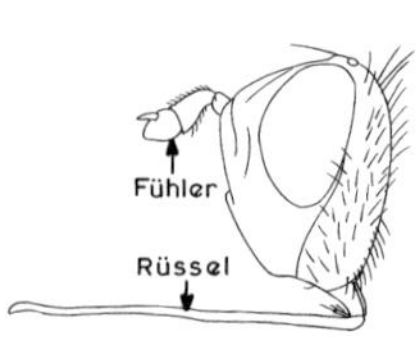

153

— Zelle Cu lang, schräg zugespitzt; Cu bildet mit 1A einen spitzen Winkel. Abdomen in Aufsicht keulig .... **Myopinae 5**

5. Rüssel nur an der Basis geknickt. 4–9 mm .... 3; ***Zodion*** LATREILLE

— Rüssel an der Basis u. in der Mitte geknickt **6**

6. Backen in Seitenansicht viel weniger hoch als ein Auge **7**

— Backen in Seitenansicht mindestens so hoch wie ein Auge. 3,5–15 mm
14; ***Myopa*** F. u. ***Melanosoma bicolor*** (MEIGEN)

7. Fühler länger als ihr Abstand vom Scheitel, meist kopflang. Kleinere (3,5–8 mm), schwärzliche Fliegen .... 6; ***Thecophora*** RONDANI

— Fühler viel kürzer als ihr Abstand vom Scheitel. 8–13 mm, rotbraun .... 5; ***Sicus*** SCOPOLI

Familie: **Ulidiidae**

Kleine bis mittelgroße oft metallisch glänzende Fliegen. Flügel meist mit deutlicher Musterung [**89b**]. Imagines z. T. räuberisch, Larven saprophag oder phytophag; häufig in Dung. Im Gebiet etwa 30 Arten.

1. Sc u. R_1 nackt. Zelle R_5 zum Flügelrand hin deutlich verengt. Flügel z. T. ohne Muster, durchscheinend. 4–6 mm .... Wippfliegen, **Ulidiinae**
Homalocephala albitarsis ZETTERSTEDT, 2; ***Ulidia*** MEIGEN, ***Physiphora alceae*** (PREYSSLER). Larven im Mist, unter Baumrinden usw.

— Sc u. R_1 oberseits behaart oder beborstet. Zelle R_5 zum Flügelrand hin nicht deutlich verengt. Flügel oft auffällig gemustert. 2–10 mm **2**

2. R_1 ohne Haare u. Borsten. Me [**66a**] ohne Borsten .... ***Seioptera vibrans*** (L.)

— R_1 beborstet. Me mit Borsten .... Schmuckfliegen, **Otitinae 3**

3. Ppl [**66a**] ohne Borsten .... ***Cephalia rufipes*** MEIGEN

— Ppl nackt **4**

4. Gesicht ohne Kiel, Fühlergruben undeutlich .... ***Myennis octopunctata*** (COQUEBERT)

— Gesicht mit Kiel, Fühlergruben deutlich **5**

5. Kopf kurz, < ⅘ des Augendurchmessers
2; ***Ceroxys*** MACQUART [**89b**] (R_{4+5} u. M zum Flügelrand konvergierend) u. 7; ***Herina*** ROBINEAU-DESVOIDY (R_{4+5} u. M parallel).

— Kopf länger, > ⅘ des Augendurchmessers
a) 3. Fühlergl endet spitz: 5; ***Melieria*** ROBINEAU-DESVOIDY.
b) 3. Fühlergl abgerundet: ***Dorycera graminum*** (F.) (2. Fühlergl länger als erstes). 2. Fühlergl wenig länger als erstes: ***Tetanops myopin*** FALLÉN (Kopf blasig rund). 6; ***Otites*** LATREILLE (Kopf schmaler, oval).

Familie: **Tephritidae** (= **Trypetidae**), Bohrfliegen, Fruchtfliegen

Mit auffällig gezeichneten Flügeln [**95**]. Larven entwickeln sich ausschließlich in lebenden Pflanzenteilen. Sie sind Gallerreger oder Minierer in Stängeln, Blättern, Blüten u. Früchten; eine Bestimmung erfolgt am besten anhand der Wirtspflanze. Im Gebiet etwa 110 Arten.

1. Entwicklung in Blütenköpfen meist von Kompositen, häufig in Disteln
Z. B. 24; ***Tephritis*** LATREILLE, 3; ***Trypeta*** MEIGEN, 12; ***Urophora*** ROBINEAU-DESVOIDY [**95**].

— Entwicklung in Früchten verschiedener Pflanzenfamilien
Z. B. ***Anomoia purmunda*** (HARRIS), v. a. an Weißdorn; ***Ceratitis capitata*** (WIEDEMANN), Mittelmeerfruchtfliege, Larven werden in Citrusfrüchten eingeschleppt; 3; ***Rhagoletis*** LOEW (z. B. ***R. cerasi*** (L.) Kirschfliege).

— Entwicklung in Blättern (Blattminierer)
Z. B. 2; ***Acinia*** ROBINEAU-DESVOIDY, ***Philophylla caesio*** (HARRIS), 12; ***Urophora*** ROBINEAU-DESVOIDY [**95**].

— Entwicklung in Stängeln u. Wurzeln
Außer in Spargel (***Plioreocepta poeciloptera*** (SCHRANK), Spargelfliege) nur in Kompositen. Z. B. ***Dithryca guttularis*** (MEIGEN), 3; ***Oxyna*** ROBINEAU-DESVOIDY, 10; ***Terellia*** ROBINEAU-DESVOIDY.

Familie: **Psilidae** s. l., Nacktfliegen (incl. **Strongylophthalmyiidae**)

Träge Fliegen, meist an schattigen Stellen. Imagines 3–15 mm. Larven entwickeln sich phytophag in Stängeln u. Wurzeln verschiedener Pflanzen. Als Schädling von Bedeutung: ***Chamaepsila rosae*** (F.) (Möhrenfliege) [**106a**]. Im Gebiet 30 Arten.

1. 3. Fühlergl viel länger als breit, langestreckt, bandförmig, oft länger als die Fühlerborste **2**
— 3. Fühlergl kurz, wenig länger als breit, rundlich; Fühlerborste länger als 3. Glied **3**
2. 3. Fühlergl viel länger als 1. u. 2. zusammen. 7–8 mm .... 6; ***Loxocera*** Meigen
— 3. Fühlergl so lang wie 1. u. 2. zusammen. 11–14 mm .... ***Loxocera hoffmannseggi*** Meigen
3. Zelle Cu am Ende bauchig begrenzt .... **Strongylophthalmyiidae**
Nur ***Strongylophthalmyia ustulata*** (Zetterstedt).
— Zelle Cu gerade begrenzt **4**
4. Htkopf abgeflacht, Kopf im Profil halbkreisförmig .... 4; ***Chyliza*** Fallén
— Htkopf nach außen gewölbt (konvex) **5**
5. Htfemur beim ♂ verdickt u. gebogen. ♀♀ mit sklerotisiertem Ovipositor
2; ***Psilosoma*** Zetterstedt
— Hinterfemur u. Ovipositor normal. Habitus [**106a**] .... 2; ***Psila*** Meigen u. 15; ***Chamaepsila*** Hendel

Familie: **Chloropidae**, Halmfliegen

Dunkelgrau bis schwarz gefärbt oder gelb, grün u. schwarz gepunktet oder gestreift. Imagines um 1–8 mm [**102b**]. Die meisten Larven phytophag in Schösslingen u. Samen von Gräsern; am bekanntesten ***Oscinella frit*** (L.) (Fritfliege) in Getreide; andere sind saprophag, einige karnivor oder parasitisch, z. B. in Spinnenkokons. Im Gebiet etwa 200 Arten.

1. C bis R_{4+5} oder etwas darüber hinaus, geht aber nie zur Mündung von M_{1+2}. Körper oft gelb, grün u. schwarz gefleckt oder gestreift .... **Chloropinae 2**
— C bis zur Mündung von M_{1+2}. Meist dunkelgraue bis schwarze Fliegen .... **Oscinellinae**
a) Höchstens 3 mm: Mehrere Gattungen, z. B. 8; ***Aphanotrigonum*** Duda, 9; ***Elachiptera*** Macquart, 12; ***Oscinella*** Becker. Einige Arten mit Flügelreduktion.
b) Körper 4–8 mm: 4; ***Lipara*** Meigen, verursachen Gallen an Schilf.
2. Htschenkel verdickt, Httibien entsprechend gebogen **3**
— Htschenkel nicht verdickt, Httibien nicht gebogen
Eine Anzahl Gattungen, z. B. >30; ***Chlorops*** Meigen [**102b**], 6; ***Thaumatomyia*** Zenker.
3. Ocellendreieck nimmt fast die ganze Stirn ein, ist punktiert u. behaart. Stirn ragt weit vor die Augen. 3–8 mm .... 2; ***Platycephala*** Fallén
Larven in Schilf.
— Ocellendreieck kleiner, weder punktiert noch behaart, glänzend. 2–4 mm 17; ***Meromyza*** Meigen

Familie: **Anthomyiidae**, Blumenfliegen

Blütenbesucher. Meist grau bestäubt, einige auffällig schwarz-grau gezeichnet oder mit gelben Beinen u. gelbem Abdomen. Habitus wie [**74**]. 3–12 mm. Im Gebiet etwa 220 Arten.

1. Augen der ♂♂ u. ♀♀ breit getrennt. Thorakalschüppchen (Th) immer kleiner als das Flügelschüppchen [Fs: **66a**], beide klein .... Tangfliegen
Hierher u. a. die Gattung 5; ***Fucellia*** Robineau-Desvoidy. In Massen am Meeresstrand. Larven entwickeln sich im Strandanwurf.
— Augen der ♂♂ meist genähert. Thorakalschüppchen meist so groß wie oder größer als das Flügelschüppchen, beide groß .... Blumenfliegen
Eine große Zahl schwer unterscheidbarer Gattungen u. Arten. Unter ihnen einige landwirtschaftliche Schädlinge; z. B. >30; ***Delia*** Robineau-Desvoidy, z. B. ***D. radicum*** (L.), Kleine Kohlfliege; ***D. floralis*** (Fallén), Große Kohlfliege; ***D. antiqua*** (Meigen), Zwiebelfliege; ***D. coarctata*** (Fallén), Getreidebrachfliege. >40; ***Pegomya*** Robineau-Desvoidy, z. B. ***P. hyoscyami*** (Panzer), Rübenfliege [74].

Familie: **Muscidae**, „Echte" Fliegen

Imagines Blütenbesucher, Räuber, Blutsauger oder sapro- u. koprophag. Meist stark bestäubte, graue Fliegen, einige gelb oder rot, andere goldgrün oder stahlblau, Larven meist sapro- oder koprophag, einige auch räuberisch. Habitus wie [**67**]. 2–18 mm. Im Gebiet etwa 320 Arten.

1. Rüssel stark sklerotisiert, hornig glatt, lang u. spitz, zu einem Stechrüssel umgewandelt Stechfliegen (zu **Muscinae**)
a) Taster kürzer als der Rüssel. 6–7 mm. [**22**; S. 211]: ***Stomoxys calcitrans*** (L.), Wadenstecher, Blutsauger bei Haustieren u. Mensch.
b) Taster so lang wie der Rüssel: ***Haematobia irritans*** (L.) u. ***H. titillans*** (Bezzi) (Fühlerborste nur oberseits gefiedert; 4 mm), auf Rindern Blut saugend. ***Haematobosca stimulans*** (Meigen) (Fühlerborste ober- u. unterseits gefiedert; 5–6 mm), auf Rindern u. Pferden Blut saugend.

— Rüssel nicht so ausgebildet ... 2

2. Pteropleura [Pt: **66a**] behaart oder beborstet. Sollte sich auf der Pteropleura nur eine kräftige Borste befinden, gelegentlich auch nur einseitig, dann ***Emmesomyia*** Malloch (**Anthomyiidae**) ... 3

— Pteropleura nackt ... 4

3. Taster stabförmig, am Ende nicht oder kaum verbreitert ... **Muscinae**
Auswahl:
a) M_{1+2} bis zum Flügelrand gerade verlaufend: 4; ***Polietes*** Rondani.
b) M_{1+2} bogenförmig zu R_{4+5} hin gekrümmt. Flügelwurzel u. Schüppchen [Th, Fs: **66a**] intensiv gelb. Körper lang u. dicht behaart. 10–18 mm: 2; ***Mesembrina*** Meigen.
c) M_{1+2} aufgebogen. Thorax u. Abdomen goldgrün metallisch glänzend: 2; ***Neomyia*** Walker .
d) M_{1+2} winkelförmig gebogen u. deutlich gekniet. Thorax matt bestäubt: 4; ***Musca*** L. In Häusern häufig die Große Stubenfliege, ***M. domestica*** L. [**67**].

— Taster am Ende löffelartig verbreitert ... (**Coenosiinae**) 12; ***Lispe*** Latreille

4. R_1 oberseits mit schwarzen Borsten ... **Achanthipterinae**
Nur ***Achanthiptera rohrelliformis*** (Robineau-Desvoidy) (Körper gelb). Larven entwickeln sich in Wespennestern.

— R_1 oberseits nackt ... 5

5. 3 Sternopleuralborsten [St: **66a**] stehen in einem gleichseitigen Dreieck ... **Coenosiinae**
Z. B. >30; ***Coenosia*** Meigen. Imagines ernähren sich räuberisch von Insekten.

— Sternopleuralborsten anders angeordnet oder weniger als 3 ... 6

6. M_{1+2} zu R_{4+5} aufgebogen, Zelle R_5 zum Flügelrand hin verengt
a) Schildchen am Htrand rötlich. Augen nicht behaart. 7–9 mm: (**Azeliinae**) 4; ***Muscina*** Robineau-Desvoidy.
b) Schildchen am Htrand nie rötlich. Augen dicht behaart
1) Abdomen kurz u. breit, hoch gewölbt, auf dem 2. u. 3. Tergit am Vdrand mit Mittelfleck. M_{1+2} bogenförmig nach unten gebogen, bevor sie sich aufwärts wendet. Vordere Sternopleuralborste fehlt: (**Mydaeinae**) 2; ***Graphomya*** Robineau-Desvoidy, ***G. maculata*** (Scopoli); ***G. minor*** Robineau-Desvoidy.
2) Abdomen länglich. M_{1+2} biegt erst kurz vor dem Flügelrand direkt aufwärts: (**Mydaeinae**) 3; ***Myospila*** Rondani, ***M. meditabunda*** (F.) (Abdomen mit 2 Paar braunen Flecken), ***M. bimaculata*** (Macquart) (Abdomen ohne Flecken).

— M_{1+2} verläuft gerade bis zum Flügelrand ... 7

7. Tibia des 3. Beinpaars außen hinten auf oder unter der Mitte meist mit einer bis mehreren Borsten
Mehrere Gattungen, z. B. (**Phaoniinae**) >50; ***Phaonia*** Robineau-Desvoidy, (**Azeliinae**) >20; ***Hydrotaea*** Robineau-Desvoidy (***H. irritans*** (Fallén) belästigt im Sommer Vieh u. Mensch).

— Tibia des 3. Beinpaars hinten auf oder unter der Mitte ohne Borsten
Beispiele: (**Phaoniinae**) >40; ***Helina*** Robineau-Desvoidy. (**Mydaeinae**) 15; ***Mydaea*** Robineau-Desvoidy. (**Coenosiinae**) 11; ***Limnophora*** Robineau-Desvoidy.

Familie: **Hippoboscidae**, Lausfliegen

Die Fliegen leben ektoparasitisch auf Vögeln u. Säugetieren, meist nur auf bestimmten Wirten. Die Larven entwickeln sich im Abdomen des ♀, wo sie durch Drüsensekrete ernährt werden; sie werden erst kurz vor der Verpuppung geboren (Pupiparie). Im Gebiet 12 Arten.

1. Flügel u. Halteren fehlen völlig. Habitus wie [**123**]. Ca. 3 mm. Auf Schafen Schaflaus, ***Melophagus ovinus*** (L.)

— Flügel u. Halteren vorhanden oder reduziert. Habitus anders ... 2

2. Kopf ± 3-eckig, mit gerundetem Vdrand, tief in den Thorax eingefügt, kann daher nur wenig seitwärts bewegt werden. Flügel mit nur 3 Längsadern außer Sc u. R1; zwischen den übrigen

Adern oft Falten. Flügel brechen nach Erreichen des Wirts nahe der Basis ab *Lipoptena cervi* (L.) u. *L. fortisetosa* MAA

Auf Reh, Rotwild, Wildschwein, Fuchs, fliegt auch Menschen ins Haar.

— Kopf gerundet, meist mit tief eingekerbtem Vdrand, frei beweglich. Flügel meist mit 6–7 Längsadern, normal entwickelt oder verkleinert u. funktionslos 3

3. Fühlerborste aus mehreren Borsten. Fühler ohne Dornfortsatz; Fühlergrube geschlossen. Krallen einfach. Nur auf Säugetieren. 3–5 mm ..... *Hippobosca equina* L.

— Fühlerborste blattförmig offen. Krallen einfach oder doppelt. Nur bei Vögeln 4

4. Flügel verkleinert, zum Fliegen nicht geeignet 5

— Flügel normal entwickelt, Imagines dauernd flugfähig 6

5. Ocellen vorhanden. Flügel etwa 8-mal so lang wie breit. Körper um 3 mm, Flügel um 6 mm. Auf Schwalbe u. Mauersegler ..... *Stenepteryx hirundinis* (L.)

— Ocellen fehlen. Flügel etwa doppelt so lang wie breit. Körper um 6–8 mm, Flügel um 6 mm. Auf Schwalbe u. Mauersegler ..... *Crataerina pallida* (LATREILLE)

Außerdem ***C. melbae*** (RONDANI), auf Alpensegler, selten.

6. C ist vor R_1 unterbrochen, R_{2+3} mündet in der Nähe von R_1 in die C. Auf Singvögeln. Körper um 3 mm, Flügel um 4–5 mm ..... *Ornithophila metallica* (SCHINER)

— C ist vor der Sc unterbrochen, R_{2+3} mündet weiter entfernt von R_1 in die C. Auf Sing- u. Raubvögeln. Körper um 3 mm, Flügel 5–7 mm ..... 4; *Ornithomya* LATREILLE

Familie: **Calliphoridae**, Schmeißfliegen

Imagines auf Blüten, gärenden Früchten, Aas usw., an sonnigen Stellen. Habitus wie [**70**], 5–15 mm. Larven (Maden) in sich zersetzender organischer Substanz, daher gelegentlich Wundschmarotzer, andere zum Parasitismus übergegangen. Im Gebiet etwa 60 Arten.

1. Radius bis zum Gabelpunkt von R_1 u. Rs oberseits kräftig behaart oder beborstet 2

— Radius in diesem Bereich weder behaart noch beborstet 5

2. Hinterkopf konkav, ohne Borsten, glänzend. Fühlerborste nur oberseits lang behaart *Stomorhina lunata* (F.)

— Hinterkopf konvex, mit Borsten. Fühlerborste beidseitig behaart 3

3. Thorakalschüppchen [Th: **66a**] u. Flügelschüppchen [Fs: **66a**] braun, Fs oberseits mit feinen schwarzen Härchen. Fliegen dunkel metallisch *Protophormia terraenovae* (ROBINEAU-DESVOIDY)

— Th weiß oder gelb, Fs oberseits mit weißen Härchen oder kahl 4

4. Fs oberseits mit weißen Härchen ..... *Phormia regina* (MEIGEN)

— Fs oberseits kahl, Th u. Fs leuchtend gelb ..... *Trypocalliphora braueri* (HENDEL)

— Fs oberseits kahl, Th weiß, Fs weiß oder bräunlich ..... 4; *Protocalliphora* HOUGH

Larven saugen Blut an nestjungen Vögeln, Befall kann tödlich sein. Z. B. ***P. azurea*** (FALLÉN).

5. Thorax neben normaler Beborstung mit langen, dünnen, gekräuselten, gelben oder grauen Haaren, Propleura [Ppl: **66a**] nackt. Meist schwarze Fliegen 14; *Pollenia* ROBINEAU-DESVOIDY

P. rudis (F.) Regenwurmparasit, überwintert als Imago in großer Zahl in Häusern.

— Thorax normal beborstet, braun, Thorax nicht gestreift, Abdomen ohne Schachbrettzeichnung. Ppl nackt ..... *Morinia doronici* (SCOPOLI)

— Zeichnung anders. Ppl behaart 6

6. Vordere Orbitalborsten (ori) [**104**] auffallend lang. Fühlerborste in basaler Hälfte stark behaart 2; *Eurychaeta* BRAUER ET BERGENSTAMM

— ori nicht aufffallend lang 7

7. Suprasquamalsteg [Sq: **66a**] hinten mit einer Gruppe von Börstchen. Vorwiegend metallisch grün glänzend. [**70**] ..... 9; Goldfliege, *Lucilia* ROBINEAU-DESVOIDY

Larven in Kadavern. Häufig ***L. caesar*** (L.) u. ***L. sericata*** (MEIGEN); ***L. bufonivora*** MONIEZ obligatorischer Parasit an Amphibien, Infektion meist tödlich.

— Sq hinten nackt, vorwiegend mit dunkelblauer Färbung, oft ohne metallischen Glanz ... 8

8. Thorakalschüppchen [Th: **66a**] oberseits mindestens basal mit zahlreichen Börstchen ... **9**
— Thorakalschüppchen oberseits nackt (höchstens an der Basis 1–3 Härchen)
a) Scutellum mit 1 Paar langen Borsten, apikales Borstenpaar kurz oder fehlend: 3; ***Angioneura*** BRAUER ET BERGENSTAMM (Fühlerborste höchstens kurz behaart). ***Melanomya nana*** (MEIGEN) (Fühlerborste lang behaart).
b) Scutellum mit 3–5 Paar langen Borsten, incl. apikales Borstenpaar: ***Eggisops pecchiolii*** RONDANI (Fühlergrube behaart). 2; ***Melinda*** ROBINEAU-DESVOIDY (Fühlergrube kahl), Schneckenparasiten.
9. Thorakalschüppchen oberseits basal behaart, auf der Fläche nackt
4; ***Onesia*** ROBINEAU-DESVOIDY u. 9; ***Bellardia*** ROBINEAU-DESVOIDY
— Thorakalschüppchen oberseits auch auf der Fläche behaart. „Brummer" **10**
10. Abdomen ohne Bestäubung, glänzend stahlblau. Gesicht leuchtend gelb. Bis 18 mm
Totenfliege, ***Cynomya mortuorum*** (L.)
— Abdomen blau, deutlich weißlich bestäubt. Gesicht nicht auffallend gelb. Bis 14 mm
7; Blaue Fleischfliegen, ***Calliphora*** ROBINEAU-DESVOIDY
Häufig ***C. vicina*** ROBINEAU-DESVOIDY (Backen gelbbraun oder rötlich) u. ***C. vomitoria*** (L.) (Backen schwarz).

Familie: **Oestridae**, Biesfliegen, Nasenbremsen, Dasseln

Meist große stark behaarte Fliegen mit rückgebildeten Mundwerkzeugen [**68a, b**]. Larven der Oestriden sind Endoparasiten bei Säugetieren. Larven entwickeln sich in der Nasen- u. Rachenhöhle, die der **Hypodermatinae** in den Dasselbeulen unter der Haut des Wirtstiers. Im Gebiet 11 Arten.

1. M_{1+2} trifft am Flügelrand nicht mit R_{4+5} zusammen, berühren sich höchstens, Zelle R_5 nicht gestielt [**68b**] **3**
— M_{1+2} trifft vor dem Flügelrand mit R_{4+5} zusammen, Zelle R_5 dadurch geschlossen u. gestielt [**68a**] .... **Oestrinae 2**
2. Rudimentärer Rüssel fehlt. Abdomen oberseits glatt, mit wechselnd schimmernder Zeichnung. 10–12 mm. [**68a**] .... Schafbremse, ***Oestrus ovis*** L.
— Rudimentärer Rüssel vorhanden. Abdomen mit schwarzen Warzen. 9–11 mm
Rhinoestrus purpureus (BRAUER)
Wirte: Pferd u. Esel.
3. M_{1+2} an ihrer Aufwärtsbiegung nicht gegabelt [**68b**] .... **Hypodermatinae 4**
— M_{1+2} an der Aufwärtsbiegung in M_1 u. M_2 gegabelt .... weitere **Oestrinae 5**
4. Thorax u. Abdomen mit Borsten. 11–13 mm .... ***Oestromyia leporina*** (PALLAS)
Wirte: Nagetiere.
— Thorax u. Abdomen nicht mit Borsten, nur ± stark behaart. Thorax glänzend, mit deutlichen Längsstreifen. 11–15 mm. [**68b**] .... 4; ***Hypoderma*** LATREILLE
Wirte: Rind, Pferd, Schaf, Reh, Hirsch, Ziege, Mensch.
5. Körper lang u. dicht behaart. 14–18 mm .... 3; ***Cephenemyia*** LATREILLE
Wirte: Hirsch u. Reh.
— Körper kurz behaart, fast nackt. 13–14 mm .... ***Pharyngomyia picta*** (MEIGEN)
Wirte: Hirsch u. Elch.

Larven der Diptera

Gestalt sehr unterschiedlich, niemals der Imaginalform ähnlich. Thorakalbeine fehlen stets, höchstens sekundäre prothorakale Fußstummel. Entweder mit einer vollständigen oder teilweise reduzierten Kopfkapsel (d. h. mit deutlichem Außenskelett) (eu- oder hemicephal), mit kauenden Mundwerkzeugen: die meisten **Nematocera** u. **Brachycera Orthorrhapha**; oder Kopfkapsel völlig reduziert, ohne Außenskelett, Mundwerkzeuge zu Mundhaken (Cephalopharyngealskelett) abgewandelt (acephal): **Brachycera Cyclorrhapha**. Larven leben in unterschiedlichsten Lebensräumen. Larven einiger Familien nur im Wasser: **Dixidae, Chaoboridae, Culicidae, Simuliidae, Thaumaleidae, Blephariceridae.** Von folgenden Familien leben bestimmte Arten nur im Wasser, andere auf dem Land: **Tipulidae, Ptychopteridae, Psychodidae, Chironomidae, Ceratopogonidae, Stratiomyidae, Tabanidae, Syr-**

phidae. Die Larven der übrigen Familien sind meist nur Landbewohner. Von diesen sind Minierer in Pflanzen: z. B. **Agromyzidae** [**1**] u. **Anthomyiidae** [**2**]. Gallbildner an Pflanzen: z. B. **Cecidomyiidae** [**3**] u. **Tephritidae** [**4**]. Parasiten in Wirbellosen: z. B. **Bombyliidae, Conopidae, Pipunculidae, Sciomyzidae, Tachinidae.** Parasiten in Wirbeltieren: **Gasterophilidae, Oestridae** u. einige **Calliphoridae**.

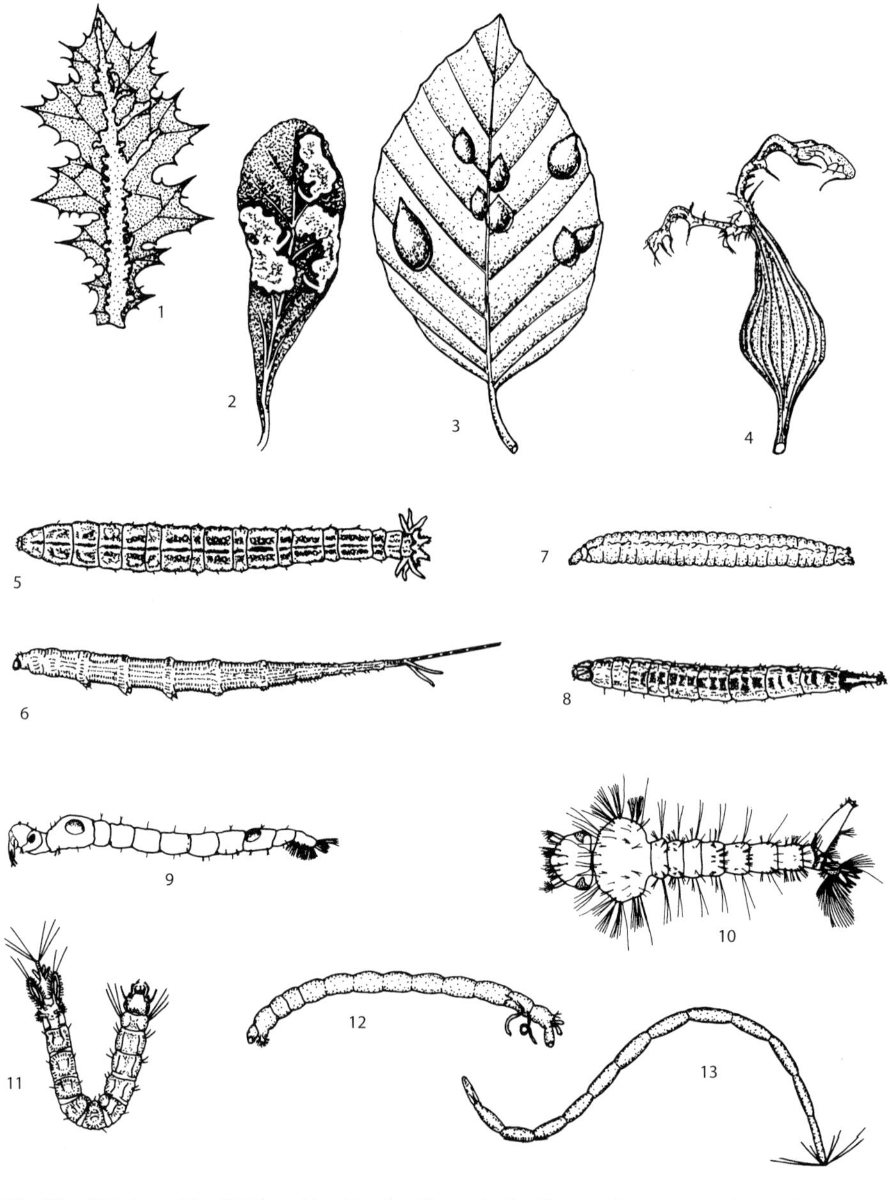

5 Tipulidae; **6** Ptychopteridae; **7** Trichoceridae; **8** Psychodidae; **9** Chaoboridae; **10** Culicidae; **11** Dixidae; **12** Chironomidae; **13** Ceratopogonidae

1. Kopfkapsel vollständig ausgebildet, mit Außenskelett (eucephal) u. kräftigen Mundwerkzeugen. Mandibeln bewegen sich in einer ± horizontalen Ebene. 2 Ausnahmen: **Tipulidae** [**5**] mit etwas reduzierter Kopfkapsel (hemicephal), Kopf in den Thorax einziehbar; **Cecidomyiidae** ohne sklerotisierte Kopfkapsel (acephal), 2-gl Fühler vorhanden; die meisten Arten ventral am 1. Thorakalsegment mit Chitinplatte (Spatula) [**18**] .... Mücken, **Nematocera**
Beispiele: **Ptychopteridae** [**6**], **Trichoceridae** [**7**], **Psychodidae** [**8**], **Chaoboridae** [**9**], **Culicidae** [**10**], **Dixidae** [**11**], **Chironomidae** [**12**], **Ceratopogonidae** [**13**], **Simuliidae** [**14**], **Blephariceridae** [**15**], **Scatopsidae** [**16**], **Bibionidae** [**17**], **Sciaridae** [**19**], **Mycetophilidae** [**20**].

— Kopfkapsel teilweise oder vollständig reduziert (hemi- oder acephal), übrige Merkmale anders als bei **Tipulidae** u. **Cecidomyiidae** .... Fliegen, **Brachycera** **2**

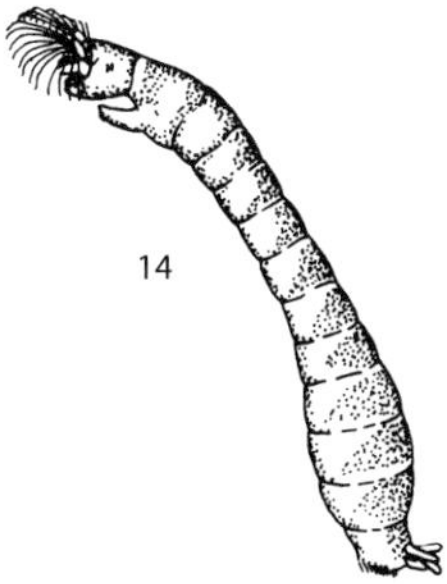
14

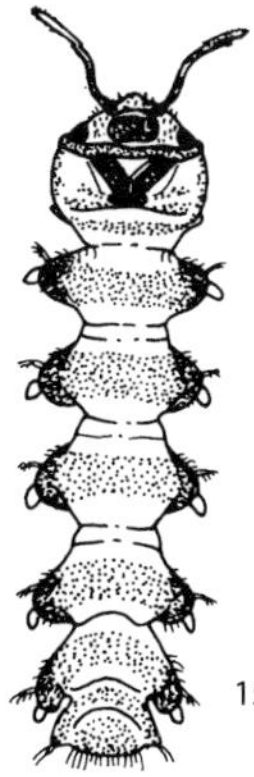
15

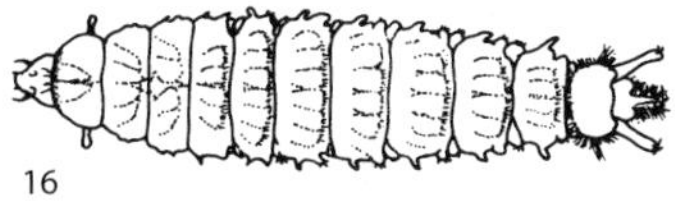
16

17

19
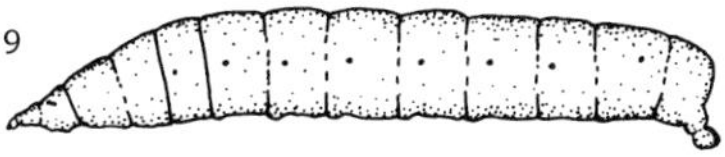

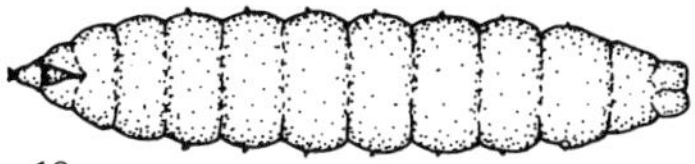
18

20

21

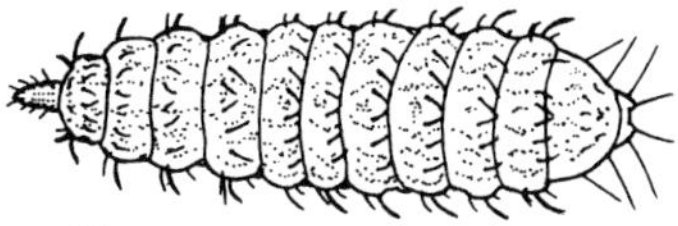
22

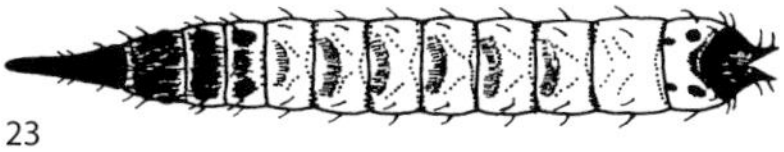
23

24

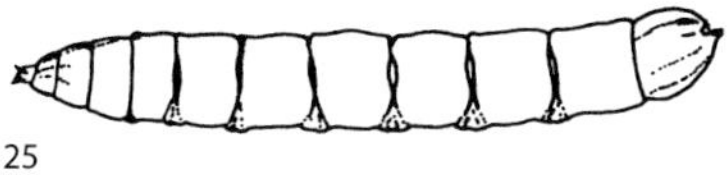
25

14 Simuliidae; **15** Blephariceridae; **16** Scatopsidae; **17** Bibionidae; **18** Cecidomyiidae; **19** Sciaridae; **20** Mycetophilidae; **21, 22** Stratiomyidae; **23** Xylophagidae; **24** Therevidae; **25** Empididae

2. Kopfkapsel nur teilweise reduziert (hemicephal), aber vor allem dorsal noch mit deutlichem Außenskelett. Mandibeln bewegen sich in ± vertikaler Ebene

Xylophagomorpha, Tabanomorpha, Asilomorpha („Orthorhapha")

Beispiele: **Stratiomyidae** [aquatisch **21**, terrestrisch **22**], **Xylophagidae** [**23**], **Therevidae** [**24**], **Empididae** [**25**], **Dolichopodidae** [**26**], **Tabanidae** [**27**].

— Kopfkapsel stark reduziert, ohne Außenskelett (acephal). Mundwerkzeuge zu einem Paar Mundhaken umgewandelt .... **Muscomorpha („Cyclorrhapha")**

Beispiele: **Lonchopteridae** [**28**], **Platypezidae** [**29**], **Syrphidae** [*Eristalis* **30**, *Syrphus* **31**], **Anthomyiidae** [**32**], **Fanniidae** [**33**], **Gasterophilidae** [**34**].

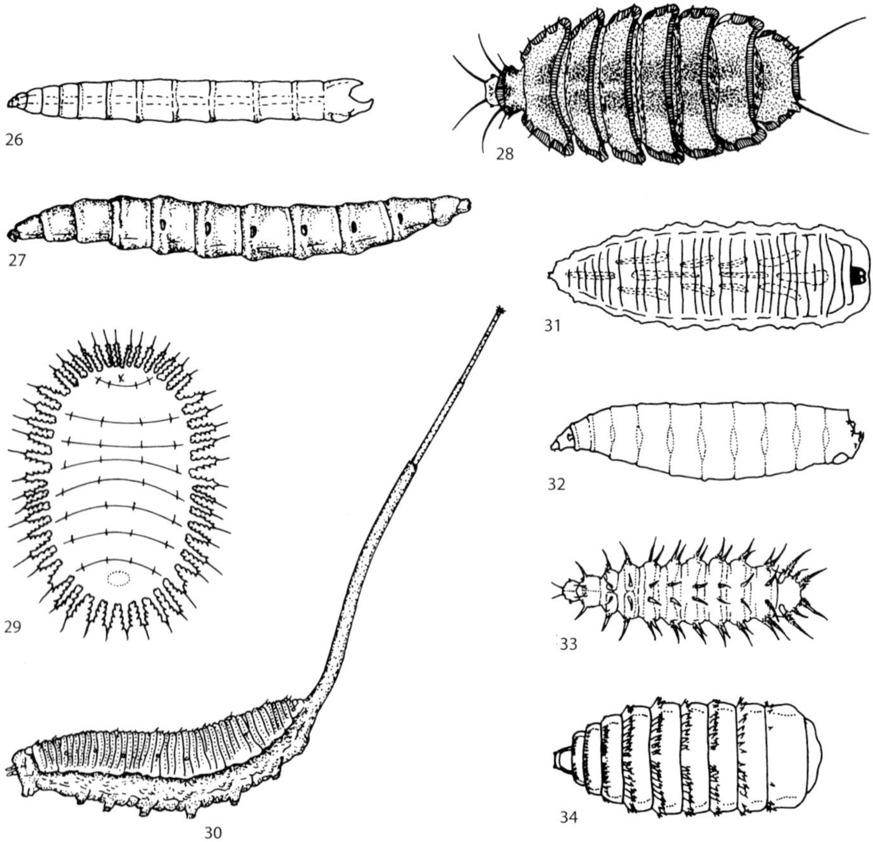

26 Dolichopodidae; **27** Tabanidae; **28** Lonchopteridae; **29** Platypezidae; **30** Syrphidae: *Eristalis*; **31** Syrphidae: *Syrphus*; **32** Anthomyiidae; **33** Fanniidae; **34** Gasterophilidae

Literatur

Ball, S., Morris, R.: Britain's Hoverflies - A field guide. Princeton, 2015.
Bothe, G.: Schwebfliegen, 8. Aufl., DJN. Hamburg, 1996.
Brauns, A.: Terricole Dipterenlarven. Göttingen, Frankfurt, Berlin, 1954.
Chandler, P. J.: Handbooks for the Identification of British Insects, 12. Checklists of Insects of the British Isles (New Series) Part 1: Diptera. London, 1998–2013. Regelmäßige Updates [http://www.dipteristsforum.org.uk/home].
Colyer, Ch., Hammond, C.: Flies of the British Isles. London, New York, 1968.
Haupt, J., Haupt, H.: Fliegen und Mücken. Beobachtung, Lebensweise. Augsburg, 1998.
Jedlička, L., Kúdela, M., Stloukalová, V.: Checklist of Diptera of Czech Republic and Slovakia. [http://zoology.fns.uniba.sk/diptera2009]. Bratislava, 2009.
Kormann, K.: Schwebfliegen Mitteleuropas: Vorkommen – Bestimmung – Beschreibung. Landsberg, 1988.
McAlpine, J. F., Peterson, B. V., Shewell, G. E., Teskey, H. J., Vockenroth, J. R., Wood, D. M. (Koord.): Manual of Nearctic Diptera. Ottawa, Ontario, 1981 ff.
Lindner, E. et al.: Die Fliegen der Palaearktischen Region. Stuttgart, 1923 ff.
Oldroyd, H.: Diptera. Handbooks for the Identification of British Insects. Vol. IX, Part I, 3rd ed. London, 1970.
Oosterbroek, P.: The European families of the Diptera. Zeist, 2006.
Papp, L., Darvas, B.: Manual of Palaearctic Diptera. Vol. 1–3 u. Appendix. Budapest, 1997–2000.
Sauer, F.: Fliegen und Mücken nach Farbfotos erkannt. Karlsfeld, 1987.
Schumann, H., Doszkal, D., Ziegler, J.: Diptera – Zweiflügler. In: B. Klausnitzer, Stresemann – Exkursionsfauna von Deutschland, Band 2 – Wirbellose: Insekten. 11. Aufl. Heidelberg, 2011.
Schumann, H., Bährmann, R., Stark, A.: Entomofauna Germanica – 2. Checkliste der Dipteren Deutschlands. (Studia Dipterologica, Suppl. 2). Halle, 1999.
Smith, K. G. V.: An introduction to the immature stages of British flies. Handbooks for the Identification of British Insects, Vol. X, Part 14. London, 1989.

Echinodermata, Stachelhäuter

Skelett aus Kalkplatten. Charakteristisch ist das vorwiegend der Fortbewegung dienende Wassergefäßsystem. Rein marin. In der Nordsee, nur wenige Arten in der Ostsee. Bodenbewohner. Entwicklung über planktische Larven. Seegurken sind Detritusfresser, Seesterne Räuber oder Detritusfresser, Schlangensterne Räuber, Seeigel Räuber oder Pflanzenfresser. Im Gebiet etwa 35 Arten. Meist Nordsee. Viele Arten bei Helgoland und/oder in größerer Tiefe (hier nur z. T. berücksichtigt).

System:
Holothuroidea: Phyllophoridae, Synaptidae
Echinoidea: Echinidae, Fibulariidae, Loveniidae, Parechinidae
Asteroidea: Asteriidae, Astropectinidae, Echinasteridae, Luidiidae, Solasteridae
Ophiuroidea: Amphiuridae, Ophiopholidae, Ophiotrichidae

In Deutschland besonders geschützt: ***Crossaster papposus, Echinus esculentus.***

1. Körper walzenförmig. Mund von Tentakelkranz umgeben ([**24**] S. 7)
Seegurken, **Holothuroidea**
Skelettplatten zu isolierten Kalkkörperchen reduziert. Bis 4 cm lang.
a) Mit Saugfüßchen. Körper kurz gurkenförmig. Mit 10 oder 15 oder 20 Tentakeln: **Phyllophoridae**, 4 Arten, z. B. ***Thyone fusus*** (Müller) ([**24**] S. 7) (mit 10 Tentakeln), ***Thyonidium drymmondii*** (Thompson) (mit 20 Tentakeln), auch Ostsee..
b) Ohne Saugfüßchen. Körper langgestreckt, wurmförmig. Mit 12 Tentakeln: **Synaptidae**, 4 Arten, selten z. B. ***Leptosynapta inhaerens*** (Müller) (Tentakel mit 5–7 Paar Seitenästen).

— Körper sternförmig. Ohne Tentakelkranz **2**

— Körper kugelförmig bis breit eiförmig. Ohne Tentakelkranz .... Seeigel, **Echinoidea** **10**

2. Arme schmal, scharf von der Mittelscheibe abgesetzt ..... Schlangensterne, **Ophiuroidea** **7**

— Scheibe nicht scharf von den Armen abgegrenzt, diese vielmehr breit ansitzend
Seesterne, **Asteroidea** **3**

3. Mit 10–13 Armen. Durchmesser bis 20 cm. [**2**]. Vereinzelt, auch Ostsee.
(**Solasteridae**) Sonnenstern, ***Crossaster papposus*** (L.)

— Mit 5 (seltener wenig mehr) Armen **4**

4. Körper ziemlich flach u. mit breiten Armen, mit stacheltragenden dorsalen Randplatten. Durchmesser bis 20 cm. [**1**]. In Küstennähe selten, auch Ostsee.
(**Astropectinidae**) Kammstern, ***Astropecten irregularis*** (Pennant)

— Körper anders, ohne stacheltragende dorsale Randplatten **5**

5. Arme zur Basis etwas verengt. Saugfüßchen in Furchen der Unterseite der Arme in 4 Reihen. Durchmesser um 20–30 cm, auch größer. [**3**]
(**Asteriidae**) Gemeiner Seestern, ***Asterias rubens*** L.
Sehr häufig in Nord- u. Ostsee. – Ähnlich, aber kleiner (bis 10 cm): ***Leptasterias muelleri*** (Sars), bei Helgoland.

— Arme schlanker, nicht zur Basis verengt. Saugfüßchen in 2 Reihen **6**

6. Saugfüßchen mit Saugscheibe. Durchmesser bis 20 cm. Vereinzelt, auch Ostsee.
(**Echinasteridae**) ***Henricia sanguinolenta*** (Müller)

— Saugfüßchen ohne Saugscheibe. Arme sehr schmal. Durchmesser bis 34 cm. Vereinzelt.
(**Luidiidae**) ***Luidia sarsii*** Düben et Koren

7. Arme mit langen, abstehenden Stacheln u. etwa 5-mal so lang wie Durchmesser der Scheibe. Durchmesser der Scheibe bis 20 mm. [**4**]
(**Ophiotrichidae**) Zerbrechlicher Schlangenstern, ***Ophiothrix fragilis*** (Abildgaard)

— Arme mit kurzen abstehenden oder mit ± anliegenden Stacheln **8**

8. Arme etwa 8-mal so lang wie Durchmesser der Scheibe, mit kurzen, senkrecht abstehenden Stacheln. Durchmesser der Scheibe um 10 mm. Auf Sandboden.
(**Amphiuridae**) 2; ***Amphiura*** Forbes
Häufiger, auch in der Ostsee ***A. filiformis*** (Müller. – Hierher auch ***Acrocnida brachiata*** (Montagu) (Arme etwa 15-mal so lang wie Durchmesser der Scheibe; Durchmesser der Scheibe um 12 mm). Nicht häufig.

— Arme höchstens 4-mal so lang wie Scheibendurchmesser **9**

1 *Astropecten*; **2** *Crossaster*; **3** *Asterias*; **4** *Ophiothrix*; **5** *Ophiura*; **6** *Echinocardium*; **7** *Psammechinus*

9. Arme mit kurzen abstehenden Stacheln. Durchmesser der Scheibe 5 mm. Auf Hartsubstrat. Helgoland .... (**Amphiuridae**) ***Amphipholis*** (= ***Axiognathus***) ***squamata*** (DELLE CHIAJE)

Außerdem ***Ophiopholis aculeata*** (L.) (**Ophiopholidae**) (Sondermerkmal: Rückenschilde der Arme von Kranz kleiner Schildchen umgeben; Durchmesser der Scheibe bis 20 mm), auf Felsuntergrund, Großer Belt, südl. Nordsee.

— Arme mit kurzen, anliegenden Stacheln. [**5**]

(**Ophiuridae**) 3; ***Ophiura*** LAMARCK u. 1; ***Ophiocten*** LÜTKEN

Auch in flacherem Wasser ***O. albida*** FORBES (ohne Poren zwischen Bauchplatten der Arme; Durchmesser der Scheibe 15 mm) u. ***O. ophiura*** (L.) (größer, Durchmesser der Scheibe 3 cm; mit mehreren Poren zwischen Bauchplatten der Arme). Beide Arten auf Weichboden, auch Ostsee.

10. Körper rund, kugelförmig, mit langen harten Stacheln **11**

— Körper oval, eiförmig, mit feinen Stacheln. Mund im Zentrum der Unterseite. Bis 1,5 cm lang. Häufig, auch Ostsee .... (**Fibulariidae**) ***Echinocyamus pusillus*** (MÜLLER)

Bei weiteren 5 Arten (aus anderen Familien) Mund in den Vorderteil der Unterseite verschoben: häufig nur Herzigel, ***Echinocardium cordatum*** (PENNANT) [**6**] (**Loveniidae**) (bis 5 cm lang), auch Ostsee.

11. Schale relativ flach gewölbt, grünlich schwarz. Durchmesser bis 3,5 cm. [**7**]. In Küstennähe sehr häufig, auch Ostsee................ (**Parechinidae**) Strandigel, ***Psammechinus miliaris*** (MÜLLER)

— Schale hochgewölbt, rotviolett. Durchmesser bis 15 cm. Bei Helgoland.

(**Echinidae**) Essbarer Seeigel, ***Echinus esculentus*** L.

Literatur

HANSSON, H. G., CEDHAGEN, T., STRAND, M., SAMUELSSON, H.: Echinodermata & Hemichordata. The Encyclopedia of the Swedish Flora and Fauna. Uppsala, 2013.

LIEBERKIND, I.: Echinodermata. In: F. DAHL, Tierwelt Deutschlands, Teil 4. Jena, 1928.

MORTENSEN, T., LIEBERKIND, I.: Echinoderma. In: G. GRIMPE, F. WAGLER, Tierwelt der Nord- und Ostsee, Band VIII. Leipzig, 1928.

MOYSE, J., TYLER, P. A.: Echinodermata. In: P. J. HAYWARD, J. S. RYLAND, The marine fauna of the British Isles and North-West Europe, Vol. 2. Oxford, 1990.

MOYSE, J., TYLER, P. A.: Sea urchins, starfish, and sea cucumbers (Phylum Echinodermata). In: P. J. HAYWARD, J. S. RYLAND, Handbook of the marine fauna of North-West Europe. Oxford, 1995.

PICTON, B. E.: A field guide to the shallow-water echinoderms of the British Isles. London, 1993.

SOUTHWOOD, E. C., CAMPBELL, A. C.: Echinoderms. Synopses of the British Fauna 56. Shrewsbury, 2005.

TÜRKAY, M.: Echinodermata – Stachelhäuter. In: B. KLAUSNITZER, J. H. JUNGBLUTH, Stresemann – Exkursionsfauna von Deutschland, Band 1 – Wirbellose (ohne Insekten). 9. Aufl. Heidelberg, 2019.

Tunicata (= **Urochordata**), Manteltiere

Körper von Mantel (aus Cellulose) umschlossen. Bilateral-symmetrisch. Mit wenigstens embryonal angelegtem Achsenstab (Chorda) u. darüber liegendem Nervenohr. Ohne Augen. Vorderdarm als Kiemendarm ausgebildet. Marin. Strudler. Im Gebiet etwa 25 Arten.

System (gehören mit den **Acrania** u. **Craniata** zu den **Chordata**):
Ascidiacea: Ascidiidae, Cionidae, Clavelinidae, Corellidae, Molgulidae, Styelidae
Appendicularia (= **Larvacea**): **Fritillariidae, Oikopleuridae**

1. Freischwimmend, mit Schwanzanhang, dieser an Rumpfmitte ansetzend. Einzeln lebend. Rumpf bis 1,3 mm lang. Pelagisch .... **Appendicularia** (= **Larvacea**)
An Küste der Nord- u. Ostsee 2 Arten: ***Fritillaria borealis*** Lohmann (**Fritillariidae**) (Rumpf langgestreckt), ***Oikopleura dioica*** Fol (**Oikopleuridae**) (Rumpf kurz, gedrungen).
— Sessil, ohne Schwanzanhang, Körper ± sackförmig, mit papillenartigen Ein- und Ausströmöffnungen (Siphonen). Einzeln lebend oder in Kolonien .... Seescheiden, **Ascidiacea** S. 505

Ascidiacea, Seescheiden

Mit pelagischem Larvenstadium. Erwachsene auf hartem Substrat festsitzend oder in weichem Untergrund (Sand, Schlick) eingebettet. Bei vielen Arten ungeschlechtliche Vermehrung durch Knospung u. dadurch Koloniebildung. Einzeln lebende Arten manchmal auch in dichten Ansammlungen (Aggregationen). Auf größere Tiefe (ab 10 m) beschränkte oder nur bei Helgoland vorkommende Arten meist nicht berücksichtigt.

1. Einzeltiere ganz in der gemeinsamen Mantelmasse versenkt. Färbung der Kolonie variabel, meist prächtig (orange, gelb, rot, blau)
a) Kolonien flächig, spezifische Muster bildend, Einzeltiere sternartig oder bandförmig angeordnet: 3 Arten der **Styelidae**, ***Botryllus schlosseri*** (Pallas) (Einzeltiere höchsten 3 mm lang; Kolonie weich, gallertige Überzüge bildend; Anordnung der Einzeltiere in sternartigen Mustern). ***Botrylloides leachii*** (Savigny) (ähnlich, aber Einzeltiere bandförmige Muster bildend; Koloniegröße um 15 cm); bei der ähnlichen invasiven Art ***Botrylloides violaceus*** Oka Koloniegröße bis über 30 cm. Alle Arten nur in der Nordsee.
b) Kolonien nicht flächig, oder flächig, dann aber Einzeltiere nicht in Mustern angeordnet: etwa 9 Arten aus 3 Familien, meist nur Nordsee, oft nur Helgoland.
— Einzeltiere isoliert oder in Aggregationen **2**
2. Einzeltiere schlank, durchsichtig, bis 3 cm hoch, durch Wurzelgeflecht am Grunde verbunden [**1**] .... (**Clavelinidae**) ***Clavelina lepadiformis*** (Müller)
— Einzeltiere isoliert (höchstens zuweilen mit breiter Basis verwachsen) **3**
3. Einströmöffnung u. Ausströmöffnung mit je 4 Mantellappen, diese auch undeutlich oder fehlend .... weitere **Styelidae**
Auf festem Substrat. Mehrere Arten. Körper kugelig bis oval: ***Dendrodoa grossularia*** (van Beneden) [**2**] (6–15 mm breit; rot oder braun). ***Styela coriacea*** (Alder et Hancock) (bis 25 mm breit; weißlich bis braun). Körper keulenförmig, basaler Abschnitt schlank: ***Styela clava*** Herdman (bis 120 mm lang; gelbbraun). – Außerdem eingeschleppt ***Corella eumyota*** Traustedt (**Corellidae**) (Sondermerkmal: Ausstromöffnung seitlich, mindestens ⅓ der Körperlänge von Einstromöffnung entfernt; 20–40 mm). Nordsee.
— Einströmöffnung mit 6, Ausströmöffnung mit 4 Lappen .... **Molgulidae**
Molgula Forbes, wenige Arten, ***M. citrina*** Alder et Hancock (Körper ziemlich rund [**3**]; etwa 10 mm breit; nicht mit Sand bedeckt; grün bis gelblich), Helgoland, Ostsee. Bei übrigen Arten Körper mit Sandkörnern bedeckt: ***M. manhattensis*** De Kay (Körper seitlich abgeflacht, Durchmesser bis 15 mm; grau), Nordsee, Ostsee; ***M. complanata*** Alder et Hancock (Körper ± kugelig; bis 10 mm; beige bis braun), Helgoland.
— Einströmöffnung mit 8, Ausströmöffnung mit 6 Lappen **4**
4. Körper zylindrisch, etwa 3-mal so hoch wie breit. Bis 150 mm lang. [**4**]. Nordsee, Ostsee. (**Cionidae**) ***Ciona intestinalis*** (L.)
— Körper gestauchter, seitlich abgeplattet, etwa 2-mal so hoch wie breit. Bis 70 mm lang. Nur Nordsee .... (**Ascidiidae**) 2; ***Ascidiella*** Roule
A. aspersa (Müller) (Siphonen ½ bis ⅓ der Körperlänge voneinander entfernt, infolge seitlicher Verlagerung des einen Siphons); ***A. scabra*** (Müller) (Siphonen ¼ bis ⅕ der Körperlänge voneinander entfernt).

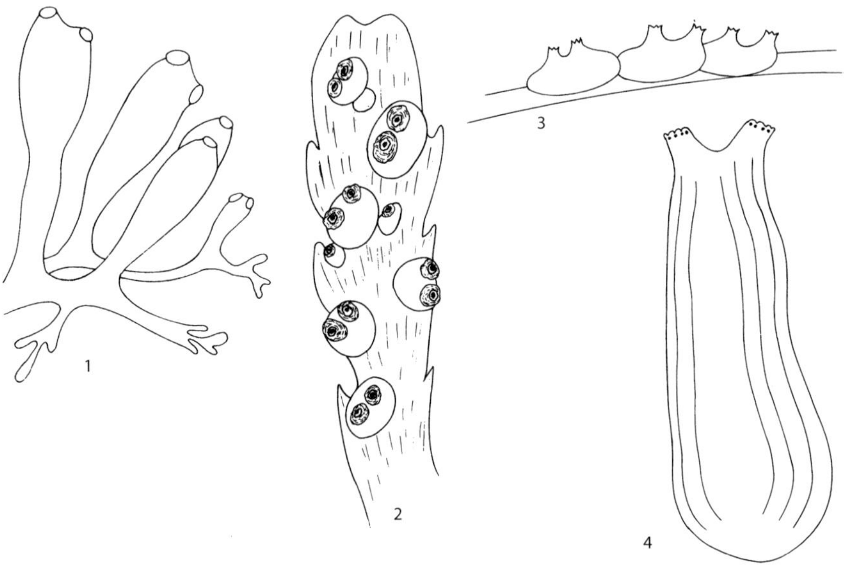

1 *Clavelina*; **2** *Dendrodoa*; **3** *Molgula*; **4** *Ciona*

Literatur

Groepler, W.: Tunicata – Manteltiere. In: B. Klausnitzer, J. H. Jungbluth, Stresemann – Exkursionsfauna von Deutschland, Band 1 – Wirbellose (ohne Insekten). 9. Aufl. Heidelberg, 2019.

Huus, J.: Ascidiacea. In: G. Grimpe, E. Wagler, Tierwelt der Nord- und Ostsee. Band XIIa3. Leipzig, 1933.

Knight-Jones, E. W., Ryland, J. S.: Hemichordata and Urochordata. In: P. J. Hayward, J. S. Ryland, The marine fauna of the British Isles and North-West Europe. Vol. 2. Oxford, 1990.

Knight-Jones, E. W., Ryland, J. S.: Acorn-worms and sea squirts (Phyla Hemicordata and Urochordata). In: P. J. Hayward, J. S. Ryland, Handbook of the marine fauna of North-West Europe. Oxford, 1995.

Michaelsen, W.: Manteltiere oder Tunicata. In: F. Dahl, Tierwelt Deutschlands, Teil 17. Jena, 1930.

Millar, R. H.: Tunicata – Ascidiacea. Marine Invertebrates of Scandinavia 1. Oslo, 1966.

Craniata (= **Craniota**), Schädeltiere

Kopf mit Skelett (Schädel = Cranium). Körper mit Innenskelett, meist mit einer gegliederten Wirbelsäule (Rückgrat).

System (gehören mit den **Tunicata** und **Acrania** zu den **Chordata**):
„Agnatha" (Kieferlose): **Myxinoida**
Vertebrata (= **Myopterygii**) (Wirbeltiere i. e. S.)
  „Agnatha" (Kieferlose): **Petromyzontida**
  Gnathostomata (Kiefermünder)
    Chondrichthyes (Knorpelfische)
    Osteognathostomata
      Actinopterygii (Strahlflosser) (vor allem Knochenfische)
      Sarcopterygii (Fleischflosser), darunter
        Tetrapoda (Landwirbeltiere)
          Amphibia (Amphibien)
          Amniota (Nabeltiere)
            Sauropsida: „Reptilia" (Reptilien), **Aves** (Vögel)
            Synapsida: Mammalia (Säugetiere)

Die **Craniata** werden auch als **Vertebrata** (Wirbeltiere i. w. S.) bezeichnet. Nach einem anderen Konzept sind **Myxinoida** u. **Petromyzontida** Schwestergruppen (**Cyclostomata**, Rundmäuler). Die nicht zu den **Tetrapoda** gehörenden **Craniata** werden häufig als Lebensform unter „Fische" (**„Pisces"**) zusammengefasst. Dieser Begriff hat keine taxonomische Bedeutung, wird hier aber aus praktischen Gründen verwendet.

1. Ohne Beine **2**
— Mit Beinen **4**
2. Im Wasser. Mit Flossen. Habitus wie Fische **3**
— Im Wasser. Körper ± keulenförmig: Rumpf eiförmig, mit deutlich abgesetztem Schwanz
Larven der Lurche, **Amphibia** S. 555
— An Land. Körper mit Hornschuppen oder Hornschildern bedeckt
einige Kriechtiere, **„Reptilia"** S. 557
3. Schwanzflosse senkrecht. Körper meist mit Schuppen bedeckt. Mit Kiemen, unter Kiemendeckel oder jederseits des Kopfes mit 5–7 Kiemenöffnungen .... Fische, **„Pisces"** S. 558
Hierzu gehören **„Agnatha"**, **Chondrichthyes** u. **Actinopterygii**.
— Schwanzflosse waagerecht. Haut nackt. Atmung durch Lungen
einige Säugetiere, **Mammalia** S. 616
4. Haut nackt .... Lurche, **Amphibia** S. 550
— Körper mit Hornschuppen oder Hornschildern bedeckt .... Kriechtiere, **„Reptilia"** S. 557
— Mit Federn. Vordergliedmaßen in Flügel umgewandelt .... Vögel, **Aves** S. 560
— Mit Haaren, meist als Fell ausgebildet .... Säugetiere, **Mammalia** S. 616

„Pisces", Fische

Wechselwarme, im Wasser lebende Wirbeltiere mit Kiemenatmung. Körperoberfläche nackt oder mit Knochenschildern (bei **Chondrostei**) oder mit Schuppen bedeckt. Mit Flossen. Skelett knorpelig (bei **„Agnatha"** und **Chondrichthyes**) oder knöchern (bei **Osteognathostomata**). Für die Bestimmung wichtige m o r p h o l o g i s c h e M e r k m a l e (vor allem der Knochenfische, **„Osteichthyes"**):

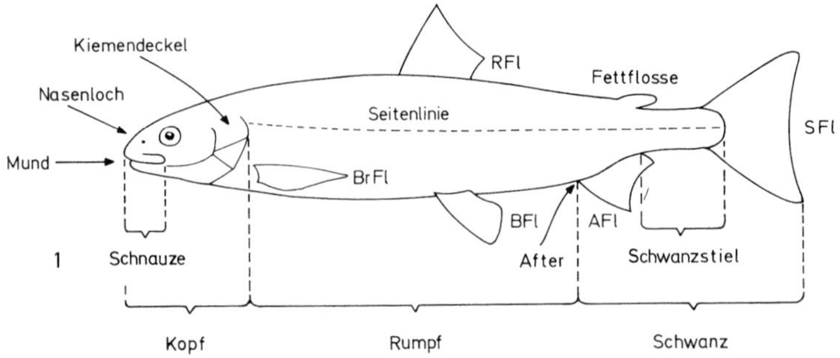

Gliederung des K ö r p e r s [**1**] in Kopf (mit Schnauze vor den Augen), Rumpf und Schwanz (mit Schwanzstiel zwischen AFl und SFl), jederseits mit Nasenloch, Auge, Kiemendeckel und Seitenliniensystem [**1**] (dieses ein Kanal mit Öffnungen auf den Schuppen als Ferntastsinnesorgan).

M u n d oberständig [**2a**], endständig [**2b**] oder unterständig [**2c**], oft mit Barteln ([**2c**], Anhängen an den Kiefern). K i e f e r [**3**] beweglich, mit Ober- und Unterkiefer, vor dem Kiefer der ± große Zwischenkiefer. Z ä h n e ausgebildet als kleine zahlreiche „Hechelzähne" oder – in geringerer Zahl – als große „Hundszähne" (bei Raubfischen). Im Mundraum [**3**] können bezahnt sein: Unterkiefer, Oberkiefer, Zwischenkiefer, Gaumenbein, Pflugscharbein [**3, 51**] und Zunge. Bei **Cyprinidae** das 5. Kiemenbogenpaar mit „Schlundzähnen" [**25**].

K i e m e n mit Kiemendeckel [**2b**] – aus 3–4 Stücken – bedeckt: Deckel (Operculum), Unterdeckel (Suboperculum), Zwischendeckel (Interoperculum) und Vordeckel (Praeoperculum). Kiemen auf Kiemenbögen [**4**], diese an der Innenseite mit Reusenzähnen (Reusendornen). Knorpelfische ohne Kiemendeckel.

F l o s s e n [**1**]: Brustflossen (paarig), Bauchflossen (paarig), Afterflosse (kann in 2 geteilt sein), Rückenflosse (kann in 2 oder 3 geteilt sein), Fettflosse (nur bei einigen Familien) und Schwanzflosse. Die Bauchflossen können hinter („bauchständig"), unter („brustständig") oder vor („kehlständig") den Brustflossen liegen [**5a–c**]. Flossen (mit Ausnahme der Fettflosse) durch Flossenstrahlen [**6a, b**] gestützt, diese entweder einfach, ungegliedert und hart (Hartstrahlen oder Stachelstrahlen) oder gegliedert und weich (Weichstrahlen oder Gliederstrahlen). Bezeichnung der Strahlenzahl einer Flosse: vor Schrägstrich Hartstrahlen, dahinter Weichstrahlen (Beispiel: RFl 3–4/17–22 bedeutet Rückenflosse mit 3–4 Hartstrahlen und 17–22 Weichstrahlen). (Die Strahlenzahlen der einzelnen Flossen werden hier nur soweit angegeben, wie sie für die Diagnose hilfreich sind).

S c h u p p e n als Hautzähnchen (Plakoidschuppen [**7a**]) bei **Neoselachii**, bei **Teleostei** als Rundschuppen (Cycloidschuppen [**7b**]) mit konzentrischen, dazu auch oft radiären Furchen und als Kammschuppen (Ctenoidschuppen [**7c**]) mit feinen Zähnchen am Hinterrand. Zählung der Schuppen wie in [**8**]. Für Seitenlinie gilt: Zahl hinter „Slinie" gibt die Zahl der auf ihr liegenden Schuppen an (z. B. Slinie 70–80 = mit 70–80 Schuppen). Ablage von Eiern. Knorpelfische (**Chondrichthyes**) mit innerer Befruchtung, hier Eier hornig kapselförmig [z. B. **17b, 18, 19**]. Manche Arten auch lebendgebärend. Laichzeit der Fische häufig im Frühjahr. Nahrung: Pflanzen, Plankton, Kleintiere bei Friedfischen oder größere Tiere bei Raubfischen. „Wanderfische" wechseln zwischen Meer und Süßwasser. Anadrome Arten leben im Meer und suchen das Süßwasser zum Laichen auf (z. B. Stör, Lachs, Meerforelle, Maifisch); katadrome Arten verbringen den größten Teil ihres Lebens im Süßwasser und wandern zum Laichen ins Meer (z. B. Aal, Flunder).

Abkürzungen: BrFl = Brustflosse(n), BFl = Bauchflosse(n), AFl = Afterflosse, RFl = Rückenflosse, SFl = Schwanzflosse, Slinie = Seitenlinie.

In Deutschland etwa 260 Arten (hier im Wesentlichen nach FishBase – Regionale Artenliste für Deutschland). Einige südliche, in der Nordsee extrem selten als Irrgäste vorkommende Arten, Tiefseefische oder in tieferen Wasserschichten vorkommende Arten und Aquarienfische, die bisweilen freigelassen werden, hier nicht berücksichtigt.

Übersicht über das System der Fische (kombiniert nach verschiedenen Autoren, vor allem nach Nelson (2006) und Schultze in: Westheide u. Rieger (2015). Die **„Agnatha“** (Rundmäuler) werden nicht zu den eigentlichen Fischen gezählt.
(Endung der „Ordnung“: -**formes**)
„Agnatha“: Myxinoidea (= **Myxiniformes**): **Myxinidae**
„Agnatha“: Petromyzontida (= **Petromyzontiformes**): **Petromyzontidae** [12]
Gnathostomata (Fische im engeren Sinne unter Einschluss der Tetrapoden)
  Chondrichthyes (Knorpelfische)
    Holocephali (nur **Chimaeriformes**): **Chimaeridae** [9]
    Neoselachii (umfassen nur rezente Gruppen; die **Elasmobranchii** enthalten auch fossile Gruppen)
      Lamniformes: Alopiidae, Cetorhinidae, Lamnidae [13]
      Carcharhiniformes: Carcharhinidae, Scyliorhinidae, Sphyrnidae, Triakidae [15]
      Hexanchiformes: Hexanchidae
      Echinorhiniformes: Echinorhinidae
      Squaliformes: Dalatiidae, Somniosidae, Squalidae [16]
      Squatiniformes: Squatinidae
      Rajiformes: Dasyatidae, Myliobatidae, Rajidae [17], **Torpedinidae**
  Osteognathostomata (= **Euteleostomi**); dieses Taxon der „Knochentiere“ enthält die Schwestergruppen **Actinopterygii** (Strahlflosser) + **Sarcopterygii** (Fleischflosser, unter Einschuss der Tetrapoden). „Knochenfische“ („**Osteichthyes**“) bezeichnet ein paraphyletisches Taxon (Fische ohne Tetrapoden). Die folgende Übersicht schlüsselt die **Actinopterygii** näher auf.
    Chondrostei (nur **Acipenseriformes**): **Acipenseridae** [20]
    Teleostei (Knochenfische i. e S.)
      Elopomorpha
        Anguilliformes: Anguillidae [21], **Congridae**
      Clupeomorpha
        Clupeiformes: Clupeidae [23, 24], **Engraulidae** [22]
      Ostariophysi
        Cypriniformes: Cyprinidae [26–45], **Cobitidae** [46, 48], **Nemacheilidae** [47]
        Siluriformes: Ictaluridae, Siluridae [49]
      Protoacanthopterygii
        Salmoniformes: Salmonidae [52–57]
        Osmeriformes: Osmeridae [50]
        Esociformes: Esocidae [58], **Umbridae**
      Stomiiformes: Sternoptychidae
      Lampriformes: Lampridae, Regalecidae
      Paracanthopterygii
      Ophidiiformes: Carapidae (= **Fierasferidae**)
      Gadiformes: Gadidae [60–62], **Lotidae** [63, 65–67], **Merlucciidae** [59], **Phycidae, Ranicipitidae** [64]
      Lophiiformes: Lophiidae [10]
      Zeiformes: Zeidae, Caproidae
      Mugilimorpha
        Mugiliformes: Mugilidae

Atherinimorpha
Atheriniformes: Atherinidae
Beloniformes: Belonidae [68], Scomberesocidae
Percomorpha
Gasterosteiformes: Gasterosteidae [69–71]
Syngnathiformes: Centriscidae (= Macroramphosidae), Syngnathidae [72, 73]
Scorpaeniformes: Agonidae [75], Cottidae [78, 79], Cyclopteridae [74], Liparidae [80], Psychrolutidae, Sebastidae [76], Triglidae [77]
Perciformes: Ammodytidae [94], Anarhichadidae [92], Blenniidae, Bramidae, Callionymidae [95], Carangidae [89], Centrarchidae [83], Centrolophidae, Coryphaenidae, Echeneidae, Gobiesocidae, Gobiidae [96], Labridae [90], Moronidae, Mullidae, Percidae [84–88], Pholidae [82], Polyprionidae, Sciaenidae, Scombridae [97, 98], Serranidae, Sparidae, Stichaeidae [91], Trachinidae [93], Xiphiidae, Zoarcidae [81]
Pleuronectiformes: Bothidae, Cynoglossidae, Pleuronectidae [100–103], Scophthalmidae [99], Soleidae [104]
Tetraodontiformes: Balistidae, Molidae

In Deutschland streng geschützt: Petromyzontidae, *Umbra krameri*.

1. Mit paarigen Flossen, wenigstens auf der Bauchseite. Mund mit Oberkiefer u. Unterkiefer 3
— Ohne paarige Flossen. Mund ohne Kiefer, als runde Saugscheibe ausgebildet [**11, 12**]. Haut ohne Schuppen. Nasenöffnung unpaar .... Kieferlose, **„Agnatha“** 2
2. Mit je 4 Barteln am Mund u. an der Nasenöffnung. Augen verkümmert. Marin
Schleimaale, Inger, **Myxiniformes**
Nur Inger, **Myxinidae** mit ***Myxine glutinosa*** L., Inger, Schleimaal
25–40 cm. Nur am Schwanz mit kleinem Flossensaum. Blassrosa bis grau. Nahrung: Bodentiere u. tote Fische. Nur Nordsee. Im Schlick unter 20 m. Selten.
— Ohne Barteln am Mund u. an der Nasenöffnung. Mit Augen (nicht bei den Larven!)
Neunaugen, **Petromyzontiformes** S. 514
3. Kiemenspalten (jederseits 5–6) ohne Deckel. Mund unterständig, quer gestellt (z. B. [**13, 15, 17a**]). Haut nackt oder mit Plakoidschuppen [**7a**]. Marin .... Haie u. Rochen, **Neoselachii** 4
— Auf jeder Seite mit 1 Kiemenöffnung, diese mit Deckel [**1, 2b**]. Mund unterständig, endständig oder oberständig [**2**]. Ohne Plakoidschuppen 10
4. Körper langgestreckt, spindelförmig, seltener abgeflacht, allmählich in den kräftigen Schwanz auslaufend. BrFl nicht in die Körperseiten übergehend. Kiemenspalten seitlich vor den BrFl (z. B. [**13, 15, 16**]) .... Haie 5
— Körper dorsoventral abgeflacht, scheibenförmig, seitlich ohne deutliche Abgrenzung in BrFl übergehend. Schwanz dünn, scharf vom Körper abgesetzt [**17a**]. Kiemenspalten auf der Unterseite .... Rochen, **Rajiformes** S. 517
5. Jederseits mit 6 Kiemenspalten. Nur 1 RFl vorhanden, SFl fast so lang wie ⅓ des Körpers
Kammzähnerhaie, Kragenhaie, **Hexanchiformes**
Nur Grauhaie, **Hexanchidae** mit ***Hexanchus griseus*** (Bonnaterre), Großer Grauhai.
Bis 5 m. Rücken schwarzbraun. Räuber. Lebendgebärend. Vereinzelt in nördlicher Nordsee.
— Jederseits mit 5 Kiemenspalten. Mit 2 RFl 6
6. Körper dorsoventral abgeflacht, mit großen BrFl u. BFl (BrFl im Unterschied zu Rochen jedoch nicht mit Körperseiten verwachsen). Beide RFl schwanzständig, hinter BFl
Engelhaie, **Squatiniformes**
Nur Engelhaie, **Squatinidae** mit ***Squatina squatina*** (L.), Meerengel.
1–2 m. Mund breit, endständig. Gelbbraun mit dunklen Flecken. Lebendgebärend. Grundfisch. Nahrung: Grundfische, Mollusken, Krebse. Vereinzelt in der Nordsee.
— Körper nicht dorsoventral abgeflacht. BrFl u. BFl kleiner 7
7. AFl vorhanden 9
— AFl fehlend 8
8. 1. RFl weit vor dem Ansatz der BFl liegend [**16**] .... Hundshaie, **Squaliformes** S. 516

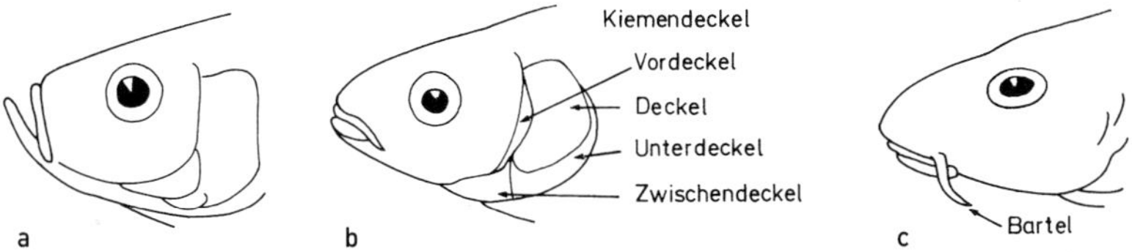

2 a Mund oberständig   b endständig   c unterständig

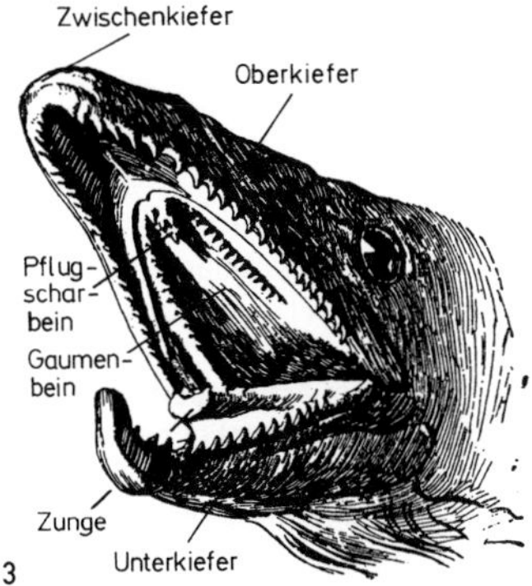

3

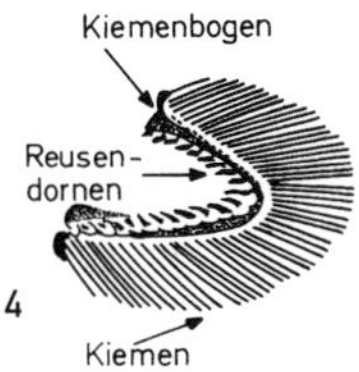

4

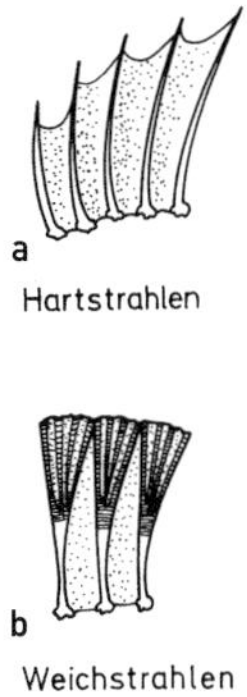

6

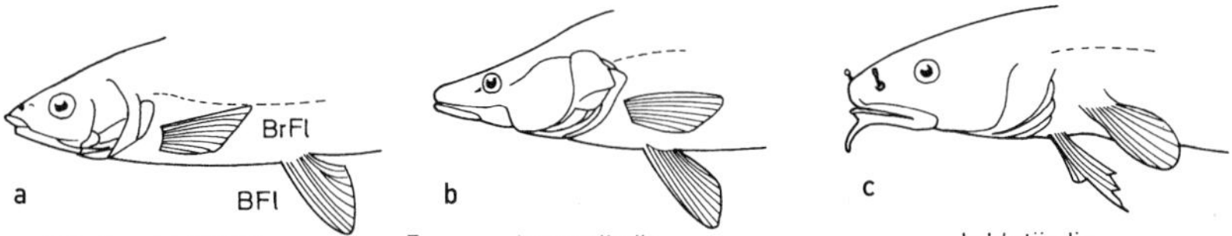

a BFl bauchständig   5   b brustständig   c kehlständig

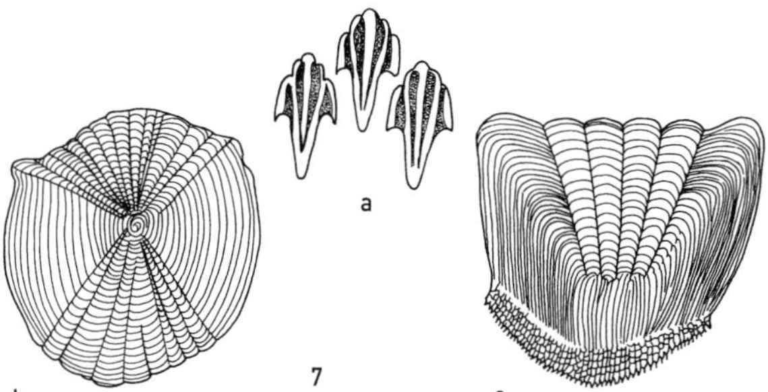

7   a   b   c

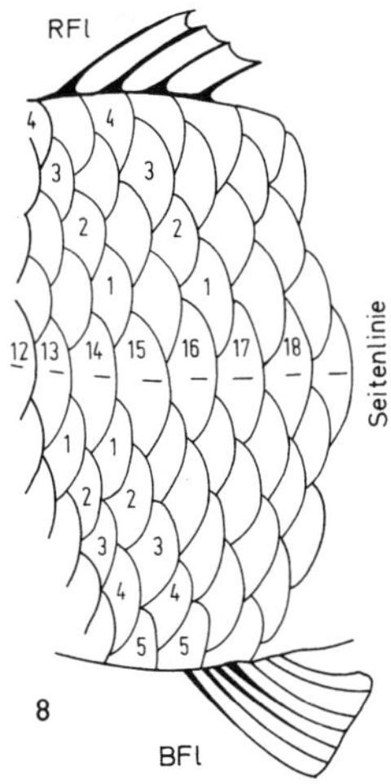

8

— Beide RFl hinter dem Ansatz der Bauchflossen liegend Nagelhaie, **Echinorhiniformes**
Nur Alligatorenhaie, **Echinorhinidae** mit ***Echinorhinus brucus*** (Bonnaterre), Nagelhai, Brombeerhai.
Bis 3 m. Körper mit beulenartig verschmolzenen Hautzähnen, dunkel. Lebt bodennah. Lebendgebärend. Nahrung: Fische, Krebse. Vereinzelt in der Nordsee.

9. Schwanzstiel mit Seitenkielen; wenn undeutlich, SFl sehr lang, oberer Lappen etwa so lang wie übriger Körper. 1. RFl etwa gegenüber der Mitte zwischen den BrFl u. BFl liegend. Auge ohne Nickhaut .... Makrelenhaie, **Lamniformes** S. 515

— Schwanzstiel ohne Seitenkiele, SFl viel kürzer. Augen mit Nickhaut (Hautfalte am unteren Augenrand), wenn Nickhaut reduziert, 1. RFl hinter oder über den BFl liegend
Grundhaie, **Carcharhiniformes** S. 515

10. Seitenliniensystem auf dem Kopf mit deutlichem Muster. Habitus [**9**]. Marin
(**Holocephali**) Chimaeren, Seekatzen, **Chimaeriformes**
Nur Kurznasenchimären, **Chimaeridae** mit ***Chimaera monstrosa*** L., Seeratte, Spöke [**9**]
Bis 100 cm. Schwanz lang fadenförmig auslaufend. 1. RFl mit kräftigem Stachel. Kiefer mit meißelartigen Zähnen. Nahrung: Bodentiere. Nördliche Nordsee.

— Slinie auf dem Kopf ohne derartiges Muster. Habitus anders
Strahlflosser, **Actinopterygii** (zu **Osteognathostomata**) **11**

11. Mund unterständig. Kiemendeckel ungegliedert, Kiemen teilweise unbedeckt lassend. Haut nackt, nur mit 5 großen Knochenschilderreihen besetzt. Vorderrand der RFl, SFl u. AFl von rhombischen Schuppen eingefasst. SFl oben größer als unten [**20**]
(**Chondrostei**) Störartige, **Acipenseriformes** S. 518

— Mund verschieden, zumindest nicht so deutlich unterständig. Kiemendeckel gegliedert [**2b**], Kiemen vollständig bedeckend [**1, 2b**]. Haut meist mit Schuppen [**7b, 7c, 8**], ohne Knochenschilderreihen. Vorderrand der RFl, SFl u. AFl ohne rhombische Schuppen. SFl oben u. unten meist etwa gleich groß .... Knochenfische i. e. S., **Teleostei** **12**

12. Körper seitlich stark abgeplattet, ± oval; Augen auf rechter oder linker Körperseite. Mit langen Flossensäumen [**99–104**] .... Plattfische, **Pleuronectiformes** S. 546

— Körper bilateral-symmetrisch; Augen auf beiden Körperseiten **13**

13. RFl u. AFl saumartig zusammenhängend, SFl unauffällig [**21**], BFl fehlend. Körper aalähnlich **14**

— RFl u. AFl nicht saumartig zusammenhängend; wenn doch, dann BFl vorhanden. Körper nicht aalähnlich (nicht wie [**21**]).. **15**

14. Schwanzende ± abgerundet. Ansatz der AFl hinter dem Ansatz der RFl liegend [**21**]
Aalartige, **Anguilliformes** S. 519

— Schwanzende spitz auslaufend. Ansatz der AFl vor dem Ansatz der RFl liegend. Marin
Eingeweidefischartige, **Ophidiiformes**
Nur Eingeweidefische, **Carapidae** (= **Fierasferidae**) mit ***Echiodon drummondii*** Thompson, Eingeweidefisch
Bis 30 cm. Rötlich, Bauch silbrig. Suchen Schutz in Seegurken. Nordsee. Selten.

15. Schnauze röhrenförmig, mit kleiner endständiger, zahnloser Mundöffnung (z. B. [**72, 73**]). Ma-

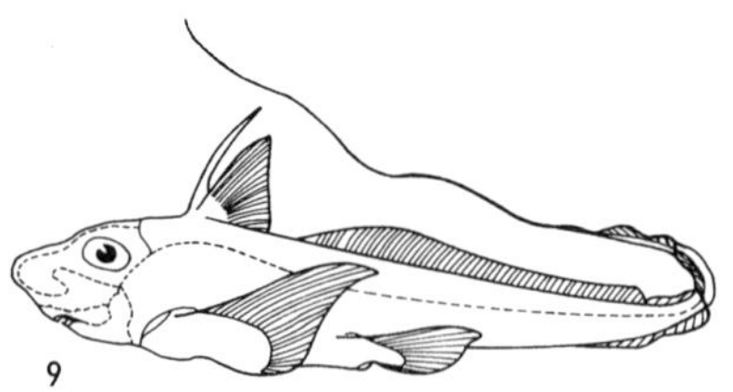

9

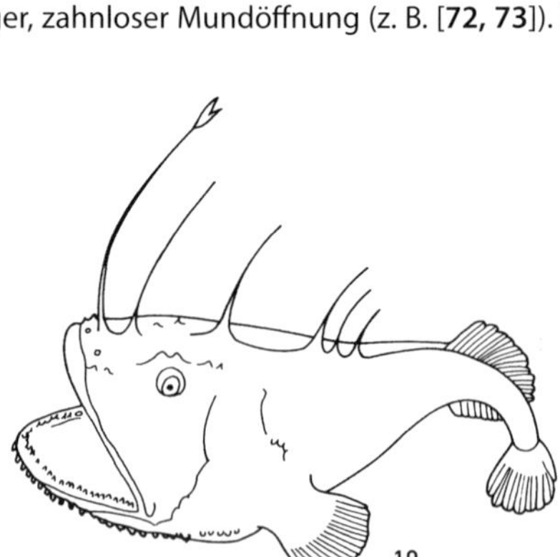

10

9 Seeratte; **10** Angler

rin .... Seenadelartige, **Syngnathiformes** S. 533
— Oberkiefer u. Unterkiefer des Kopfes lang ausgezogen. Körper lang u. schlank. RFl hinten – der AFl gegenüber – liegend [**68**]. Marin .... Hornhechtartige, **Beloniformes** S. 532
— Anders: Schnauze nicht röhrenförmig; beide Kiefer nicht lang ausgezogen **16**
16. BFl kehlständig **17**
— BFl brustständig **19**
— BFl bauchständig **22**
— BFl verwachsen, ± deutlich als Saugscheibe ausgebildet **34**
— BFl fehlend **35**
17. Auf dem Kopf u. dem Vorderkörper mit einzelnen, frei beweglichen Flossenstrahlen (der RFl), der vorderste mit blattförmigem Anhang [**10**]. Marin
Armflosser, Anglerfischartige, **Lophiiformes** S. 531
— Anders, ohne derartige Stachel- oder Flossenstrahlen **18**
18. BFl ohne einen vorderen Stachelstrahl, nur mit Weichstrahlen, meist mit 6 Strahlen. RFl u. AFl lang (aber keinen zusammenhängenden Saum bildend) oder in 2–3 Flossen geteilt [**59–67**]. Meist mit 1 Kinnbartel ....Dorschartige, **Gadiformes** S. 529
— BFl mit einem vorderen Stachelstrahl; wenn ohne Stachelstrahl, RFl u. AFl einen zusammenhängenden Saum bildend [**81**]. Marin
einige Familien der Barschfische, Barschartigen, **Perciformes** S. 536
19. Körper hochrückig, seitlich stark abgeplattet. Marin ...... Petersfischartige, **Zeiformes** S. 532
— Körper nicht hochrückig u. abgeplattet **20**
20. Körper sehr lang, riemenförmig. RFl langer roter Saum. BFl nur mit 1 langen Strahl. Marin
Riemenfische, **Regalecidae** (zu Glanzfischartige, **Lampriformes**) S. 528
— Körper anders **21**
21. Kopf mit knöchernen Graten u. Stacheln bewehrt [**74–80**]. AFl nur mit Gliederstrahlen; wenn AFl vorn mit 3 Stachelstrahlen, dann Habitus wie [**76**] (Beachte Bezahnung der Kiemendeckel!)
meiste Familien der Drachenkopfartigen, **Scorpaeniformes** S. 534
— Kopf ohne derartige Bewehrung, bisweilen Kiemendeckel mit wenigen Stacheln. AFl vorn mit Stachelstrahlen; wenn ohne Stachelstrahlen, Habitus anders als [**76**]
meiste Familien der Barschfische, Barschartigen, **Perciformes** S. 536
22. BFl ohne vorderen Stachelstrahl. Mit 1 RFl (dahinter höchstens mit Fettflosse) **23**
— BFl mit 1 vorderen Stachelstrahl (oder auch 2 vorderen Stachelstrahlen) **30**
23. Körper scheibenförmig-oval. Flossen leuchtend rot. RFl lang, vorderer Teil stark verlängert. Marin .... Gotteslachse, **Lampridae** (zu Glanzfischartige, **Lampriformes**) S. 528
— Körper u. Flossen anders **24**
24. RFl schwanzständig, gegenüber der AFl [**58**]. Meist limnisch
Hechtartige, **Esociformes** S. 528
— RFl nicht derartig schwanzständig **25**
25. Mit Fettflosse auf dem Schwanzstiel [**1, 50, 52–57**]. Mund ohne Barteln **26**
— Ohne Fettflosse; wenn mit Fettflosse, dann Mund mit Barteln **28**
26. Mit Leuchtorganen entlang der Bauchseite .... **Stomiiformes**
Nur Silberbeilfische, **Sternoptychidae** mit ***Maurolicus muelleri*** (Gmelin), Lachshering
Bis 7 cm. RFl 0/9–12, AFl 0/23–30. Silbrig, oben dunkel. Pelagisch in größeren Tiefen. Gelegentlich in der Nordsee.
— Ohne Leuchtorgane **27**
27. Slinie unvollständig, nur über 8–10 Schuppen reichend [**50**] .... Stintartige, **Osmeriformes**
Nur Stinte, **Osmeridae** mit ***Osmerus eperlanus*** (L.), Stint [**50**]
10–30 cm. RFl 9–12, BrFl 10–11, BFl 9, AFl 13–17. Körper fast durchscheinend, mattsilbrig. Geruch nach frischen Gurken. Nahrung: Kleintiere, größere Individuen sind Raubfische. In Binnengewässern („Binnenstint“, bis 15 cm) u. als anadromer „Seestint“ in Küstengewässern der Nordsee u. Ostsee.
— Slinie vollständig .... Lachsartige, **Salmoniformes** S. 526
28. Oberer Mundrand in der Mitte vom Zwischenkiefer, an den Seiten vom Oberkiefer gebildet [**3**]. Ohne Barteln. Mund mit ± kräftigen Zähnen. Meist marin
Heringsartige, **Clupeiformes** S. 519
— Oberer Mundrand nur vom Zwischenkiefer gebildet. Mit oder ohne Barteln; wenn ohne Barteln, Mund zahnlos. Meist limnisch **29**
29. Körper ohne Schuppen. Kopf breit, mit langen Barteln [**49**] Welsartige, **Siluriformes** S. 526

— Körper mit (bisweilen kaum sichtbaren) Schuppen. Kopf anders
Karpfenfische, **Cyprinidae** (zu Karpfenartige, **Cypriniformes**) S. 520

30. Auf der Rückenlinie mit 2–mehreren gesonderten Stachelstrahlen vor der RFl [**69–71**]
Stichlingsartige, **Gasterosteiformes** S. 532

— Ohne derartige Stachelstrahlen auf dem Rücken **31**

31. Mit 1 RFl .... Dorngrundeln,Schmerlen, **Cobitidae** u. Bachschmerlen, **Nemacheilidae**
(zu Karpfenartige, **Cypriniformes**) S. 520

— Mit 2 RFl **32**

32. Körper hochrückig, seitlich zusammengedrückt. 1. RFl aus 3 massiven Stachelstrahlen bestehend. Marin .... Drückerfische, **Balistidae**
(zu Kugelfischverwandte, **Tetraodontiformes**) S. 548

— Körper langgestreckt. 1. RFl aus 4–9 Stachelstrahlen bestehend **33**

33. 1. RFl aus 4 scharfen Hartstrahlen bestehend. Körper ohne seitlichen Spiegelstreifen. Marin
Mugiliformes S. 532

— 1. RFl aus 7–9 dünnen Stachelstrahlen bestehend. Körper auf jeder Seite mit schwarz-silbernem Spiegelstreifen. Marin .... Ährenfischartige, **Atheriniformes**
Nur Ährenfische, **Atherinidae** mit ***Atherina presbyter*** Cuvier, Ährenfisch
Bis 15 cm. RFl 7–8/0 + 1/13–14, AFl 1/14–16. Slinie 53–57. Graugrün, Körper etwas durchscheinend. In Schwärmen. Nahrung: Plankton. Bisweilen in Nordsee.

34. Saugscheibe der BFl trichterförmig oder flach mit wulstigem Rand, 2-teilig
Grundeln, Külinge, **Gobiidae** u. Schildfische, Schildbäuche, **Gobiesocidae**
(zu Barschfische, Barschartige, **Perciformes**) S. 536

— Saugscheibe flach, mit wulstigem Rand, einteilig. Marin
Seehasen, **Cyclopteridae** u. Scheibenbäuche, **Liparidae**
(zu Drachenkopfartige, **Scorpaeniformes**) S. 534

35. Körper scheibenförmig, schmal, hinten abgestutzt. RFl u. AFl ruderförmig, hinten u. einander direkt gegenüber liegend. Marin
Mondfische, **Molidae** (zu Kugelfischverwandte, **Tetraodontiformes**) S. 548

— Körper nicht scheibenförmig, Flossen anders
wenige Familien der Barschfische, Barschartigen, **Perciformes** S. 536

Petromyzontiformes, Neunaugen
Familie: **Petromyzontidae**, Neunaugen

Jederseits 7 Kiemenlöcher hinter dem Auge (wenn unpaare Nasenöffnung mitgezählt,„Neunauge“). Saugmund mit Hornzähnen [**11, 12b**]. Entwicklung über Larven (Querder, **Ammocoetes**), die mehrere Jahre am Boden der Laichbäche leben und sich als „Seiher“ von Kleintieren ernähren.

1. Mundscheibe mit mehreren, ringförmig angeordneten Reihen kleiner Hornzähne besetzt [**11**]. Rückenseite marmoriert. Bis 100 cm lang .... Meerneunauge, ***Petromyzon marinus*** L.
Obere Hornplatte über dem Mund etwa so hoch wie breit, mit 2 dicht beieinander stehenden Hornzähnen [**11**]. Blutsauger an anderen Fischen u. Aasfresser. Nordsee, selten Ostsee. Anadromer Wanderfisch, steigt im Frühjahr in die Flüsse zum Laichen auf.

— Mundscheibe am Rand mit 1 Reihe von Hornzähnen, daneben Zähne um den Mund [**12b**]. Rückenseite einfarbig .... ***Lampetra*** Bonnaterre **2**

2. Körper etwa so dick wie ein Daumen. 15–40 cm lang. Bezahnung kräftig [**12a, b**]
Flussneunauge, ***Lampetra fluviatilis*** (L.)
Obere Hornplatte über dem Mund halbmondförmig, viel breiter als hoch, mit je 1 Zahn an den Enden, davor einzelne weitere Zähne [**12b**]. Rücken grünlich-schwarz, Bauch silbrig. Parasitisch an Fischen u. räuberisch. Nord- u. Ostsee. Anadromer Wanderfisch, steigt im Herbst in die Flüsse zum Laichen auf.

— Kleiner, wurmförmig, Körper etwa bleistiftsstark, selten über 16 cm lang. Bezahnung schwächer .... Bachneunauge, ***Lampetra planeri*** (Bloch)
Mundscheibe mit wenigen stumpfen Zähnen. Flussneunaugen in dieser Größe haben spitze Zähne. Rücken dunkelgrün, Bauch weißlich. Erwachsene Tiere nehmen keine Nahrung auf. Nur im Süßwasser, im Oberlauf von Fließgewässern. – Sehr selten in der Donau ***Eudontomyzon vladykovi*** Oliva et Zanandrea, Donaubachneunauge (bis 20 cm).

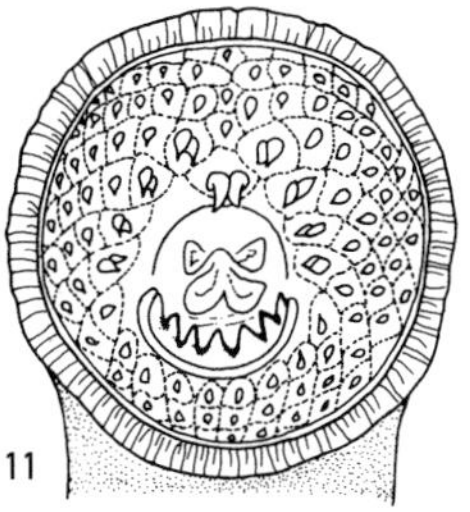

11

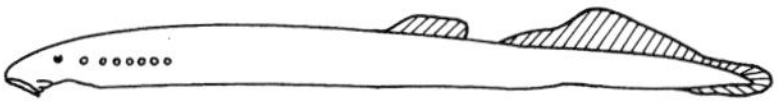

12a

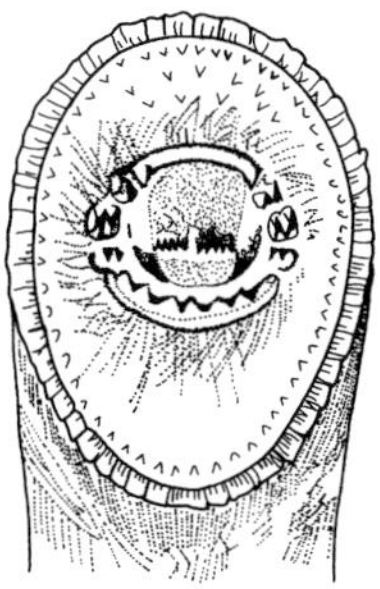

12b

12a Flussneunauge

Lamniformes, Makrelenhaie

Marin. Viele Arten lebendgebärend. Meist räuberisch.

1. SFl sehr lang, oberer Lappen etwa so lang wie der übrige Körper. BrFl sehr groß
Fuchshaie, Drescherhaie, **Alopiidae**

Nur ***Alopias vulpinus*** (Bonnaterre), Fuchshai
Bis 5 m. 1. RFl groß, 2. RFl u. AFl klein. Oberseite aschgrau bis fast schwarz. Lebendgebärend. Nahrung: pelagische Schwarmfische. Sehr selten in der Nordsee.

— SFl wesentlich kleiner, BrFl kleiner [**13**] 2

2. Kiemenspalten lang nach oben ausgezogen, bis auf den Rücken reichend. Zähne sehr klein, zahlreich .... Riesenhaie, **Cetorhinidae**

Nur ***Cetorhinus maximus*** (Gunnerus), Riesenhai
Bis 9 m. Kiemenbögen mit langen, hornigen Fortsätzen, ein feines Filtersieb für die Aufnahme der Nahrung bildend. Blaugrau bis braun, auf Oberseite bisweilen dunkel. Lebendgebärend. Planktonfresser. Nicht selten in der Nordsee.

— Kiemenspalten kürzer, reichen nur bis zur Mitte der Körperseiten [**13**]. Zähne groß, schlank
Makrelenhaie, **Lamnidae**

Nur ***Lamna nasus*** (Bonnaterre), Heringshai [**13**]
Bis 3 m. 1. RFl groß, 2. RFl u. AFl klein. Blauschwarz bis grau, Bauchseite u. Hinterränder der RFl weiß. Lebendgebärend. Nahrung: Fische u. Cephalopoden. Häufiger in der Nordsee, bisweilen in Ostsee. Wichtiger Nutzfisch.

Carcharhiniformes, Grundhaie

Marin. Viele Arten lebendgebärend. Meist räuberisch.

1. Kopf seitlich hammerförmig ausgezogen. Augen an den Seiten des Hammers
Hammerhaie, **Sphyrnidae**

Nur ***Sphyrna zygaena*** (L.), Glatter Hammerhai
4–5 m. Grau, Bauch heller. Südliche Nordsee. Sehr selten.

— Kopf nicht seitlich hammerförmig ausgezogen 2

2. 1. RFl hinter oder über den BFl liegend .... Katzenhaie, **Scyliorhinidae** S. 516

— 1. RFl etwa gegenüber der Mitte zwischen den BrFl u. BFl liegend [**15**] 3

3. An der Wurzel der SFl oben u. unten eine querlaufende Vertiefung. BFl lang, sichelförmig spitz, etwa so lang wie SFl .... Requiemhaie, Grauhaie, **Carcharhinidae**

Nur ***Prionace glauca*** (L.), Blauhai, Menschenhai
3–4 m. Oben dunkelblau bis schiefergrau, unten heller. Lebendgebärend. Nahrung: Fische. Sehr selten in der Nordsee. Für Menschen gefährlich.

— An der Wurzel der SFl keine querlaufende Vertiefung. BrFl kürzer, nicht so lang wie SFl [**15**]
Hundshaie, Glatthaie, **Triakidae** S. 516

Familie: **Scyliorhinidae**, Katzenhaie

Eierlegend. Eier häufig mit langen Haftfäden [**14**].

1. Obere Kante des Schwanzes vorn mit Dornen .... Fleckhai, ***Galeus melastomus*** Rafinesque
Gehört heute zur Familie **Pentanchidae**. Bis 90 cm. Rötlich oder bräunlich, mit dunklen, hell umrandeten Flecken. Nahrung: Fische, Krebse. Nördliche Nordsee. In größerer Tiefe.

— Obere Kante des Schwanzes ohne Dornen .... ***Scyliorhinus*** Blainville **2**

2. Hinterende der BFl zugespitzt. Oben graurot mit vielen, meist kleinen schwarzen Flecken
Kleinfleckiger Katzenhai, ***Scyliorhinus canicula*** (L.)
Bis 80 cm, selten 100 cm. Bauchseite gelblich-weiß. Nahrung: kleine Fische, Krebse, Mollusken. Vereinzelt in der Nordsee (Helgoland).

— Hinterende der BFl nicht zugespitzt. Oben mehr graubraun, mit großen dunklen u. hellen Flecken .... Großfleckiger Katzenhai, ***Scyliorhinus stellaris*** (L.)
50–150 cm. Bauchseite weiß. Nahrung wie vorige Art. Vereinzelt in der Nordsee.

Familie: **Triakidae**, Hundshaie, Glatthaie

1. Beide RFl fast gleich groß. Zähne klein, nicht spitz, pflasterförmig
Glatthai, ***Mustelus asterias*** Cloquet
Bis 180 cm. Grau mit weißlichen Punkten. Lebendgebärend. Nahrung: Bodentiere, auch Mollusken. Vereinzelt in südlicher Nordsee.

— 2. RFl deutlich kleiner als 1. RFl. Zähne spitz, scharfrandig. [**15**]
Hundshai, Biethai, ***Galeorhinus galeus*** (L.)
1–2 m. Dunkelgrau, Bauchseite weißlich. Lebendgebärend. Nahrung: Fische. Südliche Nordsee.

Squaliformes, Hundshaie

1. Mit kräftigem Stachel vor jeder RFl [**16**] .... Dornhaie, **Squalidae**
Nur ***Squalus acanthias*** L., Dornhai [**16**]
Bis 1 m. Oben blaugrau mit weißlichen Flecken. Lebendgebärend. Nahrung: Fische u. Wirbellose. Sehr häufig in der Nordsee. Wichtiger Nutzfisch. Fleisch als „Seeaal“, geräucherte Bauchlappen als „Schillerlocke“ im Handel.

— RFl ohne Stachel **2**

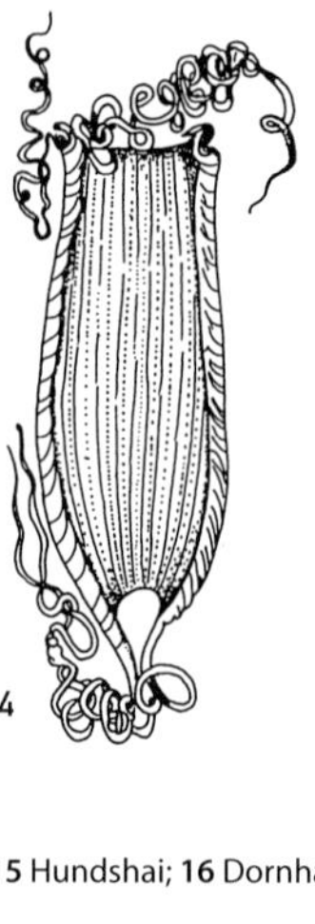

14

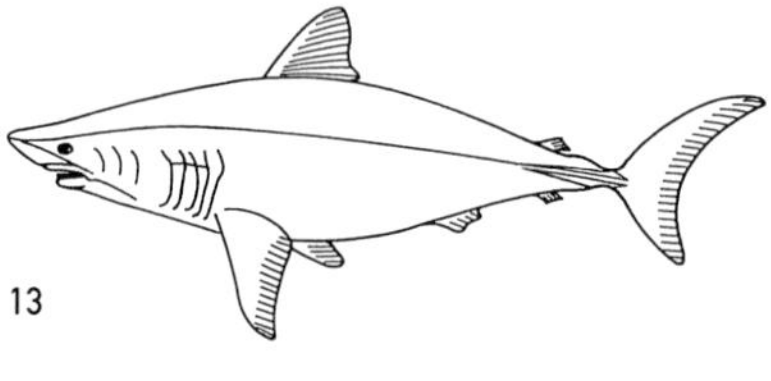

13

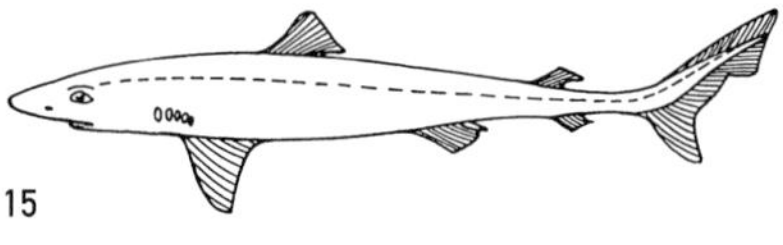

15

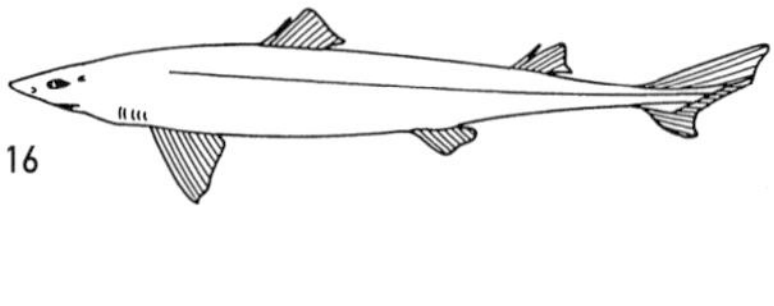

16

13 Heringshai; **15** Hundshai; **16** Dornhai

2. Lippen mit Hautzähnchen, ohne Querfalten .... Schläferhaie, **Somniosidae**
Nur ***Somniosus microcephalus*** (Bloch et Schneider), Grönlandhai, Eishai
Bis 5 m. Alle Flossen klein. Dunkelgraubraun. Lebendgebärend. Nahrung: vor allem Fische, auch Aas. Gelegentlich in der südlichen Nordsee in größeren Tiefen. Mit Grundangeln gefangen („Grundhai").

— Lippen nackt, mit fransigen Querfalten .... Drachenflossenhaie, **Dalatiidae**
Nur ***Dalatias licha*** (Bonnaterre), Schokoladenhai
Bis 180 cm. Schokoladenbraun. Lebendgebärend. In größeren Tiefen. Nordsee. Selten.

Rajiformes, Echte Rochen

Marin. Bodenbewohner, die sich mit den flügelartigen BrFl fortbewegen; selten pelagisch. Meiste Arten legen Eier, diese von großen Hornkapseln umhüllt [**17b, 18, 19**]. Nahrung: Fische, Krebse, Mollusken, die mit den Pflasterzähnen zertrümmert werden.

1. SFl viel größer als 1. RFl. Körperscheibe etwa kreisförmig Zitterrochen, **Torpedinidae** S. 517
— SFl viel kleiner als 1. RFl (diese auch fehlend). Körper ± rautenförmig [**17a**]. **2**
2. Körperoberseite bedornt. Schwanz mit mehreren Längsreihen von Dornen, schlank, meist mit 2 RFl u. jederseits einem häutigen Längssaum. SFl reduziert .... Echte Rochen, **Rajidae** S. 518
— Körperoberfläche ohne Dornen. Schwanz sehr lang u. dünn, ohne seitlichen Flossensaum, mit 1–2 gesägten Stacheln **3**
3. RFl fehlend .... Stechrochen, Peitschenschwanzrochen, **Dasyatidae**
Nur ***Dasyatis pastinaca*** (L.), Stechrochen
Körper rhombisch, breiter (bis 1,5 m) als lang (um 1m). Stachel als Giftstachel ausgebildet, Stich schmerzhaft. Grau. Lebendgebärend. Vereinzelt in der Nordsee. Am Tage im Sand vergraben.
— RFl vorhanden .... Adlerrochen, **Myliobatidae**
Nur ***Myliobatis aquila*** (L.), Adlerrochen
Körper breiter als lang (bis 1,5 m). Dunkel. Lebendgebärend. Pelagisch. Sehr selten in der Nordsee.

Familie: **Torpedinidae**, Zitterrochen

Mit elektrischen Organen, Stromstöße dienen dem Beutefang und der Verteidigung.

1. Oberseite braun, dunkel marmoriert. Ränder der Spritzlöcher mit Hautausbuchtungen
Marmorierter Zitterrochen, ***Torpedo marmorata*** Risso
Bis 60 cm. Lebendgebärend. Gelegentlich in südlicher Nordsee.

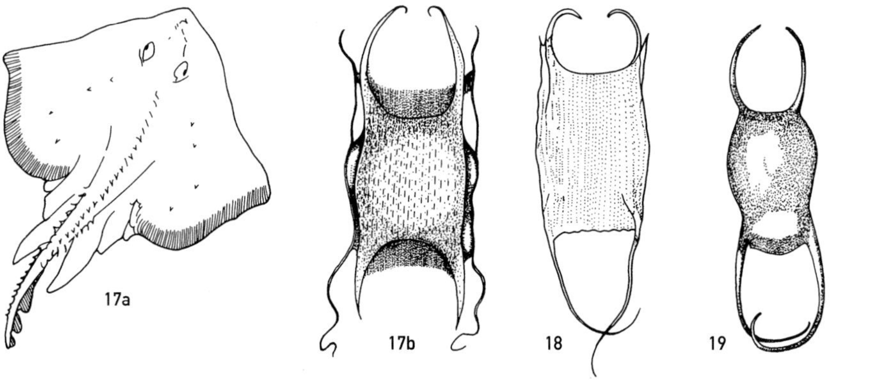

17a Nagelrochen

— Oberseite einfarbig dunkel. Ränder der Spritzlöcher glatt
Dunkler Zitterrochen, ***Torpedo nobiliana*** Bonaparte
Bis 130 cm. Lebendgebärend. Südliche Nordsee. Selten.

Familie: **Rajidae**, Echte Rochen

Hier nicht alle Arten behandelt, weitere, z. T. schwer bestimmbare Arten der Großgattung ***Raja*** L. in Fängen aus der südlichen u. nördlichen Nordsee.

1. Schnauze lang u. spitz, gedachte gerade Linie von der Schnauzen- zur Flügelspitze berührt nicht den Vorderrand des Körpers **2**
— Schnauze kürzer, Körper vorn (von oben gesehen) stumpfwinklig [**17a**], Linie von der Schnauzen- zur Flügelspitze erreicht oder schneidet den Vorderrand des Körpers **3**
2. Höchstens 30 Mitteldornen auf dem Schwanz . . . . Glattrochen, ***Dipturus batis*** (L.)
Bis 2,50 m. Oberseite grünlich-braun, Bauchseite dunkelgrau mit dunkler Zeichnung. Nordsee, westliche Ostsee. Selten.
— Zwei Parallelreihen mit je etwa 50 Dornen vom Nacken bis zum Schwanz
Chagrinrochen, ***Leucoraja fullonica*** (L.)
Bis 1,20 m. Oberseite grau, Bauchseite weiß. Selten in südlicher Nordsee.
3. Auf jeder BrFl in der Mitte mit einem scharf abgesetzten, gelb u. schwarz marmorierten „Augenfleck“ . . . . Kukucksrochen, ***Leucoraja naevus*** (Müller et Henle)
Bis 70 cm. Hellbraun bis graubraun. Eier [**19**]. Selten in südlicher Nordsee.
— Oberseite anders gemustert, ohne derartige Augenflecken **4**
4. Weniger als 20 massive Mitteldornen vom Nacken bis zur 1. RFl; Basis der Dornen geriffelt
Sternrochen, ***Amblyraja radiata*** (Donovan)
Bis 60 cm. Braun, schwach mit weißgelb marmoriert. Eier [**18**]. Nordsee, westliche Ostsee. Selten.
— Meist mehr als 30–40 schlanke Dornen mit glatter Basis vom Nacken bis zur 1. RFl **5**
5. Oberseite mit vielen schwarzen Rundflecken. Schwanz nicht gebändert. Oberseite ohne vollständige raue Bestachelung . . . . Fleckrochen, ***Raja montagui*** Fowler
Bis 80 cm. Rundflecken bilden oft auf jeder BrFl einen dunklen Ring mit hellem Zentrum. Selten in südlicher Nordsee.
— Oberseite mit anderer Zeichnung. Schwanz hell u. dunkel gebändert. Oberseite rau bestachelt [**17a**] . . . . Nagelrochen, ***Raja clavata*** L.
Bis 1,25 m. Oberseite graubraun mit weißlichen oder dunklen Flecken. Eier [**17b**]. Nordsee u. westliche Ostsee.

Acipenseriformes, Störartige

Skelett sekundär knorpelig. Haut nackt, mit 5 Längsreihen großer, mit Schmelz überzogener Knochenplatten.

Familie: **Acipenseridae**, Störe

Mund ohne Zähne. Limnisch u. marin. Grundfische, die Boden nach Wirbellosen u. Fischen durchwühlen. In Deutschland ausgestorben.

1. Mit 24–40 seitlichen Schildern. Barteln kurz, ohne Fransen. Schnauze stumpf. 2–4 m. [**20**]
Stör, ***Acipenser sturio*** L.
Oben blaugrau, Bauchseite weiß. Nord- u. Ostsee. Heute selten. Anadromer Wanderfisch, zur Laichzeit im Frühjahr in den Unterläufen der Flüsse (1967 letzter Nachweis).
— Mit 60–70 seitlichen Schildern. Barteln lang, mit seitlichen Fransen. Schnauze lang u. spitz. 40–60 cm . . . . Sterlett, ***Acipenser ruthenus*** L.
Oben graubraun. In der Donau, wieder angesiedelt, selten.
Weitere Arten eingeführt, z. B. ein Hybrid aus ♀♀ des Hausens, ***Huso huso*** (L.) und ♂♂ des Sterletts („Bester“).

Anguilliformes, Aalartige

1. Haut ohne Schuppen. Oberkiefer den Unterkiefer überragend. Anfang der RFl etwa in Höhe der Enden der BrFl. Marin .... Meeraale, **Congridae**
   Nur ***Conger conger*** (L.), Meeraal
   Bis 3 m. Oben blassbraun, Bauchseite schmutzig-weiß. Nahrung: Fische u. Krebse. Vereinzelt in Nordsee, selten in Ostsee. Larven (***„Leptocephalus morrisi"***) pelagisch.

— Mit kleinen, tief in der Haut liegenden Schuppen. Anfang der RFl weit hinter der BrFl. Unterkiefer den Oberkiefer überragend. [**21**] .... Echte Aale, **Anguillidae**
   Nur ***Anguilla anguilla*** (L.), Flussaal, Europäischer Aal [**21**]
   Bis 1,5 m. Oberseite dunkelgrünlich. 2 Ernährungsformen: „Breitkopf" (Raubfisch) u. „Spitzkopf" (Friedfisch). Bei Eintritt der Geschlechtsreife vergrößern sich Augen u. Bauchfärbung ändert sich von gelb („Gelbaal", „Fressaal") nach silberweiß („Blankaal", „Silberaal"). Im Süßwasser, tagsüber im Schlamm, nachts nach Nahrung suchend. Katadromer Wanderfisch: Blankaale wandern im Herbst zu ihren Laichplätzen in der Sargassosee in 300–400 m Tiefe. Nach 3-jähriger Larvenzeit im Atlantik (***„Leptocephalus brevirostris"*** = weidenblattförmige Larve) als „Glasaal" wieder an europäischen Küsten, wandert als „Steigaal" in die Flüsse ein. Wertvoller Speisefisch.

Clupeiformes, Heringsartige

Ohne Seitenlinie. Meist marin. Pelagische Schwarmfische. Eier planktisch (außer beim Hering). Nahrung: Kleinkrebse, hauptsächlich tierisches Plankton.

1. Oberkiefer vorragend, dadurch Mund deutlich unterständig [**22**]. Bauchkante ohne Kielschuppen. Marin .... Sardellen, **Engraulidae**
   Nur ***Engraulis encrasicolus*** (L.), Sardelle, Anchovis [**22**]
   Bis 20 cm. RFl 14–18, BrFl 15–17, AFl 16–20. Schuppen längs der Seite 44–50. Oben blaugrün, Bauch silberglänzend. Nordsee, westliche Ostsee.

— Oberkiefer nicht vorstehend, Mund endständig oder oberständig. Bauchkante mit 1 Reihe ± deutlicher, geflügelter Kielschuppen [**24b**]. Marin u. limnisch. ..... Heringe, **Clupeidae** S. 520

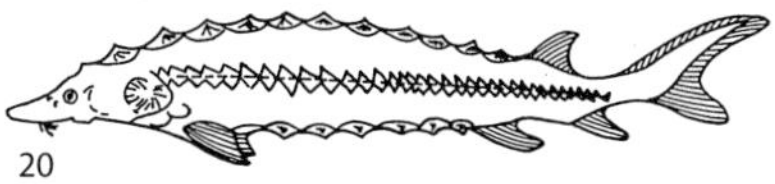
20

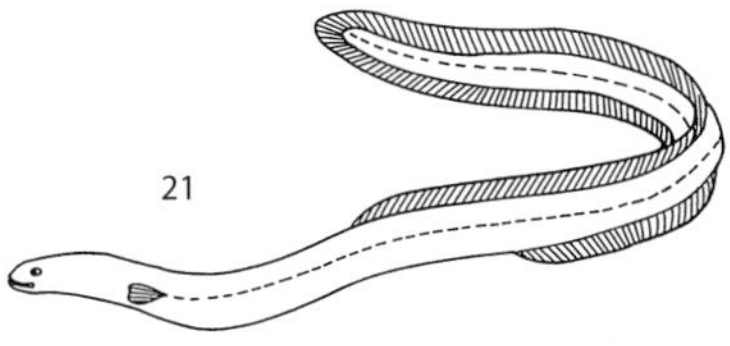
21

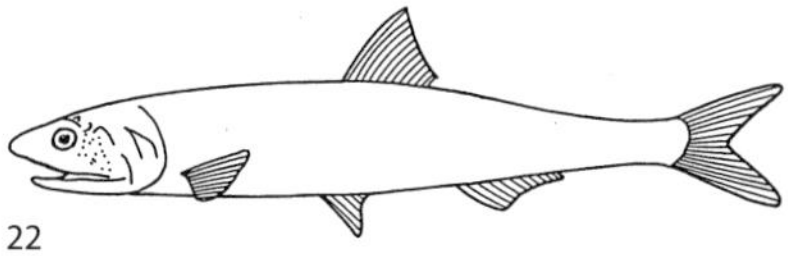
22

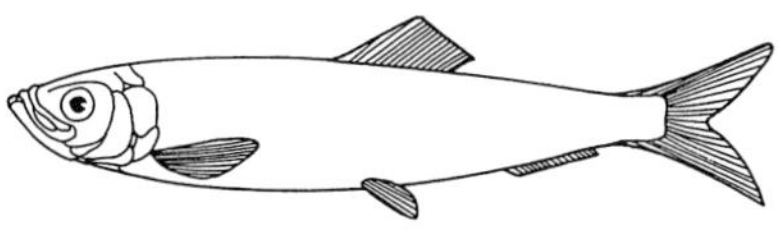
24a

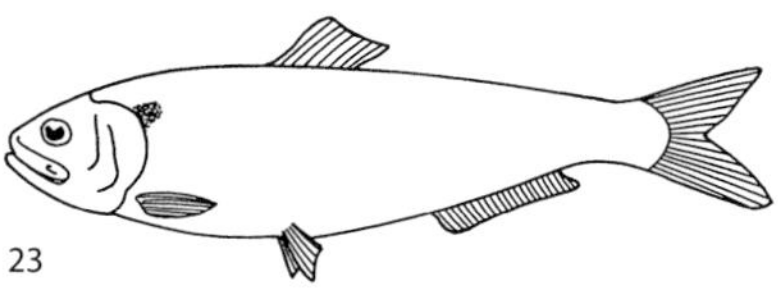
23

24b

20 Stör; **21** Flussaal; **22** Sardelle; **23** Alse; **24a** Hering

Familie: **Clupeidae**, Heringe

Augen, hinterer Teil des Kopfes u. Kiemendeckel von membranösem „Fettlid“ bedeckt. Unternehmen Nahrungs- u. Laichwanderungen.

1. Oberer Mundrand in der Mitte mit Ausschnitt. Körperseiten häufig mit schwarzen Flecken
Alse, Maifisch, ***Alosa alosa*** (L.) u. Finte, ***Alosa fallax*** (Lacépède)
RFl 18–21, BrFl 15–17, AFl 20–27. Oben blaugrün, Bauch silberglänzend. Marin, steigen zum Frühjahr zum Laichen in die Flüsse. Die 2 Arten schwer unterscheidbar. ***A. alosa*** [**23**] (1. Kiemenbogen mit 60–120 oder mehr Kiemenreusenfortsätzen; hinter Kiemendeckel meist ein dunkler Fleck; Schuppen längs der Seite 70–86; bis 80 cm), Nordsee; ***A. fallax*** (1. Kiemenbogen mit 35–60 Kiemenreusenfortsätzen; an Körperseiten bis 7 dunkle Flecken; Schuppen längs der Seite 55–65; bis 50 cm), Nord- u. Ostsee.
— Oberer Mundrand ohne Ausschnitt 2
2. Kiemendeckel radiär gestreift. Schuppen groß, etwa 30 längs der Seite
Sardine, ***Sardina pilchardus*** (Walbaum)
Bis 25 cm. RFl 17–18, BrFl 16–17, AFl 17–18. Ansatz der BFl hinter Ansatz der RFl. Grün oder blau, seitlich mit silbrigem Längsband. Südliche Nordsee.
— Kiemendeckel glatt, nicht gestreift. Schuppen kleiner 3
3. Größer (12–34 cm), etwa 60 Schuppen längs der Seite. Ansatz der BFl hinter Ansatz der RFl [**24a**] .... Hering, ***Clupea harengus*** L.
RFl 16–21, BrFl 14–21, AFl 14–20. Rücken blaugrün, Bauch silberglänzend. Laichwanderungen im Frühjahr u. Herbst. Nordsee u. Ostsee (in östlicher Ostsee Zwergform, „Strömling“). Wichtiger Nutzfisch.
— Kleiner (bis 17 cm), etwa 50 Schuppen längs der Seite. Ansatz der BFl vor oder unter dem Anfang der RFl .... Sprotte, Breitling, ***Sprattus sprattus*** (L.)
RFl 17–19, BrFl 15–17, AFl 17–22. Kielschuppen sehr scharfkantig. Rücken blaugrün, Bauch silberglänzend. Nordsee u. Ostsee. Nutzfisch.

Cypriniformes, Karpfenartige

1. Ohne oder höchstens mit 4 Barteln. Körper ± hochrückig. Schuppen deutlich sichtbar
Karpfenfische, **Cyprinidae** S. 520
— Mit 6 oder 10 Barteln. Körper niedrig u. langgestreckt. Schuppen schwer zu erkennen ... 2
2. Mit 6 langen Barteln. Ohne Augenstachel. [**47**] .... Bachschmerlen, **Nemacheilidae**
Nur ***Barbatula*** (= ***Nemacheilus***) ***barbatula*** (L.), Bartgrundel, Schmerle [**47**]
Bis 15 (selten bis 19) cm. RFl 3/7, BrFl 1/12, BFl 1/7, AFl 3/5. Mund ohne Zähne. Körper drehrund. SFl gerade abgeschnitten, mit seichter Einbuchtung. Rücken u. Seiten graubraun, mit dunklen Flecken. Darmatmer. In klaren fließenden u. stehenden Gewässern mit steinigem Grund, auch Ostsee.
— Mit 10 Barteln oder 6 kurzen Bartel, dann mit zweispitzigem Augenstachel
Dorngrundeln, Schmerlen, **Cobitidae** S. 525

Familie: **Cyprinidae**, Karpfenfische

Mund ohne Zähne. Am Eingang des Schlundes 2 bogenförmige Knochen („Schlundknochen“), die aus dem 5. Kiemenbogen hervorgegangen sind; ihre Bezahnung artspezifisch [**25a–c**]. Meist im Süßwasser. Nahrung: meist Kleintiere im Plankton oder Benthos, auch Wasserpflanzen.

1. RFl lang, mit 17–22 Weichstrahlen 2
— RFl kurz, mit weniger als 12 Weichstrahlen 4
2. Mit 2 Paar kurzen Barteln. [**26**] .... Karpfen, ***Cyprinus carpio*** L.
30–70 cm. RFl 3–4/17–22, BrFl 1/15–16, BFl 2/8–9, AFl 3/5–6. Slinie 35–39. Schlundzähne in 3 Reihen [**25a**]. Schuppen groß. Oberseite dunkel, Bauchseite hell. In Seen u. Teichen, wichtiger Fisch der Teichwirtschaft. 4 Zuchtformen: „Schuppenkarpfen“ (voll beschuppt wie die in Deutschland nicht heimische Wildform), „Spiegelkarpfen“ (als Hauptzuchtform, mit unregelmäßig angeordneten großen Spiegelschuppen), „Zeilenkarpfen“ (als Abwandlung des Spiegelkarpfens mit 1 Reihe großer Schuppen in der Slinie), „Lederkarpfen“ oder „Nacktkarpfen“ (ohne oder nur mit einzelnen Schuppen).
— Ohne Barteln. Nur mit 1 Reihe Schlundzähne (vgl. [**25c**] 3
3. Rand der RFl leicht nach außen gebogen (konvex), Zähnelung des 3. Hartstrahls der RFl fein. [**27**] .... Karausche, ***Carassius carassius*** (L.)

15–30 cm. RFl 3/17–19, BrFl 1/12–15, BFl 2/7–8, AFl 3/7. Slinie 32–35. 22–33 Reusendornen auf dem 1. Kiemenbogen. Messingfarben, Bauch hell. An Basis der SFl fast immer schwarzer Fleck. Häufig in langsam fließenden u. stehenden Gewässern. Speisefisch.

— Rand der RFl leicht nach innen gebogen (konkav), Zähnelung des 3. Hartstrahls der RFl grob
Giebel, ***Carassius gibelio*** (Bloch)

Körper etwas kleiner. RFl 3/17–19, BrFl 1/15–17, BFl 1–2/7-8, AFl 2/5–7. Slinie 27–31. 35–49 Reusendornen auf dem 1. Kiemenbogen. Rücken dunkelgrünbraun, Bauchseite hell. An Basis der SFl kein schwarzer Fleck. Am Ufer stehender u. langsam fließender Gewässer. Speisefisch. Wahrscheinlich eingeführt. Auch als Unterart der Silberkarausche (***Carassius auratus*** (L.)) angesehen: ***Carassius auratus gibelio*** (Bloch). – Ähnlich ist der Goldfisch, ***Carassius auratus auratus*** (L.), häufig in hellfarbigen Zuchtformen als Zierfisch in Gewässern gehalten. Aus Ostasien eingebürgert.

4. Mit 2 Paar Barteln. [**28**] .... Barbe, ***Barbus barbus*** (L.)

30–70 cm. RFl 3/8–9, BrFl 1/15–17, BFl 2/8, AFl 3/5. Slinie 55–56. Körper langgestreckt, Bauch etwas abgeplattet. Rücken olivgrün, Seiten bronzefarben, Bauch heller. Im Mittellauf von Fließgewässern („Barbenregion“).

— Mit 1 Paar Barteln **5**

— Ohne Barteln **7**

5. Schuppen klein, in der Haut verborgen. Barteln sehr kurz. Mund endständig
Schleie, ***Tinca tinca*** (L.)

20–50 cm. RFl 4/8–9, BrFl 1/15–17, BFl 2/8–9, AFl 3–4/6–7. Slinie 90–110. Körper langgestreckt. Flossen abgerundet. 2. Strahl der BFl beim ♂ verlängert, bis über After reichend. Olivgrün mit goldenem Schimmer, Bauchseite heller. Am Boden ruhiger, pflanzenreicher Gewässer, auch in Karpfenteichen, auch in östlicher Ostsee. Speisefisch.

— Schuppen groß, deutlich. Barteln länger. Mund unterständig .... ***Gobio*** Cuvier **6**

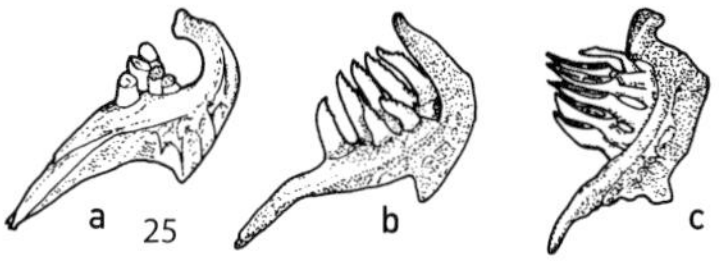

25

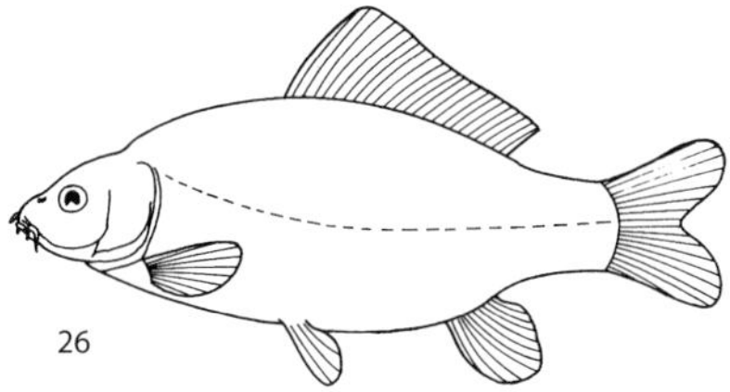

26

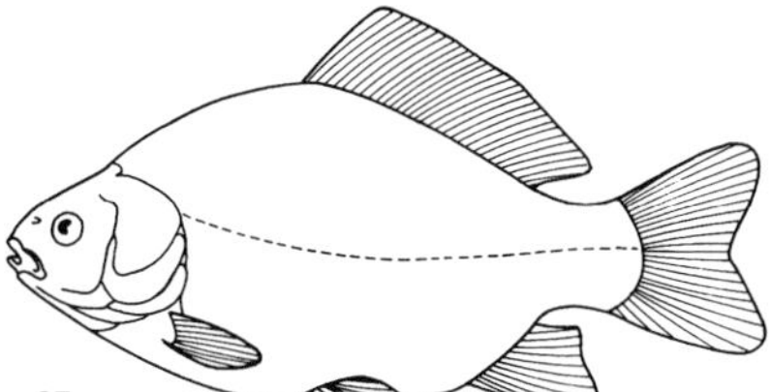

27

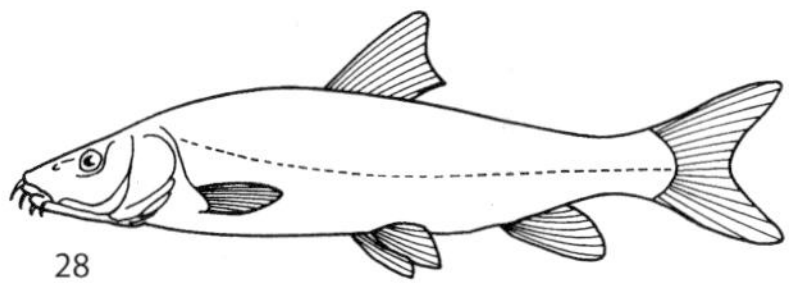

28

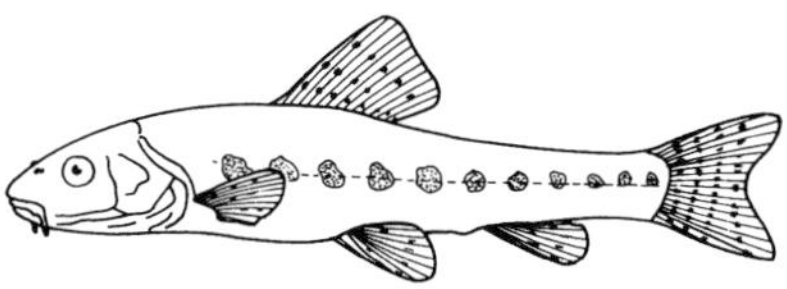

29

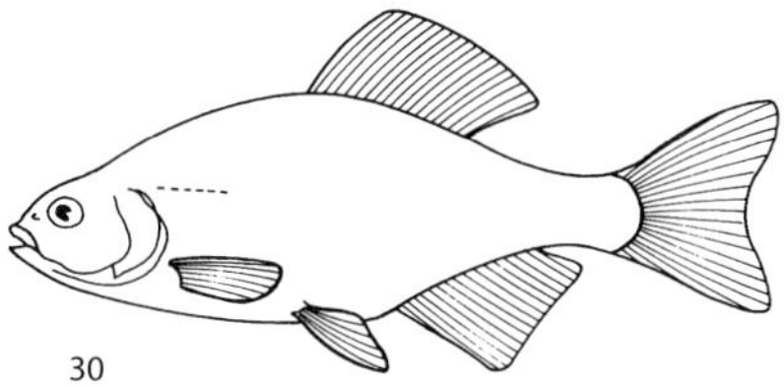

30

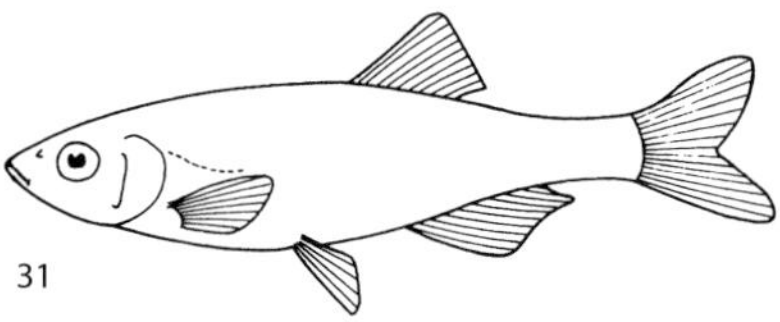

31

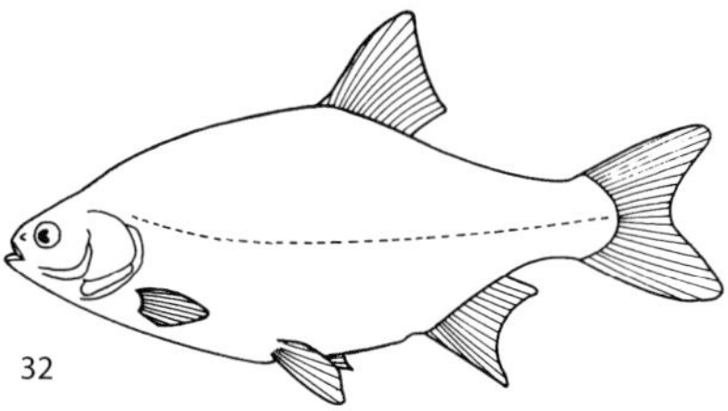

32

26 Karpfen; **27** Karausche; **28** Barbe; **29** Gründling; **30** Bitterling; **31** Moderlieschen; **32** Rotfeder

6. Barteln reichen (nach hinten ausgestreckt) nur bis unter die Augen. [**29**]
Gründling, ***Gobio gobio*** (L.)
10–17 cm. RFl 3/7, BrFl 1/14–15, BFl 2/8, AFl 3/6. Slinie 40–45. Körper spindelförmig, im Querschnitt rund. Graugrün, Bauchseite heller, Seiten mit Fleckung. Bildet Schwärme. Grundfisch in fließenden u. stehenden Gewässern, auch Brackwasser (Ostsee). – Im Donaugebiet auch die ähnliche Art ***Gobio obtusirostris*** Valenciennes, Kurzschnäuziger Gründling. Selten.

— Barteln länger, reichen bis hinter die Augen
Steingressling, ***Romanogobio uranoscopus*** (Agassiz)
8–13 cm. RFl 2/7, BrFl 1/13, BFl 1/6, AFl 2/6. Slinie 40–42. Kehle mit Schuppen. Körper im Querschnitt rundlich-oval, mit dunklen Querbinden. In Nebenflüssen der Donau, wahrscheinlich ausgestorben. – Kehle nackt: weitere Arten, vor allem im Donaugebiet, z. B. ***R. albipinnatus*** (Lukasch), Weißflossengründling.

7. Slinie unvollständig, auf höchstens 12 Schuppen begrenzt **8**

— Slinie vollständig **9**

8. Körper hochrückig, seitlich zusammengedrückt. Mund endständig. Slinie auf höchstens 5–6 Schuppen. [**30**] .... Bitterling, ***Rhodeus amarus*** (Bloch)
Auch als Unterart von ***Rh. sericeus*** (Pallas) geführt. 8–9 cm. RFl 3/9–10, BrFl 1/10, BFl 2/6, AFl 3/6. Rücken graugrün, Seiten silbrig, Flossen rötlich. ♂ zur Paarungszeit farbig schillernd. ♀ legt – mit Legeröhre – Eier in die Malermuschel, dort Entwicklung bis zu vollständigen Jungtieren. In stehenden u. langsam fließenden Gewässern.

— Körper langgestreckt. Mund oberständig. Slinie auf höchstens 12 Schuppen. [**31**]
Moderlieschen, ***Leucaspius delineatus*** (Heckel)
6–12 cm. RFl 3/8, BrFl 1/13, BFl 2/8, AFl 3/11–13. Mund steil nach oben gerichtet. Rücken olivgrün, Seiten mit stahlblauem Längsstreifen, Bauch silbrig, Flossen gelblich-weiß. Schwarmfisch, in kleinen versumpften Gewässern, Torfgräben, flachen Seen.

9. AFl kurz, mit 7–13 Weichstrahlen, meist nicht länger als RFl **10**

— AFl lang, mit 14–45 Weichstrahlen, fast immer länger als RFl **20**

10. Mittellinie des Bauches zwischen BFl u. AFl mit einer Reihe winklig geknickter Schuppen. [**32**]
Rotfeder, ***Scardinius erythrophthalmus*** (L.)
20–30 cm. RFl 2–3/8–9, BrFl 1/15–16, BFl 2/8, AFl 3/9–12. Slinie 40–42. Vorderer Ansatz der RFl deutlich hinter der Basis der BFl. Schlundzähne in 2 Reihen. Rücken dunkelolivbraun, Seiten hell mit messingfarbenem Glanz, Iris goldfarben, BFl u. AFl blutrot. In Uferregion stehender u. langsam fließender Gewässer.

— Bauch ohne derartigen Kiel aus winklig geknickten Schuppen **11**

11. Mund stark unterständig, Schnauze also nasenartig vorspringend [**33**]. Lippen scharfkantig, verhornt .... Nase, ***Chondrostoma nasus*** (L.)
Bis zu 50 cm lang. RFl 3/9, BrFl 1/15–17, BFl 2/8–9, AFl 3/10–12. Slinie 56–66. Schlundzähne [**25c**]. Körper spindelförmig gestreckt. Rücken graugrün, Bauch gelblich-weiß. RFl grau, alle anderen Flossen rötlich. In schnell fließenden Gewässern (Äschen- u. Barbenregion) u. in einigen Seen des Alpenrandes.

— Schnauze nicht nasenartig. Lippen nicht scharfkantig **12**

12. RFl mit 2 Hartstrahlen, BrFl mit 13–14 Weichstrahlen
Strömer, ***Telestes*** (= ***Leuciscus***) ***souffia*** (Risso)
14–20 cm. RFl 2/8, BrFl 1/13–14, BFl 2/8, AFl 3/8–9. Slinie 50–56. Körper spindelförmig, Mund etwas unterständig. Rücken graugrün, Bauch silberweiß, an Seiten mit dunklem Längsstreifen oberhalb Slinie. Donau, Oberrhein u. Nebenflüsse.

— RFl mit 3 Hartstrahlen, BrFl mit 12 Weichstrahlen. Mit bläulicher Längsbinde
Blaubandbärbling, ***Pseudorasbora parva*** (Temminck et Schlegel)
4–11 cm. RFl 3/7–8, BrFl 12, BFl 8, AFl 3/6–7. Slinie 34–38. Stellenweise angesiedelt. In Gewässern mit dichtem Pflanzenbewuchs.

— RFl mit 3 Hartstrahlen, BrFl mit 15–17 Weichstrahlen; wenn mit weniger Weichstrahlen (um 10), Körper groß (40–120 cm). Kein dunkler Längsstreifen an Körperseiten **13**

13. Schuppen sehr klein, kaum sichtbar, 90–110 in der Slinie. [**34**] Elritze, ***Phoxinus phoxinus*** (L.)
Bis 14 cm. RFl 3/7, BrFl 1/15, BFl 2/8, AFl 3/7. Körper spindelförmig. Rücken olivgrün, Bauchseite hell, Rücken u. Seiten mit dunklen u. hellen Flecken. ♂ zur Laichzeit rötlich, mit hellem Fleck auf Kiemendeckel. Schwarmfisch. In schnell fließenden Gewässern u. in klaren Seen (Alpen, Voralpen).

— Schuppen größer, deutlich sichtbar, 40–70 in der Slinie **14**

14. Augen tief am Kopf sitzend, Stirn breit, Strecke zwischen den Augen über die Hälfte der Länge des Kopfes .... Weißer Amur, Graskarpfen, ***Ctenopharyngodon idella*** (Valenciennes)
40–120 cm. RFl 3/7–8, BrFl 1/16, BFl 1/8, AFl 3/7–11. Slinie 40–46. Silbrig, Schuppen dunkel gesäumt. Aus China und dem Amurgebiet, stellenweise für kommerzielle Fischzucht und zur Eindämmumg von Gewässerverkrautung ausgesetzt.

— Augen höher am Kopf sitzend, Stirn weniger breit **15**

15. Mit 9 Schuppenreihen oberhalb der Slinie bis zum Rücken (vgl. [**8**]). [**35**] ....
Aland, Orfe, Nerfling, ***Leuciscus idus*** (L.)
30–75 cm. RFl 3/8–9, BrFl 1/15–16, BFl 2/8, AFl 3/9–10. Slinie 55–60. Körper mittelhoch. Rücken dunkelblaugrün, mit Messingglanz, Bauch gelblich-weiß. Flossen außer RFl rot. Gelbrote Varietät: „Goldorfe", Aquarien- und Teichfisch. In Fließgewässern, vor allem Barbenregion.

— Mit weniger als 9 Schuppen oberhalb der Slinie **16**

16. Unterrand der AFl leicht nach außen gebogen (konvex). Körper gestreckt, drehrund. Kopf dick, Mund tief gespalten. [**36**] .... Döbel, ***Squalius*** (= ***Leuciscus***) ***cephalus*** (L.)
30–60 cm. RFl 3/8–9, BrFl 1/16–17, BFl 2/8, AFl 3/7–9. Slinie 44–46. Schlundzähne [**25b**]. Rücken dunkelblaugrün, Bauch gelblich, Schuppen mit schwarzem Saum, BrFl gelb, andere Flossen rötlich. In langsam fließenden Gewässern u. in Seen, auch im Brackwasser.

— Unterrand der AFl leicht nach innen gebogen (konkav) oder gerade. Körper meist seitlich zusammmengedrückt. Kopf schmal, Mund klein **17**

17. Mit 62–67 Schuppen in der Slinie. Körper ± drehrund. Mund endständig
Frauenfisch, Perlfisch, ***Rutilus meidingeri*** (Heckel)
Auch als Unterart von ***R. frisii*** (Nordmann) geführt. 40–70 cm. RFl 3/8–9, BrFl 1/16–17, BFl 2/8–9, AFl 3/9–11. SFl tief ausgeschnitten. Rücken graugrün, seitlich silbern. In Voralpenseen (Chiemsee).

— Mit weniger als 55 Schuppen in der Slinie **18**

18. BrFl mit 15 Weichstrahlen. Slinie mit 41–46 Schuppen. [**37**]
Plötze, Rotauge, ***Rutilus rutilus*** (L.)
12–50 cm, meist kleiner. RFl 3/9–11, BrFl 1/15, BFl 2/8, AFl 3/9–11. Vorderer Ansatz der RFl dicht über oder vor der Basis der BFl. Schlundzähne in 1 Reihe. Körper mittelhoch. Rücken dunkelolivgrün mit bläulichem Schimmer, Bauch silberweiß, Iris gelbrot, BFl u. AFl bräunlichrot. In Seen u. langsam fließenden Gewässern.

— BrFl mit 16–17 Weichstrahlen **19**

19. RFl mit 7–8 Weichstrahlen. Slinie mit 48–54 Schuppen. [**38**] ..... Hasel, ***Leuciscus leuciscus*** (L.)
Bis 25, selten 30 cm. RFl 3/7–8, BrFl 1/16–17, BFl 2/8, AFl 3/8–9. Schlundzähne in 2 Reihen. Körper gestreckt, seitlich etwas zusammengedrückt. Rücken stahlblau glänzend, Bauch gelblichweiß (ähnlich dem Döbel, aber Flossen u. Körper heller, SFl tiefer eingeschnitten). In fließenden Gewässern, auch Seen, Haffen, weit verbreitet.

— RFl mit mindestens 9 Weichstrahlen. Sinie mit 44–49 Schuppen
Frauennerfling, ***Rutilus pigus*** (Lacépède)
Bis 40 cm. RFl 3/9–12, BrFl 1/16–17, BFl 2/8–9, AFl 3/9–11. Schlundzähne in 1 Reihe. Körper bläulichgrün, glänzend, Flossen gelblich bis bräunlich. Iris hellgelb mit schwärzlichen Punkten (ähnlich Plötze). In Donau u. Nebenflüssen. Selten.

20. Slinie tiefliegend, wellenförmig. Körper messerartig. [**39**]
Sichling, Ziege, ***Pelecus cultratus*** (L.)
25–40 cm. RFl 3/7–8, BrFl 1/15, BFl 2/7, AFl 3/26–29. Slinie 100–110. BrFl groß, spitz, RFl u. BFl klein, AFl schmal. Donau aufwärts bis Passau, Osteuropa, Haffe der Ostsee.

— Slinie gerade oder schwach gebogen. Körper nicht messerartig **21**

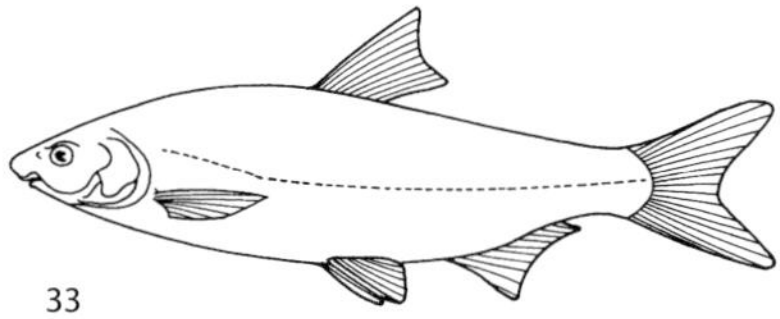
33

34

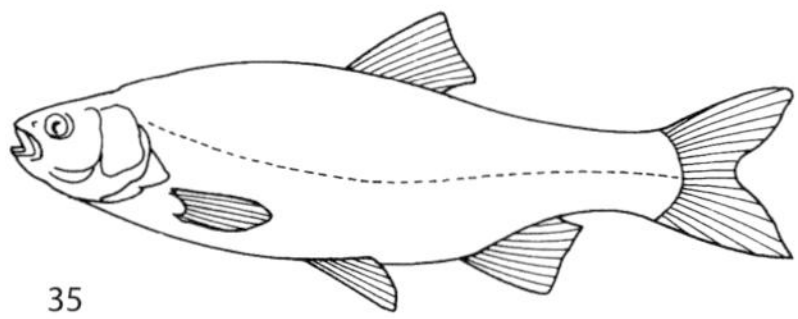
35

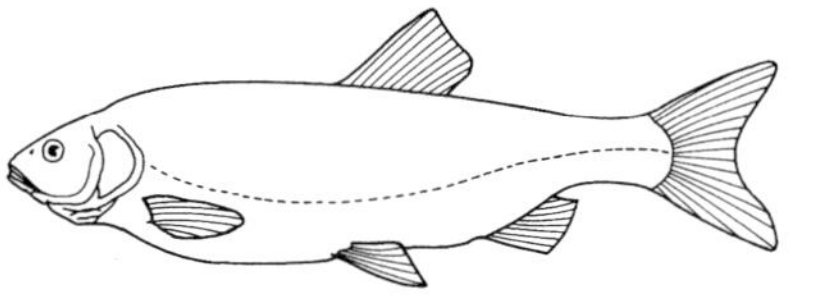
36

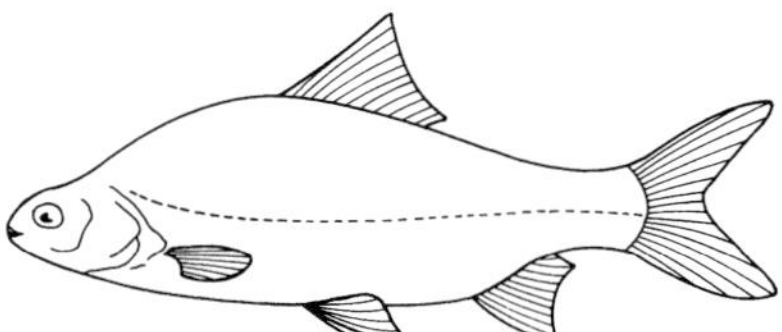
37

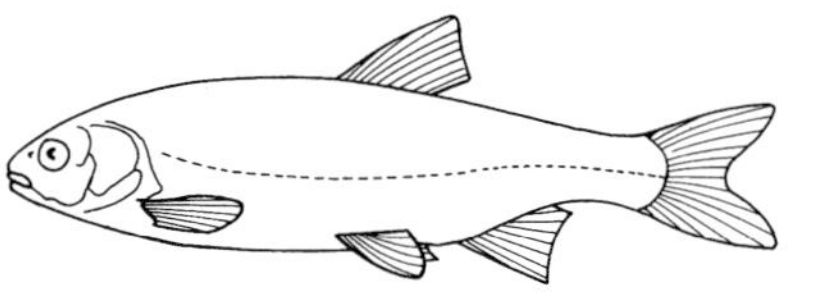
38

33 Nase; **34** Elritze; **35** Aland; **36** Döbel; **37** Plötze; **38** Hasel

21. AFl mit 17 oder mehr (meist über 20, bis 45) Weichstrahlen. Entweder schuppiger Kiel hinter der RFl oder schuppenlose Rille vor der RFl **22**

— AFl mit 14–20 Weichstrahlen. Ohne Kiel hinter oder Rille vor der RFl **26**

22. Mund deutlich unterständig. [**40**] .... Zährte, ***Vimba vimba*** (L.)
Mit schuppigem Kiel hinter der RFl. 20–30 (selten 50) cm. RFl 3/8, BrFl 1/15, BFl 2/9–10, AFl 3/17–20. Slinie 55–60. Schnauze vorragend, dunkel gefärbt („Rußnase"). Rücken graublau, während Laichzeit schwarz, Bauch silberweiß. Im Unterlauf größerer Flüsse, im Brackwasser der Ostsee. Eine nahe verwandte Art ***Vimba elongata*** (Valenciennes), Seerüssling (mit kürzerer Schnauze) in süddeutschen Seen.

— Mund endständig oder oberständig. Mit schuppenloser Rille vor der RFl **23**

23. AFl lang, mit wenigstens 37 Weichstrahlen (AFl 3/37–45) **24**

— AFl kürzer, höchstens mit 28 Weichstrahlen **25**

24. Mit 66–73 Schuppen in der Slinie .... Zope, ***Ballerus*** (= ***Abramis***) ***ballerus*** (L.)
20–35 cm. RFl 3/8, BrFl 1/15, BFl 2/8, AFl 3/39. Körper hoch, seitlich zusammengedrückt. Rücken dunkel mit braunem, grünem oder blauem Ton, Bauch silberweiß, AFl u. SFl rötlichbraun, dunkel gesäumt. Im Mündungsgebiet größerer Flüsse, in Haffen der Ostsee.

— Mit 49–52 Schuppen in der Slinie. [**41**] .... Zobel, ***Ballerus*** (= ***Abramis***) ***sapa*** (Pallas)
20–30 cm. RFl 3/8, BrFl 1/15, BFl 2/8, AFl 3/37–45. Körper hoch, seitlich stark abgeflacht. Hell silbergrau, Rücken wenig dunkler. In Flüssen (Donau).

25. BrFl bis an Wurzel der BFl reichend, BrFl u. BFl graublau. Schlundzähne in 1 Reihe. [**42**]
Brachsen, Brassen, Blei, ***Abramis brama*** (L.)
40–70 cm. RFl 3/9, BrFl 1/15, BFl 2/8, AFl 3/23–28. Slinie 51–56. Körper seitlich zusammengedrückt, hochrückig. Rücken dunkelgrau, Bauch weißlich, RFl, AFl u. SFl dunkelgrau. In Seen u. langsam fließenden Gewässern („Bleiregion"). Guter Speisefisch.

— BrFl nicht bis an die Wurzel der BFl reichend. Basis der BrFl u. BFl rötlich. Schlundzähne in 2 Reihen. [**43**] .... Güster, ***Blicca bjoerkna*** (L.)
20–30 cm. RFl 3/8, BrFl 1/14–15, BFl 2/8, AFl 3/19–23. Slinie 45–50. In Seen u. langsam fließenden Gewässern.

26. Mundspalte groß, bis unter die Augenmitte reichend. [**44**]
Rapfen, ***Leuciscus*** (= ***Aspius***) ***aspius*** (L.)
40–90 cm. RFl 3/8, BrFl 1/16, BFl 2/8–9, AFl 3/14. Slinie 65–73. Schuppen klein. Rücken olivgrün, Bauch silbrig, BrFl, BFl u. AFl rötlich. Raubfisch. In größeren Seen (Oberflächenfisch!), in Flüssen u. im Brackwasser (Ostsee).

— Mundspalte klein, nicht bis unter die Augen reichend **27**

27. Slinie in der Mitte tief nach unten gebogen u. durch Doppelreihe schwarzer Punkte eingefasst
Schneider, ***Alburnoides bipunctatus*** (Bloch)
9–16 cm. RFl 3/7–8, BrFl 1/14, BFl 2/7–8, AFl 3/15–17. Slinie 45–54. AFl beginnt etwas hinter der RFl. Besonders zur Laichzeit mit dunkler Längsbinde über der Slinie. Flossen an Basis leicht orange gefärbt. In klaren Fließgewässern.

— Slinie nicht schwarz eingefasst **28**

28. Mehr als 100 Schuppen entlang der Slinie. Augen weit unten (auf der Höhe der Mundwinkel) sitzend. 80–100 cm .... ***Hypophthalmichthys*** Bleeker **30**

— Weniger als 100 Schuppen entlang der Sinie. Augen weit über Mundwinkel liegend. 10–30 cm
Alburnus Rafinesque **29**

29. AFl mit 17–20 Weichstrahlen, unmittelbar unter der RFl beginnend. [**45**]
Uklei, Ukelei, Laube, ***Alburnus alburnus*** (L.)
10–20 cm. RFl 3/8, BrFl 1/15, BFl 2/8, AFl 3/17–20. Slinie 46–54. Rücken blaugrün, Bauch silbern. In fließenden u. stehenden Gewässern, auch Ostsee.

— AFl mit 14–16 Weichstrahlen, ein wenig hinter der RFl beginnend
Mairenke, ***Alburnus chalcoides*** (Güldenstädt)
15–30 cm. RFl 3/8, BrFl 1/15, BFl 2/8, AFl 3/14–16. Slinie 65–67. Mund steil nach oben gerichtet. Rücken blaugrün, Bauch hell. In Voralpenseen u. deren Zu- u. Abflüssen, im Donaugebiet. – Sehr ähnlich ist ***Alburnus mento*** (Heckel), Alpenukelei. In einigen Voralpenseen.

30. Bauchkante in ganzer Länge mit schuppenlosem Kiel
Silberkarpfen, ***Hypophthalmichthys molitrix*** (Valenciennes)
80–100 (–120) cm. RFl 3/7, BrFl 1/17, BFl 1/7, AFl 2–3/12–14. Slinie 110–124. Aus China, Amurgebiet. In Mitteleuropa eingebürgert. Wichtiger Nutzfisch in Teichwirtschaften.

— Schuppenloser Kiel nur zwischen BFl u. AFl
Marmorkarpfen, ***Hypophthalmichthys nobilis*** (Richardson)
80–100 (–120) cm. RFl 3/10, BrFl 1/17, BFl 1/8, AFl 3/15–17. Slinie 114–120. Aus China, Amurgebiet. In Mitteleuropa eingebürgert. Wichtiger Nutzfisch in Teichwirtschaften.

Familie: **Cobitidae**, Dorngrundeln, Schmerlen

Mund ohne Zähne. Leben auf dem Boden von Süßgewässern. Darmatmer.

1. Mit 6 kurzen Barteln, nur am oberen Mundrand. Dicht unter den Augen ein 2-spitziger Dorn, nach vorn aufrichtbar. Bis 12 cm. [**48**] .... Steinbeißer, Dorngrundel, ***Cobitis taenia*** L.
RFl 3/7, BrFl 1/6–8, BFl 1/5, AFl 3/5. Körper zusammengedrückt. Gelblich, mit mehreren Längsreihen dunkler Flecken an den Seiten. In stehenden u. fließenden Gewässern mit sandigem u. schlammigem Grund. – Im Osten zwei weitere Arten, z. B. ***C. elongatoides*** Bačescu et Maier, Donausteinbeißer.

— Mit 10 Barteln, davon 4 kürzere am unteren Mundrand. 20–30 cm. [**46**]
Schlammpeitzger, ***Misgurnus fossilis*** (L.)
RFl 3/5–6, BrFl 1/10, BFl 1/5–6, AFl 2–3/5. Körper im Querschnitt rund, hinten seitlich zusammengedrückt. Rotbraun, Bauch hell, jederseits mit 2 dunklen Längsstreifen. In schlammigem Grund stehender u. langsam fließender Gewässer, auch Ostsee. – Eingeführt u. in Aquakultur gehalten ***M. anguillicaudatus*** (Cantor), Ostasiatischer Schlammpeitzger (meiste einheitlich hell gefärbt, ohne Längssstreifen).

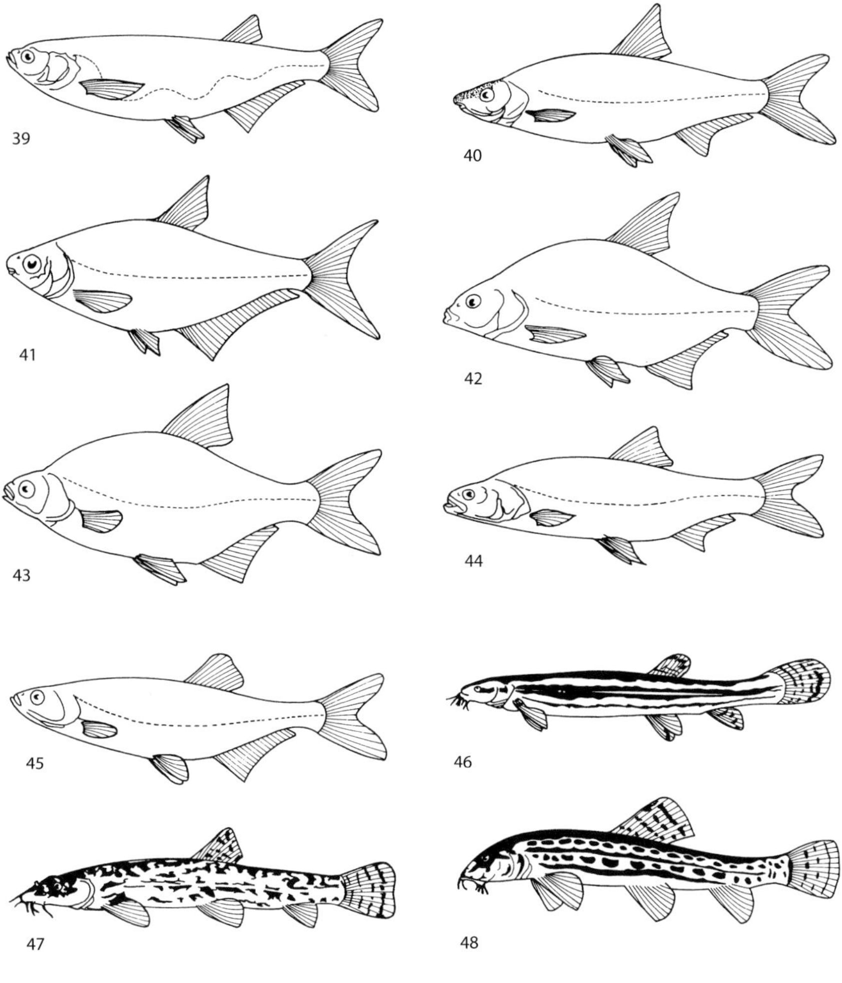

39 Sichling; **40** Zährte; **41** Zobel; **42** Brachsen; **43** Güster; **44** Rapfen; **45** Uklei; **46** Schlammpeitzger; **47** Bartgrundel; **48** Steinbeißer

Siluriformes, Welsartige

Grundfische in Süßgewässern. Räuber.

1. Ohne Fettflosse. Mit 6 Barteln .... Welse, **Siluridae**
Nur ***Silurus glanis*** L., Wels [**49**]
1–3 m. RFl 1/4, BrFl 1/14–17, BFl 11–13, AFl 90–92. Kopf breit u. platt, Mund mit zahlreichen Hechelzähnen. Oberlippe mit 2 langen Barteln, Unterlippe mit 4 kürzeren. Haut schuppenlos. Rücken dunkel, Seiten u. Bauch heller, marmoriert. Nahrung: Fische u. Wasservögel. In größeren Flüssen u. Seen.

— Mit Fettflosse. Mit 8 Barteln .... Katzenwelse, Zwergwelse, **Ictaluridae** S. 526

Familie: **Ictaluridae**, Katzenwelse, Zwergwelse

Fremdfische aus Nordamerika, hier eingebürgert. Limnisch.

1. Mit gut entwickelten Anhängen an den hinteren Strahlen der BrFl. Membranen der RFl hell
Katzenwels, Zwergwels, ***Ameiurus*** (= ***Ictalurus***) ***nebulosus*** (Lesueur)
20–30 (–45) cm. RFl 1/6, BrFl 1/8, BFl 8, AFl 1/20–23. Rücken bläulich-oliv, Bauch gelblich. Zerstreut in stehenden u. langsam fließenden Gewässern.

— Anhänge an den hinteren Strahlen der BrFl wenig entwickelt oder fehlend. Membranen der RFl dunkel .... Schwarzer Katzenwels, ***Ameiurus*** (= ***Ictalurus***) ***melas*** (Rafinesque)
20–30 (–45) cm. RFl 1/6, BrFl 1/8, BFl 8, AFl 1/16–20. Dunkel gefärbt. Zerstreut in stehenden u. langsam fließenden Gewässern.

Salmoniformes, Lachsartige
Familie: **Salmonidae**, Lachsfische

Für Bestimmung mancher Arten Pflugscharbein [**51a, b, c**] (vgl. [**3**]) wichtig. Meist limnisch. Einige Arten anadrome Wanderfische.

1. RFl groß, mit 17–24 Strahlen [**52**]. Limnisch .... Äschen, **Thymallinae**
Nur ***Thymallus thymallus*** (L.), Äsche [**52**]
Auch als eigene Familie **Thymallidae** aufgefasst. Bis 50 cm. RFl 17–24, BrFl 14–17, BFl 10–12, AFl 10–15. Slinie 74–93. Silbrig, Rücken ± grau. Riecht nach Thymian. Nahrung: Kleintiere. In klaren Fließgewässern („Äschenregion").

— RFl klein, höchstens mit 16 Strahlen 2

2. Mund tief gespalten, bis unter die Augen reichend, mit kräftigen Zähnen. Zunge (Entoglossum; s. [**3**]) bezahnt. Körper im Querschnitt ± rund oder seitlich wenig abgeplattet
Lachse, **Salmoninae** 3

— Mundspalte klein, nicht bis unter die Augen reichend. Mund höchstens schwach bezahnt. Zunge ohne Zähne. Körper seitlich abgeflacht. [**53**] .... Renken, **Coregoninae**
Nur ***Coregonus*** L., Maränen [**53**] mit vielen Arten
Auch als eigene Familie **Coregonidae** aufgefasst. RFl 11–16, BrFl 15–17, BFl 10–13, AFl 12–17. Slinie 70–100. Silberglänzend, am Rücken dunkler. Man unterscheidet planktonfressende „Schwebrenken" u. Bodentiernahrung aufnehmende „Bodenrenken". Meist in Seen, auch in Flüssen. Außerdem gibt es zwischen Süßwasser u. Salzwasser wandernde Formen („Wandermaränen"): „Ostseeschnäpel", „Nordseeschnäpel".
Systematik umstritten; starke Formenvielfalt in Abhängigkeit vom Lebensraum. Viele Arten. Beispiele: ***C. albula*** (L.), Kleine Maräne (um 20 cm), norddeutsche Seen, v. a. östlich der Elbe, auch Ostsee; ***C. wartmanni*** (Bloch), Blaufelchen, Bodenseefelchen (bis 50 cm), Bodensee. Wertvolle Speisefische.

3. Körperseiten nur mit heller, undeutlicher Punktierung. Vorderkante der BrFl, BFl u. AFl weiß gesäumt. Stiel des Pfugscharbeines zahnlos [**51a**]. Im Süßwasser
Saiblinge, ***Salvelinus*** Richardson 4

— Körperseiten mit dunkler (daneben auch zuweilen mit rötlicher) Punktierung. Vorderkante der BrFl, BFl u. AFl nicht weiß gesäumt 5

4. Vorderkante der BrFl, BFl u. AFl nur weiß gesäumt. 15–75 cm
Seesaibling, ***Salvelinus alpinus*** (L.)
RFl 12–15, BrFl 13, BFl 9–10, AFl 10–13. Slinie 190–240. Platte des Pflugscharbeins vorn abgerundet. Zur Laichzeit Bauch des ♂ rot. Nach abnehmender Größe: Wildfangsaibling, Normalsaibling, Schwarzreuter, Tiefseesaibling. Räuber u. Planktonfresser. In Alpenseen.
Weitere, z. T. ähnliche ***Salvelinus***-Arten in süddeutschen Seen.

— Vorderkante der BrFl, BFl u. AFl mit weißem Saum u. anschließendem schwarzem Streifen. Bis 40 cm. [**54**] .... Bachsaibling, ***Salvelinus fontinalis*** (Mitchell)
RFl 14, BrFl 11–12, BFl 9, AFl 12–14. Slinie 160–230. Platte des Pflugscharbeins vorn spitz. In Bächen. 1884 aus Nordamerika eingeführt, selten.

5. Körper im Querschnitt etwa drehrund. Kopf lang u. abgeflacht. Fettflosse groß. Stiel des Pflugscharbeins zahnlos [**51a**] .... Huchen, ***Hucho hucho*** (L.)
60–120 cm. RFl 13–14, BrFl 15–16, BFl 9–10, AFl 12–14. Slinie 180–200. Körperseiten rötlich getönt, mit vielen schwarzen Flecken. Raubfisch. Nur Donau u. Nebenflüsse, selten.

— Körper im Querschnitt höher als breit. Kopf kleiner [**55–57**]. Stiel des Pflugscharbeins (mindestens in der Jugend) bezahnt [**51b, c**] **6**

6. Körper an den Seiten mit rötlichem Längsband u. dichtstehenden kleinen schwarzen Flecken, diese auch auf RFl, SFl u. Fettflosse [**55**] Regenbogenforelle, ***Oncorhynchus mykiss*** (Walbaum)
(Älterer Name: ***Salmo gairdneri*** Richardson). 25–50 cm. RFl 14, BrFl 13–14, BFl 9, AFl 13. Slinie 125–160. 1882 aus Nordamerika eingeführt. In Fischteichen, in Bächen ausgesetzt. Wichtiger Speisefisch. – Neuerdings eingeführt ***Oncorhynchus gorbuscha*** (Walbaum), Buckellachs (40–50 cm. Sondermerkmal: Slinie 177–240).

— Körper seitlich ohne rotes Längsband. Mit schwarzen, oft auch roten Flecken. RFl u. SFl höchstens mit wenigen schwarzen Flecken .... ***Salmo*** L. **7**

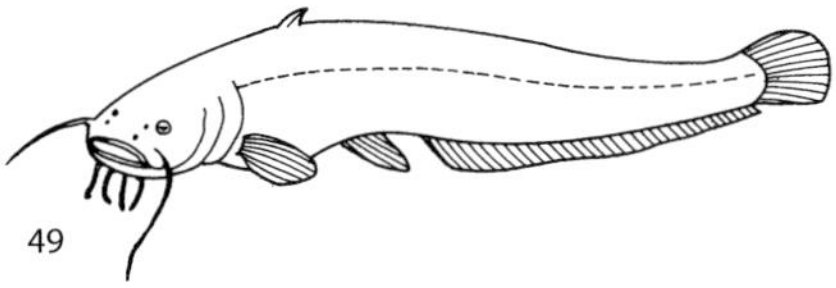
49

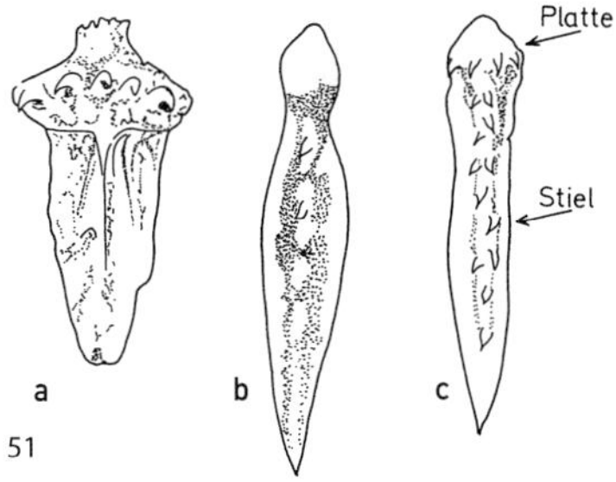

51

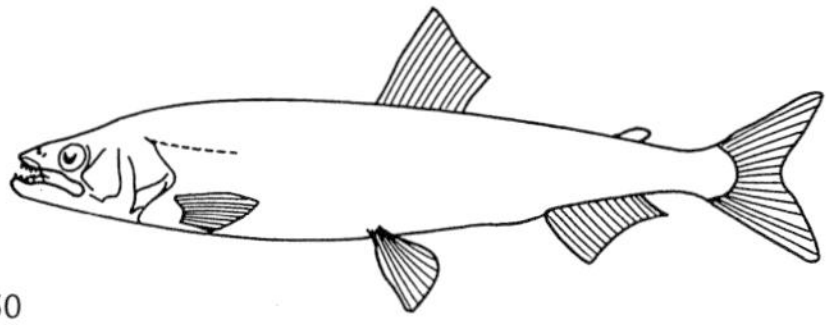
50

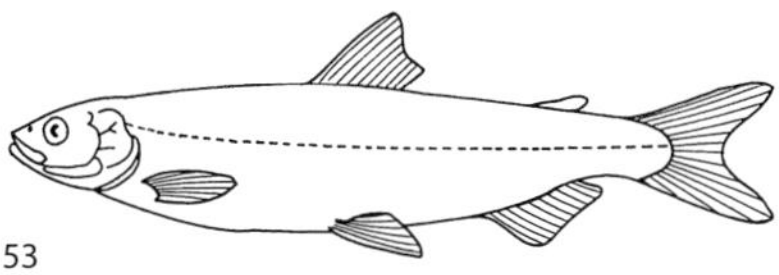
53

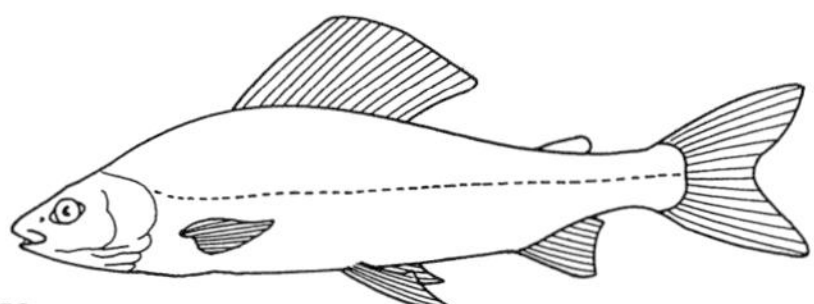
52

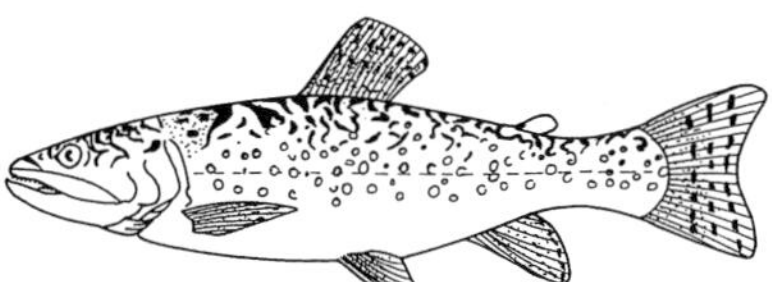
54

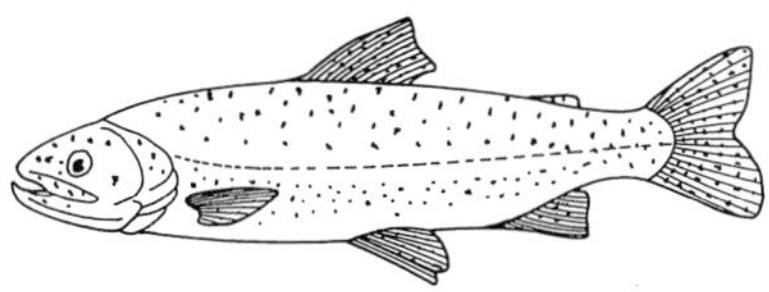
55

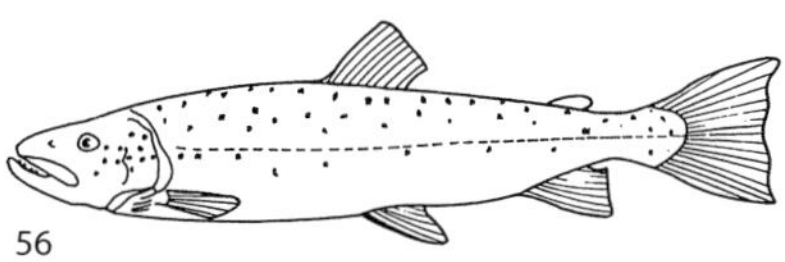
56

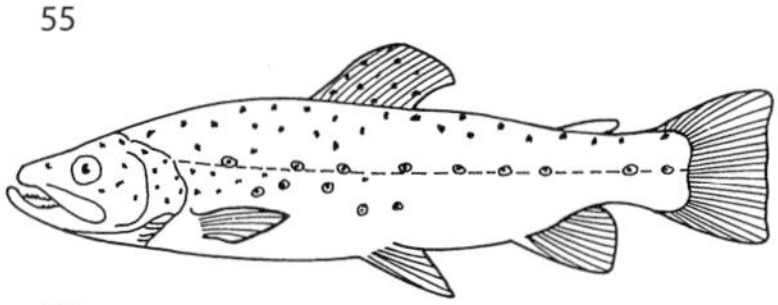
57

49 Wels; **50** Stint; **52** Äsche; **53** Maräne; **54** Bachsaibling; **55** Regenbogenforelle; **56** Lachs; **57** Forelle

7. Platte des Pflugscharbeins unbezahnt [**51b**]. Schwanzstiel langgestreckt, schlank, SFl ausgeschnitten. Kiemendeckelknochen (s. [**2b**]) stoßen meist nicht in einem Punkt zusammen. Jugendformen seitlich mit 7–9 Querbinden. Fettflosse rötlichgrau. [**56**] .... Lachs, ***Salmo salar*** L.
50–120 cm. RFl 12–15, BrFl 11–16, BFl 8–10, AFl 10–14. Slinie 120–130. Bauch silbern, Rücken schiefergrau bis grünlich oder bläulich, mit schwarzen Flecken. Nahrung: Kleintiere; als Erwachsene Räuber. Anadromer Wanderfisch, Junglachse 1–3 Jahre im Süßwasser; in deutschen Flüssen selten geworden. Speisefisch.

— Platte (und Stiel) des Pflugscharbeins bezahnt [**51c**]. Schwanzstiel bei größeren Tieren gedrungener, SFl bei diesen hinten fast gerade. Kiemendeckel: Deckel u. Unterdeckel am Vordeckel in einem Punkt zusammenstoßend. Jungfische meist mit 11–13 Querbinden. Fettflosse meist ± rot. [**57**] .... Forelle, ***Salmo trutta*** L.
RFl 11–15, BrFl 11–16, BFl 7–10, AFl 9–14. Slinie 120–130. Nahrung: Kleintiere, ältere Individuen räuberisch. Wichtiger Speisefisch. Es werden 3 Formen (wohl umweltbedingte Modifikationen) unterschieden: a) Meerforelle, ***S. trutta trutta*** L. Bis 100 cm. Grundfarbe silbrig. Anadromer Wanderfisch, jedoch mehr in Küstennähe (Nord- u. Ostsee), Jungfische 1–2 Jahre im Süßwasser. b) Seeforelle, ***S. trutta lacustris*** L. Bis 80 cm. Mit dunklen u. roten Flecken; als junge, im freien Wasser lebende „Schwebforelle" hell, als ältere, am Boden lebende „Grundforelle" dunkel gefärbt. In Voralpenseen. c) Bachforelle, ***S. trutta fario*** L. [**57**]. Bis 40 cm. Grünlich bis bräunlich, mit schwarzen u. roten Flecken (diese meist mit hellem Rand). In Oberläufen der Bäche („Forellenregion").

Esociformes, Hechtartige

1. Mund breit, entenschnabelförmig, mit kräftigen Fangzähnen [**58**]. Groß .... Hechte, **Esocidae**
Nur ***Esox lucius*** L., Hecht [**58**]
Langgestreckt, bis 1 m, selten größer. RFl 19–23, AFl 16–21. Mund breit, entenschnabelförmig abgeplattet, mit vielen Zähnen. Oben meist olivgrün, Bauch gelblich oder weißlich. Gefräßiger Raubfisch (Nahrung: Fische, Frösche, Kleinsäuger). In Binnengewässern, auch im Brackwasser der Ostsee. Wertvoller Speisefisch.

— Mund nicht breit, Zähne klein. Bis 13 cm .... Hundsfische, **Umbridae** S. 528

Familie: **Umbridae**, Hundsfische

Limnisch. Nahrung: Wirbellose.

1. RFl mit mehr als 14 Strahlen. Oberer Rand der RFl gerade. Körper gefleckt, Unterkiefer hell
Hundsfisch, ***Umbra krameri*** Walbaum
5–13 cm. RFl 15–17, AFl 7–8. Im Donaubecken, in anderen Regionen ausgesetzt.

— RFL meist mit weniger als 14 Strahlen. Oberer Rand der RFl konvex gerundet. Körper hell längsgestreift, Unterkiefer dunkel
Kleiner Hundsfisch, Amerikanischer Hundsfisch, ***Umbra pygmaea*** (DeKay)
4–10 cm. RFl 12–16, AFl 8–11. Aus Nordamerika stellenweise eingebürgert. In Binnengewässern (z. B. Torfgräben). Verbreitet.

Lampriformes, Glanzfischartige

Flossen rot. Pelagisch in warmen Meeren.

1. Körper scheibenförmig-oval. RFl etwa in Körpermitte beginnend, vorderer Teil verlängert. BFl aus mehreren Strahlen .... Gotteslachse, **Lampridae**
Nur ***Lampris guttatus*** (Brünnich), Gotteslachs
Bis 180 cm. RFl 48–55, BrFl 23–25, BFl 15–17, AFl 33–41. Blau bis brünlich, mit silbernen Flecken. Südliche Nordsee. Selten.

— Körper sehr lang, seitlich zusammengedrückt, riemenförmig. RFl langer roter Saum, am Kopf beginnend, vordere Strahlen stark verlängert. BFl nur mit 1 langen Strahl
Riemenfische, **Regalecidae**
Nur ***Regalecus glesne*** Ascanius, Riemenfisch
Bis 6 m. RFl um 250–400, BrFl 11–12, BFl 1, AFl fehlt. Silberweiß, mit schrägen dunklen Bändern u. Flecken. Südliche Nordsee. Selten.

Gadiformes, Dorschartige

Marin. Nur Quappe ***(Lota lota)*** im Süßwasser. Meiste Arten eher in bodennahen Wasserschichten. Meist gute Schwimmer. Eier frei schwebend.

1. Mit 3 getrennten RFl u. 2 getrennten AFl
Schellfische, Dorschfische, Dorsche, **Gadidae** S. 529
— Mit 2 getrennten RFl oder 1 RFl; mit 1 AFl **2**
2. BFl lang u. fadenförmig, über Ansatz der AFl hinaus reichend .... Gabeldorsche, **Phycidae**
Nur ***Phycis blennoides*** (Brünnich), Gabeldorsch
Bis 70 cm, selten größer. RFl 8–9 + 60–64, AFl 58–63. 1. RFl kurz, spitz-3-eckig, oft mit schwarzem Fleck, unpaare Flossen gelblich, mit dunklem Saum. Hellbraun bis graurosa. Nahrung: benthische Wirbellose, Fische. Südliche Nordsee, westliche Ostsee. Selten.
— BFl kürzer, selten mit verlängerten Strahlen, dann aber nicht bis zum After reichend **3**
3. Ohne Barteln. Zähne lang u. spitz .... Seehechte, **Merlucciidae**
Nur ***Merluccius merluccius*** (L.), Seehecht, Hechtdorsch [**59**]
Bis 1 m. RFl 9–11 + 37–39, AFl 37–39. Hinterer Teil von 2. RFl u. AFl höher als vorderer. Kopf spitz, Mundspalte groß. Unterkiefer länger als Oberkiefer. Schwarzbraun, Seiten u. Bauch silber-glänzend. Nahrung: Fische, Cephalopoden. Nordsee. Nutzfisch.
— Mit Barteln. Zähne kleiner .... Seequappen, **Lotidae** S. 531

Familie: **Gadidae**, Schellfische, Dorschfische, Dorsche

Meist in bodennahen Wasserschichten. Nahrung: Wirbellose, manche Arten Raubfische (fressen größere Fische). Viele Arten von wirtschaftlicher Bedeutung.

1. Mit Bartel, diese groß, etwa so lang wie Unterkiefer [**60**] **2**
— Ohne oder mit kleiner Bartel [**61**] **3**
2. 1. RFl oben gerundet. 2. RFl, 3. RFl, 1. AFl u. 2. AFl etwa gleich lang. SFl hinten fast gerade [**60**]
Kabeljau, Dorsch, ***Gadus morhua*** L.
Bis 150 cm. RFl 12–16 + 14–25 + 16–21, AFl 16–26 + 15–19. Oberkiefer überragt Unterkiefer. Slinie unter 2. RFl nach unten gebogen. Rücken olivgrün oder braun, marmoriert, Bauch hell. Raubfisch. Nord- u. Ostsee. Wichtiger Nutzfisch.
— 1. RFl zugespitzt. 1. AFl u. 2. RFl etwa gleich lang, 3. RFl u. 2. AFl kürzer. SFl eingeschnitten
Zwergdorsch, ***Trisopterus minutus*** (L.)
Bis 25 cm. RFl 11–15 + 19–26 + 17–24, AFl 25–31 + 17–24. Augen auffallend groß. Graubraun, Seiten silbergrau. Im flachen Wasser, Nordsee, westliche Ostsee.

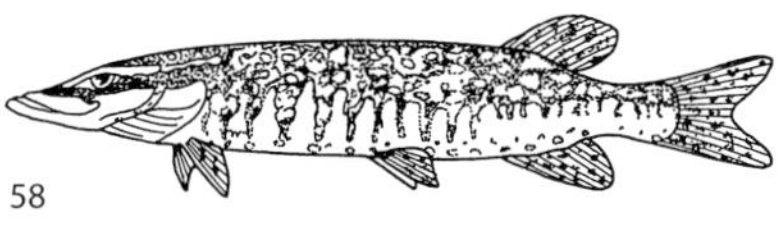
58

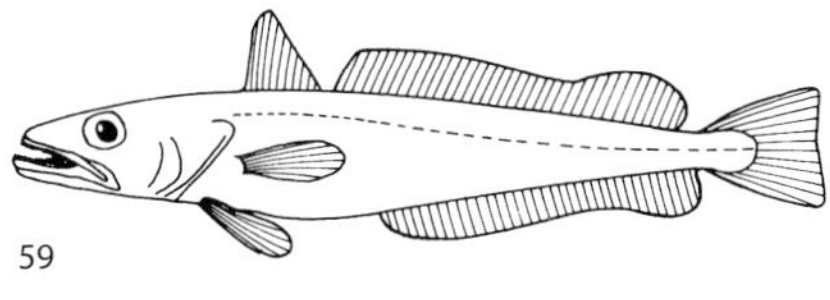
59

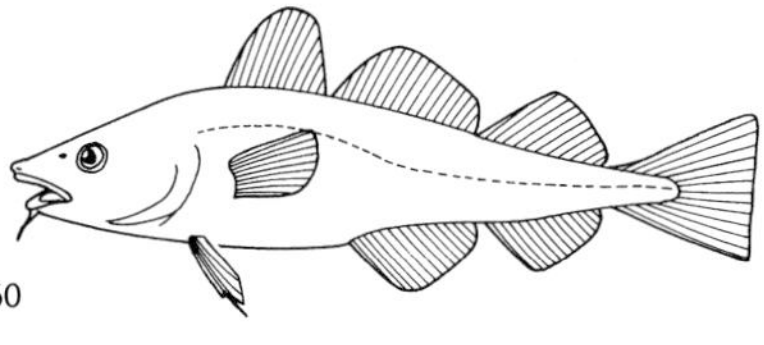
60

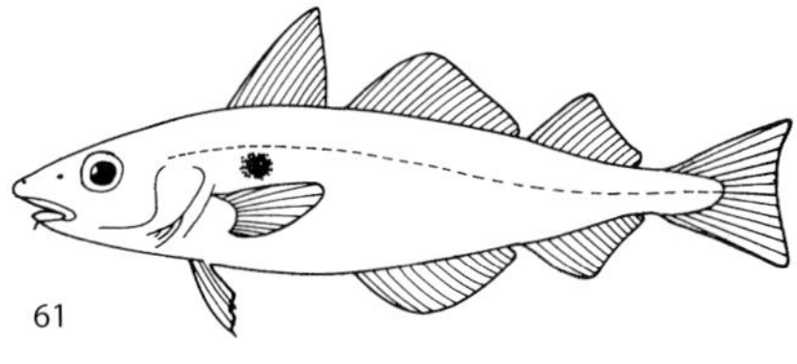
61

58 Hecht; **59** Seehecht; **60** Kabeljau; **61** Schellfisch

— 1. RFl zugespitzt, 1. AFl länger als 2. RFl, 3. RFl u. 2. AFl kürzer als diese beiden Flossen
Französischer Dorsch, ***Trisopterus luscus*** (L.)
Bis 30 cm. RFl 11–15 + 20–28 + 15–22, AFl 25–36 + 17–22. Dunkelgrau, Seiten silbern, mit 4 dunklen Querbinden, mit schwarzem Fleck an der Basis der BFl. Südwestliche Nordsee.

3. Oberkiefer den Unterkiefer überragend **4**

— Unterkiefer den Oberkiefer überragend **5**

4. Über den BrFl auf der Höhe der 1. RFl ein schwarzer Fleck. Mit kurzer Kinnbartel [**61**]
Schellfisch, ***Melanogrammus aeglefinus*** (L.)
Bis 90 cm. RFl 14–17 + 20–24 + 19–23, AFl 21–27 + 20–25. Slinie dunkel. Rücken graubraun, Bauch hell. Nahrung: kleine Fische u. Wirbellose. Nord- u. Ostsee. Wichtiger Nutzfisch.

— An Basis der BrFl ein schwarzer Fleck. Ohne Kinnbartel [**62**]
Wittling, Merlan, ***Merlangius merlangus*** (L.)
Bis 50 cm. RFl 13–16 + 18–25 + 19–22, AFl 30–38 + 20–25. Slinie dunkel. Graugrün bis olivbraun, Seiten u. Bauch weißlich. Nordsee u. westliche Ostsee. Nutzfisch.

5. Seitenliniensystem auf dem Kopf in 7 offene, schleimgefüllte Knochengruben verzweigt. Bis 15 cm .... Silberdorsch, ***Gadiculus thori*** Schmidt
10–15 cm. RFl 8–12 + 10–14 + 11–16, AFl 15–18 + 12–16. Schuppen groß, silbrig. Pelagischer Schwarmfisch. Nördliche Nordsee.

— Ohne derartige Gruben **6**

6. Alle 3 RFl durch große Zwischenräume getrennt. After vor der Höhe des Ansatzes der 1. RFl
Blauer Wittling, ***Micromesistius poutassou*** (Risso)
Bis 40 cm. RFl 11–14 + 10–14 + 20–26, AFl 33–41 + 20–27. Unterkiefer etwas vorstehend. Augen groß. Mundhöhle u. Kiemendeckel innen schwarz. Blaugrau, Seiten silbern. Tiefenfisch. Nordsee.

— Alle RFl enger zusammen liegend (z. B. wie [**62**]) **7**

7. Schnauze kürzer als der Augendurchmesser. Mit kurzer Bartel
Stintdorsch, ***Trisopterus esmarkii*** (Nilsson)
Bis 24 cm. RFl 14–15 + 23–26 + 23–26, AFl 29–31 + 25–27. Augen groß. Schwarzer Fleck an der Basis der BrFl. Olivbraun, Seiten silberglänzend. Nordsee.

— Schnauze deutlich länger als der Augendurchmesser. Ohne Bartel **8**

8. Slinie dunkel, biegt zwischen 1. u. 2. RFl nach unten
Pollack, Heller Seelachs, Steinköhler, ***Pollachius pollachius*** (L.)
60–100 cm. RFl 11–14 + 15–21 + 15-20, AFl 23–34 + 16–21. Rücken bräunlich-gelb, Bauch weißlich. Raubfisch. Nordsee, seltener Ostsee.

— Slinie hell, ohne Bogen .... Köhler, Seelachs, ***Pollachius virens*** (L.)
Bis 1 m. RFl 12–15 + 18–24 + 19–23, AFl 23–29 + 18–24. Slinie gerade, weißlich. Dunkelgrün bis schwarz, Seiten u. Bauch grau bis weiß. Nahrung: Fische. Nordsee. Wichtiger Nutzfisch. Im Handel als „Seelachs".

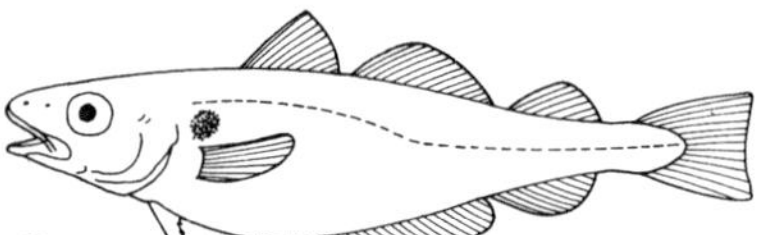
62

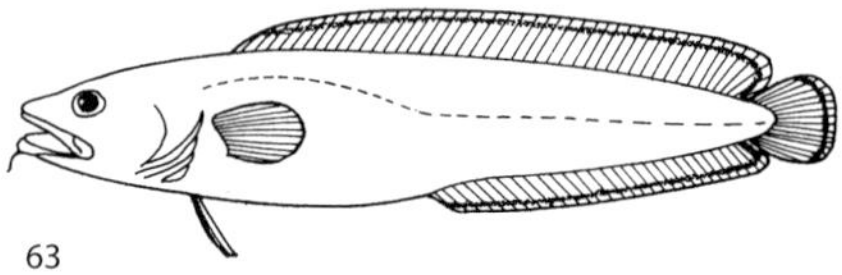
63

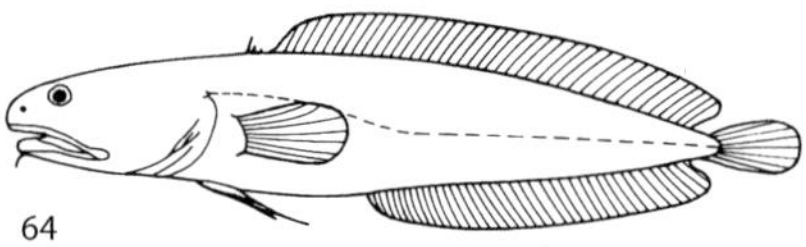
64

65

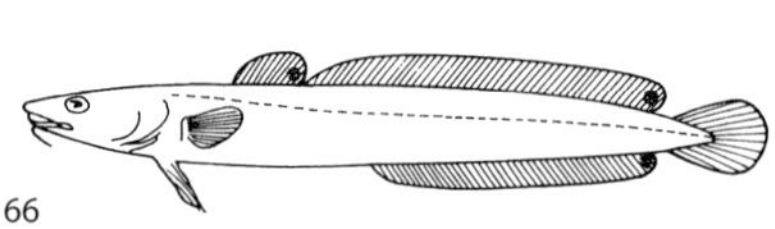
66

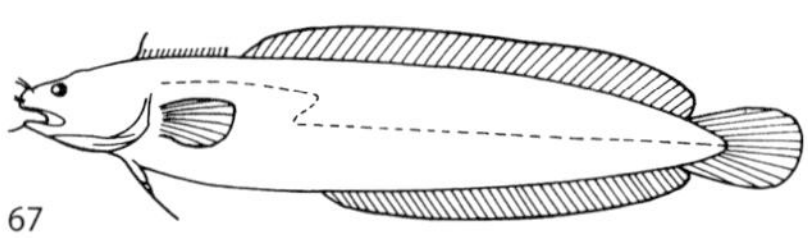
67

62 Wittling; **63** Brosme; **64** Froschquappe; **65** Quappe; **66** Leng; **67** Fünfbärtelige Seequappe

Familie: **Lotidae**, Seequappen

Leben in Bodennähe. ***Raniceps*** Oken gehört zu den **Ranicipitidae**.

1. Mit 1 RFl u. 1 AFl [**63**] .... Brosme, Lumb, ***Brosme brosme*** (Ascanius)
Bis 1m. RFl 93–103, AFl 62–75. Hellgrau bis bräunlich, Saum der unpaaren Flossen schwarzweiß gebändert. Bodentierfresser. Nordmeere. Nutzfisch.

— Mit 2 getrennten RFl (1. RFl manchmal auf wenige Strahlen reduziert) u. 1 Afterflosse ... **2**

2. 1. RFl deutlich entwickelt [**65, 66**] **3**

— 1. RFl in mehr als 3 freie, fadenförmige Strahlen aufgelöst [**67**] **5**

— 1. RFl reduziert, nur 3 Strahlen. BFl mit 2 langen, gebogenen, frei endenden Strahlen [**64**]
Froschquappe, ***Raniceps raninus*** (L.)
(Zu **Ranicipitidae**). 20–30 cm. RFl 3 + 61–67, AFl 55–61. Kopf breit, Körper keilförmig. Braunschwarz mit bläulichem Schimmer. Räuber. Nord- u. Ostsee.

3. Mit langer Bartel am Unterkiefer u. je 1 kurzen Bartel vor den Nasenlöchern. [**65**]. Im Süßwasser u. Brackwasser .... Quappe, Rutte, ***Lota lota*** (L.)
Bis 70 cm. RFl 12–14 + 68–75, AFl 65–70. Kopf flach, mit großem Mund. Rücken dunkelbraun marmoriert, Bauch hell. Allesfresser. Am Boden vor allem langsam fließender Gewässer. Speisefisch.

— Nur mit langer Bartel am Unterkiefer. Marin **4**

4. Bartel länger als Augendurchmesser. Mit schwarzem Fleck am Hinterende der RFl [**66**]
Leng, ***Molva molva*** (L.)
Bis 180 cm. RFl 13–16 + 60–70, AFl 57–66. Schwanzstiel hoch. Raubfisch. Bräunlich, unten heller. Vereinzelt. Nordsee.

— Bartel kürzer als Augendurchmesser. Ohne schwarzen Fleck auf der 1. RFl
Blauleng, ***Molva dipterygia*** (Pennant)
Bis 150 cm. RFl 12–16 + 72–84, AFl 57–76. Schwanzstiel dünn. Bräunlich. Vereinzelt in der nördlichen Nordsee.

5. Mit mindestens 5 Barteln, davon 4 am Oberkiefer, 1 am Unterkiefer **6**

— Mit 4 Barteln, davon 3 am Oberkiefer
Vierbärtelige Seequappe, ***Enchelyopus*** (= ***Rhinonemus***) ***cimbrius*** (L.)
Bis 35 cm. 2. RFl 45–50, AFl 37–41. Schwarzbraun bis gelbgrau. Nahrung: Krebstiere. Nord- u. Ostsee.

— Mit 3 Barteln, davon 2 am Oberkiefer **7**

6. Auf der Oberlippe weitere 3 Paare kleiner Barteln
Nordische Seequappe, ***Ciliata septentrionalis*** (Collett)
Bis 20 cm. 2. RFl 39–50, AFl 37–43. Einfarbig braun. Selten. Nordsee, westliche Ostsee.

— Auf der Oberlippe ohne kleine Barteln. [**67**] ..... Fünfbärtelige Seequappe, ***Ciliata mustela*** (L.)
Bis 30 cm. 2. RFl 50–63, AFl 40–46. Einfarbig braun. Nahrung: kleine Fische u. Krebse. Nordsee.

7. Körper mit großen, dunklen Flecken. BrFl mit 20–22 Strahlen
Dreibärtelige Seequappe, ***Gaidropsarus vulgaris*** (Cloquet)
Bis 60 cm. 2. RFl 55–64, AFl 45–54. Nahrung: Krebstiere u. kleine Fische. Nordsee.

— Körper dunkel, mit blasshellen Flecken. BrFl mit 15–19 Strahlen
Mittelmeer-Seequappe, ***Gaidropsarus mediterraneus*** (L.)
Bis 50 cm. 2. RFl 53–63, AFl 43–53. Auf Hartböden. Nordsee. Selten.

Lophiiformes, Anglerfischartige, Armflosser
Familie: **Lophiidae**, Anglerfische, Seeteufel

Marin. Körper abgeflacht. Kopf groß, mit weitem Rachen. Oben mit verlängerten Flossenstrahlen [**10**]. Kiemenöffnung in der Achsel der BrFl. BrFl an der Basis stark muskulös, armartig verlängert. Räuberische Grundfische, benutzen 1. Strahl der RFl als Angel.

1. Eigentliche Rückenflosse mit 11–12 Strahlen. [**10**] .... Angler, Seeteufel, ***Lophius piscatorius*** L.
Bis 150 cm. Braunschwarz, Unterseite hell. Nördliche Nordsee.

— Eigentliche Rückenflosse mit 9–10 Strahlen Schwarzer Seeteufel, ***Lophius budegassa*** Spinola
Bis 1 m. Braunschwarz, Unterseite hell. Südliche Nordsee. Selten.

Zeiformes, Petersfischartige

1. Körper auf jeder Seite mit schwarzem Fleck. Stachelstrahlen der RFl mit langen Fadenanhängen. Schuppen glatt .... Heringskönige, Petersfische, **Zeidae**
Nur ***Zeus faber*** L., Heringskönig, Petersfisch
20–50 cm. RFl 9–10/22–25, AFl 3–4/20–23. Mit kräftigen Höckerdornen entlang der Basen von RFl u. AFl. Grau bis gelblich. Nahrung: Schwarmfische (Name!). Gelegentlich in Nordsee.
— Körperseiten ohne schwarzen Fleck. Stachelstrahlen der RFl ohne Anhänge. Schuppen rau
Eberfische, **Caproidae**
Nur ***Capros aper*** (L.), Eberfisch
Bis 20 cm. RFl 9/0 + 0/23, AFl 3/23. Nahrung: Krebse, Würmer. Im Schwarm über Hartböden. Südliche Nordsee. Selten.

Mugiliformes
Familie: **Mugilidae**, Meeräschen

Marin. Räuber, machen Futterwanderungen in der Nordsee, selten Ostsee.

1. Oberlippe dick, polsterartig vorgewölbt, mit warzigen Verdickungen
Dicklippige Meeräsche, ***Chelon labrosus*** (Risso)
Bis 65 cm. RFl 4/0 + 0/9–10, AFl 3/8–9. Rücken schwarzgrau, an Seiten mit 7–8 dunklen Längsstreifen. Selten.
— Oberlippe dünner, ohne Warzen **2**
2. Mit goldbraunem Fleck am Kiemendeckel .... Goldmeeräsche, ***Chelon*** (= ***Liza***) ***auratus*** (Risso)
Bis 50 cm. RFl 4/0 + 0/8–9, AFl 3/9. Selten.
— Ohne derartigen Fleck .... Dünnlippige Meeräsche, ***Chelon*** (= ***Liza***) ***ramada*** (Risso)
Bis 70 cm. RFl 4/0 + 0/8–9, AFl 3/8–9. Selten.

Beloniformes, Hornhechtartige

Marin. Kiefer schnabelartig verlängert. Räuber. Pelagisch, im offenen Meer.

1. Mit kleinen Flossen (Flössel) hinter RFl u. AFl
Makrelenhechte, Trughechte, **Scomberesocidae**
Nur ***Scomberesox saurus*** (Walbaum), Makrelenhecht
Bis 50 cm. Rücken bläulich bis oliv, Bauch silbrig. In südlicher Nordsee. Selten.
— Ohne Flössel hinter RFl u. AFl [**68**] .... Hornhechte, **Belonidae**
Nur ***Belone belone*** (L.), Hornhecht [**68**]
Bis 90 cm. Rücken blaugrün, Bauch silbrig. Gräten nach dem Kochen grün! Nord- u. Ostsee, auch im Brackwasser der Flüsse.

Gasterosteiformes, Stichlingsartige
Familie: **Gasterosteidae**, Stichlinge

Limnisch u. marin. ♂ treibt Brutpflege, baut Nester aus Pflanzenteilen. Nahrung: Kleintiere.

1. Mit 14–17 Rückenstacheln. Bis 17 cm. Körper langgestreckt, kantig. Nur marin. [**69**]
Seestichling, ***Spinachia spinachia*** (L.)
RFl 14–17/5–7, BrFl 0/1–11, BFl 1/2, AFl 1/5–7. Olivgrün bis bräunlich, Seiten goldglänzend. Nord- u. Ostsee. Zwischen Seegras u. Tangen.
— Mit höchstens 12 Rückenstacheln. Bis 12 cm. Limnisch u. marin **2**
2. Mit 2–5 (meist 3) Rückenstacheln. Körperseiten mit Knochenschildern bedeckt. [**70**]
Großer Stichling, Dreistacheliger Stichling, ***Gasterosteus aculeatus*** L.
Bis 11 cm. RFl 3/10–12, BrFl 0/9–10, BFl 1/1, AFl 1/8. Grausilbrig, ♂ zur Laichzeit mit blaugrünem Rücken, roter Kehle u. Brust. Im Süßwasser (Seen, Teiche, Flüsse), Brack- u. Meerwasser, häufig. Marine Form zur Laichzeit im Süßwasser. – Außerdem ***Gasterosteus gymnurus*** Cuvier, Artstatus umstritten (Sondermerkmal: Schwanzstiel ohne Schilder oder Seitenkiele). Im Rheingebiet. Selten.

— Mit 9–11 (selten 7–12) Rückenstacheln. Körperseiten nackt, nur Schwanzstiel mit Schildern. [**71**] .... Zwergstichling, Neunstacheliger Stichling, ***Pungitius pungitius*** (L.)
Bis 6 cm. RFl 9–11/11, BrFl 0/9–10, BFl 1/1, AFl 1/9–11. Braungrau. In Flüssen, Seen, an Ostseeküste. – Außerdem ***Pungitius laevis*** (CUVIER), Artstatus umstritten (Sondermerkmal: Schwanzstiel seitlich ohne Schilder). Im Südwesten. Selten.

Syngnathiformes, Seenadelartige

1. Körper langgestreckt, röhrenförmig. RFl ohne Stachelstrahlen
Seenadeln, **Syngnathidae** S. 533
— Körper hochrückig. 1. RFl mit Stachelstrahlen
Schnepfenfische, **Centriscidae** (= **Macroramphosidae**)
Nur ***Macroramphosus scolopax*** (L.), Schnepfenfisch
Bis 20 cm. RFl 5–8/0 + 0/11–13, AFl 0/18–20. 2. Stachelstrahl der 1. RFl lang u. massiv, hinten gesägt. Oliv bis rötlich, Bauch silbrig. Nordsee. Selten.

Familie: **Syngnathidae**, Seenadeln

Körper langgestreckt, mit Hautschildern gepanzert (7 Längsreihen am Rumpf, 4 am Schwanz). Marin. ♂♂ tragen die Eier in Bruttasche (Brutpflege!). Nahrung: Kleintiere, werden durch röhrenförmigen Mund eingesogen. Im flachen Wasser zwischen Vegetation.

1. Nur RFl vorhanden, die anderen Flossen fehlen oder sind rudimentär (SFl) **2**
— RFl, BrFl, AFl (verkümmert) u. SFl vollständig entwickelt [**73**] **4**
2. After unter dem Ende der RFl .... Große Schlangennadel, ***Entelurus aequoreus*** (L.)
♂ bis 60, ♀ bis 40 cm. Mit 28–31 Rumpf- u. 60–69 Schwanzringen. Olivbraun, mit schmalen, silbrigen, dunkel gesäumten Querbinden. ♂ trägt Eier frei in der Bauchhaut zwischen Kehle u. After. Nordsee.
— After unter dem vorderen Teil der RFl **3**
3. Mundröhre gerade. Körper mit 28–33 Rumpfringen. [**72**]
Kleine Schlangennadel, ***Nerophis ophidion*** (L.)
Bis 30 cm. Mit 68–82 Schwanzringen. Hell bis dunkel, mit dunklen Querstreifen. ♂ mit Eiern in der wabigen Bauchhaut. Westliche Ostsee.
— Mundröhre nach oben gebogen. Mit 17–19 Rumpfringen
Krummschnauzige Schlangennadel, ***Nerophis lumbriciformis*** (JENYNS)
Wegen des wurmförmigen Körpers auch „Wurmfisch" genannt. Bis 30 cm. Mit 46–54 Schwanzringen. Bräunlich. ♂ mit Eiern in der wabigen Bauchhaut. Westliche Ostsee. Selten.

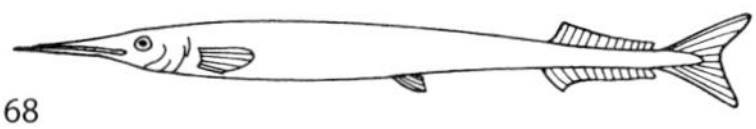
68

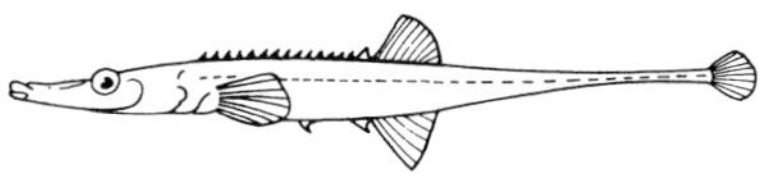
69

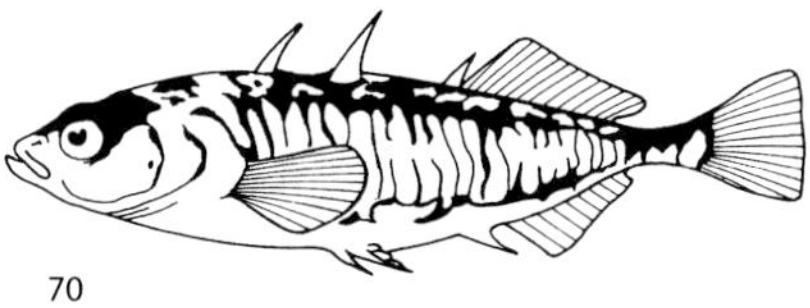
70

71

72

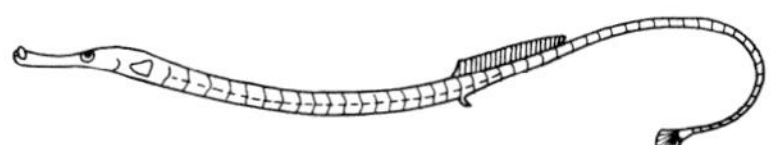
73

68 Hornhecht; **69** Seestichling; **70** Stichling; **71** Zwergstichling; **72** Kleine Schlangennadel; **73** Grasnadel

4. Mundröhre seitlich zusammengedrückt, höher als der Augendurchmesser. Mit 16–18 Rumpfringen. [**73**] .... Grasnadel, Schmalschnäuzige Seenadel, ***Syngnathus typhle*** L.
Bis 30 cm. Mit 33–39 Schwanzringen. Bräunlich oder grünlich. Ostsee, seltener Nordsee.

— Mundröhre im Querschnitt rund, ihre geringste Höhe höchstens gleich dem Augendurchmesser **5**

5. Mit 17–21 Rumpfringen. Schnauze lang (4- bis 7-mal länger als hoch) Große Seenadel, ***Syngnathus acus*** L.
Bis 40 cm. Mit 38–46 Schwanzringen. Braun, mit Querbinden. Nur Nordsee.

— Mit 13–17 Rumpfringen. Schnauze kürzer (etwa 4-mal länger als die Mindesthöhe) Kleine Seenadel, ***Syngnathus rostellatus*** Nilsson
Bis 17 cm. Mit 37–42 Schwanzringen. Dunkelbraun, Bauch silbrig. Nordsee, selten Ostsee.

Scorpaeniformes, Drachenkopfartige

Marin. Einige **Cottidae** im Süßwasser. Nahrung: Wirbellose u. kleine Fische. Meist in Bodennähe.

1. BFl zu runder Saugscheibe zwischen den BrFl verwachsen **2**

— BFl frei, nicht verwachsen **3**

2. Körper mit Reihen von Knochenhöckern u. -dornen [**74**] .... Seehasen, **Cyclopteridae**
Nur ***Cyclopterus lumpus*** L., Seehase, Lump [**74**]
Bis 60 cm. RFl 4–9/0 + 1/10, BrFl 0/20–21, AFl 0/9–10. Körper gedrungen, hoch. 1. RFl in Körperhaut eingehüllt. Rücken dunkel, Bauch hell, der des ♂ zur Laichzeit ziegelrot. ♂ bewacht das Gelege. Nahrung: Kleintiere u. Algen. Auf Hartboden, oft mit Haftscheibe an Steinen festgesaugt. Nord- u. Ostsee. Nutzfisch.

— Körper glatt, ohne Höcken u. Dornen .... Scheibenbäuche, **Liparidae** S. 536

3. RFl in 2 Abschnitte getrennt: vorderer Teil mit Stachelstrahlen, hinterer Teil mit Weichstrahlen [**75, 77–79**] **4**

— Beide Abschnitte der RFl verwachsen [**76**] **6**

4. BrFl mit 3 freien ventralen Strahlen, diese zu Schreit- u. Tastorganen umgewandelt. [**77**] Knurrhähne, **Triglidae** S. 534

— BrFl ohne freie Strahlen. **5**

5. Körper durch Reihen knöcherner Platten gepanzert. Unterkiefer mit zahlreichen Barteln. [**75**] Panzergroppen, **Agonidae**
Nur ***Agonus cataphractus*** (L.), Steinpicker [**75**]
Bis 20 cm. RFl 4–6/0 + 0/6–8, BrFl 0/15–18, AFl 0/5–7. Mund klein, unterständig. Schnauzenspitze mit 4 hornähnlichen Dornen. Braun, mit 4 dunklen Querbinden, Bauch hell. Nahrung: Kleintiere. Grundfisch, in Nordsee (Wattenmeer) u. Ostsee.

— Haut nackt. Unterkiefer ohne Barteln. Körper gedrungen, keulenförmig, mit breitem Kopf [**78, 79**] .... Groppen, **Cottidae** S. 535

6. Kopf breit, massig, Körper kurz, kaulquappenähnlich. AFl ohne Stachelstrahlen Quappengroppen, **Psychrolutidae**
Nur ***Cottunculus microps*** Collett, Polarquappengroppe
Bis 30 cm. RFl 6–8/13–15, BrFl 0/17–19, AFl 0/10–11. Mit 3–4 dunklen Querbändern. Grundfisch. Nordmeere. Selten.

— Körper anders. AFl vorn mit 3 kräftigen Stachelstrahlen [**76**] Stachelköpfe, Felsenbarsche, **Sebastidae**
Nur ***Sebastes norvegicus*** (Ascanius) (= ***marinus*** (L.)), Rotbarsch, Goldbarsch [**76**]
Bis 80 cm. RFl 14–16/13–16, BrFl 0/18–21, AFl 3/7–10. Kiemendeckel mit Stacheln. Rot. Lebendgebärend. Nahrung: pelagische Krebse, kleine Fische. Im tieferen Wasser, Nordmeere. Wichtiger Nutzfisch.

Familie: **Triglidae**, Knurrhähne

Marin. Erzeugen knurrende Töne durch Kontraktion der Schwimmblasenmuskulatur. ♂ zur Laichzeit lebhaft gefärbt. Räuber. Grundfische auf sandigem Boden, gute Schwimmer.

1. BrFl etwa so lang (von der Basis zur Spitze gemessen) wie BFl, höchstens bis Vorderende der AFl reichend [**77**] **2**

— BrFl viel länger als BFl, bis über Anfang der AFl hinaus reichend
Roter Knurrhahn, ***Chelidonichthys*** (= ***Trigla***) ***lucerna*** (L.)
Bis 60 cm. RFl 9–10/0 + 0/16–17, BrFl 10–11 + 3, AFl 0/14–16. Rücken rot, Bauch rötlich, BrFl außen schwarzblau. Nordsee, selten westliche Ostsee. – Außerdem ***Chelidonichthys*** (= ***Trigloporus***) ***lastoviza*** (BONNATERRE), Faltenknurrhahn, Gestreifter Knurrhahn (Sondermerkmal: Körper mit deutlichen senkrechten Hautfalten überzogen). Nordsee. Irrgast.

2. Slinie mit großen hohen, schildförmigen Schuppen, bis zur RFl reichend
Seekukuck, ***Chelidonichthys*** (= ***Aspitrigla***) ***cuculus*** (L.)
Bis 50 cm. RFl 9–10/17–18, BrFl 10–11 + 3, AFl 0/16–17. Rot, Bauch weiß. Nordsee. Sehr selten.

— Slinie mit normalen, kleinen Schuppen [77] .... Grauer Knurrhahn, ***Eutrigla gunardus*** (L.)
Bis 40 cm. RFl 8–9/0 + 0/18–20, BrFl 10–11 + 3, AFl 0/17–21. Rücken gelblich bis grau, Bauch weiß. Nordsee, selten westliche Ostsee. Nutzfisch.

Familie: **Cottidae**, Groppen

Marin und limnisch. Erzeugen knurrende Töne mittels der Muskulatur des Kiemendeckelapparates. Eier am Boden in Klumpen, vom ♂ bewacht. Räuber. Grundfische.

1. Scheitel mit Höckern oder Längskielen. Schnauze oben mit 1 Paar Stacheln. BFl 1/2–3. Marin **2**

— Scheitel glatt. Schnauze ohne Stacheln. BFl 1/4. Limnisch .... ***Cottus*** L. **6**

2. Auf dem Scheitel mit 4 warzigen Knochenhöckern
Vierhörniger Seeskorpion, ***Triglopsis*** (= ***Myoxocephalus***) ***quadricornis*** (L.)
Bis 30 cm. RFl 6–10/0 + 0/11–17, BrFl 0/13–18, AFl 0/12–17. Mindestens entlang der Slinie, oft über ganze Körperseiten verstreut mit kleinen, rauen Knochenplättchen. Rücken dunkelbraun, Bauch hell. Östliche Ostsee.

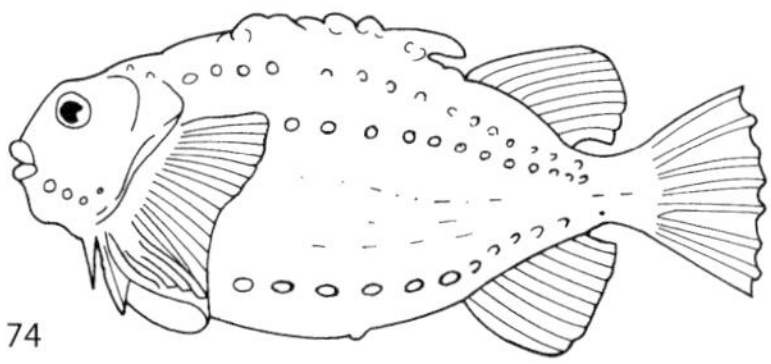
74

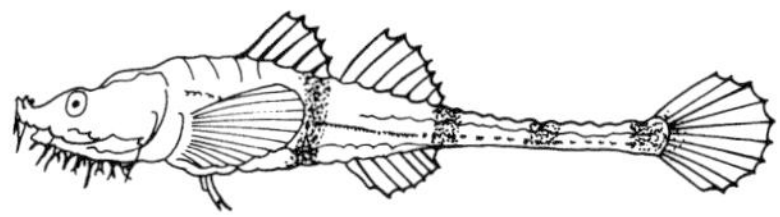
75

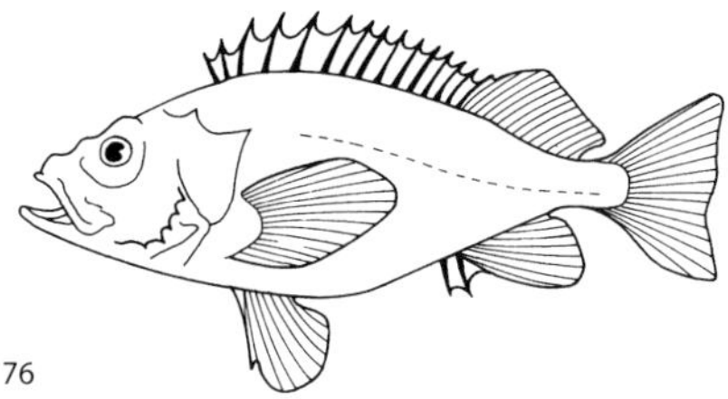
76

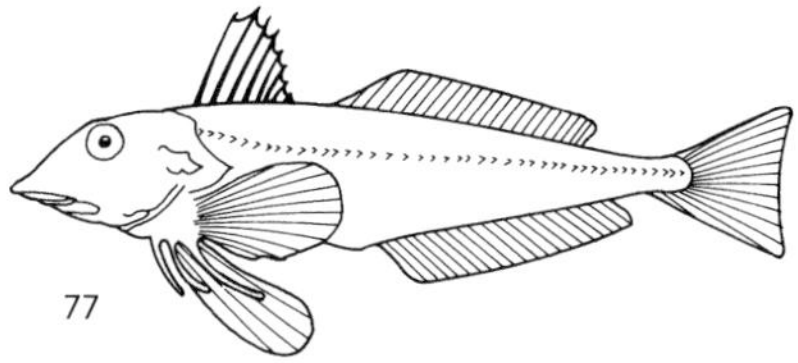
77

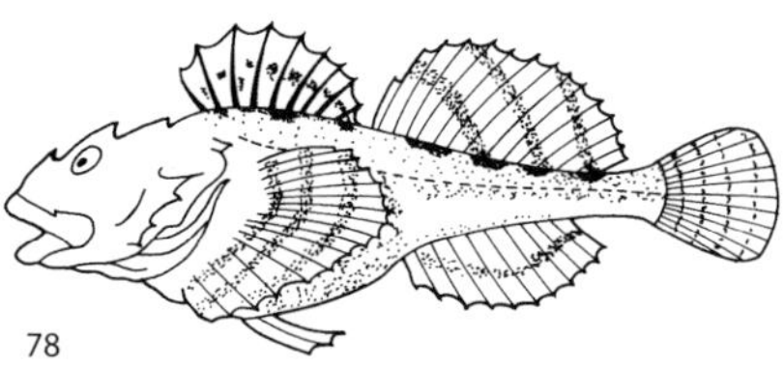
78

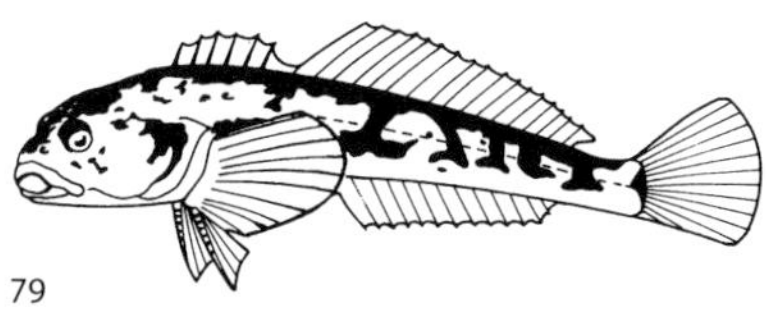
79

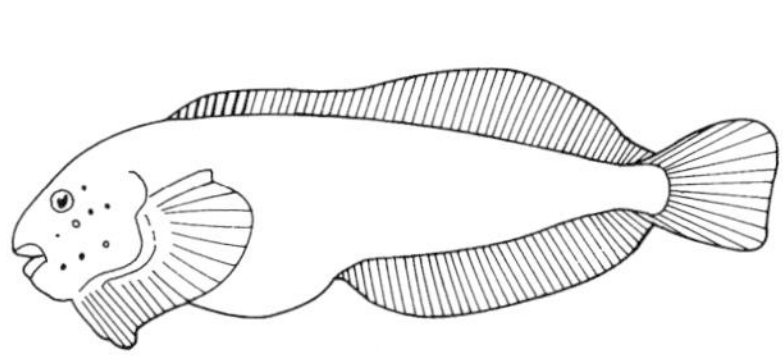
80

74 Seehase; **75** Steinpicker; **76** Goldbarsch; **77** Grauer Knurrhahn; **78** Seeskorpion; **79** Koppe; **80** Großer Scheibenbauch

— Ohne derartige Knochenhöcker auf dem Scheitel 3

3. Unterhalb der Slinie mit schräg laufenden Hautfalten mit gesägten Kanten
Murrays Groppe, ***Triglops murrayi*** GÜNTHER
Bis 20 cm. RFl 10–13/0 + 0/18–24, BrFl 0/16–19, AFl 0/18–25. Hell, dunkel gefleckt. Nördliche Nordsee. Sehr selten.

— Ohne derartige Hautfalten 4

4. Schuppen der Slinie mit Knochenhöckern 5

— Schuppen der Slinie ohne Knochenhöcker, höchsten mit rauen Schuppen oberhalb u. unterhalb der Slinie. [**78**] .... Seeskorpion, ***Myoxocephalus*** (= ***Acanthocottus***) ***scorpius*** (L.)
Bis 30 cm. RFl 7–12/0 + 0/13–19, BrFl 0/14–17, AFl 0/9–15. Rücken dunkelbraun, Bauch rötlich-gelb, der des ♂ zur Laichzeit kupferrot mit hellen Flecken. Nord- u. Ostsee.

5. Oberhalb der Slinie mit einer weiteren Reihe von Knochenhöckern. BFl 1/2
Zwergseeskorpion, ***Micrenophrys lilljeborgii*** (COLLETT)
Bis 7 cm. RFl 8–9/0 + 0/11–12, BrFl 0/15–16, AFl 0/6–9. Hell, dunkel gefleckt. Nördliche Nordsee. Selten.

— Ohne weitere Knochenhöckerreihe oberhalb der Slinie. BFl 1/3
Langstacheliger Seeskorpion, Seebulle, ***Taurulus bubalis*** (EUPHRASEN)
Bis 17 cm. RFl 7–10/0 + 0/10–14, BrFl 0/14–16, AFl 0/8–10. Braun, mit schwarzer Fleckung, Bauch hell, beim ♂ zur Laichzeit orangerot, bläulichweiß gefleckt. Auf steinigem Grund. Westliche Ostsee.

6. Slinie bis zur Basis der SFl reichend. Innerster Strahl der BFl hell, wenig kürzer als der längste Strahl. [**79**] .... Mühlkoppe, Koppe, Groppe, ***Cottus gobio*** L.
10–18 cm. RFl 5–9/0 + 0/13–19, BrFl 0/12–16, AFl 0/10–15. Rücken braun, gelb gescheckt, Bauch weißlich. Unter Steinen. In klaren Bächen, auch in Alpenseen.

— Slinie unter der Mitte der 2. RFl endend. Innerster Strahl der BFl dunkel pigmentiert, nur etwa halb so lang wie der längste Strahl
Sibirische Groppe, Buntflossenkoppe, ***Cottus poecilopus*** HECKEL
Bis 15 cm. RFl 8–9/0 + 0/16–20, BrFl 0/14, AFl 0/13–15. Innerer Strahl der BFl kürzer als die Hälfte des äußeren. Färbung ähnlich Koppe. In klaren Gewässern östlich der Elbe. Ausgestorben?
Es kommen weitere Arten vor, diese von den beiden beschriebenen ***Cottus***-Arten schwer zu unterscheiden. Beispiele: ***Cottus perifretum*** (FREYHOF, KOTTELAT ET NOLTE), Scheldegroppe, in das Rheingebiet eingewandert; ***Cottus microstomus*** HECKEL, Baltische Groppe, im Osten.

Familie: **Liparidae**, Scheibenbäuche

Marin. BFl zu einer Haftscheibe verwachsen. Haut nackt; Körper kaulquappenähnlich („Schneckenfische"). RFl u. AFl lang. Nur 1 RFl. Nahrung: Kleinkrebse.

1. Mit 2 Paar Nasenlöcher, 1. röhrenförmig, 2. schlitzförmig. RFl u. AFl mit SFl durch Flossenhaut verbunden [**80**] .... Großer Scheibenbauch, ***Liparis liparis*** (L.)
10–20 cm. RFl 0/32–45, BrFl 0/28–42, AFl 0/26–38. Braungelb mit Fleckung oder Streifung. Nordsee (im Wattenmeer) u. Ostsee.

— Mit 1 Paar schlitzförmiger Nasenlöcher. RFl u. AFl nicht mit SFl verbunden
Kleiner Scheibenbauch, ***Liparis montagui*** (DONOVAN)
Bis 8 cm. RFl 0/28–30, BrFl 0/27–30, AFl 0/22–26. Bräunlich, mit roter u. gelber Tönung, gefleckt. Nur Nordsee.

Perciformes, Barschartige, Barschfische

Marin, nur **Centrarchidae** u. **Percidae** im Süßwasser. Viele Arten Räuber.

1. BFl vorhanden, nicht verwachsen (können auf wenige Strahlen reduziert sein) 5

— BFl zu ± deutlicher Saugscheibe verwachsen 4

— BFl fehlen 2

2. AFl lang, fast die gesamte Schwanzunterseite einnehmend [**92, 94**]. Kopf ohne Fortsatz . 3

— AFl kürzer. Kopf mit langem Fortsatz .... Schwertfische, **Xiphiidae**
Nur ***Xiphias gladius*** L., Schwertfisch
Bis 3,5 m. Fortsatz schwertförmig. 1. RFl groß, sichelförmig. RFl 3–4/16 + 0/3, AFl 2–3/9 + 0/3. Rücken dunkelblau oder braun, Bauch hell. Räuber. In Nord- u. Ostsee. Selten.

3. Bezahnung schwach oder fehlend. Körper schlank. Unterkiefer vorstehend. [**94**]
Sandaale, **Ammodytidae** S. 543

— Ober- u. Unterkiefer mit großen Zähnen, diese im vorderen Teil der Mundhöhle konisch, hinten flach .... Seewölfe, **Anarhichadidae** S. 542

4. BFl an den Innenrändern miteinander verwachsen, eine ± deutliche trichterförmige Saugscheibe bildend .... Grundeln, Külinge, **Gobiidae** S. 544

— BFl eine zweiteilige Saugscheibe bildend, diese flach, mit wulstigem Rand Schildfische, Schildbäuche, **Gobiesocidae**

Nur ***Diplecogaster bimaculata*** (Bonnaterre), Doppelfleckiger Haftfisch

Bis 5 cm. RFl 0/4–7, AFl 0/4–7. Häufig mit rotem Fleck hinter BrFl. Können sich mit Saugscheibe am Untergrund festhalten. Nahrung: kleine Bodentiere. Nordsee. Selten.

5. RFl sehr lang, ungeteilt, ohne Einkerbung, hinter dem Kopf beginnend (z. B. [**81, 82, 91**]). Körper schlank **6**

— RFl kürzer; wenn länger, mit Einkerbung zwischen hart- u. weichstrahligem Abschnitt ... **9**

6. RFl u. AFl lang, mit der SFl verschmolzen [**81**] .... Aalmuttern, Gebärfische, **Zoarcidae**

Nur ***Zoarces viviparus*** (L.), Aalmutter [**81**]

30–60 cm. BFl rudimentär, mit 3 Strahlen, RFl 72–85 + 5–9 Stachelstrahlen + 16–24, AFl 80–95. Kopf plump, mit weiter Mundspalte. Körper verjüngt sich nach hinten. Gelbbraun, mit 2 Längsreihen dunkler Flecken. Lebendgebärend. Nahrung: Kleintiere u. Fische. In der Küstenregion von Nord- u. Ostsee.

— Mit 1 langen RFl u. (meist) langer Afl, diese nicht mit SFl verschmolzen (z. B. [**91**]) **7**

7. SFl stark gegabelt .... Goldmakrelen, **Coryphaenidae**

Nur ***Coryphaena equiselis*** L., Kleine Goldmakrele

1–2 m. RFl 0/58–66, AFl 1/26–30. Blaugrün, Bauch silbrig. Räuber. Frei an der Meeresoberfläche schwimmend. Südliche Nordsee. Selten.

— SFl abgerundet [**91, 82**] **8**

8. Längs der Basis der RFl mit 9–13 schwarzen, gelb umrandeten Flecken [**82**]. BFl rudimentär, 1/1 .... Butterfische, **Pholidae**

Nur ***Pholis gunnellus*** (L.), Butterfisch [**82**]

Bis 20 cm. RFl 76–81/0, AFl 2/39–45. Kopf klein, Mund oberständig, schräg. Braun, gelbbraun gefleckt. Auf steinigem Grund, Nord- u. Ostsee.

— RFl ohne derartige schwarze Flecken [**91**]. BFl 1/3 .... Stachelrücken, **Stichaeidae** S. 542

9. BFl kehlständig, vor Ansatz der BrFl **10**

— BFl brustständig, unter Ansatz der BrFl **12**

10. 1. u. 2. RFl mit verlängerten Stacheln. Augen auf Kopfoberseite einander genähert. Haut ohne Schuppen. Habitus [**95**] .... Leierfische, **Callionymidae** S. 543

— Stacheln der RFl nicht verlängert. Habitus anders **11**

11. Mit 2 RFl,1. RFl kurz, 2. RFl u. AFl sehr lang, nicht mit SFl verschmolzen [**93**] Drachenfische, Petermännchen, **Trachinidae** S. 542

— Mit 1 RFl, mit Einkerbung zwischen hart- u. weichstrahligem Teil Schleimfische, **Blenniidae**

Nur ***Lipophrys pholis*** (L.), Schan

Bis 20 cm. RFl 12/18–19, AFl 2/19. Körper langgestreckt. RFl mit leichter Einkerbung. Braun, grünlich gefleckt. Nahrung: Krebse, Algen. An Felsküsten in der Gezeitenzone. Nordsee. Selten. – Außerdem ***Parablennius gattorugine*** (L.), Gestreifter Schleimfisch (Sondermerkmal: über jedem Auge ein bäumchenartiger Hautauswuchs). Irrgast in südlicher Nordsee.

12. Mit zahlreichen kleinen Flossen hinter der RFl u. AFl [**97, 98**] Makrelen u. Thunfische, **Scombridae** S. 545

— Ohne derartige kleine Flossen hinter RFl u. AFl **13**

13. Mit 2 RFl oder RFl mit tiefem Einschnitt; wenn Einschnitt weniger tief, dann vorderer hartstrahliger Teil groß, nach vorn an Höhe zunehmend (z. B. wie [**84**]). AFl mit 2, selten mit 3 Stachelstrahlen **14**

— Mit 1 RFl, wenn mit Einschnitt zwischen hart- u. weichstrahligem Teil, dieser hartstrahlige Teil kürzer, RFl nicht deutlich nach vorn an Höhe zunehmend (z. B. wie [**83**]). AFl mit 3 oder ohne Stachelstrahlen **18**

— Mit 2 RFl, 1. RFl als große, ovale, quergerippte Saugscheibe ausgebildet Schiffshalter, **Echeneidae**

Nur ***Remora remora*** (L.), Schiffshalter

Bis 60 cm. RFl 0/22–26, AFl 0/22–26. Braungrau. Heften sich mit Saugscheibe an Fische, vor allem Haie. Ernähren sich von den Parasiten der Wirtsfische. Südliche Nordsee. Selten.

14. Mit 2 langen Barteln am Kinn .... Meerbarben, **Mullidae** S. 541

— Ohne Barteln **15**

15. Slinie mit großen gekielten Schuppenschildern [**89**]. Die 2 Stachelstrahlen von übriger AFl getrennt .... Stachelmakrelen, **Carangidae** S. 540
— Slinie ohne derartige Schilder. Stachelstrahlen der AFl durch Flossenhaut mit den Gliederstrahlen verbunden **16**
16. Vorderer Teil der RFl (mit Stachelstrahlen) wesentlich kürzer als der hintere (mit Gliederstrahlen). Marin **17**
— Vorderer (stachelstrahliger) Teil der RFl länger oder kaum kürzer als hinterer (gliederstrahliger) Teil. Limnisch, auch im Brackwasser .... Barsche, **Percidae** S. 539
17. Slinie bis zum Ende der SFl durchlaufend. Kiemendeckel ohne Dornen
Umberfische, **Sciaenidae**
Nur ***Argyrosomus regius*** (Asso) (= ***Sciaena aquila*** (Lacépède)), Adlerfisch
Bis 2 m. RFl 10/0 + 0/27–29, AFl 2/7. RFl können in Furche zurückgelegt werden. Rücken braun, Bauch hell. Raubfisch. Nord- u. Ostsee. Selten.
— Slinie bis zum Ansatz der SFl reichend. Kiemendeckel mit 2–3 Dornen
Seebarsche, Wolfsbarsche, **Moronidae**
Nur ***Dicentrarchus labrax*** (L.), Seebarsch, Wolfsbarsch
Bis 1 m. RFl 8–9/0 + 1/12–13, AFl 3/10–12. Kiemendeckel mit 2 Dornen. Rücken u. unpaare Flossen dunkel, Bauch heller, Kiemendeckel mit dunklem Fleck. Räuber. Küstenfisch. Nordsee u. westliche Ostsee. Nutzfisch.
18. Stachelstrahlen der RFl weich, biegsam **19**
— Stachelstrahlen der RFl starr, stechend **20**
19. Schuppen groß, mit Kielen. RFl vorn höher als hinten
Seebrassen, Brachsenmakrelen, **Bramidae** S. 540
— Schuppen klein, ohne Kiele. RFl gleichmäßig hoch .... Medusenfische, **Centrolophidae**
Nur ***Centrolophus niger*** (Gmelin), Schwarzfisch
Bis 150 cm. RFl 4–5/27–31, AFl 3/23–25. Dunkel. Nordsee. Irrgast.
20. Kiemendeckel mit 2–3 kräftigen Stacheln vor dem Hinterrand
Irrgäste in südlicher Nordsee. Groß (80–200 cm). Kiemendeckel mit Knochenleiste: **Polyprionidae** mit ***Polyprion americanus*** (Bloch et Schneider), Wrackbarsch. Klein (bis 30 cm). Kiemendeckel ohne Knochenleiste: **Serranidae** mit ***Serranus cabrilla*** (L.), Sägebarsch.
— Kiemendeckel ohne Stacheln vor dem Hinterrand **21**
21. SFl hinten abgerundet .... Lippfische, **Labridae** S. 541
— SFl hinten eingeschnitten **22**
22. SFl weniger tief eingeschnitten, Ober- u. Unterteil abgerundet. RFl u. AFl hinten gerundet (wie [**83**]). Limnisch .... Sonnenbarsche, **Centrarchidae** S. 538
— SFl tief eingeschnitten, Ober- u. Unterteil zugespitzt. RFl u. AFl hinten nicht derartig gerundet. Marin .... Meerbrassen, **Sparidae** S. 541

Familie: **Centrarchidae**, Sonnenbarsche

Im Süßwasser. Fremdfische aus Nordamerika („Amerikanische Barsche“), hier eingebürgert, offenbar zum Teil nicht dauerhaft etabliert. Raubfische.

1. Körper hoch, weniger lang als die dreifache maximale Körperhöhe. Mit 40–47 Schuppen in der Slinie. [**83**] .... Sonnenbarsch, ***Lepomis gibbosus*** (L.)
10–20 cm. RFl 10–11/10–12, BrFl 0/11–14, BFl 1/5, AFl 3/8–12. Stachelstrahliger Teil der RFl fast so hoch wie weichstrahliger. Bläulichgrün, Seiten mit orangefarbenen Flecken, Kiemendeckel mit schwarzem, oft dahinter auch rotem Fleck. 1887 aus östlichem Nordamerika eingeführt. Zerstreut. – Außerdem ***Lepomis cyanellus*** Rafinesques, Grasbarsch (stachelstrahliger Teil der RFl niedriger), wohl an wenigen Stellen eingebürgert.
— Körper gestreckter, länger als die 3-fache maximale Körperhöhe. Mit über 50 Schuppen in der Slinie **2**
2. Mit 60–68 Schuppen in der Slinie. Mundspalte bis hinter das Auge reichend
Forellenbarsch, ***Micropterus salmoides*** Lacépède
Bis 60 cm. RFl 10/13–14, BrFl 1/13–14, BFl 1/6–7, AFl 3/11–12. Rücken dunkelgrün, Bauch heller, Seiten mit 1 dunklerem Längsstreifen. 1883 aus Nordamerika eingeführt. Nebenfisch in Teichen, selten. Speisefisch.
— Mit 68–78 Schuppen in der Slinie. Mundspalte nur bis unter das Auge reichend
Schwarzbarsch, ***Micropterus dolomieui*** Lacépède
Bis 50 cm. RFl 9–10/13–15, BrFl 1/16–17, BFl 1/6–7, AFl 3/10. Färbung dunkler als Forellenbarsch. 1883 aus Nordamerika eingeführt. Nebenfisch in Teichen, selten. Speisefisch.

Familie: **Percidae**, Barsche

Im Süßwasser. Raubfische.

1. Mit 1 RFl .... ***Gymnocephalus*** Bloch (= ***Acerina*** Cuvier) **2**
— Mit 2 RFl **3**
2. RFl mit 11–16 Hartstrahlen. Schnauze stumpf. [**84**] Kaulbarsch, ***Gymnocephalus cernua*** (L.)
15–30 cm. RFl 12–16/11–15, BrFl 0/13–14, AFl 2/5–6. Slinie 35–40. Kiemendeckel mit starkem Stachel. Rücken olivgrau mit dunkler Fleckung, Bauch heller. In stehenden u. fließenden Binnengewässern, auch im Brackwasser. – Hierher auch 2 weitere ähnliche Arten: ***Gymnocephalus baloni*** Holčík et Hensel, in Donau u. Nebenflüssen. ***Gymnocephalus ambriaelacus*** Geiger et Schliewen, nur im Ammersee.
— RFl mit 17–19 Hartstrahlen. Schnauze zugespitzt Schrätzer, ***Gymnocephalus schraetser*** (L.)
Bis 30 cm. RFl 18–19/12–13, BrFl 0/13–14, AFl 2/6–7. Slinie 55–62. Kiemendeckel mit scharfem Dorn. Rücken gelb mit 3–4 unterbrochenen dunklen Längsbinden. Bauch weiß, vorderer Teil der RFl mit Fleckenzeichnung in 3 Reihen. In Donau u. Nebenflüssen.
3. Maul groß, endständig, Kiefer reichen bis unter die Augen [**85, 86**] **4**

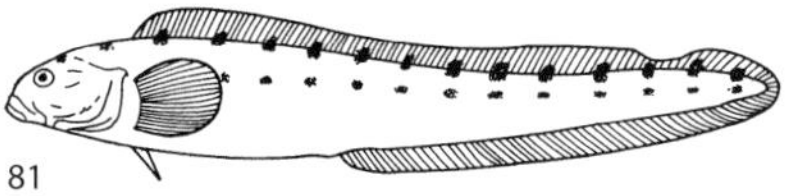
81

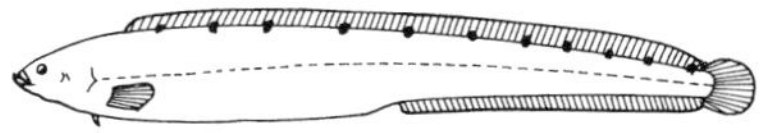
82

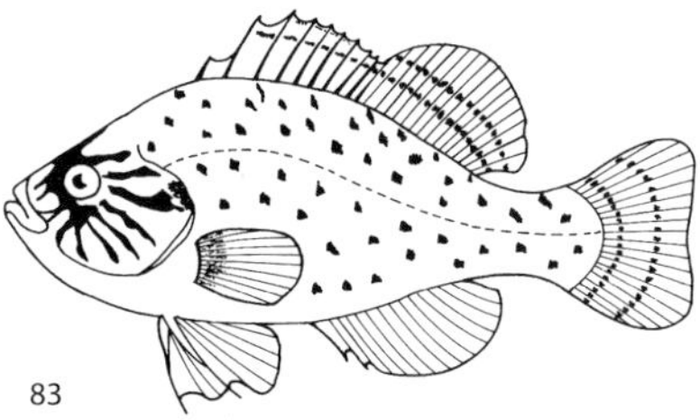
83

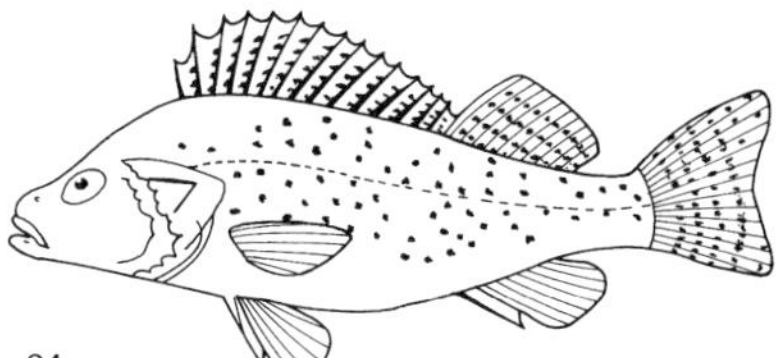
84

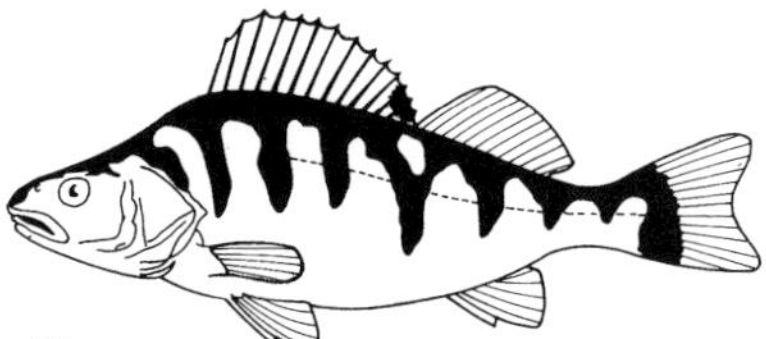
85

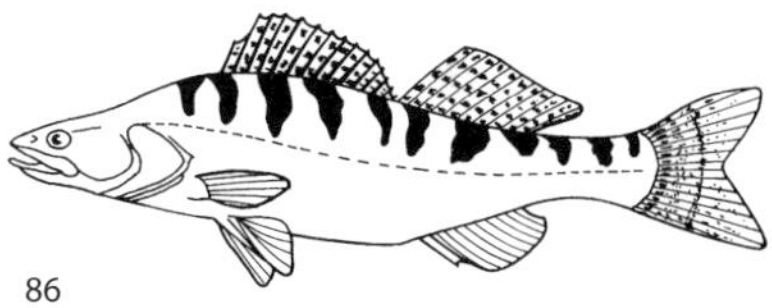
86

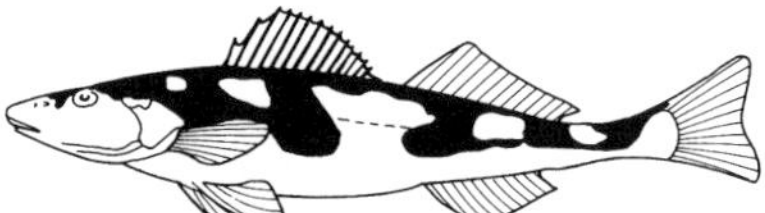
87

88

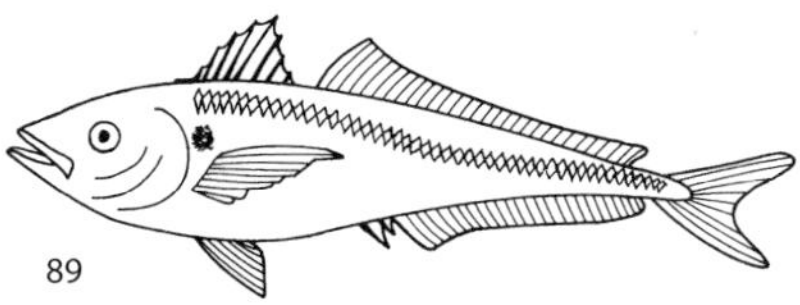
89

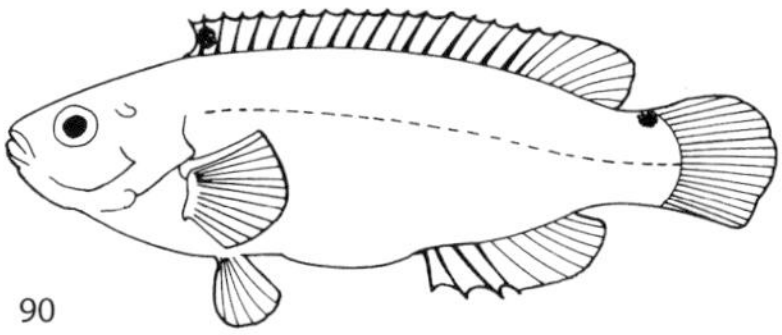
90

81 Aalmutter; **82** Butterfisch; **83** Sonnenbarsch; **84** Kaulbarsch; **85** Flussbarsch; **86** Zander; **87** Zingel; **88** Streber; **89** Stöcker; **90** Klippenbarsch

— Maul klein, unterständig, nicht bis unter die Augen reichend [**87, 88**]. Unterkiefer nur mit Bürstenzähnen .... ***Zingel*** Cloquet 5

4. Ende der 1. RFl mit schwarzem Fleck. Slinie mit 58–68 Schuppen. [**85**]
Flussbarsch, Barsch, ***Perca fluviatilis*** L.
15–45 cm. RFl 13–17/0 + 1/14–15, BrFl 0/14, AFl 2/8–9. Kiemendeckel hinten mit Spitze oder Stachel. Rücken olivgrün mit mehreren dunklen Querbinden, Seiten u. Bauch heller, 1. RFl hinten mit schwarzem Fleck, BrFl u. BFl oft gelblichrot. Eine gelbe Variante: „Goldbarsch". In allen Binnengewässern u. im Brackwasser, häufig. Wertvoller Speisefisch.

— 1. RFl ohne schwarzen Fleck. Slinie mit 75–100 Schuppen. [**86**]
Zander, ***Sander*** (= ***Stizostedion***, = ***Lucioperca***) ***lucioperca*** (L.)
40–50(–100) cm. RFl 13–15/0 + 1–2/19–23, BrFl 0/15–16, AFl 2/11–13. Im Unterkiefer mit kleinen Bürstenzähnen („Hechelzähnen") u. großen, kegelförmigen Fangzähnen („Hundszähnen"). Körper langgestreckt. Rücken dunkeloliv, mit undeutlich begrenzten Querstreifen, Seiten heller, Bauch silbrig, RFl u. SFl mit Längsstreifen. In Flüssen u. Seen u. im Brackwasser. Wertvoller Speisefisch.

5. 1. RFl mit 13–15 Hartstrahlen, 2. RFl mit 18–20 Weichstrahlen. Querbinden des Körpers verwaschen. [**87**] .... Zingel, ***Zingel*** (= ***Aspro***) ***zingel*** (L.)
15–35 cm. RFl 13–15/0 + 1/18–20, BrFl 0/14, AFl 1/12–13. Slinie 83–92. Gelbbraun, Bauch hell. In Donau u. Nebenflüssen.

— 1. RFl mit 8–9 Hartstrahlen, 2. RFl mit 12–13 Weichstrahlen. Querbinden auf dem Körper scharf begrenzt. [**88**] .... Streber, ***Zingel*** (= ***Aspro***) ***streber*** (Siebold)
14–18 cm. RFl 8–9/0 + 1/12–13, BrFl 0/14, AFl 1/12. Slinie 70–81. Körper spindelförmig, Schwanzstiel dünn u. rund. Gelbbraun, Bauch hell. In Donau u. Nebenflüssen.

Familie: **Carangidae**, Stachelmakrelen

Marin. Im freien Wasser. Nahrung: Fische, Krebse.

1. Hartstrahlen der 1. RFl durch Membranen verbunden. Slinie mit bis zu 80 großen, hohen Schuppen. [**89**] .... Stöcker, Bastardmakrele, ***Trachurus trachurus*** (L.)
30–60 cm. RFl 8/0 + 1/30–34, AFl 2/0 + 1/24–34. SFl tief gegabelt. Rücken dunkelgrün, Bauch hell, am Kiemendeckel mit dunklem Fleck. Nordsee, im Herbst auch westliche Ostsee.

— Die 6 Hartstrahlen der 1. RFl nicht durch Membranen verbunden. Slinie mit um die 130 kleinen Schuppen .... Gabelmakrele, ***Trachinotus ovatus*** (L.)
30–70 cm. RFl 6/0 + 1/23–27, AFl 2/0 + 1/22–25. SFl sehr tief gegabelt. Blau-grau, Seiten silbrig, mit 3–6 dunklen Flecken. Südliche Nordsee. Selten.

Familie: **Bramidae**, Seebrassen, Brachsenmakrelen

Marin. Pelagisch. Räuber.

1. RFl vorn viel höher als hinten, so hoch wie Kopf lang 2

— RFl vorn nicht viel höher als hinten, kürzer als der Kopf lang ist 3

2. Kopf im Profil von der Seite gesehen über den Augen gerade oder konkav
Kleine Brachsenmakrele, ***Taractes asper*** Lowe
Bis 50 cm. RFl 0/31–34, AFl 0/23–26. Dunkelgrau. Nordsee. Selten.

— Kopf im Profil über den Augen konvex
Langflossen-Brachsenmakrele, ***Taractichthys longipinnis*** (Lowe)
Bis 100 cm. RFl 0/35–38, AFl 0/27–30. Schwarz, Flossen z. T. hell. Selten in der südlichen Nordsee.

3. RFl u. AFl ausgebreitet so hoch wie der Körper, nicht beschuppt
Silberbrassen, ***Pterycombus brama*** Fries
Bis 40 cm. RFl 0/48–53, AFl 0/40–43. Dunkelgrau, Bauch silberweiß. Selten in südlicher Nordsee.

— RFl u. AFl viel niedriger als der Körper, beschuppt
Brachsenmakrele, ***Brama brama*** (Bonnaterre)
Bis 70 cm. RFl 3–5/30–32, AFl 2–3/27–28. Grau bis blau, Bauch silbern. In Nordsee, westlicher Ostsee, im Winter am Strand angespült.

Familie: **Sparidae**, Meerbrassen

Marin. Räuber. Häufig in Schwärmen in Bodennähe.

1. RFl mit 13–15 Stachelstrahlen. Körper grau mit 3–5 schwach goldgelben Längsstreifen, mit schwarzem Fleck am oberen Absatz der BrFl u. mit schwarzer Slinie
Gelbstriemenbrassen, ***Boops boops*** (L.)
Bis 35 cm. RFl 13–15/12–16, AFl 3/14–16. Selten in der südlichen Nordsee.

— RFl mit 11–13 Stachelstrahlen. Färbung anders **2**

2. Schnauze kürzer als der Augendurchmesser. Mit dunklem Fleck auf der vorderen Slinie
Graubarsch, Nordischer Meerbrassen, ***Pagellus bogaraveo*** (Brünnich)
Bis 50 cm. RFl 12/12, BrFl 0/17, AFl 3/12. Rücken orangerot, nach unten zu heller. Nordsee. Vereinzelt. Nutzfisch. – Außerdem ***Dentex maroccanus*** Valenciennes, Zahnbrassen , Marokkanischer Meerbrassen (Bis 40 cm. Ohne dunklen Fleck auf der Slinie, als Sondermerkmal mit kleinem schwarzem Fleck auf dem oberen Ansatz der BrFl). Irrgast in südlicher Nordsee.

— Schnauze länger als oder gleich dem Augendurchmesser. Ohne derartigen dunk-len Fleck auf der Slinie **3**

3. Mit großem dunklem Fleck auf oberem Ansatz der BFl
Achselfleckenbrassen, ***Pagellus acarne*** (Risso)
Bis 35 cm. RFl 12–13/10–12, AFl 3/9–10. Rosa, Bauch silbrig. Nordsee. Selten.

— Ohne dunklen Fleck auf Ansatz der BrFl
Brandbrassen, Streifenbrassen, ***Spondyliosoma cantharus*** (L.)
Bis 50 cm. RFl 11/12, BrFl 0/15–16, AFl 3/10. Silbergrau, mit schwach gelben Längsstreifen. Nordsee. Vereinzelt. Nutzfisch. – Außerdem ***Pagellus erythrinus*** (L.), Rotbrassen (bis 50 cm; Körper rot; als Sondermerkmal BFl lang, nach hinten über Vorderende der AFl hinausreichend). Irrgast in südlicher Nordsee.

Familie: **Mullidae**, Meerbarben

Marin. Nahrung: Krebs- u. Weichtiere. In Küstengewässern.

1. Mit 3 großen Schuppen unter dem Auge. Körper rötlich, ohne Streifen
Meerbarbe, Streifenbarbe, ***Mullus surmuletus*** L.
Bis 40 cm. RFl 7–8/0 + 1/7–8, AFl 2/5–6. 1. RFl mit dunklem Hinterrand. Selten in Nord- u. Ostsee. Nutzfisch.

— Mit 2 großen Schuppen unter dem Auge. Körper mit roten u. goldbraunen Längsstreifen
Rotbarbe, Meerbarbe, ***Mullus barbatus*** L.
Bis 30 cm. RFl 7–8/0 + 1/7–8, AFl 2/5–7. Stirn sehr steil abfallend. 1. RFl farblos. Selten in der Nordsee.

Familie: **Labridae**, Lippfische

Marin. Lippen häufig verdickt. Bauen Nester aus Algen, Brutpflege. Nahrung: Mollusken, Krebse. In geringen Tiefen.

1. AFl mit 4–6 Stachelstrahlen. Mit 1 dunklen Fleck oben auf dem Schwanzstiel u. im hinteren Teil der RFl
Stachellippfisch, Brauner Lippfisch, Schuppenflossen-Lippfisch, ***Acantholabrus palloni*** (Risso)
Bis 25 cm. RFl 19–21/7–10, AFl 4–6/5–8. Rötlichbraun, Bauch heller. Südliche Nordsee. Selten.

— AFl mit 4–6 Stachelstrahlen. SFl mit 2 dunklen, durch einen hellen Streifen getrennten Querbändern .... Kleinmäuliger Lippfisch, ***Centrolabrus exoletus*** (L.)
Bis 15 cm. RFl 18–20/5–7, AFl 4–6/6–8. Rotbraun, unten silbrig. Südliche Nordsee. Selten.

— AFl mit 3 Stachelstrahlen. Dunkle Flecken anders **2**

2. Mit über 40 Schuppen in der Slinie. Schwanzstiel ohne dunklen Fleck **3**

— Mit unter 40 Schuppen in der Slinie. Schwanzstiel mit dunklem Fleck **4**

3. Hinten am Rücken mit 3 dunklen Flecken (können beim ♂ fehlen). Slinie 45–55. RFl 16–19/11–14 .... Kukuckslippfisch, ***Labrus mixtus*** L. (= ***bimaculatus*** L.)
Bis 35 cm. AFl 3/9–12. ♀ u. Jungtiere rötlich, mit 2–3 dunklen Flecken auf Rücken u. Schwanzstiel; ♂ mit blauschwarzen Längsstreifen. Nordsee. Selten.

— Hinten ohne dunkle Flecken. Slinie 41–47. RFl 19–21/9–11
Gefleckter Lippfisch, ***Labrus bergylta*** Ascanius
Bis 30 (selten 50) cm. AFl 3/9. Schnauze vorgezogen, Mund klein, mit dicken Lippen. Färbung auf grünem Grundton variabel, Schuppen mit braunem oder orangefarbenem Saum. Nordsee, gelegentlich westliche Ostsee.

4. Mit dunklem Fleck oben auf dem Schwanzstiel u. vorn auf der RFl. [**90**]
Klippenbarsch, ***Ctenolabrus rupestris*** (L.)
Bis 15 cm. RFl 16–19/7–10, AFl 3/6–9. Slinie 36–38. Mund klein, Lippen schmal. Rücken bräunlich bis grün, Bauch heller. Nord- u. Ostsee.

— Mit dunklem Fleck in der Mitte des Schwanzstiels
Goldmaid, Schwarzäugiger Lippfisch, ***Symphodus*** (= ***Crenilabrus***) ***melops*** (L.)
Bis 25 cm. RFl 14–17/8–10, AFl 3/8–11. Slinie 32–36. Färbung variabel, blau, grün, gelbrot, Kopf gelb mit gekrümmten grünen Linien; hinter dem Auge mit schwarzem Fleck. Nordsee u. westliche Ostsee. – Außerdem ***Symphodus*** (= ***Crenilabrus***) ***bailloni*** (Valenciennes), Schuppenwangen-Lippfisch (bis 20 cm; ohne schwarzen Fleck hinter dem Auge). Irrgast in der südlichen Nordsee.

Familie: **Stichaeidae**, Stachelrücken

Lumpenus wird auch zu einer eigenen Familie **Lumpenidae** gestellt. Marin. Nahrung: kleine Bodentiere.

1. Mit 2 büschelförmigen Hautanhängen über jedem Auge. Körper mäßig gestreckt [**91**]
Stachelrücken, ***Chirolophis ascanii*** (Walbaum)
Bis 15 (selten 30) cm. RFl 50–54/0, AFl 1/35–40. Gelbbraun, meist mit dunklen Querbinden. Auf Felsgrund. Nordsee bei Helgoland, selten Ostsee.

— Ohne derartige Hautanhänge. Körper sehr langgestreckt, bandförmig
Bandfisch, ***Lumpenus lampretaeformis*** (Walbaum)
Um 40 cm. RFl 68–79/0, AFl 1/48–51. Blassbraun mit dunklen Flecken. In tieferem Wasser. Vereinzelt in Nordsee, häufig in Ostsee.

Familie: **Anarhichadidae**, Seewölfe

Marin. Maul groß, mit kräftigem Gebiss zum Aufknacken hartschaliger Bodentiere (Mollusken, Krebse, Stachelhäuter). Grundfische.

1. Dunkelgrau, mit schwarzer Querbänderung aus dichtstehenden Flecken (selten undeutlich). SFl hinten rund, mit 22–26 Strahlen [**92**]
Gestreifter Seewolf, Steinbeißer, Kattfisch, ***Anarhichas lupus*** L.
Bis 1,20 m. RFl 69–77/0, BrFl 0/19–21, AFl 0/43–49. In nördlicher Nordsee häufig, in Ostsee selten. Nutzfisch.

— Einheitlich blauschwarz. SFl hinten gerade, mit 18–22 Strahlen
Blauer Seewolf, ***Anarhichas denticulatus*** Krøyer
Bis 1,40 m. RFl 77–79/0, BrFl 0/19–21, AFl 0/45–47. Nordsee. Südliche Nordsee. Selten.

Familie: **Trachinidae**, Drachenfische, Petermännchen

Marin. Mit Dornen auf Kiemendeckel u. der 1. RFl, die mit Giftdrüsen in Verbindung stehen. Verletzungen verursachen schmerzhafte Entzündungen. Räuber. Auf sandigem Grund, im Substrat vergraben.

1. AFl 2/28–34. Bis 40 cm. Am oberen Augenrand mit 2–3 kleinen Stacheln. [**93**]
Petermännchen, ***Trachinus draco*** L.
RFl 5–7/0 + 0/29–32. Auf grauem Grund blau u. gelb gestreift. Nordsee, selten Ostsee.

— AFl 1/24–26. Bis 15 cm. Am oberen Augenrand ohne Stacheln
Kleines Petermännchen, Viperqueise, ***Echiichthys*** (= ***Trachinus***) ***vipera*** (Cuvier et Valenciennes)
RFl 5–8/0 + 0/21–24. Hellgraugelb. Nördliche Nordsee.

Familie: **Ammodytidae**, Sandaale

Marin. Räuber. Vergraben sich mit Hilfe eines hornigen Unterkieferfortsatzes im Sand.

1. Slinie mit kurzen Seitenästen. Nur auf der hinteren Körperhälfte mit Schuppen. Rand der RFl u. AFl gewellt . . . . Nacktsandaal, ***Gymnammodytes semisquamatus*** (Jourdain)
Bis 25 cm. RFl 56–59, AFl 28–32. Rücken grünlich, unten hell. Nordsee.

— Slinie ohne Seitenäste. Körper vollständig beschuppt. Rand der RFl u. AFl gerade **2**

2. BrFl reichen mit der Spitze über Ansatz der RFl hinaus. Zwischenkiefer weit vorstreckbar. ***Ammodytes*** L. **3**

— BrFl reichen höchstens bis zum Ansatz der RFl. Zwischenkiefer wenig vorstreckbar ***Hyperoplus*** Günther **4**

3. Basis der SFl mit Schuppen. Bauchschuppen in winkelförmigem Muster. [**94**] Tobiasfisch, Kleiner Sandaal, ***Ammodytes tobianus*** L.
Bis 20 cm. RFl 50–56, AFl 25–31. Im Litoral. Nord- u. Ostsee.

— Basis der SFl ohne Schuppen. Bauchschuppen in unregelmäßigen Reihen Sandaal, ***Ammodytes marinus*** Raitt
Bis 20 cm. RFl 55–67, AFl 26–35. Hochseeart.

4. Mit schwarzem Fleck vor dem Auge Gefleckter Großer Sandaal, ***Hyperoplus lanceolatus*** (Le Sauvage)
Bis 30 cm. RFl 52–61, AFl 28–33. Rücken u. Seiten dunkelblaugrün. Nord- u. Ostsee.

— Ohne schwarzen Fleck vor dem Auge Ungefleckter Großer Sandaal, ***Hyperoplus immaculatus*** (Corbin)
Bis 30 cm. RFl 59–61, AFl 31–34. Färbung ähnlich. Nordsee.

Familie: **Callionymidae**, Leierfische

Marin. Mehr am Boden, graben sich in den Sand. Nahrung: kleine Krebse, Schnecken.

1. Schnauze 2–3-mal so lang wie der Augendurchmesser. 1. RFl beim ♂ sehr hoch. [**95**] Gestreifter Leierfisch, ***Callionymus lyra*** L.
♂ bis 30 cm, ♀ bis 25 cm. RFl 4/0 + 0/9, AFl 0/9. Färbung sehr lebhaft, ♂: 2. RFl mit blauen Längsstreifen, ohne Flecken. Nordsee, selten Ostsee.

— Schnauze nicht länger (häufig kürzer) als der Augendurchmesser. 1. RFl beim ♂ nicht verlängert **2**

2. Stachel am Vorderkiemendeckel 4-spitzig Gefleckter Leierfisch, ***Callionymus maculatus*** Rafinesque
Bis 14 cm. RFl 4/0 + 0/9–10, AFl 0/9. ♂: 2. RFl mit 4 Längsreihen von dunklen Flecken. Südliche Nordsee. Selten.

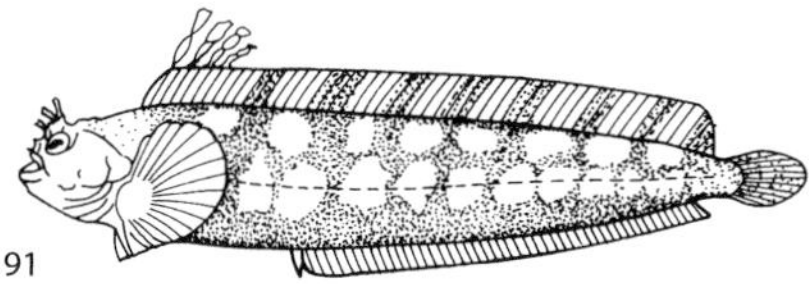
91

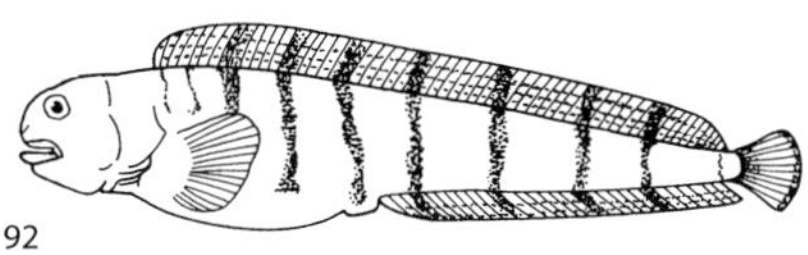
92

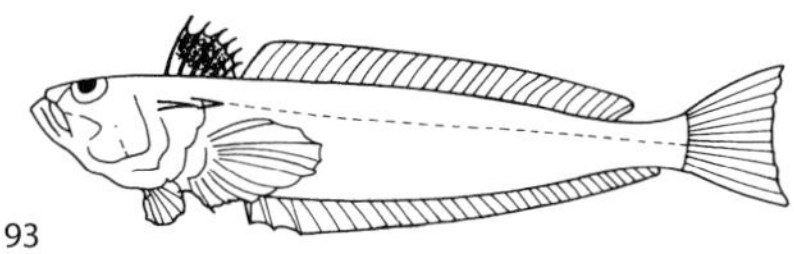
93

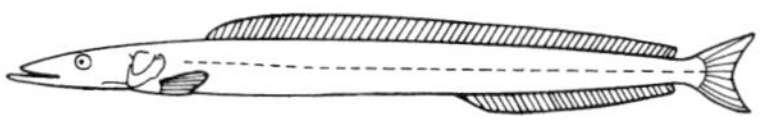
94

91 Stachelrücken; **92** Steinbeißer; **93** Petermännchen; **94** Sandaal

— Stachel am Vorderkiemendeckel 3-spitzig
Ornament-Leierfisch, ***Callionymus reticulatus*** Valenciennes
Bis 11 cm. RFl 4/0 + 0/10, AFl 0/9. ♂: 2. RFl mit 4 Längsreihen von Flecken u. mehreren blauen Längsstreifen. Nur Nordsee. Selten.

Familie: **Gobiidae**, Grundeln, Külinge

BFl bilden Trichter zum Ansaugen auf dem Untergrund. Slinie nicht ausgebildet. Marin. Wenige Arten im Süßwasser. Eier festgeheftet, vom ♂ bewacht. Nahrung: Kleintiere. Meist bodenlebend im Flachwasser, viele Arten auch in größeren Tiefen, oft in Massen. Die Familie enthält mehrere Neozoen; zum Teil hier nicht oder nur kursorisch behandelt.

1. Körper (im Leben) durchscheinend. 1. RFl klein, mit 0–5 Stachelstrahlen. Nur 1 Zahnreihe **2**
— Körper nicht durchscheinend. 1. RFl deutlich entwickelt [**96**], mit 6–7 (selten 5) Stachelstrahlen. Zähne in mehreren Reihen **3**
2. Ohne Schuppen. RFl mit 0–3 Stachelstrahlen
Kristallgrundel, ***Crystallogobius linearis*** (von Düben)
4–5 cm. RFl 0–3/0 + 1/18–20, AFl 1/20–21. Nordsee. Selten.
— Mit Schuppen. RFl mit 5 Stachelstrahlen .... Glasgrundel, Glasküling, ***Aphia minuta*** (Risso)
5–6 cm. RFl 5/0 + 1/11–14, AFl 1/12–15. Nord- u. Ostsee.
3. Körperseite mit mehr als 30 Schuppen **7**
— Körperseite mit weniger als 30 Schuppen **4**
4. AFl mit 12–15 Weichstrahlen. SFl rautenförmig, hinten zugespitzt
Fries-Grundel, Spitzschwänzige Grundel, ***Lesueurigobius friesii*** (Malm)
Bis 12 cm. RFl 6/0 + 1/13–16, AFl 1/12–15. Hell, mit gelben Punkten. Nordsee. Selten.
— AFl mit weniger als 10 Weichstrahlen. SFl hinten rund (z. B. wie [**95**]) **5**
5. 2. Strahl der RFl verlängert. Körperseite mit 4 schwarzen Flecken
Jeffrey-Grundel, ***Buenia jeffreysi*** (Günther)
Bis 6 cm. RFl 6/0 + 1/8–9, AFl 1/7–8. Nordsee. Selten.
— 2. Strahl der RFl nicht verlängert. Körperseite ohne 4 schwarze Flecken, aber mit dunkleren Querstreifen **6**
6. AFl 1/7–8. BrFl 0/18–20 .... Skorpionsgrundel, ***Lebetus scorpioides*** (Collett)
Bis 4 cm. RFl 6/0 + 1/9–11. Nordsee. Selten.
— AFl 1/5–6. BrFl 0/16–17 .... Zwerggrundel, ***Lebetus guilleti*** (Le Danois)
Bis 2,5 cm. RFl 6/0 + 1/7–9. Nordsee. Selten.
7. Schwanzstiel kurz u. hoch (½ bis ¾ der Länge des Kopfes) **8**
— Schwanzstiel lang u. niedrig (¾ bis gleich der Länge des Kopfes) [**96**] **11**
8. Körperseite mit 32–34 Schuppen. Marin ..... Schwarzgrundel, Schwarzküling, ***Gobius niger*** L.
15–18 cm. RFl 6/0 + 1/11–13, AFl 1/10–12. Bräunlich mit dunkler Fleckung. Auf Sandboden, zwischen Steinen u. Seegras. Nordsee, westliche Ostsee.
— Körperseite mit 42–79 Schuppen. Im Süßwasser, eingeschleppt (Donau- u. Rheingebiet), auch Ostsee, westliche Nordsee **9**
9. Vordere Nasenöffnungen zu herabhängenden Röhren verlängert
Marmorierte Grundel, ***Proterorhinus marmoratus*** (Pallas)
5–11 cm. RFl 6–7/0 + 1/14–18, AFl 1/11–16. Körperseite mit 42–50 Schuppen. Hell, mit dunkleren Querstreifen. Donau u. Rhein-Main-Gebiet. – Ähnlich ***P. semilunaris*** (Heckel). Donau.
— Vordere Nasenöffnungen nicht verlängert **10**
10. Körperseite mit 45–57 Schuppen. 1. RFl hinten mit großem, schwarzem Fleck
Schwarzmundgrundel, ***Neogobius melanostomus*** (Pallas)
15–25 cm. RFl 5–7/0 + 1/13–16, AFl 1/11–14. Hell, mit dunklerer Querstreifung. In Flüssen, Ostsee, östliche Nordsee. – Außerdem eingewandert ***N. fluviatilis*** (Pallas), Flussgrundel
— Körperseite mit 64–79 Schuppen. 1. RFl ohne großen schwarzen Fleck
Kessler-Grundel, ***Ponticola*** (= ***Neogobius***) ***kessleri*** (Günther)
15–20 cm. RFl 5–6/0 + 1/15–18, AFl 1/11–16. Hell, seitlich mit dunklerer Zeichnung. Rhein, Donau.
11. Kopf u. Körper mit vielen großen schwarzen Flecken
Leopardengrundel, ***Thorogobius ephippiatus*** (Lowe)
Bis 13 cm. RFl 6–7/0 + 1/10–12, AFl 1/10. Felsküste. Ost- u. Nordsee. Selten.

— Schwanzstiel jederseits mit schwarzem Fleck
Schnappgrundel, Schwimmgrundel, Schnappküling, ***Gobiusculus*** (= ***Coryphopterus***) ***flavescens*** (F.)
Bis 6 cm. RFl 6–8/0 + 1/9–11, AFl 1/10–11. Rücken hell, mit 5–6 Sattelflecken. Nur westliche Ostsee.

— Körperseiten nicht mit schwarzen Flecken .... ***Pomatoschistus*** Gill **12**

12. Beide RFl mit 1–2 Reihen schwarzer Flecke. RFl dicht zusammenstehend
Fleckengrundel, ***Pomatoschistus pictus*** (Malm)
Bis 5 cm. RFl 6/0 + 1/8–9, AFl 1/8–9. Körperseite mit 34–43 Schuppen. Grundfärbung braun. Nordsee, nicht im Brackwasser (Ostsee).

— 2. RFl ohne schwarze Flecke. RFl auseinanderstehend **13**

13. Rücken erst hinter der 1. RFl beschuppt. Körperseite mit 39–52 Schuppen
Strandgrundel, Schlammgrundel, Strandküling, ***Pomatoschistus microps*** (Krøyer)
Bis 5 cm. RFl 6/0 + 1/8–10, AFl 1/8–10. Sandfarbig, Flecken an Körperseite klein, ± diffus, oft verschmolzen u. beim ♀ Streifen bildend. Brackwasser, in Flussmündungen u. Marschgräben der Nordseeküste, am Strand der Ostsee. Zusammen mit Garnelen.

— Rücken schon vor der 1. RFl beschuppt. Körperseite mit 55–75 Schuppen **14**

14. Brust ohne Schuppen. BrFl 0/16–18. 1. RFl am Ende mit schwarzem Fleck
Norwegische Sandgrundel, ***Pomatoschistus norvegicus*** (Collett)
Bis 6 cm. 6/0 + 1/9–10, AFl 1/9–10. Körperseite mit 55–60 Schuppen. Hell, mit Querbinden. Südliche Nordsee. Selten.

— Brust mit Schuppen. BrFl 0/18–21 .... **15**

15. 1. RFl am Ende mit schwarzem Fleck. [**96**]
Sandgrundel, Sandküling, ***Pomatoschistus minutus*** (Pallas)
Bis 11 cm. RFl 6/ + 1/10–11, AFl 1/10–12. Körperseite mit 60–70 Schuppen. Hell, mit 5 schwärzlichen Flecken längs der Seite. Nord- u. Ostsee. Häufig.

— 1. RFl am Ende ohne schwarzen Fleck (♀) oder mit Fleck u. dazu schwarzen Längsstreifen (♂)
Lozano-Grundel, ***Pomatoschistus lozanoi*** (de Buen)
Bis 8 cm. RFl 6/0 + 1/9–12, AFl 1/9–12. Körperseite mit 57–65 Schuppen. Südliche Nordsee. Selten.

Familie: **Scombridae**, Makrelen u. Thunfische

Marin. Pelagisch. Zur Laichzeit Wanderungen in größeren Schwärmen. Räuber.

1. 1. RFl etwa um ihre Länge von 2. RFl getrennt. Zwischen 2. RFl bzw. AFl u. SFl mit je 5 kleinen Flossen. Bis 60 cm **2**

— 1. RFl kurz vor 2. RFl endend. Zwischen 2. RFl bzw. AFl u. SFl mit 6–9 kleinen Flossen. Größer **3**

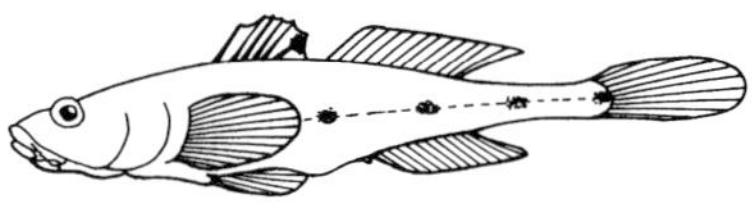
96

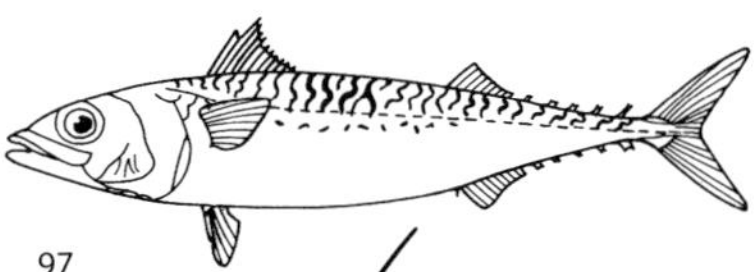
97

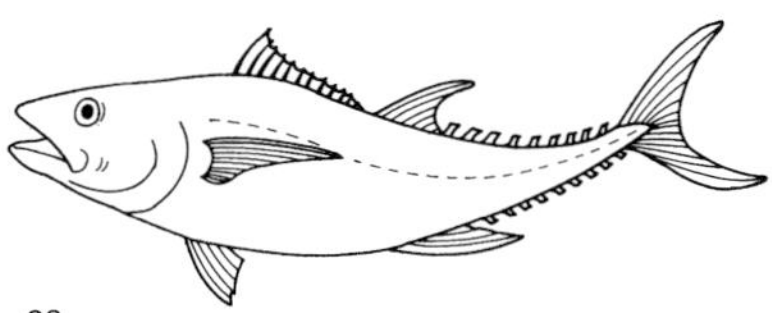
98

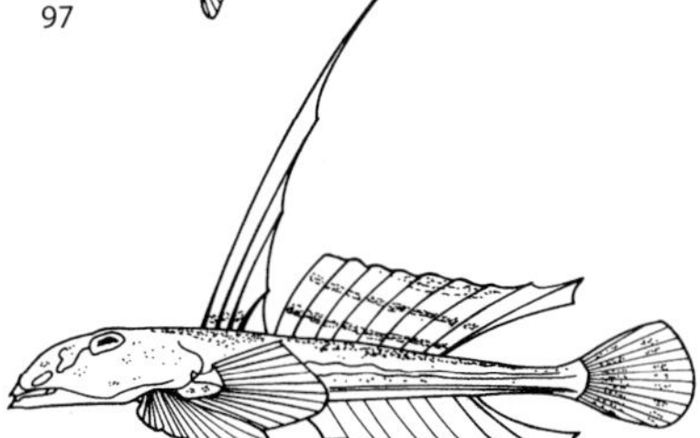
95

95 Gestreifter Leierfisch; **96** Sandgrundel; **97** Makrele; **98** Thunfisch

2. 1. RFl 11–14/0. Körper unterhalb der Slinie ohne Flecken. Schuppen einheitlich groß. [**97**]
Makrele, ***Scomber scombrus*** L.
Bis 60 cm. RFl 9–14/0 + 0/11–13, AFl 1/13. Rücken dunkel, bis zur Slinie mit zahlreichen dunklen unregelmäßigen Querbinden, Seiten u. Bauch perlmutterglänzend. Nord- u. Ostsee. Wertvoller Speisefisch.

— 1. RFl 7–10/0. Körper unterhalb der Slinie mit zahlreichen dunklen Flecken. Schuppen der Brust größer als auf übrigem Körper .... Mittelmeermakrele, ***Scomber japonicus*** Houttuyn
Bis 50 cm. RFl 7–10/0 + 0/11–13, AFl 1/11–13. Rücken mit länglichen Flecken. Südliche Nordsee. Selten.

3. Rücken jederseits mit 5–11 dunklen Längsstreifen. 1. RFl 20–23/0
Atlantischer Bonito, Pelamide, ***Sarda sarda*** (Bloch)
Bis 60 cm. RFl 20–23/0 + 0/12–16, AFl 0/11–15. Nordsee. Selten.

— Bauch jederseits mit 4–6 dunklen Längssreifen. 1. RFl 14–16/0
Echter Bonito, Skipjack, ***Katsuwonus pelamis*** (L.)
Bis 100 cm. RFl 14–16/0 + 0/14–15, AFl 0/14–15. Nordsee. Selten.

— Körper ohne Längsstreifen. 1. RFl 11–15/0 .... **4**

4. Spitze der angelegten BrFl bis auf die Höhe der Hinterhälfte der 1. RFl reichend [**98**]
Roter Thun, Thunfisch, ***Thunnus thynnus*** (L.)
1–3 (–5) m. RFl 13–14/0 + 0/14–15, AFl 0/14. Rücken schwarz-blau, Seiten u. Bauch hell. Nordsee, unregelmäßig in Ostsee. Nutzfisch.

— Spitze der angelegten BrFl bis höchstens zur Mitte der 1. RFl reichend
Ungestreifter Pelamide, ***Orcynopsis unicolor*** (Geoffroy Saint-Hilaire)
Bis 130 cm. RFl 12–14/0 + 0/13–14, AFl 0/13–14. Rücken stahlblau, undeutlich gemustert. Südliche Nordsee. Selten.

Pleuronectiformes, Plattfische

Körper seitlich stark abgeflacht, hoch, asymmetrisch, Tiere liegen auf der Seite (Blindseite), Augen auf den anderen Seite (Augenseite), diese dunkel gefärbt, Blindseite meist weißlich. Durch Farbwechsel dem Untergrund angepasst. Marin, nur ***Platichthys flesus*** auch im Unterlauf der Flüsse. Am Boden lebend, Eier pelagisch. Raubfische, Nahrung: Bodentiere. Meist (z. T. wichtige) Nutzfische.

1. Augen auf der linken Körperseite. Basis der BFl breit. Schnauze spitz. Mund endständig [**99**] **2**

— Augen auf der rechten Körperseite. Basis der BFl schmal **3**

2. Basis der linken BFl viel länger als die der rechten (auf der Blindseite) Butte, **Bothidae**
Nur ***Arnoglossus laterna*** (Walbaum), Lammzunge
Bis 19 cm. RFl 87–93, AFl 65–74. Körper glasig durchscheinend. Schuppen groß, rhombisch, leicht abfallend. Braungrau, mit Reihen kleiner, schwarzbrauner Flecken. Nordsee bei Helgoland.

— Basis der beiden BFl etwa gleich lang .... Steinbutte, **Scophthalmidae** S. 546

3. Schnauze abgerundet. Mund unterständig, klein, Mundspalte zur morphologischen Bauchseite gebogen. Oberes Auge vor dem unteren liegend [**104**] .... Seezungen, **Soleidae** S. 548

— Schnauze ± spitz, Mund endständig. Vorderrand des oberen Auges hinter dem Vorderrand des unteren [**100–103**] .... Schollen, Flundern, **Pleuronectidae** S. 547

Familie: **Scophthalmidae**, Steinbutte

1. Mundspalte eng, nicht bis unter die Augen reichend
Platichthys flesus (zu **Pleuronectidae**) S. 548

— Mundspalte weit, bis unter die Augen reichend, schräg aufwärts gerichtet **2**

2. Hintere Enden der RFl u. AFl auf die Blindseite des Schwanzstiels übergreifend **3**

— Hintere Enden der RFl u. AFl nicht auf die Blindseite des Schwanzstiels übergreifend **4**

3. BFl u. AFl verwachsen. SFl hinten abgerundet. Erste 3 Strahlen der RFl durch Zwischenhäute verbunden .... Müllers Zwergbutt, Haarbutt, ***Zeugopterus punctatus*** (Bloch)
Bis 25 cm. RFl 87–101, AFl 65–89. Schuppen der Augenseite mit feinen, borstenähnlichen Haaren. Bräunlich mit dunklen Flecken. Auf algenbewachsenem, felsigem Grund. Nordsee bei Helgoland, Ostsee sehr selten.

— BFl u. AFl nicht verwachsen. SFl nicht gleichmäßig abgerundet, in der Mitte mit leichter Spitze. Erste 3 Strahlen der RFl nur an der Basis miteinander verbunden
Flügelbutt, Scheefsnut, ***Lepidorhombus whiffiagonis*** (Walbaum)
Bis 60 cm. RFl 85–96, AFl 67–75. Gelbbraun. Nördliche Nordsee.

4. Körper nahezu kreisrund. Haut ohne Schuppen, auf der Augenseite (selten auch auf der Blindseite) mit groben Verknöcherungen („Steinen“). Bis 1 (selten 2) m. [**99**]
Steinbutt, ***Scophthalmus*** (= ***Psetta***) ***maximus*** (L.)
RFl 57–64, AFl 42–47. Gelblich bis dunkelbraun, marmoriert. Nord- u. Ostsee. Wertvoller Nutzfisch.

— Körper gestreckter. Haut mit Schuppen, ohne Verknöcherungen **5**

5. RFl weit vor dem oberen Auge beginnend, vorderster Strahl in lappige Ästchen geteilt. Bis 65 cm .... Glattbutt, Tarbutt, Kleist, ***Scophthalmus rhombus*** (L.)
RFl 73–83, AFl 54–63. Schwarzweiß marmoriert. Nordsee, westliche Ostsee. Wertvoller Nutzfisch.

— RFl dicht vor dem oberen Auge beginnend, vorderster Strahl nicht geteilt. Bis 12 cm Norwegischer Zwergbutt, ***Phrynorhombus norvegicus*** (GÜNTHER)
RFl 74–84, AFl 58–68. Gelbbraun mit dunklen Binden u. Flecken. Nordsee. Ziemlich häufig.

Familie: **Pleuronectidae**, Schollen, Flundern

1. Mundspalte weit, bis unter das Auge reichend. Kieferbezahnung auf Augen- u. Blindseite gleich. SFl eingebuchtet oder in der Mitte stumpfwinklig ausgezogen. Körper gestreckt **2**

— Mundspalte eng, nicht bis unter die Augen reichend. Kieferbezahnung auf Blindseite viel stärker als auf Augenseite. SFl hinten ± gerundet **4**

2. SFl hinten in der Mitte stumpfwinklig nach außen vorgezogen. Haut rau (Ctenoidschuppen). Slinie vorn leicht nach oben verlaufend Doggerscharbe, ***Hippoglossoides platessoides*** (F.)
Bis 30 cm. RFl 76–93(–101), AFl 64–73. Rötlich-graubraun, dunkel gefleckt. Nordsee, vereinzelt westliche Ostsee.

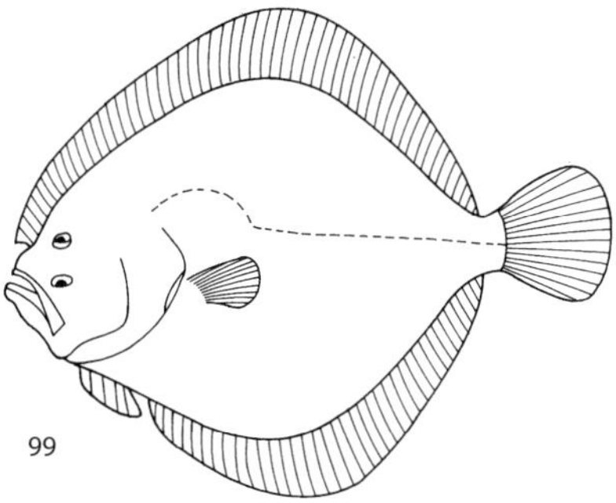
99

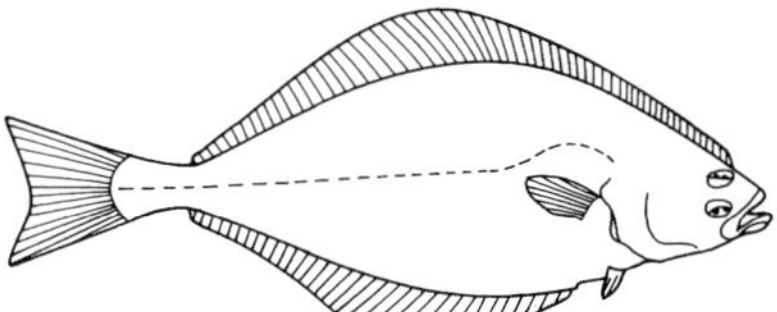
100

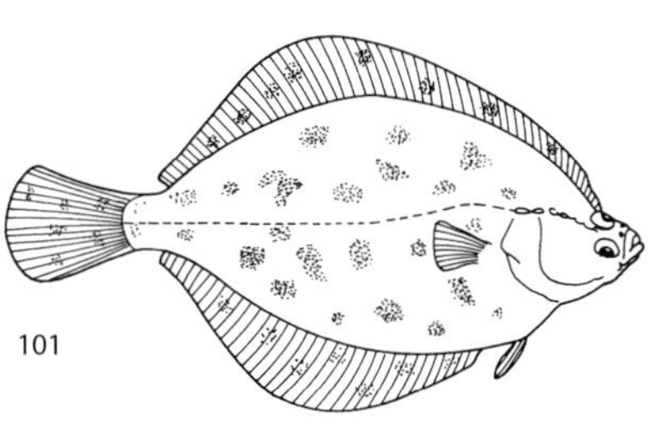
101

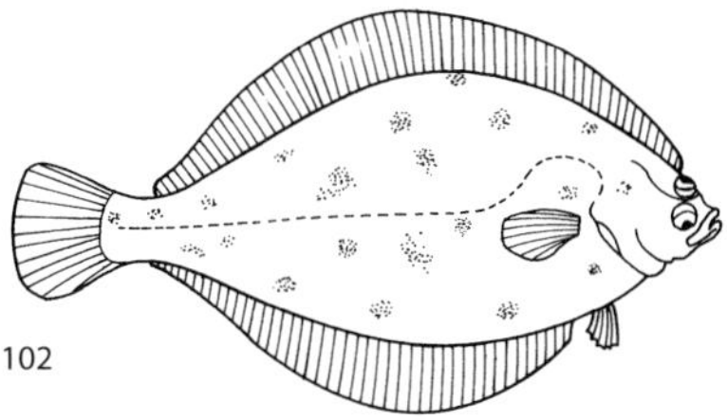
102

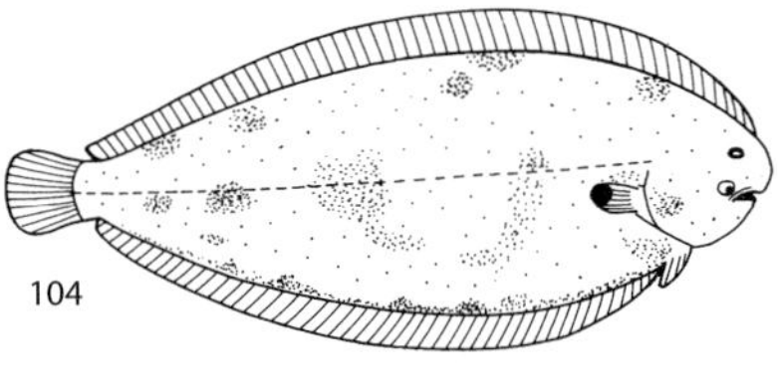
104

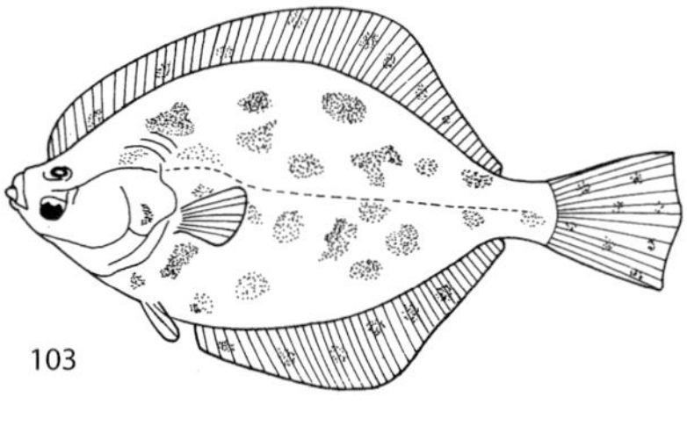
103

99 Steinbutt; **100** Heilbutt; **101** Scholle; **102** Kliesche; **103** Flunder; **104** Seezunge

— SFl hinten leicht eingebuchtet. Haut glatt **3**

3. Slinie über der BrFl stark gebogen. Graubraun, Blindseite weiß. [**100**]
Heilbutt, ***Hippoglossus hippoglossus*** (L.)
Bis über 2 m. RFl 96–108, AFl 71–85. Nordsee, vereinzelt westliche Ostsee. Wertvoller Nutzfisch.

— Slinie vorn leicht nach oben verlaufend. Schwarzbraun, Blindseite grau
Schwarzer Heilbutt, ***Reinhardtius hippoglossoides*** (Walbaum)
Bis 1 m. RFl 92–102, AFl 71–76. Weniger asymmetrisch als die übrigen Plattfische, linkes Auge auf der Stirn. Nördliche Nordsee.

4. RFl mit weniger als 80, AFl mit weniger als 65 Strahlen **5**

— RFl 85–89, AFl 70–76. Schwanzstiel kurz. Haut glatt
Limande, Rotzunge, ***Microstomus kitt*** (Walbaum)
Bis 50 cm. Slinie fast gerade. Rot- bis gelbbraun, dunkler u. heller marmoriert. Nordsee, westliche Ostsee.

— RFl 100–120, AFl 78–102. Schwanzstiel lang. Haut rau
Hundszunge, Rotzunge, ***Glyptocephalus cynoglossus*** (L.)
Bis 50 cm. Körper schlank, etwa 3–4-mal so lang wie hoch. Slinie fast gerade. Graubraun bis rötlich, BrFl fast schwarz. Nordsee, vereinzelt westliche Ostsee.

5. Haut glatt. Auf dem Kopf in der Mitte mit Kamm aus 4–7 Knochenhöckern. [**101**]
Scholle, Goldbutt, ***Pleuronectes platessa*** L.
Bis 60 (selten 90) cm. RFl 63–77, AFl 52–57. Slinie fast gerade. Graubraun mit rötlichen Flecken, diese auch auf den Flossen. Nord- u. Ostsee.

— Haut ganz oder teilweise rau. Kopf ohne derartigen Kamm **6**

6. Haut am ganzen Körper rau (Ctenoidschuppen! In Richtung Kopf streichen!). Slinie über der BrFl stark gebogen. [**102**] .... Kliesche, Scharbe, ***Limanda limanda*** (L.)
Bis 40 cm. RFl 65–80, AFl 51–62. Bräunlich bis grünlich, mit dunkleren Flecken. Nord- u. Ostsee.

— Haut nur an Kopf, Basis der Flossensäume u. längs der Slinie rau, an diesen Stellen mit Dornschuppen. Slinie fast gerade. [**103**] ....Flunder, Butt, Struffbutt, ***Platichthys flesus*** (L.)
Bis 50 cm. RFl 53–62, AFl 37–42(48). Teil der Individuen (bis 30 %) linksäugig („Linksflundern“). Bräunlich bis grüngrau, mit gelb- bis orangefarbenen Flecken. Nord- u. Ostsee, auch im Unterlauf der Flüsse.

Familie: **Soleidae**, Seezungen

1. BrFl normal entwickelt, länger als der Mundspalt, in Endhälfte mit großem schwarzem Fleck. Flossensäume ± einfarbig. Bis 50 cm. [**104**]. Seezunge, ***Solea solea*** (L.) (= ***vulgaris*** Quensel)
RFl 73–86, AFl 61–74. Grau bis graubraun, oft mit dunklen Flecken. Nordsee, selten westliche Ostsee.

— BrFl sehr klein. Auf RFl u. AFl jeder 6. oder 7. Strahl schwarz. Bis 12 cm
Zwergzunge, ***Buglossidium luteum*** (Risso)
RFl 69–77, AFl 53–63. Grau bis graubraun, mit kleinen dunklen Flecken. Nordsee.

Tetraodontiformes, Kugelfischverwandte

Marin. Körper scheibenförmig, hochrückig, seitlich zusammengedrückt.

1. BFl fehlend. Mit einer RFl. RFl u. AFl ruderförmig, hinten u. einander direkt gegenüber liegend. SFl bildet welligen Saum .... Mondfische, **Molidae**
Nur ***Mola mola*** (L.), Mondfisch
Bis 150 cm. RFl 0/16–20, AFl 0/14–18. Haut lederartig, ohne Schuppen. Pelagisch, häufig an Wasseroberfläche. Nahrung vor allem Quallen. Nordsee. Nicht selten.

— BFl vorhanden. Mit 2 RFl, 1. RFl aus 3 massiven Stachelstrahlen bestehend. SFl sichelförmig
Drückerfische, **Balistidae**
Nur ***Balistes capriscus*** Gmelin, Grauer Drückerfisch
Bis 40 cm. RFl 3/0 + 0/27–28, AFl 0/25–27. Grünlich bis braun. In Bodennähe. Nahrung: Kleintiere. Südliche Nordsee. Selten.

Literatur

ARNOLD, A.: Eingebürgerte Fischarten. Neue Brehm-Bücherei 602. Wittenberg, 1990.
BANARESCU, P., HOLCIK, J., HOESTLANDT, H.: The freshwater fishes of Europe. Vol. 1, 2, 5, 8, 9. Wiesbaden, 1986–1991/Wiebelsheim, 2001–2004.
BRUNKEN, H., FRICKE, R.: Deutsche Süßwasserfische. DJN-Führer. Hamburg, 1985.
DECKERT, K.: Fische. In: E. K. SENGLAUB, H.-J. HANNEMANN, B. KLAUSNITZER, Stresemann – Exkursionsfauna von Deutschland. Band 3 – Wirbeltiere. 12. Aufl. Berlin, 1999.
FIEDLER, K.: Fische. Lehrbuch der Speziellen Zoologie (begr. von A. Kaestner), Band II, Wirbeltiere. Teil 2. Jena, 1991.
FRICKE, R.: Deutsche Meeresfische. 2. Aufl. DJN-Führer. Hamburg, 1996.
FishBase – A Global Information System on Fishes. www.fishbase.com.
GERSTMEIER, R., ROMIG, Th.: Die Süßwasserfische Europas für Naturfreunde und Angler. Kosmos Naturführer. Stuttgart, 2003.
LOUISY, P.: Meeresfische. Westeuropa, Mittelmeer. Stuttgart, 2002.
LOUISY, P.: Europe and Mediterranean Marine Fish Identification Guide. Paris, 2015.
MAITLAND, P. S.: Keys to the freshwater fish of Britain and Ireland, with notes on their distribution and ecology. The Freshwater Biological Association. Scientific Publication 62. Ambleside, 2004.
MAITLAND, P. S., LINSELL, K.: Süßwasserfische. Alle Arten Europas gezeichnet. Kosmos Naturführer. Stuttgart, 2007.
MILLER, P. J., LOATES, M. J.: Fish of Britain and Europe. Collins Pocket Guide. London, 1997.
MUUS, B. J., DAHLSTRÖM, P.: Süßwasserfische. 8. Aufl. München, 1998.
MUUS, B. J., DAHLSTRÖM, P.: Meeresfische. 6. Aufl. München, 1991.
MUUS, B., NIELSEN, J.: Die Meeresfische Europas in Nordsee, Ostsee und Atlantik. Kosmos Naturführer. 2. Aufl. Stuttgart, 2013.
NELSON, J. S.: Fishes of the world. 4th ed. Hoboken, 2006.
RYLAND, J. S.: Cephalochordata and Euchordata. In: P. J. HAYWARD, J. S. RYLAND, The marine fauna of the British Isles and North-West Europe. Vol. 2. Oxford, 1990.
RYLAND, J. S.: Fish (Subphylum Euchordata (Vertebrata) Pisces). In: P. J. HAYWARD, J. S. RYLAND, Handbook of the marine fauna of North-West Europe. Oxford, 1995.
SCHULTZE, H.-P.: Fische. In: W. WESTHEIDE, G. RIEGER, Spezielle Zoologie, Teil 2: Wirbel- oder Schädeltiere. 3. Aufl. Heidelberg, 2015.
SPILLMANN, C. J.: Poissons d'eau douce. Faune de France 65. Paris, 1961.
VILCINSKAS, A.: Einheimische Süßwasserfische. Alle Arten: Merkmale, Verbreitung, Lebensweise. Augsburg, 1993. [2. Aufl. Eltville, 1998].
VILCINSKAS, A.: Fische. Mitteleuropäische Süsswasserarten und Meeresfische der Nord- und Ostsee. BLV Bestimmungsbuch. München, 2004.
WHEELER, A.: A key to the freshwater fishes and lampreys of the British Isles. Field Studies Council, AIDGAP. Shrewsbury, 1998.

Amphibia, Lurche

Wechselwarme Wirbeltiere mit drüsenreicher, nackter Haut; diese glatt, körnig oder warzig. Drüsenausscheidungen giftig. Mit 4 Fingern u. 5 Zehen, ohne Krallen. Paarung fast stets im Wasser, in das auch die Eier abgelegt werden (Salamander lebendgebärend). Laich als einfache Eier (wasserlebende Urodela), in Schnüren (*Bufo, Pelobates*) oder in Ballen (übrige Anura). Mit Metamorphose. Jugendstadien (Larven) im Wasser (Alpensalamander hat keine freilebenden Larvenstadien), mit Kiemenatmung. Nahrung: Kleintiere (Würmer, Schnecken, Arthropoden), bei jungen Anurenlarven auch Algen u. Ä. In Deutschland 22 Arten. Nur vorübergehend eingeschleppte Arten nicht berücksichtigt. Längenangaben für Entfernung Schnauze-Schwanzende (Urodela, Kaulquappen) oder Schnauze-Rumpfende (adulte Anura).

System (die rezenten Amphibia heißen auch **Lissamphibia**):
Urodela: Salamandridae (***Salamandra, Ichthyosaura, Lissotriton, Triturus***)
Anura: Alytidae (***Alytes***), **Bombinatoridae** (***Bombina***), **Bufonidae** (***Bufo, Bufotes, Epidalea***), **Hylidae** (***Hyla***), **Pelobatidae** (***Pelobates***), **Ranidae** (***Rana, Pelophylax, Lithobates***).

In Deutschland sind alle Amphibien besonders geschützt.

1. Mit Schwanz (z. B. [**1, 6**]) 2
— Ohne Schwanz, gedrungen [**15**]. Hinterbeine (= Sprungbeine) deutlich länger als Vorderbeine Froschlurche, **Anura** S. 552
2. Am Kopf außen jederseits mit federartigen Kiemenästen [**7**]. Vorderbeine entwickeln sich vor Hinterbeinen . . . . Larven der **Urodela** S. 551
— Ohne äußere Kiemen (oder mit andersartigen Kiemen) 3
3. Schwanz länger als eigentlicher Körper [**26**]. Hinterbeine entwickeln sich vor Vorderbeinen Larven (= Kaulquappen) der **Anura** S. 555
— Körper mindestens etwa so lang wie Schwanz, mit 4 Extremitäten [**1**]. Hinterbeine wenig länger als Vorderbeine . . . . Schwanzlurche, **Urodela** S. 550

Urodela, Schwanzlurche

1. Schwanz drehrund, ohne Flossensaum. Seitlich am Kopf mit je 1 Drüsenwulst. Landbewohner Salamander, ***Salamandra*** Laurenti **2**
— Schwanz seitlich zusammengedrückt, oben u. unten mit Flossensaum [**1**] (dieser selten undeutlich). Kopf ohne Drüsenwülste. Mindestens zur Paarungszeit im Wasser Wassermolche (ehemalige Gattung ***Triturus*** Rafinesque) **3**
2. Körper schwarz, mit gelben (selten rötlichen) Flecken oder Längsreihen Feuersalamander, ***Salamandra salamandra*** (L.)
Bis 22 cm. Selten ganz schwarz, aber breiter als Alpensalamander. Paarung an Land, ♀ gebiert (bis 70) Larven. Fortpflanzung v. a. im Frühjahr (April, Mai) im flachen Wasser (Quellen, Bäche). Nachtaktiv. Unter Baumstubben u. in Erdlöchern. Meist feuchte Wälder im Hügelland u. Mittelgebirge.
— Körper schwarz . . . . Alpensalamander, ***Salamandra atra*** Laurenti
Bis 16 cm. Schlanker als Feuersalamander. ♀ gebiert an Land 2 fast völlig entwickelte Junge. Nachtaktiv. An Waldbächen in Erdlöchern, unter Steinen. Im Gebirge (700–3000 m), Süddeutschland, Alpen.
3. Bauch und Kehle mit deutlichen dunklen Flecken **4**
— Bauch und Kehle ungefleckt, seltener Kehle gefleckt **5**
4. Flecken auf der Bauchseite größer als auf der Kehle [**2**]. Rücken des ♂ grau-blau mit hohem Rückenkamm [**1a**] . . . . Kammmolch, ***Triturus cristatus*** (Laurenti)
Auch **Nördlicher Kammmolch**. 13–18 cm. Oberseite oliv bräunlich bis schwarz, mit oder ohne schwarze Flecken. Flanken mit zahlreichen weißen Punkten. Kehle dicht hell u. dunkel gesprenkelt [**2**]. Finger u. Zehen dunkel gebändert. ♂ am Schwanz mit zentralem perlmuttweißem, sich zur Spitze verjüngendem Farbkeil. ♂ (nicht ♀ [**1b**]) zur Paarungszeit mit hohem, gezacktem Rückenkamm, vor Schwanzsaum mit tiefem Einschnitt [**1a**]. Laichzeit: Mitte März bis Sommer. In stehenden vegetationsreicheren Gewässern. Verbreitet u. häufig (bis etwa 1000). – Im Berchtesgadener Land der ähnliche Alpen-Kammmolch, ***Triturus carnifex*** (Laurenti).

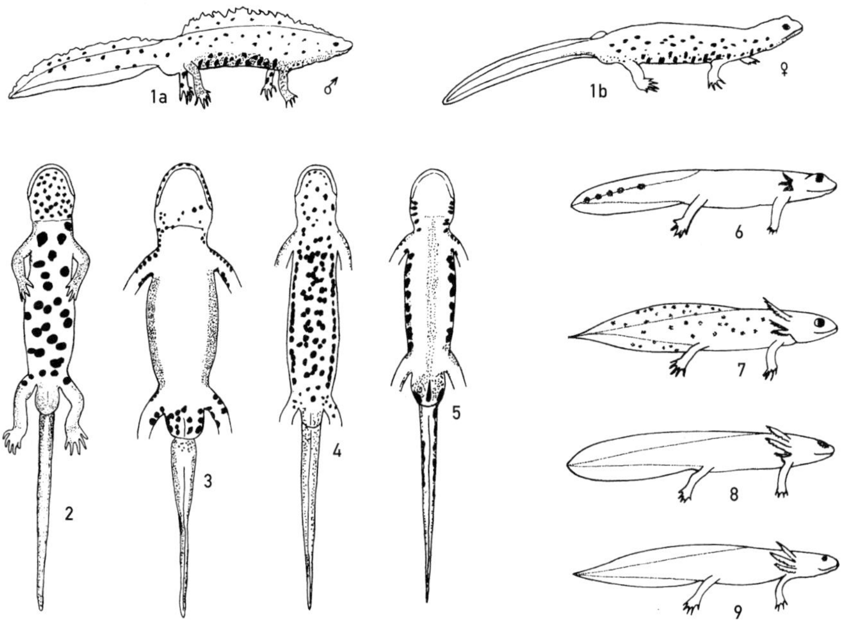

1, 2 Kammmolch; **3** Bergmolch; **4** Teichmolch; **5** Fadenmolch
Larven: **6** Salamander; **7** Kammmolch; **8** Bergmolch; **9** Teichmolch

— Flecken auf dem Bauch und auf der Kehle etwa gleich groß [**4**]. Rücken des ♂ meist hell, mit Rückenkamm .... Teichmolch, ***Lissotriton vulgaris*** (L.)
8–11 cm. Oberseite schwärzlich bis hell, mit dunklen Flecken oder jederseits mit dunkler Längsbinde. ♂ (nicht ♀) am Kopf mit 5–7 dunklen Längsbinden, zur Paarungszeit mit hohem welligem Rückenkamm, dieser geht ohne Unterbrechung in Schwanz über. Hinterfüße mit Schwimmhäuten. Laichzeit: Mitte März bis Sommer. Neotenie kommt vor. In stehenden u. langsam fließenden Gewässern. Verbreitet u. häufig (bis etwa 1000 m).

5. Oberseite blau bis grauschwarz. Bauch des ♀ orange, ungefleckt, Kehle mitunter gefleckt [**3**]. ♂ ohne Schwanzfaden .... Bergmolch, ***Ichthyosaura alpestris*** (Laurenti)
8–11 cm. Oberseite meist graublau bis schwarz, selten bräunlich, ± dunkel marmoriert. Flanken und Kopfseiten mit dunklen Flecken, Kehle gelb bis orange, seltener gefleckt [**3**]. ♂ zur Paarungszeit mit niedrigem, hell-dunkel quergebändertem Rückenkamm. Laichzeit: Mitte März bis Juli. Neotenie kommt vor. In stehenden u. langsam fließenden Gewässern. Verbreitet im Bergland u. in Alpen (bis 3000 m), auch im Tiefland.

— Oberseite gelb bis bräunlich-oliv. Bauch gelb bis schwach orange, ungefleckt, höchstens mit einzelnen dunklen Tupfen, Kehle ungefleckt [**5**]. ♂ mit Schwanzfaden
Fadenmolch, ***Lissotriton helveticus*** (Razoumowsky)
7–9 cm. Oberseite olivfarben bis bräunlich, meist mit dunklen Tupfen. Kopf mit 1 durch das Auge führenden Längsbinde. ♂ (nicht ♀) zur Paarungszeit mit niedrigem Rückenkamm u. höherem Schwanzsaum, hinten meist mit deutlichem Endfaden. Hinterfüße mit Schwimmhäuten. Laichzeit: März bis Sommer. In stehenden u. langsam fließenden Gewässern. Meist im bewaldeten Bergland, mehr im Süden, reliktartige Vorkommen im Norden.

Larven der Urodela

Schlüssel gilt für ältere Larven.

1. Schwanzflosse hinten breit abgerundet [**6**]. Mit je 1 gelblichen Fleck an Wurzel der Beine. Bis 7 cm. [**6**] .... ***Salamandra salamandra***

— Schwanzflosse hinten ± zugespitzt. Ohne derartige helle Flecke **2**

2. Schwanzflosse hinten allmählich in lange fadenförmige Spitze auslaufend [**7**]. Finger u. Zehen lang. Bis 8 cm. [**7**] ... ***Triturus cristatus***
Körper und Flossensaum mit dunklen Flecken.

— Schwanzflosse hinten anders. Finger u. Zehen kürzer ... **3**

3. Schwanzflosse hinten abgerundet, mit kurzer stachelförmiger Spitze. Auge klein, sein Längsdurchmesser etwa gleich dem Abstand der Nasenlöcher. Bis 4 cm. [**8**] . ***Ichthyosaura alpestris***

— Schwanzflosse spitz, aber ohne stachelförmigen Anhang. Auge in Längsdurchmesser größer als Abstand der Nasenlöcher. Bis 3,5 cm
Lissotriton vulgaris [**9**] u. ***L. helveticus*** (schwer unterscheidbar)

Anura, Froschlurche

1. Unterseite graublau bis dunkel, mit gelben oder roten Flecken ..... Unken, ***Bombina*** Oken **2**

— Unterseite hell, nicht gelb oder rot gefleckt ... **3**

2. Unterseite mit gelben (bis orangefarbigen) Flecken, höchstens mit wenigen weißen Punkten
Gelbbauchunke, Bergunke, ***Bombina variegata*** (L.)
Bis 5 cm. Oberseite mit kräftigen spitzen Warzen. Meist mit gelben Finger- u. Zehenspitzen. Mehrmalige Laichzeit zwischen Mai u. August. Laich in kleinen Klumpen von 2 (oder 1) –30 graubraunen Eiern. Ruf: „ung, ung ... (Pause), ung, ...". In vegetationsreichen Kleingewässern. Mehr im Hügel- u. Bergland (bis 1800 m).

— Unterseite mit roten (auch orangeroten) Flecken u. weißen Punkten
Rotbauchunke, Tieflandunke, ***Bombina bombina*** (L.)
Bis 4,5 cm. Oberseite mit runden, glatten Warzen oder kleinen Hornhöckerchen. Mit schwarzen Finger- u. Zehenspitzen. Laichzeit, Laich, Ruf u. Lebensraum wie ***B. variegata***. Art des Tieflands.

3. Spitzen der Finger u. Zehen zu runden Haftscheiben erweitert [**10**]
Laubfrosch, ***Hyla arborea*** (L.)
Bis 5 cm. Oberseite glatt, meist grün, seltener dunkel oder gelblich. Unterseite körnig, weiß. An Seiten dunkler Streifen, meist mit „Hüftschlinge". ♂ mit unpaarer Schallblase. Laichzeit Ende April bis Mitte Juni. Laich in kleinen Klumpen mit gelben Eiern. Ruf: „krak, krak" in schneller Folge. Meist auf Vegetation in Gewässernähe. Im Tief- u. Hügelland (bis 800 m).

— Spitzen der Finger u. Zehen ohne Haftscheiben ... **4**

4. Pupille der Augen senkrecht [**11a**] ... **5**

— Pupille der Augen waagerecht [**11b**] ... **6**

5. Hinterfüße mit großen Schwimmhäuten bis fast zu Zehenspitzen. Innerer Fersenhöcker mit horniger Grabschaufel [**12**] ... Knoblauchkröte, ***Pelobates fuscus*** (Laurenti)
Bis 8 cm. Haut fast glatt. Oberseite hellgrau oder braun mit dunklen (meist olivfarbigen) Flecken, oft auch roten Punkten. Unterseite hell, ± gefleckt. Laichzeit April, Mai. Laich in Schnüren, diese kurz (bis 50 cm) u. dick (bis 15 mm), vielreihig, Eier dunkelbraun, mit weißlichem Fleck. Ruf: leises dumpfes Schnalzen, Rufe unter Wasser. Nachtaktiv. Außerhalb der Paarungszeit an Land, mehr auf sandigem Boden und Ackerböden, gräbt sich gern ein. Meist im Tiefland.

— Hinterfüße mit kleinen Schwimmhäuten bis kaum zur halben Zehenlänge. Innerer Fersenhöcker ohne Grabschaufel ... Nördliche Geburtshelferkröte, ***Alytes obstetricans*** (Laurenti)
Bis 5 cm. Haut warzig, mit Warzenlängsreihe an Körperseiten, grau, ± einfarbig. Unterseite weißlich. Paarung (v. a. im Mai, Juni) auf Land. ♂ trägt die Laichschnüre um die Hinterbeine geschlungen u. setzt später die Larven im Wasser ab. Ruf: kurze melodische Pfiffe. Nachtaktiv. In Steinhaufen, Felsspalten, zwischen Baumwurzeln, häufig in Abgrabungen. Im Hügel- und Bergland, nicht im Südosten.

6. Haut glatt. Am Kopf ohne große Ohrdrüsen. Rücken seitlich mit Drüsenleiste [**25**]. Bis 14 cm
Echte Frösche **9**

— Haut glatt. Kopf ohne Ohrdrüsen. Rücken ohne Drüsenleiste. Bis 20 cm
Nordamerikanischer Ochsenfrosch, ***Lithobates*** (= ***Rana***) ***catesbeianus*** (Shaw)
Mit Wulst, der sich vom Auge bis zum Oberarm zieht. Aus Nordamerika eingeschleppt, in der Oberrheinebene.

— Haut warzig. Kopf mit großen Ohrdrüsen [**15**]. Rücken ohne seitliche Drüsenleiste
Echte Kröten (ehemalige Gattung ***Bufo*** Laurenti) **7**

7. Oberseite in der Mitte mit hellgelber Längslinie (ohne Warzen). Hinterbeine kurz, ihre Schwimmhäute kurz, nicht bis zur Hälfte der längsten (4.) Zehe reichend [**13**]. Höcker auf Unterseite der Zehen paarig ... Kreuzkröte, ***Epidalea calamita*** (Laurenti)
Bis 8 cm. Oberseite grünlich bis bräunlich, mit dunklen Flecken. Unterseite weißlich, gefleckt. Laichzeit April bis Juli. Laich in Schnüren, 1–2-reihig, bis 1 m lang u. 6 mm dick, Eier schwarz mit grauem Fleck. Ruf: lautes „ra, ra, ra, ...". Mehr auf sandigem Boden, auch in Dünen. Häufiger in Westdeutschland u. an Nordseeküste.

— Oberseite ohne gelbe Mittellinie. Hinterbeine länger, wenigstens mit halben Schwimmhäuten **8**

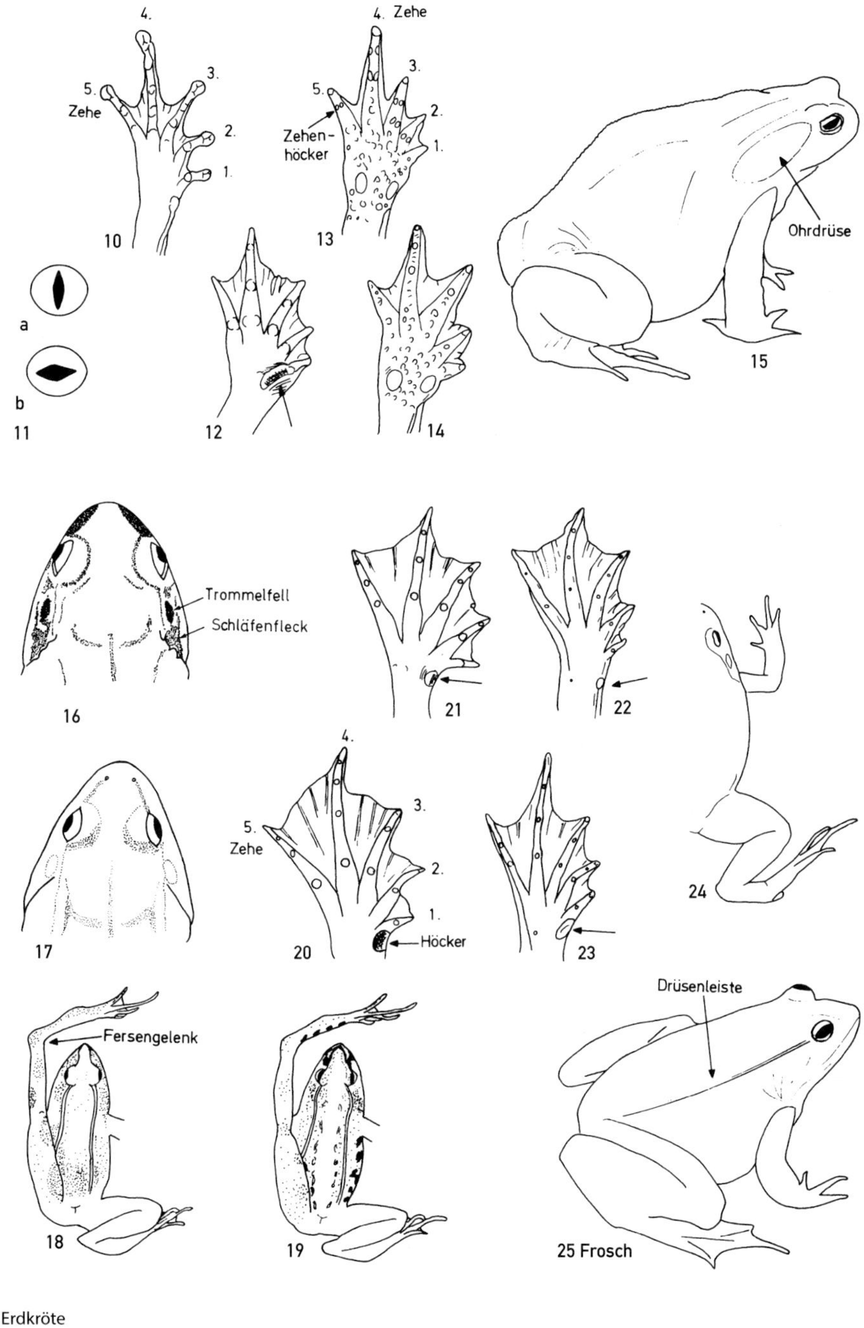
4.
5.
Zehe
3.
2.
1.
10
4. Zehe
3.
5.
2.
Zehen-
höcker
1.
13
Ohrdrüse
15
a
b
11
12
14
Trommelfell
Schläfenfleck
16
21
22
24
4.
3.
5.
Zehe
2.
1.
Höcker
17
20
23
Drüsenleiste
Fersengelenk
18
19
25 Frosch

15 Erdkröte

8. Oberseite hell mit grünen Flecken. Zehen unterseits mit einfachen Höckern [**14**]
Wechselkröte, ***Bufotes viridis*** (Laurenti)
Ein „***Bufotes viridis***-Komplex" – ein Komplex aus mehreren evolutionären Linien. Bis 8 cm. Unterseite hell, oft gefleckt. Laichzeit April bis Juni. Laich in Schnüren (1–5 m lang), Eier 2–4-reihig, bräunlich, etwa 0,5 mm groß. Ruf: helles Trillern „ürrrrr, ürrrrr, ...", ähnelt dem Ruf der Maulwurfsgrille. Besonders in offenen Lebensräumen der Ebene und des Hügellandes. Nicht im Westen.

— Oberseite braun, einfarbig oder dunkel (nie grün) gefleckt. Zehen auf Unterseite mit paarigen Höckern (wie [**13**]) .... Erdkröte, ***Bufo bufo*** (L.)
Ein „***Bufo bufo***-Komplex" – ein Komplex aus mehreren Taxa. Bis 15 cm [**15**]. Unterseite hell, oft gefleckt. Laichzeit März, April. Laich in Schnüren (1,5 m lang), 2–4-reihig, Eier schwarz, etwa 1 mm groß. Ruf: Metallisches, leises „ök, ök, ..." in größeren Abständen. Nachtaktiv. Verbreitet u. häufig; meist in Wäldern.

9. Oberseite ± bräunlich, meist mit dunklem, annähernd 3-eckigen „Schläfenfleck" vom Auge zum Ansatz der Vorderbeine. Augen weit getrennt [**16**]. (Arten schwer unterscheidbar)
„Braunfrösche", ***Rana*** L. **10**

— Oberseite ± grünlich (selten bräunlich). Ohne dunklen Schläfenfleck. Augen näher beieinander [**17**]. (Arten schwer unterscheidbar) „Wasserfrösche", „Grünfrösche", ***Pelophylax*** Fitzinger **12**

10. Fersengelenk (Gelenk zwischen Unterschenkel u. Fuß [**18**]) reicht über Schnauzenspitze hinaus [**18**] (bei jüngeren Exemplaren nur bis Schnauzenspitze). Trommelfell etwa so groß wie Auge. Höcker auf Unterseite des Hinterfußes vor innerer (1. = kleinster) Zehe (= Fersenhöcker) mittelgroß, Gestalt zwischen denen des Moor- u. Grasfrosches. Relation der Länge von 1. Zehe u. Fersenhöcker 1,80–2,80 .... Springfrosch, ***Rana dalmatina*** Fitzinger
Bis 8 cm. Mit spitzer Schnauze, Körper schlank, Beine lang. Zehenhöcker (vgl. [**13**]) auffallend groß. Oberseite hell- bis schokoladenbraun, ohne oder mit wenigen dunklen Flecken, hinter dem Auge größerer schwarzbrauner Fleck. Unterseite hell, meist ungefleckt. Laichzeit März, April. Laich in kleinen Klumpen, nicht aufsteigend, mit etwa 600–1200 Eiern, diese oben tiefschwarz, unten weiß, scharf abgesetzt. Ruf: schnelles „ogk, ogk, ogk, ...". Im Tief- u. Hügelland, vor allem in Gebieten mit reicher Vegetation (Laubwälder).

— Fersengelenk erreicht höchstens Schnauzenspitze [**19**]. Auge meist größer als Trommelfell **11**

11. Schnauze zugespitzt [**19**]. Fersenhöcker groß, halbkreisförmig. Relation der Länge von 1. Zehe u. Fersenhöcker 1,25–2,20 [**20**]. Fersengelenk reicht meist etwa bis Schnauzenspitze
Moorfrosch, ***Rana arvalis*** Nilsson
Bis 7 cm. Oberseite hell- bis dunkelbraun, ungefleckt oder mit Flecken besonders auf den Flanken, häufig mit hellem Mittelstreif auf Oberseite. ♂ zur Paarungszeit blau bereift. Hinter dem Auge großer schwarz-brauner Fleck. Unterseite hell, oft ohne Zeichnung. Laichzeit März, April. Laich in großen Klumpen, nicht aufsteigend, mit 1000–2000 Eiern, diese unten weißlich, oben bräunlich, wenig scharf abgesetzt. Ruf: dumpf „ueg, ueg, ..." in schneller Folge. Auf meist sumpfigen Wiesen, häufig in Gewässernähe, mehr im Flachland.

— Schnauze stumpf [**16**]. Fersenhöcker klein, 3-eckig. Relation der Länge von 1. Zehe u. Fersenhöcker 2,20–3,95 [**21**]. Fersengelenk selten bis Schnauzenspitze reichend
Grasfrosch, ***Rana temporaria*** L.
Bis 10 cm. Oberseite einfarbig gelbrot bis braun, meist dunkel gefleckt, oft mit hellem Rückenstreif bis zum Nacken. Fast immer mit Schläfenfleck. Unterseite hell, oft grau bis rötlich marmoriert. Laichzeit März bis April. Laich in großen Klumpen, oft an Gewässeroberfläche aufsteigend, mit etwa 1000–4000 Eiern, diese oben dunkel, unten weißlich, etwa 2–3 mm groß. Ruf: dumpfes Knurren u. Grunzen. Häufig, weit verbreitet, auch entfernt vom Wasser.

12. Hinterseite der Oberschenkel mit gelb oder orange gefärbten Flecken. Körperoberseite zumindest teilweise grasgrün. Höcker auf Unterseite des Hinterfußes vor innerer (1. = kleinster) Zehe (= Fersenhöcker) halbkreisförmig. Relation der Länge von 1. Zehe u. Fersenhöcker < 2,1 [**23**]
Kleiner Wasserfrosch, ***Pelophylax*** (= ***Rana***) ***lessonae*** (Camerano)
Bis 7 (meist unter 5) cm. Hinterbein kurz [**24**]. Oberseite grasgrün, gelbgrün bis braun, oft mit heller Rückenmittellinie. Unterseite weißlich, meist ungefleckt. Laichzeit: Mai bis Juni (später als Seefrosch). Laich in mehreren kleinen Klumpen, meist angeheftet, im Ballen mit mehreren 100 Eiern; diese unten gelblich, oben braun, 1–2,5 mm groß. Ruf: lautes „ööck, ööck, ..., kraak, kraak, ...". In kleineren Gewässern.

— Hinterseite der Oberschenkel oft mit gelben Flecken. Körperoberseite zumindest teilweise grasgrün. Fersenhöcker gewölbt, nie halbkreisförmig. Relation der Länge von 1. Zehe u. Fersenhöcker 1,7–2,9 .... Teichfrosch, ***Pelophylax*** (= ***Rana***) ***„esculentus"*** (L.)
Als Hybrid von ***P. lessonae*** u. ***P. ridibunda*** entstanden (auch als ***P.*** kl. ***esculentus*** bezeichnet; kl. = Klepton). Bis 11 cm. Hinterbeine länger. Laichzeit: Mai bis Juni. Laich wie Kleiner Wasserfrosch. Ruf: lautes „ööck, ööck, ..., kraak, kraak, ...". In kleineren Gewässern. Häufiger als Kleiner Wasserfrosch.

— Hinterseite der Oberschenkel mit weißlichen, gräulichen oder seltener grünlichen Flecken. Körperoberseite bräunlich oder olivgrün. Fersenhöcker höchstens leicht gewölbt, häufig dreieckförmig. Relation der Länge von 1. Zehe u. Fersenhöcker < 2,3 [**22**]
Seefrosch, ***Pelophylax*** (= ***Rana***) ***ridibundus*** (Pallas)

Bis 14 cm. Oberseite ± olivgrün (nie grasgrün) bis bräunlich, oft mit dunkelbraunen oder olivgrünen Flecken, auch mit grünlichem Rückenstreif. Unterseite weißlich, grau/schwarz marmoriert. Laichzeit Mitte Mai bis Mitte Juni. Laich wie Kleiner Wasserfrosch. Ruf: kräftiges, schnelles Meckern „krä, krä ...", dazwischen Quaktöne. Meist in Flussniederungen, in vegetationsreichen Gewässern (Altarme, Kiesgruben, Teiche), mehr im Tiefland.

Larven der Anura (Kaulquappen)

Schlüssel gilt für ältere Larven.

1. Kiemenloch in der Mitte des Bauches **2**
— Kiemenloch auf der linken Seite des Körpers [**31**] **4**
2. Kiemenloch dem Vorderende des Körpers näher als dem Hinterende. Hautsaum des Schwanzes ohne Netzwerk dunkler Linien. Bis 80 mm. [**26**]. Mundfeld [**27**] .... ***Alytes obstetricans***
— Kiemenloch dem Hinterende näher als dem Vorderende. Hautsaum des Schwanzes oft mit feinem Netzwerk dunkler Linien .... ***Bombina*** **3**

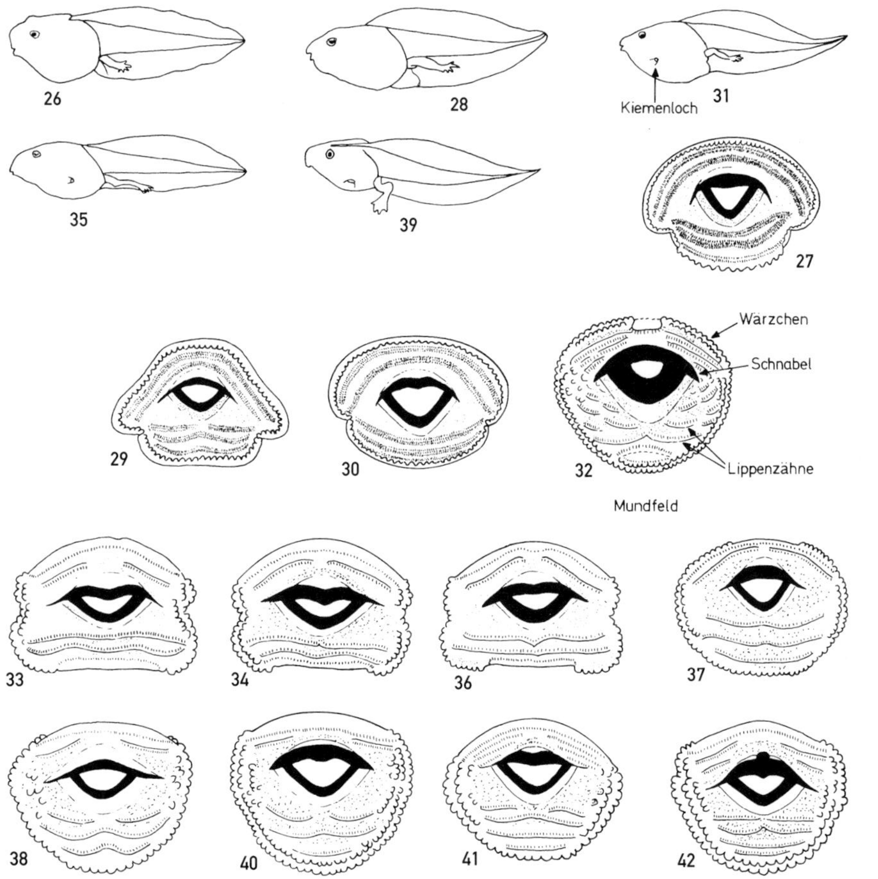

26 Geburtshelferkröte; **28** Rotbauchunke; **31** Knoblauchkröte; **35** Wechselkröte; **39** Teichfrosch

3. Mundfeld (bei geschlossenem Mund) 3-eckig [**29**]. Bis 50 mm. [**28**]. Schwimmen frei im Wasser ***Bombina bombina***

— Mundfeld quer elliptisch [**30**]. Bis 56 mm .... ***Bombina variegata***

4. Afterröhre in der Mittellinie des Körpers 5

— Afterröhre nach rechts gerichtet 8

5. Kiemenloch nach hinten-aufwärts gerichtet. Schwanz am Ende zugespitzt [**31**]. Rand des Mundfeldes mit Wärzchen (außer einer schmalen oberen Lücke) [**32**]. Untere Lippenzähne in 4–5 oft unterbrochenen Reihen. Schnabel kräftig. Bis 180 mm. Einzeln lebend, können frei schweben ***Pelobates fuscus***

— Kiemenloch gerade nach hinten gerichtet [**35**]. Schwanz hinten abgerundet [**35**]. Mundfeld nur an Seiten mit Wärzchen. Untere Lippenzähne in 3 Reihen, obere in 2 Reihen [**33, 34, 36**] .. 6

6. Untere Reihe der oberen Lippenzähne in der Mitte weit unterbrochen [**33**]. Mund viel schmaler als Entfernung zwischen den Augen (vom Innenrand gemessen). Bis 30 mm. Keine Schwärme ***Epidalea calamita***

— Untere Reihe der oberen Lippenzähne mit schmaler Unterbrechung [**34, 36**]. Mund mindestens fast so breit wie Entfernung der Augen 7

7. Oberseite schwarz, Unterseite grau. Entfernung zwischen den Augen etwa doppelt so groß wie zwischen den Nasenlöchern. Mundfeld [**34**]. Bis 32 mm. Oft in großen Schwärmen schwimmend .... ***Bufo bufo***

— Oberseite grau, Unterseite weiß. Entfernung zwischen den Augen etwa 1½-mal so groß wie zwischen den Nasenlöchern. Mundfeld [**36**]. Bis 45 mm. [**35**]. Nicht in Schwärmen ***Bufotes viridis***

8. Oberer Schwanzsaum vorn fast zwischen die Augen reichend, diese von oben u. unten sichtbar. Körperumriss von oben ± rechteckig. Wärzchenreihe um Mundfeld oben unterbrochen [**37**]. Bis 50 mm. Einzeln lebend .... ***Hyla arborea***

— Oberer Schwanzsaum vorn bis etwa zur Körpermitte reichend, Augen von unten nicht sichtbar. Körperumriss anders .... ***Rana*** u. ***Pelophylax*** 9

9. Lippenzähne unter Mund in 3 Reihen, oben in 2 oder 3 Reihen [**38, 40**] 10

— Lippenzähne unten in 4 Reihen, oben in 3 oder 4 Reihen [**41, 42**] 12

10. Entfernung zwischen den Augen nur wenig größer als Entfernung zwischen den Nasenlöchern. Schwanz etwa 1½-mal so lang wie Körper. Mundfeld [**38**]. Bis 45 mm .... ***Rana arvalis***

— Entfernung zwischen den Augen etwa 2-mal so groß wie zwischen den Nasenlöchern. Schwanz etwa 2-mal so lang wie Körper 11

11. Körper von oben gesehen elliptisch. Entfernung zwischen den Augen höchstens 2-mal so groß wie zwischen den Nasenlöchern. Mundfeld [**40**]. Bis 80 mm. [**39**] ***Pelophylax „esculentus“*** u. ***P. lessonae***

— Körper von oben gesehen birnförmig. Entfernung zwischen den Augen meist doppelt so groß wie zwischen den Nasenlöchern. Bis 120 mm .... ***Pelophylax ridibundus***

12. Schwanz höchstens 2-mal so lang wie Körper, am Ende stumpf. Wärzchen des Mundfeldes seitlich in 3 Reihen, unten in 1 Reihe [**41**]. Bis 45 mm .... ***Rana temporaria***

— Schwanz mindestens doppelt so lang wie übriger Körper, am Ende zugespitzt. Wärzchen des Mundfeldes in Doppelreihe, Oberkiefer in der Mitte meist mit schwarzem Höcker [**42**]. Bis 60 mm .... ***Rana dalmatina***

Literatur bei Reptilien S. 559

„Reptilia“, Kriechtiere

Wechselwarme Wirbeltiere mit trockener, drüsenarmer Haut, diese mit Schuppen u. Schildern bedeckt. Vorder- u. Hinterfüße – wenn vorhanden – 5-zehig, Zehen mit Krallen. Lungenatmend. Ablage von Eiern oder lebendgebärend. Nahrung: Tiere, seltener pflanzliche Kost. In Mitteleuropa 14 Arten.

System (die Reptilien sind eine paraphyletische Gruppe):
Testudines mit **Emydidae**
Squamata
  Sauria: Anguidae, Lacertidae
  Serpentes: Colubridae, Natricidae, Viperidae

In Deutschland sind alle Reptilien besonders geschützt.

1. Körper (ohne Kopf, Extremitäten u. Schwanz) in einen knöchernen Panzer eingeschlossen Schildkröten, **Testudines**

Zehen durch Schwimmhäute verbunden. Nur Sumpfschildkröten **Emydidae** mit ***Emys orbicularis*** (L.), Europäische Sumpfschildkröte (Kopf u. Hals dunkel, mit gelblichen Punkten oder kurzen Stricheln; Panzer oben dunkel, oft mit gelblichen Sprenkeln, unten fast ganz dunkel bis fast ganz hell; Panzer bis 25 cm). Im Süßwasser. Selten, im Osten. – Außerdem als Irrgäste auch Meeresschildkröten. – Lokal auch ausgesetzte Schmuckschildkröten (Kopf u. Hals schwarz u. grün längs gestreift, nicht gelb gepunktet), aus Nordamerika stammend, vermehren sich bei uns im Freiland nicht, am häufigsten ***Trachemys*** (= ***Pseudemys***) ***scripta elegans*** (Wied) (mit rotem Fleck hinter dem Kopf; Panzer bis 30 cm).

— Körper ohne Panzer, nur mit hornigen Schuppen u. Schildern bedeckt Schuppenkriechtiere, **Squamata** S. 618

Squamata, Schuppenkriechtiere

1. Augenlider getrennt, frei beweglich (Augen können sich schließen). Unterseite mit mehreren Längsreihen von Schuppen oder Schildern [**1, 2**]. Meist mit Extremitäten Echsen, **Sauria** **2**

— Augenlider verwachsen, das untere über das Auge gezogen, unbeweglich. Unterseite mit 1 Längsreihe breiter Schilder. Ohne Extremitäten .... Schlangen, **Serpentes** **6**

2. Ohne Extremitäten .... Schleichen, **Anguidae**

Nur ***Anguis fragilis*** L., Blindschleiche (Schuppen groß, gleichartig; Oberseite grau oder braun, oft mit dunklem Mittelstreif; Unterseite dunkel; bis 50 cm). Lebendgebärend. An nicht zu trockenen Stellen, häufig.

— Mit Extremitäten .... Echte Eidechsen, **Lacertidae** **3**

3. Halsband (vergrößerte Schuppen auf Unterseite vor Vorderbeinen) hinten ganzrandig [**1**]. Rückenschuppen rundlich, an Flanken nicht größer als in Rückenmitte. Kopf [**3**] Mauereidechse, ***Podarcis*** (= ***Lacerta***) ***muralis*** (Laurenti)

Bis 20 cm. Schlank, mit langem Schwanz. Oberseite braun mit schwarzer Fleckung oder Netzzeichnung (♂) oder mit je 1 seitlichen dunklen, hell gesäumten Längsband (♀). Unterseite hell, beim ♂ oft orange bis rot mit dunklen Flecken. Seiten beim ♂ meist mit blauen Punkten. An besonnten Stellen im Süden u. Südwesten.

— Halsband hinten gezackt [**2**]. Rückenschuppen in Mittellinie des Körpers meist länglich [**4, 5**]; wenn nicht schmaler als Randschuppen, Körper groß u. grün gefärbt **4**

4. Auf Mitte der Oberseite breiter Streifen von etwa 10 Reihen verschmälerter Schuppen [**4**]. Kopf [**6**] .... Zauneidechse, ***Lacerta agilis*** L.

Bis über 20 cm. Körper gedrungen, Schwanz kürzer. Oberseite braun mit dunklem Rückenstreifen u. hellen, dunkel gerandeten Flecken. Unterseite grünlich (♂) oder gelblich (♀). ♂ während Paarungszeit unten u. an Seiten leuchtend grün. In offenem, trockenem, sonnigem Gelände, nicht in höheren Gebirgslagen, verbreitet.

— Oben höchstens mit 2 Reihen verschmälerter Schuppen [**5**] **5**

5. Oberseite grün, mit dunklen Punkten (♂) oder Flecken (♀). Bis 40 cm. Kopf [**7**] Östliche Smaragdeidechse, ***Lacerta viridis*** (Laurenti)

Schlank, mit langem Schwanz. Rückenschuppen längs der Mitte nicht deutlich verschmälert. ♀ oft mit 2–4 schmalen hellen Streifen. ♂ zur Paarungszeit mit blauer Kehle. Unterseite weißlich oder gelblich. In sonnigem Gelände, selten, im Südosten. – Außerdem die sehr ähnliche Westliche Smaragdeidechse, ***Lacerta bilineata*** Daudin, selten, im Südwesten.

— Oberseite braun, meist mit dunklen Längsbändern. Bis 18 cm. Kopf [**8**] Waldeidechse, Bergeidechse, ***Zootoca*** (= ***Lacerta***) ***vivipara*** (Lichtenstein)

Schwanz kurz. In der Rückenmitte 2 Reihen deutlich verschmälerter Schuppen [**5**]. Oberseite mit dunklen u. hellen Punkten. Unterseite orange mit schwarzen Punkten (♂) oder gelblich-grau (♀). Lebendgebärend. Überall häufig, auch im Gebirge (bis 3000 m), in offenem Gelände, wie Waldrändern, Wiesen, Mooren, Sümpfen, Küstendünen.

6. Oberseite des Kopfes mit wenigen großen, symmetrisch angeordneten Schildern (z. B. [**10**]). Zwischen Auge u. Oberlippenschildern keine Schildchenreihe [**9**]. Pupille rundlich (nur in grellem Licht zu sehen!). Kopf allmählich in Körper übergehend **7**

— Oberseite des Kopfes mit vielen kleinen Schildern [**14, 16**]. Auge von Oberlippenschildern durch Schildchen getrennt [**13, 15**]. Pupille senkrecht. Kopf ± vom Rumpf abgesetzt. Oberkiefer mit 2 langen Giftzähnen (Biss für Menschen gefährlich giftig) .... Vipern, Ottern, **Viperidae** **11**

7. Rückenschuppen deutlich gekielt [**10**] .... Wassernattern, **Natricidae** **8**

— Rückenschuppen glatt (höchstens schwach gekielt)
Echte Nattern, Land- u. Baumnattern, **Colubridae** **9**

8. Hinter dem Kopf jederseits mit einem hellen (meist gelben) halbmondförmigen Fleck. Mit 1 Schild vor dem Auge [**9**] .... Ringelnatter, ***Natrix natrix*** (L.)
Bis 1,5 m. Oberseite grau bis dunkel mit kleinen schwarzen Flecken. Unterseite weißlich, dunkel gefleckt. Kann schwimmen. An u. in Gewässern, stellenweise häufig.

— Hinter dem Kopf kein derartiger Fleck. Mit 2 übereinander angeordneten Schildern vor dem Auge .... Würfelnatter, ***Natrix tessellata*** (Laurenti)
Bis 1 m. Oberseite grau bis braun mit viereckigen, z. T. zusammenfließenden Flecken. Unterseite hell bis rötlich, ähnlich gefleckt. Stark an Wasser gebunden. Sehr wärmeliebend, selten. Deutschland (an Rhein-Nebenflüssen in Rheinland-Pfalz u. Elbe in Sachsen), Österreich, Schweiz.

9. Oberseite (auch Kopf) schwarz, oft grünlich-gelb gesprenkelt, auf Vorderkörper als Querstreifung, am Hinterkörper Längslinien. Unterseite meist gelblich-weiß
Gelbgrüne Zornnatter, ***Hierophis*** (= ***Coluber***) ***viridiflavus*** (Lacépède)
Bis 1,5 m (auch 2 m). Südschweiz (Tessin, Graubünden).

— Färbung anders **10**

10. Oben mit dunklem Nackenfleck, Kopf seitlich mit dunklem Streifen vom Nacken zum Auge, meist auch weiter zum Nasenloch. Unterseite bräunlich (♂) oder grau (♀). Nasenloch innerhalb eines Schildchens [**11**] .... Glattnatter, Schlingnatter, ***Coronella austriaca*** Laurenti
Bis 75 cm. Oberseite braun (♂) oder grau (♀), mit dunklen Flecken. Lebendgebärend. An trockenen, sonnigen, meist steinigen Stellen, verbreitet.

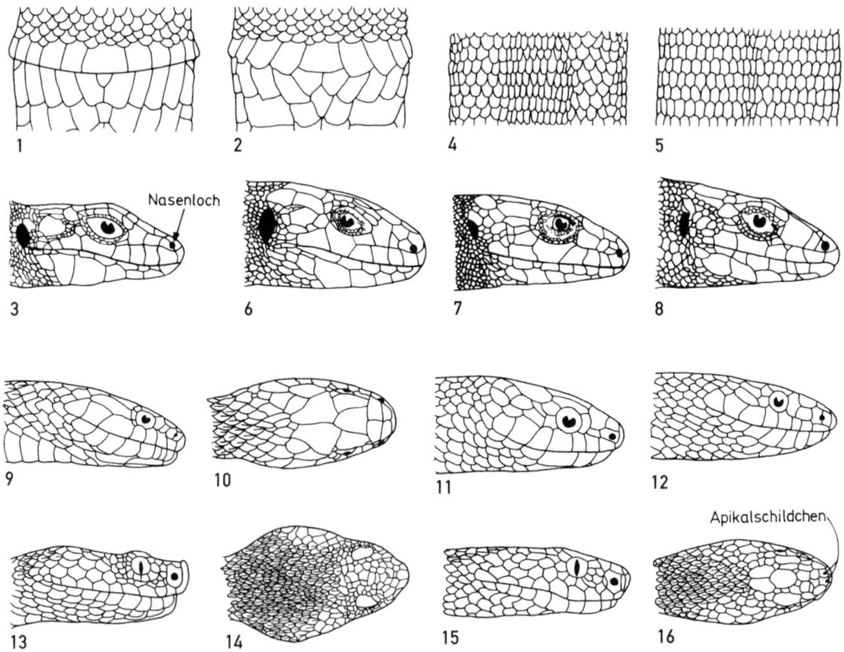

— Kopf oben nicht dunkel. Hinter dem Kopf seitlich je 1 blassgelber unscharfer Fleck. Unterseite hell, weißlich. Nasenloch zwischen 2 Schildchen [**12**]
Äskulapnatter, ***Zamenis longissimus*** (Laurenti)
Bis fast 2 m. Oberseite braun, nach hinten dunkler werdend (Jungtiere gefleckt), viele Schuppen teilweise mit weißem Rand. Wärmeliebend, selten. Im Süden (in Deutschland im Taunus, Südodenwald, Südschwarzwald, bei Passau).

11. Schnauzenspitze mit Horn .... Europäische Hornotter, Sandotter, ***Vipera ammodytes*** (L.)
Bis 90 cm. Oberseite meist grau, mit dunklerem, oft welligem Zickzack-Band. Unterseite gelblich, grau oder schwärzlich getüpfelt. Lebendgebärend. An steinigen Orten. Nur Kärnten, Südsteiermark.

— Schnauze ohne Horn, höchstens aufgebogen scharfkantig [**13**] **12**

12. Schnauzenspitze nach oben aufgebogen, scharfkantig [**13**] (selten undeutlich). Kopf oben ohne große Schilder [**14**] .... Aspisviper, ***Vipera aspis*** (L.)
Bis 60 cm. Oberseite grau bis braun, mit schwarzer Zeichnung (Längsreihen aus abwechselnd schmalen Querbändern u. rechteckigen Flecken oder teilweise Verschmelzung zu Zickzack-Band). Unterseite dunkel, mit oder ohne Fleckenzeichnung. Lebendgebärend. Auf felsigem, besonnten Untergrund. Im Süden, in Deutschland nur Südschwarzwald.

— Schnauzenspitze nicht nach oben gebogen [**15**]. Kopf oben mit mindestens 3 großen Schildern [**16**] .... Kreuzotter, ***Vipera berus*** (L.)
Bis 75 cm. Kopf oben vorn mit 2 „apikalen" Schildchen [**16**]. Oberseite braun, grau oder schwarz, mit dunklem Zickzack-Band u. V-förmigem Fleck auf Hinterkopf. Unterseite dunkel, ± hell gefleckt. Lebendgebärend. In sonnigem, offenem Gelände, verbreitet.

Literatur

Arnold, E. N., Ovenden, D. W.: Collins field guide to the reptiles and amphibians of Britain and Europe. 2nd. ed. London, 2002.
Berninghausen, F.: Amphibienführer mit Feldbestimmungsschlüssel für die Larven. 3. Aufl. Hannover, 1995.
Böhme, W. (Hrsg.): Handbuch der Reptilien und Amphibien Europas. Band 1–6. Wiesbaden, 1981–1998/Wiebelsheim 2001–2009.
Engelmann, W.-E., Fritsche, J., Günther, R., Obst, F. J.: Lurche und Kriechtiere Europas. Radebeul, 1993.
Glandt, D.: Taschenlexikon der Amphibien und Reptilien Europas. Alle Arten von den Kanarischen Inseln bis zum Ural. Wiebelsheim, 2010.
Glandt, D.: Grundkurs Amphibien- und Reptilienbestimmung. Beobachten, Erfassen und Bestimmen aller europäischen Arten. Wiebelsheim, 2011.
Glandt, D.: Die Amphibien und Reptilien Europas: Alle Arten im Porträt. Wiebelsheim, 2015.
Glandt, D., Trapp, B.: Die Amphibien & Reptilien Europas. Beobachten und Bestimmen. Wiebelsheim, 2021.
Günther, R.: Amphibien. In: K. Senglaub, H.-J. Hannemann, B. Klausnitzer, Stresemann – Exkursionsfauna von Deutschland. Band 3 (Wirbeltiere). 12. Aufl. Berlin, 1999.
Günther, R.: Die Amphibien und Reptilien Deutschlands. Jena, Stuttgart, 1996.
Laufer, H., Klemens, F., Sowig, P.: Die Amphibien und Reptilien Baden-Württembergs. Stuttgart: 2007.
Kwet, A.: Reptilien und Amphibien Europas. 2. Aufl. Stuttgart, 2010.
Nöllert, A. und C.: Die Amphibien Europas. Kosmos-Naturführer. Stuttgart, 1992.
Peters, G.: Kriechtiere. In: E K. Senglaub, H.-J. Hannemann, B. Klausnitzer, Stresemann – Exkursionsfauna von Deutschland. Band 3 (Wirbeltiere), 12. Aufl. Berlin, 1999.

Aves, Vögel

Gleichwarme Wirbeltiere. Haut mit Federn bedeckt; Bein meist mit Hornschuppen. Atmung mit Lungen. Schädel durch 1 Gelenkhöcker mit dem 1. Halswirbel (Atlas) verbunden. Fußwurzelknochen teils mit dem Schienbein, teils mit dem Mittelfuß verschmolzen. Mit Reptilien zu **Sauropsida** zusammengefasst. Äußere Morphologie, Gefieder u. Färbungsmerkmale s. [**1, 2**]. Beine meist mit 3 Vorderzehen u. 1 Hinterzehe [**7**]. Flügel [**3**]. Legen Eier, diese von fester Kalkschale umhüllt.
Bei manchen Arten gibt es eine zweimalige Mauser im Jahr mit Prachtkleid (= „Brutkleid", „Sommerkleid") vom Frühjahr bis zum Ende der Brutperiode u. Schlichtkleid (=„Ruhekleid",„Winterkleid") während der übrigen Jahreszeit. Arten können einen unterschiedlichen Status haben (Bezeichnung nach Barthel & Helbig (2005)): „Jahresvögel" („Standvögel") bleiben das ganze Jahr im Bereich des Brutgebietes. „Zugvögel" überwintern in anderen Regionen; sie können in Mitteleuropa auch als Durchzügler aus dem Norden in Erscheinung treten. Es können auch Teile der Population ziehen („Teilzieher"), im Text als„Jahresvogel/Zugvogel" gekennzeichnet.„Wintergäste" stammen aus nördlichen oder östlichen Brutgebieten und überwintern bei uns. „Gastvögel" tauchen gelegentlich in geringer Zahl auf. „Ausnahmeerscheinungen" (auch„Irrgäste") bezieht sich auf Arten, die meist aus weiter entfernten Gebieten stammen und nur sehr selten nach Deutschland kommen. „Gefangenschaftsflüchtlinge" sind aus Gefangenschaft entkommen und brüten im Freien.
Abkürzung: L = Länge. Länge von Schnabelspitze bis Schwanzspitze gemessen. Länge des Schnabels von der Stirn bis zur Spitze gemessen. **Größenvergleich: Mäusebussard um 53 cm, Haustaube um 33 cm, Amsel um 25 cm, Sperling 15 cm.**
Die Tabellen sind als Ergänzung zu den Bildführern (s. Literatur) gedacht und sind unter anderem auch für das Ansprechen toter Vögel konzipiert. In Deutschland um 250 Brutvogelarten (254 Arten nach Barthel & Krüger (2018)). Besondere, sehr seltene Ausnahmeerscheinungen u. manche Gefangenschaftsflüchtlinge sind in die folgenden Tabellen nicht aufgenommen.

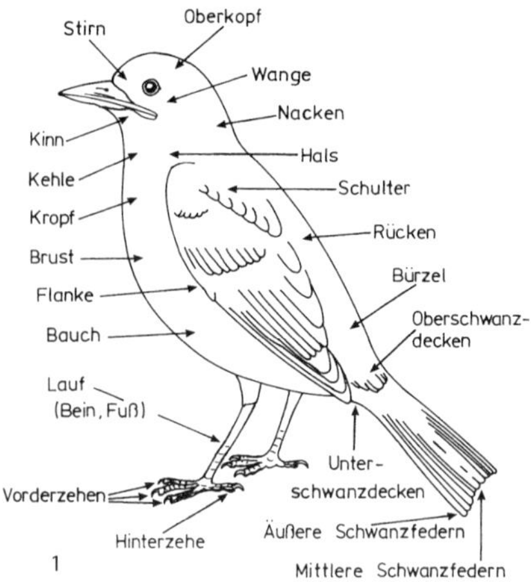

1

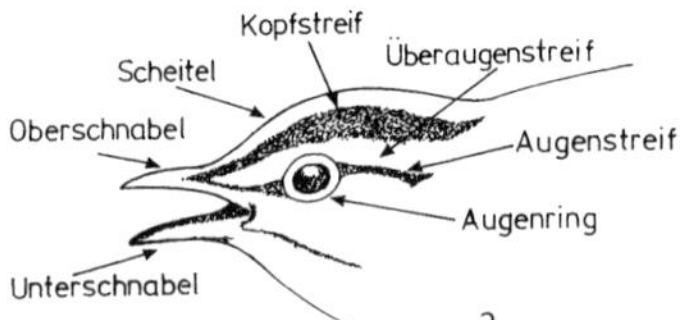

2

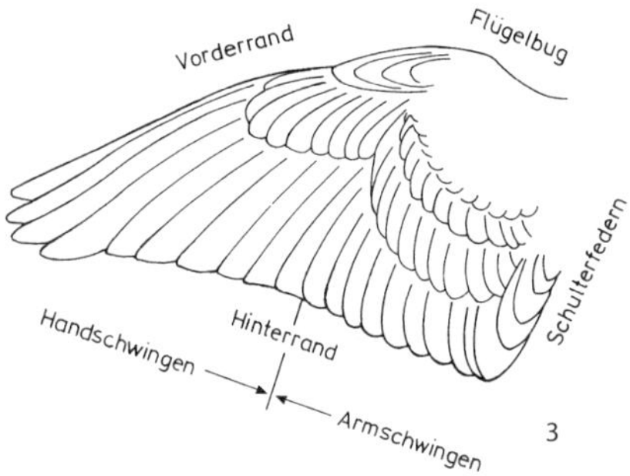

3

System [„Ordnungen" mit Endung -formes] (das System der Vögel ist provisorisch; systematische Gliederung im wesentlichen nach Bergmann (2015); Taxonomie nach Barthel & Krüger (2018))

Neognathae
- **Galloanseres**
  - **Anseriformes: Anatidae** [22, 25, 26, 35–51]
  - **Galliformes: Phasianidae** [54, 55, 56]
- **Neoaves**
  - **Gaviiformes: Gaviidae** [57]
  - **Procellariiformes: Hydrobatidae, Procellariidae** [62]
  - **Podicipediformes: Podicipedidae** [58]
  - **Phoenicopteriformes: Phoenicopteridae**
  - **Ciconiiformes: Ciconiidae** [66]
  - **Pelecaniformes: Ardeidae** [64, 65], **Pelecanidae, Threskiornithidae**
  - **Suliformes: Phalacrocoracidae** [63], **Sulidae**
  - **Accipitriformes: Accipitridae** [70, 72–76], **Pandionidae**
  - **Otidiformes: Otididae** [79]
  - **Gruiformes: Gruidae** [78], **Rallidae** [80, 81]
  - **Charadriiformes: Alcidae** [103], **Burhinidae** [82], **Charadriidae** [87, 90], **Glareolidae** [84], **Haematopodidae** [83], **Laridae** [101, 102], **Recurvirostridae** [98], **Scolopacidae** [94–97, 99], **Stercorariidae** [100]
  - **Columbiformes: Columbidae** [104]
  - **Cuculiformes: Cuculidae** [16]
  - **Strigiformes: Strigidae** [106–116], **Tytonidae** [105],
  - **Caprimulgiformes: Caprimulgidae** [20]
  - **Apodiformes: Apodidae** [117]
  - **Coraciiformes: Alcedinidae** [120], **Coraciidae** [119], **Meropidae** [121]
  - **Bucerotiformes** (**Bucerotes**): **Upupidae** [118]
  - **Piciformes: Picidae** [126]
  - **Falconiformes: Falconidae** [68, 77]
  - **Psittaciformes: Psittacidae**
  - **Passeriformes: Acrocephalidae** [161], **Aegithalidae** [134], **Alaudidae** [152], **Bombycillidae** [129], **Calcariidae, Certhiidae** [162], **Cettiidae, Cinclidae** [138], **Corvidae** [141, 143], **Emberizidae** [180], **Fringillidae** [175], **Hirundinidae** [155–157], **Laniidae** [174], **Locustellidae** (= **Megaluridae**), **Motacillidae** [171, 173], **Muscicapidae** [166, 167, 169], **Oriolidae** [137], **Panuridae** (= **Timaliidae**) [135], **Paridae** [147], **Passeridae** [184], **Phylloscopidae** [160], **Prunellidae** [170], **Regulidae** [158], **Remizidae** [133], **Sittidae** [164], **Sylviidae** [159], **Sturnidae** [136], **Tichodromadidae, Troglodytidae** [139], **Turdidae** [165]

In Deutschland sind alle Vögel besonders geschützt (soweit sie nicht dem Jagdrecht unterliegen).

1. Zehen durch Schwimmhäute verbunden [**4, 5**] **2**

— Jede Zehe mit nicht unterteilter Lappenhaut [**6**]. Habitus [**58**]
Lappentaucher, **Podicipediformes** S. 572

— Zehen ohne Haut [**7**] oder höchstens am Grunde mit Haut [**8**] oder mit unterteilten Lappen [**9**] **8**

2. Alle Zehen, auch die Hinterzehe, durch Schwimmhäute verbunden [**4**]. Habitus z. B. [**63**]
Ruderfüßer, **Suliformes** S. 573

Hierher auch Pelikane, **Pelicanidae** (zu **Pelicaniformes**), Sondermerkmal: sehr groß (größer als Schwan), mit langem gelblichem Schnabel mit Kehlsack, s. S. 574.

— Nur die 3 Vorderzehen durch Schwimmhäute verbunden [**5**] **3**

3. Hinterzehe fehlend oder höchstens als Warze vorhanden. Flügel in Ruhelage nicht bis zum Schwanzende reichend. Habitus [**103**] .... Alken, **Alcidae** (zu **Charadriiformes**) S. 589

Hierher auch Dreizehenmöwe, ***Rissa tridactyla*** (L.), aber Flügel in Ruhelage das Schwanzende überragend, s. S. 587.

— Hinterzehe vorhanden, manchmal klein **4**

4. Beine über 20 cm lang .... Flamingos, **Phoenicopteriformes**
Nur **Phoenicopteridae** mit ***Phoenicopterus roseus*** Pallas, Rosaflamingo, L 90–120 cm. Hals lang, Gefieder rosa, Flügel schwarz u. rot. Beine rosa. Ausnahmeerscheinung (aus Südeuropa), auch als Brutvogel lokal ausgesetzt, Zugvogel. – Neuerdings auch ***Phoenicopterus chilensis*** Molina, Chileflamingo, L 105 cm. Beine grau mit rotem Knie. Gefangenschaftsflüchtling.

— Beine unter 20 cm lang **5**

5. Ränder des Schnabels mit hornigen Lamellen [**10**] oder mit Hornzähnen [**11**] besetzt, an der Spitze mit ± breiter horniger Platte („Nagel"). Habitus z. B. [**22a, 25, 26a, 35–51**]
Entenvögel, **Anseriformes** S. 564

— Schnabelränder glatt, ohne Lamellen oder Zähne **6**

6. Nasenlöcher am Ende von 1 oder 2 Hornröhren auf dem Schnabel liegend [**12**]. Habitus [**62**]
Röhrennasen, **Procellariiformes** S. 572

— Nasenlöcher nicht am Ende von Hornröhren liegend **7**

7. Beine weit an das hintere Körperende verlagert, im Querschnitt seitlich zusammengedrückt. Habitus [**57**] .... Seetaucher, **Gaviiformes** S. 571

— Beine mehr in Körpermitte, nicht seitlich zusammengedrückt. Habitus [**100–102**]
Möwenverwandte, **Laridae**, Seeschwalben, **Sterninae**
u. Raubmöwen, **Stercorariidae** (zu **Charadriiformes**) S. 581
Hierher auch Säbelschnäbler, ***Recurvirostra avosetta*** L., Sondermerkmal: Schnabel dünn u. lang, an der Spitze nach oben gebogen, s. S. 649).

8. Oberschnabel stark gebogen, ragt mit seiner Spitze über das Ende des Unterschnabels senkrecht nach unten vor (Greifvogelschnabel) [**13**] **9**

— Oberschnabel anders **10**

9. Augen ± seitlich gerichtet. Gefieder nicht grün. Habitus [**73, 76, 77**]. Flugbilder z. B. [**68, 70, 71, 72, 74, 75**] .... Greifvögel, **Accipitriformes** u. Falken, **Falconiformes** S. 576
Einige Finken, **Fringillidae**, mit Haken- oder Kreuzschnabel [**177, 178**]. Körper bis 20 cm, Gefieder nicht überwiegend grün, s. S. 612.

— Augen ± seitlich gerichtet. Gefieder überwiegend grün. L über 27 cm
Papageien, **Psittaciformes**
Nur **Psittacidae**, Eigentliche Papageien, Gefangenschaftsflüchtlinge, z. B. ***Psittacula krameri*** (Scopoli), Halsbandsittich (vorwiegend hellgrün; Oberschnabel rot; 27–43 cm), stellenweise im Westen mit etablierten Brutpopulationen.

— Augen nach vorn gerichtet. Habitus [**105–116**] .... Eulen, **Strigiformes** S. 590

10. 2 Zehen nach vorn, 2 (selten nur 1) nach hinten gerichtet [**14**] **11**

— 3 Zehen nach vorn, 1 Zehe nach hinten gerichtet [**7**], letztere selten fehlend **12**

— Alle 4 Zehen nach vorn gerichtet [**15**]. Habitus [**117**] .... Seglervögel, **Apodiformes** S. 593

11. Schnabel zur Spitze nach unten gebogen .... Kuckucksvögel, **Cuculiformes**
Nur Kuckucke, **Cuculidae** mit ***Cuculus canorus*** L., Kuckuck [**16**]
L 33 cm. Flügel spitz, Schwanz lang. Flugbild sperberartig. Blaugrau, Bauch sperberartig gebändert. Nahrung: Insekten, auch behaarte Raupen. Stimme: ♂ hohl „guguck", ♀ gellend „quickwickwick". Brutparasit bei Singvögeln, Eier sind vielfach denen ihrer Wirte angepasst. Nesthocker. Zugvogel.

— Schnabel gerade. Habitus [**126**] .... Spechtvögel, **Piciformes** S. 594

12. Vordere Zehen an der Basis ± stark verwachsen (Sitzfuß) [**17**]. Habitus [**118–121**] **13**

— Zehen nicht verwachsen **14**

13. Körper rötlich-rostgelb, Rücken u. Flügel leuchtend schwarz-weiß gestreift. Kopf mit aufrichtbarer Federhaube [**118**] .... Hopf- u. Hornvögel, **Bucerotiformes** (= **Bucerotes**)
Nur Hopfe, **Upupidae** mit ***Upupa epops*** L., Wiedehopf [**118**]
L 28 cm. Stimme: hohles „hub-bub-bub ...". In offenem Gelände. Brütet in Baumhöhlen. Zugvogel.

— Färbung u. Gestalt anders [**119–121**] .... Rackenvögel, **Coraciiformes** S. 594

14. Mit ± sehr langen Beinen (Stelzbeinen) u. ± langem Hals [**64–66, 78b**] **15**

— Anders **16**

15. Schnabel lang, mit scharfer Spitze [**66a**], (bei alten Vögeln) rot. Hals im Flug ausgestreckt. Habitus u. Flugbild [**66a, 66b**] .... Storchenvögel, **Ciconiiformes** S. 576

— Schnabel lang, anders (z. B. [**64a**]), nicht rot. Hals bei vielen Arten im Flug S-förmig gekrümmt. Habitus u. Flugbild (vieler Arten) [**64a, 64b**] ... Schreit- u. Pelikanvögel, **Pelicaniformes** S. 574

16. Mit längeren Beinen (± hühnerartig) [**54–56, 79–81, 87, 90, 94–99**] **17**

— Mit kürzeren Beinen [**104, 129 ff.**] **20**

17. Beine u. Füße kräftig, derb (Lauf- u. Scharrbeine) [**18**]. Vögel meist auf trockenem, festem Untergrund lebend **18**

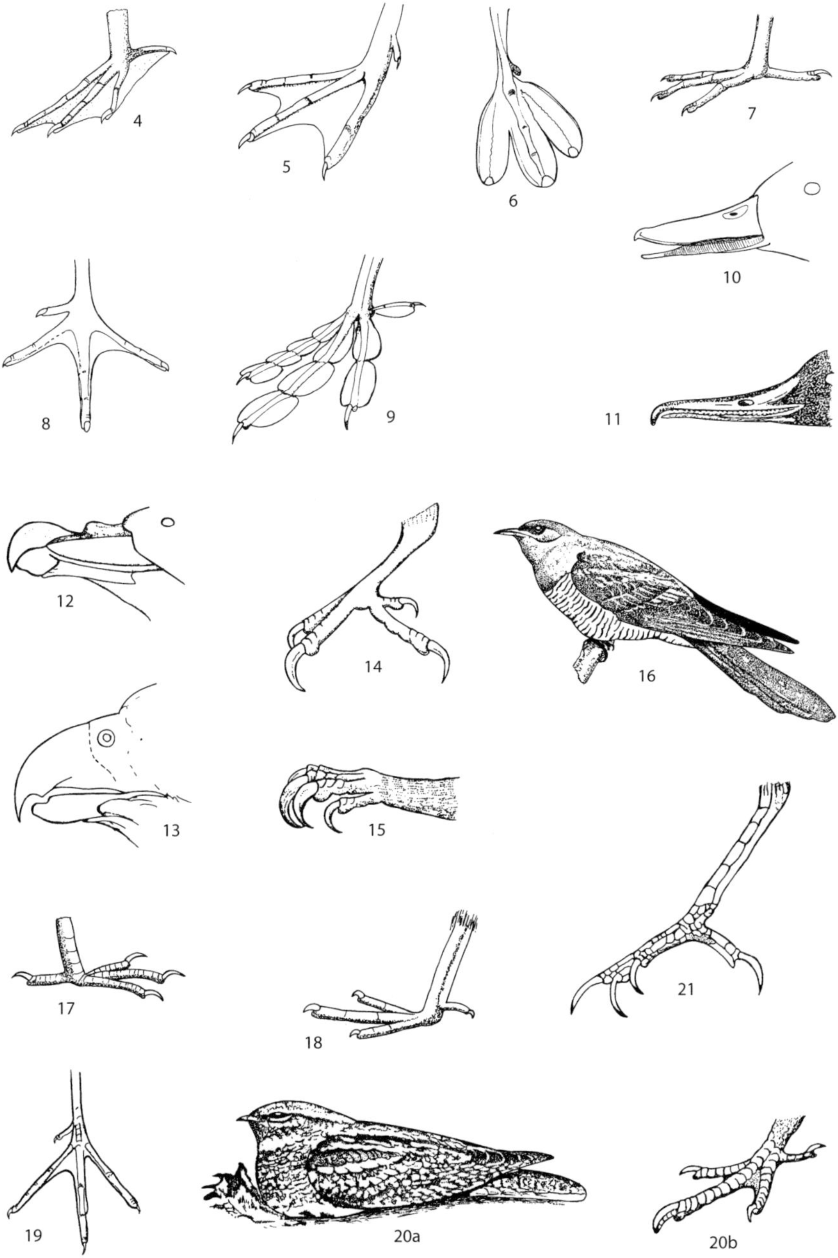

16 Kuckuck; **20a** Ziegenmelker

— Beine u. Füße zart, zierlich, vielfach mit langen Zehen [**19**]; selten derb, dann mit Lappen an den Zehen (vgl. [**9**]). Vögel meist an Gewässern oder in sumpfigem Gelände **19**

18. Mit 4 Zehen, außerdem meist mit Sporn (hornigen Fortsätzen am Lauf). Bein derb beschildert [**18**]. Habitus [**54–56**] .... Hühnervögel, **Galliformes** S. 570

— Mit 3 Zehen. Bein mit kleinen Schildchen. Habitus [**79**] .... Trappen, **Otidiformes** S. 579

19. Körper mehr hühnerartig [**80, 81**] .... Rallen, **Rallidae** (zu **Gruiformes**) S. 580

— Körper schlanker [**87, 90, 94–99**] ..... Wat-, Möwen- und Alkenvögel, **Charadriiformes** S. 581

20. Mittlere Vorderzehe lang, mit gezähnter Kralle, Hinterzehe klein („Haftfuß") [**20b**] Schwalmvögel, **Caprimulgiformes**

Nur Nachtschwalben, **Caprimulgidae** mit ***Caprimulgus europaeus*** L., Ziegenmelker, Nachtschwalbe [**20a**]

L 27 cm. Flügel u. Schwanz lang. Dunkelbraun, rindenfarbig. Dämmerungsvogel mit großen Augen. Stimme: an- u. abschwellendes Schnurren „errr...örrr...errr...". Lichte Wälder. Zugvogel.

— Zehen anders **21**

21. Beschilderung der Vorderseite von Lauf u. Zehen ± gleichartig. Krallen der Zehen etwa gleich groß .... Tauben, **Columbiformes** S. 590

— Beschilderung von Lauf u. Zehen uneinheitlich, im Extrem zu geschlossener Schiene verschmolzen. Kralle der Hinterzehe deutlich größer als die übrigen Krallen [**21**] Sperlingsvögel, **Passeriformes** S. 596

Anseriformes, Entenvögel
Familie: **Anatidae**, Entenverwandte

Schwimmvögel. Vorderzehen durch Schwimmhäute verbunden [**5**]. Schnabel meist breit, weichhäutig, mit fester Hornplatte („Nagel" [**10, 11**]) an der Spitze. ♂♂ der Enten u. Säger haben ein auffälliges Prachtkleid (vom Herbst oder Winter bis zur Brutzeit), im Schlichtkleid meist ± den ♀♀ ähnlich. Nestflüchter.

Systematische Gruppen:
Anserinae mit (a) Schwänen (***Cygnus***), Nahrung: Pflanzen am Boden flacher Gewässer; (b) Gänsen (***Anser, Branta***), Nahrung: Gras; **Anatinae** mit (c) Gründel- oder Schwimmenten (***Anas***) u. Sitzenten (***Aix***), gründeln an der Oberfläche von Gewässern, versenken Vorderkörper u. fressen an Wasserpflanzen; (d) Halbgänsen (***Tadorna, Alopochen***), Nahrung: Tiere, Gräser; (e) Tauchenten (***Netta, Athya, Bucephala***) u. Meeresenten (***Clangula, Melanitta, Somateria***), holen die Nahrung (Wasserpflanzen, Kleintiere) tauchend vom Gewässergrund; (f) Sägern (***Mergus***), Nahrung: Fische.

1. Sehr groß: L > 116 cm. Hals lang [**22a**] .... Schwäne, ***Cygnus*** Bechstein **2**

— Kleiner, L < 83 cm. Hals kürzer **4**

2. Schnabel orangerot, mit schwarzem Höcker an der Basis [**22b**]. Hals ± S-förmig gebogen. Habitus [**22a**] .... Höckerschwan, ***Cygnus olor*** (Gmelin)

L um 155 cm. Gefieder schneeweiß. Flügelschlag laut singend. Auf Seen, auch domestiziert auf Parkteichen. Jahresvogel/Zugvogel, Wintergast. – Außerdem ***Cygnus atratus*** (Latham), Schwarzschwan (ganz schwarz; L 110–140 cm), stellenweise ausgesetzt.

— Schnabel gelb u. schwarz. Hals ± gerade. Wintergäste **3**

3. L um 150 cm. Schnabel wie [**23**] .... Singschwan, ***Cygnus cygnus*** (L.)

Gefieder schneeweiß. Regelmäßiger Wintergast u. seltener Brutvogel, vor allem im Küstengebiet.

— L um 120 cm. Schnabel wie [**24**] .... Zwergschwan, ***Cygnus columbianus bewickii*** Yarrell

Gefieder schneeweiß. Wintergast vor allem im Küstengebiet.

4. Schnabel lang u. schmal, mit kräftiger Zähnelung an den Rändern u. hakenförmigem Nagel (Fangschnabel [**11**]) **5**

— Schnabel breiter, mit seitlichen Lamellen (Weide- u. Seihschnabel [**10**]) **7**

5. Klein: L 40–45 cm. Schnabel ± grau .... Zwergsäger, ***Mergellus albellus*** (L.)

♂ weiß, schwarz gezeichnet. ♀ Kopf oben braun, Wangen weiß, Rücken dunkel. Wintergast.

— Größer, L > 58 cm. Schnabel rot **6**

6. L um 66 cm. ♂ wie [**25**] .... Gänsesäger, ***Mergus merganser*** L.
♂: Kopf schwarzgrün, Unterseite weiß, lachsfarben überhaucht, Rücken schwarz. ♀: Kopf braun, mit weißem Kehlfleck, Oberseite u. Flanken blaugrau. An Seen u. Flüssen. Jahresvogel/Zugvogel, auch Wintergast.

— L um 58 cm. ♂ mit weißem Halsband .... Mittelsäger, ***Mergus serrator*** L.
♂: Kopf schwarzgrün mit fedrigem Nackenschopf, mit rotbraunem Brustband, Rücken schwarz, Flanken grau. ♀: wie Gänsesäger, aber mit diffusem Farbwechsel zwischen Kopf u. Brust. Küstengebiet der Ostsee. Zugvogel, Wintergast.

7. Hals ± gerade getragen [**26a**]. Groß: L > 52 cm .... Gänse **8**

— Hals meist S-förmig gekrümmt getragen. Meist kleiner. Mit Watschelgang .... Enten **13**

8. Gefieder teilweise schwarz. Schnabel schwarz .... Meergänse, ***Branta*** Scopoli **9**

— Gefieder ± graubraun (z. B. [**26a**]). Schnabel höchstens teilweise schwarz
Echte Gänse, Feldgänse, ***Anser*** Brisson **10**

9. Kopf einfarbig schwarz [**27**] .... Ringelgans, ***Branta bernicla*** (L.)
L 56–59 cm. Hals u. Vorderbrust schwarz, häufig mit kleinen weißen Flecken. Wintergast an der Küste.

— Kopf schwarz, mit weißem Kinnband [**28**] .... Kanadagans, ***Branta canadensis*** (L.)
L 94–99 cm. Hals schwarz. In Europa eingebürgert u. zum Brutvogel geworden, Jahresvogel, vor allem aber Wintergast an der Küste.

— Kopf schwarz, Stirn, Wangen u. Kehle rahmgelb [**29**]
Weißwangengans, Nonnengans, ***Branta leucopsis*** (Bechstein)
L 60–65 cm. Hals schwarz. Unregelmäßiger Brutvogel, vor allem an der Küste, Zugvogel, Wintergast.

— Kopf schwarz, weiß u. rotbraun [**30**] .... Rothalsgans, ***Branta ruficollis*** (Pallas)
L 53–56 cm. Vorderhals und Brust kastanienbraun, Hinterhals u. Rücken schwarz. Gastvogel.

10. Stirn weiß bis zur Kopfmitte [**31**] .... Zwerggans, ***Anser erythropus*** (L.)
L um 55 cm. Mit zitronengelbem Augenring. Durchzügler u. Wintergast, selten. – Außerdem ***Anser indicus*** (Latham), Streifengans (Kopf überwiegend weiß, mit zwei schwarzen Streifen), Gefangenschaftsflüchtling.

— Stirn weiß, nicht bis Kopfmitte reichend [**32**] .... Blessgans, ***Anser albifrons*** (Scopoli)
L um 70 cm. Beine orangefarbig. Durchzügler, Wintergast, unregelmäßiger Brutvogel.

— Stirn nicht weiß **11**

11. Schnabel fleischfarben bis orangerot, Nagel weiß [**26b**] .... Graugans, ***Anser anser*** (L.)
L um 80 cm. [**26a**]. Füße fleischfarben. Zugvogel, Überwinterung auch an Nordsee-, Ostseeküste. Stammform der Hausgans.

— Schnabel orangegelb oder hell rot, Nagel u. Basis ± breit schwarz **12**

12. Beine blass rosenrot .... Kurzschnabelgans, ***Anser brachyrhynchus*** Baillon
L 70 cm. Kopf [**33**]. Schnabel schwarz u. hellrot. Wintergast an der Küste.

— Beine orange .... Saatgans, ***Anser fabalis*** (Latham)
L um 80 cm. Kopf [**34**]. Schnabel schwarz u. orangegelb. Wintergast in geringer Zahl. Im Gegensatz zu dieser „Waldsaatgans" ist die Tundrasaatgans ***Anser serrirostris*** Gould häufiger Wintergast u. unregelmäßiger Brutvogel.

22b

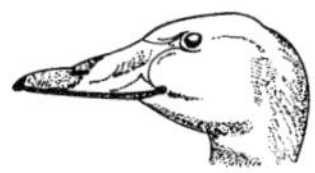
23

24

22a

25

22a Höckerschwan; **25** Gänsesäger

13. ♂♂ im Prachtkleid **14**
— ♀♀ (u. z. T. ♂♂ im Schlichtkleid) **29**
14. Gefieder schwarz oder fast schwarz .... ***Melanitta*** Boie **15**
— Gefieder nicht überwiegend schwarz **16**
15. Gefieder ganz schwarz [**35**] .... Trauerente, ***Melanitta nigra*** (L.)
L 48 cm. ♀ braun, Wangen u. Hals weißlichbraun. Durchzügler, Wintergast vor allem an der Küste.
— Gefieder mit weißem Flügelspiegel u. weißem Fleck unter dem Auge [**36**]
Samtente, ***Melanitta fusca*** (L.)
L 56 cm. ♀ braun, seitlich am Kopf mit je 2 hellen Flecken. Durchzügler, Wintergast vor allem an der Küste. Ausnahmeerscheinung: ***Melanitta perspicillata*** (L.), Brillenente (weiße Flecke an Stirn u. Nacken).
16. Gefieder überwiegend rostbraun .... Rostgans, ***Tadorna ferruginea*** (Pallas)
L 64 cm. ♂ u. ♀ mit schwarzem Schwanz u. grünem Flügelspiegel. ♂ mit schwarzem Halsring. Gefangenschaftsflüchtling.
— Gefieder überwiegend dunkelblau, mit weißen Abzeichen. Flanken rostfarben
Kragenente, ***Histrionicus histrionicus*** (L.)
L 43 cm. ♀ graubraun mit hellem großem Fleck am Schnabelgrund u. je 1 kleinerem vor dem Auge u. in Ohrgegend. Ausnahmeerscheinung, Gefangenschaftsflüchtling.
— Gefieder anders **17**
17. Schnabel rot oder rosa **18**
— Schnabel nicht rot, meist ± dunkel **19**
18. Weiß, Kopf u. Hals schwarz, grünschillernd, Vorderkörper mit rostrotem Band
Brandente, Brandgans, ***Tadorna tadorna*** (L.)
L um 60 cm. ♂ u. ♀: Schulter u. Handschwingen schwarz. ♂ mit Basalhöcker am Schnabel. Dünengelände an Meeresküste. Jahresvogel/Zugvogel, Wintergast.
— Kopf rostfarben, Hals u. Vorderbrust schwarz, Flanken weiß [**37**]
Kolbenente, ***Netta rufina*** (Pallas)
L 56 cm. ♀ hellbraungrau, Wangen weiß, mit rotem Schnabelfleck. An größeren Binnengewässern. Selten. Zugvogel, auch Jahresvogel, Wintergast.
— Kopf oben dunkel, mit weißem Augenstreif u. braunrotem Wangenfächer
Mandarinente, ***Aix galericulata*** (L.)
L 43 cm. ♂ mit aufgerichtetem, orangefarbenem „Segel" auf den Flügeln, ♀ überwiegend graubraun. Aus Ostasien als Ziervogel eingeführt.
— Kopf mit dunklem Augenfleck. Mit weißem Vorderflügel Nilgans, ***Alopochen aegyptiaca*** (L.)
L bis 63–73 cm. ♀: Brust graubeige. Einwanderer aus den Niederlanden (Heimat: Afrika), Gefangenschaftsflüchtling.

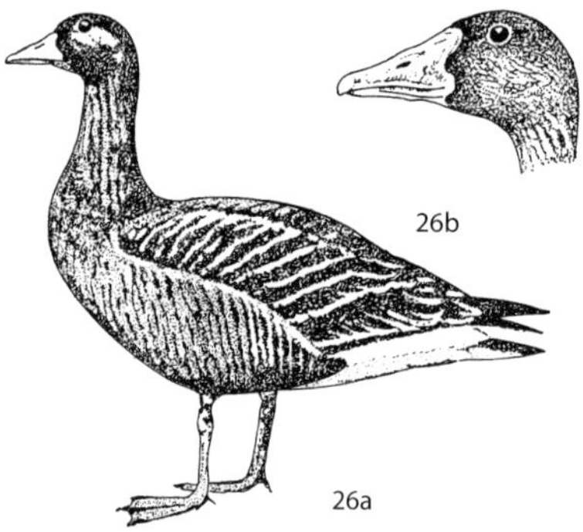
26a
26b

27

28

29

30

31
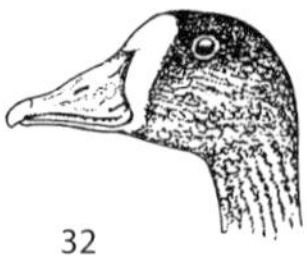
32

33

34

26a Graugans

19. Kopf schwarz, mit weißem Fleck. Körperunterseite weiß [**38**]

Schellente, ***Bucephala clangula*** (L.)

L 46 cm. ♀ grau, mit braunem Kopf u. weißem Halsring. An stehenden Gewässern, Wintergäste an der Küste. Zugvogel, Wintergast. – Als Ausnahmeerscheinung auch die ähnliche Spatelente, ***Bucephala islandica*** (Gmelin) (L 53 cm. ♂ mit weißem, halbmondförmigen Fleck am Schnabelgrund).

— Kopf weiß, mit braunem Abzeichen [**39**] .... Eisente, ***Clangula hyemalis*** (L.)

L 56 cm. Schwarz-weiß gezeichnet, mit langem Schwanzspieß. ♀ bräunlich-grau mit hellerem Bauch u. weißem Kopf mit Fleck unter dem Auge. Zugvogel, häufiger Wintergast, vor allem an der Küste.

35

36

37

38

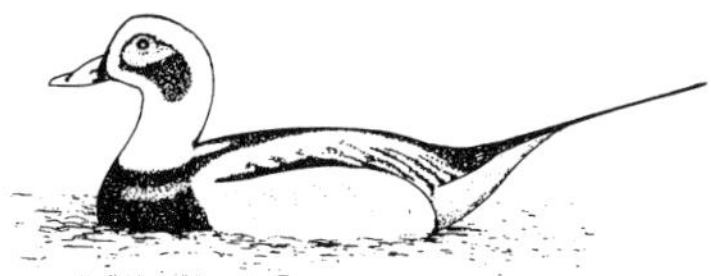
39

40

41

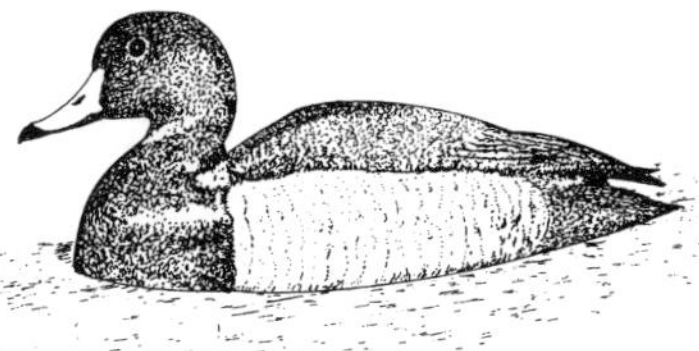
42

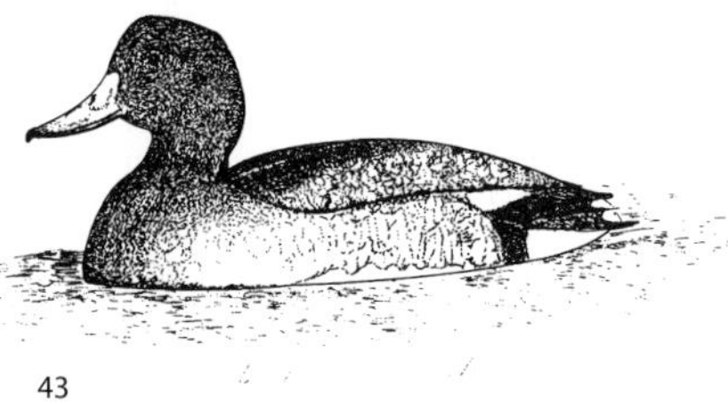
43

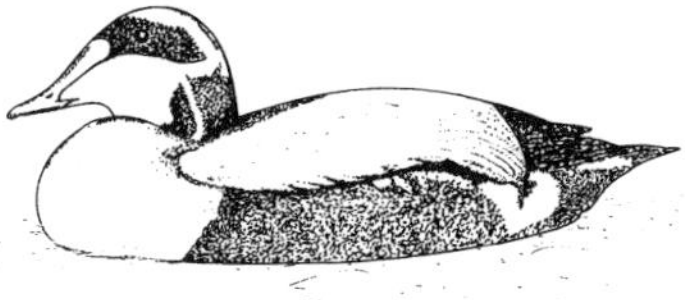
44

35 Trauerente; **36** Samtente; **37** Kolbenente; **38** Schellente; **39** Eisente; **40** Reiherente; **41** Bergente; **42** Tafelente; **43** Moorente; **44** Eiderente

— Kopf seitlich weiß, oben schwarz. Schnabel blau. Mit langem Schwanz. L 35–43 cm. Einwanderer aus Nordamerika
Schwarzkopfruderente, ***Oxyura jamaicensis*** (Gmelin)

— Kopf anders gefärbt 20

20. Kopf u. Hals einfarbig schwarz oder rotbraun .... ***Aythya*** Boie 21

— Kopf u. Hals anders gefärbt 22

21. Kopf schwarz, mit Federschopf [**40**] .... Reiherente, ***Aythya fuligula*** (L.)
L 43 cm. Rücken schwarz. ♀ erdbraun, mit kürzerem Schopf u. kleinem weißen Fleck am Schnabelgrund. Auf Binnengewässern. Jahresvogel/Zugvogel, auch Wintergast.

— Kopf schwarz, ohne Federschopf [**41**] .... Bergente, ***Aythya marila*** (L.)
L 48 cm. Rücken grau (schwarz-weiß quergewellt). ♀ graubraun mit großem weißem Fleck am Schnabelgrund. Wintergast an der Küste u. seltener Brutvogel in Schleswig-Holstein, Zugvogel. – Ähnlich ***Aythya collaris*** (Donovan), Ringschnabelente (Sondermerkmal: Schnabel mit weißer Binde vor der Spitze). Ausnahmeerscheinung.

— Kopf rotbraun. Brust schwarz [**42**] .... Tafelente, ***Aythya ferina*** (L.)
L 46 cm. Rücken hellgrau. ♀ überwiegend graubraun. An stehenden Gewässern. Jahresvogel/Zugvogel, auch Wintergast.

— Kopf u. Brust rotbraun [**43**] .... Moorente, ***Aythya nyroca*** (Güldenstädt)
L 41 cm. Rücken dunkelbraun. ♀ ähnlich, blasser. An stehenden Gewässern. Sehr selten, Zugvogel , auch Jahresvogel, Wintergast.

22. Bauch schwarz, Rücken weiß [**44**] .... Eiderente, ***Somateria mollissima*** (L.)
L 58 cm. ♀ überwiegend braun u. dunkel gebändert. An Meeresküste u. auf Inseln. Jahresvogel/Zugvogel, auch Wintergast. – Außerdem als Ausnahmeerscheinung Prachteiderente, ***Somateria spectabilis*** (L.) (Sondermerkmal: orangefarbiger, dunkel gesäumter Schnabelhöcker).

— Bauch rostgelb, Rücken schwarz .... Scheckente, ***Polysticta stelleri*** (Pallas)
L 46 cm. Kopf weiß mit schwarzem Halsring. ♀ dunkel graubraun. Ausnahmeerscheinung, im Winter.

— Färbung anders .... ***Anas*** L. 23

23. Klein: L 36–38 cm [**45, 46**] 24

— Größer: L 46–58 cm [**47–51**] 25

24. Kopf kastanienbraun mit grünem Band vom Auge zum Hinterkopf. Flanken grau. Über Flügel weißer Streif [**45**] .... Krickente, ***Anas crecca*** L.
L 36 cm. ♀ dunkelbraungrau. ♂ u. ♀: Spiegel mit beiderseitiger weißer Einfassung. An kleinen, vegetationsreichen Gewässer. Jahresvogel/Zugvogel, auch Wintergast.

— Oberkopf schwarzbraun, mit weißem Streif über dem Auge. Sonst braun. Schulter blau [**46**]
Knäkente, ***Spatula*** (= ***Anas***) ***querquedula*** (L.)
L 38 cm. ♀ ähnlich, aber heller. ♂ u. ♀ Spiegel mattgrün, vorn u. hinten weiß eingefasst. An kleinen, vegetationsreichen Gewässern. Zugvogel.

25. Schwanzfedern deutlich verlängert [**47**] .... Spießente, ***Anas acuta*** L.
L ♂ 70 cm, ♀ 58 cm. Kopf dunkelbraun, Hals weiß, Flügeldecken stahlgrün, Rücken u. Flanken grau. ♂ u. ♀: Spiegel bräunlich, mit weißer Endbinde. ♀ wie Stockente. An Gewässern. Seltener Brutvogel. Zugvogel, überwiegend Durchzügler u. Wintergast.

— Schwanzfedern nicht derartig verlängert 26

26. Schnabel breit, löffelförmig [**48**] .... Löffelente, ***Spatula*** (= ***Anas***) ***clypeata*** (L.)
L 51 cm. Kopf grün, Flanken dunkelbraun, Schultern weiß. ♀ Schultern blau, sonst wie Stockente. ♂ u. ♀: Spiegel schwärzlich-grün. An vegetationsreichen Gewässern. Nicht häufig. Zugvogel, Durchzügler u. Wintergast.

— Schnabel nicht löffelförmig [**49–51**] 27

27. Kopf grün, Hals mit weißem Ring [**49**] .... Stockente, ***Anas platyrhynchos*** L.
L 58 cm. Brust kastanienbraun, Flanken grau. ♀ graubraun gefleckt. ♂ u. ♀: Spiegel blau, beiderseits durch weißen Streifen begrenzt. An Gewässern häufig. Vor allem Jahresvogel, auch Zugvogel. Stammform der Hausente, in Stadt-Populationen auch Kreuzungen zwischen Stock- u. Hausente.

— Kopf braun, ohne weißen Halsring 28

28. Kopf graubraun [**50**] .... Schnatterente, ***Mareca*** (= ***Anas***) ***strepera*** (L.)
L um 51 cm. Grau, Hinterende schwarz, Schultern braun. ♀ ähnlich wie Stockente, jedoch mit orangefarbenen Schnabelseiten. ♂ u. ♀: Spiegel weiß. An vegetationsreichen Gewässern. Jahresvogel/Zugvogel, Durchzügler, auch Wintergast.

— Kopf rotbraun mit hellem Scheitel [**51**] .... Pfeifente, ***Anas penelope*** L.
L 46 cm. Schulter weiß, Brust zart weinrötlich, Brust, Schulter, Flanke fein grauweiß gewellt, Unterschwanzdecken schwarz. ♀ mehr einheitlich bräunlich mit hellen Schultern. An Gewässern, in Norddeutschland. Jahresvogel/Zugvogel, auch Wintergast.

29. Schnabel rot .... ***Tadorna tadorna*** s. **18**
Außerdem ***Alopochen aegyptiacus*** (Schnabel rosa) s. **18.**

— Schnabel dunkel, teilweise rot .... ***Netta rufina*** s. **18**

— Schnabel nicht rot 30

30. Gefieder rostrot .... ***Tadorna ferruginea*** s. **16**

— Gefieder dunkelbraun, an jeder Seite 2 weiße Flecke: ***Melanitta***
M. fusca u. ***M. perspicillata*** (Schnabel bei letzterer Art höher, Stirnprofil flacher) oder 1 heller Wangenfleck: ***M. nigra***, s. **15.**

— Gefieder nicht ± einfarbig rostrot oder dunkelbraun **31**

31. Kopf braun, mit weißem Halsband: ***Bucephala*** s. **19**
B. clangula (L 46 cm) u. ***B. islandica*** (L 53 cm).

— Kopf weiß, mit dunklem Fleck unter dem Auge .... ***Clangula hyemalis*** s. **19**
Hierher auch ***Oxyura jamaicensis*** (Kopf seitlich hell, oben dunkel).

— Kopf graubraun, mit weißem Augenring, davon ein weißer Streif bis zum Hinterkopf ziehend ***Aix galericulata*** s. **18**

— Kopf graubraun, jederseits mit 3 hellen Flecken .... ***Histrionicus histrionicus*** s. **16**

— Kopf anders gefärbt **32**

32. Körperhaltung auf dem Land waagerecht, im Wasser mit Schwanz nach oben. An Seiten meist mit metallisch buntem Flügelspiegel: ***Anas***
a) Klein, L 36–38 cm: ***Anas querquedula*** (Spiegel lebhaft grün schillernd), ***A. crecca*** (Spiegel höchstens mattgrün schillernd) s. **24**.
b) Größer, L 46–48 cm: ***A. clypeata*** (Schnabel löffelartig) s. **26**; ***A. acuta*** (Hals schlank, Schwanz spitz) s. **25**; ***A. platyrhynchos*** (Spiegel blau) s. **27**; ***A. strepera*** (Spiegel schwarzgrau u. weiß; Bauch braungefleckt) s. **28**; ***A. penelope*** (Spiegel schwärzlich, von weißen Binden begrenzt; Bauch hell) s. **28**.

— Körperhaltung auf dem Land schräg aufrecht, im Wasser Schwanz waagerecht oder eintauchend **33**

33. Gefieder braun, Brust dunkel quergebändert: ***Somateria*** s. **22**
S. mollissima u. ***S. spectabilis*** (bei dieser Art Kopfprofil steiler). Hierher auch ***Polysticta stelleri*** (mit blauem Spiegel) s. **22**.

— Gefieder ± braun, Brust nicht quergebändert: ***Aythya*** s. **21**
a) Spiegel u. Flügeldecken grau: ***A. ferina***.
b) Anders, Unterschwanzdecken weiß: ***A. nyroca***; Unterschwanzdecken nicht weiß: ***A. marila*** (mit deutlichem weißem Ring um die Schnabelbasis); ***A. collaris*** (Schnabel mit weißer Binde vor der Spitze); ***A. fuligula*** (mit kleinem weißem Fleck jederseits an Schnabelbasis).

45

46

47

48

49

50

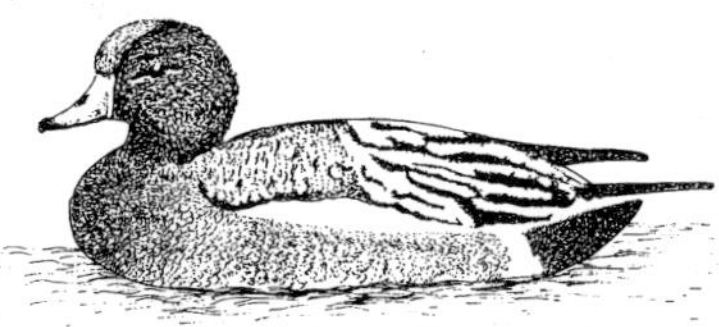
51

45 Krickente; **46** Knäkente; **47** Spießente; **48** Löffelente; **49** Stockente; **50** Schnatterente; **51** Pfeifente

Galliformes, Hühnervögel
Familie: **Phasianidae**, Fasanenartige

Plumpe Bodenvögel mit robusten Scharrbeinen [**52, 53**]; Beine häufig mit hornigem Fortsatz („Sporn"). Fliegen mit schnellen Flügelschlägen. Mit kräftigem (Hack-)schnabel. Suchen Nahrung (Samen u. anderes Pflanzenmaterial, Insekten u. Würmer) auf dem Boden. Nestflüchter. Fast durchweg Jahresvögel. Das Truthuhn ***Meleagris gallopavo*** L. kommt als Neozoon in Nordrhein-Westfalen vor. Hierher auch Hausgeflügel: ***Gallus gallus gallus*** L., Haushuhn; ***Pavo cristatus*** L. aberr. ***domestica*** u. ***nigripennis***, Pfau; ***Numida meleagris*** aberr. ***domestica***, Hausperlhuhn; ***Meleagris gallopavo*** L. aberr. ***domestica***, Hausputer.

1. Läufe befiedert [**52**] .... Raufußhühner, **Tetraoninae** 2
— Läufe unbefiedert, ♂♂ meist, ♀♀ zuweilen mit Sporn [**18, 53**] 4
2. Flügel weiß .... Alpenschneehuhn, ***Lagopus muta*** (Montin)
L um 35 cm. Im Sommer ♂ graubrau, ♀ rotbraun, im Winter weiß, mit schwarzem Augenstreif u. schwarzen Steuerfedern. Alpen über der Waldgrenze.
— Flügel nicht weiß .... Waldhühner 3
3. Groß: L ♂ 94 cm, ♀ 67 cm. Schwanz abgerundet .... Auerhuhn, ***Tetrao urogallus*** L.
♂ mit Kinnbart, schwarz, zum Teil schillernd, mit grünem Brustfleck, Flügel dunkelbraun; ♀ braun, dunkel gebändert, mit rotbraunem Halsfleck. In unterholzreichen Nadel- u. Mischwäldern. Selten.
— Mittelgroß: L ♂ 53 cm, ♀ 41 cm. Schwanz beim ♂ leierförmig [**54**], beim ♀ hinten schwach eingebuchtet .... Birkhuhn, ***Lyrurus*** (= ***Tetrao***) ***tetrix*** (L.)
♂ [**54**]. ♂ glänzend blauschwarz, Flügelbinde u. Unterschwanzdecken weiß, mit sehr kräftigen roten „Rosen" über dem Auge; ♀ braun gebändert, mit weißer Flügelbinde. In Torfmooren, Heiden u. lichten Wäldern.
Als Artbastarde häufiger ***L. tetrix*** ♂ × ***T. urogallus*** ♀: Rackelhuhn, „***T. medius*** Meyer"(Brustschild violett).
— Klein: L um 36 cm. Schwanz abgerundet .... Haselhuhn, ***Tetrastes*** (= ***Bonasa***) ***bonasia*** (L.)
♂ mit kleiner Kopfhaube, Kinn und Kehle schwarz, scharf weiß gegen übriges braunes oder graues Gefieder abgesetzt. Schwanz abgerundet, mit schwarzer Endbinde; ♀ ähnlich, aber mit heller Kehle. In unterholzreichen Wäldern.

52

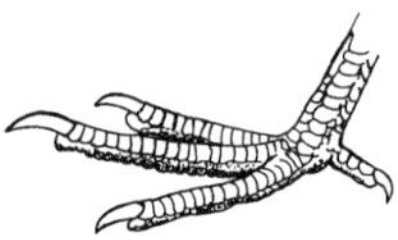
53

54

56

55

54 Birkhuhn; **55** Fasan; **56** Rebhuhn

4. Schwanz kurz. Habitus [**56**] .... Feldhühner, **Perdicinae** (Systematik unklar) **5**

— Schwanz auffallend lang. Habitus [**55**] .... Fasan, ***Phasianus colchicus*** L.
(**Phasianinae**). L ♂ um 80 cm, ♀ um 60 cm. ♂: [**55**] Gefieder braun metallisch glänzend, Kopf schwarz u. grün schillernd, Schwanz braun mit schwarzen Bändern; ♀ hell sandbräunlich, dunkel gebändert, Schwanz kürzer. Stimme: lautes „gögög". In offenem Gelände, als Jagdwild aus Kaukasien bei uns eingebürgert.
Es sind stellenweise weitere Fasanen-Arten eingebürgert.

5. Klein: L um 18 cm .... Wachtel, ***Coturnix coturnix*** (L.)
Sandbraun, dunkel gestreift, mit weißem Überaugenstreif. ♂ mit schwarzer bis brauner Kehle. Stimme: 2–3-mal „pickberwick". Auf Feldern, Wiesen. Zugvogel.

— Größer: L über 30 cm **6**

6. Kehle rötlichbraun. L um 30 cm. [**56**] .... Rebhuhn, ***Perdix perdix*** (L.)
Gefieder ± graubraun, am Bauch mit dunkelbraunem Brustschild [**56**] (beim ♀ schwächer oder fehlend). Stimme: „tschirr-rep". Auf Feldern, Wiesen, im Familienverband („Gesperr"). Jahresvogel.

— Kehle weiß. L um 35 cm. Alpen .... Steinhuhn, ***Alectoris graeca*** (Meisner)
Gefieder grau bis braun, Kehle schwarz eingefasst, Flanken grau u. schwarz gebändert. Alpen oberhalb der Baumgrenze. Selten. Jahresvogel.

Gaviiformes, Seetaucher
Familie: **Gaviidae**, Seetaucher

Schwimmvögel, flach u. tief im Wasser liegend. Mit Schwimmhäuten zwischen den Vorderzehen. Flugbild: buckelig, Kopf u. Hals werden tiefer gehalten als übriger Körper. Nahrung: Fische. Zur Brutzeit an Binnengewässern, sonst auf dem Meer. Nestflüchter. Wintergäste, vor allem an der Küste.

1. Schnabel aufwärts gebogen. Prachtkleid: Kehle rotbraun. L um 60 cm. [**57**]
Sterntaucher, ***Gavia stellata*** (Pontoppidan)
Schlichtkleid: Kehle hell. Oberseite graubraun, mit zahlreichen weißen Flecken, Unterseite hell. Im Winter an der Küste, seltener im Binnenland.

— Schnabel aufwärts gebogen. Prachtkleid: Kehle schwarz. L 84–99 cm
Gelbschnabeltaucher, ***Gavia adamsii*** (Gray)
Schnabel gelblich. Prachtkleid ähnlich Eistaucher. Ausnahmeerscheinung.

— Schnabel gerade. Prachtkleid: Kehle schwarz **2**

2. Groß: L 73–88 cm. Prachtkleid: Kopf schwarz. Rücken schachbrettartig gemustert
Eistaucher, ***Gavia immer*** (Brünnich)
Prachtkleid: Halsseiten mit weißen Längsflecken. Schlichtkleid: Oberseite dunkel graubraun, Unterseite hell. Seltener Wintergast an der Küste, vereinzelt im Binnenland.

57

58

59

60

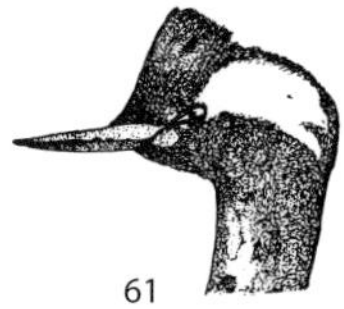
61

57 Sterntaucher; **58** Haubentaucher

— Kleiner: L 63–75 cm. Prachtkleid: Kopf grau. Rücken mit hellen Querbinden
Prachttaucher, ***Gavia arctica*** (L.)
Prachtkleid: Halsseiten mit weißen Längsflecken. Schlichtkleid: Oberseite dunkelbraun (manchmal mit helleren Federrändern), Unterseite hell. Regelmäßiger, seltener Wintergast, vor allem an der Küste.

Podicipediformes, Lappentaucher
Familie: **Podicipedidae**, Lappentaucher

Schwimmvögel. Zehen ohne Schwimmhäute, beiderseits mit breiten Lappen. Tauchen u. Auftauchen gleitend. Nahrung: kleine Fische, Insekten. Meist Schwimmnester. Nestflüchter. (Tabelle gilt für Vögel im Prachtkleid; für Vögel im Schlichtkleid vergleiche übrige Merkmale).

1. Groß: L 48–50 cm. Kopf mit großen Federohren u. rostfarbener, dunkel gesäumter Halskrause, Hals u. Brust weiß. Schnabel rötlich. [**58**] .... Haubentaucher, ***Podiceps cristatus*** (L.)
Im Schlichtkleid Krause fehlend, Federohren kürzer. Stimme: „gräck gräck". Jahresvogel/Zugvogel, Wintergast.
— Kleiner: L 27–43 cm. Kopf anders. Schnabel nicht rot **2**
2. Mit auffallenden Ohrbüscheln. L 30–34 cm **3**
— Ohne auffallende Ohrbüschel. L 43 cm oder 27 cm. Hals rotbraun **4**
3. Hals schwarz. Mit kleinen goldbraunen Ohrbüscheln. Mit hoher Stirn. Kopfkappe groß, schwarz. Schnabel an der Spitze leicht nach oben gebogen [**61**]
Schwarzhalstaucher, ***Podiceps nigricollis*** Brehm
L 30 cm. Schlichtkleid: Rücken schwärzlich. Kopfkappe dunkel, bis seitlich unter die Augen, Hals hell. Stimme: schnelles „bibibibi". Auf vegetationsreichen Gewässern. Jahresvogel/Zugvogel, seltener Wintergast.
— Hals rotbraun. Mit großen, goldgelben Ohrbüscheln. Mit flacher Stirn. Kopfkappe klein, schwarz. Schnabel gerade [**60**] .... Ohrentaucher ***Podiceps auritus*** (L.)
L 33–34 cm. Schlichtkleid: Rücken schwärzlich. Dunkle Kopfkappe kleiner, Hals hell. Stimme: langer, tiefer Triller. Seltener Durchzügler u. Wintergast, vor allem an den Küsten.
4. Groß: L 43 cm. Stirn u. Kopf oben (mit kurzen Ohrbüscheln) schwarz [**59**]
Rothalstaucher, ***Podiceps grisegena*** (Boddaert)
Schnabel von der Basis bis zur Mitte gelb. Schlichtkleid: Rücken grau, Hals grau. Stimme: hohes „keck". Brutvogel vor allem im östlichen Deutschland, Jahresvogel/Zugvogel, Wintergast an der Küste.
— Klein: L 27 cm. Stirn u. Kopf oben schwarzbraun, gänzlich ohne Ohrbüschel
Zwergtaucher, ***Tachybaptus ruficollis*** (Pallas)
Schnabel schwarz mit weißlicher Spitze. Schlichtkleid: Rücken bräunlich, Hals braungelblich. Stimme: lautes, helles Trillern. Häufig. Jahresvogel/Zugvogel, Wintergast.

Procellariiformes, Röhrennasen

Schnabel in Platten aufgeteilt u. mit röhrenförmigen Nasenlöchern [**12**]. Nahrung: Plankton. Hochseevögel. Koloniebrüter. Brut- u. Nestlingsdauer lang.

1. Größer: L 35–53 cm. Möwenähnlich .... Sturmtaucher, Sturmvögel, **Procellariidae** S. 572
— Kleiner: L 15–21 cm. Schwalbenähnlich .... Sturmschwalben, **Hydrobatidae** S. 573

Familie: **Procellariidae**, Sturmvögel, Sturmtaucher

Ausdauernde Segelflieger.

1. Groß: L 47–53 cm. Schnabel plump [**12**]. Flugbild [**62**] Eissturmvogel, ***Fulmarus glacialis*** (L.)
2 Farbphasen: dunkle Phase überwiegend graubraun, helle Phase weiß, oben hellgrau. Brutvogel auf Helgoland, Wintergast.
— Klein: L 36–46. Schnabel dünn Sturmtaucher, ***Puffinus*** Brisson u. ***Calonectris*** Mathews et Iredale
Oberseite dunkel. Körper plump, Flügel sichelförmig. Ausnahmeerscheinungen. Auswahl: ***Ardenna*** (= ***P.***) ***griseus*** (Gmelin), Dunkler Sturmtaucher (L 35,5 cm; tiefbraun.); ***P. puffinus*** (Brünnich), Atlantiksturmtaucher (L 35 cm; Oberseite dunkel, Unterseite weiß); ***C. diomedea*** (Scopoli), Sepiasturmtaucher (L 46 cm; Kopf grau, Kinn schmutzigweiß, Schnabel

hell; ohne Bürzelfleck); ***P. mauretanicus*** LOWE, Balearen-Sturmtaucher (L 39 cm; Oberseite braun, Unterseite schmutzig bräunlichweiß).

Familie: **Hydrobatidae**, Sturmschwalben

Flug weniger segelnd, mehr flatternd.

1. Schwanz gegabelt .... Wellenläufer, ***Oceanodroma leucorhoa*** (VIEILLOT)
L 20–21 cm. Dunkelgraubraun, Bürzel weiß. Unregelmäßiger Gast.

— Schwanz gerade abgeschnitten .... Sturmschwalbe, ***Hydrobates pelagicus*** (L.)
L 15 cm. Rußbraun, Bürzel weiß. Bei Nahrungssuche fledermausartig über Wasser fliegend. Ausnahmeerscheinung.

Suliformes, Ruderfüßer

Wasservögel mit Schwimmhäuten zwischen allen Zehen („Ruderfuß") [**4**]. Brüten in Kolonien. Nesthocker. Nahrung: Fische.

1. Mittelgroß (wie Gans). Schnabel lang, spitz, ohne Kehlsack .... Tölpel, **Sulidae**
Nur ***Morus*** (= ***Sula***) ***bassanus*** (L.), Basstölpel
L 91 cm. Schwanz lang, keilförmig. Kopf gelblich, Flügelspitzen schwarz. Brutvogel auf Helgoland, Zugvogel, Wintergast.

— Meist kleiner (wie Ente). Schnabel lang, am Ende hakig gekrümmt, mit kleinem Kehlsack [**63**]
Kormorane, **Phalacrocoracidae** S. 573

Familie: **Phalacrocoracidae**, Kormorane

Schwimmen tief im Wasser liegend, Hals gerade, Kopf leicht angehoben. Im Flug Hals vorgestreckt, schneller Flügelschlag.

1. L 90 cm. Schwarz, mit weißer Kehle; zur Brutzeit mit weißem Fleck an der Flanke [**63**]
Kormoran, ***Phalacrocorax carbo*** (L.)
Mit metallischem Gefiederglanz. Im Bestand zunehmender Brutvogel, auch als Gast an größeren Gewässern. Jahresvogel/Zugvogel, auch Wintergast.

62

63

62 Eissturmvogel; **63** Kormoran

— L 75 cm. Schwarz, ohne weiße Abzeichen. Zur Brutzeit mit kleiner Kopfhaube
Krähenscharbe, ***Phalacrocorax aristotelis*** (L.)
Kopf u. Hals mit erzgrünem Schimmer. Ausnahmeerscheinung, an der Küste.

— L 48 cm. Schwarz, mit Erzglanz. Kopf u. Hals dunkelrotbraun. Im Prachtkleid fein weißlich gefleckt .... Zwergscharbe, ***Microcarbo*** (= ***Phalacrocorax***) ***pygmaeus*** (Pallas)
Ausnahmeerscheinung, mehr im Binnenland.

Pelecaniformes, Schreit- u. Pelikanvögel

Schnabel, Hals u. Beine meist lang. Viele Arten koloniebrütend. Nahrung: Tiere. Nesthocker.

1. Mit Schwimmhäuten zwischen allen Zehen („Ruderfuß») [**4**]. Sehr groß (größer als Schwan). Mit langem gelblichem Schnabel mit Kehlsack .... Pelikane, **Pelecanidae** S. 574

— Zehen ohne Schwimmhäute. Körper kleiner: unter 90 cm. Schnabel anders **2**

2. Schnabel gerade mit scharfer Spitze [**64, 65**]. Im Flug Hals S-förmig gekrümmt [**64b**]
Reiher, **Ardeidae** S. 574

— Schnabel an der Spitze löffelartig verbreitert oder Schnabel sichelförmig nach unten gebogen, stumpf. Im Flug Hals ausgestreckt .... Löffler u. Ibisse,**Threskiornithidae** S. 575

Familie: **Pelecanidae**, Pelikane

Im Flug Kopf eingezogen. Schöpfen Fische mit großem Kehlsack aus dem Wasser. Ausnahmeerscheinungen, aus dem Süden.

1. L 150 cm. Weiß mit leicht rosa Anflug. Im Flug schwarz-weiße Flügel
Rosapelikan, ***Pelecanus onocrotalus*** L.

— L 170 cm. Weißgrau. Im Flug ganz weiß .... Krauskopfpelikan, ***Pelecanus crispus*** Bruch

Familie: **Ardeidae**, Reiher

Langsame Ruderflieger. Ziehen beim Fliegen den Hals S-förmig ein [**64b**]. Nahrung meist Wassertiere, vor allem Fische. An stehenden Binnengewässern.

1. Gefieder ± bräunlich. Beine relativ kurz [**65**] .... Rohrdommeln, **Botaurinae** **2**

— Gefieder ± ockerbraun, Flügel rein weiß (beim Auffliegen sichtbar). L 46 cm
Rallenreiher, ***Ardeola ralloides*** (Scopoli)
(zu **Ardeinae**). Nackenfedern verlängert. Seltener Gast.

— Gefieder weiß oder ± grau oder rötlichbraun. Beine meist lang .... Reiher, **Ardeinae** **3**

2. L 76 cm. Oberseite schwarz u. braun gestreift, mit schwarzer Kopfplatte [**65**]
Rohrdommel, ***Botaurus stellaris*** (L.)
Richtet sich bei Gefahr steil auf (Pfahlstellung). Balzruf des ♂ weit hörbares tiefes „wump“. In Rohr- u. Schilfbeständen. Jahresvogel/Zugvogel, auch Wintergast.

— L 36 cm. Oberkopf, Rücken, Flügelenden u. Schwanz schwarz bis braun, sonst ± bräunlichweiß
Zwergdommel, ***Ixobrychus minutus*** (L.)
Bei Gefahr Pfahlstellung. Balzruf des ♂ kurz „wrou“. In Rohrbeständen. Zugvogel.

3. Gefieder weiß **4**

— Gefieder mindestens teilweise ± grau **5**

4. L 89 cm .... Silberreiher, ***Ardea*** (= ***Casmerodius***, = ***Egretta***) ***alba*** L.
Zur Brutzeit mit stark verlängerten, zerschlissenen Schulterfedern. Lokaler Brutvogel, Jahresvogel/Zugvogel, vor allem Wintergast.

— L 56 cm .... Seidenreiher, ***Egretta garzetta*** (L.)
Zur Brutzeit mit 2 verlängerten Nackenfedern. Ausnahmeerscheinung, in Deutschland vereinzelter Brutvogel, Zugvogel.

5. Mit langen Beinen [**64a**]. L über 79 cm **6**

— Mit kürzeren Beinen. L um 60 cm .... Nachtreiher, ***Nycticorax nycticorax*** (L.)
Oberkopf u. Rücken schwarz bis dunkelgrau, Flügel grau, Hals u. Unterseite weiß. Zugvogel. Sehr selten.

6. Hals weiß bis grau. L 91 cm. [**64a, 64b**] .... Graureiher, ***Ardea cinerea*** L.
Gefieder vorwiegend grau, mit schwarzem Streif über den Augen. Nackenfedern verlängert. Stimme: krächzend „gra", „gräik". Nistet gesellig auf Bäumen. Jahresvogel/Zugvogel, Wintergast.

— Hals braun, dunkel längs gestreift. L 79 cm .... Purpurreiher, ***Ardea purpurea*** L.
Gefieder oben vorwiegend dunkelschiefergrau, Brust kastanienbraun. Neusiedlersee. Seltener Brutvogel in Süddeutschland, Zugvogel.

Familie: **Threskiornithidae**, Löffler u. Ibisse

Fliegen mit ausgestrecktem Hals. Nahrung: kleinere Wassertiere.

1. Gefieder ± weiß. Schnabel am Ende löffelartig verbreitert
Plataleinae, Löffler, nur Löffler, ***Platalea leucorodia*** L.
L 86 cm. Neusiedlersee, seltener Brutvogel an der Küste, Zugvogel.

— Gefieder schwärzlich rotbraun. Schnabel lang, abwärts gebogen
Ibidinae, Ibisse, nur Sichler, ***Plegadis falcinellus*** (L.)
L 56 cm. Flügel mit Erzglanz. Ausnahmeerscheinung aus dem Süden.

64a

64b

65

66a

66b

64a Graureiher; **65** Rohrdommel; **66a** Weißstorch

Ciconiiformes, Storchenvögel
Familie: **Ciconiidae**, Störche

Fliegen mit ausgestrecktem Hals [**66b**]. Nahrung: Frösche, Fische, kleinere Säugetiere, Insekten.

1. Gefieder weiß mit schwarzen Schwingen [**66a, 66b**] .... Weißstorch, ***Ciconia ciconia*** (L.)
L 102 cm. Beine u. Schnabel rot (bei Jungvögeln schwarz). Stimme: Zischen u. Schnabelklappern. In freiem Wiesengelände u. Auen, Kulturfolger. Zugvogel.
— Gefieder schwarz, purpurn u. grün schillernd, Bauch weiß ... Schwarzstorch, ***Ciconia nigra*** (L.)
L 96 cm. Beine u. Schnabel rot, außerhalb Brutzeit bräunlich (bei Jungvögeln graugrünlich). Stimme: Fauchen u. Schnabelklappern. Waldgebiete mit Gewässern. Zugvogel.

Accipitriformes, Greifvögel u. **Falconiformes**, Falken

Meist tagaktiv. Schlagen lebende Beute, manche auch Aasfresser. Nesthocker. Meist Zugvögel. Die Falken sind nicht mit den Greifvögeln verwandt, sondern bilden mit Papageien u. Sperlingsvögeln ein Monophylum.

1. Oberschnabel mit scharfem Zahn [**67, 13**]. Flügel schmal, spitz zulaufend, Schwanz schlank [**68**]. Habitus z. B. [**77**] .... Falken, **Falconidae** (zu **Falconiformes**) S. 578
— Oberschnabel ohne scharfen Zahn [**69**]. Flügel breiter (z. B. [**70, 72, 74, 75**]). Habitus z. B. [**73, 76**] Habichtverwandte, **Accipitridae**, u. Fischadler, **Pandionidae** (zu **Accipitriformes**) S. 576

Accipitriformes, Familien: **Accipitridae**, Habichtverwandte u. **Pandionidae**, Fischadler

Pandionidae (nur ***Pandion***) durch eine nach hinten wendbare Außenzehe (= „Wendezehe") [**71**] charakterisiert. Nahrung: hauptsächlich Wirbeltiere, bei Fischadlern Fische.

1. Schwanz ± ausgeprägt gegabelt [**72**] .... Milane, ***Milvus*** Lacépède **2**
— Schwanz nicht gegabelt **3**
2. Schwanz tief gegabelt [**72**] .... Rotmilan, ***Milvus milvus*** (L.)
L um 61 cm. Überwiegend rötlichbraun, Kopf heller. Flugbild: Handschwingen unterseits weißlich-grau. Stimme: jammerndes „wiäh-wihe-wihe-wihe". Laubwälder, offenes Gelände. Jahresvogel/Zugvogel, auch Wintergast.
— Schwanz weniger stark gegabelt .... Schwarzmilan, ***Milvus migrans*** (Boddaert)
L um 57 cm. Mehr braun bis rostgrau, Kopf grauweiß. Flugbild: von unten fast ganz dunkel wirkend. Stimme: Wiehernd, wimmernd „hühühhüüüü". Wälder an Gewässern. Zugvogel.
3. Unterseite hell, mit deutlicher Sperberzeichnung [**73**]. Schwanz schlank (Flugbild [**74**])
Accipiter Brisson **4**
— Unterseite ohne deutliche Sperberzeichnung **5**
4. Groß: L 48–58 cm .... Habicht, ***Accipiter gentilis*** (L.)
Oberseite dunkelgrau, Schwanz unten mit 4–5 dunklen Querbinden. Stimme: dem Bussard ähnliches „hiäh", am Brutplatz „gigigigig". Kreisen selten, schlagen Beute (Vögel) im Überraschungsangriff. In Wäldern u. waldreichem offenem Gelände. Jahresvogel/Zugvogel, Wintergast.
— Klein: L 28–38 cm. [**73**] .... Sperber, ***Accipiter nisus*** (L.)
Färbung ähnlich Habicht. Stimme: Am Brutplatz „gigigigi". In Wäldern. Jahresvogel, Wintergast.
5. Schwanz lang, schmal. Flügel spitz ([**75**], Flugbild), im Flug stark gewinkelt, V-förmig
Weihen, ***Circus*** Lacépède **6**
— Schwanz kürzer, ± keilförmig bis gerade abgeschnitten. Flügel nicht spitz **10**
6. Gefieder größtenteils blaugrau **7**
— Gefieder ± braun **9**
7. Flügel dunkelgrau mit schwarzer Binde. Brust weiß mit rotbrauner Längsfleckung
♂ der Wiesenweihe, ***Circus pygargus*** (L.)
L 43 cm. ♀ Grundfarbe braun, Bürzel weiß, Schwanz graubraun, dunkel gebändert. In offener Landschaft, vor allem im Norden. Zugvogel.
— Flügel hellgrau, ohne schwarze Binde. Brust hell, ungefleckt **8**

8. Kehle u. Kropf aschgrau, übrige Unterseite weiß. Oberschwanzdecken reinweiß
♂ der Kornweihe, ***Circus cyaneus*** (L.)

L 47 cm. ♀ ähnlich Wiesenweihe. Offenes Gelände. Nicht häufig. Jahresvogel/Zugvogel, Wintergast.

— Kehle u. gesamte Unterseite weiß. Oberschwanzdecken weiß mit Fleckung
♂ der Steppenweihe, ***Circus macrourus*** (Gmelin)

L 46 cm. ♀ ähnlich Wiesenweihe. Steppenartiges Gelände. Ausnahmeerscheinung.

9. Oberkopf u. Nacken gelblichweiß. Bürzel nicht weiß. L um 50 cm
Rohrweihe, ***Circus aeruginosus*** (L.)

♂ Armschwingen grau, Flügelspitzen schwarz. Schwanz bei ♂ u. ♀ ungebändert. In Schilfgebieten. Zugvogel.

— Oberkopf u. Nacken dunkler. Bürzel weiß. Schwanz dunkel gebändert. L 43–47 cm
Schwer unterscheidbare ♀♀ von Wiesenweihe, Kornweihe, Steppenweihe

67

69

68

70

71

72

74

75

73

76

77

68 Falken; **70** Mäusebussard; **72** Rotmilan; **73** Sperber; **74** Habicht; **75** Weihen; **76** Mäusebussard; **77** Baumfalke

10. Schwanz relativ schmal, unten mit 3 dunklen Binden (2 an Schwanzwurzel, 1 an Spitze). L 55 cm .... Wespenbussard, ***Pernis apivorus*** (L.)
Im Vergleich zum Mäusebussard Flügel schmaler, Schwanz länger u. Kopf kleiner (kuckucksähnlich). Oberseite meist dunkelbraun, Unterseite kaffeebraun mit schwarzen Schaftstrichen oder weiß mit dunklen Flecken. Stimme: „püiihe", plilihe". Nahrung: Larven von Wespen, Hummeln. In lichten Wäldern. Zugvogel.

— Schwanz breiter, ± keilförmig [**70**], anders gezeichnet **11**

11. Sehr groß. L über 100 cm. Ausnahmeerscheinungen im Gebirge .... Altweltgeier
Aasfresser. ***Gypaetus barbatus*** (L.), Bartgeier (L 110 cm; mit langem, keilförmigem Schwanz; mit schwarzem Kinnbart; Oberseite dunkel); ***Gyps fulvus*** (Hablizl), Gänsegeier (L um 100 cm; Schwanz kurz; mit weißer Halskrause; Gefieder sandfarbig).

— Kleiner, L bis 90 cm **12**

12. Körperunterseite weiß, Flügel unten ganz weiß, Spitzen schwarz. L um 65 cm
Schlangenadler, ***Circaetus gallicus*** (Gmelin)
Kopf eulenartig, mit großen gelben Augen. Schwanz mit 3–4 Querbinden u. schwarzem Endband. Beine bläulich. Nahrung: vor allem Schlangen, Eidechsen. Waldgelände. Ehemaliger Brutvogel. Ausnahmeerscheinung.

— Körperunterseite weiß, Flügel unten weiß, dunkel längs gebändert, häufig beim Flug ± geknickt, am Knick mit dunklem Fleck. L um 55 cm .... Fischadler, ***Pandion haliaetus*** (L.)
(zu **Pandionidae**). Kopf u. Kehle weiß, mit braunem Streifen vom Auge zur Schulter. Beine bläulich, mit Wendezehe [**71**]. Nahrung: Fische. Stimme: helles „kjü-kjü". In wald- u. wasserreichen Gegenden. Hauptsächlich Mecklenburg u. Brandenburg, sonst Durchzügler. Zugvogel.

— Körperunterseite ± dunkel oder seltener weiß, Flügel unten zum großen Teil dunkel **13**

13. L um 90 cm .... Seeadler, ***Haliaeetus albicilla*** (L.)
Flügel breit brettartig. Gefieder schwarzbraun, Kopf u. Hals heller. Schwanz weiß. Nahrung: Fische, Wasservögel. An großen Gewässern u. an der Küste. Brutvogel vor allem in Norddeutschland. Jahresvogel, auch Wintergast.

— Kleiner .... ***Buteo*** Lacépède, ***Aquila*** Brisson, ***Clanga*** Adamowicz, ***Hieraaetus*** Kaup **14**

14. L um 80 cm .... Steinadler, ***Aquila chrysaetos*** (L.)
Braun, Scheitel u. Nacken goldgelb. Horst an Felswänden. Alpen. Sehr selten.

— L um 70 .... Schelladler, ***Clanga*** (= ***Aquila***) ***clanga*** (Pallas)
Dunkelbraun, Bürzel ± hell. Ausnahmeerscheinung.

— L um 50–60 cm **15**

15. Oberseite meist einfarbig, dunkelbraun bis hell. Unterseite mit dunkler Längsfleckung oder Querwellen. Schwanz eng dunkel quergebändert. Beine unbefiedert gelb. L 53 cm. [**76**]
Mäusebussard, ***Buteo buteo*** (L.)
Kopf [**69**] (Adler haben einen relativ größeren Schnabel). Flugbild [**70**]. Färbung sehr variabel. Stimme: gedehntes „hiäh". In offenem Gelände. Häufig. Jahresvogel/Zugvogel, Wintergast.

— Färbung anders. Beine befiedert **16**

16. L um 56 cm (Bussardgröße). Unterseite hell mit dunklem Bauch, Schwanz hell mit breiter dunkler Endbinde .... Raufußbussard, ***Buteo lagopus*** (Pontoppidan)
Schnabel wie [**69**]. Flügel unterseits vorn in der Mitte mit dunklem Fleck. Regelmäßiger Wintergast.

— Größer: L um 63 cm. Dunkel .... Schreiadler, ***Clanga*** (= ***Aquila***) ***pomarina*** (Brehm)
Adlerschnabel (langgestreckter, Oberschnabel stärker hakig). Vereinzelt Brutvogel in Ostdeutschland, Zugvogel, selten als Durchzügler.

— Kleiner: um 50 cm. Schwanz ungebändert
Zwergadler, ***Hieraaetus*** (= ***Aquila***) ***pennatus*** (Gmelin)
Mit weißen Schulterflecken. Adlerschnabel. Unregelmäßiger Brutvogel, Zugvogel, Ausnahmeerscheinung.

Falconiformes, Familie: **Falconidae**, Falken

Gewandte Flieger, können Beute (Vögel, Insekten) im Flug ergreifen.

1. Groß: um 45 cm. Mit deutlichem Backenstreif (wie [**77**])
Wanderfalke, ***Falco peregrinus*** Tunstall
Oberseite vorn dunkelblaugrau, Unterseite weißlich, mit schwarzer Querfleckung. Stimme: „giggiggiggig". Offenes Gelände, lichte Wälder, Felsen, auch in Städten. Selten. Jahresvogel/Zugvogel, auch Wintergast. Ausnahmeerscheinungen: ***Falco cherrug*** Gray, Würgfalke aus SO-Europa (Oberseite bräunlich; Backenstreif undeutlich; L um 50 cm); ***Falco rusticolus*** L., Gerfalke aus N-Europa (hell; ohne Backenstreif; L um 53 cm).

— Kleiner: höchstens 33 cm **2**

2. Mit deutlichem Backenstreif [**77**] .... Baumfalke, ***Falco subbuteo*** L.
L um 33 cm. Oberseite dunkelschiefergrau, Unterseite weißlich, mit dunkler Längsstreifung, mit rostfarbenen „Hosen" u. Unterschwanzdecken. Stimme: „gick, gick" u. „kikikiki...". In offenem Gelände, an Waldrändern. Zugvogel.

— Ohne deutlichen oder mit kleinerem Backenstreif **3**

3. Beine rot .... Rotfußfalke, ***Falco vespertinus*** L.
L um 30 cm. ♂ dunkelschiefergrau mit roten Hosen, ♀ oben hellschiefergrau, unten sandfarben, mit Fleckung. In steppenartigem Gelände. Gast, unregelmäßiger Brutvogel, Durchzügler.

— Beine gelb **4**

4. Oberseite rotbraun **5**

— Oberseite dunkelbraun oder schiefergrau .... Merlin, ***Falco columbarius*** L.
L um 30 cm. ♂: Oberseite schiefergrau, Unterseite hell rostfarben, dunkel längsgefleckt, Schwanz grau mit breiter schwarzer Endbinde; ♀: Oberseite braun, Unterseite bräunlichweiß, dunkel längsgefleckt. Stimme: wie Turmfalk. In Mooren u. Tundren. Durchzügler u. Wintergast.

5. L um 34 cm. Krallen schwarz. ♂ oben dunkel gefleckt .... Turmfalke, ***Falco tinnunculus*** L.
♂: Kopf u. Schwanz blaugrau, Schwanz mit breiter schwarzer Endbinde, Unterseite rostgelblich, dunkel gefleckt; ♀: oberseits ganz rotbraun, dunkel gefleckt. Stimme: hell „kvikkvikkvik" u. „krii, krii". In offenem Gelände. Häufig rüttelnd in der Luft. Verbreitet, auch Kulturfolger. Jahresvogel/Zugvogel.

— L um 30 cm. Krallen weiß. ♂ oben ungefleckt............ Rötelfalke, ***Falco naumanni*** Fleischer
Dem Turmfalken sehr ähnlich. Ausnahmeerscheinung, gelegentlich im Süden.

Otidiformes, Trappen
Familie: **Otididae**, Trappen

Bodenvögel mit hühnerartigem Aussehen, ohne Hinterzehe. Nestflüchter. Im Offenland. Allesfresser.

1. L ♂ 102 cm, ♀ 80 cm. [**79**] .... Großtrappe, ***Otis tarda*** L.
Kopf u. Hals grau, Oberseite hell-braunrot, schwarz gebändert, Unterseite weiß. ♂ mit weißem borstigem Backenbart [**79**]. In steppenartigem Gelände, in Trupps. Lokaler Brutvogel im Osten. Jahresvogel.

— Viel kleiner, L 43 cm .... Zwergtrappe, ***Tetrax tetrax*** (L.)
♂ mit kontrastreicher schwarz-weißer Halszeichnung. Ausnahmeerscheinung.

78a

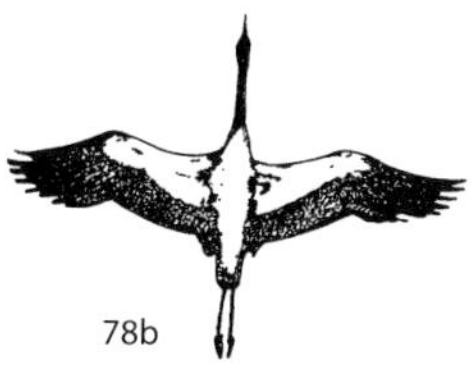
78b

80

79

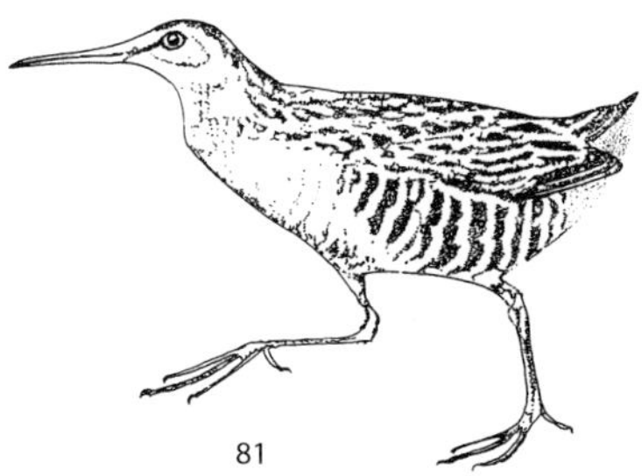
81

78b Kranich; **79** Großtrappe; **80** Blesshuhn; **81** Wasserralle

Gruiformes, Kranichvögel

Nahrung: Pflanzenmaterial, aber auch kleine Tiere. Nestflüchter.

1. Sehr groß: L 115 cm. Hals u. Beine lang .... Kraniche, **Gruidae**
Nur ***Grus grus*** (L.), Kranich
Hellgrau, Kopf [**78a**] u. Hals schwarzweiß, am Hinterkopf mit rotem Fleck. Flügelspitzen schwarz. Im Flug Hals u. Beine gestreckt [**78b**], ähnlich Storch, aber Schwanz stumpf, kurz. Fliegen in Keilform oder Linie. Stimme: lautes „krurr, krürr". In Sumpfgebieten. Brutvogel vor allem in Norddeutschland, Zugvogel, häufiger Durchzügler.
— Klein: L bis 38 cm. Habitus z. B. [**80, 81**]. An Gewässern .... Rallen, **Rallidae** S. 580

Familie: **Rallidae**, Rallen

Körper seitlich zusammengedrückt. Zehen lang, schlank, nur Blessralle mit Schwimmlappen [**9**]. Sumpfvögel, meist an vegetationsreichen Gewässern, sich behände in dichtem Pflanzenbewuchs bewegend (Vegetationsschlüpfer). Nestflüchter.

1. Zehen gelappt [**9**]. L 38 cm. Schwarz, nur Schnabel und Stirnschild weiß [**80**]
Blessralle, Blesshuhn, ***Fulica atra*** L.
Beine blaugrün. Stimme: bellend „kröw, kröw" oder hart „pix, pix". Beim Schwimmen nickend. Taucht mit Sprung und kommt wie ein Kork wieder hoch, vor Abflug Anlauf. Sehr häufig. Jahresvogel/Zugvogel, Wintergast.
— Zehen schlank, ungelappt. Körperfärbung anders. L unter 33 cm **2**
2. Schnabel gelb mit breiter roter Basis und Stirnplatte. L 33 cm
Teichhuhn, ***Gallinula chloropus*** (L.)
Schwarz mit weißem Flankenstreif u. weißen Unterschwanzdecken. Beine grün. Stimme: lautes „kjürrk" u. scharfes „kickeck". Häufig, aber verborgen. Jahresvogel/Zugvogel, Wintergast.
— Ohne rote Stirnplatte. L unter 28 cm **3**
3. Schnabel länger als der Kopf, rot. L 28 cm. [**81**] .... Wasserralle, ***Rallus aquaticus*** L.
Schwanz kurz, Körper gedrungen. Oberseite dunkelbraun, schwarz gestreift, Brust grau, Flanken kontrastreich schwarzweiß gebändert, Unterschwanzdecken weiß. Beine fleischfarben bis rötlichbraun. Stimme: grunzende u. quiekende Laute. Jahresvogel/Zugvogel, auch Wintergast.
— Schnabel kürzer als der Kopf, bräunlich oder hellgelbgrünlich, höchstens mit rotem Fleck an der Wurzel **4**
4. L um 27 cm. Gefieder ± bräunlich. Mittelzehe kürzer als der Lauf
Wachtelkönig, Wiesenralle, ***Crex crex*** (L.)
Beine fleischfarben bis grau. Oberseite gelblichbraun mit dunklen Längsstreifen, Hals u. Kropfgegend grau, übrige Unterseite bräunlichgelb, rostrot gebändert. Stimme: knarrendes, anhaltendes „rerrp-rerrp". Auf Wiesen. Zugvogel.
— L 19–23 cm. Gefieder mehr grau oder hellbraun. Mittelzehe mindestens so lang wie der Lauf
Sumpfhuhn, ***Porzana*** Vieillot **5**
5. An Seiten von Hals u. Brust weiß getüpfelt. L 23 cm
Tüpfelsumpfhuhn, Tüpfelralle, ***Porzana porzana*** (L.)
Beine grünlich. An Schnabelwurzel roter Fleck. Oberseite braun, hell gefleckt, Unterseite grau. Stimme: wie Gertenhiebe „huid". Zugvogel.
— Seiten von Hals u. Brust ohne weiße Tüpfelung. L 18–19 cm **6**
6. Schnabelwurzel mit rotem Fleck. Flanken nicht schwarz-hell gebändert
Kleines Sumpfhuhn, Kleinralle, ***Porzana parva*** (Scopoli)
L 19 cm. Beine grünlich. Oberseite dunkel olivbraun, ♂: Unterseite aschgrau, mit feiner weißer Bänderung, ♀: Unterseite rostbräunlich. Stimme: quirlend „bäk, bäk". Zugvogel.
— Schnabelwurzel ohne roten Fleck. Flanken schwarz-hell gebändert
Zwergsumpfhuhn, Zwergralle, ***Porzana pusilla*** (Pallas)
L 18 cm. Beine fleischfarben. Oberseite rotbraun, weiß gefleckt, Unterseite blaugrau. Stimme: schnurrend an- u. abschwellend „ter-rer-rer". Ausnahmeerscheinung.

Charadriiformes, Wat-, Möwen- u. Alkenvögel

Fast alle Arten an das Wasser gebunden.

1. Mit langen Beinen, ohne Schwimmhäute. Habitus [**82–84, 87, 90, 94–98**] **2**
— Mit kürzeren Beinen, mit Schwimmhäuten [**5**]. Habitus [**100–103**] **6**
2. Kopf dick, mit großen gelben Augen u. kurzem, kräftigem Schnabel. Beine dick, gelb, ohne Hinterzehe. Habitus [**82**] .... Triele, **Burhinidae**
Nur ***Burhinus oedicnemus*** (L.), Triel [**82**]
L 40 cm. Schnabel gelb mit schwarzem Ende, Beine gelb. Gefieder grausandfarben, dunkel längsgestreift, mit heller Flügelbinde, im Flug eine 2. sichtbar. Stimme: „kirrüh, kirrüh, ...". Dämmerungsvogel. Nahrung: kleine Wirbeltiere, Insekten. In offenem trockenem Gelände. Ausnahmeerscheinung.
— Kopf dick, mit geradem, rotem, seitlich zusammengedrücktem Schnabel. Beine dick, rot, ohne Hinterzehe. Habitus [**83**] .... Austernfischer, **Haematopodidae**
Nur ***Haematopus ostralegus*** L., Austernfischer [**83**]
L 43 cm. Oberseite schwarz, Unterseite weiß. Stimme: schrill „toolüt ... quiwiieh ...". Nahrung: Kleintiere. Häufig an der Küste, vor allem Nordsee. Zugvogel/Jahresvogel, Wintergast.
— Kopf schlank, Schnabel an der Basis rot, Oberschnabel abwärts gebogen. Schwanz gegabelt. Habitus [**84**] .... Brachschwalbenverwandte, **Glareolidae**
Nur ***Glareola pratincola*** (L.), Rotflügel-Brachschwalbe [**84**]
L 25 cm. Grundfärbung braun, mit sandfarbener, dunkel eingefasster Kehle. Flügelunterseite rot. Ausnahmeerscheinung. – Außerdem ebenfalls als Ausnahmeerscheinung die ähnliche ***Glareola nordmanni*** Fischer, Schwarzflügel-Brachschwalbe (Flügelunterseite schwarz).
— Anders **3**
3. Zehen gelappt [**9**]. Hals lang. Schnabel zierlich. Körper klein: L 18–20 cm. Habitus [**99**]
Wassertreter, **Phalaropodidae** S. 586
— Zehen nicht gelappt. L 14–58 cm **4**
4. Beine sehr lang [**98**], blaugrau oder rot. Schnabel schwarz, lang, gerade oder aufgebogen. Körper 38–43 cm lang. Habitus z. B. [**98**] .... Säbelschnäblerverwandte, **Recurvirostridae** S. 586
— Anders **5**
v5. Schnabel hart, spitz, kurz, nie länger als der Kopf [**87, 89–93**]
Regenpfeiferverwandte, **Charadriidae** S. 582

82

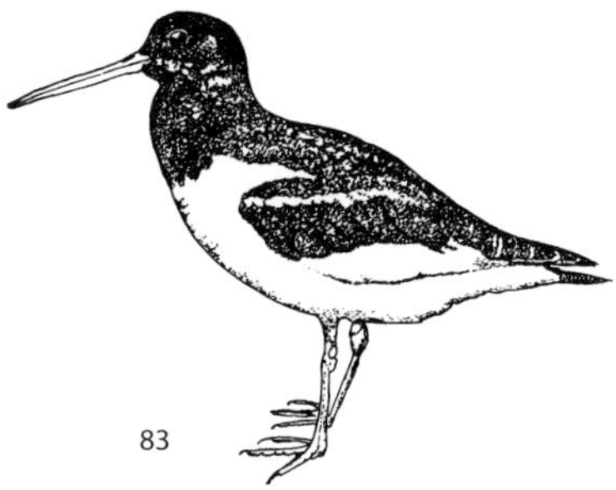
83

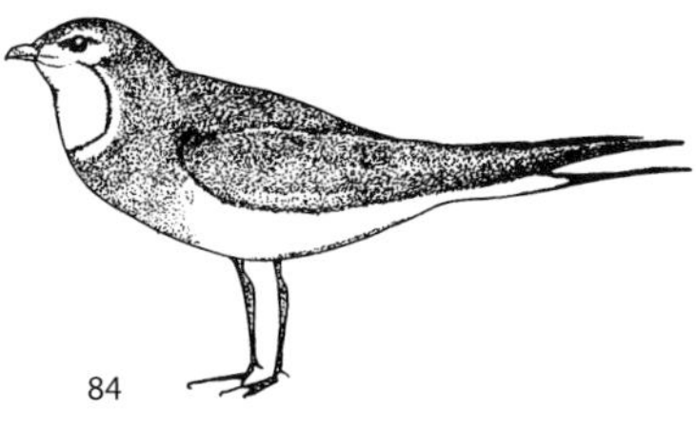
84

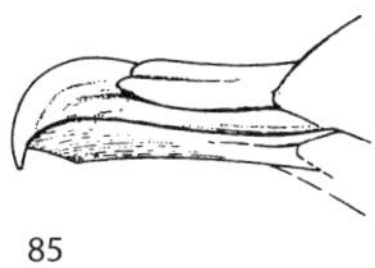
85

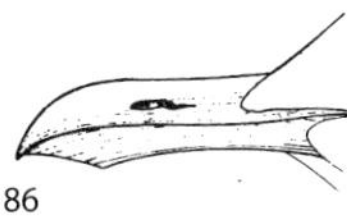
86

82 Triel; **83** Austernfischer; **84** Brachschwalbe

— Schnabel weich, gestreckt, länger als der Kopf (z. B. [**94–97**]
Schnepfenverwandte, **Scolopacidae** S. 583
Bei einigen ***Calidris***-Arten Schnabel nur etwa so lang wie der Kopf. Wenn Schnabel deutlich kürzer als der Kopf, dann als Sondermerkmale Kopf, Hals u. Brust wie [**88**] u. Beine orangefarben (***Arenaria***).

6. Beine kurz, mehr am Körperende. Flügel schmal, kurz. Habitus [**103**] .... Alken, **Alcidae** S. 589

— Beine mehr in Körpermitte. Flügel lang. Habitus [**100–102**] 7

7. Oberschnabel vierteilig, Vorderteil als starker, spitzer Haken [**85**]. Gefieder braun oder überwiegend braun. Mittlere Schwanzfedern ± verlängert .... Raubmöwen, **Stercorariidae** S. 586

— Oberschnabel ungeteilt, nicht als Hakenschnabel [**86**]. Gefieder weiß oder grau, oben auch schwarz. Mittlere Schwanzfedern nicht verlängert 8

8. Schnabel kräftig, vorn hakenartig gebogen. Schwanz ungegabelt [**101**]
Möwenverwandte, **Laridae** S. 587

— Schnabel schlank, spitz. Schwanz gegabelt [**102**] .... Seeschwalben, **Sterninae** S. 588

Familie: **Charadriidae**, Regenpfeiferverwandte

Nahrung: vor allem Tiere im Boden, Sand oder Schlick. In offenem Gelände. Nester am Boden. Nestflüchter.

1. Kopf oben mit Federschopf. Flügel breit, abgerundet. L um 32 cm. [**87**]
Kiebitz, ***Vanellus vanellus*** (L.)
Oberseite grünschwarz. Stimme: gellendes „kiäwitt". Auf Sumpfwiesen. Zugvogel.

— Kopf ohne Federschopf. Flügel spitz 2

2. Klein: L 16–19 cm. Mit ± breitem, schwarzem Augenstreif. Kehle u. Stirn weiß, darüber mit schwarzem Stirnband .... ***Charadrius*** L. 3

— Größer: L über 20–28 cm. Ohne deutlichen schwarzen Augenstreif 4

3. L 19 cm. Beine orange. Schnabel gelblich, mit schwarzer Spitze. Kopffärbung [**89**], mit schwarzem Brustband .... Sandregenpfeifer, ***Charadrius hiaticula*** L.
Oberseite olivbraun. Flugbild: Flügel oben mit weißem Längsstreif, Schwanz rings weiß gesäumt. Stimme: melodisches „lüih". An sandigen Küsten. Zugvogel.

— L fast 16 cm. Beine gelblich. Schnabel zierlich, dunkel, nur am Grund unten gelb. Kopf [**90**], mit schwarzem Brustband .... Flussregenpfeifer, ***Charadrius dubius*** Scopoli
Oberseite olivbraun. Flugbild: Flügel oben ohne weißen Streif. Stimme: hoch pfeifendes „tiüh". An Sand- u. Kiesufern von Binnengewässern. Zugvogel.

— L 16 cm. Beine u. Schnabel schwarz. Kopf [**91**], mit unvollständigem Brustband
Seeregenpfeifer, ***Charadrius alexandrinus*** L.
Beim ♀ schwarze Zeichnung braun. Oberseite olivbraun. Flugbild: Flügel oben mit weißem Streif. Stimme: ähnlich Sandregenpfeifer. An der Nordseeküste, Neusiedlersee. Zugvogel.

4. L 28 cm. Bauch schwarz (Prachtkleid) [**93**] oder weiß (Schlichtkleid) .... ***Pluvialis*** Brisson 5

— L um 22 cm. Im Prachtkleid Brust grau, Bauch rostbraun, dazwischen helle Binde [**92**]
Mornellregenpfeifer, ***Charadrius*** (= ***Eudromias***) ***morinellus*** L.
Im Schlichtkleid überwiegend graubraun mit undeutlichem, weißem Kropfband. Stimme: weiche, trillernde Laute. Durchzügler.

5. Flügelunterseite nahe der Basis mit schwarzem Fleck. Im Prachtkleid oberseits schwarz u. weiß gefleckt .... Kiebitzregenpfeifer, ***Pluvialis squatarola*** (L.)
Stimme: klagender Pfiff. Als Durchzügler an der Küste, auch im Binnenland.

— Flügelunterseite nahe der Basis hell. Im Prachtkleid oberseits schwarz u. goldgelblich gefleckt. [**93**] .... Goldregenpfeifer, ***Pluvialis apricaria*** (L.)
Stimme: flötendes „tlüh". Seltener Brutvogel in Mooren Norddeutschlands, Zugvogel, sonst Durchzügler. – Als Ausnahmeerscheinung außerdem der ähnliche Sibirische Goldregenpfeifer oder Tundra-Goldregenpfeifer, ***Pluvialis fulva*** (Gmelin).

87 Kiebitz; **88** Steinwälzer; **89** Sandregenpfeifer; **90** Flussregenpfeifer; **91** Seeregenpfeifer; **92** Mornellregenpfeifer; **93** Goldregenpfeifer

Familie: **Scolopacidae**, Schnepfenverwandte

Nahrung: wirbellose Tiere, aber zum Teil auch pflanzliches Material. Meist in offenem Gelände. Nester fast stets am Boden. Nestflüchter. Meist Zugvögel.

1. Schnabel lang, deutlich abwärts gebogen [**94**]. L über 40 cm .... ***Numenius*** Brisson **2**

— Schnabel anders, wenn abwärts gebogen, Körper kleiner **3**

2. L um 55 cm. Kopf oben ohne hellen Mittelstreif. Schnabel sehr lang [**94**]
Großer Brachvogel, ***Numenius arquata*** (L.)
Gefieder bräunlich, dicht längsgestreift. Stimme: flötendes „kuuli". In feuchten Wiesen, Mooren. Zugvogel, z. T. Wintergast.

— L um 41 cm. Kopf oben mit hellem Mittelstreif. Schnabel kürzer
Regenbrachvogel, ***Numenius phaeopus*** (L.)
Gefieder bräunlich, dicht längsgestreift. Stimme: klangvolle Reihen „tütji ...". Durchzügler, vor allem an den Meeresküsten.

3. Groß: L über 37 cm. Schnabel lang, leicht aufwärts gebogen .... ***Limosa*** Brisson **4**

— Kleiner: L unter 34 cm. Schnabel nicht aufwärts gebogen **5**

4. Schwanz weiß, Ende schwarz. Flugbild: oben mit weißer Flügelbinde. L 41 cm
Uferschnepfe, ***Limosa limosa*** (L.)
Prachtkleid: Kopf, Hals u. Brust rotbraun, Bauch weiß, Flanken gebändert; Schlichtkleid: grau. In feuchten Wiesen u. Mooren. Zugvogel.

— Schwanz hell-dunkel gebändert. Flugbild: ohne weißen Flügelstreif. L 38 cm
Pfuhlschnepfe, ***Limosa lapponica*** (L.)
Prachtkleid: Kopf, Hals, ganze Unterseite rotbraun; Schlichtkleid: graubraun. Wintergast vor allem im Wattenmeer, auch Durchzügler.

5. Plump, mit kurzen Beinen (Habitus z. B. wie [**95**]). L 19–34 cm. Schnabel kräftig, gerade . **6**
— Schlanker, meist mit deutlich längeren Beinen (Habitus z. B. [**96, 97**]. L 14–30 cm. Schnabel weniger kräftig **8**
6. L 34 cm. Scheitel mit rotbrauner Querbänderung, Körperunterseite kräftig quergewellt [**95**] Waldschnepfe, ***Scolopax rusticola*** L.
Oberseite (herbstlaubartig) braun, schwarz u. hell gemustert. Beine grau, gelblich oder fleischfarben. Augen groß, hochliegend. Dämmerungsvogel mit eulenartigem Flug. Stimme: beim Balzflug dumpf „quorr", scharf „quitz". In Laub- u. Mischwäldern. Zugvogel, auch Jahresvogel, Wintergast.
— L 27–28 cm. Scheitel dunkel, mit hellem Mittelstreif, Gefieder hellbraun mit schwarzbrauner Zeichnung, auf dem Rücken mit hellen Streifen. Schnabel sehr lang .... ***Gallinago*** Brisson **7**
— L 19 cm. Scheitel dunkel, ohne hellen Mittelstreif. Rücken mit 2 hellen Längsstreifen Zwergschnepfe, ***Lymnocryptes minimus*** (Brünnich)
Gefieder ± braun, Oberseite metallisch-grün glänzend. Fliegt lautlos. Durchzügler, Wintergast.
7. Schwanz an den Kanten mit wenig Weiß. L 27 cm .... Bekassine, ***Gallinago gallinago*** (L.)
Kopf, Oberseite, Hals u. Brust braun, dunkel gezeichnet, auf dem Rücken mit 2–4 hellen rostbraunen Streifen. Fliegt zickzack. Stimme: uhrwerkartig „tücke-tücke-tücke ...", beim Auffliegen „ätsch", „Meckern" („dududu...") beim Balzflug. In Sumpfwiesen, Mooren. Jahresvogel/Zugvogel.
— Schwanz an den Kanten weiß. L um 29 cm .... Doppelschnepfe, ***Gallinago media*** (Latham)
Färbung ähnlich Bekassine. Fliegt lautlos u. nicht im Zickzack. Selten als Durchzügler.
8. Mit relativ langen Beinen [**96**]. Bürzel weiß oder weiß eingefasst **9**
— Mit relativ kurzen Beinen [**97**]. Bürzel höchstens in der Mitte weiß, selten ganz weiß **13**
9. Größer: L 28–30,5 cm **10**
— Kleiner: L 20–24 cm **16**
10. Beine ± rot **11**
— Beine nicht rot **12**
11. Flügel oben hinten mit weißer Binde. Schnabel kürzer, unter 45 mm. L 28 cm. [**96**] Rotschenkel, ***Tringa totanus*** (L.)
Schnabel dunkel, basale Hälfte rot. Gefieder graubraun, dunkel gestreift. Stimme: flötendes „djüdüdü". Auf feuchten Wiesen, Strandwiesen an der Küste. Zugvogel, Wintergast.
— Flügel ohne weiße Binde. Schnabel lang, über 50 mm. L 30,5 cm Dunkler Wasserläufer, ***Tringa erythropus*** (Pallas)
Schnabel dunkel, Unterschnabelbasis rot. Gefieder im Prachtkleid dunkel schwarzgrau, im Schlichtkleid graubraun. Durchzügler.
12. Schwanz oben dunkel, mit je 1 großen weißen Fleck an der Seite. ♂ im Prachtkleid mit auffallend gefärbter Halskrause. Beine grün, gelb, orange oder fleischfarben. Schnabel kurz Kampfläufer, ***Calidris*** (= ***Philomachus***) ***pugnax*** (L.)
♂ 29 cm, ♀ um 23 cm. Im Flug oben mit hellem Flügelstreif. ♀ im Prachtkleid: Oberseite dunkelbraun mit helleren Federsäumen, Unterseite hell, an Hals u. Flanken dunkel quergebändert. ♂ u. ♀ im Schlichtkleid unten hell, nicht quergebändert. Auf feuchten Wiesen, in Mooren. Vor allem Norddeutschland. Zugvogel.
— Schwanz hell. ♂ ohne Halskrause. Beine grün. Schnabel lang, über 50 mm Grünschenkel, ***Tringa nebularia*** (Gunnerus)
L um 30 cm. Schnabelwurzel grün, Oberseite graubraun, Unterseite hell, Hals u. Kropf dunkel gefleckt. Flugbild: Flügel dunkel, ohne jede helle Zeichnung. Stimme: „tjütjütjü...". Durchzügler.
13. Schnabel gerade, dicker (wie [**96**]) **14**
— Schnabel gerade, sehr dünn .... Teichwasserläufer, ***Tringa stagnatilis*** (Bechstein)
L 23 cm. Beine grün, lang, über 4,5 cm. Durchzügler in geringer Zahl.
— Schnabel aufgebogen .... Terekwasserläufer, ***Xenus cinereus*** (Güldenstädt)
L 23 cm. Oberseite hellbräunlichgrau, Unterseite weiß, Beine lebhaft gelb. Ausnahmeerscheinung.
14. Oberseite olivbraun, nicht hell gefleckt. Im Flug Flügel mit weißem Band. L 20 cm Flussuferläufer, ***Actitis hypoleucos*** (L.)
Unterseite hell, mit unvollständigem, vorn offenem, schmutzig braunem Brustband. Stimme: durchdringend „hididih". An Ufern von Binnengewässern. Zugvogel.
— Oberseite dunkelgraubraun, mit feiner heller Fleckung **15**
15. Flügel unten hell. Schwanz hell, eng dunkel gebändert. L 20 cm Bruchwasserläufer, ***Tringa glareola*** L.
Unterseite hell, vorn graunbraun gefleckt. Beine grüngelblich. Stimme: schrill „giffgiffgiff" beim Auffliegen. In feuchten Wiesen, an Ufern. Durchzügler.
— Flügel unten schwärzlich. Schwanz hell, weit dunkel gebändert. L 23 cm Waldwasserläufer, ***Tringa ochropus*** L.

Unterseite hell, vorn graubraun gefleckt. Beine grünlich. Stimme: flötend „tit-lüit" beim Auffliegen. An Waldgewässern. Brutvogel in Nordostdeutschland. Zugvogel, auch Wintergast.

16. Schnabel gerade, kurz (etwa so lang wie der Kopf), selten deutlich kürzer **19**

— Schnabel ± nach unten gebogen, länger als der Kopf [**97**] **17**

17. Schnabel stark nach unten gebogen ...... Sichelstrandläufer, ***Calidris ferruginea*** (Pontoppidan)

L 19 cm. Bürzel weiß. Prachtkleid: überwiegend rotbraun, oben mit dunkler Fleckung; Schlichtkleid: hell, oben graubraun. Stimme: helles „tschirrip". Durchzügler.

— Schnabel wenig nach unten gebogen [**97**] **18**

18. L 16,5 cm. Über jedem Auge mit doppeltem, hellem Streif
Sumpfläufer, ***Limicola falcinellus*** (Pontoppidan)

Schnepfenähnliche Gestalt. Oberseite braun. Stimme: ähnlich Alpenstrandläufer. Vereinzelter Durchzügler.

— L 18 cm. Mit einfachem, hellem Augenstreif [**97**] .... Alpenstrandläufer, ***Calidris alpina*** (L.)

Prachtkleid: Rücken rotbraun, schwarz gefleckt, Bauch schwarz; Schlichtkleid: überwiegend graubraun, Bauch hell. Stimme: nasales „trirr-trirr". Seltener Brutvogel, Zugvogel. Durchzügler, Wintergast.

19. Klein: L 13,5–14 cm **20**

— Groß: L 19–25,5 cm. Habitus gedrungen, oft plump **21**

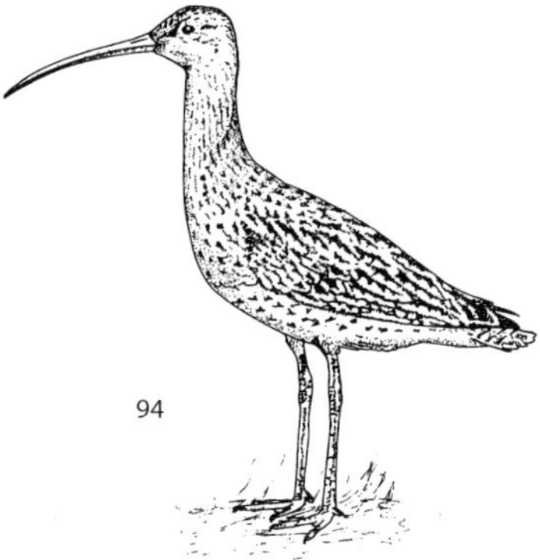
94

95

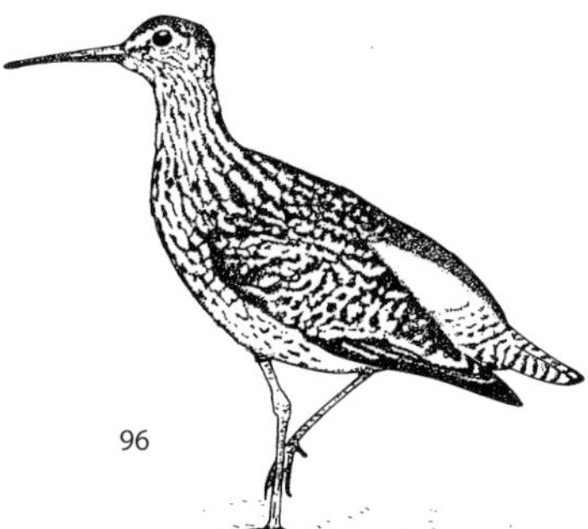
96

97

99

98

94 Großer Brachvogel; **95** Waldschnepfe; **96** Rotschenkel; **97** Alpenstrandläufer; **98** Säbelschnäbler; **99** Odinshühnchen

20. Beine dunkel. Äußere Schwanzfedern grau .... Zwergstrandläufer, ***Calidris minuta*** (Leisler)
L 13,5 cm. Im Flug oben mit heller Flügelbinde. Prachtkleid: Oberseite lebhaft rostbraun, mit weißen Längsstreifen, Bauch weiß; Schlichtkleid: Oberseite grau mit hellem V-förmigem Streifen, Brust weiß. Stimme: klirrendes „trrit". Durchzügler.

— Beine hell, grünlich. Äußere Schwanzfedern weiß
Temminckstrandläufer, ***Calidris temminckii*** (Leisler)
L 14 cm. Im Flug mit heller Flügelbinde. Oberseite ohne V-förmigen Streifen. Prachtkleid: Oberseite stumpf rotbraun; Schlichtkleid: oberseits ziemlich einfarbig grau, Brust hell. Stimme: schwirrendes „tirr". Durchzügler.

21. Kopf, Hals u. Brust schwarzweiß gescheckt [**88**]. Beine orangefarben. Schnabel kurz
Steinwälzer, ***Arenaria interpres*** (L.)
L 21–24 cm. Oberseite (zur Brutzeit) rotbraun. Schlichtkleid: Brust und Oberseite schwarzbraun. Flugbild: 2 weiße Bänder auf Flügel, Rücken und Schwanz. Stimme: „tücke-tücke-tücke". Sehr seltener Brutvogel, Zugvogel, Wintergast an der Nordsee.

— Kopf, Hals u. Brust nicht gescheckt. Beine schwarz, gelb oder grünlich. Schnabel länger . **22**

22. L 25,5 cm .... Knutt, ***Calidris canutus*** (L.)
Beine grünlich, Schnabel schwarz. Prachtkleid: Unterseite rostrot, Oberseite rostbraun mit schwarzer Fleckung; Schlichtkleid: überwiegend graubraun mit weißlicher Unterseite. Stimme: pfeifend „wit-wit", tief „wut". Durchzügler, Wintergast an der Meeresküste.

— Kleiner: L 20–21 cm **23**

23. Flügel (in Ruhehaltung) mit deutlichem breitem weißem Band. Schnabel u. Beine schwarz
Sanderling, ***Calidris alba*** (Pallas)
L 20 cm. Heller, sehr lebhafter Strandrenner. Prachtkleid: Oberseite u. Brustband rostbraun, dunkel gefleckt, Unterseite weiß; Schlichtkleid: überwiegend hell, Flügel mit auffallendem dunklem Fleck am Flügelbug. Stimme: kurzes „wick". Durchzügler, auch Wintergast an der Küste.

— Flügel ohne deutliches weißes Band. Schnabelbasis u. Beine gelb
Meerstrandläufer, ***Calidris maritima*** (Brünnich)
L 21 cm. Gedrungen. Prachtkleid: graubraun mit rostfarbigen Federrändern; Schlichtkleid: Kopf, Brust u. Oberseite sehr dunkel. Bauch weißlich. Stimme: zartes Pfeifen. Wintergast u. Durchzügler an der Küste. – Seltener Durchzügler Graubruststrandläufer, ***Calidris melanotos*** (Vieillot) (Sondermerkmal: Brust dicht gestrichelt, scharf vom weißen Bauch abgesetzt).

Familie: **Recurvirostridae**, Säbelschnäblerverwandte

Mit sehr langen Beinen. Gesellig lebend. Nahrung: Wirbellose u. kleinere Wirbeltiere.

1. L 43 cm. Schnabel aufgebogen. Beine blaugrau. Gefieder schwarz u. weiß [**98**]
Säbelschnäbler, ***Recurvirostra avosetta*** L.
Uferzone von Brackwasser, Meeresküste. An Nord- u. Ostsee. Zugvogel, auch Jahresvogel, Wintergast.

— L 38 cm. Schnabel gerade. Beine rötlich. Gefieder weiß, mit schwarzer Zeichnung
Stelzenläufer, ***Himantopus himantopus*** (L.)
An Gewässerufern. Unregelmäßiger Sommergast, gelegentlich Brutvogel.

Familie: **Phalaropodidae**, Wassertreter

Neuerdings zu **Scolopacidae** gestellt. Mit Lappen an den Zehen [**9**]. Gute, auf dem Wasser kreisende Schwimmer; dabei auf die Wasseroberfläche pickend. Nahrung: Kleintiere, auch pflanzliche Kost. Nester am Boden.

1. Schnabel kurz u. breit, vor der Mitte abgeflacht, gelb mit schwarzer Spitze. Im Prachtkleid Unterseite rostrot, Kopfseiten weiß .... Thorshühnchen, ***Phalaropus fulicarius*** (L.)
L 20 cm. Schlichtkleid: oberseits grau, unterseits weiß. Seltener Durchzügler.

— Schnabel dünner, schwarz. Prachtkleid: Hals rostrot, Kehle weiß [**99**]
Odinshühnchen, ***Phalaropus lobatus*** (L.)
L 18 cm. Schlichtkleid: oberseits dunkel, hell gestreift, unterseits weiß. Durchzügler.

Familie: **Stercorariidae**, Raubmöwen

Dunklere möwenähnliche Vögel mit verlängerten mittleren Schwanzfedern („Schwanzspieß"). Meist mit hellem Fleck an den Handschwingen. Meeresvögel. Stoßen auf andere Meeresvögel, um ihnen die

Beute abzunehmen. Brüten an nordischen Küsten. Durchzügler (Skua auch Wintergast) an Nord- u. Ostsee, selten im Binnenland. Längenangaben mit Schwanzspieß.

1. Groß: L 58 cm (wie Silbermöwe). Schwanzspieß den übrigen Schwanz wenig oder nicht überragend .... Große Raubmöwe, Skua, ***Stercorarius skua*** (Brünnich)
— Kleiner: L 53–46 cm. Mittlere Steuerfedern länger **2**
2. L 53 cm, Schwanzspieß um 20 cm (Größe wie Lachmöwe)
Falkenraubmöwe, Kleine Raubmöwe, ***Stercorarius longicaudus*** Vieillot
— L 51 cm, Schwanzspieß um 9 cm, Federn spitz zulaufend (Größe wie Lachmöwe). [**100**]
Schmarotzerraubmöwe, ***Stercorarius parasiticus*** (L.)
— L 46 cm. Schwanzspieß um 10 cm, Federn breit abgerundet, meist schraubig gedreht (Größe wie Sturmmöwe) .... Spatelraubmöwe, Mittlere Raubmöwe, ***Stercorarius pomarinus*** (Temminck)

Familie: **Laridae**, Möwenverwandte

An freiem Wasser, besonders an Meeresküsten. Gute Segelflieger. Nahrung: Kleintiere, auch Abfälle. Nester meist am Boden. Junge sind unvollkommene Nestflüchter („Platzhocker"), sie müssen noch eine Zeitlang von den Eltern gefüttert werden. Jungvögel meist dunkler gefärbt, in der Tabelle nicht berücksichtigt.

1. Sehr groß: L um 66 cm. Oberseite u. Flügel schieferschwarz ... Mantelmöwe, ***Larus marinus*** L.
Schnabel gelb mit rotem Fleck. Beine fleischfarben. Schlichtkleid: graue Flecken am Kopf. Stimme: tief u. rau „gouk.. gak". Häufiger Gast, vereinzelter Brutvogel an Nord- u. Ostsee.
— Sehr groß: L um 70 cm. Oberseite u. Flügel hellgrau .... Eismöwe, ***Larus hyperboreus*** Gunnerus
Schnabel gelb mit rotem Fleck. Beine fleischfarben. Schlichtkleid: Kopf u. Hals undeutlich grau gefleckt. Stimme: ähnlich Silbermöwe. Seltener Wintergast, vor allem an der Küste.
— Kleiner: L unter 60 cm (etwa wie Silbermöwe u. kleiner) **2**
2. Oberseite u. Flügel schwarzbraun oder schwarz. L 53 cm .... Heringsmöwe, ***Larus fuscus*** L.
Schnabel gelb mit rotem Fleck, Beine gelb. Schlichtkleid: graue Flecken am Kopf. Stimme: ähnlich Silbermöwe. An der Küste, Zugvogel, seltener Wintergast.
— Oberseite ganz hellgrau oder weiß (höchstens Kopf schwarz) **3**
— Oberseite hell (Kopf hell oder schwarz), Flügelenden ± schwarz **4**
3. Klein: L um 28 cm. Kopf schwarz .... Zwergmöwe, ***Hydrocoloeus*** (= ***Larus***) ***minutus*** (Pallas)
Flügelunterseite dunkel. Schnabel dunkel, Beine rot. Stimme: halblaut „gägäg...". Sehr seltener Brutvogel, Durchzügler, Wintergast.
Ausnahmeerscheinung Rosenmöwe, ***Rhodostethia*** (= ***Hydrocoloeus***) ***rosea*** (MacGillivray) (L 32 cm; Unterseite rosa; Kopf hell, um Hals schwarzer Ring; Schwanz keilförmig).
— Mittelgroß: L um 40 cm. Kopf schwarz
Schwarzkopfmöwe, ***Ichthyaetus*** (= ***Larus***) ***melanocephalus*** (Temminck)
Schnabel u. Beine rot. Schlichtkleid: ähnlich Lachmöwe. Stimme: nasales „kiau". Seltener Brutvogel an Gewässern, Zugvogel, seltener Gast.
— Groß: L um 60 cm. Kopf weiß .... Polarmöwe, ***Larus glaucoides*** Meyer
Schnabel gelb mit rotem Fleck, Beine fleischfarben. Stimme: ähnlich Silbermöwe. Ausnahmeerscheinung.
4. Kopf dunkelbraun (im Schlichtkleid nur dunkler Fleck in Ohrgegend). L um 38 cm. Schnabel u. Beine rot. [**101**] .... Lachmöwe, ***Croicocephalus*** (= ***Larus***) ***ridibundus*** (L.)
Flügelenden weiß mit schwarzem Hinterrand. Stimme: kreischend „krijäh". Häufig, vor allem an Binnengewässern. Jahresvogel/Zugvogel. – Außerdem die ähnlichen Arten ***Larus michahellis*** Naumann, Mittelmeermöve, vereinzelte Bruten im Süden; ***Larus cachinnans*** Pallas, Steppenmöwe, vereinzelte Bruten im Osten. Beide Arten auch Wintergäste. Ausnahmeerscheinung Schwalbenmöwe, ***Xema*** (= ***Larus***) ***sabini*** (Sabine) (L 33 cm; Schwanz gabelig ausgeschnitten; Schnabel bis auf gelbe Spitze u. Beine dunkel).
— Kopf weiß. L 40–56 cm. Beine u. Schnabel nicht rot **5**
5. L 40 cm. Schnabel grünlich-gelb, Beine schwarz, mit 3 Zehen (Hinterzehe kurz stummelförmig) .... Dreizehenmöwe, ***Rissa tridactyla*** (L.)
Flügelspitzen (wie in Tusche getunkt) schwarz, ohne weiß. Schlichtkleid: Oberkopf bis Hinterhals graublau. Stimme: durchdringend „gägägä-kiij". Brutvogel auf Helgoland, Jahresvogel/Zugvogel, Wintergast an der Küste.
— L 45 cm. Schnabel u. Beine grüngelb .... Sturmmöwe, ***Larus canus*** L.
Beine mit 4 Zehen. Flügelspitzen schwarz mit weißen Flecken. Schlichtkleid: Oberkopf u. Nacken graubraun gestrichelt. Stimme: kreischend „guija" u. gackernde Laute. Brutvogel, vor allem an der Küste, Jahresvogel/Zugvogel, häufiger Wintergast.

— L um 56 cm. Schnabel gelb mit rotem Fleck vorn unten, Beine gelb
Silbermöwe, ***Larus argentatus*** PONTOPPIDAN
Beine mit 4 Zehen. Flügelspitzen schwarz mit weißen Flecken. Schlichtkleid: Oberkopf u. Nacken grau gestrichelt. Stimme: tief „gau ... gau", dann lang „kjau-kjau-kjau-kjakkjakja". Sehr häufiger Brutvogel an der Küste, Jahresvogel/Zugvogel, sehr häufiger Gast.

Familie: **Sterninae**, Seeschwalben (gehören zu **Laridae**)

Seevögel, sehr gute Flieger. Erbeuten als Stoßtaucher Fische. Nester am Boden.

1. Groß: um 51 cm. Schnabel rot, Beine schwarz
Raubseeschwalbe, ***Hydroprogne*** (= ***Sterna***) ***caspia*** (PALLAS)
Oberkopf im Prachtkleid schwarz, im Schlichtkleid hell-dunkel gestreift. Stimme: tief „kräik". An Gewässern, seltener Brutvogel, Zugvogel.

— Kleiner: bis 40 cm. Nicht zugleich Schnabel rot, Beine schwarz 2

2. Mittelgroß: L 35–40 cm. Kopf im Prachtkleid mit schwarzer Kopfplatte. Gefieder unterseits weiß 5
Wenn mit Möwenschnabel [**86**] u. ganzer Kopf im Prachtkleid dunkel-schiefergrau. L 33 cm: Schwalbenmöwe, ***Xema sabini*** (Sabine) s. **4** unter **Laridae**.

— Klein: L 23–25 cm. Schwanz nur leicht ausgeschnitten 3

3. Gefieder (im Prachtkleid) unterseits ± schieferschwarz. Schnabel u. Beine nicht gelb. An Binnengewässern .... ***Chlidonias*** RAFINESQUE 4

— Gefieder unterseits weiß. Schnabel gelb mit schwarzer Spitze, Beine gelb
Zwergseeschwalbe, ***Sternula*** (= ***Sterna***) ***albifrons*** (PALLAS)
L 20 cm. Oberkopf im Prachtkleid schwarz mit weißer Stirn, im Schlichtkleid mit dunkler Binde von den Augen über das Genick. Stimme: scharf „kitt-kitt" oder schnatternd „kirri-kirri-kit". Seltener Brutvogel an der Küste, Zugvogel, Durchzügler.

4. Kopf im Prachtkleid oben schwarz, Wangen weiß. Schnabel u. Beine rötlich
Weißbartseeschwalbe, ***Chlidonias hybrida*** (PALLAS)
L 25 cm. Schlichtkleid: Unterseite hell, Kopf oben mit dunkelgrauer Zone von den Augen über den Hinterkopf. Stimme: kreischend „schriäh", hart „kät-kät". Ausnahmsweise als Brutvogel, seltener Durchzügler.

— Kopf im Prachtkleid einheitlich schwarz. Bürzel u. Schwanz schwarzgrau. Schnabel u. Beine schwarz .... Trauerseeschwalbe, ***Chlidonias niger*** (L.)
L 24 cm. Schlichtkleid: Unterseite hell, Kopf oben mit weißer Stirn u. schwärzlicher Kappe, am Hals jederseits dunkler Fleck. Stimme: kreischend „klink". Zugvogel.

— Kopf im Prachtkleid einheitlich schwarz. Bürzel u. Schwanz weiß. Schnabel u. Beine rötlich
Weißflügelseeschwalbe, ***Chlidonias leucopterus*** (TEMMINCK)
L 24 cm. Prachtkleid: Flügelvorderrand oben weiß, Flügelunterseite schwarz. Schlichtkleid: ähnlich Trauerseeschwalbe, aber ohne Halsflecken. Unregelmäßiger Brutvogel, seltener Durchzügler.

5. Schwanz schwach ausgeschnitten, kürzer als die halbe Flügellänge. Schnabel kurz u. hoch, schwarz. L 38 cm .... Lachseeschwalbe, ***Gelochelidon*** (= ***Sterna***) ***nilotica*** (GMELIN)
Schlichtkleid: Kopf oben reinweiß, Umgebung des Auges dunkel. Stimme: lachendes „hähähäg". An Gewässern, seltener Brutvogel u. Durchzügler.

— Schwanz ± stark gabelförmig [**102**], länger als halbe Flügellänge. Schnabel schlank, spitz zulaufend 6

6. Schnabel schwarz, mit gelber Spitze. Kopf oben hinten mit verlängerten, struppig wirkenden, schwarzen Federn. Beine schwarz. L 40 cm
Brandseeschwalbe, ***Thalasseus*** (= ***Sterna) sandvicensis*** (LATHAM)
Schlichtkleid: mit weißer Stirn u. dunkel gestreiften Hinterkopffedern. Stimme: „kirrick". Brutvogel an der Meeresküste, häufiger Gast, Zugvogel.

— Schnabel schwarz und/oder rot. Kopf ohne verlängerte Nackenfedern. Beine im Prachtkleid rot 7

7. Schwanz kürzer [**102**], Schwanzspieße beim Sitzen Flügelspitzen nicht überragend. Im Prachtkleid Schnabel rot mit schwarzer Spitze. L um 35 cm. [**102**] .... Flussseeschwalbe, ***Sterna hirundo*** L.
Schlichtkleid: ähnlich Prachtkleid, aber mit weißlicher Stirn, Schnabel an Basis rot. Stimme: klirrend „kirri-kirri ... krriää". An Gewässern. Häufiger Brutvogel an der Küste, Zugvogel.

— Schwanz etwas länger, Schwanzspieße beim Sitzen Flügelspitzen deutlich überragend. Im Prachtkleid Schnabel ganz rot. L 38 cm Küstenseeschwalbe, ***Sterna paradisaea*** PONTOPPIDAN
Schlichtkleid: Stirn u. Oberkopf ganz weiß. Beine schwärzlich. Stimme: ähnlich Flussseeschwalbe. Häufiger Brutvogel, Zugvogel.

100

101

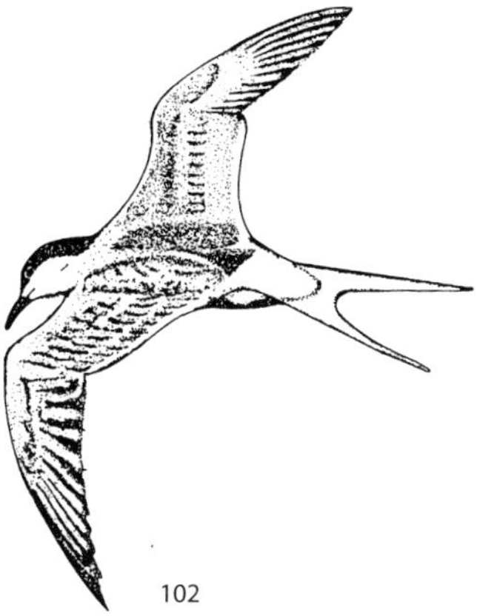

102

103

100 Schmarotzerraubmöwe; **101** Lachmöwe; **102** Flussseeschwalbe; **103** Trottellumme

— Schwanz lang, Schwanzspieße beim Sitzen Flügelspitzen um 4–7 cm überragend. Im Prachtkleid Schnabel schwarz, an der Basis rot. L 38 cm ..... Rosenseeschwalbe, ***Sterna dougallii*** MONTAGU
Schlichtkleid: Stirn weißlich, Schnabel schwarz. Beine rot. Stimme: ähnlich Flussseeschwalbe. Ausnahmeerscheinung.

Familie: **Alcidae**, Alken

Meeresvögel mit kurzen Schwänzen u. Beinen u. Flügeln. Beim Schwimmen unter Wasser werden Flügel benutzt. Nahrung: vor allem Fische. Brüten in Kolonien an Felsküsten. Werden als „Platzhocker" einige Zeit von den Eltern gefüttert.

1. Schnabel sehr hoch, seitlich zusammengedrückt, bunt (rot-blau-gelb) gefärbt. L 30 cm
Papageitaucher, ***Fratercula arctica*** (L.)
Oberseite schwarz, Unterseite weiß. Beine rot. Ausnahmeerscheinung, Deutsche Bucht.

— Schnabel viel niedriger [**103**], schwarz **2**

2. Klein: L 20 cm. Schnabel sehr kurz .... Krabbentaucher, ***Alle alle*** (L.)
Oberseite schwarz, Unterseite weiß. Seltener Wintergast auf der Nordsee, Durchzügler.
— Größer: L 33–42 cm. Schnabel länger (z. B. [**103**]) 3
3. Schnabel hoch, seitlich zusammengedrückt, vorn schwarz, hinten weiß quergestreift. L 40 cm Tordalk, ***Alca torda*** L.
Oberseite schwarz, Unterseite weiß. Brutvogel auf Helgoland, Wintergast, selten.
— Schnabel schlank, gleichmäßig spitz zulaufend 4
4. Mit weißem Flügelfeld. L 33 cm .... Gryllteiste, ***Cepphus grylle*** (L.)
Prachtkleid: überwiegend schwarz; Schlichtkleid: hell, Oberseite gefleckt, Flügel schwärzlich. Beine rot. Seltener Wintergast vor der Küste (vor allem Ostsee).
— Ohne weißes Feld auf den Flügeln. L 42 cm. [**103**] ...... Trottellumme, ***Uria aalge*** (Pontoppidan)
Oberseite schwarz, Unterseite weiß. Brutvogel auf Helgoland, Jahresvogel, Wintergast.

Columbiformes, Tauben
Familie: **Columbidae**, Tauben

Gute Flieger mit gleichmäßigem Flügelschlag. Nahrung: Körner u. anderes Pflanzenmaterial. Nester offen, locker gebaut, seltener in Baumhöhlen. Nesthocker.

1. Größer: L 33–40 cm. Grundfärbung oben grau .... ***Columba*** L. 2
— Kleiner: L 27–30 cm. Grundfärbung oben braun .... ***Streptopelia*** Bonaparte 4
2. L 40 cm. Mit weißem seitlichem Halsfleck u. weißer Flügelbinde [**104**] Ringeltaube, ***Columba palumbus*** L.
Schwanz dunkel, unten mit hellem Mittelstreif vor scharf abgesetzter schwarzer Schwanzbinde. Stimme: „grugrúhgrugru". In Wäldern u. Parks. Häufig. Zugvogel, auch Jahresvogel u. Wintergast.
— L 33 cm. Ohne weiße Abzeichen (Halsfleck, Flügelbinde, Schwanzbinde) 3
3. Bürzel grau. Beim Fliegen Flügel oben höchstens mit undeutlichen dunklen Querbinden Hohltaube, ***Columba oenas*** L.
Stimme: hohles „hühwup". In Wäldern u. Parkanlagen. Höhlenbrüter. Zugvogel.
— Bürzel weiß. Beim Fliegen Flügel oben hinten mit 2 dunklen Binden Felsentaube, ***Columba livia*** Gmelin
Stammform der Haustaube, Straßentaube, Stadttaube, ***Columba livia*** f. ***domestica***. Heimat: Mittelmeergebiet. Haustauben sehr variabel. Stimme: Gurren. Stadt-Populationen durch Verschmutzung u. Verätzung an Gebäuden lästig.
4. Nacken mit schwarzer, halbmondförmiger Binde. Oberseite ungefleckt. L 28 cm Türkentaube, ***Streptopelia decaocto*** (Frivaldszky)
Stimme: hohles „hu-húh-hu". In Parks u. Gartengelände. Aus SO-Europa eingewandert. Jahresvogel.
— Am Hals jederseits mit 3 schwärzlichen, weiß begrenzten Querstreifen. Oberseite braun, schwarz gefleckt. L 27 cm .... Turteltaube, ***Streptopelia turtur*** (L.)
Stimme: anhaltendes Gurren „turr-turr-...". In lichten Wäldern, offenem Gelände. Zugvogel.

Strigiformes, Eulen

Augen nach vorn gerichtet, von einem Federkranz („Schleier") umgeben, darin der hakige Schnabel gewöhnlich teilweise verborgen. Gefieder in der Grundfarbe meist bräunlich, mit dunkler Zeichnung. Meist in der Nacht jagende Vögel, daran angepasst durch großen Augen, hochentwickeltes Gehör u. geräuschlosen Flug. Nahrung: Säuger, Vögel, auch andere Tiere; Nahrungsreste als „Gewölle" ausgewürgt. Nester in Höhlen, in verlassenen Nestern anderer Vögel oder auf dem Erdboden. Nesthocker.

1. Schleier vollständig, 3-eckig-herzförmig, weiß. Gefieder hell. Ohne Ohrbüschel. Beine lang [**105**]. L 34 cm .... Schleiereulen, **Tytonidae**
Nur ***Tyto alba*** (Scopoli), Schleiereule [**105**]
Oberseite ± grau, zart schwarz-weiß punktiert, Unterseite gelblich bis weiß, mit feiner Tropfenfleckung. Stimme: heiser kreischend „chrüüüh", im Sitzen schnarchende Laute. Vor allem in offenem Gelände mit Gebäuden. Brütet häufig auf Dachböden. Jahresvogel.
— Schleier vollständig oder unvollständig, von anderer Form [**106–116**]. Gefieder häufig dunkel. Beine kürzer .... Eulen, **Strigidae** S. 592

104

105

106

107

108

109

110

111

104 Ringeltaube; **105** Schleiereule; **106** Uhu; **107** Zwergohreule; **108** Waldohreule; **109** Sumpfohreule; **110** Schneeeule; **111** Sperbereule

Familie: **Strigidae**, Eulen

1. Sehr groß: L um 70 cm. Mit großen Federohren [**106**] .... Uhu, ***Bubo bubo*** (L.)
Tiefbraun, Unterseite heller, dunkel längsgestreift u. gebändert, mit weißlichem Kehlfleck. Stimme: „bbubo" u. dumpf „huhuu". Wälder mit Felshängen. Jahresvogel.

— Kleiner: L bis 57 cm 2

2. Mit ± großen Federohren [**107–109**] 3

— Ohne Federohren [**110–116**] 5

3. Groß: L 34–37 cm .... ***Asio*** Brisson 4

— Klein: L 19 cm. [**107**] .... Zwergohreule, ***Otus scops*** (L.)
Rindenfarbig: graubraun, hell und dunkel gefleckt. Augen gelb. Stimme: monoton „kju....kju". Ausnahmeerscheinung, möglicherweise unregelmäßiger Brutvogel im Süden.

4. Gefieder rostgelb, unterseits grob längsgestreift, fein quergestreift. Federohren groß [**108**] Waldohreule, ***Asio otus*** (L.)
Augen orange. Stimme: monoton „huh". In Wäldern, Feldgehölzen. Brütet vor allem in Krähen- u. Elsternestern. Jahresvogel/Zugvogel, Wintergast.

— Gefieder gelbbraun, unterseits kräftig längsgefleckt, ohne Querzeichnung. Federohren klein [**109**] .... Sumpfohreule, ***Asio flammeus*** (Pontoppidan)
Augen gelb. Stimme: dumpfes, leicht ansteigendes „bubububu". Vorwiegend tagaktiv. In offenem Gelände. Brütet am Boden. Seltener. Jahresvogel/Zugvogel, auch Wintergast.

5. Schneeweiß, etwas dunkel gebändert. L 57 cm. [**110**] Schneeeule, ***Bubo*** (= ***Nyctea***) ***scandiacus*** (L.)
Kopf groß, rund. Bewohner der Tundren. Ausnahmeerscheinung.

— Oberseite schwarzbraun mit weißer Fleckung, Unterseite hell, schwarzbraun sperberartig gezeichnet. L 40 cm. [**111**] .... Sperbereule, ***Surnia ulula*** (L.)
Schleier weiß, schwarz eingefasst. Augen gelb. Zuckt im Sitzen mit dem langen Schwanz. Stimme: gellend „kikikikiki ...". Tagaktiv. In Wäldern Nordeuropas. Ausnahmeerscheinung.

— In der Grundfärbung braun, Unterseite ohne derartige Querwellung 6

6. Klein: L um 17 cm. [**112**] .... Sperlingskauz, ***Glaucidium passerinum*** (L.)
Oberseite dunkelbraun mit weißer Fleckung, Schwanz deutlich weißgebändert, wird häufig ruckartig wippend bewegt. Augen gelb. Stimme: monotone Folge von „üh". In Wäldern. Brütet in Baumhöhlen. Vor allem im Gebirge, seltener. Jahresvogel.
Wenn Schwanz ohne weiße Querbinden, L 19 cm: Zwergohreule, ***Otus scops*** s. **3**.

— Größer: L 23–25 cm 7

— Mittelgroß: L > 38 cm .... ***Strix*** L. 8

7. L 23 cm. Kopf flach, mit niedriger Stirn. Oberseite dunkelbraun mit weißer Fleckung, Unterseite hell, mit dunklen Längsstreifen. Schleier undeutlich begrenzt. Zehen wenig dicht weiß befiedert. [**113**] .... Steinkauz, ***Athene noctua*** (Scopoli)
Augen gelb. Bewegungen ruckartig, Flug in Wellen, bei Erregung Knicksen u. Schwanzschlagen nach der Seite. Stimme: monoton gereiht „ghuk" oder „huui", auch „kuiwitt" (= komm mit). In offenem Gelände mit Gehölzen, auch in Siedlungen. Brütet in Höhlungen. Jahresvogel.

— L 25 cm. Kopf groß, rund, mit hoher Stirn. Gefieder in der Grundfärbung dunkler braun, Unterseite wenig markant längsgestreift. Schleier deutlich, schwarzbraun begrenzt. Zehen dicht weiß befiedert. [**114**] .... Raufußkauz, ***Aegolius funereus*** (L.)
Augen gelb. Stimme: anschwellendes „bubububububu", auch „kuwäck". In Wäldern. Brütet in Baumhöhlen. Im Gebirge, seltener. Jahresvogel.

8. L 38 cm. [**115**] .... Waldkauz, ***Strix aluco*** L.
Kopf groß, rund. Augen groß, dunkel. Grundfarbe grau oder braun, dunkel längsgestreift u. gebändert, Unterseite mit pfeilförmigen Flecken. Stimme: heulendes „huuh", dann kurzes „hu" u. tremolierendes „huuuh", außerdem „kjuwitt". In Wäldern u. Parks, auch in Siedlungen. Brütet in Baumhöhlen. Häufig. Jahresvogel.
Wenn Gestalt gestreckter, Augen gelb, Gefieder wie [**109**]: Sumpfohreule, ***Asio flammeus*** s. **4**.

— L um 60 cm. [**116**] .... Habichtskauz, ***Strix uralensis*** Pallas
Augen dunkel. Gefieder braun, kräftig dunkel längsgestreift. Schleier zart radialgestreift. Stimme: „hau hau" wie Hundegebell. In Wäldern. Brütet in Baumhöhlen oder Greifvogelhorsten. Wenige Brutpaare im Bayerischen Wald (ausgesetzte Tiere!).

112

113

114

115

116

117

112 Sperlingskauz; **113** Steinkauz; **114** Raufußkauz; **115** Waldkauz; **116** Habichtskauz; **117** Mauersegler

Apodiformes, Seglervögel
Familie: **Apodidae**, Segler

Gestalt ähnlich Schwalben, aber Flügel lang u. sichelförmig [**117**]. Schwanz kurz, leicht gegabelt. Mit Klammerfuß [**15**]. Nahrung: Insekten, die in reißendem Flug erbeutet werden. Zugvögel.

1. Kleiner: L 16–17 cm. Gefieder rußig braunschwarz, Kinn weißlich [**117**]
Mauersegler, ***Apus apus*** (L.)
Stimme: durchdringend „srih-srih". Gesellig. In Städten u. felsigem Gelände. Nistet in Spalten u. Höhlungen.

— Größer: L 21 cm. Gefieder fahlbraun bis grau, Unterseite weiß, mit breitem dunklem Brustband
Alpensegler, ***Tachymarptis*** (= ***Apus***) ***melba*** (L.)
Stimme: mehr trillernd. Alpen. In Deutschland nur Brutvogel in Freiburg, Emmendingen u. Waldshut.

Coraciiformes, Rackenvögel

Mit „Sitzfuß“ [**17**]: Glieder der 2.–4. Zehe teilweise verwachsen. Nahrung: vor allem Insekten.

1. Schnabel kräftig, hakig. Gefieder grünlich-blau, mit kastanienbraunem Rücken. L 30 cm. [**119**] Racken, **Coraciidae**

Nur ***Coracias garrulus*** L., Blauracke [**119**]
Armschwingen unterseits dunkelblau. Stimme: „racke-racke ...“. In offener Landschaft. Brütet in Baumhöhlen. Im Osten. Ausnahmeerscheinung.

— Schnabel lang, zugespitzt [**120, 121**]. Gefieder anders, bunt **2**

2. Schnabel gerade. L 16 cm. [**120**] .... Eisvögel, **Alcedinidae**

Nur ***Alcedo atthis*** (L.), Eisvogel [**120**]
Kopf relativ groß, Schwanz kurz, Beine klein, rot. Oberseite türkisblau, Unterseite kastanienbraun. Nahrung: erbeutet durch „Stoßtauchen“ kleine Fische u. andere Wassertiere. Stimme: hell „tiht-tiht-tiht ...“. An Fließgewässern mit Steilufern, brütet in Erdhöhlen. Jahresvogel/Zugvogel, auch Wintergast.

— Schnabel gebogen. L 28 cm. [**121**] .... Spinte, Bienenfresser, **Meropidae**

Nur ***Merops apiaster*** L., Bienenfresser [**121**]
Oberseite rotbraun, Kehle gelb, Unterseite türkisfarben. Stimme: rollend „prürr“. In offenem Gelände. Brütet in Erdhöhlen. Seltener Brutvogel. Zugvogel.

118 Wiedehopf; **119** Blauracke; **120** Eisvogel; **121** Bienenfresser

Piciformes, Spechtvögel
Familie: **Picidae**, Spechte

An das Baumleben angepasst: langer Meißelschnabel, Stützschwanz, Kletterfüße (2 Zehen nach vorn, 2 Zehen nach hinten gerichtet [**14**]). Flug wellenförmig. Nahrung: Insekten, die mit der langen Zunge aus Höhlungen herausgeholt werden. In baumbestandenem Gelände. Trommelwirbel an Holz oder anderem resonanzfähigem Material dient Revieranzeige u. dem Finden der Geschlechter. Brüten in selbstgezimmerten Baumhöhlen. Nesthocker. Fast durchweg (bis auf Wendehals) Jahresvögel.

1. Rindenfarbig, dunkel gemustert, mit dunklem Augenstreif. L 16 cm (**Jynginae**) Wendehals, ***Jynx torquilla*** L.
Unterseite weißlich, Kehle, Brust u. Flanken dunkel quergebändert. Sucht Nahrung (Ameisen) am Boden. Stimme: nasales „wiewiewie ...". In lichten Wäldern, Parks, Obstgärten. Fertigt Bruthöhle nicht selbst. Zugvogel.

— Färbung anders. L 15–45 cm .... Echte Spechte, **Picinae** **2**

2. Gefieder schwarz, nur am Kopf rot. Schnabel gelblich. L 45 cm Schwarzspecht, ***Dryocopus martius*** (L.)
♂ mit ganz rotem Oberkopf, ♀ nur am Hinterkopf rot. Stimme: „krrü, krrü, krrü" (Flugruf), gedehnt „kliöh" (Sitzruf), trommelt häufig. In ausgedehnten Waldungen.

— Gefieder überwiegend grün oder graugrün .... Grünspechte, ***Picus*** L. **3**

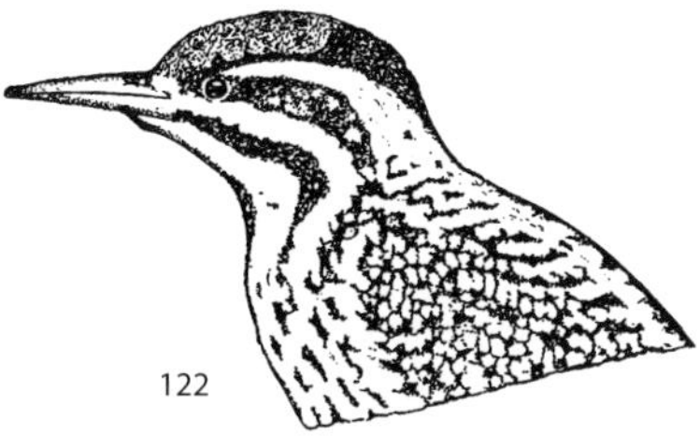
122

123

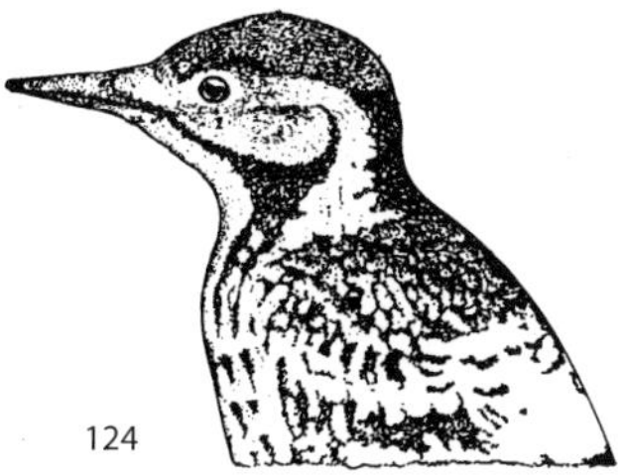
124

125

126

127

122 Dreizehenspecht; **123** Kleinspecht; **124** Weißrückenspecht; **125** Mittelspecht; **126** Großer Buntspecht; **127** Blutspecht

— Gefieder oben großenteils schwarz, weiß gezeichnet, unten ± hell .... Buntspechte 4

3. Oberkopf ganz rot. L 32 cm .... Grünspecht, ***Picus viridis*** L.
Mit ausgedehntem Schwarz um die Augen u. breitem schwarzem Bartstreif (beim ♂ mit roten Federn durchsetzt), Rücken lebhaft grün, Unterseite hellgrün, Flanken quergestreift. Stimme: helles lautes Lachen wie „glügglügglüg ...". Trommelt gern. In offener Landschaft.

— Oberkopf grau (♀) oder grau mit roter Stirn (♂). L 26 cm .... Grauspecht, ***Picus canus*** Gmelin
Augenumgebung nur mit wenig Schwarz, schwarzer Bartstreif schmal. Rücken mehr grau-olivgrün, Flanken ungestreift. Stimme: weniger laut, langsamere, gegen Ende absinkende Tonfolge. Trommelt nicht selten. Mehr in Wäldern.

4. Wangen schwarz. Eine hintere Zehe fehlend. L 22 cm. [**122**]
Dreizehenspecht, ***Picoides tridactylus*** (L.)
Schwarz-weiß, ohne rot. Beim ♂ Scheitel gelb, beim ♀ silbergrau. Zeichnung wie [**122**]. Rücken u. Bürzel weiß. Flanken kräftig dunkel quergebändert. Stimme: ähnlich Buntspecht, aber weicher. Trommelt gern. Nadelwald, im höheren Gebirge.

— Wangen weiß (Gesicht hell, bunt umrahmt) [**123–127**] 5

5. Klein: L um 15 cm. Bauch u. Unterschwanzdecken ohne Rot. [**123**]
Kleinspecht, ***Dryobates*** (= ***Dendrocopos***, = ***Picoides***) ***minor*** (L.)
Scheitel rot (♂), weißgelb (♀). Oberseite schwarz, weiß-quergebändert, ohne weißes Flügelfeld, Unterseite mit dunklen Längsstrichen. Stimme: helles „kikikiki". Trommelt gern. In lichten, parkartigen Waldbeständen.

— Größer: 21–25 cm. Bauch u. Unterschwanzdecken rot, selten rosa 6

6. Hinterrücken leuchtend weiß, Schulter ganz schwarz, ohne weiße Flecke. L 25 cm. [**124**]
Weißrückenspecht, ***Dendrocopos leucotos*** (Bechstein)
Flanken längsgefleckt. Stimme: weich „kjück". In Wäldern, im höheren Gebirge.

— Hinterrücken schwarz, Schulter schwarz mit weißen Schulterflecken 7

7. Kopf oben ganz rot, ohne schwarze Begrenzung zu den weißen Kopfseiten. L 21 cm. [**125**]
Mittelspecht, ***Dendrocoptes*** (= ***Dendrocopos***, = ***Leiopicus***) ***medius*** (L.)
Unterseite schwärzlich längsgestrichelt. Stimme: „gig" u. „gäih-gäih-gäih", trommelt sehr selten. In lichten Wäldern. Mehr im Tiefland.

— Scheitel schwarz (Adulte) oder rot mit schwarzer Einfassung (Jungvögel). Unterseite nicht längsgestrichelt. L 23 cm 8

8. Mit schwarzem Querband auf den Wangen. Unterschwanzdecken leuchtend rot, scharf abgesetzt. [**126**] .... Buntspecht, ***Dendrocopos major*** (L.)
Stimme: „kix", trommelt gern. In Parks u. Wäldern. Häufig.

— Ohne derartiges schwarzes Wangenband. Unterschwanzdecken blassrot, wenig abgesetzt. [**127**] .... Blutspecht, ***Dendrocopos syriacus*** (Hemprich et Ehrenberg)
Stimme: ähnlich Buntspecht, aber weicher. Im Süden (Österreich).

Passeriformes, Sperlingsvögel

Mit Hüpffuß: Hinterzehe u. deren Kralle gut entwickelt (zum Umklammern von Zweigen) [**21**]. Lautäußerungen: Lock-, Warn- oder Schrecklaute; Gesang als sexuelles Ausdruckmittel für Revierbehauptung, Geschlechterfindung u. Balz. Nesthocker.

System:
Corvoidea: Corvidae, Laniidae, Oriolidae
Passerida: übrige Familien

1. Groß: L über 32 cm. Schnabel kräftig [**141–145**]. Habitus z. B. [**141, 143**]
Krähenverwandte, Rabenvögel, **Corvidae** S. 600

— Kleiner: L unter 30 cm 2

2. Bein auf Rückseite gerundet, auf der gesamten Lauflänge mit Schildern. Kralle der Hinterzehe lang, gerade („Lerchensporn" [**153**]). Gefieder erdfarbig. Habitus [**152**]
Lerchen, **Alaudidae** S. 602

— Bein auf Rückseite scharf gekielt, nicht derartig beschildert. Ohne Lerchensporn 3

3. Schnabel klein, kürzer als an der Basis breit, breit 3-eckig [**128**]. Flügel lang (längste Handschwingen 2-mal so lang wie Armschwingen). Schwanz ± tief gegabelt. Habitus [**155–157**]
Schwalben, **Hirundinidae** S. 603

— Schnabel so lang wie an der Basis breit, Oberschnabel an der Spitze hakig, davor ein Ausschnitt. Kopf mit Federhaube [**129**] .... Seidenschwänze, **Bombycillidae**

Nur ***Bombycilla garrulus*** (L.), Seidenschwanz [**129**]

L 18 cm. Rötlichgrau, Oberseite dunkler, mit schwarzer Kehle u. Augenstreif, Flügel schwarz mit weißer, gelber u. roter Zeichnung, Schwanz schwarz, hinten gelb. Nahrung: Früchte, Insekten. Gesellig. Durchzügler, Wintergast.

— Schnabel länger als an der Basis breit **4**

4. Schnabel kräftig, seitlich zusammengedrückt, höher als breit, vor der Spitze mit kräftigem Zahn, mit Borsten an der Basis [**130**]. Habitus z. B. [**174**] .... Würger, **Laniidae** S. 600

— Schnabel kurz, weniger als doppelt so lang wie am Grunde hoch (Kegelschnabel, z. B. [**131, 181–183, 185**]), auch gekreuzt [**178, 179**] **5**

Bei einigen „Meisen" länger [**146–151**], dann aber Kopf mit dunkler Kappe [**146–151**] (Meisen) oder Kopf mit schwarzer Gesichtsmaske [**133**] (Beutelmeisen) oder Schwanz länger als übriger Körper u. Gestalt wie [**134, 135**] (Schwanzmeisen, Bartmeisen).

— Schnabel länger, mindestens doppelt so lang wie am Grunde hoch [**132**] **11**

Habitus anders als der der erwähnten Meisen.

5. Schnabel klein, am Grunde nur 4–5 mm hoch **6**

— Schnabel größer, am Grunde 6–17 mm **9**

6. Schwanz kürzer als übriger Körper **7**

— Schwanz länger als übriger Körper **8**

7. Kopf mit dunkler Kappe [**146–151**] .... Meisen, **Paridae** S. 601

— Kopf ohne dunkle Kappe, aschgrau, mit schwarzer Gesichtsmaske [**133**] Beutelmeisen, **Remizidae**

Nur ***Remiz pendulinus*** (L.), Beutelmeise [**133**]

L 11 cm. Kopf und Nacken hellgrau, Rücken rotbraun, Unterseite heller rötlichbraun. Nahrung: Insekten, auch Samen. Lockruf: langgezogenes „siüh". Nest: aus Wolle u. Flechten gewebtes, an Zweigspitze aufgehängtes Kugelnest mit Einschlupfröhre. In vegetationsreichen Randzonen von Gewässern. Zugvogel.

8. Kleiner: L 14 cm (davon Schwanz 8 cm). Habitus [**134**] .... Schwanzmeisen, **Aegithalidae**

Nur ***Aegithalos caudatus*** (L.), Schwanzmeise [**134**]

Kopf weiß mit ± schwarzen Seiten, Rücken schwarz, Schultern rötlichbraun, Unterseite weiß, Schwanz schwarz-weiß gestreift. Nahrung: Insekten. Lockruf: „si-si"; Warnruf: „trerr-tserr"; Gesang: leise klirrend „sisississiu". Nest: Kugelbau aus feinverflochtenem Material mit seitlichem Eingang. In Wäldern, Gärten, Parks. Meist Jahresvogel.

— Größer: L 16,5 cm (davon Schwanz 8,5 cm). Habitus [**135**] .... Bartmeisen, **Panuridae**

Nur ***Panurus biarmicus*** (L.), Bartmeise [**135**]

Oberseite zimtbraun, Unterseite rötlichgrau, ♂: Kopf grau, mit breitem, schwarzem Bartstreif. Nahrung: Insekten, auch Samen. Lockruf: nasal „ping-ping", scharf „ziss" oder schnurrend „tschirrr"; Gesang: leise zwitschernd mit diesen Lauten. Nest: offener Napf dicht über der Erde. In großen Rohr- u. Schilfbeständen. Vereinzelt. Jahresvogel, auch Durchzügler u. Wintergast.

9. Schwanz ± gegabelt: mittlere Schwanzfedern kürzer als äußere [**175, 180**] **10**

— Schwanz ± gerade abgeschnitten, seitlich leicht abgerundet [**184**] Sperlinge, **Passeridae** S. 610

10. Oberschnabel ± schwächer als Unterschnabel, an den Kanten nach oben ausgeschweift [**181–183**]. Habitus [**180**] .... Ammern, **Emberizidae** S. 614

— Oberschnabel so groß oder stärker als Unterschnabel. Habitus [**175**] Finken, **Fringillidae** S. 612

11. Größer: L 20–27 cm **12**

— Kleiner: L 9–18 cm **13**

12. Gefieder schwarz oder bräunlich; wenn Unterseite hell, diese gefleckt. Schwanz länger. Habitus [**165–167**] .... Drosseln, **Turdidae** S. 608

— Gefieder schwarz, purpurn oder grünlich schillernd, im Schlichtkleid weiß getüpfelt. Schwanz kurz [**136**] .... Starenverwandte, **Sturnidae**

Nur ***Sturnus vulgaris*** L., Star [**136**]

L 22–23 cm. Nach der Herbstmauser am ganzen Körper weiß gefleckt („Perlstar"). Nahrung tierisch u. pflanzlich. Lock- u. Warnruf: „stoär" u. „spett"; Gesang: pfeifendes Schnurren u. Schnalzen unter Flügelschlagen, oft spottend. Nest: in Höhlen. Gesellig. In Gärten, Parks, Wäldern. Meist Zugvogel.

Hierher auch Rosenstar, ***Pastor*** (= ***Sturnus***) ***roseus*** (L.) (Gefieder rosa u. schwarz), Ausnahmeerscheinung.

— Gefieder ± gelb. Habitus [**137**] .... Pirole, **Oriolidae**

Nur ***Oriolus oriolus*** (L.), Pirol [**137**]

L 24 cm. ♂ leuchtend-gelb u. schwarz [**137**], ♀ oberseits grünlich-gelb, unterseits weißlich mit dunkler Längsstreifung. Nahrung: Insekten, Früchte. Stimme: flötendes „düdelödüo", außerdem krächzend „räj-räj ...". Nest hängt in Astgabeln. Meist nur in den Wipfeln hoher Laubbäume. In Parks u. lichten Wäldern. Zugvogel.

129 Seidenschwanz; **133** Beutelmeise; **134** Schwanzmeise; **135** Bartmeise; **136** Star; **137** Pirol; **138** Wasseramsel; **139** Zaunkönig

— Unterseite rostbraun, Schwanz orangerot .... ***Monticola*** (**Muscicapidae**) S. 608
13. Schnabel dünn, gebogen [**162a, 163a**]. L 12,5 cm. Stützschwanz mit steifen, hinten zugespitzten Federn .... Baumläufer, **Certhiidae** S. 607
— Schnabel dünn, gebogen. L 16,5 cm .... Mauerläufer, **Tichodromadidae** S. 607
— Schnabel nicht derartig gebogen **14**
14. Spechtähnlich, Schnabel lang, zugespitzt. An Bäumen kletternd. L 14 cm. Habitus [**164**] Kleiber, **Sittidae** S. 607
— Körper gedrungen, Schwanz kurz. 18 cm. Habitus [**138**] .... Wasseramseln, **Cinclidae**
Nur ***Cinclus cinclus*** (L.), Wasseramsel [**138**]
Dunkelbraun mit schneeweißer Kehle u. Brust. Nahrung: Gliederfüßer u. kleinste Fische. Lockruf: „zerp-zerp" oder scharf „zitt", Gesang: plätscherndes Zwitschern. Vor allem an Gebirgsbächen. Dort tauchend und unter Wasser am Boden laufend. Nest kugelförmig, an Böschungen. Jahresvogel, auch Wintergast.
— Klein, Schwanz kurz. 9,5 cm. Habitus [**139**] .... Zaunkönige, **Troglodytidae**
Nur ***Troglodytes troglodytes*** (L.), Zaunkönig [**139**]
Braun, Unterseite heller, am gesamten Gefieder dunkel gewellt. Schwanz meist steil aufgerichtet. Nahrung: Insekten. Warn- u. Lockton: schnarrend „zerr-zerr", hartes „zick-zick"; Gesang: laut schmetternd, mit schnurrendem Roller u. hohem Endjauchzer. Im Unterholz mäuseartig schlüpfend. In Wäldern, gern an Gewässern. Nest kugelförmig mit seitlichem Eingang. Jahresvogel, auch Zugvogel, Wintergast.
— Gestalt anders **15**
15. Schwanz sehr lang, bis fast so lang wie Körper [**175**] Stelzen, ***Motacilla*** (**Motacillidae**) S. 611
— Schwanz kürzer **16**
16. Schnabel breit u. flach, am Grunde mit Borsten [**140**] Schnäpperverwandte, **Muscicapidae** S. 608
— Schnabel gestreckt, fein pfriemförmig **17**
17. Bürzel häufig längsgestreift. Habitus [**171a**]. Hinterzehen lang, schwach gebogen [**171b, 172**] Pieper, ***Anthus*** (**Motacillidae**) S. 611
— Bürzel ungestreift. Hinterzehen kürzer **18**
18. L 9 cm. Kopf mit ± gelbem Scheitel .... Goldhähnchen, **Regulidae** S. 606
— Größer: 10–19 cm. Kopf anders **19**
19. Schwanz hinten abgerundet oder gestuft (Keilschwanz) **20**
— Schwanz ± gerade abgeschnitten oder eingeschnitten **22**
20. Oberseite olivbraun bis olivgrün. Schnabel an der Wurzel nicht breit u. flach. L 10–13 cm Laubsänger, **Phylloscopidae** S. 604
— Oberseite ± braun. Schnabel an der Wurzel breit u. flach. L 12,5–19 cm. Häufig an Gewässer gebunden **21**
21. Schwanz stark stufig gerundet: äußerste Schwanzfedern nur etwa ¾ so lang wie mittlere. Unterschwanzdecken fast so lang wie die mittelste Schwanzfeder. Gesang schwirrend Grassänger, Schwirlverwandte, **Locustellidae** (= **Megaluridae**) S. 605
Ähnlich Seidensänger, ***Cettia cetti*** (Temminck) (**Cettiidae**) (Sondermerkmal: deutlicher weißlicher Überaugenstreif; 14 cm). Südwesteuropa, sporadische Bruten in Deutschland.
— Schwanz weniger stark stufig gerundet: äußerste Schwanzfedern über ¾ so lang wie mittlere. Unterschwanzdecken kürzer als mittelste Schwanzfeder. Gesang silbig Rohrsängerverwandte, **Acrocephalidae** S. 605
22. Gefieder oberseits gelblich-olivgrün, Unterseite gelblich. L 14 Gelbspötter, ***Hippolais*** (**Acrocephalidae**) S. 605
— Gefieder oberseits schwarz, grau, bräunlich oder grünlich. L über 13 cm **23**
23. Schwanz oder Bürzel zum Teil weiß einige Schmätzer, **Saxicolinae** (**Muscicapidae**) S. 608
— Schwanz ohne Weiß **24**
24. Brust oder Schwanz ± rot bis rotbraun. Habitus z. B. [**166**] weitere Schmätzer, **Saxicolinae** (**Muscicapidae**) S. 608
— Brust u. Schwanz anders gefärbt **25**
25. L 15–18 cm. Brust bleigrau, Kehle bleigrau oder weiß mit schwarzer Querfleckung. Habitus [**170**] .... Braunellen, **Prunellidae** S. 610
— L 13,5–15 cm. Brust hell, nicht bleigrau gefärbt Zweigsänger, Grasmückenverwandte, **Sylviidae** S. 606

Familie: **Laniidae**, Würger

Oberschnabel hakig gebogen mit Zahn vor der Spitze [**174**]. Nahrung: Insekten, Mäuse, junge Vögel; Beute wird zum Teil auf Dornen aufgespießt. Sitzen auf einer Warte, nach Beute spähend. Nest auf Bäumen, im Gebüsch. In offenem, buschreichem Gelände.

1. Hinterkopf, Nacken, Rücken u. Bürzel grau. L 20–24 cm 2

— Hinterkopf u. Nacken rotbraun, Rücken schwarz (♂) oder graubraun (♀), mit weißen Schulterflecken, Bürzel weißgrau. L 17 cm .... Rotkopfwürger, ***Lanius senator*** L.
Unterseite weiß. Lockruf u. Gesang ähnlich Neuntöter. Im Süden. Sehr selten. Zugvogel.

— ♂: Hinterkopf u. Nacken grau, Rücken rotbraun, Bürzel grau [**174**]; ♀: gesamte Oberseite rötlichbraun. L 17 cm .... Neuntöter, Rotrückiger Würger, ***Lanius collurio*** L.
♂ Unterseite zart rosa überhaucht; ♀: Unterseite hell, dunkel quer gewellt. Lockruf- u. Warnruf: rau „gäck", auch gereiht; Gesang: halblautes Zwitschern mit Imitationen anderer Vogelstimmen. Zugvogel.

2. L 24 cm. Stirn grau, Augenstreif schwarz, mit weißem Überaugenstreif
Raubwürger, ***Lanius excubitor*** L.
Flügel schwarz, mit weißer Binde, Schwanz schwarz-weiß; Unterseite weiß. Lockruf: „scheck-scheck", Warnruf: „äk-äk"; Gesang schwätzend, Mischung von rauen u. zarten Tönen, auch spottend. Vorwiegend Jahresvogel, auch Wintergast.

— L 20 cm. Stirn schwarz, mit schwarzem Augenstreif, ohne weißen Überaugenstreif
Schwarzstirnwürger, ***Lanius minor*** Gmelin
Flügel schwarz, mit weißer Binde, Schwanz schwarz-weiß; Unterseite weißlich, rosa überhaucht. Stimme: ähnlich Raubwürger. Ausnahmeerscheinung.

Familie: **Corvidae**, Krähenverwandte, Rabenvögel

Mit kräftigem Schnabel. Allesfresser. Einige Arten gesellig u. Koloniebrüter. Nester bei meisten Arten auf Bäumen. Meist Jahresvögel.

1. Gefieder einfarbig schwarz oder schwarz u. grau 2

— Gefieder anders gefärbt 6

2. Schnabel kräftig, gerade, schwarz [**141,142**] .... ***Corvus*** L. 3

— Schnabel dünner, ± gebogen, rot oder gelb. In Alpen .... ***Pyrrhocorax*** Thunstall 5

3. Groß: L um 63 cm. Schwarz .... Kolkrabe, ***Corvus corax*** L.
Gefieder mit leichtem Metallglanz. Schnabel klobig. Schwanz (Flugbild!) keilförmig, raubvogelartiger Ruderflug. Stimme: tief „korrr" oder „krack". Fels- u. Baumbrüter mit großem Revier mit Wald- u. Offenlandanteilen. Jahresvogel.

— Mittelgroß: L 46–47 cm. Gefieder schwarz 4

— Mittelgroß: L 47 cm. Schwarz, Rücken u. Unterseite grau Nebelkrähe, ***Corvus corone cornix*** L.
Nahe verwandt mit Rabenkrähe. Östliche Unterart von ***Corvus corone*** L., Aaskrähe, auch als eigene Art ***Corone cornix*** L. aufgefasst. Meist Jahresvogel. Taxonomie im Fluss.

— Kleiner: L 33 cm. Schwarz u. grau .... Dohle, ***Coloeus*** (= ***Corvus***) ***monedula*** (L.)
Schwarz, Halsseiten, Ohrgegend u. Nacken schiefergrau, Unterseite düster grau. Augen weißlich. Stimme: hell „kjak-kjak". Gesellig. Nest in Gebäuden oder hohlen Bäumen. In Ortschaften, Parks, lichten Wäldern, felsigem Gelände. Jahresvogel/Zugvogel, auch Wintergast.

4. Schnabel kräftig, an der Spitze stärker gebogen, dunkel, am Grunde stets befiedert. Ohne „Hosen"bildung [**141**] .... Rabenkrähe, ***Corvus corone corone*** L.
Gefieder nur schwach glänzend. Stimme: „krääh" oder „arrk". In offenem Gelände. Westform von ***Corvus corone*** L., an Grenze zu Nebelkrähe (Schleswig, Mecklenburg, Elbe) Mischlinge. Die Rabenkrähe wird auch als eigene Art (***Corvus corone*** L.) aufgefasst. Meist Jahresvogel. Taxonomie im Fluss.

— Schnabel schlanker, bei Altvögeln am Grunde weiß, unbefiedert [**142**]. An Schenkeln mit struppigen „Hosen" .... Saatkrähe, ***Corvus frugilegus*** L.
Gefieder ± blauviolett, stark glänzend. Stimme: tief „grag" u. „kroah". Gesellig, nistet in Brutkolonien. In offenem Gelände, auch in Ortschaften. Jahresvogel/Zugvogel, auch Wintergast.

5. Schnabel rot, groß (länger als der Kopf), stark gebogen. L 40 cm
Alpenkrähe, ***Pyrrhocorax pyrrhocorax*** (L.)
An Felswänden, Alpen (Schweiz), sonst Ausnahmeerscheinung.

— Schnabel gelb, kürzer als der Kopf, weniger gebogen. L 38 cm
Alpendohle, ***Pyrrhocorax graculus*** (L.)
Stimme: hell trillernd „brrüib". Felsbewohner, (auch deutsche) Alpen. Jahresvogel.

141 Rabenkrähe; **142** Saatkrähe; **143** Elster; **144** Eichelhäher; **145** Tannenhäher

6. Schwanz länger als übriger Körper. Gefieder schwarz-weiß [**143**] L 46 cm (davon Schwanz 24 cm) .... Elster, ***Pica pica*** (L.)
Schultern, Flanken u. Bauch rein weiß, übriges Gefieder mit grünblauem Metallglanz. Ungeschickt paddelnder Flatterflug. Stimme: laut „schack-schack-...". Nest auf Bäumen, überdacht. In offenem Gelände, zunehmend in Siedlungen. Jahresvogel.

— Schwanz nicht länger als übriger Körper. Gefieder nicht schwarz-weiß 7

7. Gefieder ± rötlichbraun, Bürzel weiß, Schwanz schwarz. Schnabel kürzer [**144**]. L 34 cm
Eichelhäher, ***Garrulus glandarius*** (L.)
Bunt, Flügel mit weißem Fleck u. blau-schwarzweiß gebändert, Scheitel hell-längsgestreift. Flug schwerfällig. Stimme: u. a. Warnruf „rätsch-rätsch". In Wäldern. Jahresvogel/Zugvogel, Wintergast.

— Gefieder schwarzbraun, tropfenförmig weiß gefleckt. Schnabel langgestreckt [**145**]
Tannenhäher, ***Nucifraga caryocatactes*** (L.)
Unterschwanzdecken u. Schwanzende weiß. Flug eichelhäherartig. Stimme: schnarrend „krröh-krröh-...". In Nadelwäldern. Im Mittelgebirge, in den Alpen. Meist Jahresvogel.

Familie: **Paridae**, Meisen

Schnabel kurz, klettern bei Nahrungssuche (Insekten, pflanzliches Material) geschickt im Gezweig. Höhlenbrüter. In Wäldern, Parks u. Gärten. Meist Jahresvögel.

1. Rücken grünlich, Unterseite überwiegend gelb 2

— Rücken braun oder grau, Unterseite weißlich bis grau 3

2. Kopfkappe blau. L 11–12 cm. [**146**] .... Blaumeise, ***Cyanistes*** (= ***Parus***) ***caeruleus*** (L.) L.
Kopf mit weißer Stirn, weißen Wangen u. schwarzem Kehlfleck. Flügel u. Schwanz blau, Unterseite ohne schwarzes Längsband. Lockruf: leises „sit"; Warnruf: „zizidett-dett-dett"; Gesang: schwirrend „zizizihirrp". Jahresvogel, auch Zugvogel.

— Kopfkappe schwarz. L 14 cm. [**147**] .... Kohlmeise, ***Parus major*** L.
Kopf außer weißen Wangen schwarz, Bauch mit schwarzem Längsband in der Mitte (bei ♀ matter). Lockruf: „pink"; Warnruf: „trärretetetet"; Gesang: hell „dididäh-dididäh" („sitz ich da ..."). Jahresvogel, auch Zugvogel.

3. Kopfkappe schwarz-weiß, in spitzer Haube endend. Kopf schwarz-weiß gezeichnet. L 11,5 cm. [**148**] .... Haubenmeise, ***Lophophanes*** (= ***Parus***) ***cristatus*** (L.)
Überwiegend graubraun; das Weiß der schwarz umrandeten Wange durch schwarzen Bogen unterteilt. Lockruf: „zizigürrrr", Gesang: leises Zwitschern. Vor allem in Nadelwäldern. Jahresvogel.

— Kopf mit gleichmäßig schwarzer Kappe **4**

4. Kopf schwarz, Wangen weiß, vollständig schwarz umrandet, Hinterkopf mit weißem Nackenfleck. L 11 cm [**149**] .... Tannenmeise, ***Periparus*** (= ***Parus***) ***ater*** (L.)
Oberseite graublau, Kinn bis Brust schwarz. Lockruf: hoch „sissi"; Gesang: rhythmisches „sífi-sífi-sífi-...". Vor allem in Nadelwäldern. Jahresvogel.

— Wangen weiß, nicht vollständig schwarz umrandet, ohne weißen Nackenfleck. Gefieder ± graubraun .... Graumeisen, ***Poecile*** Kaup **5**

5. Kopfkappe matt glänzend schwarz. Mit kleinerem schwarzem Kehlfleck [**150a**]. Schwanzende kaum gestuft [**150b**]. Flügel ohne helle Zone. L 11,5 cm
Sumpfmeise, ***Poecile*** (= ***Parus***) ***palustris*** (L.)
Lockruf, Warnruf: „zipjä" u. „zjädettdettdettdett"; Gesang: schnell „jifft-jifft-jifft". Jahresvogel.

— Kopfkappe ohne deutlichen Glanz. Mit größerem schwarzem Kehlfleck [**151a**]. Schwanzende gestuft [**151b**]. Flügel meist mit hellerer Zone. L 11,5 cm
Weidenmeise, ***Poecile*** (= ***Parus***) ***montanus*** (Conrad von Baldenstein)
Lockruf, Warnruf: „sisi-däh-däh"; Gesang: Reihe aus flötenden „tjih"-Rufen. Jahresvogel.

146

147

148

150a

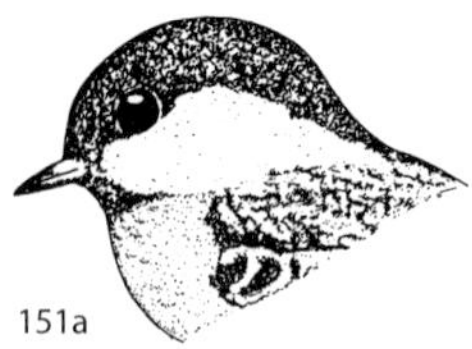
151a

149

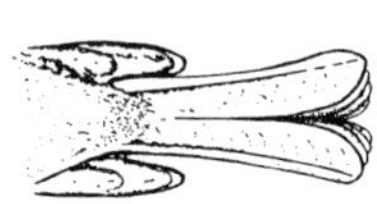
150b

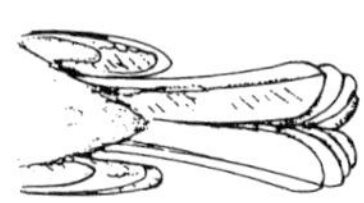
151b

146 Blaumeise; **147** Kohlmeise; **148** Haubenmeise; **149** Tannenmeise; **150a** Sumpfmeise; **151a** Weidenmeise

Familie: **Alaudidae**, Lerchen

Gefieder ± braun. Kralle der Hinterzehe lang, gerade („Lerchensporn" [**153**]). Am Boden lebend. Fortbewegung laufend, nicht hüpfend. Nahrung: Insekten, pflanzliche Stoffe. Singen häufig im Flug. Nester am Boden.

1. Kopf mit spitzem Federschopf („Federhaube") [**154**]. L 17 cm
Haubenlerche, ***Galerida cristata*** (L.)
Sand- bis graubraun, mit dunkler Fleckung, Schwanz mit hellbräunlichen Kanten. Lockruf: „düdidriä"; Gesang ähnlich Feldlerche. In offenem, baumlosem Gelände, gern in Ortschaften. Jahresvogel.

— Kopf ohne oder mit undeutlicher Federhaube 2

2. Stirn u. Kehle gelb. L um 17 cm .... Ohrenlerche, ***Eremophila alpestris*** (L.)
Oberseite rötlichbraun, Unterseite grauweiß; ♂ mit schwarzer Zeichnung (Halsband, Stirnband, Wangen, Federöhrchen); beim ♀ blasser. Lockruf: „dididüh". Selten. Wintergast.

— Kehle u. Stirn nicht gelblich 3

3. L 17–18 cm. Schwanz mit weißen Außenkanten. [**152**] .... Feldlerche, ***Alauda arvensis*** L.
Erdbraun mit dunkler Längsfleckung, unterseits heller. Lockruf: „trrlit"; Gesang: Variation über „türili-türili...", spiralig aufsteigend im Rüttelflug vorgetragen. Auf Feldern u. Wiesen. Jahresvogel, auch Zugvogel, zur Zugzeit in größeren Flügen, auch Wintergast.

— L 15 cm. Schwanz ohne weiße Kanten .... Heidelerche, ***Lullula arborea*** (L.)
Schwanz kurz. Erdbraun, dunkel gemustert, unterseits heller, mit deutlichem, weißem Überaugenstreif, Ohrgegend dunkel. Lockruf: „düdloi"; Gesang: flötend „düdl-düdl-dülülülülül". In trockenem Gelände. Zugvogel. – Als Ausnahmeerscheinung Kurzzehenlerche, ***Calandrella brachydactyla*** (Leisler) (Sondermerkmal: Bauchseite ohne dunkle Längsstrichelung).

Familie: **Hirundinidae**, Schwalben

Schlank, Flügel lang u. spitz (aber nicht sichelförmig wie Segler, **Apodidae**), Schnabel kurz, Beine kurz, Schwanz ± tief gegabelt. Gute Flieger. Erbeuten Insekten im Fluge. Brüten gesellig, bauen meist Lehmnester. Zugvögel.

1. Groß: L 19 cm. Schwanz mit langen Spießen. Mit brauner Kehle u. schwarzem Brustband. [**155**]
Rauchschwalbe, ***Hirundo rustica*** L.
Oberseite schwärzlich-blau, Unterseite weißlich. Lockruf: „witt-ziwitt"; Warnruf: „biewit-biewit"; Gesang: zwitschernd-schnurrend „witsche-witsche-wiie". Nest tassenförmig, vor allem in Gebäuden. In Siedlungen. – Als Ausnahmeerscheinung Rötelschwalbe, ***Cecropis*** (= ***Hirundo***) ***daurica*** (Laxmann) (Bürzel rostgelb, ganze Unterseite rahmfarben; L 14–19 cm).

— Kleiner: 12–15 cm. Schwanz weniger stark gegabelt [**156,157**] 2

152

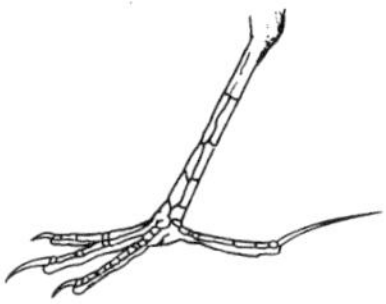
153

154

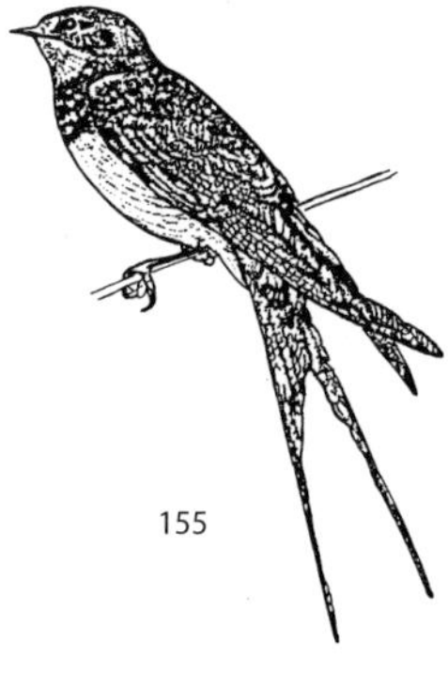
155

156

157

152 Feldlerche; **154** Haubenlerche; **155** Rauchschwalbe; **156** Mehlschwalbe; **157** Uferschwalbe

2. Bürzel u. ganze Unterseite weiß. Oberseite blau-schwärzlich. Beine befiedert. L 13 cm. [**156**]
Mehlschwalbe, ***Delichon urbicum*** (L.)
Lockruf: „schrrip-schrrip"; Gesang: leise schwatzendes Zwitschern. Nester als aus Erde gemauerte Halbkugel mit seitlichem Eingang unter Vorsprüngen (wie Dachrändern), Koloniebrüter. Vor allem in Ortschaften.

— Färbung anders, ohne weißen Bürzel. Beine unbefiedert **3**

3. Unterseite weiß mit braunem Brustband. Schwanz schwach gegabelt. L 12 cm. [**157**]
Uferschwalbe, ***Riparia riparia*** (L.)
Oberseits braun. Lockruf „dschr"; Gesang: zwitschernd. Koloniebrüter an Steilwänden (Ufer, Sandgruben) in selbstgegrabenen Erdhöhlen. In offener Landschaft in der Nähe von Gewässern.

— Unterseite hell grau-braun, ohne Brustband. Schwanz ± geradeabgeschnitten. L 15 cm
Felsenschwalbe, ***Ptyonoprogne rupestris*** (Scopoli)
In felsigem Gelände. Alpen. Sehr seltener Brutvogel im Süden.

Familie: **Phylloscopidae**, Laubsänger

Vor allem in lichten Wäldern. Nahrung: meist Insekten, Spinnen. Nest überdacht, am Boden. Zugvögel. Weitere ***Phylloscopus***-Arten als Ausnahmeerscheinung. Wegen häufig ähnlicher Färbung zum Teil schwierige Unterscheidung im Felde. Stimme u. Biotop beachten!

1. Kehle u. Brust licht grüngelb, Bauch reinweiß. L 13 cm
Waldlaubsänger, ***Phylloscopus sibilatrix*** (Bechstein)
Lockruf: weiches „huid"; Gesang: schwirrend „sipp-sipp-sipp-sipsip-sirrrr" im gleitenden Singflug. In lichten Laub-(Buchen)wäldern. Zugvogel.

— Unterseite reinweiß bis grauweiß, Oberseite grünlich, Bürzel gelbgrün. L 11,5 cm
Berglaubsänger, ***Phylloscopus bonelli*** (Vieillot)
Lockruf: 2-silbig „dö-id"; Gesang: blechernes kurzes Schwirren. In lichten Wäldern. Im Bergland Süddeutschlands. Zugvogel.

— Unterseite nicht einheitlich weiß, aber ohne grüngelbe Kehle u. Brust. Oberseite ± grünlich-grau, ohne gelbgrünen Bürzel. L 10–11 cm **2**

158

159

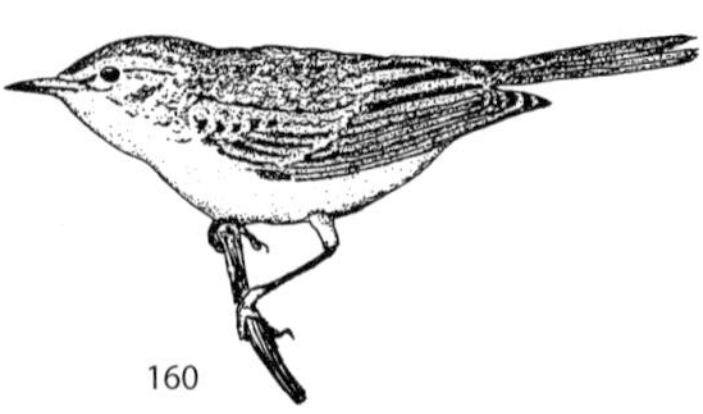
160

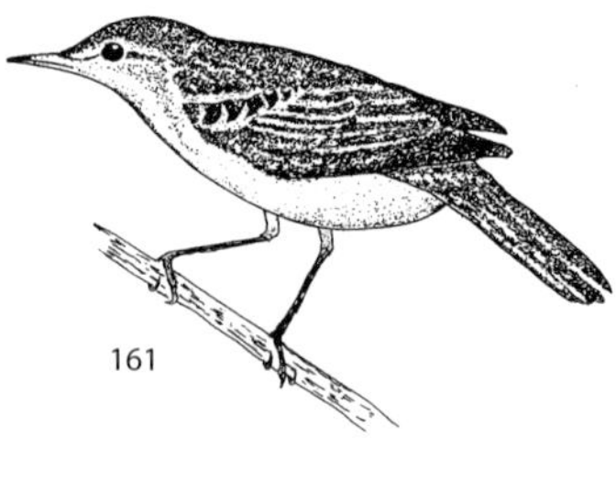
161

158 Sommergoldhähnchen; **159** Mönchsgrasmücke; **160** Fitislaubsänger; **161** Teichrohrsänger

2. Flügel ohne Binden. L 11 cm 3
— Flügel mit 1 gelblichen Binde. L 11 cm Grünlaubsänger, ***Phylloscopus trochiloides*** (SUNDEVALL)
Seltener Brutvogel. Zugvogel.
— Flügel mit 2 grünlichen Binden. L 10 cm
Gelbbrauen-Laubsänger, ***Phylloscopus inornatus*** (BLYTH)
Seltener Gast im Küstenbereich.
3. Beine hellbraun. [**160**] .... Fitis, Fitislaubsänger, ***Phylloscopus trochilus*** (L.)
Mit deutlichem, hellem Überaugenstreif. 1.–5. Handschwinge am Vorderrand verengt. Lockruf: klagend „huid"; Gesang: abfallende Folge aus weichen Lauten. In lichten, unterholzreichen Wäldern, Parks. Zugvogel.
— Beine dunkel .... Zilpzalp, Weidenlaubsänger, ***Phylloscopus collybita*** (VIEILLOT)
Überaugenstreif matter, 1.–6. Handschwinge am Vorderrand verengt. Lockruf: weich „hüid"; Gesang: monoton „zilp-zalp-zilp-zalp-...". In Parks, Gärten, unterholzreichen Wäldern. Zugvogel.

Familie: **Locustellidae** (= **Megaluridae**), Grassänger, Schwirlverwandte

Auf feuchten Wiesen, an Gewässern. Nahrung: wirbellose Tiere. Nest am Boden oder dicht über dem Wasser (Rohrschwirl). Zugvögel. Unterscheidung zum Teil schwierig, Stimme u. Biotop beachten!

1. Oberseite olivbraun, dunkel längsgestreift, Schwanz fein quergestreift. L 12,5 cm
Feldschwirl, ***Locustella naevia*** (BODDAERT)
Lockruf: „tick"; Gesang: langanhaltendes, heuschreckenartiges „sirrrrrr". Nest am Boden. In feuchten Wiesen, auch Kulturfeldern. Zugvogel.
— Oberseite braun bis olivbraun, nicht dunkel gestreift 2
2. Unterseite schmutzig bräunlich-weiß. L 14 cm ....Rohrschwirl, ***Locustella luscinioides*** (SAVI)
Lockruf: „teck-teck"; Gesang: wie Feldschwirl, aber tiefer u. nicht so lang anhaltend. In Schilf- u. Rohrkolbenbeständen. Selten, fehlt lokal. Zugvogel.
— Unterseite schmutzig-weiß, mit dunkler Längsstrichelung an Kehle u. Kropf. L 12,5 cm
Schlagschwirl, ***Locustella fluviatilis*** (WOLF)
Gesang: wetzend wie „wesewesewese...". In Sumpfwäldern mit Unterwuchs. Selten, mehr im Osten. Zugvogel.

Familie: **Acrocephalidae**, Rohrsängerverwandte

Meist an Gewässern, häufig in Schilfbeständen. Nahrung: Insekten u. andere Wirbellose. Nest an Pflanzenstängeln über dem Boden oder Wasser. Zugvögel. Zum Teil schwierige Unterscheidung im Felde. Gesang beachten! Weitere ***Acrocephalus***-Arten als Ausnahmeerscheinung.

1. Schwanz hinten ± gerade abgeschnitten. Oberseite gelblich-olivgrün, Unterseite gelblich
Gelbspötter, ***Hippolais icterina*** (VIEILLOT)
L 12–13,5 cm. Mit gelbem Überaugenstreif. Schnabelinneres orangerot. Lockruf: „diederid"; Warnruf: „däck-däck-däck"; Gesang: rhythmisch, hastige vielseitig abgewandelte, wohlklingende, melodische u. gequetscht klingende Laute, guter Spötter. In Gärten, Parks. Zugvogel. – Außerdem in Südwestdeutschland ***Hippolais polyglotta*** (VIEILLOT), Orpheusspötter (dem Gelbspötter sehr ähnlich), Zugvogel.
— Schwanz hinten abgerundet. Oberseite olivbraun, graubräunlich oder bräunlich. Unterseite beigeweiß .... Rohrsänger, ***Acrocephalus*** NAUMANN ET NAUMANN 2
2. Groß: L 19 cm .... Drosselrohrsänger, ***Acrocephalus arundinaceus*** (L.)
Oberseite hell olivbraun, Unterseite hell sandfarben. Lockruf: „karr"; Gesang: „karre-karre-kied-kied-kied karre-...". Nest zwischen Halmen, in Röhricht über dem Wasser. Zugvogel.
— Kleiner: 12,5 cm 3
3. Oberseite graubräunlich, dunkel gestreift 4
— Oberseite gleichmäßig bräunlich, ungestreift 5
4. Kopf oben nur dunkel gestreift. Bürzel ungestreift
Schilfrohrsänger, ***Acrocephalus schoenobaenus*** (L.)
Unterseite rahmfarben, Kehle weißlich. Lock- u. Warnruf: „räck"; Gesang: knarrend, mit „woid-woid-woid"-Motiven. In Röhricht im Uferbereich, auch auf Wiesen. Zugvogel.
— Kopf oben mit einem von 2 dunklen breiten Streifen eingefassten hellgelblichen Mittelstreif. Bürzel (wie übrige Oberseite) gestreift Seggenrohrsänger, ***Acrocephalus paludicola*** (VIEILLOT)
Unterseite ungefleckt rahmfarben, undeutlich längsgefleckt. Lockruf: „tack" oder „trrr"; Gesang: rhythmisch „errr-di-didi-errr-düdüdü-...". In Seggenbeständen. Brutvogel nur im Unteren Odertal (Vorkommen erloschen?). Zugvogel.

5. Oberseite ± rötlichbraun. Verengung der 2. Handschwinge vor dem Niveau der 8. Handschwinge beginnend. [**161**] .... Teichrohrsänger, ***Acrocephalus scirpaceus*** (Hermann)
Lockruf: „tschätsch" u. „tscharr"; Gesang: „tiri tiri tiri ... zäck zäck-tiri-scherk...". Nest an Halmen. Im Schilf über Wasser. Zugvogel.

— Oberseite mehr olivbraun. Verengung der 2. Handschwinge hinter dem Niveau der 8. Handschwinge beginnend .... Sumpfrohrsänger, ***Acrocephalus palustris*** (Bechstein)
Lockruf: „tschätsch" u. „kärr"; Gesang: abwechslungsreich mit vielen Imitationen anderer Vogelstimmen (auch anderer Laute), vorzüglicher Spötter, singt auch nachts. In Hochstaudenfluren an Gräben, auch auf Kulturfeldern. Zugvogel.

Familie: **Sylviidae**, Zweigsänger, Grasmückenverwandte

In unterholzreichen Wälder, in offener, gebüschreicher Landschaft. Nahrung: Insekten u. andere Wirbellose. Nester im Gebüsch. Zugvögel. Wegen häufig ähnlicher Färbung zum Teil schwierige Unterscheidung im Felde. Stimme u. Biotop beachten!

1. Unterseite mit dunklen Querbinden (gesperbert). Auge hellgelb. L 15 cm
Sperbergrasmücke, ***Sylvia nisoria*** (Bechstein)
Lock- und Warnruf: hart „tzeck"; Gesang: ähnlich Gartengrasmücke, doch kürzer, schnarrend. Offenes Buschland. Mehr im Osten. Zugvogel.

— Unterseite nicht gesperbert. Auge dunkler. L 13,5–4 cm **2**

2. Kopf oben mit schwarzer (♂) oder brauner (♀) Kappe. Schwanz einfarbig dunkel. [**159**]
Mönchsgrasmücke, ***Sylvia atricapilla*** (L.)
L 14 cm. Lockruf: „täck"; Gesang: abwechslungsreich zwitschernd, dann lauter, flötender „Überschlag" am Ende. In unterholzreichen Wäldern, Parks, Gebüsch. Zugvogel.

— Kopf oben ohne dunkle Kappe, Körperoberseite olivgrün bis grau. Schwanz ohne Weiß
Gartengrasmücke, ***Sylvia borin*** (Boddaert)
L 14 cm. Lock- u. Warnruf: „tschäck-tschäk"; Gesang: wohltönendes flötendes „Geplauder". In unterholzreichen Wäldern, buschreichem Gelände. Zugvogel.

— Kopf oben ohne dunkle Kappe, Körperoberseite stärker braun oder grau. Seitliche Schwanzfedern weiß **3**

3. Flügel zum Teil rötlichbraun. Körperoberseite bräunlich-grau. L 14 cm
Dorngrasmücke, ***Sylvia communis*** Latham
Unterseite zart hellrötlich angehaucht. Lockruf: „wäd-wäd"; Warnruf: langes, raues „tschähr"; Gesang: kurzes, eiliges rau klingendes Zwitschern, laut schließend, oft im kurzen Singflug vorgetragen. In Gebüsch. Zugvogel.

— Flügel ohne Rotbraun. Körperoberseite grau. L 13,5 cm
Klappergrasmücke, Zaungrasmücke, Müllerchen, ***Sylvia curruca*** (L.)
Lockruf: leise schnalzend „tzeck"; Gesang: leise zwitschernd „zizizi...", dann eilig klappernd „didldidldidl...". Zugvogel.

Familie: **Regulidae**, Goldhähnchen

In Nadel- u. Mischwäldern, im Winter auch in Laubwäldern. Nahrung: Insekten, Spinnen. Nest auf Nadelbäumen.

1. Mit kräftigem, weißem Überaugenstreif u. schwärzlichem Augenstreif [**158**]
Sommergoldhähnchen, ***Regulus ignicapilla*** (Temminck)
Gelber Scheitelstreif beim ♂ in der Mitte orangerötlich. Lockruf: „sri-sri-sri"; Gesang: hohes, anschwellendes „sisisi...", mit „sía" endend. In Nadel- u. Mischwäldern. Mehr im Westen u. Süden. Zugvogel.

— Mit schwarzem Überaugenstreif, ohne Augenstreif Wintergoldhähnchen, ***Regulus regulus*** (L.)
Scheitel insgesamt blasser. Lockruf: feines „srisrisri"; Gesang: hohes „sisisih-sisisih-sisisiseretet". Nest in Nadelbäumen. In Nadelwäldern. Überwiegend Jahresvogel, auch Wintergast u. Durchzügler.

Familien: **Sittidae**, Kleiber, **Tichodromadidae**, Mauerläufer

Kurzschwänzige spechtähnliche Klettervögel mit kräftigem Schnabel. Nahrung: Insekten, im Winter Sämereien. Jahresvögel.

1. Oberseite graublau, mit kräftigem schwarzem Augenstreif. Schnabel gerade, kürzer. L 14 cm. [**164**] .... (**Sittidae**) Kleiber, ***Sitta europaea*** L.
Kehle weiß, Unterseite weißlich, Flanken kastanienbraun. Lockruf: „sit" oder „tuit-tuit-tuit"; Gesang: trillernd „trürr" u. pfeifend „wíhe-wíhe-...". Nester in Baumhöhlen, Eingang meist durch Lehmwand verkleinert. An Baumstämmen kletternd. In lichten Wäldern, Parks.

— Oberseite mausgrau, Flügel schwarzbraun u. rot. Schnabel gebogen, länger. L 16,5 cm (**Tichodromadidae**) Mauerläufer, ***Tichodroma muraria*** (L.)
Unterseite grau, Kehle schwarz (Prachtkleid) oder weiß (Schlichtkleid). Nest in Felsspalten. An steilen Felswänden (Alpen), sonst Ausnahmeerscheinung.

Familie: **Certhiidae**, Baumläufer

Kurzbeinige Klettervögel, laufen ruckartig an Baumstämmen in die Höhe u. suchen mit dem pfriemförmigen Schnabel nach Nahrung (Insekten). Nest in Höhlungen, hinter Rinde. In Wäldern u. Parks. Jahresvögel. Die 2 Arten im Freien nicht sicher unterscheidbar.

1. Oberseite in Grundfärbung dunkel-graubraun, Stirn undeutlich gefleckt, Unterseite weiß, mit ± graubraun verwaschenen Flanken [**162a**]. Hinterzehenkralle kurz, stark gekrümmt [**162b**] Gartenbaumläufer, ***Certhia brachydactyla*** Brehm
Lockruf: pfeifend „tit"; Gesang: abgehackt „dit-dit-dit-didelit-dit". Mehr in offener Landschaft, mehr in tieferen Lagen.

— Oberseite in der Grundfärbung tabakbraun, Stirn deutlich gefleckt, Unterseite reinweiß [**163a**]. Hinterzehenkralle lang, wenig gekrümmt [**163b**] .... Waldbaumläufer, ***Certhia familiaris*** L.
Lockruf: zart „srih"; Gesang: zwitschernd, ähnlich Blaumeise, Zaunkönig, mit Triller endend. Mehr in geschlossenen Wäldern, mehr im Gebirge.

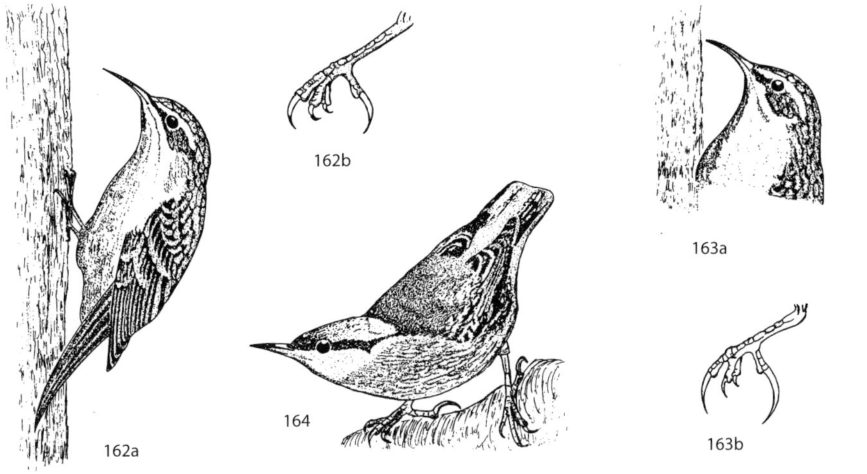

162a Gartenbaumläufer; **163a** Waldbaumläufer; **164** Kleiber

Familie: **Turdidae**, Drosseln

Relativ langbeinig, ernähren sich von Beeren oder wirbellosen Tieren. Suchen gern am Boden nach Nahrung. Außer den hier behandelten Arten weitere Drosseln als Ausnahmeerscheinungen.

1. Unterseite u. Oberseite schwarz (♂) oder ± einfarbig braun (♀) .... Amsel, ***Turdus merula*** L.
L 25,5 cm. Schnabel gelb (♂) oder hornfarben (♀). Lockruf: „tack-tack"; Warnruf: laut scheltend „gaigigigigg-ticks-ticks"; Gesang: feierlich flötend. In Wäldern u. in der Kulturlandschaft, in Siedlungen. Jahresvogel/Zugvogel, auch Wintergast.

— Unterseite nicht einfarbig, meist hell, dunkel gefleckt **2**

2. Oberseite zum Teil (Kopf, Nacken, Bürzel) grau, Rücken kastanienbraun
Wacholderdrossel, ***Turdus pilaris*** L.
L 25,5 cm. Schwanz fast schwarz, Kehle u. Brust rostgelb, dunkel gefleckt, Unterleib u. Unterflügel (Flugbild!) weiß. Lockruf: schackernd „tschak-tschak-tschak" u. „zieh"; Gesang: gepresstes Zwitschern. Brütet in Kolonien. In offenem Gelände mit Bäumen oder Feldgehölzen. Meistens Zugvogel, ein häufiger Wintergast.

— Oberseite anders gefärbt **3**

3. Dunkel mit hellem, halbmondförmigem Brustfleck .... Ringdrossel, ***Turdus torquatus*** L.
L 24 cm. ♂ schwarz, Brustfleck weiß; ♀ braun, Brustfleck weißlich, braun getönt. Lockruf: „tock-tock"; Gesang ähnlich Singdrossel. In lichten Nadelwäldern der Mittelgebirge, in der Latschenzone der Alpen, auch Durchzügler aus dem Norden. Zugvogel.

— Unterseite ohne hellen Brustfleck **4**

4. Mit deutlichem, weißem Überaugenstreif. L 21 cm .... Rotdrossel, ***Turdus iliacus*** L.
Oberseite ± einfarbig braun, Unterseite hell, dunkel längsgefleckt, Flanken u. Unterflügel kastanienbraun. Lockruf: dünnes „zieh"; Gesang leise schwätzend. Häufiger Durchzügler u. Wintergast, auch sporadischer Brutvogel.

— Ohne deutlichen hellen Überaugenstreif [**165**] **5**

5. L 27 cm. Unterflügel weiß .... Misteldrossel, ***Turdus viscivorus*** L.
Oberseite graubraun, Unterseite rahmweiß mit grober schwarzer Fleckung. Lockruf: „schnärrr"; Gesang: ähnlich Amsel, aber Strophen kürzer. In Wäldern, Parks. Zugvogel, auch Jahresvogel. – Als Ausnahmeerscheinung Erddrossel, ***Zoothera aurea*** (Holandre) (Unterflügel schwarz-weiß längsgebändert; Gefieder mit dunklen, halbmondförmigen Flecken).

— L 23 cm. Unterflügel ockergelb. [**165**] .... Singdrossel, ***Turdus philomelos*** Brehm
Oberseite olivbraun, Unterseite weißlich mit schwarzbrauner Fleckung. Lockruf: weich „zipp" u. „dak"; Gesang: laute flötende u. zwitschernde Laufe, jeweils 2–5-mal wiederholt. In Wäldern, Parks, Gärten. Zugvogel.

Familie: **Muscicapidae**, Schnäpperverwandte

Muscicapinae: Machen häufig von einer Warte aus Jagd auf Insekten, die im Flug durch Schnappen mit dem breiten Schnabel erbeutet werden; Hinflug steil, kurz, flatternd, Rückflug zur Warte gleitend. Nest in Höhlen oder Halbhöhlen.
Saxicolinae: Relativ langbeinig, am Boden oder im Gezweig. Nahrung: tierisch und/oder pflanzlich. Nest am Boden oder in der Vegetation.

System:
Muscicapinae: ***Muscicapa, Ficedula***
Saxicolinae (auch eigene Familie **Saxicolidae**; früher zu **Turdidae** gestellt):
Erithacus, Luscinia, Monticola, Oenanthe, Phoenicurus, Saxicola

1. Schnabel breit u. flach, am Grunde mit Borsten [**140**] .... Fliegenschnäpper, **Muscicapinae** **2**

— Schnabel gestreckt, fein pfriemförmig .... Schmätzer, **Saxicolinae** **6**

2. Ober- u. Unterseite graubraun, Stirn, Kehle u. Brust mit dunkler Längsstreifung. L 14 cm. [**169**]
Grauschnäpper, ***Muscicapa striata*** (Pallas)
Lockruf: Heiser „pst"; Warnruf: „teck"; Gesang: Reihung solcher Rufe. In Waldungen, Gärten. Zugvogel.

— Oberseite größtenteils bräunlich oder schwarz, Unterseite weißlich. L 11,5–13 cm
Ficedula L. **3**

3. Schwanz an der Basis jederseits auf 2 Federn mit weißem Fleck. L 11,5 cm
Zwergschnäpper, ***Ficedula parva*** (Bechstein)
Brust gelblich-braun, ♂ im Prachtkleid mit rostfarbener Kehle. Lockruf: „dir"; Warnruf: „trrt"; Gesang: „tink-tink-aida-aida-aida-wid-wid...". In unterholzreichen Wäldern. Mehr im Osten. Zugvogel.

— Schwanz jederseits ohne oder höchstens auf 1 Feder mit weißem Fleck. Flügel mit weißer Zeichnung. L 13 cm **4**

4. Oberseite vorwiegend schwarz oder schwarzbraun (♂♂) **5**

— Oberseite bräunlich . . . . ♀♀ von ***Fidecula hypoleuca*** u. ***albicollis*** vgl. **5**

5. Hals mit durchgehendem weißem Nackenband

Halsbandschnäpper, ***Ficedula albicollis*** (Temminck)

2. Handschwinge länger als die 5. Lockruf: „siebs siebs"; Gesang: „zit-zit-zit-sitju-si". In Parks u. lichten Wäldern. Im Süden. Zugvogel.

— Hals hinten dunkel . . . . Trauerschnäpper, ***Ficedula hypoleuca*** (Pallas)

2. Handschwinge kürzer als die 5. Lockruf: „bitt bitt"; Gesang: „wuti-wuti-wuti-wu". In Parks u. lichten Wäldern. Zugvogel.

6. Stirn, Kehle u. Vorderbrust rot, blassgrau eingefasst. Schwanz nicht rot. L 14 cm. [**166**]

Rotkehlchen, ***Erithacus rubecula*** (L.)

Bauch hell. Augen groß. „Dickichtvogel", huscht im Gebüsch. Erdbrüter. Lockruf: Schnickern; Warnruf: „zieh"; Gesang: hoch flötend, dazu „perlende" Strophen. In unterholzreichen Wäldern, Parks. Jahresvogel/Zugvogel, Wintergast.

— Bürzel u. Schwanz größtenteils rot. L 14 cm . . . . ***Phoenicurus*** Forster **7**

— Schwanz orangerot. Unterseite orangerot bis hell-bräunlich. L 17–20 cm

Steinrötel, ***Monticola saxatilis*** (L.)

Schwanz relativ kurz. ♂ im Prachtkleid mit blauem Kopf, orangeroter Brust, Bürzel weiß. ♂ u. ♀ im Schlichtkleid mehr bräunlich. In felsigem Gelände (Österreich). Seltener Gast im Südwesten.

— Gefieder ohne oder mit andersartiger roter Zeichnung **8**

7. Brust schwarz, Rücken schwarzgrau (♂); oder Gefieder insgesamt ± grau (♀)

Hausrotschwanz, ***Phoenicurus ochruros*** (Gmelin)

L 14 cm. ♂: Flügel mit weißem Spiegel. Knickst oft mit Wippen des Schwanzes. Lockruf: „hit-teck-teck"; Gesang: Beginn gepresst kratzend „tztztzdidididididi" von erhöhter Warte. Nest in Höhlungen. An Gebäuden u. Felsen. Zugvogel.

— Kehle schwarz, Brust gelblich-rotbraun, Stirn weiß, Oberseite grau (♂); oder Gefieder oben graubraun, unten rötlichgrau (♀) . . . . Gartenrotschwanz, ***Phoenicurus phoenicurus*** (L.)

L 14 cm. Lockruf: „hüit-tick-tick"; Gesang: beginnt mit 1 langen u. 2 kurzen Flötentönen, mit seufzendem Triller am Ende. In lichten Wäldern, Gärten. Zugvogel.

8. Bürzel u. äußere Schwanzfedern in der basalen Hälfte überwiegend weiß [**167**]. L 15 cm

Steinschmätzer, ***Oenanthe oenanthe*** (L.)

♂ oben hellgrau, mit schwarzem Augenstreif, Flügel u. Schwanzende [**167**]; ♀ weniger kontrastreich, bräunlicher. Lockruf: „giw-töck-töck"; Gesang: Locktöne mit schnalzenden Lauten vermischt, kurzer Singflug. Nest unter Steinen, in Erdlöchern. In offenem, sandigem oder steinigem Gelände. Zugvogel.

— Nicht gleichzeitig Bürzel u. Basis der äußeren Schwanzfedern weiß **9**

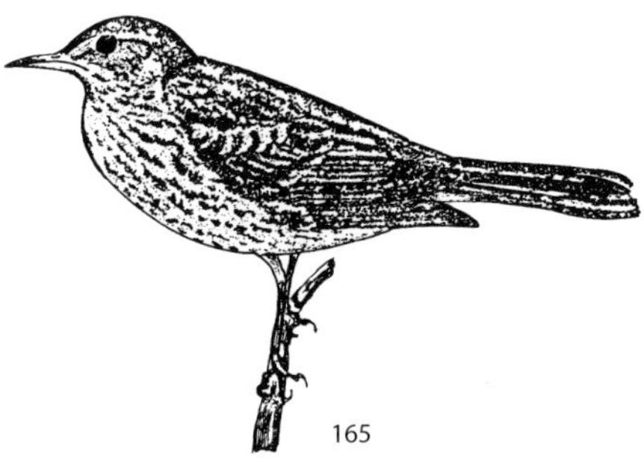

165

166

167

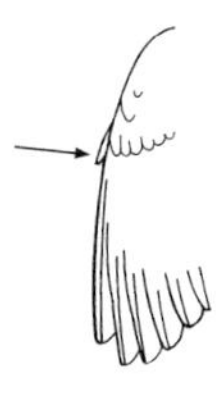

168a

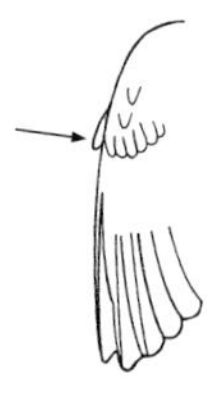

168b

165 Singdrossel; **166** Rotkehlchen; **167** Steinschmätzer

9. Kehle schwarz, schwarzbraun oder rostbraun. L 13 cm .... ***Saxicola*** Bechstein **10**
— Kehle blau oder ± weiß. L 14 oder 17 cm .... ***Luscinia*** Forster **11**
10. Basis der äußeren Schwanzfedern weiß. Mit weißlichem Überaugenstreif
Braunkehlchen, ***Saxicola rubetra*** (L.)
L 13 cm. Oberseite braun mit dunklen Längsstreifen, rahmfarben. ♂ mit dunklem Wangenfleck, Flügel dunkel-weiß gezeichnet. Lockruf: „djü-teck-teck"; Gesang: ähnlich Gartenrotschwanz. Nest am Boden. Auf Wiesen. Zugvogel.
— Schwanz insgesamt dunkel. Kopf dunkel, ohne hellen Überaugenstreif
Schwarzkehlchen, ***Saxicola rubicola*** (L.)
L 13 cm. ♂ oben dunkel, mit schwarzer Kehle, an Halsseite mit weißem Fleck, Bürzel grauweiß, Unterseite hell bis braun; ♀ unscheinbarer gefärbt. Lockruf: „fid-teck-teck"; Gesang: melodisches, mit Kratzen durchsetztes Geplauder. Nest am Boden. Auf offenem Gelände. Nicht im Nordosten. Zugvogel.
11. L 14 cm. Schwanz braun, äußere Federn an der Basis rostrot. Kehle blau oder weißlich
Blaukehlchen, ***Luscinia svecica*** (L.)
♂ mit blauer Kehle, dahinter mit schwarzem u. kastanienbraunem Brustband, übrige Unterseite weißlich, Oberseite braun; ♀ ohne blaue Kehle. Lockruf: hart „tack" u. weich „fied"; Gesang: schnurrend, mannigfaltig. Nest am Boden. In Buschwerk in Wassernähe. Zugvogel. – Zwei Unterarten-Gruppen.Blaue Kehle mit weißem Fleck: ***L. svecica cyanecula*** (Meisner), in Mitteleuropa, Zugvogel; blaue Kehle mit rostfarbenem Fleck: ***L. svecica svecica*** (L.), in Skandinavien, Durchzügler.
— L 17 cm. Schwanz einfarbig braunrot, Körperoberseite braun, Unterseite insgesamt bräunlich-cremefarben **12**
12. Brust ohne Wölkung. Äußerste Handschwinge lang [**168a**]
Nachtigall, ***Luscinia megarhynchos*** Brehm
Lockruf: „jühd"; Warnruf: „krrähk"; Gesang mit schmetternden Strophen u. gezogenen, anschwellenden Flötentönen. Nest dicht über dem Boden. In Gebüsch, gern in feuchten Wäldern. Zugvogel.
— Brust dunkel gewölkt. Äußerste Handschwinge kurz [**168b**] .... Sprosser, ***Luscinia luscinia*** (L.)
Ähnlich Nachtigall, Gesang: ohne die gezogenen Flötentöne, dafür mit schnurrenden Folgen. Im Osten: Ostholstein, Nordmecklenburg. Zugvogel.

Familie: **Prunellidae**, Braunellen

Sperlingsähnlich, aber mit dünnem Schnabel. Halten sich vor allem am Boden auf. Nahrung: Pflanzensamen, Insekten. Nest in Bodennähe oder in Felsspalten.

1. L 18 cm. Kehle weiß mit schwarzer Querfleckung. Flanken rotbraun gefleckt
Alpenbraunelle, ***Prunella collaris*** (Scopoli)
Oberseite graubraun, dunkel längsgestreift. Lockruf: „trrlitt" u. „trrrüi"; Gesang: lerchenartig. In der alpinen Zone. Jahresvogel.
— L 14,5 cm. Kehle (wie ganze Unterseite) grau. Flanken nicht rotbraun gefleckt. [**170**]
Heckenbraunelle, ***Prunella modularis*** (L.)
Oberseite graubraun, dunkel gestreift. Lockruf: „siet" u. „bibbibbib"; Gesang: ähnlich Zaunkönig, aber leiser, länger. In Wäldern, Parkanlagen. Zugvogel/Jahresvogel.

Familie: **Passeridae**, Sperlinge

Leben mehr am Boden. Nahrung: vor allem Sämereinen, auch anderes pflanzliches Material u. Insekten.

1. Flügel mit großem weißem Feld, Schwanz außen weiß. L 18 cm
Schneesperling, Schneefink, ***Montifringilla nivalis*** (L.)
Kopf grau, Kehle beim ♂ schwärzlich. Alpen oberhalb der Baumgrenze. Jahresvogel.
— Flügel höchstens mit schmalen hellen Binden, Schwanz dunkel .... ***Passer*** Brisson **2**
2. Kopf oben rötlichbraun. Wangen weiß mit schwarzem Fleck [**185**]. Flügel mit 2 weißen Binden
Feldsperling, ***Passer montanus*** (L.)
L 14 cm. Lockruf: im Fluge „teck"; Gesang: höher u. kürzer als beim Haussperling. Nest in Baumhöhlen. In lichten Wäldern. Jahresvogel.
— Kopf oben grau oder graubraun. Wangen weiß ohne schwarzen Fleck. Flügel mit 1 weißen Binde [**184**] .... Haussperling, ***Passer domesticus*** (L.)
L 15 cm. ♂ mit, ♀ ohne schwarze Kehle. Gesang: „schilp-schilp", dazu zwitschernde u. kratzende Laute. Nest in Höhlungen oder an Gebäuden. Fast nur im Siedlungsbereich. Sehr häufig. Jahresvogel.

Familie: **Motacillidae**, Stelzenverwandte: Pieper u. Stelzen

Schlanke, sich trippelnd am Boden fortbewegende Vögel, suchen Nahrung (Insekten) vor allem am Boden. Nest am Boden oder in Halbhöhlen.

1. Oberseite in der Grundfärbung ± braun, dunkel gefleckt. Schwanz kurz (kürzer als Flügel) [**171a**] .... Pieper, ***Anthus*** Bechstein **2**

— Oberseite olivgrün, grau oder schwarz, nicht gefleckt. Schwanz lang (mindestens so lang wie Flügel) [**173**] .... Stelzen, ***Motacilla*** L. **6**

2. Unterseite ungefleckt rahmfarbig. L 16,5 cm .... Brachpieper, ***Anthus campestris*** (L.)
Oberseite ± sandfarben. Lockruf: hoch „ziep", „ziäh"; Gesang: im Singflug wiederholtes „zirluih". In sandigem, offenem Gelände. Zugvogel.

— Unterseite ungefleckt rötlich .... ♂, ♀ (Prachtkleid) von ***Anthus spinoletta*** (L.) **4**

— Unterseite hell, dunkel gefleckt **3**

3. Groß: 18 cm. Beine u. Schwanz relativ lang .... Spornpieper, ***Anthus richardi*** Vieillot
Lockruf: rauh „rrihp". Ausnahmeerscheinung vor allem an der Küste.

— Kleiner: 14,5–16,5 cm. Beine kürzer **4**

4. Beine schwärzlich. L 16,5 cm .... Bergpieper, ***Anthus spinoletta*** (L.)
Im Prachtkleid Brust ungefleckt, rosa überhaucht, im Schlichtkleid Oberseite dunkelgrau, Unterseite hell, kräftig längsgestreift. Lockruf: hohes „psi"; Warnruf: hartes „bick"; Gesang: ähnlich Wiesenpieper, im Balzruf vorgetragen. Im Gebirge oberhalb der Baumgrenze Brutvogel, überwintert im Tiefland. – Als Wintergast aus dem Norden, vor allem an der Küste: ***A. petrosus*** (Montagu), Strandpieper, im Schlichtkleid Oberseite mehr braungrau-olivfarben. Im Norden u. Osten: ***A. petrosus littoralis*** Brehm, im Westen: ***A. petrosus petrosus*** (Montagu).

— Beine heller: bräunlich bis fleischfarben. L 14,5–15 cm **5**

5. Oberseite olivbraun, Unterseite rahmfarben-weiß, Brust mit zahlreichen kleinen dunklen Streifen. Beine rosafarben (Stimme! Biotop!) .... Wiesenpieper, ***Anthus pratensis*** (L.)
Kralle der Hinterzehe lang, wenig gebogen [**172**]. Lockruf: kurz „ist"; Warnruf: schnell gereihtes „zip"; Gesang: dünnes Pfeifen „sisisi...", in wohltönendem Triller endend, im kurzen Singflug u. fallschirmartigem Niedergleiten. Auf Mooren, feuchten Wiesen, Dünen, Ödland. Zugvogel, Wintergast.

— Oberseite mehr graubraun, Unterseite gelblich-rahmfarben, Brust gelblich, gröber längsgestreift. Beine rötlich-fleischfarben. [**171a**] (Stimme! Biotop!) .... Baumpieper, ***Anthus trivialis*** (L.)
Kralle der Hinterzehe kurz, stärker gebogen [**171b**]. Lockruf: „psib"; Warnruf: wiederholt „sib"; Gesang: im Singflug von Baumwarte aufsteigend trillernd und pfeifend, im Abschweben zurück zur Warte laut „zia-zia-zia". In lichten Waldungen,

169

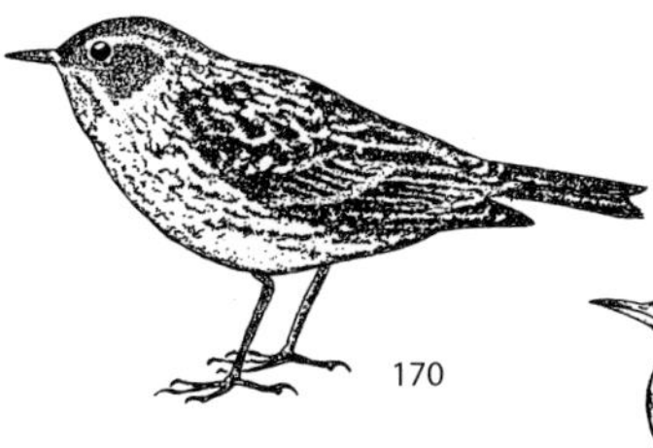
170

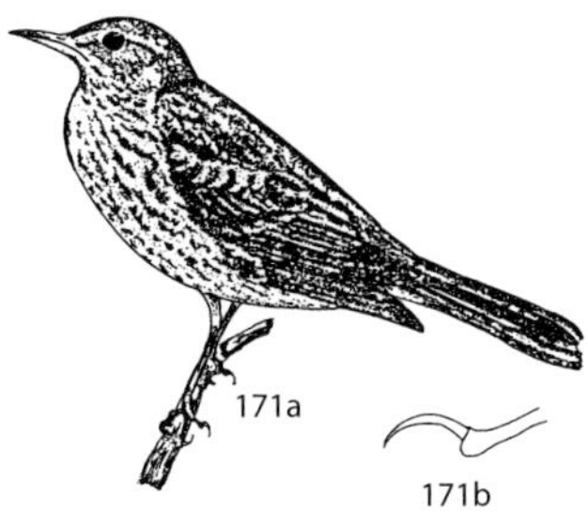
171a

171b

173

172

169 Grauschnäpper; **170** Heckenbraunelle; **171a** Baumpieper; **173** Bachstelze

Feldgehölzen, Obstgärten. Waldblößen, Buschland. Zugvogel. – Als Ausnahmeerscheinung der ähnliche Waldpieper, ***Anthus hodgsoni*** Richmond.

— Oberseite dunkler braun, Bürzel kräftiger gestreift, im Prachtkleid Kehle ziegelrot, im Schlichtkleid kontrastreiche Fleckung auf der Brust. Seltener Durchzügler
Rotkehlpieper, ***Anthus cervinus*** (Pallas)
Kralle der Hinterzehe lang, wenig gebogen [**172**]. Lockruf: heiseres „szieh". In der Tundra.

6. Oberseite olivgrün oder grau, Unterseite gelb **7**

— Oberseite schwarz oder grau, Unterseite weiß. 18 cm. [**173**] ..... Bachstelze, ***Motacilla alba*** L.
Im Prachtkleid Hinterkopf u. Kehle schwarz, im Schlichtkleid Kehle weiß, dahinter schwarzes Kropfband. Lockruf: lebhaft „zilitt"; Warnruf: scharf „zusiss"; Gesang: aus ähnlichen Lauten bestehendes Zwitschern. In offenem Gelände, vor allem an Gewässern. Zugvogel.
Als Durchzügler die auf den Britischen Inseln lebende Trauerbachstelze ***Motacilla alba yarrellii*** Gould (Oberseite schwarz bis schwarzgrau).

7. Rücken grau. Schwanz sehr lang. ♂ im Prachtkleid mit schwarzer Kehle. L 18 cm
Gebirgsstelze, ***Motacilla cinerea*** Tunstall
Lockruf: „zickick"; Warnruf: schrill „ziss-ziiss"; Gesang: wie Bachstelze, aber melodischer. An Gebirgsbächen, auch im Flachland, in Siedlungen. Jahresvogel/Zugvogel.

— Rücken dunkel oliv-grün. Schwanz kürzer. ♂ ohne schwarze Kehle. L 16,5 cm
Schafstelze, ***Motacilla flava*** L.
Lockruf: „psüip" oder „zier"; Gesang: einfaches „zip-zip-zipsi". Auf feuchten Wiesen, an Gewässerufern. Zugvogel.
Neben dieser mitteleuropäischen Unterart, ***Motacilla flava flava*** L. (♂: Kopf aschgrau, Überaugenstreif weiß, Kehle gelb) als Durchzügler oder Ausnahmeerscheinungen weitere geographische Formen, z. B. ***Motacilla flava thunbergi*** Billberg, Nordische Schafstelze aus Nordeuropa (♂: Kopf dunkelgrau, Augenumgebung schwarz, kein Überaugenstreif); ***Motacilla flava feldegg*** Michahelles, Maskenstelze aus dem Balkan (♂: Kopf schwarz); ***Motacilla flava flavissima*** (Blyth), Englische Schaf-stelze aus Großbritannien u. angrenzenden Küstengebieten des Festlands (♂: Kopf oliv überhaucht, Überaugenstreif gelb).
Außerdem ***Motacilla citreola*** Pallas, Zitronenstelze (Sondermerkmale: doppelte, breite, weiße Flügelbinde; ♂: Kopf ganz zitronengelb), in Russland u. weiter im Osten, breitet sich nach Westen aus, in Mitteleuropa vereinzelte Bruten.

Familie: **Fringillidae**, Finken

Schnabel kurz, kegelförmig, kräftig. Nahrung: Sämereien, auch Insekten. Nester auf Bäumen, im Gebüsch.

1. Schnabel groß, Spitzen überkreuzt [**177**] .... Kreuzschnäbel, ***Loxia*** L. **2**

— Schnabel groß, klobig [**176**]. L 16,5 cm .... Kernbeißer, ***Coccothraustes coccothraustes*** (L.)
Gefieder vorwiegend braun, Kehle schwarz, Flügel mit weißer Binde, Schwanzende weiß. Lockruf: „zicks"; Gesang: leise, gimpelartig. In Wäldern, Parks. Verbreitet. Jahresvogel, auch Zugvogel u. Wintergast.

— Schnabel sehr kurz, klobig, Oberschnabel hakig über Unterschnabel greifend [**178, 179**]
„Gimpel" **4**

— Schnabel anders [**175**] **6**

2. Flügel mit 2 weißen Binden .... Bindenkreuzschnabel, ***Loxia leucoptera*** Gmelin
L 15 cm. Färbung wie Fichtenkreuzschnabel. Ausnahmeerscheinung.

— Flügel ohne weiße Binden **3**

3. Schnabel kleiner, wie [**177**] .... Fichtenkreuzschnabel, ***Loxia curvirostra*** L.
L 16,5 cm. Flügel schwarz, ♂ matt rot, ♀ olivgrün. Lockruf: lautes „gipp-gipp-gipp"; Gesang zwitschernd u. flötend. Meist in größeren Verbänden in Nadelwäldern (vor allem Fichte). Jahresvogel, Durchzügler u. Wintergast.

— Schnabel kräftiger, höher .... Kiefernkreuzschnabel, ***Loxia pytyopsittacus*** Borkhausen
L 17 cm. Ähnlich Fichtenkreuzschnabel. Mehr in Kiefernwäldern. Ausnahmeerscheinung.

4. Groß: L 20 cm. [**178**] .... Hakengimpel, ***Pinicola enucleator*** (L.)
Flügel dunkel mit 2 schmalen, weißen Binden; ♂ überwiegend rötlich, ♀ grünlich-goldbraun. Ausnahmeerscheinung.

— Kleiner: L 15 cm (selten 17 cm) **5**

5. Kopf, Kinn, Flügel u. Schwanz schwarz, Flügel mit weißer Binde. Bürzel weiß. [**179**]
Gimpel, Dompfaff, ***Pyrrhula pyrrhula*** (L.)
♂: Rücken grau, Unterseite zinnoberrot; ♀: Rücken u. Unterseite rötlichgrau. Lockruf: sanft pfeifend „diü"; Gesang leise. In Wäldern, auch Gärten. Jahresvogel, Wintergast.
Neben dieser mitteleuropäischen Form ***Pyrrhula pyrrhula europaea*** Vieillot eine größere (17 cm) nordeuropäische: ***Pyrrhula pyrrhula pyrrhula*** (L.), Wintergast.

— Grundfärbung braungrau, ♂: Kopf, Brust u. Bürzel lebhaft karminfarbig
Karmingimpel, ***Carpodacus erythrinus*** (Pallas)

Lockruf: „twie twie“"; Gesang: melodisch, gedämpft. In gebüschreichen, lichten Wäldern. Vor allem im Osten, Norden u. Alpenvorland. Zugvogel.

6. Bürzel ± grün **7**

— Bürzel weiß, grauweißlich oder graurötlich **9**

7. Größer: L 15 cm. Flügel mit 2 kräftigen weißen Binden [**175**] ..... Buchfink, ***Fringilla coelebs*** L.

♂: Kopf u. Nacken zart blaugrau, Brust braunrötlich; ♀ mehr einfarbig olivgraugrün. Lockruf: „pink, pink“, vor Regen „truif, truif“; Gesang: „titititititi-würzgebier“ („Finkenschlag“). In Wäldern, Gärten, Parks. Häufig. Jahresvogel, auch Zugvogel.

— Größer: L 15 cm. Grundfarbe ± grün. Flügel ohne weiße Binden

Grünfink, Grünling, ***Chloris*** (= ***Carduelis***) ***chloris*** (L.)

Flügel außen u. Seiten der Schwanzbasis leuchtend gelbgrün, sonst mattgrün (♂) oder mehr grau (♀). Lockruf: unter anderem „gügügü“, auch „ihtsch“; Gesang: aus Strophen wie „jjuldjuldjul“, „gigigigig“ u. „girr“. In lichten Wäldern, Parks. Häufig. Überwiegend Jahresvogel, auch Wintergast.

— Kleiner: L 11,5–12 cm. Grundfärbung gelb bis gelbgrau **8**

8. Schwanz dunkel, an der Basis jederseits gelb. ♂: Scheitel u. Kinn schwarz. L 12 cm

Erlenzeisig, Zeisig, ***Spinus*** (= ***Carduelis***, = ***Serinus***) ***spinus*** (L.)

Schnabel spitz (Länge 9 mm, Höhe 6,5 mm). ♀ matter gezeichnet u. Brust längsgestreift. Lockruf: „ssü“ u. hart „tetetetet“; Gesang: mit langgezogenen Kreischtönen, meist „didldidldähtsch“ endend. In Wäldern, vor allem Fichtenwäldern. Jahresvogel/Zugvogel, Wintergast.

— Schwanz ganz dunkel. ♂: Stirn u. Kinn gelb. L 11,5 cm .... Girlitz, ***Serinus serinus*** (L.)

Schnabel sehr klein (Länge 7 mm, Höhe 6 mm). Rücken u. Körperseiten mit kräftigen dunklen Streifen. Lockruf: klirrend „girlitt“; Warnruf: „zuit“; Gesang: anhaltendes gleichmäßiges klirrendes Trillern, von Warte oder in fledermausartigem Balzflug. In offenem Gelände, in Siedlungen. Zugvogel.

Wenn Scheitel u. Rücken ungefleckt: ***Carduelis*** (= ***Serinus***) ***citrinella*** (Pallas), Zitronenzeisig, Zitronengirlitz. In Bergwäldern Süddeutschlands. Meist Zugvogel.

9. Bürzel weiß, Flügel dunkel mit 2 weißen Binden. Kopf, Rücken u. Schwanz dunkel. L 15 cm

Bergfink, ***Fringilla montifringilla*** L.

Kehle u. Brust rötlichgelb. Lockruf: „quäik“; Gesang: gedehntes wiederholtes „schrräng“. Häufiger Durchzügler u. Wintergast.

— Bürzel weiß, Flügel schwarz, mit breiter gelber Binde. Kopf schwarz-weiß, mit roter Gesichtsmaske. L 12 cm .... Stieglitz, Distelfink, ***Carduelis carduelis*** (L.)

Rücken bräunlich, Unterbauch weiß. Lockruf: „didelitt“; Warnruf: „ma-i“; Gesang: zwitschernd, die Locktöne verarbeitend. In offenem Gelände. Jahresvogel/Zugvogel, auch Wintergast.

— Bürzel nicht reinweiß, Flügel anders **10**

10. Stirn rot, Kinn schwarz .... Birkenzeisig, ***Acanthis*** (= ***Carduelis***) ***flammea*** (L.)

L 13 cm. ♂ mit rosa Brust, graubraun gestreift. Lockruf: „dschädschädschäd“; Warnruf: „zuit“; Gesang: tonloses Trillern, Zwitschern. Es gibt 2 Unterarten (auch als Arten aufgefasst): ***Acanthis flammea flammea*** (L.), Taigabirkenzeisig, nur

174

175

177

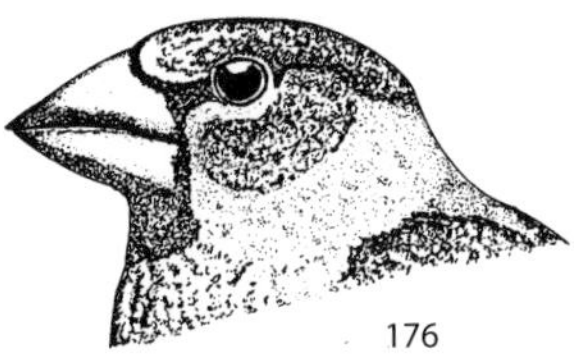
176

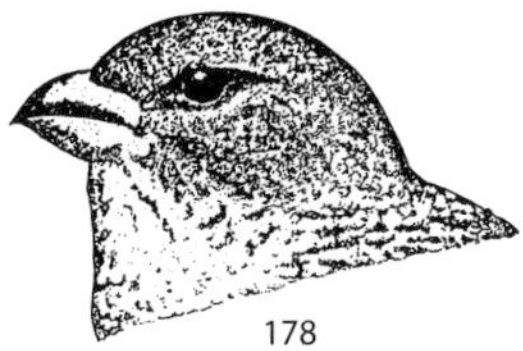
178

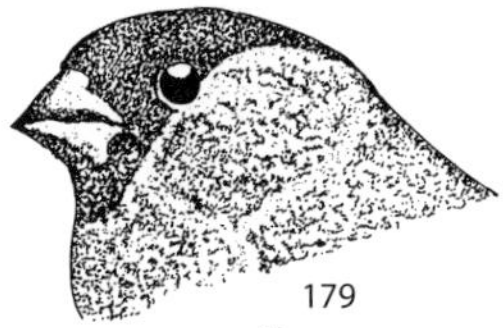
179

174 Neuntöter; **175** Buchfink; **176** Kernbeißer; **177** Fichtenkreuzschnabel; **178** Hakengimpel; **179** Dompfaff

Wintergast; ***Acanthis flammea cabaret*** (Statius Müller), Alpenbirkenzeisig (etwas kleiner), Jahresvogel/Zugvogel, Wintergast. – Als Ausnahmeerscheinung die ähnliche Art ***Acanthis*** (= ***Carduelis***) ***hornemanni*** (Holböll), Polarbirkenzeisig (heller gefärbt).

— Kinn nicht schwarz **11**

11. ♂: Stirn u. Brust rot. Gefieder ± bräunlich, Flügel u. Schwanz am Rand weiß gesäumt
Bluthänfling, ***Linaria*** (= ***Carduelis***) ***cannabina*** (L.)
L 13 cm. Schnabel im Winter dunkel. Lockruf: „gägägägägäg"; Gesang: abwechslungsreiches Zwitschern, mit eingestreuten gäckernden Lauten. In offenem Gelände mit Gebüsch. Jahresvogel/Zugvogel.

— ♂ ohne Rot. Flügel u. Schwanz ohne Weiß. Schnabel gelb. L 12,5 cm
Berghänfling, ***Linaria*** (= ***Carduelis***) ***flavirostris*** (L.)
Wintergast, vor allem an der Nordseeküste.

Familie: **Emberizidae**, Ammern

Vor allem am Boden lebend. Nahrung: Körner, auch Insekten. Nester am oder dicht über dem Boden. Vor allem in offenem Gelände. Schneeammer und Spornammer gehören zu den **Calcariidae**.

1. Groß: L 18–19 cm. Gefieder eintönig grau, dunkel längsgestreift u. gefleckt
Grauammer, ***Emberiza*** (= ***Miliaria***) ***calandra*** L.
Lockruf: „zick"; Gesang: klirrendes, schnelles „zickzickzickzirrrp". In offenem Gelände, auch Feldern. Jahresvogel, auch Zugvogel.

— Kleiner: L um 14–17 cm. Färbung anders **2**

2. Grundfarbe gelblich bis graugrün **3**

— Grundfarbe braun, zum Teil mit schwarz u. weiß **5**

— Grundfarbe weiß, ♂ im Prachtkleid: Rücken u. Flügelspitzen schwarz. L 16–17 cm
(**Calcariidae**) Schneeammer, ***Plectrophenax nivalis*** (L.)
♂ im Schlichtkleid, ♀: Kopf und Rücken zart bräunlich angehaucht. Wintergast, vor allem an der Küste.

3. Kopf, Brust u. Bauch gelb, Bürzel rotbraun. L 16–17 cm. [**180**]
Goldammer, ***Emberiza citrinella*** L.
Lockruf: „ziss"; Gesang: „dididididididi-dih" („wie-wie-wie hab ich dich so lieb"). In offener Landschaft mit Gebüsch. Jahresvogel/Zugvogel.

— Brust u. Bauch gelb, Kopf oben braun, schwarz oder grau, Bürzel gelblich oder braun
Ausnahmeerscheinungen. ***Emberiza bruniceps*** Brandt, Braunkopfammer (Bürzel gelblich); ***Emberiza melanocephala*** Scopoli, Kappenammer (Kehle gelb, Bürzel braun); ***Emberiza aureola*** Pallas, Weidenammer (Kehle schwarz oder grau bis weiß, Bürzel braun).

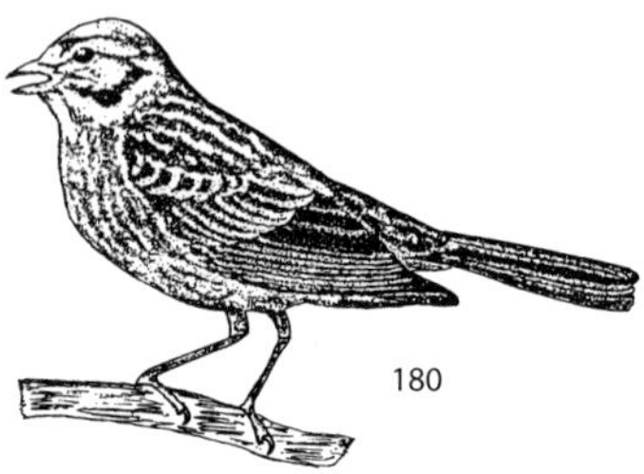
180

181

182

183

184

185

180 Goldammer; **181** Zaunammer; **182** Zippammer; **183** Rohrammer; **184** Haussperling; **185** Feldsperling

— Mit geringerer gelblicher Zeichnung oder Kopf mit viel Schwarz, Bürzel olivbraun bis graubraun 4

4. ♂: dunkle Zeichnung wie [**181**], Körperunterseite gelb; ♀: Kopf u. Brust gelblich, stärker dunkel gestreift .... Zaunammer, ***Emberiza cirlus*** L.

L 16 cm. ♂ unten mit grauem Brustband. Lockruf: gedehnt „sieh"; Gesang: scheppernd „drilililili…". In offenem Gelände. Im Süden. Jahresvogel/Zugvogel.

— Kopf u. Vorderbrust gelblich-oliv bis grau, Kehle gelb, Unterseite nicht dunkel gestreift Ortolan, Gartenammer, ***Emberiza hortulana*** L.

L 16 cm. Lockruf: „zück". Gesang: „didididi-dieh" („ich bin kein - Goldammer"). In offenem Gelände. Zugvogel.

5. Kopfzeichnung wie [**182**] .... Zippammer, ***Emberiza cia*** L.

L 16 cm. Kopf, Kehle u. Vorderbrust grau, Bürzel kastanienbraun. Lockruf: „zip"; Gesang: ähnlich Heckenbraunelle oder auch Rohrammer. An sonnigen, felsigen Hängen. In SW-Deutschland. Jahresvogel/Zugvogel.

— Kopfzeichnung anders 6

6. Nacken weiß oder bräunlich. Kopf des ♂ schwarz, Zeichnung wie [**183**] Rohrammer, ***Emberiza schoeniclus*** (L.)

L 15 cm. Kopf des ♀ bräunlich, Kehle weiß, beiderseits schwarz eingefasst, dunkler Ohrfleck hell umrandet. Unterseite weiß, seitlich dunkel längsgefleckt. Lockruf: gedehnt „zieh"; Gesang: „zja tit tai zississ"; Beginn langsam, zum Schluss eilig. Im Röhricht, an Teichen und Seen. Zugvogel.

— Nacken rotbraun oder rostfarben, Kopf des ♂ schwarz, mit weißem Überaugenstreif (**Calcariidae**) Spornammer, ***Calcarius lapponicus*** (L.)

L 15 cm. ♀ ähnlich Rohrammer. Regelmäßiger Wintergast aus dem Norden, vor allem an der Küste.

— Anders

Ausnahmeerscheinungen. ***Emberiza leucocephalos*** Gmelin, Fichtenammer (wie Goldammer, aber gelbe Farbtöne durch Weiß ersetzt; L 16 cm); ***Emberiza pusilla*** Pallas, Zwergammer (Kopf rotbraun, mit schwarzem Seitenscheitelstreif; Körper klein, L 13,5 cm); ***Emberiza rustica*** Pallas, Waldammer (Bauch weiß, mit braunem Brustband; L 14,5).

Literatur

Bildführer:

Beaman, M., Madge, S.: Handbuch der Vogelbestimmung: Europa und Westpaläarktis. 2. Aufl. Stuttgart, 2007.

Fiedler, W.: Die Vögel Mitteleuropas sicher bestimmen: Band 1: Schlüssel zur Art-, Alters- und Geschlechtsbestimmung. Band 2: Bildatlas mit Schnellzugang. Wiebelsheim, 2015.

Harris, A., Tucker, L., Vinicombe, K.: Vogelbestimmung für Fortgeschrittene. Stuttgart, 1991.

Heinzel, H., Fitter, R., Parslow, J.: Pareys Vogelbuch. 7. Aufl. Hamburg, Berlin, 1996.

Jonsson, L.: Die Vögel Europas und des Mittelmeerraumes. Kosmos-Naturführer. 3. Aufl. Stuttgart, 2010.

Moning, C., Griesohn-Pflieger, T., Horn, M.: Grundkurs Vogelbestimmung. Eine Einführung zur Beobachtung und Bestimmung unserer heimischen Vögel. 2. Aufl. Wiebelsheim, 2013.

Svensson, L., Delin, H.: Der Große BLV Vogelführer für unterwegs: Alle Arten Europas. München, 2008.

Svensson, L., Mullarney, K., Zetterström, D.: Der Kosmos-Vogelführer. Alle Arten Europas, Nordafrikas und Vorderasiens. 3. Aufl. Stuttgart, 2017.

Artenliste:

Barthel, P. H., Krüger, Th.: Artenliste der Vögel Deutschlands. Vogelwarte 56, 2018. [als Download bei der Deutschen Ornithologen-Gesellschaft: http://www.do-g.de/die-do-g/?L=%2Fetc%2Fpasswd].

Vogelstimmen:

Bergmann, H.-H., Helb, H.-W., Baumann, S.: Die Stimmen der Vögel Europas. Wiebelsheim, 2008.

Bergmann, H.-H., Engländer, W., Baumann, S., Helb, H.-W.: Die Stimmen der Vögel Europas auf DVD. Wiebelsheim, 2016.

Voigt, A.: Exkursionsbuch zum Studium der Vogelstimmen. Wiebelsheim, 2010.

Nester, Eier, Jungvögel:

Harrison, C., Castell, P.: Jungvögel, Eier und Nester aller Vögel Europas, Nordafrikas und des Mittleren Ostens. 2. Aufl. Wiebelsheim, 2004.

Schönwetter, M. (Hrsg. W. Meise): Handbuch der Oologie. Bd. 1–4. Berlin, 1960–1992.

Weitere Literatur:

Bauer, H.-G., Bezzel, E., Fiedler, W.: Das Kompendium der Vögel Mitteleuropas. 3 Bände. Wiebelsheim, 2005.

Bergmann, H.-H.: Die Biologie des Vogels. Wiesbaden, 1987.

Bergmann, H.-H.: Aves, Vögel. In: W. Westheide, G. Rieger, Spezielle Zoologie, Teil 2: Wirbel- oder Schädeltiere. 3. Aufl. Heidelberg, 2015.

Berndt, R., Meise, W.: Naturgeschichte der Vögel. Bd.1–3. Stuttgart, 1959–1966.

Bezzel, E., Prinzinger, R.: Ornithologie. Stuttgart, 1990.

Glutz von Blotzheim, U. N., Bauer, K. M.: Handbuch der Vögel Mitteleuropas. Bd. 1–14. Wiesbaden, 1966–1997.

Snow, D. W., Perrins, C. M.: The birds of the western palearctic. Concise Edition. 2 vol. Oxford, 1998.

Stephan, B.: Vögel. In: K. Senglaub, H.-J. Hannemann, B. Klausnitzer, Stresemann – Exkursionsfauna von Deutschland, Band 3 (Wirbeltiere). 12. Aufl. Berlin, 1999.

Mammalia, Säugetiere

Gleichwarme Wirbeltiere mit Haarkleid, das nur bei den Walen u. wenigen anderen Säugetieren rückgebildet ist. Mit wenigen Ausnahmen (z. B. Wale) 2 Gliedmaßenpaare. Alle einheimischen Arten lebendgebärend, Jungtiere werden mit dem Sekret der Milchdrüsen ernährt. Unterkiefer besteht nur aus dem Zahnbein (Dentale), das mit dem Schuppenbein am Schädel (Squamosum) das sekundäre Kiefergelenk bildet. Drei Gehörknöchelchen im Mittelohr. In Deutschland derzeit 96 wildlebende Arten.

System:
Insectivora: Erinaceidae, Talpidae, Soricidae
Chiroptera: Rhinolophidae, Vespertilionidae
Lagomorpha: Leporidae
Rodentia: Arvicolidae, Capromyidae, Castoridae, Cricetidae, Gliridae, Muridae, Sciuridae, Zapodidae
Carnivora: Canidae, Felidae, Mustelidae, Phocidae, Procyonidae
Cetacea: Delphinidae, Phocoenidae
Artiodactyla: Bovidae, Cervidae, Suidae
Perissodactyla: Equidae

In Deutschland sind alle Säugetiere geschützt. Ausnahmen: Bisam, Schermaus, Rötelmaus, Erdmaus, Feldmaus, Hausmaus, Wanderratte, Hausratte, sowie die dem Jagdrecht unterliegenden Arten: Elch, Rothirsch, Damhirsch, Sikahirsch, Reh, Gämse, Steinbock, Mufflon, Wildschwein, Feldhase, Schneehase, Wildkaninchen, Nutria, Murmeltier, Waschbär, Wildkatze, Luchs, Marderhund, Rotfuchs, Steinmarder, Baummarder, Iltis, Mink, Hermelin, Mauswiesel, Dachs, Fischotter, Seehund.

A. Bestimmung nach äußeren Merkmalen S. 616
B. Bestimmung nach Schädelmerkmalen S. 627

A. Bestimmung nach äußeren Merkmalen

Abkürzungen: G = Gewicht; KR = Kopf-Rumpf-Länge; Schw = Schwanz; HF = Hinterfuß; SchH = Schulterhöhe; UA = Unterarm; FSp = Flügelspannweite. Alle Bestimmungsmerkmale u. Angaben beziehen sich auf erwachsene Tiere. Gewichts- u. Längenangaben erfolgen, soweit nicht anders vermerkt, in Gramm u. Millimetern.

1. Körper von Fischgestalt, Vordergliedmaßen zu Flossen umgestaltet, Hintergliedmaßen fehlen, Schwanz eine horizontal gestellte Flosse. Meeresbewohner, ständig im Wasser ... Wale, **Cetacea** S. 627
— Körper nicht fischförmig, Vorder- u. Hintergliedmaßen stets voll ausgebildet ... **2**
2. Mit Flughäuten ... Fledermäuse, **Chiroptera** S. 618
— Ohne Flughäute ... **3**
3. Zehen mit Hufen. Große Tiere ... **4**
— Zehen mit Krallen ... **5**
4. Füße mit je 4 Zehen, die beiden inneren wesentlich größer als die beiden äußeren ... Paarhufer, **Artiodactyla** S. 626
— Füße mit nur einer huftragenden Zehe ... Unpaarhufer, **Perissodactyla** S. 627
5. Mittlere Schneidezähne bilden große Nagezähne, Eckzähne fehlen ... **6**
— Schneidezähne nicht als Nagezähne ausgebildet, Eckzähne vorhanden ... **7**
6. Ohr < 40 ... Nagetiere, **Rodentia** S. 621
— Ohr > 60 ... Hasenartige, **Lagomorpha** S. 621
7. Schnauze verlängert ... Insektenfresser, **Insectivora** S. 617
— Schnauze nicht verlängert ... Raubtiere, **Carnivora** S. 624

Insectivora, Insektenfresser

1. Rücken mit Stacheln. KR > 200 .... Igel, **Erinaceidae**
Nur ***Erinaceus europaeus*** L., Braunbrustigel, Westigel
G 600–1300, KR 200–300, Schw 20–45, HF 40–45. Im ganzen Gebiet. Waldränder, Parks, Hecken, Gärten, oft in der Nähe menschlicher Siedlungen. Winterschläfer.

— Rücken ohne Stacheln. KR < 200 2

2. Vorderfüße zu Grabschaufeln umgestaltet. KR > 110, Schw < ¼ KR .... Maulwürfe, **Talpidae**
Nur ***Talpa europaea*** L., Europäischer Maulwurf
G 60–110, KR 120–150, Schw 20–40, HF 17–22. Im ganzen Gebiet. Wiese, Feld, Gärten, Waldrand, Laubwald.

— Vorderfüße nicht zu Grabschaufeln umgestaltet. KR < 100. Mäuseähnlich mit langem Schwanz
Spitzmäuse, **Soricidae** S. 617

Familie: **Soricidae**, Spitzmäuse

1. Schw seitlich mit einzelnen langen Haaren (Wimperhaare), die die übrigen Haare weit überragen [**1a**]. Zahnspitzen weiß .... Weißzahn- oder Wimperspitzmäuse, ***Crocidura*** Wagler 6

— Schw ohne solche Wimperhaare. Zahnspitzen rot 2

2. Zehen u. Fuß seitlich mit einem Saum dichtstehender steifer Haare (Schwimmborsten) [**2**]
Wasserspitzmäuse, ***Neomys*** Kaup 5

— Keine solchen Schwimmborsten .... Rotzahnspitzmäuse, ***Sorex*** L. 3

3. Unterseite deutlich heller als Oberseite. Schw kürzer als Körper 4

— Fast einfarbig schwarz-grau. Schw körperlang .... Alpenspitzmaus, ***Sorex alpinus*** Schinz
G 6–10, KR 60–80, Schw 60–75, HF 14–16. Gebirgstier; Alpen, Schwarzwald, Schwäbische Alb, Rhön, Bayerischer Wald, Oberpfälzer Wald, Odenwald, Fichtelgebirge, Harz, Zittauer Gebirge. Schattiger Wald, Bachufer, Felsspalten.

4. KR > 65. Fell meist 3-farbig, oben dunkel- bis schwarzbraun, scharf gegen die helleren Seiten abgesetzt. Unterseite grau .... Waldspitzmaus, ***Sorex araneus*** L.
G 6–15, KR 65–85, Schw 30–40, HF 11–13. Im ganzen Gebiet; häufigste Spitzmaus. Bevorzugt feuchte Lebensräume, aber auch im Trockenen, Wald bis Gebüsch, auch in Siedlungen.
Äußerlich nicht sicher von der Waldspitzmaus zu unterscheiden ist die nahe verwandte, geringfügig kleinere Schabrackenspitzmaus, ***Sorex coronatus*** Millet. Westlich der Linie Oldenburg–Erfurt–Augsburg. Lebensraum wie Waldspitzmaus.

— KR < 65. Fell nie 3-farbig, Oberseite braun, ohne scharfe Grenze in die graue Unterseite übergehend .... Zwergspitzmaus, ***Sorex minutus*** L.
G 2,5–6, KR 45–65, Schw 30–45, HF 9–12. Im ganzen Gebiet. Feuchte Wiesen u. Wälder, Moore. Kleinstes Säugetier in Deutschland.

5. Schw in der Regel unten mit einem Saum dichtstehender steifer Haare (Borstenkiel) [**1b**]
Wasserspitzmaus, ***Neomys fodiens*** (Pennant)
G 10–20, KR 70–95, Schw 50–70, HF 17–20. Im ganzen Gebiet; stark an Wasser gebunden. Schwimmt u. taucht gut.

— Schw ohne oder nur auf der Endhälfte mit Borstenkiel
Sumpfspitzmaus, ***Neomys anomalus*** Cabrera
G 6–16, KR 60–85, Schw 45–50, HF 15–17. Mittelgebirge u. Alpen, nördlichste Fundorte Eifel, Westerwald, Harz, Erzgebirge. Seltener als vorige. Weniger stark an Wasser gebunden.

6. Färbung von Ober- u. Unterseite nicht scharf getrennt 7

— Färbung der Oberseite (schiefergrau bis dunkelbraun) scharf von der Unterseite (gelblichweiß bis weißlichgrau) abgesetzt .... Feldspitzmaus, ***Crocidura leucodon*** (Hermann)
G 7–15, KR 65–90, Schw 30–40, HF 11–14. Im ganzen Gebiet südlich der Linie Bremen–Salzwedel–Potsdam–Berlin, vereinzelt auch Schleswig-Holstein, fehlt aber stellenweise (Nordwest- und Nordost-Deutschland, Lausitz). Felder, Hecken, Gärten, Waldränder, Gebüsch, auch in Siedlungen.

7. G meist > 7 .... Hausspitzmaus, ***Crocidura russula*** (Hermann)
G 7–15, KR 65–90, Schw 30–45, HF 11–14. Westliche Art, ostwärts etwa bis zur Linie Bremen–Dresden–Ulm, vereinzelt auch Schleswig-Holstein. Kulturfolger. Siedlungen, Gärten, Wiesen, Hecken.

1a

1b

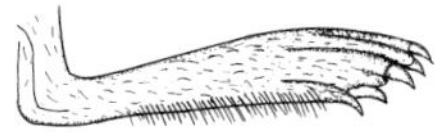
2

— G meist < 7 .... Gartenspitzmaus, ***Crocidura suaveolens*** (Pallas)
G 3–7, KR 55–75, Schw 25–40, HF 9,5–12. Östliche Art, westwärts etwa bis zur Linie Stuttgart–Brandenburg–Odermündung. Siedlungen, Gärten.

Chiroptera, Fledermäuse

1. Mit häutigem Nasenaufsatz [**4**], ohne Ohrdeckel (Tragus) [**3a**]
Hufeisennasen, **Rhinolophidae** **2**
— Ohne Nasenaufsatz, mit Tragus [**3c**] .... Glattnasen, **Vespertilionidae** **3**
2. UA < 43 .... Kleine Hufeisennase, ***Rhinolophus hipposideros*** (Bechstein)
G 3,5–10, KR 37–45, Schw 24–31, UA 34–42, FSp 200–250, Ohr 14–19 [**3b**]. Restvorkommen in Thüringen, Sachsen und Bayern. Selten. Lichte Wälder u. Parks, Heckenlandschaft. Überwintert in Höhlen u. Stollen. Flug langsam mit schnellen Flügelschlägen.
— UA > 50 .... Große Hufeisennase, ***Rhinolophus ferrumequinum*** (Schreber)
G 17–30, KR 55–70, Schw 30–43, UA 50–65, FSp 350–400, Ohr 20–26 [**3a**]. Restvorkommen im südlichen Rheintal und in Bayern. Sehr selten. Lichte Wälder bis Offenland mit Strauchanteil. Überwintert in Höhlen, Kellern, Stollen. Flug langsam, gaukelnd.
3. Ohren am Grunde miteinander verwachsen **4**
— Ohren nicht miteinander verwachsen **6**
4. Ohr > 30 .... Langohrfledermäuse, ***Plecotus*** Geoffroy **5**
— Ohr < 30 .... Mopsfledermaus, ***Barbastella barbastellus*** (Schreber)
G 6–9, KR 45–58, Schw 35–50, UA 35–43, FSp 260–290, Ohr 12–18 [**3q**]. Lückenhaft verbreitet, in der Ebene seltener. Wälder, auch im Siedlungsbereich. Überwintert in Felsenhöhlen, Kellern, Stollen. Flug flatternd, schwerfällig.
5. Daumenlänge > 6. Oben hell- bis dunkelbraun, unten bräunlichweiß
Braunes Langohr, ***Plecotus auritus*** (L.)
G 5–10, KR 40–53, Schw 34–52, UA 35–42, FSp 250–280, Ohr 30–40 [**3k**]. Im ganzen Gebiet, häufig. Verschiedene Waldtypen, häufig in menschlichen Siedlungen. Überwintert in Höhlen, Stollen, Kellern. Flug langsam, flatternd.
— Daumenlänge < 6. Oben grau, unten weißlich Graues Langohr, ***Plecotus austriacus*** Fischer
G 5–10, KR 42–60, Schw 38–50, UA 36–44, FSp 260–300, Ohr 30–40. In ganz Deutschland außer im Norden und Nordwesten. Vorzugsweise in Siedlungen. Überwintert ähnlich wie vorige.
6. 2. Fingerglied des 3. Fingers fast 3-mal so lang wie 1. Fingerglied [**5**]
Langflügelfledermaus, ***Miniopterus schreibersii*** (Kuhl)
G 9–16, KR 50–62, Schw 56–64, UA 45–48, FSp 300–340, Ohr 9,5–11. Nur vereinzelte ältere Funde.
— Fingerglieder des 3. Fingers etwa gleich lang **7**
7. Hinterfußsporn ohne äußeren Hautlappen (Epiblema). Ohren länger als breit u. häutig dünn. Tragus langgestreckt, nach oben allmählich schmäler werdend [**3c**] .... ***Myotis*** Kaup **8**
— Hinterfußsporn mit deutlichem Hautlappen [**6**]. Ohren breit u. ledrig dick. Tragus relativ kurz u. breit [**3m**] **15**
8. UA > 50 .... Großes Mausohr, ***Myotis myotis*** (Borkhausen)
G 20–40, KR 60–80, Schw 45–60, UA 55–68, FSp 350–430, Ohr 23–31 [**3g**]. Im ganzen Gebiet, stellenweise die häufigste Art, aber auch großräumiger Rückgang. Flughöhe unterhalb 10 m. Vorwiegend in menschlichen Siedlungen. Überwintert in Höhlen, Stollen, Kellern. Flug langsam, gradlinig.
— UA < 50 .... **9**
9. Ohr < 20 .... **10**
— Ohr > 20 .... Bechstein-Fledermaus, ***Myotis bechsteini*** (Kuhl)
G 7–12, KR 45–55, Schw 34–44, UA 39–45, FSp 250–285, Ohr 23–26 [**3f**]. Fast im ganzen Gebiet, selten. Bewaldetes Gelände, Parks. Überwintert in Bäumen, Höhlen, Stollen. Flug langsam, etwas schwerfällig.
10. Schwanzflughautrand nicht runzelig, ohne starre Härchen **11**
— Schwanzflughautrand runzelig, mit starren, etwas bauchwärts gekrümmten Härchen besetzt [**7**] .... Fransenfledermaus, ***Myotis nattereri*** (Kuhl)
G 5–10, KR 40–50, Schw 32–45, UA 35–45, FSp 240–280, Ohr 14–18,5 [**3e**]. Im ganzen Gebiet, nicht häufig. Wald- u. gewässerreiche Gebiete, auch in Siedlungen. Überwintert in Höhlen, Stollen, Kellern, auch in Baumhöhlen. Flug mäßig schnell.
11. Hinterfußsporn nimmt etwa die Hälfte des Schwanzflughautrandes ein. Armflughaut reicht bis zur 1. Zehe **12**
— Hinterfußsporn nimmt ²/₃ oder mehr des Schwanzflughautrandes ein. Armflughaut reicht bis zur Ferse **14**
12. Tragus überragt die Einbuchtung des Ohrhinterrandes. UA < 38. Hinterrand der Schwanzflughaut ohne wimperartige Haare **13**

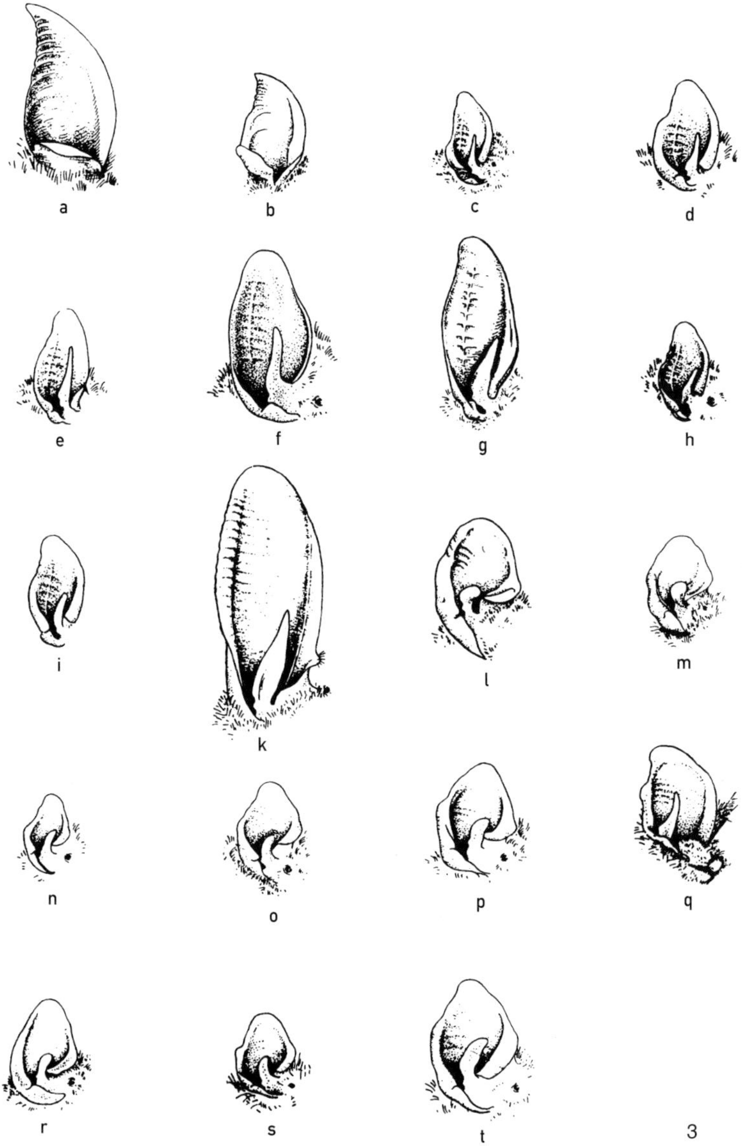

Rechte Ohren der Fledermäuse. **a** *Rhinolophus ferrumequinum*, **b** *R. hipposideros*, **c** *Myotis mystacinus*, **d** *M. emarginatus*, **e** *M. nattereri*, **f** *M. bechsteini*, **g** *M. myotis*, **h** *M. daubentoni*, **i** *M. dasycneme*, **k** *Plecotus auritus*, **l** *Nyctalus noctula*, **m** *N. leisleri*, **n** *Pipistrellus pipistrellus*, **o** *P. nathusii*, **p** *Hypsugo savii*, **q** *Barbastella barbastellus*, **r** *Verspertilio murinus*, **s** *Eptesicus nilssonii*, **t** *E. serotinus*

— Tragus überragt die Einbuchtung des Ohrhinterrandes nicht, Einbuchtung stark ausgeprägt, fast rechtwinklig. UA > 36. Schwanzflughautrand mit weichen geraden Wimperhaaren [**8**]
Wimperfledermaus, ***Myotis emarginatus*** (Geoffroy)
G 7–10, KR 42–53, Schw 38–46, UA 36–42, FSp 220–245, Ohr 14–17 [**3d**]. Vereinzelt in West- u. Süddeutschland. Bewaldetes Gelände. Überwintert in Höhlen, Stollen, Kellern.

13. Rückenfarbe braun, oft mit goldgelben Haarspitzen. Ohren hellbraun, dünnhäutig
Große Bartfledermaus, ***Myotis brandti*** (Eversmann)
G 5–10, KR 39–50, Schw 32–44, UA 33–38, FSp 190–240, Ohr 13–17. Im ganzen Gebiet, selten. Wald- u. gewässerreiche Landschaft. Überwintert in Höhlen, Stollen, Kellern.

— Rücken dunkler schwarzbraun, ohne goldgelbe Haarspitzen. Ohren dunkel, dickhäutiger
Kleine Bartfledermaus, ***Myotis mystacinus*** (Kuhl)
G 4–8, KR 35–48, Schw 30–40, UA 30–37, FSp 190–220, Ohr 12–17 [**3c**]. Im ganzen Gebiet, nicht häufig. Gewässerreiche, gut strukturierte Wald- u. Kulturlandschaft. Überwintert in Höhlen, Stollen, Kellern. Gewandter Flug.
Morphologisch noch nicht sicher von den beiden – größeren – Bartfledermäusen zu unterscheiden ist die Nymphenfledermaus ***Myotis alcathoe*** von Helversen et Heller, die erst 2001 beschrieben wurde. Nur Einzelnachweise (aber mit Reproduktion).

14. UA < 42. Tragus etwa halb so lang wie Ohr ...... Wasserfledermaus, ***Myotis daubentoni*** (Kuhl)
G 7–10, KR 40–55, Schw 30–45, UA 33–42, FSp 240–270, Ohr 10–14 [**3h**]. Im ganzen Gebiet, häufig. Gewässer mit Baumbestand. Überwintert in Höhlen, Stollen, Kellern. Schneller Flug niedrig über Wasseroberfläche.

— UA > 42. Tragus kürzer als halbe Ohrlänge .... Teichfledermaus, ***Myotis dasycneme*** (Boie)
G 15–19, KR 57–65, Schw 45–53, UA 43–49, FSp 240–310, Ohr 16–19 [**3i**]. Im ganzen Gebiet außer im Süden, sehr selten. Gewässerreiches Tiefland. Überwintert in Höhlen, Stollen, Gebäuden. Schneller Flug niedrig über Wasseroberfläche.

15. Tragus verbreitert sich ab der Mitte auf das Doppelte („pilzförmig") ..... ***Nyctalus*** Bowdich **16**

— Tragus verbreitert sich nach oben nicht oder nur allmählich **17**

16. UA < 47. Rückenhaare deutlich 2-farbig: unterer Teil dunkelbraun, oberer Teil hellbraun
Kleiner Abendsegler, ***Nyctalus leisleri*** (Kuhl)
G 14–20, KR 54–65, Schw 39–44, UA 35–46, FSp 280–320, Ohr 12–17 [**3m**]. Im ganzen Gebiet, selten. Wälder u. Parklandschaften. Überwintert in hohlen Bäumen. Flug gewandt.

— UA > 47. Rückenhaare einfarbig, rötlich-braun
Großer Abendsegler, ***Nyctalus noctula*** (Schreber)
G 20–40, KR 60–82, Schw 42–60, UA 48–58, FSp 350–400, Ohr 16–21 [**3l**]. Im ganzen Gebiet, stellenweise häufig. Wälder, Parklandschaften, seltener in Siedlungen. Überwintert in Baumhöhlen, Gebäuden. Flug schnell, gradlinig, hoch.

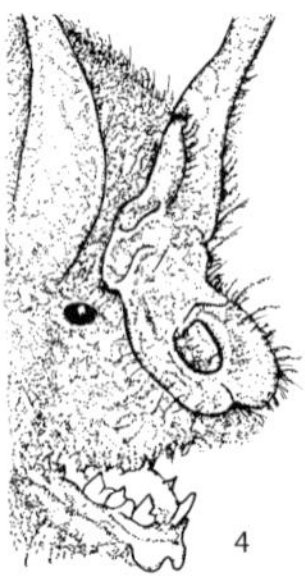

4

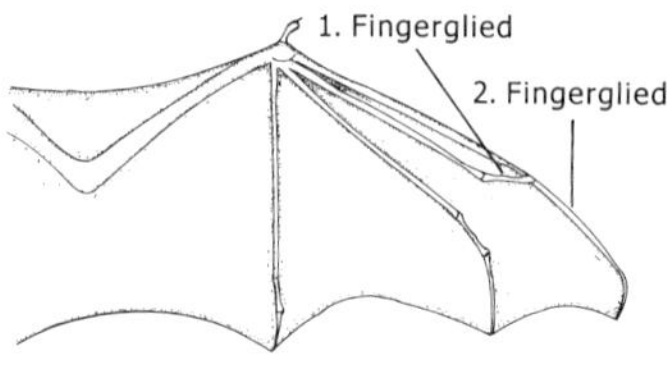

5

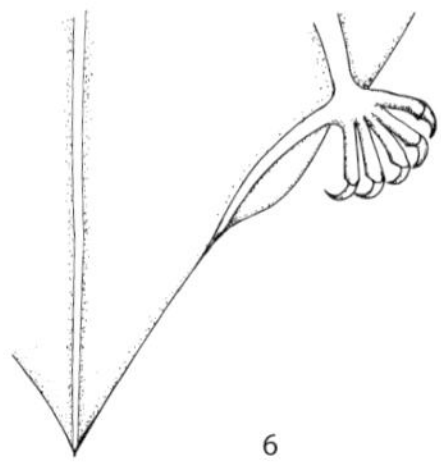

6

4

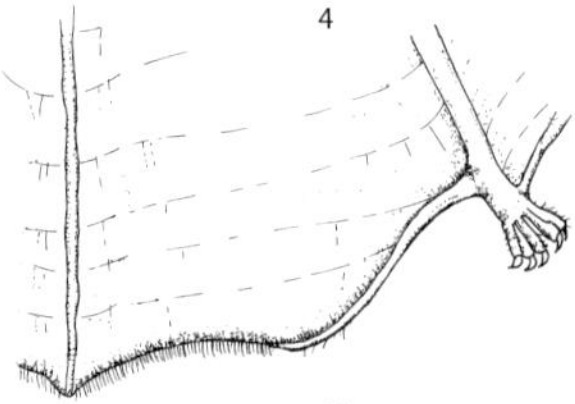

7

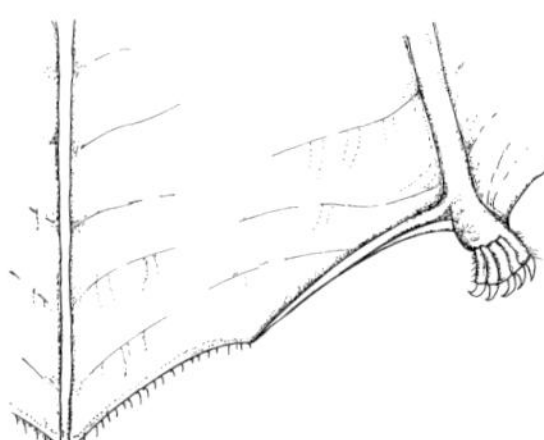

8

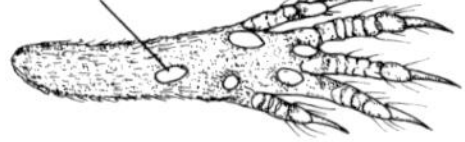

9

17. Größte Breite des Tragus geringer als die Höhe seines Vorderrandes **18**
— Tragus breit u. kurz, Höhe seines Vorderrandes fast gleich seiner größten Breite. Rückenhaare mit hellen Spitzen .... Alpenfledermaus, ***Hypsugo savii*** (Bonaparte)
KR 43–52, Schw 34–40, UA 31–38, FSp um 220, Ohr 10–14 [**3p**]. Nur Einzelnachweise.
18. UA < 37 .... ***Pipistrellus*** Kaup **19**
— UA > 37 .... **21**
19. Arm- u. Schwanzflughaut weiß gesäumt, Bauch weißlich
Weißrandfledermaus, ***Pipistrellus kuhlii*** (Kuhl)
G 5–10, KR 39–55, Schw 30–45, UA 30–36, FSp 210–260, Ohr 10–15. In Baden-Württemberg u. Bayern.
— Arm- u. Schwanzflughaut ohne breiten weißen Saum **20**
20. Daumen kürzer als die Breite des Handgelenks
Zwergfledermaus, ***Pipistrellus pipistrellus*** (Schreber)
G 3–8, KR 33–50, Schw 20–36, UA 27–35, FSp 200–230, Ohr 9–13,5 [**3n**]. Im ganzen Gebiet, regelmäßig im Nordosten. In menschlichen Siedlungen u. parkähnlichen Landschaften. Überwintert in Höhlen, Stollen, Dachböden. Flug schnell u. hoch.
Äußerlich meist nicht sicher von der Zwergfledermaus zu unterscheiden ist die kleinere Mückenfledermaus, ***Pipistrellus pygmaeus*** (Leach). Im ganzen Gebiet. In Wäldern, bevorzugt in Gewässernähe.
— Daumen länger als die Breite des Handgelenks
Rauhautfledermaus, ***Pipistrellus nathusii*** (Keyserling et Blasius)
Gr 6–9, KR 45–55, Schw 33–44, UA 32–36, FSp230–255, Ohr 10–14 [**3o**]. Im ganzen Gebiet, in NW-Deutschland sporadisch. Wälder u. Parks, seltener in menschlichen Siedlungen. Überwintert in Baumhöhlen, Felsspalten, Gebäuden. Flug schnell u. hoch.
21. Ohr länger als breit .... ***Eptesicus*** Rafinesque **22**
— Ohr nicht länger als breit. Rückenhaare dunkel, mit weißlichen Spitzen („schimmelig"); helle Unterseite scharf von der Oberseite abgesetzt Zweifarbfledermaus, ***Vespertilio murinus*** L.
G 10–16, KR 48–63, Schw 40–44, UA 40–47, FSp um 270–330, Ohr 13–18,5 [**3r**]. Im ganzen Gebiet, selten. Verschiedene Lebensräume von Gebirgswäldern bis Großstädten. Überwintert in Kellern, Stollen, Höhlen. Flug hoch u. gewandt.
22. UA > 48 .... Breitflügelfledermaus, ***Eptesicus serotinus*** (Schreber)
G 15–30, KR 60–80, Schw 45–60, UA 48–57, FSp 315–380, Ohr 18–22 [**3t**]. Im ganzen Gebiet, häufig. Ortschaften u. stark strukturierte Landschaft. Überwintert in Gebäuden u. Baumhöhlen. Flug schwerfällig, langsame Flügelschläge.
— UA < 43 .... Nordfledermaus, ***Eptesicus nilssonii*** (Keyserling et Blasius)
G 8–18, KR 48–64, Schw 38–47, UA 34–42, FSp 240–280, Ohr 14–17 [**3s**]. Im gesamten Gebiet selten, in Norddeutschland kaum nachgewiesen. Aufgelockerte Waldgebiete, menschliche Siedlungen. Überwintert in Höhlen, Kellern, Stollen. Flug schnell u. gewandt.

Lagomorpha, Hasenartige

Einzige Familie **Leporidae**, Hasen.

1. Ohr > 80, erreicht nach vorn umgelegt mindestens die Schnauzenspitze. Ohrenspitzen schwarz. HF > 100 .... ***Lepus*** L. **2**
— Ohr < 80, erreicht nach vorn umgelegt die Schnauzenspitze nicht. Ohrenspitzen nicht schwarz. HF < 100 .... Wildkaninchen, ***Oryctolagus cuniculus*** (L.)
G 1000–2200, KR 340–500, Schw 40–75, HF 75–95, Ohr 60–80. Ursprünglich nur Iberische Halbinsel, heute im ganzen Gebiet, selten über 500 m NN. Bevorzugt trockenen Boden. Waldränder, Heide, Sandgruben, Bahndämme, Gärten, städtische Grünanlagen u. ä. In selbstgegrabenen Wohnröhren. Stammform des Hauskaninchens, ***O. cuniculus*** f. ***domestica*** (L.).
2. Schw 2-farbig, oben schwarz, unten weiß .... Feldhase, ***Lepus europaeus*** Pallas
G 2500–6500, KR 500–700, Sch 70–120, HF 130–150, Ohr 90–150. Im ganzen Gebiet, in den Alpen bis 1600 m NN. Äcker, Grünland, lichter Wald, Dünen.
— Schw 1-farbig weiß, Winterhaar weiß (bis auf Ohrspitzen) Alpenschneehase, ***Lepus timidus*** L.
G 2000–2500, KR 570–630, Schw 53–65, HF 138–148, Ohr 80–100. In den Alpen von 1300–2400 m NN. Im Winter in tieferen Lagen (bis 600 m NN).

Rodentia, Nagetiere

1. HF mit Schwimmhäuten. KR > 400 .... **2**
— HF ohne Schwimmhäute. KR < 400 .... **3**

2. Schw drehrund. KR < 700 .... Ferkelratten, **Capromyidae**
Nur ***Myocastor coypus*** (Molina), Sumpfbiber, Nutria
G 6–10 kg, KR 400–600, Schw 300–450, HF 115–140, Ohr 25–30. Als Pelztier aus Südamerika eingeführt. Aus Farmen entkommene Tiere stellenweise freilebend. An pflanzenreichen Gewässern.

— Schw dorsoventral abgeplattet, breit. KR > 700 .... Biber, **Castoridae**
Nur ***Castor fiber*** L., Biber
G 20–35 kg, KR 800–1000, Sch 300–380, HF 160–210, Ohr 30–40. An der gesamten Elbe bis Hamburg, an Mulde, Schwarzer Elster, Saale, Havel, Oder, Peene u. Warnow, Neiße, gebietsweise im Emsland, Niederrhein, Saarland u. Spessart (z. T. wiederangesiedelt). Ost- u. nordeuropäische Biber eingebürgert in Bayern, Baden-Württemberg, Westfalen. Größtes europäisches Nagetier. Auwälder an Gewässern.

3. Schw mit buschiger Behaarung **4**

— Schw nur kurz behaart oder fast nackt **5**

4. HF < 30 .... Schläfer, **Gliridae** S. 622

— HF > 30 .... Hörnchen, **Sciuridae** S. 622

5. Schw fast körperlang oder länger. Ohren ragen deutlich aus dem Fell **6**

— Schw deutlich kürzer als Körper. Ohren ragen nur wenig aus dem Fell **7**

6. Schw das 1½-fache der Körperlänge. Oberlippe nicht gespalten .... Hüpfmäuse, **Zapodidae**
Nur ***Sicista betulina*** (Pallas), Waldbirkenmaus
G 5–11, KR 50–75, Schw 75–110, HF 15–18, Ohr 10–15. Nur Einzelfunde im Bayerischen Wald, Allgäu u. in Schleswig-Holstein. Feuchte Waldgebiete, Hochmoore. Winterschläfer.

— Schw kürzer. Oberlippe gespalten („Hasenscharte") .... Echte Mäuse, **Muridae** S. 623

7. Schw sehr kurz, etwa so lang wie Hinterfuß .... Hamster, **Cricetidae**
Nur ***Cricetus cricetus*** (L.), Hamster
G 200–600, KR 190–300, Schw 35–70, HF 30–40, Ohr 23–35. Rückläufige Vorkommen in Niedersachsen, Sachsen-Anhalt, Thüringen, Hessen, Rheinland, Württemberg u. Bayern; vereinzelt in Brandenburg u. Sachsen. Äcker der Ebene auf Löss- u. Lehmböden. Winterschläfer. – Nahe verwandt der als Labortier gehaltene Syrische Goldhamster, ***Mesocricetus auratus*** Waterhouse.

— Schw länger .... Wühlmäuse, **Arvicolidae** S. 623

Familie: **Sciuridae**, Hörnchen

1. Rücken mit deutlichen Längsstreifen .... Streifenhörnchen, ***Tamias sibiricus*** (Laxmann)
G 50–120, KR 120–170, Schw 80–150, HF 31–38, Ohr 13–18. Ursprünglich Sibirien u. Nordosteuropa; in Deutschland als Haustier gehalten; von entkommenen Tieren an wenigen Stellen freilebende Populationen u. Einzelnachweise.

— Rücken ohne Längsstreifen **2**

2. KR < 300. Schw fast körperlang .... Eichhörnchen, ***Sciurus vulgaris*** L.
G 250–450, KR 200–250, Schw 150–200, HF 52–68, Ohr 22–36. Im ganzen Gebiet. Häufig. Wälder, Parkanlagen, Gärten. Färbung variiert gebietsweise von rotbraun bis schwarzbraun.

— KR > 500. Schw etwa ⅓ Körperlänge .... Alpenmurmeltier, ***Marmota marmota*** (L.)
G 3500–6000, KR 470–600, Schw 130–160, HF 85–95, Ohr 25–30. Nur in den Alpen oberhalb 1000 m NN. Offene, sonnige Hochgebirgshänge, Geröllfelder. Winterschläfer. Hoher pfeifender Schrei als Warnlaut.

Familie: **Gliridae**, Schläfer

1. Kopfseiten mit schwarzen Außenstreifen bis an oder hinter das Ohr **2**

— Kopfseiten ohne solche Zeichnung, höchstens ein dunkler Augenring **3**

2. Ohr > 20. Schw nur am Ende buschig behaart, Endhälfte oben schwarz, unten u. Endpinsel weiß .... Gartenschläfer, ***Eliomys quercinus*** (L.)
G 60–140, KR 110–150, Schw 90–120, HF 22–31, Ohr 22–26. Unregelmäßig verbreitet in den Mittelgebirgen u. Alpen. Wälder, besonders mit Fels u. Gestein; Obstgärten, auch in menschlichen Siedlungen. Winterschläfer.

— Ohr < 16. Schw gleichmäßig buschig behaart, ohne schwarze Färbung
Baumschläfer, ***Dryomys nitedula*** (Pallas)
G 20–40, KR 80–120, Schw 60–110, HF 18–24, Ohr 10–15. Alpen, sehr selten. Wälder, Obstgärten. Winterschläfer.

3. KR > 100. Schw lang behaart, buschig. Oberseite einfarbig grau Siebenschläfer, ***Glis glis*** (L.)
G 70–210, KR 120–190, Schw 110–160, HF 22–32, Ohr 14–23. In Norddeutschland nur vereinzelt, in Mittel- u. Süddeutschland verbreitet, aber nicht häufig. Laubwälder, Parks, Obstgärten. Winterschläfer.

— KR < 95. Schw dicht, aber kurz behaart. Oberseite einfarbig gelbbraun
Haselmaus, ***Muscardinus avellanarius*** (L.)

G 15–25, KR 65–85, Schw 55–80, HF 15–18, Ohr 10–14. Im ganzen Gebiet; in der Norddeutschen Tiefebene fehlend oder sehr lückenhaft verbreitet. Buschreicher Laub-, Misch- u. Fichtenwald, Obstgärten, Feldgehölze. Winterschläfer.

Familie: **Muridae**, Echte Mäuse

1. KR > 150, HF > 30 .... Ratten, ***Rattus*** FITZINGER 2

— KR < 130, HF < 28 3

2. Schw kürzer als KR. Ohr erreicht nach vorn gebogen nicht das Auge
Wanderratte, ***Rattus norvegicus*** (BERKENHOUT)

G 150–500, KR 180–280, Schw 130–230, HF 36–45, Ohr 18–23. Im ganzen Gebiet. Meist in oder bei menschlichen Siedlungen, aber auch ganzjährig im Freiland. Die Wanderratte ist die Stammform der Laborratte.

— Schw länger als KR. Ohr erreicht nach vorn gebogen das Auge ... Hausratte, ***Rattus rattus*** (L.)

G 145–250, KR 160–240, Schw 180–250, HF 30–40, Ohr 22–26. Sehr selten u. inselartig verbreitet, gebietsweise fehlend. Nur in Gebäuden, bevorzugt obere Stockwerke.

3. Ohne schwarzen Rückenstreifen 4

— Schwarzer Rückenstreifen vorhanden .... Brandmaus, ***Apodemus agrarius*** (PALLAS)

G 15–30, KR 80–125, Schw 60–90, HF 16–21, Ohr 11–13. Verbreitet im östlichen Deutschland bis Niedersachsen, Westfalen u. Hessen. Feuchte Wiesen, Röhricht, Waldränder, Hecken, Äcker, Siedlungen.

4. Klein. KR < 80. HF < 16. Ohr < 12 .... Zwergmaus, ***Micromys minutus*** (PALLAS)

G 5–12, KR 50–80, Schw 45–75, HF 12–16, Ohr 7–11. Im ganzen Gebiet. Bevorzugt Ried- u. Seggenbestände, Graben- u. Waldränder mit Rohrglanzgras, auch Getreidefelder. Halmkletterer mit Greifschwanz. Kugelnester aus Gras zwischen den Halmen.

— Größer. KR > 80. HF > 17. Ohr > 13 5

5. HF ≤ 20. Muffiger „Mäusegeruch“ .... Hausmaus, ***Mus musculus*** L.

G 12–30, KR 70–110, Schw 60–105, HF 14–20, Ohr 11–15. Im ganzen Gebiet. Zwei Unterarten werden auch als eigene Arten anerkannt. Östlich der Linie Lübeck - Dessau–Zwickau–Nürnberg–Regensburg–München: Östliche Hausmaus, ***M. m. musculus*** L. (Oberseite graubraun, deutlich von hellerer Unterseite getrennt), vorwiegend in Gebäuden, aber auch im Freien. Westlich der genannten Linie: Westliche Hausmaus, ***M. m. domesticus*** SCHWARZ ET SCHWARZ (oben dunkelgrau, unten nur wenig heller, ohne deutliche Trennungslinie), ganzjährig in Gebäuden, im Sommer auch im Freien. Die Hausmaus ist die Stammform der Labormaus.

— HF > 20. Kein muffiger „Mäusegeruch“ 6

6. HF > 22. Schw länger als der Körper 7

— HF ≤ 22. Schw erreicht höchstens Körperlänge .... Waldmaus, ***Apodemus sylvaticus*** (L.)

G 15–30, KR 75–110, Schw 70–100, HF 20–22, Ohr 14–18. Im ganzen Gebiet häufig. Feldgehölz, Gebüsch, Wald, trockenes Offenland, Felder.

7. Gelbliche Brustzeichnung meist zu einem durchgehenden Querband ausgezogen, selten nur Mittelfleck .... Gelbhalsmaus, ***Apodemus flavicollis*** (MELCHIOR)

G 20–50, KR 90–130, Schw 90–130, HF 22,5–27, Ohr 15–20. Im ganzen Gebiet, fehlt nur im äußersten Nordwesten Niedersachsens. Wälder, dichtes Gebüsch.

— Gelbliche Brustzeichnung nur aus einem Mittelfleck oder Mittelstrich bestehend oder fehlend
Alpenwaldmaus, ***Apodemus alpicola*** HEINRICH

G 20–35, KR 80–110, Schw 100–130, HF 23–27, Ohr 15–20. Alpen. Lichter Bergwald u. oberhalb der Baumgrenze.

Familie: **Arvicolidae**, Wühlmäuse

1. KR < 200. Schw rund 2

— KR > 250. Schw seitlich abgeflacht .... Bisamratte, ***Ondatra zibethicus*** (L.)

G 800–1600 , KR 260–400, Schw 190–290, HF 60–80, Ohr 20–30. Im ganzen Gebiet. An pflanzenreichen Gewässern. Heimat Nordamerika, 1905 bei Prag ausgesetzt, seitdem in ständiger Ausbreitung.

2. HF < 23 mm 3

— HF ≥ 23 mm .... Schermaus, ***Arvicola amphibius*** (L.)

G 50–200, KR 120–200, Schw 60–140, HF 23–32, Ohr 11–17. Im ganzen Gebiet. Bewachsene Gewässerufer, aber auch weitab vom Wasser, vor allem in Obstgärten.

3. Fell silbergrau, heller als die folgenden Arten. Nur Alpen
Schneemaus, ***Microtus nivalis*** (MARTINS)

G 30–65, KR 100–135, Schw 50–75, HF 19–22, Ohr 14–18. Alpen oberhalb 1000 m. Alpine Matten mit Felsblöcken u. Geröllhalden.

— Fell dunkler 4

4. Rücken fuchsrot bis braunrot .... Rötelmaus, ***Myodes glareolus*** (Schreber)
G 15–35, KR 80–125, Schw 30–65, HF 15–20, Ohr 11–15. Im ganzen Gebiet, häufig. Wälder mit Unterholz, Gebüsch, Feldgehölze.

— Rücken grau, graubraun bis braun **5**

5. HF mit 5 Sohlenschwielen [**9**]. Augen auffallend klein. Ohr ≤ 10
Kleinäugige Wühlmaus, ***Microtus subterraneus*** (de Selys-Longchamps)
G 13–23, KR 75–105, Schw 24–40, HF 13–16, Ohr 7–10. Im ganzen Gebiet südlich der Linie Münster–Hameln–Wolfsburg–Wittenberg–Leipzig–Görlitz. Nördlich davon vereinzelt nachgewiesen. Feuchte Wiesen, Waldränder, Gemüsegärten. 1962 wurde die Bayerische Kurzohrmaus, ***Microtus bavaricus*** (König) als neue Art beschrieben, nur bei Garmisch-Partenkirchen.

— HF mit 6 Sohlenschwielen. Augen nicht besonders klein. Ohr > 9 .... **6**

6. Schw meist < 45 .... **7**

— Schw meist > 45 .... Nordische Wühlmaus, ***Microtus oeconomus*** (Pallas)
G 25–60, KR 100–135, Schw 40–62, HF 18–21, Ohr 11–14. In Deutschland östlich der Linie Wismar–Schwerin–Havelberg–Stendal–Luckenwalde–Herzberg–Spremberg, Wiederansiedlung im Emsland. Moorwiesen, Sümpfe, Bruchwälder, Sölle, bewachsene Gewässerränder.

7. HF meist < 17. Ohren innen dicht u. kurz behaart. Färbung oben gelblichbraun bis graubraun
Feldmaus, ***Microtus arvalis*** (Pallas)
G 20–40, KR 80–120, Schw 30–40, HF 15–17, Ohr 9–12. Im ganzen Gebiet. Äcker, Wiesen, Weiden, Ödland, Schonungen.

— HF meist > 17. Ohren innen schütterer u. relativ lang behaart. Färbung oben dunkelbraun
Erdmaus, ***Microtus agrestis*** (L.)
G 20–50, KR 90–130, Schw 30–46, HF 16–20, Ohr 11–14. Im ganzen Gebiet. Feuchte Standorte mit dichter Bodenvegetation. Gewässerränder, Moore, Wiesen, Gebüsch, Hecken, Wald.

Carnivora, Raubtiere

1. Körper von spindelförmiger Gestalt; Gliedmaßen verkürzt, flossenartig. Meeresbewohner, nur an den Küsten, selten in Flussmündungen .... Hundsrobben, **Phocidae** S. 625

— Körper anders gestaltet; Gliedmaßen nicht zu Flossen umgebildet. Landbewohner, nur gelegentlich im Wasser **2**

2. HF mit 4 Zehen **3**

— HF mit 5 Zehen **4**

3. Kopf langgestreckt, Schnauze spitz. Stumpfe, nicht zurückziehbare Krallen
Hunde, **Canidae** S. 624

— Kopf rund, Schnauze stumpf. Scharfe, zurückziehbare Krallen .... Katzen, **Felidae** S. 625

4. Schw mit schwarzer Ringelzeichnung .... Kleinbären, **Procyonidae**
Nur ***Procyon lotor*** (L.), Waschbär
G 5–10 kg, KR 50–80 cm, Schw 20–30 cm, HF 8–13 cm. Heimat Nordamerika. In Deutschland eingebürgert bzw. aus Farmen entwichen, inzwischen weit verbreitet im ganzen Gebiet. Wald- u. Parklandschaften, Städte.

— Schw ohne Ringelzeichnung .... Marder, **Mustelidae** S. 625

Familie: **Canidae**, Hunde

1. Wangen, Kinn u. Brust schwarz, langer Backenbart. Körper u. Schwanz lang buschig behaart. Schw < 25 cm .... Marderhund, ***Nyctereutes procyonoides*** (Gray)
G 4–10 kg, KR 50–75 cm, Schw 15–25 cm, HF 10,5–13 cm, Ohr 4,5–6 cm. Heimat Ostasien, eingeführt nach dem europäischen Teil von Russland, von dort Ausbreitung nach Westen u. Norden. Im ganzen Gebiet; in Mecklenburg-Vorpommern, Brandenburg u. Sachsen häufig. Wälder, Feldgehölze, Schilfgebiete, Sölle; bevorzugt in Gewässernähe.

— Fell anders gefärbt. Schw > 25 cm **2**

2. KR > 90 cm. HF > 25 cm. Hochbeinig, schäferhundähnlich .... Wolf, ***Canis lupus*** L.
G 25–60 kg, KR 100–140 cm, Schw 30–50 cm, HF 25–30 cm, Ohr 10–13 cm. War in Deutschland ausgerottet; seit 1995 wieder eingewandert; vor allem im Osten und Norden, Zahl der Rudel zunehmend, in Ausbreitung. – Der Wolf ist der Stammvater des Haushundes, ***C. lupus*** f. ***familiaris*** L.

— KR > 90 cm. HF < 20 cm .... Rotfuchs, ***Vulpes vulpes*** (L.)
G 5–10 kg, KR 60–80 cm, Schw 30–50 cm, HF 14–17 cm, Ohr 8–11 cm. Im ganzen Gebiet. Wald, Feldgehölze.

Familie: **Mustelidae**, Marder

1. KR > 55 cm 2
— KR < 55 cm 3
2. Zwischen Vorder- u. Hinterzehen Schwimmhäute. Schw > 30 cm Fischotter, ***Lutra lutra*** (L.)
G 4–12 kg, KR 55–95 cm, Schw 35–50 cm, HF 10–13,5 cm, Ohr 2–3 cm. Verbreitet in Mecklenburg-Vorpommern, Brandenburg, Sachsen und im östlichen Sachsen-Anhalt, Niedersachsen und Holstein; vereinzelt im Münsterland und im Bayerischen und Oberpfälzer Wald. An stehenden u. fließenden Gewässern.
— Keine Schwimmhäute. Schw < 25 cm. Kopf schwarz-weiß gestreift, Brustseite schwarz Dachs, ***Meles meles*** (L.)
G 7–15 kg, KR 65–85 cm, Schw 11–18 cm, HF 9–12 cm, Ohr 3–5 cm. Im ganzen Gebiet. Wald.
3. KR > 300. Unterseite nicht weiß 4
— KR < 300. Unterseite weiß 7
4. Schw > 200. HF > 75. Unterseite braun, heller Kehlfleck 5
— Schw < 200. HF < 70. Unterseite dunkelbraun oder schwarz 6
5. Kehlfleck meist gelb, nicht oder kaum gegabelt. Fußsohlen stark behaart Baummarder, ***Martes martes*** (L.)
G 800–1600, KR 400–530, Schw 230–280, HF 85–100, Ohr 40–50. Im ganzen Gebiet. Geschlossene Waldgebiete.
— Kehlfleck meist weiß, Hinterrand meist gegabelt, Fußsohlen nicht behaart Steinmarder, ***Martes foina*** (Erxleben)
G 700–2000, KR 370–520, Schw 210–310, HF 70–110, Ohr 30–45. Im ganzen Gebiet. Wälder, Agrarlandschaft, Dörfer, Städte.
6. Oberseits dunkelbraun mit weißgelb durchscheinendem Wollhaar, schwarz-weiße Gesichtsmaske .... Iltis (Waldiltis), ***Mustela putorius*** L.
G 500–2000, KR 320–450, Schw 120–180, HF 50–65, Ohr 20–35. Im ganzen Gebiet. Waldrand, Gebüsche, bevorzugt in Wassernähe, auch bei u. in Ortschaften. – Der Waldiltis ist die Stammform des Frettchens, ***M. putorius*** f. ***furo*** L.
— Schwarz gefärbt bis auf weiße Lippen u. Kinn. Zehen mit kleinen Schwimmhäuten Mink oder Nordamerikanischer Nerz, ***Mustela vison*** Schreber
G 500–1800, KR 300–450, Schw 150–250, HF 55–70, Ohr 20–30. Heimat Nordamerika. In Deutschland aus Farmen entwichen u. zwischen Schleswig-Holstein u. Sachsen weit verbreitet; westlich davon einzelne Vorkommen. Gehölzbestandene fließende u. stehende Gewässer u. deren Umgebung. – In Deutschland ausgestorben ist der Europäische Nerz, ***M. lutreola*** L.
7. Schwanzspitze schwarz. Schw > 75 .... Hermelin, ***Mustela erminea*** L.
G 150–350, KR 200–300, Schw 70–120, HF 40–50, Ohr 15–25. Im ganzen Gebiet. Feldraine, Hecken, Wiesen, Ufer, Ortschaften, felsiges Hochgebirge. Im Winter bis auf Schwanzspitze weiß.
— Schwanzspitze nicht schwarz. Schw < 75 .... Mauswiesel, ***Mustela nivalis*** L.
Besonders auffallender Geschlechtsdimorphismus. G ♂♂ 50–130, ♀♀ 30–75, KR ♂♂ 170–240, ♀♀ 110–200, Schw ♂♂ 40–70, ♀♀ 25–50, HF ♂♂ 22–34, ♀♀ 18–25, Ohr ♂♂ 10–18, ♀♀ 10–13. Im ganzen Gebiet. Mischwälder, strukturreiches Offenland, Ortschaften, Hochgebirge.

Familie: **Felidae**, Katzen

1. Ohrspitzen mit Haarpinseln. Schw kurz .... Luchs, ***Lynx lynx*** (L.)
G 15–30 kg, KR 80–130 cm, Schw 15–24 cm, HF 19–26 cm, Ohr 7–10 cm. In Deutschland ausgerottet, aber regelmäßig einzelne in den Grenzgebieten zu Böhmen, im Harz wiederangesiedelt. Wald.
— Ohren ohne Haarpinsel. Schw lang .... Wildkatze, ***Felis silvestris*** Schreber
G 2,5–6 kg, KR 45–70 cm, Schw 25–35 cm, HF 12–14,5 cm, Ohr 5,5–7 cm. Eifel, Pfälzer Wald, Harz, Taunus, Saarland, Franken, Thüringer Wald, Bayerischer Wald. Geschlossene Waldgebiete.
Von der ägyptischen Unterart der Wildkatze, ***F. silvestris lybica*** Forster, stammt die Hauskatze, ***F. silvestris*** f. ***catus*** L., ab. Verwilderte wildfarbene Hauskatzen sind schwer von Wildkatzen zu unterscheiden.

Familie: **Phocidae**, Hundsrobben

1. Kopf kurz u. rundlich. Gesamtlänge meist < 200 cm 2
— Schnauze gestreckt, kegelförmig, Gesamtlänge meist > 200 cm Kegelrobbe, ***Halichoerus grypus*** (F.)
♂♂ bis 290 kg. Gesamtlänge bis 300 cm. An der deutschen Nordseeküste, in der Ostsee seltener.
2. Oberseite mit kleinen dunklen Flecken auf hellem Grund .... Seehund, ***Phoca vitulina*** L.
♂♂ bis 150 kg, Gesamtlänge bis 165 cm. An der Nordseeküste verbreitet, seltener in der westlichen Ostsee.

— Oberseite mit hellen, runden oder langgezogenen Ringen auf dunklem Grund Ringelrobbe, ***Phoca hispida*** Schreber
♂♂ bis 90 kg, Gesamtlänge bis 185 cm. Selten an deutschen Küsten.

Artiodactyla, Paarhufer

1. Vorderkopf rüsselartig. Gedrungener Körperbau .... Schweine, **Suidae**
Nur ***Sus scrofa*** L., Wildschwein
G 50–200 kg, KR 120–180 cm, SchH 70–100 cm, Schw 15–30 cm, Ohr 12–15 cm. Im ganzen Gebiet, an größere Waldungen gebunden. Wälder mit Dickungen u. Sümpfen, zeitweilig auch in Agrarlandschaft. – Das Wildschwein ist die Stammform des Hausschweins, ***S. scrofa*** f. ***domestica*** L.

— Vorderkopf nicht rüsselartig. Körperbau nicht gedrungen **2**

2. Mindestens die ♂♂ mit stets unverzweigten Hörnern (Hornscheide über knöchernem Stirnzapfen) .... Rinderartige, **Bovidae** S. 626

— Nur die ♂♂ mit meist verzweigtem, knöchernem Geweih, das jährlich abgeworfen wird Hirsche, **Cervidae** S. 626

Familie: **Bovidae**, Rinderartige

1. SchH < 100 cm. Schw kurz. Oberlippe behaart, geteilt **2**

— SchH > 110 cm. Schw lang. Oberlippe nackt, ungeteilt Hausrind, ***Bos primigenius*** f. ***taurus*** L.
Stammvater des Hausrindes ist der Ur oder Auerochse, ***B. primigenius*** Bojanus, der seit über 300 Jahren ausgestorben ist.

2. Hörner im Querschnitt rund, gerade, am Ende hakenförmig nach hinten gebogen Gämse, ***Rupicapra rupicapra*** (L.)
G 35–40 kg, KR 100–120 cm, SchH 70–80 cm, Schw 7–8 cm, Ohr 10–12 cm. In den Alpen, eingebürgert im Schwarzwald, Schwäbischer u. Fränkischer Alb u. Elbsandsteingebirge. In Alpen obere Waldgrenze u. darüber.

— Hörner anders gestaltet **3**

3. Mit Kinnbart. Hörner der ♂♂ lang, säbelförmig nach hinten gekrümmt, mit starken Querwülsten .... Alpensteinbock, ***Capra ibex*** L.
G 35–120 kg, KR 115–170 cm, SchH 70–100 cm, Schw 15–30 cm, Ohr 10–12 cm. In den Alpen oberhalb der Waldgrenze.

— Ohne Kinnbart. Hörner der ♂♂ dick, schneckenförmig gedreht, mit Querringelung. ♀♀ meist hornlos .... Mufflon, ***Ovis ammon*** L.
G 25–50 kg, KR 100–130 cm, SchH 65–88 cm, Schw 6–10 cm, Ohr 8–9 cm. Heimat Korsika u. Sardinien. In Deutschland in vielen Gebieten eingebürgert. Waldgebiete des Mittelgebirges bis zur Ebene. – Stammform des Hausschafs, ***O. ammon*** f. ***aries*** L.

Familie: **Cervidae**, Hirsche

1. Nasenkuppe nackt, Muffel (Nasenspiegel) nicht überhängend. SchH < 150 cm **2**

— Nasenkuppe bis auf eine kleine Stelle zwischen den Nasenlöchern behaart, Muffel lang, überhängend. SchH > 150 cm .... Elch, ***Alces alces*** (L.)
G 240–500 kg, KR 200–300 cm, SchH 150–210 cm, Schw 7–10 cm, Ohr 20–35 cm. In Deutschland bis Ende des 18. Jahrhunderts ausgerottet. Gelegentlich zuwandernd ohne dauerhafte Ansiedlung.

2. Schw immer gut sichtbar. SchH > 80 cm .... ***Cervus*** L. **3**

— Schw kurz, äußerlich nicht sichtbar. SchH < 80 cm .... Reh, ***Capreolus capreolus*** (L.)
G 15–30 kg, KR 100–135 cm, SchH 60–75 cm, Ohr 12–15 cm. Im ganzen Gebiet. Wald, Parklandschaft, Äcker, Wiesen, Weiden, Moore.

3. Spiegel (helle Zeichnung zu beiden Seiten des Schwanzes auf den Hinterschenkeln) rein weiß, schwarz umrandet. SchH < 120 cm. Im Sommer gefleckt **4**

— Spiegel nicht rein weiß, nicht schwarz eingefasst. SchH > 120 cm. Erwachsene Tiere ungefleckt Rothirsch, ***Cervus elaphus*** L.
G bis 200 kg, KR 150–210 cm, SchH 90–125 cm, Schw 12–15 cm, Ohr 15–18 cm. Im ganzen Gebiet.Große Waldungen, aber auch Offenland.

4. Schw oben mit schwarzem Mittelstreif, 16–20 cm lang, wird lebhaft bewegt. Geweih leicht schaufelartig .... Damhirsch, ***Cervus dama*** L.

G 30–100 kg, KR 130–140 cm, SchH 70–90 cm, Schw 15–20 cm, Ohr 13–15 cm. Heimat Mittelmeerländer u. Kleinasien. In Deutschland seit dem Mittelalter eingeführt, heute weit verbreitet, besonders in Norddeutschland. Mischwälder u. parkähnliche Landschaften der Ebene u. des Mittelgebirges, Äcker.

— Schw weiß, kürzer. Geweih nicht schaufelartig .... Sikahirsch, ***Cervus nippon*** Temminck

G 30–70 kg, KR 130–150 cm, SchH 65–90 cm, Schw 10–19 cm, Ohr 9–14 cm. Heimat Ostasien. Seit Ende des 19. Jahrhunderts in Deutschland eingebürgert. Einige Vorkommen von Schleswig-Holstein bis Baden-Württemberg. Mischwald, auch im Schilf u. auf Äckern.

Perissodactyla, Unpaarhufer

Einzige Familie **Equidae**, Pferde.

1. Schw von der Wurzel an langhaarig. An den Vorder- u. Hinterfüßen haarlose Stellen (Kastanien) .... Hauspferd, ***Equus przewalskii*** f. ***caballus*** L.

Stammform des Hauspferdes ist das Wildpferd, ***E. przewalskii*** Poljakov; freilebende Bestände waren erloschen, derzeit Wiederansiedlung in der Mongolei mit Tieren aus zoologischen Gärten. Alle anderen sog. Wildpferde sind Zuchtformen des Hauspferdes.

— Schw nur am Ende langhaarig. Nur an den Vorderfüßen Kastanien
Hausesel, ***Equus africanus*** f. ***asinus*** L.

Stammform des Hausesels ist der afrikanische Wildesel, ***E. africanus*** (Fitzinger).

Cetacea, Wale

Mehrere Walarten gelangen als Irrgäste gelegentlich an die deutschen Küsten. Nur zwei Arten sind ständig in Nord- u. Ostsee anzutreffen.

1. Gesamtlänge < 200 cm. Kopf stumpfendig mit abgerundeter Schnauze
Schweinswale, **Phocoenidae**

Nur ***Phocoena phocoena*** (L.), Schweinswal oder Braunfisch
Gesamtlänge 130–180 cm. Küsten der Nord- u. Ostsee.

— Gesamtlänge > 250 cm. Kopf mit deutlich abgesetzter Schnauze (Schnabel)
Delphine, **Delphinidae**

Nur ***Tursiops truncatus*** (Montagu), Großer Tümmler
Gesamtlänge 280–330 cm, auch größer. Nordseeküste, selten Ostsee.

B. Bestimmung nach Schädelmerkmalen

Abkürzungen: OK = Oberkiefer; UK = Unterkiefer; CB = Condylobasal-Länge (Abstand zwischen Vorderrand des Zwischenkieferbeins u. Hinterrand der Hinterhauptsgelenkhöcker); **I = Schneidezahn (Incisivus); C = Eckzahn (Caninus); P = Vorbackenzahn (Praemolar); M = Backenzahn (Molar); BZ=Vorbacken- + Backenzähne (P+M).** Schädel [**10**].

Zahnformel: In der Zahnformel wird über dem Bruchstrich die Zahl der Zähne einer Oberkieferhälfte, unter dem Bruchstrich einer Unterkieferhälfte angegeben. Die Zähne werden in der Reihenfolge I, C, P u. M aufgeführt.

Beispiel: = $\frac{3I\ 1C\ 4P\ 3M}{3I\ 1C\ 4P\ 3M} = \frac{3143}{3143}$

1. In jeder Kieferhälfte mindestens 20 gleichförmige Zähne .... Wale, **Cetacea** S. 638
— Weniger, verschiedenartig gestaltete Zähne 2
2. OK ohne Schneidezähne .... Paarhufer, **Artiodactyla** S. 637
— OK mit Schneidezähnen 3
3. Ok u. UK mit je einem Paar zu Nagezähnen umgebildeten Schneidezähnen. Nagezähne von den Backenzähnen durch eine weite Lücke (Diastema) getrennt 4
— Schneidezähne nicht zu Nagezähnen umgebildet. Kein Diastema 5

4. Hinter den oberen Nagezähnen steht ein Paar kleiner Stiftzähne.
Zahnformel $\frac{2033}{1023} = 28$ .... Hasenartige, **Lagomorpha** S. 632
— Schädel ohne solche Stiftzähne .... Nagetiere, **Rodentia** S. 632
5. Stirnbein u. Jochbogen hinter der Augenhöhle durch eine breite Knochenbrücke miteinander verbunden. In jeder Kieferhälfte 6 BZ mit Schmelzfalten u. breiter Kaufläche
Unpaarhufer, **Perissodactyla**
Nur **Equidae**, Pferde. Die Schädel von Pferd u. Esel sind nur durch besondere Maßkombinationen sicher zu unterscheiden.
— Keine oder nur ganz dünne Knochenbrücke zwischen Stirnbein u. Jochbogen **6**
6. Schädel vorn mit einer breiten, tiefen Einbuchtung zwischen den Schneidezähnen [**11**] oder mit zwei schmalen, tiefen Einschnitten zwischen Schneide- u. Eckzähnen [**12**]. CB < 25
Fledermäuse, **Chiroptera** S. 631
— Schädel anders gestaltet **7**
7. CB > 260. Eckzähne des OK nach oben u. außen gebogen, im Querschnitt 3-eckig. Processus paracondylaris sehr lang .... Paarhufer, **Artiodactyla** S. 637
— CB < 260. Eckzähne des OK nicht nach oben u. außen gebogen, im Querschnitt ± rund. Processus paracondylaris fehlt oder nur kurz **8**
8. Mittlere Schneidezähne im OK kleiner als die seitlichen, Eckzähne größer als die benachbarten Zähne .... Raubtiere, **Carnivora** S. 636
— Mittlere Schneidezähne im OK ebenso groß oder größer als die seitlichen, Eckzähne nicht oder nur im Oberkiefer vergrößert .... Insektenfresser, **Insectivora** S. 628

Insectivora, Insektenfresser

1. Jochbögen vorhanden. CB > 28. 36 oder mehr Zähne **2**
— Jochbögen fehlen. CB < 25. Höchstens 32 Zähne .... Spitzmäuse, **Soricidae** **3**
2. CB > 40. Der erste I wesentlich größer als die folgenden, C nicht besonders hervortretend.
Zahnformel $\frac{3133}{2123} = 36$ .... Igel, **Erinaceidae** mit ***Erinaceus europaeus***, Braunbrustigel
— CB < 40. Der erste I nur wenig größer als die folgenden. C im OK stark hervortretend.
Zahnformel $\frac{3143}{3143} = 44$ .... Maulwürfe, **Talpidae** mit ***Talpa europaea***, Maulwurf
3. Zahnspitzen weiß. Zahnformel $\frac{3113}{1113} = 28$ .... ***Crocidura*** **4**
— Zahnspitzen rot. 30 oder 32 Zähne **6**
4. CB < 18, größte Gesichtsschädelbreite (Jochbreite [**13a**]) < 6
Gartenspitzmaus, ***Crocidura suaveolens***
— CB > 18, größte Gesichtsschädelbreite (Jochbreite) > 6 .... **5**
5. Im OK Abstand hinterer Alveolenrand I1 bis vorderer Alveolenrand P1 (E) etwa 1½-mal so lang wie die Schädelhöhe über C (F) [**14b**]. Letzter einspitziger Zahn im OK (C) meist ebenso hoch wie oder höher als die erste Spitze am Vorderrand von P1 [**14b**]. Jochbogenfortsatz des Maxillare schwach zipfelig ausgebildet [**13b**]. Processus angularis des UK [**15b**]
Hausspitzmaus, ***Crocidura russula***
— Im OK Abstand hinterer Alveolenrand I1 bis vorderer Alveolenrand P1 (E) etwa gleich lang wie oder nur geringfügig länger als Schädelhöhe über C (F) [**14a**]; letzter einspitziger Zahn im OK (C) meist niedriger als die erste Spitze am Vorderrand von P1 [**14a**]. Jochbogenfortsatz des Maxillare nicht zipfelig ausgebildet [**13a**]. Processus angularis des UK [**15a**]
Feldspitzmaus, ***Crocidura leucodon***
6. Zahnformel $\frac{3123}{1113} = 30$. Im OK jederseits 4 einspitzige Zähne [**16a**], I1 im UK mit einem flachen Höcker [**17a**]. Vorderrand der Nasalia gerade .... ***Neomys*** **7**
— Zahnformel $\frac{3133}{1113} = 32$. Im OK jederseits 5 einspitzige Zähne [**16b, c**], I1 im UK mit mehreren Höckern [**17b**]. Vorderrand der Nasalia zu einer kleinen Spitze ausgezogen .... ***Sorex*** **8**

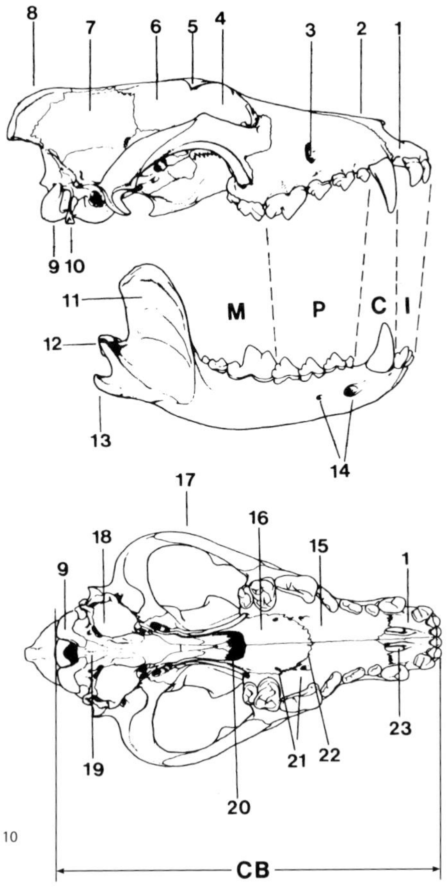

10

Hundeschädel. **I** Schneidezähne, **C** Eckzähne, **P** Vorbackenzähne, **M** Backenzähne, **CB** Condylobasal-Länge, **1** Zwischenkieferbein, **2** Nasenbein, **3** Foramen infraorbitale, **4** Augenhöhle, **5** Postorbitalfortsatz, **6** Stirnbein, **7** Scheitelbein, **8** Zwischenscheitelbein, **9** Hinterhauptsgelenkhöcker, **10** Processus paracondylaris, **11** Processus coronoideus, **12** Processus condylaris, **13** Processus angularis, **14** Foramina mentalia, **15** Oberkieferbein, **16** Gaumenbein, **17** Jochbogen, **18** Gehörblase, **19** Basioccipitale, **20** Choane, **21** Foramina palatina, **22** Gaumenquernaht, **23** Gaumenspalten

7. Höhe des UK-Astes [**18**] > 4,6 .... Wasserspitzmaus, ***Neomys fodiens***

— Höhe des UK-Astes < 4,3 .... Sumpfspitzmaus, ***Neomys anomalus***

Tiere mit dazwischen liegenden Maßen sind nur durch besondere Maßkombinationen sicher zu unterscheiden.

8. CB < 17. Dritter einspitziger Zahn im OK ebenso groß wie zweiter [**16c**]. Höhe des UK-Astes [**18**] < 4 .... Zwergspitzmaus, ***Sorex minutus***

— CB > 17. Dritter einspitziger Zahn im OK kleiner als zweiter [**16b**]. Höhe des UK-Astes > 4 **9**

9. Zweiter Zahn im UK einspitzig [**17b**]. Letzter einspitziger Zahn im OK sehr klein, viel kleiner als der vierte [**16b**] .... Waldspitzmaus, ***Sorex araneus*** u. Schabrackenspitzmaus, ***Sorex coronatus***

Beide Arten nur mit Hilfe von Maßkombinationen sicher zu unterscheiden. Bei ***S. coronatus*** UK-Ast in der Regel deutlich nach vorn geneigt, bei ***S. araneus*** gerade oder schwach nach vorn geneigt.

11

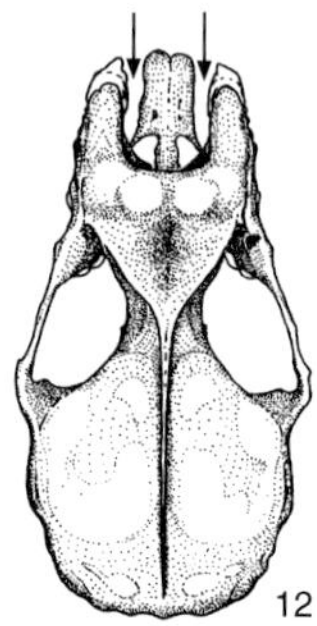
12

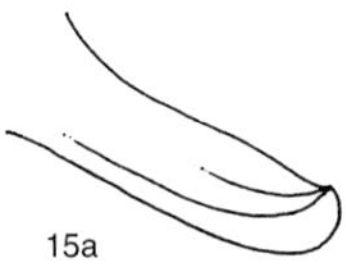
15a

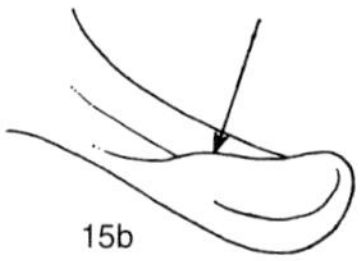
15b

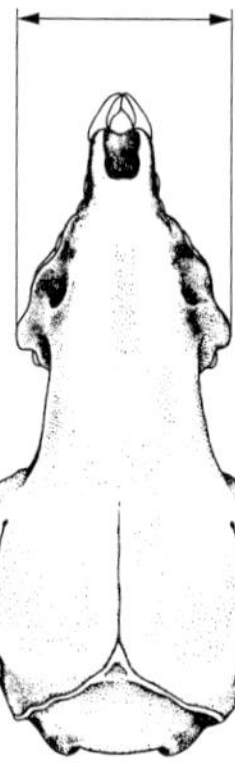
13a

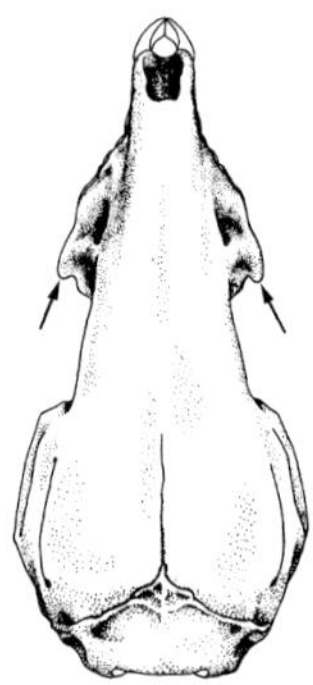
13b

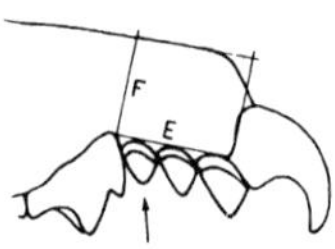

14a

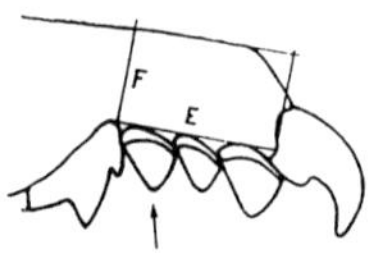

14b

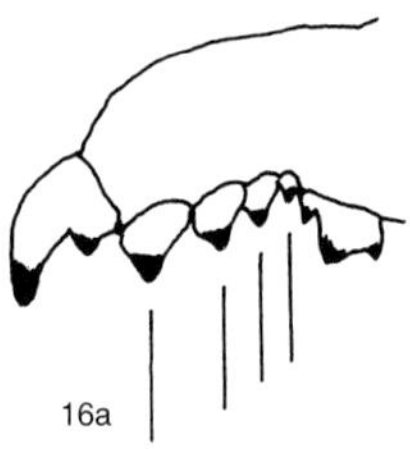
16a

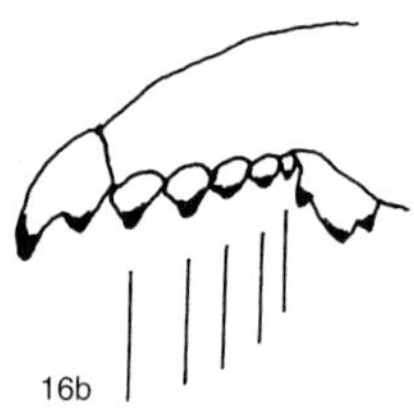
16b

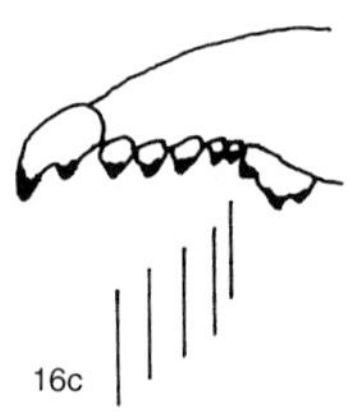
16c

17a

17b

18

— Zweiter Zahn im UK zweispitzig. Letzter einspitziger Zahn im OK nicht so auffallend klein Alpenspitzmaus, ***Sorex alpinus***

Chiroptera, Fledermäuse

1. Nasenbeine blasenförmig aufgetrieben [**19**]. Im OK jederseits ein, im UK jederseits zwei I Hufeisennasen, **Rhinolophidae** **2**

— Nasenbeine nicht aufgetrieben. Im OK jederseits zwei, im UK jederseits drei I Glattnasen, **Vespertilionidae** **3**

2. CB < 16 .... Kleine Hufeisennase, ***Rhinolophus hipposideros***

— CB > 19 .... Große Hufeisennase, ***Rhinolophus ferrumequinum***

3. Im OK jederseits 6 BZ; Zahnformel $\frac{2133}{3133} = 38$ .... ***Myotis*** **7**

— Weniger Zähne **4**

4. Im OK jederseits 5 BZ **5**

— Im OK jederseits 4 BZ; Zahnformel $\frac{2113}{3123} = 32$ **14**

5. Im UK jederseits 6 BZ; Zahnformel $\frac{2123}{3133} = 36$ **6**

— Im UK jederseits 5 BZ; Zahnformel $\frac{2123}{3123} = 34$ **17**

6. Gehörblase groß, mindestens doppelt so breit wie das Basioccipitale .... ***Plecotus*** **16**

— Gehörblase klein, nur so breit wie das Basioccipitale Langflügelfledermaus, ***Miniopterus schreibersii***

7. CB > 22 .... Großes Mausohr, ***Myotis myotis***

— CB < 20 .... **8**

8. Obere M in der Mitte des Vorderrandes mit einem kleinen Höcker [**20**] **9**

— Obere M in der Mitte des Vorderrandes ohne Höcker **11**

9. CB > 15 .... Teichfledermaus, ***Myotis dasycneme***

— CB < 15 .... **10**

10. Kleinste Breite des Schädels zwischen den Augen > 3,9. P2 im UK wesentlich kleiner als P1 Wasserfledermaus, ***Myotis daubentoni***

—Kleinste Breite des Schädels zwischen den Augen < 3,9. P2 im UK nur wenig kleiner als P1 Große Bartfledermaus, ***Myotis brandti***

11. CB > 16 .... Bechstein-Fledermaus, ***Myotis bechsteini***

— CB < 16 .... **12**

12. CB < 14 .... Kleine Bartfledermaus, ***Myotis mystacinus***

— CB > 14 .... **13**

13. Im OK P2 sehr klein, etwa halb so hoch wie P1, von außen kaum sichtbar Wimperfledermaus, ***Myotis emarginatus***

— Im OK P2 fast so hoch wie P1 .... Fransenfledermaus, ***Myotis nattereri***

14. Schneiden der unteren I stehen quer zur Richtung des UK. Schnauzenteil hinter der Nasenöffnung oben konvex .... ***Eptesicus*** **15**

— Schneiden der unteren I stehen in der Richtung des UK. Schnauzenteil hinter der Nasenöffnung oben konkav .... Zweifarbfledermaus, ***Vespertilio murinus***

15. CB < 16 .... Nordfledermaus, ***Eptesicus nilssonii***

— CB > 18 .... Breitflügelfledermaus, ***Eptesicus serotinus***

16. CB < 15,7. Kleinster Abstand zwischen den Gehörblasen größer als die halbe Choanenbreite Braunes Langohr, ***Plecotus auritus***

— CB > 15,7. Kleinster Abstand zwischen den Gehörblasen kleiner als die halbe Choanenbreite Graues Langohr, ***Plecotus austriacus***

17. CB > 15 .... ***Nyctalus*** **18**

— CB < 14 .... **19**

18. CB > 17 .... Großer Abendsegler, ***Nyctalus noctula***
— CB < 16 mm .... Kleiner Abendsegler, ***Nyctalus leisleri***
19. Vorderes Schnauzenprofil gewölbt [**21** links] 20
— Vorderes Schnauzenprofil flach [**21** rechts] .... Mopsfledermaus, ***Barbastella barbastellus***
20. Im OK vorderster P winzig, von außen nicht sichtbar, C u. der zweite P berühren sich an der Basis .... Alpenfledermaus, ***Hypsugo savii***
— Im OK vorderster P von außen sichtbar .... ***Pipistrellus*** 21
21. CB > 12 22
— CB < 12 .... Zwergfledermaus, ***Pipistrellus pipistrellus*** u. Mückenfledermaus, ***Pipistrellus pygmaeus***
Beide Arten sind nach Schädelmerkmalen noch nicht sicher zu unterscheiden.
22. Im OK I1 doppelt so hoch wie I2 .... Weißrandfledermaus, ***Pipistrellus kuhlii***
— Im OK I1 nur wenig höher als I2 .... Rauhautfledermaus, ***Pipistrellus nathusii***

Lagomorpha, Hasenartige

1. Choanenöffnung etwa doppelt so breit wie die Breite der BZ [**22** links]. Zwischenscheitelbein mit den umgebenden Knochen verwachsen .... ***Lepus*** 2
— Choanenöffnung etwa so breit wie die Breite der BZ [**22** rechts]. Zwischenscheitelbein nicht mit den umgebenden Knochen verwachsen [**23**] .... Wildkaninchen, ***Oryctolagus cuniculus***
2. Obere I im Querschnitt quadratisch. Wurzelkanal der oberen Nagezähne reicht bis zur Naht zwischen Zwischenkiefer- u. Oberkieferbein oder darüber hinaus [**24**] Alpenschneehase, ***Lepus timidus***
— Obere I im Querschnitt rechteckig. Wurzelkanal erreicht diese Naht nicht Feldhase, ***Lepus europaeus***

Rodentia, Nagetiere

1. Länge der BZ-Reihe im OK > 25. CB in der Regel > 100 2
— Länge der BZ-Reihe im OK < 25. CB immer < 100 3
2. CB < 125. Foramen infraorbitale sehr groß. Basioccipitale ohne tiefe Grube Ferkelratten, **Capromyidae** mit ***Myocastor coypus***, Sumpfbiber, Nutria
— CB > 125. F. infraorbitale sehr klein. Basioccipitale mit tiefer Grube Biber, **Castoridae** mit ***Castor fiber***, Biber
3. Postorbitalfortsätze gut entwickelt. Zahnformel = 22 (erster P im OK manchmal fehlend) Hörnchen, **Sciuridae** 8
— Ohne Postorbitalfortsätze. Weniger Zähne 4
4. Zahnformel $\frac{1013}{1013} = 20$ .... Schläfer, **Gliridae** 10
— Weniger Zähne 5
5. Zahnformel $\frac{1013}{1003} = 18$ Hüpfmäuse, **Zapodidae** mit ***Sicista betulina***, Waldbirkenmaus
— Zahnformel $\frac{1003}{1003} = 16$ 6
6. BZ mit schlingenförmigen u. meist 3-eckigen Schmelzfalten [**40, 41**], Kaufläche plan [**39**] Wühlmäuse, **Arvicolidae** 19
— BZ mit Schmelzhöckern [**25, 26**], Kaufläche höckerig, im Alter flacher werdend 7
7. Schmelzhöcker der BZ im OK in 2 Längsreihen angeordnet, Zahnkrone längs der Mitte vertieft [**25**] .... Hamster, **Cricetidae** mit ***Cricetus cricetus***, Hamster
— BZ im OK mit 3 Längsreihen von Schmelzhöckern, die mittlere am höchsten [**26**] Echte Mäuse, **Muridae** 13
8. CB < 60. P1 im OK sehr klein, gelegentlich fehlend, stiftartig 9
— CB > 70. P1 im OK größer, etwa halb so stark wie P2 Alpenmurmeltier, ***Marmota marmota***

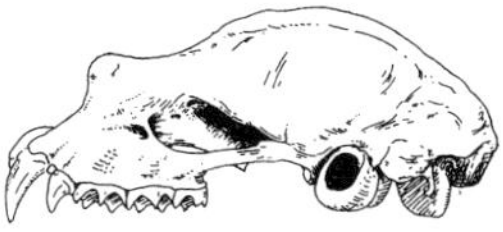
19

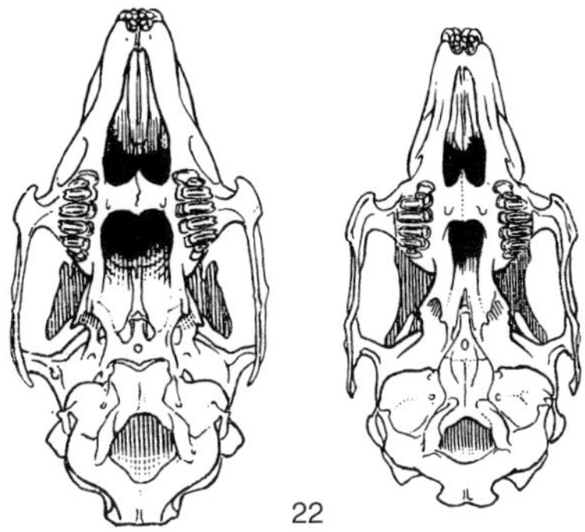
22

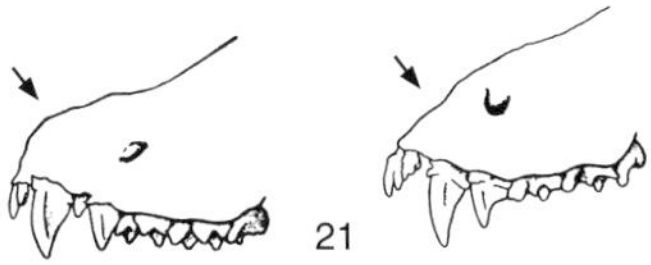
21

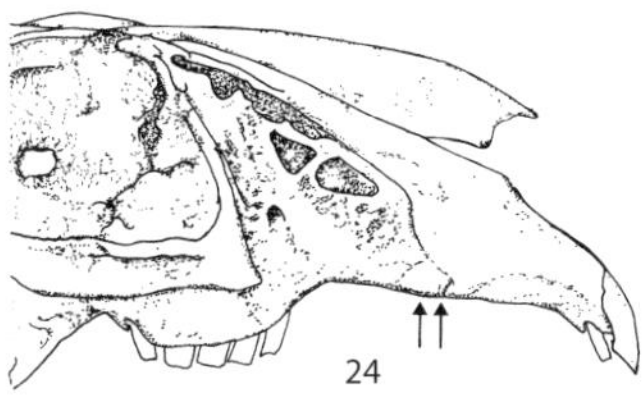
24

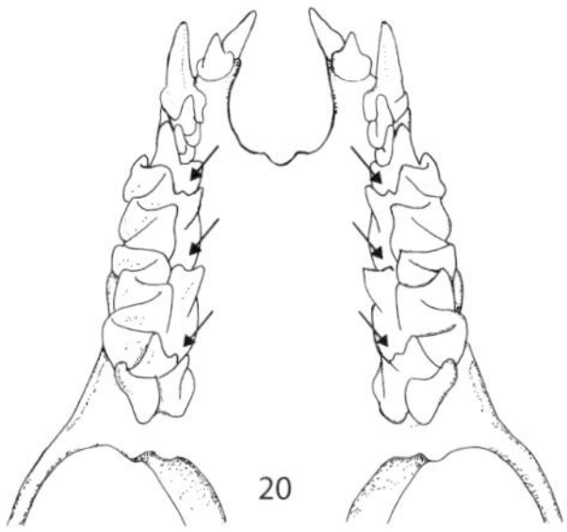
20

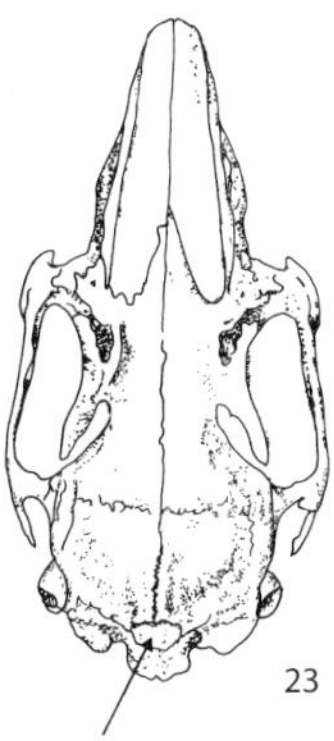
23

OK UK

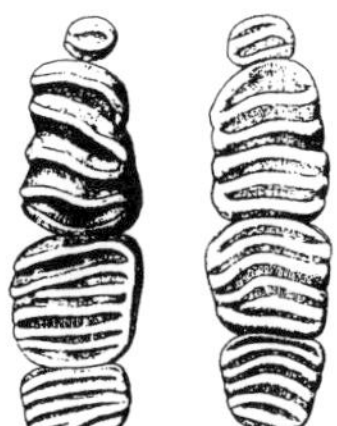
27

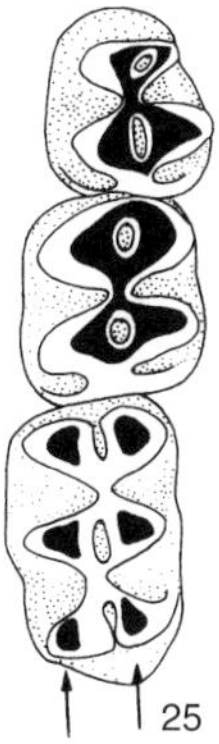
25

26

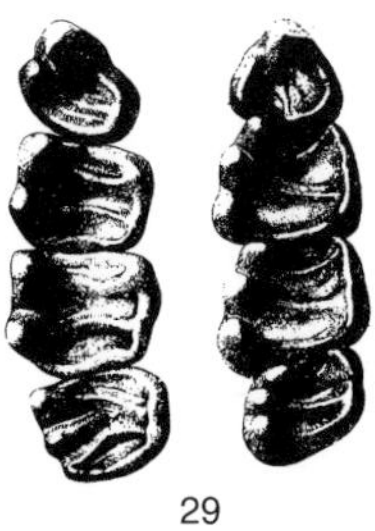
29

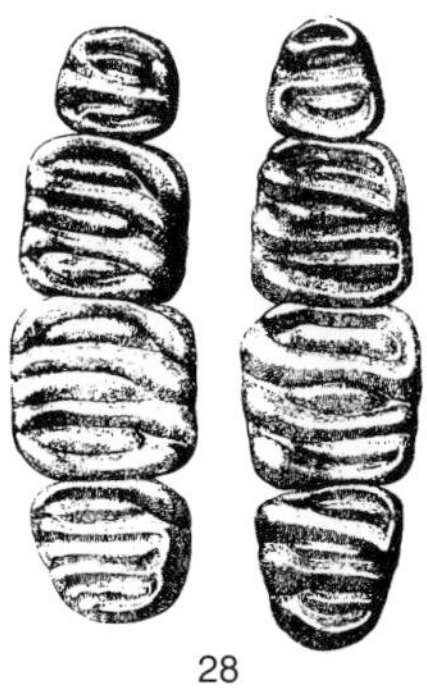
28

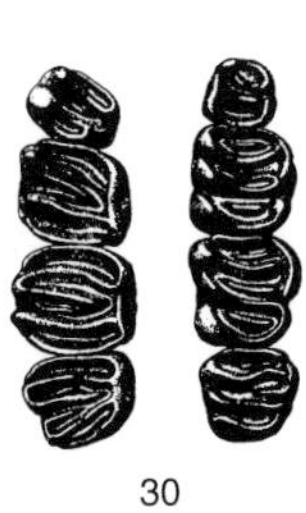
30

9. CB > 45. Nagezähne seitlich zusammengedrückt, im Querschnitt etwa doppelt so lang wie breit .... Eichhörnchen, ***Sciurus vulgaris***
— CB < 40. Nagezähne im Querschnitt fast quadratisch Streifenhörnchen, ***Tamias sibiricus***
10. P relativ klein, erreicht etwa ¼ der Länge des M1 [**27**] Haselmaus, ***Muscardinus avellanarius***
— P größer, erreicht etwa ½ der Länge des M1 [**28, 29, 30**] **11**
11. CB < 33,5. BZ-Reihe im OK < 6. Processus angularis mit fensterartigem Loch **12**
— CB > 33,5. BZ-Reihe im OK > 6. Processus angularis ohne Loch. BZ [**28**] Siebenschläfer, ***Glis glis***
12. CB > 28. BZ-Reihe im OK > 4,6. BZ [**29**] .... Gartenschläfer, ***Eliomys quercinus***
— CB < 28. BZ-Reihe im OK < 4,6. BZ [**30**] .... Baumschläfer, ***Dryomys nitedula***
13. CB > 30. BZ-Reihe im OK > 6 .... ***Rattus*** **14**
— CB < 30. BZ-Reihe im OK < 5 .... **15**
14. Knochenleisten auf dem Schädeldach (Scheitelbeine) parallel verlaufend [**31**], Zwischenscheitelbein ± rechteckig [**31**] .... Wanderratte, ***Rattus norvegicus***
— Knochenleisten bogenförmig verlaufend [**32**], Zwischenscheitelbein ± oval [**32**] Hausratte, ***Rattus rattus***
15. Obere Nagezähne hinten mit kleiner Einkerbung [**34**]. Gaumenspalten reichen etwa bis zur Mitte des M1. M1 3-wurzelig [**35**] .... Hausmaus, ***Mus musculus***
— Obere Nagezähne ohne solche Einkerbung [**33**]. Gaumenspalten reichen höchstens bis zum vorderen Rand von M1. M1 4–5-wurzelig [**36**] **16**

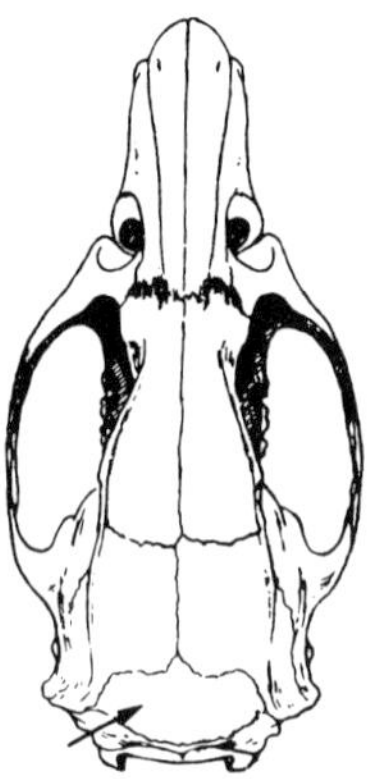
31

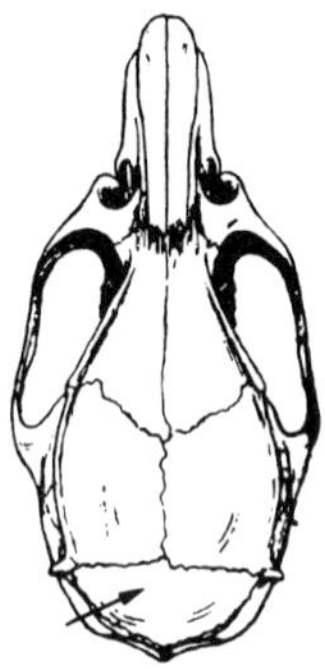
32

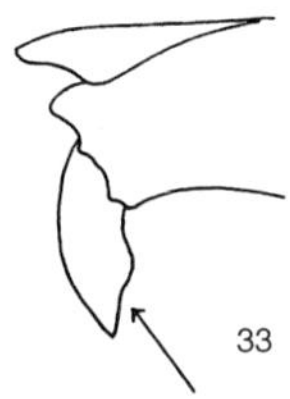
33

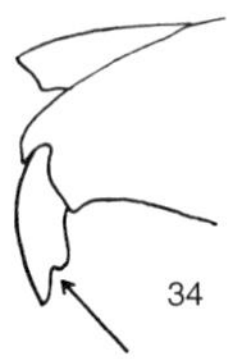
34

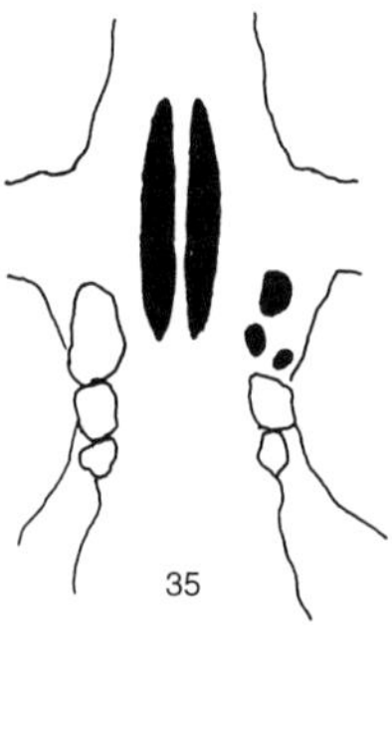
35

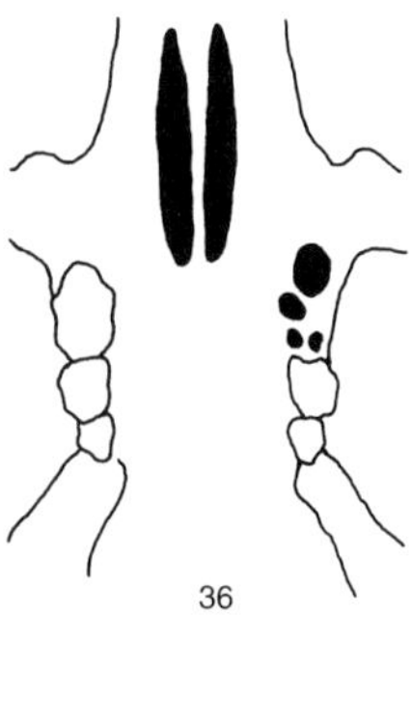
36

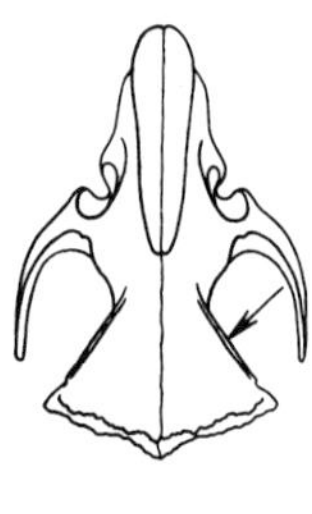
37

16. CB < 19. BZ-Reihe im OK < 3. M1 im OK 5-wurzelig, im UK 3-wurzelig
Zwergmaus, ***Micromys minutus***

— CB > 20. BZ-Reihe im OK > 3,5. M1 im OK 4-wurzelig, im UK 2-wurzelig .... ***Apodemus*** **17**

17. Stirnbein über den Augenhöhlen mit einer schwachen Knochenleiste [**37**]
Brandmaus, ***Apodemus agrarius***

— Schädel ohne solche Leiste **18**

18. BZ-Reihe im OK < 3,8 .... Waldmaus, ***Apodemus sylvaticus***

— BZ-Reihe im OK > 3,8 .... Gelbhalsmaus, ***Apodemus flavicollis*** u.
Alpenwaldmaus, ***A. alpicola***

Beide Arten sind nach Schädelmerkmalen nur schwer zu trennen.

19. CB > 50. BZ-Reihe im OK > 14 .... Bisam, ***Ondatra zibethicus***

— CB < 45. BZ-Reihe im OK < 11 .... **20**

20. Choane breit, reicht seitlich bis an die Zahnreihen heran [**38** links]. Schmelzschlingen der BZ, besonders im UK, ± abgerundet, Vorderteil des M1 im UK nicht gegliedert, flach [**40**]. BZ im Alter mit geschlossenen Wurzeln, Altersstadien [**39**] .... Rötelmaus, ***Myodes glareolus***

— Choane schmal, reicht seitlich nicht an die BZ heran [**38** rechts]. Schmelzschlingen der BZ ± spitzwinklig, Vorderteil des M1 im UK gegliedert, ± lang [**41–45**]. BZ auch im Alter mit offener Wurzel, wie [**39** links] **21**

21. CB > 32. BZ-Reihe im OK > 8 .... Schermaus, ***Arvicola amphibius***

— CB < 32. BZ-Reihe im OK < 7,5 .... **22**

22. M2 im OK innen mit 3 Schmelzzacken, die 3. sehr klein [**46**]. Schmelzschlingenmuster des M1 im UK [**44**] .... Erdmaus, ***Microtus agrestis***

— M2 im OK innen mit 2 Schmelzzacken [**47**] **23**

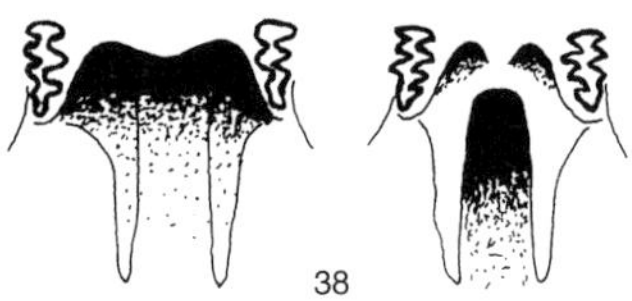
38

39

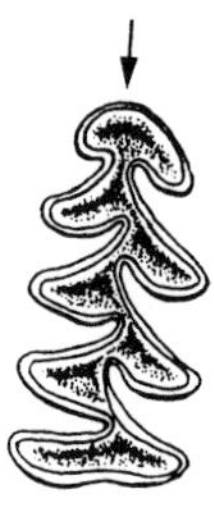
40

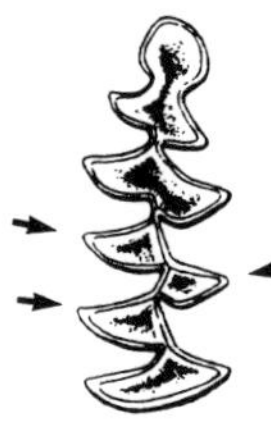
41

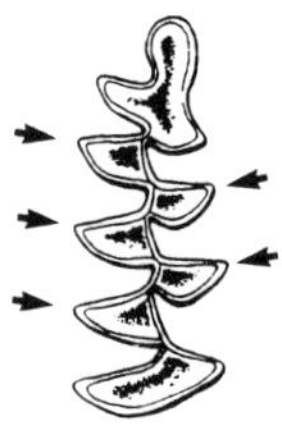
42

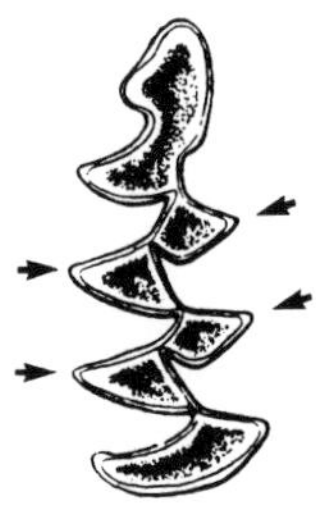
43

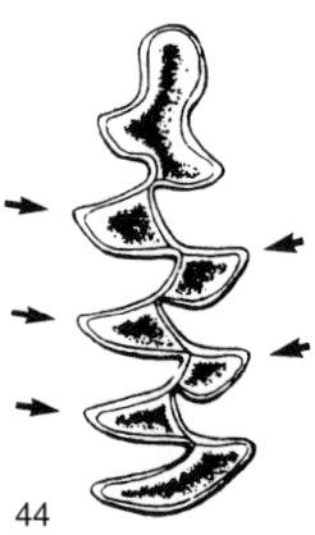
44

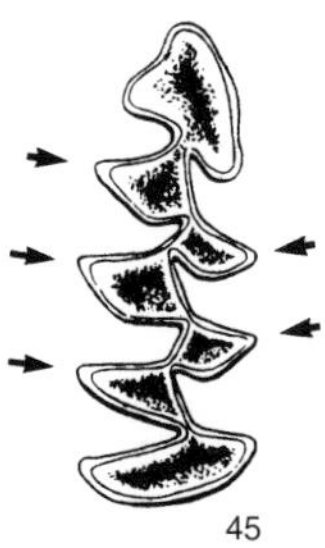
45

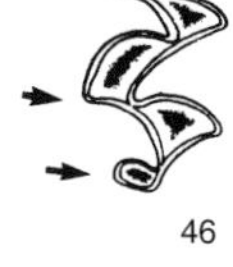
46

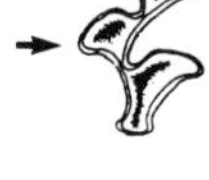
47

23. M1 im UK mit 3 geschlossenen Schmelzdreiecken (innen 2, außen 1) [**41**] Kleinäugige Wühlmaus, ***Microtus subterraneus*** u. Bayerische Kurzohrmaus, ***M. bavaricus***
Letztere ist nur von Garmisch-Partenkirchen bekannt.
— M1 im UK mit mehr als 3 geschlossenen Schmelzdreiecken **24**
24. M1 im UK mit insgesamt 4 geschlossenen Schmelzdreiecken (innen 2, außen 2) [**43**] Nordische Wühlmaus, ***Microtus oeconomus***
— M1 im UK mit insgesamt 5 geschlossenen Dreiecken (innen 3, außen 2) [**42, 45**] **25**
25. CB < 26. Schmelzschlingenmuster des M1 im UK [**42**] .... Feldmaus, ***Microtus arvalis***
— CB > 26. Schmelzschlingenmuster des M1 im UK [**45**] .... Schneemaus, ***Microtus nivalis***

Carnivora, Raubtiere

1. BZ verschieden gestaltet; im OK u. UK jederseits 3 I **2**
— BZ alle gleich gestaltet; jederseits im OK 3, im UK 2 I .... Hundsrobben, **Phocidae** **15**
2. Im OK jederseits 6 BZ **3**
— Im OK jederseits höchstens 5 BZ **6**
3. Knöcherner Gaumen endet weit hinter dem letzten BZ. Im UK jederseits 6 BZ
Zahnformel $\frac{3142}{3142} = 40$ .... Kleinbären, **Procyonidae** mit ***Procyon lotor***, Waschbär
— Knöcherner Gaumen wesentlich kürzer, endet in Höhe oder höchstens eine Backenzahnbreite hinter dem letzten BZ. Im UK jederseits 7 BZ.
Zahnformel $\frac{3142}{3143} = 42$ .... Hunde, **Canidae** **4**
4. Unterrand des UK hinten mit einem deutlichen, beinahe rechtwinkligen Absatz. Knöcherner Gaumen endet eine M2-Länge hinter dem letzten BZ (M2)
Marderhund, ***Nyctereutes procyonoides***
— Unterrand des UK ohne solch deutlichen Absatz. Knöcherner Gaumen endet am letzten BZ **5**
5. CB < 180. Postorbitalfortsätze auf der Oberseite deutlich eingedellt Rotfuchs, ***Vulpes vulpes***
— CB > 200. Postorbitalfortsätze auf der Oberseite nicht eingedellt (Merkmale gelten bis auf CB auch für den Haushund) .... Wolf, ***Canis lupus***
6. Im UK 4–6 BZ. Knöcherner Gaumen endet um mehr als eine Choanenbreite hinter dem letzten BZ [**48, 49**]. I2 im UK tritt an seiner Basis auffallend aus der Zahnreihe zurück [**50**]
Marder, **Mustelidae** **7**
— Im UK 3 BZ. Knöcherner Gaumen endet nicht so weit hinten. I im UK stehen in einer Reihe, I2 tritt nicht zurück .... Katzen, **Felidae** **14**
7. CB > 95 .... **8**
— CB < 95 .... **9**
8. Letzter oberer BZ viel größer als der vorhergehende, länger als breit. Im UK 6 BZ (1. BZ im OK u. UK sehr klein, manchmal fehlend). Hoher Knochenkamm auf dem Schädeldach.
Zahnformel $\frac{3141}{3142} = 38$ .... Dachs, ***Meles meles***
— Letzter BZ im OK nicht größer als der vorhergehende, breiter als lang. Im UK 5 BZ (1. BZ im OK recht klein, steht an der Innenseite des C).
Zahnformel $\frac{3141}{3132} = 36$ .... Fischotter, ***Lutra lutra***
9. Im OK 5, im UK 6 BZ (P1 sehr klein, mitunter fehlend).
Zahnformel $\frac{3141}{3142} = 38$ .... ***Martes*** **10**
— Im OK 4, im UK 5 BZ. Zahnformel $\frac{3131}{3132} = 34$ .... ***Mustela*** **11**
10. Außenrand des letzten M im OK (M1) eingebuchtet [**51** rechts]. Foramina mentalia stehen enger zusammen, hinteres Foramen unter Mitte von P3 .... Steinmarder, ***Martes foina***
— Außenrand des letzten M im OK (M1) nicht eingebuchtet [**51** links]. F. mentalia stehen weiter auseinander, hinteres Foramen unter hinterer Wurzel von P3 .... Baummarder, ***Martes martes***

11. CB > 55 .... **12**
— CB < 55 .... **13**
12. Größte Schädelverengung in der Mitte der Schädellängsachse .... Iltis, ***Mustela putorius***
— Größte Schädelverengung vor der Mitte der Schädellängsachse
Nordamerikanischer Nerz, Mink, ***Mustela vison***
13. CB > 42. Hinterer Gaumenrand flachbogig bis eckig [**49**] .... Hermelin, ***Mustela erminea***
— CB < 42. Hinterer Gaumenrand ± spitzbogig [**48**] .... Mauswiesel, ***Mustela nivalis***
14. CB >120. Zahnformel $\frac{3121}{3121} = 28$ .... Luchs, ***Lynx lynx***
— CB <110. Zahnformel $\frac{3131}{3121} = 30$ .... Wildkatze, ***Felis silvestris***
15. BZ mit 3–5 Zacken **16**
— BZ mit kegelförmiger Spitze .... Kegelrobbe, ***Halichoerus grypus***
16. Mittlere BZ im OK stehen schräg zur Kieferlängsrichtung. Nasenbein etwa 3-mal so lang wie breit. Innenseite des UK zwischen den mittleren BZ konvex .... Seehund, ***Phoca vitulina***
— BZ im OK stehen in Richtung des Kiefers. Nasenbein etwa 4-5-mal so lang wie breit. Innenseite des UK zwischen den mittleren BZ konkav .... Ringelrobbe, ***Phoca hispida***

Artiodactyla, Paarhufer

1. Keine I im OK **2**
— Im OK sind I vorhanden; Zahnformel $\frac{3143}{3143} = 44$
Schweine, **Suidae** mit ***Sus scrofa***, Wildschwein
2. Vor den Augenhöhlen zwischen Stirn-, Nasen- u. Oberkieferbein eine große, ± dreieckige Öffnung (Ethmoidallücke) [**52**]. Am Augenhöhlenrand 2 Tränenlöcher [**52**] .... Hirsche, **Cervidae** **6**
— Keine Ethmoidallücke, oder nur klein u. schlitzförmig. An der Innenseite des Augenhöhlenrands 1 Tränenloch. Zahnformel $\frac{0033}{3133} = 32$ .... Rinderartige, **Bovidae** **3**

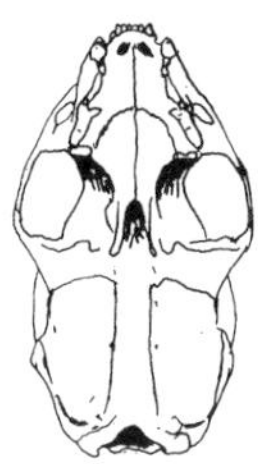
48

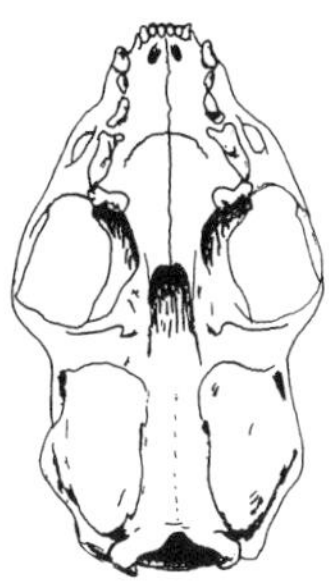
49

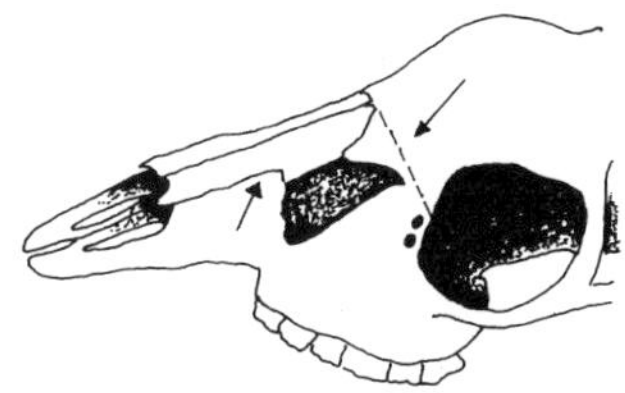

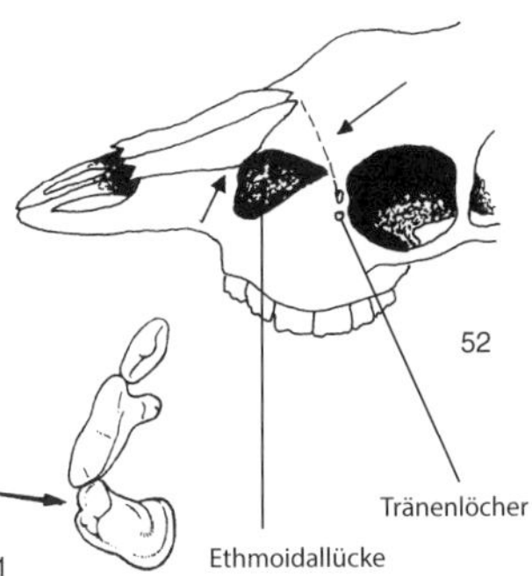

52

50

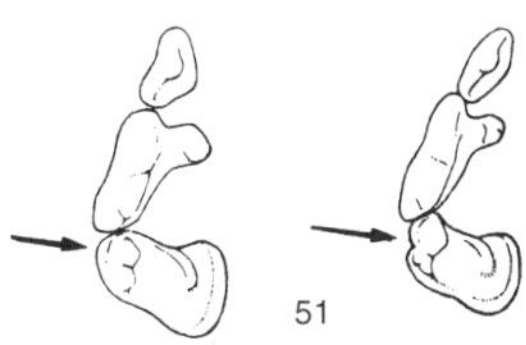
51

3. CB > 350. Gaumenquernaht liegt vor den Foramina palatina des Gaumens Hausrind, ***Bos primigenius*** f. ***taurus***

— CB < 300. Gaumenquernaht berührt die Foramina palatina des Gaumens **4**

4. BZ-Reihe im OK < 60. Hörner im Querschnitt rund, gerade, an den Enden hakenförmig nach hinten gebogen .... Gämse, ***Rupicapra rupicapra***

— BZ-Reihe im OK > 60. Hörner anders gestaltet oder bei ♀♀ fehlend **5**

5. Zwischenkieferbein berührt nicht das Nasenbein. Vor den Augenhöhlen eine flache, rundliche Tränenbeingrube.. Mufflon, ***Ovis ammon***

— Zwischenkieferbein berührt das Nasenbein. Ohne Tränenbeingrube Alpensteinbock, ***Capra ibex***

6. CB > 450. Nasenbeine kurz, reichen nach vorn nicht über die BZ hinaus. I1 nur wenig breiter als die anderen I .... Elch, ***Alces alces***

— CB < 400. Nasenbeine länger. I1 schaufelartig erweitert, breiter als die anderen I **7**

7. CB < 210. Flache Tränenbeingrube vor den Augenhöhlen ....Reh, ***Capreolus capreolus***

— CB > 210 mm. Tiefe längliche Tränenbeingrube vor den Augenhöhlen **8**

8. Nasenbeine reichen bis zur Höhe des Vorderrandes der Augenhöhle oder darüber hinaus; Nasenbeine am Vorderrand der Ethmoidallücke mit einem deutlichen Einschnitt, in den das Oberkieferbein hineinragt [**52** oben] .... Damhirsch, ***Cervus dama***

— Nasenbeine reichen nicht bis zur Höhe des Vorderrandes der Augenhöhle; Nasenbeine ohne solchen Einschnitt [**52** unten] **9**

9. CB > 300 .... Rothirsch, ***Cervus elaphus***

— CB < 300 .... Sikahirsch, ***Cervus nippon***

Cetacea, Wale

1. CB < 350. Zahnkronen seitlich abgeflacht, spatelförmig Schweinswale, **Phocoenidae** mit ***Phocoena phocoena***, Schweinswal, Braunfisch

— CB > 400. Zahnkronen kegelförmig Delphine, **Delphinidae** mit ***Tursiops truncatus***, Großer Tümmler

Literatur und Abbildungsnachweise

a) Die **Abbildungen** wurden, z. T. verändert, entnommen aus:

ANGERMANN, R., HACKETHAL, H.: Säugetiere. In: K. SENGLAUB, H.-J. HANNEMANN, B. KLAUSNITZER, Stresemann – Exkursionsfauna von Deutschland, Band 3 (Wirbeltiere). 12. Aufl. Berlin, 1999.
BOBRINSKI, N. A. u. a.: Bestimmungsschlüssel der Säugetiere der USSR. Moskau, 1965.
BRAUN, M., DIETERLEN, F.: Die Säugetiere Baden-Württembergs, Band 1. Stuttgart, 2003.
CHALINE, J.: Les Proies des Rapaces. Paris, 1974.
CORBET, G. B.: The Identification of British Mammals. London, 1964.
GAFFREY, G.: Die Schädel der mitteleuropäischen Säugetiere. Leipzig, 1953.
GAFFREY, G.: Merkmale wildlebender Säugetiere Mitteleuropas. Leipzig, 1961.
GÖRNER, M., HACKETHAL, H.: Säugetiere Europas. Stuttgart, 1988.
HUSSON, A. M.: Zool. Bijdragen, Nr. 5. 1962.
MILLER, G. S.: Catalogue of the Mammals of Western Europe. London, 1912.
PUCZEK, Z.: Keys to the Vertebrates of Poland. Mammals. Warszawa, 1981.
RICHTER, H.: Säugetierkundl. Mitt. 9, 1961.
RICHTER, H.: Zool. Abh. Ber. Mus. Tierkunde Dresden 26, Nr. 7, 1963.
RICHTER, H.: Zool. Abh. Ber. Mus. Tierkunde Dresden 26, Nr. 10, 1963.
RICHTER, H.: Z. Säugetierkunde, 29, 1964.
SOUTHERN, H. N.: The Handbook of British Mammals. London, 1964.
ZIMMERMANN, K.: Säugetiere. In: E. STRESEMANN, Exkursionsfauna von Deutschland. Berlin, 1955.

b) **Weitere Literatur**:

Borkenhagen, P.: Die Säugetiere Schleswig-Holsteins. Husum, 2011.
Braun, M., Dieterlen, F.: Die Säugetiere Baden-Württembergs. Band 1, 2. Stuttgart, 2005.
Corbet, G., Ovenden, D.: Pareys Buch der Säugetiere. Hamburg, Berlin, 1982.
Dietz, C., Nill, D., von Helversen, O.: Handbuch der Fledermäuse Europas und Nordafrikas. Stuttgart, 2007.
Görner, M.: Atlas der Säugetiere Thüringens. Jena, 2009.
Grimmberger, E.: Die Säugetiere Deutschlands. Wiebelsheim, 2014.
Hauer, S., Ansorge, H., Zöphel, U.: Atlas der Säugetiere Sachsens. Dresden, 2009.
Hausser, J.: Säugetiere der Schweiz – Verbreitung, Biologie, Ökologie. Basel, Boston, Berlin, 1995.
Kraft, R.: Mäuse und Spitzmäuse in Bayern - Verbreitung, Lebensraum, Bestandssituation. Stuttgart, 1995.
Jenrich, J., Löhr, P.-W., Müller, F.: Kleinsäuger. Körper- und Schädelmerkmale. Ökologie. Fulda, 2010.
Jenrich, J., Löhr, P.-W., Müller, F., Vierhaus, H.: Fledermäuse. Bildbestimmungsschlüssel anhand von Schädelmerkmalen. Fulda, 2012.
Meschede, A., Rudolph, B.: Fledermäuse in Bayern. Stuttgart, 2004.
Mitchell-Jones, A. J., Amori, G., Bogdanowicz, W., Kryštufek, B., Reijnders, P. J. H., Spitzenberger, F., Stubbe, M., Thissen, J. B. M., Vohralík, V. , Zima, J.: Atlas of European mammals. London, 1999.
Niethammer, J., Krapp, F.: Handbuch der Säugetiere Europas, Band 1, 2/I, 2/II, 3/I, 3/II, 4/I, 4/II, 5/I, 5/II, 6/IA, 6/IB, 6/II. Wiesbaden, 1978–2004.
Spitzenberger, F.: Die Säugetierfauna Österreichs. Graz, 2001.
Wilson, D., Reeder, D. M.: Mammal species of the world. Vol. 1 und 2. Baltimore, 2005.

Register

In den meisten Fällen verweist die letzte Seitenangabe auf die ausführliche Behandlung des Taxons im Haupttext. Bisweilen gilt das für die beiden letzten oder sogar die drei letzten Seitenangaben

Aalartige 512, 519
Aale 519
Aalmuttern 537
Aaskäfer 355, 367
Aaskrähe 600
Abax 361
Abendpfauenauge 440
Abendsegler 620, 632
Abia 321
Abida 70
Abiinae 321
Ablattaria 367
Abra 94
Abramis 524
Abraxas 439
Absidia 380
Acalitus 152
Acalles 401
Acalyptratae 456, 466, 468, 478
Acalyptus 403
Acantharia 22, 29, 32
Acanthinula 67, 70
Acanthis 613
Acanthocardia 95
Acanthocephala 7, 9, 50, 54
Acanthocephalus 54
Acanthochermes 276
Acanthochiasma 32
Acanthocinus 388
Acanthocottus 536
Acanthocystis 32
Acanthoderes 388
Acanthodoris 82
Acantholabrus 541
Acantholeberididae 174, 175, 176
Acantholeberis 177
Acantholycosa 135
Acantholyda 321
Acanthometra 32
Acanthoscelides 347
Acanthosoma 308
Acanthosomatidae 287, 290, 308
Acanthothrips 264
Acarapis 155
Acari 120
Acaridae 157
Acaridida 150, 152, 157
Acariformes 150
Acarina 120, 150
Acartia 180
Acartiidae 180
Acartophthalmidae 456, 470
Acartophthalmus 470
Acarus 157
Acaudinum 281
Acaulidae 36, 40
Acaulis 40
Accipiter 576
Accipitridae 561, 576
Accipitriformes 561, 562, 576
Acentria 431, 433
Acentropinae 433, 445
Acerentomidae 206
Acerentomon 206
Acerentulus 206
Aceria 152
Acericerus 271
Acerina 539
Acetropis 299
Achaeta 107
Achalcinae 486
Achalcus 486
Achanthiptera 495
Achanthipterinae 495
Achateule 443
Achatschnecken 68
Acherontia 440
Acheta 243
Achilidae 265, 266
Achipteria 160
Achipteriidae 160
Achroia 434
Achromadora 113
Achselfleckenbrassen 541
Achtheres 180
Acicula 68
Aciculidae 64, 68
Acilius 364
Acineta 25
Acinia 493
Acipenser 518
Acipenseridae 509, 518
Acipenseriformes 509, 512, 518
Ackerhummel 336
Ackerschnecken 73
Aclypea 367
Acmaea 83
Acmaeidae 64
Acmaeodera 377
Acmaeops 390
Acoela 43
Acoelomorpha 5, 8, 43
Acompus 305
Acopauropus 165
Acrania 5, 6, 505, 507
Acrasea 26
Acrididae 240, 242, 246
Acridoidea 240
Acrobeles 113
Acrobothriidae 48
Acrocephalidae 561, 599, 605
Acrocephalus 605
Acrocera 461
Acroceridae 455, 461
Acrocnida 502
Acrognathus 372
Acrolepiinae 428
Acrolepiopsis 428
Acroloxidae 64, 77
Acroloxus 77
Acronicta 444
Acronictinae 444
Acroperus 177
Acrosathe 482
Acrothoracica 170, 172
Acrotrichis 345
Actenicerus 379
Actenoptera 468
Acteon 85
Acteonemertidae 61
Acteonidae 64, 85
Actina 480
Actinarctus 116
Actinedida 150, 152, 154
Actinia 38
Actiniidae 36, 38
Actinobolina 23
Actinocephalus 13
Actinolophus 30
Actinomma 32
Actinonotus 298
Actinophryida 22, 29, 30
Actinophrys 30
Actinopterygii 507, 509, 512
Actinosphaerium 30
Actinothoe 38
Actinotrichida 150
Actitis 584
Actophila 64
Aculeata 313
Aculepeira 134
Acupalpus 362
Acyrthosiphon 282
Adalia 385
Adapsila 470
Adarrus 272
Adelges 276
Adelgidae 276, 277
Adelgoidea 276
Adelidae 420, 426, 445
Adelocera 378
Adeloidea 420
Adelphocoris 299
Adephaga 343, 405
Aderidae 344, 349
Adicella 415
Adineta 51
Adinetidae 51
Adlerfisch 538
Adlerrochen 517
Admiral 438
Adocia 34
Adomerus 307
Adonia 384
Adoxus 395
Adrastus 378
Adscita 422
Aedes 479
Aega 187
Aegialia 375
Aegidae 187
Aegithalidae 561, 597
Aegithalos 597
Aegolius 592
Aegomorphus 388
Aegopinella 72
Aegopis 71
Aegosoma 389
Aelia 310
Aellopus 304
Aelurillus 142
Aenigmatias 478, 486
Aeolidia 82
Aeolidiidae 64, 82
Aeolosoma 100
Aeolosomatida 100, 105
Aeolothripidae 262, 263
Aeolothrips 263

Aequipecten 94
Aeropus 248
Aesalus 373
Aeshna 222, 224, 228
Aeshnidae 221, 222, 224, 228
Aeshnoidea 221, 228
Aetea 59
Aeteidae 56, 59
Agabus 364
Agalenatea 134
Agalliinae 272
Agapanthia 388
Agapetus 412
Agathidium 366
Agathomyia 464
Agdistis 421
Agelastica 395
Agelena 137
Agelenidae 121, 125, 126, 137
Aglais 438, 448
Aglantha 36
Aglaoapis 335
Aglaostigma 321
Aglia 426, 448
Agnaridae 187, 188, 189
Agnatha 507, 509, 510
Agnathus 349
Agnetina 232
Agnocoris 298
Agonidae 510, 534
Agonum 361
Agonus 534
Agraecina 139
Agrenia 211
Agrilus 377
Agriolimacidae 64, 66, 73
Agriopis 432, 439
Agriotes 379
Agriotypidae 324
Agriotypinae 324
Agriotypus 324
Agrius 440
Agroeca 139
Agromyza 473
Agromyzidae 456, 473, 474, 475, 476, 498
Agrotis 443
Agrypnia 414
Agrypninae 378, 380
Agrypnus 378
Agyneta 131
Agyrtidae 343, 355
Ahlenläufer 359
Ahornblattroller 398
Ahorneule 444
Ährenfischartige 514
Ährenfische 514
Aiolopus 240, 248
Aix 564, 566, 569
Akera 84
Akeridae 64, 84
Akimerus 390
Aland 522
Alaria 46
Alastor 326
Alauda 603
Alaudidae 561, 596, 602
Alburnoides 524
Alburnus 524
Alca 590
Alcedinidae 561, 594
Alcedo 594
Alces 626, 638
Alcidae 561, 582, 589
Alcyonidiidae 56, 57
Alcyonidium 57
Alcyoniidae 36, 38
Alcyonium 38
Alderia 82
Alebra 270
Alectoris 571
Aleochara 373
Aleocharinae 368, 371
Aleurochiton 275
Alexiidae 344, 346
Aleyrodes 275
Aleyrodidae 275
Aleyrodina 199, 275
Alinda 68
Alitta 101
Alken 561, 582, 589
Alkenvögel 564, 581
Allacma 208
Allagelena 137
Allajulus 169
Allantinae 320
Allantus 321
Alle 590
Allecula 386
Alleculidae 386
Alleculinae 348, 386, 409
Alligatorenhaie 512
Allochernes 145
Allocreadiidae 46
Allodia 479
Alloeonotus 298
Alloeorhynchus 295
Alloeotomus 296
Allogastropoda 64
Allolobophora 108
Allonyx 382
Allopauropus 165
Allopiophila 472
Allothrombium 154
Alloxysta 324
Allygidius 273
Allygus 273
Alnetoidia 270
Aloididae 65, 92
Alona 178
Alonella 177
Alonopsis 177
Alopecosa 136
Alophus 400
Alopias 515
Alopiidae 509, 515
Alopochen 564, 566
Alosa 520
Alosterna 391
Alpenapollo 435
Alpenbirkenzeisig 614
Alpenbock 391
Alpenbraunelle 610
Alpendohle 600
Alpenfledermaus 621, 632
Alpen-Kammmolch 550
Alpenkrähe 600
Alpenmurmeltier 622, 632
Alpensalamander 550
Alpenschneehase 621, 632
Alpenschneehuhn 570
Alpensegler 593
Alpenspitzmaus 617, 631
Alpensteinbock 626, 638
Alpenstrandläufer 585
Alpenukelei 524
Alpenwaldmaus 623, 635
Alpheidae 181
Alphitobius 386
Alpiscorpius 120
Alse 520
Alsophila 432
Altella 138
Altica 394
Alticinae 394
Altweltgeier 578
Alucita 421
Alucitidae 421
Alucitoidea 421
Alvania 87
Alveolata 12
Alydidae 287
Alydus 293
Alysia 324
Alysiinae 324
Alysson 332
Alytes 550, 552, 555
Alytidae 550
Amalaraeus 453
Amara 357, 360
Amata 443
Amathia 57
Amaurobiidae 121, 123, 139
Amaurobioidea 121
Amaurobius 139
Amauronematus 320
Amauropsis 85
Amazonenameise 328
Amblycera 258
Amblyraja 518
Amblyteles 325
Ambulacraria 5
Amegilla 333
Ameisen 315, 327
Ameisenbuntkäfer 382
Ameisenfischchen 212
Ameisengrillen 242
Ameisenjungfern 339
Ameisenkäfer 355
Ameisenzikaden 266
Ameiurus 526
Ameletidae 214, 216, 217
Ameletus 216
Ameridae 160
Amerikanische Bohrmuschel 92
Amerikanische Großschabe 239
Amerikanischer Flusskrebs 182
Amerus 160
Ametastegia 321
Ametropodidae 214, 216, 217
Ametropus 216
Amilenus 147, 149
Amischa 373
Ammern 597, 614
Ammiaphis 282
Ammobates 335
Ammobatoides 335
Ammodytes 543
Ammodytidae 510, 536, 543
Ammonia 29
Ammophila 330, 331
Ammoplanus 330
Amnicolidae 78
Amniota 507

Amöben 12, 13, 26, 29
Amoeba 26
Amoebozoa 13, 20, 26, 27
Ampedus 379
Ampharete 104
Ampharetidae 101, 104
Amphibalanus 172
Amphibia 507, 550
Amphibien 507
Amphiblestrum 59
Amphichaeta 106
Amphiesmenoptera 193
Amphigerontia 256
Amphilectus 34
Amphileptus 23
Amphilina 47
Amphilinidae 47
Amphilinidea 47
Amphilochidae 184, 185
Amphilochidea 184
Amphimallon 376
Amphinemura 233
Amphioxus 6
Amphipholis 504
Amphipoda 170, 173, 184
Amphiporidae 61
Amphiporus 61
Amphipsocidae 253, 255
Amphipsylla 453
Amphipsyllinae 453
Amphipyra 444
Amphipyrinae 444
Amphitoe 186
Amphitoidae 184, 186
Amphitrema 27
Amphiura 502
Amphiuridae 502, 504
Amphorophora 281
Amphorosiphon 281
Ampulex 330
Ampulicidae 313, 315, 319, 330
Ampullaceana 79
Amsel 608
Anabolia 415
Anaceratagallia 272
Anacharitinae 323
Anacridium 247, 248
Anactinae 224
Anactinotrichida 150
Anaglyptus 391
Anagnota 473
Anagrus 323
Anakelisia 267
Analges 157
Analgidae 157
Anania 433
Anaphothrips 263
Anapidae 121, 129
Anaplectus 113
Anaptus 295
Anarhichadidae 510, 537, 542
Anarhichas 542
Anas 564, 568, 569
Anasimyia 490
Anaspis 349, 385
Anastoechus 484
Anaticola 259
Anatidae 561, 564
Anatinae 564
Anatis 384
Anatoecus 259
Anax 224
Anchistropus 178
Anchomenus 361
Anchovis 519
Ancistrocerus 326
Ancylus 77, 81
Ancyrosoma 308
Andrena 334
Andrenidae 313, 332
Andrenosoma 483
Andricus 324
Androniscus 188
Androprosopa 460
Anechura 236
Anelasmocephalus 146
Anelosimus 131
Anemadus 366
Anergates 327
Aneugmenus 320
Aneurinae 292
Aneurus 292
Anevrina 486
Angioneura 497
Angler 531
Anglerfischartige 513, 531
Anglerfische 531
Anguidae 557
Anguilla 519
Anguillicoloides 114
Anguillidae 509, 519
Anguilliformes 509, 512, 519
Anguina 113
Anguis 557
Anidorus 349
Anisodactylus 362
Anisolabididae 236
Anisonema 17
Anisoplia 375
Anisopodidae 455, 458
Anisoptera 200, 221, 227
Anisorus 390
Anisosticta 384
Anisotoma 366
Anisus 81
Ankothrips 263
Annelida 5, 7
Annulipalpia 410
Anobiidae 344, 352, 381
Anobium 382
Anodonta 65, 89
Anoecia 276
Anoeciidae 276, 278
Anoetidae 157
Anogcodes 387
Anomala 376
Anomaloninae 324
Anomalopterygella 414
Anomia 94
Anomiidae 65, 90, 94
Anomoia 493
Anomopoda 174
Anomotaenia 49
Anomura 181
Anopheles 479
Anophelinae 478
„Anopla“ 61
Anoplius 318
Anoplocephala 48
Anoplocephalidae 48
Anoplophora 388
Anoplotrupes 374
Anoplura 200, 258
Anoplus 401
Anoscopus 272
Anostirus 379
Anostraca 170, 174
Anotylus 372
Anoxia 376
Ansates 83
Anser 564, 565
Anseriformes 561, 562, 564
Anserinae 564
Antalis 66
Antennata 118
Antennophoridae 152
Antennophorina 152
Antennophorus 152
Anteon 318
Anthaxia 377
Antheminia 310, 311
Antheraea 426
Anthicidae 344, 349, 387
Anthicus 387
Anthidium 335
Anthoathecata 36, 38
Anthobium 372
Anthocharis 435
Anthocomus 383
Anthocoridae 287, 292, 295
Anthocorinae 295
Anthocoris 295
Anthomedusae 36
Anthomyiidae 456, 466, 494, 495, 500
Anthomyza 473
Anthomyzidae 456, 473, 478
Anthonomus 403
Anthophagus 372
Anthophila 313, 332
Anthophora 333
Anthophysa 15
Anthozoa 36, 38
Anthracus 362
Anthrax 484
Anthrenochernes 144
Anthrenus 381
Anthribidae 344, 346
Anthribus 346
Anthuridae 187
Anthus 599, 611
Antispila 425
Antistea 138
Antliophora 193
Anura 550, 552, 555
Anuraeopsis 52
Anuraphis 281
Anurida 209
Anurophorus 210
Anyphaena 128
Anyphaenidae 121, 128
Anystidae 154
Anystis 154
Aoridae 184, 186
Apanteles 324
Apatania 414
Apataniidae 410, 412, 414, 417
Apatura 438
Apfelblütenstecher 403
Apfelgraslaus 283
Apfellaus 281, 283
Apfelsägewespe 319
Apfelwickler 427, 445
Aphaenogaster 328

Aphalara 286
Aphaniosoma 473
Aphaniptera 452
Aphanisticus 377
Aphanotrigonum 494
Aphantopus 438
Aphanus 302
Aphelenchoidea 113
Aphelenchoides 113
Aphelinidae 312, 323
Aphelinus 323
Aphelochaeta 103
Aphelocheiridae 287, 288
Aphelocheirus 288
Aphia 544
Aphidecta 384
Aphididae 276, 278, 280
Aphidiinae 324
Aphidina 275
Aphidius 324
Aphidoidea 276
Aphis 282, 283
Aphodiinae 375
Aphodius 375
Aphrodes 272
Aphrodinae 272
Aphrodite 101
Aphroditidae 101
Aphrophora 269
Aphrophoridae 265, 266, 268
Aphthona 394
Apicomplexa 12, 13
Apidae 313, 332
Apion 397
Apionidae 344, 345, 396, 397, 402
Apioninae 397
Apis 333
Apistobranchidae 101
Aplexa 80
Aplocnemus 383
Aploderus 372
Aploparaksis 49
Aplotarsus 379
Aplysia 82
Aplysiidae 64, 82
Apocatops 366
Apocheima 432
Apocheiridium 144
Apochela 116, 117
Apocrita 312, 336
Apoda 430, 447
Apodemus 623, 635
Apoderus 397
Apodidae 561, 593
Apodiformes 561, 562, 593
Apoditrysia 421
Apohyale 186
Apoidea 313
Apollo 435
Apollofalter 434, 435
Apolygus 298
Aporia 436
Aporrectodea 108
Aporrhaidae 64, 84
Aporrhais 84
Apostenus 139
Appendicularia 505
Aprionus 480
Aprosthema 313
Aprostocetus 323
Apterygida 236
Apterygota 205
Aptilotus 474
Aptinothrips 263
Aptinus 363
Aptus 295
Apulmonata 120
Apus 593
Aquarius 289
Aquila 578
Arachnida 118, 119
Arachnomorphae 121
Aradidae 287, 292
Aradinae 292
Aradoidea 287
Aradus 292
Araneae 120
Araneidae 121, 129, 132, 133
Araneus 134, 135
Araniella 135
Araschnia 438
Arcella 28
Arcellinida 20, 27
Archaeobalanidae 172
Archaeognatha 192, 199, 205, 212
Archaeplastida 12
Archamoebae 20, 26
Archanara 443
Archarius 403
Archiacanthocephala 54
Archiannelida 100, 101
Archidoris 82
Archiearinae 439
Archiearis 439
Archigetes 47
Archisotoma 211
Architaenioglossa 64
Arcopagia 95
Arctia 443, 449
Arctica 90
Arcticidae 65, 90
Arctiinae 421, 427, 431, 443, 449
Arctiini 443
Arctocorisa 294
Arctoperlaria 230
Arctophila 488
Arctornis 442
Arctosa 121, 136
Arcturidae 187
Arcynopteryx 231
Arcyptera 240, 248
Ardea 574
Ardeicola 259
Ardeidae 569, 574
Ardeinae 574
Ardenna 572
Ardeola 574
Arenaria 586
Arenicola 103
Arenicolidae 101, 103
Arenocoris 306
Arenonemertes 61
Argas 152
Argasidae 152
Arge 313
Argenna 138
Argidae 312, 313, 337
Argiope 133
Argogorytes 332
Argonemertes 61
Argulidae 171
Argulus 171
Argynnis 438
Argyra 486
Argyresthia 425
Argyresthiidae 421, 425, 445
Argyroneta 121, 126, 138
Argyrosomus 538
Arhopalus 392
Arianta 74, 76
Arichanna 421
Arion 73
Arionidae 64, 66, 73
Arma 309
Armadillidiidae 187, 188
Armadillidium 188
Armflosser 513, 531
Armiger 81
Armophorea 18, 19
Arnoglossus 546
Arocatus 302
Arocephalus 273
Aromia 391
Arrenurus 155
Arrhopalites 208
Arrhopalitidae 206, 208
Artemia 174
Artemiidae 174
Arthaldeus 272
Artheneinae 302
Arthroplea 216
Arthropleidae 214, 216, 217
Arthropoda 5, 6, 118
Arthrotardigrada 116
Artianus 272
Artiodactyla 616, 626, 627, 628, 637
Artodiscus 31
Arvicola 623, 635
Arvicolidae 616, 622, 623, 632
Arytaina 286
Asagena 130
Asaphidion 359
Asbjornsenia 98
Ascalaphidae 339, 342
Ascalaphus 339
Ascaridoidea 114
Ascaris 114
Äschen 526
Aschiza 455
Ascidiacea 505
Ascidiella 505
Ascidiidae 505
Ascomorpha 52
Ascomorphella 52
Ascomycota 12
Asellidae 187
Asellota 187
Asellus 187
Asemum 392
Asianellus 142
Asiatische Buschmücke 479
Asiatischer Laubholzbockkäfer 388
Asiatischer Marienkäfer 385
Asiatische Tigermücke 479
Asilidae 455, 463, 482
Asilomorpha 455, 500
Asilus 483
Asio 592
Asiraca 267
Asiracinae 267
Äskulapnatter 559
Asopinae 308
Asperogronops 400

Aspicerinae 323
Aspidaphis 282
Aspid-electra 59
Aspidiotus 284
Aspidiphorus 357
Aspidisca 20
Aspidobothrii 42
Aspidogaster 42
Aspidogastrea 42
Aspidogastridae 42
Aspilota 324
Aspisviper 559
Aspitrigla 535
Aspius 524
Asplancha 52
Asplanchnidae 54
Asplanchnopus 54
Aspro 540
Asproparthenis 400
Asselfliegen 466
Asseln 173, 186
Asselspinnen 118
Asselspinner 430
Assiminea 86
Assimineidae 64, 68, 86
Astacidae 182
Astacidea 181
Astacilla 187
Astacotrema 46
Astacus 178, 182
Astarte 95
Astartidae 90, 95
Astasia 17
Astata 332
Asteia 468
Asteiidae 456, 468, 476
Asterias 502
Asteriidae 502
Asterodiaspis 284
Asteroidea 502
Asterolecaniidae 284
Astigmata 150, 152, 157
Astrobunus 149
Astrodisculus 30
Astropecten 502
Astropectinidae 502
Astrorhiza 29
Astylozoon 19
Asymphylodora 46
Atea 134
Atelestidae 455, 464
Atelestus 464
Atelura 212
Atemeles 373
Athalia 320
Athanas 181
Athecata 36
Athene 592
Athericidae 455, 461, 481
Atherina 514
Atherinidae 510, 514
Atheriniformes 510, 514
Atherinimorpha 510
Atherix 482
Atheroides 280
Atheta 373
Athous 380
Athripsodes 415
Athya 564
Athysanus 273
Atlantiksturmtaucher 572
Atolmis 443
Atomaria 357
Atractotomus 300
Atrecus 368
Atrichops 482
Atrochidae 50
Atrochus 50
Attactogenus 399
Attagenus 381
Attelabidae 344, 345, 396, 397
Attelabus 397
Attulus 143
Aturidae 155, 157
Aturus 155
Atyaephyra 181
Atyidae 181
Atylotus 481
Atyphloceras 452
Atypidae 121
Atypus 121
Auchenorrhyncha 193, 196, 265
Auerhuhn 570
Auerochse 626
Augendeckelfalter 425
Augenfalter 423, 437
Augenfliegen 464, 486
Aulacidae 315
Aulacigaster 472
Aulacigastridae 456, 472
Aulacobaris 402
Aulacus 315
Auletobius 398
Aulonia 136
Aulonogyrus 350
Aulophorus 105
Aurelia 38
Aurorafalter 435
Auster 90
Austern 90
Austernfischer 581
Austrominius 172
Austropotamobius 170, 182
Autobranchia 65
Autogneta 161
Autognetidae 161
Autographa 444
Autolamellibranchiata 65
Autostichidae 421, 432
Avenionia 78
Aves 507
Axiidea 181
Axinopalpis 391
Axinotarsus 383
Axiognathus 504
Axonius 182
Aythya 568, 569
Azeca 68
Azecidae 64, 68
Azeliinae 495
Azurjungfern 224
Azygia 46
Azygiidae 46

Baccha 490
Bachforelle 528
Bachhafte 339
Bachläufer 289
Bachmuschel 89
Bachneunauge 514
Bachsaibling 527
Bachschmerlen 514, 520
Bachstelze 612
Bacillariophyta 12
Badister 360
Badonnelia 254
Baetidae 214, 216, 217
Baetis 216
Baetopus 216
Bagoinae 403
Bagous 403
Balanidae 172
Balantidium 19
Balanus 172
Balclutha 273
Baldachinspinnen 129, 131
Balea 68
Balearen-Sturmtaucher 573
Balistes 548
Balistidae 510, 514, 548
Balkenschröter 374
Ballerus 524
Ballus 142
Baltidrilus 106
Banchinae 325
Bandfisch 542
Bandfüßer 166
Bandwürmer 42, 47
Banksinoma 161
Baptolinus 368
Barbastella 618, 632
Barbatula 520
Barbe 521
Barbitistes 244
Barbus 521
Bären 443
Bärenspinner 427
Baridinae 402
Baris 402
Barleeia 87
Barleeiidae 64
Barleiidae 87
Barnea 98
Barsch, Barsche 538, 539, 540
Barschartige 513, 514, 536
Barschfische 513, 514, 536
Bartfledermaus 620, 631
Bartgeier 578
Bartgrundel 520
Bärtierchen 5, 6, 116
Bartkäfer 358
Bartmeisen 597
Barynotus 399
Barypeithes 399
Basidiomycota 12
Basilia 477
Basommatophora 64
Bassaniodes 141
Basstölpel 573
Bastardmakrele 540
Basterotiidae 65, 90, 91
Bathynella 172
Bathynellacea 170, 172
Bathynellidae 172
Bathyomphalus 81
Bathyphantes 132
Bathyplectes 324
Bathyporeia 185
Bathyporeiidae 184, 185
Bathysolen 306
Batillipedidae 116
Batillipes 116
Batrachedridae 421, 432

Batracomorphus 271
Bauchhärlinge 5
Baumfalke 578
Baumläufer 599, 607
Baumläuse 277, 284
Baummarder 625, 636
Baumnattern 558
Baumpieper 611
Baumschläfer 622, 634
Baumschröter 374
Baumschwammkäfer 357
Baumwanzen 290, 308
Baumweißling 436
Baumwolllaus 283
Bdellidae 155
Bdellocephala 44
Bdelloidea 50, 51
Beauchampia 51
Becherquallen 36
Bechstein-Fledermaus 618, 631
Beerenwanze 310
Beintaster 192, 197, 205
Beißschrecken 245
Bekassine 584
Bellardia 497
Belone 532
Belonidae 510, 532
Beloniformes 510, 513, 532
Belonocystis 32
Belyta 317
Bembecinus 332
Bembidion 359
Bembix 313, 332
Bemisia 275
Beosus 304
Beraea 412
Beraeidae 412, 419
Beraeodes 412
Bergeidechse 557
Bergente 568
Bergfink 613
Berghänfling 614
Berglaubsänger 604
Bergmolch 551
Bergpieper 611
Bergunke 552
Beridinae 480
Beris 480
Bernsteinschnecken 68, 69
Beroe 10
Berosus 365
Bertkauia 254, 255
Berytidae 287, 292, 301
Berytinus 302
Besdolus 231
Bethylidae 313, 318, 319
Bethylus 318
Bettwanzen 291
Betulaphis 279
Beutelmeisen 597
Bezzia 460
Bianor 142
Biareolina 335
Biastes 335
Biber 622, 632
Biberlaus 345
Bibio 458
Bibionidae 455, 458, 477, 499
Bibioninae 458
Bibionomorpha 455
Bicellaria 485
Bicellariella 59
Bicellariidae 56, 59
Bicoeca 15
Bicolorana 245
Bicosoeca 15
Bicosoecida 14, 15
Bidessus 365
Bienen 318, 332
Bienenameisen 318, 329
Bienenfresser 594
Bienenläuse 477
Bienenmilbe 155
Bienenwolf 332, 382
Biesfliegen 497
Biethai 516
Bilateria 5
Bimastos 108
Bindenkreuzschnabel 612
Biorhiza 324
Bipalium 43
Biphyllidae 344, 357
Birkenblattroller 398
Birkenspanner 439
Birkenspinner 426, 448
Birkenzeisig 613
Birkhuhn 570
Birnenblattlaus 281
Birnenknospenstecher 403
Birojima 20
Bisam 635
Bisamratte 623
Bisnius 370
Biston 439
Bithynia 78, 81
Bithyniidae 64, 78
Bitoma 356
Bittacidae 450
Bittacus 450
Bitterling 522
Bittium 84
Bivalvia 64, 65, 66
Blaberidae 238
Blaberoidea 238
Blacinae 324
Blacus 324
Blaniulidae 166, 167, 168
Blaniulus 168
Blaps 386
Blasenfüße 193, 200, 262
Blasenkopffliegen 492
Blasenläuse 276, 279
Blasenschnecken 78, 80
Blaste 256
Blasticotomidae 312, 313, 337
Blastobasidae 421 , 432
Blastophagus 404
Blastothrix 323
Blatta 239
Blattella 239
Blattellidae 238
Blattellinae 238, 239
Blattflöhe 275, 286
Blatthornkäfer 353
Blattidae 238
Blattkäfer 347, 392
Blattläuse 275
Blattlausfliegen 470
Blattlauslöwen 339, 340
Blattodea 193
Blattoidea 238
Blattoptera 193, 195, 202, 238
Blattrandrüssler 399
Blattschneiderbienen 335
Blattwespen 314, 319
Blattzikaden 269
Blaubandbärbling 522
Blaubock 390
Blaufelchen 526
Blauhai 515
Blaukehlchen 610
Blauleng 531
Bläulinge 423, 436, 437
Bläulingszikade 266
Blaumeise 601
Blauracke 594
Blausieb 430
Bledius 372
Blei 524
Blemus 359
Blenniidae 510, 537
Blennocampa 320
Blennocampinae 320
Blepharicera 456
Blephariceridae 455, 456, 497, 499
Blepharic eromorpha 455
Blepharidopterus 301
Blera 490
Blessgans 565
Blesshuhn 580
Blessralle 580
Blethisa 357
Blicca 524
Blindfliege 481
Blindschleiche 557
Blindschnecke 68
Blissinae 303
Blitophaga 367
Blumenfliegen 466, 494
Blumenkäfer 349, 387
Blumenkohlqualle 38
Blumentiere 36, 38
Blumenwanzen 292, 295
Blutbienen 334
Blutegel 110
Blütenböcke 391
Blütenspanner 439
Bluthänfling 614
Blutlaus 279
Blutspecht 596
Blutströpfchen 422
Blutzikaden 266, 268
Bockkäfer 347, 388
Bodenschnecken 68
Bodenseefelchen 526
Bodenwanzen 292, 302
Bodo 17, 18
Bodonida 12, 17, 18
Bodotria 173
Bodotriidae 173
Boettgerilla 66
Boettgerillidae 64, 66
Bogenfliegen 491
Bohnenlaus 283
Bohnenmuscheln 94
Bohrassel 187
Bohrfliegen 471, 493
Bohrmotten 428
Bohrmuscheln 91, 98
Bohrschwamm 33
Bolbelasmus 374
Boletina 479
Bolitobius 371

Bolitophila 479
Bolitophilidae 455, 479
Bombardierkäfer 362
Bombina 550, 552, 555, 556
Bombinatoridae 550
Bombus 334, 336
Bombycilla 597
Bombycillidae 561, 597
Bombycoidea 421
Bombyliidae 455, 464, 484, 498
Bombylius 484
Bonasa 570
Bonito 546
Boops 541
Boreidae 450
Boreoiulus 168
Boreotrophon 84
Boreus 200, 203, 450
Borkenkäfer 347, 404
Borstenläuse 277, 279
Borstenwürmer 6, 100
Borysthenia 78
Bos 626, 638
Bosmina 175
Bosminidae 174, 175
Bostrichidae 344, 347, 355, 356, 406
Bostrichiformia 344
Bostrichoidea 344, 406
Bostrichus 347
Botaurinae 574
Botaurus 574
Bothidae 510, 546
Bothrideridae 344, 356
Bothrioplana 45
Bothromesostoma 45
Bothrostethus 306
Bothynoderes 400
Bothynotus 296
Botrylloides 505
Botryllus 505
Bougainvillia 40
Bougainvilliidae 36, 38, 40
Bourletiella 208
Bourletiellidae 206, 208
Bovicola 259
Bovicolidae 258, 259
Bovidae 616, 626, 637
Bowerbankia 57
Boyeria 224, 228
Brachicoma 466
Brachininae 362
Brachinus 362
Brachionidae 52, 53
Brachionus 53
Brachkäfer 376
Brachodes 428
Brachodidae 428
Brachpieper 611
Brachschwalbenverwandte 581
Brachsen 524
Brachsenmakrelen 538, 540
Brachvogel 583
Brachycarenus 307
Brachycaudus 281
Brachycentridae 410, 412, 418
Brachycentrus 412
Brachycera 455, 456, 499
Brachycercus 215
Brachychthoniidae 158
Brachycoeliidae 46
Brachycoelium 46
Brachycoleus 298
Brachycolus 282
Brachyderes 399
Brachydesmus 166
Brachygaster 315
Brachygeophilus 164
Brachygluta 368
Brachyiulus 169
Brachylaimidae 46
Brachyopa 487
Brachypalpus 490
Brachypauropodidae 165
Brachypauropus 165
Brachypera 401
Brachypoda 157
Brachyptera 233
Brachypteridae 344, 356
Brachysomus 399
Brachystegus 332
Brachystoma 485
Brachystomatinae 485
Brachystomella 210
Brachystomellidae 206, 208
Brachystomia 85
Brachyta 390
Brachytarsus 346
Brachytron 224, 228
Brachyura 170, 171, 181
Brackwespen 315, 324
Bracon 324
Braconidae 312, 315, 324
Braconinae 324
Bradybaena 67
Bradybaenidae 64, 67
Bradycellus 362
Bradyporinae 240, 242
Bradyscela 51
Bradysia 458
Brahmaeidae 421, 426
Brama 540
Bramidae 510, 538, 540
Branchellion 109
Branchiobdella 105
Branchiobdellea 100, 105
Branchiobdellidae 105
Branchiopoda 170
Branchiostoma 6
Branchiostomidae 6
Branchiotremata 5, 8
Branchipodidae 174
Branchipus 170, 174
Branchiura (Ringelwurm) 100, 105
Branchiura (Krebse) 170, 171
Brandbrassen 541
Brandente 566
Brandesia 46
Brandgans 566
Brandmaus 623, 635
Brandseeschwalbe 588
Branta 564, 565
Brassen 524
Brassicogethes 356
Braula 477
Braulidae 456, 477
Braunbrustigel 617, 628
Braunellen 599, 610
Brauner Bär 443, 449
Braunfisch 627, 638
Braunfrösche 554
Braunkehlchen 610
Braunkopfammer 614
Breitflügelfledermaus 621, 631
Breitkäfer 361
Breitling 520
Breitrüssler 346
Bremsen 461, 481
Brennnesselzünsler 433
Brentidae 397
Brettkanker 146
Brevicoryne 282
Brigittea 138
Brillenente 566
Brombeergallmücke 480
Brombeerhai 512
Brombeerspinner 440
Brombeerzipfelfalter 436
Bromius 395
Brommella 138
Broscinae 358
Broscus 358
Brosme 531
Brotkäfer 382
Brotkrumenschwamm 34
Bruchidae 346, 392
Bruchinae 346, 392, 406
Bruchus 346
Bruchwasserläufer 584
Brückenspinne 135
Brumus 384
Bryobia 154
Bryocamptus 180
Bryocorinae 296, 297
Bryocoris 296
Bryodema 240
Bryodemella 247
Bryophacis 371
Bryoporus 371
Bryozoa 5, 10
Bubo 592
Buccinidae 64, 84, 87
Buccinum 84, 87
Bucculatricidae 420, 425
Bucculatrix 425
Bucephala 564, 567, 569
Bucephalidae 45
Bucephalus 45
Bucerotes 561, 562
Bucerotiformes 561, 562
Buchdrucker 405
Buchenambrosiakäfer 405
Buchenblattlaus 279
Buchenrotschwanz 443
Buchenspinner 442
Buchenspringrüssler 401
Buchenwerftkäfer 352
Buchfink 613
Buchholzia 107
Buchsbaumzünsler 433
Buckelfliegen 461, 478, 486
Buckelzirpen 266
Buenia 544
Buetschlia 19
Bufo 550, 554, 556
Bufonidae 550
Bufotes 550, 554, 556
Buglossidium 548
Bugulidae 56, 59
Bugulina 59
Bunodera 46
Bunonema 113
Buntflossenkoppe 536
Buntkäfer 346, 353, 382

Buntspecht 596
Buntspechte 596
Bupalus 439
Buprestidae 343, 345, 351, 377, 406
Buprestis 377
Buprestoidea 343
Burhinidae 561, 581
Burhinus 581
Bursaphelenchus 113
Bursaria 20
Bürstenbinder 443
Bürsthornblattwespen 313
Büschelmücken 458
Buschhornblattwespen 314
Buskia 57
Buskiidae 56, 57
Buteo 578
Butt 548
Butte 546
Butterfisch 537
Butterfische 537
Byctiscus 397
Byrrhidae 343, 347, 354, 406
Byrrhoidea 343
Byrrhus 354
Byrsinus 307
Bythinella 78
Bythinellidae 78
Bythiospeum 78
Bythotrephes 175
Byturidae 344, 356, 407
Byturus 356

Caccobius 374, 375
Cacopsylla 286
Cadlina 82
Cadlinidae 82
Caecidae 64, 83
Caecilius 255
Caeciliusidae 253, 255
Caeculidae 154
Caecum 83
Caelifera 240
Caenidae 214, 215, 218
Caenis 215
Caenogastropoda 64
Caenolyda 321
Caenomorpha 20, 23
Cafius 369
Calambus 379
Calameuta 322
Calamobius 388
Calandra 401
Calandrella 603
Calanidae 180
Calanoida 179, 180
Calanus 180
Calaphidinae 279
Calathus 361
Calcarea 33
Calcariidae 561, 614, 615
Calcarius 615
Calidris 584, 585, 586
Caligidae 180
Caligus 180
Caliprobola 490
Caliroa 320
Caliscelidae 265, 266
Callianassa 183
Callianassidae 181, 183
Callicera 488
Callicorixa 294
Callidium 392
Calligypona 268
Callilepis 140
Callimus 391
Callinectes 183
Calliobdella 109, 110
Callionymidae 510, 537, 543
Callionymus 543
Calliopiidae 184, 186
Calliopius 186
Calliostoma 84
Calliostomatidae 84
Calliphora 497
Calliphoridae 456, 466, 496, 498
Calliptaminae 240, 247
Calliptamus 240, 247
Callisthenes 358
Callistus 361
Calliteara 443
Callobius 139
Callophrys 436
Callopora 59
Calloporidae 56, 59
Calocoris 299
Calohypsibiidae 116, 117
Calohypsibius 117
Calomicrus 395
Calonectris 572
Calopterygidae 221, 222, 227
Calopteryx 222, 227
Calopus 387
Calosoma 345, 357, 358
Calvia 385
Calycella 41
Calyptraeidae 64, 83
Calyptratae 456
Camaenidae 64, 67
Camallanoidea 114
Camallanus 114
Cambaridae 181, 182
Cambarus 182
Cameraria 424
Camilla 475
Camillidae 456, 475
Camisia 159
Camisiidae 159
Campanularia 40
Campanulariidae 36, 38, 40
Campanulina 41
Campanulinidae 36, 38, 41
Campascus 28
Campichoeta 476
Campichoetidae 456, 476
Campodea 205
Campodeidae 205
Camponotus 328
Campopleginae 324
Campsicnemus 486
Camptocercus 177
Camptopoeum 335
Camptotelus 304
Camptozygum 298
Campylomma 301
Campyloneura 297
Canace 476
Canacidae 456, 476
Cancer 183
Cancridae 183
Candidae 56, 59
Candidula 74
Candona 179
Canestriniidae 157
Canidae 616, 624, 636
Canis 624, 636
Cantharidae 344, 345, 353, 380, 409
Cantharis 380, 409
Canthocamptidae 180
Canthocamptus 180
Canthophorus 307
Canthyloscelidae 455, 458
Capillaria 113
Capitella 103
Capitellidae 101, 103
Capitophorus 280, 281
Capnia 231, 233
Capniidae 230, 231, 233, 235
Capnioneura 233
Capnopsis 233
Capra 626, 638
Capraiellus 239
Caprella 184
Caprellidae 173, 184
Capreolus 626, 638
Caprimulgidae 561, 564
Caprimulgiformes 561, 564
Caprimulgus 564
Caproidae 509, 532
Capromyidae 616, 622, 632
Capros 532
Capsodes 297
Capsus 297
Carabidae 343, 345, 350, 357, 406
Carabinae 358
Carabodes 160
Carabodidae 160
Carabus 345, 358
Carangidae 510, 538, 540
Carapidae 509, 512
Carassius 520
Carbasea 59
Carcharhinidae 509, 515
Carcharhiniformes 509, 512, 515
Carchesium 20
Carcinidae 183
Carcinus 183
Cardiidae 65, 90, 95
Cardiophorinae 379
Cardiophorus 379
Carduelis 613
Caridea 180 , 181
Carinina 61
Carininidae 61
Carnidae 456, 475
Carnivora 616, 624, 628, 636
Carnus 475
Carpelimus 372
Carphoborus 404
Carpocoris 310
Carpodacus 612
Carpoglyphidae 157
Carpoglyphus 157
Carposina 430
Carposinidae 421, 430
Carposinoidea 421
Carrhotus 142
Carychiinae 68
Carychium 68
Caryophyllaeidae 47
Caryophyllaeus 47
Caryophyllidea 47
Casmerodius 574

Cassida 392
Cassidinae 392, 406
Castor 622, 632
Castoridae 616, 622, 632
Castrada 45
Castrella 45
Catascopia 80
Catatropis 46
Catenula 44
Catenulida 43, 44
Catocala 421, 444
Catopidae 366
Catopinae 366
Catops 366
Causa 74
Cavariella 282
Cecidomyiidae 455, 458, 477, 480, 498, 499
Cecidomyiinae 480
Cecilioides 68
Cecropis 603
Celes 247
Celonites 326
Cemiostomatinae 424
Cenocoeliinae 324
Cenocoelius 324
Centrarchidae 510, 536, 538
Centricnemus 399
Centriscidae 510, 533
Centrohelida 22, 29, 30
Centrolabrus 541
Centrolophidae 510, 538
Centrolophus 538
Centromerus 131
Centropages 180
Centropagidae 180
Centrophlebomyia 472
Centroptilum 216
Centropyxis 28
Centrorhynchidae 55
Centrotus 266
Cepaea 74, 76
Cepedea 18
Cephalcia 321
Cephalciinae 321
Cephalia 493
Cephalobus 113
Cephalochordata 5, 6
Cephalodella 53, 54
Cephalopoda 7, 64, 65
Cephalops 487
Cephalothricidae 61
Cephalothrix 61
Cephenemyia 497
Cepheus 160
Cephidae 312, 314, 322, 337
Cephoidea 312
Cephus 322
Cepphus 590
Ceraclea 415
Ceraleptus 306
Cerambycidae 344, 345, 347, 388, 406
Cerambycinae 390
Cerambyx 391
Ceraphron 317
Ceraphronidae 312, 317
Ceraphronoidea 312, 317, 319
Cerastoderma 95
Ceratina 334
Ceratitis 493
Ceratium 14
Ceratocombidae 287, 290
Ceratocombus 290
Ceratomegilla 384
Ceratophyllidae 452, 453
Ceratophyllinae 453
Ceratophylloidea 452
Ceratophyllus 453
Ceratophysella 209
Ceratopogon 460
Ceratopogonidae 455, 460, 497, 499
Ceratozetes 160
Ceratozetidae 160
Cerceris 331
Cercidia 133
Cercion 224
Cercomeromorpha 42
Cercomonas 17
Cercopagididae 174, 175
Cercopagis 175
Cercopidae 265, 266, 268
Cercopis 268
Cercozoa 12, 20, 27, 29
Cercyon 365
Cereus 38
Ceriagrion 223
Ceriana 488
Ceriantharia 36
Cerianthidae 36, 38
Cerianthus 38
Ceriodaphnia 176
Cerithiidae 64, 84
Cernosvitoviella 107
Cernuella 74, 75
Cerobasis 253
Cerocoma 387
Cerodontha 473
Ceropales 318
Ceropalinae 318
Cerophytidae 344, 351
Cerophytum 351
Ceroxys 493
Certhia 607
Certhiidae 561, 599, 607
Ceruchus 374
Cerura 442, 447
Ceruraphis 281
Cervidae 616, 626, 637
Cervus 626, 627, 638
Cerylon 356
Cerylonidae 344 , 356
Cestoda 7, 42, 47
Cestoidea 47
Cetacea 616, 627, 638
Cetonana 128
Cetonia 345, 376
Cetoniinae 376
Cetorhinidae 509, 515
Cetorhinus 515
Cettia 599
Cettiidae 561, 599
Ceutorhynchinae 402
Ceutorhynchus 402
C-Falter 421, 438
Chaetiliidae 187
Chaetocnema 394
Chaetogaster 106
Chaetognatha 5, 8
Chaetonotida 8
Chaetonotus 8
Chaetopsylla 452
Chaetopteridae 101, 104
Chaetopteroplia 375
Chaetopterus 104
Chaetopteryx 414
Chaetosiphon 281
Chagrinrochen 518
Chaitophorinae 280
Chaitophorus 280
Chalarinae 486
Chalarus 486
Chalcididae 312, 323
Chalcidoidea 312, 316, 319, 322
Chalcis 323
Chalcoides 394
Chalcolestes 223, 227
Chalcophora 377
Chalcoscirtus 142
Chalicodoma 335
Chalinidae 33, 34
Chalinula 34
Challengeron 32
Chamaemyia 470
Chamaemyiidae 456, 470
Chamaepsila 494
Chamaesyrphus 487
Chamelea 98
Chamobates 160
Chamobatidae 160
Chaoboridae 455, 458, 497, 499
Chaoborus 458
Chaos 26
Charadriidae 561, 581, 582
Charadriiformes 561, 562, 564, 581
Charadrius 582
Charagochilus 297
Charipinae 324
Charophyta 12
Charopus 383
Chartoscirta 294
Cheilosia 488
Cheilostomatida 56, 58
Cheilotoma 394
Cheiracanthiidae 128
Cheiracanthium 128
Cheiridiidae 144
Cheiridium 144
Chelicerata 118
Chelicorophium 186
Chelidonichthys 535
Chelidura 236
Chelidurella 236
Chelifer 144
Chelifera 485
Cheliferidae 144
Chelipoda 485
Chelon 532
Chelonethi 120, 144
Cheloninae 324
Chelonus 324
Chelostoma 335
Chelura 186
Cheluridae 184, 186
Chernes 145
Chernetidae 144
Chersodromia 478, 485
Cheumatopsyche 411
Cheyletidae 154
Cheyletus 154
Chilacis 302
Chileflamingo 562
Chilocorus 384
Chilodonella 23

Chilognatha 166
Chilomastix 18
Chilomonas 16
Chilopoda 162
Chilostoma 74, 76
Chiloxanthus 294
Chimabachidae 421, 432
Chimaera 512
Chimaeren 512
Chimaeridae 509, 512
Chimaeriformes 509, 512
Chimarra 413
Chinesische Wollhandkrabbe 183
Chionea 476
Chirocephalidae 174
Chirocephalus 170, 174
Chirolophis 542
Chironomidae 455, 460, 477, 497, 499
Chironomus 460
Chiroptera 616, 618, 628, 631
Chirothrips 263
Chlaenius 361
Chlamydaster 30
Chlamydatus 300
Chlamydomonas 16
Chlamydophrys 29
Chlamys 95
Chlidonias 588
Chloriona 267
Chloris 613
Chlorochroa 311
Chlorogonium 16
Chlorohydra 36
Chloromyia 480
Chloroperla 233
Chloroperlidae 230, 233, 234
Chlorophanus 398
Chlorophorus 391
Chlorophyceae 12
Chlorophyta 12
Chloropidae 456, 473, 475, 478, 494
Chloropinae 494
Chloroplastida 12
Chlorops 494
Choanoflagellata 5, 12, 14
Choanotaenia 49
Choerades 483
Choleva 366
Cholevidae 366
Cholevinae 366
Chondrichthyes 507, 508, 509
Chondrina 70
Chondrinidae 69
Chondrostei 509, 512
Chondrostoma 522
Chondrula 68, 71
Choneiulus 168
Chonostropheus 398
Chonotrichia 18, 19
Chordata 5, 505, 507
Chordatiere 5
Chordeuma 167
Chordeumatida 166
Chordeumatidae 166, 167
Choreotrichia 18, 20
Choreutidae 421, 426
Choreutinula 210
Choreutoidea 421
Chorisops 480
Chorosoma 307
Choroterpes 217
Chorthippus 249
Chromadorea 112
Chromadoria 112
Chromadorida 112
Chromadorina 113
Chromadoroidea 113
Chromatoiulus 169
Chromista 12
Chromoderus 400
Chromophyton 17
Chromulina 17
Chrysanthia 387
Chrysaora 38
Chrysididae 313, 318, 325
Chrysidinae 325
Chrysidoidea 313, 318
Chrysis 325
Chrysobothris 377
Chrysocharis 323
Chrysochloa 395
Chrysochraon 248
Chrysochus 395
Chrysococcus 15
Chrysogaster 488
Chrysolina 395
Chrysomela 395, 396
Chrysomelidae 344, 347, 392, 406, 409
Chrysomelinae 395
Chrysomeloidea 344
Chrysomonadida 12, 14, 15, 16, 17
Chrysopa 341
Chrysoperla 341
Chrysophyceae 12
Chrysopidae 339, 341, 342
Chrysopilus 482
Chrysops 481
Chrysotoxum 491
Chrysotropia 341
Chrysotus 486
Chthoniidae 144, 145
Chthonius 145
Chydoridae 174, 177
Chydorus 178
Chyliza 494
Chyromya 473
Chyromyidae 456, 473
Chytridiomycota 12
Cicadella 271
Cicadellidae 266, 269
Cicadellinae 271
Cicadetta 266
Cicadidae 266
Cicadina 196, 265
Cicadomorpha 265
Cicadula 273
Cicindela 345, 357
Cicindelidae 357
Cicindelinae 357, 406
Ciconia 576
Ciconiidae 561, 576
Ciconiiformes 561, 562, 576
Cicurina 126, 138
Cidnopus 380
Cidnorhinus 402
Ciidae 344, 355
Cilea 371
Ciliata 531
Ciliophora 12, 13, 18
Cilix 431
Cillenus 359
Cimberis 397
Cimbex 313, 321
Cimbicidae 312, 313, 321, 337
Cimbicinae 321
Cimex 291
Cimicidae 287, 291
Cimicoidea 287
Cimicomorpha 287
Cinara 284
Cinclidae 561, 599
Cinclus 599
Cinetus 317
Ciona 505
Cionidae 505
Cionus 402
Circaetus 578
Circus 576
Cirolana 187
Cirolanidae 187
Cirratulidae 101, 103
Cirratulus 103
Cirripedia 170
Cittotaenia 48
Cixidia 266
Cixiidae 266
Cixius 266
Cladius 320
Cladocera 170, 171, 174
Cladonychiidae 146
Cladotaenia 49
Clambidae 343, 355
Clambus 355
Clanga 578
Clangula 564, 567, 569
Clanoptilus 383
Clarkus 113
Clathrulina 30
Clathrulinidae 22, 29, 30
Clausilia 68
Clausiliidae 64, 68
Clausocalanidae 180
Clava 40
Clavelina 505
Clavelinidae 505
Clavicornia 344
Clavidae 36
Claviger 368
Cleonis 400
Cleopus 403
Cleptes 325
Cleptinae 325
Cleridae 344, 345, 346, 353, 382, 407
Cleroidea 344, 353, 407
Clerus 345, 382
Clinocerinae 485
Clinopodes 164
Cliona 33
Clionaidae 33
Cliorismia 482
Clitellaria 481
Clitellariinae 481
Clitellata 100
Clitostethus 384
Clivina 358
Cloeon 216
Clostera 441
Closterotomus 299
Clubiona 128
Clubionidae 121, 128
Clunio 477
Clupea 520
Clupeidae 509, 520

Clupeiformes 509, 513, 519
Clupeomorpha 509
Clusia 472
Clusiidae 456, 472
Clusiodes 472
Clypeolina 29
Clytia 40
Clytra 394
Clytus 391
Cnidaria 5, 10, 36
Cobitidae 509, 514, 520, 525
Cobitis 525
Coccidae 284, 285
Coccidia 12, 13
Coccidula 383
Coccina 119, 193, 199, 275, 284
Coccinella 385
Coccinellidae 344, 345, 383, 406
Coccinula 385
Coccoidea 284
Coccothraustes 612
Cochlicopa 68
Cochlicopidae 64, 68
Cochliopidae 78
Cochliopodium 27
Cochlodesma 92
Cochlostoma 68
Cochlostomatidae 64, 68
Codonosiga 14
Codophila 310
Coelioxys 335
Coelopa 468
Coelopidae 456, 468
Coelostoma 365
Coelotes 137
Coenagrion 224
Coenagrionidae 221, 222, 223, 228
Coenomyia 462
Coenomyiidae 455, 462
Coenonympha 437
Coenorrhinus 398
Coenosia 495
Coenosiinae 495
Cognettia 107
Colaphellus 396
Colaphus 396
Coleophora 432, 445
Coleophoridae 421, 432, 445
Coleoptera 193, 199, 201, 203
Coleps 23
Colias 435
Colladonus 273
Collembola 192, 198, 205, 206
Colletes 334
Colletidae 332
Collotheca 50, 52
Collothecidae 50
Collozoum 32
Collyriclidae 45
Collyriclum 45
Coloeus 600
Colon 366
Colonidae 366
Coloninae 366
Coloradoa 282
Colpidium 24
Colpocephalidae 259
Colpocephalum 259
Colpoda 23
Colpodea 18, 23
Coluber 558
Colubridae 557, 558
Columba 590
Columbicola 259
Columbidae 561, 590
Columbiformes 561, 564, 590
Columella 70
Colurella 52
Colurellidae 52
Colus 87
Colydiidae 344, 356
Colymbetes 363
Comaroma 129
Comasinus 403
Compactozetidae 160
Conchifera 64
Condylostoma 20
Conger 519
Congeria 89
Congridae 509, 519
Coniocleonus 400
Coniopterygidae 197, 339, 341
Coniopteryx 339
Conistra 443
Conocephalinae 240, 242, 244
Conocephalus 244
Conochilidae 50
Conochilus 50, 52
Conoderinae 402
Conomelus 268
Conopeum 59
Conophorus 484
Conopidae 456, 464, 468, 492, 498
Conopinae 492
Conops 492
Conosoma 371
Contacyphon 352
Contarinia 480
Conwentzia 339
Copelatus 364
Copepoda 170, 172, 179
Copris 345, 375
Copromyza 474
Coprophilus 372
Coptocephala 394
Coptosoma 290
Coracias 594
Coraciidae 561, 594
Coraciiformes 561, 562, 594
Coraebus 377
Coranus 301
Corbicula 87
Corbiculidae 65, 87
Corbula 92
Corbulidae 65, 90, 92
Cordulegaster 222, 228
Cordulegastridae 221, 222, 228
Cordulia 226, 228
Corduliidae 221, 223, 228
Cordylophora 36, 40
Cordylophoridae 36, 40
Coregonidae 526
Coregoninae 526
Coregonus 526
Coreidae 287, 294, 306
Corella 505
Corellidae 505
Coremacera 469
Coreoidea 287
Coreus 306
Coriarachne 141
Coriomeris 306
Corixa 294
Corixidae 196, 287, 294
Corixoidea 287
Corizus 307
Cornu 65, 74, 76
Coronella 558
Corophiida 184
Corophiidae 184, 186
Corophium 186
Corticaria 345
Cortodera 390
Corvidae 561, 596, 600
Corvoidea 596
Corvus 600
Corylobium 281
Corylophidae 344, 357, 409
Corymbia 391
Corymorpha 40
Corymorphidae 36, 40
Coryne 40
Corynidae 36, 38, 40
Corynidinae 321
Corynis 321
Corynoptera 458
Coryphaelus 273
Coryphaena 537
Coryphaenidae 510, 537
Coryphella 82
Coryphellidae 82
Coryphopterus 545
Coryssomerus 402
Corystes 183
Corystidae 183
Corythucha 291
Cosmochthoniidae 158
Cosmochthonius 158
Cosmopterigidae 421, 432
Cosmotriche 439
Cossidae 421, 430, 447
Cossoidea 421
Cossoninae 402
Cossonus 402
Cossus 430, 447
Cotesia 324
Cothonaspis 323
Cothurnia 20
Cottidae 510, 535
Cottunculus 534
Cottus 535, 536
Coturnix 571
Cozyptila 141
Crabro 330
Crabronidae 313, 315, 319, 330
Crambidae 421 , 433
Crambinae 433
Crangon 181
Crangonidae 181
Crangonyctidae 184, 185
Craniata 5, 6, 505
Craniota 5, 6, 507
Craspedacusta 36
Craspedolepta 286
Craspedorhynchus 259
Craspedosoma 167
Craspedosomatidae 166, 167
Crassiclitellata 105
Crassostrea 90
Crataerina 496
Craterolophidae 36, 38
Craterolophus 38
Cratosilis 381

Crematogaster 328
Cremifania 470
Cremifaniidae 456, 470
Cremnocephalus 296
Crenella 94
Crenilabrus 542
Crenobia 44
Creophilus 369
Crepidodera 394
Crepidophorus 380
Crepidula 83
Crex 580
Cribellatae 122
Cribrilina 59
Cribrilinidae 59
Cribroelphidium 29
Cricetidae 616, 622, 632
Cricetus 622, 632
Criconema 113
Criconemoides 113
Criocephalus 392
Criocerinae 393
Crioceris 393
Criodrilidae 105, 106
Criomorphus 268
Criorhina 490
Crisia 58
Crisiidae 56, 58
Cristamonadea 12
Cristatella 57
Cristatellidae 56, 57
Crocidura 617, 628
Crocothemis 226, 229
Croicocephalus 587
Crossaster 502
Crossocerus 330
Crossopalpus 485
Crotoniidae 159
Crudosilis 381
Crumomyia 474
Crunoecia 412
Crustacea 10, 118, 119
Crustulina 129
Cryphalops 405
Cryphalus 405
Cryphoeca 126
Cryptaphis 281
Crypticus 386
Cryptinae 324
Cryptobia 18
Cryptobium 370
Cryptocephalinae 393
Cryptocephalus 394
Cryptochetidae 456, 474
Cryptochetum 474
Cryptococcidae 284, 285
Cryptococcus 285
Cryptomonada 12, 16, 17
Cryptomonas 16
Cryptomyzus 280, 281
Cryptophagidae 344, 357
Cryptophagus 357
Cryptophyceae 12
Cryptopidae 162, 163
Cryptopleurum 365
Cryptops 163
Cryptopygus 211
Cryptorhynchinae 401
Cryptorhynchus 401
Cryptosiphum 281
Cryptostigmata 150, 152, 158
Cryptosula 59
Cryptosulidae 56, 59
Crypturgus 405
Crystallogobius 544
Ctenicera 379
Cteniopus 386
Cteniscus 325
Ctenobelba 161
Ctenobelbidae 161
Ctenocallis 280
Ctenocephalides 452
Ctenolabrus 542
Ctenolepisma 213
Ctenopelmatinae 325
Ctenopharyngodon 522
Ctenophora 5, 10, 478
Ctenophthalmidae 452
Ctenophthalmus 452
Ctenopoda 174
Ctenostomatida 56
Cucujidae 344, 356
Cucujiformia 344
Cucujoidea 344, 407
Cuculidae 561, 562
Cuculiformes 561, 562
Cucullanus 114
Cucullia 444
Cuculliinae 444
Cuculus 562
Cucurbitella 28
Culex 479
Culicidae 455, 457, 478, 497, 499
Culicinae 479
Culicoides 460
Culicomorpha 455
Culiseta 479
Cumacea 170, 173
Cumopsis 173
Cunaxidae 155
Cunctochrysa 341
Cuneopalpus 255
Cupelopagis 50
Curculio 403
Curculionidae 344, 345, 347, 396, 404, 406
Curculioninae 401, 402, 403
Curculionoidea 344, 406
Cuspidaria 93
Cuspidariidae 65, 93
Cyanea 38
Cyaneidae 36, 38
Cyanistes 601
Cyathocephalus 48
Cyathura 187
Cybaeidae 121, 126
Cybaeus 126
Cybister 363
Cychrus 358
Cycloderes 398
Cyclogyra 29
Cyclominae 400
Cyclophyllidea 47, 48
Cyclopidae 180
Cyclopina 180
Cyclopinidae 180
Cyclopoida 179, 180
Cycloposthium 19
Cyclopteridae 514, 534
Cyclopterus 534
Cyclopyxis 28
Cyclorrhapha 455
Cyclosa 133
Cyclostomatida 56
Cydalima 433
Cydia 445
Cydnidae 287, 290, 307
Cydnus 307
Cygnus 564
Cylichna 84
Cylichnidae , 84
Cylichnina 83
Cylindera 345, 357
Cylindroiulus 168, 169
Cylindromorphus 377
Cylindrotoma 478
Cylindrotomidae 455, 478
Cylista 38
Cylisticidae 187, 188
Cylisticus 188
Cyllecoris 300
Cymatia 294
Cymbaeremaeidae 161
Cymbaeremaeus 161
Cymbasoma 180
Cyminae 302
Cymindis 363
Cymothoida 187
Cymus 302
Cynegetis 383
Cynipidae 312, 323, 324
Cynipoidea 312, 316, 317, 319, 323
Cynips 324
Cynoglossidae 510
Cynomya 497
Cypha 371
Cyphoderia 28
Cyphoderus 208
Cyphon 352
Cyphophthalmi 146
Cyphophthalmus 146
Cyphostethus 308
Cypridocopina 178, 179
Cypridopsis 179
Cyprina 90
Cyprinidae 65, 90, 508, 509, 514, 520
Cypriniformes 509, 514, 520
Cyprinus 520
Cypris 179
Cyrenidae 65, 87
Cyrillia 84
Cyrnus 413
Cyrtanaspis 349, 385
Cyrthacanthacridinae 240, 247
Cyrtoclytus 391
Cyrtopogon 483
Cystobranchus 110
Cytherocopina 178, 179
Cytilus 354
Cyzicidae 170
Cyzicus 170

Dachs 625, 636
Dacnusa 324
Dactylochelifer 144
Dactylosternum 365
Dalatias 517
Dalatiidae 509, 517
Dalmannia 492
Dalmanniinae 492
Dalopius 379
Dalyellia 45
Dalytyphloplanida 43, 45
Damaeidae 160

Damaeus 160
Damalinia 259
Damhirsch 626, 638
Dammläufer 358
Danacea 383
Danosoma 378
Daphnia 175
Daphniidae 174, 175
Daphnis 440
Darwinula 178
Darwinulocopina 178
Dascillidae 343, 352, 409
Dascilloidea 343
Dascillus 352, 409
Dasineura 480
Dasiops 472
Dasseln 497
Dasyatidae 509, 517
Dasyatis 517
Dasyceridae 345, 368
Dasycerinae 345, 368
Dasycerus 345
Dasylabris 329
Dasypoda 335
Dasypogon 483
Dasypsyllus 453
Dasystoma 432
Dasysyrphus 492
Dasytes 383
Dasytidae 383
Dasytinae 383
Daudebardia 66
Daudebardiinae 66
Davainea 49
Davaineidae 49
Decapoda 170, 173, 180
Deckelschildläuse 284
Decticus 245
Degeeriella 259
Deilephila 441
Deinopsis 372
Deleaster 372
Delia 494
Delichon 604
Delphacidae 265, 267
Delphacinae 267
Delphacinus 268
Delphacodes 267
Delphax 267
Delphine 627, 638
Delphinidae 616, 627, 638
Delphiniobium 281
Deltocephalinae 272
Deltocephalus 273
Demetrias 363
Demodecidae 154
Demodex 154
Demospongiae 33
Dendrobaena 109
Dendrocerus 317
Dendrochernes 145
Dendrocoelidae 44
Dendrocoelum 44
Dendrocometes 25
Dendrocopos 596
Dendrocoptes 596
Dendroctonus 404
Dendrodoa 505
Dendrodrilus 109
Dendrolimus 421, 440
Dendronotidae 64, 82
Dendronotus 82
Dendrosoma 25
Dendrothripinae 263
Dendroxena 367
Dendryphantes 142
Denops 382
Dentalium 66
Dentex 541
Denticollinae 379
Deporaus 398
Deraeocorinae 296
Deraeocoris 296
Dermacentor 152
Dermanyssidae 154
Dermanyssina 154
Dermanyssus 154
Dermaptera 193, 194, 200
Dermatophagoides 157
Dermestes 381
Dermestidae 344, 354, 381, 405, 406
Dermestoides 382
Dermoglyphidae 157
Dermoglyphus 157
Dero 105
Deroceras 73
Derodontidae 344, 355
Derodontiformia 344
Derodontoidea 344
Derodontus 355
Derogenidae 46
Deshayesorchestia 186
Desmodorida 112
Desmometopa 475
Desmoscolecida 112
Desmoscolecoidea 112
Desmoscolex 112
Desoria 211
Deuterosminthurus 208
Deuterostomia 5
Dexamine 185
Dexaminidae 184, 185
Diabrotica 395
Diacanthous 380
Diachromus 362
Diadocidia 479
Diadocidiidae 455, 479
Diadumene 38
Diadumenidae 36, 38
Diaea 141
Dialineura 482
Dianous 368
Diaphana 84
Diaphanidae 64, 84
Diaphanosoma 175
Diaphorinae 486
Diaphorus 486
Diapria 317
Diapriidae 312, 323
Diaprioidea 312, 317
Diaptomidae 180
Diaspididae 284
Diaspidiotus 284
Diastata 476
Diastatidae 456, 476
Diastoporidae 56, 58
Diastylidae 173
Diatomea 12
Diazosma 456
Dibothriocephalus 48
Dicentrarchus 538
Dicerca 377
Dicheirotrichus 362
Dichoglena 482
Dichrooscytus 298
Dickköpfe 422, 434
Dickkopffliegen 464, 492
Dickköpfige Seerose 38
Dicondylia 205
Dicranocephalus 293
Dicranomyia 478
Dicranopalpinae 147, 149
Dicranopalpus 147, 149
Dicranophoridae 54
Dicranophorus 54
Dicranota 478
Dicranotropis 268
Dicranura 442
Dicrocoeliidae 46
Dicrocoelium 46
Dicronychus 379
Dictenidia 478
Dictyla 291
Dictyna 138
Dictynidae 121, 123, 126, 138
Dictynoidea 121
Dictyocha 15
Dictyogenus 231
Dictyophara 265
Dictyopharidae 265
Dictyoptera 193
Dictyostelia 12
Dicyphus 296
Dicyrtoma 208
Dicyrtomidae 206, 208
Dicyrtomina 208
Didea 492
Didineis 332
Didinium 23
Diebsameise 327
Diebskäfer 352
Diestrammena 241
Difflugia 28, 29
Digenea 42, 45
Dikarya 12
Dikerogammarus 185
Dikraneura 270
Dilatata 81
Dilepididae 49
Dilepis 49
Dilophus 458
Dilta 212
Dimorphopterus 303
Dina 110
Dinetus 330
Dinobryon 14
Dinocharis 52
Dinocheirus 145
Dinocras 232
Dinoflagellata 12, 14
Dinophilidae 100
Dinophilus 100
Dinoptera 390
Dinothenarus 370
Dioctophymatida 112, 114
Dioctophymatoidea 114
Dioctophyme 114
Dioctria 483
Diodontus 331
Diogenes 182
Diogenidae 181, 182
Diogma 478
Dionycha 121

Diospilus 324
Dioxys 335
Diphyllidea 47, 48
Diphyllobothriidae 48
Diphyllobothriidea 47, 48
Diphyllobothrium 48
Diplazontinae 325
Diplecogaster 537
Diplectrona 411
Diplocephalus 131
Diplochlamys 28
Diplocolenus 272
Diplodinium 19
Diplodiscidae 46
Diplodiscus 46
Diplogaster 113
Diplolepis 324
Diplomitella 15
Diplomonadida 12, 16, 18
Diplonevra 486
Diplophrys 27
Diplopoda 162, 165
Diplosolen 58
Diplostomatidae 46
Diplostomidae 46
Diplostraca 118, 170
Diplozoidae 47
Diplozoon 47
Diplura 192, 198, 205
Dipoena 130
Diprion 314
Diprionidae 312, 314, 337
Diprioninae 314
Dipsocoridae 287, 290
Dipsocoroidea 287
Dipsocoromorpha 287
Diptera 193, 197, 199, 202, 203, 455
Dipturus 518
Dipylidium 49
Discidae 64, 67
Discoba 13, 20, 26
Discoelius 326
Discomedusae 36
Discomorphella 20
Discosea 20, 26, 27
Discus 67
Disparalona 177
Dissorhina 161
Dissotrocha 51
Distelfalter 438
Distelfink 613
Dithryca 493
Ditoma 356
Ditomyia 479
Ditomyiidae 455, 479
Ditropis 268
Ditropsis 267
Ditylenchus 113
Ditylus 387
Diura 231
Diuraphis 282
Diurnea 432
Dixella 460
Dixidae 455, 460, 497, 499
Dlochrysa 395
Döbel 523
Docoglossa 64
Doderiidae 166
Doggerscharbe 547
Dohle 600
Dohlenkrebs 182
Dolchwespen 318
Dolerus 320
Dolichocephala 485
Dolichoderinae 327
Dolichoderus 327
Dolichopeza 478
Dolichopodidae 455, 464, 485, 500
Dolichopodinae 486
Dolichopus 486
Dolichosoma 383
Dolichovespula 326
Dolichurus 330, 332
Dolichus 361
Dolomedes 121, 125
Dolycoris 310
Domene 371
Dompfaff 612
Donacia 393
Donacidae 65, 92
Donaciinae 393, 406
Donausteinbeißer 525
Donax 92
Donus 401
Doppelfüßer 162, 165
Doppelschnepfe 584
Doppelschwänze 192, 198, 205
Doratopsylla 452
Doratura 272
Dorcadion 388
Dorcatoma 381
Dorcus 374
Dorididae 64, 82
Doris 82
Dorngrasmücke 606
Dorngrundeln 514, 520, 525
Dornhaie 516
Dornschrecken 242, 246
Doros 490
Dörrobstmotte 434
Dorsche 529, 530
Dorschartige 513, 529
Dorschfische 529
Dorvilleidae 101, 102
Dorycephalinae 270
Dorycera 493
Doryctinae 324
Dorylaimia 112
Dorylaimida 112, 113
Dorylaimoidea 113
Dorylaimus 113
Dorylomorpha 487
Dorypteryx 253
Dorytomus 403
Dosinia 98
Douglasienlaus 276
Douglasiidae 420, 424
Doydirhynchus 397
Drachenfische 537, 542
Drachenflossenhaie 517
Drachenkopfartige 513, 514, 534
Dracunculoidea 114
Drahtwürmer 378, 379
Drapetes 352
Drapetis 485
Drassodes 140
Drassodex 140
Drasterius 380
Drasyllus 140
Drehherzmücke 480
Dreiecksmuschel 92
Dreiecksspinne 123
Dreikantmuschel 89
Dreikantmuscheln 87, 89
Dreissena 89
Dreissenidae 65, 87, 89, 94
Dreizehenmöwe 561, 587
Dreizehenspecht 596
Drepana 431, 447
Drepanepteryx 340
Drepanidae 421, 431, 447
Drepaninae 431
Drepanoidea 421
Drepanosiphidae 276, 277, 279
Drepanosiphinae 279
Drepanosiphum 277, 279
Drepanothrips 264
Dreposcia 366
Drescherhaie 515
Drilidae 344, 345, 353, 405
Drilophaga 54
Drilus 353
Drosophila 476
Drosophilidae 456, 476, 478
Drosseln 597, 608
Drosselrohrsänger 605
Drückerfische 514, 548
Drusilla 373
Dryadaulidae 420
Dryinidae 313, 318, 319
Dryinoidea 313, 318
Drymonia 442
Drymus 305
Dryobates 596
Dryocoetes 405
Dryocopus 595
Dryomys 622, 634
Dryomyza 470
Dryomyzidae 456, 470
Dryophilocoris 299
Dryophilus 382
Dryophthoridae 344, 345, 396, 401, 402
Dryophthorus 402
Dryopidae 343, 354, 409
Dryops 354
Drypta 363
Dryudella 332
Dufourea 335
Dugesia 44
Dugesiidae 44
Dukatenfalter 437, 448
Dungfliegen 466, 474
Dungmücken 458, 477
Dunhevedia 177
Düsterbienen 335
Düsterbock 392
Düsterkäfer 348
Dynastinae 375
Dysaphis 281
Dysauxes 443
Dyschirius 358
Dysdera 129
Dysderidae 121, 124, 129
Dyspnoi 146
Dysteria 23
Dytiscidae 343, 350, 363, 406
Dytiscus 363

Earomyia 472
Ebala 84
Eberfische 532
Ebrechtella 141
Ecdyonurus 217

Ecdysozoa 5
Echemus 140
Echeneidae 510, 537
Echiichthys 542
Echinasteridae 502
Echinidae 502, 504
Echiniscidae 116
Echiniscoidea 116
Echiniscoididae 116, 117
Echiniscus 117
Echinobothriidae 48
Echinobothrium 48
Echinocardium 504
Echinochasmidae 46
Echinochasmus 46
Echinococcus 49
Echinocyamus 504
Echinoderes 9
Echinodermata 5, 7, 10, 502
Echinogammarus 185
Echinoidea 502
Echinophthiriidae 258, 260
Echinophthirius 260
Echinorhinidae 509, 512
Echinorhiniformes 509, 512
Echinorhinus 512
Echinorhynchidae 54
Echinorhynchus 54
Echinostoma 46
Echinus 504
Echiodon 512
Echiura 7, 100
Echiurida 7
Echiuridae 7
Echiurus 7
Echsen 557
Echte Bergzikade 266
Echtkiemer 65
Ecnomidae 410, 411, 416
Ecnomus 411
Ecribellatae 123
Ecrobia 78
Ectemnius 330
Ectinus 379
Ectobidae 238
Ectobiinae 238
Ectobius 238
Ectognatha 192, 205
Ectopleura 40
Ectoprocta 10, 56
Ectopsocidae 253, 254
Ectopsocus 254
Ectotropha 192
Edaphus 368
Edelkrebs 182
Edentella 76
Edwardsia 38
Edwardsiana 270
Edwardsiidae 36, 38
Egel 100, 109
Eggerelloides 29
Eggisops 497
Egretta 574
Eichelhäher 601
Eichelwürmer 8
Eichenbock 391
Eichennapfläuse 285
Eichenschrecken 241
Eichenspinner 440
Eichenspringrüssler 401
Eichenwickler 427
Eichenzipfelfalter 436
Eichhörnchen 622, 634
Eidechsen 557
Eiderente 568
Eilema 443
Eilkäfer 359
Eingeweidefischartige 512
Eingeweidefische 512
Einhornia 59
Einsiedlerkrebs 182
Eintagsfliegen 192, 195, 200, 214
Einzeller 5, 6, 12
Eisenia 108, 109
Eiseniella 108
Eiseniona 108
Eisente 567
Eishai 517
Eismöwe 587
Eissturmvogel 572
Eistaucher 571
Eisvögel 438, 594
Elachiptera 494
Elachistidae 421, 433, 445
Elaeorhanis 32
Elampus 325
Elaphrinae 357
Elaphropus 359
Elaphrus 357
Elasmidae 312, 323
Elasmobranchii 509
Elasmostethus 308
Elasmucha 308
Elasmus 323
Elater 379
Elateridae 344, 351, 352, 378, 406
Elateriformia 343
Elaterinae 378, 379
Elateroidea 344, 353
Elateroides 352, 406
Elatobium 283
Elch 626, 638
Electra 59
Electridae 56, 59
Electrogena 217
Elenchidae 199
Elenchus 199
Eliomys 622, 634
Elipsocidae 253, 254, 255
Elipsocus 255
Ellipura 192, 205
Ellobiidae 64, 68, 85
Elmidae 343, 351, 409
Elmis 351
Elophila 433
Elopomorpha 509
Elosa 52
Elritze 522
Elster 601
Elymana 273
Elysia 82
Elysiidae 64, 82
Embata 51
Emberiza 614, 615
Emberizidae 597, 614
Emblethis 304
Embolemidae 313, 318, 319
Embolemus 318
Emiliania 15
Emmelina 421
Emmericia 78
Emmericiidae 78
Emmesomyia 468, 495
Empicoris 301
Empididae 455, 464, 484, 500
Empidinae 485
Empis 485
Empoasca 270
Empria 321
Emus 369
Emydidae 557
Emys 557
Ena 71
Enallagma 224
Enantiocephalus 272
Enantiulus 169
Encentrum 54
Enchelyopus 531
Enchytraeida 105
Enchytraeidae 105, 106, 107
Enchytraeina 107
Enchytraeus 107
Encyrtidae 312, 323
Endamoeba 26
Enderleinella 255
Enderleinellidae 258, 260
Enderleinellus 260
Endognatha 205
Endomychidae 344, 345, 346
Endomychus 345
Endromidae 421, 426, 448
Endromis 426, 448
Endrosis 432
Engdeckenflügler 349, 387
Engelhaie 510
Engraulidae 509, 519
Engraulis 519
Enicmus 345
Enidae 64, 68, 70
Eniochthoniidae 158
Ennominae 439
Ennucula 90
Enochrus 365
Enoicyla 202, 410, 414, 415, 417
Enopla 61
Enoplea 112
Enoplia 112
Enoplida 112, 113
Enoplognatha 131
Enoplops 306
Ensifera 202, 240
Ensis 98
Entamoeba 26
Entamoebida 20, 26
Entelegynae 121, 123
Entelurus 533
Enten 565
Entenegel 110
Entenmuscheln 172
Entenvögel 562, 564
Enterobius 114
Enteropneusta 8
Entiminae 398, 400
Entodinium 19
Entognatha 192
Entomobrya 211
Entomobryidae 206, 208, 211
Entomobryoides 211
Entomobryomorpha 206
Entomognathus 330
Entomoscelis 396
Entoprocta 5
Entosiphon 17

Entotropha 192
Eoacanthocephala 54
Eosentomidae 206
Eosentomon 206
Eosphora 54
Epacromius 240
Epalxella 20
Epeoloides 334
Epeolus 334
Epeorus 216
Epermeniidae 421 , 424
Epermenioidea 421
Ephelota 25
Ephemera 214
Ephemerella 216
Ephemerellidae 214, 216, 218
Ephemeridae 214, 217
Ephemeroptera 192, 195, 200, 214
Ephestia 434, 447
Ephialtes 325
Ephippiger 240, 242
Ephippiochthonius 145
Ephoron 214
Ephydatia 33
Ephydra 476
Ephydridae 456, 476
Epichnopterix 428
Epidalea 550, 552, 556
Epidapus 477
Epidermoptidae 157
Epimyrma 328
Epinotia 427
Epiphanes 54
Epiphanidae 54
Epipsocidae 253, 255
Epirrhoe 439
Episinus 129
Epistrophe 492
Epistrophella 492
Epistylis 20
Episyrphus 492
Epitheca 223, 228
Epitoniidae 64, 86
Epitonium 86
Eptesicus 621, 631
Equidae 616, 627, 628
Equus 627
Erannis 432, 439
Eratigena 138
Erbsenkäfer 347
Erbsenmuscheln 89
Erbsenwickler 427
Erdbeerblattkäfer 395
Erdbeerblütenstecher 403
Erdbeerknotenhaarlaus 281
Erdbeerstengelstecher 398
Erdbock 388
Erdeulen 443
Erdflöhe 394
Erdflohkäfer 394
Erdhummel 336
Erdkröte 554
Erdläufer 163
Erdmaus 624, 635
Erdwanzen 290, 307
Erebia 438
Erebidae 421, 442, 443, 444, 445
Erebomastridae 146
Eremit 376
Eremocoris 305
Eremophila 603
Eresidae 121, 123
Eresoidea 121
Eresus 121, 123
Ergasilidae 180
Ergasilus 180
Ergates 389
Ericaphis 283
Erichsonius 370
Erigone 131
Erigoninae 131
Erinaceidae 616, 617, 628
Erinaceus 617, 628
Eriocampa 321
Eriocheir 183
Eriococcidae 284, 285
Eriocrania 426
Eriocraniidae 420, 426, 445
Eriocranioidea 420
Eriogaster 421, 439
Eriophyes 152
Eriophyidae 152
Eriophyoidea 150, 152, 154
Eriosoma 279
Eriosomatidae 276, 278, 279
Eriosomatinae 279
Eriozona 491, 492
Erirhinidae 344, 345, 396, 403
Erirhininae 401
Eristalinae 487
Eristalinus 488
Eristalis 487, 488, 500
Erithacus 608, 609
Erlenblattkäfer 395
Erlenrüssler 401
Erlenschaumzikade 269
Erlenzeisig 613
Ernobius 382
Ernodes 412
Ernoporicus 405
Ernoporus 405
Ernteameise 327
Erntemilbe 154
Ero 125
Erotesis 415
Erotettix 273
Erotylidae 344 , 357
Erpelschwänze 441
Erpobdella 110
Erpobdellidae 109, 110
Errastunus 272
Errhomenus 271
Erythraeidae 154
Erythraeus 154
Erythria 270
Erythromma 223
Erzglanzmotten 424
Erzwespen 316, 319, 322
Eschenbastkäfer 404
Esel 628
Esocidae 509, 528
Esociformes 509, 513, 528
Esox 528
Esperiopsidae 33, 34
Essigälchen 113
Esskastanien-Gallwespe 324
Esthiopterum 259
Eteone 101
Ethopolidae 162
Euaesthetinae 368
Euaesthetus 368
Eualus 182
Euamoebida 20, 26
Euborellia 236
Eubranchipus 174
Eubria 352, 409
Eucallipterus 280
Eucera 335
Euceraphis 279
Eucestoda 47
Euchelicerata 118
Euchlanidae 53
Euchlanis 53
Euchroeus 325
Eucinetidae 343, 352
Eucinetus 352
Eucnemidae 344, 352, 406
Eucobresia 73
Eucoila 323
Eucoilinae 323
Eucoleus 113
Euconomelus 268
Euconulidae 64, 67
Euconulus 67
Eucratea 59
Eucrateidae 56, 59
Eucta 132
Eucyclops 180
Eucypris 179
Eudendriidae 36, 40
Eudendrium 40
Eudiaptomus 180
Eudorina 16
Eudorylaimus 113
Eudorylas 487
Eudromias 582
Eugamasus 154
Euglena 17
Euglenida 12, 15, 16, 17
Euglenozoa 12
Euglypha 28
Euheptaulacus 375
Euholognatha 230
Euides 267
Eukaryota 5, 6, 12
Eukoenenia 120
Eukoeneniidae 120
Eulachninae 284
Eulachnus 284
Eulalia 101
Eulen 429, 562, 590, 592
Eulenfalter 431, 443
Eulenspinner 431
Eulohmannia 158
Eulohmanniidae 158
Eulophidae 312, 323
Eumalacostraca 170
Eumenes 326
Eumenidae 326
Eumeninae 326
Eumerus 487, 490
Eumetabola 193
Eumida 101
Eumodicogryllus 243
Eumolpinae 395
Eumolpus 395
Eunapius 33
Eunicida 101
Euomphalia 76
Euoniticellus 374
Euophrys 142, 143
Eupagurus 182
Eupelix 270

Eupelops 160
Eupeodes 492
Euphausiacea 170, 173
Euphorinae 324
Euphorus 324
Euphthiracaridae 158
Eupithecia 439
Euplectus 368
Euplotes 20
Eupnoi 146
Eupodes 155
Eupodidae 155
Eupolybothrus 163
Euproctis 442
Eupteryx 270
Eupulmonata 64
Euroleon 339
Europhilus 361
Eurotatoria 50
Eurotifera 50
Eurybregma 268
Eurycercidae 174, 175, 177
Eurycercus 177
Eurychaeta 496
Eurydema 310
Eurydice 187
Eurygaster 308
Eurygnathomyia 472
Euryopis 130
Eurypauropodidae 165
Euryporus 370
Eurysa 267
Eurysella 267
Eurysula 267
Eurythyrea 377
Eurytoma 323
Eurytomidae 312, 323
Euscelis 273
Euscorpiidae 120
Euscorpius 120
Eusomus 399
Eusphalerum 346, 372
Euspira 85
Eutardigrada 116
Euteleostomi 509
Euthrix 439, 449
Euthyas 156
Euthystira 248
Eutichuridae 121
Eutrigla 535
Euura 320
Euzetes 160
Evacanthus 271
Evadne 175
Evania 315
Evaniidae 312, 315
Evanioidea 312, 315
Evarcha 143
Evodinus 390
Exapate 432
Excavata 12
Exechia 479
Exenterus 325
Exetastes 325
Exhyalanthrax 484
Exocentrus 388
Exochomus 384
Exodontha 480
Exomias 399
Exoprosopa 484
Eylaidae 155
Eylais 155
Eysarcoris 310

Fabricia 104
Fabriciidae 104
Fabulina 98
Facelina 82
Facelinidae 64, 82
Fächerflügler 193, 199
Fächerkäfer 348
Fadenkanker 146
Fadenmolch 551
Fadenwürmer 9, 112
Fagisyrphus 492
Fagocyba 270
Falco 578, 579
Falconidae 561, 576, 578
Falconiformes 561, 562, 576, 578
Falken 562, 576, 578
Falkenraubmöwe 587
Faltenmücken 456
Faltenwespen 318, 326
Fanghafte 339
Fangschrecken 193, 195, 201
Fannia 468
Fanniidae 456, 468, 500
Farrella 57
Farrellidae 56 , 57
Fasan 571
Fasanenartige 570
Fasciola 46
Fasciolidae 46
Fässchenschnecken 69
Faulholzmotten 432, 433
Faulholzrüssler 402
Fauriellidae 262, 263
Favonius 436
Federflügler 345
Federgeistchen 421
Federkiemenschnecken 78
Federlibelle 222
Federlinge 200, 258
Federmotten 421
Feldgänse 565
Feldgrille 243
Feldhase 621, 632
Feldheuschrecken 242, 246
Feldhühner 571
Feldlerche 603
Feldmaikäfer 376
Feldmaus 624, 636
Feldschwirl 605
Feldsperling 610
Feldspitzmaus 617, 628
Feldwespen 326
Felicola 259
Felidae 616, 624, 625, 636
Felis 625, 637
Fellkäfer 382
Felsenbarsche 534
Felsenschnecken 76
Felsenschwalbe 604
Felsenspringer 192, 199, 212
Felsentaube 590
Feltria 155
Feltriidae 155
Fensterfliegen 463
Fenstermücken 458
Fensterschwärmer 429
Fenusa 320
Ferdinandea 490
Ferkelratten 622, 632
Ferrissia 77, 81
Ferussaciidae 64, 68
Feuchtkäfer 350
Feuerfalter 423, 436
Feuerkäfer 349
Feuerquallen 38
Feuersalamander 550
Feuerwanzen 292
Fibulariidae 502, 504
Ficedula 608
Fichtenammer 615
Fichtenbastkäfer 404
Fichtenborkenkäfer 405
Fichtengallenlaus 276
Fichtenkreuzschnabel 612
Fichtenläuse 276
Fichtenquirlschildlaus 285
Fichtenrüssler 400
Fieberiella 272
Fiederkiemer 65
Fierasferidae 509, 512
Figites 323
Figitidae 312, 323, 324
Figitinae 323
Filarioidea 114
Filicollis 55
Filinia 52
Filiniidae 52
Filipalpia 230
Filzbienen 334
Fingerkäfer 358
Finken 597, 612
Finsterspinnen 123, 139
Finte 520
Fischadler 576, 578
Fischbandwurm 48
Fischchen 192, 199, 212
Fische 507, 508
Fischegel 110
Fischotter 625, 636
Fitis 605
Fitislaubsänger 605
Fitzingeria 109
Flabelligeridae 101, 103
Flabellina 82
Flabellinia 12
Flabellinidae 64
Flachstrecker 140
Flagellaten 12, 13
Flamingos 562
Flatidae 265, 266
Flechtenbärchen 431, 443
Fleckenbock 390
Fleckenfalter 423, 437
Fleckengrundel 545
Fleckhai 516
Fleckrochen 518
Fledermäuse 616, 618, 628, 631
Fledermausfliegen 477
Fleischfliegen 466, 497
Fleischflosser 507
Fleutiauxellus 380
Fliegen 455, 456, 495, 499
Fliegenschnäpper 608
Flinkläufer 359
Flöhe 193, 200, 203, 452
Flohkrebse 173, 184
Florfliegen 339, 341
Floscularia 50
Flosculariidae 50

Flügelbutt 546
Flundern 546, 547, 549
Flussaal 519
Flussbarsch 540
Flusskrebse 182
Flussmuscheln 89
Flussnapfschnecke 81
Flussneunauge 514
Flussperlmuschel 87
Flussregenpfeifer 582
Flussseeschwalbe 588
Flussuferläufer 584
Flustra 59
Flustrellidra 57
Flustrellidridae 56, 57
Flustridae 56, 59
Folliculina 23
Folsomia 210
Folsomides 210
Foraminifera 12, 13, 20, 26, 27, 29
Forcipata 270
Forcipomyia 460
Forda 279
Fordinae 279
Forelia 155
Forelle 528
Forellenbarsch 538
Forficula 236
Forficulidae 236
Forficulina 236
Formica 313, 328
Formicidae 313, 315, 327
Formicinae 327
Formicoxenus 328
Fornicata 12
Foucartia 399
Foveacheles 155
Frankliniella 264
Fransenfledermaus 618, 631
Fransenflügler 193, 200, 262
Fransenmotten 432
Fratercula 589
Frauenfisch 523
Frauennerfling 523
Fredericella 56
Fredericellidae 56
Frettchen 625
Fridericia 107
Friesea 208
Fries-Grundel 544
Fringilla 613
Fringillidae 561, 597, 612
Fritfliege 494
Fritillaria 505
Fritillariidae 505
Frontipoda 155
Frontonia 23
Frösche 552
Froschlurche 550, 552
Froschquappe 531
Frostspanner 432, 439
Fruchtfliegen 471, 493
Fruchtwickler 430
Fruticicola 67
Fucellia 494
Fuchs (Säugetier) *siehe* Rotfuchs
Fuchs (Schmetterling) 421, 438
Fuchsbandwurm 49
Fuchshaie 515
Fulgoromorpha 265
Fulica 580
Fulmarus 572
Furchenbienen 334
Furchenschwimmer 364
Furcipes 403
Furcula 442

Gabeldorsche 529
Gabelmakrele 540
Gabelschwanz 447
Gabelschwänze 442
Gabrius 370
Gadiculus 530
Gadidae 509, 529
Gadiformes 509, 513, 529
Gadus 529
Gaidropsarus 531
Galathea 183
Galatheidae 181, 183
Galba 79
Galeorhinus 516
Galerida 602
Galeruca 395
Galerucella 395
Galerucinae 394
Galeus 516
Galiobium 283
Galleria 434
Gallertschwamm 33
Galliformes 561, 564, 570
Gallinago 584
Gallinula 580
Gallmilben 150, 152
Gallmücken 458, 477, 480
Galloanseres 561
Gallus 570
Gallwespen 316, 319
Galumna 160
Galumnidae 160
Gamasida 150, 152
Gammaeule 444
Gammarellidae 184, 185
Gammarellus 185
Gammarida 184
Gammaridae 184, 185
Gammarus 185
Gampsocleis 240, 244
Gampsocoris 301
Gämse 626, 638
Gänse 564, 565
Gänsegeier 578
Gänsesäger 565
Gargara 266
Gari 94
Garnelen 181
Garrulus 601
Gartenammer 615
Gartenbaumläufer 607
Gartengrasmücke 606
Gartenhummel 336
Gartenlaubkäfer 376
Gartenrotschwanz 609
Gartenschläfer 622, 634
Gartenschnirkelschnecke 76
Gartenspitzmaus 618, 628
Gasterophilidae 456, 466, 498, 500
Gasterophilus 466
Gasterosteidae 510, 532
Gasterosteiformes 510, 514, 532
Gasterosteus 532
Gasteruptiidae 312, 315
Gasteruption 315
Gastrodes 304
Gastrodontidae 65, 67, 71
Gastroidea 396
Gastropacha 440
Gastrophysa 396
Gastropoda 64, 66
Gastropodidae 52
Gastropus 52
Gastrosaccus 184
Gastrostyla 20
Gastrotricha 5, 6, 8
Gattyana 101
Gaukler 363
Gaurotes 390
Gavia 571, 572
Gaviidae 561, 571
Gaviiformes 561, 562, 571
Gebärfische 537
Gebiidea 181
Gebirgsstelze 612
Geburtshelferkröte 552
Gebüschohrwurm 236
Gefiederfliegen 475
Gehäuseschnecken 66
Geißeltierchen 12, 13
Gelbbauchunke 552
Gelbbrauen-Laubsänger 605
Gelbeulen 443
Gelbfußtermite 201
Gelbhalsmaus 623, 635
Gelblinge 423, 435
Gelbrand 363
Gelbschnabeltaucher 571
Gelbspötter 599, 605
Gelbstriemenbrassen 541
Gelechiidae 421, 432, 447
Gelechioidea 421, 424, 427, 432
Gelis 325
Gelochelidon 588
Gemüseeulen 443
Geocentrophora 43, 45
Geocorinae 302
Geocoris 302
Geoglomeris 166
Geometridae 65, 431, 432, 438, 447
Geometrinae 439
Geometroidea 421
Geomitridae 67, 74
Geomyza 474
Geophilidae 162, 163, 164
Geophilomorpha 162, 163
Geophilus 164
Georissidae 347, 365
Georissinae 347, 365
Georissus 347
Geotomus 307
Geotrupes 374
Geotrupidae 343, 345, 354, 374, 406
Gephyrocapsa 15
Gerfalke 578
Gerridae 287, 289
Gerris 289
Gerroidea 287
Gerromorpha 287
Gervaisia 166
Gespenstkrebs 184
Gespinstblattwespen 315, 321
Gespinstmotten 430
Getreidebrachfliege 494
Getreideerdfloh 394
Getreideeule 444

Getreidehähnchen 393
Getreidehalmwespe 322
Getreidekapuziner 347
Getreidelaubkäfer 375
Getreidelaufkäfer 361
Getreidelaus 282
Getreideplattkäfer 356
Getreidewurzeleulen 443
Gewächshauslaus 281
Gewächshausschabe 239
Gewächshausschrecke 241
Geweihschwamm 34
Giardia 18
Gibbaranea 135
Gibbium 352
Giebel 521
Gigantorhynchidae 54
Gilletteella 276
Gilpinia 314
Gimpel 612
Girardia 44
Girlitz 613
Gitana 185
Gitterwanzen 291
Glaenocorisa 294
Glanzbienen 335
Glanzfischartige 513, 528
Glanzkäfer 356
Glanzschnecken 67, 71
Glaphyra 390
Glareola 581
Glareolidae 561, 581
Glasflügelzikaden 266
Glasflügler 421, 447
Glasgrundel 544
Glasküling 544
Glasschnecken 66, 67, 72
Glattbutt 547
Glatthaie 515, 516
Glattkäfer 356
Glattnasen 618, 631
Glattnatter 558
Glattrochen 518
Glaucidium 592
Glaucoma 24
Gletscherfloh 211
Gliederfüßer 5, 6, 118
Gliricola 258
Gliricolidae 258
Gliridae 616, 622, 632
Glis 622, 634
Glischrochilus 356
Globiceps 299
Globodera 113
Glomerida 166
Glomeridae 166
Glomeridella 166
Glomeridellidae 166
Glomeris 166
Glossata 420
Glossiphonia 110
Glossiphoniidae 109, 110
Glossosomatidae 410, 412, 416
Glucken 426, 439
Glühwürmchen 353
Gluphisia 442
Glycera 101
Glyceridae 101
Glycymerididae 65, 90
Glycymeris 90
Glycyphagidae 157
Glycyphagus 157
Glyphina 276
Glyphipterigidae 421, 428, 431
Glyphipterix 428
Glyphotaelius 415
Glypta 325
Glyptocephalus 548
Gnaphosa 139
Gnaphosidae 121, 127, 139
Gnathifera 5, 7, 8, 9, 50
Gnathobdelliformes 109
Gnathostomata 507, 509
Gnathostomulida 5, 8, 50
Gnatocerus 386
Gnesiotrocha 50, 51, 52
Gnitzen 460
Gnorimus 345, 377
Gnoristinae 479
Gobiesocidae 510, 514, 537
Gobiidae 510, 514, 537, 544
Gobio 521
Gobius 544
Gobiusculus 545
Gocevia 27
Goera 412
Goeridae 410, 412, 417
Goldafter 442
Goldammer 614
Goldaugen 339, 341
Goldbarsch 534
Goldbutt 548
Goldene Acht 435
Goldeulen 444
Goldfisch 521
Goldfliege 496
Goldhähnchen 599, 606
Goldlaufkäfer 358
Goldmaid 542
Goldmakrelen 537
Goldmeeräsche 532
Goldorfe 522
Goldregenpfeifer 582
Goldschmied 358
Goldschrecken 248
Goldwespen 318, 325
Gomphidae 221, 222, 225, 228
Gomphocerinae 240, 247
Gomphocerus 248
Gomphorerippus 248
Gomphus 225, 228
Gonepteryx 435
Gongylonema 114
Goniada 104
Goniadidae 101, 103, 104
Goniagnathus 273
Gonianotus 304
Goniocotes 259
Gonioctena 396
Goniodes 259
Goniodidae 258, 259
Gonionemus 38
Gonium 15
Gonocerus 306
Gonodera 386
Goodallia 95
Gordioida 9
Gordionus 9
Gordius 9
Gorgodera 46
Gorgoderidae 46
Gorytes 332
Gossyparia 285
Gottesanbeterin 195
Gotteslachse 513, 528
Grabfüßer 66
Grabkäfer 361
Grabschrecken 242
Grabwespen 315, 319, 330
Gracilia 392
Gracillariidae 420, 424, 425, 445
Gracillariinae 424
Gracillarioidea 420
Grammoptera 391
Grammotaulius 414
Granaria 70
Granuloreticulosa 13
Graphocephala 271
Graphocraerus 272
Graphoderus 364
Graphomya 495
Graphopsocus 254
Graphosoma 308
Graptoleberis 177
Graptopeltus 304
Graptus 400
Grasbarsch 538
Graseulen 443, 448
Grasfrosch 554
Grasglucke 439, 449
Graskarpfen 522
Grasminiermotten 433
Grasmückenverwandte 599, 606
Grasnadel 534
Grassänger 599, 605
Grasschnecken 70
Grauammer 614
Graubarsch 541
Graubruststrandläufer 586
Graugans 565
Grauhaie 510, 515
Graumeisen 602
Graureiher 575
Grauschnäpper 608
Grauspecht 596
Gregarina 13
Gregarinasina 12, 13
Gregarinea 13
Greifvögel 562, 576
Grillen 241, 242, 243
Gromia 29
Grönlandhai 517
Gronops 400
Groppen 535, 536
Große Hausmücke 479
Großlibellen 221
Großschmetterlinge 447
Großtrappe 579
Grubenhalskäfer 360
Gruidae 561, 580
Gruiformes 561, 580
Grünader-Weißling 436
Gründelenten 564
Grundeln 514, 537, 544
Grundhaie 512, 515
Gründling 522
Grundwanzen 288
Grünfink 613
Grünfrösche 554
Grünkäfer 361
Grünlaubsänger 605
Grünling 613
Grünschenkel 584

Grünspechte 595
Grünwidderchen 422, 427
Grus 580
Gryllidae 240, 242, 243
Grylloidea 240
Gryllotalpa 195, 242
Gryllotalpidae 240, 242
Gryllotalpoidea 240
Gryllteiste 590
Gryllus 243
Grypocoris 299
Grypotes 273
Grypus 403
Guestphalinus 106
Güster 524
Gyantinae 149
Gyas 147, 149
Gymnammodytes 543
Gymnetron 403
Gymnocephalus 539
Gymnodinium 14
Gymnolaelaps 154
Gymnolaemata 56
Gymnosphaera 31
Gynandrophthalma 394
Gypaetus 578
Gyps 578
Gyratrix 43, 45
Gyraulus 81
Gyrinidae 343, 350, 406
Gyrinus 350
Gyrocotyle 47
Gyrocotylidae 47
Gyrocotylidea 47
Gyrodactylidae 47
Gyrodactylus 47
Gyrohypnus 369
Gyrophaena 373
Gyropidae 258
Gyropus 258

Haarbalgmilbe 154
Haarbutt 546
Haarflügler 345
Haarlinge 200, 258
Haarmücken 458, 477
Haarwürmer 113
Haasea 167
Haaseidae 166, 167
Habicht 576
Habichtskauz 592
Habichtverwandte 576
Habrobracon 324
Habrocerinae 370
Habrocerus 370
Habroleptoides 217
Habroloma 377
Habrophlebia 217
Habrotrocha 51
Habrotrochidae 51
Hadena 443
Hadeninae 443
Hadrodemus 298
Hadziida 184
Haematobia 495
Haematobosca 495
Haematococcus 17
Haematoloma 269
Haematopinidae 258, 259
Haematopinus 259
Haematopodidae 561, 581
Haematopota 481
Haematopus 581
Haemodipsus 260
Haemogamasidae 154
Haemogamasus 154
Haemonais 106
Haemopidae 109, 110
Haemopis 110
Haemosporoidia 12, 13
Hafte 197, 339
Haftfisch 537
Hagenella 414
Hahnia 138
Hahniidae 121, 125, 126, 138
Haie 510
Hainschnirkelschnecke 76
Haitia 79, 80
Hakengimpel 612
Hakenkäfer 351, 354
Hakensaugwürmer 43, 47
Halacaridae 150
Halacaroidea 150, 154
Halbgänse 564
Halechiniscidae 116
Haleciidae 36, 41
Halecium 41
Haliaeetus 578
Halichoerus 625, 637
Halichondria 34
Halichondriidae 33, 34
Haliclona 34
Haliclonidae 33, 34
Haliclystus 38
Halicryptus 9
Halictidae 313, 332
Halictophagidae 199
Halictoxenos 199
Halictus 334
Halipegus 46
Haliplidae 343, 350, 406
Haliplus 350
Halisarca 33
Halisarcidae 33
Hallodapus 296
Halmerdfloh 394
Halmfliegen 473, 475, 494
Halmwespen 314, 322
Haloclavidae 36, 38
Halosalda 294
Halsbandschnäpper 609
Halsbandsittich 562
Halteria 20
Haltica 394
Halticinae 394
Halticus 299
Halyomorpha 310
Halyzia 385
Hamearis 436
Hammerhaie 515
Hamster 622, 632
Handkäfer 358
Hapalothrix 456
Haplodiplosis 480
Haplodrassus 140
Haplognathia 50
Haplogynae 121, 123
Haplometra 46
Haplophthalmus 188
Haplopoda 174
Haploporatia 167
Haploprocta 306
Haplotarsus 379
Haplotaxida 105
Haplotaxidae 105, 106
Haplotaxis 106
Haplothrips 264
Haptophyta 12
Haptoria 18, 23
Harminius 380
Harmonia 385
Harmothoe 101
Harpactea 129
Harpacticoida 179, 180
Harpactus 332
Harpagoxenus 328
Harpalinae 357, 359
Harpalus 357, 362
Harpella 432
Harpocera 300
Harpyia 442
Harrimaniidae 8
Hartigia 322
Harzrüsselkäfer 402
Hasarius 143
Hasel 523
Haselhuhn 570
Haselmaus 622, 634
Haselnussbohrer 403
Hasen 621
Hasenartige 616, 621, 628, 632
Haubenlerche 602
Haubenmeise 601
Haubennetzspinnen 129
Haubentaucher 572
Hauhechelbläuling 437
Hausbock 392
Hausen 518
Hausesel 627
Haushuhn 570
Haushund 624
Hauskaninchen 621
Hauskatze 625
Hausmaus 623, 634
Hausmutter 444
Hausperlhuhn 570
Hauspferd 627
Hausputer 570
Hausratte 623, 634
Hausrind 626, 638
Hausrotschwanz 609
Hausschaf 626
Hausschwein 626
Haussperling 610
Hausspitzmaus 617, 628
Haustaube 590
Haustoriidae 184, 185
Haustorius 185
Hautflügler 193, 197, 200, 203, 312
Hayhurstia 282
Haynesina 29
Hebridae 287, 289, 290
Hebroidea 287
Hebrus 290
Hechtartige 513, 528
Hechtdorsch 529
Hechte 528
Hediste 101
Hedobia 382
Hedriocystis 30
Hedychridium 325
Hedychrum 325
Heideblattkäfer 395

Heidelerche 603
Heideschnecken 74
Heideschrecke 244
Heilbutt 548
Heimchen 243
Helcion 83
Helcomyza 470
Helcomyzidae 456, 470
Helcon 324
Helconinae 324
Heleomyza 473
Heleomyzidae 456, 472, 478
Heleomyzinae 473
Helicella 74, 75
Helichus 354
Helicidae 65, 67, 74
Helicigona 74, 76
Helicodiscidae 66, 67
Helicodonta 74
Helicodontidae 65, 67, 74
Helicopsis 74, 75
Helicostomella 20
Helina 495
Heliodines 424
Heliodinidae 421, 424
Heliophanus 143
Heliophrya 25
Heliothinae 443
Heliothis 444
Heliothrips 263
Heliozela 425
Heliozelidae 420 , 424
Heliozoa 29
Heliozoa 29, 30
Helix 65, 74, 76
Helminthomorpha 166
Helobdella 110
Helodidae 343, 352, 409
Helodrilus 108
Helophilus 490
Helophoridae 365
Helophorinae 350, 365
Helophorus 350
Heloridae 312, 317
Helorus 317
Hemaris 421
Hemerobiidae 339, 340, 342
Hemerobiiformia 339
Hemerobius 341, 342
Hemerodromia 485
Hemerodromiinae 485
Hemianax 224
Hemibdella 109
Hemichordata 5, 8
Hemiclepsis 110
Hemicrepidius 380
Hemigrapsus 183
Hemimysis 183
Hemineura 255
Heminothrus 159
Hemipenthes 484
Hemiptera 193, 196, 200
Hemirotatoria 50
Hemirotifera 50
Hemiteles 325
Hemiuridae 46
Hemiurus 46
Henestarinae 302
Henestaris 302
Henicopidae 162
Henlea 107
Henosepilachna 383
Henricia 502
Hepialidae 420, 426, 445
Hepialoidea 420
Hepialus 426, 445
Heptacyclus 109
Heptagenia 217
Heptageniidae 214, 216, 217
Heptatoma 481
Herbsteulen 443
Herbstspinnen 133
Hercinothrips 263
Hercostomus 486
Heriades 335
Heriaeus 141
Herina 493
Heringe 520
Heringia 488
Heringsartige 513, 519
Heringshai 515
Heringskönige 532
Heringsmöwe 587
Hermannia 158
Hermanniidae 158
Hermelin 625, 637
Hermelinspinner 442
Herminiinae 445
Hertwigia 52
Herzigel 504
Herzmuscheln 90, 95
Hesionidae 101, 103
Hesperia 434, 447
Hesperiidae 421, 422, 434, 447
Hesperiinae 434
Hesperinidae 455, 458
Hesperinus 458
Hesperocorixa 294
Hesperus 369
Hessenmücke 480
Heteranomia 94
Heterarthrinae 320
Heterarthrus 320
Heterobranchia 64
Heteroceridae 343, 347, 409
Heterocerus 347
Heterocheila 470
Heterocheilidae 456, 470
Heteroconchia 65
Heterocope 180
Heterocordylus 300
Heterocypris 179
Heterodera 113
Heterodonta 65
Heterogaster 303
Heterogastrinae 303
Heterokonta 12
Heterolobosea 20, 26
Heteromastus 103
Heteromeyenia 33
Heteromonadea 12
Heteromurus 211
Heteromysis 184
Heteromyza 473
Heteromyzinae 473
Heteronemertea 61
Heteroneura 420
Heterophrys 31
Heteropoda 127
Heteropodidae 127
Heteroptera 193, 196, 287
Heteropterinae 434
Heteropterus 434
Heterosminthurus 208
Heterotanais 173
Heterotardigrada 116
Heterothops 370
Heterotoma 299
Heterotrichea 18
Heterotrichida 18, 19, 20
Heufalter 437
Heupferd 244
Heuschrecken 193, 195, 200, 202, 240
Hexacorallia 36
Hexamita 18
Hexanchidae 509, 510
Hexanchiformes 509, 510
Hexanchus 510
Hexapoda 118, 119, 191
Hexarthra 52
Hexarthridae 52
Hiatella 91
Hiatellidae 65, 91
Hieraaetus 578
Hierophis 558
Hilara 485
Hilarimorpha 464
Hilarimorphidae 455, 464
Himacerus 295
Himantariidae 162, 163
Himantopus 586
Himatismenida 20, 27
Himbeerblütenstecher 403
Himbeerkäfer 356
Hinterkiemer 64
Hipparchia 437
Hippeutis 81
Hippobosca 496
Hippoboscidae 456, 462, 477, 495
Hippodamia 384
Hippoglossoides 547
Hippoglossus 548
Hippolais 599, 605
Hippolyte 182
Hippolytidae 181, 182
Hippotion 441
Hirsche 626, 637
Hirschkäfer 374
Hirudinea 100, 109
Hirudinidae 109, 110
Hirudo 110
Hirundinidae 561, 596, 603
Hirundo 603
Hispa 392
Hispinae 392
Hister 354
Histeridae 343, 345, 354, 406
Histiostoma 157
Histiostomatidae 157
Histopona 138
Histricostoma 147
Histrionicus 566, 569
Höckerschrecken 248
Höckerschwan 564
Hofmannophila 432
Höhlenschildläuse 285
Hohltaube 590
Holcocranum 302
Holcogaster 310
Holcostethus 310
Holocentropus 413
Holocephali 509, 512
Holocnemus 125

Hololampra 238
Holometabola 193
Holopediidae 174
Holopedium 174
Holoplagia 458
Holopogon 483
Holopyga 325
Holoscotolemon 146
Holothuroida 7
Holothuroidea 502
Holunderlaus 283
Holzbienen 333
Holzbohrer 430
Holzfliegen 462
Holzwespen 314, 322
Holzwurm 382
Homalocephala 493
Homaloplia 376
Homarus 170, 182
Homoneura 470
Homorhythmus 398
Homorocoryphus 244
Honigbiene 333
Honigwespen 326
Hopfe 562
Hopfenblattlaus 281
Hopfenbohrer 426
Hopfenerdfloh 394
Hopfenwurzelbohrer 445
Hopfvögel 562
Hoplia 375
Hoplitis 335
Hoplocampa 319
Hoplonemertea 61
Hoplopleura 260
Hoplopleuridae 258, 260
Horistus 297
Hormaphididae 276, 278
Hormaphis 276
Hörnchen 622, 632
Hornfliegen 469, 470
Hornhechtartige 513, 532
Hornhechte 532
Hornisse 326
Hornmilben 152, 158
Hornotter 559
Hornschwämme 33
Hornvögel 562
Horvathiolus 302
Hosenbienen 335
Huchen 527
Hucho 527
Hufeisenklee-Gelbling 435
Hufeisennasen 618, 631
Hufeisenwürmer 5, 10
Hühnervögel 564, 570
Hulecoeteomyia 479
Hummeln 334, 336
Hummelschwärmer 421, 440
Hummelschweber 464, 484
Hummer 182
Hunde 624, 636
Hundebandwurm 49
Hundefloh 452
Hundertfüßer 162
Hundsfische 528
Hundshaie 512, 515, 516
Hundsrobben 624, 625, 636
Hundszunge 548
Hungerwespen 315
Hüpfmäuse 622, 632
Huso 518
Hyadaphis 280, 282
Hyale 186
Hyalesthes 266
Hyalidae 184, 186
Hyalinella 56
Hyalinellidae 56
Hyalinonetrion 29
Hyalopsocus 256
Hyalopteroides 282
Hyalopterus 282
Hyalosphenia 29
Hyas 183
Hybomitra 481
Hybos 485
Hybotidae 455, 464, 478, 484
Hybotinae 485
Hydaphias 282
Hydaticus 364
Hydra 36
Hydracarina 150, 155
Hydrachna 155
Hydrachnellae 150, 155
Hydrachnidae 155
Hydrachnidiae 150, 154, 155
Hydractinia 40
Hydractiniidae 36, 40
Hydraena 366
Hydraenidae 343, 350, 366, 406
Hydrallmania 41
Hydrellia 476
Hydridae 36
Hydrobates 573
Hydrobatidae 561, 572, 573
Hydrobia 78
Hydrobiidae 78
Hydrobius 365
Hydrochara 365
Hydrochidae 350, 365
Hydrochinae 350, 365
Hydrochus 350
Hydrocoloeus 587
Hydrodroma 155
Hydrodromidae 155
Hydroglyphus 365
Hydroidolina 36, 38
Hydroisotoma 211
Hydrometra 289
Hydrometridae 287, 289
Hydrometroidea 287
Hydrophilidae 343, 347, 350, 365, 406, 409
Hydrophilinae 365, 409
Hydrophiloidea 343
Hydrophilus 345, 365
Hydrophorinae 486
Hydrophorus 486
Hydroporinae 364
Hydroporus 365
Hydroprogne 588
Hydropsyche 411
Hydropsychidae 410, 411, 416
Hydropsychoidea 410
Hydroptila 410
Hydroptilidae 410, 416
Hydroptiloidea 410
Hydrotaea 495
Hydrothassa 396
Hydrous 365
Hydrovolzia 155
Hydrovolziidae 155
Hydrozetes 150
Hydrozoa 36, 38
Hydryphantes 156
Hydryphantidae 155, 156
Hygrobates 157
Hygrobia 350
Hygrobiidae 343, 350, 406
Hygrolycosa 136
Hygromiidae 65, 67, 74
Hygrotus 365
Hyla 550, 556
Hylaeus 335
Hylastes 404
Hylastinus 405
Hylecoetus 352
Hyledelphax 268
Hyles 421, 441
Hylesinus 404
Hylidae 550
Hylobius 400
Hyloniscus 188
Hylotrupes 392
Hylurgops 404
Hylurgus 404
Hymenolepididae 48, 49
Hymenolepis 49
Hymenomonas 15
Hymenoptera 193, 197, 199, 200, 203, 312
Hymenostomatia 18, 23
Hypeninae 445
Hypera 401
Hyperaspis 384
Hyperia 184
Hyperiidae 184
Hyperiidea 184
Hyperinae 400
Hyperisus 382
Hyperomyzus 280
Hyperoplus 543
Hyperoscelis 458
Hyphydrus 364
Hypnoidinae 380
Hypnoidus 380
Hypocassida 392
Hypochrysa 341
Hypochthoniella 158
Hypochthoniidae 158
Hypochthonius 158
Hypocyphtus 371
Hypoderma 497
Hypodermatinae 497
Hypoganus 379
Hypogastrura 209
Hypogastruridae 206, 207, 208
Hypomecis 439
Hypophorella 57
Hypophorellidae 56, 57
Hypophthalmichthys 524
Hypoponera 327
Hypotrichia 18, 20
Hypsibiidae 116, 117
Hypsibius 117
Hypsogastropoda 64
Hypsosinga 134
Hypsugo 621, 632
Hyptiotes 123
Hystrichopsylla 452
Hystrichopsyllidae 452
Hystrichopsylloidea 452
Hystricosoma 100

Iassinae 271
Iassus 271
Ibalia 323
Ibaliidae 312, 323
Iberodorcadion 388
Ibidinae 575
Ibisfliegen 461, 481
Ibisia 482
Ibisse 574, 575
Ichneumon 325
Ichneumonidae 312, 315, 324
Ichneumoninae 324, 325
Ichneumonoidea 312, 315, 319
Ichthyaetus 587
Ichthyobdellidae 109
Ichthyobodo 18
Ichthyophthirius 19
Ichthyosaura 550, 551, 552
Icius 143
Ictaluridae 509, 526
Ictalurus 526
Idiocerinae 271
Idiocerus 271
Idiodonus 273
Idiopterus 281
Idolothripinae 264
Idotea 187
Idoteidae 187
Igel 617, 628
Igelfloh 452
Illinoia 281
Iltis 625, 637
Ilybius 364
Ilyocoris 288
Ilyocryptidae 174, 175
Ilyocryptus 176
Ilyocypris 179
Ilyodrilus 106
Inachidae 183
Incidifrons 259
Incurvariidae 420, 429, 445
Inger 510
Inocellia 197
Inocelliidae 197
Insecta 118, 119, 191, 192
Insectivora 616, 617, 628
Insekten 118, 119, 191
Insektenfresser 616, 617, 628
Integripalpia 410
Intramacronucleata 18
Involvulus 398
Iphiclides 435
Iphinoe 173
Ips 405
Ischnocera 258
Ischnocoris 306
Ischnodemus 303
Ischnodes 379
Ischnomera 387
Ischnopsyllidae 452
Ischnopsyllus 452
Ischnorhynchinae 303
Ischnosoma 371
Ischnura 223, 224
Ischyroceridae 184, 186
Ischyropsalididae 146
Ischyropsalis 146
Islandmuschel 90
Isobates 167
Isodontia 330, 331
Isogenus 231
Isognomostoma 74
Isohypsibiidae 117
Isohypsibius 117
Isometopidae 292
Isometopinae 292
Isometopus 292
Isomira 386
Isonychia 216
Isonychiidae 214, 216, 217
Isoperla 231
Isophya 244
Isopoda 118, 170, 173, 186
Isoptena 233
Isoptera 193, 201
Isotoma 211
Isotomidae 206, 207, 210
Isotomiella 211
Isotomina 211
Isotomodes 211
Isotomurus 210
Issidae 265, 266
Issoria 438
Issus 266
Italochrysa 341
Itoplectis 325
Itura 54
Ituridae 54
Ixobrychus 574
Ixodes 152
Ixodida 150, 152
Ixodidae 152
Iziphya 280

Jaapiella 480
Jaera 187
Jagdspinnen 125
Jakobskrautbär 443
Jalla 309
Jaminia 68, 71
Janira 187
Janiridae 187
Janua 104
Janus 322
Japygidae 205
Jassa 186
Jassargus 272
Jassidaeus 268
Javesella 268
Jeffrey-Grundel 544
Johannisbeerblasenlaus 280
Juchtenkäfer 376
Judolia 391
Jugaria 104
Julida 166
Julidae 166, 167, 168
Julikäfer 376
Julus 168
Junikäfer 376
Jynginae 595
Jynx 595

Kabeljau 529
Käfer 193, 201, 203, 343
Käferschnecken 7, 65
Käferzikaden 266
Kageronia 217
Kahnfüßer 66
Kahnkäfer 355
Kahnschnecken 77
Kahnspinner 443, 444
Kahnspinnereulen 444
Kaisermantel 438
Kakerlak 239
Kakothrips 264
Kalkschwämme 33
Kalmar 65
Kalyptorhynchia 43, 45
Kamberkrebs 182
Kamelhalsfliegen 193, 197, 202
Kammmolch 550
Kammmuscheln 90, 94
Kammstern 502
Kammzähnerhaie 510
Kampfläufer 584
Kamptozoa 5, 56
Kanadagans 565
Kanalkäfer 360
Kaninchen 621, 632
Kaninchenfloh 452
Kappenammer 614
Kapseleulen 443
Kapuzenbärchen 447
Kapuzenkäfer 347
Karausche 520
Karmingimpel 612
Karpfen 520
Karpfenartige 514, 520
Karpfenfische 514, 520
Karpfenläuse 171
Kartoffelerdfloh 394
Kartoffelkäfer 395
Kartoffellaus 281
Karyorelictea 18
Käsefliegen 472
Käsemilbe 157
Kastanienminiermotte 424
Katamysis 183
Kateretidae 344, 356
Katiannidae 206, 208
Katsuwonus 546
Kattfisch 542
Kätzcheneulen 443
Katzen 624, 625, 636
Katzenfloh 452
Katzenhaie 516
Katzenleberegel 46
Katzenwelse 526
Kaulbarsch 539
Kaulquappen 550, 555
Kegelbienen 335
Kegelchen 67
Kegelrobbe 625, 637
Kelchtiere 10
Kelisia 267
Kelisiinae 267
Kellerassel 188
Kellerlaus 280
Kellicottia 52
Keratella 52
Kermes 285
Kermesidae 284, 285
Kernbeißer 612
Kernholzkäfer 347
Kerona 20
Keroplatidae 455, 479
Keroplatus 479
Kessler-Grundel 544
Keulenkäfer 368
Keulenschrecke 248
Keulenwespen 318
Keulhornbienen 334
Keulhornblattwespen 313, 321

Khaprakäfer 381
Khawkinea 17
Kiebitz 582
Kiebitzregenpfeifer 582
Kieferegel 109
Kieferlose 507, 510
Kiefermäulchen 50
Kiefermünder 507
Kiefernharzgallenwickler 447
Kiefernkreuzschnabel 612
Kiefernkulturrüssler 402
Kiefernschaumzikade 269
Kiefernschwärmer 440
Kiefernspanner 439
Kiefernspinner 440
Kieferspinnen 127, 132
Kielnacktschnecken 66
Kielschnegel 66, 72
Kiemenfüßer 170, 174
Kiemenschwänze 171
Kieselschwämme 33
Kinetoplastea 12
Kinorhyncha 5, 7, 9
Kirschenlaus 280
Kirschessigfliege 476
Kirschfliege 493
Kirschfruchtstecher 398
Kishidaia 140
Kissophagus 405
Klaffmuscheln 91
Klappergrasmücke 606
Kleespinner 440
Kleewurzelrüßler 405
Kleiber 599, 607
Kleiderlaus 259
Kleidermotte 430, 445
Kleidocerys 303
Kleinbären 624, 636
Kleinlibellen 221
Kleinralle 580
Kleinschmetterlinge 447
Kleinspecht 596
Kleinzikaden 266, 269
Kleist 547
Kleistermotte 432
Kliesche 548
Klippenbarsch 542
Knäkente 568
Knarrschrecken 246, 247, 248
Knemidokoptes 157
Knoblauchkröte 552
Knochenfische 507, 512
Knorpelfische 507, 509
Knospenmotten 425
Knospenstecher 403
Knotenameisen 327
Knotenwespen 331
Knurrhähne 534
Knutt 586
Köcherfliegen 193, 197, 203, 410
Kohlblattlaus 282
Köhler 530
Kohlerdfloh 394
Kohlfliege 494
Kohlgallenrüssler 402
Kohlmeise 601
Kohlschabe 428
Kohlschotenmücke 480
Kohltriebrüssler 402
Kohlwanze 310
Kohlweißling 436, 449
Kohlweißlinge 421
Kolbenente 566
Kolbenwasserkäfer 365
Kolbia 254, 255
Kolkrabe 600
Kommafalter 434, 447
Kommaschildlaus 284
Kompassqualle 38
Königslibelle 224
Kopfkäfer 358
Kopflaus 259
Koppe 536
Korbmuschel 92
Korkschwamm 33
Kormorane 573
Körnerbock 389
Körnerwarze 359
Kornkäfer 401
Kornmotte 430
Kornschnecken 69
Kornweihe 577
Korynetes 382
Kotwespe 331
Krabben 181
Krabbenspinnen 127, 141
Krabbentaucher 590
Kragenente 566
Kragenhaie 510
Krähenscharbe 574
Krähenverwandte 596, 600
Kraniche 580
Kranichvögel 580
Kratzer 5, 9, 50, 54
Krätzmilbe 158
Kräuselradnetzspinnen 123
Kräuselspinnen 123, 138
Krauskopfpelikan 574
Kräuterdieb 352
Krebse 119
Krebstiere 119, 170
Kreiselschnecken 84
Kreiselwespen 332
Kreuzkröte 552
Kreuzotter 559
Kreuzschnäbel 612
Kreuzspinne 135
Krickente 568
Kriebelmücken 460
Kriechtiere 507, 557
Kristallgrundel 544
Kröten 552
Krynickillus 73
Kryphioiulus 169
Küchenschabe 239
Kuckucke 562
Kuckucksrüssler 398
Kuckucksvögel 562
Kugelfischverwandte 514, 548
Kugelfliegen 461
Kugelmuscheln 87, 89
Kugelspinnen 129
Kugelspringer 206
Kugelwanzen 290
Kukuckslippfisch 541
Kukucksrochen 518
Külinge 514, 537, 544
Kupferglucke 440
Kupferstecher 405
Kurtiella 90
Kurzdeckenbock 390
Kurzflügler 368
Kurzfühlerschrecken 240
Kurzia 177
Kurzkopfwespen 327
Kurznasenchimären 512
Kurzohrmaus 624, 636
Kurzschnabelgans 565
Kurzzehenlerche 603
Küstenseeschwalbe 588
Kybos 270

Labia 236
Labidognatha 121
Labidostomis 394
Labidura 236
Labiduridae 236
Labkrautschwärmer 441
Labormaus 623
Labridae 510, 538, 541
Labrus 541, 542
Lacanobia 443
Laccobius 365
Laccophilus 365
Lacerta 557
Lacertidae 557
Lachesilla 254
Lachesillidae 253, 254
Lachmöwe 587
Lachnaia 394
Lachnidae 276, 278, 284
Lachniella 284
Lachninae 284
Lachnus 284
Lachs 528
Lachsartige 513, 526
Lachse 526
Lachseeschwalbe 588
Lachsfische 526
Lachshering 513
Lacinius 147
Lacinularia 50, 51
Lacon 378
Lacrymaria 23
Lacuna 85
Lacunidae 64, 85
Lacuninae 85
Laelapidae 154
Laelaps 154
Laelia 442
Laemobothriidae 258
Laemobothrion 258
Laemophloeidae 344, 356
Laemostenus 361
Laevicaudata 170
Lagenophrys 20
Lagis 104
Lagomorpha 616, 621, 628, 632
Lagopus 570
Lagria 349
Lagriidae 349, 386
Lagriinae 349, 386, 407
Lamachus 325
Lamblia 18
Lamellaria 84
Lamellibranchia 64, 65, 66
Lamellidoris 82
Lamia 388
Lamiinae 388
Lammzunge 546
Lamna 515
Lamnidae 509, 515
Lamniformes 509, 512, 515

Lampetra 514
Lampridae 509, 513, 528
Lampriformes 509, 513, 528
Lamprinodes 371
Lamprinus 371
Lampris 528
Lamprochernes 144
Lamprodila 378
Lamprohiza 353
Lampropidae 173
Lamproplax 305
Lamprops 173
Lamprosoma 395
Lamprosomatinae 395
Lampyridae 344, 345, 353, 405
Lampyris 353
Lamyctes 162
Landdeckelschnecken 68
Landkärtchen 421, 438
Landlungenschnecken 64
Landnattern 558
Landschnecken 66
Landwanzen 287
Landwirbeltiere 507
Langbeinfliegen 464, 485
Langflossen-Brachsenmakrele 540
Langflügelfledermaus 618, 631
Langfühlerschrecken 202, 240
Langhornbienen 334, 335
Langhorn-Blattminiermotten 425
Langhornböcke 388
Langhornmotten 426
Langkopfwespen 326
Langohr 631
Langohrfledermäuse 618
Langtaster 350, 366
Langwanzen 292, 302
Laniatores 146
Lanice 104
Laniidae 561, 596, 600
Lanius 600
Lanzettegel 46
Lanzettfischchen 6
Laodelphax 268
Laodiceidae 36, 38
Laomedea 40
Laphria 483
Lappentaucher 561, 572
Larca 145
Larcidae 144, 145
Larentiinae 439
Laricobius 355
Laridae 561, 562, 582, 587, 588
Larinioides 135
Larinus 400
Larra 332
Larus 587, 588
Larvacea 505
Lasaeidae 65, 90
Lasaeola 130
Lasiocampa 440
Lasiocampidae 421, 426, 439, 448, 449
Lasiocephala 412
Lasiochernes 145
Lasioderma 382
Lasioglossum 334
Lasiommata 437
Lasiopa 481
Lasiopogon 483
Lasioptera 480
Lasiorhynchites 398
Lasiosomus 305
Lasiotrechus 359
Lasius 328
Laternenträger 265
Lathonura 177
Lathrimaeum 372
Lathrobium 371
Lathys 138
Latona 175
Latridiidae 344, 345
Latridius 345
Laube 524
Laubfrosch 552
Laubheuschrecken 240
Laubsänger 599
Lauchschrecke 248
Lauer 266
Laufkäfer 350, 357
Laufspinnen 127, 140
Lauria 70
Lauriidae 69, 70
Lausfliegen 462, 477, 495
Lauskerfe 258
Läuslinge 258
Lauxaniidae 456, 470
Leander 181
Leberegel 46
Leberegelschnecke 79
Lebertia 155
Lebertiidae 155
Lebetus 544
Lebia 363
Lecane 52, 53
Lecanidae 53
Lecithoceridae 421, 432
Lecithodendriidae 46
Lederkorallen 38
Lederlaufkäfer 358
Lederwanzen 294, 306
Lederzecken 152
Lederzikaden 271
Ledra 266, 269
Ledrinae 269
Legimmen 312
Legnotus 307
Lehmannia 73
Lehmwespen 326
Leierfische 537, 543
Leiinae 479
Leiobuninae 149
Leiobunum 149
Leiodes 366
Leiodidae 343, 345, 352, 355, 366
Leiodinae 366
Leiomyza 468
Leiopicus 596
Leiopus 388
Leiosoma 400
Leistus 358
Lejogaster 488
Lejops 490
Lekanesphaera 187
Lema 393
Lembadion 24
Lemonia 421, 426
Lemoniinae 426, 448
Leng 531
Leopardengrundel 544
Leopoldius 492
Lepadella 53
Lepadellidae 52
Lepadidae 172
Lepas 172
Leperisinus 404
Lepidochitona 65
Lepidocyrtus 211
Lepidoniscus 188
Lepidonotus 101
Lepidoptera 193, 197, 199, 200, 202, 203, 420
Lepidorhombus 546
Lepidosaphes 284
Lepidostomatidae 410, 412, 418
Lepidurus 171
Lepinotus 253
Lepisma 213
Lepismachilis 212
Lepismatidae 212
Lepomis 538
Leporacarus 158
Leporidae 616, 621
Leptacinus 369
Leptarthrus 483
Leptasterias 502
Leptestheria 170
Leptestheriidae 170
Lepthyphantes 132
Leptidea 436
Leptinidae 366
Leptininae 345, 352, 366
Leptinotarsa 395
Leptinus 352
Leptocephalus 519
Leptocera 474
Leptoceridae 410, 415, 419
Leptoceroidea 410
Leptocerus 415
Leptocheirus 186
Leptocheliidae 173
Leptodora 175
Leptodoridae 174, 175
Leptogaster 482
Leptoglossus 306
Leptoiulus 168
Leptolina 36
Leptomedusae 36
Leptomonas 18
Lepton 90
Leptonemertes 61
Leptonidae 65, 90
Leptophallus 46
Leptophlebia 217
Leptophlebiidae 214, 216, 217, 218
Leptophyes 244
Leptopodidae 287, 292
Leptopodoidea 287
Leptopodomorpha 287
Leptopsylla 453
Leptopsyllidae 453
Leptopsyllinae 453
Leptopterna 299
Leptopus 292
Leptorchestes 142
Leptosynapta 502
Leptothecata 36, 38
Leptothorax 327, 328
Leptura 391
Lepturinae 390
Leptusa 373
Lepus 621, 632
Lepyronia 269
Lepyrus 400

Lerchen 596, 602
Lernaea 180
Lernaeidae 180
Lernaeocera 180
Lernaeopodidae 180
Lesquereusia 28
Lestes 223, 227
Lesteva 372
Lestica 330
Lestidae 221, 222, 223, 227
Lestiphorus 332
Lestremia 480
Lestremiinae 458, 480
Lesueurigobius 544
Leucania 448
Leucaspius 522
Leuchtkäfer 353
Leuciscus 522, 523, 524
Leuckartiara 40
Leucochloridiidae 46
Leucochloridium 46
Leucodonta 442
Leucoma 443
Leucoparyphus 371
Leucopis 470
Leucoraja 518
Leucorrhinia 227
Leucosiidae 183
Leucosolenia 33
Leucosoleniidae 33
Leucospididae 312, 323
Leucospis 323
Leucozona 492
Leuctra 231
Leuctridae 230, 231, 235
Leviellus 133
Leydigia 178
Liacaridae 160
Liacarus 160
Libellen 193, 197, 200, 220
Libelloides 339
Libellula 226, 228
Libellulidae 221, 223, 226, 228
Libelluloidea 221, 228
Licinus 360
Lidmücken 456
Liebstadia 160
Ligia 188
Ligidium 188
Ligiidae 187, 188
Ligula 48
Ligusterschwärmer 441, 448
Ligyrocoris 304
Lilienhähnchen 393
Lilioceris 393
Limacidae 65, 66, 73
Limacodidae 421, 430, 447
Limacus 73
Limanda 548
Limande 548
Limapontia 82
Limapontiidae 64, 82
Limax 73
Limenitis 438
Limicola 585
Limnadia 170
Limnadiidae 170
Limnebius 366
Limnephilidae 410, 412, 414, 417
Limnephiloidea 410
Limnephilus 415
Limnesia 157
Limnesiidae 157
Limnias 50
Limnichidae 343, 354
Limnichus 354
Limnobaris 402
Limnochares 155
Limnocharidae 155
Limnocythere 179
Limnodrilus 106
Limnomedusae 36
Limnomysis 183
Limnophora 495
Limnoria 187
Limnoriidae 187
Limnoriidea 187
Limnosida 174
Limnostrombidium 20
Limnoxenus 365
Limodromus 361
Limonia 478
Limoniidae 455, 476, 478
Limoniscus 380
Limosa 583
Limotettix 273
Limothrips 263
Linaeidea 396
Linaria 614
Lindenbock 388
Lindenius 330
Lindenschwärmer 440
Lindiidae 54
Lindorus 383
Lineidae 61
Linepithema 327
Lineus 61
Linguatula 7
Linienbock 389
Linnavuoriana 270
Linognathidae 258, 260
Linognathus 260
Linopodes 155
Linotaeniidae 162, 163
Linsenkäfer 347
Linyphia 132
Linyphiidae 121, 129, 131
Linyphiinae 131
Liocarcinus 183
Liocola 376
Liocranidae 121, 128, 139
Liocranoeca 139
Liocranum 139
Lionychus 363
Liophloeus 399
Liopterus 364
Liorhyssus 307
Liosomaphis 280
Liothrips 264
Liotrichus 379
Lipaphis 283
Lipara 494
Liparidae 510, 514, 534, 536
Liparis 536
Liparus 400
Lipeurus 259
Lipoctena 120
Lipophrys 537
Lipoptena 496
Liposcelididae 253
Liposcelis 253
Lippfische 538, 541, 542
Liriomyza 473
Liris 332
Lispe 495
Lissamphibia 550
Lissomidae 352, 378
Lissominae 352, 378
Lissonota 325
Lissorchiidae 46
Lissotriton 550, 551, 552
Listrophoridae 158
Listspinne 125
Lithax 412
Lithobates 550, 552
Lithobiidae 162, 163, 164
Lithobiomorpha 162
Lithobius 164
Lithocolla 32
Lithocolletinae 424, 425
Lithoglyphidae 78
Lithoglyphus 78
Lithomelissa 32
Lithosiini 431, 443, 449
Lithurgus 335
Litostomatea 18
Littorina 85
Littorinidae 64, 85
Littorinimorpha 64
Livia 286
Livilla 286
Lixinae 400
Lixus 400
Liza 532
Lobatula 29
Löcherbienen 335
Lochmaea 395
Locusta 248
Locustella 605
Locustellidae 561, 599, 605
Locustinae 240, 247
Loensia 256
Löffelente 568
Löffler 574, 575
Loligo 65
Lomatia 484
Lomechusa 373
Lonchaea 472
Lonchaeidae 456, 472
Lonchoptera 464
Lonchopteridae 455, 464, 500
Longamoebia 20, 27
Longicaudus 282
Longitarsus 394
Lophiidae 509, 531
Lophiiformes 509, 513, 531
Lophius 531
Lophocateridae 356
Lophocaterinae 356
Lophocharis 53
Lophomonas 18
Lophophanes 601
Lophophorata 5
Lophopilio 148
Lophopodidae 56, 57
Lophopus 57
Lophotrochozoa 5
Lora 84
Lordithon 371
Loricata 64
Loricera 357
Loricerinae 357
Lota 529, 531

Lotidae 509, 529, 531
Lottiidae 64, 83
Loveniidae 502
Loxia 612
Loxocera 494
Loxodida 18, 23
Lozano-Grundel 545
Lucanidae 343, 345, 353, 373, 406
Lucanus 374
Lucernaria 38
Lucernariidae 36, 38
Luchs 625, 637
Lucilia 496
Lucilla 67
Lucinella 90
Lucinidae 65, 90
Lucinoma 90
Lucioperca 540
Luidia 502
Luidiidae 502
Lullula 603
Lumb 531
Lumbricidae 105, 106, 107
Lumbricillus 107
Lumbriculida 105
Lumbriculidae 105, 106
Lumbriculus 106
Lumbricus 108
Lumbrineridae 101, 103, 104
Lump 534
Lumpenidae 542
Lumpenus 542
Lunatia 85
Lungenschnecken 64
Lungenwürmer 115
Luperus 395
Lurche 507, 550
Luscinia 608, 610
Lutra 625, 636
Lutraria 95
Luzernefloh 208
Lycaena 437, 448
Lycaenidae 421, 423, 436, 448
Lycia 432
Lycidae 344, 353
Lycosidae 121, 125, 135
Lycosoidea 121
Lyctidae 356
Lyctinae 356, 406
Lyctocorinae 295
Lyctocoris 295
Lyctus 356
Lygaeidae 287, 292, 302
Lygaeinae 302, 303
Lygaeoidea 287
Lygaeosoma 303
Lygaeus 302
Lygistopterus 353
Lygocoris 298
Lygus 298
Lymantria 442, 448
Lymantriinae 421, 430, 432, 442, 448
Lymexylidae 344, 345, 352, 406
Lymexyloidea 344
Lymexylon 352
Lymnaea 79
Lymnaeidae 64, 78, 79, 81
Lymnocryptes 584
Lynceidae 170
Lynceus 170
Lynx 625, 637
Lyonetiidae 421, 424, 425
Lyonsia 92
Lyonsiidae 65, 92
Lype 411
Lypusidae 421, 430
Lyrurus 570
Lythria 421
Lytta 387

M*acaroeris* 142
Machilidae 212
Machilis 212
Machimus 483
Mackenziella 208
Mackenziellidae 206, 208
Macoma 95
Macomangulus 98
Macracanthorhynchus 54
Macrobiotidae 116, 117
Macrobiotus 117
Macrocera 479
Macrochaetus 52
Macrocheles 154
Macrochelidae 154
Macrodasyida 9
Macrodasys 9
Macrodema 306
Macrodera 46
Macroderidae 46
Macrogastra 68
Macroglossum 440
Macroheterocera 421
Macrolophus 296
Macrophya 321
Macropis 335
Macroplax 304
Macroplea 393
Macropodia 183
Macropsinae 271
Macropsis 271
Macroramphosidae 510, 533
Macroramphosus 533
Macrosaldula 294
Macrosiphoniella 282
Macrosiphum 282
Macrosteles 272, 273
Macrosternodesmidae 166
Macrosternodesmus 166
Macrostomorpha 43, 44, 45
Macrostomum 43, 45
Macrothricidae 175, 176
Macrothrix 177
Macrothylacia 440
Macrotrachela 51
Macrotylus 300
Mactra 95
Mactridae 65, 94, 95
Maculolachnus 284
Macustus 273
Madenwurm 114
Magallana 90
Magdalis 402
Magelona 104
Magelonidae 101, 104
Magendasseln 466
Magenwürmer 115
Maifisch 520
Maikäfer 376
Mairenke 524
Maiswurzelbohrer 395
Maiszünsler 433
Maiwurm 387
Majidae 183
Makrelen 537, 545
Makrelenhaie 512, 515
Makrelenhechte 532
Malachiidae 383
Malachiinae 383
Malachius 383
Malacobdella 61
Malacobdellidae 61
Malacocoris 300
Malacolimax 73
Malacomyia 468, 470
Malacosoma 421, 440
Malacostraca 170, 172
Maladera 376
Maldanidae 101, 103
Malermuschel 89
Mallomonas 15
Mallophaga 200, 258
Mallota 490
Malthinus 381
Malthodes 381
Mamestra 443
Mammalia 507
Manda 372
Mandarinente 566
Mandibulata 118
Mangeliidae 64, 84
Mangora 133
Manica 327
Maniola 438
Mantelmöwe 587
Mantelschnecke 79
Manteltiere 5, 10, 505
Mantidae 195
Mantis 195
Mantispa 339
Mantispidae 339, 341
Mantodea 193, 195, 201
Mantura 394
Maränen 526
Marder 624, 625, 636
Marderhund 624, 636
Mareca 568
Margaritifera 65, 87
Margaritiferidae 65, 87
Margarodidae 284, 285
Margelopsidae 36, 38
Marienkäfer 345, 383
Marilynia 138
Marmorkarpfen 524
Marmota 622, 632
Marophrys 31
Marpissa 142
Marshallora 84
Marstoniopsis 78
Martes 625, 636
Marthamea 232
Maryna 23
Märzfliegen 458
Masaridae 326
Masarinae 326
Maskenbienen 335
Maskenkrabbe 183
Maskenläuse 276
Maskenstelze 612
Maskenzikaden 271
Masoreus 363
Mastigamoeba 17
Mastigamoebaea 12, 17

Mastigophorophyllidae 166, 167
Mastigusa 126, 138
Matsucoccidae 284
Mauerassel 188
Mauerbienen 335
Mauereidechse 557
Mauerfuchs 437
Mauerläufer 599, 607
Mauersegler 593
Maulwürfe 617, 628
Maulwurfsgrille 195
Maulwurfsgrillen 242
Maurolicus 513
Mäuse 622, 623, 632
Mäusebussard 578
Mäusefloh 352
Mäuseöhrchen 85
Mausohr 618, 631
Mauswiesel 625, 637
Mauszahnrüssler 402
Maxillopoda 170
Mayetiola 480
Mayorella 27
Mecaspis 400
Mecinus 403
Mecomma 300
Meconema 241
Meconematinae 240, 241
Mecoptera 193, 197, 200, 203, 450
Mecopterida 193
Mecostethus 248
Mecynostomum 43
Mecynotarsus 387
Medetera 486
Medeterinae 486
Mediorhynchus 54
Medusenfische 538
Meeraale 519
Meeräschen 532
Meerbarben 537, 541
Meerbrassen 538, 541
Meerengel 510
Meeresenten 564
Meeresmilben 150
Meeresmuscheln 66, 89
Meeresnacktschnecken 81
Meeresschnecken 66, 81
Meerforelle 528
Meergänse 565
Meerneunauge 514
Meerrettichkäfer 396
Meerstrandläufer 586
Meerwalnuss 10
Meessiidae 420
Megabothris 453
Megabunus 148
Megachile 335
Megachilidae 313, 332
Megacoelum 299
Megaloceroea 299
Megalocoleus 301
Megalodontes 314
Megalodontesidae 312, 314, 337
Megalodontesoidea 312
Megalomus 340
Megalonotus 305
Megalopodidae 344, 347, 392, 393
Megaloptera 193, 197, 202
Megalothorax 208
Megalothrips 264
Megalotomus 293
Megaluridae 561, 599, 605
Megamelodes 267
Megamelus 267
Megamerina 470
Megamerinidae 456, 470
Megaphyllum 169
Megarthrus 372
Megaselia 486
Megaspilidae 312, 317
Megasternum 365
Megastigmus 323
Megasyrphus 492
Megathrips 264
Megatoma 381
Meghyperus 464
Megoperculata 120
Megophthalminae 270
Megophthalmus 270
Megopis 389
Megoura 280
Mehlkäfer 386
Mehlmilbe 157
Mehlmotte 434, 447
Mehlschwalbe 604
Mehlwurm 409
Mehlwürmer 386
Mehlzünsler 433
Meioneta 131
Meisen 597, 601
Meladema 363
Melanaphis 282
Melanargia 437, 447
Melandrya 348
Melandryidae 344, 348
Melangyna 492
Melanimon 386
Melanitta 564, 566, 568
Melanocoryphus 302
Melanogrammus 530
Melanomya 497
Melanophila 377
Melanoplinae 240, 247
Melanosoma 493
Melanostoma 491
Melanotinae 379
Melanotus 379
Melanthripidae 262, 263
Melanthrips 263
Melarhaphe 85
Melasis 352
Melasoma 396
Meldenwanzen 291
Meleagris 570
Melecta 334
Meles 625, 636
Meliboeus 377
Melicertidae 36, 38
Melieria 493
Meligethes 356
Meligramma 491, 492
Melinda 497
Meliscaeva 492
Melitaea 438
Melitta 334
Melittidae 313, 332
Melitturga 333
Mellinus 331
Meloe 345, 387
Melogona 167
Meloidae 344, 345, 348, 387, 405
Melolontha 376
Melolonthinae 375, 376
Melonenqualle 10
Melophagus 495
Melyridae 344, 353, 383, 407
Membracidae 265, 266
Membranipora 59
Membraniporella 59
Membraniporidae 56, 59
Menacanthus 259
Menaccarus 309
Menetus 81
Menopon 259
Menoponidae 258, 259
Menschenfloh 452
Menschenhai 515
Meoneura 475
Merdigera 71
Mergellus 564
Mergus 564, 565
Meria 329
Merlan 530
Merlangius 530
Merlin 579
Merlucciidae 509, 529
Merluccius 529
Mermis 112
Mermithida 112
Mermithoida 113
Mermithoidea 112
Merodon 487, 488
Meromyza 494
Meropidae 561, 594
Meroplius 468
Merops 594
Mesapamea 443
Mesaphorura 210
Mesembrina 495
Mesembrius 490
Mesenchytraeus 107
Mesidotea 187
Mesocestoides 48
Mesocestoididae 48
Mesochelifer 144
Mesoglossus 8
Mesoleius 325
Mesoniscidae 187, 188
Mesoniscus 188
Mesopodopsis 184
Mesopsocidae 253, 254, 255
Mesopsocus 255
Mesoptilinae 402
Mesosa 388
Mesostigmata 150, 152
Mesostoma 45
Mesovelia 292
Mesoveliidae 287, 289, 292
Mesovelioidea 287
Messingkäfer 352
Messor 327
Meta 129, 132, 133
Metabelba 160
Metacineta 25
Metacnephia 460
Metacypris 179
Metajapyx 205
Metalimnus 272
Metamonada 12
Metanomus 379
Metapterygota 192
Metastigmata 150, 152
Metastrongyloidea 115

Metastrongylus 115
Metatetranychus 154
Metatropis 301
Metazoa 5, 12
Metcalfa 266
Metellina 129, 132, 133
Meteorus 324
Methocha 329
Methochinae 329
Metidae 132
Metoecus 348
Metopa 186
Metopeurum 282
Metopina 486
Metopolophium 282
Metoponorthus 188
Metopoplax 304
Metopsia 372
Metreletus 216
Metridiidae 36, 38
Metridium 38
Metrioptera 245
Metylophorus 256
Mezira 292
Mezirinae 292
Miarus 403
Miastor 480
Micaria 127, 139
Micracanthia 294
Micranurida 209
Micranurophorus 210
Micrasema 412
Micrelus 402
Micrenophrys 536
Microbisium 145
Microcaeculus 154
Microcarbo 574
Microcercaria 193
Microchordeuma 167
Microchrysa 481
Microcodidae 52
Microcodon 52
Microcometes 27
Microdalyellia 45
Microdeutopus 186
Microdipoena 129
Microdon 487
Microdontinae 487
Microgaster 324
Microgastrinae 324
Microgromia 29
Microhydra 36
Microiulus 168
Microlaimoidea 113
Microlaimus 113
Microlestes 363
Microlinyphia 132
Microlophium 282
Micromesistius 530
Micrommata 127
Micromus 340
Micromys 623, 635
Micronecta 294
Micropeplidae 368
Micropeplinae 368
Micropeplus 368
Micropeza 468
Micropezidae 456, 468
Microphor 464
Microphorella 464
Microphoridae 455, 464
Microphysidae 287, 292
Microplana 43
Microplitis 324
Microporus 307
Microprotopidae 184, 186
Microprotopus 186
Micropterigidae 420, 426, 445
Micropterix 426
Micropterus 538
Microsporidae 343, 355
Microsporidia 12
Microsporus 355
Microstomum 44
Microstomus 548
Microthoracida 18, 23
Microthorax 23
Microtrombidiidae 154
Microtrombidium 154
Microtus 623, 624, 635, 636
Microvelia 289
Mideopsidae 157
Mideopsis 157
Miesmuschel 94
Mietenlaus 280
Mikiola 480
Milacidae 65, 66, 72
Milane 576
Milax 72
Milben 120, 150
Miliaria 614
Milichiidae 456, 475, 478
Milnesiidae 116, 117
Milnesium 117
Miltogramma 466
Milvus 576
Mimachlamys 95
Mimas 440
Mimesa 331
Mimetidae 121, 125
Mimumesa 331
Mindarinae 276, 277
Mindarus 276
Minettia 470
Minierfliegen 473, 474, 475, 476
Miniermotten 424
Miniersackmotten 429
Miniopterus 618, 631
Mink 625, 637
Miramella 247, 248
Miridae 287, 292, 296
Miridius 298
Mirinae 296, 297, 299
Miris 298
Miroidea 287
Miscodera 358
Miscophus 330
Misgurnus 525
Misteldrossel 608
Mistkäfer 354, 374
Misumena 141
Misumenops 141
Mitopus 147
Mitostoma 147
Mitrocomidae 36, 38
Mittelmeerfruchtfliege 493
Mittelmeermakrele 546
Mittelmeermöve 587
Mittelmeer-Seequappe 531
Mittelsäger 565
Mittelspecht 596
Miturgidae 121, 125
Mixodiaptomus 180
Mnemiopsis 10
Mniobia 51
Mobilida 18, 19
Mochlonyx 458
Mocydia 272
Mocydiopsis 272
Moderkäfer 345
Moderlieschen 522
Modicogryllus 240, 243
Modiolus 94
Moerella 98
Mohnkapselrüssler 402
Mohnwurzelrüssler 402
Mohrenfalter 438
Möhrenfliege 494
Moina 175, 176
Moinidae 174, 175, 176
Moitessieriidae 78
Mola 548
Molanna 412
Molannidae 410, 412, 418
Molannodes 412
Molgula 505
Molgulidae 505
Molidae 510, 514, 548
Mollusca 5, 7, 63
Molophilus 478
Molops 360
Molorchus 390
Molva 531
Molytinae 400, 401, 402
Momphidae 421, 432
Monacha 75
Monachoides 76
Monacutinae 90
Monadofilosa 17, 20, 27
Monalocoris 296
Mönchsgrasmücke 606
Mondfische 514, 548
Mondfleck 361
Mondfleckglucke 439
Mondhornkäfer 375
Mondvogel 441
Monhystera 113
Monhysterida 112
Monhysteroidea 113
Monia 94
Moniezia 48
Moniliformidae 54
Moniliformis 54
Monobryozoon 56
Monocelis 43
Monochamus 388
Monocteninae 314
Monoctenus 314
Monocystis 13
Monogenea 42, 47
Monogononta 50
Monommata 54
Monomorium 327
Mononchida 112, 113
Mononchoidea 113
Mononchus 113
Monoporeia 185
Monopylephorus 105
Monospilus 178
Monostyla 53
Monotomidae 344, 356
Monstrillidae 180
Monstrilloida 179, 180

Montacuta 90
Montana 245
Monticola 599, 608, 609
Moorente 568
Moorfrosch 554
Moosassel 188
Moosknopfkäfer 357
Moostierchen 5, 10, 56
Mopsfledermaus 618, 632
Mordella 386
Mordellidae 347, 348, 349, 385
Mordellistena 385
Morinia 496
Morlina 72
Mornellregenpfeifer 582
Moronidae 510, 538
Mörtelbienen 335
Morus 573
Mosaikjungfern 224
Moschusbock 391
Motacilla 599, 611, 612
Motacillidae 561, 599, 611
Motten 429
Mottenläuse 275
Möwen 562
Möwenverwandte 582, 587
Möwenvögel 564, 581
Mücken 455, 456, 499
Mückenfledermaus 621, 632
Mückenhafte 450
Muellerianella 268
Mufflon 626, 638
Mugilidae 510, 532
Mugiliformes 510, 514, 532
Mugilimorpha 509
Mühlkoppe 536
Müllerchen 606
Mullidae 510, 537, 541
Mullus 541
Mulmbock 389
Mulmkäfer 349
Mundochthonius 145
Murchieona 108
Murchisonellidae 84
Muricidae 64, 84
Muridae 616, 622, 623, 632
Mus 623, 634
Musca 495
Muscardinus 622, 634
Muschelkrebse 170, 178
Muscheln 64, 66
Muschelwächter 183
Muscicapa 608
Muscicapidae 561, 599, 608
Muscicapinae 608
Muscidae 456, 466, 468, 495
Muscina 495
Muscinae 495
Muscomorpha 455, 500
Musculium 89
Musculus 94
Museumskäfer 381
Mustela 625, 636, 637
Mustelidae 616, 624, 625, 636
Mustelus 516
Mutilla 329
Mutillidae 313, 318, 319, 329
Mutillinae 329
Mya 91
Myathropa 490
Mycale 34
Mycetobia 458
Mycetobiidae 455, 458
Mycetochara 386
Mycetophagidae 344, 345, 357
Mycetophagus 357
Mycetophila 479
Mycetophilidae 455, 458, 479, 499
Mycetophilinae 479
Mycetoporus 371
Mycogona 168
Mycomya 479
Mycomyinae 479
Mycteridae 344, 349
Mycterus 349
Mydaea 495
Mydaeinae 495
Myennis 493
Mygalomorphae 121
Myidae 65, 91
Mylacus 399
Myliobatidae 509, 517
Myliobatis 517
Myllaena 373
Mymaridae 312, 323
Mymarommatidae 312, 316
Mymarommatoidea 312, 316
Myndus 266
Myobia 155
Myobiidae 155
Myocastor 622, 632
Myocoptes 158
Myocoptidae 158
Myodes 624, 635
Myolepta 490, 491
Myopa 493
Myopinae 493
Myosotella 85
Myospila 495
Myostenostomum 44
Myotis 618, 631
Myoxocephalus 535, 536
Myoxopsylla 453
Myrianida 103
Myriapoda 118, 119, 162
Myrmarachne 142
Myrmecina 328
Myrmecophilidae 240, 242
Myrmecophilus 242
Myrmecoris 296
Myrmedobia 292
Myrmeleon 339
Myrmeleontidae 339, 342
Myrmeleontiformia 339
Myrmeleotettix 248, 251
Myrmica 328
Myrmicinae 327
Myrmilla 329
Myrmillinae 329
Myrmosa 329
Myrmosinae 318, 329
Myrmoxenus 328
Myrmus 307
Myrrha 385
Mysella 90
Mysia 92, 93
Mysida 170, 173, 183
Mysidae 183
Mysis 183, 184
Mysmenidae 121, 129
Mystacides 415
Mythimna 443
Mytilidae 65, 90, 94
Mytilina 53
Mytilinidae 53
Mytilopsis 89, 94
Mytilus 94
Myxas 79
Myxine 510
Myxinidae 509, 510
Myxiniformes 509, 510
Myxinoida 507
Myxinoidea 509
Myxogastria 12
Myxomycetes 12
Myxophaga 343, 405
Myzaphis 283
Myzia 385
Myzine 329
Myzininae 329
Myzocallis 280
Myzus 280, 281, 283

Nabelschnecken 85
Nabeltiere 507
Nabidae 287, 292, 295
Nacerdes 387
Nachtigall 610
Nachtkerzenschwärmer 440
Nachtpfauenauge 426, 449
Nachtreiher 575
Nachtschwalben 564
Nachtschwalbenschwanz 439
Nacktfliegen 474, 494
Nacktsandaal 543
Nacktschnecken 66
Nadelschnecken 68
Naegleria 26
Nagelfleck 426, 448
Nagelhaie 512
Nagelrochen 518
Nagetiere 616, 621, 628, 632
Naididae 105, 106
Nais 106
Nanhermannia 159
Nanhermanniidae 159
Nanophyes 397
Nanophyidae 344, 396, 397, 402
Nanophyinae 397
Napfschildläuse 285
Napfschnecken 83
Napomyza 473
Narbenkäfer 357
Nargus 366
Nartus 364
Nase 522
Nasenbremsen 497
Nasendasseln 466
Nashornkäfer 375
Nasonia 323
Nasonovia 281
Nassariidae 64, 84
Nassarius 84
Nassophorea 18
Nassula 23
Nassulida 18, 23
Natatolana 187
Nathrius 390
Naticidae 64, 85
Natricidae 557, 558
Natrix 558
Nattern 558
Naucoridae 287, 288

Naucoroidea 287
Neaetha 143
Neandra 389
Neanura 208
Neanuridae 206, 207, 208
Nebela 29
Nebelkrähe 600
Nebria 358
Nebriinae 358, 359
Nebrioporus 365
Necrobia 382
Necrodes 367
Necrophloeophagus 164
Necrophorus 367
Necydalinae 390
Necydalis 390
Nedyus 402
Neelidae 206, 208
Neelides 208
Neelipleona 206, 208
Negastriinae 380
Negastrius 380
Nehalennia 223
Neides 302
Nelima 149
Nemacheilidae 509, 514, 520
Nemacheilus 520
Nemadus 366
Nemapogon 430
Nemasoma 167
Nemasomatidae 166, 167
Nemastoma 146
Nemastomatidae 146
Nematinae 319, 320
Nematocera 455, 456, 499
Nematoda 7, 9, 112
Nematomorpha 7, 9
Nematoparataenia 48
Nematoparataeniidae 48
Nematoproctus 486
Nematotaenia 48
Nematotaeniidae 48
Nematus 320
Nemeritis 324
Nemertea 5, 61
Nemertellopsis 61
Nemertini 5, 8, 61
Nemertodermatida 43
Nemobius 243
Nemocoris 306
Nemonychidae 344, 345, 396, 397
Nemonyx 397
Nemophora 426, 445
Nemopoda 468
Nemotaulius 415
Nemotelinae 480
Nemotelus 481
Nemoura 233
Nemouridae 230, 231, 233, 235
Nemouroidea 230
Nemozoma 356
Nemurella 233
Neoaliturus 273
Neoalticomerus 475
Neoascia 487
Neoaves 561
Neobisiidae 144
Neobisium 145
Neobisnius 370
Neoceratium 14
Neocoenorrhinus 398
Neocribellatae 121
Neodermata 42
Neodiprion 314
Neoechinorhynchidae 54
Neoechinorhynchus 54
Neogastropoda 64
Neogloboquadrina 29
Neoglocianus 402
Neognathae 561
Neogobius 544
Neohaematopinus 260
Neoheegeria 264
Neoitamus 483
Neomyia 495
Neomys 617, 628
Neomysia 385
Neomysis 184
Neon 142
Neophaedon 396
Neophilaenus 269
Neopsocopsis 254, 256
Neopsocus 254, 256
Neoptera 193
Neoscona 135
Neoseiulella 154
Neoselachii 508, 509, 510
Neotrama 284
Neotrombicula 154
Neottiglossa 310
Neottiophilinae 468, 472
Neottiophilum 472
Nepa 288
Nephrocerinae 487
Nephrocerus 487
Nephropidae 181, 182
Nephroposticophora 47
Nephrotoma 478
Nephrozoa 5, 43
Nephtyidae 101
Nephtys 101
Nephus 384
Nepidae 287, 288
Nepoidea 287
Nepomorpha 287
Nepticulidae 420, 425, 445
Nepticuloidea 420
Neptunea 84, 87
Nereididae 101
Nereimyra 103
Nereis 101
Nerfling 522
Neria 468
Neriene 132
Nerilla 100
Nerillidae 100
Neritidae 64, 77
Neritimorpha 64
Neritopsina 64
Nerophis 533
Nerz 625, 637
Nesovitrea 72
Nesselquallen 38
Nesseltiere 5, 10, 36
Nesticidae 121, 128
Nestkäfer 366
Netta 564, 566, 568
Netzflügler 193, 197, 339
Netzmücken 456
Netzreusenschnecken 84
Neumania 155
Neunaugen 510, 514
Neuntöter 600
Neuraphes 355
Neureclipsis 413
Neurigona 486
Neurigoninae 486
Neuroptera 193, 197, 200, 339
Neuropterida 193, 197, 199
Neuroterus 324
Neurotoma 322
Newsteadia 284
Nezara 311
Nicania 95
Nicoletiidae 212
Nicrophorus 367, 406
Nierenfleck 436
Nigma 138
Nilgans 566
Nineta 341
Niphargidae 184, 185
Niphargus 185
Niptus 352
Nistfliegen 475
Nitela 330
Nithecus 303
Nitidulidae 344, 356, 407
Nivellia 390
Noctiluca 14
Noctua 444
Noctuidae 421, 429, 431, 443, 444, 447, 448, 449
Noctuinae 443
Noctuoidea 421
Nola 447
Nolidae 421, 443, 444, 447
Nomada 334
Nomia 334
Nomioides 334
Nonagria 443
Nonne 442
Nonnengans 565
Nopoiulus 168
Nordfledermaus 621, 631
Nordseegarnele 181
Nordseeschnäpel 526
Norellisoma 466
Nosodendridae 344, 354
Nosodendron 354
Nosopsyllus 453
Notaris 403
Noteridae 343, 350, 363, 365, 406
Noterus 363, 365
Nothochrysa 341
Nothodelphax 268
Notholca 52
Nothorhina 392
Nothria 102
Nothridae 159
Nothrus 159
Notiophilus 359
Notiphila 476
Notocotylidae 46
Notodonta 441
Notodontidae 421, 428, 430, 441, 447, 448, 449
Notodromas 179
Notommata 54
Notommatidae 53, 54
Notonecta 196, 289
Notonectidae 287, 289
Notonectoidea 287
Notophyllum 101

Notostigmophora 162
Notostira 299
Notostraca 170, 171
Notoxus 387
Notus 270
Novius 384
Nucella 65, 84
Nucifraga 601
Nuclearia 30
Nucleariida 12, 29, 30
Nuctenea 135
Nucula 90
Nuculana 90
Nuculanidae 65, 90
Nuculidae 65, 90
Nudibranchia 64
Numenius 583
Numida 570
Nussmuscheln 90
Nutria 622, 632
Nutzholzambrosiakäfer 405
Nybelinia 47
Nyctalus 620, 631
Nyctea 592
Nyctereutes 624, 636
Nycteribia 477
Nycteribiidae 456, 477
Nycteridopsylla 452
Nycticorax 575
Nyctotheroides 19
Nyctotherus 19
Nymphalidae 421, 423, 437, 447, 448
Nymphalinae 437
Nymphalis 438
Nymphon 118
Nymphulinae 445
Nysius 303
Nysson 332

Obelia 41
Oberea 389
Obrium 391
Obstbaumtriebstecher 398
Obstfruchtstecher 398
Obtectomera 421
Oceanobdella 109
Oceanodroma 573
Ochetostethus 307
Ochlodes 434
Ochodaeidae 343, 354, 374, 375
Ochodaeus 374, 375
Ochromonas 16
Ochsenauge 438
Ochsenfrosch 552
Ochsenheimeria 428
Ochsenheimeriinae 428
Ochthebius 366
Ochthephilum 370
Ochthera 476
Ocneria 443
Octocorallia 36
Octolasion 108
Ocydromia 485
Ocydromiinae 485
Ocypus 370
Odacantha 363
Odiellus 148
Odinia 475
Odiniidae 456, 475
Odinshühnchen 586
Ödlandschrecken 247
Odonata 193, 197, 200, 220
Odonestis 440
Odontellidae 206, 208
Odonteus 374
Odontoceridae 410, 412, 418
Odontocerum 412
Odontomyia 481
Odontoscelis 308
Odontostomatida 18, 20
Odontotarsus 308
Odontothrips 263
Odostomia 85
Odynerus 326
Oecanthus 243
Oecetis 415
Oeciacus 291
Oecismus 412
Oecistes 51
Oecobiidae 121
Oecophoridae 421, 432, 433
Oedalea 485
Oedemera 387
Oedemeridae 344, 349, 387
Oedipoda 240, 247
Oedipodinae 240, 247, 248
Oedostethus 380
Oedothorax 131
Oemopteryx 233
Oenanthe 608, 609
Oenopia 385
Oenopota 84
Oerstedia 61
Oerstediidae 61
Oestridae 456, 466, 497, 498
Oestrinae 497
Oestromyia 497
Oestrus 497
Ogcodes 461
Ohrenlerche 603
Ohrenqualle 38
Ohrentaucher 572
Ohrenzikade 269
Ohrwürmer 193, 194, 200, 236
Oiceoptoma 367
Oikomonas 17
Oikopleura 505
Oikopleuridae 505
Oinophila 425, 430
Oleanderschwärmer 440
Olfactores 5
Oligacanthorhynchidae 54
Oligochaeta 100, 104
Oligohymenophorea 18
Oligolimax 72
Oligolophinae 147
Oligolophus 147
Oligoneuriella 215
Oligoneuriidae 214, 215, 217
Oligostomis 414
Oligota 372
Oligotricha 414
Oligotrichia 18, 20
Olindiidae 36, 38
Olisthopus 361
Ölkäfer 348, 387
Olophrum 372
Omaliinae 372
Omalisidae 344 , 345, 353
Omalisus 353
Omalium 372
Omalogyra 84
Omalogyridae 64, 84
Omaloplia 376
Omias 399
Ommatidiotus 266
Ommatoiulus 168
Omocestus 251
Omonadus 387
Omophlus 386
Omophron 357
Omophroninae 357
Omphalonotus 296
Omphiscola 79
Onchidorididae 64, 82
Onchidoris 82
Oncholaimoidea 113
Oncholaimus 113
Onchoproteocephalidea 47, 48
Oncopodura 208
Oncopoduridae 206, 208
Oncopsis 271
Oncorhynchus 527
Oncotylus 300, 301
Ondatra 623, 635
Onesia 497
Oniscidae 187, 188
Oniscidea 187
Oniscus 188
Ontholestes 369
Onthophagus 374, 375
Onuphidae 101, 102
Onychiuridae 206, 207, 210
Onychogomphinae 225
Onychogomphus 225, 228
Onychophora 5
Onychopoda 174
Onychura 170
Oodes 361
Oomorphus 395
Oomycetes 12
Oonopidae 121, 124
Oonops 124
Opalina 18
Opalinata 12
Opalinea 12, 18
Opatrum 386
Opecoelidae 46
Opercularella 41
Operophtera 432, 439
Opetia 464
Opetiidae 455, 464
Ophelia 104
Opheliidae 101, 104
Ophidiiformes 509, 512
Ophidonais 106
Ophiocten 504
Ophiodesmus 166
Ophiogomphus 225, 228
Ophiola 273
Ophion 324
Ophioninae 324
Ophiopholidae 502, 504
Ophiopholis 504
Ophiothrix 502
Ophiotrichidae 502
Ophiura 504
Ophiuridae 504
Ophiuroidea 502
Ophonus 362
Ophrydium 20
Ophryodendron 25
Ophryoscolex 19

Ophryotrocha 102
Ophyiulus 168
Opiinae 324
Opilio 148
Opiliones 120
Opilioninae 148
Opilo 382
Opisthandria 166
Opisthioglyphe 46
Opisthobranchia 64
Opisthokonta 12, 13, 29
Opisthorchiidae 46
Opisthorchis 46
Opistomum 45
Opius 324
Oplodontha 481
Opomyzidae 456, 474
Opostegidae 420, 425
Oppiella 161
Oppiidae 161
Opsilia 389
Opsius 273
Orbiculariae 121
Orbiniidae 101, 103, 104
Orchesella 211
Orchestes 401
Orchestia 186
Orconectes 182
Orcula 70
Orculidae 68, 69
Orcynopsis 546
Ordensbänder 421, 444
Orectochilus 350
Oreella 117
Oreellidae 116, 117
Oregoniidae 183
Oreina 395
Oreopsocus 256
Orfe 522
Orfelia 479
Orgyia 432, 443
Oribatella 160
Oribatellidae 160
Oribatida 150, 152, 158
Oribatula 160
Oribatulidae 160
Oribellidae 161
Oriolidae 561, 597
Oriolus 597
Orithales 379
Orius 295
Ormyridae 312, 323
Ormyrus 323
Ornament-Leierfisch 544
Ornithomya 496
Ornithophila 496
Orsillinae 303
Orsillus 303
Orsodacne 392, 393
Orsodacnidae 344, 347, 392, 393
Orthetrum 226, 228
Orthezia 284
Ortheziidae 284
Orthezioidea 284
Orthocentrinae 325
Orthocephalus 300
Orthochaetes 403
Orthochordeuma 168
Orthochordeumella 168
Orthognatha 121
Ortholomus 303
Orthomorpha 166
Orthonevra 488
Orthoperida 193
Orthoperidae 344, 357
Orthopleura 382
Orthops 298
Orthoptera 193, 195, 200, 202, 240
Orthorrhapha 455
Orthosia 443
Orthotelia 431
Orthoteliinae 431
Orthotomicus 405
Orthotylinae 299
Orthotylus 301
Ortolan 615
Orussidae 312, 314, 336
Orussoidea 312
Orussus 314
Oryctes 345, 375
Oryctolagus 621, 632
Orygma 468
Oryttus 332
Oryzaephilus 356
Oscinella 494
Oscinellinae 494
Osmeridae 509, 513
Osmeriformes 509, 513
Osmerus 513
Osmia 335
Osmoderma 345, 376
Osmylidae 339, 341
Osmylus 339
Osoriinae 368
Ostariophysi 509
Osteichthyes 509
Osteognathostomata , 507, 509, 512
Ostracoda 118, 170, 178
Ostrea 90
Ostreidae 65, 90
Ostrinia 433
Ostseegarnele 181
Ostseeschnäpel 526
Othius 369
Otididae 561, 579
Otidiformes 561, 564, 579
Otiorhynchus 398
Otis 579
Otites 493
Otitinae 493
Otomesostoma 45
Ototyphlonemertes 61
Ototyphlonemertidae 61
Ottern 558
Otus 592
Oulema 393
Ourapteryx 439
Ovalisia 378
Ovatella 85
Ovatus 281
Ovis 626, 638
Owenia 103
Oweniidae 101, 103
Oxidae 155
Oxidus 166
Oxus 155
Oxybelus 330
Oxycareninae 303
Oxycarenus 304
Oxycera 481
Oxychilidae 65, 66, 67, 71, 72
Oxychilus 72
Oxygastra 226, 228
Oxyloma 69
Oxymirus 390
Oxymonadida 12, 18
Oxyna 493
Oxyomus 375
Oxyopes 124
Oxyopidae 121, 124
Oxypoda 373
Oxyporinae 371
Oxyporus 371
Oxystoma 397
Oxytelinae 372
Oxytelus 372
Oxythyrea 376
Oxytonostoma 109
Oxyura 568, 569
Oxyurella 178
Oxyuroidea 114
Ozyptila 141

Paarhufer 616, 626, 627, 628, 637
Pachnephorus 395
Pachybrachis 394
Pachybrachius 304
Pachycoleus 290
Pachycordyle 40
Pachygaster 480
Pachygasterinae 480
Pachygnatha 133
Pachylaelapidae 154
Pachymerium 163
Pachyotoma 210
Pachypappa 279
Pachypodoiulus 168
Pachyprotasis 321
Pachyrhinus 399
Pachyta 390
Pachytodes 391
Paederidus 370
Paederinae 370
Paederus 370
Pagellus 541
Pagodenschnecken 69
Pagodulina 70
Pagodulinidae 68, 69, 70
Paguridae 181, 182
Pagurus 182
Paidiscura 131
Palaeacaridae 158
Palaeacarus 158
Palaemon 181
Palaemonetes 181
Palaemonidae 181
Palaeoacanthocephala 54
Palaeoheterodonta 65
Palaeomymar 316
Palaeonemertea 61
Palaeopsylla 452
Palingenia 214
Palingeniidae 214, 217
Palio 82
Pallaseidae 184, 185
Pallaseopsis 185
Palloptera 472
Pallopteridae 456, 472
Palmar 378
Palomena 311
Palpatores 146
Palpenmotten 432
Palpenspinner 442

Palpigradi 120
Palpimanoidea 121
Palpomyia 460
Paludicella 56
Paludicellidae 56
Pamphiliidae 312, 315, 321, 337
Pamphiliinae 321
Pamphilius 321
Pamphiloidea 312
Pamponerus 483
Panagaeus 359
Panaorus 304
Panaphis 280
Panarthropoda 5, 6
Panchaetothripinae 263
Pandalidae 181, 182
Pandalus 182
Pandeidae 36, 40
Pandion 576, 578
Pandionidae 561, 576, 578
Pandivirilia 482
Pandorina 15
Pangonius 481
Pannota 214
Panonychus 154
Panopeidae 183
Panorpa 450
Panorpidae 450
Pantelozetes 161
Pantheinae 444
Pantilius 298
Pantoffelschnecke 83
Pantopoda 118
Panurginus 335
Panurgus 335
Panuridae 561, 597
Panurus 597
Panzergroppen 534
Papageien 562
Papageitaucher 589
Papilio 435, 447
Papilionidae 421, 423, 434, 447
Papilionoidea 421
Pappelblattkäfer 396
Pappelböcke 388
Pappelspinner 443
Parabasalia 12
Parabemus 370
Parablennius 537
Parabolitobius 371
Paracaeciliidae 255
Paracanthopterygii 509
Paracardiophorus 379
Paraceras 453
Parachela 116, 117
Paraclusia 472
Paracorixa 294
Paradoxosomatidae 166
Paradromius 363
Parafavella 20
Paragus 491
Paralabella 236
Paraleptophlebia 217
Paralimnus 272
Paramecium 23
Paramesus 272
Paramphistomidae 46
Paramphistomum 46
Paramyrmosa 329
Paramyzus 281
Paranais 106
Parandra 389
Parandrinae 389
Paranemastoma 147
Paraneoptera 193
Paraonidae 101
Paraonis 101
Parapiesma 291
Parapleurus 248
Parapodophrya 25
Paraquadrula 28
Pararge 437
Parasagitta 8
Paraseison 50
Parasitengona 154
Parasitica 312
Parasitidae 154
Parasitiformes 150
Parasitina 154
Parasitus 154
Parasteatoda 131
Parasyrphus 492
Parathyas 156
Parazygiella 133
Pardosa 135, 136
Parechinidae 502, 504
Parechiniscus 116
Parergodrilidae 101, 104
Parergodrilus 104
Parexochomus 384
Parhelophilus 490
Paridae 561, 597, 601
Parisotoma 211
Parkettkäfer 356
Parnassius 435
Parnopes 325
Parocneria 443
Paroligolophus 147
Paronellidae 206, 208
Parophonus 362
Parthenothrips 263
Paruroleptus 20
Parus 601
Paruterinidae 49
Parvicardium 95
Passaloecus 331
Passer 610
Passerida 596
Passeridae 561, 597, 610
Passeriformes 561, 564, 596
Pastor 597
Patella 83
Patellidae 64, 83
Patellogastropoda 64
Patrobus 360
Patulidae 64, 67
Paulinella 28
Paurometabola 193
Pauropoda 162, 165
Pauropodidae 165
Pauropus 165
Pavo 570
Pazifische Felsenauster 90
Peachia 38
Peciinae 458
Pecten 94
Pectinariidae 101, 104
Pectinatella 57
Pectinatellidae 56, 57
Pectinidae 65, 90, 94
Pedalia 52
Pedicellina 10
Pedicia 478
Pediciidae 455, 478
Pediculidae 258, 259
Pediculus 259
Pedinus 386
Pediopsis 271
Pegomya 494
Peirates 301
Peitschenschwanzrochen 517
Peitschenwürmer 114
Pelagiidae 36, 38
Pelamide 546
Pelecanidae 561, 574
Pelecaniformes 561, 574
Pelecanus 574
Pelecocera 487
Pelecus 523
Pelenomus 402
Pelicanidae 561
Pelicaniformes 561, 562
Pelidnoptera 469
Pelikane 574
Pelikanfuß 84
Pelikanvögel 562, 574
Pella 373
Pellenes 143
Pelmatohydra 36
Pelobates 550, 552, 556
Pelobatidae 550
Pelobiontida 20, 26
Pelomyiella 476
Pelomyxa 26
Pelophylax 550, 554, 556
Peltidae 356
Peltinae 356
Peltogaster 172
Peltogastridae 172
Pelzbienen 333
Pelzkäfer 381
Pelzmotte 430
Pemphiginae 279
Pemphigus 279
Pemphredon 330
Penardochlamys 28
Penicillata 166
Penicillidia 477
Peniculia 18, 23
Pennellidae 180
Pentanchidae 516
Pentastiridius 266
Pentastomida 7, 170, 172
Pentatoma 310
Pentatomidae 287, 290, 308
Pentatominae 309
Pentatomoidea 287
Pentatomorpha 287
Pentatrichopus 281
Pentazonia 166
Penthetria 458, 477
Penthimia 271
Penthimiinae 271
Penthophera 432, 443
Pepsinae 318
Peracantha 177
Peracarida 170
Peranema 17
Peranemopsis 17
Perca 540
Percidae 510, 536, 538, 539
Perciformes 510, 513, 514, 536
Percomorpha 510

Perdicinae 571
Perdix 571
Peregriana 79
Perforatella 74, 76
Pergamasus 154
Pergamentspinner 442
Peribalus 310
Pericoma 456
Peridinium 14
Perigona 359
Perileptus 359
Perilissus 325
Perilitus 324
Peringia 78
Periparus 602
Periphyllus 280
Periplaneta 239
Periplomatidae 65, 92
Peripsocidae 253, 254
Peripsocus 254
Periscelididae 456, 468, 473
Periscelidinae 468
Periscelis 468
Perissodactyla 616, 627, 628
Peritelus 399
Peritrechus 305
Peritrichia 18, 19
Peritromus 23
Perla 232
Perlfisch 523
Perlidae 230, 231, 232, 234
Perlmutterfalter 438
Perlodes 231
Perlodidae 230, 231, 234
Perloidea 230
Pernis 578
Peromyia 480
Peromyscopsylla 453
Peronosporomycetes 12
Petasina 76
Petermännchen 537, 542
Petersfischartige 513, 532
Petersfische 532
Petricola 92
Petricolaria 92
Petricolinae 92, 93, 98
Petrobius 212
Petromyzon 514
Petromyzontida 507, 509
Petromyzontidae 509, 514
Petromyzontiformes 509, 510, 514
Peyerimhoffina 341
Pfau 570
Pfauenspinner 426
Pfeffermuschel 94
Pfeffermuscheln 93
Pfeifente 568
Pfeileulen 444
Pfeilwürmer 5, 8
Pferde 627, 628
Pferdeaktinie 38
Pferdebohnenkäfer 347
Pferdeegel 110
Pfirsichblattlaus 280
Pflanzenkäfer 348, 386
Pflanzenläuse 193, 197, 275
Pflanzenwespen 200, 312, 313, 336
Pflaumenblattlaus 281
Pflaumenbock 388
Pflaumenglucke 440
Pflaumenlaus 282
Pflaumensägewespen 319
Pflaumenstecher 398
Pfuhlschnepfe 583
Phacus 17
Phaedon 396
Phaenocora 45
Phaenops 377
Phaenoserphus 318
Phaeocedus 140
Phaeodarea 12, 29, 32
Phaeogenes 325
Phaeomyiidae 456, 469
Phaeostigma 197
Phagocata 44
Phalacridae 344, 356
Phalacrocera 478
Phalacrocoracidae 561, 573
Phalacrocorax 573
Phalacrus 356
Phalangiidae 146, 147, 149
Phalangiinae 148
Phalangium 148
Phalansterium 14
Phalaropodidae 581, 586
Phalaropus 586
Phalera 441
Phaleria 386
Phaneroptera 243
Phaneropterinae 240, 242, 243
Phaonia 495
Phaoniinae 495
Pharaoameise 327
Pharidae 65, 90
Pharyngobdelliformes 109
Pharyngomyia 497
Phasianidae 561, 570
Phasianinae 571
Phasianus 571
Phausis 353
Phaxas 98
Pheletes 380
Phenacoccus 285
Phenacolimax 72
Phenopelopidae 160
Pherbellia 469
Pherusa 103
Phigalia 432, 439
Philaenus 269
Philaeus 121, 142
Philanthus 332
Philine 81
Philinidae 64, 81
Philocheras 181
Philodina 51
Philodinavidae 51
Philodinavus 51
Philodinidae 51
Philodromidae 121, 125, 127, 140
Philodromus 140
Philomachus 584
Philometra 114
Philonicus 483
Philonthus 370
Philopedon 399
Philophylla 493
Philopotamidae 410, 412, 416
Philopotamoidea 410
Philopotamus 412
Philopteridae 258, 259
Philopterus 259
Philoscia 188
Philosciidae 187, 188
Philotarsidae 253, 255
Philotarsus 255
Phimodera 308
Phlaeothripidae 262, 264
Phlaeothripinae 264
Phlaeothrips 264
Phlegra 142
Phloeocharinae 371
Phloeocharis 371
Phloeomyzidae 276, 278
Phloeomyzus 276
Phloeophthorus 404
Phloeosinus 404
Phloeostichidae 344, 356
Phloeotribus 404
Phlogophora 443
Phloiophilidae 344, 353
Phloiophilus 353
Phoca 625, 637
Phocidae 616, 624, 625, 636
Phocoena 627, 638
Phocoenidae 616, 627, 638
Phoenicopteridae 561, 562
Phoenicopteriformes 561, 562
Phoenicopterus 562
Phoenicurus 608, 609
Pholadidae 65, 91, 98
Pholas 65, 98
Pholcidae 121, 124
Pholcomma 129
Pholcus 124
Pholidae 510, 537
Pholidoptera 245
Pholis 537
Pholoinae 101
Phora 486
Phoridae 455, 461, 478, 486
Phormia 496
Phorodon 281
Phoronida 5, 10
Phoronis 10
Phosphaenus 353
Phosphuga 367
Photia 157
Phoxinus 522
Phoxocephalidae 184, 185
Phoxocephalus 185
Phragmatobia 443
Phratora 396
Phrixura 177
Phrurolithidae 121, 128
Phrurolithus 128
Phryganea 414
Phryganeidae 410, 412, 413, 417
Phryganella 28
Phryganeoidea 410
Phrynorhombus 547
Phthiracaridae 158
Phthiracarus 158
Phthiraptera 193, 200, 258
Phthiria 484
Phthiridium 477
Phthorophloeus 404
Phycidae 509, 529
Phycis 529
Phycitinae 433, 434
Phygadeuon 325
Phygadeuontinae 324
Phylactolaemata 56
Phylan 386

Phylinae 296, 299
Phyllaphidinae 279
Phyllaphis 279
Phyllobius 398
Phyllobrotica 395
Phyllocnistinae 424
Phyllodecta 396
Phyllodesma 440
Phyllodistomum 46
Phyllodoce 101
Phyllodocida 101
Phyllodocidae 101
Phyllodromica 238
Phylloecus 322
Phyllomyza 475
Phylloneta 131
Phyllonorycter 424, 445
Phyllopertha 376
Phyllopharyngea 18
Phyllopharyngia 18, 23
Phyllophoridae 502
Phyllopoda 170
Phylloscopidae 561, 599, 604
Phylloscopus 604, 605
Phyllotreta 394
Phylloxera 276
Phylloxeridae 276, 277
Phylloxerina 276
Phylloxeroidea 276
Phylus 300, 301
Phymata 291
Phymatinae 291, 301
Phymatodes 392
Physa 80, 81
Physella 80
Physetopoda 329
Physidae 64, 78, 80
Physiphora 493
Physocephala 492
Phytobius 402
Phytocoris 298
Phytodecta 396
Phytoecia 389
Phytoflagellaten 13
Phytomyza 473
Phytoseiidae 154
Pica 601
Picidae 561, 594
Piciformes 561, 562, 594
Picinae 595
Picoides 596
Picromerus 309
Picus 595, 596
Pidonia 390
Pieper 599, 611
Pieridae 421, 423, 435, 449
Pieris 436, 449
Piesma 291
Piesmatidae 287, 291
Piesmatoidea 287
Piestinae 372
Piezodorus 311
Pilemostoma 392
Pilgermuschel 94
Pilidiophora 61
Pillendreher 374
Pillenkäfer 354
Pilomyrmex 303
Pilophorus 299
Pilumnidae 183
Pilumnus 183
Pilzkäfer 345
Pilzmücken 458, 479
Pimpla 325
Pimplinae 325
Pinaciophora 32
Pinalitus 298
Pineus 276
Pinicola 612
Pinnotheres 183
Pinnotheridae 183
Pinselfüßer 166
Pinselkäfer 376
Pinthaeus 309
Piona 155
Pionosomus 305
Piophila 472
Piophilidae 456, 468, 472
Piophilinae 472
Pipistrellus 621, 632
Pipiza 488
Pipunculidae 455, 464, 486, 498
Pipunculinae 487
Pipunculus 487
Pirata 136
Piratula 136
Pirimela 183
Pirimelidae 183
Pirole 597
Pirta 136
Pisaura 125
Pisauridae 121, 125
Pisces 508
Piscicola 109, 110
Piscicolidae 109, 110
Pisidia 183
Pisidium 89
Pisione 101
Pisioninae 101
Pison 332
Pissodes 402
Pistius 141
Pitedia 311
Pithanus 296
Pitrufquenia 258
Pityogenes 405
Pityokteines 405
Pityophthorus 405
Placobdella 110
Plagiodera 396
Plagioecia 58
Plagioeciidae 56, 58
Plagiognathus 301
Plagiolepis 328
Plagionotus 391
Plagiopyla 23
Plagiopylea 18, 23
Plagiopyxis 28
Plagiorchiidae 46
Plagiosterna 396
Plagiostomum 45
Plakobranchidae 64, 82
Planaphrodes 272
Planaria 44
Planariidae 44
Planeustomus 372
Planipennia 193, 197, 339
Planorbarius 81
Planorbella 81
Planorbidae 64, 77, 81
Planorbis 81
Planorbulina 29
Plantae 12, 13
Platalea 575
Plataleinae 575
Platambus 364
Plataspidae 287, 290
Plateumaris 393
Plathelminthes , 5, 6, 7, 8, 9, 42
Platichthys 546, 548
Platorchestia 186
Plattbauchspinnen 127, 139
Plattfische 512, 546
Plattflügler 197, 339
Plattmuscheln 94, 95
Plattwürmer 5, 9, 42
Platyarthridae 187, 188
Platyarthrus 188
Platybdella 109
Platybuninae 148
Platybunus 148
Platycephala 494
Platycerus 374
Platycheirus 491
Platycleis 240, 245
Platycnemididae 221, 222, 228
Platycnemis 222, 228
Platycola 20
Platydracus 370
Platygaster 316
Platygastridae 312, 316
Platygastroidea 312, 316, 319
Platyias 53
Platyla 68
Platymetopius 272
Platynaspis 384
Platynereis 101
Platynus 361
Platypalpus 485
Platypeza 464
Platypezidae 455, 464, 500
Platyplax 303
Platypodidae 347, 396
Platypodinae 347, 396, 406
Platypsyllus 345
Platypus 347
Platysoma 354
Platystethus 372
Platystoma 470
Platystomatidae 456, 470
Platystomos 346
Plea 289
Plecoptera 193, 197, 200
Plecotus 618, 631
Plectida 112
Plectiscidea 325
Plectoidea 113
Plectrocnemia 413
Plectrophenax 614
Plectus 113
Plegadis 575
Pleidae 287, 289
Pleocyemata 180
Pleopis 175
Pleotrichophorus 281
Pleuretra 51
Pleurobrachia 10
Pleuronectes 548
Pleuronectidae 510, 546, 547
Pleuronectiformes 510, 512, 546
Pleuronema 23
Pleurostigmophora 162
Pleuroxus 177

Plicoptera 193
Plinthisus 305
Plioreocepta 493
Plocamaphis 280
Plodia 434
Ploesoma 53
Ploima 50, 51
Plötze 523
Plumatella 56
Plumatellida 56
Plumatellidae 56
Plumularia 41
Plumulariidae 36, 41
Plusia 444
Plusiinae 444
Plutella 428
Plutellidae 421, 428
Pluvialis 582
Pochkäfer 352, 381
Pockenläuse 284
Pocota 490
Podabrus 380
Podalonia 330, 331
Podarcis 557
Podesmus 94
Podiceps 572
Podicipedidae 561, 572
Podicipediformes 561, 572
Podisma 247, 248
Podistra 380
Podocotyle 46
Podon 175
Podonidae 174, 175
Podophrya 25
Podopinae 308
Podops 308
Podura 206
Poduridae 206
Poduromorpha 206
Poecile 602
Poecilium 392
Poecilobothrus 486
Poecilochaetidae 101
Poecilochroa 140
Poecilonota 378
Poecilus 361
Pogonocherus 388
Pogonognathellus 207
Pogonus 360
Polarbirkenzeisig 614
Polarmöwe 587
Polarquappengroppe 534
Polemistus 331
Polietes 495
Polistes 326
Polistichus 363
Polistinae 326
Pollachius 530
Pollack 530
Pollenia 496
Polyarthra 52
Polybiidae 183
Polyblastus 325
Polycelis 44
Polycentropodidae 410, 411, 413, 417
Polycentropus 413
Polycera 82
Polyceridae 64, 82
Polychaeta 6, 100, 101
Polychaos 26
Polycladida 43
Polycystinea 22, 29, 32
Polydesmida 166
Polydesmidae 166
Polydesmus 166
Polydora 104
Polydrusus 399
Polyergus 328
Polygonia 438
Polygordiidae 100
Polygordius 100
Polygraphus 404
Polymerus 298
Polymitarcidae 214, 217
Polymorphidae 55
Polymorphus 55
Polyneoptera 193
Polynoidae 101
Polyommatus 437
Polypedilum 460
Polyphaga 343, 405
Polyphemidae 174, 175
Polyphemus 175
Polyphylla 345, 376
Polyphysia 103
Polyplacidae 258, 260
Polyplacophora 7, 64, 65
Polyplax 260
Polyprion 538
Polyprionidae 538
Polysarcus 244
Polysticta 568, 569
Polystoma 47
Polystomatidae 47
Polytoma 16
Polyxenida 166
Polyxenidae 166
Polyxenus 166
Polyzoniida 166
Polyzoniidae 166
Polyzonium 166
Pomatias 68
Pomatiidae 64, 68
Pomatinus 354
Pomatoschistus 545
Pompholyx 52
Pompholyxophrys 32
Pomphorhynchidae 54
Pomphorhynchus 54
Pompilidae 313, 318
Pompilinae 318
Pompilus 318
Ponera 327
Ponerinae 327
Pontania 320
Pontastacus 182
Pontia 436
Ponticola 544
Pontigulasia 28
Pontobdella 109
Pontophilus 181
Pontoporeia 185
Pontoporeiidae 184, 185
Populicerus 271
Porcellanidae 181, 183
Porcellio 188
Porcellionidae 187, 188
Porcellionides 188
Porcellium 190
Porentierchen 12, 13, 29
Porifera 5, 10
Porolohmannella 150
Porphyrophora 285
Porrhoclubiona 128
Porricondyla 480
Porricondylinae 480
Portumnus 183
Portunidae 183
Portunus 183
Porzana 580
Postciliodesmatophora 18
Postharmostomum 46
Posthörnchen 435
Posthornschnecke 81
Potamanthidae 214, 217
Potamanthus 214
Potamobius 182
Potamodrilida 100
Potamodrilus 100
Potamonectes 365
Potamophylax 415
Potamopyrgus 78
Potamothrix 106
Potosia 376
Prachteiderente 568
Prachtfalter 432
Prachtkäfer 351, 377
Prachttaucher 572
Praeaxostyla 12
Praon 324
Prasinophyceae 14, 16
Prasocuris 396
Pratylenchus 113
Praunus 184
Praxillella 103
Prestwichia 322
Priapswürmer 5, 9
Priapulida 5, 9
Priapulus 9
Priocnemis 318
Prionace 515
Prioninae 389
Prionocera 478
Prionoglarididae 253
Prionoglaris 253
Prionus 389
Prionychus 386
Pristilomatidae 65, 67, 71
Pristina 105
Pristiphora 320
Pristonychus 361
Proales 54
Proalidae 54
Proasellus 187
Procambarus 182
Procellariidae 561, 572
Procellariiformes 561, 562, 572
Procerodes 43
Processa 181
Processidae 181
Prociphilinae 279
Prociphilus 279
Procloeon 216
Procridinae 422, 427
Proctodrilus 108
Proctotrupidae 312, 318
Proctotrupoidea 312, 317, 319
Procyon 624, 636
Procyonidae 616, 624, 636
Progoneata 162
Proisotoma 210
Prolecithophora 43, 45
Promesostoma 43

Propappus 107
Propebela 84
Propolydesmus 166
Propylea 385
Prorhynchida 43, 45
Prorhynchus 45
Prorodon 23
Proseriata 43, 45
Proserpinus 440
Prosimulium 460
Prosopis 335
Prosorhochmidae 61
Prosotocus 46
Prostemma 295
Prosternon 379
Prosthogonimidae 46
Prosthogonimus 46
Prostigmata 150, 154
Prostoma 61
Prostomatea 18, 23
Prostomatella 61
Prostomatidae 61
Prostomidae 344, 356
Prostomis 356
Protaetia 345, 376
Protalveolata 12
Proteininae 372
Proteinus 372
Protentomidae 206
Protentomon 206
Proteocephalidae 48
Proteocephalus 48
Proterandria 166
Proteroiulus 168
Proteromonadea 14, 18
Proteromonas 18
Proterorhinus 544
Protisten 5, 6, 12
Protoacanthopterygii 509
Protobranchia 65
Protocalliphora 496
Protocystis 32
Protodorvillea 102
Protodrilidae 100
Protodrilus 100
Protogastrostyla 20
Protohydra 36
Protohydridae 36
Protolachnus 284
Protonemura 233
Protophormia 496
Protosteliida 12
Protostomia 5
Protracheoniscus 189
Protrama 284
Protura 192, 197, 205
Proturentomon 206
Protzia 155
Provortex 43
Prozessionsspinner 428, 430, 441, 442
Prunella 610
Prunellidae 561, 599, 610
Prunkkäfer 363
Prymnesiomonada 12, 15, 16
Prymnesium 16
Psacasta 308
Psallus 300
Psammechinus 504
Psammitis 141
Psammobiidae 94
Psammodius 375
Psammotettix 273
Psarus 487
Psectra 340
Pselaphidae 368
Pselaphinae 368, 406, 409
Pselaphochernes 144, 145
Pselaphognatha 166
Pselaphorhynchites 398
Pselaphus 368
Psen 331
Pseneo 331
Psenulus 331
Psephenidae 343, 352, 409
Psetta 547
Pseudachorutella 210
Pseudachorutes 210
Pseudanodonta 65, 89
Pseudanurophorus 210
Pseudapis 334
Pseudathous 380
Pseudechiniscus 117
Pseudemys 557
Pseudeuophrys 142
Pseudicius 142
Pseudoanthidium 335
Pseudobrevicoryne 282
Pseudocalanus 180
Pseudochermes 285
Pseudochorthippus 249
Pseudochydorus 178
Pseudocistela 386
Pseudoclavellaria 321
Pseudococcidae 284, 285
Pseudocuma 173
Pseudocumatidae 173
Pseudodifflugia 29
Pseudogonalos 315
Pseudoips 444
Pseudomalus 325
Pseudomenopon 259
Pseudophyllodromiinae 238, 239
Pseudopomyza 476
Pseudopomyzidae 456, 476
Pseudopsinae 368
Pseudopsis 368
Pseudopsocus 255
Pseudorasbora 522
Pseudorhaphidocystis 32
Pseudoscorpiones 120, 144
Pseudosinella 211
Pseudoskorpione 120, 144
Pseudospinolia 325
Pseudostyphlus 403
Pseudotrichia 76
Pseudotrocha 50
Pseudovadonia 391
Psila 494
Psilidae 456, 466, 474, 494
Psilochorus 125
Psilosoma 494
Psilostomidae 46
Psilota 488
Psilothrix 383
Psithyrus 334
Psittacidae 561, 562
Psittaciformes 561, 562
Psittacula 562
Psocidae 253, 254, 256
Psococerastis 256
Psocomorpha 253
Psocoptera 193, 197, 200
Psoculus 254
Psocus 256
Psophus 240, 247
Psoroptes 158
Psoroptidae 158
Psyche 445
Psychidae 420, 428, 430, 431, 445
Psychoda 456
Psychodidae 455, 456, 497, 499
Psychodomorpha 455
Psychomyia 411
Psychomyiidae 410, 411, 417
Psychrolutidae 510, 534
Psylla 286
Psyllidae 286
Psyllina 197, 275, 286
Psylliodes 394
Psyllipsocidae 253
Psyllipsocus 253
Psyllobora 385
Psyllopsis 286
Pteleobius 405
Ptenoglossa 64
Pteriomorphia 65
Pterocallis 280
Pterocheilus 326
Pterocomma 280
Pteromalidae 312, 323
Pteromalus 323
Pteronemobius 243
Pterophoridae 421
Pterophoroidea 421
Pterophorus 421
Pterostichus 361
Pterostoma 442
Pterotmetus 302
Pterycombus 540
Pterygota 192
Pthiridae 258, 259
Pthirus 259
Ptiliidae 343, 345
Ptilocolepidae 410
Ptilocolepus 410
Ptilodon 441
Ptilophora 442
Ptinidae 344, 352, 381, 406
Ptininae 352, 381
Ptinomorphus 382
Ptiolina 482
Ptomaphagus 366
Ptosima 377
Ptychoptera 456
Ptychopteridae 455, 456, 497, 499
Ptychopteromorpha 455
Ptygura 51
Ptyonoprogne 604
Puffinus 572
Pulex 452
Pulicidae 452
Pulicoidea 452
Pulmonata 64
Pulvinaria 285
Punctidae 65, 67
Punctoribates 160
Punctoribatidae 160
Punctum 67
Pungitius 533
Punktkäfer 355
Punktschnecken 67
Pupilla 70
Pupillidae 68, 69, 70

Pupilloidea 65, 69
Puppenräuber 358
Puppenschnecken 68, 69
Purpurbock 391
Purpuricenus 391
Purpurreiher 575
Purpurschnecke 84
Pusillina 87
Putzkäfer 361
Pycnogonida 118
Pycnoscelus 239
Pyemotes 155
Pyemotidae 155
Pygolampis 301
Pygospio 104
Pyralidae 421, 433, 447
Pyralinae 433
Pyralis 433
Pyraloidea 421, 426, 431, 433
Pyramidellidae 64, 85
Pyramideneule 444
Pyramidenschnecken 66
Pyramidula 66
Pyramidulidae 66, 69
Pyramimonas 16
Pyraustinae 433
Pyrginae 434
Pyrgotidae 456, 470
Pyrgus 434
Pyrochroa 349
Pyrochroidae 344, 349, 407
Pyroglyphidae 157
Pyrophaena 491
Pyrrhalta 395
Pyrrhidium 391
Pyrrhocorax 600
Pyrrhocoridae 287, 292
Pyrrhocoris 292
Pyrrhosoma 223
Pyrrhula 612
Pythidae 344, 349
Pytho 349
Pyxicola 20

Q*uadrulella* 28
Quagga-Muschel 89
Quappe 7, 529, 531
Quappengroppen 534
Quasimus 380
Quedius 370
Quickella 69
Quinqueloculina 29
Quittenvogel 440

R*abdiophrys* 32
Rabdophaga 480
Rabenkrähe 600
Rabenvögel 596, 600
Rachenbremsen 466
Rackelhuhn 570
Racken 594
Rackenvögel 562, 594
Rädertiere 5, 50
Radiolaria 29, 30
Radix 79
Radnetzspinnen 129, 133
Raillietina 49
Rainfarnblattkäfer 395
Raja 518
Rajidae 509, 517, 518
Rajiformes 509, 510, 517
Rallen 564, 580
Rallenreiher 574
Rallidae 561, 564, 580
Rallus 580
Rana 550, 552, 554, 556
Ranatra 288
Randwanzen 294, 306
Raniceps 531
Ranicipitidae 526, 531
Ranidae 550
Rapfen 524
Raphidiidae 197
Raphidiophrys 32
Raphidioptera 193, 197, 202
Raphidocystis 31
Raphidomonadea 17
Raphidophoroidea 240
Raphitoma 84
Raphitomidae 64, 84
Rapserdfloh 394
Rapsglanzkäfer 356
Rapsschotenrüssler 402
Raptobaetopus 216
Raschkäfer 357
Ratten 623
Rattus 623, 634
Raubfliegen 463, 482
Raubmöwen 562, 582, 586, 587
Raubseeschwalbe 588
Raubspinnen 125
Raubtiere 616, 624, 628, 636
Raubwanzen 292, 301
Raubwürger 600
Rauchschwalbe 603
Raufußbussard 578
Raufußhühner 570
Raufußkauz 592
Rauhautfledermaus 621, 632
Raupenfliegen 466
Rautenwanze 306
Rebhuhn 571
Reblaus 276
Rebstichler 397
Recilia 272
Recurvirostra 562, 586
Recurvirostridae 561, 581, 586
Reduviidae 287, 291, 292, 301
Reduvioidea 287
Reduvius 301
Regalecidae 509, 513, 528
Regalecus 528
Regenbogenforelle 527
Regenbrachvogel 583
Regenbremse 481
Regenpfeiferverwandte 581, 582
Regenwürmer 107
Regulidae 561, 599, 606
Regulus 606
Reh 626, 638
Rehschröter 374
Reighardia 7
Reighardiidae 7
Reiher 574
Reiherente 568
Reinhardtius 548
Reiskäfer 401
Remiz 597
Remizidae 561, 597
Remora 537
Remus 370
Renken 526
Reptalus 266
Reptantia 180
Reptilia 507, 557
Reptilien 507
Requiemhaie 515
Resedafalter 436
Resticula 54
Reticulitermes 201
Retinia 447
Retortamonadida 12, 18
Retusa 83
Retusidae 64, 83
Reuterella 254
Rhabdiopteryx 233
Rhabditida 112, 113, 114, 115
Rhabditis 113
Rhabditoidea 113, 115
Rhabditophora 43
Rhabdocoela 43, 45
Rhabdomiris 299
Rhabdophrya 25
Rhacognathus 309
Rhadinopsylla 452
Rhadiurgus 483
Rhagidia 155
Rhagidiidae 155
Rhagio 482
Rhagionidae 455, 461, 481
Rhagium 390
Rhagoletis 493
Rhagonycha 381
Rhamnusium 390
Rhamphomyia 485
Rhamphus 401
Rhantus 364
Rhaphidocystis 32
Rhaphidomonadea 12
Rhaphidophoridae 240
Rhaphidophyceae 12
Rhaphigaster 310
Rhaphiinae 486
Rhaphium 486
Rhingia 487
Rhinocola 286
Rhinocyllus 400
Rhinoestrus 497
Rhinoglena 54
Rhinolophidae 616, 618, 631
Rhinolophopsylla 452
Rhinolophus 618, 631
Rhinomacer 397
Rhinoncus 402
Rhinonemus 531
Rhinophoridae 456, 466
Rhinosimus 349
Rhinusa 403
Rhipidodendron 15
Rhipidothrips 263
Rhithrogena 216
Rhithropanopeus 183
Rhizaria 20, 27, 29
Rhizocaulus 40
Rhizocephala 170, 172
Rhizoglyphus 157
Rhizophagidae 344, 356
Rhizophagus 356
Rhizostoma 38
Rhizostomatidae 36, 38
Rhizotrogus 376
Rhodeus 522
Rhodites 324

Rhodophyta 12
Rhodostethia 587
Rhogogaster 321
Rhombognathides 150
Rhopalidae 287, 294, 307
Rhopalomyzus 280
Rhopalonematidae 36
Rhopalopyx 272
Rhopalosiphoninus 280
Rhopalosiphum 283
Rhopalum 330
Rhopalus 307
Rhophitoides 335
Rhyacodrilus 106
Rhyacophilidae 410, 416
Rhymogona 167
Rhynchaenus 401
Rhynchelmis 106
Rhynchites 398
Rhynchitidae 345, 389, 397
Rhynchobdelliformes 109
Rhynchodemus 43
Rhynchomesostoma 45
Rhynchoscolex 45
Rhynchota 193, 196, 200
Rhynchotalona 178
Rhyncolus 402
Rhynocoris 301
Rhyparochrominae 302
Rhyparochromus 304
Rhysotritia 158
Rhyssa 325
Rhyssinae 325
Rhytidodus 271
Rhytistylus 272
Rhyzobius 383
Rhyzopertha 347
Ribautiana 270
Ribautodelphax 268
Ricinidae 258, 259
Ricinus 259
Riemenfische 513, 528
Riemenwurm 48
Riesenbastkäfer 404
Riesenhaie 515
Riesenholzameise 328
Riesenholzwespe 322
Riesenkrabbenspinnen 127
Riesenkratzer 54
Riesenpalisadenwurm 114
Rilaena 148
Rindenkäfer 356
Rindenläuse 193, 197, 200, 253
Rindenwanzen 292
Rindenzikaden 266
Rinderartige 626, 637
Rinderbandwurm 49
Ringdrossel 608
Ringelgans 565
Ringelnatter 558
Ringelrobbe 626, 637
Ringelspinner 440
Ringeltaube 590
Ringelwürmer 5, 7, 100
Riodinidae 421, 423, 436
Riparia 604
Ripiphoridae 344, 345, 348, 405
Ripistes 106
Rippenquallen 5, 10
Rissa 561, 587
Rissoa 87
Rissoidae 64, 86, 87
Ritterfalter 423, 434
Rivellia 470
Robertus 130
Rochen 510, 517, 518
Rochenegel 109
Rodentia 616, 621, 628, 632
Roepkea 281
Roeseliana 245
Roeslerstammia 430
Roeslerstammiidae 420, 430
Rohrammer 615
Rohrdommeln 574
Röhrenblattläuse 276
Röhrenläuse 280, 284
Röhrennasen 562, 572
Röhrenspinnen 123
Rohrsänger 605
Rohrsängerverwandte 599, 605
Rohrschwirl 605
Rohrweihe 577
Rollasseln 188
Rolltausendfüßer 166
Rollwespen 329
Romanogobio 522
Roncus 145
Ropalopus 391
Rophites 335
Ropotamothrips 263
Rosaflamingo 562
Rosalia 391
Rosapelikan 574
Rosenblattlaus 282
Roseneule 431
Rosenkäfer 376
Rosenmöwe 587
Rosenseeschwalbe 589
Rosenstar 597
Rossameisen 328
Rostgans 566
Rotaria 51
Rotatoria 5, 8, 50
Rotauge 523
Rotbarbe 541
Rotbarsch 534
Rotbauchunke 552
Rotbrassen 541
Rotdeckenkäfer 353
Rotdrossel 608
Rötelfalke 579
Rötelmaus 624, 635
Rötelschwalbe 603
Rote Spinne 154
Rotfeder 522
Rotflügel-Brachschwalbe 581
Rotfuchs 616, 624, 636
Rotfußfalke 579
Rothalsbär 443
Rothalsgans 565
Rothalstaucher 572
Rothirsch 626, 638
Rotifera 5, 6, 50
Rotkehlchen 609
Rotkehlpieper 612
Rotkopfwürger 600
Rotmilan 576
Rotschenkel 584
Rotwurm 114
Rotzahnspitzmäuse 617
Rotzunge 548
RTA Cladus 121
Rübenderbrüssler 400
Rübenerdfloh 394
Rübenfliege 494
Rübenschildkäfer 392
Rubiconia 310
Rübsenblattwespe 320
Rückenschwimmer 289
Rucksackschnecken 66
Ruderfüßer 172, 179, 561, 573
Ruderwanzen 196, 287, 294
Rugilus 370
Runcinia 141
Rundmäuler 509
Rundstirnmotten 428
Rupicapra 626, 638
Ruspolia 240, 244
Rüsselegel 109
Rüsselkäfer 345, 396
Rusticoclytus 391
Rutelinae 375
Rutilus 523
Rutpela 391
Rutte 531

Saateule 444
Saatgans 565
Saatkrähe 600
Sabella 104
Sabellaria 104
Sabellariidae 104
Sabellida 101
Sabellidae 101, 104
Säbelschnäbler 562
Säbelschnäblerverwandte 581, 586
Säbelschrecken 244
Saccamoeba 26
Sacchiphantes 276
Sacculina 172
Sacculinidae 172
Sackspinnen 128
Sackträger 428, 430
Sackträgermotten 432
Sadleriana 78
Saduria 187
Saemundssonia 259
Saftkugler 166
Saga 242
Sagana 139
Sagartia 38
Sagartiidae 36, 38
Sagartiogeton 38
Sagatus 273
Sägebarsch 538
Sägebock 389
Sägehornbienen 334
Sägekäfer 347
Säger 564
Sägeschrecken 242
Saginae 241, 242
Saiblinge 526
Saitenwürmer 5, 9
Saitis 143
Salamander 550
Salamandra 550, 551
Salamandridae 550
Salda 294
Saldidae 287, 292
Saldoidea 287
Saldula 294
Salinenkrebs 174
Salmo 527, 528

Salmonidae 509, 526
Salmoniformes 509, 513, 526
Salmoninae 526
Salpingidae 344, 349
Salpingoeca 14
Salpingus 349
Saltatoria 193, 195, 240
Saltella 468
Salticidae 121, 124, 142
Salticus 142, 143
Saltusaphidinae 280
Salvelinus 526, 527
Samenfüßer 166
Samenkäfer 346
Samenmotte 432
Samia 426
Sammetmilbe 154
Samtente 566
Samtfalter 437
Sandaale 536, 543
Sandbienen 334
Sander 540
Sanderling 586
Sandgrundel 545
Sandkoralle 104
Sandküling 545
Sandlaufkäfer 357
Sandohrwurm 236
Sandotter 559
Sandregenpfeifer 582
Sandschrecke 248
Sandwespen 331
San José-Schildlaus 284
Saperda 388
Saphanus 391
Saprinus 354
Saprodinium 20
Sapromyza 470
Sapyga 318
Sapygidae 313, 318
Sapygina 318
Sarcophaga 466
Sarcophagidae 456, 466
Sarcopterygii 507, 509
Sarcoptes 158
Sarcoptidae 158
Sarcoptiformes 150
Sarda 546
Sardellen 519
Sardina 520
Sardine 520
Sarginae 480
Sargus 481
Sarscypridopsis 179
Sarsia 40
Satchellius 109
Sattelmücke 480
Sattelmuschel 94
Sattelschrecken 242
Saturnia 426, 449
Saturniidae 421, 426, 448, 449
Satyrinae 437, 447
Satyrium 436
Säugetiere 507, 616
Saugfüßer 166
Sauginfusorien 12, 13, 24
Saugwürmer 42, 45
Saumwanze 306
Sauria 557
Sauropsida 507
Saxicava 91
Saxicavella 90, 91
Saxicavidae 65, 91
Saxicola 608, 610
Saxicolidae 608
Saxicolinae 599, 608
Scaeva 492
Scala 86
Scalibregma 103
Scalibregmatidae 101, 103
Scaphander 84
Scaphandridae 64, 84
Scaphidiidae 355, 368
Scaphidiinae 355, 368
Scaphidium 355
Scapholeberis 175
Scaphopoda 64, 66
Scaptomyza 476
Scarabaeidae 343, 345, 354, 374, 406
Scarabaeiformia 343
Scarabaeinae 374, 406
Scarabaeoidea 343, 353, 406
Scardinius 522
Scaridiidae 53
Scaridium 53
Scaritinae 357
Scatophaga 466
Scatophagidae 456, 466
Scatopse 458
Scatopsidae 455, 458, 477, 499
Scelio 316
Scelionidae 312, 316
Sceliphron 330, 331
Scenopinidae 455, 463
Scenopinus 463
Schaben 193, 195, 202, 238, 239
Schabrackenspitzmaus 629
Schachbrett 437, 447
Schädellose 5, 6
Schädeltiere 5, 6, 507
Schaefferia 209
Schafbremse 497
Schaflaus 495
Schafstelze 612
Schan 537
Scharbe 548
Scharfaugenspinnen 124
Schaufelkäfer 358
Schaumzikaden 266, 268, 269
Scheckenfalter 438
Scheckente 568
Scheckhornbock 388
Scheefsnut 546
Scheibenbäuche 514, 534, 536
Scheibenbock 392
Scheibenquallen 36
Scheidenmuscheln 90, 98
Scheinbockkäfer 349, 387
Scheinrüssler 349
Scheldegroppe 536
Schelladler 578
Schellente 567
Schellfisch 530
Schellfische 529
Scheloribates 160
Scheloribatidae 160
Schendyla 163
Schendylidae 162, 163
Schenkelbienen 335
Scherenasseln 173
Scherenbienen 335
Schermaus 623, 635
Scheufliegen 472
Scheukäfer 359
Schiffsbohrmuscheln 89
Schiffsbohrwurm 89
Schiffshalter 537
Schiffswerftkäfer 352
Schildbäuche 514, 537
Schildfische 514, 537
Schildkäfer 392
Schildläuse 193, 199, 275, 284
Schildwanzen 289, 290, 308
Schilfeulen 443
Schilfkäfer 393
Schilfradspinne 135
Schilfrohrsänger 605
Schilfwickler 431
Schillerfalter 438
Schimmelkäfer 357
Schinkenkäfer 382
Schistocephalus 48
Schistonota 214
Schistostoma 464
Schizaphis 283
Schizolachnus 284
Schizoneura 279
Schizophora 456
Schizophthirus 260
Schizophyllum 168
Schizotus 349
Schläfer 622, 632
Schläferhaie 517
Schlagschwirl 605
Schlammfliegen 193, 197, 202
Schlammgrundel 545
Schlammpeitzger 525
Schlammschnecken 78, 79
Schlammschwimmer 364
Schlangen 557
Schlangenadler 578
Schlangennadel 533
Schlangenstern 502
Schlangensterne 502
Schleichen 557
Schleie 521
Schleiereulen 590
Schleiermotten 428
Schleimaale 510
Schleimfische 537
Schließmundschnecken 68
Schlingnatter 558
Schlundegel 109
Schlupfwespen 315, 324
Schlürfbienen 335
Schlüsselblumen-Würfelfalter 436
Schmalbauchwespen 315
Schmarotzerfliegen 466
Schmarotzerraubmöwe 587
Schmätzer 599, 608
Schmeißfliegen 466, 496
Schmerlen 514, 520, 525
Schmetterlinge 193, 197, 202, 420
Schmetterlingshafte 339
Schmetterlingsmücken 456
Schmetterlingszikaden 266
Schmidtea 44
Schmuckfliegen 470, 493
Schnabelfliegen 193, 197, 450
Schnabelkerfe 193, 196, 200
Schnaken 456, 478
Schnäpperverwandte 599, 608
Schnappgrundel 545

Schnappküling 545
Schnarrschrecke 247
Schnatterente 568
Schnauzeneulen 445
Schnauzenschnecken 78
Schnecken 63, 66
Schneckenkanker 146
Schneckenspinner 447
Schneeammer 614
Schneeballblattkäfer 395
Schneeeule 592
Schneefink 610
Schneemaus 623, 636
Schneespanner 439
Schneesperling 610
Schneewürmer 380
Schnegel 66, 73
Schneider 524
Schnellkäfer 351, 378
Schnellläufer 362
Schnellschwimmer 364
Schnepfenfische 533
Schnepfenfliegen 461, 481
Schnepfenverwandte 582, 583
Schnirkelschnecken 76
Schnurfüßer 166
Schnurwürmer 5, 8, 61
Schoenobiinae 433
Schokoladenhai 517
Schollen 546, 547, 548
Schönschrecke 247
Schopfstirnmotten 425
Schornsteinfeger 438
Schrätzer 539
Schreckensteinia 424
Schreckensteiniidae 421, 424
Schreckensteinioidea 421
Schreiadler 578
Schreitvögel 562, 574
Schröter 353, 373
Schulterbock 390
Schuppenameisen 327
Schuppenkriechtiere 557
Schüsselschnecken 67
Schwalben 596, 603
Schwalbenmöwe 588
Schwalbenschwanz 447
Schwalbenschwänze 434
Schwalbenwanze 291
Schwalmvögel 564
Schwämme 5, 10, 33
Schwammfliegen 339
Schwammfresser 355
Schwammkugelkäfer 366
Schwammspinner 442, 448
Schwan (Schmetterling) 442
Schwäne 564
Schwanzlurche 550
Schwanzmeisen 597
Schwärmer 429, 440
Schwarzbarsch 538
Schwarzfisch 538
Schwarzflügel-Brachschwalbe 581
Schwarzgrundel 544
Schwarzhalstaucher 572
Schwarzkäfer 348, 386
Schwarzkehlchen 610
Schwarzkopfmöwe 587
Schwarzkopfruderente 568
Schwarzküling 544
Schwarzmilan 576
Schwarzmundgrundel 544
Schwarzreuter 526
Schwarzschwan 564
Schwarzspecht 595
Schwarzstirnwürger 600
Schwarzstorch 576
Schwebfliegen 464, 487
Schwefelkäfer 386
Schweine 626, 637
Schweinebandwurm 49
Schweinswale 627, 638
Schwertfische 536
Schwertschrecken 242, 244
Schwertwespen 314
Schwimmenten 564
Schwimmgrundel 545
Schwimmkäfer 350, 363
Schwimmkrabben 183
Schwimmwanzen 288
Schwingfliegen 468
Schwirlverwandte 599, 605
Sciaena 538
Sciaenidae 510, 538
Sciaphilus 399
Sciapodinae 485
Sciara 458
Sciaridae 455, 458, 477, 499
Scintillatrix 378
Sciocoris 309
Sciodrepoides 367
Sciomyza 469
Sciomyzidae 456, 469, 470, 498
Sciophila 479
Sciophilinae 479
Scirtidae 343, 352
Scirtoidea 343
Sciuridae 616, 622, 632
Sciurus 622, 634
Sclerophaedon 396
Sclerosomatidae 146, 147, 149
Sclerosomatinae 149
Scolecida 101
Scoletoma 104
Scolia 318
Scoliidae 313, 318
Scoliopteryginae 445
Scoliopteryx 445
Scolopacidae 561, 582, 583, 586
Scolopax 584
Scolopendrellidae 164
Scolopendromorpha 162, 163
Scoloplos 104
Scolopostethus 305
Scolytidae 396, 404
Scolytinae 347, 396, 404, 406
Scolytus 404
Scomber 546
Scomberesocidae 510, 532
Scomberesox 532
Scombridae 510, 537, 545
Scoparia 433
Scopariinae 433
Scophthalmidae 510, 546
Scophthalmus 547
Scorpaeniformes 510, 513, 514, 534
Scorpiones 120
Scotina 139
Scotophaeus 140
Scraptia 349
Scraptiidae 344, 349, 385
Scrobicularia 94
Scrobiculariidae 65, 94
Scruparia 59
Scrupariidae 56, 57, 59
Scrupocellaria 59
Scrupocellariidae 56, 59
Scutelleridae 287, 290, 308
Scuticociliatia 18, 23
Scutigera 162
Scutigerella 164
Scutigerellidae 164
Scutigeridae 162
Scutigeromorpha 162
Scydmaenidae 355, 368
Scydmaeninae 355, 368, 406, 409
Scyliorhinidae 509, 516
Scyliorhinus 516
Scymnus 384
Scyphidia 20
Scyphozoa 36
Scythrididae 421, 433
Scythris 433
Scythropus 399
Scytodes 123
Scytodidae 121, 123
Sebastes 534
Sebastidae 510, 534
Sechsaugenspinnen 124, 129
Securiflustra 59
Seeadler 578
Seebarsche 538
Seebrassen 538, 540
Seebulle 536
Seeforelle 528
Seefrosch 554
Seegurken 7, 502
Seehasen 514, 534
Seehechte 529
Seehund 625, 637
Seeigel 502, 504
Seekatzen 512
Seekukuck 535
Seelachs 530
Seemaßliebchen 38
Seemoos 41
Seenadel 534
Seenadelartige 513, 533
Seenadeln 533
Seenelke 38
Seequappe 531
Seequappen 529, 531
Seeratte 512
Seeregenpfeifer 582
Seerosen 38
Seerüssling 524
Seesaibling 526
Seescheiden 505
Seeschwalben 562, 582, 588
Seeskorpion 535, 536
Seespinne 183
Seestachelbeere 10
Seestern 502
Seesterne 502
Seestichling 532
Seetaucher 562, 571
Seeteufel 531
Seewölfe 537, 542
Seezungen 546, 548
Segelfalter 435
Segestria 124
Segestriidae 121, 124
Seggenrohrsänger 605

Segler 593
Seglervögel 562, 593
Segmentina 81
Sehirus 307
Seidenbienen 334
Seidenkäfer 349
Seidenreiher 574
Seidenschwänze 597
Seioptera 493
Seira 211
Seisonacea 50
Seisonidae 50
Seisonidea 50
Sektorspinnen 133
Selachops 476
Selandria 320
Selandriinae 320
Selatosomus 379
Sellnickochthonius 158
Semelidae 65, 94
Semiadalia 384
Semiaphis 282
Semibalanus 172
Semidalis 339
Semilimax 73
Senfkäfer 396
Senfweißlinge 436
Senticaudata 184
Sepedophilus 371
Sepia 65
Sepiasturmtaucher 572
Sepsidae 456, 468
Sepsis 468
Serica 376
Sericoda 361
Sericoderus 357
Sericomyia 488
Sericostoma 412
Sericostomatidae 412, 417
Sericostomatoidea 410
Sericothripinae 263
Sericus 379
Serinus 613
Sermylassa 395
Serpentes 557
Serpulidae 101, 104
Serranidae 510, 538
Serranus 538
Serratella 216
Serropalpidae 344, 348
Sertularia 41
Sertulariidae 36, 41
Sesiidae 421, 447
Sesioidea 421
Sessilida 18, 20
Setaria 114
Setipalpia 230
Setodes 415
Seuratoidea 114
Sexangularia 28
Siagonium 372
Sialidae 197
Sialis 197
Sibianor 142
Sibinia 403
Sichelflügler 431, 447
Sichelschrecken 242, 243
Sichelstrandläufer 585
Sichelwanzen 292, 295
Sichler 575
Sichling 523
Sicista 622, 632
Sicus 493
Sida 174
Sididae 174
Siebenpunkt 385
Siebenschläfer 622, 634
Sigalionidae 101
Sigara 294
Sikahirsch 627, 638
Silberbeilfische 513
Silberbrassen 540
Silberdorsch 530
Silberfischchen 213
Silberkarausche 521
Silberkarpfen 524
Silbermöwe 588
Silberreiher 574
Silis 381
Silpha 367
Silphidae 343, 345, 355, 367, 406
Siluridae 509, 526
Siluriformes 509, 514, 526
Silurus 526
Silvanidae 344, 356
Silvius 481
Simocephalus 176
Simplocaria 354
Simuliidae 455, 460, 497, 499
Sinanodonta 89
Sinantherina 51
Sinella 211
Singa 134
Singdrossel 608
Singschrecken 242, 244
Singschwan 564
Singzikaden 266
Sinodendron 374
Sipha 280
Siphlonuridae 214, 216, 217
Siphlonurus 216
Siphonaptera 193, 200, 203, 452
Siphonoperla 233
Siphonophanes 174
Siphonostomatoida 179, 180
Sipuncula 8, 100
Sipunculida 8
Sipunculus 8
Sirex 322
Siricidae 312, 314, 322, 337
Siricinae 322
Siricoidea 312
Siriella 184
Siro 146
Sironidae 146
Sisyphus 374
Sisyra 339
Sisyridae 339, 341
Sitaris 345, 387
Siteroptes 155
Siteroptidae 155
Sitobion 282
Sitodiplosis 480
Sitodrepa 382
Sitona 399
Sitophilus 401
Sitta 607
Sitticus 143
Sittidae 561, 599, 607
Sittiflor 142
Sitzenten 564
Skabiosenschwärmer 421
Skeneopsidae 84
Skeneopsis 84
Skipjack 546
Sklavenameise 328
Skorpione 120
Skorpionsfliegen 450
Skorpionsgrundel 544
Skorpionswanzen 288
Skua 587
Slavina 106
Smaragdeidechse 557
Smaragdina 394
Smerinthus 440
Smicromyrme 329
Smicronyx 403
Sminthuridae 206, 208
Sminthurides 208
Sminthurididae 206, 208
Sminthurinus 208
Sminthurus 208
Smynthurodes 279
Solasteridae 502
Solea 548
Soleidae 510, 546, 548
Solenoconcha 64
Solenopotes 260
Solenopsis 327
Solierella 332
Solva 462
Somateria 564, 568, 569
Somatochlora 226, 228
Sommergoldhähnchen 606
Somniosidae 509, 517
Somniosus 517
Sonnenbarsche 538
Sonnenmotten 424
Sonnenstern 502
Sonnentierchen 12, 13, 29, 30
Sorbeoconcha 64
Sorex 617, 628
Soricidae 616, 617, 628
Sospita 385
Sosticus 140
Spania 482
Spanische Fliege 387
Spanner 431, 438
Sparassidae 121, 127
Spargelfliege 493
Spargelhähnchen 393
Sparidae 538, 541
Spatalia 442
Spatelente 567
Spatelraubmöwe 587
Spathebothridea 47, 48
Spathidium 23
Spathius 324
Spathocera 306
Spatula 568
Spatulophorus 283
Spazigaster 490
Spechte 594
Spechtvögel 562, 594
Speckkäfer 354, 381
Speisebohnenkäfer 347
Speispinnen 123
Spelobia 474
Sperber 576
Sperbereule 592
Sperbergrasmücke 606
Spercheidae 365
Spercheinae 365, 409

Spercheus 365
Sperchon 156
Sperchontidae 156
Sperlinge 597, 610
Sperlingskauz 592
Sperlingsvögel 564, 596
Spermodea 67, 70
Speudotettix 273
Sphaeridiinae 365, 406
Sphaeridium 365
Sphaeriidae 65, 87, 89
Sphaerirostris 55
Sphaerites 354
Sphaeritidae 343, 354
Sphaerium 89
Sphaerius 355
Sphaeriusidae 343, 355
Sphaerocera 474
Sphaeroceridae 456, 474, 478
Sphaerodoridae 101
Sphaerodoropsis 101
Sphaerodorum 101
Sphaeroeca 14
Sphaeroma 187
Sphaeromatidae 187
Sphaeromatidea 187
Sphaerophoria 491
Sphaerophrya 25
Sphaerophthalminae 329
Sphaeropsocidae 253, 254
Sphaerosoma 346
Sphaerosomatidae 344, 346
Sphaerostoma 46
Sphaerularia 113
Sphaerularioidea 113
Sphecidae 313, 315, 319, 330
Sphecodes 334
Sphecoidea 313
Sphegina 487
Sphenophorus 401
Sphex 330, 331
Sphindidae 344, 357
Sphingidae 421, 429, 440, 448
Sphingonotus 240, 248
Sphinx 440, 441, 448
Sphiximorpha 488
Sphodrus 361
Sphragisticus 304
Sphyradium 70
Sphyrna 515
Sphyrnidae 509, 515
Spicipalpia 410
Spiegelfleck-Dickkopffalter 434
Spießente 568
Spilomena 330
Spilomyia 490
Spilopsyllus 452
Spilosoma 421, 443
Spilostethus 302
Spinachia 532
Spinatmotte 424
Spindelschnecke 87
Spinicaudata 170
Spinnen 120, 121
Spinnenasseln 162
Spinnentiere 119, 120
Spinnmilben 154
Spinolia 325
Spinte 594
Spinther 101
Spintheridae 101
Spinturnicidae 154
Spinus 613
Spionida 101
Spionidae 101, 104
Spiralia 5
Spiridion 106
Spirobranchus 104
Spirochona 19
Spirontocaris 182
Spirorbis 104
Spirosperma 105
Spirostomum 23
Spirotrichea 18
Spiruroidea 114
Spisula 95
Spitzdeckenbock 390
Spitzling 310
Spitzmäuschen 397
Spitzmäuse 617, 628
Splintbock 388
Splintböcke 392
Splintkäfer 356
Spogostylum 484
Spöke 512
Spondylidinae 389, 390
Spondyliosoma 541
Spondylis 389
Spongilla 33
Spongillidae 33
Spongiphoridae 236
Spornammer 615
Spornpieper 611
Spornzikaden 265, 267
Sprattus 520
Spreizflügelfalter 426
Springfrosch 554
Springschwänze 192, 198, 206
Springspinnen 124, 142
Springwanzen 292
Spritzwürmer 8
Sprosser 610
Sprotte 520
Spulwurm 114
Spumella 16
Squalidae 509, 516
Squaliformes 509, 512, 516
Squalius 523
Squalus 516
Squamata 557
Squatina 510
Squatinella 53
Squatinidae 509, 510
Squatiniformes 509, 510
Stabwanze 288
Stachelbeerspanner 439
Stachelhäuter 5, 10, 502
Stachelkäfer 348, 385
Stachelköpfe 534
Stachellippfisch 541
Stachelmakrelen 538, 540
Stachelrücken 537, 542
Stachelspinnen 125
Stachelwanzen 290, 308
Stadttaube 590
Staegeriella 282
Stagnicola 80
Stagonomus 310
Stainforthia 29
Stalia 295
Staphylinidae 343, 345, 355, 368, 406
Staphyliniformia 343
Staphylininae 368
Staphylinoidea 343, 406
Staphylinus 370
Starenverwandte 597
Staria 310
Staubhafte 339
Staubkäfer 386
Staubläuse 197, 200, 253
Stäublingskäfer 345
Stauroderus 249
Stauropus 442
Staurozoa 36
Steatoda 130
Stechfliegen 495
Stechimmen 313
Stechmücken 457, 478
Stechrochen 517
Stechwespen 313
Stegana 476
Steganacarus 158
Stegobium 382
Stegomyia 479
Steinadler 578
Steinbeißer 525, 542
Steinbutte 546
Steinfliegen 193, 197, 200, 230
Steingressling 522
Steinhuhn 571
Steinhummel 336
Steinkauz 592
Steinköhler 530
Steinkrebs 182
Steinmarder 625, 636
Steinpicker 76, 534
Steinrötel 609
Steinschmätzer 609
Steinwälzer 586
Stelis 335
Stelzen 599, 611
Stelzenfliegen 468
Stelzenverwandte 611
Stelzenwanzen 292, 301
Stenagostus 380
Stenamma 328
Steneotarsonemus 155
Stenepteryx 496
Stengelälchen 113
Steninae 368
Stenobothrus 251
Stenocarus 402
Stenocephalidae 287, 293
Stenocorus 390
Stenocraninae 267
Stenocranophilus 199
Stenocranus 267
Stenodema 299
Stenodynerus 326
Stenolaemata 56, 58
Stenolophus 362
Stenomicra 473
Stenomicrinae 473
Stenopelmus 403
Stenophylax 415
Stenopsocidae 253, 254
Stenopsocus 254
Stenopterus 390
Stenosemella 20
Stenostola 388
Stenostomum 44
Stenotaenia 164
Stenothoidae 184, 186

Stenothrips 264
Stenotus 298
Stentor 23
Stenula 186
Stenurella 391
Stenus 368
Stephanidae 312, 315
Stephanitis 291
Stephanoceros 50
Stephanoidea 312
Stephanus 315
Steppenmöwe 587
Steppenweihe 577
Stercorariidae 561, 562, 582, 586
Stercorarius 587
Stercutus 107
Stereocorynes 402
Stereonychus 403
Sterlett 518
Sterna 588
Sterninae 562, 582, 588
Sternoptychidae 509, 513
Sternorrhyncha 193, 197, 199, 275
Sternrochen 518
Sterntaucher 571
Sternula 588
Steromphala 84
Sterrhinae 439
Stethophyma 248
Stethorus 384
Stichaeidae 510, 537, 542
Stichlinge 532
Stichlingsartige 514, 532
Stichopogon 483
Stictocephala 266
Stictocoris 273
Stictoleptura 391
Stictopleurus 307
Stieglitz 613
Stielquallen 36
Stierkäfer 374
Stigmatogaster 163
Stigmella 425, 445
Stigmus 330
Stilettfliegen 464, 482
Stilicus 370
Stiligeridae 81, 82
Stinkfliegen 462
Stintartige 513
Stintdorsch 530
Stinte 513
Stiphrosoma 473
Stizostedion 540
Stizus 332
Stockente 568
Stöcker 540
Stomaphis 284
Stomiiformes 509, 513
Stomis 360
Stomorhina 496
Stomoxys 495
Störartige 512, 518
Störche 576
Storchenvögel 562, 576
Störe 518
Stoßwasserläufer 289
Strahlentierchen 12, 13, 29, 30
Strahlflosser 507, 512
Stramenopila 13, 16, 18, 29
Strandfliegen 470
Strandfloh 186
Strandgrundel 545
Strandigel 504
Strandkrabbe 183
Strandküling 545
Strandpieper 611
Strandschnecken 85
Strandschrecke 248
Strangalia 391
Straßentaube 590
Stratiomyidae 455, 461, 480, 497, 500
Stratiomyinae 481
Stratiomys 481
Strauchschnecken 67
Strauchschrecken 245
Streber 540
Streifenbarbe 541
Streifenbrassen 541
Streifengans 565
Streifenhörnchen 622, 634
Streifenwanzen 308
Strepsiptera 193, 199
Streptanus 273
Streptocephalidae 174
Streptocephalus 174
Streptopelia 590
Striemenkäfer 360
Strigamia 163
Strigea 46
Strigeidae 46
Strigidae 561, 590, 592
Strigiformes 561, 562, 590
Strix 592
Stroemiellus 133
Stroggylocephalus 272
Strombidium 20
Strömer 522
Strömling 520
Strongylida 112, 115
Strongylocoris 300
Strongylogaster 320
Strongylognathus 327
Strongyloidea 114
Strongyloides 115
Strongyloidoidea 115
Strongylophthalmyia 494
Strongylophthalmyiidae 456, 494
Strongylosoma 166
Strophingia 286
Strophosoma 399
Strudelwürmer 8, 42, 43
Struffbutt 548
Stubenfliege 468
Stummelfüßer 5
Sturmmöwe 587
Sturmschwalben 572, 573
Sturmtaucher 572
Sturmvögel 572
Sturnidae 561, 597
Stutzkäfer 354
Styela 505
Styelidae 505
Stygarctus 116
Stygnocoris 305
Stylaria 105
Stylocometes 25
Stylodrilus 106
Stylommatophora 64
Stylonychia 20
Stylopidae 199
Stylops 199
Stylurus 228
Subcoccinella 383
Suberites 33
Suberitidae 33
Subulipalpia 230
Succinea 69
Succineidae 65, 68, 69
Succinella 69
Suctobelbella 161
Suctobelbidae 161
Suctoria 13, 16, 18, 24
Suidae 616, 626, 637
Suillia 473
Suilliinae 473
Sula 573
Sulidae 561, 573
Suliformes 561, 573
Sumpfbiber 622, 632
Sumpfdeckelschnecken 78
Sumpfgrille 243
Sumpfhuhn 580
Sumpfkäfer 352
Sumpfkrebs 182
Sumpfläufer 585
Sumpfmeise 602
Sumpfohreule 592
Sumpfpflanzenlaus 283
Sumpfrohrsänger 606
Sumpfschildkröten 557
Sumpfschrecke 248
Sumpfspitzmaus 617, 629
Supella 239
Superodontella 209
Surnia 592
Sus 626, 637
Süßwassermilben 150, 155
Süßwassermuscheln 66, 87
Süßwasserschnecken 66, 77
Süßwasserschwämme 33
Syarinidae 144, 145
Syarinus 145
Sycettidae 33
Sycon 33
Syllidae 101, 103
Sylvia 606
Sylvicola 458
Sylviidae 561, 599, 606
Symmerus 479
Symmorphus 326
Sympecma 223, 227
Sympetrum 226, 227, 229
Sympherobius 340, 342
Symphodus 542
Symphoromyia 482
Symphyla 162, 164
Symphylella 164
Symphypleona 206
Symphyta 200, 312, 313, 336
Sympycninae 486
Sympycnus 486
Synagapetus 412
Synageles 142
Synapsida 507
Synaptidae 502
Synaptus 378
Syncarida 170
Synchaeta 54
Synchaetidae 52, 53, 54
Syndermata 50
Synema 141
Synergus 324
Syngamus 114

Syngnathidae 510, 533
Syngnathiformes 510, 513, 533
Syngnathus 534
Synharmonia 385
Syntomini 443
Syntomium 372
Syntomus 363
Syntormon 486
Synuchus 361
Synura 15
Synurella 185
Syritta 490
Syromastus 306
Syrphidae 455, 464, 487, 497, 500
Syrphinae 487
Syrphocheilosia 491
Syrphoctonus 325
Syrphus 487, 492, 500
Systellognatha 230
Systellonotus 296
Systenus 486
Systoechus 484
Systropha 334

Tabakkäfer 382
Tabanidae 455, 461, 481, 497, 500
Tabanomorpha 455, 500
Tabanus 481
Tachinidae 456, 466, 498
Tachinus 371
Tachybaptus 572
Tachycines 241
Tachycixius 266
Tachydromia 485
Tachydromiinae 485
Tachyerges 401
Tachymarptis 593
Tachypeza 485
Tachypodoiulus 168
Tachyporinae 371
Tachyporus 371
Tachys 359
Tachysphex 332
Tachyta 359
Tachytes 332
Tachytrechus 486
Tachyura 359
Tadorna 564, 566, 568
Taenia 47, 49
Taeniidae 49
Taeniopterygidae 230, 233, 235
Taeniopteryx 233
Tafelente 568
Tagfalter 422
Taghafte 339, 340
Tagpfauenauge 421, 438, 448
Taigabirkenzeisig 613
Taillenwespen 312
Talavera 142
Talitrida 184
Talitridae 184, 186
Talitrus 186
Talorchestia 186
Talpa 617, 628
Talpidae 616, 617, 628
Tamias 622, 634
Tanaidacea 173
Tanarctidae 116
Tandonia 72
Tangfliegen 468, 494
Tannengallläuse 276
Tannenhäher 601
Tannenmeise 602
Tannenwickler 427
Tanymastix 170, 174
Tanymecus 398
Tanypeza 468
Tanypezidae 456, 468
Tanyptera 478
Tanysphyrus 401
Tanytarsus 460
Tanzfliegen 464, 484
Tapetenmotte 430
Tapezierspinnen 121
Taphropeltus 304
Tapinoma 327
Taractes 540
Taractichthys 540
Tarbutt 547
Tardigrada 5, 6, 116, 118
Tarsonemidae 155
Tarsonemus 155
Tarsopsylla 453
Tarsostenus 382
Taschenkrebs 183
Tasgius 370
Tateidae 78
Tatianaerhynchites 398
Tauben 564, 590
Taubenschwänzchen 440
Taubenzecke 152
Tauchenten 564
Taufliegen 476
Taumelkäfer 350
Taurulus 536
Tausendfüßer 118, 162
Tectocepheidae 160
Tectocepheus 160
Tectura 83
Tegenaria 138
Teichfledermaus 620, 631
Teichfrosch 554
Teichhuhn 580
Teichläufer 289
Teichmolch 551
Teichmuscheln 89
Teichnapfschnecke 77
Teichrohrsänger 606
Teichschwimmer 363
Teichwasserläufer 584
Telenomus 316
Teleostei 508, 509, 512
Telestes 522
Tellerschnecken 77, 81
Tellimya 90
Tellina 98
Tellinidae 65, 94, 95
Telorchiidae 46
Telorchis 46
Temminckstrandläufer 586
Temnocerus 398
Temnosira 472
Temnostoma 490
Temnothorax 327, 328
Temoridae 180
Tenebrio 386
Tenebrionidae 344, 348, 349, 386, 407, 409
Tenebrionoidea 344, 407
Tenebroides 356
Tenellia 82
Tentaculariidae 47
Tentaculata 5
Tenthredinidae 312, 314, 319, 337
Tenthredininae 321
Tenthredinoidea 312
Tenthredo 321
Tenthredopsis 321
Tenuiphantes 132
Tephritidae 456, 471, 493, 498
Tephritis 493
Teppichmuschel 98
Teratocephalus 113
Teratocoris 299
Terebellida 101
Terebellidae 101, 104
Terebellides 104
Terebrantes 312
Terebrantia 262
Teredinidae 65
Teredo 89
Terekwasserläufer 584
Terellia 493
Termiten 193, 201
Tessellana 245
Testacealobosia 20, 27
Testacella 66
Testacellidae 65, 66
Testudinalia 83
Testudinella 52
Testudinellidae 52
Testudines 557
Tetanocera 469
Tetanops 493
Tethina 476
Tetrabothridea 47
Tetrabothriidae 48
Tetrabothriidea 48
Tetrabothrius 48
Tetracanthella 210
Tetracoronata 118
Tetragnatha 132
Tetragnathidae 121, 127, 129, 132, 133
Tetralonia 334
Tetraloniella 334
Tetramitia 20, 26
Tetramitus 16
Tetramorium 328
Tetraneura 279
Tetranychidae 154
Tetranychus 154
Tetrao 570
Tetraodontiformes 510, 514, 548
Tetraoninae 570
Tetrapoda 507
Tetrapodili 150, 152
Tetraselmis 16
Tetrastemma 61
Tetrastemmatidae 61
Tetrastes 570
Tetrastichus 323
Tetratoma 348
Tetratomidae 344, 348
Tetratrichomonas 18
Tetrax 579
Tetrigidae 240, 242, 246
Tetrigoidea 240
Tetrix 246
Tetrodontophora 206, 210
Tetropium 392
Tetrops 388
Tettigometra 266
Tettigometridae 265

Tettigonia 244
Tettigoniidae 240
Tettigoniinae 242, 244
Tettigonioidea 240
Teuchophorus 486
Textrix 125, 137
Thalassarachna 150
Thalasseus 588
Thalassophilus 359
Thamnotettix 273
Thamnurgus 405
Thanasimus 382
Thanatophilus 367
Thanatus 140
Thanerocleridae 344
Thaneroclerus 382
Tharyx 103
Thaumalea 460
Thaumaleidae 455, 456, 460, 497
Thaumatomyia 494
Thaumetopoea 442
Thea 385
Thecamoeba 27
Thecata 36
Thecla 436
Thecofilosa 12, 29
Thecophora 493
Thekamöben 12, 13, 27
Thelaxes 276
Thelaxidae 276, 278
Themira 468
Theodoxus 77, 81
Theonoe 129
Thereva 482
Therevidae 455, 464, 482, 500
Theridiidae 121, 129
Theridion 131
Theridiosoma 133
Theridiosomatidae 121, 129, 133
Therioaphis 280
Theristus 113
Thermobia 213
Theromyzon 110
Thia 183
Thiidae 183
Thinodromus 372
Thinophilus 486
Thomisidae 121, 127, 141
Thomisus 141
Thoracica 118, 170, 172
Thoracophorus 368
Thorogobius 544
Thorshühnchen 586
Thracia 92
Thraciidae 65, 92
Thraulus 217
Thremma 412
Threskiornithidae 569, 574, 575
Thripidae 262, 263
Thripinae 263
Thripomorpha 477
Thrips 264
Thripsaphis 280
Thripse 262
Throscidae 344, 351, 352, 406, 407
Throscus 352
Thryogenes 403
Thrypticus 486
Thuiaria 41
Thun 546
Thunfische 537, 545, 546
Thunnus 546
Thyasira 90
Thyasiridae 65, 90
Thyatira 431
Thyatirinae 431, 448
Thylodrias 381, 405
Thymallinae 526
Thymallus 526
Thymelicus 434
Thyone 502
Thyonidium 502
Thyreocoridae 287, 290
Thyreocoris 290
Thyreophora 472
Thyreophorinae 472, 476
Thyreus 334
Thyridanthrax 484
Thyrididae 421, 429
Thyridoidea 421
Thyris 429
Thyrisomidae 161
Thysanoptera 193, 200, 262
Thysanura 205, 212
Tibellus 125, 140
Tibicina 266
Tibicinidae 265, 266
Tichodroma 607
Tichodromadidae 561, 607
Tiefaugenböcke 390
Tieflandunke 552
Tierläuse 193, 200, 258
Tilloidea 382
Tillus 382
Timaliidae 561
Timarcha 395
Timoclea 92, 98
Tinca 521
Tinea 430
Tineidae 420, 425, 429, 445, 447
Tineoidea 420
Tineola 430, 445
Tingidae 287, 291
Tingis 291
Tingoidea 287
Tinocallis 280
Tinodes 411
Tintenfische 7, 65
Tintinnidium 20
Tintinnina 20
Tintinnopsis 20
Tiphia 329
Tiphiidae 313, 318, 319, 329
Tiphiinae 329
Tiphyidae 157
Tiphys 157
Tipula 478
Tipulidae 455, 456, 478, 497, 499
Tipulomorpha 455
Tisbe 180
Tisbidae 180
Tischeriidae 421, 425, 445
Tischerioidea 421
Titanoeca 123
Titanoecidae 121, 123
Titanosiphon 282
Tjederina 341
Tmarus 141
Tobiasfisch 543
Tobrilus 113
Tokophrya 25
Tölpel 573
Tomicus 404
Tomoceridae 206, 207
Tomocerus 207
Tomopteridae 101, 102
Tomopteris 102
Tomosthetus 320
Tomosvaryella 487
Tomoxia 385
Tordalk 590
Torleya 216
Torpedinidae 509, 517
Torpedo 517
Torrenticola 156
Torrenticolidae 156
Tortricidae 421, 427, 432, 445, 447
Tortricoidea 421
Torymidae 312, 323
Torymus 323
Tote Mannshand 38
Totenfliege 497
Totengräber 367
Totenkäfer 386
Totenkopfschwärmer 440
Totenuhr 382
Toxochernes 145
Toxoneura 472
Toxotus 390
Trachelidae 121, 128
Trachelipodidae 188, 189
Trachelipus 190
Trachelius 23
Trachelobdella 109
Trachelomonas 15
Trachelus 322
Trachemys 557
Trachinidae 510, 537, 542
Trachinotus 540
Trachinus 542
Trachodes 401
Trachurus 540
Trachylina 36
Trachymedusae 36
Trachyphloeus 398
Trachys 377
Trachysphaera 166
Tragosoma 389
Trägspinner 430, 442
Trama 276, 284
Trapezonotus 304
Trappen 564, 579
Traubenkirschenlaus 283
Traubenwickler 427
Trauerbachstelze 612
Trauerbienen 334
Trauerente 566
Trauermantel 438
Trauermücken 458, 477
Trauerschnäpper 609
Trauerseeschwalbe 588
Travuniidae 146
Trechinae 359, 360
Trechoblemus 359
Trechus 359
Trematoda 42
Trematuridae 152
Tremex 322
Tremicinae 322
Tremulicerus 271
Treppenschnecke 84
Tretocephala 177
Triaenodes 415

Triakidae 509, 515, 516
Trialeyrodes 275
Triarthra 52
Tribolium 386
Trichadenotecnum 256
Trichia 76
Trichine 114
Trichinella 114
Trichinellida 112, 113
Trichinelloidea 113
Trichiosoma 321
Trichiura 439
Trichius 376
Trichobranchidae 101, 104
Trichocellus 362
Trichocera 456
Trichocerca 52, 53
Trichocercidae 52
Trichoceridae 455, 456, 499
Trichochermes 286
Trichodectes 259
Trichodectidae 258, 259
Trichoderma 370
Trichodes 345, 382
Trichodina 19
Trichodrilus 106
Trichogramma 322
Trichogrammatidae 312, 322
Trichomonadea 12, 18
Trichomonas 18
Trichoniscidae 187, 188
Trichoniscus 188
Trichopeza 485
Trichophaga 430
Trichophya 370
Trichophyinae 370
Trichopsocidae 253, 255
Trichopsocus 255
Trichoptera 193, 197, 199, 202, 203
Trichostegia 414
Trichostomatia 18
Trichostomatida 19
Trichostrongyloidea 115
Trichostrongylus 115
Trichotichnus 362
Trichotria 52
Trichotriidae 52
Trichouropoda 152
Trichrysis 325
Trichternetzspinnen 126, 137
Trichuris 114
Tricladida 43
Tricostomatia 23
Tricyphona 478
Tridactylidae 240, 242
Tridactyloidea 240
Tridactylus 242
Triebrüssler 402
Triele 581
Trigla 535
Triglidae 510, 534
Trigloporus 535
Triglops 536
Triglopsis 535
Triglyphus 488
Trigonalidae 312, 315
Trigonalis 315
Trigonaloidae 312
Trigonaloidea 312
Trigonalyoidea 312
Trigoniophthalmus 212
Trigonocranus 266
Trigonomonas 16
Trigonopyxis 28
Trigonotylus 299
Trimenopon 258
Trimenoponidae 258
Trimyema 23
Trinchesiidae 64, 82
Trinema 28
Tringa 584
Trinkerin 439
Trinodes 381
Triogma 478
Triops 171
Triopsidae 171
Trioza 286
Triozidae 286
Triphora 84
Triphoridae 64, 84
Triplax 357
Triplonchida 112, 113
Tripyla 113
Tripyloidea 113
Trisopterus 529, 530
Tritia 84
Tritomegas 307
Tritrichomonas 18
Triturus 550, 552
Trixagus 352
Trixoscelididae 456, 473
Trixoscelis 473
Trochidae 64, 84
Trochochaetidae 101
Trochoidea 75
Trochosa 136
Trochosphaeridae 52
Trochospongilla 33
Trochulus 76
Troctomorpha 253
Trogidae 343, 354, 406
Trogiidae 253
Trogiomorpha 253
Trogium 253
Troglodytes 599
Troglodytidae 561, 599
Trogloneta 129
Troglophilus 241
Trogmuscheln 94, 95
Trogoderma 381
Trogossitidae 344, 353, 356
Trogulidae 146
Trogulus 146
Troilus 309
Trombicula 154
Trombiculidae 154
Trombidiformes 150, 152, 154
Trombidiidae 154
Trombidium 154
Trophonopsis 84
Tropidia 490
Tropidophlebia 304
Tropidothorax 302
Tropinota 376
Tropiphorus 399
Tropistethus 304
Trottellumme 590
Trox 354
Trughechte 532
Trugmotten 426
Truncatellina 70
Truncatelloidea 64, 78, 86
Truthuhn 570
Trypanoplasma 18
Trypanorhyncha 47
Trypanosoma 17
Trypanosomatida 12, 17
Trypeta 493
Trypetesa 172
Trypetesidae 172
Trypetidae 471, 493
Tryphon 325
Tryphoninae 325
Trypocalliphora 496
Trypocopris 374
Trypodendron 404, 405
Trypophloeus 405
Trypoxylon 318, 330
Tuberculatus 279
Tuberolachnus 284
Tuberta 126
Tubifex 106
Tubificida 105
Tubificoides 105
Tubulanidae 61
Tubulanus 61
Tubularia 40
Tubulariidae 36, 38, 40
Tubulifera 262
Tubulinea 20, 27
Tubulipora 58
Tubuliporidae 56, 58
Tullbergia 210
Tullbergiidae 206, 207, 210
Tümmler 627, 638
Tundrasaatgans 565
Tunicata 5, 10, 505, 507
Tüpfelralle 580
Tüpfelsumpfhuhn 580
Turbatrix 113
Turbellaria 6, 7, 8, 42, 43
Turboella 87
Turdidae 561, 597, 608
Turdus 608
Türkentaube 590
Turmdeckelschnecken 68
Turmfalke 579
Turmschnecken 68, 70, 84
Turritella 84
Turritellidae 64, 84
Turritellinella 84
Turrutus 272
Tursiops 627, 638
Turteltaube 590
Twinnia 460
Tychius 403
Tylenchoidea 113
Tylencholaimus 113
Tylenchus 113
Typhaea 357
Typhaeus 345, 374
Typhloceras 452
Typhlocyba 270
Typhlocybinae 269
Typhlodromus 154
Typhloplana 45
Tyria 443
Tyroglyphus 157
Tyrolichus 157
Tyrophagus 157
Tyto 590
Tytonidae 561, 590
Tytthaspis 384

Uenoidae 410, 412, 418
Uferfliegen 197, 230
Uferschnepfe 583
Uferschwalbe 604
Uhu 592
Ukelei 524
Uklei 524
Ula 478
Ulidia 493
Ulidiidae 456, 470, 493
Ulidiinae 493
Ulmaridae 36, 38
Ulmensplintkäfer 404
Ulmicola 306
Uloboridae 121, 123
Uloborus 123
Ulopa 269
Ulopinae 269
Umberfische 538
Umbra 510, 528
Umbridae 509, 528
Unciger 168
Uncinais 106
Ungleicher Holzbohrer 405
Unio 65, 89
Unionicola 155
Unionicolidae 155
Unionidae 65, 89
Unken 552
Unpaarhufer 616, 627, 628
Upogebia 183
Upogebiidae 181, 183
Upupa 562
Upupidae 561, 562
Ur 626
Uranotaenia 479
Urceolus 17
Uria 590
Urmotten 426
Urocentrum 23
Urocerus 322
Urochordata 5, 505
Urodela 550, 551
Urodidae 421
Urodoidea 421
Urodon 346
Urodontidae 346
Urodontinae 346
Uroglena 15
Urogonimus 46
Uroleucon 282
Uronema 24
Urophora 493
Uropodina 152
Urostyla 20
Urotricha 23
Urticicola 76
Urticina 38
Utecha 269

Vacuolaria 17
Vaginicola 20
Vahlkampfia 26
Valenzuela 254, 255
Valgus 376
Vallonia 67, 70
Valloniidae 67, 70
Valvata 78
Valvatidae 64, 78
Valvifera 187
Vanellus 582
Vanessa 438
Varicorbula 92
Varroa 154
Varroidae 154
Varunidae 183
Vasicola 23
Veigaiidae 154
Vejdovskyella 106
Velia 289
Veliidae 287, 289
Velleius 370
Velutina 84
Velutinidae 64, 84
Veneridae 65, 92, 98
Venerupis 92, 98
Ventrosia 78
Venus 98
Venusmuscheln 93, 98
Verdanus 272
Vermipsyllidae 452
Vermipsylloidea 452
Verrallia 486
Verruca 172
Verrucidae 172
Vertebrata 507
Verticillina 40
Vertiginidae 68, 69, 70
Vertigo 68, 70
Vesiculaphis 282
Vesiculariidae 57
Vespa 313, 326
Vespertilio 621, 631
Vespertilionidae 616, 618, 631
Vespidae 313, 318, 326, 336
Vespinae 326
Vespoidea 313
Vespula 327
Vetigastropoda 64
Vibidia 385
Victorella 56
Victorellidae 56
Vielborster 100
Vielfraßegel 110
Villa 484
Vimba 524
Vipera 559
Viperidae 557, 558
Vipern 558
Viperqueise 542
Viridiplantae 12
Viteus 276
Vitrea 71
Vitrina 72
Vitrinidae 65, 66, 67, 72
Vitrinobrachium 72
Viviparidae 64, 78
Viviparus 78
Vögel 507, 560
Vogelmilbe 154
Vogelspinnen 121
Volucella 487
Volvocales 14, 15, 16
Volvocida 16
Volvox 15
Vorticella 20
Vulpes 624, 636

Wacholderdrossel 608
Wachsmotte 434
Wachtel 571
Wachtelkönig 580
Wadenstecher 495
Waffenfliegen 461, 480
Waldameise 328
Waldammer 615
Waldbaumläufer 607
Waldbirkenmaus 622, 632
Waldbrettspiel 437
Waldeidechse 557
Waldgärtner 404
Waldgrille 243
Waldhühner 570
Waldiltis 625
Waldkauz 592
Waldlaubsänger 604
Waldmaikäfer 376
Waldmaus 623, 635
Waldohreule 592
Waldohrwurm 236
Waldpieper 612
Waldschaben 238
Waldschnepfe 584
Waldspitzmaus 617, 629
Waldvogel 438
Waldwasserläufer 584
Wale 616, 627, 638
Walker 376
Walkeria 57
Walkeriidae 56, 57
Walzenhalsbock 389
Wanderfalke 578
Wanderheuschrecke 248
Wandermuschel 89
Wanderratte 623, 634
Wanstschaumzikade 269
Wanstschrecke 244
Wanzen 193, 196, 287
Warzenbeißer 245
Waschbär 624, 636
Wasmanniella 477
Wasseramseln 599
Wasserassel 187
Wasserdeckelschnecken 78
Wasserfledermaus 620, 631
Wasserflöhe 170, 174
Wasserfreunde 350, 365
Wasserfrösche 554
Wasserläufer 287, 289, 584
Wasserlungenschnecken 64
Wassermolche 550
Wassernattern 558
Wasserralle 580
Wasserreiter 289
Wasserskorpion 288
Wasserspinne 138
Wasserspitzmäuse 617, 629
Wassertreter 350, 581, 586
Wasserwanzen 287
Wasserzünsler 445
Wattwurm 103
Watvögel 564, 581
Weberbock 388
Weberknechte 120, 146
Wechselkröte 554
Wegerichbär 443
Wegschnecken 66, 73
Wegwespen 318
Weichkäfer 353, 380
Weichtiere 5, 7, 63
Weichwanzen 292, 296
Weidenblattkäfer 395
Weidenbohrer 430, 447

Weidenlaubsänger 605
Weidenmeise 602
Weidennammer 614
Weidenrindenlaus 284
Weidenschaumzikade 269
Weidenspringrüssler 401
Weihen 576
Weinbergschnecke 76
Weinhähnchen 243
Weinkellermotte 430
Weinlaubkäfer 395
Weinschwärmer 441
Weinzwirner 266
Weißbartseeschwalbe 588
Weiße Fliegen 275
Weißer Amur 522
Weißfleckwidderchen 443
Weißflossengründling 522
Weißflügelseeschwalbe 588
Weißlinge 423, 435, 436
Weißrandfledermaus 621, 632
Weißrückenspecht 596
Weißstorch 576
Weißtannenrüssler 402
Weißwangengans 565
Weißzahnspitzmäuse 617
Weizenälchen 113
Weizeneule 444
Weizengallmücke 480
Wellenläufer 573
Wellhornschnecke 87
Welsartige 514, 526
Welse 526
Wendehals 595
Wenigborster 100, 104
Wenigfüßer 162, 165
Werftkäfer 352
Werneckiella 259
Werre 242
Wesmaelius 341
Wespen 326
Wespenbienen 334
Wespenböcke 390
Wespenbussard 578
Wespenspinne 133
Westigel 617
Wickler 427
Wicklereulen 443, 444
Widderbock 391
Widderböcke 391
Widderchen 422
Wiesenameise 328
Wiesenhummel 336
Wiesenpieper 611
Wiesenralle 580
Wiesenschaumzikade 269
Wiesenspinner 426
Wiesenweihe 576
Wildesel 627
Wildkaninchen 621, 632
Wildkatze 625, 637
Wildpferd 627
Wildschwein 626, 637
Willemia 209
Willowsia 211
Wilsonema 113
Wimperbock 388
Wimperfledermaus 620, 631
Wimperspitzmäuse 617
Wimpertierchen 12, 13, 18
Windelschnecken 69
Windenschwärmer 440
Winkelspinnen 138
Wintergoldhähnchen 606
Winterhafte 450
Wintermücken 456
Wippfliegen 493
Withiidae 144
Withius 144
Wittling 530
Wolf 624, 636
Wolfsbarsche 538
Wolfsmilchschwärmer 441
Wolfsspinnen 125, 135
Wollbienen 335
Wollkäfer 349
Wollschweber 484
Wormaldia 413
Wrackbarsch 538
Wühlmäuse 622, 623, 624, 632, 636
Würfelfalter 423
Würfelnatter 558
Würger 597, 600
Würgfalke 578
Wurmnacktschnecken 66
Wurzelbohrer 426
Wurzelfüßer 12, 13, 26, 27

Xanthandrus 491
Xanthia 443
Xanthocanace 476
Xanthochroa 387
Xanthodelphax 268
Xanthogaleruca 395
Xanthogramma 491
Xantholinus 369
Xanthoperla 233
Xanthophyceae 12
Xanthorhoe 439
Xema 588
Xenacoelomorpha 5, 43
Xenidae 199
Xenopsylla 452
Xenos 199
Xenoturbellida 5, 43
Xenus 584
Xenylla 209
Xenyllodes 209
Xeris 322
Xerobdella 109
Xerobdellidae 109
Xerocrassa 74, 75
Xerolenta 74, 75
Xerolycosa 136
Xeroplexa 74, 75
Xestobium 382
Xestoiulus 168
Xiphias 536
Xiphiidae 510, 536
Xiphosura 118
Xiphydria 314
Xiphydriidae 312, 314, 337
Xiphydroidea 312
Xya 242
Xyela 313
Xyelidae 312, 313, 337
Xyeloidea 312
Xyleborus 404, 405
Xylechinus 405
Xyletinus 382
Xylocleptes 405
Xylocopa 333
Xylocoris 295
Xylodrepa 367
Xylomya 462
Xylomyidae 455, 462
Xylophagidae 455, 462, 500
Xylophagomorpha 455, 500
Xylophagus 462
Xylosandrus 405
Xylota 490
Xyloterus 405
Xylotrechus 391
Xysticus 141

Yllenus 142
Ylodes 415
Yponomeuta 430
Yponomeutidae 421, 430, 447
Yponomeutinae 430
Yponomeutoidea 421
Ypsolopha 428
Ypsolophidae 421, 428
Ypsolophinae 428

Zabrus 357, 361
Zackeneule 445
Zahnbrassen 541
Zahnflügelfalter 424
Zahnspinner 428, 430, 441
Zährte 524
Zamenis 559
Zander 540
Zangenböcke 390
Zapodidae 616, 622, 632
Zartschrecken 244
Zartspinnen 128
Zaunammer 615
Zauneidechse 557
Zaungrasmücke 606
Zaunkönige 599
Zebrina 71
Zecken 150, 152
Zehnfüßer 173, 180
Zehrwespen 317
Zeidae 509, 532
Zeiformes 509, 513, 532
Zeisig 613
Zelotes 140
Zeugloptera 420
Zeugophora 392, 393
Zeugopterus 546
Zeus 532
Zeuzera 430
Zicrona 309
Ziege 523
Ziegenmelker 564
Zierläuse 277, 279
Ziermotten 433
Zikaden 193, 196, 265
Zilla 134
Zilpzalp 605
Zimmermannsbock 388
Zimtbär 443
Zingel 540
Zingel 540
Zipfelfalter 423, 436
Zipfelkäfer 383
Zippammer 615
Zirfaea 98
Zitronenfalter 421, 435
Zitronengirlitz 613
Zitronenstelze 612

Zitronenzeisig 613
Zitterrochen 517
Zitterspinnen 124
Zoarces 537
Zoarcidae 510, 537
Zobel 524
Zodariidae 121, 124
Zodarion 124
Zodion 493
Zonitidae 65, 67, 71
Zonitoides 71
Zooflagellaten 14
Zoothamnium 20
Zootoca 557
Zope 524
Zopheridae 344, 345, 356
Zora 125
Zornnatter 558
Zorochros 380
Zoropsidae 121
Zottelbienen 335
Zottenbock 389
Zuckergast 213
Zuckmücken 460, 477
Zünsler 426, 433
Zweifarbfledermaus 621, 631
Zweiflügler 193, 197, 202, 203, 455
Zweigsänger 599, 606
Zwergadler 578
Zwergammer 615
Zwergbutt 546
Zwergdommel 574
Zwergdorsch 529
Zwergfledermaus 621, 632
Zwergfüßer 162, 164
Zwerggans 565
Zwerggrundel 544
Zwergkäfer 368
Zwergläuse 276
Zwergmaus 623, 635
Zwergmotten 425
Zwergmöwe 587
Zwergohreule 592
Zwergrückenschwimmer 289
Zwergsäger 564
Zwergscharbe 574
Zwergschnäpper 608
Zwergschnepfe 584
Zwergschwan 564
Zwergseeschwalbe 588
Zwergseeskorpion 536
Zwergspinnen 129, 131
Zwergspitzmaus 617, 629
Zwergstichling 533
Zwergstrandläufer 586
Zwergsumpfhuhn 580
Zwergtaucher 572
Zwergteichläufer 292
Zwergtrappe 579
Zwergwasserläufer 290
Zwergwelse 526
Zwergwickler 425
Zwergzunge 548
Zwicknia 233
Zwiebelfliege 494
Zwiebellaus 280
Zwiebelmotte 428
Zygaena 422, 448
Zygaenidae 421, 422, 427, 448
Zygaeninae 422
Zygaenoidea 421
Zygentoma 192, 199, 205, 212
Zygiella 133
Zygina 270
Zygoptera 200, 221, 227
Zygoribatula 160
Zyras 373
Zystenälchen 113

Fitschen
Gehölzflora
Herausgegeben von Peter A. Schmidt und Bernd Schulz
14., vollständig neu bearbeitete Auflage
QUELLE & MEYER

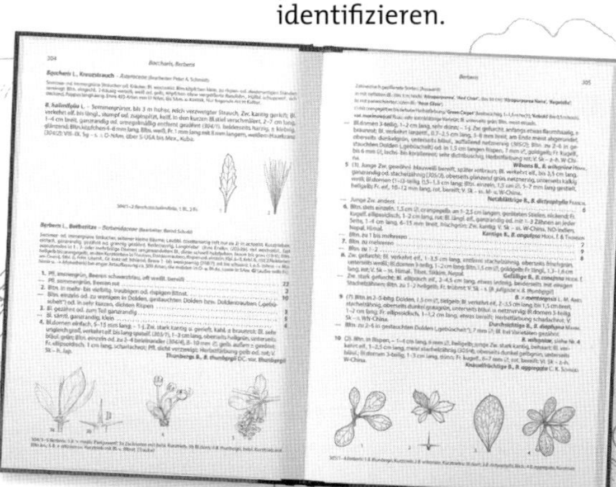